世界农药大全

杀虫剂卷

刘长令　主　编

化学工业出版社

·北京·

本书作为《世界农药大全》的杀虫剂分册，精选了308个目前国内外重要品种（含正开发中的新品种），包括杀虫剂220个、杀螨剂33个、熏蒸剂和杀线虫剂21个、昆虫驱避剂3个、杀鼠剂15个，其他16个。此外，还收集了常见的混剂品种94个。系统而又详细地介绍了新药创制经纬、产品简介（名称、理化性质、毒性、制剂、分析、作用机理）、应用（适宜作物与安全性、防除对象、应用技术、使用方法）、专利与登记概况（包括专利名称、专利号、专利申请日期及其在世界其他国家申请的相关专利、工艺专利、制剂专利、登记情况等）、合成方法（包括最基本原料的合成方法、合成实例）、主要参考文献等。在本书前面还较为详细地介绍了相关重要昆虫知识。

每一产品均给出了美国化学文摘主题索引或化学物质名称供检索。书后附有剂型对照表等附录，以及完善的索引，供读者进一步检索。

本书实用性强、信息量大、内容齐全、重点突出、索引完备等，可供从事农药或杀虫剂、杀螨剂管理、专利与信息、科研、生产、应用、销售、进出口等有关工作人员，高等院校相关专业师生参考。

图书在版编目（CIP）数据

世界农药大全．杀虫剂卷/刘长令主编．—北京：化学工业出版社，2012.2

ISBN 978-7-122-13248-2

Ⅰ．世…　Ⅱ．刘…　Ⅲ．①农药-世界-技术手册②杀虫剂-技术手册　Ⅳ．TQ45-62

中国版本图书馆CIP数据核字（2012）第004213号

责任编辑：杨立新　刘　军　　文字编辑：刘志茹

责任校对：周梦华　　装帧设计：刘丽华

出版发行：化学工业出版社（北京市东城区青年湖南街13号　邮政编码100011）

印　　刷：北京永鑫印刷有限责任公司

装　　订：三河市万龙印装有限公司

787mm×1092mm　1/16　印张65½　字数1650千字　2012年5月北京第1版第1次印刷

购书咨询：010-64518888（传真：010-64519686）　售后服务：010-64518899

网　　址：http：//www.cip.com.cn

凡购买本书，如有缺损质量问题，本社销售中心负责调换。

定　　价：380.00元

京化广临字2012-8号

本书编写人员名单

主　　编： 刘长令

副 主 编： 李文明　张国生

编写人员：（按姓名汉语拼音排序）：

曹　微	柴宝山	迟会伟	陈高部	董　燕
范国顺	范文玉	范玉杰	何晓敏	赫彤彤
胡耐冬	郝树林	黄　光	姜艾汝	姜美锋
金守征	李慧超	李　林	李　淼	李文明
李　新	李学建	李　洋	李玉娥	连伟祥
刘长令	刘广昕	刘若霖	刘允萍	马士存
聂开晟	曲克荣	任兰会	佘永红	宋玉泉
孙旭峰	田俊锋	王立增	王　嫱	吴鸿飞
吴　峤	吴仁昊	伍　强	相　东	徐　英
薛有仁	严秋旭	杨丙连	杨　浩	杨吉春
叶艳明	于春睿	于福强	张　静	张静静
张国生	张敏恒	张　茜	张志国	赵　平
周银平	朱敏娜			

本书编写人员名单

主　编　[illegible]

副 主 编　[illegible]

编写人员（按姓名汉语拼音排序）

[illegible]

前　　言

目前，国内外虽有许多介绍农药品种方面的书籍，如《The Pesticide Manual》、《新编农药手册》等等，但尚未有较详尽介绍杀虫剂、杀螨剂多方面情况，如品种的创制研究、开发、专利、应用、合成方法等的书籍。为此编写了本书，旨在为从事杀虫剂管理、专利与信息、科研、生产、应用、销售、进出口等有关工作人员，涉及工业、农业、工商、农资、贸易多部门提供一本实用的工具书。

本书是《世界农药大全》(除草剂卷、杀菌剂卷) 的续卷，编排方式与前两本书基本一致。本书与现有其他书籍比较具有如下特点：实用性强、信息量大、内容齐全、重点突出、索引完备。

实用性强　书中精选品种 308 个 (内容收集至 2011 年 7 月)，其中杀虫剂 220 个、杀螨剂 33 个、熏蒸剂和杀线虫剂 21 个、昆虫驱避剂 3 个、杀鼠剂 15 个及其他 16 个。还收集了常见的混剂品种 94 个。国外曾生产但目前已停产的、国内从未使用的老品种或应用前景欠佳或对环境不太友好或抗性严重的品种等均未收入。对每一个化合物本书均给出美国化学文摘 (CA) 主题索引或化学物质名称，以利于读者进一步查找，这是目前其他任何已有书籍中所没有的。《The Pesticide Manual》中给出的美国化学文摘名称 (系统名称) 并不都与 CA 主题索引或化学物质名称相同，有时两者差别很大，如噁虫威美国化学文摘系统名称为 2,2-dimethyl-1,3-benzodioxol-4-yl-*N*-methylcarbamate，而主题索引 (化学物质) 名称为 1,3-benzodioxol-4-ol—，2,2-dimethyl-*N*-methylcarbamate。

信息量大、内容齐全、重点突出　书中不仅介绍了重要的虫、螨及其相关知识，包括大田作物、蔬菜、果树、园林中的主要虫、螨，以及杀虫、杀螨剂品种的名称、理化性质、毒性、制剂与分析、作用机理与特点、合成方法、应用技术、使用方法等，还介绍了专利概况与创制经纬 (供创新参考)。且重点介绍了新药创制、专利概况、合成方法、作用机理与特点、应用技术、使用方法等。对于产品名称，编者尽可能多地收集商品名，包括国外常使用、在我国未使用的商品名及其他名称等。对于相关专利的收集，包括某一杀虫剂在世界许多国家申请的专利，目的是为进出口部门提供些参考，有些品种在我国不受专利法保护，而在其他国家有可能受保护。书后附有重要杀虫、杀螨剂品种，杀虫、杀螨剂市场概况，杀虫、杀螨剂作用机理分类等内容供进一步参考与检索。

索引完备　不仅具有常规的索引，如 CAS 登录号、分子式、试验代号、通用名称、中文通用名称等索引，而且还有英文商品名称索引等。在中文名称索引中不仅列出中文名称，而且包括试验代号、英文名称等，更利于检索。

本书主要编写人员李文明、张国生、杨吉春、迟会伟、宋玉泉、柴宝山、李淼、关爱莹、张金波、李慧超、王立增、李玉娥、郝树林、吴峤、孙旭峰、李洋、相东、赵平、胡耐冬等做了大量的工作，在此表示衷心感谢。

由于编者水平所限，加之书中涉及知识面广，疏漏之处在所难免，敬请读者批评指正。

刘长令

2011 年 8 月于沈阳

目　录

一、中国农作物虫螨害概述

编者按：编写此部分内容的主要目的是让有关从事管理、信息、科研、生产、应用、销售、进出口等工作中对农田虫害了解不多的人员对农田虫害本身有一定的了解，具体问题具体分析，针对中国农田害虫害螨找到适宜的杀虫剂或杀螨剂及其组合物，达到防治害虫害螨之目的。编写的方式：首先对中国农田害虫害螨予以概述，然后对部分农田重要害虫害螨的生活习性及为害特点、为害植物等予以简要的介绍。如欲了解更详细的内容，请参考有关专业书包括文献［1～10］等。

（一）基础知识

农业害虫（包括螨，下同）种类较多，据不完全统计，中国比较重要的农业害虫达700多种。其中危害水稻的害虫有380多种，小麦害虫240多种，玉米、高粱、谷子等杂粮作物害虫500多种，棉花害虫300多种，蔬菜害虫300余种，果树害虫900余种。常年因虫害造成的损失十分惊人，一般粮食损失占产量的5%～10%，棉花为15%～25%，蔬菜15%～25%，果树20%～30%。

历史上，因害虫危害给人民造成巨大的灾难不胜枚举，如中国自公元前707年至1935年，共发生蝗灾796次，“飞蝗蔽日”、“禾草一空”、“赤地千里，饿殍载道”等都是对当时灾区悲惨景象的生动描述；黏虫也是历史上有名的大害虫，盛发年禾谷类作物被掠食一空，造成饥荒；水稻螟虫、小麦吸浆虫等都是历史上的重要害虫。自古以来，我国劳动人民就把虫害与水灾、旱灾相提并论，列为农业生产上的3大自然灾害。其他常见害虫如玉米螟、棉蚜、棉铃虫、地下害虫、菜青虫、小菜蛾、食心虫、各种害螨等，都可以给农业生产造成巨大的灾害。本书在此概述有关害虫的基本常识及重要的害虫，进而选择适宜的控制方法，最终实现提高人们生活水平的同时，保持持续发展和生态平衡！

1 昆虫的基础知识

昆虫的种类很多，各种昆虫由于长期适应不同的生活环境，其外部形态差异很大；但不管其形态如何变化，其基本构造是一致的。

(1) 昆虫纲的特征

身体左右对称，由一系列含几丁质外壳的体节组成。整个体躯可以明显地区分为头、胸和腹3个部分。有些体节上具有成对分节的附肢，胸部具3对足，通常还有2对翅。从幼虫到成虫，需要经过一系列的外部和内部变化，即变态。

简言之，昆虫纲最主要的特征是：体躯分成明显的头、胸、腹3个体段，具3对足，多数还有2对翅。

(2) 昆虫的头部

昆虫头部一般都很明显，半球形，位于身体的最前端，通常都很坚硬，生有触角、口器、单眼和复眼等附肢或附器。

触角是昆虫的主要感觉器官，具有触觉和嗅觉功能，能感受分子水平的微小刺激，是昆虫觅食、求偶、避敌等重要生命活动所必需的。

口器是昆虫的取食器官，由属于头壳的延伸物——上唇、舌及头部的3对附肢所组成。

由于昆虫取食各种不同的物质，口器也就相应地发生各种特化。包括：咀嚼式口器如鳞翅目幼虫、刺吸式口器如蚜虫、刮吸式口器如牛虻等吸血昆虫、舐吸式口器如蝇类、虹吸式口器如大多数蛾蝶类、嚼吸式口器如蜜蜂等。

(3) 昆虫的胸部

昆虫的胸部是昆虫的运动中心，通常包括 3 对胸足和 2 对翅。

① 昆虫的胸足　昆虫的胸足包括如下一些类型。

步行足：3 对足没有什么特化，适于行走，如步行虫。

跳跃足：后足特化而成，明显比其余各足强大，腿节特别发达，胫节细长，如蝗虫等。

捕捉足：由前足特化而成，基节显著加长，腿节腹面具槽，槽边有两排硬刺，胫节腹面也有两排刺。胫节弯折时，正好嵌合于腿节槽内，有利于捕捉猎物，如螳螂等。

开掘足：亦由前足特化而成，其特点是前足粗短强壮，胫节扁阔，外缘有强大的扁齿，利于挖土，如蝼蛄和一些金龟子。

游泳足：见于后足，各节扁平而胫节和跗节边缘着生多数长毛，利于划水，如龙虱后足。

抱握足：见于龙虱前足，其跗节特别膨大，上有吸盘状构造，借以抱握雌虫。

携粉足：见于蜜蜂等，后足胫节端部宽扁，边缘密生长毛，可携带花粉，称花粉篮；基跗节膨大，有多数横列刚毛，可以梳集黏附体毛上的花粉；基跗节的基部有一瓣状突起，与胫节相向运动时，可将花粉压紧，并推向花粉篮内。

② 昆虫的翅　昆虫是唯一具翅的无脊椎动物。与鸟类的翅不同，昆虫的翅是由背板向两侧延伸而来，为一种双层膜质表皮构造，皮细胞消失，膜质间分布有气管，沿着气管增厚形成翅脉，以增加翅的强度，有血液及神经通入其中。翅使昆虫极大地扩大了活动范围，对昆虫的觅食、求偶、避敌等生命活动及进化有重大意义。

蝇类的后翅特化成为平衡棒。

(4) 昆虫的腹部

昆虫的腹部是昆虫生殖和新陈代谢的中心，构造较为简单，多为 8～11 节。

(5) 昆虫体壁及其衍生物

昆虫的体壁具有皮肤、外骨骼的双重作用。可以保持形体，防止水分蒸发和外物侵入。

昆虫的体壁由内向外分别为：底膜、皮细胞层（具再生能力，可形成新表皮，刚毛，鳞片，刺距等）、表皮层。

体壁的衍生物指由皮细胞和表皮发生的特化构造，如小刺、脊纹、翅面上的微毛、刚毛、毒毛、感觉毛、鳞片等。

(6) 昆虫个体的发育

昆虫个体的生长发育过程，包括从卵到成虫的性成熟，其间分成不同的发育阶段。昆虫个体的生长发育过程中，从卵到成虫性成熟，每一个发育阶段，在外部形态、内部结构和生活习性等方面，都有或大或小的变化，整个过程一般包括卵→幼虫→蛹→成虫 4 个阶段，或卵→若虫→成虫 3 个阶段。同一个体在不同的发育阶段的形态变异，称为变态。

在大多数情况下，昆虫进行卵生生殖。雌、雄成虫性成熟后进行交配（授精），在卵巢内发育成熟的卵与精子会合受精后产出，就开始了个体的生长发育。

某些昆虫，卵在母体内即行发育，雌虫产下的不是卵，而是幼虫；幼虫在母体内发育过程中的营养来源，不同于高等动物通过胎盘自母体血液中吸取，仍如卵生昆虫一样，是由卵黄供给，所以称为卵胎生。

① 昆虫的生殖方式

a. 两性生殖　这是绝大多数昆虫的生殖方式，必须雌、雄两性交配，卵子受精之后，受精卵才能发育成新的个体。许多昆虫未经交配就不产卵，即使产出，卵也不能发育。

b. 单性生殖　卵不经过受精，也能发育成新的个体，这里又有多种情况。蜜蜂以及多数膜翅目种类，未经交配或没有受精的卵，能成长发育为雄虫，受精卵则发育为雌虫，前者称为产雄孤雌生殖；一些介壳虫、蓟马等，很少雄虫或从未见有雄虫，未经交配所产下的卵，均能正常发育为雌或绝大部分为雌的成虫，这称为产雌孤雌生殖，简称孤雌生殖。

c. 多胚生殖　一个成熟的卵，可以发育成多个（2～2000个）新的个体，这种生殖方式称为多胚生殖。其后代性别决定于卵是否受精，受精卵发育为雌，未受精卵则发育为雄，见于一些内寄生性的蜂类中。

d. 世代交替（异态交替）　一些蚜虫的生殖方式作季节性的变化。秋末气候变冷，孤雌生殖的有翅蚜飞到木本或多年生草本植物上，不久即产生雌、雄两性的后代，二者交配后产卵，以受精卵越冬；春初，由越冬卵孵出无翅的雌蚜，营孤雌生殖，数代后产生有翅蚜，飞迁到1年生植物上，此后就一直营孤雌生殖，直至迁回第1寄主，秋末再产生有性蚜，这样的生殖方式，称为异态交替（世代交替）。

② 昆虫的个体发育

a. 胚胎发育　是第1个阶段，在卵内进行直到幼虫孵出为止，只有卵这一个虫态。

b. 胚后发育　第2个阶段由幼虫孵出直至成虫的性成熟，包括幼虫、成虫两个虫态或幼虫、蛹和成虫三个虫态。

c. 胚胎发育过程　不同昆虫完成胚胎发育阶段所需的时间长短不一。短的几个小时，长的需数天至数十天不等。昆虫卵自离开母体开始，至幼虫孵化所经历的时间——卵期各不相同。

d. 胚后发育过程　胚胎发育完成，幼虫破卵壳而出的过程称为孵化。昆虫自卵孵出，即进入幼虫期。就大多数昆虫来说，这一时期的主要特点是营养物质的摄取和昆虫体积的增长，有些昆虫则是唯一的取食时期（如松毛虫等）。

由于营养物质的累积和器官组织的分化和成长，昆虫的体积不断增大，旧有的外骨骼就成为生长的障碍，必须将限制体积增长的、没有生命的外表皮蜕去，体积才能进一步增长。

因体积增长需要而在蜕皮之后形态无重大变异的蜕皮，称为生长蜕皮。在整个幼虫生长期间，这种蜕皮要进行许多次。

在正常的生活条件下，同种幼虫的蜕皮次数比较恒定，大多为3～12次，但成长为雌虫的幼虫的往往多蜕皮1～2次。在异常的生活条件下，特别是食物不足时，幼虫往往会提早或推迟蜕皮的间隔，或显著增加蜕皮次数以适应。因为所蜕去的只是没有生命力的外表皮，所以蜕皮也可说是昆虫排泄的一种特殊方式。

从卵中孵出的幼虫为第1龄；第1次蜕皮后为第2龄。每2次蜕皮之间所经历的时间为龄期。

(7) 昆虫幼虫的类型

昆虫幼虫的外部形态，一些种类与成虫十分近似，另一些种类与成虫就极不相同，这是胚胎发育完成于不同的胚胎期的结果。

① 若虫型　其胚胎发育完成于后寡足期，幼虫除性器官和翅尚未成熟外，其余器官和成虫十分相似，这一类幼虫通称为若虫。

② 多足型　其胚胎发育完成于多足期，幼虫除3对胸足外，腹部一些体节也具足——腹足，可进一步分成：蠋式（如蛾蝶幼虫）除胸足外，腹部第3～6节及第10节各有1对腹足，有时某些腹足退化，这些腹足端部都具有趾钩列；拟蠋式（如叶蜂幼虫）除胸足外，还有6～8对腹足，腹足均无趾钩列。

③ 寡足型　其胚胎发育完成于寡足期。幼虫触角、胸足仍未发育至成虫形态，腹部无

附肢或仅有尾须1对。可进一步分成如下几种。

a. 蛃式（如步甲幼虫） 具3对胸足和1对尾须，口器位于头的最前端，与身体纵轴同一方向，行动活泼，多为捕食性。

b. 蛴螬式（如金龟子幼虫） 体粗壮，具3对胸足，无尾须，静止时体呈“C”形弯曲。

c. 蠕虫式（如叩头虫幼虫） 体细长，前后宽度相似，胸足较小；

d. 显头无足式（如天牛、吉丁虫幼虫） 头及口器发达，胸足退化或无胸足；

e. 半头无足式（如大蚊幼虫） 头部仅前半部骨化，后半部缩入胸内，无足；

f. 无头无足式（或称蛆式，如蝇类幼虫） 头全部缩入胸内，仅口钩伸出取食，无足。

④ 原足型 胚胎发育完成于原足期，幼虫仅在前面各节有附肢原基（一种不分节的小突起），如膜翅目中的一些内寄生的种类。

(8) 蛹的类型

① 离蛹 这一类蛹均隐藏于由其幼虫构成的特殊环境中（如土室、幼虫在树木内所穿凿的坑道等），其特点是附肢和翅游离悬垂于蛹体外；

② 被蛹 附肢和翅紧贴于蛹体，由坚硬而完整的蛹壳所包被，如鳞翅目的蛹；

③ 围蛹 蛹的本体为离蛹，但紧密包被于末龄幼虫的皮壳内，即直接于末龄幼虫的皮壳内化蛹，如蝇类的蛹。

(9) 变态类型

① 完全变态 即个体发育过程中有卵、幼虫、蛹和成虫4个虫态的变态类型。

② 不完全变态 即个体发育过程中只有卵、幼虫和成虫3个虫态，成虫、幼虫的形态和生活习性都相近，还可细分为如下。

a. 增节变态 成虫、幼虫的体型上无显著区别，只是体节的数目随昆虫的发育程度，由9节逐步增加至12节，只见于原尾目昆虫中；

b. 表变态 成虫、幼虫外表十分相似，体节数目相同，只有性器官成熟程度和大小的差别，而且成虫还继续蜕皮，如衣鱼；

c. 原变态 与表变态类似，但成虫的特征随昆虫的发育程度而逐步显现，而且幼虫和成虫之间还有一个亚成虫期，亚成虫与成虫极相似，也可以看作是成虫的继续蜕皮，但幼虫为水生，成虫陆生，与表变态者不同，原变态只见于蜉蝣目昆虫；

d. 渐变态 发育过程中可明显区分为卵、幼虫和成虫3个阶段，幼虫随着虫龄的增长而逐渐近似于成虫，而且成虫、幼虫生活环境和习性也相同，这种幼虫称若虫，如蝗虫；

e. 半变态 近似于渐变态，但幼虫为水生，具直肠鳃等临时器官，这种幼虫称稚虫，如蜻蜓；

f. 过渐变态 这种变态介于不全变态和全变态之间，即幼虫至成虫之间，有一个不取食的相当于蛹期的静止时期，这个时期在形态上也与成虫近似，如介壳虫。

(10) 成虫期

① 羽化 不全变态的末龄幼虫，全变态类的蛹，蜕皮后都变为成虫，这个过程称为羽化。

② 补充营养 一些昆虫成虫羽化后，性器官已充分发育成熟，即可进行交配产卵，口器退化，不能取食，如松毛虫等；一些昆虫成虫羽化后，也可立即交配产卵，但成虫口器发育正常，能继续取食，取食后能产更多的卵，如国槐尺蠖、赤眼蜂等，这种取食，称为补充营养；大多数昆虫变为成虫后，性腺尚未成熟，必须进行补充营养，性器官才能发育成熟；某些小蠹虫、象鼻虫等，成虫期寿命很长（1～2年或更长），多次反复进行补充营养，每一次补充营养之后，就有一批卵发育成熟，这种取食，又称为恢复。

(11) 昆虫的性二型和性多型

① 性二型 昆虫的雌、雄成虫，除第 1 性征（雌、雄外生殖器）外，还有其他形态上的明显区别，这叫做性二型。蚧科、袋蛾科及某些尺蛾科昆虫雄虫具翅，雌虫则无翅；蛾类雄虫触角为羽毛状，雌虫则为丝状等。

② 性多型 除雌、雄二型外，在同一性别的昆虫中，还可分化成具有不同形态和生殖机能的，或者在其“家族”中负担不同职能的个体群。蚂蚁、白蚁、蜜蜂等社会性昆虫，除雌、雄二型外，还有职蚁和职蜂。在蚁和白蚁中，还有专司攻击和防卫的兵蚁，它们在体型大小、颜色、上颚、头部、胸部和腹部的结构上，都各有特点。如工蚁，有翅型等。

(12) 昆虫的行为（习性）

昆虫在其系统发育以及个体发育的过程中，同外界环境建立了各式各样的联系，有些表现为简单的反射，有些则表现为复杂的神经生理活动的综合反应。但是，昆虫的所有活动，都是建立在简单反射、趋性和本能这几种神经活动的基础上的。

最简单的反射如金龟子、叶甲等的成虫，在受到突然的振动或触动时，就会立即收缩其附肢而掉到地面上，即所谓“假死”，这种现象是昆虫对外来刺激的防御性反应，许多昆虫就是借这一简单反射逃脱敌害的袭击的。趋性是昆虫对光、温、湿以及某些化学物质的趋向或背离的活动。

趋性有“正”、“负”之别，许多昆虫在自然环境下，总是趋向最适宜的温度和湿度，并避开温、湿度过高或过低的场所。对这些物理因素的趋向或背离，有时甚至达到不可抑制的程度，“飞蛾扑火，自取灭亡”，就是最典型的例子。昆虫的趋性主要有趋光性、趋化性、趋温性、趋湿性等。

昆虫对光、热和化学物质的趋、避行为，各种昆虫的表现不一，有的是正的趋性，有的是负的趋性，而且在一定范围内是可以量度的，例如，大多数蛾类对日光为负趋性，它们只在夜间活动，而且许多种类对波长为 330～400nm 的紫外线最敏感，相反，蚜虫类则对 550～600nm 的黄色光反应最强烈。因此人们设计了黑光灯或黄色盘来分别诱杀它们。

大多数昆虫的雄虫，对其同种雌虫所分泌的性外激素极其敏感。

雄金龟子的触角约有 50000 个嗅觉孔，能够沿着 700m 以外的雌虫外激素的流向，作定向飞行，最后找到雌虫。舞毒蛾在人工大量释放其雌分泌物的情况下，产生迷向现象，而使交配活动遭到破坏，种群数量降低。

昆虫活动的昼夜节律中，绝大多数昆虫的活动，如交配、取食和飞翔等都与白天和黑夜密切相关，其活动期、休止期常随昼夜的交替而呈现一定节奏的变化规律，这种现象称为昼夜节律。根据昆虫昼夜活动节律，可将昆虫分为日出性昆虫（diurnalinsects）和夜出性昆虫（nocturnalinsects），前者如蝶类、蜻蜓、步甲和虎甲等，它们均在白天活动；后者如小地老虎等绝大多数蛾类，它们均在夜间活动。另外，还有昼夜活动的昆虫，如某些天蛾、大蚕蛾和蚂蚁等，它们白天黑夜均可活动。昆虫的昼夜活动节律，表面上看似乎是光的影响，但实际上昼夜间还有很多变化着的其他因素，例如温度和湿度的变化、食物成分的变化、异性释放外激素的生理条件等。

昆虫的食性是指昆虫在长期的演化过程中，对食物形成一定的选择性，即食性（feeding habits）。按取食的食物性质，通常可分为以下几种。

① 植食性（phytophagous）昆虫 是以植物的各部分为食料，这类昆虫占昆虫总数的 40%～50%，如黏虫、菜蛾等农业害虫均属此类。

② 肉食性（carnivorous）昆虫 是以其他动物为食料，又可分为捕食性如七星瓢虫、草蛉等和寄生性如寄生蜂、寄生蝇等两类，它们在害虫生物防治上有着重要意义。

③ 腐食性（saprophagotls）昆虫 是以动物的尸体、粪便或腐败植物为食料，如埋葬虫、果蝇和舍蝇等。

④ 杂食性（omnivorous）昆虫　是兼食动物、植物等，如蜚蠊。

按取食范围的广狭，也可分为以下几种。

① 单食性（monophagous）昆虫　是以某一种植物为食料，如豌豆象只取食豌豆等。

② 寡食性（oligophagous）昆虫　是以1个科或少数近缘科植物为食料，如菜粉蝶取食十字花科植物，棉大卷叶螟取食锦葵科植物等。

③ 多食性（polyphgous）昆虫　是以多个科的植物为食料，如棉铃虫可取食茄科、豆科、十字花科、锦葵科等30个科200种以上的植物。

另外，昆虫还表现如下一些特性。

① 群集性　同种昆虫的个体大量聚集在一起生活的习性，称为群集性（aggregation）。可分为临时性群集和永久性群集两种类型。临时性群集是指昆虫仅在某一虫态或某一阶段时间内行群集生活，然后分散。如多种瓢虫越冬时，其成虫常群集在一起，当度过寒冬后即行分散生活。永久性群集往往出现在昆虫个体的整个生育期，一旦形成群集后，不会分散，趋向于群居型生活。如东亚飞蝗卵孵化后，蝗蝻可聚集成群，集体行动或迁移，蝗蝻变为成虫后仍不分散，往往成群远距离迁飞。

② 拟态　模仿环境中其他动、植物的形态或行为，以躲避敌害。如枯叶蝶，其体色和形态很似枯叶，当停留于灌木丛中时，就很难发现。

③ 保护色　是指一些昆虫的体色与其周围环境的颜色相似的现象。如栖居于草地上的绿色蚱蜢，其体色或翅色与生境极为相似，不易为敌害发现，有利于保护自己。

（13）昆虫的世代和年生活史

昆虫的卵或若虫，从离开母体发育到成虫性成熟并能产生后代为止的个体发育史，称为一个世代，简称为一代或一化，一个世代通常包括卵、幼虫、蛹及成虫等虫态。

昆虫一年发生的世代数的多少是受种的遗传性所决定的。一年发生1代的昆虫，称为一化性（univoltine）昆虫，如大豆食心虫、梨茎蜂、舞毒蛾等。一年发生两代及其以上者，称为多化性（polyvoltine）昆虫，如棉铃虫一年发生3～4代，棉蚜一年可发生10～30余代。也有些昆虫则需两年或多年完成1代，如大黑鳃金龟两年发生1代，沟金针虫、华北蝼蛄约3年发生1代，17年蝉则需17年发生1代。

昆虫的生活史又称生活周期，是指昆虫个体发育的全过程。昆虫在一年中的个体发育过程，称为年生活史或生活年史。年生活史是指昆虫从越冬虫态（卵、幼虫、蛹或成虫）越冬后复苏起，至翌年越冬复苏前的全过程。一年发生1代的昆虫，其年生活史与世代的含义是相同的。一些多化性昆虫，其年生活史较为复杂，从而形成了年生活史的世代交替现象。

（14）滞育和休眠

昆虫的生命活动暂时性的休止，其生理活动处于极低的水平上。

① 滞育　主要受光周期的控制，在一定的光照条件下，同种昆虫的大部或全部个体中止发育，进入滞育。一旦进入滞育，就必须经过一定的时期，并且需要一定的条件（大多数表现为一定的低温）的刺激，才能在回到合适的条件时，继续生长发育。都是生活活动暂时性的休止，其生理活动都处于极低的水平上。例如天幕毛虫、舞毒蛾等，在6、7月以卵期进入滞育，这时胚胎发育虽已完成，但其幼虫并不孵化，一直以此状态经越冬后直至来春才能孵出幼虫。

② 休眠　是由于不利的环境条件所引起（如高温或低温），一旦这些不利因素消失，昆虫几乎立即可以恢复活动，继续生长发育。

2　昆虫的基本分类

昆虫纲是动物界中最大的纲，估计近100万～300万种以上，已知种类只有约15万，许多种类尚待认识。

（1）物种概念

种是分类的基本单位，是分类的基础。对种的认识不一致，但多数认为种是自然界中客观存在的实体，每一个种都有它自身特有的形态特征、地理分布，并与其他种存在着生殖上的隔离。昆虫分类系统中常用的阶元是：界、门、纲、目、科、属、种。昆虫纲属于动物界、节肢动物门。

（2）昆虫的分类

昆虫分类的依据，主要采用的是其形态特征。分亚纲和分目的主要标志是根据翅的有无、形状、对数和质地，口器的类型，触角、足、腹部附肢的有无及其形态等。下面 9 个目几乎包括了大多数农林害虫和益虫。

① 直翅目　包括蝗虫、螽蟖、蟋蟀、蝼蛄等。全世界已知 22 500 余种，我国记载有 500 多种，包括很多重要的农业和林业害虫。体中型至大型。口器咀嚼式，触角丝状，翅 2 对，前翅狭长、革质，起保护作用，称覆翅。

② 等翅目　通称白蚁或螱。全世界已知 2 000 种以上。绝大部分产于热带、亚热带地区。在我国长江以南各省危害较严重。体多为小型，柔软，色浅。口器咀嚼式，触角念珠状，有翅或无翅，有翅者，翅 2 对膜质，其形状、大小和脉序都很相似。群体生活于一个巢内，分工明显，社会性昆虫。每巢内有“蚁后”、“蚁王”以及为数极多的生殖蚁、工蚁和兵蚁等。严重危害农林作物、房屋、桥梁、交通工具、堤围等。

③ 半翅目　通称蝽象或蝽等。体小至大型，多呈椭圆形成盾形，略为扁平。头部前端较窄。口器刺吸式，触角丝状，4～5 节。前胸背板宽大，中胸小盾片发达。翅 2 对，前翅半鞘翅；后翅膜质。足有时特化，跗节 1～3 节，某些种类具臭腺。除少数为水生外，大部分为陆生，一般吸食植物汁液，有的能传播病害，部分种类为肉食性，本目中有不少种类为农林业上的重要害虫。

④ 同翅目　常见种类如蝉、叶蝉、蚜、木虱、粉虱、蚧等。体微小至大型。头部为后口式，口器为刺吸式。触角为刚毛状或丝状等。前翅全部为革质或膜质，后翅膜质。休止时作屋脊状覆叠，也有不少种类完全无翅。体上常有蜡质被盖。多为植食性种类，吸食植物汁液，有的还能传播植物病害。大多数种类营两性生殖，在蚜、蚧类则有孤雌生殖，有些种类繁殖量大，生活史复杂，并有转换寄主习性，有的还能在植物上形成虫瘿。本目包括了许多农林业的重要害虫。

⑤ 脉翅目　常见种类如草蛉、褐蛉、粉蛉、蚁蛉等。体型中等（10～30mm），头下口式。触角长而显著，丝状、念珠状、栉齿状或棒状。前后翅大小和形状相似。翅膜质，翅脉密而多，网状，上有很多横脉，边缘多分叉。成虫具咀嚼式口器，幼虫具刺吸式口器。幼虫和成虫均肉食性。许多种类可以用于生物防治。常见种类有中华草蛉、大草蛉、丽草蛉、普通草蛉等。

⑥ 鞘翅目　通称甲虫。昆虫纲中最大的一目，占昆虫总数的 1/4 多。体壁坚硬，触角多为 11 节，但形状不一，口器咀嚼式。前胸发达，小盾片呈三角形外露。前翅硬化成角质，称鞘翅，后缘平直，平时两翅的后缘与体背中部并合成一直线，盖住中、后胸及腹部和后翅。食性和生活环境很不一致，捕食性的如步甲、瓢虫等，有益于农林业；植食性的包括了许多重要农林业上的害虫，如金龟甲、叩头甲、象甲、叶甲、天牛和小蠹等。

⑦ 鳞翅目　通称蛾和蝶。为昆虫纲中仅次于鞘翅目的第 2 大目。触角细长，有线状、羽状、球杆状等。口器虹吸式，能卷伸自如，有些种类的口器则退化。一般有翅 2 对，膜质、翅面、身体以及附肢等密被鳞片，故有此目名。休止时，翅作屋脊状覆叠（蛾类）或竖立体背两侧（蝶类）。绝大部分为植食性，除极少数成虫能危害外，均以幼虫危害。幼虫生

活习性和取食方式多样化：大多在植物表面取食，咬成孔洞缺刻；有的营隐蔽生活，卷叶，潜叶，钻蛀种实、枝干；或在土内危害植物的根、茎部等。本目有许多种类为农林业上的重要害虫，如甜菜夜蛾、小菜蛾、菜青虫、水稻二化螟、棉铃虫、美国白蛾、松毛虫等。

⑧ 膜翅目　包括各种蜂类和蚂蚁等。已知种数仅次于鞘翅目和鳞翅目而居第3位。本目中有不少种类营群居生活或社会性生活，除去一部分种类危害农林业外，大部分是有益的，其中包括许多寄生性益虫，以及授粉酿蜜的蜜蜂等。触角3～70节不等，常为膝状或丝状。口器咀嚼式，蜜蜂类为嚼吸式。腹部第1节与胸部愈合，并称胸腹节；翅2对，膜质，前大后小；后翅前缘有小钩列，可钩连在前翅后缘中部的折上；前翅多有明显的翅痣，脉序多特化。

⑨ 双翅目　包括各种蚊、虻、蝇等，为昆虫纲第4大目。成虫多食花蜜或腐烂的有机物，有的捕食其他昆虫（食虫虻、食蚜蝇等），为重要捕食性天敌；有的吸食人、畜血液（蚊、虻、蚋科等），为重要医学昆虫；有的则营寄生性生活（寄蝇、麻蝇科等），为重要寄生性天敌。植食性种类，可潜叶、蛀茎、蛀根、种实、钻蛀果实和作虫瘿等，为重要农林害虫。头部球形或半球形。复眼发达，雄虫往往两眼左右相接。长角亚目（蚊类）的触角丝状、念球状等；短角亚目（虻和蝇类）的触角多为3节，有触角芒。口器有舐吸式、刮吸式以及刺吸式等。只有1对膜质前翅，脉序简单，后翅退化成平衡棍。

3　螨的基本分类

螨类俗称“红蜘蛛”，属于节肢动物门蛛形纲 *Arachnida*、蜱螨亚纲 *Acari*。

它们与昆虫的主要区别是：体分节不明显；无翅，无复眼，但大多数种类有1～2对单眼；有足4对（少数有2对），食性较为复杂。螨体长通常在2mm以下，头胸腹愈合为一体，分颚体和躯体2个体段。绝大多数若螨和成螨具足4对，并以气管呼吸。

据估计，全世界大约有蜱螨50万种，农业害螨主要有叶螨、全爪螨、细须螨、跗线螨、瘿螨和粉螨等类群。它们多数用口针刺入植物的叶、嫩茎、叶鞘、花蕾、花萼、果实、块根、块茎等组织，吸取细胞汁液，破坏叶子气孔、海绵组织和栅栏组织，并分泌有毒有害物质，阻碍植物生长发育，从而造成如下主要危害症状：使叶片褪绿、发黄、发红、焦枯或形成虫瘿；危害芽使之畸形；使叶子、果皮呈锈色；使叶片呈毛毡状；造成裂果；严重时可使植物落叶、落花、落果，甚至大面积植株枯死，造成产量和品质大幅度下降。如小麦等禾本科植物叶片受害后，先失绿并出现黄色斑块，严重时叶尖枯焦或全叶枯黄，甚至整株死亡；棉花叶片受害后，先出现失绿红斑，继而出现红叶干枯，叶柄和蕾铃的基部产生离层，严重时叶片和蕾铃大量脱落，状如火烧；苹果叶片被害后，最初呈现出许多失绿的小点，随后扩大连成片，最终叶片焦黄脱落；柑橘叶片被害后，叶片正面呈现出灰白色失绿小点，失去光泽，严重时全叶灰白色，大量脱落；柑橘果皮被害后，果皮粗糙，满布网状细纹和褐色斑点。

除了直接危害外，许多害螨还能传播植物病毒病害（如瘿螨）和真菌病害（如穗螨）。

(1) 叶螨科

体型微小，一般雌成螨体长0.4～0.6mm。多为红色或红褐色，部分种类褐色、黄色或绿色。同一种叶螨，往往雌螨红色，雄螨黄绿色，多数幼螨期体为黄绿色。还有一些螨类，在发生季节体为红褐色或紫褐色，而越冬期间则变为鲜红色。

成螨和若螨有足4对，而幼螨只有3对。叶螨的表皮柔软，一般有纤细的纹路，少数形成网状纹。叶螨有性二型现象，雄螨小于雌螨，呈菱形，足较细长。叶螨是最大的植食性害螨类群，与农、林和城市绿化的关系非常密切，常年造成巨大经济损失。如二斑叶螨、朱砂叶螨、截形叶螨、山楂叶螨、苹果全爪螨、柑橘全爪螨、麦岩螨和栗小爪螨等。二斑叶螨的寄主有200余种，分属45个科，是1种多食性害螨。可危害苹果、梨、山楂、木瓜、桃、杏、茄子、辣椒、黄瓜、豇豆、薯类、大豆、花生、芝麻、棉花、麻类等果树、蔬菜、大田等作物及杂草。成螨和若螨多在植物叶片背面刺吸危害，也可危害花萼、嫩茎、果柄和果实。受害后，多数棉花品种呈现暗红色斑点。严重时，成片的棉株似火烧而叶片脱落，故俗称该螨为“火龙”。

朱砂叶螨为多食性害螨。寄主很多，如棉花、玉米、高粱、豆类、麻类、薯类、瓜类、茄子、辣椒、芝麻、烟草等作物、蔬菜、果树及杂草。寄主种类和危害状与二斑叶螨相似。

截形叶螨食性广泛，主要有玉米、高粱、小麦、谷子、棉花、豆类、蔬菜、杂草、花卉、林木等。成、若螨以口针穿刺植物组织，吸取营养。初害时玉米呈针头大小褪绿的黄白斑点，斑点逐渐连成片，严重时叶片发黄而焦枯，玉米籽粒秕瘦，减产绝收。

山楂叶螨寄主植物有山楂、苹果、梨、木瓜、桃、李、杏、梅、蔷薇、月季、棉花、番茄等。成、若螨主要在叶片背面危害，初期为褪绿斑点，后期扩大成褪绿斑块。严重时整叶枯黄，造成落叶、落花、落果，造成严重减产，甚至造成秋季第2次开花，影响来年的产量。

苹果全爪螨主要危害苹果、沙果、梨、李、扁桃、樱桃等。成、若螨和幼螨多在叶正面活动，主要刺吸危害林、果树木的叶片，呈现褪绿斑点，严重时，造成干枯落叶。早期危害严重时，常使刚萌发的叶芽枯死或提早枯萎。

柑橘全爪螨寄主植物主要有柑橘、柠檬、柚、枳壳、桃、樱桃、樱花、玉兰、月季、天竺葵、美人蕉等。其叶片、嫩枝、幼果、花蕾都能被害，但以叶片受害最重。被害部位先褪绿色，后呈现灰白色斑点，叶片失去光泽，被害果呈灰白色。严重时造成大量落叶、落花、落果，嫩梢枯死，特别是苗圃和幼树受害更烈。

麦岩螨主要危害小麦和大麦，也危害棉花、大豆、葱、花椒、桃、苹果等作物和林果。成螨、若螨和幼螨以刺吸口器危害叶片后呈黄白色斑点，叶色发黄。危害严重时麦苗枯死或麦株不能抽穗。受害麦苗抗寒力显著下降。

栗小爪螨寄主有板栗、锥栗、麻栎等。被害叶初期褪绿，在叶面可见黄白色小斑点，严重时栗叶焦枯变褐色，大量脱落。

(2) 细须螨科

体型微小而扁平，成螨体长0.2～0.3mm，背面观呈卵形、倒梨形或菌形，雌、雄大小相似。体一般呈深红色，部分种类黄褐色或苍白色。体呈红色的种类，其前足体前部和足的颜色往往较淡，呈橙黄色。

雌、雄成螨的体型和大小没有明显差异，但在用显微镜观察玻片标本时，雌螨的后半体通常完整，而雄螨则有横缝将其分隔为后足体与末体两部分；雌螨有生殖板和殖前板，雄螨盾板缺如。

本科主要害螨如卵形短须螨，为多食性，寄主有柑橘、桃、石榴、葡萄、柿、茶、茶花、栀子、茉莉等。主要刺吸危害叶片，也危害嫩茎和叶柄。被害症状因寄主而异，一般受害处形成褪绿斑点，叶色变褐或赤褐色，严重时导致落叶；而甜橙叶受害后，在褪绿斑点周围有时会出现栗色环纹。随后发展成粗糙的鳞屑症状。

(3) 瘿螨总科

瘿螨体型呈楔形、纺锤形或锥形。其体躯由前半体和后半体组成，前半体包括颚体和前足体，在前足体背面盖有1块盾板称背盾板，在腹面有2对足基节。

瘿螨仅有2对足，其余2对已退化消失。在跗节背端部着生1根端部稍膨大成端球的爪。在其下方，跗节端部着生有爪间突，称为羽状爪。羽状爪侧面观似单栉齿状。

本科主要害螨如枣叶锈螨，又名枣瘿螨、枣顶冠瘿螨等。寄主为枣、酸枣。各活动螨态常常聚集在新枝嫩芽上吸取汁液，早期受害的叶片具有许多半透明小斑点，后期叶片卷缩或脱落，叶背银白色，故俗称“银叶病”。

(4) 跗线螨总科

体微小，未膨腹雌螨体长一般为0.2～0.3mm。体卵圆形或梭形，多呈白色、黄色或棕色。

本科主要害螨如侧多食跗线螨，又名茶黄螨。为杂食性害螨。已知寄主有68种，主要有茄子、辣椒、番茄、黄瓜、油料作物、茶、果树、玉珊瑚、五色椒等。该螨多集中危害嫩叶、嫩茎、萼片、果柄和嫩果实，受害叶片背面呈灰褐色或黄褐色，有油浸状或油渍状光泽，叶缘向背面卷曲。受害嫩茎、嫩枝变黄褐色，扭曲畸形、果柄、萼片、果实变褐。茄果脐部变黄褐色、木栓化和不同程度的龟裂，如开花馒头，种子裸露，茄子味苦。辣椒和甜椒受害，植株矮小丛生，落叶、落花、落果、形成秃尖。番茄受害，叶片变窄，僵硬直立，皱缩或扭曲畸形，最后形成秃尖。黄瓜受害，上部叶片变小，变硬，生长点枯死，不发新叶。

(5) 粉螨总科

体壁薄而柔软，通常有前背盾片和分颈沟。螯肢发达，钳状并有钳齿，组成发达的取食器官。

足4对，有趾节，包括1个肉质基部和无柄的爪间突，爪间突为爪状，但无真爪。休眠体为卵形，淡红褐色。

本科主要害螨如刺足根螨，寄主为圆葱、蒜头、葱头、韭菜、生姜、百合、马铃薯、甜菜、葡萄、风信子、栽培的半夏、水仙、地瓜花等。该螨在土中以发达的螯肢钳食寄主组织及其伤口的真菌，尤其喜食块茎、鳞茎、块根类植物的地下部分及其储藏物，还能传播腐烂病的病原菌 *Fusarium oxysporum* 以及细菌病害。它在人体皮肤上使人感到痒和刺痛，血管肿胀，如同炎症初期。

4 害虫和虫害形成的条件

昆虫取食植物，不仅没有消灭植物，反而在长期的协同进化过程中两者都更加多样化，更加繁茂丰富。从这一点上看，任何一种昆虫的出现和生存都是自然合理的。那么，什么是害虫呢？

人们通常把害虫定义为其活动对人类利益是有害的昆虫（包括螨），实际上是人类从维护自己利益出发而确定的概念。笼统地说，害虫正在与我们人类争夺某些资源，它们会降低人类对资源的利用率、质量或价值。植食性昆虫取食植物，是为了它们的生存，它们有权利分享这种绿色的自然资源，包括人类生活必需的资源——小麦、水稻、玉米、谷子、高粱、甘薯、棉花、麻类、油料、果树、蔬菜、糖类、烟草、茶叶和牧草等作物和林业资源。如果这些资源被某些昆虫取食的太多，以致影响了人类的经济利益，这些昆虫就称为“害虫”。

就近代有害生物综合治理的观点来看，有害和有益是相对而言的。例如，对人们有害的许多农业害虫，却是害虫天敌必不可缺的食物；一种害虫并不一定永远是有害的，只要善于开发利用，也可能变成益虫，像家蚕等一些资源昆虫就是很好的例证。况且，即便是同一种农业“害虫”，在不同的地区、年份、季节、作物及其生育期，所发生的虫口密度各不相同，取食后可能没有经济损失，甚至有一定的增产作用（如害虫在开花、坐果过多的果树上危害一定数量的花和幼果，能起疏花疏果的作用，果树的产量反而有所增加）；只有当它们的种群密度高到经济危害水平时，才可以造成不同程度的产量和质量损失，对人类经济利益构成危害，此时方可称其为真正的害虫。因此，判断昆虫种类和发生时间是害虫的唯一标准，要看该种群数量及其造成损失的程度达到经济危害水平，否则，只能作为维持生态平衡的生物种群或有潜在性的害虫。

(1) 害虫的类别

① 关键性害虫　又称严重性害虫或常发性害虫，是指在不防治情况下，每年的种群数量经常达到经济危害水平，对资源的产量造成相当损失者，约占植食性昆虫种类的1%～2%。如麦长管蚜、玉米螟、棉铃虫、菜青虫、美洲斑潜蝇、温室白粉虱、桃蛀螟等。

② 偶发性害虫　是指在一般年份不会造成不可忍受的经济损失，而在个别年份常因自然控制的力量受破坏，或气候不正常（如雨水偏多等），或人们的治理不恰当，致使种群数量暴发引起经济损害的害虫。其中，有人将每隔一段时间暴发危害一次者，称为周期性害虫。如棉小造桥虫、大豆造桥虫、甘薯天蛾、麦叶蜂、大袋蛾等。

③ 潜在性害虫　是指作为资源消费者和资源竞争者中的大多数种类，约占植食性昆虫种类的80%～90%，在现行的防治措施下，它们的种群数量永远在经济阈值以下的种群平衡状态，绝对不会造成经济危害损失，因为它们有牢固的自然控制因素。但是由于它们在食物网中所处的位置，如果改变防治措施或改变耕作制度，从而改变生态系统的结构，则有可能变为重要害虫。

④ 迁移性害虫　这类害虫通常活动性和繁殖力强，成群迁移或迁飞，会周期性地或偶然地在一段时间内危害农作物，造成严重损失。如东亚飞蝗、褐飞虱、黏虫、小地老虎、稻纵卷叶螟等。

⑤ 非害虫　包括无害的和有益的两类昆虫。在生态系统中，它们可能对于控制害虫，对于营养物质的循环和能量流动，对于农作物受粉或传播种籽，或为有益生物提供转换营养或庇护场所等起重要作用。

(2) 虫害形成的条件

害虫和虫害是两个不同的概念。虫害是害虫取食或产卵等行为造成农作物经济损失的受害特性。造成虫害必须具备下列3个条件。

① 虫源　虫源是造成虫害的基础。在一定的区域范围内，害虫危害对农作物造成较大的损失，首先要具有一定数量的虫源。对异地迁飞性或借气流等传播的害虫来说，其虫源决定于迁入数量；对于当地土生土长的害虫来说，决定于该地的虫口基数。在相同的环境条件下，虫源基数越大造成虫害的可能性也越大。

② 一定的种群密度　有较多虫源不一定造成虫害，还必须具备利于害虫繁殖蔓延的生态环境条件。只有当害虫的种群密度发展到足以造成危害农作物产量或质量的虫口数量时，才能造成虫害。

③ 适宜的寄生植物及其生育阶段　适宜的寄生植物是害虫生存和发展的必要条件，只有田间有充足的喜食植物及其感虫品种，才能提供害虫丰富的食物营养，虫口数量才能得到快速增长。尤其是当作物受害的生育期与害虫的危害期相吻合时，才能造成严重的虫害。

5　害虫种群动态与虫害形成机制

自然状态下，害虫危害作物后，作物受害程度取决于害虫种群数量、作物的抗虫性和避害性，而害虫种群数量变动又取决于害虫本身的生物学潜能，在一定的生态条件下综合影响的结果。这里指的生物学潜能主要有种群基数、性比、生殖力和繁殖速率等。由此可见，农业害虫构成危害必须具备3个条件：其一，必须有一定量的虫源，虫源基数越多，发生为害的可能性越大；其二，必须有适于害虫生长发育、繁殖和种群密度增加的生态环境条件，生态条件适宜时，虫口密度就大；其三，必须具备寄主作物的易受害生育期、抗虫性和产量等，如果害虫发生期与寄主植物易受害期吻合、抗虫性弱，害虫就能构成较大危害。如果这3条因素仅具备其中的1～2条，不能造成危害损失。

（1）害虫种群的自然控制

某一特定时期的昆虫种群数量是其出生率和死亡率相互作用的结果。也就是说，昆虫在一般情况下，增殖潜力总是呈增加的趋势，但是却又被环境中各种抑制种群数量的因子平衡，其结果表现为此时的种群密度。各种环境因素并不是恒定的，是以规律性的（如温度的季节性变化）和不规律性的（如湿度变化）方式波动，因此，导致昆虫种群随之波动。如果环境条件不发生剧烈地变化，昆虫的虫口密度一般不会急剧升、降或灭绝，而是以平衡密度为中心来回波动，这一过程称为自然控制。

许多生物在无限的资源供应条件下，种群数量能够按照指数方式增长。常见于生活周期很短、繁殖十分迅速的菌类。在生活史较短，且繁殖速度又很快的蚜、螨、粉虱等昆虫的短期预测中有较高的应用价值。另外，在种群数量突增突减的迁飞害虫中也有一定的参考价值。

在自然界，以上那种无限的理想的生存空间是不存在的，种群也就不可能持续地呈指数增长。实际上，种群常生存于资源供应有限的条件下，随着种群内个体数量的增多，对有限资源的种内竞争也逐渐加剧，个体间的死亡增多或生活力减弱，繁殖减少，种群的增长速率逐渐减小，当种群增长达到其资源供应状况所能够维持的最大限度的密度时，种群将不再继续增殖而趋于相对稳定。

（2）害虫的生态对策

在自然条件下，昆虫所处的生态环境条件有很大差异，有的栖境稳定程度极短暂（如雨后的临时积水坑），而有的相对持久（如热带雨林等）。因此，昆虫及其他生物种群在这些生境中，经自然选择，获得对不同环境条件的适应性而向着不同方向进化。生态对策表示不同的进化方向，分为r-类害虫（r-pests）和k-类害虫（k-pests）以及介于二者之间的中间型害虫（intermediate pests）。

① r-类害虫　其种群密度很不稳定，很少达到环境容纳水平，超过生境容纳量时不致造成进化上的不良后果，一个世代不影响下一世代的资源。有较强的扩散迁飞能力，是不断地侵占暂时性生境的种类，对短暂的生境具有高度的适应性。它们的对策基本上是“机会主义”的，“突然暴发或猛烈破产”。迁移性是它们种群形成和暂时生存的重要组成部分，甚至每代都有发生。它们的个体小，食性广，寻找寄主和繁殖能力均很强，寿命及每个世代周期短，但往往没有完善的保护后代机制。因此，其后代死亡率高，但富有种群数量的恢复活力。又由于它们的量很大，占据的生境较多，所以，不需要有强的竞争力。如棉蚜、小地老虎、褐飞虱、朱砂叶螨等许多农业害虫基本属于r-对策者。

② k-类害虫　在长期稳定的生境中，其种群密度比较稳定，经常处于环境容纳量水平。对于占有这类生境的害虫，过度繁殖超过生境容纳量，会恶化生境，使k值降低，并对其后代有不利的影响。同时，许多其他的物种会侵占这种稳定的生境，因而形成各种形式的种间竞争，包括捕食等现象可能很激烈。它们的进化方向是使种群保持在平衡水平上和增强种间竞争能力。这类害虫一般体型较大，食性较狭，寻找寄主能力较弱，寿命和世代周期较长，繁殖能力弱，但常有较完善的保护后代机制及对每个后代的巨大“投资”。因此，其后代死亡率较低，有强的竞争能力。如十七年蝉、华北蝼蛄、云杉天牛、二疣独角仙等许多农林害虫基本属于k-对策者。

③ 中间型害虫　由于从k-对策到r-对策是一个完整而连续的整体系统，其间并无明显的分界线。除了理论上的k-对策者和r-对策者外，在自然界中很难找出哪种生物就是典型的k-对策者或r-对策者。这些物种显示混合性状，是中间类型。只能相对地说，恐龙、大象和树木基本属于k-对策者，细菌和病毒属于r-对策者，而昆虫偏向于r-对策者。在昆虫纲中，相比之下，绝大多数害虫居于r-类害虫和k-类害虫之间，它们具有中等的个体、繁殖力和世

代历期，中等程度的生态适应性和种群竞争力。其中，有些种类偏向 r 端，也有些则偏向于 k 端。况且，各种害虫的生态对策不是一成不变的。在不同条件下，同一物种的生态对策可呈现为 k 对策或 r 对策，或偏向于 k 对策或 r 对策一端移动，同理，生态系统发生任何自然或人为的改变，都将改变该物种种群的动态表现。

r-对策害虫常以惊人的数量暴发的方式出现，具有频繁的或不频繁的间隔期，通常危害作物的根、叶和嫩梢。尽管天敌种类较多，然而天敌的跟随现象非常明显，在这些害虫大量危害之前，很少起作用，只是在害虫数量上升的中后期，天敌才起到控制作用。杀虫剂是防治 r-类害虫的主要方法。使用杀虫剂收效快，灵活性大，易于对付 r-类害虫的大发生。

k-对策害虫常常虫口不多，但仍可造成相当严重的损失。因为它们往往使作物植株死亡，或直接危害要收获的产品部分。天敌少，虫口能从低死亡率回升，但当死亡率相当高时，便趋向于消灭。因此，根除这类害虫，遗传防治是最适宜的。当要造成较高损失时，施用杀虫剂也是适宜的。

中间类害虫既危害根和叶，也危害果实，能被天敌很好地控制或调节。这种调节可能代表一种圆满的防治方式，也就是生物防治最适合于对付中间类害虫。

（3）害虫对作物的经济危害

害虫对作物的经济危害包括直接的、间接的、当时的、后继的等多种。不同的害虫种类，有其不相同的危害时期、危害部位和危害方式，因而造成危害损失的程度就有显著的差异；同一种害虫危害不同作物也会造成不同程度的损失，这不仅与作物本身的生物特性有关，而且也取决于人们所要收获的部位。这些损失最终集中表现在农作物的产量或品质上。

害虫对作物的危害程度与害虫的种群密度有密切关系，在一般情况下，害虫种群密度越大，作物受害损失越重，但是并不完全呈直线关系。害虫对作物的危害程度还与害虫的发育阶段有关，幼虫龄期越大吃得越多、危害越重，而成虫也许完全不取食。

害虫对作物的危害程度不同，造成的损失也不同。在一定范围内，作物损失和害虫危害大体上呈正相关，但从害虫危害某种作物的全过程来看，或是从不同作物的受害情况来看，两者之间并不总是呈直线关系，可能出现以下情况。

如果害虫不直接危害作物的收获部位或危害期与收获期在较长时间内不吻合，如危害粮食作物的根、茎、叶，没有危害种子，这是间接危害。因为作物通常有相当大的补偿能力，表现出害虫低水平的间接危害，对作物最后产量没有任何影响。随着危害水平的提高，当达到作物不能忍受的水平时，产量便开始下降，此时害虫的危害程度即为危害阈值，害虫为害超过危害阈值后，随着害虫危害程度的增加，产量逐渐缓慢地降低，当作物的补偿能力完全丧失时，产量损失呈直线下降。另外，有一种较为特殊的情况，较轻的害虫危害不但不致减产，反而起到了间苗和控制陡长而使作物略有增产作用，即所谓超越补偿作用。特别是危害多年生作物，如在开花、坐果过多的果树上危害一定数量的花和幼果，能起疏花疏果的作用，果树的产量反而有所增加。

当害虫直接危害作物的收获部位时，作物产量与害虫危害呈近似直线关系。在这种情况下，危害阈值是非常低的，或等于零。随着害虫种群数量增加，产量呈直线下降，最终达到零。如桃小食心虫，每头桃小食心虫幼虫都能危害一个苹果；再如菜青虫、小菜蛾等直接取食大白菜的收获部分，如果不加以防治，也许会引起较大的产量损失或完全损失。

事实上害虫和作物的种类很多，害虫的危害特性和作物的受害生理都比较复杂，而且它们都受外界条件的影响，如果对它们进行更深入更广泛的研究，便会发现害虫危害和作物损失间的关系要复杂得多。同一受害水平在不同作物品种、不同生育阶段、不同环境条件下，产量损失可能不同。小麦在灌浆期受蚜害时，如遇干旱减产甚烈，如果水分供应充分，则减产较少。在这里蚜虫危害和干旱相互作用，以致减产大于单纯蚜害和单纯干旱造成减产之和。如果一种作物有多种害虫同时发生时，则往往产生更加复杂的相互作用。

作为指导害虫防治的经济阈值，国内将经济阈值习惯称谓防治指标，必须定在害虫到达经济损害允许水平之前，因而必须预先确定害虫的经济损害允许水平，然后根据害虫的增长曲线（预测性的），求出需要提前进行控制的害虫密度，这个害虫密度便是经济阈值（或防治指标）。

研究防治适期的原则，应以防治费用最少，而防治后的经济效益最高为标准，包括防治效益高，减轻危害损失最显著，对天敌杀伤少，维持对害虫控制作用持久等。以害虫的虫态而言，一般在低龄幼虫（若虫）期为防治适期，在发生量大时，更应如此。例如，食叶性害虫应在暴食虫龄前；卷叶害虫应在孵化盛期至卷叶之前；钻蛀性害虫应在成虫盛期至幼虫蛀入茎或果之前；蚜虫、粉虱、飞虱、螨类等r-类害虫，应在种群突增期前或点片发生阶段。从“灭害保益”出发，其防治适期应尽可能避开天敌的敏感期，以利于保护和发挥天敌的持久控害作用。

（二）中国农业主要害虫（螨）

1 蝗　虫

蝗虫属直翅目蝗亚科，俗称“蚂蚱”。全世界已知1万多种，中国约有1千余种。蝗虫不仅种类多，而且一些优势种群数量大，危害严重，是农林牧业的大害虫。例如东亚飞蝗大发生年份，其数量之多、危害之重是十分惊人的：当成虫群迁时，形似狂风扫落叶，或像沙尘暴；所过之处，遮天蔽日，人马难行；所落之处，沟堑尽平，食田禾一空。通常造成饿殍枕道，民不聊生。在旧中国人们将水、旱、蝗并列称为最严重的3大自然灾害。新中国成立后，实行“改治并举”的治蝗方针，很快就基本控制了飞蝗的猖獗发生危害，取得了世人瞩目的飞蝗综合防治的伟大成就。但自1988年以来，由于气候和耕作制度发生了较大变化，以及人们长期不合理地防治害虫，致使部分老蝗区蝗情回升，且有逐年加重的趋势，甚至使广西和海南的局部地区也成为新蝗区。特别是近年来，几乎连年发生，一般地块有蝗蝻平均为20～30头/m^2，多者百余头/m^2，个别严重地片高达3300头/m^2。1995年以来，内蒙古自治区赤峰市草地土蝗发生严重，平均虫口密度50～70头/m^2，最高达260头/m^2，减产鲜草41×10^8kg，使畜牧业生产蒙受巨大损失。2001年北方11个省、市、自治区的蝗虫大发生，其中河北省白洋淀的飞蝗密度可达每平米百余头至上千头。

① 东亚飞蝗　直翅目，蝗科。飞蝗是我国历史上最严重的大害虫。其种群有群居型和散居型之分，两型在形态、生理和习性上均有不同，但在一定条件下可以互变。在黄河、淮河、海河至长江流域1年发生2～3代，多数2代。以卵囊在土中越冬，飞蝗在发生基地种群密度超过一定程度后，形成群居型，常群集向外迁飞，下落至农业区即造成大害。新中国成立后，大力改造飞蝗发生地的环境，发生面积已显著减少，但仍需监测和防治。飞蝗喜食禾本科粮食植物，如小麦、玉米、高粱、水稻、粟等。在发生基地喜食芦苇、稗草、荻草等多种杂草。

② 笨蝗　直翅目，蝗科。在中国北方一年发生1代，以卵在土中越冬。一般于4月上、中旬孵化，6月上、中旬羽化，6月下旬至7月下旬产卵。笨蝗有多次交尾习性，一生可交尾5～8次，最多达10次以上。喜在高燥、向阳、植物覆盖小的地方产卵。1头雌虫可产卵2～3块，每卵块有卵10粒左右。笨蝗多发生在干旱高燥的向阳坡地及丘陵山地，一些耕作粗放的农田常有发生。本种蝗虫不能飞翔，不能跳跃，且行动迟缓，故名笨蝗。食性极杂，最喜食甘薯、大豆及瓜类，也可为害马铃薯、绿豆、豇豆、豌豆、小麦、大麦、玉米、高

粱、粟以及棉花、多种蔬菜、林木幼苗等。

③ 短额负蝗　直翅目，蝗科。在中国东北一年发生1代，在华北发生1～2代，以卵在荒地或沟侧土中越冬；华北5月中旬至6月中旬孵化，7～8月间成虫大量出现；东北8月上、中旬可见大量成虫。成虫喜在植被多、湿度大的环境中栖息。为害植物主要为棉花、大豆、其他豆类、甘薯、马铃薯、蔬菜等。

④ 中华稻蝗　见水稻主要害虫。

⑤ 黄胫小车蝗　直翅目，蝗科。在河北平原一年发生2代，以卵在土中越冬。越冬卵于5月下旬至6月中旬孵化，6月下旬至7月下旬成虫羽化，7月中旬开始产卵。第2代蝗蝻于8月上、中旬孵化，第2代成虫于9月中、下旬羽化，10月上、中旬产卵。第1代成虫羽化后，经6～13d开始交尾，第2代成虫羽化后经7～17d交尾，成虫有多次交尾习性，一般交尾16～20次，最多达25次。在河北以沿海、沿河、低洼易涝及杂草较多地区发生较重。为害植物主要为水稻、粟、小麦、玉米、高粱、大豆、花生、棉花、甘薯、马铃薯等。

⑥ 亚洲小车蝗　直翅目，蝗科。一年发生1代，以卵在土中越冬。5月中、下旬越冬卵开始孵化，7月羽化为成虫。本种蝗虫在平原山地均可发生，但以山区、坡地等高燥环境发生较多。为害植物主要为粟、黍、玉米、高粱、莜麦、小麦、大豆、小豆、马铃薯、亚麻、牧草等。

⑦ 长翅素木蝗（长翅黑背蝗）　直翅目，蝗科。在河北一年发生1代，以卵越冬。越冬卵于5月中下旬孵化，7月中旬开始羽化，8月上旬产卵，成虫发生期可延至11月初。成虫喜在河堤、渠埂和高岗等处产卵。一头雌虫可产卵2～3块，每卵块含卵43～67粒，一头雌虫一生可产卵100余粒至200余粒。此虫一般在地势低洼易涝或湖、河岸边发生较多。主要为害禾本科作物，如高粱、玉米、粟及豆科作物如大豆、小豆、绿豆等，也可为害甘薯、马铃薯、白菜、甘蓝、萝卜等。

⑧ 短星翅蝗　直翅目，蝗科。在河北一年发生1代，河南2代，以卵在土中越冬。在河北平原越冬卵于5月中旬至6月中旬孵化，7月上旬至下旬羽化，8月上旬至下旬开始产卵，9月中旬至10月下旬成虫陆续死亡。成虫羽化后至交尾时，需13d左右，交尾后15d左右开始产卵。产卵后经8～10d，又进行交尾，再过10d左右产第2次卵。一头雌虫可产卵2～3块，每卵块有卵38～46粒。成虫一般喜在背风向阳、土地板结、土壤湿度适中或轻盐碱的壤土中产卵。短星翅蝗适应能力较强，无论是高燥或低洼潮湿的环境条件下均能生活。主要为害豆类、马铃薯，也可为害小麦、高粱、玉米、甜菜、亚麻、萝卜、白菜、瓜类、甘薯等，还可取食菊科植物。

⑨ 轮纹异痂蝗（轮纹痂蝗）　直翅目，蝗科。一年发生1代，以卵在土中越冬。在河南越冬卵于5月上旬孵化，6月上旬成虫羽化，7月下旬成虫开始产卵。雄虫飞翔时有鸣声。在华北以山区、坡地发生较多。主要为害小麦、玉米、粟、莜麦、马铃薯、豆类、大麻、蒿子牧草等。

⑩ 蒙古疣蝗（疣蝗）　直翅目，蝗科。在河北一年发生1～2代，以卵在土中越冬。在一代发生区，越冬卵5月中旬孵化，7月中、下旬羽化，8月中旬交尾，9月上旬产卵。在二代发生区，第1代卵5月上、中旬孵化，6月中旬羽化，7月上旬交尾、产卵。第2代卵7月下旬孵化，8月下旬羽化，9月中旬交尾、产卵，成虫可发生至11月初。疣蝗有多次交尾和多次产卵习性。成虫喜在阳光充足、背风向阳、土壤板结、湿度适中的田埂、路旁、沟坡等地产卵。成虫除取食外常在裸露地面栖息活动。疣蝗适应性较强，能在多种环境中生存，其中以土壤潮湿、地势低洼、植被稀疏及菜园、道边等处发生较多。喜食禾本科杂草，主要为害作物为粟、大豆、蔬菜等。

⑪ 白纹雏蝗　直翅目，蝗科。在河南一年发生1代，以卵在土中越冬。越冬卵于5月

上、中旬孵化，6月中、下旬成虫开始羽化，8、9月为成虫产卵期。为害小麦、玉米、高粱、甘薯、豆类、花生、禾本科牧草。

⑫ 异色剑角蝗（中华蚱蜢） 直翅目，蝗科。在中国北方一年发生1代，以卵在土中越冬。在河北越冬卵于6月上旬至下旬孵化，8月中旬至9月上旬羽化，9月中旬至10月下旬产卵，10月中旬至11月上、中旬成虫死亡。成虫羽化后9～16d开始交尾。成虫有多次交尾习性，一生可交尾7～12次。交尾后6～33d产卵，每卵块有卵61～125粒，平均90.3粒。每头雌虫产卵1～4块，产卵69～437粒，平均221.7粒。成虫常选择道边、堤岸、沟渠、地埂等处及植被覆盖度为5%～33%的地方产卵。主要为害粟、水稻、小麦、玉米、高粱、花生、大豆、棉花、甘薯、烟草等，并喜食稗草、马唐等。

⑬ 宽翅曲背蝗 直翅目，蝗科。一年发生1代，以卵在土中越冬。在河南越冬卵于5月孵化，7月为成虫活动期，7、8月为成虫产卵盛期。以山区、坡地发生较多。主要为害小麦、玉米、高粱、粟、棉花、甘薯、花生、蔬菜、禾本科牧草。

2 地下害虫

地下害虫亦称土栖害虫或土壤害虫，取食大田、蔬菜、林木、果树、草坪、观赏植物等的地下部分（种子、根、茎）和地上部靠近地面的嫩茎，造成缺苗断垄。以蛴螬（金龟甲幼虫的通称）、金针虫（叩头甲幼虫的通称）、蝼蛄、地老虎、根蛆等的为害为重。

地下害虫种类多，适应性强，分布广，为害重，是农业害虫中的一个特殊生态类群，给农、林、牧业生产造成严重威胁，从而引起世界各国的普遍重视。

经调查统计，目前我国地下害虫的种类有320余种，分属于昆虫纲8目38科，包括蛴螬、金针虫、蝼蛄、地老虎、根蛆、拟步甲、根蚜、根蝽、根象甲、根叶甲、根天牛、根蚧、白蚁、蟋蟀、弹尾虫、根螨等近20类，其中尤以蛴螬、金针虫、蝼蛄、地老虎、根蛆等的为害最为严重。从全国发生为害的情况来看，北方重于南方，旱地重于水地，优势种群则因地而异。目前，我国地下害虫的发生情况是蛴螬为害严重，危害跃居各类地下害虫首位；金针虫为害有加重的趋势，豫、京、冀、陕、皖、甘等省区的虫口密度普遍回升；蝼蛄为害已基本得到控制；地老虎在许多地区仍然严重发生；根蛆主要在华北、东北、西北和内蒙古等地区发生为害较重；其他类群则常在局部地区猖獗成灾。

目前，地下害虫的发生动态又出现了一些新特点，一是优势虫种此起彼伏交替变化，如有些地区加大了对大黑鳃金龟的防治力度，大黑鳃金龟被防治，暗黑鳃金龟上升为优势种。另一特点是新的地下害虫种类不断出现，如河北有粉蚧危害玉米；辽宁、山东有危害小麦、玉米、棉花的大蚊；河南、陕西发现麦牙甲危害小麦；山东还发现麦拟根蚜危害小麦，小麦严重受害后不能抽穗。

① 东北大黑鳃金龟 鞘翅目，金龟科。二年发生1代，以幼虫、成虫隔年交替越冬。成虫活动期在4～8月；幼虫在春、秋两季为害。成虫取食各种果树、林木及苗木叶片和各种作物茎、叶；幼虫为害上述植物地下部分。

② 暗黑鳃金龟 鞘翅目，金龟科。一年发生1代，以3龄老熟幼虫越冬。6～7月为成虫发生期，成虫昼伏夜出，有群集性。在辽宁，幼虫在春（5月）、秋（8～10月）两季为害。成虫取食榆、杨、梨、苹果等叶片；幼虫为害各种农作物、苗木地下部分。

③ 黑皱鳃金龟 鞘翅目，金龟科。在中国北方二年发生1代，以幼虫、成虫隔年交替越冬。本种习性除不能飞行外，其余与东北大黑鳃金龟基本相似。成虫春季（4～5月）取食各种树木、果树、苗木、作物及杂草嫩芽、嫩茎和叶片；幼虫春季（4～6月）、秋季（8～10月）为害各种植物地下部分。

④ 云斑鳃金龟 鞘翅目，金龟科。在我国北方四年完成1代，以幼虫越冬。幼虫历期

约600余天，以第二年全年和第三年春季为害重。成虫盛期在7月。成虫取食杨、松、杉、柳及禾本科作物叶片；幼虫为害树木、果树、苗木及各种旱田作物地下部分。

⑤ 灰胸突鳃金龟　鞘翅目，金龟科。多数个体二年发生1代，以幼虫越冬。成虫盛期7月上、中旬。幼虫为害期5～9月。成虫取食果树、林木叶片；幼虫为害果树、林木及农作物地下部分。

⑥ 鲜黄鳃金龟　鞘翅目，金龟科。一年发生1代，以幼虫越冬。5月和8～9月是幼虫为害期，发生量大时，常对作物造成严重为害。6～7月为成虫出现期，昼伏夜出。雄虫趋光性强。幼虫为害各种旱地作物、果树苗木、草坪植物地下部分。

⑦ 华阿鳃金龟　鞘翅目，金龟科。二年发生1代，以幼虫、成虫隔年交替越冬。5～6月为成虫出现期，也是幼虫为害期。本种常与黑阿鳃金龟混合发生。成虫取食双子叶植物，特别是豆科植物和小灌木等叶片，幼虫可为害旱地植物地下部分。

⑧ 黑绒金龟　鞘翅目，金龟科。我国长江以北地区一年发生1代，以成虫越冬。4～6月为成虫活动期，5月平均气温10℃以上开始大量出土。6～8月为幼虫生长发育期。成虫取食多种农、林植物芽、叶、茎；幼虫取食腐殖质及植物地下部分，为害性不大。

⑨ 铜绿丽金龟　鞘翅目，金龟科。在中国长江以北地区二年发生1代，以幼虫越冬。在辽宁，6月下旬至7月中旬是成虫为害期；5月中旬至6月中旬和8月上旬至10月上旬是幼虫为害期。成虫取食林木、果树、作物叶片；幼虫为害各种植物地下根、茎。

⑩ 蒙古丽金龟　鞘翅目，金龟科。一年发生1代，以幼虫越冬。在东北，6月中旬幼虫开始化蛹，7月上旬始见成虫，7月下旬开始出现新一代幼虫，并以3龄幼虫越冬。成虫昼夜均可取食，群集性强；在东北南部地区，幼虫在春（5～6月）、秋（8～10月）两季为害。成虫取食果树、林木叶片；幼虫为害旱地各种作物地下部分。

⑪ 多色丽金龟　鞘翅目，金龟科。一年发生1代，以幼虫越冬。成虫出现期为6月中旬至7月中旬；幼虫春（5～6月）、秋（8～9月）为害。成虫白昼活动，夜间趋光，有群聚性。成虫取食果树、树木叶片；幼虫为害多种植物地下部分。

⑫ 中华弧丽金龟　鞘翅目，金龟科。一年发生1代，以幼虫越冬。春（5～6月）、秋（8～9月）季幼虫为害；夏季（7月）为成虫活动期。成虫昼出夜伏，有群集性。成虫取食果树、林木、作物、牧草的叶片和胡萝卜、大豆、棉花的花；幼虫为害各种植物地下部分。

⑬ 细胸叩头虫　鞘翅目，叩头虫科。在中国北方二年发生1代。第一年以幼虫越冬；第二年以老熟幼虫、蛹或成虫越冬。成虫出现期为4～6月，取食禾本科植物、苜蓿、小蓟等叶片；幼虫为害期为4月中旬至5月中旬，气温13℃是活动盛期。主要为害玉米、高粱、小麦、马铃薯、甘薯、甜菜及各种蔬菜。

⑭ 沟叩头虫　鞘翅目，叩头虫科。在中国北方一般三年完成1个世代；少数个体四年完成1个世代。第一年、第二年以幼虫越冬；第三年以成虫越冬。幼虫春、秋两季均可为害。主要为害小麦、玉米、高粱、谷子，也可为害豆类、薯类、甜菜、棉花、瓜类、苜蓿等。

⑮ 褐纹叩头虫　鞘翅目，叩头虫科。在中国北方三年完成1个世代。第一年、第二年以幼虫越冬；第三年以成虫越冬。成虫出现期为5月上旬至6月中旬；幼虫在春（4～6月）、秋（9～10月）两季为害。与细胸叩头虫大体相同，为害禾木科作物地下部分、花生秋果。

⑯ 宽背叩头虫　鞘翅目，叩头虫科。在中国北方约需四年至五年完成1代，以幼虫越冬。幼虫春季为害各种旱地作物。5～7月成虫出现，白天活动，能飞翔，有趋糖蜜习性。主要为害小麦、玉米、高粱、谷子，也可为害豆类、薯类、甜菜、棉花、瓜类、苜蓿等。

⑰ 东方蝼蛄　直翅目，蝼蛄科。在我国北方二年完成1代，以各龄若虫、成虫越冬。

4～5 月是春季为害期；8～10 月是秋季为害期。根据东方蝼蛄在土中的活动规律，一年可分：越冬休眠（立冬至立春）；苏醒为害（立春至小满）；越夏繁殖为害（小满至立秋）；秋季暴食为害（立秋至立冬）四个时期。主要习性有：群集性，初孵化的若虫有群集性、趋光性、趋化性、趋粪性、喜湿性。食性杂，可取食大田作物、蔬菜种子和幼苗及果树、树木的种苗。

⑱ 单刺蝼蛄（华北蝼蛄） 直翅目，蝼蛄科。在中国北方三年完成 1 代，以 8 龄以上的若虫和成虫在冻土层下越冬。主要习性与东方蝼蛄相同。食性杂，可取食大田作物、蔬菜种子和幼苗及果树、树木的种苗。

⑲ 小地老虎 鳞翅目，夜蛾科。小地老虎各虫态都不滞育，是南北往返的迁飞性害虫，故在全国各地发生世代各异。在辽宁一年发生 2～3 代。越冬代成虫迁入时间是 4 月中、下旬；第一代发蛾期为 6 月中、下旬；第二代发蛾期为 8 月上、中旬；第三代（即南迁代）发蛾期为 9 月下旬至 10 月上旬。幼虫于春季为害多种作物幼苗；秋季为害秋菜。主要为害玉米、高粱、麦类、棉花、烟草、豌豆、茄科蔬菜、白菜等。

⑳ 大地老虎 鳞翅目，夜蛾科。在全国各地均一年发生 1 代，以低龄幼虫越冬。3～5 月越冬后幼虫为全年主要为害期；5～6 月温度达 20℃以上时，以老熟幼虫滞育越夏，滞育期长达 100 余天，9～10 月羽化为成虫。卵多产于土表或幼嫩的杂草茎叶上。幼虫孵化后取食一段时间即以 2～4 龄幼虫越冬。主要为害玉米、高粱、棉花、烟草等。

㉑ 黄地老虎 鳞翅目，夜蛾科。在中国东北一年发生 2 代，以老熟幼虫在土中越冬。5 月第 1 代幼虫为害春播作物幼苗；8 月第 2 代幼虫为害秋菜、牧草等。主要为害玉米、高粱、小麦、马铃薯、烟草、棉花、麻、甜菜、瓜类和各种蔬菜。

㉒ 八字地老虎 鳞翅目，夜蛾科。在中国北方一年发生 2 代，以老熟幼虫在土中越冬。幼虫春、秋两季为害。主要为害玉米、高粱、棉花、烟草、马铃薯、茄子、辣椒、甘蓝、菠菜、葡萄等。

㉓ 白边地老虎（白边切夜蛾） 鳞翅目，夜蛾科。在我国东北一年发生 1 代，以胚胎发育成熟的卵在表土中越冬。4 月中、下旬越冬卵孵化；5～6 月是幼虫为害期；6 月中、下旬老熟幼虫化蛹；8 月初成虫经交配后产卵，并以卵越冬。主要为害玉米、高粱、豆类、甜菜等。

㉔ 翠色狼夜蛾（翠地老虎） 鳞翅目，夜蛾科。在辽宁一年发生 2 代，以蛹越冬。越冬代成虫于 7 月中旬出现。春季（5～6 月）幼虫可为害大豆和各种蔬菜等幼苗。主要为害桃、梨、柳属、蒿属等植物和蔬菜等幼苗。

㉕ 皱地夜蛾 鳞翅目，夜蛾科。在辽宁一年发生 2 代，以蛹越冬。5 月越冬代成虫发生；8 月中旬第一代成虫出现。幼虫春（5～6 月）、秋（9～10 月）两季为害。主要为害大豆、花生、蔬菜等，也可为害藜、酸模、翘摇等属植物。

㉖ 砂潜（网目拟步甲） 鞘翅目，拟步甲科。一年发生 1 代，以成虫越冬。早春 3 月成虫即活动，只爬不飞，有假死习性。成虫寿命长，有的达三年。可孤雌生殖。成虫、幼虫均在苗期为害。成虫取食植物地上部分，幼虫则为害地下部分。主要为害禾谷类粮食作物、棉花、花生、大豆等。

㉗ 蒙古土象 鞘翅目，象甲科。二年发生 1 代，以幼虫、成虫隔年交替越冬。成虫于 5～6 月为害作物苗期，只爬不飞，有群居性和假死习性。卵散产于土中。成虫可取食粮食作物、棉花、麻类、花生、豆类、牧草及各种苗木嫩叶、茎；幼虫取食腐殖质和植物根系。

㉘ 大灰象 鞘翅目，象甲科。基本同蒙古土象。唯卵产于叶片上，呈块状。成虫可取食粮食作物、棉花、麻类、花生、豆类、牧草及各种苗木嫩叶、茎；幼虫取食腐殖质和植物根系。

㉙ 粟鳞斑叶甲　鞘翅目，叶甲科。在中国北方一年发生 1 代，以成虫在田埂土缝中或枯枝落叶下越冬。4 月前后成虫开始出土活动；4 月底至 5 月中旬为害谷子、高粱、玉米等幼苗；5 月下旬至 6 月下旬为产卵及卵孵化期；7 月中旬幼虫老熟开始化蛹并羽化；8 月上、中旬新一代成虫出现，并以成虫越冬。主要为害粟、黍、高粱、玉米、麦类、亚麻、棉花、芝麻、向日葵、豆类。

㉚ 大牙锯天牛　鞘翅目，天牛科。在中国东北一年发生 1 代，以幼虫在土中越冬。5～6 月是幼虫为害期；6 月中旬至 7 月中旬化蛹、羽化，7 月下旬成虫交配、产卵，8 月中旬卵孵化，当年以幼虫越冬。主要为害玉米、高粱等根、茎。

㉛ 根土蝽　半翅目，土蝽科。二年发生 1 代，以成、若虫越冬；部分个体受环境影响，可延至二年半至三年 1 代。6～8 月土温 25℃以上、湿度大时成虫大量出土。主要为害禾本科作物，亦可为害大豆、烟草等经济作物。

㉜ 秋四脉绵蚜　同翅目，瘿绵蚜科。在辽宁以卵在榆树皮缝中越冬。4 月下旬至 5 月上旬孵化为干母，为害嫩榆叶并形成虫瘿，经繁殖于 5 月底至 6 月初产生春迁移蚜，并从虫瘿裂口处爬出，飞迁到高粱苗上行孤雌胎生根型无翅雌蚜，在蚂蚁协助下爬入根部为害繁殖。9 月末产生秋迁蚜从根部爬出，于下午至傍晚飞迁回榆树上，产生性蚜。雌、雄交配后产 1 粒卵并越冬。为害高粱及其他禾本科植物、榆树。

㉝ 谷类大蚊　双翅目，大蚊科。在辽宁一年发生 2 代，以老熟幼虫在深 20～25cm 土中越冬，越冬后的幼虫为害作物幼苗。5 月化蛹、羽化，6 月产卵；7 月初至 8 月中旬为幼虫活动期；8 月中、下旬化蛹、羽化；9 月初产卵、孵化；10 月幼虫进入老熟并越冬。为害高粱、玉米、小麦、花生、蔬菜等。

㉞ 韭菜迟眼蕈蚊（韭蛆）　双翅目，眼蕈蚊科。华北一年发生 3～4 代，以幼虫在韭菜根周围或鳞茎内越冬，保护地温室内无越冬现象。越冬幼虫第二年春逐渐向地表活动，大多在 1～2cm 表土中化蛹，少数在根茎中化蛹。成虫喜在阴湿弱光环境下活动，以上午 9～11 时最活跃，交尾最多，下午 4 时后至夜间栖息于韭田缝中，不活动。成虫善飞翔，间隙扩散距离达百米，成虫交尾后 1～2d，多成堆产卵于韭菜株周围土缝内或土块下，每雌产卵 100～300 粒，幼虫孵化后分散为害。3～4cm 土层内的含水量是韭蛆孵化和成虫羽化的重要因素，为 15%～24%最为适宜。一般黏土比沙壤土发生量小。幼虫聚集在地下的鳞茎和嫩茎上为害。初孵幼虫为害韭菜叶鞘基部和鳞茎的上端，而后蛀入地下鳞茎内为害，导致鳞茎腐烂干枯，地上部死亡。除为害韭菜外，还为害葱、蒜、花卉和中草药等。

3　水稻主要害虫

水稻是我国栽培面积最大，总产量最多的粮食作物。水稻害虫种类复杂，自播种、秧苗期至成熟期，种、苗、根、茎、叶、花穗、谷粒均可受不同害虫危害。国内已知的水稻害虫已达 200 多种，其中最主要的有 20 余种。如二化螟、三化螟、大螟分布广泛，稻飞虱连年频发，稻纵卷叶螟、稻水象甲等近几年也上升为主要害虫，这些害虫几乎每年均会造成严重为害。此外，稻叶蝉、稻瘿蚊、稻弄蝶、稻蝗、黏虫等在我国稻区也普遍发生，也会给农民造成很大的损失。

① 二化螟　鳞翅目，螟蛾科。因各地气候不同，一年可发生 1～5 代。以老熟幼虫在根茬或稻草中越冬。成虫羽化后当日即可交配，交配后 1～2d 产卵。成虫多选择叶色浓绿，茎秆粗壮的稻株产卵。初孵幼虫常聚集于叶鞘内为害，造成枯鞘，幼虫稍大即分散蛀茎，水稻分蘖期出现枯心，抽穗期出现白穗，黄熟期出现虫伤株。为害水稻、茭白、玉米、粟、高粱、甘蔗等。

② 三化螟　鳞翅目，螟蛾科。成虫昼伏夜出。多在傍晚羽化，性比常接近 1∶1，寿命

平均约 4d。有较强的趋光性。一般三化螟雌成虫在羽化当天即可产卵，一生可产 1～7 块，每卵块含卵粒数因世代而不同，一般在 40～120 粒间。卵块多产于叶片或叶鞘上，蚁螟孵化多在黎明和上午，多先爬向叶尖，吐丝随风飘荡到附近稻株，分散钻入稻株。从一卵块孵出的幼虫，都在附近稻株侵害而形成田间枯心团（群）或白穗群。幼虫取食叶鞘白嫩组织，穗苞内花粉、柱头及茎秆内壁，基本不吃含叶绿素部分，蛀入后大量取食前，必先在叶鞘和茎节间适当部位做“环状切断”，把大部分维管束咬断，几天内就表现青枯或白穗等被害状。幼虫 2 龄后，一般可转株危害 1～3 次。幼虫老熟后，移至稻株基部化蛹。只为害水稻或野生稻。

③ 稻纵卷叶螟　鳞翅目，螟蛾科。稻纵卷叶螟属远距离迁飞性害虫，成虫有趋光性，栖息趋荫蔽性和产卵趋嫩性，适温高湿、产卵量大，卵多单产，也有 2～5 粒产于一起。初孵幼虫多钻入心叶为害，2 龄后则在叶上结苞为害。幼虫老熟后离开虫苞在稻丛基部黄叶及无效分蘖上结茧化蛹。多雨日及多露水的高湿天气有利于稻纵卷叶螟猖獗发生。以水稻为主，小麦、黍、甘蔗等亦偶尔受害；亦可取食游草、稗草、马唐、狗尾草等多种禾本科杂草。

④ 大螟　鳞翅目，螟蛾科。大螟分布较广，在我国中南部稻区都有发生，以南方各省的局部地区发生较多。幼虫在稻桩及其他寄主残株或杂草根际越冬，部分幼虫冬季继续为害甘蔗、小麦等。因越冬场所复杂，越冬幼虫化蛹、羽化有早有迟，各代发生期很不整齐，造成世代重叠，田间全年都有成虫出现。成虫昼伏夜出，趋光性虽不及二化螟、三化螟，但对黑光灯趋性较强。产卵部位多在叶鞘内侧，田边比田中产卵多，故边行受害重。初孵幼虫群集在叶鞘内为害，2～3 龄后始分散蛀茎。一头幼虫能为害 4～5 株水稻，老熟后在叶鞘间或茎内化蛹。除为害水稻外，还为害玉米、高粱、甘蔗、小麦、粟、茭白、向日葵等作物，以及多种禾本科杂草。

⑤ 台湾稻螟　鳞翅目，螟蛾科。台湾稻螟在我国台湾、广东、广西以及福建中部以南地区都有发生。每年发生 4～5 个世代，世代重叠，以老熟幼虫在稻秆和稻桩内越冬，尤其在低湿稻田和有冬作物覆盖稻田的稻桩，越冬幼虫密度最大，而冬作小麦及蔗苗内亦有幼虫越冬。成虫昼伏夜出，有趋光性，怕高温干燥，喜阴凉潮湿环境。喜欢在粗秆、宽叶、浓绿的稻株上产卵。在秧苗及分蘖期，卵多产于叶片表面，在孕穗期多产于叶片背面，在灌浆至黄熟期，卵多产于无效分蘖的叶片上。初孵幼虫先集中为害叶鞘组织，再蛀入心叶和茎秆，造成枯鞘、枯心、白穗和虫伤株。幼虫喜湿润环境，被害株在被害处虽极潮湿甚至腐烂，但幼虫却喜藏身其中。幼虫有群聚性，初孵幼虫在一稻株上常有数头至数十头，以后才分散。一条幼虫一生可为害 3～4 株水稻。主要为害水稻，也为害甘蔗、玉米、高粱、粟等。

⑥ 褐飞虱　同翅目，飞虱科。稻褐飞虱食性单一，只能在水稻和普通野生稻上取食和繁殖后代。以成虫、若虫群集在稻丛基部吸食汁液，被害部呈现长形棕色斑，严重时下部茎秆变黑，全株枯死。为害严重时全田枯死似火烧状，颗粒无收。田间世代重叠。根据地区不同可发生 1～12 代。每年初次发生的虫源，主要是迁入。成虫趋光性强，卵多产在稻株下部叶鞘及嫩茎组织内。短翅型寿命较长，产卵历期长，卵量大，繁殖力比长翅型强。夏季温暖多湿食料丰富时，若短翅型大量出现，就意味着该虫即将会暴发成灾。虫害发生时多从稻田中间点片发生，向田边蔓延。插植过密，氮肥过多，稻株贪青柔软，受害往往严重。为害水稻和普通野生稻。

⑦ 白背飞虱　同翅目，飞虱科。长翅型迁入稻田后，最初在稻丛基部繁殖为害，繁殖 1～2 代后，产生短翅型，数量剧增。由于大量吸食稻株汁液以及产卵时所造成的伤痕，可造成稻株基部茎秆枯黄倒伏，子粒不实，甚至引起严重减产。主要为害水稻，也取食麦类、甘蔗、粟及游草、看麦娘、稗草等禾本科作物和杂草。

⑧ 灰飞虱　同翅目，飞虱科。成虫和若虫常群集于稻株下部刺吸汁液，严重时造成秆枯倒伏。同时还可传播多种病毒病。除为害水稻外，还为害大麦、小麦、玉米等禾本科植物。

⑨ 稻螟蛉　鳞翅目，夜蛾科。以蛹在田间稻丛和杂草叶苞中越冬。成虫趋光性很强，喜选择叶色浓绿的稻株产卵。卵多产于稻叶中部，每个卵块有卵3～10粒，成1行或多行排列，亦有个别单产的。初孵幼虫取食叶肉，3龄后则食成缺刻，幼虫具假死习性，受惊坠落水面。幼虫老熟后，用一健叶弯折成粽子形的虫苞，并将其咬断，使虫苞飘落到水面，在虫苞内结茧化蛹。除水稻外，还为害高粱、玉米、甘蔗、粟、茭白等禾本科植物。

⑩ 稻瘿蚊　双翅目，瘿蚊科。幼虫吸食水稻生长点汁液，致受害稻苗基部膨大，随后心叶停止生长且由叶鞘部伸长形成淡绿色中空的葱管，葱管向外伸形成“标葱”。水稻从秧苗到幼穗形成期均可受害，受害重的不能抽穗，几乎都形成“标葱”或扭曲不能结实。成虫羽化的当晚即交配，雄虫多次交配，雌虫仅1次，卵散产在近水面嫩叶上，雌虫有趋光性。初孵幼虫借叶上湿润的露水下移，从叶鞘间隙或叶舌边缘侵入，开始为害生长点，生长点受害后心叶停止生长，叶鞘伸长成管状，即“标葱”出现。喜潮湿不耐干旱，气温25～29℃，相对湿度高于80%，多雨利其发生。年发生6～13代，以幼虫在田边、沟边等处的游草、再生稻、李氏禾等杂草上越冬。从第二代起世代重叠，很难分清代数，但各代成虫盛发期较明显。一般1、2代数量少，3代后数量增加，7～10月，中稻、单季晚稻、双季晚稻的秧田和本田很易遭到严重为害。为害水稻、野生稻、游草等。

⑪ 稻水象甲　鞘翅目，象甲科。在北纬35°以北地区一年发生1代；以南地区发生2代；北纬30°左右发生3代。以成虫在稻草、稻茬、稻田四周的禾本科杂草、田埂土中等处滞育越冬。水稻插秧后迁入稻田为害。卵产于叶鞘水淹以下部位。幼虫在根内（低龄）和根外（高龄）为害根系。有群集为害习性。羽化的新成虫啃食稻叶呈细白条状，夏末秋初开始向越冬场所转移。成虫可孤雌生殖，有较强的趋光性和飞翔能力，亦可游泳和潜水。成虫可取食86种植物，幼虫可取食22种植物，以禾本科为主，特别是水稻、稗草；此外，尚可取食莎草科、鸭跖草科、灯心草科和泽泻科的一些杂草。

⑫ 稻根叶甲　鞘翅目，叶甲科。一年发生1代，以未成熟幼虫在积水田土内越冬。春季上升至土面，为害水稻幼苗和杂草根部，以幼虫尾钩插入稻根中呼吸空气。由于根部受损，致使水稻生长衰弱减产，严重者全株枯死。幼虫老熟后在根部附近化蛹，蛹期约15d。成虫活泼，趋光性不强，喜食眼子菜，并于其叶背面产卵。在丘陵山区冷水田、低洼积水田以及水草孳生，特别是有眼子菜的水田，常发生此虫。主要为害水稻，此外有稗、游草、莲、鸭舌草、眼子菜等。

⑬ 稻象甲　鞘翅目，象甲科。一年发生1～2代，一般单季稻区1代，双季稻或单、双季稻混栽区发生2代。多数以成虫在稻桩周围土缝中越冬，也有的在田埂、沟边草丛松土中越冬，少数以幼虫在稻桩附近土下越冬。成虫有趋光性和假死性，善游水和攀登。成虫咬食稻苗茎叶，被害轻的，新叶抽出后有横排小孔，重的叶片折断，漂浮水面。卵产于稻株近水面3cm左右处。幼虫孵出后先在叶鞘内稍行取食后即钻入土中，取食水稻的幼嫩须根，致使叶尖发黄，生长不良，严重时不能抽穗或造成秕谷。主害水稻，也可取食麦类、玉米、稗草、李氏禾、看麦娘等禾本科植物及油菜、甘蓝、瓜类、棉花等。

⑭ 稻负泥虫　鞘翅目，叶甲科。全国各地均一年发生1代，以成虫在稻田附近向阳山坡的树木杂草根际、石块下越冬。春季越冬，成虫最初在水沟杂草上栖息、取食，继而转移至秧田为害，插秧后扩展到本田。成虫寿命长，越冬代成虫尚未全部死亡，新一代成虫即可出现。除水稻外，还为害粟、黍、麦类、玉米、芦苇及茭白等。

⑮ 稻潜叶蝇（大麦水蝇）　双翅目，水蝇科。在我国东北一年发生4～5代，以成虫在

水沟边杂草上越冬，春季可先在田边杂草中繁殖1代。待秧田揭膜后，第1代成虫即可在秧田稻叶上产卵。在田水深灌的情况下，卵散产于下垂或平伏水面的叶片尖部，因此深灌或秧苗生长纤弱时受害较重。水稻秧田揭膜开始至插秧缓苗期，是主要为害时期。发生严重时一片叶上有虫4～5头，致使全叶变成枯黄、腐烂，甚至全株枯死。水稻缓苗后已发育健壮，则不再遭受为害，又转至杂草中繁殖。除水稻外，还可取食某些禾本科杂草。

⑯ 周斑水虻　双翅目，水虻科。目前尚无报道。据观察，5～6月水稻插秧前后，幼虫常群集于稻苗上，在茎基部为害，使茎基部折断或腐烂。羽化后，成虫喜栖息于稻苗上或稻田附近的豆地里。生活史不详。此虫为近年来在水稻上新发现的害虫。

⑰ 隐脉水虻　双翅目，水虻科。目前尚无报道。据观察：在5～7月水稻自插秧后至分蘖期，幼虫常群集于稻苗基部为害，使茎基部腐烂、折断，引起稻苗枯死或影响生长，幼虫长成后在水中或污泥中化蛹，有时漂浮于水面。羽化后，成虫喜栖息于稻苗上或附近豆地。生活史不详。为害水稻，此虫为近年来在水稻上新发现的害虫。

⑱ 中纹大蚊　双翅目，大蚊科。在我国东北一年发生1代，以卵在土中越冬。4月开始孵化，幼虫于5～6月为害，8月底开始化蛹，9月底羽化成虫，傍晚在稻田交配、产卵，以卵越冬。为害水稻、禾本科喜湿植物。

⑲ 中华稻蝗　直翅目，蝗科。在我国一年发生1～2代。长江以北1代，以卵块在田埂及稻田附近土中越冬，若虫最初在稻田池埂周围咬食水稻及杂草叶片，待发育至成虫后，食量增大并咬食稻穗、稻粒。成虫羽化后14～40d交配，交配后10～40d产卵。为害水稻、玉米、高粱、麦类、甘蔗等。

4　禾谷类粮食作物主要害虫

在我国，为害小麦、玉米、高粱、谷子等禾谷类作物的害虫，有记载的约有300多种。其中发生较为广泛、为害较重的主要有：蛴螬、蝼蛄、金针虫、地老虎等（具体介绍见地下害虫部分）；飞蝗等（具体介绍见蝗虫部分）；黏虫是全国性的禾谷类作物重要害虫；玉米螟几乎遍及全国，是玉米、高粱、谷子和小麦共有的重要蛀茎害虫；另外，蚜虫类也是禾谷类作物的一类重要害虫。

① 黏虫　鳞翅目，夜蛾科。主要为害禾谷类作物。在我国北方（北纬33°以北）不能越冬，可远距离迁飞。食性杂，可取食百余种植物，喜食禾本科植物。

② 玉米螟　鳞翅目，螟蛾科。一年发生的代数依各地气候而异；东北1～2代，我国广东、广西、台湾等地则可发生5～6代，均以最后1代成熟滞育幼虫在作物根茬、秸秆内越冬。在辽宁、河北2代区，越冬幼虫一般于5月下旬至6月上旬化蛹羽化，1代螟产卵盛期正值玉米抽雄前的心叶期，是玉米螟为害的主要时期。成虫白天潜伏于茂密作物和杂草间，夜间交配产卵，卵产于叶背面近中脉处。幼虫集中于心叶取食，形成花叶或链珠状孔。第2代幼虫除在玉米茎内蛀食外，还可为害花丝、雌穗及雄穗等。在谷子上为害，造成枯心或白穗。食性极杂，据记载寄主植物可达百余种，以玉米、谷子、高粱受害最重。

③ 高粱条螟　鳞翅目，螟蛾科。在辽宁南部、河北、山东、河南及江苏北部一年发生2代，为害高粱及玉米。以老熟幼虫在寄主茎秆内越冬，成虫于6月盛发，7月为第1代幼虫为害盛期，第2代在8月中、下旬为害。幼虫最初在心叶内取食，后蛀入茎内，有群集性。受害植株易遭风折，2代幼虫喜蛀食穗节。在华南主要为害甘蔗。为害高粱、玉米、甘蔗及某些禾本科杂草。

④ 二点螟（粟灰螟）　鳞翅目，螟蛾科。在辽宁、河北、陕西、内蒙古一年发生2代，在甘蔗产区一年可发生5～6代，以老熟幼虫在根茬内越冬。在2代区，第1代卵于6月中、下旬出现，卵孵化幼虫后钻入谷苗内，形成枯心。2代幼虫于8月中旬发生，为害谷子，可

形成白穗或虫伤株。成虫产卵对谷苗高度和色泽有明显的选择性，喜产于苗高 16.5mm 左右以及植株呈紫色和深绿色的作物品种。为害谷子、糜子、谷莠子、甘蔗等禾本科植物。

⑤ 禾谷缢管蚜　同翅目，蚜科。一年发生代数因地而异，一般发生 10 余代至 20 代以上。在四川万州市小麦上可发生 12 代，全年达 35 代。在中国北方常以卵在蔷薇科木本植物上越冬。春季孵化后在木本植物上繁殖几代后，即转移到小麦、玉米等禾木科植物上。怕光喜温，较耐高温。不仅在小麦茎基部、叶背和叶鞘内发生，且在小麦乳熟期后数量急剧上升，导致小麦成熟度降低而减产。为害小麦和其他禾谷类作物，桃、李、杏、稠李等蔷薇科植物。

⑥ 麦长管蚜　同翅目，蚜科。在中国各地一年可发生 10～20 代，但在小麦上，从迁入麦田至消退仅 50～60d，故一般发生仅 10 代左右。在小麦上，前期主要生活在叶片正面；小麦抽穗后，大量集中于穗部，此期是为害的最重要时期，影响小麦乳熟阶段灌浆而导致减产。为害小麦、大麦、鹅观草等多种禾本科作物和杂草。

⑦ 高粱蚜　同翅目，蚜科。在中国东北一年可发生 16～20 代，以卵在荻草叶鞘内越冬。越冬卵孵化后，在荻草上繁殖 1～2 代迁往高粱田，在高粱上可繁殖 10 余代。9 月间回迁至荻草上，产卵越冬。在高粱上繁殖初期多发生在下部，盛发后蔓延至上部，发生量大时，每株可达万头以上，严重发生年份造成全田绝产。为害高粱、甘蔗、荻草。

⑧ 玉米蚜　同翅目，蚜科。玉米上的重要害虫。一年可发生 20 余代，主要为害玉米心叶和雄穗。高温干旱年份发生严重。在我国华北以成蚜在麦类作物上越冬。为害玉米、高粱、粟、麦类及稗等禾本科作物和杂草。

⑨ 玉米旋心虫　鞘翅目，叶甲科。在辽宁一年发生 1 代，以卵在土中越冬。卵 6 月孵化，7 月上中旬幼虫为害最盛，7 月下旬在土内化蛹，8 月上、中旬成虫羽化出土，产卵越冬。成虫白天活动，有假死习性。卵散产于玉米田疏松土中或植物根部，多者达十几粒，成团，每头雌虫产卵 20 余粒。幼虫多潜伏于玉米根际附近，自根茎处蛀入，蛀孔处褐色，轻者叶片上出现排孔、花叶，重者萎蔫枯心、叶片卷缩成畸形。幼虫老熟后即于根际附近 2～3cm 深处作土室化蛹，蛹期 5～8d。幼虫主要为害玉米，也为害高粱、谷子；成虫喜食某些杂草。

⑩ 麦颈叶甲　鞘翅目，叶甲科。在辽宁，小麦拔节抽穗后，成虫在穗节茎部无叶鞘包围的部位咬 1 小型圆孔，将卵产于其中。1～2d 后，圆孔变黄，由此造成茎部营养输送障碍，形成白穗、秕粒，千粒重降低。卵经 8～10d 孵化，初孵幼虫很快从产卵孔爬出入土，在土中取食打碗花（小旋花）根部。因此田间打碗花较多的地块此虫也常较多。为害小麦、打碗花、甘薯等。

⑪ 谷跳甲　鞘翅目，跳甲科。在我国东北一年发生 1～2 代（多数 1 代），华北 2～3 代，以成虫在土缝、根际越冬。谷子出苗后，成虫开始活动，卵多产于根际。幼虫从谷苗基部蛀入，引起枯心。幼虫最喜食 6～10cm 高的谷苗，一般每株有幼虫 2～3 头，或更多。幼虫可转株为害，老熟后入土化蛹。在 2～3 代区，当二三代幼虫发生时，因谷苗长大，茎秆组织坚硬，幼虫只潜入心叶为害，破坏生长点，使谷苗矮化、穗畸形。成虫能飞善跳，白天活动，食害叶肉后，留下白色条纹。干旱年份发生严重。为害谷子、糜子、小麦、高粱等，谷子受害最重。

⑫ 粟负泥虫（粟叶甲）　鞘翅目，叶甲科。在辽宁、陕西一年发生 1 代，以成虫在土中越冬。春季活动后于叶背近中脉处产卵，卵 3～5 粒成堆。初孵幼虫进入谷苗心叶卷内取食，造成枯心腐烂。幼虫稍大后则在叶面取食，形成白色条斑，严重时全田一片枯白。成虫寿命较长，生活史重叠，在田间可同时见到各种虫态。为害粟、黍等禾本科植物。

⑬ 白星花金龟　鞘翅目，金龟科。一年发生 1 代，以幼虫于腐殖质和厩肥堆中越冬。

成虫在东北出现期为6月中旬至8月中旬。幼虫腐食性，以成虫为害。为害玉米雌、雄穗和各种树花、嫩果等。

⑭ 麦叶蜂　膜翅目，叶蜂科。在我国华北一年发生1代，以蛹在土中越冬。早春3月小麦返青后，越冬蛹羽化为成虫。白天在麦田内活动，以锯状产卵管划开叶脉组织，于叶内产卵。每雌产卵10～60粒。幼虫共5龄，3龄后食量剧增，虫量大时可将叶片吃光。幼虫老熟后，入土作成土茧越夏。越夏期可达半年左右，至秋季10月开始化蛹。主要为害小麦，也可为害大麦。

⑮ 麦茎蜂　膜翅目，茎蜂科。一年发生1代，以老熟幼虫作茧越冬。6月上旬至7月底是新1代幼虫为害期。老熟幼虫在小麦根茬中滞育越夏，11月后结薄茧越冬。为害冬小麦、春小麦、青稞。

⑯ 粟秆蝇　双翅目，蝇科。在我国北方谷子产区一年发生2～3代，均以老熟幼虫在土下越冬。在辽宁成虫发生于6月上旬至7月上旬，第1代幼虫为害春谷幼苗，造成枯心，第2代为害迟播春谷和春谷的后期分蘖。成虫多于清晨羽化，有趋化性。第1代产卵部位几乎贴近地面；第2代产卵部位较高，5～15cm处占总卵数的40%。卵散产，初孵幼虫从心叶卷缝处作螺旋状侵入，直达心叶，在心叶内为害，心叶内堆有虫粪，顶部形成枯心。幼虫期约20d，成熟后从谷茎中脱出，入土化蛹或越冬。为害谷子、谷莠子、狗尾草等。

⑰ 高粱长蝽　半翅目，长蝽科。在我国东北、华北一年发生1代，主害高粱；在江苏、湖北、湖南一年发生2代，主害芦苇。在东北，以成虫在作物根部附近土中越冬，高粱出苗后越冬，成虫集中到苗上，于基部1～2叶的叶鞘内产卵和为害，由于越冬成虫大量取食，常引起幼苗萎缩或枯死。在江苏，以成虫和若虫为害芦苇，以成虫在老朽根部、芦苇枯茎落叶下、表土中越冬。为害高粱、粟、玉米、芦苇、荻草、稗草等，以高粱、芦苇受害最重。

⑱ 斑须蝽　半翅目，蝽科。成虫和若虫吸食寄主植物幼嫩部分汁液，造成落花、落果、生长萎缩、子粒不实。此虫在吉林一年发生1代，在辽宁发生1～2代，均以成虫在田间杂草、枯枝落叶、树皮或房屋缝隙中越冬。小麦抽穗后常集中于穗部，卵块产于小穗附近或叶片表面。为害小麦、水稻、棉花、亚麻、油菜、甜菜、豆类等。

5　棉花主要害虫（螨）

我国棉区辽阔，棉花害虫种类繁多，已发现的有300多种，其中比较重要的有十多种。如防治不及时，有的会造成棉株死亡，或严重阻碍棉株生长和发育，收成减少，品质下降。值得关注的是，随着近年来抗虫棉的大面积推广，棉铃虫已经不再是棉花的主要害虫，但其他一些次要害虫已逐步上升为主要害虫，如棉盲蝽、棉蚜、棉叶螨等，应引起足够重视。

① 棉蚜　同翅目，蚜科。在我国辽河流域棉区，每年发生10～20余代。以卵在花椒、石榴等枝条上或杂草基部越冬。早春在越冬寄主上繁殖数代，于5月上旬产生有翅孤雌蚜飞至棉苗（侨居寄主或夏寄主）上，繁殖无性孤雌蚜为害。开始点片发生，数量增多后又产生有翅胎生雌蚜，迁飞扩散为害。秋后棉株枯老，产生有翅孤雌蚜，飞回越冬寄主上繁殖，产生有翅雄蚜和无翅雌蚜，交配后产卵越冬。为害棉花、瓜类、黄麻、大麻槿（洋麻）等侨居寄主，鼠李、花椒、木槿、石榴、冻绿、紫花地丁、夏至草、苦荬菜等越冬寄主。

② 棉铃虫　鳞翅目，夜蛾科。北部棉区一年发生2～3代，黄淮地区4代。以蛹在土中越冬，春季气温达15℃以上时开始羽化。一般第1代幼虫为害小麦、豌豆、苘麻等，以后各代幼虫为害棉花，大发生时还可为害玉米、高粱等。成虫夜间有趋光和趋杨树枝的习性。卵多产在棉株上部嫩叶正面或苞叶上。初龄幼虫取食嫩尖或嫩叶，2～3龄后，幼虫蛀食蕾铃，能转移为害。为害棉花、小麦、玉米、高粱、番茄、茄子、芝麻、向日葵、苘麻、苜蓿、豌豆、豇豆、荞麦。

③ 小造桥虫　鳞翅目，夜蛾科。在黄河流域棉区一年发生3～4代；辽宁每年8月下旬出现成虫，幼虫主要在8～9月上旬为害棉花。成虫有趋光习性，卵多产在中下部较老的叶片背面。老熟幼虫多在棉叶边缘或茎叶间吐薄丝作茧化蛹，以蛹在寄主叶缘和蕾铃、苞叶间越冬。一般第1代先在木槿、冬葵和苘麻上为害，第2代迁移到棉株上为害。为害棉花、木槿、冬葵、蜀葵、苘麻、烟草、木耳菜等。

④ 梨剑纹夜蛾　鳞翅目，夜蛾科。在辽宁一年发生2代，自4月下旬至8月上旬均可诱到成虫。幼虫5月下旬至8月上旬为害大豆，8月上旬至9月中旬在棉花、大豆、花生上均有幼虫为害。幼虫不活泼，行动迟缓。以蛹在土中越冬。为害棉花、大豆、梨、李、山楂、梅。

⑤ 盗毒蛾（黄尾毒蛾）　鳞翅目，毒蛾科。在华北一年发生2代，以3龄幼虫越冬。为害棉花及多种果树和树木。

⑥ 棉大卷叶螟　鳞翅目，螟蛾科。在东北一年发生2～3代，长江流域4～5代。以老熟幼虫在棉田落叶、落铃、杂草或老树皮缝隙内作茧越冬。在辽宁8～9月是为害盛期。成虫有趋光性，8月上旬为发蛾盛期。成虫于棉株上部叶背面产卵。幼虫老熟后在卷叶内化蛹。为害棉花、木槿、黄蜀葵、芙蓉、扶桑、秋葵、蜀葵、锦葵、冬葵、苹果。

⑦ 棉双斜卷蛾　鳞翅目，卷蛾科。幼虫卷叶为害，有转株为害习性。为害棉花、大豆、苜宿、大麻槿（洋麻）以及多种草本植物。

⑧ 朱砂叶螨　蛛形纲，蜱螨目，叶螨科。北方棉区一年发生12～15代，长江流域棉区15～18代。北方棉区10月中、下旬雌螨变成橙红色的滞育型，从寄主向越冬场所转移，在干枯棉叶、棉秆、杂草根部及土缝、树皮隙缝等处越冬。受害棉花最初出现黄白色小斑点，后出现红斑，使棉叶呈红色；严重时，棉叶脱落，形成光秆。东北和西北棉区7月下旬至9月下旬出现一次高峰。黄河流域棉区6月中、下旬至8月下旬发生二次高峰；长江流域和华南棉区4月下旬至9月上旬出现3～5次高峰。该螨在叶片反面为害，吐丝结网并产卵。为害棉花、其他经济作物、蔬菜、林木、温室栽培植物和多种观赏植物达100多种。

⑨ 二斑叶螨　蛛形纲，蜱螨目，叶螨科。以成、若螨刺吸叶片汁液，使叶上出现许多失绿细小斑点，连片，被害叶叶色苍白，枯焦早落。有背光性，常群聚于叶背拉丝结网为害。此螨由于分布区域很大，每年各地代数不同，自北往南每年代数逐渐增多，一般10～20代不等。以受精雌成螨在土缝内、落叶上、杂草根部及树干基部的皮缝内越冬。越冬雌成螨占绝对多数，也有极少数越冬的雄成螨。北方越冬雌成螨于4月中旬出现绿色植物时开始出蛰活动，高温干旱年份有利发生。食性很杂，除为害棉花及苹果、梨、桃、杏等多种果树外，也为害大豆、玉米等多种作物。

⑩ 绿盲蝽　半翅目，盲蝽科。在山东、河北、河南、江苏、浙江、安徽等地，一年发生5代。以卵在苹果、梨、桃、樱桃、葡萄、石榴等果树和各种木本植物枝条上叶芽和花芽的鳞片内过冬。翌年4月中旬若虫孵化，4月下旬为若虫孵化盛期。5月中旬前后，越冬代若虫开始羽化成虫。10月中旬前后，在果园中或园边的杂草上发生的最后一代绿盲蝽成虫，便迁到园中在果树上产卵越冬。由于发生代数多，世代重叠严重。成虫略有趋光性。成虫产卵于植物茎皮组织内。卵期10d左右。若虫共5龄，3龄后出现翅芽。成虫、若虫均不耐高温、干旱，在气温20℃，相对湿度80%以上时，易大量发生危害。白天潜伏，夜间在芽、叶上刺吸危害。为害棉花、葡萄、马铃薯、花生、茄果类蔬菜、梧桐、榆树、杨槐以及一些杂草如龙葵、泥胡菜、艾蒿、藜、反枝苋等。

⑪ 三点盲蝽　半翅目，盲蝽科。在河南一年发生3代，陕西关中2～3代，以卵在杨、柳、榆、洋槐、杏树等树皮内越冬，卵多产在茎皮组织及疤痕处。越冬卵于4月下旬至5月上旬孵化，5月下旬至6月上旬羽化。第2代若虫6月中旬孵化，7月上旬成虫羽化并交配

产卵。第3代若虫7月中旬开始孵化，8月中、下旬成虫羽化后陆续产卵越冬。三点盲蝽第1、2代卵主要产在棉株或苜蓿茎、叶连接处，或棉花叶柄和叶片主脉附近。三点盲蝽为多食性昆虫，为害植物种类甚多，其中以棉花受害最重，棉花从苗期至蕾、铃期均可受害。苗期受害，生长点基部黑枯，真叶受害初期出现黑点，然后端部枯死，主茎节上枝叶丛生并徒长，蕾期、花期受害导致落蕾、落花，使棉花减产。为害棉花、苜蓿、豆类、芝麻、马铃薯、向日葵、大麻、蓖麻、洋麻、芦苇、枣、杨、柳、榆等。

⑫ 苜蓿盲蝽 半翅目，盲蝽科。在新疆莎车县一年3代，陕西关中、河南安阳3～4代，以卵在枯死的苜蓿秆、杂草秆、棉叶柄内越冬。越冬卵于4月上、中旬开始孵化，5月上旬第1代成虫羽化。6月中、下旬第2代成虫羽化，7月下旬第3代成虫羽化，9月上、中旬第4代成虫羽化，10月上、中旬产卵越冬。除越冬卵外，一般卵产在棉花、苜蓿的叶柄或嫩茎上。卵粒成排，每排7～8粒。苜蓿盲蝽为多食性昆虫，植物寄主甚多。主害棉花、苜蓿等经济作物和牧草。它以成虫、若虫吸食棉花等的嫩茎、芽、叶、花蕾、果实的汁液，导致嫩枝凋萎变黄、落花、落蕾、茎叶枯干，影响作物和牧草的产量。为害棉花、苜蓿、草木樨、马铃薯、豌豆、菜豆、玉米、南瓜、大麻、枣等。

⑬ 条赤须盲蝽（赤须盲蝽、赤角盲蝽） 半翅目，盲蝽科。在华北地区一年发生3代，以卵在杂草茎叶组织内越冬。次年4月下旬开始孵化，5月中旬开始羽化，5月中、下旬交配产卵。第2代若虫6月上旬开始孵化，6月下旬羽化。第3代若虫7月上旬开始孵化，8月下旬至9月上旬产卵越冬。条赤须盲蝽常在叶片背面，以成虫、若虫刺吸叶片汁液，有时为害嫩茎及穗部。叶片被害初现淡黄色小点，后变白色小点或黄色大斑。严重被害时，叶片顶端向内卷曲，植株生育不良，甚至枯死。为害芦苇、禾本科作物、棉花及牧草、甜菜。

6 其他经济作物主要害虫

其他经济作物主要包括大豆等油料作物、甘蔗等糖料作物等。大豆上的害虫种类较多，出苗前主要受地下害虫等为害，生长期最重要的害虫是大豆食心虫和大豆蚜。甘蔗上的害虫种类也很多，主要以螟虫为害为重。

① 大豆蚜 同翅目，蚜科。在辽宁一年发生15代左右，以卵在鼠李的芽腋或枝条缝隙里越冬。翌年4月中旬左右孵化为干母，5月中、下旬产生有翅孤雌蚜迁飞到大豆田并繁殖无翅孤雌蚜，7月上、中旬是发生为害盛期，多集中在豆株顶梢和嫩叶上吸取汁液，造成叶片卷缩。9月间产生有翅性母蚜迁飞回鼠李，随即繁殖能产卵的无翅雌蚜，再与大豆上迁飞来的有翅雄蚜交配后产卵越冬。为害大豆、野生大豆、鼠李等。

② 大豆食心虫 鳞翅目，卷蛾科。全国各地一年均发生1代，以老熟幼虫在土中结茧越冬。东北地区越冬幼虫于7月中、下旬开始破茧而出，爬到土表重新结茧化蛹。7月底8月初为化蛹盛期，8月中旬为豆地成虫盛发期，8月中旬后半旬至8月下旬前半旬为成虫产卵盛期，8月下旬为卵孵化及幼虫入荚盛期。幼虫在豆荚内沿豆瓣缝将豆粒蛀食成沟，呈兔嘴缺刻状，20～30d老熟脱荚，9月中、下旬至10月上旬为脱荚盛期。成虫一般在15～16时开始活动，飞舞于豆株顶部0.3～0.6m高处，在日落前2h左右活动最盛。为害大豆、野生大豆、苦参等。

③ 草地螟（黄绿条螟 甜菜网野螟） 鳞翅目，螟蛾科。草地螟是一种间歇性猖獗害虫。在我国北方一年可发生1～3代，以第1代幼虫危害严重，局部地区可能发生2代或3代幼虫为害，各地均以蛹期在地下越冬。成虫有远距离迁飞习性和强烈的趋光性。卵多产在叶片背面。幼虫有吐丝结网习性，1～3龄幼虫多群栖网内就近取食，大龄幼虫则分散栖息为害。遇有触动，即作螺旋状后退或成波浪状跳动，吐丝落地向前爬行。幼虫老熟后钻入土下结茧化蛹。茧多直立土中。为害大豆、豌豆、甜菜、亚麻、胡麻、向日葵、马铃薯、瓜类、棉

花、多种蔬菜、牧草等。

④ 豆褐卷蛾（桃褐卷蛾） 鳞翅目，卷蛾科。在辽宁沈阳，5月下旬可见幼虫为害大豆幼苗，吐丝卷缀大豆心叶呈筒状，在卷叶内啃食叶肉，每片卷叶里只有1头幼虫。后期叶片展开时，被害叶呈网状或只剩叶脉。6月中旬幼虫老熟化蛹。7月上、中旬羽化。8月下旬至9月下旬在大豆地里可见较多幼虫为害叶片。幼虫活泼，触动时迅速后退，有转株为害习性。为害大豆、桃、苹果、李、梅、胡桃楸、山黧豆、柳叶锈线菊、鼠李、水曲柳、薄荷。

⑤ 豆小卷叶蛾 鳞翅目，卷蛾科。在辽宁，8月可在田间见到成虫、幼虫。成虫有趋光性，昼伏夜出，卵产于下部老叶背面。幼龄幼虫在嫩芽、茸毛间结成丝质隧道出入为害，2龄前不活泼，3龄幼虫可把豆叶缀合成饺子状，4龄后能将顶梢数叶卷成团，然后在内为害。在陕西一年发生4～5代，10月上、中旬以老熟幼虫或蛹在土中越冬。翌年4～5月间成虫羽化，并在苜蓿等作物上产卵，5～6月间出现第2代成虫，幼虫为害春播大豆；7月中旬至8月中旬出现第3代成虫，幼虫为害夏播大豆；9月间发生第4代成虫，幼虫于9月下旬孵化并为害夏大豆。为害大豆及其他豆科植物。

⑥ 豆蚀叶野螟 鳞翅目，螟蛾科。在辽宁一年发生2～3代，江西4～5代。在江西，越冬代成虫多在4月中旬至5月中、下旬羽化，6～9月田间可见各种虫态。成虫有趋光性，白天常潜伏在叶背上，夜间活动。卵散产花豆叶背面。幼虫主要取食叶片，可将大豆叶片卷成筒状，在其中蚕食，后期亦可蛀食豆荚和豆粒。幼虫比较活泼，受惊后迅速倒退逃逸。为害大豆等豆科植物。

⑦ 豆卷叶野螟 鳞翅目，螟蛾科。在辽宁一年发生2代，以2～3龄幼虫在残叶中越冬。6月下旬至7月上旬为成虫发生盛期，7月中、下旬为卵盛期，7月下旬至8月上旬为幼虫盛发期，8月中、下旬为化蛹盛期。第二次成虫8月下旬出现。成虫有趋光性，卵多产于叶背上，常2粒并产。幼虫3龄以后将叶片横卷成筒状，然后潜伏于其中啃食，有时还可将数叶卷在一起，大豆在开花结荚盛期受害最重。幼虫有转移为害习性，受惊后迅速倒退逃逸，老熟后常做成1个新的虫苞在卷叶内化蛹。为害大豆、豇豆、绿豆、赤豆等。

⑧ 大造桥虫 鳞翅目，尺蛾科。在辽宁沈阳，6月上旬至8月下旬均可见到成虫，盛期在6月中、下旬。在江苏、浙江等地一年发生4～5代，以蛹在土中越冬。卵期5d，幼虫期18～21d，蛹期9～10d，成虫寿命6～8d。成虫羽化后1～3d交配，交配后第2d产卵，卵散产在土缝中或土面上。成虫昼伏夜出，有趋光性，飞翔力弱。幼虫在豆株上常做拟态，呈嫩枝状。为害豆类、花生、棉花、柑橘、小蓟等。

⑨ 小双齿尺蛾 鳞翅目，尺蛾科。在辽宁，6～7月发生成虫，7月上旬至8月上旬幼虫为害大豆叶片。为害大豆。

⑩ 白雪灯蛾（白灯蛾） 鳞翅目，灯蛾科。在辽宁一年约发生1代。7月上旬至8月下旬为成虫发生期，7月下旬为发蛾盛期；7月中旬至9月为幼虫发生期，主要取食大豆叶片，以老熟幼虫越冬。成虫有趋光性。为害大豆、高粱、小麦、黍、车前草、蒲公英等。

⑪ 肾毒蛾（豆毒蛾） 鳞翅目，毒蛾科。卵成块状，多产在大豆叶背面上。初孵幼虫先群集在豆叶背面，以后才分散为害，在叶背啃食叶肉或将豆叶吃成缺刻。幼虫老熟后在豆叶背面做暗褐色茧化蛹。成虫有趋光性。在浙江一带一年发生5代，以幼虫越冬。为害大豆、小豆、绿豆、苜蓿、棉花、芦苇、柿和柳等。

⑫ 灰斑古毒蛾 鳞翅目，毒蛾科。在东北一年发生1代，以卵在木本寄主枝条上越冬。翌年5月下旬越冬卵开始孵化；6月中、下旬幼虫大量转至大豆田，将叶片吃成缺刻或孔洞，只残留叶脉，严重时可将全叶吃光。7月上、中旬老熟幼虫化蛹，7月下旬至8月上旬出现成虫。雄蛾白天活动，寻找雌蛾交配。为害大豆及其他豆类植物，沙枣、杨、柳等。

⑬ 隐金夜蛾 鳞翅目，夜蛾科。在辽宁，成虫出现期为5～9月；7～8月幼虫为害大豆

叶。老熟幼虫卷叶作茧化蛹。为害荨麻、律草、野芝麻、大豆等。

⑭ 银纹夜蛾　鳞翅目，夜蛾科。一年发生代数因地而异。在辽宁一年发生1～2代，河北一年约3代，山东、陕西、江苏一年5代，均以蛹在大豆枯叶上或其他寄主枯叶上越冬。成虫昼伏夜出，趋光性强，喜在茂密的豆田产卵，卵多散产在豆株中、上部的叶背上。幼虫多隐藏在豆叶背面为害，将豆叶吃成缺刻或孔洞，老熟后在叶背结茧化蛹。茧白色，丝质，较薄。为害大豆等豆科植物及十字花科蔬菜。

⑮ 豆卜馍夜蛾（豆髯须夜蛾）　鳞翅目，夜蛾科。在东北一年发生1～2代。5～8月为幼虫期，为害大豆叶片，将叶片吃成缺刻或孔洞，严重时可将全叶片吃光仅剩叶脉。6月下旬至7月上旬为成虫羽化盛期。成虫有趋光性，夜间活动。幼虫多在豆株上部为害，比较活泼，一经触动立即跳落到豆株叶上或地面，老熟后在卷叶内化蛹。为害大豆。

⑯ 苜蓿夜蛾（实夜蛾）　鳞翅目，夜蛾科。在东北、华北一年发生2代，以蛹在土中越冬。东北地区4月下旬成虫羽化，5月下旬于豆叶背面产卵，卵约经7d孵化。低龄幼虫吐丝将大豆顶叶卷起，潜伏其中蚕食叶肉，长大后不再卷叶，沿叶主脉暴食叶片，将叶片吃成缺刻或孔洞，甚至将叶片吃光。7月间幼虫老熟入土化蛹。7月下旬出现第二代成虫，第2代幼虫主要为害豆荚，将豆荚咬成圆孔，啃食荚内乳熟的豆粒，9月间老熟幼虫入土化蛹越冬。为害大豆、豌豆、小豆、甜菜、棉花、亚麻、苜蓿、向日葵等。

⑰ 银锭夜蛾　鳞翅目，夜蛾科。幼虫为害寄主叶片，咬成缺刻或孔洞。在辽宁、吉林，幼虫6月下旬为害大豆，7月中旬化蛹，8月上旬羽化为成虫。为害大豆、胡萝卜、菊、牛蒡等。

⑱ 红棕灰夜蛾　鳞翅目，夜蛾科。在辽宁、吉林一年发生2代。以蛹在土中越冬。4月下旬至9月上旬是成虫发生期，5月中、下旬至6月中旬及8月下旬至9月中旬是幼虫为害大豆盛期，6月下旬至7月中旬及10月上旬为化蛹期。成虫于植物叶片上产卵，每块有卵150粒左右。为害大豆、棉花、苜蓿、甜菜、桑、豌豆、葱、胡萝卜、荞麦等。

⑲ 旋幽夜蛾（旋岐夜蛾）　鳞翅目，夜蛾科。在辽宁沈阳、铁岭地区，4月下旬至6月中旬、7月中旬至9月上旬为成虫发生期；6月下旬至7月中旬、8月中旬至9月上旬幼虫为害大豆；9月上旬开始化蛹。成虫趋光性强，幼虫取食叶片，老熟后于土中化蛹。为害大豆、亚麻、马铃薯、甜菜、花生、豌豆、玉米、高粱、向日葵等。

⑳ 斑缘豆粉蝶　鳞翅目，粉蝶科。在东北一年发生1～2代，湖北发生3代，以蛹在寄主枝干、残体上越冬。7月至8月幼虫为害大豆叶片，6月至10月在田间均可见到成虫。成虫多在豆株心叶背面产卵，幼虫老熟后在枝茎、叶柄处化蛹。为害大豆、苜蓿等豆科植物。

㉑ 小红蛱蝶　鳞翅目，蛱蝶科。在东北地区1年约发生2代，5月至9月均可发现成虫，幼虫取食大豆等植物的叶片。为害大豆、大麻、黄麻、荨麻、苎麻、牛蒡及艾属植物等。

㉒ 豆灰蝶　鳞翅目，灰蝶科。以幼虫为害寄主植物，成虫常在花上活动，幼虫常与蚜虫共栖。各地一年发生世代数不同，在陕西一年发生4代以上。为害大豆、苜蓿、紫云英等豆科植物以及大蓟、小蓟、牛蒡、艾属（蒿属）、鼠曲草等菊科植物。

㉓ 豆秆黑潜蝇　双翅目，潜蝇科。发生代数因地而异。在辽宁、山东一年发生3～5代，浙江6代，广西10代。长江流域以北地区主要以蛹在大豆或其他寄主的根茬和秸秆中越冬，广西冬季则幼虫、蛹、成虫皆有。初孵化幼虫经叶脉、叶柄蛀入茎髓部为害，在茎内形成弯曲的隧道，老熟时先向茎外蛀1羽化孔，并在附近化蛹。大豆幼苗被害后主茎、侧枝、叶柄和叶片枯萎，进而枯死。成株期被害，植株生育不良，矮小。为害大豆等豆科作物。

㉔ 豆根蛇潜蝇　双翅目，潜蝇科。在东北一年发生1代，以蛹在大豆茎秆中越冬。5月

下旬至6月中旬成虫盛发，6月是幼虫为害期，为害大豆主根皮层。6月下旬至7月上旬老熟幼虫化蛹并越冬。为害大豆、野生大豆。

㉕ 中国豆芫菁　鞘翅目，芫菁科。一年发生1代，以幼虫在土中越冬，翌年化蛹。成虫于5～8月出现，产卵于土中。成虫取食植物，有假死性和群集性。幼虫捕食蝗虫卵。为害豆类、花生、苜蓿、刺槐、国槐、马铃薯、甜菜、向日葵等。

㉖ 绿芫菁　鞘翅目，芫菁科。一年发生1代，以幼虫在土中越冬。翌年化蛹，5～8月成虫羽化后开始为害多种植物，严重为害国槐时可将全株树叶吃光。成虫有假死性和群集性，产卵于土中，幼虫在地下捕食蝗虫卵和蛴螬。为害豆类、花生、苜蓿、国槐、刺槐、紫穗槐、黄芪、锦鸡儿。

㉗ 斑鞘豆叶甲　鞘翅目，叶甲科。成虫羽化后除少数可出土为害外，大部分直接在土中越冬。春季大豆出苗后即受成虫为害。成虫主要取食叶片、子叶和嫩芽，将叶片吃成网状或造成许多小孔洞。成虫为害期可至8月中旬。幼虫主要在土中取食大豆须根及根部表皮，老熟后即在土中作土室化蛹。斑鞘豆叶甲成虫于白天活动、取食和交尾，夜间潜伏于土块下和根际土缝中。成虫善跳跃并有假死习性。为害大豆、胡枝子及其他豆科植物。

㉘ 双斑萤叶甲　鞘翅目，叶甲科。在辽宁、河北、山西一年发生1代，以卵在土中越冬。越冬卵5月开始孵化，7月出现成虫。成虫羽化后经20余日进行交尾。雌虫将卵产于土缝中，一次可产卵30余粒，一生可产卵200余粒。卵散产或几粒黏在一起。幼虫生活于土中，以杂草及禾本科植物等的根部为食。成虫危害性较大，为害大豆时将叶片吃成孔洞。为害玉米、高粱、粟时，可顺叶脉取食叶肉，为害嫩穗、嫩粒，取食玉米花丝及高粱、粟的花药等。为害豆类、花生、玉米、高粱、粟、向日葵、马铃薯、大麻、白菜、萝卜、茼蒿、杨、柳等。

㉙ 二条叶甲　鞘翅目，叶甲科。在中国东北、华北一年发生1代，河南、安徽3～4代，以成虫在杂草和土缝里越冬。春季大豆出苗后即可遭受二条叶甲成虫的危害。成虫取食大豆的子叶、复叶、生长点、嫩茎、花、荚等，还可为害多种其他作物。成虫产卵在豆株周围的表土里，幼虫孵化后即在土中为害大豆的根瘤，往往将根瘤吃成空壳，并引起根瘤腐烂。成虫善跳跃，有假死习性。为害大豆及其他豆科植物、甜菜、棉花、高粱、玉米、水稻、甘薯、白菜、甜瓜等。

㉚ 黄伊缘蝽　半翅目，缘蝽科。成虫和若虫喜在花穗、嫩荚、嫩叶及嫩茎上吸食汁液，被害处呈现黄褐色小点，严重时可造成落花落果、子粒不饱满或导致空壳。为害大豆、蚕豆、花生、棉花、水稻、小麦、高粱、粟、油菜、萝卜等。

㉛ 点伊缘蝽　半翅目，缘蝽科。成虫和若虫多在花序、嫩穗（荚）、嫩叶及嫩茎上吸食汁液，被害处呈现黄褐色斑点，严重时造成落花落粒（荚）。为害大豆、花生、蚕豆、油菜、茄子、小麦、粟、高粱等。

㉜ 甘蔗黄螟　鳞翅目，小卷叶蛾科。黄螟在广东南部一年发生6～7代，世代重叠，没有明显的越冬现象。卵散产于甘蔗叶鞘或叶片上。在珠江三角洲，黄螟的卵在年中各个时期均有发现，以6月为产卵盛期。春植甘蔗一般在4月中下旬开始发现螟卵，5月起激增，6月最多。7月开始渐减，11、12月再复回升，但数量远比前期的少。而在冬植蔗和宿根甘蔗，黄螟发生比春植蔗约提前1个月。3～5月间主要是1、2代为害蔗苗，3、4代于6～7月为害蔗茎。因此春植蔗苗防治工作应提早半月至1个月开始。成虫昼伏夜出，趋光性弱。初孵幼虫最初潜入叶鞘间隙，逐渐移向下部较嫩部分，一般在芽或根带处蛀入，蔗苗期及分蘖期食害根带部形成蚯蚓状的食痕，在被害茎蛀食孔外常露出一堆虫粪。老熟幼虫在蛀食孔处作茧化蛹。苗期被幼虫入侵为害生长点后，心叶枯死，可以造成缺株，减少有效茎数。在生长中、后期蔗茎受害，造成螟害节，破坏茎内组织，影响甘蔗生长，降低糖分，遇到大

风，常在虫伤口折断，而且虫伤部分常引起赤腐病菌侵入。为害甘蔗。

㉝ 甘蔗二点螟　鳞翅目，螟蛾科。在中国主要蔗区由北向南发生代数 3～6 代递增，在南方蔗区，发生世代相当重叠，以老熟幼虫在蔗头、秋笋和残茎内越冬。通常以第 1、2 代幼虫为害宿根和春植蔗苗，造成枯心，其中以第二代为害较重；第 3 代以后为害成长蔗，以 6～9 月的田间密度较高。成虫晚上活动，有趋光性。卵多产在蔗苗下部叶片背面。幼虫孵出后即爬至叶鞘内侧取食为害，3 龄后再蛀入蔗茎组织，形成隧道，为害生长点，造成枯心苗或螟害节，幼虫蛀入孔口周缘不枯黄，茎内蛀道较直而过节。老熟幼虫在被害茎内化蛹。为害甘蔗。

㉞ 甘蔗白螟　鳞翅目，螟蛾科。在广东雷州半岛一年发生 4～5 代，以老熟幼虫在被害植株梢部隧道内越冬。年中分别于 4 月上旬、6 月上旬、7 月下旬、9 月上旬、10 月下旬出现 5 次为害高峰。第 1、2 代主要为害幼苗，第 3、4 代为害生长中后期的蔗茎。发生数量以第 3、4 代为多。多数以第 4 代老熟幼虫于 9 月中、下旬开始越冬，少部分以第 5 代幼虫于 10 月下旬越冬。成虫有趋光性，卵产于蔗叶背面，田边卵块密度较大。老熟幼虫化蛹前自蛀道至蔗茎外造一羽化孔，孔内有一块薄膜遮盖，幼虫即在孔口附近化蛹。为害甘蔗。

㉟ 甘蔗绵蚜　同翅目，蚜科。甘蔗绵蚜在中国南方蔗区每年发生约 20 个世代，完成一代 14～36d，世代重叠。绵蚜以孤雌胎生繁殖。无翅成虫每头产幼蚜 50～130 头，有翅成虫产蚜平均 14～15 头。以夏季繁殖最快。冬季以有翅成虫迁飞至蔗田附近的禾本科植物上，或秋、冬植蔗株上越冬。为害甘蔗。

㊱ 甘蔗蓟马　缨翅目，蓟马科。甘蔗蓟马一年发生多代，成虫和若虫均在未开展的心叶内侧活动，在心叶内部的分布以中部最多，基部最少，而叶尖居中。1～2 龄若虫行动活泼，3 龄若虫开始出现翅芽，行动迟缓，特称“前蛹”，至 4 龄具长的翅芽，此时停止活动，称“蛹期”。成虫产卵在甘蔗心叶内侧的组织内。为害甘蔗。

7　蔬菜主要害虫（螨）

中国的蔬菜害虫记述的种类有 200 多种，其中比较重要的有 30 多种，小菜蛾、菜青虫、甜菜夜蛾、蚜虫、潜叶蝇、温室白粉虱等常常引起严重危害。由于蔬菜栽培比较集约，生产周期短，对产品质量要求高，而害虫往往混合发生，集中为害，因此极易造成严重损失。

① 小菜蛾　鳞翅目，菜蛾科。一年发生代数因地区而异：北方一年 4～5 代，以蛹越冬；长江流域 9～14 代，广西 17 代，终年可见各虫态，无越冬现象。成虫昼伏夜出，有趋光性，寿命和产卵期较长，幼虫活泼，受惊动时可吐丝下坠，故有“吊死鬼”之称。十字花科蔬菜，以甘蓝、油菜、白菜、花椰菜受害较重；也为害番茄、马铃薯等。

② 菜青虫（菜粉蝶）　鳞翅目，粉蝶科。一年发生代数因地而异，由北向南逐渐增加。东北、华北一年发生 4～6 代；长江中下游地区一般发生 7～8 代。以蛹越冬。各地均以春、秋季为害严重。成虫白天活动，卵散产，多产于叶背，每头雌虫一生可产卵 100～200 粒。幼虫食害叶片，老熟时多在老叶背面化蛹。主要取食十字花科蔬菜，如甘蓝、花椰菜、白菜、黄芽菜、萝卜、芥菜、芜菁等，以甘蓝、花椰菜受害最重。

③ 甜菜夜蛾　鳞翅目，夜蛾科。成虫具有远距离迁飞习性和强烈的趋光性，产卵于叶片上。幼虫一般有 5 龄，少数 6 龄。初龄幼虫群集叶背，吐丝结网，在网内取食叶片，3 龄后分散为害。幼虫活泼，少受惊扰即吐丝落地，有假死习性，老熟后入土化蛹。食性极杂，危害植物达 100 余种，尤喜食十字花科蔬菜、豇豆、菜豆、大葱、蕹菜、苋菜、辣椒等，也可为害马铃薯、甘薯、菠菜、芋、牛蒡、姜、大豆、花生、芝麻、甜菜、棉花、玉米等。

④ 甘蓝夜蛾　鳞翅目，夜蛾科。在我国北方一年发生 2～3 代，以蛹在土中越冬。幼虫食叶片，1 龄群居在叶背啃食叶肉；2 龄后分散取食；5～6 龄为暴食期，可将叶肉吃光，仅

剩叶脉。为害多种植物，以甘蓝、白菜、油菜、菠菜、甜菜等受害严重。

⑤ 烟草夜蛾（烟青虫） 鳞翅目，夜蛾科。各地发生代数不一，由北至南2～6代。华北一年发生2代，山东、安徽北部3～4代，福建5代，西南5～6代。以蛹在土中越冬。在北方5月上旬开始羽化，成虫于叶芽和心叶背面产卵，幼虫夜间活动，幼龄幼虫食害叶片，3龄以后食害花蕾或果实，7～9月是为害盛期。成虫对黑光灯及半干的杨树枝叶有趋性。为害辣椒、番茄、南瓜、烟草、棉花、玉米、高粱等。

⑥ 莴苣冬夜蛾 鳞翅目，夜蛾科。在辽宁、吉林一年发生2代，以蛹越冬，幼虫6月下旬至9月初出现，为害莴苣、生菜嫩叶及花。为害莴苣、生菜。

⑦ 人纹污灯蛾 鳞翅目，灯蛾科。一年发生代数因地区不同而异，从北向南可发生2～6代。在北方一年2代，秋季老熟幼虫缀连枯叶或钻入土中吐丝黏合体毛作茧化蛹，并以蛹越冬。翌年5月羽化成虫，6月下旬至7月上旬是1代幼虫发生期，8～9月是2代幼虫发生期，以2代虫量大，为害严重。幼虫将叶一面表皮和叶肉食光，仅留另一面表皮，也可为害花丝和幼果。成虫有趋光性，卵成堆，单层产于叶背。初孵幼虫群集为害，3龄以后分散，老熟幼虫有假死习性。为害十字花科、茄科、葫芦科、豆科等蔬菜。

⑧ 红缘灯蛾 鳞翅目，灯蛾科。在辽宁、河北一年发生1代，以蛹越冬。翌年五六月间开始羽化，雌蛾产卵成块。幼龄幼虫群集为害，3龄以后分散为害。成虫有趋光性，幼虫行动敏捷、活泼。幼虫食性很杂，可为害100余种作物。在蔬菜上主要为害大葱、菜豆，还可为害棉、麻、玉米、大豆等。

⑨ 豆荚野螟 鳞翅目，螟蛾科。一年发生代数和越冬虫态因地区不同而异：在我国北方一年3～4代；湖北、福建、浙江、广西、台湾6～7代；海南省10代以上。在北方以蛹在土中越冬；在南方以幼虫在土中越冬。每年6～10月是幼虫为害盛期。成虫昼伏夜出，有趋光性，卵多产在嫩茎、嫩荚上，一般散产。初孵幼虫蛀食嫩茎和花蕾，3龄以后蛀入荚果内，蛀孔外留有虫粪。为害豇豆、菜豆、扁豆等豆科蔬菜。

⑩ 茴香薄翅野螟（茴香螟、油菜螟） 鳞翅目，螟蛾科。在辽宁以老熟幼虫在土中结土茧越冬。成虫于5月下旬至6月上旬出现，在嫩叶、嫩茎上产卵。幼虫为害盛期为6月中旬至下旬。早期为害心叶和种芽，结荚后钻蛀菜荚内，为害子粒。为害油菜、白菜、萝卜、甘蓝、芥菜、茴香等。

⑪ 甘薯麦蛾 鳞翅目，麦蛾科。发生代数因地而异：陕西一年发生2～3代，华北地区3～4代，湖南5～7代，福建8～9代。在北方以蛹在残株落叶中越冬。在北京，越冬蛹于6月上旬羽化，7月份发生第1代幼虫，8月份发生第2代，9月份发生第3代，以9月份为害最重。1龄幼虫可吐丝下坠，剥食叶肉，但不卷叶，2龄幼虫可吐丝做小部分卷叶，3龄后幼虫大量卷叶，在卷叶内啃食叶肉，留下表皮，呈薄膜状，并将粪便排于卷叶内。2龄后的幼虫特别活泼，善跳跃，遇惊动时，即滑落而下掉。幼虫老熟时在卷叶内或土缝里化蛹。成虫有趋光性。为害甘薯、蕹菜等旋花科植物。

⑫ 甘薯天蛾 鳞翅目，天蛾科。在中国北方一年发生1～2代，南方3～4代，以蛹在土中越冬。翌年6～7月羽化。成虫昼伏，夜间飞舞取食花蜜并交尾产卵。凡茎叶繁茂处产卵量多，幼虫为害亦严重。为害旋花科、茄科、豆科植物。

⑬ 葱邻菜蛾（葱须鳞蛾、韭菜蛾） 鳞翅目，邻菜蛾科（须鳞蛾科）。在辽宁一年发生4～5代，以成虫或蛹在背风向阳处的越冬韭菜干枯叶丛中或杂草叶下越冬。5月下旬出现第1代幼虫。由于发育不整齐，世代重叠，从春到秋均有发生，8月以后为害严重。成虫白天隐蔽，晚间活动，有趋光性。为害百合科蔬菜，尤以大葱、老根韭菜受害较重。

⑭ 云粉蝶（斑粉蝶） 鳞翅目，粉蝶科。在东北、华北一年发生3～4代，以蛹越冬。幼虫啃食叶片，常与菜粉蝶混合发生，以春、秋两季为害重。以十字花科蔬菜为主，甘蓝、

油菜、花椰菜、白菜等发生较多。

⑮ 金凤蝶（黄凤蝶） 鳞翅目，凤蝶科。一年发生2代，以蛹在灌木丛枝条上越冬，第二年4～5月羽化。第1代幼虫发生于5～6月；第2代幼虫发生于7～8月。成虫白天活动，卵散产于叶面、花或芽上。幼虫昼夜均可取食，受惊动时可从前胸背板前缘伸出臭丫腺，放出臭味。为害茴香、胡萝卜、芹菜等伞形花科蔬菜。

⑯ 豆蚜（苜蓿蚜、花生蚜） 同翅目，蚜科。在中国北方一年发生10余代。在山东以无翅孤雌蚜、若蚜在野苜蓿、地丁上越冬，少数以卵越冬。第二年5月中、下旬迁至豆科蔬菜上。一般聚集在心叶及嫩茎上为害。受害严重时叶片枯黄，植株矮小，甚至全株枯死。主要以豆科蔬菜受害严重。

⑰ 桃蚜 同翅目，蚜科。在中国北方一年发生10余代，南方则多达30～40代不等，因世代短，代数多，世代重叠严重。在北方，冬季迁至桃树上，产生雄蚜和雌蚜，交配后于桃树的芽腋、小分枝或枝梢裂缝里产卵并以卵越冬，次年3～4月孵化，繁殖几代后产生有翅蚜，迁飞到蔬菜上为害，有一部分冬季不迁回桃树上，而在菜心里以卵或雄蚜越冬，温室内终年在蔬菜上繁殖为害。已知寄主有352种，属多食性害虫。在蔬菜上以十字花科和茄科蔬菜受害较重；在果树上以桃、李、杏、樱桃等蔷薇科果树受害较重。

⑱ 葱蚜（台湾韭蚜） 同翅目，蚜科。一年发生几十代。在北方，以孤雄若蚜在贮存的蒜、洋葱上越冬。在室内一年发生26～28代，温度适宜可终年繁殖为害；在露地以春、秋发生量大，为害严重。若虫4龄，初期多集中在分蘖处，虫量大时可布满整株。具背光性，一般在背阴处。有趋嫩性和假死性。为害葱、蒜、洋葱、韭菜等百合科蔬菜。

⑲ 葱蓟马 缨翅目，蓟马科。在中国发生世代数因地区不同而异。在华南一年发生20代，山东6～10代，华北3～4代。在北方以成虫越冬为主，亦有少数以若虫越冬。一般越冬场所为葱、蒜叶鞘内及土块、石缝下或枯枝落叶间。在南方冬季仍可为害葱、蒜类，无越冬现象。成虫活跃，善飞，怕光，多早晚或阴雨天取食。初孵若虫在葱叶基部为害，稍大时分散。成虫、若虫以锉吸式口器为害葱叶，形成不规则的黄白斑，严重时葱叶扭曲、枯黄。一年中以春夏季为害严重。主要为害葱、蒜、洋葱、韭菜等，也可为害棉花、烟草等。

⑳ 马铃薯瓢虫 鞘翅目，瓢虫科。在中国北方一年发生1～2代，以成虫群集在背风向阳的石缝、墙缝、山洞等处越冬。翌年5月中、下旬开始活动，逐渐迁至作物上，6月中、下旬至8月中、下旬是为害盛期。成虫、幼虫均可啃食叶片，仅留一面表皮，形成许多平行弧形纹，严重时叶子枯黄。也可啃食茄果，受害部位变褐变苦。成虫白天活动，假死性强，受惊动时落地不动，并分泌黄色黏液。成虫于叶背产卵，常二三十粒在一起，但卵粒排列较疏松。幼虫群集为害，行动迟缓。为害茄科、豆科、葫芦科、十字花科等蔬菜，尤以马铃薯和茄子受害最重。

㉑ 黄守瓜（印度黄守瓜） 鞘翅目，叶甲科。在中国不同地区一年发生代数不同：南方3～4代；北方1代。均以成虫在草堆里、土块下或石缝里群集越冬。翌年3月下旬至4月越冬成虫开始活动，先为害其他作物，待瓜苗长至2～3叶时，集中为害瓜叶。成虫于5月中旬至8月产卵，卵产于土中，散产或成堆产。孵化后幼虫很快潜入土内为害细根，大龄幼虫可蛀入根的木质部和韧皮部之间为害，使整株枯死，也可啃食近地面的瓜肉，引起腐烂。主要为害瓜类，也可为害十字花科、茄科、豆科等蔬菜。

㉒ 黄曲条跳甲 鞘翅目，叶甲科。发生代数因地而异，我国由北向南一年发生2～8代：黑龙江2～3代；辽宁、河北3～4代；华南7～8代。各地均以成虫在枯枝老叶、杂草丛中或土缝里越冬。第二年春天，当保护地菜苗定植或露地蔬菜定植后，即可造成为害，春、秋季为害严重。成虫啃食叶片，幼虫为害根部。成虫白天活动，善跳，早晚或阴雨天躲在叶背或土块下。有趋光性，耐饥饿力较弱，抗寒性较强。卵多产于根部周围的土隙中或细

根上，每雌产卵约200粒，最多可达600粒。主要为害十字花科蔬菜，以甘蓝、白菜、油菜等受害严重；也可为害茄果类、瓜类、豆类等。

㉓ 大猿叶虫（菜无缘叶甲） 鞘翅目，叶甲科。一年发生代数因地而异，中国由北向南逐渐增加：北方一年2代；南方5～6代。以成虫在枯叶、土缝、石块下越冬。越冬成虫在北方4～5月开始活动，5月下旬至6月上旬是幼虫盛发期。白天活动，成虫、幼虫均可舔食叶片，初期形成小斑痕、孔洞或缺刻，严重时只留叶脉。以春、秋季为害严重，盛夏高温时成虫入土或隐蔽在阴凉处越夏。成虫、幼虫均有假死习性，受惊动后即缩足坠地。主要为害十字花科蔬菜，以油菜、白菜受害较重，也可为害甘蓝、花椰菜等。

㉔ 韭萤叶甲（愈纹萤叶甲） 鞘翅目，叶甲科。在中国北方一年发生1代。在辽宁，4月中、下旬出现幼虫，5月下旬出现成虫，成虫、幼虫均为害葱。此虫仅在新开垦的山坡、丘陵地发现，老菜区未见发生。为害葱、韭菜。

㉕ 菜豆象 鞘翅目，豆象科。幼虫、成虫均可在仓库内越冬，无滞育现象，世代重叠。成虫有趋光性。不能忍受35℃以上高温和－17℃以下低温。为害菜豆、豇豆和其他豆类，但不为害大豆。

㉖ 横纹菜蝽 半翅目，蝽科。在中国北方一年发生1～2代，以成虫在枯叶下、石块下或土缝里越冬。翌年4月开始活动，5月交配产卵。出现晚的成虫，产卵可延至8月份，这一部分一年仅能完成1代。成虫、若虫刺吸汁液，尤其对嫩芽、嫩叶、花蕾和幼荚为害严重，受害处留下黄白色至黑色斑点，严重的被害植株枯萎。主要为害十字花科蔬菜，甘蓝、花椰菜、白菜、萝卜、芥菜、油菜等受害严重。也为害棉花、甜菜、烟草。

㉗ 牧草盲蝽 半翅目，盲蝽科。在中国北方一年发生2～4代（山西2～3代，陕西关中3～4代，新疆库尔勒3～4代）。以成虫在麦田、苜蓿田、田边杂草、树皮裂缝、枯枝落叶等处越冬。翌年春从越冬场所迁至作物上为害。成虫产卵于植物组织内。成虫、若虫均以刺吸式口器吸收植物汁液，使植物叶面出现褐色斑点，枝芽枯萎，或造成落花落蕾。甘蓝受害后心叶不发育，不结球。为害十字花科、葫芦科、藜科蔬菜，以及苜蓿、棉花、豆类、小麦等多种作物。

㉘ 温室白粉虱 同翅目，粉虱科。在北方温室及露地蔬菜生产条件下，一年可发生10代左右（北京6～11代），以各种虫态在保护地内越冬或继续为害。翌年春季陆续从越冬场所迁至阳畦或露地蔬菜上为害，为害期可至9月。10月以后又陆续迁至保护地内。成虫具趋黄性、趋嫩性，多栖息在寄主上部嫩叶背面并产卵。若虫和伪蛹多固定在下部老叶背面。成虫、若虫吸食汁液，使叶片褪绿，严重时整株枯死。由于分泌蜜露，可引起煤污病，还可传播病毒病。寄主广泛，已知有200余种植物，包括蔬菜、花卉、经济作物等。在蔬菜上以番茄、黄瓜、青椒、茄子、豆类受害较重。

㉙ 韭菜迟眼蕈蚊（韭蛆） 见地下害虫部分。

㉚ 美洲斑潜蝇 双翅目，潜蝇科。美洲斑潜蝇在各地发生的代数不同，在南方一年发生20代左右（海南21～24代，广州14～18代），周年繁殖为害，无越冬现象。在辽宁一年发生9～13代，其中保护地内4～5代，露地5～8代。美洲斑潜蝇在中国北方自然条件下不能越冬，但在保护地内可越冬或继续繁殖为害。成虫白天活动，有趋黄性、向上性、趋光亮性。成虫交配多在上午进行。雌虫产卵于叶上，每雌可产卵100余粒。幼虫孵出后即在叶内蛀食叶肉，形成虫道。虫道为蛇行线状，初期淡绿色，后期白色带暗色。幼虫老熟时在虫道末端咬1个孔钻出，大部分滚落地上化蛹，少数黏在叶片上，但不在虫道内化蛹。美洲斑潜蝇除幼虫为害外，成虫取食、产卵均能造成伤害，因此发生量大时，叶片大量受损，植株发育不良或导致幼苗死亡，造成减产。主要为害瓜类、豆类、茄果类蔬菜，也可为害十字花科、菊科植物等。

㉛ 豌豆潜蝇（豌豆植潜蝇、豌豆彩潜蝇） 双翅目，潜蝇科。在中国一年发生代数因地区不同而异：辽宁4～5代，华北5代。以蛹在油菜、豌豆或杂草等的枯叶里越冬。翌年3月先在保护地内为害，随温度升高虫量增加，4～5月是为害盛期。夏季高温虫量显著下降，至秋季虫量又上升，可严重为害秋菜。幼虫潜入叶片内啃食叶肉，造成许多弯曲虫道，老熟幼虫即在虫道末端化蛹。为害严重时被害株全叶枯死。对留种菜还可潜食嫩荚及花梗，直接影响产量。寄主有21科130余种，在蔬菜上主要为害豌豆、蚕豆、白菜、莴苣等。

㉜ 葱地种蝇（葱蝇） 双翅目，花蝇科。在中国一年发生2～3代，以蛹在土里越冬。一般5月中旬是第1代幼虫盛发期；6月中旬是2代幼虫盛发期；9月下旬至10月上旬是3代幼虫盛发期。成虫白天活动，以晴天中午前后较活跃，对未腐熟的粪肥及腐烂物质有较强的趋性。为害百合科蔬菜，如葱、蒜、洋葱、韭菜、百合等。

㉝ 萝卜地种蝇（萝卜蝇） 双翅目，花蝇科。在中国北方一年发生1代，以蛹在土中越冬。成虫出现早晚因地区不同而异，越往北出现的越早。在沈阳地区，成虫盛发朔一般在8月下旬至9月上旬；幼虫为害盛期是9～10月上旬；10月中、下旬老熟幼虫入土化蛹、越冬，蛹期约300d。孵化后的幼虫由根表皮或叶柄基部钻入根内取食为害，将根或菜帮窜成许多隧道，菜受害后极易诱发软腐病。为害十字花科蔬菜，以白菜、萝卜、芥菜等受害严重。

㉞ 黄翅菜叶蜂 膜翅目，叶蜂科。在中国北方一年发生5代，以老熟幼虫在土内结茧越冬。幼虫春、秋季为害蔬菜。成虫白天活动，尤其在晴朗高温气候条件下活动最烈，早晚或阴雨天很少活动。成虫羽化后当天即交配，交配后1～2d产卵，卵产在靠叶边缘的叶内。幼虫共5龄，早晚活动取食，可将叶片吃成孔洞和缺刻，幼虫假死习性明显，受惊动后卷身坠地。幼虫老熟后入土，做1个长的椭圆形土茧，在茧内化蛹。主要为害十字花科蔬菜，如白菜、萝卜、芜菁、甘蓝、油菜等。

㉟ 侧多食跗线螨（茶黄螨） 真螨目，跗线螨科。在四川，从5月上旬至10月下旬发生31代，从10月至翌年4月结团越冬。10～16℃时开始产卵，一年两次高峰期，分别为6月末到7月初和8月中、下旬。两性繁殖，也可孤雌繁殖。主要在温暖地区或温室内为害，温室内4～5d完成1代。食性杂，茶树受害后，叶片萎缩，呈黄褐色。在蔬菜上一般常集中为害顶梢第1、2、3叶片，并使之枯萎，其上有螨占全株的96.4%，达200头/m^2。为害茄子时可产生裂果。温室内高温、光强度弱和适宜的湿度是该螨大量发生的有利条件。为害棉花、茶、柑橘、橡胶、葡萄、豆类、马铃薯、黄瓜、茄子、辣椒、番茄、甘薯和多种观赏植物，达50多种。

㊱ 卷球鼠妇（西瓜虫） 甲壳纲，等足目，鼠妇科。中国多发生在沿海地区。在辽宁大连二年发生1代，以成体或幼体在地下越冬。在保护地内1月下旬至2月下旬即有少数个体开始活动，3月中旬大量出现，此时温室内正值菜苗发育阶段，大量成体、幼体爬至菜苗上，取食叶片，4～5月是为害盛期。4月中、下旬为交配盛期，卵直接产于抱卵囊内；5月中旬为孵化盛期，孵出的幼体靠母体蠕动释放出来。对光呈负趋性，白天多隐藏在土块下、石缝里，夜间活动。假死习性明显，受惊动后身体立刻卷缩呈球形。多食性害虫，主要为害黄瓜、番茄、油菜等。

8 果树主要害虫（螨）

我国地跨寒、温、热三带，果树资源极为丰富，苹果、梨、桃、李、柑橘等年产量均较高。果树种类和品种复杂，害虫种类繁多，在各种果树的栽培过程中，常受多种害虫的危害。而且果树多为多年生乔木，一年受害往往影响多年收成，因此果树的害虫防治工作显得极其重要。果树害虫中以食心虫、红蜘蛛、蚜虫、蚧壳虫等为害最为严重。

① 桃小食心虫（桃蛀果蛾） 鳞翅目，蛀果蛾科。在中国北方苹果树上一年发生1～2代；在山楂树上一年发生1代；在梨树多数品种上只发生1代，少数品种部分发生2代。以老熟幼虫在3～13cm的土层中做茧越冬。成虫在苹果、梨、山楂果实萼洼处和枣树叶片背面或梗洼处产卵。孵化后幼虫蛀果。7月中旬前蛀果的，虫道弯曲，果实畸形，俗称“猴头”；7月下旬以后蛀果的，果形正常，果实内充满虫粪。幼虫老熟后脱果落地，在辽宁8月中旬前脱果的，大部分做夏茧，并化蛹、羽化、产卵、孵化，以第2代幼虫做茧越冬；8月中旬以后脱果的，直接入土做茧越冬。为害苹果、梨、山楂、枣、桃等。

② 李小食心虫 鳞翅目，卷蛾科。在中国东北一年发生2～3代，以老熟幼虫在树冠下0.5～5.0cm深的土层中越冬。在辽宁，李树花芽萌动时，幼虫出土做夏茧，并在其中化蛹，李树落花后，成虫陆续羽化。卵产在果面，少数产在叶上，卵期7d左右。孵化后从果面蛀入，直蛀至果仁，被害果最终脱落。幼虫老熟后脱果，在皮缝、表土层或被害落地的果内化蛹。蛹期7d左右。第2代幼虫为害的果，从蛀入孔向外流胶，被害果不落。第3代幼虫多从果梗基部蛀入，果面无明显症状，被害果提早变红，易脱落。主要为李树，也可为害杏树、樱桃等。

③ 梨小食心虫 鳞翅目，卷蛾科。在中国北部梨产区一年发生3～4代。越冬代成虫及第1代成虫在桃树、李树叶背面产卵，卵期4～6d，幼虫蛀入桃、李嫩梢，被害嫩梢有颗粒状虫粪堆积，不久嫩梢萎蔫。第3代卵部分产在梨果上。7月中旬以前蛀果者，幼虫在皮下浅层蛀食，蛀孔周围变黑，形成一片直径1～2cm的黑疤，俗称“黑膏药”；8月中、下旬以后蛀入者，幼虫直入果心，果内有虫粪堆积。老熟幼虫在翘皮下或在地面做茧越冬。幼虫蛀食多种果树果实或嫩梢，如蔷薇科果树、柿、木瓜等，其中以梨、桃的果实和桃、李的嫩梢受害较重。

④ 山楂小食心虫 鳞翅目，卷蛾科。在辽宁一年发生2代，以老熟幼虫蛀入干枯枝中或在山楂树皮裂缝、剪口、锯口裂缝中结茧越冬，4月中旬至5月中旬化蛹。成虫于5月中旬至6月初羽化。卵单产于山楂萼洼里，经5～7d孵化。幼虫从果面蛀入，蛀入孔可见黄色末状物，此末遇风、雨易脱落。6月下旬至7月上旬幼虫老熟脱果，爬至树干缝隙中或钻入干枯枝中化蛹。8月初至9月上中旬为第2代卵发生期。9月末至10月中旬，第2代幼虫老熟脱果越冬。为害山楂。

⑤ 桃蛀螟 鳞翅目，螟蛾科。在中国北方一年发生2～3代；在江苏、河南发生4代，在江西、湖北、云南发生5代。以老熟幼虫在高粱穗轴、玉米茎秆、向日葵以及仓储库的缝隙等处越冬。在辽宁，第1代幼虫为害桃，第2代幼虫在7～8月间为害紧穗高粱，幼虫在高粱穗内吐丝结成丝筒，周围布满虫粪，藏于其中，咬断穗码，取食穗粒；在华北，第1代幼虫主要为害桃，第2代幼虫除为害向日葵、柿、石榴、板栗外，于7月为害春高粱穗，于8月为害夏高粱穗；在江苏淮阴，第4代幼虫为害夏高粱穗；在四川，第1、2代幼虫为害高粱穗；在湖北宜昌，6～10月为害柑橘；在云南会泽，除为害玉米果穗、向日葵花盘外，第4代幼虫为害石榴较重。为害桃、李、梨、苹果、高粱、玉米、向日葵、柿、石榴、板栗等。

⑥ 苹果小卷蛾（棉褐带卷蛾） 鳞翅目，卷蛾科。在辽宁和华北一年发生3代，在黄河故道地区4代，以2龄幼虫在剪口、锯口及翘皮下结白色小茧越冬。苹果发芽至开花期陆续出蛰，为害芽、花蕾及嫩叶。幼虫有吐丝缀连花蕾及卷叶习性，老熟后在卷叶中化蛹。卵产在叶背面（叶背多毛的品种则产在叶面）和果面。卵期6～8d。初孵幼虫多分散到叶背及上代幼虫造成的卷叶中为害，3龄后部分幼虫啃食果实，小幼虫啃成坑洼状，大幼虫则呈片状伤疤，第2代和第3代幼虫一般不啃果，多在秋梢嫩叶上为害。成虫有趋光性，对糖、醋、酒糟水均有较强的趋性。为害苹果、梨、山楂、桃、李、杏、樱桃、蔷薇、柑橘、杨、柳、

桦、刺槐、丁香、茶、棉花等。

⑦ 黄斑长翅卷蛾　鳞翅目，卷蛾科。在中国北方一年发生 3～4 代，以成虫在杂草、落叶及田埂中越冬。越冬代成虫在枝条上产卵，其他各代卵多产在枝条基部的老叶背面。幼虫可为害花芽、嫩叶，常将枝条上部数个叶片卷在一起食害，有转叶为害习性，每蜕一次皮转移一次。幼虫老熟后多到未被害的叶片间化蛹。以幼树受害较重。为害苹果、梨、桃、杏、李、山楂等。

⑧ 山楂超小卷蛾　鳞翅目，卷蛾科。一年发生 1 代，以老熟幼虫在枝干翘皮下结白茧越冬。在辽宁，3 月下旬至 4 月上旬开始化蛹，5 月初羽化成虫（山楂花序伸出期）。卵产于叶片背面，卵期约 10d。幼虫先蛀食花蕾，蛀孔外有红褐色颗粒状虫粪，虫粪有丝缀连而不落，幼虫常吐丝将 5～10 朵花缀连在一起，钻蛀其中 2～3 朵，被害花蕾干枯后转至幼果为害，从果面蛀入，被害果也被丝缀连在一起，其间堆积虫粪，1 头幼虫可为害 2～3 个果。6 月中旬幼虫老熟越冬。为害山楂属植物。

⑨ 苹褐卷蛾　鳞翅目，卷蛾科。在辽宁一年发生 2 代，在河北、山东、陕西南部一年 3 代，均以幼龄幼虫在剪口、锯口、翘皮缝及潜皮蛾为害造成的爆皮卷内结白茧越冬。苹果发芽至开花期幼虫陆续出蛰，为害花蕾、幼芽、嫩叶。幼虫稍大开始卷叶为害，老熟后在卷叶中化蛹，蛹期 8～11d。成虫在叶正面产卵，每雌蛾平均产卵 160 多粒。初孵幼虫群栖叶背取食叶肉，残留上表皮，使叶片呈筛孔状。幼虫发育到 3 龄后开始啃果，为害症状同苹果小卷蛾。成虫趋光性弱，对糖、醋液的趋性也较弱。为害苹果、梨、山楂、桃、李、杏、樱桃、杨、柳、榛、鼠李、榆、椴、水曲柳、栎、桑、醋栗、珍珠菜等。

⑩ 桃白小卷蛾（白小食心虫）　鳞翅目，卷蛾科。在中国北方一年发生 2 代，以老熟幼虫在地面结茧越冬。此虫对山楂为害较重。卵产在叶片背面（第 2 代卵部分产在果面）。第 1 代幼虫常吐丝把幼果缀连在一起，蛀入果内为害，虫粪堆积在果与果之间，每头可为害 2～3 个果。幼虫老熟后在被害果内化蛹，羽化时蛹壳外露。第 2 代幼虫每头只为害 1 个果，虫粪堆积在萼洼中，脱果后在地面结茧越冬，下年在茧内直接化蛹。主要为害山楂、苹果、梨、桃、李、樱桃等。

⑪ 芽白小卷蛾（顶梢卷蛾）　鳞翅目，卷蛾科。在东北、华北、山东一年发生 2 代；黄河故道地区一年 3 代，均以 2～3 龄幼虫在被害梢顶端的卷叶团中结茧越冬。苹果花芽萌动时，越冬幼虫开始出蛰，转移至枝梢顶端芽上为害。展叶后，将嫩梢顶端几片叶缀连在一起，在其中做一棕色的绒毛茧。幼虫平时藏于茧中，取食时爬出，老熟后在茧中化蛹。成虫在叶背面产卵，单产。每雌产卵 60 余粒，卵期 7～8d。初孵幼虫先在中脉两侧啃食叶肉，2 龄后爬至新梢顶端吐丝缀叶并在其中做茧。第 2 代卵期 5～6d，幼虫为害至 10 月在茧中越冬。为害苹果、梨、枇杷等。

⑫ 梨白小卷蛾（梨食芽蛾）　鳞翅目，卷蛾科。在辽宁、河北、山西一年发生 1 代，以 3 龄幼虫在梨被害芽中（山楂在翘皮缝隙中）结茧越冬。春季梨花芽膨大期幼虫出蛰转入花芽中（山楂芽蛀入孔外有红棕色颗粒状虫粪堆积）。梨芽被害后暂不枯死，可继续生长成新梢，芽鳞片被丝缀连在新梢基部。在山楂树上，可连续为害 2～3 个芽，最后一个被害芽也不枯死，可继续生长。幼虫隐藏在其中，啃食嫩梢基部的树皮及附近叶片，老熟后在其中化蛹。为害山楂树芽的部分幼虫可转移至叶及花序上为害，老熟后在卷叶或花蕾之间化蛹。成虫 6 月中下旬羽化，卵产于叶背。初孵幼虫啃食叶片下表皮及叶肉，稍大蛀芽（可为害梨芽 3 个左右或山楂芽 4～5 个），9 月在最后被害梨芽或山楂翘皮缝中结茧越冬。为害梨、山楂。

⑬ 梨云翅斑螟（梨大食心虫）　鳞翅目，螟蛾科。在黑龙江、吉林一年发生 1 代；在辽宁及河北、山东、山西一年发生 1～2 代；在陕西、河南、安徽一年发生 2～3 代。均以 1～2 龄幼虫在被蛀芽内结茧越冬。在辽宁，梨花芽膨大期前后开始陆续从越冬芽中爬出，并蛀

入另一芽中，被蛀芽多数暂不枯死，可继续生长，至开花前后，幼虫蛀入果台中央，致使花序萎蔫，不久又转移蛀入果内，被害果外有虫粪堆积，1头幼虫可为害2～3个果。化蛹前，幼虫在被害果的果柄基部吐丝，被害果萎蔫后仍吊在树上，俗称“吊死鬼”。幼虫在果内化蛹，羽化的成虫在芽旁或果实萼洼处产卵。一部分幼虫蛀芽为害，芽枯后转芽为害，在最后的被害芽内越冬，这部分一年发生1代；另部分幼虫孵化后蛀果，老熟后在果内化蛹，羽化后产第2代卵，幼虫孵化后为害芽，最后在芽内越冬，即一年发生2代。为害梨等。

⑭ 桃潜蛾　鳞翅目，潜蛾科。在辽宁南部一年发生6代，以成虫在杂草、树皮缝及石缝等处越冬。4月末桃树展叶后开始产卵，卵产在叶片背面皮下组织里。幼虫孵化后取食叶肉，最初虫道似螺旋形，后呈弯曲的线形，粪便留在虫道中。幼虫老熟后将表皮咬成半月形孔后爬出，吐丝下垂，在下部叶片背面吐丝做茧。越冬代幼虫9～10月陆续化蛹，11月初成虫陆续羽化越冬。受害严重时可造成早期落叶。为害桃、李、樱桃、山桃。

⑮ 银纹潜蛾　鳞翅目，潜蛾科。在我国北方（山东烟台）一年发生5代。以冬型成虫在落叶、杂草和石缝里越冬。5月中、下旬开始产卵，卵散产在叶片背面，孵化后幼虫潜入下表皮，在皮下蛀食。初期虫道细线状，逐渐由细变粗，最后形成不规则的枯黄色大斑。从叶背面虫斑上可见排出的黑色细丝状虫粪（别于桃潜叶蛾）。幼虫老熟后咬破表皮爬出，吐丝下垂至下部叶片，在叶背吐丝做茧。幼虫喜食嫩叶，故幼树和秋梢嫩叶受害重。为害苹果、海棠、沙果、山荆子、三叶海棠、李等。

⑯ 金纹细蛾　鳞翅目，细蛾科。在辽宁大连、山东、陕西关中、山西晋中、甘肃天水等地一年均发生5代。以蛹在被害果树落叶的虫斑内越冬。苹果发芽时，越冬代成虫羽化。卵产在叶片背面，单产。孵化后幼虫从卵底直接潜入叶内，被害叶下表皮鼓起，呈黄色半透明薄膜状。叶正面形成黄白色椭圆形或梭形网眼状失绿斑，长约10mm。被害叶往往在虫斑处收缩，叶片皱缩不平，发生严重时，叶上虫斑多，可造成早期落叶。为害苹果、山楂、梨、桃、李、杏等，以苹果受害最重。

⑰ 淡褐巢蛾　鳞翅目，巢蛾科。在辽宁一年发生3代，以蛹在被害叶上越冬。5月上旬开始羽化，卵产在叶正面的叶脉凹陷处，极少数产在叶背面。初龄幼虫数头在一起吐丝结网并在网下为害，稍大分散为害。幼虫为害叶片多在端半部张网，使叶片端部两侧向上纵向抱合。幼虫在网下取食叶的上表皮和叶肉，残留下表皮和叶脉。被害叶呈网状，最终干枯。第1代成虫发生期为6月下旬至7月上旬；第2代发生在8月；第3代幼虫为害至10月上旬，在被害叶上吐丝作茧、化蛹越冬。在陕西关中地区和甘肃天水地区，以初龄幼虫在枝干翘皮缝、剪锯口缝隙处结茧越冬。为害苹果、海棠、山荆子、梨、山楂、李等。

⑱ 苹果巢蛾　鳞翅目，巢蛾科。一年发生1代，以1龄幼虫越冬。4月中旬至5月初出蛰为害，成群将2～3片嫩叶用丝缚在一起，潜入叶尖端组织内，取食叶肉。2、3龄幼虫再吐丝连缀新叶，做成新的网巢，取食叶片。随着虫体增长，食量增加，幼虫不断转移，做成更大的网巢，巢中可有幼虫10余头至数百头。5月下旬幼虫陆续老熟，在巢内、外吐丝做茧化蛹。6月中旬为羽化盛期，下旬为产卵盛期。卵块多产在二年生表皮光滑的枝条上。7月初开始孵化，并在卵壳下越夏、越冬。为害苹果、沙果、海棠、山楂、山荆子等。

⑲ 梨叶斑蛾（梨星毛虫）　鳞翅目，斑蛾科。在中国北方果区一年发生1代，以2龄幼虫在枝干粗皮缝下及土缝中越冬。白梨花芽膨大期开始出蛰，取食花芽，继而为害花蕾和叶芽。展叶后，幼虫转移到叶片上，吐丝将叶缘两边缀连起来形成饺子状虫苞，在苞内舔食叶肉，残留叶背表皮，被害叶枯干变黑、变黄凋落。6月中旬幼虫在为害的叶内结薄茧化蛹。成虫在6月下旬至7月中旬羽化。卵多产在叶背面的中脉两侧，7月中、下旬孵化，初龄幼虫群集在叶背舔食叶肉，幼虫稍大即分散取食。7月下旬陆续结茧越冬。为害梨、苹果、山楂、海棠、沙果、槟子、山荆子等。

⑳ 黄刺蛾　鳞翅目，刺蛾科。在东北、华北一年发生1代，以老熟幼虫在小枝杈处、主侧枝以及树干的粗皮上结茧越冬。6月中旬出现成虫，于叶背产卵，卵数十粒连成一片。幼虫于7月中旬至8月下旬发生。幼龄幼虫喜群集一处，多在叶背啃食叶肉；幼虫长大后逐渐分散，食量增大，常将叶片吃成密集的孔洞。为害枣、梨、柿、李、苹果、枇杷、石榴、柑橘、榛、核桃、山楂、枫杨、桑、柳、榆、法国梧桐等。

㉑ 褐边绿刺蛾（青刺蛾）　鳞翅目，刺蛾科。为害蔷薇科果树、枣、栗、核桃、柑橘等；悬铃木、枫杨、麻栎、桑、榆、柳、法国梧桐等。

㉒ 双齿绿刺蛾（棕边青刺蛾）　鳞翅目，刺蛾科。一年发生1代，以老熟幼虫在枝条上结茧越冬，7月上旬至7月下旬羽化。7～8月是幼虫发生期。初龄幼虫群集在叶背为害，被害叶片呈筛网状；大龄幼虫分散为害，被害叶片呈缺刻状。为害苹果、梨、杏、桃、樱桃、山楂、核桃、栎、槭和桦属。

㉓ 梨刺蛾　鳞翅目，刺蛾科。一年发生1代，以老熟幼虫在土中结茧越冬。7～8月成虫发生，卵产于叶片背面，数十粒集聚成块。8～9月幼虫为害，初孵幼虫有群栖习性，2～3龄以后逐渐分散为害，为害情况与黄刺蛾基本相同。约在9月下旬幼虫老熟，陆续下树寻找适当场所结茧越冬。为害梨、苹果、杏、枣、栗等。

㉔ 扁刺蛾　鳞翅目，刺蛾科。在中国北方一年发生1代，在长江下游地区一年发生2～3代，均以老熟幼虫在寄主树冠附近土中结茧越冬。在辽宁6月初成虫羽化，卵多散产于叶面上。初孵幼虫不取食，2龄幼虫取食卵壳后再啃食叶肉，3龄起可为害整个叶片。幼虫老熟后即下树入土结茧。为害苹果、梨、桃、李、杏、樱桃、柑橘、枣、核桃、柿、枇杷等果树；梧桐、泡桐、乌桕、苦楝、白杨、银杏、刺槐、桑等林木。

㉕ 舟形毛虫　鳞翅目，舟蛾科。在中国北方一年发生1代，以蛹在土中越冬，7月上旬至8月中旬羽化。卵产在叶背面，卵块呈单层密集片状排列。初龄幼虫群集啃食叶片上表皮，残留叶脉，呈筛网状；3龄后逐渐分散可将叶片食尽。为害苹果、梨、海棠、桃、李、杏、樱桃、山楂、核桃、板栗、榆、柳等。

㉖ 桑褶翅尺蛾　鳞翅目，尺蛾科。一年发生1代，以蛹在树干基部地表下数厘米处贴于树皮上的茧内越冬，次年3月中旬开始陆续羽化。成虫白天潜伏于隐蔽处，夜晚活动，有假死习性，受惊后即落地，卵产于枝干上，4月初开始孵化。幼虫食叶，停栖时常头部向腹面卷缩于第5腹节下，以腹足和臀足抱握枝条。5月中旬老熟幼虫爬到树干基部寻找化蛹处吐丝作茧化蛹，越夏、越冬。各龄幼虫均有吐丝下垂习性，受惊后或虫口密度大、食量不足时，即吐丝下垂随风飘扬，或转至其他寄主为害。为害苹果、梨、核桃、山楂、桑、榆、毛白杨、刺槐、雪柳、太平花等。

㉗ 茸毒蛾　鳞翅目，毒蛾科。在中国东北多数一年发生1代，少数一年2代，以幼虫于枝干缝隙和落叶中越冬。春季出蛰为害芽、嫩叶及叶片。5月中、下旬幼虫陆续老熟卷叶结茧化蛹。6月上旬开始羽化、交配、产卵，卵多产于枝干上。每个卵块有卵500～1000粒。幼虫为害一段时间便寻找适当场所潜伏越冬。为害苹果、梨、山楂、桃、李、杏、樱桃、栗、榛、核桃、杨、柳、桦、栎、槭、椴、蔷薇、沙针、山毛榉、鹅耳枥及多种草本植物。

㉘ 折带黄毒蛾　鳞翅目，毒蛾科。在黑龙江一年发生1代，以幼虫于落叶下或树洞、树皮缝中吐丝结网群集越冬。5月开始上树为害叶片，6月下旬在落叶下结茧、化蛹。7月上、中旬羽化，卵多产于叶背。初孵幼虫于叶背吐丝结网群居，喜食嫩叶，稍大分散为害，9月底前后陆续潜伏越冬。在华北多一年2代，河南3代，均以幼虫越冬。为害蔷薇科果树，柿、石榴、枇杷、茶、栎、槭、刺槐、赤杨、松、柏、杉、落叶松、紫藤、赤麻等。

㉙ 舞毒蛾　鳞翅目，毒蛾科。一年发生1代。4月下旬至5月上旬幼虫从越冬卵中孵

化。1龄幼虫群集于叶背，白天静止，夜间食叶，能吐丝下垂，借风力可传播至远处。2龄后分散为害，白天潜伏在树皮缝、树下石缝、土缝中，夜间成群结队上树取食。6月中旬幼虫陆续老熟，在枝叶间、树干裂缝及树下隐蔽处化蛹。6月底至7月成虫羽化，交配后在主干、主枝上、树洞中、石块下、屋檐下等处产卵。卵在越冬前完成胚胎发育，以幼虫在卵壳内越冬。为害苹果、梨、桃、李、杏、樱桃、山楂、柿、栗、核桃、栎、杨、柳、榆等。

㉚ 角斑古毒蛾　鳞翅目，毒蛾科。在东北一年发生1代，以3～4龄幼虫在树翘皮下及落叶下越冬。寄主发芽后出蛰为害，取食芽和叶片，6月末老熟，在枝杈处或缀叶结茧化蛹。7月上旬羽化。卵产于茧上，每块100～250粒。孵化后幼虫分散取食，尔后越冬。在华北一年发生2代。为害苹果、梨、山楂、桃、李、杏、樱桃、蔷薇、柳、杨、栎、桦、悬钩子等。

㉛ 美国白蛾（美国白灯蛾）　鳞翅目，灯蛾科。在中国1979年首次于辽宁发现。在辽宁丹东地区一年发生2代，以茧蛹在树翘皮下、枯枝落叶及表土内越冬。5月中旬出现越冬代成虫。5月下旬发生第1代幼虫，8月至10月发生第2代幼虫。4龄前幼虫营网巢群集生活；5龄后分散为害。可随车辆、船舶及水果、苗木远距离传播。为害苹果、梨、山楂、桃、李、海棠等果树；糖槭、白蜡、桑、杨、柳等林木；玉米、大豆、甘薯、白菜等农作物。

㉜ 李枯叶蛾（栎枯叶蛾）　鳞翅目，枯叶蛾科。在东北、华北一年发生1代，河南以南一年2代，以小幼虫附于枝条上及枝干翘皮缝中越冬。翌春寄主萌发生出蛰，取食芽及叶片，造成孔洞缺刻，也可食尽叶肉，仅留叶柄。幼虫老熟后于枝条背侧结茧化蛹。1代区6月下旬至7月出现成虫；2代区5月下旬至6月及8月中旬至9月出现成虫。羽化后不久即交配产卵，卵多产于枝条上。孵化后幼虫取食叶片。为害苹果、梨、桃、李、杏、樱桃、核桃等。

㉝ 黄褐天幕毛虫　鳞翅目，枯叶蛾科。一年发生1代，以完成胚胎发育的幼虫在卵壳内越冬。4月中、下旬梨树发芽时幼虫破卵而出，在小枝叉处吐丝结网张幕群居，白天潜居幕内，夜间钻出取食。丝幕附近的叶片被吃光后，再移至别处张网结幕。幼虫近老熟时分散为害，在两叶间或树下杂草中结茧化蛹。5月末至6月中旬羽化，在当年生枝条上产卵。为害苹果、海棠、梨、桃、李、杏、樱桃、山楂、杨、柳、榆、栎等。

㉞ 苹枯叶蛾　鳞翅目，枯叶蛾科。在东北、华北一年发生1代，华东一年2代，陕西一年1～2代，均以幼龄幼虫紧贴在树干上或在枯叶内越冬。幼虫体色似树皮，故不易发现。在辽宁，5月幼虫开始活动，夜间爬至小枝上食害叶片，白天则静伏在枝条上。6～7月幼虫老熟化蛹，7月羽化成虫，卵产在枝干或叶上，孵化出来的幼虫为害一段时间后，即进入越冬状态。为害苹果、梨、李、梅、樱桃等。

㉟ 葡萄修虎蛾　鳞翅目，夜蛾科。在辽宁一年发生2代，以蛹在葡萄根部附近或葡萄架下的土中越冬。5月下旬成虫羽化，卵产在叶背或嫩梢上。6月下旬幼虫孵化，为害葡萄叶片，7月中旬化蛹。7月下旬出现第2代成虫，8月中旬至9月中旬为第2代幼虫为害期。9月中旬幼虫老熟后入土化蛹越冬。主要为害葡萄，还为害山葡萄、常春藤、爬山虎等。

㊱ 葡萄天蛾　鳞翅目，天蛾科。在辽宁一年发生1代，以蛹于表土层内越冬。6月上旬至8月上旬羽化。卵多产于叶背，每雌可产卵400～500粒。6月中旬田间始见幼虫。低龄幼虫将叶片食成缺刻或孔洞，稍大将叶片食尽，残留部分粗脉和叶柄，严重时食成光秆。8月中、下旬幼虫陆续老熟入土化蛹。为害葡萄、乌蔹莓、黄荆等。

㊲ 雀纹天蛾　鳞翅目，天蛾科。在辽宁一年发生1代，以蛹在表土内越冬。6～7月羽化，成虫昼伏夜出，有趋光性。幼虫发生期在8～9月间，取食叶片，从叶缘向内切割，常将整叶食尽才转移，继续为害。10月老熟幼虫入土化蛹越冬。为害葡萄、常春藤、白粉藤、

爬山虎、虎耳草、绣球等。

㊳ 绿尾大蚕蛾　鳞翅目，大蚕蛾科。在中国北方一年发生 2 代，南方可发生 3 代。越冬蛹于 5 月间羽化为成虫，于叶或枝干上产卵，卵常数粒在一起。小幼虫常群集取食叶片，3 龄后分散取食。第 1 代幼虫发生期为 5 月中旬至 6 月。幼虫老熟后于枝上结茧化蛹。6 月下旬至 7 月上旬第 1 代成虫发生。7 月上、中旬始见第 2 代幼虫，为害期可至 9 月。9 月底至 10 月中旬幼虫陆续老熟，在树上结茧化蛹越冬。为害苹果、梨、沙果、杏、樱桃、葡萄、核桃、枣、沙枣、枫杨、柳、枫香、乌桕、木槿等。

㊴ 银杏大蚕蛾　鳞翅目，大蚕蛾科。一年发生 1 代，以卵于枝干上越冬。在辽宁 5 月上旬越冬卵孵化，幼虫 5～6 月为害叶片，食量大，常将树上叶片吃光。6 月中旬至 7 月上旬多于树冠下部枝叶间结茧化蛹。8 月中、下旬羽化、交配、产卵。卵多产于树干下部 1～3m 处或树枝分杈处，常数十粒至百余粒产在一起成块。为害苹果、梨、李、柿、核桃、核桃楸、栗、榛、银杏、漆树、枫香、枫杨等。

㊵ 山楂粉蝶（绢粉蝶）　鳞翅目，粉蝶科。一年发生 1 代，以 2～3 龄幼虫群集于树枝上虫巢内越冬。虫巢用丝缀连叶片而成。花芽开绽期幼虫开始出蛰，初期群集为害芽、嫩叶、花蕾等，常拉丝结网，稍大后分散为害。4 龄、5 龄幼虫不活泼，有假死习性。5 月上、中旬幼虫老熟，在枝干上或杂草上化蛹，5 月下旬羽化。卵产于叶片上。卵孵化后，幼虫群集叶面啃食上表皮及叶肉，继而吐丝缀连被害叶片做成虫巢，再用丝将虫巢牢固缠绕于枝上。幼虫为害至 7 月中、下旬后陆续停止取食而越夏、越冬。为害山楂、苹果、梨、桃、李、杏、樱桃、海棠等蔷薇科果树。

㊶ 苹果透翅蛾　鳞翅目，透翅蛾科。在辽宁、河北、山东等一年发生 1 代，以 2～4 龄幼虫在被害处皮下结茧越冬。在辽宁，4 月上、中旬开始取食，排出红褐色颗粒状粪便，5 月下旬至 7 月上旬幼虫陆续老熟，先在皮层上咬 1 羽化孔，后缀连粪便和木屑做茧化蛹。6 月中旬至 8 月上旬羽化。成虫白天活动，常在开花植物上取食花蜜。卵产在树干缝隙、枝叉及愈伤组织上，一处产 1 粒，卵期约 10d。孵化后幼虫直接从卵底蛀入皮层，为害至 10 月下旬陆续结茧越冬。幼虫在皮下蛀食韧皮部，蛀成不规则的虫道，内有红褐色粪便及棕红色黏液。被害处易诱发腐烂病。为害苹果、李、桃、杏、樱桃、梨等。

㊷ 海棠透翅蛾　鳞翅目，透翅蛾科。在辽宁一年发生 1 代，以 3～4 龄幼虫在蛀道内结茧越冬。苹果树发芽期开始取食、活动，为害状同苹果透翅蛾。5 月上旬至 6 月中旬陆续老熟化蛹；5 月中旬刺槐开花始期开始羽化，羽化盛期约在 6 月中旬至 6 月下旬。成虫和幼虫习性同苹果透翅蛾。为害苹果、海棠、山楂。

㊸ 柳蝙蛾　鳞翅目，蝙蝠蛾科。在辽宁一年发生 1 代（少数二年 1 代）。以卵在地面及以幼虫在坑道内越冬。卵 5 月中旬孵化。1 龄幼虫食腐殖质；2～3 龄上树蛀枝干（少数蛀果）。8 月上旬至 9 月下旬化蛹。8 月下旬至 10 月上旬羽化。以幼虫越冬者于下年 7 月化蛹。8 月中旬羽化。成虫产的卵撒在地面。每雌平均产卵 2700 余粒。幼虫蛀入后多数从髓部向下蛀成内壁光滑的坑道，坑道口常呈现环形凹陷，并常在孔口外绕枝啃食树皮，咬掉的木屑黏在网上，风吹雨淋经久不落，被害状明显。为害植物约 200 种，主要为木本植物，果树中苹果、梨、山楂、桃、李、杏、樱桃、葡萄、树莓均发现被害。

㊹ 芳香木蠹蛾东方亚种　鳞翅目，木蠹蛾科。二年发生 1 代，以当年幼虫在坑道内和以老熟幼虫在土里做冬茧越冬。5 月上旬老熟幼虫咬破冬茧爬至近地面处做夏茧并在其中化蛹。5 月下旬至 6 月下旬羽化成虫。卵产在枝干皮缝、枝叉粗皮处，常 10～20 粒呈块状。当年幼虫于 9 月下旬越冬，下年 4 月中旬开始活动，将被害植物蛀成不规则的纵横交错互相连通的坑道。树皮外有排粪孔，虫粪落在地面上。9 月中旬幼虫从被害树干中陆续爬出，在根颈附近土中做茧越冬。被害树的木质腐烂，常造成大枝乃至整株死亡。为害苹果、梨、桃

等果树，以及杨、柳、榆、槐、刺槐、桦、白蜡、丁香等多种树木。

㊺ 小木蠹蛾　鳞翅目，木蠹蛾科。在我国北方2～3年发生1代，以不同龄期幼虫在枝干坑道内越冬。老熟幼虫5月下旬在坑道内化蛹。成虫发生在6月中旬至7月下旬，卵产在树皮裂缝、树枝分叉及剪锯口伤疤处，每处数粒，每雌平均产卵89粒。7月为卵孵化盛期。1～2龄幼虫在韧皮部和木质部外层为害，3龄后逐渐蛀入木质部深层。坑道从上向下纵横交错，互相连通。从孔口排出大量虫粪和木屑，大部分落在地面上。10月幼虫越冬。为害山楂、苹果、山荆子等果树，以及旱柳、垂柳、白蜡、丁香、白榆、槐、构树等多种树木。

㊻ 梨瘿华蛾　鳞翅目，华蛾科。一年发生1代，以蛹在被害枝瘤内越冬。梨树花芽膨大期成虫羽化。卵产于芽鳞、小枝裂痕、枝条粗皮缝等处，多散产，亦有2～3粒在一起的，每雌可产90多粒，卵期18～20d。新梢生出后，卵开始孵化。初孵幼虫爬至嫩梢蛀入，至6月被害部受到刺激膨大形成瘤状，每瘤内有幼虫1～4头。幼虫在瘤内纵横串蛀，至9月中、下旬老熟，咬1羽化孔后做茧化蛹越冬。受害严重时枝瘤成串，似“糖葫芦”。

㊼ 山楂叶螨　真螨目，叶螨科。在中国北方果区一年发生3～7代，在河南发生12～13代。越冬雌螨在树干翘皮下及根部附近的土缝中越冬。在苹果花芽萌动时开始出蛰，花芽开绽时为害花柄、花萼等幼嫩组织，常使嫩芽枯黄，严重时不能开花。苹果花序伸出期达出蛰末盛期，此时开始产卵，孵化盛期在花落后7d左右，以后各世代重叠发生。被害树叶枯黄，严重发生时，树叶脱落。7月中旬至8月上、中旬为全年发生高峰期，9月出现越冬雌螨。该螨在叶片反面为害，常在叶脉两侧结网，卵产在丝网中。为害苹果、梨、桃、樱桃、杏、李、山楂及多种蔷薇科植物。

㊽ 苹果全爪螨　真螨目，叶螨科。在辽宁一年发生6～7代，在河北9代。以卵在果台、小枝基部越冬。苹果初花期达孵化盛期，此时对花蕾、嫩叶为害严重。发生严重时使苹果嫩叶焦枯，不能开花。落花后2周左右，第1代卵基本孵化，以后各世代重叠发生。7～8月是全年高峰期，为害严重时全树叶片枯黄，但不落叶。幼螨、若螨和雄螨多在叶片反面活动、取食；雌螨多在叶片正面活动、为害，一般不吐丝结网。为害苹果、梨、沙果、海棠、桃、李、杏、樱桃、山楂等果树。

㊾ 果苔螨　真螨目，叶螨科。孤雄生殖。在我国北方一年发生3～5代，在江苏省一年发生5～10代。卵在主、侧枝背面和树干翘皮隙缝中及小枝基部环痕等处越冬。苹果发芽期，越冬卵开始孵化，吐蕾期达孵化盛期。为害幼芽和嫩叶，为害严重时嫩叶焦枯，花不能开放。在辽宁，6月中旬至7月中旬为高峰期，7月下旬开始出现越冬卵。初孵化的幼螨群集在芽苞、嫩叶上为害。成螨性活泼，喜在光滑、绒毛少的叶表面取食，不结网。为害苹果、梨、桃、李、杏、樱桃、沙果等。

㊿ 梨实蜂　膜翅目，叶蜂科。一年发生1代，以老熟幼虫在土中做茧越冬。在辽宁4月中旬化蛹，杏盛花期羽化。羽化的成虫先飞至杏树上取食花蜜，至梨树吐蕾期转至梨树上取食、交配、产卵。卵产于花萼组织里，外边可见1稍鼓起的小黑点。幼虫孵化后先在花萼基部串食，使萼筒变黑，被害果不久脱落，落果前幼虫转至第2果。1头幼虫可为害2～3个幼果。幼虫为害20余天老熟，脱果落地入土做茧越夏、越冬。成虫在早、晚及阴天气温较低时，栖息在花上及其附近，有假死习性，遇震下落。为害梨等。

㉛ 梨大叶蜂　膜翅目，锤角叶蜂科。一年发生1代，以老熟幼虫在距地表约6cm处的土中做茧越冬。4月下旬至5月中旬成虫羽化。5月上、中旬幼虫出现，6月上、中旬幼虫陆续老熟，落地入土做茧越夏、越冬。成虫喜食山楂嫩梢，将嫩梢顶端5～10cm处咬伤，致使梢头萎蔫垂落，幼树受害较重。卵产于叶片表皮下。幼虫取食叶片呈缺刻状，静止时常栖息于叶背面，身体弯曲侧卧，姿态特殊，受惊时，体表能喷射出浅黄色液体。为害山楂、梨、山荆子、樱桃、木瓜等。

⑫ 葛氏梨茎蜂　膜翅目，茎蜂科。一年发生1代，以老熟幼虫在被害的当年生枝条内越冬。在辽宁翌年4月下旬梨树开花时化蛹，5月上、中旬当新梢长到20～25mm时开始羽化，产卵，产卵期集中，约10d左右。成虫产卵时先用产卵器将嫩梢锯断，但仍保留一侧的表层，然后在断口下7～10mm处刺入，将卵产在韧皮部和木质部之间，不久产卵孔变成1黑点，断梢也萎蔫、脱落。幼虫孵化后先蛀入髓部，然后向下蛀食，粪便排于体后堆积在枝端。幼虫1生蛀食的虫道长3～5cm，秋季幼虫老熟做茧越冬。为害梨等。

⑬ 杏仁蜂　膜翅目，广肩小蜂科。一年发生1代，以老熟幼虫在被害杏核内越冬（杏核大部分落地，少数枯干在树枝上）。在辽宁3月下旬至4月上旬化蛹，5月上、中旬羽化。成虫咬圆形羽化孔从杏核爬出，飞上树，交配、产卵。产卵时，产卵器刺入杏果内，卵产在果核与果仁之间，一个果产1粒卵。产卵孔稍凹陷，不明显，有时有杏胶流出，卵期约10d。孵化后幼虫在核内食杏仁，约半月后杏果开始干缩，大部分陆续脱落，6月份老熟开始越夏、越冬。羽化迟早与越冬场所有关，在地面越冬的比在树上越冬的早5～10d。早期羽化者为害性大，后期羽化者因杏核已硬，则不能产卵为害。杏品种中硬核较晚熟的品种受害较重。为害杏。

⑭ 苹果绵蚜　同翅目，瘿绵蚜科。在辽宁大连地区一年发生12～14代，山东青岛17～18代。以1～2龄若蚜群集越冬。越冬部位为树干粗皮裂缝、腐烂病伤疤边缘、瘤状虫瘿下、其他虫伤、剪锯口及浅土层的根部。苹果发芽前后开始取食活动，以成蚜和若蚜群集于枝干上的愈合伤口、剪锯口、新梢、叶腋、果实果梗、萼洼以及露出地表的根际等处为害。在枝干及根部被害处常形成瘤状虫瘿。果树受害后树势衰弱。在我国无转换寄主习性。为害苹果、山荆子、海棠、花红等苹果属植物。

⑮ 绣线菊蚜　同翅目，蚜科。在辽宁一年发生10余代，以卵在芽基部或枝条裂缝内越冬。4月下旬苹果发芽时越冬卵孵化。初期增殖较慢，5月末数量剧增。被害叶间背面横卷。主要为害植物嫩梢、嫩叶，6月中、下旬植株新梢停止生长后，虫口密度逐渐下降。但苗圃和幼树以及进行夏季修剪的果园，因嫩梢、嫩叶多至7月受害仍很重。10～11月初出现两性蚜，交配后产卵越冬。偏嗜苹果，国光品种受害较重。为害苹果、海棠、沙果、梨、山楂、山荆子、杜梨、木瓜、绣线菊、樱花、麻叶绣球、榆叶梅等。

⑯ 苹果瘤蚜　同翅目，蚜科。在辽宁一年发生10余代，以卵在一年生枝梢上及芽腋处越冬。苹果发芽时，卵开始孵化，至花芽展叶期全部孵化。干母蚜为害的叶片向背面横卷；孤雌蚜为害的叶片从两侧向下纵卷。被害叶片肿胀、皱缩并有红斑。新梢受害生长受到抑制，细弱弯曲，节间短。严重时新梢上的叶片全部卷曲，被害叶至冬季时仍不掉落。幼果被害果面出现许多不整齐凹陷的红斑，严重时果变畸形。5～6月为害严重，以后蚜量减少。9月中旬又开始增加，10～11月出现无翅型雌蚜和有翅型雄蚜，交配产卵越冬。为害山荆子、沙果、海棠、苹果。

⑰ 桃粉蚜（桃粉大尾蚜）　同翅目，蚜科。在中国北方各地均以卵在李、桃、杏、梅等芽腋处、小枝基部及树皮裂缝处越冬，卵常数粒或数十粒在一起。花芽萌动时，越冬卵孵化，群集于芽、叶上为害。桃树5～6月受害最重，对杏树和李树7～8月为害仍十分严重。被害叶向背面对合纵卷，叶加厚，色变浅，蚜虫分泌的白色蜡粉大量附着在叶片上。7月陆续产生有翅蚜迁移到芦苇等禾本科寄主上繁殖。9月末至10月产生性母迁飞到第一寄主上产生有翅雄蚜和无翅雌蚜，交配后产卵越冬。为害李、杏、桃、榆叶梅、芦苇等。

⑱ 梨北京圆尾蚜　同翅目，蚜科。以卵在梨芽腋及枝条裂缝处越冬。梨发芽期越冬卵孵化，在嫩芽上为害，展叶后转至叶片背面繁殖为害，被害叶片变畸形（有的变扇形）。后期被害叶向背面不规则扭曲卷缩，叶脉变红变粗，叶片肿胀，不久脱落。梨落花不久开始出现有翅孤雌蚜，陆续迁飞到夏寄主上繁殖。辽宁9月末至10月初性母飞回到梨树上，产生

性蚜。10月下旬性蚜成熟，交配产卵越冬。为害梨。

⑲ 梨二叉蚜　同翅目，蚜科。以卵在芽腋及枝条缝隙处越冬。梨花芽膨大期开始孵化，若蚜群集在芽露绿部分。展叶后转移到嫩叶正面为害，被害叶沿中脉向上纵卷呈“饺子状”或沿叶边卷成双筒状，逐渐出现枯斑，最终叶变黑枯死脱落。在辽宁，5月下旬至6月上旬陆续出现有翅孤雌蚜，迁飞到夏寄主上繁殖。9月中、下旬有翅性母从夏寄主迁回到梨树上，产性蚜，10月中、下旬至11月上旬性蚜成熟，交配产卵越冬。为害梨、狗尾草。

⑳ 桃瘤头蚜（桃瘤蚜）　同翅目，蚜科。在中国北方一年发生10代，江西约30代，均以卵在桃、山桃等芽腋处越冬。桃树发芽后卵孵化，干母群集于嫩芽上为害。五、六月为害最严重。被害叶从两侧边缘向背面纵向卷曲，卷曲部分叶片组织增厚，凹凸不平。多数品种叶片被害后变为紫红色，少数品种变为黄绿色。严重时，全树叶片卷成绳状，最后变黑、枯死脱落。6月份开始陆续产生有翅蚜，迁飞到艾及禾木科杂草上。10月上旬性母飞回，不久产生两性蚜，交配后产卵越冬。为害桃、山桃等。

㉑ 朝鲜球坚蜡蚧　同翅目，蜡蚧科。一年发生1代，以2龄若虫在枝条上越冬。在辽宁，若虫3月下旬至4月上旬开始活动，重新寻找永久固定场所，吸食汁液。2龄雌若虫于4月中旬蜕皮变成虫，此时体背稍鼓起。雄若虫4月下旬化蛹，5月上旬羽化。交配后雌成虫虫体迅速膨大。每雌平均产卵千余粒。卵期7d左右。孵化后若虫爬至枝条裂缝及当年生枝条基部、叶痕等处，三五成群固着。10月中旬进入冬眠。常见天敌有黑缘红瓢虫。为害杏、桃、李、梅、樱桃。

㉒ 大球蚧（枣球蜡蚧）　同翅目，蜡蚧科。一年发生1代，以2龄若虫在枝干缝隙、叶痕等处群集越冬。春季树液流动期开始转移并最终营固定生活，4月中、下旬体迅速膨大，5月中旬于壳下产卵，每雌产卵5000～20000粒。卵5月下旬孵化，若虫爬至叶、果上为害，8～10月陆续再转移至枝条上越冬。为害枣、酸枣、李、桃、苹果、梨、山荆子、柿、核桃、刺槐、洋槐等。

㉓ 东方盔蚧（褐盔蜡蚧、水木坚蚧）　同翅目，蜡蚧科。发生代数因寄主而异。在葡萄和刺槐上一年发生2代，在其他寄主上一年1代。以2龄若虫在枝干裂缝及叶痕处越冬。4月上旬开始活动，转移到枝条上营固定生活。5月下旬至6月上旬雌虫开始产卵，每雌产卵700～3000粒。6月中旬至下旬孵化。初孵若虫爬至叶片背面为害。一年发生1代的，9月末至10月间迁到枝干上越冬；一年发生2代的，若虫在叶上为害不久即转移到当年生枝或叶柄上，8月初成虫产卵，8月中旬至9月上旬孵化出若虫，在叶背为害，9月末至10月初转移到枝干上越冬。主要行孤雌生殖。雄虫极少见。为害山楂、梨、葡萄、苹果、杏、桃、李、核桃楸、水曲柳、糖槭、刺槐、榆树等百余种植物。

㉔ 苹果球蚧（樱桃朝球蜡蚧、沙里院褐球蚧）　同翅目，蜡蚧科。一年发生1代，以2龄若虫在一年生（少数在二年生）枝条上越冬。在辽宁4月初开始活动，4月中旬雄虫开始化蛹，4月下旬至5月上旬羽化。交配后的雌虫迅速膨大，雌虫亦可孤雌生殖。5月中、下旬产卵，每雌产卵量多者可达6000粒。6月上旬孵化，若虫爬至叶片背面取食汁液。10月降霜后陆续转移至当年新枝上蜕皮变2龄若虫越冬。雌成虫产卵前及若虫均能分泌黏液，落至叶上、果上呈油珠状，雨季常诱发煤污病。为害梨、山楂、苹果、杏、桃、樱桃、绣线菊等。

㉕ 桑盾蚧　同翅目，盾蚧科。在中国北方一年发生2代，以雌成虫在枝条上越冬。桃、杏等果树发芽后开始取食，5月下旬为产卵盛期，第1代卵期10～15d。若虫爬至二年至五年生枝上营固定生活。4～6d后分泌出毛状白色蜡粉。蜕皮后形成介壳。不久2龄雌若虫蜕皮变成虫。2龄雄若虫老熟后进入前蛹期，再蜕皮变蛹。7月第1代成虫交配产卵。9月上、中旬第2代成虫发生，交配后，以受精雌成虫在枝条上越冬。雌成虫及若虫固定在枝条上吸

食树液，严重时二年至三年生枝条全被虫体覆盖，使被害枝干枯死。为害桑、杏、李、桃、樱桃、梅、梨、核桃、葡萄、柿、茶、枇杷等，其中核果类受害最重。

⑯ 中国梨木虱　同翅目，木虱科。在辽宁一年发生3代，河北3～5代，山东4～6代，以成虫在树皮缝、杂草、落叶层及土缝中越冬。梨花芽膨大期开始出蛰交配、产卵。第1代卵产于短果枝叶痕或芽鳞片上，其他各代则多产于叶正面中脉凹沟内及叶缘锯齿内。卵散产或2～3粒在一起。第1代若虫常钻入刚开绽的芽中及叶柄基部为害，展叶后逐渐转移到叶正面或叶背为害。如在叶缘为害常引起边缘卷曲，若虫躲藏在其中。若虫特别喜欢钻入其他害虫为害造成的卷叶中。若虫分泌大量黏液和白色蜡丝。为害梨。

⑰ 山楂喀木虱　同翅目，木虱科。在辽宁一年发生1代，以成虫越冬。3月下旬出蛰活动，4月上旬山里红发芽后交配、产卵，产卵期长达1个月。初期卵产在尚未展开的第1片叶上；后期卵产在叶背面及花蕾上，每雌产卵量约500粒，每处产卵十几粒至几十粒，卵柄斜插入叶内，卵期10～12d。若虫在嫩叶背面、花梗、萼片上取食，尾端分泌白色蜡丝，发生严重时，蜡丝密集垂吊在花序或叶片下面，似棉絮状。被害叶扭曲变形，枯黄早落；被害花序萎蔫、干枯脱落。为害山楂、山里红。

⑱ 大青叶蝉　同翅目，叶蝉科。在中国北方一年发生3代，以卵在果树及林木枝干皮层下越冬。4月末孵化。成虫、若虫取食杂草、农作物、蔬菜。生长季成虫在寄主植物茎秆、叶柄、叶脉等组织里产卵。10月上、中旬降霜后，开始在果树幼树、苗木的一年至二年生枝上产卵。成虫用产卵器刺破表皮形成月牙形伤疤，再将6～12粒卵产于其中，严重发生时，伤疤累累。由于冬、春两季水分蒸发，苗木失水抽条，生长衰弱，严重时树苗大批枯死。为害植物计39科166种。果树主要有苹果、梨、山楂、桃、杏、樱桃、葡萄、枣、栗、柑橘等；林木有杨、柳、榆等；农作物有麦类、高粱、玉米、豆类等；蔬菜有白菜、萝卜等。

⑲ 斑衣蜡蝉　同翅目，蜡蝉科。一年发生1代，以卵块在葡萄园水泥柱、架杆及枝干上越冬。在辽宁5月上旬至中旬越冬卵孵化。若虫喜群集于葡萄嫩梢和叶背为害，若虫期60余天。若虫分4龄，7月中旬至8月中旬陆续羽化。成虫寿命长，一直生活至秋末，10月份陆续死亡。成虫、若虫均有群集性，较活泼，弹跳力强。成虫往往以跳助飞，一次飞行距离1～2m。葡萄嫩叶受害常造成穿孔，严重时叶片破裂。成虫及若虫的分泌物落到枝叶及果上可诱发煤污病。为害葡萄、梨、杏、桃、臭椿、苦楝。

⑳ 茶翅蝽　半翅目，蝽科。在中国北方一年发生1代，以成虫在屋檐下、空房、树洞、草堆等处越冬，有群集性，经常几头或十几头聚在一起。5月中、下旬开始为害梨，6月中旬至8月中旬产卵。卵产于叶背面，20余粒排成1块。6月下旬至7月上旬孵化出若虫。7月中、下旬成虫羽化。成虫活动性极强，经常在邻近果园或果园和防风林间往返迁飞转移。9月下旬起逐渐转移越冬。为害梨、苹果、山楂、桃、李、杏、梅、樱桃、海棠、柿、榅桲、无花果、石榴、柑橘、葡萄、油桐、榆树、刺槐、桑、大豆、菜豆、油菜、甜菜等。

㉑ 苹果小吉丁虫　鞘翅目，吉丁虫科。在中国北方一年发生1代（黑龙江有半数二年完成1个世代）。以幼虫在皮层下越冬，3月下旬开始取食。虫粪堆积在虫道内，被害部表面黑褐色，梢凹陷，并杂有红、黄、白等色的黏胶滴。5月下旬至6月下旬幼虫陆续老熟蛀入木质部，做一蛹室化蛹。成虫于6月下旬至8月上旬出现，卵产在枝条向阳面的粗皮缝隙中。初孵幼虫只在表皮下蛀食，隧道线状，表面有两排小孔，有时流出黏胶状物。成虫食叶补充营养，有假死习性。主要为害苹果树，亦可为害樱桃、李、桃。

㉒ 桃红颈天牛　鞘翅目，天牛科。在中国北方二年至三年完成1个世代，以不同龄期幼虫在树干隧道内越冬。树液流动后越冬幼虫开始活动为害，老熟后在其中做茧化蛹。成虫发生盛期在7～8月。蛀道中充满虫粪，树皮上有排粪孔并有部分虫粪排出，堆积在地面上，

极易发现。第二年秋后5龄幼虫蛀入木质部做蛹室，在其中越冬。第三年5～6月间化蛹。成虫白天活动，早晚在树干和粗枝上栖息。主要为害核果类，如桃、李、杏、梅等。

⑬ 桑天牛　鞘翅目，天牛科。在我国北方二年完成1个世代，以幼虫在枝干隧道内越冬。二年生幼虫5月末至7月化蛹。成虫在7～8月出现。取食10～15d后开始产卵，平均每雌产卵百余粒。卵多产在直径为10～15mm枝条的阳面，成虫先在枝条上咬成“三”字形刻槽，然后在中间刻槽的皮层下产卵，卵期约13d。成虫活动范围小，有假死性。初孵幼虫先向上蛀食10mm左右，然后转向下蛀食，此时幼虫在韧皮部为害，枝条表皮凹陷，变黑褐色，易于识别。不久蛀入木质部，沿枝向下蛀食，并每隔一段距离咬1个排粪孔，一生可咬排粪孔14～17个。生长季幼虫位于最下排粪孔下方。越冬期间上移至下数第3排粪孔处。幼虫老熟后，在隧道内作蛹室化蛹。为害苹果、梨、山核桃等果树及桑、白杨、柳、榆、刺槐等树木。

⑭ 山楂花象甲　鞘翅目，象甲科。蛹长3.5～4.0mm，淡黄色，前胸背板上有3对角状突起，其中第1对最大，第3对最小。一年发生1代，以成虫越冬。在辽宁4月中旬开始出蛰，成虫取食嫩芽、嫩叶。叶片被害后残留上表皮，致使叶表面形成散布的“小天窗”。成虫在花蕾上产卵。产卵时，先在花蕾基部咬1小孔，然后于其中产卵，再分泌黏液封住孔口，干后变为小黑点。幼虫在花蕾内取食10d左右。被害花蕾脱落，此时花已被蛀食空，仅剩薄壳。幼虫受惊时，在花蕾内弹动，致使花蕾抖动。幼虫在蕾内化蛹。6月上旬羽化，成虫啃食幼果，呈孔状伤痕，一个果可有数十个小孔，不久从孔中生出突起的愈合组织，被害果生长缓慢。6月中、下旬成虫入蛰。为害山楂、山里红。

⑮ 梨卷象甲　鞘翅目，象甲科。在辽宁一年发生1代，以成虫在地面杂草或树冠下表土层的土室中越冬。梨树发芽后陆续上树为害嫩芽、嫩叶和嫩梢，落花后陆续产卵。产卵前雌虫先咬伤3～5片叶的叶柄或嫩梢，叶片萎蔫后开始用足卷叶，最后卷成筒状。在每个叶卷中产3～8粒卵。幼虫孵化后取食叶片，不久卷叶筒干枯变黑、脱落。幼虫老熟后钻入土中，入土后化蛹。8月下旬部分成虫羽化出土上树取食叶片，不久潜伏于杂草中越冬。另一部分成虫在蛹室内越冬。为害苹果、梨、山楂、小叶杨、山杨、桦树等。

⑯ 梨象甲　鞘翅目，象甲科。以老熟幼虫及成虫在土中越冬。以成虫越冬者翌年出土为害（这部分一年发生1代）；以幼虫越冬者翌年羽化，但成虫不出土，第三年出土为害（这部分二年1代）。成虫取食嫩叶、嫩枝及梨果，嫩果被害后呈深坑状，果实硬化后被害，表皮呈片状伤疤。成虫产卵前，先在果柄基部咬成伤疤，后在果面蛀孔，并产卵于其中，最后分泌乳白色胶状物封口，不久此处变黑褐色。每头成虫产卵70～80粒。幼虫在果内取食种子及果肉，被害果不久干缩变黑并脱落。幼虫在果内生活25d左右，老熟脱果入土。部分幼虫当年化蛹，羽化后在土窝中越冬。另一部分幼虫不化蛹越冬。成虫不善飞，有假死习性，早晨日出前及傍晚日落后气温较低时，遇震动即假死落地。主要为害梨，亦可为害山楂。

⑰ 杏象甲　鞘翅目，象甲科。一年发生1代，以成虫在土中越冬。杏树开花时开始出土，在辽宁5月中旬出土最多。成虫为害芽、嫩枝、花、果实，受惊则假死落地。果实被咬成坑洼状伤疤，严重时果面伤疤累累。取食1～2周后于5月中、下旬开始产卵，产卵前先咬1小孔，然后产1粒卵，上覆黏液，干后变黑。果柄可见成虫咬的伤疤，每头雌成虫产卵50余粒，卵期7～8d。幼虫在果内专食杏仁，被害果不久脱落，为害20余天老熟，脱果入土，蛹期30余天。多数成虫当年羽化后不出土而在土室内越冬。主要为害杏，还可为害桃、李、梅、樱桃、枇杷、苹果、梨等。

⑱ 柑橘卷蛾（拟小黄卷叶蛾）　鳞翅目，卷叶蛾科。在广东每年发生9代，世代重叠，以幼虫在卷叶苞内越冬。每年3月，越冬代成虫羽化，正值柑橘春梢萌发、现蕾之际，最易

受第1代幼虫的危害，田间常见新梢嫩叶残缺不全、缀合成苞，落蕾、落花。4～6月，幼虫蛀果，常招致大量落果。6～8月，夏、秋梢受害严重。9月果实趋于成熟，又遭幼虫蛀害，引致落果。幼虫有转移为害的习性，一生能蛀害十几至几十个果。幼虫甚活泼，受惊后常急速倒退或吐丝下坠逃逸。幼虫共5龄，老熟时在卷叶中化蛹。多于清晨羽化，夜出活动，成虫喜食糖蜜，具趋光性，卵块多产于叶背，每雌产卵2～3块。卵常被玉米螟赤眼蜂寄生。除柑橘外，尚能为害荔枝、龙眼、阳桃、茶、桑、花生、大豆等多种作物。

⑲ 褐带长卷蛾　鳞翅目，卷叶蛾科。在广东每年6代，生活习性似拟小黄卷叶蛾，但对早熟品种的荔枝、龙眼果实为害尤甚。除柑橘外，尚能为害荔枝、龙眼、阳桃、茶、桑、花生、大豆等多种作物。

⑳ 柑橘潜叶蛾　鳞翅目、叶潜蛾科。每年发生15代，田间世代重叠，主要是以蛹越冬。从3月初至11月底在田间均可发现幼虫危害嫩叶，但此虫在夏秋季发生最盛，对夏梢和秋梢的危害最严重，10月以后发生数量回落。在冬梢上，有时仍可见少数幼虫为害。成虫虽在白天羽化，但晚上活动。交尾后卵散产于长3～4mm以内的嫩叶背面中脉附近，每雌产卵20～81粒，卵期短促，在春季约1.5d，夏秋季多不足1d。幼虫孵出后即由卵底面潜入叶表皮下取食叶肉，形成无规则的隧道，果农称之为“鬼画符”。经5～7d，幼虫老熟后停止取食，将叶缘摺起包围身体并吐丝结茧化蛹于其中。受害叶片畸形卷曲，容易落叶，严重影响光合作用，影响幼树生长和结果。被害的卷叶又常是柑橘红蜘蛛、卷叶蛾等害虫的“避难所”和越冬场所。更严重的是潜叶蛾为害叶片和枝条所造成的伤口，最易被柑橘溃疡病病原细菌所入侵，贻害更大。为害柑橘。

㉑ 柑橘凤蝶（玉带凤蝶）　鳞翅目，凤蝶科。广东每年发生6代，以蛹在叶背或枝条上越冬。每年早春，越冬成虫羽化，白天活动，飞翔力强，吸食花蜜补充营养后交尾产卵，卵散产于枝梢嫩叶上。低龄幼虫取食嫩叶，受惊扰时伸出臭腺，放出特殊的芳香气味，易于识别。幼虫共5龄，高龄幼虫食量很大，常将周围叶片吃光，是苗木、幼树的重要害虫。老熟后吐丝固定尾端，系住身体附着在枝条上化蛹。3～11月，田间均可发现成虫飞翔。为害柑橘。

㉒ 柑橘小实蝇　双翅目，实蝇科。华南地区每年发生3～5代，无明显的越冬现象，田间世代发生叠置。成虫羽化后需要经历较长时间的补充营养才能交配产卵，卵产于将近成熟的果皮内。幼虫孵出后即在果内取食为害，被害果常变黄早落；即使不落，其果肉也必腐烂不堪食用，对果实产量和质量贻害极大。幼虫期在夏秋季需7～12d；冬季13～20d。老熟后脱果入土化蛹，深度3～7cm。蛹期夏秋季8～14d；冬季15～20d。除柑橘外，尚能为害芒果、番石榴、番荔枝、阳桃、枇杷等200余种果实。

㉓ 柑橘粉虱　同翅目、粉虱科。在广东每年发生5～6代，以老熟若虫或蛹越冬。在广州3月上中旬出现第1代成虫。寄主植物种类虽多，但以柑橘类为主，成虫喜产卵在寄主嫩叶的反面，卵散产，常成堆。初孵若虫爬行不远，多在卵壳附近固定寄生吸汁为害，并排泄蜜露，常诱发煤污病，影响光合作用，导致大落叶，使植株生势衰弱，妨碍苗木幼树生长，影响果品产量质量。以若虫群集寄主叶片，吮吸汁液，被害处形成黄斑。并能分泌蜜露，诱发煤污病，导致植物枝叶发黑，枯死脱落，影响苗木、幼树生长，也影响果树产量。除柑橘外，尚能危害柿、板栗、桃、女贞、冬青等多种果树林木。

㉔ 黑刺粉虱（橘刺粉虱）　同翅目、粉虱科。在浙江一年发生4代，以老熟若虫在寄主叶背越冬。翌年3月化蛹，4月上、中旬成虫开始羽化。各代若虫发生盛期分别在5月下旬、7月中旬、8月下旬、9月下旬至10月上旬。在广东夏秋季发生严重。成虫白天活动，卵多产于叶背，老叶上的卵比嫩叶上的多，每雌产卵约20粒。以幼虫群集叶背吸食汁液，严重发生时，每叶有虫数百头。其排泄物还能诱发煤污病，使枝叶发黑、枯死脱落，影响植

株生长。为害月季、蔷薇、白兰、米兰、玫瑰、阴香、樟、榕树、椰子、散尾葵、桂花、九里香、柑橘等几十种植物。

⑧⑤ 红蜡蚧　同翅目，蜡蚧科。红蜡蚧每年发生1代，以受精雌成虫在寄主枝干上越冬。以若虫和雌成虫聚集于枝叶上，刺吸植株汁液，造成寄主植物生长衰弱，并诱发煤污病。寄主植物有35科64种，其中有白玉兰、苏铁、山茶、月季、桂花、南天竹、米兰、栀子花、石榴、柑橘、枇杷、柿等花卉、果树、林木。

⑧⑥ 星天牛　鞘翅目，天牛科。在广东每年发生1代，跨年完成。以幼虫在树干基部或主根蛀道内越冬。翌年4月底5月初开始出现成虫，5～6月为成虫羽化盛期。成虫出洞后啃食寄主细枝皮层或咬食叶片作补充营养。主要以幼虫蛀食寄主植物近地面的树干基部及主根，常造成“围头”现象，使寄主整株枯死。为害柑橘、荔枝、枇杷、桑树、苦楝、杨、柳、梧桐等多种果树林木均受其害。

⑧⑦ 光盾绿天牛（光绿橘天牛）　鞘翅目，天牛科。在广东、福建每年1代，跨年完成。以幼虫在寄主蛀道中越冬。成虫于4月中旬至5月初开始出现，盛发于5～6月。成虫羽化出洞后，取食寄主嫩叶补充营养，交尾后多选择寄主嫩绿细枝的分叉口、或叶柄与嫩枝的分叉口上产卵，每处产卵1粒。卵期18～19d。幼虫孵出后从卵壳下蛀入小枝条，先向梢端蛀食，被害枝梢枯死，然后转身向下，由小枝蛀入大枝。枝条中幼虫蛀道每隔一定距离向外蛀一洞孔，犹如箫孔状，用作排泄物之出口，故俗称“吹箫虫”。洞孔的大小与数目随幼虫的成长而渐增。在最后一个洞孔下方的不远处，即为幼虫潜居处所，据此可以追踪幼虫之所在。受害的枝梢，极易被风吹折。幼虫期290～320d。翌年1月，幼虫进入越冬休眠期。越冬幼虫在4月于蛀道内化蛹，蛹期23～25d。为害柑橘、九里香绿篱及多种芸香科植物。

⑧⑧ 角肩蝽　半翅目，蝽科。华南地区每年发生1代，以成虫在荫蔽的树丛中越冬。越冬成虫于4月间开始活动，取食、交配、产卵，卵块多见于叶面。该虫产卵期很长，可延续到10月份。卵期3～9d。低龄若虫有群集性，用长吻刺入果内吸食汁液。7～8月是低龄若虫的盛发期，田间常见被害掉落的青果遍地。若虫期25～39d。10～11月，常见新羽化的成虫与4～5龄若虫共存。成虫每次吸食果实的时间可长达数个小时，果实受害后逐渐变黄，乃至脱落，但被害果实外表不形成水渍状。成虫于12月上旬开始越冬。为害柑橘，也危害梨、苹果等果实。

⑧⑨ 柑橘红蜘蛛（柑橘全爪螨）　蛛形纲，蜱螨目，叶螨科。年发生20代以上，世代重叠，以卵或成螨在柑橘叶背或枝条芽缝中越冬。每年3月份虫口开始活动，迁移至春梢为害。每年4～5月的柑橘春梢期和9～10月的秋梢期是柑橘红蜘蛛两个盛发的高峰期。以口器刺破寄主叶片表皮吸食汁液，被害叶面呈现无数灰白色小斑点，失去原有光泽，严重时全叶失绿变成灰白色，造成大量落叶，亦能为害果实及绿色枝梢，影响树势和产量。为害柑橘。

⑨⓪ 柑橘锈蜘蛛（锈壁虱）　蛛形纲，蜱螨目，瘿螨科。在广东每年发生20代以上，有明显的世代重叠现象，以成螨在柑橘的腋芽或卷叶内越冬。每年3～4月，越冬虫口转移到春梢，4～5月虫口迅速增长，开始上幼果为害，由于果实汁液营养丰富，虫口更急剧增长，在果面上常见到附有大量虫体和蜕皮壳，犹如铺上一层粉尘。不久就可以见到果皮出现黑皮的症状，果实膨大速度明显缓慢。7～9月，随着果实的增长，果皮受害变黑也越发严重。10月以后，逐渐转移到秋梢上为害，并相继进入越冬期。除能进行两性生殖外，还能进行孤雌生殖。以成、若螨刺吸果实、叶片及嫩梢汁液。果实受害后变为黑褐色，俗称“黑皮果”，并满布龟裂网状细纹，果形变小，品质变劣。叶片受害，色泽变锈褐色，并常引致落叶，影响树势。为害柑橘。

9 园林植物主要害虫（螨）

① 柳翼丝叶蜂（柳厚壁叶蜂） 膜翅目，叶蜂科。北京一年1代，以老幼虫在土中结茧过冬。次年4月中、下旬成虫羽化，产卵于柳叶边缘的组织内，一处一粒。幼虫孵化后，在叶内啃食叶肉，受害部位逐渐肿起，4月下旬叶边缘开始出现红褐色小虫瘿，幼虫藏在其中取食。虫瘿一般在叶缘与主脉之间，逐渐增大加厚，上下鼓起，呈肾形或椭圆形，大者可长达12mm左右，宽6mm左右，呈紫褐色。一片叶上有一至数个虫瘿；严重时，在树下举目可见到虫瘿，带瘿叶提早变黄，影响树木生长和观赏。幼虫在瘿内一直为害到11月，随落叶落在地面，从瘿内爬出钻入土中或铺装地面砖缝土中作茧过冬。为害柳树。

② 国槐尺蠖 鳞翅目，尺蛾科。北京地区一年3代，主要为害三次；有时有部分4代的；以蛹在树木附近4cm左右深的松土里过冬。次年4月中旬，当日最高气温达20℃以上，连续7～10d时，成虫进入羽化盛期，喜欢灯光，白天多在墙壁上或灌木丛里停落，夜晚活动，喜在树冠顶端和外缘产卵，一般在每片叶正面主脉上产卵一粒，每一雌虫平均产卵400多粒。5月上、中旬第1代幼虫孵化为害，初孵化的幼虫将叶啃出一些零星白点，3龄以后，蚕食整个叶片，一个幼虫一生共吃树叶10片左右，其中90%在5龄时吃掉。幼虫受惊吐丝下垂，过后再爬上去，化蛹前在树下乱爬；6月下旬第2代幼虫孵化为害；8月上旬第3代幼虫孵化为害。每一代幼虫老熟后都吐丝下垂，入土化蛹，最后一代8、9月入土化蛹过冬。为害国槐、龙爪槐。

③ 柏毒蛾 鳞翅目，毒蛾科。北京地区一年2代，以幼虫和卵在柏树皮缝和叶上过冬。次年3月下旬开始活动，孵化为害，将叶咬成断茬或缺刻，咬伤多呈黄绿色，严重时把整株树叶吃光，造成树势衰弱。4月上旬为幼虫活动孵化盛期。5月下旬开始在树叶上、树皮缝等处化蛹，化蛹前常在树皮缝里静伏。蛹期8d左右。6月中旬成虫羽化，成虫有趋光性，白天多栖息在树叶上，把卵三五粒成片产于柏叶上，每雌虫产卵80多粒，卵期10多天。7月中旬第2代或第1代幼虫孵化为害，7、8月为害最厉害。幼虫经1个多月，9月中旬开始化蛹，9月下旬成虫羽化，并在柏叶上产卵，以卵和孵化不久的幼虫过冬。为害侧柏、桧柏。

④ 柳毒蛾（雪毒蛾） 鳞翅目，毒蛾科。北京地区一年2代，为害三次，以2龄幼虫在树皮裂缝里作薄茧过冬。次年4月中旬开始活动为害，啃食叶肉，留下叶脉，叶片上出现零星白点。白天藏在树皮缝里，夜间为害。5月中旬幼虫体长10mm左右时，白天幼虫则多爬到树洞里、附近建筑物缝隙处、树下各种物体底下等处躲藏，夜间上树为害。6月中旬幼虫老熟，在树皮缝、树洞、建筑物缝及砖石底下等处化蛹。6月底成虫羽化，喜灯光，白天不善活动；产卵在叶或枝干上。7月初第1代幼虫孵化为害；9月中旬第2代幼虫孵化为害。9月底幼虫钻入树皮缝处作薄茧过冬。为害杨、柳树。

⑤ 油松毛虫 鳞翅目，枯叶蛾科。北京一年1代，以幼虫在落叶层下、土缝中、树皮缝或砖石底下过冬。次年3月上旬开始上树活动为害，4、5月最严重，能把整枝整株的针叶吃光。6月下旬幼虫开始老熟，在枝杈、针叶上作茧化蛹，蛹期15d左右。7月中旬成虫羽化，成虫有趋光性，交尾后把卵成行排列产在针叶上，每雌蛾产卵300粒左右。卵期9d左右。7月下旬第1代幼虫孵化为害，受惊即吐丝下垂，10月开始过冬。为害油松。

⑥ 榆毒蛾 鳞翅目，尺蛾科。北京一年2代，以幼虫在树皮缝隙内或附近建筑物缝处过冬。次年4月中旬活动为害。6月中旬幼虫老熟，在树上或建筑物缝处化蛹，蛹期15～20d。7月初成虫羽化，有趋光性。7月中、下旬第1代幼虫孵化为害，8月下旬化蛹，9月初第1代成虫羽化，雌蛾多产卵于枝条上或叶背，成串排列。9月中、下旬第2代幼虫孵化为害，先啃食叶肉，被害叶呈灰白色透明网状，后蚕食整个叶片，严重时把树叶吃光。10

月初幼虫钻入树皮缝等处过冬。为害榆树。

⑦ 榆紫叶甲　鞘翅目，叶甲科。一年发生 1 代，以成虫在土中越冬。在辽宁，翌年 4 月上旬成虫出土活动，上树取食嫩芽和幼叶，4 月下旬开始成串产卵于枝梢末端或叶背，每雌平均产卵 800 余粒。5 月上旬开始孵化，取食叶片，幼虫期约 20d，5 月下旬老熟幼虫开始入土化蛹，蛹期约 10d，6 月中旬开始羽化成虫，取食为害和交尾，当年不产卵。成虫活动迟钝，假死性强。为害榆树。

⑧ 舞毒蛾　见果树害虫部分。为害黄栌、杨、柳、苹果、海棠、梨等。

⑨ 合欢巢蛾　鳞翅目，巢蛾科。北京一年 2 代，以蛹在树皮缝里、树洞里、附近建筑物上，特别是墙檐下过冬。次年 6 月中、下旬成虫羽化，交尾后产卵在叶片上，每片卵数粒至二三十粒。7 月中旬幼虫孵化，先啃食叶片，叶片上出现灰白色网状斑，稍长大后吐丝把小枝和叶连缀一起，群体藏在巢内咬食叶片为害。7 月下旬开始在巢中化蛹。8 月上旬第 1 代成虫羽化。8 月中旬第 2 代幼虫孵化为害，9 月底幼虫开始作茧化蛹过冬。为害合欢树。

⑩ 元宝枫细蛾　鳞翅目，细蛾科。北京一年 3～4 代，以成虫在草丛根际处过冬。次年 4 月上旬成虫开始产卵，多产于叶片主脉附近，每片叶上产 1 至数粒不等。4 月下旬第 1 代幼虫开始孵化，先由主脉潜入叶肉为害，潜道线状，由主脉伸向叶缘叶尖，在啃去叶尖部分叶肉后，钻出潜道，将叶尖卷成筒状，在卷筒内继续为害，严重时，树冠一片枯干现象。5 月上旬为幼虫卷叶盛期。幼虫老熟时，钻出卷叶，在叶背作薄茧化蛹，5 月下旬出现大量成虫。第 2 代幼虫 6 月下旬开始孵化潜叶为害，7 月上旬开始卷叶为害。第 3 代幼虫于 7 月下旬开始孵化并潜叶为害，8 月上、中旬大量卷叶为害。10 月中旬开始以成虫在成丛的野菊、杂草等草根处过冬。主要为害元宝枫。

⑪ 卫茅尺蠖　鳞翅目，尺蛾科，又名丝棉木金星尺蠖。北京一年发生 3 代，以蛹在土中过冬。次年 5 月上、中旬过冬蛹开始羽化出成虫，5 月下旬为羽化盛期，产卵于叶背，成块状，每块卵几粒至几十粒不等，每雌蛾平均产卵 200 多粒。卵期 5～6d。5 月下旬开始孵化第 1 代幼虫，初孵幼虫群集为害，2 龄后分散，有假死性，受惊即吐丝下垂或坠地卷曲在地面上，6 月中旬开始化蛹。幼虫期第 1 代平均 35d，第 2 代 23d，第 3 代 25d。第 2 代幼虫期在 7 月中旬至 8 月上旬，第 3 代幼虫期在 8 月中旬至 9 月下旬，一般第 2、3 代幼虫为害严重，常将树叶吃光。9 月则陆续入土深 2～3cm 处化蛹过冬。为害卫茅、大叶黄杨、丝棉木。

⑫ 槐蚜　同翅目，蚜虫科。北京一年 20 多代，主要以无翅胎生雌蚜在地丁、野苜蓿等杂草的根际等处过冬，少量以卵过冬。次年 3～4 月在杂草等越冬寄主上大量繁殖，4 月中、下旬产生有翅胎生雌蚜，5 月初迁飞到槐树上为害，并胎生小蚜虫，随气温增高，虫量猛增，5、6 月份在槐树上为害最严重。喜为害枝、干上的萌芽、嫩梢嫩叶和花穗等，被害嫩枝枯萎卷缩弯垂，在叶和梢上排泄大量油状蜜露，易引起黑霉病，妨碍顶端生长，受害严重的花穗不能开花。5 月下旬开始迁飞至杂草、农作物等其他寄主上生活，6 月中旬后槐树上已少见。8 月下旬开始，如雨水少，又迁飞至槐树上为害一段时间，然后过冬。为害刺槐、槐树、紫穗槐。

⑬ 柏大蚜　同翅目，蚜虫科。一年发生数代，以卵和无翅胎生雌蚜在柏叶上越冬。翌春卵孵化为若虫为害，无翅胎生雌蚜胎生若蚜为害，全生长季节均刺吸柏树汁液，以夏末秋初为最严重，嫩枝密集虫体，大量分泌蜜汁并顺枝下流，诱发煤污病的发生，致使柏叶变黑，生长衰弱。为害侧柏。

⑭ 松大蚜　同翅目，蚜虫科。一年发生多代，以卵在松针上越冬。在云南，2 月下旬若虫孵出，3 月上旬出现干母（无翅雌成虫），营孤雌生殖，一头干母能产出雌若虫 30 多头，若虫长大后继续胎生繁殖；5 月下旬出现有翅胎生雌虫，迁飞繁殖；9～10 月出现有翅

雌、雄成虫（性蚜），交尾后雌成虫产卵越冬。产卵量 8～24 粒，卵整齐地排列于松针上。为害油松、黑松、红松等。

⑮ 丁香蓟马　缨翅目，蓟马科。北京一年 6、7 代，以雌成虫在树木基部落叶层、松土层、树皮缝中等处过冬。次年 3 月下旬过冬成虫开始爬上树，多先在树丛下部枝条的芽上取食为害，随着气温增高，树木展叶，逐渐往冠丛的上边和外缘发展。成、若虫多在叶背锉吸为害，初期受害叶片正面出现一些失绿的灰白小点。5 月日渐严重，叶片上失绿斑点相连扩展成片，以 5～6 月份为害最严重，能造成全株树叶失绿以致干枯。为害丁香。

⑯ 松纵坑切梢小蠹　鞘翅目，小蠹科。北京一年 1 代，以成虫在被害树干的皮层里等处过冬。次年春成虫外出，潜入松梢内为害，潜入孔圆形，周围堆积一圈松脂。被害梢枯黄，易风折。4、5 月间成虫潜入衰弱树木枝、干较厚的皮层，雌虫先侵入，雄虫跟着侵入，在皮下作单行纵坑道，交尾产卵，每雌虫产卵 40～50 粒，卵期 9～11d。5 月下旬幼虫孵化，孵化后的幼虫向两侧为害。6 月间幼虫在子坑道末端化蛹。6、7 月间新成虫出现，并蛀入新梢补充营养。9 月间成虫多进入树干的皮层里为害并过冬。以在树干基部过冬最多。成虫产卵期长达 2 个多月，虫态很不整齐。为害油松、黑松。

⑰ 松横坑切梢小蠹　鞘翅目，小蠹科。常与前种伴随发生，与松纵坑切梢小蠹的主要区别是松横坑切梢小蠹的鞘翅末端的第二沟间部不下凹，并有疣起和茸毛。母坑道为横坑，由蛀入孔交配室分出左右两条横坑，略呈弧形，多以成虫在嫩枝内或土内过冬。

⑱ 臭椿沟眶象　鞘翅目，象甲科。一年 2 代，以幼虫或成虫在树干内和土内越冬。以幼虫过冬的，次年 5 月间化蛹，6～7 月间成虫羽化外出活动，7 月为羽化盛期，以成虫在树干周的土层中过冬的出土较早。4 月下旬至 5 月中旬为第一次成虫盛发期，7 月底至 8 月中旬为第二次盛发期，至 10 月都见有成虫，虫态很不整齐。成虫有假死性，产卵前取食嫩梢、叶片、叶柄等补充营养，造成折枝、伤叶、损坏皮层，为害 1 个月左右，便开始产卵，多产卵于树干上，卵期 8d 左右。5 月底幼虫开始孵化，8 月下旬第二代幼虫开始孵化。主要为害树干、大枝。初孵幼虫先咬食皮层，稍长大后即钻入木质部为害，老熟后在坑道内化蛹，蛹期 12d 左右。为害臭椿、千头椿。

⑲ 楸蠹野螟　鳞翅目，螟蛾科。北京一年 2 代，以幼虫在一二年生枝条里或幼苗茎里过冬。次年 4 月开始为害，虫道长 6～12cm，4 月下旬幼虫老熟，在被害枝条内化蛹。5 月上旬成虫开始羽化，雌雄交尾后，喜在枝条尖端叶芽或叶柄间产卵，卵散产。卵期 4d 左右。5 月中旬幼虫开始孵化，从嫩梢叶柄处钻入枝条内蛀食髓部，并从排粪孔排出黄白色虫粪和木屑，把枝条内部全部咬空，当新梢长 10 多厘米时，正是第 1 代幼虫为害盛期，被害的枝条 6 月初即萎蔫，随后干枯，梢尖变黑，向下弯曲，影响树木生长和观赏。6 月上旬幼虫老熟，在枝条内化蛹。6 月中、下旬第 1 代成虫羽化。7 月第 2 代幼虫孵化为害，严重时几乎每个枝梢都被蛀食，一直为害到 11 月，幼虫在枝条内过冬。为害黄金树、楸树、梓树。

⑳ 杨干象　鞘翅目，象甲科。辽宁地区一年发生 1 代，以卵及初龄幼虫越冬，翌年 4 月中旬越冬幼虫开始活动，越冬卵也相继孵化为幼虫。幼虫先在韧皮部与木质部间蛀道为害，形成环形坑道，幼虫蛀道先期，在坑道末端的表皮上咬一针刺状小孔，由孔中排出红褐色丝状排泄物，并渗出树液。坑道处的表皮色深，呈油浸状，微凹陷，后成“刀砍状”的裂口。5 月下旬幼虫钻入木质部化蛹。6 月中旬到 10 月成虫发生，7 月中旬为盛期，成虫在嫩枝或叶片上取食，造成嫩枝上有无数针刺状小孔和叶片成网眼状。成虫有假死性，成虫产卵于叶痕或裂皮缝的木栓层中，产卵前先咬一产卵孔，每孔产卵 1 粒，并排泄出黑色分泌物，将孔口堵好才离去。成虫多选择在 3 年生以上的幼树或枝条上产卵。为害毛白杨、加拿大杨、小青杨及旱柳等。

㉑ 白蜡蚧　同翅目，蜡蚧科。一年 1 代，亚热带地区可发生不稳定 2 代，以受精雌成

虫在枝条上越冬。3 月上旬越冬雌成虫开始活动，胸背隆起成球形，腹壁凹陷成内腔以藏卵粒；3 月中旬雌成虫从肛门排出白色透明的糖液（吊糖），4 月上旬吊糖变为淡褐色，虫体变为绯红色，开始产卵，先产雌卵，后产雄卵；4 月中、下旬吊糖变为血红色，为产卵盛期；5 月初吊糖变为黑褐色，逐渐干枯，产卵结束；4 月上旬至 5 月中旬平均气温约达 18℃时，雌若虫先开始孵化，雄若虫孵化所需温度要高于雌若虫 1～2℃，所以雄若虫孵化期迟于雌若虫约 1 周；雌若虫先固定在向阳叶片上，2 龄后爬至 1～2 年生枝条固定；雄若虫先固定在母壳附近的叶背，2 龄后爬至 2～3 年生枝条汇集寄生，定杆 1 月后进入蛹期，分泌白色疏松泡沫状蜡质环包，寄主枝条呈棒状，秋季羽化，交尾后死亡。为害白蜡树、水蜡树、女贞等。

㉒ 双条杉天牛　鞘翅目，天牛科。北京一年发生 1 代，多以成虫在被害枝、干内越冬。3 月上旬出蛰，产卵于弱树裂缝处皮下，4 月中、下旬幼虫孵化，在皮层与木质部间蛀食为害，5 月中下旬为害严重，5 月中下旬至 6 月中旬陆续蛀入木质部，9～10 月在蛀道内化蛹，羽化成虫越冬。为害侧柏、桧柏、龙柏、沙地柏、扁柏等。

㉓ 菊潜叶蝇　双翅目，潜叶蝇科。北京一年 4、5 代，以蛹过冬。成虫于早春开始出现，数量逐渐上升，白天活动、交尾，产卵在叶缘组织里，每雌虫产卵 45～90 粒。幼虫潜入叶内取食叶肉，造成白色弯曲的潜道。老叶先受害，严重时一片叶内有几十条潜道，以致全叶枯黄。老熟幼虫在隧道末端化蛹。在春夏间为害最严重，秋季也为害。一般春末夏初干旱时发生较多。条件适宜时 1 个月左右可完成一个世代。为害菊花。

㉔ 菊姬长管蚜　同翅目，蚜虫科。北京一年发生 10 多代，多以无翅雌蚜在留种的芽上过冬。次年 4 月开始胎生小蚜虫，5 月出现很多有翅蚜迁飞扩散，5～7 月虫量增多，雨季少见，以 9～10 月为害最严重，大量若、成蚜群集于嫩梢、嫩叶、花蕾、花朵中，刺吸汁液，排泄在叶和花上发亮的油状蜜露，受潮后变黑，不但影响植株生长、开花，而且污染花卉。11 月开始过冬。为害菊花。

㉕ 月季长管蚜　同翅目，蚜虫科。一年发生数十代，以成蚜在叶芽和叶背越冬，以胎生为主，无卵生现象。春初越冬蚜在寄主新梢、花蕾上吸食和繁殖，经 2～3 代后开始发生有翅蚜，虫口密度逐渐上升，5 月进入第 1 次繁殖高峰期，夏季高温季节虫口密度下降，夏末秋初再次上升，进入第 2 繁殖高峰期。为害月季、蔷薇、白兰等。

㉖ 花蓟马　缨翅目，蓟马科。南方一年发生 11～14 代，温室条件下终年发生，世代重叠，每代历时 15～30d。成虫活跃，有较强趋花性，主要寄生在花内，怕阳光，卵产于以花为主的组织内，并以花瓣、花丝为多，其次是花萼、花柄和叶组织。每雌产卵约 80 粒，1～2 龄若虫活动力不强，3～4 龄若虫不食不动。在不同植株间可以互相转移为害，高温、干旱有利于大发生，多雨对其不利。为害菊科、豆科、锦葵科、毛茛科、唇形科及堇菜科等多种植物。

㉗ 红缘灯蛾　鳞翅目，灯蛾科。辽宁、河北省一年发生 1～2 代，以蛹在土中越冬。翌年 5 月成虫羽化，昼伏夜出，趋光性很强。产卵于叶背面，上盖有黄毛，每块卵粒不等，卵期约 6d。幼虫共 7 龄，6～9 月为幼虫为害期。秋季老熟幼虫在土中做薄茧，在其内化蛹越冬。为害万寿菊、千日红、百日草、鸡冠花、木槿、梅花等。

㉘ 大丽花夜盗蛾　鳞翅目，夜蛾科。北京一年 1 代，以蛹在土里过冬。次年 6 月底成虫羽化外出，交尾后多产卵于杂草叶背，卵成片，每片数粒至百粒。7 月上旬幼虫孵化，小幼虫群集叶背啃食叶肉，长大后分散危害，把叶咬成缺刻、大孔洞，甚至吃光，再转移到大丽花或其他植株为害。白天藏在土里或花盆底下，夜间出来为害，7 月份为害最凶。8 月中、下旬幼虫老熟入土化蛹过冬。为害大丽花。

㉙ 菊瘿蚊　双翅目，瘿蚊科。北京一年 3～4 代，以幼虫在土内过冬。次年 4 月上、中旬出现成虫，交尾后多产卵于小苗的嫩芽或嫩叶处。5 月下旬发现虫瘿，6 月下旬瘿内见有

大量蛹。7月上旬第1代成虫羽化外出，多从虫瘿顶端羽化而出，将蛹皮留在羽化孔口处。世代很不整齐。为害菊花。

㉚ 对园林植物有害的动物

a. 蜗牛　软体动物门，腹足纲，柄眼目，蜗牛科。北京一年1代，以成贝和幼贝在土层或落叶层等处过冬。螺壳口用一层白膜封闭。次年3、4月开始活动为害，白天多藏在植物基部杂草、落叶间或土层中栖息，阴雨天白天也活动为害。4月下旬开始交配，5月间在寄主的根部附近疏松土层中产卵，10多粒粘在一起成块状，每头雌贝体产卵上百粒，卵期10多天，幼贝孵出后，多群居于土层或落叶层下，不久即分散为害，7～8月为幼贝为害盛期。连阴雨天，土壤湿度大，活动和为害严重。靠近建筑物阴面的植物受害严重。天气干旱时，则多潜伏于土中或建筑物檐下、墙缝等处，用白膜封闭孔口。11月开始过冬。一般成贝能存活2年以上。分布广，寄主多。玫瑰、月季、芍药、牡丹、槐、桧柏、千头椿、油松、侧柏等多种园林植物。

b. 蛞蝓　软体动物门，腹足纲，柄眼目，蛞蝓科。一年发生1代，以成体或幼体在植物根部湿土里过冬。次年春天开始活动为害，潮湿季节为活动为害的高峰，多将幼嫩叶片咬成孔洞或缺刻。5、6月间交尾产卵，卵多产于湿度大、隐蔽的土中，每处产卵数粒至十余粒，多粘在一起成串，每雌体平均产卵400多粒。产卵期较长，可达4、5个月。卵期16d左右。蛞蝓畏光、怕热，所以白天多藏在阴沟里、潮湿背光处等阴暗场所，夜间出来活动取食，阴雨后地面潮湿或夜晚有露水时，出来的最多，气温在25℃以上时，活动较少。蛞蝓爬过的地方留下发光的黏液痕迹。分布广，寄主多，有菊花、一串红、月季、瓜叶菊、海棠、唐菖蒲等。

参考文献

1 何振昌等．中国北方农业害虫原色图鉴．沈阳：辽宁科学技术出版社，1997.

2 仵均祥．农业昆虫学（北方本）．西安：世界图书出版社，1999.

3 李玉等．庄稼医生实用手册．北京：中国农业出版社，1992.

4 北京农业大学．果树昆虫学（下册）．北京：中国农业出版社，1994.

5 丁文山等．杂粮及薯类害虫．北京：中国农业出版社，1996.

6 华南农业大学．农业昆虫学（上、下册）．北京：中国农业出版社，1991.

7 刘绍友．农业昆虫学（北方本）．陕西杨陵：天则出版社，1990.

8 牟吉元等．农业昆虫学．北京：中国农业科技出版社，1995.

9 赵怀谦等．园林植物病虫害防治手册．北京：中国农业出版社，1994.

10 徐公天．园林植物病虫害防治原色图谱．北京：中国农业出版社，2002.

二、杀虫剂研究开发的新进展与发展趋势

近几年，世界各大农药公司开发的和正在开发中的新化学杀虫剂主要有鱼尼丁受体类、季酮酸类、氨基脲类，其他如新烟碱类、吡唑类等均有新品种报道。

1 鱼尼丁受体类

氟虫酰胺（flubendiamide）和氯虫酰胺（chlorantraniliprole）是分别由日本农药公司和杜邦公司研制开发的新型酰胺类杀虫剂，作用机理是鱼尼丁受体激活剂（ryanodine receptor activitor）。它们不仅对鳞翅目等害虫有优异的活性，与现有杀虫剂无交互抗性，而且对哺乳动物安全。前者由日本农药公司和德国拜耳公司共同开发，后者由杜邦公司和先正达公司共同开发，均于2007年底上市。

氰虫酰胺（cyantraniliprole）是杜邦公司继氯虫酰胺后报道的另一个新型氨基苯甲酰胺类杀虫剂，与氯虫酰胺相比，氰虫酰胺具有更广谱的杀虫活性。

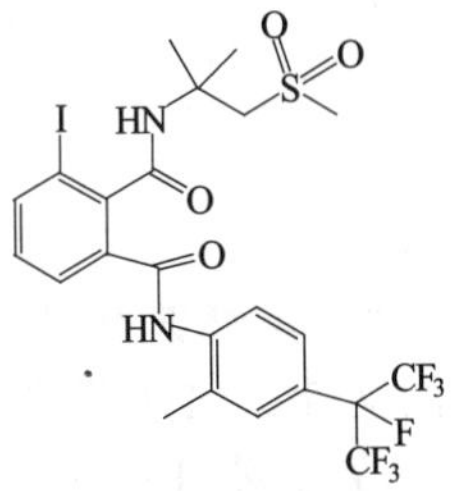

氟虫酰胺

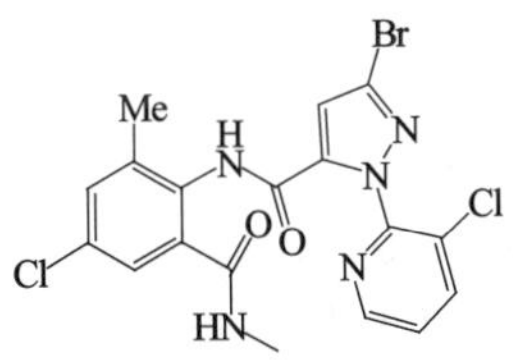

氯虫酰胺

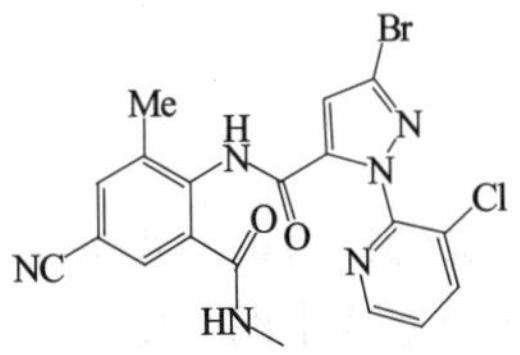

氰虫酰胺

2 季酮酸类

季酮酸类（tetronic acid）杀虫杀螨剂是拜耳公司在筛选除草剂的基础上发现的一类新型杀虫杀螨剂，为类脂生物合成抑制剂。目前有三个品种：螺螨酯（spirodiclofen）、螺虫酯（spiromesifen）和螺虫乙酯（spirotetramat，试验代号：BYI 08330），均具有很好的杀虫和杀螨活性。

螺螨酯是拜耳公司开发成功的第1个酮-烯醇类杀虫杀螨剂，该药已于2003年分别以Daniemon和Envidor商品名称在日本和荷兰获得批准。螺虫酯是拜耳公司继报道螺螨酯后开发的又一个季酮酸类杀虫剂；从2003年开始，已在多个国家登记注册，2006年在巴西、墨西哥登记用于防治蔬菜、棉花、果树的害虫和害螨。螺虫乙酯（spirotetramat）是拜耳公司研制的第三个季酮酸类杀虫剂，它主要用于防治刺吸口器类害虫，已于2009年上市。

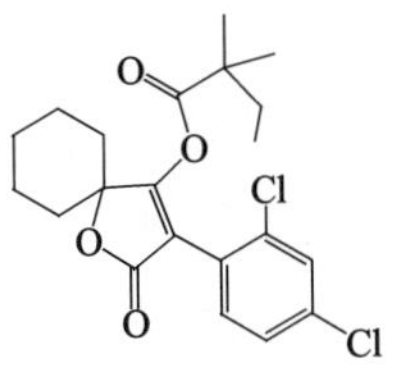

螺螨酯

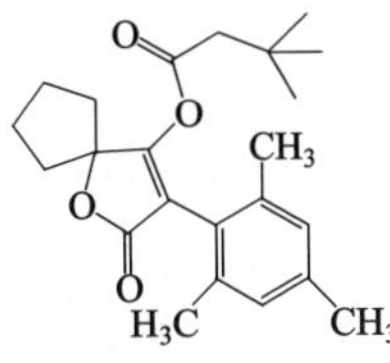

螺虫酯

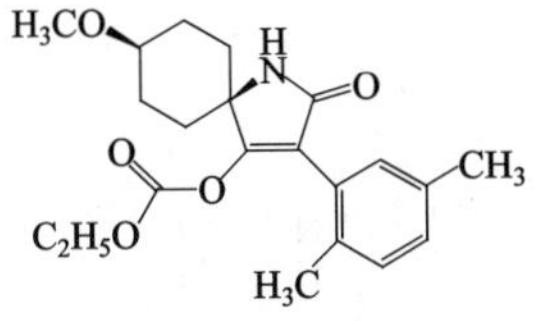

螺虫乙酯

3 拟除虫菊酯类

拟除虫菊酯类杀虫（螨）剂品种比较多，近几年发展虽然缓慢，但仍有新品种报道。

精三氟氯氰菊酯（γ-cyhalothrin），即三氟氯氰菊酯单一活性体，由 Pytech 化学公司开发。其活性不仅比三氟氯氰菊酯高几倍，且具有非常好的环境效益。该产品制剂为水基微胶囊，2002 年已在阿根廷上市，主要用于防治玉米、大豆、棉花、向日葵、苜蓿、高粱等重要害虫，市场前景好。

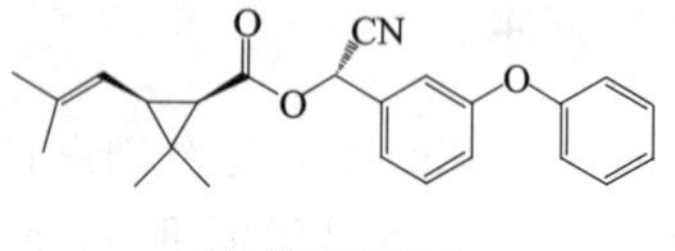
精三氟氯氰菊酯

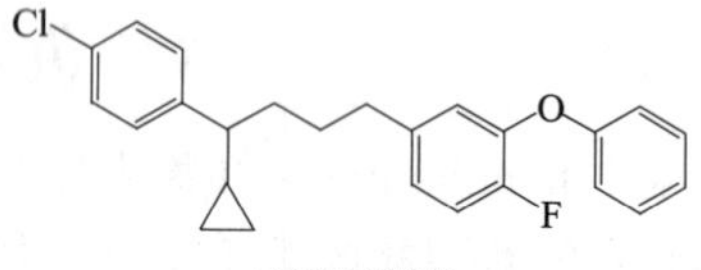
丙苯烃菊酯

丙苯烃菊酯（protrifenbute，试验代号：F7869）是由 FMC 公司开发的非酯类也即烃类菊酯，对鱼类特别安全。可用于防治众多的昆虫如螟虫、黏虫、蚜虫和螨类等。

甲氧苄氟菊酯（metofluthrin，试验代号：S 1264）和丙氟菊酯（profluthrin，试验代号：S 1846）均由日本住友化学公司报道，具有很好的杀虫活性。

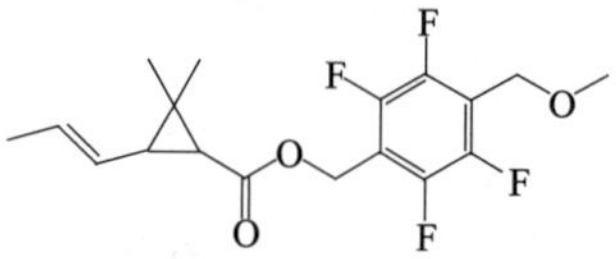
甲氧苄氟菊酯

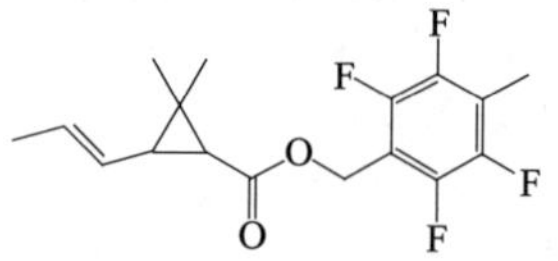
丙氟菊酯

大日本除虫菊报道的新型化合物 K-3043，具有很好的活性，虽然是菊酯类化合物，文献报道其对市场上常用的菊酯类品种产生抗性害虫也有相当的活性。倍速菊酯为江苏扬农化工股份有限公司开发的拟除虫菊酯类卫生杀虫剂，对蚊、蝇、蜚蠊等具有很高的击倒活性，明显优于 Es-炔丙菊酯和胺菊酯。主要作为击倒剂用于杀虫气雾剂中。

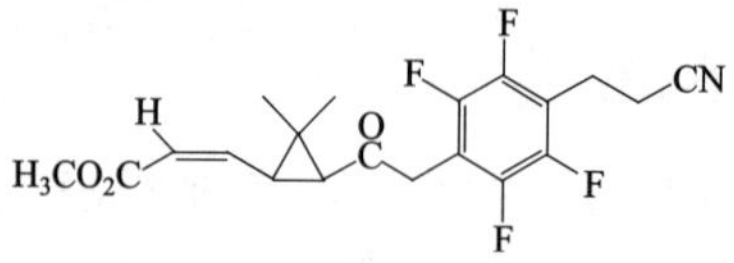
K-3043

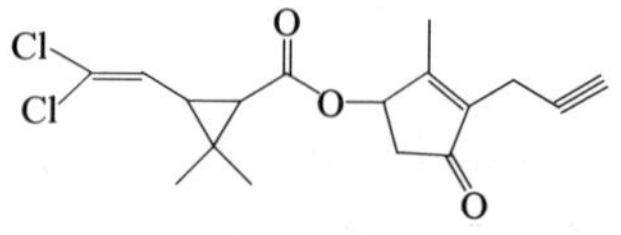
倍速菊酯

4 苯甲酰脲类

据报道，我国由于高毒农药品种的淘汰直接影响到其他类杀虫剂，2002 年昆虫生长调节剂用量增加了 25.3%，占所有杀虫剂用量的 9.4%，这说明对环境友好的杀虫剂还是有市场的。近几年报道的新苯甲酰脲类杀虫剂有两个，即双三氟虫脲（bistrifluron）和多氟虫酰脲（noviflumuron），均是在已有品种基础上，进行结构优化发现的。前者由韩国东宝化学公司开发，主要用于蔬菜、果树防治鳞翅目害虫，对白粉虱有特效。后者由道农业科学公司报道，主要用于防治白蚁。

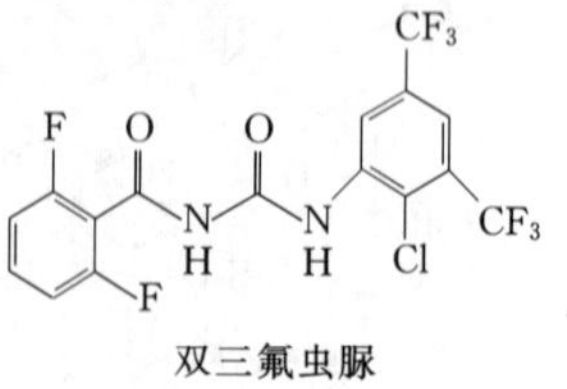
双三氟虫脲

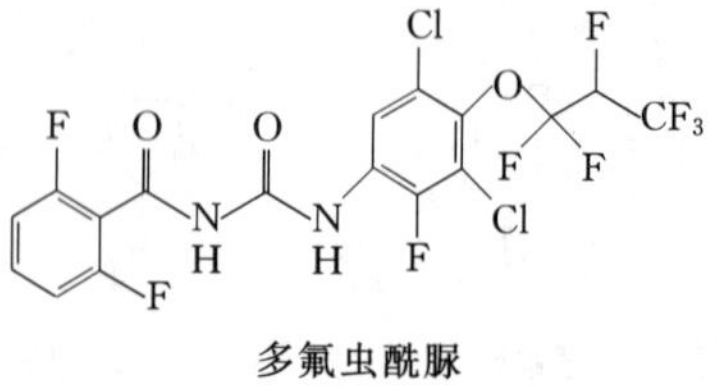
多氟虫酰脲

5 双酰肼类

此类化合物是蜕皮激素类似物，对环境安全，大家熟悉的如虫酰肼和甲氧虫酰肼等，近期商品化的品种是环虫酰肼（chromafenozide），由日本农药和三共公司共同开发。主要用于蔬菜、茶、果树、稻田等防治鳞翅目害虫，使用剂量为 5～200g/hm^2（有效成分）。我国江苏农药研究所报道的化合物呋喃虫酰肼（JS118）也具有很好的活性。

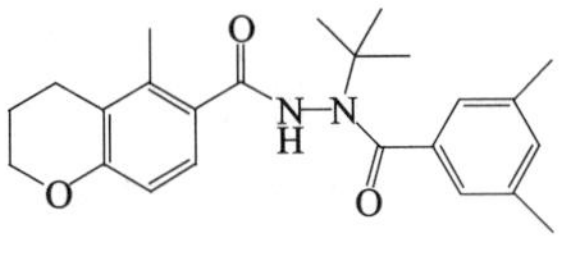

环虫酰肼

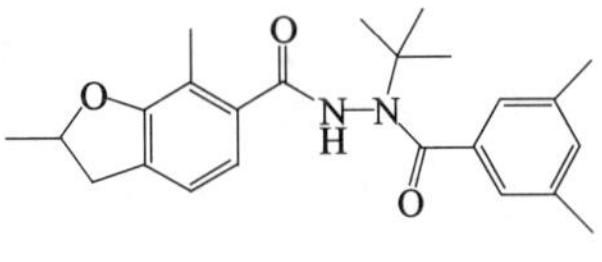

呋喃虫酰肼

6 新烟碱类

近期商品化的该类化合物有噻虫啉、噻虫嗪、噻虫胺、呋虫胺。均是在已有化合物结构的基础上，经进一步优化得到。

噻虫啉（thiacloprid）是拜耳公司开发的主要用于防除水稻、水果、蔬菜、棉花等大多数害虫的杀虫剂，使用剂量（有效成分）为 48～180g/hm^2。

噻虫嗪（thiamethoxam）是先正达公司开发的第二代新烟碱类杀虫剂，可有效地防治鳞翅目、鞘翅目、缨翅目和同翅目害虫，如各种蚜虫、叶蝉、粉虱、飞虱、粉蚧、金龟子幼虫、马铃薯甲虫、跳甲、线虫、地面甲虫、潜叶蛾等。防治棉花害虫使用剂量（有效成分）为 30～100g/ hm^2，防治稻飞虱使用剂量为 6～12g/hm^2，用 40～315g/100kg 处理玉米种子，可有效地防治线虫、蚜属、杆蝇、黑异蔗金龟等害虫。

呋虫胺（dinotefuran）是日本三井东亚化学公司开发的新型烟碱类似物，主要用于水稻、蔬菜、果树及其他中防治刺吸口器类昆虫。施用剂量为 100～200g/hm^2。

噻虫胺（clothianidin）是由武田制药（现为住友化学公司）和拜耳公司共同开发的第二代新烟碱类杀虫剂，主要用于蔬菜、水稻、棉花等防除大多数害虫。茎叶处理、水田使用剂量为 50～100g/hm^2，土壤处理使用剂量为 150g/hm^2，种子处理使用剂量为 200～400g/100kg（种子）。

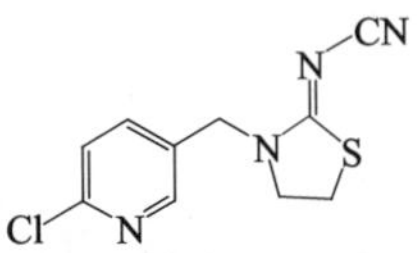

噻虫啉

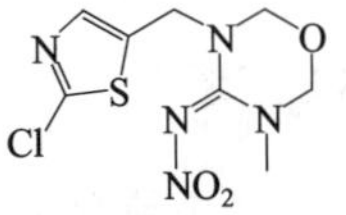

噻虫嗪

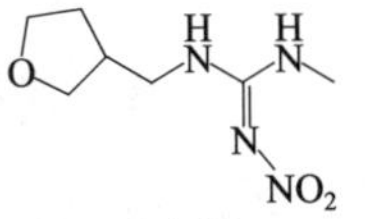

呋虫胺

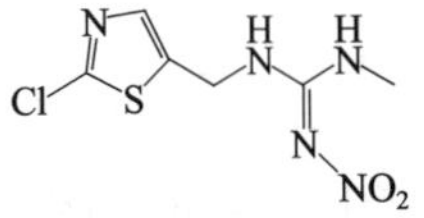

噻虫胺

Imicyafos（AKD-3088）是由日本 Agro Kanesho 公司报道的硫代磷酸酯的杀线虫剂。它是由不对称有机磷与烟碱类杀虫剂的氰基亚咪唑烷组合而成。目前正在试验中。主要用于蔬菜和马铃薯防治害虫与线虫。

噻唑啉由江苏省南通江山农药化工股份有限公司开发的烟碱类杀虫剂，为吡虫啉的结构改造物，即由吡啶环换成噻唑环而成。该药剂对小麦蚜虫、十字花科蔬菜蚜虫、稻飞虱、白粉虱、柑橘蚜虫、茶小绿叶蝉等害虫有较好的效果。

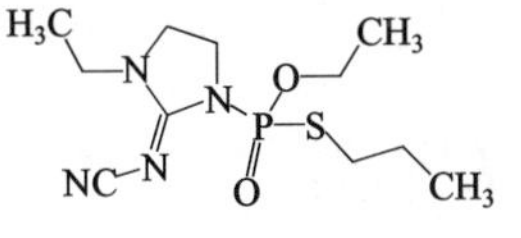

imicyafos

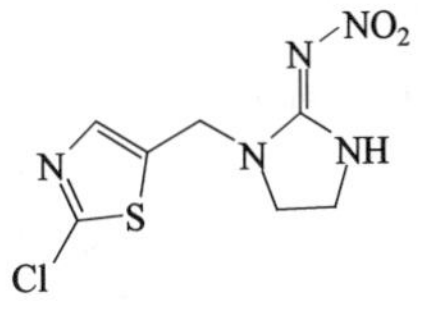

噻唑啉

7 吡唑类

近期报道的吡唑类化合物主要是氟虫腈类似物（乙硫氟虫腈、乙酰氟虫腈、啶氟虫腈、嘧氟虫腈、丁烯氟虫腈）和吡螨胺的类似物唑虫酰胺。

乙硫氟虫腈（ethiprole）和乙酰氟虫腈（acetoprole）是继氟虫腈后开发的两个吡唑类化合物，前者主要用于水稻、水果、蔬菜、棉花、花生、大豆防治大多数害虫，持效期长达21～28d。后者不仅具有杀虫活性，而且具有杀线虫和杀螨活性。啶氟虫腈（pyriprole）和嘧氟虫腈（pyrafluprole）都是由日本农药公司于2004年报道的，啶氟虫腈的杀虫谱与氟虫腈相仿；嘧氟虫腈对鞘翅目害虫及半翅目害虫有效，并对水稻纹枯病具有较好的防效，主要用于蔬菜。目前正在开发中。丁烯氟虫腈是由大连瑞泽农药股份有限公司研制的苯基吡唑类杀虫剂，为氟虫腈的结构改造物。它对菜青虫、小菜蛾、螟虫、黏虫、褐飞虱、叶甲等多种害虫有效。尤其在水稻、蔬菜害虫的防治中与氟虫腈的效果相当。但对鱼的毒性低于氟虫腈。

唑虫酰胺（tolfenpyrad）是日本三菱化学公司开发的杀虫杀螨剂，使用剂量（有效成分）为75～200g/hm^2。

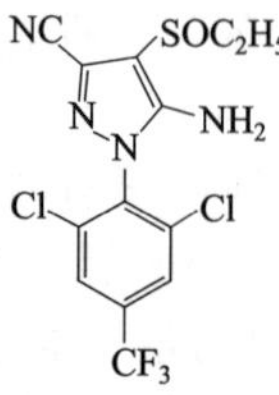

乙硫氟虫腈

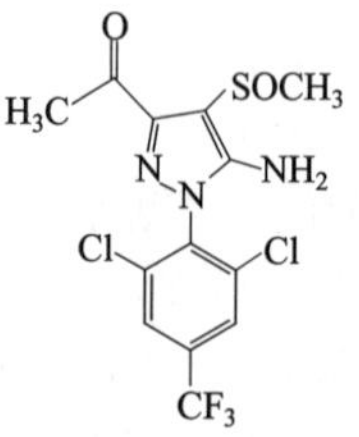

乙酰氟虫腈

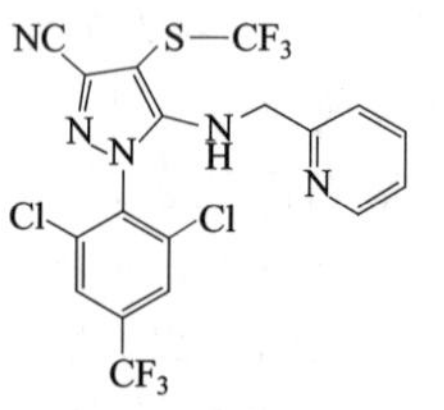

啶氟虫腈

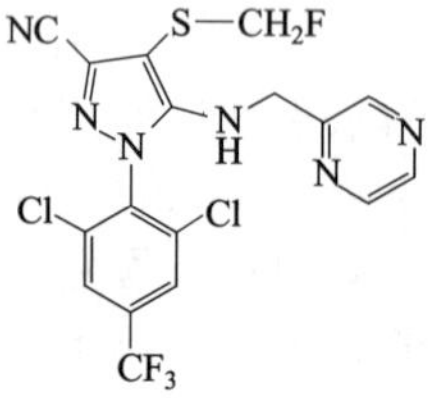

嘧氟虫腈

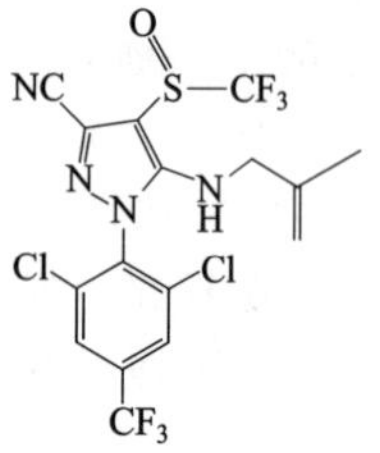

丁烯氟虫腈

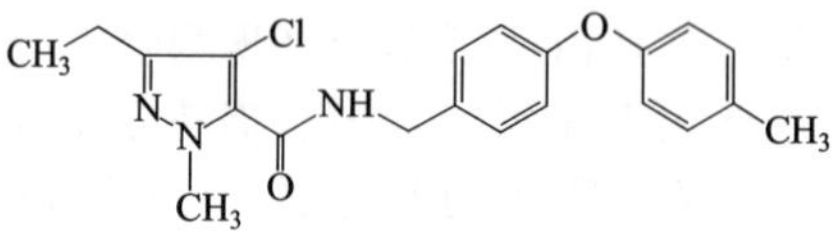

唑虫酰胺

8 嘧啶类

嘧虫胺（flufenerim）是日本宇部兴产公司在继杀螨剂嘧螨醚（pyrimidifen）开发之后，又推出的一个新的嘧啶类杀虫剂。Pyrifluquinazon（NNI 9768）是日本农药公司报道的苯并嘧啶酮类杀虫剂，对半翅目（如蚜虫）及蓟马科害虫有效，对粉虱和叶蝉也具有很好的活性。

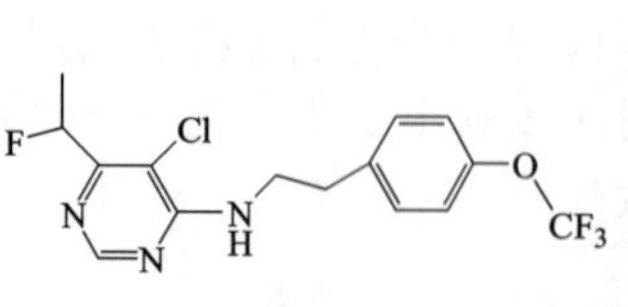

嘧虫胺

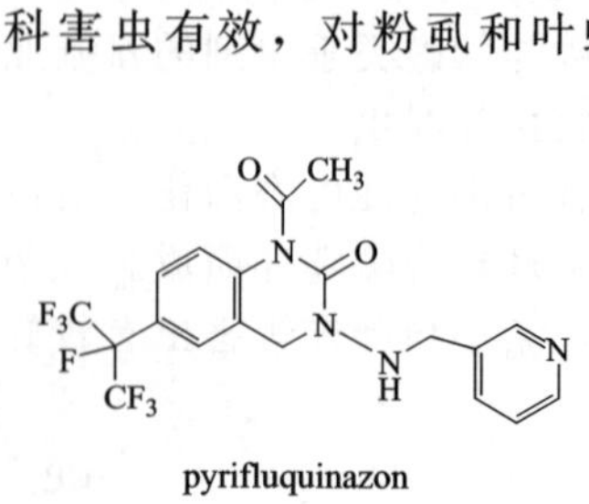

pyrifluquinazon

9 氨基脲类

氨基脲类是一种结构新颖的杀虫剂类型，代表化合物氰氟虫腙（metaflumizone）由巴斯夫公司于2003年最早报道，该化合物具有新的作用方式，可用于防治咀嚼器害虫，并与其他杀虫剂无交互抗性。主要用于玉米、棉花、马铃薯、叶菜、番茄、果树、甘蔗等作物。

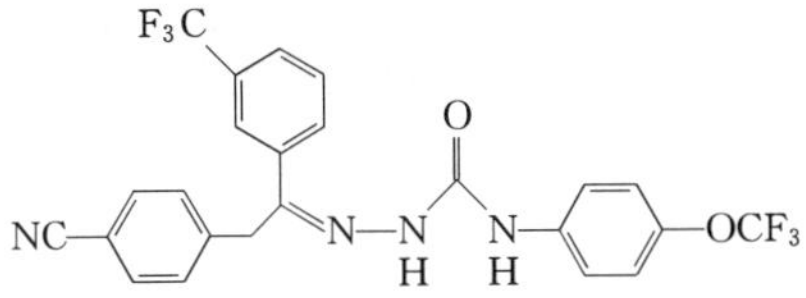

氰氟虫腙

10 天然产物类

Lepimectin是弥拜菌素（milbemectin）的衍生物。

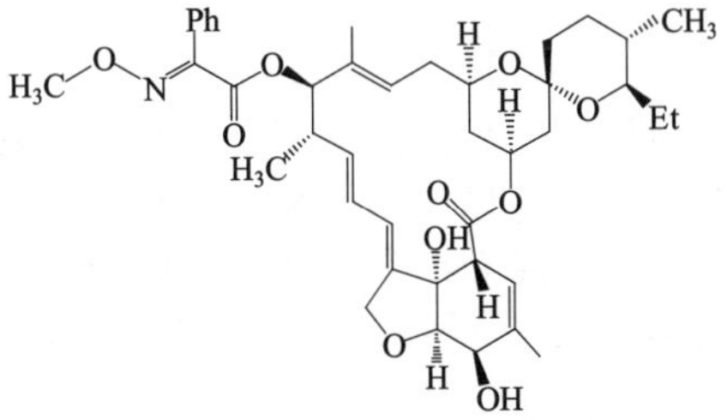

lepimectin主组分

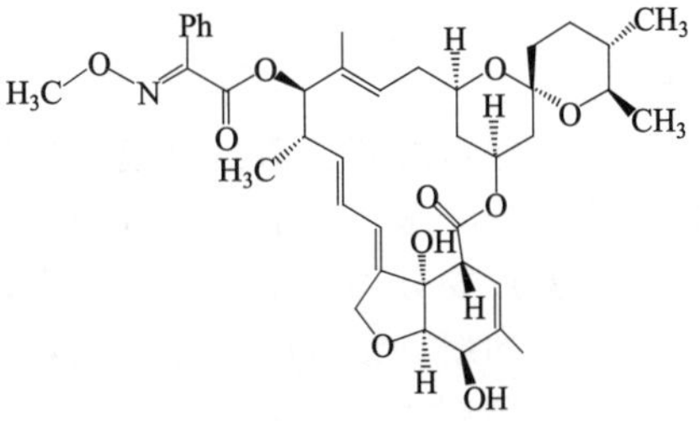

lepimectin次组分

Spinetoram（XDE-175）是由道农业科学公司报道的杀虫剂，在天然产物多杀菌素（spinosad）的基础上，经结构修饰后得到的，活性高于spinosad，于2008年上市。

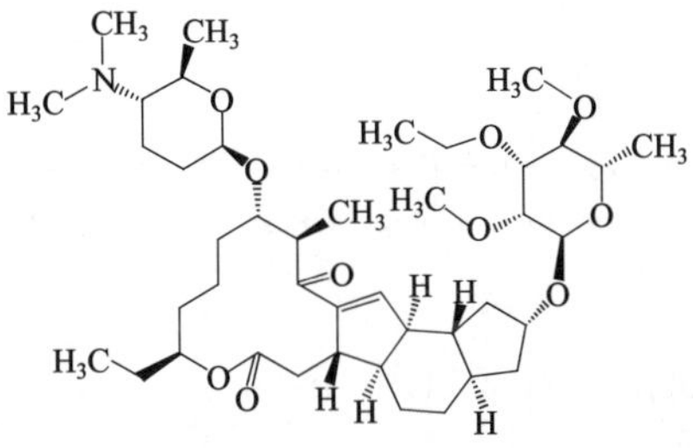

spinetoram主成分

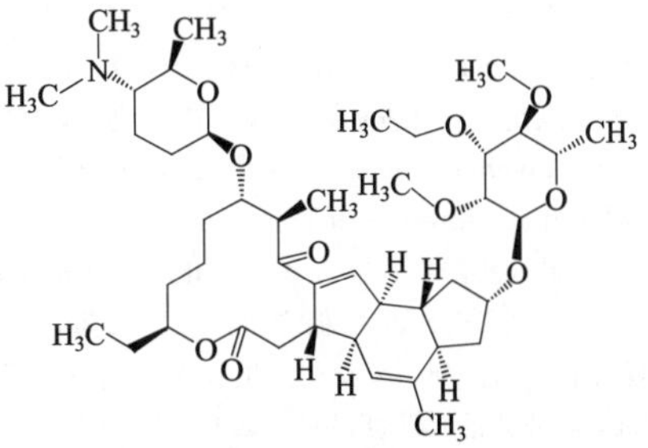

spinetoram次成分

近期开发的生物杀虫剂如印楝素、多杀菌素、埃玛菌素或甲氨基甲维菌素苯甲酸盐（emamectin benzoate）、弥拜菌素（milbemectin），和拜耳公司Bio 1020（Metarhizium anisopliae）、Arysta生命科学公司的Verticillium lecanii，Bio-Care技术公司的Metarhizium anisopliae以及Certis公司推出的Paecilomyces fumosoroseus等已应用于农业生产中。

11 其他类型的杀虫剂

氟啶虫酰胺（flonicamide）是日本石原产业株式会社开发的新型吡啶酰胺类内吸性杀虫剂。主要用于防治各类蚜虫，且与目前所有蚜虫防治剂无交互抗性。

啶虫丙醚（pyridalyl）是日本住友化学公司开发的新型吡啶醚类杀虫剂，主要用于棉花、蔬菜防治鳞翅目害虫。

砜虫啶（sulfoxaflor）是由道农业科学公司（Dow Agrosciences）报道的新型杀虫剂，该化合物与新烟碱等已知的杀虫剂无交互抗性，对同翅目如蚜虫等具有优异的活性，已于2011年上市。

Benclothiaz是先正达公司研制的杀线虫剂。咖啡因（caffeine）为早已有的嘌呤类化合物，最近发现可用于防治软体动物。ZJ 0967 是由浙江化工研究院研发的二苯甲酮腙类杀虫剂，该药剂对鳞翅目害虫有一定的活性，效果与虫酰肼相当。

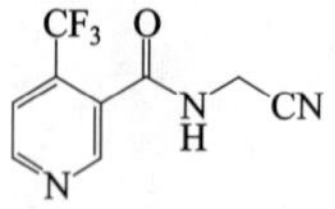

氟啶虫酰胺

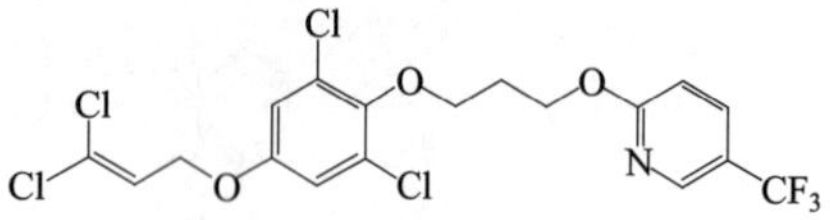

啶虫丙醚

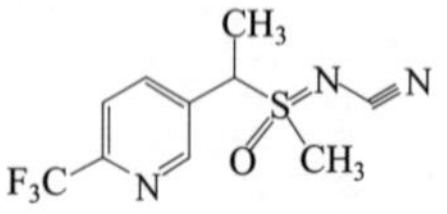

砜虫啶

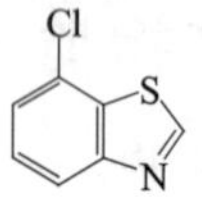

benclothiaz

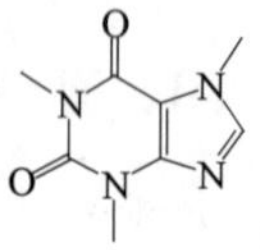

咖啡因

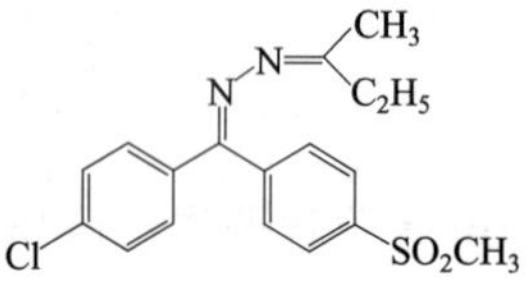

ZJ 0967

结束语

前面对近几年报道的新型杀虫杀螨剂进行了简要的介绍。鱼尼丁受体类、氨基脲类、甲氧基丙烯酸酯类、季酮酸类为前所未有的新化合物类型。尽管新农药开发越来越困难，但可以预言，随着天然产物分离技术、基因（组）技术的发展和在新农药创制中的应用，不久的将来还会出现更多的新型结构的杀虫剂或农药品种。

参 考 文 献

1 柴宝山，杨吉春，刘长令．新型邻苯二甲酰胺类杀虫剂的研究进展．精细化工中间体，2007，1：1-8.

2 柴宝山，林丹，刘远雄等．新型邻甲酰氨基苯甲酰胺类杀虫剂的研究进展．农药，2007，46（3）：148-153.

3 刘长令．2002 年英国 Brighton 植保会议公开的新农药品种．农药，2003，1：48.

4 刘长令．2006 年公开的新农药品种．农药，2007，2：127-128.

5 徐尚成．杂环杀虫剂研究开发的新进展．江苏化工，1999，4：4-7.

6 Walker S Barrie. Common names of pesticides recently approved by the BSI. Pest Manag Sci，2003，59：371-373.

7 坂本典保，尾山和彦．Insect control：chemistry，biochemistry，molecular biology. J Pesticide Sci，2003，28：134-141.

8 张一宾，张怿．世界农药新进展．北京：化学工业出版社，2007.

9 刘长令．2000 年英国 Brighton 植保会议简介．农药，2001，1：1-3.

10 聂开晟，侯春青，刘长令．新型昆虫生长调节剂——环虫酰肼．农药，2001，2：42-43.

11 刘长令．2004 年公开的农药新品种．农药，2005，1：44-45.

12 刘长令．杀虫杀螨剂研究开发的新进展．农药，2003，10：1-4.

13 钟滨，刘长令，李正名．新型杀虫杀螨剂的研究进展．新农药，2004，2：7-12.

14 刘长令．2006 年 IUPAC 会议报道的新农药品种．农药，2006，10：712-715.

15 柴宝山，刘远雄，杨吉春等．杀虫杀螨剂研究开发的新进展．农药，2007，12：800-805.

16 刘长令．2007 年英国植保会议公开的新农药品种．农药，2007，11：777-778.

17 刘长令．2008 年公开的新农药品种．农药，2009，1：43-44.

18 杨吉春，刘长令．2009 年公开的新农药品种．农药，2010，1：58-59.

三、主要单剂品种

（一）杀虫剂

抗生素类和微生物类杀虫剂

抗生素类和微生物类杀虫剂（antibiotic insecticides and macrocyclic lactone insecticides）品种总共有15个，即abamectin、allosamidin、doramectin、emamectin、emamectin benzoate、eprinomectin、ivermectin、lepimectin、milbemectin、milbemycin oxime、moxidectin、selamectin、spinetoram、spinosad、thuringiensin。本书仅介绍其中abamectin、emamectin benzoate、ivermectin、lepimectin、milbemectin、spinetoram、spinosad、thuringiensin，而allosamidin、doramectin、emamectin、eprinomectin、milbemycin oxime、moxidectin、selamectin仅列出化学名称、CAS登录号。

allosamidin：(3a*R*,4*R*,5*R*,6*S*,6a*S*)-2-dimethylamino-4,5,6,6a-tetrahydro-4-hydroxy-6-hydroxymethyl-3a*H*-cyclopenta[*d*][1,3]oxazol-5-yl-2-acetamido-4-*O*-(2-acetamido-2-deoxy-*β*-D-allopyranosyl)-2-deoxy-*β*-D-allopyranoside；[103782-08-7]。

doramectin：extended von Baeyer nomenclature：(10*E*,14*E*,16*E*)-(1*R*,4*S*,5′*S*,6*S*,6′*R*,8*R*,12*S*,13*S*,20*R*,21*R*,24*S*)-6′-cyclohexyl-21,24-dihydroxy-5′,11,13,22-tetramethyl-2-oxo-(3,7,19-trioxatetracyclo [15.6.1.$1^{4,8}$.$0^{20,24}$]pentacosa-10,14,16,22-tetraene)-6-spiro-2′-(5′, 6′-dihydro-2′ *H*-pyran)-12-yl-2, 6-dideoxy-4-*O*-(2, 6-dideoxy-3-*O*-methyl-*α*-L-*arabino*-hexopyranosyl)-3-*O*-methyl-*α*-L-*arabino*-hexopyranoside 或 bridged fused ring systems nomenclature：(2a*E*,4*E*,8*E*)-(5′*S*,6*S*,6′*R*,7*S*,11*R*,13*S*,15*S*,17a*R*,20*R*,20a*R*,20b*S*)-6′-cyclohexyl-5′,6,6′,7,10,11,14,15,17a,20,20a,20b-dodecahydro-20,20b-dihydroxy-5′,6,8,19-tetramethyl-17-oxospiro[11,15-methano-2*H*,13*H*,17*H*-furo[4,3,2-*pq*][2,6]benzodioxacyclooctadecin-13,2′-[2*H*]pyran]-7-yl, 6-dideoxy-4-*O*-(2,6-dideoxy-3-*O*-methyl-*α*-L-*arabino*-hexopyranosyl)-3-*O*-methyl-*α*-L-*arabino*-hexopyranoside；[117704-25-3]。

emamectin：extended von Baeyer nomenclature：mixture of(10*E*,14*E*,16*E*)-(1*R*,4*S*,5′*S*,6*S*,6′*R*,8*R*,12*S*,13*S*,20*R*,21*R*,24*S*)-6′-[(*S*)-*sec*-butyl]-21,24-dihydroxy-5′,11,13,22=-tetramethyl-2-oxo-(3,7,19-trioxatetracyclo[15.6.1.$1^{4,8}$.$0^{20,24}$]pentacosa-10,14,16,22-tetraene)-6=-spiro-2′-(5′,6′-dihydro-2′ *H*-pyran)-12-yl-2,6-dideoxy-3-*O*-methyl-4-*O*-(2,4,6-trideoxy-3-*O*=-methyl-4-methylamino-*α*-L-*lyxo*-hexapyranosyl)-*α*-L-*arabino*-hexapyranoside and(10*E*,14*E*,16*E*)=-(1*R*,4*S*,5′*S*,6*S*,6′*R*,8*R*,12*S*,13*S*,20*R*,21*R*,24*S*)-21,24-dihydroxy-6′-isopropyl-5′,11,13,22-tetramethyl=-2-oxo-(3,7,19-trioxatetracyclo[15.6.1.$1^{4,8}$.$0^{20,24}$] pentacosa-10,14,16,22-tetraene)-6-spiro-2′-(5′,6′=-dihydro-2′*H*-pyran)-12-yl 2,6-dideoxy-3-*O*-methyl-4-*O*-(2,4,6-trideoxy-3-*O*-methyl-4-methylamino-*α*-L-*lyxo*-hexapyranosyl)-*α*-L-*arabino*-hexapyranoside 或 bridged fused ring systems nomenclature：mixture of(2a*E*,4*E*,8*E*)-(5′*S*,6*S*,6′*R*,7*S*,11*R*,13*S*,15*S*,17a*R*,20*R*,20a*R*,20b*S*)=-6′-[(*S*)-*sec*-butyl]-5′,6,6′,7,10,11,14,15,17a,20,20a,20b-dodecahydro-20,20b-dihydroxy-5′,6,8,19=-tetramethyl-17-oxospiro[11,15-methano-2*H*,13*H*,17*H*-furo[4,3,2-*pq*][2,6]benzodioxacyclooctadecin=-13,2′-[2*H*]pyran]-7-yl-2,6-dideoxy-3-*O*-methyl-4-*O*-(2,4,6-trideoxy-3-*O*-methyl-4-methylamino=-*α*-L-

lyxo-hexapyranosyl)-*α*-L-*arabino*-hexapyranoside and (2a*E*, 4*E*, 8*E*) =-(5′*S*, 6*S*, 6′*R*, 7*S*, 11*R*, 13*S*, 15*S*, 17a*R*, 20*R*, 20a*R*, 20b*S*)-5′, 6, 6′, 7, 10, 11, 14, 15, 17a, 20, 20a, 20b =-dodecahydro-20, 20b-dihydroxy-6′-isopropyl-5′, 6, 8, 19-tetramethyl-17-oxospiro[11, 15 =-methano-2*H*, 13*H*, 17*H*-furo[4, 3, 2-*pq*][2, 6]benzodioxacyclooctadecin-13, 2′-[2*H*]pyran]-7-yl-2, 6-dideoxy-3-*O*-methyl-4-*O*-(2, 4, 6-trideoxy-3-*O*-methyl-4-methylamino-*α*-L-*lyxo*-hexapyranosyl) =-*α*-L-*arabino*-hexapyranoside; [119791-41-2], 曾用 [137335-79-6]。

eprinomectin: extended von Baeyer nomenclature: mixture of (10*E*, 14*E*, 16*E*)-(1*R*, 4*S*, 5′*S*, 6*S*, 6′*R*, 8*R*, 12*S*, 13*S*, 20*R*, 21*R*, 24*S*)-6′-[(*S*)-*sec*-butyl]-21, 24-dihydroxy-5′, 11, 13, 22-tetramethyl-2-oxo-(3, 7, 19-trioxatetracyclo[15. 6. 1. $1^{4,8}$. $0^{20,24}$]pentacosa-10, 14, 16, 22-tetraene)-6-spiro-2′-(5′, 6′-dihydro-2′*H*-pyran)-12-yl-4-*O*-(4-acetamido-2, 4, 6-trideoxy-3-*O*-methyl-*α*-L-*lyxo* =-hexopyranosyl)-2, 6-dideoxy-3-*O*-methyl-*α*-L-*arabino*-hexopyranoside (major component) 和 (10*E*, 14*E*, 16*E*)-(1*R*, 4*S*, 5′*S*, 6*S*, 6′*R*, 8*R*, 12*S*, 13*S*, 20*R*, 21*R*, 24*S*)-21, 24-dihydroxy-6′-isopropyl =-5′, 11, 13, 22-tetramethyl-2-oxo-(3, 7, 19-trioxatetracyclo[15. 6. 1. $1^{4,8}$. $0^{20,24}$]pentacosa-10, 14, 16, 22 =-tetraene)-6-spiro-2′-(5′, 6′-dihydro-2′*H*-pyran)-12-yl-4-*O*-(4-acetamido-2, 4, 6-trideoxy-3-*O*-methyl =-*α*-L-*lyxo*-hexopyranosyl)-2, 6-dideoxy-3-*O*-methyl-*α*-L-*arabino*-hexopyranoside (minor component) 或 bridged fused ring systems nomenclature: mixture of (2a*E*, 4*E*, 8*E*)-(5′*S*, 6*S*, 6′*R*, 7*S*, 11*R*, 13*S*, 15*S*, 17a*R*, 20*R*, 20a*R*, 20b*S*)-6′-[(*S*)-*sec*-butyl] =-5′, 6, 6′, 7, 10, 11, 14, 15, 17a, 20, 20a, 20b-dodecahydro-20, 20b-dihydroxy-5′, 6, 8, 19-tetramethyl =-17-oxospiro[11, 15-methano-2*H*, 13*H*, 17*H*-furo[4, 3, 2-*pq*][2, 6]benzodioxacyclooctadecin =-13, 2′-[2*H*]pyran]-7-yl-4-*O*-(4-acetamido-2, 4, 6-trideoxy-3-*O*-methyl-*α*-L-*lyxo*-hexopyranosyl) =-2, 6-dideoxy-3-*O*-methyl-*α*-L-*arabino*-hexopyranoside (major component) 和 (2a*E*, 4*E*, 8*E*)-(5′*S*, 6*S*, 6′*R*, 7*S*, 11*R*, 13*S*, 15*S*, 17a*R*, 20*R*, 20a*R*, 20b*S*)-5′, 6, 6′, 7, 10, 11, 14, 15, 17a, 20, 20a, 20b-dodecahydro-20, 20b-dihydroxy-6′-isopropyl-5′, 6, 8, 19-tetramethyl-17-oxospiro[11, 15-methano-2*H*, 13*H*, 17*H*-furo[4, 3, 2-*pq*][2, 6]benzodioxacyclooctadecin-13, 2′-[2*H*]pyran]-7-yl-4-*O*-(4-acetamido-2, 4, 6-trideoxy-3-*O*-methyl-*α*-L-*lyxo*-hexopyranosyl)-2, 6-dideoxy-3-*O*-methyl-*α*-L-*arabino*-hexopyranoside (minor component); [123997-26-2] (eprinomectin B_{1a} 为 [133305-88-1], eprinomectin B_{1b} 为 [133305-89-2])。

milbemycin oxime: extended von Baeyer nomenclature: mixture of 70% (10*E*, 14*E*, 16*E*) =-(1*R*, 4*S*, 5′*S*, 6*R*, 6′*R*, 8*R*, 13*R*, 20*R*, 24*S*)-6′-ethyl-24-hydroxy-5′, 11, 13, 22-tetramethyl-(3, 7, 19 =-trioxatetracyclo[15. 6. 1. $1^{4,8}$. $0^{20,24}$]pentacosa-10, 14, 16, 22-tetraene)-6-spiro-2′-(tetrahydropyran) =-2, 21-dione 21-(*EZ*)-oxime and 30% (10*E*, 14*E*, 16*E*)-(1*R*, 4*S*, 5′*S*, 6*R*, 6′*R*, 8*R*, 13*R*, 20*R*, 24*S*) =-24-hydroxy-5′, 6′, 11, 13, 22-pentamethyl-(3, 7, 19-trioxatetracyclo[15. 6. 1. $1^{4,8}$. $0^{20,24}$]pentacosa =-10, 14, 16, 22-tetraene)-6-spiro-2′-(tetrahydropyran)-2, 21-dione 21-(*EZ*)-oxime 或 bridged fused ring systems nomenclature: mixture of 70% (2a*E*, 4*E*, 8*E*) =-(5′*S*, 6*R*, 6′*R*, 11*R*, 13*R*, 15*S*, 17a*R*, 20a*R*, 20b*S*)-6′-ethyl-3′, 4′, 5′, 6′, 10, 11, 14, 15, 20a, 20b =-decahydro-20b-hydroxy-5′, 6, 8, 19-tetramethylspiro[11, 15-methano-2*H*, 13*H*, 17*H* =-furo[4, 3, 2-*pq*][2, 6]benzodioxacyclooctadecin-13, 2′-[2*H*]pyran]-17, 20(6*H*, 17a*H*)-dione 20-(*EZ*)-oxime and 30% (2a*E*, 4*E*, 8*E*)-(5′*S*, 6*R*, 6′*R*, 11*R*, 13*R*, 15*S*, 17a*R*, 20a*R*, 20b*S*) =-3′, 4′, 5′, 6′, 10, 11, 14, 15, 20a, 20b-decahydro-20b-hydroxy-5′, 6, 6′, 8, 19-pentamethylspiro[11, 15-methano-2*H*, 13*H*, 17*H*-furo[4, 3, 2-*pq*][2, 6]benzodioxacyclooctadecin-13, 2′-[2*H*]pyran]-17, 20(6*H*, 17a*H*)-dione 20-(*EZ*)-oxime。

moxidectin: extended von Baeyer nomenclature: (10*E*, 14*E*, 16*E*) =-(1*R*, 4*S*, 5′*S*, 6*R*, 6′

S,8R,13R,20R,21R,24S)-6′-[(1E)-1,3-dimethylbut-1-enyl]-21,24-dihydroxy=-5′,11,13,22-tetramethyl-(3,7,19-trioxatetracyclo[15.6.1.$1^{4,8}$.$0^{20,24}$]pentacosa-10,14,16,22-tetraene)-6-spiro-2′-(tetrahydropyran)-2,4′-dione 4′-(E)-(O-methyloxime)或 bridged fused ring systems nomenclature:(2aE,4E,8E)=-(5′S,6R,6′S,11R,13R,15S,17aR,20R,20aR,20bS)-6′-[(1E)-1,3-dimethylbut-1-enyl]=-5′,6′,10,11,14,15,17a,20,20a,20b-decahydro-20,20b-dihydroxy-5′,6,8,19=-tetramethylspiro[11,15-methano-2H,13H,17H-furo[4,3,2-pq][2,6]benzodioxacyclooctadecin=-13,2′-[2H]pyran]-4′,17(3′H,6H)-dione 4′-(E)-(O-methyloxime);[113507-06-5]。

selamectin: extended von Baeyer nomenclature:(10E,14E,16E,21Z)=-(1R,4S,5′S,6R,6′S,8R,12S,13S,20R,21R,24S)-6′-cyclohexyl-24-hydroxy-21-hydroxyimino-5′,11,13,22-tetramethyl-2-oxo-(3,7,19-trioxatetracyclo[15.6.1.$1^{4,8}$.$0^{20,24}$]pentacosa-10,14,16,22-tetraene)=-6-spiro-2′-(tetrahydropyran)-12-yl-2,6-dideoxy-3-O-methyl-α-L-*arabino*-hexopyranoside 或 bridged fused ring systems nomenclature:(2aE,4E,8E,20Z)=-(5′S,6S,6′S,7S,11R,13R,15S,17aR,20aR,20bS)-6′-cyclohexyl=-3′,4′,5′,6,6′,7,10,11,14,15,17a,20,20a,20b-tetradecahydro-20b-hydroxy-20-hydroxyimino-5′,6,8,19=-tetramethyl-17-oxospiro[11,15-methano-2H,13H,17H-furo[4,3,2-pq][2,6]benzodioxacyclooctadecin=-13,2′-[2H]pyran]-7-yl 2,6-dideoxy-3-O-methyl-α-L-*arabino*-hexopyranoside;[165108-07-6]。

1 阿维菌素(abamectin)

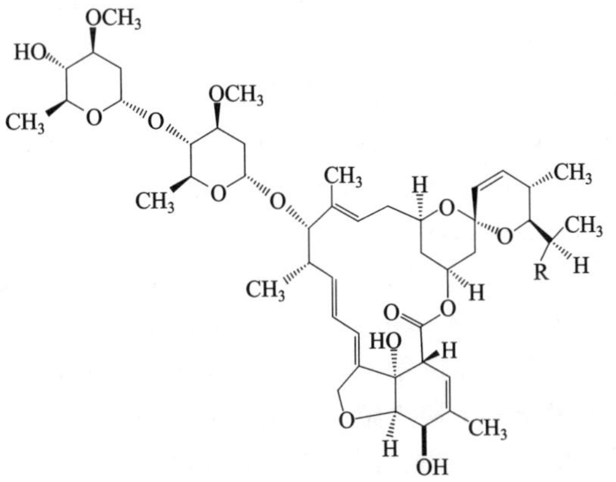

B_{1a}, R=—CH_2CH_3, $C_{48}H_{72}O_{14}$, 873.1

B_{1b}, R=—CH_3, $C_{47}H_{70}O_{14}$, 859.1

产品简介

阿维菌素(试验代号:MK-0936、C-076、L-676863,通用名称:abamectin,商品名称 Agrimec、害极灭)是由默克 Merck 公司(现属先正达公司)开发的抗生素类杀虫杀螨剂,该产品还可以用于动物驱虫、杀螨。世界主要生产商:Merck 公司、先正达公司、河北威远等。其他名称(生产商):Agrimec、Dynamec、Vertimec、Agri-Mek、Affirm、Avid、Zephyr、Clinch(Syngenta),Abacide(Mauget),Abamex(Vapco),Biok(Cequisa),Gilmectin(Gilmore),Romectin(Rotam),Satin(Sanonda),Sunmectin(Sundat),Timectin(Tide),Vibamec(Vipesco),Agromec(Chemvet)、Apache(AFRASA)、Belpromec(Probelte)、Contest(Doğal)、Crater(AFRASA)、Vamectin(IQV)、Vapcomic(Vapco)、Vivid(Florida Silvics);在国内登记的其他名称有:齐螨素、虫螨克、除虫菌素、阿弗螨菌素、阿弗米丁、阿巴菌素、阿弗菌素、阿维虫清、阿维兰素、揭阳霉素、爱螨力克、

齐墩霉素、螨虫素、杀虫丁、阿巴丁、爱福丁、虫克星、虫螨克、灭虫丁、灭虫清、农哈哈、灭虫灵、赛福丁、强棒、杀虫畜、畜卫佳、7051杀虫素。

化学名称　(10*E*,14*E*,16*E*)-(1*R*,4*S*,5′*S*,6*S*,6′*R*,8*R*,12*S*,13*S*,20*R*,21*R*,24*S*)-6′-[(*S*)-仲丁基]-21,24-二羟基-5′,11,13,22-四甲基-2-氧-(3,7,19-三氧四环[15.6.1.$1^{4,8}$.$0^{20,24}$]二十五烷-10,14,16,22-四烯)-6-螺-2′-(5′,6′-二氢-2′*H*-吡喃)-12-基-2,6-二脱氧-4-*O*-(2,6-二脱氧-3-*O*-甲基-*α*-L-阿拉伯-己吡喃糖基)-3-*O*-甲基-*α*-L-阿拉伯-己吡喃糖苷(80%)和(10*E*,14*E*,16*E*)-(1*R*,4*S*,5′*S*,6*S*,6′*R*,8*R*,12*S*,13*S*,20*R*,21*R*,24*S*)-21,24-二羟基-6′-异丙基-5′,11,13,22-四甲基-2-氧-(3,7,19-三氧四环[15.6.1.$1^{4,8}$.$0^{20,24}$]二十五烷-10,14,16,22-四烯)-6-螺-2′-(5′,6′-二氢-2′*H*-吡喃)-12-基-2,6-二脱氧-4-*O*-(2,6-二脱氧-3-*O*-甲基-*α*-L-阿拉伯-己吡喃糖基)-3-*O*-甲基-*α*-L-阿拉伯-己吡喃糖苷(20%)。

英文名称　(10*E*,14*E*,16*E*)-(1*R*,4*S*,5′*S*,6*S*,6′*R*,8*R*,12*S*,13*S*,20*R*,21*R*,24*S*)-6′-[(*S*)-*sec*-butyl]-21,24-dihydroxy-5′,11,13,22-tetramethyl-2-oxo-(3,7,19-trioxatetracyclo[15.6.1.$1^{4,8}$.$0^{20,24}$]pentacosa-10,14,16,22-tetraene)-6-spiro-2′-(5′,6′-dihydro-2′*H*-pyran)-12-yl-2,6-dideoxy-4-*O*-(2,6-dideoxy-3-*O*-methyl-*α*-L-*arabino*-hexopyranosyl)-3-*O*-methyl-*α*-L-*arabino*-hexopyranoside (80%) and (10*E*,14*E*,16*E*)-(1*R*,4*S*,5′*S*,6*S*,6′*R*,8*R*,12*S*,13*S*,20*R*,21*R*,24*S*)-21,24-dihydroxy-6′-*iso*propyl-5′,11,13,22-tetramethyl-2-oxo-(3,7,19-trioxatetracyclo[15.6.1.$1^{4,8}$.$0^{20,24}$]pentacosa-10,14,16,22-tetraene)-6-spiro-2′-(5′,6′-dihydro-2′*H*-pyran)-12-yl-2,6-dideoxy-4-*O*-(2,6-dideoxy-3-*O*-methyl-*α*-L-*arabino*-hexopyranosyl)-3-*O*-methyl-*α*-L-*arabino*-hexopyranoside(20%) 或 bridged fused ring systems nomenclature: (2a*E*,4*E*,8*E*)-(5′*S*,6*S*,6′*R*,7*S*,11*R*,13*S*,15*S*,17a*R*,20*R*,20a*R*,20b*S*)-6′-[(*S*)-*sec*-butyl]-5′,6,6′,7,10,11,14,15,17a,20,20a,20b-dodecahydro-20,20b-dihydroxy-5′,6,8,19-tetramethyl-17-oxospiro[11,15-methano-2*H*,13*H*,17*H*-furo[4,3,2-*pq*][2,6]benzodioxacyclooctadecin-13,2′-[2*H*]pyran]-7-yl-2,6-dideoxy-4-*O*-(2,6-dideoxy-3-*O*-methyl-*α*-L-*arabino*-hexopyranosyl)-3-*O*-methyl-*α*-L-*arabino*-hexopyranoside(80%)和(2a*E*,4*E*,8*E*)-(5′*S*,6*S*,6′*R*,7*S*,11*R*,13*S*,15*S*,17a*R*,20*R*,20a*R*,20b*S*)-5′,6,6′,7,10,11,14,15,17a,20,20a,20b-dodecahydro-20,20b-dihydroxy-6′-isopropyl-5′,6,8,19-tetramethyl-17-oxospiro[11,15-methano-2*H*,13*H*,17*H*-furo[4,3,2-*pq*][2,6]benzodioxacyclooctadecin-13,2′-[2*H*]pyran]-7-yl-2,6-dideoxy-4-*O*-(2,6-dideoxy-3-*O*-methyl-*α*-L-*arabino*-hexopyranosyl)-3-*O*-methyl-*α*-L-*arabino*-hexopyranoside(20%)。美国化学文摘系统名称为 avermectin B_1，CA 主题索引名称为 avermectin B_1。CAS 登录号为[71751-41-2](abamectin)，[65195-55-3](avermectin B_{1a})，[65195-56-4](avermectin B_{1b})。

组成　原药中组分 avermectin B_{1a}的含量≥80%，组分 avermectin B_{1b}的含量≤20%。

理化性质　原药为白色或黄白色结晶粉。熔点 161.8～169.4℃，蒸气压<3.7×10^{-6}Pa(25℃)。K_{ow} lg$P$=4.4±0.3(pH=7.2，室温)。Henry 常数 2.7×10^{-3} Pa·m^3/mol(25℃)，水中溶解度(20℃)1.21mg/L。其他溶剂中溶解度(g/L，25℃)：二氯甲烷 470，丙酮 72，甲苯 23，甲醇 13，辛醇 83，乙酸乙酯 160，正己烷 0.11。稳定性：常温下不易分解，在 25℃时，pH=5～9 的溶液中无分解现象。遇强酸、强碱不稳定。紫外线照射引起结构转化，首先转变为 8,9-*Z* 异构体，然后变为结构未知产品。旋光度 $[\alpha]_D^{22}=+55.7°$ (c=0.87，$CHCl_3$)。

毒性　属高毒杀虫剂。原药在芝麻油中大鼠急性经口 LD_{50}为 10mg/kg，在芝麻油中小鼠急性经口 LD_{50}为 13.6mg/kg，在水中小鼠急性经口 LD_{50}为 221mg/kg。兔急性经皮 LD_{50}>2000mg/kg；大鼠急性经皮 LD_{50}>380mg/kg。大鼠吸入 LC_{50}>5.7mg/L。对兔皮肤无刺激作用，对兔眼睛有轻微刺激作用。在试验剂量内对动物无致畸、致癌、致突变作用。每日允许摄取量 0.002mg/kg（阿维菌素和 8,9-*Z*-异构体），0.001mg/kg（残留量，不含异构体），0.003mg/kg（EC），aRfD 0.00025mg/kg（EPA），cRfD 0.00012mg/kg（EPA）。大鼠两代繁殖试验，无作用剂量为 0.12mg/(kg·d)。大鼠两年无作用剂量为 2mg/(kg·d)。

制剂大鼠急性经口 LD_{50} 650mg/kg，兔急性经皮 LD_{50} ＞2000mg/kg。大鼠吸入 LC_{50} 1.1mg/L。对眼睛和皮肤有刺激作用。

生态效应　对鸟类低毒，山齿鹑急性经口 LD_{50} ＞2000mg/kg，野鸭急性经口 LD_{50} 86.4mg/kg。对水生生物高毒，鳟鱼 LC_{50} 3.2μg/L（96h），蓝鳃翻车鱼 LC_{50} 9.6mg/L（96h）。水蚤 EC_{50} 0.34μg/L（48h）。藻类 LC_{50} ＞100mg/L（72h）。红虾 LC_{50} 1.6μg/L（96h），蓝蟹 LC_{50} 153μg/L（96h）。对蜜蜂高毒，经口 LD_{50} 0.009mg/只，接触 LD_{50} 0.002mg/只，残留在叶面的 LT_{50} 4h，4h 以后残留在叶面的药剂对蜜蜂低毒。对蚯蚓 LC_{50}（28d）28mg/kg（土壤）。

环境行为　动物主要通过粪便在 96h 后快速代谢掉 80%～100%；尿液排掉 0.5%～1.4%。在三种不同的植物中降解/代谢相似，在植物表面主要通过光解作用进行；残余物为阿维菌素 B_1 和其感光异构体 8,9-*Z* 的混合物；因植物表面残留少，因此对益虫的损伤很小。在土内被土壤吸附不会移动，通过土壤微孔快速降解，并且被微生物分解，因而在环境中无累积作用，无生物体内积累。

制剂与分析方法　制剂有 1.8%乳油、3%微乳剂、1.8%水乳剂、1%水分散粒剂、0.2%～5%水悬纳米胶囊剂、烟雾剂等。原药通过高效液相色谱分析。残留物通过转化为荧光产品，然后利用高效液相色谱对其进行分析。产品可用 HPLC-UV 进行分析。

作用机理　作用机制与一般杀虫剂不同，它通过干扰神经生理活动，刺激释放 γ-氨基丁酸，而氨基丁酸对节肢动物的神经传导有抑制作用。作用靶体为昆虫外周神经系统内的 γ-氨基丁酸（GABA）受体。它能促进 γ-氨基丁酸从神经末梢释放，增强 γ-氨基丁酸与细胞膜上受体的结合，从而使进入细胞的氯离子增加，细胞膜超极化，导致神经信号传递受抑，致使麻痹、死亡。这种独特的作用机制，不易使害虫产生抗性，与其他农药无交互抗性，能有效地杀灭对其他农药已经产生抗性的害虫。对害虫具有触杀和胃毒作用，无内吸性，但有较强的渗透作用。药液喷到植物叶面后迅速渗入叶肉内形成众多微型药囊，并能在植物体内横向传导，杀虫活性高，比常用农药高 5～50 倍，亩施用量仅 0.1～0.5g(a.i.)。螨类成虫、若虫和昆虫幼虫接触阿维菌素后立即出现麻痹症状，不活动、不取食，2～4d 后死亡。

应用

适用作物　观赏植物、蔬菜、柑橘、棉花、坚果、梨果、土豆等。

防治对象　因作用机制与常规药剂不同，因此对抗性害虫有特效，如小菜蛾、潜叶蛾、红蜘蛛等，还可以防治科罗拉多甲虫、火蚁等。

残留量与安全用药　据中国农药毒性分级标准，阿维菌素属高毒杀虫剂。阿维菌素对鱼类高毒，因此施药时不要使药液污染河流、水塘，不要在蜜蜂采蜜期施药。如吸入喷洒雾滴，将病人移到空气新鲜地方。如病人呼吸困难，最好进行口对口人工呼吸。如吞服，立即请医生或到毒物控制中心诊治。立即给病人喝一至两杯开水，并用手指伸入喉咙后部引发呕吐，直至呕吐液澄清为止。如果病人昏迷，切勿进行引发呕吐或喂服任何东西。皮肤接触，脱去沾有药液的衣服，用肥皂和水洗涤沾有药液的部位。如果刺痛未止，应找医生诊治。如果溅入眼内，用大量清水冲洗，立即请医生诊治。Avermectin B_1 急性中毒的急救建议：中毒的早期症状包括瞳孔扩大、共济失调和肌肉震颤。误服乳油中毒后 1.5h 内引发呕吐，可减低中毒程度。如果中毒程度已进展到发生严重呕吐，就应该监测所引起的体液及电解质不平衡状况。应根据临床征象、病征和检验结果，进行适当注射补充体液的支持性疗法，然后并用其他必要的支持性疗法（例如保持血压）。若病情严重，应连续观察至少 7d，直到临床状态稳定及正常为止。由于 Avemectin B_1 会提高动物的 γ-氨基丁酸的活性。对于可能发生 Avemectin B_1 中毒的病人，最好避免使用提高 γ-氨基丁酸活性的药物，如巴比妥酸盐等。

应用技术　阿维菌素对螨类和昆虫具有胃毒和触杀作用，渗透性强，药液喷到植物叶面后迅速渗入叶肉内形成众多的微型药囊，螨类的成虫、若虫及昆虫的幼虫取食和接触药液后立即出现麻痹症状，不活动，不取食，2～4d 后死亡。阿维菌素没有杀卵作用。阿维菌素残留叶面的药剂极少，并很快被分解为无毒物质，所以对天敌杀伤性小。

使用方法　防治红蜘蛛、锈蜘蛛的应用剂量为 5.6～28g(a.i.)/hm^2，防治鳞翅目害虫的剂量为 11～22g(a.i.)/hm^2。防治潜叶蛾的剂量为 11～22g/hm^2。

阿维菌素用于防治红蜘蛛、锈蜘蛛等螨类用 1.8%阿维菌素乳油 3000～5000 倍液或每 100 L 水加 1.8%阿维菌素 20～33mL（有效浓度 3.6～6mg/L）。

用于防治小菜蛾等鳞翅目昆虫幼虫，用 1.8%阿维菌素乳油 2000～3000 倍液或每 100L 水加 1.8%阿维菌素乳油 33～50mL（有效浓度 6～9mg/L）喷雾。以幼虫初孵化时施药效果最好，加 0.1%的植物油可提高药效。

棉田防治红蜘蛛每亩用 1.8%阿维菌素乳油 30～40mL（有效成分 0.54～0.72g），持效期可达 30d。

专利与登记

阿维菌素起源于 20 世纪 70 年代。1975 年日本北里大学大村智等从静冈县土样中分离出一种灰色链霉菌 *Streptomyces avermitilis* MA-4680（NRRL8165），随后，默克公司从该菌发酵菌丝中提取出一组由 8 个结构相近同系物组成的次级代谢产物，即十六元大环内酯化合物，并命名为阿维菌素（avermectin，简称 AVM）。1981 年该公司实现了阿维菌素的产业化，并逐渐应用在农牧业和卫生上。

专利名称　Novel substances and process for their production

专利号　US 4310519　　专利公开日　1982-01-12

专利申请日　1978-09-08　　优先权日　1976-04-19

专利拥有者　Merck & Co Inc（US）

目前公开的或授权的专利　AR 215000、AT 266277、AU 513641、AU 2422077、BE 853702、BG 35900、BG 61666、CA 1098063、CH 639422、CS 207397、CY 1114、DD 137727、DE 2717040、DK 146514、ES 457932、FI 57781、FR 2348970、GB 1573955、GR 63128、HK 38481、HU 179041、IE 44822、IL 51854、IT 1106424、JP 1593733、KE 3141、LU 77152、MY 8782、NL 188859、NL 950005、NL 971001、NO 148856、NZ 183847、OA 5638、PL 108004、PT 66445、RO 71785、SE 434277、SE 7703592、SU 716524、US 4310519、US 4429042、YU 100177、ZA 7702345、ZM 3677、EP 443733 等。

制备专利，如 CN 1069979、CN 1176739、CN 101586133、CN 1281900、CN 1294197、CN 101429536、CN 1923840、RU 2070799、US 5077398、US 5314506、US 5399717、WO 9424862、WO 9856939、WO 9945012 等。

制剂或剂型专利如 AU 694016、CN 1113433、CN 1146337、CN 1117345、CN 1137379、CN 1176741、CN 1194832、CN 1208559、CN 1203743、CN 1217880、CN 1225235、CN 1226380、CN 1225235、CN 1226380、CN 1226382、CN 1217914、CN 1219393、CN 1230348、CN 1243669、CN 1265268、CN 1281643、CN 1283389、CN 1283461、CN 1292218、CN 1297680、CN 1299592、CN 1299595、CN 1299593、CN 1305712、CN 1305709、CN 1305711、CN 1305715、CN 1299597、CN 1307802、CN

1307803、CN 101642117、CN 101627764、CN 101617682、CN 101606517、CN 101564038、CN 101554157、CN 101518255、CN 101513192、CN 1442059、CN 1437848、CN 1401236、CN 1425294、CN 1390454、CN 1391810、CN 1430891、CN 1430892、CN 1430893、CN 1433693、CN 03112080.6、CN 03112746.0、CN 1217914、DE 3624910、DE 19519007、DE 3602276、EP 125155、EP 242502、EP 413538、EP 501026、EP 535734、EP 717993、EP 750907、EP 930077、EP 1066854、EP 2090170、GB 2306886、GB 2457347、JP 01025706、JP 59199616、JP 60214715、JP 2009209124、RU 2156064、RU 2156301、RU 2159040、RU 2160536、US 5436355、US 6221894、WO 9202233、WO 9427598、WO 9505812、WO 9625852、WO 9711709、WO 9740692、WO 9746204、WO 9806407、WO 9818463、WO 9823158、WO 9902182、WO 9925188、WO 9927906、WO 9951201、WO 2000005964、WO 2000053020、WO 2000061068、WO 2001013721、WO 2001037811、WO 2001060409、WO 2001070027、WO 2001070028、WO 2002003798、WO 2002009764、WO 2002015684、WO 2010025870、WO 2010023171、WO 2010020510、WO 2010022251、WO 2010008891、WO 2010003923、WO 2009135613、WO 2009118297、WO 2009117621、WO 2009103991、WO 2009100822、ZA 8402565、ZA 9608046 等。在我国申请的部分相关专利情况见表 1-1、表 1-2 所示。

表 1-1 在中国申请的含阿维菌素的部分专利

序号	申请号	专利名称
1	02135197.X	阿维菌素杀虫剂
2	01144141.0	含异丙威和阿维菌素的混配型杀虫剂
3	02134303.9	阿维菌素·鱼藤酮混配农药制剂
4	02123813.8	含阿维菌素的杀虫杀螨组合物
5	02100329.7	含氯氰菊酯和阿维菌素的混配型杀虫剂
6	03102377.0	马拉硫磷阿维菌素农药组合物
7	02100330.0	含毒死蜱和阿维菌素的混配型杀虫剂
8	02100815.9	阿维菌素和虫生真菌组合的微生物杀虫剂
9	03121410.X	阿维菌素水悬纳米胶囊剂及其制备方法
10	03112080.6	阿维菌素杀线虫颗粒剂
11	03112746.0	三唑磷·阿维菌素微乳剂及其配制方法
12	03109425.2	阿维菌素烟雾剂及其制备方法
13	03105076.X	阿维菌素颗粒剂及其制备方法
14	02103759.0	阿维菌素类药物纳米微球的制备方法及用途
15	96109197.5	含阿维菌素或依维菌素的兽用抗寄生虫经口液
16	96120433.8	含阿维菌素或依维菌素的兽用抗寄生虫舔膏剂
17	96120620.9	含阿维菌素或依维菌素的兽用抗寄生虫经口液
18	95101027.1	含阿维菌素的抗寄生虫药
19	97103659.4	一种含阿维菌素/依维菌素的兽用抗寄生虫药
20	97103658.6	一种含阿维菌素的植物保护用的杀虫剂
21	99107713.X	阿维菌素或伊维菌素和高效氯氰微乳剂
22	99107712.1	阿维菌素、伊维菌素微乳剂
23	98124497.1	一种含阿维菌素或伊维菌素的羊用抗寄生虫口腔喷剂
24	98125051.3	阿维菌素增溶工艺及制剂
25	98124496.3	一种含阿维菌素或伊维菌素的兽用抗寄生虫油剂经口液及其制备方法
26	99111296.2	一种含阿维菌素、伊维菌素或氯氰碘柳胺钠的动物用抗寄生虫乳剂
27	99109730.0	一种含阿维菌素或伊维菌素的注射用缓释制剂
28	00112330.0	杀虫单、阿维菌素复配组合物及其制备方法
29	99111364.0	一种含阿维菌素、伊维菌素或乙酰氨基阿维菌素的鱼、虾、蟹用抗寄生虫预混剂
30	99116869.0	含阿维菌素和菊酯类复合杀虫微乳剂
31	01120238.6	灭多威·阿维菌素微乳剂
32	01100510.6	阿维菌素·丁硫克百威杀虫剂组合物
33	01100513.0	阿维菌素·啶虫脒杀虫剂组合物
34	01100511.4	阿维菌素·毒死蜱杀虫剂组合物
35	00129846.1	一种以苯甲酸苄酯或氮酮为助溶剂的含阿维菌素的注射液

续表

序号	申请号	专利名称
36	01100512.2	阿维菌素·联苯菊酯杀虫剂组合物
37	01141776.5	一种阿维菌素·杀虫单的杀虫组合物可湿性粉剂
38	02109903.0	苦豆子提取物与阿维菌素组合物
39	200610126838.0	一种阿维菌素和灭蝇胺的组合物
40	200710165258.7	具有缓控释作用的阿维菌素纳米载药体系
41	200710187644.6	阿维菌素和烯啶虫胺杀虫剂组合物
42	200710300238.6	含有唑螨酯和阿维菌素的具有协同增效作用的杀螨剂
43	200710300252.6	含有氟虫脲和阿维菌素的具有协同增效作用的杀虫组合物
44	200710114766.2	噻唑硫磷·阿维菌素杀线虫颗粒剂
45	200710179820.1	一种含有阿维菌素的复配杀虫剂
46	200710166063.4	阿维菌素类药物缓释纳米微球制剂的制备及其应用
47	200710013257.0	甲壳素与阿维菌素或甲维盐的杀虫杀螨组合物
48	200810030596.4	一种阿维菌素·炔螨特乳油及其制备方法
49	200710195267.0	一种含阿维菌素的具有增效作用的杀虫剂组合物

表 1-2　先正达作物保护有限公司在中国登记情况

登记名称	登记证号	含量	剂型	登记作物	防治对象	用药量	施用方法
阿维菌素	PD199-95	18g/L	乳油	十字花科蔬菜 柑橘树 棉花	小菜蛾 潜叶蛾 红蜘蛛	9～13.5g/hm^2 4.5～9mg/kg 8.1～10.8g/hm^2	喷雾 喷雾 喷雾
阿维菌素	PD20070071	85%	原药				

合成方法

由一种天然土壤放射菌-阿弗曼链菌的发酵物分离得到。具体方法如下。

① 产生菌　由一种天然土壤放射菌 *Streptomyces avermitills* 所产生。其为链霉菌中的一个新种，属灰色链霉菌。

② 菌种的保存　Avermectin 产生菌在培养基上生长，再将孢子置于 20%的甘油水溶液中，于－30℃保存。

③ 种子制备　将甘油孢子贮藏液接种在种子培养液中，于 28℃培养 1～2d 后再接种到发酵培养基中，接种量为 3%～5%。

④ 生物合成。

1　The Pesticide Manual. 15th edition：3-4.

2　US 4310519.

3　新编农药手册．北京：中国农业出版社，1989：190-192.

4　国外农药品种手册．化工部农药信息总站，1996：403-404.

5　进口农药应用手册．北京：中国农业出版社，2000：64-67.

6　精细化学品大全-农药卷．杭州：浙江科学技术出版社，2000：244-248.

2　甲氨基阿维菌素苯甲酸盐（emamectin benzoate）

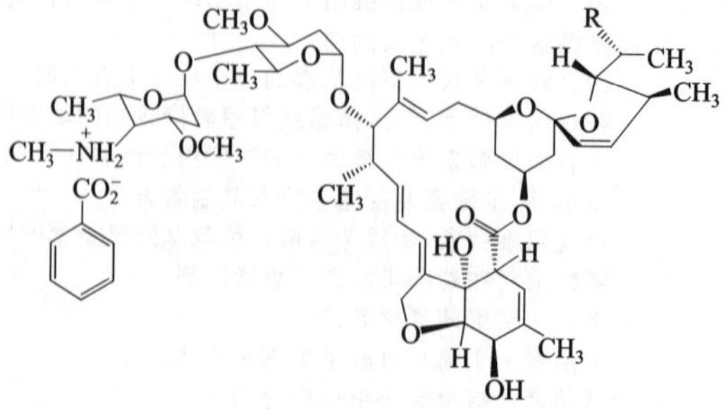

B_{1a}，R＝—CH_2CH_3，$C_{56}H_{81}NO_{15}$，1008.3

B_{1b}，R＝—CH_3，$C_{55}H_{79}NO_{15}$，994.2

产品简介

甲氨基阿维菌素苯甲酸盐（emamectin benzoate，试验代号：MK 244，其他名称：Banlep、Denim、Proclaim）由默克化学公司（现属先正达公司）开发，世界主要生产商：默克公司、河北威远、山东京博、浙江海正等。

化学名称　(10*E*,14*E*,16*E*)-(1*R*,4*S*,5′*S*,6*S*,6′*R*,8*R*,12*S*,13*S*,20*R*,21*R*,24*S*)-6′-[(*S*)-仲丁基]-21,24-二羟基-5′,11,13,22-四甲基-2-氧-3,7,19-三氧四环[15.6.1.$1^{4,8}$.$0^{20,24}$]二十五烷-10,14,16,22-四烯-6-螺-2′(5′,6′-二氢-2′*H*-吡喃)-12-基-2,6-二脱氧-3-*O*-甲基-4-*O*-(2,4,6-脱氧-3-*O*-甲基-4-甲氨基-*α*-L-阿拉伯-己吡喃糖基)-*α*-L-阿拉伯-己吡喃糖苷苯甲酸盐和(10*E*,14*E*,16*E*)-(1*R*,4*S*,5′*S*,6*S*,6′*R*,8*R*,12*S*,13*S*,20*R*,21*R*,24*S*)-21,24-二羟基-6′-异丙基-5′,11,13,22-四甲基-2-氧-3,7,19-三噁四环[15.6.1.$1^{4,8}$.$0^{20,24}$]二十五烷-10,14,16,22-四烯-6-螺-2′-(5′,6′-二氢-2′*H*-吡喃)-12-基-2,6-二脱氧-3-*O*-甲基-4-*O*-(2,4,6-三脱氧-3-*O*-甲基-4-基甲氨-*α*-L-苏-己吡喃糖基)-*α*-L-阿拉伯-己吡喃糖苷苯甲酸盐。

英文名称　extended von Baeyer nomenclature：(10*E*,14*E*,16*E*)-(1*R*,4*S*,5′*S*,6*S*,6′*R*,8*R*,12*S*,13*S*,20*R*,21*R*,24*S*)-6′-[(*S*)-*sec*-butyl]-21,24-dihydroxy-5′,11,13,22-tetramethyl-2-oxo-(3,7,19-trioxatetracyclo[15.6.1.$1^{4,8}$.$0^{20,24}$]pentacosa-10,14,16,22-tetraene)-6-spiro-2′-(5′,6′-dihydro-2′*H*-pyran)-12-yl-2,6-dideoxy-3-*O*-methyl-4-*O*-(2,4,6-trideoxy-3-*O*-methyl-4-methylamino-*α*-L-*lyxo*-hexapyranosyl)-*α*-L-*arabino*-hexapyranoside benzoate 和(10*E*,14*E*,16*E*)-(1*R*,4*S*,5′*S*,6*S*,6′*R*,8*R*,12*S*,13*S*,20*R*,21*R*,24*S*)-21,24-dihydroxy-6′-isopropyl-5′,11,13,22-tetramethyl-2-oxo-(3,7,19-trioxatetracyclo[15.6.1.$1^{4,8}$.$0^{20,24}$]pentacosa-10,14,16,22-tetraene)-6-spiro-2′-(5′,6′-dihydro-2′*H*-pyran)-12-yl-2,6-dideoxy-3-*O*-methyl-4-*O*-(2,4,6-trideoxy-3-*O*-methyl-4-methylamino-*α*-L-*lyxo*-hexapyranosyl)-*α*-L-*arabino*-hexapyranoside benzoate 或 bridged fused ring systems nomenclature：mixture of(2a*E*,4*E*,8*E*)-(5′*S*,6*S*,6′*R*,7*S*,11*R*,13*S*,15*S*,17a*R*,20*R*,20a*R*,20b*S*)-6′-[(*S*)-*sec*-butyl]-5′,6,6′,7,10,11,14,15,17a,20,20a,20b-dodecahydro-20,20b-dihydroxy-5′,6,8,19-tetramethyl-17-oxospiro[11,15-methano-2*H*,13*H*,17*H*-furo[4,3,2-*pq*][2,6]benzodioxacyclooctadecin-13,2′-[2*H*]pyran]-7-yl-2,6-dideoxy-3-*O*-methyl-4-*O*-(2,4,6-trideoxy-3-*O*-methyl-4-methylamino-*α*-L-*lyxo*-hexapyranosyl)-*α*-L-*arabino*-hexapyranoside benzoate 和(2a*E*,4*E*,8*E*)-(5′*S*,6*S*,6′*R*,7*S*,11*R*,13*S*,15*S*,17a*R*,20*R*,20a*R*,20b*S*)-5′,6,6′,7,10,11,14,15,17a,20,20a,20b-dodecahydro-20,20b-dihydroxy-6′-*iso*propyl-5′,6,8,19-tetramethyl-17-oxospiro[11,15-methano-2*H*,13*H*,17*H*-furo[4,3,2-*pq*][2,6]benzodioxacyclooctadecin-13,2′-[2*H*]pyran]-7-yl-2,6-dideoxy-3-*O*-methyl-4-*O*-(2,4,6-trideoxy-3-*O*-methyl-4-methylamino-*α*-L-*lyxo*-hexapyranosyl)-*α*-L-*arabino*-hexapyranoside benzoate；CA 名称　(4″*R*)-4″-deoxy-4″-(methylamino)avermectin B_1 benzoate(1∶1)，CA 主题索引名称为 avermectin B_1—，4″-deoxy-4″-(methylamino)-(4″*R*)-benzoate(1∶1)。CAS 登录号为[155569-91-8]，原为[137512-74-4]。

甲氨基阿维菌素苯甲酸盐（简称甲维盐）由 emamectin B_{1a}和 emamectin B_{1b}的苯甲酸盐组成，其中 emamectin $B_{1a} \geqslant 90\%$，emamectin $B_{1b} \leqslant 10\%$。

理化性质　纯品为白色粉末。熔点 141～146℃，相对密度 1.20（23℃）。蒸气压 4×10^{-6}Pa（21℃），分配系数 K_{ow} lg$P$=5.0（pH=7，25℃）。Henry 常数 1.7×10^{-4}Pa·m^3/mol（pH=7）。水中溶解度（pH=7，25℃）0.024g/L。稳定性：在 25℃时，pH=5、6、

7、8时不发生水解；遇光快速降解；pK_a 4.18（酸性条件，苯甲酸离子），8.71（碱性条件，甲氨基阿维菌素离子）。

毒性 大鼠（雄、雌）急性经口 LD_{50} 56～63mg/kg。大鼠（雄、雌）急性经皮 LD_{50}＞2000mg/kg。对皮肤无刺激，对眼睛有严重致敏性，无潜在致敏性。大鼠（雄、雌）大鼠吸入 LC_{50}（4h）1.05～0.66mg/L。最大无作用剂量（1a）：狗 0.25mg/(kg・d)，ADI 0.0025mg/kg。无致突变性，毒性级别Ⅱ（WHO）。

生态效应 急性经口 LD_{50}（mg/kg）：野鸭 76，山齿鹑 264。饲喂 LC_{50}（8d，mg/L）：野鸭 570，山齿鹑 1318。鱼毒性 LC_{50}（μg/L，96h）：虹鳟鱼 174，红鲈鱼 1430。水蚤 LC_{50}（48h）0.99μg/L。对蜜蜂有毒性。其他生物：由于其快速降解，对大部分益虫无害，接触活性时效＜48h。蚯蚓 LC_{50}＞1000mg/kg（土壤）。

环境行为 动物：甲维盐虽只有部分代谢，但可快速清理掉（DT_{50}经口注射 34～51h），因此无潜在的生物累积。植物：对其在莴苣、甘蓝、甜玉米中的代谢进行分析，结果表明其为非内吸性杀虫剂，而且在光照下快速降解为各种复杂的残留物，未代谢的母体化合物是唯一较显著的残留物。残留物含量很低，在土壤中可很快代谢。

制剂与分析方法 主要产品或制剂有 0.2%甲氨基阿维菌素苯甲酸盐乳油、0.8%～1.2%甲氨基阿维菌水乳剂、0.1%～10%甲氨基阿维菌素苯甲酸盐悬浮剂、2%～5%甲氨基阿维菌素苯甲酸钠盐水分散粒剂、甲氨基阿维菌素水悬纳米胶囊剂、甲氨基阿维菌素微乳剂。产品与残留物利用高效液相色谱分析。

作用机理与特点 本品高效、广谱、持效期长，为优良的杀虫杀螨剂，其作用机理是阻碍害虫运动神经信息传递而使身体麻痹死亡。作用方式以胃毒为主兼有触杀作用，无内吸性能，但能有效渗入施用作物表皮组织，因而具有较长持效期。可以增强神经质如谷氨酸和γ-氨基丁酸（GABA）的作用，从而使大量氯离子进入神经细胞，使细胞功能丧失，扰乱神经传导，幼虫在接触后马上停止进食，发生不可逆转的麻痹，在 3～4d 内达到最高致死率。由于它和土壤结合紧密、不淋溶，在环境中也不积累，可以运动转移，极易被作物吸收并渗透到表皮，对施药作物具有长期持效性，在 10d 以上又出现第二个杀虫致死率高峰，同时很少受环境因素如风、雨等影响。

应用

适用作物 蔬菜、果树、烟草、茶树、花卉及大田作物（水稻、棉花、玉米、小麦、大豆等）。

防治对象 对很多害虫具有其他农药无法比拟的活性，尤其对鳞翅目、双翅目、蓟马类超高效，如红带卷叶蛾、烟蚜夜蛾、棉铃虫、烟草天蛾、小菜蛾黏虫、甜菜夜蛾、旱地贪夜蛾、纷纹夜蛾、甘蓝银纹夜蛾、菜粉蝶、菜心螟、甘蓝横条螟、番茄天蛾、马铃薯甲虫、墨西哥瓢虫、红蜘蛛、食心虫等。

残留量与安全施药 在动植物体内残留量低，在土壤中代谢快，在环境中不积累，基本无残留，而且在防治害虫的过程中对益虫没有伤害，有利于对害虫的综合防治，另外扩大了杀虫谱，降低了对人畜的毒性。鱼类、水生生物对该药敏感，对蜜蜂高毒，使用时避开蜜蜂采蜜期，不能在池塘、河流等水面用药或不能让药水流入水域。施药后 48h 内人、畜不得入内。两次使用的最小间隔期为 7d，收获前 6d 内禁止使用。提倡轮换使用不同类别或不同作用机理的杀虫剂，以延缓抗性的发生。避免在高温下使用，以减少雾滴蒸发和飘移。原药中高毒，制剂低毒（近无毒），中毒后早期症状为瞳孔放大，行动失调，肌肉颤抖，严重时导致呕吐。中毒救治——经口：立即引吐并给患者服用吐根糖浆或麻黄素，但勿给昏迷患者催吐或灌任何东西。抢救时避免给患者使用增强 γ-氨基丁酸活性的药物（如巴比妥、丙戊酸等)。大量吞服时可洗胃。

应用技术　0.2%乳油，防治十字花科蔬菜小菜蛾使用剂量 50～60mL/亩（1 亩＝$667m^2$，全书同)，采用喷雾方式。

使用方法　甲氨基阿维菌素推荐使用剂量为 5～25g(a. i.)/hm^2，其中防治玉米、棉花、蔬菜上的鳞翅目害虫最高使用剂量为 16g(a. i.)/hm^2。防治松树上的害虫使用剂量为 5～25g (a. i.)/hm^2。

防治棉铃虫，用 1%甲氨基阿维菌素乳油 833～1000 倍液，在田间棉铃虫卵孵化盛期喷雾使用。防治蔬菜小菜蛾，亩用 1%甲氨基阿维菌素乳油 15～25mL，在小菜蛾卵孵化盛期至幼虫二龄以前喷雾施药。防治蔬菜甜菜夜蛾，亩用 1%甲氨基阿维菌素乳油 30～40mL 对水 50kg 喷雾一次，在甜菜夜蛾低龄期（幼虫二龄期前）喷雾。防治稻纵卷叶螟，亩用 1%甲氨基阿维菌素乳油 50～60mL，在稻纵卷叶螟卵孵高峰至一、二龄幼虫高峰期施药。防治棉盲蝽，亩用 1%甲氨基阿维菌素乳油 50mL，在棉盲蝽低龄若虫盛发期喷雾。防治桃小食心虫，用 1%甲氨基阿维菌素乳油 1670 倍液，于桃小食心虫卵孵盛期施药。防治玉米螟，亩用 1%甲氨基阿维菌素乳油 10.8～14.4mL，于玉米心叶末期，玉米花叶率达到 10%时使用，按每亩拌 10kg 细沙，撒入玉米心叶丛最上面 4～5 个叶片内。

专利与登记

最早由默克化学公司（现属先正达公司）发现并开发。1997 年首次在以色列和日本销售。

专利名称　Glycosidation route to 4″-epi-methylamino-4″-deoxyavermectin B1

专利号　US 5399717　　　　专利公开日　1995-03-21

专利申请日　1993-09-29　　　　优先权日　1993-09-29

专利拥有者　Merck & Co Inc（US）

目前公开的或授权的专利　GB 2282375、FR 2772557 等。

制备专利　如 WO 2001036434 等。

制剂或剂型专利，如 CN 101658176、CN 101653129、CN 101647429、CN 101642116、CN 101642117、CN 101642114、CN 101642099、CN 101632368、CN 101632355、CN 101627762、CN 101627767、CN 101627767、CN 101622989、CN 101622987、CN 101617685、CN 101617682、WO 2010000790、CN 101606529、CN 101606517、CN 101601394、CN 101602627、CN 101595867、CN 101595870、CN 101598708、CN 101589710、CN 101589722、CN 101578990、CN 101578989、CN 101574088、CN 101564038、CN 101554170、CN 101554158、CN 101548680、CN 101524075、CN 101518242、CN 101518248、CN 101507438、CN 101502258、CN 101502266、CN 101485322、CN 101480188、CN 101480187、CN 101480192、CN 101480193、CN 101480184、CN 101461358、CN 101147487、CN 101180968、CN 101204161、CN 101233856、CN 1568695、CN 1647652、CN 1650710、CN 1650718、EP 2127522、EP 2090170、GB 2275193、GB 2457347、IN 2008DE 00277、JP 2009209124、US 20090312371、WO 2010025870、WO 2010023171、WO 2010022251、WO 2010005692、WO 2010003923、WO 2009147205、WO 2009146793、WO 2009135613、WO 2009132779、WO 2009124707、WO 2009123907、WO 2009118297、WO 2009100822、WO 2009090181 等。

在中国申请相关专利情况见表 2-1 和表 2-2 所示。

表 2-1　在中国申请的含甲氨基阿维菌素的部分专利

序号	申请号	专利名称
1	200710113160.7	一种含甲氨基阿维菌素苯甲酸盐的水乳剂及其制备方法
2	200710179772.6	一种甲氨基阿维菌素苯甲酸盐和杀螟硫磷的复配农药
3	200710198532.0	甲氨基阿维菌素苯甲酸盐和沙蚕毒素类混配的可溶性液剂
4	200710198531.6	一种含甲氨基阿维菌素苯甲酸盐的病毒杀虫悬浮剂
5	200710009948.3	甲氨基阿维菌素苯甲酸盐和三氟氯氰菊酯微乳剂
6	03147791.7	一种稳定的甲氨基阿维菌素水分散粒剂
7	200510005287.8	一种含有甲氨基阿维菌素和苏云金杆菌的杀虫组合物
8	200510007412.9	一种含有甲氨基阿维菌素和苦参碱的杀虫组合物
9	200510007413.3	一种含有甲氨基阿维菌素和核型多角体病毒的杀虫组合物
10	200510063412.0	一种含有甲氨基阿维菌素的杀虫杀螨组合物
11	03157541.2	甲氨基阿维菌素水悬纳米胶囊剂及其制备方法
12	02125483.4	含甲氨基阿维菌素或其苯甲酸盐的卫生用杀虫剂
13	03150266.0	甲氨基阿维菌素苯甲酸盐-氟铃脲混合杀虫剂
14	02152342.8	毒死蜱·甲氨基阿维菌素微乳剂
15	200510012997.3	含有甲氨基阿维菌素苯甲酸盐的杀虫可溶性颗粒剂
16	200410098574.3	甲氨基阿维菌素苯甲酸盐可溶性溶剂
17	200510012996.9	含有甲氨基阿维菌素的杀虫微乳剂
18	200610012555.3	甲氨基阿维菌素苯甲酸盐和氯氰菊酯微乳剂及其制法
19	200510041450.6	一种含虱螨脲和阿维菌素或甲氨基阿维菌素苯甲酸盐的增效杀虫组合物及其应用
20	200610094926.7	含丁醚脲和甲氨基阿维菌素苯甲酸盐的具有杀虫作用的组合物
21	200610023384.4	甲氨基阿维菌素苯甲酸盐水乳剂及其制备方法
22	200610098337.6	甲氨基阿维菌素苯甲酸盐与仲丁威复配农药
23	200610098338.0	甲氨基阿维菌素苯甲酸盐与氟虫腈复配农药
24	200710034859.4	含有甲氨基阿维菌素苯甲酸盐的农药组合物
25	200710087053.1	一种含有氟啶脲与甲氨基阿维菌素苯甲酸盐的杀虫组合物
26	200810030598.3	一种甲氨基阿维菌素苯甲酸盐·杀虫双微乳剂及其制备方法
27	200810029279.0	含有多杀菌素和甲氨基阿维菌素苯甲酸盐的杀虫组合物
28	200810029283.7	含有甲氨基阿维菌素苯甲酸盐和虫螨腈的杀虫组合物
29	200710122940.8	一种含有吡虫啉与甲氨基阿维菌素苯甲酸盐的杀虫组合物
30	200810030605.X	一种毒死蜱·甲氨基阿维菌素苯甲酸盐乳油及其制备方法
31	200810181362.X	含有乙虫腈和甲氨基阿维菌素苯甲酸盐具有增效杀虫作用的组合物
32	200810232325.7	一种含甲氨基阿维菌素苯甲酸盐的杀虫组合物
33	200810172673.X	甲氨基阿维菌素苯甲酸盐与氟啶脲的复配杀虫剂
34	200710009947.9	甲氨基阿维菌素苯甲酸盐微乳剂及其制备方法
35	200910036742.9	含有甲氨基阿维菌素苯甲酸盐和茚虫威的杀虫组合物
36	200810023071.8	甲氨基阿维菌素苯甲酸盐与异丙威的杀虫组合物
37	200910111224.9	一种甲氨基阿维菌素苯甲酸盐水乳剂
38	200810101137.0	一种甲氨基阿维菌素氟铃脲水分散粒剂及其制备方法
39	200910038978.6	含有甲氨基阿维菌素苯甲酸盐和氯虫苯甲酰胺的杀虫组合物
40	200810037536.5	一种 2%～5%甲氨基阿维菌素苯甲酸钠盐水分散粒剂的制备方法
41	200910090118.7	含甲氨基阿维菌素苯甲酸盐和马拉硫磷的杀虫剂及其用途
42	200810107286.8	一种甲氨基阿维菌素苯甲酸盐微囊悬浮剂及其制备方法
43	200910034133.X	含有甲氨基阿维菌素苯甲酸盐的杀虫杀螨组合物

表 2-2　先正达作物保护有限公司中国登记情况

登记名称	登记证号	含量	剂型	登记作物	防治对象	用药量	施用方法
甲氨基阿维菌素苯甲酸盐	PD20083944	95%	原药				

合成方法

从一种天然的土壤放射菌——链霉菌中发酵分离得到。

1　The Pesticide Manual. 15 th edition：419-420.
2　US 5399717.
3　农药译丛，1999，1：64.
4　新编农药商品手册．北京：化学工业出版社，2006：32-34.

3 伊维菌素（ivermectin）

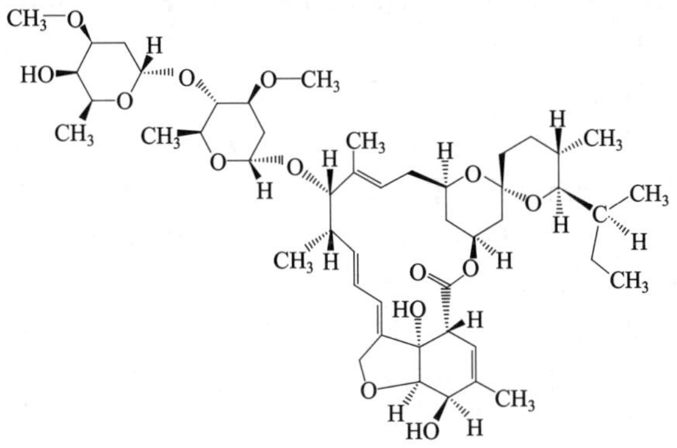

22,23-dihydroavermectin B_{1a}，$C_{48}H_{74}O_{14}$，875.1

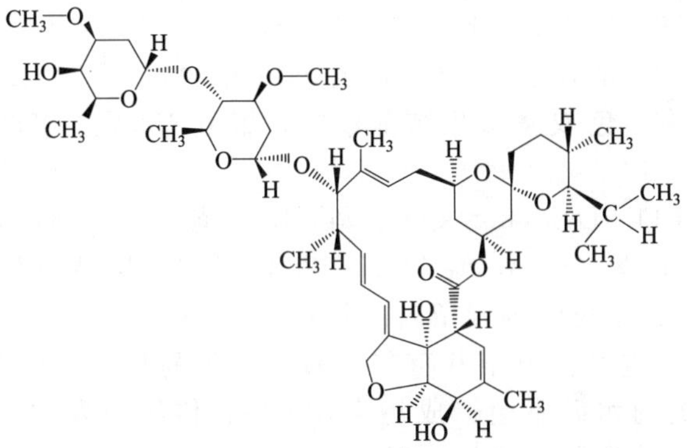

22,23-dihydroavermectin B_{1b}，$C_{47}H_{72}O_{14}$，861.1

产品简介

伊维菌素（ivermectin，商品名称：Cardomec、Cardotek-30、Eqvalan、Heartgard-30、Ivomec、Ivomec-F、Ivomec-P、Mectizan、MK-933、Oramec）是由 Merck 公司开发的抗生素类杀虫剂。

化学名称　(10*E*,14*E*,16*E*)-(1*R*,4*S*,5′*S*,6*R*,6′*R*,8*R*,12*S*,13*S*,20*R*,21*R*,24*S*)-6′-[(*S*)-仲丁基]-21,24-二羟基-5′,11,13,22-四甲基-2-氧-3,7,19-三氧四环[15.6.1.$1^{4,8}$.$0^{20,24}$]二十五烷-10,14,16,22-四烯-6-螺-2′-(四氢吡喃)-12-基-2,6-二脱氧-4-氧-(2,6-二脱氧-3-甲氧基-α-L-阿拉伯糖-己吡喃糖)-3-甲氧基-α-L-阿拉伯糖-己吡喃糖苷和(10*E*,14*E*,16*E*)-(1*R*,4*S*,5′*S*,6*R*,6′*R*,8*R*,12*S*,13*S*,20*R*,21*R*,24*S*)-21,24-二羟基-6′-异丙基-5′,11,13,22-四甲基-2-氧-3,7,19-三氧四环[15.6.1.$1^{4,8}$.$0^{20,24}$]二十五烷-10,14,16,22-四烯-6-螺-2′-(5′,6′-二烯-2′*H*-吡喃)-12-基-2,6-二脱氧-4-氧-(2,6-二脱氧-3-甲氧基-α-L-阿拉伯糖-己吡喃糖)-3-甲氧基-α-L-阿拉伯糖-己吡喃糖苷的混合物。

英文名称　mixture of(10*E*,14*E*,16*E*)-(1*R*,4*S*,5′*S*,6*R*,6′*R*,8*R*,12*S*,13*S*,20*R*,21*R*,24*S*)-6′-[(*S*)-*sec*-butyl]-21,24-dihydroxy-5′,11,13,22-tetramethyl-2-oxo-(3,7,19-trioxatetracyclo[15.6.1.$1^{4,8}$.$0^{20,24}$]pentacosa-10,14,16,22-tetraene)-6-spiro-2′-(tetrahydropyran)-12-yl-2,6-dideoxy-4-*O*-(2,6-dideoxy-3-*O*-methyl-α-L-*arabino*-hexopyranosyl)-3-*O*-methyl-α-L-*arabino*-hexopyranoside 和 (10*E*,14*E*,16*E*)-(1*R*,4*S*,5′*S*,6*R*,6′*R*,8*R*,12*S*,13*S*,20*R*,21*R*,24*S*)-21,24-dihydroxy-6′-isopropyl-5′,11,13,22-tetramethyl-2-oxo-(3,7,19-trioxatetracyclo[15.6.1.$1^{4,8}$.$0^{20,24}$]pentacosa-10,14,16,22-tetraene)-6-spiro-2′-(tetrahydropyran)-12-yl-2,

6-dideoxy-4-*O*-(2,6-dideoxy-3-*O*-methyl-α-L-*arabino*hexopyranosyl)-3-*O*-methyl-α-L-*arabino*-hexopyranoside 或 bridged fused ring systems nomenclature: mixture of(2a*E*,4*E*,8*E*)-(5′*S*,6*S*,6′*R*,7*S*,11*R*,13*R*,15*S*,17a*R*,20*R*,20a*R*,20b*S*)-6′-[(*S*)-*sec*-butyl]-3′,4′,5′,6,6′,7,10,11,14,15,17a,20,20a,20b-tetradecahydro-20,20b-dihydroxy-5′,6,8,19-tetramethyl-17-oxospiro[11,15-methano-2*H*,13*H*,17*H*-furo[4,3,2-*pq*][2,6]benzodioxacyclooctadecin-13,2′-[2*H*]pyran]-7-yl-2,6-dideoxy-4-*O*-(2,6-dideoxy-3-*O*-methyl-α-L-*arabino*-hexopyranosyl)-3-*O*-methyl-α-L-*arabino*-hexopyranoside 和(2a*E*,4*E*,8*E*)-(5′*S*,6*S*,6′*R*,7*S*,11*R*,13*R*,15*S*,17a*R*,20*R*,20a*R*,20b*S*)-3′,4′,5′,6,6′,7,10,11,14,15,17a,20,20a,20b-tetradecahydro-20,20b-dihydroxy-6′-isopropyl-5′,6,8,19-tetramethyl-17-oxospiro[11,15-methano-2*H*,13*H*,17*H*-furo[4,3,2-*pq*][2,6]benzodioxacyclooctadecin-13,2′-[2*H*]pyran]-7-yl-2,6-dideoxy-4-*O*-(2,6-dideoxy-3-*O*-methyl-α-L-*arabino*-hexopyranosyl)-3-*O*-methyl-α-L-*arabino*-hexopyranoside。

美国化学文摘系统名称为 ivermectin。CA 主题索引名称 ivermectin。CAS 登录号[70288-86-7]，B_{1a}：[70161-11-4]，B_{1b}：[70209-81-3]。

组成　原药中组分 B_{1a} 的含量 ≥ 80%，组分 B_{1b} 的含量 ≤ 20%。

理化性质　原药为白色或微黄色结晶粉末。熔点 155℃。溶解度：水 4mg/L，丁醇 30g/L。稳定性好。

毒性　大鼠急性经口 LD_{50}（mg/kg）：雄 11.6，雌 24.6～41.6，小鼠急性经口 LD_{50}（mg/kg）：幼 2.3，雄 42.8～52.8，雌 44.3～52.8。皮肤、眼睛轻微刺激。无诱变效应。

环境行为　动物：在动物体内残留时间较长。人：DT_{50} 10～12h。90%通过粪便代谢掉，1%通过尿液排掉。空气：由于其蒸气压较低，不易挥发，因此对空气影响小。水：在水中溶解度小，因此对水源不会造成污染。土壤：伊维菌素和土壤结合紧密，不会污染地下水源，在土壤中代谢受温度影响较大，夏天 1～2 周，冬天则需要 52 周。光降解 DT_{50} 12～19h。

制剂与分析方法　主要制剂有 5%注射针剂。产品可用 HPLC 进行分析。

主要生产商　华北制药集团爱诺公司、浙江海正药业公司、山东齐发药业公司、石家庄瑞田生化有限公司、杭州凯胜生物技术公司、河北威远动物药业公司、济南诚和生物科技公司、广西天元生化有限公司等。

作用机理　伊维菌素通过与氯离子通道结合，阻止氯离子的正常运转发挥作用。伊维菌素的作用靶体为昆虫外周神经系统内的 *r*-氨基丁酸（GABA）受体。它能促进 *r*-氨基丁酸从神经末梢释放，增强 *r*-氨基丁酸与细胞膜上受体的结合，从而使进入细胞的氯离子增加，细胞膜超极化，导致神经信号传递受抑，致使麻痹、死亡。

应用

适用作物　奶牛、狗、猫、马、猪、羊等家畜。

防治对象　动植物体内寄生虫、盘尾丝虫病、线虫、昆虫、螨虫等。

残留量与安全用药　如吸入喷洒雾滴，将病人移到空气新鲜地方。如病人呼吸困难，最好进行口对口人工呼吸。如吞服，立即请医生或到毒物控制中心诊治。立即给病人喝一至两杯开水，并用手指伸入喉咙后部引发呕吐，直至呕吐液澄清为止。如果病人昏迷，切勿进行引发呕吐或喂服任何东西。皮肤接触，脱去沾有药液的衣服，用肥皂和水洗涤沾有药液的部位。如果刺痛未止，应找医生诊治。如果溅入眼内，用大量清水冲洗，立即请医生诊治。

应用技术　伊维菌素主要用作兽用驱虫药，使用时应该注意用药剂量，必须准确给药。

使用方法　主要通过针剂注射。

主要使用伊维菌素注射液对家畜进行驱虫，如兔、猪等。

对猪驱虫方法如下：仔猪阶段（45d 龄），此时猪体质较弱，是寄生虫的易感时期，每 10kg 猪体重用伊维菌素粉剂（每袋 5g，含伊维菌素 10mg）1.5g 拌料内服。架子猪阶段（90d 龄）和育肥阶段（135d 龄左右），按 50kg 猪体重用 1.5mL 伊维菌素注射液（每 mL 含伊维菌素 10mg）。

专利与登记

伊维菌素属于阿维菌素的衍生产品，美国默克公司于 1981 年将伊维菌素作为兽用驱虫药投入市场。

专利名称　Derivatives of C-076 compounds

专利号　US 4333925　　专利公开日　1982-06-08

专利申请日　1981-05-11　　优先权日　1981-05-11

专利拥有者　Merck & Co Inc (US)

目前公开的或授权的专利　AT 14883、AU 8283299、AU 550391、DK 8202083、EP 65403、JP 57206695、ZA 8203196 等。

制备专利、制剂或剂型专利、应用专利，如 CN 101664389、CN 101362786、CN 101337983、CN 10048348、CN 200410081395.9、US 5656748、CN 101664417、CN 101623256、CN 101611828、CN 101590016、CN 101590067、CN 101590013、CN 101579309、CN 101518255、CN 101514220、CN 101507437、CN 101480189、CN 101450068、CN 101422476、CN 101406197、CN 101375856、CN 101352169、CN 101292661、CN 101249068、CN 101223878、CN 101199279、CN 101194616、CN 101167466、CN 101156588、CN 101081300、CN 101029067、CN 1957701、CN 1875922、DE 202008017304、FR 2924944、GB 2444572、RU 2375051、US 20090297589、WO 2008148027、WO 2008136791、WO 2007101447、WO 2009148536 等。

在中国申请的部分专利情况见表 2-3。

表 2-3　在中国申请的部分含有伊维菌素的专利

序号	申请号	专利名称
1	03121399.5	制造兽药马杜霉素铵、伊维菌素或地克珠利预混剂的新工艺
2	99107713.X	阿维菌素或伊维菌素和高效氯氰微乳剂
3	99107712.1	阿维菌素、伊维菌素微乳剂
4	98124497.1	一种含阿维菌素或伊维菌素的羊用抗寄生虫口腔喷剂
5	98124496.3	一种含阿维菌素或伊维菌素的兽用抗寄生虫油剂口服液及其制备方法
6	99111296.2	一种含阿维菌素、伊维菌素或氯氰碘柳胺钠的动物用抗寄生虫乳剂
7	99109730.0	一种含阿维菌素或伊维菌素的注射用缓释制剂
8	99111364.0	一种含阿维菌素、伊维菌素或乙酰氨基阿维菌素的鱼、虾、蟹用抗寄生虫预混剂
9	00129846.1	一种以苯甲酸苄酯或氮酮为助溶剂的含阿维菌素或伊维菌素的注射液
10	200810057044.2	伊维菌素复合植物源杀虫剂及其制备方法
11	200810017489.8	一种伊维菌素聚乳酸纳米粒抗生素药物及其制备方法
12	200310123892.6	阿维菌素或伊维菌素可溶性液剂
13	03157539.0	伊维菌素水悬纳米胶囊剂及其制备方法
14	02130051.8	阿维菌素或伊维菌素与羊梭菌病疫苗混合制剂
15	02160713.3	一种用于治疗牛皮蝇蛆病的伊维菌素注射液
16	200510029294.1	伊维菌素微球缓释固体剂

合成方法

阿维菌素由一种真菌——链酶菌（*Streptomyces avermitils*）发酵产生，由阿维菌素（avermectin B_1）以威尔金森均相催化剂经过选择性加氢制得。

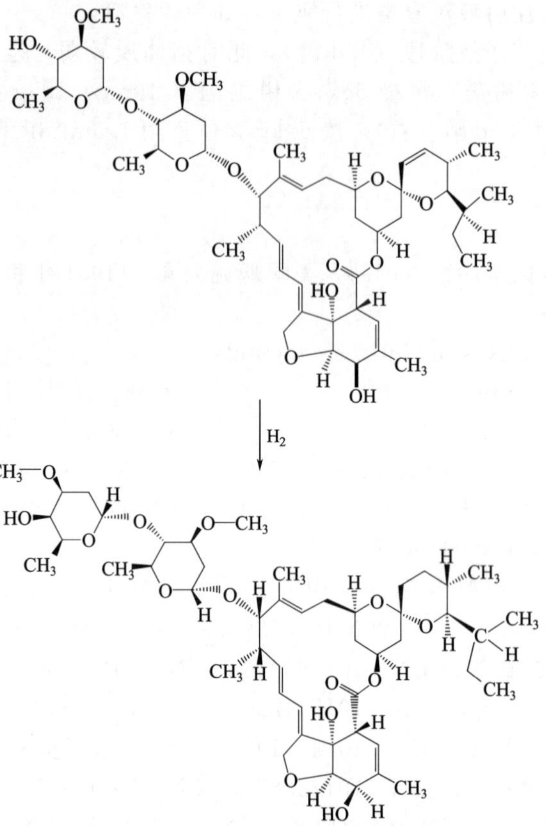

1 US 4333925.
2 精细化学品大全-农药卷．浙江科学技术出版社，2000：248.

4 雷皮菌素（lepimectin）

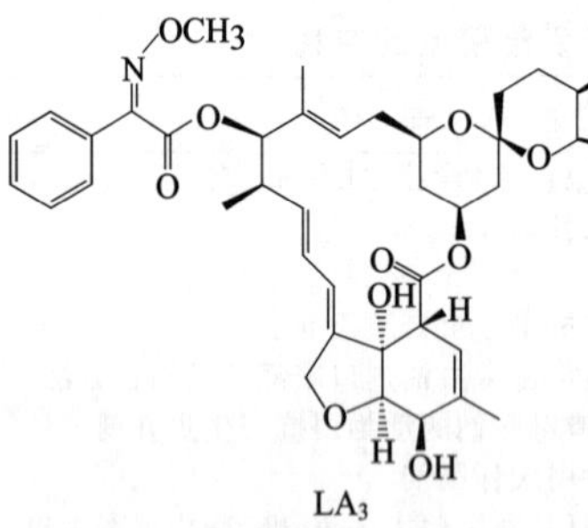

LA$_3$

$C_{40}H_{51}NO_{10}$，705.8

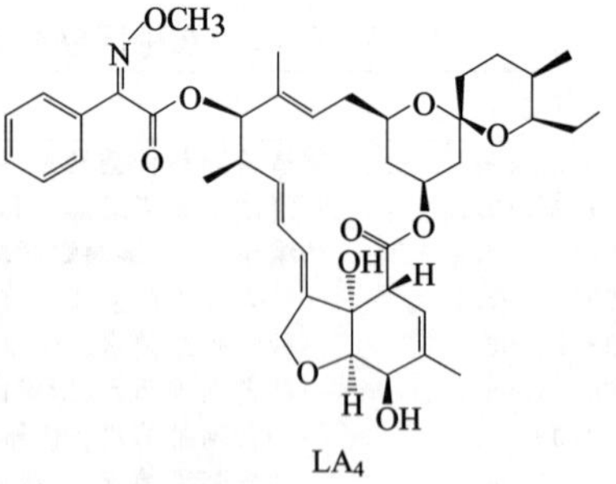

LA$_4$

$C_{41}H_{53}NO_{10}$，719.9

产品简介

雷皮菌素（通用名称：lepimectin，商品名称 Aniki）是日本三共农药公司开发的抗生素类杀虫剂。

化学名称 (10*E*,14*E*,16*E*)-(1*R*,4*S*,5′*S*,6*R*,6′*R*,8*R*,12*R*,13*S*,20*R*,21*R*,24S)-6′-乙基-21,24-二羟基-5′,11,13,22-四甲基-2-氧代-(3,7,19-三噁四环[15.6.1.1^{4,8}.0^{20,24}]二十五烷-10,14,16,22-四烯)-6-螺-2′-(四氢吡喃)-12-基(*Z*)-2-甲氧亚氨基-2-苯乙酸酯 和(10*E*,14*E*,16*E*)-(1*R*,4*S*,5′*S*,6*R*,6′*R*,8*R*,12*R*,13*S*,20*R*,21*R*,24*S*)-21,24-二羟基-5′,6′,11,13,22-五甲基-2-氧代-(3,7,19-三噁四环[15.6.1.1^{4,8}.0^{20,24}]二十五烷-10,14,16,22-四烯)-6-螺-

2′-(四氢吡喃-12-基(*Z*)-2-甲氧亚氨基-2-苯乙酸酯，或(2a*E*,4*E*,8*E*)-(5′*S*,6*S*,6′*R*,7*R*,11*R*,13*R*,15*S*,17a*R*,20*R*,20a*R*,20bS)-6′-乙基-3′,4′,5′,6,6′,7,10,11,14,15,17a,20,20a,20b-十四氢-20,20b-二氢-5′,6,8,19-四甲基-17-氧代螺[11,15-次甲基-2*H*,13*H*,17*H*-糠[4,3,2-*pq*][2,6]苯并二噁环十八英-13,2′-[2*H*]吡喃]-7-基(*Z*)-2-甲氧亚氨基-2-苯乙酸酯 和(2a*E*,4*E*,8*E*)-(5′*S*,6*S*,6′*R*,7*R*,11*R*,13*R*,15*S*,17a*R*,20*R*,20a*R*,20bS)-3′,4′,5′,6,6′,7,10,11,14,15,17a,20,20a,20b-十四氢-20,20b-二羟基-5′,6,6′,8,19-五甲基-17-氧代螺[11,15-次甲基-2*H*,13*H*,17*H*-糠[4,3,2-*pq*][2,6]苯并二噁环十八英-13,2′-[2*H*]吡喃]-7-基(*Z*)-2-甲氧亚氨基-2-苯乙酸酯。

英文名称 mixture of 80%～100% (10*E*,14*E*,16*E*)-(1*R*,4*S*,5′*S*,6*R*,6′*R*,8*R*,12*R*,13*S*,20*R*,21*R*,24S)-6′-ethyl-21,24-dihydroxy-5′,11,13,22-tetramethyl-2-oxo-(3,7,19-trioxatetracyclo[15.6.1.$1^{4,8}$.$0^{20,24}$]pentacosa-10,14,16,22-tetraene)-6-spiro-2′-(tetrahydropyran)-12-yl(*Z*)-2-methoxyimino-2-phenylacetate 和 0～20% (10*E*,14*E*,16*E*)-(1*R*,4*S*,5′*S*,6*R*,6′*R*,8*R*,12*R*,13*S*,20*R*,21*R*,24*S*)-21,24-dihydroxy-5′,6′,11,13,22-pentamethyl-2-oxo-(3,7,19-trioxatetracyclo[15.6.1.$1^{4,8}$.$0^{20,24}$]pentacosa-10,14,16,22-tetraene)-6-spiro-2′-(tetrahydropyran)-12-yl(*Z*)-2-methoxyimino-2-phenylacetate 或 bridged fused ring systems nomenclature：mixture of 80%～100%(2aE,4*E*,8*E*)-(5′*S*,6*S*,6′*R*,7*R*,11*R*,13*R*,15*S*,17a*R*,20*R*,20a*R*,20bS)-6′-ethyl-3′,4′,5′,6,6′,7,10,11,14,15,17a,20,20a,20b-tetradecahydro-20,20b-dihydroxy-5′,6,8,19-tetramethyl-17-oxospiro[11,15-methano-2*H*,13*H*,17*H*-furo[4,3,2-*pq*][2,6]benzodioxacyclooctadecin-13,2′-[2*H*]pyran]-7-yl(*Z*)-2-methoxyimino-2-phenylacetate and 0～20% (2a*E*,4*E*,8*E*)-(5′*S*,6*S*,6′*R*,7*R*,11*R*,13*R*,15*S*,17a*R*,20*R*,20a*R*,20bS)-3′,4′,5′,6,6′,7,10,11,14,15,17a,20,20a,20b-tetradecahydro-20,20b-dihydroxy-5′,6,6′,8,19-pentamethyl-17-oxospiro[11,15-methano-2*H*,13*H*,17*H*-furo[4,3,2-*pq*][2,6]benzodioxacyclooctadecin-13,2′-[2*H*]pyran]-7-yl(*Z*)-2-methoxyimino-2-phenylacetate。

美国化学文摘系统名称为 (6*R*,13*R*,25*R*)-5-*O*-demethyl-28-deoxy-6,28-epoxy-13-[(*Z*)-[(methoxyimino)phenylacetyl]oxy]-25-methylmilbemycin B mixture with(6*R*,13*R*,25*R*)-5-*O*-demethyl-28-deoxy-6,28-epoxy-25-ethyl-13-[(*Z*)-[(methoxyimino)phenylacetyl]oxy]milbemycin B,CA 主题索引名称为 milbemycin B—，5-*O*-demethyl-28-deoxy-6,28-epoxy-25-ethyl-13-[(*Z*)-[(methoxyimino)phenylacetyl]oxy]-(6*R*,13*R*,25*R*)-，mixture with(6*R*,13*R*,25*R*)-5-*O*-demethyl-28-deoxy-6,28-epoxy-13-[(*Z*)-[(methoxyimino)phenylacetyl]oxy]-25-methylmilbemycin B 或 milbemycin B—，5-*O*-demethyl-28-deoxy-6,28-epoxy-13-[(*Z*)-[(methoxyimino)phenylacetyl]oxy]-25-methyl-(6*R*,13*R*,25*R*)-，mixture with (6*R*,13*R*,25*R*)-5-*O*-demethyl-28-deoxy-6,28-epoxy-25-ethyl-13-[(*Z*)-[(methoxyimino)phenylacetyl]oxy]milbemycin B。CAS 登录号 LA_4 取代物为[171249-05-1]，LA_3 取代物为[171249-10-8]。

理化性质 分配系数 (25℃)：LA_3 lg*P*=6.5，LA_4 lg*P*=7.0。水中溶解度 (20℃)：LA_3 103.47μg/L，LA_4 46.79μg/L。

组成 LA_4 取代物含量为 80%～100%，LA_3 取代物含量为 0～20%。

毒性 LA_3 急性经口 LD_{50} (mg/kg)：大鼠雄 506、雌>506；LA_4 急性经口 LD_{50} (mg/kg)：大鼠雄>2000、雌>2000。雄、雌鼠急性经皮 LD_{50} (mg/kg)>2000。大鼠吸入 LC_{50} (mg/kg) 雄、雌>5.15。最大无作用剂量 [mg/(kg·d)] 大鼠 200。每日允许摄取量 (日本) 0.02mg/kg。无致畸、致突变、致癌作用。

环境行为 土壤环境：实验室条件下 DT_{50} 138～179d，田间 DT_{50} 3～7d。水：LA_4，25℃，pH=4 时 DT_{50} 为 75.2d，pH=7 时 DT_{50} 为 86.0d，pH=9 时 DT_{50} 为 97.1d；37℃， pH＝4 时 DT_{50} 为 14.8d，pH＝7 时 DT_{50} 为 36.7d，pH＝9 时 DT_{50} 为 22.5d，pH＝1.2 时 DT_{50} 为 5.4d。LA_3，25℃，pH＝4 时 DT_{50} 为 71.6d，pH＝7 时 DT_{50} 为 71.6d，pH＝9 时 DT_{50} 为 56.8d；37℃，pH＝4 时 DT_{50} 为 11.5d，pH＝7 时 DT_{50} 为 23.5d，pH＝9 时 DT_{50} 为 11.7d，pH＝1.2 时 DT_{50} 为 6.2d。

制剂与分析方法　制剂类型有 1%乳油、可湿性粉剂。产品可用 HPLC 或 LC/MS 分析。

主要生产商　日本三共农药公司。

应用

适用对象　柑橘、草莓、番茄、茶、葡萄、苹果、梨、萝卜、葱、莴苣、白菜、卷心菜、茄子等。

防治对象　燕尾蝶、夜盗虫、桃毛兽、卷叶虫等。

残留量与安全施药　雷皮菌素主要代谢物为 2-甲氧基亚氨基-2-苯乙酸。

专利情况

专利名称　Oxime group-containing milbemycin derivative

专利号　JP 2008143818　　专利公开日　2008-06-26

专利申请日　2006-12-08　　优先权日　2006-12-08

专利拥有者　SANKYO AGROKK

制剂或剂型专利　US 20050192319、JP 2006232709 等。

合成方法

雷皮菌素为弥拜菌素衍生物。弥拜菌素是从土壤微生物——链霉菌（*Streptomyces hygroscopicus* sub sp. *Aureolacrimosus*）的发酵物中提取而得到。

1　JP 2008143818.

5　弥拜菌素（milbemectin）

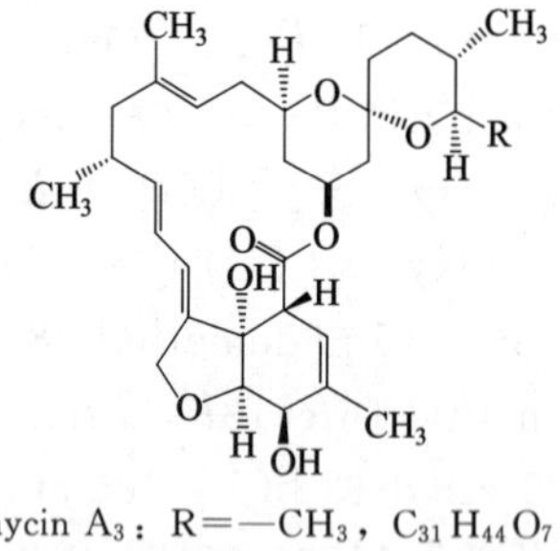

milbemycin A_3：R＝—CH_3，$C_{31}H_{44}O_7$，528.7

milbemycin A_4：R＝—CH_2CH_3，$C_{32}H_{46}O_7$，542.7

产品简介

弥拜菌素［试验代号：B-41、E-187、SI-8601，通用名称：milbemectin，商品名称：Milbeknock（密灭汀）、Ultiflora、Koromite、Matsuguard、Mesa］是由日本三共化学公司开发的抗生素类杀虫、杀螨剂。

化学名称　(10*E*,14*E*,16*E*,22*Z*)-(1*R*,4*S*,5′*S*,6*R*,6′*R*,8*R*,13*R*,20*R*,21*R*,24*S*)-21,24-二氢-5′,6′,11,13,22-五甲基-3,7,19-三氧四环[15.6.1.$1^{4,8}$.$0^{20,24}$]二十五烷-10,14,16,22-四烯-6-螺-2′-四氢吡喃-2-酮(milbemectin A_3)，(10*E*,14*E*,16*E*,22*Z*)-(1*R*,4*S*,5′*S*,6*R*,6′*R*,8*R*,13*R*,20*R*,21*R*,24*S*)-6′-乙基-21,24-二氢-5′,11,13,22-四甲基-3,7,19-三氧四环[15.6.1.$1^{4,8}$.$0^{20,24}$]二十

五烷-10,14,16,22-四烯-6-螺-2′-四氢吡喃-2-酮(milbemectin A_4)。

英文名称　mixture of 70%(10*E*,14*E*,16*E*)-(1*R*,4*S*,5′*S*,6*R*,6′*R*,8*R*,13*R*,20*R*,21*R*,24*S*)-6′-ethyl-21,24-dihydroxy-5′,11,13,22-tetramethyl-(3,7,19-trioxatetracyclo[15.6.1.$1^{4,8}$.$0^{20,24}$]pentacosa-10,14,16,22-tetraene)-6-spiro-2′-(tetrahydropyran)-2-one 和 30%(10*E*,14*E*,16*E*)-(1*R*,4*S*,5′*S*,6*R*,6′*R*,8*R*,13*R*,20*R*,21*R*,24*S*)-21,24-dihydroxy-5′,6′,11,13,22-pentamethyl-(3,7,19-trioxatetracyclo[15.6.1.$1^{4,8}$.$0^{20,24}$]pentacosa-10,14,16,22-tetraene)-6-spiro-2′-(tetrahydropyran)-2-one 或 bridged fused ring systems nomenclature: mixture of 70%(2a*E*,4*E*,8*E*)-(5′*S*,6*R*,6′*R*,11*R*,13*R*,15*S*,17a*R*,20*R*,20a*R*,20b*S*)-6′-ethyl-3′,4′,5′,6,6′,7,10,11,14,15,17a,20,20a,20b-tetradecahydro-20,20b-dihydroxy-5′,6,8,19-tetramethyl-spiro[11,15-methano-2*H*,13*H*,17*H*-furo[4,3,2-*pq*][2,6]benzodioxacyclooctadecin-13,2′-[2*H*]pyran]-17-one 和 30%(2a*E*,4*E*,8*E*)-(5′*S*,6*R*,6′*R*,11*R*,13*R*,15*S*,17a*R*,20*R*,20a*R*,20b*S*)-3′,4′,5′,6,6′,7,10,11,14,15,17a,20,20a,20b-tetradecahydro-20,20b-dihydroxy-5′,6,6′,8,19-pentamethylspiro[11,15-methano-2*H*,13*H*,17*H*-furo[4,3,2-*pq*][2,6]benzodioxacyclooctadecin-13,2′-[2*H*]pyran]-17-one。

美国化学文摘系统名称为 (6*R*,25*R*)-5-*O*-demethyl-28-deoxy-6,28-epoxy-25-ethylmilbemycin B mixture with(6*R*,25*R*)-5-*O*-demethyl-28-deoxy-6,28-epoxy-25-methylmilbemycin B, CA 主题索引名称为 milbemycin B-, 5-*O*-demethyl-28-deoxy-6, 28-epoxy-25-ethyl-(6*R*,25*R*)-, mixture with(6*R*,25*R*)-5-*O*-demethyl-28-deoxy-6,28-epoxy-25-methylmilbemycin B 或 milbemycin B-, 5-*O*-demethyl-28-deoxy-6,28-epoxy-25-methyl-(6*R*,25*R*)-, mixture with (6*R*,25*R*)-5-*O*-demethyl-28-deoxy-6,28-epoxy-25-ethylmilbemycin B。CAS 登录号为 milbemectin A_3:[51596-10-2],milbemectin A_4:[51596-11-3]。

组成　弥拜菌素由同系物 milbemectin A_3 和 milbemectin A_4 以 3∶7 组合而成。

理化性质　纯品为白色粉末。熔点：A_3 212～215℃，A_4 212～215℃。相对密度(25℃)：A_3 1.1270，A_4 1.265。蒸气压(25℃)：$A_3<1.3\times10^{-8}$ Pa，$A_4<1.3\times10^{-8}$ Pa。分配系数：A_3 lg$P$=5.3，A_4 lg$P$=5.9。Henry 常数$<9.93\times10^{-4}$ Pa·m^3/mol。溶解度(20℃)：A_3，水 0.88mg/L，有机溶剂(g/L)：甲醇 64.8、乙醇 41.9、丙酮 66.1、乙酸乙酯 69.5、苯 143.1、正己烷 1.4，A_4，水 7.2mg/L，有机溶剂(g/L)：甲醇 458.8、乙醇 234.0、丙酮 365.3、乙酸乙酯 320.4、苯 524.2、正己烷 6.5。对碱不稳定。

毒性　大鼠急性经口 LD_{50} (mg/kg)：雄 762、雌 456，小鼠急性经口 LD_{50} (mg/kg)：雄 324、雌 313，大、小鼠急性经皮 LD_{50} (mg/kg)>5000。无皮肤致敏。大鼠吸入 LC_{50} (mg/kg，4h)：雄 1.90，雌 2.80。大鼠无作用剂量 [mg/(kg·d)]：雄 6.81、雌 8.77，小鼠无作用剂量 [mg/(kg·d)]：雄 18.9、雌 19.6。每日允许摄取量(日本)：0.03mg/kg。无致畸、致突变、致癌作用。

生态效应　鸟 LD_{50} (mg/kg)：雄鸡 660、雌鸡 650、日本雄鹌鹑 1005、日本雌鹌鹑 968。鱼 LC_{50} (96h)：虹鳟鱼 4.5mg/L、鲤鱼 17μg/L。水蚤 EC_{50} (4h) 0.011ppm。*Selenastrum capricornutum* E_bC_{50} (120h)>2mg/L。海藻最大无作用剂量(72h)≥7.30mg/L。蜜蜂经口 LD_{50}：0.46μg/只，接触 0.025μg/只。蚯蚓 LC_{50} (14d) 61mg/L。

环境行为　土壤环境：DT_{50} 为 16～33d。A_4：K_{oc} 2840dm^3/kg。植物：DT_{50}<1d。动物：在动物体内 47%被吸收、分配，最终以粪便的形式消除，主要以氢氧化物的形式代谢。对环境影响小，绿色杀虫剂。

制剂与分析方法　制剂类型有 1%乳油、可湿性粉剂。

作用机理与特点　γ-氨基丁酸抑制剂，作用于外围神经系统。通过提高弥拜菌素与 γ-氨基丁酸的结合力，使氯离子流量增加，从而发挥杀菌、杀螨活性。对各个生长阶段的害虫均有效，作用方式为触杀和胃杀，虽内吸性较差，但具有很好的传导活性。对作物安全，对节肢动物影响小，和现有杀螨剂无交互抗性，是对害虫进行综合防治和降低抗性风险的理想选择。

应用

适用作物　蔬菜（茄子等），水果（苹果、梨、草莓、柑橘等），茶叶、松树等。

防治对象　朱砂叶螨、二斑叶螨、神泽氏叶螨、柑橘红蜘蛛、苹果红蜘蛛、柑橘锈壁虱，对线虫如松材线虫也有效。

残留量与安全施药　在土壤中 DT_{50} 16～33d。具轻度皮肤刺激性，对鱼剧毒，禁用水域、空中施药或大面积使用。

应用技术　对害虫的各个阶段均有效。活性与阿维菌素相似，但毒性低，比阿维菌素安全。

使用方法　在世界范围内弥拜菌素推荐使用剂量为5.6～28g/hm^2。1%乳油防治神泽氏叶螨，每公顷用药1kg，稀释1000倍，害螨发生时施药，接收前6d停止施药。1%乳油防治柑橘红蜘蛛每公顷用药1.3kg，稀释1500倍，害虫密度每叶达5只时，施药一次，接收前6d停止施药。1%乳油防治梨二点叶螨，每公顷用药0.6～0.8kg，稀释1500倍，叶螨发生时施药一次，隔14d再施药一次，接收前6d停止施药。1%乳油防治度枣轮斑病，每公顷用药0.6～0.8kg，稀释1500倍，叶螨发生时施药一次，接收前6d停止施药。1%乳油防治十字花科蔬菜蚜虫，每公顷用药0.5～0.7kg，稀释1500倍，害虫发生时施药一次，隔7d再施药一次，接收前6d停止施药。1%乳油防治水蜜桃二点叶螨，每公顷用药2kg，稀释1000倍，害虫发生时施药一次，接收前15d停止施药。

专利情况

专利名称　Acaricidal and insecticidal antibiotic mixture B-41

专利号　JP 49014624　　专利公开日　1974-02-08

专利申请日　1972-06-08　　优先权日　1972-06-08

专利拥有者　Sankyo Co.，Ltd.（JP）

目前公开的或授权的专利：AU 7356631、CH 585789、CH 585514、DE 2329486、FR 2187778、GB 1390336、JP 49014624、JP 50029742、JP 56045890、SU 1360574、US 3992551、US 3950360、US 3966914、US 3984564、US 3998699、US 3992527、US 3992552 等。

制备专利、制剂或剂型专利，如 CN 101514220、AU 9749687、AU 730620、AU 2007251891、AT 237934、BR 2005004244、BR 2005000602、BR 2004003620、BR 9713129、CN 101218916、CN 1802923、CN 100559947、CN 1802910、CN 1411726、CN 1175744、CN 1403000、CN 1176586、CN 1238662、CN 1105497、CN 101669496、EP 2077833、EP 942651、ES 2197992、FR 2906466、JP 2008222709、JP 10158103、JP 4126621、KR 2000057218、MX 9904607、NZ 336114、US 6337345、US 20090264516、US 20090004236、WO 2009005513、WO 2008099820、WO 2008037936、WO 9823154、ZA 9710564 等。

合成

弥拜菌素是从土壤微生物——链霉菌（*Streptomyces hygroscopicus* subsp. *Aureolacrimosus*）的发酵物中提取而得到的。

1　The Pesticide Manual. 15 th edition：793-794.
2　JP 49014624.
3　J. Pesticide Sci. 1994，19：245-247.

6　多杀菌素（spinosad）

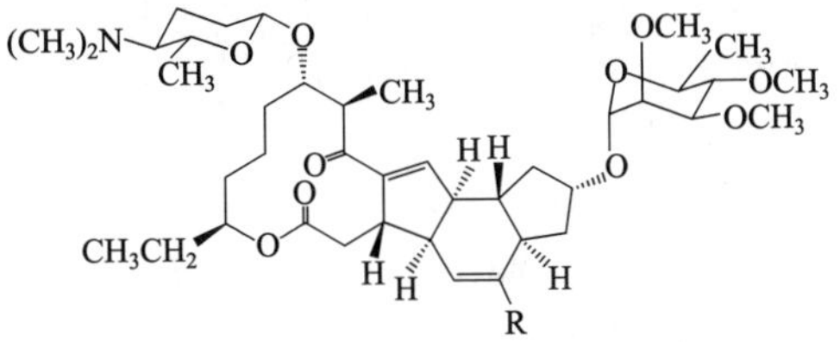

spinosyn A，R=H，$C_{41}H_{65}NO_{10}$，732.0

spinosyn D，R=—CH_3，$C_{42}H_{67}NO_{10}$，746.0

产品简介

多杀菌素［试验代号：DE-105，XDE-105，通用名称：spinosad，商品名称：Conserve、SpinTor、Success（菜喜）、Tracer（催杀）、Entrust、GF-120、Justice、Laser、Naturalyte、Spinoace］是由道农业科学公司开发的大环内酯类抗生素杀虫剂。

化学名称　(2*R*,3a*S*,5a*R*,5b*S*,9*S*,13*S*,14*R*,16a*S*,16b*R*)-2-(6-脱氧-2,3,4-三-*O*-甲基-*α*-L-吡喃甘露糖苷氧)-13-(4-二甲氨基-2,3,4,6-四氧-*β*-D-吡喃糖苷氧基)-9-乙基-2,3,3a,5a,5b,6,7,9,10,11,12,13,14,15,16a,16b-十六氢-14-甲基-1*H*-不对称-吲丹烯基[3,2-*d*]氧杂环十二烷-7,15-二酮和(2*R*,3a*R*,5a*S*,5b*S*,9*S*,13*S*,14*R*,16a*S*,16b*R*)-2-(6-脱氧-2,3,4-三-*O*-甲基-*α*-L-吡喃甘露糖苷氧基)-13-(4-二甲氨基-2,3,4,6-四氧-D-吡喃糖苷氧基)-9-乙基-2,3,3a,5a,5b,6,7,9,10,11,12,13,14,15,16a,16b-十六氢-4,14-二甲基-1*H*-不对称吲丹烯基[3,2-*d*]氧杂环十二烷-7,15-二酮。

英文名称　mixture of 50%～95% (2*R*,3a*S*,5a*R*,5b*S*,9*S*,13*S*,14*R*,16a*S*,16b*R*)-2-(6-deoxy-2,3,4-tri-*O*-methyl-*α*-L-mannopyranosyloxy)-13-(4-dimethylamino-2,3,4,6-tetradeoxy-*β*-D-erythropyranosyloxy)-9-ethyl-2,3,3a,5a,5b,6,7,9,10,11,12,13,14,15,16a,16b-hexadecahydro-14-methyl-1*H*-*as*-indaceno[3,2-*d*]oxacyclododecine-7,15-dione and 5%～50% (2*S*,3a*R*,5a*S*,5b*S*,9*S*,13*S*,14*R*,16a*S*,16bS)-2-(6-deoxy-2,3,4-tri-*O*-methyl-*α*-L-mannopyranosyloxy)-13-(4-dimethylamino-2,3,4,6-tetradeoxy-*β*-D-erythropyranosyloxy)-9-ethyl-2,3,3a,5a,5b,6,7,9,10,11,12,13,14,15,16a,16b-hexadecahydro-4,14-dimethyl-1*H*-*as*-indaceno[3,2-*d*]oxacyclododecine-7,15-dione。

美国化学文摘系统名称为(2*R*,3a*S*,5a*R*,5b*S*,9*S*,13*S*,14*R*,16a*S*,16b*R*)-2-[(6-deoxy-2,3,4-tri-*O*-methyl-*α*-L-mannopyranosyl)oxy]-13-[[(2*R*,5*S*,6*R*)-5-(dimethylamino)tetrahydro-6-methyl-2*H*-pyran-2-yl]oxy]-9-ethyl-2,3,3a,5a,5b,6,9,10,11,12,13,14,16a,16b-tetradecahydro-14-methyl-1*H*-*as*-indaceno[3,2-*d*]oxacyclododecin-7,15-dione mixture with (2*S*,3a*R*,5a*S*,5b*S*,9*S*,13*S*,14*R*,16a*S*,16bS)-2-[(6-deoxy-2,3,4-tri-*O*-methyl-*α*-L-mannopyranosyl)oxy]-13-[[(2*R*,5*S*,6*R*)-5-(dimethylamino)tetrahydro-6-methyl-2*H*-pyran-2-yl]oxy]-9-ethyl-2,3,3a,5a,5b,6,9,10,11,12,13,14,16a,16b-tetradecahydro-4,14-dimethyl-1*H*-*as*-indaceno[3,2-*d*]oxacyclododecin-7,15-dione，CA 主题索引名称为 1*H*-*as*-indaceno[3,2-*d*]oxacyclododecin-7,15-dione—，2-[(6-deoxy-2,3,4-tri-*O*-methyl-*α*-L-mannopyranosyl)oxy]-13-[[(2*R*,5*S*,6*R*)-5-(dimethylamino)tetrahydro-6-methyl-2*H*-pyran-2-yl]oxy]-9-ethyl-2,3,3a,5a,5b,6,9,10,11,12,13,14,16a,16b-tetradecahydro-4,14-dimethyl-(2*S*,3a*R*,5aS,5b*S*,9*S*,13*S*,14*R*,16a*S*,16bS)-，mixture with (2*R*,3a*S*,5a*R*,5b*S*,9*S*,13*S*,14*R*,16a*S*,16b*R*)-2-[(6-deoxy-2,3,4-tri-*O*-methyl-*α*-L-mannopyranosyl)oxy]-13-[[(2*R*,5*S*,6*R*)-5-(dimethylamino)tetrahydro-6-methyl-2*H*-pyran-2-yl]oxy]-9-ethyl-2,3,3a,5a,5b,6,9,10,

11,12,13,14,16a,16b-tetradecahydro-14-methyl-1*H*-*as*-indaceno[3,2-*d*]oxacyclododecin-7,15-dione 或 1*H*-*as*-indaceno[3,2-*d*]oxacyclododecin-7,15-dione-,2-[(6-deoxy-2,3,4-tri-*O*-methyl-α-L-mannopyranosyl)oxy]-13-[[(2*R*,5*S*,6*R*)-5-(dimethylamino)tetrahydro-6-methyl-2*H*-pyran-2-yl]oxy]-9-ethyl-2,3,3a,5a,5b,6,9,10,11,12,13,14,16a,16b-tetradecahydro-14-methyl-(2*R*,3a*S*,5a*R*,5b*S*,9*S*,13*S*,14*R*,16a*S*,16b*R*)-, mixture with (2*S*,3a*R*,5a*S*,5b*S*,9*S*,13*S*,14*R*,16a*S*,16b*S*)-2-[(6-deoxy-2,3,4-tri-*O*-methyl-α-L-mannopyranosyl)oxy]-13-[[(2*R*,5*S*,6*R*)-5-(dimethylamino)tetrahydro-6-methyl-2*H*-pyran-2-yl]oxy]-9-ethyl-2,3,3a,5a,5b,6,9,10,11,12,13,14,16a,16b-tetradecahydro-4,14-dimethyl-1*H*-*as*-indaceno[3,2-*d*]oxacyclododecin-7,15-dione。CAS 登录号 [168316-95-8]；spinosyn A [131929-60-7]，spinosyn D [131929-63-0]。

组成　理论含量>90%，组分为 50%～95%的 spinosyn A 和 5%～50%的 spinosyn D。

理化性质　纯品为灰白色或白色晶体。熔点：spinosyn A 84～99.5℃，spinosyn D 161.5～170℃。相对密度 0.512（20℃）。蒸气压（25℃）：spinosyn A 3.0×10^{-5} mPa，spinosyn D 2.0×10^{-5} mPa。溶解度 spinosyn A：水（mg/L，20℃）：89（蒸馏水），235（pH=7）；有机溶剂（g/L，20℃）：二氯甲烷 52.5，丙酮 16.8，甲苯 45.7，乙腈 13.4，甲醇 19.0，正辛醇 0.926，正己烷 0.448。spinosyn D：水（20℃，mg/L）：0.5（蒸馏水），0.33（pH=7）；有机溶剂（g/L，20℃）：二氯甲烷 44.8，丙酮 1.01，甲苯 15.2，乙腈 0.255，甲醇 0.252，正辛醇 0.127，正己烷 0.743。稳定性：在 pH=5 和 pH=7 不易水解，DT_{50}（pH=9）：spinosyn A 200d，spinosyn D 259d；水相光降解 DT_{50}（pH=7）：spinosyn A 0.93d，spinosyn D 0.82d。pK_a：spinosyn A 8.1；spinosyn D 7.87。K_{ow} lgP：spinosyn A：2.8（pH=5），4.0（pH=7），5.2（pH=9）；spinosyn D：3.2（pH=5），4.5（pH=7），5.2（pH=9）。

毒性　据中国农药毒性分级标准，多杀菌素属低毒杀虫剂。大鼠急性经口 LD_{50}（mg/kg）：雄 3783，雌>5000；兔急性经皮 LD_{50}>2000mg/kg。本品对兔皮肤无刺激，对兔眼睛轻度刺激。对豚鼠皮肤无敏感性反应。大鼠吸入 LC_{50}（4h）>5.18mg/L。最大无作用剂量[mg/(kg·d)]：狗 5，小鼠 6～8，大鼠 9～10。每日允许摄取量（JMPR，mg/kg）：0.02（2001），0.027（美国），0.024（日本，澳大利亚）。在试验剂量内对动物无致畸、致突变、致癌作用。制剂大鼠急性经口 LD_{50}>2000mg/kg。

生态效应　对鸟类低毒，急性经口 LD_{50}（mg/kg）：野鸭>2000，山齿鹑>2000。野鸭、山齿鹑大鼠吸入 LC_{50}>5156mg/kg。对水生动物毒性较低，LC_{50}（96h，mg/L）：鳟鱼 30，蓝鳃鱼 5.9，鲤鱼 5，日本鲤鱼 3.5，淡水小鱼 7.9。EC_{50}（48h，mg/L）：水蚤 14，月牙藻>105.5，骨条藻 0.2，舟形藻 0.09，念珠藻 8.9。其他水生生物 EC_{50}（96h，mg/L）：牡蛎 0.3，草虾>9.76，浮萍 10.6。制剂直接喷射对蜜蜂高毒，其 LD_{50}（48h）0.0029μg/只，但田间施药数小时后，残留在叶片上的药剂对蜜蜂影响很小，其死亡率与未施药区无显著差异。对吮吸昆虫、肉食昆虫、草蜻蛉、大眼臭虫和小花椿等无毒副作用。

环境行为　动物：多杀菌素易吸收，代谢完全，主要通过尿液和粪便排泄，代谢物中含有谷胱甘肽轭合物以及 *N*-和 *O*-脱甲基化的大环内酯类化合物，在肉、牛奶和鸡蛋中没发现残留的多杀菌素。植物：在植物表面 DT_{50} 1.6～16d，主要通过光解降解，在棉田中无多杀菌素或代谢物残留。土壤/环境：通过紫外线照射和土壤微生物快速代谢为其他小分子产物，在土壤中微生物代谢 DT_{50}：spinosyn A 9.4～17.3d，spinosyn D 14.5d，spinosyn A 的主要代谢物为 spinosyn B（*N*-脱甲基化产物），spinosyn D 的代谢途径类似。在土壤中光解代谢 DT_{50}：spinosyn A 8.7d，spinosyn D 9.4d。厌氧水生代谢 DT_{50}：spinosyn A 161d，spinosyn D 250d。Freundlich *K* 值：spinosyn A 5.4～323，spinosyn D 不定，spinosyn A 的主要代谢物 spinosyn B（*N*-脱甲基化产物）为 4.3～179。

制剂与分析方法　目前推广的制剂为 48%催杀悬浮剂、2.5%菜喜悬浮剂，近期又开发了多杀菌素气雾剂。产品和残留可用 HPLC 和 LC/MS 进行分析或免疫分析。

作用机理与特点　多杀菌素通过与烟碱乙酰胆碱受体结合使昆虫神经细胞去极化，引起中央神经系统广泛超活化，导致非功能性的肌收缩、衰竭，并伴随颤抖和麻痹，对昆虫存在快速触杀和摄食毒性，同时也通过抑制 γ-氨基丁酸受体而使神经细胞超活化，进一步加强其活性。但作用部位不同于烟碱或吡虫啉。通过触杀或口食，引起系统瘫痪。喷药后当天即见效果，杀虫速度可与化学农药相媲美，非一般的生物杀虫剂可比。

应用

适用作物　蔬菜、果树、葡萄和棉花等

防治对象　防除鳞翅目害虫（如甘蓝小菜蛾、烟青虫、玉米螟、粉纹夜蛾、贪夜蛾、菜粉蝶、番茄蠹蛾、卷叶蛾和棉铃虫等），牧草虫（如西花蓟马、棕黄蓟马），飞虫（如斑潜蝇、地中海实蝇），甲虫（如马铃薯甲虫）和蝗虫等。也可用于市内草皮和观赏植物的害虫防治，以及用于白蚁（如堆砂白蚁、楹白蚁）和火蚁的综合性防治。可用作果树飞虫（如蜡实蝇、橘小实蝇等）和一些蚂蚁（如红火蚁）的诱饵。正在研究用于家畜，防治飞虱（如牛颚虱、绵羊虱、管虱）和飞虫（如角蝇、铜绿蝇），在对家畜无影响的前提下，用于防治造成公害的飞虫（如厩螫蝇、家蝇）。

残留量与安全用药　本产品是从放射菌代谢物中提纯出来的生物源杀虫物，毒性极低。中国及美国农业部登记的安全采收期都只是 1d，最适合无公害蔬菜生产应用。如溅入眼睛，立即用大量清水连续冲洗 15min。作业后用肥皂和清水冲洗暴露的皮肤，被溅及的衣服必须洗涤后才能再用。如误服，立即就医，是否需要引吐，由医生根据病情决定。存放时将本商品存放于阴凉、干燥、安全的地方，远离粮食、饮料和饲料。清洗施药器械或处置废料时，应避免污染环境。

应用技术　防治棉铃虫、烟青虫，在棉铃虫处于低龄幼虫期施药。防治小菜蛾在甘蓝莲座期，小菜蛾处于低龄幼虫期时施药。防治甜菜夜蛾于低龄幼虫期时施药。防治蓟马在蓟马发生期使用。

使用方法　防治棉铃虫，每亩用 48%催杀悬浮剂 4.2～5.6mL（有效成分 2～2.7g），对水 20～50 L，稀释后均匀喷雾。防治小菜蛾每亩用 2.5%菜喜悬浮剂 33～50mL（有效成分 0.825～1.25g），对水 20～50 L 喷雾。防治甜菜夜蛾每亩 2.5%菜喜悬浮剂 50～100mL（有效成分 1.25～2.5g）喷雾，傍晚施药防虫效果最好。防治蓟马每亩用 2.5%菜喜悬浮剂 33～50mL（有效成分 0.825～1.25g）或用 2.5%菜喜悬浮剂 1000～1500 倍液，即每 100 L 水加 2.5%菜喜悬浮剂 67～100mL（有效浓度 16.7～25mg/L）均匀喷雾，重点喷洒幼嫩组织，如花、幼果、顶尖及嫩梢等。

专利与登记

专利名称　A83543 compounds and processes for production thereof

专利号　US 5202242　　专利公开日　1993-04-13

专利申请日　1991-11-08　　优先权日　1991-11-08

专利拥有者　DOW（US）

专利名称　Macrolide compounds

专利号　EP 375316　　专利公开日　1990-06-27

专利申请日　1989-12-18　　优先权日　1989-10-30

专利拥有者　Eli Lilly & Co（US）

目前公开的或授权的专利有 AT 116325T、AU 624458B、EG 19191、FI 950946、JP 2223589、MA 21697、OA 9249 等。

制备专利、制剂或剂型专利，如 AU 770542、BR 2000013245、CA 2380643、CN 101659685、CN 101629203、CN 101560231、CN 101560477、CN 101555510、EP 1207851、HU 2002002823、IL 147829、JP 2003520779、MX 2002001502、NZ 516781、NO 2002000685、TW 236376、US 6933318、WO 2001012156、AU 2006308599、AU 2007317844、BR 2004003620、CA 2626386、CA 2669036、CN 101627767、CN 101617660、CN 101589720、CN 101385454、CN 101380004、CN 101352168、CN 101336634、CN 101322493、CN 101305723、CN 101278670、CN 101278670、CN 101253870、CN 100559948、CN 101248798、CN 101180959、CN 101176462、CN 101658172、CN 101653090、CN 101489388、CN 101099461、CN 101073324、CN 101500411、CN 101069518、CN 100477921、CN 1203089、CN 100998339、CN 1989807、CN 1985600、CN 1986768、CN 100562565、CN 101299919、CN 1947513、CN 100442977、CN 1926985、CN 100477914、CN 1810109、CN 101014247、CN 1663381、CN 1513317、DE102006031975、EP 2088857、EP 2043439、EP 1956901、IN 2008DN02999、IN 2008CN 07071、IN 2009DN00156、JP 2009542744、JP 2010024166、JP 2009513674、KR 2009031600、JP 2006213664、KR 2008064135、MX 2009004887、MX 2008014897、MX 2009000016、MX 2008005627、US 20080254083、US 20070104750、US 20070269404、US 20090325892、WO 2006007595、WO 2008057547、WO 2007144786、WO 2007135675、WO 2007135687、WO 2007053760、WO 2008006513 等。

外国在中国申请的部分专利见表 6-1、表 6-2。

表 6-1 在中国申请的部分含有多杀菌素的专利

序号	申请号	专利名称
1	02809080.2	用于生产丁烯基多杀菌素杀虫剂的生物合成基因
2	03139969.X	鱼藤酮和多杀菌素悬浮剂及其制备方法
3	02808625.2	21-丁烯基与有关多杀菌素的合成衍生物
4	02808437.3	杀虫性多杀菌素衍生物
5	200310122666.6	功夫菊酯-多杀菌素水乳剂及其制备方法
6	200510033565.0	一种蔬菜害虫杀虫剂
7	200510097670.0	含 γ-氯氟氰菊酯的杀虫混合物
8	200480007005.1	9-酮基多杀菌素衍生物
9	200510121365.0	一种杀灭红火蚁的药剂
10	200910164801.0	一种农药组合物
11	200910133116.1	去除多杀菌素发酵液中色素的方法
12	200610123411.5	一种增强型红火蚁杀灭剂
13	200610011892.0	一种增效的杀虫组合物
14	200810102916.2	含多杀菌素与氨基甲酸酯类杀虫剂的农药组合物
15	200810055039.8	多杀菌素杀虫气雾剂
16	200880000075.2	多杀菌素水可溶性粒剂及其制备方法
17	200910159337.6	一种含有茚虫威的杀虫剂组合物
18	200910069468.5	一种含氯虫苯甲酰胺的杀虫剂组合物及其制备方法和用途
19	200710300251.1	含有氟虫腈和多杀菌素的具有协同增效作用的杀虫组合物
20	200710300237.1	含有虫螨腈和多杀菌素的具有协同增效作用的杀虫组合物
21	200710179818.4	一种含有多杀菌素的复配杀虫剂
22	200610070766.2	一种杀虫剂组合物
23	200510132526.6	多杀菌素水乳剂
24	200710013101.2	一种杀虫剂组合物

续表

序号	申请号	专　利　名　称
25	200710027847.9	一种灭杀红火蚁的饵剂
26	200710029480.4	一种用于杀灭红火蚁的药剂
27	200810150059.3	一种含多杀菌素的杀虫组合物及其应用
28	200810029279.0	含有多杀菌素和甲氨基阿维菌素苯甲酸盐的杀虫组合物
29	200810198399.3	一种红火蚁饵剂及其使用方法
30	200810132491.X	含多杀菌素和虱螨脲的增效杀虫组合物
31	200810132489.2	含有多杀菌素和氟啶脲的杀虫组合物
32	200910163769.4	一种含多杀菌素的杀虫组合物及其应用
33	200910167388.3	一种增效农药组合物
34	200910261165.3	一种含多杀菌素的杀虫组合物及其应用
35	200910266525.9	农药组合物
36	200910208450.9	一种啶虫丙醚的组合物及其应用
37	200910208453.2	含多杀菌素的可分散液剂
38	201010150773.X	一种丁烯氟虫腈与多杀菌素的杀虫组合物

表 6-2　美国陶氏益农在中国登记情况

登记名称	登记证号	含量	剂型	登记作物	防治对象	用药量/(g/hm²)	施用方法
多杀菌素	PD20070190	480g/L	悬浮剂	棉花	棉铃虫	30.2～40.3	喷雾
多杀菌素	PD20060005	25g/L	悬浮剂	茄子	蓟马	25～37.5	喷雾
				甘蓝	小菜蛾	12.5～25	喷雾
多杀菌素	PD20080666	0.02%	饵剂	柑橘树	橘小实蝇	0.26～0.37	点喷投饵
多素毒死蜱	PD20070195	毒死蜱 500g/L、多杀菌素 25g/L	乳油	棉花	棉铃虫	472.5～630	喷雾
				十字花科蔬菜	甜菜夜蛾	472.5～787.5	喷雾
多杀菌素	PD20060004	90%	原药				

多杀菌素最早由 Eli Lilly& Co.（农用化学品部现属道农业科学公司所有）于 1982 年发现，于 1997 年上市。

合成方法

从真菌 *Saccharopolyspora spinosa* 刺糖多胞菌发酵产物中提取获得。

1　The Pesticide Manual. 15 th edition：1042-1044.

2　EP 375316.

3　US 5202242.

4　生命科学研究，2008，12，3：200-206.

5　进口农药应用手册．中国农业出版社，2000，150-153.

7　乙基多杀菌素（spinetoram）

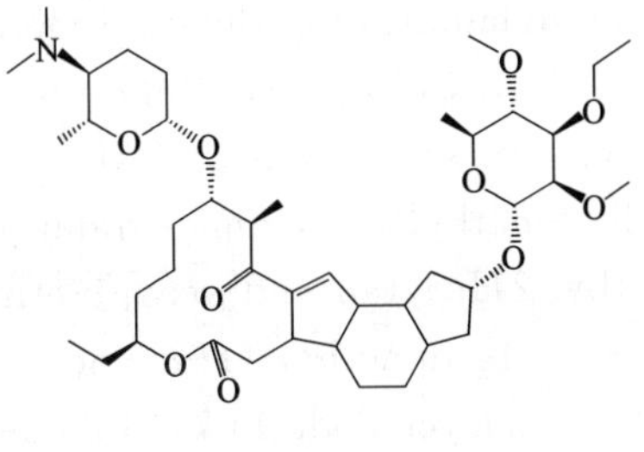

主要成分 XDE-175-J

$C_{42}H_{69}NO_{10}$，748.0

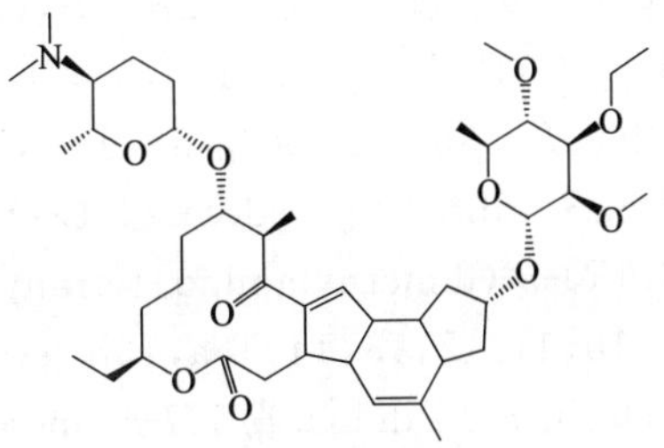

次要成分 XDE-175-L

$C_{43}H_{69}NO_{10}$，760.0

产品简介

乙基多杀菌素（试验代号：XR-175，XDE-175，通用名称：spinetoram，商品名称：Delegate、Radiant）是由道农业科学公司开发的大环内酯类抗生素杀虫剂。

化学名称　主要成分（2*R*，3a*R*，5a*R*，5b*S*，9*S*，13*S*，14*R*，16a*S*，16b*R*）-2-（6-脱氧-3-*O*-乙基-2，4-二-*O*-甲基-*α*-L-吡喃甘露糖苷氧）-13-[（2*R*，5*S*，6*R*）-5-（二甲氨基）四氢-6-甲基吡喃-2-氧基]-9-乙基-2，3，3a，4，5，5a，5b，6，9，10，11，12，13，14，16a，16b-十六氢-14-甲基-1*H*-不对称-吲丹烯基[3，2-*d*]氧杂环十二烷-7，15-二酮；次要成分（2*S*，3a*R*，5a*S*，5b*S*，9*S*，13*S*，14*R*，16a*S*，16b*S*）-2-（6-脱氧-3-*O*-乙基-2，4-二-*O*-甲基-*α*-L-吡喃甘露糖苷氧）-13-[（2*R*，5*S*，6*R*）-5-（二甲氨基）四氢-6-甲基吡喃-2-氧基]-9-乙基-2，3，3a，5a，5b，6，9，10，11，12，13，14，16a，16b-十四氢-4，14-二甲基-1*H*-不对称-吲丹烯基[3，2-*d*]氧杂环十二烷-7，15-二酮。

英文名称　mixture of 50%～90%（2*R*，3a*R*，5a*R*，5b*S*，9*S*，13*S*，14*R*，16a*S*，16b*R*）-2-（6-deoxy-3-*O*-ethyl-2，4-di-*O*-methyl-*α*-L-mannopyranosyloxy）-13-[（2*R*，5*S*，6*R*）-5-（dimethylamino）tetrahydro-6-methylpyran-2-yloxy]-9-ethyl-2，3，3a，4，5，5a，5b，6，9，10，11，12，13，14，16a，16b-hexadecahydro-14-methyl-1*H*-*as*-indaceno[3，2-*d*]oxacyclododecine-7，15-dione 和 10%～50%（2*R*，3a*R*，5a*S*，5b*S*，9*S*，13*S*，14*R*，16a*S*，16b*S*）-2-（6-deoxy-3-*O*-ethyl-2，4-di-*O*-methyl-*α*-L-mannopyranosyloxy）-13-[（2*R*，5*S*，6*R*）-5-（dimethylamino）tetrahydro-6-methylpyran-2-yloxy]-9-ethyl-2，3，3a，5a，5b，6，9，10，11，12，13，14，16a，16b-tetradecahydro-4，14-dimethyl-1*H*-*as*-indaceno[3，2-*d*]oxacyclododecine-7，15-dione 或 extended von Baeyer nomenclature：mixture of 50%～90%（1*S*，2*R*，5*R*，7*R*，9*R*，10*S*，14*R*，15*S*，19*S*）-7-（6-deoxy-3-*O*-ethyl-2，4-di-*O*-methyl-*α*-L-mannopyranosyloxy）-15-[（2*R*，5*S*，6*R*）-5-（dimethylamino）tetrahydro-6-methylpyran-2-yloxy]-19-ethyl-14-methyl-20-oxatetracyclo[10.10.0.$0^{2,10}$.$0^{5,9}$]docos-11-ene-13，21-dione 和 10%～50%（1*S*，2*S*，5*R*，7*R*，9*S*，10*S*，14*R*，15*S*，19*S*）-7-（6-deoxy-3-*O*-ethyl-2，4-di-*O*-methyl-*α*-L-mannopyranosyloxy）-15-[（2*R*，5*S*，6*R*）-5-（dimethylamino）tetrahydro-6-methylpyran-2-yloxy]-19-ethyl-4，14-dimethyl-20-oxatetracyclo[10.10.0.$0^{2,10}$.$0^{5,9}$]docosa-3，11-diene-13，21-dione。

美国化学文摘系统名称为（2*R*，3a*R*，5a*R*，5b*S*，9*S*，13*S*，14*R*，16a*S*，16b*R*）-2-[（6-deoxy-3-*O*-ethyl-2，4-di-*O*-methyl-*α*-L-mannopyranosyl）oxy]-13-[[（2*R*，5*S*，6*R*）-5-（dimethylamino）tetrahydro-6-methyl-2*H*-pyran-2-yl]oxy]-9-ethyl-2，3，3a，4，5，5a，5b，6，9，10，11，12，13，14，16a，16b-hexadecahydro-14-methyl-1*H*-*as*-indaceno[3，2-*d*]oxacyclododecin-7，15-dione mixture with（2*S*，3a*R*，5a*S*，5b*S*，9*S*，13*S*，14*R*，16a*S*，16b*S*）-2-[（6-deoxy-3-*O*-ethyl-2，4-di-*O*-methyl-*α*-L-mannopyranosyl）oxy]-13-[[（2*R*，5*S*，6*R*）-5-（dimethylamino）tetrahydro-6-methyl-2*H*-pyran-2-yl]oxy]-9-ethyl-2，3，3a，5a，5b，6，9，10，11，12，13，14，16a，16b-tetradecahydro-4，14-dimethyl-1*H*-*as*-indaceno[3，2-*d*]oxacyclododecin-7，15-dione，CA 主题索引名称为 1*H*-*as*-indaceno[3，2-*d*]oxacyclododecin-7，15-dione —，2-[（6-deoxy-3-*O*-ethyl-2，4-di-*O*-methyl-*α*-L-mannopyranosyl）oxy]-13-[[（2*R*，5*S*，6*R*）-5-（dimethylamino）tetrahydro-6-methyl-2*H*-pyran-2-yl]oxy]-9-ethyl-2，3，3a，4，5，5a，5b，6，9，10，11，12，13，14，16a，16b-hexadecahydro-14-methyl-（2*R*，3a*R*，5a*R*，5b*S*，9*S*，13*S*，14*R*，16a*S*，16b*R*）-，mixture with（2*S*，3a*R*，5a*S*，5b*S*，9*S*，13*S*，14*R*，16a*S*，16b*S*）-2-[（6-deoxy-3-*O*-ethyl-2，4-di-*O*-methyl-*α*-L-mannopyranosyl）oxy]-13-[[（2*R*，5*S*，6*R*）-5-（dimethylamino）tetrahydro-6-methyl-2*H*-pyran-2-yl]oxy]-9-ethyl-2，3，3a，5a，5b，6，9，10，11，12，13，14，16a，16b-tetradecahydro-4，14-dimethyl-1*H*-*as*-indaceno[3，2-*d*]oxacyclododecin-7，15-dione 或 1*H*-*as*-indaceno[3，2-*d*]oxacyclododecin-7，15-dione—，2-[（6-deoxy-3-*O*-ethyl-2，4-di-*O*-methyl-*α*-L-mannopyranosyl）oxy]-13-[[（2*R*，5*S*，6*R*）-5-（dimethylamino）tetrahydro-6-methyl-2*H*-pyran-2-yl]oxy]-9-ethyl-2，3，3a，5a，5b，6，9，10，11，12，13，14，16a，16b-tetradecahydro-4，14-dimethyl-（2*S*，3a*R*，5a*S*，5b*S*，9*S*，13*S*，14*R*，16a*S*，16b*S*）-，mixture with（2*R*，3a*R*，5a*R*，5b*S*，9*S*，13*S*，14*R*，16a*S*，16b*R*）-2-[（6-deoxy-3-*O*-ethyl-2，4-di-*O*-methyl-*α*-L-mannopyranosyl）oxy]-13-[[（2*R*，5*S*，6*R*）-5-（dimethylamino）tetrahydro-6-methyl-2*H*-pyran-2-yl]oxy]-9-ethyl-2,3,3a,4,5,5a,5b,6,9,10,11,12,13,14,16a,16b-hexadeca-hydro-14-methyl-1*H*-*as*-indaceno[3,2-*d*]oxacyclododecin-7,15-dione。CAS登录号主要成分XDE-175-J为[187166-40-1]；次要成分XDE-175-L为[187166-15-0]。

组成　主要组分为70%～90%，次要组分10%～30%。

理化性质　灰白色固体。熔点：XDE-175-J为143.4℃，XDE-175-L为70.8℃。相对密度1.1485g/mL（20.2℃）。蒸气压（20℃）：XDE-175-J为5.3×10^{-5}Pa，XDE-175-L为2.1×10^{-5}Pa。Henry系数（20℃）：XDE-175-J：K_{ow} lg$P$=2.44（pH=5），4.09（pH=7），4.22（pH=9），XDE-175-L：K_{ow}lg$P$=2.94（pH=5），4.49（pH=7），4.82（pH=9）。溶解度（mg/L，20℃）：XDE-175-J，水，423（pH=5），11.3（pH=7），8（pH=9），6.27（pH=10）；XDE-175-L，水，1630（pH=5），4670（pH=7），1.98（pH=9），0.706（pH=10）。有机溶剂（g/L，20℃）：甲醇>250，丙酮>250，二甲苯>250，1,2-二氯乙烷>250，乙酸乙酯>250，正己烷61.0，正辛醇132.0。分配系数：XDE-175-J：lg$P$=2.44（pH=5，19℃），lg$P$=4.09（pH=7，19℃），lg$P$=4.22（pH=9，19℃）；XDE-175-L：lg$P$=2.94（pH=5，19℃），lg$P$=4.49（pH=7，19℃），lg$P$=4.82（pH=9，19℃）。稳定性（25℃）：XDE-175-J，在pH=5、pH=7和pH=9不易水解；XDE-175-L，在pH=5和pH=7不易水解，在pH=9时DT_{50}为154d。光稳定性：XDE-175-J DT_{50}（pH=7，40℃）为0.5d，XDE-175-L DT_{50}（pH=7，40℃）为0.3d。pK_a（20℃）：XDE-175-J为7.86；XDE-175-L为7.59。

毒性　大鼠急性经口LD_{50}>5000mg/kg，急性经皮LD_{50}>5000mg/kg，大鼠吸入LC_{50}>5.44mg/L，本品对兔皮肤无刺激、兔眼睛轻微刺激，小鼠皮肤中度刺激。最大无作用剂量[mg/(kg·d)]：大鼠经口48（4w），雄鼠经口34.7（13w），大鼠经皮注射1000。毒性作用最小剂量[mg/(kg·d)]：小鼠37.5，大鼠21.6，狗5.4。狗每日允许摄取量0.05mg/kg，0.024mg/kg（澳大利亚）。Ames试验：阴性。染色体畸变：阴性。大鼠微核试验（体内）：阴性。大鼠急性神经毒性试验无作用剂量>2000mg/kg。

生态效应　鸟类急性经口（野鸭、山齿鹑）LD_{50}>2250mg/kg，口服（野鸭、山齿鹑）LD_{50}>5620mg/kg，生殖毒性（野鸭、山齿鹑）：最大无影响浓度1000mg/kg。鱼类LC_{50}(mg/L)：虹鳟鱼>3.460，蓝鳃鱼2.69；虹鳟鱼最大无影响浓度0.182mg/L。水蚤LC_{50}(48h)>3.17mg/L，东方牡蛎LC_{50}0.393mg/L。蚯蚓LC_{50}>1000mg/kg（土壤）。最大无影响浓度：水蚤0.0624μg/L，摇蚊0.375μg/L，蚯蚓18.65mg/kg（土壤）。浮萍$EC_{50}\geq$14.2mg/L。蜜蜂：直接喷射对蜜蜂高毒，但田间施药3h后，残留在叶片上的药剂对蜜蜂影响很小，其死亡率与未施药区无显著差异。对包括大眼长椿、姬蝽、瓢虫、草蜻蛉在内的天敌节肢动物影响很低。对作物安全。

环境行为　动物：主要针对哺乳期的山羊和产卵鸡进行了代谢研究，95%的残留物通过动物粪便代谢，主要代谢途径为谷胱甘肽轭合物，以母体或*N*-脱甲基化和*O*-脱乙基化的大环内酯类化合物，和各自去糖化结构，以及母体结构中主要成分J的羟基络合物等途径，次要成分L的糖苷配基发生硫酸化和葡萄糖醛酸苷结合作用，主要代谢产物为母体结构的半胱氨酸络合物。植物：主要有两种代谢途径，一种途径为*N*-脱甲基化、*N*-甲酰化代谢物，第二种途径为大环内酯断裂，进而代谢得到一系列小分子，第三种途径主要是针对主要成分J的代谢物，3-氧脱乙基代谢物。土壤：在实验室条件下XDE-175-J和XDE-175-L代谢很快，半衰期分别为21d和13d，在田间代谢更快，半衰期分别为4d和2d。主要代谢物为*N*-脱甲基化产物，还有*N*-脱甲基化-*N*-亚硝化产物，*N*-丁二酰产物以及其他少量产品。在土壤中吸附性能好，故环境残留少，水中溶解少，对地下水几乎无影响。水：在水中通过光解快速代谢，进而降解为更小的分子，XDE-175-J和XDE-175-L在水中的半衰期分别为0.5d

和0.3d，在pH=5～9下，XDE-175-J不水解，在pH=5～7下，XDE-175-L不水解，但在pH=9下慢慢降解，半衰期为154d。空气：在空气中的代谢途径还没有确定，由于其较低的蒸气压和亨利系数，因此预测其光化学氧化的半衰期为0.02～0.03h。

制剂与分析方法　水分散颗粒剂（Delegate），悬浮剂（Radiant、Exalt）。产品或残留可用HPLC、LC/MS进行分析。

主要生产商　道农业科学公司。

作用机理与特点　多杀菌素杀虫剂的新品种，作用机理和多杀菌素相同，都是烟碱乙酰胆碱受体，通过改变氨基丁酸离子通道和烟碱的作用功能，进而刺激害虫神经系统。持效期长，杀虫谱广，用量少。但作用部位不同于烟碱或阿维菌素。通过触杀或口食，引起系统瘫痪。杀虫速度可与化学农药相媲美，非一般的生物杀虫剂可比。

应用

适用作物　十字花科作物、蔬菜、果树（苹果、梨、柑橘等）、核果、葡萄、葫芦、玉米、大豆、甘蔗、草莓和棉花等。

防治对象　防除鳞翅目害虫（如苹果卷叶蛾、梨小食心虫、东方果蛾、黏虫、甜菜夜蛾、甘蓝银纹夜蛾、葡萄卷叶蛾、葡萄小卷蛾、大豆夜蛾和粉纹夜蛾等），牧草虫（如西花蓟马、烟蓟马），飞虫（如斑潜蝇），潜叶虫、苹果蛆、大豆尺蠖、螟蛉虫、棉铃虫、烟青虫、玉米螟、地老虎、泡菜虫等，可用作果树飞虫（如苹果实蝇、橘小实蝇等），也可防治飞虱（如梨木虱等）。它能够有效地控制果树和坚果上的重要虫害，尤其是果树上的重要害虫——苹果蠹蛾。

残留量与安全用药　本产品是从放射杆菌代谢物提纯出来的生物源杀虫剂，毒性极低，在环境中残留量少，环境兼容性好。使用时应穿戴长衣、长裤、袜子等，并且配备专门的工具进行施药。如溅入眼睛，立即用大量清水连续冲洗15min。作业后用肥皂和清水冲洗暴露的皮肤，被溅及的衣服必须洗涤后才能再用。如误服，立即就医，是否需要引吐，由医生根据病情决定。存放时将本商品存放于阴凉、干燥、安全的地方，远离粮食、饮料和饲料。清洗施药器械或处置废料时，应避免污染环境。

应用技术　防治棉铃虫、烟青虫，在棉铃虫处于低龄幼虫期施药。防治小菜蛾在甘蓝莲座期，小菜蛾处于低龄幼虫期时施药。防治甜菜夜蛾于低龄幼虫期时施药。防治蓟马在蓟马发生期使用。

使用方法　用量30～120g(a.i.)/hm^2，视具体环境而定。

专利与登记

专利名称　Selective reduction of spinosyn factors 3′-*O*-ethyl-spinosyn J（Et-J）and 3′-*O*-ethyl-spinosyn L（Et-L）to spinetoram

专利号　US 20080108800　　专利公开日　2008-05-08

专利申请日　2007-11-02　　优先权日　2006-11-03

专利拥有者　Dow（US）

目前公开的或授权的专利，如AT 116325T、AU 624458B、AU 2007317900、CA 2668168、CN 101535330、EP 2081945、JP 2010509225、JP 2223589（A）、MX 2009004624、OA 9249（A）、US 7683161、WO 2008057520、WO 2009095204等。

制备、制剂或剂型专利，如AT 116325T、AU 2008273304、AU 624458B、EG 19191、FI 950946、JP 2009132670、JP 2223589、JP 2010001274、MA 21697、OA 9249、US 20080108800、US 20090325892、WO 2009008506、WO 2010023171等。

该杀虫剂在美国、加拿大、墨西哥、韩国、马来西亚、巴基斯坦和新西兰获得注册。乙基多杀菌素（spinetoram）是多杀菌素杀虫剂的第二代产品，且具有比多杀菌素更广谱的杀虫活性。美国陶氏益农在中国登记情况见表 7-1。

表 7-1　美国陶氏益农在中国登记情况

登记名称	登记证号	含量	剂型	登记作物	防治对象	用药量	施用方法
乙基多杀菌素	LS20091099F100019	60g/L	悬浮剂	甘蓝	小菜蛾	20～40mL/667m^2	喷雾
				甘蓝	甜菜夜蛾	18～36g/hm^2	喷雾
乙基多杀菌素	LS20091099	25g/L	悬浮剂	茄子	蓟马	9～18g/hm^2	喷雾
				甘蓝	小菜蛾	20～40mL/667m^2	喷雾
乙基多杀菌素	LS20091058	81.2%	原药				

合成方法

从放射杆菌 *Saccharopolyspora spinosa* 发酵产品中分离得到 spinosyn J 和 spinosyn L。后经催化加氢得到产品 spinetoram。

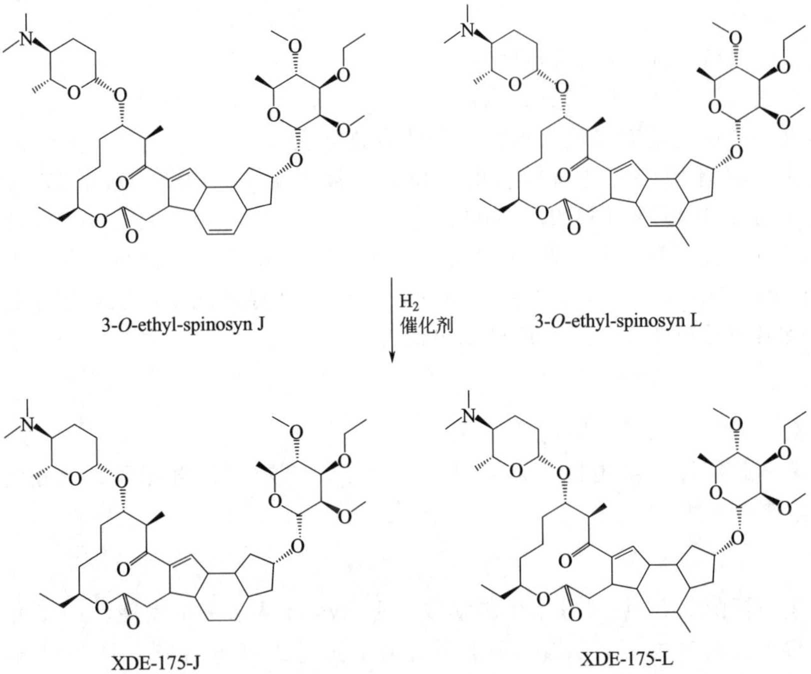

1　US20080108800.

2　International Journal of Systematic Bacteriology，1990，40：34-39.

3　Review in Toxicology，1998，2：133-146.

4　The Pesticide Manual. 15 th edition：1040-1041.

8　苏云金素（thuringiensin）

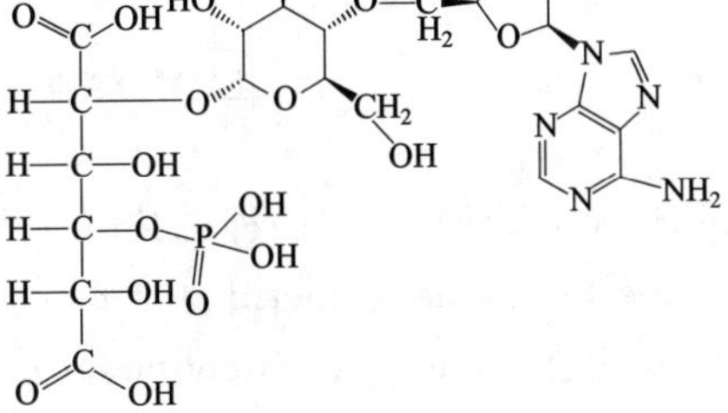

$C_{22}H_{32}N_5O_{19}P$，701.5

产品简介

苏云金素（通用名称：thuringiensin、β-外毒素）是苏云金芽孢杆菌（*Bacillus thuringiensis*，简称 Bt）中的有效成分，属于抗生素类杀虫剂。

化学名称　2-((2*R*,3*R*,4*R*,5*S*,6*R*)-5-(((2*S*,3*R*,4*S*,5*S*)-5-(6-氨基-9*H*-嘌呤-9-基)-3,4-二羟基四氢呋喃-2-基)甲氧基)-3,4-二羟基-6-(羟甲基)四氢-2*H*-吡喃基-2-氧基)-3,5-二羟基-4-(膦酰基氧基)己二酸。

英文名称　2-((2*R*,3*R*,4*R*,5*S*,6*R*)-5-(((2*S*,3*R*,4*S*,5*S*)-5-(6-amino-9*H*-purin-9-yl)-3,4-dihydroxytetrahydrofuran-2-yl) methoxy)-3, 4-dihydroxy-6-(hydroxymethyl) tetrahydro-2*H*-pyran-2-yloxy)-3,5-dihydroxy-4-(phosphonooxy)hexanedioic acid。

美国化学文摘系统名称为 *O*-5′-deoxyadenosin-5′-yl-(5′→4)-*O*-α-D-glucopyranosyl-(1→2)-D-allaric acid 4-(dihydrogen phosphate)，CA 主题索引名称为 D-allaric acid—，*O*-5′-deoxyadenosin-5′-yl-(5′→4)-*O*-α-D-glucopyranosyl-(1→2)-4-(dihydrogen phosphate)。CAS 登录号为［23526-02-5］。

理化性质　对紫外线、酸、碱稳定。

毒性　小鼠急性经口 LD_{50} 18mg/kg(bw)。

生态效应　对哺乳动物有较强的毒性，可能致突变。

环境行为　在环境中可能有较长的残留期。清水 DT_{50} 433h。水稻 DT_{50} 182h。白菜 DT_{50} 330h。产品或残留可用 HPLC 检测。

作用机理与特点　苏云金素是 DNA 依赖性的 RNA 聚合酶抑制剂，与 ATP 结构类似，与 ATP 竞争酶的结合位点，从而造成害虫死亡，对杀虫特异性强和在环境中易降解的杀虫晶体蛋白有极强的互补作用。具有广谱杀虫活性。

应用

适用作物　蔬菜、果树、棉花等。

防治对象　脉翅目、双翅目、膜翅目、等翅目、鳞翅目、直翅目、半翅目、蚜虫、线虫、螨虫、家蝇等害虫。

专利情况

苏云金芽孢杆菌 1901 年由日本生物学家 S. Ishiwata 从家蚕中发现，1915 年德国 Berliner 从地中海粉螟分离并命名，美国 1928 年启动了防治玉米螟计划，1929 年第一次大田应用，1938 年法国第一个产品 Sporeine 面世，20 世纪 50 年代许多国家进行了商业化生产，从发现该菌至今已有整整 105 年历史。

制备、制剂或剂型专利如 CN 101475948、CN 1411726、CN 1403000、US 6221223、US 6268183 等。

合成方法

苏云金素是苏云金芽孢杆菌部分血清型的菌株在生长过程中分泌到体细胞外的一种次生代谢产物。

1　中国生物防治 . 1995，11（3）：97-100.
2　生物防治通报 . 1993，9（4）：151-155.

植物源杀虫剂

植物源杀虫剂（botanical insecticides）主要品种总共有 9 个：anabasine、azadirachtin、*d*-limonene、nicotine、pyrethrins【cinerins（cinerin Ⅰ、cinerin Ⅱ）、jasmolin Ⅰ、jasmolin Ⅱ、pyrethrin Ⅰ、pyrethrin Ⅱ】、quassia、rotenone、ryania、sabadilla。本书仅介绍 azadirachtin、nicotine、pyrethrins、rotenone、sabadilla；而 anabasine、*d*-limonene、ryania、quassia 仅列出化学名称、CAS登录号。

anabasine：(*S*)-3-(2-piperidyl)pyridine；494-52-0。

d-limonene：(*R*)-4-isopropenyl-1-methylcyclohexene 或 *p*-mentha-1，8-diene；5989-27-5。

ryania：8047-13-0；one of the main alkaloidal ingredients is ryanodine［15662-33-6］。

quassia：quassia。

9 印楝素（azadirachtin）

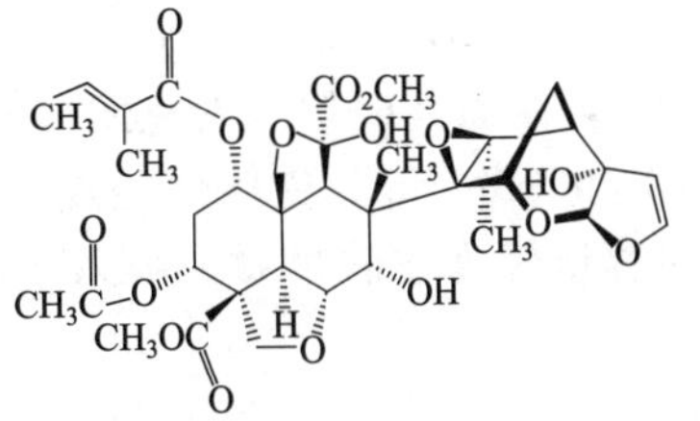

$C_{35}H_{44}O_{16}$，720.7

产品简介

印楝素（试验代号 N-3101，通用名称：azadirachtin）由 Cyclo 研制、Certis 开发的杀虫剂。1968 年 Butterworth 和 Morgan 成功地分离印楝素；Broughton 等确定了印楝素的主体化学结构；稍后，印楝素分子结构的立体化学得以详细描述。有关商品名（开发公司）如 Azatin（Certis）、Ecozin（Amvac）、Kayneem（neem oil）（Krishi Rasayan）、NeemAzal（Andermatt，Parry）、Neememulsion（Cyclo）、Neemix（Certis）、Neemolin（seed extract）（Rallis）、Ornazin（Amvac）、Vineem（Vipesco）、Align（Certis）、Amazin（Amvac）、Aza（Fortune）、Biotech（Fortune）、Blockade（RPG）、EI-783（PBI/Gordon）、Jawan（J B Chemicals）、Neemactin（Biostadt）、Neemgard（Certis）、Neem Suraksha（Karapur Agro）、Neem Wave（Karapur Agro）、Niblecidine（Certis）、Nimbecidine（Stanes）、Proneem（Karapur Agro）、Trineem（Tagros）。

化学名称 二甲基(3*S*,3a*R*,4*S*,5*S*,5a*R*,5a^1*R*,7a*S*,8*R*,10*S*,10a*S*)-8-乙酰氧基-3,3a,4,5,5a,5a^1,7a,8,9,10-十氢-3,5-二羟基-4-{(1*S*,3*S*,7*S*,8*R*,9*S*,11*R*)-7-羟基-9-甲基-2,4,10-三噁四环[6.3.1.0^{3,7}.0^{9,11}]十二-5-烯-11-基}-4-甲基-10[(*E*)-2-甲基丁-2-烯酰氧基]-1*H*,7*H*-萘并[1,8a,8-bc;4,4a-c′]二呋喃-3,7a-二羧酸酯。

英文名称 dimethyl(2a*R*,3*S*,4*S*,4a*R*,5*S*,7a*S*,8*S*,10*R*,10a*S*,10b*R*)-10-acetoxy-3,5-dihydroxy-4-[(1a*R*,2*S*,3a*S*,6a*S*,7*S*,7a*S*)-6a-hydroxy-7a-methyl-3a,6a,7,7a-tetrahydro-2,7-methanofuro[2,3-*b*]oxireno[*e*]oxepin-1a(2*H*)-yl]-4-methyl-8-{[(2*E*)-2-methylbut-2-enoyl]oxy}octahydro-1*H*-naphtho[1,8*a*-*c*:4,5-*b*′*c*′]difuran-5,10a(8*H*)-dicarboxylate。

美国化学文摘名称 dimethyl(2a*R*,3*S*,4*S*,4a*R*,5*S*,7a*S*,8*S*,10*R*,10a*S*,10b*R*)-10-(acetyloxy)octahydro-3,5-dihydroxy-4-methyl-8-[[(2*E*)-2-methyl-1-oxo-2-butenyl]oxy]-4-[(1a*R*,2*S*,3a*S*,6a*S*,7*S*,7a*S*)-3a,6a,7,7a-tetrahydro-6a-hydroxy-7a-methyl-2,7-methanofuro[2,3-*b*]oxireno[*e*]oxepin-1a(2*H*)-yl]-1*H*,7*H*-naphtho[1,8-*bc*:4,4a-*c*′]difuran-5,10a(8*H*)-dicarboxylate。CA 主题索引名称为 1*H*,7*H*-naphtho[1,8-*bc*:4,4a-*c*′]difuran-5,10a(8*H*)-dicarboxylic acid-，10-(acetyloxy)octahydro-3，5-dihydroxy-4-methyl-8-[[(2*E*)-2-methyl-1-oxo-2-butenyl]oxy]-[(1a*R*，2*S*，3a*S*，6a*S*，7*S*，7a*S*)-3a，6a，7，7a-tetrahydro-6a-hydroxy-7amethyl-2,7-methanofuro[2,3-*b*]oxireno[*e*]oxepin-1a(2*H*)-yl]-dimethyl ester，(2a*R*,3*S*,4*S*,4a*R*,5*S*,7a*S*,8*S*,10*R*,10a*S*,10b*R*)-；CAS登录号为［11141-17-6］。

组成　印楝素是印楝树种子提取物的主要活性成分；这些提取物也包括一系列柠檬苦素，比如印苦楝内酯（limonoids）、印楝素（nimbin）、印楝沙兰林（salannin）。印楝树乳剂是由含有体积分数为25%的印楝素，30%～50%的其他印苦楝内酯（limonoids），25%脂肪酸和7%的甘油酯的原料制得。

理化性质　纯品为具有大蒜/硫黄味的黄绿色粉末。印楝树油为具有刺激大蒜味的深黄色液体。K_{ow} $\lg P=1.09$。熔点155～158℃。相对密度1.276（20℃）。蒸气压3.6×10^{-6} mPa（20℃）。溶解度（g/L，20℃）：水0.26，能溶于乙醇、乙醚、丙酮和三氯甲烷，难溶于正己烷。避光保存，DT_{50} 50d（pH=5，室温）；高温、碱性、强酸介质下易分解。旋光度［α］$_D$ −53℃（c=0.5，$CHCl_3$），闪点>60℃（泰克闭口杯法）。

毒性　大鼠急性经口LD_{50}>5000mg/kg；兔急性经皮LD_{50}（24h）>2000mg/kg。无皮肤刺激；对兔眼有轻度刺激。对豚鼠轻度皮肤过敏。吸入LC_{50}大鼠0.72mg/L。毒性级别：美环保局标准（EP A）IV。

生态效应　对野生鸟类无明显毒副作用，乳油制剂在推荐用量下对鱼无致死作用，对虹鳟鱼半致死浓度为0.48mg/L，达到较大浓度时可导致鱼类死亡，见水见光迅速分解（50～100h），无累积毒性且残效期短。对蜘蛛、蝴蝶、蜜蜂、瓢虫和害虫寄主等有益生物无害，有研究表明只有对花施药，蜜蜂才会受到影响。

环境行为　印楝素在土壤中移动性较低且残效期短，毒性极低（3%的苦楝素水剂，大鼠经口LD_{50}>5000mg/kg），且没有触杀作用。在植物叶上DT_{50}约17h；在土壤中DT_{50} c. 25d。市售制剂含有稳定剂，可以防止水解、光解。因此对环境、天敌等益虫安全。

制剂与分析方法　目前在欧美市场上销售的制剂有两种：Margosan-O（含量为0.3%）和Azatin（含量为3%）。在我国有0.3%、0.5%、0.7%印楝素乳油。分析方法用高效液相色谱分析。

作用机理与特点　蜕皮激素抑制剂。通过其疏水作用使昆虫窒息、机体干燥，从而发挥杀虫、杀螨作用。印楝素兼具拒食剂和昆虫生长调节剂等多种作用方式，在很低的剂量下即可降低昆虫蜕皮激素的合成，使昆虫不能蜕皮，还能使成虫不能繁殖，正是由于其具有拒食作用，因此其效果优于一般的昆虫生长调节剂。

应用

适用作物　印楝素几乎适宜于所有农作物、观赏植物以及草坪等。

防治对象　印楝素是一种广谱的杀虫杀螨剂。到目前为止，其对进行测试的200多种害虫中，90%都有活性。对鳞翅目、鞘翅目及双翅目等害虫有特效，如粉虱、潜叶虫、梨虱等。印楝对许多植物病原真菌（白粉病和锈病）、细菌、病毒和线虫都有较好的抑制作用。

残留量与安全施药　在植物叶上DT_{50} c. 17h；在土壤中DT_{50} c. 25d。

使用方法　防治鳞翅目、鞘翅目及双翅目等害虫，使用剂量为10～20g(a.i.)/hm^2。防治十字花科蔬菜小菜蛾，在小菜蛾发生危害期，于1～2龄幼虫盛发期及时施药。可用0.3%印楝素乳油800倍液喷雾。根据虫情约7d可再防治一次或使用其他药剂。

印楝素可防治花卉的多种害虫，如对蚜虫、蛾类、螨类、蝽类、蝇类、蜗牛类等，都有明显的防治效果。同时，与其他农药相比，用相同药量施用于同类花卉，防效高，缓效性作用大。其使用方法一般是每公顷用0.3%印楝素乳油800～1500mL，加水750L均匀喷雾。如系单株防治害虫，即用0.3%印楝素原药乳油100mL，对水800～1000mL喷雾即可。

专利与登记

印楝素本身不存在专利问题。国外公开的或授权的制剂或应用专利有：WO 1991/008670、WO 1992/016109、WO 1992/019616、WO 1993/020916、WO 1994/002019、WO 1995/002962、WO 1995/010942、WO 1996/039034、WO 1996/039845、WO 1999/002533、WO 2000/024731、WO 2000/054596、WO 2001/058263、WO 2002/032907、WO 2004/060326、WO 2007/046680、WO 2008/057703。

在中国申请的与印楝素相关的部分专利见表 9-1、表 9-2。

表 9-1 在中国申请的与印楝素相关的部分专利

序号	申请号	专利名称
1	02133827.2	氟虫腈印楝素乳油及其制备方法
2	02134872.3	印楝素与苯甲酰基脲类混配杀虫剂
3	02133828.0	印楝素水分散粒剂及制备方法
4	02134912.6	印楝素与抑食肼混配农药制剂
5	02134913.4	印楝素与吡嗪酮混配农药制剂
6	02134914.2	印楝素与虫螨腈混配农药制剂
7	02134915.0	印楝素与噁二唑虫混配农药制剂
8	02134917.7	印楝素与吡蚜酮混配农药制剂
9	02134918.5	印楝素与丁醚脲混配农药制剂
10	02134919.3	印楝素与杀螨剂混配农药制剂
11	02134906.1	印楝素与新烟碱类杀虫剂混配农药制剂
12	02134907.X	印楝素与噻嗪酮混配农药制剂
13	02134908.8	印楝素与灭蝇胺混配农药制剂
14	02134909.6	印楝素与抗生素杀虫剂混配农药制剂
15	02134910.X	印楝素与抗生素杀菌剂混配农药制剂
16	02113868.0	印楝素 β-CD 可湿性粉剂、印楝素微乳剂剂型及其生产工艺
17	01108503.7	用超临界流体萃取印楝生产印楝素浸膏的方法
18	02122306.8	微波提取印楝种仁中印楝素的方法
19	02152091.7	印楝素微胶囊剂及其制备方法
20	02152092.5	高含量印楝素干粉的制备方法
21	02152093.3	不含黄曲霉毒素的印楝素干粉的制备方法
22	02152094.1	印楝素原药的微波提取方法
23	02152095.X	印楝素悬浮剂及其制备方法
24	02149738.9	印楝素环糊精或环糊精衍生物包合物及制备方法
25	02113821.4	印楝素在制备种衣剂中的应用
26	03112081.4	印楝素・莨菪碱乳油
27	03112079.2	印楝素・小檗碱种衣剂
28	96112529.2	印楝素的制备工艺
29	99114796.0	含有印楝素的杀虫剂及应用
30	99116209.9	印楝素混配农药制剂及其制备方法
31	00114227.5	印楝素植物性杀虫剂制剂
32	01119394.8	印楝素与鱼藤酮混配的农药制剂
33	01119397.2	印楝素与 Bt 混配的农药制剂
34	01119398.0	印楝素与沙蚕素混配的农药制剂
35	01119399.9	印楝素与拟除虫菊酯混配的农药制剂
36	01107061.7	印楝素微乳剂及其制法
37	02113360.3	超临界二氧化碳技术萃取印楝素工艺
38	00116156.3	印楝油脂和印楝素的连续提取方法
39	200710199068.7	一种含有印楝素的病毒杀虫悬浮剂
40	200410033502.0	印楝素与阿维菌素混配农药制剂

续表

序号	申请号	专利名称
41	200410033504.X	印楝素与多拉菌素混配农药制剂
42	200410033503.5	印楝素与氟虫腈混配农药制剂
43	03155292.7	苏云金芽孢杆菌、白僵菌及印楝素复配杀虫剂及其制备方法
44	200410027676.6	印楝素与氟螨脲混配可湿性粉剂
45	200410027677.0	印楝素与氟螨脲混配水分散性粒剂
46	200410027678.5	印楝素与氟螨脲混配微乳剂
47	200410027680.2	印楝素与氟螨脲混配乳油
48	200410027681.7	印楝素与氟螨脲混配油悬浮剂
49	200410027683.6	印楝素与氟螨脲混配微胶囊剂
50	200410040318.9	水溶性印楝素包接物的制备方法
51	200410072709.9	水溶性印楝素生物农药超分子配合物和制备方法
52	200410094898.X	印楝素与春雷霉素混配微胶囊剂
53	200410094900.3	印楝素与放线菌酮混配油悬浮剂
54	200410097501.2	印楝素与灰黄霉素混配水分散性粒剂
55	200410097505.0	印楝素与灭瘟素混配可湿性粉剂
56	200410097506.5	印楝素与放线菌酮混配微乳剂
57	200410000388.1	含印楝素的混配生物农药
58	200410008135.9	印楝素·甲氨基阿维菌素杀虫剂制剂及其制备方法
59	03140099.X	印楝素和除虫菊素的可湿性粉剂及其制备方法
60	03140100.7	印楝素与拟除虫菊酯类农药的可湿性粉剂及其制备方法
61	03117359.4	超声波浸提印楝素
62	200310104182.9	印楝素复合植物源微乳剂杀虫剂及其制作方法和在水产养殖中的用途
63	200410037725.4	无苯印楝素乳油及其制备方法
64	200510010896.2	一种印楝素微胶囊的悬浮液配方
65	200410009386.9	一种含有甲氨基阿维菌素苯甲酸盐和印楝素的杀虫组合物
66	200410094517.8	印楝素微胶囊剂制备方法
67	200510048760.0	农药水基型制剂中印楝素的高效液相色谱分析方法
68	200610041144.7	印楝素的提取方法
69	200610123526.4	醚菌酯与印楝素混配微乳剂及其制备方法
70	200710020014.X	印楝素无公害农药
71	200610010722.0	印楝种子中印楝油和印楝素原药的快速连续提取方法
72	200610011596.0	一种含印楝素和阿维菌素的农药组合物及其应用
73	200610109380.8	一种含有印楝素的注干剂及印楝素在注干领域中的应用
74	200810027584.6	粉虱座壳孢与印楝素的复配杀虫剂
75	200810027586.5	玫烟色拟青霉与印楝素的复配杀虫剂
76	200810029745.5	爪哇拟青霉与印楝素的复配杀虫剂
77	200810249666.5	印楝素干粉工业大量提取方法
78	200910037750.5	蜡蚧轮枝菌与印楝素复配的杀虫主剂及杀虫剂

表 9-2　在中国登记情况

商品名	登记证号	含量	剂型	登记作物	防治对象	用药量/(g/hm^2)	施用方法
印楝素	LS20090098	0.5%	乳油	十字花科蔬菜	小菜蛾	9.375～11.25	喷雾
	PD20101580	0.3%	乳油	十字花科蔬菜	小菜蛾	2.7～4.05	喷雾
	PD20101847	12%	原药				
	PD20101579	10%	原药				
甲维·印楝素	LS20090579	2%	乳油	甘蓝	小菜蛾	4.8～6	喷雾
阿维·印楝素	LS20091196	0.9%	乳油	菜豆	美洲斑潜蝇	6.75～9.45	喷雾
	PD20101807	0.8%	乳油	甘蓝	小菜蛾	4.8～7.2	喷雾

合成方法

以印楝树种子、树叶等为原料，经萃取、处理而得。用印度印楝树种子、树叶作为杀虫剂的历史可追溯到有害虫控制行为之始，已有2000多年历史，然而，从1988年开始，其商业价值才显得非常重要，这是因为印楝素的分子结构在此之前尚未确定。2007年英国剑桥大学Steven V. Ley教授领导的46位科学家经过22年的努力后，终于完成了它的首次人工合成。合成路线为：

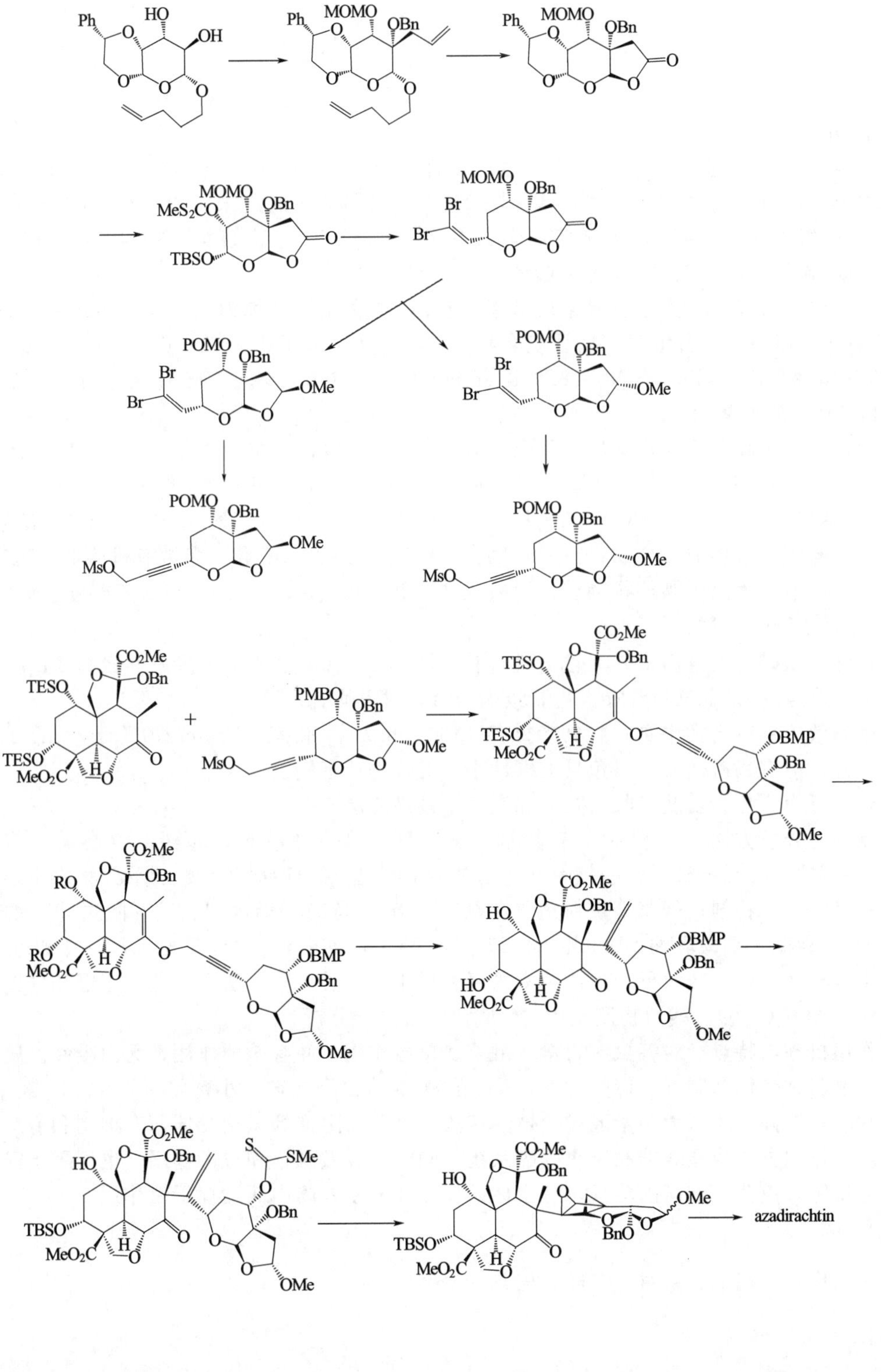

1 The Pesticide Manual. 15th edition：54-55.
2 The Biopesticide Manual，entry，2：116.
3 Tetrahedron Letters，1985，26（52）：6435.
4 J. Chem. Soc.，Chem. Comm.，1986，46.
5 J. Chem. Soc.，Chem. Comm.，1992，1304.
6 Angewandte Chemie，2007，46（40）：7629-7632.
7 世界农药，2003，25（4）：29-34.

10 烟碱（nicotine）

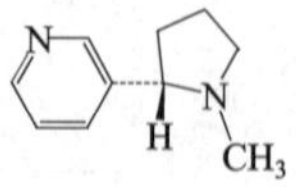

$C_{10}H_{14}N_2$，162.2

产品简介

烟碱［通用名称：nicotine，商品名（厂商）：No-Fid（Hortichem）、Stalwart、XL-All Insecticide（Vitax）］是一种天然杀虫剂。1690年用烟草萃取液来杀虫，至1828年首次从烟草中分离出来，1843年提出其化学式并于1893年确定其结构，1904年A. Pictet和Crepieux成功利用合成的方式得到烟碱。

化学名称 (*S*)-3-(1-甲基吡咯烷-2-基)吡啶，英文化学名称为 (*S*)-3-(1-methylpyrrolidin-2-yl)pyridine。美国化学文摘系统名称为 (*S*)-3-(1-methyl-2-pyrrolidinyl)pyridine，CA主题索引名称为pyridine—，3-[(2*S*)-1-methyl-2-pyrrolidinyl]-。CAS登录号为［54-11-5］；［54-11-5］(硫酸烟碱)。

组成 粗生物碱提取物中的主要成分为 (*S*)-(－)-烟碱，同时含有少量其他生物碱。

理化性质 纯品为无色液体（在光照和空气中迅速变黑），熔点－80℃沸点246～247℃。蒸气压5.65Pa（25℃），K_{ow} lg$P$＝0.93（25℃）。相对密度1.01（20℃）。溶解度：60℃以下与水互溶形成水合物，210℃以上时易溶于乙醚、乙醇和大多数有机溶剂。稳定性：在空气中迅速变为黑色黏稠状物质，遇酸成盐。旋光度 $[\alpha]_D^{20}$ －161.55°。离解度 pK_{a_1} 3.1，pK_{a_2} 8.2，闪点101℃。

毒性 烟碱对人畜高毒，大鼠急性经口 LD_{50} 50～60mg/kg；小鼠急性经口 LD_{50} 3mg/kg；兔急性经皮 LD_{50} 50mg/kg。皮肤接触和吸入对人均有毒性。

生态效应 对鸟类中毒，虹鳟鱼幼鱼 LC_{50} 4mg/L，水蚤（*D. pulex*）LC_{50} 4mg/L，对蜜蜂中毒，但有趋避效果，对鱼贝类毒性小，对作物药害轻。

环境行为 易为皮肤吸收，在光和空气中极易降解。

制剂与分析方法 主要制剂有粉剂、熏蒸剂、可溶性液剂、原药。植物碱原药（含95%～98%）；40%～50%硫酸烟碱（使用时须用肥皂或碱稀释以释放出烟碱）；水不溶性烟碱盐；3%～5%粉剂；烟草烟熏粉剂。混剂有0.84%马钱·烟水剂、10%除虫菊·烟碱乳油、9%辣椒碱·烟碱乳油、0.6%、1.2%苦参碱·烟碱乳油、4%氯氰菊酯·烟碱水乳剂等。也可与残杀威、敌敌畏、阿维菌素等复配混用。主要分离方法有水蒸气蒸馏和硅钨酸盐沉降法（AOAC法）。残留物测定用GC或比色法进行分析。

作用机理与特点 对害虫有胃毒、触杀、熏蒸作用，并有杀卵作用，无内吸性。属神经系统乙酰胆碱受体抑制剂，麻醉神经，是一种典型的神经毒剂。小剂量兴奋中枢神经系统，增强呼吸，增高血压；大剂量通过受体的持久去极化而阻抑烟碱型受体，有抑制和麻痹神经的作用，作用方式为显著抑制害虫呼吸系统，同时有轻微触杀和胃毒作用。也可用于密闭空间（温室等）熏蒸。烟碱的蒸气可从虫体的任何部分浸入体内而发挥毒杀作用。

应用

适用作物 蔬菜、果树、茶叶、棉花、水稻等作物。

防治对象　蚜虫、蓟马、蝽象、卷叶虫、菜青虫、潜叶蛾以及水稻的三化螟、飞虱、叶蝉、斑潜蝇等。

残留量与安全用药　烟碱易挥发，故残效期很短，而它的盐类（如硫酸烟碱）则较稳定，残效较长。由于烟碱对人高毒，所以配药或施药时都应遵守通常的农药施药保护规则，做好个人防护。①烟碱对蜜蜂有毒，使用时应远离养蜂场所。②药液稀释时，加入一定量的肥皂或石灰，能提高药效。③急救治疗措施：误服或中毒可用清水或盐水彻底冲洗。如丧失意识，开始时可吞服活性炭，清洗肠胃。禁服吐根糖浆。无解毒剂，对症治疗。④烟碱易挥发，烟草粉必须密闭存放，配成的药液立即使用。⑤烟碱对人毒性较高，配药时应戴橡皮手套。

应用技术与使用方法　①蚜虫　防治棉花上的蚜虫，使用10%烟碱乳油75～105g/hm^2（有效成分），喷雾；防治菜豆上的蚜虫，使用量为30～40g/hm^2，喷雾。②斑潜蝇　使用10%烟碱乳油75～105g/hm^2（有效成分），喷雾；有效防治蚕豆上的斑潜蝇。③烟青虫　使用10%烟碱乳油75～112.5g/hm^2（有效成分），对水喷雾。

生产中一般直接使用烟草喷粉或喷雾。①喷粉法：亩用烟草粉末2～3kg，直接喷粉。②喷雾法：烟草水：用烟草粉末加适量清水浸泡1d，滤去烟渣按每千克烟草粉末对水10～15kg或每千克烟茎，烟筋水6～8kg的比例稀释，直接喷雾。③烟草石灰水法：将烟草粉末1kg，生石灰0.5kg，水40kg，先用10kg热水浸泡烟草粉末30min，用手揉搓水中烟叶，然后把烟叶捞出，放在另外10kg清水中再揉搓直到没有较浓的汁液揉出为止，将两次揉搓液合到一块，另将0.5kg生石灰加10kg水配成石灰乳，滤去残渣。在使用前，将烟叶和石灰乳混合，再加10kg水，搅匀后即可喷雾。④插烟基：将晒干的烟叶切成约4cm长小段，或将废烟叶结成烟索切成小段，插在三化螟为害的枯心群禾苗旁，可毒杀三化螟幼虫，防治其转株为害。

专利与登记

烟碱不存在专利问题。目前公开的或授权的混剂或应用专利：CN 1098251、CN 114054、GB 4463685、US 2009234129、US 2008108822、US 2006287532、US 2006041135US2226389、US 2431672、US 2459138、WO 2007126826等。

在中国申请的烟碱相关专利及登记见表10-1、表10-2。

表10-1　在我国申请的剂型、混剂、应用及提取工艺或方法的部分相关专利

序号	申请号	专利名称
1	95111118.3	烟碱杀虫剂
2	95112034.4	烟叶提取烟碱新工艺
3	95193465.1	用作杀体内寄生虫剂的昆虫烟碱能乙酰胆碱受体兴奋剂或拮抗剂
4	96101752.X	硫酸烟碱的生产工艺
5	85108451	烟碱测定仪及其测定方法
6	88105700	一种从废烟末中提取烟碱的方法
7	88101294.7	从烟草中提取烟碱
8	89100297.9	硫酸烟碱的生产工艺
9	89104689.5	硫酸烟碱的生产工艺
10	90107812.3	将醋酸烟碱加入烟丝的方法
11	90107608.2	用干馏法从烟草中制取烟碱制品的工艺
12	92101315.9	烟碱盐类和纯烟碱产品的生产工艺
13	92102921.7	一种从烟草中提取烟碱的方法
14	93116205.X	一种用萃取法从废次烟叶中提取硫酸烟碱的方法

续表

序号	申请号	专利名称
15	94103043.1	一种含硫酸烟碱的杀虫剂
16	94110582.2	烟碱及其盐的制备方法
17	94103484.4	烟碱乳油及制备方法
18	95110466.7	40%烟碱苯系溶液和纯烟碱的制备方法及设备
19	97111061.1	综合利用低次烟叶中烟碱及其副产品芦丁的制备新工艺
20	99105952.2	一种烟碱提取工艺
21	99105951.4	一种烟碱复配乳油杀虫剂及其制造方法
22	00107949.2	烟草发状根培养法生产烟碱
23	98810645.0	烟碱组合物及其制备方法
24	00121553.1	烟草细胞培养法生产烟碱
25	00116184.9	提取烟草净油、类黑素、烟碱及制备复合肥的方法
26	00121407.1	从烟草中提取烟碱新工艺
27	200710032971.4	鱼藤酮与新烟碱类杀虫剂混配农药制剂
28	200310109922.8	用干馏法从烟杆烟茬中提取烟碱的方法
29	200410030796.1	烟碱酸的制造方法及该方法所用的催化剂
30	02121386.0	一种烟碱复配乳油杀虫剂及其制造方法
31	03139131.1	烟碱微胶囊悬乳剂及其制备方法
32	200710011031.7	乳状液膜法提取废烟叶、烟梗中的烟碱
33	200910012151.8	一种提取苦参碱或烟碱的工艺
34	200910190965.0	一种提制烟碱的微生物处理工艺

表 10-2 在我国登记情况

商品名	登记证号	含量/%	剂型	登记作物	防治对象	用药量	施用方法
烟碱	PD20100680	90	原药				
烟碱·苦参碱	LS20081629	1.2	烟剂	松树	松毛虫	180～360g/hm^2	点燃放烟
	PD20100678	1.2	乳油	甘蓝	菜青虫	7.2～9g/hm^2	喷雾
	PD20101216	12	水剂	柑橘树	矢尖蚧	5～10mg/kg	喷雾
氯氰·烟碱	PD20101431	4	水乳剂	甘蓝	蚜虫	60～120g/hm^2	喷雾

合成方法

长期以来，人们用烟草提取物来防治刺吸式害虫，现已被烟碱制成品及其硫酸盐取代。其制备方法为将烟叶磨成细粉，加入石灰乳，使呈碱性，烟碱则游离出来，然后再加煤油过滤。硫酸烟碱则是将烟草细粉加入石油，再加硫酸，充分搅拌，滤去残物，用石油析出，即得硫酸烟碱。

也可以通过如下反应制得。

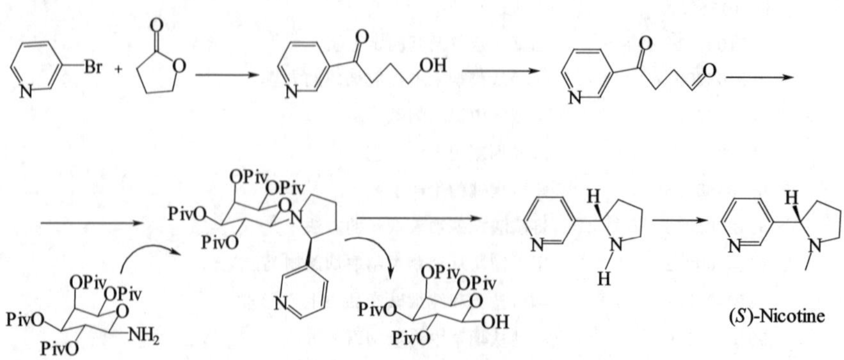

1 The Pesticide Manual. 15 th edition: 816-817.

2 Pestic. Sci., 1996, 47, 265.

11 除虫菊素（pyrethrins）

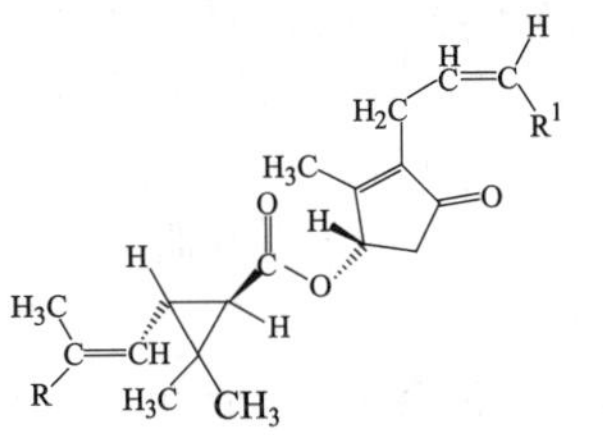

cinerin Ⅰ

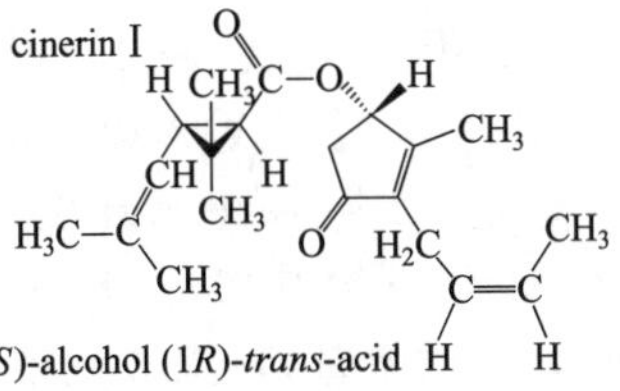

(*Z*)-(*S*)-alcohol (1*R*)-*trans*-acid

cinerin Ⅱ

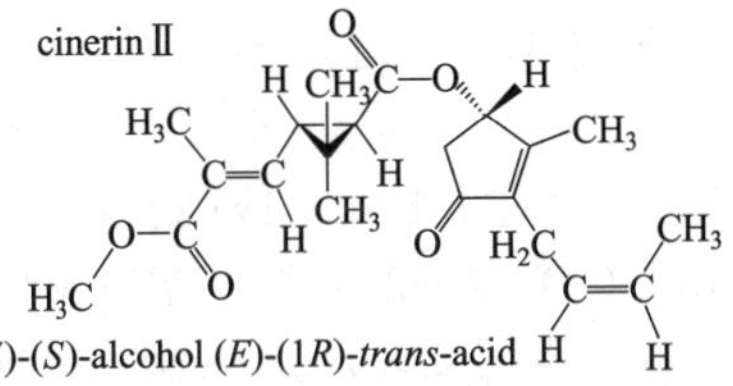

(*Z*)-(*S*)-alcohol (*E*)-(1*R*)-*trans*-acid

jasmolin Ⅰ

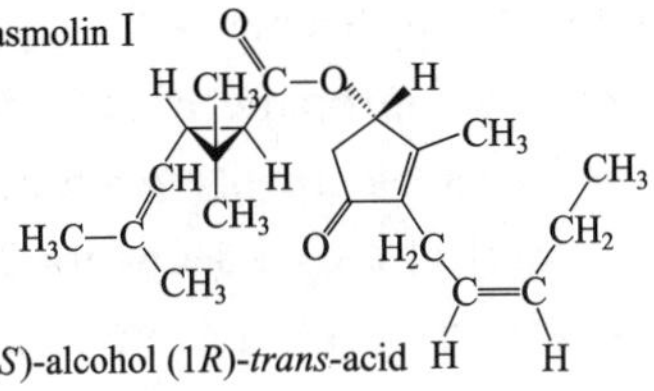

(*Z*)-(*S*)-alcohol (1*R*)-*trans*-acid

jasmolin Ⅱ

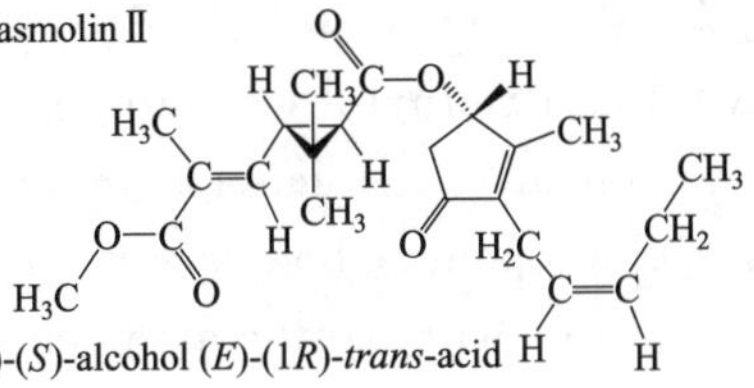

(*Z*)-(*S*)-alcohol (*E*)-(1*R*)-*trans*-acid

pyrethrin Ⅰ

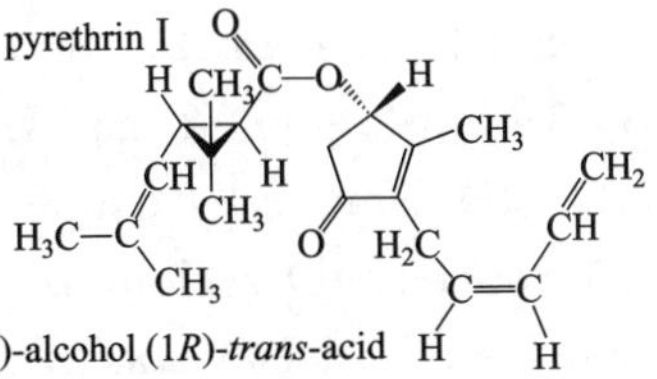

(*Z*)-(*S*)-alcohol (1*R*)-*trans*-acid

pyrethrin Ⅱ

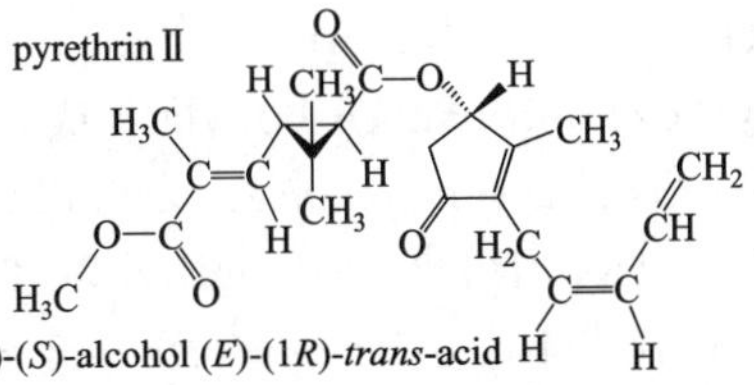

(*Z*)-(*S*)-alcohol (*E*)-(1*R*)-*trans*-acid

产品简介

除虫菊素（通用名称：pyrethrins，其他名称有 pyrethres、Prestrin、Pynerzone、Pyrenone、Pyrentox、Pyresita、Pyrethrum、Pyrocide、Pyronyl、Pytox 等；第二次世界大战以前，除虫菊粉及其制剂在市场的商品名称有 Dalmatian Insect Powder、Persian Insect Powder、Insect Powder、Pyrethrum Powder、Pyrethrum Insecticide、Buhach、Pyrethrum Extract、Oleoresin of Pyrethrum、Dusturan、Urania Normal、Evergreen、Pultex、Filt、Insect Killer、Pyrethrol 等。其他商品名（包括混剂组成与厂商）有 Evergreen（MGK）、ExciteR（Prentiss）、Milon（Frunol）、Pyrocide（MGK）、PY-T-20（Botanical Resources）、PY-T-50（Botanical Resources）、Alfadex（Novartis A H）、Pyagro（Pyrethrum Board Of Kenya）、Pybuthrin 33（Bayer CropScience）、Pyganic（MGK）、Pyrkem（Kemio）、Hash（＋piperonyl butoxide）(Kemio)、Pycon（＋piperonyl butoxide）(Agropharm)、Pyronyl（＋piperonyl butoxide）(Prentiss)、Asgrow Thirethrin（＋endosulfan＋piperonyl butoxide）(Agriliance)、Hash J25（＋piperonyl butoxide）(aerosol)(Kemio)、Parexan（＋piperonyl butoxide ＋S421）(Bayer CropScience)、Piretrin（＋piperonyl butoxide）(Chemia)、Pybuthrin（＋bioallethrin ＋bioresmethrin）(Bayer CropScience)、Pynosect 30 Water Miscible（＋resmethrin）(Mitchell Cotts)、Pyrellin（＋rotenone）(Wright Webb)、Pyrenone（＋piperonyl butoxide）(Bayer CropScience)。

最早由古代中国发现，在中世纪经丝绸之路传入波斯（伊朗），干燥的花粉被称为“波斯杀虫粉”，使用的记载可追溯到19世纪早期，当时其被引进到克罗地亚的达尔马提亚、法国、美国、日本。CAS登录号［8003-34-7］。含有六种杀虫成分：pyrethrin Ⅰ（除虫菊素Ⅰ）、pyrethrin Ⅱ（除虫菊素Ⅱ）、cinerin Ⅰ（瓜菊素Ⅰ）、cinerin Ⅱ（瓜菊素Ⅱ）、jasmolin Ⅰ（茉莉菊素Ⅰ）、jasmolin Ⅱ（茉莉菊素Ⅱ），除虫菊素是这些杀虫成分的总称，又因为除虫菊素Ⅰ和Ⅱ是6种杀虫成分中的主要组分，习惯上除虫菊素又是代表了除虫菊素Ⅰ与除虫菊素Ⅱ。

Pyrethrins（chrysanthemates）含有 pyrethrins Ⅰ、cinerin Ⅰ、Jasmolin Ⅰ三个组分。

化学名称　pyrethrin Ⅰ(*Z*)-(*S*)-2-甲基-4-氧-3-(2,4-戊二烯)-2-环戊烯(1*R*)-反-2,2-二甲基-3-(2-甲基-1-丙烯基)环丙烷甲酸酯；或(*Z*)-(*S*)-2-甲基-4-氧-3-(2,4-戊二烯)-2-环戊烯(+)-反-菊酸酯，cinerin Ⅰ(*Z*)-(*S*)-3-(2-丁烯基)-2-甲基-4-氧环戊-2-烯(1*R*)-反-2,2-甲基-3-(2-甲基-1-烯基)环丙烷甲酸酯，或(*Z*)-(*S*)-3-(2-丁烯基)-2-甲基-4-氧环戊-2-烯基(+)-反-菊酸酯，Jasmolin Ⅰ(*Z*)-(*S*)-2-甲基-4-氧-3-(2-戊烯基)-2-环戊烯基(1*R*)-反-2,2-二甲基-3-(2-甲基-1-丙烯基)环丙烷甲酸酯，或(*Z*)-(*S*)-2-甲基-4-氧-3-(2-戊烯基)环戊-2-烯基(+)-反-菊酸酯。

英文化学名称　pyrethrin Ⅰ：(*Z*)-(*S*)-2-methyl-4-oxo-3-(penta-2,4-dienyl)cyclopent-2-enyl(1*R*,3*R*)-2,2-dimethyl-3-(2-methylprop-1-enyl)cyclopropanecarboxylate 或(*Z*)-(*S*)-2-methyl-4-oxo-3-(penta-2,4-dienyl)cyclopent-2-enyl(1*R*)-*trans*-2,2-dimethyl-3-(2-methylprop-1-enyl)cyclopropanecarboxylate 或(*Z*)-(*S*)-2-methyl-4-oxo-3-(penta-2,4-dienyl)cyclopent-2-enyl(+)-*trans*-chrysanthemate；cinerin Ⅰ：(*Z*)-(*S*)-3-(but-2-enyl)-2-methyl-4-oxocyclopent-2-enyl(1*R*,3*R*)-2,2-dimethyl-3-(2-methylprop-1-enyl)cyclopropanecarboxylate 或(*Z*)-(*S*)-3-(but-2-enyl)-2-methyl-4-oxocyclopent-2-enyl (1*R*)-*trans*-2,2-dimethyl-3-(2-methylprop-1-enyl)cyclopropanecarboxylate 或(*Z*)-(*S*)-3-(but-2-enyl)-2-methyl-4-oxocyclopent-2-enyl(+)-*trans*-chrysanthemate；jasmolin Ⅰ：(*Z*)-(*S*)-2-methyl-4-oxo-3-(pent-2-enyl)cyclopent-2-enyl(1*R*,3*R*)-2,2-dimethyl-3-(2-methylprop-1-enyl)cyclopropanecarboxylate 或(*Z*)-(*S*)-2-methyl-4-oxo-3-(pent-2-enyl)cyclopent-2-enyl(1*R*)-*trans*-2,2-dimethyl-3-(2-methylprop-1-enyl)cyclopropanecarboxylate 或(*Z*)-(*S*)-2-methyl-4-oxo-3-(pent-2-enyl)cyclopent-2-enyl(+)-*trans*-chrysanthemate。

美国化学文摘名称 pyrethrin Ⅰ：(1*S*)-2-methyl-4-oxo-3-(2*Z*)-2,4-pentadienylcyclopenten-1-yl(1*R*,3*R*)-2,2-dimethyl-3-(2-methyl-1-propenyl)cyclopropanecarboxylate，cinerin Ⅰ：(1S)-3-(2*Z*)-2-butenyl-2-methyl-4-oxo-2-cyclopenten-1-yl (1*R*,3*R*)-2,2-dimethyl-3-(2-methyl-1-propenyl)cyclopropanecarboxylate；Jasmolin Ⅰ：(1*S*)-2-methyl-4-oxo-3-(2*Z*)-2-pentenyl-2-cyclopenten-1-yl(1*R*,3*R*)-2,2-dimethyl-3-(2-methyl-1-propenyl)cyclopropanecarboxylate；CA 主题索引名称 pyrethrin Ⅰ：cyclopropanecarboxylic acid—，2,2-dimethyl-3-(2-methyl-1-propenyl)-(1*S*)-2-methyl-4-oxo-3-(2*Z*)-2，4-pentadienylcyclopenten-1-yl ester，(1*R*,3*R*)-；cinerin Ⅰ：cyclopropanecarboxylic acid—，2,2-dimethyl-3-(2-methyl-1-propenyl)-(1*S*)-3-(2*Z*)-2-butenyl-2-methyl-4-oxo-2-cyclopenten-1-yl ester，(1*R*,3*R*)-；Jasmolin Ⅰ：cyclopropanecarboxylic acid—，2,2-dimethyl-3-2-methyl-1-propenyl)-(1*S*)-2-methyl-4-oxo-3-(2*Z*)-2-pentenyl-2-cyclopenten-1-yl ester，(1*R*,3*R*)-；CAS 登录号 pyrethrin Ⅰ［121-21-1］，cinerin Ⅰ［25402-06-6］，Jasmolin Ⅰ［4466-14-2］。

Pyrethrins（pyrethrates）含有 pyrethrin Ⅱ、cinerin Ⅱ、Jasmolin Ⅱ三个组分。

化学名称　pyrethrin Ⅱ，(*Z*)-(*S*)-2-甲基-4-氧-3-(2,4-戊二烯基)-2-环戊烯基(*E*)-(1*R*)-反-3-(2-甲氧酰基丙-1-烯基)-2,2-二甲基环丙烷甲酸酯，或(*Z*)-(*S*)-2-甲基-4-氧-3-(2,4-戊二烯)环戊-2-烯基除虫菊酯，cinerin Ⅱ，(*Z*)-(*S*)-3-(2-丁烯基)-2-甲基-4-氧环戊-2-烯(*E*)-

(1*R*)-反-3-(2-甲氧酰基丙-1-烯基)-2,2-二甲基环丙烷甲酸酯，或(*Z*)-(*S*)-3-(2-丁烯基)-2-甲基-4-氧环戊-2-烯基除虫菊酯，Jasmolin Ⅱ(*Z*)-(*S*)-2-甲基-4-氧-3-(2-戊烯基)环戊-2-烯基(*E*)(1*R*)-反-3-(2-甲氧酰基丙-1-烯基)-2,2-二甲基环丙烷甲酸酯，或(*Z*)-(*S*)-2-甲基-4-氧-3-(戊-2-烯基)环戊-2-烯基除虫菊酯。

英文名称　pyrethrin Ⅱ：(*Z*)-(*S*)-2-methyl-4-oxo-3-(penta-2,4-dienyl)cyclopent-2-enyl (*E*)-(1*R*, 3*R*)-3-(2-methoxycarbonylprop-1-enyl)-2, 2-dimethylcyclopropanecarboxylate 或 (*Z*)-(*S*)-2-methyl-4-oxo-3-(penta-2,4-dienyl)cyclopent-2-enyl(*E*)-(1*R*)-*trans*-3-(2-methoxycarbonylprop-1-enyl)-2, 2-dimethylcyclopropanecarboxylate 或 (*Z*)-(*S*)-2-methyl-4-oxo-3-(penta-2,4-dienyl)cyclopent-2-enyl pyrethrate cinerin Ⅱ：(*Z*)-(*S*)-3-(but-2-enyl)-2-methyl-4-oxocyclopent-2-enyl(*E*)-(1*R*,3*R*)-3-(2-methoxycarbonylprop-1-enyl)-2,2-dimethylcyclopropanecarboxylate 或 (*Z*)-(*S*)-3-(but-2-enyl)-2-methyl-4-oxocyclopent-2-enyl(*E*)-(1*R*)-*trans*-3-(2-methoxycarbonylprop-1-enyl)-2,2-dimethylcyclopropanecarboxylate 或 (*Z*)-(*S*)-3-(but-2-enyl)-2-methyl-4-oxocyclopent-2-enyl pyrethate; Jasmolin Ⅱ：(*Z*)-(*S*)-2-methyl-4-oxo-3-(pent-2-enyl)cyclopent-2-enyl(*E*)-(1*R*,3*R*)-3-(2-methoxycarbonylprop-1-enyl)-2,2-dimethylcyclopropanecarboxylate 或 (*Z*)-(*S*)-2-methyl-4-oxo-3-(pent-2-enyl) cyclopent-2-enyl(*E*)-(1*R*)-*trans*-3-(2-methoxycarbonylprop-1-enyl)-2,2-dimethylcyclopropanecarboxylate 或 (*Z*)-(*S*)-2-methyl-4-oxo-3-(pent-2-enyl)cyclopent-2-enyl pyrethrate。

美国化学文摘名称　pyrethrin Ⅱ：(1*S*)-2-methyl-4-oxo-3-(2*Z*)-2,4-pentadienyl-2-cyclopenten-1-yl(1*R*,3*R*)-3-[(1*E*)-3-methoxy-2-methyl-3-oxo-1-propenyl]-2,2-dimethylcyclopropanecarboxylate; cinerin Ⅱ：(1*S*)-3-(2*Z*)-2-butenyl-2-methyl-4-oxo-2-cyclopenten-1-yl(1*R*, 3*R*)-3-[(1*E*)-3-methoxy-2-methyl-3-oxo-1-propenyl]-2, 2-dimethylcyclopropanecarboxylate; Jasmolin Ⅱ：(1*S*)-2-methyl-4-oxo-3-(2*Z*)-2-pentenyl-2-cyclopenten-1-yl(1*R*,3*R*)-3-[(1*E*)-3-methoxy-2-methyl-3-oxo-1-propenyl]-2,2-dimethylcyclopropanecarboxylate。CA 主题索引名称 pyrethrin Ⅱ：cyclopropanecarboxylic acid; —, 3-[(1*E*)-3-methoxy-2-methyl-3-oxo-1-propenyl]-2,2-dimethyl-(1*S*)-2-methyl-4-oxo-3-(2*Z*)-2,4-pentadienyl-2-cyclopenten-1-yl ester, (1*R*,3*R*)-; cinerin Ⅱ：cyclopropanecarboxylic acid;—, 3-[(1*E*)-3-methoxy-2-methyl-3-oxo-1-propenyl]-2, 2-dimethyl-(1*S*)-3-(2*Z*)-2-butenyl-2-methyl-4-oxo-2-cyclopenten-1-yl ester, (1*R*,3*R*)-; Jasmolin Ⅱ：cyclopropanecarboxylic acid; —, 3-[(1*E*)-3-methoxy-2-methyl-3-oxo-1-propenyl]-2,2-dimethyl-(1*S*)-2-methyl-4-oxo-3-(2*Z*)-2-pentenyl-2-cyclopenten-1-yl ester,(1*R*, 3*R*)-。CAS 登录号 pyrethrin Ⅱ [121-29-9]，cinerin Ⅱ [121-20-0]，Jasmolin Ⅱ [1172-63-0]。

组成　除虫菊素提取物主要含两部分，即 chrysanthemates 和 pyrethrates。Pyrethrins 中包括菊酸的三种天然的杀虫活性的酯 Pyrethrins Ⅰ，pyrethrates 包括除虫菊酸的三种相应的酯 Pyrethrin Ⅱ。在美国，其标准含量为 50%±2%（质量分数）的除虫菊素，但样品含量可能仅为 20%；Pyrethrins Ⅰ与Ⅱ的比例通常为（0.8～2.8）∶1；pyrethin∶cinerin∶Jasmolin 的比例一般为 71∶21∶7。在欧洲，商品提取物含量为 20%～25%的 Pyrethrins，50%±2%的制剂比较普遍。

理化性质　精制的提取物为浅黄色油状物，带有微弱的花香味；未精制提取物为棕绿色黏稠液体；花粉为棕褐色。相对密度 0.84～0.86（25%灰白色提取物），0.9（油性树脂粗提物）。不溶于水，易溶于大多数有机溶剂，如醇、碳氢化合物、芳香烃、酯等。避光、常温下保存>10a；在日光下不稳定，遇光快速氧化；光照 DT_{50} 10～12min；遇碱迅速分解，并失去杀虫效力；>200℃加热导致异构体形成，活性降低。熔点 76℃。

除虫菊素（chrysanthemates）。相对分子质量 pyrethin Ⅰ 328.4，cinerin Ⅰ 316.4，Jasmolin Ⅰ 330.5。分子式 pyrethin Ⅰ $C_{21}H_{28}O_3$，cinerin Ⅰ $C_{20}H_{28}O_3$，Jasmolin Ⅰ $C_{21}H_{30}O_3$。沸点 170℃/0.1mmHg（pyrethin Ⅰ）。蒸气压 2.7mPa（pyrethin Ⅰ）。K_{ow} $\lg P=5.9$（pyrethin Ⅰ）。在水中溶解度 0.2mg/L（pyrethin Ⅰ）。光旋光度 $[\alpha]_D^{20}-14°$。

除虫菊素（pyrethrates）。相对分子质量 pyrethin Ⅱ 372.4，cinerin Ⅱ 360.4，Jasmolin Ⅱ 374.5。分子式 pyrethin Ⅱ $C_{22}H_{28}O_5$，cinerin Ⅱ $C_{21}H_{28}O_5$，Jasmolin Ⅱ $C_{22}H_{30}O_5$。沸点 200℃/0.1 mmHg（pyrethin Ⅱ）。蒸气压 5.3×10^{-2} mPa（pyrethin Ⅱ）。$K_{ow}\lg P=4.3$（pyrethin Ⅱ）。在水中溶解度 9.0mg/L（pyrethin Ⅱ）。光旋光度 $[\alpha]_D^{20}+14.7°$。能溶于醇类、氯化烃类、硝基甲烷、煤油等多种有机溶剂中。对光敏感，在光照下的稳定性是：瓜叶菊素＞茉酮菊素＞除虫菊素；而Ⅱ的光稳定性又稍大于它们相应的Ⅰ。除虫菊素在空气中会出现氧化，遇热能分解，在碱性溶液中能水解，均将失去活性，一些抗氧剂对它有稳定作用。

Pyrethrins（pyrethrum）毒性　急性经口 LD_{50}（mg/kg）：大鼠雄 2370，大鼠雌 1030，小鼠 273～796。急性经皮 LD_{50}（mg/kg）：大鼠＞1500，兔 5000。对皮肤、眼睛轻度刺激。虽然菊花在制作和使用中容易引起皮炎，甚至特殊的过敏，但在商品制备过程中可消除此影响。大鼠吸入毒性 LC_{50}（4h）3.4mg/L。大鼠 NOEL（2a）100mg/L。ADI（JMPR）0.04mg/kg。增效剂并没有增加其对哺乳动物的毒性。增效剂（如芝麻明、胡椒基丁醚）能延迟它们的代谢解毒作用。

对人的 ADI 为 0.04mg/kg。除虫菊素在哺乳动物胃中能迅速水解为无毒物，长期喂大白鼠以＜5000mg/kg(bw) 的含除虫菊素饲料，未出现明显病症。在工作场所工作超过 7～8h，空气中最高允许浓度为 15mg/m³。对鱼类等水生生物和蜜蜂有毒：在 12℃的静水中，对鱼类的 LC_{50}（96h）为 24.6～114μg/L，对幼年大西洋鲑鱼的致死浓度为 0.032mg/L。浓乳剂对蜜蜂有毒，其水稀释喷射液则无害，且对蜜蜂有拒避作用。

生态效应　除虫菊素的鸟类和哺乳动物体内的代谢和排泄，比在昆虫和鱼体内快得多。它在植物上开始的代谢和在牲畜体内的类似。除虫菊素在土壤中也发生同样形式的水解和氧化的变化，但是既没有降解产物，也没有完整的母体化合物通过沥滤而获得。

环境行为　除虫菊素主要有两种降解途径，即光降解和生物降解，这两种降解常常是重叠着进行的，当它进入热血动物体内，即通过酯链的水解而降解；当受日光和紫外线的影响时，就开始在羟基上降解，促使其结构上的酸和醇部分氧化。

制剂　DP（含各种有效成分含量，非碱性载体）；气雾剂（至 20g/L，萃取物溶解在精制无色煤油中，偶尔用二氯甲烷，加适宜的推进剂）；Alfadex（Ciba-Geigy），Anti-ant（Pan Britannica Ind.）。混剂：Actellic Aerosol（ICI Plant Protection Div.），气雾剂（本品＋胡椒基丁醚＋甲基嘧啶磷）；Ficam Plus（Nor-Am），可湿性粉剂（30g 本品＋290g 噁虫威＋80g 胡椒基丁醚/kg）；Pybuthrin（Wellcome）（CAS 登录号 9071-04-3），气雾剂（本品＋胡椒基丁醚）；本品＋二嗪磷。

分析方法　最经典的除虫菊素Ⅰ和除虫菊素Ⅱ的分析方法，是用金尼格氏试剂（Deniges，reagent）对除虫菊素Ⅰ作汞还原测定；而对除虫菊素Ⅱ则先行水解，然后以标准氢氧化钠溶液滴定。两者相加，即为除虫菊素总含量，除虫菊萃取液中的 6 种活性成分可采用气相色谱法分别测定。色谱柱以在 Chromsorb w 上涂有新戊基乙二醇琥珀酸酯填充，氮气作载气，并以电子捕获检测器检测，相对误差为 0.1%～3.6%，也可以用高效液相色谱将硝基甲烷载在硅藻土（Celite）上作为固定相，用 1∶3 四氯化碳-己烷作为流动相分别测定。除虫菊素的 6 种杀虫组分还可以用 lichrosorb Si 60 柱子分开，洗提溶剂为 90∶10 的己烷-乙酸乙酯，流速 100mL/h，并用 UV 检测器在 254nm 处对化合物作鉴定。这一分离方法不会受增效醚存在的影响。

除虫菊素的残留量分析，通常是用丁醇、石油醚或乙醇萃取，然后以硫酸汞作生色反应，再在550nm处用分光光度计进行测定，在牛奶、鱼、肉类、脂肪和蛋类中的除虫菊素Ⅰ和Ⅱ、瓜叶菊素Ⅰ和Ⅱ及茉酮菊素Ⅱ，无论有无增效醚存在，都可以用气相色谱法分别检测，不受干扰，即将这类食品的萃出液用Fluorisil柱或薄层色谱吸收，以电子捕获检测器作检测，本法亦可适用于谷类、果品和油料种子中除虫菊素的分析。

作用机理与特点　除虫菊酯类具有神经毒性，主要起触杀作用；但毒作用机制尚未完全阐明。一般认为，它和神经细胞膜受体结合，改变受体通透性；也可抑制 Na^+/K^+-ATP酶、Ca^{2+}-ATP酶，引起膜内外离子转运平衡失调，导致神经传导阻滞；此外，还可作用于神经细胞的钠通道，使钠离子通道的m闸门关闭延迟、去极化延长，形成去极化后电位和重复去极化；抑制中枢神经细胞膜的γ-氨基丁酸受体，使中枢神经系统兴奋性增高。

应用

天然除菊素见光慢慢分解成水和二氧化碳，因此用其配制的农药或卫生杀虫剂等使用后无残留，对人畜无副作用，是国际公认的最安全的无公害天然杀虫剂。除虫菊素是由除虫菊花中萃取的具有杀虫活性的六种物质组成，因此杀虫效果好，昆虫不易产生抗药性，可用于制造杀灭抗性很强的害虫的农药。用其配制成卫生喷雾剂由于速效、击倒力强，不仅可用于家庭卫生杀虫，还用于防治畜舍、工场、食品仓库以及蛀食羊毛织品的害虫，并用作一种涂在食品包装外层纸上的防虫材料；配制成农药还可用于防治果树、蔬菜、大田作物、温室、花卉等的咀嚼式和刺吸式口器昆虫（蚜虫、红蜘蛛、菜青虫、棉铃虫及地下害虫），亦可用于杀水稻飞虱、叶蝉、蓟马、稻螟蛉、小麦蚜虫以及蔬菜、果树、烟草等作物上的蚜虫。作为气雾剂在室内使用，剂量为21g（有效成分）/m^3；大田用量为0.55kg/hm^2。它在蚊香中含量为0.3%～0.4%。除虫菊也可应用于茶园，3%除虫菊水剂对茶假眼小绿叶蝉和茶尺蠖都有较好的防效。

专利与登记

除虫菊素不存在专利问题。在中国申请的专利及登记情况见表11-1、表11-2。

表11-1　在我国申请的剂型、混剂、应用及提取工艺或方法部分专利

序号	申请号	专利名称
1	01129126.5	二氧化碳低温萃取除虫菊素的方法
2	01129131.1	稳定增效的天然除虫菊素产品
3	01145597.7	天然除虫菊素乳油制剂
4	01145598.5	精制天然除虫菊素原药的制备方法
5	200710066382.8	天然除虫菊素花粉剂及制备方法
6	200410079635.1	一种天然除虫菊素乳油制剂
7	200410079636.6	天然除虫菊素衣物防蛀剂及其制备方法
8	200510010739.1	天然除虫菊素乳油制剂的应用
9	200410022123.1	天然除虫菊素微胶囊剂植物农药的制备方法
10	200410022124.6	天然除虫菊素微胶囊剂植物农药及其应用
11	03140099.X	印楝素和除虫菊素的可湿性粉剂及其制备方法
12	03117808.1	除虫菊素缓释剂及其制备方法
13	02134160.5	用于卫生杀虫剂的除虫菊素浓缩液及其应用
14	200510096888.4	用除虫菊素浓缩液制备的蚊香
15	200510010962.6	光稳定和氧化稳定的除虫菊素产品
16	200510010964.5	超临界二氧化碳流体分离天然除虫菊素组分
17	200510011016.3	天然除虫菊素蚊虫驱避液
18	200510048714.0	天然除虫菊素水乳剂及其制备方法
19	200510096896.9	用除虫菊素浓缩液制备的杀虫气雾剂
20	200510053838.8	高效高稳定除虫菊素水乳剂的制备方法
21	200610010821.9	天然除虫菊素超低容量喷雾剂及静电喷雾防虫方法
22	200610010820.4	以印楝油为增效剂的除虫菊素乳油制剂

续表

序号	申请号	专利名称
23	200510048737.1	天然除虫菊素水乳剂及其制备方法
24	200610149114.8	天然除虫菊素乳油制剂的应用
25	200610149116.7	天然除虫菊素乳油制剂的应用
26	200610149117.1	天然除虫菊素乳油制剂的应用
27	200610011594.1	一种含天然除虫菊素和吡虫啉的农药组合物及其应用
28	200710065895.7	天然除虫菊素微乳剂杀虫剂及制备方法
29	200710089944.0	天然除虫菊素蟑螂诱杀油剂及制备方法
30	200610081101.1	亚临界二甲醚流体提取天然除虫菊素的方法
31	200610149115.2	天然除虫菊素乳油制剂的应用
32	200810124541.X	水基型天然除虫菊素卫生杀虫剂及其制备方法
33	200810233424.7	用于除虫菊素制剂的植物源乳化剂及其制备方法和应用
34	200910094891.0	连续逆流超声提取除虫菊素的方法

表 11-2　在我国登记情况

商品名	登记证号	含量	剂型	登记作物	防治对象	用药量/(g/hm²)	施用方法
除虫菊素	LS20080240	1.5%	水乳剂	十字花科蔬菜	蚜虫	18～36	喷雾
	LS20080240F080037	1.5%	水乳剂	十字花科蔬菜	蚜虫	18～36	喷雾
	LS20090925	5%	乳油	烟草	蚜虫	18.75～26.25	喷雾
	PD20095107	5%	乳油	十字花科蔬菜	蚜虫	22.5～37.5	喷雾
	PD20098425	1.5%	水乳剂	十字花科蔬菜	蚜虫	27～40.5	喷雾
	PD20092509	70%	原药				
	PD20092513	70%	原药				
	WP20080074	60%	原药				
杀虫气雾剂	WL20090057	0.5%	气雾剂	卫生	蝇、蚊、蜚蠊	—	喷雾
	WP20080075	0.2%	气雾剂	卫生	蝇、蚊、蜚蠊	—	喷雾

制备方法

除虫菊花经风干、磨粉、萃取，萃取物用甲醇或二氧化碳精制得到除虫菊素。除虫菊干花中含除虫菊素 0.9%～1.3%，可以用石油醚回流萃取，浓缩可得约含除虫菊素 30%粗制黏稠物，再经脱蜡和脱色，成为约含除虫菊素 60%的产品，可供配制浸膏和加工多种制剂，如乳油、油喷射剂、气雾剂、烟熏剂、蚊香、电热蚊香片、防蚊油等。含除虫菊素的粗制物如用硝基甲烷去臭火油（Deobase）等反复萃取，并以活性炭脱色，可获得除虫菊素达 95%以上的无色并有强烈菊花香味的高纯度黏稠液。

除虫菊粉剂可将除虫菊干花直接粉碎而得，所谓浸渍粉剂（Impregnated dust）则是将除虫菊花萃取液喷到惰性粉表面，干后粉碎而得。两者均可用于加工杀虫粉剂，但浸渍粉剂的杀虫作用比一般粉剂更快，而其持效时间则不如一般粉剂。

1 The Pesticide Manual. 15 th edition：981-984.
2 Pestic. Sci.，1972，3，57.
3 农药，2004，43（7）：289-293.
4 农药译丛，1984，6：15-21.
5 农药，2005，44（9）：391-394.
6 农药科学与管理，2003，24（2）：22-23.

12　鱼藤酮（rotenone）

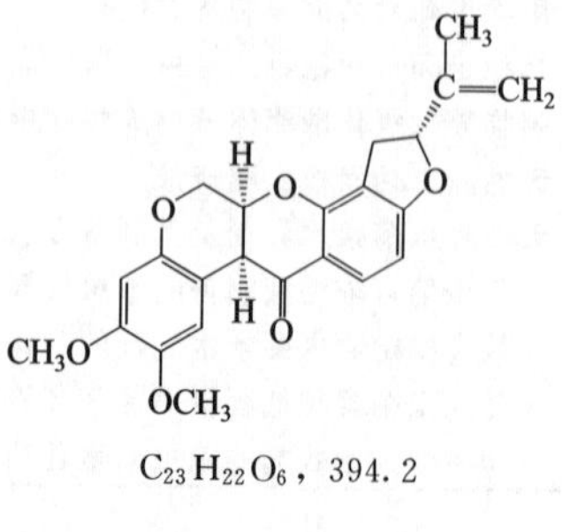

$C_{23}H_{22}O_6$，394.2

产品简介

鱼藤酮［通用名称：rotenone，有关商品名（开发公司），如 Chem Sect（Tifa）、Cube root（Tifa）、Prenfish（Prentiss）、Vironone（Vipesco）、Synpren fish（＋piperonyl butoxide）(Prentiss)、Chem-Fish（Tifa）、Noxfish（Prentiss），混剂：Nusyn-Noxfish（＋piperonyl butoxide）(Prentiss)、PB-Nox（＋piperonyl butoxide）(Penick)、Pyrellin（＋pyrethrins（pyrethrum））(Wright Webb)］是一种天然杀虫杀螨剂。

化学名称　(2*R*,6a*S*,12a*S*)-1,2,6,6a,12,12a-六氢-2-异丙烯基-8,9-二甲氧基氧萘[3,4-*b*]糠酰[2,3-*h*]氧萘-6-酮，英文化学名称为(2*R*,6a*S*,12a*S*)-1,2,6,6a,12,12a-hexahydro-2-*iso*propenyl-8,9-dimethoxy-chromeno[3,4-*b*]furo[2,3-*h*]chromen-6-one。美国化学文摘名称为(2*R*,6a*S*,12a*S*)-1,2,12,12a-tetrahydro-8,9-dimethoxy-2-(1-methylethenyl)[1]benzopyrano[3,4-*b*]furo[2,3-*h*][1]benzopyran-6(6a*H*)-one。CA 主题索引名称[1]benzopyrano[3,4-*b*]furo[2,3-*h*][1]benzopyran-6(6a*H*)-one—，1,2,12,12a-tetrahydro-8,9-dimethoxy-2-(1-methylethenyl)-[2*R*-(2α,6aα,12aα)]-；CAS 登录号为［83-79-4］。

理化性质　纯品为无色六角板状结晶，熔点 163℃（同质二晶型有熔点 181℃的），蒸气压＜1mPa（20℃），旋光度 $[\alpha]_D^{20}$ －231.0°（苯中），几乎不溶于水（100℃时溶解度为 15mg/L），稍溶于链烃溶剂，易溶于极性有机溶剂，在氯仿中溶解度最大（47.2g/100g）。遇碱消旋，易氧化，尤其在光或碱存在下氧化快，而失去杀虫活性。外消旋体杀虫活性减弱，在干燥情况下，比较稳定。

毒性　鱼藤酮属中等毒。原药急性经口 LD_{50}（mg/kg）：大鼠 132～1500、小鼠 350。对兔眼有强烈刺激性。250mL 浓度为 5％鱼藤酮水溶液能使 100kg 猪致死。以 25mg/kg 饲料喂养大鼠两年无危害。以 50mg/kg 饲料喂养狗 28d 引起呕吐，体重没有影响。以 10mg/kg 饲料喂养狗 6 个月体重降低，增加剂量，其血液受到影响。繁殖试验，以 10mg/kg 饲料喂养怀孕大鼠，对其繁殖有影响；以 2.5mg/kg 饲料喂养怀孕大鼠，对其繁殖无影响。以 4.5～9.0mg/kg 饲料喂养豚鼠，对其繁殖有影响。在试验剂量内对动物无致突变、致畸和致癌作用。对人皮肤有轻度刺激性，对人类为中等毒性，经口致死剂量为 300～500mg/kg。

生态效应　鱼藤酮对鸟低毒，LD_{50}（mg/kg）：野鸭 2000、鹌鹑 1680，日本鹌鹑 LC_{50} 4500～7000mg/L。对鱼高毒，LC_{50}（96h，mg/L）：山齿鹑 0.031、鲶鱼 0.0026、蓝鳃鱼 0.023。无脊椎动物 EC_{50}（48h）0.002～100mg/L。对蜜蜂无毒，当和除虫菊杀虫剂混用时对蜜蜂有毒性。

环境行为　鱼藤酮在土壤和水中快速分解。在土壤和水中半衰期为 1～3d。在土壤中不易滤掉，对地下水无影响。遇光快速分解，在春天 5～6d 即分解掉一半，夏天 2～3d 分解掉一半。鱼藤酮属于高效、短期光敏剂，含有该物质的有机体对阳光敏感，当豆叶受阳光照晒时，鱼藤酮很快分解。鱼藤酮对热敏感，遇热很快分解。

制剂与分析方法　主要剂型包括晶体（纯度 95％），2.5％、50％乳油，0.75％～5％悬浮液，混剂 5.5％、7.5％氰戊菊酯·鱼藤酮乳油，可与印楝素、吡蚜酮、抑食肼、丁醚脲、噻嗪酮、茚虫威、吡虫啉等混配使用。常用剂型为根部磨成粉末，加入非碱性载体。如果用萃取物制成粉剂，则要加入少量强酸（如磷酸）稳定。用浓硫酸和硝酸处理萃取液，呈红色，用氨处理，由红色变成暂时的绿色（Durham 试验法）；产品分析，用氢氧化钾处理萃取物，从四氯化碳中进行结晶，用旋光测定仪测定结晶在苯溶液中的纯度（CIPA 方法）；残留分析，在 KOH 乙醇溶液中用亚硝酸钠处理萃取物，用浓硫酸酸化后呈红色，与标准品比色。

作用机理与特点　鱼藤酮为植物性触杀型杀虫、杀螨剂，具选择性，无内吸性，见光易分解，在空气中易氧化，在作物上残留时间短，对环境无污染，对天敌安全。该药杀虫谱广，对害虫有触杀和胃毒作用。本品能抑制 *C*-谷氨酸脱氢酶的活性，而使害虫死亡。该药剂能有效防治蔬菜等多种作物上的蚜虫，安全间隔期为 3d。

应用

适用作物 水稻、蔬菜、果树。

防治对象 蚜虫、棉红蜘蛛、叶蜂、虱子等。

残留量与安全用药 在土壤和水中半衰期为 1～3d，施药后安全间隔期为 3d。鱼类对本剂极为敏感，使用时不要污染鱼塘。

应用技术 防治叶菜类蔬菜蚜虫，在蚜虫发生始盛期施药。药液应随用随配，不宜久置。本品不能与碱性药剂混用。

使用方法 在世界范围内鱼藤酮用于家庭花园中害虫的防治，宠物上虱子防治以及水中鱼类尸体的处理。

防治叶菜类蔬菜蚜虫，每公顷用 2.5%鱼藤酮乳油 1500mL（有效成分 37.5g），加水均匀喷雾，每公顷用药 600～750kg。

专利与登记

鱼藤酮不存在专利问题。在中国申请的专利和登记情况见表 12-1、表 12-2。

表 12-1 在我国申请的剂型、混剂、应用及提取工艺或方法专利

序号	申请号	专利名称
1	02134911.8	鱼藤酮类化合物的微波提取方法
2	02134920.7	鱼藤酮类化合物的超临界流体萃取方法
3	02153008.4	鱼藤酮原药快速净化提取法
4	02149737.0	鱼藤酮环糊精或环糊精衍生物的包合物及制备方法
5	02134303.9	阿维菌素·鱼藤酮混配农药制剂
6	96106570.2	5.5%氰戊菊酯·鱼藤酮乳油
7	96106569.9	7.5%氰戊菊酯·鱼藤酮乳油
8	00107140.8	高渗鱼藤酮乳油农药
9	00107141.6	鱼藤酮原药提取法
10	00117506.8	鱼藤酮离体生物合成生产方法
11	01107545.7	鱼藤酮的混配制剂
12	01119394.8	印楝素与鱼藤酮混配的农药制剂
13	200710032678.8	鱼藤酮与吡蚜酮混配农药制剂
14	200710032746.0	鱼藤酮与抗生素杀菌剂混配农药制剂
15	200710032970.X	鱼藤酮与抑食肼混配农药制剂
16	200710032677.3	鱼藤酮与丁醚脲混配农药制剂
17	200710032946.6	鱼藤酮与噻嗪酮混配农药制剂
18	200710032971.4	鱼藤酮与新烟碱类杀虫剂混配农药制剂
19	200710032947.0	鱼藤酮与杀螨剂混配农药制剂
20	200710032966.3	鱼藤酮与茚虫威混配农药制剂
21	200710032682.4	鱼藤酮与抗生素杀虫剂混配农药制剂
22	200710032505.6	鱼藤酮与乙虫清混配农药制剂
23	200710032943.2	鱼藤酮与嘧螨酯混配农药制剂
24	200710032945.1	鱼藤酮与灭蝇胺混配农药制剂
25	03140087.6	鱼藤酮和 Bt 悬浮剂及其制备方法
26	03139959.2	鱼藤酮微胶囊剂及其制备方法
27	03139960.6	鱼藤酮和氟虫腈悬浮剂及其制备方法
28	03139966.5	鱼藤酮悬浮剂及其制备方法
29	03139967.3	鱼藤酮和阿维菌素悬浮剂及其制备方法
30	03139968.1	鱼藤酮和溴虫腈悬浮剂及其制备方法
31	03139969.X	鱼藤酮和多杀菌素悬浮剂及其制备方法
32	03139970.3	鱼藤酮和虫酰肼悬浮剂及其制备方法
33	03139958.4	鱼藤酮和吡虫啉悬浮剂及其制备方法
34	03108763.9	超临界 CO_2 萃取精品鱼藤酮工艺
35	200510011024.8	一种鱼藤酮微胶囊的悬浮液配方

序号	申请号	专 利 名 称
36	200610005248.2	鱼藤酮防污剂
37	200610122242.3	鱼藤酮与氟氯氰菊酯的农药组合物及其作为杀虫剂的应用
38	200510029404.4	一种鱼藤酮复配杀虫剂及其制备方法
39	200610123524.5	鱼藤酮与呋虫胺混配微乳剂及其制备方法
40	200610125016.0	含鱼藤酮杀虫剂及其制备方法
41	200610119065.3	一种鱼藤酮水乳剂的制备方法
42	200810073592.4	无公害植物源农药鱼藤酮乳油制剂及其制备方法
43	200810031441.2	鱼藤酮肟醚及其制备方法与应用
44	200810032173.6	羧酸鱼藤酮肟酯及其制备方法与应用
45	200710130539.9	一种鱼藤酮、拟除虫菊酯与辛硫磷混配的农药制剂
46	200810031725.1	氨基甲酸鱼藤酮肟酯及其制备方法与应用
47	200810143172.9	含 12α-羟基鱼藤酮的杀虫剂
48	200810073722.4	鱼藤酮微乳剂及其制备方法
49	200910038086.6	鱼藤酮/羧甲基壳聚糖接技蓖麻油酸纳米粒子水分散制剂的制备方法
50	200910041257.0	一种鱼藤酮微乳剂
51	02134911.8	鱼藤酮类化合物的微波提取方法

表 12-2 在中国登记情况

商品名	登记证号	含量/%	剂型	登记作物	防治对象	用药量/(g/hm^2)	施用方法
鱼藤酮	LS20082505	2.5	乳油	十字花科蔬菜	蚜虫	37.5～56.25	喷雾
	LS20090370	7.5	乳油	十字花科蔬菜	蚜虫	56.25～73.125	喷雾
	LS20091313	5	微乳剂	甘蓝	蚜虫	30～45	喷雾
	PD20085108	2.5	乳油	十字花科蔬菜	蚜虫	37.5～56.25	喷雾
	PD20090716	2.5	乳油	十字花科蔬菜	蚜虫	37.5～56.25	喷雾
	PD20091876	7.5	乳油	十字花科蔬菜	蚜虫	33.75～45	喷雾
	PD20092307	4	乳油	十字花科蔬菜	蚜虫	24～36	喷雾
	PD20097721	2.5	乳油	十字花科蔬菜	蚜虫	37.5～56.25	喷雾
	PD91105-2	2.5	乳油	叶菜	蚜虫	37.5	喷雾
	PD20083523	95	原药				
	LS20080065	95	原药				
	PD20095935	95	原药				
氰戊·鱼藤酮	PD20086351	2.5	乳油	十字花科蔬菜	菜青虫	30～45	喷雾
	PD20086352	7.5	乳油	十字花科蔬菜	小菜蛾	42.4～84.4	喷雾
	PD20097887	1.3	乳油	十字花科叶菜	菜青虫	19.5～24	喷雾
阿维·鱼藤酮	PD20090250	1.8	乳油	甘蓝	小菜蛾	8.1～10.8	喷雾
敌百·鱼藤酮	PD20093596	25	乳油	甘蓝	菜青虫	150～225	喷雾
藤酮·辛硫磷	PD20095175	18	乳油	甘蓝	斜纹夜蛾	162～324	喷雾

合成方法

用有机溶剂萃取含有鱼藤酮的植物，如鱼藤属、尖荚豆属或灰叶属的根部，浓缩萃取液，过滤，得结晶产品。

1 The Pesticide Manual. 15 th edition：1021-1022.

13 藜芦碱（sabadilla）

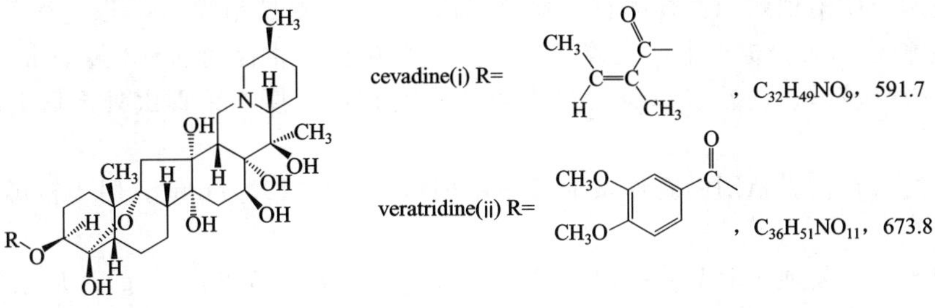

产品简介

藜芦碱（通用名称：sabadilla，商品名称 veratrine、cevadine）1970 年就开始使用。

化学名称 4β,12,14,16β,17,20-六羟基-4a,9-环氧瑟烷-3β-基[(Z)-2-甲基丁-2-烯酸酯]（ⅰ）；4β,12,14,16β,17,20-六羟基-4a,9-环氧瑟烷-3β-基-3,4-二甲氧基苯甲酸酯（ⅱ）。英文化学名称为 4β,12,14,16β,17,20-hexahydroxy-4a,9-epoxycevan-3β-yl[(Z)-2-methylbut-2-enoate]（ⅰ）；4β,12,14,16β,17,20-hexahydroxy-4a,9-epoxycevan-3β-yl-3,4-dimethoxybenzoate（ⅱ）。美国化学文摘系统名称为 [3β(Z),4α,16β]-4,9-epoxy-cevane-3,4,12,14,16,17,20-heptol-3-(2-methyl-2-butenoate)（ⅰ），[3β,4α,16β]-4,9-epoxy-cevane-3,4,12,14,16,17,20-heptol-3-(3,4-dimethoxybenzoate)（ⅱ）。CAS 登录号为 [8051-02-3]；[62-59-9]（ⅰ）；[71-62-5]（ⅱ）。

组成 藜芦碱 sabadilla 中杀虫成分为 veratrine，其中组分ⅰ与组分ⅱ的比例为 2∶1。

理化性质 熔点 140～155℃（veratrine），208～210℃（ⅰ），167～184℃（ⅱ）。蒸气压 9.8×10^{-9}Pa（20℃）、2.5×10^{-8}Pa（25℃）。K_{ow} lg$P$=4.65。Henry 常数 6×10^{-5}Pa·m^3/mol。水中溶解度 555mg/L（veratrine），12.5g/L（pH=8.07）（ⅱ），易溶于乙醇、醚、氯仿，微溶于甘油，不溶于己烷。稳定性：两组分遇空气、光不稳定，在 pH>10 分解。旋光度 $[\alpha]_D^{21}$ +10.7°（c=6.0，乙醇）（ⅰ）；$[\alpha]_D^{21}$ +7.2°（c=3.9，乙醇）（ⅱ）。pK_a 9.54（ⅱ）。

毒性 大鼠急性经口 LD_{50} 4000mg/kg；人经口最低致死量 50mg/kg。小鼠腹腔注射 LD_{50} 7.5mg/kg。瑟瓦定对大鼠腹腔注射 LD_{50} 3.5mg/kg。藜芦定对小鼠静脉注射 LD_{50} 0.42mg/kg。吸入对黏膜有刺激性，有催嚏作用。三项致突变试验均为阴性。对眼睛有轻度刺激作用。

生态效应 对益虫无害。

环境行为 在空气和光照下迅速分解，残留低。动物通过皮肤迅速吸收。

制剂与分析方法 0.5%藜芦碱醇溶液、煤油溶液、粉剂。用乙醚从已经磨碎的种子含氨浆料中萃取出生物碱，移到稀盐酸中，用碳酸钠中和，再用醚萃取，称量混合的生物碱。可用 GC-MSD/HPLC-UV 进行分析。

作用机理与特点 具有触杀和胃毒作用。神经细胞钠通道抑制剂。药剂经虫体表皮或吸食进入消化系统后，造成局部刺激，引起反射性虫体兴奋，继之抑制虫体感觉神经末梢，进而抑制中枢神经而致害虫死亡。

应用

适用作物 大田农作物，果树（如柑橘、鳄梨等），蔬菜。

防治对象 蓟马、棉蚜、棉铃虫、菜青虫。

残留量与安全施药 本品对人、畜毒性低，不污染环境，低残留，药效可持续 10d 以上。易光解，应在避光、干燥、通风、低温条件下贮存。不可与强酸、碱性制剂混用。

应用技术 防治棉蚜，在棉蚜百株卷叶率达 5%、有蚜株率为 30%以上和每叶片有30～40 头棉蚜时施药。防治棉铃虫，在棉铃虫卵孵盛期施药，本品对 1～3 龄幼虫效果较好，4 龄以上幼虫效果较差。防治甘蓝菜青虫，当甘蓝处在蓬座期，菜青虫处于低龄幼虫阶段时施药。

使用方法 在世界范围内藜芦碱推荐使用剂量为 20～100g/hm^2。用于柑橘、鳄梨上蓟马的防治。

防治棉蚜，每公顷用商品量 1125～1500mL（有效成分 5.6～7.5g），加水 600L 喷雾，持效期可控制在 14d 以上。

防治棉铃虫，使用剂量及施药方法同棉蚜。

防治甘蓝菜青虫，每公顷用商品量 1125～1500mL（有效成分 5.6～7.5g），加水 600L 喷雾，持效期可控制在 14d 以上。

专利与登记

藜芦碱不存在专利问题。在中国申请专利及登记情况见表 13-1、表 13-2。

表 13-1 在我国申请的剂型、混剂、应用及提取工艺或方法专利

序号	申请号	专利名称
1	99119082.3	特效小麦吸浆虫杀虫剂
2	02121193.0	氨基酸广谱无公害药肥
3	200710031922.9	一种安全环保的红火蚁饵剂
4	200610043806.4	生物农药组合物及其制备方法和用途
5	200610170802.2	一种植物杀虫剂及其制备方法

表 13-2 在中国登记情况

商品名	登记证号	含量	剂型	登记作物	防治对象	用药量/(g/hm^2)	施用方法
藜芦碱	LS20080069	0.5%	可湿性粉剂	甘蓝	蚜虫	7.5～9.38	喷雾
	LS20080079	0.5%	可溶液剂	甘蓝	菜青虫	7.5～9.38	喷雾
	LS20083293	20%	原药				

制备方法

从中、南美洲野生百合科植物沙巴藜芦中萃取，大约 20 种以上，最常用的是 Schoenocaulon officinal Grey，其种子中含 2%～2.5%藜芦碱，可用煤油萃取。一般将沙巴藜芦的种子或其萃取物在 150℃处理或用碳酸钠处理，以提高毒力。据称亦可从蒜藜芦（Veratrumalbum）中提取。

The Pesticide Manual. 15 th edition：1024-1025.

沙蚕毒素类杀虫剂

沙蚕毒素类杀虫剂（nereistoxin analogue insecticides）共有 5 个品种：bensultap、cartap、thiocyclam、thiosultap（包括杀虫单和杀虫双），本书均有介绍。

该类杀虫剂的研制来自天然杀虫剂沙蚕毒素。日本科研人员在观察到得病的海洋生物沙蚕 *Lumbriconereis heteropoda* 可使苍蝇致死，分离得到了天然杀虫剂沙蚕毒素（nereistoxin）。以沙蚕毒素为先导化合物经过大量研究，发现只有那些经昆虫吸收后可以转变为天然杀虫剂沙蚕毒素本身的化合物才有活性。

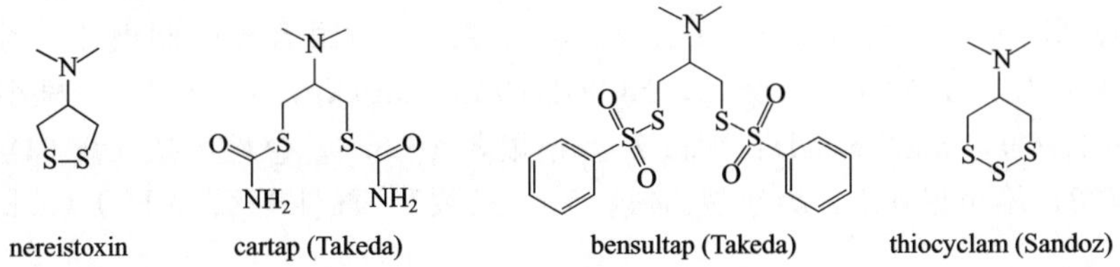

其中开发成功的杀虫剂主要有两个：杀螟丹（cartap）和杀虫磺（bensultap），均由日本武田公司开发，对鞘翅目和鳞翅目害虫有效。其中杀螟丹，具有广谱的活性，尤其用于防治水稻螟虫；杀虫磺主要用于防治甲虫和其他害虫。Sandoz（现属先正达公司）开发的化合物杀虫环（thiocyclam），可用于多种作物同时防治鞘翅目和鳞翅目害虫。这些产品均为前提杀虫剂，对哺乳动物的毒性远低于天然产物沙蚕毒素，主要作用于烟碱乙酰胆碱酯酶受体，低浓度时为部分兴奋剂（agonist），高浓度时为通道阻碍剂。

我国科研人员对cartap中间体进行了研究，并成功开发了杀虫剂杀虫双、杀虫单等。

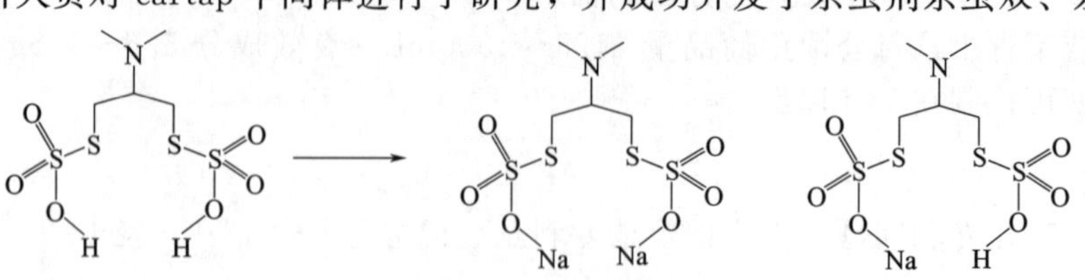

杀螟丹中间体　　　杀虫双　　　杀虫单

主要品种如下。

14　杀虫磺（bensultap）

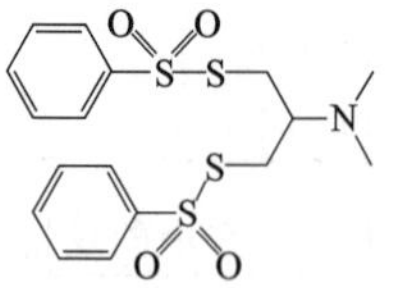

$C_{17}H_{21}NO_4S_4$，431.6

产品简介

杀虫磺［试验代号：TI-78（Takeda）、TI-1671（Takeda），通用名称：bensultap，商品名称：Bancol、Victenon、Ruban］是由日本武田化学工业公司（现属住友化学公司）1979年开发的沙蚕毒素类杀虫剂，是代替有机氯农药杀虫剂六六六、滴滴涕停产后很有发展前途的杀虫剂。世界主要生产商为日本住友化学株式会社。

化学名称　*S*,*S*-[2-(二甲氨基)]双硫代苯磺酸酯。英文化学名称为*S*,*S*′-2-dimethylaminotrimethylene di(benzenethiosulfonate)。美国化学文摘系统名称为*S*,*S*′-[2-(dimethylamino)-1,3-propanediyl] di(benzenesulfothioate)，CA主题索引名称为benzenesulfonothioic acid—，*S*,*S*′-[2-(dimethylamino)-1,3-propanediyl] ester。CAS登录号为［17606-31-4］。

理化性质　淡黄色结晶性粉末，略有特殊气味。熔点81.5～82.9℃。蒸气压$<1\times10^{-2}$mPa（20℃）。Henry常数$<9.6\times10^{-3}$ Pa·m³/mol（20℃）。相对密度0.791（20℃）。$K_{ow}\lg P=2.28$（25℃）。溶解度：水0.448mg/L（20℃），其他溶剂中溶解度（g/L，20℃）：正己烷0.319，甲苯83.3，二氯甲烷>1000，甲醇10.48，乙酸乙酯149。稳定性：pH<5，150℃下，是稳定的；但在中性或碱性溶液中水解（$DT_{50}\leqslant$15min，pH=5～9）。

毒性　大鼠急性经口LD_{50}（mg/kg）：雄1105，雌1120。小鼠急性经口LD_{50}（mg/kg）：雄516，雌484。兔急性经皮LD_{50}>2000mg/kg，对眼有轻微刺激性，对兔皮肤无刺激。大鼠吸入LC_{50}（4h）>0.47mg/L。NOEL（90d，mg/kg）：大鼠250，雄小鼠40，雌小鼠300；NOEL（2a，mg/kg·d）：大鼠10，小鼠3.4～3.6。急性半致死量LD_{50}（mg/kg）：雄503，雌438，雄小鼠442，雌小鼠343。无“三致”。毒性等级WHO（a.i.）Ⅲ，EPA（制剂）Ⅲ。

生态效应　山齿鹑急性经口LD_{50} 311mg/kg；大鼠吸入LC_{50}（mg/kg）：山齿鹑1784，野鸭3112。鱼类LC_{50}（48h，mg/L）：鲤鱼15，孔雀鱼17，金鱼11，虹鳟鱼0.76；LC_{50}（72h，mg/L）：鲤鱼8.2，孔雀鱼16，金鱼7.4，虹鳟鱼0.76。蚕类LC_{50}（6h）40mg a.i.（制剂）/L。对蜜蜂低毒，LC_{50}（48h）25.9μg/只。

环境行为　不同土壤DT_{50}从3～35d不等，取决于土壤类型。DT_{50} 7d（实验室旱地条件)。

制剂与分析方法　Bancol 50 可湿性粉剂，可湿性粉剂（500g/kg）；可分散粒剂、粉剂(DP）和颗粒剂（GR)。残留可用 GC/LC 进行分析。

作用机理与特点　杀虫磺为触杀和胃毒型。模拟天然沙蚕毒素，抑制昆虫神经系统突触，通过占据产生乙酰胆碱的突出膜的位置来阻止突出发射信息，能从根部吸收。

应用

适用作物　果树如苹果、桃树、柑橘类、葡萄等，棉花、甜玉米、马铃薯、水稻、茶叶、油菜、青菜。

防治对象　鞘翅目、鳞翅目害虫，如茶卷叶蛾、马铃薯甲虫、茶黄茶蓟马、水稻螟虫、稻纵卷叶螟、水稻稻叶甲虫、东方玉米螟、根象鼻虫、龟甲虫、藤蔓飞蛾、棉铃象甲、苹果蠹蛾、水疱蛾和苹果叶虫、小青菜、白蝴蝶幼虫、钻石背蛾、芸薹属甲虫。

应用　通常使用剂量为 0.25～1.5kg/hm^2。防治水稻二化螟、三化螟，用 50%可湿性粉剂 5～10g/100m^2，采用对水泼浇或喷雾，撒毒土亦可，于卵孵盛期施药，必要时可施药两次，施药时宜保持 3 cm 左右的水层。用于防治菜蚜、菜青虫、小菜蛾等蔬菜害虫，用可湿性粉剂 5～10g/100m^2 对水 50～100kg 喷雾。

专利概况

本化合物不存在专利权问题，已过期。在中国申请的专利见表 14-1。

表 14-1　在中国申请的与该产品有关的部分专利

序号	申请号	专利名称
1	89109426.1	2,3-二氯-*N*,*N*-二甲基丙胺的制备方法
2	90106452.1	2,3-二氯-*N*,*N*-二甲基丙胺的制备方法

制备或剂型专利有 EP 2000029、EP 2127522、EP 2000029、EP 2090170、EP 2039248、GB 2457347、JP 2009108046、JP 2009209124、JP 2009073742、JP 2010047479、JP 2010047478、JP 2007246496、JP 2006298785、RU 2343667、RU 2245032、US 2009227459、WO 2009146793、WO 2009135613、WO 2009123907、WO 2009118297、WO 2009100822、WO 2009090181、WO 2009047584、WO 2009039951、WO 2010022251、WO 2009012909、WO 2008152091、WO 2008148221、WO 2008125362、WO 2008071674、WO 2006106798、WO 2006022396、WO 2006015865 等。

合成方法

用如下方法进行合成：把含量为 96%的 $Na_2S \cdot 9H_2O$ 25g（0.1mol）溶于 10mL 水中，再加 50mL 二氯甲烷，搅拌下将含量为 98.5%的苯磺酰氯 17.6g（0.0098mol）于 30～40℃在 2h 内滴完，控制反应液 pH 值在 7～8，然后温热至 60℃反应 2h，再加入 0.4g 相转移催化剂和 7.8g *N*，*N*-二甲基-1,2-二氯丙胺，回流反应 5h，分出二氯乙烷层，浓缩至干，得到较黏固体，收率 70%。

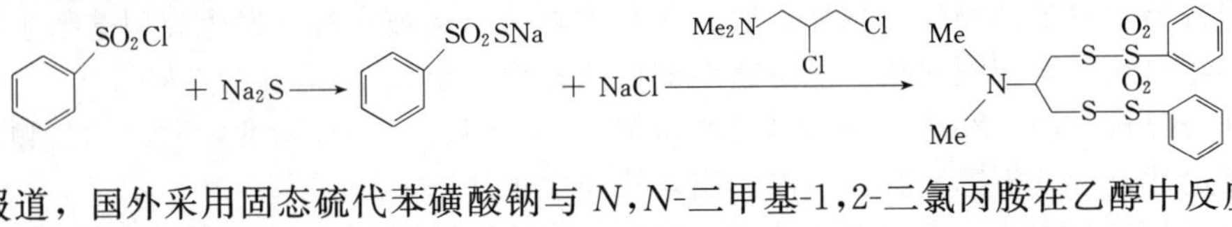

据报道，国外采用固态硫代苯磺酸钠与 *N*,*N*-二甲基-1,2-二氯丙胺在乙醇中反应，可以得到纯度很高的产品，但操作步骤较多，溶剂用量较大，国内也做过类似探索。

1　J. Am. Chem. Soc., 1955, 77: 1568.
2　DE 1917346.
3　The Pesticide Manual. 15 th edition: 91-92.
4　浙江工业大学学报. 2006, 34 (1): 62-64.

15 杀螟丹（cartap）

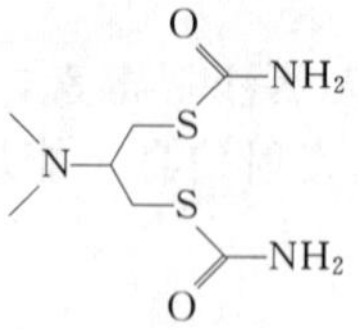

杀螟丹

$C_7H_{15}N_3O_2S_2$，237.3

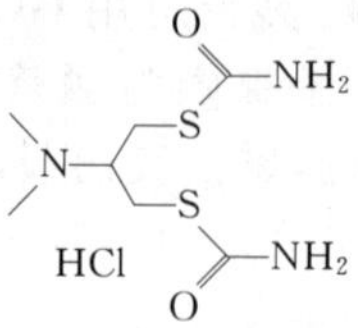

杀螟丹盐酸盐

$C_7H_{16}ClN_3O_2S_2$，273.8

产品简介

杀螟丹（试验代号：T1258、TL1258、TI-K258；通用名称：cartap；商品名称：Padan、Sanvex、Thiobel、Vegetox、Caldan、Sunta、巴丹、杀螟单）是 Takeda Chemical Industries（现属住友化学公司）开发的沙蚕毒素类杀虫剂。

杀螟丹　化学名称 1,3-二(氨基甲酰硫基)-2-二甲基氨基丙烷，英文化学名称为 1,3-di-(carbamoylthio)-2-dimethylaminopropane 或 *S*,*S*′-(2-dimethylaminotrimethylene) bis(thiocarbamate)。美国化学文摘系统名称为 *S*,*S*′-[2-(dimethylamino)-1,3-propanediyl] dicarbamothioate，CA 主题索引名称为 carbamothioic acid—，*S*,*S*′-[2-(dimethylamino)-1,3-propanediyl] ester。CAS 登录号为［15263-53-3］。

杀螟丹单盐酸盐　化学名称 1,3-二(氨基甲酰硫基)-2-二甲基氨基丙烷盐酸盐，英文化学名称为 1,3-di-(carbamoylthio)-2-dimethylaminopropane hydrochloride 或 *S*,*S*′-(2-dimethylaminotrimethylene) bis(thiocarbamate) hydrochloride。美国化学文摘系统名称为 *S*,*S*′-[2-(dimethylamino)-1,3-propanediyl] dicarbamothioate hydrochloride(1∶1)，CA 主题索引名称为 carbamothioic acid—，*S*,*S*′-[2-(dimethylamino)-1,3-propanediyl] ester，monohydrochloride。CAS 登录号为［15263-52-2］。

理化性质　①杀螟丹：白色粉末，熔点 187～188℃，蒸气压（25℃）2.5×10^{-2} mPa。溶解度：在正己烷、甲苯、氯仿、丙酮和乙酸乙酯中的溶解度＜0.01g/L，在甲醇中溶解度为 16g/L，在 150℃时可以稳定存在。②杀螟丹盐酸盐：白色晶体，有特殊臭味，具有吸湿性，熔点 179～181℃，蒸气压可以忽略，在水中的溶解度为 200g/L（25℃），微溶于甲醇、乙醇，不溶于丙酮、乙醚、乙酸乙酯、氯仿、苯和正己烷等。在酸性条件下稳定，在中性及碱性条件下水解。

杀螟丹盐酸盐毒性　急性经口 LD_{50}（mg/kg）：雄大鼠 345，雌大鼠 325，雄小鼠 150，雌小鼠 154。小鼠急性经皮 LD_{50}＞1000mg/kg，对皮肤和眼睛无刺激。小鼠大鼠吸入 LC_{50}(6h)＞0.54mg/L，大鼠以 10mg/kg 饲料饲喂两年，小鼠以 20mg/kg 饲料饲喂一年半，均安全。NOEL 数据：大鼠 10mg/(kg·d)(2a)，小鼠 20mg/(kg·d)(1.5a)。

生态效应　杀螟丹盐酸盐对鲤鱼的 LC_{50}（mg/L）：1.6（24h），1.0（48h）。对蜜蜂有中等毒性，没有持效性，对鸟低毒，对蜘蛛等天敌无不良影响。

环境行为　对于动物的影响如老鼠，在其体内羰基碳被水解，发生硫甲基衍生物的脱甲基作用。在组织内无积累现象，能迅速地随尿液排出。土壤中 DT_{50} 为 3d。

制剂与分析方法　25％、50％可溶性粉剂，2％、4％、10％粉剂，5％、3％颗粒剂。

常用定性定量分析方法有极谱法、碘量法和比色法。

残留量与安全施药　①对蚕毒性大，在桑园附近不要喷洒。一旦沾附了药液的桑叶不可再让蚕吞食。②皮肤沾附药液，会有痒感，喷药时请尽量避免皮肤沾附药液，并于喷药后仔细洗净接触药液部位。③杀螟丹药性虽较低，但施用时仍须戴安全防具，如不慎吞服应立即反复洗胃，从速就医。

作用机理与特点　杀螟丹是沙蚕毒素的一种衍生物，胃毒作用强，同时具有触杀和一定的拒食和杀卵作用，杀虫谱广，能用于防治鳞翅目、鞘翅目、半翅目、双翅目等多种害虫和线虫。对捕食性螨类影响小。其毒理机制是阻滞神经细胞点在中枢神经系统中的传递冲动作用，使昆虫麻痹，对害虫击倒较快，有较长的残效期。沙蚕毒素是存在于海生环节动物异足索沙蚕（*Lumbriconereis heteropoda* Marenz）体内的一种有杀虫活性的有毒物质。沙蚕毒素的作用主要是影响胆碱能突触的传递，其作用方式可以归纳为四种：①对N·型受体的胆碱能阻断作用。②对Ach释放的抑制作用。③对胆碱酯酶（ChE）的抑制作用。④对M型受体的类胆碱能作用。此外，沙蚕毒素对昆虫的其他生理活动如呼吸率等也有一定的影响。

应用

适用作物　水稻、茶树、柑橘、白菜、甘蔗、蔬菜、玉米、马铃薯、小麦、甜菜、棉花、生姜、板栗、葡萄、柑橘类水果等。

防治对象　梨小食心虫、潜叶蛾、茶小绿叶蝉、稻飞虱、叶蝉、稻瘿蚊、小菜蛾、菜青虫、跳甲、玉米螟、二化螟、三化螟、稻纵卷叶螟、马铃薯块茎蛾。

残留量与安全施药　对蚕毒性大，蚕区施药要防止药液污染桑叶和桑室。喷药浓度过高，也会对水稻产生药害。

使用方法　在实际应用中主要使用的是杀螟丹盐酸盐，通常使用剂量为0.4～1.0kg/hm^2。防治稻飞虱、小菜蛾、菜青虫等害虫，在2～3龄若虫高峰期施药，每亩用50%的可溶性粉剂50～100g，对水50～60kg喷雾。

应用技术

(1) 防治水稻害虫　①二化螟、三化螟　在卵孵化高峰前1～2d施药，每亩用50%杀螟丹盐酸盐可溶性粉剂75～100g（有效成分37.5～50g），或98%杀螟丹盐酸盐每亩用35～50g，对水喷雾。常规喷雾每面喷药液40～50 L，低容量喷雾每亩喷药液7～10L。②稻纵卷叶螟　防治重点在水稻穗期，在幼虫1～2龄高峰期施药，一般年份用药1次，大发生年份用药1～2次，并适当提前第一次施药时间。每亩用50%杀螟丹盐酸盐可溶性粉剂100～150g（有效成分50～75g），对水50～60L喷雾，或对水600L泼浇。③稻苞虫　在3龄幼虫前防治，用药量及施药方法同稻纵卷叶螟。④稻飞虱、稻叶蝉　在2～3龄若虫高峰期施药，每亩用50%杀螟丹盐酸盐可溶性粉剂50～100g（有效成分25～50g），对水50～60L喷雾，或对水600L泼浇。⑤稻瘿蚊　要抓住苗期害虫的防治，防止秧苗带虫到本田，掌握成虫高峰期到幼虫盛孵期施药。用药量及施药方法同稻飞虱。

(2) 防治蔬菜害虫　①小菜蛾、菜青虫　在2～3龄幼虫期施药，每亩用50%杀螟丹盐酸盐可溶性粉剂25～50g（有效成分12.5～25g），对水50～60 L喷雾。②黄条跳甲　防治重点是作物苗期，幼虫出土后，加强调查，发现危害立即防治。用药量及施药方法同小菜蛾。③二十八星瓢虫　在幼虫盛孵期和分散为害前及时防治，在害虫集中地点挑治，用药量及施药方法同小菜蛾。

(3) 防治茶树害虫　①茶尺蠖　在害虫第一、二代的1～2龄幼虫期进行防治。用98%杀螟丹盐酸盐1960～3920倍液或每100L水加98%杀螟丹盐酸盐25.5～51g；或用50%可溶性粉剂1000～2000倍液（有效浓度250～500mg/L）均匀喷雾。②茶细蛾　在幼虫未卷苞前，将药液喷在上部嫩叶和成叶上，用药量同茶尺蠖。③茶小绿叶蝉　在田间第一次高峰出现前进行防治。用药量同茶尺蠖。

(4) 防治甘蔗害虫　在甘蔗螟卵盛孵期，每亩用50%可溶性粉剂137～196g或98%杀螟丹盐酸盐70～100g（有效成分68～98g），对水50L喷雾，或对水300L淋浇蔗苗。间隔

7d 后再施药 1 次。此用药量对条螟、大螟均有良好的防治效果。

(5) 防治果树害虫 ①柑橘潜叶蛾 在柑橘新梢期施药，用 50%杀螟丹盐酸盐可溶性粉剂 1000 倍液或每 100L 水加 50%杀螟丹盐酸盐 100g（有效浓度 500mg/L）喷雾。每隔 4～5d 施药 1 次，连续 3～4 次，有良好的防治效果。②桃小食心虫 在成虫产卵盛期，卵果率达 1%时开始防治。用 50%杀螟丹盐酸盐可溶性粉剂 1000 倍液或每 100L 水加 50%杀螟丹盐酸盐 100g（有效浓度 500mg/L）喷雾。

(6) 防治旱粮作物害虫 ①玉米螟 防治适期应掌握在玉米生长的喇叭口期和雄穗即将抽发前，每亩用 98%杀螟丹盐酸盐 51g 或 50%杀螟丹盐酸盐 100g（有效成分 50g），对水 50L 喷雾。②蝼蛄 用 50%可溶性粉剂拌麦麸（1∶50）制成毒饵施用。③马铃薯块茎蛾 在卵孵盛期施药，每亩用 50%杀螟丹盐酸盐可溶性粉剂 100～150g（有效成分 50～75g），或 98%杀螟丹盐酸盐 50g（有效成分 49g），对水 50 L，均匀喷雾。

专利与登记

专利名称 New carbamoylthio derivatives and pesticidal compositions containing them

专利号 GB 1126204 专利公开日 1968-09-05

专利申请日 1964-10-21 优先权日 1964-10-21

专利拥有者 Takeda Chemical Industries Ltd.

制剂或剂型专利 JP 2008162998、WO 2010025870、WO 2010023171、WO 2007122264、WO 2010003923、WO 2009123907、WO 2008108907、WO 2008108491 等。

制备专利 DE 1693185、WO 2007123855、WO 2008150393、WO 2008071674 等。

在中国申请的部分专利及在国外登记情况见表 15-1、表 15-2。

表 15-1 在中国申请的部分专利情况

序号	申请号	专利名称
1	01129504.X	含氰菌胺杀菌剂、杀虫剂组合物
2	89109426.1	2,3-二氯-*N*,*N*-二甲基丙胺的制备方法
3	90106452.1	2,3-二氯-*N*,*N*-二甲基丙胺的制备方法
4	98115769.6	氟铃脲复配农药
5	98115768.8	氟虫腈复配农药
6	200710066471.2	一种甘蔗叶面药肥配方
7	200410004524.4	含氰菌胺杀菌剂、杀虫剂组合物
8	02138304.9	用杀螟丹农药废液制造杀虫剂的方法及其产品和用法
9	200410015689.1	一种杀螟丹复配农药
10	200610042216.X	一种混合杀虫剂及其制备方法
11	200610071337.7	杀螟丹和阿维菌素复配农药
12	200510038422.9	杀螟丹＋丙溴磷组合微乳剂制备方法
13	200510038421.4	2-*N*,*N*-二甲基-1,3-二硫氰基丙烷制备新工艺
14	200610085241.6	杀螟丹＋锐劲特组合微乳剂制备方法
15	200710025321.7	杀螟丹的环保型制备方法
16	200810122520.4	杀螟丹合成的溶剂法工艺
17	200710022999.X	杀螟丹＋吡虫啉组合可湿性粉剂制备方法
18	200810122513.4	杀螟丹生产过程中含氰废水合成大苏打的方法
19	200810122516.8	一种杀螟丹副产亚硫酸钠的清洁回收工艺
20	200810122514.9	一种回收杀螟丹生产过程中产生的氯甲烷的工艺
21	200810141062.9	防治温室白粉虱、烟粉虱的农药组合物
22	200810062030.X	杀螟丹中间体 2-*N*,*N*-二甲基-1,3-二硫氰基丙烷的制备方法
23	200910026470.4	含有氰烯菌酯和杀螟丹的水稻种子处理剂
24	200810101943.8	一种含有咪鲜胺和杀螟丹的组合物
25	200910219017.5	一种含杀螟丹与氟虫双酰胺的杀虫组合物
26	201010126618.4	一种含氰氟虫腙的杀虫剂组合物

表 15-2　日本武田药品工业株式会社在中国登记情况

登记名称	登记证号	含量	剂型	登记作物	防治对象	有效成分用药量	施用方法
杀螟丹(实际为杀螟丹盐酸盐)	PD20-86	50%	可溶性粉剂	水稻	螟虫	300～750g/hm²	喷雾
	PD324-2000	97%	原药				
	PD72-88	98%	可溶性粉剂	甘蔗	螟虫	100～150mg/kg	喷雾
				柑橘树	潜叶蛾	500～550mg/kg	喷雾
				茶树	茶小绿叶蝉	490～650mg/kg	喷雾
				水稻	二化螟	588～882g/hm²	喷雾
				甘蓝	小菜蛾	441～735g/hm²	喷雾
				甘蓝	菜青虫	441～588g/hm²	喷雾
				白菜	菜青虫	441～588g/hm²	喷雾
				白菜	小菜蛾	441～735g/hm²	喷雾

在中国登记情况　自 1998 年有企业登记杀螟丹原药产品以来，截止到 2010 年 7 月 31 日，共有 20 家国内外企业登记，其中国外企业 1 家，国内企业 19 家，按企业所在省份划分，江苏省 5 家，湖南省 3 家，辽宁省和浙江省各 2 家，河北省、福建省、安徽省、湖北省、山东省、广西区和天津市各 1 家。

在其他国家登记作物　该产品已在日本、罗马尼亚、巴西等国家的水稻、蔬菜、甘蓝、茶、棉花、柑橘、马铃薯、番茄、玉米、葡萄等作物上登记。

合成方法

通过如下反应即可得到目的物。

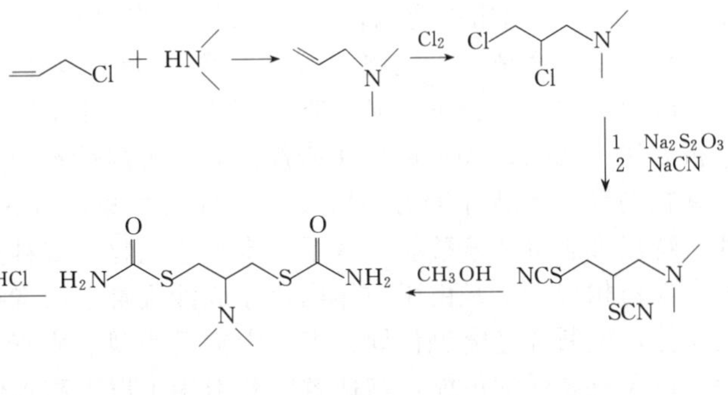

1　The Pesticide Manual. 15 th edition: 168-170.

2　农药商品大全．北京：中国商业出版社，1996：2.

3　农药译丛，1984，6 (5)：40-46.

16　杀虫环 (thiocyclam)

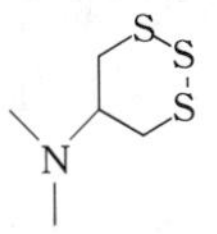

杀虫环

$C_5H_{11}NS_3$，181.3

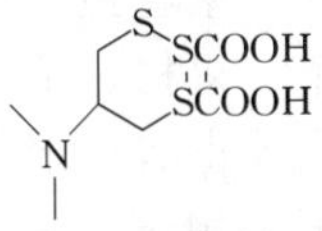

杀虫环草酸盐

$C_7H_{13}NO_4S_3$，271.4

产品简介

杀虫环（试验代号：SAN 155I，通用名称：thiocyclam，商品名称：易卫杀。其他名称：硫环杀、虫噻烷、甲硫环、类巴丹）及其草酸盐由瑞士山道士公司（现属先正达公司）开发。世界主要生产商：日本化药株式会社等。

化学名称　杀虫环：*N*,*N*-二甲基-1,2,3-三硫杂环己-5-胺，英文化学名称为 *N*,*N*-dimethyl-1,2,3-trithian-5-ylamine。化学文摘系统名称为 *N*, *N*-dimethyl-1, 2, 3-trithian-5-amine，CA 主题索引名称为 1，2，3-trithian-5-amine—，*N*，*N*-dimethyl。CAS 登录号为[31895-21-3]。杀虫环草酸盐（thiocyclam oxalate）：*N*,*N*-二甲基-1,2,3-三硫杂环己-5-氨基草酸盐（1∶1），英文化学名称为 *N*，*N*-dimethyl-1，2，3-trithian-5-ylamine oxalate（1∶1）。化学文摘系统名称为 *N*，*N*-dimethyl-1，2，3-trithian-5-amine ethanedioate（1∶1）。CA 主题索引名称为 1，2，3-trithian-5-amine—，*N*，*N*-dimethyl-，ethanedioate（1∶1）。CAS 登录号为[31895-22-4]。

理化性质　杀虫环草酸盐：无色无味固体，熔点 125～128℃。蒸气压 0.545mPa（20℃）。相对密度 0.6。$K_{ow}\lg P=-0.07$（pH 不定）。Henry 常数 1.8×10^{-6} Pa·m^3/mol。水中溶解度（g/L）：84（pH＜3.3，23℃），44.1（pH＝3.6，20℃），16.3（pH＝6.8，20℃）。有机溶剂（g/L，23℃）：二甲基亚砜 92，甲醇 17，乙醇 1.9，乙腈 1.2，丙酮 0.5，乙酸乙酯、氯仿＜1，甲苯、正己烷＜0.01。稳定性储存期间稳定，20℃保质期＞2a，见光分解，地表水 DT_{50} 2～3d，水解 DT_{50}（25℃）：0.5a（pH＝5），5～7d（pH＝7～9）。pK_{a_1} 3.95，pK_{a_2} 7.00。

毒性　杀虫环草酸盐：急性经口 LD_{50}（mg/kg）：大鼠雄 399，大鼠雌 370，雄小鼠 273。大鼠急性经皮 LD_{50}（mg/kg）：雄 1000，雌 880。对皮肤和眼睛无刺激。老鼠大鼠吸入 LC_{50}（1h）＞4.5mg/L。NOEL [2a，mg/(kg·d)]：老鼠 1000，狗 75。

生态效应　鸟类：鹌鹑急性经口 LD_{50} 3.45mg/kg，鹌鹑饲喂 LC_{50}（8d）340mg/(kg·d)。鱼类 LC_{50}（96h，mg/L）：鲤鱼 1.01，鳟鱼 0.04。蚤类 LC_{50}（48h）2.01mg/L。蓝绿藻 EC_{50}（96h）3.3mg/L。对蜜蜂有毒，LD_{50}（24h，经口）11.9μg（a.i.）/只。

环境行为　植物中降解情况与土壤相似。土壤/环境：杀虫环草酸盐以沙蚕毒素及其氧化物的形式，被降解为更小的分子。光下降解更快。土壤中 DT_{50} 1d（pH＝6.8，22℃）。

制剂与分析方法　50%、90%可溶性粉剂；50%可湿性粉剂；50%乳油；2%粉剂；5%颗粒剂；10%微粒剂等。产品分析用 HPLC 法，残留物测定用具 FPD 或 ECD 的 GC 法。

作用机理与特点　杀虫环草酸盐是沙蚕毒素类衍生物，属神经毒剂，其主要中毒机理与其他沙蚕毒素类农药相似，也是由于在体内代谢成沙蚕毒素而发挥毒力作用，其作用机制是占领乙酰胆碱受体，阻断神经突触传导，害虫中毒后表现麻痹直至死亡。但毒效表现较为迟缓，中毒轻的个体还有复活的可能，与速效农药混用可以提高击倒力。

应用

适用作物　水稻、玉米、马铃薯、柑橘、苹果、梨、茶叶等蔬菜和果树。

防治对象　杀虫环草酸盐对鳞翅目和鞘翅目害虫有特效，常用于防治二化螟、三化螟、大螟、稻纵卷叶螟、玉米螟、草青虫、小菜蛾、菜蚜、马铃薯甲虫、柑橘潜叶蛾、苹果潜叶蛾、梨星毛虫等水稻、蔬菜、果树、茶树等作物的害虫。也可用于防治寄生线虫，如水稻白尖线虫；对一些作物的锈病等也有一定的防治效果。

残留量与安全施药　国家规定杀虫环在糙米中的最高残留限量（MRL）为 0.1mg/kg。在水稻上的最大允许残留量为 0.2mg/L（瑞士）。推荐剂量下对绝大多数作物安全，但特殊情况下对某些苹果有药害。

应用技术　杀虫环草酸盐对家蚕毒性较大，蚕桑地区使用应该谨慎。棉花、苹果、豆类的某些品种对杀虫环草酸盐表现敏感，不宜使用。水田施药后应该注意避免让田水流入鱼塘，以防鱼类中毒，据《农药合理使用准则》规定，水稻使用 50%杀虫环草酸盐可湿性粉剂，每次的最高用药量为 1500g/hm^2，对水喷雾，全生育期内最多只能使用 3 次，其安全间隔期（末次施药距收获的天数）为 15d。药液接触皮肤后应立即用清水洗净。杀虫环草酸盐对个别人可造成皮肤过敏反应，引起皮肤丘疹，应加注意，但一般过几个小时症状即可消失。

使用方法

（1）水稻害虫的防治①三化螟：防治葳心苗在卵化高峰前1～2d施药，防治白穗应掌控在5%～10%破口露时用药，50%杀虫环草酸盐湿性粉剂750g/hm²（合有效成分375g/hm²），对水900kg喷雾；或用50%杀虫环草酸盐乳油0.9～1.5L/hm²（合有效成分450～750g/hm²），对水900kg喷雾。同时施药也能够注意保持3～5 cm田水3～5d，以有利药效的充分发挥。②稻纵卷叶蛾（又名稻纵卷叶虫，俗称刮青虫、马叶虫、白叶虫）防治重点在水稻穗期，在幼虫1～2龄高峰期施药。一般年份用药1次，大发生年份用药1～2次，并提早第一次施药时间，用50%杀虫环草酸盐可湿性粉剂450g/hm²（合有效成分225g/hm²），对水900kg喷雾，或用50%杀虫环草酸盐乳油0.9～1.5L/hm²（合有效成分450～750g/hm²）对水900kg，喷雾。③二化螟：防治梢和枯心病，一般年份在孵化高峰期前后3d内，大发生年份在孵化高峰期2～3d用药，防治虫伤株、枯孕穗和白穗，一般年份在蚁螟孵化始盛期至孵化高峰期用药，在大发生年份以两次用药为宜。用可湿性粉剂900g/hm²（合有效成分450g/hm²），对水900kg，喷雾。防治稻蓟马，用50%杀虫环草酸盐可湿性粉剂750g/hm²，对水450～600kg，喷雾。

（2）防治玉米螟、玉米蚜等，用50%杀虫环草酸盐可湿性粉剂375g/hm²，对水600～750kg，于心叶期喷雾，也可采用25%药粉对适量水成母液，再与细砂4～5g拌匀制成毒砂，以每株1g左右撒施于心叶内，或以50倍稀释液用毛笔涂于玉米果穗下一节的茎杆。

（3）防治莱青虫、小菜蛾、甘蓝夜蛾、菜蚜、红蜘蛛等，用50%杀虫环草酸盐可湿性粉剂750g/hm²，对水600～750kg，喷雾。

（4）防治马铃薯甲虫，用50%杀虫环草酸盐可湿性粉剂750g/hm²，对水600～750kg，喷雾。

（5）防治柑橘潜叶蛾，在柑橘新梢萌芽后，用50%杀虫环草酸盐可湿性粉剂1500倍稀释液喷雾。防治梨星毛虫、桃蚜、苹果蚜、苹果红蜘蛛等，用2000倍稀释液喷雾。

专利与登记

该化合物不存在专利权。

在中国申请的与该产品有关的部分专利及登记情况见表16-1、表16-2。

表16-1 在中国申请的专利

序号	申请号	专利名称
1	02111744.6	一种杀虫环保乳胶漆
2	89109426.1	2,3-二氯-*N*,*N*-二甲基丙胺的制备方法
3	90106452.1	2,3-二氯-*N*,*N*-二甲基丙胺的制备方法
4	97194175.0	农药组合物
5	200710132809.X	含杀虫环和吡虫啉的杀虫组合物
6	200710149682.2	农药组合物
7	200410041213.5	三硫环己烷草酸盐的制备方法
8	200610085266.6	杀虫环＋锐劲特组合微乳剂制备方法
9	200810150134.6	一种含杀虫环的杀虫剂组合物
10	200710023000.3	杀虫环＋吡虫啉组合可湿性粉剂制备方法
11	200810021676.3	高效杀虫环保涂料及其制备方法
12	200910065662.6	一种烟叶仓储害虫的绿色防控方法
13	201010126618.4	一种含氰氟虫腙的杀虫剂组合物
14	200620053264.4	一种灭菌灭蚊蝇灯

表16-2 日本化药株式会社在中国登记情况

商品名	登记证号	含量	剂型	登记作物	防治对象	用药量/(g/hm²)	施用方法
杀虫环	PD44-87	50%	可溶性粉剂	水稻	稻纵卷叶螟	375～750	喷雾
				水稻	二化螟	375～750	喷雾
				水稻	三化螟	375～750	喷雾

制剂、制备专利 CN 1706822、EP 2127522、EP 2039248、JP 2010053129、JP 2010047479、JP 2008222705、JP 2009073742、JP 2010047478、JP 2008150302、JP 51136689、JP 2006298785、JP 59186903、JP 55127387、WO 2009147205、WO 2009146793、WO 2009135613、WO 2009039951、WO 2009012909、WO 2008108491、WO 2008075453、WO 2008031870、WO 2010023171、WO 2010025870、WO 2008031870、WO 2008071714、WO 2007112933、WO 2010003923、WO 2010003923、WO 2009118297、WO 2009090181、WO 2008125410、WO 2008092851、WO 2008075453、WO 2008072783、WO 2008071674、WO 2007122163、WO 2007085565 等。

合成方法

有以下几种合成方法，其中以杀虫单（单内盐）为中间体生产杀虫环的工艺流程比较简单，其主要原料有杀虫单、硫化钠、草酸、甲醛、甲苯、氯化钠、无水乙醇等。主要反应步骤如下：

1.

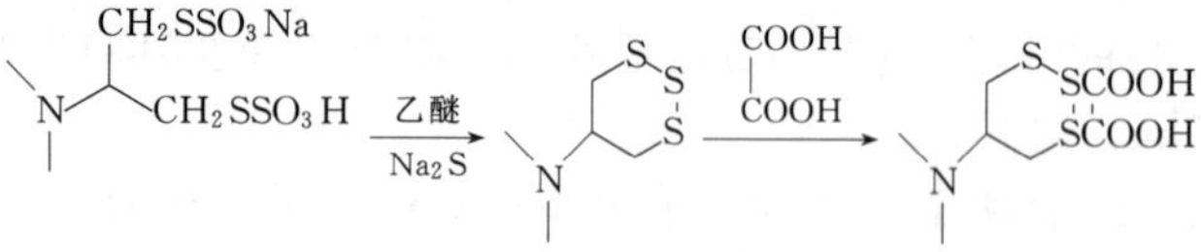

2.

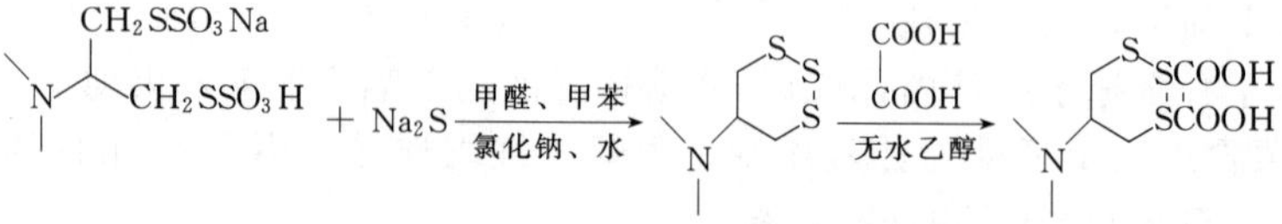

3.

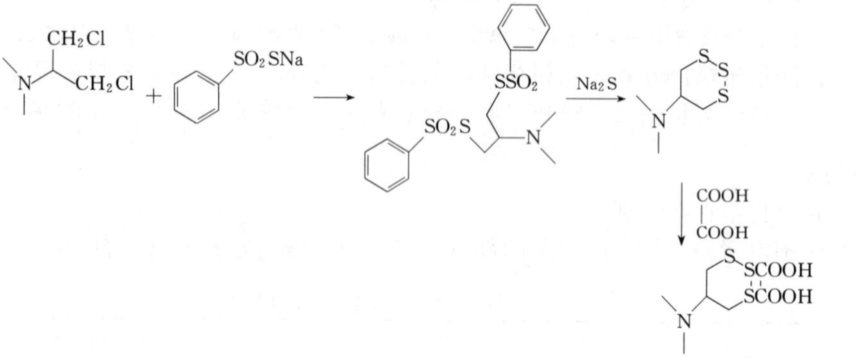

4.

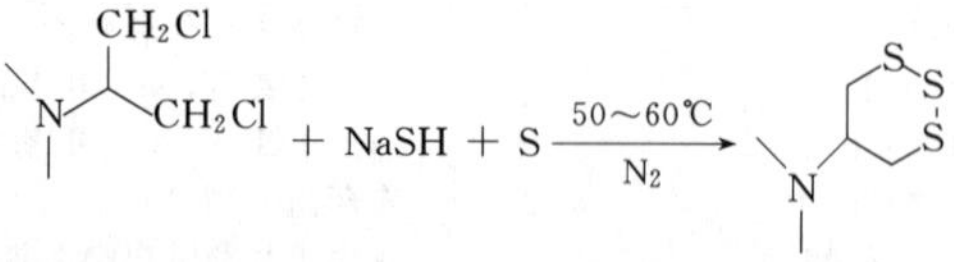

1 The Pesticide Manual. 15 th edition：1123-1124.
2 农药大典．中国三峡出版社农业科技出版中心．361-363.
3 国外农药品种手册，化工部农药信息总站．1996：320-321.
4 DE 2039555.
5 Proc. Br. Insectic. Fungic. Conf. 8th，1975，2，683.

17 杀虫单（thiosultap-monosodium）

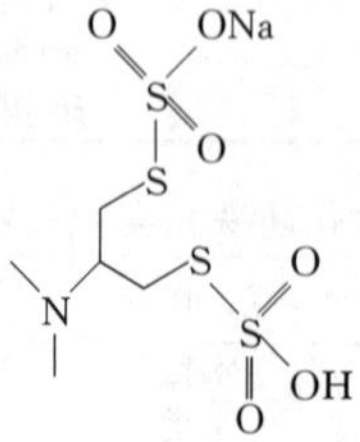

$C_5H_{14}NO_7NaS_4$，351.3

产品简介

杀虫单（通用名称：thiosultap-monosodium 或 monosultap）是我国贵州化工研究院等开发的沙蚕毒素类杀虫剂，但专利中早已存在。

化学名称　*S*,*S*′-[2-(二甲氨基)三亚甲基]双硫代硫酸单钠盐。英文化学名称 sodium hydrogen *S*,*S*′-[2-(dimethylamino)trimethylene]di(thiosulfate)。美国化学文摘系统名称 thiosulfuric acid（$H_2S_2O_3$）*S*,*S*′-[2-(dimethylamino)-1,3-propanediyl] ester monosodium salt。CA 主题索引名称为 thiosulfuric acid（$H_2S_2O_3$）*S*,*S*′-[2-(dimethylamino)-1,3-propanediyl] ester，monosodium salt。CAS 登录号为［29547-00-0］。

理化性质　白色针状结晶，熔点 142～143℃，工业品为无定形颗粒状固体，或白色、淡黄色粉末，有吸湿性。溶解度：水 1335mg/L（20℃），易溶于乙醇，微溶于甲醇、DMF、DMSO 等有机溶剂，不溶于苯、丙酮、乙醚、氯仿、乙酸乙酯等溶剂。稳定性，常温下稳定，在 pH＝5～9 时能稳定存在，遇铁降解；在强酸、强碱下容易分解，分解为沙蚕毒素。

毒性　按我国农药毒性分级标准，杀虫单属中等毒杀虫剂。原药大鼠、小鼠急性经口 LD_{50} 为 68mg/kg，大鼠急性经皮 LD_{50}＞10000mg/kg。对兔眼睛和皮肤无明显刺激作用。在试验条件下，未见致突变作用，无致癌、致畸作用。杀虫单对鱼低毒，白鲢鱼（48h）LC_{50} 21.38mg/L。对鸟类、蜜蜂无毒。

制剂与分析方法　主要剂型有 3.6％颗粒剂。分析方法 HPLC。

作用机理与特点　杀虫单是人工合成的沙蚕毒素的类似物，进入昆虫体内迅速转化为沙蚕毒素或二氢沙蚕毒素。该药为乙酰胆碱竞争性抑制剂，具有较强的触杀、胃毒和内吸传导作用，对鳞翅目害虫的幼虫有较好的防治效果。该药主要用于防治甘蔗、水稻等作物上的害虫。

应用

适用作物　甘蔗、蔬菜、水稻等。

防治对象　甘蔗螟虫、水稻二化螟、三化螟、稻纵卷叶螟、稻蓟马、飞虱、叶蝉、菜青虫、小菜蛾等。

应用技术　①使用颗粒剂时土壤要求湿润。②该药属于沙蚕毒素衍生物，对家蚕有剧毒，使用时要特别小心，防止药液污染蚕和桑叶。③杀虫单对棉花有药害，不能在棉花上使用。④该药不能与波尔多液、石硫合剂等碱性物质使用。⑤该药易溶于水，贮藏时应注意防潮。⑥本品在作物上持效期为 7～10d，安全间隔期为 30d。

使用方法　①防治水稻害虫　防治水稻二化螟、三化螟、稻纵卷叶螟，每公顷用 3.6％颗粒剂 45～60kg（有效成分 1620～2160g）撒施；或每公顷用 90％原粉 600～830g（有效成分 540～747g），加水 1500L 喷雾。防治枯心，可在卵孵化高峰后 6～9d 时用药。防治稻纵卷叶螟可在螟卵孵化高峰期用药。②防治甘蔗害虫　防治甘蔗条螟、二点螟可在甘蔗苗期、螟卵孵化盛期施药。每公顷用 3.6％颗粒剂 60～75kg（有效成分 2160～2700g）根区施药。③蔬菜害虫　菜青虫、小菜蛾等，每亩用 90％杀虫单原粉 35～50g，对水均匀喷雾。

专利与登记

专利名称　Sulfur-and nitrogen-containing pesticides

专利号　DE 2341554　　专利公开日　1974-02-28

专利申请日　1973-08-17　　优先权日　1972-08-21

专利拥有者　Sandoz AG，Basel（Schiweiz).（山德士公司现属先正达公司）

在其他国家申请专利：AU 5941373、DD 110420、DD 108528、FR 2199537、IT 1048137、JP 49132239、NL 7311293 等。

制备、制剂或剂型专利：CN 101648898、CN 101293862、CN 101016177、CN 1957695、

CN 1740097、CN 1605622、EP 2127522、EP 090170、EP 2039248、EP 2000029、WO 2010025870、WO 2010005692、WO 2009135613、WO 2009099929、WO 2009051956、WO 2009002809、WO 2008154528、WO 2008150393、WO 2008125362、WO 2008071674、WO 2009123907、WO 009118297、WO 009100822、WO 009090、WO 200914679、WO 2009022548、WO 2008152091、WO 2008092759、WO 2008072783、WO 2007009661 等。

在中国申请的与该产品有关的部分专利情况见表 17-1。

表 17-1 在中国申请的专利

序号	申请号	专利名称
1	02146599.1	含虫酰肼的杀虫组合物
2	01128580.X	含杀虫剂溴虫腈或溴虫腈＋杀虫单的微乳剂组合物及其制备方法
3	01129504.X	含氰菌胺杀菌剂、杀虫剂组合物
4	02100023.9	一种杀虫剂组合物
5	02137978.5	复配杀虫剂及其制备方法
6	96117418.8	稻田虫草兼治可湿性粉剂
7	97103843.0	高效氯氰菊酯和杀虫单杀虫组合物
8	93110407.6	一种混配农药虱螟净及其生产工艺
9	93101666.5	一种水稻杀虫杀菌混合农药及其生产方法
10	94111699.9	杀虫单颗粒剂制造方法
11	94103883.1	一种抗虫灵的复配方法
12	94106421.2	一种灭蚤剂
13	95112529.X	克百丹颗粒剂
14	96116850.1	一种药肥两效新农药及其生产方法
15	96111466.5	一种抗虫威及其配制
16	98110233.6	一种杀虫剂
17	98111505.5	杀螟丹及其生产工艺
18	98121888.1	稻田虫草兼治可湿性粉剂
19	98115769.6	氟铃脲复配农药
20	98112426.7	一种综合防治杂交水稻中后期病虫害的复配药剂

3.6%颗粒剂已在我国获得临时登记，登记作物为水稻甘蔗，用于防治螟虫。登记厂家为福建省福鼎县农药厂，登记号为 LS92350。

合成方法

通过如下反应制得目的物：

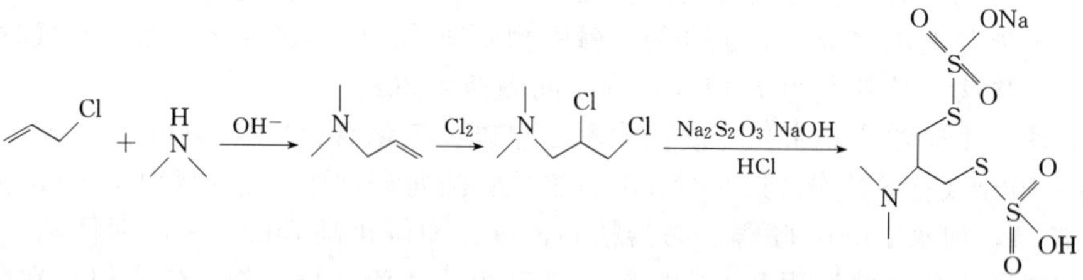

1 农药商品大全. 北京：中国商业出版社，1996，290.

2 CN 1273240.

3 新编农药手册. 北京：中国农业出版社，1998，65-67.

18 杀虫双（thiosultap-disodium）

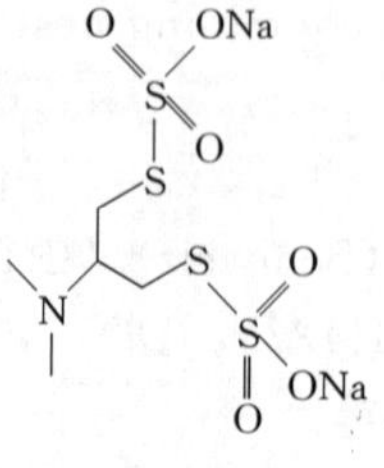

$C_5H_{11}O_6Na_2S_4$，355.3

产品简介

杀虫双（通用名称：thiosultap-sodium）是1974年由贵州省化工研究院在试制杀螟丹基础上与有关单位协作研究的，具有链状结构的人工合成沙蚕毒类杀虫剂，但化合物专利中早已存在。

化学名称　*S*,*S'*-[2-(二甲氨基)三亚甲基]双硫代硫酸双钠盐，英文化学名称 disodium *S*,*S'*-[2-(dimethylamino)trimethylene]di(thiosulfate)。美国化学文摘系统名称为 thiosulfuric acid($H_2S_2O_3$) *S*,*S'*-[2-(dimethylamino)-1,3-propanediyl] ester disodium salt。CA主题索引名称为 thiosulfuric acid($H_2S_2O_3$) *S*,*S'*-[2-(dimethylamino)-1,3-propanediyl] ester, disodium salt。CAS登录号为［52207-48-4］。

理化性质　纯品为白色结晶（含两分子结晶水），易吸湿，易溶于水，能溶于95%和无水热乙醇中，溶于甲醇、二甲基甲酰胺、二甲基亚砜等有机溶剂，微溶于丙酮，不溶于乙酸乙酯、乙醚。相对密度（d_4^{20}）1.30～1.35，熔点142～143℃（分解），有奇异臭味，在强碱性条件下易分解，常温下稳定。原油为棕褐色水溶液，呈微酸性或中性。

毒性　按我国农药毒性分级标准，杀虫双属中等毒杀虫剂。急性经口 LD_{50}（mg/kg）：雄大白鼠1021，雌大白鼠995.9，雄小白鼠316，雌小白鼠271；雌小白鼠急性经皮致死量为2062mg/kg。对黏膜和皮肤无明显刺激作用。其水剂（pH=6.5～7）急性经口毒性 LD_{50}（mg/kg）：小白鼠200～235，大白鼠520～680。红鲤鱼 TL_m（mg/L，24、48、96h）分别为41.11、27.86、27.35。ADI为0.025mg/kg。在试验条件下，未见致突变、致癌、致畸作用。

制剂与分析方法　主要剂型有18.29%水剂，3.5%颗粒剂，3.6%大颗粒剂。分析方法HPLC。

作用机理与特点　属神经毒剂，具有胃毒、触杀、内吸传导和一定的杀卵作用。

杀虫双是一种有机杀虫剂。它是参照环形动物沙蚕所含有的“沙蚕毒素”的化学结构而合成的沙蚕毒素的类似物，所以也是一种仿生杀虫剂。杀虫双对害虫具有较强的触杀和胃毒作用，并兼有一定的熏蒸作用。它是一种神经毒剂，能使昆虫的神经对于外界的刺激不产生反应。因而昆虫中毒后不产生兴奋现象，只表现瘫痪麻痹状态。据观察，昆虫接触和取食药剂后，最初并无任何反应，但表现出迟钝、行动缓慢、失去侵害作物的能力，终止发育、虫体软化、瘫痪，直至死亡。

杀虫双有很强的内吸作用，能被作物的叶、根等吸收和传导。通过根部吸收的能力，比叶片吸收要大得多。据有关单位用放射性元素测定，杀虫双被作物的根部吸收，一天即可以分布到植株的各个部位，而叶片吸收要经过4d才能传送到整个地上部分。但不论是根部吸收还是叶部吸收，植株各部分的分布是比较均匀的。

应用

适用作物　对水稻、小麦、玉米、豆类、蔬菜、柑橘、果树、茶叶、森林等多种作物的主要害虫均有优良的防治效果。

防治对象　杀虫谱较广，对水稻大螟、二化螟、三化螟、稻纵卷叶螟、稻苞虫、叶蝉、稻蓟马、负泥虫、稻螟、菜螟、菜青虫、黄条跳甲、桃蚜、梨星毛虫、柑橘潜叶蛾等鳞翅目、鞘翅目、半翅目、缨翅目等多种咀嚼式口器害虫、刺吸式口器害虫、叶面害虫和钻蛀性害虫有效。

残留量与安全施药　在常用剂量下，对人畜安全，对作物无药害。每季水稻使用次数不得超过3次，安全间隔期为15d；对蚕有很强的毒杀作用，柑橘、番茄等对杀虫双较敏感，使用浓度不得低于300倍液；对马铃薯、豆类、高粱、棉花会产生药害，甘蔗、白菜等十字花科蔬菜幼苗在夏季高温下对杀虫双敏感，使用时应注意。

应用技术　加工成水剂、颗粒剂等剂型使用。用于水稻、蔬菜、果树、茶树、甜菜、油菜、甘蔗等作物地防治水稻螟虫、稻蓟马、稻苞虫、稻蝗、菜青虫、蚜虫、黄条跳甲、小菜蛾、菜螟、柑橘潜叶蛾、柑橘达摩凤蝶、苹果钻心虫、苹果螨、梨小食心虫、梨星毛虫、梨蚜、桃蚜、茶毛虫、茶小绿叶蝉、甜菜白带螟、油菜青虫、油菜蚜虫、玉米螟、大螟、玉米铁甲虫、甘蔗条螟、大螟、甘蔗蓟马、甘蔗飞虱等。一些作物对杀虫双敏感，如豆类、棉花等不宜使用。十字花科蔬菜幼苗也较敏感，在夏季高温及植株生长幼弱时不宜使用。

使用方法　防治水稻害虫，每亩次取25%水剂150～250g，对水50kg左右，喷雾。防治蔬菜、果树害虫，一般用浓度0.1%（有效成分）左右的药液喷雾。防治二、三化螟及稻蓟马，每亩用25%水剂200mL（50g有效成分），对水75～100kg，喷雾。防治稻纵卷叶螟、黑尾叶蝉、褐飞虱，每亩用25%水200～250mL，对水75～100kg，喷雾。防治玉米螟、大螟，先将水剂配成含量0.5%的颗粒剂，每株玉米的喇叭口中投入一小撮即可，每亩施12～15kg（60～75g有效成分）。

防治黏虫，每亩用29%水剂200mL（60g有效成分），对水75kg，喷雾；防治大豆蚜虫则用29%水剂150mL。防治柑橘潜叶蛾、柑橘锈壁虱、蚜虫、苹果红蜘蛛，分别用有效液度（mg/L）500～555、555～625、555、300～375，喷雾。

水稻害虫的防治　施药方法采用喷雾、毒土、泼浇和喷粗雾都可以，5%、3%杀虫双颗粒剂每亩用1～1.5kg直接撒施，防治二化螟、三化螟、大螟和稻纵卷叶螟的药效，与25%水剂和0.2kg的药效无明显差异。使用颗粒剂的优点是功效高且方便，风雨天气也可以施药，还可以减少药剂对桑叶的污染和家蚕的毒害。颗粒剂的残效期可达30～40d。

①稻蓟马　每亩用25%的杀虫双水剂0.1～0.2kg（有效成分25～50g），用药后1d的防效可达90%，用药量的多少主要影响残效期，用量多，残效期长。秧田期防治稻蓟马，每亩用25%杀虫双水剂0.15kg（有效成分37.5g），加水50kg喷雾，用药1次就可控制其为害。大田期防治稻蓟马每亩用25%杀虫双水剂0.2kg（有效成分50g），加水50～60kg喷雾，用药1次也可基本控制其危害。

② 稻纵卷叶螟、稻苞虫　每亩用25%杀虫双0.2kg（有效成分50g），对水50～60kg喷雾，防治这两种害虫的效果都可以达到95%以上，一般用药1次即可控制危害。杀虫双对稻纵卷叶螟的3、4龄幼虫有很强的杀伤作用，若把用药期推迟到3龄高峰期，在田间出现零星白叶时用药，对4龄幼虫的杀虫率在90%以上，同时可以更好地保护寄生天敌。另外，杀虫双防治稻纵卷叶螟还可采用泼浇、毒土或喷粗雾等方法，都有很好效果，可根据当地习惯选用。连续使用杀虫双时，稻纵卷叶螟会产生抗性，应加以注意。

③ 二化螟、三化螟、大螟　每亩用25%杀虫双水剂0.2kg（有效成分50g），防效一般达到90%以上，药效期可维持在10d以上，第12d后仍有60%的效果。对4、5龄幼虫，如果每亩用25%杀虫双水剂0.3kg（有效成分75g），防效可达80%。防治枯心，在螟卵孵化高峰后6～9d时用药。

柑橘害虫的防治　①柑橘潜叶蛾　25%杀虫双对潜叶蛾有较好的防治效果，但柑橘对杀虫双比较敏感。一般以加水稀释600～800倍（416～312mg/L）喷雾为宜。隔7d左右喷施第二次，可收到良好的保梢效果。柑橙放夏梢时，仅施药一次即比常用有机磷效果好。②柑橘达摩凤蝶　用25%杀虫双500倍（500mg/L）稀释液喷雾。防效达100%，但不能兼治害螨，对天敌纯绥螨安全。

蔬菜害虫的防治　在广东，用25%杀虫双水剂200mL（有效成分50g），加水75kg稀释，在小菜蛾和白粉蝶（菜青虫）幼虫三龄前喷施，防效均可达90%以上。

甘蔗害虫的防治　在广东当甘蔗苗期条螟卵盛孵期施药，每亩用25%杀虫双水剂250mL（有效成分62.5g），用水稀释300kg淋甘蔗苗，或稀释50kg喷洒，间隔一周再施一次，对甘蔗螟和大螟枯心苗有80%以上的防治效果，同时也可以兼治甘蔗蓟马。

专利概况

专利名称　Sulfur-and nitrogen-containing pesticides

专利号　DE 2341554　　专利公开日　1974-02-28

专利申请日　1973-08-17　　优先权日　1972-08-21

专利拥有者　Sandoz AG（现属先正达公司）

在其他国家申请专利：AU 5941373、DD 110420、DD 108528、FR 2199537、IT 1048137、JP 49132239、NL 7311293等。

制备、制剂或剂型专利：CN 1094396、CN 1106203、CN 1138412、CN 1217879、CN 1252218、CN 1273240、CN 101773132、CN 101703051、CN 101692813、CN 101669470、CN 1623393、CN 1330866、CN 1432283、CN 1903036、CN 1930984、CN 101268779、CN 101810172、DE 2546891、WO 2003006135等。

在中国申请的与杀虫双有关的部分专利见表18-1。

表18-1　在中国申请的专利

序号	申请号	专利名称
1	02146599.1	含虫酰肼的杀虫组合物
2	01129504.X	含氰菌胺杀菌剂、杀虫剂组合物
3	02137979.3	增效杀虫双
4	97103843.0	高效氯氰菊酯和杀虫单杀虫组合物
5	89103049.2	双效威农药的制造方法
6	89109426.1	2,3-二氯-*N*,*N*-二甲基丙胺的制备方法
7	90110180.X	*N*,*N*-二甲氨基-2,3-二氯丙烷的生产工艺
8	90106452.1	2,3-二氯-*N*,*N*-二甲基丙胺的制备方法
9	92107260.0	一种多功能复合杀虫杀菌剂
10	92108194.4	杀虫双大粒剂农药生产方法
11	94100225.X	卫生防病用消毒、杀虫烟剂
12	94111699.9	杀虫单颗粒剂制造方法
13	93111951.0	融追肥、治虫、化学除草为一体的药性肥料及其使用方法
14	94103883.1	一种抗虫灵的复配方法
15	94106421.2	一种灭蚤剂
16	94107533.8	高效复合型粮食防霉杀虫剂
17	96111466.5	一种抗虫威及其配制
18	99116036.3	一种杀虫剂及复配方法
19	99115364.2	杀虫双生产中的磺化反应工艺
20	99114511.9	高效杀虫双粉剂及其制备方法
21	00109830.6	高效低杂质杀虫双粉剂的制备方法
22	00107466.0	含丁硫克百威的杀虫剂组合物
23	00107464.4	含氨基甲酸酯类农药的杀虫组合物

续表

序号	申请号	专 利 名 称
24	99111737.9	高效安全的灭火杀虫合剂
25	01114671.0	除虫药肥的制备及其施用方法
26	01106944.9	种子防鼠剂
27	200710115040.0	一种杀虫双杂环化合物
28	200310110567.6	家用饭菜农药化毒液
29	200310122665.1	毒死蜱-杀虫双水乳剂及其制备方法
30	200510031365.1	杀虫双氟虫腈复配微乳剂杀虫剂
31	02130761.X	含有氟虫腈与杀虫双的杀虫组合物
32	200310106039.3	一种复合仿生性杀虫剂
33	200610020288.4	促效杀虫剂及其制备方法
34	200510057026.0	一种生产杀虫双的简化工艺
35	200510041205.5	用杀虫双母液与高效氯氰菊酯组合制取复配微乳剂的方法
36	200410041782.X	瓜、豆类蔬菜上美洲斑潜蝇的防治方法
37	200510018004.3	含有氟虫腈与杀虫双的杀虫组合物
38	200710013631.7	阿维菌素·杀虫双杀虫剂组合物及其微乳剂制备方法
39	200810122515.3	杀虫单离心母液制备高含量杀虫单及杀虫双的方法
40	200810030598.3	一种甲氨基阿维菌素苯甲酸盐·杀虫双微乳剂及其制备方法
41	200780002212.1	茚虫威和杀虫双的混合物
42	200810101943.8	一种含有咪鲜胺和杀螟丹的组合物
43	200910069468.5	一种含氯虫苯甲酰胺的杀虫剂组合物及其制备方法和用途
44	200910183580.1	一种杀虫双母液的膜法浓缩工艺
45	200910171307.7	一种含烯啶虫胺的杀虫组合物
46	201010126618.4	一种含氰氟虫腙的杀虫剂组合物

合成方法

通过如下反应即可得到目的物：

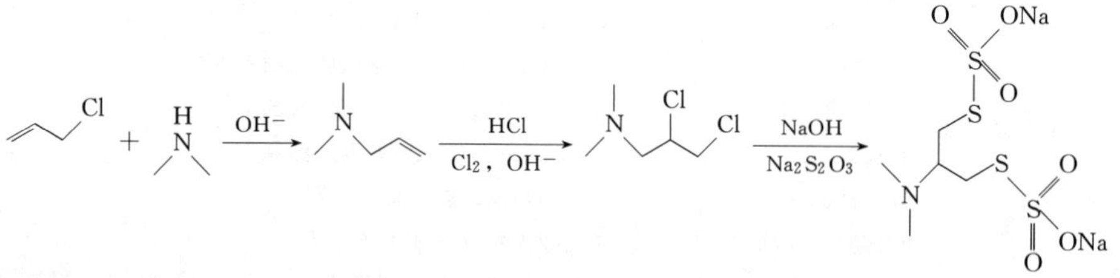

1 The Pesticide Manual，15th ed：1130-1131.

2 CN 1273240.

3 新编农药手册．北京：农业出版社，1990：199-202.

双酰胺类杀虫剂

到目前为止双酰胺类杀虫剂（diamide insecticides）共有 3 个品种：chlorantraniliprole、cyantraniliprole、flubendiamide，本书均有介绍。

（1）氟虫酰胺的创制经纬

1989 年 Tsuda T 博士在日本大阪府立大学报道了一系列吡嗪二酰胺类化合物，代表化合物 **2** 具有一定的杀菌活性及除草活性，并作为除草剂申请了日本专利。日本农药公司以该化合物为先导，继续研制该类新化合物，以期获得活性更好的除草剂，但在新化合物筛选期间，却意外发现该类化合物 **3** 具有较好的杀虫活性，并与以往的杀虫剂作用机理完全不同，在 50～500mg/L 对鳞翅目害虫小菜蛾和毛虫等具有一定的防治效果；尽管该类化合物的杀虫活性并不令人满意，但其独特的作用机理及新颖的化学结构却吸引了广大科研工作者，日本农药公司将这个化合物作为新的先导化合物进行研究，并申请了多篇具有杀虫活性化合物的专利。同时，日本日产化学公司也对该类化合物进行了大量研究，并申请了多篇专利，其中化合物**5**具有较好的杀虫活性。

由先导化合物**3**得到的通式**4**可以分成如下所示3个部分：苯环部分（A）、芳香胺部分（B）以及脂肪胺部分（C）。在先导化合物优化过程中，分别对A、B、C部分进行优化，日本农药公司1993～1998年期间共合成数千个该类化合物进行筛选，并通过构效关系研究，最终于1998年发现了化合物氟虫酰胺**1**（flubendiamide），主要用于蔬菜、水果、水稻和棉花防治鳞翅目害虫，不仅对成虫和幼虫都有优良的活性，而且作用速度快、持效期长、与传统杀虫剂没有交互抗性和对节肢类益虫安全。

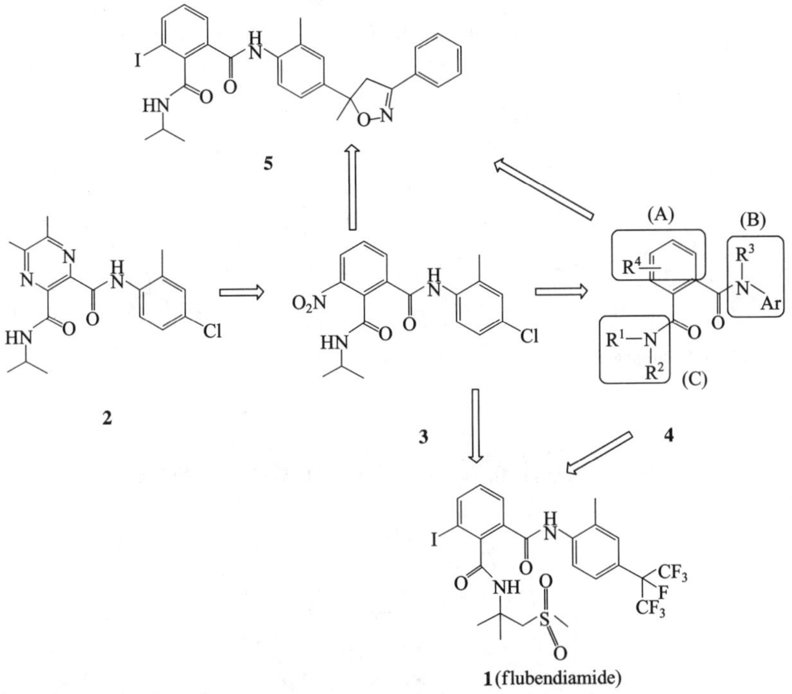

（2）氯虫酰胺及氰虫酰胺的创制经纬

在日本农药公司于1998年开发出了第一个作用于靶标鱼尼丁受体的合成化合物氟虫酰胺**1**（flubendiamide）后，美国杜邦公司在其工作基础上，以氟虫酰胺为先导，对邻苯二甲酰胺类化合物做了较大改变，将一酰胺转变位置，如通式**6**所示，得到了一类新的先导化合物——邻甲酰氨基苯甲酰胺类。起初，杜邦公司把化合物**7**作为靶标分子，进行大量的合成筛选，期间将一系列杂环引入羧酸部分，如吡啶、嘧啶、噻唑、吡唑、苯基吡唑等，进而得到化合物**8**，其活性远远优于靶标分子，随后又通过构效关系研究，很快筛选出活性更高的化合物**9**，并于2000年发现化合物氯虫酰胺**10**（chlorantraniliprole），该化合物不仅和氟虫酰胺结构相似，而且具有相同的作用机制，都对哺乳动物安全。氯虫酰胺是杜邦公司从两千多个邻甲酰氨基苯甲酰胺类化合物中筛选出来的，在很低浓度下仍具有相当好的杀虫活性，如对小菜蛾的LC_{50}为0.01mg/L，且广谱、残效期长、毒性低、与环境友好，是防治鳞翅目害虫的有效杀虫剂。

在成功开发了氯虫酰胺后，杜邦公司在该类杀虫剂的后期研究中，通过进一步结构优化，在苯环部分（A）引入氰基，发现了具有内吸活性的氰虫酰胺**11**（cyantraniliprole），该产品为第二代鱼尼丁受体抑制剂杀虫剂，与氯虫酰胺相比，适用作物更为广泛，可有效防治鳞翅目、半翅目和鞘翅目害虫，预计2012年上市。

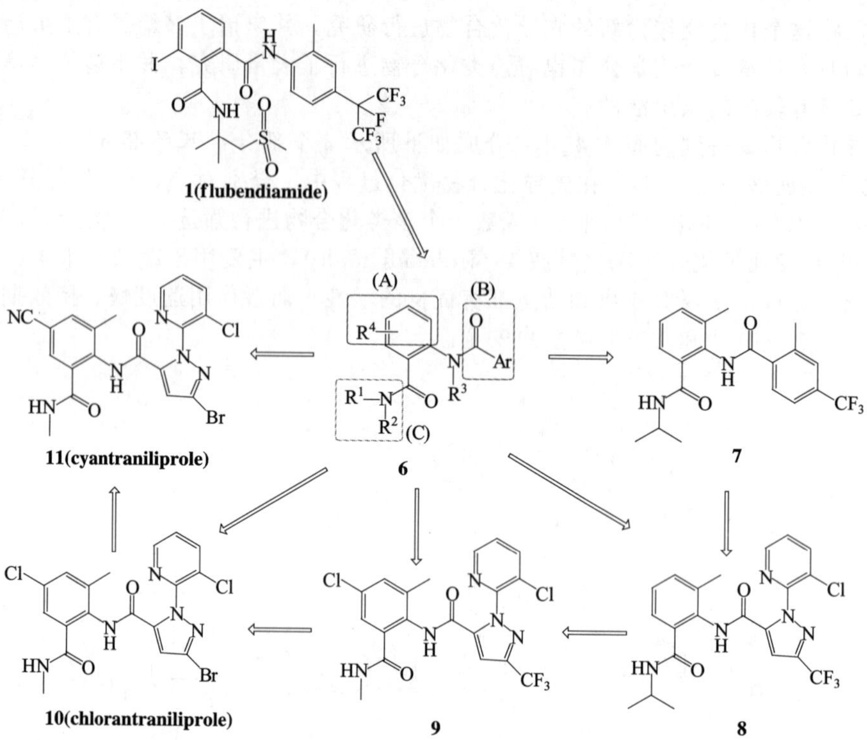

主要品种如下：

19　氯虫酰胺（chlorantraniliprole）

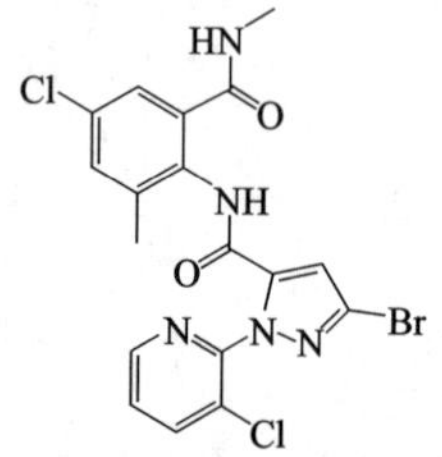

$C_{18}H_{14}BrCl_2N_5O_2$，483.2

产品简介

氯虫酰胺（试验代号：DPX-E2Y45，通用名称：chlorantraniliprole，商品名称：Rynaxypyr、Coragen、Altacor、Prevathon、Acelepryn、Ferterra、Prevathon、康宽、普尊、奥德腾，混剂商品名称 Durivo 由氯虫酰胺和噻虫嗪组成，其他名称：氯虫苯甲酰胺）是由杜邦公司研制并与先正达公司共同开发的新型作用机制的双酰胺类杀虫剂。

化学名称　3-溴-4′-氯-1-(3-氯-2-吡啶基)-2′-甲基-6′-(甲氨基甲酰基)吡唑-5-甲酰苯胺，英文化学名称为 3-bromo-4′-chloro-1-(3-chloro-2-pyridyl)-2′-methyl-6′-(methylcarbamoyl) pyrazole-5-carboxanilide。美国化学文摘系统名称为 3-bromo-*N*-[4-chloro-2-methyl-6-[(methylamino)-carbonyl]phenyl]-1-(3-chloro-2-pyridinyl)-1*H*-pyrazole-5-carboxamide，CA 主题索引名称为 1*H*-pyrazole-5-carboxamide—，3-bromo-*N*-[4-chloro-2-methyl-6-[(methylamino)carbonyl]phenyl]-1-(3-chloro-2-pyridinyl)。CAS 登录号为 [500008-45-7]。

理化性质　原药含量不低于 93%，相对密度 1.5189（20℃）。纯品为白色结晶；熔点 208～210℃（原药，200～202℃）；密度（对液体要求）1.507g/mL（20℃）；蒸气压 2.1×

10^{-8} mPa（25℃，计算值），6.3×10^{-9} mPa（20℃）；K_{ow} lg$P$＝2.76（pH＝7，20℃）；Henry 系数 3.2×10^{-9}Pa·m³/mol（20℃，calc.）；溶解度：水 0.9～1.0mg/L（pH＝4～9，20℃）；有机溶剂（g/L）：丙酮 3.4、乙腈 0.71、乙酸乙酯 1.14、二氯甲烷 2.48、甲醇 1.71、邻二甲苯 0.162、正己烷 ＜ 0.0001。

毒性 大鼠急性经口 LD_{50}＞5000mg/kg（雌、雄）；大鼠急性经皮 LD_{50}＞5000mg/kg（雌、雄）；大鼠吸入 LC_{50}＞5.1mg/L（4h，雌、雄）；对皮肤无刺激性（家兔）；对皮肤无致敏性（天竺鼠，小鼠）；对兔眼（72h）无刺激；无三致。NOEL（18 个月，雄小鼠）：158mg/kg（bw）；ADI 1.58mg/kg（bw）。

生态效应 山齿鹑急性经口毒性 LD_{50}＞2250mg/kg；山齿鹑和野鸭饲喂 LC_{50}（5d）＞5620mg/kg。虹鳟鱼 LC_{50}＞13.8mg/L（96h）；大翻车鱼 LC_{50}＞15.1mg/L；水蚤 EC_{50}＞0.0116mg/L；羊角月芽藻 EC_{50}＞2mg/L；浮萍 EC_{50}＞2mg/L；无脊椎动物急毒 EC_{50}＞0.0116mg/L；蜜蜂经口 LD_{50}＞104μg/只，接触 LD_{50}＞4μg/只；蚯蚓 LC_{50}＞1000mg/kg；多年来，大量室内和田间研究结果表明，氯虫酰胺在田间使用剂量下对主要寄生蜂、天敌和传粉昆虫几乎无不良影响（死亡率 0～30%），具有对有益节肢动物的良好选择性。安全性较高的寄生蜂包括部分赤眼蜂、茧蜂、跳小蜂和蚜小蜂，天敌包括草蛉、瓢虫、姬蝽、花蝽、长蝽和植绥螨等种属的益虫，传媒昆虫主要是蜜蜂。

环境行为 ① 动物 体外代谢通过 *N*-甲基的水解、甲基的脱去，甲苯上甲基的水解以及因失去水合环形成喹唑啉酮（quinazolinone）衍生物。②植物 在头茬作物及轮作作物上基本上看不到其降解，在土壤残留中主要看到的还是氯虫酰胺。③土壤/环境 降解 DT_{50}＜2～12 月，作物残茬能缩短其半衰期，在土壤中有固着性，流动性较差，降解主要是化学作用，主要的降解产物没有活性且能渗漏。④在水中的稳定性，DT_{50} 10d（pH＝9，25℃）。pK_a 10.88±0.71。

主要剂型 有悬浮种衣剂（FS）、颗粒剂（GR）、胶悬剂（SC）、水分散粒剂（WG）等剂型；具体如 Coragen 18.4%悬浮剂、Altacor 35%水分散粒剂；另外还有 18.4%悬浮剂、0.33%颗粒剂、0.16%颗粒剂、0.133%颗粒剂。

分析方法 HPLC-MS。

作用机理与特点 该类杀虫剂具有全新的作用机理，激活鱼尼丁受体，使受体通道非正常长时间开放，导致无限制钙离子释放，钙库衰竭，肌肉麻痹，最终死亡。药剂主要作用途径以胃毒为主，施药后药液内吸传导性均匀分布在植物体内，害虫取食后迅速停止取食，慢慢死亡；有一定触杀性，但不是主要杀虫途径；对出孵幼虫有强力杀伤性，害虫出孵咬破卵壳接触卵面药剂中毒而死。害虫死亡过程：快速停止取食→活力丧失→回吐→肌肉麻痹→显著抑制生长→72h 内死亡。①有很强的渗透性和内吸传导性。②持效性好和耐雨水冲刷。③比目前大多数在用杀虫剂有更长和更稳定特点。④环境友好。

应用

截至 2007 年底，杜邦公司已累计完成了超过 3500 次田间试验和 400 多项规范性研究，表明了 chlorantraniliprole 的高效安全，据称其几乎对所有重要的鳞翅目害虫均具有优良的防效。2010 年底含该杀虫剂产品销售额超过 1 亿美元，预计 2012 年达 3 亿美元。

使用剂量 10～100g/hm²。

适用作物 水果、蔬菜、棉花、葡萄、马铃薯、水稻、观赏性植物、草坪。

防治对象 黏虫（亚热带黏虫，草地黏虫，黄条黏虫，西部黄条黏虫）、棉铃虫、番茄蠹蛾、番茄小食心虫、天蛾、庭园网螟、马铃薯块茎蛾、小菜蛾、粉纹夜蛾、菜青虫、欧洲玉米螟、亚洲玉米螟、甜瓜野螟、瓜绢螟、瓜野螟、烟青虫、夜蛾、甜菜夜蛾、苹果蠹蛾、桃小食心虫、梨小食心虫、蔷薇斜条卷叶蛾、苹小卷叶蛾、斑幕潜叶蛾、金纹细蛾、水稻螟虫、二化螟、三化螟、大螟、稻纵卷叶螟、稻水象甲、稻瘿蚊、黑尾叶蝉、胡椒象甲、螺痕潜蝇、美洲斑潜蝇、烟粉虱、马铃薯象甲等。

安全施药　①苹果上安全采收间隔期 14d，每季最多使用 2 次；水稻上安全采收间隔期 7d，每季作物最多使用 3 次；甘蓝上安全采收间隔期 1d，每季最多使用 3 次。②对鱼中毒，要远离河塘等水域用药，禁止在河塘等水体中清洗施药器具；对鸟和蜜蜂低毒，蜜源作物花期禁用；对家蚕剧毒，蚕室禁用，桑园附近慎用。③使用后的空袋可在当地法规容许下焚毁或深埋。④为避免产生抗性，一季作物，使用本品不得超过三次；且连续使用本品后需轮换使用其他不同作用机制的杀虫剂。⑤使用本品时应穿戴防护服和手套，避免吸入药液。施药期间不可吃东西和饮水，施药后应及时洗手和洗脸。

残留量　对以下作物内/表残留的许可限量，湿苹果渣：0.60mg/L，芸薹，头、茎，亚组 5A：4.0mg/L，芸薹，绿叶，亚组 5B：11mg/L，轧棉副产品：30mg/L，棉壳：0.40mg/L，未去纤维棉籽：0.30mg/L，梨果 11 组：0.30mg/L，核果 12 组：1.0mg/L，葡萄：1.2mg/L，葡萄干：2.5mg/L，马铃薯：0.01mg/L，葫芦类蔬菜 9 组：0.25mg/L，果类蔬菜 8 组：0.70mg/L，芸薹类之外的叶类蔬菜 4 组：13mg/L，乳：0.01mg/L，肉：0.01mg/L，肉副产品 0.01mg/L、脂肪：0.01mg/L。此外，规定以下作物内/表残留的限时许可限量：稻米 0.10mg/L；稻秆 0.25mg/L。

应用技术和使用方法

田间试验　主要为 2002 年以来在欧洲做的田间或温室内的试验。

(1) 仁果（苹果、梨等的）如防治苹果蠹蛾试验结果　表 19-1 是在 3.5g(a.i.)/hL 活性稍优于对照的有机磷和昆虫生长调节剂产品；从表 19-2 可以看出在昆虫孕期且虫卵孵化前施药效果最好，这也表明其具有一定的杀卵效果。

表 19-1　对苹果蠹蛾的效果（欧洲，2003～2006 年）

药　剂	用量/[g (a.i.)/hL]	损害减少/%			
		整体评价	未成熟	成熟	脱落
氯虫酰胺 20%胶悬剂	2.5	82	80	85	82
氯虫酰胺 20%胶悬剂	3.5	90	89	93	89
氯虫酰胺 20%胶悬剂	4	93	92	93	92
对照油分散性粉剂	标鉴率	85	87	80	87
对照 MAC	标鉴率	75	75	75	74

表 19-2　不同时间段对一代苹果蠹蛾的防治效果（意大利，2007 年）

药剂	试验次数	施药时间	用药量/[(g (a.i.)/hL)]	水果损失量/%
氯虫酰胺 20%胶悬剂	1	T_1产卵期	4	9.1
氯虫酰胺 20%胶悬剂	1	T_2具备幼虫外形，头部变黑，但未孵化期	4	8.1
氯虫酰胺 20%胶悬剂	1	T_3孵卵期	4	17.8
空白				29.9

(2) 坚果田间试验　表 19-3 是对水蜜桃和油桃 10～12d 的生测，试验表明其在 4g(a.i.)/hL剂量下，对水果和新芽生长有很好的保护作用。

表 19-3　对梨小食心虫、桃芽蛾的效果（欧洲南部，2004～2006 年）

药剂	用药量/[g(a.i.)/hL]	果实损害减少/%		新芽损害减少/%	
		梨小食心虫	桃芽蛾	梨小食心虫	桃芽蛾
20%氯虫酰胺胶悬剂	2.5	74	77	66	62
20%氯虫酰胺胶悬剂	3.5	75	85	71	83
20%氯虫酰胺胶悬剂	4	85	91	77	83
对照(有机磷类)	标鉴率	80	67	74	60
对照(新烟碱类)	标鉴率	76	65	74	84

(3) 对甜椒的试验　表 19-4 是 7～10d 防治甜椒鳞翅目害虫的结果，剂量为 30g(a. i.)/hL、40g(a. i.)/hL，温室剂量 3.5g(a. i.)/hL、4g(a. i.)/hL 时，几乎对甜椒上所有的鳞翅目害虫都能很好地防治，而且当害虫刚要长成成虫或者是在田间刚发现有害虫时，开始使用药效果最好。

表 19-4　温室中对甜椒上害虫的防治（欧洲南部，2003～2006 年）

药剂	用药量/[g(a. i.)/hL]	防效/%					
		叶子		果实		即将成虫时	
		海灰翅夜蛾	甜菜夜蛾	玉米螟	海灰翅夜蛾	甜菜夜蛾	玉米螟
35%氯虫酰胺水分散粒剂	2.5	54	78	91	95	92	86
35%氯虫酰胺水分散粒剂	3.5	71	86	96	95	94	90
35%氯虫酰胺水分散粒剂	4	79	91	98	100	90	100
对照(oxadiazine)	标鉴率	78	72	55	100	75	77
对照(carbamate)	标鉴率						60

表 19-5 是对葡萄上的葡萄花翅小卷蛾的防治效果，其在孕期且虫卵孵化前使用效果最好。

表 19-5　2 代葡萄花翅小卷蛾的防治效果（欧洲，2003～2006 年）

药剂	用药量/[g(a. i.)/hL]	(损失、虫子)降低或减少/%		
		受害的葡萄叶	受害的果实	幼虫
20%氯虫酰胺胶悬剂	2.5	73	86	87
20%氯虫酰胺胶悬剂	3	78	90	92
20%氯虫酰胺胶悬剂	4	80	89	96
对照(oxadiazine)	标鉴率	69	81	88
对照(MAC)	标鉴率	61	85	91

表 19-6～表 19-8 分别是对番茄、茄子、马铃薯、莴苣的田间试验结果，可以看出氯虫酰胺在低剂量下对害虫均有非常好的防治效果。

表 19-6　番茄和茄子的田间试验（欧洲南部，2004～2006 年）

药剂	用药量/[g(a. i.)/hm²]	损失降低/%			幼虫减少/%	
		叶子		果实		
		棉铃虫	甜菜夜蛾	玉米螟	棉铃虫	甜菜夜蛾
35%氯虫酰胺水分散粒剂	25	81	74	78	88	7
35%氯虫酰胺水分散粒剂	35	83	76	86	90	74
35%氯虫酰胺水分散粒剂	40	87	83	90	99	80
对照(oxadiazine)	标鉴率	70	84	82	89	85
对照(carbamate)	标鉴率	60		61	85	83
对照(pyrethorid)	标鉴率	63			79	

表 19-7　喷雾后 1～22d 对马铃薯甲虫的效果

药剂	用药量/[g(a. i.)/hm²]	减少/%	
		叶损害	幼虫
20%氯虫酰胺胶悬剂	7.5	83	92
20%氯虫酰胺胶悬剂	10	89	92
20%氯虫酰胺胶悬剂	12.5	91	97
对照(pyrethorid)	标鉴率	86	88
对照(新烟碱)	标鉴率	91	95

表 19-8 䓛苣的田间试验（欧洲南部，2003～2006 年）

药　剂	用药量 /[g(a. i.)/hm²]	叶子损害减少/%		幼虫减少/%		
		海灰翅夜蛾	甜菜夜蛾	海灰翅夜蛾	甜菜夜蛾	棉铃虫
35%氯虫酰胺水分散粒剂	25	74	88	53	94	97
35%氯虫酰胺水分散粒剂	35	83	83	87	100	99
35%氯虫酰胺水分散粒剂	40	90	92	91	100	99
对照(oxadiazine)	标鉴率	82	80	93	93	93
对照(carbamate)	标鉴率		86		95	88

不同剂型，如 Durivo 可用作土壤杀虫剂，用于花椰菜和叶蔬类作物上的“所有主要刺吸和咀嚼式害虫”，并将进一步扩大到果蔬类作物，据称，该产品将成为市场上同时防治鳞翅目和刺吸式害虫的“植物”内吸杀虫剂；Voliam Flexi 是用于仁果、核果和坚果等作物防治刺吸和咀嚼式害虫的叶面内吸杀虫剂；Voliam Targo 是用于仁果、核果、坚果和葡萄等作物防治鳞翅目害虫和害螨的叶面内吸杀虫剂；Voliam Xpress 则是主要用于土豆和其他蔬菜作物的叶面杀虫剂。基于氯虫酰胺的种子处理剂 Dermacor X-100 用于水稻上防治稻水象甲等。用于白蚁防治的 Rynaxypyr 正在等待美国 EPA 核准，相关产品已在巴西和日本等用于防治果树、蔬菜、棉花、烟草和茶叶等作物上的害虫。

专利与登记

专利名称　Arthropodicidal anthranilamides

专利号　WO 03015519　　　　专利公开日　2003-02-27

专利申请日　2002-08-13　　　　优先权日　2001-08-13

专利拥有者　Du Pont

在其他国家公开的或授权的专利有 AU 2002355953、BR 2002012023、CA 2454485、CN 1678192、CN 100391338、EP 1416797、EG 23419、EP 1944304、HU 2006000675、IN 2005MN00444、IN 2004MN00015、JP 2005041880、JP 4334445、JP 2004538328、JP 3729825、MX 2004001320、NZ 530443、RU 2283840、TW 225774、US 20070225336、US 20040198984、US 7232836、ZA 2004000033、ZA 2004000034、ZA 2003009911 等。

制备专利有 AT 371657、AU 2004247738、AU 2003257028、AU 2007275836、BR 2003013341、BR 2004011195、CA 2656357、CN 1671703、CN 100422177、CN 101550130、CN 100376565、CN 1805950、EP 2044002、EP 1631564、EP 1549643、EP 1549643、ES 2293040、IN 2008DN10098、IN 2005DN05088、JP 2007501867、JP 2006501203、KR 2009031614、MX 2009000572、US 20060241304、US 7276601、US 20050215785、US 7339057、WO 2009121288、WO 2008010897、WO 2004011447、WO 2004111030、ZA 2005008771 等。

制剂或剂型专利有 CN 1541063、CN 101305726、CN 101268779、CN 101557710、CN 101516196、CN 101331878、CN 101379978、CN 101014247、CN 101001525、CN 1713819、DE 102007018452、DE 102005059470、US 20050274059、WO 2003015518、WO 2009018188、WO 2009018195、WO 2009002856、WO 2008125245、WO 2008125362、WO 2008125245、WO 2008072783、WO 2008034785、WO 2007126636、WO 2007081553、WO 2006008108、WO 2006007595、WO 2005107468、WO 2003024222 等。

在中国申请的与氯虫酰胺有关的部分专利及登记情况见表 19-9～表 19-11。

2007 年，首次在菲律宾获准登记并销售。随后在美国、加拿大、奥地利、德国、希腊、匈牙利、意大利、葡萄牙、罗马尼亚获得登记，主要用于水果和蔬菜上，在澳大利亚则登记于几乎所有的作物。

表 19-9　在中国申请的专利

序列号	申请号	专利名称
1	200810031247.4	含氯虫酰胺和杀虫单的杀虫组合物
2	200780025228.4	协同的杀虫和杀真菌混合物
3	200880023578.1	包含杀虫剂和植物活化剂的农药组合
4	200810031745.9	一种增效农药组合物
5	200910038978.6	含有甲氨基阿维菌素苯甲酸盐和氯虫苯甲酰胺的杀虫组合物
6	200910043134.0	用于农作物的含氯虫苯甲酰胺的杀虫组合物
7	200910022542.8	氯虫苯甲酰胺与甲维盐杀虫组合物
8	200910069468.5	一种含氯虫苯甲酰胺的杀虫剂组合物及其制备方法和用途
9	200910089520.3	一种水稻杀虫、杀菌组合物
10	200910017901.0	一种含有盐酸氨溴索的农药组合物及其制备方法
11	200910109009.5	一种农药水乳剂及其制备方法
12	200910163770.7	一种含烯啶虫胺的杀虫组合物
13	200910019508.5	含有氯虫苯甲酰胺的二元复配杀虫剂组合物
14	200910192863.2	甲氨基阿维菌素苯甲酸盐固体脂质纳米粒及其制备方法和在农药制剂中的应用
15	200910309329.5	苯甲酰基脲类杀虫剂与氯虫苯甲酰胺复配制剂
16	200910183326.1	氯虫苯甲酰胺氟铃脲杀虫组合物
17	200910183325.7	氯虫苯甲酰胺毒死蜱杀虫组合物
18	200910223712.9	一种含有氯虫苯甲酰胺和有机磷的杀虫组合物
19	200910228966.X	一种氯虫苯甲酰胺农药的合成方法
20	201010000431.X	一种含吡蚜酮与氯虫苯甲酰胺的杀虫组合物
21	200910035229.8	氯虫苯甲酰胺烯啶虫胺杀虫组合物
22	201010103345.1	氯虫苯甲酰胺与阿维菌素复配农药
23	200910035235.3	含有氯虫苯甲酰胺的杀虫组合物
24	201010122206.3	一种复配农药
25	201010104632.4	氯虫苯甲酰胺与哒嗪硫磷复配农药
26	201010104685.6	氯虫苯甲酰胺与毒死蜱复配农药
27	201010118202.8	一种蔬菜害虫杀虫剂
28	200910000868.0	一种杀虫组合物
29	201010122200.6	一种复配农药

表 19-10　杜邦公司在中国登记情况

登记名称	登记证号	含量	剂型	登记作物	防治对象	用药量	施用方法
氯虫酰胺	LS20080811	35%	水分散粒剂	苹果树	金纹细蛾	14～20mg/kg	喷雾
				苹果树	桃小食心虫	35～50mg/kg	喷雾
氯虫酰胺	LS20081443	5%	悬浮剂	甘蓝	甜菜夜蛾	22.5～41.25g/hm^2	喷雾
				甘蓝	小菜蛾	22.5～41.25g/hm^2	喷雾
氯虫酰胺	PD20100677	200g/L	悬浮剂	水稻	稻纵卷叶螟	15～30g/hm^2	喷雾
				水稻	二化螟	15～30g/hm^2	喷雾
				水稻	三化螟	15～30g/hm^2	喷雾
氯虫酰胺	PD20100676	95.3%	原药				

表 19-11　瑞士先正达作物保护有限公司在中国登记情况

登记名称	登记证号	含量	剂型	登记作物	防治对象	用药量/(g/hm^2)	施用方法
氯虫·噻虫嗪	LS20083279	噻虫嗪 200g/L、氯虫酰胺 100g/L	悬浮剂	小青菜苗床	黄条跳甲	125～150	喷淋或灌根
				小青菜苗床	小菜蛾	125～150	喷淋或灌根
氯虫·噻虫嗪	LS20083124	噻虫嗪 20%、氯虫酰胺 20%	水分散粒剂	水稻	褐飞虱	36～48	喷雾
				水稻	稻纵卷叶螟	36～48	喷雾
氯虫·高氯氟	LS20100082	高效氯氟氰菊酯 4.7%、氯虫酰胺 9.3%	微囊悬浮-悬浮剂	番茄	棉铃虫	22.5～45	喷雾
				番茄	蚜虫	22.5～45	喷雾
				辣椒	蚜虫	22.5～45	喷雾
				辣椒	烟青虫	22.5～45	喷雾

合成方法

氯虫酰胺的合成目前报道的主要有两种方法：一是形成噁嗪酮环再开环，二是光气合环开环，然后再与 M-1 反应。

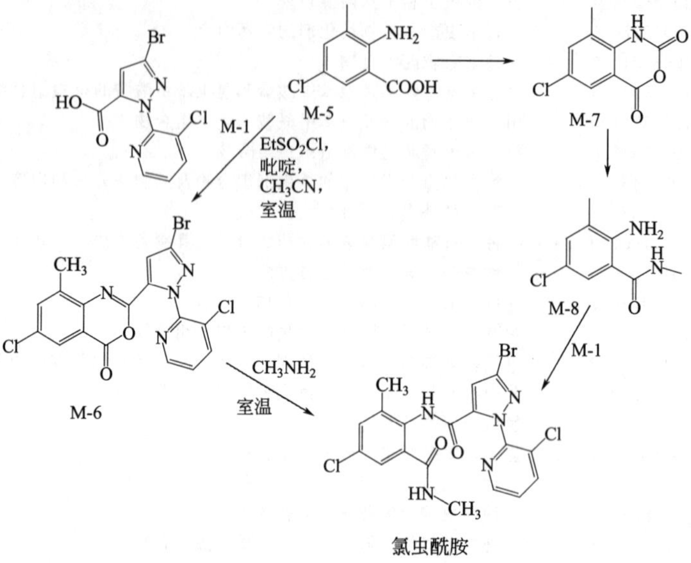

（1）噁嗪酮法

6-氯-2-[3-溴-1-(3-氯吡啶-2-基)-1*H*-吡唑-5-基]-8-甲基-4*H*-3,1-苯并噁嗪-4-酮的合成（M-6） 将 M-1（3.16g，0.01mol）及 M-5（1.85g，0.01mol）加入含有 50mL 乙腈的 100mL 反应瓶中，搅拌下滴加 5mL 3-甲基吡啶，等反应原料全部溶解，冰浴降至 0℃，慢慢滴加 3mL 甲基磺酰氯，滴加完毕 10min 后撤去冰浴，室温搅拌 3h，有固体析出，减压脱去部分溶剂，过滤得淡黄色固体 4.06g，收率 90.2%，m. p. 119～200℃。

氯虫酰胺的合成 取 M-6（0.5g，0.0011mol）于含有 20mL 乙腈的 50mL 反应瓶中，加入 1mL 甲胺水溶液（25%），室温下反应 1h，经柱色谱得 0.38g 淡黄色固体，收率 71.5%。熔点 233～234℃。

（2）光气法

取 M-5（9.30g，0.05 mol）、四氢呋喃 30mL 于含有搅拌磁子的 50mL 单口烧瓶中，搅拌至固体完全溶解后加入固体光气 4.5g（0.015mol），室温搅拌 1～2h 后，反应液有大量红棕色固体析出，脱除溶剂后加入饱和碳酸钠水溶液搅拌约 30min，过滤水洗得红棕色固体（8.30g，0.039mol）（M-7），收率 78.7%。

取 M-7（2.11g，0.010mol）、乙腈 20mL、三乙胺（2.028g，0.020mol）于配有搅拌磁子的 50mL 单口烧瓶中，搅拌下滴加 25%甲胺水溶液（2.48g，0.020mol），室温搅拌 1～2h 至反应液澄清后，蒸除溶剂，反应液用乙酸乙酯萃取 3 次，合并有机相并用饱和食盐水洗涤，无水硫酸镁干燥，脱溶得黄色固体（1.46g，0.007mol）(M-8)，收率 74%，熔点138～139℃。

将 M-1(0.60g，0.002mol）及 M-8（0.39g，0.002mol）加入含有 20mL 乙腈的 50mL 反应瓶中，搅拌下滴加 1mL 吡啶，等反应原料全部溶解，冰浴降至 0℃，慢慢滴加 0.5mL 甲基磺酰氯，滴加完毕 10min 后撤去冰浴，室温搅拌 3～6h，有大量黄色固体析出，减压脱去部分溶剂，过滤洗涤得白色固体（0.798g，0.0016mol），收率 84.9%，熔点233～234℃。

具体步骤可见以下。

（1）重要原料 2,3-二氯吡啶的合成

文献报道主要有五种方法：2,3,6-三氯吡啶还原法、2-氯吡啶合成法、3-氯吡啶合成法、3-氨基吡啶合成法或 2-氯烟酸法。

① 2,3,6-三氯吡啶还原法　这是报道的 2,3-二氯吡啶最早的合成方法。具体操作如下：低温下用氢气还原 2,3,6-三氯吡啶为 2,3-二氯吡啶，催化剂为钯、铂、钌或者雷尼镍、雷尼铜，添加碱性试剂，如醋酸钠、三乙胺、碳酸钠会加快反应的进行。

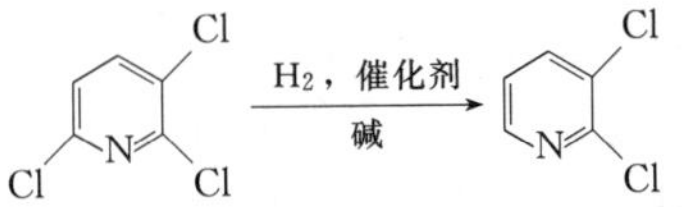

② 2-氯吡啶合成法　以 2-氯吡啶为原料合成 2,3-二氯吡啶文献报道很少。Sendelbach 通过 3 步得到 2,3-二氯吡啶和 2,5-二氯吡啶的混合物，分离困难，且总收率也不理想。

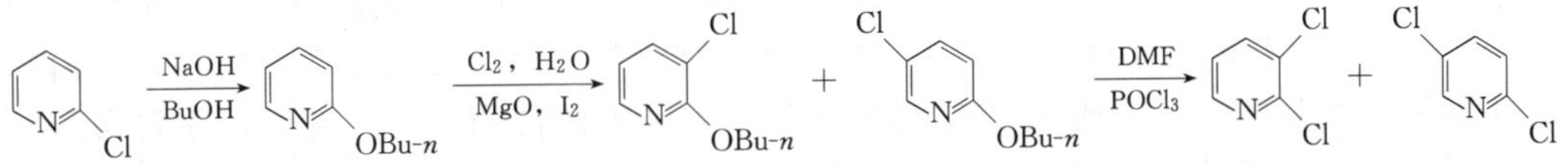

③ 3-氯吡啶合成法　以 3-氯吡啶为原料可以从以下两条路线合成目标产物：Hebel 报道 3-氯吡啶在乙酰次氟酸的作用下，生成具有 N—F 键的一对共振体，然后通过脱去氟化氢、二氯甲烷氯化，选择性地生成 2,3-二氯吡啶。此法由于吡啶 3 位亲电取代不易，所以原料 3-氯吡啶价格高，工业化生产困难。

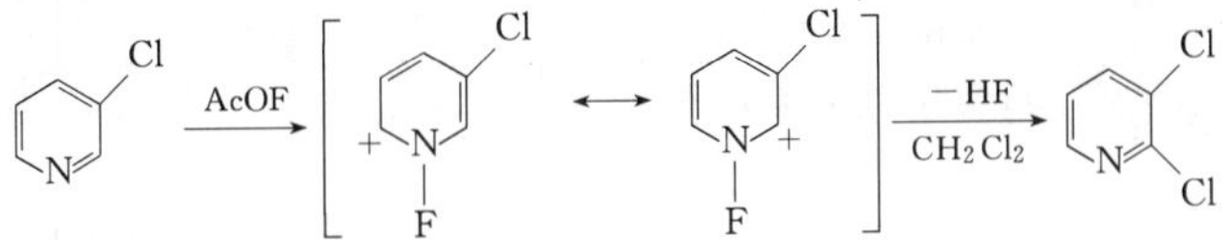

Choppin 报道以正己烷和四氢呋喃分别作为溶剂，六氯乙烷作为卤化剂，并在 BuLi/$Me_2N(CH_2)OLi$ 的作用下，3-氯吡啶以 60%的收率生成 2,3-二氯吡啶。此法所用试剂昂贵，且收率不高，不宜工业化。

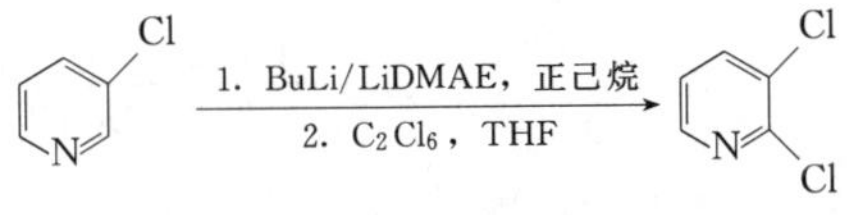

④ 3-氨基吡啶合成法　以 3-氨基吡啶为原料合成 2,3-二氯吡啶分 3 步：将 3-氨基吡啶在浓盐酸与双氧水中，氯化生成 2-氯-3-氨基吡啶；再经过重氮化，Sandmeyer 反应得目标产物。

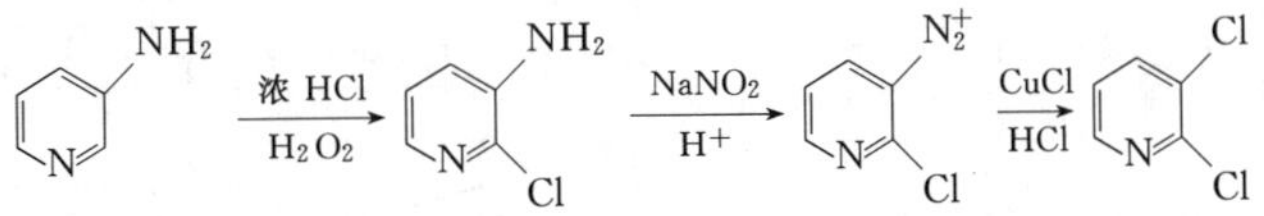

此法优点：各中间产物不纯化，在同一反应锅中完成全部工序，且 3 步反应仅用以反应物存在的盐酸作溶剂，其他反应试剂也便宜易得，适于工业化开发。

详细操作如下：1000mL 三口反应瓶中加入 3-氨基吡啶 43.3g（99%）与浓盐酸 460.0g（36%），搅拌使其溶解，然后转入冰水浴冷却至 10℃以下。向反应瓶中滴加 63.0g（30%）过氧化氢，控温 5～10℃，用时约 60min。滴完继续控温 6～10℃，反应大约 4～5 h，液相色谱监测使原料转化率达到 90%以上，降温至−5℃左右，开始滴加 30%的亚硝酸钠溶液 138.0g，用时约 60min，控温 0℃以下，滴完加入 180mL 水，保温 0℃以下，继续搅拌 30min 得到重氮盐溶液。将制好的重氮盐溶液倾入带夹套（夹套通冰盐水）的滴液漏斗中，滴加到另一盛有浓盐酸 110.4g、二氯甲烷 276mL 及催化剂氯化亚铜 18.3g 的反应瓶中，控温 15℃左右，滴完升温至 35℃反应 1h，冷却到室温，滴加 50%氢氧化钠溶液 104.0g，分出有机层，再用 270mL 二氯甲烷萃取 2 次，合并有机相，常压蒸馏，得到黄色固体，用

70%甲醇水溶液重结晶得到白色固体 46.0g，收率 66.9%，含量 98.3%，熔点66.1～66.5℃。

⑤ 2-氯烟酸法　以 2-氯烟酸为原料，经如下反应首先制备 2-氯-3-氨基吡啶，再经重氮化，Sandmeyer 反应得目标产物。

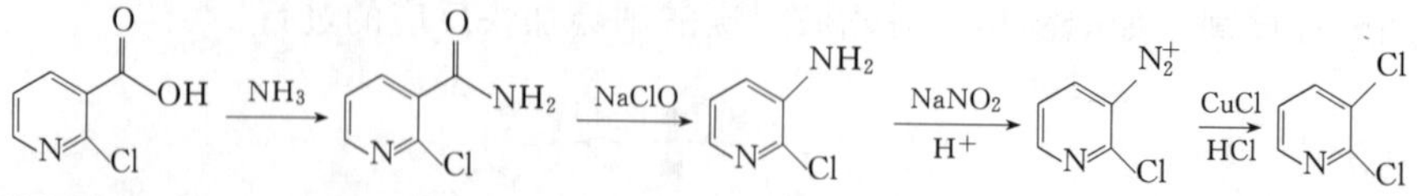

(2) 关键中间体 M-1 的合成

主要有两种方法：方法一是以吡唑为原料，首先与 *N*,*N*-二甲基磺酰氯反应生成 *N*,*N*-二甲基氨磺酰基吡唑，然后在正叔丁基锂存在下在－60℃下溴化，然后与三氟乙酸酐室温反应脱去 *N*,*N*-二甲基磺酰基后，与 2,3-二氯吡啶在 DMF 中反应得到吡啶基吡唑，然后再在正叔丁基锂存在且－60℃下通入 CO_2 得到 M-1。这种方法使用正叔丁基锂，原料昂贵且需要－60℃低温，反应条件苛刻。不适合工业化生产，其详细的操作步骤不做介绍。方法二是直接形成带有取代基的吡唑环，然后经溴化、氧化、成酸三步完成。其中合环目前报道的有两种方法：一是以马来酸二乙酯为原料，二是以马来酸酐为原料。

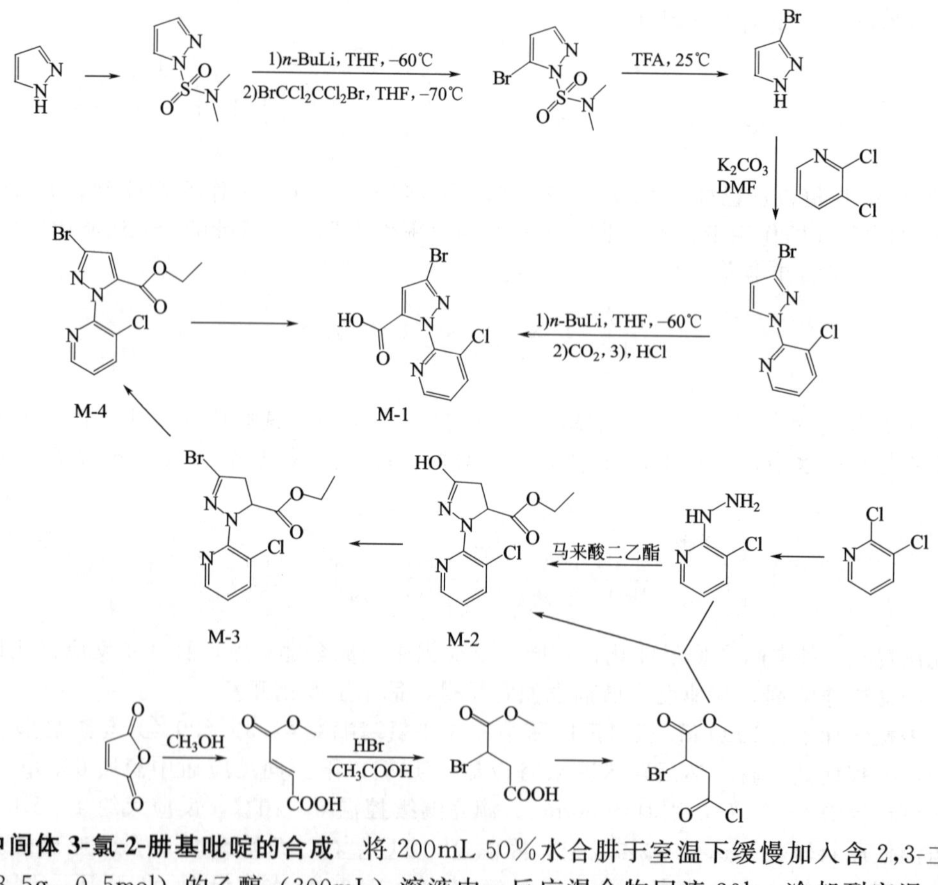

中间体 3-氯-2-肼基吡啶的合成　将 200mL 50%水合肼于室温下缓慢加入含 2,3-二氯吡啶（73.5g，0.5mol）的乙醇（300mL）溶液中，反应混合物回流 30h，冷却到室温。过滤收集白色针状固体产品 67.5g，收率 94.4%。熔点 168℃。

中间体 2-(3-氯吡啶-2-基)-5-羟基吡唑-3-甲酸乙酯(M-2)——以马来酸二乙酯为原料　于含有机械搅拌的 1000mL 反应瓶中加入 500mL 乙醇，慢慢加入 12g 金属钠，回流反应制成乙醇钠溶液。在回流状态下加入 3-氯-2-肼基吡啶（67.5g，0.47mol），反应液呈黄色，5min

后又开始回流，开始慢慢滴加马来酸二乙酯（90mL），随着马来酸二乙酯的加入回流速度加快，最后反应物全部溶解，继续回流 30min，然后降温至 60℃，向反应液中滴加 50mL 冰醋酸，至反应液为弱酸性，期间有大量固体生成，过滤得淡黄色固体（66.1g，0.24mol），收率 52%，熔点 132～134℃。

中间体 2-(3-氯吡啶-2-基)-5-羟基吡唑-3-甲酸乙酯(M-2)——以马来酸酐（顺丁烯二酸酐）为原料

① 向 50mL 单口烧瓶中加入顺丁烯二酸酐 10g（0.102mol）和甲醇 4.2mL（0.102mol），搅拌升温至 50℃，保温反应 1h，将得到的无色透明液体减压蒸馏除溶剂，得无色黏稠液马来酸单甲酯 12.5g，收率 95%。

② 将 16.4g（33%，5.4g，0.07mol）溴化氢-冰醋酸溶液降温至 0℃后，滴加马来酸单甲酯 10g（0.07mol），加毕保温搅拌，5min 后出现大量黄色黏稠物质，保温过夜反应。次日将反应液倾入适量水中，乙酸乙酯提取，干燥、浓缩得淡黄色油状物 3-溴马来酸单甲酯 12.9g，收率 80%。

③ 将 3-溴马来酸单甲酯 5g（0.02mol）溶于 10mL 二氯甲烷中，再滴入 5 滴 DMF，15min 内滴加 2mL 氯化亚砜（0.023mol），溶于 3mL 二氯甲烷溶液，加毕，回流反应 1.5h 后，减压蒸除溶液得黄色液体 3-溴马来酸单甲酯酰氯 5.4g，收率 98%。不需处理直接用于下一步反应。

④ 2-(3-氯吡啶-2-基)-5-羟基吡唑-3-甲酸乙酯的合成（M-2） 向含有干燥管和冰浴的 50mL 三口烧瓶中加入 3-氯-2-肼基吡啶 3.1g（0.02mol）、碳酸氢钠 3.4g（0.04mol）、乙腈 30mL，降温至 0℃后滴加 3-溴马来酸单甲酯酰氯 5.2g（0.02mol）溶于 10mL 乙腈的溶液，滴毕，自然升温至室温反应 3h。将反应液倾入适量水中，用醋酸调 pH 值为 6，乙酸乙酯提取，干燥、浓缩得棕红色油状物，乙醇重结晶，得淡黄色固体 4.1g，熔点 147～148℃，收率 74%。

（3）中间体 M-3 的制备

目前文献报道 M-2 到 M-3 目前主要有三种方法：一是用三溴氧磷直接溴化；二是 M-2 形成磺酸酯，再用溴化氢溴化；三是先用三氯氧磷氯化，然后再用溴化氢置换氯成溴。

① 三溴氧磷直接溴化 取 2-(3-氯吡啶-2-基)-5-羟基吡唑-3-甲酸乙酯（66.1g，0.24mol）于 1000mL 反应瓶，加入 400mL 乙腈及 40g 三溴氧磷，回流反应，30min 后反应液中有大量不溶物生成，继续回流 3h，反应液由黄色变为深色，减压蒸去大部分溶剂，将浓溶液慢慢倒入碳酸钠水溶液，调至弱碱性，加入 300mL 二氯甲烷搅拌 1h，萃取除去水层，有机层用无水硫酸镁干燥过滤，得到浅黄色溶液，减压脱溶得黄色油状物质（64.2g，0.22mol），收率 92%。

② 磺酸酯法（苯磺酰氯和对甲苯磺酰氯） a. 在三口烧瓶中加入二氯乙烷 80mL、M-2 10.8g（0.04mol）和苯磺酰氯 5.6mL（0.044mol），冷却至 0℃滴加三乙胺 6.1mL（0.044mol），约 1h 内滴完，继续保温反应 3h。10～15℃下缓慢通入约 4.10g（0.051mol）的溴化氢气体，约 1h 通完。然后在反应液中滴加 100mL 饱和碳酸氢钠溶液，充分搅拌、洗涤反应液至无气泡产生。分离出有机相，无水硫酸钠干燥，减压蒸除溶剂，得暗红色油状物 711.9g，收率为 89.5%。b. 向含有机械搅拌器、滴液漏斗和温度计的 250mL 三口烧瓶中加入 10.8g M-2、8.4g 对甲苯磺酰氯（98.5%）和 100mL 三氯甲烷，搅拌，冰水浴降温至 0℃，然后缓慢滴加 4.9g 三乙胺，约 1h，滴加完毕，室温继续搅拌 3h，加入 200mL 水洗 2 次，无水硫酸钠干燥，减压回收大部分溶剂后，残余物倾入 20mL 石油醚和 40mL 乙酸乙酯中，加热回流 0.5h，冷冻过夜，过滤，得浅黄色固体 15.5g（1-(3-氯-2-吡啶基)-4,5-二氢-3-[[(4-甲苯基)磺酰基]氧基]-1*H*-吡唑-5-甲酸乙酯），收率

92%，含量99%，熔点101.2～101.6℃；向含有机械搅拌器、温度计、导气管及尾气吸收装置的250mL三口烧瓶中加入13.8g（1-(3-氯-2-吡啶基)-4,5-二氢-3-[[(4-甲苯基)磺酰基]氧基]-1*H*-吡唑-5-甲酸乙酯）、150mL三氯甲烷和2.2g无水乙酸，冰水浴，控温5～10℃。通入7.3g（0.09mol）溴化氢，维持反应温度小于10℃，通气完毕，放置室温搅拌2h，通氮气赶走过量的溴化氢，控温在0℃，缓慢滴加15mL氨水（25%～28%），中和反应液至pH为7～8，加入200mL水洗3次，无水硫酸钠干燥，减压脱尽溶剂，得暗红色油状液，放置过夜，析出浅红色晶体9.9g，收率99%，含量98%，熔点61.7～62.6℃。两步总收率91%。

③ 三氯氧磷法　a. 在配有机械搅拌器、温度计、冷凝器的2L四口烧瓶中，氮气保护，加入1000mL乙腈、M-2（91.0g，0.337mol）和三氯氧磷（35.0mL，0.375mol）。随着三氯氧磷的加入，保持温度在22～25℃，有固体生成。浅黄色浑浊物搅拌，经35min加热至回流状态，固体全部溶解。橙色溶液回流45min，至溶液变成黑绿色。蒸除650mL溶剂，加入碳酸钠（130g，1.55mol）和水（400mL），搅拌15min，然后剧烈搅拌20min，随后加入二氯甲烷250mL，搅拌50min，过滤，滤液用二氯甲烷萃取，无水硫酸镁干燥，以及硅胶脱色后变成蓝绿色，减压脱溶得92.0g油[3-氯-1-(3-氯吡啶-2-基)-4,5-二氢-1*H*-吡唑-5-甲酸乙酯]，收率93%。b. 将溴化氢气体通入上述［3-氯-1-(3-氯吡啶-2-基)-4,5-二氢-1*H*-吡唑-5-甲酸乙酯］8.45g（29.3mmol）的二溴甲烷85mL的混合液中，保持90min，反应液用100mL碳酸钠水溶液洗，分离有机相，减压蒸馏得到油状产品9.7g，收率99%。两步收率为92%。

（4）中间体M-4的制备

M-3到M-4的氧化，目前常用氧化剂主要有过硫酸钾。在三口烧瓶中加入乙腈60mL、7.67g **M-3**（0.02mol）和浓硫酸2.2mL（0.041mol）。氮气保护，搅拌15min后，加入过硫酸钾8.0g（0.03mol）。加热至回流搅拌2 h，结束反应。过滤，减压浓缩有机相至约40mL，冰浴冷却至0℃，析出固体。抽滤，干燥得黄色固体M-4 6.05g，收率为91.6%，熔点116～117℃。

关键中间体M-1的合成：将5g氢氧化钠和50mL水配成的溶液及100mL甲醇加入含有3-溴-1-(3-氯吡啶-2-基)-1*H*-吡唑-5-甲酸乙酯（32.9g，0.1mol）的250mL反应瓶中，室温搅拌反应，1h后反应物全部溶解，继续反应30min，减压脱去大部分溶剂，加100mL水稀释，用100mL乙酸乙酯萃取，水层用浓盐酸调至弱酸性，析出固体，室温搅拌30min，过滤，干燥得黄褐色固体（22g，0.07mol），收率70%，熔点195～198℃。

（5）关键中间体M-5的合成

主要有三种路线：一是以2-甲基-4-氯苯胺为起始原料；二是以2-氨基-3-甲基苯甲酸为原料，在NCS作用下氯化；三是以2-氨基-3-甲基苯甲酸为起始原料，在双氧水和浓盐酸的作用下制得。

主要详细介绍方法一、方法三的合成；方法二详细操作可参照专利WO03015519。

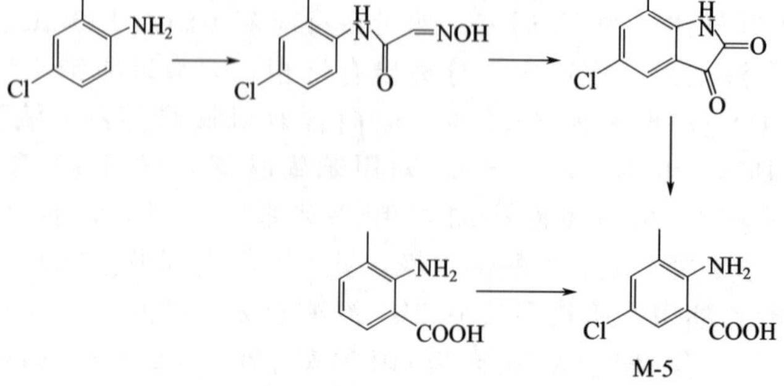

方法一：①取400mL水于含有机械搅拌器的1000mL三口烧瓶中，搅拌下依次加入盐酸羟胺（30.98g，0.446mol）、无水硫酸钠（128.31g，0.9mol）及水合三氯乙醛（39.80g，0.243mol），升温至40℃搅拌反应，至反应液澄清，为溶液1；另取500mL烧杯，加入38mL浓盐酸及80mL水，搅拌下加入4-氯-2-甲基苯胺，室温搅拌成溶液2；将溶液2加入溶液1中，升温回流1min（过程中反应液变橙红色，再变黑色），停止加热，马上冰浴降温，室温搅拌5h，直接过滤得23.52g灰色固体粉末[*N*-(4-氯-2-甲基苯基)-2-(羟氨基)乙酰胺]，收率82%。②取50mL浓硫酸于250mL反应瓶中，搅拌下分批加入*N*-(4-氯-2-甲基苯基)-2-(羟氨基)乙酰胺（11.25g，0.053mol），有气泡放出，但无明显升温现象，加料完毕升温至73℃，保持该温度10min，停止加热，降温，室温时将反应液倒入碎冰中，剧烈搅拌，反应液呈褐色，过滤得8.7g褐色固体(5-氯-7-甲基吲哚-2,3-二酮)，收率84%。③取5-氯-7-甲基吲哚-2,3-二酮（4.23g，0.022mol）于250mL反应瓶中，加入氢氧化钠（2.06g，0.051mol）及50mL水，搅拌下慢慢滴加双氧水（7mL，33%），放热反应，内部温度自升到45℃，30min滴加完毕，继续反应2h，过滤除去不溶物，滤液用浓盐酸调pH值至酸性，过滤得2.48g黄褐色固体产品（2-氨基-5-氯-3-甲基苯甲酸），收率61%。

方法三：于含有搅拌磁子的250mL单口烧瓶中加入2-氨基-3-甲基苯甲酸（15.1g，0.100mol）及*N*,*N*-二甲基甲酰胺50mL，搅拌至固体完全溶解后将其冰浴冷却至10℃下，慢慢滴入浓盐酸60mL，反应液呈棕色浑浊，滴毕，将反应液加热至30℃，待温度稳定之后，慢慢滴入30%双氧水（18.5g，0.160mol），滴毕搅拌一段时间，反应液呈棕色澄清，继续于30℃下搅拌过夜，次日，将反应液冷却至室温后，倒入500mL水中，生成大量红棕色固体，过滤，水洗，得红棕色固体（17.50g），收率94.6%。

1 精细与专用化学品，2009，17（11）：19-20.
2 农药，2009（1）：13-16.
3 精细化工中间体，2007，5：15-17.
4 Proceedings of the Brighton Crop Protection Conference-Pests and diseases. 1，2007，52-59.
5 WO 2004011453.
6 农药，2010（3）：170-173.
7 精细化工中间体，2008，38（5）：19-21.
8 The Pesticide Manual. 15 th edition：175-176.
9 现代农药，2008，7（6）：8-11.
10 农药研究与应用，2010，2：14-15.
11 世界农药，2009，6：20-23.

20 氰虫酰胺（cyantraniliprole）

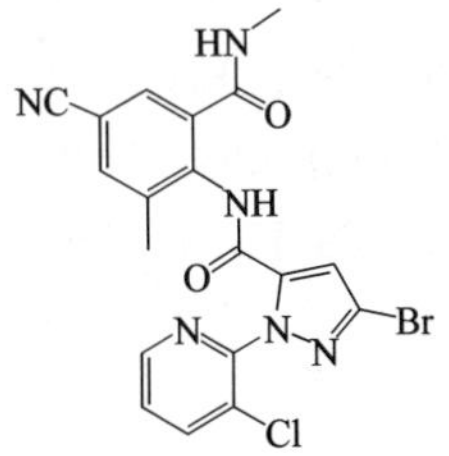

$C_{19}H_{14}BrClN_6O_2$，473.7

产品简介

氰虫酰胺（试验代号DPX-HGW86，通用名称cyantraniliprole，商品名称Cyazypyr）是杜邦公司继氯虫酰胺（chlorantraniliprol）后报道的另一个新型氨基苯甲酰胺类杀虫剂，作用机理也是鱼尼丁受体激活剂（ryanodine receptor activitor）。与氯虫酰胺相比，cyantraniliprole具有更广谱的杀虫活性，计划于2012年投放市场，新产品的潜在销售额将达15亿美元。世界主要生产商为：杜邦公司，先正达公司。

化学名称　3-溴-1-(3-氯-2-吡啶基)-4′-氰基-2′-甲基-6′-(甲氨基甲酰基)吡唑-5-甲酰胺，

英文化学名称为 3-bromo-1-(3-chloro-2-pyridyl)-4′-cyano-2′-methyl-6′-(methylcarbamoyl) pyrazole-5-carbox anilide。美国化学文摘系统名称为 3-bromo-1-(3-chloro-2-pyridinyl)-*N*-[4-cyano-2-methyl-6-[(methylamino) carbonyl] phenyl]-1*H*-pyrazole-5-carbox amide，CA 主题索引名称为 1*H*-pyrazole-5-carboxamide—，3-bromo-1-(3-chloro-2-pyridinyl)-*N*-[4-cyano-2-methyl-6-[(methylamino)carbonyl]phenyl]-。CAS 登录号为[736994-63-1]。

理化性质　纯品为白色固体；熔点>180℃。

作用机理与特点　氰虫酰胺对害虫肌肉的鱼尼丁受体有着更好的选择性作用机制，具有较好的内吸性。对非靶标的节肢类动物有着很好的选择性，具有非常好的环境安全性。

应用

氰虫酰胺除了对半翅目害虫（包括飞虱等）有优异的活性外，对鳞翅目、双翅目害虫、果蝇、甲虫、牧草虫、蚜虫、叶蝉及象鼻虫等也具有很好的活性。室内和田间的试验表明，其对主要的飞虱有非常优异的活性，包括 B 型和 Q 型烟粉虱等。使用剂量为 10～100g (a. i.)/hm^2。

主要用于蔬菜和果树上。由于氰虫酰胺具有内吸活性，因此可以采用很多方法，包括喷雾、灌根、土壤混施、种子处理及其他方式。

专利概况

专利名称　Preparation of cyano anthranilamideinsecticides.

专利号　WO 2004067528　　专利公开日　2004-08-12

专利申请日　2004-01-21　　优先权日　2003-01-28

专利拥有者　Du Pont

该专利同时申请了其他国家专利，其公开的或授权的专利有 AU 2004207848、BR 2004006709、CA 2512242、CN 1829707、CN 100441576、EP 1599463、MD 2005000219、MD 3864、JP 3764895、JP 2006515602、ZA 2005005310、NZ 541112、RU 2343151、EG 23536、JP 2006028159、JP 3770500、JP 2006290862、US 20060111403、US 7247647、IN 2005DN03008、MX 2005007924、KR 2007036196、KR 921594、US 20070264299 等。

制备专利有 AU 2005314155、CA 2587528、EP 1828164、JP 2008523069、ZA 2007004202、BR 2005016911、AT408609、ES2314753、US 20070299265、US 7528260、IN 2007DN03548、MX 2007006630、KR 2007089995、AU 2007339307、EP 2094644、KR 2009096632、IN 2009DN02860、CN 101072767、WO 2008082502、CN 101553460、WO 2009006061、WO 2009061991、WO 2009085816、WO 2009111553、WO 2006062978 等。

制剂或剂型专利有 WO 2005107468、WO 2006008108、CN 1988804、CN 101331878、CN 101379978、WO 2006068669、WO 2006108552、CN 101170906、WO 2007081553、CN 101420853、WO 2008034787、WO 2008034785、WO 2008125245、WO 2008125362、DE 102007018452、WO 2009002856、WO 2009002810、WO 2009018185、WO 2009018186 等。

合成方法

中间体 M-1 的合成与氯虫酰胺一样。

cyantraniliprole 的合成目前报道的主要有如下两条路线：一是先把氰基上去，然后利用光气法先合环再开环；二是先成噁嗪酮环，再上氰基，然后开环，参照 WO 2004067528。

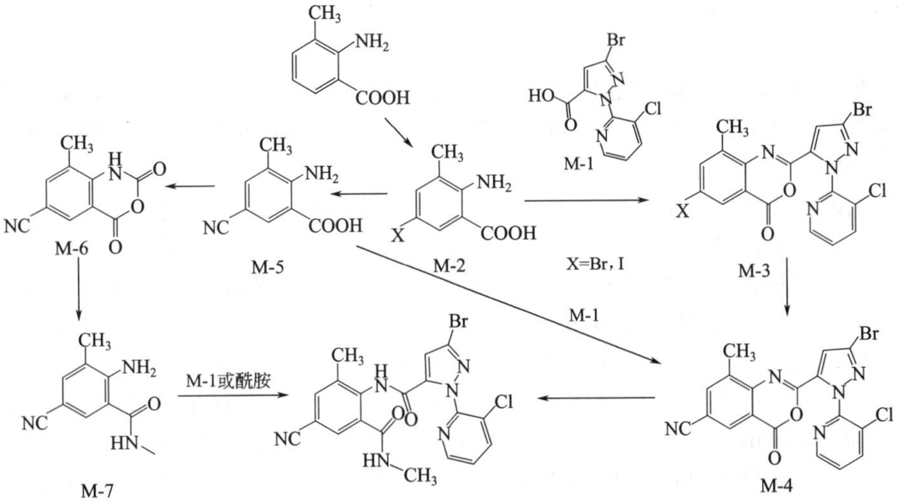

（1）路线一

① 2-氨基-5-碘-3-甲基苯甲酸的合成（M-2） 取 2-氨基-3-甲基苯甲酸（5.00g，0.033mol）于 100mL 二口烧瓶中，加入 30mL DMF，室温搅拌下慢慢加入 NIS（7.80g，0.035mol），油浴升温至 75℃反应 2h，TLC 监控反应完毕，降温至 30℃，将反应液倒入 120mL 冰水中，搅拌 20min，过滤得 8.9g 灰色固体，收率 97%。

② 2-氨基-5-氰基-3-甲基苯甲酸的合成（M-5） 取 2-氨基-5-碘-3-甲基苯甲酸（4.27g，0.015mol）及氰化亚铜（1.87g，0.021mol）于 100mL 反应瓶中，加入 50mL DMF，油浴升温 145℃反应，保持该温度 5h，TLC 监控反应完毕，减压除去大部分溶剂，加入 50mL 水和 5mL 乙二胺，过滤除去不溶物，滤液调 pH 值至弱酸性，过滤得 2.54g 灰褐色固体，粗收率 93.7%。

③ 6-氰基-8-甲基-1*H*-苯并[*d*][1,3]噁嗪-2,4-二酮的合成(M-6) 将 2-氨基-5-氰基-3-甲基苯甲酸（8.80g，0.050mol）、四氢呋喃 30mL，搅拌至固体完全溶解后加入固体光气（4.50g，0.015mol），室温搅拌 1～2h 后，反应液有大量红棕色固体析出，脱除溶剂后加入饱和碳酸钠水溶液搅拌约 30min，过滤水洗得红棕色固体（6.67g，0.033mol），收率 66.0%。

④ 2-氨基-5-氰基-*N*,3-二甲基苯甲酰胺的合成（M-7） 取 6-氰基-8-甲基-1*H*-苯并[*d*][1,3] 噁嗪-2,4-二酮（2.02g，0.010mol）、乙腈 20mL、三乙胺（2.02g，0.020mol）于配有搅拌磁子的 50mL 单口烧瓶中，搅拌下滴加 25%甲胺水溶液（2.48g，0.020mol），室温搅拌 1～2h 至反应液澄清后，蒸除溶剂，反应液用乙酸乙酯萃取三次，合并有机相并用饱和食盐水洗涤，无水硫酸镁干燥，脱溶得黄色固体（1.12g，0.0058mol），收率 58.4%。

⑤ 6-氰基-2-[3-溴-1-(3-氯吡啶-2-基)-1*H*-吡唑-5-基]-8-甲基-4*H*-3,1-苯并噁嗪-4-酮(M-8) 将 3-溴-1-(3-氯吡啶-2-基)-1*H*-吡唑-5-甲酸（3.16g，0.01mol）及 2-氨基-5-氰基-3-甲基苯甲酸（1.76g，0.01mol）加入含有 50mL 乙腈的 100mL 反应瓶中，搅拌下滴加 4mL 吡啶，等反应原料全部溶解，冰浴降至 0℃，慢慢滴加 2mL 甲基磺酰氯，滴加完毕 10min 后撤去冰浴，室温搅 3h，有固体析出，减压脱去部分溶剂，过滤得淡黄色固体（3.76g，0.085mol），收率 85%。

⑥ Cyantraniliprole 的合成 取 6-氰基-2-[3-溴-1-(3-氯吡啶-2-基)-1*H*-吡唑-5-基]-8-甲基-4*H*-3,1-苯并噁嗪-4-酮（0.44g，0.001mol）于含有 20mL 乙腈的 50mL 反应瓶中，加入 1mL 甲胺水溶液（25%），室温下反应 1h，柱色谱得淡黄色固体（0.24g，0.5mmol），收率

50%。熔点 174～176℃。

（2）路线二

① 6-碘-2-[3-溴-1-(3-氯吡啶-2-基)-1*H*-吡唑-5-基]-8-甲基-4*H*-3,1-苯并噁嗪-4-酮的合成（M-3） 将 M-1（2.0g，6.6mmol）和三乙胺（0.92mL，6.6mmol）加入含有 5mL 乙腈的反应瓶中，保持在 0℃，搅拌下滴加甲基磺酰氯（0.54mL，6.94mmol）和乙腈 15mL 的混合液，在此温度下反应 15min。随后加入 M-2（1.8g，6.6mmol），搅拌 5min，滴加三乙胺（1.85mL，6.6mmol）和 5mL 乙腈的混合液，保持温度低于 5℃，继续在 0℃下搅拌反应 40min，加入甲基磺酰氯（0.54mL，6.94mmol），随后升至室温，搅拌过夜。TLC 检测反应完全，加入 50mL 水，分别用 50mL 乙酸乙酯萃取三次，有机相分别用 10%碳酸钠水溶液、饱和食盐水洗，并用无水硫酸镁干燥，减压蒸馏得到黄色固体 2.24g。

② 6-氰基-2-[3-溴-1-(3-氯吡啶-2-基)-1*H*-吡唑-5-基]-8-甲基-4*H*-3,1-苯并噁嗪-4-酮的合成（M-4） 室温下将碘化亚铜（126mg，1.1mmol）、四（三苯基磷）钯（3.82mg，0.33mmol）、氰化亚铜（800mg，8.8mmol）分别加入含有 M-3（600mg，1.1mmol）的 15mL 四氢呋喃的反应瓶中，升温至回流，过夜搅拌。溶液颜色变为黑色，TLC 监测反应完全。加入乙酸乙酯 20mL，过滤，滤液分别用 10%碳酸钠水溶液、饱和食盐水洗，无水硫酸镁干燥得到黄色固体 440mg。

③ Cyantraniliprole 的合成 将甲胺（2.0mol/L THF 溶液，0.22mmol）滴加入含有 M-4（100mg，0.22mmol）的 5mL 四氢呋喃溶液中，室温下搅拌 5min，TLC 监测反应完全。减压蒸除溶剂，柱色谱得到白色固体 41mg，熔点高于 180℃。

1 现代农药，2008，7（4）：1-4.

2 WO 2004067528.

3 农药，2010（3）：167-169.

4 The Pesticide Manual. 15th edition：251.

21 氟虫酰胺（flubendiamide）

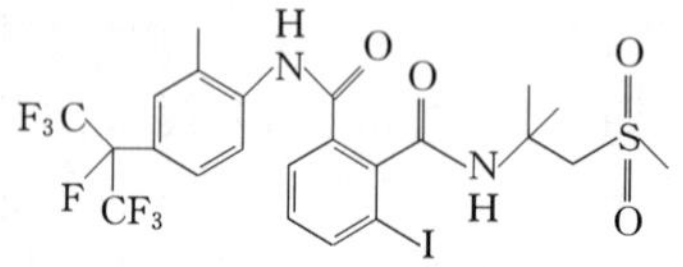

$C_{23}H_{22}F_7IN_2O_2S$，650.4

产品简介

氟虫酰胺（试验代号：NNI-0001、AMSI 0085、R-41576，通用名称：flubendiamine，商品名称：垄歌、Takumi、Phoenix、Belt、Fame、Fenos、Amoli、Synthase；其他中文名称氟虫双酰胺）是德国拜耳公司与日本农药株式会社共同开发的新型邻苯二甲酰类杀虫剂。

化学名称 3-碘-*N′*-[2-(甲磺酰)-1,1-二甲基乙基]-*N*-{4-[1,2,2,2-四氟-1-(三氟甲基)乙基]邻甲苯基}邻苯二甲酰胺，英文化学名称为 3-iodo-*N′*-(2-mesyl-1,1-dimethylethyl)-*N*-{4-[1,2,2,2-tetrafluoro-1-(trifluoromethyl)ethyl]-*o*-tolyl}phthalamide。美国化学文摘系统名称为 N^2-[1,1-dimethyl-2-(methylsulfonyl)ethyl]-3-iodo-N^1-[2-methyl-4-[1,2,2,2-tetrafluoro-1-(trifluoromethyl)ethyl]-*p*henyl]-1,2-benzenedicarboxamide，CA 主题索引名称为 1,2-benzene-dicarboxamide—，N^2-[1,1-dimethyl-2-(methylsulfonyl)ethyl]-3-iodo-N^1-[2-methyl-4-[1,2,2,2-tetrafluoro-1-(trifluoromethyl)ethyl]phenyl]-。CAS 登录号为 [272451-65-7]。

理化性质 原药含量≥95.0%；纯品为白色结晶粉末；熔点 218.5～220.7℃；蒸气压 $<1\times10^{-1}$ mPa（25℃）；K_{ow} lg$P$=4.2（20℃）；相对密度 1.659（20℃）；溶解度：水 29.9μg/L（20℃），有机溶剂（g/L）：对二甲苯 0.488、正己烷 0.000835、甲醇 26.0、1,

2-二氯乙烷 8.12、丙酮 102、乙酸乙酯 29.4。

毒性 大鼠急性经口 $LD_{50}>2000mg/kg$（雌、雄）；大鼠急性经皮 $LD_{50}>2000mg/kg$（雌、雄）；对兔眼睛轻微刺激，对兔皮肤没有刺激；对豚鼠皮肤无致敏性；小鼠大鼠吸入 $LC_{50}>0.0685mg/L$；NOEL [1a，mg/(kg·d)] 雄鼠 1.95，雌鼠 2.40；ADI/RfD（EPA）aRfD 0.995，cRfD 0.024mg/kg；Ames 试验呈阴性。

生态效应 山齿鹑经口 $LD_{50}>2000mg/kg$；鲤鱼 $LC_{50}>548\mu g/L$（96h）；大翻车鱼 LC_{50}（48 h）$>60\mu g/L$；蜜蜂经口或接触 $LD_{50}>200g/只$（48h）。

对节肢动物益虫的毒性：在 100～400mg(a.i.)/L 的剂量下，氟虫酰胺对节肢动物益虫没有活性，结果表明氟虫酰胺与环境具有很好的相容性。具体结果见表 21-1。

表 21-1 氟虫酰胺对节肢类益虫的毒性

种类	名称	测试阶段	测试方法	EC_{30}/[mg(a.i.)/L]
瓢虫	异色瓢虫	成虫	ID	>200
	七星瓢虫	成虫	ID	>200
寄生蜂	丽蚜小蜂	成虫	DF	>400
	列马·阿布拉小蜂	成虫	DF	>400
	纹白蝶绒茧蜂	成虫	DF	>100
草蛉	蜻蛉	成虫	S	>100
	小黑花椿象	成虫	S	>100
	食蚜瘿蚊	成虫	S	>100
肉食性螨	黄瓜钝绥螨	成虫	S	>200
	智利捕植螨	成虫	S	>200
蜘蛛	拟环纹豹蛛	成虫	ID	>100
	三突花蛛	成虫	ID	>200

注：表中 ID——胃毒法（insect dipping method），DF——干膜法（dry film method），S——喷雾法（spray on food & insect）。

环境行为 ①动物 在血液和血浆浓度的峰值 6～12h 仅能部分吸收，主要是通过粪便在 24h 内排泄出体外。代谢主要是利用甲基苯胺的多步氧化及葡萄糖醛酸化作用。谷胱甘肽结合邻苯二甲酸是其次要代谢产物。在大鼠的粪便中，氟虫酰胺为主要部分，同时在大鼠粪便中还能发现少量的苯甲酸（雌鼠）和苯甲醇（雄鼠和雌鼠）。②土壤/环境 稳定存在于酸性及碱性体系（pH=4～9）；水及土壤中的光解作用是其在环境中代谢的主要途径，DT_{50} 分别为 5.5 d 和 11.6 d，无氧条件下在水中 DT_{50} 365d，土壤中 DT_{50} 210～770 d，在土壤中几乎没有流动性，K_{foc} 1076～3318 L/kg；氟虫酰胺及其主要代谢物脱碘的氟虫酰胺的半衰期表明它们在连续使用后会慢慢累积在土壤和水中。

制剂与分析方法 剂型：20%水分散粒剂，39.9%胶悬剂。分析方法为高效液相色谱法。

作用机理与特点 氟虫酰胺具有独特的作用方式，高效广谱，残效期长，毒性低，用于防治鳞翅目害虫，是一种 Ryanodine（鱼尼丁类）受体，即类似于位于细胞内肌质网膜上的钙释放通道的调节剂。Ryanodine 是一种肌肉毒剂，它主要作用于钙离子通道，影响肌肉收缩，使昆虫肌肉松弛性麻痹，从而杀死害虫。氟虫酰胺对除虫菊酯类、苯甲酰脲类、有机磷类、氨基甲酸酯类已产生抗性的小菜蛾 3 龄幼虫具有很好的活性。氟虫酰胺对几乎所有的鳞翅目类害虫均具有很好的活性。

应用

主要用于蔬菜、水果、水稻和棉花防治鳞翅目害虫，对成虫和幼虫均有优良活性，作用迅速、持效期长。

国内使用的主要是20%的水分散粒剂，用于防治白菜上的甜菜夜蛾和小菜蛾，用药量45～50g/hm^2，使用方法喷雾。

残留量　具体残留标准如下：杏仁壳9.0mg/L，湿苹果渣2.0mg/L，芸薹类亚组5A，头和茎0.60mg/L，芸薹类亚组5B，绿叶蔬菜5.0mg/L，牛脂肪0.30mg/L，牛肾0.30mg/L，牛肝0.30mg/L，牛肉0.05mg/L，田玉米草料8.0mg/L，田玉米谷0.02mg/L，田玉米干草15mg/L，爆米花玉米谷0.02mg/L，爆米花玉米干草15mg/L，甜玉米草料9.0mg/L，去皮碎甜玉米粒0.01mg/L，甜玉米干草25mg/L，轧棉副产品60mg/L，未去纤维棉籽0.90mg/L，蛋0.01mg/L，梨果11组0.70mg/L，核果12组1.6mg/L，山羊脂肪0.30mg/L，山羊肾0.30mg/L，山羊肝0.30mg/L，山羊肉0.05mg/L，风筛碎谷粒5.0mg/L，葡萄1.4mg/L，马脂肪0.30mg/L，马肾0.30mg/L，马肝0.30mg/L，马肉0.05mg/L，乳0.04mg/L，乳脂0.30mg/L，坚果树14组0.06mg/L，黄秋葵0.30mg/L，家禽脂肪0.02mg/L，家禽肝0.01mg/L，家禽肉0.01mg/L，绵羊脂肪0.30mg/L，绵羊肾0.30mg/L，绵羊肝0.30mg/L，绵羊肉0.05mg/L，葫芦类蔬菜9组0.20mg/L，果类蔬菜8组0.60mg/L；叶类蔬菜4组（不包括芸薹）11mg/L；紫花苜蓿草料0.15mg/L，紫花苜蓿干草0.04mg/L，大麦干草0.04mg/L，大麦秆0.07mg/L，荞麦0.07mg/L，三叶草草料0.15mg/L，三叶草干草0.04mg/L，青草料0.15mg/L，青草干草0.04mg/L，珍珠粟草料0.15mg/L，珍珠粟干草0.04mg/L，黍草料0.15mg/L；黍干草0.04pm，黍秆0.07mg/L，燕麦草料0.15mg/L，燕麦干草0.04mg/L，燕麦秆0.07mg/L，黑麦草料0.15mg/L，黑麦秆0.07mg/L，高粱谷草料0.03mg/L，高粱谷干草0.06mg/L，大豆草料0.02mg/L，大豆干草0.04mg/L，墨西哥蜀黍草料0.15mg/L，墨西哥蜀黍干草0.04mg/L，墨西哥蜀黍秆0.07mg/L，黑小麦草料0.15mg/L，黑小麦干草0.04mg/L，黑小麦秆0.07mg/L，小麦草料0.15mg/L，小麦干草0.03mg/L；小麦秆0.03mg/L。

交互抗性　与传统杀虫剂无交互抗性。表21-2列出了Flubendiamine与传统杀虫剂除虫菊酯类、苯甲酰脲类、有机磷类、氨基甲酸酯类已产生抗性的小菜蛾三龄幼虫具有很好的活性，说明该杀虫剂适宜用于抗性治理（IRM）。

表21-2　氟虫酰胺对三龄抗性小菜蛾幼虫的活性

实验	EC_{50}/[mg (a.i.)/L,4d]		
	抗性品系(R)	感性品系(S)	*R/S* 比列
氟虫酰胺20% WDG	0.002	0.004	0.5
氯氟氰菊酯5%乳油	869	0.24	3621
氟虫脲10%乳油	233	0.05	4660
灭多威45%乳油	287	14.5	19.8
丙溴磷45%乳油	24.2	3.78	6.4

生物活性　氟虫酰胺对几乎所有的鳞翅目类害虫均具有很好的活性，EC_{50}值在1.0mg(a.i.)/L以下，对鳞翅目之外的害虫活性并不高。用于防治主要的害虫和螨类的EC_{50}见表21-3。

氟虫酰胺对小菜蛾成虫的EC_{50}为0.21mg(a.i.)/L，与氯氟氰菊酯（cyhalothrin）相当；对2龄幼虫的活性最高，EC_{50}为0.004mg(a.i.)/L，是氯氟氰菊酯的60倍，但对卵无活性。对斜纹夜蛾三个不同龄期幼虫的活性测试结果表明，氟虫酰胺对1龄幼虫最有效，3龄和5龄幼虫次之。氟虫酰胺与氯氟氰菊酯、灭多威、丙溴磷、多杀菌素相比，即使对5龄幼虫也显示了很高的活性。尽管如此，在田间应用时，为了更有效地防治害虫，应在幼虫期使用。

表 21-3　氟虫酰胺的活性谱

害虫	检测阶段	天数/d	EC_{50}/[mg(a. i.)/L]
鳞翅目类			
小菜蛾	L3	4	0.004
斜纹夜蛾	L3	4	0.19
番茄夜蛾	L3	4	0.24
黄地老虎	L2～L3	7	0.18
Autographa nigrisgna	L3	4	0.02
日本纹夜蛾	L2～L3	4	0.03
卷心虫	L3	5	0.38
Homona magnanima	L4	5	0.58
菜螟	L3	5	0.01
二化螟虫	L3	7	0.01
瓜绢螟	L3	3	0.02
鞘翅目类			
玉米象	A	4	>1000
半翅目类			
褐飞虱	L3	4	>1000
桃蚜	所有阶段	7	>1000
康氏粉蚧	L1	7	>100
蜱螨目类			
二点叶螨	所有阶段	4	>100

注：表中 L2、L3、A 分别表示 2 龄幼虫、3 龄幼虫、成虫，DAT 代表施药后天数。

田间试验　在很多地区的蔬菜、果树树冠、棉花上的田间试验结果表明：氟虫酰胺对鳞翅目类害虫具有优良的防治效果，其药效与对照药剂的结果相当或更好，对作物安全。表 21-4、表 21-5 列出 2000～2003 年在日本防治主要鳞翅目害虫的试验结果。

表 21-4　氟虫酰胺在日本卷心菜上对主要鳞翅目类害虫的防治结果①

药　剂	剂量/[mg(a. i.)/L]	2001 年					2002 年
		小菜蛾		日本纹白蝶	斜纹夜蛾	菜螟	菜螟
20%氟虫酰胺水分散粒剂	100	100	100	98.5	98.3	100	96.8
1%甲氨基阿维菌素乳油	5	86.6	—	96.8	93.1	93.2	—
10%溴虫腈胶悬剂	50	75.0	74.1	—	—	—	—
10%茚虫威胶悬剂	50	—	—	—	—	73.7	—
5%氟啶脲乳油	25	—	—	—	—	—	68.7

① 施药 7d 后的结果。

表 21-5　flubendiamide 在日本苹果上对主要鳞翅目类害虫的防治结果

药剂	剂量/[mg(a. i.)/L]	桃小食心虫		金纹小潜细蛾	
		2002	2002	2000	2001
		20/DA3T	21/DA2T	20/DAT	17/DAT
20%氟虫酰胺水分散粒剂	50	93.6	93.1	93.2	99
毒死蜱	250	85.1	—	—	—
氯菊酯	100	—	89.1	—	—
烟碱硫酸盐	400	—	—	94.1	99
呋虫胺	100	—	—	—	—
噻虫胺	40	—	—	56.8	—
吡虫啉	100	—	—	—	—

注：Da*n*T——*n* 次施药后的天数；DAT——施药后天数。

专利与登记

专利名称　Preparation of phthalamides as agrohorticultural insecticides

专利号　EP 1006107　　专利公开日　2000-06-07

专利申请日　1999-11-24　　　　　　　　优先权日　　1998-11-30

专利拥有者　Nihon Nohyaku Co.

该专利同时申请了其他国家专利，其公开的或授权的专利：IN 1999MA01126、CZ 299375、TW 225046、ZA 9907318、IL 133139、KR 2000035763、JP 2001131141、JP 3358024、US 6603044、AU 9961790、AU 729776、CN 1255491、CN 1328246、TR 9902935、BR 9905766、HU 9904444、EG 22626、PL 196644、JP 2003040860、JP 4122475、IN 2007CH00480 等。

制备专利：WO 2001021576、CN 100358863、WO 2005063703、CN 1906158、CN 100443468、WO 2006055922、CN 101061103、J2001335571、WO 2003099777、WO 2007022901、WO 2007022900、EP1006102、JP 2003335735、JP 2000080058 等。

制剂或剂型专利：WO 2002087334、DE 10248257、CN 1705437、CN 1301644、DE 10310906、WO 2005004603、WO 2005004604、CN 1845672、CN 100464635、JP 2005336170、WO 2006008108、CN 1988804、CN 101331878、CN 101379978、JP 2007022952、WO 2007083394、WO 2007101540、EP 2070414、WO 009074229 等。

在国内申请的与氟虫酰胺有关的部分专利及登记情况。见表 21-6、表 21-7。

表 21-6　在中国申请的专利

序列号	申请号	专利名称
1	200910031805.1	一种具有增效作用的杀虫剂组合物
2	200910206539.1	一种增效农药组合物
3	200910219000.X	一种含有氟虫双酰胺的杀虫剂
4	200910219015.6	一种含吡蚜酮与氟虫双酰胺的杀虫组合物
5	200910219004.8	一种含噻嗪酮与氟虫双酰胺的杀虫组合物
6	200910219020.7	甲氨基阿维菌素苯甲酸盐与氟虫双酰胺的复配杀虫剂
7	200910219017.5	一种含杀螟丹与氟虫双酰胺的杀虫组合物
8	200910219019.4	一种含氟啶脲与氟虫双酰胺的杀虫组合物
9	200910219021.1	一种含氟铃脲和氟虫双酰胺的增效杀虫组合物
10	200910219016.0	一种含茚虫威与氟虫双酰胺的杀虫组合物
11	200910219018.X	一种含啶虫脒与氟虫双酰胺的杀虫组合物
12	200910219014.1	一种含噻虫嗪与氟虫双酰胺的杀虫组合物
13	200910219022.6	一种含氟虫双酰胺与毒死蜱的杀虫组合物
14	201010160794.X	低浓度氟虫双酰胺悬浮剂

表 21-7　日本农药株式会社、拜耳作物科学公司在国内登记情况

<table>
<tr><th>登记名称</th><th>登记证号</th><th>含量</th><th>剂型</th><th>作物</th><th>防治对象</th><th>用药量/(g/hm²)</th><th>施用方法</th></tr>
<tr><td rowspan="2">氟虫酰胺</td><td rowspan="2">LS20082888</td><td rowspan="2">氟虫酰胺 20%</td><td rowspan="2">水分散粒剂</td><td>白菜</td><td>甜菜夜蛾</td><td>45～50</td><td>喷雾</td></tr>
<tr><td>白菜</td><td>小菜蛾</td><td>45～50</td><td>喷雾</td></tr>
<tr><td rowspan="2">阿维·氟酰胺</td><td rowspan="2">LS20100012</td><td rowspan="2">阿维菌素 3.3%、
氟虫酰胺 6.7%</td><td rowspan="2">悬浮剂</td><td>水稻</td><td>稻纵卷叶螟</td><td>30～45</td><td>喷雾</td></tr>
<tr><td>水稻</td><td>二化螟</td><td>20～30mL/667m²</td><td>喷雾</td></tr>
<tr><td>氟虫酰胺</td><td>LS20091422</td><td>氟虫酰胺 95%</td><td>原药</td><td></td><td></td><td></td><td></td></tr>
<tr><td>氟虫酰胺</td><td>LS20082887</td><td>氟虫酰胺 95%</td><td>原药</td><td></td><td></td><td></td><td></td></tr>
</table>

2007 年首次在菲律宾、日本获准登记，后又在印度、巴基斯坦、巴西、美国等国获准登记，主要用于果树、蔬菜、大豆、茶等防治害虫。

合成方法

氟虫酰胺主要有三条合成路线，重要的中间体有 3-碘邻苯二甲酸酐、2-甲基-2-氨基-1-(甲硫基) 丙烷和 2-甲基-4-(七氟异丙基) 苯胺，合成路线如下：

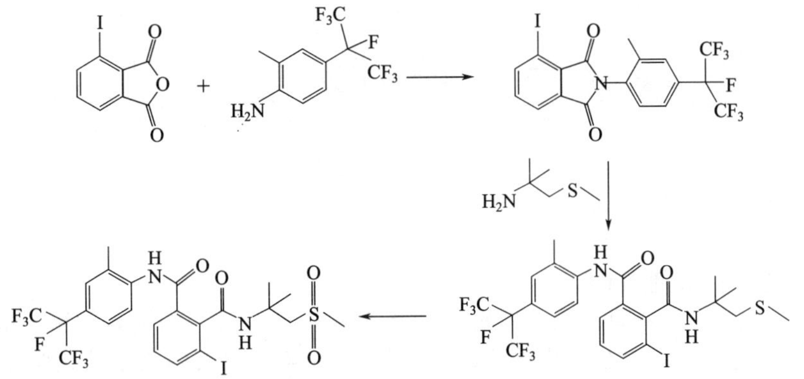

或

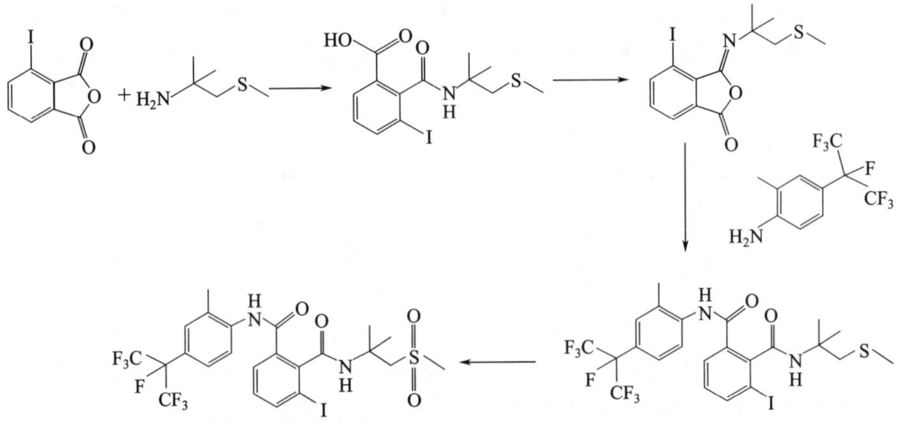

或

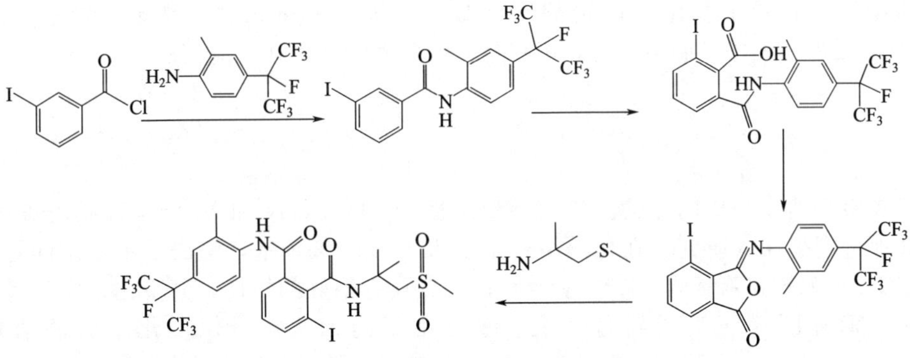

重要中间体 3-碘邻苯二甲酸酐的合成　具体参考专利 JP 2000080058、JP 2001335571 等。

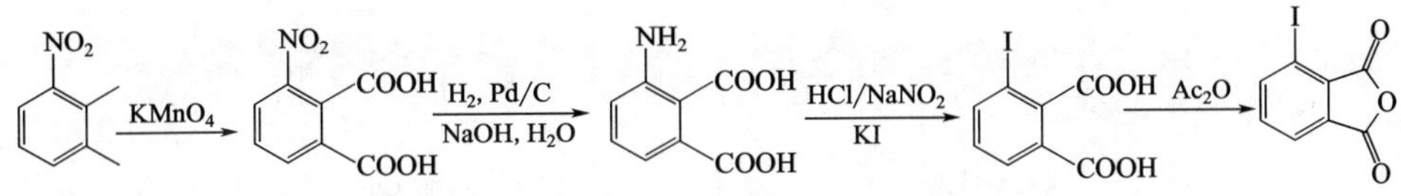

2-甲基-2-氨基-1-(甲硫基) 丙烷（具体参考专利 WO 2003099777、WO 2007022901、WO 2007022900）

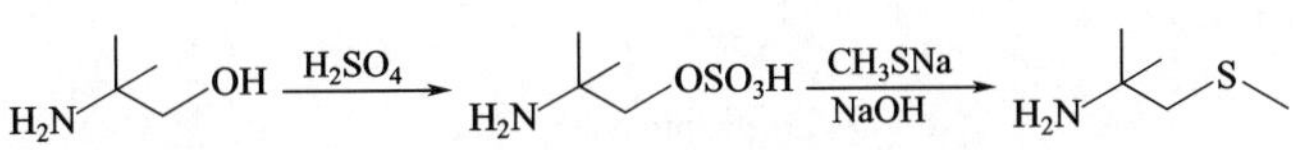

2-甲基-4-(七氟异丙基) 苯胺（具体参考专利 EP 1006102、JP 2003335735）

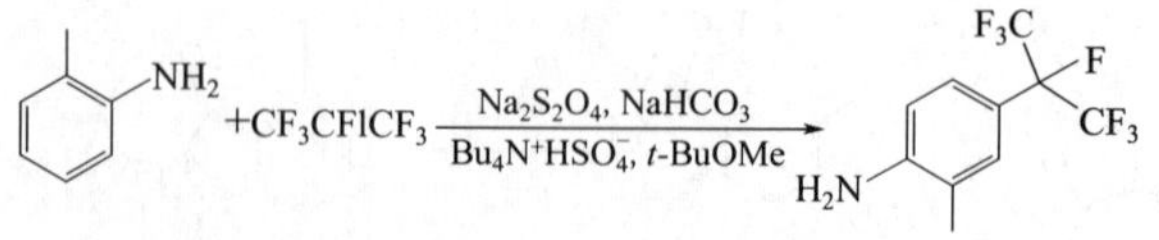

1 农药，2006 (10)：697-699.

2 http：//www. chinapesticide. gov. cn/service.

3 The Pesticide Manual. 15 th edition：514-515.

昆虫生长调节剂

(1) 昆虫生长调节剂创制经纬

① 苯氧威 (fenoxycarb)、吡丙醚或蚊蝇醚 (pyriproxyfen) 的创制经纬　早在1940年，科学家们就发现昆虫体内存在保幼激素，大约在1970年左右又阐明了其化学结构。保幼激素主要由如下三个组分组成，该三个化合物存在于鳞翅目昆虫体内，其他一些昆虫仅产生juvenile hormone Ⅲ，保幼激素在昆虫蜕皮和变形 (metamorphosis) 过程中起着至关重要的调节作用。因为只有当昆虫体内保幼激素降至零时，才能蜕皮，而后变为成虫。

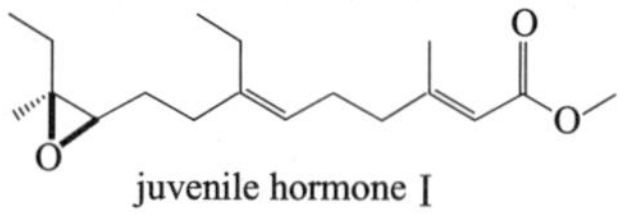

juvenile hormone Ⅰ

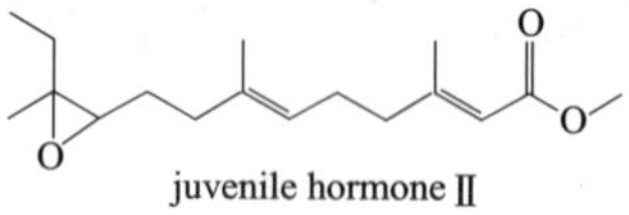

juvenile hormone Ⅱ

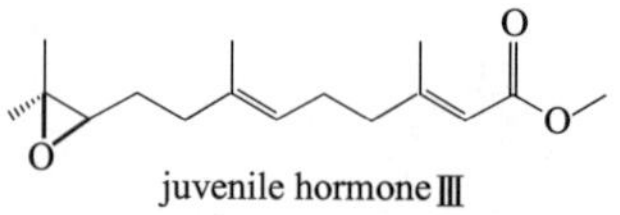

juvenile hormone Ⅲ

控制昆虫体内有足够量的保幼激素，昆虫就不能蜕皮变为成虫，甚至死亡，尽可能减少对农业造成的损失。1970年之后，诺化公司（现属先正达）的Zoecon研究组就开始以昆虫保幼激素为先导化合物开始研究具有保幼激素活性的杀虫剂。

Zoecon等成功开发了烯虫乙酯 (hydroprene) 和烯虫酯 (methoprene)，前者主要用于室内防除蟑螂，后者主要用于防治静水中蚊子、蝇 (hornflies)、跳蚤、蚂蚁 (pharaoh ants)，由于二者在大田试验条件下，不稳定，因此不能在农业上应用。

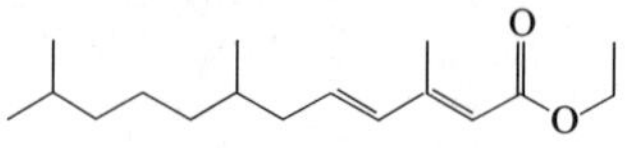

hydroprene

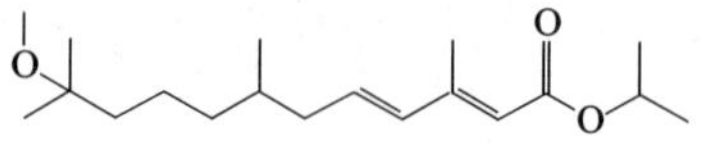

methoprene

为了克服天然或合成的保幼激素的不稳定性，Ciba-Geigy和Maag（现属先正达公司）各自独立地进行了深入研究，在化学结构中引入了4-苯氧苯基，解决了不稳定问题，成功开发了CGA 45128和苯氧威 (fenoxycarb)；二者具有很好的活性，其中化合物双氧威主要用于果园、葡萄园等防治鳞翅目害虫，亦可用于防治火蚁。住友化学研制的蚊蝇醚 (pyriproxyfen) 是另一个稳定的保幼激素类杀虫剂，主要用于防治卫生和农业害虫。由于特殊的作用机理，此类杀虫剂对哺乳动物、脊椎动物毒性极低。

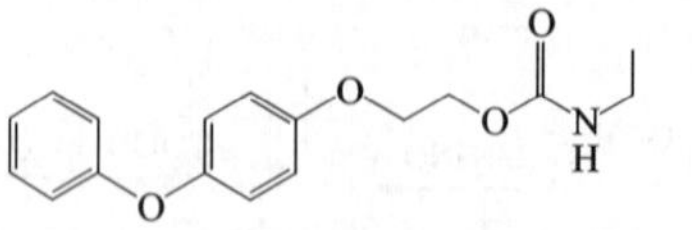

CGA 45128

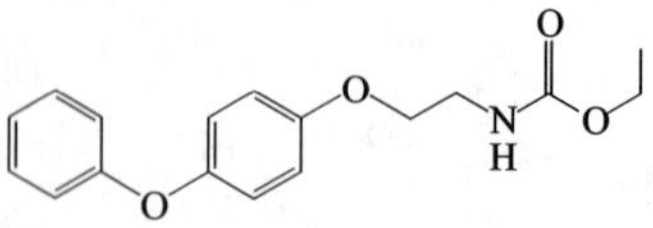

fenoxycarb

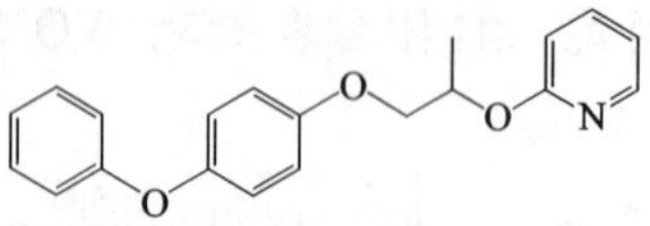

pyriproxyfen

② 噻嗪酮的创制经纬　噻嗪酮的研制来自对已知生物活性化合物的结构改进，防治水

稻稻瘟病的内吸杀菌剂富士一号（**1**）对某些植物和害虫都呈现生长调节活性，鉴于富士一号化学结构的新颖性和生物活性的多样性，以此作为新的农药化学结构的先导化合物。

首先，设想将许多生物活性化合物的重要结构之一的酰氨基团引入富士一号的二硫戊环中，鉴此，制备了关键中间体 *N*-取代-*N*-氯甲基氨基甲酰氯（**3**），将此化合物（**3**）与烯酮二硫代酯（**2**）反应即可方便地制备 1,3,5-二噻嗪-4-酮（**4**），希望从中获得具有显著农药活性的化合物，但却不尽人意。然而，化合物 **3** 与二硫代酯的顺利反应，促使科研人员利用化合物（**3**）与某些含 *S*,*N*-双官能团亲核试剂（如硫脲、硫代酰胺、二硫代氨基甲酸酯）合成新的杂环化合物。当（**3**）与 1,1-二取代硫脲（**5**）反应时，选择性地得到二氢-1,3,5-噻二嗪-4-酮（**6**）；当（**3**）与 1,2-二取代硫脲（**7**）反应时，选择性地得到全氢-1,3,5-噻二嗪-4-酮（**8**）。

经过生测，以及结构活性关系研究，发现化合物 **10** 即杀虫剂噻嗪酮，活性最佳。

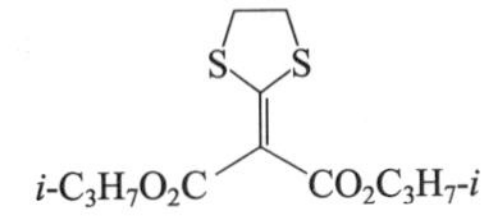

1

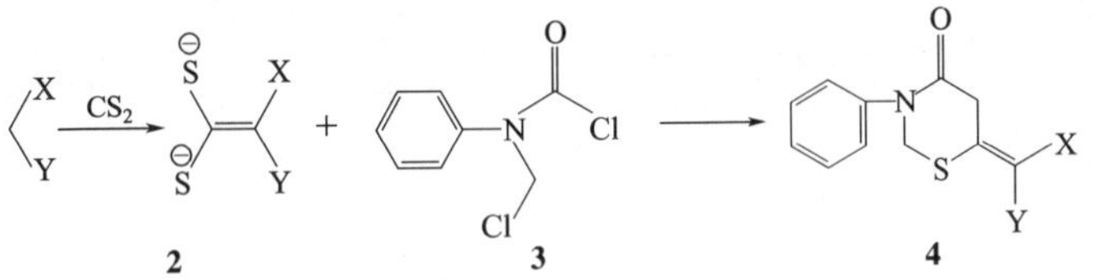

2 **3** **4**

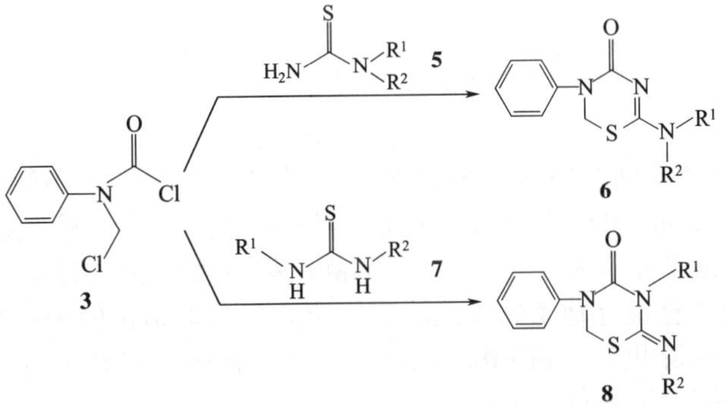

8

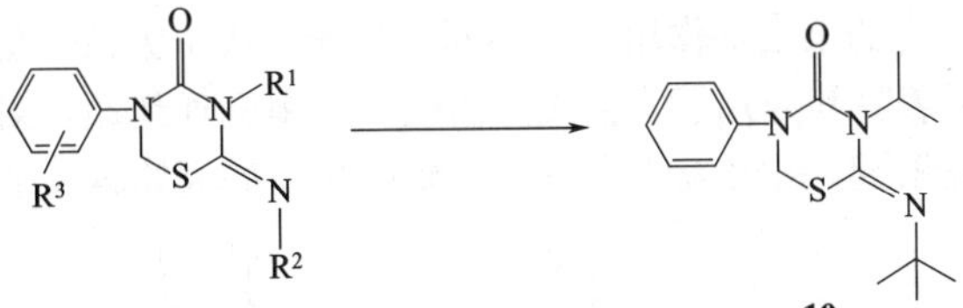

9 **10**

③ 啶虫丙醚（pyridalyl）的创制经纬　该化合物是 Sumitomo 化学公司的 Sakamoto 等根据对现有杀虫活性化合物 **1**、**2** 均具有 3,3-二氯-2-丙烯基氧基结构的特点，将这一活性基团作为先导化合物，合成了一些含有 3,3-二氯-2-丙烯基氧基结构的化合物，发现化合物 **3** 对鳞翅目幼虫具有微弱的杀虫活性，这一结果促使他们进行结构优化，以提高杀虫活性，在先导化合物 **3** 的优化过程中发现了先导化合物 **4**，经合成方法和构效研究后，发现了新型杀虫剂 pyridalyl（5，Pleo，S-1812）。它在平面上呈直线形醚类结构，没有光学异构体，也没有顺反异构体；啶虫丙醚的生化作用机理还在研究中，但其表现出来的作用症状与现存的杀虫剂不同，它同时具有触杀和胃毒作用，当啶虫丙醚使用剂量在 83～300g(a. i.)/hm^2 时，对蔬菜和棉花上的各种鳞翅目害虫有卓越的防治效果，且与现有鳞翅目害虫杀虫剂无交互抗

性，对现有杀虫剂产生抗性的害虫。同样具有优良的效果；与它的高活性相比，啶虫丙醚对各种节肢动物的影响很小，所以它有望成为一个在害虫综合治理（IPM）或杀虫剂抗性治理中对鳞翅目和缨翅日害虫防治的有效工具。

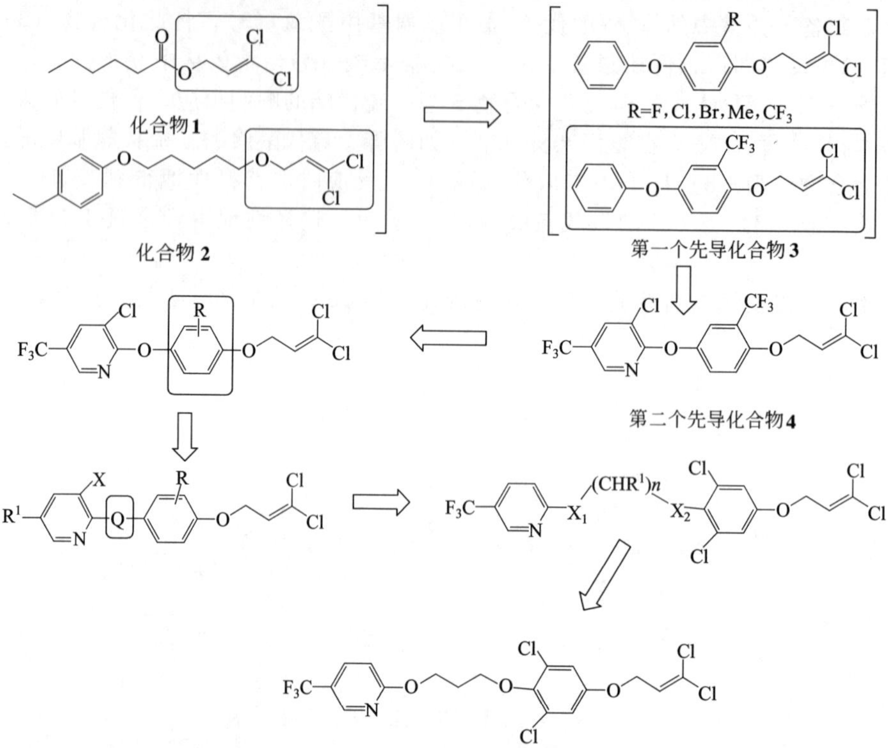

pyridalyl(S-1812)5

④ 苯甲酰脲类杀虫剂的创制经纬　20 世纪 70 年代初，Philips Duphar 公司的科研人员在对除草剂敌草腈（dichlobenil）的衍生物研究过程中，将其结构与脲类除草剂敌草隆（diuron）结合在一起，合成了化合物 Du-19111，生测结果表明该化合物没有除草活性，却出人意料地发现该化合物具有很好地杀幼虫及杀卵效果，经过对结构的进一步修饰，开发出了第一个苯甲酰脲类杀虫剂除虫脲（diflubenzuron）。这种新药研究方法后来被称为“活性基团拼接法”（combination of activity groups）。

由于该类杀虫剂与已有的杀虫剂作用完全不同，尽管对成虫无效，但对幼虫和卵有非常好的杀死效果，后期研究结果表明其为几丁质合成抑制剂，作用机理新颖，对哺乳动物等安全，世界众多公司都加入这一研究领域，并开发出了一系列新品种，如灭幼脲、杀铃脲、氟铃脲等。

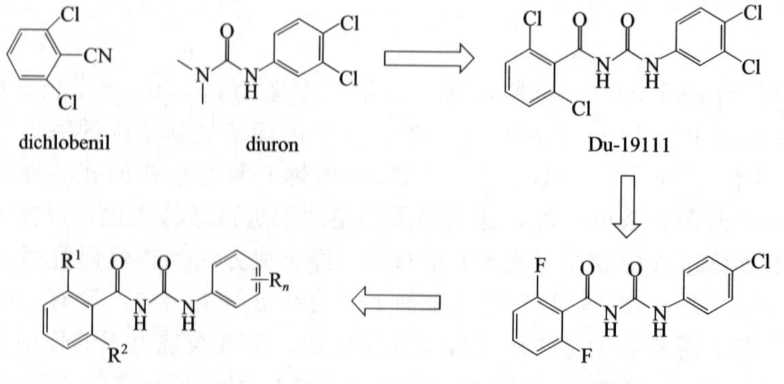

diflubenzuron

在 1977 年，日本石原产业株式会社在进行芳氧基苯氧基丙酸类除草剂的探索研究中，成功开发了吡氟禾草灵；在此除草剂研发过程中，石原公司的研发人员重点地研究并解决了氯代三氟甲基吡啶中间体的合成，并将其作为“建筑模块”（building block）进行新产品的开发。将除草剂吡氟禾草灵中的一部分引入杀虫剂除虫脲结构中，得到的新化合物具有很好的活性，并对该结构进行优化研究，最终成功开发了氟啶脲（chlorfluazuron）。

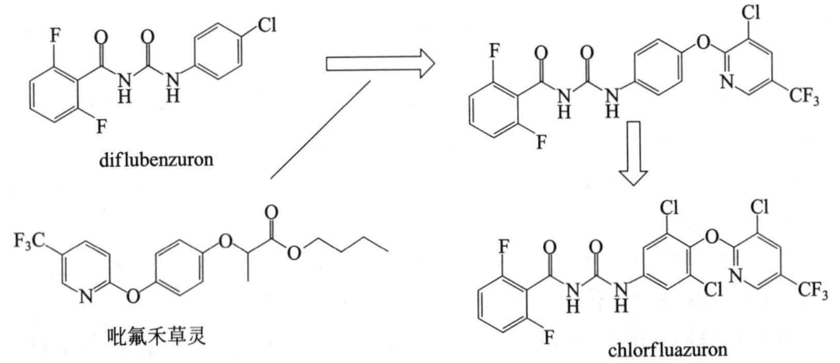

⑤ 双酰肼类化合物的创制经纬　双酰肼类化合物是昆虫蜕皮激素类似物，作用机理与天然产物蜕皮激素（20-hydroxyecdysone）一致。由于天然产物蜕皮激素结构复杂，难以合成，加之成本昂贵，不能用在农业生产上。美国罗门·哈斯科研人员徐基东博士在研究酰肼类化合物中发现了副产 1,2-二（对氯苯甲酰基)-1-叔丁基肼（先导化合物），具有一定的杀虫活性，随后进行优化，发现更简单的化合物 RH 5849 具有更优的活性；在此基础上，又经过结构活性关系研究，发现了虫酰肼（tebufenozide）、氯虫酰肼（halofenozide）、甲氧虫酰肼（methoxyfenozide）等。日本农药和三共公司共同开发了环虫酰肼（chromafenozide），主要用于蔬菜、茶、果树、稻田等防治鳞翅目害虫，使用剂量为 5～200g（ai)/hm^2。我国江苏农药研究所报道的化合物呋喃虫酰肼（JS118）也具有很好的活性。

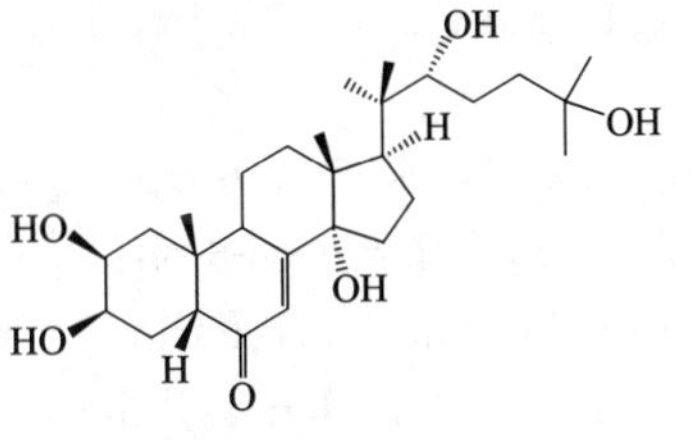
20-hydroxyecdysone

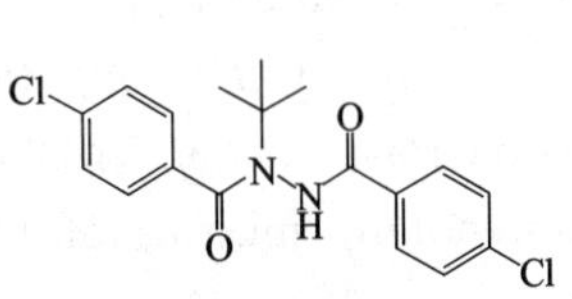
先导化合物

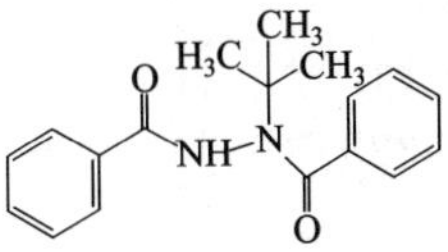
RH 5849

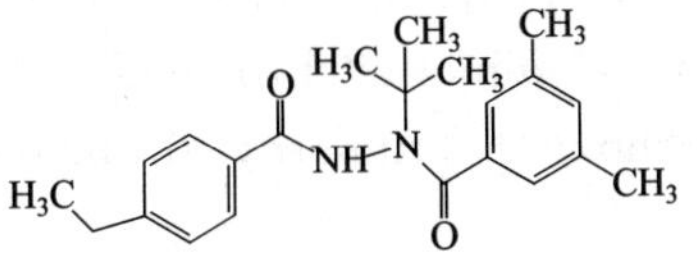
虫酰肼

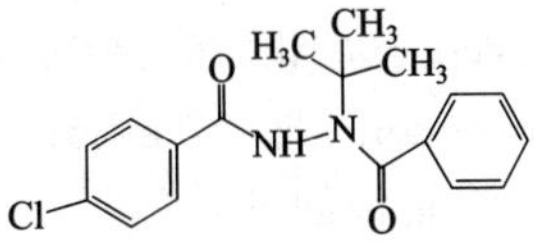
氯虫酰肼

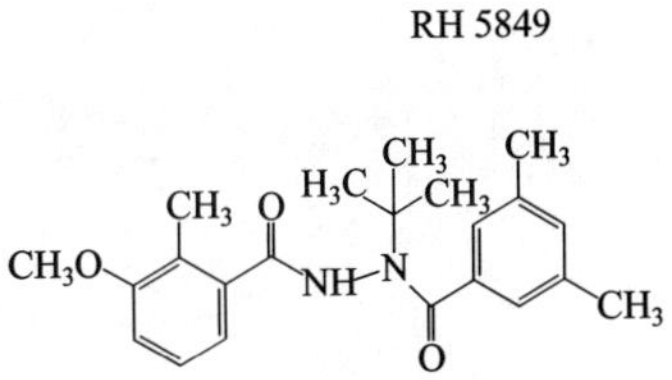
甲氧虫酰肼

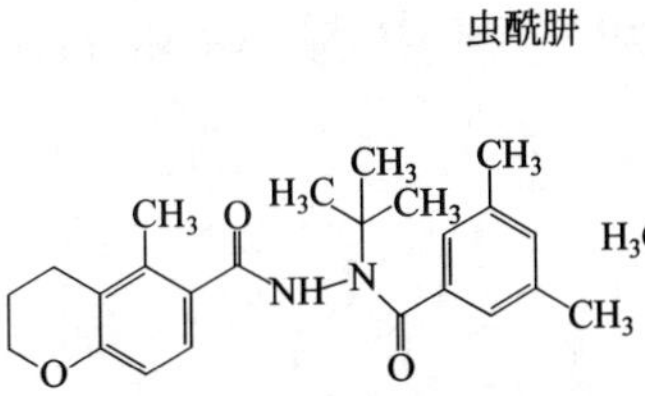
环虫酰肼

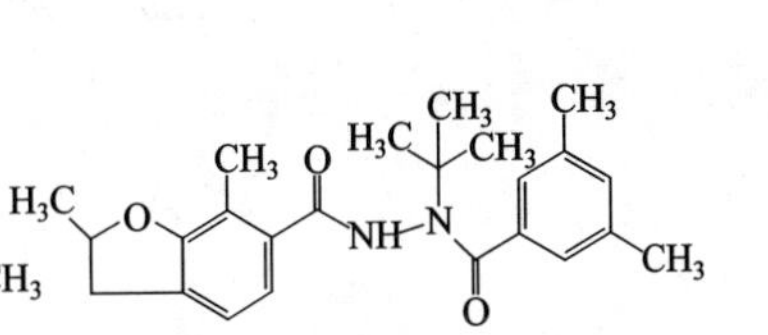
JS118

(2) 昆虫生长调节剂分类　昆虫生长调节剂主要分为以下 9 类，共 33 个品种，本书介绍了其中的 22 个。

① chitin synthesis inhibitors（2 种）bistrifluron、buprofezin。本书都有介绍。

② benzoylphenylurea chitin synthesis inhibitors（13 种）chlorbenzuron、chlorfluazuron、cyromazine、diflubenzuron、flucycloxuron、flufenoxuron、hexaflumuron、lufenuron、novaluron、noviflumuron、penfluron、teflubenzuron、triflumuron。本书都有介绍。

③ juvenile hormone mimics（8 种）epofenonane、fenoxycarb、hydroprene、kinoprene、methoprene、pyriproxyfen、triprene；pyridalyl。除了 epofenonane、triprene 外，本书都有介绍。

④ juvenile hormones（3 种）juvenile hormone Ⅰ、juvenile hormone Ⅱ、juvenile hormone Ⅲ。本书都没有介绍。

⑤ moulting hormone agonists（5 种）chromafenozide、halofenozide、methoxyfenozide、tebufenozide、呋喃虫酰肼（fufenozide）。本书都有介绍。

⑥ moulting hormones（2 种）α-ecdysone、ecdysterone。本书都没有介绍。

⑦ moulting inhibitors（1 种）diofenolan。本书没有介绍。

⑧ precocenes（3 种）precocene Ⅰ、precocene Ⅱ、precocene Ⅲ。本书都没有介绍。

⑨ unclassified insect growth regulators（1 种）dicyclanil，本书有介绍。

本书没有介绍的化合物，仅在此列出化学名称、CAS 登录号：

epofenonane （±）-6,7-epoxy-3-ethyl-7-methylnonyl 4-ethylphenyl ether，[57342-02-6]。

triprene（烯虫硫酯） *S*-ethyl（*E*,*E*)-(*R*,*S*)-11-methoxy-3,7,11-trimethyldodecadienethioate，[40596-80-3]。

juvenile hormone Ⅰ methyl(2*E*,6*E*,10*Z*)-10,11-epoxy-7-ethyl-3,11-dimethyl-2,6-tridecadienoate，[13804-51-8]。

juvenile hormone Ⅱ methyl(2*E*,6*E*,10*Z*)-10,11-epoxy-3,7,11-trimethyl-2,6-tridecadienoate，[34218-61-6]。

juvenile hormone Ⅲ methyl（2*E*,6*E*,10*R*)-10,11-epoxy-3,7,11-trimethyl-2,6-dodecadienoate，[22963-93-5]。

α-ecdysone （2β,3β,5β,22*R*)-2,3,14,22,25-pentahydroxycholest-7-en-6-one，[3604-87-3]。

ecdysterone （2β,3β,5β,22*R*)-2,3,14,20,22,25-hexahydroxycholest-7-en-6-one，[5289-74-7]。

diofenolan mixture of（2*RS*,4*SR*)-4-(2-ethyl-1,3-dioxolan-4-ylmethoxy）phenyl phenyl ether（50%～80%）and（2*RS*,4*RS*)-4-(2-ethyl-1,3-dioxolan-4-ylmethoxy）phenyl phenyl ether（20%～50%），[63837-33-2]。

precocene Ⅰ 7-methoxy-2,2-dimethylchromene，[17598-02-6]。

precocene Ⅱ 6,7-dimethoxy-2,2-dimethylchromene，[644-06-4]。

precocene Ⅲ 7-ethoxy-6-methoxy-2,2-dimethylchromene，[65383-73-5]。

主要品种如下：

22 双三氟虫脲（bistrifluron）

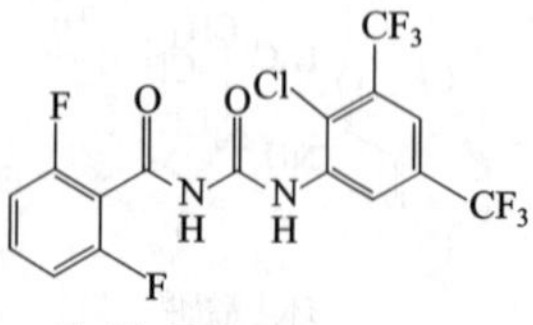

$C_{16}H_7ClF_8N_2O_2$，446.7

产品简介

双三氟虫脲（试验代号：DBI-3204，通用名称：bistrifluron，商品名称：Hanaro）是韩国东宝化学公司从2000多个苯甲酰脲衍生物中筛选出的高活性几丁质合成抑制剂。

化学名称　1-[2-氯-3,5-双(三氟甲基)苯基]-3-(2,6-二氟苯甲酰基)脲。英文化学名称为1-[2-chloro-3, 5-bis (trifluoromethyl) phenyl]-3-(2,6-difluorobenzoyl) urea。美国化学文摘系统名称为*N*-[[[2-chloro-3,5-bis(trifluoromethyl)phenyl]amino]carbonyl]-2,6-difluorobenzamide，CA主题索引名称为benzamide-，*N*-[[[2-chloro-3，5-bis(trifluoromethyl) phenyl]amino]carbonyl]-2,6-difluoro—。CAS登录号为[201593-84-2]。

理化性质　白色粉状固体，熔点172～175℃。蒸气压2.7×10^{-3}mPa (25℃)。$K_{ow}\lg P$=5.74。Henry常数<4.0×10^{-2}Pa·m^3/mol（计算值）。水中溶解度（25℃）<0.03mg/L。其他溶剂中溶解度（25℃，g/L）：甲醇33.0、二氯甲烷64.0、正己烷3.5。稳定性：室温，pH=5～9下稳定。pK_a 9.58±0.46（25℃）。

毒性　雄、雌大鼠急性经口LD_{50}>5000mg/kg。急性经皮LD_{50}：雄、雌大鼠>2000mg/kg。本品对皮肤无刺激，对眼睛轻微刺激。NOEL（13w）大鼠亚急性毒性>1000mg/kg。其他：在Ames实验，染色体畸变和微核测试中呈阴性。

生态效应　山齿鹑和野鸭急性经口LD_{50}>2250mg/kg。鱼类LC_{50}（48h）：鲤鱼>0.5mg/L，鲦鱼>10mg/L。蜜蜂LD_{50}（48h，接触）>100μg/只。蠕虫：蚯蚓LC_{50}（14d）32.84mg/kg。

制剂与分析方法　主要产品或制剂有乳油、胶悬剂，制剂10%胶悬剂、10%乳油正在韩国使用。分析方法采用HPLC。

作用机理与特点　双三氟虫脲对昆虫具有显著的生长发育抑制作用，对白粉虱有特效，比世界专利WO 95/33711公布的2-溴-3,5-双（三氟甲基）苯基苯甲酰基脲的活性高25～50倍。该化合物抑制昆虫几丁质的形成，影响内表皮生成，使昆虫不能顺利蜕皮而死亡。

应用

适用作物　蔬菜、茶叶、棉花等。

防治对象　粉虱，如白粉虱和烟粉虱；鳞翅目害虫，如甜菜夜蛾，小菜蛾和金纹细蛾。

应用　75～150g/hm^2防治蔬菜上的鳞翅目害虫和小菜蛾，10～400g/hm^2用于果树都有很好的杀虫效果；50～100g/hm^2防治粉虱效果很好；100～400g/hm^2用于苹果树，75～150g/hm^2用于柿子树都有很好效果。

总体来说，以75～400g(a.i.)/hm^2用量用于防治蔬菜和果树的绝大多数鳞翅目和粉虱害虫，而对作物、天敌、人畜和环境高度安全。目前其制剂10% SC、10% EC正在韩国使用。

活性研究　双三氟虫脲（DBI-3204）杀虫谱广，如鳞翅目害虫、椿象和甲虫等。DBI-3204实验室生物活性数据见表22-1。

表22-1　双三氟虫脲实验室生物活性

害虫	LD_{50}(LC_{50})	测试方法
小菜蛾(2龄幼虫)	0.22μg/mL	浸叶法
斜纹夜蛾(2龄幼虫)	0.02μg/mL	浸叶法
贪夜蛾(2龄幼虫)	0.07μg/mL	浸叶法
菜青虫(2龄幼虫)	0.37μg/mL	浸叶法
烟青虫(2龄幼虫)	0.7μg/mL	浸叶法
美国白蛾(2龄幼虫)	0.82μg/mL	浸叶法
黏虫(2龄幼虫)	0.66μg/mL	浸叶法
菜心螟(3龄幼虫)	3.6μg/mL	浸叶法
棉褐带卷蛾(1龄幼虫)	3.5μg/mL	浸叶法
温室粉虱(3龄若虫)	<1μg/mL	喷雾
Eurydema rugosa(5龄若虫)	13.6μg/g	外用/局部滴旋

续表

害虫	LD_{50}(LC_{50})	测试方法
悬铃木方翅网蝽(3 龄幼虫)	51.1μg/mL	喷雾
豆缘蝽(5 龄幼虫)	0.26μg/g	外用/局部滴旋
马铃薯瓢虫(3 龄幼虫)	1.3μg/mL	浸叶法
家蝇(3 龄幼虫)	38μg/g	人工饲喂
淡色库蚊(3 龄幼虫)	0.07μg/mL	浸泡实验
德国蟑螂/德国姬蠊(2 龄幼虫)	0.25μg/g	外用/局部滴旋

双三氟虫脲（DBI-3204）与有机磷杀虫剂（OP 杀虫剂）对不同品系小菜蛾抗性因子的比较结果显示见表 22-2，双三氟虫脲的抗性因子远远小于丙硫磷（OP 杀虫剂）。

表 22-2　双三氟虫脲与有机磷抗性因子比较

化合物	抗性品系的 LC_{50}/(μg/mL)	敏感品系 LC_{50}/(μg/mL)	抗性因子
丙硫磷	99.7	0.89	112.0
双三氟虫脲	1.20	0.16	7.5

试验将双三氟虫脲（DBI-3204）和某些商品化品种在 75～150g(a.i.)/hm^2 下对鳞翅目昆虫（贪夜蛾）和小菜蛾杀虫活性进行了比较。结果显示双三氟虫脲（DBI-3204）在 50～100g(a.i.)/hm^2 下表现出对温室白粉虱很好的活性。

双三氟虫脲（DBI-3204）在 100～400g(a.i.)/hm^2 下对苹果树金纹小潜细蛾和 200～400g(a.i.)/hm^2 下对柿子树的柿举肢蛾有很好效果。

专利与登记

专利名称　2-Chloro-3,5-bis(trifluoromethyl)phenyl benzoyl urea derivative and process for preparing the same

专利号　WO 9800394　　专利公开日　1998-01-08

专利申请日　1997-06-25　　优先权日　1996-06-29

专利拥有者　Hanwha Corporation

在其他国家申请的化合物专利：AT 198738、CN 1225626、CN 1077101、DE 69703935、EP 0912502、ES 2153202、IN 186299、JP 2000514782、US 6022882 等。

目前公开的或授权的与双三氟虫脲有关的部分专利：EP 1952690、WO 2010023171、WO 2010005692、WO 2010000790、WO 200909018 等。

制备专利：JP 2004123669、JP 2003252710、WO 2010025870、WO 2009099929、WO 2008154528、WO 9800394 等。

双三氟虫脲在国内目前无登记产品。

合成方法

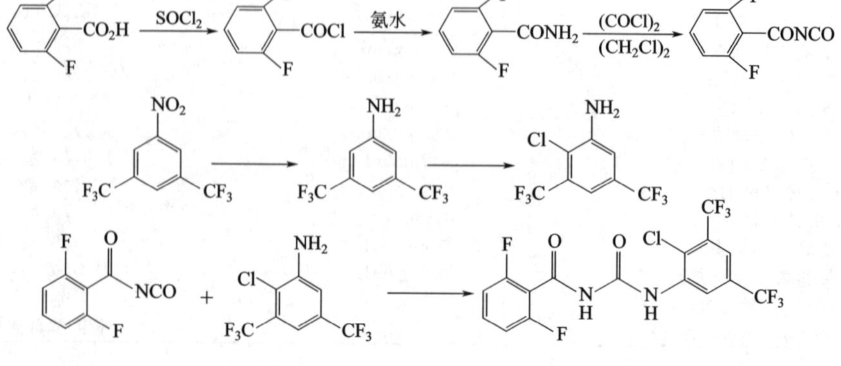

1 WO 800394.
2 The Pesticide Manual. 15 th edition：115-116.
3 The BCPC Conference-Pests and Diseases 2000，41-44.

23 噻嗪酮（buprofezin）

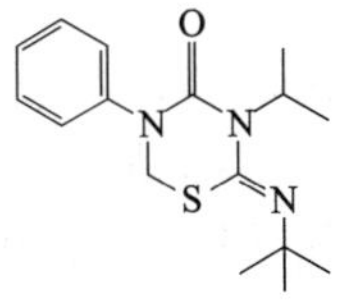

$C_{16}H_{23}N_3OS$，305.4

产品简介

噻嗪酮（试验代号：NNI750、PP618，通用名称：buprofezin，商品名称：Applaud、Aproad、优乐得，其他名称：布洛飞、布芬净、稻虱净、扑虱灵、噻唑酮、稻虱灵）是日本农药株式会社开发的噻二嗪酮类杀虫剂。

化学名称（2008 年之前） 2-叔丁亚氨基-3-异丙基-5-苯基-3,4,5,6-四氢-2*H*-1,3,5-噻二嗪-4-酮，英文化学名称为 2-*tert*-buthyllimino-3-*iso*propyl-5-phenyl-3,4,5,6-tetrahydro-2*H*-1,3,5-thiadiazinan-4-one；美国化学文摘系统名称为 2-[(1,1-dimethylethyl)imini]tetrahy-fro-3-(1-methylethyl)-5-phenyl-4*H*-1,3,5-thiatradiazin-4-one；CA 主题索引名称为 4*H*-1,3,5-thiadiazin-4-one—，2-[(1,1-dimethylethyl)imino]tetrahydro-3-(1-methylethyl)-5-phenyl。CAS 登录号为［69327-76-0］。

化学名称（2008 年之后） (*Z*)-2-叔丁亚氨基-3-异丙基-5-苯基-1,3,5-噻二嗪-4-酮，英文化学名称为 (Z)-2-*tert*-butylimino-3-*iso*propyl-5-phenyl-1,3,5-thiadiazinan-4-one；美国化学文摘系统名称为(*Z*)-2-[(1,1-dimethylethyl)imino]tetrahydro-3-(1-methylethyl)-5-phenyl-4*H*-1,3,5-thiadiazin-4-one；CA 主题索引名称为 4*H*-1,3,5-thiadiazin-4-one-，2-[(1,1-dimethylethyl)imino]tetrahydro-3-(1-methylethyl)-5-phenyl-(*Z*)-；CAS 登录号为［953030-84-7］。

理化性质 本品为白色结晶固体，熔点 104.6～105.6℃。相对密度 1.18（20℃），蒸气压 4.2×10^{-2} mPa（20℃），$K_{ow}\lg P=4.93$（pH=7），Henry 常数 2.80×10^{-2} Pa·m³/mol，溶解度：水 0.387mg/L（20℃），0.46mg/L（pH=7，25℃），有机溶剂（g/L）：丙酮 0.25，苯 370，二氯甲烷 586.9，甲苯 336.2，乙醇 80，氯仿 520，甲醇 86.6，正庚烷 17.9，乙酸乙酯 240.8，正辛醇 25.1，己烷 20。对酸、碱、光、热稳定。

毒性 噻嗪酮属低毒杀虫剂。原药的急性经口 LD_{50}（mg/kg）：雄大鼠 2198，雌大鼠 2355，小鼠>10000。大鼠急性经皮 LD_{50}>5000mg/kg。对眼睛无刺激作用，对皮肤有轻微刺激。大鼠吸入 LC_{50}>4.57mg/L（在空气中），在试验剂量内无致畸、致突变、致癌作用，两代繁殖试验中未见异常。NOEL 数据：雄大鼠 0.9mg/kg（1d），雌大鼠 1.12mg/kg（1d），ADI 值（JMPR）：0.01mg/kg（bw）（1999），（EFSA）0.01mg/kg（bw）。

生态效应 山齿鹑急性经口 LD_{50}>2000mg/kg，鲤鱼 LC_{50}（96h）为 0.527mg/L，虹鳟鱼>0.33mg/L，水蚤 EC_{50}（48h）>0.42mg/L，海藻 E_bC_{50}（72h）>2.1mg/L，蜜蜂 LD_{50}（48h）>163.5μg/只，对其他食肉动物无直接影响。

环境行为 在反刍动物体内发现低剂量残留，在多数植物体内可进行有限的新陈代谢，如羟基化作用，在黏性土壤中（pH>6.4）DT_{50}（25℃）为 104d。

制剂与分析方法 25%可湿性粉剂（Applaud WP，250g/kg），制剂由有效成分噻嗪酮和表面活性剂及填料等组成。外观为灰白色可湿粉粒，悬浮性极好，常温贮存有效期达 3a

以上。产品分析：试样用氯仿萃取，以邻苯二甲酸二环己酯或二十三烷为内标物，使用5% OV-101/Gas Chrom Q为填充物的不锈钢柱和氢火焰离子化检测器，对噻嗪酮进行气相色谱分离和测定。残留分析：气相色谱法或高效液相色谱法。

作用机理与特点　噻嗪酮是一种抑制昆虫生长发育的新型选择性杀虫剂，触杀作用强，也有胃毒作用。作用机制为抑制昆虫几丁质合成和干扰新陈代谢，致使若虫蜕皮畸形或翅畸形而缓慢死亡。一般施药3～7d才能看出效果，对成虫没有直接杀伤力，但可缩短其寿命，减少产卵量，并且产出的多是不育卵，幼虫即使孵化也很快死亡。对半翅目的飞虱、叶蝉、粉虱及介壳虫类害虫有良好防治效果，药效期长达30d以上。对天敌较安全，综合效应好。

应用

适用作物　水稻、小麦、茶、柑橘、黄瓜、马铃薯、番茄、蔬菜等，不能用于白菜、萝卜。

防治对象　对同翅目的飞虱、叶蝉、粉虱、棉粉虱、稻褐飞虱、橘粉蚧、红圆蚧、油榄黑盔蚧等有良好的防治效果，对某些鞘翅目害虫和害螨具有持久的杀幼虫活性。可有效地防治水稻上的飞虱、叶蝉、马铃薯上的叶蝉等。

残留量与安全施药　我国最大允许残留量为0.3mg/kg，日本推荐的最大残留限量（MRL）糙米为0.3mg/kg。该药使用时应先对水稀释后均匀喷雾，不可用毒土法。药液不宜直接接触白菜、萝卜，否则将出现褐斑及绿叶白化等药害。

使用方法　叶面喷雾，50～600g(a.i.)/hm^2；叶面喷粉，450～600g/hm^2；浸水处理，600～800g/hm^2。25%可湿性粉剂375～750g/hm^2剂量能防治水稻和蔬菜上的飞虱、叶蝉、温室粉虱等，800～1000g/hm^2能防治果树及茶树上的介壳虫。

应用技术　该药持效期为35～40d，对天敌安全，当虫口密度高时，应与速效杀虫剂混用。

(1) 防治水稻害虫　①稻飞虱、叶蝉类　在主害代低龄若虫始盛期喷药1次，每亩用25%噻嗪酮可湿性粉剂20～30g（有效成分5～7.5g），对水5～10L，低容量喷雾或对水40～50L常量喷雾，重点喷植株中下部。②褐飞虱　在大发生前一代的若虫高峰期喷药1次，可有效控制大发生世代的为害。喷药后10d褐飞虱防效为97%～99%。在褐飞虱主害代若虫高峰始期施药还可兼治白背飞虱、叶蝉。

(2) 防治果树害虫　防治柑橘矢尖蚧，于若虫盛孵期喷药1～2次，两次喷药间隔15d左右，喷雾浓度以25%噻嗪酮可湿性粉剂1500～2000倍液或每100L水加25%噻嗪酮50～67g（有效浓度125～166mg/L）为宜。

(3) 防治茶树害虫　防治茶小绿叶蝉，于6～7月若虫高峰前期或春茶采摘后，用25%噻嗪酮可湿性粉剂750～1500倍液或每100L水加25%噻嗪酮67～133g（有效浓度166～333mg/L）喷雾，间隔10～15d喷第二次。亦可将25%噻嗪酮可湿性粉剂1500～2000倍液或每100L水加25%噻嗪酮可湿性粉剂50～67g（有效浓度125～166mg/L）液与高氰戊菊酯（5EC）8000倍液（有效浓度6.2mg/L）混用。喷雾时应先喷茶园四周，然后喷中间。

专利与登记

该化合物不存在专利权问题。

制备专利：CN 87104156、CN 87104046、CN 101177418、CN 1248974、CN 101213965、CN 101379994、CN 1406908、CN 1406908、CN 1231823、DE 4336307、JP 11315004、JP 2004166652、JP 2004166652、WO 2002048137、WO 2002087334、WO 9719040等；

制剂或剂型专利：CN 1402975、CN 1411724、CN 1393134、CN 1457638、CN

1142890、CN 1236546、CN 1222303、CN 1256077、CN 1325628、CN 1297680、CN 101156594、CN 101180961、CN 101189967、CN 101213966、CN 1128612、EP 1427285、JP 09295904、JP 09249504、JP 08291001、JP 63227505、JP 11222406、WO 2003024222、WO 2003024222、WO 2001076369、WO 9823158、WO 9740692 等。

在中国申请的部分专利及登记情况见表 23-1、表 23-2。

表 23-1 在中国申请的专利

序号	申请号	专利名称
1	02146599.1	含虫酰肼的杀虫组合物
2	02134907.X	印楝素与噻嗪酮混配农药制剂
3	01129504.X	含氰菌胺杀菌剂、杀虫剂组合物
4	03138386.6	一种护林防虫的药剂贴
5	95109745.8	一种杀虫剂
6	98110234.4	一种内吸性杀虫剂
7	97113350.6	高效杀虫剂
8	98802842.5	侧链改性的环氧噻嗪酮
9	99113319.6	一种复配杀虫剂
10	98125467.5	马-噻乳油
11	01120237.8	吡虫啉·噻嗪酮杀虫剂组合物
12	99125100.8	一种昆虫生长调节剂
13	200710187292.4	一种复配农药
14	200710135173.4	噻嗪酮和吡蚜酮复配杀虫剂及其防治害虫的方法
15	200710068735.8	杀虫剂组合物
16	200710032946.6	鱼藤酮与噻嗪酮混配农药制剂
17	03157825.X	一种杀虫组合烟剂
18	200410004524.4	含氰菌胺杀菌剂、杀虫剂组合物
19	200310111389.9	一种防治蚧壳虫的化学组合物
20	03159786.6	3,7-保护的环氧噻嗪酮-*N*-氧化物及其制备方法
21	200410014033.8	具有杀虫活性的组合物及其在防治农业园艺多种害虫方面的应用
22	200310122825.2	防尘螨黏胶长丝纤维
23	200510061610.3	一种噻嗪酮复配杀虫剂
24	200510136305.6	阿维菌素和噻嗪酮的杀虫组合物及其用途
25	200710020941.1	吡蚜酮复配活性杀虫剂
26	200710024601.6	一种防治稻飞虱的杀虫组合物
27	200710024003.9	用于防治稻飞虱的复合杀虫剂
28	200810030601.1	一种噻嗪酮·速灭威乳油及其制备方法
29	200810040224.X	一种噻嗪酮标准物质纯度的测试方法
30	200810211783.2	基于溴虫腈的农药组合物
31	200810023994.3	含烯啶虫胺与噻嗪酮的组合物及其抵制有害生物的方法
32	200810147173.0	一种含虫螨腈的具有增效作用的杀虫剂组合物
33	200810155942.1	噻嗪酮和啶虫脒复配杀虫剂及其应用
34	200810232296.4	一种含吡蚜酮和噻嗪酮的杀虫组合物
35	200810220003.0	一种绿僵菌素与噻嗪酮复配的杀虫主剂及杀虫剂
36	200810143626.2	一种用于防治水稻害虫的复配制剂
37	200810190733.0	杀虫组合物及其应用
38	200810143625.8	含有噻嗪酮的杀虫组合物
39	200710203014.3	苯甲酰基脲类杀虫剂与噻嗪酮复配制剂
40	200810143627.7	一种杀虫剂组合物
41	200810096611.5	烯啶虫胺组合物环境友好新剂型
42	200910021173.0	一种含唑蚜威和噻嗪酮的杀虫组合物
43	200910043134.0	用于农作物的含氯虫苯甲酰胺的杀虫组合物
44	200910027112.5	一种噻嗪酮农药残留降解菌及其生产的菌剂
45	200810025194.5	一种组合式氟虫腈、噻嗪酮杀虫剂
46	200910069468.5	一种含氯虫苯甲酰胺的杀虫剂组合物及其制备方法和用途
47	200910170818.7	一种具有增效作用的杀虫组合物
48	200910023352.8	一种含有醚菊酯和噻嗪酮的杀虫组合物
49	200910160788.1	一种增效杀虫组合物及其应用

续表

序号	申请号	专利名称
50	200910205311.0	一种含吡蚜酮的悬浮剂组合物
51	200810195665.7	一种复配杀虫剂
52	200810195666.1	一种复配农药
53	200910035430.6	含氯代噻唑烟碱类杀虫剂与噻嗪酮的杀虫剂组合物及其制备与应用
54	200910164570.3	一种杀虫组合物及其应用
55	200910181852.4	一种28%井·噻可湿性粉剂
56	200910164496.5	一种杀虫剂组合物
57	200910213742.1	一种增效农药组合物及其应用
58	200910219004.8	一种含噻嗪酮与氟虫双酰胺的杀虫组合物
59	201010100829.0	一种含有哌虫啶和噻嗪酮的杀虫组合物
60	200910212248.3	一种含有茚虫威的水乳剂及其制备方法
61	87104156	苯并噻嗪酮衍生物
62	87104046	噻嗪酮衍生物
63	200710191089.4	一种噻嗪酮的合成方法

表 23-2　日本农药株式会社在中国的登记情况

商品名	登记证号	含量	剂型	登记作物	防治对象	用药量/(mg/kg)	施用方法
噻嗪酮	PD304-99	99%	原药				
噻嗪酮	PD98-89	25%	可湿性粉剂	柑橘树	矢尖蚧	125～250	喷雾
				茶树	小绿叶蝉	166～250	喷雾
				水稻	飞虱	75～112.5	喷雾

其他国家登记情况　已在日本、马来西亚、印度尼西亚多国登记注册，登记作物有水稻、小麦、蔬菜、茶、柑橘。

合成方法

以*N*-甲基苯胺、叔丁醇为原料，经如下反应制得目的物。

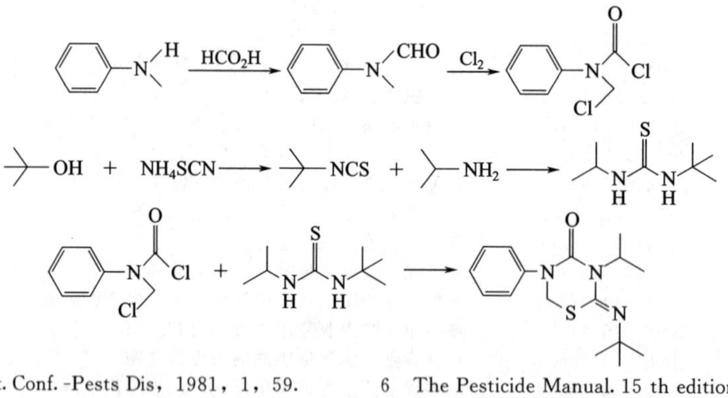

1 Proc. Br. Crop Prot. Conf. -Pests Dis，1981，1，59.

2 JP 1048643.

3 Japan Pesticide Information，1984，44，17-21.

4 US 4159328.

5 DE 2824126.

6 The Pesticide Manual. 15 th edition：138-139.

7 农药译丛，1992，14 (5)：10-12.

8 农药译丛，1984，6 (6)：54-56.

9 农药译丛，1988，10 (3)：32-37.

24　氟啶脲 (chlorfluazuron)

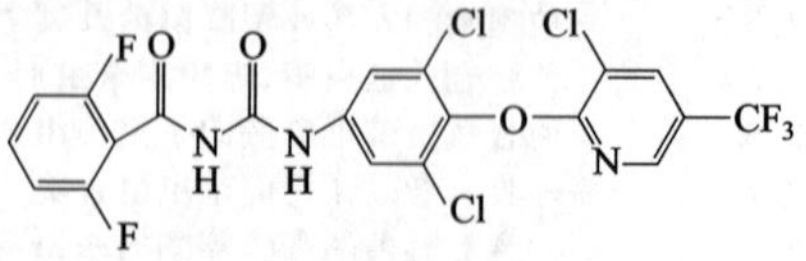

$C_{20}H_9Cl_3F_5N_3O_3$，540.7

产品简介

氟啶脲（试验代号：IKI-7899、CGA112913、PP145、UC64644，通用名称：chlorfluazuron，商品名称：Atabron、Jupiter、抑太保，其他名称：啶虫隆、克福隆、控幼脲、啶虫脲）是由日本石原产业株式会社开发的苯甲酰脲类几丁质合成抑制剂。

化学名称　1-[3,5-二氯-4-(3-氯-5-三氟甲基-2-吡啶氧基)苯基]-3-(2,6-二氟苯甲酰基)脲。英文化学名称为 1-[3,5-dichloro-4-(3-chloro-5-trifluoromethyl-2-pyridyloxy) phenyl]-3-(2,6-difluorobenzoyl) urea。美国化学文摘系统名称为 *N*-[[[3,5-dichloro-4-[[3-chloro-5-(trifluoromethyl)-2-pyridinyl]oxy]phenyl]amino]carbonyl]-2,6-difluorobenzamide，CA 主题索引名称为 benzamide—，*N*-[[[3,5-dichloro-4-[[3-chloro-5-(trifluoromethyl)-2-pyridinyl]oxy]phenyl]amino]carbonyl]-2,6-difluoro-，CAS 登录号为 [71422-67-8]。

理化性质　本品为白色结晶固体，相对密度 1.663（20℃），闪点 224～225℃，pH＝6.7。熔点 221.2～223.9℃（分解），蒸气压＜1.559×10^{-3} mPa（20℃）。$K_{ow}\lg P=5.9$，Henry 常数＜7.2×10^{-2} Pa·m^3/mol。溶解度（20℃）：水＜0.012mg/L，有机溶剂（g/L）：正己烷＜0.00639，正辛醇 1，二甲苯 4.67，甲醇 2.68，甲苯 6.6，异丙醇 7，二氯甲烷 20，丙酮 55.9，环己酮 110，对光和热稳定，在正常条件下存放稳定。

毒性　氟啶脲属低毒杀虫剂。原药急性经口 LD_{50}（mg/kg）大鼠＞8500；小鼠急性经口 LD_{50} 为 7000mg/kg，急性经皮 LD_{50}＞1000mg/kg；兔急性经皮 LD_{50}＞2000mg/kg，大鼠吸入 LC_{50}＞2.4mg/L。对家兔皮肤、眼睛无刺激性，豚鼠致敏试验阴性，大鼠亚慢性经口无作用剂量为 3mg/(kg·d)，家兔亚慢性（21d）经皮无作用剂量为 1000mg/(kg·d)，大鼠慢性经口无作用剂量为 50mg/L。在试验室条件下，未见致畸、致突变、致癌现象。对鲤鱼 LC_{50}（96h）为 300mg/L。100mg/L 时对蜂蜜无害。50mg/kg 对家蚕部分危害。鸟的 LD_{50} 大于 2500mg/kg。制剂大鼠急性经口 LD_{50} 为 1763～3013mg/kg，急性经皮 LD_{50} 大于 2000mg/kg，大鼠吸入 LC_{50} 4.11～4.99mg/L。对家兔皮肤、眼睛有轻度刺激作用。

生态效应　鹌鹑和野鸭急性经口 LD_{50}＞2510mg/kg，饲喂实验表明其 LC_{50}(8d)＞5620mg/kg。大翻车鱼 LC_{50}(96h）为 1071μg/L，水蚤 LC_{50}(48h）0.908μg/L，海藻 EC_{50} 0.39mg/L，蜜蜂经口 LD_{50}＞100μg/L，蚯蚓 LC_{50}（28d）＞1000mg/kg。

环境行为　大鼠体内的新陈代谢可发生脲桥的断裂，在植物体内能缓慢地被降解，在土壤中的半衰期一般为六周至几个月不等，在水中也能缓慢地降解。

制剂与分析方法　制剂由有效成分和乳化剂、溶剂组成。氟啶脲 5％乳油，20％悬浮剂。产品分析用高效液相色谱或气相色谱分析，残留可用高效液相色谱进行分析。

作用机理与特点　氟啶脲是一种苯甲酰脲类新型杀虫剂，以胃毒作用为主，兼有触杀作用，无内吸性。作用机制主要是抑制几丁质合成，阻碍昆虫正常蜕皮，使卵的孵化、幼虫蜕皮以及蛹发育畸形，成虫羽化受阻而发挥杀虫作用。对害虫药效高，但作用速度较慢，幼虫接触药后不会很快死亡，但取食活动明显减弱，一般在施药后 5～7d 才能充分发挥效果。对多种鳞翅目害虫以及直翅目、鞘翅目、膜翅目、双翅目等害虫有很高活性，但对蚜虫、叶蝉、飞虱等类害虫无效，对有机磷、氨基甲酸酯、拟除虫菊酯等其他杀虫剂已产生抗性的害虫有良好防治效果。

应用

适用作物　棉花、蔬菜、水果、马铃薯、茶以及观赏植物等。

防治对象　鳞翅目害虫及直翅目、鞘翅目、膜翅目、双翅目害虫。

使用注意事宜　①本剂是一种抑制幼虫蜕皮致使其死亡的药剂，通常幼虫死亡需要 3～5d，所以施药适期应较一般有机磷、拟除虫菊酯类杀虫剂提早 3d 左右，在低龄幼虫期喷药。

②本剂与有机磷类杀虫剂混用可同时发挥速效性作用。③喷药时，要使药液湿润全部枝叶，才能充分发挥药效。④对钻蛀性害虫宜在产卵高峰至卵孵盛期施药，效果才好。本剂有效期较长，间隔 6d 施下一次药为宜。

应用技术

(1) 防治蔬菜害虫　①小菜蛾：对花椰菜、甘蓝、青菜、大白菜等十字花科叶菜，小菜蛾低龄幼虫为害苗期或莲座初期心叶及其生长点，防治适期应掌握在卵孵至 1～2 龄幼虫盛发期，对生长中后期或莲座后期至包心期叶菜，幼虫主要在中外部叶片为害，防治适期可掌握在 2～3 龄幼虫盛发期。用 5%氟啶脲 30～60mL（有效成分 1.5～3g）喷雾，对拟除虫菊酯产生抗性的小菜蛾有良好的药效。间隔 6d 施药 1 次。②菜青虫：在 2～3 龄幼虫期，每亩用 5%氟啶脲 25～50mL（有效成分 1.25～2.5g）喷雾。③豆野螟：防治豇豆、菜豆的豆野螟，在开花期或卵盛期每亩用 5%氟啶脲 25～50mL（有效成分 1.25～2.5g）喷雾，隔 10d 再喷 1 次。④斜纹夜蛾、甜菜夜蛾、银纹夜蛾、地老虎、二十八星瓢虫等于幼虫初孵期施药，每亩用 5%氟啶脲 30～60mL（有效成分 1.5～3g），对水均匀喷雾。

(2) 防治棉花害虫　①棉铃虫：在卵孵盛期，每亩用 5%氟啶脲 30～50mL（有效成分 1.5～2.5g）喷雾，药后 7～10d 的杀虫效果为 80%～90%，保龄（蕾）效果为 70%～80%。②棉红铃虫：在第二、三代卵孵盛期，每亩用 5%氟啶脲 30～50mL（有效成分 1.5～2.5g）喷雾，各代喷药 2 次。应用氟啶脲防治对菊酯类农药产生抗性的棉铃虫、红铃虫，田间常规施药量每亩用 5%氟啶脲 120mL（有效成分 6g）。

(3) 防治果树害虫　①柑橘潜叶蛾：在成虫盛发期内放梢时，新梢长约 1～3cm，新叶片被害率约 5%时施药。以后仍处于危险期时，每隔 5～8d 施 1 次，一般一个梢期施 2～3 次。用 5%氟啶脲 1000～2000 倍液或每 100L 水加 5%氟啶脲 50～100mL（有效浓度 25～50mg/L）喷雾。②苹果桃小食心虫：于产卵初期、初孵幼虫未入侵果实前开始施药，以后每隔 5～7d 施 1 次，共施药 3～6 次，用 5%氟啶脲 1000～2000 倍液或每 100L 水加 5%氟啶脲 50～100mL 喷雾。

(4) 防治茶树害虫　防治茶尺蠖、茶毛虫，于卵始盛孵期施药，每亩用 5%氟啶脲 75～120mL（有效成分 3.75～6g），对水 75～150L 均匀喷雾。

专利与登记

专利名称　*N*-Benzoyl *N'*-pyridyloxy phenyl urea and preparation thereof

专利号　ZA 7802440　　专利公开日　1979-04-25

专利申请日　1978-04-28　　优先权日　1978-02-06

专利拥有者　石原产业株式会社

在其他国家申请的化合物专利：DE 2818830、DD 136094、JP 54106475、PL 206449 等。

制剂或剂型专利：EP 2090170、JP 2009108046、JP 2010047479、JP 2009209124、JP 2010022251、WO 2009047584、WO 2008152091 等。

制备专利：EP 221847、EP 349999、JP 2009280552、JP 2003026603、WO 2002087334、WO 2009099929、WO 2009051956、WO 2010005692 等。

在中国公开的与该产品有关的部分专利及登记情况见表 24-1、表 24-2。

表 24-1　在中国公开的与产品有关部分专利及登记情况

序号	申请号	专利名称
1	02115908.4	甜菜夜蛾核多角体病毒杀虫悬浮剂
2	03116652.0	杀虫剂组合物

续表

序号	申请号	专利名称
3	98113696.6	一种棉铃虫病毒生物增效剂
4	200710168528.X	一种用替代宿主生产的广谱杆状病毒杀虫剂
5	200410099173.X	一种复配农药
6	200610085481.6	阿维菌素氟啶脲复配杀虫剂
7	200510050230.X	氟啶脲与丙溴磷或敌敌畏复配农药
8	200610085234.6	一种利用昆虫生长调节剂与核多角体病毒协同增效的方法
9	200510122601.0	含有丙溴磷和氟啶脲的杀虫剂
10	200610017985.4	杨扇舟蛾颗粒体病毒杀虫悬浮剂
11	200710087053.1	一种含有氟啶脲与甲氨基阿维菌素苯甲酸盐的杀虫组合物
12	200810015991.5	氟虫腈和苯甲酰脲类杀虫剂化合物复配组合物
13	200810030595.X	一种丙溴磷·氟啶脲乳油及其制备方法
14	200810146211.0	一种含溴虫腈和氟啶脲的具有增效作用的杀虫组合物
15	200810132585.7	含有虫螨腈与氟啶脲组成的具有协同增效作用的杀虫组合物
16	200810132571.5	一种含有高效氯氟氰菊酯和氟啶脲的杀虫组合物
17	200810172673.X	甲氨基阿维菌素苯甲酸盐与氟啶脲的复配杀虫剂
18	200910110567.3	含有多杀菌素和氟啶脲的杀虫组合物
19	200810172671.0	一种氟啶脲的杀虫水分散粒剂
20	200910152155.6	一种增效杀虫组合物及其应用

表 24-2　日本石原产业株式会社在中国的登记情况

商品名	登记证号	含量	剂型	登记作物	防治对象	用药量	施用方法
氟啶脲	PD141-91	50g/L	乳油	甘蓝	甜菜夜蛾	$30\sim60g/hm^2$	喷雾
				柑橘树	潜叶蛾	$16.6\sim25mg/kg$	喷雾
				甘蓝	菜青虫	$30\sim60g/hm^2$	喷雾
				甘蓝	小菜蛾	$30\sim60g/hm^2$	喷雾
				棉花	红铃虫	$45\sim105g/hm^2$	喷雾

在其他国家登记作物　棉花、甘蓝、白菜、萝卜、甜菜、大葱、茄子、西瓜、瓜类、大豆、甘蔗、茶、柑橘等。

合成方法

以2,6-二氯-4-氨基苯酚为原料，与2,3-二氯-5-三氟吡啶在氢氧化钾存在下于二甲基亚砜中反应，制得取代的苯胺；然后与以2,6-二氟苯甲腈为原料，制得的2,6-二氟苯甲酰异氰酸酯反应，即得目的物。反应式如下。

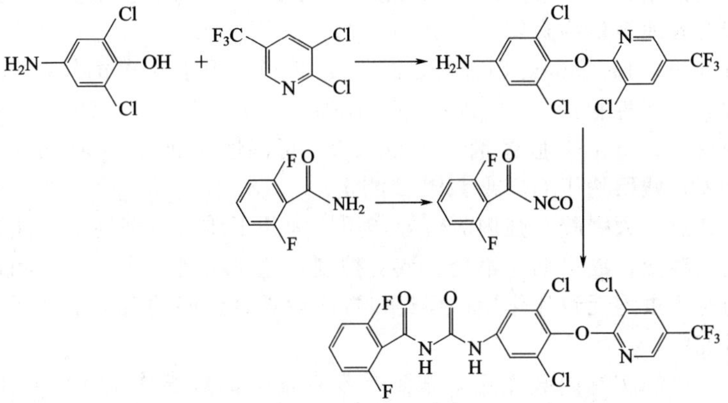

1　Japan Pesticide Information，1988，53，32-34.
2　The Pesticide Manual. 15 th edition：183-184.
3　农药译丛，1992，14（6）：13-20.
4　农药译丛，1990，12（2）：58-60.

25　灭蝇胺（cyromazine）

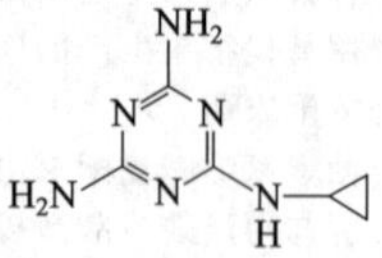

$C_6H_{10}N_6$，166.2

产品简介

灭蝇胺（试验代号：CGA 72662，通用名称：cyromazine，商品名称：Armor、Betrazin、Larvadex、Neporex、Trigard、Vetraxine）是由 Ciba-Geigy（现属先正达公司）开发的三嗪类的昆虫生长调节剂。世界主要生产商：瑞士先正达作物保护有限公司、Gilmore、Sannong、大连瑞泽农药股份有限公司、浙江禾益农化有限公司。

化学名称　*N*-环丙基-1,3,5-三嗪-2,4,6-三胺，英文化学名称为 *N*-cyclopropyl-1,3,5-triazine-2,4,6-triamine。美国化学文摘系统名称为 *N*-cyclopropyl-1,3,5-triazine-2,4,6-triamine；CA 主题索引名称为 1,3,5-triazine-2,4,6-triamine—，*N*-cyclopropyl，CAS 登录号为［66215-27-8］。

理化性质　无色晶体，熔点 224.9℃，蒸气压 4.48×10^{-4} mPa（25℃），K_{ow} lg$P$ = −0.061（pH = 7.0），Henry 常数 5.8×10^{-9} Pa · m^3/mol（25℃），密度 1.35g/cm^3（20℃）。溶解度：水 13g/L（pH＝7.1，25℃），其他溶剂溶解度（g/L，20℃）：甲醇 22，异丙醇 2.5，丙酮 1.7，正辛醇 1.2，二氯甲烷 0.25，甲苯 0.015，已烷 0.0002。310℃以下稳定，在 pH＝5～9 时，水解不明显，70℃以下 28d 内未观察到水解。pK_a5.22，弱碱性。

毒性　大鼠急性经口 LD_{50}＞3387mg/kg，大鼠急性经皮 LD_{50}＞3100mg/kg。大鼠吸入 LC_{50}（4h）为 2.720mg/L。对兔眼睛无刺激，对兔皮肤有轻微刺激。NOEL（2a）：大鼠 300mg/(kg · d)，小鼠 1000mg/(kg · d)。ADI/RfD：（JMPR）0.06mg/kg［2006，2007］；（EPA）cRfD 0.0075mg/kg［1991］。

生态效应　鸟类急性经口 LD_{50}（mg/kg）：山齿鹑 1785，日本鹌鹑 2338，北京鸭＞1000，绿头鸭＞2510。大翻车鱼 LC_{50}(96h)＞90mg/L，鲤鱼、鲶鱼和虹鳟鱼 LC_{50}＞100mg/L。水蚤 LC_{50}（48h）＞9.1mg/L。藻类 LC_{50} 为 124mg/L。对成年蜜蜂无毒，无作用接触量为 5μg/只。蚯蚓 LC_{50}＞1000mg/kg。对其他有益的生物安全。

环境行为　动物：大鼠体中灭蝇胺以化合物本身形式排出。植物：在植物中快速代谢，主要代谢产物是三聚氰胺。土壤/环境：灭蝇胺和其主要代谢产物三聚氰胺也有代谢。试验表明，灭蝇胺能有效地被生物降解。

制剂与分析方法　Larvadex（10g/kg 或 100g/kg），用于家禽饲料；Neporex，可溶性粉剂（500g/kg），可溶性粒剂（20g/kg）；Vetrazine，可溶性粉剂（500g/kg）用于防治羊身上的绿蝇属幼虫；Trigard，胶悬剂（100g/kg），可湿性粉剂（750g/kg），用于观赏植物。产品分析用 HPLC，残留物用 GC 或 HPLC 测定。

作用机理与特点　灭蝇胺有强内吸传导作用，为几丁质合成抑制剂，能诱使双翅目幼虫和蛹在形态上发生畸变，成虫羽化不全，或受抑制，这说明是干扰了蜕皮和化蛹。无论是经口还是局部施药对成虫均无致死作用，但经口摄入后观察到卵的孵化率降低。所涉及的生物化学过程还在研究中。

在植物体上，灭蝇胺有内吸作用，施到叶部有很强的传导作用，施到土壤中由根部吸收，向顶传导。

作物耐药性：在田间使用剂量下，对推荐使用的任何一种作物及品种均无药害。

灭蝇胺能够有效地控制种植业和养殖业中双翅目昆虫及部分其他昆虫，也有用来灭蚊或杀螨的报道，养殖业中的使用原理是将这种几乎不能够被动物器官吸收利用降解的药物通过动物的排泄系统排泄到动物粪尿中，抑制杀灭蝇蛆等养殖业害虫在粪尿中的繁殖存活。

应用

适用作物　芹菜、瓜类、番茄、莴苣、蘑菇、土豆和观赏植物。

防治对象　双翅目幼虫、苍蝇、叶虫（潜蝇）、美洲斑潜蝇等。

使用方法　75～225g/hm^2 叶面喷施用于控制叶虫（斑潜蝇），蔬菜（如芹菜、瓜类、番茄、莴苣）蘑菇，土豆和观赏植物，或者 190～450g/hm^2 浸湿或灌溉。可以喷射、药浴及拌于饲料中等方式使用。以 1g(a. i.)/L 浸泡或喷淋，可防治羊身上的丝光绿蝇；加到鸡饲料（5mg/kg）中，可防治鸡粪上蝇幼虫，也可在蝇繁殖的地方以 0.5g/m^2 进行局部处理；以 15～30g/hL 防治观赏植物和蔬菜上的潜叶蝇；以 15g/hL 喷洒菊花叶面，可防治斑潜蝇属 *L. trifolii* 见表 25-1。以 75g/hm^2 防治温室作物（黄瓜、番茄）潜叶蝇。以 650g/hm^2 颗粒剂单独处理土壤，要防治潜蝇，持效期 80d 左右。

应用技术　灭蝇胺对有关的潜蝇品种（不考虑对其他杀虫剂的抗性）有高效，它的高度选择性适用于综合治理，尤其在温室。防治潜蝇具体使用剂量：豆类、胡萝卜、芹菜、瓜类、莴苣、洋葱、豌豆、青椒、马铃薯、番茄：12～30g(a. i.)/100L 或 75～225g(a. i.)/hm^2，根据作物大小而定。花卉中石竹属、菊属、大丁草属、丝石竹属等：10～22.5g(a. i.)/100L 全部喷雾或 100～250g(a. i.)/hm^2。

该产品可采用地面和空中设备施于叶面，推荐的土壤施用剂量为 200～1000g(a. i.)/hm^2，预期用较高剂量持效期可达 8 周。

表 25-1　在菊花叶面喷药 1500～2000L/hm^2 对潜蝇的活性和持效性

灭蝇胺/[g(a. i.)/100L]	剂　型	蛹数/80 片叶			
		处理前	处理后 7d	处理后 14d	处理后 21d
30	75WP	59	0	3	33
15		75	0	16	97
7.5		64	2	206	203
未处理		66	101	553	330

用 75g/hm^2（有效成分）的药剂间隔 7d 进行四次叶面喷雾（1000～2000L/hm^2），对温室作物（黄瓜、番茄）上的潜蝇有良好的防效。

该药还可以用于土壤中，用颗粒剂 650g(a. i.)/hm^2 进行一次处理，防治潜蝇效果达 80d 以上，相当于叶面喷雾总量 1300g(a. i.)/hm^2（每隔两周喷雾一次）。在另一试验中，用 300g(a. i.)/hm^2 进行三种土壤处理防治效果至少有 31d。

Leibee（1985）开发了一种防治 *L. trifolii* 幼虫的杀虫剂生物评价方法，此法用于选出田间收集的此类昆虫的灭蝇胺抗性品系。对 14 个世代中的 9 个世代进行 LD_{50} 测定 [6mg(a. i.)/L]，结构表明抗性没有发生。

专利与登记

专利名称　2-Cyclopropylamino-4,6-diamino-S-triazine derivatives and their use as insecticides

专利号　GB 1587573A　　专利公开日　1981-8-8

专利申请日　1977-9-18　　优先权日　1976-8-19

专利拥有者　Ciba Geigy AG

在其他国家申请的化合物专利：AT 361249、AU 2804177、AU 518896、BE 857896、CA 1084921、CH 609835、CY 1248、DE 2736876、ES 461715、FR 2362134、HK 25382、IL 52765、JP 53025585、KE 321、MY 5583、NL 7709096、NL 971032、NL 930086、NZ 184953、SU 727104、YU 198877、YU 119182 等。

制剂、制备专利：AU 2009100045、CN 101253931、DE 10200704595、EP 2090170、EP 2000029、EP 2127522、JP 2009108046、JP 2010053129、JP 2010047479、JP 2010047478、JP 2009057320、JP 2008222705、JP 2009209124、US 2009306080、WO 2009146793、WO 2009135613、WO 2010023171、WO 2009123907、WO 2009112837、WO 2009100822、WO 2009080723、WO 2009047584、WO 2009043442、WO 2010026370、WO 2010025870、WO 2010005692、WO 2010000790、WO 2009147205、WO 2009099929、WO 2009090181、WO 200905195、WO 2008075453、WO 200911829、WO 2009002809、WO 2008154528、WO 2008150393、WO 2008092759、WO 2008072783 等。

目前在中国申请与灭蝇有关的部分专利及登记情况见表 25-2，表 25-3。

表 25-2　目前在中国申请的与灭蝇胺有关的部分专利

序号	申请号	专利名称
1	02134908.8	印楝素与灭蝇胺混配农药制剂
2	02123814.6	毒死蜱·灭蝇胺杀虫组合物
3	97194175.0	农药组合物
4	98808519.4	灭蝇胺多形体物和水合物及其制备
5	99125100.8	一种昆虫生长调节剂
6	01132183.0	一种制备杀虫剂环丙马嗪的方法
7	200610126838.0	一种阿维菌素和灭蝇胺的组合物
8	200710149682.2	农药组合物
9	200710032945.1	鱼藤酮与灭蝇胺混配农药制剂
10	200810172672.5	一种含有灭蝇胺的具有增效作用的杀虫剂组合物
11	200910015573.0	一种水果、蔬菜中农药多残留快速分析方法
12	200810239525.5	一种灭蝇胺悬浮剂及其制备方法

表 25-3　瑞士先正达作物保护有限公司在中国登记情况

登记名称	登记证号	含量	剂型	登记作物	防治对象	用药量	施用方法
灭蝇胺	PD20096724	95%	原药				
灭蝇胺	PD20093924	75%	可湿性粉剂	花卉	美洲斑潜蝇	150～225g/hm^2	喷雾

合成方法

灭蝇胺有如下三种合成路线：

(1)

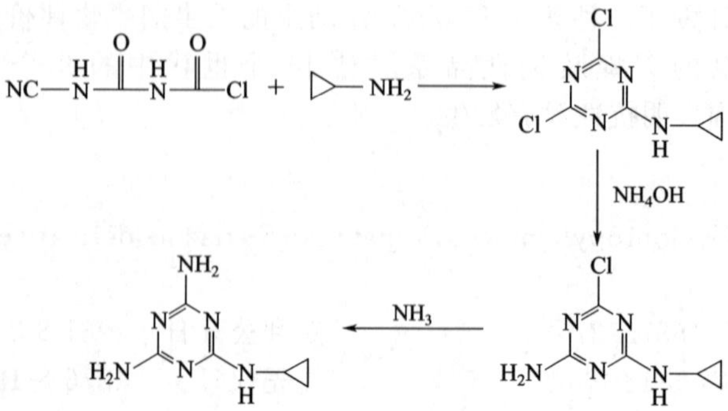

或

(2)

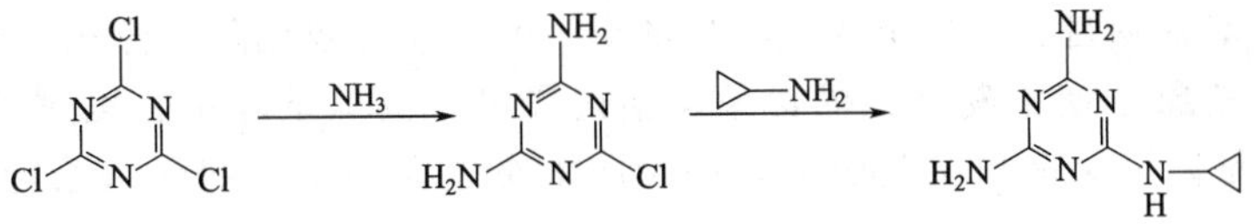

或

(3)

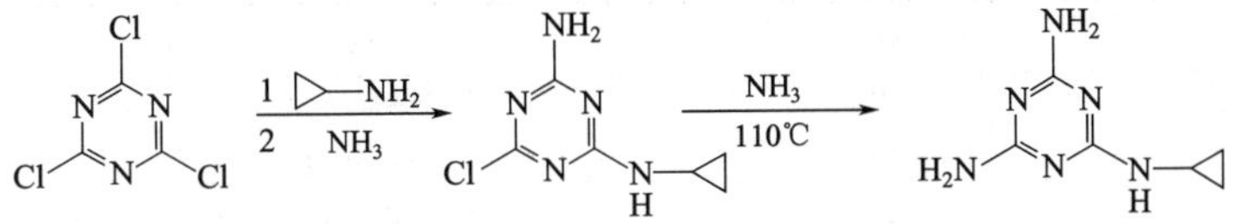

1 云南大学学报（自然科学版），2008，30（4）：392-395.

2 新编农药商品手册，化学工业出版社．2006：377.

3 农业工程学报，2008，24（1）：656-658.

4 The Pesticide Manual. 15 th edition：290-291.

5 农药译丛，1987，9（5）：61～64.

26 环虫腈（dicyclanil）

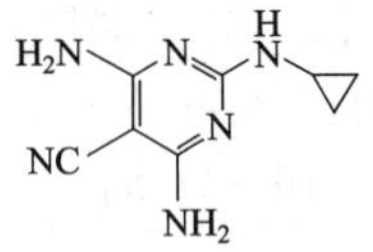

$C_8H_{10}N_6$，190.2

产品简介

环虫腈（试验代号：CGA 183893，通用名称：dicyclanil，商品名称：Clik）是瑞士汽巴-嘉基公司（现属先正达公司）开发的新颖氰基嘧啶类杀虫剂，其系通过修饰灭蝇胺的结构开发而成。

化学名称　4,6-二氨基-2-环丙胺嘧啶基-5-甲腈，英文化学名称为4,6-diamino-2-cyclopropylaminopyrimidine-5-carbonitrile。美国化学文摘系统名称为4,6-diamino-2-(cyclopropylamino)-5-pyrimidinecarbonitrile，CA主题索引名称为5-pyrimidinecarbonitrile—，4,6-diamino-2-(cyclopropylamino)。CAS登录号为［112636-83-6］。

理化性质　本品为白色或淡黄色晶体，熔点为86～88℃，蒸气压$<2\times10^{-8}$mPa（20℃）。$K_{ow}\lg P=2.9$。相对密度1.57（21℃）。溶解度（25℃）：水50g/L（pH=7.2），甲醇中4.9g/L。稳定性：水溶液稳定性DT_{50} 331d（pH=3.8，25℃），$DT_{50}>1$a（pH=6.9，25℃）。

毒性　大鼠急性经口$LD_{50}>2000$mg/kg，大鼠急性经皮$LD_{50}>2000$mg/kg。对大鼠眼睛无刺激性。大鼠吸入LD_{50}(4h)>5020mg/m^3。ADI/RfD 0.007mg/kg（bw）。

生态效应　对鸟类安全，对鱼、水藻有害。其他水生生物：对甲壳纲动物有害，对蠕虫无害。

环境行为　动物经脱烷基作用将环虫腈转化成无环丙烷的产物。对土壤或环境的影响：在肥沃土壤中，DT_{50}为1.5d（20℃），浸出周期<1d。在自然环境下，不易水解，没有显著挥发性。

制剂与分析方法　5%悬浮液，可用GC-MS/HPLC-UV进行分析。

作用机理与特点　环虫腈进入虫体内后，可减少害虫产卵量或降低孵化率，阻止幼虫化蛹及变成成虫，是一种干扰昆虫表皮形成的昆虫生长调节剂。该药剂具有很强的附着力，并对体外寄生虫具有良好的持效性。

应用

防治对象　对双翅目、蚤目类害虫有好的专一性。能有效地防治棉花、水稻、玉米、蔬菜等作物的绿盲蝽象、烟芽夜蛾、棉铃象、稻褐飞虱、黄瓜条叶甲、黑尾叶蝉等害虫见表26-1，并可有效地防治家蝇和埃及伊蚊。用于防治寄生在羊身上的绿头苍蝇（如丝光绿蝇、巴浦绿蝇、黑须污蝇等）。

表 26-1　环虫腈的杀虫活性

环虫腈/(mg/L)	作物	防治对象	防治率/%
200	棉花	三龄期绿盲蝽象	80～100
100	烟草	烟芽夜蛾幼虫	80～100
400	棉花	棉铃象成虫	80～100
400	水稻	稻褐飞虱若虫	80～100
400	玉米	黄瓜条叶甲幼虫	80～100
4	水稻	黑尾叶蝉若虫	80～100

安全施药　不要接触眼睛和皮肤，一旦与皮肤接触，立即用大量的肥皂水冲洗。如果药品不小心进入眼睛，立即用大量的水冲洗，并去医院治疗。

使用方法　根据羊的体重和被蝇叮咬的程度，该药的推荐使用剂量为 30～100mg(a. i.)/kg。应用该药的有效保护时间为 16～24 周。

专利概况

专利名称　Preparation of diaminocyanopyrimidines as pesticides

专利号　EP 0244360A2　　　专利公开日　1987-11-04

专利申请日　1987-4-24　　　优先权日　1986-4-30

专利拥有者　Ciba Geigy AG（现属先正达公司）

在其他国家申请的化合物专利：AR 247389、AU 598254、AU 7219487、BR 8702106、CA 1292231、CN 87103168、CS 271471、DD 270907、DK 61692、DK 61792、DK 165690、ES 2051771、GR 3005856、HK 11694、HU 201651、JP 62263162、NZ 220132、PH 24337、PT 84774、SU 1657061、SU 1711672、TR 22942、US 4783468、ZA 8703082 等。

制备专利：BR 9500315、WO 9503282、WO 9910333 等。

制剂或剂型专利：WO 9740691、WO 9925187、WO 9925188、WO 2002037964、WO 2002043496 等。

合成方法

(1) 以（*N*-氰亚氨基）碳酸二甲酯与丙二腈反应制取，其合成方法有以下两条路线。

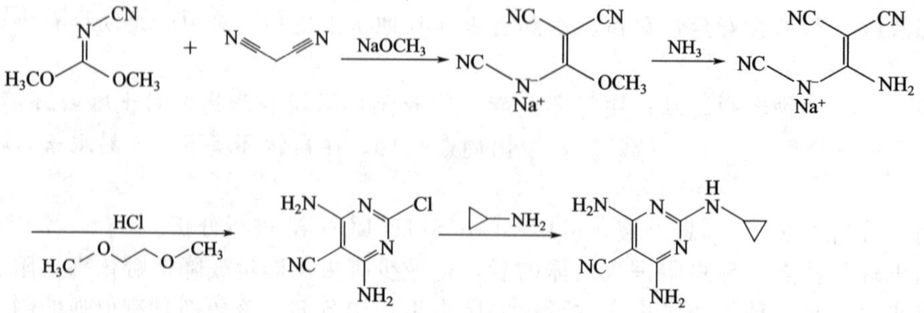

(2) 由 2-氰基-3-氰氨基-3-甲硫基丙烯腈制取，其合成如下：

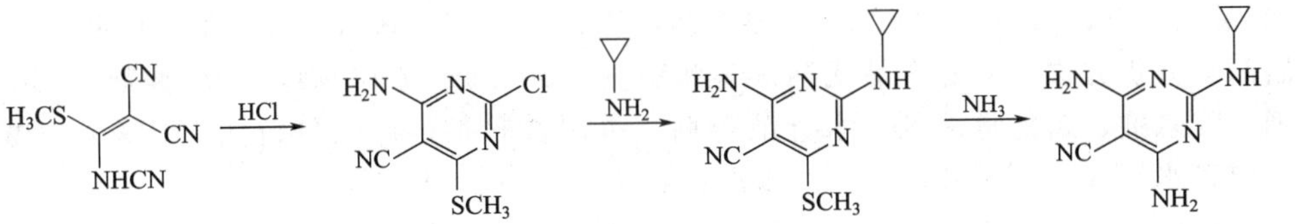

1 The Pesticide Manual，15 th edition：350-351.
2 EP 024436.
3 世界农药，2000，22（1）：55-56.

27 除虫脲（diflubenzuron）

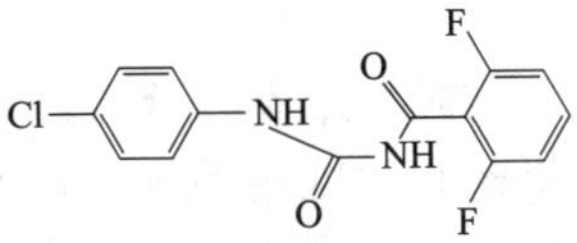

$C_{14}H_9ClF_2N_2O_2$，310.7

产品简介

除虫脲（试验代号：DU 112307、PH 60-40、PDD60-40-I、TH 6040，通用名称：diflubenzuron，商品名称：敌灭灵、Dimilin）是由 Philips-Duphar B. V.（现属科聚亚公司）开发的苯甲酰脲类昆虫几丁质合成抑制剂。世界主要生产商：美国康普顿公司、Sharda、Sundat、华奥物种集团公司、河北威远生物化工股份有限公司、江阴市苏利精细化工有限公司。

化学名称　1-(4-氯苯基)-3-(2,6-二氟苯甲酰基）脲，英文化学名称为 1-(4-chlorophenyl)-3-(2,6-difluorobenzoyl) urea。美国化学文摘系统名称为 *N*-[[(4-chlorophenyl)amino]carbonyl]-2,6-difluorobenzamide，CA 主题索引名称为 benzamide—，*N*-[[(4-chlorophenyl)amino]carbonyl]-2,6-difluoro-。CAS 登录号为［35367-38-5］。

理化性质　纯品为无色晶体（工业品为无色或黄色晶体），熔点 228℃；沸点 257℃/40.0kPa（工业品）；蒸气压 1.2×10^{-4}mPa（25℃，气体饱和法）；相对密度 1.57（20℃）；$K_{ow}\lg P=3.89$；Henry 常数$\leqslant4.7\times10^{-4}$ Pa・m^3/mol（计算值）。溶解度：水 0.08mg/L（25℃，pH=7），有机溶剂（20℃，g/L）：正己烷 0.063，甲苯 0.29，二氯甲烷 1.8，丙酮 6.98，乙酸乙酯 4.26，甲醇 1.1。稳定性：溶液对光敏感，但是固体在光下稳定。100℃下储存 1d 分解量<0.5%，50℃下 7d 分解量<0.5%。水溶液（20℃）在 pH=5 和 7 时稳定，DT_{50}>180d，pH=9 时 DT_{50}32.5d。

毒性　大、小鼠急性经口 LD_{50}>4640mg/kg；急性经皮 LD_{50}（mg/kg）：兔>2000，大鼠>10000。本品对皮肤无刺激，对眼无刺激。大鼠吸入 LC_{50}>2.88mg/L。NOEL（1a）：大鼠、小鼠和狗 2mg/(kg・d)。无“三致”。ADI/RFD（JMPR）值：0.02mg/kg，（JECFA 评估）0.02mg/kg；（EC）0.012mg/kg；（EPA）cRfD 0.02mg/kg。

生态效应　山齿鹑和野鸭急性经口 LD_{50}(14d)>5000mg/kg，山齿鹑和野鸭饲喂 LC_{50}(8d)>1206mg/(kg・d)。鱼类 LC_{50}（96h，mg/L）：斑马鱼>64.8，虹鳟鱼>106.4（基于除虫脲 WG-80）。水蚤 LC_{50}（48h）0.0026mg/L（基于除虫脲 WG-80）。羊角月牙藻 NOEC 100mg/L（基于除虫脲 WG-80）。对蜜蜂和食肉动物无害，LD_{50}（经口和接触）>100μg/只。蚯蚓 NOEC≥780mg/kg（土壤）。

环境行为　动物：大鼠经口给药后，部分药物结构不变以粪便形式排出（80%），部分是羟基化代谢物，以及 4-氯苯基脲和 2,6-二氟苯甲酸（20%）。肠道吸收很大程度上取决于给药剂量的多少，给药量越多，粪便排出的药就越多。植物：非系统性，植物无代谢。土壤/环境：除虫脲能被土壤/复杂腐殖质酸吸收，但在土壤中稳定。土壤中快速代谢，几何平

均数 DT_{50}（20℃，pH＝2）3.2d，主要代谢产物是4-氯苯基脲和2,6-二氟苯甲酸。

制剂与分析方法　主要产品或制剂有颗粒剂（10g/kg或40g/kg）、热雾剂（450g/L）、油悬剂、胶悬剂、超低量液剂、水分散粒剂、可湿性粉剂。产品分析用HPLC，残留物用HPLC或者水解成4-氯苯胺后，该水解产物转化成衍生物用GC测定。

作用机理与特点　几丁质合成抑制剂。阻碍昆虫表皮的形成，这一抑制行为非常专一，对一些生化过程，比如，真菌几丁质的合成，鸡、小鼠和大鼠体内透明质酸和其他黏多糖的形成均无影响。除虫脲是非系统性的触杀和胃毒行动的昆虫生长调节剂，昆虫蜕皮或卵孵化时起作用。对有害昆虫天敌影响较小。

应用

适用作物　棉花、大豆、柑橘、茶叶、蕈类作物、蔬菜、蘑菇、苹果和玉米等。

防治对象　防治大田、蔬菜、果树和林区的黏虫、棉铃虫、棉红铃虫、菜青虫、苹果小卷蛾、墨西哥棉铃象、松异舟蛾、舞毒蛾、梨豆液蛾、木虱、柑橘锈螨，残效12～15d。水面施药可防治蚊幼虫。也可用于防治家蝇、厩螯蝇和羊身上的虱子。

使用方法　除虫脲通常使用剂量为25～75g/hm^2。以0.01%～0.015%剂量使用，对苹果蠹蛾、潜叶虫和其他食叶害虫防效最佳；在0.0075%～0.0125%剂量下，可有效防治柑橘锈螨；50～150g/hm^2可有效防治棉花、黄豆和玉米害虫。防治动物房中蝇蛆使用量为0.5～1g/m^2；防治蝗虫和蚱蜢使用剂量为60～67.5g/hm^2。

应用技术　①防治菜青虫、小菜蛾，在幼虫发生初期，每亩用20%悬浮剂15～20g，对水喷雾。也可与拟除虫菊酯类农药混用，以扩大防治效果。②防治斜纹夜蛾，在产卵高峰期或孵化期，用20%悬浮剂400～500mg/L的药液喷雾，可杀死幼虫，并有杀卵作用。③防治甜菜夜蛾，在幼虫初期用20%悬浮剂100mg/L喷雾。喷洒要力争均匀、周到，否则防效差。

注意事项　①施用该药时应在幼虫低龄期或卵期。②施药要均匀，有的害虫要对叶背也要喷雾。③配药时要摇匀，不能与碱性物质混合。④贮存时要避光，放于阴凉、干燥处。⑤施用时注意安全，避免眼睛和皮肤接触药液，如发生中毒时可对症治疗，无特殊解毒剂。

专利与登记

该化合物无专利权。

目前公开的或授权的与除虫脲有关的制剂或剂型专利：AT 505184、CN 101204156、CN 101455204、DE 00277、EP 2090170、EP 2127522、GB 2457347、IN 2008、JP 2010047479、JP 2008150302、JP 2010047478、JP 2009161471、JP 2009108046、WO 2010026370、WO 2010025870、WO 2010023171、WO 2010003923、WO 2009147205、WO 2009146793、WO 2009135613、WO 2009123907、WO 2009118297、WO 2009112837、WO 2009100822、WO 2009099929、WO 2009090181、WO 2009047584、WO 2008077925、WO 2008077922、WO 2008077930、WO 2008075453等。

制备专利：CN 101293858、CN 1903838、CN 1580042、CS 277360、CS 272012、DD 253614、DE 3039069、DE 2123236、EP 398404、EP 324521、EP 236901、EP 225673、EP 221847、ES 534727、ES 542417、EP 349999、EP 331474、EP 300691、JP 2003026603、NL 7105350、RO 91730B1、US 4117009、US 4464317、WO 2007048921、WO 2005053408、WO 2004043446、WO 2003086469、WO 9400984、WO 9400983、WO 2009099929、WO 2009002809、WO 2008154528、WO 8603941等。

在中国申请的与该产品有关的部分专利及登记情况见表27-1，表27-2。

表 27-1　在中国申请的专利情况

序号	申　请　号	专　利　名　称
1	94105887.5	一种除虫脲复配乳油杀虫剂及其生产方法
2	98802494.2	增效的类保幼激素/几丁质合成抑制剂杀白蚁组合物
3	01118238.5	一种鱼用抗寄生虫复方制剂或含抗寄生虫药物的全价饲料
4	200610201375.X	苯甲酰基脲类杀虫剂与噻虫嗪复配制剂
5	200810017309.6	一种含有氟虫腈具有协同增效作用的杀菌剂组合物及其应用
6	200810093623.2	除虫脲可控缓释纳米颗粒的制备方法及其应用
7	03153528.3	取代苯甲酰脲类昆虫生长调节剂的合成方法
8	03157542.0	农药水悬纳米胶囊剂及其制备方法
9	200310109094.8	一种含毒死蜱的农药混剂
10	200610072820.7	储粮害虫生物防治剂
11	200610159480.1	一种含斑蝥素杀虫剂组合物
12	200710025237.5	含氟虫腈的杀虫剂组合物
13	200810015991.5	氟虫腈和苯甲酰脲类杀虫剂化合物复配组合物
14	200810242650.1	油溶性农药纳米胶囊及其制备方法
15	200810101140.2	一种除虫脲悬浮剂的制备方法
16	200910219026.4	一种含茚虫威与除虫脲的杀虫组合物
17	200880101657.X	农药结合物
18	200420059577.1	一种灭蚊器

表 27-2　美国科聚亚公司在中国登记情况

登记名称	登记证号	含量剂型	登记作物	防治对象	用药量	施用方法
除虫脲	PD117-90	25%可湿性粉剂	甘蓝	菜青虫	189～236g/hm^2	喷雾
			柑橘树	锈壁虱	62～83mg/kg	喷雾
			柑橘树	潜叶蛾	62～125mg/kg	喷雾
			小麦	黏虫	22.5～75g/hm^2	喷雾
			苹果树	金纹细蛾	125～250mg/kg	喷雾
			森林	松毛虫	1)40～60mg/kg 2)30～45g/hm^2	1)喷雾 2)超低容量喷雾
除虫脲	PD260-98	97.9%原药				

合成方法

通过如下两种方法可以制得除虫脲。

(1)

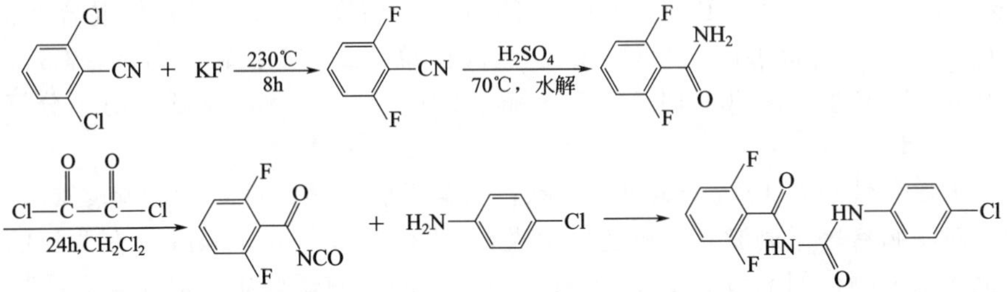

或

(2)

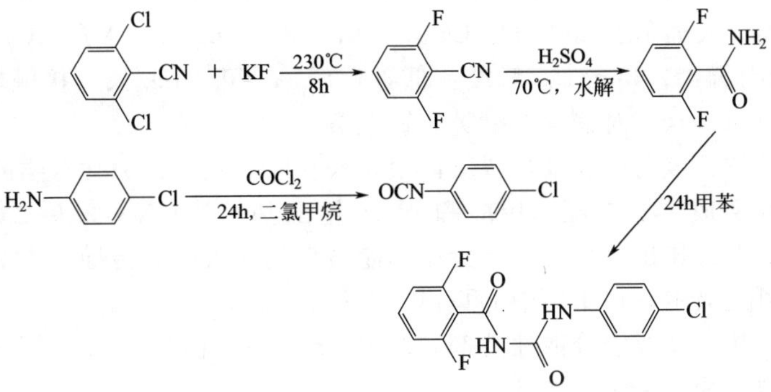

1 The Pesticide Manual. 15 th edition：360-361.
2 Pestic. Sci.，1972，9，373.
3 J. Agric. Food Chem.，1973，21（348）：9939.
4 农药.2000，39（3）：16.
5 Anal. Methods Pestic. Plant Growth Regul.，1984，13，165.

28 氟螨脲（flucycloxuron）

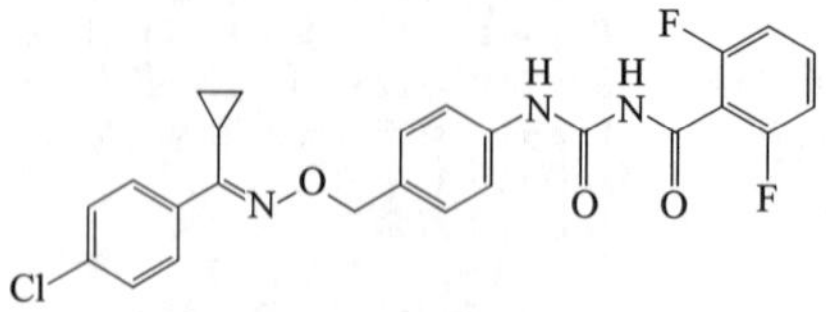

$C_{25}H_{20}ClF_2N_3O_3$，483.9

产品简介

氟螨脲（试验代号：PH-7023、DU-319722、UBI-A1335、OMS-3041，通用名称：flucycloxuron，商品名称：Andalin，其他名称：氟环脲）是 Duphar B. V.（现属科聚亚公司）生产的苯甲酰脲类杀虫杀螨剂。

化学名称 1-[（4-氯环丙基苯亚甲基氨基-氧代）对甲苯基]-3-(2,6-二氟苯甲酰基）脲。英文化学名称为 1-[（4-chloro-cyclopropylbenzylideneamino-oxy)-*p*-tolyl]-3-(2,6-difluoro-benzoyl) urea。美国化学文摘系统名称为 *N*-[[[4-[[[[(4-chlorophenyl) cyclopropylmethylene]amino]oxy]methyl]phenyl]amino]carbonyl]-2,6-difluorobenza mide。CA 主题索引名称为 benzamide—，*N*-[[[4-[[[[(4-chlorophenyl) cyclopropylmethylene]amino]oxy]methyl]phenyl]amino]carbonyl]-2,6-difluoro。CAS 登录号为［94050-52-9］((*E*)-异构体)，［94050-53-0］((*Z*)-异构体)，［113036-88-7］未标明立体构型。

组成 50%～80%（*E*)-异构体，20%～50%（*Z*)-异构体。

理化性质 本品为白色或淡黄色晶体，熔点 143.6℃（*E*-,*Z*-混合物）。蒸气压 5.4×10^{-5}mPa（25℃）[（*E*)-，（*Z*）混合物]。$K_{ow}\lg P=6.97$ [（*E*)-异构体]，6.90 [（*Z*)-异构体]。Henry 常数：2.6×10^{-2}Pa·m³/mol（25℃）。（*E*)-，（*Z*)-异构体混合物的溶解度：水<1μg/L（20℃），有机溶剂（20℃，g/L)：环己烷 0.2，二甲苯 3.3，乙醇 3.8，*N*-甲基吡咯烷酮 940。稳定性：在 50℃时 24h 后分解<2%；在 pH=5，7 或 9 时不分解；光下稳定性 DT_{50} 为 18d。

毒性 大鼠急性经口 LD_{50}>5000mg/kg，大鼠急性经皮 LD_{50}>2000mg/kg，对兔皮肤没有刺激，对眼睛有轻微刺激。大鼠空气中吸入 LC_{50}（4h)>3.3mg/L。在两年的喂养实验中，对大鼠无明显副作用剂量为 120mg/kg。对两代的繁殖试验中，对大鼠无明显副作用为 200mg/(kg·d)，无“三致”。毒性等级 WHO(a.i.)U。

生态效应 鸟类：野鸭急性经口 LD_{50}>2000mg/kg，对野鸭和山齿鹑饲喂 8d LC_{50}>6000mg/kg。鱼类：大翻车鱼和虹鳟鱼 LC_{50}（96h)>100mg/L。水蚤 LC_{50}（48h）0.27μg/L。藻类：羊角月牙藻>2.2μg/L。蜂类：低毒，LD_{50}>0.1mg/只（接触）。在土壤中蚯蚓 EC_{50}（14d)>1000mg/kg。对捕食性螨类有轻微毒力。

环境行为 动物：该药品在动物胃肠内很难被吸收，主要以原化合物的形式被代谢。少量被吸收的药品代谢成 2,6-二氟苯甲酸和 *N*-(4-甲酸基苯基)-*N'*-(2,6-二氟苯甲酰基）脲，这些化合物以脲的形式排出。植物：该药品不能被植物体吸收和传导。土壤和环境：该药品很容易被土壤不可逆吸附，在土壤中 DT_{50} 0.25～0.5a。

制剂与分析方法 25%水分散性乳剂，Andalin liq-25 [250g(a.i.)/L]。产品分析和残留物测定均用高效液相色谱法（HPLC)。

作用机理与特点　主要为触杀作用。本品为几丁质合成抑制剂，能阻止昆虫体内的氨基葡萄糖形成几丁质，干扰幼虫或若虫蜕皮，使卵不能孵化或孵出的幼虫在一龄期死亡。非内吸性的杀螨杀虫剂，能阻止螨类、昆虫的蜕皮过程。它只对卵和幼虫有活性，对成螨、成虫无活性。

应用

适用作物　苹果、甘蓝等作物。

防治对象　本品属苯甲酰脲类杀螨、杀虫剂，可有效防治各种水果作物，蔬菜和观赏性植物上的苹刺瘿螨、榆全爪螨和麦氏红叶螨的卵和幼虫（对成虫无效），以及普通红叶螨若虫，也可以防治某些害虫的幼虫，其中有大豆夜蛾、菜粉蛾和甘蓝小菜蛾。还能很好地防治梨果作物上的苹果小卷叶蛾、潜叶蛾和某些卷叶虫及观赏性植物上的害虫。

残留量与安全施药　棉织品（15mg/L），棉花种子（2.0mg/L），牛奶（0.10mg/L），苹果（1.0mg/L），苹果汁（3.0mg/L），其他水果蔬菜（0.20～0.50mg/L）。

使用剂量　杀螨使用剂量 0.01%～0.015%（有效成分）；杀虫使用剂量 125～150g/hm^2。在推荐剂量下，能很好防治梨果作物上的苹果小卷叶蛾、潜叶蛾和某些卷叶虫。对观赏性植物上害虫的防治，选择剂量要相对低一点。

专利概况

专利名称　Benzoylurea compounds and their pesticidal and pharmaceutical use

专利号　EP 117320　　专利公开日　1984-09-05

专利申请日　1983-12-30　　优先权日　1983-01-24

专利拥有者　Duphar International Research B. V.

在其他国家申请专利情况：AU 560465、AU 2361284、BR 8400232、CA 1258676、CS 241538、DD 220218、DK 26984、EP 0117320、EG 17170、ES 8504115、GR 81740、HU 193666、IE 56588、IE 840129、IL 70749、JP 59176245、KR 910008136、MA 20015、NZ 206881、PH 22026、PL 245838、PT 77989、SU 1375124、TR 22438、US 4550202、US 4609676、ZA 8400420、ZW 984 等。

其他专利如　CN 101213968、CN 1473468、CN 1402983、CN 1403000、WO 2005044221 等。

在中国申请的与该产品有关的部分专利见表 28-1。

表 28-1　在中国申请的专利

序号	申请号	专利名称
1	200410027676.6	印楝素与氟螨脲混配可湿性粉剂
2	200410027677.0	印楝素与氟螨脲混配水分散性粒剂
3	200410027678.5	印楝素与氟螨脲混配微乳剂
4	200410027680.2	印楝素与氟螨脲混配乳油
5	200410027681.7	印楝素与氟螨脲混配油悬浮剂
6	200410027683.6	印楝素与氟螨脲混配微胶囊剂
7	200510041438.5	一种含哒螨灵和氟螨脲的增效杀虫组合物及其应用
8	200510041439.X	一种含氟螨脲和阿维菌素或甲氨基阿维菌素苯甲酸盐的增效杀虫组合物及应用
9	200810015991.5	氟虫腈和苯甲酰脲类杀虫剂化合物复配组合物
10	200810146218.2	一种含有氟螨脲的有效成分的杀螨剂组合
11	200810146213.X	一种含有氟螨脲和三唑锡的杀螨剂组合物

合成方法

以对氯苯为原料，制得对氯苯基环丙烷基酮。再与羟胺反应，得到相应的肟，该肟与

4-硝基苄基溴反应，得到取代的硝基苯，并经还原得到相应的胺，最后与2,6-二氟苯甲酰基异氰酸酯反应，即制得本品。反应式如下。

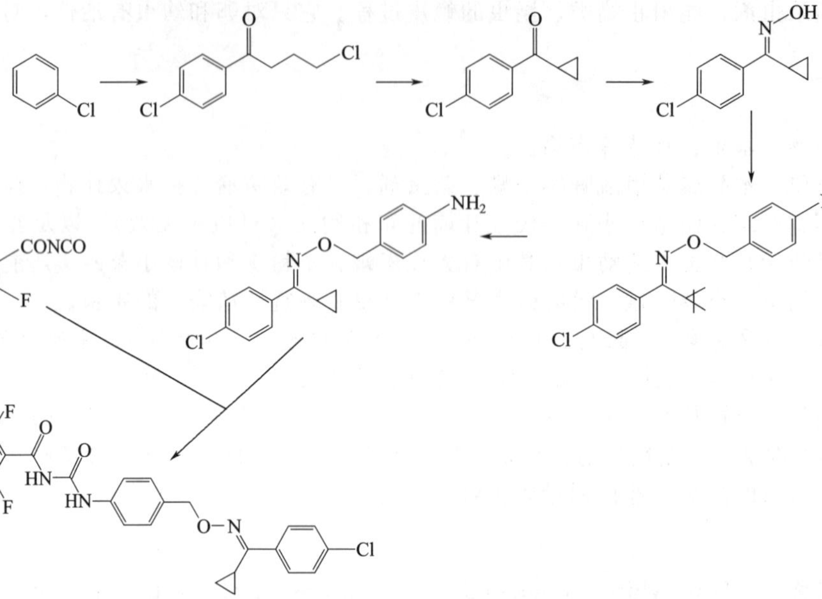

1 The Pesticide Manual. 15 th edition: 449-450.
2 EP 117320.
3 http: //www.lookchem.com/chemical-dictionary/cn/product_b/94050-52-9/.

29 氟虫脲（flufenoxuron）

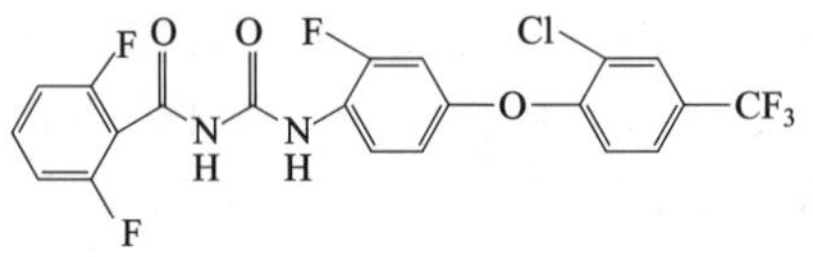

$C_{21}H_{11}ClF_6N_2O_3$，488.5

产品简介

氟虫脲（试验代号 WL115110，SD-115110，SK-8503，DPX-EY-059，通用名称 flufenoxuron，商品名称卡死克、Cascade）是由壳牌公司（现属巴斯夫公司）开发的苯甲酰脲类杀虫杀螨剂。

化学名称 1-[4-(2-氯-α,α,α-三氟对甲苯氧基)-2-氟苯基]-3-(2,6-二氟苯甲酰)脲，英文化学名称为 1-[4-(2-chloro-α,α,α-trifluoro-p-tolyoxy)-2-fluorophenyl]-3-(2,6-difluorobenzoyl)urea。美国化学文摘系统名称为 *N*-[[[4-[2-chloro-4-(trifluoromethyl) phenoxy]-2-fluorophenyl]amino]carbonyl]-2,6-difluorobenzamide，CA 主题索引名称为 Benzamide—, *N*-[[[4-[2-chloro-4-(trifluoromethyl)phenoxy]-2-fluorophenyl]amino]carbonyl]-2,6-difluoro-。CAS 登录号为 [101463-69-8]。

理化性质 原药为无色固体，纯度 95%。纯品为白色晶体，熔点 169～172℃，蒸气压 6.52×10^{-9} mPa（20℃），$K_{ow}\lg P=4.0$（pH=7），相对密度为 0.62，Henry 常数 7.46×10^{-6} Pa·m³/mol。水中的溶解度（25℃，mg/L）：0.0186（pH=4）、0.00152（pH=7）、0.00373（pH=9）。其他有机溶剂中的溶解度（25℃，g/L）：丙酮 73.8，二甲苯 6，二氯甲烷 24，正己烷 0.11，环己烷 95，三氯甲烷 18.8，甲醇 3.5。在土壤中强烈地吸附，DT_{50} 为 11d（水中），DT_{50} 为 112d（pH=5），DT_{50} 为 104d（pH=7），DT_{50} 为 36.7d（pH=9），

DT_{50}为 2.7d（pH＝12）。稳定性：低于 190℃时可以稳定存在，水解半衰期为 288d（在 20℃，pH＝7.0 的水溶液中），薄膜在模拟日光条件下（100h）对光稳定，在 190～285℃加热下损失 80％。

毒性　属低毒杀虫杀螨剂，大鼠急性经口 LD_{50}＞3000mg/kg，大、小鼠急性经皮 LD_{50}＞2000mg/kg。大鼠吸入毒性（4h）＞5.1mg/L，对兔眼睛、皮肤无刺激作用，对豚鼠皮肤无致敏作用。动物试验表明，未见致畸、致突变作用。5％乳油急性雄雌大鼠 LD_{50}分别为 1405mg/kg 和 981mg/kg，大鼠急性经皮 LD_{50}＞2000mg/kg。NOEL［mg/(kg·d)］：狗 3.5（52 周）；大鼠 22（104 周），小鼠 56（104 周）。ADI 0.0375mg/kg（bw）。

生态效应　山齿鹑急性经口 LD_{50}＞2000mg/kg，其 LC_{50}（8d）＞5243mg/kg。虹鳟鱼 LC_{50}（96h）＞4.9μg/L，鲑鱼 LC_{50}＞100mg/L，水蚤 EC_{50}（48h）为 0.04μg/L，海藻（主要指羊角月牙藻）EC_{50}（96h）为 24.6mg/L。蜜蜂急性经口 LD_{50}＞109.1μg/只，经皮＞100μg/只，蚯蚓 LC_{50}＞1000mg/kg。

环境行为　对动物而言，对氟虫脲的接受剂量为 3.5mg/kg，在 48h 内被动物体内吸收并排泄出去，经水解可形成苯甲酸以及脲类物质。该化合物能被土壤吸附，DT_{50}为 42d，以 97.5g/hm^2 的剂量施用于果园里的土壤中，施用三年，结果表明，这并不会影响土壤中的生物，包括蚯蚓。

制剂与分析　氟虫脲 5％乳油，10％无飘移颗粒剂。产品及残留物的测定采用高效液相色谱法。

作用机理与特点　苯甲酰脲类杀虫杀螨剂，具有触杀和胃毒作用。其作用机制是抑制昆虫表皮几丁质的合成，使昆虫不能正常蜕皮或变态而死亡，成虫接触药后，产的卵即使孵化幼虫也会很快死亡。氟虫脲对叶螨属和全爪螨属多种害螨的幼螨杀伤效果好，虽不能直接杀死成螨，但接触药的雌成螨产卵量减少，并可导致不育。对叶螨天敌安全，同时具有明显的拒食作用。

应用

适用作物　苹果树、梨树、桃树、柑橘、棉花等。

防治对象　鳞翅目害虫如棉铃虫、菜青虫、烟青虫、小菜蛾、甜菜夜蛾、斜纹夜蛾以及鞘翅目，双翅目和半翅目害虫，植食性螨类，红蜘蛛、锈螨、潜叶蛾，对未成熟阶段的螨和害虫有高活性。

残留量与安全施药　不要与碱性农药混用，如波尔多液等混用，否则会减效；但间隔使用时，先喷氟虫脲，10d 后再喷波尔多液比较理想，这样不仅可有效地避免残留，而且对作物安全，防效更优。苹果上应在收获前 70d 用药，柑橘上应在收获前 50d 用药。

使用方法　通常使用剂量为 25～200g/hm^2。在世界范围内氟虫脲 5％乳油推荐使用剂量为 1000～2000 倍液（33.3～25mg/kg），为茎叶喷雾处理。该药施药时间较一般的杀虫剂提前 3d 左右，对钻蛀性害虫宜在卵孵盛期，幼虫蛀入作物之前施药，对害螨宜在幼若螨盛发期施药。喷药时要均匀周到。对甲壳纲水生生物毒性较高，避免污染自然水源。

应用技术　①防治蔬菜小菜蛾 1～2 龄幼虫期施药，每亩用 5％氟虫脲25～50mL（有效成分 1.25～2.5g），对水 40～50L 喷雾。②防治蔬菜菜青虫幼虫 2～3 龄期施药，每亩用 5％氟虫脲 20～25mL（有效成分 1～1.25g），对水 40～50mL 喷雾。③防治苹果红蜘蛛越冬代和第一代若螨集中发生期施药，苹果开花前后用 5％氟虫脲 1000～2000 倍液（有效浓度 25～50mg/L）喷雾。④防治柑橘红蜘蛛在卵孵化盛期施药，用 5％氟虫脲 1000～2000 倍液（有效浓度 25～50mg/L）喷雾。⑤防治柑橘潜叶蛾在新梢放出 5d 左右施药，用 5％氟虫脲 1500～2000 倍（有效浓度 25～33mg/L）喷雾。⑥防治果树桃小食心虫在卵孵化 0.5％～

1%施药，用5%氟虫脲1000～2000倍（有效浓度25～50mg/L）喷雾。⑦防治棉红蜘蛛若、成螨发生期，平均每叶2～3头螨时施药，每亩用5%氟虫脲50～75mL（有效成分2.5～3.75g），对水40～50L喷雾。⑧防治棉铃虫在产卵盛期至卵孵化盛期施药，防治棉红铃虫二、三代成虫，在产卵高峰至卵孵化盛期施药，每亩用5%氟虫脲75～100mL（有效成分3.75～5g），对水40～50L喷雾。⑨防治1～2龄夜蛾类害虫每亩用5%氟虫脲25～35mL（有效成分1.25～1.75g），对水40～50L喷雾。⑩该药剂的最佳药效期是在处理后至下一次蜕皮，也就是说虫、螨的死亡主要在施药以后的下一次蜕皮过程中，因此为了正确评价其最大活性，对施药后虫、螨防效的观察应保持至下次蜕皮，在蜕皮期用药，虫、螨可能存活下来，但不久就会死亡。

专利与登记

专利名称　Pesticidal benzoylurea compounds

专利号　EP 161019　　专利公开日　1985-04-03

专利申请日　1985-11-13　　优先权日　1984-04-10

专利拥有者　壳牌公司（现属巴斯夫公司）

在其他国家申请的化合物专利：AU 571672、AU 4092485、BR 8501657、CA 1339745、CS 268519、DK 161643、DK 159585、EG 17741、ES 8607220、ES 8605465、GR 850902、HU 197721、IL 74851、IN 163910、JP 6023164、JP 60231635、KR 940000813、MX 160641、NZ 211686、OA 7987、PH 20753、PL 145321、SU 1447278、TR 22406、US 4666942、US 4698365、ZW 6985等。

制备专利：EP 851008、JP 10324605、US 2007020304、WO 2006125647、WO 2006106798、WO 2006002984、WO 2004046129、WO 2002087337、WO 9834481、WO 2002087334、WO 2005053408等。

制剂或剂型专利：DE 19548874、FR 2780857、JP 08333208、US 006009535、WO 2006015865、WO 2005053393、WO 2005048712、WO 2006037633、WO 2002037964等。

在中国申请的与该产品有关的部分专利及登记情况见表29-1、表29-2。

表29-1　在中国申请的专利

序号	申请号	专利名称
1	01806088.9	杀虫剂组合物及其作为保护剂的应用
2	98802494.2	增效的类保幼激素/几丁质合成抑制剂杀白蚁组合物
3	200710300252.6	含有氟虫脲和阿维菌素的具有协同增效作用的杀虫组合物
4	200810030804.0	防治水稻稻水象甲的杀虫组合物及其应用和水乳剂制备方法
5	200510041431.3	一种含氟虫脲的增效杀虫组合物
6	200510041437.0	一种含高效氯氟氰菊酯和氟虫脲的增效杀虫组合物
7	200510041453.X	一种含高效氯氰菊酯和氟虫脲的增效杀虫组合物
8	200510041436.6	一种含氟虫脲和三唑磷的增效杀虫组合物
9	200810015991.5	氟虫腈和苯甲酰脲类杀虫剂化合物复配组合物
10	200810132488.8	一种具有增效作用的杀螨剂组合物
11	200810132579.1	含有氟虫脲的杀虫水乳剂
12	200810132584.2	一种氟虫脲与炔螨特具有增效作用的杀螨剂组合物
13	200810181361.5	一种含有螺螨酯和氟虫脲的杀螨组合物
14	200810232326.1	一种含螺螨酯和氟虫脲的杀螨组合物
15	200910021175.X	一种含有氟虫脲的农用杀虫剂
16	200910021277.1	一种含吡螨胺的杀螨组合物
17	200910069468.5	一种含氯虫苯甲酰胺的杀虫剂组合物及其制备方法和用途
18	200910152155.6	一种增效杀虫组合物及其应用

表 29-2　巴斯夫欧洲公司在中国的登记情况

登记名称	登记证号	含量	剂型	登记作物	防治对象	用药量	施用方法
氟虫脲	PD20096880	95%	原药				
氟虫脲	PD207-96	50g/L	可分散液剂	草地	蝗虫	6～7.5g/hm²	喷雾
				苹果树	红蜘蛛	50～75mg/kg	喷雾
				柑橘树	潜叶蛾	25～50mg/kg	喷雾
				柑橘树	红蜘蛛	50～75mg/kg	喷雾
				柑橘树	锈蜘蛛	50～75mg/kg	喷雾

合成方法

以邻氟硝基苯为原料，制得 2-氟-4-羟基苯胺，再与 3,4-二氯三氟甲苯在氢氧化钾存在下于二甲基亚砜中反应，制得 4-(4-三氟甲基-2-氯苯氧基)-2-氟苯胺。然后与以 2,6-二氟苯甲腈为原料，制得的 2,6-二氟苯甲酰异氰酸酯反应，即得氟虫脲。反应式如下。

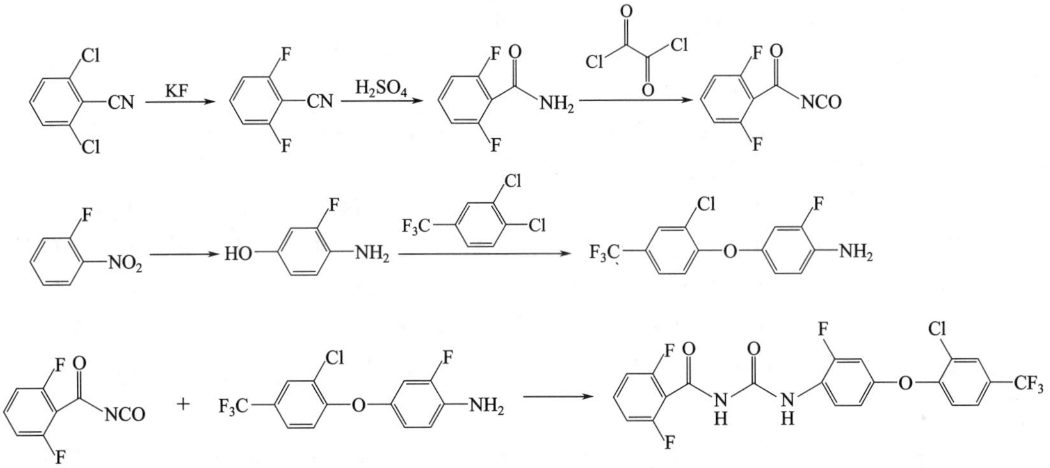

1　Proc. Br. Crop Prot. Conf. -Pests Dis，1986，1，89.
2　EP 0161019.
3　Proc. Br. Crop Prot. Conf. -Pests Dis.，1992：725-810.
4　The Pesticide Manual. 15 th edition：523-524.
5　农药译丛，1998，10（3）：59-61.

30　氟铃脲（hexaflumuron）

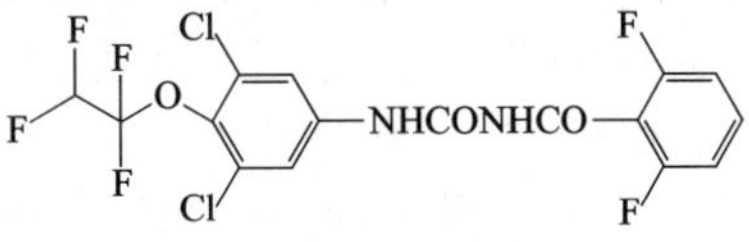

$C_{16}H_8Cl_2F_6N_2O_3$，461.1

氟铃脲（试验代号：XRD-473、DE-473，通用名称：hexaflumuron，商品名称：Consult、Trueno、Sentrichon、Sentricon、盖虫散）是美国陶氏益农公司开发的苯甲酰脲杀虫剂。

化学名称 1-[3,5-二氯-4-(1,1,2,2-四氟乙氧基)苯基]-3-(2,6-二氟苯甲酰基) 脲，英文化学名称为 1-[3,5-dichloro-4-(1,1,2,2-tetrafluoroethoxy)phenyl]-3-(2,6-difluo-robenzoyl) urea。美国化学文摘系统名称为，*N*-[[[3,5-dichloro-4-(1,1,2,2-tetrafluoro-ethoxy)phenyl] amino]carbonyl]-2,6-difluorobenzamide，CA 主题索引名称为 benzamide—，*N*-[[[3,5-dichloro-4-(1,1,2,2-tetrafluoroethoxy)phenyl]amino]carbonyl]-2,6-difluoro-。CAS 登录号为 [86479-06-3]。

理化性质　白色晶体粉末，熔点 202～205℃，沸点＞300℃。蒸气压 5.9×10^{-6} mPa

(25℃)。相对密度 1.68 (20℃)。$K_{ow}\lg P=5.64$。Henry 常数 1.01×10^{-4} Pa·m^3/mol。溶解度：水 0.027mg/L (18℃，pH=9.7)，其他溶剂中溶解度 (g/L，20℃)：丙酮 162，乙酸乙酯 100，甲醇 9.9，二甲苯 5.2，庚烷 0.005，乙腈 15，辛醇 2，二氯甲烷 14.6，甲苯 6.4，异丙醇 3.0。稳定性：33d 内，pH=5 时稳定，pH=7 水解量<6%，pH=9 时水解 60%，光解 DT_{50} 6.3d (pH=5.0，25℃)。

毒性　大鼠急性经口 LD_{50}>5000mg/kg，兔急性经皮 LD_{50}>2000mg/kg (24h)。对兔眼和皮肤轻微刺激。对豚鼠皮肤无刺激。大鼠吸入 LC_{50} (4h)>2.5mg/L。NOEL [mg/(kg·d)]：大鼠 (2a) 75；狗 (1a) 0.5，小鼠 (1.5a) 25。ADI/RfD 值 0.02mg/kg。

生态效应　鸟类：山齿鹑、野鸭急性经口 LD_{50}>2000mg/kg，饲喂 LC_{50} (mg/L)：山齿鹑 4786，野鸭>5200。鱼类 LC_{50} (96h，mg/L)：虹鳟鱼>0.5，太阳鱼>500，大翻车鱼>100mg/kg。蚤类 LC_{50} (48h) 0.0001mg/L，在野外条件下只对水蚤有毒性。藻类：羊角月牙藻 EC_{50}(96h)>3.2mg/L。褐虾 LC_{50}(96h)>3.2mg/L。蜜蜂 LD_{50} (48h，经口和接触)>0.1mg/只。蠕虫 LC_{50} (14d) 蚯蚓>880mg/kg (土壤)。

土壤/环境　土壤中代谢缓慢，DT_{50} 100～280d (4 种土壤，25℃)。被多种土壤强烈吸附，K_d 147～1326，K_{oc} 5338～70977。

制剂与分析方法　主要产品有 Consult 乳油 (100g/L)、胶悬剂 (100g/L)，Trueno 乳油 (50g/L)。可用 GC、HPLC 或 LC-MS-MS 分析。

作用机理与特点　几丁质合成抑制剂。具有内吸活性的昆虫生长调节剂，通过接触影响昆虫蜕皮和化蛹。对树叶用药，表现出很强的传导性；用于土壤时，能被根吸收并向顶部传输。从室内结果来看，氟铃脲对幼虫活性很高，并且有较高的杀卵活性 (经观察，被处理的卵可以进行胚胎发育，而后期有可能表皮和大鄂片不能正常几丁质化，以致幼虫不能咬破卵壳，死于卵内)。另外，氟铃脲对幼虫具有一定的抑制取食作用。

应用

本品为杀幼虫剂。以 50～75g/hm^2 施于棉花和马铃薯以及 10～30g/100L 施于水果、蔬菜，可防治多种鞘翅目、双翅目、同翅目和鳞翅目昆虫。目前主要用途是做诱饵，用 5%的纤维诱饵矩阵控制地下白蚁。以 25～50g/hm^2 (棉花) 和 10～15g/hL (果树) 可防治棉花和果树上的鞘翅目、双翅目、同翅目和鳞翅目昆虫。田间试验表明，该杀虫剂在通过抑制蜕皮而杀死害虫的同时，还能抑制害虫吃食速度，故有较快的击倒力。如防治甘蓝小菜蛾、菜青虫等以 15～30g/hm^2 喷雾，防治柑橘潜叶蛾以 37.5～50mg/L 喷雾。在 60～120g/hm^2 剂量下，可有效防治棉铃虫。在 30～60g/hm^2 剂量下，可有效防治多种蔬菜的小菜蛾和菜青虫。以 25～50g/hm^2 使用，可有效防治柑橘潜叶蛾、对黏虫和甜菜夜蛾等。

应用技术　①防治枣树、苹果、梨等果树的金纹细蛾、桃潜蛾、卷叶蛾、刺蛾、桃蛀螟等多种害虫，可在卵孵化盛期或低龄幼虫期用 1000～2000 倍 5%乳油喷洒，药效可维持 20d 以上。②防治柑橘潜叶蛾，可在卵孵化盛期用 1000 倍 5%乳油液喷雾。③防治枣树、苹果等果树的棉铃虫、食心虫等害虫，可在卵孵化盛期或初孵化幼虫入果之前用 1000 倍 5%乳油喷雾。

注意事项　①对食叶害虫应在低龄幼虫期施药。钻蛀性害虫应在产卵盛期、卵孵化盛期施药。该药剂无内吸性和渗透性，喷药要均匀、周密。②不能与碱性农药混用。但可与其他杀虫剂混合使用，其防治效果更好。③对鱼类、家蚕毒性大，要特别小心。

专利与登记

专利名称　Substituted *N*-aroyl *N'*-phenyl urea compounds

专利号　US 4468405　　　专利公开日　1984-8-28

专利申请日　1982-7-26　　　　　　优先权日　　1981-07-30

专利拥有者　Dow Chemical Company

在其他国家申请的化合物专利为 US4536341。

目前在世界上公开或授权的与氟铃脲有关的部分专利：DE 102007045957、EP 2090170、EP 2127522、GB 2457347、JP 2009108046、JP 2009107942、WO 2010025870、WO 2010022251、WO 2010003923、WO 2009146793、WO 2009123907、WO 2009100822、WO 2009047584 等。

制备专利：JP 2010053129、JP 2010047479、JP 2010047478、WO 2010000790、WO 2009135613、WO 2010023171、WO 2009080464、WO 2010005692、WO 2009147205、WO 2009118297、WO 2009099929、WO 2009080723、WO 2009051956 等。

在中国申请的含氟铃脲的部分专利及登记情况见表 30-1、表 30-2。

表 30-1　在中国申请的专利

序列号	申　请　号	专　利　名　称
1	02125523.7	一种杀虫剂组合物
2	97116029.5	二氯四氟乙氧基苯胺及其制备方法
3	98113986.8	辛(硫磷)-氟(铃脲)乳油杀虫剂
4	98115769.6	氟铃脲复配农药
5	00112280.0	能有效防治稻瘿蚊的杀虫剂
6	98802494.2	增效的类保幼激素/几丁质合成抑制剂杀白蚁组合物
7	00131616.8	用于防治小菜蛾和美洲斑潜蝇的无公害农药
8	01120239.4	氟铃脲·丁硫克百威杀虫剂组合物
9	00113613.5	用于防治鱼类寄生虫的方法及药物组合物
10	200710135316.1	一种含氟虫腈和氟铃脲的增效杀虫剂组合物及其制备方法
11	200710050927.6	杀虫组合物
12	200710179847.0	一种喹硫磷和氟铃脲的复配农药
13	200710019136.7	一种含有虫螨腈有效成分的杀虫剂组合物及其应用
14	200610201375.X	苯甲酰基脲类杀虫剂与噻虫嗪复配制剂
15	200710116353.8	一种含氟铃脲的水乳剂及其制备方法
16	200710002618.1	一种含有虫螨腈与氟铃脲的杀虫组合物
17	200710002617.7	一种含有氟铃脲杀虫组合物
18	200810030804.0	防治水稻稻水象甲的杀虫组合物及其应用和水乳剂制备方法
19	200810030465.6	含有茚虫威的杀虫组合物
20	200710179818.4	一种含有多杀菌素的复配杀虫剂
21	03153528.3	取代苯甲酰脲类昆虫生长调节剂的合成方法
22	03150266.0	甲氨基阿维菌素苯甲酸盐-氟铃脲混合杀虫剂
23	03158304.0	含有氟铃脲的组合物作为杀灭稻田害虫的杀虫剂
24	200410023464.0	一类以印楝油为增效剂的复配杀虫剂乳油制剂
25	200610049759.4	氟铃脲与哒嗪硫磷复配农药
26	200510121340.0	杀灭红火蚁的饵剂
27	200510023168.5	氟铃脲在防治水稻纹枯病中的应用
28	200610047207.X	丁烯氟虫腈与低毒类杀虫剂的杀虫组合物
29	200580005424.6	加速蜕皮的化合物蜕皮甾类、其类似物和壳多糖合成抑制剂用于控制白蚁的用途
30	200710061429.1	氟铃脲包合物制剂及其制备方法
31	200710019377.1	杀虫剂及应用
32	200710063831.3	含高效氯氰菊酯和氟铃脲的农药组合物
33	200710025237.5	含氟虫腈的杀虫剂组合物
34	200810015991.5	氟虫腈和苯甲酰脲类杀虫剂化合物复配组合物
35	200710131964.X	氟铃脲与丙溴磷杀虫组合物
36	200810238247.1	二氯四氟乙氧基苯胺的合成方法
37	200810220000.7	一种绿僵菌素与氟铃脲复配的杀虫主剂
38	200810143625.8	含有噻嗪酮的杀虫组合物
39	200710168628.2	一种防治白蚁白乳胶及其制备方法
40	200810238105.5	氟铃脲水悬浮剂
41	200810000307.6	烯啶虫胺组合物杀虫剂

续表

序列号	申 请 号	专 利 名 称
42	200810101137.0	一种甲氨基阿维菌素氟铃脲水分散粒剂及其制备方法
43	200910043133.6	含烯啶虫胺的复配制剂
44	200910016496.0	一种含有丙溴磷和氟铃脲的杀虫剂组合物
45	200910090119.1	含有氟铃脲和马拉硫磷的杀虫剂及其用途
46	200910152155.6	一种增效杀虫组合物及其应用
47	200910205315.9	一种增效杀虫组合物
48	200910114472.9	含氟铃脲和左旋 α-松油醇的增效杀虫剂组合物及其生产方法
49	200910181854.3	一种 5%氟铃脲乳油
50	200910183326.1	氯虫苯甲酰胺氟铃脲杀虫组合物
51	200910219021.1	一种含氟铃脲和氟虫双酰胺的增效杀虫组合物
52	200910219023.0	一种含氟铃脲和茚虫威的杀虫组合物
53	201010103266.0	快速崩解甲维盐及氟铃脲水分散粒剂及其制备方法

表 30-2 美国陶氏益农公司在中国登记情况

登记名称	登记证号	含量	剂型	登记作物	防治对象	施用方法
杀白蚁饵剂	WP20070015	氟铃脲 0.5%	饵剂	卫生	白蚁	投放
氟铃脲	WP20070014	氟铃脲 97%	原药			

合成方法

氟铃脲的合成，据报道主要有两种方法。

(1) 由 2,6-二氟苯甲酰胺与草酰氯合成相应的异氰酸酯，再与芳胺加成反应生成氟铃脲。

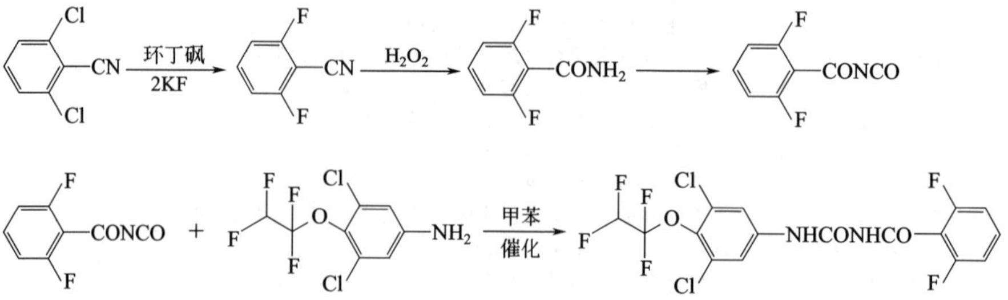

具体实施方法如下：

① 氟化 在 1000L 反应釜中加入 500kg 环丁砜，边搅拌边加入经喷雾干燥处理过的细粒氟化钾（450 目）88.4kg（1.5kmol），二氯苯腈 172kg（1kmol），以及由 40%（质量分数）四丁基氯化铵和 60%（质量分数）甲基三辛基氯化铵组成的催化剂混合物 1.72kg，于 200℃加热 8h，过滤，滤去沉淀的氯化钾，将滤液分馏得到二氟苯腈 133.6kg（0.96kmol），产率 96.1%，含量 98.4%，并回收溶剂环丁砜。

② 水解 将二氟苯腈 109.9kg（0.79kmol），催化剂氢氧化钠 1.10kg 加入反应釜，开启热蒸汽升温，在 2h 内滴加 72.63kg（2.14kmol）过氧化氢，滴加完毕，在 40℃保温 1h，负压过量的过氧化氢，反应物用离心机甩干，得到二氟苯甲酰胺滤饼 114.4kg（0.728kmol），产率为 92.2%，含量为 98.7%。

③ 酯化 将二氟苯甲酰胺滤饼 98kg（0.62kmol）和 417.2kg 甲苯加入反应釜内，与过量的草酰氯反应，加热回流 4h，生成二氟苯甲酰异氰酸酯 103.0kg（0.56kmol），产率 90.9%，所得产物可不经提纯直接用于下一步。

④ 加成 将上步所得的二氟苯甲酰胺异氰酸酯 62.2kg（0.34kmol）、3,5-二氯-4-(1,1,2,2-四氟乙氧基）苯胺 94.5kg（0.34kmol），以及三乙胺 0.622kg 溶于 500kg 甲苯中，在 10℃反应 6h，反应液经离心过滤，收集滤饼，干燥，得到氟铃脲 144.7kg（0.31kmol），产

率 92.3%，含量 97.2%，将滤饼进一步浓缩，还可得到氟铃脲 2.3kg，计入产率为 93.8%。

(2) 由 3,5-二氯-4-(1,1,2,2-四氟乙氧基) 苯胺与光气合成相应的异氰酸酯，再与 2,6-二氟苯甲酰胺加成反应生成氟铃脲。

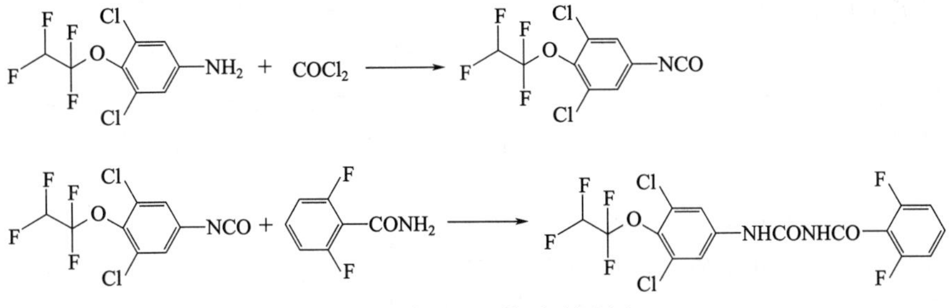

中间体 3,5-二氯-4-(1,1,2,2-四氟乙氧基) 苯胺的制备：

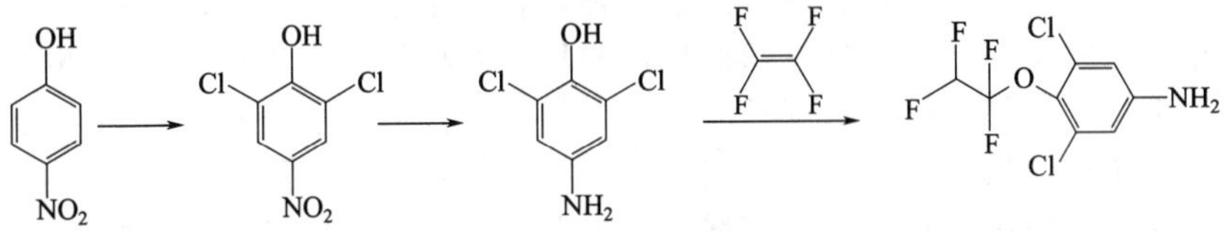

1 The Pesticide Manual. 15 th dition：617-618.

2 Proc. Int. Congr. Prot.，1983，10th，1：417.

3 农药，2001，40 (11)：16-17.

4 CN 1580042.

5 农药．1996，35 (3)：12.

6 农药．1996，35 (9)：10-14.

31 虱螨脲 (lufenuron)

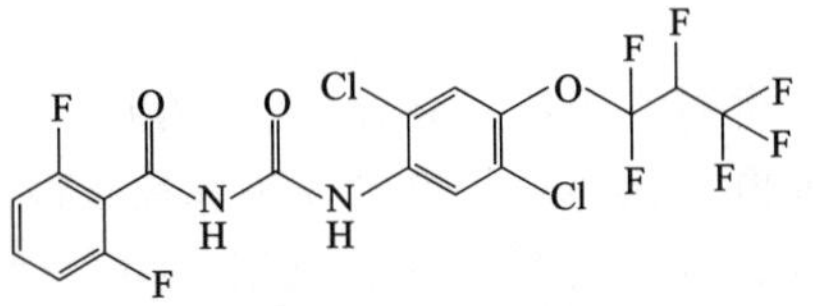

$C_{17}H_8Cl_2F_8N_2O_3$，511.2

产品简介

虱螨脲（试验代号：CGA 184699，通用名称：lufenuron，商品名称：Match、美除、Axor、Program、Zyrox）是由 Ciba-Geigy（现属先正达公司）开发的苯甲酰脲类杀虫杀螨剂。

化学名称 (*RS*)-1-[2,5-二氯-4-(1,1,2,3,3,3-六氟丙氧基) 苯基]-3-(2,6-二氟苯甲酰基) 脲，英文化学名称为 (*RS*)-1-[2,5-dichloro-4-(1,1,2,3,3,3-hexafluoropropoxy)phenyl]-3-(2,6-difluorobenzoyl)urea。美国化学文摘系统名称为 *N*-[[[2,5-dichloro-4-(1,1,2,3,3,3-hexafluoropropoxy)phenyl]amino]carbonyl]-2,6-difluorobenzamide，CA 主题索引名称为 benzamide—，*N*-[[[2,5-dichloro-4-(1,1,2,3,3,3-hexafluoropropoxy)phenyl]amino]carbonyl]-2,6-difluoro-。CAS 登录号为 [103055-07-8]。

理化性质 纯品为无色晶体，熔点 168.7～169.4℃。蒸气压 $<4\times10^{-3}$ mPa (25℃)。相对密度 1.66 (20℃)。$K_{ow}\lg P=5.12$ (25℃)。Henry 常数 $<3.41\times10^{-2}$ Pa·m³/mol。溶解度：水 <0.06mg/L (25℃)，其他溶剂中溶解度 (g/L，25℃)：乙醇 41，丙酮 460，甲苯 72，正己烷 0.13，正辛醇 8.9。空气和光中稳定。水中稳定性 DT_{50}：32d (pH=9)，70d (pH=7)，160d (pH=5)。$pK_a>8.0$。

毒性 大鼠急性经口 $LD_{50}>2000$mg/kg；大鼠急性经皮 $LD_{50}>2000$mg/kg；对兔眼睛和皮肤无刺激。对豚鼠皮肤无致敏性。大鼠吸入 LC_{50} (4h，20℃) >2.35mg/L。NOEL 数据：大鼠 (2a) 2.0mg/(kg·d)。ADI 值 0.01mg/kg。

生态效应　鸟类：山齿鹑和野鸭急性经口 LD_{50} ＞2000mg/kg，山齿鹑和野鸭饲喂 LC_{50} (8d)＞5200mg/kg。鱼类 LC_{50} （96h，mg/L）：虹鳟鱼＞73，鲤鱼＞63，大翻车鱼＞29，鲶鱼 45。对水蚤有毒。对扁藻等海藻微毒。蜜蜂经口 LC_{50} ＞197μg/只，涂抹 LD_{50} ＞200μg/只。对蚯蚓无不良影响。

环境行为　动物：主要排除途径是粪便，同时伴随微量降解。植物：在研究的目标农作物中（棉花、番茄），没有发现明显的代谢现象。土壤/环境：虱螨脲在有氧并有生物活性的土壤中快速降解 DT_{50} 为 13～20d。虱螨脲表现出对土壤颗粒很强的吸附性，平均 K_{oc} 38mg/g。

分析方法　可用 HPLC 进行分析。

作用机理与特点　几丁质合成抑制剂。有胃毒作用，能使幼虫蜕皮受阻，并且停止取食致死。用药后，首次作用缓慢，有杀卵功能，可杀灭新产虫卵，施药后 2～3d 可以看到效果。对蜜蜂和大黄蜂低毒，对哺乳动物虱螨低毒，蜜蜂采蜜时可以使用。比有机磷、氨基甲酸酯类农药相对更安全，可作为良好的混配剂使用，对鳞翅目害虫有良好的防效。低剂量使用，仍然对毛毛虫有良好防效，对蓟马幼虫有良好防效；可阻止病毒传播，可有效控制对菊酯类和有机磷有抗性的鳞翅目害虫。药剂有选择性，持效性，对后期土豆蛀茎虫有良好的防治效果。虱螨脲减少喷施次数，能显著增产。施药期较宽［害虫各虫态（龄）均可施用］以产卵初期至幼虫 3 龄前使用为佳，可获得最好的杀虫效果。提醒注意的事项：在作物旺盛生长期和害虫世代重叠时可酌情增加喷药次数，应在新叶显著增加时或间隔 7～10d 再次喷药，以确保新叶得到最佳保护；而在一般情况下，高龄幼虫受药后虽能见到虫子，但数量大大减少，并停止危害作物，3～5d 后虫子死亡，因此不需要补喷其他药剂。

应用

适用作物　玉米、蔬菜、柑橘、棉花、马铃薯、葡萄、大豆等。适合于综合虫害治理。药剂不会引起刺吸式口器害虫再猖獗，对益虫的成虫和捕食性蜘蛛作用温和。

防治对象　防治甜菜夜蛾、斜纹夜蛾、甘蓝夜蛾、小菜蛾、棉铃虫、豆荚螟、瓜绢螟、烟青虫、蓟马、锈螨、柑橘潜叶蛾、飞虱、马铃薯块茎蛾等，可作为抗性治理的药剂使用。也可作为卫生用药；还可用于防治动物如牛等的害虫。

使用方法　通常使用剂量为 10～50g(a. i.)/hm^2。对于卷叶虫、潜夜蝇、苹果锈螨、苹果蠹蛾等，可用有效成分 5g 对水 100kg 进行喷雾。对于番茄夜蛾、甜菜夜蛾、花蓟马、番茄、棉铃虫、土豆蛀茎虫、番茄锈螨、茄子蛀果虫、小菜蛾等，可用 3～4g 有效成分对水 100kg 进行喷雾。

5％虱螨脲乳油对苹果小卷叶蛾有良好的防治效果，1000～2000 倍液第 2 次施药后 15d 的防效仍达 89％以上，对苹果树安全。

虱螨脲对棉铃虫具有较强的杀卵作用：在 50mg/L 浓度下，棉铃虫 1 日龄卵死亡率达到 87. 30％；对棉铃虫 2～5 龄幼虫具有较高的胃毒活性，其 LC_{50} 分别为 0. 7434mg/L、1. 9669mg/L、2. 0592mg/L 和 2. 6945mg/L。田间试验结果表明，在卵高峰期至初孵期用药，对棉铃虫有较高的防治效果，药后 7d，用 50g/L 虱螨脲 EC450mL/hm^2、600mL/hm^2 防治效果分别为 89. 3％、90. 2％。

专利与登记

专利名称　Benzoylphenylureas

专利号　EP 0179022A2　　专利公开日　1981-8-8

专利申请日　1977-9-18　　优先权日　1976-08-19

专利拥有者　Ciba Geigy AG

在其他国家申请的化合物专利：AU 4881885、AU 586194、BG 60408、BR 8505181、CA 1242455、CY 1548、DE 2726684、DK 144891、DK 164854、DK 476585、DK 160870、DK 266990、DK 16485、EP 0179022、ES 8609221、GB 2165846、GB 2195635、GB 2195336、IL 76708、JP 3047159、JP 59059617、KR 900006761、LV 10769、NL 930085、TR 22452、US 5107017、US 4980506、US 4798837 等。

在中国申请的与虱螨脲有关的部分专利及登记情况见表 31-1、表 31-2。

表 31-1 在中国申请的专利

序号	申 请 号	专 利 名 称
1	99803257.3	杀虫剂在转基因植物上的应用
2	200510041447.4	一种以虱螨脲和啶虫脒为主要活性成分的杀虫组合物及其应用
3	200510041450.6	一种含虱螨脲和阿维菌素或甲氨基阿维菌素苯甲酸盐的增效杀虫组合物及应用
4	200510041434.7	一种含虱螨脲的增效杀虫组合物
5	200510041445.5	一种以虱螨脲和吡虫啉为主要活性成分的增效杀虫组合物及其应用
6	200510041446.X	一种含高效氯氰菊酯和虱螨脲的增效杀虫组合物及其应用
7	200510041449.3	一种含高效氯氟氰菊酯和虱螨脲的增效杀虫组合物及应用
8	200510041448.9	一种含虱螨脲和毒死蜱的增效杀虫组合物及其应用
9	200810126485.3	虱螨脲水乳剂及其制备方法
10	200810132490.5	一种虱螨脲悬浮剂及其制备方法
11	200810132491.X	含多杀菌素和虱螨脲的增效杀虫组合物
12	200810132586.1	一种具有增效作用的杀虫剂组合物
13	200810132588.0	一种具有增效作用的杀虫剂组合物
14	200910021174.5	一种含虱螨脲的杀虫剂及其应用
15	200910105449.3	一种杀虫农药组合物及其应用
16	200910041922.6	一种含有虱螨脲的水乳剂及其制备方法
17	200910173091.8	一种具有增效作用的杀虫组合物
18	200910146853.5	一种虱螨脲和虫酰肼杀虫螨组合物
19	200910152316.1	一种含有虱螨脲的复配组合物
20	200910173594.5	一种含虱螨脲的水性化制剂及其制备方法
21	200910152155.6	一种增效杀虫组合物及其应用
22	200910149311.3	一种含虱螨脲和辛硫磷的组合物及其应用
23	200910205315.9	一种增效杀虫组合物
24	200910040913.5	虱螨脲多重乳状液及其制备方法
25	200910192863.2	甲氨基阿维菌素苯甲酸盐固体脂质纳米粒及其制备方法和在农药制剂中的应用
26	200910190682.6	含有虱螨脲的水乳剂及其制备方法
27	200910212246.4	一种含有多杀菌素的水乳剂及其制备方法
28	200910114527.6	一种用于防治棉花夜蛾科害虫的超低容量组合药剂
29	200810163725.7	含虱螨脲和烯啶虫胺以及有机硅增效剂的杀虫组合物
30	200910110567.3	含有多杀菌素的农药悬浮剂及其制备方法
31	200810163724.2	含虱螨脲和苯醚甲环唑以及有机硅增效剂的杀虫杀菌组合物
32	200880101657.X	农药结合物

表 31-2 瑞士先正达作物保护有限公司在中国登记情况

登记名称	登记证号	含量	剂型	登记作物	防治对象	用药量	施用方法
虱螨脲	PD20070344F080002	50g/L	乳油	菜豆	豆荚螟	30～37.5g/hm^2	喷雾
				番茄	棉铃虫	37.5～45g/hm^2	喷雾
				甘蓝	甜菜夜蛾	22.5～30g/hm^2	喷雾
				柑橘	潜叶蛾	20～33.3mg/kg	喷雾
				柑橘	锈壁虱	20～33.3mg/kg	喷雾
				苹果	小卷叶蛾	25～50mg/kg	喷雾
				棉花	棉铃虫	37.5～45g/hm^2	喷雾
				马铃薯	马铃薯块茎蛾	30～45g/hm^2	喷雾
虱螨脲	PD20070343	96%	原药				

合成方法

经如下反应制得虱螨脲。

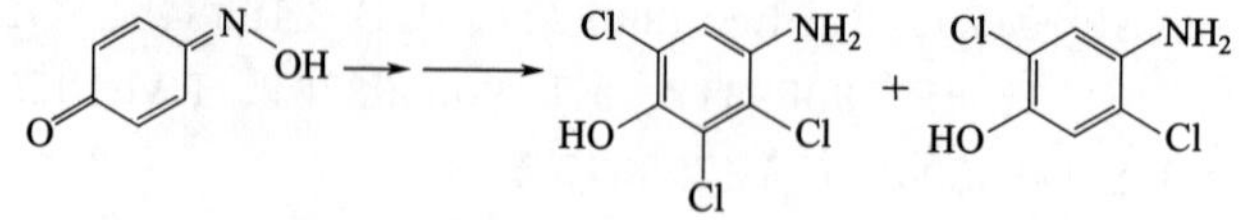

或

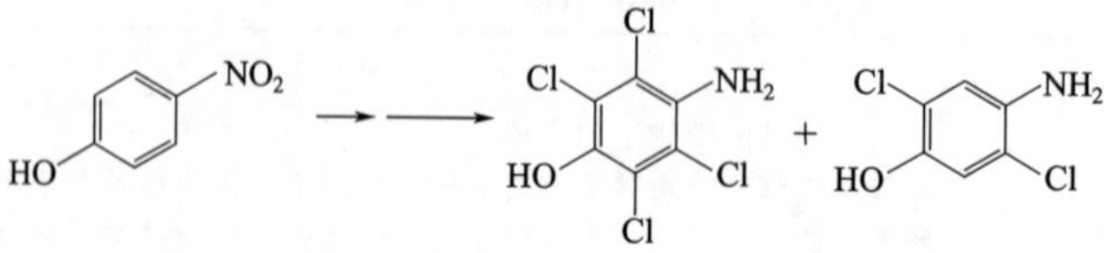

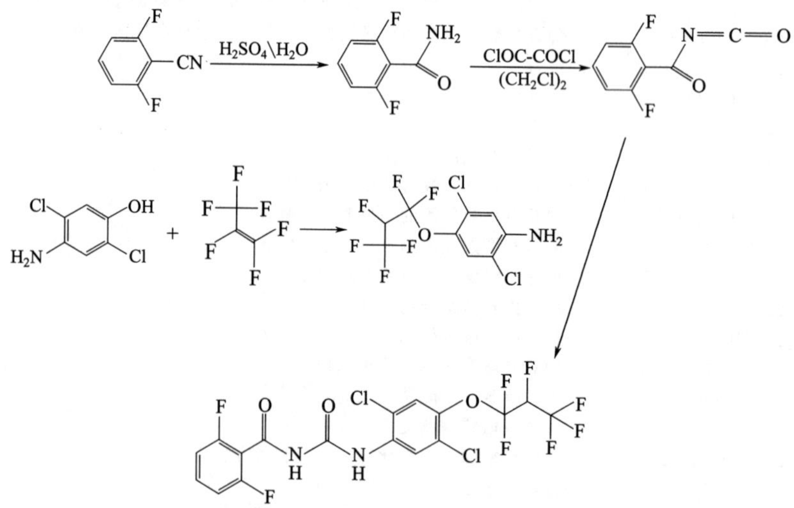

1 The Pesticide Manual. 15 th edition：695-696.

2 EP 0179022.

3 辽宁农业科学．2006，5：53-54.

4 江西棉花．2009，31（2）：19-22.

32 氟酰脲（novaluron）

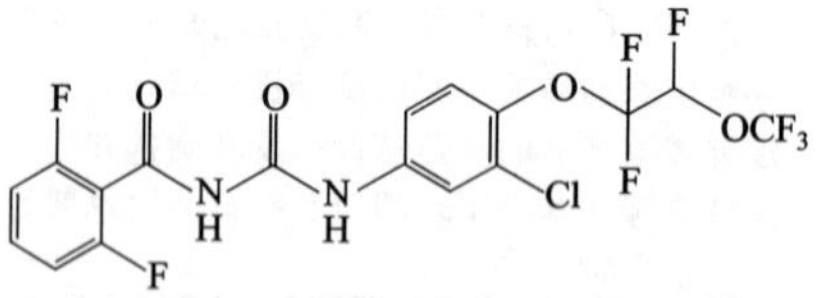

$C_{17}H_9ClF_8N_2O_4$，492.7

产品简介

氟酰脲（试验代号：GR572、MCW-275、SB-7242，通用名称：novaluron，商品名称：Rimon、Diamond、Galaxy、Oskar、Pedestal）是意大利 Istituto Guido Donegani S. p. A. 研制、以色列 Makhteshim-Agan 开发的一种性能优良的苯甲酰脲类杀虫剂。

化学名称 (*RS*)-1-[3-氯-4-[1,1,2-三氟-2-三氟甲氧基乙氧基]-苯基]-3-(2,6-二氟苯甲酰基）脲，英文化学名称为 (*RS*)-1-[3-chloro-4-(1,1,2-trifluoro-2-trifluoromethoxyethoxy) phenyl]-3-(2,6-difluorobenzoyl) urea。美国化学文摘系统名称为 *N*-[[[3-chloro-4-[1,1,2-trifluoro-2-(trifluoromethoxy) ethoxy] phenyl] amino] carbonyl]-2,6-difluorobenzamide，CA

主题索引名称为 benzamide—，*N*-[[[3-chloro-4-[1，1，2-trifluoro-2-(trifluoromethoxy)ethoxy]phenyl]amino]carbonyl]-2,6-difluoro-。CAS 登录号为［116714-46-6］。

理化性质　纯品为固体，熔点 176.5～178℃，沸点 202℃，闪点 202℃，蒸气压 1.6×10^{-2} mPa（25℃），K_{ow} lg$P$＝4.3，Henry 常数 2Pa・m^3/mol（计算），相对密度 1.56（22℃）。溶解度：水 3μg/L（25℃），有机溶剂（20℃，g/L）：乙酸乙酯 113，丙酮 198，甲醇 14.5，二氯乙烷 2.8，二甲苯 1.88，庚烷 0.00839，在 pH＝4，pH＝7（25℃）时稳定存在，DT_{50} 101d（pH＝9，25℃）。

毒性　大鼠急性经口 LD_{50}＞5000mg/kg，大鼠急性经皮 LD_{50}＞2000mg/kg。对兔皮肤和眼睛无刺激。大鼠吸入 LC_{50}＞5.15mg/L（空气），NOEL（2a）：大鼠 1.1mg/(kg・d)，ADI 值（JMPR）0.01mg/kg，（EC 建议）0.1mg/kg，（EPA）cRfD 0.011mg/kg，（FSC）0.011mg/kg。

生态效应　野鸭急性经口 LD_{50}＞2000mg/kg，野鸭和山齿鹑饲喂 LC_{50}（5d）＞5200mg/L。虹鳟鱼和大翻车鱼的 LC_{50}（96h）＞1mg/L，水蚤 LC_{50}（48h）0.259μg/L，海藻 E_bC_{50}（96h）9.68mg/L，对蜜蜂的急性经口和经皮 LC_{50}＞100μg/只，蚯蚓 LC_{50}（14d）＞1000mg/kg（土壤），对其他有益生物无毒。

环境行为　在动物体内该物质的排出主要是通过粪便，在马铃薯和苹果体内的残留物无法排出。土壤中的 DT_{50} 为 68.5～75.5d，能强烈地被土壤吸收。

制剂和分析方法　乳油和胶悬剂；可用 GC-MSD/HPLC-UV 进行分析。

作用机理与特点　几丁质合成抑制剂，影响虫害的蜕皮机制。主要通过皮肤接触，进入虫体后干扰蜕皮机制，主要作用于幼虫，对卵也有作用，同时可减少成虫的繁殖能力。

应用

适用作物　水果、蔬菜、棉花、马铃薯、柑橘、玉米、甜菜、柑橘等。

防治对象　鳞翅目害虫如棉铃虫、菜青虫、烟青虫、小菜蛾、甜菜夜蛾等，鞘翅目害虫，双翅目害虫。

应用技术　为防治害虫抗性出现，可在防治棉铃虫、小菜蛾等害虫时与其他杀虫剂交替使用。

专利概况

专利名称　Benzoyl-ureas having insecticide activity

专利号　US 4980376　　专利公开日　1990-12-25

专利申请日　1990-06-19　　专利拥有者　Istituto Guido Donegani S. p. A.

在其他国家申请的化合物专利：AU 5796386、AR 244662、BR 8602508、CA 1287644、DK 249386、EP 0203618、ES 8706619、IT 1186717、JP 61280465、MX 163569、ZA 8603912 等。

本专利实际上含有化合物氟酰脲（novaluron），但没有具体公开该化合物的结构。此后针对化合物氟酰脲又申请了如下专利：

专利名称　The insecticidal compound *N*-(2,6-difluorobenzoyl)-*N'*-[3-chloro-4-[1,1,2-trifluoro-2-(trifluoromethoxy)ethoxy]phenyl]urea，its compositions and use，and processes for its preparation

专利号　EP 271923　　专利公开日　1988-06-22

专利申请日　1987-12-18　　优先权日　1986-12-19

专利拥有者　Istituto Guido Donegani S. p. A.

在其他国家申请的化合物专利　AU 8252987、BR 8706919、CN 87101235、CA 1287646、DK 164663、EG 18916、HU 201519、IT 1213420、IL 154434、JP 63165356、MX 168654、WO

2010026370、WO 2010009829、WO 2009146793、WO 2009138523、WO 2009123907、WO 2009022548、WO 2008152091、WO 2008150393、ZA 8709383 等。在中国的申请的专利已经于 1992 年 10 月 7 日授权，公告号 CN1018547B。相关专利见表 32-1 所示。

表 32-1　在中国申请的与该产品有关的部分专利

序号	申请号	专利名称
1	200810139799.7	一种含氟酰脲和氯氟氰菊酯的增效杀虫组合物
2	200810139796.3	一种含氟酰脲和高效氯氰菊酯的增效杀虫组合物
3	200810139797.8	一种含氟酰脲和辛硫磷的增效杀虫组合物及其应用
4	200810139798.2	一种含氟酰脲和毒死蜱的增效杀虫剂组合物及其应用
5	200880101657.X	农药组合物

合成方法

以对硝基苯酚为原料，经过如下反应即可制得目的物。

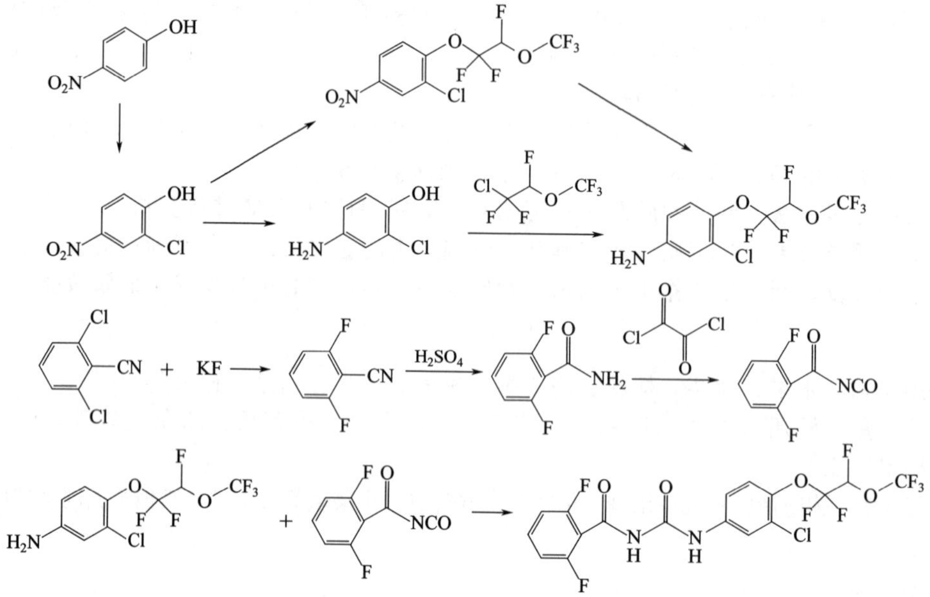

1　Proc. Br. Crop Prot. Conf. -Pests Dis.，3，1996：1013.

2　The Pesticide Manual. 15 th edition：826-827.

3　US 4980376.

33　多氟脲（noviflumuron）

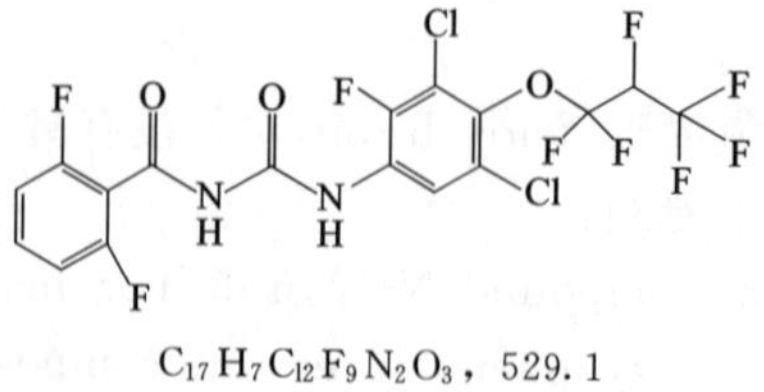

$C_{17}H_7Cl_2F_9N_2O_3$，529.1

产品简介

多氟脲（试验代号：XDE-007、XR-007、X-550007，通用名称：noviflumuron，商品名称：Recruit Ⅲ、Recruit Ⅲ AG）是美国道农科公司开发的苯甲酰脲类杀虫剂。

化学名称　(*RS*)-1-{3,5-二氯-2-氟-4-[1,1,2,3,3,3-六氟丙氧基]-苯基}-3-(2,6-二氟苯甲酰）脲。英文化学名称 (*RS*)-1-[3,5-dichloro-2-fluoro-4-(1,1,2,3,3,3-hexafluoropropoxy) phenyl]-3-(2,6-difluorobenzoyl) urea。美国化学文摘系统名称 *N*-[[[3,5-dichloro-2-

fluoro-4-(1,1,2,3,3,3-hexafluoropropoxy)phenyl]amino]carbonyl]-2,6-difluorobenzamide。CA 主题索引名称 benzamide—，*N*-[[[3,5-dichloro-2-fluoro-4-(1,1,2,3,3,3-hexafluoropropoxy)-phenyl]amino]carbonyl]-2,6-difluoro-。CAS 登录号为［121451-02-3］。

理化性质　浅褐色固体。熔点 156～157℃。蒸气压 7.19×10^{-8}mPa（25℃），$K_{ow}\lg P$=4.49（20℃）。相对密度 1.88。溶解度：水 0.194mg/L（20℃，pH=6.65），其他溶剂中溶解度（g/L，19℃）：丙酮 425，乙腈 44.9，二氯乙烷 20.7，乙酸乙酯 290，庚烷 0.068，甲醇 48.9，正辛醇 8.1，二甲苯 93.3。分解率<3%（50℃，16d），在 pH=5～9 下稳定。无爆炸性，不易被氧化。

毒性　大鼠急性经口 LD_{50}>5000mg/kg，兔急性经皮 LD_{50}>5000mg/kg，大鼠吸入 LC_{50}>5.24mg/L。NOEL：对雄贝高犬（1a）为 0.003%（日进食量 0.74mg/kg），对雌贝高犬（1a）为 0.03%（日进食量 8.7mg/kg）；对大鼠（2a）日进食量为 1.0mg/kg。对小鼠（18 个月）日进食量为 0.5mg/kg。NOAEL 值：雄鼠日进食量 3mg/kg，雌鼠日进食量 30mg/kg。

生态效应　山齿鹑急性经口 LD_{50}（14d）>2000mg/kg，对山齿鹑饲养 10d 的 LC_{50}>4100mg/kg，对野鸭饲养 8d 的 LC_{50}>5300mg/kg。虹鳟鱼 LC_{50}（96h）>1.77mg/L，大翻车鱼 LC_{50}（96h）>1.63mg/L。NOEC：虹鳟鱼≥1.77mg/L，大翻车鱼>1.63mg/L。水蚤 EC_{50}（48h）311mg/L。藻类：淡水绿藻虾 EC_{50}（96h）>0.75mg/L。蜜蜂无毒，LD_{50} 和 LC_{50}>0.1mg/只。对蚯蚓无毒，LC_{50}（14d）>1000mg/kg。

环境行为　在土壤中，多氟脲能慢慢降解，DT_{50} 200～300d（黑暗条件，25℃）。在水溶液中，多氟脲易吸附在玻璃器皿、沉淀物和有机材料上。在 pH=7 的缓冲溶液和天然水中多氟脲分解速率很慢。在空气中，DT_{50} 1.2d（按白天 12h 计算）。多氟脲具有短时间的半衰期和低的蒸气压，可知其在空气中有低的浓度。

作用机理　抑制几丁质的合成。白蚁接触后就会渐渐死亡，因为白蚁不能蜕皮进入下一龄。主要是破坏白蚁和其他节肢动物的独有酶系统。

应用

作为白蚁诱饵。

专利与登记

专利名称　Preparation of benzoylphenylurea insecticides to control cockroaches，ants，fleas，and termites

专利号　WO 9819542　　专利公开日　1998-05-14

专利申请日　1997-10-17　　优先权日　1996-11-08

专利拥有者　Dow Agrosciences

在其他国家申请的公开的或授权的专利：AU 2000071752、AU 750562、AU 732704、AU 4979797、CA 2271821、CN 1163144、CN 1181879、DE 69719533、EP 0936867、EP 0936867、ES 2188921、HK 1010817、ID 18087、MX 9904980、US 5886221、US 6025397、US 6245816、US 6303657、WO 9819542、ZA 9710057 等。

制剂或剂型专利如 AT 368377、AU 2003208012、CN 1402982、CN 1402983、CN 1176589、EP 1476017、JP 2004123691、JP 4324391、US 20050215597、US 20080200522、WO 2003069990 等。

在中国申请的与该产品有关的部分专利情况：申请号 200580005424.6，专利名称　加速蜕皮的化合物蜕皮甾类、其类似物和壳多糖合成抑制剂用于控制白蚁的用途。2003 年在美国登记，在中国登记情况见表 33-1。

表 33-1 美国陶氏益农公司在中国登记情况

商品名	登记证号	含量	剂型	登记作物	防治对象	用药量	施用方法
多氟脲	WL20080379	0.5%	饵剂	卫生	白蚁	—	投放
多氟脲	WL20080380	95%	原药				

合成方法

经如下反应制得多氟脲。

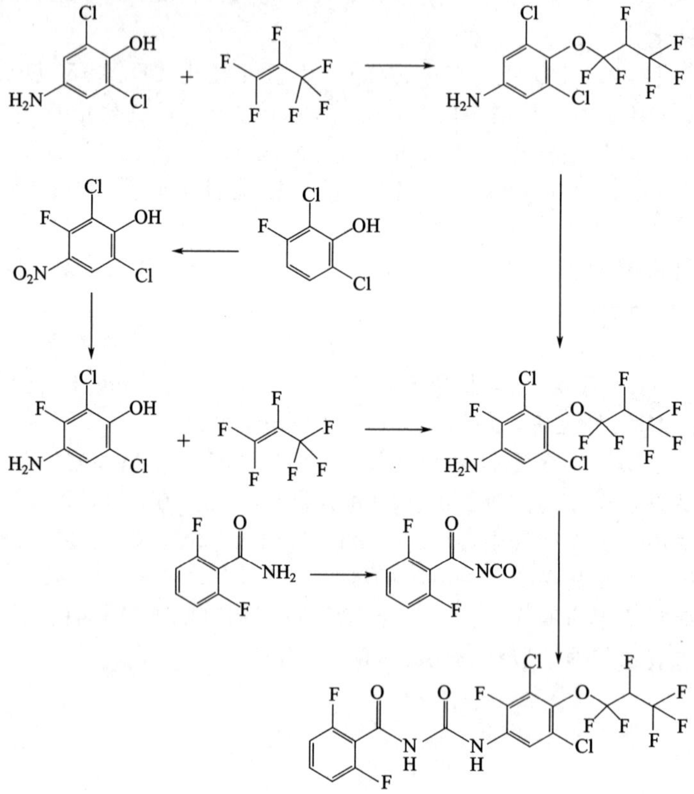

1 The Pesticide Manual, 15th edition: 828-829.
2 WO 9819542.

34 氟幼脲（penfluron）

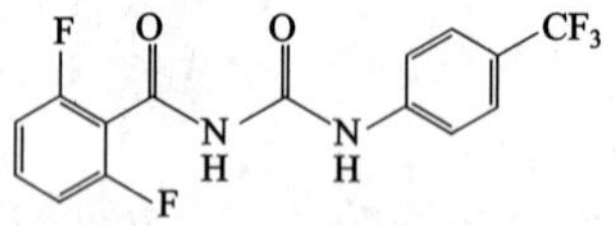

$C_{15}H_9F_5N_2O_2$，344.2

产品简介

氟幼脲（试验代号：PH6044、TH6044，通用名称：penfluron）是 Duphar B. V. 公司研制的杀虫剂。

化学名称 1-(4-三氟甲基苯基)-3-(2,6-二氟苯甲酰基）脲，英文化学名称为 1-(2,6-difluorobenzoyl)-3-(α,α,α-trifluoro-p-tolyl) urea。美国化学文摘系统名称为 2,6-difluoro-*N*-[[[4-(trifluoromethyl) phenyl]amino]carbonyl]benzamide，CA 主题索引名 benzamide—，2,6-difluoro-*N*-[[[4-(trifluoromethyl) phenyl]amino]carbonyl]-，CAS 登录号为 [35367-31-8]。

分析方法　用GC或HPLC分析。

作用机理　是通过干扰几丁质的沉淀使幼虫不能蜕皮或变成畸形死亡，所以昆虫幼虫中毒缓慢直到蜕皮时才表现出来，使幼虫变畸形或不能正常蜕皮死亡，并且虫体变大、变黑、膨胀。氟幼脲还能防治蚊、蝇类，并具有化学不孕作用。

应用

防治对象（见表34-1）　对云杉食心虫有一定的防效，能有效防治危害藏储物的害虫，如赤拟谷盗晕和谷斑皮蠹。能防治棉铃象虫的繁殖，对橘锈螨也有一定防效，使家蝇卵的成活率下降，对伊蚊属蚊具有昆虫生长调节作用。

表34-1　氟幼脲对尖音库蚊淡亚种幼虫和黏虫的杀虫活性

杀虫剂	LC_{50}/(mg/L)	LC_{95}/(mg/L)	$y=a+bx$	相对毒力指数
尖音库蚊淡亚种幼虫	0.0011	0.0045	$12.909+2.672x$	210000
黏虫	0.10	0.18	$9.927+4.850x$	24380

氟幼脲对黏虫具有超高杀虫活性，比甲氨基阿维菌素苯甲酸盐对黏虫的活性高1倍，是值得开发的杀虫剂。

专利概况

专利名称　Insecticidal urea or thiourea derivatives

专利号　DE 2123236　　专利公开日　1971-12-02

专利申请日　1971-5-11　　优先权日　1970-5-15

专利拥有者　N. V. Philips'Gloeilampenfabrieken，Eindhoven（Niederlande）

在其他国家申请专利：AT 309894、BE 767161、CA 921470、CH 597166、CH 602609、CH 596758、DK 132753、ES 391147、ES 418579、FR 2091640、GB 1324293、IE 35217、IE 35217、IL 36833、JP 52018255、JP 50105629、JP 50105630、NL 160809、NL 7007040、PL 95567、SE 385119、SU 436461、US 4920135、US 3748356、US 4607044、US 4833151、US 5142064、ZA 7103035等。

制备专利：CN 1891686、CN 1903838、DE 3314383、DE 3640176、EP 103918、EP 136745、EP 221847、NL 7105350、JP 59059617、WO 2007066496等。

制剂或剂型专利：DE 19548874、EP 214546、EP 256407、JP 01016706等。

合成方法

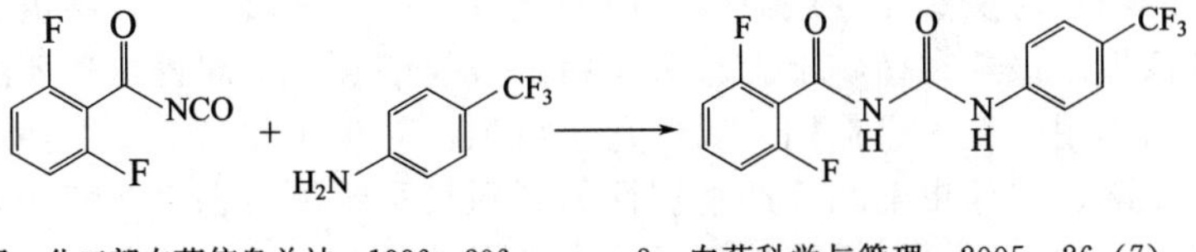

1　国外农药品种手册，化工部农药信息总站，1996，306.
2　WO 8603941.
3　农药科学与管理，2005，26（7）：10-11.
4　农药科学与管理，2008，29（5）：25-27.

35　氟苯脲（teflubenzuron）

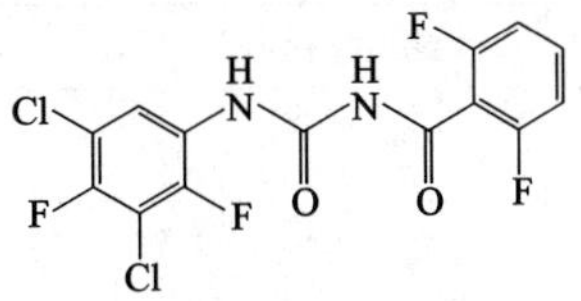

$C_{14}H_6Cl_2F_4N_2O_2$，381.1

产品简介

氟苯脲［试验代号：CME-134、MK-139、CME-13406，通用名称：teflubenzuron，商品名称（公司）：Dart（BASF）、Nemolt（BASF）、Nomolt（BASF）、Nobelroc（Rocca）、Teflurate（Mobedco）、农梦特，其他名称：Calicide（兽药）（BASF）、Diaract（BASF）、Gospel（Chemia）、Mago（Sapec）、Imunit（＋α-氯氰菊酯）（BASF）、伏虫隆、特氟脲、四氟脲］是由Celamerck（现属BASF）公司开发的苯甲酰脲类杀虫剂。

化学名称 1-(3,5-二氯-2,4-二氟苯基)-3-(2,6-二氟苯甲酰基）脲，英文化学名称为1-(3,5-dichloro-2,4-difluorophenyl)-3-(2,6-difluorobenzoyl)urea。美国化学文摘系统名称为*N*-[[(3,5-dichloro-2,4-difluorophenyl)amino]carbonyl]-2,6-difluorobenzamide。CA主题索引名称为benzamide—，*N*-[[(3,5-dichloro-2,4-difluorophenyl)amino]carbonyl]-2,6-difluoro-。登记号为：[83121-18-0]。

理化性质 白色或淡黄色晶体，熔点218.8℃。蒸气压1.3×10^{-5} mPa（25℃）。$K_{ow}\lg P=4.3$（20℃）。相对密度1.662（22.7℃）。溶解度（mg/L，20℃）：水＜0.01（pH＝5），＜0.01（pH＝7），0.11（pH＝9）。有机溶剂（g/L，20℃）：丙酮10，乙醇1.4，二甲基亚砜66，二氯甲烷1.8，环己酮20，环己烷0.05，甲苯0.85。稳定性：在室温下储存两年不分解。水溶液稳定性：25℃时DT_{50}为30d（pH＝5）、10h（pH＝9）。

毒性 大鼠和小鼠急性经口LD_{50}＞5000mg/kg，大鼠急性经皮LD_{50}＞2000mg/kg，对兔的皮肤和眼睛没有刺激。大鼠吸入LD_{50}（4h）＞5058mg/m³。NOEL：大鼠8mg/kg（bw），狗4.1mg/kg（bw)(90d)。ADI/RfD（JMPR）0.01mg/kg（bw），（EPA）0.02mg/kg（bw）。无"三致"。

生态效应 鹌鹑急性经口LD_{50}＞2250mg/kg，饲喂鹌鹑和野鸭LC_{50}＞5000mg/kg。对鳟鱼LD_{50}（96h）＞4mg/L，鲤鱼LD_{50}（96h）＞24mg/L。对水蚤LD_{50}（28d）0.001mg/L。在推荐剂量时，对蜜蜂没有毒性，LD_{50}（经皮）＞1000μg/只。对捕食性和寄生的节肢动物等天敌低毒。

环境行为 大鼠经口后，很快以粪便的形式将其排出体外；植物对本产品无吸收、降解能力；在土壤中DT_{50}为2～12w，很快被微生物降解为3,5-二氯-2,4-二氟苯基脲。

制剂与分析方法 5%乳油；150g(a.i.)/L胶悬剂。质量标准：5%乳油外观为淡黄色液体，相对密度1.0，沸点204℃，可溶于水及多种有机溶剂，常温下储存稳定2a。可用GC-MSD/HPLC-UV进行分析。

作用机理与特点 氟苯脲作用机理主要是抑制几丁质合成和干扰内表皮的形成，新生表皮不能保持蜕皮、羽化时所必需的肌肉牵动而使昆虫致死。故氟苯脲在害虫的孵化期、蜕变期、羽化期均有活性。该药在植物上无渗透作用，残效期长，引起害虫致死的速度缓慢。该药具有胃毒、触杀作用，无内吸作用，属低毒杀虫剂，对鱼类和鸟类低毒，对蜜蜂无毒，对作物安全。对有机磷、拟除虫菊酯等产生抗性的鳞翅目和鞘翅目害虫有特效，宜在卵期和低龄幼虫期应用，对叶蝉、飞虱、蚜虫等刺吸式害虫无效。

杀虫作用缓慢：因为氟苯脲的杀虫活性表现在抑制昆虫几丁质的生物合成，所以需要较长的作用时间。氟苯脲处理后，昆虫致死所需时间随生长阶段而异。以鳞翅目害虫为例见表35-1。

表35-1 氟苯脲对鳞翅目害虫毒杀作用

施药虫期	昆虫致死所需时间/d	控制虫期
成虫(雌)	5～15	产卵或孵化
卵	1～10	卵孵化或初龄幼虫蜕变
幼虫(初龄)	2～7	蜕变成下一龄幼虫
幼虫(老龄)	3～15	化蛹或羽化

从上表可以看出，虽然氟苯脲在初龄幼虫直至成虫期用药都有较好的防效，但因老龄幼虫对作物危害比幼龄严重，故宜早期施药。

种专效性：氟苯脲防治害虫的效果，因昆虫种类而异。一般对鳞翅目、鞘翅目等全变态昆虫活性较高，对不完全变态昆虫如蚜、叶蝉等刺吸式口器害虫效果较差。

无植物内吸性：氟苯脲不能通过植物的叶或根进入植物体内，所以对取食新生叶的害虫没有活性。

持效长：实验室试验证实，药剂持效长达1个月左右，比常规杀虫剂长，适用于灵活地防治各种害虫。

对作物安全：按规定剂量在水稻、蔬菜、水果和其他旱田作物施用，未发现任何药害。

对益虫安全：氟苯脲对益虫的安全性评价尚未完全结束，但据田间试验已可确信，对捕食性螨类、蜜蜂和其他有益节肢动物都很安全。

应用

适用作物　用于葡萄、梨果、核果、柑橘类水果、甘蓝、土豆、蔬菜、大豆、树木、高粱、烟草和棉花。

防治对象　用于控制鳞翅目、鞘翅目、双翅目、粉虱科、膜翅目、木虱科、半翅目幼虫，用量在50～225g/hm^2。也能防治苍蝇、蚊子。该药对鳞翅目害虫的活性强，表现在卵的孵化，幼虫蜕皮和成虫的羽化而发挥杀虫效果，特别是在幼虫阶段所起的作用更大。对蚜虫、飞虱、叶蝉等刺吸式口器害虫几乎没有防效。本品还可用于防治大多数幼龄期的飞蝗。

残留量与安全施药　在土壤中迅速分解，在有机物含量高的沙土中2周后和在砂壤土中6周后50%分解。日本推荐的最大残留限量柑橘为0.5mg/kg，叶菜、甘蓝为0.5mg/kg。

使用方法　该昆虫生长调节剂缺乏击倒的功能，对于鳞翅目昆虫，最有利的施药时间是成蛾后具有最大飞行能力时施药活性最好。这样可以确保一旦第一代幼虫孵化和进食，就有杀虫药剂的喷雾液沉淀物的存在。防治鞘翅目害虫的幼虫，应在一发现成虫时即喷洒药剂。在田间条件下活性能持续数周。但是仍应维持在3～4w间隔内喷洒1次，使受保护的作物在迅速生长期间免受虫害。

应用技术　昆虫的发育时期不同，出现药效时间有别，高龄幼虫需3～15d，卵需1～10d，成虫需5～15d，因此要提前施药才能奏效。有效期可长达1个月。对在叶面活动为害的害虫，应在初孵幼虫时喷药；对钻蛀性害虫，应在卵孵化盛期喷药。

蔬菜害虫的防治　①小菜蛾：在1～2龄幼虫盛发期，用氟苯脲5%乳油1000～2000倍液（有效浓度25～50mg/kg）喷雾。3d后的防治效果可达70%～80%，15d后效果仍在90%左右。也可有效地防治那些对有机磷、拟除虫菊酯产生抗性的小菜蛾。②菜青虫：在2～3龄幼虫盛发期，用氟苯脲5%乳油2000～3000倍液（有效浓度17～25mg/kg）喷雾，药后15～20d的防治效果达90%左右。3000～4000倍喷雾，药后10～14d的防效亦达80%以上。也可有效地防治对有机磷产生抗性的菜青虫。③马铃薯甲虫：1.5g(a.i.)/667hm^2防治马铃薯甲虫，防效达100%。④豆野螟：在菜豆开花始盛期，卵孵化盛期用此药1000～2000倍（有效浓度20～50mg/kg）喷雾，隔7～10d喷1次，能有效防治豆荚被害。

棉红铃虫、棉铃虫防治　在第二、三代卵孵化盛期，每亩用氟苯脲5%乳油75～100mL（有效成分3.75～5g）喷雾，每亩喷药两次，有良好的保铃和杀虫效果。

斜纹夜蛾防治　2～3龄幼虫期，用氟苯脲5%乳油1000～2000倍（有效浓度25～50mg/kg）喷雾，效果良好。

果树害虫的防治　防治柑橘落叶蛾，在防梢初期、卵孵盛期，采用此药25～50mg/kg

喷雾。一般剂量每亩为30～50mL（有效成分1.5～2.5g），残效期在15d以上。5g（有效成分）/L对葡萄小食心虫有很好的防效，达87%～95%；5g（有效成分）/667hm^{2}防治苹果叶上斑毛虫（blister moth），防效98%以上；5g（有效成分）/667hm^{2}防治梨黄木虱，防效73%～89%。

森林害虫的防治　①美国白蛾：在美国白蛾幼虫幼龄期采用此药10mg/kg喷药后，分期摘叶在室内试验，在6～14d即可达到杀虫率100%，持效期可达45d。②松毛虫：在松毛虫2～3龄幼虫期，在林地采用每亩1.5～2.5g有效成分的低量喷雾，随后在8～20d可出现死亡高峰，产生防治的校正死亡率达84%，残效期可达50～60d。③大袋蛾：在大袋蛾幼虫二龄时，采用每亩有效含量1.0～6.0g低量喷雾，8d后药效均可达到95%以上。

注意事项　①要求喷药均匀。②由于此药属于缓效药剂，因此对食叶害虫宜在低龄幼虫期施药。③本药对水栖生物（特别是甲壳类）有毒，因此要避免药剂污染河源和池塘。

专利与登记

专利名称　Urea derivatives，preparation and use

专利号　EP 52833　　专利公开日　1982-6-2

专利申请日　1981-11-11　　优先权日　1980-11-22

专利拥有者　Celamerck GmbH& Co. KG（现属拜耳公司）

在其他国家申请的化合物专利　AU 537096、AU 7772581、BR 8202968、CA 1177852、DD 202007、EP 0052833、ES 8301903、ES 8301904、HU 185066、IL 64317、MX 154685、NZ 199011、PL 233920、US 4457943、US 4622340、YU 273881等。

制备专利：DE 4336307、EP 221847、EP 225673、GB 2223490、JP 02003659、WO 9719040等。

制剂或剂型专利：DE 3219200、EP 242502、EP 256407、JP 01034902、JP 2009209124、WO 2009135613、WO 2009123907、WO 2008125410等。

在中国申请的与氟苯脲有关的部分专利见表35-2。

表35-2　在中国申请的专利

序列号	申请号	专利名称
1	200810015991.5	氟虫腈和苯甲酰脲类杀虫剂化合物复配组合物
2	200510049360.1	3,5-二氯-2,4-二氟硝基苯和伏虫隆的合成方法
3	200710025237.5	含氟虫腈的杀虫剂组合物

氟苯脲5%乳油曾在我国柑橘、叶菜上获得临时登记，登记为LS87022。该剂已在泰国、危地马拉、巴拉圭、菲律宾、厄瓜多尔等国家取得登记，登记作物以蔬菜为主。

合成方法

以2,6-二氟苯甲酰胺与三光气反应制得2,6-二氟苯甲酰异氰酸酯，再与3,5-二氯-2,4-二氟苯胺加成得到杀虫剂氟苯脲。反应式如下。

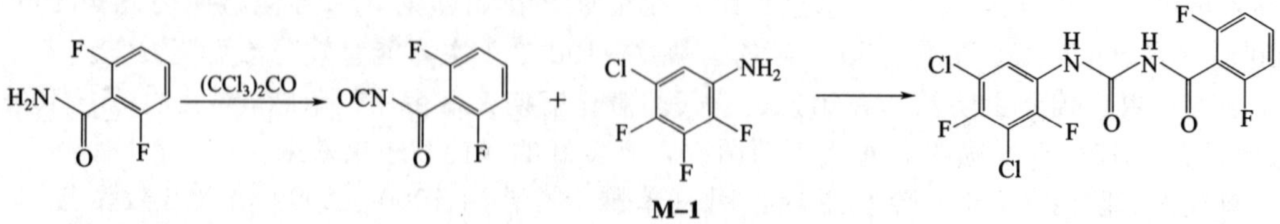

关键中间体3,5-二氯-2,4-二氟苯胺（**M-1**）的制备方法有如下三种。

① 以1,2,4-三氯苯为原料，经硝化、氯化、氟化和还原等步骤制得关键中间体3,5-二

氯-2,4-二氟苯胺。

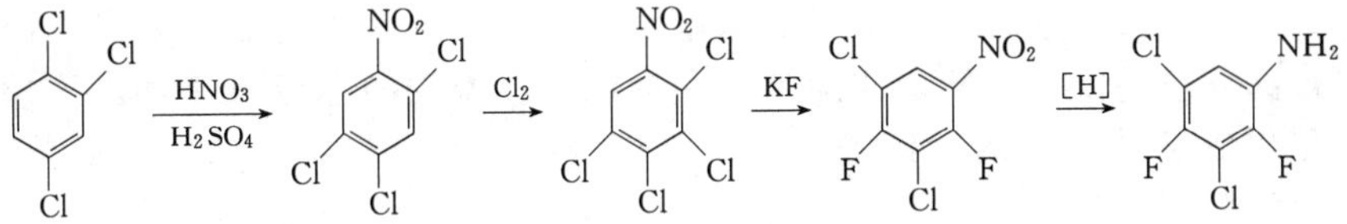

② 以1,2,3,4-四氯苯为原料，经硝化、氟化、还原等步骤制得关键中间体3,5-二氯-2,4-二氟苯胺。

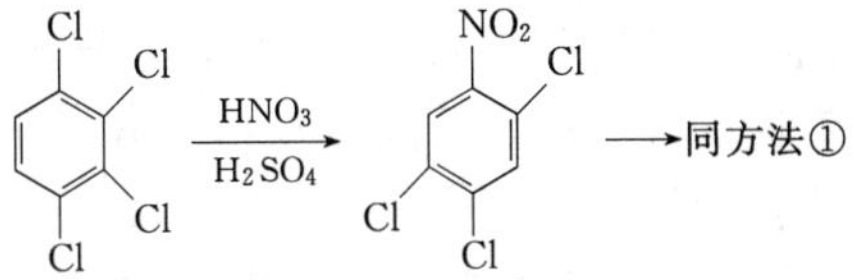

③ 以2,4-二氟硝基苯为原料，经氯化、还原合成中间体3,5-二氯-2,4-二氟苯胺。

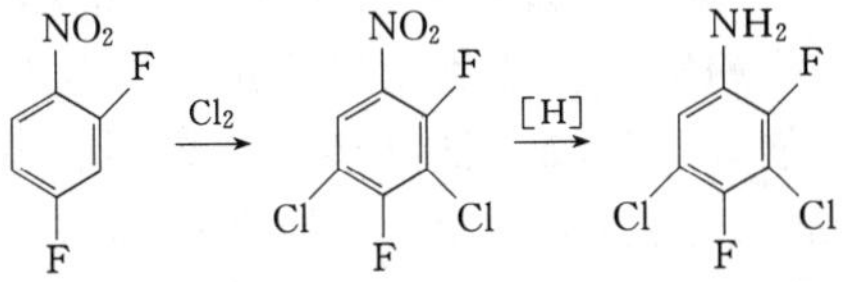

1 The Pesticide Manual，15 th edition：1082-1083.

2 EP 52833.

3 农药，2005，44（6）：263-268.

4 农药译丛，1992，14（2）：30-34.

36 杀铃脲（triflumuron）

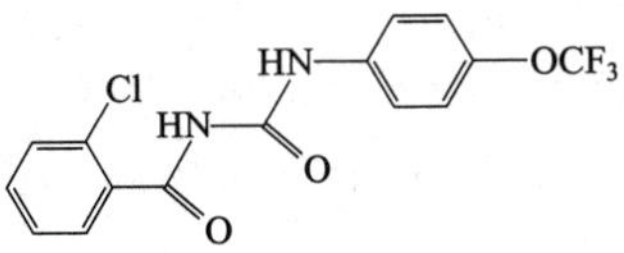

$C_{15}H_{10}ClF_3N_2O_3$，358.7

产品简介

杀铃脲（试验代号：SIR 8514，通用名称：triflumuron，商品名称：Alystin、Baycidal、Mascot、Starycide）是拜耳公司开发的苯甲酰脲类杀虫剂。

化学名称 1-(2-氯苯甲酰基)-3-(4-三氟甲氧基苯基）脲，英文化学名称为 1-(2-chlorobenzoyl)-3-(4-trifluoromethoxyphenyl) urea。化学文摘系统名称为 2-chloro-*N*-[[[4-(trifluoromethoxy)phenyl]amino]carbonyl]benzamide，CA主题索引名称为 benzamide—，2-chloro-*N*-[[[4-(trifluoromethoxy)phenyl]amino]carbonyl]-。CAS登录号为［64628-44-0］。

理化性质 本品为无色粉末，熔点195℃；蒸气压 4×10^{-5} mPa（20℃）；相对密度1.445（20℃）；$K_{ow}\lg P=4.91$（20℃）。溶解度：水0.025mg/L（20℃），其他溶剂中溶解度（g/L，20℃）：二氯甲烷20～50，异丙醇1～2，甲苯2～5，正己烷<0.1。水溶液稳定性：中性和酸性溶液中稳定；碱性水解：DT_{50}（22℃）：960d（pH=4），580d（pH=7），11d（pH=9）。

毒性 急性经口 LD_{50}（mg/kg）：雄、雌大鼠和小鼠>5000，狗>5000。急性经皮雄、雌大鼠>5000mg/kg；对兔的皮肤和眼睛没有刺激性；无皮肤致敏性。大鼠吸入 LC_{50}：雄、雌大鼠>0.12mg/L空气（烟雾剂），>1.6mg/L空气（粉末）。NOEL[mg/(kg·d)]：大鼠、小鼠20（2a），狗20（1a）。ADI/RfD（EC）推荐的ADI 0.007mg/kg（bw）［2007］。

生态效应 鹌鹑急性经口 LD_{50} 561mg/kg。鱼类 LC_{50}（96h，mg/L）：虹鳟鱼>320，圆腹雅罗鱼>100。蚤类 LC_{50}（48h）0.225mg/L。斜生栅藻 E_rC_{50}（96h）>25mg/L。对蜜蜂有毒。蠕虫 LC_{50}（14d）>1000mg/kg。其他益生菌：对成虫无影响，对幼虫有轻微影响，

对食肉螨安全。

环境行为　杀铃脲中标记2-氯苯甲酰基基团在大鼠代谢时水解断裂。代谢物只有2-氯苯环，并且被部分羟基化和共轭。相应地，在标识4-三氟甲氧基苯基基团的实验中，仅发现含有4-三氟甲氧基苯基环的代谢物，并且被部分羟基化。植物：喷施后的苹果、大豆、马铃薯，杀铃脲只是少量代谢，代谢产物与动物体内代谢物组成相同。对于残留物进行分析，确定在收获作物体内含有杀铃脲母体化合物。

土壤/环境　退化：在实验室测试中，杀铃脲在土壤中降解得较快，受3～5个因素的影响降解得更快。没有植物的土壤中反复使用3a，土壤中无药物累积现象。在对森林实际应用中，土壤中的残留浓度一直很低，几个月后降低至检测限以下。

代谢产物　对2-氯苯位置进行标记的杀铃脲，112d后，一半降解为二氧化碳，放射物和土壤结合。(土壤中，112d后应用的杀铃脲中标记的2-氯苯甲酰基基团50%降解为二氧化碳，20%的放射物和土壤结合）对4-三氟甲氧基苯基标记的杀铃脲，代谢更加缓慢，但是结合残留物的比例明显增加。代谢物主要靠微生物降解，并且只包含一种环结构的化合物。

制剂与分析方法　主要制剂有：乳油、油悬剂、胶悬剂、超低量液剂、可湿性粉剂，具体有：25%可湿性粉剂（WP25）、含杀铃脲480g的悬浮剂（SC480）、含有效物质250g的乳剂（OF250）和复配制剂（30g杀铃脲＋300g甲胺磷）(EC330)。分析采用HPLC。

作用机理与特点　杀铃脲属苯甲酰脲类的昆虫生长调节剂，是具有限触杀作用的非内吸性胃毒作用杀虫剂，仅适用于防治咀嚼口器昆虫，因为它对吸管型昆虫无效（除木虱属和橘芸锈螨）。杀铃脲阻碍幼虫蜕皮时外骨骼的形成。幼虫的不同龄期对杀铃脲的敏感性未发现有大的差异，所以它可在幼虫所有龄期应用。杀铃脲还有杀卵活性，在用药剂直接接触新产下的卵或将药剂施入处理的表面时，发现幼虫的孵化变得缓慢。杀铃脲作用的专一性在于其有缓慢的初始作用，但持效期长。对绝大多数动物和人类无毒害作用，且能被微生物所分解。

虽然杀铃脲对昆虫的作用机理与除虫脲相类似，但是许多研究者认为，其不仅是几丁质生成抑制剂，而且还具有与保幼激素相似的活性。

应用

适用作物　玉米、棉花、大豆、蔬菜、果树、林木。

防治对象　棉铃虫、金纹细蛾、菜青虫、小菜蛾、小麦黏虫、松毛虫等鳞翅目和鞘翅目害虫，包括在梨园中，消灭地中海蜡实蝇、马铃薯叶甲和棉花上的海灰翅夜蛾。

使用方法　防治对象和使用方法同除虫脲，但对棉铃虫有效。杀虫活性高，杀卵效果好。以悬浮剂对水喷雾使用，防治棉铃虫亩用有效成分5～8g。

杀虫活性　蟑象五龄幼虫对杀铃脲的局部作用表现出非常高的灵敏性。通过对药剂的接触毒性试验研究，现已判明，该药剂具有高的杀卵效果，即在药剂的浓度等于0.0325%时，观察到卵完全被致死。发现第二龄和第三龄鳞翅目幼虫对杀铃脲比第五龄幼虫更敏感。以0.13%和0.065%杀铃脲溶液处理时，引起它们的生存能力降低分别为100%和53.6%。

对大菜粉蝶和菜蛾以及西纵色卷蛾具有高的效果，且有防治白蚁和许多其他昆虫的效果。对三种益虫：北美草蛉（脉翅目：草岭科）、*Acholla multispinosa*（半翅目：猎蝽科）和*Maerocentrus ancylivorus*（膜翅目：茧蜂科）显示出高的毒性。无论是局部处理，还是与药剂处理的叶片接触，都引起北美草蛉极高的死亡率和交替龄期蜕皮的抑制。

有关杀铃脲对医学和兽医学意义的昆虫的研究比农业害虫少得多。杀铃脲对一些种的蟑显示出高的效果。现已证明，杀铃脲对家蝇具有最大生物活性。对不同发育阶段的家蝇用药剂进行处理，无论是悬浮剂SC480还是可湿性粉剂WP-25，都在对卵和1龄幼虫作用时，达到最大的效果。在卵与被药剂处理的表面接触时，杀铃脲的杀卵活性不高：悬浮剂剂量为625μg/g和2500μg/g时，杀卵活性相似地为3.0%和9.1%。这些结果是出乎意外的，因为以0.1～1.0μg/g剂量，该药剂对蚊虫卵的杀卵活性高是众所周知的。以高剂量（2500μg/g、2250μg/g和625μg/g）杀铃脲处理家蝇的蛹被，使成虫产卵仅减少35%～36.5%。在与用0.5%悬浮剂处理的纸接触时，孵出的百分数从30.8%降到6.1%，这一差别可能是因为成虫选自数量不同的两组幼虫之故。一些研究者还报道了杀铃脲对螯蝇成虫前发育阶段的类似作用。

许多研究者报道了杀铃脲对不同种蚊虫高的生物活性，同时证明，杀铃脲的毒杀作用的特征与除虫脲和其他脲的苯甲酰苯基类似物相似。

专利与登记

专利名称　Substituierte *N*-phenyl-*N'*-benzoyl harnstoffe，verfahren zu ihrer herstellung und ihre verwendung als insektizide

专利号　DE 2601780　　专利公开日　1977-07-21

专利申请日　1976-01-20　　优先权日　1976-01-20

专利拥有者　Bayer AG

在其他国家申请的化合物专利：AR 219487、AT 351864、AU 2144977、AU 504246、BE 850524、BG 25060、BR 7700289、CA 1124747、CH 629759、CS 194790、DD 129394、DE 2601780、DK 150594、EG 12374、ES 455149、FR 2338928、FI 63019、GB 1501607、GR 62096、HU 176471、IL 51279、IT 1085852、JP 52089646、KE 2871、MY 37378、NL 7700578、NO 149173、NZ 183094、OA 5531、PH 13080、PL 101199、PT 66078、RO 72521、SE 424858、SE 7700531、SU 655278、TR 19015、US 4139636、YU 3777、ZA 7700303等。

制剂或剂型专利：DE 102007045957、EP 2090170、EP 2127522、JP 2010047479、JP 2009108046、JP 2009107942、JP 2009209124、WO 2010022251、WO 2010000790、WO 2009147205、WO 2009146793、WO 2009135613、WO 2009124707、WO 2009123907、WO 2009118297、WO 2009100822等。

制备专利：BR 7802993、CN 1101642、DE 2601780、DE 2820696、EP 349999、GB 2457347、JP 2003026603、WO 2009099929、WO 2009002809、WO 2008154528、WO 8603941、WO 2010005692、WO2009099929、WO 2009051956、WO 2009002809、WO 2003086469等。

在中国申请的与杀铃脲有关的部分专利及登记情况见表36-1、表36-2。

表36-1　在中国申请的专利

序号	申请号	专利名称
1	02109644.9	杀铃脲制剂及复配制剂
2	94100452.X	杀铃脲及其不对称取代脲类化合物的制备
3	01118238.5	一种鱼用抗寄生虫复方制剂或含抗寄生虫药物的全价饲料
4	200610201375.X	苯甲酰基脲类杀虫剂与噻虫嗪复配制剂
5	200410016945.9	杀铃脲复配农药
6	200410016949.7	一种杀铃脲复配农药
7	200610016934.X	杀铃脲与抗生素类杀虫剂农药复配制剂
8	200810015991.5	氟虫腈和苯甲酰脲类杀虫剂化合物复配组合物
9	200910132255.2	茚虫威杀铃脲复配杀虫剂
10	200810146870.4	杀铃脲水分散粒剂及其制备方法
11	200880101657.X	农药结合物

表 36-2 在中国有关登记情况

登记名称	登记证号	含量	剂型	登记作物	防治对象	用药量	施用方法
阿维·杀铃脲	LS20080371	阿维菌素 0.3% 杀铃脲 4.7%	悬浮剂	十字花科蔬菜	小菜蛾	37.5～45g/hm^2	喷雾
杀铃脲	PD20070347	20%	悬浮剂	苹果树	金纹细蛾	33.3～40mg/kg	喷雾
杀铃脲	PD20070348	97%	原药				
				苹果树	金纹细蛾	33～50mg/kg	喷雾
杀铃脲	PD20080827	5%	乳油	甘蓝	小菜蛾	37.5～52.5g/hm^2	喷雾
				甘蓝	菜青虫	22.5～37.5g/hm^2	喷雾
杀铃脲	PD20081069	5%	悬浮剂	苹果树	金纹细蛾	33～50mg/kg	喷雾
杀铃脲	PD20094446	40%	悬浮剂	柑橘树	潜叶蛾	57～80mg/kg	喷雾

合成方法

将氟化氢引入到含有4-硝基苯酚和四氯化碳的弹式反应器中，混合物在100℃搅拌反应2h，然后在150℃搅拌反应，得到4-硝基苯基三氟甲醚，将硝基还原，制得4-(三氟甲氧基)苯胺。2-氯苯甲酰胺和草酰氯在1,2-二氯乙烷中回流反应16h，然后减压蒸馏除去溶剂，得到2-氯苯甲酰异氰酸酯；再与4-(三氟甲基)苯胺在苯中回流反应1h，即制得杀铃脲。反应式如下。

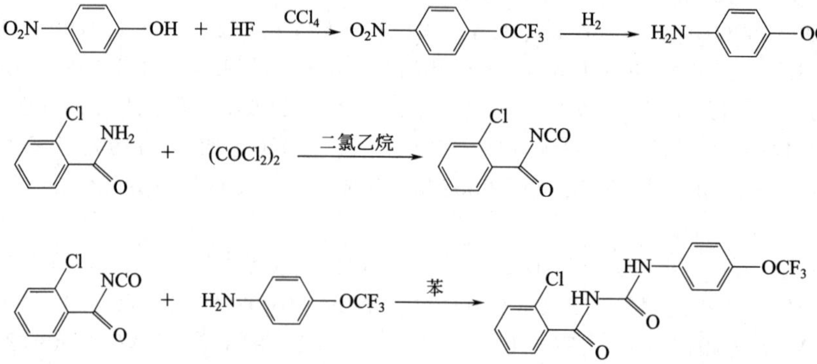

1 Pflanzenschutz-Nachr.(Eng. ed.)，1980，33，1.

2 The Pesticide Manual. 15 th edition，1172-1173.

3 农药译丛.1992，14 (2)：63-65.

4 国外农药品种手册．化工部农药信息总站，1996，13.

37 灭幼脲（chlorbenzuron）

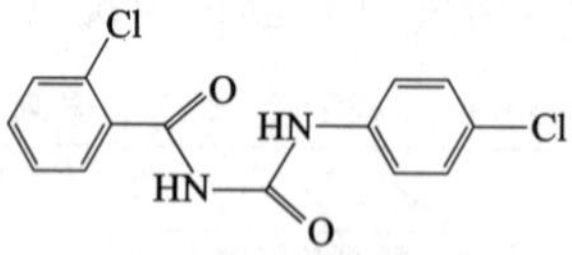

$C_{14}H_{10}Cl_2N_2O_2$，309.1

产品简介

灭幼脲（通用名称：chlorbenzuron，其他名称：灭幼脲3号、苏脲一号、一氯苯隆）属苯甲酰脲类杀虫剂。该品种主要由国内厂家生产，国外没有开发。

化学名称 1-(2-氯苯甲酰基)-3-(4-氯苯基)脲或1-邻氯苯甲酰基-3-(4-氯苯基)脲，英文化学名称为1-(2-chlorobenzoyl)-3-(4-chlorophenyl) urea 或 2-chloro-*N*-[(4-chlorophenyl) carbamoyl]benzamide，化学文摘系统名称为 2-chloro-*N*-[[(4-chlorophenyl)amino]carbonyl]benzamide，CA 主题索引名称为 Benzamide—，2-chloro-*N*-[[[4-chlorophenyl]amino] carbonyl]—，CAS登录号为［57160-47-1］。

理化性质　纯品为白色结晶，熔点199～201℃，不溶于水，100mL丙酮中能溶解1g，易溶于DMF和吡啶等有机溶剂。难溶于水、乙醇、苯中，易溶于二甲基亚砜中。遇碱和较强的酸易分解，常温下贮存稳定，对光热较稳定。

毒性　据中国农药毒性分级标准，灭幼脲属低毒杀虫剂。大鼠急性经口LD_{50}＞20000mg/kg，小鼠急性经口LD_{50}＞2000mg/kg，对鱼类低毒，对天敌安全。对益虫和蜜蜂等膜翅目昆虫和森林鸟类几乎无害。但对赤眼蜂有影响。对虾、蟹等甲壳动物和蚕的生长发育有害。

环境行为　灭幼脲在环境中能降解，在人体内不积累，对哺乳动物、鸟类、鱼类无毒害。

制剂与分析方法　主要产品或制剂有阿维·灭幼脲（30%～18%）粉剂或悬浮剂，灭脲·吡虫啉（25%可湿性粉剂），哒螨·灭幼脲（30%可湿性粉剂），高氯·灭幼脲（15%悬浮剂），哒螨·灭幼脲（30%可湿性粉剂）。杀蟑胶饵4.5%胶饵，杀蟑饵剂2.5%毒饵。

作用机理与特点　灭幼脲类杀虫剂不同于一般杀虫剂，它的作用位点多，目前报道的作用机制主要有下面几种：

① 抑制昆虫表皮形成　这是研究最多和最深入的作用机制。灭幼脲属于昆虫表皮几丁质合成抑制剂，属于昆虫生长调节剂的范畴。主要通过抑制昆虫的蜕皮而杀死昆虫，对大多数需经蜕皮的昆虫均有效。主要表现为胃毒作用，兼有一定的触杀作用，无内吸性。最近的生化试验证实灭幼脲能刺激细胞内cAMP蛋白激活酶活性，抑制钙离子的吸收，影响胞内囊泡的离子浓度，促使某种蛋白磷酶化，从而抑制蜕皮激素和几丁质的合成。其作用特点是只对蜕皮过程的虫态起作用，幼虫接触后，并不立即死亡，表现拒食、身体缩小，待发育到蜕皮阶段才致死，一般需经过2d后开始死亡，3～4d达到死亡高峰。成虫接触药液后，产卵减少，或不产卵，或所产卵不能孵化。残效期长达15～20d。

② 导致成虫不育　通过饲毒和局部点滴方法，用灭幼脲处理雌成虫，发现灭幼脲影响许多昆虫的繁殖能力，使其不能产卵或产卵量少。对雌成虫无影响或影响较小。在灭幼脲处理的棉象甲雌成虫体内，发现DNA合成明显受到抑制，RNA及蛋白质的合成未受影响。

③ 干扰体内激素平衡　昆虫变态是在保幼激素和蜕皮激素的合理调控下完成的。用灭幼脲处理黏虫和小地老虎，均发现灭幼脲使虫体内保幼激素含量增高，蜕皮激素水平下降，导致昆虫不能蜕皮变态。

④ 抑制卵孵化。

⑤ 影响多种酶系　影响中肠蛋白酶的活力。此外还发现灭幼脲对环核苷酸酶、谷氨酸-丙酮酸转化酶、淀粉酶、酚氧化酶等有抑制作用，所有这些均可导致害虫发育失常。

应用

适用作物　小麦、谷子、高粱、玉米、大豆、水稻以及蔬菜、果树等。

防治对象　对鳞翅目幼虫表现出很好的杀虫活性。大面积用于防治松毛虫、舞毒蛾、美国白蛾等森林害虫以及桃树潜叶蛾、茶黑毒蛾、茶尺蠖、菜青虫、甘蓝夜蛾、小麦黏虫、玉米螟、蝗虫及毒蛾类、夜蛾类等鳞翅目害虫。

残留量　最大残留限量应符合以下标准：小麦3mg/kg，谷子3mg/kg，甘蔗类蔬菜3mg/kg。

应用技术　①灭幼脲对幼虫有很好防效，以昆虫孵化至3龄前幼虫为好，尤在1～2龄幼虫防效最佳，虫龄越大，防效越差。灭幼脲的残效期较长，一次用药有30d的防效，所以使用时，宜早不宜迟，尽可能将害虫消灭在幼小状态。②本药于施药3～5d后药效才明显，

7d左右出现死亡高峰。忌与速效性杀虫剂混配，使灭幼脲类药剂失去应有的绿色、安全、环保作用和意义。③灭幼脲悬浮剂有沉淀现象，使用时要先摇匀后加少量水稀释，再加水至合适的浓度，搅匀后喷用。在喷药时一定要均匀。④灭幼脲类药剂不能与碱性物质混用，以免降低药效，和一般酸性或中性的药剂混用药效不会降低。

使用方法　①防治森林松毛虫、舞毒蛾、舟蛾、天幕毛虫、美国白蛾等食叶类害虫，用25%悬浮剂2000～4000倍均匀喷雾，飞机超低容量喷雾每公顷450～600mL，在其中加入450mL的尿素效果会更好。②防治农作物黏虫、螟虫、菜青虫、小菜蛾、甘蓝夜蛾等害虫，用25%悬浮剂2000～2500倍均匀喷雾。③防治桃小食心虫、茶尺蠖、枣步曲等害虫，用25%悬浮剂2000～3000倍均匀喷雾。④防治枣、苹果、梨等果树的舞毒蛾、刺蛾、苹果舟蛾、卷叶蛾等害虫，可在害虫卵孵化盛期和低龄幼虫期，喷布25%灭幼脲3号胶悬剂1500～2000倍，不但杀虫效果良好，而且可显著增强果树的抗逆病性，提高产量，改善果实品质。⑤防治桃小食心虫、梨小食心虫，可在成虫产卵初期，幼虫蛀果前，喷布25%灭幼脲3号胶悬剂800～1000倍，其防治效果超过桃小灵及50%对硫磷乳油1500倍液。⑥防治棉铃虫、小菜蛾、菜青虫、潜叶蝇等抗性害虫，可在成虫产卵盛期至低龄幼虫期喷洒25%灭幼脲3号胶悬剂1000倍。⑦防治梨木虱、柑橘木虱等害虫，可在春、夏、秋各次新梢抽发季节，若虫发生盛期，喷布25%灭幼脲3号胶悬剂1500～2000倍。

专利与登记

该化合物不存在专利权。

在中国申请的与灭幼脲有关的部分专利及登记情况见表37-1、表37-2。

表37-1　在中国申请的专利

序号	申请号	专利名称
1	02115908.4	甜菜夜蛾核多角体病毒杀虫悬浮剂
2	03109428.7	灭幼脲烟雾剂及其制备方法
3	96119552.5	蛾螨灵
4	91101493.4	灭幼脲乳油及其杀虫组合物的生产方法
5	94102185.8	消灭蟑螂的药物制剂
6	97103658.6	一种含阿维菌素的植物保护用的杀虫剂
7	99105769.4	灭幼脲及其复配型可湿性粉剂
8	01106171.5	一种杀蛾杀蚜虫的复配农药
9	200710019132.9	一种灭幼脲水分散粒剂
10	200610201375.X	苯甲酰基脲类杀虫剂与噻虫嗪复配制剂
11	200610160001.8	一种复合生物杀虫剂
12	200410010052.3	增强灭幼脲制剂的使用方法及制品和生产方法
13	200610159480.1	一种含斑蝥素杀虫剂组合物
14	200710025237.5	含氟虫腈的杀虫剂组合物
15	200610044955.2	一种早红油蟠桃的温室栽培方法
16	200610017985.4	杨扇舟蛾颗粒体病毒杀虫悬浮剂
17	200810066635.6	灭幼脲水分散粒剂及其制备方法
18	200810049881.0	一种鳞翅目害虫杀虫剂
19	200710027690.X	红火蚁诱杀剂
20	200710021524.9	一种采用光气为原料的"灭幼脲"合成方法
21	200810015991.5	氟虫腈和苯甲酰脲类杀虫剂化合物复配组合物
22	200810141211.1	利用昆虫生长调节剂灭幼脲3号防治水稻卷叶螟的方法
23	200810103823.1	一种灭幼脲悬浮剂及其制备方法
24	200810101941.9	一种灭幼脲悬浮剂及其制备方法
25	200910113251.X	一种生态防治葡萄斑叶蝉的集成方法
26	200910152155.6	一种增效杀虫组合物及其应用
27	200910205315.9	一种增效杀虫组合物

表 37-2 国内部分登记情况

商品名	登记证号	含量	剂型	登记作物	防治对象	用药量/(g/hm²)	施用方法
阿维·灭幼脲	LS20071917	阿维菌素 0.2%、灭幼脲 17.8%	悬浮剂	十字花科蔬菜	小菜蛾	108～135	喷雾
阿维·灭幼脲	LS20090864	阿维菌素 0.2%、灭幼脲 17.8%	乳油	十字花科蔬菜	小菜蛾	108～135	喷雾

合成方法

通过如下反应制得目的物：

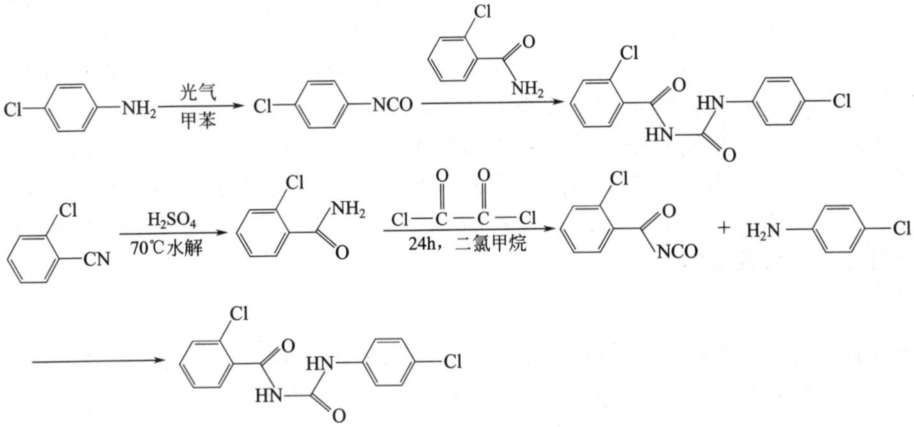

1 国外农药品种手册. 化工部农药信息总站，1996：304.
2 新编农药商品手册. 化学工业出版社，2006：38.
3 CN 101293858.

38 苯氧威（fenoxycarb）

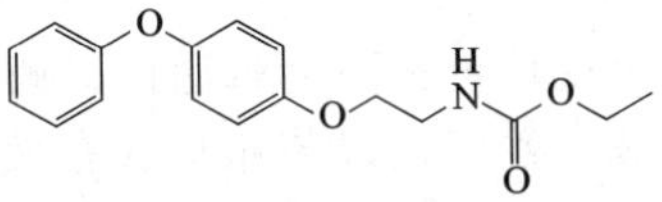

$C_{17}H_{19}NO_4$，301.3

产品简介

苯氧威（试验代号：RO135223、ACR-2907B、ACR-2913A、NRK121、CGA114597、OMS3010，通用名称：fenoxycarb，商品名称：Insegar、Logic、Torus、Pictyl，其他名称：双氧威，苯醚威）于1982年由瑞士 Dr. R. Maag（现属先正达公司）开发的氨基甲酸酯类杀虫剂。

化学名称　2-(4-苯氧基苯氧基）乙基氨基甲酸乙酯，英文化学名称为 ethyl-[2-(4-phenoxyphenoxy)ethyl]carbamate-ethyl ester。美国化学文摘系统名称为 ethyl[2-(4-phenoxyphenoxy)ethyl]carbamate，CA 主题索引名称为 carbamic acid—，[2-(4-phenoxyphenoxy)ethyl]-ethyl ester。CAS 登录号为 [72490-01-8]，以前为 [79127-80-3]。

理化性质　纯品为无色结晶，熔点 53～54℃，蒸气压 8.67×10^{-4} mPa（25℃），闪点 224℃，$K_{ow}\lg P=4.07$（25℃），相对密度为 1.23（20℃），Henry 常数 3.3×10^{-5} Pa · m³/mol（计算）。溶解度：水 7.9mg/L（pH＝7.55～7.84，25℃），有机溶剂（g/L）：乙醇 510，丙酮 770，甲苯 630，正己烷 5.3，正辛醇 130，在室温下储存在密封容器中时，稳定期大于两年。在 pH 3～9，50℃下水解稳定，对光稳定。

毒性　大鼠急性经口毒性 LD_{50}＞10000mg/kg，大鼠急性经皮 LD_{50}＞2000mg/kg，对皮

肤和眼睛无刺激性，大鼠吸入毒性 LC_{50} ＞4400mg/m³。NOEL：大鼠为 5.5mg/kg（bw）（18 个月），小鼠为 8.1mg/kg（bw）（2a）。ADI：0.04mg/kg（bw）（BfR）［2003］，0.06mg/kg（bw）（EC DAR）［2007］，0.08mg/kg（bw）（EPA）［1994］。

生态效应　急性经口 LD_{50}：鸟＞7000mg/kg，鹌鹑 LC_{50}（8d）＞25000mg/L，鲤鱼 LC_{50}（96h）10.3mg/L，虹鳟鱼 LC_{50}（96h）1.6mg/L，水蚤 LC_{50}（48h）0.4mg/L，海藻 EC_{50}（96h）1.10mg/L，蜜蜂急性经口 LC_{50}（24h）＞1000mg/L，土壤中蚯蚓 LC_{50}（14d）850mg/kg，在田间条件下，该化合物对食肉动物及膜翅目害虫的体内寄生虫安全。

环境行为　本品在大鼠等动物体内，主要的代谢路径是环乙基羟基化形成［2-［对（对羟基苯氧基）苯氧基］乙基］氨基甲酸。在植物中迅速退化。在低流动性土壤中，无生物蓄积。在土壤和水中可快速降解，半衰期 DT_{50} 为 1.7～2.5 月（实验室），2.3～37.5d（田间）。

制剂与分析方法　12.5％乳油，5％颗粒剂，10％微乳状液，1.0％饵剂，可湿性粉剂，产品分析用 HPLC，残留物测定用 GC 或 HPLC。

作用机理与特点　苯氧威是一种氨基甲酸酯类杀虫剂，具有胃毒和触杀作用，并具有昆虫生长调节作用，杀虫谱广，它的杀虫作用是非神经性的，表现出对多种昆虫有强烈的保幼激素活性，可导致杀卵，抑制成虫期的变态和幼虫期的蜕皮，造成幼虫后期或蛹期死亡，杀虫专一，对蜜蜂和有益生物无害。

应用

适用作物　棉田、果园、菜圃和观赏植物，另可用于仓库。

防治对象　鳞翅目害虫，鞘翅目害虫，蟑螂，跳蚤，火蚁，白蚁，木虱，蚧类，卷叶蛾，杂拟谷盗，赤拟谷盗，米蛾，麦蛾等。

残留量与安全施药　苯氧威是迄今仅见的具有广谱杀虫作用的保幼激素型化合物。目前已在储粮害虫上试用，除某些粉螨外，几乎对所有危害谷物的主要害虫都能防治，且非常高效，它不仅能有效地防治敏感品系的害虫，亦对抗性品系有效，持效期长，不存在残毒和对环境污染等问题。

应用技术　为防止害虫抗性出现，可在防治鳞翅目、鞘翅目等害虫时与其他杀虫剂交替使用。更多的做成饵剂，可有效减少残留。以装箱形式存放在仓库中的粮油、种子、药材、土产、日杂以及贵重的皮毛、棉丝、羽毛等商品，均受到蠹虫的危害，国外用苯氧威制剂对仓库墙面和包装箱表面用 15μg/m² 做滞留喷雾，这种简单易行的防治方法，可在半年内阻止玉米粉蠹危害。

使用方法　使用浓度一般为 0.0125％～0.025％，如 5mg/kg 可有效地防治谷象、火蚁，每集群用 6.2～22.6mg，在 12～13 周内可降低虫口率 67％～99％，以 5～10mg/kg 剂量拌在糙米中，可防治麦蛾、米象等仓库害虫，可使 10 多种鞘翅目和鳞翅目害虫的卵不孵化，从而抑制后代的发生，持效期达八个月之久，对某些成虫亦兼具杀伤力，在 10 多种昆虫中，几乎包括了所有主要储粮害虫，对苯氧威最敏感的害虫是杂拟谷盗、赤拟谷盗、米蛾、麦蛾和印度谷螟（ED_{50} 约为 0.1mg/L），用苯氧威能防治对马拉硫磷有抗性的害虫，如印度谷螟、麦蛾、赤拟谷盗、锈赤扁骨谷盗（*Cryptoestes ferrugifiens*）、锯谷盗、谷蠹、谷象，未出现有交互抗性，也不影响稻种发芽，在果园以 0.006％的浓度喷射，能抑制乌盔蚧的未成熟幼虫和龟蜡蚧的一、二龄期若虫的发育成长。

专利概况

专利名称　Carbamates and their pesticidal compositions, preparations thereof and use thereof as pesticides

专利号　EP 4334　　专利公开日　1979-10-03

专利申请日　1979-03-13　　　　　　优先权日　　1978-03-17

专利拥有者　Hoffmann Larochw

在其他国家申请的化合物专利：AR 225412、AT 364672、AU 520577、AU 4503379、CA 1137506、DK 153941、ES 478687、ES 484102、GR 72821、IE 48322、IE 790622、IL 56853、JP 54151929、MC1256、NL 971031、NZ 189885、PT 69368、US 4215139、ZA 7901109 等。

制剂或剂型专利：GB 457347、JP 2010047479、JP 2009108046、WO 2010026370、WO 2010022251、WO 2009147205、WO 20009123907、WO 2009090181 等。

制备专利：WO 201005692、WO 2009099929、WO 2009051956、WO 2008150393、WO 2008079610、WO 2008071674、WO 2006055922、WO 2010003624、WO 2010003624 等。

在中国申请的与苯氧威有关的专利及登记情况见表 38-1、表 38-2。

表 38-1　在中国申请的专利

序号	申　请　号	专　利　名　称
1	99803257.3	杀虫剂在转基因植物上的应用
2	01109089.8	一种杀虫剂组合物
3	200510102212.1	一种杀灭红火蚁的杀虫药主剂及其制成的饵剂
4	200910042427.7	高效、长效复配杀虫杀螨剂
5	200910033298.5	一种含苯氧威的杀虫组合物及其用途
6	03150977.0	苯氧威合成新工艺
7	200410066446.0	苯氧威的分离纯化方法

表 38-2　国内有关登记情况

登记名称	登记证号	含量	剂型	登记作物	防治对象	用药量	施用方法
苯氧威	LS20100114	苯氧威　3%	乳油	松树	松毛虫	5～7.5mg/kg	喷雾

合成方法

通过如下反应即可制得目的物。

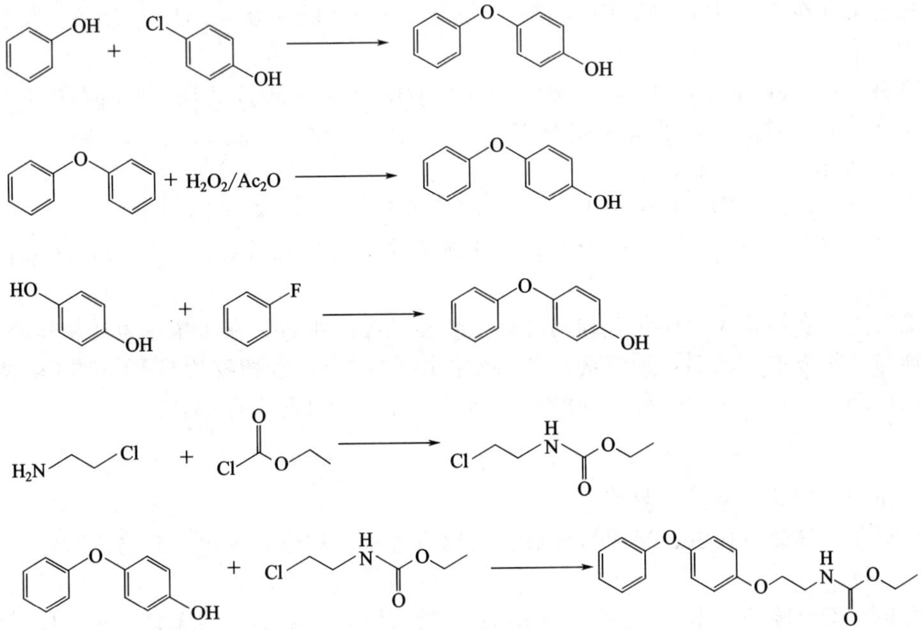

1 The Pesticide Manual. 15 th edition：482-483.　　2 CN 1597665.

39 烯虫乙酯（hydroprene）

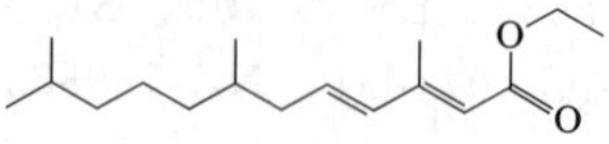

$C_{17}H_{30}O_2$，266.4

产品简介

烯虫乙酯（试验代号：ZR512、SAN814、ENT-70459、OMS1696，通用名称：hydroprene，商品名称：Altozar、Gencor、增丝素、蒙五一二）是一种昆虫生长调节剂。

化学名称　烯虫乙酯：(*E*,*E*)-(*RS*)-3,7,11-三甲基十二碳-2,4-二烯酸乙酯，英文化学名称为 ethyl (*E*,*E*)-(*RS*)-3,7,11-trimethyldodeca-2,4-dienoate。美国化学文摘系统名称为 ethyl（2*E*,4*E*)-3,7,11-trimethyl-2,4-dodecadienoate，CA 主题索引名称为 2,4-dodecadienoic acid—，3,7,11-trimethyl-ethyl ester，(2*E*,4*E*)-。CAS 登录号为［41205-09-8］(*E*,*E*)-(±)-form，[41096-46-2](*E*,*E*)-isomers，[65733-18-8](2*E*,4*E*,7*S*)-isomer。

S-烯虫乙酯：英文化学名称为 ethyl（*E*,*E*)-(S)-3,7,11-trimethyl-dodeca-2.4-dienoate，CAS 登录号为［65733-18-8］，[65733-19-9](*E*,*E*)-(*R*)-isomer。

理化性质　烯虫乙酯：琥珀色液体，沸点 174℃/19mmHg（1mmHg＝133.3Pa），138～140℃/1.25mmHg，蒸气压 40mPa（25℃），闪点 148℃，$K_{ow}\lg P=3.06$，相对密度为 0.892（25℃），闪点为 148℃±2℃，水中溶解度为 2.5mg/L（25℃），溶于普通有机溶剂，在普通储存条件下至少稳定 3a 以上。

S-烯虫乙酯：沸点 282.3℃，蒸气压 40mPa（25℃），闪点 148℃，$K_{ow}\lg P=6.5$，相对密度为 0.889（20℃），溶解度：水 2.5mg/L（25℃），在丙酮、正己烷、甲醇中溶解度＞500g/L（20℃），在正常储存条件下，至少稳定 3a 以上。

毒性

烯虫乙酯：急性经口 LD_{50}：大鼠＞5000mg/kg，狗＞10000mg/kg。急性经皮 LD_{50}：大鼠＞5000mg/kg，兔＞5100mg/kg，对皮肤无刺激，对眼睛有轻微刺激，大鼠吸入 LC_{50} 大鼠＞5.5mg/L（在空气中），NOEL 大鼠（90d）50mg/(kg·d)。ADI（EPA）0.1mg/kg (bw)［1990］。

S-烯虫乙酯：急性经口 LD_{50} 大鼠＞5050mg/kg，急性经皮 LD_{50}（mg/kg）：大鼠＞2100，兔＞5050，对皮肤和眼睛无刺激作用，大鼠吸入 LC_{50}＞2.14mg/L（空气），NOEL 大鼠（90d）50mg/(kg·d)。

生态效应　烯虫乙酯：虹鳟鱼 LC_{50}（96h）＞0.50mg/L，水蚤 EC_{50}（48h）为 0.13mg/L，海藻 EC_{50}（24～72h）为 6.35mg/mL。蜜蜂成虫（经口和接触）LD_{50}＞1000μg/只，幼虫为 0.1μg/只。

环境行为　在植物体内该化合物的降解主要涉及酯的水解，在土壤中也能快速降解。

制剂与分析方法　乳剂，颗粒剂。产品分析用 GC-MS，残留物用具 FID 的 GC 测定。

作用机理与特点　作为一种保幼激素抑制剂，抑制幼虫的发育成熟。

应用

适用作物　棉花、果树、蔬菜等。

防治对象　鞘翅目害虫、半翅目害虫、同翅目害虫、鳞翅目害虫，对防治蜚蠊有极好的效果。

残留量与安全施药　本农药为昆虫保幼激素类似物，对高等动物无害。对靶标对象有高度的选择性，在使用前做好有效浓度实验。最好在低龄时期使用。

使用方法　喷液，对多种害虫有效，对德国蜚蠊有极好的效果，对梨黄木虱也有效。

专利概况

专利名称　Aliphatic hydrocarbon 2,4-dienoic acids，esters and derivatives thereof

专利号　US 4021461　　专利公开日　1977-05-03

专利申请日　1972-07-23　　专利拥有者　Zoecon Corp

在其他国家申请的化合物专利：US 2951853、US 3651104、US 3657291、US 3671558、US 3697565 等。

制剂或剂型专利：EP 1952690、EP 2039248、GB 2440664、WO 2010026370、WO 2010025870、WO 2009012909、WO 2008092851 等。

制备专利：JP 2000247811、JP 04312505、US 620058、WO 9000005、WO 2008075454、WO 2008071674 等。

在中国申请的有关专利见表 39-1。

表 39-1　在中国申请的专利

序号	申请号	专利名称
1	86103267	防治蟑螂的新配方及方法
2	200710157839.6	一种杀蟑螂药
3	200710158093.0	一种快速杀灭蟑螂药
4	200710044932.6	一种合成(*R*)-烯虫乙酯的方法
5	200710044669.0	(6*S*)-6-甲基-2-酮衍生物、合成方法及其在合成(*S*)-烯虫乙酯中的用途

合成方法

经如下方法合成烯虫乙酯。

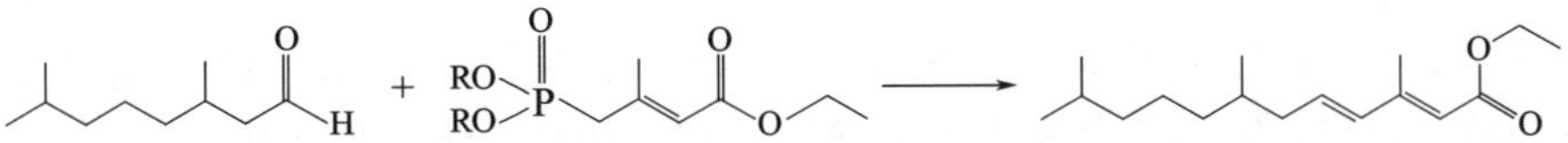

1　J. Agric. Food. Chem.，21，1973：354.　　2　The Pesticide Manual. 15 th edition：624-626.

40　烯虫炔酯（kinoprene）

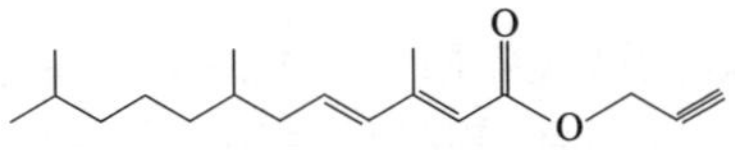

$C_{18}H_{28}O_2$，276.4

产品简介

烯虫炔酯［试验代号：ZR777、SB716、ENT 70531，通用名称：kinoprene，商品名称：Altodel（Zoecon）、Enstar（Wellmark）、抑虫灵］是 20 世纪 70 年代开发的昆虫生长调节剂。主要生产商为 Wellmark 公司。

化学名称　2-丙炔基-(*E*,*E*)-(*RS*)-3,7,11-三甲基十二碳-2,4-二烯酸酯，英文化学名称为 prop-2-ynyl（*E*,*E*)-(RS)-3,7,11-trimethyldodeca-2,4-dienoate。美国化学文摘系统名称为（*E*,*E*)-2-propynyl-3,7,11-trimethyl-2,4-dodecadienoate，CA 主题索引名称为 2,4-dodecadienoic acid—，3,7,11-trimethyl-2-propynyl ester，(2*E*,4*E*)-。CAS 登录号为［42588-37-4］，以前是［53023-55-5］。

(*S*)-烯虫炔酯［商品名称：Enstar Ⅱ（Wellmark）］

化学名称　2-丙炔基（*E*,*E*)-(S)-3,7,11-三甲基十二碳-2,4-二烯酸酯。英文化学名称为 prop-2-ynyl（*E*,*E*)-(S)-3,7,11-trimethyldodeca-2,4-dienoate。美国化学文摘系统名称为（2*E*,

4*E*,7*S*)-2-propynyl—，3,7,11-trimethyl-2,4-dodecadienoate。CAS登录号为［65733-20-2］。

烯虫炔酯理化性质　含量93%。产品为琥珀色液体，带有淡淡的水果味。沸点134℃/0.1mmHg。蒸气压0.96mPa（20℃）。K_{ow}lg*P*=5.38。Henry常数：3.43Pa·m^3/mol。相对密度0.918（25℃）。溶解度：水0.211g/L（25℃），能溶于大部分有机溶剂。在无光条件下储存稳定，闪点：40.5℃。

(*S*)-烯虫炔酯理化性质　含量93%。产品为琥珀色液体，带有淡淡的水果味。沸点134℃/0.1mmHg。蒸气压0.96mPa（20℃）。K_{ow} lg*P*=5.38。Henry常数3.43Pa·m^3/mol。相对密度0.918（25℃）。在水中的溶解度0.515g/L（25℃），能溶于大部分有机溶剂，在无光条件下储存稳定，旋光率$[\alpha]_D^{20}$+3.87°。闪点40.5℃。

毒性　烯虫炔酯：对大鼠急性经口LD_{50}>5000mg/kg，兔急性经皮和眼睛LD_{50}>9000mg/kg，对大鼠吸入LC_{50}（4h）>5.36mg/L。毒性等级WHO（a.i.）U；EPA Ⅳ。(*S*)-烯虫炔酯：对大鼠急性经口LD_{50}为1649mg/kg，兔急性经皮和眼睛LD_{50}>2000mg/kg，本品对兔的眼睛和皮肤有中度刺激，对豚鼠皮肤过敏。对大鼠吸入LC_{50}（4h）>5.36mg/L，NOEL（90d，mg/L）：大鼠1000，狗900。

生态效应　烯虫炔酯：山齿鹑急性经口LD_{50}>2250mg/L，虹鳟鱼（96h）LD_{50}>20mg/L，对水蚤LC_{50}（48h）>0.11mg/L，对蜜蜂LD_{50}为35mg/只。(*S*)-烯虫炔酯：生态效应数据与烯虫炔酯相同。

环境行为　在土壤中不稳定，光照下易分解。

作用机理与特点　本品作为保幼激素类似物，可以抑制害虫的生长发育，是一种昆虫生长调节剂，能阻止害虫的正常生长，影响害虫器官的形成、卵的孵化和导致雌虫不育。在昆虫的生长和成熟关键时期，其体内正常保幼激素的生物化学水平起着平衡作用。昆虫生长调节剂通过接触和吸收起作用。保幼激素的作用方式：抑制正常昆虫的生长，导致不完全蛹化，以及不育成虫和不能孵化的卵。

外消旋的烯虫炔酯已不再使用。(*S*)-烯虫炔酯用于温室和避光育苗室，用来控制树木、观赏草本和苗床植物，特别是猩猩木上的同翅目和双翅目害虫。使用浓度为150～300mL/1858m^2，靶标害虫包括蚜虫、粉虱、粉蚧、真菌小蠓虫。药害：在外国猩猩木的苞片上发现药害，但对树叶安全。

应用

适用作物　外消旋的烯虫炔酯已被停用，(*S*)-烯虫炔酯主要用于控制温室里的木质和草本类观赏性植物和花坛花草上的同翅目和双翅目害虫，特别是一品红上的害虫。

防治对象　同翅目、双翅目害虫，如蚜虫、粉虱、柑橘小粉蚧、水蜡虫、甲虫、蚊科害虫等。

应用技术与使用方法　可以喷洒到植物的叶上或是往根部灌药，每1858m^2用药150～300mL。

专利概况

专利名称　Pesticidal terpenoid and polyunsaturated acid and alcohol derivatives

专利号　DE 2162821　　专利公开日　1972-8-3

专利申请日　1971-12-17　　优先权日　1971-1-20

专利拥有者　F. Hoffmann-LaRoche & Co.

在其他国家申请的化合物专利　AR 195160、AU 3706371、BE 778214、CH 564303、FR 2122545、GB 1380733、GB 1380734、HU 163715、IT 944162、NL 7200190、TR 17418、ZA 7108418等。

制备专利：CS 247395、DE 2162821、US 4021461、US 3904662等。

制剂或剂型专利：US 6096329、WO 9740691、WO 9925187、WO 9925188、WO 2002037964、WO 2008031712、WO 2008071674、WO 2008092759、WO 2008125410 等。

中国申请专利情况见表 40-1。

表 40-1 在中国申请的专利

序列号	申 请 号	专 利 名 称
1	97194175.0	农药组合物
2	200710149682.2	农药组合物

合成方法

可用 3,7-二甲基辛醛与 2-丙炔基-4-(二乙氧基磷酰基)-2-烯-3-甲基丁酯反应制取。

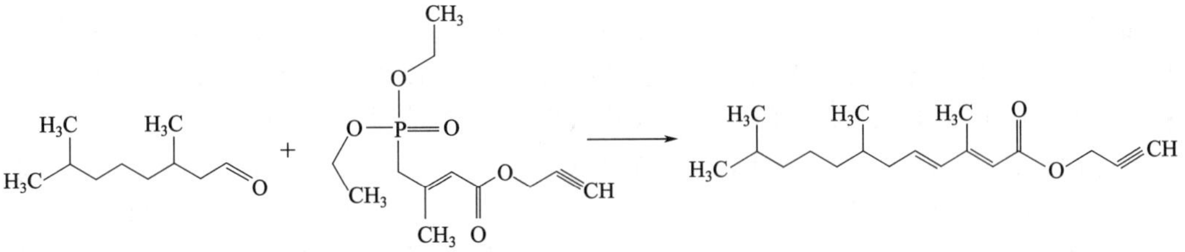

1 国外农药品种书册，化工部农药信息总站，1996：293. 2 The Pesticide Manual，15 th edition：687-688.

41 烯虫酯（methoprene）

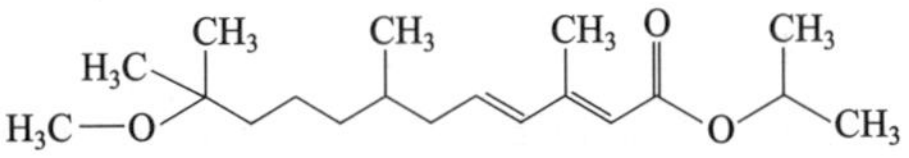

$C_{19}H_{34}O_3$，310.5

产品简介

烯虫酯［试验代号：ZR 515（Sandoz）、SAN 800（Sandoz）、OMS 1697，通用名称：methoprene，商品名称：Altosid，Pharoid］是由 ZoeconCrop 开发的昆虫生长调节剂。其 *S* 构型（*S*)-烯虫酯［试验代号：SAN 810（Sandoz），商品名称：Biopren-BM，Biosid］。由于其作用机理不同于以往作用于神经系统的传统杀虫剂，具有毒性低，污染少，对天敌和有益生物影响小等优点，且这类化合物与昆虫体内的激素作用相同或结构类似，所以一般难以产生抗性，能杀死对传统杀虫剂具有抗性的害虫，因此被誉为“第三代农药”。世界主要生产商为 Bábolna Bio、Wellmark。

烯虫酯化学名称 (*E*,*E*)-(*RS*)-11-甲氧基-3,7,11-三甲基十二碳-2,4-二烯酸异丙酯，英文化学名称为 *iso*propyl (*E*,*E*)-(*RS*)-11-methoxy-3,7,11-trimethyldodeca-2,4-dienoate。美国化学文摘系统名称为 (*E*,*E*)-(±)-1-methylethyl -11-methoxy-3,7,11-trimethyl-2,4-dodecadienoate，CA 主题索引名称为 2,4-dodecadienoic acid—，11-methoxy-3,7,11-trimethyl-1-methylethyl ester，(*E*,*E*)-。CAS 登录号为［40596-69-8］(*E*,*E*)-isomers，［41205-06-5］(*E*,*E*)-(±)-isomers。

(*S*)-烯虫酯化学名称 (*E*,*E*)-(*S*)-11-甲氧基-3,7,11-三甲基十二碳-2,4-二烯酸异丙酯，英文化学名称为 *iso*propyl (*E*,*E*)-(*S*)-11-methoxy-3,7,11-trimethyldodeca-2,4-dienoate。美国化学文摘系统名称为 *iso*propyl (2*E*,4*E*,7*S*)-11-methoxy-3,7,11-trimethyl-2,4-dodecadienoate，CA 主题索引名称为 2,4-dodecadienoic acid—，11-methoxy-3,7,11-trimethyl-1-methylethyl ester，(*E*,*E*)-。CAS 登录号为［65733-16-6］，［65733-17-7］(*E*,*E*)-(*R*)-isomer。

理化性质 (1) 烯虫酯 含量 94%，淡黄色液体，有水果气味，沸点 256℃，100℃/

0.05mmHg；相对密度 0.924（20℃），0.921（25℃）；K_{ow}lg$P$>6。溶解度：溶于所有有机溶剂。稳定性：在水、有机溶剂、酸或碱中稳定存在。对紫外线敏感。闪点 136℃。(2)（S)-烯虫酯　含量 94%，淡黄色液体，有水果气味，沸点 279.9℃（97.2kPa)；蒸气压 0.623mPa（20℃），1.08mPa（25℃）（克努曾压力计）。K_{ow} lg$P$ > 6。相对密度 0.924（20℃），0.921（25℃）。水中溶解度：6.85mg/L（20℃），0.515mg/L（25℃），溶于所有有机溶剂，比如丙酮和甲苯>500g/L（20℃±1℃），甲醇>450g/L（20℃±1℃）。稳定性：在水、有机溶剂、酸或碱中稳定存在。对紫外线敏感。比旋光度 $[\alpha]_D^{20}$ +5.64°。闪点 147℃（封闭容器中电弧加热），自燃温度 263℃。

毒性　(1) 烯虫酯　大鼠急性经口 LD_{50}>10000mg/kg；兔急性经皮 LD_{50}>2000mg/kg。本品对眼睛无刺激，对兔皮肤轻微刺激，对豚鼠皮肤轻微刺激。NOEL（2a)：大鼠 1000mg/L，小鼠（18 月）1000mg/L。小鼠 600mg/kg 或兔 200mg/kg 时后代无畸形现象。500mg/(L·d) 下大鼠 3 代内无生殖异常。ADI/RfD：(JMPR) 0.09mg/kg（bw）[2001]，(EPA) cRfD 0.4mg/kg（bw）[1991]。(2)（S)-烯虫酯　大鼠急性经口 LD_{50}>5050mg/kg；兔急性经皮 LD_{50}>5050mg/kg。对兔皮肤轻微刺激。对豚鼠皮肤无刺激。大鼠吸入 LC_{50}>2.38mg/L。狗 NOAEL（90d）100mg/(kg·d)，大鼠 NOEL（90d)<200mg/(kg·d)，大鼠致畸 NOAEL 1000mg/(kg·d)，兔胚胎 NOAEL 100mg/(kg·d)。ADI/RfD：(JMPR) 0.05mg/kg [2001]。其他：无诱变，无染色体断裂现象。

生态效应　①烯虫酯　鸡饲喂 LC_{50}（8d)>4640mg/kg。大翻车鱼 LC_{50}（96h）370mg/g。栅藻 EC_{50}（48～96h）1.33mg/mL。对水生双翅目昆虫有毒。对成年蜜蜂无毒。LD_{50}（经口或接触)>1000μg/只。蜜蜂幼虫致敏感量 0.2μg/只。②（S)-烯虫酯 LC_{50}：大翻车鱼>370mg/g，鲑鱼 760mg/g，斑马鱼 4.26mg/L。水蚤 EC_{50}（48h）0.38mg/L。栅藻 EC_{50}（48～96h）1.33mg/mL，栅藻 E_rC_{50}（72h）2.264mg/mL。

环境行为　动物：哺乳动物中次代谢产物胆固醇已经被确定。植物：在植物体中，代谢主要包括酯的水解、邻甲基化以及 4-位双键氧化裂解。在苜蓿、大米中，主要代谢产物为 7-methoxycitronellal。土壤/环境：在土壤中快速降解，在好氧和厌氧条件下 DT_{50} 为 10d，主要产物是 CO_2。

制剂与分析方法　Altosid SR-10，胶悬剂（103g/L)，Altosid Briquet，缓释剂（80g/kg)，Apex 5E，Diacon，Dianex，Precor 5E，乳油（600g/L)，Kabat，可溶性液剂（醇为基础）(41g/L)；防治室内植物上的昆虫和螨类的喷雾剂，气雾剂，Pharoid，饵料（100g/kg)，Precor，气雾剂（115g/kg)。混剂：PrecorResidual Fogger 和 Adulticide，气雾剂（每千克含 1.5g 本品+4.7g 敌敌畏+10g 残杀威）。产品分析和残留均用 GC-MS。

作用机理与特点　保幼激素类似物，抑制昆虫成熟过程。当用于卵或幼虫，抑制其蜕变为成虫。可以用作烟叶保护剂，是一种人工合成的昆虫流毒的类似物，干扰昆虫的蜕皮过程。它能干扰烟草甲虫、烟草粉螟的生长发育过程，使成虫失去繁殖能力，从而有效地控制贮存烟叶害虫种群增长。

应用

适用范围　用于公共卫生，储存，食品处理，加工及储存场所，以及对植物（包括温室植物)，蘑菇房，温室菊花，仓库烟草和烟草工厂。

防治对象　双翅目害虫和蚂蚁，鞘翅目害虫，同翅目害虫和蚤类，蚊子幼虫，苍蝇，甲虫，烟草飞蛾，菊花叶虫，仓库害虫等。

应用技术　药效在蚊子幼虫的后期阶段发挥，效果更好。对水生无脊椎动物有毒，使用时避免对水域污染。不能与油剂和其他农药混合使用。

应用方法 ①防治烟草甲虫，在发生危害期间，用4.1%烯虫酯可溶性液剂4000～5000倍液均匀喷雾。②防治蚊蝇，特别是洪水退后的防疫工作，可每667m^2用4.1%烯虫酯可溶液剂2.7～6.7mL，对水后喷雾。③防治角蝇，可将药剂混在饲料中，然后饲喂牲畜。

专利与登记

专利名称 Neue aliphatische ungesaettigte verbindungen und diese enthaltende zusammensetzungen zur bekaempfung von insekten

专利号 DE 2202021 专利公开日 1972-10-26

专利申请日 1972-01-07 优先权日 1971-02-01

专利拥有者 Zoecon Corp [US]

在其他国家申请的化合物专利：AU 3620971、AU 44353、BE 778242、BG 19791、CA 984406、CH 605585、CH 604519、DD 102562、GB 1368267、HU 165778、IE 36017、IL 38487、JP 55033414、NL 7201146、PH 10201、SE 386161、US 3755411、FR 2124280 等。

目前公开的或授权的与烯虫酯有关的部分专利：EP 2090170、EP 2127522、JP 2010053129、GB 2457347、JP 2010047479、JP 2010047478、JP 2009209124、US 2010041712、US 7635404、US 2009233940、WO 2010026370、WO 2010025870、WO 2009146793、WO 2009123907、WO 2009112837、WO 2009100822 等。

制备专利：CN 101391959、KR 2009124214、WO 2008064778、WO 2010005692、WO 2010000790、WO 2009099929、WO 2008154528、WO 2008150393、WO 2008071674 等。

在中国申请的与烯虫酯相关专利情况见表41-1。

表41-1 在中国申请的专利

序号	申 请 号	专 利 名 称
1	97194175.0	农药组合物
2	98802494.2	增效的类保幼激素/几丁质合成抑制剂杀白蚁组合物
3	200710149682.2	农药组合物

烯虫酯1975年在美国首次登记。

合成方法

用丙酮、香茅醛和溴乙酸异丙酯为原料，经由Reformatskii反应和苯硫酚催化的双键顺反异构化等反应得到烯虫酯。

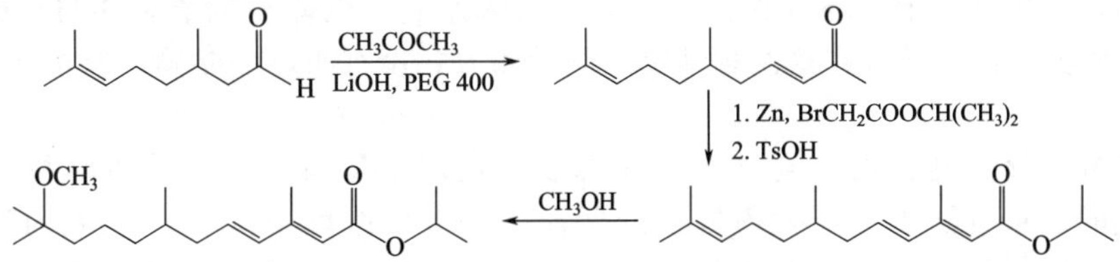

1 J. Agric Food Chem. 1973，21：354.

2 US 3904662.

3 US 3912815.

4 US 3904662.

5 有机化学. 2008，28 (3)：436-439.

42 吡丙醚（pyriproxyfen）

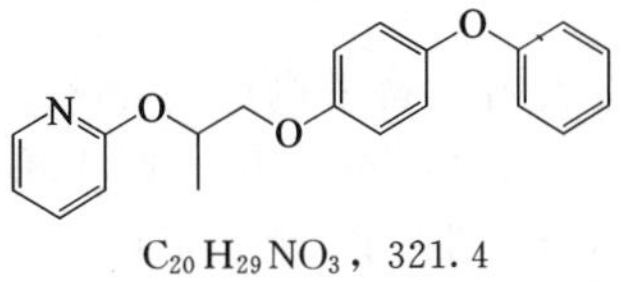

$C_{20}H_{29}NO_3$，321.4

产品简介

吡丙醚［试验代号：S-9318、S-31183、V-71639，通用名称：pyriproxyfen，商品名称：Sumilarv（Sumitomo Chemical）、Admiral（Sumitomo Chemical）、Epingle（Sumitomo Chemical）、Lano（Sumitomo Chemical）、Nemesis（Sumitomo Chemical）、Distance（Valent）、Esteem（Valent）、Juvinal（Philagro，Sumitomo Chemical）、Knack（Sumitomo Chemical，Valent）、Nylar（Killgerm，MGK）、Proximo（Afrasa）、Proxy（Cequisa）、Seize（Valent）、Tiger（Iharabras）、蚊蝇醚，灭幼脲，灭幼宝，亚砜磷，百利普芬，比普噻吩，其他商品名称（生产商）：Cimetrol（Killgerm）、Atominal（Philagro，Sumitomo Chemical)］是日本住友化学株式会社开发的保幼激素类的新型杀虫剂。世界主要生产商为Sumitomo Chemical、CCABiochemical、Fertiagro、Ningbo Finechem、Shanghai Shengnong。

化学名称　4-苯氧基苯基-(*RS*)-2-(2-吡啶基氧基）丙基醚，英文化学名称为4-phenoxyphenyl-(*RS*)-2-(2-pyridyloxy) propyl ether。美国化学文摘系统名称为2-[1-methyl-2-(4-phenoxyphenoxy)ethoxy]pyridine，CA主题索引名称为pyridine—，2-[1-methyl-2-(4-phenoxyphenoxy)ethoxy]-。CAS登录号为［95737-68-1］。

理化性质　无色晶体，熔点47℃，蒸气压<0.013mPa（23℃），$K_{ow}\lg P=5.37$，闪点119℃，相对密度1.24mg/L（25℃），溶解度（20～25℃，g/L）：己烷400，甲醇200，二甲苯500。

毒性　大鼠急性经口$LD_{50}>5000$mg/kg，大鼠急性经皮$LD_{50}>2000$mg/kg。对兔的眼睛和皮肤无刺激作用，对豚鼠皮肤无过敏性，大鼠吸入LC_{50}（4h）>1300mg/m^3。NOEL（2a）：大鼠600mg/L［35.1mg/kg（bw）］，ADI：（JMPR）0.1mg/kg（bw）（1999，2001），（EC）0.1mg/kg（bw）［2008］，（EPA）0.35mg/kg（bw）［1999］。

生态效应　野鸭和山齿鹑的急性经口$LD_{50}>2000$mg/kg，喂食$LC_{50}>5200$mg/L；鲑鱼LC_{50}（96h）>0.325mg/L，水蚤EC_{50}（48h）0.40mg/L，海藻EC_{50}（72h）0.064mg/L。

环境行为　在动物体内可以有效降解，该物质的排出主要是通过粪便，在土壤中有残留。吡丙醚在大鼠和小鼠中的代谢产物一般为［吡啶基-2-6-^{14}C］-或［苯氧基苯基-^{14}C］，当吡丙醚的剂量为2～2000mg/kg时，在这两种哺乳动物中7d后，C^{14}几乎完全从尿液和粪便中排出。C^{14}排泄到粪便和尿液中在大鼠中的剂量分别为84%～97%和4%～12%，小鼠分别为64%～91%和9%～38%。吡丙醚的代谢方式主要有①末端苯环4-位的羟基化，②末端苯环2-位的羟基化，③吡啶环5-位羟基化，④脱苯基化，⑤醚链断裂，⑥与硫酸或葡萄糖醛酸产生的酚类共轭。通常在这两种动物之间代谢方式没有明显的差异，但在性别方面有一些不同。

农药残留　吡丙醚乳液在空气中不易挥发，在水中溶解度很小，不容易吸附到土壤表面。通常的测量方法表示，吡丙醚在处理池中24h后浓度下降50%，吡丙醚吸附在悬浮的有机物上可保持生物活性2个月，在水中的持久性与温度和光照有关。吡丙醚在水中的有氧代谢半衰期为16.2～20.8h，通常在淡水中（湖泊和河流）迅速有氧降解为2个主要代谢产物（PYPAC和4′-OH-Pyr），还有一些少量的中间代谢产物，残留物和二氧化碳。

将吡丙醚0.5%粒剂以50mg/g浓度撒播在人工池塘中，结果表明对池中的动植物、浮游生物及水生昆虫几乎无影响。

在美国加州做的土壤测试实验表明，将吡丙醚施洒在土壤中，吡丙醚和它的代谢产物，4′-OH-Pyr和PYPAC能稳定地在土壤中存在一年。在土壤的1.8m（0～6ft）吡丙醚的浓度较大。在3.6m（12ft）以下没有检测到吡丙醚。而在1.8m（0～6ft）内吡丙醚的半衰期为 36h。

制剂与分析方法　0.5%颗粒剂，5%可湿性粉剂。原药用高效液相色谱法（附紫外检测器）分析，制剂用气相色谱（附氢火焰离子化检测器）分析。

作用机理与特点　吡丙醚的作用机理类似于保幼激素的机理，能有效地抑制胚胎的发育变态以及成虫的形成。其作用机理是抑制昆虫咽侧体活性和干扰蜕皮激素的生物合成。实验证明，本品对昆虫的抑制作用表现在影响昆虫的蜕变和繁殖。具体表现在以下几个方面：第一，抑制卵孵化即杀卵作用；第二，阻碍幼虫变态；第三，阻碍蛹的羽化；第四，对生殖的影响，使雌成虫产卵数量减少，且使所产的卵孵化率降低。但是当害虫体内原本就存在保幼激素时，吡丙醚就难以发挥作用，而在昆虫由卵发育至成虫过程的不断蜕皮、变态中，有一段极短的体内保幼激素消失时期。以鳞翅目昆虫为例，在早期的卵、末龄幼虫的中、后期及蛹期，体内均测不出保幼激素，而在这些时期施以保幼激素便对昆虫的发育变态造成影响。所以应根据防治对象不同而选择施药适期，才能达到良好的防治效果。

应用

适用作物　棉花、玉米、蔬菜等。

防治对象　同翅目、缨翅目、双翅目、鳞翅目害虫以及公共卫生害虫，蜚蠊、蚊、蝇、蚤等；农业害虫：柑橘矢尖蚧、柑橘吹棉蚧、红蜡蚧、粉虱、甘薯粉虱、蓟马、小菜蛾等。

使用方法　主要用于防治蜚蠊、蚊、蝇及蚤等公共卫生害虫，0.5%的颗粒剂可直接投入污水塘或均匀散布于蚊蝇孳生地表面。

应用技术

① 按 100mg(a.i.)/m^2 的用量将吡丙醚水溶液喷洒在家蝇孳生物上，观察 10d，计算家蝇死亡、化蛹和蛹羽化情况。实验室校正阻止化蛹率为 99.13%，羽化率为 100.00%，对家蝇幼虫的杀灭率 3d 为 83.73%，7d 为 85.97%，10d 为 94.32%。同时将吡丙醚药液应用于垃圾场，家禽、家畜饲养场能有效控制蝇类孳生。当吡丙醚的药量在 5mg/m^2 以上时，即可减少德国小镰的产卵数，而当用药量增至 10mg/m^2 时，产卵数则近乎为零。

② 在室内条件下，吡丙醚对柑橘矢尖蚧有较高的活性，其 LC_{50} 为 26.89mg/L，LC_{95} 为 343.44mg/L，药后 14d，10%吡丙醚乳油 2000 倍液、3000 倍液、4000 倍液对柑橘矢尖蚧的防效分别为 93.0%、93.1%、83.1%。

③ 在 8 月底对柑橘吹棉蚧的第二代若蚧使用 100g/L 吡丙醚乳油 1000 倍液和 1500 倍液喷雾，药后 15d 防效可达 85.70%、78.91%。

④ 用 10%的吡丙醚乳油喷洒 1 次，药后 20d 防治效果可达 70%；不同浓度间药效有所不同，但药后 20d 药效差异不显著。吡丙醚与吡虫啉或甲氨基阿维菌素苯甲酸盐的复配剂对红蜡蚧防治效果明显，且效果均优于单剂。其中以 10%吡丙醚·吡虫啉 SC1000 倍的效果较好。药后 10d 防效接近 90%，药后 20d 效果在 90%以上。方差分析表明：10%吡丙醚·吡虫啉 SC 1000 倍的效果明显优于单剂 10%吡丙醚乳和另一复配剂。

⑤ 用吡丙醚处理人工喂养的嗜卷书虱，随着喂养时间的增长存活率下降，处理时间和存活率关系表明，吡丙醚浓度为 20mg/kg、10mg/kg 和 5mg/kg 时，半致死时间分别为 15.2d、16.2d 和 19.3d。同时吡丙醚还能阻止嗜卷书虱的幼虫长成成虫，用吡丙醚浓度为 20mg/kg、10mg/kg 和 5mg/kg，对嗜卷飞虱进行初步处理 70d 后，嗜卷飞虱的成活率分别为 6.67%、26.67%和 53.33%。如果采用 40mg/kg 吡丙醚和 20mg/kg 的烯虫酯对嗜卷书虱有更明显的控制作用。

⑥ 将浓度为 1mg/L 的吡丙醚喷洒到棉花上可有效地控制粉虱，将含有 0～1d 卵的叶片浸渍在 2.5mg/L 的吡丙醚药液中，卵的孵化率为 0，用 5mg/L 的药液处理 2～3 龄幼虫能有

效地抑制幼虫的羽化。用 0.4mg/L 的吡丙醚处理粉虱的蛹羽化的抑制率可达 93.2%。当 100mg/L 的吡丙醚喷洒含有卵的叶片时，可以有效地防治温室白粉虱。黄色吡丙醚药剂对粉虱具有良好的引诱作用，且对粉虱卵的孵化均有抑制作用。

⑦ 用 50mg/L 的吡丙醚药液浸渍含有小菜蛾卵的叶片，24h 卵化抑制率可达 90.3%，用 10mg/L 和 50mg/L 处理小菜蛾 1 龄幼虫羽化抑制率分别为 96.7% 和 100%。3 龄幼虫羽化抑制率为 11.4% 和 40%。其次用 10mg/L 的药液处理小菜夜蛾的雌成虫可抑制雌虫产卵，其抑制率可达 58.8%。

⑧ 用 100mg/L 的吡丙醚药液在温室里喷洒含有棕榈蓟马卵的叶片，卵的孵化率降低，10d 后观察没有幼虫和蛹。

综上所述，吡丙醚是一种防治农业害虫和公共卫生害虫很有特色的昆虫生长调节剂。

专利与登记

专利名称　Nitrogen-containing heterocyclic compounds and their production and use

专利号　GB 2140010　　专利公开日　1984-11-21

专利申请日　1984-04-19　　优先权日　1983-04-25

专利拥有者　Sumitomo Chemical Co

在其他国家申请的化合物专利：AU 566515、AU 2706184、BR 8401940、CA 1231945、DK 165740、DK 1491、DK 165972、DK 1591、DK 165443、DK 1691、DK 162091、DK 205584、DK 207291、EP 0128648、EP 0128648、EP 0246713、EP 0246713、EP 0246713、GB 2158439、IL 71613、IN 159713、JP 59199673、KR 910007963、MY 64786、NL 971041、NZ 207897、OA 7710、PH 19386、SG 101787、US 4751225、ZA 8402848 等。

制备专利：GB 2140010、JP 60215671 等。

在中国申请的有关专利及登记情况见表 42-1、表 42-2。

表 42-1　在中国申请专利

序号	申请号	专利名称
1	03138386.6	一种护林防虫的药贴剂
2	200410066225.3	具有触杀、胃毒和杀卵作用的杀灭有害节肢动物的组合物
3	200510024189.9	具有杀灭 B 型烟粉虱和有害节肢动物的组合物
4	200810132492.4	一种含有吡丙醚和阿维菌素的杀虫组合物
5	200910136056.9	含有甲氨基阿维菌素苯甲酸盐的组合物
6	200810035870.7	具有杀灭柑橘蚧壳虫作用的组合物
7	200910184689.7	一种用于蚊蝇的杀虫增效组合物

1989 年首次在日本登记用于卫生害虫的防治，1995 年在日本登记用于防治农业害虫，1999 年在美国登记用于控制土豆和辣椒的白粉虱，2007 年在中国正式登记：登记证号 WP58-98。

表 42-2　日本住友化学株式会社在中国登记情况

商品名	登记证号	含量	剂型	登记作物	防治对象	用药量	施用方法
吡丙醚	WP58-98	95%	原药				

合成方法

吡丙醚的合成是由对羟基二苯醚和环氧丙烷或 1-氯丙基-2-醇反应得到 1-(4-苯氧基苯氧基)-2-丙醇后，再与 2-氯吡啶反应得到蚊蝇醚。

（1）对羟基二苯醚的制备

目前有如下六种方法。

① 以4-溴二苯醚为起始原料的合成　以4-溴二苯醚为原料，加入氢氧化钾、铜粉、水，在高压釜中加热至245～250℃，反应16h，再经酸化，过滤，干燥，所得产品精馏，收集177～180℃/9mmHg馏分，收率81%。缺点：反应条件苛刻，反应时间长。

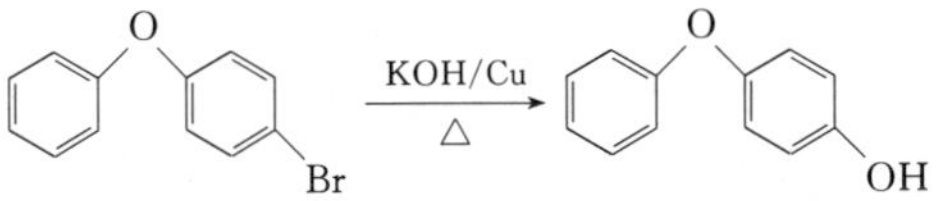

② 以4-氨基二苯醚为起始原料的合成　以4-氨基二苯醚为原料，用亚硝酸钠和盐酸制成重氮盐，再经水解，即制得4-苯氧基苯酚。但是该法产率较低。

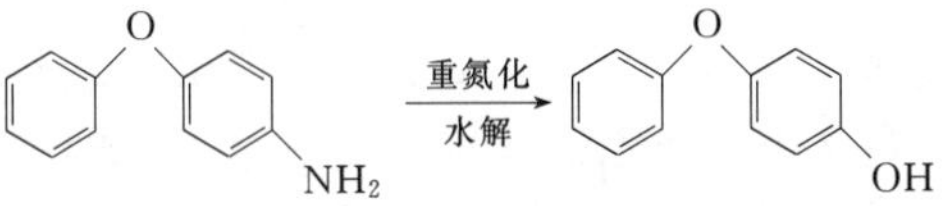

③ 以4-溴苯酚为起始原料的合成　以4-溴苯酚和苯酚为原料，加入氢氧化钾和新制备的铜粉，同时通入氢气，待浴温达130℃，反应2h。冷却后，水解，酸化，用水蒸气蒸馏反应的原料。加入等量的苯和石油醚混合溶液，即析出晶体4-苯氧基苯酚。工业上常采用这条路线。

④ 以氢醌为起始原料的合成　以氢醌为原料，加入二甲基亚砜溶剂和96%氢氧化钾溶液，同时通入氮气，搅拌下加热至140℃，缓慢滴加溴苯溶液，在145℃左右下反应8h。反应完毕，其水相经盐酸酸化，即析出晶体4-苯氧基苯酚。收率为88%～89%。

⑤ 以4-苯氧基苯基-1-丙酮为起始原料的合成　以4-苯氧基苯基-1-丙酮为原料，CH_2Cl_2为溶剂搅拌，加入95%的甲酸溶液，升温到40℃，慢慢加入35% H_2O_2后升温回流6h，冷却，有机相分离用水和10%的Na_2SO_3溶液洗，后再加入98%Bu_4NCl和4mol/L的NaOH，室温搅拌后升温回流6h，反应完毕后用37%的HCl调pH值至溶液为中性，萃取，干燥，减压浓缩后，甲醇重结晶。

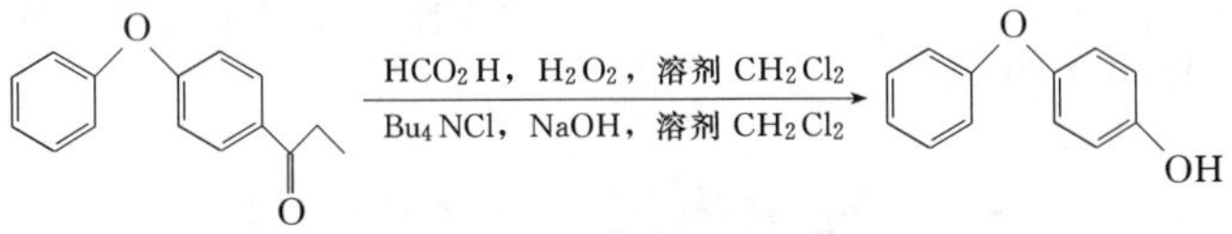

⑥ 以苯氧基苯为原料合成　4-苯氧基二苯甲酮（Ⅰ）的合成：将二苯醚、苯甲酰氯、四氯化碳加入250mL四口烧瓶中搅拌，分批加入无水氯化铝，在20℃下反应2h，反应结束后，将反应液慢慢倒入200mL冰水中，分出油层，水层萃取2次，干燥，蒸馏脱去部分四氯化碳，冷却析出白色晶体Ⅰ。

苯甲酸-4-苯氧基苯酯（Ⅱ）的合成：将4-苯氧基二苯甲酮、乙酸加入四口烧瓶中，搅拌下慢慢加入浓硫酸，加热到40℃，后滴加30%的过氧化氢，反应7h，抽滤，烘干，得粗品Ⅱ。

对羟基二苯醚（Ⅲ）的合成：将苯甲酸-4-苯氧基苯酯和20%的氢氧化钠水溶液加入三口烧瓶中，搅拌，加热回流至溶液透明，冷却后用10%的盐酸调pH值至2～3，待晶体析出，抽滤，滤饼用饱和碳酸氢钠溶液洗，快速搅拌0.5h，抽滤，干燥得粗品Ⅲ。

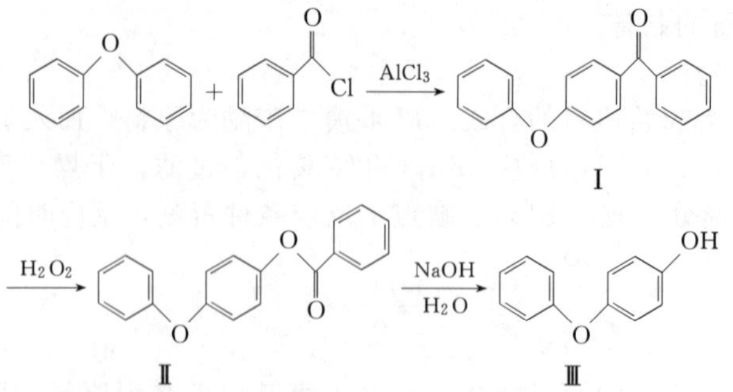

(2) 1-(4-苯氧基苯氧基)-2-丙醇的制备

目前有如下两种方法。

① 以对羟基二苯醚为原料，加入1-氯丙基-2-醇、无水碳酸钾、二甲基甲酰胺溶剂以及相转移催化剂，75℃左右反应24h。经乙醚萃取，饱和食盐水洗涤，干燥，脱溶，即可得到中间体1-(4-苯氧基苯氧基)-2-丙醇。缺点：反应时间长，且溶剂不易回收。

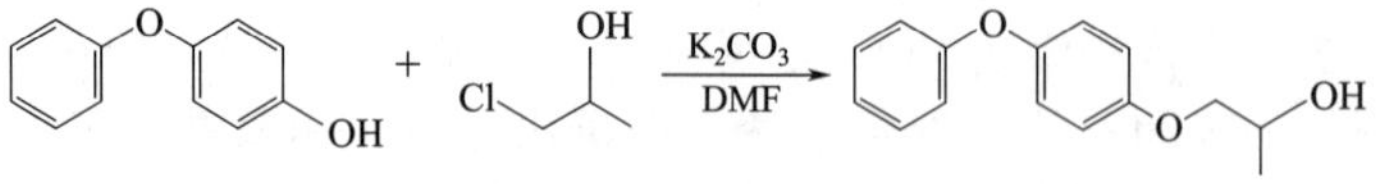

② 以对羟基二苯醚为原料，加入氢氧化钾和水，在40℃下搅拌30min，加入环氧丙烷，升温到75℃继续反应6～10h。反应完后用冰水冷却到0℃，抽滤，洗涤，粗品用无水乙醇重结晶，得到白色片状晶体。

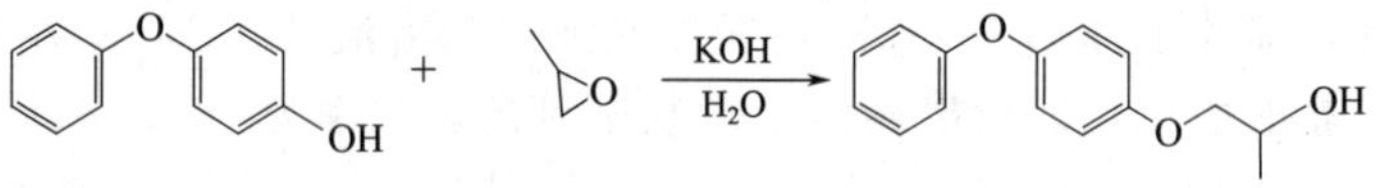

(3) 吡丙醚的合成

吡丙醚的合成一般在甲苯、DMF等溶剂中，以碱为缚酸剂，使中间体1-(4-苯氧基苯氧基)-2-丙醇与2-氯吡啶反应制备。

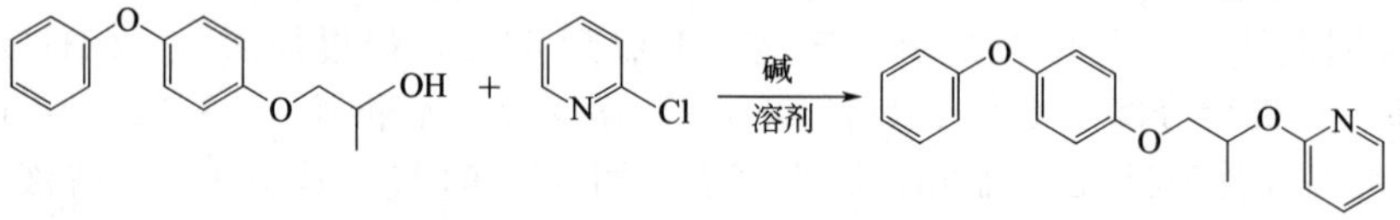

1 The Pesticide Manual. 15 th edition：997-998.

2 农药译丛，1997，19 (6)：18-23.

3 有机化学，2008，28 (1)：111-114.

4 农药，1995，34 (7)：10-11.

5 化学世界，2006 (6)：366-370.

43 啶虫丙醚 (pyridalyl)

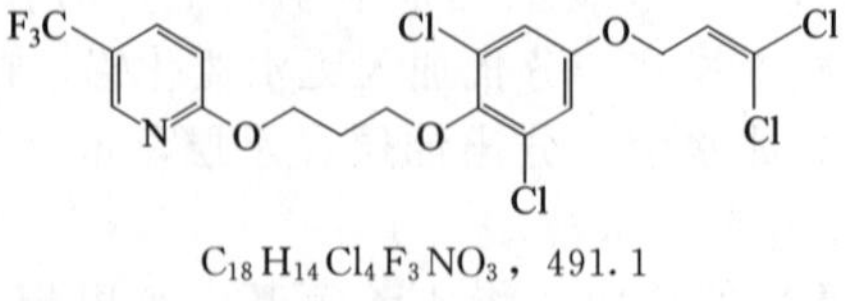

$C_{18}H_{14}Cl_4F_3NO_3$，491.1

产品简介

啶虫丙醚（试验代号：S-1812，通用名：pyridalyl，商品名：Plea、Pleo、速美效、宽帮1号，其他名称：三氟甲吡醚）是日本住友化学株式会社开发的新型含吡啶基团的二氯丙烯醚类杀虫剂。世界主要生产商为日本住友化学株式会社。

化学名称 2,6-二氯-4-(3,3-二氯丙烯氧基) 苯基-3-[5-(三氟甲基)-2-吡啶氧基]丙醚，英文化学名称为2,6-dichloro-4-(3,3-dichloroallyloxy) phenyl-3-[5-(trifluoromethyl)-2-pyridyloxy]propylether。美国化学文摘系统名称 2-[3-[2,6-dichloro-4-[(3,3-dichloro-2-propenyl) oxy]phenoxy]propoxy]-5-(trifluoromethyl)pyridine，CA 主题索引名称 pyridine—，2-[3-[2,6-dichloro-4-[(3,3-dichloro-2-propenyl)oxy]phenoxy]propoxy]-5-(trifluoromethyl)-。CAS 登录号为 [179101-81-6]。

理化性质　外观为黄色液体，有香味。沸点（纯品）：在沸腾前 227℃时分解，密度（20℃）1.44g/cm^3，蒸气压（20℃）6.24×10^{-5}mPa，溶解度（20℃，g/L）：水 0.15，正辛醇、乙腈、二甲基甲酰胺、正己烷、二甲苯、氯仿、丙酮、乙醛为＞1000，甲醇＞500。稳定性：在酸性、碱性溶液（pH＝5、7、9 缓冲液）中稳定。pH＝7 缓冲液中半衰期为 4.2～4.6d。啶虫丙醚 100g/L 乳油外观为黄色液体；热贮（54℃±2℃）、冷贮存稳定，常温贮存 2a 稳定。

毒性　大鼠（雄、雌）急性经口、经皮 LD_{50}均＞5000mg/kg。大鼠吸入 LC_{50}（4h）＞2.01mg/L；对家兔眼睛结膜有轻度刺激性，对皮肤无刺激性；对豚鼠皮肤变态反应（致敏性）试验结果为有致敏性。大鼠 90d 亚慢性喂养试验最大无作用剂量：雄 5.56mg/kg；雌 6.45mg/kg；致突变试验：Ames 试验、小鼠骨髓细胞微核试验、哺乳动物细胞基因突变试验、大鼠非程序 DNA 合成试验结果均为阴性，体外哺乳动物细胞染色体畸变试验为弱阳性，未见致突变作用。NOEL（大鼠两代）2.80mg/(kg·d)。ADI/RfD（FSC）0.028mg/kg（bw）[2004]，（EPA）0.034mg/kg [2008]。啶虫丙醚 100g/L 乳油大鼠（雄、雌）急性经口、经皮均 LD_{50}＞2000mg/kg；大鼠吸入 LC_{50}＞1.49mg/L；对家兔眼睛、皮肤有轻度刺激性；豚鼠皮肤变态反应（致敏）试验结果为无致敏性。啶虫丙醚原药和 100g/L 乳油均属低毒杀虫剂。

生态效应　山齿鹑 LD_{50}＞1133mg/L，野鸭 LD_{50}＞5620mg/L。虹鳟鱼 LD_{50}（96h）为 0.50mg/L。蜜蜂经口、经皮 LD_{50}（48h）＞100μg/只。蚯蚓 LC_{50}＞2000mg/kg（土壤）（*EPA Fact Sheet*）。对多种有益节肢动物低毒。在 100mg/L 对稻螟赤眼蜂、普通草蛉、异色瓢虫、东亚小花蝽及智利小植绥螨无害。蚜茧蜂、梨盲走螨的 LR_{50}（48h）分别＞457.6、600g(a.i.)/hm^2。啶虫丙醚 100g/L 乳油对淡水鲤鱼 LC_{50}（96h）为 8.58mg/L；鹌鹑 LD_{50}为 2374.96mg/kg；蜜蜂（接触）LC_{50}（48h）为 112.0μg(a.i.)/只。家蚕（食下毒叶法）LC_{50}为 66.46mg/kg。

环境行为　该药（折成有效成分）对蜜蜂为低毒，鸟为低（或中等）毒，鱼为高毒，家蚕为中等毒。对天敌及有益生物影响较小。本剂对蚕有影响，勿喷洒在桑叶上，在桑园及蚕室附近禁用。注意远离河塘等水域施药，禁止在河塘等水域中清洗药器具，不要污染水源。动物：大鼠和山羊经口啶虫丙醚后，主要通过粪便排出体外。代谢主要是二氯丙烯醚键的断裂。植物：通过对国内甘蓝、马铃薯和草莓施药后，在植物体内流动性不明显，植物体内的部分代谢也是部分的二氯丙烯醚键的断开。土壤环境：土壤中 DT_{50} 93～182d；降解主要是二氯丙烯醚键的断开，然后是苯酚的甲基化，同时断裂成吡啶酚；土壤中无流动性；K_d2473～3848。

制剂与分析方法　48%乳油，35%可湿性粉剂，50%乳油，10%胶悬剂。登记剂量经 1000 倍稀释（100mL/100L）后使用，100g/L 乳油，可用 GC-MSD/HPLC-UV 进行分析。

作用机理与特点　其化学结构独特，属二卤丙烯类杀虫剂。不同于现有的其他任何类型的杀虫剂，对蔬菜和棉花上广泛存在的鳞翅目害虫具有卓越活性。同时，它对许多有益的节肢动物影响最小，所以有望成为害虫综合治理项目中的得力成员。该化合物对小菜蛾的敏感品系和抗性品系也表现出高的杀虫活性。除此之外，啶虫丙醚对蓟马和双翅目的潜叶蝇也具有杀虫活性。在日本，啶虫丙醚已经或正在登记用于防治农业上的这些害虫。经田间药效试验结果表明：10%啶虫丙醚对小菜蛾防治效果优良，使用 150.0g(a.i.)/hm^2 和 112.5g

(a. i.)/hm^2 处理，在施药后 3d 的防效分别为 91.58%、89.46%，10d 达到 96.81%、95.94%，均明显高于对照药剂 2%甲氨基阿维菌素苯甲酸盐 EC，5%氟虫腈 SC 和 2.5%溴氰菊酯 EC 的防效。说明啶虫丙醚 100g/L 乳油对大白菜、甘蓝的小菜蛾有较好的防治效果。

应用

适用作物　甘蓝、萝卜、莴苣、茄子、青椒、洋葱、草莓、果树、棉花等。

防治对象　小菜蛾、小菜粉蝶、甘蓝菜蛾、斜纹夜蛾、棉铃虫、棕榈蓟马、烟蓟马、稻纵卷叶螟等见表 43-1。

残留量　叶类蔬菜 4 组（不包括芸薹类）20mg/L；芸薹（头、茎，亚组 5A）3.5mg/L；果类蔬菜 8 组 1.0mg/L；绿芥末 30mg/L；绿芜菁 30mg/L。

应用技术　使用药量为有效成分 75～105g/hm^2（折成 100g/L 乳油商品量为 50～70mL/666.7m^2，一般对水 50kg 稀释），于小菜蛾低龄幼虫期开始喷药。在推荐的试验剂量下未见对作物产生药害见表 43-2，对作物安全见表 43-3。

使用方法　喷雾。持效期为 7d 左右，耐雨水冲刷效果好。

表 43-1　啶虫丙醚对鳞翅目害虫的生物活性

名　　称	生长阶段	试验方法	实验时间/d	LC_{50}/[(mg(a. i.)/L]
稻纵卷叶螟	L3	喷雾	5	1.55
棉铃虫	L3	浸叶	5	1.36
烟夜蛾	L2	浸叶	5	3.23
烟芽夜蛾	L2	浸叶	5	4.29
甘蓝夜蛾	L3	喷雾	5	1.98
甜菜夜蛾	L3	浸叶	5	0.93
斜纹夜蛾	L3	喷雾	5	0.77
菜青虫	L2	喷雾	5	3.02
小菜蛾	L3	浸叶	3	4.48

注：L2 和 L3 指昆虫发育的二、三阶段。

表 43-2　小菜蛾对不同农药品种的耐药性比较

杀　虫　剂	类　　别	LC_{50}/[mg(a. i.)/L]	
		耐　药　性	敏　感　性
啶虫丙醚		2.6	4.7
氟氯氰菊酯	拟除虫菊酯	>500	3.7
甲基嘧啶磷	有机磷	>450	12.0
定虫隆	苯甲酰脲	>25	3.4

表 43-3　啶虫丙醚在 100mg(a. i.)/L 下对多种有益的节肢动物有一点毒性，对棉花上的天敌有很好的选择性

名　　称	有 益 生 物	龄　　期	试 验 方 法
稻螟赤眼蜂	Egg parasitic wasp of lepidoptera	成虫	喷雾
普通草蛉	Predatory chrysopidae	L2～L3	浸虫
异色瓢虫	Predatory coleoptera	L2～L3	喷雾
东亚小花蝽	Predatory hymenoptera	成虫/若虫	喷雾
智利小植绥螨	Predatory acarina	成虫	喷雾
蜜蜂	Pollinator	工蜂	直接喷洒
雄蜂	Pollinator 传粉昆虫	工蜂	直接喷洒

注：L2 和 L3 指昆虫发育的二、三阶段。

专利与登记

专利名称　Dihalopropene compounds，insecticidal/acaridial agents containing same，and intermediates for their production

专利号　WO 9611909　　专利公开日　1996-04-25

专利申请日　1995-10-12　　优先权日　1994-10-14

专利拥有者 Sumitomo Chemical Co

在其他国家申请的化合物专利：AT 191477、AU 692930、AU 3672895、CA 2202495、CN 1217933、CN 1088061、CN 1169147、CN 1318535、CN 1654455、CZ 9701060、DE 69516160、DK 785923、EG 21672、EP 0785923、ES 2145301、GR 3033311、HU225938、IL 115597、MX 9702635、OA 10412、RU2158260、SK45097、US 6071861、US 5922880 等。

制备专利：JP 09194418、WO 9604228、WO 9633160、WO 2004002943、WO 2004020445、WO 2004052816、WO 2004113273、WO 2006130403 等。

制剂或剂型专利：FR 2779032、JP 2000095612、JP 2000169305、JP 2000355507、JP 2002128613、JP 2003063910、JP 2006131516、WO 2000072680、WO 2001000027、WO 2008031712、WO 2008071714、WO 2008092759 等。

在中国申请的与该产品有关的部分专利及登记情况见表 43-4、表 43-5。

表 43-4 在中国申请专利

序号	申请号	专利名称
1	200580025385.6	邻氨基苯甲酰胺无脊椎害虫防治剂混合物
2	200580022564.4	邻氨基苯甲酰胺无脊椎害虫防治剂协同混合物
3	200610100338	含 γ-氯氟氰菊酯的杀虫混合物
4	200910173098	农药组合物
5	200910173802.1	农药组合物
6	200910205314.4	一种增效农药组合物
7	200910205315.9	一种增效杀虫组合物
8	200910173801.7	农药组合物
9	200910208450.9	一种啶虫丙醚的组合物及其应用

2008 年 6 月 19 日，啶虫丙醚已在中国获得临时批准，分别为 LS 20071625 啶虫丙醚原药；LS 20071624 啶虫丙醚 100g/L 乳油，用于防治大白菜和甘蓝上的小菜蛾。此前，啶虫丙醚已在美国获得批准。2004 年在日本、韩国、泰国也获得登记，2007 年在印度获得登记。国内未见生产报道。

表 43-5 日本住友化学株式会社在中国登记情况

商品名	登记证号	含量	剂型	登记作物	防治对象	用药量/(g/hm^2)	施用方法
三氟甲吡醚	LS 20071624	100g/L	乳油	大白菜	小菜蛾	75～105	喷雾
				甘蓝	小菜蛾	75～105	喷雾
三氟甲吡醚	LS 20071625	91%	原药				

合成方法

可通过如下反应制得目的物：

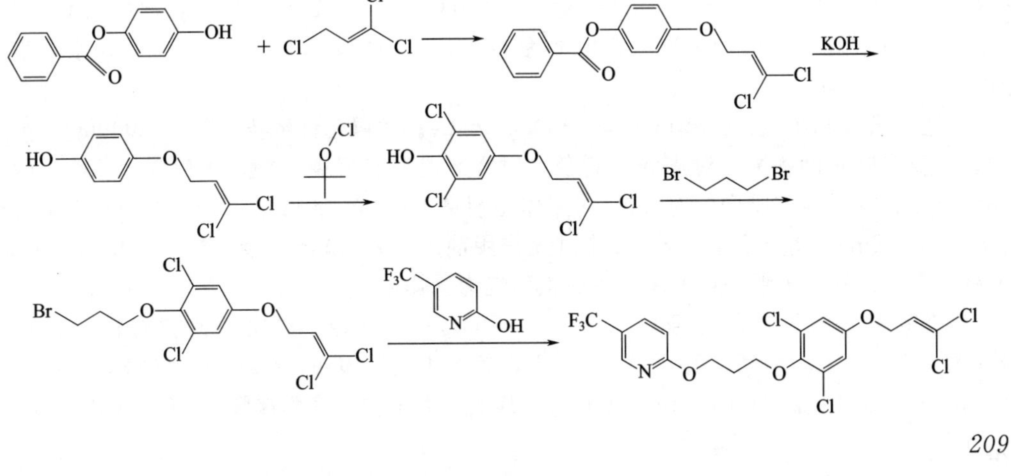

另一种合成方法：

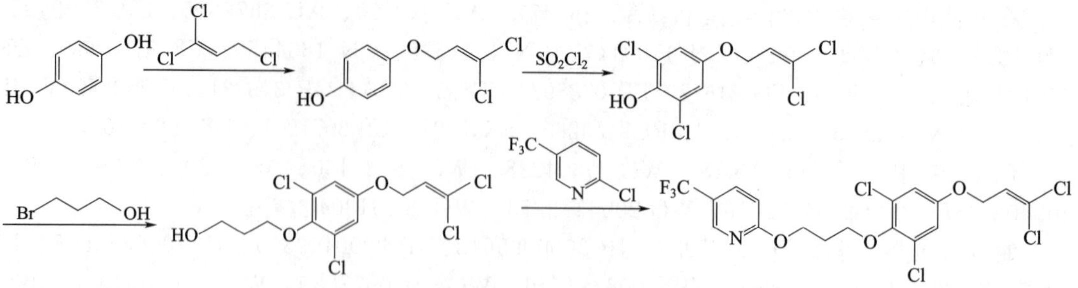

1 WO 9611909.

2 The BCPC Conference-Pests & Diseases，2002，1，33-38.

3 The Pesticide Manual，15 th edition：988-989.

4 世界农药，2004，26（4）：6-10.

44 环虫酰肼（chromafenozide）

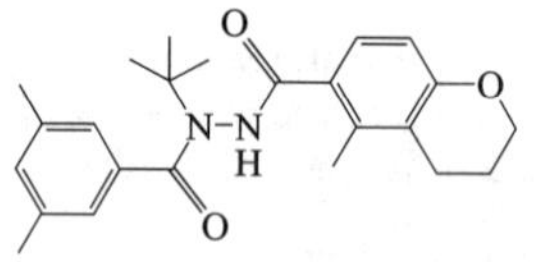

$C_{24}H_{30}N_2O_3$，394.5

产品简介

环虫酰肼［试验代号：ANS-118、CM-001，通用名称：chromafenozide，商品名称：Matric（Mitsui Chemicals，Nippon Kayaku）、Kanpai（Nippon Kayaku）、Killat（Nippon Kayaku）、Phares（Nippon Kayaku）、Virtu（Nippon Kayaku）、Acro（Nippon Kayaku）］是日本化药株式会社和日本三井化学株式会社联合开发的双酰肼类杀虫剂。世界主要生产商为日本化药株式会社、日本三井化学株式会社。

化学名称 2′-叔丁基-5-甲基-2′-(3,5-二甲基苯甲酰基) 色烷-6-甲酰肼，英文化学名称2′-*tert*-butyl-5-methyl-2′-(3,5-xyloyl) chromane-6-carbohydrazide。美国化学文摘系统名称3,4-dihydro-5-methyl-2*H*-1-benzopyran-6-carboxylic acid 2-(3,5-dimethylbenzoyl)-2-(1,1-dimethylethyl)-hydrazide，CA 主题索引名称 2*H*-1-benzopyran-6-carboxylic acid—，3,4-dihydro-5-methyl-2-(3,5-dimethylbenzoyl)-2-(1,1-dimethylethyl) hydrazide。CAS 登录号为［143807-66-3］。

理化性质 含量≥91%；纯品为白色结晶粉末，熔点 186.4℃，沸点 205～207℃/66.7Pa，蒸气压≤4×10^{-6} mPa（25℃）。相对密度 1.173（20℃），K_{ow} lg$P$=2.7。Henry 常数 1.41×10^{-6} Pa·m^3/mol。水中溶解度（20℃）1.12mg/L。极性溶剂中溶解度适中。在 150℃以下稳定，在缓冲溶液中稳定期为 5d（pH=4.0，7.0，9.0，50℃），水溶液光稳定性 DT_{50} 5.6～26.1d。

毒性 大鼠和小鼠急性经口 LD_{50}>5000mg/kg。大鼠急性经皮 LD_{50}>2000mg/kg（雌、雄）。对兔眼睛轻度刺激，对皮肤无刺激。对豚鼠皮肤有轻微刺激。大鼠吸入 LC_{50}（4h）>4.68mg/L；在喂养实验中，对大鼠 2a 无作用剂量为 44.0mg/(kg·d)，对小鼠 87 周无作用剂量为 484.8mg/(kg·d)，对狗 12 个月无作用剂量为 27.2mg/(kg·d)，ADI：0.27mg/kg(bw)。无“三致”作用。对大鼠、兔的生殖能力无影响。

生态效应 山齿鹑急性经口 LD_{50}>2000mg/kg（bw）。对山齿鹑和野鸭每日摄入量 LC_{50} 为 5620mg/L。NOEC 值为 1000mg/L。鱼类 LC_{50}（96h，mg/L）：虹鳟鱼>20，斑马鱼>100。水蚤 LC_{50}（48h）516.71mg/L。其他水生生物：多刺裸腹溞 LC_{50}（3h）>100mg/

L，多齿新米虾 LC_{50}（96h）＞200mg/L。蜜蜂 LD_{50}（48h）＞100μg/只（接触），＞133.2μg/只（经口）。蚯蚓 LC_{50}（14d）＞1000mg/kg（土壤）。对捕食性螨、黄蜂等有益物种安全。

环境行为　动物：环虫酰肼作用于大鼠后，在48h后被快速排泄，并且在组织和器官内失去作用。主要排泄成分是原化合物环虫酰肼。植物：在苹果、水稻和大豆中，发现了许多少量的代谢物，但主要排泄物是原化合物环虫酰肼。土壤和环境：降解 DT_{50} 为 44～113d（旱地土壤，2点试验），22～136d（水稻土，2点试验）。K_{oc}236～3780。

制剂与分析方法　主要剂型有：5%（水悬浮剂）；5%乳油；0.3%（低漂散粉剂）。产品和残留可用 HPLC 分析。

作用机理与特点　蜕皮激素激动剂，能阻止昆虫蜕皮激素蛋白的结合位点，使其不能蜕皮而死亡。由于抑制蜕皮作用，施药后，导致幼虫立即停止进食。当害虫摄入本品后，几小时内即对幼虫具有抑食作用，继而引起早熟性的致命蜕变。这些作用与二苯肼类杀虫剂的症状相仿。尝试了用荧光素酶作为“转述基因”（reporter gene），以调节与蜕皮相关的元素，此法被开发用于对激素活性评价。在此活体实验体系中，发现本品与蜕皮激素、20-羟基蜕皮激素和百日青甾酮有着相仿的转化活性作用。可以认为由该幼虫所显示的症状及此种转化活性作用，本品可能作为一种蜕皮激素激励剂及诱发调节蜕皮基因的转录，从而破坏激素平衡而致效。

应用

主要用于防治水稻、水果、蔬菜、茶叶、棉花、大豆和森林中的鳞翅目幼虫。用量为 5～200g/hm^2。

环虫酰肼对鳞翅目类幼虫有着卓著的杀虫活性，并对田间害虫具有显著的防治作用。

作用特性及对作物保护的优越性：环虫酰肼是一种新颖的无甾类蜕皮激素激励剂，其可破坏害虫的蜕皮过程，并使害虫引起早熟性致命蜕皮。较之传统的昆虫生长调节剂，这种新颖的昆虫生长调节剂可迅速抑制幼虫取食，从而减少农作物的损失。

环虫酰肼对于斜纹夜蛾幼虫及其他鳞翅目害虫的幼虫的任何生长阶段，均呈现了很高的杀虫活性见表 44-1～表 44-3。

表 44-1　环虫酰肼对不同生长阶段鳞翅目幼虫的 LC_{50} 值

幼虫阶段	斜纹夜蛾/(mg/L)	东方玉米螟/(mg/L)
第一龄	1.1	—
第二龄	0.8	1.6
第三龄	0.4	—
第四龄	1.6	3.2

表 44-2　温室试验中环虫酰肼的生物活性

昆虫	生长阶段	LC_{50}/(mg/L)
鳞翅目		
斜纹夜蛾	L_3	0.4
莎草黏虫	L_1	0.2
菜蛾	L_3	2.5
稻纵卷叶螟	L_3	0.3
东方玉米螟	L_2	0.08
茶小卷叶蛾	L_3	0.8
烟蚜夜蛾	L_1	0.8
双翅目		
家蝇	L_1	＞200

续表

昆虫	生长阶段	LC_{50}/(mg/L)
鞘翅目		
黄守瓜	L_3	>50
同翅目		
棉蚜	N_1	>200
缨翅目		
棕黄蓟马	N_2	>200
蜱螨目		
普通红叶螨	$N_{1,2}$	>200

注：L_1～L_3 和 N_1N_2 为第 1～3 龄幼虫和蛹的生长阶段。LC_{50}的数值系由幼虫死亡数测得，为处理后 5～6d

表 44-3　环虫酰肼制剂在日本应用情况

作　物	靶标	剂量/(kg/hm²)	与收获期间隔天数
0.3% DL 水稻	亚洲稻螟	30～40	14
	稻纵卷叶螟	40	14
	稻苞虫	40	14
	草地贪夜蛾	40	14
5% FL		稀释倍数	
苹果	苹果卷叶蛾	1000	14
	苹褐卷叶蛾	1000	14
甜菜	甜菜夜蛾	1000	7
甘蓝	甘蓝夜蛾	1000～2000	14
茶叶	茶小卷叶蛾	1000	14
	茶叶细蛾	1000	7

专利与登记

专利名称　Preparation of hydrazine derivatives and their pesticidal activity

专利号　EP 496342　　专利公开日　1992-07-29

专利申请日　1992-01-21　　优先权日　1991-01-25

专利拥有者　日本化药公司，日本三共公司

在其他国家申请专利：AT 145646、AU 646918、AU 684340、CA 2059787、CN 1035539、CN 1063488、DE 69215393、DK 0496342、ES 2094241、GR 3021792、IL 100643、JP 5163266、JP 6340654、RU 2041220 等。

目前公开的或授权的专利：AU 9210317、AU 9517816、JP 2577154B2、JP 2577189B2、US 5378726、US 5530021、ZA 9200390 等。

制备、制剂或剂型专利：JP 08311057、JP 3573524B2、JP 06227910、JP 06172342、JP 06263604、JP 06256111、JP 06256108、JP 06298609、JP 08231307、JP 08291004、JP 09100201、JP 2001181112、JP 2001233712、JP 2003063908 等。

在中国申请的与该产品有关的部分专利情况见表 44-4。

表 44-4　在中国申请的专利

序列号	申　请　号	专　利　名　称
1	200910037170.6	杀虫组合物

1998 年 10 月在日本获准登记。其制剂于 1999 年 12 月登记并得以应用。目前正在全世界进行开发，如法国、西班牙、意大利、德国和欧洲其他国家、东南亚国家。

合成方法

环虫酰肼主要有两种合成方法。

（1）

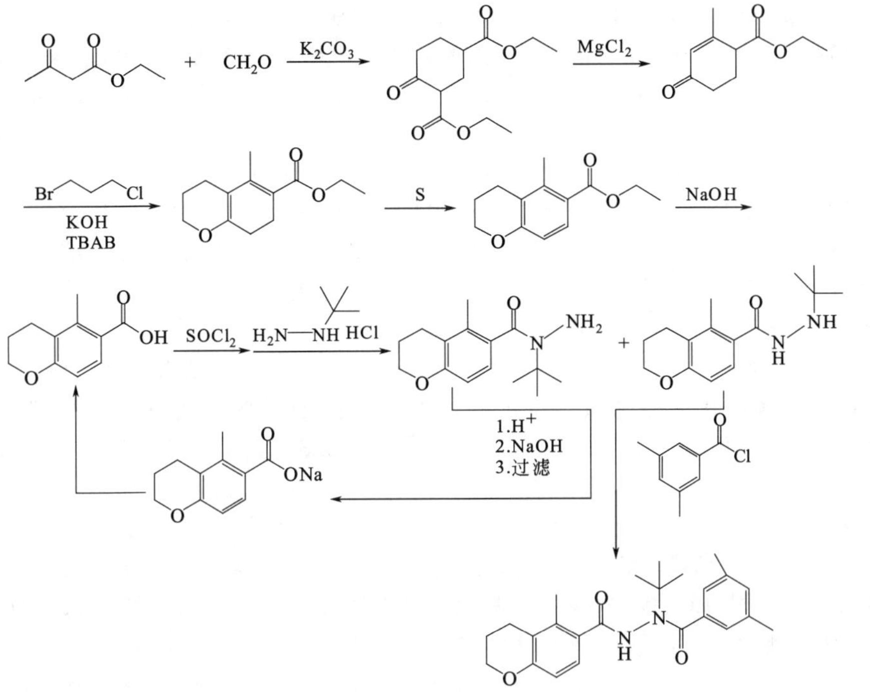

（2）

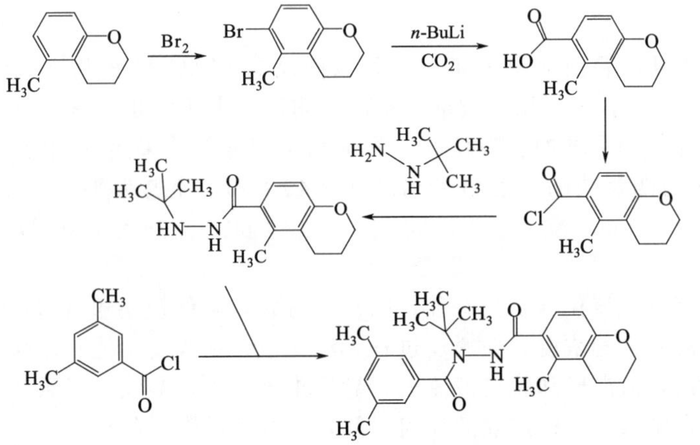

1 The Pesticide Manual. 15 th edition：210-212.

2 US 5378726.

3 世界农药，2000，22（6）：20-22.

4 世界农药，2007，29（1）：12-17.

5 The BCPC Conference-Pests & Diseases，2000，1：27-32.

45 氯虫酰肼（halofenozide）

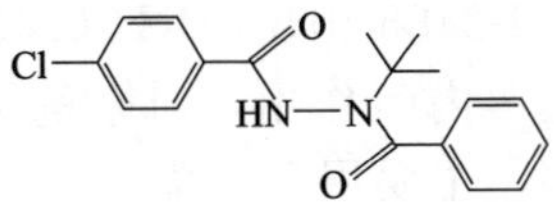

$C_{18}H_{19}ClN_2O_2$，330.8

产品简介

氯虫酰肼（试验代号：RH-0345、CL 290816，通用名称：halofenozide，商品名称：

MACH2、Grub Stop、Raster）是由美国氰胺公司（现属巴斯夫公司）和罗门·哈斯公司（现属 Dow AgroSciences 公司）于 1998 联合开发的双酰肼类杀虫剂。

化学名称 N-叔丁基-N′-(4-氯苯甲酰基）苯甲酰肼，英文化学名称为 N-tert-butyl-N′-(4-chlorobenzoyl) benzohydrazide。美国化学文摘系统名称为 4-chlorobenzoic acid 2-benzoyl-2-(1,1-dimethylethyl) hydrazide，CA 主题索引名称为 benzoic acid—，4-chloro-2-benzoyl-2-(1,1-dimethylethyl) hydrazide。CAS 登录号为［112226-61-6］。

理化性质 纯品为白色固体，熔点＞200℃。蒸气压＜1.3×10^{-2}mPa（25℃）。相对密度 0.38，K_{ow} lg$P$ 3.22。水中溶解度 12.3mg/L（25℃），其他溶剂中溶解度：异丙醇 3.1%，环己酮 15.4%，芳烃溶剂 0.01%～1%。稳定性：在热、光和水中稳定；水解 DT_{50}：310d（pH=5），481d（pH=7），226d（pH=9）。

毒性 急性经口 LD_{50}（mg/kg）：大鼠 2850，小鼠 2214。大鼠和兔急性经皮 LD_{50}＞2000mg/kg。对兔眼睛中等刺激，兔皮肤无刺激，接触对豚鼠皮肤无致敏性。大鼠吸入 LC_{50}＞2.7mg/L。NOEL［90d，mg/(kg·d)］：狗 3.8，大鼠 5.7。对诱变性和遗传性为阴性。

生态效应 山齿鹑急性经口 LD_{50}＞2250mg/kg，大鼠吸入 LC_{50}（mg/L）：山齿鹑平均 4522，野鸭＞5000。鱼类 LC_{50}（mg/L）：大翻车鱼＞8.4，红鲈＞8.6，鲦鱼＞8.8。蚤类 LC_{50} 3.6mg/L。藻类 EC_{50} 0.82mg/L。其他水生生物 EC_{50}（mg/L）：虾 3.7，软体动物 1.2。蜜蜂 LD_{50}（接触）＞100μg/只。蚯蚓 LC_{50}＞980mg/kg（干土）。

环境行为 土壤环境 池塘水光解 DT_{50} 为 10d。有氧 DT_{50} 54～468d（9 种土质），340～845d（3 种沙壤土壤），分散土壤 DT_{50} 42～267d；草坪 DT_{50} 3～77d；土壤光解 DT_{50} 129d，K_{oc} 224～279。

制剂与分析方法 目前氯虫酰肼在美国以商品名 MACH2 出售，剂型为颗粒剂，其中氯虫酰肼含量为 1.5%，主要用于牧草、草皮，防治甲虫等害虫。该产品还可制成水剂、油剂、粉剂、可湿性粉剂、乳油、颗粒剂、熏蒸剂和烟雾剂。采用液相分析 RH-0345，（λ=254nm），流动相为四氢呋喃：乙腈：水=20：40：40，流速为 1mL/min 时，保留时间为 6.8min；或当 λ=260nm，流动相为乙腈：水=40：60，流速为 2.0mL/min 时，保留时间为 90min。

作用机理与特点 该化合物具有独特的作用方式，可促使鳞翅目害虫提前蜕皮。可降低幼虫血淋巴中蜕皮激素的浓度，使蜕皮过程无法完成，新表皮不能骨质化和暗化。而且虫被处理后肠自行挤出，血淋巴和蜕皮液流失，导致虫体失水、皱缩，乃致死亡。这类药剂抑制蜕皮作用可发生在昆虫自然蜕皮前的任何时间，而苯甲酰脲类的作用则发生在被处理虫的自然蜕皮过程中。1988 年，Wing K D 首次研究发现，非甾醇蜕皮激素类杀虫剂和蜕皮激素一样作用于蜕皮激素受体（EcR）。在昆虫体内，激活的蜕皮激素进入靶细胞，与细胞内的受体蛋白相结合，这种激素-受体复合体与特定的 DNA 序列-激素反应元相结合，调节特定基因的转录。类似于天然昆虫蜕皮激素（20E），非甾醇蜕皮激素类杀虫剂作用于 EcR 的同时，阻碍了在 Na^+、K^+-ATP 调节传输中起重要作用的乌木苷的合成，从而阻碍了神经和肌肉上钾通道的传导。与 RH-5992、RH-2485 相比，RH-0345 对鳞翅目的活性较低，但对鞘翅目活性却很高，有着与众不同的土壤内吸作用，对金龟子幼虫和土壤害虫有很好的杀灭效果。在美国以商品名 MACH2 出售，主要用于牧草、草皮和观赏植物中。

应用

适用作物 蔬菜、茶树、果树、观赏植物及水稻等作物。

防治对象 日本甲虫、欧洲金龟子、东方甲虫、南部蒙面金龟子以及鳞翅目幼虫，如地老虎、棉铃虫、菜青虫、小菜蛾等。

残留量与安全施药　1.0～2.0lb/a（指磅每英亩）用于草坪。

应用技术　15%氯虫酰肼商品品种对稻纵卷叶螟各龄幼虫有效，但以在2～3龄期用药为宜。每亩用药8mL，对水量45～50kg/667m^2，均匀细喷雾；对水时一定要用二次稀释法配制药液，即先将药剂配母液（药剂用少量水先化开搅匀），再对水稀释，充分搅拌均匀喷施，这是发挥其药效的关键。

活性研究　对蔬菜、棉花及谷物中的鳞翅目害虫如烟草天蛾、云杉色卷蛾、秋黏虫、玉米穗蛾、甜菜夜蛾、棉贪夜蛾和莎草黏虫，以及鞘翅目如马铃薯甲虫、日本丽金龟等具有很高的生物活性。

Guy Smagghe 等人研究表明，对棉贪夜蛾经试验，氯虫酰肼达到50%死亡率的剂量为44.8mg/L，而 RH-5849 为 105mg/L。

N. Soltain 等研究了氯虫酰肼对 Tenebriomolitor 蛹的杀虫活性，试验结果表明第三、第四天时，10μg/L 氯虫酰肼诱使的蜕皮浓度分别为常规的160%和190%，且 20E 同 RH-0345 混用有助于提高二者的杀虫活性。

专利概况

专利名称　Preparation of insecticidal diacylhydrazinea and of intermediary insecticidal acylhydrazines

专利号　EP 228564　　专利公开日　1987-07-15

专利申请日　1986-11-24　　优先权日　1985-12-09

专利拥有者　American Cyanamid Co.

在其他国家申请的化合物专利：AT 72231、AU 6615886、BR8606031、CA 1338714、DK 589286、EP 0228564、EP 0228564、ES 2027953、FI 864987、GR 3003670、IE 59329、JP 62175451、JP 7330507、KR 910002532、ZA 8609264 等。

目前公开的或授权的与氯虫酰肼有关的部分专利：DE 102007045957、EP 2039248、EP 2090170、EP 2127522、GB 2457347、JP 2010047479、JP 2010053129、JP 2010047478、JP 2009161471、US 7635404、WO 2009147205、WO 2009146793、WO 2009039951、WO 2008152091、WO 2009135613、WO 2009123907、WO 2009090181、WO 2009100822、WO 2009012909、WO 2010025870、WO 2009047584、WO 2008148221 等。

制备专利：DE 102006014481、EP 1952690、EP 2000029、EP 1952690、JP 2009209124、JP 2008150302、JP 2010047478、JP 2009108046、WO 2008071674、WO 2007123855、WO 2010005692、WO 2010000790、WO 2009099929、WO 2009002809、WO 2009051956、WO 2009022548、WO 2008154528、WO 2008125362、WO 2008092759、WO 2008075453、WO 2008075454、WO 2008072783、WO 2007122163、WO 2007083394、WO 2008150393、WO 2007083411 等。

在中国申请的氯虫酰肼专利见表 45-1。

表 45-1　在中国申请的专利

序号	申请号	专利名称
1	200910037170.6	杀虫组合物

合成方法

二酰肼类化合物的合成方法早有报道，综合各种文献，主要有以下两种。

（1）烷基肼分步酰化法

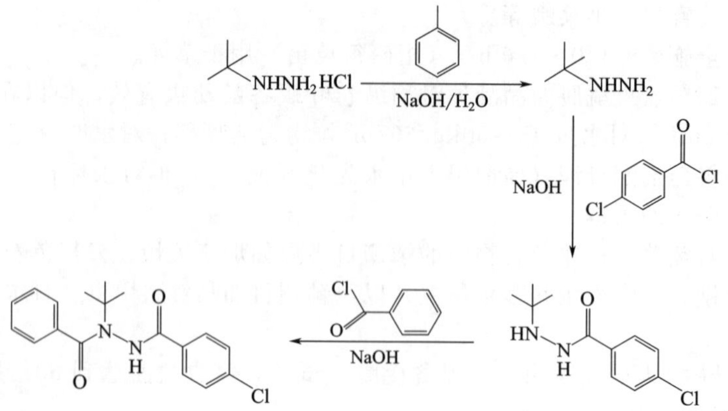

（2）烷基肼保护酰化法

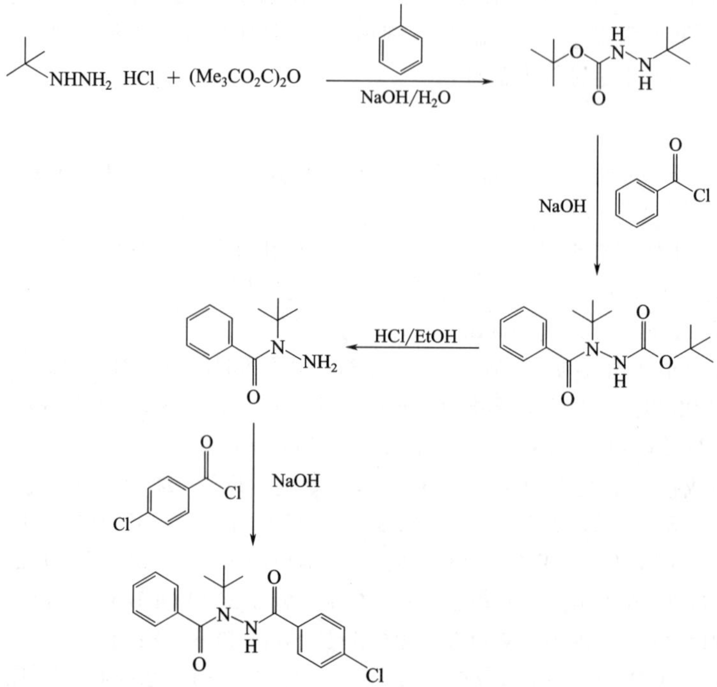

1 Proceedings of the Brighton Crop Protection Conference-Pests and diseases，1996：307-449.

2 The Pesticide Manual. 15 th edition：599-600.

3 WO 9211249.

4 浙江化工．2003，34（10）：3-6.

46 甲氧虫酰肼（methoxyfenozide）

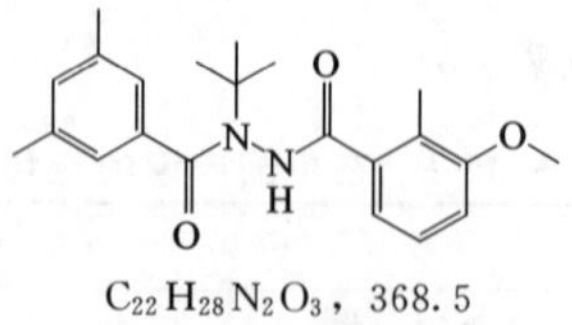

$C_{22}H_{28}N_2O_3$，368.5

产品简介

甲氧虫酰肼（试验代号：RH-2485、RH-112、485，通用名称：methoxyfenozide，商品名称：Runner、Intrepid、Prodigy、雷通，其他名称：Faclon、Moncerenrunner）是由罗门·哈斯公司于1990年发现，1996年公布。陶氏益农公司于2000年收购罗门·哈斯公司农药部及该产品，并于2001年以商品名“美满”在中国获得农药临时登记，2005年12月改以商品名“雷通”获得正式登记。世界主要生产商为美国陶氏益农公司。

化学名称　纯品含量≥97%。*N*-叔丁基-*N*′-(3-甲氧基-2-甲苯基甲酰基)-3,5-二甲基苯甲酰肼，英文化学名称为 *N*-*tert*-butyl-*N*′-(3-methoxy-*o*-toluoyl)-3,5-xylohydrazide。美国化学文摘系统名称为 3-methoxy-2-methylbenzoic acid 2-(3,5-dimethylbenzoyl)-2-(1,1-dimethylethyl)hydrazide；CA 主题索引名称为 benzoic acid—，3-methoxy-2-methyl-2-(3,5-dimethylbenzoyl)-2-(1,1-dimethylethyl)hydrazide。CAS 登录号为［161050-58-4］。

理化性质　纯品为白色粉末。熔点206.2～208℃（tech. 204～206℃），蒸气压<1.48×10^{-3}mPa（20℃），$K_{ow}\lg P=3.7$（摇瓶法）。Henry 常数<1.64×10^{-4}Pa·m^3/mol（计算值）。水中溶解度3.3mg/L；有机溶剂（20℃，g/100g）：DMSO中为11，环己酮中9.9，丙酮中9。稳定性：在25℃下储存稳定，在25℃，pH=5、7、9下水解。

毒性　大、小鼠急性经口 LD_{50}>5000mg/kg；大鼠急性经皮 LD_{50}>5000mg/kg。对眼无刺激，对兔皮肤有轻微刺激。对豚鼠皮肤无致敏性。大鼠饲喂 LC_{50}（4h）>4.3mg/L。NOEL：10mg/(kg·d)（24个月），小鼠1020mg/(kg·d)（18个月），狗9.8mg/(kg·d)（1a）。ADI/RfD（EC）：0.1mg/kg（bw）［2005］，（JMPR）0.1mg/kg（bw）［2003］。其他：Ames 试验和一系列诱变和基因毒性试验中呈阴性。

生态效应　山齿鹑急性经口 LD_{50}>2250mg/kg。饲喂 LC_{50}（8d）野鸭和山齿鹑>5620mg/(kg·d)。鱼类 LC_{50}（96h，mg/L）：大翻车鱼>4.3，虹鳟鱼>4.2。蚤类 LC_{50}（48h）3.7mg/L。藻类 EC_{50}（96和120h）月牙藻>3.4mg/L。对蜜蜂在100μg/只（经口和接触）均无毒。蠕虫 LC_{50}（14d）蚯蚓>1213mg/kg（土壤）。其他有益生物：对很大部分物种无毒。

环境行为　动物通过第二阶段的物质代谢快速吸收。土壤、环境：光解 DT_{50}池塘水为77d。土壤代谢 DT_{50}为173d，干旱土壤代谢 DT_{50}为336～1100d（4种土壤类型），田地 DT_{50}为23～268d（实验数据）。K_{oc}200～922mL/g（平均402mL/g），9种土壤，K_d0.93～1.06（平均0.98）（*EU Rev. Rep.*）。

制剂与分析方法　主要产品或制剂有悬浮剂，农药登记名称：24%雷通悬浮剂。土壤中残留可用 HPLC/UV 检测。

作用机理与特点　为一种非固醇型结构的蜕皮激素，模拟天然昆虫蜕皮激素——20-羟基蜕皮激素，激活并附着蜕皮激素受体蛋白，促使鳞翅目幼虫在成熟前提早进入蜕皮过程，而又不能形成健康的新表皮，从而导致幼虫提早停止取食、最终死亡。鳞翅目幼虫摄食甲氧虫酰肼后的反应是快速的。一般摄食4～16h后幼虫即停止取食，出现中毒症状。有记录表明甲氧虫酰肼与鳞翅目激素受体蛋白的亲和力大约是虫酰肼与蜕皮激素受体蛋白亲和力的6倍，是20-羟基蜕皮酮本身的400倍，它毫无疑问地解释了甲氧虫酰肼为什么对鳞翅目幼虫有较高的杀虫活性，同样由于甲氧虫酰肼对非鳞翅目幼虫的蜕皮受体蛋白亲和力较低（例如与黑尾果蝇的亲和力仅为20-羟基蜕皮酮与该蜕皮激素受体亲和力的一半），也解释了甲氧虫酰肼对非鳞翅目昆虫较低杀虫活性的原因。对于双酰肼类杀虫剂的杀虫机理，人们多从生物角度来研究，通过观察害虫在蜕皮过程中的异常而说明害虫致死原因。Retnakaran 等以虫酰肼为例，使用电子显微镜观察了正常的蚜虫和受药的蚜虫蜕皮过程，分别测定了20-羟基蜕皮激素与虫酰肼的含量对蚜虫蜕皮过程的影响。正常蜕皮过程，20-羟基蜕皮激素随着时间的增长而增大，诱使某些早期基因表达，在大约开始6.5d时到达浓度最高点（25pg/mL），随后含量开始急剧下降，到8d时降为零。对蚜虫表皮蛋白非常重要的 mRNA 在没有20-羟基蜕皮激素时才能表达出来。而甲氧虫酰肼进入昆虫体后，在昆虫蜕皮开始时的含量很高，随着昆虫的新陈代谢而含量持续降低，到3d时蚜虫停止进食与排泄，致使雷通基本保持恒量（20mg/mL），这使得 mRNA 无法表达，羽化激素没有产生，因此蜕皮缺乏桥环薄层，无法骨质化和暗化，从而导致蚜虫死亡。

应用

适用作物　用于蔬菜和农田作物，防治蔬菜（瓜类、茄果类）、苹果、玉米、棉花、葡萄、猕猴桃、核桃、花卉、甜菜、茶叶及大田作物（水稻、高粱、大豆）等作物。

防治对象　鳞翅目害虫。尤其对幼虫和卵有特效。对益虫、益螨安全，具有触杀、根部内吸等活性。

残留量与安全施药　美国拟制定的甲氧虫酰肼个体残留许可限量：柑橘果 10 组及区域注册的柑橘油：100mg/L；干豌豆种：2.5mg/L；石榴：0.6mg/L；爆米花玉米豆：0.05mg/L；爆米花玉米秆：125mg/L。

应用技术

（1）防治夜蛾类害虫　顾秀慧等通过小区和大田试验，发现甲氧虫酰肼用于防治秋季白菜上甜菜夜蛾有突出的防治效果，每亩药量 20mL，药后 24h 防效就达到 90%以上，以后逐天提高，第 7d 达到 98%以上。陈永兵等的田间试验结果表明，25%甲氧虫酰肼悬浮剂每亩 20mL 对甜菜夜蛾有优良的防治效果，药后 2d、5d 防效为 89%，药后 11d 防效仍在 80%以上。2001～2002 年在河南洛阳两年的田间试验结果显示，24%甲氧虫酰肼悬浮剂 4000 倍液喷雾防治甜菜夜蛾，药后 1d 和 7d 防效都在 80%以上，药后 3d 达到防治高峰，防效均在 90%以上。

（2）防治水稻害虫　近年来，人们尝试将甲氧虫酰肼用于防治水稻害虫。通过田间试验表明（单位均为每亩药量），24%甲氧虫酰肼悬浮剂每亩 15～30mL 对稻纵卷叶螟和二化螟均有良好的控制效果。2004 年在安徽潜山县的田间小区试验结果表明，24%甲氧虫酰肼悬浮剂 15mL 防治稻纵卷叶螟药后 20d 保叶效果为 89.7%；2005 年在浙江仙居对稻纵卷叶螟的试验结果是，24%甲氧虫酰肼悬浮剂 20mL、25mL 的保叶效果，药后 7d 分别为 76.7%和 79.9%，药后 15d 分别为 88.8%和 90.8%。对二化螟的防治效果，2004 年在浙江温岭和江西两地的试验表明，24%甲氧虫酰肼悬浮剂 30mL 可较好地控制二化螟的为害，保苗效果分别为 97.6%和 75.3%。2005 年于四川眉山的示范试验结果表明，24%甲氧虫酰肼悬浮剂 15mL 可有效地控制二化螟地为害，保苗效果为 95.1%，螟害率降低到 0.2%，而对照区的螟害率为 4.1%。

（3）防治苹果害虫　在苹果害虫防治上，周玉书等报道 24%甲氧虫酰肼悬浮剂对苹果棉褐带卷蛾越冬出蛰幼虫和第 1 代幼虫均有很好的药效，其 3000～8000 倍液处理防治效果在 87%～99%之间，田间有效控制期达 15d 以上，可有效地控制该虫为害。尤其是甲氧虫酰肼对卷叶虫苞内的各龄幼虫均有很好的杀灭作用，即使在棉褐带卷蛾幼虫为害盛期，田间大量形成虫苞以后使用，也能获得理想的效果。在一般虫口密度条件下，于苹果花后越冬幼虫出蛰盛末期和第 1 代幼虫为害盛期各喷施 1 次，可有效地控制其全年危害。从经济、药效等各角度考虑，推荐使用剂量以 5000～6000 倍液为宜。

杀虫活性　甲氧虫酰肼对许多重要的鳞翅目害虫均有较高的杀虫活性。以标准的室内混饲料法测定结果表明，该杀虫剂对甜菜夜蛾、欧洲玉米螟、卷叶蛾等均有突出的杀虫活性。药剂经口取食后，药剂对幼虫的毒力表现最高，而通过表皮吸收的杀虫剂的毒力则相对较低。与其他的双酰肼杀虫剂一样，该化合物无论通过喂饲或者点滴处理，对鳞翅目成虫均无杀虫活性，但是通过点滴处理对成虫产卵和卵的孵化则有一定程度的影响。

甲氧虫酰肼与虫酰肼不同，它有很好的根部内吸活性，特别是对于水稻和其他的单子叶植物。稻苗用甲氧虫酰肼溶液 24h 浸根处理后转移至没经药剂处理的土壤中，结果表明对粉夜蛾有持续 48d 的残留活性。然而像绝大多数双酰肼杂环化合物一样，甲氧虫酰肼无明显叶面内吸活性。

甲氧虫酰肼以高剂量应用（为使 90%靶标害虫死亡剂量的 18～1500 倍）仍然对非鳞翅目昆虫，如鞘翅目昆虫、同翅目昆虫、螨、线虫很安全。同样，实验室和田间的研究表明：在正常田间剂量下，不会对非鳞翅目益虫（如蜜蜂）和捕食性昆虫造成危害。因而甲氧虫酰肼和虫酰肼一样对鳞翅目害虫有高度的选择性，有利于害虫综合治理。

专利与登记

专利名称　Insecticidal *N′*-substtttuted-*N*,*N′*-diacylhydrazines

专利号　US 5344958　　专利公开日　1994-06-09

专利申请日　1992-10-23　　专利拥有者　Rohm and Haas Company

在其他国家申请的化合物专利：JP 6199763、PL 301144、SI 9300607、TR 28830、TR 28858、TR 28873、US 5530028、ZA 9308613 等。

目前公开的或授权的与甲氧虫酰肼有关的部分专利：CN 101310598、CN 101647434、CN 101480191、DE 102007045957、EP 2090170、EP 2127522、EP 2039248、JP 2009057320、JP 2009108046、US 2009325892、WO 2010025870、WO 2010023171、WO 2010003923、WO 2009146793、WO 2009134224、WO 2009123907、WO 2009118297、WO 2009100822、WO 2009047584、WO 2009039951、WO2009012909、WO 2008152091、WO 2008125410、WO 2008092851、WO 2008077924 等。

制备专利：CN 101475790、JP 2010053129、JP 2009209124、JP 2008222705、JP 2010047479、JP 2010047478、WO 2010005692、WO 2010000790、WO 2009147205、WO 2009135613、WO 2009090181、WO 2009022548、WO 2009002809、WO 2008104503、WO 2008092759、WO 2008071674、WO 2009099929、WO 2009051956、WO 200815452、WO 2008150393、WO 2007122163、WO 2007083394、WO2007083411、WO 2007079162 等。

在中国申请的与甲氧虫酰肼有关的部分专利及登记情况见表 46-1、表 46-2。

表 46-1　在中国申请的专利

序号	申请号	专利名称
1	97194175.0	农药组合物
2	98802494.2	增效的类保幼激素/几丁质合成抑制剂杀白蚁组合物
3	200710149682.2	农药组合物
4	200810000896.8	一种含有甲氧虫酰肼的杀虫剂组合物
5.	200910037170.6	杀虫组合物
6	200910140093.7	一种具有增效作用的农药组合物及其应用
7	200910167386.4	一种农药组合物及其应用
8	200910164569.0	一种农药组合物
9	200910164571.8	一种有协同增效作用的农药组合物及其应用

表 46-2　美国陶氏益农公司在中国登记情况

登记名称	登记证号	含量	剂型	登记作物	防治对象	用药量	施用方法
甲氧虫酰肼	PD20050197	240g/L	悬浮剂	苹果树	小卷叶蛾	48～80mg/kg	喷雾
				水稻	二化螟	70～100g/hm^2	喷雾
				甘蓝	甜菜夜蛾	36～72g/hm^2	喷雾
甲氧虫酰肼	PD20050206	97.6%	原药				

合成方法

以叔丁基肼和 2,6-二氯甲苯为原料，经过一系列反应，即可制得目的物。反应式如下：

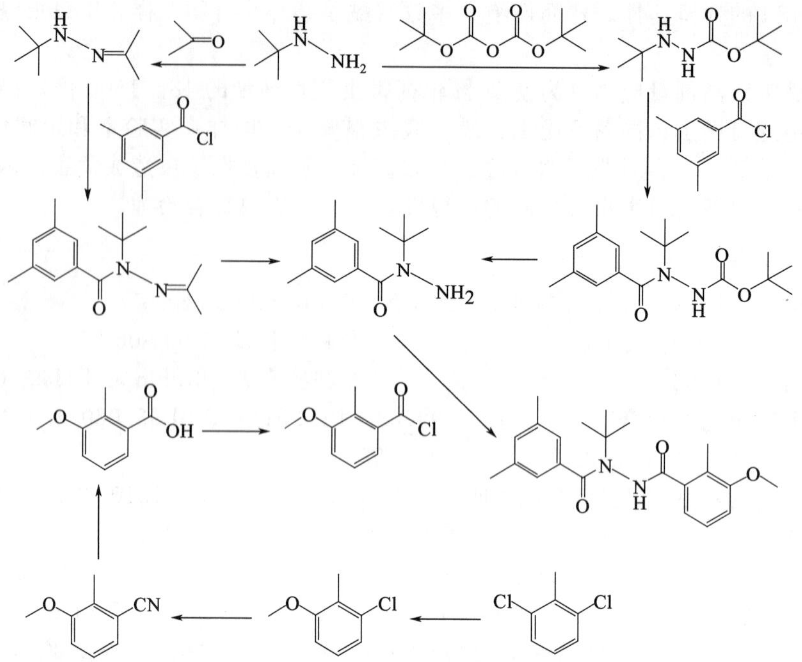

1 Proceedings of the Brighton Crop Protection Conference-Pests and diseases. 1996：307-449.
2 The Pesticide Manual. 15 th edition：764-765.
3 WO 9211249.
4 世界农药 . 2001，23（6）：50-54.
5 Journal of Organic Chemistry. 1984，49（14）：2534-2540.

47 虫酰肼（tebufenozide）

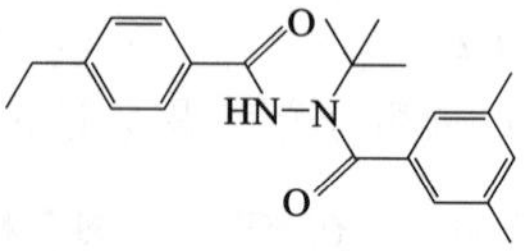

$C_{22}H_{28}N_2O_2$，352.5

产品简介

虫酰肼［试验代号：RH-5992、RH-75922，通用名称：tebufenozide，商品名称：Confirm（Dow AgroSciences）、Mimic（forestry）（Dow AgroSciences）、Fimic（Fertiagro）、米满，其他名称（生产商）：Conidan（Bayer CropScience）、Romdan（Dow AgroSciences，Hokko，Nihon Nohyaku）、Terfeno（Hui Kwang）、Applaud Romdan Moncut（Nihon Nohyaku）］是 Rohm Hass（现属 Dow AgroSciences 公司）1990 年推出的双酰肼类杀虫剂，为蜕皮激素类杀虫剂，施药后鳞翅目害虫蜕皮致死。

化学名称　*N*-叔丁基-*N'*-(4-乙基苯甲酰基)-3,5-二甲基苯甲酰肼，英文化学名称为 *N-tert*-butyl-*N'*-(4-ethylbenzoyl)-3,5-dimethylbenzohydrazide。美国化学文摘系统名称为 3,5-dimethylbenzoic acid 1-(1,1-dimethylethyl)-2-(4-ethylbenzoyl)hydrazide，CA 主题索引名称为 benzoic acid—，3,5-dimethyl-1-(1,1-dimethylethyl)-2-(4-ethylbenzoyl) hydrazide。CAS 登录号为［112410-23-8］。

理化性质　无色粉末，熔点 191℃；蒸气压＜1.56×10^{-4}mPa（25℃，气体饱和度法）；相对密度 1.03（20℃）；$K_{ow}\lg P=4.25$（pH＝7）；Henry 常数（计算）＜6.59×10^{-5} Pa·m^3/mol；水中溶解度 0.83mg/L（25℃）；有机溶剂中微溶。稳定性：94℃下稳定期 7d；pH＝7，25℃的水溶液光稳定；在无光无菌的水中稳定期 30d（25℃）；池塘水中 DT_{50} 67d；

光存在下 30d（25℃）。

毒性　大、小鼠急性经口 LD_{50} >5000mg/kg；大鼠急性经皮 LD_{50} >5000mg/kg；对兔眼睛和皮肤无刺激。对豚鼠皮肤无致敏性。大鼠吸入 LC_{50}（4h）：雄鼠>4.3mg/L，雌鼠>4.5mg/L。NOEL 数据：大鼠（24 个月）5.5mg/(kg·d)，小鼠（18 个月）8.1mg/(kg·d)，狗（12 个月）1.9mg/(kg·d)。ADI/RfD（JMPR）值 0.02mg/kg（bw）[1996，2001，2003]，（EPA）0.018mg/kg（bw）[1999]。其他：Ames 实验，回复突变试验，哺乳动物点突变，活体和离体细胞遗传学检测和离体 DNA 合成实验，均呈阴性。

生态效应　鸟类：鹌鹑急性经口 LD_{50} >2150mg/kg，鹌鹑和野鸭摄入（8d）LC_{50} >5000mg/kg。鱼类 LC_{50}（96h，mg/L）：虹鳟鱼 5.7，大翻车鱼>3.0。蚤类 LC_{50}（48h）3.8mg/L。藻类 EC_{50}（mg/L）：月牙藻（120h）>0.64，栅藻（96h）0.23。水生生物 EC_{50}（96h，mg/L）：糠虾 1.4，东方牡蛎（巨蛎属）0.64。蜜蜂 LD_{50}（96h，接触）>234μg/只。蚯蚓 LC_{50} >1000mg/kg（土壤）。其他：对食肉螨、黄蜂和其他有益种类安全。

环境行为　动物：老鼠代谢产物是氧化烷基取代的芳香环，主要是苄基位置的氧化。植物：苹果、葡萄、水稻、甜菜，代谢产物主要成分是结构不变的虫酰肼，检测到的主要代谢产物是氧化烷基取代的芳香环，主要是苄基位置的氧化。土壤：DT_{50}（7 种土壤）7～66d，有氧及潮湿的土壤 100d（25℃，3 种类型）；无氧水分代谢 179d（25℃，淤泥土壤）；土壤耗损 DT_{50} 4～53d（12 种类型）。K_{oc} 351～894。土壤流动性研究显示移动低于 30cm。

制剂与分析方法　主要产品或制剂有粉剂、颗粒剂、胶悬剂、可湿性粉剂。产品分析主要利用 HPLC。

作用机理与特点　促进鳞翅目幼虫蜕皮的新型仿生杀虫剂，对昆虫蜕皮激素受体（EoR）具有刺激活性。能引起昆虫，特别是鳞翅目幼虫的早熟，使其提早蜕皮致死。同时可控制昆虫繁殖过程中的基本功能，并具有较强的化学绝育作用。

虫酰肼对高龄和低龄的幼虫均有效。幼虫取食虫酰肼后仅 6～8h 就停止取食（胃毒作用），不再为害作物，比蜕皮抑制剂的作用更迅速，3～4h 后开始死亡，对作物保护效果更好。无药害，对作物安全，无残留药斑。

应用

对捕食螨类、食螨瓢虫、捕食黄蜂、蜘蛛等有益节肢动物无害，对环境安全。对鳞翅目害虫有特效，但对半翅目、鞘翅目等害虫效果较差。以 10～100g(a.i.)/hm^2 可有效地防治梨小食心虫、葡萄小卷蛾、甜菜夜蛾等。持效期长达 2～3 周。

适用作物　能广泛用于果树、蔬菜、水稻等作物及森林，防治各种鳞翅目等害虫。在中国登记作物甘蓝、苹果、松树，登记号 LS98035。在其他国家登记作物蔬菜、苹果、玉米、棉花、葡萄、猕猴桃、水稻、高粱、大豆、甜菜、茶叶、核桃。

防治对象　苹果卷夜蛾、松毛虫、甜菜夜蛾、美国白蛾、天幕毛虫、云杉毛虫、舞毒蛾、尺蠖、玉米螟、菜青虫、甘蓝夜蛾、黏虫。

残留量与安全施药　防治水稻、水果、中耕作物、坚果类、蔬菜、葡萄及森林中的鳞翅目害虫，一般用量 0.06～0.3lb/a。表 47-1 为该药剂的防治效果。

表 47-1　用虫酰肼防治鳞翅目害虫情况

作物	用量/(g 有效成分/hm^2)	防治害虫
果树	100～200	苹果蠹蛾、食心虫、叶蛾等
蔬菜	100～200	黏虫、夜蛾、小菜蛾、粉蝶等
水稻	100～300	二化螟、稻纵卷夜螟等
森林	45～100	舞毒蛾、天幕毛虫、叶蛾、尺蠖等

应用技术　田间试验结果表明，以 144g (a.i.)/hm^2 剂量施用，对苹果蠹蛾防效极佳。在法国，在苹果小卷蛾发生严重的地区，第一次于卵孵期施药，直到害虫迁徙为止，施药 6 次，防效较好。在意大利试验表明，以 14.4g (a.i.)/dL，从卵孵期开始到收获前 1 周，每隔 14d 施药一次，可有效地防治梨小食心虫。以 96g (a.i.)/hm^2 于卵孵期施药，可防治葡萄小卷蛾，防效优于标准药剂氰戊菊酯。喷施 1 周后，推迟用药会导致药害发生。以 96g (a.i.)/hm^2 施用，对甜菜夜蛾防效为 100%，持效期 2～3 周。

在落叶性果园及葡萄园中，最佳施药时间为卵孵期。

使用方法　施药时应配戴手套，避免药物溅及眼睛和皮肤。施药时严禁吸烟和饮食。喷药后要用肥皂和清水彻底清洗。对鸟无毒，对鱼和水生脊椎动物有毒，对蚕高毒，不要直接喷洒在水面，废液不要污染水源，在蚕、桑地区禁用此药。储藏于干燥、阴冷、通风良好的地方，远离食品、饲料，避免儿童接触。

防治甘蓝甜菜夜蛾：在害虫发生时，每亩用 24%虫酰肼悬浮剂 40mL（有效成分 9.6g），加水 10～15L 喷雾。防治苹果卷叶蛾：在害虫发生时，用 24%虫酰肼 1200～2400 倍液或每 100L 水加 24%虫酰肼41.6～83mL（有效浓度 100～200mg/L）喷雾。防治松树松毛虫：在松毛虫发生时，用 24%虫酰肼 1200～2400 倍液或每 100L 水加 24%虫酰肼41.6～83mL（有效浓度 100～200mg/L）。

专利与登记

专利名称　Insecticidal *N'*-substttuted-*N*,*N'*-diacylhydrazines

专利号　US 4985461　　专利公开日　1991-01-15

专利申请日　1985-10-21　　优先权日　1985-10-21

专利拥有者　Rohm and Haas Company

在其他国家申请的化合物专利　ZA 8607921、BR 8605121 等。

目前公开的或授权的与虫酰肼有关的部分专利 WO 2010022251、WO 2010003923、WO 2010000790、WO 2009147205 等。

制备专利　CN 1435411、EP 639559、EP 461809、EP 339854、GB 2231268、JP 62167747、JP 2002114612、JP 2001181112、JP 09100262、US 5424333、US 5424333、US 6013836、WO 2009099929、WO 2009002809、WO 2008154528、WO 9958155、WO 2002087334 等。

在中国申请的与虫酰肼有关专利及登记情况见表 47-2、表 47-3。

表 47-2　在中国申请的专利

序号	申请号	专利名称
1	02146599.1	含虫酰肼的杀虫组合物
2	03138386.6	一种护林防虫的药剂贴
3	01123751.1	虫酰肼杀虫组合物
4	200710192239.3	虫酰肼-喹硫磷复配农药
5	200810017309.6	一种含有氰虫腈具有协同增效作用的杀菌剂组合物及其应用
6	200310101627.8	一种杀虫剂组合物
7	200310101626.3	一种杀虫剂组合物
8	03139970.3	鱼藤酮和虫酰肼悬浮剂及其制备方法
9	200410014033.8	具有杀虫活性的组合物及其在防治农业园艺多种害虫方面的应用
10	200510132849.5	一种杀灭虫螨的农药组合物及其制备方法
11	200510129205.0	呋喃虫酰肼类杀虫悬浮剂及其制备方法
12	200610088235.6	含虫酰肼、氯氰菊酯的杀虫组合物
13	200810000896.8	一种含有甲氧虫酰肼的杀虫剂组合物
14	200910037170.6	杀虫组合物
15	200910119622.5	含斜纹夜蛾核多角体病毒和虫酰肼的农药悬浮剂

续表

序号	申 请 号	专 利 名 称
16	200910119623.X	含甜菜夜蛾核多角体病毒和虫酰肼的农药悬浮剂
17	200910069468.5	一种含氯虫苯甲酰胺的杀虫剂组合物及其制备方法和用途
18	200910146853.5	一种虱螨脲和虫酰肼杀虫螨组合物
19	200910140093.7	一种具有增效作用的农药组合物及其应用
20	200910167386.4	一种农药组合物及其应用
21	200910164569.0	一种农药组合物
22	200910164571.8	一种有协同增效作用的农药组合物及其应用
23	200910114621.1	一种甘蔗杀虫药肥及其生产方法

表 47-3 美国陶氏益农公司在中国登记情况

商品名	登记证号	含量	剂型	登记作物	防治对象	用药量	施用方法
虫酰肼	PD245-98	95%	原药				
虫酰肼	PD363-2001	24%	悬浮剂	森林	马尾松毛虫	60～120mg/kg	喷雾

合成方法

虫酰肼的合成可以分为两步，第一步合成 *N*-(4-乙基苯甲酰基)-*N*′-叔丁基肼，第二步合成目标产物。有两种方法如下。

(1)

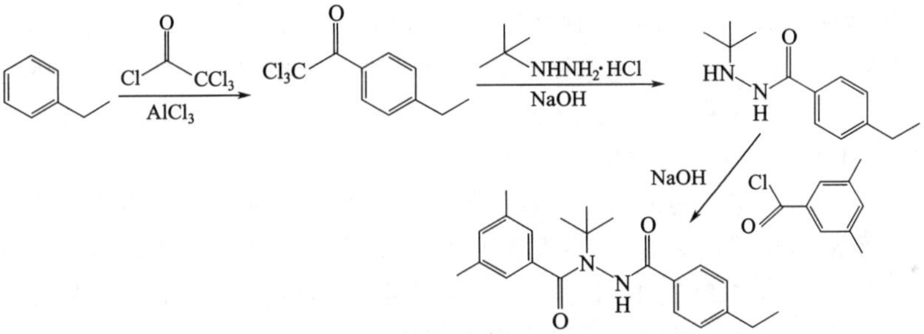

(2)

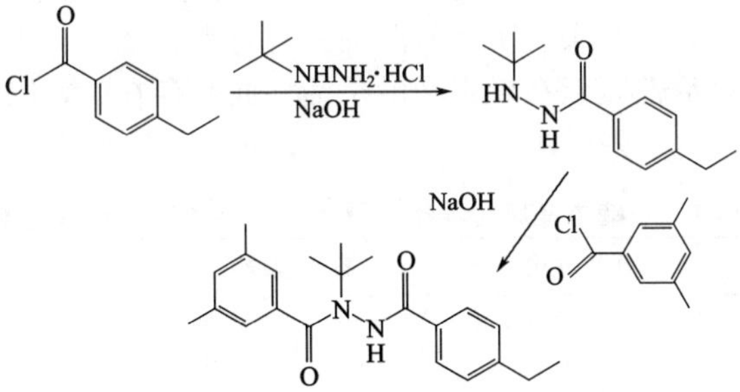

1 Proceedings of the Brighton Crop Protection Conference-Pests and diseases，1996：307-449.

2 he Pesticide Manual. 15 th edition：1074-1076.

3 WO 9211249.

4 农药. 1994，33 (2)：33.

5 农药译丛. 1995，17 (6)：58.

48 呋喃虫酰肼 (fufenozide)

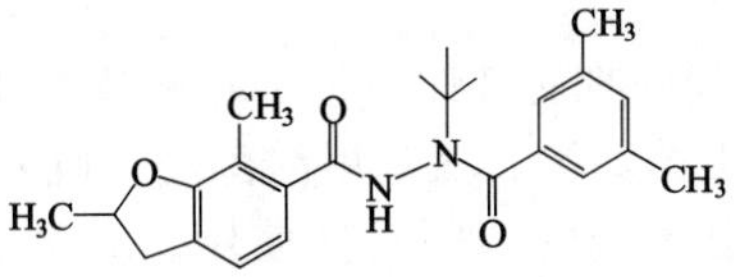

$C_{24}H_{30}N_2O_3$，394.5

产品简介

呋喃虫酰肼（试验代号：JS118，通用名称：fufenozide，商品名称：福先）是江苏省农药研究所股份有限公司暨国家南方农药创制中心江苏基地自主创制发明的双酰肼类杀虫剂。

化学名称　N'-叔丁基-N'-(3,5-二甲基苯甲酰基)-2,7-二甲基-2,3-苯并呋喃-6-甲酰肼，英文化学名称为 N'-*tert*-butyl-N'-(3,5-dimethylbenzoyl)-2,7-dimethyl-2,3-dihydrobenzofuran-6-carbohydrazide。CAS 登录号为［467427-81-1］。

理化性质　白色粉末状固体，熔点 146.0～148.0℃。蒸气压＜9.7×10^{-8} Pa（20℃）。溶于有机溶剂，不溶于水。

毒性　呋喃虫酰肼原药对大鼠急性经口 LD_{50}＞5000mg/kg（雄，雌），大鼠急性经皮 LD_{50}＞5000mg/kg（雄，雌），属微毒类农药。眼刺激试验为 1.5（1h），对眼无刺激（1∶100 稀释）。皮肤刺激试验为 0（4h），对皮肤无刺激性。Ames 试验无致基因突变作用。

生态效应　对 10％呋喃虫酰肼悬浮剂进行了鱼、蜜蜂、鹌鹑、家蚕等 4 种环境生物的毒性试验，结果如下：斑马鱼 LC_{50}（96h）48mg/L；蜜蜂 LC_{50}（48h）＞500mg/L；鹌鹑 LC_{50}（7d）＞5000mg/kg；家蚕 LC_{50}（2 龄）0.7mg/kg（桑叶）。

环境行为　根据农药对环境生物的急性毒性及风险评价分级标准，10％呋喃虫酰肼悬浮剂对鱼、蜜蜂、鸟均为低毒，对家蚕高毒；对蜜蜂低风险，对家蚕极高风险，桑园附近严禁使用。

制剂与分析方法　10％呋喃虫酰肼悬浮剂，可用 GC-MSD/HPLC-UV 进行分析。

作用机理与特点　呋喃虫酰肼为酰肼类化合物，是一类作用机理比较独特的杀虫剂，属于昆虫生长调节剂。该药通过模拟昆虫蜕皮激素，甜菜夜蛾等幼虫取食后 4～16h 开始停止取食，随后开始蜕皮。24h 后，中毒幼虫的头壳早熟开裂，蜕皮过程停止，幼虫头部与胸部之间具有淡色间隔，引起早熟、不完全的蜕皮。出现的外部形态变化有头壳裂开露出表皮，没有鞣化和硬化的新头壳，经常形成“双头囊”，不表现出蜕皮或蜕皮失败，直肠突出，血淋巴和蜕皮液流失，末龄幼虫则形成幼虫-蛹的中间态等。中毒幼虫排出后肠，使血淋巴和蜕皮液流失，并导致幼虫脱水和死亡。呋喃虫酰肼主要具有胃毒作用，兼有触杀作用。另外，呋喃虫酰肼的作用位点和作用方式与有机磷类、菊酯类完全不同，故对抗性害虫也表现出高活性。

呋喃虫酰肼作用方式研究结果表明，该药剂具有胃毒、触杀、拒食等活性，其作用方式以胃毒为主，其次为触杀活性，但在胃毒和触杀活性同时存在时，综合毒力均高于两种分毒力（见表 48-1）。

表 48-1　呋喃虫酰肼对棉铃虫胃毒、触杀和综合毒力的测定

测试方法	作用方式	毒力基线	LD_{50}/(μg/只)	相对毒力指数
点滴法	触杀	$Y=0.3706+1.3634X$	2.486	1
点滴叶碟法	胃毒	$Y=5.193+0.8889X$	0.606	4.1
综合法(点滴法＋点滴叶碟法)	触杀＋胃毒	$Y=5.806+2.570X$	0.4856	5.1

注：相对毒力＝触杀 LD_{50}/胃毒 LD_{50} 或触杀 LD_{50}/综合 LD_{50}。

应用

适用作物　十字花科蔬菜、茶树等。

防治对象　对甜菜夜蛾、斜纹夜蛾、小菜蛾、茶尺蠖和各类螟虫等鳞翅目害虫有优异的防治效果。

应用技术　1. 产品的安全间隔期为 14d，每个作物周期的最多使用次数为 2 次。2. 本品属昆虫生长调节剂，与拟除虫菊酯类、氨基甲酸酯类、吡唑等杂环类杀虫杀螨剂均不存在交互抗性，建议与其他作用机制不同的药剂轮换使用。3. 本品对家蚕极高风险，对蜜蜂低风险。蜜源作物花期、桑园附近严禁使用。4. 使用本品时应穿戴防护服和手套，避免吸入药液。施药期间不可吃东西和饮水。施药后应及时洗手和洗脸。

大田药效试验

将呋喃虫酰肼加工成10%悬浮剂，以24%的RH5992（米满）及其他常规用药为对照药剂，进行了防治多种鳞翅目害虫的田间药效试验，仅举甜菜夜蛾和小菜蛾为例，结果见表48-2～表48-4。

表 48-2　呋喃虫酰肼对甜菜夜蛾的防治结果（2001年8月，徐州）

药剂名称	用量/($g/667m^2$)	药前基数/(头/百株)	药后3d		药后5d		药后7d	
			虫量/(头/百株)	校正防效/%	虫量/(头/百株)	校正防效/%	虫量/(头/百株)	校正防效/%
呋喃虫酰肼	12	77	0	100	0	100	0	100
	8	93	0	100	0	100	0	100
	5	82	0	100	0	100	0	100
MIMIC	8	65	4	94.1	0	100	0	100
高氯	2.25	72	8	86.7	11	52.7	43	19.4
对照	0	96	80		31		48	

试验结果表明：用量在$10g/667m^2$、$8g/667m^2$、$5g/667m^2$，对甜菜夜蛾均有明显的防效，3d、5d、7d的防效均达100%，与对照药剂MIMIC（RH5992）相当，且3d的防效比24%MIMIC高，明显高于高氯$50mL/667m^2$的防效。

表 48-3　呋喃虫酰肼对小菜蛾的防治结果（2001年5月，江苏六合）

药剂名称	用量/($g/667m^2$)	药前基数/(头/百株)	药后3d		药后5d		药后7d	
			虫口减退率/%	校正防效/%	虫口减退率/%	校正防效%	虫口减退率/%	校正防效/%
呋喃虫酰肼	8	97	69.1	30.9	95.9	86.5	90.6	83.3
	6	101	66.3	24.6	82.2	50.8	87.9	78.2
	4	96	72.9	39.4	89.6	71.3	83.1	67.5
MIMIC	10	120	65.8	23.5	72.5	44.8	79.2	61.7
	8	120	61.7	14.1	75	30.9	74.9	54.1
抑太保	2.5	120	66.7	25.5	89.2	70.2	85	72.4

试验结果表明：呋喃虫酰肼防治小菜蛾，在田间表现出良好的抑杀活性，比MIMIC的防效要好，与当地常规用抑太保相比较，两者防效相近。

表 48-4　用喷雾方法使用呋喃虫酰肼用药量比较

作物	防治对象	用药量		施药方法
十字花科蔬菜	甜菜夜蛾	900～1500g/hm^2	60～100g/667hm^2	喷雾
茶树	茶尺蠖	750～900g/hm^2	50～60g/667hm^2	喷雾

注意事项：①本品宜在甜菜夜蛾及茶尺蠖卵孵化盛期及低龄幼虫期施药，施药时必须均匀，若害虫龄期复杂，可于喷药后5～7d再喷一次。②若喷药后6h内遇雨，需天晴后补喷一次。③大风天或预计1h内降雨，请勿施药。

专利概况

专利名称　作为杀虫剂的二酰基肼类化合物及制备此种化合物的中间体以及它们的制备方法

专利号　CN 1313276　　专利公开日　2001-09-19

专利申请日　2001-03-26　　优先权日　2001-03-26

专利拥有者　江苏省农药研究所

制备专利　　CN 1313276。

制剂或剂型专利　WO 2010025870、WO 2009135613、CN 1471822 等。

中国申请专利情况见表 48-5。

表 48-5　在中国申请的专利

序列号	申　请　号	专　利　名　称
1	200410014033.8	具有杀虫活性的组合物及其在防治农业园艺多种害虫方面的应用
2	200510129205.0	呋喃虫酰肼类杀虫悬浮剂及其制备方法

合成方法

呋喃虫酰肼是由下列 3 个中间体缩合而成：

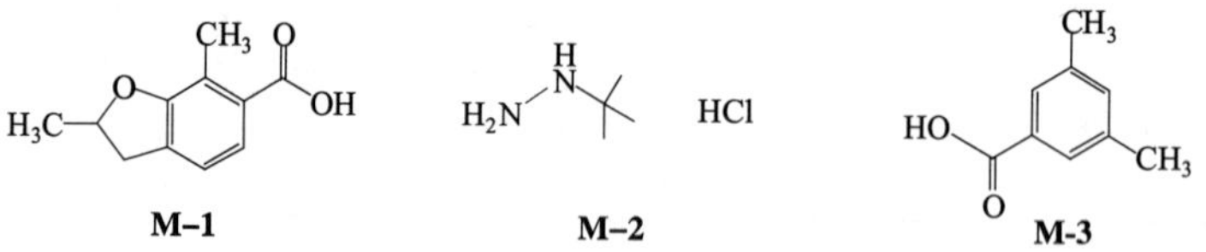

M-1　　M-2　　M-3

其中，**M-2** 和 **M-3** 均有工业化产品，因此，合成的重点是中间体 **M-1**。

中间体 **M-1** 的合成方法如下。

① 选择了以 3-羟基-2-甲基苯甲酸为起始原料的合成路线，化学反应式如下。

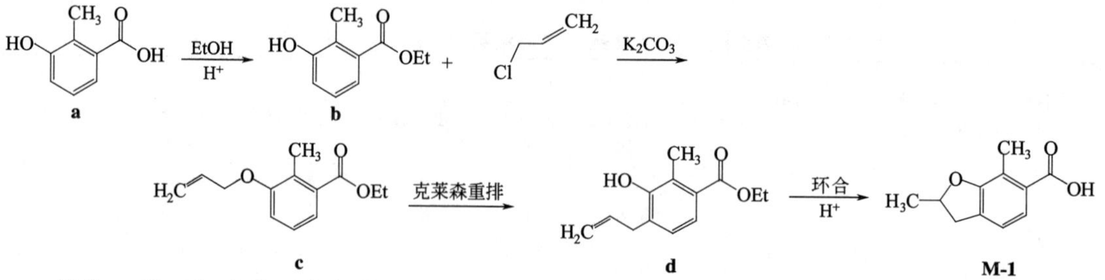

首先，将 **a** 和乙醇（摩尔比 1∶3）在酸性催化剂的作用下回流反应 10h，水洗，得到 **b**，收率大于 95%。将 **b**（0.1mol）、碳酸钾（0.1mol）投入反应瓶中，以环己烷为溶剂，于 40～50℃滴加氯丙烯（0.11mol），滴完后保温反应 5h，水洗、脱溶、蒸馏，得到 **c**，收率 95%，含量大于 95%。

将 **c**（0.1mol）投入反应瓶中，氮气保护，200℃反应 5h，跟踪分析，原料反应完毕后得到 **d**，冷却，水洗，重结晶，得到 **M-1**，为白色粉末状固体，总收率 60%，含量 95%，熔点 177.2～179.5℃。

② 以 3-氯-2-甲基苯胺为起始原料，经过重氮化、醚化、克莱森重排、环合、氰基化、水解等反应步骤制备。

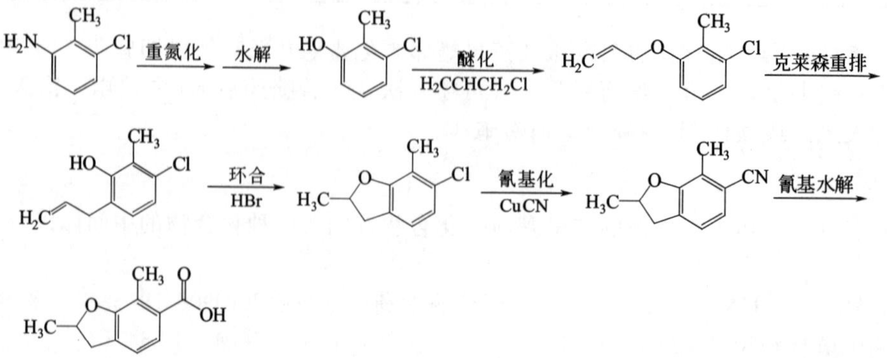

呋喃虫酰肼的合成方法：

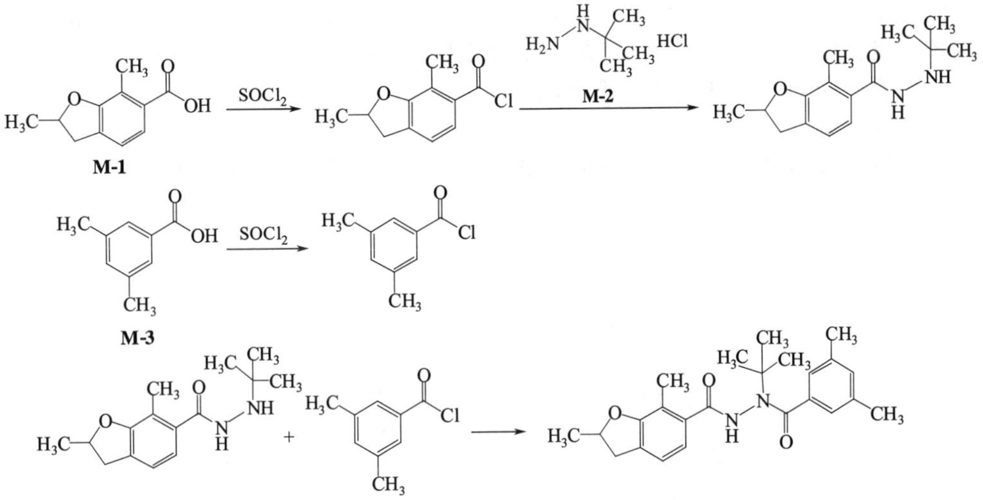

1 CN 1313276.

2 新编农药商品手册，2006.9.

3 农药，2003 (12)：18-20.

4 现代农药，2009，8 (2)：20-22.

5 世界农药，2005，27 (4)：48-49.

新烟碱类杀虫剂

(1) 新烟碱类杀虫剂 (nicotinoid insecticides) 吡虫啉的发现

来自烟叶萃取液的生物碱尼古丁 (nicotine) 在相当一段时间用于作物保护中作为天然杀虫剂，是乙酰胆碱受体的激动剂，对哺乳动物高毒。科研人员一直以 Nicotine 为先导化合物在努力寻找和发现结构与尼古丁碱 (nicotinoids) 相似、作用机理相同的新的具有杀虫活性的化合物，实践证明非常艰难。

当 Shell 的科研人员 1979 年报道化合物 nithiazin 具有很好的杀虫活性后，Nihon Bayer 的科研人员就在此基础上开始研究 nithiazin 的类似物，最终于 1985 年成功研制了 nithiazin 的类似物，也即尼古丁类似物吡虫啉 (imidacloprid)，它是第一个商品化的新烟碱类杀虫剂，该新的内吸性杀虫剂由拜耳公司于 1991 年商品化，主要用于防治刺吸式害虫。其发现过程与结构活性关系如下：

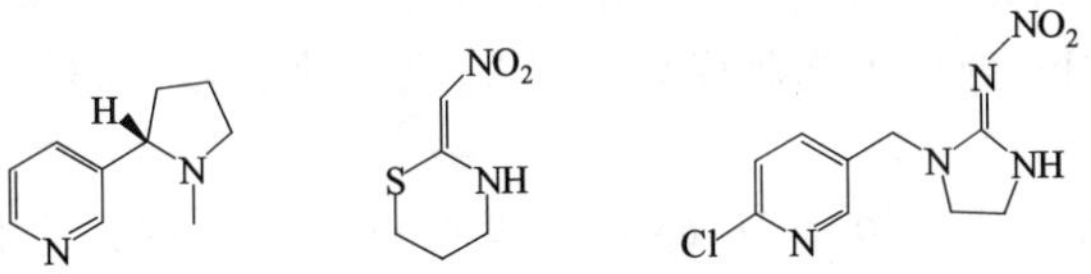

尼古丁　　nithiazin(Shell)　　imidacloprid(Bayer)

Nihon Bayer 的科研人员对 nithiazin 进行了生测，发现它对抗性 (R) 或敏感 (S) 的黑尾叶蝉 (green leaf hopper) 均有活性，且 LC_{90} 仅为 40mg/L，并合成了第一个化合物 **1A**，在 200mg/L 下具有一定活性，随后合成的另外两个化合物 **1B** 和 **1C**，对抗性黑尾叶蝉 LC_{90} 分别为 200 和 40mg/L，其中化合物 **1C** 的活性最高，与 nithiazin 一样。

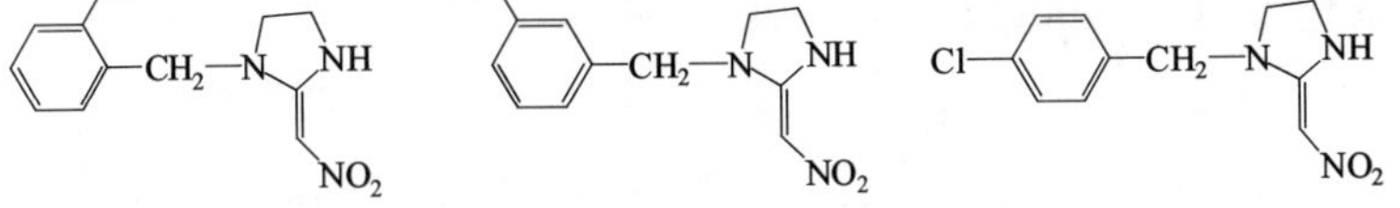

1A　　**1B**　　**1C**

在此之后，合成了大量的杂环化合物，经详尽的结构活性研究，发现多个化合物均有很好的活性，最后从工艺、成本、活性、环境等进行综合评价，最后选出吡虫啉商品化。

(2) 其他新烟碱类杀虫剂的研制

继吡虫啉之后，武田（现属住友化学）于 1995 年商品化了烯啶虫胺（nitenpyram），其防治对象与吡虫啉一样。日本曹达商品化了啶虫脒（acetamiprid），不仅对刺吸式害虫有活性，而且对某些鳞翅目害虫如小菜蛾（*Plutella xylostella*）有效。这些化合物均作用于尼古丁乙酰胆碱受体。

人们期待着会出现更多的新烟碱类杀虫剂。其中化合物是 **2**、**3** 和 **4** 具有前途的先导化合物。

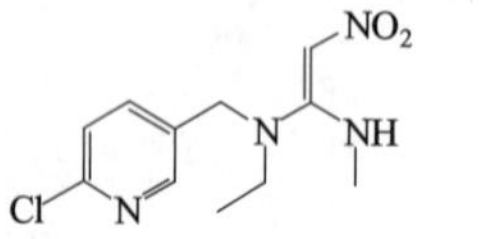

nitenpyram
Takeda

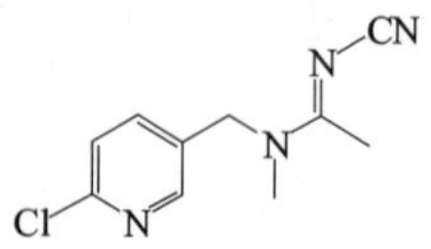

acetamiprid
Nippon Soda

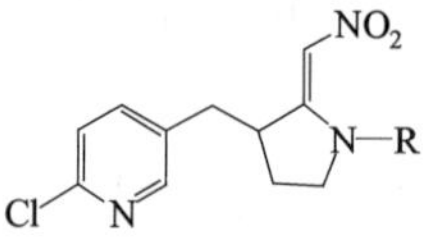

R=H, 氰茎
2 主结构
Novartis

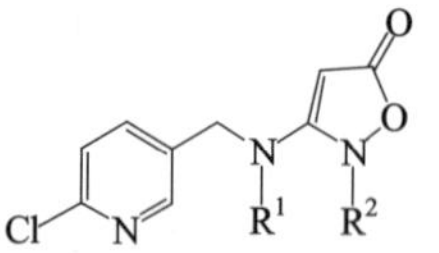

R^1, R^2=H, 氰茎
3 主结构
Novartis

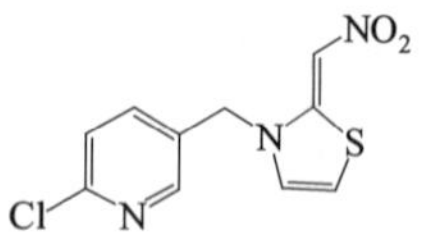

4 主结构
Nihon-Bayer

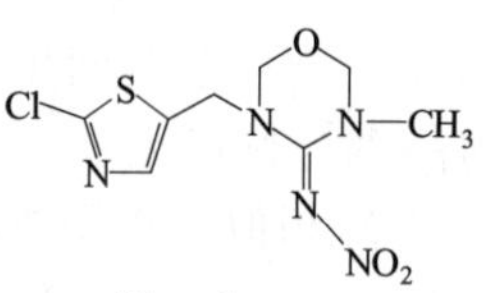

thiamethoxam
Novartis

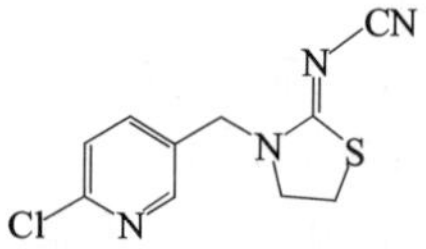

噻虫啉
(thiacloprid)

由 3 等开发的噻虫嗪（thiamethoxam）具有更广的活性谱，包括对鳞翅目害虫。噻虫嗪是第二代新烟碱类杀虫剂中第一个商品化的品种，对大多数害虫活性高于或等于目前应用的烟碱类杀虫剂，可有效地防治鳞翅目、鞘翅目、缨翅目和同翅目害虫，如各种蚜虫、叶蝉、粉虱、飞虱、粉蚧、金龟子幼虫、马铃薯甲虫、跳甲、线虫、地面甲虫、潜叶蛾等。防治棉花害虫使用剂量为 30～100g(a. i.)/hm^2，防治稻飞虱使用剂量为 6～12g(a. i.)/hm^2，用 40～315g(a. i.)/100kg 处理玉米种子，可有效地防治线虫、蚜属、杆蝇、黑异蔗金龟等害虫。

由 **4** 开发的噻虫啉（thiacloprid）亦具有较吡虫啉更广的活性谱，主要用于水稻、水果、蔬菜、棉花等防除大多数害虫，使用剂量为 48～180g(a. i.)/hm^2。

此外，还可发了呋虫胺（dinotefuran）和噻虫胺（clothianidin）等。呋虫胺是日本三井东亚化学公司开发的新型烟碱类似物，主要用于水稻、蔬菜、果树及其他中防治刺吸口器类昆虫。施用剂量为 100～200g(a. i.)/hm^2。噻虫胺是由武田制药（现属住友化学公司）和拜耳公司共同开发的第二代新烟碱类杀虫剂，主要用于蔬菜、水稻、棉花等防除大多数害虫。茎叶处理、水田使用剂量为 50～100g(a. i.)/hm^2，土壤处理使用剂量为 150g(a. i.)/hm^2，种子处理使用剂量为 200～400g(a. i.)/100kg（种子）。

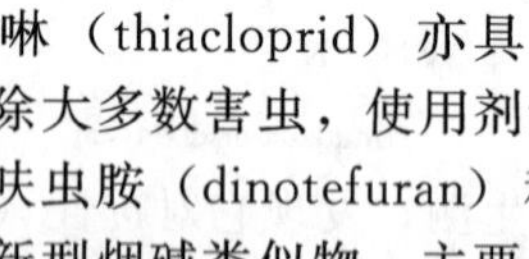

呋虫胺(dinotefuran)

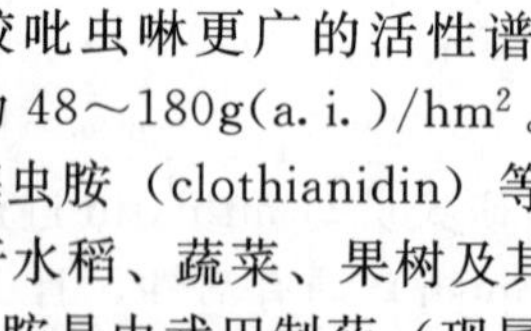

噻虫胺(clothianidin)

另外日本石原产业株式会社研制并与 FMC 公司共同开发的氟啶虫酰胺（flonicamid）及道农业科学公司开发的 sulfoxaflor 也属该类化合物。

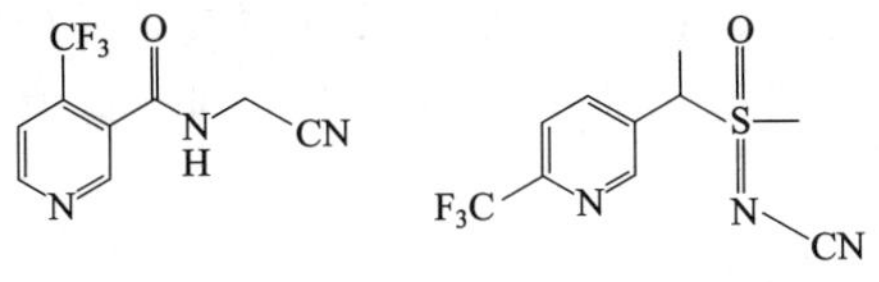

flonicamid　　sulfoxaflor

Sulfoxaflor 的创制，我们猜测其是在烟碱结构研究的基础上，发现先导化合物 **1**，然后利用生物等排理论，并结合杀虫剂啶虫脒（acetamiprid）的结构得到先导化合物 **2**，再经优化，最终得到。

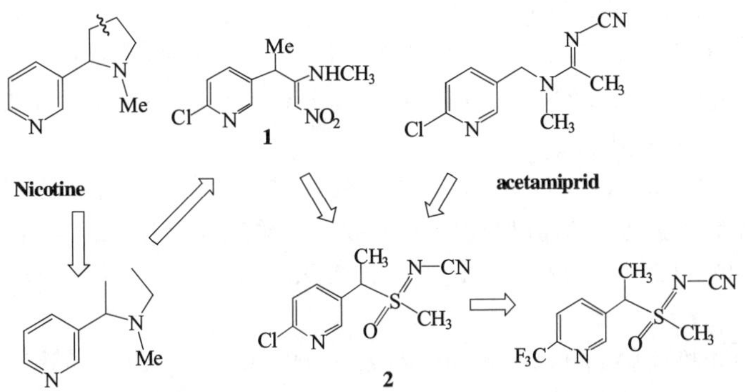

近期报道的 cyanotropanes（**5**、**6**、**7**）等也具有很好的活性，此类化合物虽源自天然产物 stemofoline 的结构修饰与优化，但作用机理与新烟碱类杀虫剂一致。

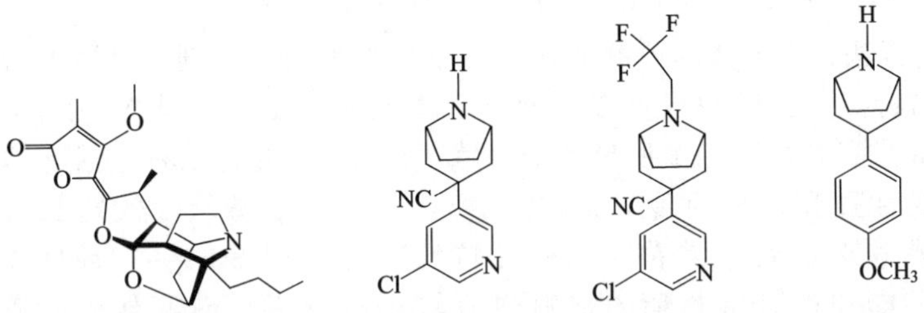

stemofoline　　**5**　　**6**　　**7**

新烟碱类化合物是一类高效、安全、高选择性的新型杀虫剂，在国内外市场发展很快。据预测，新烟碱类产品今后 5 年内将占全球农药总量的 15%～20%。目前已有十多个品种商品化或在开发中：nithiazine、吡虫啉（imidacloprid）、啶虫脒（acetamiprid）、烯啶虫胺（nitenpyram）、噻虫胺（clothianidin）、噻虫啉（thiacloprid）、噻虫嗪（thiamethoxam）、呋虫胺（dinotefuran）、氯噻啉（imidaclothiz）、氟啶虫酰胺（flonicamid）、哌虫啶、砜虫啶（sulfoxaflor）。此处介绍了绝大多数品种。如下化合物因没有商品化，故本书不予介绍，仅列出化学名称及 CAS 登录号供参考。

nithiazine：(*EZ*)-2-nitromethylene-1,3-thiazinane，CAS 登录号为［58842-20-9］。

主要品种如下。

49　氟啶虫酰胺（flonicamid）

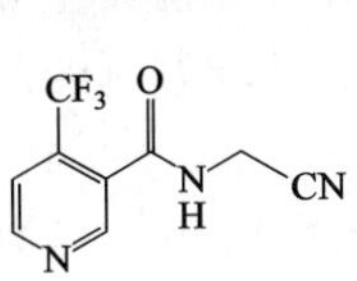

$C_9H_6F_3N_3O$，229.2

产品简介

氟啶虫酰胺［试验代号：IKI-220，通用名称：flonicamid，商品名称：Teppeki（Ishihara Sangyo）、Ulala（Ishihara Sangyo）、Carbine（FMC）］-由日本石原产业株式会社研制并与FMC公司共同开发的烟碱类（nicotinoid）杀虫剂。其他商品名称（生产商）如下：Setis（Ishihara Sangyo）、Aria（FMC）、Beleaf（FMC，ISK Biosciences）、Turbine（FMC，Ishihara Sangyo）等。

化学名称　*N*-氰甲基-4-(三氟甲基）烟酰胺，英文化学名称为*N*-cyanomethyl-4-(trifluoromethyl)nicotinamide。美国化学文摘系统名称为*N*-(cyanomethyl)-4-(trifluoromethyl)-3-pyridinecarboxamide，CA主题索引名称为3-pyridinecarboxamide—，*N*-(cyanomethyl)-4-(trifluoromethyl)-。CAS登录号为［158062-67-0］。

理化性质　白色结晶粉末，无味，熔点157.5℃。蒸气压9.43×10^{-4} mPa（20℃），$K_{ow}\lg P=0.3$。Henry常数4.2×10^{-8} Pa·m^3/mol（计算）。相对密度1.531（20℃）。水中溶解度（20℃）5.2g/L。pK_a11.6。

毒性　大鼠急性经口LD_{50}（mg/kg）：雄884，雌1768。大鼠急性经皮LD_{50}＞5000mg/kg。对兔眼睛和皮肤无刺激，对豚鼠皮肤无致敏性。雄和雌大鼠吸入LC_{50}（4h）＞4.9mg/L（粉尘）。大鼠NOEL（2a）7.32mg/(kg·d)。ADI/RfD（FSC）0.073mg/kg。Ames试验显阴性。

生态效应　雄和雌鹌鹑LD_{50}＞2000mg/kg。鲤鱼和虹鳟LC_{50}（96h）＞100mg/L。水蚤EC_{50}（48h）＞100mg/L。海藻E_rC_{50}（96h）＞119mg/L。蜜蜂LD_{50}：＞60.5μg/只（经口），＞100μg/只（接触）。蚯蚓LC_{50}＞1000mg/kg（土壤）。对有益节肢动物无害。

环境行为　DT_{50}（4种土壤）0.7～1.8d（平均值1.1d）。

制剂与分析方法　主要产品或制剂有10%、50%水分散粒剂。可用HPLC进行分析。

作用机理与特点　氟啶虫酰胺是一种吡啶酰胺类杀虫剂，其对靶标具有新的作用机制，对乙酰胆碱酯酶和烟酰乙酰胆碱受体无作用，对蚜虫有很好的神经作用和快速拒食活性，具有内吸性强和较好的传导活性、用量少、活性高、持效期长等特点，与有机磷、氨基甲酸酯和除虫菊酯类农药无交互抗性，并有很好的生态环境相容性。对抗有机磷、氨基甲酸酯和拟除虫菊酯的棉蚜也有较高的活性。对其他一些刺吸式口器害虫同样有效。

应用

适用作物　谷物、马铃薯、果树、水稻、土豆、棉花和蔬菜等。

防治对象　主要用于防治刺吸式口器害虫，如蚜虫、叶蝉、粉虱等。在推荐剂量下，对蚜虫的幼虫和成虫均有效，同时可兼治温室粉虱、茶黄蓟马、茶绿叶蝉和褐飞虱，对鞘翅目、双翅目和鳞翅目昆虫和螨类无活性。对大多数有益节肢动物，如家蚕、蜜蜂、异色瓢虫和小钝绥螨是安全的。

安全性　在推荐剂量下使用，对作物、人畜、环境安全。

使用方法　氟啶虫酰胺可极好地防治果树、谷物、马铃薯、棉花和蔬菜作物上的蚜虫，使用剂量为50～100g/hm^2。喷药后30min蚜虫完全停止进食。

防治桃蚜　以60g(a.i.)/hm^{2}使用，对桃树上桃蚜的防效分别为95.6%（药后7d）、99.4%（药后15d）、99.8（药后21d）、99.3%（药后28d），与吡虫啉50g(a.i.)/hm^{2}药效相仿。

防治苹果车前圆尾蚜虫　以70g(a.i.)/hm^2（喷施，喷液量1000L/hm^2），防治苹果树上苹果车前圆尾蚜虫的防效为40.5%（药后8d）、85.3%（药后15d）、96.7%（药后21d）、

87.9%（药后28d），与吡虫啉70g(a.i.)/hm^{2}药效相仿。

防治冬小麦麦长管蚜虫　以70～80g(a.i.)/hm^2（喷施，喷液量300L/hm^2），防治冬小麦麦长管蚜虫的防效为95.3%（药后2d）、97.8%（药后7d）、89.7%（药后14d）、78.2%（药后21d）。

防治马铃薯蚜虫　以80g(a.i.)/hm^2（喷施，喷液量300L/hm^2），防治马铃薯蚜虫的防效为49.7%（药后3d）、90.7%（药后7d）、94.8%（药后14d）。

专利与登记

专利名称　Preparation of nicotinamides as pesticides

专利号　EP 580374　　专利公开日　1994-01-26

专利申请日　1993-07-16　　优先权日　1992-07-23

专利拥有者　Ishihara Sangyo Kaisha，Ltd.（JP）

在其他国家申请的化合物专利：AT 132489、AU 657056、AU 9342106、BR 9302960、CA 2100011、CN 1044233、CN 1081670、CZ 286147、ES 2085118、HU 214279、HU 68334、IL 106340、JP 2994182、JP 06321903、PL 173611、RU 2083562、SK 281481、US 5360806、ZA 9305042等。

目前公开的或授权的与氟啶虫酰胺有关的部分专利：CN 101213967、DE 102006014482、EP 2090170、JP 2009108046、JP 2008143809、JP 2009209124、JP 2006131526、JP 2006213664、JP2008222705、JP 2008162998、WO 2008108491、WO 2008077925、WO 2008077926、WO 2008077922、WO 2009118297、WO 2008075454、WO 2008075453、WO 2008071714、WO 2008064778、WO 2008031712、WO 2008006515、WO 2007017501、WO 2007013150、WO 2006068669、WO 2006045522、WO 2006008108、WO 2009043442、WO 2006007595、WO 2005053405、WO 2002037964、WO 2001090075等。

制备专利：JP 09323973、JP 2007091627等。

在中国申请的与氟啶虫酰胺有关的部分专利及登记情况见表49-1、表49-2。

表49-1　在中国申请的专利

序号	申请号	专利名称
1	200580025385.6	邻氨基苯甲酰胺无脊椎害虫防治剂混合物
2	200580022564.4	邻氨基苯甲酰胺无脊椎害虫防治剂协同混合物
3	200910159607.3	一种具有增效作用的农药组合物
4	200910167387.9	一种具有协同增效作用组合物及其应用

从2004年开始，已在多个国家登记注册。2007年在意大利获准登记，主要用于防治水果、蔬菜等作物害虫。

日本石原产业株式会社在中国登记作物为马铃薯、黄瓜、苹果等。登记号LS20070733等。原药含量96%。

表49-2　日本石原产业株式会社在中国登记情况

登记名	登记证号	含量	剂型	登记作物	防治对象	用药量	施用方法
氟啶虫酰胺	LS20070732	10%	水分散粒剂	马铃薯	蚜虫	52.5～75g/hm^2	喷雾
				黄瓜	蚜虫	45～75g/hm^2	喷雾
				苹果	蚜虫	20～40mg/kg	喷雾

合成方法

经如下反应制得氟啶虫酰胺：

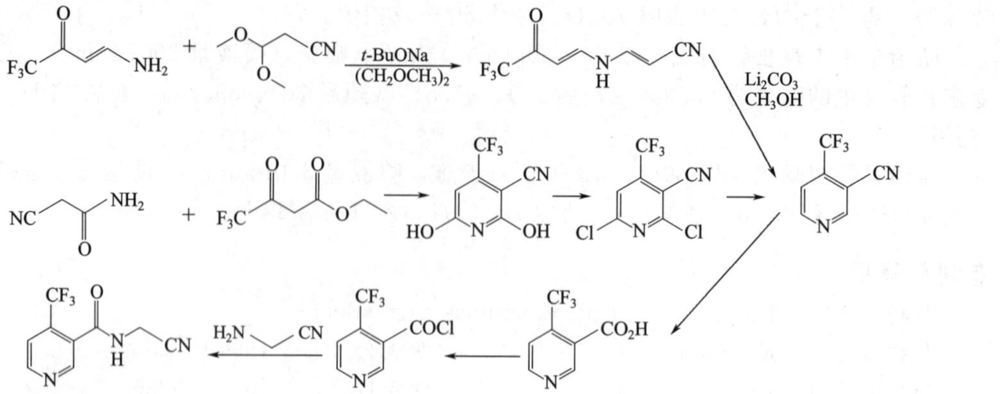

1 Proc. BCPC Conf. -Pests Dis.，2000，2A，759-765.
2 Proc. BCPC Conf. -Pests Dis.，2000，1-59.
3 The Pesticide Manual. 15 th edition：507-508.
4 有机化学，2008，28（9）：1637-1640.
5 Deutsche Lebensmittel-Rundschau 2003，99（5）：188-196.

50 噻虫胺（clothianidin）

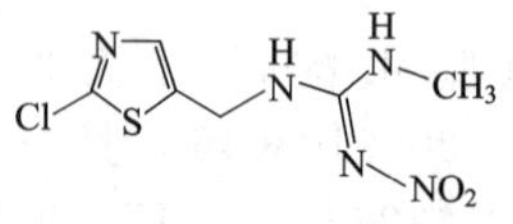

$C_6H_8ClN_5O_2S$，249.7

产品简介

噻虫胺［试验代号：TI-435，通用名称：clothianidin，商品名称：Dantotsu（Sumitomo Chemical）、Poncho（Bayer CropScience）、Clutch（Arysta LifeScience N. America，Valent)］是日本武田公司发现，由武田（现属住友化学株式会社）和拜耳公司共同开发的内吸性、广谱性新烟碱类（neonicotinoid）杀虫剂。世界主要生产商：德国拜耳作物科学公司、住化武田农药株式会社等。其他商品名称（生产商）如下：Deter（Bayer CropScience），Fullswing（Sumitomo Chemical），Apacz（Arysta lifeScience EAME），Arena（Valent），Belay（Valent），Celero（Valent），Focus（BASF），可尼丁等。

化学名称 (*E*)-1-[(2-氯-1,3-噻唑-5-基) 甲基]-3-甲基-2-硝基胍，英文化学名称为(*E*)-1-(2-chloro-1,3-thiazol-5-ylmethyl)-3-methyl-2-nitroguanidine。美国化学文摘系统名称为(*E*)-*N*-[(2-chloro-5-thiazolyl) methyl]-*N*′-methyl-*N*″-nitroguanidine，CA 主题索引名称为 guanidine—，*N*-[(2-chloro-5-thiazolyl) methyl]-*N*′-methyl-*N*″-nitro-[C(*E*)]-。CAS 登录号为［210880-92-5］，曾用［205510-53-8］。

理化性质 原药含量不低于 96%。纯品为无色、无味粉末，熔点 176.8℃。蒸气压 3.8×10^{-8}mPa（20℃）、1.3×10^{-7} mPa（25℃）。相对密度 1.61（20℃）。分配系数 K_{ow} $\lg P=0.7$（25℃），Henry 常数 2.9×10^{-11} Pa·m³/mol（20℃）。溶解度：水（g/L，20℃）：0.304（pH=4）、0.340（pH=10），有机溶剂（g/L，25℃）：庚烷<0.00104，二甲苯 0.0128，二氯甲烷 1.32，甲醇 6.26，辛醇 0.938，丙酮 15.2，乙酸乙酯 2.03。稳定性：在 pH=5 和 7（50℃）条件下稳定。DT_{50} 1401d（pH=9，20℃），光水解 DT_{50} 3.3h（pH=7，25℃）。pK_a（20℃）11.09。

毒性 急性经口 LD_{50}（mg/kg）：雄和雌大鼠>5000，小鼠 425。雄和雌大鼠急性经皮 LD_{50}>2000mg/kg。本品对兔皮肤无刺激，对眼睛有轻微刺激，对豚鼠皮肤无刺激。雄和雌大鼠吸入 LC_{50}（4h）>6141mg/m³。NOEL 值：雄大鼠（2a）27.4mg/(kg·d)，雌大鼠

(2a) 9.7mg/(kg·d)，雄狗（1a）36.3mg/(kg·d)，雌狗（1a）15.0mg/(kg·d)。ADI/RfD（EC，FSC）0.097mg/kg（bw）。对大鼠和小鼠无致突变和致癌作用，对大鼠和兔无致畸作用。

噻虫胺50%水分散粒剂：大鼠急性经口 LD_{50}（mg/kg）：雄1710，雌1628。大鼠急性经皮 LD_{50}>2000mg/kg；对家兔眼睛有轻度刺激性，无腐蚀性；对家兔皮肤无刺激性；豚鼠皮肤致敏性试验结果为无致敏性。

生态效应：急性经口 LD_{50}（mg/kg）：山齿鹑>2000，日本鹌430，山齿鹑和野鸭饲喂 LC_{50}（5d）>5200mg/L。鱼 LC_{50}（96h，mg/L）：虹鳟>100，鲤鱼>100，大翻车鱼>120。水蚤 EC_{50}（48h）>120mg/L。海藻：淡水藻 E_rC_{50}（72h）>270mg/L，月芽藻 E_bC_{50}（96h）55mg/L。虾 LC_{50}（9h）0.053mg/L。东方牡蛎 EC_{50}（96h）129.1mg/L。摇蚊幼虫 EC_{50}（48h）0.029mg/L。蜜蜂：直接接触有毒，LD_{50}：经口0.00379μg/只，接触>0.0439μg/只。蚯蚓 LC_{50}（14d）13.2mg/kg（土）。

环境行为　动物：在大鼠体内容易吸收和排出体外，氧化脱甲基化作用和在噻唑和硝基亚氨基之间的C—N键断裂使新陈代谢受限。土壤：DT_{50}（有氧）148～1155d。具有持久和移动性，并有可能浸到地下水和通过流到地表进行运输。K_{oc} 84～345。

制剂与分析方法　主要产品或制剂有：50%水分散粒剂、16%水溶性粒剂、0.5%颗粒剂、1%颗粒剂和0.15%粉剂。可用HPLC进行分析。

混剂品种　Dantotsupadan（+cartap hydrochloride）（Sumitomo Chemical），Dantotsupadanvalida（+cartap hydrochloride+validamycin）（Sumitomo Chemical），Delausdantotsu（+diclocymet）（Sumitomo Chemical），Elado（+beta-cyfluthrin）（Bayer CropScience），Hustler（+cartap hydrochloride+ferimzone+phthalide+validamycin）（Sumitomo Chemical），Poncho Beta（+beta-cyfluthrin）（seed treatment）（Bayer CropScience），Prosper（+carboxin+metalaxyl+thiram）（Bayer CropScience），Raxil Deter（+prothioconazole+tebuconazole+triazoxide）（seed treatment，UK）（Bayer CropScience），Aloft（+bifenthrin）（Arysta LifeScience N. America），Arashi Dantotsu（+orysastrobin）（BASF），WinDantotsu（+carpropamid）（Bayer CropScience K. K.，Kyoyu）。

作用机理与特点　噻虫胺属新烟碱类广谱杀虫剂。其作用机理是结合位于神经后突触的烟碱乙酰胆碱受体。噻虫胺是一种活性高、具有内吸性、触杀和胃毒作用的广谱杀虫剂，对刺吸式口器害虫和其他害虫均有效。

应用

适用作物　水稻、蔬菜、果树、玉米、油菜籽、马铃薯、烟草、甜菜、棉花、茶叶、草皮和观赏植物等。

防治对象　可有效防治半翅目、鞘翅目和某些鳞翅目等害虫，如蚜虫、叶蝉、蓟马、白蝇、柯罗拉多马铃薯甲虫、水稻跳甲、玉米跳甲、小地虎、种蝇、金针虫及蛴螬等害虫。种子处理剂PonchoBeta（噻虫胺+*beta*-氟氯氰菊酯），主要用于甜菜防治土传害虫和病毒媒介。

残留量与安全施药　加拿大拟修改食品药物法规，确定噻虫胺最高残留限量：大田玉米、乳类品、爆玉米粒、油菜籽及带穗轴去皮甜玉米粒，0.01mg/kg。日本厚生劳动省对食品中的杀虫剂——噻虫胺可湿粉（clothianidin）拟制订最大残留限量（MRLs），覆盖产品：肉及可食用内脏、乳制品、可食用蔬菜及某些根和块茎、可食用水果和坚果、茶及香料、谷类、含油种子及油果、各种种子。

使用方法　噻虫胺可茎叶处理、水田处理、土壤处理和种子处理。茎叶处理、水田处理使用剂量为 50～100g/hm^2，土壤处理使用剂量为 150g/hm^2，种子处理使用剂量为 200～400g/100kg（种子）。该产品使欧洲玉米主要害虫金针虫的防治提高到持久、有效的新水平。

防治番茄烟粉虱使用剂量为 45～60g(a.i.)/hm^2（折成 50%水分散粒剂商品剂量为每亩 6～8g，加水稀释），于烟粉虱发生初期开始喷雾，每生长季最多喷药 3 次，安全间隔期为 7d。推荐使用剂量下未见药害产生，对作物安全。

专利与登记

专利名称　Preparation of (pyridylmethyl) guanidines as insecticides

专利号　EP 376279　　专利公开日　1990-07-04

专利申请日　1989-12-27　　优先权日　1988-12-27

专利拥有者　Takeda Chemical Industries，Ltd.，Japan

目前在其他国家申请的化合物专利：AT 89552、AT 129998、AT 202344、BR8906791、CA 2006724、CN 1026981、CN 1045261、CN 1060615、CN 1077843、EP 665222、EP 493369、ES 2055003、ES 2080359、HU 207291、HU 53605、IL 92724、IN 170288、IN 173029、JP 2546003、JP 07278094、JP 03157308、KR 169469、KR 164687、US 5633375、US 5489603、US 5034404 等。

制备专利：CN 1243739、CN 1051728、DE 19806469、EP 0869120、EP 375907、EP 425978、EP446913、JP 2000281665、US 5166164、US 5238949、US 6252072、WO 2001046160 等。

制剂或剂型专利：CN 1202719、CN 1317952、CN 1411723、CN 101658172、CN 101534638、DE 102006014487、EP 1149532、JP 2001081003、JP 2001158785、JP 2002145709、JP 2001233706、US 20050014646、US 20070099963、WO 2002028184、WO 2002030202、WO 2008062821、WO 2006107905、WO 2001030152、WO 2009107363 等。

在中国申请的与该产品有关的部分专利及登记情况见表 50-1、表 50-2。

表 50-1　在中国申请的专利

序号	申请号	专利名称
1	01129504.X	含氰菌胺杀菌剂、杀虫剂组合物
2	200680009156.X	杀虫混合物
3	200410004524.4	含氰菌胺杀菌剂、杀虫剂组合物
4	200580011967.9	具有杀昆虫性能的活性化合物结合物
5	200580044370.4	基于选取的新烟碱类和甲氧基丙烯酸酯类的杀虫剂
6	200680029294.4	通过对经工程化而耐受逆境的植物施用新烟碱类化合物增强其逆境耐受性
7	200680040855.0	杀线虫的组合物和方法
8	200810232468.8	一种含有噻虫胺的农用杀虫剂及其应用
9	200810175287.6	一种含吡蚜酮的杀虫组合物
10	200810175289.5	一种含噻虫胺的杀虫组合物
11	200780042332.4	植物病虫害防除组合物及植物病虫害的预防方法
12	200880004083.4	农药混合物
13	200910018515.3	噻虫胺缓控释颗粒剂组合物
14	200910164802.5	含有唑螨酯的农药组合物
15	200910160788.1	一种增效杀虫组合物及其应用
16	200910163769.4	一种含多杀菌素的杀虫组合物及其应用
17	200910035430.6	含氯代噻唑烟碱类杀虫剂与噻嗪酮的杀虫剂组合物及其制备与应用
18	200910167390.0	一种增效杀虫组合物

Arysta 生命科学公司的美国分公司 Arvesta 已经获得噻虫胺在美国和墨西哥的专有销售

权，用于土壤和叶面处理，已经获得噻虫胺在美国用于草坪（Arena）和观赏植物（Celero）的批准。还由 Arvestn 代理以商品名 Clutch 在北美作为叶面和土壤处理剂使用，Clutch 已在墨西哥登记用于马铃薯、烟草和观赏植物。在北美，已批准用于美国和加拿大的玉米与木薯的种子处理。噻虫胺已在英国糖或饲料用甜菜上登记注册，主要用作种子处理。噻虫胺已在美国和加拿大获准用于种子处理剂，商品名为 Poncho。2003 年拜耳的 Poncho 种子处理剂销售额为 4 亿欧元（4.6 亿美元）。

日本住友化学株式会社在中国登记作物、登记号 登记作物番茄。登记号 LS20082948 等。原药含量 95%。

表 50-2 日本住友化学株式会社在中国登记情况

登记名	登记证号	含量	剂型	登记作物	防治对象	用药量	施用方法
噻虫胺	LS20082950	50%	水分散粒剂	番茄	烟粉虱	45～60g/hm^2	喷雾

合成方法

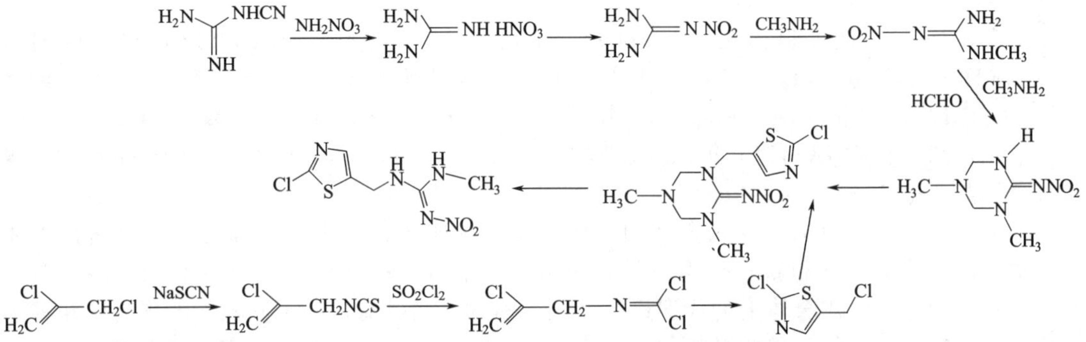

1 Proc. BCPC Conf Dis.，2002，1，51.

2 The Pesticide Manual. 13 th ed. 2003：198.

3 农药科学与管理，2009（30）：10：64.

4 世界农药，2004，6（26），1-3，22.

5 农药，2003，9（42）：15-16.

51 噻虫嗪（thiamethoxam）

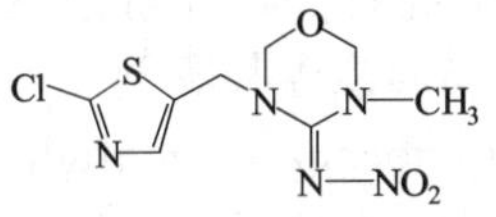

$C_8H_{10}ClN_5O_3S$，291.7

产品简介

噻虫嗪［试验代号：CGA 293343，通用名称：thiamethoxam，商品名称：Actara（用于叶面和土壤处理）（Syngenta）、Cruiser（用于种子处理）（Syngenta）、Agita（animal and public health）（Novartis A H）、Sun-Vicor（Sundat）］是汽巴-嘉基公司（现属先正达公司）发现，R. Senn 等人报道其活性，1997 年由诺华开发的新烟碱类（neonicotinoid）杀虫剂。世界主要生产商为瑞士先正达作物保护有限公司等。其他商品名称（生产商）为：Adage（USA）（Syngenta）、Centric（Syngenta）、Flagship（Syngenta）、Meridian（Syngenta）、Platinum（USA）（Syngenta）、Anant（Rallis）、Click（Indofil）、Maxima（P I Industries）、Renova（United Phosphorus）、Spora（Atul）、T-Moxx（Fair）、Gammon（Novartis）、阿克泰、快胜等。

化学名称 3-(2-氯-1,3-噻唑-5-基甲基)-5-甲基-1,3,5-噁二嗪-4-基亚（硝基）胺，英文化学名称为 3-(2-chloro-1,3-thiazol-5-ylmethyl)-5-methyl-1,3,5-oxadiazinan-4-ylidene (nitro) amine。美国化学文摘系统名称为 3-[(2-chloro-5-thiazolyl) methyl] tetrahydro-5-methyl-*N*-nitro-4*H*-1,3,5-oxadiazin-4-imine，CA 主题索引名称为 4*H*-1,3,5-oxadiazin-4-imine—,3-[(2-chloro-5-thiazolyl) methyl] tetrahydro-5-methyl-*N*-nitro-。CAS 登录号为 [153719-23-4]。

理化性质　结晶粉末，熔点 139.1℃，蒸气压 6.6×10^{-6} mPa（25℃）。K_{ow} lg$P$ = −0.13（25℃）。Henry 常数 4.70×10^{-10} Pa·m^3/mol（计算）。相对密度 1.57（20℃）。水中溶解度 4.1g/L（25℃），有机溶剂（g/L）：丙酮 48，乙酸乙酯 7.0，二氯甲烷 110，甲苯 0.680，甲醇 13，正辛醇 0.620，正己烷＜0.001。在 pH＝5 条件下稳定，DT_{50}：640d（pH＝7），8.4d（pH＝9）。

毒性　大鼠急性经口 LD_{50} 1563mg/kg，大鼠急性经皮 LD_{50}＞2000mg/kg。对兔眼睛和皮肤无刺激，对豚鼠皮肤无致敏性。大鼠吸入 LC_{50}（4h）＞3720mg/m^3。NOEL（NOAEL）：小鼠（90d）10mg/L [1.4mg/(kg·d)]，狗（1a）150mg/L [4.05mg/(kg·d)]。ADI/RfD（EC）0.026mg/kg。

生态效应　急性经口 LD_{50}（mg/kg）：山齿鹑 1552，野鸭 576。山齿鹑和野鸭饲喂 LC_{50}（5d）＞5200mg/kg。鱼 LC_{50}（96h，mg/L）：虹鳟鱼＞100，大翻车鱼＞114，红鲈＞111。水蚤 LC_{50}（48h）＞100mg/L。水藻 EC_{50}（96h）＞100mg/L。糠虾 LC_{50}（96h）6.9mg/L，东方牡蛎 EC_{50}＞119mg/L。蜜蜂 LD_{50}：0.005μg/只（经口），0.024μg/只（接触）。蚯蚓 LC_{50}（14d）＞1000mg/kg（土）。

环境行为　动物：迅速并完全被动物体吸收，快速分布动物体各部位，并快速排出体外。动物的毒代动力学和新陈代谢不受给药方式、剂量、前处理、部位或性别影响。在大鼠、小鼠、山羊和母鸡身体上的代谢途径相同。植物：通过对六种不同植物的根、叶和种子处理研究发现，其降解、代谢是相似的。土壤：DT_{50} 7～109d（37 种土壤，平均值 32.3d)。K_{oc} 32.5～237mL/g（25 种土壤，平均值 68.4mL/g)。光解加速土壤降解。酸性条件下在水中稳定，碱性条件下水解。地表水 DT_{50} 7.9～39.5d（实验室，黑暗，7 种水-沉积物系统，平均值 21.5d)。迅速发生光水解。不在生物体内积累。不发生大量挥发，主要通过光化学氧化在空气中降解。

制剂与分析方法　主要产品或制剂有：15％可湿性粉剂、25％水分散粒剂、24％悬浮剂、1％颗粒剂、70％种子处理剂、35％悬浮种衣剂。可用 GC/HPLC 进行分析。

混剂品种有　Cruiser Blé（＋difenoconazole＋fludioxonil）（seed treatment）（Syngenta），Cruiser Blé Plus（＋difenoconazole＋fludioxonil＋tefluthrin）（seed treatment）（Syngenta），CruiserMaxx Beans（＋fludioxonil＋metalaxyl-M）（Syngenta），CruiserMaxx Potato（＋fludioxonil）（Syngenta），Cruiser OSR（＋fludioxonil ＋metalaxyl-M）（Syngenta），Durivo（＋chlorantraniliprole）（Syngenta），Endigo（＋lambda-cyhalothrin）（Syngenta），Engeo（＋lambda-cyhalothrin）（Syngenta），Helix（＋difenoconazole＋fludioxonil＋metalaxyl-M）（Syngenta），Cruiser Extreme（＋azoxystrobin＋fludioxonil＋metalaxyl-M）（Syngenta），CruiserMaxx Sunflower（＋azoxystrobin＋fludioxonil＋metalaxyl-M）(Syngenta)。

作用机理与特点　其作用机理与吡虫啉相似，高效、低毒、杀虫谱广，由于更新的化学结构及独特的生理生化活性，可选择性抑制昆虫神经系统烟酸乙酰胆碱酯酶受体，进而阻断昆虫中枢神经系统的正常传导，造成害虫出现麻痹而死亡。不仅具有良好的胃毒、触杀活性、强内吸传导性和渗透性，而且具有更高的活性、更好的安全性、更广的杀虫谱及作用速度快、持效期长等特点，而且与第一代新烟碱类杀虫剂，如吡虫啉、啶虫脒、烯啶虫胺等无交互抗性，是取代那些对哺乳动物毒性高、有残留和环境问题的有机磷、氨基甲酸酯类、拟除虫菊酯类、有机氯类杀虫剂的最佳品种。既能防治地下害虫，又能防治地上害虫。既可用于茎叶处理和土壤处理，又可用于种子处理。

应用

适用作物　茎叶处理和土壤处理：芸薹属作物、食叶和食果的蔬菜、马铃薯、水稻、棉花、落叶果树、咖啡、柑橘、烟叶、大豆等；种子处理：玉米、高粱、谷类、甜菜、油菜、棉花、菜豆、马铃薯、水稻、花生、小麦、向日葵等。也可用于动物和公共卫生苍蝇的防治。

防治对象　可有效地防治鳞翅目、鞘翅目、缨翅目害虫，对同翅目害虫有高效。如各种蚜虫、叶蝉、粉虱、飞虱、稻飞虱、粉蚧、蛴螬、金龟子幼虫、马铃薯甲虫、跳甲、线虫、地面甲虫、潜叶蛾等。

残留量与安全施药　在推荐剂量下，对作物、环境安全，无药害。

使用方法　使用剂量为 10～200g/hm^2。除了可用于传统的叶面喷雾以外，还特别适合用于种苗的土壤灌根处理，使用剂量为 2～200g(a. i.)/hm^2；又可用于种子处理，使用剂量为 4～400g(a. i.)/100kg。如用 2.5g(a. i.)/100L 喷雾，即可防治食叶和食果的蔬菜中各种蚜虫，用 25g(a. i.)/100L 喷雾，即可防治落叶水果中多种蚜虫，防治棉花害虫使用剂量为 30～100g(a. i.)/hm^2，防治稻飞虱使用剂量为 6～12g(a. i.)/hm^2；用 40～315g(a. i.)/100kg 剂量处理玉米种子，可有效地防治线虫、蚜属、杆蝇、黑异蔗金龟等害虫。使用合理的推荐剂量能给幼苗带来超过 1 个月以上的保护。

防治柑橘粉虱、白粉虱：噻虫嗪 25％水分散粒剂 2500、5000 倍液的防效（施药后 1d）分别为 98％和 86.11％；具有速效、持效和高效的特点，实际用 7500 倍液，就可达到理想防效。而 10％吡虫啉乳油 2500 倍液的防效为 71.71％。

防治番茄白粉虱：在温室白粉虱发生初期，在番茄根部须根密布区用木棍打洞，用水量 30kg/100m^2，将药稀释后用喷雾器去掉喷头等量浇灌。噻虫嗪 25％水分散粒剂移栽后灌根处理对温室白粉虱有良好的防效，持续时间可达 21d 以上，且在试验剂量内对番茄安全无药害，可以大面积推广应用。推荐应用剂量为 3～4.5g/100m^2。

防治稻飞虱：在若虫发生初盛期进行喷雾，用噻虫嗪 25％水分散粒剂 1.6～3.2g/667hm^2，对水 30～40kg，直接喷在叶面上，可迅速传导到水稻全株。一季作物最多施用 2 次，安全间隔期 28d。

防治梨木虱：噻虫嗪 25％水分散粒剂 10000 倍，或每亩果园用 6g 噻虫嗪 25％水分散粒剂（有效成分 1.5g）进行喷雾，一季作物最多施用 4 次，安全间隔期 14d。

防治苹果树蚜虫：用噻虫嗪 25％水分散粒剂 5000～10000 倍液或每亩用 5～10g 噻虫嗪 25％水分散粒剂进行叶面喷雾，一季作物最多施用 4 次，安全间隔期 14d。

防治烟蚜：在移栽前灌根一次（噻虫嗪 25％水分散粒剂 4000 倍液）或在烟蚜发生期喷雾（噻虫嗪 25％水分散粒剂 10000～12000 倍液 25kg/667hm^2）防治一次，持效期在 20d 左右，并且对烟株和天敌安全。

防治棉花蓟马：每亩用噻虫嗪 25％水分散粒剂 13～26g（有效成分 3.25～6.5g）进行喷雾。

防治柑橘潜叶蛾：用噻虫嗪 25％水分散粒剂 3000～4000 倍液，或每亩用噻虫嗪 25％水分散粒剂 15g（有效成分 3.75g）进行喷雾。

防治瓜类白粉虱：用噻虫嗪 25％水分散粒剂 2500～5000 倍液，或每亩用噻虫嗪 25％水分散粒剂 10～20g（有效成分 2.5～5g）进行喷雾，一季作物最多施用 2 次，安全间隔期 3d。

防治蚂蚁：噻虫嗪 0.01%胶饵，施用方法：投放。

专利与登记

专利名称 Preparation of 3-(heterocyclylmethyl)-4-iminoperhydro-1,3,5-oxadiazine derivatives as pesticides

专利号 EP 580553 专利公开日 1994-01-26

专利申请日 1993-07-13 优先权日 1992-07-22

专利拥有者 Ciba-Geigy A.-G., Switz., Syngenta Participations AG

目前在其他国家申请的化合物专利 AT 255107、AU 9744358、AU 9342107、AU 772823、BR 9302943、CA 2100924、CA 2100924、CN 1053905、CN 1084171、CZ 283998、ES 2211865、HR 9301073、HU 221387、HU 65131、IL 120460、IL 106358、JP 3505483、JP 2001072678、JP 3487614、JP 06183918、LT 3959、LV 10865、PL 174779、RO 112727、RU 2127265、SK 285106、SK 284514、US 20070219188、US 20030232821、US 6627753、US 6022871、US 6376487、US 5852012、ZA 9305263 等。

制剂或剂型专利：CA 2317050、CA 2339068、CA 2423995、CA 2478587、CN 101238815、CN 1084171、CN 101385460、CN 101502268、CN 101352172、CN 1479576、CN 1593143、DE 10103832、EP 580553、EP 0953282、EP 1324662、JP 07224062、JP 2008222705、JP 2009120549、JP 2009108046、WO 2009123907、WO 2009119072、WO 2009098228、WO 2009098227、WO 2009074230、WO 2009055044、WO 2008104503、WO 2008102700、WO 2008077926、WO 2002030201、WO 9722254、WO9740691、WO 9710226、WO 9944421、WO 0137668、WO 02082906、WO 0237964、WO 03015515、WO 03075653 等。

制备专利 CN 100379731、CN 1261420、CN 1654460、CN 1084171、CN 1053905、WO 2001000623、WO 2002034734、WO 9710226、WO 9827074、WO 9832747、WO 2001000623、WO 2002016334、WO2002016335 等。

在中国申请的相关专利及登记情况见表 51-1、表 51-2。

表 51-1 在中国申请的专利

序号	申请号	专利名称
1	01129504.X	含氰菌胺杀菌剂、杀虫剂组合物
2	200710187292.4	一种复配农药
3	200710068735.8	杀虫剂组合物
4	200610201375.X	苯甲酰基脲类杀虫剂与噻虫嗪复配制剂
5	200610160025.3	杀虫杀螨组合物
6	200810049327.2	噻虫嗪·辛硫磷杀虫剂组合物
7	200810009835.8	类新烟碱对转基因植物的应用
8	200410007599.8	一种防治黑穗病的种衣剂
9	200410004524.4	含氰菌胺杀菌剂、杀虫剂组合物
10	03805429.9	基于 Prothioconazole 并含有杀虫剂的杀真菌混合物
11	200610049967.4	杀虫组合物
12	200510096642.7	类新烟碱对转基因植物的应用
13	200610072084.5	基于 Prothioconazole 并含有杀虫剂的杀真菌混合物
14	200610072085.X	基于 Prothioconazole 并含有杀虫剂的杀真菌混合物
15	200610101423.8	类新烟碱对转基因植物的应用
16	200580009463.3	拟除虫菊酯和灭虫碱的液体杀白蚁剂组合物
17	200580044370.4	基于选取的新烟碱类和甲氧基丙烯酸酯类的杀虫剂
18	200680034439.X	杀真菌组合物
19	200680029294.4	通过对经工程化而耐受逆境的植物施用新烟碱类化合物增强其逆境耐受性
20	200810150059.3	一种含多杀菌素的杀虫组合物及其应用

续表

序号	申请号	专利名称
21	200810150576.0	一种含噻虫嗪的杀虫剂组合物
22	200810211963.0	基于伊维菌素的农药组合物
23	200810211962.6	基于噻虫嗪的农药组合物
24	200810147174.5	一种含噻虫嗪的杀虫化学组合物
25	200810155763.8	含噻虫嗪的杀虫组合物
26	200810175287.6	一种含吡蚜酮的杀虫组合物
27	200780022909.5	包含戊唑醇、嘧菌酯、杀昆虫剂的农药组合
28	200810000306.1	氟虫腈组合物杀虫剂
29	200810096611.5	烯啶虫胺组合物环境友好新剂型
30	200910128824.6	含有噻虫嗪和哒螨灵的农药组合物及其应用
31	200780042332.4	植物病虫害防除组合物及植物病虫害的预防方法
32	200910102604.6	一种含吡蚜酮与噻虫嗪的农药复配物及其制备方法和用途
33	200910069468.5	一种含氯虫苯甲酰胺的杀虫剂组合物及其制备方法和用途
34	200910164802.5	含有唑螨酯的农药组合物
35	200910035430.6	含氯代噻唑烟碱类杀虫剂与噻嗪酮的杀虫剂组合物及其制备与应用
36	200910171310.9	一种含有噻虫嗪的农药组合物

该品种1997年进入新西兰市场，用于玉米种子处理，1998年进入南非、巴西、印尼及拉丁美洲市场，用于防治棉花、蔬菜、水稻、果树及大豆等作物上的蚜虫、粉虱、飞虱、甲虫和象甲等害虫。并获得了在美国、日本、巴拉圭、摩洛哥、南非、波兰、罗马尼亚、印度尼西亚和韩国等国家的产品登记，如25%噻虫嗪水分散粒剂、70%噻虫嗪种子处理可分散粉剂等。其中噻虫嗪是先正达公司在欧洲、美国和亚太地区同步推出的新一代杀虫剂，2000年在中国取得临时登记，因其高效、低毒、内吸等特点，正成为防治温室白粉虱的首选药剂。目前已在世界近30个国家、20多种作物上进行开发应用。

瑞士先正达作物保护有限公司在中国登记作物、登记号　登记作物番茄、节瓜、十字花科蔬菜、辣椒、茄子、花卉、棉花、马铃薯、甘蔗、葡萄、烟草、油菜、黄瓜、茶树、柑橘树、水稻、西瓜、观赏菊花、观赏玫瑰等。登记号PD20060001等。原药含量98%。

表51-2　瑞士先正达作物保护有限公司在中国登记情况

登记名	登记证号	含量	剂型	登记作物	防治对象	用药量	施用方法
噻虫嗪	PD20060003	25%	水分散粒剂	番茄	白粉虱	26.25～56.25g/hm²	苗期(定植前3～5d)喷雾
						62.5～125mg/kg,30～50mg/株	灌根
				节瓜	蓟马	30～56.25g/hm²	喷雾
				十字花科蔬菜	白粉虱	26.25～56.25g/hm²	苗期(定植前3～5d)喷雾
						62.5～125mg/kg,30～50mg/株	灌根
				辣椒	白粉虱	26.25～56.25g/hm²	苗期(定植前3～5d)喷雾
						62.5～125mg/kg,30～50mg/株	灌根
				茄子	白粉虱	26.25～56.25g/hm²	苗期(定植前3～5d)喷雾
						62.5～125mg/kg,30～50mg/株	灌根
				花卉	蓟马	30～56.25g/hm²	喷雾
				棉花	白粉虱	26.25～56.25g/hm²	喷雾
				棉花	蓟马	30～56.25g/hm²	喷雾
				马铃薯	白粉虱	30～56.25g/hm²	喷雾
				甘蔗	绵蚜	20.8～25mg/kg	喷雾
				花卉	蚜虫	15～22.5g/hm²	喷雾
				葡萄	介壳虫	50～62.5mg/kg	喷雾
				烟草	蚜虫	15～30g/hm²	喷雾
				油菜	蚜虫	15～30g/hm²	喷雾
				黄瓜	白粉虱	37.5～46.88g/hm²	喷雾
				茶树	茶小绿叶蝉	15～22.5g/hm²	喷雾
				西瓜	蚜虫	30～37.5g/hm²	喷雾
				水稻	稻飞虱	7.5～15g/hm²	喷雾
				柑橘树	蚜虫	20.8～25mg/kg	喷雾
				油菜	黄条跳甲	37.5～56.25g/hm²	喷雾
				柑橘树	介壳虫	50～62.5mg/kg	喷雾
				棉花	蚜虫	15～30g/hm²	喷雾

续表

登记名	登记证号	含量	剂型	登记作物	防治对象	用药量	施用方法
噻虫嗪	PD20060002	70%	种子处理可分散粉剂	棉花	苗期蚜虫	210～420g/100kg 种子	拌种
				玉米	灰飞虱	70～210g/100kg 种子	种子包衣
噻虫嗪	LS20100100	21%	悬浮剂	观赏菊花	蚜虫	30～50mL/株，2000～4000 倍液	灌根
				观赏玫瑰	蓟马	54～72g/hm^2	喷雾
杀蚁胶饵	WL20080221	0.01%	胶饵	卫生	蚂蚁	—	投放

合成方法

经如下反应制得噻虫嗪。

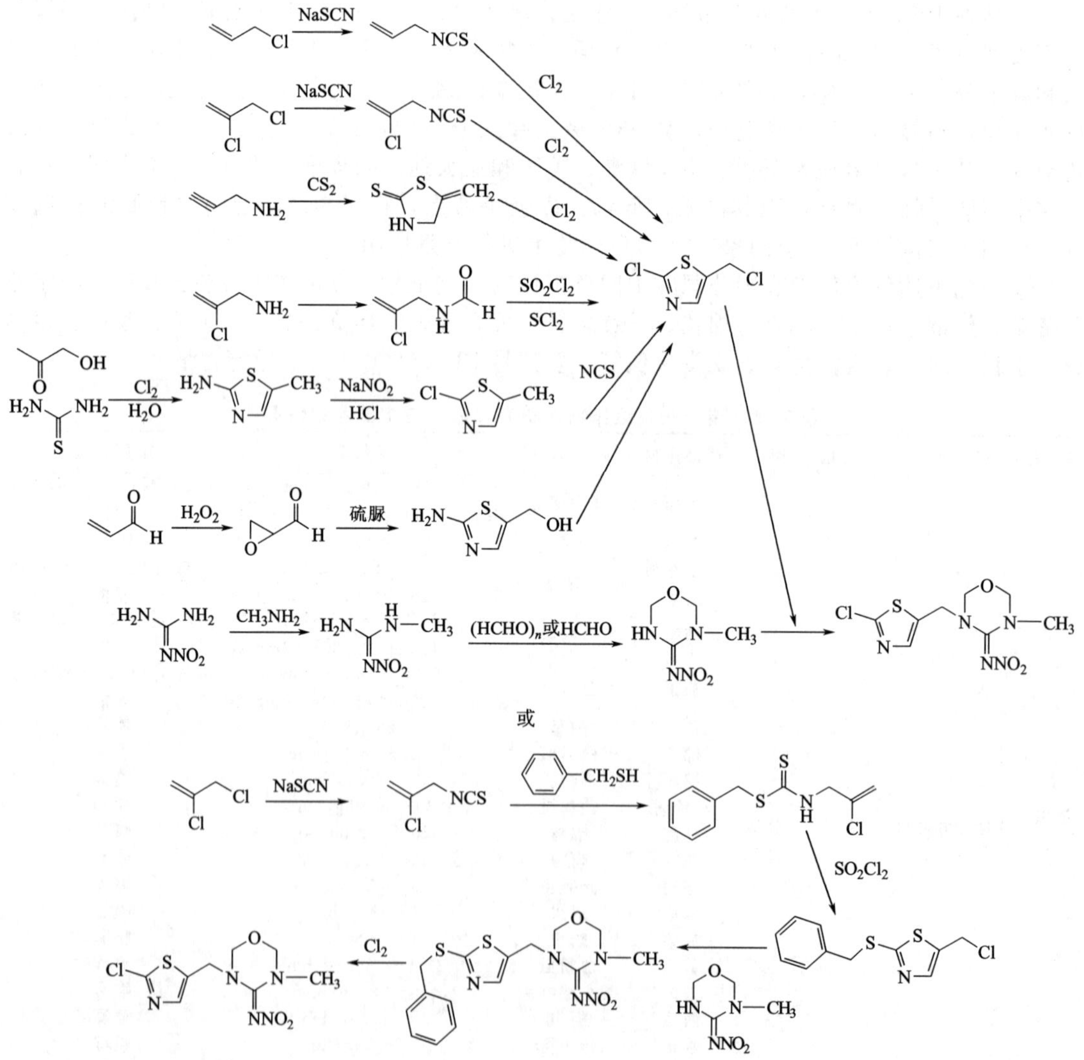

1 Pest Manag Sci，2001，57 (10)：906-913.

2 Pest Manag Sci，2001，57 (2)：165-176.

3 The Pesticide Manual. 15 th edition：1112-1114.

4 农药，1999，38 (6)：42-43.

5 Proc. Br. Crop Pron. Conf. -Pest Dis.，1998，1：27.

52 噻虫啉（thiacloprid）

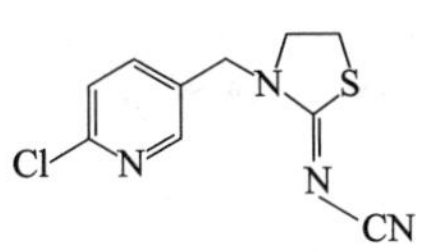

$C_{10}H_9ClN_4S$，252.7

产品简介

噻虫啉［试验代号：YRC2894，通用名称：thiacloprid，商品名称：Alanto（Bayer CropScience）、Bariard（Bayer CropScience）、Calypso（Bayer CropScience）］是 A. Elber 等人报道其活性，由德国拜耳农化公司和日本拜耳农化公司合作开发，1999 年在巴西首先登记的另一个广谱、内吸性新烟碱类（neonicotinoid）杀虫剂。主要生产商：德国拜耳作物科学公司、天津市兴光农药厂、江苏中旗化工有限公司、山东省联合农药工业有限公司、江西天人生态工业有限责任公司等。

化学名称　(*Z*)-3-(6-氯-3-吡啶甲基)-1,3-噻唑啉-2-基亚氰胺，英文化学名称为（*Z*)-3-(6-chloro-3-pyridylmethyl)-1,3-thiazolidin-2-ylidenecyanamide。美国化学文摘系统名称为 (*Z*)-[3-[(6-chloro-3-pyridinyl) methyl]-2-thiazolidinylidene]-cyanamide，CA 主题索引名称为 cyanamide—，[3-[(6-chloro-3-pyridinyl)methyl]-2-thiazolidinylidene]-(*Z*)。CAS 登录号为［111988-49-9］。

理化性质　黄色结晶粉末，含量 97.5%，熔点 136℃，沸点＞270℃（分解）。蒸气压 3.0×10^{-7}mPa（20℃）。K_{ow}lg$P$=0.74（未缓冲的水），0.73（pH=4），0.73（pH=7），0.74（pH=9），Henry 常数 4.1×10^{-10}Pa·m^3/mol（计算），相对密度 1.46。水中溶解度 185mg/L（20℃），有机溶剂（g/L，20℃）：正己烷＜0.1，二甲苯 0.30，二氯甲烷 160，正辛醇 1.4，正丙醇 3.0，丙酮 64，乙酸乙酯 9.4，聚乙二醇 42，乙腈 52，二甲基亚砜 150。稳定性：在 pH=5～9，25℃稳定。

毒性　大鼠急性经口 LD_{50}（mg/kg）：雄 621～836，雌 396～444。雄和雌大鼠急性经皮 LD_{50}＞2000mg/kg，对兔眼睛和皮肤无刺激，对豚鼠皮肤无刺激。大鼠吸入 LC_{50}（4h，鼻吸入）：雄＞2535mg/m^3（空气），雌约 1223mg/m^3（空气）（气雾）。大鼠 NOEL（2a）1.23mg/(kg·d)。ADI/RfD（JMPR）0.01mg/kg。无致癌性，对大鼠和兔无生长发育毒性，无遗传或潜在致突变性。

生态效应　急性经口 LD_{50}（mg/kg）：日本鹌鹑 49，山齿鹑 2716；LC_{50}（8d）（mg/L）：山齿鹑 5459，日本鹌鹑 2500。鱼 LC_{50}（96h，mg/L）：虹鳟鱼 30.5，大翻车鱼 25.2。水蚤 EC_{50}（48h，20℃）≥85.1mg/L。海藻 E_rC_{50}（72h，20℃，mg/L）：淡水藻 97，月芽藻 EC_{50}＞100。蜜蜂 LD_{50}：17.32μg/只（经口）、38.83μg/只（接触）。蚯蚓 LC_{50}（14d，20℃）105mg/kg（土壤）。

环境行为

动物　本品迅速并完全地被动物胃肠道吸收并快速而独立地分布于大鼠的器官和组织，大部分代谢物主要通过尿和粪便排出，在大鼠体内无任何累积的迹象。包括母体化合物，26 种代谢物通过尿和粪便排出，通过噻唑啉环氧化、噻唑啉环和氰胺基团羟基化、噻唑啉环开环和亚甲基桥氧化断裂促进代谢。山羊体内的代谢物主要通过尿排出，奶中的量很少，家禽也一样，蛋中的量很少。

植物　本品喷洒在马铃薯、苹果、棉花和小麦，以及在育苗箱中处理水稻及其他近似作物，其代谢物基本相同。母体化合物在收获时通常是主要成分，母体化合物的水解、氧化、共轭是主要的降解途径。

土壤 DT_{50}（6种土壤）7～12d，本品在土壤（6种土壤）中流动较慢。平均值 K_{oc}615（6种土壤）。

制剂与分析方法 主要产品或制剂有：颗粒剂、油悬浮剂、悬浮剂、悬浮乳剂、水分散粒剂。混剂品种有 Monarca（＋beta-cyfluthrin）（Bayer CropScience），Proteus（＋deltamethrin）（Bayer CropScience），WinBarriard（＋carpropamid）（Bayer CropScience）。可用 GC-MS/HPLC-UV 进行分析。

作用机理与特点 作用机理与其他传统杀虫剂有所不同。它主要作用于昆虫神经接合后膜，通过与烟碱乙酰胆碱受体结合，干扰昆虫神经系统正常传导，引起神经通道的阻塞，造成乙酰胆碱的大量积累，从而使昆虫异常兴奋，全身痉挛、麻痹而死。具有较强的内吸、触杀和胃毒作用，与常规杀虫剂如拟除虫菊酯类、有机磷类和氨基甲酸酯类没有交互抗性，因而可用于抗性治理，是防治刺吸式和咀嚼式口器害虫的高效药剂之一。

具有用量少、速效好、活性高、持效期长等特点。与常规杀虫剂如拟除虫菊酯、有机磷类和氨基甲酸酯类没有交互抗性，因此可用于抗性治理。其在土壤半衰期短，对鸟类、鱼和多种有益节肢动物安全。既可用于茎叶处理，也可以进行种子处理。

应用

适用作物 果树、棉花、蔬菜、甜菜、马铃薯、水稻和观赏植物等。

防治对象 该品种对刺吸口器害虫有优异的防效，如对果树、棉花、蔬菜、甜菜、马铃薯、水稻和观赏植物上的刺吸式口器害虫如蚜虫、叶蝉、粉虱等有优异的防效，对各种甲虫（如马铃薯甲虫、苹花象甲、稻象甲）和鳞翅目害虫如苹果树上的潜叶蛾和苹果蠹蛾也有效。

残留量与安全施药 在推荐剂量下使用对作物安全，无药害。

使用方法 使用方法为茎叶喷雾处理和种子处理。使用剂量：根据作物、虫害及使用方法的不同为 48～216g(a. i.)/hm^2。

专利概况

专利名称 Preparation of (heterocyclylmethyl) imidazolines，-thiazolidines，-tetrahydropyrimidines，and-tetrahydrothiazines as insecticidies

专利号 EP 235725　　专利公开日 1987-09-09

专利申请日 1987-02-24　　优先权日 1986-03-07

专利拥有者 Nihon Tokushu Noyaku Seizo K. K. ，Japan

目前在其他国家申请的化合物专利 AT 69608、AU 589500、AU 8769729、CA 1276019、DK 170281、DK 8701170、ES 2038607、HU203942、HU44404、IL 81769、JP 2721805、JP 07196653、JP07017621、JP 62207266、US 39130、US 4849432、US 39140、US 39129、US 39127、US 39131、ZA8701625 等。

制备专利 EP 1024140、EP 1518459、IN 2003MU00019、WO 2001053296 等。

制剂或剂型专利 CN 101213967、CN 101305732、CN 101099484、DE 102007045956、DE 10024934、DE 102004006324、DE 102005053680、DE 102006014488、DE 102006033993、DE 19913174、JP 2001081003、WO 2009074236、WO 2005102056、WO 2006008110、WO 2006066810、WO 2006069655、WO 2008064778、WO 2008077486、WO 2008077926、WO 2008102700、WO 2003070000、WO 2004098290、WO 2001024634、WO 2001072128、WO 9965313 等。

该品种于 2000 年商品化，噻虫啉以商品名 Calypso 在世界范围内登记，2000 年开始在巴西、欧洲、日本和美国等地推广应用。目前已在 20 多个国家获得登记，用量为 48～180g/hm^2。FMC 公司已在北美和南美（除去阿根廷、乌拉圭、巴拉圭和波利维亚之外）和在英国、西班牙和葡萄牙销售此产品。

在中国申请的与噻虫啉有关的部分专利见表 52-1。

表 52-1　在中国申请的与噻虫啉有关的部分专利

序号	申请号	专利名称
1	01129504.X	含氰菌胺杀菌剂、杀虫剂组合物
2	200710060209.7	噻虫啉的农药剂型及其应用
3	200810008230.7	活性化合物结合物
4	200710115040.0	一种杀虫双杂环化合物
5	200410004524.4	含氰菌胺杀菌剂、杀虫剂组合物
6	200580002182.5	用于控制常见家庭害虫的杀虫组合物
7	200580009463.3	拟除虫菊酯和灭虫碱的液体杀白蚁剂组合物
8	200580012268.6	由噻虫啉和拟除虫菌酯组成的杀虫活性物质组合物
9	200580044370.4	基于选取的新烟碱类和甲氧基丙烯酸酯类的杀虫剂
10	201010553532.X	一种噻虫啉微胶囊制剂及其制备方法
11	201010127466.X	一种除治天牛用复合杀虫剂
12	200710054740.3	噻虫啉和辛硫磷杀虫剂组合物
13	200710121334.4	[反]-β-法尼烯类似物及其制备方法与应用
14	200680029294.4	通过对经工程化而耐受逆境的植物施用新烟碱类化合物增强其逆境耐受性
15	200710060210.X	含噻虫啉的农药组合物
16	200810212000.2	一种含有噻虫啉和丁烯氟虫腈的杀虫组合物
17	200810175287.6	一种含吡蚜酮的杀虫组合物
18	200810096611.5	烯啶虫胺组合物环境友好新剂型
19	200810212001.7	一种含有噻虫啉和烯啶虫胺成分的杀虫组合物
20	200780042332.4	植物病虫害防除组合物及植物病虫害的预防方法
21	200910136435.8	生产基于木材的材料的方法
22	200910069468.5	一种含氯虫苯甲酰胺的杀虫剂组合物及其制备方法和用途
23	200810038678.3	一种毒死蜱·噻虫啉悬乳剂及其制备方法
24	200910166100.0	一种含有噻虫啉的杀虫组合物
25	200910165901.5	一种具有增效作用的农药组合物
26	200910164802.5	含有唑螨酯的农药组合物
27	200910205311.0	一种含吡蚜酮的悬浮剂组合物
28	201010150298.6	一种含噻虫啉的杀虫组合物
29	201010150702.X	一种含噻虫啉与马拉硫磷的杀虫组合物
30	201010150716.1	一种含噻虫啉与辛硫磷的杀虫组合物
31	201010227839.0	一种含噻虫啉与吡蚜酮的杀虫组合物
32	201010150701.5	一种含噻虫啉与丁硫克百威的杀虫组合物
33	200880023578.1	包含杀虫剂和植物活化剂的农药组合
34	201010103001.0	噻虫啉微囊粉剂和悬浮剂及其制备方法和用途
35	200910244199.1	一种杀虫剂注射液剂组合物
36	200910244501.3	一种噻虫啉注射液
37	201010133305.1	一种由噻虫啉合成酰胺噻虫啉的方法
38	201010132937.6	吡丙醚复配杀虫剂
39	201010212793.5	一种含有哌虫啶和新烟碱农药组合物
40	201010283983.6	噻虫啉残留量的测定方法
41	201010148180.X	一种含茚虫威与噻虫啉的杀虫组合物
42	201010515180.9	含新烟碱类杀虫剂的甘蔗杀虫剂
43	201010564241.0	一种含有呋虫胺的杀虫组合物
44	200910183493.6	一种含烯啶虫胺和噻虫啉的复合杀虫组合物及其用途
45	201110024972.0	噻虫啉与甲氨基阿维菌素苯甲酸盐的杀虫组合物
46	201110020602.X	一种复合杀虫剂
47	201110032942.4	噻虫啉与多杀霉素的杀虫组合物
48	201110020604.9	一种复合杀虫剂组合物
49	201110057397.4	一种含有氟啶虫胺腈的杀虫组合物
50	201110020603.4	一种复配的杀虫剂组合物

合成方法

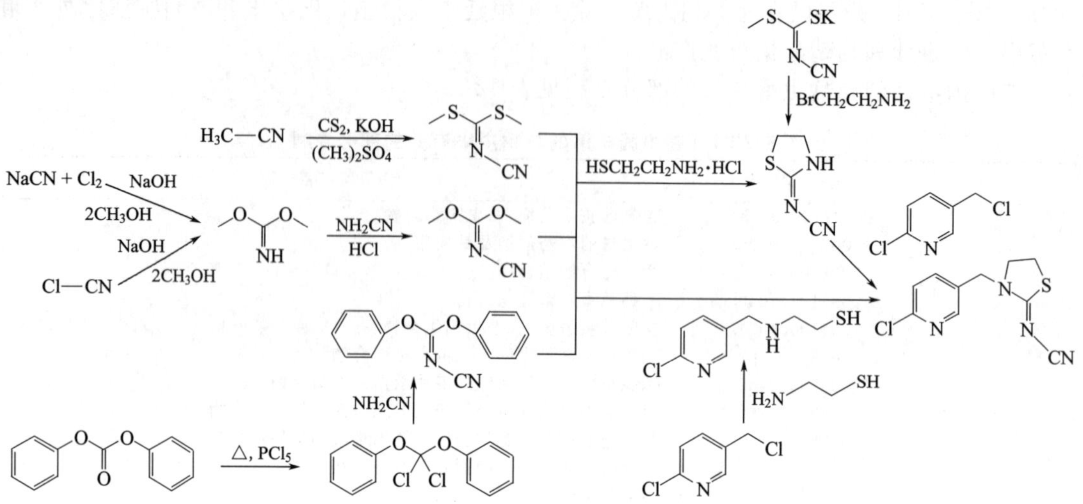

1 US 20030130327.

2 The Pesticide Manual. 15 th edition：1111-1112.

3 Proceedings of the Brighton Crop Protection Conference-Pests and diseases. 2000，1：21.

4 EP1024140.

5 J. Heterocyclic Chem.，1982，(5)：1205-1206.

53 吡虫啉（imidacloprid）

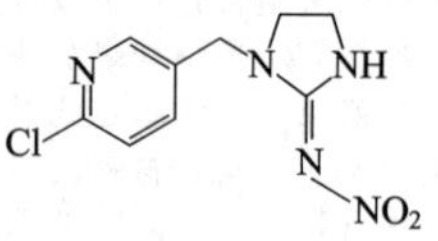

$C_9H_{10}ClN_5O_2$，255.7

产品简介

吡虫啉［试验代号：BAY NTN33893，通用名称：imidacloprid，商品名称：Admire（USA，Japan）（Bayer CropScience）、Confidor（Bayer CropScience）、Gaucho（Bayer CropScience）、Confidate（Mobedco）、Couraze（Cheminova）、Mantra（Heranba，Nufarm Americas）、Midas（Devidayal）、Mogambo（Crop Health）、Parrymida（Coromandel）、Picador（Agria）、Suncloprid（Sundat）、Tiddo（Tide）、Warrant（Cheminova）］是20世纪80年代中期由拜耳和日本特殊农药制造公司联合开发的第一个烟碱类（neonicotinoid）杀虫剂。世界主要生产商：德国拜耳作物科学公司、南京红太阳集团、安徽华星化工、Aimco、Bhagiradha、Bilag、青岛海利尔药业集团、河北威远、Honbor、江苏扬农、Sharda、Tagros、Tide、新沂中凯、盐城利民、浙江海正等。其他商品名称（生产商）如下：Akteur（Bayer CropScience）、Amigo（Bayer CropScience）、Bilogic（Netherlands）（Bayer CropScience）、Conidor（S Korea）（Bayer CropScience）、Escocet（Bayer CropScience）、Evidence（Bayer CropScience）、Genesis（Bayer CropScience）、Lizetan（Bayer CropScience）、Merit（USA，Japan）（Bayer CropScience）、Monceren GT（Bayer CropScience）、Premise（USA，Japan；termiticide）（Bayer CropScience）、Provado（Bayer CropScience）、Trimax（Bayer CropScience）、Winner（Brazil）（Bayer CropScience）、Advantage（Bayer Animal Health）、Advise（Winfield Solutions）、Agrofidor（Chemvet）、Agromida（Agro Chemicals India）、Alias（Makhteshim-Agan）、Atom（Indofil）、Attendant（Trace）、Colt（Ingeniería Industrial，Zagro）、Commando（Vapco）、Confidagro（Agropharm）、Corsário（Sapec）、Dharbhaar（Ramcides）、Dispel（P I Industries）、Elektra（Ancom）、Enforce（Advan）、Fantasia（Ancom）、Funda（P I Industries）、Garant (Cheminova)、Ghoulish (Vapco)、Hachikusan (Japan; termiticide) (Bayer Environmental Science, Nihon Bayer)、Hilmida (Hindustan)、Hotshot (Sulphur Mills)、Imadate (Mobedco)、IMD75 (Albaugh)、Imicide (Mauget)、Imidacel (Excel)、Imida Gold (United Phosphorus)、Imidastar (Albaugh)、ImidiPro (PBI/Gordon)、Imidor (Aimco)、Imigo (United Phosphorus)、Impulse (Albaugh)、Josh (Krishi Rasayan)、Jumbo (P I Industries)、Kohinor (Makhteshim-Agan)、Lichongjing (Fengshan)、Macho (Albaugh)、Mafidor (Ancom)、Mallet (Nufarm Ltd)、Marathon (OHP)、Matrero (Nufarm)、Mattador (Ancom)、Maxforce (various products, for flies) (Bayer Environmental Science)、Nuprid (Nufarm)、Pasada (Makhteshim-Agan)、Picus (Cheminova)、Pilarking (Pilarquim)、Plural (Lucava)、Prey (Loveland, UAP)、Pritt (Cequisa)、Quick Bayt (Bayer Animal Health)、Rapid (Herbos)、Ribo (Atul)、Seedoprid (Makhteshim-Agan)、Senator (Nufarm)、Solar (Afrasa)、suSCon Maxi (Nufarm)、suSCon Mini red (Nufarm)、Tatamida (Rallis)、Torrent (Sipcam USA)、Ultimo (Biostadt)、Vaplex (Vapco)、Veteran (LG)、Widow (Loveland, UAP)、Winder (Hubei Sanonda)、Zhuang' ai (Fengshan)、Premier (Brazil) (Bayer)、大功臣、高巧(拜耳)、康多福(拜耳)、咪蚜胺、灭虫精、扑虱蚜、蚜虱净、一遍净、益达胺、盖达落立等。

组成　最初认为是(*E*)-构型和(*Z*)-构型的混合物，2007 年拜耳公司确定其原料为(*E*)-构型。

化学名称　1-(6-氯-3-吡啶基甲基)-*N*-硝基亚咪唑烷基-2-胺。英文化学名称为 1-(6-chloro-3-pyridylmethyl)-*N*-nitroimidazolidin-2-ylideneamine。美国化学文摘系统名称为 1-[(6-chloro-3-pyridinyl)methyl]-*N*-nitro-2-imidazolidinimine。CA 主题索引名称为 2-imidazolidinimine—, 1-[(6-chloro-3-pyridinyl)methyl]-*N*-nitro-(2*E*)-。CAS 登录号为 [138261-41-3]，曾用 [105827-78-9]。

理化性质　无色晶体，具有轻微特殊气味，熔点 144℃。蒸气压 4×10^{-7} mPa (20℃)、9×10^{-7} mPa (25℃)。$K_{ow}\lg P=0.57$ (21℃)。Henry 常数 1.7×10^{-10} Pa·m^3/mol (20℃，计算)。相对密度 1.54 (23℃)。溶解度：水 0.61g/L (20℃)，有机溶剂 (g/L, 20℃)：二氯甲烷 67，异丙醇 2.3，甲苯 0.69，正己烷<0.1。稳定性：在 pH=5～11 稳定。

毒性　雄、雌大鼠急性经口 LD_{50} 450mg/kg，大鼠急性经皮 LD_{50} (24h)>5000mg/kg。对兔眼睛和皮肤无刺激，无致敏性。大鼠吸入 LC_{50} (4h)>5323mg/m^3 (粉尘)、69mg/m^3 (空气)(气雾)。NOEL 值 [2a, mg/(kg·d)]：雄大鼠 5.7，雌大鼠 24.9，雄小鼠 65.6，雌小鼠 103.6，雄和雌狗 (52 周) 15。ADI/RfD (JMPR) 0.06mg/kg。无突变和致畸作用。

生态效应　急性经口 LD_{50}：日本鹌鹑 31mg/kg，山齿鹑 152mg/kg，饲喂 LC_{50} (5d, mg/kg)：山齿鹑 2225，野鸭>5000。虹鳟鱼 LC_{50} (96h) 211mg/L。水蚤 LC_{50} (48h) 85mg/L。月芽藻 E_rC_{50}>100mg/L。直接接触对蜜蜂有害，除非在谷物开花期用药或作为种子处理时对蜜蜂无害。蚯蚓 LC_{50} 10.7mg/kg (土壤)。

环境行为　动物：用亚甲基^{14}C 和 4,5-四氢咪唑啉^{14}C 同位素标识吡虫啉的大鼠经口情况，结果表明，放射性元素迅速、完全被肠胃系统吸收，并很快消失 (48h 内，96%通过尿排出)。仅有 15%以母体化合物直接排出，大多数代谢途径是通过咪唑啉环羟基化，水解为 6-氯烟酸，失去硝基形成胍，6-氯烟酸和甘氨酸结合。在农场动物中的可食用器官和组织中发现的所有代谢物都包含 6-氯烟酸。吡虫啉在鸡和山羊体内也被迅速、大量地从体内排出。植物：通过对水稻 (土壤处理)、玉米 (种子处理)、马铃薯 (拌土或喷雾处理)、茄子 (拌土)、番茄 (喷雾处理) 研究代谢机理。结果表明，吡虫啉通过失掉硝基、咪唑啉环羟基化，水解为6-氯烟酸和形成结合物进行代谢，所有代谢物中含有6-氯吡啶亚甲基成分。土壤：大量实验结果表明，吡虫啉最重要的代谢途径为：咪唑啉环氧化、还原或失掉硝基，水解为6-氯烟酸和矿物质，植物加快了这些代谢过程。吡虫啉在土壤中属于中度吸附。有效成分和不同剂型的柱浸试验表明，吡虫啉和土壤代谢物是固定的，如果吡虫啉被推荐使用，并不建议浸入更深的土壤层。在贫瘠的土壤中不易水解（光照条件）。在正常条件下稳定，DT_{50}约4h（计算，水溶液光解试验）。除光照外，水/沉积物中的微生物对吡虫啉的降解起重要作用。

制剂与分析方法　主要产品或制剂有：粉剂，种子处理乳剂，颗粒剂，10%、20%、25%、70%可湿性粉剂，20%吡虫啉浓可溶液剂，35%吡虫啉悬浮剂，60%吡虫啉悬浮种衣剂，70%吡虫啉水分散粒剂，70%吡虫啉湿拌种剂，5%吡虫啉乳油，5%吡虫啉可溶性液剂，22%吡虫啉·三唑酮可湿性粉剂，35%、60%、70%吡虫啉·杀虫单可湿性粉剂，20%吡虫啉·三唑磷乳油，45%吡虫啉·乙酰甲胺磷可湿性粉剂，5%吡虫啉·高效氯氰菊酯，12.8%吡虫啉·灭多威乳油，25%吡虫啉·机油乳油，33%吡虫啉·毒死蜱乳油，50%吡虫啉·多菌灵·三唑酮可湿性粉剂，25%吡虫啉·多菌灵·福美双悬浮种衣剂，20%吡虫啉·哒螨灵乳油，20%吡虫啉·噻嗪酮可湿性粉剂，15%吡虫啉泡腾片剂。可用HPLC进行分析。

混剂品种有Baytan Secur（+fuberidazole+triadimenol）（seed treatment）（Bayer CropScience）、Carrena（+carpropamid）（Bayer CropScience）、Chinook（+beta-cyfluthrin）（Bayer CropScience）、Conidan（+tebufenozide）（S Korea）（Bayer CropScience）、Gaucho Blé（+anthraquinone+ bitertanol）（Bayer CropScience）、Gaucho M（+pencycuron+thiram）（Bayer CropScience）、Gaucho T（+thiram）（Bayer CropScience）、Imprimo（+tefluthrin）（Bayer CropScience）、Leverage（+cyfluthrin）（USA）（Bayer CropScience）、Monceren G（+pencycuron）（Germany）（Bayer CropScience）、Prestige（+pencycuron）（Bayer CropScience）、Traffic（+tefluthrin）（Bayer CropScience）、Win Admire（+carpropamid）（Bayer CropScience）、Cereline Secur（+bitertanol+fuberidazole+triadimenol）（UK）（Bayer CropScience）、Cereline Secur（+fuberidazole+triadimenol）（seed treatment）（Bayer CropScience），Confidor Energy（+deltamethrin）（Bayer CropScience），Confidor Ultra（+beta-cyfluthrin）（Bayer CropScience）、Connect（+beta-cyfluthrin）（Bayer CropScience）、Cropstar（+thiodicarb）（Bayer CropScience）、Faibel（+methiocarb）（Bayer CropScience）、Férial Blé（+anthraquinone+bitertanol）（Seed treatment，France）（Bayer CropScience）、Férial Orge（+tebuconazole+triazoxide）（seed treatment，France）（Bayer CropScience）、Gaucho CS（+carboxin+thiram）（Bayer CropScience）、Gaucho Maícero（+beta-cyfluthrin）（Bayer CropScience）、Gaucho MZ（+mancozeb）（Bayer CropScience）、Gaucho Orge（+tebuconazole+triazoxide）（Bayer CropScience）、Gaucho Primo（+tefluthrin）（Bayer CropScience）、Gaucho Rx 246 FS（+tebuconazole）（seed treatment，Sudan，Ethiopia，Latin America）（Bayer CropScience）、Gaucho XT（+metalaxyl+tebuconazole）（seed treatment，USA）（Bayer CropScience）、Hombre（+tebuconazole）（Bayer CropScience）、Legend（+cyfluthrin）（Bayer CropScience）、Manta Plus（+fuberidazole+imazalil sulfate+triadimenol）（Germany）（Bayer CropScience）、Monceren Admire（+pencycuron）（Bayer CropScience）、Moncerenrunner（+methoxyfenoziDE+pencycuron）（Bayer CropScience）、Monceren Star（+pencycuron）（Bayer CropScience）、Montur（+tefluthrin）（Bayer CropScience）、Movento Plus（+spirotetramat）（Bayer CropScience）、Muralla（+cyfluthrin）（Bayer CropScience）、Raxil MDExtra W（+imazalil+metalaxyl+tebuconazole）（seed treatment，USA）（Bayer CropScience）、Raxil MD-W（+metalaxyl+tebuconazole）（seed treatment，USA）（Bayer CropScience）、Raxil Secur

(+tebuconazole+triazoxide)(seed treatment，UK)(Bayer CropScience)、Sibutol Secur (+bitertanol+fuberidazole) (UK) (Bayer CropScience)、Tops MZ Gaucho (+mancozeb +thiophanate-methyl) (Bayer CropScience)、Yunta (+tebuconazole) (seed treatment，Romania，South America) (Bayer CropScience)、Aficion (+cyfluthrin) (Europe) (Makhteshim-Agan)、Beam Admire (+tricyclazole) (Japan) (Nihon Bayer)、CellOh (+flubendiamide) (Bayer CropScience，Nihon Nohyaku)、Confidor Supra (+cyfluthrin) (Bayer CropScience，Makhteshim-Agan)、Discus (+cyfluthrin) (OHP)、Huixinjing (+abamectin) (Fengshan)、Imisol (+carbendazim+debacarb) (Mauget)、Kohinor 100 (+cyfluthrin) (Europe) (Makhteshim-Agan)、Kohinor Plus (+cyfluthrin) (Makhteshim-Agan)、Latitude (+carboxin+metalaxyl) (Chemtura)、Millenium (+cyfluthrin) (Siapa)、V-Get Admire (+tiadinil) (Nihon Nohyaku)、Amistar Admire (+azoxystrobin) (Bayer CropScience)、Taifun (+methamidophos) (Turkey) (Bayer)、Zorro (+tebuconazole) (Bayer CropScience)、Hananomori 100 (+etoxazole) (Yashima Sangyo)。

作用机理与特点　吡虫啉是新一代氯代烟碱类杀虫剂，具有广谱、高效、低毒、低残留，害虫不易产生抗性，对人、畜、植物和天敌安全等特点，并具有良好的根部内吸活性、触杀和胃毒多重药效。害虫接触药剂后，通过烟碱性的乙酰胆碱受体结合，中枢神经正常传导受阻，使昆虫异常兴奋，全身痉挛麻痹而死。且对乙酰胆碱受体的作用在昆虫和哺乳动物之间有明显的选择性，速效性好，药后 1d 即有较高的防效，残留期长达 25d 左右。药效和温度呈正相关，温度高，杀虫效果好。对哺乳动物毒性低等特点，对常规杀虫剂已产生抗性的蚜虫、叶蝉和飞虱也有很好的效果。对蚯蚓等有益动物和天敌无害，对环境较安全。既可用于茎叶处理、种子处理，也可以进行土壤处理。

应用

适用作物　水稻、棉花、禾谷类作物、玉米、甜菜、马铃薯、蔬菜、柑橘、梨树、核果、烟草、番茄、落叶果树等。

防治对象　对同翅目（吮吸口器害虫）效果明显，对鞘翅目、双翅目和鳞翅目也有效，可有效防治飞虱类、蚜虫类、缨翅目类、粉虱类、叶蝉类及蓟马类害虫，还可用于防治土壤害虫、白蚁类和一些咬人的昆虫，如稻水象甲、马铃薯甲虫等，但对线虫和红蜘蛛无效。

残留量与安全施药　加拿大拟修改食品药物法规，确定吡虫啉及其代谢物最高残留限量：茄子 0.08mg/kg；大田玉米粒及带穗轴去皮甜玉米粒 0.05mg/kg。美国制定了免除吡虫啉残留限量的法规，该法规于 2003 年 10 月 29 日生效。新法规对大豆种子含吡虫啉及其代谢物的混合残留规定了 1.0mg/kg 的临时限量，允许该农药用于处理大豆的种子，该法规是按照联邦杀虫剂的紧急免除规定而采取的措施，同时对大豆类食品规定了吡虫啉最高残留限量，该限量标准于 2006 年 12 月 31 日生效。吡虫啉对家蚕有毒，使用过程中不可污染养蜂、养蚕场所及相关水源。吡虫啉使用不当时，能引起类似尼古丁中毒症状，主要表现属麻木、肌无力、呼吸困难和震颤，严重中毒还会出现痉挛。本品不可与碱性农药或物质混用，不宜在强阳光下喷雾使用，适期用药，收获前一周禁止用药。施药应选早晚气温低、风较小时进行。晴天上午 8 时至下午 5 时、空气相对湿度低于 65%、气温高于 28℃、风速超过 4m/s 应停止施药。南京农业大学农药系沈晋良教授等组织人员对几个采样点采集的稻褐飞虱种群进行了检测，证实稻褐飞虱对吡虫啉确实产生了抗药性。

使用方法　叶面使用剂量 25～100g/hm^2，种子处理 50～175g/100kg（种子）或 350～700g/100kg（棉花种子），还可以用于猫狗的跳蚤防治。

防治水稻褐飞虱、白背飞虱、叶蝉：一般在分蘖期到圆秆拔节期（主害代前一代）平均每丛有虫0.5～1头；孕穗、抽穗期（主害代）每丛有虫10头；灌浆乳熟期每丛有虫10～15头；蜡熟期每丛有虫15～20头时用药防治。每667m^2用20%吡虫啉溶剂6.5～10g（有效成分1.3～2g），每667m^2用10%可湿性粉剂15～20g，加水50～75kg喷雾，对水稻蚜虫也有很好的兼治作用。喷药时务必将药液喷到稻丛中、下部，以保证防效。

防治稻蓟马：用10%可湿性粉剂10～15g，加水50kg喷雾。也可每667m^2的稻种用10%可湿性粉剂25～30g，当种子露白时将药剂用适量水稀释后拌入，拌匀后继续催芽24h后播种，可控制苗期蓟马危害达25d以上。

防治小麦蚜虫：适期是小麦穗蚜发生初盛期，亩用10%吡虫啉可湿性粉剂40～70g，对水60～75kg均匀喷雾。

防治棉花蚜虫：用70%吡虫啉拌种剂处理种子，用70%吡虫啉拌种剂500～714g，加水1.5～2L，将药剂调成糊状后，再将100kg棉种倒入，并搅拌均匀，晾干后播种。

防治蓟马、叶蝉和黑蝽：稻种拌种剂量（70%吡虫啉拌种剂）50～150g（有效成分）/100kg（种子）。

防治蔬菜、花卉上的害虫：对蚜虫、粉虱、蓟马、潜叶蝇、小绿叶蝉、介壳虫等害虫，每667m^2用有效成分1～2g，对水40kg进行细喷雾。

防治烟蚜：在蚜量上升阶段或每株平均蚜量100头时进行防治。每667m^2用20%吡虫啉溶剂10～20L（有效成分2～4g），对水喷雾。

防治柑橘潜叶蛾：防治重点是保护秋梢。在嫩叶被害率达5%或田间嫩叶萌发率达25%时开始防治。由于吡虫啉有内吸性，用药时间可比使用其他药剂晚一点，通常喷药1～2次即可，间隔10～15d。用20%吡虫啉溶剂1000～2000倍液或每100kg水加20%吡虫啉50～100mL喷雾。

防治苹果黄蚜：在虫口上升时用药，用20%吡虫啉溶剂5000～8000倍液或每100kg水加20%吡虫啉12.5～20mL喷雾。

防治梨木虱：主要的春季越冬成虫出蛰而又未大量产卵和第一代若虫孵化期防治。用20%吡虫啉浓可溶剂2500～5000倍或每100kg水加20%吡虫啉20～40mL喷雾。

防治温室白粉虱：在若虫虫口上升时喷药。每667m^2用20%吡虫啉溶剂15～30mL，对水喷雾。

防治菜蚜：虫口上升时喷药。每667m^2用70%吡虫啉水分散粒剂1～1.3g，对水喷雾。喷液量一般为20～50L/667m^2。另外，空气相对湿度低时用大喷液量。施药应选早晚气温低、风小时进行。晴天上午8时至下午5时、空气相对湿度低于65%、气温高于28℃时应停止施药。

专利与登记

专利名称　Heterocyclic compounds

专利号　EP 192060　　专利公开日　1986-08-27

专利申请日　1985-01-17　　专利拥有者　Nihon Tokushu Noyaku Seizo K. K. (JP)

目前在其他国家申请的化合物专利　AT 67493、AU 584388、AU 8652866、BR 8600428、CA 1276018、CS 255867、DD 242742、DK 8600519、DK 172809、DK 9201042、HU 202365、HU 200651、HU 41954、IL 77750、JP 07030070、JP 62081382、JP 05014716、JP 61267575、JP 07020953、JP 05194490、JP 06029258、JP 61267561、JP 07000613、JP 61183271、JP 06049699、JP 61178982、JP 06006585、JP 61178981、PL149199、US 6297374、US 6022967、US 5750704、US 5580889、US 5428032、US 5461167、US 4742060、US 5298507、US 5204360、US 5001138、US 4845106、ZA 8600763等。

制备专利 CN 101011057、CN 1413995、DE 3818163、IN 181755、IN 2004MU00876、JP 02207083、JP 04009371、US 4956356、US 6307053、US 20070197792、WO 9204329 等。

制剂或剂型专利 CN 1267451、CN 1256864、CN 1252940、CN 1245644、CN 1245643、CN 1236548、CN 1942101、CN 1989811、CN 1717998、CN 1146194、CN 1305717、CN 1325628、CN 100337545、DE 102006014488、DE 19506095、DE 4412833、DE 4426942、DE 4443888、DE 19956098、DE 10117676、DE 102004034272、EP 1252820、EP 545834、EP 664081、EP 682869、JP 08143408、JP 08143030、JP 2003095832、JP 2002205906、JP 10259263、JP 2001081003、JP 2003001627、JP 2003055106、TW 561155、US 6197098、US 5720968、US 20060008493、WO 9300009、WO 9623411、WO 9742815、WO 9818328、WO 2001026468、WO 2002090068、WO 2003025223、WO 2005058039、WO2005096819、WO 2005096820、WO 2006007595、WO 2006023899、WO 2006069655、WO 2006089876、WO 2007013150、WO 2007052256、WO 2008000377 等。

在中国申请的与该产品有关的部分专利及登记情况见表 53-1、表 53-2。

表 53-1 在中国申请的专利

序号	申请号	专利名称
1	02129265.5	一种吡虫啉的生产方法
2	03122178.5	含有丁硫克百威与吡虫啉的杀虫组合物
3	95115947.X	吡虫啉悬浮剂
4	95116465.1	吡虫啉的复配制剂
5	97107909.9	杀虫剂吡虫啉系列组合物
6	97105782.6	一种含吡虫啉杀虫烟剂
7	97105783.4	吡虫啉增效农药组合物
8	99114301.9	吡虫啉系列杀虫制剂
9	99112018.3	高效氯氰菊酯吡虫啉乳油
10	97116424.X	吡虫啉和杀虫单的混配制剂
11	98110171.2	一种提高吡虫啉毒效的农药组合物
12	97123262.8	20%吡虫啉、三唑磷复合杀虫剂乳油
13	98115882.X	高渗吡虫啉乳油
14	98118135.X	增效吡虫啉系列制剂
15	99126031.7	一种乙烯利和吡虫啉二元复配植物生长调节杀虫剂
16	98123198.5	含有吡虫啉和杀虫单的杀虫组合物
17	00112329.7	杀虫单、吡虫啉在果树上的应用
18	00106672.2	一种吡虫啉农药制剂
19	01120237.8	吡虫啉·噻嗪酮杀虫剂组合物
20	01100514.9	吡虫啉微乳剂及其生产方法
21	01100515.7	吡虫啉·毒死蜱杀虫剂组合物
22	01135823.8	制造吡虫啉的方法
23	01118240.7	一种含吡虫啉的宠物用抗寄生虫药
24	200710132809.X	含杀虫环和吡虫啉的杀虫组合物
25	200710031513.9	玫烟色拟青霉与吡虫啉的复配杀虫剂
26	200710031518.1	粉虱座壳孢与吡虫啉的复配杀虫剂
27	200710300241.8	含有氰虫腈和吡虫啉的具有杀虫作用的组合物
28	200710116303.X	吡虫啉/类水滑石纳米杂化物及其制备方法
29	200410004406.3	含有吡虫啉的杀虫组合物
30	200410018201.0	吡虫啉人工半抗原、人工抗原、特异性抗体制备方法及其用途
31	200410047060.5	吡虫啉微乳型杀虫剂
32	200510031402.9	吡虫啉微乳型杀虫剂
33	200310114002.5	吡虫啉微乳剂新的制作方法
34	03139958.4	鱼藤酮和吡虫啉悬浮剂及其制备方法
35	200310106283.X	吡虫啉羟基化的微生物转化方法
36	200310118523.8	褐飞虱对吡虫啉靶标抗性的分子检测方法
37	200610038426.1	1.8%阿维菌素·吡虫啉可湿性粉剂及其制备方法
38	200510062100.8	一种吡虫啉制成的颗粒剂及其制备方法
39	200510017789.2	吡虫啉·辛硫磷杀虫剂组合物

续表

序号	申请号	专利名称
40	200510043092.2	一种含吡虫啉的树木注干液剂
41	200510017880.4	吡虫啉·辛硫磷杀虫剂组合物在作物地下害虫防治中的应用
42	200510094349.7	微生物转化吡虫啉合成烯式吡虫啉的方法
43	200510043537.7	吡虫啉、单甲脒盐酸盐水剂及其生产方法
44	200510041445.5	一种以虱螨脲和吡虫啉为主要活性成分的增效杀虫组合物及其应用
45	200610096785.2	吡虫啉生产中缩合废水的治理及其咪唑烷的资源化回收方法
46	200610124862.0	一种高含量吡虫啉悬浮剂及其制备方法
47	200610156925.0	一种吡虫啉制剂及壬基酚聚氧乙烯醚在该吡虫啉制剂中的应用
48	200510048705.1	一种吡虫啉·阿维菌素复配水基微乳剂
49	200510136302.2	吡虫啉油剂及其用途
50	200610132313.8	绿僵菌素与吡虫啉的复配杀虫剂
51	200610003332.0	制备杀虫剂吡虫啉的方法
52	200610011594.1	一种含天然除虫菊素和吡虫啉的农药组合物及其应用
53	200710022999.X	杀螟丹十吡虫啉组合可湿性粉剂制备方法
54	200710023000.3	杀虫环十吡虫啉组合可湿性粉剂制备方法
55	200710178858.7	一种含吡虫啉的水溶性颗粒剂、其制备方法和应用
56	200710122940.8	一种含有吡虫啉与甲氨基阿维菌素苯甲酸盐的杀虫组合物
57	200810151082.4	含有吡蚜酮和吡虫啉具有增效杀虫作用的组合物
58	200810196199.4	含有吡蚜酮和吡虫啉的杀虫剂
59	200810132574.9	一种高效氯氟氰菊酯和吡虫啉具有杀虫作用的组合物
60	200710047658.8	毒死蜱·吡虫啉悬乳剂及其制备方法
61	200810182156.0	小檗碱吡虫啉水剂
62	200810236854.4	一种从吡虫啉生产母液中回收吡虫啉的方法
63	200810136927.2	光降解纳米吡虫啉微胶囊制备方法
64	200910037999.6	爪哇拟青霉菌与吡虫啉复配的杀虫主剂及杀虫剂
65	200910037745.4	蜡蚧轮枝菌与吡虫啉复配的杀虫主剂及杀虫剂
66	200810101129.6	一种吡虫啉水分散粒剂
67	200910031088.2	含有烯啶虫胺和吡虫啉的杀虫组合物
68	200910077262.7	一种环境中吡虫啉残留含量的检测方法
69	200910022459.0	乙虫腈与吡虫啉杀虫组合物
70	200810037238.6	一种含茚虫威和吡虫啉的农用组合物及其用途
71	200910182062.8	农药吡虫啉中间体甲基吡啶酮的合成方法
72	200910272350.2	一种从吡虫啉粗油制吡虫啉可湿性粉剂的加工方法

该品种 1991 年投放市场，1998 年销售额达到 5 亿美元，2000 年销售额升至为 5.4 亿美元，目前已在 100 多个国家的 60 多种作物上得到广泛使用。德国拜耳环境科学公司已在我国登记 2.15%吡虫啉杀蟑胶饵和 0.5%吡虫啉饵剂，用于卫生杀虫剂。此外，国外抗药性监测发现，同翅目昆虫烟粉虱、根叶粉虱、灰飞虱、桃蚜、烟蚜等的田间种群已经对吡虫啉产生了不同程度的抗药性或药害。

德国拜耳作物科学公司在中国登记情况见表 53-2。

表 53-2 拜耳作物科学公司在中国登记情况

登记名	登记证号	含量	剂型	登记作物	防治对象	用药量	施用方法
吡虫啉	PD20050011	70%	水分散粒剂	茶树	小绿叶蝉	21～42g/hm²	喷雾
				十字花科蔬菜	蚜虫	14～20g/hm²	喷雾
				棉花	蚜虫	21～31.5g/hm²	喷雾
				水稻	稻飞虱	21～31.5g/hm²	喷雾
				小麦	蚜虫	21～42g/hm²	喷雾
吡虫啉	PD20050056	600g/L	悬浮种衣剂	棉花	蚜虫	350～500g/100kg（种子）	种子包衣
吡虫啉	PD365-2001	200g/L	可溶液剂	烟草	蚜虫	30～45g/hm²	喷雾
				苹果树	黄蚜	25～40mg/kg	喷雾
				梨树	梨木虱	40～80mg/kg	喷雾
				茄子	白粉虱	45～90g/hm²	喷雾
				番茄(保护地)	白粉虱	45～60g/hm²	喷雾
				水稻	稻飞虱	20～30g/hm²	喷雾
				棉花	苗蚜	15～30g/hm²	喷雾
				棉花	伏蚜	30～45g/hm²	喷雾
				十字花科蔬菜	蚜虫	15～30g/hm²	喷雾

合成方法

经如下反应制得吡虫啉。

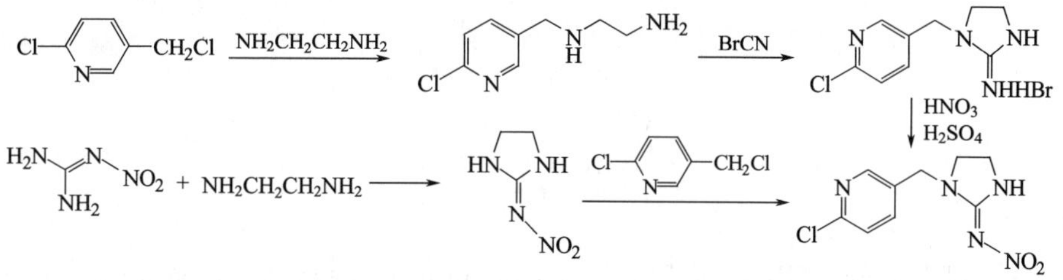

中间体 2-氯-5-氯甲基吡啶的制备方法如下。

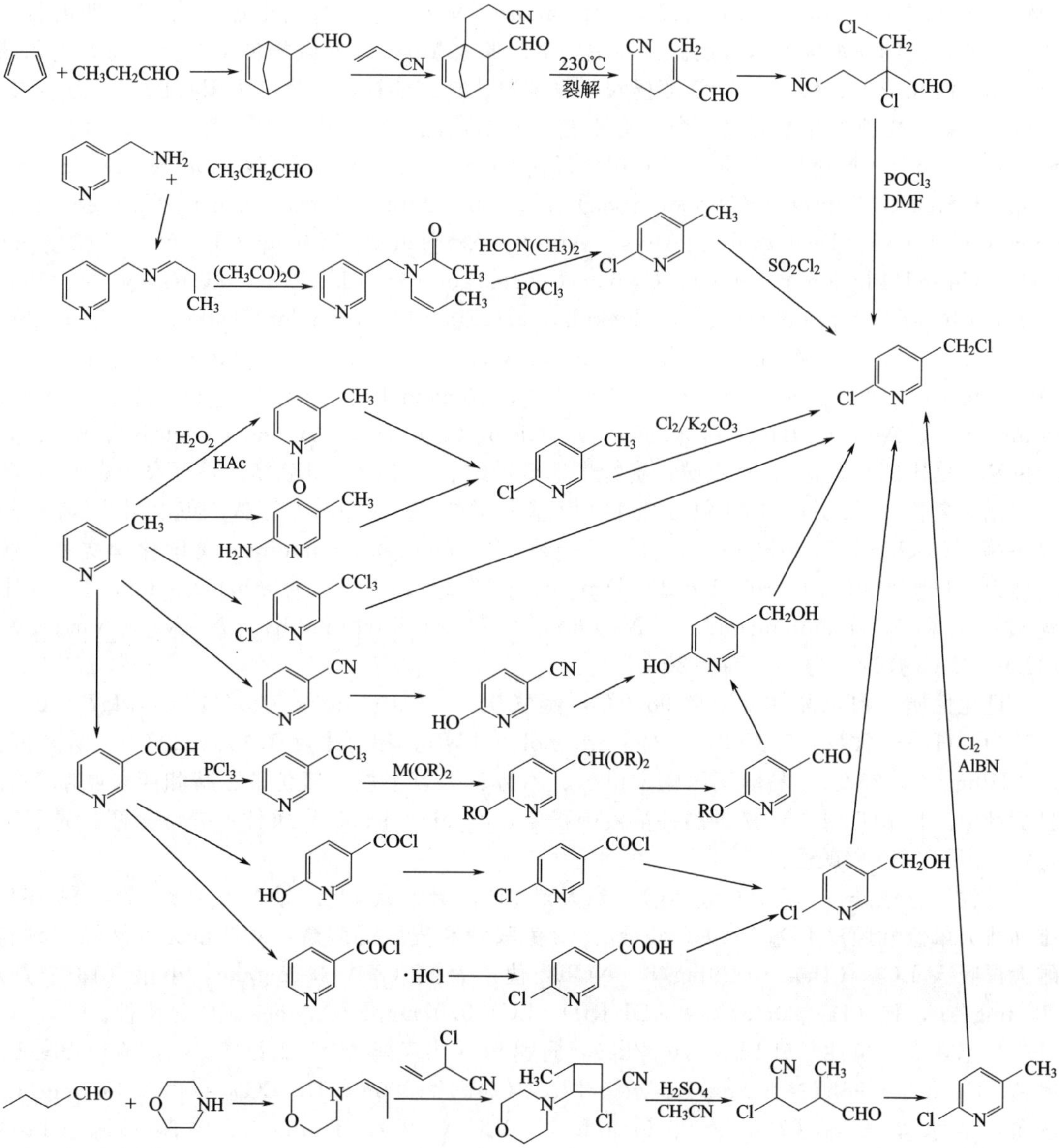

1 Brighton Crop Protection Conference-Pests and diseases. 1996, 2 (6-8): 731.

2 The Pesticide Manual. 15 th edition: 645-647.

3 农药，1998，10：11-14.

4 化工中间体，2008，10：25-28.

5 农药，2009，7：17-19.

54　啶虫脒（acetamiprid）

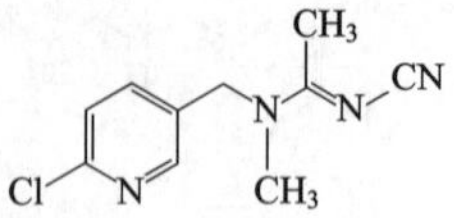

$C_{10}H_{11}ClN_4$，222.7

产品简介

啶虫脒［试验代号：NI25，通用名称：acetamiprid，商品名称：Mospilan（Nippon Soda），Dyken（Heranba），Fertilan（Fertiagro），Masuta（Crop Health），Mospildate（Mobedco），Suntamiprid（Sundat），Vapcomore（Vapco）］是20世纪80年代末期由日本曹达公司开发的新烟碱类杀虫剂。世界主要生产商：Aimco、安徽华星化工、青岛海利尔药业集团、河北威远、Honbor、江苏扬农、日本曹达株式会社、南京红太阳集团、上海生农、Sharda、新沂中凯、盐城利民、浙江海正等；其他商品名称（生产商）为：Gazel（Nippon Soda）、Gazelle（Nippon Soda）、Profil（Nippon Soda）、Rescate（Nippon Soda）、Saurus（Nippon Soda）、Supreme（Nippon Soda）、Tristar（Nippon Soda）、Aceta（United Phosphorus）、Active（Devidayal）、Albis（Atul）、Alphachem（Chemvet）、Assail（Nippon Soda，United Phosphorus Inc）、Convence（Iharabras）、Ekka（Krishi Rasayan）、Epik（Sipcam Inagra、Sipcam S. p. A.）、Hekplan（Hekta351）、Intruder（DuPont，Nippon Soda）、lift（Indofil），Manik（Rallis）、Mortal（Vapco）、Pilarmos（Pilarquim）、Pirâmide（Iharabras）、Platinum（Aimco）、Scuba（Coromandel）、Tackil（Biostadt）、Theme（Ramcides）、Adjust（Bayer CropScience）、Nison（IPESA）、Pristine（Aventis）、啶虫咪、吡虫氰、莫比朗（曹达）、乙虫脒、赛特生、金世纪、力杀死、蚜克净、乐百农、农家盼等。

化学名称　(*E*)-N^1-[(6-氯-3-吡啶)甲基]-N^2-氰基-N^1-甲基乙脒，英文化学名称为(*E*)-N^1-[(6-chloro-3-pyridyl)methyl]-N^2-cyano-N^1-methylacetamidine。美国化学文摘系统名称为(1*E*)-*N*-[(6-chloro-3-pyridinyl)methyl]-*N*′-cyano-*N*-methylethanimidamide，CA主题索引名称为ethanimidamide—，*N*-[(6-chloro-3-pyridinyl)methyl]-*N*′-cyano-*N*-methyl-(1*E*)-。CAS登录号为［135410-20-7］。

理化性质　白色晶体，熔点98.9℃，蒸气压＜1×10^{-3} mPa（25℃）。$K_{ow}\lg P=0.80$（25℃）。Henry常数＜5.3×10^{-8} Pa·m^3/mol（计算）。相对密度1.330（20℃）。溶解度：水4250mg/L（25℃），易溶于丙酮、甲醇、乙醇、二氯甲烷、氯仿、乙腈和四氢呋喃等有机溶剂中。在pH＝4、5、7的缓冲溶液中稳定，在pH＝9、45℃条件下缓慢分解。光照下稳定。pK_a0.7，弱碱性。

毒性　急性经口LD_{50}（mg/kg）：雄大鼠217，雌大鼠146，雄小鼠198，雌小鼠184。雄和雌大鼠急性经皮LD_{50}＞2000mg/kg。对兔眼睛和皮肤无刺激，对豚鼠无致敏性。雄和雌大鼠吸入LC_{50}（4h）＞0.29mg/L。NOEL值：大鼠（2a）7.1mg/kg，小鼠（18个月）20.3mg/kg，狗（1a）20mg/kg。ADI/RfD（EC）0.07mg/kg。Ames试验显阴性。

生态效应　急性经口LD_{50}（mg/kg）：野鸭98，山齿鹑180，山齿鹑LC_{50}＞5000mg/L。鲤鱼LC_{50}（24～96h）＞100mg/L。水蚤LC_{50}（24h）＞200mg/L，EC_{50}（48h）49.8mg/L。水藻：淡水藻EC_{50}（72h）＞98.3mg/L。NOEC（72h）98.3mg/L。浮萍EC_{50}（14d）1.0mg/L，蜜蜂LD_{50}：14.5μg/只（经口），8.1μg/只（接触）。对一些有益的节肢动物种类有害。

环境行为　动物：在动物体内主要通过尿迅速、几乎完全吸收（＞96%，24h后），并迅速、几乎完全释放（90%，96h后），大部分代谢（>90%）主要通过氧化和脱甲基化作用。植物：在植物中缓慢分解为5种已被证实的代谢物。土壤：啶虫脒在大多数土壤中具有中度到高度移动性，但是并不能在环境中存在，它主要的降解途径是有氧土壤代谢。DT_{50} 0.8～5.4d，DT_{90} 2.8～67.3d（20℃，4种土壤，欧洲做）。K_{oc} 71.1～267（美国和欧洲做）。

制剂与分析方法

主要产品或制剂有：2%高渗乳油，3%乳油（有效成分30g/L），3%微乳剂，20%、25%可溶性粉剂，3%、5%、10%、20%、75%可湿性粉剂，20%、21%、30%可溶性液剂，烟剂，颗粒剂。啶虫脒＋肟菌酯、啶虫脒＋氟虫腈、啶虫脒＋敌敌畏、啶虫脒＋氯氟氰菊酯、啶虫脒＋辛硫磷、啶虫脒＋三唑磷等。可用HPLC进行分析。混剂品种有：Transport（＋bifenthrin）（Nippon Soda）。

作用机理与特点　啶虫脒为氯化烟碱吡啶类化合物，主要作用于昆虫神经结合部后膜，通过与乙酰胆受体结合使昆虫异常兴奋，全身痉挛、麻痹而死，具有内吸性强、用量少、速效好、活性高、持效期长、杀虫谱广、与常规农药无交互抗性等特点。对害虫具有触杀和胃毒作用，并具有很好的内吸活性。由于啶虫脒与除虫菊酯、有机磷、氨基甲酸酯的杀虫机理均不同，与其他杀虫剂无交互抗性，因而能有效地防治对有机磷类，氨基甲酸类及拟除虫菊酯类具有抗性的害虫。尤其适合对刺吸式害虫的防治，是吡虫啉的取代品种。

应用

适用作物　适宜的作物为柑橘、棉花、小麦、玉米、蔬菜（甘蓝、白菜、萝卜、黄瓜、西瓜、茄子、辣椒、草莓等）、水稻、果树（苹果、梨、桃、葡萄和蚜虫等）、茶叶、烟草、大豆、瓜类、花生、花卉等。

防治对象　主要用于防治半翅目害虫，如蚜虫、叶蝉、粉虱和蚧等，缨翅目、鳞翅目害虫，如菜蛾、潜蝇、小食心虫等，鞘翅目害虫如天牛，蓟马目如蓟马等。对甲虫目害虫也有明显的防效，并具有优良的杀卵、杀幼虫活性。对稻飞虱药后一天的触杀毒力是扑虱灵的10～15倍，是甲胺磷的259倍。不仅对低龄若虫杀伤力强，对高龄若虫也有很好的效果。速效性、持效性好，药后一天的防效在90%以上；对飞虱的持效期可达35d，对蚜虫的持效期可达20d。不易产生抗药性，与其他类型杀虫剂无交互抗性。对其他已产生抗药性的害虫有很好的防治效果。用颗粒剂作土壤处理，可防治地下害虫。

残留量与安全施药　因啶虫脒对桑蚕有毒性，所以若附近有桑园，切勿喷洒在桑叶上。不可与强碱剂（波尔多液、石硫合剂等）混用。安全间隔期为15d。使用时应穿戴好防护用品。本品在低温下使用影响药效发挥，对人、畜毒性低，对天敌杀伤力小，对鱼毒性较低，对蜜蜂影响小。操作时，严禁吸烟、饮食。施药后用肥皂水洗净身体暴露部分。

使用方法　主要是叶面喷雾，用于防治蔬菜、果树上的半翅目害虫，和用颗粒剂处理土壤防治地下害虫。蔬菜用量75～300g/hm²，果树用量100～700g/hm²。防治黄瓜蚜虫亩用3%乳油40～50mL，防治果树上蚜虫用3%乳油2000～3000倍液喷雾。如在多雨年份，药效仍可持续15d以上。

具体防治不同作物上害虫的用药时间及用药量如表54-1。

表54-1　防治不同作物上害虫情况

适用作物	防治对象	施药时间	用药量(稀释倍数)
棉花	蚜虫	发生期	2000～2500倍
苹果、桃	绿盲蝽 黄粉虫	发生期 发生期	3000～5000倍 3000倍
梨	梨木虱 蚜虫	成虫发生期 低龄若虫期	3000～5000倍

续表

适用作物	防治对象	施药时间	用药量(稀释倍数)
蔬菜瓜类	白粉虱 蚜虫	发生期 发生期	1500～2000 倍
小麦	蚜虫	苗期、穗期	30～40g/667hm^2
花生	蚜虫	发生期	1500～2000 倍

推荐作物（使用时应在当地植保部门指导下进行），见表 54-2。

表 54-2　防治推荐作物上用药量

作物	防治对象	稀释倍数	施用方法
棉花	蚜虫、棉蚜、蓟马	2500～3500 倍	喷雾
小麦	蚜虫、蓟马	2500～3500 倍	喷雾
黄瓜	蚜虫、白粉虱、潜叶蛾	2500～3500 倍	喷雾
苹果	蚜虫、小食虫、矢尖蚧	2500～3500 倍	喷雾
梨树	蚜虫、黄粉虫	2500～3500 倍	喷雾
茶叶	蚜虫、粉虱、天牛	2500～3500 倍	喷雾

专利与登记

专利名称　Preparation of pyridylalkylamine derivatives as insecticides

专利号　WO 9104965　　专利公开日　1991-04-18

专利申请日　1990-10-04　　优先权日　1989-10-06

专利拥有者　Nippon Soda Co.，Ltd.（JP）

目前在其他国家申请的化合物专利　AT 175405、AU 633991、AU 9065117、BR9006961、CA 2041670、CA 2041670、CN 1056958、CN 1050714、EP 456826、EP 456826、ES 2127718、HU 220083、HU 214992、HU 57191、IL 98014、JP 2926954、JP 04154741、LT 3209、LV 10155、RO 112865、RU 2038352、US 5612358、US 5304566、ZA 9007775 等。

制备专利　CN 1189083、CN 1413463、IN 2005DE00654、JP 05178833、JP 3042122 等。

制剂或剂型专利　BR 2005004949、CN 1499932、CN 1663386、CN 101642128、CN 1245637、CN 101536694、CN 101530089、CN 101461364、CN 101087526、CN 1946295、DE 102005053680、DE 102007045956、EP 2090170、EP 627165、EP 2070411、IN 2003 MU 01013、JP 2000355503、JP 2009108046、JP 2009298776、JP 2009191028、JP 04368303、JP 06336406、JP 07126113、JP 2006131537、WO 2009098228、WO 2008151781、WO 2008108491、WO 2008099820、WO 2008092759、WO 9221241、WO 2006069655、WO 2006006596、WO 2005102056、WO 2000002453、WO 2002028186、WO 2003026425 等。

在中国申请的相关专利及登记情况见表 54-3、表 54-4。

表 54-3　在中国申请的相关专利

序号	申　请　号	专　利　名　称
1	02129264.7	一种啶虫脒的生产方法
2	02135196.1	一种啶虫脒杀虫剂
3	02129317.1	啶虫脒或啶虫脒与异丙威复配新型杀虫烟剂
4	03112199.3	一种啶虫脒杀虫水乳剂

续表

序号	申 请 号	专 利 名 称
5	00131613.3	含有啶虫脒的杀虫剂组合物
6	99125123.7	柴油啶虫脒杀螨组合物
7	00134993.7	高效氯氰菊酯和啶虫脒混合杀虫剂
8	200710300236.7	含有哒螨灵和啶虫脒的具有杀虫增效作用的组合物
9	200810049362.4	兼控苹果绵蚜和黄蚜的啶虫脒·抗蚜威农药组合物
10	200510031403.3	啶虫脒微乳型杀虫剂
11	200410060157.X	一种含茶皂素与啶虫脒的杀虫组合物
12	03157540.4	啶虫脒水悬纳米胶囊剂及其制备方法
13	200410070546.0	含有啶虫脒的种子处理剂组合
14	200510012995.4	含有啶虫脒的杀虫可溶性粉剂
15	200610093373.3	含有氟虫腈和啶虫脒的杀虫作用的组合物
16	200510041447.4	一种以虱螨脲和啶虫脒为主要活性成分的杀虫组合物及其应用
17	200510115346.7	啶虫脒与吡蚜酮杀虫组合物
18	200710054159.1	敌百虫啶虫脒乳油复配农药
19	200810023867.3	啶虫脒水分散粒剂及其制备方法
20	200810015944.0	毒死蜱·啶虫脒杀虫组合物
21	200810027583.1	粉虱座壳孢与啶虫脒的复配杀虫剂
22	200810027585.0	玫烟色拟青霉与啶虫脒的复配杀虫剂
23	200810008746.1	氟虫腈与啶虫脒复配杀虫组合物
24	200810029743.6	爪哇拟青霉与啶虫脒的复配杀虫剂
25	200810132576.8	一种高含量啶虫脒的杀虫水分散颗粒剂
26	200810155942.1	噻嗪酮和啶虫脒复配杀虫剂及其应用
27	200810100975.6	以啶虫脒为原料的一组可溶性液剂杀虫剂
28	200910135715.7	含虫螨腈和啶虫脒的农药组合物
29	200810101954.6	一种啶虫脒悬浮剂及其制备方法
30	200810101957.X	一种啶虫脒水分散粒剂的制备方法
31	200910113927.5	啶虫脒静电油剂及其制备方法

表 54-4 日本曹达株式会社在中国登记情况

登记名	登记证号	含量	剂型	登记作物	防治对象	用药量	施用方法
啶虫脒	PD392-2003	3%	乳油	黄瓜	蚜虫	18～22.5g/hm^2	喷雾
				柑橘树	蚜虫	12～15mg/kg	喷雾
				柑橘树	潜叶蛾	15～30mg/kg	喷雾
				棉花	蚜虫	9～13.5g/hm^2	喷雾
				烟草	蚜虫	13.5～18g/hm^2	喷雾
				苹果树	绣线菊蚜	12～15mg/kg	喷雾
啶虫脒	PD20081633	20%	可溶粉剂	黄瓜	蚜虫	18～22.5g/hm^2	喷雾
				柑橘树	蚜虫	12～15mg/kg	喷雾
				苹果树	蚜虫	12～15mg/kg	喷雾
				棉花	蚜虫	9～18g/hm^2	喷雾

合成方法

经如下反应制得啶虫脒：

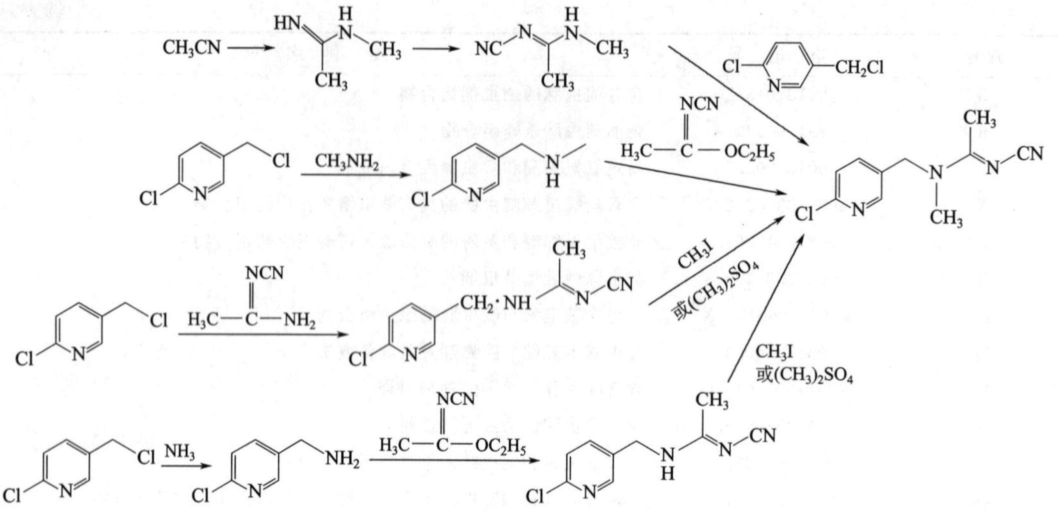

1 The Pesticide Manual. 15 th edition：9-10.
2 Nippon Noyaku Gakkaishi，1998，23（2）：193-200.
3 农药，1999，38（11）：12-14.
4 潍坊教育学院学报，2006，2：17-18.

55 烯啶虫胺（nitenpyram）

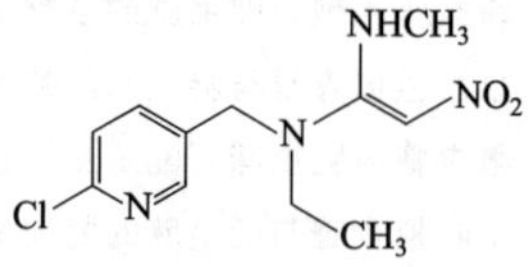

$C_{11}H_{15}ClN_4O_2$，270.7

产品简介

烯啶虫胺［试验代号：TI-304（日本武田）、CGA 246916（汽巴-嘉基公司），通用名称：nitenpyram，商品名称：Bestguard（Sumitomo Chemical Co Ltd）］是由日本武田公司1989年开发的新烟碱类（neonicotinoid）杀虫剂。世界主要生产商：住化武田农药株式会社、Capstar（flea control）（Novartis A H，Sumitomo Chemical Takeda）、Programa（flea control，Japan）（Novartis A H，Sumitomo Chemical Takeda）、Takestar（flea control，Japan）（Novartis A H，Sumitomo Chemical Takeda）。

化学名称 （*E*）-*N*-（6-氯-3-吡啶甲基）-*N*-乙基-*N*′-甲基-2-硝基亚乙烯基二胺，英文化学名称为（*E*）-*N*-（6-chloro-3-pyridylmethyl）-*N*-ethyl-*N*′-methyl-2-nitrovinylidenediamine。美国化学文摘系统名称为（1*E*）-*N*-［（6-chloro-3-pyridinyl）methyl］-*N*-ethyl-*N*′-methyl-2-nitro-1,1-ethenediamine，CA 主题索引名称为 1,1-ethenediamine—，*N*-［（6-chloro-3-pyridinyl）methyl］-*N*-ethyl-*N*′-methyl-2-nitro-（1*E*）-。CAS 登录号为［120738-89-8］，*E* 构型［150824-47-8］。

理化性质 纯品为浅黄色晶体，熔点 82.0℃。蒸气压 1.1×10^{-6} mPa（20℃）。$K_{ow}\lg P=-0.66$（25℃）。相对密度 1.40（26℃）。水中溶解度＞590g/L（20℃，pH＝7.0），有机溶剂（g/L，20℃）：二氯甲烷和甲醇＞1000，氯仿 700，丙酮 290，乙酸乙酯 34.7，甲苯 10.6，二甲苯 4.5，正己烷 0.00470。稳定性：在 150℃稳定，在 pH＝3、5、7 稳定。DT_{50}（pH＝9，25℃）69h。pK_{a_1} 3.1，pK_{a_2} 11.5。

毒性 急性经口 LD_{50}（mg/kg）：雄大鼠 1680，雌大鼠 1575，雄小鼠 867，雌小鼠 1281。大鼠急性经皮 LD_{50}＞2000mg/kg，对兔眼睛轻微刺激，对兔皮肤无刺激，对豚鼠无致敏性。大鼠吸入 LC_{50}（4h）＞5.8g/m^3（空气）。NOEL 值：雄大鼠（2a）129mg/(kg·d)，雌大鼠（2a）53.7mg/(kg·d)；雄、雌狗（1a）60mg/(kg·d)。本品对大鼠和小鼠无致癌和致畸性，对大鼠繁殖性能没有影响，无致突变（4 次试验）。

生态效应　急性经口 LD_{50}（mg/kg）：山齿鹑＞2250，野鸭 1124；山齿鹑和野鸭饲喂 LC_{50}（5d）＞5620mg/L。鱼 LC_{50}（mg/L）：鲤鱼＞1000（96h），虹鳟鱼＞10（48h）。水蚤 LC_{50}（24h）＞10000mg/L。海藻：E_bC_{50}（72h）26mg/L。NOEC（120h）：月芽藻 6.25mg/L。蚯蚓 LC_{50}（14d）32.2mg/kg（土壤）。

环境行为　DT_{50} 1～15d（不同类型的土壤）。

制剂与分析方法　主要产品或制剂有：水剂、颗粒剂、可溶性粉剂；混剂品种有：本品＋杀螟丹、本品＋有效霉素，本品＋肟菌酯、本品＋虱螨脲、本品＋氟虫腈。可用 HPLC 进行分析。

作用机理与特点　与其他的新烟碱类杀虫剂相似，其作用机理为抑制乙酰胆碱酯酶活性，主要作用于昆虫神经，对害虫的突触受体具有神经阻断作用，在自发放电后扩大隔膜位差，并最后使突触隔膜刺激下降，结果导致神经的轴突触隔膜电位图通道刺激殆失。此试验系用美洲大蠊进行。对害虫具有触杀和胃毒作用，并具有很好的内吸活性。具有优良的内吸和渗透作用，低毒、低残留、高效、残效期长、无交互抗性和对作物无药害、使用安全等特点。对各种蚜虫、粉虱、水稻叶蝉和蓟马有优异防效，对用传统杀虫剂具有抗性的害虫也有良好的活性，与某些对害虫产生抗药性的农药如有机磷、氨基甲酸酯、杀蚕毒类农药混配后具有增效和杀虫杀螨效果，并可获得新的耐抗药性农药新品种。既可用于茎叶处理，也可以进行土壤处理。具有优良的内吸和渗透作用，残留期长，以 100mg/L 施用效果可持续到半个月，对各种作物均无药害。

应用

适用作物　水稻、蔬菜、果树和茶叶等。

防治对象　可有效地防治农作物和果树上的蚜虫类、飞虱、蓟马、叶蝉及半翅目害虫等。

使用方法　多种害虫用于防治刺吸口器类害虫。对水稻叶蝉及飞虱、温室蚜虫、粉虱及条虫等高效。在推荐剂量下使用对作物安全，无药害。根据作物、虫害及使用方法的不同，其使用剂量为 15～400g(a.i.)/kg。在水稻上使用 15～75g/hm^2（茎叶喷雾），75～100g/hm^2（粉尘）或 300～400g/hm^2（土壤处理）。还可以用于猫狗的跳蚤防治。

防治柑橘树蚜虫：使用烯啶虫胺 10%水剂或 10%可溶液剂，用药量 20～25mg/kg，喷雾。

具体防治不同作物上害虫及用药量如表 55-1。

表 55-1　烯啶虫胺防治不同作物上害虫用药量

作　物	害　虫	稀释倍数(喷洒体积:L/hm^2)
10%水剂		
水稻	半翅目害虫、黑尾叶蝉	2000～4000(600～1500)
黄瓜	蚜虫、蓟马	1000(1500～3000)
茄子	蚜虫、蓟马	1000(1500～3000)
番茄	粉虱	1000(1500～3000)
日本萝卜	蚜虫	1000(1500～3000)
马铃薯	蚜虫	1000(1500～3000)
甜瓜	蚜虫	1000(1500～3000)
西瓜	蚜虫	1000(1500～3000)
桃	蚜虫	1000(2000～7000)
苹果	蚜虫	1000(2000～7000)
梨	蚜虫	1000(2000～7000)
葡萄	茶黄蓟马、葡萄叶蝉	1000(2000～7000)
茶	茶黄蓟马、茶绿叶蝉	1000(2000～4000)

续表

作物	害虫	稀释倍数(喷洒体积:L/hm²)
1%颗粒剂		
水稻	半翅目害虫、稻绿叶蝉	30～40kg/hm²
黄瓜	蚜虫	1～2g/株
	蓟马	2g/株
茄子	蚜虫、蓟马	1～2g/株
番茄	蚜虫、粉虱	2g/株
甜瓜	蚜虫	2g/株
西瓜	蚜虫	2g/株
0.25%粉剂		
水稻	半翅目害虫、稻绿叶蝉	30～40kg/hm²

专利与登记

专利名称　A-unsaturated amines, particularly 1,1-diamino-2-nitroethylene derivatives, their insecticidal/miticidal compositions, and processes for their preparation.

专利号　EP 302389　专利公开日　1989-02-08

专利申请日　1988-07-28　优先权日　1987-08-01

专利拥有者　Takeda Chemical Industries, Ltd. (JP)

目前在其他国家申请的化合物专利　AT 166051、AT 98955、AT 206400、CA 1341008、CA 1340991、CA 1340990、CN 1027447、CN 1031079、CN 1036649、CN 1093083、CN 1083432、CN 1091737、EP 509559、EP 509559、EP 509559、EP 529680、EP 529680、EP 529680、ES 2161212、ES 2061569、HU 205076、HU 204496、HU 53909、IL 100688、IL 87250、IN 170790、IN 167709、JP 2551393、JP 07224036、JP 2551392、JP 07206820、JP 07049424、JP 07014916、JP 02000171、JP 05345774、JP 05345761、JP 05345760、KR 122856、KR 9705908、KR 9711459、US 6407248、US 5214152、US 5175301、US 5849768、US 6124297、US 5935981 等。

制备专利　CA 2005977、EP 375613、EP 381130、JP 2006282547、WO 2009020203 等。

制剂或剂型专利　CN 1968606、CN 1820604、CN 101415700、CN 101167466、CN 101444210、CN101524083、CN 1166917、CN 1046836、CN 1046836、CN 101366381、CN 101422158、CN 101444210、CN 1867255、DE 102005053680、DE 102006014488、JP 2008133240、JP 2009108046、JP 03041005、JP 03041008、JP 03047106、JP 03047106、JP 05017311、JP 05039205、JP 09315906、WO2005036966、WO 2005122769、WO 2006069655 等。

在中国申请的相关专利见表 55-2。

表 55-2　在中国申请的专利

序号	申请号	专利名称
1	200710187644.6	阿维菌素和烯啶虫胺杀虫剂组合物
2	200810212101.X	一种含有烯啶虫胺与仲丁威杀虫剂组合物
3	200810211961.1	基于烯啶虫胺的农药组合物
4	200810151081.X	含有乙虫腈和烯啶虫胺具有增效杀虫作用的组合物
5	200810023994.3	含烯啶虫胺与噻嗪酮的组合物及其抵制有害生物的方法
6	200810146209.3	一种烯啶虫胺的杀虫水分散颗粒剂
7	200810146217.8	一种含甲维盐和烯啶虫胺的增效杀虫组合物
8	200810073842.4	丁醚脲与烯啶虫胺混配农药制剂
9	200810175288.0	一种含烯啶虫胺的杀虫组合物

序号	申 请 号	专 利 名 称
10	200810000307.6	烯啶虫胺组合物杀虫剂
11	200810096611.5	烯啶虫胺组合物环境友好新剂型
12	200910113924.1	烯啶虫胺静电油剂及其制备方法
13	200910031088.2	含有烯啶虫胺和吡虫啉的杀虫组合物
14	200910031087.8	含有烯啶虫胺和乙酰甲胺磷的杀虫组合物
15	200910043133.6	含烯啶虫胺的复配制剂
16	200910031086.3	含有螺螨酯和烯啶虫胺的杀虫杀螨组合物
17	200810212001.7	一种含有噻虫啉和烯啶虫胺成分的杀虫组合物
18	200910026699.8	烯啶虫胺与吡蚜酮的组合物及其水分散粒剂
19	200910163770.7	一种含烯啶虫胺的杀虫组合物
20	200910171307.7	一种含烯啶虫胺的杀虫组合物

该品种 1995 年在日本获得登记。

合成方法

经如下反应制得烯啶虫胺：

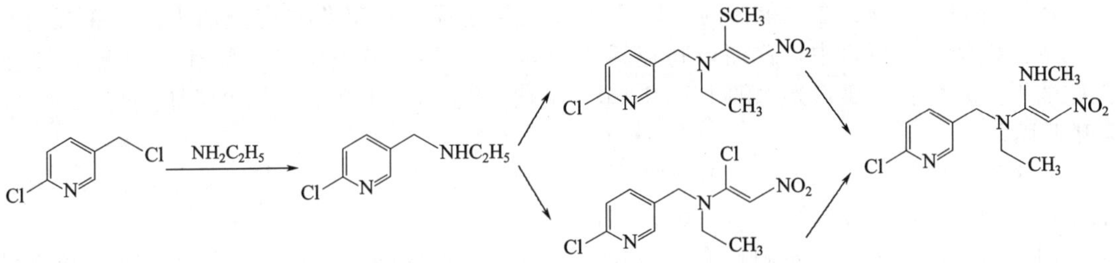

1 The Pesticide Manual. 15 th edition：817-818.
2 浙江化工，1998，4：20-21.
3 J. Pestic. Sci.，1993，18：41.
4 农药，2002，41（10）：43-44.

56 呋虫胺（dinotefuran）

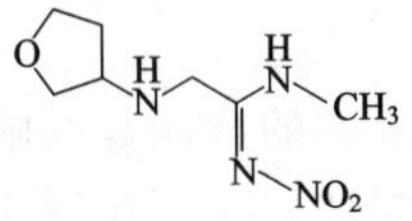

$C_7H_{14}N_4O_3$，202.2

产品简介

呋虫胺［试验代号：MTI-446，通用名称：dinotefuran，商品名称：Albarin（Mitsui Chemicals），Oshin（Mitsui Chemicals），Starkle（Mitsui Chemicals）］是 K. Kodaka 等人报道其活性，由日本三井化学公司开发，并在 2002 年上市的新型烟碱类（neonicotinoid）杀虫剂。世界主要生产商：日本三井化学公司；其他商品名称（生产商）：Daepo（Mitsui Chemicals），Shuriken Cockroach（Mitsui Chemicals），Safari（Mitsui Chemicals，Valent），Venom（Mitsui Chemicals，Valent）。

化学名称 （*RS*)-1-甲基-2-硝基-3-(3-四氢呋喃甲基）胍，英文化学名称为（*RS*)-1-methyl-2-nitro-3-(tetrahydro-3-furylmethyl)guanidine。美国化学文摘系统名称为 *N*-methyl-*N*′-nitro-*N*″-[(tetrahydro-3-furanyl)methyl]guanidine，CA 主题索引名称为 guanidine—，*N*-methyl-*N*′-nitro-*N*″-[(tetrahydro-3-furanyl)methyl]-。CAS 登录号为［165252-70-0］。

理化性质 白色结晶固体，熔点 107.5℃。沸点 208℃分解。蒸气压<1.7×10^{-3} mPa（30℃）。$K_{ow}\lg P=-0.549$（25℃）。Henry 常数 8.7×10^{-9} Pa·m^3/mol（计算）。相对密度

1.40。水中溶解度39.8g/L（20℃）。有机溶剂中溶解度（g/L，20℃）：正己烷9.0×10^{-6}，庚烷11×10^{-6}，二甲苯72×10^{-3}，甲苯150×10^{-3}，二氯甲烷11，丙酮58，甲醇57，乙醇19，乙酸乙酯5.2。在150℃稳定，水解DT_{50}＞1a（pH＝4，7，9），光降解DT_{50} 3.8h（蒸馏水/自然水）。pK_a12.6（20℃）。

毒性　急性经口LD_{50}（mg/kg）：雄大鼠2804，雌大鼠2000；雄小鼠2450，雌小鼠2275；雄和雌大鼠急性经皮LD_{50}＞2000mg/kg；对兔眼睛和皮肤无刺激性，对豚鼠无致敏性。大鼠吸入LD_{50}（4h）：＞4.09mg/L；NOAEL雄狗559mg/(kg·d)，雌狗22mg/(kg·d)。ADI/RfD（EPA，mg/kg）aRfD 1.25，cRfD 0.02。无致畸、致癌和致突变性，对神经和繁殖性能没有影响。

生态效应　日本鹌鹑急性经口LD_{50}＞2000mg/kg，野鸭LC_{50}（5d）＞5000mg/L，日本鹌鹑LC_{50}（5d）＞5000mg/L。鲤鱼、虹鳟鱼和大翻车鱼LC_{50}（96h）＞100mg/L。水蚤EC_{50}（48h）＞1000mg/L。海藻E_bC_{50}（72h）＞100mg/L。虾LC_{50}（48h）4.84mg/L，东方牡蛎LC_{50}（96h）141mg/L，糠虾0.79mg/L，浮萍EC_{50}＞110mg/L。对蜜蜂高毒，LD_{50} 0.023μg/只（经口），0.047μg/只（接触）。对蚕高毒。

环境行为　动物：在大鼠体内，168h内主要通过尿大量吸收并完全消失。几乎没有代谢发生。植物：在莴苣中，代谢产物包括1-甲基-3-(3-四氢呋喃甲基）胍和1-甲基-3-(3-四氢呋喃甲基）脲。土壤：光水解DT_{50} 1.8d。土壤DT_{50} 50～100d。主要的降解物是1-甲基-2-硝基胍。

呋虫胺降解的主要途径是（半衰期1.8d），然而在pH值4～9环境中稳定，在有氧和无氧条件下均代谢，半衰期约50～100d。

制剂与分析方法　主要制剂有：粉粒剂，粉剂，胶悬剂，颗粒剂，可溶粒剂，可溶液剂，可湿性粉剂。呋虫胺＋肟菌酯、氰菌胺＋呋虫胺、呋虫胺＋控虫素、呋虫胺＋氟虫脲、呋虫胺＋阿维菌素、呋虫胺＋灭梭威、呋虫胺＋氯氰菊酯、呋虫胺＋茚虫威等。可用HPLC进行分析。混剂品种有Dr. Oryze-Starkle（＋probenazole）（Hokko，Meiji Seika，Mitsui Chemicals)，Kasurabu-Starkle（＋kasugamycin＋phthalide）（Hokko)，Rabucide-Starkle（＋phthalide)（Hokko)。

作用机理与特点　呋虫胺是目前唯一的含四氢呋喃环的烟碱类杀虫剂，其结构特征是用四氢呋喃环取代了噻虫胺中的氯代吡啶环。主要作用于昆虫神经结合部后膜，阻断昆虫正常的神经传递，通过与乙酰胆受体结合，使昆虫异常兴奋，全身痉挛、麻痹而死，对刺吸口器害虫有优异的防效，不仅具有触杀、胃毒和根部内吸活性，而且具有内吸性强、用量少、速效好、活性高、持效期长、杀虫谱广等特点，能被水稻、蔬菜等各种作物的根部和茎叶部迅速吸收。故采用茎叶喷雾、土壤处理、粒剂本田处理和育苗箱处理等方法。与常规杀虫剂没有交互抗性，因而对抗性害虫有特效。对哺乳动物、鸟类及水生生物低毒。

应用

适用作物　水稻、茄子、黄瓜、番茄、卷心菜、棉花、茶叶、家庭与花园观赏植物、草坪、甜菜、果树、花卉等。

防治对象　主要用于防治吮吸性害虫蟀象、蚜虫、飞虱、叶蝉类半翅目、重要的菜蛾及双翅目、甲虫目和总翅目害虫，以及难防除的豆桃潜蝇等双翅目害虫等。如水稻田中的褐飞虱、白背飞虱、黑尾叶蝉、二化螟，蔬菜以及水果中的蚜虫类、粉虱类、蚧类、小菜蛾、豆潜蝇等。对蜚蠊、白蚁、家蝇等卫生害虫有高效。

残留量与安全施药　2005年7月1日，台湾健康署修改杀虫剂残留限量草案。本草案对十字花科植物内的呋虫胺在农作物内的农药制定了最高残留限量。拟生效日期待定。

使用方法　可用于茎叶、土壤、箱育处理和用田水喷雾、淋、散播或扎洞处理。使用剂量：100～200g/hm^2。其应用情况如表 56-1、表 56-2。

表 56-1　用呋虫胺防治害虫的种类

水稻害虫		蔬菜、果树害虫			
半翅目	飞虱类 黑尾叶蝉 蝽象类	半翅目	蚜虫类 蝽象类	鳞翅目	菜蛾 桃潜蛾类 细蛾类
鳞翅目	二化螟	双翅目	桃潜蝇类		
甲虫目	稻负泥虫 美洲象虫	总翅目	蓟马类	甲虫目	叶甲类

表 56-2　不同剂型呋虫胺的应用情况

制　剂	适用作物
1%粒剂	水稻、蔬菜(茄子、黄瓜、番茄、甘蓝、萝卜、柿子椒、葱、大白菜、甜瓜、草莓、西瓜等)、花卉类(菊花等)
20%水分散颗粒剂	水稻、蔬菜(马铃薯、茄子、黄瓜、番茄、甘蓝、柿子椒、葱、大白菜、莴苣、西瓜等)、果树类(苹果、桃子、梨、柿子、梅子、葡萄)、花卉类(菊花、月季、杜鹃等)、茶树等
2%粒剂、0.5%粉剂、10%液剂	水稻

蔬菜作物（使用1%颗粒剂和 20%水溶性颗粒剂）：1%颗粒剂可在果菜类、叶菜类移栽时与土穴土壤混合处理，或者在撒播时于手播种沟的土壤混合处理。这样可防治移栽时寄生的害虫和移栽前飞入的害虫。另外，由于该药剂具有良好的内吸传导作用，在处理后能很快地被植物吸收，能保持 4～6 周的药效。20%的水溶性颗粒剂则可作为茎叶处理剂防治害虫。对于“灌注处理”及“生长期土壤灌注处理”的两种处理方法正在试验中。可将上述颗粒剂和水溶性颗粒剂结合起来使用，这样可在作物生长初期至收获为止均可应用。

果树（20%水溶性颗粒剂）：水溶性颗粒剂作为茎叶处理药剂于虫害发生时使用，可有效防治蚜虫、红蚧类吮吸性害虫和食心虫类、金纹细蛾等鳞翅目害虫。另外，对蝽类害虫不仅有很好的杀虫效果，还有很高的抑制吮吸效果。以推荐剂量使用，该药剂无药害，在以加倍剂量试验时，对作物亦十分安全。与蔬菜作物上使用时一样，具有从叶表向叶内渗透移行的作用。同时，对果树的重要天敌也十分安全。

水稻（2%育苗箱用颗粒剂、1%颗粒剂、0.5% DL 粉剂）：在水稻田使用时，可用 DL 粉剂和颗粒剂以 30kg/hm^2 的剂量（有效成分 10～20g/hm^2）撒施，能有效地防治飞虱、黑尾叶蝉、稻负泥虫等害虫。尤其对蝽类害虫，其种间药效差异极小。在育苗箱使用后，可在移栽后有效防治飞虱类、黑尾叶蝉、稻负混虫及稻筒水螟。药剂对目标害虫残效期长，45d 后仍能有效控制虫口密度。目前正进一步在二化螟、稻螟蛉、稻黑蝽等害虫试验。

专利与登记

专利名称　Preparation of 1-(3-furylmethylamino)-2-nitroethylenes，*N*-(3-furylmethyl) nitroguanidines，and analogs as insecticides

专利号　EP 649845　　专利公开日　1995-04-26

专利申请日　1994-10-26　　优先权日　1993-10-26

专利拥有者　Mitsui Toatsu Chemicals，Inc.，Japan

目前在其他国家申请的化合物专利：AU 671777、AU 9477427、CN 1046508、CN

1112556、CN 1099418、CN 1220991、HK 1021181、JP 2766848、JP 07179448、KR 9709730、US 5434181、US 5532365 等。

制备专利：DE 19806469、DE 19806469、DE 10121652、EP 869120、JP 10147580、JP 2001328983 等。

制剂或剂型专利：CN 1951193、DE 102006033993、DE 102006014488、DE 102005059468、EP 2070411、EP 2090170、JP 2009057320、JP 08245323、JP 08217610、JP 08217609、JP 08217606、JP 2008133238、JP 2006298785、JP 2006273779、JP 2008222705、US 20060062817、US 20050245582、WO 2009098228、WO 2009074229、WO 2009055044、WO 2009039951、WO 2008102700、WO2008095891、WO 2008077926、WO 2008075453、WO 2008077486、WO 2008071714、WO 2008064778、WO 2008065960、WO 2007019962、WO 2007013150、WO 2006069655 等。

在中国申请的与该产品有关的部分专利如表 56-3。

表 56-3 在中国申请的专利

序号	申请号	专利名称
1	01129504.X	含氰菌胺杀菌剂、杀虫剂组合物
2	200410004524.4	含氰菌胺杀菌剂、杀虫剂组合物
3	200580002182.5	用于控制常见家庭害虫的杀虫组合物
4	200580009463.3	拟除虫菊酯和灭虫碱的液体杀白蚁剂组合物
5	200610123524.5	鱼藤酮与呋虫胺混配微乳剂及其制备方法
6	200380110339.7	含有甲氧普林的高浓度的呋虫胺制剂
7	200580044370.4	基于选取的新烟碱类和甲氧基丙烯酸酯类的杀虫剂
8	200680029294.4	通过对经工程化而耐受逆境的植物施用新烟碱类化合物增强其逆境耐受性
9	200810096611.5	烯啶虫胺组合物环境友好新剂型
10	200780043522.8	病害虫防除组合物及虫害预防方法
11	200780042332.4	植物病虫害防除组合物及植物病虫害的预防方法
12	200910034132.5	含有吡蚜酮的杀虫组合物
13	200910164802.5	含有唑螨酯的农药组合物
14	200910163769.4	一种含多杀菌素的杀虫组合物及其应用

该产品于 1995 年在日本植物防疫协会以 Mn-446 编号，进行公开委托试验，2002 年在日本取得了农药登记，用于水稻、果树和蔬菜，2003 年 3 月在韩国上市，2004 年在美国获得登记，开发在棉花、观赏作物、草坪、家庭和花园，以及公共卫生方面的用途。由于本剂有优良的性能和安全性，三井化学公司正在扩大适用范围，开发各种制剂和混合制剂，并积极在海外进行登记。

合成方法

经如下反应制得呋虫胺：

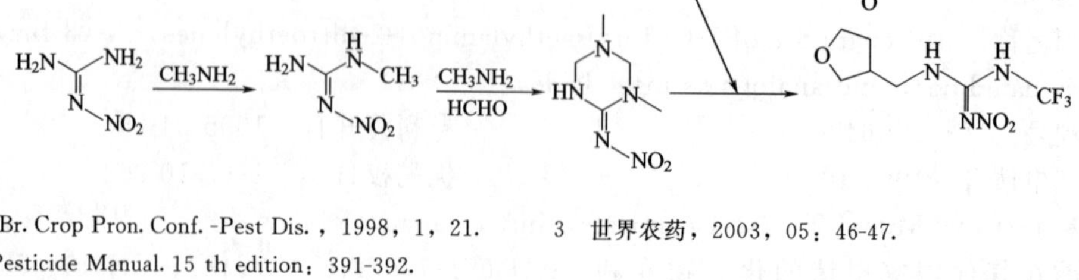

1 Proc. Br. Crop Pron. Conf. -Pest Dis.，1998，1，21.

2 The Pesticide Manual. 15 th edition：391-392.

3 世界农药，2003，05：46-47.

57 哌虫啶（paichongding）

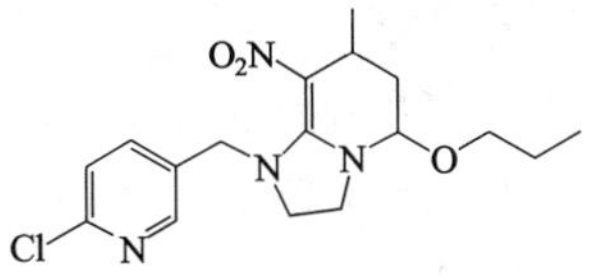

$C_{17}H_{23}ClN_4O_3$，366.8

产品简介

哌虫啶（试验代号：IPP-4，通用名称：paichongding）是克胜集团联手华东理工大学共同研制的新烟碱类杀虫剂。

化学名称 （5*RS*,7*RS*;5*RS*,7*SR*)-1-(6-氯-3-吡啶基甲基)-1,2,3,5,6,7-六氢-7-甲基-8-硝基-5-丙氧基咪唑并［1，2-*a*]吡啶，英文化学名称为（5*RS*,7*RS*;5*RS*,7*SR*)-1-(6-chloro-3-pyridylmethyl)-1,2,3,5,6,7-hexahydro-7-methyl-8-nitro-5-propoxyimidazo[1,2-*a*]pyridine。美国化学文摘系统名称为 1-[(6-chloro-3-pyridinyl)methyl]-1,2,3,5,6,7-hexahydro-7-methyl-8-nitro-5-propoxyimidazo[1,2-*a*]pyridine，CA 主题索引名称为 imidazo[1,2-*a*]pyridine—，1-[(6-chloro-3-pyridinyl)methyl]-1,2,3,5,6,7-hexahydro-7-methyl-8-nitro-5-propoxy-。CAS 登录号为［948994-16-9]。

理化性质 淡黄色粉末，熔点 130.2～131.9℃。蒸气压 200mPa（20℃）。水中溶解度 0.6g/L（25℃）。其他溶剂中溶解度（25℃，g/L)：乙腈 50，二氯甲烷 55。

毒性 对雌、雄大鼠急性经口 LD_{50} >5000mg/kg；对雌、雄大鼠急性经皮 LD_{50} >5150mg/kg；经试验对家兔眼睛、皮肤均无刺激性，对豚鼠皮肤有弱致敏性。对大鼠亚慢（91d）经口毒性试验表明：最大无作用剂量为 30mg/(kg·d)，对雌、雄小鼠微核或骨髓细胞染色体无影响，对骨髓细胞的分裂也未见明显的抑制作用，显性致死或生殖细胞染色体畸变结果是阴性，Ames 试验结果为阴性。

生态效应 对鸟类低毒。对斑马鱼急性毒性为低毒；对家蚕急性毒性为低毒；对蜜蜂低毒，其风险性为中风险，使用中注意对蜜蜂的影响。

制剂与分析方法 10%悬浮剂，残留分析主要利用 HPLC。

作用机理与特点 其杀虫机理主要是作用于昆虫神经轴突触受体，阻断神经传导作用。哌虫啶具有很好的内吸传导功能，施药后药剂能很快传导到植株各个部位。对各种刺吸式害虫具有杀虫速度快、防治效果高、持效期长、广谱、低毒等特点。

应用

适用作物 果树、小麦、大豆、蔬菜、水稻和玉米等多种作物。

防治对象 主要用于防治同翅目害虫，对稻飞虱具有良好的防治效果，防效达 90%以上，对蔬菜蚜虫的防效达 94%以上，明显优于已产生抗性的吡虫啉。

目前登记主要用于防治水稻上的稻飞虱，10%悬浮剂推荐剂量为 37.5～52.5g/hm^2，使用方法为喷雾。

专利 CN101045728 中给出的哌虫啶室内活性数据如下：500mg/L 剂量下，对豆蚜和褐飞虱的致死率分别为 98%和 100%；对豆蚜的致死率为 LC_{50} 33.6mg/L。

专利概况

专利 EP 296453（1988 年）中曾公开过作为杀虫剂应用的六氢咪唑［1,2-*a*]-吡啶类化合物。

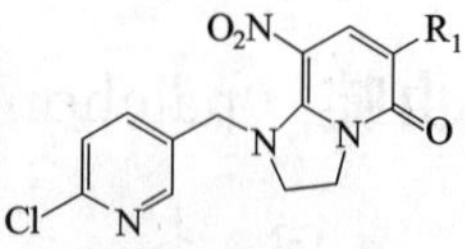

华东理工大学 2004 年申请了与已有专利报道的化学结构不同的新颖的六氢咪唑［1,2-*a*］吡啶类化合物专利 CN 1631887，其通式中包含了哌虫啶，但没有具体公开化合物哌虫啶的结构；中国专利 CN 1631887 的同族专利包括 EP 1826209、JP 2008520595、US 20070281950。后来又申请了有关制备方法专利 WO 2007101369 和 CN 101045728，其中均具体公开了哌虫啶的化学结构及其制备方法；WO 2007101369 同族专利包括 EP 1826209、JP 2008520595、US 20070281950。

申请的混剂专利如：CN 101861875、CN 101861869、CN 101856033、CN 101779663 等。

合成方法

以硝基甲烷或二氯乙烯为原料，经多步反应制得目标物，具体反应如下：

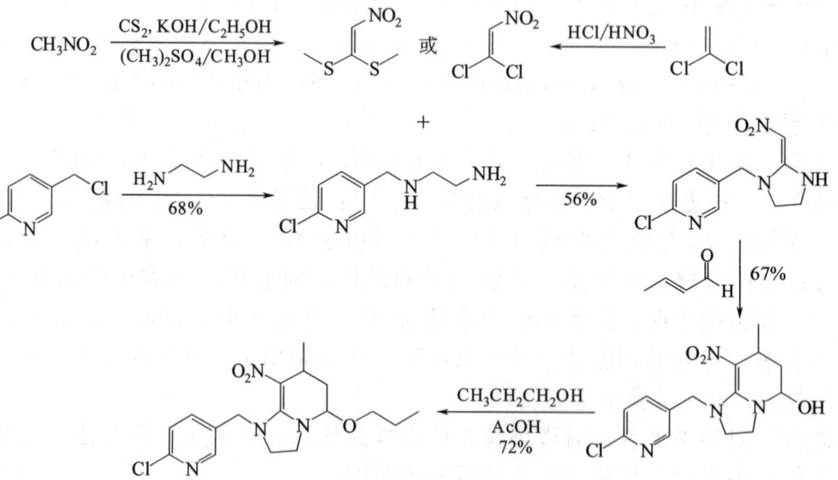

1　世界农药，2009，31 (4)：52.

2　现代农药，2009，8 (2)：16-19.

3　CN 101045728.

58　氯噻啉（imidaclothiz）

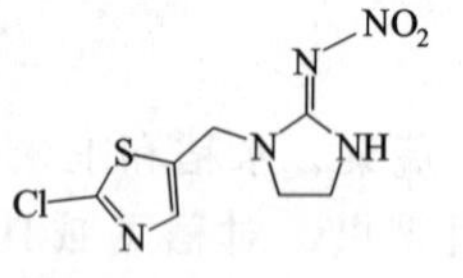

$C_7H_8ClN_5O_2S$，261.7

产品简介

氯噻啉（试验代号：JS-125，通用名称：imidaclothiz）是江苏省南通江山农药化工股份有限公司开发的一种新烟碱类杀虫剂。Okazawa 等人对该类杀虫剂进行 QSAR 分析时提到过该化合物，Tomizawa 在讨论结构的微小变化对杀虫剂选择性影响时对该物质进行了分析，Yomamoto 在讨论有机物结构对杀虫剂的贡献时也分析了相应的物质。此外，Sirinyan 在其专利“防治人类螨虫和寄生昆虫的水和剂制备方法”中也提到了该物质。但国外对该物质的研究主要停留在实验室阶段，南通江山农药化工股份有限公司在国内率先作为农用杀虫剂开发并已商品化，并已申请了 3 个相关专利（专利申请号：01127068.3、01127099.3 和 02100295.9）。1999 年初开始试验，2002 年 10 月获得氯噻啉原药和 10%可湿性粉剂登记。

化学名称　(*EZ*)-1-(2-氯-1,3-噻唑-5-基甲基)-*N*-硝基亚咪唑烷基-2-胺。英文化学名称为 (*EZ*)-1-(2-chloro-1,3-thiazol-5-ylmethyl)-*N*-nitroimidazolidin-2-ylideneamine。美国化学文摘系统名称为 1-[(2-chloro-5-thiazolyl) methyl]-4,5-dihydro-*N*-nitro-1*H*-imidazol-2-amine。CA 主题索引名称为 2-imidazolidinimine—，1-[(2-chloro-5-thiazolyl) methyl]-*N*-nitro-(*EZ*)-。CAS 登录号为［105843-36-5］。

理化性质　工业品为浅黄色至米白色固体粉末，熔点 146.8～147.8℃。堆积密度 0.8976g/cm^3。溶解度（25℃，g/L）：水中 5，乙腈中 50，二氯甲烷中 20～30，甲苯中 0.6～1.5，丙酮中 50，甲醇中 25，二甲基亚砜中 260，DMF 中 240。96%原药对热比较稳定，在 65～105℃下储存 14d 分解率在 1.31%以下。

毒性与生态效应　其原药对大鼠急性经口 LD_{50}：雌 1620mg/kg，雄 1470mg/kg；对雌、雄大鼠急性经皮均 LD_{50}＞2000mg/kg，属低毒类。对家兔的皮肤和眼睛均没有刺激性。Ames试验结果为阴性；对小鼠急性经口 LD_{50}：雌 90mg/kg，雄 126mg/kg，属中毒；对小鼠骨髓嗜多染红细胞微核试验及睾丸初级精母细胞染色体畸变分析结果均为阴性；对豚鼠皮肤变态反应（致敏）试验结果为弱致敏物。大鼠喂饲原药三个月的最大无作用剂量为 1.5mg/(kg·d)，若以 100 倍安全系数计，则其每天容许摄入量（ADI）为 0.015mg/kg。

氯噻啉 10%可湿性粉剂对大鼠急性经口 LD_{50}：雌 2710mg/kg，雄 3690mg/kg；对雌、雄大鼠急性经皮均 LD_{50}＞2000mg/kg，属低毒类。对家兔的皮肤和眼睛均没有刺激性。对豚鼠皮肤变态反应（致敏）试验结果为弱致敏物。斑马鱼 LC_{50}（48h）72.16mg/L，蜜蜂 LC_{50}（48h）10.65mg/L，鹌鹑 LD_{50}（7d）28.87mg/kg，家蚕 LC_{50}（二龄）0.32mg/L（桑叶）。

氯噻啉 40%水分散粒剂对大鼠急性经口 LD_{50}：雌 3160mg/kg，雄 3690mg/kg；对雌、雄大鼠急性经皮均 LD_{50}＞2150mg/kg，属低毒类。对家兔的皮肤和眼睛均没有刺激性。对豚鼠皮肤变态反应（致敏）试验结果为弱致敏物。斑马鱼 LC_{50}（96h）155mg/L，蜜蜂 LC_{50}（48h）8.05mg/L，鹌鹑 LD_{50}（7d）68.0mg/kg，家蚕 LC_{50}（二龄）0.36mg/L（桑叶）。

制剂与分析方法　目前登记制剂为 10%可湿性粉剂，40%水分散粒剂。可用 HPLC 进行分析。

作用机理与特点　氯噻啉是一种作用于烟酸乙酰胆碱酯酶受体的内吸性杀虫剂，其作用机理是对害虫的突触受体具有神经传导阻断作用，与烟碱的作用机理相同。以实验室饲养的蚕豆蚜为测试对象，采用综合毒力测试法（浸茎加浸渍法）、浸渍法和浸茎法三种方法，对氯噻啉进行毒力测定比较。结果表明，氯噻啉有较强的触杀和内吸活性，内吸活性高于触杀活性，综合毒力（LC_{50} 0.5185mg/L）高于单项触杀毒力（LC_{50} 0.7353mg/L）或内吸毒力（LC_{50} 0.7627mg/L）。

应用

适用作物　可广泛用于水稻、小麦、蔬菜、烟草、棉花、果树、茶树等作物。

防治对象　可用于防治吮吸式口器害虫，如蚜虫、叶蝉、飞虱、蓟马、粉虱及其抗性品系，同时对鞘翅目、双翅目和鳞翅目害虫也有效，尤其对于水稻二化螟、三化螟毒力比其他烟碱类杀虫剂高。室内生测，在供试的 16 种农业害虫中，有 15 种害虫对氯噻啉 10%可湿性粉剂较敏感，其中花蓟马对其最敏感，其次依次为禾缢管蚜、蚕豆蚜、麦长管蚜、三化螟、桃赤蚜、二化螟、棉蚜、稻蓟马、萝卜蚜、梨木虱、白背飞虱、褐飞虱、绿盲蝽，菜蝽对其敏感性较差。室内试验氯噻啉 10%可湿性粉剂对褐稻虱初孵若虫的 LC_{50} 为 1.22mg/L，

LC_{90}为 14.57mg/L。

残留量与安全施药　该药速效和持效性好，一般低龄若虫高峰期施药，持效期在 7d 以上。在常规用药量范围内对作物安全，对有益生物如瓢虫等天敌杀伤力较小。

使用方法与应用技术　1. 防治白粉虱、飞虱，最好在低龄若虫高峰期施药。2. 氯噻啉不受温度高低限制，克服了啶虫脒、吡虫啉等产品在温度较低时防效差的缺点。3. 亩用水量 30～50kg，稀释时要充分搅拌均匀。

氯噻啉 10%可湿性粉剂（登记证号 PD20082527）目前登记的作物、防治对象、用药量及使用方法见表 58-1。

表 58-1　防治害虫的情况

登记作物	防治对象	用药量/(g/hm^2)	施用方法
番茄(大棚)	白粉虱	22.5～45	喷雾
十字花科蔬菜	蚜虫	15～30	喷雾
柑橘树	蚜虫	20～25	喷雾
茶树	小绿叶蝉	30～45	喷雾
水稻	飞虱	15～30	喷雾
小麦	蚜虫	22.5～30	喷雾

氯噻啉 40%水分散粒剂（登记证号 PD20096024）登记的作物及防治对象有烟草蚜虫、稻飞虱等。

专利与登记

专利名称　Heterocyclic compounds

专利号　EP 192060　专利公开日　1986-08-27

专利申请日　1985-01-17　专利拥有者　Nihon Tokushu Noyaku Seizo K. K. (JP)

目前在其他国家申请的化合物专利：AU 8652866、AU 584388、AT 67493、BR8600428、CA 1276018、CS 255867、DD 242742、DK 9201042、DK 172809、DK 8600519、EP 192060、HU 41954、HU 200651、HU 202365、IL 77750、JP 05194490、JP 07020953、JP 61178981、JP 06006585、JP 61178982、JP 06049699、JP 61183271、JP 07000613、JP 61267561、JP 06029258、JP 61267575、JP 05014716、JP 62081382、JP 07030070、US 4742060、PL149199、US 4845106、US 5001138、US 5204360、US 5298507、US 5461167、US 5428032、US 5580889、US 5750704、US 6022967、US 6297374、ZA 8600763 等。

制备专利：CN 1401646、DE 3712307、EP 1348705、WO 9720829、WO 9827074、WO 9832747、WO 9935141 等。

制剂或剂型专利：CN 101715781、CN 101743989、CN 101796957、CN 101658172、DE 102006014488、DE 102006033993、DE 102006062158、EP 2070414、EP 2070415、EP 2070413、EP 2070411、EP 2090170、EP 2127522、JP 63126806、JP 63126810、JP 63126804、JP 63156705、JP 63154602、JP 01006203、WO 9941986、WO 9941987、WO 2005048711、WO 2008071674、WO 2008077486、WO 2008077930、WO 2008077925、WO 2008077931、WO 2008077926、WO 2008152091、WO 2009074235、WO 2009074236、WO 2009090181、WO 2009100822、WO 2009135613、WO 2009146793、WO 2010025870、WO 2010094728 等。

在中国申请的与氯噻啉有关的部分专利如表 58-2。

表 58-2　在中国申请的专利

序列号	申　请　号	专　利　名　称
1	200910034132.5	含有吡蚜酮的杀虫组合物
2	200910163769.4	一种含多杀菌素的杀虫组合物及其应用
3	200910035430.6	含氯代噻唑烟碱类杀虫剂与噻嗪酮的杀虫剂组合物及其制备与应用
4	200910185946.9	一种吡蚜酮和氯噻啉的混合杀虫剂
5	201010132937.6	吡丙醚复配杀虫剂

合成方法

经如下反应制得氯噻啉：

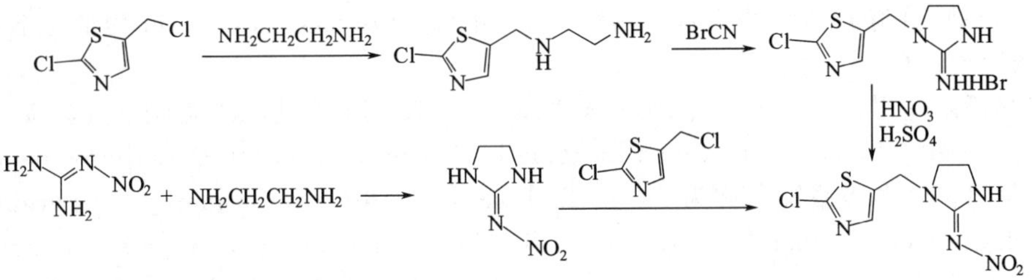

中间体 2-氯-5-氯甲基噻唑的制备方法如下：

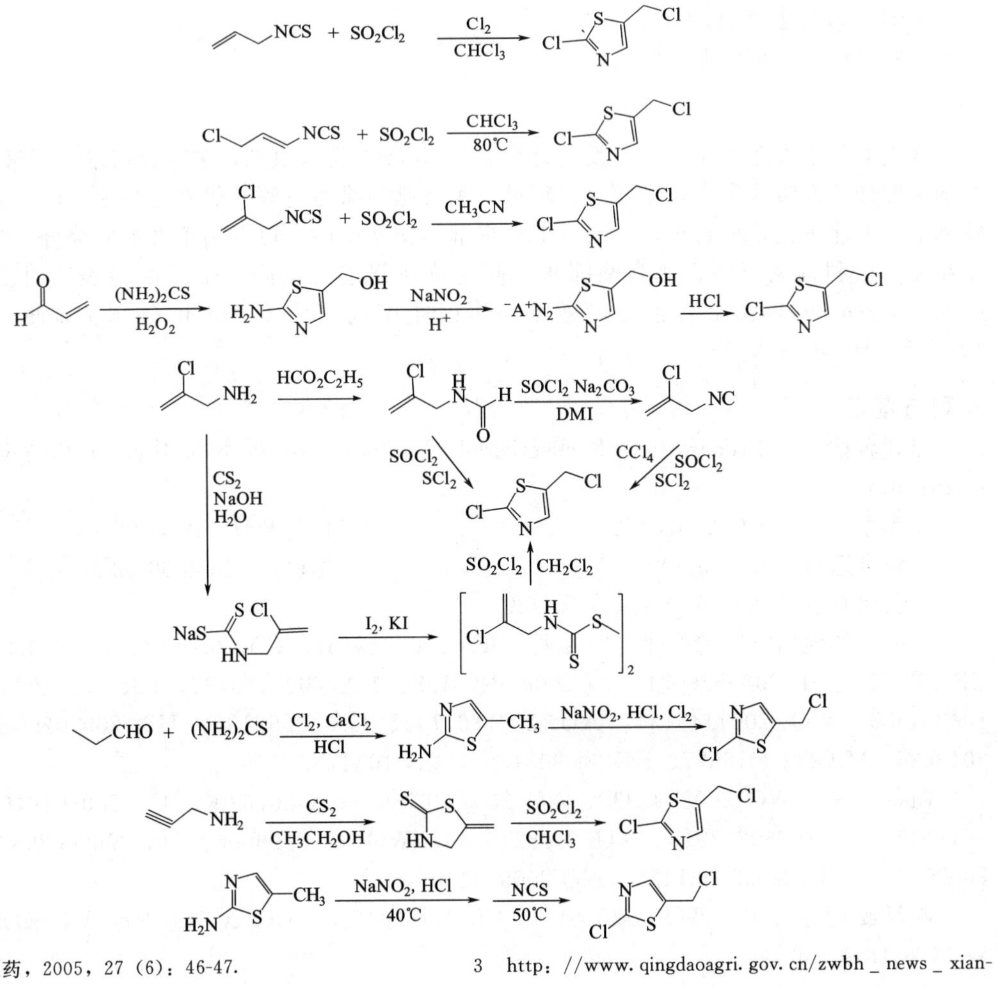

1　世界农药，2005，27 (6)：46-47.
2　江苏化工，2004，32 (3)：19-21.
3　http：//www. qingdaoagri. gov. cn/zwbh _ news _ xiangxi. asp？Id=244.

59 砜虫啶（sulfoxaflor）

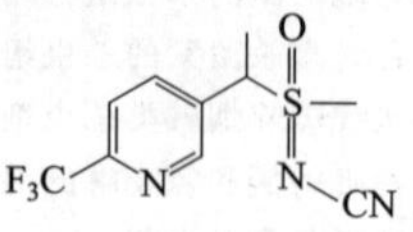

$C_{10}H_{10}F_3N_3OS$，277.3

产品简介

砜虫啶（通用名称：sulfoxaflor，其他名称：氟啶虫胺腈）是由道农业科学公司（Dow Agrosciences）报道的新型杀虫剂。预计 2012 年以 Closer 或 Transform 为商标名称上市，潜在市场销售额可达 2 亿美元。

化学名称 ［甲基（氧）{1-［6-(三氟甲基)-3-吡啶基］-乙基}-λ^6-硫酮］-氰基胺。英文化学名称为［methyl（oxo）{1-［6-(trifluoromethyl)-3-pyridyl］ethyl}-λ^6-sulfanylidene］-cyanamide。美国化学文摘系统名称为 *N*-［methyloxido［1-［6-(trifluoromethyl)-3-pyridinyl］ethyl］-λ^4-sulfanylidene］cyanamid，CA 主题索引名称为 cyanamide—，*N*-［methyloxido［1-［6-(trifluoromethyl)-3-pyridinyl］ethyl］-λ^4-sulfanylidene］-。CAS 登录号为［946578-00-3］。

理化性质 无色油状物。

制剂 24%悬浮剂。

主要生产商 道农业科学公司。

应用

砜虫啶是道农业科学公司开发的首个 sulfoximine 类杀虫剂，主要针对取食树液的昆虫，对绝大部分的刺吸式害虫，如蚜虫、粉虱、稻飞虱、缘蝽科等有优异的活性，研究表明其在较低剂量下能很快杀死害虫，且与其他杀虫剂无交互抗性，可以用于害虫的综合防治。2009 年在美国加利福尼亚州、亚利桑那州、德克萨斯州进行田间、小区试验表明对豆荚盲蝽（*Lyg ushesperus*）害虫有很好的效果。建议使用剂量为 0.0451b（a. i.）/acre（1arre≈4046m^2，1b≈0.45kg）。

专利与登记

专利名称 Preparation of insecticidal *N*-substituted（6-haloalkylpyridin-3-yl）alkyl sulfoximines.

专利号 WO 2007095229 专利公开日 2007-08-23

专利申请日 2007-02-09 优先权日 2006-02-10

专利拥有者 Dow Agrosciences LLC

目前在其他国家申请的化合物专利：AU 2007215167、CA 2639911、US 20070203191、EP 1989184、JP 2009526074、IN 2008DN06198、MX 2008010134、KR 2008107366、CN 101384552、WO 2007149134、AU 2007261706、CA 2653186、US 20070299264、EP 2043436、MX 2008016527、KR 2009021355、CN 101478877 等。

制备专利：WO 2008097235、AU 2007346136、CA 2676700、US 20080194634、US 7511149、US 20080207910、AU 2008219748、WO 2008106006、US 20090029863、WO 2009017951、US 20090221424、WO 2009111309 等。

制剂或剂型专利：WO 2008125410、US 20090023782、WO 2009014891、WO 2009062905、WO 2009118297 等。

登记情况

道农业科学公司已于2010年向澳大利亚、美国和加拿大法规机构递交了全球联合审查档案，计划于2012年以 Closer and Transform 为商标名称上市。2010年6月已在中国取得50%氟啶虫胺腈水分粒剂防治棉花粉虱、棉花盲蝽和小麦蚜虫的田间试验批准证；7月取得22%氟啶虫胺腈悬浮剂防治黄瓜粉虱和21.8%氟啶虫胺腈悬浮剂防治水稻水虱的田间试验批准证。

合成方法

Sulfoxaflor 大致有如下合成方法。其中对于氧化成亚砜的试剂文献报道较多的有 *m*-CPBA、$NaMnO_4$、$RuCl_3 \cdot H_2O$、$NaIO_4$，对于形成氰基亚胺结构时，在使用 NH_2CN 时使用的氧化剂主要有二乙酸碘苯或次氯酸钠。

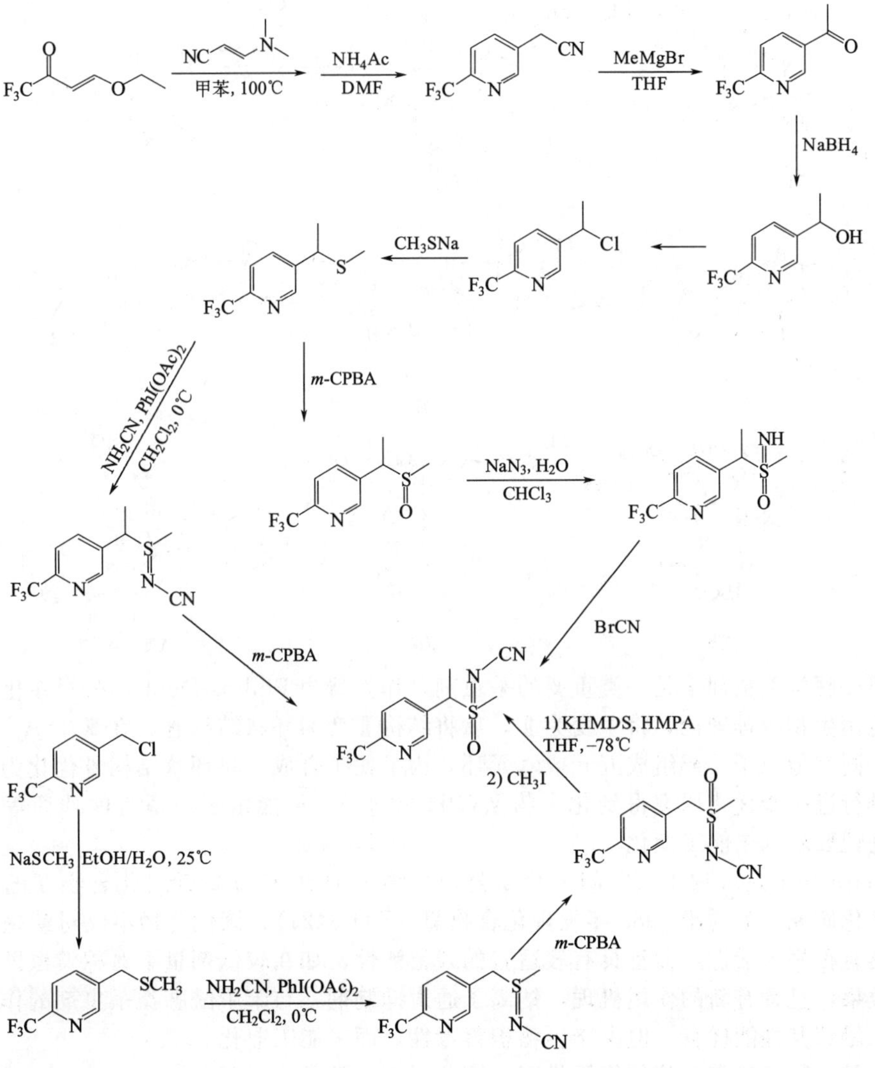

1 WO 2007095229.

2 农药市场信息，2010，23：35.

3 ABSTRACTS from the 2010 Pacific Branch Entomological Society of America Meeting，46-47.

噁二嗪类杀虫剂

杀虫剂茚虫威的创制经纬

其先导化合物是Ⅶ（RH 3421），而化合物Ⅶ来源于化合物Ⅴ，化合物Ⅴ来源于苯甲酰脲类杀虫剂Ⅰ。具体创制经纬如下：

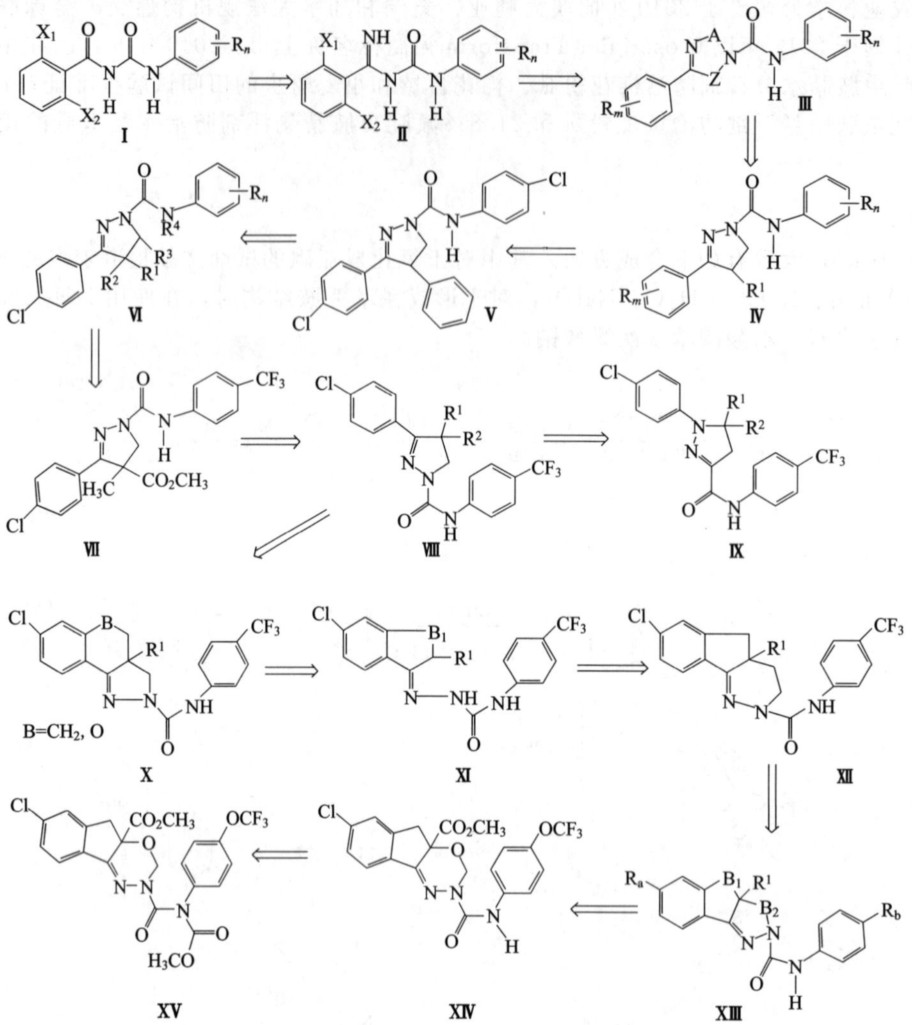

苯甲酰脲类杀虫剂Ⅰ是一类重要的杀虫剂，作者猜想 Philips-Duphar 公司在化合物Ⅰ的基础上运用生物等排理论，将Ⅰ变为Ⅱ，后将结构Ⅱ变为环状结构Ⅲ，在Ⅲ中 A、Z 可为多种基团，同其他原子一起组成五元或六元环，为了便于合成，将环状结构Ⅲ优化为Ⅳ，对化合物Ⅳ进行进一步优化研究得到化合物Ⅴ（PH 60-42），可能由于不适宜的残留等原因，不能满足登记要求，未能工业化。

Richard Jacobson 博士（罗门・哈斯公司）约于 1980 年开始针对化合物Ⅴ的研究，通过多年优化研究，大约于 1985 年发现化合物Ⅶ（RH 3421）。该化合物不仅对鳞翅目、鞘翅目害虫具有很好的活性，而且具有较适宜的残留活性，如在较低剂量下对棉铃虫即具有很好的防治效果，且具有新的作用机理，钠离子通道抑制剂，与苯甲酰脲类杀虫剂的作用机理完全不同。尽管其性能优良，但由于生物积蓄毒性，而未能工业化。

由于化合物Ⅶ具有独特的作用机理，因此引起了杜邦公司 Thomas Stevenson 等的注意，他们于 1986 年前后开始对此类化合物进行了研究，在化合物Ⅶ和Ⅷ的基础上，将 1 位上的 N 原子和 3 位上的 C 原子交换，得到化合物Ⅸ，合成一些化合物，离体生测结果表明具有较好的活性，但温室和田间试验结果表明残留活性较差，因此就放弃了对化合物Ⅸ的进一步研究。已知化合物Ⅷ的 X 射线衍射结构为ⅩⅥ或ⅩⅦ，可能是由于氢键的缘故。杜邦公司的 Thomas Stevenson 等就设想将化合物ⅩⅥ中吡唑 4 位的一个取代基如 R^2 和 3 位苯环邻位合环即变为结构XVII或XIX的化合物。

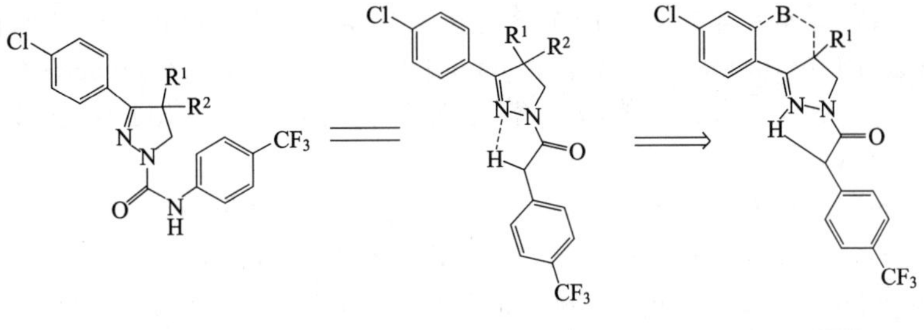

Ⅷ　　XVI　　XVII

通过合成生测发现化合物XIX的活性优于XVIII的。同时还对吡唑开环化合物XI进行了研究，并发现 B_1 为 CH_2 的活性好于 B_1 为 CH_2CH_2 的化合物，但合成的化合物在活性谱以及残留活性等方面均不令人满意，需要改进。通过结构活性分析，他们发现环的大小直接影响生物活性，并将化合物结构X和XI进行组合优化为XII。通过研究发现化合物XX在10～20g(a.i.)/hm^2 剂量下对鳞翅目害虫具有很好的防治效果，但残留时间过长。

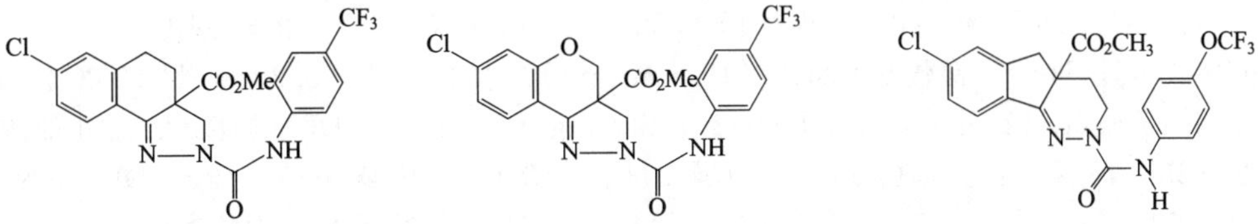

XVIII　　XIX　　XX

对大量的实验数据进行（XIII）分析即结构活性分析：B_1 以 CH_2 为佳，而 B_2 为 CH_2 或 CH_2CH_2 均有不足之处，R_a 和 R_b 同样需要优化。经过进一步优化研究（设计合成生测），发现化合物XIV（XIII中的一个 CH_2 用O替换）具有很好的杀虫活性、适宜的残留活性和较好的生态性能，但对哺乳动物等具有相对高的毒性。经进一步研究发现了理想的前导杀虫剂茚虫威（XV），尽管化合物XV本身活性较弱，但可被害虫快速代谢为活性很高的化合物XIV。

主要品种

该类化合物仅茚虫威（indoxacarb）1个。

60　茚虫威（indoxacarb）

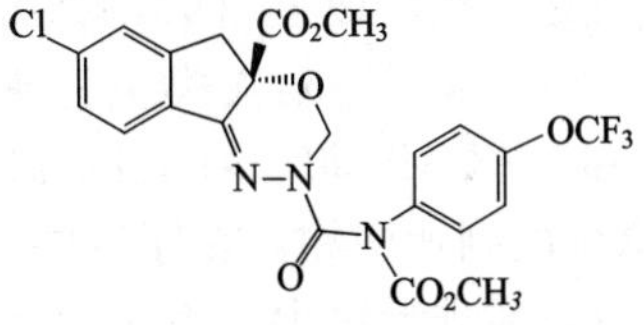

$C_{22}H_{17}ClF_3N_3O_7$，527.8

产品简介

茚虫威［试验代号：DPX-JW062、DPX-MP062、DPX-KN128、DPX-KN127，通用名称：indoxacarb，商品名称：Avaunt(DuPont)、Steward(DuPont)］是美国杜邦公司开发的新型噁二嗪类（oxadiazine）杀虫剂。其他商品名称（生产商）：Advion（DuPont）、Avatar（DuPont）、Rumo（DuPont）、Tornado（DuPont）、Amsac（Atul）、Daksh（DuPont，Rallis）、Dhawa（Dhanuka）、Fego（United Phosphorus）、安打、全垒打、安美。主要生产商为杜邦（Dupont）。

化学名称 (*S*)-*N*-[7-氯-2,3,4a,5-四氢-4a-(甲氧基羰基) 茚并 [1,2-*e*]-[1,3,4]噁二嗪-2-羰基]-4′-(三氟甲氧基) 苯氨基甲酸甲酯。英文化学名称为 methyl (*S*)-*N*-[7-chloro-2,3,4a,5-tetrahydro-4a-(methoxycarbonyl) indeno [1,2-*e*][1,3,4]oxadiazin-2-ylcarbonyl]-4′-(trifluoromethoxy) carbanilate。美国化学文摘系统名称为 methyl(4a*S*)-7-chloro-2,5-dihydro-2-[[(methoxycarbonyl)[4-(trifluoromethoxy)phenyl]amino]carbonyl]indeno[1,2-*e*]-[1,3,4]oxadiazine-4a (3*H*)-carboxylate，CA 主题索引名称 indeno[1,2-*e*][1,3,4]oxadiazine-4a (3*H*)-carboxylicacid—，7-chloro-2,5-dihydro-2-[[(methoxycarbonyl) [4-(trifluoromethoxy) phenyl]amino]carbonyl]-methylester， (4a*S*)-。CAS 登录号为 [144171-61-9]-DPX-JW062 and DPX-MP062;[173584-44-6]-DPX-KN128。

组成 DPX-JW062：*S*-异构体（活性成分）和 *R*-异构体（非活性成分）的比例为 1∶1；DPX-MP062：*S*-异构体和 *R*-异构体的比例为 3∶1；DPX-KN127 (IN-KN127)：*R*-异构体；DPX-KN128：*S*-异构体。数据参照 DPX-KN128（除非另有说明）。工业品 *S*-异构体含量≥62.8%。

理化性质 白色粉状固体，熔点 88.1℃ (DPX-KN128)，140～141℃ (DPX-JW062)，87.1～141.5℃ (DPX-MP062)。蒸气压 2.5×10^{-5} mPa (25℃)。相对密度 1.44 (20℃)。$K_{ow}\lg P=4.65$。Henry 常数 6.0×10^{-5} Pa·m^3/mol。水中溶解度 0.20mg/L (25℃) (DPX-KN128)；15mg/L (25℃) (DPX-JW062)；22.5μg/L (20℃) (DPX-MP062)。其他溶剂中溶解度 (25℃，g/L)：正辛醇 14.5，甲醇 103，乙腈 139，丙酮>250g/kg (DPX-KN128)，正庚烷 1.72，邻二甲苯 117，二氯甲烷、丙酮和 *N*,*N*-二甲基甲酰胺中均>250g/kg (DPX-MP062)。水溶液稳定性 DT_{50} (25℃)：1a (pH=5)，22d (pH=7)，0.3h (pH=9) (DPX-KN128 和 DPX-MP062)。

毒性 大鼠急性经口 LD_{50}：雄 1732mg/kg，雌 268mg/kg (DPX-MP062)。兔急性经皮 LD_{50}>5000mg/kg；本品对兔眼睛和皮肤无刺激，对豚鼠无致敏 (DPX-MP062)。大鼠吸入 LC_{50}>2mg/L (DPX-KN128)。NOEL 值：(90d) 大鼠 10mg/L，(2a) 大鼠雄 60mg/L，大鼠雌 40mg/L；(18 月) 小鼠 20mg/L；(1a) 狗 40mg/L (DPX-JW062)。ADI/RfD (JMPR) 0.01mg/kg [2005，2006]，(EC) 0.006mg/kg [2006]，(EPA) 最低 aRfD 0.02mg/kg，cRfD 0.02mg/kg [2000]。其他 Ames 试验均为阴性。

生态效应 (1) DPX-MP062：山齿鹑急性经口 LD_{50} 98mg/kg。饲养 (5d) LC_{50}：野鸭>5620mg/L，山齿鹑 808mg/L。大翻车鱼 LC_{50} (96h) 0.9mg/L，虹鳟鱼 LC_{50} (96h) 0.65mg/L。水蚤 LC_{50} (48h) 0.60mg/L。蜜蜂 LD_{50} 0.26μg/只（经口），0.094μg/只（接触）。蚯蚓 LC_{50} (14d)>1250mg/kg。海藻 EC_{50} (96h)>0.11mg/L。

(2) DPX-KN128 在 30～50g/hm^2 剂量下对 4 类生物研究表明具有很少或无副作用。

环境行为 使用 DPX-JW062 和 DPX-MP062，在大鼠经口药剂后研究代谢情况。多数药剂在 96h 后分解。大多代谢可产生众多的副代谢物。在尿液中，代谢物大多为裂解产物（二氢化茚或者三氟甲氧基苯环产物)，同时，在排泄物中，大多数代谢物仍是这些部分。主要的代谢反应包括：二氢化茚环的羟基化，氨基氮上羧酸甲酯基团的水解，噁二嗪环的开环等反应都会产生裂解产物。在淤泥土壤中 DT_{50} 17d。茚虫威属中度持久：需氧下 DT_{50} 3～23d，厌氧下 DT_{50} 186d。流动性差，其 K_{oc} 3300～9600mL/g。水中光解 DT_{50} 3d (pH=5.0)。

制剂与分析方法 主要产品或制剂有 Indoxacarb Technical 52.7%（主要用于配制其他混剂），30%WDG（全垒打，主要用于蔬菜、果树)、15%胶悬剂（安打，主要用于棉花)。可用 GC-MS/HPLC-UV 进行分析。

作用机理与特点 钠通道抑制剂。主要是阻断害虫神经细胞中的钠离子通道，使神经细胞丧失功能，导致靶标害虫麻痹、协调差，最终死亡。药剂通过触杀和摄食进入虫体，0～

4h内昆虫即停止取食，因麻痹、协调能力下降，故从作物上落下，一般在药后4～48h内麻痹致死，对各龄期幼虫都有效。害虫从接触到药液或食用含有药液的叶片到其死亡会有一段时间，但害虫此时已停止对作物取食，即使此时害虫不死，对作物叶片或棉蕾也没有损害作用。由于茚虫威具有较好的亲脂性，仅具有触杀和胃毒作用，虽没有内吸活性，但具有较好的耐雨水冲刷性能。试验结果表明DPX-KN128与其他杀虫剂如菊酯类、有机磷类、氨基甲酸酯类等均无交互抗性。对鱼类、哺乳动物、天敌昆虫包括螨类安全，因此是可用于害虫的综合防治和抗性治理的理想药剂。

应用

适用作物　蔬菜如甘蓝、芥蓝、花椰类、番茄、茄子、辣椒、瓜类（如黄瓜等）、莴苣等，果树如苹果、梨树、桃树、杏、葡萄等，作物如棉花、甜玉米、马铃薯。

防治对象　鳞翅目害虫如棉铃虫、菜青虫、烟青虫、小菜蛾、甜菜夜蛾、斜纹夜蛾、甘蓝夜蛾、银纹夜蛾、粉纹夜蛾、卷叶蛾类、苹果蠹蛾、叶蝉、葡萄小食心虫、葡萄长须卷叶蛾、金刚钻、棉大卷叶螟、牧草盲蝽、马铃薯块茎蛾、马铃薯甲虫、田间红火蚁等。

残留量与安全施药　为了安全、减少残留，在作物收获前3d（蔬菜）、14d（棉花）和28d（果树）禁止使用茚虫威。应用间隔时间大多数蔬菜3d，番茄5d，棉花5d。果树每季最多用三次，其他用四次。由于茚虫威毒性低，在施药12h后，若人进入施药田即很安全。具体残留标准如下：动物（牛、羊、马、猪）脂肪（0.75mg/L），动物（牛、羊、马、猪）肉（0.03mg/L），动物（牛、羊、马、猪）其他加工品（0.02mg/L），玉米（食用、种子、饲料、茎叶）（0.02～15mg/L），棉织品（15mg/L），棉花种子（2.0mg/L），牛奶（0.10mg/L）、苹果（1.0mg/L），苹果汁（3.0mg/L），其他水果蔬菜（0.20～0.50mg/L）。

应用技术　为防止害虫抗性出现，可在防治棉铃虫、小菜蛾等害虫时与其他杀虫剂交替使用。使用全垒打时可加入0.1～0.2%（体积分数）表面活性剂，可降低用药量。喷液量每亩人工20～50L，拖拉机7～10L，飞机1～2L。施药应选早晚风小、气温低时进行。气温高于28℃、空气相对湿度低于65%、风速大于5m/s时应停止施药。

使用方法　在世界范围内茚虫威推荐使用剂量为12.5～125g(a.i.)（DPX-KN128)/hm^2，使用方法为茎叶喷雾处理。蔬菜、甜玉米等使用剂量为28～74g(a.i.)（DPX-KN128)/hm^2，苹果、梨等使用剂量为28～125g(a.i.)（DPX-KN128)/hm^2，棉花使用剂量为72～125g(a.i.)（DPX-KN128)/hm^2。

在我国推荐使用情况如下：

防治菜青虫，每亩用30%茚虫威4.4～8.8g [19.5～39g(a.i.)/hm^2] 或每亩用15%茚虫威8.8～13.3mL [19.5～30g(a.i.)/hm^2]。

防治小菜蛾和甜菜夜蛾等，每亩用30%茚虫威4.4～8.8g [19.5～39g(a.i.)/hm^2] 或每亩用15%茚虫威8.8～17.6mL（19.5～39g(a.i.)/hm^2）。根据害虫危害的严重程度，可采取连续2～3次施药，每次间隔5～7d。

防治棉铃虫，每亩用30%茚虫威6.6～8.8g或15%茚虫威13.3～17.6mL [30～39g(a.i.)/hm^2]。依棉铃虫危害的轻重，以间隔5～7d连续2～3次施药。

专利与登记

专利名称　Arthropodicidal carboxanilides

专利号　WO 9211249　　专利公开日　1992-07-09

专利申请日　1991-12-17　　优先权日　1990-12-21

专利拥有者　Du Pont（US）

在其他国家申请的化合物专利：AT 125801、AU 659121、AU 9127091、BG 61264、

BG 97888、BR 9107246、CA 2098612、DE 69111827、EP 0565574、ES 2077392、GR 3017869、HU 213635、IL 100429、JP 6504777、KR 0178062、NZ 241072、RU 2096409、TR 25739、US 5462938 等。

制备专利：IN 2005、MU 00530、US 5869657、WO 9620151 等。

制剂或剂型专利：JP 2004115409、JP 2009263292、US 2004176368、WO 9733476、WO 2002056691、WO 2003070001、WO 2007081845 等。

在中国申请的与该产品有关的部分专利及登记情况见表 60-1、表 60-2。

表 60-1　在中国申请的专利

序号	申请号	专利名称
1	200710032966.3	鱼藤酮与茚虫威混配农药制剂
2	200810030465.6	含有茚虫威的杀虫组合物
3	200810031228.1	茚虫威与定虫隆的杀虫组合物
4	200810031229.6	茚虫威与甲维盐的农药组合物
5	200810211784.7	含茚虫威和苦参碱的农药组合物
6	200810073845.8	一种含有阿维菌素与茚虫威的杀虫剂组合物
7	200910036743.3	含有氟虫腈和茚虫威的杀虫组合物
8	200910036744.8	含有阿维菌素和茚虫威的杀虫组合物
9	200910036742.9	含有甲氨基阿维菌素苯甲酸盐和茚虫威的杀虫组合物
10	200780002212.1	茚虫威和杀虫双的混合物
11	200910031120.7	茚虫威与吡蚜酮杀虫组合物
12	200810037238.6	一种含茚虫威和吡虫啉的农用组合物及其用途
13	200810037239.0	一种含茚虫威和阿维菌素的农用组合物及其用途
14	200780036764.4	包含茚虫威的局部外用给药制剂
15	200910159337.6	一种含有茚虫威的杀虫剂组合物
16	200910032623.6	茚虫威与哒嗪硫磷复配杀虫剂
17	200810038677.9	一种甲维盐·茚虫威悬乳剂及其制备方法
18	200810038688.7	一种阿维菌素·茚虫威悬乳剂及其制备方法
19	200910162905.3	一种茚虫威水乳剂及其制备方法
20	200910132255.2	茚虫威杀铃脲复配杀虫剂
21	200910149310.9	一种含有茚虫威的二元复配杀虫组合物
22	200910040983.0	阿维菌素和茚虫威复配的水乳剂及其制备方法
23	200910261163.4	一种含茚虫威的杀虫组合物
24	200910212248.3	一种含有茚虫威的水乳剂及其制备方法
25	200910219016.0	一种含茚虫威与氟虫双酰胺的杀虫组合物
26	200910219023.0	一种含氟铃脲和茚虫威的杀虫组合物
27	200910219026.4	一种含茚虫威与除虫脲的杀虫组合物
28	201010019333.0	一种含茚虫威和氰氟虫腙的杀虫组合物及其应用
29	200910219024.5	一种含噻虫嗪与茚虫威的杀虫组合物
30	201010104616.5	茚虫威与多杀菌素复配农药
31	201010104646.6	茚虫威与仲丁威复配农药
32	200910137947.6	喹硫磷与茚虫威农药组合物
33	201010103955.1	茚虫威与哒嗪硫磷复配农药
34	201010138134.1	一种含噻虫嗪和茚虫威的农药组合物
35	201010148296.3	一种含噻虫胺与茚虫威的杀虫组合物

表 60-2　美国杜邦公司在中国登记情况

商品名	登记号	含量	剂型	登记作物	防治对象	用药量/(g/hm²)	施用方法
茚虫威	LS20082339	150g/L	乳油	甘蓝	小菜蛾	22.5～40.5	喷雾
				水稻	稻纵卷叶螟	27～36	喷雾
茚虫威	PD20060019	150g/L	悬浮剂	十字花科蔬菜	甜菜夜蛾	22.5～40.5	喷雾
				十字花科蔬菜	菜青虫	11.25～22.5	喷雾
				十字花科蔬菜	小菜蛾	22.5～40.5	喷雾
				棉花	棉铃虫	22.5～40.5	喷雾

续表

商品名	登记号	含量	剂型	登记作物	防治对象	用药量/(g/hm²)	施用方法
茚虫威	PD20070093	30%	水分散粒剂	十字花科蔬菜	甜菜夜蛾	22.5～40.5	喷雾
				十字花科蔬菜	小菜蛾	22.5～40.5	喷雾
				十字花科蔬菜	菜青虫	11.25～20.25	喷雾
茚虫威	PD20101870	150g/L	乳油	水稻	稻纵卷叶螟	120～160	喷雾
茚虫威	PD20060017	70.3%	原药				
茚虫威	PD20060018	70.3%	母药				

合成方法

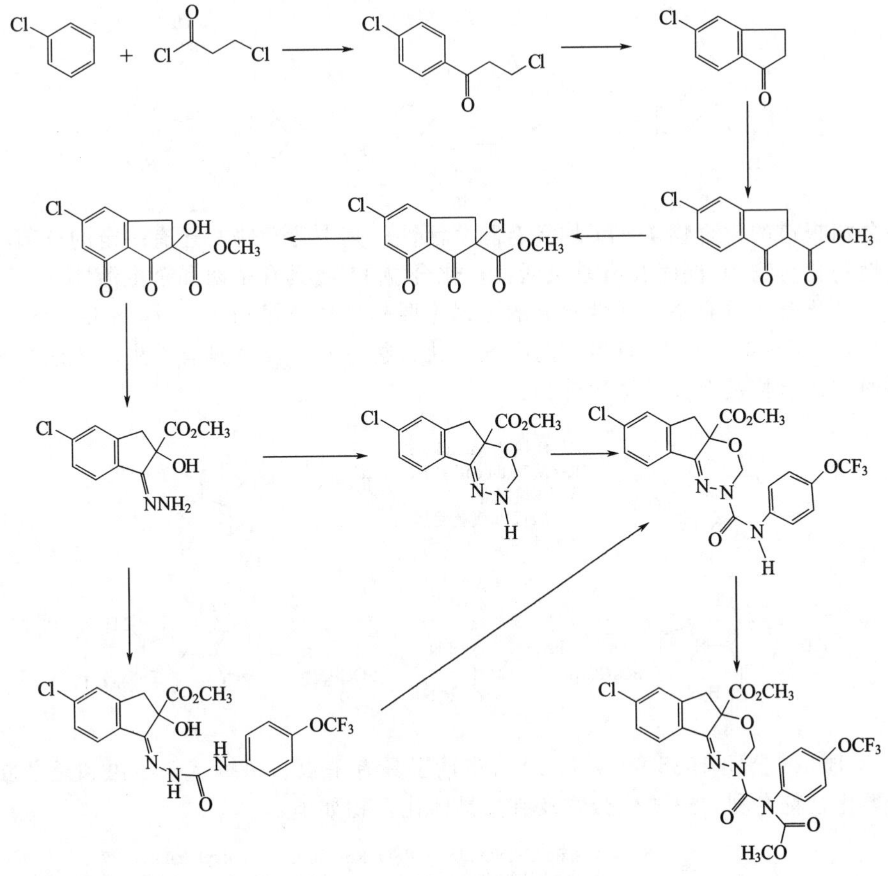

1 Proceedings of the Brighton Crop Protection Conference-Pests and diseases. 1996，307，449.

2 The Pesticide Manual. 15th edition：656-657.

3 WO 9211249.

4 农药，2002，41（10）：47-48.

吡唑类杀虫剂

Fipronil 的创制经纬

从专利检索中可以看到，在 1985 年前后，众多公司都在进行具有生物活性的吡唑类化合物的研究，如 May & Baker Ltd、Bayer、Takeda Chem Ind、American Cyanamid Co、lilly Co Eli、Du Pont、Dow Chemical Co、Hokko Chem Ind Co、Hoechst Ag、Mitsubishi Chem Ind、Rhone Poulenc 等，但大多数公司都是在研究吡唑类化合物的除草活性或医药活性，结构通式及代表化合物结构如下：

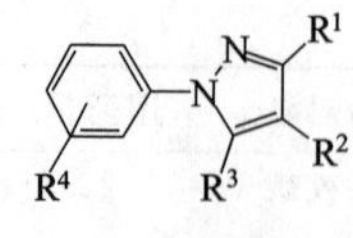

通式

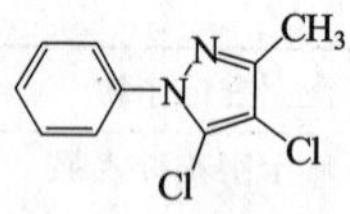

1

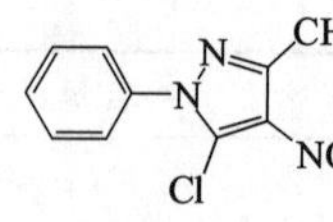

2

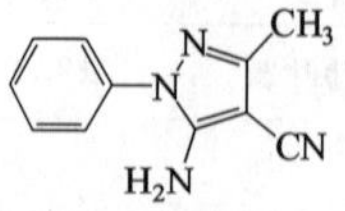

3

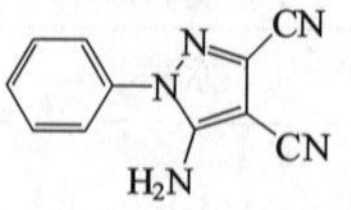

4

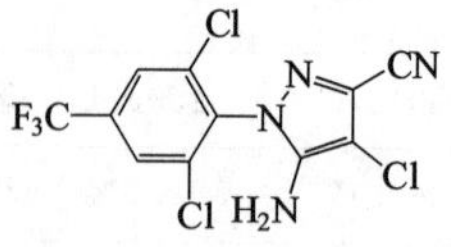

5

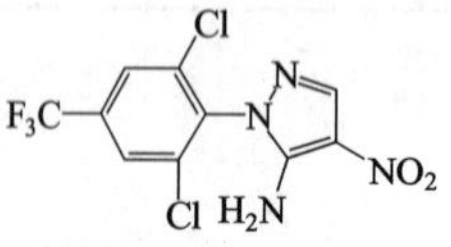

6

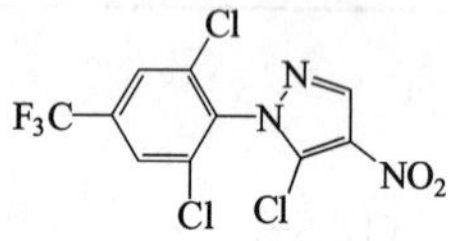

7

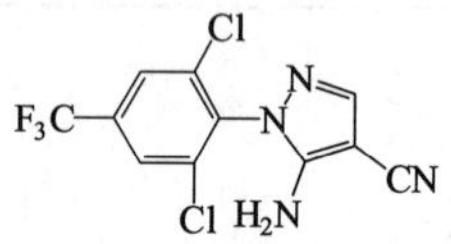

8

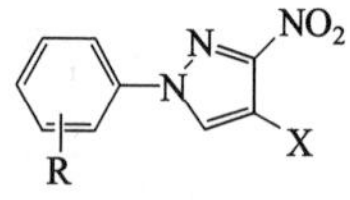

9

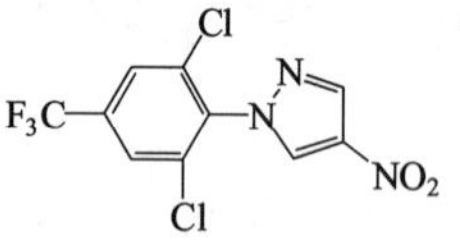

10

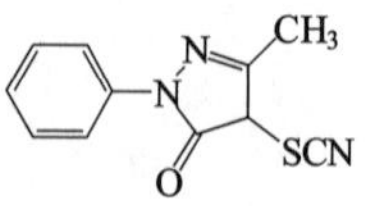

11

有关公司报道的化合物**1**～**11**均具有除草活性；其中化合物**9**还有一定的抗菌活性或抗寄生虫活性；化合物**10**同时具有杀虫活性；化合物**11**还具有杀菌和杀虫活性。

关于该类化合物具有杀虫活性研究的公司主要是拜耳公司和May & Baker公司。

拜耳公司1985年5月17日申请的吡唑类化合物专利，涉及具有杀虫、杀螨和杀线虫活性的如下通式化合物及有关具体化合物：

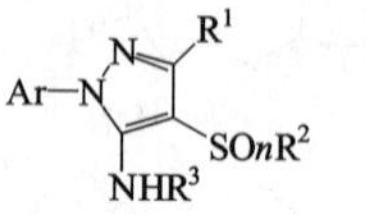

12

R^1=H,烷基,haloalkyl；
R^2=烷基,haloalkyl等；
R^3=H,烷基等；
Ar=取代Ph或吡啶基；
n=0, 1, 2

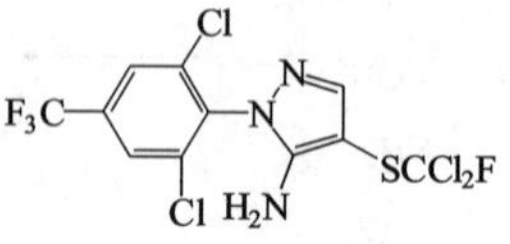

13

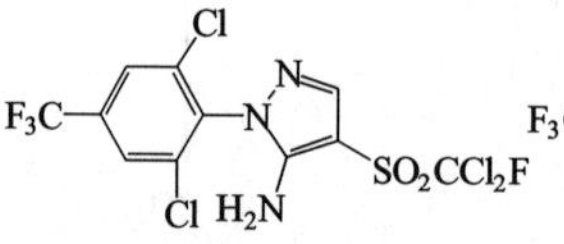

14

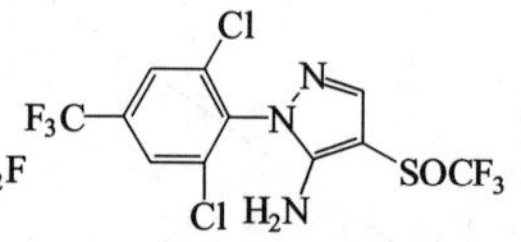

15

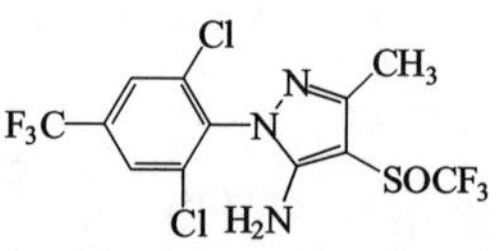

16

May & Baker公司1985年12月20日申请了具有杀虫、杀螨、杀线虫和杀节肢动物活性的吡唑类化合物专利，通式化合物及有关具体化合物如下：

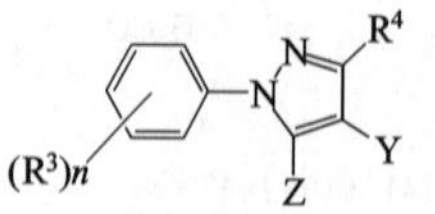

17

Y=halo,CN,NO_2,RSO_2, RSO, RS；R=C_1～C_6 alkyl, haloalkyl等
Z=H,NR^1R^2, alkylsulfenylamino, alkoxymethy leneamino等
R^1, R^2=H, alkyl等
R^3=halo, alkyl, alkoxy, alkylthio, alkylsulfinyl, NO_2, CN等
R^4=halo, CN, NO_2, alkyl等
n=1～5

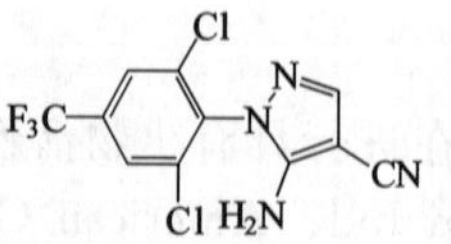

18

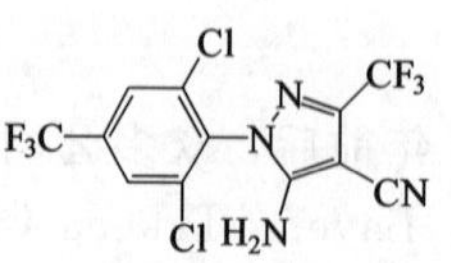

19

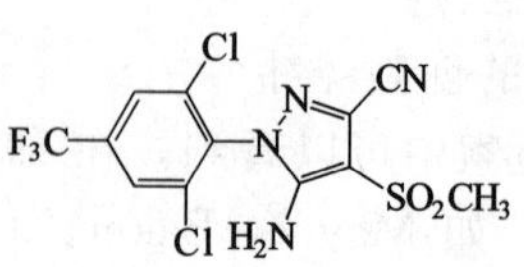

20

May & Baker公司1987年6月12日申请了具有杀虫、杀螨、杀线虫和杀节肢动物活性的吡唑类化合物专利，通式化合物及有关具体化合物如下：

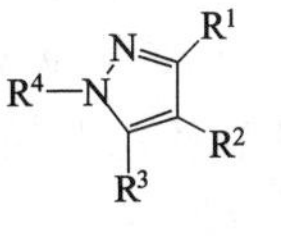

21

R^1=cyano, NO_2, halo, Ac等
R^2=$R^5S(O)_n$；n=0, 1或2；
R^3=H, NR^6R^7, halo等
R^4=2-或6-halo-或4-straight-或branched-chain(Cl-或Br-substituted) alkyl-或alkoxy-substituted phenyl；
R^5=(halo-substituted)straight- 或 branched-chainalkyl等
R^6, R^7=H等

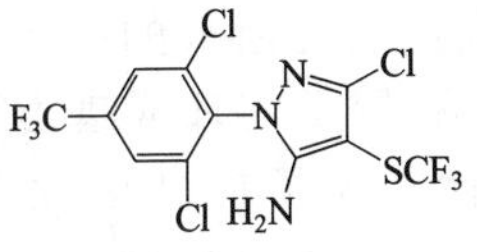

22

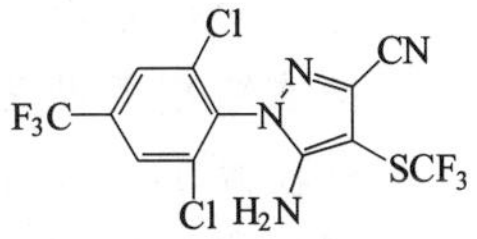

23

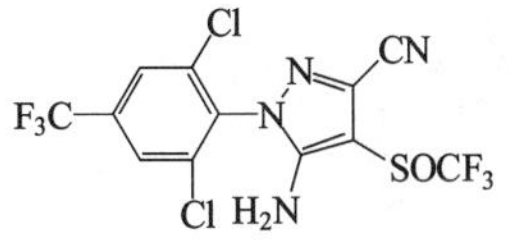

24

根据专利检索，我们推测，杀虫剂氟虫腈（fipronil）是 May & Baker 公司（后被罗纳普朗克收购，后者经兼并组合最后归属目前的拜耳公司）科研人员在除草剂研究的基础上，经过普筛发现化合物 **8**（或 **18**）也即 **M&B 39279**，不仅具有除草活性，同时也具有杀虫活性。然后经进一步研究发现，吡唑 4 位取代基为含硫的化合物，具有较好的杀虫活性，并于 1985 年 12 月 20 日申请了专利，但该专利虽然包含了化合物 **24** 但并没有具体公开；后经过进一步优化研究发现了，化合物 **24** 即氟虫腈（fipronil），于 1987 年 6 月 12 日重新申请了专利。同时说明了新农药创新研究，想法是非常重要的，尽管拜耳公司也在研究此类化合物，申请专利的时间也比 May & Baker 公司早，估计有关化合物性能没有氟虫腈好（尽管如此，通过兼并组合，氟虫腈最后的专利权还是归属于拜耳公司）。

其他氟虫腈（fipronil）类似物，都是在有关研究的基础上发现的。

吡螨胺创制经纬

日本三菱的冈田至在从事新型染料探索研究 11 年中，合成了各种作为杂环黄色染料偶联的吡唑类化合物。1981 年转到新型农药的探索研究，其对吡唑类除草剂 Pyrazolate 感兴趣。吡唑环广泛用于染料、颜料、彩色照相、医药等，但用于农药仅几个；同时，冈田至对苄胺衍生物和酰胺键亦感兴趣。虽然苄胺衍生物比苯胺衍生物研究少，但已经有杀草隆（Dimuion）等几种除草剂上市。而且苄胺衍生物比苯胺衍生物杀草隆安全性高（苯胺衍生物在体内代谢成 *N*-硝基亚苯胺体，经常发现有毒性，而苄胺衍生物在体内代谢解毒成苄醇和安息香酸体）。酰胺键则由受体和氢键起重要作用，在医药、农药中应用很多。另一方面，已有具有杀菌活性和除草活性 *N*-烷基或 *N*-苯基吡唑羧酰胺衍生物报道，但没有杀虫（杀螨）活性的吡唑羧胺衍生物报道（图 60-1）。为此，冈田等以创制新型高活性农药为目标，进行了（图 60-2）所示 *N*-苄基吡唑-5-羧酰胺衍生物的探索合成。

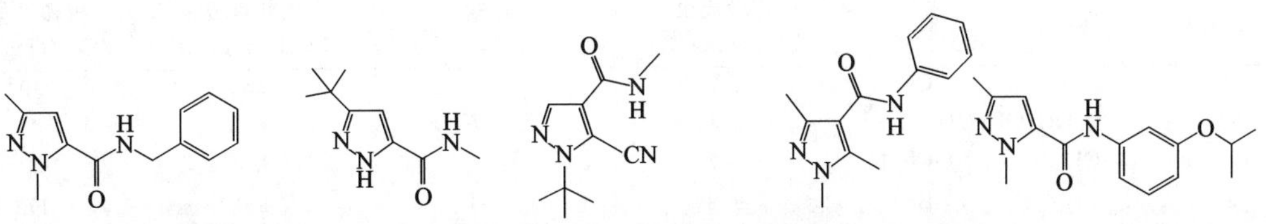

图 60-1 具有杀菌活性和除草活性的吡唑类化合物结构

1986 年 4 月以创制新农药为目标，开始吡唑-5-羧酰胺衍生物的合成。随机筛选的结果，虽然几乎所有化合物都没有活性，但化合物（**2**）对稻瘟病有弱的杀菌活性。为了提高这个化合物的杀菌活性，合成了在苯环上有各种取代基的吡唑衍生物，但活性没有提高。鉴于甲基取代为低活性，但立体大的叔丁基农药有高活性，因此，合成了在苯环 4 位上有叔丁基的化合物（**3**）。继续随机筛选发现化合物（**3**）有高的杀螨活性，但对叶螨的 LC_{50} 值是 60mg/L，作为杀螨剂上市，则必须进一步提高活性。为了提高化合物的杀螨活性，以化合物 **3** 为

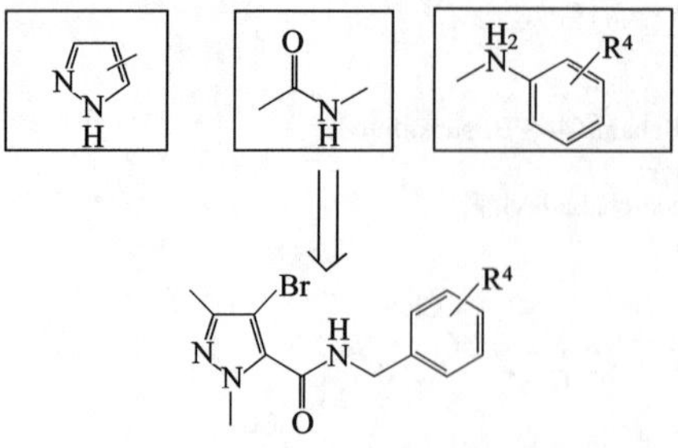

图 60-2 新农药的药物设计

先导展开优化。首先，固定吡唑环，变换胺得到显著提高活性的化合物**4A**，再将苄基氨基甲酰部位固定为4-叔丁基苄基氨基甲酰基，变换吡唑环上1位、3位和4位，终于发现了吡螨胺-化合物**5A**。其后，更详细地讨论了苯环上的取代基。构效研究发现苯环上取代基以4-位空间位阻大的叔丁基最适合，再长或短则活性降低；用吡啶环或噻唑环代替苯环也有较高的杀螨活性。为了提高活性合成了吡唑环（**3**）和（**4**）位缩合的二环式吡唑衍生物，得到更高活性的化合物**5B**。

在高活性化合物的筛选中发现：对叶螨成虫以化合物（**5B**）和对卵以化合物（**5A**）活性最高。对柑橘叶螨成虫以化合物（**5B**）和对卵以化合物（**5A**）活性最高（如下表所示）。综合考虑认为化合物（**5A**）即（吡螨胺）最佳。再比较制造方法及制造成本等，选择吡螨胺为开发药剂，并于1987年10月进行开发。

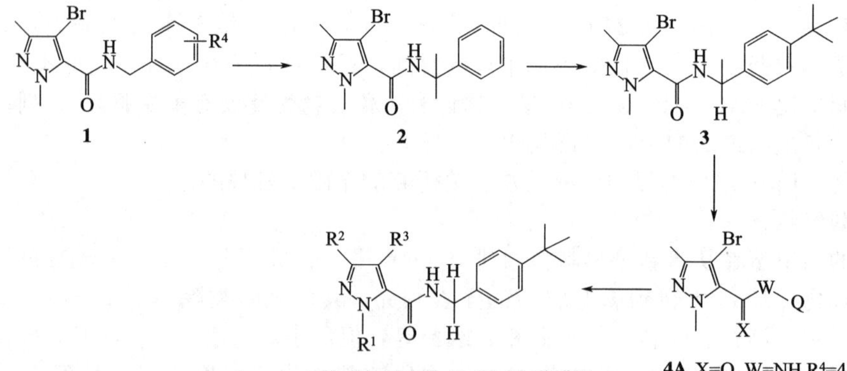

1 **2** **3**

5A R^1=Me, R^2=Et, R^3=Cl, 吡螨胺

5B R^1=Me, R^2, R^3=—$CH_2CH_2CH_2$—

4A X=O, W=NH, R^4=4-*t*-Bu-PhCH$_2$

3,4-二取代-*N*-(4-叔丁苄基)-1-甲基吡啶-5-羧酰胺防治叶螨和柑橘叶螨 LC_{50} 值

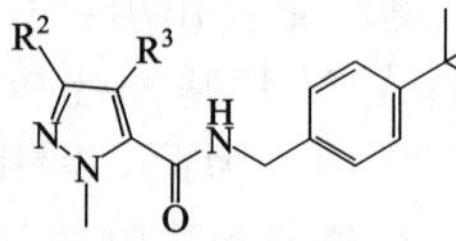

序号	R^2	R^3	叶螨成虫 LC_{50}/(mg/L)	叶螨 LC_{50}/(mg/L)	柑橘叶螨成虫 LC_{50}/(mg/L)	柑橘叶螨 LC_{50}/(mg/L)
5A	C_2H_5	Cl	3.7	0.96	0.50	3.9
5B	$CH_2CH_2CH_2$		2.1	1.7	0.42	6.3
	CH_3	Cl	7.7	2.4	3.1	9.9
3	CH_3	Br	9.8	3.0	4.0	17
	C_2H_5	Cl	7.1	1.4	0.59	10
	CH_3	CH_3	7.5	8.8	6.1	36

主要品种

吡唑类杀虫剂包括芳基吡唑、吡唑酰胺及吡唑氨基甲酸酯共三类，目前在开发或已商品化的品种共有13个：acetoprole、ethiprole、fipronil、pyrafluprole、pyriprole、flufiprole、chlorantraniliprole、cyantraniliprole、vaniliprole、tebufenpyrad、tolfenpyrad、pyrolan、isolan及dimetilan。

此处介绍 acetoprole、ethiprole、fipronil、pyrafluprole、pyriprole、tebufenpyrad 和 tolfenpyrad 7 个品种。chlorantraniliprole、cyantraniliprole 已在前面介绍，pyrolan、isolan 及 dimetilan 将在本书其他部分介绍。仅有 vaniliprole 没有商品化而不作介绍，仅列出其化学名称和 CAS 登录号供参考。

vaniliprole (*E*)-1-(2, 6-dichloro-*α*, *α*, *α*-trifluoro-*p*-tolyl)-5-(4-hydroxy-3-methoxy-benzylideneamino)-4-trifluoromethylthiopyrazole-3-carbonitrile，145767-97-1。

61 乙酰虫腈 (acetoprole)

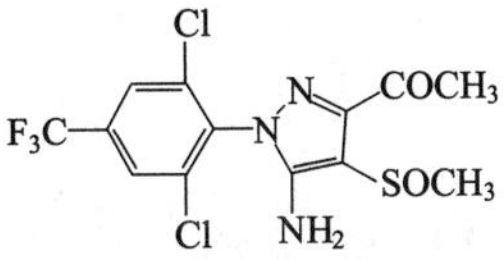

$C_{13}H_{10}Cl_2F_3N_3O_2S$，400.2

产品简介

乙酰虫腈（试验代号：RPA-115782，通用名称：acetoprole）是法国罗纳-普朗克公司开发的新型吡唑类杀虫剂。

化学名称 1-[5-氨基-1-(2，6-二氯-*α*,*α*,*α*-三氟对甲苯基)-4-(甲基亚磺酰基)-吡唑-3-基]乙酮，英文化学名称 1-[5-amino-1-(2,6-dichloro-*α*,*α*,*α*-trifluoro-*p*-tolyl)-4-(methylsulfinyl) pyrazol-3-yl]ethanone。美国化学文摘系统名称为 1-[5-amino-1-[2,6-dichloro-4-(trifluoromethyl) phenyl]-4-methylsulfinyl-1*H*-pyrazol-3-yl] ethanone。CA 主题索引名称为 ethanone—，1-[5-amino-1-[2，6-dichloro-4-(trifluoromethyl) phenyl]-4-(methylsulfinyl)-1*H*-pyrazol-3-yl]-。CAS 登录号为 [209861-58-5]。

制剂与分析方法 主要产品或制剂可用 GC-MS/HPLC-UV 进行分析。

作用机理与特点 乙酰虫腈是一个广谱杀虫剂，其杀虫机制在于阻碍昆虫 *γ*-氨基丁酸 (GABA) 控制的氯化物代谢。

应用

适用作物 葡萄园、观赏植物、人造林、树木、谷物、棉花、蔬菜、甜菜、大豆、油菜、玉米、高粱、核果、柑橘类果园等。

防治对象 在公共卫生区域，对防治许多昆虫（特别是家蝇或其他双翅目害虫，如家蝇、螯蝇、水虻、骚扰角蝇、斑虻、马绳、蠓、墨蚊或蚊子）有用。

在保护贮存物品方面，可用于防治节足害虫（尤其是甲虫，包括象鼻虫、蛀虫或螨）的侵害。

在农业上，防治鳞翅目（蝴蝶和蛾）的成虫、幼虫和虫卵，如烟蚜夜蛾等；防治鞘翅目（甲虫）的成虫和幼虫，如棉铃象甲、马铃薯甲虫等；防治异翅目（半翅目和同翅目），如木虱、粉虱、蚜、根瘤蚜、叶蝉等。

专利概况

专利名称 Pesticidal 1-arylpyrazoles

专利号 WO 9828277　　专利公开日 1998-06-02

专利申请日 1996-12-24　　专利拥有者 Rhone Poulenc Agrochimie

在其他国家申请的化合物专利：AP 1237、AU 746514、AU 5857598、BG 64857、BG 103590、BR 9714181、CA 2275635、CN 1099415、CN 1242002、CO 5031287、CZ 294766、DE 69738328、DK 0948486、EA 002085、EE 9900321、EG 21715、EP 0948486、ES

2297867、HK 1024476、HR 970703、HU 0000583、JP 2001506664、NO 313458、NZ 336418、PT 948486、SK 285866、TR 9901473、US 6087387、ZA 9711590 等。

制备专利：JP 2004018487 等。

合成方法

经如下反应制得乙酰虫腈：

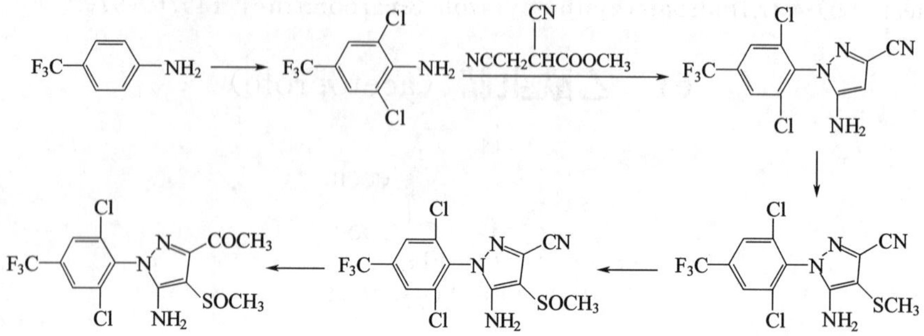

1 WO 9828277.　　2 CN 1242002.

62 乙虫腈（ethiprole）

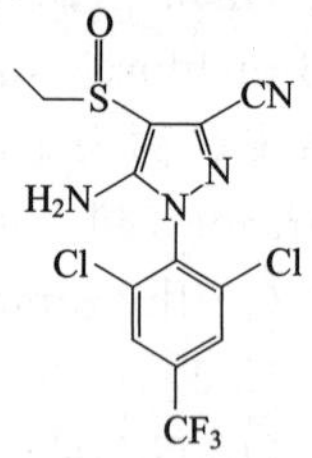

$C_{13}H_9Cl_2F_3N_4OS$，397.2

产品简介

乙虫腈［试验代号：RPA 107382，通用名称：ethiprole，商品名称：Kirappu（Bayer CropScience），Curbix（BASF in Europe）（BASF，Bayer CropScience）］是罗纳-普朗克公司（现属 Bayer AG）开发的吡唑类杀虫剂。主要生产商为 Bayer CropScience。其他商品名称（生产商）为 Kirapu（Bayer CropScience）。

化学名称 5-氨基-1-(2,6-二氯-*α*,*α*,*α*-三氟对甲苯基)-4-乙基亚磺酰基吡唑-3-腈，英文化学名称为 5-amino-1-(2,6-dichloro-*α*,*α*,*α*-trifluoro-*p*-tolyl)-4-ethylsulfinylpyrazole-3-carbonitrile。美国化学文摘系统名称为 5-amino-1-[2,6-dichloro-4-(trifluoromethyl)phenyl]-4-(ethylsulfinyl)-1*H*-pyrazole-3-carbonitrile，CA 主题索引名称为 1*H*-pyrazole-3-carbonitrile—，5-amino-1-[2,6-dichloro-4-(trifluoromethyl)phenyl]-4-(ethylsulfinyl)-。CAS 登录号为［181587-01-9］。

理化性质 纯品外观为白色无特殊气味晶体粉末，蒸气压（25%）9.1×10^{-8}Pa，水中溶解度（20℃）为 9.2mg/L，分配系数（20℃）正辛醇/水 $K_{ow}\lg P=2.9$，中性和酸性条件下稳定。乙虫腈原药质量分数≥94%，外观为浅褐色结晶粉，在有机溶剂中的溶解度（20℃，g/L）：丙酮 90.7，甲醇 47.2，乙腈 24.5，乙酸乙酯 24.0，二氯甲烷 19.9，正辛醇 2.4，甲苯 1.0，正庚烷 0.004。

毒性 乙虫腈原药大鼠急性经口 $LD_{50}>7080$mg/kg，急性经皮 $LD_{50}>2000$mg/kg，大鼠吸入 $LC_{50}>5.21$mg/L；对兔皮肤和眼睛无刺激性；豚鼠皮肤变态反应（致敏性）试验结果属无致敏性；大鼠 90d 亚慢性喂养毒性试验最大无作用剂量：雄大鼠为 1.2mg/(kg·d)，雌大鼠为 1.5mg/(kg·d)；致突变试验：Ames 试验、小鼠骨髓细胞微核试验、体外哺乳动物细胞基因突变试验、体外哺乳动物细胞染色体畸变试验等 4 项致突变试验结果均为阴性，未见致突变作用。100g/L 悬浮剂大鼠急性经口和经皮 LD_{50}＞5000mg/kg，大鼠吸入 LC_{50}＞4.65mg/L；对兔皮肤和眼睛均无刺激性；豚鼠皮肤变态反应（致敏性）试验结果均为无致敏性。乙虫腈原药和 100g/L 悬浮剂均为低毒性杀虫剂。兔 NOAEL（23d）0.5mg/(kg·d)。ADI/RfD 值（FSC）0.005mg/kg。

生态效应　乙虫腈 100g/L 悬浮剂对虹鳟鱼 LC_{50}（96h）2.4mg/L；鹌鹑 LD_{50}＞1000mg/kg；蜜蜂接触 LD_{50}（48h）0.067μg(a.i.)/只，经口 LD_{50}（48h）0.0151μg(a.i.)/只；家蚕 LD_{50}（二龄，96h）21.7mg/L；蚯蚓 LC_{50}（14d）＞1000mg（制剂）/kg（土壤）。该制剂对鱼中毒，有一定风险；对鸟低毒；对蜜蜂接触和经口均为高毒，高风险；对家蚕中毒，中等风险。使用时应注意蜜源作物花期禁用；养鱼稻田禁用，施药后田水不得直接排入水体，不得在河塘等水域清洗施药器具。

环境行为　含氧丰富的土壤中 DT_{50} 5d；在需氧层中主要是通过亚砜基团氧化成砜类衍生物降解，亚砜化合物逐渐减少。在需氧土壤中，淤泥和沙壤土中 DT_{50} 为 71d 和 30d；主要是通过亚砜的氧化和氰基的水解降解，形成甲酰胺类衍生物。在厌氧土壤中，DT_{50} 11.2d，在 4 种土壤类型中，降解主要是通过亚砜基团的减少和氰基的水解作用，K_{ads} 1.56～5.56，K_{oc} 50.5～163，K_f 1.48～5.93，K_{foc} 53.9～158。

制剂与分析方法　主要产品或制剂 0.5%颗粒剂，10%悬浮剂。可用 GC-MS/HPLC-UV 进行分析。

作用机理与特点　是一个广谱杀虫剂，其杀虫机制在于阻碍昆虫 γ-氨基丁酸（GABA）控制的氯化物代谢，干扰氯离子通道，从而破坏中枢神经系统（CNS）正常活动，使昆虫致死。对某些品系的白蝇也有效，对蝽类害虫有很强的活性。在日本，蚜虫和蓟马对现有杀虫剂已开始产生抗性，而 ethiprole 与主要产品没有交互抗性。在害虫抗性管理计划中，可把它作为锐劲特和其他杀虫剂的配伍品种。可用于种子处理或叶面喷洒。

应用

适用作物　水稻、果树、蔬菜、棉花、苜蓿、花生、大豆和观赏植物。

防治对象　在低用量下对多种咀嚼口器与刺吸口器害虫有效，可有效防治蓟马、木虱、盲蝽、象甲、橘潜叶蛾、蚜虫、光蝉和蝗虫等。

使用方法　用药剂量为 45～60g(a.i.)/hm^2，于稻飞虱低龄若虫高峰期进行稻株部位全面喷雾，施药次数 1～2 次。该药的速效性较差，持效期可达 14d 左右。推荐剂量下对作物安全，未见药害产生。对捕食性天敌，如小花蝽、龟文瓢虫等基本无影响。

在日本正在开发 2 种剂型。一种是 10%悬浮剂，用于水稻防治蝽和光蝉；用于苹果、梨和柑橘防治蚜虫、蓟马和蝽；用于茶防治蓟马；用于马铃薯、茄子、黄瓜和番茄防治蚜虫，使用 1000～2000 倍稀释液，另一种剂型是 0.5%颗粒剂，使用量为 60～90kg/hm^2。用于萝卜防治土壤传播害虫和跳甲，用于甜菜、马铃薯防治土壤传播害虫。

此外，乙虫腈也可用于非农业市场，例如贮存谷物和家用市场的潜力，目前进一步试验正在进行中。

专利与登记

专利名称　Preparation of 5-amino-1-aryl-3-cyano-4-ethylsulfinylpyrazoles as presticides

专利号　DE 19653417　　专利公开日　1997-06-26

专利申请日　1995-12-20　　优先权日　1995-12-20

专利拥有者　Rhône-Poulenc Agrochimie（FR）

在其他国家申请的化合物专利：AP 831、AT 406676、AT 191612、AU 9646269、AU 712368、AU 713216、AU 1302497、BE 1013999、BG 64177、BG 102577、BR 9607096、BR 9612247、CA 2211105、CA 2239081、CH 691844、CN 1169656、CN 1071994、CN 1091765、CN 1204322、CO 4750758、CZ 289416、CZ 291911、DK 143796、EA 000973、EG 21471、EG 21903、EP 806895、ES 2124668、ES 2144724、FI 965115、FR 2729824、FR 2729825、FR 2742747、GR 96100438、HK 1002587、HR 960596、HU 9801279、GB 2308365、GR 3033227、ID 16749、IE 80872、IE 960912、IL 124855、IL 116947、ITMI 962693、JP 10513169、JP 3825471、JP 3986085、JP 2000502095、LU 88858、MA 24034、NL 1004863、NO 310190、NZ 325791、OA 10699、PA 8423701、PL 184514、PL 186301、PT 806895、PT 101950、RO 116548、RO 116990、RU 2159039、SE 9604636、SE 517612、SI 9600373、SK 282730、SK 285456、SV 1996000114、TR 9801127、TW 328045、TW 539536、US 5952358、US 6077860、UY 24553、WO 9722593、ZA 9600692 等。

制备专利：CN 101168529 等。

制剂或剂型专利：CN 101622992、CN 101617676、CN 101617680、CN 101617681、CN 101548684、CN 101480185、CN 101406195、CN 101401580、CN 101356919、CN 101622992、CN 101617676、DE 102004038329、EP 1758455、EP 2070418、EP 2070412、EP 2067403、IN 2006DN07070、JP 2008502621、MX 2006014451、US 20090215760、WO 2009071218、WO 2009071212、WO 2009071182、WO 2005122769 等。

在中国申请的含乙虫腈的部分专利及登记情况见表 62-1、表 62-2。

表 62-1　在中国申请的专利

序号	申　请　号	专　利　名　称
1	200610137282.5	氟虫腈、乙虫腈及其衍生物的合成方法
2	200810151081.X	含有乙虫腈和烯啶虫胺具有增效杀虫作用的组合物
3	200810181362.X	含有乙虫腈和甲氨基阿维菌素苯甲酸盐具有增效杀虫作用的组合物
4	200810181512.7	含有乙虫腈和阿维菌素具有增效杀虫作用的组合物
5	200910022459.0	乙虫腈与吡虫啉杀虫组合物
6	200910164500.8	一种含有乙虫腈的杀虫组合物
7	200910024279.6	一种含有吡蚜酮和乙虫腈的杀虫组合物
8	200910139728.1	一种乙虫腈杀虫组合物及其应用
9	200910164494.6	一种乙虫腈水乳剂及其制备方法

表 62-2　德国拜耳作物科学公司在中国登记情况

登记名称	登记证号	含量	剂型	登记作物	防治对象	用药量	施用方法
乙虫腈	LS20080898	100g/L	悬浮剂	水稻	稻飞虱	45～60g/hm^2	喷雾
乙虫腈	LS20070899	94%	原药				

合成方法

经如下反应制得乙虫腈：

路线 1：

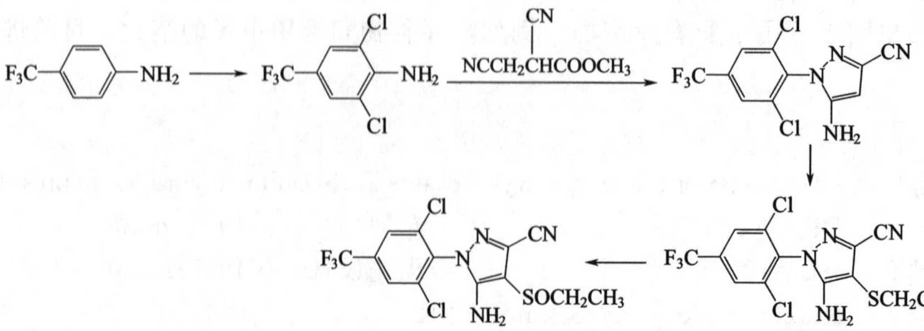

路线 2：

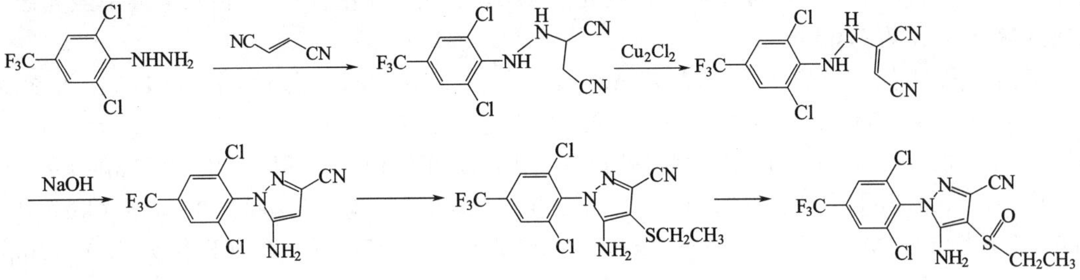

1 DE 19653417.
2 US 5814652.
3 Journal of Agricultural and Food Chemistry，51（24），7055-7061.
4 The Pesticide Manual. 15 th edition：443-444.
5 农药科学与管理，2009，30（5），58.

63 氟虫腈（fipronil）

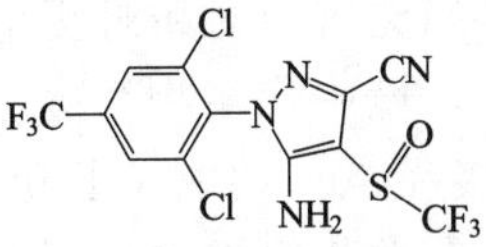

$C_{12}H_4Cl_2F_6N_4OS$，437.2

产品简介

氟虫腈［试验代号：MB 46030，RPA-030，通用名称：fipronil，商品名称：Fiprosun（Sundat），Prince（Nissan），锐劲特，氟苯唑，威灭］是 Rhone-Poulenc 于 1987 年发现，F. Colliot 等人报道其活性，由 Rhône-Poulenc Agrochimie（现属 Bayer AG）商品化的新型吡唑类杀虫剂。主要生产商：BASF、安徽华星化工股份有限公司、安徽丰乐农化有限责任公司、深圳易普乐化工有限公司、涟水永安化工有限公司。其他商品名称（生产商）如下：Ascend（BASF）、Blitz（BASF）、Chipco Choice（BASF）、Cosmos（BASF）、Goliath（BASF）、Icon（BASF）、Metis（BASF）、Termidor（BASF）、Texas（BASF）、Violin（BASF）、Adonis（Nufarm Ltd）、Agenda（BASF，Bayer Environmental Science）、Fipridor（Vapco）、Frontline（veterinary use）（Merial）、Gard（Nufarm Ltd）、Garnet（Vapco）、Maxforce（various products，for ants and cockroaches）（Bayer Environmental Science）、Regent（BASF，Nufarm Ltd）、Top Choice（Bayer Environmental Science）、Vi-nil（Certis UK）。

化学名称 （±）-5-氨基-1-(2,6-二氯-*α*,*α*,*α*,-三氟对甲苯基)-4-三氟甲基亚磺酰基吡唑-3-腈，英文化学名称为（±）-5-amino-1-(2，6-dichloro-*α*,*α*,*α*-trifluoro-*p*-tolyl)-4-trifluoromethylsulfinylpyrazole-3-carbonitrile。美国化学文摘系统名称 5-amino-[2,6-dichloro-4-(trifluoromethyl) phenyl]-4-(trifluoromethylsulfinyl)-1*H*-pyrazole-3-carbonitrile，CA 主题索引名称 1*H*-pyrazole-3-carbonitrile—，5-amino-1-[2，6-dichloro-4-(trifluoromethyl) phenyl]-4-[(trifluoro methyl) sulfinyl]-。CAS 登录号为［120068-37-3］。

理化性质 纯品为白色固体，熔点 200～201℃（原药 195.5～203℃）。蒸气压 3.7×10^{-7} Pa（25℃）。相对密度 1.477～1.626（20℃）。$K_{ow}\lg P=4.0$。Henry 常数 3.7×10^{-5} $Pa\cdot m^3/mol$（计算）。水中溶解度（20℃，mg/L）：1.9（蒸馏水），1.9（pH＝5），2.4（pH＝9）。有机溶剂中溶解度（20℃，g/L）：丙酮 545.9，二氯甲烷 22.3，甲苯 3.0，己烷

0.028。稳定性：在pH=5、7的水中稳定，在pH=9时缓慢水解（DT_{50}约28d）。加热仍很稳定。在太阳光照射下缓慢降解（持续光照12d，分解3%左右），但在水溶液中经光照可快速分解（DT_{50}约0.33d）。

毒性　急性经口LD_{50}：大鼠97mg/kg，小鼠95mg/kg。急性经皮LD_{50}：大鼠>2000mg/kg，兔354mg/kg。本品对兔眼睛和皮肤无刺激（OECD标准）。大鼠吸入LC_{50}（4h）0.682mg/L（原药，仅限于鼻子）。NOEL值：大鼠（2a）0.5mg/kg（饲料）[0.019mg/kg]，小鼠（18月）0.5mg/kg（饲料），狗（52周）0.2mg/(kg·d)。ADI/RfD值：（JMPR）0.0002mg/kg，（EFSA）0.0002mg/kg，（EPA）0.0002mg/kg。无“三致”。

生态效应　急性经口LD_{50}：山齿鹑11.3mg/kg，野鸭>2000mg/kg，鸽子>2000mg/kg，野鸡31mg/kg，红腿松鸡34mg/kg，麻雀1120mg/kg。野鸭（5d）LC_{50}>5000mg/kg，山齿鹑（5d）LC_{50}为49mg/kg。鱼急性LC_{50}（96h，μg/L）：蓝鳃鱼85，虹鳟鱼248，欧洲鲤鱼430。水蚤LC_{50}（4h）0.19mg/L。藻类：栅藻EC_{50}（96h）0.068mg/L，羊角月牙藻EC_{50}（120h）>0.16mg/L，鱼腥藻EC_{50}（96h）>0.17mg/L。对蜜蜂高毒（触杀和胃毒），但本品用于种子处理或土壤处理对蜜蜂无害。对蚯蚓无毒。

环境行为　本品在植物、动物和环境中代谢物为砜、亚砜和胺，除了胺外，亚砜、砜和其本身的光解产物均作用于GABA接受点。动物一旦吸收，代谢很快，其代谢物砜和未代谢的本品主要通过粪便排出，代谢物在动物组织中残留7d，如砜残留在山羊和鸡的组织中。用本品进行土壤处理的棉花、玉米、甜菜或向日葵，在成熟期，在植物中主要的残留物为本品、砜和胺，喷雾处理的棉花、白菜、水稻和马铃薯，残留物主要是本品和光解产物。本品在土壤中的主要降解物为砜和胺（需氧），亚砜和胺（厌氧）。光解产物是砜和胺的混合物。本品及其代谢物在土壤中的流动性差。

制剂与分析方法　主要产品或制剂有5%、20%胶悬剂，0.3%、1.5%、2.0%颗粒剂，5%、60%悬浮种衣剂。可用GC-MS/HPLC-UV进行分析。

作用机理与特点　通过阻碍γ-氨基丁酸（GABA）调控的氯化物传递而破坏中枢神经系统内的中枢传导。安全高效、无交互抗性。本品以触杀和胃毒作用为主，当作为土壤或者种衣剂时可以防治昆虫。在水稻上有较强的内吸活性，击倒活性为中等。与现有杀虫剂无交互抗性，对有机磷、环戊二烯类杀虫剂、氨基甲酸酯、拟除虫菊酯等有抗性的或敏感的害虫均有效。持效期长。

应用

适用作物　水稻、玉米、棉花、香蕉、甜菜、马铃薯、花生、向日葵、油菜、高粱、茶叶、果树、大豆、森林等。

防治对象　水稻螟虫、飞虱、蓟马、稻甲虫、小菜蛾、玉米根虫、线虫、白蚁、棉铃象虫、棉盲蝽、潜叶蛾等。对蚜虫、叶蝉、鳞翅目幼虫、蝇类和鞘翅目在内的一系列重要害虫均有很高的杀虫活性。

残留量与安全施药　本品对鱼类和蜜蜂毒性较高，使用时慎重，土壤处理时要注意与土壤充分掺和，才能最大限度地发挥低剂量的优点。

使用方法　使用剂量：喷雾处理10～80g(a.i.)/hm^2，土壤处理100～200g(a.i.)/hm^2。

防治稻蓟马，用5%悬浮剂300mL/hm^2对水喷雾，有效期14d；防治水稻螟虫、飞虱、卷叶螟等，用5%悬浮剂900～1200mL/hm^2对水喷雾，有效期45d；防治小菜蛾，用5%悬浮剂300mL/hm^2对水喷雾，有效期7～14d；其他见表63-1。

表 63-1 氟虫腈主要防治对象和使用方法

使用作物	防治对象	剂量/(g/hm²)	施用方法
	颗粒剂施于土壤内		
玉米	食根叶甲	120	播种时,沟施
	地老虎	100～150	播种时,带状施药
甜菜	地老虎	100～150	播种时,带状施药
马铃薯、向日葵	地老虎、金针虫	50～100	播种时,带状施药
	颗粒剂施于土表		
香蕉	根象甲	0.1～0.2/株	植株土表
水稻	螟虫、稻水象甲、稻飞虱	50～100	稻田水面
	茎叶处理		
玉米	玉米螟	50～100	颗粒剂轮生叶处理
苜蓿	紫苜蓿叶象	12.5～25	叶面喷雾
棉花	墨西哥棉铃虫、花蓟马属	25～50	害虫出现时
马铃薯	马铃薯甲虫	12.5～25	
花生	花蓟马属	25～50	
草原	黑蝗属	6～12.5	叶面喷雾或诱饵
	沙漠蝗属	6～12.5	叶面喷雾或诱饵
	种子处理		
玉米	地老虎、金针虫	250～560/100kg	播前直接用于种子
棉花	花蓟马属	1.2～2.5L/kg	播前直接用于种子
甜菜	地老虎	50L/10 成粒种子	播前直接用于种子

专利与登记

专利名称 *N*-Phenylpyrazole derivatives as pesticides for plants, animals and their preparation, compositions, and use

专利号 EP 295117 专利公开日 1988-11-14

专利申请日 1987-06-12 优先权日 1987-06-12

专利拥有者 May and Baker Ltd.

在其他国家申请的化合物专利：AT 307118、AT 191479、AU 1755488、AU 618266、AU 8817554、AU 618266、BR 8803258、CA 1330089、CN 88103601、CN 1027341、CZ 285151、DD 281174、DE 3856585、DE 3856402、DK 8803140、DK 175070、EG 19113、EP 0295117、ES 2251806、ES 2144390、FI 8802735、FI 100329、GR 3033663、HK 1005289、HU 48875、HU 203729、HU 210668、HU 9500470、IE 20020481、IL 86492、JP 63316771、KR 970001475、IL 05138、MA 21292、MX 11842、NL 350001、NO 8802551、NO 175367、NO 175367、NZ 224979、OA 8880、PH 26895、PL 153478、PT 87697、RO 100612、RO 106496、RU 2051909、SG 63529、SK 278972、TR 23696、ZA 8804179、ZW 7388 等。

制备专利：AU 2006342749、AU 2007316721、AU 2008212594、BG 109983、CN 101250158、CN 101628895、CN 101585811、CN 101548681、CN 101492403、EP 2118055、FR 2925493、US 20080194694、US 20080281107、US 20090069571、WO 2006119862、WO 2006119862、WO 2007122440、WO 2008096231、WO 2008055880、WO 2009077853 等。

制剂或剂型专利：CN 101569314、CN 101569309、CN 101455207、CN 101326913、CN 101473839、CN 101366388、CN 101444203、CN 101589722、CN 101658163、CN 101606535、EP 2127522、JP 2010053129、WO 2009147205、WO 2009146793、WO 2009135613、WO 2010022917、WO 2010022251、WO 2010003923、WO 2010000791、WO

2009118297、WO 2009100822、WO 2009098225、WO 2009080249、WO 2010026370、WO 2010025870、WO 2010023171 等。

已在世界上 88 个国家登记，具有 57 种不同用途。在中国申请的含氟虫腈的部分专利及登记情况见表 63-2、表 63-3。

表 63-2 在中国申请的含氟虫腈的部分专利

序号	申 请 号	专 利 名 称
1	02133827.2	氟虫腈印楝素乳油及其制备方法
2	02148534.8	氟虫腈免疫检测方法
3	98115768.8	氟虫腈复配农药
4	00807789.4	富含(S)-对映体的氟虫腈组合物
5	200610032171.8	一种用于农作物的含氟虫腈杀虫组合物
6	200610152719.2	氟虫腈杀虫组合物
7	200610152720.5	氟虫腈组合物
8	200710135316.1	一种含氟虫腈和氟铃脲的增效杀虫剂组合物及其制备方法
9	200710187647.X	含有氟虫腈的杀虫剂组合物
10	200710135317.6	一种含氟虫腈和乐果复配农药组合物及其制备方法
11	200710018864.6	一种含有氟虫腈的杀虫水乳剂
12	200710019138.6	一种含有氟虫腈的杀虫剂组合物及其应用
13	200710300251.1	含有氟虫腈和多杀菌素的具有协同增效作用的杀虫组合物
14	200710300241.8	含有氟虫腈和吡虫啉的具有杀虫作用的组合物
15	200710199069.1	一种氟虫腈和喹硫磷的复配农药
16	200610145761.1	含氟虫腈和三唑磷的复配杀虫水乳剂及其制备方法
17	200710199070.4	一种氟虫腈和杀虫单的复配农药
18	200710187642.7	一种含有氟虫腈和苏云金杆菌的农药组合物
19	200810030971.5	一种氟虫腈的制备方法
20	200610137282.5	氟虫腈、乙虫腈及其衍生物的合成方法
21	200410033503.5	印楝素与氟虫腈混配农药制剂
22	200410016947.8	氟虫腈复配农药
23	200410016946.3	一种氟虫腈复配农药
24	200510031365.1	杀虫双氟虫腈复配微乳剂杀虫剂
25	02130761.X	含有氟虫腈与杀虫双的杀虫组合物
26	03102807.1	一种氟虫腈复配农药
27	03139960.6	鱼藤酮和氟虫腈悬浮剂及其制备方法
28	200510060438.X	氟虫腈与仲丁威复配农药
29	200510041409.9	氟虫腈与哒嗪硫磷复配农药
30	200610049126.3	一种氟虫腈复配农药
31	200610049125.9	氟虫腈复配农药
32	200510059055.0	含氟虫腈的复配杀虫组合物
33	200610047208.4	丁烯氟虫腈与菊酯类杀虫剂的杀虫组合物
34	200610093373.3	含有氟虫腈和啶虫脒的杀虫作用的组合物
35	200610047207.X	丁烯氟虫腈与低毒类杀虫剂的杀虫组合物
36	200610047164.5	丁烯氟虫腈与有机磷类的杀虫组合物
37	200510041435.1	一种含反式氯氰菊酯和氟虫腈的增效杀虫组合物
38	200510095913.7	氯氟虫腈及其制备和用途
39	200610122244.2	含甲氨基阿维菌素苯甲酸盐与氟虫腈的农药组合物及其应用
40	200510018004.3	含有氟虫腈与杀虫双的杀虫组合物
41	200610147123.3	含有虫螨腈和氟虫腈的具有杀虫作用的组合物
42	200610147125.2	含有氟虫腈和阿维菌素的具有协同增效作用的杀虫组合物
43	200610146004.6	含有氟虫腈和高效氯氟氰菊酯的具有协同增效作用的杀虫剂
44	200610097848.6	氟虫腈醚菊酯复配杀虫剂
45	200610154687.X	氟虫腈与敌敌畏复配农药

续表

序号	申请号	专利名称
46	200510061611.8	一种氟虫腈复配杀虫剂
47	200610098367.7	含有氟虫腈和辛硫磷的杀虫剂
48	200710019573.9	含氟虫腈和异丙威的杀虫组合物
49	200710062973.8	氟虫腈·辛硫磷乳油
50	200610098338.0	甲氨基阿维菌素苯甲酸盐与氟虫腈复配农药
51	200610040951.7	含敌百虫、氟虫腈的杀虫组合物
52	200710067552.4	氟虫腈与毒死蜱复配农药
53	200710098004.8	氟虫腈乳油、可溶液剂、微乳剂杀虫组合物
54	200710025237.5	含氟虫腈的杀虫剂组合物
55	200610088234.1	含丙溴磷、氟虫腈的杀虫组合物
56	200710070220.1	氟虫腈与杀螟腈的杀虫组合物
57	200710070228.8	氟虫腈人工半抗原及合成方法、抗原和抗体及用途
58	200710070229.2	氟虫腈半抗原化合物、合成方法及其用途
59	200710070227.3	氟虫腈人工抗原、抗体及其用途
60	200710131439.8	氟虫腈抑食肼复配杀虫剂
61	200710120410.X	一种含有氟虫腈的药用组合物及其在制备兽用杀耳螨药物上的应用
62	200710014347.1	一种氟虫腈、毒死蜱及其生产方法
63	200810008746.1	氟虫腈与啶虫脒复配杀虫组合物
64	200810008747.6	氟虫腈与甲基毒死蜱、氯甲胺磷复配杀虫组合物
65	200810030604.5	一种阿维菌素·氟虫腈乳油及其制备方法
66	200810123320.0	丁烯氟虫腈水分散颗粒剂
67	200810030606.4	一种氟虫腈·杀虫单可溶性粉剂及其制备方法
68	200810063120.0	一种氟虫腈微胶囊悬浮卫生杀虫剂及其制备方法
69	200810022982.9	高效环保型丁烯氟虫腈杀虫剂
70	200810015991.5	氟虫腈和苯甲酰脲类杀虫剂化合物复配组合物
71	200810121219.1	一种氟虫腈和丁硫克百威复配杀虫剂
72	200810212000.2	一种含有噻虫啉和丁烯氟虫腈的杀虫组合物
73	200910036743.3	含有氟虫腈和茚虫威的杀虫组合物
74	200810000306.1	氟虫腈组合物杀虫剂
75	200910097006.4	含有氟虫腈的多功能水乳剂
76	200910039226.1	氟虫腈类化合物、其制备方法和应用
77	200810025194.5	一种组合式氟虫腈、噻嗪酮杀虫剂
78	200810025195.X	一种组合式氟虫腈、毒死蜱杀虫剂
79	200880000077.1	含有氟虫腈的杀虫可溶性粒剂及其制备方法
80	200910182072.1	一种苯基吡唑衍生物氧化成氟虫腈的制备方法

表 63-3　德国拜耳作物科学公司在中国登记情况

登记名称	登记证号	含量	剂型	登记作物	防治对象	用药量/[g/100g(种子)]	施用方法
氟虫腈	PD20050132	50g/L	种子处理悬浮剂	杂交水稻	三化螟	50～75	种子包衣
				水稻	稻蓟马	20～40	种子包衣
				水稻	稻瘿蚊	20～40	种子包衣
				水稻	稻纵卷叶螟	20～40	种子包衣
				水稻	稻飞虱	20～40	种子包衣
				杂交水稻	稻纵卷叶螟	80～160	种子包衣
				杂交水稻	稻蓟马	80～160	种子包衣
				杂交水稻	稻飞虱	80～160	种子包衣
				杂交水稻	稻瘿蚊	50～75	种子包衣

续表

登记名称	登记证号	含量	剂型	登记作物	防治对象	用药量/(g/hm^2)	施用方法
氟虫腈	PD20070899	80%	水分散粒剂	水稻	稻飞虱	24～48	喷雾
				水稻	稻纵卷叶螟	24～36	喷雾
				水稻	二化螟	24～48	喷雾
氟虫腈	PD357-2001	95%	原药				
氟虫腈	PD358-2001	50g/L	悬浮剂	十字花科蔬菜	小菜蛾	12.5～25	喷雾
				水稻	二化螟	22.5～30	喷雾
				水稻	三化螟	30～45	喷雾
				水稻	飞虱	30～37.5	喷雾
				水稻	稻纵卷叶螟	30～37.5	喷雾
				水稻	稻蝗	7.5～11.25	喷雾
				水稻	稻瘿蚊	50.25～75	喷雾

合成方法

(1)

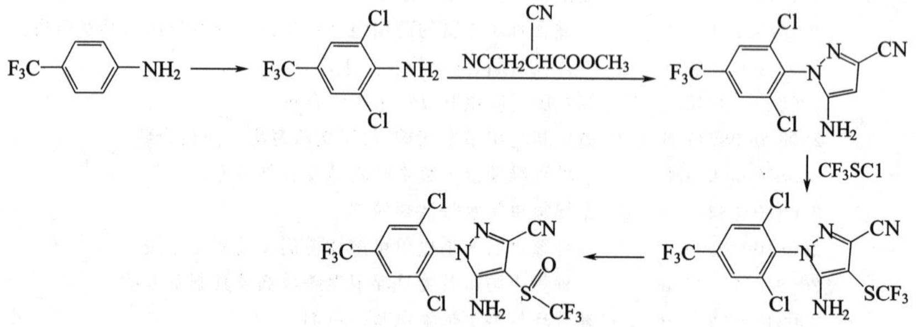

(2)

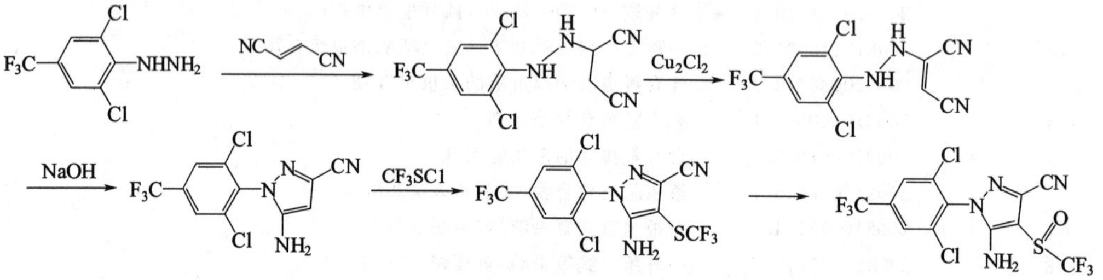

(3)

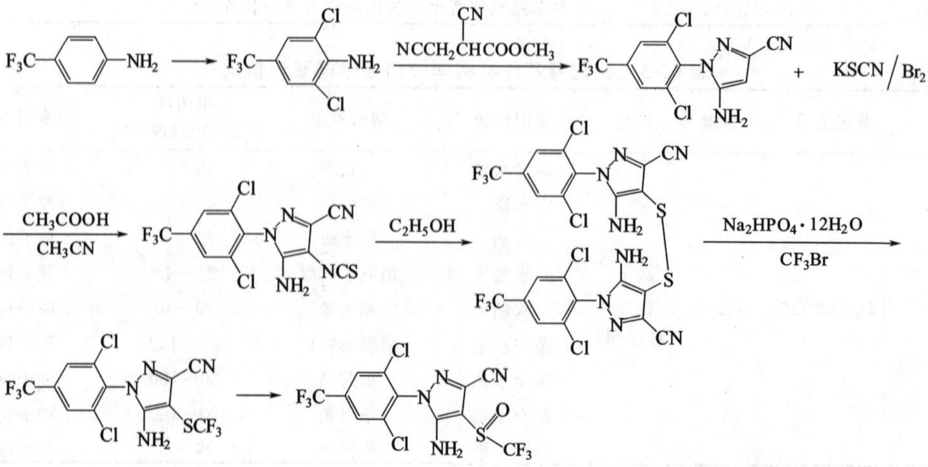

1 The Pesticide Manual. 15 th edition：500-501.
2 Proc. Br. Crop Prot. Conf. -PestsDis.，1992，1，29.
3 US 5232940.
4 上海化工，2007，32（7）：17-19.
5 农药大典．中国三峡出版社，2006：379-380.

64 pyrafluprole

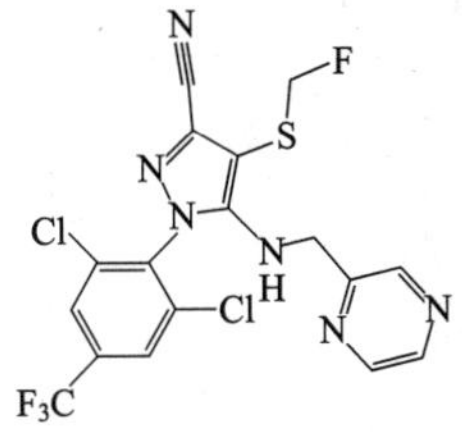

$C_{17}H_{10}Cl_2F_4N_6S$，477.3

产品简介

Pyrafluprole（试验代号 V 3039）是由日本三菱化学公司研制的苯基吡唑类杀虫剂。

化学名称　1-(2,6-二氯-*α*,*α*,*α*-三氟对甲苯基)-4-(氟甲硫基)-5-[(吡嗪甲基) 氨基]吡唑-3-甲腈。英文化学名称为 1-(2,6-dichloro-*α*,*α*,*α*-trifluoro-*p*-tolyl)-4-(fluoromethylthio)-5-[(pyrazinylmethyl) amino]-pyrazole-3-carbonitrile。美国化学文摘系统名称为 1-[2,6-dichloro-4-(trifluoromethyl) phenyl]-4-[(fluoro-methyl) thio]-5-[(pyrazinylmethyl)-amino]-1*H*-pyrazole-3-carbonitrile，CA 主题索引名称为 1*H*-pyrazole-3-carbonitrile—，1-[2,6-dichloro-4-(trifluoromethyl) phenyl]-4-[(fluoromethyl) thio]-5-[(pyrazinyl-methyl) amino]-。CAS 登录号为［315208-17-4］。

理化性质　熔点 119～120℃。^{1}H NMR（$CDCl_3$）：4.66（2H，d），5.27（1H，m），5.30（1H，s），5.61（1H，s），7.76（2H，s），8.41（1H，d），8.49（1H，d），8.54（1H，s）。

作用机理　通过阻碍 *γ*-氨基丁酸（GABA）调控的氯化物传递而破坏中枢神经系统内的中枢传导。

应用

适用作物　水稻。

防治对象　用于防治半翅目和鞘翅目害虫，如蚜虫、跳蚤、绿豆象（*Callosobruchus chinensis*）、褐稻虱（*Nilaparvata lugeus*）、斜纹夜蛾（*Spodoptera litura*）、小菜蛾（*Plutella xylostella*）等。

专利概况

专利名称　Preparation of 4-amino-1-phenyl-3-cyanopyrazole derivatives and process for producing the same，and pesticides containing the same as the active ingredient

专利号　WO 2001000614　　专利公开日　2001-01-04

专利申请日　2000-06-28　　优先权日　1999-06-29

专利拥有者　Mitsubishi Chemical Corporation

在其他国家申请的化合物专利：AT 372333、AU 763625、BR 2000011992、CA 2377236、CN 1160349、EP 1197492、JP 2001072676、KR 784746、MX 2001013211、NZ 516415、RU 2256658、US 20030060471、US 6849633、ZA 2001010520 等。

制备专利：JP 2002338547、WO 2002066423 等。

制剂或剂型专利：JP 2002193709 等。

合成方法

经如下反应制得目的物：

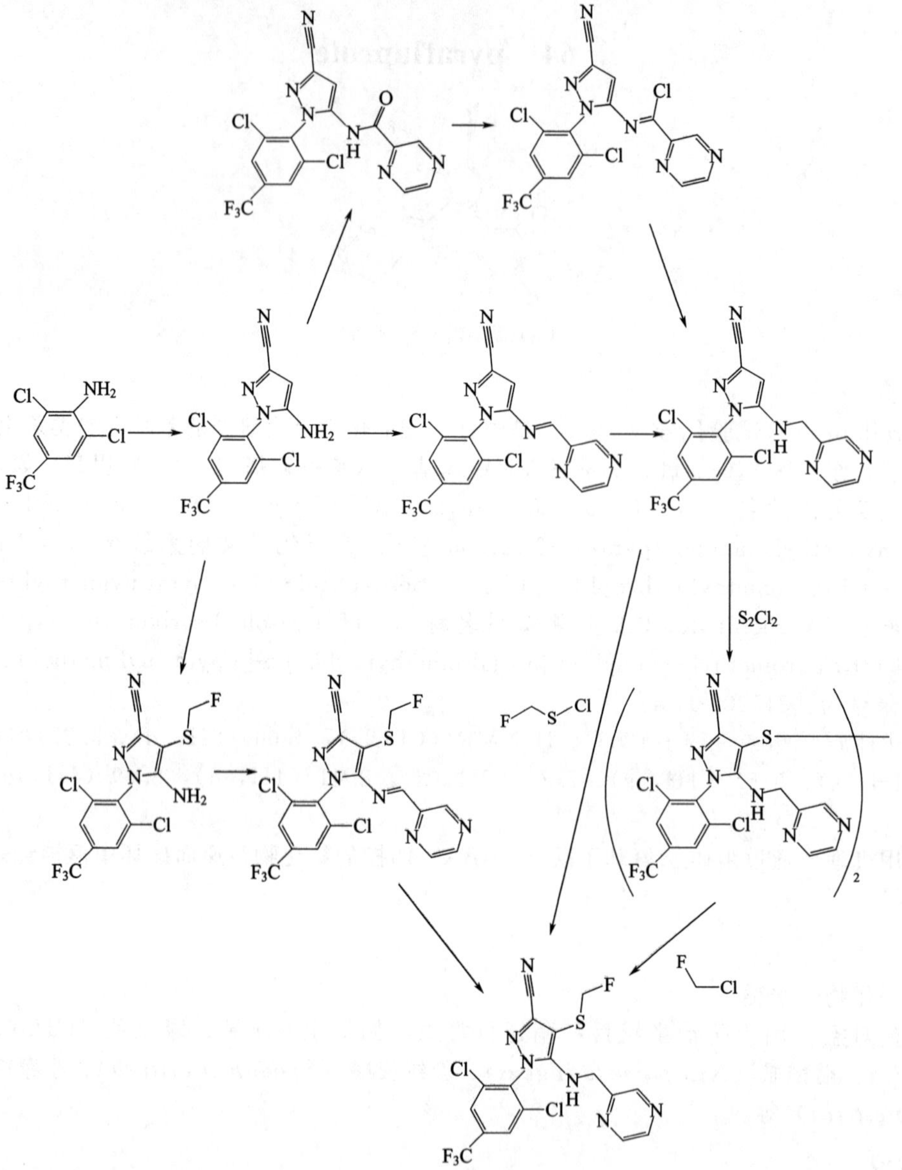

1 US 6849633.　　2 J. Agric. Food Chem. 2010，58，4992-4998.

65 pyriprole

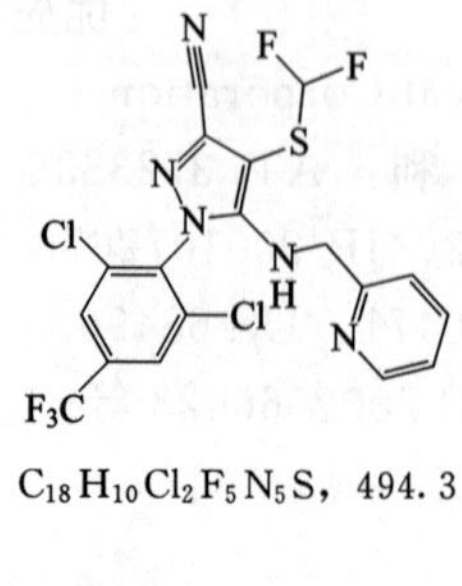

$C_{18}H_{10}Cl_2F_5N_5S$，494.3

产品简介

Pyriprole（试验代号 V 3086）是由日本三菱化学公司（Mitsubishi Chemical Corporation）研制的苯基吡唑类杀虫剂。

化学名称 1-(2,6-二氯-α,α,α-三氟对甲苯基)-4-(二氟甲基硫基)-5-[(2-吡啶基甲基)氨基]吡唑-3-甲腈。英文化学名称为 1-(2,6-dichloro-α,α,α-trifluoro-p-tolyl)-4-(difluoromethylthio)-5-[(2-pyridyl-methyl) amino]pyrazole-3-carbonitrile。美国化学文摘系统名称为 1-[2,6-dichloro-4-(trifluoromethyl)-phenyl]-4-[(difluoromethyl)thio]-5-[(2-pyridinylmethyl) amino]-1*H*-pyrazole-3-carbonitrile，CA 主题索引名称为 1*H*-pyrazole-3-carbonitrile—,1-[2,6-dichloro-4-(trifluoromethyl) phenyl]-4-[(difluoromethyl)-thio]-5-[(2-pyridinylmethyl) amino]-。CAS 登录号为 [394730-71-3]。

理化性质 熔点 117～120℃。^{1}H NMR（$CDCl_3$）：4.57（2H，d），5.88（1H，m），6.73（1H，t），7.19（2H，t），7.66（1H，t），7.77（2H，s），8.41（1H，d）。耐光性好，不易光解。

毒性 对大鼠急性经口为中等毒性，大鼠急性经皮为低毒，兔急性经皮为中等毒性。对大鼠经口无作用剂量为 0.3mg/(kg·d)（28d），0.1mg/(kg·d)（90d）。对大鼠经皮无作用剂量为 60mg/(kg·d)（28d）。大鼠一代繁殖试验，无作用剂量 0.3mg/(kg·d)。大鼠致畸性试验，无作用剂量为 8mg/(kg·d)。对兔皮肤无刺激作用，对兔眼睛有轻微刺激作用。

生态效应 对水中生物具有毒性。

作用机理 通过阻碍 γ-氨基丁酸（GABA）调控的氯化物传递而破坏中枢神经系统内的中枢传导。

应用

适用作物 水稻。

防治对象 用于防治半翅目和鞘翅目害虫，如蚜虫、跳蚤、绿豆象（*Callosobruchus chinensis*）、褐稻虱（*Nilaparvata lugeus*）、斜纹夜蛾（*Spodoptera litura*）、小菜蛾（*Plutella xylostella*）等。

专利概况

专利名称 Preparation process of pyrazole derivatives in pest controllers containing the same as the active ingredient

专利号 WO 2002010153　　专利公开日 2002-02-07

专利申请日 2001-07-30　　优先权日 2000-07-31

专利拥有者 Mitsubishi Chemical Corporation

在其他国家申请的化合物专利：AT 318808、AU 2001276698、BR 2001012880、CA 2417369、EP 1310497、ES 2259329、IL 154149、IN 2003DN00117、JP 2002121191、MX 2003000982、NZ 523844、RU 2265603、US 7371768、US 20040053969、ZA 2003000832 等。

制备专利：US 7371768、WO 2002066423 等。

制剂或剂型专利：JP 2002193709 等。

合成方法

经如下反应制得 pyriprole：

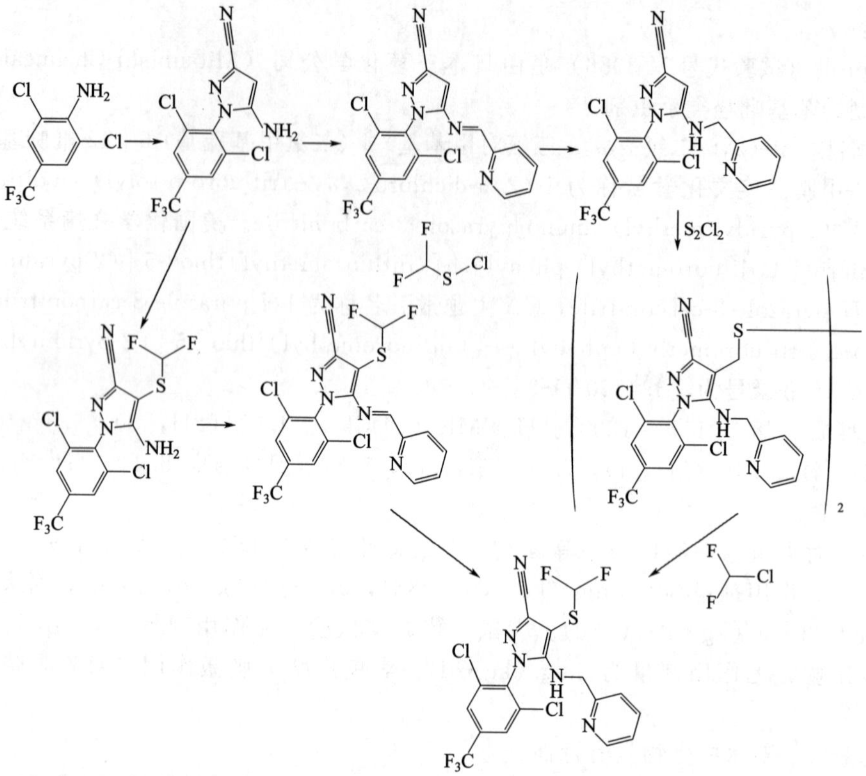

中间体的其他合成方法：

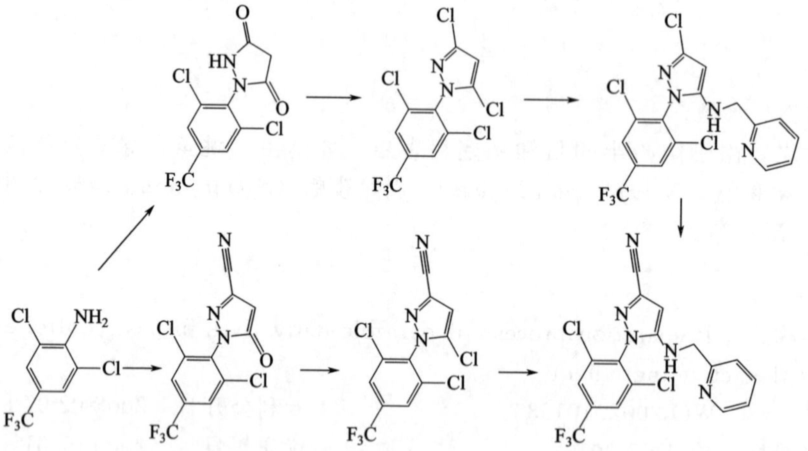

1 US 7371768.

2 US 6335357.

3 J. Agric. Food Chem. 2010，58，4992-4998.

66 丁烯氟虫腈（flufiprole）

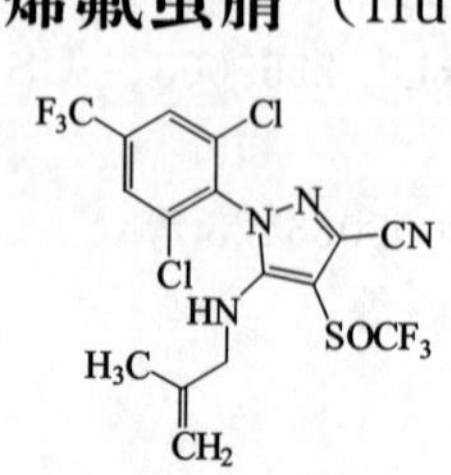

$C_{16}H_{10}Cl_2F_6N_4OS$，491.2

产品简介

丁烯氟虫腈（英文通用名称：flufiprole）是大连瑞泽农药股份有限公司在氟虫腈基础上研制开发的吡唑类杀虫剂。

化学名称 1-(2,6-二氯-α,α,α-三氟对甲苯基)-5-甲代烯丙基氨基-4-(三氟甲基亚磺酰基）吡唑-3-腈，英文化学名称为 1-(2,6-dichloro-α,α,α-trifluoro-*p*-tolyl)-5-(2-methylallylamino)-4-(trifluoromethylsulfinyl) pyrazole-3-carbonitrile。美国化学文摘系统名称为 1-[2,6-dichloro-4-(trifluoromethyl) phenyl]-5-[(2-methyl-2-propen-1-yl) amino]-4-[(trifluoromethyl) sulfinyl]-1*H*-pyrazole-3-carbonitrile，CA 主题索引名称为 1-*H*-pyrazole-3-carbonitrile—，1-[2，6-dichloro-4-(trifluoromethyl) phenyl]-5-[(2-methyl-2-propen-1-yl) amino]-4-[(trifluoromethyl)sulfinyl]-。CAS 登录号为 [704886-18-0]。

理化性质 丁烯氟虫腈原药质量分数≥96.0%；外观为白色疏松粉末。熔点为 172～174℃。溶解度（25℃，g/L）：水中 0.02，乙酸乙酯中 260，微溶于石油醚、正己烷，易溶于乙醚、丙酮、三氯甲烷、乙醇、DMF。分配系数（正辛醇/水）K_{ow} lg$P$=3.7。稳定性：常温下稳定，在水及有机溶剂中稳定，在弱酸、弱碱及中性介质中稳定。丁烯氟虫腈 5%乳油外观为均相透明液体。无可见悬浮物和沉淀。乳液稳定性（稀释 200 倍）合格。产品质量保证期为 2a。

毒性 丁烯氟虫腈原药和 5%乳油大鼠急性经口 LD_{50}>4640mg/kg，急性经皮 LD_{50}>2150mg/kg。原药对大耳白兔皮肤、眼睛均无刺激性，对豚鼠皮肤变态反应（致敏）试验结果为弱致敏物（致敏率为 0）；5%乳油对大耳白兔皮肤无刺激性，眼睛为中度刺激性；对豚鼠皮肤变态反应（致敏）试验结果为弱致敏物（致敏率为 0）。原药大鼠 13 周亚慢性毒性试验最大无作用剂量：雄为 11mg/(kg·d)，雌为 40mg/(kg·d)；3 项致突变试验：Ames 试验、小鼠骨髓细胞微核试验、小鼠显性致死试验均为阴性，未见致突变作用。丁烯氟虫腈原药和 5%乳油均为低毒杀虫剂。

生态效应 丁烯氟虫腈 5%乳油对斑马鱼 96h 的 LC_{50} 19.62mg/L；鹌鹑急性经口 LD_{50}>2000mg/kg；蜜蜂接触染毒 LD_{50} 为 0.56μg/只；家蚕食下毒叶法 LC_{50}>5000mg/L。该药对鱼、家蚕低毒；对鸟中等毒或低毒（以有效成分的量计算）；对蜜蜂为高毒，高风险性。

作用机理与特点 药剂兼有胃毒、触杀及内吸等多种杀虫方式，主要是阻碍昆虫 γ-氨基丁酸控制的氟化物代谢。

应用

适用作物 水稻、蔬菜等作物。

防治对象 稻纵卷叶蛾、稻飞虱、二化螟、三化螟、蜻象、蓟马等鳞翅目，蝇类和鞘翅目害虫。

应用技术 与其他杀虫剂没有交互抗性，可以混合使用。经田间药效试验结果，丁烯氟虫腈 5%乳油对甘蓝小菜蛾的防治效果较好。甘蓝小菜蛾用药量为 15～30g（有效成分）/hm^2（折成 5%乳油商品量为 20～40mL/667m^2，一般加水 50～60L 稀释）。于小菜蛾低龄幼虫 1～3 龄高峰期，采用喷雾法均匀施药 1 次。对作物安全，未见药害发生。

防治水稻田二化螟、稻飞虱、蓟马每亩可用 5%丁烯氟虫腈乳油 30～50mL，防治稻纵卷叶螟可用 40～60mL 于卵孵化高峰、低龄幼虫、若虫高峰期两次施药，即在卵孵盛期或水稻破口初期第 1 次施药，此后 1 周第 2 次施药。防治蔬菜小菜蛾、甜菜夜蛾、蓟马每亩可用 5%丁烯氟虫腈 30～50mL，在 1～3 龄幼虫高峰期施药。每亩所用药剂对水 20～30kg，摇匀后均匀喷施水稻植株或菜心、菜叶片正反两面。

活性研究 丁烯氟虫腈对菜青虫、小菜蛾、螟虫、黏虫、褐飞虱、叶甲等具有高活性，在0.8mg/L即达100%的致死率，但对桃蚜、二斑叶螨无效。表66-1、表66-2即为丁烯氟虫腈对菜青虫和二化螟的生物活性。

表66-1 丁烯氟虫腈对菜青虫生物活性

药剂	喷洒浓度/(mg/L)	总虫数/头	死虫数/头	死亡率/%
丁烯氟虫腈	20	30	30	100.0
	4	30	30	100.0
	0.8	30	30	100.0
	0.16	30	24	80.0
	0.04	30	4	13.3
氟虫腈	4	30	30	100.0
	0.16	30	30	100.0
	0.04	30	14	46.7
空白对照		30	0	0

表66-2 丁烯氟虫腈对二化螟生物活性

药剂	喷洒浓度/(mg/L)	总虫数/头	死虫数/头	死亡率/%
丁烯氟虫腈	10	30	30	100.0
	2	30	30	100.0
	0.4	30	22	73.3
	0.08	30	2	6.7
氟虫腈	2	30	30	100.0
	0.4	30	30	100.0
	0.08	30	14	46.7
空白对照		30	0	0

专利与登记

专利名称　*N*-Phenyl pyrazole derivative pesticide

专利号　CN 1398515　　专利公开日　2003-02-26

专利申请日　2002-07-30　　优先权日　2002-07-30

专利拥有者　王正权等。

在其他国家申请的化合物专利：AU 2003242089、CN 1204123、JP 2005534683、KR 20050016663、WO 2004010785等。

目前公开的或授权的专利：CN 101785455、CN 101790978、CN 101554171、CN 101491251、CN 101444221、CN 101444213、CN 101380018、CN 1899044、CN 1899042、CN 1887091等。

在中国申请的与丁烯氟虫腈有关的部分专利见表66-3、表66-4。

表66-3 在中国申请的专利

序号	申请号	专利名称
1	200510121340.0	杀灭红火蚁的饵剂
2	200610047208.4	丁烯氟虫腈与菊酯类杀虫剂的杀虫组合物
3	200610047207.X	丁烯氟虫腈与低毒类杀虫剂的杀虫组合物
4	200610047164.5	丁烯氟虫腈与有机磷类的杀虫组合物
5	200810123320.0	丁烯氟虫腈水分散颗粒剂
6	200810022982.9	高效环保型丁烯氟虫腈杀虫剂
7	200810212000.2	一种含有噻虫啉和丁烯氟虫腈的杀虫组合物
8	200810190734.5	一种杀虫组合物及其应用
9	200810190739.8	一种含有噁二嗪和吡唑类杀虫剂的组合物

续表

序号	申请号	专利名称
10	200910105527.X	一种农药组合物及其应用
11	200910043133.6	含烯啶虫胺的复配制剂
12	200910164499.9	一种增效农药组合物及其应用
13	200910206223.2	一种七氟菊酯组合物
14	200910139731.3	一种噻虫嗪的农药组合物及其应用
15	200910110567.3	含有多杀菌素的农药悬浮剂及其制备方法
16	201010150773.X	一种丁烯氟虫腈与多杀菌素的杀虫组合物
17	201010301409.9	丁烯氟虫腈饵剂及其制法

表 66-4 大连瑞泽农药股份有限公司在中国的登记情况

商品名	登记证号	含量	剂型	登记作物	防治对象	用药量	施用方法
丁烯氟虫腈	LS20072656	5%	乳油	十字花科蔬菜	小菜蛾	15～30g/hm^2	喷雾
丁烯氟虫腈	LS20072658	96%	原药				

合成方法

丁烯氟虫腈是在氟虫腈的基础上经过优化筛选得到，可由如下方法制得：

(1)

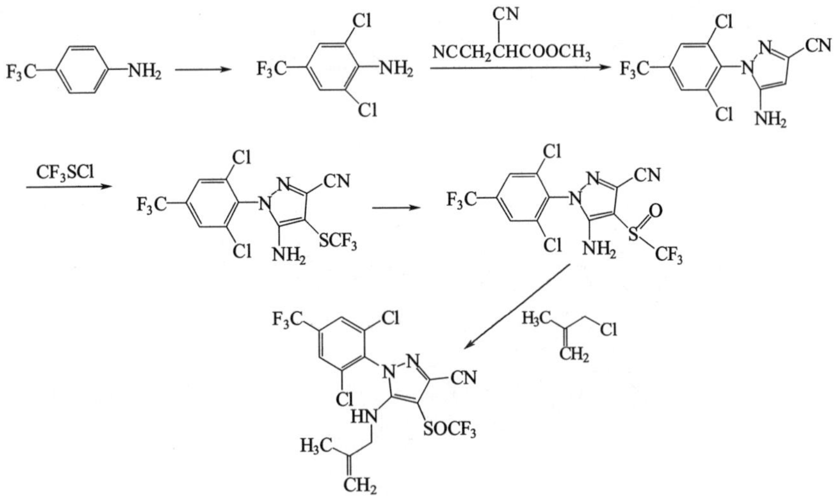

(2)

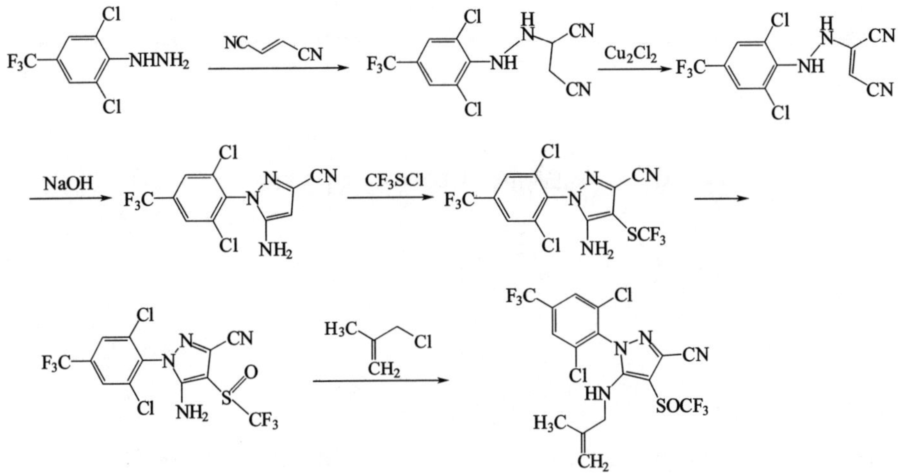

(3)

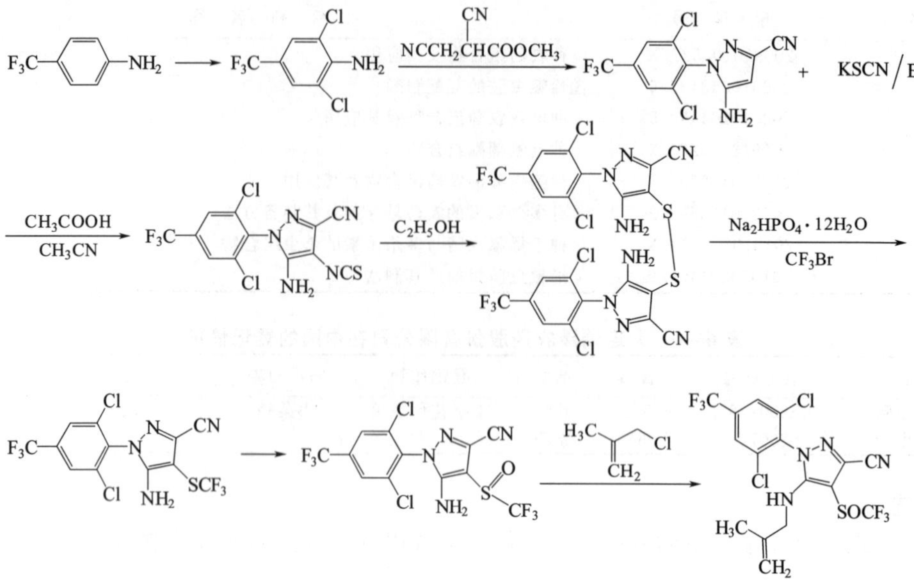

(4)

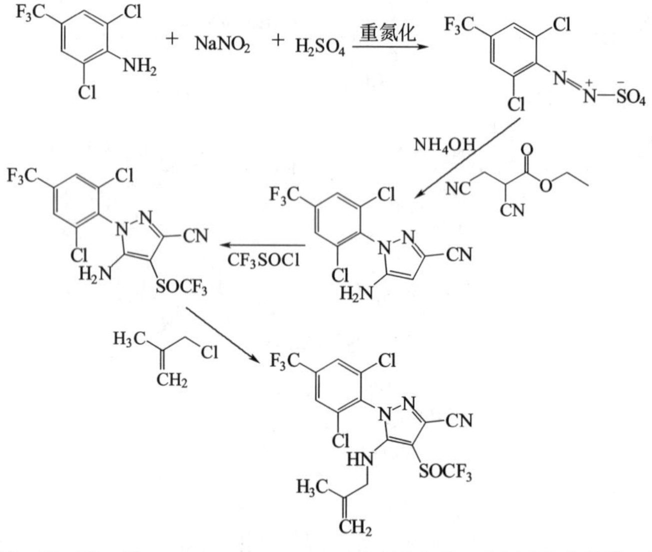

1 农药科学与管理，2008，29（9）：58.

2 世界农药，2005，27（5）：49.

3 上海化工，2007，32（7）：17-19.

4 农药大典．中国三峡出版社，2006：379-380.

5 CN 1398515.

67 吡螨胺（tebufenpyrad）

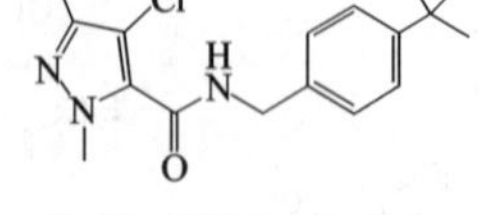

$C_{18}H_{24}ClN_3O$，333.8

产品简介

吡螨胺［试验代号：AC 801757（Cyanamid）、MK-239（Mitsubishi Kasei）、SAN

831A、BAS 318 I（BASF），通用名称：tebufenpyrad，商品名称：Comanché（BASF）、Masal（BASF）、Oscar（BASF）、Pyranica（vegetables，fruit，Japan）（Kumiai，Kyoyu，Nihon Nohyaku，Nippon Soda）、心螨立克。其他名称：Acarifas（＋bifenthrin）（BASF）、Simar（＋fenobucarb）（Nippon Soda）]是 Mitsubishi Kasei（现属 Mitsubishi Chemical Corp.）发现，与 American Cyanamid Co.（现属 BASF AG）共同开发的新型吡唑类杀螨剂。世界主要生产商为 Nihon Nohyaku。

化学名称 *N*-(4-叔丁基苄基)-4-氯-3-乙基-1-甲基吡唑-5-甲酰胺，英文化学名称为 *N*-(4-tert-butylbenzyl)-4-chloro-3-ethyl-1-methylpyrazole-5-carboxamide。美国化学文摘系统名称为 4-chloro-*N*-[[4-(1,1-dimethylethyl)phenyl]methyl]-3-ethyl-1-methyl-1*H*-pyrazole-5-carboxamide，CA 主题索引名称为 1*H*-pyrazole-5-carboxamide—,4-chloro-*N*-[[4-(1,1-dimethylethyl)phenyl]methyl]-3-ethyl-1-methyl-。CAS 登录号为［119168-77-3］。

组成 工业品中含量≥98.0%。

理化性质 纯品为无色结晶，熔点 64～66℃（工业品 61～63℃）。蒸气压 1×10^{-5} Pa（25℃）。相对密度 1.0214。分配系数 K_{ow} $\lg P=4.93$（25℃）。Henry 常数＜1.25×10^{-3} Pa·m^3/mol（计算）。水中溶解度（25℃）为 2.61mg/L，其他溶剂中溶解度（25℃，g/L)：正已烷 255，甲苯 772，二氯甲烷 1044，丙酮 819，甲醇 818，乙腈 785。在 pH＝4，7，9 时稳定，DT_{50} 187d（pH＝7，25℃）。

毒性 急性经口 LD_{50}（mg/kg)：雄大鼠 595，雌大鼠 997，雄小鼠 224，雌小鼠 210。大鼠急性经皮 LD_{50}＞2000mg/kg。本品对兔皮肤和眼睛无刺激，对豚鼠皮肤致敏。大鼠吸入 LC_{50}：雄大鼠 2660mg/m^3，雌大鼠＞3090mg/m^3。NOEL 值：狗 1mg/(kg·d)，大鼠 20mg/L［雄/雌 0.82/1.01mg/(kg·d)]，小鼠 30mg/L［雄/雌 3.6/4.2mg/(kg·d)]。ADI/RfD 值（EC）0.01mg/kg［2008］；（BfR）0.02mg/kg［2006］。无致突变作用。毒性数据见 67-7。

生态效应 山齿鹑急性经口 LD_{50}＞2000mg/kg。野鸭和山齿鹑 LC_{50}（8d)＞5000mg/kg（饲料）。鱼 LC_{50}（96h）鲤鱼 0.018mg/L，LC_{50}（96h，流过）虹鳟鱼 0.030mg/L。水蚤 LC_{50}（48h）0.046mg/L。藻类 E_bC_{50}（72h）0.54mg/L。本品对蜜蜂低毒。蚯蚓 LC_{50}（14d）68mg/kg。梨盲走螨 LR_{50}（7d）5.0g/hm^2。

环境行为 本品在动物体内迅速被吸收（＞80%，在 24h 内)，主要代谢为含有羟基和羧基的产品，如 *N*-[4-(1-羟基甲基-1-甲基乙基）苄基]-4-氯-3-(1-羟基乙基)-1-甲基吡唑-5-酰胺，并迅速排出体外（＞90%，在 7d 内)。在植物体内与在动物体内非常相似。土壤 Nichino 数据：土壤 DT_{50}（试验）19～20d，DT_{50}（野外）20～50d。K_{oc}1380～930。BASF 数据：土壤 DT_{50}（试验）27～60d，DT_{50}（野外）2～20d，K_{oc}1894～310。

制剂与分析方法 主要产品或制剂有 10%、20%可湿性粉剂，20%乳油，10%水包油乳剂，60%水分散颗粒剂。产品在技术等级物质中的活性物质可用 GC-FID 进行分析，残留物在植物、土壤、水中可用 LC-MS/GC-MS 进行分析。

作用机理与特点 是一种快速高效的新型杀螨剂，作用机制为线粒体呼吸抑制剂。非系统性杀螨剂，具有触杀和内吸作用。通过阻碍 γ-氨基丁酸（GABA）调控的氯化物传递而破坏中枢神经系统内的中枢传导。对各种螨类和螨的发育全过程均有速效、高效、持效期长、毒性低、内吸性（有渗透性）特征，对目标物有极佳选择性，推荐剂量下对作物无药害。与三氯杀螨醇、苯丁锡、噻螨酮等无交互抗性。

应用

适用作物 果树如苹果、梨、桃、柑橘、蔓生作物、棉花、蔬菜、观赏植物等。

防治对象　对各种螨类和半翅目害虫具有卓效，如叶螨科（苹果全爪螨、柑橘全爪螨、棉叶螨、朱砂叶螨等）、跗线螨科（侧多跗线螨）、瘿螨科（苹果刺锈螨、葡萄锈螨等）、细须螨科（葡萄短须螨）、蚜科（桃蚜、棉蚜、苹果蚜）、粉虱科（木薯粉虱）。杀成螨杀卵效果见表 67-1～表 67-6。

残留量与安全施药　①应遵守农药的安全使用操作规程，施药时工作人员要做好个人安全防护措施。②储存要远离火源和热源，存于小孩和家畜接触不到的地方，避免阳光直射。③对鱼类有毒，不能在鱼塘及其附近使用；清理设备和处理废液时不要污染水域。④皮肤接触药液部分要用大量肥皂水洗净；眼睛溅入药液后要先用水清洗 15min 以上，并迅速就医。⑤如出现中毒应立即送医院治疗。

使用方法　在欧美和日本，以 50～200mg(a. i.)/hm^2 剂量可防治苹果、梨、桃和扁桃上的害螨（包括叶螨和全爪螨）；在日本、美国、意大利和西班牙，以 33～200mg(a. i.)/hm^2 剂量可防治柑橘的橘全爪螨和棉叶螨等；以 100mg(a. i.)/hm^2 剂量可防治葡萄枥始叶螨；在日本，以 100mg(a. i.)/hm^2 剂量可防治茶树的神泽叶螨；在欧洲和日本，以 25～200mg(a. i.)/hm^2 剂量可防治蔬菜上的各种螨类，如棉叶螨、红叶螨和神泽叶螨；在西班牙和美国，以 250～750mg(a. i.)/hm^2 剂量可防治棉花上的叶螨和小爪螨。

表 67-1　吡螨胺直接喷雾对成虫活性（处理后 2d 的 LC_{50}）　　单位：mg/L

杀螨剂	二斑叶螨	神泽叶螨	山楂叶螨	橘全爪螨	榆全爪螨	全爪螨
吡螨胺	2.2	1.4	1.7	0.40	2.0	1.0
三环锡	4.3	3.7	9.8	16	ND	93
三氯杀螨醇	13	16	32	130	690	24
苯丁锡	18	14	27	19	25	>200
噻螨酮	>800	>800	>800	>800	>800	>800

表 67-2　杀卵活性（处理后 7～10d 的 LC_{50}）　　单位：mg/L

杀螨剂	二斑叶螨	神泽叶螨	山楂叶螨	橘全爪螨	榆全爪螨	全爪螨
吡螨胺	0.97	4.4	1.6	2.5	5.8	4.6
三环锡	>800	>800	>800	410	>800	>800
三氯杀螨醇	49	210	26	450	>800	120
苯丁锡	>800	>800	>800	>800	>800	>800
噻螨酮	0.45	1.3	0.26	5.6	25	28

表 67-3　吡螨胺直接喷雾对叶螨所有发育阶段的杀螨活性

发育阶段	LC_{50}/(mg/L)	发育阶段	LC_{50}/(mg/L)
卵(刚产生的卵)	0.44	中蝶蛹	1.2
卵(孵化前的卵)	1.9	中蛹	1.4
幼虫	1.8	后蝶蛹	1.8
前蝶蛹	1.3	后虫(雄)	1.2
前蛹	0.89	后虫(雌)	2.2

表 67-4　吡螨胺直接喷雾防治叶螨雌成虫的击倒和致死活性　　单位：mg/L

杀螨剂	活性成分浓度	KT_{50}	LT_{50}
吡螨胺	100	<5	22
	50	<5	30
三环锡	250	73	750
三氯杀螨醇	400	21	92
苯丁锡	250	970	1700

注：表中 KT_{50}——击倒中量时间（min）；LT_{50}——致死中量时间（min）。

表 67-5　在不同温度下吡螨胺防治叶螨雌成虫的杀螨活性①　　单位：mg/L

杀螨剂	10℃	15℃	25℃	30℃
吡螨胺	1.5	2.1	2.2	1.2
三环锡	40	8.3	4.3	2.6
三氯杀螨醇	66	19	13	13
苯丁锡	740	50	18	13

① 处理后第二天的 LT_{50}

表 67-6　在不同相对湿度下吡螨胺防治叶螨的杀卵活性①　　单位：mg/L

杀螨剂	相对湿度 50%	相对湿度 95%
吡螨胺	1.9	0.86
三氯杀螨醇	>800	36
噻螨酮	0.75	0.26

① 处理后 8d 的 LC_{50}。

表 67-7　吡螨胺的毒性数据

方式	动物	结果/(mg/kg)	方式	动物	结果
急性经口	雄大鼠	LD_{50} 595	吸入	雌大鼠	LC_{50} 3090mg/m^3
急性经口	雌大鼠	LC_{50} 997	吸入	雄大鼠	LC_{50} 2600mg/m^3
急性经口	雄小鼠	LC_{50} 224	眼刺激	兔	轻微刺激
急性经口	雌小鼠	LC_{50} 210	皮肤致敏	豚鼠	没有致敏
急性皮肤	雌、雄大鼠	LC_{50} 200	致畸性	兔，大鼠	没有致畸
			致突变性	离体	阴性

专利与登记

专利名称　Pyrazole derivative，insecticidal or miticidal composition containing the same as the effective ingredient

专利号　EP 289879　　专利公开日　1988-11-09

专利申请日　1988-4-21　　优先权日　1987-04-21

专利拥有者　Mitsubishi Chem Ind

在其他国家申请的化合物专利：EP 289879、JP 02101064、JP 02049771、JP 03206079、JP 04001180、JP 2002220375、JP 2010155807、US 4950668、US 4950668、US 6204283 等；

制备专利：JP 2002220374 等；

制剂或剂型专利：EP 492125、JP 04261107、JP 04235103、JP 09227311、JP 2000336009、JP 09110617、US 6204283、US 6143745、US 20100144888、WO 9702746 等。

在中国申请的与该产品有关的部分专利见表 67-8。

表 67-8　在中国申请的专利

序号	申请号	专利名称
1	200610147119.7	含有吡螨胺和哒螨灵的具有协同增效作用的杀螨剂
2	200610146002.7	含有吡螨胺和阿维菌素的具有协同增效作用的杀螨剂
3	200810150064.4	一种含吡螨胺的杀虫组合物及其应用
4	200810132577.2	含吡螨胺的杀螨组合物
5	200810132589.5	含有吡螨胺的杀螨组合物
6	200810132587.6	一种吡螨胺与三唑锡具有增效作用的杀螨剂组合物
7	200810172593.4	含有螺螨酯的复配具有协同增效作用的杀虫、杀螨剂
8	200810181976.8	一种复配杀螨剂及其应用

续表

序号	申 请 号	专 利 名 称
9	200780012754.7	4-溴-2-(4-氯苯基)-5-(三氟甲基)-1*H*-吡咯-3-腈和杀生化合物的组合
10	200910021277.1	一种含吡螨胺的杀螨组合物
11	200810084468.8	一种杀虫、杀螨剂组合物
12	200910173804.0	一种含有吡螨胺的农药组合物
13	200910173593.0	一种含有吡螨胺的农药组合物
14	200910173592.6	一种含有吡螨胺和苯丁锡的杀螨组合物
15	200910206224.7	一种杀螨组合物
16	200910206544.2	一种杀螨组合物
17	200910266526.3	一种农药组合物

已在美国、日本、西班牙等多国作为“降低风险产品”（reduced-risk product）登记注册。

吡螨胺10%可湿性粉剂已在我国获得正式登记，登记号为LS93021。登记作物为柑橘、苹果树，33～50mg/kg喷雾防治红蜘蛛。登记厂家为日本三菱化学株式会社（Mitsubisi Kasei Corporation）。

合成方法

以丁酮为起始原斜，反应制得4-氯-1-甲基-3-乙基吡唑-5-羧酸，再与二氯亚砜回流反应，生成相应的酰氯，然后与叔丁基苄胺和三乙胺在甲苯中反应，即制得吡螨胺。反应式如下：

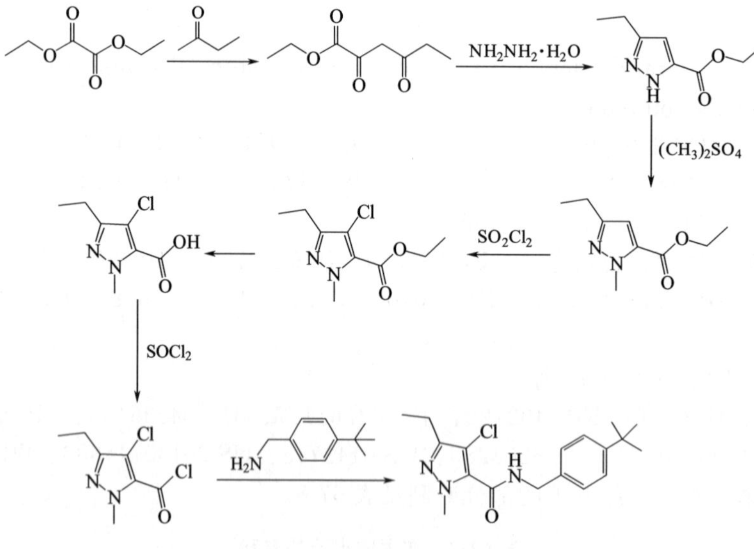

1 The Pesticide Manual. 15 th edition：1076-1077.

2 EP 289879.

3 US 4950668.

4 世界农药，2001，23（6）：18-23.

68 唑虫酰胺（tolfenpyrad）

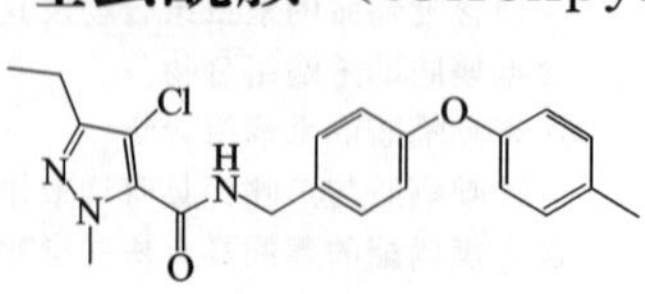

$C_{21}H_{22}ClN_3O_2$，383.9

产品简介

唑虫酰胺（试验代号：OMI-88，通用名称：tolfenpyrad，商品名称：Hachi-hachi）是Mitsubishi Chemical Corporation发现，T. Kukuchi等人报道其活性，由Mitsubishi和Otsuka Chemical Co. 共同开发的新型吡唑类杀虫杀螨剂。

化学名称　4-氯-3-乙基-1-甲基-*N*-[4-(对甲基苯氧基) 苄基]-1*H*-吡唑-5-酰胺，英文化学名称为4-chloro-3-ethyl-1-methyl-*N*-(4-(*p*-tolyloxy) benzyl)-1*H*-pyrazole-5-carboxamide。美国化学文摘系统名称为4-chloro-3-ethyl-1-methyl-*N*-[[4-(4-methylphenoxy) phenyl] methyl]-1*H*-pyrazole-5-carboxamide，CA主题索引名称为1*H*-pyrazole-5-carboxamide—，4-chloro-3-ethyl-1-methyl-*N*-[[4-(4-methylphenoxy) phenyl] methyl]-。CAS登录号为[129558-76-5]。

组成　原药含量>98.0%。

理化性质　白色粉末，熔点87.8～88.2℃，蒸气压<5×10^{-4}mPa（25℃）。相对密度1.18（25℃）。$K_{ow}\lg P=5.61$（25℃）。Henry常数2.2×10^{-3}Pa·m^3/mol（计算）。水中溶解度（25℃）0.087mg/L。其他溶剂中溶解度（25℃，g/L）：正己烷7.41，甲苯366，甲醇59.6，丙酮368，乙酸乙酯339。在pH=4～9（50℃）能存在5d。

毒性　急性经口LD_{50}（mg/kg）：雄大鼠260～386，雌大鼠113～150，雄小鼠114，雌小鼠107；急性经皮LD_{50}：雄大鼠>2000mg/kg，雌大鼠>3000mg/kg。本品对兔皮肤和眼睛有轻微刺激，对豚鼠皮肤无刺激。大鼠吸入LC_{50}：雄2.21mg/L，雌1.50mg/L。NOEL值：雄大鼠（2a）0.516mg/kg（bw），雌大鼠（2a）0.686mg/kg（bw），雄小鼠（2a）2.2mg/kg（bw），雌小鼠（2a）2.8mg/kg（bw），狗（1a）1mg/(kg·d)。ADI/RfD（FSC）0.0056mg/kg [2004]。无致畸、致癌、致突变。

生态效应　对水生生物毒性较高，鲤鱼LC_{50}（96h）0.0029mg/L。水蚤LC_{50}（48h）0.0010mg/L。绿藻E_bC_{50}（72h）>0.75mg/L。对天敌的影响：以1000倍的15%乳油稀释液喷洒于野外桑园中，隔一定时间采集后喂饲4龄蚕幼虫，结果发现影响时间在50d以上。对有益蜂、有益螨等多种有益昆虫，该药剂均有一定的影响，影响时间1～59d不等。

制剂与分析方法　主要产品或制剂有原药（含量98%），15%乳油，15%悬浮剂，可用GC-MS/HPLC-UV进行分析。

作用机理与特点　作用机理为阻止昆虫的氧化磷酸化作用，还具有杀卵、抑食、抑制产卵及杀菌作用。该药杀虫谱很广，对各种鳞翅目、半翅目、甲虫目、膜翅目、双翅目害虫及螨类具有较高的防治效果，该药还具有良好的速效性，一经处理，害虫马上死亡。广泛用于蔬菜。

应用

适用作物　甘蓝、大白菜、黄瓜、茄子、番茄等蔬菜，水果、观赏植物等。

防治对象　唑虫酰胺的杀虫谱甚广，对鳞翅目、半翅目、甲虫目、膜翅目、双翅目、缨翅目、蓟马及螨类等害虫均有效。此外，该药剂对黄瓜的白粉病等真菌病害也有相当的效果。

唑虫酰胺的杀虫谱如下：

鳞翅目　菜蛾、甘蓝夜蛾、斜纹夜蛾、瓜绢螟、甜菜夜蛾、茶细蛾、金纹细蛾、桃小食心虫、桃蛀野螟、野螟、桃潜蛾。

半翅目　桃蚜、棉蚜、菜缢管蚜、绣线菊蚜、温室粉虱、康氏粉蚧、日本粉蚧、朱绿蝽、褐飞虱。

蓟马目　稻黄蓟马、橘黄蓟马、花蓟马、烟蓟马、茶黄蓟马。

甲虫目　黄条桃甲、大二十八星瓢虫、酸浆瓢豆、黄守瓜、星天牛。

膜翅目　菜叶蜂。

双翅目　茄斑潜蝇、豌豆潜叶蝇、豆斑潜蝇。

螨类　茶半附线螨、橘锈螨、梨叶锈螨、茶橙叶螨、番茄叶螨。

使用方法　目前，该药剂被推荐用于甘蓝、大白菜、黄瓜、茄子、番茄和菊花上，使用剂量为15%乳油稀释1000～2000倍，通常喷洒次数为2次。现正在申请于萝卜、西瓜、茶树等作物上应用。使用剂量为75～150g(a.i)/hm^2。

注意事项　①本品对水生动物毒性较高，使用时务必不可流入水流系统。②对有益蜂、有益螨等多种有益昆虫该药剂均有一定的影响，故在养蚕地区使用时务必慎重。同时由于对多种天敌也有影响，使用时也应注意。③该药剂对黄瓜、茄子、番茄、白菜的幼苗可能有药害，使用时亦应注意。另外，在使用时也要慎防对周边地区作物（如萝卜、芜菁幼苗、木兰等软弱蔬菜）的药害。

专利与登记

专利名称　Pyrazole amides and insecticide and miticide containing them as active ingredient

专利号　EP 365925　　专利公开日　1990-05-02

专利申请日　1989-10-11　　优先权日　1988-10-14

专利拥有者　Mitsubishi Kasei Corp

在其他国家申请的化合物专利：DE 68923528、EP 365925、ES 2075026、JP 03081266、KR 960010341、US 5039693等。

制备专利：JP 2002220374、JP 2002220375等。

制剂或剂型专利：DE 10104871、JP 2006131516、JP 09194305、JP 2003089610、JP 2004067574、US 20030198659等。

在中国申请的与该产品有关的部分专利及登记情况见表68-1、表68-2。

表68-1　在中国申请的专利

序列号	申请号	专利名称
1	200910164499.9	一种增效农药组合物及其应用
2	200910152155.6	一种增效杀虫组合物及其应用
3	200910161494.0	一种增效农药组合物及其应用
4	200910041345.0	农药组合物
5	200910161262.5	一种增效杀虫组合物
6	200910167388.3	一种增效农药组合物
7	200910205310.6	农药组合物
8	200910167389.8	一种增效农药组合物

表68-2　日本农药株式会社在中国登记情况

登记证号	有效成分含量	剂型	登记作物	防治对象	用药量(g/hm^2)	施用方法
LS20090929	唑虫酰胺15%	乳油	茄子	蓟马	112.5～180	喷雾
			十字花科蔬菜叶菜	小菜蛾	67.5～112.5	喷雾
LS20090930	唑虫酰胺98%	原药				

合成方法

经如下反应制得唑虫酰胺：

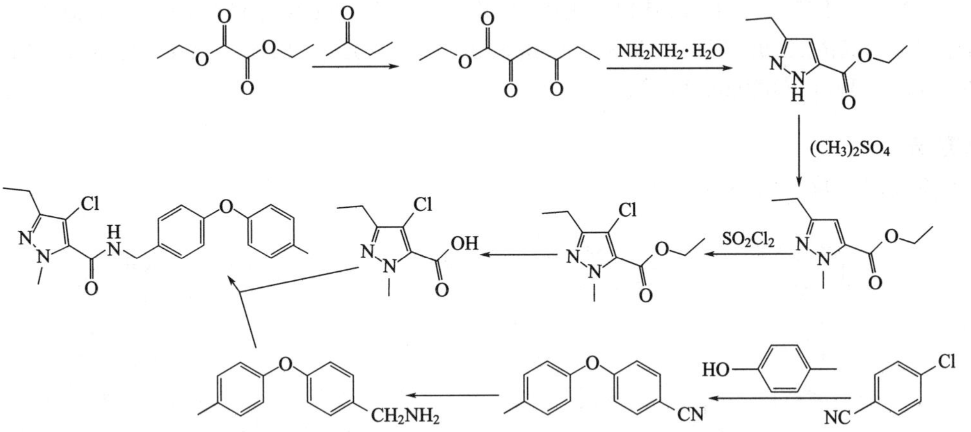

1 The Pesticide Manual. 15 th edition：1136-1137.

2 EP 365925.

3 世界农药，2003，25（6）：45.

4 现代农药，2005，02：9-11.

嘧啶胺类杀虫剂

嘧啶类杀虫剂（pyrimidinamine insecticides）主要有 2 个品种：flufenerim、pyrimidifen。

69 嘧虫胺（flufenerim）

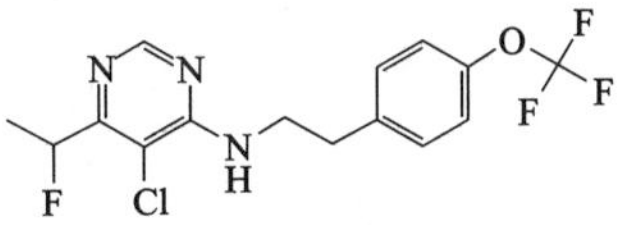

$C_{15}H_{14}ClF_4N_3O$，363.7

产品简介

嘧虫胺（试验代号：UR-50701、S-1560，通用名称：flufenerim，商品名称：Mite-clean）是日本宇部兴产在继杀螨剂嘧螨醚（pyrimidifen）开发之后，推出的又一个新型嘧啶类杀虫剂，现由住友化学公司开发。

化学名称 {5-氯-6-[(*RS*)-1-氟乙基]嘧啶-4-基}-[4-(三氟甲氧基)苯乙基]胺。英文化学名称为{5-chloro-6-[(*RS*)-1-fluoroethyl]pyrimidin-4-yl}-[4-(trifluoromethoxy)phenethyl]amine。美国化学文摘系统名称为 5-chloro-6-(1-fluoroethyl)-*N*-[2-[4-(trifluoromethoxy)phenyl]ethyl]-4-pyrimidinamine。CA 主题索引名称为 4-pyrimidinamine—，5-chloro-6-(1-fluoroethyl)-*N*-[2-[4-(trifluoromethoxy)phenyl]ethyl]-。CAS 登录号为 [170015-32-4]。

应用

用于番茄、胡椒、菠萝、蔬菜等作物防治象甲、蚧类害虫。

专利概况

专利名称 Preparation of 4-(phenethylamino) pyrimidines as pesticides

专利号 EP 665225 专利公开日 1995-08-02

专利申请日 1995-01-27 优先权日 1994-02-01

专利拥有者 Ube Industries（JP）

在其他国家申请的化合物专利：JP 07258223、JP 2995726、US 5498612 等。

制备专利：JP 11049759、JP 3887893、JP 11012253、JP 10251105、JP 10036355 等。

制剂或剂型专利：AU 2002335333、AU 2002335333、AU 2007324936、CA 2670637、

CN101547605、DE 102006056544、EP 2107871、JP 2004018487、JP 2003063909、JP 2003155203、KR 2009097168、MX 2009005522、US 20100048497、WO 2008071714、WO 2008064778、WO 2003026425 等。

合成方法

可通过以下反应制得嘧虫胺：

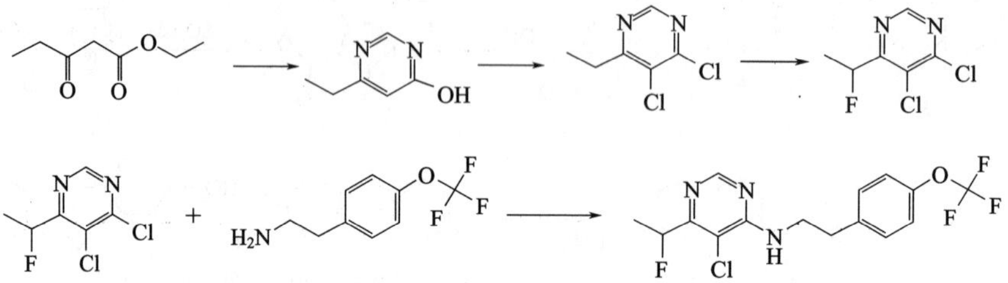

中间体的制备如下：

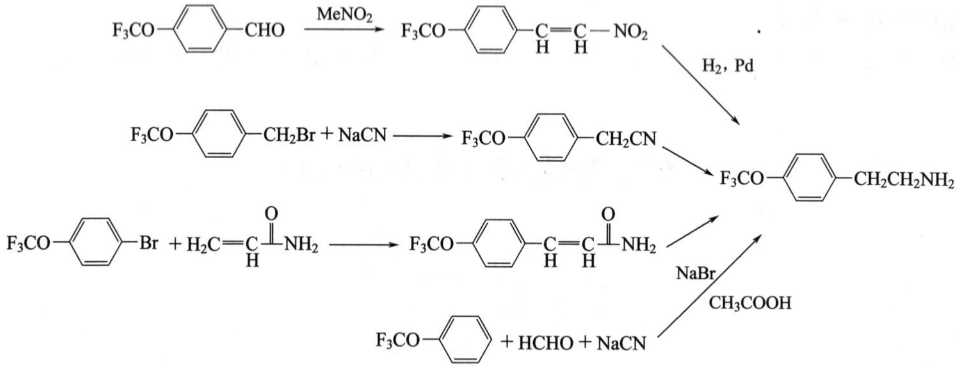

1 EP 665225.
2 US 5498612.
3 WO 2007121280.
4 WO 200644732.
5 US 2002082454.
6 JP 2001172216.
7 EP 1067113.

70 嘧螨醚（pyrimidifen）

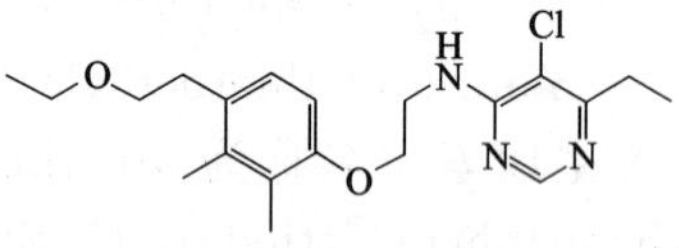

$C_{20}H_{28}ClN_3O_2$，377.9

产品简介

嘧螨醚［试验代号：E-787（Sankyo，Ube）、SU-8801、SU-9118（Sankyo），通用名称：pyrimidifen，商品名称：Miteclean（Ube）］是由日本三共公司与宇部工业公司于1995年联合开发的嘧啶胺类杀虫剂。

化学名称 5-氯-*N*-｛2-［4-(2-乙氧基乙基)-2,3-二甲基苯氧基］乙基｝-6-乙基嘧啶-4-胺。英文化学名称为 5-chloro-*N*-{2-[4-(2-ethoxyethyl)-2,3-dimethylphenoxy]ethyl}-6-ethylpyrimidin-4-amine。美国化学文摘系统名称为 5-chloro-*N*-[2-[4-(2-ethoxyethyl)-2,3-dimethylphenoxy]ethyl]-6-ethyl-4-pyrimidinamine。CA 主题索引名称为 4-pyrimidinamine—，5-chloro-*N*-[2-[4-(2-ethoxyethyl)-2，3-dimethylphenoxy]ethyl]-6-ethyl-。CAS 登录号为［105779-78-0］。

理化性质　纯品为无色晶体。熔点 69.4～70.9℃。蒸气压 1.6×10^{-4} mPa（25℃）。$K_{ow}\lg P=4.59$（23℃±1℃）。Henry 常数 2.79×10^{-5} Pa·m^3/mol（25℃，计算）。相对密度 1.22（20℃）。水中溶解度 2.17mg/L（25℃）。在酸性或碱性条件下稳定。

毒性　大鼠急性经口 LD_{50}：雄 148mg/kg、雌 115mg/kg。小鼠急性经口 LD_{50}：雄 245mg/kg、雌 229mg/kg。大鼠急性经皮 LD_{50} >2000mg/kg。

生态效应　野鸭急性经口 LD_{50} 445mg/kg。野鸭 LC_{50} >5200mg/kg。鲤鱼 LC_{50}（48h）0.093mg/L。蜜蜂经口 LD_{50} 0.638μg（有效成分）/只。接触 LD_{50} 0.660μg（有效成分）/只。

制剂　剂型有胶悬剂、可湿性粉剂。

应用

主要用于防治果树、梨树、蔬菜、茶等作物上的叶螨。对蔬菜中的小菜蛾也有很好的活性。

专利概况

专利名称　Phenoxyalkylaminopyrimidine derivatives and insecticidal and acaricidal compositions containing them

专利号　EP 196524　　专利公开日　1986-10-14

专利申请日　1986-03-14　　优先权日　1985-06-14

专利拥有者　Sankyo Co（JP），Ube Industries（JP）

在其他国家申请的化合物专利：AU8654908、AU 589409、CA 1272483、HU 41221、HU 200330、JP 61286373、JP 05080471、JP 62000067、JP 02051549、JP 02209874、JP 06051685、US 4845097、ZA 8601906 等。

制备专利：JP 03005466、JP 2588969 等。

制剂或剂型专利：AU 2007324936、CA 2670637、CN 101547605、DE 102006056544、EP 2107871、KR 2009097168、MX 2009005522、US 20100048497、WO 2008064778、WO 2008021800 等。

在中国申请的与该产品有关的部分专利为：一种嘧螨醚与乙螨唑杀螨剂组合物（2008 10183487.6）。

合成方法

可通过以下反应制得嘧螨醚：

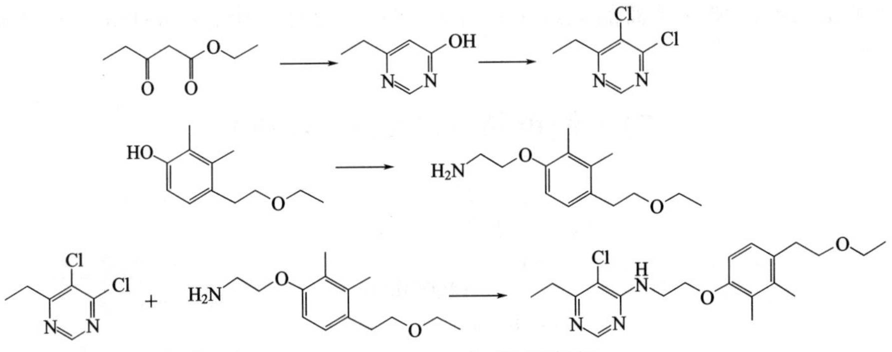

1　The Pesticide Manual. 15th edition：995.

2　JP 03005466.

3　JP 2588969.

吡咯类杀虫剂

1987 年，美国氰胺公司的科研人员从 *Streptomyces fumanus* 中分离出具有杀虫活性的化合物 dioxapyrrolomycin（**1**），同时日本的两个研究部门明治制果（Meiji Seika）和 SS 药业（SS Pharmaceutical）也在独立研究具有抗菌活性的 Streptomyces 代谢物。

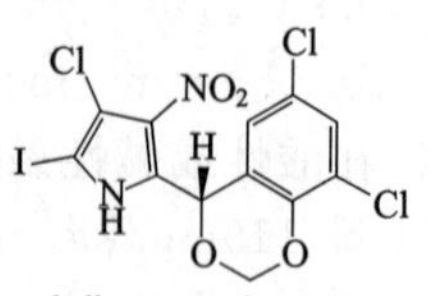

1 dioxapyrrolomycin

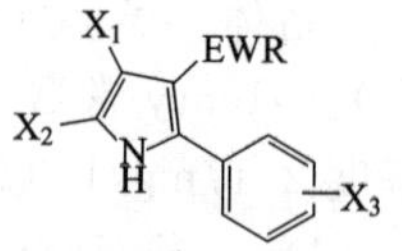

EWR: CN, NO_2, SO_2CF_3

X_1, X_2, X_3: Cl, Br, CF_3

2

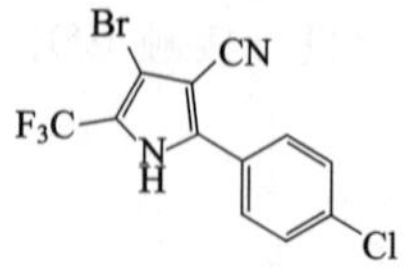

3

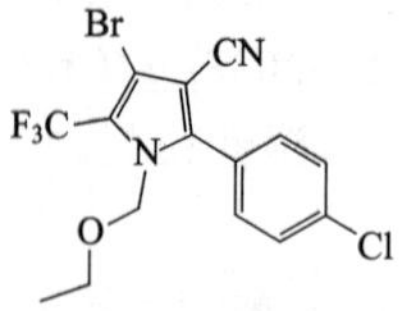

4 chlorfenapyr

尽管化合物**1**毒性高，但氰胺公司的科研人员理解所从事研究工作的困难性，旨在发现一种毒性低而活性好的类似物。通过对先导化合物即天然产物**1**结构的简化，设计了一系列2-芳基吡咯类化合物**2**，并对吡咯环上的5个取代基的考虑十分周密，进行了系统的合成和杀虫活性比较。研究表明，3-位上被亲电子基团取代的2-芳基吡咯，当其吡咯环的其他所有位置均被取代时则显示良好的杀虫杀螨活性。

进一步的优化试验，对溴虫腈及其同系物的结构活性关系有了较清晰的了解，当X_1、X_2为溴或氯时，其活性相似，但以X_1为溴或氯、X_2为三氟甲基最佳；亲电子基团EWR是氰基、硝基或三氟甲基磺酰基时，其活性相仿；苯环上的取代基要求为亲电子基团，最好是氯、溴或三氟甲基，尤以4-位取代为佳；*N*-未取代的吡咯衍生物（R＝H）的作用方式系作为前体农药，*N*-取代基以烷氧基烷基最为适宜。

在所有化合物中，化合物**3**活性最高，但是化合物**3**及其类似物对作物均有难以容忍的药害，通过进一步研究发现，化合物**3**的前体化合物**4**，在昆虫吸收后代谢为具有活性的化合物**3**。化合物**4**即chlorfenapyr，与**1**相比不仅毒性低，且杀虫活性更高，已商品化。

天然产物dioxapyrrolomycin（**1**）和化合物**3**是线粒体氧化磷酰化的解偶联剂。但前体化合物**4**（如果不转化为**3**）就没有这种活性。

溴虫腈高效广谱，具有胃毒和一定的触杀作用及内吸活性，且在作物上有中等持效，对钻蛀、刺吸和咀嚼式害虫以及螨类的防效优异，具有新的作用方式，且与其他杀虫剂无交互抗性，对抗性害虫防效卓越，对作物安全。

吡咯类杀虫剂，现在已商品化或正在开发中的品种有2个：chlorfenapyr、tralopyril；均在此介绍。

71　溴虫腈（chlorfenapyr）

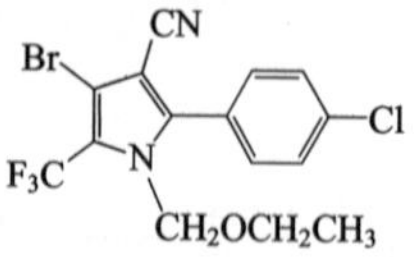

$C_{15}H_{11}BrClF_3N_2O$，407.6

产品简介

溴虫腈［试验代号：AC 303630、CL 303630、MK-242，通用名称：chlorfenapyr，商品名称：Phantom（professional pest control）（BASF）、Pylon（BASF）、除尽、虫螨腈、咯虫尽、溴虫清、氟唑虫清］是由美国American Cyanamid Co.（现属BASF SE）开发的新型杂环类杀虫、杀螨、杀线虫剂。其他商品名称（生产商）如下：Alert（citrus，cotton）

(BASF)、Chu-Jin (China) (BASF)、Grizli (E. Europe) (BASF)、Mythic (non-crop pest control) (BASF)、Pirate (cotton) (BASF)、Rampage (S. E. Asia) (BASF)、Secure (ornamentals) (BASF)、Stalker (BASF)、Bombora (Janssen)、Intrepid (Europe) (BASF, Nufarm Ltd)、Kotetsu (vegetables, fruit, Japan) (Kumiai, Kyoyu, Nihon Nohyaku, Nippon Soda)、Lepido (P I Industries)。

化学名称 4-溴-2-(4-氯苯基)-1-(乙氧基甲基)-5-(三氟甲基)吡咯-3-腈，英文化学名称为 4-bromo-2-(4-chlorophenyl)-1-ethoxymethyl-5-trifluoromethylpyrrole-3-carbonitrile。美国化学文摘系统名称为 4-bromo-2-(4-chlorophenyl)-1-(ethoxymethyl)-5-(trifluoromethyl)-1*H*-pyrrole-3-carbonitrile，CA 主题索引名称为 1*H*-pyrrole-3-carbonitrile—，4-bromo-2-(4-chlorophenyl)-1-(ethoxymethyl)-5-(trifluoromethyl)-。CAS 登录号为［122453-73-0］。

理化性质 白色固体，熔点为 101～102℃。蒸气压<1.2×10^{-2} mPa (20℃)。K_{ow} lg *P*=4.83。相对密度：0.355 (24℃)。水中溶解度 (pH=7，25℃) 0.14mg/L。其他溶剂中溶解度 (g/100mL，25℃)：己烷 0.89，甲醇 7.09，乙腈 68.4，甲苯 75.4，丙酮 114，二氯甲烷 141。稳定性，在空气中稳定，DT_{50} 0.88d (10.6h，计算)，水中 (直接光降解)，DT_{50} 4.8～7.5d。在水中稳定 (pH=4，7 和 9)。

毒性 急性经口 LD_{50}：雄大鼠 441mg/kg、雌大鼠 1152mg/kg，雄小鼠 45mg/kg、雌小鼠 1152mg/kg。兔急性经皮 LD_{50}>2000mg/kg。本品对兔眼睛有中等刺激，对兔皮肤无刺激。大鼠吸入 LC_{50} 1.9mg/L (空气)。NOEL 值，雄小鼠慢性胃毒和致癌 (80 周) 2.8mg/(kg·d) (20mg/L)；大鼠饮食中毒 NOAEL (52 周) 2.6mg/(kg·d) (60mg/L)。ADI/RfD 值，(ECCO) 0.015mg/kg (bw)；(EPA) RfD 0.003mg/kg。无致畸作用。

生态效应 急性经口 LD_{50}：野鸭 10mg/kg、美洲鹑 34mg/kg。野鸭 LC_{50} (8d) 9.4mg/L，美洲鹑 LC_{50} (8d) 132mg/L。鲤鱼 LC_{50} (48h) 500μg/L。虹鳟鱼 LC_{50} (96h) 7.44μg/L，大翻车鱼 LC_{50} (96h) 11.6μg/L。水蚤 LC_{50} (96h) 6.11μg/L。羊角月牙藻 EC_{50} 132μg/L。蜜蜂 LD_{50} 0.2μg/只。蚯蚓 NOEC (14d) 8.4mg/kg。

环境行为 动物：在大鼠体内 24h60%以上的溴虫腈主要通过粪便排出。被吸收的部分经由 *N*-脱烷基化作用、脱卤作用、羟基化和共轭作用进行代谢。原药和少量的代谢物在鸡蛋、牛奶以及脂肪和肝脏等组织中被发现。在母鸡和山羊中的新陈代谢与大鼠相似，然而，在这些物种中，80%的溴虫腈能迅速排出体外，未被排出的残留物存在于肾脏和肝脏中。在饮食规定的最大剂量中，所有残留物均小于 0.01mg/L。溴虫腈是唯一有效的残留成分。植物：在棉花、柑橘、番茄、莴苣和马铃薯中，溴虫腈是通过脱烷基或者脱溴产生较小的有毒代谢物。母体代谢物是主要的残渣。土壤：溴虫腈是主要的残留物，通过脱溴作用产生低毒代谢物是降解的主要路线，脱烷基化作用不是土壤中的主要降解路线。K_{oc}>10000mL/g，表明溴虫腈主要存在于土壤中。在水中 DT_{50} (直接光降解) 4.8～7.5d；pH 值为 4，7 和 9 时，对水稳定。

制剂与分析方法 主要产品或制剂有 10%、20%乳油，5%、10%、24%的悬浮剂，本品+甲维盐，本品+甲氨基阿维菌素苯甲酸盐等。可用 GC-MS/HPLC-UV 进行分析。

作用机理与特点 主要是以胃毒和触杀作用的杀虫剂和杀螨剂。在植物中表现出良好的传导性，但是内吸性较差。溴虫腈是一种杀虫剂前体，其本身对昆虫无毒杀作用。昆虫取食或接触溴虫腈后在昆虫体内，溴虫腈在多功能氧化酶的作用下转变为具有杀虫活性化合物，其靶标是昆虫体细胞中的线粒体。使细胞合成因缺少能量而停止生命功能，打药后害虫活动变弱，出现斑点，颜色发生变化，活动停止，昏迷，瘫软，最终导致死亡。

应用

适用作物 棉花、蔬菜、甜菜、大豆、甘菊、葡萄、茶树、果树及观赏作物等，推荐剂量下对作物无药害。

防治对象　对钻蛀、吮吸和咀嚼式害虫以及螨类有优异的防治效果，尤其对抗性小菜蛾和甜菜夜蛾等有特效，其中包括对氨基甲酸酯、有机磷和菊酯类杀虫剂产生抗性的害虫和害螨。实验室和田间试验表明，该药剂对1龄、3龄拟除虫菊酯抗性烟蛾保持两个世系的活性。可有效地防治棉花、番茄、茄子、马铃薯、芹菜和糖用甜菜作物的豆卫矛蚜、棉铃虫、潜蝇属、马铃薯块茎蛾、甜菜夜蛾、棉红蜘蛛和棉叶波纹夜蛾、夜蛾科、番茄蠹蛾等害虫。除对番茄蠹蛾、夜蛾科为0.25kg/hm^2外，其余均以0.125kg/hm^2用量防治。日本主要用于蔬菜、茶树、果树上的鳞翅目、半翅目及朱砂叶螨及抗性严重害虫的防治，50mg/L浓度下即可获得满意的杀螨效果，并具有良好的持效性。

杀虫活性　实验室试验结果表明，溴虫腈防治亚热带黏虫三龄幼虫和烟芽夜蛾一龄幼虫的效果与氟氰菊酯相当，而防治烟芽夜蛾三龄幼虫和棉红蜘蛛成螨的效果优于氟氰菊酯（表71-1）。室内浸叶试验，溴虫腈防治西方马铃薯叶蝉混合群体的活性约为氟氰菊酯的1/2。

表71-1　溴虫腈对鳞翅目幼虫、叶蝉和螨的活性

药剂	亚热带黏虫（三龄）	烟芽夜蛾（一龄）	烟芽夜蛾（三龄）	马铃薯叶蝉（混合群体）	普通红叶螨（成螨，有机磷抗性）
溴虫腈	2.6	2.2	3.2	0.92	1.58
氟氰菊酯	3.0	1.3	9.4	0.52	>10

杀螨活性　通过药剂前处理和后处理螨的浸染试验，比较溴虫腈与三氯杀螨醇、三环锡的杀螨活性（表71-2）。浸染前处理的LC_{50}值表明，溴虫腈的杀螨活性分别为三氯杀螨醇和三环锡的9.0和3.5倍。浸染后处理结果表明，溴虫腈杀螨活性分别为三氯杀螨醇和三环锡的14和2.5倍左右。结果还表明：该化合物对防治有机磷抗性普通红叶螨是高效的。

表71-2　溴虫腈在豆叶上对有机磷抗性普通叶螨的活性

药剂	浸染前	浸染后
溴虫腈	1.0	1.9
三氯杀螨醇	9.0	26.9
三环锡	3.5	4.7

注：药害指溴虫腈原药溶于丙酮和水溶液中（1∶1），试验浓度1000mg/L时，对棉苗和利马豆无药害。

作物内吸活性　溴虫腈用于水稻防治草地夜蛾一龄幼虫与呋喃丹相比有较好的根内吸活性。水稻秧裸根浸渍在含溴虫腈和克百威的Hoagland's培养液内（另含1%丙酮和0.1% EMU-LPHOR* EL620乳化剂），置于有高强度光照的温室中，经7～15d后，将叶子切离并置于9cm塑料培养皿中，皿底内放有湿润的Watman 1号滤纸，然后加入10条一龄草地夜蛾幼虫，3d后检查死亡率。在上述条件下，溴虫腈的活性至少是呋喃丹的10倍以上（表71-3）。它还具有较好的内吸残留活性，浓度3mg/L，吸收15d后防效达100%；而克百威仅4%。

表71-3　水稻秧裸根浸药后对一龄草地夜蛾幼虫的活性

浓度/(mg/L)	死亡率/%			
	溴虫腈(吸收天数)		克百威(吸收天数)	
	7	15	7	15
100	100	100	97	79
30	100	100	69	68
10	100	97	67	32
5	54	100	14	4

田间药效　对抗小菜蛾幼虫的活性：小菜蛾幼虫在世界上许多地区对主要杀虫剂如有机氯、有机磷、氨基甲酸酯、拟除虫菊酯、苯甲酰苯基脲类和苏云金杆菌等已经产生抗性。在菲律宾，用溴虫腈在甘蓝上对小菜蛾幼虫（通常商品杀虫剂已不能防治）进行了田间药效评价。溴虫腈施药量 0.1kg(a.i.)/hm^2 的防治效果优于 teflubenzuron＋溴氰菊酯［施药量 0.045＋0.025kg(a.i.)/hm^2］（表 71-4）。施 teflubenzuron＋溴氰菊酯的小区，幼虫虫口密度平稳增加；而经各种剂量溴虫腈处理的小区，幼虫虫口密度呈下降趋势，每植株幼虫数小于 1。

表 71-4　在菲律宾甘蓝上有溴虫腈防治抗性小菜蛾的效果

药剂	施药量 /[kg(a.i.)/hm^2]	处理前	每植株幼虫数	
			第一次施药后 6d	第二次施药后 3d
溴虫腈	0.1	2.1	0.7	0.2
	0.2	2.1	0.7	0.1
	0.4	1.6	0.3	0.0
teflubenzuron＋溴氰菊酯	0.045＋0.025	1.0	1.5	1.9
对照	—	1.5	4.6	4.3

对莴苣上鳞翅目幼虫的活性：溴虫腈室内研究的卓越性能，在美国加利福尼亚田间防治几种鳞翅目幼虫试验中也得到了证实。该化合物被配成 240g/L 乳油，对莴苣叶面施药，使用单嘴顶端喷雾器，每公顷施药 375L。相同剂量时，溴虫腈防治甜菜夜蛾和烟芽夜蛾的效果优于氯氰菊酯；对甘蓝粉纹夜蛾的防效与氯氰菊酯相当（表 71-5）。由施药后至少 10d 的数据也可证实溴虫腈具有中等的残留活性。

表 71-5　溴虫腈在加利福尼亚莴苣上防治鳞翅目幼虫的效果

药剂	施药量 /[kg(a.i.)/hm^2]	20 株植株(10d)幼虫数目		
		粉纹夜蛾	甜菜夜蛾	烟芽夜蛾
溴虫腈	0.1	0	1	2
	0.2	0	0	0
氯氰菊酯	0.1	0	5	4
对照	—	14	7	10

专利概况

专利名称　Preparation of arylpyrrolemolluscicides

专利号　EP 312723　　专利公开日　1989-04-26

专利申请日　1988-08-10　　优先权日　1987-10-23

专利拥有者　American Cyanamid Co.

在其他国家申请的化合物专利：AT 98840、AU 8824187、AU 603011、DK 8805883、ES 2061573、JP 01135701、JP 2703580、US 4929634、ZA 8807902 等。

剂型、制备及应用专利：CN 101591284、CN 101406189、CN 101379981、CN 101292657、CN 101228881、CN 101194609、CN 1961671、CN 1943352、CN 1623393、CN 1406481、CN 1513316、CN 1500388、CN 101617655、CN 101518254、CN 1478391、CN 1406481、CN 1364413、JP 2001010910、JP 09322688、JP 2005047847、US 20060167091、US 20020054898、WO 2009086739、WO 2004080180 等。

在中国申请的含溴虫腈的专利见表 71-6。

表 71-6　在中国申请的专利

序号	申请号	专利名称
1	01128580.X	含杀虫剂溴虫腈或溴虫腈＋杀虫单的微乳剂组合物及其制备方法
2	200710191477.2	溴虫腈增效制剂
3	200410085810.8	含杀虫剂溴虫腈＋杀虫单的微乳剂组合物
4	02145479.5	溴虫腈微乳剂
5	03139968.1	鱼藤酮和溴虫腈悬浮剂及其制备方法
6	200510048756.4	溴虫腈与高效氯氰菊酯的复配微乳剂
7	200610093375.2	含丁醚脲和溴虫腈的具有杀虫作用的组合物
8	200710117982.2	含溴虫腈和辛硫磷的农药组合物
9	200810211783.2	基于溴虫腈的农药组合物
10	200810132575.3	一种含有溴虫腈的杀虫水乳剂
11	200810146211.0	一种含溴虫腈和氟啶脲的具有增效作用的杀虫组合物
12	200810146220.X	一种含毒死蜱和溴虫腈具有增效作用的杀虫组合物
13	200910031062.8	一种溴虫腈增效制剂的应用
14	200880000074.8	溴虫腈水可溶性粒剂及其制备方法
15	200910043790.0	溴虫腈及其类似物的制备方法

合成方法

制备溴虫腈主要有如下四种方法。

方法 1：

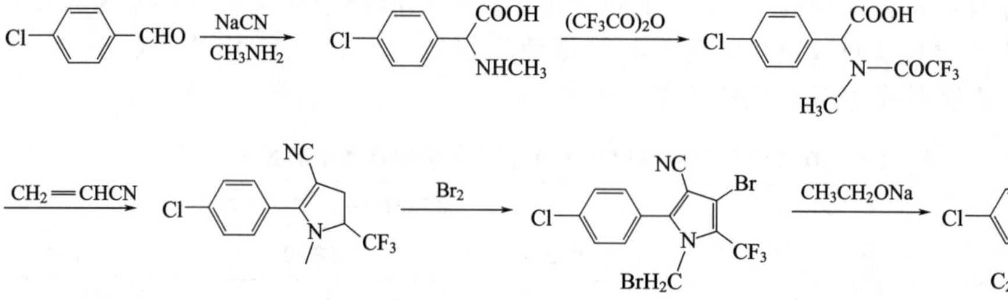

方法 2：

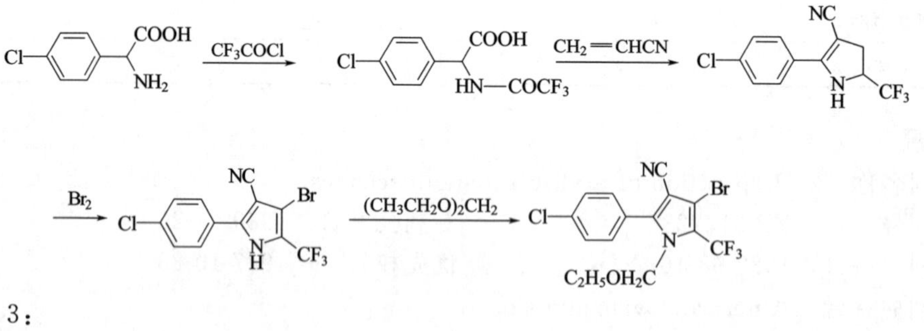

方法 3：

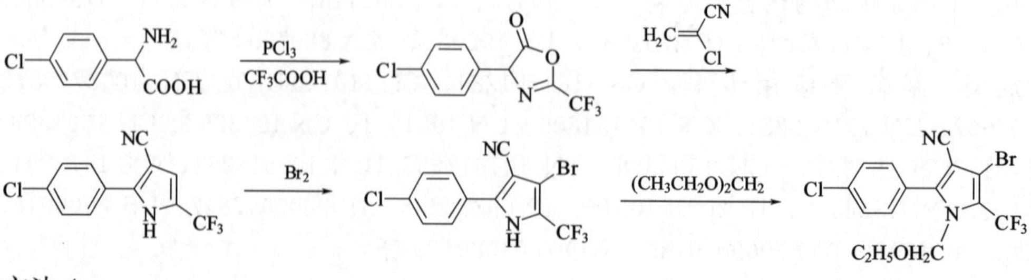

方法 4：

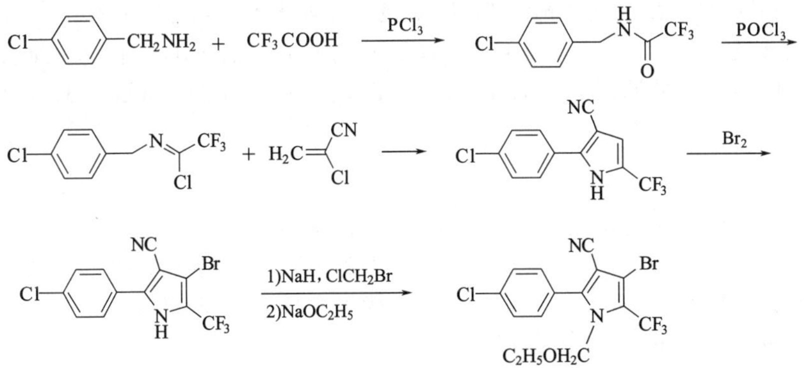

1 The Pesticide Manual. 15 th edition：180-181.
2 US 19870112904.
3 第二届农药交流会论文集，2002：165-168.
4 科技与开发，2006，45（6）：385-391.
5 南京农业大学学报，2004，27（2）：105-108.
6 农药译丛，1998，20（5）：15-17.

72 Tralopyril

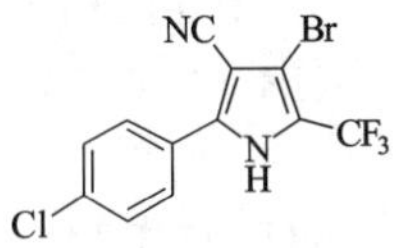

$C_{12}H_5BrClF_3N_2$，349.5

产品简介

Tralopyril（试验代号：R107894；商品名称：Econea、Trilux 44）是由巴斯夫公司报道的灭钉螺剂，可用于防治软体动物，是杀虫杀螨剂溴虫腈结构中主要起作用部分。

化学名称 4-溴-2-(4-氯苯基)-5-三氟甲基-1*H*-吡咯-3-甲腈，英文化学名称为 4-bromo-2-(4-chlorophenyl)-5-(trifluoromethyl)-1*H*-pyrrole-3-carbonitrile。美国化学文摘系统名称为 4-bromo-2-(4-chlorophenyl)-5-(trifluoromethyl)-1*H*-pyrrole-3-carbonitrile，CA 主题索引名称为 1*H*-pyrrole-3-carbonitrile—，4-bromo-2-(4-chlorophenyl)-5-(trifluoromethyl)-。CAS 登录号为［122454-29-9］。

理化性质 浅棕色粉末；熔点 253.3～253.4℃；分解温度高于 400℃；相对密度 1.74（20℃，pH 值为 5.16）；离解常数 $pK_a=7.08$（25℃）；蒸气压 1.9×10^{-8} Pa（20℃）、4.6×10^{-8} Pa（25℃）；分配系数 K_{ow} $\lg P=3.5$；蒸馏水中溶解度（20℃，pH＝4.9）0.17mg/L；海水中溶解度（25℃，pH＝8.1）0.16mg/L。其他溶剂中溶解度（20℃，mg/L）：丙酮 300.5，乙酸乙酯 236.0，甲醇 109.1，正辛醇 85.2，正己烷 7.2，二甲苯 5.6。

Tralopyril 具有非常好的热稳定性，而且可以与氧化亚铜、硫氰酸亚铜及所有的有机或有机金属的抗菌剂以及氧化锌和氧化铁稳定存在。可以在水中水解。在常温下可以稳定保存 5a。

毒性 经口毒性是比较大的，吸入毒性中等，经皮毒性为低毒。可轻微刺激眼睛和皮肤（对大鼠试验），但它不是一个皮肤致敏物（对天竺鼠的试验）。具体毒性试验数据：毒性试验，喂食大鼠（90d）出现病变的最低剂量为：雄 16.2mg/(kg·d)，雌 6.3mg/(kg·d)，且雄大鼠的 NOEL 值为 5.2mg/(kg·d)；经皮（90d）300mg/(kg·d)，NOEL 值为 100mg/(kg·d)；在最高剂量 1000mg/(kg·d) 下未有全身中毒症状。雌老鼠经过鼻子吸入进行嗅觉器官毒性测试的最低剂量（90d）为 $20mg/m^3$；通过对神经系统的毒性测试，降低其活动反应能力的雄大鼠的最低剂量为 $40mg/m^3$，导致雌大鼠身体某部位神经突出的最低剂量为 80mg/m³；且对雄大鼠和雌大鼠的 NOEL 分别为 20mg/m³ 和 40mg/m³；对大鼠胎儿体重减少的最低剂量为 10mg/(kg·d)，NOEL 为 5mg/(kg·d)；而同时雌大鼠的症状表现属经常分泌唾液，其最低剂量为 10mg/(kg·d)，NOEL 为 5mg/(kg·d)。

分析方法　HPLC。

专利与登记

专利名称　Preparation of arylpyrrole molluscicides

专利号　EP 312723　　专利公开日　1989-04-26

专利申请日　1988-08-10　　优先权日　1987-10-23

专利拥有者　American Cyanamid

在其他国家申请的化合物专利：AT 98840、AU 8824187、AU 603011、ES 2061573、DK 8805883、US 4929634、JP 01135701、JP 2703580、ZA 8807902 等。

制备专利：AT 143008、BR 8803788、BR 8904519、CN 1439634、CN 1193988、CN 1918987、CN 1039807、CN 1026206、CN 1056491、CN 1267667、CN 1032468、CN 1058772、CN 1092764、CN 1038412、DD 297157、EP 491136、EP 358047、EP 1035113、EP 599036、ES 2091847、JP 01104042、JP 02167203、JP 04095068、JP 06279402、US 4857651、US 5010098、US 5151536、US 5256796、US 632005、US 20020049338、US 6596902 等。

制剂或剂型专利：AT 195844、AU 9718978、AU 736747、AU 2007211466、BR 9701802、BR 9701802、BR 9701802、CA 2265789、CN 101400256、CN 101420851、CN 1145170、CN 1111354、CN 1223070、CN 101355877、CN 1582114、CN 1269401、CN 1915026、CN 1224577、CN 1127292、CN 1126449、EP 492125、EP 895717、EP 895839、EP 746979、EP 2051942、EP 831134、EP 801896、ES 2151229、GR 3034437、JP 10059807、JP 3995304、US 5932520、US 6069189、US 5817324、US 5187184、US 6071951、US 6077863、US 20050096374、US 20070167508、US 20080293848、US 20090017135、US 20070207178、US 20090093443、WO 2008017656、WO 2008121308、WO 9812269、WO 2007103013、WO 2007116051、WO 2007088172、WO 2003039256、ZA 9708449 等。

2008 年在澳大利亚取得登记。2009 年在美国加利福尼亚登记主要用于防污漆中。

合成方法

通过如下方法制得目的物：

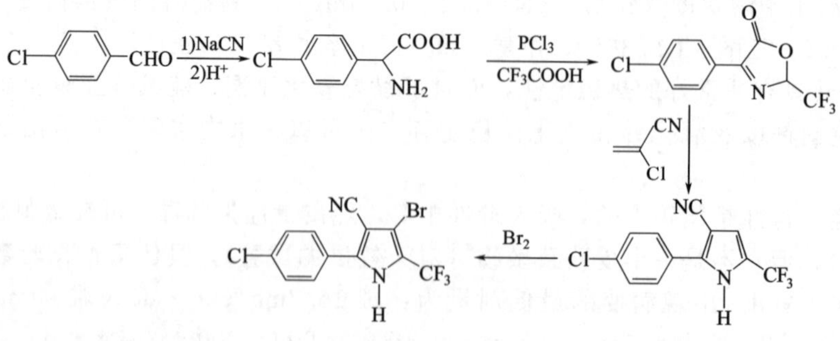

1　EP312723.

季酮酸酯类杀虫（螨）剂

季酮酸类杀虫杀螨剂（tetronicacid insecticides）是拜耳公司在筛选除草剂的基础上发现的一类新型杀虫杀螨剂。在研究合成具有复环-烯丙基结构的原卟啉原氧化酶（PPO）抑制类除草剂时，为了发现活性更高的除草剂，将化合物 **1**（对阔叶杂草具有较好的防除效果）中 ***N***-芳基中氮用碳原子替换，有趣的是衍生物 **2** 对阔叶杂草以外的其他杂草表现出很好的防除效果，其作用机理与化合物 **1** 不同。通过生物学研究，得知这类衍生物具有抑制乙酰辅酶 A 羧化酶（ACCase）的作用。更令人兴奋的是化合物 **2A** 对二斑叶螨具有较好的防治效果，为了提高其杀螨活性，对芳基做了大量的修饰，最后发现三甲基取代的苯基（化合物 **3** 和 **3A**）对二斑叶螨具有很好的防除效果，但是对苹果红蜘蛛的活性并不令人满意。为了进一步提高对苹果红蜘蛛的生物活性，对化合物 **3** 的左半部分进行了大量的合成筛选，发现吡咯环上二甲基取代的化合物 **4** 和 **4A** 对前面所提的螨虫具有很好的防除效果，但同时对作物产生了药害。

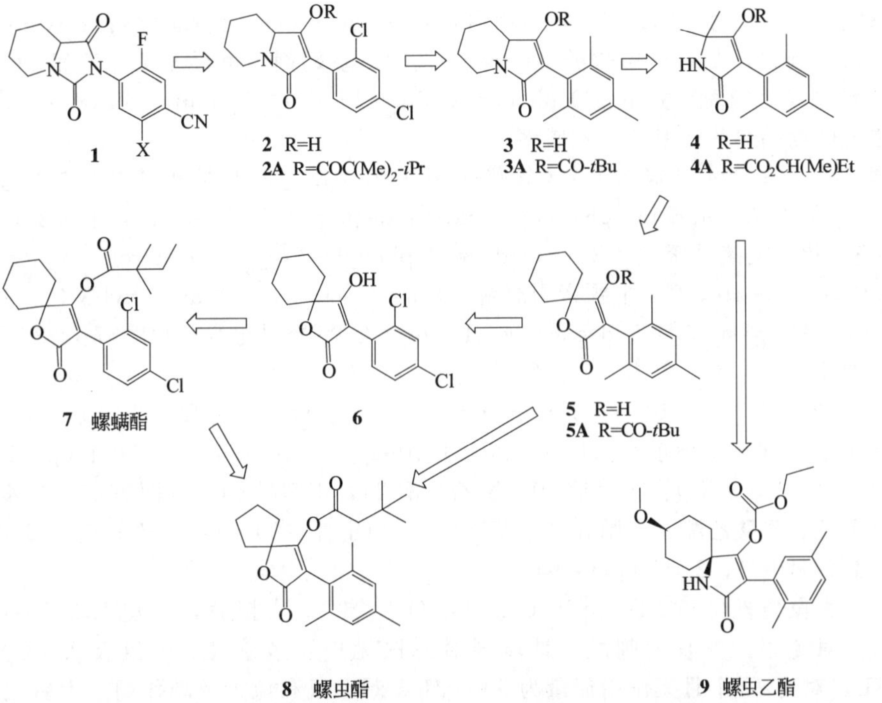

为了提高对作物的安全性，同时要保持其活性，因此采用生物等排原理，用呋喃环替换母体吡咯环（使内酰胺结构变为内酯结构），得到的季酮酸类化合物 **5**，特别是化合物 **5A**，具有很好的杀螨活性，并明显提高了对作物的安全性，尽管如此，对核果如桃、李、杏和葡萄等作物仍具有较严重的药害。鉴于此，创制人员在保持主结构呋喃环不变的基础上，对苯环取代基进行了修饰，发现化合物 **6** 不仅对二斑叶螨、苹果红蜘蛛等具有很好活性，同时进一步提高了对作物的安全性。随后对化合物 **6** 进行了优化，从很多酰基化反应化合物中选择了化合物 **7** 进行开发，即螺螨酯。

在螺螨酯的研制过程中，曾发现部分化合物对粉虱等具有较好的防除效果，创制人员在此基础上开始新一轮的优化，开发出第二个季酮酸类化合物，即杀虫剂螺虫酯 **8**，可有效防治叶螨和粉虱的卵和幼虫。在螺虫酯研制中，又发现部分化合物对蚜虫有一定活性，这引起科研人员的注意，进而对前两个品种进行优化，开发出一个新杀虫剂品种螺虫乙酯 **9**，螺虫乙酯主要用于防治刺吸式口器害虫，对重要益虫如瓢虫、食蚜蝇和寄生蜂具有良好的选择性。

季酮酸酯类杀虫剂，目前已开发了 3 个品种：spirodiclofen、spiromesifen、spirotetramat，均在此介绍。

73 螺螨酯（spirodiclofen）

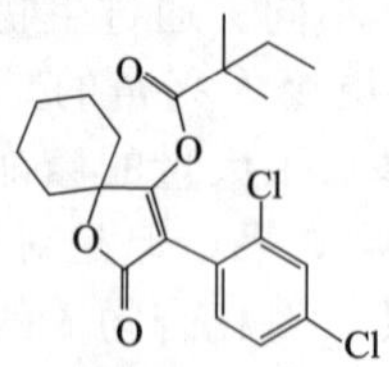

$C_{21}H_{24}Cl_2O_4$，411.3

产品简介

螺螨酯［试验代号：BAJ2740，通用名称：spirodiclofen，商品名称：Envidor（螨危）］是拜耳公司研制并开发的季酮酸类（tetronic acid）杀螨剂。世界主要生产商为拜耳公司。其他商品名称（生产商）如下：Daniemon（Nihon Bayer）、Ecomite（Bayer CropScience）；在国内登记的商品名为：螨危、螨威多。

化学名称　3-(2,4-二氯苯基)-2-氧代-1-氧杂螺［4.5］癸-3-烯-4-基-2,2-二甲基丁酸酯。英文化学名称 3-(2,4-dichlorophenyl)-2-oxo-1-oxaspiro[4.5]dec-3-en-4-yl-2,2-dimethylbutyrate。美国化学文摘系统名称 3-(2,4-dichlorophenyl)-2-oxo-1-oxaspiro[4.5]dec-3-en-4-yl-2,2-dimethylbutanoate，CA 主题索引名称 butanoic acid—，2,2-dimethyl-3-(2，4-dichlorophenyl)-2-oxo-1-oxaspiro[4.5]dec-3-en-4-yl ester。CAS 登录号为［148477-71-8］。

理化性质　纯品为白色粉末，无特殊气味。熔点 94.8℃。蒸气压 3×10^{-10} Pa（20℃）。K_{ow} lg$P$=5.8（pH=4，20℃），5.1（pH=7，20℃）。Henry 常数，2×10^{-3} Pa・m^3/mol。相对密度 1.29。水中溶解度（pH=4，20℃）50μg/L，（pH=7，20℃）190μg/L。其他溶剂中溶解度（g/L，20℃）：正庚烷 20，聚乙二醇 24，正辛醇 44，异丙醇 47，DMSO75，丙酮、二氯甲烷、乙酸乙酯、乙腈和二甲苯＞250。稳定性（20℃）：水解 DT_{50} 119.6d（pH=4），52.1d（pH=7），2.5d（pH=9）。

毒性　大鼠急性经口 LD_{50}＞2500mg/kg（雌、雄）。大鼠急性经皮 LD_{50}＞2000mg/kg（雌、雄）。对兔眼、皮肤无刺激。悬浮剂对豚鼠无皮肤敏感性。大鼠吸入 LC_{50}（4h）＞5000mg/L。对狗 12 个月无作用剂量为 50mg/L。对大鼠和兔无致畸作用。大鼠二代繁殖试验，表明无生殖毒性、基因毒性和致畸性。

生态效应　对鸟类低毒，山齿鹑急性经口 LD_{50}＞2000mg/kg，山齿鹑和野鸭饲喂 LC_{50}（5d）＞5000mg/kg。虹鳟鱼 LC_{50}（96h）＞0.035mg/L，水蚤 EC_{50}（48h）＞0.051mg/L。月芽藻 E_bC_{50} 和 E_rC_{50}（96h）＞0.06mg/L。摇蚊幼虫最低无抑制浓度（28d）为 0.032mg/L。蜜蜂经口 LD_{50}＞196μg/只，接触＞200μg/只。蚯蚓 LC_{50}＞1000mg/kg（干燥土）。在 300g/hm^2 对瓢虫无毒性。悬浮剂在田间条件下对捕食螨有轻微毒性作用。对微生物矿化无副作用。

环境行为　动物：迅速被动物体吸收，广泛分布于动物体各部位，并在 48h 内排出体外。在大鼠和反刍动物体内代谢首先发生酯键的断裂，然后羟基化为环己烷环。在大鼠体内，继续发生烯醇环断裂，从而形成 2,4-二氯扁桃酸环己酯，进一步进行代谢。残留物由螺螨酯烯醇组成。植物：在应用的作物中，代谢较少，其发生方式与在大鼠体内一致。残留物主要为螺螨酯本身。土壤/环境：DT_{50} 0.5～5.5d，土壤代谢（有氧）DT_{50} 10～64d。没有渗漏问题。K_{oc} 31037～238000。脱脂化（螺螨酯烯醇）形成的主要代谢产物流动性很强，然而模拟研究表明并不存在于地下水中。地表水和沉淀中残留物由螺螨酯和螺螨酯烯醇组成，土壤和地下水中残留物还包括由羟基化和还原呋喃环的代谢物以及 2,4-二氯扁桃酸。

制剂与分析方法　悬浮剂、水分散粒剂和可湿性粉剂。

作用机理　具有触杀作用，没有内吸性。主要抑制螨的脂肪合成，阻断螨的能量代谢，对螨的各个发育阶段都有效，杀卵效果特别优异，同时对幼若螨也有良好的触杀作用。虽然不能较快地杀死雌成螨，但对雌成螨有很好的绝育作用。雌成螨触药后所产的卵有96%不能孵化，死于胚胎后期。它与现有杀螨剂之间无交互抗性，适用于防治对现有杀螨剂产生抗性的有害螨类。

应用

适用作物　可用于柑橘、葡萄等果树和茄子、辣椒、番茄等茄科作物。

防治对象　红蜘蛛、黄蜘蛛、锈壁虱、茶黄螨、朱砂叶螨和二斑叶螨等，对梨木虱、榆蛎盾蚧以及叶蝉类等害虫也有很好的兼治效果。

低毒、低残留、安全性好。在不同气温条件下对作物非常安全，对人畜及作物安全、低毒。适合于无公害生产。

应用技术　①均匀喷雾：该产品通过触杀作用防治害螨的卵、幼若螨和雌成螨，没有内吸性，因此药剂对水喷雾时，要尽可能喷雾均匀，确保药液喷施到叶片正反两面及果实表面，最大限度地发挥其药效。②施用时间：防治柑橘全爪螨，建议在害螨为害前期施用，以便充分发挥螺螨酯持效期长的特点。③施用次数：螺螨酯在柑橘生长季节内最好只施用一次，与其他不同杀螨机理的杀螨剂轮换使用，既能有效地防治抗性害螨，同时降低叶螨对螺螨酯产生抗性的风险。

春季用药方案1：当红蜘蛛、黄蜘蛛的危害达到防治指标（每叶虫卵数达到10粒或每叶若虫3～4头）时，使用螺螨酯4000～5000倍（每瓶100mL对水400～500kg）均匀喷雾，可控制红蜘蛛、黄蜘蛛50d左右。此后，若遇红蜘蛛、黄蜘蛛虫口再度上升，可使用一次速效性杀螨剂（如哒螨灵、克螨特、阿维菌素等）即可。

春季用药方案2：如红蜘蛛、黄蜘蛛发生较早达到防治指标时，先使用1～2次速效性杀螨剂（如哒螨灵、克螨特、阿维菌素等），5月上旬左右，使用螺螨酯400～5000倍液（每瓶100mL对水400～500kg）喷施一次，可控制红蜘蛛、黄蜘蛛50d左右。

秋季用药：9、10月份红蜘蛛、黄蜘蛛虫口上升达到防治指标时，使用螺螨酯4000～5000倍液再喷施一次或根据螨害情况与其他药剂混用，即可控制到柑橘采收，直至冬季清园。

注意事项　①如果在柑橘全爪螨为害的中后期使用，为害成螨数量已经相当大，由于螺螨酯杀卵及幼螨的特性，建议与速效性好、残效短的杀螨剂，如阿维菌素等混合使用，既能快速杀死成螨，又能长时间控制害螨虫口数量的恢复。②考虑到抗性治理，建议在一个生长季（春季、秋季），螺螨酯的使用次数最多不超过两次。③螺螨酯的主要作用方式为触杀和胃毒，无内吸性，因此喷药要全株均匀喷雾，特别是叶背。④建议避开果树开花时用药。

部分田间试验总结如下。

（1）江苏省防治柑橘全爪螨

由表73-1可见，24%螺螨酯悬浮剂防治柑橘全爪螨效果极好，明显优于15%哒螨灵乳油1∶1500倍液，但各处理剂量间的差异不显著。因此在2006年（表73-2）进一步稀释螺螨酯，其速效性较差，但持效性好，建议结合速效杀螨剂使用，将会取得更好的效果。

表73-1　螺螨酯防治柑橘全爪螨防治效果（%）分析（2005年）

药剂	稀释倍数	1d	3d	10d	20d	30d
24%螺螨酯悬浮剂	8000	－23.73	90.17	99.15	99.37	99.75
24%螺螨酯悬浮剂	6000	5.47	91.55	99.47	99.72	98.9
24%螺螨酯悬浮剂	4000	38.2	95.7	98.75	99.6	96.4
15%哒螨灵乳油	1500	－16.96	65.59	78.97	97.5	75.69

表 73-2　螺螨酯防治柑橘全爪螨防治效果（%）分析（2006 年）

药剂	稀释倍数	1d	3d	10d	20d	30d
24%螺螨酯悬浮剂	16000	46.35	62.87	98.42	97.57	99.8
57%炔螨特乳油	2500	66.67	83	95.19	99.68	99.35
10.8%阿维乳油	2000	93.62	97.15	92.97	97.92	93.45
10%哒四螨悬浮剂	2500	34.65	53.47	86.25	93.67	98.1
30%哒螨灵乳油	4000	76.52	89.7	97.17	99.29	99.17
15%哒螨灵乳油	1500	82.85	93.69	94.69	96.2	93.57

（2）辽宁省防治苹果全爪螨

240g/L 螺螨酯悬浮剂适于在苹果全爪螨发生初期使用，使用剂量以 4000～6000 倍液较为适宜见表 73-3。在苹果生长季节内最好只施用 1 次，注意与其他杀螨剂轮换使用，降低产生抗性的风险。

表 73-3　240g/L 螺螨酯悬浮剂对苹果全爪螨的防治效果

年份	药剂处理	药前叶均螨数	药后 7d		药后 14d		药后 28d	
			叶均螨数	防效/%	叶均螨数	防效/%	叶均螨数	防效/%
2006	4000 倍液	3.20	0.20	95.80a	0.10	97.98a	0.09	99.54a
	5000 倍液	3.34	0.48	90.00b	0.20	96.90a	0.03	99.92a
	6000 倍液	2.98	0.36	91.15b	0.13	98.31a	0.03	99.89a
	15%哒螨灵乳油 3000 倍液	2.30	0.15	95.47a	0.25	94.51a	1.69	89.95b
	对照(不施药)	2.71	4.39		5.29		20.76	
2007	4000 倍液	3.24	0.55	94.56a	0.11	99.51a	0.25	99.31a
	5000 倍液	2.95	0.55	93.95a	0.11	99.30a	0.60	98.15ab
	6000 倍液	3.26	0.60	93.76a	0.33	98.37b	0.74	97.69b
	15%哒螨灵乳油 3000 倍液	2.68	0.15	98.18a	0.58	96.35c	3.08	88.93c
	对照(不施药)	3.08	9.78		18.88		32.65	

注：叶均螨数为 25 片叶上所有活动态螨的平均数；* 为校正防效，其后小写字母为 DMRT 法 5%差异显著性。

（3）山东省防治苹果全爪螨

螺螨酯药效迟缓，速效性较差，施药 3～7d 后达到较好防效，持效期长，3 个浓度的防效差异不明显，对苹果树安全。建议在苹果树红蜘蛛发生初期使用，推荐使用浓度为 5000～6000 倍见表 73-4、表 73-5。

表 73-4　240g/L 螺螨酯悬浮剂防治苹果红蜘蛛的效果（2007 年）

处理	药后 1d		药后 3d		药后 7d		药后 14d		药后 21d		药后 28d	
	螨口减退率/%	防治效果/%	螨口减退率/%	防治效果/%	螨口减退率/%	防治效果/%	螨口减退率/%	防治效果/%	螨口减退率/%	防治效果/%	螨口减退率/%	防治效果/%
6000 倍液	28.37	17.81a	44.88	55.18b	94.17	96.88a	90.87	94.67a	99.18	98.45a	98.64	97.45a
5000 倍液	23.68	12.97a	67.25	73.50a	97.67	99.24a	93.48	96.32a	98.98	98.77a	96.71	92.78a
4000 倍液	32.46	32.42a	43.73	53.99b	97.63	98.50a	94.50	96.94a	99.51	99.27a	97.50	95.73a
20%四螨嗪悬浮剂 2000 倍液	34.51	22.80a	59.58	67.20ab	83.36	87.66b	47.66	70.87b	46.13	−2.41b	−31.12	−40.54c
对照(清水)	−7.80	0a	−22.42	0c	−30.82	0c	−82.71	0c	40.90	0b	14.74	0b

注：数字为 4 次重复的平均值，防治效果标有相同字母者差异不显著（$p=0.05$），DMRT 测验。

表 73-5　240g/L 螺螨酯悬浮剂防治苹果红蜘蛛的效果（2008 年）

处理	药后 1d		药后 3d		药后 7d		药后 14d		药后 21d		药后 36d	
	螨口减退率/%	防治效果/%	螨口减退率/%	防治效果/%	螨口减退率/%	防治效果/%	螨口减退率/%	防治效果/%	螨口减退率/%	防治效果/%	螨口减退率/%	防治效果/%
6000 倍液	77.72	86.90b	96.14	98.57a	76.79	88.72b	80.89	87.98ab	83.31	84.87a	82.02	73.10a
5000 倍液	72.08	82.91b	98.42	99.57a	70.74	85.60b	90.69	93.66a	79.08	83.52a	87.84	63.11a
4000 倍液	72.01	83.24b	98.02	99.28b	94.64	98.93a	79.67	87.76ab	67.72	78.41a	87.33	75.06a
15%哒螨灵乳油 2000 倍液	91.44	96.35a	100.00	100a	88.79	96.22ab	56.30	71.66b	49.50	81.30a	55.90	−5.45b
对照(清水)	−63.79	0c	−63.47	0b	−102.51	0c	−49.33	0c	−49.27	0b	70.44	0b

注：数字为 4 次重复的平均值，防治效果标有相同字母者差异不显著（$p=0.05$），DMRT 测验。

专利与登记

专利名称　Preparation and insecticidal, acaricidal, herbicidal, and fungicidal activities of 3-aryl-4-hydroxy-3-dihydrofuranone and thiophenone derivatives

专利号　DE 4216814　专利公开日　1993-01-21

专利申请日　1992-05-21　优先权日　1991-07-16

专利拥有者　Bayer A.-G.

在其他国家申请的化合物专利：AU 9219599、AU 645701、BR 9202653、EP 528156、ES 2099770、JP 05294953、JP 3113078、KR 227884、US 5262383、ZA 9205260 等。

制备专利：CN 101235023、WO 2001068625 等。

制剂或剂型专利：CN 1403000、CN 101297646、CN 101300979、CN 101317568、CN 101380002、CN 101401576、CN 101401582、CN 101401583、CN 101401584、CN 101406192、CN 101406197、CN 101406196、CN 101406200、CN 101406186、CN 101406187、CN 101406188、CN 101406185、CN 101518243、CN 101518233、CN 101543213、DE 19939395、DE 10342673、DE 102006014480、DE 102007045919、WO 2001024634、WO 2001033966、WO 2002043496、WO 2002087334、WO 2005048712、WO 2007101546、WO 2008009379 等

在中国申请的含螺螨酯的专利及登记情况见表 73-6、表 73-7。

表 73-6　在中国申请专利情况

序号	申请号	专利名称
1	200810059921.X	一种螺螨酯的合成方法
2	200810060324.9	螺螨酯衍生物及其合成方法和用途
3	200810150204.8	一种含螺螨酯的杀螨剂组合物
4	200810132624.3	一种含螺螨酯的复配农药组合物
5	200810181360.0	一种杀螨组合物
6	200810232324.2	一种含螺螨酯和丁醚脲的杀螨组合物
7	200810181361.5	一种含螺螨酯和氟虫脲的杀螨组合物
8	200810232326.1	一种含螺螨酯和氟虫脲的杀螨组合物
9	200810172593.4	含有螺螨酯的复配具有协同增效作用的杀虫、杀螨剂
10	200810181972.X	一种具有增效作用的杀虫、杀螨组合物及其应用
11	200810181973.4	一种含有季酮酸和有机磷的杀虫杀螨组合物
12	200810181978.7	一种含有螺螨酯和甲氰菊酯具有增效作用的杀螨剂组合物
13	200810181976.8	一种复配杀螨剂及其应用
14	200810181974.9	一种含有季酮酸类活性物质的杀螨组合物
15	200810232327.6	一种螺螨酯与伊维菌素复配的杀螨组合物
16	200810181977.2	一种含季酮酸和苯丁锡的杀螨组合物及其应用
17	200810101126.2	一种螺螨酯水分散粒剂及其制备方法
18	200810101138.5	一种螺螨酯微乳剂的制备方法
19	200810084468.8	一种杀虫、杀螨剂组合物
20	200910031086.3	含有螺螨酯和烯啶虫胺的杀虫杀螨组合物
21	200910303799.0	螺螨酯与抗生素类杀虫剂农药复配制剂
22	200810097972.1	一种杀虫、杀螨剂组合物
23	200910108818.4	一种增效杀螨剂
24	200910042157.X	一种含螺螨酯的悬浮剂及其制备方法
25	200910108585.8	一种螺螨酯水乳剂及其制备方法
26	200910140096.0	一种含有螺螨酯的杀螨组合物
27	200910140089.0	一种含有螺螨酯的杀虫杀螨组合物
28	200910210156.1	螺螨酯功夫菊酯杀虫组合物
29	200910040911.6	螺螨酯多重乳状液及其制备方法

从 2002 年开始，已在多个国家登记注册，2006 年在加拿大登记用于防治果树害螨。2004 年螺螨酯在中国获得在柑橘上的临时登记（登记证号：LS20042173），当年在南方 8 个省的柑橘区做了 18 个点的示范试验，结果证明它对柑橘全爪螨具有出色的防治效果。2005

年螺螨酯开始在国内销售。2008 年螺螨酯在中国获得在苹果树、棉花和柑橘树上的临时登记（登记证号：LS20082644），用于防治红蜘蛛。

表 73-7　德国拜耳作物科学公司在中国登记情况

商品名	登记证号	含量	剂型	登记作物	防治对象	用药量	施用方法
				棉花	红蜘蛛	36～72g/hm²	喷雾
螺螨酯	LS20082644	240 g/L	悬浮剂	苹果树	红蜘蛛	40～60mg/kg	喷雾
				柑橘树	红蜘蛛	40～60mg/kg	喷雾
螺螨酯	PD20070378	240g/L	悬浮剂	柑橘树	红蜘蛛	40～60mg/kg	喷雾
螺螨酯	PD20070378F040156	240g/L	悬浮剂	柑橘树	红蜘蛛	40～60mg/kg	喷雾
螺螨酯	PD20070353	95.5%	原药				

合成方法

经如下反应制得螺螨酯：

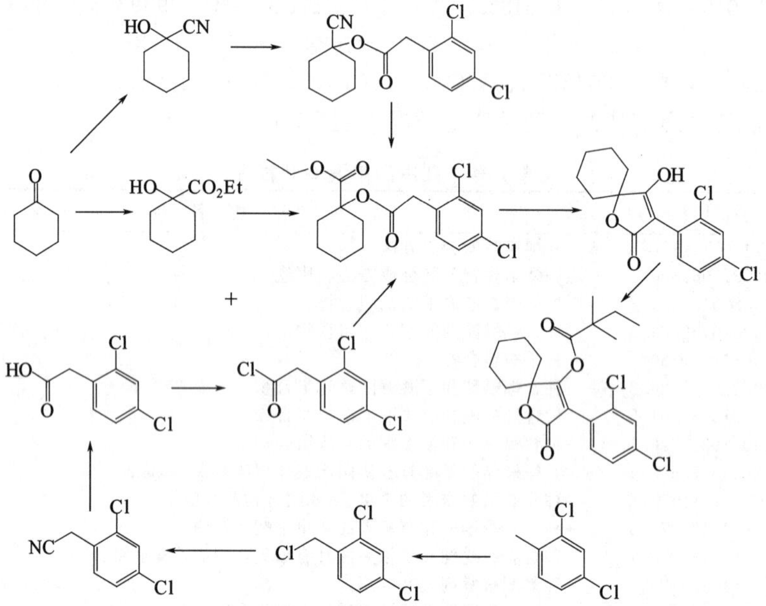

1 Proceedings of the Brighton Crop Protection Conference-Pests and diseases. 2000，1，53.

2 The Pesticide Manual. 15 th edition：1044-1046.

3 US 6476251.

4 US 5262383.

5 精细化工中间体，2009，39 (02)：19-21.

6 现代农药，2007，6 (5)：49-50.

7 中国果树，2008，3：40-41.

8 落叶果树，2009，2：36-38.

9 http：//www.chinapesticide.gov.cn/service/aspx/B3X.aspx?aiid=ARSPI

74　螺虫酯（spiromesifen）

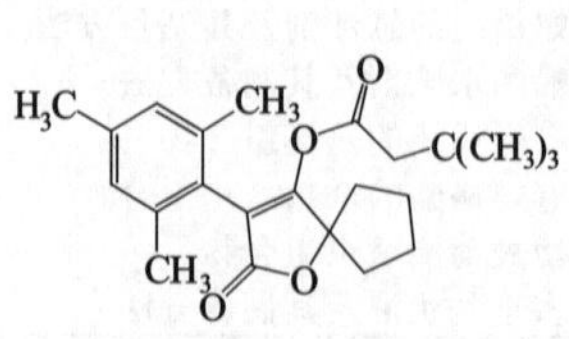

$C_{23}H_{30}O_4$，370.5

产品简介

螺虫酯［试验代号：BSN2060，通用名称：spiromesifen，商品名：Oberon（Bayer

CropScience)] 是 R. Nauen 等报道其活性，由 Bayer CropScience 开发的季酮酸酯类（tetronic acid）杀虫剂。其他商品名称（生产商）：Forbid（Bayer CropScience）、Danigetter（Bayer CropScience）、Judo（OHP）。主要生产商 Bayer CropScience。

化学名称　3-(2,4,6-三甲苯基)-2-氧代-1-氧杂螺[4.4]壬-3-烯-4-基-3,3-二甲基丁酸酯，英文化学名称为 3-mesityl-2-oxo-1-oxaspiro[4.4]non-3-en-4-yl-3,3-dimethylbutyrate。美国化学文摘系统名称为 2-oxo-3-(2,4,6-trimethylphenyl-1-oxaspiro[4.4]non-3-en-4-yl) 3,3-dimethylbutanoate，CA 主题索引名称为 butanoic acid—,3,3-dimethyl-2-oxo-3-(2,4,6-trimethylphenyl)-1-oxaspiro[4.4]non-3-en-4-yl ester。CAS 登录号为 [283594-90-1]。

理化性质　工业品纯度≥96.5%，外观为无色粉末，熔点 96.7～98.7℃。蒸气压 7×10^{-3}mPa（20℃）。K_{ow} $\lg P=4.55$（无缓冲，20℃）。Henry 常数 2×10^{-2} Pa·m³/mol（20℃，计算）。相对密度 1.13（20℃）。水中溶解度 0.13mg/L（pH＝4～9，20℃）。其他溶剂中溶解度（20℃，g/L）：正庚烷 23，异丙醇 115，正辛醇 60，聚乙二醇 22，二甲亚砜 55，二甲苯、1,2-二氯乙烷、丙酮、乙酸乙酯和乙腈中均＞250g/L。水解 DT_{50}（50℃）：53.3d（pH＝4）、24.8d（pH＝7）、4.3d（pH＝9）（25℃），2.2d（pH＝4）、1.7d（pH＝7）、2.6h（pH＝9）。

毒性　大鼠急性经口 LD_{50}，雄鼠、雌鼠均＞2500mg/kg。大鼠急性经皮 LD_{50}，雄鼠、雌鼠均＞2000mg/kg。本品对兔皮肤、眼睛无刺激。大鼠吸入 LC_{50}（4h）＞4.87mg/L。NOEL 值：小鼠（90d 和 18 月）3.2mg/(kg·d) 和 3.3mg/(kg·d)。研究表明对二代鼠没有潜在的生殖毒性，也没有潜在的基因毒性和致畸作用。

生态效应　山齿鹑急性经口 LD_{50}＞2000mg/kg；山齿鹑、野鸭饲养（5d）LC_{50}＞5000mg/kg。鱼急性（96h）LC_{50}：虹鳟鱼 0.016mg/L，大翻车鱼＞0.034mg/L。水蚤 EC_{50}（48h）＞0.092mg/L。月牙藻 E_bC_{50} 及 E_rC_{50}（96h）＞0.094mg/L。摇蚊 NOEC（28d）0.032mg/L。蜜蜂经口 LD_{50}＞790μg/只，接触 LD_{50}＞200μg/只。蚯蚓 LC_{50}＞1000mg/kg（干燥土）。对捕食性螨有中等毒性。对瓢虫无害。

环境行为　在动物体内迅速被吸收，但是不能被完全吸收（48%）。分布广泛、代谢迅速，在 72h 内几乎全部被排泄。植物体内最初通过螺虫酯烯醇去酯化，随后羟基化和螯合。螺虫酯及螺虫酯烯醇残留物的风险还需要进一步评估。土壤中，DT_{50} 2.6～17.9d，降解过程首先为去酯化，接着为 4-甲基基团的氧化而得到羧酸代谢物；在一些环境下，这些代谢物比螺虫酯降解更为缓慢，DT_{50}分别为 8.8～101.6d 和 1.7～224d。

浓度计测量表明母分子没有浸出问题，K_{oc} 30900mL/g；两个代谢物的流动性好像非常好，K_{oc}分别为 1.2～8.3 和 3。然而，沉积物中耗散的主要途径是通过吸收螺虫酯。土壤、地下水的残留物主要是螺虫酯、螺虫酯烯醇和代谢物；沉积物中的残留物主要是螺虫酯及其烯醇。

制剂与分析方法　主要为悬浮剂，240g/L 悬浮剂。

作用机理　类脂生物合成抑制剂。抑制白粉虱、螨类发育和繁殖的非内吸性杀虫、杀螨剂，同时具有杀卵作用。影响粉虱和螨虫的生长及变态相关的生长调节体系，破坏脂质的生物合成，尤其对幼虫阶段有较好的活性，同时还可以产生卵巢管闭合作用，降低螨虫和粉虱成虫的繁殖能力，大大减少产卵数量，对成虫施药后致死需要 3～4d。螺虫酯能有效地防治对吡丙醚产生抗性的粉虱，与灭虫威复配能有效地防治具有抗性的粉虱。与任何常用的杀虫剂、杀螨剂无交互抗性。通过室内和田间试验证明螺虫酯对有益生物是安全的，并且适合害虫综合防治，残效优异，植物相容性好，对环境安全。

应用

适用作物　主要用于棉花、玉米、葫芦、胡椒、番茄、草莓、甘蓝和其他蔬菜，观赏植物。

防治对象 粉虱（白粉虱）和叶螨等。

使用剂量 100～150g(a. i.)/hm^2。

交互抗性 在棉花田里用2龄的粉虱幼虫作抗性的生物测定。螺虫酯与吡虫啉（imidacloprid）相比，对棉粉虱的2龄幼虫更有效。螺虫酯与有机磷酸酯类（organophosphates）、氨基甲酸酯类（carbamates）、硫丹（endosulfan）、除虫菊酯类（pyrethroids）等杀虫剂无交互抗性。对吡丙醚产生抗性的棉粉虱并不对螺虫酯产生抗性。

以二斑叶螨为靶标，进行交互抗性研究，结果表明螺虫酯与常用的杀螨剂如哒螨酮（pyridaben）、唑螨酯（fenpyroximate）、阿维菌素（abamectin）、噻螨酮（hexythiazox）、四螨嗪（clofentezine）、三氯杀螨（dicofol）、有机磷酸酯类（organophosphates）等杀螨剂没有交互抗性。

室内试验 粉虱（如棉粉虱）和叶螨（如二斑叶螨）属于对农业和园艺业危害很大的刺吸类害虫。它们对市售的多数杀虫剂和杀螨剂已产生了抗性。螺虫酯能有效地控制棉粉虱的各幼虫期，用很小的剂量就能控制1～3龄的幼虫。茎叶处理能显著地降低棉粉虱雌成虫的繁殖能力。试验结果显示：随着剂量的增加，产卵的数量急剧减少：8μg/mL可以减少60%的卵，较高浓度，40μg/mL可以减少90%的卵，200μg/mL可以减少90%～98%的卵。螺虫酯也显示了很好的杀螨活性，并能防治叶螨的各个发育期，对幼虫阶段的作用较成虫更明显。芸豆用螺虫酯进行茎叶处理，试验结果表明螺虫酯对二斑叶螨幼螨各发育阶段及卵孵化期（2d、4d）的 LC_{50} 为0.1mg/L，对休眠期和雌成虫的 LC_{50} 为0.5～1.0mg/L。

田间试验 在世界各地的不同气候条件下做田间试验，发现螺虫酯对粉虱和叶螨都有很好的防效。24%螺虫酯悬浮剂对粉虱表现出很好的防治效果：处理剂量［g(a. i.)/hm^2］为96、120、144，第3～7d对棉粉虱的防效分别为75%、74%、80%，第8～14d对棉粉虱的防效分别为76%、77%、82%，第15～21d对棉粉虱的防效分别为70%、71%、90%。24%螺虫酯悬浮剂对叶螨表现出很好的杀螨活性：处理剂量［g(a. i.)/hm^2］为96、144、192，第3～7d对二斑叶螨的防效分别为92%、92%、85%，第8～14d对二斑叶螨的防效分别为95%、95%、96%，第15～21d对红蜘蛛的防效分别为94%、98%、96%，第22～28d对二斑叶螨的防效分别为92%、97%、95%。

专利与登记

专利名称 Use of 3-(2,4,6-trimethylphenyl)-4-neopentylcarbonyloxy-5,5-tetramethylene-delta<3>-dihydrofurane-2-on for controlling the white fly

专利号 DE 19901943　　专利公开日 2000-07-27

专利申请日 1999-01-20　　优先权日 1999-01-20

专利拥有者 Bayer AG (Ger)

目前公开的或授权的专利：AT 249741、AU 2541500、BR 20007583、CN 1174676、CN 1174676、CO 5210900、EP 1152662、EP 1152662、ES 2202051、ID 30160、IL 143868、JP 2002535254、PT 1152662、TR 200102120、US 6436988、WO 2000042850、ZA 200105107等。

制备专利：DE 102006016641、DE 102007001866、WO 2008083950、WO 2001068625等。

制剂或剂型专利：DE 19913174、WO 2001060158、WO 2001070027、WO 2001072125、WO 2002043496、WO 2005004604、WO 2005065453、WO 2007101546等。

首次在印度尼西亚和英国获准上市。印度尼西亚防治茶叶和苹果短须螨属和红蜘蛛，在美国准备登记的作物，如棉花、玉米、葫芦、胡椒、番茄、草莓、甘蓝和其他蔬菜等。

合成方法

经如下反应制得螺虫酯：

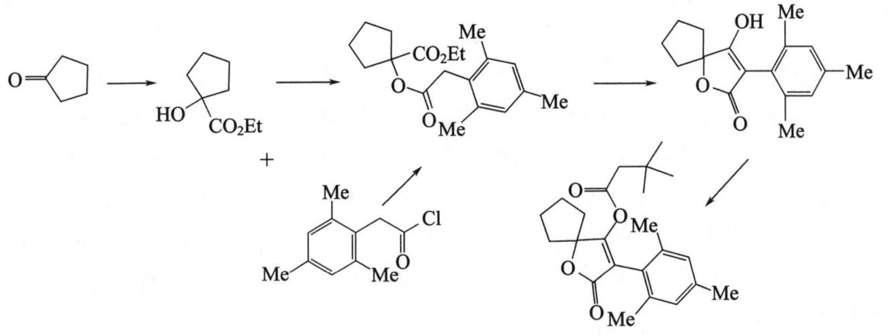

螺虫酯

中间体的合成：

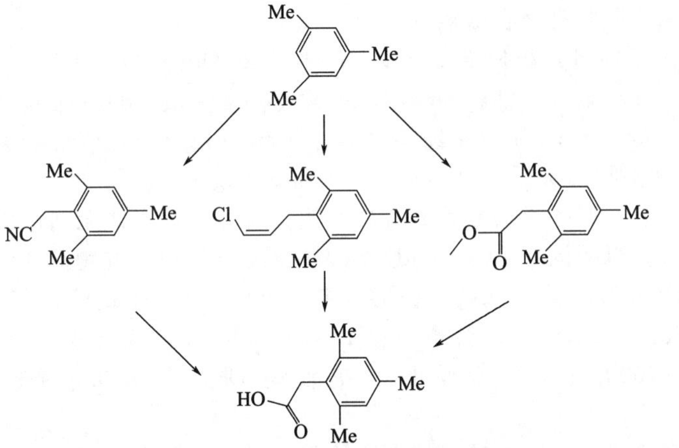

1 The Pesticide Manual. 15th edition：1046-1047.

2 农药，2007，46 (12)：800-805.

3 精细化工中间体，2010，(40) 3：18-21.

4 农药，2005，44 (12)：559-560.

75 螺虫乙酯（spirotetramat）

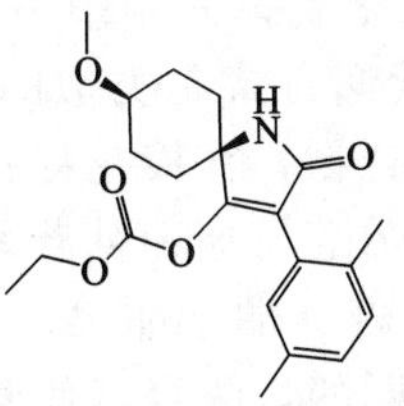

$C_{21}H_{27}NO_5$，373.5

产品简介

螺虫乙酯（试验代号：BYI 08330，通用名称：spirotetramat，商品名称：Movento、Ultor、BYI 8330 OD、亩旺特）是由拜耳作物科学公司开发的季酮酸衍生物类杀虫剂。

化学名称　顺-4-(乙氧基羰基氧基)-8-甲氧基-3-(2，5-二甲苯基)-1-氮杂螺[4.5]癸-3-烯-2-酮。英文化学名称为 *cis*-4-(ethoxycarbonyloxy)-8-methoxy-3-(2,5-xylyl)-1-azaspiro[4.5]dec-3-en-2-one。美国化学文摘系统名称为 *cis*-3-(2,5-dimethylphenyl)-8-methoxy-2-oxo-1-azaspiro[4.5]dec-3-en-4-yl ethylcarbonate，CA 主题索引名称为 carbonic acid—，*cis*-3-(2,5-

dimethylphenyl)-8-methoxy-2-oxo-1-azaspiro[4.5]dec-3-en-4-yl ethyl ester。CAS 登录号为[382608-10-8]。

理化性质　原药外观为白色粉末，无特别气味，制剂外观具芳香味白色悬浮液。熔点142℃，在 235℃分解，无沸点。蒸气压 5.6×10^{-9} Pa（20℃）、1.5×10^{-8} Pa（25℃）、1.5×10^{-6} Pa（50℃）。K_{ow} $\lg P=2.51$（pH=4 和 pH=7），$K_{ow}\lg P=2.50$（pH=9）。相对密度 1.22。水中溶解度（20℃）：33.5mg/L（pH=4），29.9mg/L（pH=7），19.1mg/L（pH=9）。其他溶剂中溶解度（g/L，20℃）：正己烷 0.055，二氯甲烷>600，二甲基亚砜 200～300，甲苯 60，丙酮 100～120，乙酸乙酯 67，乙醇 44。稳定性较好，在 30℃稳定性≥1a。水解半衰期（25℃）为 32.5d（pH=4）、8.6d（pH=7）、0.32d（pH=9），形成相应的烯醇，稳定不进一步水解。水溶液光解半衰期为 14.4d（pH=5），天然水（pH=7.9）中半衰期为 0.74d。在潮湿土壤中难于测量光解速率，因为主要是由微生物作用的，在黑暗条件下微生物分解活性更高。

毒性　原药大鼠急性经口 LD_{50}>2000mg/kg。大鼠急性经皮 LD_{50}>2000mg/kg。大鼠吸入 LC_{50}>4183mg/m^3。对兔皮肤无刺激作用，对兔眼睛有轻微刺激作用。对荷兰猪无皮肤致敏性，对小鼠皮肤具有潜在致敏性。

亚慢试验无作用剂量：小鼠 28d 经口为 1415mg/(kg·d)（雄），小鼠 90d 经口 1305/1515mg/(kg·d)（雄/雌）；大鼠 28d 经口为 501.8mg/(kg·d)（雌），大鼠 90d 经口 148/188mg/(kg·d)（雄/雌）；狗 28d 经口为 42/70mg/(kg·d)（雄/雌），狗 90d 经口 81/32mg/(kg·d)（雄/雌）；大鼠 28d 经皮为 1000mg/(kg·d)。

生态效应　生态友好，根据推荐的方法使用，对环境有机体无副作用。山齿鹑急性经口 LD_{50}>2000mg/kg，野鸭饲喂 LC_{50}（5d）>475mg/(kg·d)。虹鳟鱼 LC_{50}（96h）2.54mg/L，大翻车鱼 2.20mg/L。水蚤 EC_{50}（4h）>42.7mg/L。水藻 E_rC_{50}（72h）8.15mg/L。摇蚊幼虫 LC_{50}（48h）1.38mg/L。蜜蜂经口 LD_{50}（48h）107.3μg/只，接触>100μg/只。蚯蚓 LC_{50}（14d）>1000mg/kg（干燥土）。捕食螨 LR_{50} 为 0.333g/hm^2，寄生蜂 LR_{50} 为 114.7g/hm^2。

环境行为　环境友好，根据推荐的方法使用，对环境无副作用。动物：大鼠、产蛋鸡和哺乳羊经口吸收快且完全，排泄主要通过肾脏迅速而且完全。在大鼠器官组织中，与螺虫乙酯相关的残留物浓度很低，在牛奶、鸡蛋以及可食用的牲畜器官组织中没有残留。在大鼠和牲畜体内代谢方法相似，酯基断裂形成的烯醇是主要的代谢物，其他可以识别的代谢物是由烯醇衍生的，通过与甘氨酸结合或氧化脱掉 8-甲氧基上的甲基。植物：在所有调查的作物（苹果、棉花、生菜和马铃薯）中的代谢方式是类似的，在苹果的果实和树叶、棉绒、生菜和马铃薯叶中的主要残留物是母体化合物，在棉花籽和马铃薯茎中的主要残留物是螺虫乙酯水解的烯醇，其他重要的代谢物包括烯醇与葡萄糖苷酸的结合物，酮羟基和单羟基代谢物。多年土壤残留，在每个轮作作物（小麦、瑞士甜菜、大头菜）的吸收和代谢本质上是相似的，但在靶标作物上的残留是相当不同的，酮羟基代谢物是主要被吸收的残留物，代谢得到酮羟基乙醇、脱甲基酮羟基、脱甲基二羟基及与葡萄糖结合物。土壤/环境：土壤中 DT_{50}<1d（螺虫乙酯），5～23d（代谢物）。母体化合物及代谢物对地下水无污染。对微生物矿化无副作用。水中 DT_{50}（有氧的）<1d，（厌氧的）3d。水中光解 DT_{50} 3d。土壤 K_d 4.39mg/L，K_{oc} 289mg/L，中等移动性。

制剂与分析方法　制剂有 22.4%悬浮剂、14.5%悬浮剂、15.3%乳油。原药通过高效液相色谱分析。

作用机理　一种新型季酮酸衍生物类杀虫剂，杀虫谱广，持效期长。它是通过干扰昆虫的脂肪生物合成导致幼虫死亡，降低成虫的繁殖能力。由于其独特的作用机制，可有效地防治对现有杀虫剂产生抗性的害虫，同时可作为烟碱类杀虫剂抗性管理的重要品种。

螺虫乙酯是迄今惟一具有在木质部和韧皮部双向内吸传导性能的现代杀虫剂。该化合物可以在整个植物体内向上向下移动，抵达叶面和树皮，从而防治如生菜和白菜内叶上隐藏及果树皮上的害虫。这种独特的内吸性可以保护新生芽、叶和根部，防止害虫的卵和幼虫生长。双向内吸传导性意味着害虫没有安全的可以隐藏的地方，防治作用更加彻底。

应用

螺虫乙酯 240g/L 悬浮剂经田间药效试验对柑橘介壳虫有较好的防效，用药量：有效成分浓度 48～60mg/kg（制剂稀释 4000～5000 倍液）。使用方法为喷雾。表现出较好的速效性，持效期 30d 左右。在推荐的使用剂量范围内对作物安全，未见药害发生。合理使用建议：在＜60mg/kg 剂量下，最多施药 1 次，安全间隔期为 40d。

螺虫乙酯可用于多种作物，包括棉花、大豆、柑橘、热带果树、坚果、葡萄、啤酒花、土豆和蔬菜等防治各种刺吸式口器害虫，如蚜虫、蓟马、木虱、粉蚧、粉虱和介壳虫等。例如蔬菜上的烟粉虱、温室粉虱、棉蚜、桃蚜、甘蓝蚜，仁果类、核果类果树上的玫瑰苹果蚜、豆蚜、桃蚜、光管舌尾蚜、苹果棉蚜、榆蛎蚧、梨园蚧、桑白蚧、猕猴桃松突圆蚧、草莓蚜虫、大戟长管蚜。其对重要益虫如瓢虫、食蚜蝇和寄生蜂具有良好的选择性。

主要用于水果和蔬菜作物见表 75-1、表 75-2。

表 75-1　螺虫乙酯在蔬菜和大田作物上的应用

作　　物	害　　虫	剂量/[g(a.i.)/hm²]
结实的蔬菜：番茄、辣椒、茄子、黄瓜、西瓜、甜瓜	西瓜烟粉虱、温室白粉虱、桃蚜、棉蚜、番茄木虱	45～90
芸薹属蔬菜：花椰菜、青花菜、抱子甘蓝、甘蓝	甘蓝蚜、桃蚜、萝卜蚜、欧洲甘蓝粉虱	55～90
生菜(外地和温室)	莴苣蚜、桃蚜、茶藨苦菜蚜、囊柄瘿绵蚜、茄粗额蚜	55～90
青豆(温室)	蚜虫、粉虱	75～144
洋葱	葱蓟马	75
块茎蔬菜：马铃薯、草莓(外地和温室)	蚜虫、木虱、粉虱、马铃薯块茎蛾	66～90
棉花	蚜虫、白粉虱、螨类、棉蚜、烟粉虱	90

表 75-2　螺虫乙酯在多年生作物上的应用

作　　物	害　　虫	剂量/[g(a.i.)/hm²]
柑橘：橙子、橘子、柠檬、酸橙	红圆蚧、康片蚧、丝绒粉虱、橘粉蚧、常春藤圆盾蚧	60～175
梨果水果：苹果、梨、柑橘	玫瑰苹果蚜、豆蚜、苹果绵蚜、榆蛎蚧、梨园蚧、梨木虱、梨黄木虱	45～175
核果类：桃、杏、油桃、李子、樱桃	光管舌尾蚜、桃蚜、桑白蚧、梨园蚧、玫瑰苹果蚜	45～175
坚果	蚜虫、粉介壳虫、根瘤蚜	88～154
啤酒花	蛇麻疣额蚜、二斑叶螨	90～150
葡萄	粉介壳虫、根瘤蚜	75～132
热带水果：芒果、鳄梨、荔枝、木瓜、番石榴	刺吸害虫、芒果白轮蚧	288
香蕉	介壳虫、粉虱	60～225
猕猴桃	盾蚧	96

专利与登记

专利名称　Preparation of 3-phenylheterocycloalkyl-2,4-dione enols as herbicides and pesticides

专利号　DE 19602524　　专利公开日　1997-01-02

专利申请日　1996-01-25　　优先权日　1995-06-28

专利拥有者　Bayer A.-G.

在其他国家申请的化合物专利：AU 9663042、AU 709848、BR 9609250、CN 1198154、CN 1173947、EP 837847、ES 2180786、HU 9802866、IN 1996、DE 01402、IN 222589、JP 11508880、JP 4082724、RU 2195449、TW 476754、US 6110872、US 6511942、US 20030171219、US 6933261、US 20050038021、US 7256158、WO 9701535、ZA 9605465 等。

制备专利：DE 10239479、DE 102005008021、DE 102006022821、DE 102006057037、WO 9736868、WO 9805638、WO 9948869、WO 2001074770、DE 10231333 等。

制剂或剂型专利：CN 101637158、CN 101637159、CN 101637165、CN 101642108、CN 101642117、CN 101755816、DE 102005008033、DE 102005044826、DE 102005059469、DE 102006014480、EP 2008519、WO 2002000025、WO 2002005648、WO 2002017715、WO 2002019824、WO 2002030199、WO 2002037963、WO 2005004603、WO 2005053405、WO 2005084435、WO 2005084441、WO 2006008111、WO 2006079079、WO 2007101546、WO 2008006516、WO 2008006513、WO 2008006514、WO 2008009379、WO 2008031512、WO 2009000443、WO 2010054757 等。

在中国申请的含螺虫乙酯的制剂或剂型专利及登记情况见表 75-3、表 75-4。

表 75-3　在中国申请专利

序号	申请号	专利名称
1	200910173091.8	一种具有增效作用的杀虫组合物
2	200910173094.1	一种具有增效作用的农药组合物
3	200910170818.7	一种具有增效作用的杀虫组合物
4	200910173096.0	一种具有增效作用的杀虫组合物
5	200910173097.5	一种具有增效作用的杀虫组合物

螺虫乙酯已在 69 个国家和地区提交登记。2008 年螺虫乙酯已成功在美国、加拿大、奥地利、新西兰、摩洛哥、土耳其和突尼斯登记。

表 75-4　德国拜耳作物科学公司在中国登记情况

登记证号	含量	剂型	登记作物	防治对象	用药量	施用方法
LS20091051	螺虫乙酯 240g/L	悬浮剂	番茄	烟粉虱	72～108g/hm²	喷雾
			柑橘树	介壳虫	48～60mg/kg	喷雾
LS20091051F090112	螺虫乙酯 240g/L	悬浮剂	柑橘树	介壳虫	48～60mg/kg	喷雾
LS20091047	螺虫乙酯 96%	原药				

合成方法

经如下反应制得螺虫乙酯：

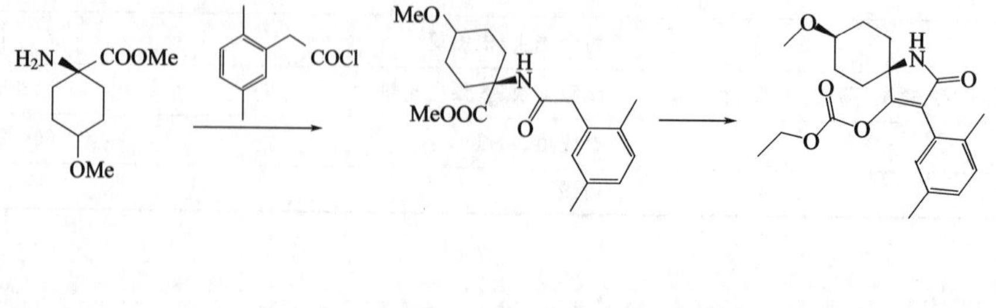

中间体的合成：

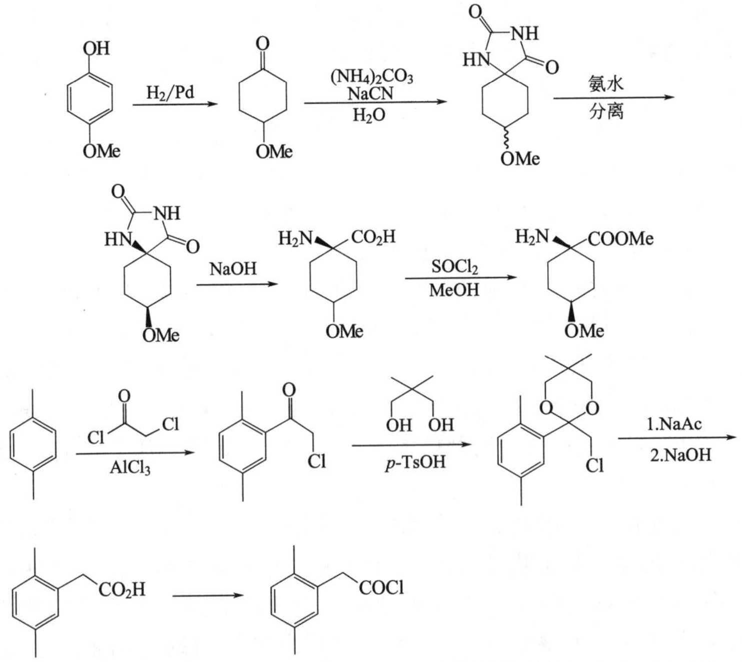

1 The Pesticide Manual. 15 th edition：1047-1049.

2 http：//www. epa. gov/opprd001/factsheets/spirotetramat. pdf.

3 农药，2009，48（6）：445-447.

4 US 7638547.

5 农药科学与管理，2010，31（5）：58.

6 农药，2010，49（4）：250-251.

7 http：//www. chinapesticide. gov. cn/service/aspx/B3X. aspx？ aiid＝INLCZ

脲类杀虫剂

脲类杀虫剂（urea insecticides），目前共开发了 3 个品种：diafenthiuron、flucofuron、sulcofuron，均在此介绍。

76 丁醚脲（diafenthiuron）

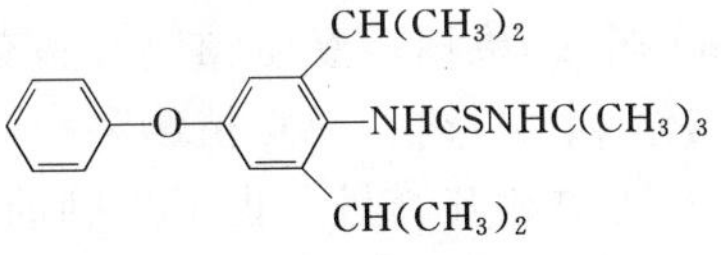

$C_{23}H_{32}N_2OS$，384.6

产品简介

丁醚脲［试验代号：CGA 106 630、CG-167，通用名称：diafenthiuron，商品名称：Pegasus（Syngenta）、Polo（Syngenta）］是先正达公司开发的新型硫脲类杀虫剂。

化学名称 1-叔丁基-3-(2,6-二异丙基-4-苯氧基苯基）硫脲。英文化学名称为 1-*tert*-butyl-3-(2,6-di*iso*propyl-4-phenoxyphenyl) thiourea。美国化学文摘系统名称为 *N*-[2,6-bis (1-methylethyl)-4-phenoxyphenyl]-*N*′-(1,1-dimethylethyl) thiourea，CA 主题索引名称为 thiourea—，*N*-[2,6-bis (1-methylethyl)-4-phenoxyphenyl]-*N*′-(1,1-dimethylethyl)-。CAS 登录号为［80060-09-9］。

组成 工业品含量≥95％。

理化性质 白色粉末，熔点 144.6～147.7℃（OECD 102），蒸气压$<2\times10^{-3}$ mPa（25℃）（OECD 104）。$K_{ow}\lg P=5.76$（OECD 107）。Henry 常数$<1.28\times10^{-2}$ Pa·m^3/

mol（计算）。相对密度 1.09（20℃）（OECD 109）。水中溶解度 0.06mg/L（25℃），其他溶剂中溶解度（g/L，25℃）：乙醇 43，丙酮 320，甲苯 330，正己烷 9.6，辛醇 26。稳定性：对空气、水和光都稳定，水解 DT_{50}（20℃）4.1a（pH＝5），451d（pH＝7），796d（pH＝9）。

毒性　大鼠急性经口 LD_{50} 2068mg/kg，大鼠急性经皮 LD_{50}＞2000mg/kg，对大鼠皮肤和眼睛均无刺激作用，对豚鼠皮肤不致敏。大鼠吸入 LC_{50}（4h）0.558mg/L（空气）。NOEL值（90d）大鼠 4mg/(kg・d)，狗 1.5mg/(kg・d)。ADI0.003mg/kg（bw）。其他：在 Ames 实验、DNA 修复和核异常测试中不致畸。

生态效应　鸟类：山齿鹑和野鸭急性经口 LD_{50}＞1500mg/kg，山齿鹑和野鸭饲喂 LC_{50}（8d)＞1500mg/kg。在田间条件下无急性危害。鱼类：LC_{50}（96h）鲤鱼 0.0038mg/L，虹鳟鱼 0.0007mg/L，蓝鳃太阳鱼 0.0013mg/L。在田间条件下，由于迅速降解成无毒代谢物，无明显危害。水蚤 LC_{50}（48h）0.15μg/L。藻类，淡水藻 IC_{50}（72h)＞50mg/L。对蜜蜂有毒，经口 LD_{50}（48h）2.1 μg/只，局部施药 1.5μg/只。田间条件下没有明显的危害。蠕虫 LC_{50}（14d）约 2600mg/kg。

环境行为　对动物体内的吸收、分布和排泄研究表明，大部分剂量排到粪便中。该化合物降解产生其相应的亚胺，而亚胺又与水、脂肪酸这类亲核试剂反应形成尿素和脂肪酸衍生物。植物：在所有研究植物（棉花、番茄和苹果）中丁醚脲显示了复杂的代谢模式，植物从土壤里吸收的残留活性低。土壤/环境：丁醚脲和其主要代谢物显示了对土壤颗粒有很强的吸着力。土壤中降解很迅速，DT_{50}＜1h～1.4d。

制剂与分析方法　胶悬剂［250g(a.i.)/L 或 500g(a.i.)/L］，可湿性粉剂（500g/kg）。产品分析和残留物测定均用 GC。

作用机理与特点　在体内转化为线粒体呼吸抑制剂。对幼虫、成虫触杀、胃毒作用，也显示出一些杀卵作用。具有触杀、胃毒、内吸和熏蒸作用、低毒，但对鱼、蜜蜂高毒。可以控制蚜虫的敏感品系及对氨基甲酸酯、有机磷和拟除虫菊酯类产生抗性的蚜虫、大叶蝉和椰粉虱等，还可以控制小菜蛾、菜粉蝶和夜蛾。该药可以和大多数杀虫剂和杀菌剂混用。

应用

适用作物　棉花等多种田间作物、果树、观赏植物和蔬菜等多种作物。

防治对象　棉花等多种田间作物、果树、观赏植物和蔬菜上的植食性螨（叶螨科、跗线螨科)、小菜蛾、菜青虫、粉虱、蚜虫和叶蝉科；也可控制油菜作物（小菜蛾)、大豆（豆夜蛾）和棉花（木棉虫）上的食叶害虫。对花蝽、瓢虫、盲蝽科等益虫的成虫和捕食性螨（安氏钝绥螨，梨盲)、蜘蛛（微蛛科)、普通草蛉的成虫和处于未成熟阶段的幼虫均安全，对未成熟阶段的半翅目（花蝽，盲蝽科）昆虫无选择性。可与温室中粉虱螨生物防治兼容。还可防治对有机磷拟除虫菊酯产生抗性的害虫。

使用方法　主要以可湿性粉剂配成药液喷雾使用，使用剂量为 300～500g/hm^2。

应用技术　防治田间小菜蛾，在小菜蛾 1 龄幼虫孵化高峰期，25％丁醚脲 EC 的使用量为 600～900g/hm^2，对水 900kg/hm^2 均匀喷雾防治 1 次；如田间虫量大时，施药后隔 7d 再用药 1 次，可取得更好的防治效果。防治假眼茶小绿叶蝉，50％丁醚脲悬浮剂，1000～1500 倍防治假眼茶小绿叶蝉效果非常理想，药后第 7d 防效仍在 94％以上。防治对菊酯产生抗性的小菜蛾，有效剂量 150～300g/hm^2，处理后 3d 防效在 80.4％以上，处理后 10d 防效在 90.6％以上，持效期 10d 以上。防治棉叶螨用量为 300～400g(a.i.)/hm^2，持效 21d。防治红蜘蛛，一般亩用有效成分 20～30g，持效期 10～15d。

专利概况

专利名称　Phenoxyphenylisothioureas and use thereof in pest control

专利号　GB 2060626　　专利公开日　1981-05-07

专利申请日　1980-29-15　　优先权日　1979-09-19

专利拥有者　Ciba Geigy AG

在其他国家申请的化合物专利：AT 48509、AU 591147、AU 8660067、BE 888179、CA 1292682、CH 643826、CH 640830、CH 649990、CH 640831、CH 640830、DE 3034905、DK 162246、DK 8603307、EP 210487、FR 2465720、GB 2060626、IL 79360、JP 02005742、JP 08016044、JP 62019503、US 4328247、US 4962126、WO 8203390、ZA 8605203 等。

制剂或剂型专利：AU 622009、AU 9052441、BR 9001484、CA 2013301、CN 1045907、EP 390743、HU 53789、JP 02286607、US 5106872、ZA 9002469 等。

在中国申请的与该产品有关的部分专利见表 76-1。

表 76-1　在中国申请专利

序列号	申请号	专利名称
1	02134918.5	印楝素与丁醚脲混配农药制剂
2	97194175.0	农药组合物
3	200710187646.5	含有醚菊酯的杀虫剂组合物
4	200710199596.2	一种杀虫、杀螨剂组合物
5	200710199595.8	杀虫、杀螨剂组合物
6	200710019133.3	一种含有丁醚脲有效成分的杀螨剂组合物及其应用
7	200710032677.3	鱼藤酮与丁醚脲混配农药制剂
8	200710179821.6	含有甲维盐有效成分的泡腾片剂、其制备方法和应用
9	200810017310.9	一种含有丁醚脲有效成分的杀虫、杀螨剂组合物及其应用
10	200810017313.2	一种含有硫双威有效成分的杀虫剂组合物及其应用
11	200710149682.2	农药组合物
12	200710002604.X	一种含有丁醚脲的杀虫组合物
13	200710179818.4	一种含有多杀菌素的复配杀虫剂
14	200710195295.2	丁醚脲水分散粒剂及其制备方法
15	200410002174.8	含有丁醚脲和阿维菌素的杀虫杀螨的组合物
16	200410002175.2	一种具有协同增效作用的杀虫杀螨的组合物
17	200410030542.X	含有丁醚脲和甲氰菊酯或高效氯氰菊酯的杀虫杀螨的组合物
18	200610093375.2	含丁醚脲和溴虫腈的具有杀虫作用的组合物
19	200610111626.5	农药组合物
20	200610122243.8	一种含阿维菌素和丁醚脲的农药组合物及其应用
21	200510047097.2	一种杀虫、杀螨剂组合物
22	200610094926.7	含丁醚脲和甲氨基阿维菌素苯甲酸盐的具有杀虫作用的组合物
23	200710034859.4	含有甲氨基阿维菌素苯甲酸盐的农药组合物
24	200810127042.6	一种含噻螨酮与丁醚脲的杀螨组合物
25	200810123555.X	2,6-二异丙基-4-苯氧基苯基硫脲的合成方法
26	200810132984.3	一种含溴螨酯与丁醚脲的杀螨组合物
27	200810132577.2	含吡螨胺的杀螨组合物
28	200810132581.9	含有丁醚脲和毒死蜱的杀虫、杀螨剂的组合物
29	200810167218.0	一种含有季酮螨酯的杀虫杀螨剂组合物
30	200810073842.4	丁醚脲与烯啶虫胺混配农药制剂
31	200810232324.2	一种含螺螨酯和丁醚脲的杀螨组合物
32	200810181972.X	一种具有增效作用的杀虫、杀螨组合物及其应用
33	200810106866.5	一种防治棉花红蜘蛛的杀虫复配剂
34	200910105449.3	一种杀虫农药组合物及其应用
35	200810103822.7	一种含丁醚脲和高效氯氟氰菊酯微乳剂及其制备方法
36	200910069468.5	一种含氯虫苯甲酰胺的杀虫剂组合物及其制备方法和用途
37	200910034132.5	含有吡蚜酮的杀虫组合物
38	200910173091.8	一种具有增效作用的杀虫组合物
39	200910152316.1	一种含有虱螨脲的复配组合物
40	200910164812.9	一种含有喹螨醚的杀螨组合物
41	200910149310.9	一种含有茚虫威的二元复配杀虫组合物

合成方法

2,6-二异丙基苯胺和溴水反应，生成 4-溴-2,6-二异丙基苯胺，4-溴-2,6-二异丙基苯胺与苯酚反应，生成的 4-苯氧基-2,6-二异丙基苯胺再与硫光气反应，得到 4-苯氧基-2,6-二异丙基苯硫代异氰酸酯，最后与叔丁胺在 20～25℃下反应 12h，即制得本产品。反应式如下：

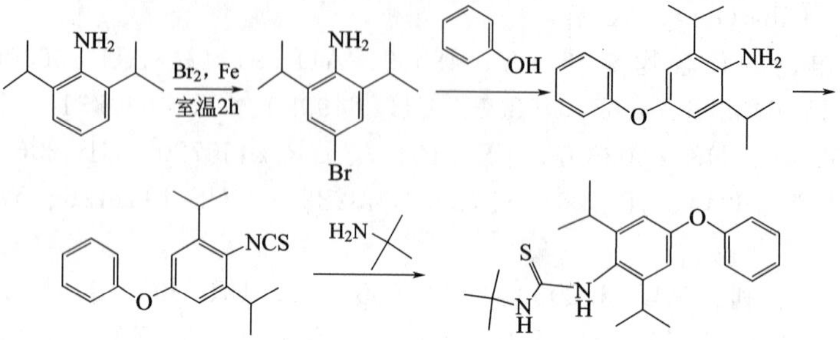

1 The Pesticide Manual. 15 th edition：318-319.

2 The Proceeding of the BCPC Conference-Pests&Disease，1988：25.

3 GB 2060626.

4 DE 3034905.

5 FR 2465720.

6 农药，1996，35（12）：9.

7 农药，1998，37（11）：38.

8 农技服务，2009，26（8）：86.

77 Sulcofuron-sodium

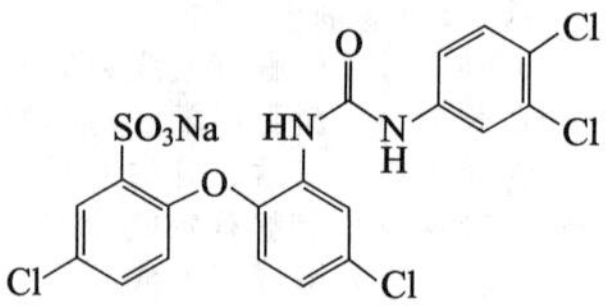

$C_{19}H_{11}Cl_4N_2O_5NaS$，544.2

产品简介

Sulcofuron-sodium（商品名称：Mitin）是由 Ciba-Geigy AG 公司开发的防蛀剂。

化学名称　5-氯-2-[4-氯-2-[3-(3,4-二氯苯基)脲]苯氧基]苯磺酸钠。英文化学名称为 sodium 5-chloro-2-[4-chloro-2-[3-(3,4-dichlorophenyl) ureido] phenoxy] benzenesulfonate。美国化学文摘系统名称为 sodium-5-chloro-2-[4-chloro-2-[[[(3,4-dichlorophenyl)amino]carbonyl]amino]phenoxy]benzenesulfonate。CA 主题索引名称为 benzenesulfonic acid—，5-chloro-2-[4-chloro-2-[[[(3,4-dichlorophenyl)amino] carbonyl]amino]phenoxy]-。CAS 登录号 [3567-25-7]，酸 [24019-05-4]。

理化性质　白色无味粉末。熔点 216～231℃（OECD102）。蒸气压 1.9×10^{-6} mPa（25℃）。$K_{ow}\lg P=1.89$（未指明 pH 值）。相对密度 1.69（20℃），水中溶解度 1.24g/L（pH=6.9，20℃）。水中稳定性 25℃稳定（$DT_{50}>31$d，pH=5，7 和 9），闪点>150℃。

毒性　大鼠急性经口 LD_{50} 645mg/kg。雌和雄大鼠急性经皮 $LD_{50}>2000$mg/kg。对兔皮肤和眼睛没有刺激。对豚鼠无致敏性。大鼠吸入 LC_{50}（4h）4.82mg/L。NOEL 值大鼠 3.1mg/kg，大鼠饲喂（90d）剂量在 3.1mg/kg 以上时导致轻微的溶血性贫血，灌胃使用剂量 50mg/kg 及以上导致胃肠道溃疡和出血性炎症。皮肤 NOEL 值（90d）100mg/kg。经口用量达 80mg/kg（OECD 414）对大鼠不致畸或不影响胚胎，一些 Ames 测试中无遗传毒性或诱变效应，在点突变的细胞培养测试中染色体畸变。体内微核和人外周血淋巴细胞姐妹染色单体互换（SCE）测试试验中不发生致断或 DNA 损坏，无诱变性。ADI 经口 3.1μg/kg，皮肤摄入量 100μg/kg。

生态效应　鸟类：野鸭急性经口 LD_{50}（14d）＞2150mg/kg，山齿鹑 LD_{50}（21d）966mg/kg。鱼类 LC_{50}（96h，mg/L）：斑马鱼 14.5，虹鳟鱼 6.8。水蚤 LC_{50}（48h）9.3mg/L。栅藻 EC_{50}（72h）2.8mg/L。其他有益物种，恶臭假单胞菌（细胞增殖试验）EC_{50} 160mg/L。污水处理细菌（呼吸抑制试验）IC_{50}（3h）＞100mg/L。硝化细菌 IC_{50}（4h）43mg/L。

作用机理与特点　对食毛虫幼虫有胃毒，抑制消化。

应用

防治对象　谷蛾科和皮蠹科幼虫，用作防治能破坏羊毛和毛混织品的谷蛾科和皮蠹科幼虫的防蛀剂。

专利概况

专利名称　Process for protecting nitrogenous fibre materials against attack by textile pests

专利号　GB 941269　　专利公开日　1963-11-06

专利申请日　1961-09-12　　优先权日　1960-08-12

专利拥有者　Ciba Ltd

目前公开的或授权的专利：AU 7245707、CA 983849、CH 386387、CH 537702、CH 1214371、DE 2145344、DE 1619004、DE 2240293、FR 1521052、GB 1044386、GB 1367137、GB 941269、GB 1360558、JP 48028800、FR 2149531、ZA 7106563 等。

合成方法

以对氯苯酚、2,5-二氯硝基苯为起始原料经下列步骤制得。

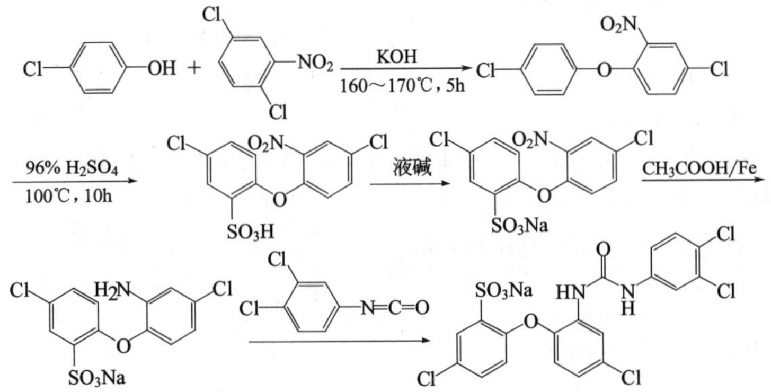

1　The Peticide Manual. 13th ed. 2003. 746.

2　GB 941269.

3　http://www.chemicalbook.com/ProductChemicalPropertiesCB4498481.htm

78　灭虫隆（chloromethiuron）

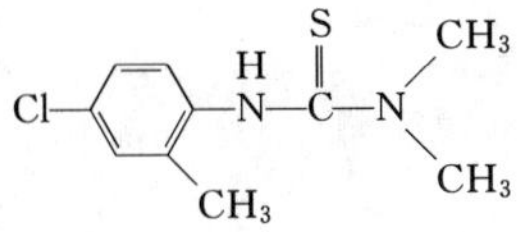

$C_{10}H_{13}ClN_2S$，228.7

产品简介

灭虫隆（试验代号：CGA13 444，通用名称：chloromethiuron，商品名称：Dipofene、螟蛉畏，其他名称灭虫脲）是由瑞士汽巴-嘉基公司开发的硫脲类杀螨剂。

化学名称　3-(4-氯邻甲苯基)-1,1-二甲基（硫脲），英文化学名称为 3-(4-chloro-o-tolyl)-1,1-dimethyl (thiourea)。美国化学文摘系统名称为 *N*′-(4-chloro-2-methylphenyl)-*N*,*N*-dimethylthiourea，CA 主题索引名称为 thiourea—，*N*-(4-chloro-2-methylphenyl)-*N*,*N*-dimethyl-。CAS 登录号为［28217-97-2］。

理化性质　纯品为无色晶体，熔点 175℃。蒸气压 1.1×10^{-6} Pa（20℃）。Henry 常数 5.03×10^{-6} Pa·m^3/mol（计算）。相对密度 1.34（20℃）。水中溶解度 50mg/L（20℃）。其他溶剂中溶解度（20℃，g/kg）：丙酮 37，二氯甲烷 40，己烷 0.05，异丙醇 5。水溶液中稳定性 DT_{50} 1a（5<pH<9）。

毒性　大鼠急性经口 LD_{50} 2500mg/kg；大鼠急性经皮 LD_{50} >2150mg/kg。对兔皮肤无刺激，对眼睛有轻微刺激。大鼠 NOEL（90d）10mg/kg［1mg/(kg·d)］，狗为 50mg/kg［2mg/(kg·d)］。毒性分级 WHO（a.i.）U。

生态效应　虹鳟鱼、大翻车鱼、鲤鱼 LC_{50}（96h）>49mg/L。

制剂与分析方法　产品分析用酸碱滴定法，残留物用 GC 测定（ECD 检测器）。

作用机理与特点　几丁质抑制剂，通过干扰几丁质的合成进而影响真菌的生长。

应用

适用作物　主要针对家畜身上的扁虱。

防治对象　一种高效、低毒、广谱的杀虫剂。主要用于防治家畜身上的扁虱，包括对其他杀螨剂产生抗性的扁虱。对蜱螨、水稻二化螟、棉铃虫、红铃虫也有很好的防治效果。

使用方法　以 1.8g(a.i.)/L 浸洗牛、羊、马和狗，可防治各种扁虱。

专利概况

专利名称　Pesticidal preparations

专利号　GB 1138714　　专利公开日　1969-01-01

专利申请日　1966-03-09　　优先权日　1965-03-30

专利拥有者　Ciba-Geigy

在其他国家申请的化合物专利：CH 448606、DE 1542848、NL 6604132、US 3395233、US 3801635、FR 1482914 等。

制备专利：CH 602624、GB 2007094 等。

合成方法

有如下两种方法可制得灭虫隆

(1)

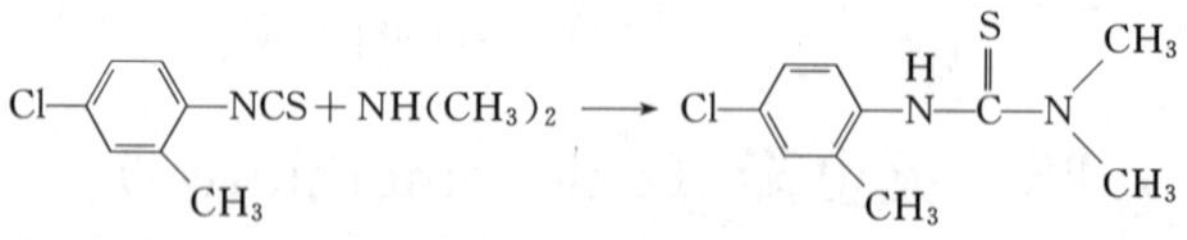

(2)

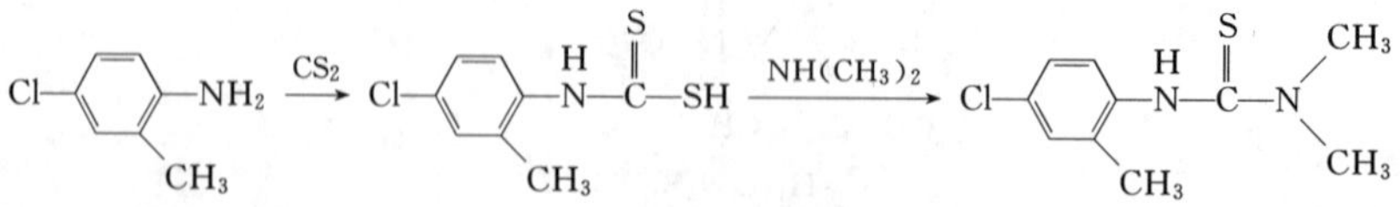

1　Proc. World Vet. Congr. 20 th. 1975，659.

2　EP 678543.

3　GB 1138714.

4　农药，1987，(03)：31-33.

亚胺类杀虫剂

亚胺类化合物至今已有 6 个品种商品化或在开发中：amitraz、formetanate、chlordimeform、formparanate、medimeform、semiamitraz。此处仅介绍 amitraz、formetanate，其他

化合物应用范围小或不再作为杀虫剂使用或没有商品化等原因，本书不予介绍，仅列出化学名称及 CAS 登录号供参考。

chlordimeform：(*EZ*)-N^2-(4-chloro-*o*-tolyl)-N^1-,N^1-dimethylformamidine，6164-98-3。

formparanate：4-[(*EZ*)-dimethylaminomethyleneamino]-*m*-tolyl methylcarbamate，17702-57-7。

medimeform：(*EZ*)-*N*-dimethylaminomethylene-2，4-xylidine hydrochloride 或(*EZ*)-N^1,N^1-dimethyl-N^2-(2,4-xylyl)formamidine hydrochloride，69618-84-4。

semiamitraz：(*EZ*)-*N*-methylaminomethylene-2,4-xylidine 或(*EZ*)-N^1-methyl-N^2-(2,4-xylyl)formamidine，33089-74-6。

79 双甲脒 (amitraz)

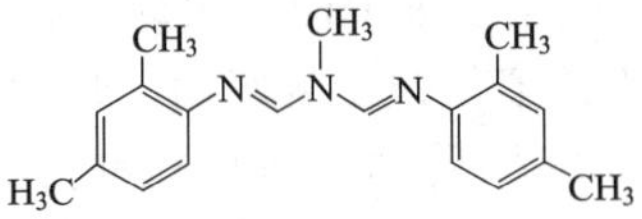

$C_{19}H_{23}N_3$，293.4

产品简介

双甲脒［试验代号：BTS 27 419 (Boots)，通用名称：amitraz，商品名称：Akaroff (Ingeniería Industrial)、Byebye (Agriphar)、Mitac (Arysta lifeScience EAME)、Parsec (Makhteshim-Agan)、Rotraz (Rotam)、Sender (Hubei Sanonda)、Sunmitraz (Sundat)、Taktic (兽用) (Intervet)、Vapcozin (Vapco)，其他商品名称：Bemisit (AgroSan)、Danicut (Nissan)、Manfen (Jiangsu Lulilai)、Mit (Agropharm)、Mitisan (Aragro)、Opal (Nufarm Ltd)、Tac Plus (Makhteshim-Agan)、Teomin (Hekta351)、Tudy (BASF)、Wrest (Doğal)、阿米拉兹、三亚螨（台）、双虫脒、双二甲咪、果螨杀、杀伐螨，混剂有 Alphatraz (+α-氯氰菊酯) (Agropharm)］1973 年由 Boots Company Ltd (现属拜耳公司) 开发的杀螨剂。主要生产商：Arysta lifeScience、Hubei Sanonda、Milenia、Tide、Rotam、Sharda、Sundat、江苏百灵农化有限公司、深圳市宝诚化工实业有限公司、丰荣精细化工有限公司、常州市武进恒隆农药有限公司、江苏绿利来股份有限公司、苏州恒泰医药化工有限公司、上海中西药业股份有限公司。

化学名称 *N'*-(2,4-二甲基苯基)-*N*-{[(2,4-二甲基苯基)亚氨基]甲基}-*N*-甲基亚甲氨基胺或 *N*-甲基双(2,4-二甲苯亚氨基甲基)胺，英文化学名称为 *N*-methylbis(2,4-xylyliminomethyl)amine。美国化学文摘系统名称为 *N'*-(2,4-dimethylphenyl)-*N*-[[(2,4-dimethylphenyl)imino]methyl]-*N*-methylmethanimidamide，CA 主题索引名称为 methanimidamide—*N'*-(2,4-dimethylphenyl)-*N*-[[(2,4-dimethylphenyl)imino]methyl]-*N*-methyl-。CAS 登录号为［33089-61-1］。

理化性质 本品为白色或淡黄色晶体，熔点为 86～88℃，蒸气压 0.34mPa (25℃)。$K_{ow}\lg P=5.5$ (25℃，pH=5.8)，Henry 常数 1.0Pa·m³/mol (测量)，相对密度 1.128 (20℃)。溶解度：水中<1mg/L (20℃)，溶于大多数有机溶剂，丙酮、甲苯、二甲苯中>300g/L。稳定性：水解 DT_{50} (25℃) 2.1h (pH=5)，22.1h (pH=7)，25.5h (pH=9)，紫外线对稳定性几乎无影响，pK_a4.2，呈弱碱性。

毒性 急性经口 LD_{50}：大鼠 650mg/kg，小鼠>1600mg/kg；急性经皮 LD_{50}：兔>200mg/kg，大鼠>1600mg/kg。大鼠吸入 LD_{50} (6h)>65mg/L (空气)。NOEL 值：在两年的饲养试验中，大鼠无害作用剂量为 50～200mg/L (饲料)，狗 0.25mg/(kg·d)。对人

的 NOEL 值＞0.125mg/(kg·d)。ADI/RfD（SCFA）0.003mg/kg［2003］。（JMPR）0.01mg/kg［1998］。（EPA）aRfD 0.0125mg/kg［2006］，cRfD 0.0025mg/kg［1988］。在环境中迅速降解，但在饮用水中在可测量浓度下不会降解。毒性等级：WHO（a.i.）Ⅲ，EPA（制剂）Ⅲ。

生态效应　鸟类：山齿鹑 LD_{50} 788mg/kg，野鸭 LC_{50}（8d）7000mg/kg，日本鹌鹑 LC_{50}（8d）1800mg/kg。鱼类 LC_{50}（96h）：虹鳟鱼 0.74mg/kg，大翻车鱼 0.45mg/L；由于双甲脒很容易水解，在水体系中毒性很低。水蚤 LC_{50}（48h）0.035mg/L。羊角月牙藻 EC_{50}＞12mg/L。对蜜蜂和肉食性昆虫低毒。蜜蜂 LD_{50}（接触）为 50μg/只（制剂）。蚯蚓 LC_{50}（14d）＞1000mg/kg（土壤）。

环境行为　在动物体内能快速降解，以 4-氨基-3-甲基苯甲酸和少量的 *N*-(2,4-二甲苯基)-*N'*-甲基甲脒的形式代谢；在植物体内能快速降解为 *N*-(2,4-二甲苯基)-*N'*-甲基甲脒和少量的 *N*-(2,4-二甲苯基）甲酰胺；在土壤中能很快地进行有氧代谢，在土壤中 DT_{50}＜1d，在酸性土壤中降解更迅速，并且非常容易被土壤吸附。K_{oc}1000～2000。

制剂与分析方法　加工剂型为 20％乳油，质量标准为：外观为淡黄色或橘红色通明液体，双甲脒含量＞20％，水分含量＜0.2％，pH 值 9.0～10.5，乳油稳定性合格。可用 GC-MS/HPLC-UV 进行分析。

作用机理与特点　双甲脒系广谱杀螨剂，主要是抑制单胺氧化酶的活性。具有触杀、拒食、驱避作用，也有一定的内吸、熏蒸作用。

应用

适用作物　主要用于果树、蔬菜、茶叶、棉花、大豆、甜菜等作物。

防治对象　防治叶螨和瘿螨等多种害螨，对同翅目害虫如梨黄木虱、橘黄粉虱等也有良好的药效，还可对梨小食心虫及各类夜蛾科害虫的卵有效。对蚜虫、棉铃虫、红铃虫等害虫有一定的效果。对成、若螨、夏卵有效，对冬卵无效。在兽用方面主要用于防治家畜、狗、山羊和绵羊的珠形纲、蠕形螨科、蚤目、兽羽虱科和蜜蜂的大蜂螨，包括对其他兽用杀蜱螨剂产生抗性的蜱螨也十分有效。该药在毛发中可保持很长时间，可防治所有生育期的寄生虫。

残留量与安全施药　在柑橘收获前 21d 停止使用，最高使用量 1000 倍液。棉花收获前 7d 停止使用，最高使用量 200mL（20％双甲脒乳油)/亩。如皮肤接触后，应立即用肥皂和水冲洗净。

应用技术　双甲脒在高温晴朗天气使用，气温低于 25℃时，药效较差。不宜和碱性农药（如波尔多液、石硫合剂等）混用。在温度较高时使用，对辣椒和梨可能产生药害。不要与对硫磷混合用于苹果或梨树，以免药害。

使用方法与在我国推荐使用情况：

（1）果、茶树害螨的防治　苹果叶螨、柑橘红蜘蛛、柑橘锈螨、木虱，用 20％乳油 1000～1500 倍液喷雾。

（2）茶树害螨的防治　防治茶半跗线螨，用有效浓度 150～200mg/kg 药液喷雾。

（3）蔬菜害螨的防治　茄子、豆类红蜘蛛，用 20％乳油 1000～2000 倍液喷雾。西瓜、冬瓜红蜘蛛，用 20％乳油 2000～3000 倍液喷雾。

（4）棉花害螨的防治　防治棉花红蜘蛛，用 20％乳油 1000～2000 倍液喷雾。同时对棉铃虫、红铃虫有一定兼治作用。

（5）牲畜体外蜱螨及其他害螨的防治　牛、羊等牲畜蜱螨处理药液 50～1000mg/kg。牛疥癣病用药液 250～500mg/kg 全身涂擦、涮洗。环境害螨用 20％乳油 4000～5000 倍液喷雾。

专利与登记

专利名称　Pesticidal 1,5-diphenyl-3-methyl-1,3,5-triazapenta-1,4-dienes

专利号　DE 2061132　　专利公开日　1971-06-16

专利申请日　1970-12-11　　优先权日　1969-12-12

专利拥有者　Boots Co., Ltd.（现属拜耳公司）

在其他国家申请的化合物专利：AT 319914、BG 19079、CA 976564、CH 523011、ES 386361、HU 163081、JP 49022686、DE 2061132、DE 2061132 等。

制剂或剂型专利：BR 8207373、BR 8203202、BR 8206729、CN 1557152、PL 146200、RO 119542、SU 1825784 等。

在中国申请的与该产品有关的部分专利及登记情况见表 79-1、表 79-2。

表 79-1　在中国申请专利

序号	申请号	专利名称
1	93100422.5	犬、猫专用药物洗涤剂
2	94110062.6	含双甲脒的广谱增效杀虫剂
3	94107654.7	防治棉花害虫、螨类兼具调节棉花生长的农药组合物
4	99103377.9	一类含矿物油的植物保护用杀虫剂
5	99114295.0	双甲脒生产后的残渣回收方法及其设备
6	200510065489.1	一种具有驱虫功能的塑料农用薄膜母粒的制备方法
7	200610057571.4	一种具有杀蚜活性的农药混用组合物
8	200810168392.7	通过双甲脒和联苯菊酯联用来防治恒温动物的外寄生虫的方法
9	200910140096.0	一种含有螺螨酯的杀螨组合物
10	200880015213.4	一种含有螺螨酯的杀螨组合物

该药已在阿根廷、日本、美国、瑞士、英国、丹麦等 20 多个国家的柑橘、棉花等作物上登记。

表 79-2　日本爱利思达生命科学株式会社在中国登记情况

商品名	登记证号	含量	剂型	登记作物	防治对象	用药量	施用方法
双甲脒	PD9-85	双甲脒 200g/L	乳油	柑橘树	螨	130～200mg/kg	喷雾
				苹果树	山楂红蜘蛛	130～200mg/kg	喷雾
				梨树	梨木虱	166～250mg/kg	喷雾
				棉花	棉红蜘蛛	60～120g/hm^2	喷雾
				柑橘树	介壳虫	130～200mg/kg	喷雾
				苹果树	苹果叶螨	130～200mg/kg	喷雾

合成方法

经如下反应制得双甲脒：

（1）单甲脒法

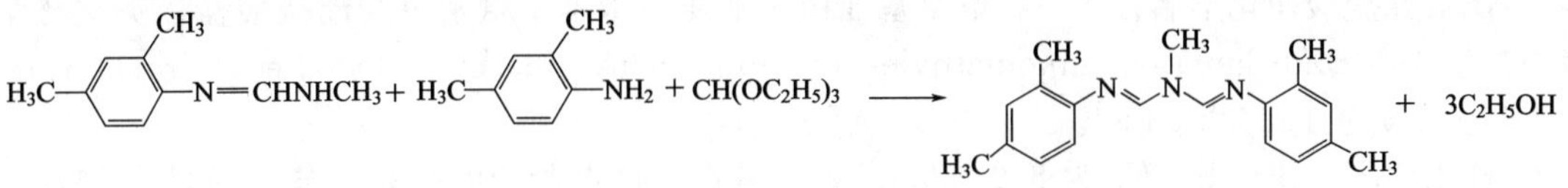

（2）亚胺酸酯法

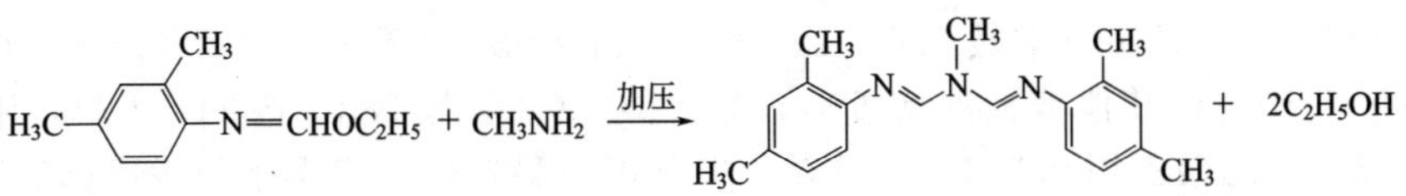

（3）酰替苯胺法

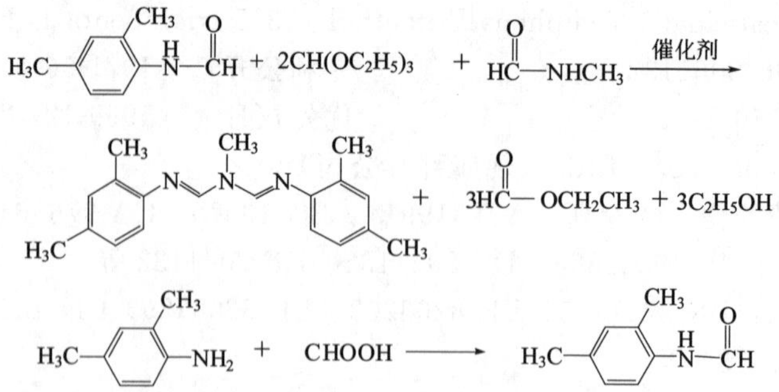

（4）一步法

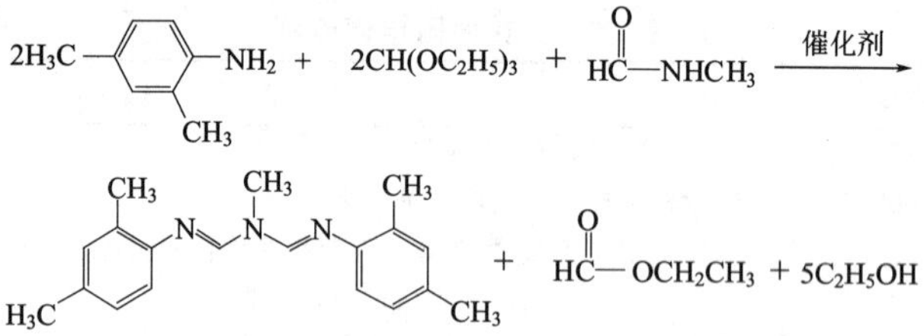

1 The Pesticide Manual. 15th edition：37-38.

2 GB 1327935.

3 浙江工业大学学报，1995，23（1）：8-15.

4 农药，1999，38（2）：9-11.

80 伐虫脒（formetanate）

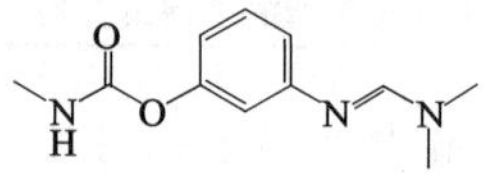

$C_{11}H_{15}N_3O_2$，221.3

产品简介

伐虫脒［试验代号：SN 36056（Schering）、ZK 10970、EP-332（AgrEvo），通用名称：formetanate，商品名称：威螨脒、伐虫脒、敌克螨、敌螨脒、灭虫威］，伐虫脒盐酸盐［试验代号：SN 36056HCl（Schering）、Hoe 132807（Hoechst），通用名称：formetanate hydrochloride，商品名称：Carzol（Gowan）、Dicarzol（Gowan Intl）、杀螨脒］这二者是由拜耳公司研制的一种杀虫杀螨剂。

伐虫脒化学名称　3-［(*EZ*)-二甲氨基亚甲基亚氨基］苯甲氨基甲酸酯，英文化学名称为3-［(*EZ*)-dimethylaminomethyleneamino］phenyl methylcarbamate。美国化学文摘系统名称为 *N*,*N*-dimethyl-*N*′-［3-［［(methylamino)carbonyl］oxy］phenyl］methanimidamide，CA 主题索引名称为 methanimidamide—，*N*,*N*-dimethyl-*N*′-［3-［［(methylamino)carbonyl］oxy］phenyl］-。CAS 登录号为［22259-30-9］。

伐虫脒盐酸盐化学名称　3-二甲氨基亚甲基亚氨基苯基甲氨基甲酸酯盐酸盐，英文化学名称为 3-［(*EZ*)-dimethylaminomethyleneamino］phenyl methylcarbamate hydrochloride，CAS 登录号为［23422-53-9］。

理化性质　伐虫脒 pK_a 为 8.0（25℃），弱碱性。伐虫脒盐酸盐相对分子质量为 257.8，纯品为无色晶体粉末，熔点 200～202℃（分解），蒸气压 0.0016 mPa（25℃）。K_{ow} $\lg P=-2.7$（pH=7～9），Henry 常数 5.0×10^{-10} Pa·m^3/mol（22℃）。密度 0.5g/mL。水中溶解度 822g/L（25℃），其他溶剂溶解度（g/L，20℃）：甲醇 283，丙酮 0.074，甲苯 0.01，二氯甲烷 0.303，乙酸乙酯 0.001，正己烷＜0.0005。稳定性：室温下至少可稳定存在八年，

在 200℃左右时分解。水解 DT_{50}（22℃）：62.5d（pH=5），23h（pH=7），2h（pH=9）。在水溶液中光解，DT_{50} 1333h（pH=5），17h（pH=7），2.9h（pH=9）。不可燃。

毒性　急性经口 LD_{50}：大鼠 14.8～26.4mg/kg，小鼠 13～25mg/kg，狗 19mg/kg。急性经皮 LD_{50}：大鼠>5600mg/kg，兔>10200mg/kg，对眼睛有刺激，豚鼠对其敏感。大鼠吸入 LC_{50}（4h）0.15mg/L。NOEL 值为：（2a）大鼠 10mg/kg [0.52mg/(kg·d)]，小鼠 50mg/kg [8.2mg/(kg·d)]，（1a）狗 10mg/kg [0.37mg/(kg·d)]。ADI/RfD（EC）0.004mg/kg [2007]；（EPA）aRfD 和 cRfD 0.00065mg/kg [2006]。其他：会致癌、致畸和诱导突变。毒性等级：WHO（a.i.）Ib，EPA（制剂）。

生态效应　急性经口 LD_{50}：母鸡 21.5mg/kg，鸭子 12mg/kg，鹌鹑 42mg/kg。对动物进行饲喂试验 LC_{50}：山齿鹑 3963mg/kg，鸭子 2086mg/kg，虹鳟鱼 4.42mg/L，大翻车鱼 2.76mg/L，水蚤 0.093mg/L（48h），海藻 E_bC_{50}（96h）1.5mg/L，其他水生动物如牡蛎 EC_{50}（96h）为 2.5mg/L，蜜蜂急性经皮 LD_{50} 为 14μg/只，急性经口为 9.21μg/只，蚯蚓 LC_{50}（14d）为 1048mg/kg（土壤）。

环境行为　在动物体内裂解成甲氨基甲酸和 *N*,*N*-二甲基 *N'*-(3-羟基苯基)甲脒。也在氨基氮的部位裂解，生成 3-甲酰氨基苯酚氨基甲酸酯，随后失去甲氨基甲酸生成 3-甲酰氨基苯酚，3-甲酰氨基苯酚进一步降解成 3-氨基苯酚，3-氨基苯酚又被乙酰化成 3-乙酰氨基苯酚并被脱毒。在植物体内水解机制是降解的主要途径，在动物体内、水及土壤中代谢物相似。在土壤中能很快地降解，在实验室和田间 DT_{50} 均为 1～9d（需氧和厌氧），土壤表面光解 DT_{50} 为 16.3h，在氨基甲酸部位发生裂解。

制剂与分析方法　25％可溶性粉剂，92％可溶性粉剂，50％可溶性粉剂，82％可溶性粉剂，均为盐酸盐制剂。采用碱量滴定法测定，薄层色谱法鉴定。残留量分析：先用薄层色谱法分离出有效成分，再水解成 3-氨基苯酚，重氮化，用 *N*-(1-萘基）二胺偶联，在 555nm 处比色测定，或用气相色谱法测定。

作用机理与特点　胆碱酯酶抑制剂，作为一种杀虫和杀螨剂对虫害进行触杀和胃毒作用。

应用

适用作物　观赏植物，梨果，核果类，柑橘类水果，蔬菜和苜蓿，以及豌豆、蚕豆、大豆、花生、茄子、黄瓜。

防治对象　叶螨，以及双翅目害虫，半翅目害虫，鳞翅目害虫，缨翅目害虫尤其是西花蓟马。

使用方法　苹果叶螨、苹果蚜虫、柑橘红蜘蛛、柑橘飞虱、梨椿象等的用药量约 23g/667m²，防治苹果树红蜘蛛的用量为 28g/667m²，在温室防治玫瑰红蜘蛛以 25g/100L 喷雾，在菊花上以 47.5g/100L 两次喷雾。

专利概况

专利名称　Mittel mit insektizider und akarizider wirkung

专利号　DE 1169194　　专利公开日　1964-04-30

专利申请日　1962-08-02　　优先权日　1962-08-02

专利拥有者　拜耳公司

在其他国家申请的化合物专利：BE 635767、CH 449320、GB 987381、NL 296165、US 3336186 等。

目前公开的或授权的与伐虫脒有关的部分专利 JP 2009209124、WO 2010005692、WO 2009099929、WO 2008071674 等。

制备专利：FR 2589325、WO 2007110801、WO 2007009661 等。

制剂或剂型专利：DE 102007045955、EP 128522、EP 2090170、EP 2067403、EP 2127522、JP 2009108046、WO 2010025870、WO 200909018、WO 2009012909、WO2010022251、WO 2009047584、WO 2009071182 等。

合成方法

经如下反应制得伐虫脒：

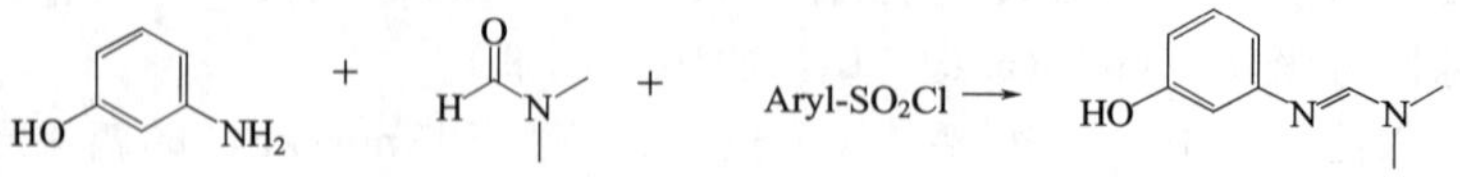

或者

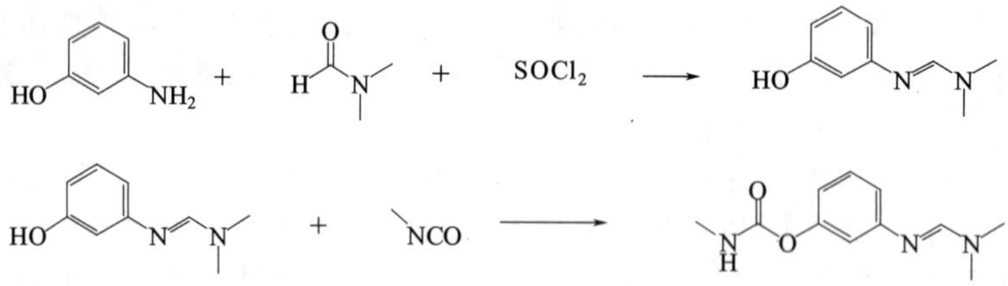

1 EP 1169194.

2 J. Agric. F. Chem., 1981, 29: 722.

3 The Pesticide Manual. 15 th edition: 572-573.

拟除虫菊酯类杀虫剂

拟除虫菊酯类杀虫剂（pyrethroid insecticides）是以天然产物为先导化合物开发成功的农药品种中最典型的实例。她是以具有生物活性的天然产物除虫菊素为先导化合物，进行进一步合成优化得到的用于卫生和农作物保护的一类杀虫剂，目前这类杀虫剂已有几十个品种。为拟除虫菊酯类杀虫剂研究做出巨大贡献的是在英国的 Rothamsted 实验中心和日本住友公司的科研人员如 Elliott 等。该类化合物的研究已有很多综述供参考，值得提及是 Henrick、Elliott 和 Matsuo 撰写的。

除虫菊素（**1**）来自菊花 *Tanacetum cinerariifolium*（也称作 *Chrysanthemum c.* 或 *Pyrethrum c.*）或其萃取物，目前仍用于防治公共卫生害虫。除虫菊素共有六个组分，其中 P_1 有触杀活性，P_2 有击倒活性。由于所有组分对光和空气都不稳定，因此这些天然产物不适宜在农业中应用。Staudinger 和 Ruzicka 在 1910～1926，16 年间进行了开拓性研究工作，确定了化合物 P_1 和 P_2 酸部分的结构分别为（1*R*)-*trans*-chrysanthemic acid 和（1*R*)-*trans*-pyrethric acid，他们还合成了许多除虫菊素类似物，并得出初步结论：酸部分和醇部分均可以用对应相似的结构替换，并保持杀虫活性。尽管他们合成的所有类似物活性都低于天然产物，但这种开拓性的研究工作为以后发现高活性、光稳定的化合物奠定了基础，是非常重要的。

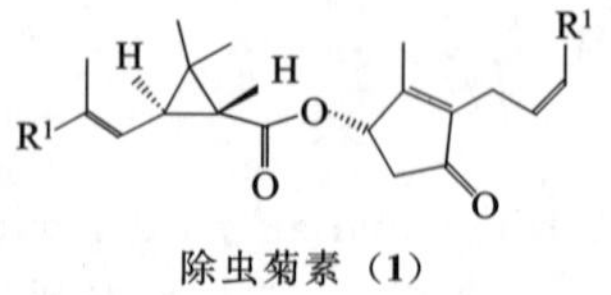

除虫菊素（**1**）

组分	名称	R	R^1	含量/%
P_1	pyrethrin Ⅰ	CH_3	$CH=CH_2$	35
P_2	pyrethrin Ⅱ	$COOCH_3$	$CH=CH_2$	32
P_3	cinerin Ⅰ	CH_3	CH_3	10
P_4	cinerin Ⅱ	$COOCH_3$	CH_3	14
P_5	jasmolin Ⅰ	CH_3	CH_2CH_3	5
P_6	jasmolin Ⅱ	$COOCH_3$	CH_2CH_3	4

美国农业部和英国 Rothamstead 实验站的科研人员也对此类化合物进行了研究，随后住友化学和 Roussel-Uclaf 也进行了该方面的研究，之后，还有其他的公司也从事了该领域的研究。最早的结构修饰是替代 P_1 和 P_2 的醇部分（S)-pyrethrolon，得到化合物烯丙菊酯(allethrin)，是第一个商品化的拟除虫菊酯类杀虫剂，其结构与 pyrethrin Ⅰ（P_1）很接近。随后 Roussel-Uclaf 发现了活性更高的异构体 *S*-生物烯丙菊酯（*S*-bioallethrin）。住友化学用很简单的基团替代了天然产物 pyrethrolone 中醇部分，得到胺菊酯（tetramethrin）。由于苄呋菊酯（resmethrin）和生物苄呋菊酯（bioresmethrin）不仅活性高于天然除虫菊素（natural pyrethrins)，且毒性也比天然产物低得多，因此当时认为此研究是最成功的。

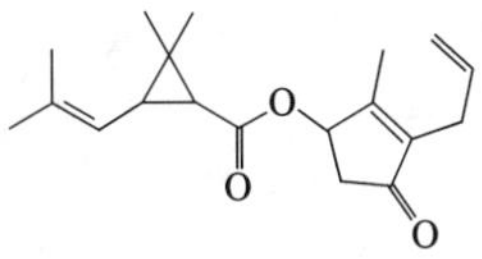
allethrin USDA

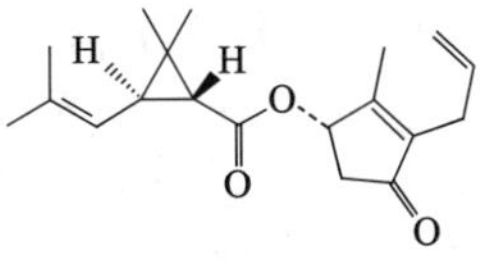
S-bioallethrin USDA，Roussel-Uclaf

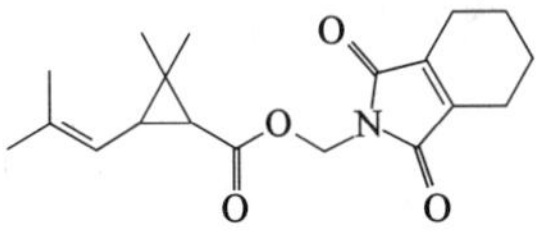
tetramethrin Sumitomo

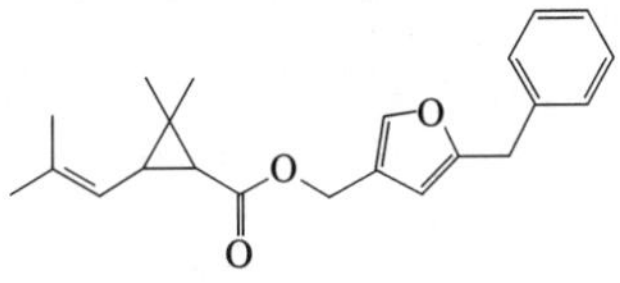
resmethrin Rothamstead

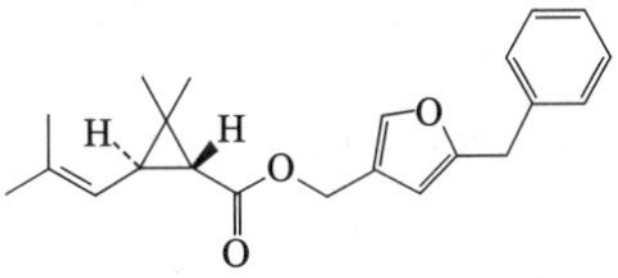
bioresmethrin Rothamstead

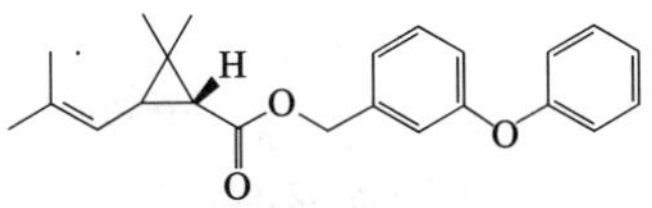
phenothrin Sumitomo

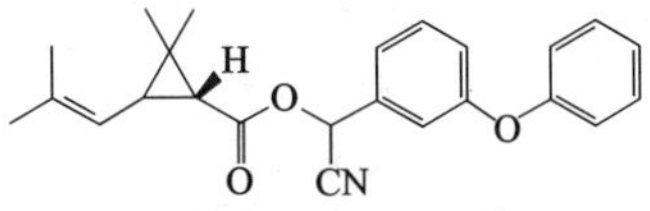
cyphenothrin Sumitomo

住友的科研人员在 phenothrin 中引入 3-苯氧基苄酯，在 cyphenothrin 中引入 α-氰基，对以后发现重要的光稳定性拟除虫菊酯是极其重要的。尽管如此，以上合成的化合物对光还是不够稳定，因此不能直接用于作物保护，但可以用于防治环境公共卫生和家用害虫。

（1）第一个商品化、真正对光稳定的化合物

由于对光不稳定的天然除虫菊素醇部分已有很好的替代基团，所以集中精力研究酸部分。住友化学公司突破性地发现，用取代的苯乙酸替换得到第一个商品化、真正对光稳定的化合物氰戊菊酯（fenvalerate)。其中活性最高的异构体高效氰戊菊酯（esfenvalerate）也已商品化。随后美国氰胺公司（现属巴斯夫公司）在氰戊菊酯的基础上研制了具有更长残留活性的氟氰戊菊酯（flucythrinate)。

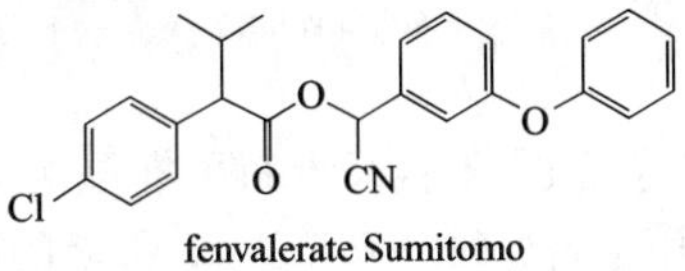
fenvalerate Sumitomo

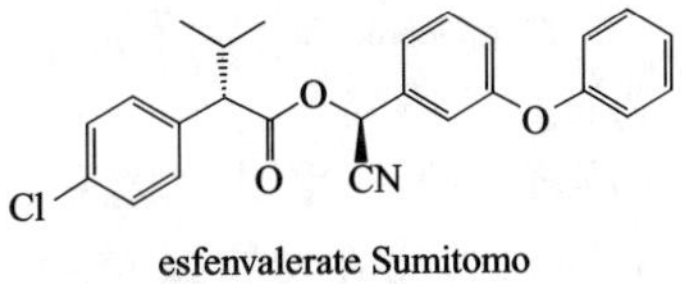
esfenvalerate Sumitomo

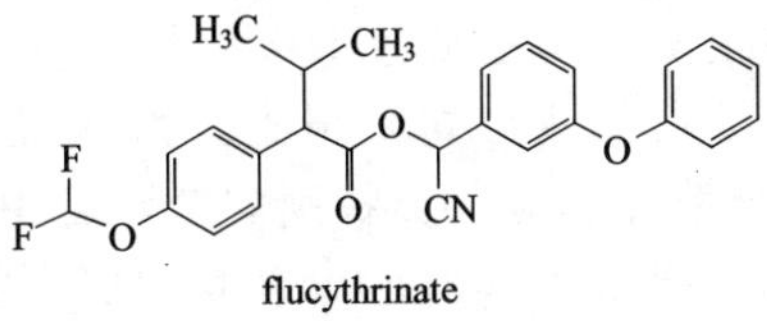
flucythrinate

（2）高活性菊酯的研究

早在1958年捷克科学家也对天然菊酸部分进行了研究，并用3-二氯乙烯替换了3-二甲基乙烯，活性并没有消失。10多年后英国Elliot（Elliot's Rothamstead group）等对菊酸部分的替换进行了详细的研究，在住友化学和捷克科学家研究成果的基础上，研制开发了多个品种：氯菊酯（permethrin）、氯氰菊酯（cypermethrin）和溴氰菊酯（deltamethrin），并有重大突破，即研制的化合物不仅对光稳定，而且活性更高，在农业上应用的剂量仅为2.5～12.5g(a.i.)/hm^2。发现化合物中（1*R*)-*cis*-[α]（*S*)-异构体的活性最高。氟氯氰菊酯（cyfluthrin）和*lambda*-cyhalothrin是在氯氰菊酯的基础上开发的，所有化合物都具有高效、广谱的杀虫和杀螨活性，可用于多种作物，主要是棉花。七氟菊酯（tefluthrin）是第一个开发的用于土壤处理的该类杀虫剂。在这些结构中，目前有溴氰菊酯和精三氟氯氰菊酯（*gamma*-cyhalothrin）为单一光学异构体，进入市场。

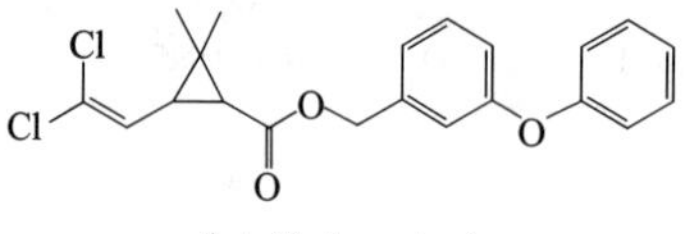

permethrin Rothamstead

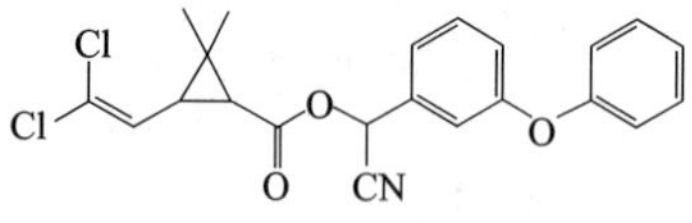

cypermethrin Rothamstead

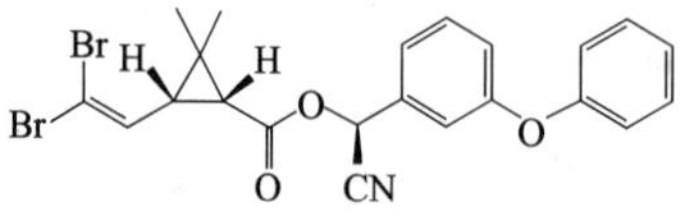

deltamethrin (Rothamstead)

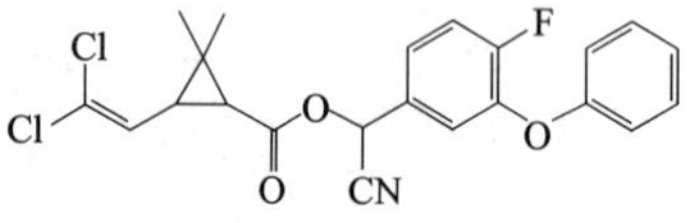

cyfluthrin (Bayer)

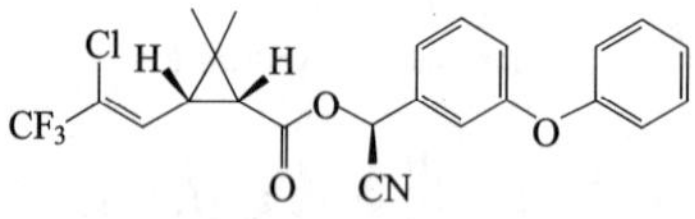

(racemate)

lambda-cyhalothrin ICI(now Zeneca)

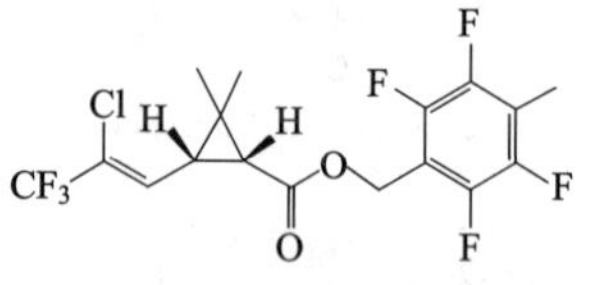

(racemate)

tefluthrin (Zeneca)

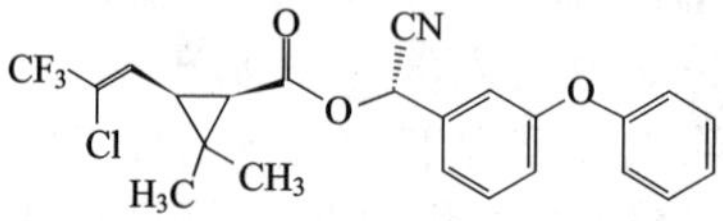

精三氟氯氰菊酯(*gamma*-cyhalothrin)

还有两个商品化品种乙氰菊酯（cycloprothrin）和氟胺氰菊酯（*tau*-fluvalinate）均是在住友化学的氰戊菊酯的基础上开发的，乙氰菊酯对鱼和哺乳动物毒性很低，氟胺氰菊酯具有很好的杀虫、杀螨活性，且对蜜蜂安全，因此可以用于防治寄生在蜜蜂上的害螨。

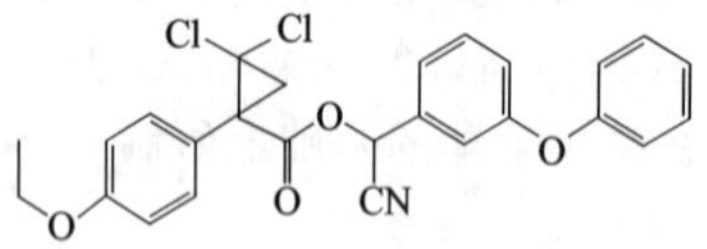

cycloprothrin

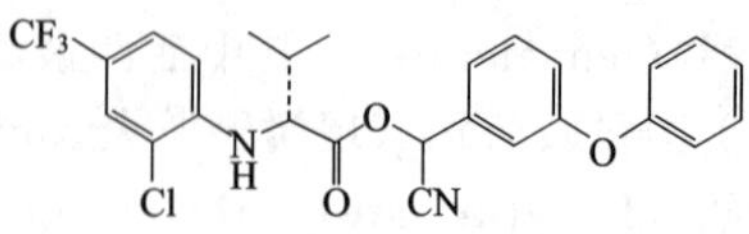

tau-fluvalinate

（3）非酯类化合物的研究

在拟除虫菊酯研究中另一重要的发现是三井东亚的科学家研制了非酯类的化合物如醚菊酯（etofenprox），对鱼和哺乳动物很安全，是第一个（1987年）商品化的非酯类化合物。其化学结构与天然除虫菊素相差很多，其发现是对天然结构进行不断研究的结果。化合物**2**也是一样，由捷利康公司（现属先正达公司）报道。丙苯烃菊酯（protrifenbute）是由FMC公司开发的非酯类也即烃类菊酯，对鱼类特别安全，可用于防治众多的昆虫如螟虫、黏虫、蚜虫和螨类等。化合物氟硅菊酯（silafluofen）是由安万特公司（现属拜耳公司）开发的，对哺乳动物和鱼类特别安全，主要用于水田防治多种害虫。肟醚类化合物也是在类似研究中发现的。

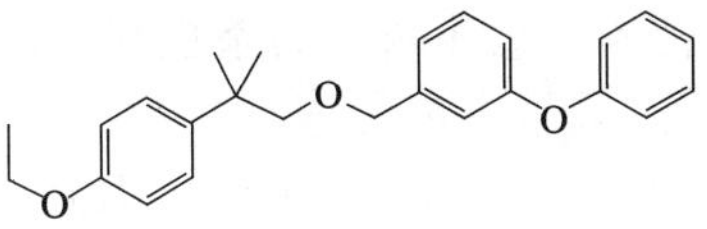

etofenproxMitsui Toatsu

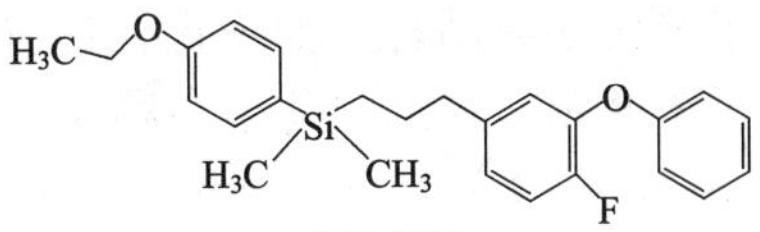

氟硅菊酯

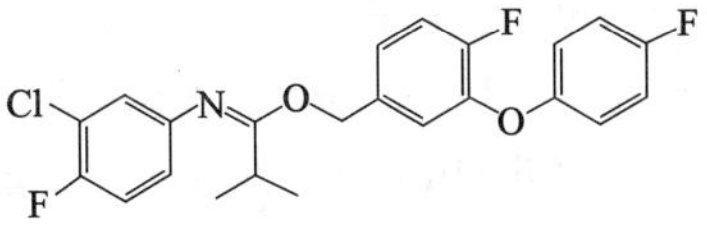

2 Zeneca

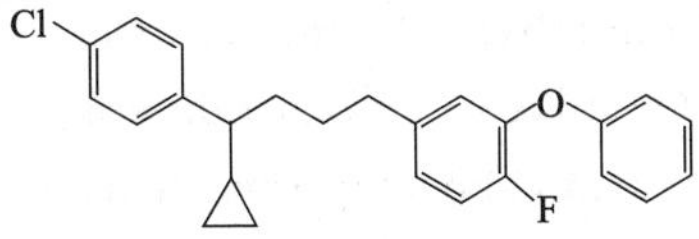

丙苯烃菊酯

（4）近期研制的新化合物

丙氟菊酯（profluthrin）和甲氧苄氟菊酯（metofluthrin）均由日本住友化学公司报道，具有很好的杀虫活性。

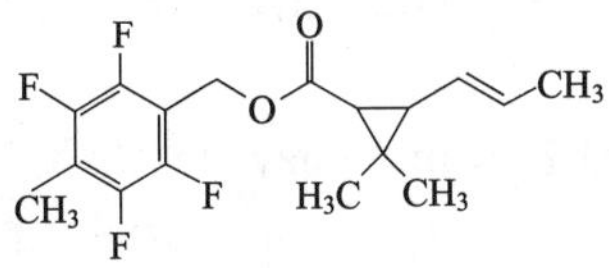

丙氟菊酯

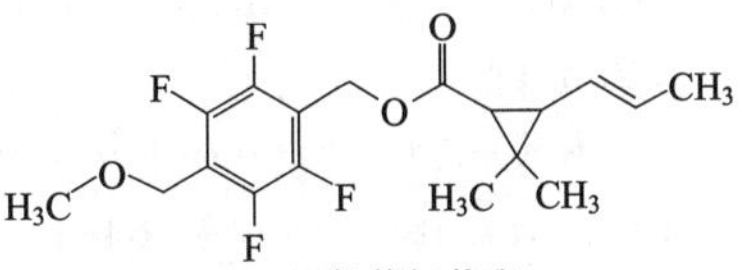

甲氧苄氟菊酯

大日本除虫菊株式会社报道的新型化合物 K-3043 具有很好的活性，对菊酯产生抗性害虫也有活性。

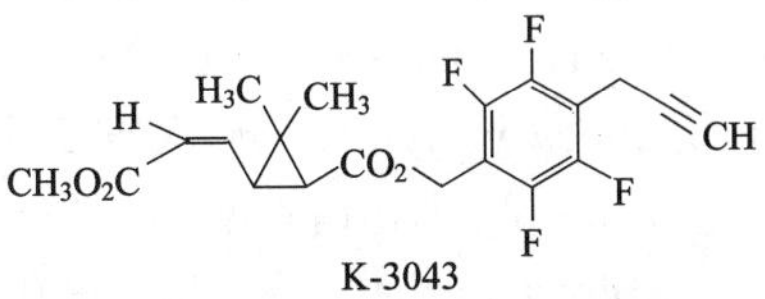

K-3043

（5）市场

由于合成的化合物即拟除虫菊酯类杀虫剂不仅对光稳定，而且药效好，因此具有很好的市场。1996 年拟除虫菊酯类杀虫剂销售额为 16.1 亿美元，销售好的品种有 fenvalerate、esfenvalerate、cypermethrin、deltamethrin、cyfluthrin 和 [lambda]-cyhalothrin 等。

（6）作用机理

拟除虫菊酯类杀虫剂的作用机理已进行了广泛的研究，是干扰神经膜中钠离子通道，导致该通道打开时间过长（prolonged channel opening），从而阻碍神经信号的传输，最终导致虫螨死亡。

截至 2010 年 10 月各公司研制开发的拟除虫菊酯类杀虫剂共有如下 73 个品种：acrinathrin、allethrin、bioallethrin、esdépalléthrine、barthrin、bifenthrin、bioethanomethrin、brofenvalerate、brofluthrinate、bromethrin、butethrin、chlorempenthrin、cyclethrin、cycloprothrin、cyfluthrin、beta-cyfluthrin、cyhalothrin、gamma-cyhalothrin、lambda-cyhalothrin、cypermethrin、alpha-cypermethrin、beta-cypermethrin、theta-cypermethrin、zeta-cypermethrin、cyphenothrin、deltamethrin、dimefluthrin、dimethrin、empenthrin、d-fanshiluquebingjuzhi、fenfluthrin、fenpirithrin、fenpropathrin、fenvalerate、esfenvalerate、flucythrinate、fluvalinate、tau-fluvalinate、furamethrin、furethrin、imiprothrin、japothrins、kadethrin、meperfluthrin、methothrin、metofluthrin、pentmethrin、permethrin、biopermethrin、transpermethrin、phenothrin、prallethrin、profluthrin、proparthrin、pyresmethrin、resmethrin、bioresmethrin、cismethrin、tefluthrin、terallethrin、tetramethrin、 tetramethylfluthrin、tralocythrin、tralomethrin、transfluthrin、valerate、etofenprox、flufenprox、halfenprox、protrifenbute、silafluofen、sulfoxime、thiofluoximate。

此处介绍了绝大多数品种。如下化合物应用范围小或不再作为杀虫剂使用或没有商品化等原因，本书不予介绍，仅列出化学名称及CAS登录号供参考：

Esdépalléthrine：(*S*)-3-allyl-2-methyl-4-oxocyclopent-2-enyl (1*R*, 3*R*)-2, 2-dimethyl-3-(2-methylprop-1-enyl)cyclopropanecarboxylate 或(*S*)-3-allyl-2-methyl-4-oxocyclopent-2-enyl (1*R*)-*trans*-2,2-dimethyl-3-(2-methylprop-1-enyl)cyclopropanecarboxylate，28434-00-6。

Barthrin：(6-chloro-1,3-benzodioxol-5-yl)methyl(1*RS*,3*RS*;1*RS*,3*SR*)-2,2-dimethyl-3-(2-methylprop-1-enyl) cyclopropanecarboxylate 或 (6-chloro-1, 3-benzodioxol-5-yl) methyl (±)-*cis*-*trans*-chrysanthemate，70-43-9。

Bioethanomethrin：5-benzyl-3-furylmethyl(1*R*,3*R*)-3-cyclopentylidenemethy-2,2-dimethylcyclopropanecarboxylate 或 5-benzyl-3-furylmethyl (1*R*)-*trans*-3-cyclopentylidenemethy-2,2-dimethylcyclopropanecarboxylate，22431-62-5。

Brofenvalerate：(α*RS*)-3-(4-bromophenoxy)-α-cyanobenzyl (2*RS*)-2-(4-chlorophenyl)-3-methylbutyrate，65295-49-0。

Brofluthrinate：(α*RS*)-3-(4-bromophenoxy)-α-cyanobenzyl (2*RS*)-2-[4-(difluoromethoxy)phenyl]-3-methylbutyrate，160791-64-0。

Bromethrin：5-benzyl-3-furylmethyl(1*RS*,3*RS*;1*RS*,3*SR*)-3-(2,2-dibromovinyl)-2,2-dimethylcyclopropanecarboxylate 或 5-benzyl-3-furylmethyl (1*RS*)-*cis*, *trans*-3-(2, 2-dibromovinyl)-2,2-dimethylcyclopropanecarboxylate，42789-03-7。

Butethrin：(*EZ*)-3-chloro-4-phenylbut-2-en-1-yl(1*RS*,3*RS*;1*RS*,3*SR*)-2,2-dimethyl-3-(2-methyl-1-propenyl) cyclopropanecarboxylate 或 (*EZ*)-3-chloro-4-phenylbut-2-en-1-yl (1*RS*)-*cis*-*trans*-2,2-dimethyl-3-(2-methyl-1-propenyl)cyclopropanecarboxylate 或 3-chloro-4-phenylbut-2-en-1-yl(±)-*cis*-*trans*-chrysanthemate，28288-05-3。

Chlorempenthrin：(1*RS*,2*EZ*)-1-ethynyl-2-methylpent-2-enyl(1*RS*,3*RS*;1*RS*,3*SR*)-3-(2,2-dichlorovinyl)-2,2-dimethylcyclopropanecarboxylate 或(1*RS*,2*EZ*)-1-ethynyl-2-methylpent-2-enyl (1*RS*)-*cis*-*trans*-3-(2, 2-dichlorovinyl)-2, 2-dimethylcyclopropanecarboxylate，54407-47-5。

Cyclethrin：(*RS*)-3-[(*RS*)-cyclopent-2-en-1-yl]-2-methyl-4-oxocyclopent-2-en-1-yl (1*RS*,3*RS*;1*RS*,3*SR*)-2,2-dimethyl-3-(2-methylprop-1-enyl)cyclopropanecarboxylate 或(±)-3-cyclopent-2-en-1-yl-2-methyl-4-oxocyclopent-2-en-1-yl(±)-*cis*-*trans*-chrysanthemate，97-11-0。

Dimethrin：2,4-dimethylbenzyl(1*RS*,3*RS*;1*RS*,3*SR*)-2,2-dimethyl-3-(2-methylprop-1-enyl) cyclopropanecarboxylate 或 2, 4-dimethylbenzyl (1*RS*)-*cis*, *trans*-2, 2-dimethyl-3-(2-methylprop-1-enyl) cyclopropanecarboxylate 或 2, 4-dimethylbenzyl (±)-*cis*, *trans*-chrysanthemate，70-38-2。

d-fanshiluquebingjuzhi：(1*S*)-2-methyl-4-oxo-3-prop-2-ynylcyclopent-2-enyl(1*RS*,3*RS*;1*RS*,3*SR*)-3-(2,2-dichlorovinyl)-2,2-dimethylcyclopropanecarboxylate 或(1*S*)-2-methyl-4-oxo-3-prop-2-ynylcyclopent-2-enyl(1*RS*)-*cis*-*trans*-3-(2,2-dichlorovinyl)-2,2-dimethylcyclopropanecarboxylate。

fenfluthrin：2,3,4,5,6-pentafluorobenzyl(1*R*,3*S*)-3-(2,2-dichlorovinyl)-2,2-dimethylcyclopropanecarboxylate 或 2,3,4,5,6-pentafluorobenzyl(1*R*)-*trans*-3-(2,2-dichlorovinyl)-2,2-dimethylcyclopropanecarboxylate，75867-00-4。

Fenpirithrin：(*RS*)-α-cyano-3-phenoxybenzyl 2,2,3,3-tetramethylcyclopropanecarboxylate，39515-41-8。

Fluvalinate：(*RS*)-α-cyano-3-phenoxybenzyl *N*-(2-chloro-α，α，α-trifluoro-*p*-tolyl)-DL-valinate，69409-94-5。

Furamethrin：5-prop-2-ynylfurfuryl(1*RS*，3*RS*；1*RS*，3*SR*)-2，2-dimethyl-3-(2-methylprop-1-enyl)cyclopropanecarboxylate 或 5-prop-2-ynylfurfuryl(1*RS*)-*cis*，*trans*-2，2-dimethyl-3-(2-methylprop-1-enyl) cyclopropanecarboxylate 或 5-propargylfurfuryl(±)-*cis*-*trans*-chrysanthemate，23031-38-1。

Furethrin：(*RS*)-3-furfuryl-2-methyl-4-oxocyclopent-2-enyl(1*RS*，3*RS*；1*RS*，3*SR*)-2，2-dimethyl-3-(2-methylprop-1-enyl)cyclopropanecarboxylate 或(*RS*)-3-furfuryl-2-methyl-4-oxocyclopent-2-enyl(1*RS*)-*cis*-*trans*-2，2-dimethyl-3-(2-methylprop-1-enyl)cyclopropanecarboxylate 或 3-furfuryl-2-methyl-4-oxocyclopent-2-enyl (±)-*cis*-*trans*-chrysanthemate，17080-02-3。

Japothrins：5-allylfurfuryl(1*RS*，3*RS*；1*RS*，3*SR*)-2，2-dimethyl-3-(2-methylprop-1-enyl) cyclopropanecarboxylate 或 5-allylfurfuryl(1*RS*)-*cis*，*trans*-2，2-dimethyl-3-(2-methylprop-1-enyl)cyclopropanecarboxylate 或 5-allylfurfuryl(±)-*cis*-*trans*-chrysanthemate，10597-73-6

Kadethrin：5-benzyl-3-furylmethyl (1*R*，3*S*)-3-[(*E*)-(dihydro-2-oxo-3 (2*H*)-thienylidene) methyl]-2，2-dimethylcyclopropanecarboxylate 或 5-benzyl-3-furylmethyl (1*R*)-*cis*-3-[(*E*)-(dihydro-2-oxo-3 (2*H*)-thienylidene) methyl]-2，2-dimethylcyclopropanecarboxylate，58769-20-3。

Methothrin：4-(methoxymethyl)benzyl(1*RS*，3*RS*；1*RS*，3*SR*)-2，2-dimethyl-3-(2-methylprop-1-enyl) cyclopropanecarboxylate 或 4-(methoxymethyl) benzyl (1*RS*)-*cis*，*trans*-2，2-dimethyl-3-(2-methylprop-1-enyl) cyclopropanecarboxylate 或 4-(methoxymethyl) benzyl (±)-*cis*-*trans*-chrysanthemate，34388-29-9。

Pentmethrin：(1*RS*，2*EZ*)-1-cyano-2-methylpent-2-en-1-yl(1*RS*，3*RS*；1*RS*，3*SR*)-3-(2，2-dichlorovinyl)-2，2-dimethylcyclopropanecarboxylate 或(1*RS*，2*EZ*)-1-cyano-2-methylpent-2-en-1-yl (1*RS*)-*cis*-*trans*-3-(2，2-dichlorovinyl)-2，2-dimethylcyclopropanecarboxylate，79302-84-4。

Biopermethrin：3-phenoxybenzyl(1*R*，3*S*)-3-(2，2-dichlorovinyl)-2，2-dimethylcyclopropanecarboxylate 或 3-phenoxybenzyl(1*R*)-*trans*-3-(2，2-dichlorovinyl)-2，2-dimethylcyclopropanecarboxylate，51877-74-8。

Transpermethrin：3-phenoxybenzyl(1*RS*，3*SR*)-3-(2，2-dichlorovinyl)-2，2-dimethylcyclopropanecarboxylate 或 3-phenoxybenzyl(1*RS*)-*trans*-3-(2，2-dichlorovinyl)-2，2-dimethylcyclopropanecarboxyla，52341-32-9。

Profluthrin：2，3，5，6-tetrafluoro-4-methylbenzyl(*EZ*)-(1*RS*，3*RS*；1*RS*，3*SR*)-2，2-dimethyl-3-prop-1-enylcyclopropanecarboxylate 或 2，3，5，6-tetrafluoro-4-methylbenzyl (*EZ*)-(1*RS*)-*cis*-*trans*-2，2-dimethyl-3-prop-1-enylcyclopropanecarboxylate，223419-20-3。

Proparthrin：[2-methyl-5-(prop-2-ynyl)furan-3-yl]methyl(1*RS*，3*RS*；1*RS*，3*SR*)-2，2-dimethyl-3-(2-methylprop-1-enyl) cyclopropanecarboxylate 或[2-methyl-5-(prop-2-ynyl) furan-3-yl]methyl(1*RS*)-*cis*-*trans*-2，2-dimethyl-3-(2-methylprop-1-enyl)cyclopropanecarboxylate 或(2-methyl-5-propargylfuran-3-yl)methyl(±)-*cis*-*trans*-chrysanthemate，27223-49-0。

Pyresmethrin：5-benzyl-3-furylmethyl (*E*)-(1*R*，3*R*)-3-(2-methoxycarbonylprop-1-enyl)-2，2-dimethylcyclopropanecarboxylate 或 5-benzyl-3-furylmethyl(*E*)-(1*R*)-*trans*-3-(2-methoxycarbonylprop-1-enyl)-2，2-dimethylcyclopropanecarboxylate 或 5-benzyl-3-furylmethyl pyrethrate，24624-58-6。

Terallethrin：(*RS*)-3-allyl-2-methyl-4-oxocyclopent-2-enyl 2，2，3，3-tetramethylcyclopropanecarboxylate，15589-31-8。

Tralocythrin：(*RS*)-*α*-cyano-3-phenoxybenzyl(1*RS*，3*RS*；1*RS*，3*SR*)-3-[(*RS*)-1，2-dibromo-2，2-dichloroethyl]-2，2-dimethylcyclopropanecarboxyate 或(*RS*)-*α*-cyano-3-phenoxybenzyl(1*RS*)-*cis-trans*-3-[(*RS*)-1，2-dibromo-2，2-dichloroethyl]-2，2-dimethylcyclopropanecarboxyate，66481-26-7。

Valerate：3-phenoxybenzyl(2*RS*)-2-(4-chlorophenyl)-3-methylbutyrate，51630-33-2。

Etofenprox：2-(4-ethoxyphenyl)-2-methylpropyl 3-phenoxybenzyl ether，80844-07-1。

Flufenprox：3-(4-chlorophenoxy)benzyl(*RS*)-2-(4-ethoxyphenyl)-3，3，3-trifluoropropyl ether，107713-58-6。

Halfenprox：2-(4-bromodifluoromethoxyphenyl)-2-methylpropyl 3-phenoxybenzyl ether，111872-58-3。

Protrifenbute：(*RS*)-5-[4-(4-chlorophenyl)-4-cyclopropylbutyl]-2-fluorophenyl phenyl ether，119544-94-4。

Silafluofen：(4-ethoxyphenyl)[3-(4-fluoro-3-phenoxyphenyl)propyl](dimethyl)silane，105024-66-6。

Sulfoxime：(*RS*)-[1-(4-chlorophenyl)-2-(methylthio)-1-propanone](*EZ*)-*O*-(3-phenoxybenzyl) oxime。

Thiofluoximate：1-(4-chloro-3-fluorophenyl)-2-(methylthio) ethanone (*EZ*)-*O*-[(2-methylbiphenyl-3-yl)methyl]oxime。

81 氟丙菊酯（acrinathrin）

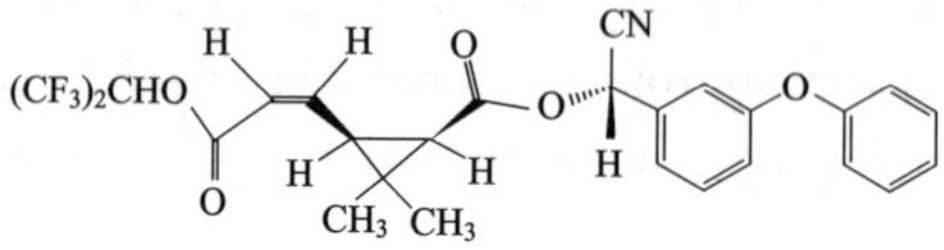

$C_{26}H_{21}F_6NO_5$，541.4

产品简介

氟丙菊酯［试验代号：RU38702（Roussel Uclaf）、HOE 07600（Hoechst）、AEF 076003（AgrEvo）、NU 702；通用名称：acrinathrin；商品名称：Orytis（Cheminova）、Rufast（Cheminova）、氟酯菊酯、罗速、罗速发（艾格福）、杀螨菊酯；其他名称 Ardent（Cheminova）］是由 Roussel Uclaf（现属 Bayer CropScience）公司开发的拟除虫菊酯类杀虫剂。世界主要生产商 Cheminova、Bilag。

化学名称　(*S*)-*α*-氰基-3-苯氧基苄基-(*Z*)-(1*R*，*cis*)-2，2-二甲基-3-[2-(2，2，2-三氟-1-三氟甲基乙氧基羰基）乙烯基］环丙烷羧酸酯，(*S*)-*α*-氰基-3-苯氧基苄基-(Z)-(1*R*，3*S*)-2，2-二甲基-3-[2-(2，2，2-三氟-1-三氟甲基乙氧基羰基）乙烯基］环丙烷羧酸酯，英文化学名称为((*S*)-*α*-cyano-3-phenoxybenzyl-(*Z*)-(1*R*，3*S*)-2，2-dimethyl-3-[2-(2，2，2-trifluoro-1-trifluoromethylethoxycarbonyl) vinyl] cyclopropanecarboxylate，(*S*)-*α*-cyano-3-phenoxybenzyl-(*Z*)-(1*R*-*cis*)-2，2-dimethyl 3-[2-(2，2，2-trifluoro-1-trifluoromethylethoxycarbonyl) vinyl] cyclopropanecarboxylate。美国化学文摘系统名称为(S)-cyano(3-phenoxyphenyl) methyl(1*R*，3*S*)-2，2-dimethyl-3-[(1*Z*)-3-oxo-3-[2，2，2-trifluoro-1-(trifluoromethyl) ethoxy]-1-propenyl] cyclopropanecarboxylate，CA 主题索引名称为(1*R*，3*S*)-

cyclopropanecarboxylic acid—, 2, 2-dimethyl-3-[(1*Z*)-3-oxo-3-[2, 2, 2-trifluoro-1-(trifluoromethyl) ethoxy]-1-propenyl]-(*S*)-cyano (3-phenoxy phenyl) methyl ester。CAS 登录号为 [101007-06-1]。

组成　单一的异构体。

理化性质　白色粉状固体（工业品），熔点 81.5℃（纯品），82℃（工业品）。蒸气压 4.4×10^{-5} mPa（20℃）。分配系数 $K_{ow}\lg P=5.6$（25℃）。Henry 常数 4.8×10^{-2} Pa・m^3/mol（计算）。水中溶解度 ≤ 0.02mg(a.i.)/L（25℃），其他溶剂中溶解度（25℃，g/L)：在丙酮、氯仿、二氯甲烷、乙酸乙酯和 DMF 中均>500，二异丙醚中为 170，乙醇中为 40，正己烷和正辛醇中为 10。稳定性：在酸性介质中稳定，但在 pH>7 时，水解和差向异构更明显。DT_{50} >1a（pH＝5，50℃)，30d（pH＝7，30℃)，15d（pH＝9，20℃)，1.6d（pH＝9，37℃)。在 100W 的灯光下可稳定存在 7d。比旋光度 $[\alpha]_D^{20}$ +17.5°。

毒性　大鼠和小鼠急性经口 LD_{50} 均>5000mg/kg（工业品，在玉米油中)；大鼠急性经皮 LD_{50}>2000mg/kg。本品对兔眼睛和皮肤无刺激。豚鼠对本品无皮肤致敏现象。大鼠吸入 LC_{50}（4h）为 1.6mg/L。NOEL 值：大鼠（90d）雄为 2.4mg/kg（bw），大鼠（90d）雌为 3.1mg/kg（bw），狗（1a）3mg/kg（bw）。无致突变性和致畸作用量：大鼠 2mg/(kg・d)，兔 15mg/(kg・d)。ADI/RfD（BfR）0.016mg/kg(bw)[2006]。其他：在水中溶解度低、土壤中吸收值高，所以在实验室条件下，LC_{50} 或 LD_{50} 值低并不说明田间不会有危险。毒性等级：WHO（a.i.）U，EPA（制剂）IV。

生态效应　鸟类急性经口 LD_{50}：山齿鹑>2250mg/kg、野鸭>1000mg/kg；LC_{50}（8d）：山齿鹑为 3275mg/kg，野鸭为 4175mg/kg。鱼类 LC_{50}：虹鳟鱼为 5.66mg/L，镜鲤鱼为 0.12mg/L。水蚤 EC_{50}（48h）22mg/L。绿藻 EC_{50}（72h)>35μg/L。蜜蜂 LC_{50}（48h)（经口）150～200mg/只，（48h)（接触）200～500mg/只。蚯蚓 LC_{50}（14d)>1000mg/kg（土壤)。生物质 NOEC 值 1.6mg/kg。有益物种梨盲走螨 LR_{50}（48h）0.006g/hm^2。

环境行为　对动物的代谢物检测，母体化合物的含量<10%，对植物而言主要残留为母体化合物。在环境中被土壤强烈地吸附和固定（与 pH 值和有机质含量无关），K_d：2460～2780，K_{oc}：127500～319610。土柱淋溶，发现氟丙菊酯在渗滤液中的残留量<1%。DT_{50} 5～100d（4 种土壤类型)。DT_{50} 5～100d（4 种土壤类型)。在需氧条件下（pH＝6.2，有机质含量 3.1%）DT_{50} 52d。

制剂与分析方法　主要产品和制剂有 2%、6%、15%乳油，3%可湿性粉剂，2%罗速发乳油（外观为浅褐色液体)，乳油（150 g/L）。分析方法，产品可用 HPLC 进行分析；残留物在树木、土壤和水中可用 GC-ECD 进行分析。

作用机理与特点　钠通道抑制剂。主要是阻断害虫神经细胞中的钠离子通道，使神经细胞丧失功能，导致靶标害虫麻痹、协调差，最终死亡。属于低毒农药。对人、畜十分安全。对害螨害虫的作用方式主要是触杀和胃杀作用，并能兼治某些害虫，无内吸及传导作用。触杀作用迅速，具有极好的击倒作用。

应用

适用作物　大豆、玉米、棉花、梨果、葡萄、核果类、柑橘类、果树、茶树、蔬菜、观赏植物等。

防治对象　叶螨科和细须螨的幼、若和成螨以及蛀果害虫初孵幼虫，刺吸式口器的害虫及鳞翅目害虫。

残留量与安全施药　对人、畜十分安全，属于低毒农药。①该药不宜与波尔多液混用，避免减效。②该药主要是触杀作用，喷药力求均匀周到，使叶、果全面着药才能见效。③该药对人有较大的刺激作用，施药时应戴口罩、手套，注意防护，勿喝水和取食食物。④中性、碱性溶液中易分解，因此，不易与碱性药剂混用。

使用方法

桃　防治桃小食心虫在第一代初孵幼虫蛀果前施用2%氟丙菊酯乳油1000倍液，药后10d内可有效控制幼虫蛀果，其药效优于20%灭扫利乳油3000倍液。

豆类、茄子　豆类、茄子上的螨类用2%乳油1000～1500倍液喷雾防治。

果树　防治果树上多种螨类用2%乳油500～2000倍液喷雾防治，可兼治绣线菊蚜、潜叶蛾、柑橘蚜虫、桃小食心虫等果树害虫。

棉花　防治棉叶螨每公顷用2%乳油100～500mL，对水50～75kg喷雾，可兼治棉蚜。

茶树　防治茶树害虫用2%乳油1333～4000倍液喷雾，可防治茶小绿叶蝉、茶短须螨，施药时应注意顾及茶树的中、下部页面背面。

专利及登记

专利名称　Insecticidal cyclopropanecarboxylic acid serivatives with unsaturated side chain

专利号　US 4542142　　专利公开日　1985-09-17

专利申请日　1983-11-08　　优先权日　1981-06-30

专利拥有者　Roussel-Uclaf，Fr.

在其他国家申请的化合物专利：AU 8541977、AU 580770、FR 2536392、FR 2539956、US 4542142、US 4732903、US 4883806等。

制备专利：EP 573361、JP 2006298785、WO 2010005692、WO 2009099929、WO 2008071674、JP 2006298785、WO 9719040等。

混剂专利：ES 2311440、FR 2699426、JP 2009185142、JP 2008303157、JP 2008133238、JP 2003201626、JP 2003073625、JP 11322522、WO 2002000025、WO 9531898、WO 2009071212等。

制备方法

在四氢呋喃中，溴代羧酸酯与丁基锂在−60℃下反应，然后通二氧化碳气体，得到相应的烯丙羧酸，该羧酸与六氟异丙醇反应，得到相应的酯，再在甲苯中与对甲苯磺酸回流1h，得到的水解产物与（S）-氰基-3-苯氧基苄醇、吡啶、二氯甲烷反应1.5h，即制得目的物。反应式如下：

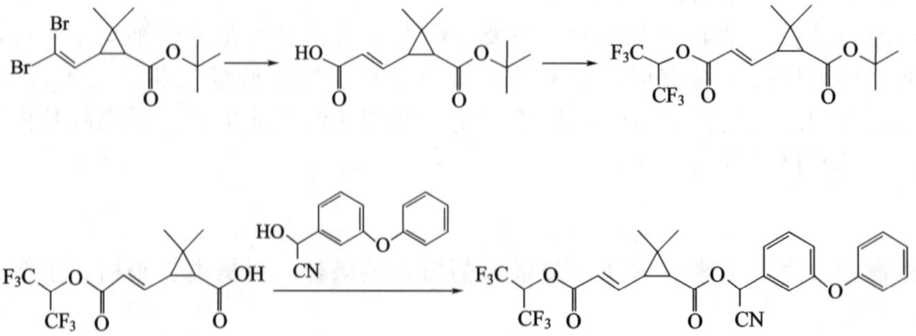

1　The Pesticide Manual. 15 th edition：17-18.

2　FR 2486073.

3　US 4542142.

4　EP 48186.

82 烯丙菊酯（allethrin）

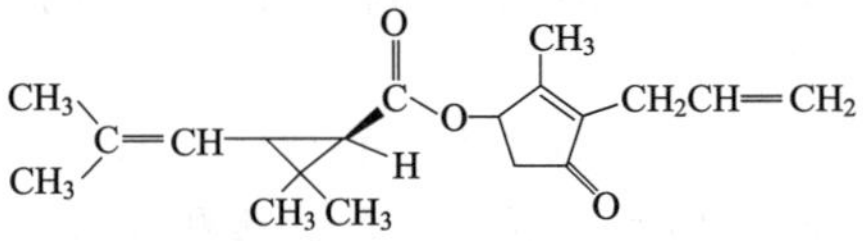

$C_{19}H_{26}O_3$，302.4

产品简介

烯丙菊酯［试验代号：OMS 468、ENT 17 510；通用名称：allethrin；商品名称：Pynamin Forte（Sumitomo Chemical）、毕那命、丙烯除虫菊、烯丙菊酯、亚烈宁（台）、右旋反式烯丙菊酯；其他名称：Pynamin（Sumitomo Chemical）］由 Sumitomo 公司开发的拟除虫菊酯类杀虫剂。世界主要生产商：Sumitomo Chemical、Bilag、Endura、Ningbo Finechem、江苏扬农化工集团有限公司、上海中西药业股份有限公司。

化学名称 （*R*,*S*)-2-甲基-3-烯丙基-4-氧代环戊-2-烯基-(1*R*,3*R*;1*R*,3*S*)-2,2-二甲基-3-(2-甲基丙-1-烯基)环丙烷羧酸酯，英文化学名称为(*RS*)-3-allyl-2-methyll-4-oxocyclopent-2-enyl-(1*R*,3*R*;1*R*,3*S*)-2,2-dimethyl-3-(2-methylprop-1-enyl)cyclopropanecarboxylate;(*RS*)-3-allyl-2-methyl-4-oxocyclopent-2-enyl-(＋)-*cis-trans*-chrysanthemate；(*RS*)-3-allyl-2-methyl-4-oxocyclopent-2-enyl-(1*R*)-*cis-trans*-2,2-dimethyl-3-(2-methylprop-1-enyl) cyclopropanecarboxylate。美国化学文摘系统名称为 2-methyl-4-oxo-3-(2-propenyl)-2-cyclopenten-1-yl-2,2-dimethyl-3-(2-methyl-1-propen-1-yl) cyclopropanecarboxylate，CA 主题索引名称为 cyclopropanecarboxylic acid—，2,2-dimethyl-3-(2-methyl-1-propenyl)-2-methyl-4-oxo-3-(2-propenyl)-2-cyclopenten-1-yl ester。CAS 登录号为［584-79-2］。

组成 右旋烯丙菊酯由 95%顺式异构体和 75%反式异构体组成。

理化性质 工业品是淡黄色液体，沸点为 281.5℃（760mmHg）。蒸气压为 0.16mPa（21℃）。$K_{ow}\lg P$=4.96（室温）。相对密度 1.01（20℃）。溶解度：难溶解于水，正己烷中 0.655g/mL，甲醇中 72.0mL/mL（均在 20℃）。稳定性：在紫外灯下分解，在碱性介质中易水解。闪点为 87℃。

毒性 急性经口 LD_{50}：雄大鼠为 2150mg/kg，雌大鼠为 900mg/kg；急性经皮 LD_{50}：雄兔 2660mg/kg，雌兔 4390mg/kg。大鼠吸入 LC_{50}＞3875mg/m^3（空气）。

生态效应 野鸭和山齿鹑 LC_{50}（8d）均为 5620mg/kg。鲤鱼 LC_{50}（96h）0.134mg/L。

环境行为 在哺乳动物的肝脏和昆虫的体内，菊酸部分末端的两个甲基之一，可以被氧化成羟基，并进一步变成羧基，仅发现有少量酰氧键断裂。本品的降解途径基本与除虫菊酯相同。

制剂与分析方法 主要产品或制剂有 0.19%～0.2%丙烯菊酯气雾剂，0.05%～0.1%丙烯菊酯、杀螟硫磷气雾剂，0.06%丙烯菊酯、杀螟硫磷、甲萘威气雾剂、0.1%烯丙菊酯、地亚农、克菌丹气雾剂，0.19%烯丙菊酯、代森锌、消螨普气雾剂等，在制剂中一般加入适当的增效剂。除此之外，还有油剂、粉剂、可湿性粉剂、乳油、油剂或水剂喷射剂。能与增效剂和其他杀虫剂混用，做成飞机喷雾剂，气溶胶以及蚊香、电热蚊香片等。分析方法：产品可用 GC-FID/GC 进行分析；残留物可用 GC 进行分析。

作用机理与特点 通过扰乱昆虫体内的神经元与钠通道之间的相互作用而作用于昆虫的神经系统，因而引起激烈的麻痹作用，倾仰落下，直至死亡。属于具有触杀、胃杀和内吸性的非系统性杀虫剂。具有强烈的触杀作用，击倒快。

应用

防治对象　用于防治家蝇、蚊虫、蟑螂、臭虫、虱子等家庭害虫，也可与其他药剂混配作为农场、畜舍和奶牛喷射剂，以及防治飞翔和爬行昆虫。还适用于防治猫、狗等寄生在体外的跳蚤和体虱。

残留量与安全施药　本药剂为扰乱轴突传导的神经毒剂。①接触部位皮肤感到刺痛，但无红斑，尤其在口、鼻周围，很少引起全身性中毒。接触量大时也会引起头痛，头昏，恶心呕吐，双手颤抖，重者抽搐或惊厥、昏迷、休克。②无特殊解毒剂，可对症治疗；大量吞服时可洗胃；不能催吐。③对鱼有毒，不要在池塘、湖泊或小溪中清洗器具或处理剩余物。在原粮中烯丙菊酯残留量规定为2mg/kg。

使用方法　现场大规模喷射，剂量为0.55kg(a.i.)/hm^2，家庭用气雾剂喷雾，剂量为21 g/m^3，蚊香配方中本品含量一般在0.3%～0.6%之间。制剂中添加增效剂后，可提高杀虫活性。

专利与登记

专利名称　Synthetic insecticide

专利号　JP 5201921　　　　专利公开日　1951-11-30

专利拥有者　Nissin Chemical Industries Co.

在其他国家申请的化合物专利：JP 28004949、JP 5201921、JP 29002100、JP 9008450、US 764517、US 755218 等。

制备专利：WO 2008071674、JP 2007137870、JP 2006298785 等。

制剂或剂型专利：JP 2009234922、JP 2009132668、WO 2009071212、WO 2009071212、WO 2009022548、JP 2008133238、JP 2007001930、JP 2007001930、JP 2006298789、JP 2006213616、US 2006116353、WO 2006056903 等。

相关中国专利：CN 101664042、CN 101629067、CN 101543225、CN 101403194、CN 101339189、CN 101278670、CN 101253865、CN 101199287、CN 101144075、CN 101107930、CN 101049102、CN 101036465、CN 101015789、CN 1887090、CN 1706248、CN 1800192、CN 1667064、CN 1628653、CN 1582656 等。

在中国内申请专利及登记情况见表82-1、表82-2。

表 82-1　在中国申请专利

序号	申请号	专利名称
1	96193803.X	用来防治飞行昆虫的杀虫剂浸渍制品
2	200410013233.1	盒体电热蚊香片及其制备方法
3	200510039014.5	内燃式电热驱虫片

表 82-2　日本住友化学株式会社在中国登记情况

商品名	登记证号	含量	剂型
右旋烯丙菊酯	WP55-98	右旋烯丙菊酯 90%	原药

合成方法

将2,2-二甲基-3-(2,2-二甲基乙烯基）环丙烷羧酰氯与2-烯丙基-4-羟基-3-甲基环戊-2-烯-1-酮在吡啶等缚酸剂存在下，在溶剂中反应制得丙烯菊酯。

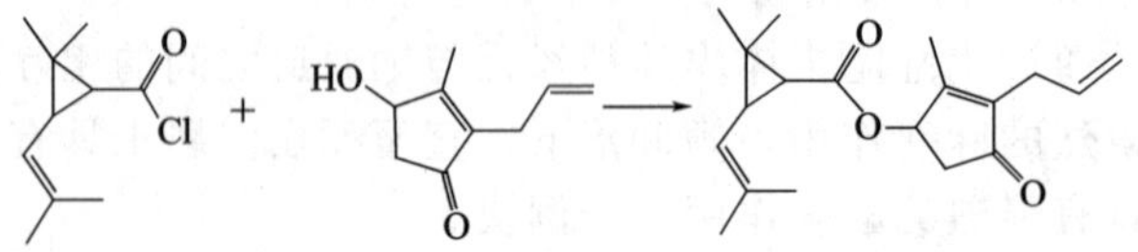

丙烯醇酮的合成：以 2-甲基呋喃为原料合成。

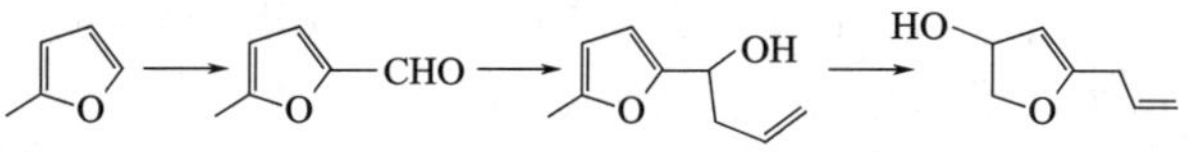

菊酸乙酯的合成方法：

（1）二烯-重氮乙酸酯路线

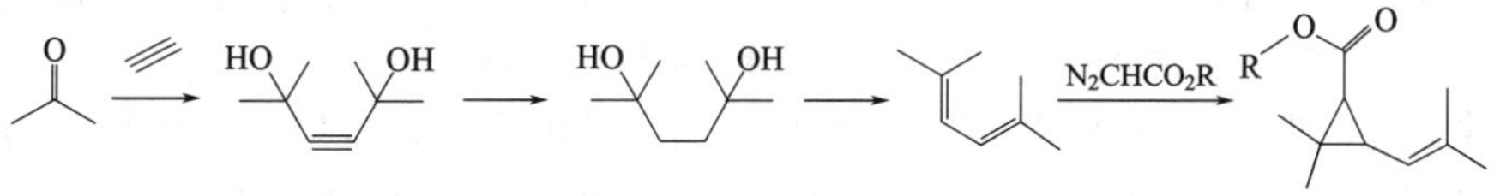

（2）Martel（异戊烯基砜）路线

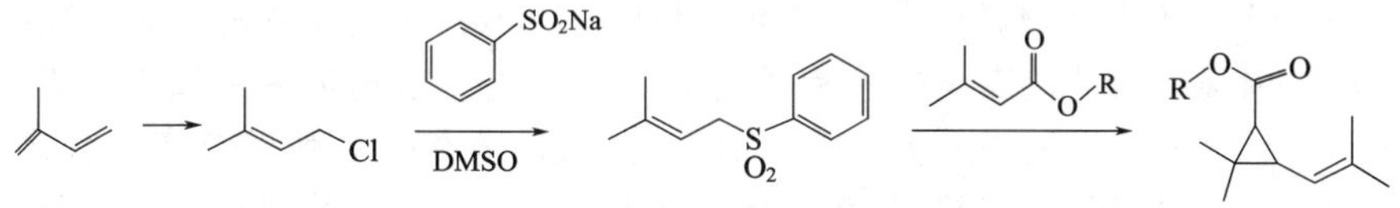

1 The Pesticide Manual. 15 th edition：26-27.　　2 农药品种大全，1996：114-117.

83 生物烯丙菊酯（bioallethrin）

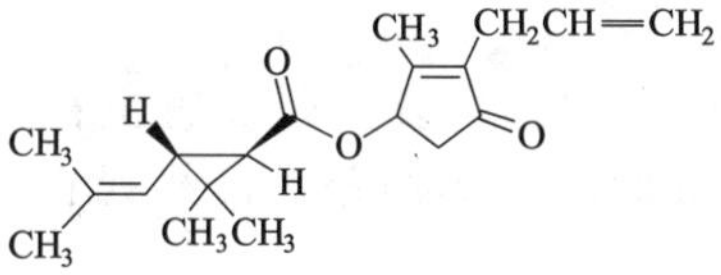

$C_{19}H_{26}O_3$，302.4

产品简介

生物烯丙菊酯［试验代号：EA 3054、RU 11705（Roussel Uclaf）、ENT 16 275、OMS 3044（bioallethrin）、OMS 3034（d-allethrin）；通用名称：bioallethrin；商品名称：D-Trans（MGK）、Bioallethrine（Sumitomo Chemical）］是由拜耳公司开发的拟除虫菊酯类杀虫剂。世界主要生产商：Agro-Chemie、Endura、江苏扬农化工集团有限公司、宁波精细化工有限公司。

化学名称　(*R*,*S*)-3-烯丙基-2-甲基-4-氧代环戊-2-烯基-(1*R*,3*R*)-2,2-二甲基-3-(2-甲基-1-丙烯基)环丙烷羧酸酯。英文化学名称为(*RS*)-3-allyl-2-methyl-4-oxocyclopent-2-enyl-(1*R*,3*R*)-2,2-dimethyl-3-(2-methylprop-1-enyl) cyclopropanecarboxylate；(*RS*)-3-allyl-2-methyl-4-oxocyclopent-2-enyl-(+)-*trans*-chrysanthemate；(*RS*)-3-allyl-2-methyl-4-oxocyclopent-2-enyl-(1*R*)-*trans*-2,2-dimethyl-3-(2-methylprop-1-enyl) cyclopropanecarboxylate。美国化学文摘系统名称为 2-methyl-4-oxo-3-(2-propenyl)-2-cyclopenten-1-yl 2,2-dimethyl-3-(2-methyl-1-propenyl) cyclopropanecarboxylate，CA 主题索引名称为（1*R*，3*R*)-cyclopropanecarboxylic acid—，2,2-dimethyl-3-(2-methyl-1-propenyl)-2-methyl-4-oxo-3-(2-propenyl)-2-cyclopenten-1-yl ester。CAS 登录号为［584-79-2］。

组成　生物烯丙菊酯中总异构体含量 93%（质量分数），其中反式异构体含量 90%，顺式异构体含量 3%。D-Trans 中 90%（质量分数）是生物烯丙菊酯。

理化性质　生物烯丙菊酯是一种橙黄色黏稠液体，D-Trans 是琥珀色黏稠液体。熔点不适用，在 −40℃ 未观察到结晶，沸点 165～170℃（0.15mmHg）。蒸气压为 43.9mPa（25℃）。$K_{ow}\lg P=4.68$（25℃）。Henry 常数为 2.89Pa·m³/mol（计算）。相对密度 1.012（20℃）。溶解度：生物烯丙菊酯在水中为 4.6mg/L（25℃），能与丙酮、乙醇、氯仿、乙酸乙酯、己烷、甲苯、二氯甲烷完全互溶（20℃）。稳定性：遇紫外线分解。在水溶液中 DT_{50}：1410.7d（pH＝5）、547.3d（pH＝7）、4.3d（pH＝9）。比旋光度 $[\alpha]_D^{20}$ 为 －18.5°～－22.5°（50g/L，甲苯）。闪点为87℃。

毒性　急性经口 LD_{50}：雄大鼠709mg/kg，雌大鼠1042mg/kg；雄大鼠425～575mg（D-Trans）/kg，雌大鼠845～875mg（D-Trans）/kg。兔急性经皮 LD_{50}＞3000mg/kg。大鼠吸入 LC_{50}（4h）2.5mg/L（空气）。大鼠NOEL（90d）750mg/kg。ADI/RfD值（EPA）0.005mg/kg［1987］。无致突变、致癌、致胚胎中毒或致畸作用。

生态效应　山齿鹑急性经口 LD_{50} 2030mg/kg。对鱼类高毒，LC_{50}（96h）（静力试验，流通量通过试验）：银鲑22.2μg/L，9.40μg/L；硬头鳟17.5μg/L，9.70μg/L；叉尾鮰＞30.1，27.0μg/L，黄金鲈鱼9.90μg/L。水蚤 LC_{50}（96h）0.0356mg/L。

环境行为　［^{14}C-酸］-生物烯丙菊酯在单一剂量200mg/kg或100mg/kg下施药于大鼠，在处理后2～3d内很容易被代谢至尿液和粪便中。［^{14}C-醇］-生物烯丙菊酯在pH＝5的缓冲剂中降解成allethrolene、dihydroxyallethrolene、二氧化碳和一系列低产率极性产品作为光解化学进程的结果。没有观察到顺/反异构体。光照和黑暗条件下样品的实际和推算 DT_{50} 分别为48.8h和1447h。

制剂与分析方法　美国MGK公司的商品生物烯丙菊酯为含有90％（a.i.）的浓制剂，用以加工喷射剂和气雾剂。分析方法：产品可用GC-FID/GC进行分析；残留物可用GC进行分析。

作用机理与特点　钠通道抑制剂。主要是阻断害虫神经细胞中的钠离子通道，使神经细胞丧失功能，导致靶标害虫麻痹、协调差，最终死亡。无内吸作用，具有触杀胃杀作用。

应用

生物烯丙菊酯是一种强接触、非系统、无残留的杀虫剂，具有快速击倒性，主要用于防治家庭害虫（蟑螂、蚊和蝇科）和杀虫线圈中（0.15％～0.20％ a.i.），垫子（40mg/个）和电热汽化器下（3％～5％ a.i. 30mL/30夜），应用时与其他杀虫剂和胡椒基丁醚混合使用。(*S*)-环戊烯基异构体是更有效的形式。

主要用于住房、餐厅等喷杀蝇蚊使用，亦可以用以制造蚊香和电热蚊香片。

残留量与安全施药　在处理工业原油或高含量的制剂时，需佩戴护目镜、手套和口罩；但在车间或室内接触一般制剂时，不需要防护。

专利与登记

专利名称　Cyclopropanecarboxylic acid esters of cyclopentenolones

专利号　GB 678230　　专利公开日　1952-08-27

专利申请日　1950-01-18　　优先权日　1950-01-18

专利拥有者　National Distillers Products Corp.

在其他国家申请的化合物专利：GB 678230等。

剂型、合成、制备专利：EP 2070412、GB 2440664、IT 2005RE0141、JP 2008133238、WO 2009071212、WO 2007089346、JP 2009132668、JP 2008037858、JP 2007137870、JP 2006298785、US 2007231413、WO 2008071674等。

有关中国专利：CN 101664042，CN 101558770，CN 101543225，CN 101450496，CN 101380029，CN 101339189，CN 101265310，CN 101199287，CN 101171925，CN 101116439，CN 101049102，CN 101036465，CN 1887090，CN 1841058，CN 1772979等。

部分国内专利申请情况

序号	申请号	专 利 名 称
1	96193803.X	用来防治飞行昆虫的杀虫剂浸渍制品
2	200510039014.5	内燃式电热驱虫片

合成方法

生物烯丙菊酯可由如下方法制得：

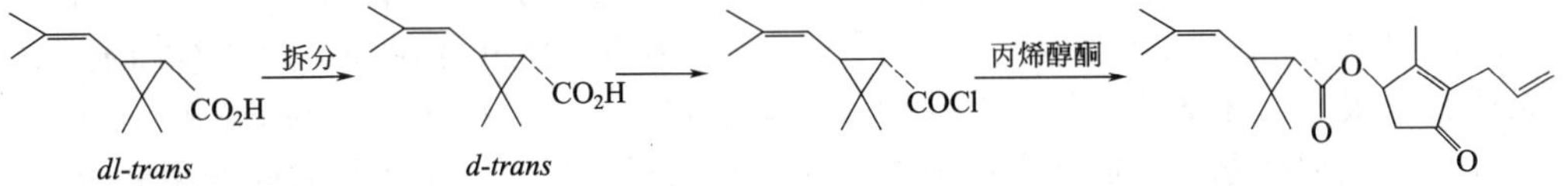

1 The Pesticide Manual. 15 th edition：107-108.

2 US 3159535.

84 联苯菊酯（bifenthrin）

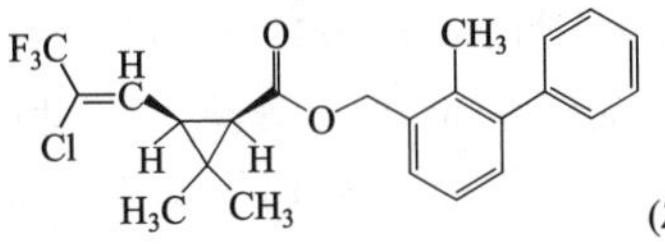

(Z)-(1R)-cis-

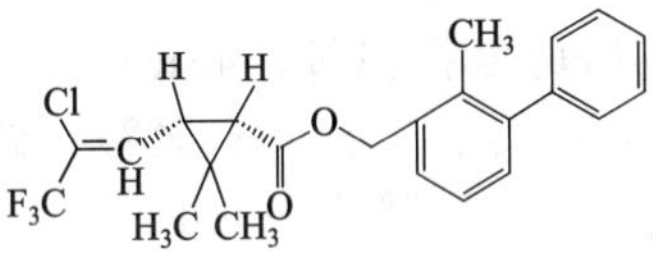

(Z)-(1S)-cis-

$C_{23}H_{22}ClF_3O_2$，422.9

产品简介

联苯菊酯［试验代号：FMC 54800、OMS 3024，通用名称：bifenthrin，商品名称：Talstar（FMC）、Milord（Cequisa）、Sun-bif（Sundat）、Wudang（Rocca）、氟氯菊酯、天王星、虫螨灵、毕芬宁，其他商品名称：Biflex（FMC）、Brigade（FMC）、Capture（FMC）、Onyx（FMC）、Semafor（FMC）、Starion（FMC）、Annex（Tenkoz）、Aripyreth（termites）（FMC、Nihon Nohyaku）］是FMC公司开发的拟除虫菊酯类杀虫剂。

化学名称 （*Z*）-（1*RS*，3*RS*）-2，2-二甲基-3-（2-氯-3，3，3-三氟-1-丙烯基）环丙烷羧酸-2-甲基-3-苯基苄酯或（*Z*）-（1*RS*）-*cis*-2，2-二甲基-3-（2-氯-3，3，3-三氟-1-丙烯基）环丙烷羧酸-2-甲基-3-苯基苄酯。英文化学名称 2-methylbiphenyl-3-ylmethyl（*Z*）-（1*RS*，3*RS*）-3-（2-chloro-3，3，3-trifluoroprop-1-enyl）-2，2-dimethylcyclopropanecarboxylate；2-methylbiphenyl-3-ylmethyl（*Z*）-（1*RS*）-*cis*-3-（2-chloro-3，3，3-trifluoroprop-1-enyl）-2，2-dimethylcyclopropanecarboxylate。美国化学文摘系统名称为（2-methyl［1，1′-biphenyl］-3-yl）methyl 3-（2-chloro-3，3，3-trifluoro-1-propenyl）-2，2-dimethylcyclopropanecarboxylate。CA主题索引名称为：cyclopropanecarboxylic acid—，3-［（1*Z*）-2-chloro-3，3，3-trifluoro-1-propenyl］-2，2-dimethyl-（2-methyl［1，1′-biphenyl］-3-yl）methyl ester，（1*R*，3*R*）-*rel*，CAS登录号［82657-04-3］。

组成 产品中顺式异构体含量97%，反式异构体含量3%。

理化性质 黏稠液体、结晶或蜡状固体。熔点68～70.6℃，沸点320～350℃。蒸气压 1.78×10^{-3} mPa（20℃），$K_{ow}\lg P>6$，相对密度1.210（25℃）。溶解度：水中<1μg/L（20℃），溶于丙酮、氯仿、二氯甲烷、乙醚和甲苯，微溶于己烷和甲醇。稳定性：在25℃和50℃可稳定贮存2a（工业品）。在自然光下，DT_{50}为255d。pH=5～9（21）条件下，可稳定贮存21d。闪点165℃（敞口杯），151℃（闭口杯）。

毒性 大鼠急性经口 LD_{50} 为54.5mg/kg。兔急性经皮 $LD_{50}>2000$mg/kg。对兔皮肤和

眼睛无刺激作用，对豚鼠皮肤不致敏。NOEL（1a）：狗 1.5mg/(kg·d)，大鼠≤2mg/(kg·d)，兔 8mg/(kg·d)，无致畸作用。ADI/RfD（JMPR）0.02mg/kg［1992］，（EC）0.015mg/kg［2008］，（EPA）cRfD 0.015mg/kg（1988），毒性等级：WHO（原药）Ⅱ，EPA（制剂）Ⅱ。

1d 饲喂试验无作用剂量［mg/(kg·d)］：狗 1，大鼠<2，兔 8。无致畸作用。8d 饲喂 LC_{50}（mg/kg 饲料）：鹌鹑 4450，野鸭 1280。鱼毒 LC_{50}（96h，mg/L）：蓝鳃 0.0035、虹鳟 0.0015。因其在水中的溶解度低和对土壤的高亲和力，使其在田间条件下实际使用时对水生系统影响很小。在试验剂量下对动物无致畸、致突变、致癌作用。联苯菊酯对鱿类、水生昆虫等水生生物高毒。对蜜蜂毒性中等，对鸟类低毒。世界卫生组织农药残留联合会议规定其每日允许摄入量为 0.02mg/kg。

生态效应　鸟类急性经口 LD_{50}（mg/kg）：山齿鹑为 1800，野鸭为 2150。饲喂 LC_{50}（8d）（mg/kg）：山齿鹑为 4450，野鸭 1280。鱼类 LC_{50}（96h）（mg/L）：大麒麟鳃太阳鱼 0.00035，虹鳟鱼 0.00015。水蚤 LC_{50}（48h）0.00016mg/L。在水中溶解度小，但对土壤的亲和力大，所以在田间对水生生物系统影响很小。海藻 EC_{50} 和 E_rC_{50}>8mg/L。蜜蜂 LD_{50}（经口）0.1 μg/只，（接触）0.01462 μg/只。蚯蚓 LC_{50}>16mg/kg（干燥土壤）。其他有益物种 LR_{50}（g/hm^2）：蚜茧蜂 8.1，草蜻蛉 5.1。

环境行为　施予动物的大部分药物可以排泄掉，48h 内可以排泄完全，发生广泛的代谢、羟基化和螯合。植物体内广泛代谢，其中 50%～80%被水解。最主要的代谢物是 4′-羟基联苯菊酯。土壤 DT_{50}（实验室）53～192d（平均 106d）。

制剂与分析方法　Talstar（FMC）；Sun-bif（Sundat）。气相色谱用于产品分析，液相色谱用于异构体的分析，残留物测定可用气相色谱。

作用机理　作用于害虫的神经系统，通过作用于钠离子通道来干扰神经作用。联苯菊酯是拟除虫菊酯类杀虫、杀螨剂，具有触杀、胃毒作用。无内吸、熏蒸作用。杀虫谱广，作用迅速，在土壤中不移动，对环境较为安全，持效期较长。

应用

适用作物　棉花、果树、蔬菜、茶树等。

防治对象　潜叶蛾、食心虫、卷叶蛾、尺蠖等鳞翅目幼虫，粉虱、蚜虫、叶蝉、叶蛾、瘿螨等害虫、害螨。其防治对象和应用技术见表 84-1。

表 84-1　联苯菊酯防治技术

作物	害虫	施药量及具体操作
棉花	棉铃虫	卵孵盛期施药，每亩用 2.5%乳油 80～140mL(a.i.2～3.5g)，药后 7～10d 内杀虫保蕾效果良好。此剂量也可用于防治棉红铃虫，防治适期为第二、三代卵孵盛期，每代用药 2 次
	棉红蜘蛛、棉蚜、造桥虫、卷叶虫、蓟马等(专用于防治棉蚜，剂量可减半)	成、若蛾发生期施药，每亩用 2.5%乳油 120～160mL(a.i.3～4g)，持效期 12d 左右
果树	桃小食心虫	卵孵盛期施药，用 2.5%乳油 833～2500 倍液或每 100L 水加 2.5%联苯菊酯 40～120mL(有效浓度 10～30mg/L)喷雾，整季喷药 3～4 次，可有效控制其危害，持效期 10d 左右
	苹果红蜘蛛	苹果花前或花后，成、若螨发生期施药，当每片叶平均达 4 头螨时施药，用 2.5%乳油 833～2500 倍液或每 100 L 水加 2.5% 40～120mL(有效浓度 10～30mg/L)喷雾。在螨口密度较低的情况下，持效期在 24～28d。东北果区于开花前施药，既控制叶螨，又能很好地控制苹果瘤蚜危害

续表

作物	害虫	施药量及具体操作
果树	山楂红蜘蛛	在苹果树上，成、若螨发生期，当螨口密度达到防治指标时施药，用2.5%乳油833～1250倍液或每100L水加2.5% 80～120mL(有效浓度20～30mg/L)喷雾。可在15～20d内有效控制其危害
	柑橘潜叶蛾	于新梢初期施药，用2.5%乳油833～1250倍液或每100 L水加2.5% 80～120mL(有效浓度20～30mg/L)喷雾，新梢抽发不齐或蚜量大时，隔7～10d再喷1次，可起到良好的杀虫保梢作用
	柑橘红蜘蛛	成、若螨发生初期施药，用2.5%乳油833～1250倍液或每100 L水加2.5% 80～120mL(有效浓度20～30mg/L)喷雾，持效期7d左右，低温下使用可延长持效期，而高温时防治效果不佳
蔬菜	茄子红蜘蛛	成、若螨发生期，每亩用2.5%乳油120～160mL(a.i.3～4g)，可在10d内控制其危害
	白粉虱	白粉虱发生初期，虫口密度不高时(2头左右/株)施药，温室栽培黄瓜、番茄每亩用2.5% 80～100mL(a.i.2～2.5g)，露地栽培每亩用2.5%联苯菊酯100～160mL(a.i.2.5～4g)喷雾
	菜蚜、菜青虫、小菜蛾等多种食叶害虫	于发生期施药，每亩用2.5%乳油50～60mL(a.i.1.25～1.5 g)喷雾。可控制蚜虫为害，持效期15d左右
茶树	茶尺蠖、茶毛虫	于幼虫2～3龄发生期施药，每亩用2.5%乳油30～40mL(a.i.0.75～1g)对水喷雾。此剂量也可用于黑霉蛾的4～5龄幼虫防治
	茶小绿叶蝉	于发生期，每百叶有5～6头虫时施药，每亩用2.5%乳油80～100mL(a.i.2～2.5g)对水喷雾，持效期7～10d。此剂量也可在第一代卵孵化盛期末防治黑刺粉虱，效果较好
	茶短须螨、茶跗线螨	于成、若螨发生期，每叶4～8头螨时施药，每亩用2.5%乳油40～60mL(a.i.1～1.5g)对水喷雾

注意事项 ①施药时要均匀周到，尽量减少连续使用次数，尽可能与有机磷等杀虫剂轮用，以便减缓抗性的产生。②不要与碱性物质混用，以免分解。③对蜜蜂、家蚕、天敌、水生生物毒性高，使用时特别注意不要污染水塘、河流、桑园等。④低气温下更能发挥药效，故建议在春秋两季使用该药。⑤人体每日允许摄入量（ADI）为0.04～0.05mg/kg。在茶叶上，使用联苯菊酯应遵守中国控制茶叶上残留的农药合理使用准则（国家标准GB8321.2—87）。

专利与登记

专利名称 Biphenylmethyl [(perhaloalkyl) vinyl] cyclopropanecarboxylates for control of acarids

专利号 GB 2085005　　专利公开日 1982-04-21

专利申请日 1981-10-06　　优先权日 1980-10-08

专利拥有者 FMC公司

在其他国家申请的化合物专利：GB 2085005、US 4341796、IL 62335、JP 60023335、JP 60049620、GB 2143820、GB 2143820等。

制剂或剂型专利：CN 1305711、CN 101185435、CN 101228883、CN 101167472、CN 1305711、CN 1480042、CN 1515159、CN 1729782、CN 101116444、CN 101352167、CN 101352172、CN 101380003、CN 101380020、CN 101429484、CN 101444218、CN 101480192、CN 101480193、CN 101622989、CN 101632384、CN 101647444、CN 101647463、CN 101669478等。

在中国申请的与该产品有关的部分专利及登记情况见表84-2、表84-3。

表 84-2 在中国申请专利

序号	申请号	专利名称
1	01100512.2	阿维菌素·联苯菊酯杀虫剂组合物
2	200710133285.6	联苯菊酯抗原、抗体及其应用
3	200810017311.3	含有联苯菊酯有效成分的杀螨虫剂组合物及其应用
4	03112611.1	马·联苯菊酯乳油农药
5	200380105126.5	联苯菊酯在木材产品中的胶层用途
6	200380105127.X	联苯菊酯在木材产品中的胶层用途
7	200510040383.6	联苯菊酯水乳剂及其制备工艺
8	200710130845.2	联苯菊酯敌敌畏复配杀虫剂
9	200810168392.7	通过双甲脒和联苯菊酯联用来防治恒温动物的外寄生虫的方法
10	200910096911.8	联苯菊酯增效水乳剂的方法和生产工艺
11	200910023351.3	一种含有联苯菊酯和三唑磷的杀虫组合物
12	200910041012.8	联苯菊酯水乳剂及其制备方法
13	201010109315.1	含联苯菊酯残留的茶叶实物标样自然基体阳性材料获取方法
14	200830205309.X	标贴(联苯菊酯)

表 84-3 美国富美实公司在国内登记情况

登记证号	含量	剂型	登记作物	防治对象	用药量	施用方法
PD291-99	90%	原药				
PD96-89	25g/L	乳油	棉花	红铃虫	30～52.5g/hm²	喷雾
				棉铃虫	30～52.5g/hm²	
				棉红蜘蛛	45～60g/hm²	
			茶树	茶毛虫	7.5～15g/hm²	
				茶尺蠖	7.5～15g/hm²	
				茶小绿叶蝉	30～37.5g/hm²	
				粉虱	30～37.5g/hm²	
				象甲	45～52.5g/hm²	
				黑刺粉虱	30～37.5g/hm²	
			柑橘树	潜叶蛾	7.5～10mg/kg	
				红蜘蛛	20～30mg/kg	
			苹果树	桃小食心虫	20～30mg/kg	
				叶螨	20～30mg/kg	
			番茄(保护地)	白粉虱	7.5～15g/hm²	
PD81-88	100g/L	乳油	柑橘树	红蜘蛛	20～30mg/kg	喷雾
				潜叶蛾	7.5～10mg/kg	
			茶树	茶尺蠖	7.5～15g/hm²	
				茶小绿叶蝉	30～37.5g/hm²	
				粉虱	30～37.5g/hm²	
				茶毛虫	7.5～15g/hm²	
				象甲	45～52.5g/hm²	
			苹果树	桃小食心虫	20～30mg/kg	
				叶螨	20～30mg/kg	
			棉花	红铃虫	30～52.5g/hm²	
				红蜘蛛	45～60g/hm²	
				棉铃虫	30～52.5g/hm²	
			番茄(保护地)	白粉虱	7.5～15g/hm²	

合成方法

通过如下反应即可制得目的物：

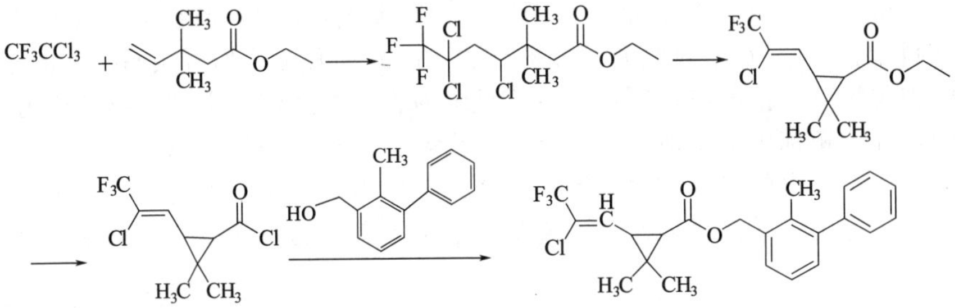

1 The Pesticide Manual. 15 th edition：104-105.　　2 GB 2085005.

85　乙氰菊酯（cycloprothrin）

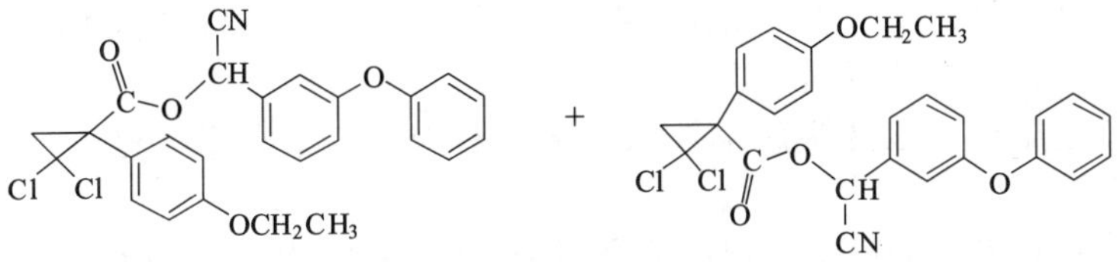

$C_{26}H_{21}Cl_2NO_4$，482.4

产品简介

乙氰菊酯［试验代号：GH-414（CSIRO）、NK-8116（Nippon Kayaku）、OMS 3049；通用名称：cycloprothrin；商品名称：Cyclosal（Nippon Kayaku）、乙氰菊酯、赛乐收（化药）、杀螟菊酯、稻虫菊酯］是由澳大利亚联邦科学和工业研究组织研究开发的拟除虫菊酯类杀虫剂。

化学名称　(*R*,*S*)-α-氰基-3-苯氧苄基-(*RS*)-2,2-二氯-1-(4-乙氧基苯基)环丙烷羧酸酯，英文化学名称为(*RS*)-α-cyano-3-phenoxybenzyl-(*RS*)-2,2-dichloro-1-(4-ethoxyphenyl)cyclopropanecarboxylate。美国化学文摘系统名称为 cyano(3-phenoxyphenyl)methyl-2,2-dichloro-1-(4-ethoxyphenyl)cyclopropanecarboxylate，CA 主题索引名称为 cyclopropanecarboxylic acid—,2,2-dichloro-1-(4-ethoxyphenyl)-cyano(3-phenoxyphenyl)methyl ester。CAS 登录号为［63935-38-6］。

理化性质　工业品为黄色至棕色黏稠液体，熔点 1.8℃，沸点为 140～145℃（0.001 mmHg）。蒸气压为 3.11×10^{-2} mPa（80℃）。K_{ow} lg$P$=4.19。相对密度 1.3419（25℃）。溶解度：在水中为 0.032mg/L（20℃），易溶解于大多数有机溶剂，但只有适度溶于脂肪烃。.稳定性：≤150℃时可稳定存在，对光稳定。

毒性　大鼠和小鼠急性经口 LD_{50}＞5000mg/kg；大鼠急性经皮 LD_{50}＞2000mg/kg。工业品对眼睛和皮肤无刺激作用，2%颗粒剂和 1%粉剂刺激性中等。大鼠吸入 LC_{50}（4h）＞1.5mg/L（空气）。大鼠 NOEL（101 周）20mg/L。在大鼠生命期内无致畸、致癌、致突变作用。

生态效应　鸟类急性经口 LD_{50}：日本鹌鹑＞5000mg/kg，母鸡＞2000mg/kg。鲤鱼 LC_{50}（96h）＞7.7mg/L。水蚤 LC_{50}（48h）0.27mg/L。海藻 EC_{50}（72h）2.38mg/L。蜜蜂 LD_{50}（48h）（经口）0.321μg/只，（接触）0.432μg/只。

环境行为　连续给大鼠喂饲本药品试验表明，乙氰菊酯能迅速、完全地由尿液和粪便排出。在植物体内没有积累。当乙氰菊酯在模拟水稻田应用时，水稻植株对它的吸收随时间增加而增加，在 7d 内达到最大值。当浓度非常低时，在粮食中未发现没反应的乙氰菊酯。

制剂与分析方法　10%浓乳剂，0.5%、1.0%粉剂，2.0%颗粒剂；10%赛乐收乳油，2%赛乐收颗粒剂，10%赛乐收乳油。分析方法，产品和残留物均可用GC进行分析。

作用机理与特点　钠通道抑制剂。主要是阻断害虫神经细胞中的钠离子通道，使神经细胞丧失功能，导致靶标害虫麻痹、协调差，最终死亡。是一种低毒拟除虫菊酯类杀虫剂，以触杀作用为主，有一定的胃毒作用，无内吸和熏蒸作用。本品杀虫谱广，除主要用于水稻害虫的防治外，还可用于其他旱地作物、蔬菜和果树等害虫的防治，具有驱避和拒食作用，对植物安全。

应用

防治作物　水稻、蔬菜、果树、茶树等作物。

防治对象　水稻象甲、螟虫、黑尾叶蝉、菜青虫、斜纹夜蛾、蚜虫、大豆食心虫、茶小卷叶蛾、茶黄蓟马、果树食心虫、柑橘潜叶蛾、桃小食心虫、棉铃虫等鳞翅目、鞘翅目、半翅目、缨翅目等多种害虫见表85-1。

残留量与安全施药　该药为触杀性杀虫剂，对蜜蜂、蚕有毒，施药时应注意避免在桑园、养蚕区施药。

日本化药公司开发的新型颗粒剂最适合用于防治水稻象甲，施药后先沉于稻田底部，又很快浮至水面，颗粒剂中的载体和黏着剂溶解后，释放出有效成分，在水面上杀死水稻象甲成虫和新孵化的幼虫，几天后有效成分沉至水层底部，在土壤表面形成一有效成分层，能杀死转至水稻根部的水稻象甲幼虫。

表85-1　用乙氰菊酯防治害虫使用技术

作物名称	防治对象	用药量
水稻	水稻二化螟、稻苞虫、黑尾叶蝉、稻根象、稻负泥虫、稻鳞象甲	50～300g(a. i.)/hm^2
玉米	玉米螟、黏虫、根蚜	100～200g(a. i.)/hm^2
马铃薯	叶甲、28星瓢虫、长管蚜	50～200g(a. i.)/hm^2
白菜	小菜蛾、黏虫、银纹夜蛾、菜蚜	50～200g(a. i.)/hm^2
大豆	小卷蛾、豆荚斑螟、茎瘿蚊、豆绿蝽	100～200g(a. i.)/hm^2
棉花	埃及金刚钻、阳蓟马属、棉红铃虫、夜蛾类、面粉虱、面小叶蝉	50～200g(a. i.)/hm^2
茶	褐带卷蛾、茶黄蓟马、茶长卷蛾、茶细蛾	50～100g(a. i.)/hm^2
苹果	潜叶蝇、桃小食心虫、梨小食心虫、面褐带卷蛾、菜绿蚜	100mg/kg
梨	桃小食心虫、梨潜蛾、二叉蚜	100mg/kg
柑橘	橘潜叶蛾、茶黄蓟马	50～100mg/kg
羊	绿蝇属	2g/头

专利概况

化合物不存在专利问题。

制剂或剂型专利或制备专利：EP 258055、EP 2070412、JP 2008133238、JP 2003313104、JP 05078207、JP 03220177、JP 60197607、WO 2009071212、DE 4336307、JP 2006298785、JP 01160982等。

在中国申请的与该产品有关的部分专利见表85-2。

表85-2　在中国申请的专利

序号	申请号	专利名称
1	93119827.5	渗透剂对新啡类、氮杂新啡类及其他活性化合物的增效作用
2	200510028570.2	制备乙氰菊酯前体的方法
3	200510059055.0	含氟虫腈的复配杀虫组合物
4	200610118966.0	乙氰菊酯的光活异构体、制备方法及其用途

合成方法

3-苯氧基苯甲醛与过量的丙酮氰醇在四氯化碳中，三乙胺存在下于 20℃反应 1h，得到 3-苯氧基-α-氰基苄醇，然后与 1-(4-乙氧基苯基)-2,2-二氯环丙烷羧酸在吡啶中与氯化亚砜反应生成的酰氯反应，制得乙氰菊酯：

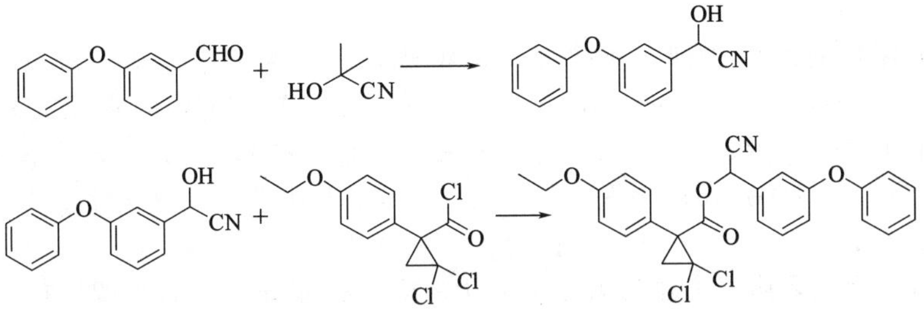

1-(4-乙氧基苯基)-2,2-二氯环丙烷羧酸按下列反应制备：

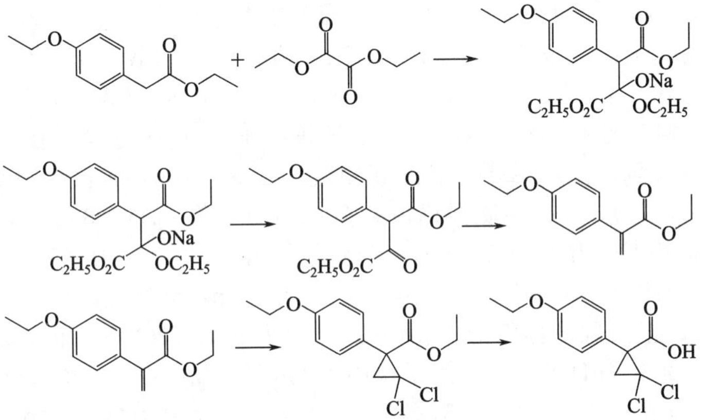

1 The Pesticide Manual. 15 th edition：256-257.　　2 农药品种大全，1996，171-173.

86 氟氯氰菊酯（cyfluthrin）

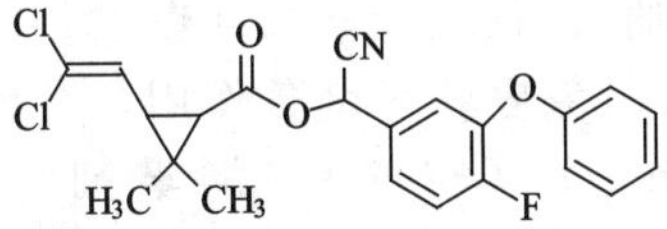

$C_{22}H_{18}Cl_2FNO_2$，434.3

产品简介

氟氯氰菊酯［试验代号：BAY FCR 1272（Bayer）、OMS 2012，通用名称：cyfluthrin，商品名称：Baygon aerosol（公共卫生）（Johnson）、Baythroid（农药）（Bayer CropScience，Makhteshim-Agan）、Luthrate（Mobedco）、Suncyflu（Sundat）、百树德、百树菊酯、氟氯氰醚菊酯、赛扶宁、百治菊酯。其他商品名称：Renounce（Bayer CropScience）、Bayofly（Bayer Animal Health）、Solfac（Bayer Animal Health）、Tempo（Bayer Animal Health，Makhteshim-Agan）］是由拜耳公司开发的拟除虫菊酯类（pyrethroids）杀虫剂。

化学名称　(*RS*)-氰基-4-氟-3-苯氧基苄基(1*RS*,3*RS*;1*RS*,3*SR*)-3-(2,2-二氯乙烯基)-2,2-二甲基环丙烷羧酸酯。英文化学名称为(*RS*)-cyano-4-fluoro-3-phenoxybenzyl(1*RS*,3*RS*;1*RS*,3*SR*)-3-(2,2-dichlorovinyl)-2,2-dimethylcyclopropanecarboxylate 或(*RS*)-cyano-4-fluoro-3-phenoxybenzyl(1*RS*)-*cis-trans*-3-(2,2-dichlorovinyl)-2,2-dimethylcyclopropanecarboxylate。美国化学文摘系统名称为 cyano(4-fluoro-3-phenoxyphenyl)methyl3-(2,2-dichloroethenyl)-2,2-dimethylcyclopropanecarboxylate(unstated stereochemistry)。CA 主题索引名称为 cyclopropanecarboxylic acid—,3-(2,2-dichloroethenyl)-2,2-dimethylcyano(4-fluoro-3-phenoxyphenyl)methyl ester。CAS 登录号为:混合异构体[68359-37-5]；非对映异构体Ⅰ［86560-92-1］；非对映异构体Ⅱ［86560-93-2］；非对映异构体Ⅲ［86560-94-3］；非对映异构体Ⅳ［86560-95-4］。

组成　氟氯氰菊酯由四种非对映异构体组成，分别为：Ⅰ（*R*)-cyano-4-fluoro-3-phenoxybenzyl-(1*R*)-*cis*-3-(2，2-dichlorovinyl)-2，2-dimethylcyclopropanecarboxylate＋（*S*)-，(1*S*)-*cis*-，Ⅱ（*S*)-，(1*R*)-*cis*-＋(*R*)-，（1*S*)-*cis*-，Ⅲ（*R*)-，（1*R*)-*trans*-＋(*S*)-，（1*S*)-*trans*-，Ⅳ（*S*)-，(1*R*)-*trans*-＋(*R*)-，(1*S*)-*trans*-. 其中非对映异构体Ⅰ为：23％～27％，Ⅱ为 17％～21％，Ⅲ为 32％～36％，Ⅳ为 21％～25％。

理化性质　无色晶体（工业品为棕色油状物或含有部分晶体的黏稠物），熔点为：（Ⅰ）64℃，（Ⅱ）81℃，（Ⅲ）65℃，（Ⅳ）106℃，（工业品为 60℃）。温度＞220℃时分解。蒸气压为：（Ⅰ）9.6×10^{-4}，（Ⅱ）1.4×10^{-5}，（Ⅲ）2.1×10^{-5}，（Ⅳ）8.5×10^{-5}（单位均为 mPa，20℃）。K_{ow} lg$P$：（Ⅰ）6.0，（Ⅱ）5.9，（Ⅲ）6.0，（Ⅳ）5.9（均在 20℃）。Henry 常数：（Ⅰ）1.9×10^{-1}，（Ⅱ）2.9×10^{-3}，（Ⅲ）4.2×10^{-3}，（Ⅳ）1.3×10^{-2}（均为 Pa・m^3/mol，20℃）。相对密度 1.28（20℃）。溶解度：非对映异构体Ⅰ在水中为 2.5（pH＝3）、2.2（pH＝7）（均为 g/L，20℃），二氯甲烷、甲苯＞200，正己烷中 10～20，异丙醇中 20～50（均为 g/L，20℃）；非对映异构体Ⅱ在水中为 2.1（pH＝3）、1.9（pH＝7）（均为 g/L，20℃），二氯甲烷、甲苯中＞200，正己烷中 10～20，异丙醇中 5～10（均为 g/L，20℃）；非对映异构体Ⅲ在水中为 3.2（pH＝3）、2.2（pH＝7）（均为 g/L，20℃），二氯甲烷、甲苯中＞200，正己烷、异丙醇中 10～20（均为 g/L，20℃）；非对映异构体Ⅳ在水中为 4.3（pH＝3）、2.9（pH＝7），二氯甲烷中＞200，甲苯中 100～200，正己烷中 1～2，异丙醇中 2～5（均为 g/L，20℃）。室温热力学稳定。在水中 DT_{50}：非对映异构体Ⅰ：36、17、7；Ⅱ：117，20，6；Ⅲ：30，11，3；Ⅳ：25，11，5（均为 d，22℃，pH 值分别为 4，7，9）。闪点 107℃（工业品）。

毒性　大鼠急性经口 LD_{50}：约 500mg/kg（二甲苯），约 900mg/kg（PEG400），约 20mg/kg（水/聚氧乙基代蓖麻油）；狗急性经口 LD_{50}＞100mg/kg。雌和雄大鼠急性经皮 LD_{50}（24h）＞5000mg/kg。本品对兔皮肤无刺激作用，对兔眼睛有略微刺激作用。雌和雄大鼠吸入 LD_{50}（4h）为 0.5mg/L（空气）（烟雾剂）。NOEL：大鼠（2a）50mg/kg [2.5mg/kg（bw）]，小鼠（2a）200mg/kg，狗（1a）160mg/kg。毒性等级 WHO（a.i.）Ⅱ，EPA（制剂）Ⅱ。

生态效应　山齿鹑急性经口 LD_{50}＞2000mg/kg。鱼类 LD_{50}（96h）：金黄圆腹亚罗鱼 0.0032mg/L，虹鳟鱼 0.00047mg/L，大鳍鳞鳃太阳鱼 0.0015mg/L。水蚤 LC_{50}（48h）0.00016mg/L。海藻 EC_{50}＞10mg/L。对蜜蜂有毒。蚯蚓 LC_{50}（14d）＞1000mg/kg（土）。

环境行为　摄入动物体内的氟氯氰菊酯会被快速大量地排出体外，其中有 97％的摄入物是在 48h 后通过尿液和粪便排出的；由于氟氯氰菊酯对植物没有内吸性，不会渗透入植物组织，不会转移到植物的其他部分；氟氯氰菊酯在各种土质中降解很快。在土壤中的溶淋行为很慢。氟氯氰菊酯最终被土壤中的微生物代谢为 CO_2。

制剂与分析方法　剂型：气雾剂、乳油、乳剂（油包水或水包油）、颗粒剂、超低量溶液、可湿性粉剂。主要产品或制剂有 5％百树得乳油（每 L 含有效成分 50g）、Aztec（本品＋丁基嘧啶磷）、Leverage（本品＋吡虫啉）、Appeal（本品＋十二碳二烯醇）、Bayflor Duo（本品＋双苯唑菌醇）、Confidor Supra（本品＋吡虫啉）、Legend（本品＋吡虫啉）、

Storcide（本品＋甲基毒死蜱）；分析方法：可用 GC/HPLC-UV 进行分析。

作用机理与特点　神经轴突毒剂，通过与钠离子通道作用可引起昆虫极度兴奋、痉挛、麻痹，最终可导致神经传导完全阻断，也可以引起神经系统以外的其他组织产生病变而死亡。药剂以触杀和胃毒作用为主，无内吸及熏蒸作用。杀虫谱广，作用迅速，持效期长。具有一定的杀卵活性，并对某些成虫有拒避作用。

应用

适用作物　棉花、小麦、玉米、蔬菜、苹果、柑橘、葡萄、油菜、大豆、烟草、甘薯、马铃薯、草莓、啤酒花、咖啡、茶、苜蓿、橄榄、观赏植物等。

防治对象　棉铃虫、红铃虫、棉蚜、菜青虫、桃小食心虫、金纹细蛾、小麦蚜虫、黏虫、玉米螟、葡萄果蠹蛾、马铃薯甲虫、蚜虫、尺蠖、烟青虫等。

残留量与安全施药　5.7%氟氯氰菊酯乳油对棉花每季最多使用次数为 2 次，安全间隔期为 21d。对甘蓝每季最多使用次数为 2 次，安全间隔期为 7d。在棉籽中的残留标准为 0.05mg/kg。在甘蓝中的残留标准为 0.5mg/kg。

具体应用技术如下：

棉花、大豆、蔬菜等作物喷液量每亩人工一般 20～50L，拖拉机 7～10L，飞机 1～3L，根据喷雾器械来确定喷液量。另外，空气相对湿度低用较高喷液量。晴天应选早晚气温低、风小时施药，晴天上午 8 时至下午 5 时、空气相对湿度低于 65%、气温高于 28℃时停止施药。

氟氯氰菊酯可防治对其他杀虫剂已经产生抗性的害虫。对作物上的红蜘蛛等有一定抑制作用，在一般情况下，使用该药剂后，不易引起红蜘蛛等再猖獗。因其对螨类抑制作用小于甲氰菊酯、联苯菊酯和三氟氯氰菊酯，当红蜘蛛已经严重发生时，使用氟氯氰菊酯就不能控制危害，必须使用其他杀螨剂。产品为 5%、5.7%乳油（50g/L）。对害虫的毒力与高效氯氰菊酯相当，一般亩用有效成分 1～2.5g，即 5.7%乳油 20～50mL，防治果林害虫用 5.7%乳油 2000～3000 倍液喷雾。

（1）棉虫　对棉蚜、棉蓟马亩用 5.7%乳油 10～20mL，对棉铃虫、红铃虫、金刚钻、玉米螟等亩用 30～50mL，对水喷雾。可兼治其他一些鳞翅目害虫，对红蜘蛛有一定抑制作用。对其他拟除虫菊酯杀虫剂已经产生抗性的棉蚜，使用本剂的防治效果不好。

（2）蔬菜害虫　对菜蚜、菜青虫用 5.7%乳油 2000～3000 倍液喷雾。对小菜蛾、斜纹夜蛾、甜菜夜蛾、烟青虫、菜螟等，在 3 龄幼虫盛发期，用 5.7%乳油 1500～2000 倍液喷雾。对拟除虫菊酯杀虫剂已经产生轻度抗性的小菜蛾，使用本剂时应适当提高药液浓度或停用。

（3）果树害虫　对柑橘潜叶蛾，在新梢初期，用 5.7%乳油 2500～3000 倍液喷雾，可兼治橘蚜。对苹果蠹蛾、袋蛾用 5.7%乳油 2000～3000 倍液喷雾。对梨小食心虫、桃小食心虫，在卵孵化盛期、幼虫蛀果之前，或卵果率在 1%左右时，用 5.7%乳油 1500～2500 倍液喷雾。

（4）茶尺蠖、木橑尺蠖、茶毛虫　在 2～3 龄幼虫盛发期，用 5.7%乳油 3000～5000 倍液喷雾，可兼治茶蚜、刺蛾等。

（5）大豆食心虫　在卵孵化盛期或大豆开花结荚期，亩用 5.7%乳油 30～50mL，对水喷雾。

（6）烟青虫　亩用 5.7%乳油 20～35mL，对水喷雾。

（7）旱粮作物害虫　对蚜虫、玉米螟、黏虫、地老虎、斜纹夜蛾等，亩用 5.7%乳油 20～40mL，对水喷雾。

专利与登记

专利名称　Insecticidal and acaricidal substitutedphenoxybenzyloxycarbonyl derivatives

专利号　DE 2709264　　专利公开日　1978-09-07

专利申请日　1977-03-03　　优先权日　1977-03-03

专利拥有者　Bayer A.-G.

在其他国家申请的化合物专利：AU 7833677、AU 3367778、AT 356457、AU 520876、AT 7801531、AU 8178574、AU 527142、BR 7801265、BE 864488、CH 640819、CS 196422、CH 649980、CA 1113477、CS 196423、DK 9000943、DK 94390、DK 162516 DE 2709264、DK 162516、DK 7800923、DD 136694、DK 159678、ES 467494、EG 13224、FR 2382426、FR 2541268、FR 2541268、GB 1565932、GR 65230、GB 1565933、HU 19190、HU 176922、HU 27358、HK 54382、HU 185174、IL54149、IT 1093503、JP 57171935、JP 60043054、JP 57009731、JP 62015541、JP 53108942、JP 57057025、KE 3245、MY 1384、NL 7802311、NL 7802311、NL 930027、NZ 186580、NL 930027、NL 183822、OA 5900、PT 67719、PL 204990、PH 13469、PL 114925、SE 7802379、SE 442995、SU 691063、TR 20779、US 4261920、US 4218469、ZA 7801218 等。

制剂或剂型专利或制备专利：CN 1354981、CN 1646018、CN 1693378、CN 1918995、CN 1895048、CN 101107929、CN 1954673、CN 101444210、CN 1478391、DE 102006014490、JP 2009209124、JP 2008115157、RU 2326533、WO 2009039951、WO 2008095891、WO 2008077925、WO 2007101539、WO 2007076028、WO 2010023171、WO 2009147205、WO 2009124707、WO 2008006514、WO 2006037553、CN 1244521、CN 1244524、CN 1267451、CN 1508124、CN 101265310、CN 101171914、CN 101019548、CN 1887090、CN 1860886、CN 1860885、CN 1693378、CN 1594239、CN 1508124、CN 1354981、CS 264503、CS 268965、CS 268964、CS 257094、DE 19528529、DE 4336307、DE 4135505、DE 3705224、IN 2007MU00802、WO 8806151、WO 2006124508、WO 2006052876、WO 9107379 等。

在中国申请的含氟氯氰菊酯的部分专利及登记情况见表 86-1、表 86-2。

表 86-1　在中国申请的专利

序号	申请号	专利名称
1	03131669.7	一种食用菌杀虫剂复配剂
2	92104343.0	杀虫农药混合液剂灭铃威
3	92104344.9	杀虫农药混合液剂灭铃灵
4	93116555.5	农药组合物
5	93106078.8	一种多功能高效杀虫杀螨剂
6	93115263.1	一种混合杀虫农药——青乐乳油
7	94100790.1	多功能乳化杀虫剂
8	94105145.5	氟氯硫磷乳油及制造方法
9	98111503.9	功扑乳油
10	99102296.3	氟氯氰·对乳油
11	99103377.9	一类含矿物油的植物保护用杀虫剂
12	99117034.2	对氟苯甲醛法生产氟氯氰菊酯(百树菊酯)的方法
13	99117035.0	3-溴-4-氟甲苯法生产氟氯氰菊酯(百树菊酯)的方法
14	00110888.3	一种含齐墩螨素和三氟氯氰菊酯农药组合物
15	00132045.9	以氟氯氰菊酯为原料的一组农用杀虫剂及其配制方法
16	200610127951.0	一株高效降解菊酯类及有机磷农药的新菌株及其用途
17	200610127359.0	磁性聚氨酯泡沫塑料固定化细胞降解菊酯农药的方法
18	200710179820.1	一种含有阿维菌素的复配杀虫剂
19	200710009948.3	甲氨基阿维菌素苯甲酸盐和三氟氯氰菊酯微乳剂

续表

序号	申请号	专利名称
20	200810030465.6	含有茚虫威的杀虫组合物
21	200710179818.4	一种含有多杀菌素的复配杀虫剂
22	200710019131.4	三氟氯氰菊酯水分散粒剂杀虫剂
23	99214449.3	多功能高效消毒清洗机
24	200410004406.3	含有吡虫啉的杀虫组合物
25	200410073087.1	一种灭蝇剂
26	03807691.8	协同杀虫混合物
27	03808985.8	协同杀虫混合物
28	200410060158.4	三氟氯氰菊酯微乳剂及其制法
29	03115595.2	*d*-柠檬烯生物增效杀虫剂
30	01820100.8	用除虫菊酯/拟除虫菊酯和氯硫尼定的联合处理种子的方法
31	01816979.1	用杀昆虫剂的组合处理种子
32	02156766.2	一种用对氟苯甲醛合成氟氯氰菊酯的方法
33	02133440.4	一种卫生杀虫剂及其制备方法
34	03109748.0	一种高效三氟氯氰菊酯(功夫)微乳剂及其生产方法
35	200510025819.4	环保型杀虫涂料及其制备工艺
36	200510041498.7	三氟氯氰菊酯胶悬剂及其生产方法
37	200510057468.5	绿僵菌与菊酯类农药复配杀虫剂及其制备方法
38	200510043517.X	高效氟氯氰菊酯微乳剂及其制备方法
39	200610047208.4	丁烯氟虫腈与菊酯类杀虫剂的杀虫组合物
40	200610100199.0	协同杀虫混合物
41	200610122242.3	鱼藤酮与氟氯氰菊酯的农药组合物及其作为杀虫剂的应用
42	200610058331.6	爬行害虫防除用粉剂
43	200710004426.4	协同杀虫混合物
44	200710034859.4	含有甲氨基阿维菌素苯甲酸盐的农药组合物
45	200710006746.3	协同杀虫混合物
46	200680034439.X	杀真菌组合物
47	200910020635.7	一种蜡状芽孢杆菌菌株及用它制备的拟除虫菊酯类农药的降解酶及其制备方法
48	200910017901.0	一种含有盐酸氨溴索的农药组合物及其制备方法
49	200910173593.0	一种含有吡螨胺的农药组合物
50	200810231367.9	水中菊酯类农药的快速检测
51	200910205310.6	农药组合物
52	200880023578.1	包含杀虫剂和植物活化剂的农药组合
53	200910117650.3	甲氨基阿维菌素苯甲酸盐和高效氟氯氰菊酯混配农药制剂
54	200910309899.4	制备三氟氯氰菊酯的方法

表 86-2　德国拜耳作物科学公司在中国登记情况

登记名称	登记证号	含量	剂型	登记作物	防治对象	用药量/(g/hm²)	施用方法
氟氯氰菊酯	PD140-91	50g/L	乳油	棉花	红铃虫	24～37.5	喷雾
				棉花	棉铃虫	24～37.5	喷雾
氟氯氰菊酯	PD250-98	92%	原药				

合成方法

氟氯氰菊酯可由3-苯氧基-4-氟苯甲醛与二氯菊酰氯反应而得，关键是二氯菊酸和3-苯氧基-4-氟苯甲醛的制备。

中间体二氯菊酸的合成方法如下：

(1) 模拟法　3-甲基-2-丁烯醇与原乙酸酯在磷酸催化下于140～160℃缩合，并进行Claisen重排，生成3,3-二甲基戊烯酸乙酯，再与四氯化碳在过氧化物存在下反应生成3,3-二甲基-4,6,6,6-四氯己烯酸乙酯，然后在甲醇钠存在下脱氯化氢，环合生成二氯菊酸乙酯，再经皂化反应生成菊酸。

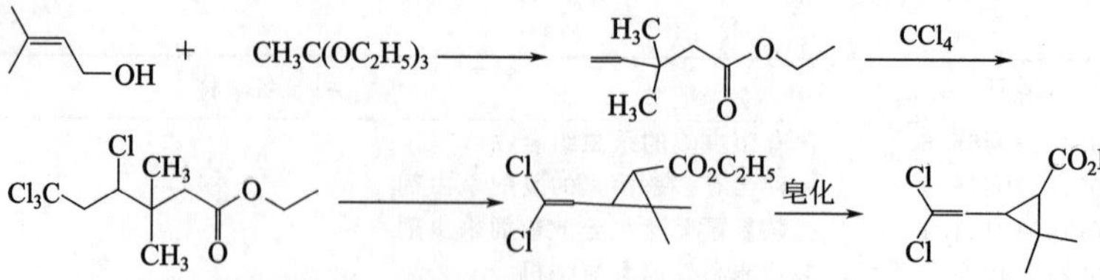

（2）Farkas 法　三氯乙醛与异丁烯反应生成 1,1,1-三氯-4-甲基-3-戊烯-2-醇和 1,1,1-三氯-4-甲基-4-戊烯-2-醇。该混合物再与乙酸酐反应经乙酰化，锌粉还原，对甲基苯磺酸催化异构化得到含共轭双键的 1,1-二氯-4-甲基-1,3-戊二烯，再与重氮乙酸乙酯在催化剂存在下反应，生成二氯菊酸酯。

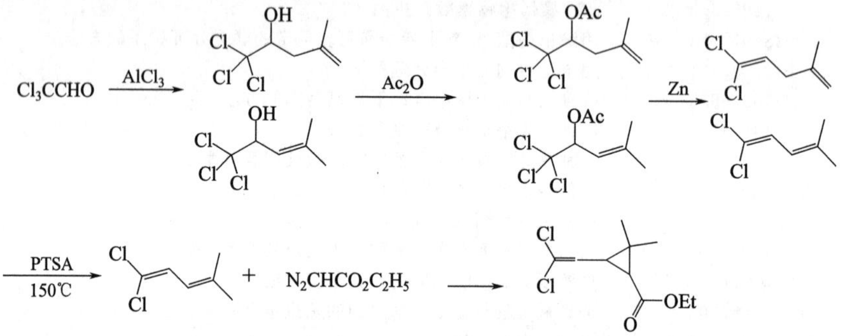

（3）Sagami-Kuraray 法　此方法是 Sagami-Kuraray 法与 Farkas 法的结合。

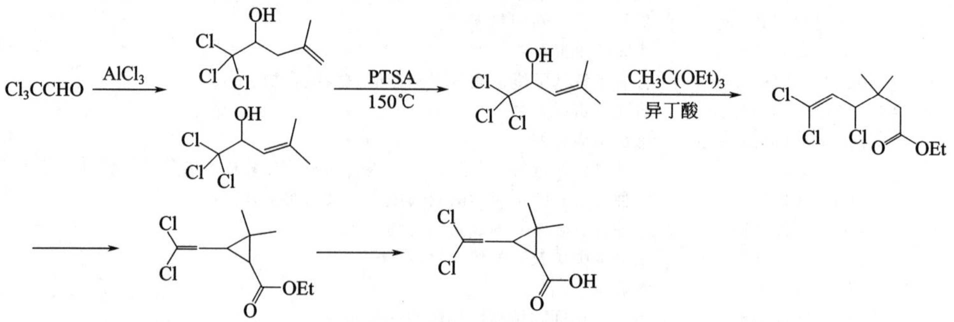

（4）该路线是利用 Witting 试剂与相应的菊酸甲醛衍生物反应，得到二氯菊酸酯，再经皂化反应得到二氯菊酸。

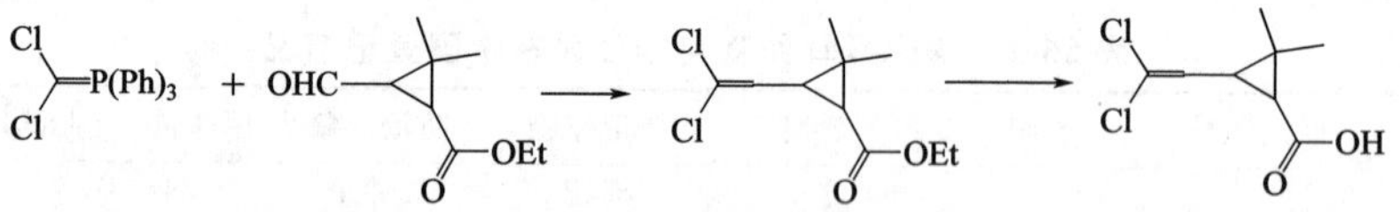

3-苯氧基-4-氟苯甲醛的制备有三条路线，分别以氟苯、4-甲基苯胺、4-甲基氯苯为起始原料，其中以 4-甲基苯胺为原料路线较简便。

（1）以氟苯为原料：

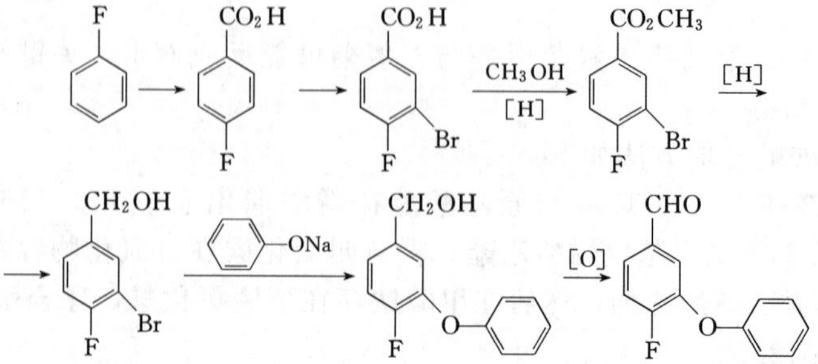

（2）以对甲苯胺为原料：

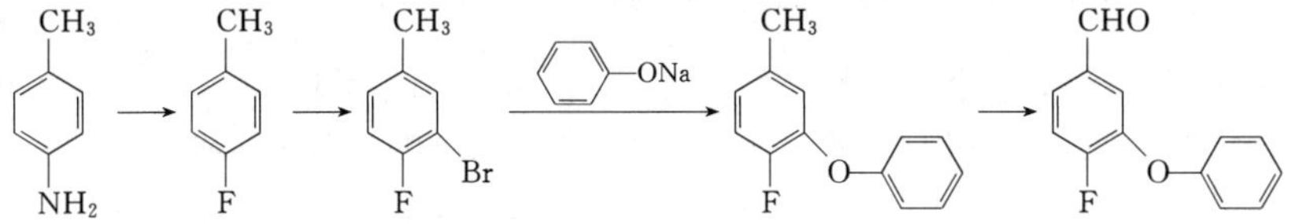

（3）以对氯甲苯为原料：

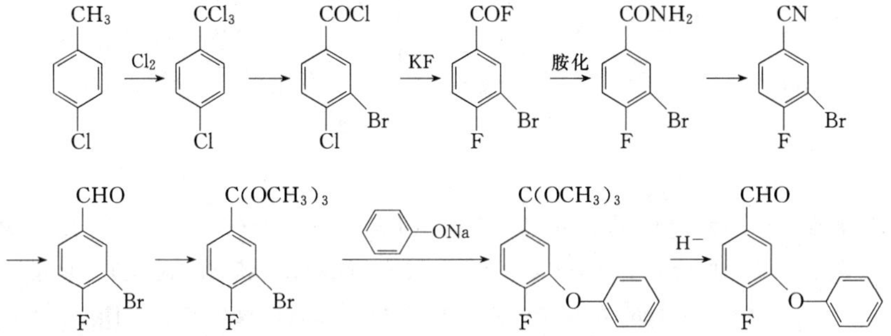

氟氯氰菊酯的合成

合成方法一：将二氯菊酰氯和 3-苯氧基-4-氟苯甲醛在 20～25℃下滴加到氰化钠、水、正己烷及相转移催化剂四丁基溴化铵的混合物中，然后混合物在室温下反应 4h，经常规处理得到氟氯氰菊酯，收率为 76％。

合成方法二：3-苯氧基-4-氟苯甲醛和亚硫酸氢钠反应得到相应的磺酸钠盐，再与氰化钠及二氯菊酰氯反应，制得氟氯氰菊酯，收率为 95％。

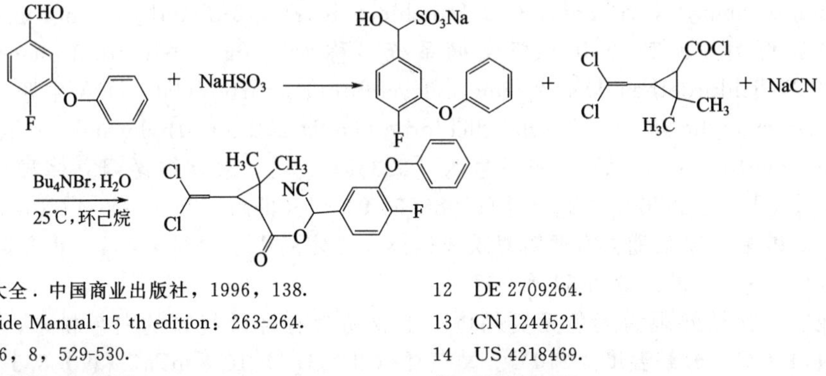

1　农药商品大全．中国商业出版社，1996，138.
2　The Pesticide Manual. 15 th edition：263-264.
3　农药，2006，8，529-530.
4　安徽化工，1990，2，9-11.
5　农药，1992，4，25-25.
6　农药，1993，1，39-40.
7　现代农药，2008，3，50-51.
8　农化新世纪，2006，11，13-15.
9　中国媒介生物学及控制杂志，2006，1，44-46.
10　浙江农业科学，2004，4，218-220.
11　精细化学品大全．农药卷．浙江科学技术出版社．2000：180-181.
12　DE 2709264.
13　CN 1244521.
14　US 4218469.
15　US 4350640.
16　US 4287208.
17　EP 25925.
18　US 4424168.
19　WO 8806151.
20　WO 8810249.

87 高效氟氯氰菊酯（*beta*-cyfluthrin）

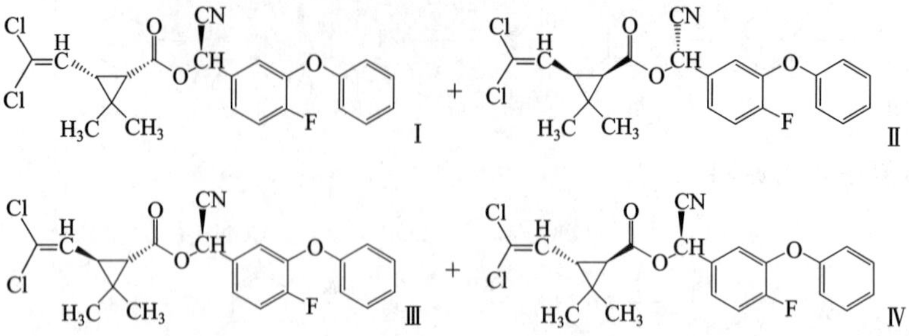

$C_{22}H_{18}Cl_2NO_2$，434.3

产品简介

高效氟氯氰菊酯［试验代号：FCR 4545（Bayer）、OMS 3051，通用名称：*beta*-cyfluthrin，商品名称：Bulldock（Bayer CropScience、Makhteshim-Agan）、Responsar（用于动物健康）（Bayer Animal Health），其他商品名称：Baythroid XL（Bayer CropScience）、Beta-Baythroid（Europe）（Makhteshim-Agan）、Cajun（Makhteshim-Agan）、Ducat（Makhteshim-Agan）、Full（Makhteshim-Agan）］是拜耳公司开发的拟除虫菊酯类杀虫剂。

化学名称 （*S*）-*α*-氰基-4-氟-3-苯氧苄基（1*R*）-*cis*-3-（2,2-二氯乙烯基）-2,2-二甲基环丙烷羧酸酯（Ⅰ）、（*R*）-*α*-氰基-4-氟-3-苯氧苄基（1*S*）-*cis*-3-（2,2-二氯乙烯基）-2,2-二甲基环丙烷羧酸酯（Ⅱ）、（*S*）-*α*-氰基-4-氟-3-苯氧苄基（1*R*）-*trans*-3-（2,2-二氯乙烯基）-2,2-二甲基环丙烷羧酸酯（Ⅲ）和（*R*）-*α*-氰基-4-氟-3-苯氧苄基（1*S*）-*trans*-3-（2,2-二氯乙烯基）-2,2-二甲基环丙烷羧酸酯（Ⅳ）。英文化学名称为（含两对对映异构体的反应混合物），（*S*）-*α*-cyano-4-fluoro-3-phenoxybenzyl-（1*R*）-*cis*-3-（2,2-dichlorovinyl）-2,2-dimethylcyclopropane carboxylate（Ⅰ）和（*R*）-*α*-cyano-4-fluoro-3-phenoxybenzyl（1*S*）-*cis*-3-（2,2-dichlorovinyl）-2,2-dimethylcyclopropanecarboxylate（Ⅱ）；（*S*）-*α*-cyano-4-fluoro-3-phenoxybenzyl-（1*R*）-*trans*-3-（2,2-dichlorovinyl）-2,2-dimethylcyclopropanecarboxylate（Ⅲ）和（*R*）-*α*-cyano-4-fluoro-3-phenoxybenzyl（1*S*）-*trans*-3-（2,2-dichlorovinyl）-2,2-dimethylcyclopropanecarboxylate（Ⅳ），比例为1∶2。美国化学文摘系统名称为 cyano（4-fluoro-3-phenoxyphenyl）methyl 3-（2,2-dichloroethenyl）-2,2-dimethylcyclopropanecarboxylate，CA主题索引名称为 cyclopropanecarboxylic acid—，3-（2,2-dichloroethenyl）-2,2-dimethylcyano（4-fluoro-3-phenoxyphenyl）methyl ester。CAS登录号为［68359-37-5］（未具体说明立体异构）。详细：［86560-92-1］（Ⅰ）；［86560-93-2］（Ⅱ）；［86560-94-3］（Ⅲ）；［86560-95-4］（Ⅳ）。

组成 高效氟氯氰菊酯含有两对对映异构体。工业品中Ⅰ含量＜2%，Ⅱ含量为30%～40%，Ⅲ含量＜3%，Ⅳ含量为53%～67%。

理化性质 纯品外观为无色无臭晶体，工业品为有轻微气味的白色粉末，熔点（Ⅱ）81℃，（Ⅳ）106℃。分解温度＞210℃。蒸气压（Ⅱ）1.4×10^{-5}mPa，（Ⅳ）8.5×10^{-5}mPa（均在20℃）。K_{ow}（Ⅱ）lg$P$=5.9，K_{ow}（Ⅳ）lg$P$=5.9（均在20℃）。Henry常数（Pa·m^3/mol，20℃）：3.2×10^{-3}（Ⅱ），1.3×10^{-2}（Ⅳ）。相对密度为1.34（22℃）；溶解度（μg/L，20℃）：在水中（Ⅱ）为1.9（pH=7），（Ⅳ）为2.9（pH=7）；（Ⅱ）在正己烷中为10～20，异丙醇中为5～10（均为g/L，20℃）。稳定性：在pH=4、7时稳定，pH=9时，迅速分解。

毒性 急性经口 LD_{50}（mg/kg）：大鼠380（在聚乙二醇中），211（在二甲苯中）；雄小鼠91，雌小鼠165。大鼠急性经皮 LD_{50}（24h）＞5000mg/kg。对皮肤无刺激，对兔眼睛有轻微刺激性，对豚鼠无致敏作用。大鼠吸入 LC_{50}（4h）大约 0.1mg/L（气雾），0.53mg/L（粉尘）。NOEL（90d）：大鼠 125mg/kg，狗 60mg/kg。毒性等级：WHO（a.i.）Ⅱ，EPA（制剂）Ⅱ。

生态效应　日本鹌鹑急性经口 LD_{50}＞2000mg/kg。鱼类 LC_{50}（96h）：虹鳟鱼 89μg/L，大翻车鱼 280μg/L。水蚤 EC_{50}（48h）0.3μg/L。蜜蜂 LD_{50}＜0.1μg/只。蠕虫 LC_{50} 蚯蚓＞1000mg/kg（土壤）。

环境行为　动物：高效氟氯氰菊酯会迅速并大量降解，98%的高效氟氯氰菊酯会在48h后经尿液、粪便降解掉。植物：高效氟氯氰菊酯不会作用在整个植物生态系统，它只会微弱地渗透到特定植物的器官，并且浓度非常低，完全可以忽略，更重要的是它不会转移到其他植物中去。土壤：在不同的土壤中都会迅速降解。代谢产物易被微生物进一步降解成 CO_2。

制剂与分析方法　乳剂、悬浮种衣剂、颗粒剂、胶悬剂、超低容量液剂。产品分析可用高效液相色谱法，残留量分析可用气相色谱法。

作用机理　是一种合成的拟除虫菊酯类杀虫剂，具有触杀和胃毒作用，无内吸作用和渗透性。本品杀虫谱广，击倒迅速，持效期长，除对咀嚼式口器害虫如鳞翅目幼虫或鞘翅目的部分甲虫有效外，还可用于刺吸式口器害虫，如梨木虱的防治。若将药液直接喷洒在害虫虫体上，防效更佳。植物对高效氟氯氰菊酯有良好的耐药性。该药为神经轴突毒剂，可以引起昆虫极度兴奋、痉挛与麻痹，还能诱导产生神经毒素，最终导致神经传导阻断，也能引起其他组织产生病变。

应用

适用作物　棉花、小麦、玉米、蔬菜、番茄、苹果、柑橘、葡萄、油菜、大豆、烟草、观赏植物等。

防治对象　棉铃虫、棉红铃虫、菜青虫、桃小食心虫、金纹细蛾、小麦蚜虫、甜菜夜蛾、黏虫、玉米螟、葡萄果蠹蛾、马铃薯甲虫、蚜虫、烟青虫等，见表 87-1。

表 87-1　高效氯氰菊酯应用技术

作物	害虫	施药量及操作
棉花	棉铃虫	棉田一代棉铃虫发生期，一类棉田百株卵量超过 200 粒或低龄幼虫 35 头，一般棉田百株卵量 80～100 粒，低龄幼虫 10～15 头时即应防治。棉田三代棉铃虫发生时，当卵量突然上升或百株幼虫 8 头时进行防治。每亩用 2.5%高效氟氯氰菊酯乳油 25～35mL(有效成分 0.63～0.88g)，对水喷雾
	棉红铃虫	防治棉红铃虫主要是压低虫源基数，重点在防治第二、三代红铃虫，通常要连续施药 3～4 次，间隔 10～15d 喷 1 次。每亩用 2.5%高效氟氯氰菊酯乳油 25～35mL(有效成分 0.63～0.88g)，对水喷雾
蔬菜	菜青虫	平均每株甘蓝有生 1 头即应进行防治。用 2.5%高效氟氯氰菊酯乳油每亩 26.8～33.2mL(有效成分 0.67～0.83g)，对水喷雾
	潜叶蛾	在成虫盛期或卵盛期用药。用 2.5%高效氟氯氰菊酯乳油 1500～2000 倍液或每 100L 水加 2.5%高效氟氯氰菊酯 50～66.7mL(有效浓度 12.5～16.7mg/L)喷雾
果树	桃小食心虫	根据中国国家质量标准局颁布实施的桃小食心虫防治指标进行防治。用 25%高效氟氯氰菊酯乳油 2000～4000 倍液或每 100L 水加 2.5%高效氟氯氰菊酯 25～50mL(有效浓度 6.25～12.5mg/L)喷雾
小麦	蚜虫	在主要进行穗期蚜虫防治的地区，在小麦扬花灌浆期，百株蚜量 500 头以上(麦长管蚜为主)，或 4000 头(禾缢管蚜为主)以上时进行防治。每亩用 25%高效氟氯氰菊酯乳油 16.7～20mL(有效成分 0.42～0.5g)，对水喷雾

棉花、小麦、蔬菜喷液量每亩人工 20～50L，拖拉机 7～10L，飞机 1～3L。施药应选早晚风小气温低时进行。晴天上午 8 时至下午 5 时、空气相对湿度低于 65%、气温高于 28℃时应停止施药。

中毒解救　在动物试验中，大剂量可引起 CS 综合征（舞蹈手足徐动症和流涎），当接触较高浓度的药剂时，可引起呼吸道黏膜感觉异常和兴奋，但常规剂量下不会引起不适。目前，尚无特效药进行治疗。若药剂溅入眼睛，应用大量清水冲洗。如出现中毒症状时，应迅速脱去被污染的衣服，用肥皂和清水冲洗被污染的皮肤，并尽快送医院就医。若与有机磷农药共同中毒，应先解决有机磷农药中毒问题。

注意事项　①喷药时应将药剂喷洒均匀。②不能与碱性药剂混用。不能在桑园、养蜂场或河流、湖泊附近使用。③菊酯类药剂是负温度系数药剂，即温度低时效果好，因此，应在温度较低时用药。④药剂应贮藏在儿童接触不到的通风、凉爽的地方，并加锁保管。⑤喷药时应穿防护服，向高处喷药时应戴风镜。喷药后应尽快脱去防护服，并用肥皂和清水洗净手、脸。⑥目前，尚未制定高效氟氯氰菊酯的安全合理使用准则，但可参考氟氯氰菊酯（百树得）的指标，其规定在棉花上每季最多使用 2 次，安全间隔期为 21d，在棉籽中的最高残留限量（MRL 值）为 0.05mg/kg。

专利与登记

专利名称　Insecticidal and acaricidal substituted phenoxybenzyloxycarbonyl derivatives

专利号　DE 2709264　　专利公开日　1978-09-07

专利申请日　1977-03-03　　专利拥有者　拜耳

在其他国家申请的化合物专利：DE 2709264、DE 2709264、DE 2709264、US 4218469、SU 691063、AU 7833677、AU 520876、GB 1565932、GB 1565933、JP 53108942、JP 57057025、DD 136694、CS 196422、CS 196423、PL 114925、CH 640819、CH 649980、BE 864488、SE 7802379、SE 442995、NL 183822、FR 2382426、BR 7801265、ZA 7801218 、HU 19190、HU 176922、CA 1113477、HU 27358、AT 7801531、AT 356457、US 4261920、JP 57009731、JP 62015541、AU 8178574、AU 527142 等。

混剂专利：CN 1860885、CN 1456056、CN 101647444、CN 101669478 等。

在中国申请的与该产品有关的部分专利及登记情况见表 87-2～表 87-4。

表 87-2　在中国申请专利

序号	申请号	专利名称
1	200510043517.X	高效氟氯氰菊酯微乳剂及其制备方法
2	200910117650.3	甲氨基阿维菌素苯甲酸盐和高效氟氯氰菊酯混配农药制剂

表 87-3　德国拜耳在中国的登记情况

登记证号	含量	剂型	登记作物	防治对象	用药量	施用方法
PD20060025	25g/L	乳油	甘蓝	菜青虫	10～15g/hm²	喷雾
			苹果树	金纹细蛾	12.5～16.7mg/kg	
				桃小食心虫	8.3～12.5mg/kg	
			棉花	红铃虫	11.25～18.75g/hm²	
				棉铃虫	11.25～18.75g/hm²	
LS20072368	25g/L	乳油	十字花科蔬菜	菜青虫	11.25～18.75 g/hm²	喷雾
PD20060024	95%	原药				

表 87-4　瑞士先正达作物保护有限公司在中国的登记情况

登记名称	登记证号	含量	剂型	登记作物	防治对象	用药量/(g/hm²)	施用方法
氯虫·高氯氟	LS20100082	高效氯氟氰菊酯 4.7%、氯虫苯甲酰胺 9.3%	微囊悬浮-悬浮剂	番茄	棉铃虫	22.5～45	喷雾
					蚜虫		
				辣椒	蚜虫		
					烟青虫		
噻虫·高氯氟	LS20091353	高效氯氟氰菊酯 9.4%、噻虫嗪 12.6%	微囊悬浮-悬浮剂	辣椒	白粉虱	18.53～37.05	喷雾
				小麦	蚜虫	14.82～22.23	
				棉花	棉铃虫	18.53～37.05	
					棉蚜	18.53～37.05	
				甘蓝	菜青虫	18.53～37.05	
					蚜虫	18.53～37.05	
				茶树	茶尺蠖	14.82～22.23	
					茶小绿叶蝉	14.82～22.23	

合成方法

高效氟氯氰菊酯可由 3-苯氧基-4-氟苯甲醛与二氯菊酰氯反应而得，关键是 3-苯氧基-4-氟苯甲醛的制备。3-苯氧基-4-氟苯甲醛的制备有三条路线。

（1）以氟苯为原料：

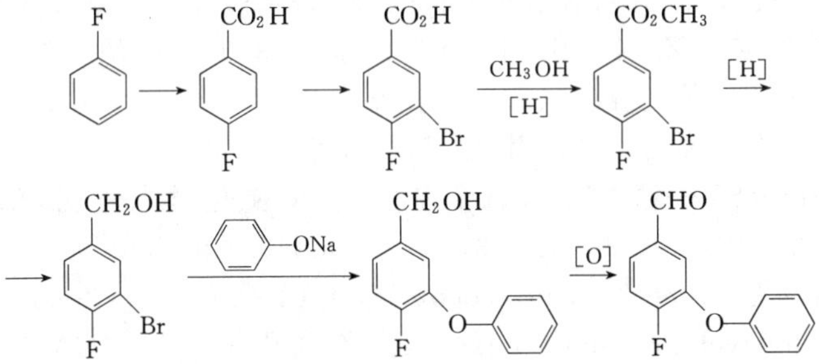

（2）以对甲苯胺为原料：

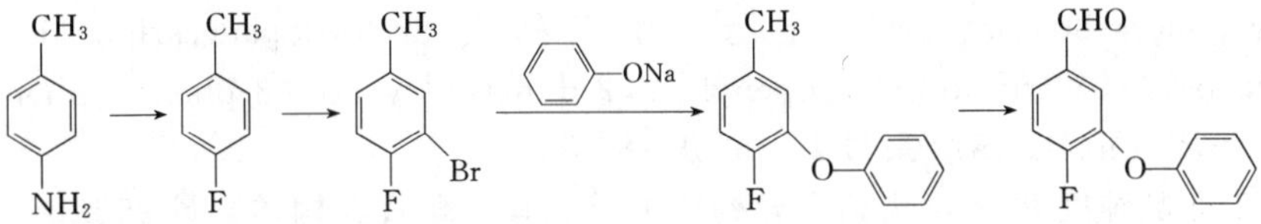

（3）以对氯甲苯为原料：

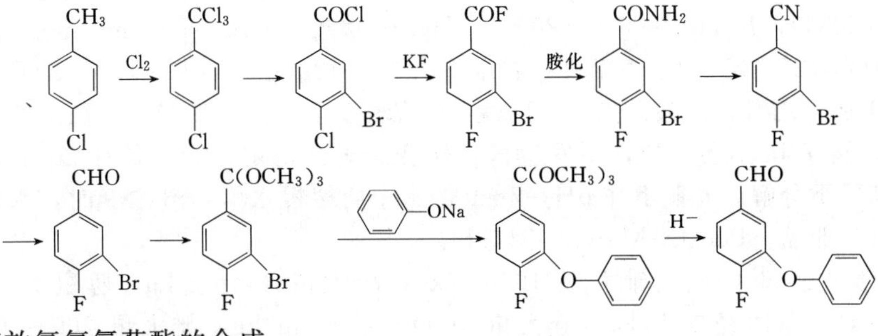

（4）高效氟氯氰菊酯的合成：

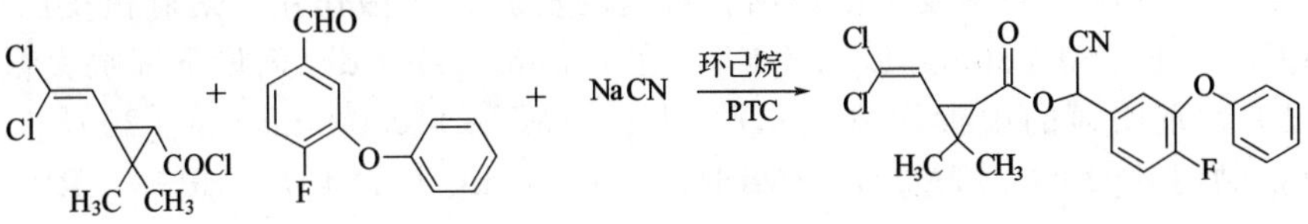

1 The Pesticide Manual. 15 th edition：265-267.

2 农药大典．中国三峡出版社农业科教出版中心，2006：142-144.

88 三氟氯氰菊酯（cyhalothrin）

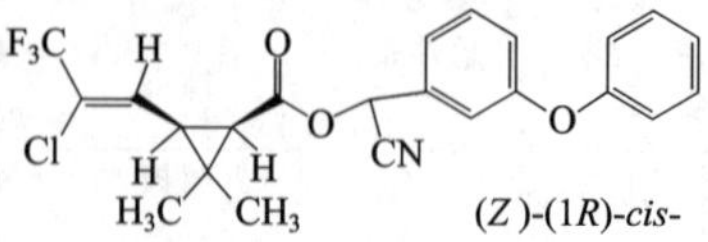

(Z)-(1R)-cis-

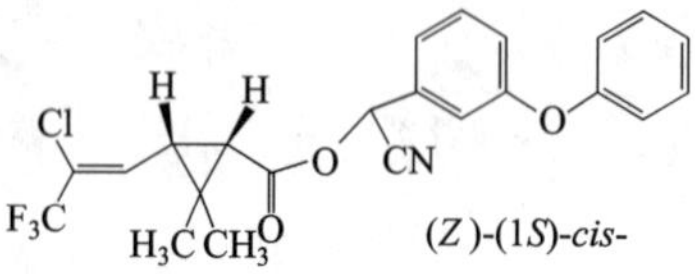

(Z)-(1S)-cis-

$C_{23}H_{19}ClF_3NO_3$，449.9

产品简介

三氟氯氰菊酯［试验代号：PP563（ICI）、ICI 146814（ICI）、OMS 2011，通用名称：cyhalothrin，商品名称：Cyhalon（Syngenta）、Grenade（Syngenta）、功夫、三氟氯氰菊酯、功夫菊酯、空手道、氯氟氰菊酯］是先正达公司开发的拟除虫菊酯类杀虫剂。

化学名称　(*RS*)-*α*-氰基-3-苯氧苄基-(*Z*)-(1*RS*,3*RS*)-3-(2-氯-3,3,3-三氟丙烯基)-2,2-二甲基环丙烷羧酸酯 或（*Z*)-(1*RS*，3*RS*)-3-(2-氯-3,3,3-三氟丙烯基)-2,2-二甲基环丙烷羧酸-[(*RS*)-*α*-氰基-3-苯氧苄基]酯，(*RS*)-*α*-氰基-3-苯氧苄基-(*Z*)-(1*RS*)-*cis*-3-(2-氯-3,3,3-三氟丙烯基)-2,2-二甲基环丙烷羧酸酯或(*Z*)-(1*RS*)-*cis*-3-(2-氯-3,3,3-三氟丙烯基)-2,2-二甲基环丙烷羧酸-[(*RS*)-*α*-氰基-3-苯氧苄基]酯。英文化学名称为(*RS*)-*α*-cyano-3-phenoxybenzyl(*Z*)-(1*RS*,3*RS*)-3-(2-chloro-3,3,3-trifluoroprop-1-enyl)-2,2-dimethylcyclopropanecarboxylate,(*RS*)-*α*-cyano-3-phenoxybenzyl(*Z*)-(1*RS*)-*cis*-3-(2-chloro-3,3,3-trifluoropropenyl)-2,2-dimethylcyclopropanecarboxylate。美国化学文摘（CA）系统名称为[1,3-(*Z*)]-(±)-cyano(3-phenoxyphenyl)methyl 3-(2-chloro-3,3,3-trifluoro-1-propenyl)-2,2-dimethylcyclopropanecarboxylate，CA 主题索引名称为 cyclopropanecarboxylic acid—，3-[(1*Z*)-2-chloro-3,3,3-trifluoro-1-propenyl]-2,2-dimethylcyano（3-phenoxyphenyl）methyl ester，(1*R*，3*R*)-rel。CAS 登录号为［68085-85-8］。

组成　工业品纯度 90%，为两个异构体组成，其中顺式异构体含量 95%。

理化性质　黄色到褐色黏稠液体（工业品）。大气压条件下不能沸腾，蒸气压 0.0012mPa（20℃），K_{ow}lg$P$=6.9（20℃）。Henry 常数 1×10^{-1}Pa·m^3/mol（20℃，计算值）。相对密度 1.25（25℃）。溶解度：在水中为 0.0042mg/L（pH=5.0，20℃），在丙酮、二氯甲烷、甲醇、乙醚、乙酸乙酯、正己烷、甲苯中>500g/L（20℃）。稳定性：在黑暗中 50℃条件下，储存 4a 不会变质，不发生构型转变。对光稳定，光下储存 20 个月损失小于 10%。在 275℃下分解。光照下在 pH=7～9 的水中会缓慢水解，pH>9 时，水解更快。闪点为 204℃（工业品，Pensky-Martens 闭口杯）。

毒性　急性经口 LD_{50}：雄大鼠 166mg/kg，雌大鼠 144mg/kg，豚鼠>5000mg/kg，兔>1000mg/kg。急性经皮 LD_{50}：雄大鼠 1000～2500mg/kg，雌大鼠 200～2500mg/kg，兔>2500mg/kg。对眼睛有中度刺激作用。对兔的皮肤无刺激作用，对豚鼠皮肤中度致敏。大鼠吸入 LC_{50}（4h）>0.086mg/L。NOEL：在 2.5mg/(kg·d) 剂量下饲喂大鼠 2a，饲喂狗 0.5a，没有发现明显的中毒现象。ADI/RfD（EMEA）0.005mg/kg［2001］，（JECFA）0.002mg/kg(暂时)［2000，2002］，（JMPR）0.02mg/kg［1984］，（EPA）cRfD 0.005mg/

kg[1988]。其他：无证据表明其有致癌、致诱变或干扰生殖作用。没有发现其对胎儿有影响。可能会引起使用者面部过敏，但是暂时的，可以完全治愈。毒性等级：WHO (a.i.) Ⅱ。

生态效应　野鸭急性经口 LD_{50} ＞5000mg/kg；虹鳟鱼 LC_{50}（96h）0.00054mg/L；水蚤 LC_{50}（48h）0.38μg/L。

环境行为　动物：大鼠经口三氟氯氰菊酯会迅速从尿液和粪便中排出。醚结构水解的两部分都形成极性复合物。土壤：DT_{50} 约 4～12 周，河水中日光下 DT_{50} 约 20d。

制剂与分析方法　乳剂和可湿性粉剂。产品分析可用气相色谱法，残留分析可用气相色谱法（配电子捕获检测器）。

作用机理　三氟氯氰菊酯是新一代低毒高效拟除虫菊酯类杀虫剂，具有触杀、胃毒作用，无内吸作用。同其他拟除虫菊酯类杀虫剂相比，其化学结构式中增添了 3 个氟原子，使三氟氯氰菊酯杀虫谱更广、活性更高，药效更为迅速，并且具有强烈的渗透作用，增强了耐雨性，延长了持效期。三氟氯氰菊酯药效迅速，用量少，击倒力强，低残留，并且能杀灭那些对常规农药如有机磷产生抗性的害虫。对人、畜及有益生物毒性低，对作物安全，对环境安全。害虫对三氟氯氰菊酯产生抗性缓慢。

应用

适用作物　大豆、小麦、玉米、水稻、甜菜、油菜、烟草、瓜类、棉花等多种作物及果树、蔬菜、林业等。

防治对象　三氟氯氰菊酯可防治鳞翅目、双翅目、鞘翅目、缨翅目、半翅目、直翅目的麦蚜、大豆蚜、棉蚜、瓜蚜、菜蚜、烟蚜、烟青虫、菜青虫、小菜蛾、魏虫、草地螟、大豆食心虫、棉铃虫、棉红铃虫、桃小食心虫、苹果卷叶蛾、柑橘潜叶蛾、茶尺蠖、茶小绿叶蝉、水稻潜叶蝇等 30 余种主要害虫，对害螨也有较好的防效，但对螨的使用剂量要比常规用量增加 1～2 倍见表 88-1。

残留量与安全施药　由于三氟氯氰菊酯亩用量少，喷液最低，雾滴直径小，因此施药时应选择无风或微风、气温低时进行；飞机作业更应注意选择微风时施药，避免大风天及高温时施药，药液飘移或挥发降低药效而造成无效作业。若虫情紧急，施药时气温高，应适当加大用药量及喷液量，保证防虫效果。人工喷液量每亩 15～30L，拖拉机喷液量 7～10L，飞机喷液量 1～3L。若天气干旱、空气相对湿度低时用高量；土壤水分条件好、空气相对湿度高时用低量。喷雾时空气相对湿度应大于 65%、温度低于 30℃、风速小于 4m/s，空气相对湿度小于 65%时应停止作业。

应用技术见表 88-1。

表 88-1　三氟氯氰菊酯的应用

作物	害虫	施药量及操作
棉花	棉铃虫、红铃虫	于 2～3 代卵孵盛期施药，每亩用 2.5%三氟氯氰菊酯乳油 25～60mL(有效成分 0.63～1.5g)，对水喷雾。根据虫口发生量，每代可连续喷药 3～4 次，持效期 7～10d，同时可兼治棉盲蝽、棉角甲
	棉蚜	于蚜虫发生期，苗期蚜虫每亩用 2.5%三氟氯氰菊酯乳油 10～20mL(有效成分 0.25～0.5g)，伏蚜用 2.5%三氟氯氰菊酯乳油 20～30mL(有效成分 0.5～0.75g)，持效期 7～10d
	棉红蜘蛛	于成、若螨发生期施药，按上述常规用药量可以控制红蜘蛛的发生量，如每亩用有效成分 1.5～3g 的高剂量，可以在 7～10d 之内控制叶螨的危害，但效果不稳定。一般不要将此药作为专用杀螨剂，只能在杀虫的同时兼治害螨

续表

作物	害虫	施药量及操作
果树	柑橘潜叶蛾	于新梢初放期或潜叶蛾卵盛期施药，用2.5%三氟氯氰菊酯乳油4000～8000倍液(有效浓度3.13～6.25mg/L)喷雾。当新叶被害率仍在10%时，每隔7～10d施药1次，一般2～3次即可控制潜叶蛾危害，保梢效果良好，并可兼治卷叶蛾
	柑橘介壳虫、柑橘矢尖蚧、吹绵蚧	若虫发生期施药，用2.5%三氟氯氰菊酯乳油1000～3000倍液(有效浓度8.3～25mg/L)对水喷雾
	柑橘蚜虫	于发生期施药，用2.5%三氟氯氰菊酯乳油5000～10000倍液(有效浓度2.5～5mg/L)，均匀喷雾，持效期一般可达7～10d
	柑橘叶蛾	于发生期，用2.5%三氟氯氰菊酯乳油1000～2000倍液(有效浓度12.5～25mg/L)喷雾，一般可以控制红蜘蛛、锈蜘蛛的危害，但持效期短。由于天敌被杀伤，药后虫口很快回升，故最好不要专用于防治叶蛾
	苹果蠹蛾	低龄幼虫始发期或开花坐果期，用2.5%三氟氯氰菊酯乳油2000～4000倍液(有效浓度6.25～12.5mg/L)喷雾，还可以防治小卷叶蛾
	桃小食心虫	卵孵盛期，用2.5%三氟氯氰菊酯乳油3000～4000倍液(有效浓度6.3～8.3mg/L)对水均匀喷雾，每季2～3次，还可以防治苹果上的蚜虫
蔬菜	小菜蛾、甘蓝夜蛾、斜纹夜蛾、烟青虫、菜螟	1～2龄幼虫发生期，每亩用2.5%三氟氯氰菊酯乳油20～40mL(有效成分0.5～1g)对水喷雾
	菜青虫	2～3龄幼虫发生期，每亩用2.5%三氟氯氰菊酯乳油15～25mL(有效成分0.375～0.62g)对水均匀喷雾，持效期在7d左右
	菜蚜	蚜虫发生期，每亩用2.5%三氟氯氰菊酯乳油8～20mL(有效成分0.2～0.5g)，均可控制叶菜蚜虫、瓜蚜的危害，持效期7～10d
	茄红蜘蛛、辣椒跗线螨	每亩用2.5%三氟氯氰菊酯乳油30～50mL(有效成分0.75～1.25g)，对水均匀喷雾，可以起到一定抑制作用，但持效期短，药后虫口数量回升较快
茶树	茶尺蠖、茶毛虫、茶小卷叶蛾、茶小绿叶蝉(防治此虫要用稍高剂量)	2～3龄幼虫发生期，用2.5%三氟氯氰菊酯乳油4000～10000倍液(有效浓度2.5～6.25mg/L)对水喷雾，或2.5%乳油10～40mL(有效成分0.25～1g)对水喷雾。持效期7d左右
	茶叶瘿螨、茶橙瘿螨	发生期施药，用2.5%三氟氯氰菊酯乳油2000～3000倍(有效浓度8.3～12.5mg/L)对水喷雾，可以起到一定抑制作用，但持效期短，且效果不稳定
大田作物	玉米螟	防治时期为玉米抽穗期，防治指标是100株有卵30块以上，每亩用2.5%三氟氯氰菊酯乳油15～25mL(有效成分0.375～0.625g)，对水10～15L喷雾
	大豆食心虫	防治时期为成虫盛发期，连续3d 100m(双行)蛾量达100头以上。每亩用25%三氟氯氰菊酯乳油20～30mL(有效成分0.5～0.75g)，对水10～15L喷雾
	大豆蚜虫	防治时期为蚜虫盛发期，防治指标是每株有蚜10头以上，每亩用25%三氟氯氰菊酯乳油10～20mL(有效成分0.25～0.5g)，对水10～15L喷雾
	黏虫、草地螟	防治关键时期为幼虫3龄以前，防治指标是1～2龄幼虫每平方米10头以上，3～4龄幼虫每平方米30头以上，每亩用2.5%三氟氯氰菊酯乳油10～20mL(有效成分0.25～0.5g)，对水10～15L喷雾

注意事项　①此药为杀虫剂兼有抑制害螨作用，因此不要作为杀螨剂专用于防治害螨。②由于在碱性介质及土壤中易分解，所以不要与碱性物质混用以及作土壤处理使用。③对鱼、虾、蜜蜂、家蚕高毒，因此使用时不要污染鱼塘、河流、蜂场、桑园。④三氟氯氰菊酯的人体每日允许摄入量（ADI）为0.02mg/kg，比利时规定在作物中的最高残留量（MRL）分别为：棉籽、马铃薯0.01mg/kg，蔬菜1.0mg/kg。

专利与登记

专利名称　Halogenated cyclopropane carboxylic acid esters

专利号　GB 2000764　　专利公开日　1979-01-17

专利申请日　1978-06-21　　优先权日　1977-03-23

专利拥有者　先正达

在其他国家申请的化合物专利：AU 521136、US 4183948、EP 106469、AU 8319117、AT 24894、AU 555544、US 4510098、US 4510160、CA 1212686、DK 8304625、HU 193185、ZA 8306964、IL69774、DK 174188、HU 32778、SU 1225483、CS 252465、JP 59088455、JP 03037541、CS 252483、JP 03072452、JP 06060146 等。

在中国申请的制剂或剂型专利：CN 1679399、CN 1613318、CN 1559215、CN 101167471、CN 101248798、CN 101243798、CN 101233856、CN 101185440、CN 1309906、CN 1227055、CN 1217877、CN 1105808、CN 1107293、CN 1089775、CN 1083309、CN 1084015、CN 1068707、CN 1068706、CN 101622989、CN 101066055、CN 1887091、CN 1802928、CN 1729779、CN 1480042、CN 1537430 等。

在中国登记作物为棉花、蔬菜、果树（苹果、梨、柑橘）、茶、小麦、大豆、烟等。登记号 PD80-88。

在中国申请的与该产品有关的部分专利见表 88-2。

表 88-2　在中国申请专利

序号	申请号	专利名称
1	00110888.3	一种含齐墩螨素和三氟氯氰菊酯农药组合物
2	200710009948.3	甲氨基阿维菌素苯甲酸盐和三氟氯氰菊酯微乳剂
3	200710019131.4	三氟氯氰菊酯水分散粒剂杀虫剂
4	200410060158.4	三氟氯氰菊酯微乳剂及其制法
5	03109748.0	一种高效三氟氯氰菊酯(功夫)微乳剂及其生产方法
6	200510041498.7	三氟氯氰菊酯胶悬剂及其生产方法
7	200910309899.4	制备三氟氯氰菊酯的方法

合成方法

经如下方法合成：

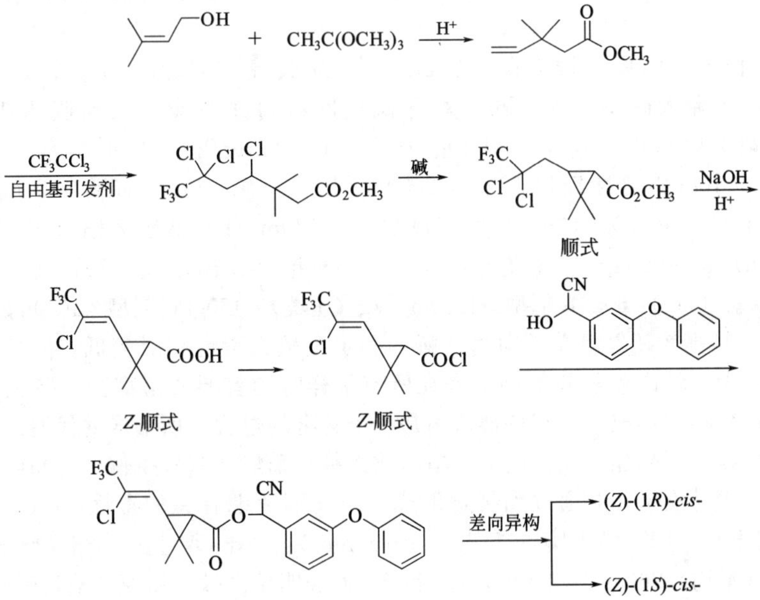

1 The Pesticide Manual. 15 th edition：269-270.
2 US 4183948.
3 农药商品大全．中国商业出版社，1996：149-151.
4 GB 2000764.

89 精高效氯氟氰菊酯（*gamma*-cyhalothrin）

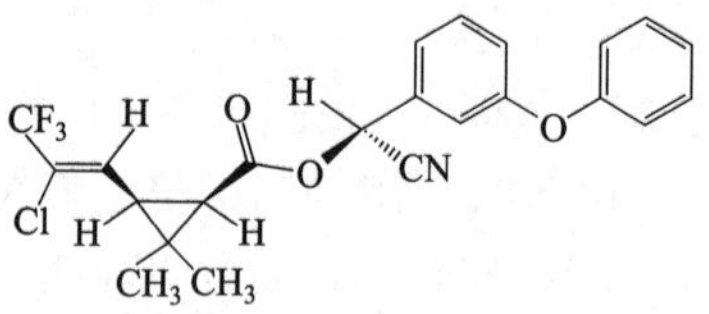

$C_{23}H_{19}ClF_3NO_3$，449.9

产品简介

精高效氯氟氰菊酯［试验代号：GCH、XR-225、XDE-225、DE-225，通用名称：*gamma*-cyhalothrin，商品名称：Fentrol（Pytech）、Nexide（Pytech）、Proaxis（Pytech）、Prolex（Pytech）、Vantex（Pytech）、普乐斯；其他名称：Declare（Cheminova）、Archer Plus（Pytech）、Fighter Plus（Pytech）、Rapid（Pytech）、Stallion（Pytech）、Trojan（Pytech）、Cobalt（＋chlorpyrifos）（Dow AgroSciences）］是 20 世纪 80 年代初期开发的拟除虫菊酯类杀虫剂。世界主要生产商为 Cheminova。

化学名称 （*S*）-*α*-氰基-3-苯氧基苄基-（*Z*）-（1*R*，3*R*）-3-（2-氯-3，3，3-三氟丙烯基）-2，2-二甲基环丙烷羧酸酯，英文化学名称（*S*）-*α*-cyano-3-phenoxybenzyl-（*Z*）-（1*R*，3*R*）-3-（2-chloro-3，3，3-trifluoroprop-1-enyl）-2，2-dimethylcyclopropanecarboxylate。美国化学文摘系统名称［1*R*-［1（*S**），3（*Z*）］］-cyano（3-phenoxyphenyl）methyl-3-（2-chloro-3，3，3-trifluoro-1-propenyl）-2，2-dimethylcyclopropanecarboxylate，CA 主题索引名称 cyclopropanecarboxylic acid—，3-［（1*Z*）-2-chloro-3，3，3-trifluoro-1-propenyl］-2，2-dimethyl-，（*S*）-cyano（3-phenoxyphenyl）methyl ester，（1*R*，3*R*）-。CAS 登录号为［76703-62-3］。

组成 工业品中含量≥98％。

理化性质 白色晶体，熔点为 55.5℃。蒸气压为 3.45×10^{-4} mPa（20℃）。分配系数 K_{ow} lg*P*＝4.96（19℃）。相对密度 1.32。在水中溶解度（20℃）2.1×10^{-3} mg/L。稳定性，在 245℃时分解。DT_{50} 1155d（pH＝5），136d（pH＝7），1.1d（pH＝9）。水解 DT_{50} 10.6d（北纬 40°夏季）。

毒性 急性经口 LD_{50}：雄大鼠＞50mg/kg，雌大鼠 55mg/kg；急性经皮 LD_{50}：雄大鼠＞1500mg/kg，雌大鼠 1643mg/kg，对豚鼠皮肤有过敏现象。大鼠吸入 LC_{50}：雄大鼠 0.040mg/L，雌大鼠 0.028mg/L。ADI 值（BfR）0.005mg/kg［2006］。

生态效应 山齿鹑急性经口 LD_{50}＞2000mg/kg；饲喂 LC_{50}：野鸭 4430mg/kg，山齿鹑 2644mg/kg（饲料）。鱼 LC_{50}（96h）：虹鳟鱼 72.1～170mg/L，蓝鳃太阳鱼 35.4～63.1mg/L。水蚤 EC_{50}（48h）45～99mg/L。羊角月芽藻 EC_{50}（96h）＞285mg/L。蜜蜂 LD_{50}（接触）0.005μg/只。蚯蚓 LC_{50}（14d）：60g/L 剂型＞1300mg/kg（土壤），150g/L 剂型＞1000mg/kg（土壤）。

环境行为 精高效氯氟氰菊酯对鸟、蚯蚓和水生植物毒性相对较低，但是对鱼类和水生无脊椎动物有剧毒。精高效氯氟氰菊酯是在所有采样时的首要残留部分，酯裂解是主要的机理，其代谢物在植物中形成。酯裂解被认为是一个解毒的过程，所形成的代谢产物具有生物活性归因于精高效氯氟氰菊酯。在土壤中，精高效氯氟氰菊酯在有氧条件下容易降解，主要降解产物为矿物质，不易浸出，并通过酯裂解形成，因此不考虑有关的毒性，DT_{50}（281g/hm^2 施用量）32d（壤土）、51d（粉土壤）；DT_{50}（401g/hm^2）：37d（壤土）、28d（粉土壤）。K_d（平均）346，K_{oc}（平均）86602。在水中，K_d 和 K_{oc} 值表明精高效氟氯氰菊酯将吸附在沉积物/水体系中，DT_{50} 27d（天然水）、136d（pH=7）、1.1d（pH=9）；在 pH=5 时稳定。

作用机理与特点　钠通道抑制剂。主要是阻断害虫神经细胞中的钠离子通道，使神经细胞丧失功能，导致靶标害虫麻痹、协调差，最终死亡。具有触杀和胃杀作用，无内吸作用。

应用

本品为拟除虫菊酯类杀虫剂，防治多种作物上的多种害虫，特别是咀嚼式和内吸式昆虫如控制鳞翅目幼虫，鞘翅目幼虫和成虫，蚜虫和蓟马；也可防治动物身上的寄生虫。

专利与登记

专利名称　Insecticidal product

专利号　EP 106469　　　专利公开日　1984-04-25

专利申请日　1982-10-11　　　优先权日　1982-10-11

专利拥有者　Imperial Chemical Industries PLC

在其他国家申请的化合物专利：AT 24894、AU 8319117、AU 555544、CA 1212686、EP 106469、EP 106469、JP 59088455、JP 03037541、JP 03072452、JP 06060146、US 4510098、US 4510160 等。

制备专利：IN 2005、MU 00447、WO 2010005692、WO 2007123855、WO 2007079162 等。

制剂或剂型专利：EP 2127522、JP 06263606、US 2009263437、US 2009325892、US 2002192259、WO 2010022251、WO 2010003923、WO 2009138523、WO 2009134224、WO 2009123907、WO 2009100822、WO 2009099929、WO 2009063257、WO 2009002809、WO 2008086948、WO 2001065941、WO 2002048137 等。

相关中国专利：CN 101622989、CN 101589722、CN 101480177、CN 101317522、CN 101185440、CN 101011051、CN 1943356、CN 1706248、CN 1717997、CN 1628521、CN 1272314、CN 1094226 等。

在中国专利登记及登记情况见表 89-1、表 89-2。

表 89-1　在中国申请专利

序号	申请号	专利名称
1	200780006655.8	具有杀昆虫和杀螨虫特性的结合物

表 89-2　丹麦科麦农公司在中国登记情况

登记证号	含量	剂型	登记作物	防治对象	用药量	施用方法
PD20080675	1.5%	微囊悬浮剂	甘蓝	菜青虫	5.625～7.875g/hm^2	喷雾
PD20080674	98%	原药				

合成方法

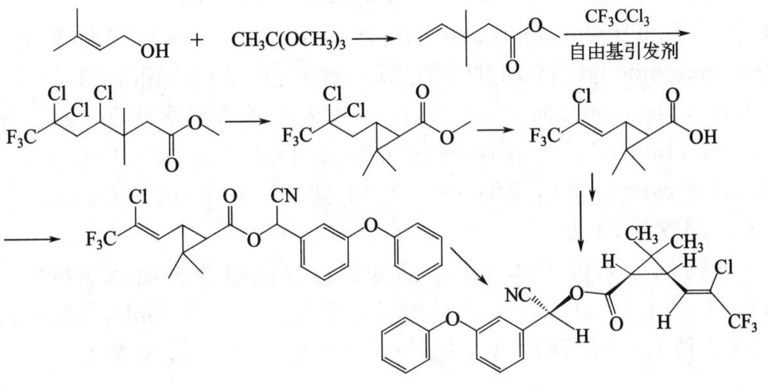

1 农药商品大全．北京：中国商业出版社，1996：148-151.

2 The Pesticide Manual. 15 th edition：270-271.

90 高效氯氟氰菊酯（*lambda*-cyhalothrin）

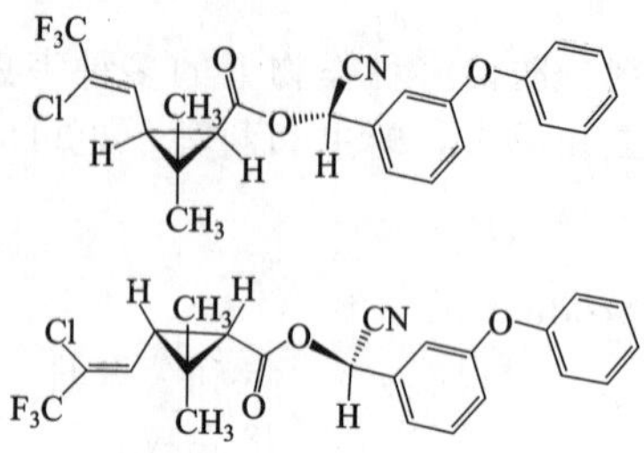

$C_{23}H_{19}ClF_3NO_3$，449.9

产品简介

高效氯氟氰菊酯［试验代号：PP 321、ICIA0321（both ICI）、OMS 3021，通用名称：lambda-cyhalothrin），商品名称：功夫、γ-三氟氯氰菊酯、Icon（Syngenta）、Karate（Syngenta）、Warrior（Syngenta）、Cyhalosun（Sundat）、Phoenix（Vapco）、SFK（Trithin）、Demand（Sorex，Syngenta）、Hallmark（Syngenta）、Impasse（Syngenta）、Kung Fu（Syngenta）、Matador（Syngenta）、Scimitar（Syngenta）、Aakash（Coromandel）、JudoDogal）、Katron（Agrochem）、Pyrister（Coromandel）、Tornado（public health）（Vapco）］是英国ICI公司开发的拟除虫菊酯类杀虫剂。世界主要生产商：Agrochem、Sharda、Tide、安徽华星、CCABiochemical（华通生化有限公司）、江苏扬农、中化宁波、先正达、Astec、Bharat、Bioquest、Chunjiang、Coromandel、Fengdeng、Fengshan、Golden Harvest、Gujarat Agrochem、Heranba、Jiangsu Ruidong、JIE、Meghmani、Rotam、Sanonda Zhengzhou、Suzhou Hengtai。

化学名称　本品是一个混合物，含等量的(*S*)-α-氰基-3-苯氧基苄基-(*Z*)-(1*R*,3*R*)-3-(2-氯-3,3,3-三氟丙烯基)-2,2-二甲基环丙烷羧酸酯和(*R*)-α-氰基-3-苯氧基苄基-(*Z*)-(1*S*,3*S*)-3-(2-氯-3,3,3-三氟丙烯基)-2,2-二甲基环丙烷羧酸酯，或者含等量的（*S*）-α-氰基-3-苯氧基苄基-(*Z*)-(1*R*)-*cis*-3-(2-氯-3,3,3-三氟丙烯基)-2,2-二甲基环丙烷羧酸酯和（*R*）-α-氰基-3-苯氧基苄基-(*Z*)-(1*S*)-*cis*-3-(2-氯-3,3,3-三氟丙烯基)-2,2-二甲基环丙烷羧酸酯。英文化学名称为(S)-α-cyano-3-phenoxybenzyl-(*Z*)-(1*R*,3*R*)-3-(2-chloro-3,3,3-trifluoroprop-1-enyl)-2,2-dimethylcyclopropanecarboxylate 和（*R*）-α-cyano-3-phenoxybenzyl-(*Z*)-(1*S*,3*S*)-3-(2-chloro-3,3,3-trifluoroprop-1-enyl)-2,2-dimethylcyclopropanecarboxylate 或(*S*)-α-cyano-3-phenoxybenzyl-(*Z*)-(1*R*)-*cis*-3-(2-chloro-3,3,3-trifluoropropenyl)-2,2-dimethylcyclopropanecarboxylate 和(*R*)-α-cyano-3-phenoxybenzyl-(*Z*)-(1*S*)-*cis*-3-(2-chloro-3,3,3-trifluoropropenyl)-2,2-dimethylcyclopropanecarboxylate(1∶1)。美国化学文摘系统名称为(*R*)-cyano(3-phenoxyphenyl)methyl(1*S*,3*S*)-*rel*-3-[(1*Z*)-2-chloro-3,3,3-trifluoro-1-propen-1-yl]-2,2-dimethylcyclopropanecarboxylate。CA主题索引名称为cyclopropanecarboxylic acid—,3-[(1*Z*)-2-chloro-3,3,3-trifluoro-1-propenyl]-2,2-dimethyl—，(*R*)-cyano（3-phenoxyphenyl）methyl ester，(1*S*，3*S*)-rel-。CAS登录号为［91465-08-6］。

组成　工业品纯度为81%。

理化性质　该药剂为无色固体（工业品为深棕或深绿色含固体黏稠物）。熔点49.2℃（工业品为47.5～48.5℃）。在常压下不会沸腾。蒸气压2×10^{-4}mPa（20℃），2×10^{-1}mPa（60℃，内插法计算值）。分配系数K_{ow} lg$P$=7（20℃）。Henry常数2×10^{-2}Pa·m^3/mol。

相对密度 1.33（25℃）。水中溶解度 0.005mg/L（pH＝6.5，20℃），其他溶剂中溶解度（20℃）：在丙酮、甲醇、甲苯、正己烷、乙酸乙酯中溶解度均大于 500g/L。稳定性，对光稳定。在 15 ～25℃条件下储藏，至少可稳定存在 6 个月。pK_a＞9 可防止水解。闪点 83℃（工业品，Pensky-Martens 闭口杯）。

毒性　急性经口 LD_{50}：雄大鼠 79mg/kg，雌大鼠 56mg/kg；大鼠急性经皮 LD_{50}（24h）632～696mg/kg。对兔皮肤无刺激作用，对兔眼睛有一定的刺激作用。对狗皮肤无致敏作用；大鼠吸入 LD_{50}（4h）0.06mg/L（空气）（完全成小颗粒）；NOEL 数值（1a），对狗为 0.5mg/(kg·d)；ADI 值 0.005mg/kg；在 Ames 试验中无致突变作用。

生态效应　野鸭急性经口 LD_{50}＞3950mg/kg。山齿鹑饲喂 LC_{50}＞5300mg/kg。在卵或组织中无残留；鱼类 LC_{50}（96h）：大翻车鱼 0.21μg/L，虹鳟鱼 0.36μg/L；水蚤 EC_{50}（48h）0.36μg/L；羊角月牙藻 E_rC_{50}（96h）：＞1000μg/L；由于该药剂在水中能够被快速地吸附、降解，所以使它对水生生物的毒性大为降低。蜜蜂 LD_{50}（经口）38mg/只；对一些非靶标生物有毒性。在田间条件下毒性降低，并能快速恢复正常。

环境行为　动物：大鼠食入该药剂后，很快随尿液和粪便排出。药物酯官能团水解后形成的两大基团形成结合的极性基团；植物：高效氯氟氰菊酯在棉花和大豆叶子中的代谢机理参见 D. A. French & J. P. Leahey，Proc. Br. Crop Prot. Conf. -Pests Dis.，1990，3，1029-1034；土壤/环境：该药剂在土壤中快速地降解。微生物降解 DT_{50} 为 23～82d，土壤中 DT_{50} 为 6～40d。土壤对其有很强的吸附作用，且在有机物质中会大量沉积，K_{oc} 330000。高效氯氟氰菊酯及其降解产物在土壤中的溶淋作用很低。在水生态系统中快速消散。在实验室水沉降系统中，水表面药剂消散 DT_{50} 为 5～11h。在围隔试验中 DT_{50}＜3h。原药会在水生态系统中快速大量地降解。在实验室水沉降系统中，DT_{50} 为 7～15h，在围隔试验中 DT_{50}＜3h，DT_{90}＜3d。

制剂与分析方法　主要剂型有微胶囊剂、乳油、乳剂、超低量液剂、水分散粒剂、可湿性粉剂。混剂：Okapi（本品＋抗蚜威）（Syngenta）、Dovetail（本品＋抗蚜威）（Syngenta）、Karate K（本品＋抗蚜威）（Syngenta）、Tornado-Forte＋（本品＋胡椒基丁醚＋胺菊酯）（公共卫生）（Vapco）。分析方法：GC（FID 检测器），残留物 GC（ECD 检测器）。

作用机理与特点　该药剂作用于昆虫神经系统，通过与钠离子通道作用破坏神经元功能，杀死害虫。其具有触杀和胃毒作用，无内吸作用，对害虫具有趋避作用，且能够快速击倒害虫，持效期长。

应用

适用作物　谷物、啤酒花、观赏植物、土豆、蔬菜、大麦、白菜、马铃薯、棉花等。

防治对象　蚜虫、科罗拉多甲虫、蓟马、鳞翅目幼虫、鞘翅目幼虫和成虫、公共卫生害虫等。

残留量与安全施药

欧盟登记具体残留标准如下：杏 0.2mg/kg、大麦 0.05mg/kg、豆 0.02mg/kg（可食部分、无核、无皮）、椰菜 0.1mg/kg、芽甘蓝 0.05mg/kg、结球甘蓝 0.2mg/kg、花椰菜 0.1mg/kg、芹菜 0.3mg/kg、谷物 0.02mg/kg（其他除外）、黄瓜 0.1mg/kg、（无核）葡萄干 0.1mg/kg、茄子 0.5mg/kg、水果 0.02mg/kg（其他除外）、醋栗莓 0.1mg/kg、柚子 0.1mg/kg、葡萄 0.2mg/kg、柠檬 0.2mg/kg、莴苣 1mg/kg、中国柑橘 0.2mg/kg、瓜类（西瓜除外）0.05mg/kg、油桃 0.2mg/kg、橙子 0.1mg/kg、桃子 0.2mg/kg、豌豆 0.20mg/kg（全果）、豌豆 0.20mg/kg（可食部分、无核、无皮）、甜椒 0.1mg/kg、仁果类水果 0.1mg/kg、马铃薯 0.02mg/kg（所有异构体之和）、南瓜 0.05mg/kg、核果类水果

0.10mg/kg（其他除外）、草莓 0.5mg/kg、番茄 0.1mg/kg、蔬菜 0.02mg/kg（其他除外）、笋瓜 0.05mg/kg。

本品对鱼和蜜蜂剧毒，远离河塘等水域施药，周围蜜源作物花期禁用，蚕室及桑园附近禁用，天敌放飞区域禁用。

应用技术　本品对以昆虫为媒介的植物病毒有良好的控制作用，用量为 2～5g/hm^2。同时也用于公共卫生害虫的防治。本品还可用于防治鳞翅目幼虫、鞘翅目幼虫和成虫。在防治棉铃虫时连续使用本品易产生抗性，要注意与其他作用机制不同农药交替和轮换使用，防止棉铃虫抗性的增强。应在棉铃虫卵孵盛期或低龄幼虫盛发期施药，以后视虫情发生情况，7d 后可再施药 1 次。二龄棉铃虫的卵多产在棉株顶部的嫩叶上，喷药时应以保护棉株顶尖为重点，集中喷在顶部的叶片上。四龄棉铃虫的卵多产在边心上，应重点施药在群尖上，以保护幼蕾不受害为主。不得与碱性农药等物质混用。

使用方法

（1）棉虫和棉花苗期蚜虫　亩用 2.5%乳油 10～20mL，伏蚜用 25～35mL，对棉铃虫、红铃虫、玉米螟、金刚钻等用 40～60mL，对水喷雾，同时可兼治棉小造桥虫、卷叶蛾、棉象甲、棉盲蝽象，能控制棉红蜘蛛的发生数量不急剧增加。但对拟除虫菊酯杀虫剂已经产生较高抗性的棉蚜、棉铃虫等效果不佳。

（2）蔬菜害虫　对菜蚜亩用 2.5%乳油 10～20mL，对菜青虫亩用 2.5%乳油 15～25mL，对黄守瓜亩用 2.5%乳油 30～40mL，对小菜蛾（非抗性种群）、斜纹夜蛾、甜菜夜蛾、甘蓝夜蛾、烟青虫、菜螟等亩用 2.5%乳油 40～60mL，对水喷雾。目前我国南方很多菜区的小菜蛾对该药已有较高的耐药性，一般不宜再用该剂防治。

对温室白粉虱，用 2.5%乳油 1000～1500 倍液喷雾。

对茄红蜘蛛、辣椒跗线螨用 2.5%乳油 1000～2000 倍液喷雾，可起到一定抑制作用，但持效期短，药后虫口回升较快。

（3）果虫　对果树各种蚜虫用 2.5%乳油 4000～5000 倍液喷雾。

防治柑橘潜叶蛾，在新梢初放期或卵孵盛期，用 2.5%乳油 2000～4000 倍液喷雾，可兼治橘蚜和其他食叶害虫；隔 10d 再喷药 1 次。防治介壳虫，在 1～2 龄若虫期，用 2.5%乳油 1000～2000 倍液喷雾。

防治苹果蠹蛾、小卷叶蛾、袋蛾和梨小食心虫、桃小食心虫、桃蛀螟等，用 2.5%乳油 2000～3000 倍液喷雾。

防治果树上的叶螨、锈螨，使用低浓度药液喷雾只能抑制其发生数量不急剧增加，使用 2.5%乳油 1500～2000 倍液喷雾，对成、若螨的药效期约 7d，但对卵无效。应与杀螨剂混用，防效更佳。

（4）茶尺蠖、茶毛虫、刺蛾、茶细蛾、茶蚜等　用 2.5%乳油 4000～6000 倍液喷雾。对茶小绿叶蝉，在若虫期用 2.5%乳油 3000～4000 倍液喷雾。对茶橙瘿螨、叶瘿螨，在螨初发期用 1000～1500 倍液喷雾。

（5）麦田蚜虫　亩用 2.5%乳油 15～20mL；对黏虫亩用 2.5%乳油 20～30mL，对水喷雾。

（6）大豆食心虫、豆荚螟、豆野螟　在大豆开花期、幼虫蛀荚之前，亩用 2.5%乳油 20～30mL，对水喷雾。防治造桥虫、豆天蛾、豆芫菁等害虫，亩用 2.5%乳油 40～60mL，对水喷雾。

防治油菜蚜虫、甘蓝夜蛾、菜螟，用 2.5%乳油 3000～4000 倍液喷雾，亩喷药液 30～50kg。

防治红花蚜虫，亩用 2.5%乳油 15～20mL，对水 20～30kg 喷雾。

(7) 烟草蚜　亩用2.5%乳油30～40mL，对水喷雾。

高效氯氟氰菊酯对鱼、虾、蜜蜂、家蚕高毒，使用时不要污染鱼塘、河道、蜂场、桑园。

专利与登记

专利名称　Insecticidal product and preparation thereof.

专利号　EP 107296　　专利公开日　1984-05-02

专利申请日　1983-08-31　　优先权日　1982-10-18

专利拥有者　ICI（UK）

在其他国家申请的化合物专利：AU 1911883、AU 8319118、AU 555545、AT 28324、CS 251767、CA 1208656、DK 8304626、DK 174170、DK 462683、EP 0107296、ES 8600222、GB 2128607、HU 192856、HU 206488、HU 32777、IL 69775、JP 59088454、JP 03036828、JP 03072451、NZ 205562、US 4512931、ZA 8306965 等。

制备专利：CN 101606540、CN 1611115、CN 101199282、CN 101647463、CN 101444210、CN 1096633、CN 1252218、CS 268965、CS 268964、CS 264503、CS 268475、DE 2831193、EP 3336、GB 2143823、WO 2009138373、WO 9427942、WO 9620203、WO 8806151、WO 8806842、WO 9818329 等。

制剂或剂型专利：AU 534419、CN 101380023、CN 1911032、CN 1628521、CN 1961671、CN 1911031、CN 1911035、CN 1947514、CN 1943356、CN 101305715、CN 101406199、CN 101380021、CN 101297649、CN 101326907、CN 101480192、CN 101480193、CN 101606532、CN 101554173、CN 101380023、CN 101352170、DE 102007045953、EP 2090170、EP 2070412、HU 47212、JP 2009209124、JP 2009108046、JP 05039205、US 20090325892、WO 2009146793、WO 2009135613、WO 2010000790、WO 2009039951、WO 2008155108 等。

在中国申请的含高效氯氟氰菊酯的部分专利及登记情况见表90-1、表90-2，相关情况也可参见表87-4。

表 90-1　在中国申请的专利

序号	申请号	专利名称
1	200610165841.3	以高效氯氟氰菊酯为原料的一组可溶性液剂杀虫剂
2	200310101645.6	一种高效氯氟氰菊酯微乳剂及其生产方法
3	200410079525.5	高效氯氟氰菊酯作物杀虫复配剂
4	200510041437.0	一种含高效氯氟氰菊酯和氟虫脲的增效杀虫组合物
5	200510041442.1	一种含嘧螨酯和高效氯氟氰菊酯的增效杀虫组合物及其应用
6	200510041449.3	一种含高效氯氟氰菊酯和虱螨脲的增效杀虫组合物及应用
7	200610147124.8	含有丙溴磷和高效氯氟氰菊酯的杀虫组合物
8	200610146004.6	含有氟虫腈和高效氯氟氰菊酯的具有协同增效作用的杀虫剂
9	200810030603.0	一种毒死蜱·高效氯氟氰菊酯乳油及其制备方法
10	200810030602.6	一种高效氯氟氰菊酯·辛硫磷乳油及其制备方法
11	200810132571.5	一种含有高效氯氟氰菊酯和氟啶脲的杀虫组合物
12	200810132574.9	一种高效氯氟氰菊酯和吡虫啉具有杀虫作用的组合物
13	200710135570.1	一种高效氯氟氰菊酯
14	200810010695.6	一种以高效氯氟氰菊酯为底物的降解菌株的筛选方法
15	200810103822.7	一种含丁醚脲和高效氯氟氰菊酯微乳剂及其制备方法
16	200910114246.0	高效氯氟氰菊酯农药水乳剂及其制备方法
17	200910181863.2	高效氯氟氰菊酯乳油的生产工艺
18	200910117511.0	敌敌畏和高效氯氟氰菊酯复配乳油制剂
19	200910117510.6	辛硫磷和高效氯氟氰菊酯复配农药制剂
20	200830196387.8	标贴(高效氯氟氰菊酯)
21	200830196390.X	标贴(4.5%高效氯氟氰菊酯乳油)

表 90-2　先正达有限公司在中国登记情况

登记证号	含量	剂型	登记作物	防治对象	用药量	施用方法
LS20083255	100g/L	种子处理微囊悬浮剂	玉米	蛴螬	20～30g/100kg(种子)	种子包衣
PD80-88	25g/L	乳油	烟草	烟青虫	5.63～7.5mg/kg	喷雾
			叶菜	菜青虫	6.25～12.5mg/kg	喷雾
			叶菜	蚜虫	6～10mg/kg	喷雾
			柑橘树	潜叶蛾	4.2～6.2mg/kg	喷雾
			棉花	棉红蜘蛛	常规用量下抑制作用	喷雾
			大豆	食心虫	5.63～7.5g/hm²	喷雾
			果菜	食心虫	6.25～12.5mg/kg	喷雾
			叶菜	菜青虫	6.25～12.5mg/kg	喷雾
			叶菜	菜红蜘蛛	常规用量下抑制作用	喷雾
			果菜	菜红蜘蛛	常规用量下抑制作用	喷雾
			茶树	茶小绿叶蝉	15～30g/hm²	喷雾
			苹果树	红蜘蛛	常规用量下抑制作用	喷雾
			梨树	梨小食心虫	5～8.3mg/kg	喷雾
			梨树	红蜘蛛	常规用量下抑制作用	喷雾
			棉花	棉蚜	3.75～7.5g/hm²	喷雾
			棉花	红铃虫	7.5～22.5g/hm²	喷雾
			荔枝树	蝽象	6.25～12.5mg/kg	喷雾
			小麦	麦蚜	4.5～7.5g/hm²	喷雾
			苹果树	桃小食心虫	5～6.3mg/kg	喷雾
			茶树	茶尺蠖	3.75～7.5g/hm²	喷雾
			果菜	蚜虫	6～10mg/kg	喷雾
			棉花	棉铃虫	7.5～22.5g/hm²	喷雾
			小麦	黏虫	4.5～7.5g/hm²	喷雾
WP27-96	10%	可湿性粉剂	卫生	蚊	10～20mg/m²	滞留喷洒
			卫生	蝇	10～20mg/m²	滞留喷洒
			卫生	蜚蠊	10～20mg/m²	滞留喷洒
WP62-99	25g/L	微囊悬浮剂	卫生	蚊	10～20mg/m²	滞留喷洒
			卫生	蝇	10～20mg/m²	滞留喷洒
			卫生	蜚蠊	10～20mg/m²	滞留喷洒
PD217-97	40%	母药				
PD218-97	81%	原药				

合成方法

高效氯氟氰菊酯是通过分离氯氟氰菊酯得到的，分离方法参见 EP 107296A1。

氯氟菊酰氯的合成方法：

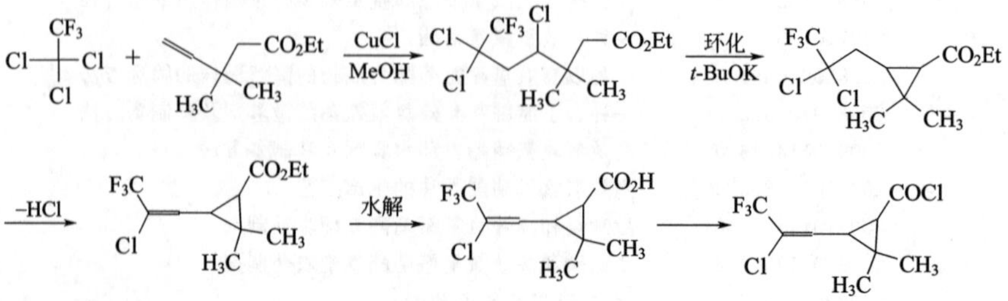

氯氟氰菊酯的合成：

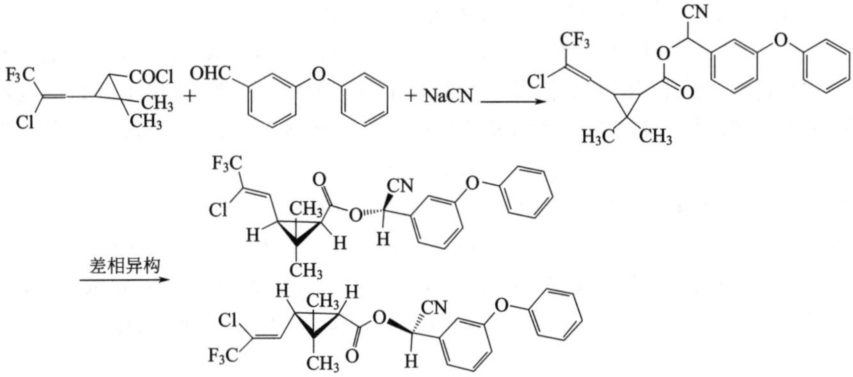

1 The Pesticide Manual. 15 th edition：272-274.
2 EP 107296.
3 EP 106469.
4 世界农药，2010，2，36-40.
5 农药学学报，2001，3（4）：49-52.
6 蚕桑茶叶通讯，2002，3，29-29.
7 宁夏农林科技，2007，1，26-26.
8 农药，2009，9，680-682.
9 农药科学与管理，2009，5，42-44.
10 江苏农业科学，2009，1，136-136.
11 现代农业科技，2008，3，79-79.
12 农药科学与管理，2008，7，21-23.
13 农药，2008，12，893-895.
14 EP 0132392.
15 CN 101434562.
16 DE 2802962.
17 GB 2000764.
18 EP 3336.
19 DE 2831193.
20 US 4254050.
21 US 4299776.

91 氯氰菊酯（cypermethrin）

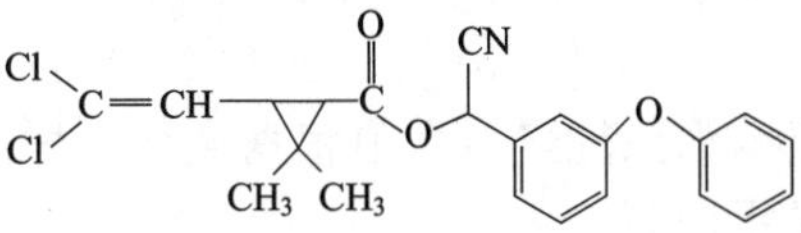

$C_{22}H_{19}Cl_2NO_3$，416.3

产品简介

氯氰菊酯［试验代号：NRDC149、PP383（ICI）、WL43467（Shell）、LE79-600（Rhône-Poulenc）、FMC30980、OMS2002，通用名称：cypermethrin，商品名称：Barricard（Shell、ICI、FMC）、Cymbush、Ambush C Imperator、Kafil Super、CCN52（ICI）、Ammo（FMC）、Flectron、Folcord、Ripcord、Stokcde（Shell）、Cyperkill（Mitchell Cotts）、Afrothrin、灭百可、兴棉宝、安绿宝、赛波凯、保尔青、轰敌、多虫清、百家安、Z-氯氰菊酯、zeta-氯氰菊酯等，其他名称：Basathrin（BASF）、Cymbush（Syngenta）、Cymperator（Syngenta）、Ripcord（BASF）、Agrotrina（Westrade）、Alfa（Trithin）、Arrivo（FMC）、Cekumetrin（Cequisa）、Ciper QL（Inquiport）、Cynoff（FMC）、Cyperguard（Gharda，Nufarm UK）、Cyperil（Agro-Chemie）、Cypersan（Dow AgroSciences）、Cyproid（Aimco）、Cyrux（United Phosphorus）、Cythrine（Agriphar）、Devicyper（Devidayal）、rago（Inquiport）、Durin（Dhanuka）、Grand（Sanonda）、Hilcyperin（Hindustan）、Kecip（Kemio）、Kruel（Reposo）、Lacer（RPG）、Mortal（Crop Health）、Ralothrin（Rallis）、Ranjer（Ramcides）、Rasayanrin（Krishi Rasayan）、Rocyper（Rotam）、Starcyp（SWAL）、Sunmerin（Sundat）、Suraksha（Nagarjuna Agrichem）、Termicidin（Vapco）、Visher（Vipesco）、Volcyper（Ralchem）］是由 M. E. Elliott 最先报道该杀虫剂，Ciba-Geigy AG、ICI Agrochemicals、Mitchell Cotts 和 Shell International Chemical

Co. Lod. 开发的杀虫剂。主要生产商：巴斯夫、先正达。

化学名称 (*RS*)-α-氰基-(3-苯氧苄基)(1*RS*,3*RS*;1*RS*,3*SR*)-3-(2,2-二氯乙烯基)-1,1-二甲基环丙烷羧酸酯，或者(*RS*)-α-氰基-(3-苯氧苄基)-(1*RS*)-顺-反-3-(2,2-二氯乙烯基)-1,1-二甲基环丙烷羧酸酯。英文化学名称(*RS*)-α-cyano-3-phenoxybenzyl-(1*RS*,3*RS*;1*RS*,3*SR*)-3-(2,2-dichlorovinyl)-2,2-dimethylcyclopropanecarboxylate 或(*RS*)-α-cyano-3-phenoxybenzyl-(1*RS*)-*cis-trans*-3-(2,2-dichlorovinyl)-2,2-dimethylcyclopropanecarboxylate。美国化学文摘系统名称为 cyano(3-phenoxyphenyl)methyl 3-(2,2-dichloroethenyl)-2,2-dimethylcyclopropanecarboxylate。CA 主题索引名称为 cyclopropanecarboxylic acid—，3-(2,2-dichloroethenyl)-2,2-dimethyl—，cyano (3-phenoxyphenyl) methyl ester。CAS 登录号为[52315-07-8]。

组成 工业品纯度 90%。

理化性质 该产品为无味晶体（工业品室温条件下为棕黄色的黏稠液体），熔点 61～83℃（根据异构体的比例），蒸气压 2.0×10⁻⁴mPa（20℃）。分配系数 $K_{ow}\lg P=6.6$。Henry 常数 2.0×10^{-2} Pa·m³/mol。相对密度 1.24（20℃）。水中溶解度 0.004mg/L（pH=7)，其他溶剂中溶解度（g/L，20℃）丙酮、氯仿、环己酮、二甲苯>450，乙醇 337，己烷 103。稳定性，在中性和弱酸性条件下相对稳定，在 pH=4 条件下相对最稳定。在碱性条件下分解。DT_{50} 1.8d（pH=9，25℃），在 pH=5～7（20℃）稳定。在光照条件下相对稳定。在 220℃以下热力学稳定。

毒性 急性经口 LD_{50}：大鼠 250～4150mg/kg（工业品 7180），小鼠 138mg/kg。急性经皮经眼 LD_{50}：大鼠>4920mg/kg，兔>2460mg/kg。对兔皮肤和眼睛有轻微的刺激性。对皮肤有轻微的致敏性。大鼠吸入 LC_{50}（4h）2.5mg/L。NOEL 数值（2a)：狗 5mg/kg，大鼠 7.5mg/kg。ADI 值（EC）0.05mg/kg（bw）[2005]，（JECFA）0.05mg/kg（bw）[1996]，（JMPR）0.05mg/kg（bw）[1981]，（EPA）aRfD 0.1，cRfD 0.06mg/kg（bw）[2006]。其他：已报道的氯氰菊酯急性经口数值根据载体、样品的顺反异构比例、性别、年龄、进食程度等的不同而明显不同。

生态效应 鸟类急性经口 LD_{50}：野鸭>10000mg/kg，野鸡>2000mg/kg。鱼类 LC_{50}：虹鳟鱼 0.69μg/L，红鲈鱼 2.37μg/L；正常的农药用量对鱼不存在危害。水蚤 LC_{50}（48h）0.15μg/L。实验室测试对蜜蜂高毒，但是在推荐使用剂量下不存在对蜜蜂危害。LD_{50}（24h）（经口）0.035μg/只；（接触）0.02μg/只。对跳虫无毒。

环境行为 生物降解快，并且降解物在土壤和水的表面浓度非常低。在土壤中 DT_{50} 60d（细砂壤土），先水解掉酰氧键，再进一步水解和氧化降解。在田地里耗散很快，与 pH 值无关，K_{oc} 26492～144652，K_f 821～1042。在河流水中，快速降解，DT_{50} 5d，在空气中光氧化降解 DT_{50} 3.47h。

制剂与分析方法 乳油、颗粒剂、超低容量液剂、可湿性粉剂。剂型有乳剂和可湿性粉剂。产品有 Fury（FMC）、Furia（FMC）、Furie（FMC）、Minuet（FMC）、Mustang（FMC），混剂 Mustang Max（FMC）、Duet（+chlorpyrifos）(Agria)、Quick（+quinalphos）(Nagarjuna Agrichem)、Barricade（BASF）、Cyperkill Chiltern、Mitchell Cotts)、Demon（Syngenta）、Flectron（BASF）、Folcord（BASF）、Gammexane（Argentina）(Syngenta)、Imperator（Syngenta）、Permasect C（Mitchell Cotts，Nufarm UK）、Stockade（BASF）、Toppel（Syngenta）、Agrocyde（Tecomag）、Agrocyper（Chemvet）、Agro-Cypethrin（AgroSan）、Ammo（FMC）、Arjun（Coromandel）、Auzar（Biostadt）、Cipermin（Chemiplant）、Combat（Agricultura Nacional）、Counter（public health）（Vapco）、Cypcord（BEC）、Cyper-Atac（Trithin）、Cypertox（Crystal，FCC）、Devicyprin（Devidayal)、Indothrin (Indofil)、Kepermin (Kemio)、Killer (public health) (Vapco)、Kripcord (Krishi Rasayan)、Kyclothrin (Papaeconomou)、Matador (Doğal)、MCC 25 (Chiltern)、Prik (Kemio)、Pucara (CAS)、RecordRamcides)、Rudra (Coromandel)、Scipio (Bayer CropScience)、Sherpa (Bayer CropScience)、Sniper (public health) (Vapco)、Syper (Agrochem)、Trofy (RPG)、Ustaad (United Phosphorus)、Polytrin C (+profenofos) (Syngenta)、Premis25 (+triticonazole) (BASF, Bayer CropScience)、Amber (+piperonyl butoxide +tetramethrin) (Trithin)、Anaconda (+chlorpyrifos) (Aimco)、Baytan T (+triadimenol) (seed treatment) (Bayer CropScience)、Concentrate 2 (+chlorpyrifos) (Trithin)、Dorsan-C (+chlorpyrifos) (Luxembourg)、Fency (+fenitrothion) (Efthymiadis)、Gemini (+ethion) (Coromandel)、Helmet (+profenofos) (Doğal)、Ideal-2 (+chlorpyrifos) (Indofil)、Matador Mix (+chlorpyrifos) (Doğal)、Mega C-505 (+chlorpyrifos) (Crop Health)、Murfothrin (+mecarbam) (Efthymiadis)、Nagata (+ethion) (Rallis)、Ninja (+methamidophos) (Reposo)、NPB (+bioallethrin S-cyclopentenyl isomer +piperonyl butoxide) (Trithin)、Pestan super (+chlorpyrifos) (Efthymiadis)、Pirel-D (+chlorpyrifos) (Herbos)、Prachand (+quinalphos) (Coromandel)、Raxil C (+tebuconazole) (seed treatment, Australia) (Bayer CropScience)、SFB (+muscalure) (Trithin)、Sherdiphos (+dimethoate +triazophos) (Bayer CropScience)、Ulka (+chlorpyrifos) (Biostadt)。可用 GC-MS/HPLC-UV 进行分析。

作用机理与特点　作用于昆虫的神经系统，通过阻断钠离子通道来干扰神经系统的功能。杀虫方式为触杀和胃杀。此药具有触杀和胃毒作用，也有拒食作用。在处理过的作物上降解物也有好的活性。杀虫谱广、药效迅速，对光、热稳定，对某些害虫的卵具有杀伤作用。用此药防治对有机磷产生抗性的害虫效果良好，但对螨类和盲蝽防治效果差。该药残效期长，正确使用时对作物安全。

应用

作为杀虫剂应用范围较广，特别是用来防治水果（葡萄）、蔬菜（土豆，黄瓜，莴苣，辣椒，番茄）、谷物（玉米，大豆）、棉花、咖啡、观赏性植物、树木等作物类的鳞翅目、鞘翅目、双翅目、半翅目和其他类的害虫。也用来防治蚊子、蟑螂、家蝇和其他的公共卫生害虫。也用作动物体外杀虫剂，用来防治甲虫、蚜虫和棉花、水果、蔬菜的等田间农作物以及观赏性植物上的鳞翅目害虫。此产品同样用于森林和公共健康方面。剂量从 7.5g/hm^2 到 30g/hm^2 不等。对磷翅目幼虫效果良好，对同翅目、半翅目等害虫也有较好的防效，但对螨类无效，适用于棉花、果树、茶树、大豆、甜菜等作物。

使用方法

(1) 棉花害虫的防治　棉蚜发生期，用 10%乳油对水喷雾，使用剂量为每亩 15～30mL。棉铃虫于卵孵盛期，棉红铃虫于第二、三代卵孵盛期进行防治，使用剂量为每亩 30～50mL。

(2) 蔬菜害虫的防治　菜青虫、小菜蛾于 3 龄幼虫前进行防治，使用剂量为 20～40mL，或者用 2000～5000 倍药液。使用剂量为每亩 30～50mL。

(3) 果树害虫的防治　柑橘潜叶蛾于放梢初期或卵孵盛期，用 10%乳油 2000～4000 倍液对水喷施。同时可兼治橘蚜、卷叶蛾等。苹果桃小食心虫在卵果率 0.5%～1%或卵孵盛期，用 10%乳油 2000～4000 倍液进行防治。

(4) 茶树害虫的防治　茶小绿叶蝉于若虫发生期、茶尺蠖于 3 龄幼虫期前进行防治，用 10%氯氰菊酯乳油对水 2000～4000 倍喷洒。

(5) 大豆害虫的防治　用10%乳油，每亩35～40mL，可以防治豆天蛾、大豆食心虫、造桥虫等，效果较理想。

(6) 甜菜害虫的防治　防治对有机磷类农药和其他菊酯类农药产生抗性的甜菜夜蛾，用10%氯氰菊酯乳油1000～2000倍液防治效果良好。

(7) 花卉害虫的防治　10%乳油使用浓度15～20mg/L，可以防治月季、菊花上的蚜虫。

注意事项　①不要与碱性物质混用。②药品中毒参见溴氰菊酯。③注意不可污染水域及饲养蜂蚕场地。④氯氰菊酯对人体每日允许摄入量为0.6mg/(kg·d)。

专利与登记

专利名称　Insecticidal pyrethrin derivatives

专利号　DE 2326077　　专利公开日　1974-01-03

专利申请日　1973-05-18　　优先权日　1973-05-18

专利拥有者　National Research Development Corp.

在其他国家申请的化合物专利：AU 7356105、BR 7303782、BE 800006、CA 1008455、DD 111279、DD 108073、DE 2326077、DE 2326077、DK 139573、FI 58630、FR 2185612、FR 2185612、FI 58630、GB 1413491、HU 170866、IT 990577、JP 03055442、JP 51063158、JP 57035854、JP 52142045、JP 58029292、JP 57016806、JP 60011018、JP 58146503、NL 7307130、SE 418080、SE 418080、US 4622337、US 4024163、US 5004822、ZA 7303528等。

制剂或剂型专利：BR 2007004915、IN 2002MU00818、JP 2008133240、JP 2006213665、JP 2006131532、JP 2008133238、WO 2008005764、WO 2007101012、WO 2007089346、WO 2007076027、WO 2008061899、WO 2007076028、WO 2006092570、WO 2005039288、WO 2005039288等。

制备专利：IN 2007MU00802、US 2007087937、WO 2008074837、WO 2008071674、WO 2008015185、WO 2007123855、WO 2008148859、WO 2007089455、WO 2007079162、WO 2006128867、WO 2006124508、WO 2006055922等。

相关中国专利：CN 101331882、CN 101317579、CN 101305732、CN 101298150、CN 101278679、CN 101265310、CN 101253865、CN 101246147、CN 101233843、CN 101233849、CN 101234263、CN 101225260、CN 101194606、CN 101171925、CN 101147487、CN 101099471、CN 101091490、CN 101066055、CN 101002566、CN 1970741、CN 1957707、CN 1911027、CN 1887100、CN 1884230、CN 1871914、CN 1831063、CN 1818197等。

在中国申请的含氯氰菊酯的相关专利及登记情况见表91-1～表91-3。

表91-1　在中国申请专利

序号	申请号	专利名称
1	01145110.6	茶皂素和氯氰菊酯杀虫组合物
2	02120931.6	一种高效顺反式氯氰菊酯·辛硫磷可湿性粉剂
3	02119472.6	含有顺式氯氰菊酯的杀虫剂组合物
4	96109680.2	苦参碱氯氰菊酯混剂及其制造方法
5	97103843.0	高效氯氰菊酯和杀虫单杀虫组合物
6	88106197.2	顺反体高效氯氰菊酯的制备
7	89108304.9	顺反体高效氯氰菊酯制造方法的改进
8	89108955.1	高活性氯氰菊酯制造方法
9	91104149.4	氯氰菊酯杀螟松混剂
10	91104980.0	高活性氯氰菊酯杀虫剂的制备方法

续表

序号	申请号	专 利 名 称
11	93108853.4	高效氯氰菊酯杀虫悬浮剂
12	97125802.3	高效氯氰菊酯、毒死蜱混剂
13	96109660.8	齐墩螨素-高效顺反氯氰菊酯混合杀虫剂
14	98101800.9	齐墩螨素、高效氯氰菊酯复配农药
15	99113583.0	丙溴磷与高效氯氰菊酯的复配制剂
16	99103571.2	高效氯氰菊酯胶悬剂配方及制备工艺
17	99117034.2	对氟苯甲醛法生产氟氯氰菊酯(百树菊酯)的方法
18	99117035.0	3-溴-4-氟甲苯法生产氟氯氰菊酯(百树菊酯)的方法
19	00110888.3	一种含齐墩螨素和三氟氯氰菊酯农药组合物
20	00132045.9	以氟氯氰菊酯为原料的一组农用杀虫剂及其配制方法
21	00134993.7	高效氯氰菊酯和啶虫脒混合杀虫剂
22	200710009948.3	甲氨基阿维菌素苯甲酸盐和三氟氯氰菊酯微乳剂
23	200710019131.4	三氟氯氰菊酯水分散粒剂杀虫剂
24	01333755.6	农药标贴(高效氯氰菊酯)
25	97318141.9	包装箱(高效氯氰菊酯)
26	01315214.9	标签(绿福4.5%高效氯氰菊酯乳油)
27	200410060158.4	三氟氯氰菊酯微乳剂及其制法
28	02156766.2	一种用对氟苯甲醛合成氟氯氰菊酯的方法
29	03109748.0	一种高效三氟氯氰菊酯(功夫)微乳剂及其生产方法
30	200410030542.X	含有丁醚脲和甲氰菊酯或高效氯氰菊酯的杀虫杀螨的组合物
31	200610005247.8	α-氯氰菊酯防污剂
32	200410046020.9	一种顺式氯氰菊酯微乳剂及其生产方法
33	200510041205.5	用杀虫双母液与高效氯氰菊酯组合制取复配微乳剂的方法
34	200510041498.7	三氟氯氰菊酯胶悬剂及其生产方法
35	200510048756.4	溴虫腈与高效氯氰菊酯的复配微乳剂
36	200510131188.4	一种高效氯氰菊酯微囊悬浮剂
37	200610012555.3	甲氨基阿维菌素苯甲酸盐和氯氰菊酯微乳剂及其制法
38	200510043517.X	高效氟氯氰菊酯微乳剂及其制备方法
39	200510040382.1	反式氯氰菊酯水乳剂及其制备工艺
40	200510040384.0	顺式氯氰菊酯水乳剂及其制备工艺
41	200510041429.6	一种含反式氯氰菊酯和苯甲酰脲类的增效杀虫组合物
42	200510041432.8	一种含反式氯氰菊酯的增效杀虫组合物
43	200510041433.2	一种含反式氯氰菊酯的增效杀虫组合物
44	200510041435.1	一种含反式氯氰菊酯和氟虫腈的增效杀虫组合物
45	200510041443.6	一种含高效氯氰菊酯和嘧螨酯的增效杀虫组合物及其应用
46	200510041446.X	一种含高效氯氰菊酯和虱螨脲的增效杀虫组合物及其应用
47	200510041453.X	一种含高效氯氰菊酯和氟虫脲的增效杀虫组合物
48	200510041428.1	含反式氯氰菊酯和毒死蜱的增效杀虫组合物
49	200510041430.9	一种含反式氯氰菊酯和乙酰甲胺磷的增效杀虫组合物
50	200610122242.3	鱼藤酮与氟氯氰菊酯的农药组合物及其作为杀虫剂的应用
51	200610023381.0	高效氯氰菊酯水乳剂及其制备方法
52	200710063831.3	含高效氯氰菊酯和氟铃脲的农药组合物
53	200610088235.6	含虫酰肼、氯氰菊酯的杀虫组合物
54	200710116351.9	一种含高效氯氰菊酯的悬浮剂及其制备方法
55	200810029251.7	粉虱座壳孢与高效氯氰菊酯的复配杀虫剂
56	200810029252.1	玫烟色拟青霉与高效氯氰菊酯的复配杀虫剂
57	200810029744.0	爪哇拟青霉与高效氯氰菊酯的复配杀虫剂
58	200810139796.3	一种含氟酰脲和高效氯氰菊酯的增效杀虫组合物
59	200810219998.9	一种绿僵菌素与高效氯氰菊酯复配的杀虫主剂及杀虫剂
60	200680052384.5	氟氯菊酯和富集的氯氰菊酯的新颖制剂
61	200810107558.4	高效氯氰菊酯增效剂
62	200910037748.8	蜡蚧轮枝菌与高效氯氰菊酯复配的杀虫主剂及杀虫剂
63	200810100974.1	以高效氯氰菊酯为原料的一组可溶性液剂杀虫剂
64	200910061524.0	亚胺硫磷与高效氯氰菊酯的杀虫组合物
65	200910117650.3	甲氨基阿维菌素苯甲酸盐和高效氟氯氰菊酯混配农药制剂
66	200910309899.4	制备三氟氯氰菊酯的方法
67	200910114624.5	含有左旋松油醇增效剂的高效氯氰菊酯杀虫剂组合物
68	201010134853.6	一种高效浓缩型阿维菌素-高效氯氰菊酯水乳剂及其制备方法
69	03346430.8	标贴(高效氯氰菊酯)
70	200830279831.2	标贴(高效氯氰菊酯)
71	200830333903.7	包装箱(高效氯氰菊酯)
72	200830334095.6	标贴(高效氯氰菊酯)

表 91-2 英国先正达有限公司在中国登记情况

登记名称	登记证号	含量	剂型	登记作物	防治对象	用药量/(g/hm²)	施用方法
氯氰菊酯	PD14-86	100g/L	乳油	棉花	害虫	45～60	喷雾
				蔬菜	害虫	30～45	喷雾

表 91-3 巴斯夫欧洲公司在中国登记情况

登记名称	登记证号	含量	剂型	登记作物	防治对象	用药量/(g/hm²)	施用方法
氯氰菊酯	PD10-85	100g/L	乳油	果菜	害虫	37.5～52.5	喷雾
				叶菜	害虫	37.5～52.5	喷雾
				柑橘树	害虫	37.5～52.5	喷雾
				棉花	害虫	45～60	喷雾

合成方法

中间体二氯菊酸的合成方法：

(1) 模拟法 3-甲基-2-丁烯醇与原乙酸酯在磷酸催化下于 140～160℃缩合，并进行 Claisen 重排，生成 3,3-二甲基戊烯酸乙酯，再与四氯化碳在过氧化物存在下反应生成 3,3-二甲基-4,6,6,6-四氯己酸乙酯，然后在甲醇钠存在下脱氯化氢，环合生成二氯菊酸乙酯，再经皂化反应生成菊酸。

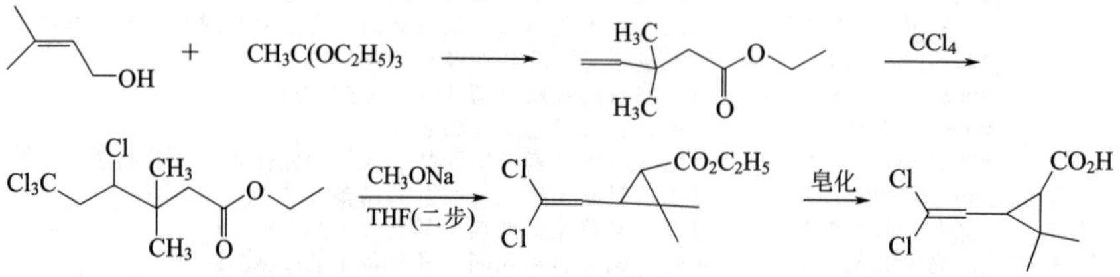

(2) Farkas 法 三氯乙醛与异丁烯反应生成 1,1,1-三氯-4-甲基-3-戊烯-2-醇和 1,1,1-三氯-4-甲基-4-戊烯-2-醇。该混合物在与乙酸酐反应经乙酰化，锌粉还原，对甲基苯磺酸催化异构化得到含共轭双键的 1,1-二氯-4-甲基-1,3-戊二烯，再与重氮乙酸乙酯在催化剂存在下反应，生成二氯菊酸酯。

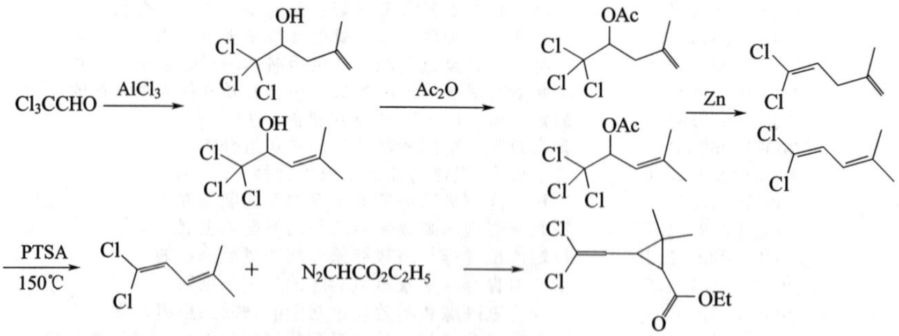

(3) Sagami-Kuraray 法 此方法是 Sagami-Kuraray 法与 Farkas 法的结合。

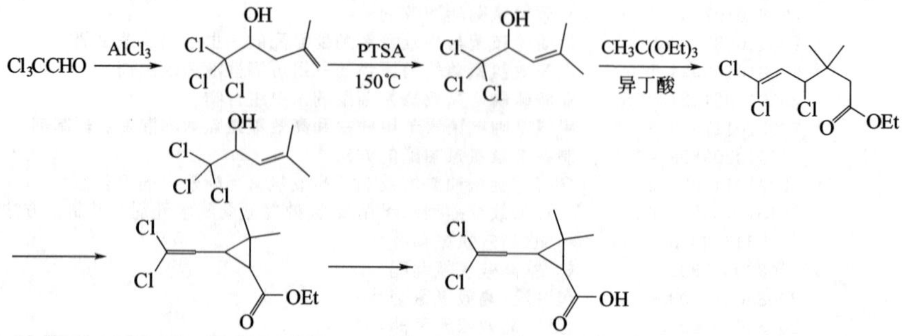

（4）该路线是利用 Witting 试剂与相应的菊酸甲醛衍生物反应，得到二氯菊酸酯，再经皂化反应得到二氯菊酸。

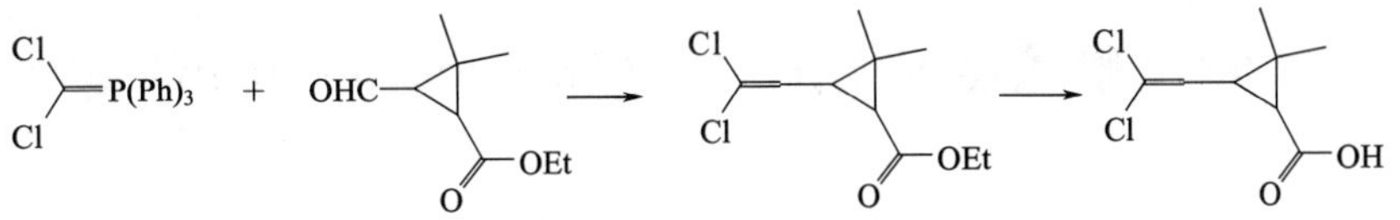

氯氰菊酯的合成方法：

① 二氯菊酸与二氯亚砜反应生成菊酰氯，再与 α-氰基间苯氧基苄醇作用得到氯氰菊酯。

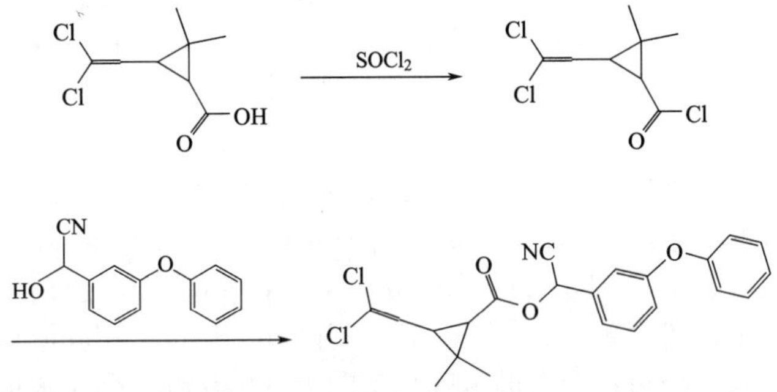

② 将间苯氧基苯甲醛，二氯菊酰氯溶于适量的溶剂中，剧烈搅拌下，保持温度在 20℃以下，滴加氰化钠、碳酸钠和相转移催化剂的水溶液，滴毕升温 45～50℃反应 5h，得到相应的氯氰菊酯。

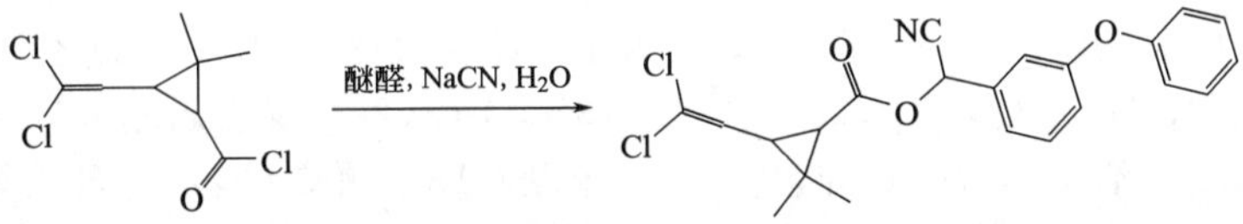

③ 间苯氧基苯甲醛与亚硫酸氢钠反应生成相应的磺酸盐，然后与菊酰氯、氰化钠，在相转移催化剂条件下反应生成氯氰菊酯。

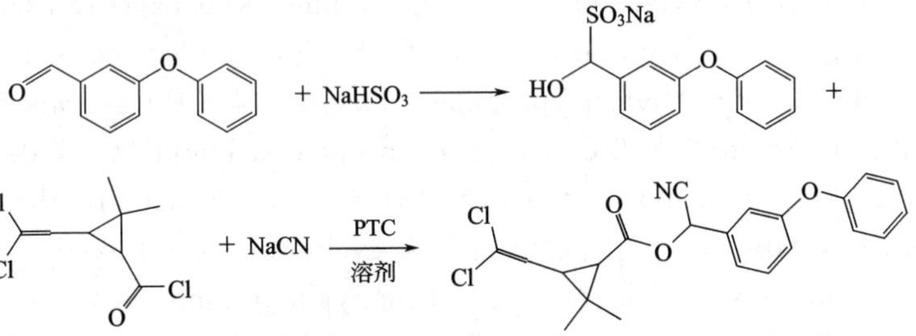

④ 间苯氧基苯乙腈与溴作用得到相应的 α-溴代乙腈，再与二氯菊酸盐反应生成氯氰菊酯。

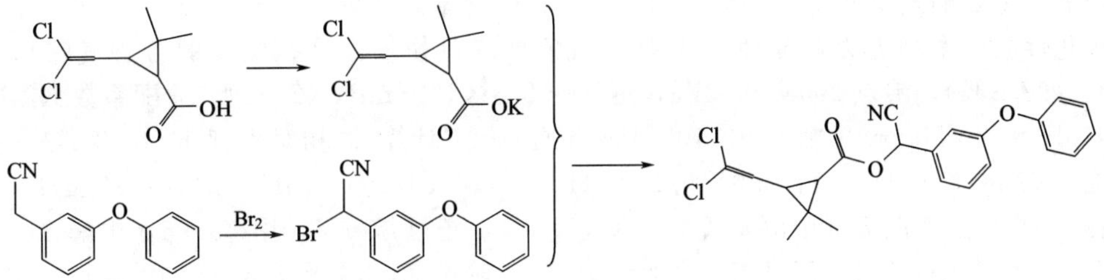

1 农药品种大全．北京：中国商业出版社，1996：173-175.

2 The Pesticide Manual. 15 th edition：277-278.

3 精细化学品大全．农药卷．浙江科学技术出版社．2000：204-205.

4 CN 1508124.

5 CN 1244524.

6 US 4424168.

7　US 4889872.
8　US 5128497.
9　US 4261920.

92　顺式氯氰菊酯（*alpha*-cypermethrin）

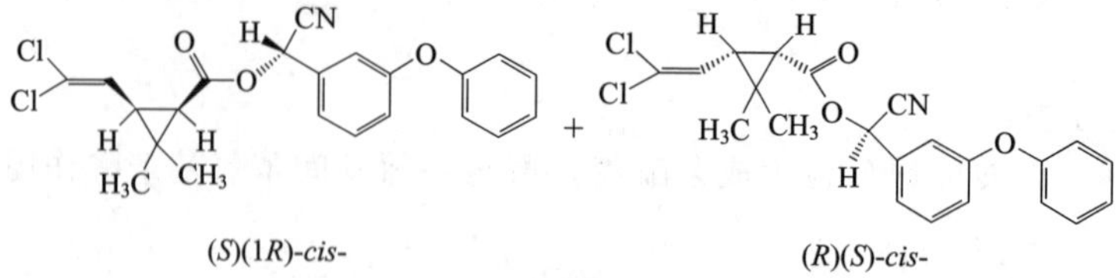

$C_{22}H_{19}Cl_2NO_3$，416.3

产品简介

顺式氯氰菊酯［试验代号：WL 85871（Shell）、FMC 63318、FMC 39391、BAS 310 Ⅰ（BASF）、OMS 3004，通用名称：*alpha*-cypermethrin，商品名称：Fastac、Fendona、Renegade、Concord、Bestox、快杀敌、高效安绿宝、奋斗呐、高效灭百可、虫毙王、奥灵、高效氯氰菊酯、百事达，其他名称：alfoxylate、alphamethrin、alfamethrin］是壳牌国际化工有限公司（现属 BASF 公司）开发的拟除虫菊酯类（pyrethroids）杀虫剂。世界主要生产商：BASF、Agrochem、AgroDragon、Aimco、Bharat、Bilag、Bioquest、Coromandel、Devidayal、FMC、Gharda、Gujarat Agrochem、Hailir、Heranba、Hubei Sanonda、Meghmani、Rotam、Sharda、Sundat、Tagros。

化学名称　由消旋体(*S*)-*α*-氰基-3-苯氧苄基-(1*R*,3*R*)-3-(2,2-二氯乙烯基)-2,2-二甲基环丙烷羧酸酯和(*R*)-*α*-氰基-3-苯氧苄基-(1*S*,3*S*)-3-(2,2-二氯乙烯基)-2,2-二甲基环丙烷羧酸酯组成，或者由消旋体(*S*)-*α*-氰基-3-苯氧苄基-(1*R*)-顺-3-(2,2-二氯乙烯基)-2,2-二甲基环丙烷羧酸酯和(*R*)-*α*-氰基-3-苯氧苄基-(1*S*)-顺-3-(2,2-二氯乙烯基)-2,2-二甲基环丙烷羧酸酯组成。英文化学名称为(*S*)-*α*-cyano-3-phenoxybenzyl(1*R*,3*R*)-3-(2,2-dichlorovinyl)-2,2-dimethylcyclopropanecarboxylate 和(*R*)-*α*-cyano-3-phenoxybenzyl(1*S*,3*S*)-3-(2,2-dichlorovinyl)-2,2-dimethylcyclopropanecarboxylate 或(*S*)-*α*-cyano-3-phenoxybenzyl(1*R*)-*cis*-3-(2,2-dichlorovinyl)-2,2-dimethylcyclopropanecarboxylate 和(*R*)-*α*-cyano-3-phenoxybenzyl(1*S*)-*cis*-3-(2,2-dichlorovinyl)-2,2-dimethylcyclopropanecarboxylate。美国化学文摘系统名称为(*R*)-cyano(3-phenoxyphenyl)methyl(1*S*,3*S*)-*rel*-3-(2,2-dichloroethenyl)-2,2-dimethylcyclopropanecarboxylate。CA 主题索引名称为 cyclopropanecarboxylic acid—,3-(2,2-dichloroethenyl)-2,2-dimethyl—,(*R*)-cyano(3-phenoxyphenyl)methyl ester,(1*S*,3*S*)-。CAS 登录号为［67375-30-8］（正确的立体化学结构）；［52315-07-8］（曾用［86752-99-0］，［86753-92-6］）氯氰菊酯（没有表示立体结构）有时候也在索引中用到。

组成　工业顺式氯氰菊酯含量＞90%，通常的含量＞95%。

理化性质　本品为无色晶体（工业品白色至灰色粉末，具有微弱的芳香气味）。熔点81.5℃（97.3%），沸点200℃/9.3Pa，蒸气压 2.3×10^{-2}mPa（20℃）。分配系数 $K_{ow}\lg P$=6.94（pH=7）。Henry 常数 6.9×10^{-2}Pa·m^3/mol（计算）。相对密度 1.28（22℃）。水中溶解度 0.67μg/L（pH=4），3.97μg/L（pH=7），4.54μg/L（pH=9），1.25μg/L（两倍水稀释，20℃）。其他溶剂中溶解度（21℃，g/L），正己烷 6.5，甲苯 596，甲醇 21.3，异丙醇 9.6，乙酸乙酯 584，正己烷＞0.5g/L，与二氯甲烷、丙酮互溶（＞10^3g/L）。在中性或酸性介质中非常稳定，在强碱性介质中水解；DT_{50}（pH=4，50℃）稳定性分别超过10d，（pH=7，20℃）101d，（pH=9，20℃）7.3d。高于 220℃分解。田间数据表明实际上对空气是稳定的。

毒性　大鼠急性经口 LD_{50} 57mg/kg（在玉米油中）。急性经皮 LD_{50}：大鼠＞2000mg/kg，兔＞2000mg/kg；对兔眼睛有极小的刺激作用。大鼠吸入毒性 LC_{50}（4h，经鼻呼吸）＞0.593mg/L（最高浓度下）。狗 NOEL 数值（1a）＞60mg/kg [1.5mg/(kg・d)]。ADI 值（JECFA）0.02mg/kg（1996），（BASF）0.015mg/kg。其他，无诱变作用。对中枢神经系统和周围神经系统有毒性。三天内在一定剂量下引起的神经行为改变是可逆的。急性大鼠试验中 NOAEL 为 4mg/kg（bw）（玉米油中）；4 周大鼠经口试验中 NOAEL 数值 10mg/kg（bw）（DMSO 中）。该药剂可能导致感觉异常。

生态效应　山齿鹑急性经口 LD_{50}＞2025mg/kg。对山齿鹑的生殖毒性 NOEC（20 周）150mg/kg（饲料）；虹鳟鱼 LC_{50}（96h）2.8μg/L。在田间条件下，由于在水中快速分解，对鱼类无毒害的影响。早期生命阶段测试中 NOEC（34d）为 0.03μg/L；水蚤 EC_{50}（48h）为 0.1～0.3μg/L；水藻 EC_{50}（96h）＞100μg/L；摇蚊属幼虫 NOEC（28d）为 0.024μg/L。小鼠艾氏腹水癌（EAC）为 0.015μg/L。蜜蜂 LD_{50}（24h）0.059μg/只，LC_{50}（24h）0.033μg/只，在田间条件下，对蜜蜂无毒。蚯蚓 LD_{50}（14d）＞100mg/kg。300g/hm^2 处理剂量下对蚯蚓繁殖无影响。对其他有益生物的影响，死亡率（施药剂量）：梨盲走螨＞85%（15g/hm^2），豹蛛属＜30%（0.21g/hm^2 和 0.6g/hm^2），60%（1.5g/hm^2），100%（30g/hm^2），隐翅虫 21%（1.2g/hm^2），在 0.7g/hm^2 下，无影响。LR_{50}：花春 0.1g/hm^2，溢管蚜茧蜂 0.9g/hm^2。

环境行为　虽然对鱼高毒，但在田间条件下，由于药剂在水中快速消散，所以对鱼无毒性。动物：见氯氰菊酯。清除时间 7.8d。经过 28d 净化，在有机组织中残留量为最高值的 8%；土壤/环境：在土壤中降解，在肥沃的土壤中 DT_{50}为 13 周。

制剂与分析方法　主要剂型有：乳油、胶悬剂、片剂、超低容量液剂、可湿性粉剂。10%乳油（高效灭百可，防治棉红铃虫、棉铃虫、甘蓝菜青虫等），5%拌种用可湿性粉剂（防治蚊、蝇、虫等卫生害虫）、Renegade（兽药，BASF）、Alpha-Cyper（Sundat）、Alphadhan（Dhanuka）、Alphaguard（Gharda）、Alphatox（Aimco）、5%乳油（百事达，防治鳞翅目、同翅目等多种害虫）、Bestseller（Agriphar）、5%胶悬剂（都灭，可以杀灭蟑螂、蚊子、苍蝇等多种有害生物）、Grander（Sanonda）、Hilalpha（Hindustan）、Hurricane（Nagarjuna Agrichem）、Magic（公共卫生用药，Vapco）、Merit Alpha（Crop Health）、Mig（Devidayal）、Stop（Biostadt）、Supertak（Vapco）、Typic（Cequisa）、Vifast（Vipesco），混剂：Twister（本品＋毒死蜱）（Aimco），其他产品 Clameur（BASF）、Concord（BASF）、Contest（BASF）、Mageos（BASF）、Vorax（BASF）、Agro-Cypethrin Super（AgroSan）、Alfathrin（Papaeconomou）、Alfazot（Azot）、Alpha-C10（Standon）、Alpharin（Chemvet）、alpha-Syper（Agrochem）、Alphathrin（Nufarm UK）、Alpine（Coromandel）、Bala（FMC）、Bonsul（FMC）、Efitax（FMC）、Forward（RPG）、littac（Sorex）、Pilar-Alfa（Pilarquim），混剂 Tenopa（本品＋氟虫脲）（BASF，Sorex）、Maxihit（本品＋毒死蜱）（Crop Health）、Multi-Fog ATP（本品＋增效醚 ＋胺菊酯）（Trithin）。可用 GC-MS/HPLC-UV 进行分析。分析方法：拟除虫菊酯类杀虫剂分析方法可利用 GC（FID 检测器）。残留物用 GC（ECD 检测器）。

作用机理与特点　通过阻断在神经末梢的钠离子通道的钠离子信号传递到神经冲动，从而阻断蛋白运动到轴突。通常这种中毒导致快速击倒和死亡。非内吸性的具有触杀和胃毒作用的杀虫剂。以非常低的剂量作用于中央和周边的神经系统。神经轴突毒剂，可引起昆虫极度兴奋、痉挛、麻痹，并产生神经毒素，最终可导致神经传导完全阻断，也可引起神经系统意外的其他细胞组织产生病变而死亡。该药剂具有触杀和胃毒作用，无内吸作用，在低剂量下作用于昆虫中央和外周神经。具有杀卵活性。在植物上有良好的稳定性，能耐雨水冲刷，顺式氯氰菊酯为一种生物活性较高的拟除虫菊酯类杀虫剂，它是由氯氰菊酯的高效异构体组成。其杀虫活性约为氯氰菊酯的1～3倍，因此单位面积用量更少，效果更高。

应用

适用作物　棉花、大豆、玉米、甜菜、小麦、果树、蔬菜、茶树、花卉、烟草等，用量为10～15g/hm^2。

防治对象　刺吸式和咀嚼式害虫，特别是鳞翅目、同翅目、半翅目、鞘翅目等多种害虫，也用于公共卫生害虫蟑螂、蚊子等，还用作动物体外杀虫剂。

残留量与安全施药　5%顺式氯氰菊酯乳油对棉花每季最多使用次数为3次，安全间隔期为14d。对茶叶每季最多使用次数为1次，安全间隔期为7d；10%顺式氯氰菊酯乳油对棉花每季最多使用次数为3次，安全间隔期为7d。对菜叶每季最多使用次数为3次，安全间隔期为3d。对黄瓜每季最多使用次数为2次，安全间隔期为3d。对柑橘每季最多使用次数为3次，安全间隔期为7d。

欧盟登记具体残留标准如下：杏2mg/kg，芦笋0.1mg/kg，大麦0.2mg/kg，豆0.50mg/kg，茎果0.5mg/kg，谷物0.05mg/kg，樱桃1mg/kg，柑橘类植物2mg/kg，葫芦科类0.2mg/kg，水果0.05mg/kg，果菜（茄科）0.5mg/kg，大蒜0.1mg/kg，葡萄0.5mg/kg，芸苔0.05mg/kg，莴苣2mg/kg，油桃2mg/kg，燕麦0.2mg/kg，洋葱0.1mg/kg，桃子2mg/kg，豌豆0.50mg/kg，李子1mg/kg，仁果类水果1mg/kg，蔬菜0.05mg/kg。

应用技术

(1) 防治棉花害虫　蚜虫，于发生期，每亩用5%顺式氯氰菊酯乳油20～30mL（有效成分1.0～1.5g）对水喷雾，间隔10 d喷药1次，连续喷2～3次即可控制蚜虫。棉铃虫，于卵盛孵期，每亩用5%顺式氯氰菊酯乳油25～40mL（有效成分1.25～2.0g）对水喷雾。棉红铃虫，于第二、三代卵盛孵期，每亩用5%顺式氯氰菊酯乳油20～40mL（有效成分1.0～2.0g）对水喷雾。每代喷药2～3次，每次间隔10d左右。棉盲蝽、二十八星瓢虫，于害虫发生期用5%顺式氯氰菊酯乳油对水均匀喷雾，使用剂量为每亩20～40mL（有效成分1.0～2.0g）。

(2) 防治大豆食心虫　在大豆食心虫成虫发生盛期每亩用5%顺式氯氰菊酯乳油20～30mL（有效成分1.0～1.5g）对水喷雾，可有效防治大豆食心虫。用此方法还可有效地防治大豆卷叶螟。

(3) 防治蔬菜害虫　①菜蚜，于发生期每亩用5%顺式氯氰菊酯乳油10～20mL（有效成分0.5～1.0g）对水喷雾，持效期10d左右。②菜青虫，3龄幼虫盛发期，每亩用5%顺式氯氰菊酯乳油10～20mL（有效成分0.5～1.0g）对水喷雾，持效期7～10d。③小菜蛾，2龄幼虫盛发期，每亩用5%顺式氯氰菊酯乳油10～20mL（有效成分0.5～1.0g）对水喷雾。④黄守瓜，每亩用5%顺式氯氰菊酯乳油10～20mL（有效成分0.5～1.0g）对水喷雾，可以防治黄守瓜、黄曲条跳甲、菜螟等害虫，效果显著。

(4) 防治果树害虫　①柑橘潜叶蛾，于新梢发出5d左右，用5%顺式氯氰菊酯乳油5000～10000倍液或每100L水加5%顺式氯氰菊酯10～20mL（有效成分5～10mg/L）喷雾，隔5～7d再喷1次，保梢效果良好。②柑橘红蜡蚧，若虫盛发期，用5%顺式氯氰菊酯乳油1000倍液或每100 L水加5%顺式氯氰菊酯100mL（有效成分50mg/L）喷雾，防效一般可达80%以上。③荔枝蝽象，在成虫交尾产卵前和若虫发生期各施一次药，用5%乳油2500 ～4000倍液或每100L水加5%顺式氯氰菊酯25～50mL（有效成分12.5～20mg/L））均匀喷雾。如采用飞机喷药，每亩用5%乳油15～25mL对水2～3L，航速160～170km/h，距树冠5～10m高度作业。④荔枝蒂蛀虫，荔枝收获前约10～20d施药2次，地面喷雾用5%顺式氯氰菊酯乳油2000～3000倍液或每100L水加5%顺式氯氰菊酯33～50mL（有效浓度16.7～25mg/L）。飞机施药则每亩用5%顺式氯氰菊酯16mL（有效成分0.8g），按飞机常规喷雾。⑤桃小食心虫，卵盛孵期，用5%乳油3000倍液或每100 L水加5%顺式氯氰菊酯33mL（有效浓度16.7mg/L）喷雾。根据发生情况，间隔15～20d喷1次。梨小食心虫用同样方法进行防治。亦可兼治其他叶面害虫。⑥桃蚜，于发生期用5%顺式氯氰菊酯乳油1000倍液或每100 L水加5%顺式氯氰菊酯100mL（有效成分50mg/L）喷雾。

（5）防治茶树害虫　①茶尺蠖，于3龄幼虫前，用5%顺式氯氰菊酯乳油5000～10000倍液或每100 L水加5%顺式氯氰菊酯10～20mL（有效成分5～10mg/L）喷雾。用同样有效浓度还可以防治茶毛虫、茶卷叶蛾、茶刺蛾等。②茶小绿叶蝉，若虫盛发期前，用5%顺式氯氰菊酯乳油3400～5000倍液或每100L水加5%顺式氯氰菊酯20～30mL（有效成分10～15mg/L）喷雾。

（6）防治花卉害虫　防治菊花、月季花等花卉蚜虫，用5%顺式氯氰菊酯乳油5000～10000倍液或每100 L水加5%顺式氯氰菊酯10～20mL（有效成分5～10mg/L）喷雾。

棉花、大豆、蔬菜喷液量每亩人工20～50L，拖拉机10L，飞机1～3L。施药选早晚气温低、风小时进行。晴天上午8时至下午5时，空气相对湿度低于65%，温度高于28℃时停止施药。

专利与登记

专利名称　Cyanobenzyl cyclopropane carboxylates

专利号　EP 67461　　专利公开日　1982-10-22

专利申请日　1982-05-06　　优先权日　1981-05-26

专利拥有者　Shell Internationale Research Maatschappij B. V.（Neth.）

在其他国家申请的化合物专利：BR 8203010、CA 1162561、DK 8202337、DK 156828、DK 233782、EP 67461、IN 158971、JP 57200347、US 4409150、ZA 8203581等。

制备与混剂专利：CN 1233394、CN 1461593等。

在中国申请的顺式氯氰菊酯的相关专利及登记情况见表92-1、表92-2。

表92-1　在中国申请专利

序号	申请号	专利名称
1	02119472.6	含有顺式氯氰菊酯的杀虫剂组合物
2	93112374.7	新型拟除虫菊酯——高效二氯戊氰菊酯
3	99105769.4	灭幼脲及其复配型可湿性粉剂
4	200410046020.9	一种顺式氯氰菊酯微乳剂及其生产方法
5	200510040384.0	顺式氯氰菊酯水乳剂及其制备工艺
6	200910035235.3	含有氯虫苯甲酰胺的杀虫组合物

表92-2　巴斯夫欧洲公司在中国登记情况

登记证号	含量	剂型	登记作物	防治对象	用药量	施用方法
PD39-87	100g/L	乳油	甘蓝	菜青虫	7.5～15g/hm^2	喷雾
			甘蓝	小菜蛾	7.5～15g/hm^2	喷雾
			黄瓜	蚜虫	7.5～15g/hm^2	喷雾
			柑橘树	潜叶蛾	5～10mg/kg	喷雾
			棉花	红铃虫	10～20g/hm^2	喷雾
			棉花	棉铃虫	10～20g/hm^2	喷雾
			豇豆	大豆卷叶螟	15～19.5g/hm^2	喷雾

续表

登记证号	含量	剂型	登记作物	防治对象	用药量	施用方法
WP20080030	100g/L	悬浮剂	卫生	蜚蠊	20～30mg/m²	滞留喷雾
			卫生	蝇	10～20mg/m²	滞留喷雾
			卫生	蚊	10～20mg/m²	滞留喷雾
WP29-96	15g/L	悬浮剂	卫生	蚊	10～20mg/m²	滞留喷雾
			卫生	蝇	10～20mg/m²	滞留喷雾
			卫生	蜚蠊	20～30mg/m²	滞留喷雾
PD20080229	93%	原药				
WP20080050	250g/L	母药				

合成方法

经如下反应制得顺式氯氰菊酯。

合成方法一

① (±)-顺反二氯菊酸：

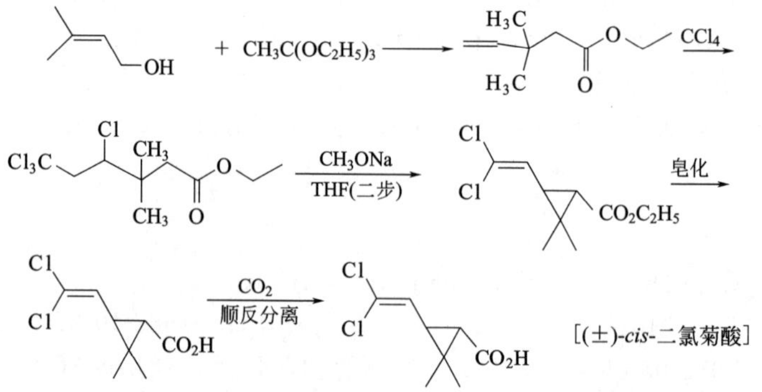

或以异丁烯、四氯化碳、丙烯酸为原料制得 α-卤代环丁酮，再于碱性物质存在下发生 Favorskii 重排生成顺式二氯菊酸。

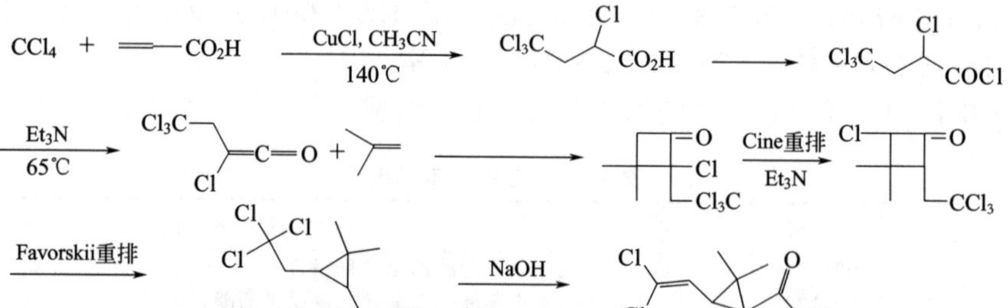

② 合成 (±)-顺式氯氰菊酯：

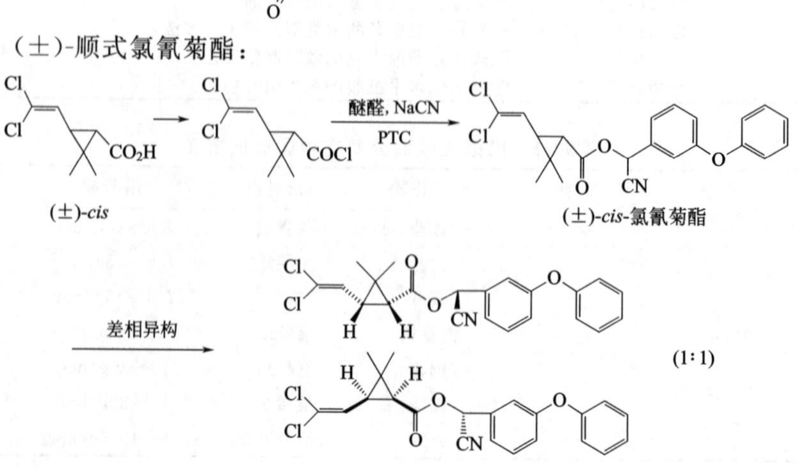

合成方法二

3-(2,2-二氯乙烯基)-2,2-二甲基环丙烷羧酸（Ⅰ）（顺：反＝1：1）分别经碘/碳酸氢钠、锌/乙酸处理，得到顺式-Ⅰ，即顺-3-(2,2-二氯乙烯基)-2,2-二甲基环丙烷羧酸。其与α-氰基-3-苯氧基苄醇或者α-氰基-3-苯氧基对甲苯磺酸酯反应得到顺式氯氰菊酯，即外消旋体顺式混合物。反应式如下：

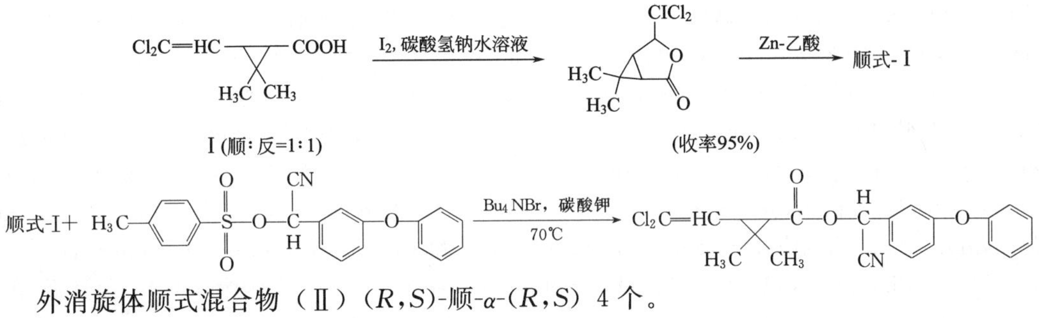

外消旋体顺式混合物（Ⅱ）(R,S)-顺-α-(R,S) 4个。

外消旋体顺式混合物结晶拆分，得1R-顺-α-(S) 和1S-顺-α-(R) 的1：1产物。

1 The Pesticide Manual. 15 th edition：279-281.

2 农药商品大全．北京：中国商业出版社，1996：136.

3 农药，1999，38 (2)：24-25.

4 杭州化工，2008，38 (2)，29-31.

5 湖南农业大学学报：自然科学版，2006，32 (3)：333-335.

6 安徽农业科学，2003，31 (3)：469-469.

7 CN 1508124.

8 CN 1244524.

9 US 4261920.

10 US 4424168.

11 US 4889872.

12 US 5128497.

93 高效氯氰菊酯（*beta*-cypermethrin）

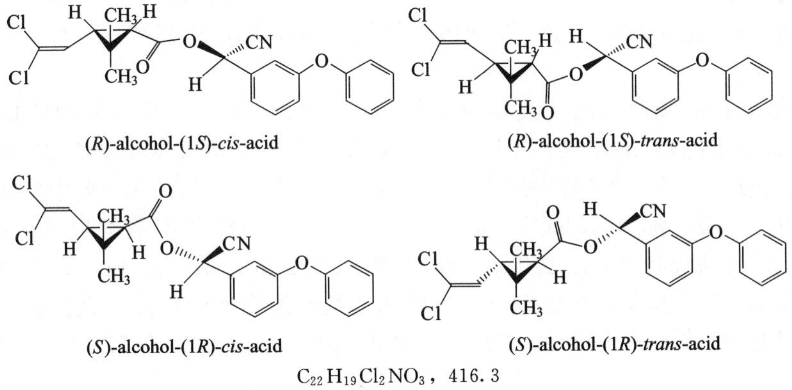

$C_{22}H_{19}Cl_2NO_3$，416.3

产品简介

高效氯氰菊酯（试验代号：CHINOIN0619200、AT 0IABO3、OM S3068，通用名称：*beta*-cypermethrin，商品名称：Chinmix、Betamethrate、高灭灵、三敌粉、无敌粉、卫害净、乙体氯氰菊酯）是Chinoin Pharmaceutical & Chemical Works Co.，Ltd开发的拟除虫菊酯类杀虫剂。

化学名称　对映体(R)-α-氰基-3-苯氧苄基-(1S,3S)-3-(2,2-二氯乙烯基)-2,2-二甲基环丙烷羧酸酯和(S)-α-氰基-3-苯氧苄基-(1R,3R)-3-(2,2-二氯乙烯基)-2,2-二甲基环丙烷羧酸酯以及对映体(R)-α-氰基-3-苯氧苄基-(1S,3R)-3-(2,2-二氯乙烯基)-2,2-二甲基环丙烷羧酸酯和(S)-α-氰基-3-苯氧苄基-(1R,3S)-3-(2,2-二氯乙烯基)-2,2-二甲基环丙烷羧酸酯按2：3组成的混合物；对映体(S)-α-氰基-3-苯氧苄基-(1R)-顺-3-(2,2-二氯乙烯基)-2,2-二甲基环丙烷羧酸酯和(*R*)-*α*-氰基-3-苯氧苄基-(1*S*)-顺-3-(2,2-二氯乙烯基)-2,2-二甲基环丙烷羧酸酯以及(*S*)-*α*-氰基-3-苯氧苄基-(1*R*)-反-3-(2,2-二氯乙烯基)-2,2-二甲基环丙烷羧酸酯和(*R*)-*α*-氰基-3-苯氧苄基-(1*S*)-反-3-(2,2-二氯乙烯基)-2,2-二甲基环丙烷羧酸酯按2∶3组成的混合物。英文化学名称对映体(*R*)-*α*-cyano-3-phenoxybenzyl(1*S*,3*S*)-3-(2,2-dichlorovinyl)-2,2-dimethylcyclopropanecarboxylate 和(*S*)-*α*-cyano-3-phenoxybenzyl(1*R*,3*R*)-3-(2,2-dichlorovinyl)-2,2-dimethylcyclopropanecarboxylate 以及对映体(*R*)-*α*-cyano-3-phenoxybenzyl(1*S*,3*R*)-3-(2,2-dichlorovinyl)-2,2-dimethylcyclopropanecarboxylate 和(*S*)-*α*-cyano-3-phenoxybenzyl(1*R*,3*S*)-3-(2,2-dichlorovinyl)-2,2-dimethylcyclopropanecarboxylate 比例为2∶3或对映体(*S*)-*α*-cyano-3-phenoxybenzyl(1*R*)-*cis*-3-(2,2-dichlorovinyl)-2,2-dimethylcyclopropanecarboxylate 和(*R*)-*α*-cyano-3-phenoxybenzyl(1*S*)-*cis*-3-(2,2-dichlorovinyl)-2,2-dimethylcyclopropanecarboxylate 以及(*S*)-*α*-cyano-3-phenoxybenzyl(1*R*)-trans-3-(2,2-dichlorovinyl)-2,2-dimethylcyclopropanecarboxylate 和(*R*)-*α*-cyano-3-phenoxybenzyl(1*S*)-*trans*-3-(2,2-dichlorovinyl)-2,2-dimethylcyclopropanecarboxylate 比例为2∶3；美国化学文摘系统名称为 cyano(3-phenoxyphenyl)methyl 3-(2,2-dichloroethenyl)-2,2-dimethylcyclopropanecarboxylate,2 parts of enantiomer pair [(1*R*)-1*α*(*S**),3*α*]和[(1*S*)-1*α*(*R**),3*α*]with 3 parts of enantiomer pair [(1*R*)-1*α*(*S**),3*β*]及[(1*S*)-1*α*(*R**),3*β*]。其他名字 asymethrin*(rejected common name proposal)。CA 主题索引名称为 cyclopropanecarboxylic acid—,3-(2,2-dichloroethenyl)-2,2-dimethyl—,cyano(3-phenoxyphenyl)methyl ester。CAS 登录号为[52315-07-8](没有指明立体化学，也适用于 cypermethrin)，[72204-43-4] [(1*S*)-1*α*(*R**),3*α*]异构体，或（*S*）(1*R*)-顺式异构体，[65731-84-2] [(1*R*)-1*α*(*S**),3*α*]异构体，或(*R*)(1*S*)-顺式异构体，[83860-31-5] [(1*S*)-1*α*(*R**)，3*β*] 异构体，或(*S*)(1*R*)-反式异构体，[65732-07-2] [(1*R*)-1*α*(*S**),3*β*]异构体，或(*R*)(1*S*)-反式异构体。

组成　对映体（*S*）(1*R*)-*cis* 和（*R*）(1*S*)-*cis* 以及对映体（*S*）(1*R*)-*trans* 和（*R*）(1*S*)-*trans* 按2∶3组成的混合物。工业级高效氯氰菊酯含量为95%（一般>97%）相应立体异构体。

理化性质　工业品为白色到浅黄色晶体，熔点63.1～69.2℃（异构体比例即使变化1%，熔点都有所不同）。沸点（286.1±0.06)℃/97.4kPa，蒸气压 1.8×10^{-4} mPa（20℃），分配系数 $K_{ow}\lg P=4.7\pm0.04$。相对密度1.336±0.0050（20℃）。水中溶解度（μg/L，pH=7）51.5（5℃），93.4（25℃），276.0（35℃）。其他溶剂中溶解度（mg/mL，20℃）异丙醇11.5，二甲苯349.8，二氯甲烷3878，丙酮2102，乙酸乙酯1427，石油醚13.1。稳定性：在150℃对空气和太阳光稳定，在中性和弱酸性的介质中稳定，在强碱性的介质中水解。DT_{50}（外推算）50d（pH=3，5，6），40d（pH=7），20d（pH=8），15d（pH=9）(25℃)。

毒性　急性经口 LD_{50}：雌大鼠166mg/kg，雄大鼠178mg/kg，雌小鼠48mg/kg，雄小鼠43mg/kg。大鼠急性经皮 LD_{50}>5000mg/kg，对皮肤和眼睛有轻微刺激，对皮肤无致敏性。大鼠吸入 LC_{50}（4h）1.97mg/L。对大鼠的 NOEL 数值：250mg/kg 食物（2a）、100mg/kg 食物（90d）。对大鼠无致畸性，对3代繁殖的大鼠的 NOEL 数值350mg/kg，在2a的致癌性研究中，大鼠 NOEL 数值500mg/kg。ADI 值0.05mg/kg。

生态效应　急性经口 LD_{50}：山齿鹑8030mg/kg（5%制剂），野鸡3515mg/kg（5%制剂）。用5%制剂饲喂野鸡和山齿鹑，其 LC_{50}（8d）>5000mg/kg（饲料）。鱼毒 LC_{50}(96h)：鲤鱼0.028mg/L（5%制剂），鲇鱼0.015mg/L（5%制剂），草鲤0.035mg/L（5%制剂）。在正常田间条件下，对鱼没有危害。水蚤 LC_{50}（96h）0.00026mg /kg（5%制剂）。羊角月牙藻 LC_{50} 56.2mg/L。蜜蜂经口 LD_{50}（48h）0.0018mg(a.i.)/只（5%制剂），接触

LD_{50} （24h） 0.085 L/hm^2 （5%制剂），但在田间条件下，采用正常剂量，对蜜蜂无伤害。

环境行为　土壤 DT_{50} 10d 。水中 DT_{50} 1.2d。

制剂与分析方法　剂型：微胶囊剂、乳油、微乳剂、胶悬剂、超低含量液剂。主要产品或制剂有乳油（4.5%）、可湿性粉剂（5.0%）、胶悬剂以及气雾剂等；混剂：Kuaikele（+chlorpyrifos）（Zhongwei）、Chintop（+quinalphos）（Agro-Chemie）、Chinmix Turbo（+MB-599）（Agro-Chemie，Triventis）。分析方法可以用高效液相色谱、毛细管色谱或气相色谱法与薄层色谱相结合的改进色谱法等均可。

作用机理与特点　作用于神经系统的杀虫剂，通过作用于钠离子通道扰乱神经的功能。作用方式为非内吸性的触杀和胃毒。

应用

用于公共卫生杀虫剂和兽用杀虫剂。在植物保护中，能有效地防治鞘翅目和鳞翅目，对直翅目、双翅目、半翅目和同翅目也有较好的防效。主要用于苜蓿、谷物、棉花、葡萄、玉米、油菜、仁果类作物、土豆、大豆、甜菜、烟叶和蔬菜。

对棉花、蔬菜、果树等作物上的鳞翅目、半翅目害虫等有极好的作用。杀虫谱广、击倒速度快，杀虫活性较氯氰菊酯高。适用于防治棉花、蔬菜、果树、茶树、森林等多种植物上的害虫及卫生害虫。防治各种松毛虫、杨树舟蛾和美国白蛾：在 2～3 龄幼虫发生期，用 4.5%乳油 4000～8000 倍液喷雾，飞机喷雾每公顷用量 60～150mL。防治成蚊及家蝇成虫：每平方米用 4.5%可湿性粉剂 0.2～0.4g，加水稀释 250 倍，进行滞留喷洒。防治蟑螂，在蟑螂栖息地和活动场所每平方米用 4.5%可湿性粉剂 0.9g，加水稀释 250～300 倍，进行滞留喷洒。防治蚂蚁：每平方米用 4.5%可湿性粉剂 1.1～2.2 g，加水稀释 250～300 倍，进行滞留喷洒。

注意事项　高效氯氰菊酯中毒后无特效解毒药，应对症治疗。对鱼及其他水生生物高毒，应避免污染河流、湖泊、水源和鱼塘等水体。对家蚕高毒，禁止用于桑树上。

专利概况

专利名称　Insecticidal pyrethrin derivatives

专利号　DE 2326077　专利公开日　1974-01-03

专利申请日　1973-05-18　专利拥有者　National Research Development Corp.

在其他国家申请的化合物专利：AR 223447、AU 7356105、BR 7303782、BE 800006、CS 241452、CS 241457、CH 583513、CH 585177、CA 1008455、DE 2326077、DD108073、DD 111279、DK 139573、EG10960、FI 7902437、FI 8003915、FR 2185612、FI 58630、GB 1413491、HU 170866、IN139246、IL 42347、IT 990577、JP 52142045、JP 58029292、JP 60011018、JP 58146503、JP 03006122、JP 51063158、JP 57035854、JP 53028968、JP 03115206、JP 03055442、JP 57016806、JP 58012247、NL 7307130、NL 176939、PH 15066、PL 94276、PL 94156、SE 418080、SU 584759、US 4622337、US 4024163、US 5004822、ZA 7303528 等。

剂型或制备专利：EP 2127522、FR 2926699、JP 2010047479、KR 2010009940、WO 2010011184、WO 2010010005、WO 2009138523、WO 2010022251、WO 2010012671、WO 2010026218、WO 2010023171、WO 2009092795、WO 2009063075、FR 2926699、WO 2010005692、WO 2009133181、WO 2009099929、WO 2009092795、WO 2009056494、WO 2009051956、WO 2008150393、WO 2008074837 等。

在中国申请的含高效氯氰菊酯的专利见表 93-1。

表 93-1　在中国申请的专利

序号	申请号	专利名称
1	02138351.0	一种农作物杀虫剂
2	01113250.7	一种长效卫生害虫杀虫剂
3	02100024.7	一种杀虫剂组合物
4	88106197.2	顺反体高效氯氰菊酯的制备
5	89108304.9	顺反体高效氯氰菊酯制备方法的改进
6	89108955.1	高活性氯氰菊酯制备方法
7	91105692.0	氯氧敌乳油
8	92109340.3	高效氯马乳油
9	93108853.4	高效氯氰菊酯杀虫悬浮剂
10	94110519.9	一种防治棉铃虫的乳油
11	94119667.4	活力素与广杀灵混用杀虫增效剂
12	97125802.3	高效氯氰菊酯、毒死蜱混剂
13	98110229.8	一种杀虫剂
14	99107713.X	阿维菌素或伊维菌素和高效氯氰微乳剂
15	99116045.2	低毒、高效蚕茧、丝绸仓库杀虫剂
16	98101800.9	齐墩螨素、高效氯氰菊酯复配农药
17	99103377.9	一类含矿物油的植物保护用杀虫剂
18	99113583.0	丙溴磷与高效氯氰菊酯的复配制剂
19	99103571.2	高效氯氰菊酯胶悬剂配方及制备工艺
20	99121111.1	杀虫油剂
21	99105925.5	一种卫生杀虫组合物
22	00110824.7	一种杀虫剂
23	00110820.4	一种含毒死蜱的农药混剂
24	01141888.5	雷公藤非水提取物在农药制备上的用途
25	01129087.0	高氯·嗪乳油农药的配制方法
26	00134993.7	高效氯氰菊酯和啶虫脒混合杀虫剂
27	02112646.1	具有杀虫杀螨活性的组合物
28	200610127951.0	一株高效降解菊酯类及有机磷农药的新菌株及其用途
29	200610127359.0	磁性聚氨酯泡沫塑料固定化细胞降解菊酯农药的方法
30	200710113160.7	一种含甲氨基阿维菌素苯甲酸盐的水乳剂及其制备方法
31	200710187294.3	一种复配农药
32	200810082874.0	一种浓缩多效水基型杀虫剂的制备和使用方法
33	200810030465.6	含有茚虫威的杀虫组合物
34	200410016945.9	杀铃脲复配农药
35	200410073087.1	一种灭蝇剂
36	200410042712.6	一种超级工程菌及其表达的解毒酶和其构建方法及应用
37	03135389.4	虫螨腈混配农药制剂及制备方法
38	03135368.1	农用杀虫乳剂
39	03115595.2	*d*-柠檬烯生物增效杀虫剂
40	02131126.9	阿菊水分散粒剂及其生产方法
41	200410014033.8	具有杀虫活性的组合物及其在防治农业园艺多种害虫方面的应用
42	200410030542.X	含有丁醚脲和甲氰菊酯或高效氯氰菊酯的杀虫杀螨的组合物
43	200610018371.8	杀虫微乳剂
44	200610038168.7	防蛀型毛纺织品柔软剂及其制备方法
45	200510041205.5	用杀虫双母液与高效氯氰菊酯组合制取复配微乳剂的方法
46	200510048756.4	溴虫腈与高效氯氰菊酯的复配微乳剂
47	200510131188.4	一种高效氯氰菊酯微囊悬浮剂
48	200510057468.5	绿僵菌与菊酯类农药复配杀虫剂及其制备方法
49	200510042921.5	一种杀虫剂组合物
50	200510041443.6	一种含高效氯氰菊酯和嘧螨酯的增效杀虫组合物及其应用
51	200510041446.X	一种含高效氯氰菊酯和虱螨脲的增效杀虫组合物及其应用
52	200510041453.X	一种含高效氯氰菊酯和氟虫脲的增效杀虫组合物
53	200610106769.7	一种浓缩多效水基型杀虫剂及制作方法
54	200510086957.3	一种超级工程菌及其表达的解毒酶和其构建方法及应用
55	200610023381.0	高效氯氰菊酯水乳剂及其制备方法
56	200610020239.0	农用杀虫乳剂

续表

序号	申请号	专 利 名 称
57	200710063831.3	含高效氯氰菊酯和氟铃脲的农药组合物
58	200710034859.4	含有甲氨基阿维菌素苯甲酸盐的农药组合物
59	200710117977.1	农药乳油制剂
60	200610115241.6	一种红薯高产种植方法
61	200710116351.9	一种含高效氯氰菊酯的悬浮剂及其制备方法
62	200810049881.0	一种鳞翅目害虫杀虫剂
63	200810029251.7	粉虱座壳孢与高效氯氰菊酯的复配杀虫剂
64	200810029252.1	玫烟色拟青霉与高效氯氰菊酯的复配杀虫剂
65	200810029744.0	爪哇拟青霉与高效氯氰菊酯的复配杀虫剂
66	200810119482.7	一种用于防治小麦白粉病及小麦蚜虫的农药组合物、其水乳剂及该水乳剂的制备方法
67	200810141296.3	长效滞留型卫生杀虫剂
68	200810139796.3	一种含氟酰脲和高效氯氰菊酯的增效杀虫组合物
69	200710059741.7	一种微乳剂型的植物杀虫剂及其制备方法
70	200710167261.2	一种水基型灭鼠缓死剂及制作方法
71	200810219998.9	一种绿僵菌素与高效氯氰菊酯复配的杀虫主剂及杀虫剂
72	200810249605.9	一种含毒死蜱的农药悬浮剂及其制备方法
73	200810107558.4	高效氯氰菊酯增效剂
74	200910037748.8	蜡蚧轮枝菌与高效氯氰菊酯复配的杀虫主剂及杀虫剂
75	200810100974.1	以高效氯氰菊酯为原料的一组可溶性液剂杀虫剂
76	200910061524.0	亚胺硫磷与高效氯氰菊酯的杀虫组合物
77	200810103822.7	一种含丁醚脲和高效氯氟氰菊酯微乳剂及其制备方法
78	200810028157.X	一种高效、可降解的环保型杀虫剂的生产方法
79	200910069468.5	一种含氯虫苯甲酰胺的杀虫剂组合物及其制备方法和用途
80	200910042323.6	一种防治玉米螟的农药混配剂及其应用
81	200810231367.9	水中菊酯类农药的快速检测
82	200910205310.6	农药组合物
83	200910190682.6	含有虱螨脲的水乳剂及其制备方法
84	200910212246.4	一种含有多杀菌素的水乳剂及其制备方法
85	200910114624.5	含有左旋松油醇增效剂的高效氯氰菊酯杀虫剂组合物
86	200910035235.3	含有氯虫苯甲酰胺的杀虫组合物
87	200910110567.3	含有多杀菌素的农药悬浮剂及其制备方法
88	201010134853.6	一种高效浓缩型阿维菌素-高效氯氰菊酯水乳剂及其制备方法

合成方法

由普通氯氰菊酯在催化剂存在条件下经差向异构而得，普通氯氰菊酯的合成方法如下。

① 二氯菊酸与二氯亚砜反应生成菊酰氯，再与 α-氰基间苯氧基苄醇作用得到氯氰菊酯。

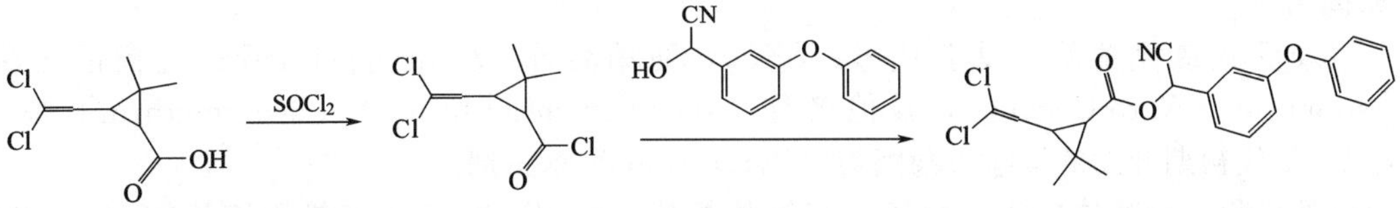

② 将间苯氧基苯甲醛、二氯菊酰氯溶于适量的溶剂中，剧烈搅拌下，保持温度在 20℃以下，滴加氰化钠、碳酸钠和相转移催化剂的水溶液，滴毕升温 45～50℃反应 5h，得到相应的氯氰菊酯。

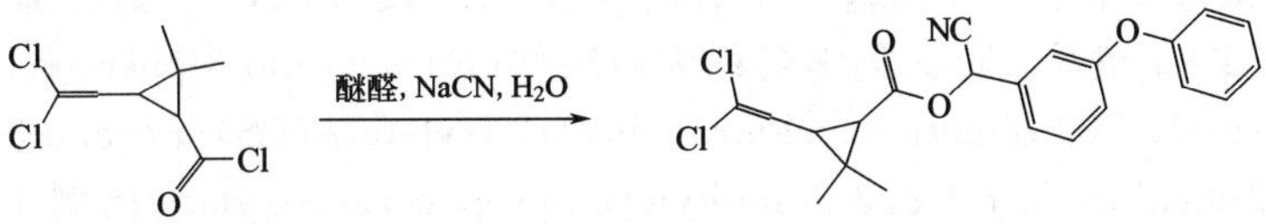

③ 间苯氧基苯甲醛与亚硫酸氢钠反应生成相应的磺酸盐，然后与菊酰氯、氰化钠、相转移催化剂条件下反应生成氯氰菊酯。

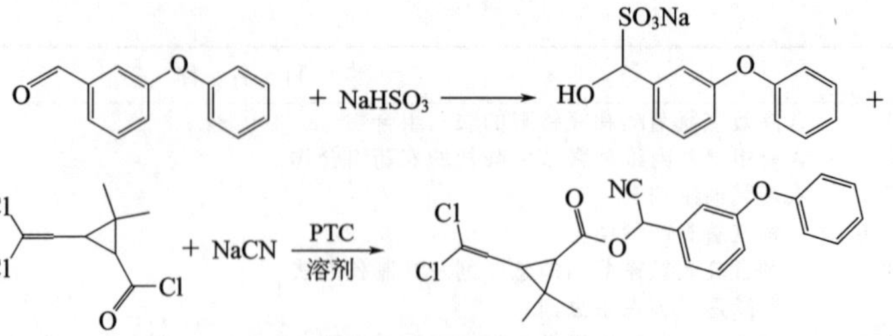

④ 间苯氧基苯乙腈与溴作用得到相应的 α-溴代取代乙腈，再与二氯菊酸盐反应生成氯氰菊酯。

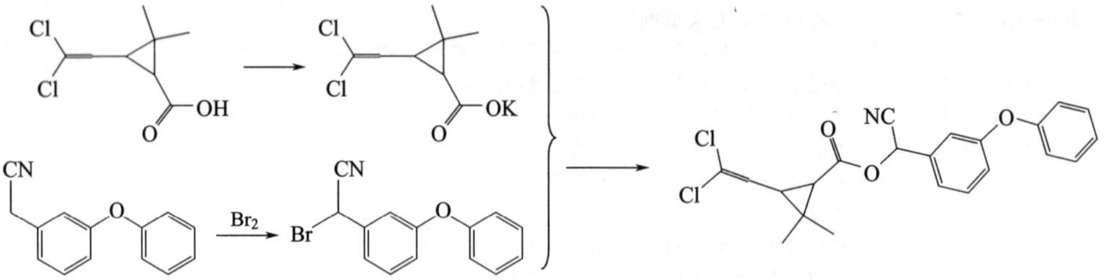

1 US 4845126.

2 EP 0215010.

3 HU 198373.

4 The Pesticide Manual. 15 th edition：281-283.

5 现代农药，2006，3，49-51.

6 江苏农业学报，2008，6，820-825.

7 农药科学与管理，2006，3，23.

8 广东农业科学，2006，5，94-95.

9 化工中间体，2009，7，37-39.

94 高效反式氯氰菊酯（*theta*-cypermethrin）

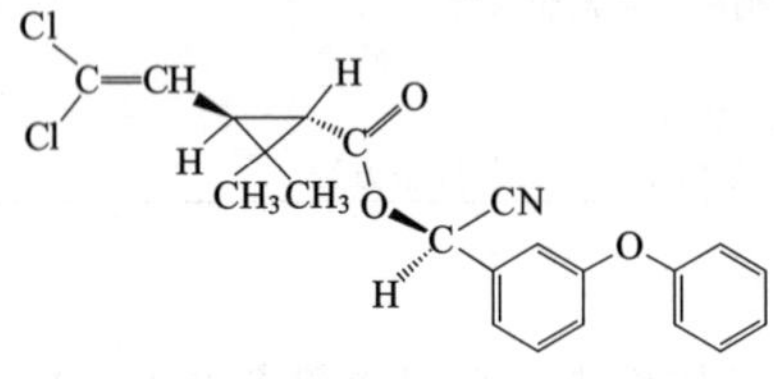

(*R*)(1*S*)-*trans*-

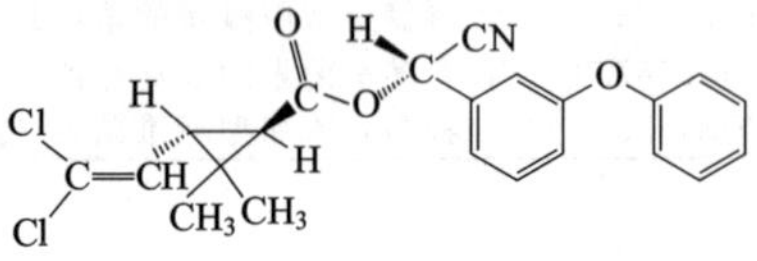

(*S*)(1*R*)-*trans*-

$C_{22}H_{19}Cl_2NO_3$，416.3

产品简介

高效反式氯氰菊酯［试验代号：SK80，通用名称：*theta*-cypermethrin，商品名称：Neostomosan（Agro-Chemie），其他名称：sigma-cypermethrin、tau-cypermethrin］是 20 世纪 80 年代初期开发的拟除虫菊酯类（Pyrethroids）杀虫剂。

化学名称　对映体(*R*)-α-氰基-3-苯氧基苄基(1*S*,3*R*)-3-(2,2-二氯乙烯基)-2,2-二甲基环丙烷羧酸酯和(*S*)-α-氰基-3-苯氧基苄基(1*R*,3*S*)-3-(2,2-二氯乙烯基)-2,2-二甲基环丙烷羧酸酯按 1∶1 组成，或者对映体(*R*)-α-氰基-3-苯氧基苄基(1*S*)-反-3-(2,2-二氯乙烯基)-2,2-二甲基环丙烷羧酸酯和(*S*)-α-氰基-3-苯氧基苄基(1*R*)-反-3-(2,2-二氯乙烯基)-2,2-二甲基环丙烷羧酸酯按 1∶1 组成。英文化学名称为对映体(*R*)-α-cyano-3-phenoxybenzyl(1*S*,3*R*)-3-(2,2-dichlorovinyl)-2,2-dimethylcyclopropanecarboxylate 和(*S*)-α-cyano-3-phenoxybenzyl(1*R*,3*S*)-3-(2,2-dichlorovinyl)-2,2-dimethylcyclopropanecarboxylate 比例 1∶1，或(*R*)-α-cyano-3-phenoxybenzyl(1*S*)-*trans*-3-(2,2-dichlorovinyl)-2,2-dimethylcyclopropanecarboxylate 和(*S*)-α-cyano-3-phenoxybenzyl(1*R*)-*trans*-3-(2,2-dichlorovinyl)-2,2-dimethylcyclopropanecarboxylate 比例 1∶1。美国化学文摘系统名称为[1α(S*),3β]-(±)-cyano(3-phenoxyphenyl)methyl3-(2,2-dichloroethenyl)-2,2-dimethylcyclopropanecarboxylate，CA 主题索引名称为 cyclopropanecarboxylic acid—,3-(2,2-dichloroethenyl)-2,2-dimethyl—,(R)-cyano(3-phenoxyphenyl) methyl ester,(1S,3R)-rel。CAS 登录号为[71697-59-1]，[65732-07-2][(1R)-1α(S*),3β]异构体，或(R)(1S)-反式异构体，[83860-31-5][(1S)-1α(R*),3β]异构体，或（S）（1R)-反式异构体。

组成　本品由高效反式氯氰菊酯的消旋体（S）（1R)-反式异构体和（R）（1S)-反式异构体按 1∶1 组成。工业品中异构体含量>95%（一般>97%）相应立体异构体。

理化性质　本品为白色结晶粉状固体，熔点 81～87℃（峰值 83.3℃）。蒸气压为 1.8×10^{-4}mPa（20℃）。相对密度 1.33（理论），0.66g/mL（晶体粉末）（20℃）。水中溶解度为 114.6μg/L（pH=7，25℃）。其他溶剂中溶解度（20℃，mg/mL)：异丙醇为 18.0，二异丙醚为 55.0，正己烷为 8.5。稳定度高达 150℃；在水中 DT_{50}：50d（pH=3，5，6)，20d（pH=7)，18d（pH=8)，10d（pH=9)（均在 25℃时）。

毒性　急性经口 LD_{50}：雄大鼠为 7700mg/kg，雌大鼠为 3200～7700mg/kg，雄小鼠为 136mg/kg，雌小鼠为 106mg/kg；兔急性经皮 LD_{50}>5000mg/kg。本品对兔眼睛和皮肤有轻微的刺激，对豚鼠皮肤无致敏现象。无致突变作用。

生态效应　山齿鹑急性经口 LD_{50} 98mg/kg。LC_{50}（5d)：野鸭 5620mg/kg，山齿鹑 808mg/kg。虹鳟鱼 LC_{50}（96h）0.65mg/L。蜜蜂 LD_{50}（48h)：23.33μg/只（经口），1.34μg/只（接触）。蚯蚓 LC_{50}（14d)>1250mg/kg（土）。30～50g(a.i.)/hm^2 剂量下对有益生物、动物等很少或无副作用。

制剂与分析方法　主要产品或制剂有乳油（4.5%)、可湿性粉剂（5.0%)、胶悬剂以及气雾剂等；分析方法可以用高效液相色谱、毛细管色谱或气相色谱法与薄板色谱相结合的改进色谱法等。

作用机理与特点　钠通道抑制剂。主要是阻断害虫神经细胞中的钠离子通道，使神经细胞丧失功能，导致靶标害虫麻痹、协调差，最终死亡。

应用

高效反式氯氰菊酯是氯氰菊酯的高效反式异构体。毒性低，杀虫效力高。加工乳油或其他剂型，用于蚊、蝇、蜚蠊等卫生害虫和牲畜害虫以及蔬菜、茶树等多种农作物上的多种害虫。

专利概况

专利名称　Insecticidal pyrethrin derivatives

专利号　DE 2326077　　专利公开日　1974-01-03

专利申请日　1973-05-18　　专利拥有者　National Research Development Corp.

在其他国家申请的化合物专利：AU 7356105、BE 800006、BR 7303782、CA 1008455、CH 583513、CH 585177、CS 241452、CS 241457、DD 108073、DD 111279、DE2326077、DE 2326077、DK 139573、FI 7902437、FI 58630、FI 8003915、FR 2185612、GB 1413491、HU 170866、IL 42347、IN 139246、IT 990577、JP 51063158、JP 57035854、JP 52142045、JP 58029292、JP 57016806、JP 58012247、JP 60011018、JP 58146503、JP 03006122、JP 03115206、JP 03055442、NL 7307130、NL 176939、NL 176939、PL 94276、PL 94156、SE 418080、SE 418080、US 4024163、US 4622337、US 5004822、ZA 7303528 等。

在中国申请的与该产品有关的部分专利见表 94-1。

表 94-1 在中国申请的专利

序号	申请号	专利名称
1	02120931.6	一种高效顺反式氯氰菊酯·辛硫磷可湿性粉剂
2	91104980.0	高活性氯氰菊酯杀虫剂的制备方法
3	200510040382.1	反式氯氰菊酯水乳剂及其制备工艺
4	200510041429.6	一种含反式氯氰菊酯和苯甲酰脲类的增效杀虫组合物
5	200510041432.8	一种含反式氯氰菊酯的增效杀虫组合物
6	200510041433.2	一种含反式氯氰菊酯的增效杀虫组合物
7	200510041435.1	一种含反式氯氰菊酯和氟虫腈的增效杀虫组合物
8	200510041428.1	含反式氯氰菊酯和毒死蜱的增效杀虫组合物
9	200510041430.9	一种含反式氯氰菊酯和乙酰甲胺磷的增效杀虫组合物

1 US 4845126.
2 EP 0215010.
3 HU 198373.
4 The Pesticide Manual. 15 th edition：283-284.

95 *zeta*-氯氰菊酯（*zeta*-cypermethrin）

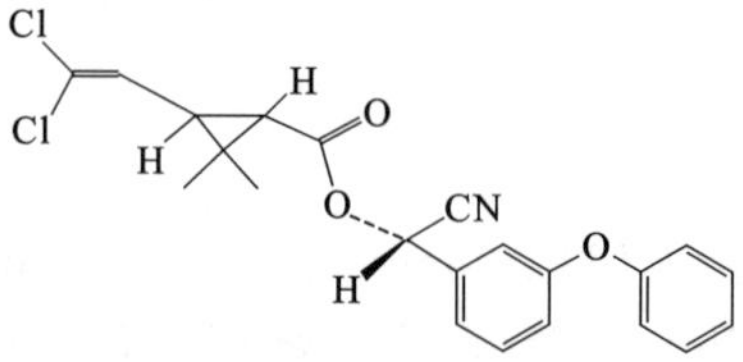

$C_{22}H_{19}Cl_2NO_3$，416.3

产品简介

zeta-氯氰菊酯［试验代号：FMC 56701、F56701、F701，通用名称：*zeta*-cypermethrin、六氯氰菊酯，商品名称：Fury（FMC）、百家安、其他名称：Furia（FMC）、Furie（FMC）、Minuet（FMC）、Mustang（FMC）、Mustang Max（FMC）］是富美实公司开发的拟除虫菊酯类杀虫剂。世界主要生产商为 FMC。

化学名称 (*S*)-*α*-氰基-3-苯氧苄基(1*RS*,3*RS*;1*RS*,3*SR*)-3-(2,2-二氯乙烯基)-2,2-二甲基环丙烷羧酸酯立体异构体的混合物，*S*-(1*RS*,3*RS*)-异构体与 *S*-(1*RS*,3*SR*)异构体的组成比从 45～55 变化到 55～45。或者(*S*)-*α*-氰基-3-苯氧苄基-(1*RS*)-顺,反-3-(2,2-二氯乙烯基)-2,2-二甲基环丙烷羧酸酯（异构体的比例同前）。英文化学名称为立体异构体的混合物：(*S*)-*α*-cyano-3-phenoxybenzyl-(1*RS*,3*RS*;1*RS*,3*SR*)-3-(2,2-dichlorovinyl)-2,2-dimethylcyclopropanecarboxylate *S*-(1*RS*,3*RS*)异构体与 *S*-(1*RS*,3*SR*)-异构体的组成比从 45～55 变化到 55～45，或立体异构体的混合物(*S*)-*α*-cyano-3-phenoxybenzyl(1*RS*)-*cis*,*trans*-3-(2,2-dichlorovinyl)-2,2-dimethylcyclopropanecarboxylate（异构体的比例同前）。美国化学文摘系统名称为(*S*)-cyano-(3-phenoxyphenyl) methyl-(±)-*cis*,*trans*-3-(2,2-dichloroethenyl)-2,2-dimethylcyclopropanecarboxylate，CA 主题索引名称为 cyclopropanecarboxylic acid—,3-(2,2-dichloroethenyl)-2,2-dimethyl—,(*S*)-cyano(3-phenoxyphenyl) methyl ester。CAS 登录号为［52315-07-8］(没有指明立体化学，也适用于氯氰菊酯)。

组成 (*S*),(1*RS*,3*RS*)异构体与(*S*),(1*RS*,3*SR*)异构体比例为 45～55 到55～45。

理化性质 本品为深棕色黏稠液体，熔点－3℃，在分解之前沸腾，沸点>360℃，闪点 181℃（密闭环境下）。蒸气压为 2.5×10^{-4}mPa（25℃）。分配系数 $K_{ow}\lg P=5\sim6$。Henry 常数为 2.31×10^{-3}Pa·m³/mol。相对密度为 1.219（25℃）。溶解度：水中为 0.045mg/L（25℃），易溶于大多数有机溶剂。稳定性，在 50℃可稳定保存 1a。光解 DT_{50}（水溶液）20.2～36.1d（pH＝7）。水解 DT_{50}：稳定（pH＝5）、25d（pH＝7，25℃）、1.5h（pH＝

9，50℃）。

毒性　大鼠急性经口 LD_{50} 269～1264mg/kg；兔急性经皮 LD_{50} >2000mg/kg。雌大鼠吸入 LC_{50}（4h）1.26mg/L。狗 NOEL 值（1a）5mg/(kg·d)。

生态效应　鸭子急性经口 LD_{50} >10248mg/kg，鱼 LC_{50} 0.69～2.37μg/L（与鱼的种类有关）。水蚤 LC_{50}（48h）0.14μg/L，伪蹄形藻 E_rC_{50} >0.248mg/L。摇蚊幼虫 NOEC 值（28d）0.0001mg/L。野外条件下对蜜蜂无毒。正常条件下对蚯蚓无毒，蚯蚓 LC_{50}（14d）750mg/kg（土壤）。

环境行为　对于哺乳动物，在 24h 之后 78%通过尿液和粪便排出，在 96h 之后 97%被排出。对土壤环境，在一般的肥沃情况下 DT_{50} 31.1d。能强烈地吸附在有机材料上。

制剂与分析方法　剂型有乳剂和可湿性粉剂。分析方法：产品分析可用 HPLC；残留物可用 GC-MSD。

作用机理与特点　作用于昆虫的神经系统，通过阻断钠离子通道来干扰神经系统的功能。杀虫方式为触杀和胃杀。此药具有触杀和胃毒作用。杀虫谱广、药效迅速，对光、热稳定，对某些害虫的卵具有杀伤作用。用此药防治对有机磷产生抗性的害虫效果良好，但对螨类和盲蝽防治效果差。该药残效期长，正确使用时对作物安全。

应用

防治作物　棉花、果树、茶树、大豆、甜菜等作物和森林和公共健康方面。

防治对象　鞘翅目、蚜虫和小菜蛾等害虫。森林和卫生害虫。

使用剂量　7.5～30g/hm^2。

残留量与安全施药　*Z*-氯氰菊酯残留的许可限量（mg/L）：琉璃苣种 0.2；蓖麻植物精油 0.4；蓖麻植物籽 0.2；木樟树种精油 0.2；干橘浆 1.8；柑橘油 4.0；海甘蓝籽 0.2；萼距花（Cuphea）种 0.2；蓝蓟（Echium）种 0.2；大戟种精油 0.4；大戟（Euphorbia）种 0.2；晚樱草精油 0.4；晚樱草种 0.2；亚麻种 0.2；柑橘果 10 种 0.35；金合欢种 0.2；兔耳芥末种 0.2；荷荷芭精油 0.4；荷荷芭种 0.2；Lesquerella 种 0.2；银扇草（Lunaria）种 0.2；绣丝菊籽种 0.2；马利筋种 0.2；芥末子 0.2；Niger 种精油 0.4；Niger 种 0.2；蓝花子种 0.2；黄秋葵 0.2；罂粟种 0.2；野稻谷 1.5；玫瑰果精油 0.4；玫瑰果子 0.2；红花种 0.2；芝麻子 0.2；紫苑（*Stokes aster*）精油 0.4；紫苑（*Stokes aster*）子精油 0.2；花萝卜种 0.2；西门木精油 0.4；西门木种 0.2；茶油料植物精油 4；茶油料植物种 0.2；斑鸠菊属（*Vernonia*）植物精油 0.4；及斑鸠菊属（*Vernonia*）植物种 0.2。

专利与登记

专利名称　Insecticidal pyrethrin derivatives

专利号　DE 2326077　　专利公开日　1974-01-03

专利申请日　1973-05-18　　专利拥有者　National Research Development Corp.

在其他国家申请的化合物专利：AU 7356105、BE 800006、BR 7303782、CA 1008455、CH 583513、CH 585177、CS 241457、CS 241452、DD 108073、DD 111279、DE2326077、DE 2326077、DK 139573、FI 8003915、FI 7902437、FI 58630、FI 58630、FR 2185612、FR 2185612、GB 1413491、HU 170866、IN 139246、IL 42347、IT 990577、JP 52142045、JP 58029292、JP 51063158、JP 57035854、JP 57016806、JP 58012247、JP 60011018、JP 58146503、JP03006122、JP 03115206、JP 03055442、NL 7307130、NL 176939、NL 176939、PL 94156、PL 94276、SE418080、SE418080、US 4024163、US 4622337、US 5004822、ZA 7303528 等。

制剂或剂型专利：EP 2127522、FR 2926699、JP 2010047479、KR 2010009940、WO

2010026218、WO 2010023171、WO 2010022251、WO 2010012671、WO 2010011184、WO 2010010005A2、WO 2009138523、WO 2009092795、WO 2009063075 等；

制备专利：FR 2926699、WO 2010005692、WO 2009133181、WO 2009099929、WO 2009092795、WO 2009056494、WO 2009051956、WO 2008150393、WO 2008074837 等；

申请的与 *zeta*-氯氰菊酯有关的部分中国专利：CN 101650343、CN 101647337、CN 101642093、CN 101536698、CN 101525780、CN 101518189、CN 101513193、CN 101480177、CN 101461358、CN 101444204、CN 101434652、CN 101429484、CN 101422161、CN 101398414、CN 101380029、CN 101372809、CN 101352179 等。

美国富美实公司在中国登记情况见表 95-1。

表 95-1 在中国的登记情况

登记证号	含量	剂型	登记作物	防治对象	用药量	施用方法
WP20090032	180g/L	水乳剂	卫生	蚊	10～20mg/m^2	滞留喷雾
			卫生	蜚蠊	15～25mg/m^2	滞留喷雾
			卫生	蝇	10～20mg/m^2	滞留喷雾
PD20060031	181g/L	乳油	棉花	棉铃虫	45～60g/hm^2	喷雾
			十字花科蔬菜	蚜虫	45～60g/hm^2	喷雾
PD20050157	88%	原药				

1 US 4845126.

2 EP 0215010.

3 HU 198373.

4 The Pesticide Manual. 15 th edition：284-285.

5 农药商品大全．北京：中国商业出版社，1996：135-138.

96 苯醚氰菊酯（cyphenothrin）

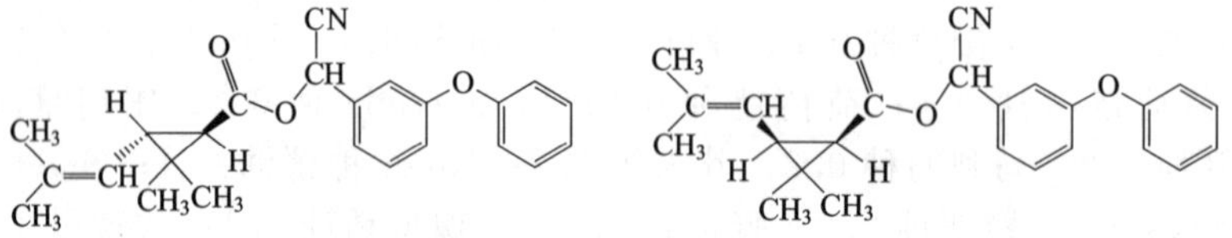

(1*R*)-*trans*-　　(1*R*)-*cis*-

$C_{24}H_{25}NO_3$，375.5

产品简介

苯醚氰菊酯［试验代号：S-2703 Forte（Sumitomo Chemical）、OMS 3032，通用名称：cyphenothrin，商品名称：Gokilaht（Sumitomo）、右旋苯氰菊酯、赛灭灵，其他名称：Red-Earth-G-8-F（Sumitomo）、苯氰菊酯、右旋苯醚氰菊酯］是由日本住友化学工业公司开发的拟除虫菊酯类杀虫剂。

化学名称 (*RS*)-*α*-氰基-3-苯氧苄基-(1*RS*,3*RS*;1*RS*,3*SR*)-2,2-二甲基-3-(2-甲基-1-丙烯基)环丙烷羧酸酯，或者(*RS*)-*α*-氰基-3-苯氧苄基(1*R*)-顺,反-2,2-二甲基-3-(2-甲基-1-丙烯基)环丙烷羧酸酯。英文化学名称为(*RS*)-*α*-cyano-3-phenoxybenzyl(1*RS*,3*RS*;1*RS*,3*SR*)-2,2-dimethyl-3-(2-methylprop-1-enyl) cyclopropanecarboxylate；或(*RS*)-*α*-cyano-3-phenoxybenzyl-(1*R*)-*cis*,*trans*-2,2-dimethyl-3-(2-methylprop-1-enyl) cyclopropanecarboxylate。美国化学文摘系统名称为 cyano(3-phenoxyphenyl)methyl 2,2-dimethyl-3-(2-methyl-1-propenyl) cyclopropanecarboxylate。CA 主题索引名称为 cyclopropanecarboxylic acid—,2,2-dimethyl-3-(2-methyl-1-propen-1-yl)-,cyano(3-phenoxyphenyl)methyl ester。CAS 登录号为［39515-40-7］(没有指明立体化学)。

组成　苯醚氰菊酯是由（*RS*，1*RS*)-顺,反-混合异构体构成。

理化性质　工业品为黏稠黄色液体，有微弱的特殊气味，沸点为154℃/0.1mmHg，闪点130℃。蒸气压为0.12mPa（20℃），0.4mPa（30℃）。相对密度1.08（25℃）。分配系数$K_{ow}\lg P=6.29$。水中溶解度（25℃）9.01±0.8μg/L，其他溶剂中溶解度（20℃）：正己烷4.84g/100g，甲醇9.27g/100g。常温下可稳定保存至少2a。对热相对稳定。

毒性　急性经口LD_{50}：雄大鼠318mg/kg，雌大鼠419mg/kg（在玉米油中）。大鼠急性经皮LD_{50}＞5000mg/kg。对眼睛有轻微的刺激作用。对皮肤无刺激作用。大鼠吸入LC_{50}(3h)＞1850mg/m³。

生态效应　北美鹑LC_{50}＞5620mg/L。虹鳟鱼LC_{50}（96h）0.00034mg/L。

环境行为　本品的降解包括酯的水解和氧化。

制剂与分析方法　气雾剂、乳油、热雾剂、超低容量液剂、可湿性粉剂（均可用于工业和公共卫生），气雾剂和熏蒸剂用于室内。分析方法，产品可用GC进行分析。

作用机理与特点　钠通道抑制剂。主要是阻断害虫神经细胞中的钠离子通道，使神经细胞丧失功能，导致靶标害虫麻痹、协调差，最终死亡。药剂通过触杀和摄食进入虫体。有快速击倒的性能和拒食性。

应用

适用作物与场所　木材、织物、住宅、工业区、非食品加工地带。

防治对象　木材和织物的卫生害虫，家庭、公共卫生和工业的苍蝇、蚊虫、蟑螂等害虫等。

残留量与安全施药　产品贮放在低温、干燥和通风良好的房间，勿与食物和饲料混置，勿让孩童接近。本品无专用解毒药，出现中毒症状时对症医治。

本品具有较强的触杀力、胃毒和残效性，击倒活性中等，适用于防治家庭、公共场所、工业区等卫生害虫。对蟑螂特别高效（尤其是体型较大的蟑螂，如烟色大蠊、美洲大蠊等)，并有显著驱赶作用。本品在室内以0.005%～0.05%分别喷洒，对家蝇有明显驱赶作用，而当浓度降至0.0005%～0.001%时，又有引诱作用。本品处理羊毛可有效地防治袋谷蛾、幕谷蛾和单色毛皮，药效优于氯菊酯、甲氰菊酯、氰戊菊酯、丙炔菊酯和右旋苯醚菊酯。本品是拟除虫菊酯类中唯一无毒产品，是美国唯一准许用于民航使用的杀虫剂，是世界卫生组织推荐的杀虫剂之一。对昆虫具有触杀及胃毒作用，杀虫谱广，对害虫的致死力较除虫菊酯类高8.5～20倍，对光比丙烯苄呋稳定，但对害虫击倒作用差。故需与胺菊酯、Es-丙烯等击倒性强的复配使用，可广泛用于家居、仓贮、公共卫生、工业区害虫的防治。

专利与登记

专利名称　Cycloproanecarboxylic acid esters

专利号　JP 53098938　　专利公开日　1978-08-29

专利申请日　1977-02-04　　优先权日　1977-02-04

专利拥有者　Sumitomo Chemical Co.

在其他国家申请的化合物专利：AT 7807567、AT 366022、AT 8005730、AT 367732、FR 2407200、FR 2424249、FR 2432011、FR 2432016、JP 53098938、JP 54070242、JP 63047702等。

制剂或剂型专利：EP 322820、EP 2070412、JP 2006290752、JP 2005239640、JP 2005068025、JP 2003327501、JP 2000159614、JP 11322511、JP 2010018603、RD 330067、RD222011、WO 2009071212、WO 2008064778等。

制备专利：EP 217342、EP 521779、EP 521781、EP 521780、FR 2612184、US

2007231413、WO 2008071674、WO 9818329、WO 9202492 等。

在中国申请的与该产品有关的部分专利及登记情况见表 96-1、表 96-2。

表 96-1 在中国申请的专利

序号	申请号	专利名称
1	01820100.8	用除虫菊酯/拟除虫菊酯和氯硫尼定联合处理种子的方法
2	01816979.1	用杀昆虫剂的组合处理种子
3	200910111806.7	一种水基环保型杀虫气雾剂
4	200910244334.2	一种灭鼠杀虫熏蒸剂及其应用

表 96-2 日本住友化学株式会社在中国登记情况

登记证号	含量	剂型	登记作物	防治对象	用药量	施用方法
WP76-2001	10%	微囊粒剂	卫生	蜚蠊	50～100mg/m^2	喷雾
			棉花	棉铃虫	24～37.5g/hm^2	喷雾
WP53-98	92%	原药				

合成方法

（1）菊酸的制备

① 乙酰丙酸丁烯氧乙酯与甲代烯丙醇在对甲苯磺酸存在下反应，得到甲代烯丙基乙酰丙酸乙酯，该化合物与碘化甲基镁反应，得到 4,4-二甲基-3-甲代烯丙基-γ-戊酸内酯，后者与氯化亚砜反应，然后再与氢化钠在二甲基甲酰胺或叔丁醇钠在苯中反应，反应产物水解，即制得菊酸。反应如下：

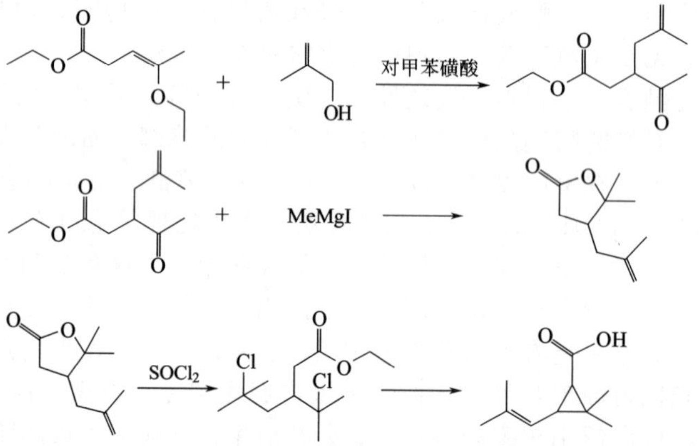

② 在−10～0℃下，将 3-氯-3-甲基-1-丁炔加入 2-甲基-1-丙烯-1-醇和叔丁醇钾的混合液中，并在此温度下反应 3h，得到 45%环化产物，该产物溶于乙醚中，与 Na-NH_3 反应，得到 90% 3∶1 反式-顺式的还原产物。在 0℃下与 CrO_3 一起加入到经干燥的吡啶中，反应混合物在 15～20℃反应 24h，然后加 5 滴水，反应混合物再搅拌 4d，得到 75% 3∶1 反式-顺式菊酸。反应如下：

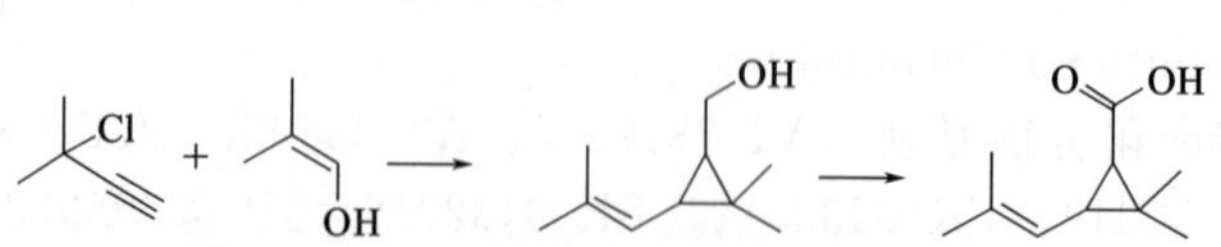

③ 通过魏悌希反应得到菊酸甲酯，然后用氢氧化钾-甲醇水解，即制得菊酸。反应如下：

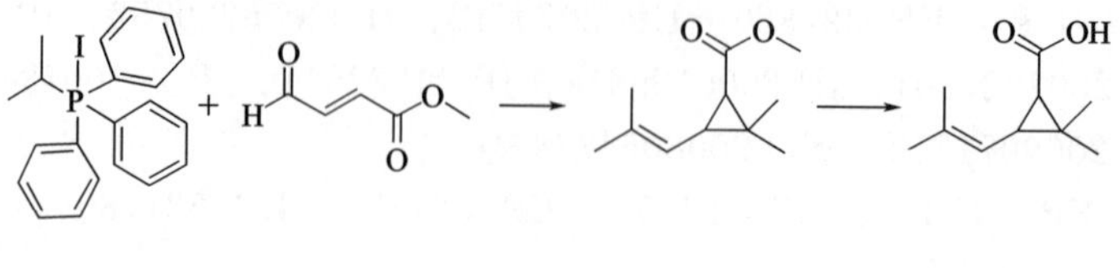

（2）苯醚氰菊酯

① 间苯氧基苯甲醛与氰化钠和醋酸反应得到相应的苄醇，然后与菊酸在苯中加入对甲苯磺酸回流 4h，并除去生成的水，即得到产品，反应如下：

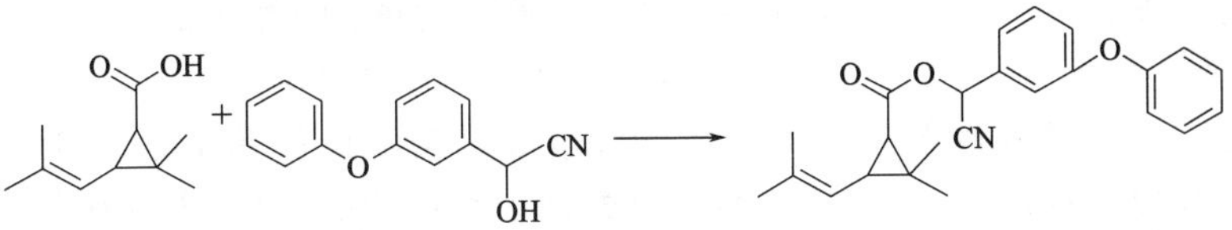

② 间苯氧基苯甲醛与氰化钠和菊酸酰氯在 0℃下反应 1h 以上，即得到产品，反应如下：

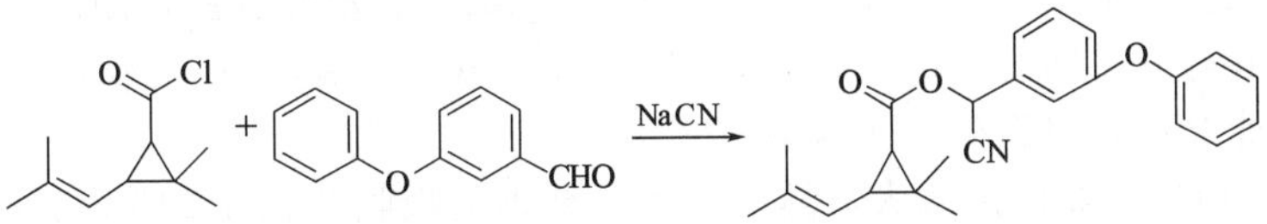

1 The Pesticide Manual. 15 th edition：286-287.

2 US 3652652.

3 农药商品大全．北京：中国商业出版社，1996：163-165.

97 溴氰菊酯（deltamethrin）

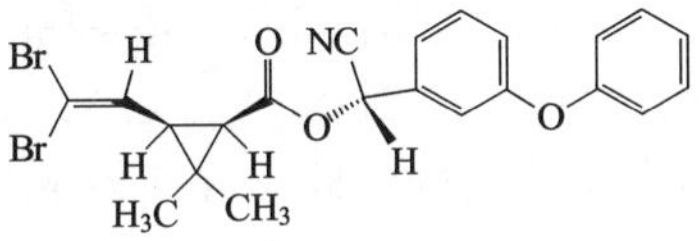

$C_{22}H_{19}Br_2NO_3$，505.2

产品简介

溴氰菊酯［试验代号：NRDC 161、RU22 974、AE F032640，通用名称：deltamethrin，商品名称：Decis（crop protection uses）（Bayer CropScience）、Butox（veterinary use）（Intervet）、Decasyn（Aimco）、Delta（Nagarjuna Agrichem，Mobedco）、Deltajet（Heranba）、Deltamix（Agrimix）、Deltarin（Vapco）、Keshet（Makhteshim-Agan）、Kordon（Bayer Environmental Science）、K-Othrine（Bayer Environmental Science）、Rocket（Mobedco）、Shastra（Devidayal）、Sundel（Sundat）、Thrust（Crop Health）、Videci（Vipesco）、凯素灵］是 Roussel Uclaf（现属 Bayer CropScience AG）开发的拟除虫菊酯类杀虫剂。

化学名称　(*S*)-*α*-氰基-3-苯氧基苄基-(1*R*,3*R*)-3-(2,2-二溴乙烯基)-2,2-二甲基环丙烷羧酸酯，或者（*S*)-*α*-氰基-3-苯氧基苄基-(1*R*)-顺-3-(2,2-二溴乙烯基)-2,2-二甲基环丙烷羧酸酯。英文化学名称为（*S*)-*α*-cyano-3-phenoxybenzyl-(1*R*,3*R*)-3-(2,2-dibromovinyl)-2,2-dimethylcyclopropanecarboxylate 或（*S*)-*α*-cyano-3-phenoxybenzyl-（1*R*)-*cis*-3-(2,2-dibromovinyl)-2,2-dimethylcyclopropanecarboxylate。美国化学文摘系统名称为[1*R*-[1(*S**),3]]-cyano(3-phenoxyphenyl)methyl 3-(2,2-dibromoethenyl)-2,2-dimethylcyclopropanecarboxylate。CA 主题索引名称为 cyclopropanecarboxylic acid—,3-(2,2-dibromoethenyl)-2,2-dimethyl—,(*S*)-cyano-(3-phenoxyphenyl)methyl ester,(1*R*,3*R*)-。CAS 登录号为［52918-63-5］。

理化性质　原药含量为 98.5%，只有一个异构体。纯品为无色晶体，熔点 100～102℃；25℃时蒸气压为 1.24×10^{-5} mPa；Henry 系数 3.13×10^{-2} Pa·m³/mol，相对密度 0.55（25℃），K_{ow}lg$P$=4.6（25℃）；水中溶解度<0.2μg/L（25℃），其他有机溶剂中溶解度（g/L，20℃）：1，4-二氧六环 900，环己酮 750，二氯甲烷 700，丙酮 500，苯 450，二甲基亚砜 450，二甲苯 250，乙醇 15，异丙醇 6。在空气中稳定（温度<190℃，稳定存在），在紫外线和日光照射下酯键发生断裂并且脱去溴。其在酸性介质中比在碱性介质中稳定。

DT_{50} 2.5d（pH=9，25℃）。比旋光度为 $[\alpha]_D+61°$（40g/L 苯溶液）。

毒性　大鼠急性经口 LD_{50} 87～5000mg/kg，取决于载体及研究条件。狗急性经口 LD_{50} >300mg/kg。大鼠和兔的急性经皮 LD_{50}>2000mg/kg，对皮肤无刺激性，对兔的眼睛有轻微刺激性。大鼠吸入 LC_{50}（6h）为 0.6mg/L（空气）。NOEL 值（2a）：小鼠 16mg/kg，大鼠 1mg/kg，狗 1mg/kg。对小鼠、大鼠、兔无致畸、致突变作用。

生态效应　山齿鹑急性经口 LD_{50}>2250mg/kg；饲喂山齿鹑 LC_{50}（8d）>5620mg/kg（食物）。NOEL 值：野鸭 70mg/(kg·d)，山齿鹑 55mg/(kg·d)。实验室条件下对鱼有毒，LC_{50}（96h）：虹鳟鱼 0.91μg/L，蓝鳃鱼 1.41μg/L；自然条件下对鱼无毒。水蚤 LC_{50}（48h）0.56μg/L。羊角月牙藻 EC_{50}（96h）>9.1mg/L。对蜜蜂有毒，LD_{50}：（经口）23mg/只，（接触）12mg/只。蚯蚓 LC_{50}（14d）>1290mg/kg（土壤）。在实验室得出的低的 LD_{50} 和 LC_{50} 值，不能够代表对野外系统没有毒害。

环境行为　动物：经口进入大鼠体内的本品被迅速吸收并且在 24h 内完全排出，等量的溴氰菊酯排到尿液和粪便中，在器官、组织和酮体中残留低，脂肪中残留高，无迹象表明有富集作用。苯环被羟基化，酯键水解，酸部分被降解为葡萄糖甘酸和甘氨酸。植物：植物叶和根对其没有吸收，在植物体中没有主要代谢物。土壤：在 1～4 周之内被微生物降解，实验室 DT_{50}（实验室有氧条件下，25℃）18～35d，（厌氧条件下，25℃）32～105d；DT_{90}（实验室有氧条件下，25℃）58～117d，在田间 DT_{50} 8～28d。土壤光解 DT_{50} 9d。对土壤微生物系统和氮循环没有影响。K_d 3790～30 000，K_{oc} 4.6×10^5～1.63×10^7 cm^3/g，证实土壤胶体对其有很强的吸附而且不会有渗出的危险。在天然光敏性物质存在的水体表面容易迅速降解，DT_{50} 4d。在水/沉淀系统中，从水到沉淀中的吸收是最重要的耗散路线，DT_{50}（耗散）<1d，DT_{50}（整个系统，实验室条件下，pH=8.0～9.1）40～90d。在天然水体中降解或耗散的主要路线是悬浮固体以及水生植物的沉淀吸收，通过化学或光化学转变成不活泼的立体异构体，水解后再氧化转型产品。

制剂与分析方法　制剂有：粉剂、乳油、乳剂、颗粒剂、热雾剂、胶悬剂、可溶性液剂、片剂、超低容量液剂、水分散粒剂和可湿性粉剂。产品可用紫外检测液相色谱分析或者用紫外检测高效液相色谱分析，残留可用 GC/ECD 分析。土壤中用 GC/ECD 分析。

作用机理　溴氰菊酯具有很强的杀虫活性，以触杀和胃毒作用为主，无内吸及熏蒸作用，但对害虫有一定的驱避与拒食作用。它杀虫谱广，击倒速度快，对鳞翅目幼虫杀伤力大，但对螨类基本无效。

应用

适用作物　粮、棉、油、果、蔬、茶各种农作物及经济林木。

防治对象　可防治鳞翅目、鞘翅目、直翅目、半翅目等 260 多种常见农林害虫。在中国主要用于防治棉铃虫、棉红铃虫、小地老虎、菜青虫、斜纹夜蛾、桃小食心虫、苹果卷叶蛾、茶尺蠖、小绿叶蝉、大豆食心虫、黏虫、蚜虫、柑橘潜叶蛾、荔枝蝽象、甘蔗螟虫、蝗虫、松毛虫等近 30 种重要农林害虫见表 97-1。

残留量与安全施药　以下作物喷洒药液量每亩人工喷洒为 30～50L，拖拉机 7～10L，飞机 1～3L。也可以用低容量喷雾。喷药时应选择早、晚、风小、气温低时进行，晴天上午 8 点至下午 5 点，空气相对湿度低于 65%，气温高于 28℃时应停止喷药，否则效果不好。

表 97-1　溴氰菊酯的应用技术

作物	害虫	用药量及具体操作
棉花	棉铃虫、棉红铃虫、棉盲蝽、棉蚜	每亩用 2.5%乳油 30～50mL(有效成分 0.75～1.25g)，对水 45～60L 喷雾。若与有机磷杀虫剂进行桶混，用量可减半。棉铃虫发生季节内最好用 2～3 次，杀虫保铃(蕾)效果好

续表

作物	害虫	用药量及具体操作
蔬菜	菜青虫、非抗性小菜蛾幼虫等	每亩用2.5%乳油25～40mL(有效成分0.63～1.0g),对水30～45L,能有效控制其为害,控制期长达10～15d。同时能较好地兼治斜纹夜蛾、蚜虫、黄条跳甲、黄守瓜等害虫
果树	桃小食心虫、梨小食心虫和桃蛀螟	卵孵盛期和幼虫蛀果前,即卵果率达到1%～1.5%时,用2500倍稀释液或每100 L水加2.5%敌杀死40mL(有效浓度10mg/L)喷雾防治。每亩苹果树的用水量不少于150L。第一次喷药后隔7～10d再喷1次,可有效控制食心虫类害虫的蛀果率在0.5%以下
	荔枝蝽象	在其越冬出蛰后到第一代成虫出现前,用2.5%敌杀死2500～3000倍液或每100L水加2.5%敌杀死32～40mL(有效浓度8～10mg/L)喷雾,要求喷雾周到
	柑橘潜叶蛾	新梢放梢初期(3cm长)施药,用2.5%敌杀死1666～2500倍液或每100L水加25%敌杀死40～60mL(有效浓度10～15mg/L)喷雾。若为害严重,隔7～10d再喷1次
茶树	茶尺蠖、茶毛虫	在幼虫2～3龄用2.5%敌杀死3000倍液或每100 L水加2.5%敌杀死33mL(有效浓度8mg/L)喷雾,此剂量还可防治茶小巷叶蛾、茶蓑蛾、扁刺蛾、茶蚜等
	茶小绿叶蝉	在成、若虫盛发期,用2.5%敌杀死2500～3000倍液或每100 L水加2.5%敌杀死32～40mL(有效浓度8～10mg/L)喷雾
烟草	烟青虫	低龄幼虫发生期,每亩用2.5%敌杀死25～40mL(有效成分0.63～1.0g)喷雾,能有效防治烟青虫的危害
旱粮及其他作物	小麦、玉米、高粱上的黏虫	于3龄幼虫前施药,每亩用2.5%敌杀死20～40mL(有效成分0.5～1.0g)
	麦蚜	在穗蚜发生初期,每亩用2.5%敌杀死15mL(有效成分0.38g)喷雾
	大豆食心虫、豆荚螟	在大豆开花结荚期或卵孵化高峰期用药,每亩用2.5%敌杀死25～40mL(有效成分0.63～1.0g)
	玉米螟	玉米抽雄率10%、每100株有玉米螟卵30块时施药。每亩用2.5%敌杀死20mL(有效成分0.5g)
	大豆蚜虫、蓟马	大豆每株有蚜虫10头以上,2～3片复叶每株有蓟马20头或顶叶皱缩时,每亩用2.5敌杀死15～20mL(有效成分0.38～0.5g)
	水稻负泥虫	水稻苗期,见到成虫在叶上为害时,每亩用2.5%敌杀死20～30mL(有效成分0.5～0.75g)
	大豆、甜菜、亚麻、向日葵、苜蓿等作物的草地螟	每百株有幼虫30～50头时,大部分幼虫在3龄期,每亩用2.5%敌杀死15～20mL(有效成分0.38～0.5g)
	甜菜、油菜跳甲	在甜菜、油菜拱土出苗期,每亩用2.5%敌杀死15～20mL(有效成分0.38～0.5g)
	甘蓝夜蛾	最佳防治时期是在甘蓝夜蛾幼虫3龄以前,每亩用2.5%敌杀死15～20mL(有效成分0.38～0.5g)。对3龄以上的幼虫,用量增加到每亩20～25mL(有效成分0.5～0.63g)
	松毛虫	每亩用2.5%敌杀死25～60mL(有效成分0.63～1.5g)
	东亚飞蝗	在3～4龄蝗蝻期,每亩荒滩(河滩)用2.5%敌杀死20～25mL(有效成分0.5～0.63g)

专利与登记

专利名称　3-Substituted-2,2-dimethyl-cyclopropane carboxylic acid esters their preparation and their use in pesticidal compositions

专利号　GB 1413491　　专利公开日　1975-11-12

专利申请日　1972-05-25　　优先权日　1972-05-25

专利拥有者　ROUSSEL Uclaf

在其他国家申请的化合物专利：AU 7472249、BE 818811、CA 1045632、CH 608941、CH 611593、DE 2439177、DE 2439177、DK 7306287、FR 2240914、FR 2240914、GB 1448228、JP 50070518、JP 55021010、NL 7410838、NL 178590、NL 178590、SE 422201、SE7 315772、SE 422201、US 4622337 等。

在中国申请的与该产品有关的部分专利及登记情况见表 97-2～表 97-4。

表 97-2 在中国申请的专利

序号	申请号	专 利 名 称
1	92115145.4	储粮杀虫用的溴氰菊酯与杀螟松混配药剂
2	93110535.8	含有溴氰菊酯的混剂
3	200810073536.0	溴氰菊酯和八角茴香油杀虫剂组合物
4	03119347.1	溴氰菊酯微乳剂及其生产方法
5	01816257.6	含有溴氰菊酯的水可分散性颗粒
6	200510040381.7	溴氰菊酯水乳剂及其制备工艺
7	200610144966.8	一种溴氰菊酯人工抗原的合成方法及测定方法
8	200810147444.2	溴氰菊酯多克隆抗体酶联免疫检测方法及其应用
9	200810234185.7	溴氰菊酯抗原、抗体及其应用
10	200810219997.4	一种绿僵菌素与溴氰菊酯复配的杀虫主剂
11	200910117512.5	敌敌畏与溴氰菊酯复配乳油制剂
12	200810153758.3	一种抗农药溴氰菊酯的特异性抗体

表 97-3 德国拜耳作物科学公司在中国登记情况

商品名	登记证号	含量	剂型	登记作物	防治对象	用药量	施用方法
溴氰菊酯	PD20040031	98.5%	原药				
	PD20080883	25g/L	乳油	十字花科蔬菜	蚜虫	15～18.75g/hm²	喷雾
					菜青虫	15～18.75g/hm²	
				柑橘树	潜叶蛾	10～16.7mg/kg	
					蚜虫	8.3～12.5mg/kg	
				苹果树	桃小食心虫	10～16.7mg/kg	
					蚜虫	10～16.7mg/kg	
				梨树	梨小食心虫	8.3～10mg/kg	
				荔枝	蝽象	7.14～8.33mg/kg	
				茶树	茶小绿叶蝉	7.5～11.25g/hm²	
				棉花	棉铃虫	15～18.75g/hm²	
					蚜虫	15～18.75g/hm²	
				烟草	烟青虫	7.5～11.25g/hm²	
				油菜	蚜虫	5.625～9.375g/hm²	
				小麦	黏虫	3.75～5.625g/hm²	
					蚜虫	5.625～9.375g/hm²	
				荒地	飞蝗	11.25～18.75g/hm²	
				大豆	食心虫	7.5～9.375g/hm²	
				玉米	玉米螟	7.375～11.25g/hm²	拌毒砂、土撒喇叭口
溴氰·氟虫腈	PD20070532	氟虫腈 25g/L、溴氰菊酯 10g/L	乳油	甘蓝	菜青虫	15.75～26.25g/hm²	喷雾
					小菜蛾	15.75～26.25g/hm²	
					蚜虫	21～26.25g/hm²	

续表

商品名	登记证号	含量	剂型	登记作物	防治对象	用药量	施用方法
溴氰菊酯	PD1-85	25g/L	乳油	森林	松毛虫	1)4～7mg/kg 2)10～20mg/kg	①喷雾 ②弥雾、涂药环
				大白菜	主要害虫	7.5～15g/hm^2	喷雾
				烟草	烟青虫	7.5～9g/hm^2	
				大豆	食心虫	6～9g/hm^2	
				荒地	飞蝗	10.5～12g/hm^2	
				茶树	害虫	3.75～7.5g/hm^2	
				柑橘树	害虫	5～10mg/kg	
				苹果树	害虫	5～10mg/kg	
				梨树	梨小食心虫	5～10mg/kg	
				小麦	害虫	3.75～5.63g/hm^2	
				荔枝树	蝽象	5～8.3mg/kg	
				油菜	蚜虫	3.75～7.5g/hm^2	
				玉米	蚜虫	3.75～7.5g/hm^2	
				玉米	玉米螟	7.5～10.5g/hm^2	拌毒砂、土撒喇叭口
				花生	蚜虫 棉铃虫	7.5～9.375g/hm^2 9.375～11.25g/hm^2	喷雾
				谷子	黏虫	7.5～9.375g/hm^2	
				棉花	主要害虫	7.5～15g/hm^2	

表 97-4 巴斯夫欧洲公司在中国登记情况

商品名	登记证号	含量	剂型	登记作物	防治对象	用药量/(g/hm^2)	施用方法
氯氰菊酯	PD10-85	100g/L	乳油	果菜	害虫	37.5～52.5	喷雾
				叶菜		37.5～52.5	
				柑橘树		37.5～52.5	
				棉花		45～60	

合成方法

经如下反应制得：

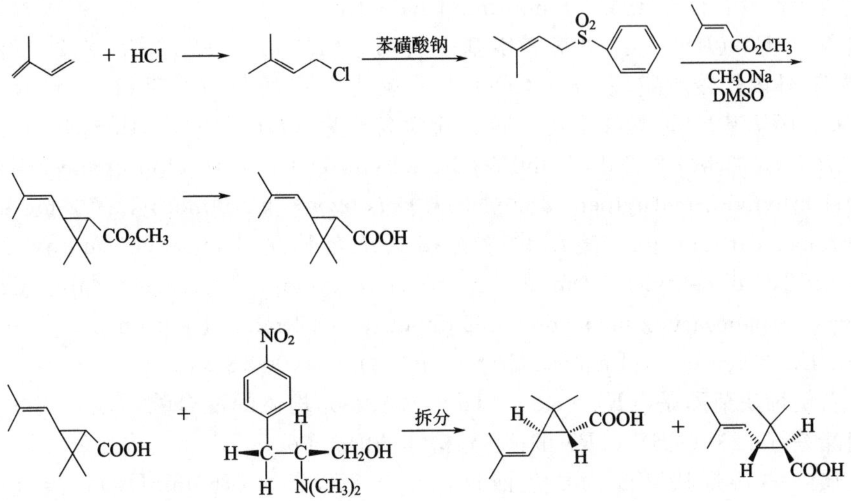

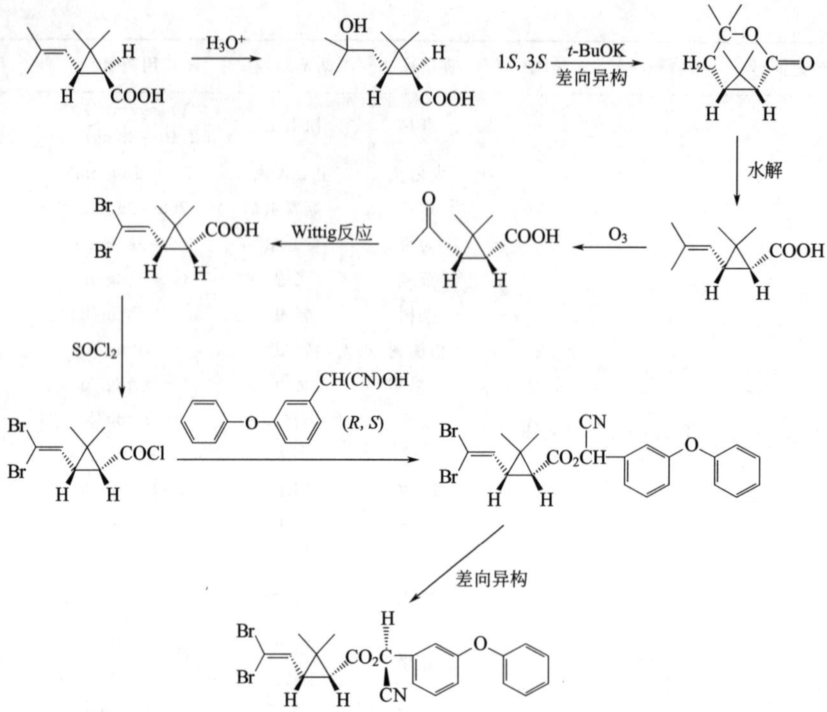

1 GB 1413491.

2 The Pesticide Manual. 15 th edition：313-315.

98 右旋烯炔菊酯（empenthrin）

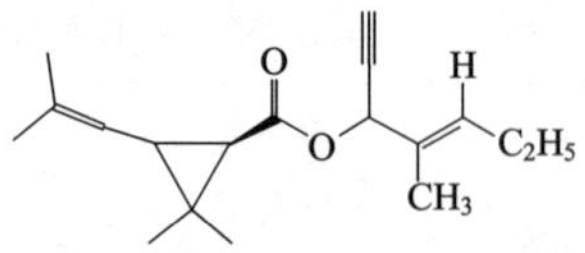

$C_{18}H_{26}O_2$，274.4

产品简介

右旋烯炔菊酯（试验代号：S-2852，通用名称：empenthrin，商品名称：Vaporthrin、百扑灵、烯炔菊酯）是日本住友化学工业公司在烯炔菊酯的基础上开发的拟除虫菊酯类杀虫剂。世界主要生产商：江苏扬农、Sumitomo Chemical。

化学名称 (*E*)-(*RS*)-1-乙炔基-2-甲基-2-戊烯基(1*R*,3*RS*;1*R*,3*SR*)-2,2-二甲基-3-(2-甲基-1-丙烯基)环丙烷羧酸酯，或(*E*)-(*RS*)-1-乙炔基-2-甲基-2-戊烯基(1*R*)-顺-反-2,2-二甲基-3-(2-甲基-1-丙烯基)环丙烷羧酸酯。英文化学名称为 (*E*)-(*RS*)-1-ethynyl-2-methylpent-2-enyl(1*R*,3*RS*;1*R*,3*SR*)-2,2-dimethyl-3-(2-methylprop-1-enyl)cyclopropanecarboxylate 或 (*E*)-(*RS*)-1-ethynyl-2-methylpent-2-enyl (1*R*)-*cis-trans*-2, 2-dimethyl-3-(2-methylprop-1-enyl) cyclopropanecarboxylate。美国化学文摘系统名称为 1-ethynyl-2-methyl-2-pentenyl (1R)-*cis*,*trans*-2,2-dimethyl-3-(2-methyl-1-propenyl) cyclopropanecarboxylate。CA 主题索引名称为 cyclopropanecarboxylic acid—,2,2-dimethyl-3-(2-methyl-1-propen-1-yl)—,(2*E*)-1-ethynyl-2-methyl-2-penten-1-yl ester。CAS 登录号为［54406-48-3］。

组成 右旋烯炔菊酯是 (*E*)-(*RS*) (1*RS*)-顺-反-异构体的混合物，但是实际上使用的右旋烯炔菊酯是 (*EZ*)-(*RS*) (1*R*)-顺-反-异构体的混合物。

理化性质 右旋烯炔菊酯为黄色液体。沸点 295.5℃ (760mmHg)，蒸气压 14mPa

(23.6℃)。相对密度 0.927（20℃）。水中溶解度 0.111mg/L（25℃）。其他溶剂中的溶解度：与己烷、丙酮、甲醇以任何比例互溶。稳定性：在通常条件下至少可以稳定保存 2a。闪点 107℃。

毒性　急性经口 LD_{50}：雄大鼠＞5000mg/kg，雌大鼠＞3500mg/kg；大鼠急性经皮 LD_{50}＞2000mg/kg。对兔皮肤无刺激作用，但对兔眼睛有极小刺激作用。大鼠吸入 LC_{50}（4h）＞4610mg/m^3。

生态效应　山齿鹑、野鸭急性经口 LD_{50}＞2250mg/kg。饲喂山齿鹑、野鸭毒性 LC_{50}＞5620mg/L。虹鳟鱼 LC_{50}（96h）0.0017mg/L。水蚤 EC_{50}（48h）0.02mg/L。

环境行为　进入哺乳动物体内后能迅速排出，不会在动物组织内积累，对排泄物所做的检测表明，本品在体内极易分解。它在水中的光分解半衰期为 2～5h，避光下为 11～15d；在土壤中半衰期为 4d，故不会在环境中长期残留。

分析方法　产品通过 GC 分析。

作用机理与特点　该药剂为神经毒剂，主要通过与钠离子通道作用，破坏神经元的功能。该药剂具有触杀作用，在高温下具有很高的蒸气压，因此对飞行类昆虫也有很好的活性，且对昆虫具有高杀死活性与拒避作用。对袋谷蛾的杀伤力可与敌敌畏相当，且对多种皮蠹科甲虫有突出的阻止取食作用。

应用

用于防治体内害虫，特别是飞蛾、毛毛虫和其他的破坏纤维的害虫。

防治对象　蝇、黑皮蠹等卫生害虫。

使用方法　加热或不加热熏蒸剂。用于家庭或禽舍防治蚊蝇等害虫；或以防蛀蛾带代替樟脑丸悬挂于密闭空间或衣柜中，防治为害植物的谷蛾科和皮蠹科害虫。一般在 0.7m^3 西装柜中悬挂防蛀蛾带 2 条，能有效地杀死袋谷蛾的初龄幼虫和卵，防治可达半年之久。加工成不含溶剂的加压喷射液，在图书馆、标本室、博物馆等室内喷射，可以保护书籍、文物、标本等不受虫害见表 98-1。

表 98-1　右旋烯炔菊酯在我国推荐使用情况

登记作物	防治对象名称	用药量	施用方法
卫生	蝇	—	点燃
卫生	黑皮蠹	—	投放
卫生	衣蛾	—	投放

专利与登记

专利名称　Insecticidal cyclopropanecarboxylates

专利号　DE 2418950　　专利公开日　1974-10-31

专利申请日　1974-04-19　　优先权日　1973-04-20

专利拥有者　Sumitomo Chemical Co.,Ltd.（日本）

在其他国家申请的化合物专利：AR 217225、AU 475303、AU 6799474、AU 7467994、BR 7403124、CS 196253、CH 611129、CA 1061351、DK 139212、DK 7603465、DE 2418950、ES 425399、FR 2226383、GB 1424170、HU 171179、IT 1049276、IL44667、JP 49132230、JP 55042045、JP 50005530、JP 55021009、JP 50012232、NL 7405313、NL 179202、PH11381、SE 422051、SU 1255048、US 4118505、US 4003945、US 4263463、ZA 7402520 等。

制剂或剂型专利：CN 1593145、CN 1565186、CN 1435096、CN 101554174、CN 100998332、CN 1711837、CN 1818197、CN 101253865、EP 771526、JP 2009155288、JP

2007001932、JP 2002047113、JP 2002003312、JP 10007511、JP 09208409、JP 09067215、JP07138114、JP 06157217、JP 05320013、JP 05294801、JP 05271019、JP 03209303、JP 03074308、JP 03044305、WO 2002030202、WO 2002030201、WO 2008064778 等。

制备专利：CN 100998332、CN 1430888、DE 2418950、JP 2000302613、JP 58113102、JP 58113104、JP 58113103、JP 07196427、JP 2001213712、JP 2004131428、JP 2007191844、WO 9719040、WO 9818329 等。

在中国申请的右旋烯炔菊酯的相关专利及登记情况见表 98-2、表 98-3。

表 98-2 在中国申请的专利

序号	申请号	专 利 名 称
1	02157236.4	环保型羊毛防蛀剂
2	03131976.9	环保型羊毛防蛀剂
3	200410025423.5	一种防蛀防霉合剂
4	200610038168.7	防蛀型毛纺织品柔软剂及其制备方法
5	200410040055.1	驱蝇盘香
6	200710036586.7	环保型防蛀防霉粉剂
7	200910111805.2	一种新型驱杀蚊蝇用杀虫剂

表 98-3 日本住友化学株式会社在中国登记情况

登记名称	登记证号	含量	剂型
右旋烯炔菊酯	WP60-98	93%	原药

合成方法

菊酸合成方法如下：

① 重氮乙酸酯法 以丙酮、乙炔为原料反应，在经还原、脱水生成 2,5-二甲基-2,4-己二烯，然后与重氮乙酸酯反应、皂化、调酸即得菊酸。

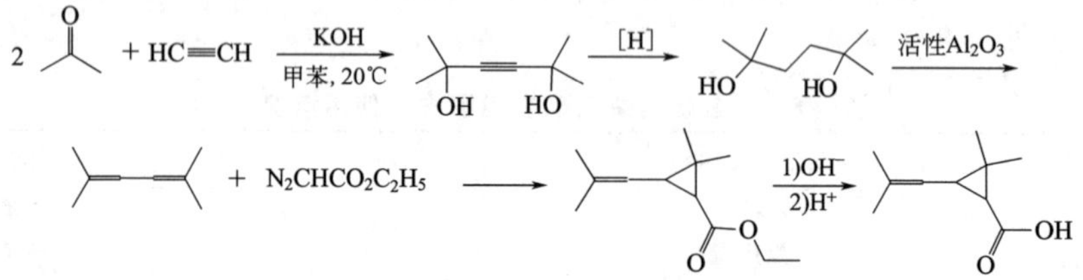

② 二环辛酮法 二环辛酮与羟胺反应得到相应的肟，再用五氯化磷开环脱水生成腈，经水解制得菊酸。

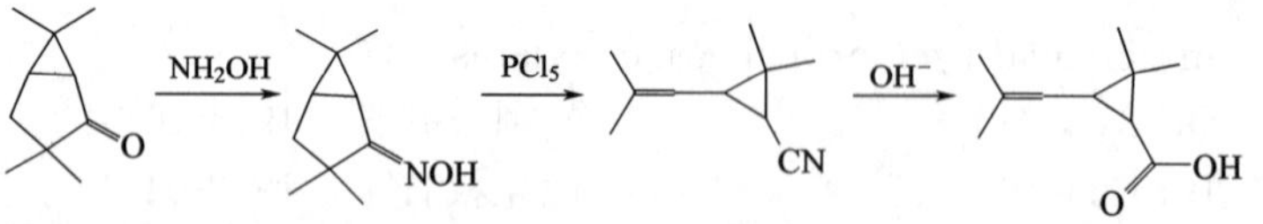

③ 原醋酸乙酯法 异丁酰氯与异丁烯在氯化铝催化下反应，再经硼氢化钠还原，然后与原醋酸乙酯反应得到 3,3,6-三甲基庚烯-[4]-酸乙酯，再加卤素，脱氯化氢成环得到菊酸乙酯，并以反式构型为主。

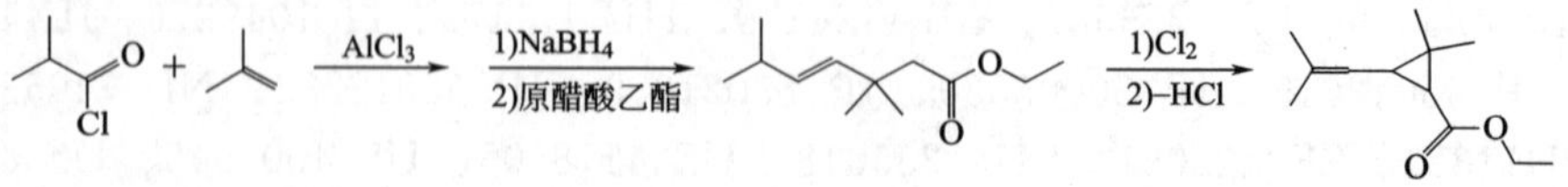

④ 甲基丙烯醇法：在−10℃下，将 3-氯-3-甲基-1-丁炔加到 2-甲基丙烯醇和叔丁醇钾的混合溶液中，并在此温度下反应 3h，得到 45%环化产物，该产物溶于乙醚中，于金属钠和液氨中还原。在 0℃下，将还原产物与三氧化铬一起加到干燥的吡啶中，在 15～20℃反应

24h，然后滴加几滴水，将反应混合物再搅拌 4h，得到 75% 3∶1 反式∶顺式菊酸。

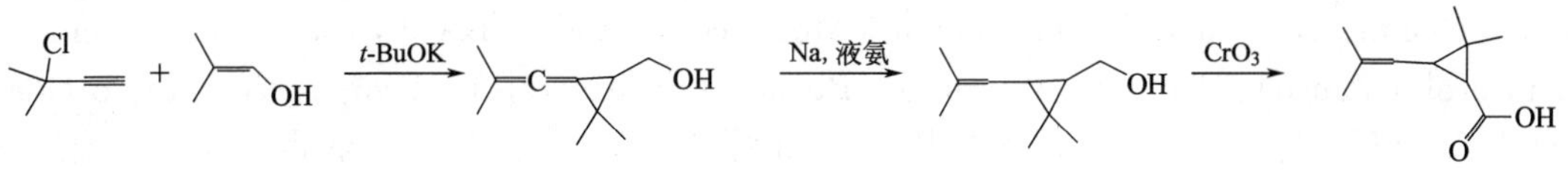

⑤ Witting 合成方法

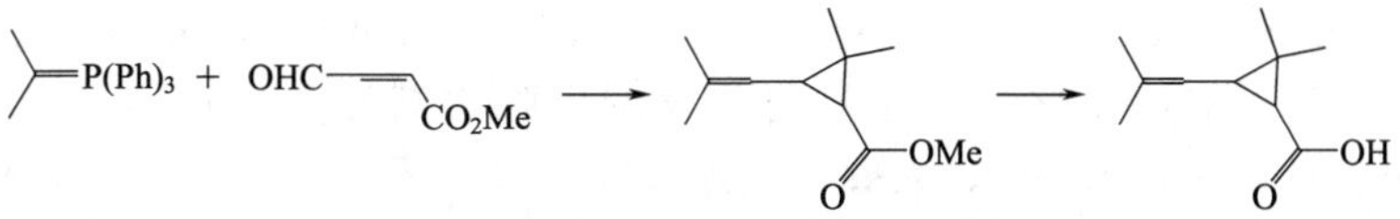

⑥ Corey 路线　利用二苯硫异亚丙基和不饱和羰基化合物在－20～70℃于氮气保护下反应，使异亚丙基加成到碳碳双键上形成环丙烷类衍生物，得到（±）-反式菊酸酯。

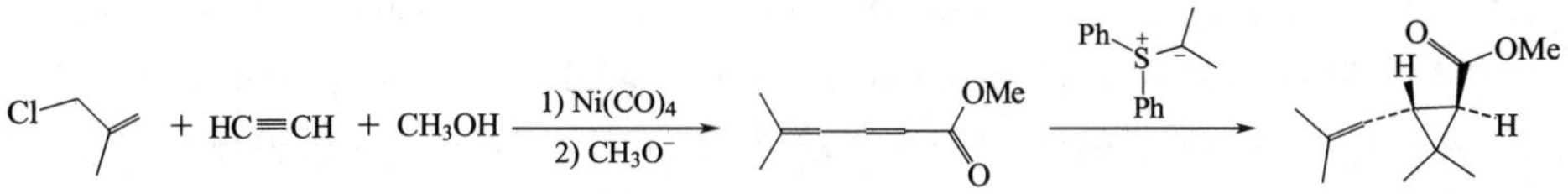

⑦ 其他合成方法

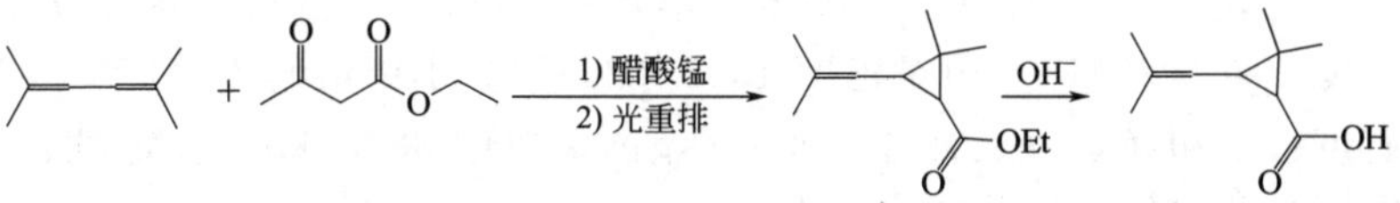

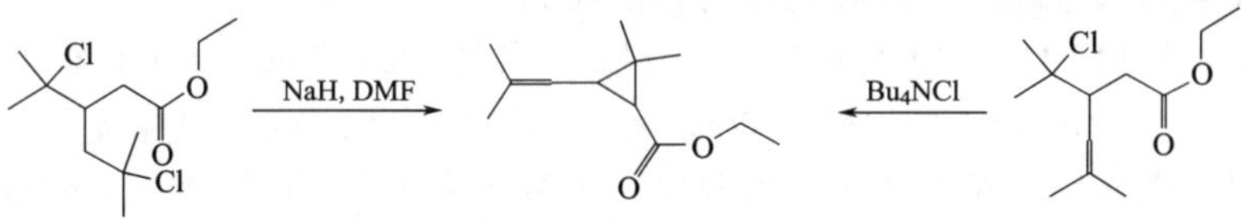

右旋烯炔菊酯经如下反应制得：

丙醛在氢氧化钠条件下发生自身缩合反应得到 2-甲基-戊烯-2-醛，再与乙炔的格氏试剂反应得到 1-乙炔基-2-甲基-戊烯-2-醇，该醇溶于甲苯中，在吡啶存在的条件下，与菊酰氯在室温下反应过夜，即得到烯炔菊酯。

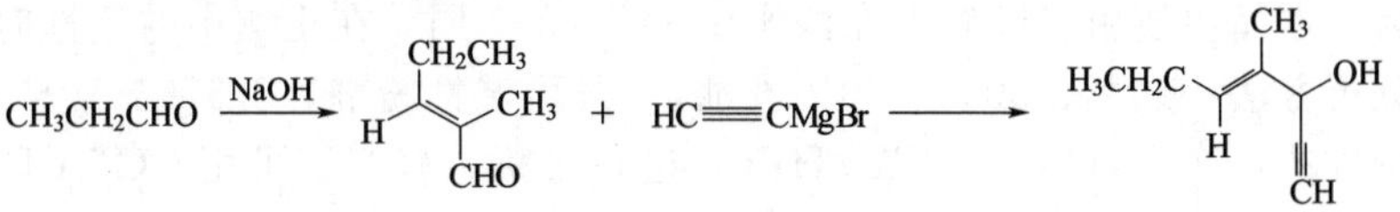

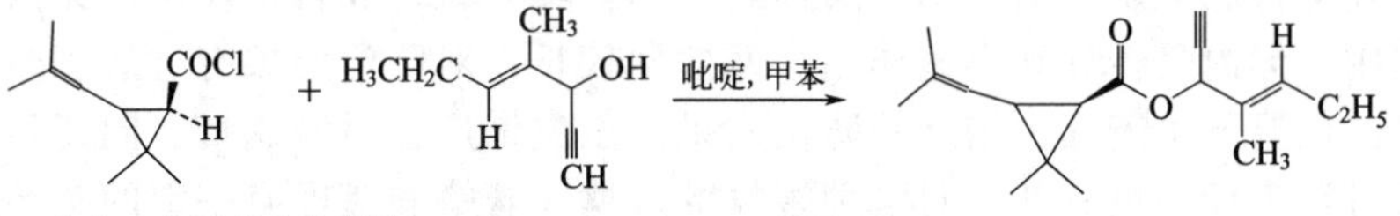

1　农药商品大全．北京：中国商业出版社，1996：125.　　3　US 4003945.

2　The Pesticide Manual. 15 th edition：421-422.

99　甲氰菊酯（fenpropathrin）

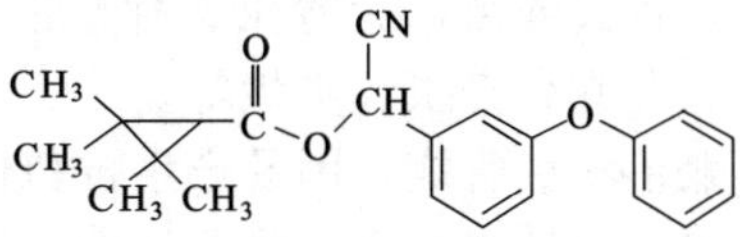

$C_{22}H_{23}NO_3$，349.4

产品简介

甲氰菊酯［试验代号：S-3206（Sumitomo Chemical）、OMS 1999，通用名称：fenpropathrin，商品名称：Herald（BASF）、Meothrin（Sumitomo Chemical）、Danitol（Sumitomo Chemical，Valent）、Fenprodate（Mobedco）、Rody（BASF，Sumitomo Chemical）、Vapcotol（Vapco）、Vimite（Vipesco）、Biruku（＋etoxazole）（Kyoyu，Sumitomo Chemical）、灭扫利、芬普宁（台）、灭虫螨、灭扫利（住友）、农螨丹、杀螨菊酯，其他名称：Danagro（Agropharm）、Danimen（Iharabras）、Fenithrin（Agrochem）、Tame（Sumitomo Chemical，Valent）、Kuaishaling（＋ phoxim）（Fengshan）、Kuaishaling（＋ phoxim）（Fengshan）］是由日本住友化学工业公司开发的拟除虫菊酯类杀虫剂。世界主要生产商：Sumitomo Chemical、Agrochem、大成、大连瑞泽、红太阳。

化学名称 （*RS*）-*α*-氰基-3-苯氧基苄基-2,2,3,3-四甲基环丙烷羧酸酯，英文化学名称为（*RS*）-*α*-cyano-3-phenoxybenzyl-2，2，3，3-tetramethylcyclopropanecarboxylate。美国化学文摘系统名称为 cyano（3-phenoxyphenyl）methyl2，2，3，3-tetramethylcyclopropanecarboxylate，CA 主题索引名称为 cyclopropanecarboxylic acid—，2，2，3，3-tetramethyl—，cyano（3-phenoxyphenyl）methyl ester。CAS 登录号为［64257-84-7］（消旋体），［39515-41-8］（没有指明立体化学）。

理化性质 工业品为黄色到棕色固体，熔点 45～50℃。蒸气压为 0.730mPa（20℃）。分配系数 $K_{ow}\lg P=6$（20℃）。相对密度 1.15（25℃）。水中溶解度（25℃）14.1μg/L，其他溶剂中溶解度：二甲苯、环己酮中 1000g/kg，甲醇中 337g/kg。稳定性：在碱性溶液中分解，暴露在阳光和空气中导致氧化和失去活性。

毒性 急性经口 LD_{50}：雄大鼠 70.6mg/kg，雌大鼠 66.7mg/kg（玉米油中）。急性经皮 LD_{50}：雄大鼠 1000mg/kg，雌大鼠 870mg/kg，兔＞2000mg/kg。对兔皮肤无刺激作用，对其眼睛有中等刺激作用。对皮肤无致敏现象。大鼠吸入 LC_{50}（4h）＞96mg/m^3。狗 NOAEL 值（1a）100mg/L［2.5mg/(kg·d)］。ADI/RfD 值（JMPR）0.03mg/kg［1993，2006］，（EPA）cRfD 0.025mg/kg［1994］。无致畸性。

生态效应 绿头鸭急性经口 LD_{50} 1089mg/kg。山齿鹑和绿头鸭饲喂 LC_{50}（8d）＞10000mg/kg（饲料）。大翻车鱼 LC_{50}（48h）1.95μg/L。

环境行为 本品主要由光降解，在淡水中 DT_{50} 2.7 周，在土壤中的活性时间为 1～5d。

制剂与分析方法 10％、20％、30％乳油，5％可湿性粉剂，2.5％、10％悬浮剂，10％微乳剂。分析方法：产品可用 GC-FID/HPLC 进行分析；残留物可用 GC-ECD 进行测定。

作用机理与特点 杀虫活性高，属神经毒剂，具有触杀和胃毒作用，无内吸作用，有一定的驱避作用，无内吸传导和熏蒸作用。残效期较长，对防治对象有过敏刺激作用，驱避其取食和产卵，低温下也能发挥较好的防治效果。杀虫谱广，对鳞翅目、同翅目、半翅目、双翅目、鞘翅目等多种害虫有效，对多种害螨的成螨、若螨和螨卵有一定的防治效果，可用于虫、螨兼治。

应用

防治作物 棉花、蔬菜、果树、茶树、花卉等。

防治对象 蚜虫、棉铃虫、棉红铃虫、菜青虫、甘蓝夜蛾、桃小食心虫、柑橘潜叶蛾、茶尺蠖、茶毛虫、茶小绿叶蝉、花卉介壳虫、毒蛾等。

残留量与安全施药 ①可兼治多种害螨，因易产生抗药性，不作为专用杀螨剂使用。施药时喷雾要均匀，对钻蛀性害虫应在幼虫蛀入作物前施药。②中毒症状：属神经毒剂，接触部位皮肤感到刺痛，但无红斑，尤其在口、鼻周围。很少引起全身性中毒。接触量大时也会引起头痛，头昏，恶心呕吐，双手颤抖，重者抽搐或惊厥、昏迷、休克。急救治疗：无特殊解毒剂，可对症治疗；大量吞服时可洗胃；不能催吐。当发现中毒时，应立即抬离施药现场，脱去被污染的衣物，用肥皂和清水洗净皮肤。若溅入人眼睛时用清水冲洗，必要时送医院治疗。若误服，注意不要催吐，要让病人静卧，迅速送医院治疗。治疗时可用30～50g活性炭放入85～120mL水中服用，然后用硫酸钠或硫酸镁按0.25g/kg（体重）的剂量加入30～170mL水中作为泻药服用。③由于该药无内吸作用，所以喷药要均匀周到，包括叶的背面等都要毫无遗漏地喷到药液，才能有效地消灭害虫。气温低时使用更能发挥其药效。④不要与碱性物质（如波尔多液、石硫合剂等）混合使用，以免降低药效。⑤此药虽有杀螨作用，但不能作为专用杀螨剂使用，只能做替代品种或用于虫螨兼治。⑥施药要避开蜜蜂采蜜季节及蜜源植物，不要在池塘、水 源、桑田、蚕室近处喷药。⑦为延缓抗药性产生，提倡尽可能减少用药次数（一年中在一种作物上喷药最多不超过2次），或与有机磷等其他杀虫剂、杀螨剂轮换使用或混合使用。⑧安全间隔期：棉花21d，苹果14d。苹果、柑橘、茶叶中容许残留量为5mg/kg。

使用方法

（1）防治棉花害虫　①棉铃虫于卵盛孵期施药，每亩用20%乳油30～40mL（有效成分6～8g），对水75～100L，均匀喷雾，持效期10d左右。②棉红铃虫于第二、三代卵盛孵期施药，使用剂量及使用方法同棉铃虫。每代用药2次，持效期7～10d。同时可兼治伏蚜、造桥虫、卷叶虫、棉蓟马、玉米螟、盲蝽象等其他害虫。③棉红蜘蛛于成、若螨发生期施药，使用剂量及使用方法同棉铃虫。

（2）防治果树害虫　①桃小食心虫 于卵盛期，卵果率达1%时施药，用20%乳油2000～3000倍（有效浓度67～100mg/L）喷雾，施药次数为2～4次，每次间隔10d左右。②桃蚜 于发生期施药，用20%乳油4000～10000倍（有效浓度20～50mg/L）喷雾。也可用于防治苹果瘤蚜和桃粉蚜。③山楂红蜘蛛、苹果红蜘蛛 于害螨发生初盛期施药，用20%乳油2000～3000倍液（有效浓度67～100mg/L），持效期10d左右。④柑橘潜叶蛾 在新梢放出初期3～6d，或卵孵化期施药，用20%乳油8000～10000倍液（有效浓度20～25mg/L）喷雾。根据蛾卵量隔10d左右再喷1次，杀虫、保梢效果良好。⑤柑橘红蜘蛛 于成、若螨发生期施药，用20%乳油2000～3000倍液（有效浓度67～100mg/L）喷雾。在低温条件下使用，能提高杀螨效果和延长持效期。⑥橘蚜 新梢有蚜株率达10%时施药，用20%乳油4000～8000倍液（有效浓度25～50mg/L）喷雾，持效期10d左右。⑦荔枝蝽象 3月下旬至5月下旬，成虫大量活动产卵期和若虫盛发期各施药1次，用20%乳油3000～4000倍液（有效浓度50～67mg/L）喷雾。

（3）防治蔬菜害虫　①小菜蛾2龄幼虫发生期施药，每亩用20%乳油20～30mL（有效成分4～6g），对水30～50L，均匀喷雾，持效期7～10d。②菜青虫 成虫高峰期一周以后，幼虫2～3龄期为防治适期，用药量及使用方法同小菜蛾。③温室白粉虱 于若虫盛发期施药，每亩用20%乳油10～25mL（有效成分2～5g），对水80～120L，均匀喷雾。残效期10d左右。④二点叶螨 于茄子、豆类等作物上的成、若螨盛发期施药，使用剂量与防治方法同小菜蛾。

（4）防治茶树害虫　防治茶尺蠖，于幼虫2～3龄前施药，用20%乳油8000～10000倍（有效浓度20～25mg/L）喷雾，此剂量还可防治茶毛虫及茶小绿叶蝉。

（5）防治花卉害虫　防治花卉介壳虫、榆三金花虫、毒蛾及刺蛾幼虫，在害虫发生期用20%乳油2000～8000倍（有效浓度25～100mg/L）均匀喷雾。施药应在早晚气温低、风小时进行，晴天上午8时至下午5时，空气相对湿度低于65%，温度高于28℃时应停止施药。

专利与登记

该化合物不存在专利权问题。

与化合物有关的专利：AU 7243986、BE 785523、CA 978544、CA 988533、CH 578515、CH 578322、CH 589051、DE 2231312、DE 2231312、DE 2231312、FR 2143820、

GB 1356087、IT 958637、JP 51005450、NL 7208898、NL 158173、SU 648084、SU 648086、SU 738493、SU 633470、SU 634662、US 3835176 等。

制剂或剂型专利：EP 2008517、EP 500401、FR 2652716、JP 2008162951、JP 2008133238、JP 2006131541、JP 2006131541、JP 2005297987、JP 08151308、WO 9408457、JP 01190610 等。

制备专利：WO 2010005692、WO 2009099929、WO 2009051956、WO2008150393、WO 2008071674、WO 2007123855、WO 2007089455、WO 2006055922、WO 2006023783、WO 2004067528、WO 2003097095、WO 2003027099、WO 2002048137、WO 2002032856 等。

在中国申请的专利：CN 101653144、CN 101613737、CN 101591623、CN 101518245、CN 101434923、CN 101429484、CN 101401517、CN 101380022、CN 101350096、CN 101243787、CN 101220388、CN 101194606、CN 101091445、CN 101002534、CN 1887090、CN1709058、CN 1287783、CN 1820568、CN 1491544、CN 1473470、CN 1402983、CN 1310940、CN 1307802、CN 1242946、CN 1227054、CN 1128615、CN 1125044、CN 1111091、CN 1081321 等。

在中国申请的与该产品有关的部分专利及登记情况见表 99-1、表 99-2。

表 99-1　在中国申请的专利

序号	申请号	专利名称
1	03111548.9	杀虫剂组合物
2	03111547.0	杀螨农药组合物
3	95115690.X	系列杀虫微乳剂组合物
4	96103448.3	敌敌畏甲氰菊酯农药复配制剂
5	89106834.1	甲氰菊酯有机磷农药复配制剂
6	90106470.X	从四甲基环丙烷羧酸经氰醇法制甲氰菊酯
7	90106468.8	2,2,3,3-四甲基环丙烷羧酸的制备
8	91106222.X	一种甲氰菊酯的合成方法
9	92105312.6	灭扫胺乳油
10	94113039.8	杀虫杀螨农药组合物
11	95117195.X	广谱高效植物杀虫剂及其制法
12	97103662.4	一种含量大于 90%甲氰菊酯原粉的制备方法
13	98101612.X	一种高效杀虫杀螨剂
14	98112422.4	广谱高效低毒杀虫杀螨乳油
15	99119604.X	虫威·甲氰菊酯杀虫组合物
16	99103377.9	一类含矿物油的植物保护用杀虫剂
17	00110886.7	一种杀螨杀虫农药组合物
18	00134156.1	甲氰菊酯的制备方法
19	200810047112.7	用甲氰菊酯杀灭藕蛆的方法
20	200710195266.6	一种含甲氰菊酯的复配杀螨剂
21	200410030542.X	含有丁醚脲和甲氰菊酯或高效氯氰菊酯的杀虫杀螨的组合物
22	200510012041.3	10%甲氰·阿维微乳剂配方
23	200410103462.2	以甲氰菊酯为原料的一组可溶性液剂杀虫剂
24	200510059055.0	含氟虫腈的复配杀虫组合物
25	200610047208.4	丁烯氟虫腈与菊酯类杀虫剂的杀虫组合物
26	200710020231.9	甲氰菊酯人工抗原的制备方法
27	200710307617.8	杀螨的活性成分组合
28	200810146218.2	一种含有氟螨脲的杀螨剂组合物
29	200810132573.4	一种含有甲氰菊酯和唑螨酯的具有增效作用的杀螨组合物
30	200810132578.7	一种含有甲氰菊酯和溴螨酯的具有增效作用的杀螨组合物
31	200810121988.1	产气肠杆菌在降解拟除虫菊酯类农药残留中的应用及制剂
32	200810181978.7	一种含有螺螨酯和甲氰菊酯具有增效作用的杀螨剂组合物
33	200810122359.0	一种拟除虫菊酯类农药残留降解混合菌剂及其应用
34	200810122350.X	缺陷假单胞菌在降解拟除虫菊酯类农药残留中的应用及制剂
35	200810101141.7	一种含甲氰菊酯的水乳剂
36	200810103828.4	一种甲氰菊酯微乳剂及其制备方法
37	200910020635.7	一种蜡状芽孢杆菌菌株及用它制备的拟除虫菊酯类农药的降解酶及其制备方法
38	200910173593.0	一种含有吡螨胺的农药组合物
39	200910164814.8	一种具有增效作用的农药组合物
40	200910205310.6	农药组合物
41	200910309928.7	制备甲氰菊酯的方法
42	201010106204.5	同时测定有机氯类和拟除虫菊酯类农药多项残留物的方法

表 99-2 日本住友化学株式会社在中国登记情况

商品名	登记证号	含量	剂型	登记作物	防治对象	用药量	施用方法
甲氰菊酯	WP76-2001	甲氰菊酯 20%	乳油	甘蓝	菜青虫	75～90g/hm²	喷雾
				甘蓝	小菜蛾	75～90g/hm²	喷雾
				柑橘树	潜叶蛾	20～25mg/kg	喷雾
				苹果树	山楂红蜘蛛	100mg/kg	喷雾
				棉花	红铃虫	90～120g/hm²	喷雾
				棉花	棉铃虫	90～120g/hm²	喷雾
				柑橘树	红蜘蛛	67～100mg/kg	喷雾
				棉花	红蜘蛛	90～120g/hm²	喷雾
				苹果树	桃小食心虫	67～100mg/kg	喷雾
				茶树	茶尺蠖	22.5～28.13g/hm²	喷雾
甲氰菊酯	PD255-98	甲氰菊酯 91%	原药				

合成方法

主要有如下三种制备方法。

① 2,2,3,3-四甲基环丙烷羧酸酰氯在相转移催化剂存在下，在正庚烷-水中，与 3-苯氧基苯甲醛、氰化钠反应，即制得甲氰菊酯。反应如下：

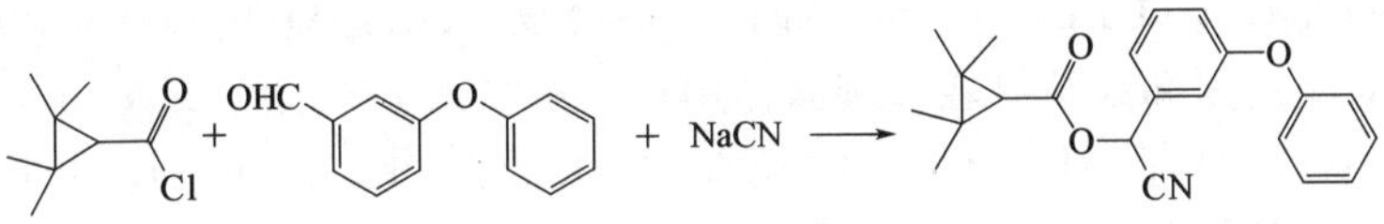

② 2,2,3,3-四甲基环丙烷羧酸用碳酸钾制成钾盐，而后在相转移催化剂存在下，在甲苯中，与 α-氰基-3-苯氧基溴苄反应，即制得甲氰菊酯。反应如下：

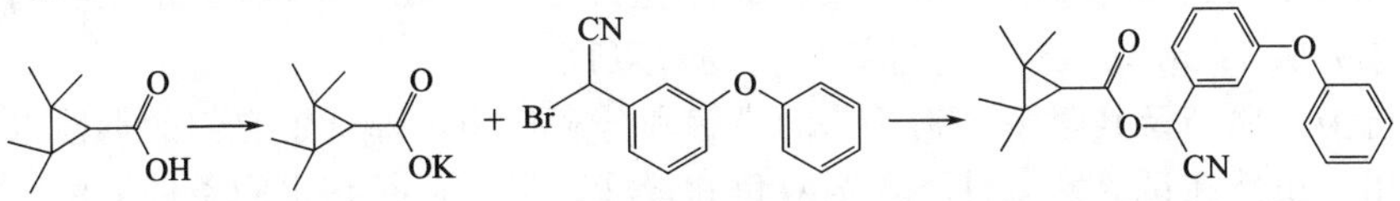

③ 2,2,3,3-四甲基-4-氯环丁酮与 3-苯氧基苯甲醛、氰化钾在庚烷-水中，65℃反应，即制得甲氰菊酯。反应如下：

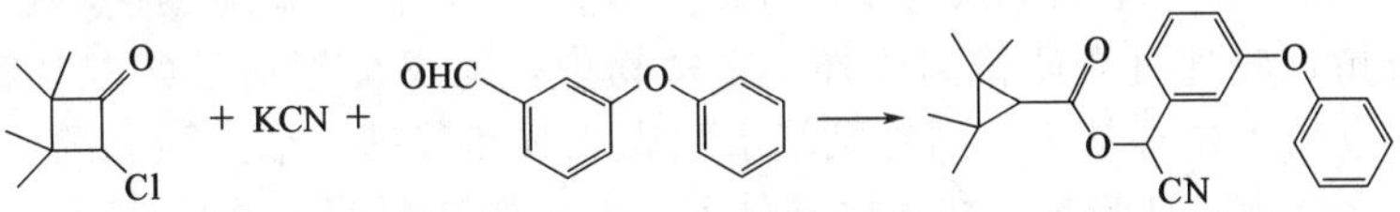

1 农药商品大全. 北京：中国商业出版社，1996：168-171.
2 The Pesticide Manual. 15 th edition：484-485.
3 GB 1356087.
4 US 3835176.

100 氰戊菊酯（fenvalerate）

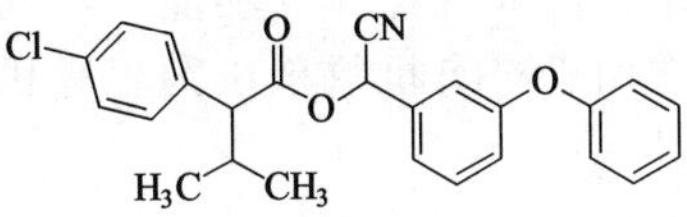

$C_{25}H_{22}ClNO_3$，419.9

产品简介

氰戊菊酯［试验代号：S-5602（Sumitomo Chemical）、WL 43775（Shell）、OMS 2000，通用名称：fenvalerate，商品名称：Sumicidin（Sumitomo Chemical）、Devifen（Devidayal）、Fenkill（United Phosphorus）、Fenny（Nagarjuna Agrichem）、Fenrate（Mobedco）、

Fenval（RPG）、Newfen（Gharda）、Sanvalerate（Dow AgroSciences）、Sumitox（Aimco）、Valour（Crop Health）、Vapcocidin（Vapco）、Vifenva（Vipesco）、速灭菊酯、杀灭菊酯、杀灭速丁、中西杀灭菊酯、敌虫菊酯、异戊氰菊酯、戊酸氰醚酯、百虫灵、速灭菊酯、速灭杀得、丰收苯、虫畏灵、分杀（印度联合）、芬化利（台）、军星 10 号、杀灭虫净] 是日本住友公司开发的拟除虫菊酯类（pyrethroids）杀虫剂。

化学名称 （*RS*）-α-氰基-3-苯氧苄基（*RS*）-2-(4-氯苯基)-3-甲基丁酸酯，英文化学名称为（*RS*）-α-cyano-3-phenoxybenzyl（*RS*）-2-(4-chlorophenyl)-3-methylbutyrate。美国化学文摘系统名称为 cyano（3-phenoxyphenyl）methyl 4-chloro-α-(1-methylethyl) benzeneacetate。CA 主题索引名称为 benzeneacetic acid—，4-chloro-α-(1-methylethyl)—，cyano（3-phenoxyphenyl）methyl ester。CAS 登录号为 [51630-58-1]（未声明立体化学）。

组成 氰戊菊酯工业品纯度为 92.1%。

理化性质 工业品为黏稠黄色或棕色液体，在室温条件下，有时会出现部分晶体。熔点 39.5～53.7℃（纯品）。蒸馏时分解。蒸气压 1.92×10^{-2} mPa（20℃）。分配系数 K_{ow} $\lg P$＝5.01（23℃）。相对密度 1.175（25℃）。水中溶解度＜10μg/L（25℃），其他溶剂中溶解度（20℃，g/L）：正己烷 53、二甲苯≥200、甲醇 84。对水和热稳定。在酸性介质中相对稳定，但在碱性介质中迅速水解。闪点 230℃。

毒性 大鼠急性经口 LD_{50} 451mg/kg；急性经皮 LD_{50}：兔 1000～3200mg/kg，大鼠＞5000mg/kg。对兔皮肤和眼睛有轻微刺激作用；大鼠吸入 LC_{50}＞101mg/m^3；大鼠 NOEL 值（2a）250mg/kg（饲料）；ADI/RfD（EMEA）0.0125mg/kg [2002]；（JMPR）0.02mg/kg [1986]；（EPA）cRfD 0.025mg/kg [1992]。

生态效应 鸟类急性经口 LD_{50}：家禽＞1600mg/kg，野鸭 9932mg/kg。饲喂 LC_{50}：山齿鹑＞10000mg/kg，野鸭 5500mg/kg。虹鳟鱼 LC_{50}（96h）0.0036mg/L。对蜜蜂有毒，LD_{50}（触杀）0.23μg/只。对一些非靶标生物有毒性。

环境行为 原药及其降解产物快速的降解和分解作用，降低了它们的毒性以及在土壤中的溶淋作用。虽然在试验室条件下药剂对鱼和蜜蜂高毒，但是在田间条件下由于沉积物的吸附作用及药品的驱避作用，其对生物的影响显著减小。该报告的结论是在建议条件下使用此药剂对环境的风险不大；在哺乳动物体内，经口给药后，氰戊菊酯迅速降解。在 6～14d 内高达 96%的降解产物通过粪便排到体外。在植物中，氰戊菊酯通过酯键裂解成两部分，接着在苯氧的 2-位和 4-位羟基化，同时氰基水解成酰胺和羧基。形成酸和酚大多数转化为苷；在水介质中，化合物酯键断裂。在光照条件下，发生脱羧反应，并伴随离去基团重组。土壤中 DT_{50} 为 75～80d。

制剂与分析方法 剂型有：乳油、胶悬剂、超低量液剂、可湿性粉剂。分析方法：HPLC 分析，残留物由 GC/ECD 测定，土壤或水中可由 GC/ECD 测定。

作用机理与特点 该药剂为拟除虫菊酯类杀虫剂和杀螨剂。主要作用于神经系统，为神经毒剂，通过与钠离子通道作用，破坏神经元的功能。该药剂具有触杀和胃毒作用，无内吸和熏蒸作用。杀虫谱广，能够作用于对有机氯杀虫剂、有机磷杀虫剂和氨基甲酸酯类杀虫剂产生抗性的害虫。

应用

适用作物 水果、葡萄、橄榄、啤酒花、坚果、蔬菜、瓜类、棉花、油菜、向日葵、苜蓿、谷类、玉米、高粱、土豆、甜菜、花生、大豆、烟草、甘蔗、观赏植物等。

防治对象 防治咀嚼、刺吸和钻蛀类害虫（鳞翅目、双翅目、直翅目、半翅目和鞘翅目等），如玉米螟、蚜虫、油菜花露尾甲、甘蓝夜蛾、菜粉蝶、苹果蠹蛾、苹蚜、棉蚜、桃小食心虫等。还用于防治飞行和爬行的公共卫生害虫、家畜圈内害虫及动物体外寄生物。

残留量与安全施药　20%氰戊菊酯乳油对棉花每季最多使用次数为3次，安全间隔期为7d。对叶菜每季最多使用次数为3次，安全间隔期为12d。对大豆每季最多使用次数为1次，安全间隔期为10d。对苹果每季最多使用次数为3次，安全间隔期为14d。对柑橘每季最多使用次数为3次，安全间隔期为7d。对茶叶每季最多使用次数为1次，安全间隔期为10d；氰戊菊酯在中国具体残留标准如下：甘蓝类蔬菜0.5mg/kg，棉籽油0.1mg/kg，水果0.2mg/kg，果菜类蔬菜0.2mg/kg，叶菜类蔬菜0.5mg/kg，瓜菜类蔬菜0.2mg/kg，花生0.1mg/kg，块根类蔬菜0.05mg/kg，大豆0.1mg/kg，小麦粉0.2mg/kg。

应用技术　在害虫、害螨并发的作物上使用此药，由于对螨无效，对天敌毒性高，易造成害螨猖獗，所以要配合杀螨剂；不要与碱性农药等物质混用；对蜜蜂、鱼虾、家蚕等毒性高，使用时注意不要污染河流、池塘、桑园、养蜂场所。

使用方法见表100-1。

表100-1　氰戊菊酯在我国推荐使用情况

登记作物名称	防治对象名称	用药量	施用方法
小麦	蚜虫	187.5～262.5g/hm^2	喷雾
十字花科蔬菜	菜青虫	90～120g/hm^2	喷雾
苹果树	桃小食心虫	80～100mg/kg	喷雾
棉花	害虫	75～150g/hm^2	喷雾
柑橘树	潜叶蛾	16～25mg/kg	喷雾
大豆	豆荚螟	60～120g/hm^2	喷雾
大豆	食心虫	60～90g/hm^2	喷雾
大豆	蚜虫	30～60g/hm^2	喷雾
叶菜类蔬菜	害虫	60～120g/hm^2	喷雾
苹果树	桃小食心虫	50～100mg/kg	喷雾
甘蓝	菜青虫	150～225g/hm^2	喷雾
玉米	玉米螟	300～375g/hm^2	喷雾

① 棉花害虫的防治　棉铃虫于卵孵盛期、幼虫蛀蕾铃之前施药，每亩用20%乳油25～50mL对水喷雾。棉红铃虫在卵孵盛期也可用此浓度进行有效防治。同时可兼治红蜘蛛、小造桥虫、金刚钻、卷叶虫、蓟马、盲蝽等害虫。棉蚜每亩用20%乳油10～25mL，对伏蚜则要增加用量。

② 果树害虫的防治　柑橘潜叶蛾在各季新梢放梢初期施药，用20%乳油5000～8000倍喷雾。同时兼治橘蚜、卷叶蛾、木虱等。柑橘介壳虫于卵孵盛期用20%乳油2000～4000倍液喷雾。

③ 蔬菜害虫的防治　菜青虫2～3龄幼虫发生期施药，每亩用20%乳油10～25mL。小菜蛾在3龄前用20%乳油15～30mL/667m^{2}进行防治。

④ 大豆害虫的防治　防治食心虫于大豆开花盛期、卵孵高峰期施药，每亩用20%乳油20～40mL，能有效防治豆荚被害，同时可兼治蚜虫、地老虎。

⑤ 小麦害虫的防治　防治麦蚜、黏虫，于麦蚜发生期、黏虫2～3龄幼虫发生期施药，用20%乳油3000～4000倍液喷雾。

⑥ 防治枣树、苹果等果树的桃小食心虫、梨小食心虫、刺蛾、卷叶虫等，在成虫产卵期间，于初孵幼虫蛀果前喷洒3000倍20%氰戊菊酯乳油，可杀灭虫卵、幼虫，防止蛀果，其残效期可维持10～15d，保果率高。

⑦ 防治螟蛾、叶蛾等，在幼虫出蛰为害初期喷洒2000～3000倍20%氰戊菊酯乳油，杀虫保叶效果好，还可兼治蚜虫、木虱等。

⑧ 防治叶蝉、潜叶蛾等，在成虫产卵初期喷布4000～5000倍20%乳油液，杀虫保叶效果良好。

⑨ 防治枣树、苹果等果树的食叶性害虫刺蛾类、天幕毛虫、苹果舟蛾等，在低龄幼虫盛发期、集中为害时喷洒20%乳油2000～5000倍液。

专利与登记

专利名称 Substituted phenylacetic acid ester insecticides

专利号 GB 1439615（US4062968） 专利公开日 1975-07-10

专利申请日 1973-07-11 优先权日 1972-07-11

专利拥有者 Sumitomo Chemical Co.，Ltd.（JP）

在其他国家申请的化合物专利：AT 341510、AU 475379、AU 5799673、AT 7306086、AU 7357996、BE 801946、BG 21174、CA 1023370、CS 207554、CH 585688、DE 2335347、DE 2365555、DK 153467、DD 108737、EG 11383、ES 416790、FI 66346、FR 2216919、FI 8102079、FI 78294、FI 7403537、FI 66345、FR 2241533、HU 28633、GB 1439616、HK 12677、HU 184524、HU 185369、HU 30052、HU 173393、HU 184524、IN 138895、IL 42703、IT 989803、JP 49126826、JP 56004522、JP 51033612、JP 49026425、KE 2717、MY 16777、NL 166009、NO 141752、NL 7309483、NL 7908482、NL 171803、NL 171804、PH 13884、PL 104464、RO 68448、SE 412228、SU 627749、US 4016179、US 3996244、US 4031235、US 4039680、US 4266074、US 4531008、YU 186773、ZA 7304462等。

制剂或剂型专利：CN 1402975、CN 1149391、CN 1161779、CN 1154203、CN 1149387、CN 1164329、CN 1062637、CN 1039523、CN 87101533、CN 1067553、CN 1094570、CN 1093523、CN 1081816、CN 1077335、CN 1105516、CN 1103546、CN 1099554、CN 1094222、CN 1108473、CN 1221563、CN 1107651、CN 1171885、CN 1110080、CN 1229587、CN 1231123、CN1233398、CN 1207245、CN 1229586、CN 1210675、CN 1206554、CN 1656188、CN 101366391、CN 1911026、CN 1283390、DE 102006014490、IN 1995 BO 00253、IN 194212、JP 2009209124、JP 2009108046、JP 2008133240、JP 2007137807、JP 2006213665、JP 2006131535、JP 2003026520、RU 2181243、WO 2009039951、WO 2009146793、WO 2006068669、WO 2008064778、WO 2006007595、WO 2008030385、WO 2007076028、WO 2008071714、WO 2002037964等。

制备专利：BR 7806364、CN 1609099、CN 100998329、CN 1989812、CN 101058532、CN 100998329、CN 1348694、CN 101341877、DE 2926790、DE 2365555、DE 2830031、DE 2903057、DE 2902478、FR 2303796、GB 2027346、IN 149301、JP 59122947、JP 59220194、JP 53059646、US 4199527、US 4307036、US 4322535等。

在中国申请的含氰戊菊酯的部分具体专利及登记情况见表100-2、表100-3。

表100-2 在中国申请的专利

序号	申请号	专利名称
1	02146599.1	含虫酰肼的杀虫组合物
2	96109682.9	爱福丁、拟除虫菊酯复配农药
3	96109683.7	三唑磷、氰戊菊酯复配杀虫剂
4	96116207.4	菊、巴、马乳油
5	96103337.1	一种含锌络合物的杀虫复合剂
6	96104825.5	超威40%甲辛氰乳油
7	87101533	氧乐氰氯乳油制剂
8	89105548.7	贮粮害虫防治剂

续表

序号	申请号	专利名称
9	92108019.0	敌氧菊酯乳油
10	92108202.9	敌氧菊酯乳油
11	92114668.X	功夫菊酯、辛硫磷混剂
12	93111233.8	一种复配农药
13	92104881.5	防治桃小食心虫农药的制备方法
14	94101264.6	一种三元复配混合杀虫液剂
15	94110551.2	多虫威
16	93104766.8	甲萘氰乳油
17	93112543.X	杀灭菊酯增效杀虫剂组合物
18	93120572.7	杀虫农药混合液剂
19	94110026.X	甲基对硫磷、辛硫磷与菊酯类组成的杀虫制剂及其应用
20	94111447.3	辛氰乳油及其制备方法
21	94119066.8	杀虫农药组合物微乳剂
22	94104187.5	菜虫灵
23	96110769.3	防治棉铃虫复合乳剂棉虫净
24	97194175.0	农药组合物
25	97108567.6	一种含有拟除虫菊酯的杀虫剂复配物
26	99102877.5	一种防治苹果桃小食心虫、菜蚜和小菜蛾的微乳农药制备方法
27	99102876.7	一种高效、低毒的菊酯和有机磷二元复配杀虫剂
28	99112113.9	一种含顺式氰戊菊酯农药组合物
29	98111276.5	辛甲氰乳油农药及制备方法
30	97115088.5	一种高效、低毒、低残留、广谱性杀虫剂
31	97105193.3	防治抗性棉铃虫的复合乳剂
32	97105965.9	一种氰马乳油
33	99103377.9	一类含矿物油的植物保护用杀虫剂
34	01108446.4	一种农药残留降解菌剂及其生产方法
35	00113613.5	用于防治鱼类寄生虫的方法及药物组合物
36	200710149682.2	农药组合物
37	200810047112.7	用甲氰菊酯杀灭藕蛆的方法
38	03134321.X	杀虫复配剂
39	200310106703.4	氰戊菊酯的制备方法
40	200410065107.0	氰戊菊酯直接竞争酶联免疫吸附分析技术及其试剂盒
41	03129618.1	用于油菜种子的种子包衣剂
42	200510061972.2	氰戊菊酯半抗原化合物、合成方法及其用途
43	200510061971.8	氰戊菊酯人工抗原、抗体及其用途
44	200510057468.5	绿僵菌与菊酯类农药复配杀虫剂及其制备方法
45	200510059055.0	含氟虫腈的复配杀虫组合物
46	200510040398.2	*S*-氰戊菊酯水乳剂及其制备工艺
47	200510041440.2	一种含嘧螨酯和*S*-氰戊菊酯的增效杀虫组合物及其应用
48	200610155114.9	用于提高超甜玉米种子抗寒性的种子包衣剂
49	200510136304.1	氰戊菊酯油剂及其用途
50	200610000642.7	以氰戊菊酯为原料的一组微乳剂杀虫剂
51	200610129631.9	羟基的邻位具有手性中心的手性伯醇和仲醇的制备方法及其应用
52	200810157601.8	一种杀死棉铃虫的农药
53	200710059741.7	一种微乳剂型的植物杀虫剂及其制备方法
54	200810101542.2	氰戊菊酯残留的间接竞争酶联免疫吸附分析试剂盒
55	200910069468.5	一种含氯虫苯甲酰胺的杀虫剂组合物及其制备方法和用途
56	200910017901.0	一种含有盐酸氨溴索的农药组合物及其制备方法
57	200810231367.9	水中菊酯类农药的快速检测
58	200910034978.9	一种含吡蚜酮的增效杀虫组合物及其应用
59	201010019488.4	农药乳油制剂
60	200910114524.2	一种含氰戊菊酯的超低容量静电油剂

表 100-3　日本住友化学株式会社在中国登记情况

登记名称	登记证号	含量	剂型	登记作物	防治对象	用药量	施用方法
氰戊菊酯	PD17-86	20%	乳油	棉花	害虫	75～150g/hm²	喷雾
				柑橘树	潜叶蛾	16～25mg/kg	喷雾
				大豆	豆荚螟	60～120g/hm²	喷雾
				大豆	食心虫	60～90g/hm²	喷雾
				大豆	蚜虫	30～60g/hm²	喷雾
				叶菜类蔬菜	害虫	60～120g/hm²	喷雾
				苹果树	桃小食心虫	50～100mg/kg	喷雾
氰戊菊酯	PD253-98	95.6%	原药				

合成方法

经如下反应制得氰戊菊酯。

一步法：α-异丙基对氯苯乙酸用氯化试剂氯化，然后与3-苯氧基苯甲醛及氰化钠水溶液反应制得氰戊菊酯。国外有文献报道一步法采用正庚烷、石油醚、苯、甲苯作溶剂，使用相转移催化剂 TEBA 等，国内采用无溶剂法。

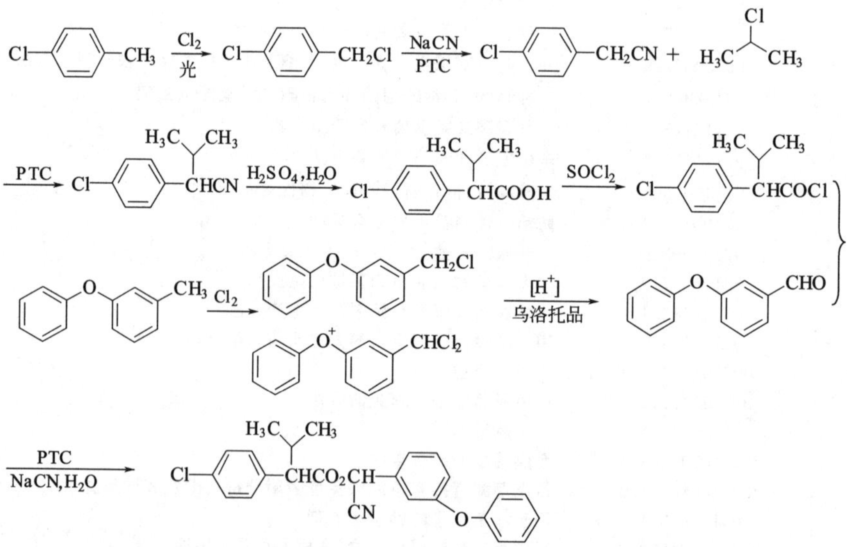

方法二：α-羟基磺酸盐法。

有3-苯氧基苯甲醛与亚硫酸氢钠反应生成相应磺酸盐，该磺酸盐直接与氰化钠水溶液作用生成氰醇，并随即与α-异丙基对氯苯乙酰氯反应，生成氰戊菊酯。

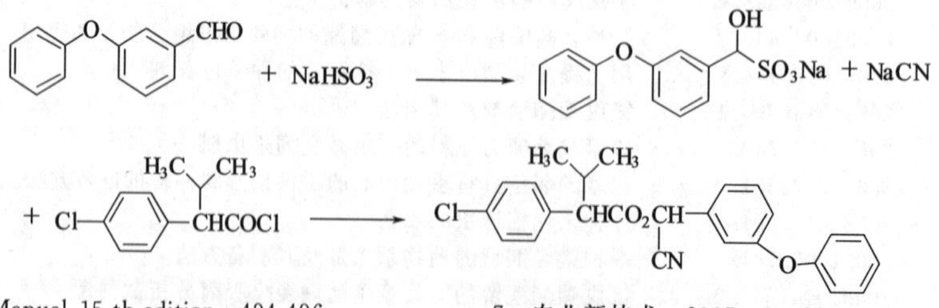

1 The Pesticide Manual. 15 th edition：494-496.

2 农药商品大全．北京：中国商业出版社，1996：132.

3 WO 9211249.

4 应用与环境生物学报，2005，1，49-51.

5 农药，2005，1，21-22.

6 杭州化工，2005，4，23-24.

7 农业新技术，2005，3，28.

8 农药科学与管理，2007，11，39-40.

9 上海蔬菜，2009，6，62-63.

10 US 4016179.

11 US 4503071.

12 US 4312816.

13 DE 2903057.
14 US 4273727.
15 US 4422978.
16 US 4432908.

101 高氰戊菊酯（esfenvalerate）

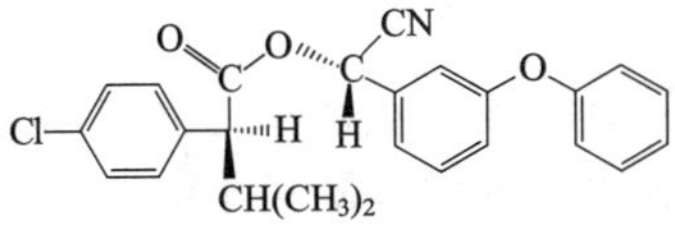

$C_{25}H_{22}ClNO_3$，419.9

产品简介

高氰戊菊酯［试验代号：S-1844（Sumitomo Chemical）、S-5602Aα（Sumitomo Chemical）、DPX-YB656（DuPont）、OMS 3023；通用名称：esfenvalerate；商品名称：Asana（DuPont）、Sumi-alfa（Sumitomo Chemical）、Sumi-alpha（Sumitomo Chemical）、Fast（Vapco）、Vifen alpha（Vipesco），白蚁灵（住友）、高氰戊菊酯、高效氰戊菊酯、来福灵（住友）、霹杀高（住友）、强福灵、强力农、双爱士、顺式氰戊；其他名称：Hakusap（Sumitomo Chemical）、Adjourn（Makhteshim-Agan），Evercide 2668（MGK）、Halmark（BASF）、Mandarin（Philagro）、Stella（Doğal）、Broxer（＋ fenitrothion）（Sumitomo）、Kabuto（＋ pirimicarb）（Philagro）、Pirephos（＋fenitrothion）（Iharabras）］由日本住友化学工业公司开发的拟除虫菊酯类（pyrethroids）杀虫剂。

化学名称 （*S*）-*α*-氰基-3-苯氧基苄基（*S*）-2-（4-氯苯基）-3-甲基丁酸酯，英文化学名称为（*S*）-*α*-cyano-3-phenoxybenzyl（*S*）-2-（4-chlorophenyl）-3-methylbutyrate。美国化学文摘系统名称为：［*S*-（*R**，*R**）］-cyano（3-phenoxyphenyl）methyl 4-chloro-2-（1-methylethyl）benzeneacetate，CA 主题索引名称为：benzeneacetic acid—，4-chloro-*α*-（1-methylethyl）—，（*S*）-cyano（3-phenoxyphenyl）methyl ester，（*α*S）-。CAS 登录号为［66230-04-4］。

组成 工业品中总异构体量 98％和 75％的（*S*，*S*）-异构体。

理化性质 无色晶体，工业品为黄棕色黏稠状液体或固体（23℃），熔点 38～54℃（工业品），沸点＞200℃（大气压下），闪点 256℃。蒸气压为 0.067mPa（25℃）。分配系数 K_{ow}lg*P*＝6.5（pH＝7，25℃）。相对密度 1.26（4～26℃）。Henry 常数 4.20×10^{-2} Pa·m^3/mol（计算）。水中溶解度 0.002mg/L（20℃），其他溶剂中溶解度（20℃，g/L）：二甲苯、丙酮、氯仿、甲醇、乙醇、*N*,*N*-二甲基甲酰胺、己烯、乙二醇＞450，正己烷 77。对光和热较稳定，在 pH＝5、7、9 水解（25℃）。

毒性 大鼠急性经口 LD_{50} 75～88mg/kg；急性经皮 LD_{50}：兔＞2000mg/kg，大鼠＞5000mg/kg。本品对兔眼睛中等刺激，对兔皮肤轻微刺激。对皮肤无致敏现象。大鼠 NOEL 2mg/kg。ADI/RfD（JMPR）值 0.02mg/kg［2002］；（EC）0.02mg/kg［2000］，（EPA）0.02mg/kg［1996］。急性 LD_{50} 值随工具、浓度、路线以及物种种类等的不同而有所不同，有时 LD_{50} 值差异显著。动物试验测试，无致癌性、发育和生殖毒性。

生态效应 北美鹑急性经口 LD_{50} 381mg/kg；鸟类 LC_{50}（8d）：北美鹑＞5620mg/L，绿头鸭 5247mg/L。对水生动物剧毒，鱼 LC_{50}（96h）：黑头呆鱼 0.690μg/L，大翻车鱼 0.26μg/L，虹鳟鱼 0.26μg/L。水蚤 LC_{50}（48h）0.24μg/L。蜜蜂 LD_{50}（接触）0.017μg/只。

环境行为 在大鼠和其他动物体内发生快速代谢和消除，主要的代谢作用包括 2′-位和 4′-位羟基的羟基化作用，酯断裂，醇的羟基化和氧化作用，氰基的氧化以及硫酸、甘氨酸和葡萄糖醛酸和酸性代谢物的共轭。同时在苯氧基环的 2′-位和 4′-位羟基的羟基化作用和氰基水解成酰胺与羧基。大多数的羧酸和酚还生成络合物。在植物中主要代谢物是脱羧氰戊菊酯。酯断裂，氰基水解成酰胺和羧酸，苯氧基 2′-位和 4′-位羟基的羟基化作用，苯氧基 2′-位和 4′-位上的羟基转化为 3-苯氧基苯甲酸和 3-苯氧基苄醇，和由此产生的羧酸和醇糖共轭。

制剂与分析方法　乳油、胶悬剂、超低量液剂、5%乳油、2.5%乳油。产品和残留物通常可用 GC/HPLC 进行分析。在土壤和水中可用 GC/ECD 进行分析。

作用机理与特点　钠通道抑制剂。具有触杀和胃毒作用的杀虫剂。它是氰戊菊酯所含 4 个异构体中最高效的一个，杀虫活性比氰戊菊酯高出约 4 倍，同时在阳光下较稳定，且耐雨水淋洗。

应用

防治作物　棉花、玉米、马铃薯、冬小麦、春大麦、油菜、啤酒花、黄瓜、番茄、苹果、梨。

防治对象　玉米螟、蚜虫、油菜花露尾甲、甘蓝夜蛾、菜粉蝶、苹果蠹蛾、茶尺蠖、苹蚜、棉蚜、桃小食心虫、棉铃虫、红铃虫、大豆芽、菜青虫、豆野螟、小绿叶蝉等多种害虫害螨。

残留量与安全施药　本品不宜与碱性物质混用。喷药应均匀周到，尽量减少用药次数及用药量，而且应与其他杀虫剂交替使用或混用，以延缓抗药性的产生，用药时不要污染河流、池塘、桑园和养蜂场等。

使用方法　该药剂属于拟虫菊酯类杀虫剂，具有广谱触杀和胃毒特性，无内吸和熏蒸作用，对光稳定，耐雨水冲刷，杀虫活性比氰戊菊酯高约 4 倍。

具体应用　以喷雾方式使用。①防治棉铃虫和红铃虫，应在卵孵化盛期施药，每亩用 5%乳油 25～35mL，根据虫情可每隔 7～10d 喷药一次。②防治桃小食心虫，在卵孵化盛期或是根据测报，在成虫高峰后 2～3d 施药，用 5%乳油 1500～2500 倍液喷雾，间隔 10～15d 连喷 2～3 次。③防治潜叶蛾用 5%乳油 4000～6000 倍，间隔 7 ～10d 连喷 2 次。④防治菜青虫和小菜蛾，在幼虫 3 龄期前喷药，每亩用 5%乳油 15～30mL。⑤防治豆野螟在卵孵化盛期施药，每亩用 5%乳油 20～30mL 对水喷雾。⑥防治大豆蚜虫，在发生期喷药，每亩用 5%乳油 10～20mL。防治茶尺蠖、茶毛虫和小绿叶蝉等，在幼虫和若虫发生期施用 5%乳油 5000～8000 倍液喷雾，持效期 10～15d，本剂对有机氯、有机磷和氨基甲酸酯类杀虫剂产生抗性的害虫也有效。

专利与登记

专利名称　Pesticidal Aromatic and Alicyclic Substituted Acetates

专利号　DE 2335347　　专利公开日　1974-02-14

专利申请日　1973-06-11　　优先权日　1976-06-11

专利拥有者　Sumitomo Chemical Co. Ltd. (JP)

在其他国家申请的化合物专利：BE 801946、DE 2335347、DE 2335347、DE 2335347、JP 49026425、JP 56004522、JP 49126826、JP 51033612、US 3996244、US 4016179、US 4031235、US 4039680、US 4266074、US 4531008、ZA 7304462 等。

制剂或剂型专利：BR 2004003620、BR 2003006411、JP 2008133240、WO 2009080723、WO 2009071212、JP 2008133238、WO 2007089346、JP 2006131535、WO 2004060850 等。

制备专利：WO 2005044221 等。

在中国申请的与该杀虫剂有关的部分专利：CN 101653133、CN 101650343、CN 101637927、CN 101622989、CN 101606517、CN 101589722、CN 101571523、CN 101560491、CN 101560126、CN 101526524、CN 101513187、CN 101406177、CN 101380029、CN

101366391、CN 101341877、CN 101339189、CN 101305732 等。

在中国的登记情况见表 101-1。

表 101-1　日本住友化学株式会社在中国登记情况

登记证号	含量	剂型	登记作物	防治对象	用药量	施用方法
WP20030006	50g/L	悬浮剂	卫生	蜚蠊	50mg/m^2	滞留喷雾
			卫生	白蚁	62.5～125mg/kg	土壤处理
PD20080532	50g/L	水乳剂	烟草	烟青虫	9～18g/hm^2	喷雾
			烟草	烟蚜	9～18g/hm^2	喷雾
			苹果	桃小食心虫	2000～4000 倍液	喷雾
			甘蓝	菜青虫	13.5～22.5g/hm^2	喷雾
PD118-90	50g/L	乳油	棉花	害虫	16.75～26.25g/hm^2	喷雾
			苹果树	桃小食心虫	16～25mg/kg	喷雾
			甘蓝	菜青虫	7.5～15g/hm^2	喷雾
			森林	松毛虫	5～8mg/kg	喷雾
			柑橘树	潜叶蛾	6～7mg/kg	喷雾
			甜菜	甘蓝夜蛾	7.5～15g/hm^2	喷雾
			烟草	烟青虫	7.5～11.25g/hm^2	喷雾
			烟草	蚜虫	7.5～11.25g/hm^2	喷雾
			大豆	蚜虫	7.5～15g/hm^2	喷雾
			大豆	食心虫	7.5～15g/hm^2	喷雾
			小麦	蚜虫	7.5～11.25g/hm^2	喷雾
			小麦	黏虫	7.5～11.25g/hm^2	喷雾
			玉米	黏虫	7.5～15g/hm^2	喷雾
PD252-98	83%	原药				

合成方法

高氰戊菊酯可由外消旋混合物，即氰戊菊酯拆分制得。将高氰戊菊酯与其光学异构体混合物溶于热的庚烷-甲苯混合溶剂中，然后将溶液冷却至 23～30℃，加入甲醇，混合物再冷却至－16℃，投入高纯的高氰戊菊酯，并通入氨气，混合物在－16℃下搅拌，并经后处理，得到纯的高氰戊菊酯。

酸部分以 4-氯苯乙腈为原料，在相转移催化剂和氢氧化钠存在下，与 2-氯代丙烷进行烷基化反应，然后水解，制得 3-甲基-2-(对氯苯基) 丁酸，反应如下：

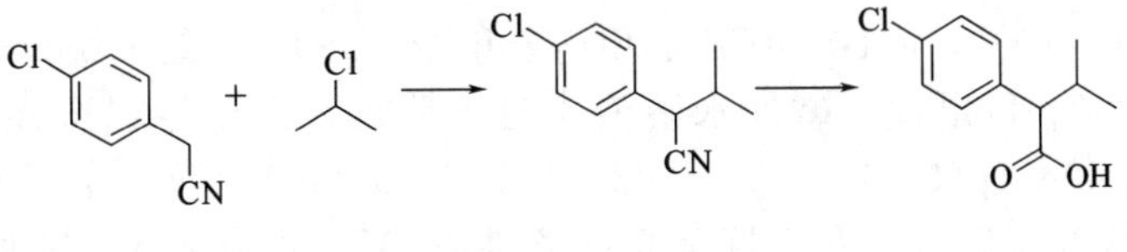

3-苯氧基甲苯氯化后，在六亚甲基四胺存在下，在水溶液或醇中回流，得到间苯氧基苯甲醛，该化合物与氰化钠和醋酸反应，得到间苯氧基-α-羟基苯乙腈。

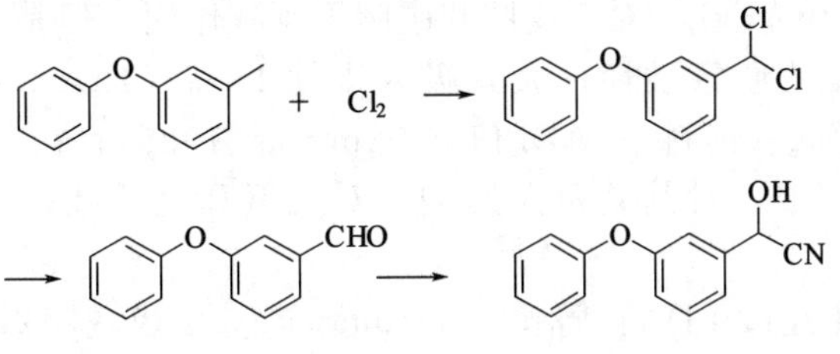

将上述两个中间体继续反应即可得到氰戊菊酯，然后经拆分就可得到高氰戊菊酯。

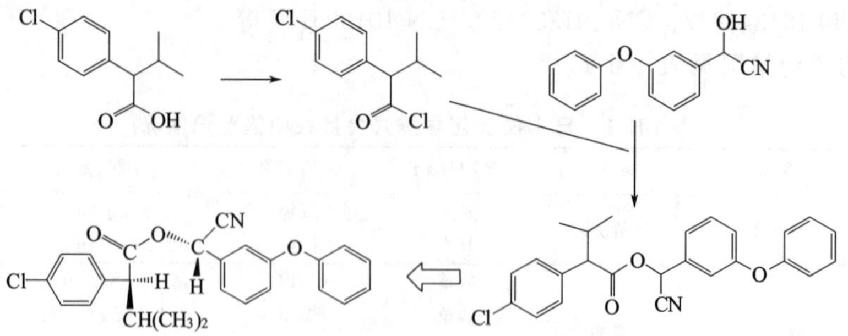

1　The Pesticide Manual. 15th edition：433-434.　　2　农药商品大全．北京：中国商业出版社，1996：129-132.

102　氟氰戊菊酯（flucythrinate）

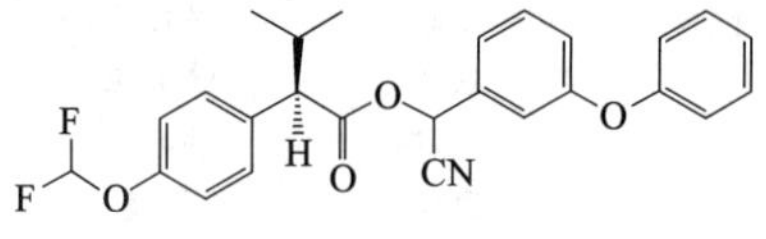

$C_{26}H_{23}F_2NO_4$，451.5

产品简介

氟氰戊菊酯［试验代号：AC 222705、CL 222705、OM S2007、AI 3-29391，通用名称：flucythrinate，商品名称：Cybolt、Cythrin、Colorado、Pay-Off（保好鸿）、氟氰菊酯、中西氟氰菊酯、氟氰戊菊酯、护赛宁（台）、甲氟菊酯］是美国氰氨公司（现属巴斯夫）开发的拟除虫菊酯类（pyrethroids）杀虫剂。

化学名称　(*RS*)-α-氰基-3-苯氧基苄基(*S*)-2-(4-二氟甲氧基苯基)-3-甲基丁酸酯。英文化学名称为(*RS*)-α-cyano-3-phenoxybenzyl(*S*)-2-(4-difluoromethoxyphenyl)-3-methylbutyrate。美国化学文摘系统名称为cyano(3-phenoxyphenyl)methyl 4-(difluoromethoxy)-α-(1-methylethyl) benzeneacetate。CA 主题索引名称为 benzeneacetic acid—，4-(difluoromethoxy)-α-(1-methylethyl)-cyano(3-phenoxyphenyl) methyl ester，(α*S*)—。CAS 登录号为［70124-77-5］未区分立体构型，曾用［71611-31-9］。

理化性质　工业品为深琥珀色黏稠液体，具有微弱的酯类气味。沸点 108℃（0.35mmHg）。蒸气压 0.0012mPa（25℃）。分配系数 $K_{ow}\lg P=4.74$（25℃）。Henry 常数 $1.08\times10^{-3}Pa\cdot m^3/mol$（计算）。相对密度 1.19（20℃）。水中溶解度 0.096mg/L（20℃），其他溶剂中溶解度（20℃，g/L）：丙酮、甲醇、甲苯＞250，二氯甲烷 250，乙酸乙酯200～250，正己烷 67～80。稳定性：碱性水溶液中迅速降解，但中性或酸性条件下降解较慢；DT_{50}（27℃）：约 40d（pH＝3），52d（pH＝5），6.3d（pH＝9），在 37℃条件下稳定一年以上，在 25℃稳定两年以上。在土壤里光照条件下 DT_{50} 约为 21d，其水溶液的 DT_{50} 约为 4d。闪点 45℃（闭杯）。

毒性　急性经口 LD_{50}：雄大鼠 81mg/kg，雌大鼠 67mg/kg，雌小鼠 76mg/kg；兔急性经皮 LD_{50}（24h）＞1000mg/kg；对兔皮肤和眼睛无刺激作用，但是未稀释的制剂对兔皮肤和眼睛有刺激作用，无皮肤致敏性；大鼠吸入毒性 LC_{50}（4h）4.85mg/L（烟雾剂）；大鼠 NOEL（2a）60mg/kg（饲料）；ADI 值 0.02mg/kg(1985)；在大鼠的 3 代繁殖试验中，以 30mg/kg（饲料）饲喂，对其繁殖无影响。对大鼠和兔无致畸作用，对大鼠无致突变作用。

生态效应　鸟急性经口 LD_{50}：野鸭＞2510mg/kg，山齿鹑＞2708mg/kg。鸟饲喂毒性 LC_{50}（14d）：野鸭＞4885mg/kg（饲料），山齿鹑＞3443mg/kg（饲料）。鱼 LC_{50}（96h）：

大翻车鱼 0.71μg/L，叉尾鮰 0.51μg/L，虹鳟鱼 0.32μg/L，红鲈鱼 1.6μg/L；因用药量低且在土壤中移动性小，故对鱼的危险很小。水蚤 LC_{50}（48h）8.3μg/L。对蜜蜂有毒，但也有趋避作用。LD_{50}（局部施药，粉剂）0.078μg/只，（触杀）0.3μg/只。

环境行为　大鼠食入药剂后，药剂主要通过粪便和尿液排出体外，其中 60%～70%的药剂会在 24h 内排出体外，8d 内>95%的药剂排出体外。在粪便中，主要以原药存在，但是在尿液和体内组织中主要以几种代谢物形式存在。药剂主要是通过水解后羟基化的形式降解的；在土壤中移动性小，无渗漏性，DT_{50}约 2 个月。

制剂与分析方法　剂型为：乳油、水分散粒剂、可湿性粉剂。分析方法为：原药可用 HPLC 或 GC 进行分析，残留物可用 GC 进行分析。

作用机理与特点　通过与钠离子通道的作用扰乱神经的功能，作用于昆虫的神经系统。作用方式，非内吸性具有触杀、胃毒作用。该药剂主要是改变昆虫神经膜的渗透性，影响离子的通道，因而抑制神经传导，使害虫运动失调、痉挛、麻痹以至死亡。对害虫主要是触杀作用，也有胃毒和杀卵作用，在致死浓度下有忌避作用，但无熏蒸和内吸作用。对害虫的毒力约为滴滴涕的 10～20 倍。

应用

适用作物　玉米、梨果、核果、葡萄树、草莓、柑橘类、香蕉、菠萝、橄榄树、咖啡树、可可豆、蔬菜、大豆、谷类、甜菜、向日葵、烟草、观赏植物。

防治对象　玉米上的螟蛉、棉树叶虫、刺吸式昆虫、粉虱、甲虫等；梨果和核果树上的鳞翅目、同翅目、鞘翅目昆虫等。

残留量与安全施药　氟氰戊菊酯在我国的具体残留标准如下：豆类（干）0.05mg/kg，红茶、绿茶 20mg/kg，甘蓝类蔬菜 0.5mg/kg，棉籽油 0.2mg/kg，果菜类蔬菜 0.2mg/kg，梨果类水果 0.5mg/kg，块根类蔬菜 0.05mg/kg。

使用方法　通常使用剂量为 22.5～52.5g(a.i.)/hm^2，即 10%乳油 225～525mL/hm^2。喷雾使用。防治螨类时用 10%乳油 525～600mL/hm^2，当虫口密度大时，要用 50mL 才能控制危害，最好与杀螨剂混用，可将害虫和害螨同时杀死。

应用技术　氟氰戊菊酯属负温度系数农药，即气温低要比气温高时药效好，因此在午后、傍晚施药为宜。该药剂在指导用量下对作物无药害。在玉米、果树等特定植物上使用时，可使叶子着色深化，可改善植物外观。使用该药剂时应该注意以下几点：①该药剂对眼睛、皮肤刺激性较大，施药人员要做好劳动保护；②不能在桑园、鱼塘、养蜂场所使用；③因无内吸和熏蒸作用，故喷药要周到细致、均匀；④用于防治钻蛀性害虫时，应在卵孵期或孵化前 1～2d 施药；⑤不能与碱性农药混用，不能做土壤处理使用；⑥连续使用，害虫易产生抗药性。

专利概况

专利名称　Phenoxybenzyl esters of aralkanoic acids and their use as insecticidal and acaricidal agents

专利号　GB 1582775　　专利公开日　1984-01-14

专利拥有者　American Cyanamid Co（US）

其他国家申请的专利：BG 28238、BG28695、BR 7706474、CH 638774、DK 434777、GB 1596903、GR 72107、JP 53044540、PL 201198、SU 1082782、TR 22094、YU 233577 等。

剂型或制备专利：DE 102004006324、DE 102006014490、EP 771526、EP 256407、FR 2779032、JP 2009209124、JP 2006213665、JP 08217757、JP 05112405、JP 04368303、JP 63287703、JP 63179808、JP 63126805、WO 2005065456、WO 2005065456、WO 9303618、

WO 2007076028、WO 2000002453、WO 2002037964、WO 2008064778、DE 4336307、DE 2757066、DE 3012918、EP 101570、EP 36774、HU 25404、JP 58192810、JP 56139445、JP 57035540、US 4394388、US 4506097、US 4239777、US 4307036、US 4199595、WO 2003027099、WO 2003097095、WO 2004067528 等。

在我国申请的剂型或制备专利：CN 1216900、CN 101218915、CN 1214863、CN 1887090 等。

合成方法

氟氰戊菊酯的制备共有四条路线，如下所示：

（1）对氟甲氧基甲苯路线

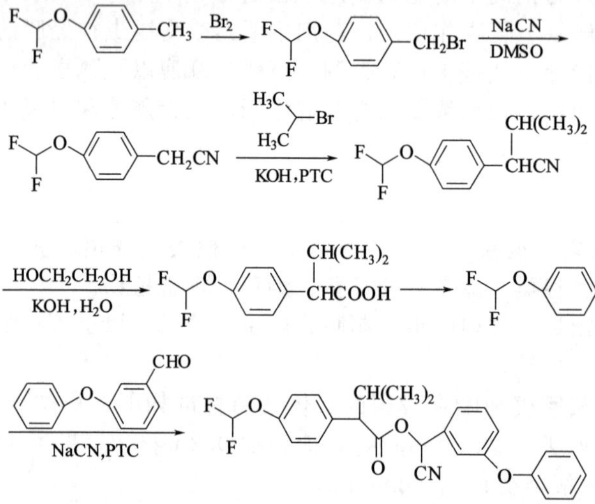

（2）对氟甲氧基苯路线

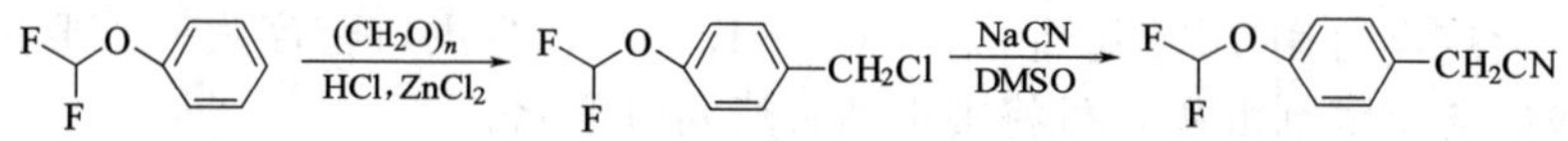

以下同路线（1）。

（3）苯甲醚路线

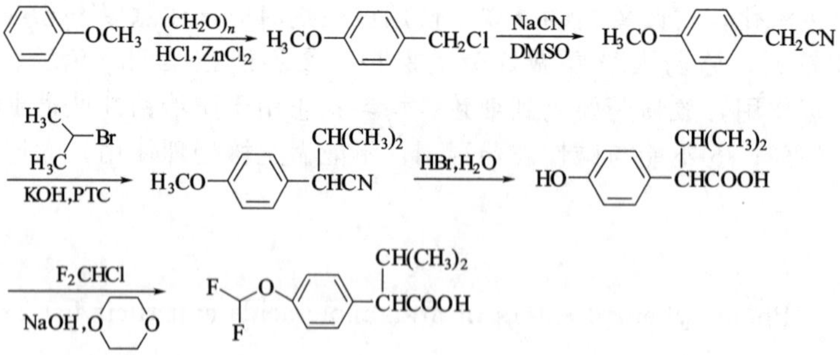

以下同路线（1）。

（4）对氯氰苄路线

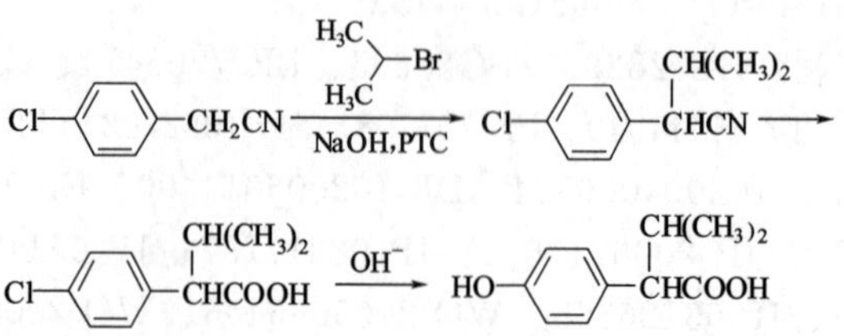

以下同路线（3）。

1 The Pesticide Manual. 15th edition：519-520.
2 宁夏化工，1993，4：4-7.
3 US 4178308.
4 DE 2757066.
5 US 4239777.

103 氟胺氰菊酯（tau-fluvalinate）

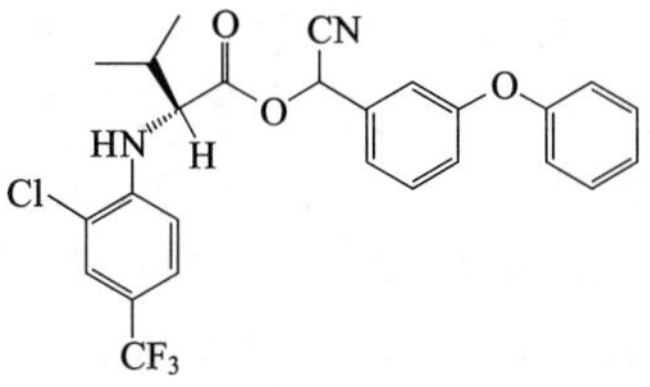

$C_{26}H_{22}ClF_3N_2O_3$，502.9

产品简介

氟胺氰菊酯［试验代号：SAN527I（Sandoz）、MK128，通用名称：tau-fluvalinate，商品名称：Mavrik、Mavrik Aqnaflow、Spur、Klartan、Apistan（兽用）（Zoecon）、福化利、马扑立克］是美国Zoecon（现属先正达公司）公司开发的拟除虫菊酯类（pyrethroids）杀虫剂。主要生产商：Makhteshim-Agan、Wellmark、日本农药株式会社。

化学名称 (*RS*)-*α*-氰基-3-苯氧基苄基-*N*-(2-氯对三氟甲基苯基)-D-缬氨酸酯。英文化学名称为（*RS*）-*α*-cyano-3-phenoxybenzyl-*N*-(2-chloro-*α*，*α*-trifluoro-*p*-tolyl)-D-valinate。美国化学文摘系统名称为 cyano(3-phenoxyphenyl)methyl-*N*-[2-chloro-4-(trifluoromethyl)phenyl]-D-valinate。CA 主题索引名称为 D-valine—，*N*-[2-chloro-4-(trifluoromethyl)phenyl]-cyano(3-phenoxyphenyl)methyl ester。CAS 登录号为［102851-06-9］tau-fluvalinate，［69409-94-5］fluvalinate（消旋异构体）。

组成 氟胺氰菊酯产品为（*R*)-*α*-氰基-2-(*R*)-和（*S*)-*α*-氰基-2-(*R*)-非对映异构体1∶1的混合物。

理化性质 原药为黏稠的琥珀色油状液体，工业品略带甜味。沸点164℃/0.07mmHg（工业品），蒸气压 9×10^{-8} mPa（20℃）。分配系数 $K_{ow}\lg P=4.26$（25℃）。Henry常数 4.04×10^{-5} Pa·m³/mol。相对密度1.262（25℃）。水中溶解度1.03μg/L（pH=7，20℃），易溶于甲苯、乙腈、异丙醇、二甲基甲酰胺、正辛醇等有机溶剂中，在异辛烷中溶解度为108g/L。工业品在室温（20～28℃）条件下，稳定期为2a。日光曝晒降解，DT_{50}：9.3～10.7min（水溶液，缓冲至pH=5），1d（玻璃薄膜），13d（油表面）。9μg/L水溶液的水解 DT_{50} 为48d（pH=5），38.5d（pH=7），1.1d（pH=9）。闪点90℃（工业品）（潘-马氏闭杯式法）。

毒性 大鼠急性经口 LD_{50}：雌261mg/kg，雄282mg/kg（在玉米油中）。兔急性经皮 LD_{50}＞2000mg/kg，对兔皮肤有轻微刺激作用，对兔眼中等刺激。大鼠吸入 LC_{50}（4h）＞0.56mg/L（空气）。大鼠NOEL 0.5mg/(kg·d)。ADI值0.005mg/kg（bw）。

生态效应 山齿鹑急性经口 LD_{50}＞2510mg/kg，山齿鹑和野鸭饲喂毒性 LC_{50}（8d）＞5620mg/kg（饲料）。鱼 LC_{50}（96h）：大翻车鱼0.0062mg/L，虹鳟鱼0.0027mg/L，鲤鱼0.0048mg/L。水蚤 LC_{50}（48h）0.001mg/L。淡水藻 LC_{50}＞2.2mg/L，在推荐剂量下使用对蜜蜂无毒。LD_{50}（24h，局部触杀）6.7μg（原药）/只；（摄取）163μg（原药）/只。蚯蚓 LC_{50}（14d）＞1000mg/L。通常除了对蜘蛛、捕食螨、一些瓢虫和蠕虫毒性较强外，对有益昆虫显示中等毒性，基本安全。

环境行为　大鼠摄食该药品后，90%的药品代谢产物在4d内排出体外。其中20%～40%的代谢产物通过尿液排出，60%～80%的代谢产物通过粪便排出。苯氨酸、3-苯氧基苯甲酸（3-PBA）、4′-3-PBA为该产品主要的粪便代谢产物，4′-3-PBA、3-PBA和3-苯氧基苄醇为主要的尿液代谢产物。在施用氟胺氰菊酯后，植物上的残留物90%为该药剂，剩余的残留物包括：苯氨酸、4′-羟基-3-苯氧基苯甲酸等。降解半衰期DT_{50}为2～6周；土壤/环境：在实验室有氧条件下，在土壤中的降解半衰期DT_{50}为12～92d。主要的降解产物为相应的苯氨酸和苯胺，K_{oc}（吸附）>110000，（吸附）>39000。

制剂与分析方法　剂型：乳油、水乳剂、超低量液剂、熏蒸剂、Apistan、熏蒸剂（10g/kg塑料带）、Mavrik 2E、乳油（240g/L）、Klartan、Mavrik 2F、胶悬剂（240g/L）、Amalux（40g tau-fluvalinate＋300g 喹恶磷/L）、Mavrik B、乳油（72 gtau-fluvalinate＋200g二甲硫吸磷/L）、Procarb（日本曹达）、可湿性粉剂（50g tau-fluvalinate＋30g 噻螨酮/kg）、Torero、成对包装（tau-fluvalinate＋四螨嗪）。分析方法为：产品GC（FID检测器），残留物GC（ECD检测器）。

作用机理与特点　通过钠离子通道的相互作用扰乱神经的功能，作用于害虫的神经系统。具有触杀和胃毒作用的杀虫、杀螨剂。该药剂杀虫谱广，还有拒食和驱避活性，除具有一般拟除虫菊酯农药的特点外，还能歼除多数菊酯类农药所不能防治的螨类。即使在田间高温条件下，仍能保持其原杀虫活性，且有较长的残效。对许多农作物没有药害。

应用

适用作物　棉花、烟草、果树、观赏植物、蔬菜、树木和葡萄。

防治对象　蚜虫、叶蝉、鳞翅目、缨翅目害虫、温室粉虱和叶螨等，如烟芽夜蛾、棉铃虫、棉红铃虫、波纹夜蛾、蚜虫、盲蝽、叶蝉、烟天蛾、烟草跳甲、菜粉蝶、菜蛾、甜菜夜蛾、玉米螟、苜蓿叶象甲等。

残留量与安全施药　10%氟胺氰菊酯乳油对棉花每季最多使用次数为3次，安全间隔期为14d。对叶菜每季最多使用次数为3次，安全间隔期为7d。我国登记残留标准：甘蓝类蔬菜0.5mg/kg，棉籽油0.2mg/kg。

应用技术　为广谱叶面喷施的杀虫、杀螨剂。本品不可与碱性物质混用，以免分解失效。因对鱼、虾、蚕有毒性，使用时避免污染中毒。

使用方法　防治谷物、油菜和马铃薯上的害虫和害螨，使用有效浓度为36～48g/hm^2，防治葡萄、蔬菜和向日葵的害虫和害螨，最高使用有效浓度为72 g/hm^2。防治苹果树、葡萄树上的蚜虫，使用有效浓度为25～75mg/L；防治桃树和梨树上的害螨，使用有效浓度为100～200mg/L。防治棉花蚜虫和棉铃虫，用20%乳油195～375mL/hm^{2}对水喷雾、防治棉红铃虫和棉红蜘蛛，用20%乳油375～450mL/hm^{2}对水喷雾，持效期10d左右。防治柑橘潜叶蛾和红蜘蛛，用20%乳油2500～5000倍液喷雾。防治潜叶蛾一周后再喷1次为好。对桃小食心虫和山楂叶螨，用20%乳油1600～2000倍液喷雾，防治效果良好。防治蔬菜上的蚜虫、菜青虫，每公顷用20%乳油225～375mL，小菜蛾每公顷用300～375mL喷雾，防治效果达80%以上。可以防治室内和室外观赏植物。也可利用其控制蜂箱内的蜂螨。

专利与登记

专利名称　Substituted amino acids

专利号　US 4243819　　专利公开日　1981-06-06

专利申请日　1978-02-16　　优先权日　1977-03-21

专利拥有者　Zoecon Corp.（US）

在其他国家申请的化合物专利：AU 7834253、AU 519047、CA 1147745、GB 1588111、IN

148104A1、IL 54293、ZA 7801173 等。

剂型或制备专利：DE 102004006324、DE 102006014490、JP 2009209124、JP 2008133238、JP 2008115157、JP 2006213665、JP 2006131516、JP 2007137807、WO 2006035808、WO 2007076028、WO 2006106798、WO 2008064778、WO 2005065456、WO 2008099820、WO 2008071714、WO 2002037964、WO 2002030202、JP 2006298785、WO 2007089455、WO 2007079162、WO 2006055922、WO 2006023783、WO 2009099929、WO 2009051956、WO 2008150393、WO 2003027099 等。

在中国申请的含氟胺氰菊酯的制剂或剂型专利登记情况见表 103-1、表 103-2。

表 103-1 在中国申请的专利

序号	申请号	专利名称
1	01820100.8	用除虫菊酯/拟除虫菊酯和氯硫尼定的联合处理种子的方法
2	01816979.1	用杀昆虫剂的组合处理种子

表 103-2 日本农药株式会社在中国登记情况

登记名称	登记证号	含量	剂型
氟胺氰菊酯	PD346-2001	90%	原药

合成方法

氟胺氰菊酯的制备有三条路线。

① α-氨基异戊酸经重氮化溴代，生成相应的 α-溴代异戊酸，再用二氯亚砜或草酰氯氯化，然后与取代的氰醇反应，最后与取代苯胺缩合得到氟胺氰菊酯。

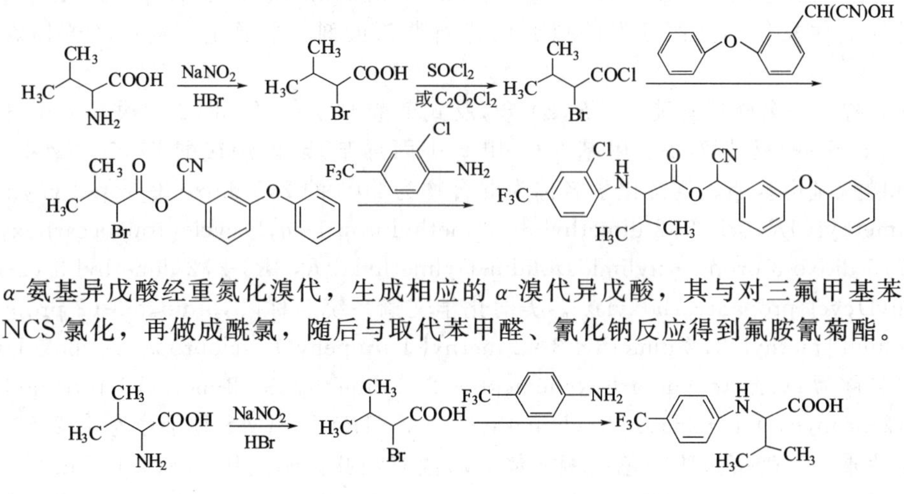

② α-氨基异戊酸经重氮化溴代，生成相应的 α-溴代异戊酸，其与对三氟甲基苯胺反应，然后经 NCS 氯化，再做成酰氯，随后与取代苯甲醛、氰化钠反应得到氟胺氰菊酯。

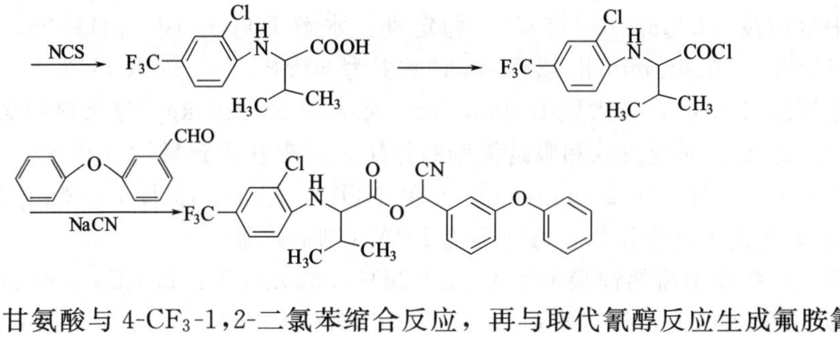

③ 取代甘氨酸与 4-CF_3-1,2-二氯苯缩合反应，再与取代氰醇反应生成氟胺氰菊酯。

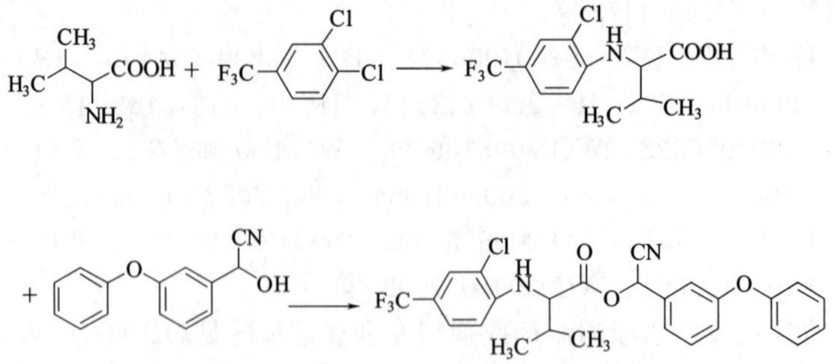

1 农药商品大全．北京：中国商业出版社，1996：146.
2 The Pesticide Manual. 15th edition：562-563.
3 US 4243819.
4 US 4260633.
5 EP 0288427.
6 US 4243819.
7 EP 0548028.
8 现代农药，2003，1，13-15.
9 安徽农业科学，2009，28，13678-13679.
10 分析化学，2001，29（11）：1292-1294.

104 炔咪菊酯（imiprothrin）

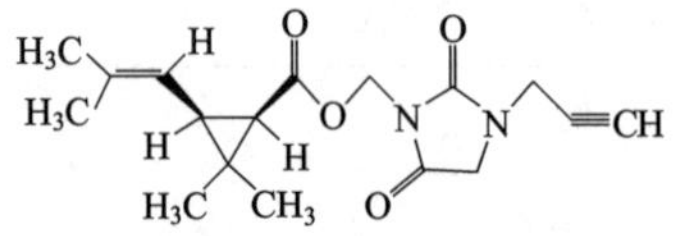

$C_{17}H_{22}N_2O_4$，318.4

产品简介

炔咪菊酯（试验代号：S-41311，通用名称：imiprothrin，商品名称：Pralle、捕杀雷、强力）是日本住友化学公司开发的拟除虫菊酯类杀虫剂。主要生产商：江苏扬农、日本住友。

化学名称 又名脒唑菊酯，(1*R*,*S*)-顺,反式菊酸-[2,5-二氧-3-(2-丙炔基)]-1-咪唑烷基甲基酯,(1*R*,*S*)-顺反式-2,2-二甲基-3-(2-甲基-1-丙烯基)环丙烷羧酸-[2,5-二氧-3-(2-丙炔基)]-1-咪唑烷基甲基酯。英文化学名称为混合物为20%的 2,5-dioxo-3-prop-2-ynylimidazolidin-1-ylmethyl(1*R*,3*S*)-2,2-dimethyl-3-(2-methylprop-1-enyl)cyclopropanecarboxylate 和 80%的 2,5-dioxo-3-prop-2-ynylimidazolidin-1-ylmethyl(1*R*,3*R*)-2,2-dimethyl-3-(2-methylprop-1-enyl)cyclopropanecarboxylate。美国化学文摘系统名称[2,5-dioxo-3-(2-propynyl)-1-imidazolidinyl] methyl 2,2-dimethyl-3-(2-methyl-1-propenyl) cyclopropanecarboxylate。CA主题索引名称为 cyclopropanecarboxylic acid—,2,2-dimethyl-3-(2-methyl-1-propenyl)-[2,5-dioxo-3-(2-propynyl)-1-imidazolidinyl]methyl ester,(1*R*)—。CAS 登录号为［72963-72-5］。

理化性质 工业品为琥珀色黏稠液体，略微有甜味。蒸气压 1.8×10^{-3} mPa（25℃）。分配系数 K_{ow} lg$P$ = 2.9（25℃）。Henry 常数 6.33×10^{-6} Pa · m^3/mol。相对密度 1.1（20℃）。水中溶解度 93.5mg/L（25℃）。稳定性：水解 DT_{50} <1d（pH=9），59d（pH=7），稳定（pH=5）。在 6r/min 和 12r/min 时黏度为 60mPa · s。闪点 141℃。

毒性 急性经口 LD_{50}：雄大鼠 1800mg/kg，雌大鼠 900mg/kg；雄大鼠和雌大鼠急性经皮 LD_{50} >2000mg/kg。对兔皮肤和眼睛无刺激作用。对皮肤无致敏性（豚鼠）；雄大鼠和雌大鼠吸入毒性 LC_{50}（4h）>1200mg/m^3；大鼠 NOEL 数值（13 周）100mg/kg（饲料）；Ames试验显示此药剂无诱变作用；毒性等级 EPA（制剂）Ⅲ。

生态效应 野鸭和山齿鹑饲喂毒性 LC_{50}（8d）>5620mg/L；鱼 LC_{50}（96h）：大翻车鱼 0.07mg/L，虹鳟鱼 0.038mg/L；水蚤 EC_{50}（48h）0.051mg/L。

制剂与分析方法　剂型有气雾剂。主要产品或制剂为50.5%炔咪菊酯母液。

作用机理与特点　该药剂作用于昆虫神经系统，通过与钠离子通道作用扰乱神经元功能，杀死害虫。最突出的作用特点就是对卫生害虫具有速效性，即卫生害虫一接触到药液，就会立刻被击倒，尤其对蟑螂有非常优异的击倒作用，兼治蚊、蝇。其击倒效果高于传统的拟除虫菊酯如胺菊酯（是胺菊酯的10倍）和益多克（是益多克的4倍）等。

应用

对家居害虫蟑螂和其他爬行害虫能快速击倒。

防治对象　主要用于防治蟑螂、蚊、家蝇、蚂蚁、跳蚤、尘螨、衣鱼、蟋蟀、蜘蛛等害虫和有害生物。

应用技术　炔咪菊酯单独使用时杀虫活性不高，当与其他拟除虫菊酯类的致死剂（例如苯氰菊酯、苯醚菊酯、氯菊酯、氯氰菊酯等）混配时，能大大提高其杀虫活性。在高档的气雾剂配方中是首选原料。可作单独的击倒剂并配合致死剂使用，通常用量为0.03%～0.05%；个别使用至0.08%～0.15%，可广泛与常用的拟除虫菊酯类配合使用，如苯氰菊酯、苯醚菊酯、氯氰菊酯、益多克、益必添、*S*-生物丙烯等。本品主要用于气雾剂和喷射剂等卫生杀虫剂的配制见表104-1。在气雾剂中建议用95%以上的PBO及十四烷酸异丙酯作增效剂和助溶剂。

表104-1　炔咪菊酯在我国推荐使用情况

登记作物名称	防治对象名称	施用方法
卫生	蚂蚁	喷雾
卫生	蚊、蝇、蜚蠊	喷雾
卫生	蜚蠊	喷雾

专利与登记

专利名称　Insecticidal aerosol sprays containing pyrethrins

专利号　GB 2224654　　专利公开日　1990-05-16

专利申请日　1989-10-06　　优先权日　1988-11-11

专利拥有者　Sumitomo Chemical Co.，Ltd.，Japan

在其他国家申请的化合物专利：AU 4149089、AU 8941490、AU 611590、BR 8905776、CN 1042642、CN 1040498、CH 679825、DE 68905149、DK 564189、DK 8905641、EG18877、ES 2018736、EP 370321、EP 370321、FR 2638941、GR 1002530、GR 89100734、GB 2224654、GB 2224654、HK 105992、HU 51854、HU 205822、JP 02288811、JP 2782821、IT 1237477、KR 0132427、LT3605、LV 10021、MX 18151、NZ 230699、TR 24625、RU 2027365、SG 107592、US 5137713、YU 204989、ZA 8907350等。

制剂或剂型专利：EP 771526、JP 2009235040、JP 2008169164、JP 2007001931、JP 2001163712、JP 03209303、US 20040176368、US 20070231413、WO 2002030202、WO 2009074114、WO 2009031697、WO 2008064778等。

制备专利：CN 101265310、JP 2000302612、JP 03176409、JP 2004215662、JP 10045513、JP 2002316906等。

在中国申请的含炔咪菊酯类的制剂或剂型专利及登记情况见表104-2、表104-3。

表104-2　在中国申请的专利

序号	申请号	专 利 名 称
1	200710022625.8	航空器杀虫气雾剂及其制备方法

表 104-3　日本住友化学株式会社在中国的登记情况

登记名称	登记证号	含量	剂型
炔咪菊酯	WP20070020	93%	原药
炔咪菊酯	WP20080002	50%	母药

合成方法

菊酸合成方法如下。

① 重氮乙酸酯法　以丙酮、乙炔为原料反应，在经还原、脱水生成 2,5-二甲基-2,4-己二烯，然后与重氮乙酸酯反应、皂化、调酸即得菊酸。

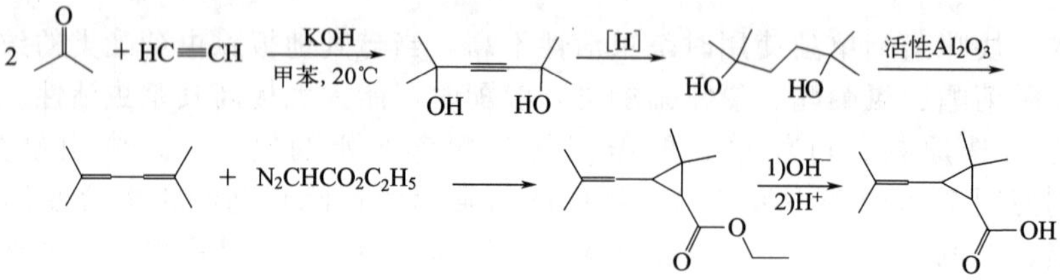

② 二环辛酮法　二环辛酮与羟胺反应得到相应的肟，再用五氯化磷开环脱水生成腈，经水解制得菊酸。

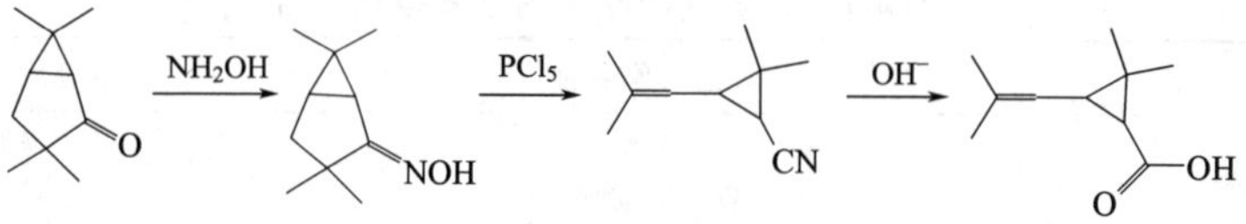

③ 原醋酸乙酯法　异丁酰氯与异丁烯在氯化铝催化下反应，再经硼氢化钠还原，然后与原醋酸乙酯反应得到 3,3,6-三甲基庚烯-[4]-酸乙酯，再加卤素，脱氯化氢成环得到菊酸乙酯，且以反式构型为主。

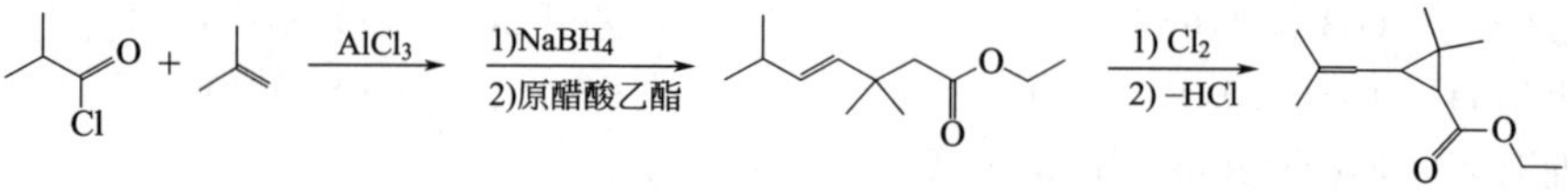

④ 甲基丙烯醇法　在−10℃下，将 3-氯-3-甲基-1-丁炔加到 2-甲基丙烯醇和叔丁醇钾的混合溶液中，并在此温度下反应 3h，得到 45%环化产物，该产物溶于乙醚中，于金属钠和液氨中还原。在 0℃下，将还原产物与三氧化铬一起加到干燥的吡啶中，在 15～20℃反应 24h，然后滴加几滴水，将反应混合物再搅拌 4h，得到 75% 3∶1（反式∶顺式）菊酸。

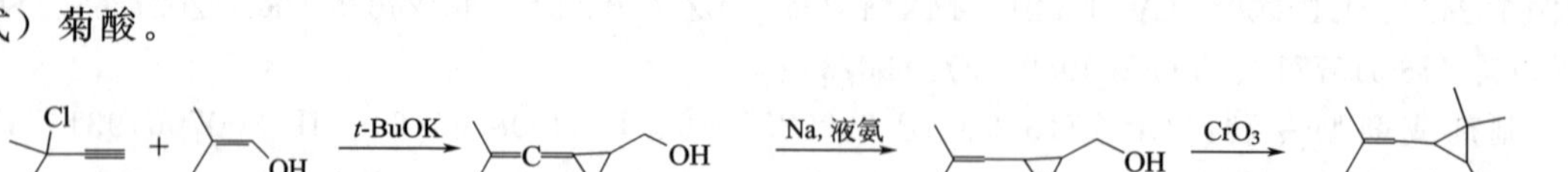

⑤ Witting 合成方法

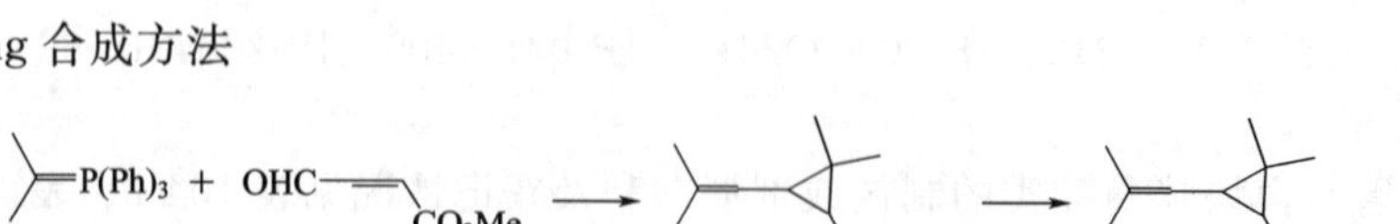

⑥ Corey 路线利用二苯硫异亚丙基和不饱和羰基化合物在−20～70℃于氮气保护下反应，使异亚丙基加成到碳碳双键上形成环丙烷类衍生物，得到（±）-反式菊酸酯。

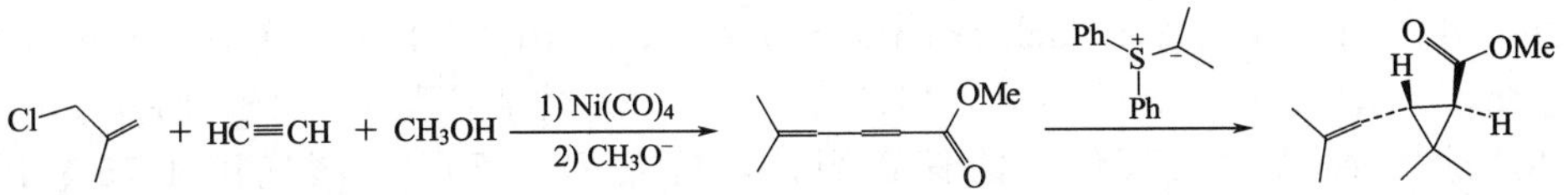

⑦ 其他合成方法

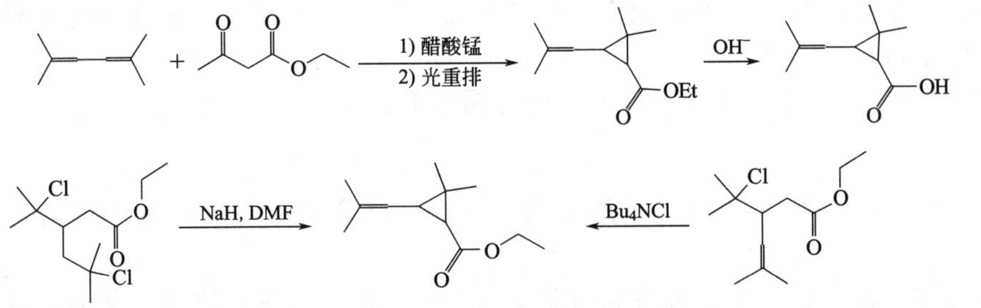

炔咪菊酯经如下反应制得：1mol A 和 1.2mol B 用丙酮溶解后，向其中滴加 1.6mol 三乙胺，搅拌，控制温度在 15～20℃。滴加完后反应回流 2h 至反应完全。冷却后，过滤掉三乙胺盐酸盐。将滤液中加入三倍量的苯，拌样后过柱得产品。

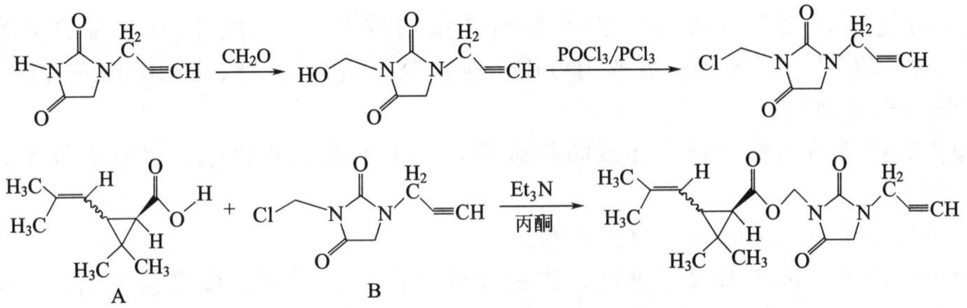

1 The Pesticide Manual. 15 th edition：651.
2 雾剂通讯，2010，2：4-7.
3 中国职业医学，2006，1：32-35.
4 毒理学杂志，2005，A03：192-193.
5 气雾剂通讯，2002，6：1-4.
6 Synthesis，1982，(11)：955-956.
7 US 4176189.
8 Pesticide Science，1998，52 (1)：21-28.

105 氯氟醚菊酯（meperfluthrin）

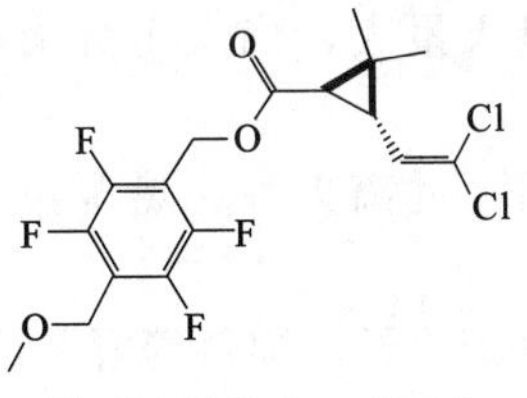

$C_{17}H_{16}Cl_2F_4O_3$，415.2

产品简介

氯氟醚菊酯（通用名称：meperfluthrin）是江苏扬农和优士化学公司共同开发的拟除虫菊酯类杀虫剂。

化学名称 2,3,5,6,-四氟-4-甲氧甲基苄基(1*R*,3*S*)-3-(2,2-二氯乙烯基)-2,2-二甲基环丙烷羧酸酯，英文化学名称为 2,3,5,6-tetrafluoro-4-(methoxymethyl) benzyl(1*R*,3*S*)-3-(2,2-dichlorovinyl)-2,2-dimethylcyclopropanecarboxylate 或 2,3,5,6-tetrafluoro-4-(methoxymethyl) benzyl (1*R*)-*trans*-3-(2,2-dichlorovinyl)-2,2-dimethylcyclopro-panecarboxylate；美国化学文摘系统名称为［2,3,5,6-tetrafluoro-4-(methoxymethyl) phenyl］methyl (1*R*,3*S*)-3-(2,2-dichloroethenyl)-2,2-dimethylcyclopropanecarboxylate，CA 主题索引名称为 cyclopropanecarboxylic acid—，3-(2，2-dichloroethenyl)-2，2-dimethyl [2，3，5，6-tetrafluoro-4-(methoxymethyl) phenyl] methyl ester，(1*R*，3*S*)-；CAS登录号为 [915288-13-0]。

理化性质　纯品为淡灰色至淡棕色固体，熔点 72～75℃，蒸气压 4.75×10^{-5} Pa (25℃)、686.2 Pa (200℃)，相对密度 1.2329，难溶于水，易溶于甲苯、氯仿、丙酮、二氯甲烷、二甲基甲酰胺等有机溶剂中。在酸性和中性条件下稳定，但在碱性条件下水解较快。在常温下可稳定贮存 2a。

毒性　大鼠急性经口 LD_{50}＞500mg/kg，属低毒。

应用

用途　该产品是吸入和触杀型杀虫剂，对蚊、蝇等卫生害虫具有卓越的击倒和杀死活性。

使用方法　将本品于高于其熔点的温度 (80℃) 加热保温，待其熔化后，取 1kg 原药加入 49kg 煤油或乙醇等溶剂 (根据需要可不加增效剂)，配成 2%浓度的原药溶液。取用 200～300g 配制的溶液喷涂于空白盘香上制作成蚊香，烘干或晾干后包装。一般每盒蚊香 (60 盘，10kg 坯料) 需用原药 5g 左右，对蚊虫具有很高的击倒活性。或者加入二甲苯或酯类有机溶剂和适量乳化剂 (根据需要可添加适量增效剂)，制成 15%左右的可溶性液剂 (SL) 或乳油 (EC) 等制剂，按需取用可用于制作杀虫喷雾剂或蚊香和电热蚊香液。

残留量与安全施药

① 操作时应佩戴防毒口罩，穿戴防护服等，工作现场禁止吸烟、进食和饮水。密闭操作，局部排风。

② 不可用中碳钢、镀锌铁皮材料装载。

③ 如出现泄漏，隔离泄漏污染区，周围设警告标志，不要直接接触泄漏物，用砂土吸收，铲入铁桶，运至废物处理场所。被污染地面用肥皂或洗涤剂刷洗，经稀释的污水放入废水系统。

④ 皮肤接触应立即脱去污染的衣物，用肥皂及清水彻底冲洗。

⑤ 误入眼中应立即拉开眼睑，用流动的清水冲洗 15 min，就医。

⑥ 吸入，立即转移至空气清新处，严重者给予吸氧并就医。

⑦ 误服立即送医院。

⑧ 本品尚无特效解毒剂，若摄入量大，病人十分清醒，可用吐根糖浆诱吐，还可在服用的活性炭泥中加入山梨醇。

⑨ 贮存于阴凉、通风的仓库内。远离火种、热源，专人保管，防止受潮和雨淋，防止阳光曝晒。

⑩ 保持容器密封，不能与食物、种子、饲料等混装、混运。

⑪ 操作现场不得吸烟、饮水、进食。搬运时要轻装轻卸，防止包装及容器损坏。分装和搬运作业要注意个人防护。

专利概况

专利名称　Process for preparation of optical active pyrethroids compound and its application for prevention and control of sanitary insect pests

专利号　CN 101306997　　　　专利公开日　2008-11-19

专利申请日　2008-07-07　　　　专利拥有者　江苏扬农和优士化学

该类结构在早期专利中曾有涉及，目前公开的或授权的相关专利：EP 54360、AU 8178241、AU 544081、JP 57123146、JP 01050216、JP 02000126、JP 02048532、US 4370346、GB 2066810、US 4405640、IL77195、US 4429153、CA 1181768、US 4551546、

US 4868209、JP 2005298477、CN 1669419、JP 2006321795、CN 100545144、WO 2009132526、CN 101473842、CN 101508647、CN 101524084、CN 101543225、CN 101580471、CN 101632381、CN 101632379、CN 101632378 等。

合成方法

通过如下反应即可制得目的物：

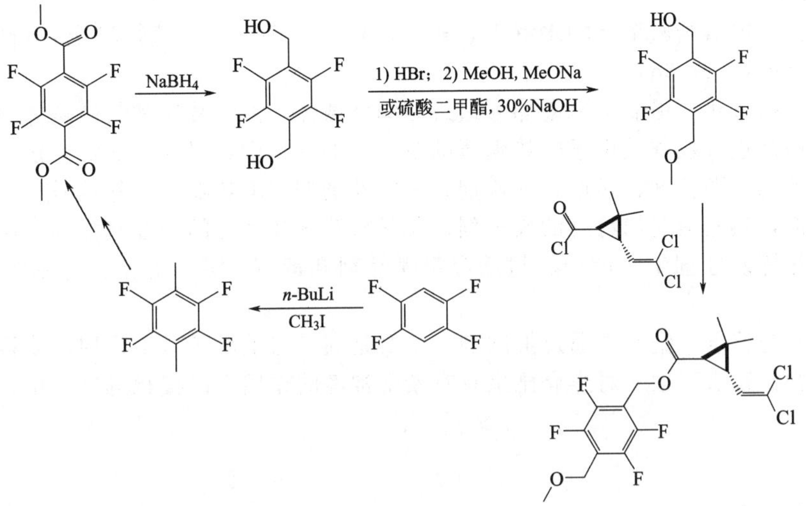

1 CN 1631868.

2 EP 0054360.

106 甲氧苄氟菊酯（metofluthrin）

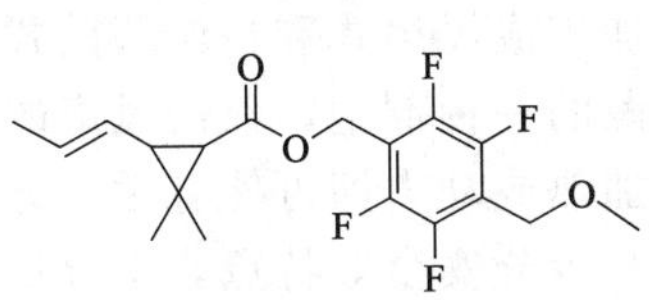

$C_{18}H_{20}F_4O_3$，360.4

产品简介

甲氧苄氟菊酯［试验代号：S-1264（Sumitomo），通用名称：metofluthrin，商品名称：SumiOne、Eminence、Deckmate］是日本住友化学公司开发的拟除虫菊酯类（pyrethroids）杀虫剂。主要生产商日本住友化学公司。

化学名称 2,3,5,6-四氟-4-(甲氧基甲基)苄基-3-(1-丙烯基)-2,2-二甲基环丙烷羧酸酯，英文化学名称 2,3,5,6-tetrafluoro-4-(methoxymethyl)benzyl(*EZ*)(1*RS*,3*RS*;1*RS*,3*SR*)-2,2-dimethyl-3-prop-1-enylcyclopropanecarboxylate。美国化学文摘系统名称[2,3,5,6-tetrafluoro-4-(methoxymethyl) phenyl] methyl 2,2-dimethyl-3-(1-propenyl) cyclopropanecarboxylate。CA 主题索引名称 cyclopropanecarboxylic acid—，2,2-dimethyl-3-(1-propenyl)-[2,3,5,6-tetrafluoro-4-(methoxymethyl)phenyl]methyl ester。CAS 登录号为［240494-70-6］。

组成 工业品原药含量 93.0%～98.8%，>95%（1*R*)-异构体，>98%反式-异构体，>86%（*Z*)-异构体。物化数据与组成有关。

理化性质 甲氧苄氟菊酯原药为浅黄色透明油状液体。沸点 334℃，蒸气压 1.96mPa（25℃，饱和蒸气压法）。分配系数 $K_{ow}\lg P=5.0$（25℃）。相对密度 1.21（20℃）。水中溶解度 0.73mg/L（pH=7，20℃）。在乙腈、二甲基亚砜、甲醇、乙醇、丙酮、正己烷中能快速溶解。稳定性：在紫外光下分解，在碱性溶液中水解。旋光度 $[\alpha]_D^{20}-23.7°$（$c=0.02$，乙醇)。闪点>110℃。

毒性　雄(雌)性大鼠急性经口 LD_{50}>200mg/kg。雄(雌)性大鼠急性经皮 LD_{50}>2000mg/kg。无刺激性，无致敏性。雄(雌)性大鼠吸入毒性 LD_{50} 1000～2000mg/m^3。

生态效应　野鸭和北山齿鹑急性经口 LD_{50}>2250mg/kg。野鸭和北山齿鹑饲喂 LD_{50}(8d)>5620mg/L。鲤鱼 LC_{50}(96h) 3.06 μg/L。水蚤 EC_{50}(48h) 4.7 μg/L。藻类 E_rC_{50}(72h) 0.37mg/L。

环境行为　甲氧苄氟菊酯的水解半衰期(25℃)：pH=4～7 药物稳定，(pH=9) 33d。光解半衰期(pH=4) 6d。

制剂与分析方法　甲氧苄氟菊酯可通过与固体载体、液体载体和气体载体或饵剂进行配制加工，或浸渍进入蚊香或用于电热熏蒸的蚊香片的基料中，可加工成油溶剂、乳油、可湿性粉剂、悬浮剂、颗粒剂、粉剂、气雾剂，挥发性剂型如电热器上用的蚊香，蚊香片和电热器上用的液剂，热熏蒸剂如易燃的熏蒸剂、化学熏蒸剂和多孔的陶瓷熏蒸剂，涂敷于树脂或纸上的不加热挥发性剂型、烟型、超低容量喷雾剂和毒饵。分析方法，毛细管气相色谱内标法。

作用机理与特点　钠离子通道抑制剂。主要是通过与钠离子通道作用，使神经细胞丧失功能，导致靶标害虫死亡。对媒介昆虫具有紊乱神经的作用。以接触毒性杀虫，具有快速击倒的性能。

应用

防治对象　家庭卫生害虫，特别对蚊子有效。

残留量与安全施药　含有甲氧苄氟菊酯的树脂制剂至少在 8 周内能稳定发挥药效。

应用技术　甲氧苄氟菊酯最大的特点是其在常温的蒸散性高于现有的 *d*-烯丙菊酯和右旋炔丙菊酯。根据其特点，可以加工成风扇式和自然蒸散式制剂。风扇式制剂为依靠风扇的风力在室温下即可使有效成分挥散的一种剂型，只需风扇的转动即可。自然蒸散式制剂将有效成分保持于纸或树脂内，无需加热或动力即可使有效成分自然蒸散。由于甲氧苄醚菊酯具有常温蒸散性好、活性高、对人畜十分安全等特点，十分适宜加工成此类剂型。

专利与登记

专利名称　Ester of 2,2-dimethyl-cyclopropanecarboxylic acid and their use as pesticides

专利号　EP 939073　　专利公开日　1999-09-01

专利申请日　1999-02-24　　优先权日　1998-02-26

专利拥有者　Sumitomo Chemical Company, Japan

在其他国家申请的化合物专利：AU 1214099、AU 9912140、AU 744432、BR 9900788、CN 1229791、CN 1151116、DE 69904249、EP 939073、ES 2189296、EP 939073、ID 22013、KR 2004098611、MX 2000001035、TW462963、US 6225495、ZA 9900680 等。

该产品在世界 30 余个国家和地区进行了登记，并已获得美国等 20 多个国家的登记。目前，作为理想的蚊子防治药剂，正获得越来越多的国家和地区认可。

制剂或剂型专利：DE 102006056544、EP 1625792、JP 2008024683、JP 2007001929、JP 2006213616、JP 2009173608、JP 2009235040、JP 2009173608、JP 2009155288、JP 2002003313、JP 2005298362、JP 2005220067、JP 2004285053、US 20070231413、US 20050137250、WO 2009031692 等。

制备专利：EP 939073、JP 2002003313、JP 2001335407、JP 2000063329、JP 2002212138、JP 2004269507、JP 2005082501、US 20020052525、WO 2004067528 等。

在中国申请的含甲氧苄氟菊酯的制剂或剂型专利及登记情况见表 106-1、表 106-2。

表 106-1 在中国申请的专利

序号	申请号	专利名称
1	200610131815.9	防虫剂

表 106-2 日本住友化学株式会社在中国的登记情况

登记名称	登记证号	含量	剂型
甲氧苄氟菊酯	WL20100234	92.6%	原药

合成方法

经如下三种路线反应制得甲氧苄氟菊酯：路线一是经 Witting 反应得到甲氧苄氟菊酯，路线二是常规的酯化反应，路线三是经酯交换反应得到产品。

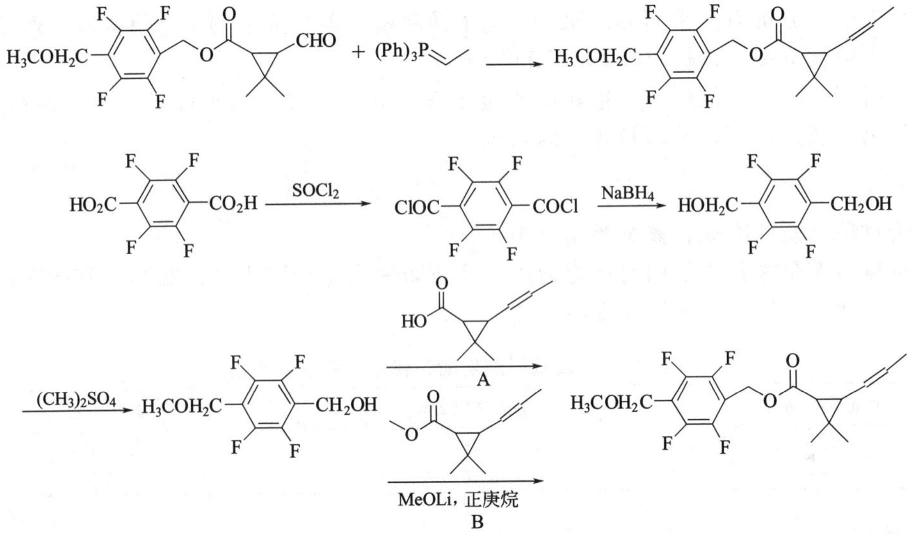

1 世界农药，2008，30（2）：1-4.
2 山东农药信息，2008，6：47.
3 The Pesticide Manual. 15th edition：778-779.
4 精细化工中间体，2010，40（2）：7-12.
5 化工中间体：科技产业版，2004，6：60.
6 CN 1229791.
7 CN 1354166.
8 JP 2005082501.

107 四氟甲醚菊酯（dimefluthrin）

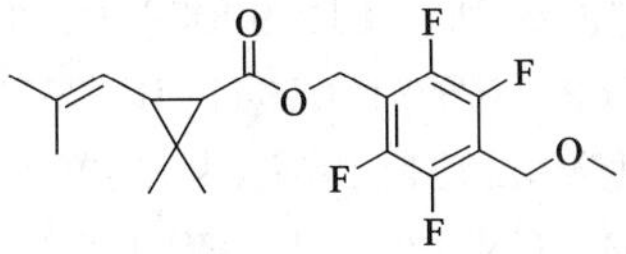

$C_{19}H_{22}F_4O_3$，374.4

产品简介

四氟甲醚菊酯（通用名称：dimefluthrin）是日本住友化学株式会社开发的拟除虫菊酯类杀虫剂。主要生产商：住友化学、江苏扬农。

化学名称 2,3,5,6-四氟-4-(甲氧基甲基)苄基(1*RS*,3*RS*;1*RS*,3*SR*)-2,2-二甲基-3-(2-甲基-1-丙烯基)环丙烷羧酸酯或 2,3,5,6-四氟-4-(甲氧基甲基) 苄基 (1*RS*)-*cis*,*trans*-2,2-二甲基-3-(2-甲基-1-丙烯基) 环丙烷羧酸酯。英文化学名称为 2,3,5,6-tetrafluoro-4-(methoxymethyl) benzyl(1*RS*,3*RS*;1*RS*,3*SR*)-2,2-dimethyl-3-(2-methylprop-1-enyl) cyclopropanecarboxylate 或 2,3,5,6-tetrafluoro-4-(methoxymethyl) benzyl(1*RS*)-*cis*,*trans*-2,2-dimethyl-3-(2-methylprop-1-enyl)cyclopropanecarboxylate；美国化学文摘系统名称[2,3,5,6-tetrafluoro-4-(methoxymethyl) phenyl] methyl 2,2-dimethyl-3-(2-methyl-1-propen-1-yl) cyclopropanecarboxylate；CA 主题索引名称为 cyclopropanecarboxylic acid—，2,2-dimethyl-3-(2-methyl-1-propenyl)-[2,3,5,6-tetrafluoro-4-(methoxymethyl) phenyl] methyl ester。CAS 登录号为 [271241-14-6]。

理化性质　原药外观为淡黄色透明液体，具有特异气味。沸点为 134～140℃ (26.7Pa)。相对密度为 1.18。蒸气压为 0.91mPa (25℃)。易与丙酮、乙醇、己烷、二甲基亚砜混合。

毒性　急性经口 LD_{50}：雄大鼠 2036mg/kg，雌大鼠 2295mg/kg。大鼠急性经皮 LD_{50} 2000mg/kg。无致癌作用。

生态效应　本品对于鱼类、蜂和蚕毒性高，蚕室及其附近禁用。

分析方法　分析方法采用 GC-ECD（电子捕获检测器）或采用正己烷提取，经超声萃取浓缩后，以甲氰菊酯为内标进行 GC-FID 检测。

作用机理与特点　该药剂为拟除虫菊酯类杀虫剂。主要作用于神经系统，为神经毒剂，通过与钠离子通道作用，破坏神经元的功能。

应用

防治对象　淡色库蚊、家蝇等见表 107-1。

残留量与安全施药　使用时注意通风，注意防火安全；避光、避高温、避受潮；勿与食品、种子、饮料、饲料及易燃易爆品混放。

表 107-1　四氟甲醚菊酯在我国推荐使用情况

登记作物名称	防治对象名称	施用方法
卫生	蚊	电热加温
卫生	蚊	点燃

专利与登记

专利名称　Pyrethroid compounds and composition for controlling pest contain in the same.

专利号　EP 1004569　　专利公开日　2000-05-31

专利申请日　1999-10-13　　优先权日　1998-11-20

专利拥有者　Sumitomo chemical company，limited chuo-ku，Osaka (JP)

在其他国家申请的化合物专利：BR 9905640、CN 1092490、CN 1254507、DE 69906014、EG 21991、EP 1004569、ES 2190164、ID 25752、IN 206172、JP 3690215、JP 2001011022、KR 2000035232、TW 529911、MX 9909958、US 6294576 等。

制剂或剂型专利：CN 1308864、CN 1324571、EP 1625792、JP 2008162998、JP 2007191422、JP 2007001929、JP 2006298789、US 20070231413、WO 2009031692、WO 2008071714 等。

制备专利：CN 101653143、CN 1451650、EP 1004569、JP 2001328912、JP 2002145828、JP 2002212138、JP 2003206264、US 20030195119、WO 2003050080 等。

在中国申请的含四氟甲醚菊酯的制剂或剂型专利及登记情况见表 107-2、表 107-3。

表 107-2　在中国申请的专利

序号	申请号	专利名称
1	200910111805.2	一种新型驱杀蚊蝇用杀虫剂
2	200810045831.5	一种低含量的防治卫生害虫的杀虫剂

表 107-3　日本住友化学株式会社在中国登记情况

登记名称	登记证号	含量	剂型
四氟甲醚菊酯	WL20080090	6%	母药
四氟甲醚菊酯	WP20080014	95%	原药
四氟甲醚菊酯	WP20080073	5%	母药

合成方法

（1）菊酸合成方法

① 重氮乙酸酯法　以丙酮、乙炔为原料反应，再经还原、脱水生成 2,5-二甲基-2,4-己二烯，然后与重氮乙酸酯反应、皂化、调酸即得菊酸。

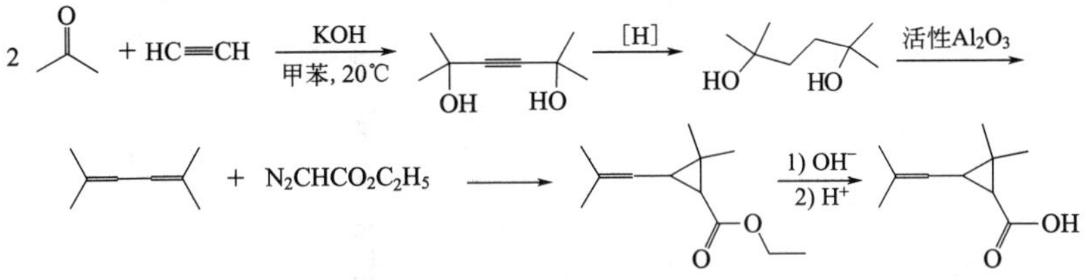

② 二环辛酮法　二环辛酮与羟胺反应得到相应的肟，再用五氯化磷开环脱水生成腈，经水解制得菊酸。

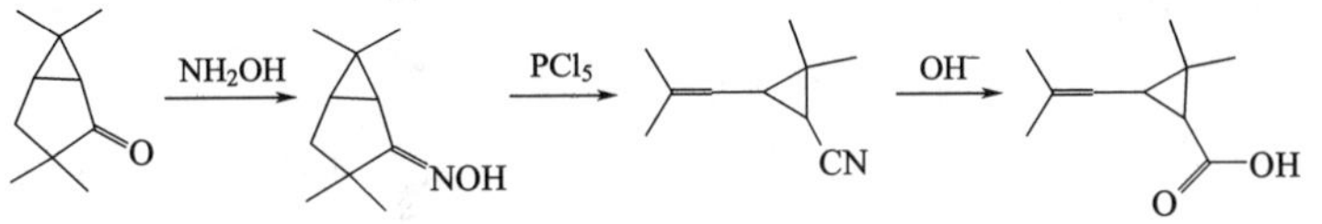

③ 原醋酸乙酯法　异丁酰氯与异丁烯在氯化铝催化下反应，在经硼氢化钠还原，然后与原醋酸乙酯反应得到 3,3,6-三甲基庚烯-[4]-酸乙酯，再加卤素，脱氯化氢成环得到菊酸乙酯，并以反式构型为主。

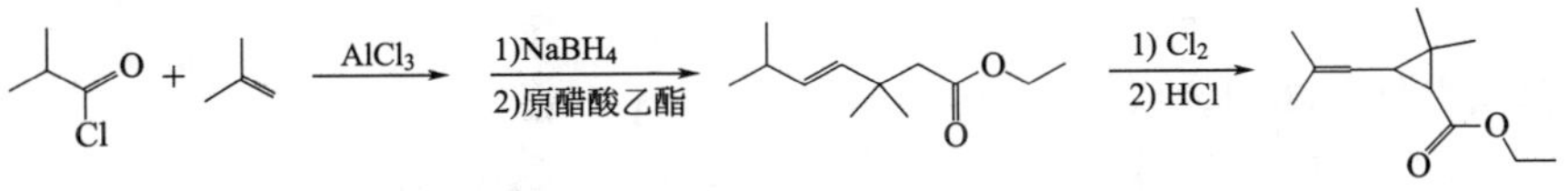

④ 甲基丙烯醇法　在−10℃下，将 3-氯-3-甲基丁-1-炔加到 2-甲基丙烯醇和叔丁醇钾的混合溶液中，并在此温度下反应 3h，得到 45%环化产物，该产物溶于乙醚中，于金属钠和液氨中还原。在 0℃下，将还原产物与三氧化铬一起加到干燥的吡啶中，在 15～20℃反应 24h，然后滴加几滴水，将反应混合物再搅拌 4h，得到 75% 3∶1（反式∶顺式）菊酸。

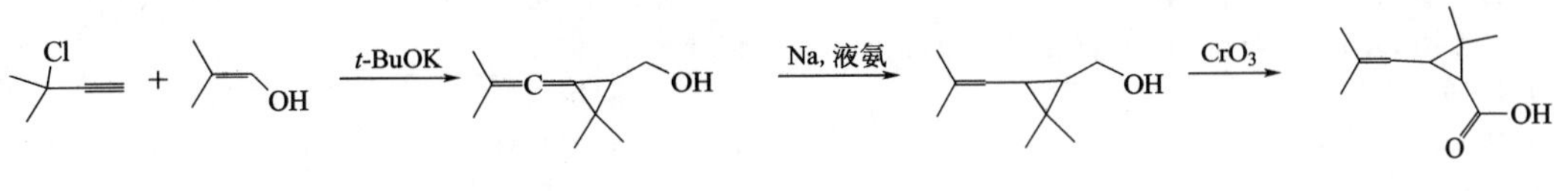

⑤ Witting 合成方法：

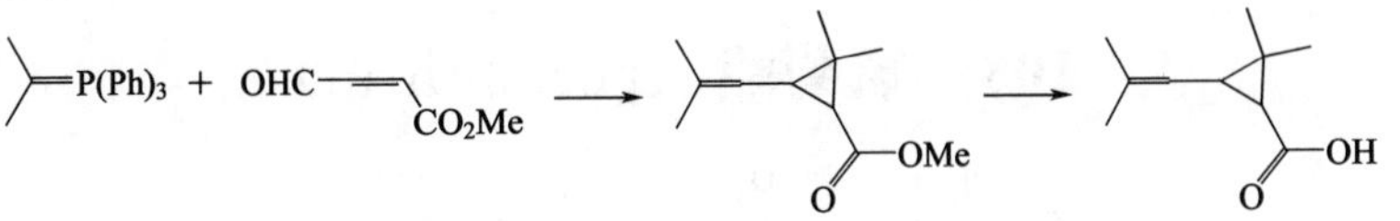

⑥ Corey 路线　利用二苯硫异亚丙基和不饱和羰基化合物在−20～70℃与氮气保护下反应，使异亚丙基加成到碳碳双键上形成环丙烷类衍生物，得到（±）-反式菊酸酯。

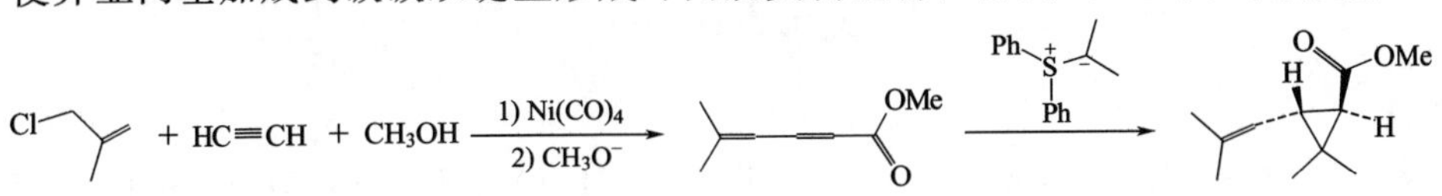

⑦ 其他合成方法：

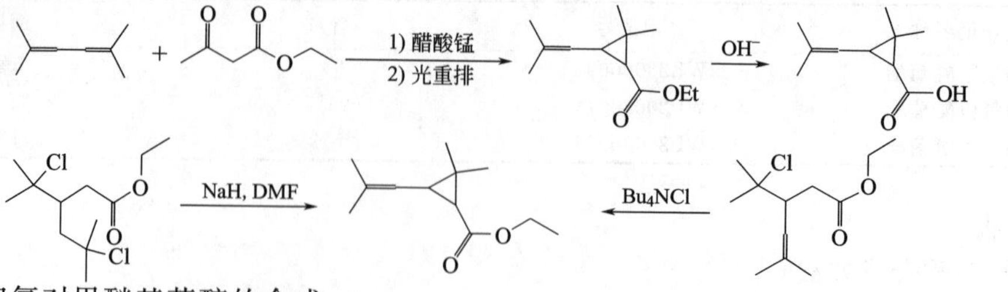

（2）四氟对甲醚基苄醇的合成

① 以 1,2,4,5-四氟苯为原料：

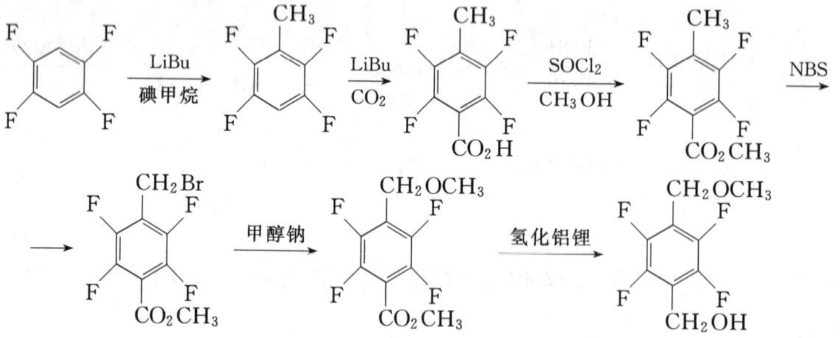

② 以四氯对苯二甲腈为原料

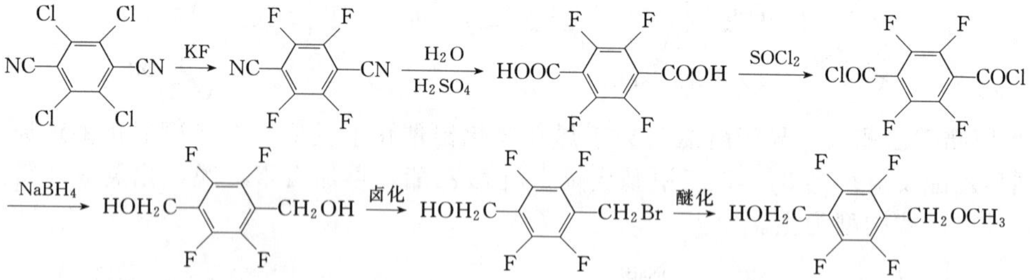

（3）四氟甲醚菊酯的合成

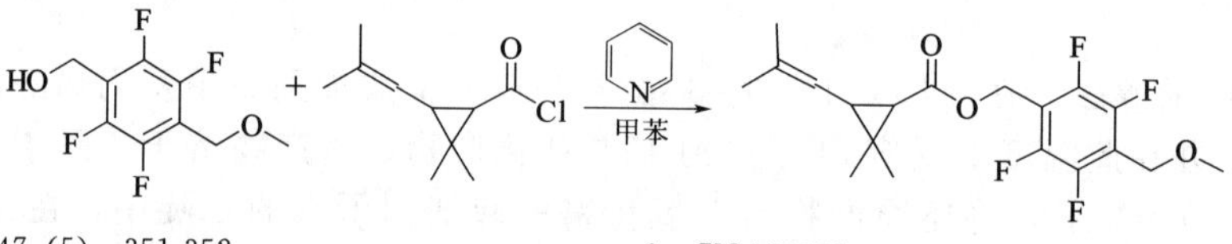

1 农药，2008，47（5）：351-352.

2 农药，2005，44（9）：405-406.

3 精细化学品大全．农药卷．浙江科学技术出版社．2000：164-166.

4 精细化工中间体，2004，40（2）：7-15.

5 CN 1458137.

6 CN 130695.

7 CN 1201779.

8 US 6294576.

9 US 20020151741.

10 US 20030195119.

11 CN 1660764A.

108 氯菊酯（permethrin）

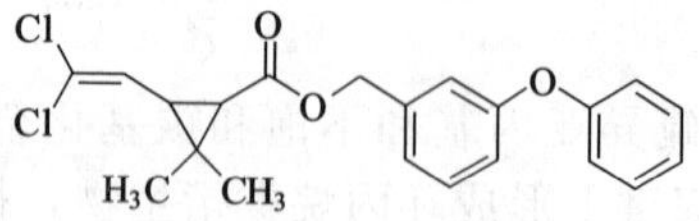

$C_{21}H_{20}Cl_2O_3$，391.3

产品简介

氯菊酯［试验代号：FM C33297、PP 557（ICI）、WL 43479（Shell）、LE79-519

(Rhone-Poulenc)，通用名称：permethrin，商品名称：Ambush（crop protection use）（Amvac，Syngenta）、Dragnet（termiticide）（FMC）、Dragon（publichealth）（Syngenta）、Eksmin（Sumitomo）、Outflank（veterinary use）（BASF）、Pounce（FMC）、Talcord（agronomic use）（BASF）、Agniban（Devidayal）、Aimthrin（Aimco）、Assithrin（Frunol）、Cliper（Cequisa）、Mikrem（micro-encapsulated）（Kemio）、Onesol（aerosol）（Kemio）、Perkill（United Phosphorus）、Permetiol（Agriphar）、Permit（Agricultura Nacional，Sanonda）、Permost（Hockley）、Persect（public health）（Vapco）、Sanathrin（Dow AgroSciences）、Sunper（Sundat）、克死诺、百灭灵、神杀、毕诺杀、闯入者等］是FMC公司开发的拟除虫菊酯类杀虫剂。世界主要生产商：Agriphar、Agrochem、Agro-Chemie、Aimco、BASF、Bharat Rasayan、Bilag、Fertiagro、FMC、Meghmani、Parry、RPG、Sharda、Sumitomo、Sundat、Syngenta、Tagros、United Phosphorus、江苏扬农。

化学名称　3-苯氧基苄基(1*RS*,3*RS*;1*RS*,3*SR*)-3-(2,2-二氯乙烯基)-2,2-二甲基环丙烷羧酸酯。英文化学名称为3-phenoxybenzyl(1*RS*,3*RS*;1*RS*,3*SR*)-3-(2,2-dichlorovinyl)-2,2-dimethyl cyclopropanecarboxylate或3-phenoxybenzyl(1*RS*)-*cis-trans*-3-(2,2-dichlorovinyl)-2,2-dimethylcyclopropanecarboxylate。美国化学文摘系统名称为(3-phenoxyphenyl)methyl-3-(2,2-dichloroethenyl)-2,2-dimethylcyclopropanecarboxylate。CA主题索引名称为cyclopropanecarboxylic acid—,3-(2,2-dichloroethenyl)-2,2-dimethyl-(3-phenoxyphenyl)methyl ester。CAS登录号为［52645-53-1］。

理化性质　氯菊酯是两个异构体的混合物，通常情况下，顺反异构比例约为40∶60，但在一些产品中也有顺反异构比例约为25∶75。工业品为黄棕色至棕色液体，在室温下有时析出部分结晶，熔点34～35℃，顺式异构体熔点为63～65℃，反式异构体熔点为44～47℃，沸点：200℃/0.1 mmHg，>290℃/760 mmHg。蒸气压：顺式异构体为2.9×10^{-3} mPa（25℃）；反式异构体为9.2×10^{-4} Pa（25℃）。$K_{ow}\lg P=6.1$（20℃）。Henry常数：顺式异构体为5.8×10^{-3} Pa·m³/mol（25℃，计算），反式异构体为2.8×10^{-3} Pa·m³/mol（25℃，计算）。相对密度为1.29（20℃）。溶解度：水0.006mg/L（pH=7，20℃），二甲苯和正己烷>1000g/kg（25℃），甲醇258g/kg（25℃）。稳定性：对热稳定（在50℃稳定存在2a以上），在酸性介质比在碱性介质中更稳定。25℃，pH=5、7时，稳定。其最适pH值约为4，DT_{50}为50d（pH=9）。在实验室研究中，发现有一些光化学降解现象，但田间数据表明不影响其生物活性。闪点>100℃。

毒性　氯菊酯的经口LD_{50}值取决于诸如这些因素：载体、顺/反比例、实验品系及其性别、年龄和发育阶段等因素，故报道的值有明显的不同。顺/反异构比例约为40∶60的经口LD_{50}（mg/kg）：大鼠430～4000，小鼠540～2690；比例约为20∶80的经口LD_{50}（mg/kg）约6000。急性经皮LD_{50}（mg/kg）：大鼠>2500，兔>2000。对兔的眼睛和皮肤有轻微刺激性，对皮肤中等程度的过敏。大鼠和小鼠吸入LC_{50}（3h）>685mg/m³（个别研究报告给出的数据>13800mg/m³）。NOEL值（2a）5mg/(kg·d)。ADI值0.05mg/kg。无致突变、致畸、致癌作用。

生态效应　鸟类顺/反异构比例约为40∶60的经口LD_{50}（mg/kg）：鸡>3000，野鸭>9800，日本鹌鹑>13500；鱼类LC_{50}（μg/L）：虹鳟鱼2.55（96h），虹鳟鱼5.4（48h），大翻车鱼1.8（48h）；水蚤LC_{50}（48h）0.6μg/L；对蜜蜂有毒，LD_{50}（24h）（经口）0.098μg/只，（接触）0.029μg/只。

环境行为　在推荐量下氯菊酯对环境是低毒的，在哺乳动物中其酯键水解，变成糖苷而降解掉，它在土壤和水中迅速降解，土壤中DT_{50}<38d（pH=4.2～7.7）。

分析方法　产品分析可用气相色谱法，残留分析可用气相色谱法（电子捕获检测器）。

作用机理与特点　氯菊酯是研究较早的一种不含氰基结构的拟除虫菊酯类杀虫剂，是菊酯类农药中第一个出现适用于防治农业害虫的光稳定性杀虫剂。其作用方式以触杀和胃毒为主，并有杀卵和拒避活性，无内吸熏蒸作用。杀虫谱广，在碱性介质及土壤中易分解失效。

应用

适用范围　可以用于防治棉花、蔬菜、茶叶、果树上多种害虫，尤其适用于卫生害虫和牲畜害虫的防治。

防治对象　氯菊酯的应用技术见表108-1。棉花害虫：棉蚜、棉叶蝉、棉铃虫等；

果树害虫：桃蚜、橘蚜、梨小食心虫、桃小食心虫等；

蔬菜：菜青虫、菜蚜虫、小菜蛾、黄条跳甲、猿叶虫等；

茶、烟草害虫：茶蔗蚜、烟夜蛾、茶枝尺蠖、茶黄毒蛾、茶小卷夜蛾、茶蚕等；

林木害虫：马尾松松毛虫、槐蚜、白杨尺蛾、杨树金花虫等。

残留量与安全施药　棉花中的鳞翅目、鞘翅目害虫施药剂量为100～150g/hm²，对于果树施药剂量为25～50g/hm²，蔬菜类施药剂量为40～70 g/hm²，烟草和其他作物施药剂量为50～200g/hm²。在200mg(a.i.)/m² 剂量下，它能有效地杀死动物皮外寄生虫，后效控制期>60d。在200mg/kg羊毛，它能作为羊毛的防腐剂。在100mg(a.i.)/m² 剂量下，它能有效地控制蜚蠊目、双翅目、膜翅目害虫和其他蠕虫等，后效控制期>120d。其使用对植物本身没有危害，除了对某些观赏性植物可能有害。

表108-1　氯菊酯的应用技术

作物	害虫	施药量
棉花	棉铃虫、红铃虫、造桥虫、卷叶虫	用10%乳油1000～1250倍液喷雾
	棉蚜	于发生期用10%乳油2000～4000倍液喷雾，可有效控制苗蚜。防治伏蚜需增加使用剂量
蔬菜	菜青虫、小菜蛾	于3龄前进行防治，用10%乳油1000～2000倍液喷雾。同时可兼治菜蚜
果树	柑橘潜叶蛾	于放梢初期用10%乳油1250～2500倍液喷雾，同时可兼治橘蚜等柑橘害虫，对柑橘害螨无效
	桃小食心虫	于卵孵盛期、当卵果率达1%时进行防治，用10%乳油1000～2000倍液喷雾。同样剂量，同样时期，还可以防治梨小食心虫，同时兼治卷叶蛾及蚜虫等果树害虫，但对叶螨无效
茶树	茶尺蠖、茶细蛾、茶毛虫、茶刺蛾	于2～3龄幼虫盛发期，以2500～5000倍液喷雾，同时兼治绿叶蝉、蚜虫
烟草	桃蚜、烟青虫	于发生期用10～20mg/kg药液均匀喷雾
卫生害虫	家蝇	于栖息场所用10%乳油0.01～0.03mL/m³ 喷洒，可有效杀灭苍蝇
	蚊子	在蚊子活动场所用10%乳油0.01～0.03mL/m³ 喷雾。对于幼蚊，可将10%乳油对成1mg/L，在幼蚊孳生的水坑内喷洒，可有效杀灭孑孓
	蟑螂	于蟑螂活动场所的表面作滞留喷雾，使用剂量为0.008g/m²
	白蚁	于易受白蚁危害的竹、木器表面作滞留喷雾，或灌注蚁穴，使用10%乳油800～1000倍液

专利与登记

专利名称　3-Substituted-2,2-dimethyl-cyclopropane carboxylic acid esters their preparation and their use in pesticidal compositions

专利号　GB 1413491　　专利公开日　1975-11-12

专利申请日　1972-05-25　　优先权日　1972-05-25

专利拥有者　英国蓝德公司（NRDC）

在其他国家申请的化合物专利：AU 7586439、BE 835615、BE 699868、BR 6790601、BR 7507574、CH 488394、DE 2551257、DK 7505157、FR 2290842、FR 1565335、GB 1191658、IL 28102、JP 50064422、JP 50058237、JP 51073131、NL 7513326、NL 6708673、

NO 119197、US 3944666、US 3652741、US 3709988、US 3885031、ZA 7507170 等。

在中国申请的制剂或剂型专利：CN 1335068、CN 1286030、CN 1279890、CN 1251259、CN 1233396、CN 1093400、CN 1071551、CN 1072063、CN 1066958、CN 1148934、CN 1398519、CN 1833505、CN 1745635、CN 1513323、CN 1501773、CN 1579162、CN 101233849、CN 101173485、CN 1358435、CN 101133741 等。

在中国申请的与该产品有关的部分专利及登记情况见表 108-2～表 108-5。

表 108-2 在中国申请的专利

序号	申请号	专利名称
1	96110966.1	用于制造防虫电缆的含氟氯菊酯的聚合物组合物
2	01101695.7	含氯菊酯和胺菊酯的杀螨组合物的扩散方法和催化燃烧瓶在其中的用途
3	200410066163.6	氯菊酯多克隆抗体酶联免疫检测方法
4	200580001998.6	用于控制常见家庭害虫的氟氯菊酯/吡虫清组合物
5	200710019844.0	氯菊酯辛硫磷复配杀虫剂
6	200710023610.3	氯菊酯敌敌畏复配杀虫剂
7	200680052395.3	氟氯菊酯和氰基-合成除虫菊酯的杀虫和杀螨组合物
8	200680052384.5	氟氯菊酯和富集的氯氰菊酯的新颖制剂

表 108-3 美国富美实公司在国内登记情况

商品名	登记证号	含量	剂型	登记作物	防治对象	用药量/(mg/m^2)	施用方法
氯菊酯	WP20080069	92%	原药				
氯菊酯	WP20080453	380g/L	乳油	卫生	跳蚤	150～300	滞留喷雾

表 108-4 日本住友化学株式会社在国内登记情况

商品名	登记证号	含量	剂型	登记作物	防治对象	用药量	施用方法
氯菊酯	WP54-98	90%	原药				

表 108-5 拜耳有限责任公司登记情况

商品名	登记证号	含量/(g/L)	剂型	登记作物	防治对象	用药量	施用方法
氯菊·烯丙菊	WP20080090	氯菊酯 102.6 *S*-生物烯丙菊酯 1.4	水乳剂	室内	蚊	1.3mg/m^3	超低量喷雾

合成方法

经如下反应制得：

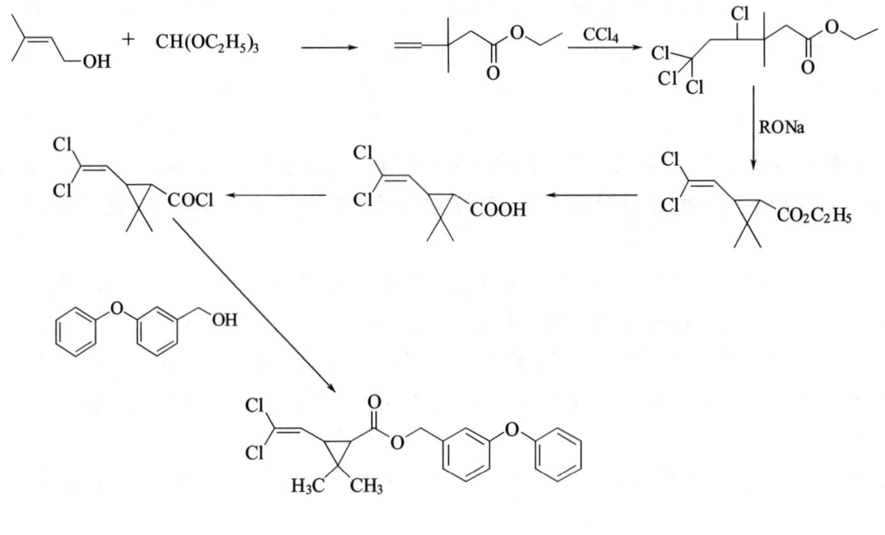

1 The Pesticide Manual. 15th edition：879-881.
2 GB 1413491.
3 农药商品大全．中国商业出版社，1996：184-188.

109 苯醚菊酯（phenothrin）

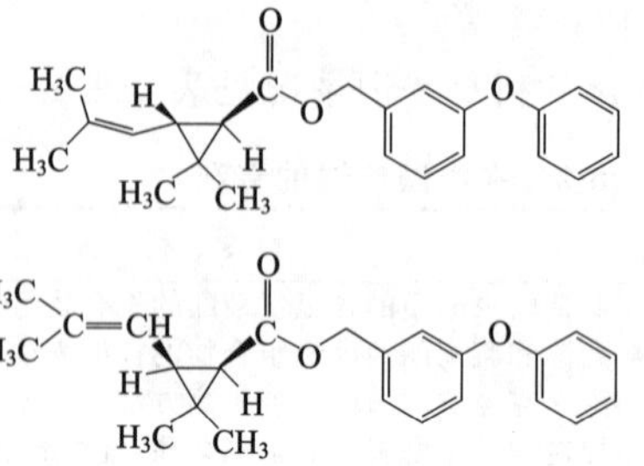

(1*R*)-*trans*-

(1*R*)-*cis*-

$C_{23}H_{26}O_3$，350.5

产品简介

苯醚菊酯｛试验代号：S-2539（Sumitomo）、S-8100（d-phenothrin）（Sumitomo）、OMS1809（for phenothrin）、OMS1810［for（1*R*）-*cis-trans*-isomers］、ENT27972［for（1*R*）-*cis-trans*-isomers］，通用名称：phenothrin，商品名称：Wellcide、Neopitroid、ULV500、速灭灵［住友］，其他名称：d-phenothrin for（1*R*）-rich grade｝最初由 K. Fujimoto 等报道，由日本住友化学公司推广的拟除虫菊酯类杀虫剂，于 1976 年首次在日本登记。

化学名称　3-苯氧基苄基-(1*RS*,3*RS*;1*RS*,3*SR*)-2,2-二甲基-3-(2-甲基丙-1-烯基)环丙甲酸酯或 3-苯氧基苄基(1*RS*)-*cis-trans*-2,2-二甲基-3-(2-甲基丙-1-烯基)环丙甲酸酯，英文化学名称为 3-phenoxybenzyl(1*RS*,3*RS*;1*RS*,3*SR*)-2,2-dimethyl-3-(2-methylprop-1-enyl) cyclopropane-carboxylate；或 3-phenoxybenzyl(±)-*cis-trans*-chrysanthemate 或 3-phenoxybenzyl(1*RS*)-*cis-trans*-2,2-dimethyl-3-(2-methylprop-1-enyl)cyclopropanecarboxylate。美国化学文摘系统名称为(3-phenoxyphenyl)methyl 2,2-dimethyl-3-(2-methyl-1-propenyl)cyclopropanecarboxylate。CA 主题索引名称为 cyclopropanecarboxylic acid—,2,2-dimethyl-3-(2-methyl-1-propenyl)-cyano(3-phenoxyphenyl)methyl ester。CAS 登录号为［26046-85-5］(1*R*)-*trans*-isomer,［51186-88-0］(1*R*)-*cis*-isomer,［26002-80-2］(1*RS*)-*cis-trans*-isomers。

组成　通用名苯醚菊酯指的是（1*RS*)-顺反异构体的混合物。右旋苯醚菊酯中（1*R*)-异构体≥95%，其中顺式异构体含量≥75%。

理化性质　纯品为淡黄色或棕黄色液体，具有轻微特征性臭味。沸点＞290℃/760mmHg，蒸气压 1.9×10^{-2}mPa（21.4℃），分配系数 $K_{ow}\lg P=6.01$（20℃）。Henry 常数＞6.75×10^{-1} Pa·m³/mol（计算），相对密度 1.06（20℃）。溶解度水中 9.7μg/L（25℃），正己烷＞4.96（g/mL，25℃），还溶于异丙醇、二乙醚、二甲苯、环己烷等。光照条件下，在大多数有机溶剂和无机缓释剂中是稳定的，但遇强碱分解。在正常储存条件下稳定，室温下放置黑暗 1 年后不分解，在中性及弱酸性条件下稳定，碱性条件下水解。闪点 107℃。

毒性　大鼠急性经口 LD_{50}＞5000mg/kg。大鼠急性经皮 LD_{50}＞2000mg/kg。大鼠吸入毒性 LC_{50}（4h）＞2100mg/m³。狗 NOEL 值（1a）300mg/L（7.1mg/kg）。对大鼠、小鼠长期饲喂实验，无有害影响。致癌、致畸和三代繁殖研究，亦未出现异常。ADI（JMPR）0.07mg/kg（对右旋苯醚菊酯）。毒性等级，据 WHO 分类标准属 U 级。据 EPA 标准（制剂）为Ⅳ级。

生态效应　山齿鹑急性经口 LD_{50}＞2500mg/kg。鱼类 LC_{50}（96h）：虹鳟鱼 2.7μg/L，

大翻车鱼 16μg/L。水蚤 EC_{50}（48h）0.0043mg/L。对蜜蜂有毒。

环境行为　大鼠用苯醚菊酯一次或者多次经口或者经皮处理，在 3～7d 内苯醚菊酯大部分很快地经尿或者粪便代谢排出。主要代谢途径是反式的苯醚菊酯的酯分解和 4′-位氧化成醇，或者异丁烯部分氧化成酸。酯代谢的产物主要通过尿液排出。

制剂与分析方法　产品剂型有 Aerosol、乳油、油剂。不能与碱性物质混用。采用 HPLC 分析或配有火焰离子化监测仪的 GC 分析。气相色谱法使用 2% DEGS 柱，2,2-二喹啉做内标。高效液相色谱用 μBoudapak phenyl 填装柱，以乙腈/水（3∶2）为流动相。残留分析可采用配有电子捕获监测器的 GC 分析。

作用机理与特点　主要作用于害虫的神经系统，与钠离子通道相互作用而干扰其神经功能。非内吸性杀虫剂，对昆虫具有触杀和胃毒作用，杀虫作用比除虫菊素高，对光比丙烯菊、苄呋菊酯等稳定，但对害虫的击倒作用要比其他除虫菊酯差。

应用

防治对象　适用于防治卫生害虫，如蟑螂、苍蝇、蚊子、飞蛾、跳蚤等，也可以用于储藏谷物的保护。

残留量与安全施药　在水稻上施本品 0.375kg(a.i)/hm^2 6 次后，7d 和 14d 测定其最大残留量，在稻秆中为 1.58mg/kg，谷壳中为 0.078mg/kg。

使用方法　防治家蝇、蚊子，每立方米用 10%水基乳油 4～8mL［2～3mg(a.i)/m^2］喷雾；防治蜚蠊，每立方米用 10%水基乳油 40mL［20mg（a.i)/m^2］喷雾；在防治贮藏害虫方面，本品对敏感腐食酪螨和法嗜皮螨均有较好效果；在防治贮粮害虫方面，本品对敏感品系和抗性品系的谷蠹都很有效；对米象和谷象的效力比生物苄氟菊酯稍差，且对拟谷盗成虫的药效不是很高，如以 4mg/kg 本品加 12mg/kg 杀螟松，或 2mg/kg 本品加 10mg/kg 增效醚和 12mg/kg 杀螟松的复配制剂，即可防治全部害虫，且持效期可达 9 个月以上。在防治稻田害虫方面，本品对黑尾叶蝉击倒快、杀伤力强，但对稻褐飞虱的防效不高。如以 0.8%本品和 2.0%速灭威或 0.8%本品和 2.0%仲丁威的复配粉剂，剂量为 300g（粉剂）/hm^2，即可同时得到防治。

专利与登记

专利名称　Cyclopropanecarboxylic acids esters

专利号　DE 1926433　　专利公开日　1969-10-04

专利申请日　1969-05-23　　优先权日　1968-05-31

专利拥有者　Sumitomo Chemical Co，Ltd.

在其他国家申请的化合物专利：BE 733836、BR 6909345、CS 164831、CH 515209、CS 164831、DE 1926433、DK 127469、FR 2013334、GB 1243858、IL 32315、JP 1027088、NL 6908247、PL 80059、PL 83184、SU 368722、SE 361033、US 3934028 等。

制剂或剂型专利：BR 2002002700、CN 1237341、CN 1926988、CN1499932、CN 101632380、CN 1706248、CN 1480042、CN 1476754、CN 1393135、EP 771526、JP 2010018603、JP 2009234922、JP 08059413、JP 2008169164、JP 2008094769、JP 2008024683、JP2007137807、JP 2006213616、JP 2006028173、JP 2003137710、JP 2001002512、JP 11035407、JP 10298015、JP 10167906、US 20070231413、US 20090233940、US 20050245582、WO 2008072783、WO 2008064778、WO 2002030202、WO 2009033175、WO 2005107453、WO 2008123564 等。

制备专利：DE 2432951、DE 2440745、DE 3023718、EP 521779、EP 217342、EP 521779、FR 2575746、FR 2610624、FR 2612184、JP 58174347、JP 62077355、JP 09020718、JP

2000264861、JP 2001213712、JP 2002220301 等。

在中国申请的含苯醚菊酯的相关专利及登记情况见表 109-1、表 109-2

表 109-1　在中国申请的专利

序号	申请号	专 利 名 称
1	01113250.7	一种长效卫生害虫杀虫剂
2	01145009.6	具有消毒功能的杀虫剂及其制备方法和该杀虫剂在涂料中的应用
3	03118798.6	一种长效驱蚊蝇门窗帘及其制备方法
4	02111744.6	一种杀虫环保乳胶漆
5	96117024.7	二氯苯醚菊酯-巴沙-马拉硫磷(菊巴马)乳油
6	87107278	熏烟杀虫剂及其熏烟方法
7	88102777.4	化学制剂
8	90105996.X	灭害灵
9	93110421.1	长效家庭卫生害虫杀灭剂及其制造方法
10	92110699.8	一种杀虫剂及其制备方法
11	93109570.0	具有防虫层和阻隔层的织物
12	94119299.7	固体杀虫剂配方
13	97105100.3	一种杀灭玉米螟的药剂
14	99107421.1	长效灭蚊蝇液及其制备方法
15	94210471.4	驱蚊、蝇百叶窗
16	02138953.5	一种长效的含天然植物提取剂和菊酯类化合物的杀虫剂及其制备方法
17	03115595.2	*d*-柠檬烯生物增效杀虫剂
18	03132234.4	飞机专用杀虫气雾剂
19	01816979.1	用杀昆虫剂的组合处理种子
20	200610047796.1	一种长效杀虫剂
21	200710022625.8	航空器杀虫气雾剂及其制备方法
22	200910111805.2	一种新型驱杀蚊蝇用杀虫剂

表 109-2　日本住友化学株式会社在中国登记情况

登记证号	含量	剂型	登记作物	防治对象	用药量/(mg/m^2)	施用方法
WP12-93	10%	水乳剂	卫生	蝇	2～4	喷雾
			卫生	蜚蠊	20	喷雾
			卫生	蚊	2～4	喷雾
WP57-98	92%	原药				

合成方法

(1) 菊酸的合成方法

① 重氮乙酸酯法　以丙酮、乙炔为原料进行反应，再经还原、脱水生成 2,5-二甲基-2,4-己二烯，然后与重氮乙酸酯反应、皂化、调酸即得菊酸。

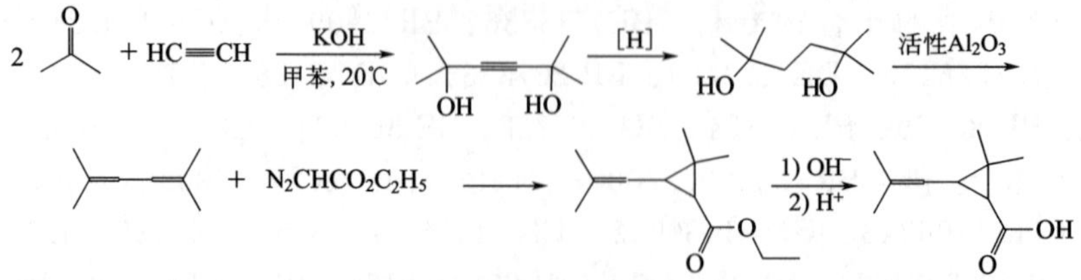

②二环辛酮法　二环辛酮与羟胺反应得到相应的肟，再用五氯化磷开环脱水生成腈，经水解制得菊酸。

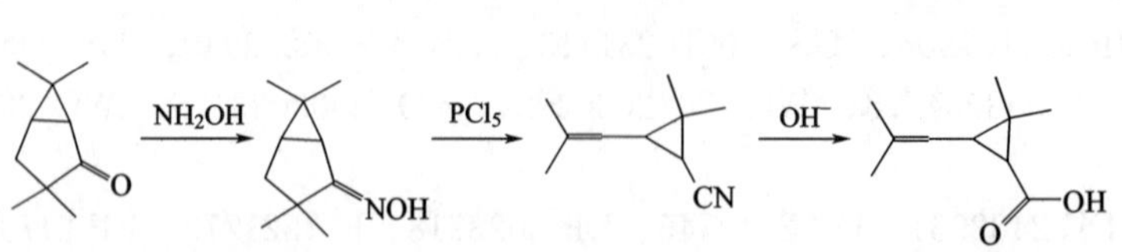

③ 原醋酸乙酯法　异丁酰氯与异丁烯在氯化铝催化下反应，再经硼氢化钠还原，然后

与原醋酸乙酯反应得到 3,3,6-三甲基庚烯-[4]-酸乙酯，再加卤素，脱氯化氢成环得到菊酸乙酯，并以反式构型为主。

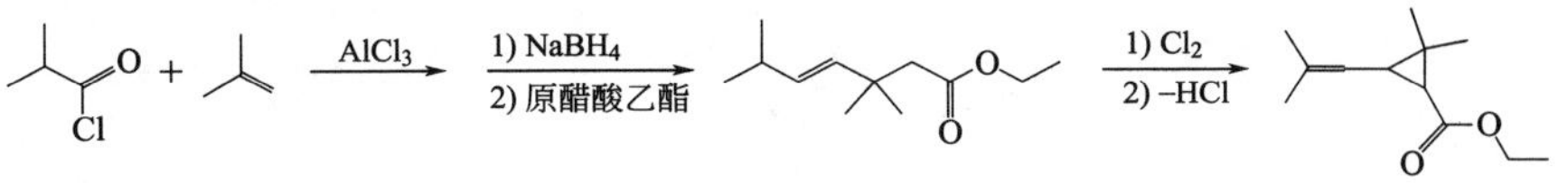

④ 甲基丙烯醇法　在－10℃下，将 3-氯-3-甲基-1-丁炔加到 2-甲基丙烯醇和叔丁醇钾的混合溶液中，并在此温度下反应 3h，得到 45％环化产物，该产物溶于乙醚中，于金属钠和液氨中还原。在 0℃下，将还原产物与三氧化铬一起加到干燥的吡啶中，在 15～20℃反应 24h，然后滴加几滴水，将反应混合物再搅拌 4h 得到 75％ 3∶1（反式∶顺式）菊酸。

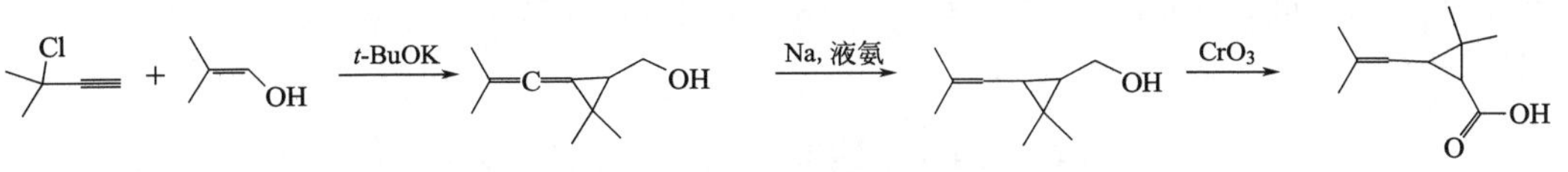

⑤ Witting 合成方法：

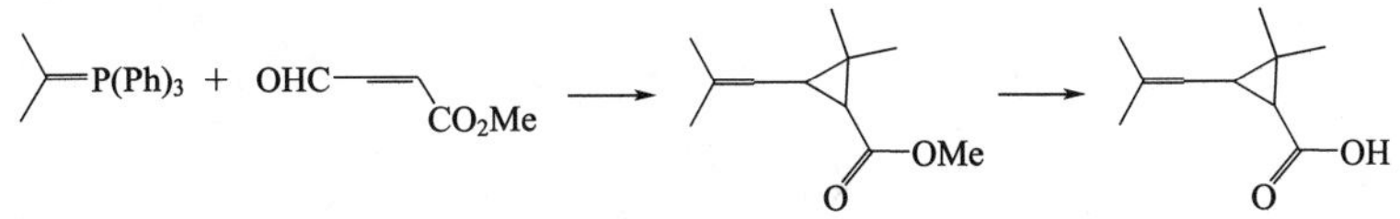

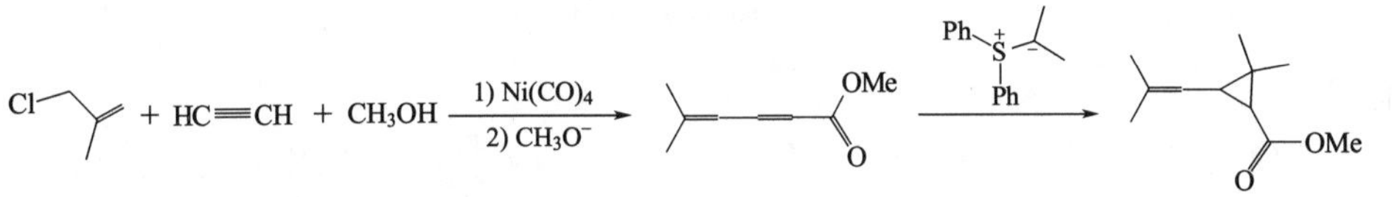

⑥ Corey 路线　利用二苯硫异亚丙基和不饱和羰基化合物在－20～70℃与氮气保护下反应，使异亚丙基加成到碳碳双键上形成环丙烷类衍生物，得到（±）-反式菊酸酯。

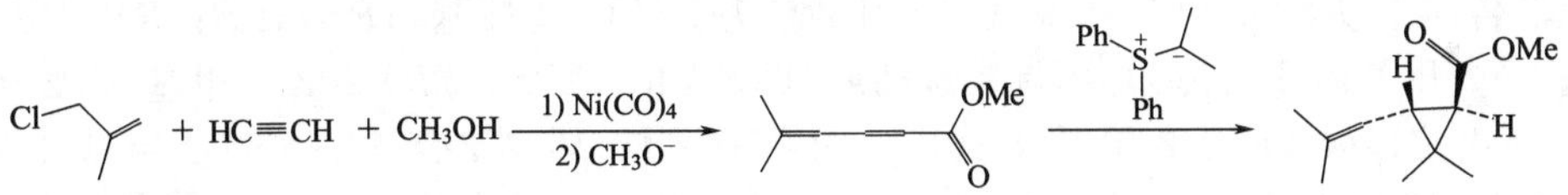

⑦ 其他合成方法：

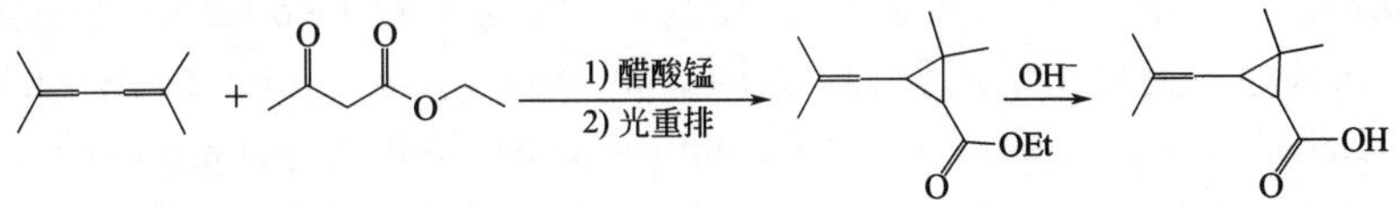

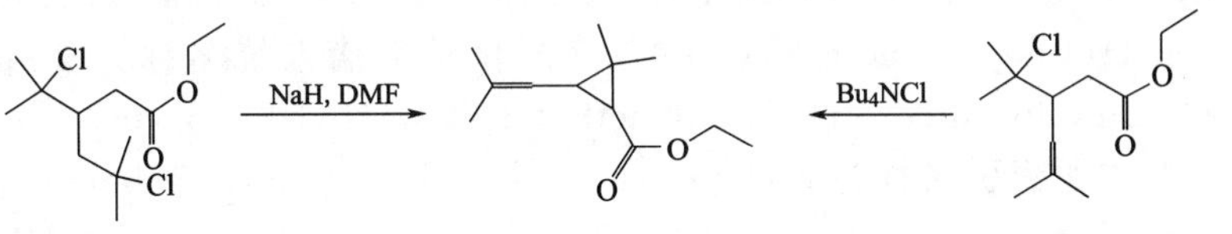

（2）苯醚菊酯的合成方法

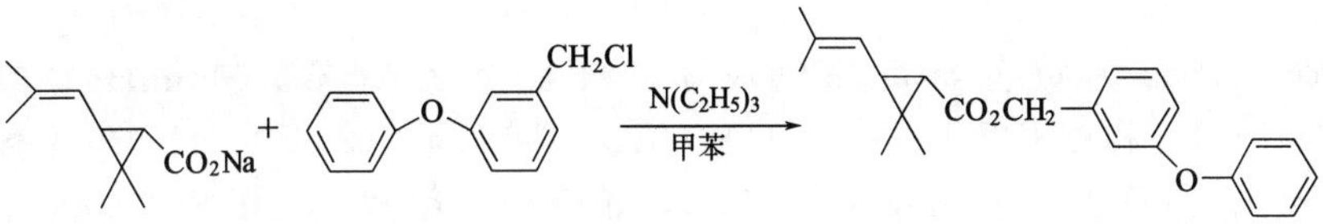

或

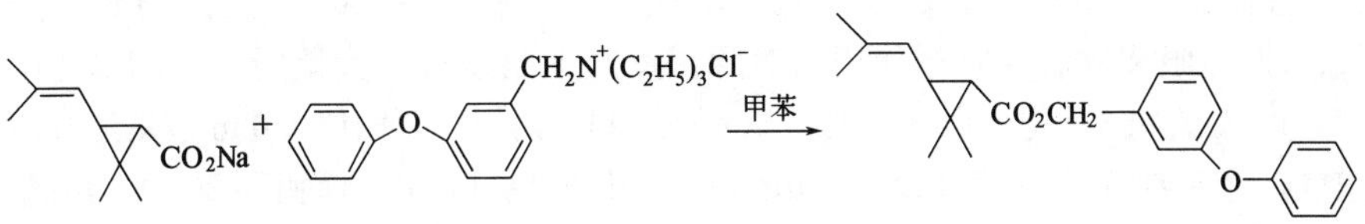

或

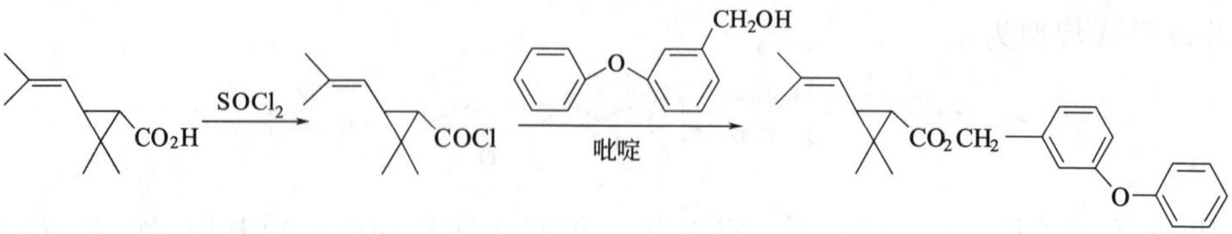

1 Proceedings of the Brighton Crop Protection Conference-Pests and diseases，1996，307
2 The Pesticide Manual. 15th edition：885-886.
3 WO 9211249.
4 农药商品大全．中国商业出版社，1996：123.
5 分析测试学报，2005 (3)：59-62.
6 DE 1926433.
7 JP 2006219477.
8 JP 2000264861.
9 US 3968124.
10 US 3989654.

110 炔丙菊酯（prallethrin）

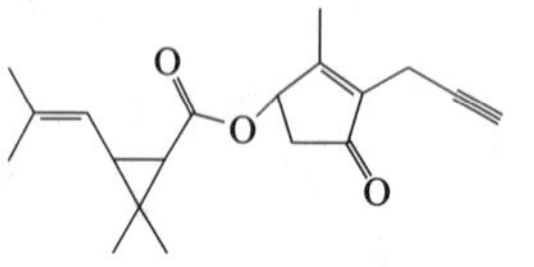

$C_{19}H_{24}O_3$，300.4

产品简介

炔丙菊酯［试验代号：S-4068SF（Sumitomo）、OMS3033，通用名称：prallethrin，商品名称：益多克］是 Sumitomo 公司开发的拟除虫菊酯类杀虫剂。主要生产商：Sumitomo Chemical、Endura、江苏扬农化工集团有限公司。

化学名称 (*RS*)-2-甲基-4-氧代-3-(丙-2-炔基)-环戊-2-烯基(1*RS*,3*RS*;1*RS*,3*SR*)-2,2-二甲基-3-(2-甲基丙-1-烯基)环丙烷羧酸酯或(1*RS*,3*RS*;1*RS*,3*SR*)-2,2-二甲基-3-(2-甲基丙-1-烯基)环丙烷羧酸-(*RS*)-2-甲基-4-氧代-3-(丙-2-炔基)-环戊-2-烯酯，(*RS*)-2-甲基-4-氧代-3-(丙-2-炔基)-环戊-2-烯基(1*RS*)-*cis-trans*-2,2-二甲基-3-(2-甲基丙-1-烯基)环丙烷羧酸酯或(1*RS*)-*cis-trans*-2,2-二甲基-3-(2-甲基丙-1-烯基)环丙烷羧酸-(*RS*)-2-甲基-4-氧代-3-(丙-2-炔基)-环戊-2-烯基酯。英文化学名称为 (*RS*)-2-methyl-4-oxo-3-prop-2-ynylcyclopent-2-enyl (1*RS*, 3*RS*; 1*RS*, 3*SR*)-2, 2-dimethyl-3-(2-methylprop-1-enyl) cyclopropanecarboxylate 或 (*RS*)-2-methyl-4-oxo-3-prop-2-ynylcyclopent-2-enyl (1*RS*)-*cis-trans*-2, 2-dimethyl-3-(2-methylprop-1-enyl) cyclopropanecarboxylate。美国化学文摘系统名称为 2-methyl-4-oxo-3-(2-propyn-1-yl)-2-cyclopenten-1-yl 2, 2-dimethyl-3-(2-methyl-1-propen-1-yl) cyclopropanecarboxylate。CA 主题索引名称为 cyclopropanecarboxylic acid—, 2, 2-dimethyl-3-(2-methyl-1-propenyl)-2-methyl-4-oxo-3-(2-propynyl)-2-cyclopenten-1-yl ester。CAS 登录号为［23031-36-9］。

理化性质 产品为黄色至黄棕色液体，沸点为 313.5℃/760mmHg，蒸气压＜0.013mPa（23.1℃），相对密度 1.03（20℃），K_{ow}lg$P$=4.49（25℃），Henry 常数＜4.9×10^{-4}Pa·m³/mol。溶解度：水 8mg/L（25℃），正己烷、甲醇、二甲苯＞500g/kg（20～25℃）。在通常的储存条件下能稳定存在至少 2 年。闪点 139℃。

毒性 急性经口 LD_{50}（mg/kg）：雄大鼠 640，雌大鼠 460。大鼠急性经皮 LD_{50}＞5000mg/kg，对兔眼和皮肤无刺激作用，对豚鼠皮肤无致敏性。大鼠吸入 LC_{50}（4h，mg/m³）：雄大鼠 855，雌大鼠 658。狗 NOEL（1a）5mg/kg（bw），ADI/RfD 0.05mg/kg（bw）。

生态效应 鸟类急性经口 LD_{50}（mg/kg）：山齿鹑 1171，野鸭＞2000。山齿鹑、野鸭

LC_{50}＞5620mg/L。鱼类 LC_{50}（96h，mg/L）：虹鳟鱼 0.012，大翻车鱼 0.022。水蚤 EC_{50}（48h）0.0062mg/L。

环境行为　能够被土壤迅速吸收。在阳光下土壤中的降解半衰期为 25d，水中的降解半衰期为 13.6h。

制剂与分析方法　AE、EC、EW、KN、MV、Oil。产品分析可用 GC。

作用机理与特点　通过作用于钠离子通道来干扰神经作用。该产品是一种高效、低毒、低残留的卫生用拟除虫菊酯杀虫剂，具有强烈的触杀和击倒作用，致死活性比同构型烯丙菊酯高 4 倍以上，对蟑螂有突出的驱赶作用。

应用

防治对象　主要用于防治家蝇、蚁、蚊虫、虱、蟑螂等家庭害虫，还适用于防治猫、狗等宠物身体上寄生的跳蚤、体虱等害虫，也可和其他药剂混配作农场、畜舍、牛奶房喷射剂，用于防治飞翔害虫。

使用方法　加工成蚊香、电热蚊香、液体蚊香和喷雾剂，防治家蝇、蚊虫、虱、蟑螂等家庭害虫，推荐使用量如下：（以有效成分计）蚊香，含本品 0.05%；电热蚊香，含本品 10mg/片，控制电加热器中心温度 125～135℃；液体蚊香，含本品 0.66%，配加适量稳定剂、缓释剂；气雾剂，含本品 0.05%～0.2%，配加适量增效剂和乳化剂。

使用贮存注意事项　① 避免与食品、饲料混置。②处理原油最好用口罩、手套防护，处理完毕后立即清洗，若药液溅上皮肤，用肥皂及清水清洗。③用后空桶不可在水源、河流、湖泊洗涤，应销毁掩埋或用强碱液浸泡数天后清洗回收使用。④本品应在避光、干燥、阴冷处保存。

专利概况

不存在专利权问题。

目前已公开或授权的相关专利：DE 2348930、JP 50077529、JP 52045768、JP 55016561、JP 57004904、EP 148625、JP 60193904、JP 61047404、EP 253640、EP 256855、JP 63048201、JP 63152305、JP 63156701、JP 01165504、DE 3925765、JP 02073001、EP 362397、GB 2224654、JP 03027301、RD 330079、JP 03170402、JP 03206008、JP 04134005、JP 04247004、EP 521781、JP 05155724、EP 576267、EP 623337、JP 07069820、WO 9522902、JP 08039511、JP 08231321、JP 10316515、JP 11103750、JP 11199413、JP 11322502、JP 2002226311、JP 2001288005、KR 2003059953、KR 2001028567、RU 2176448、US 20030220296、US 20030198659、US 20050132500、US 20070196412、US 20070131136、US 20050132500 WO 2007122264、WO 2007013150、IN 2006 CH 00092、IN 2008 MU 00024 等。

合成方法

经如下反应合成：以 2-甲基呋喃为原料，经甲酰化反应、格氏反应、两步重排和酯化反应制得。

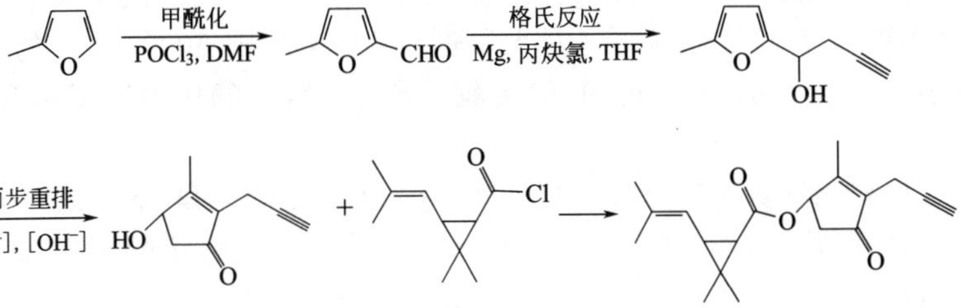

1 The Pesticide Manual. 15th edition：923-924.　　2 中华卫生杀虫药械，2001，3（7）：26-27.

111　苄呋菊酯（resmethrin）

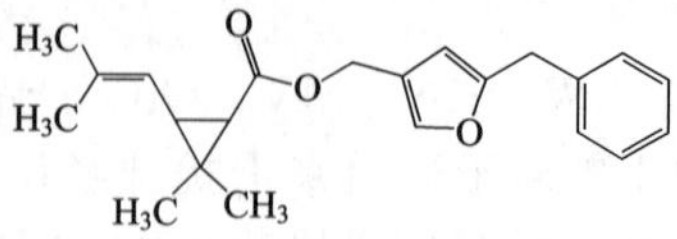

$C_{22}H_{26}O_3$，338.4

产品简介

苄呋菊酯［试验代号：NRDC 104、FMC 17 370、SBP 1382（Penick）、OMS 1206，通用名称：resmethrin，商品名称：Benzofurolin、Chrysron、Derringer、Forsyn、灭虫菊］的杀虫活性首次由 M. Elliott 等报道，后被 FMC Corp.、Mitchell Cotts Chemicals、Penick Corp. 和 Sumitomo Chemical Co.，Ltd. 等公司引入开发。主要生产商：Bayer CropScience、Mitchell Cotts、Sumitomo。

化学名称　5-苄基-3-呋喃甲基-(1*RS*,3*RS*;1*RS*,3*SR*)-2,2-二甲基-3-(2-甲基丙-1-烯基)环丙烷羧酸酯或(1*RS*,3*RS*;1*RS*,3*SR*)-2,2-二甲基-3-(2-甲基丙-1-烯基)环丙烷羧酸-5-苄基-3-呋喃甲酯，5-苄基-3-呋喃甲基(1*RS*)-顺-反-2,2-二甲基-3-(2-甲基丙-1-烯基)环丙烷羧酸酯或(1*RS*)-顺-反-2,2-二甲基-3-(2-甲基丙-1-烯基)环丙烷羧酸-5-苄基-3-呋喃酯。英文化学名称为 5-benzyl-3-furylmethyl(1*RS*,3*RS*;1*RS*,3*SR*)-2,2-dimethyl-3-(2-methylprop-1-enyl)cyclopropanecarboxylate 或 5-benzyl-3-furylmethyl(1*RS*)-*cis-trans*-2,2-dimethyl-3-(2-methylprop-1-enyl) cyclopropanecarboxylate 或 5-benzyl-3-furylmethyl(±)-*cis-trans*-chrysanthemate。美国化学文摘系统名称为[5-(phenylmethyl)-3-furanyl]methyl 2,2-dimethyl-3-(2-methyl-1-propenyl) cyclopropanecarboxylate。CA 主题索引名称为 cyclopropanecarboxylic acid—，2,2-dimethyl-3-(2-methyl-1-propenyl)—[5-(phenylmethyl)-3-furanyl] methyl ester。CAS 登录号为［10453-86-8］。

组成　为两个异构体的混合物，其中含 20%～30%（1*RS*)-顺式-异构体和 70%～80%(1*RS*)-反式-异构体。工业品两异构体总含量 84.5%。

理化性质　纯品为无色晶体，工业品为黄色至褐色的蜡状固体，熔点为 56.5℃［纯(1*RS*)-反式异构体］，分解温度>180℃，蒸气压<0.01mPa（25℃），K_{ow} lg$P$=5.43(25℃)，Henry 常数<8.93×10^{-2}Pa·m^3/mol，相对密度为 0.958～0.968（20℃）、1.035(30℃)。溶解度：水 37.9μg/L（25℃），丙酮约 30%，氯仿、二氯甲烷、乙酸乙酯、甲苯>50%，二甲苯>40%，乙醇、正辛醇约 6%，正己烷约 10%，异丙醚约 25%，甲醇约 3%（以上单位为质量体积浓度，20℃）。耐高温、耐氧化，但暴露在空气和阳光下会迅速分解（比除虫菊酯分解慢）。比旋光度 $[\alpha]_D$ −1°～+1°。闪点 129℃。

毒性　大鼠急性经口 LD_{50}>2500mg/kg。大鼠急性经皮 LD_{50}>3000mg/kg。对皮肤和眼睛没有刺激性，对豚鼠皮肤测试无致敏现象。大鼠吸入 LC_{50}（4h）>9.49g/m^3（空气）。大鼠 NOEL（90d，饲喂）>3000mg/kg。对兔每天 100mg/kg、小鼠每天 50mg/kg、大鼠每天 8mg/kg 进行饲喂，没有产生畸形。对大鼠进行 112w 饲喂 5000mg/L 的实验，没有发现致癌作用；对小鼠 85w 饲喂 1000mg/L 的实验，没有发现致癌作用。ADI/RfD 0.035mg/kg(bw)。

生态效应　加利福尼亚鹌鹑急性经口 LD_{50}>2000mg/kg。鱼 LC_{50}（96h，μg/L)：黄鲈 2.36，红鲈 11，大翻车鱼 17。水蚤 LC_{50}（48h）3.7μg/L，鸡尾虾 LC_{50}（96h）1.3μg/L。对蜜蜂有毒，LD_{50}（经口）0.069μg/只，（接触）0.015μg/只。

环境行为　动物：在母鸡体内的代谢主要通过酯的水解、氧化及其螯合作用。植物：^{14}C 标记的苄呋菊酯在温室种植的番茄、莴苣，野外养殖的小麦体内代谢表明，其能迅速的降解，在施药 5d 后完全降解，没有残留。观测到降解产物的量很少。

分析方法　产品和残留分析均可用气相色谱。

作用机理与特点　通过作用于钠离子通道来干扰神经作用。有强烈触杀作用，杀虫谱广，杀虫活性高，例如对家蝇的毒力，比除虫菊素高约 2.4 倍，对淡色库蚊的毒力比丙烯菊酯高约 3 倍。对哺乳动物的毒性比除虫菊酯低，但对天然除虫菊素有效的增效剂对这些化合物则无效。

应用

防治对象与使用方法　适用于家庭、畜舍、园林、温室、工厂、仓库等场所，能有效地防治蝇类、蚊虫、蟑螂、蚤虱、蛀蛾、谷蛾、甲虫、蚜虫、蟋蟀、黄蜂等害虫。用作空间喷射防治飞翔昆虫，使用浓度为 200～1500mg/kg；滞留喷射防治爬行昆虫和园艺害虫，使用浓度为 0.2%～0.5%；防治羊毛织品的谷蛾科等害虫的浓度为 50 ～ 500mg/kg。

专利概况

不存在专利权问题。

目前已公开和授权的相关专利：GB 1168799、AU 7136920、BE 777362、BR 7108620、CA 958415、CH 564904、CS 161929、DE 2162598、DE 2162598、DE 2162598、DK 130528、FR 2120918、GB 1168798、GB 1168797、GB 1339635、HU 164975、IL 38459、IT 945690、JP 48026223、JP 48026915、NL 7117998、NL 155534、SE 393103、US 3864388、US 3970703、ZA 7108556、CN 1435096 等。

合成方法

经如下反应制得：

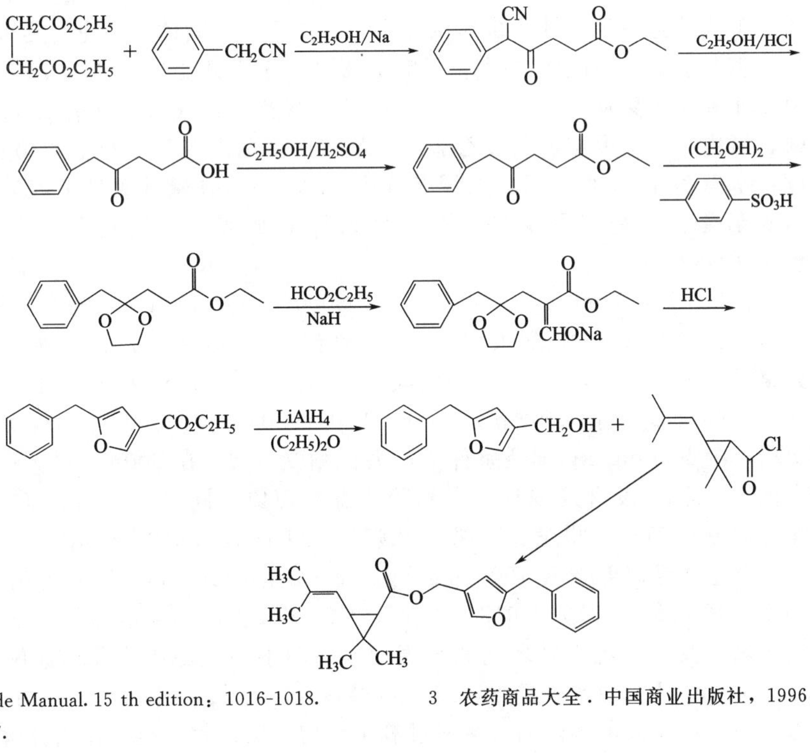

1　The Pesticide Manual. 15 th edition：1016-1018.

2　GB 1168797.

3　农药商品大全．中国商业出版社，1996：119-121.

112 生物苄呋菊酯（bioresmethrin）

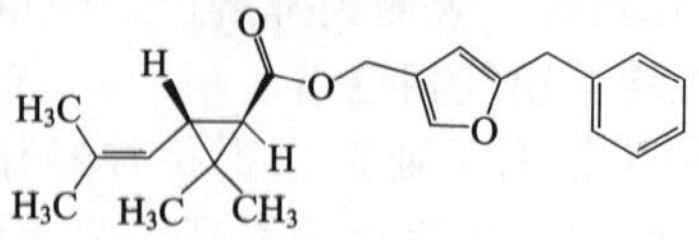

$C_{22}H_{26}O_3$，338.4

产品简介

生物苄呋菊酯（试验代号：NRDC 107、FMC 18 739、RU11 484、OMS 3043、ENT 27 622、AI3-27 622，通用名称：bioresmethrin，商品名称：Isathrine、右旋反式灭菊酯、右旋反式苄呋菊酯、右旋反灭虫菊酯）是由 M. Elliott 等报道，由 Fisons Ltd、FMC Corp、Roussel Uclaf（现属 Bayer CropScience）及 Wellcome Foundation 开发的拟除虫菊酯类杀虫剂。主要生产商：Bayer CropScience。

化学名称　5-苄基-3-呋喃基甲基(1*R*,3*R*)-2,2-二甲基-3-(2-甲基丙-1-烯基)环丙烷羧酸酯或(1*R*,3*R*)-2,2-二甲基-3-(2-甲基丙-1-烯基)环丙烷羧酸-5-苄基-3-呋喃基甲酯。英文化学名称为 5-benzyl-3-furylmethyl(1*R*,3*R*)-2,2-dimethyl-3-(2-methylprop-1-enyl)cyclopropanecarboxylate 或 5-benzyl-3-furylmethyl(＋)-*trans*-chrysanthemate 或 5-benzyl-3-furylmethyl (1*R*)-*trans*-2,2-dimethyl-3-(2-methylprop-1-enyl)cyclopropanecarboxylate。美国化学文摘系统名称为[5-(phenylmethyl)-3-furanyl]methyl(1*R*,3*R*)-2,2-dimethyl-3-(2-methyl-1-propen-1-yl)cyclopropanecarboxylate。CA 主题索引名称为：cyclopropanecarboxylic acid—,2,2-dimethyl-3-(2-methyl-1-propenyl)-[5-(phenylmethyl)-3-furanyl] methyl ester,(1*R*,3*R*)—。CAS 登录号为［28434-01-7］。

组成　纯品纯度（两个异构体总量）93％，其中（1*R*)-反式异构体含量 90％，顺式异构体含量≤3％。右旋苄呋菊酯含有≥95％（1*R*)-异构体，反式异构体含量≥75％。

理化性质　工业品是一种黏性的黄褐色液体，静置后变成固体。工业右旋苄呋菊酯是无色至黄色液体，室温下部分为晶体。固体熔点为 32℃，分解温度＞180℃，25℃时蒸气压为 18.6mPa。20℃时相对密度为 1.050。$K_{ow}\lg P>4.7$。溶解度：水＜0.3mg/L（25℃），可溶于乙醇、丙酮、氯仿、二氯甲烷、乙酸乙酯、甲苯和正己烷，在乙二醇中＜10g/L；生物苄呋菊酯溶解度：水 1.2mg/L（30℃），二甲苯 50％（25℃）。在碱性条件下容易水解，易被氧化。生物苄呋菊酯在紫外灯下分解，在碱性条件下水解。比旋光度 $[\alpha]_D^{20}$ －5°～9°（100g/L 乙醇）。闪点约 92℃。

毒性　急性经口 LD_{50}（mg/kg）：大鼠 7070～8000，大鼠 5000（溶解在玉米油中）；工业品生物苄呋菊酯：雄大鼠 450，雌大鼠 680。急性经皮 LD_{50}（mg/kg）：雌大鼠＞10000，兔＞2000。大鼠吸入 LC_{50}（mg/L 空气）：大鼠（4h）5.28，（24h）0.87，工业品生物苄呋菊酯（4h）1.56。NOEL（mg/kg 饲料）：大鼠 1200（90d），狗＞500（90d），大鼠 50（2a）[3mg/(kg・d)]。在 4000mg/kg 饲喂条件下，大鼠耐受 60d。在 200mg/(kg・d）剂量下，喂养妊娠的大鼠 6～15d，没有发现有畸形和胎儿毒死现象。同样在 240mg/(kg・d）剂量下，喂养妊娠的白兔 6～18d，也没有发现上述现象。ADI/RfD 0.03mg/kg（bw)。

生态效应　鸡急性经口 LD_{50}＞10000mg/kg。鱼 LC_{50}（96h，mg/L)：虹鳟鱼 0.00062，大翻车鱼 0.0024，哈利鱼（48h）0.018，古比鱼 0.5～1.0。尽管实验室测试表明对鱼类高毒，但在一定剂量下没有表现出对环境的伤害，这归功于在土壤中它能迅速的降解。水蚤 LC_{50}（48h）0.0008mg/L，对蜜蜂高毒，LD_{50}（经口）2μg/只，（接触）6.2μg/只。

环境行为　动物：在大鼠体内的代谢通过氧化作用、酯裂解及螯合作用分解为异丁基甲基基团。植物：在番茄、黄瓜表面上检测到很少的生物苄呋菊酯的降解产物，而且生物苄呋菊酯在黄瓜表面降解比在番茄表面降解得快。土壤/环境：可被土壤强烈吸收。

分析方法　产品可用气相色谱、液相色谱法分析，残留分析可用气相色谱法。

作用机理与特点　通过作用于钠离子通道来干扰神经作用。作用方式为触杀。

应用

本品杀虫活性高，对哺乳动物极低毒。对家蝇的毒力要比除虫菊酯高 55 倍，比二嗪磷高 5 倍。一般来说，它比苄呋菊酯的其他 3 个异构体（左旋反式体、右旋顺式体和左旋顺式体）的活性都高，稳定性亦好。

防治对象　主要用于防治卫生害虫蚊、蝇、蟑螂，粮食害虫，果树和浆果害虫等。

应用技术　防治蚊成虫，飞机喷射 0.5%柴油剂，50mL/hm^2；防治家蝇，室内喷射 2mg/m^2；防治蟑螂，0.3%油剂接触喷射；防治粉虱、桃蛾等用量 2mg/m^2。

专利与登记

不存在专利权问题。

目前已公开和授权的相关专利：GB 1168799、AU 7136920、BE 777362、BR 7108620、CA 958415、CH 564904、CS 161929、DE 2162598、DE 2162598、DE 2162598、DK 130528、FR 2120918、GB 1168798、GB 1168797、GB 1339635、HU 164975、IL38459、IT 945690、JP 48026223、JP 48026915、NL 7117998、NL 155534、SE 393103、US 3864388、US 3970703、ZA 7108556 等。

日本住友化学株式会社在中国登记情况

商品名	登记证号	含量	剂型
生物苄呋菊酯	WP20090001	生物苄呋菊酯 93%	原药

合成方法

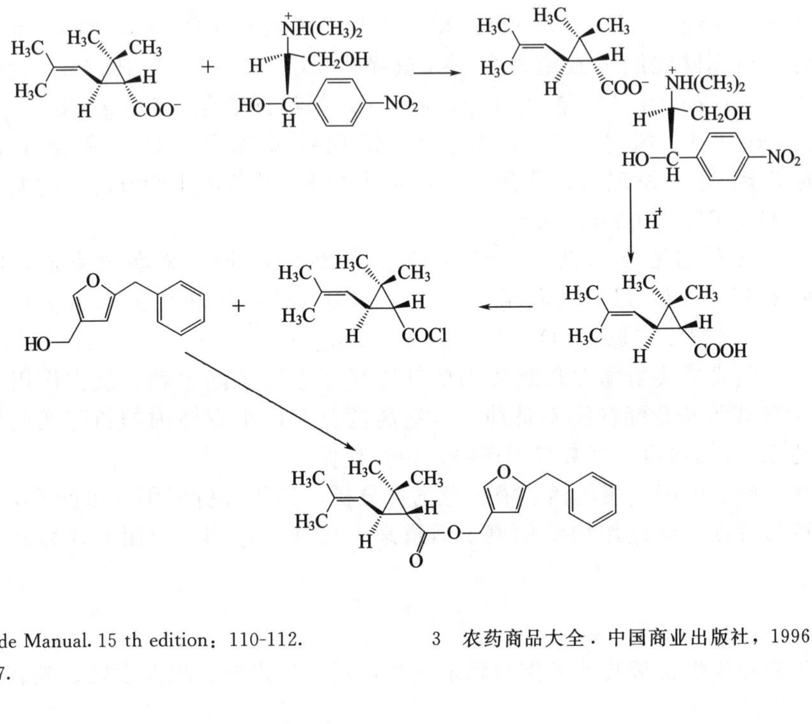

1　The Pesticide Manual. 15 th edition：110-112.

2　GB 1168797.

3　农药商品大全．中国商业出版社，1996：158-159.

113 顺式苄呋菊酯（cismethrin）

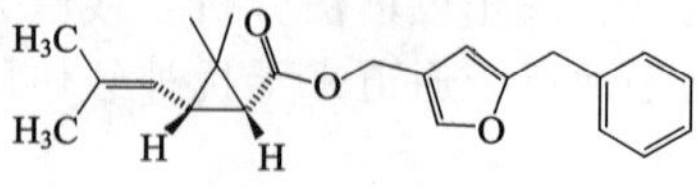

$C_{22}H_{26}O_3$，338.4

产品简介

顺式苄呋菊酯（试验代号：NRDC 119、OMS 1800，通用名称：cismethrin）是由 M. Elliott 报道具有很好杀虫活性的拟除虫菊酯类杀虫剂。

化学名称 5-苄基-3-呋喃甲基-(1*R*,3*S*)-2,2-二甲基-3-(2-甲基丙-1-烯基)环丙烷羧酸酯或(1*R*,3*S*)-2,2-二甲基-3-(2-甲基丙-1-烯基)环丙烷羧酸-5-苄基-3-呋喃甲酯，5-苄基-3-呋喃甲基-(1*R*)-*cis*-2,2-二甲基-3-(2-甲基丙-1-烯基)环丙烷羧酸酯或(1*R*)-*cis*-2,2-二甲基-3-(2-甲基丙-1-烯基)环丙烷羧酸-5-苄基-3-呋喃甲酯。英文化学名称为 5-benzyl-3-furylmethyl(1*R*,3*S*)-2，2-dimethyl-3-(2-methylprop-1-enyl) cyclopropanecarboxylate 或 5-benzyl-3-furylmethyl (1*R*)-*cis*-2,2-dimethyl-3-(2-methylprop-1-enyl)cyclopropanecarboxylate；美国化学文摘系统名称为[5-(phenylmethyl)-3-furanyl]methyl(1*R*,3*S*)-2,2-dimethyl-3-(2-methyl-1-propen-1-yl)cyclopropanecarboxylate。CA 主题索引名称为 cyclopropanecarboxyli cacid—,2,2-dimethyl-3-(2-methyl-1-propen-1-yl)[5-(phenylmethyl)-3-furanyl]methyl ester,(1*R*,3*S*)—。CAS 登录号为［35764-59-1］。

理化性质 纯品为无色晶体，工业品为黄褐色蜡状固体。熔点 56.5℃［纯（1*RS*)-反式异构体］，分解温度>180℃，蒸气压<0.01mPa（25℃），$K_{ow}\lg P=5.43$（25℃），Henry 常数<8.93×10^{-2}Pa・m^3/mol（计算），相对密度为 0.958～0.968（20℃），1.035（30℃）。溶解度：水 37.9μg/L（25℃），丙酮约 30%，在氯仿、二氯甲烷、乙酸乙酯、甲苯中>50%，二甲苯>40%，乙醇、正辛醇中约 6%，正己烷约 10%，异丙醚约 25%，甲醇约 3%。耐高温、耐氧化，暴露在空气中、光照下会迅速分解，比除虫菊酯分解慢。碱性条件下不稳定。

毒性 大鼠急性经口 LD_{50}>2500mg/kg。大鼠急性经皮 LD_{50}>3000mg/kg。对皮肤和眼睛无刺激性。对豚鼠皮肤无致敏现象。大鼠吸入 LC_{50}（4h）>9.49g/m^3（空气）。大鼠 NOEL 值>3000mg/kg（90d）。按 100mg/(kg・d) 剂量饲喂兔，50mg/(kg・d) 剂量饲喂小鼠或 80mg/(kg・d) 剂量饲喂大鼠，没有发现致畸现象。对大鼠进行 112 周高达 5000mg/L 的实验，没有发现致癌作用；对小鼠进行 85 周高达 1000mg/L 的实验，没有发现致癌作用。ADI/RfD 0.035mg/kg。

生态效应 加利福尼亚鹌鹑急性经口 LD_{50}>2000mg/kg。对鱼类有毒，LC_{50}（96h，μg/L）：黄鲈 2.36，红鲈 11，大翻车鱼 17。基围虾 LC_{50}（96h）为 1.3μg/L，水蚤 LC_{50}（48h）3.7μg/L。对蜜蜂有毒，LD_{50}（经口）0.069μg/只，（接触）0.015μg/只。

环境行为 顺式苄呋菊酯在母鸡体内的新陈代谢主要是酯水解、氧化作用及其螯合作用，^{14}C 标记的顺式苄呋菊酯在温室番茄、温室莴苣及大田小麦体内的新陈代谢表明其可快速降解，施药 5d 后无残留，多数代谢产物残留量很低。

分析方法 产品可用气相色谱、液相色谱法分析，残留分析可用气相色谱法。

作用机理与特点 通过作用于钠离子通道来干扰神经作用。作用方式为触杀，无内吸作用。

应用

顺式苄呋菊酯和生物苄呋菊酯作为触杀气雾，对带喙伊蚊、埃及伊蚊、尖音库蚊、四斑按蚊和淡色按蚊雌虫成虫的毒力，一般要高出有机磷类杀虫剂 1 ～2 个数量级。以轻油为介质作非热气雾喷射，可有效地防治黑斑伊蚊成虫。以本品 0.01mg/kg 浓度，可防治埃及伊蚊、尖音库蚊和淡色按蚊的 4 龄幼虫。在大田水池中，以 0.28kg/hm^2 的剂量，则能防治环喙库蚊的幼虫和蛹。在实验柜中喷 0.1%本品油剂，对成蚊的 KT_{50} 为 3.7min，24h 的死亡率为 98%。本品和氯菊酯对狗血红扇蜱若虫最为有效，浸在药液中 24h 的平均致死浓度，前者为 0.30mg/kg，后者为 0.47mg/kg，药效高于氯菊酯。

专利概况

不存在专利权问题。

目前已公开和授权的相关专利：GB 1168799、AU 7136920、BE 777362、BR 7108620、CA 958415、CH 564904、CS 161929、DE 2162598、DE 2162598、DE 2162598、DK 130528、FR 2120918、GB 1168798、GB 1168797、GB 1339635、HU 164975、IL 38459、IT 945690、JP 48026223、JP 48026915、NL 7117998、NL 155534、SE 393103、US 3864388、US 3970703、ZA 7108556、CN 1435096 等。

合成方法

经如下反应制得：

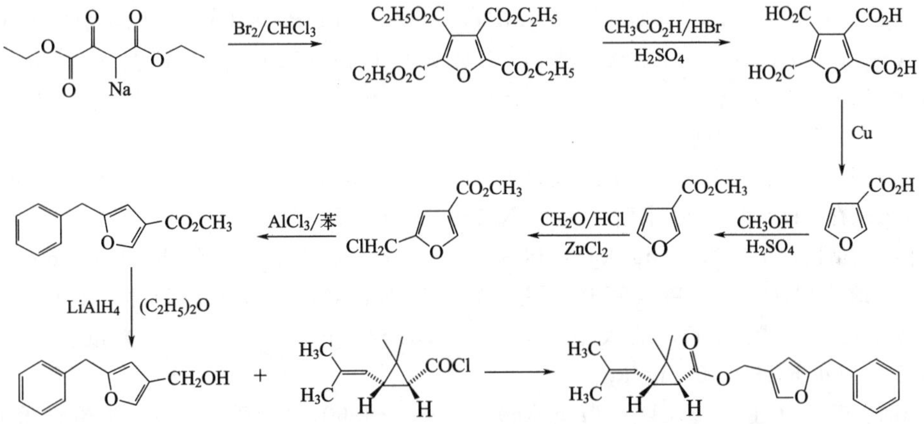

1 The Pesticide Manual. 13th ed. 2003：878-880.

2 GB 1168797.

3 农药商品大全．中国商业出版社，1996：121.

114 七氟菊酯（tefluthrin）

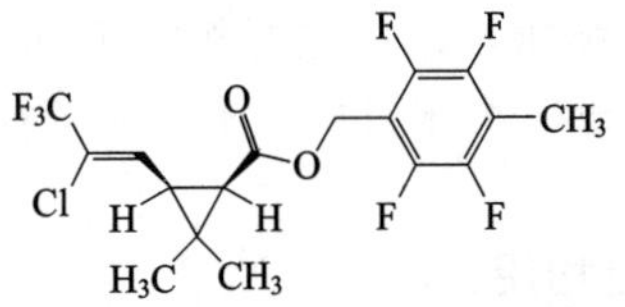

(Z)-(1R)-cis

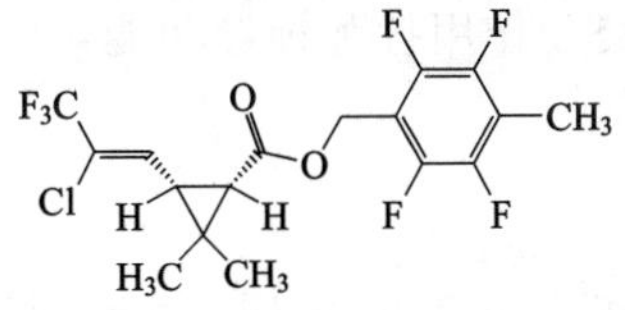

(Z)-(1S)-cis

$C_{17}H_{14}ClF_7O_2$，418.7

产品简介

七氟菊酯［试验代号：PP993、ICIA0993，通用名称：tefluthrin，商品名称：Force、

Fireban，其他商品名称（生产商）：Forca（Syngenta）、Forza（Syngenta）、Evict（Bayer CropScience，Syngenta）、Force ST（Bayer CropScience）] 是由 A. R. Jutsum 等报道，由 ICI 公司（现属先正达）开发的菊酯类杀虫剂。世界主要生产商：江苏七洲绿色化工股份有限公司、先正达公司。

化学名称 2,3,5,6-四氟-4-甲基苄基-(1*RS*,*RS*)-3-[(*Z*)-2-氯-3,3,3-三氟丙-1-烯基)-2,2-二甲基环丙烷羧酸酯或 2,3,5,6-四氟-4-甲基苄基-(1*RS*)-顺-3-[(*Z*)-2-氯-3,3,3-三氟丙-1-烯基)-2,2-二甲基环丙烷羧酸酯。英文化学名称为 2,3,5,6-tetrafluoro-4-methylbenzyl(1*RS*,3*RS*)-3-[(*Z*)-2-chloro-3,3,3-trifluoroprop-1-enyl]-2,2-dimethylcyclopropanecarboxylate 或 2,3,5,6-tetrafluoro-4-methylbenzyl(1*RS*)-*cis*-3-[(*Z*)-2-chloro-3,3,3-trifluoroprop-1-enyl]-2,2-dimethylcyclopropanecarboxylate。美国化学文摘(CA)系统名称为(2,3,5,6-tetrafluoro-4-methylphenyl)methyl(1*R*,3*R*)-*rel*-3-[(1*Z*)-2-chloro-3,3,3-trifluoro-1-propen-1-yl]-2,2-dimethylcyclopropanecarboxylate。CA 主题索引名为 cyclopropanecarboxylic acid—,3-[(1*Z*)-2-chloro-3,3,3-trifluoro-1-propen-1-yl]-2,2-dimethyl(2,3,5,6-tetrafluoro-4-methylphenyl) methyl ester,(1*R*,3*R*)-*rel*-,(1*R*,3*R*)-*rel*。CAS 登录号为：[79538-32-2]。

组成 纯度 92%。

理化性质 其纯品为无色固体，工业品为白色。纯品熔点 44.6℃，工业品熔点 39～43℃，沸点 156℃/1mmHg，蒸气压 8.4mPa（20℃），50mPa（40℃），K_{ow}lg$P$=6（20℃），Henry 常数 2×10^2 Pa·m^3/mol（计算），相对密度 1.48（25℃）。溶解度（20℃）：水（纯水、缓冲液 pH=5.0、pH=9.2）0.02mg/L，在丙酮、二氯甲烷、乙酸乙酯、正己烷、甲苯（21℃）>500g/L，甲醇 263mg/L。在 15～25℃时，稳定 9 个月以上；在 50℃时，稳定 84d 以上；其水溶液（pH=7）暴露到日光下，31d 分解 27%～30%；在 pH=5 和pH=7，水解>30d；在 pH=9，30d 水解 7%。pK_a>9，闪点 124℃。

毒性 急性经口 LD_{50}（mg/kg）：雄大鼠 22，雌大鼠 22。急性经皮 LD_{50}（mg/kg）：雄大鼠 316，雌大鼠 177。对兔眼睛和皮肤有轻微刺激，对豚鼠皮肤无刺激。大鼠吸入 LC_{50}（4h，mg/L）：雄大鼠 0.05，雌大鼠 0.04。NOEL 值 [mg/(kg·d)]：大鼠（2a）25，狗（1a）0.5。ADI/RfD 0.005mg/kg。

生态效应 急性经口 LD_{50}（mg/kg）：野鸭>3960，山齿鹑 730。亚急性经口 LC_{50}（5d，mg/kg）：野鸭 2317，山齿鹑 15000。鱼 LC_{50}（96h，mg/L）：虹鳟鱼 60，大翻车鱼 130。EC_{50}（mg/L）：水蚤 70（48h），羊角月牙藻>1.05。蜜蜂 LD_{50}（接触）280mg/只，（经口）1880mg/只。蚯蚓 LC_{50} 1mg/kg（土壤）。

环境行为 动物：参照七氟菊酯在山羊体内的代谢情况（*Pestic. Sci.*，1989，25，375）；在推荐量下（最小检出量 0.01mg/kg），在主要作物中都没有残留。土壤：DT_{50} 150d（5℃）、24d（20℃）、17d（30℃），主要取决于其挥发性。在通常情况下，对土壤微生物系统和蚯蚓没有副作用。

分析方法 产品分析和残留物测定均用 GC。

作用机理 通过与钠离子通道的交互作用扰乱神经功能，为触杀和熏蒸类杀虫剂，也可以用作一些成年鞘翅目类昆虫的驱避剂。

应用

防治对象 防治鞘翅目和栖息在土壤中的鳞翅目和某些双翅目害虫。在 12～150g(a.i.)/hm^2 剂量下，可广谱地防治土壤节肢动物，包括南瓜十二星甲、金针虫、跳甲、金龟子、甜菜隐食甲、地老虎、玉米螟、瑞典麦秆蝇等土壤害虫。

使用方法 颗粒剂和液剂用于玉米和甜菜。施药方法灵活，可用普通设备撒粒剂、表土和沟施或种子处理。应用技术见表 114-1。

表 114-1 七氟菊酯的应用技术

作物	害虫	施药量及具体操作
玉米	长角叶甲	按主要标准药剂特丁磷、呋喃丹施用量的 1/10 施用，其药效就与标准药剂相等。以 112g/hm^2 粒剂撒施
小麦	麦种蝇和瑞典麦秆蝇	以 0.4～0.6g/kg(种子)剂量处理种子

七氟菊酯对鳞翅目害虫玉米螟的防治，粒剂对几个国家的玉米螟都有良好的防效。对双翅目害虫的防治，七氟菊酯以 0.2g(a.i.)/kg（种子）剂量处理种子，可显著减少麦种蝇和瑞典麦秆蝇对小麦的危害，以 0.4～0.6g(a.i.)/kg（种子）剂量处理种子，可增加玉米出苗率和减少种蝇的危害。

注意事项：产品贮于低温通风房间，勿与食品、饲料等混置，勿让孩童接近。使用时戴护目镜和面罩，避免皮肤接触和吸入粉尘。处理后要用水冲洗眼睛和皮肤；如有刺激感，可敷药物治疗。发生误服，给患者饮 1～2 杯温开水，以手指探喉催吐，并送医院诊治。

专利概况

专利名称 Substituted benzyl esters of cyclopropane carboxylic acids and their praparation compositions containing them and methods of combating insect pests therewith, and substitutes benzyl alcohols

专利号 EP 31199　　公开日期 1981-7-01

申请日 1979-12-21　　拥有者 ICI（现属于先正达公司）

在其他国家申请的化合物专利：AU 545220、AU 2771584、AU 537917、AU 6491780、CA 1146582、ES 8200858、EP 0031199、GB 2066810、HU 187100、IL 61652、JP 56097251、JP 2000125、NL 971015、US 4405640、ZM 11180、ZW 29880 等。

在中国申请的与该产品有关的部分专利见表 114-2。

表 114-2 在中国申请的专利

序号	申请号	专 利 名 称
1	200510015836.X	七氟菊酯的制备方法
2	200810021149.2	由七氟菊酯衍生的一些新的拟除虫菊酯化合物
3	200910206223.2	一种七氟菊酯组合物
4	200910209744.3	一种含有七氟菊酯的组合物

合成方法

以 CF_3CCl_3 为原料，与 $CH_2CHC(CH_3)_2CH_2CO_2C_2H_5$ 加成反应后，经环合、脱氯化氢、水解转变成酰氯化合物，最后与 2,3,5,6-四氟-4-甲基苄醇反应，即制得七氟菊酯。反应式如下：

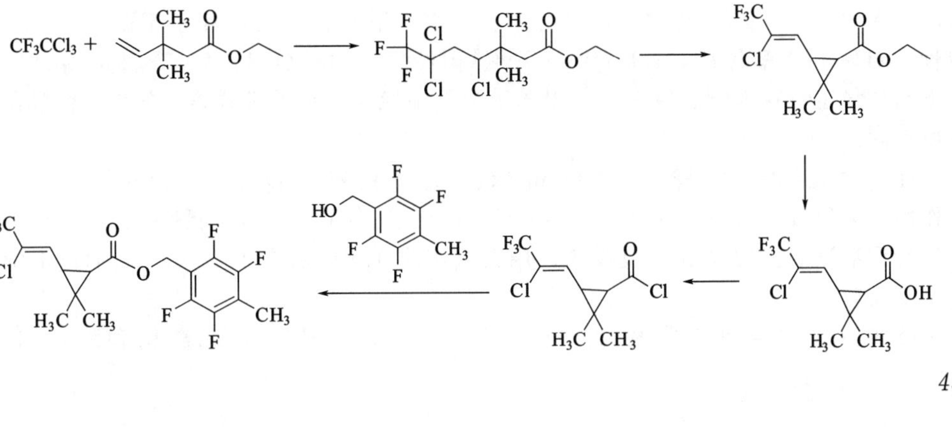

1 The Pesticide Manual. 15 th edition：1083-1084.
2 EP 31199.
3 US 4405640.
4 农药商品大全，中国商业出版社，1996：197-199.

115 胺菊酯（tetramethrin）

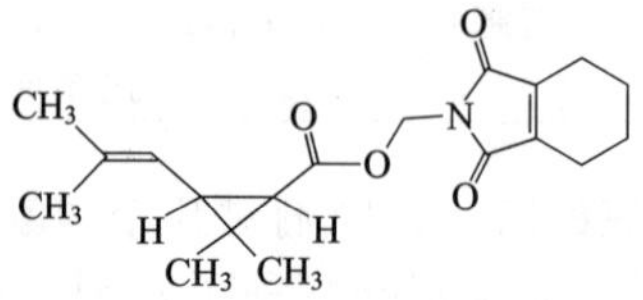

$C_{19}H_{25}NO_4$，331.4

产品简介

胺菊酯［试验代号：FMC9260、SP1103（Sumitomo）、OMS1011，通用名称：tetramethrin，商品名称：Neo-Pynamin（Sumitomo）］由日本住友化学株式会社开发的拟除虫菊酯类杀虫剂。世界主要生产商：Agro-Chemie、Sumitomo、Endura、常州康美化工有限公司、江苏扬农、宁波保税区汇力化工有限公司。其他商品名称（生产商）如下：Phthalthrin（Sumitomo Chemical）、Py-Kill（Killgerm）。在国内登记的商品名如下：拟虫菊、诺毕那命、四甲菊酯、似菊酯、酞菊酯、酞胺菊酯。

化学名称　1-环己烯-1,2-二甲酰亚氨基甲基（1*RS*,3*RS*;1*RS*,3*SR*)-2,2-二甲基-3-(2-甲基丙-1-烯基)环丙烷羧酸酯或（1*RS*,3*RS*；1*RS*,3*SR*)-2,2-二甲基-3-(2-甲基丙-1-烯基)环丙烷羧酸-1-环己烯-1,2-二甲酰亚氨基甲酯，1-环己烯-1,2-二甲酰亚氨基甲基-(1*RS*)-顺-反-2,2-二甲基-3-(2-甲基丙-1-烯基）环丙烷羧酸酯或（1*RS*)-*cis-trans*-2,2-二甲基-3-(2-甲基丙-1-烯基)环丙烷羧酸-1-环己烯-1,2-二甲酰亚氨基甲酯。英文化学名称 cyclohex-1-ene-1,2-dicarboximidomethyl（1*RS*,3*RS*;1*RS*,3*SR*)-2,2-dimethyl-3-(2-methylprop-1-enyl) cyclopropanecarboxylate 或 cyclohex-1-ene-1,2-dicarboximidomethyl（1*RS*)-*cis-trans*-2,2-dimethyl-3-(2-methylprop-1-enyl) cyclopropanecarboxylate 或 cyclohex-1-ene-1, 2-dicarboximidomethyl (±)-*cis-trans*-chrysanthemate。美国化学文摘系统名称为（1,3,4,5,6,7-hexahydro-1,3-dioxo-2*H*-isoindol-2-yl) methyl 2,2- dimethyl-3-(2-methyl-1-propenyl) cyclopropanecarboxylate。CA 主题索引名称 cyclopropanecarboxylic acid —，（1,3,4,5,6,7-hexahydro-1,3-dioxo-2*H*-isoindol-2-yl)methyl ester。CAS 登录号为［7696-12-0］。

组成　工业品约含 92%的纯品。混合物中（1*RS*)-顺式异构体-与（1*RS*)-反式异构体的比例为 1∶4。

理化性质　无色晶体（工业品为无色到浅黄棕色液体），有淡淡的除虫菊的气味，熔点 68～70℃（工业品 60～80℃），闪点 200℃，蒸气压为 2.1mPa（25℃），分配系数 $K_{ow}\lg P$= 4.6（25℃），相对密度 1.1（20℃），Henry 常数 3.80×10^{-1} Pa·m^3/mol（25℃，calc）。溶解度：水中 1.83mg/L（25℃），在丙酮、乙醇、甲醇、正己烷和正辛醇中＞2g/100mL。稳定性：对碱和强酸敏感，DT_{50} 16～20d（pH＝5），1d（pH＝7），＜1h（pH＝9），约 50℃下储藏稳定，在丙酮、氯仿、二甲苯等溶剂中稳定，在无机载体中的稳定性随载体不同而有所不同。

毒性　大鼠急性经口 LD_{50}＞5000mg/kg。兔急性经皮 LD_{50}＞2000mg/kg。对兔皮肤无刺激作用。大鼠吸入 LC_{50}（4h)＞2.73mg/L（空气）。NOEL：在剂量为 5000mg/kg 情况下对狗进行饲喂试验，13 周无不良反应，用大鼠作同样的试验在 1500mg/kg 剂量下饲喂 6 个月无不良反应。

生态效应　北美鹑急性经口 LD_{50}＞2250mg/kg（饲料）。北美鹑和绿头鸭 LC_{50}＞

5620mg/L。鱼 LC_{50}（96h，μg/L）：虹鳟鱼 3.7，大翻车鱼 16。水蚤 EC_{50}（48h）0.11mg/L。对蜜蜂有毒。

环境行为　在水和空气中快速降解。在哺乳动物体内快速代谢，在体内没有富集。动物：对老鼠进行喂食，在 5d 内 95%的原药代谢物通过尿液和粪便排出，代谢物主要为 3-羧基环乙烷-1,2-二酰胺。土壤/环境：通过酯键的断裂降解，生成菊酸衍生物和苯氧基苯甲酸。这些代谢物通过羟基化和共轭作用进一步代谢。

制剂与分析方法　主要剂型有气雾剂、粉剂、乳油、乳剂、超低量液剂、Oil 等。与一些矿物载体如硅藻土、酸性黏土、高岭土不相溶。产品可用 GC/UV 进行分析。

作用机理与特点　主要是阻断害虫神经细胞中的钠离子通道，使神经细胞丧失功能，导致靶标害虫麻痹、协调差，最终死亡。本品为非内吸性杀虫剂，作用方式为触杀，可快速击倒害虫。胺菊酯对蚊、蝇等卫生害虫具有快速击倒的效果，但致死性能差，有复苏现象，因此要与其他杀虫效果好的药剂混配使用。

应用

防治对象　蚊、蝇、蜚蠊、温带臭虫、蟑螂等。

残留量与安全施药　避免阳光直射，应储存在阴凉通风处。储存期为 2 年。

使用方法　胺菊酯对家蝇、温带臭虫、蟑螂等的毒力和致死剂量见表 115-1。

表 115-1　胺菊酯的毒力及致死剂量

害虫名称	毒力 LD_{50}/(μg/g)	100%致死剂量/(g/m²)
家蝇	8～10.7	0.05
温带臭虫	5.6～10	0.3～0.5
褐大蠊	15～17.3	0.58
黑蠊	24～27	—

胺菊酯的煤油喷射剂用量，一般是 0.5～2.0mg(a.i.)/m^2，乳油通常用水稀释 40～80 倍喷洒。

专利与登记

专利名称　Chrysanthemum monocarboxylates

专利号　JP 40008535　　专利公开日　1965-03-04

专利申请日　1963-11-11　　优先权日　1963-11-11

专利拥有者　Sumitomo Chemical

在其他国家申请的化合物专利：有 BE 646399、FR 1400450、JP 40008535、US 3268398、EP 521781、US 2007231413、WO 2010005692、WO 2009099929、WO 2008015185、WO 9818329、FR 2905230、GB 2440664、JP 2009173608、JP 2006117538、WO 2006063848 等。

在中国申请的与该产品有关的部分专利及登记情况见表 115-2、表 115-3。

表 115-2　在中国申请的专利

序号	申请号	专利名称
1	01113250.7	一种长效卫生害虫杀虫剂
2	01128504.4	杀菌气雾剂
3	01145009.6	具有消毒功能的杀虫剂及其制备方法和该杀虫剂在涂料中的应用
4	89107443.0	芳香灭虫灵
5	91106113.4	冷香杀蚊丹
6	92109271.7	家用羊毛制品防蛀剂
7	91108038.4	多效除虫防蛀气雾剂
8	91111004.6	鱼胺菊酯乳油
9	93110421.1	长效家庭卫生害虫杀灭剂及其制备方法

续表

序号	申请号	专利名称
10	93111827.1	被褥洁喷剂
11	93106594.1	芳香广谱防虫杀虫剂
12	98101594.8	高长效杀虫香剂
13	99112838.9	灭蝇剂
14	00110608.2	一种防蛀防虫剂
15	99118865.9	杀虫组合物
16	00124870.7	一种蚊蝇及蟑螂杀虫剂的制作方法
17	00119054.7	以压缩气体作为抛射剂的方法及其产品
18	01102255.8	微乳缓释气雾杀虫剂及其制备方法
19	01101695.7	含氯菊酯和胺菊酯的杀螨组合物的扩散方法和催化燃烧瓶在其中的用途
20	200610165840.9	以胺菊酯为原料的一组可溶性液剂杀虫剂
21	200810082874.0	一种浓缩多效水基型杀虫剂的制作和使用方法
22	200410018400.1	灭螨害虫杀虫剂
23	200410013495.8	三重功效灭蚊片
24	01820100.8	用除虫菊酯/拟除虫菊酯和氯硫尼定的联合处理种子的方法
25	01816979.1	用杀昆虫剂的组合处理种子
26	200510039014.5	内燃式电热驱虫片
27	200510094056.9	拟除虫菊酯与有机磷混配的增效杀虫剂及其应用
28	200510019575.9	一种水基型持效卫生杀虫剂
29	200610047796.1	一种长效杀虫剂
30	200610106769.7	一种浓缩多效水基型杀虫剂及制备方法
31	200710167261.2	一种水基型灭鼠缓死剂及制备方法
32	200910111806.7	一种水基环保型杀虫气雾剂
33	200810119028.1	高效灭蚊蝇涂料的制备方法
34	200910213541.1	一种卫生害虫杀虫剂的组合物

表 115-3 日本住友化学株式会社在中国登记情况

商品名	登记证号	含量	剂型
胺菊酯	WP59-98	92%	原药

合成方法

（1）胺醇-菊酰氯法

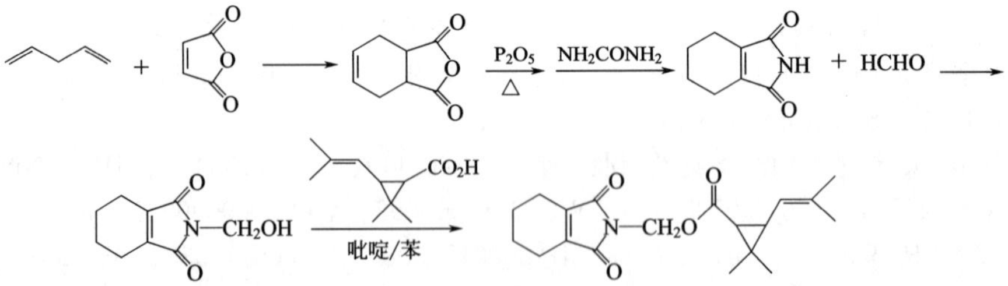

（2）氯甲基亚胺-菊酸钠法

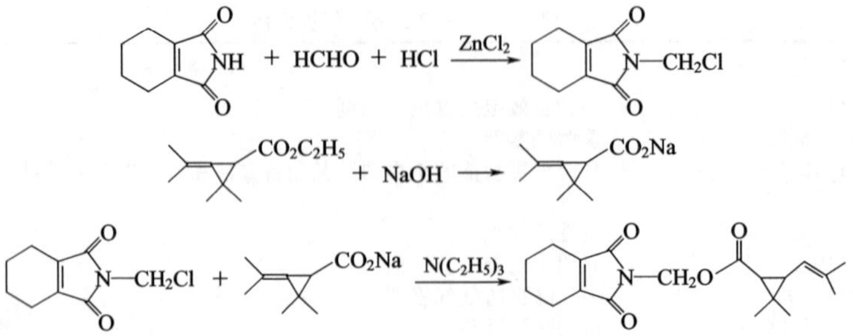

（3）叔胺-季铵盐法

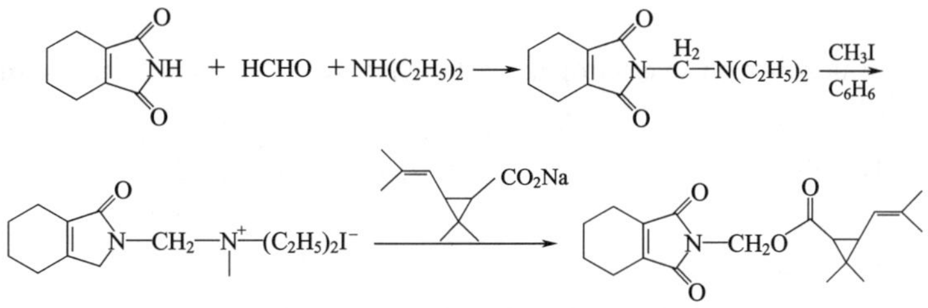

中间体的合成：

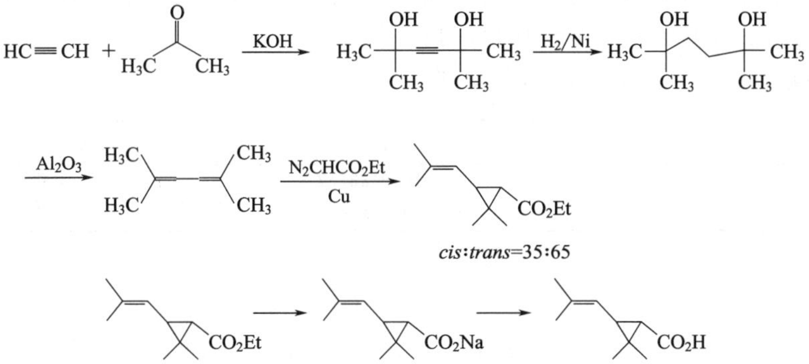

1 农药商品大全，中国商业出版社，1996：182-184.

2 JP 453929.

3 JP 462108.

4 US 3268398.

5 US 3634023.

6 The Pesticide Manual. 15 th edition：1105-1107.

116 四氟醚菊酯（tetramethylfluthrin）

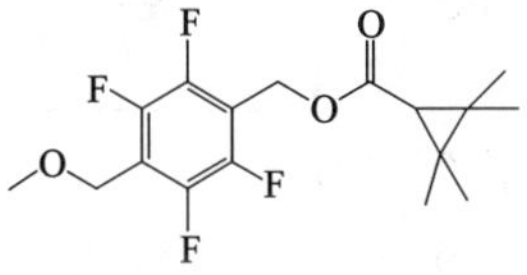

$C_{17}H_{20}F_4O_3$，348.3

产品简介

四氟醚菊酯（通用名称：tetramethylfluthrin，商品名称：尤士菊酯）最早由英国帝国化学公司报道，我国扬农公司开发的一种菊酯类杀虫剂。

化学名称　2,2,3,3-四甲基环丙烷羧酸-2,3,5,6-四氟-4-甲氧甲基苄基酯。英文化学名称为 2,3,5,6-tetrafluoro-4-(methoxymethyl) benzyl 2,2,3,3-tetramethyl-cyclopropanecarboxylate。美国化学文摘系统名称为 [2,3,5,6-tetrafluoro-4-(methoxymethyl) phenyl]methyl 2,2,3,3-tetramethylcyclopropanecarboxylate。CA 主题索引名称为 cyclopropanecarboxylic acid—,2,2,3,3-tetramethyl[2,3,5,6-tetrafluoro-4-(methoxymethyl)phenyl]methyl ester。CAS 登录号为 [84937-88-2]。

理化性质　工业品为淡黄色透明液体，沸点为 110℃（0.1mPa），闪点为 138.8℃，熔点为 10℃，相对密度 d_4^{28} 为 1.5072，难溶于水，易溶于有机溶剂。在中性、弱酸性介质中稳定，但遇强酸和强碱能分解，对紫外线敏感。

应用

该产品为吸入和触杀型杀虫剂，也用作驱避剂，是速效杀虫剂，对蚊虫有卓越的击倒效果，其杀虫毒力是右旋烯丙菊酯的 17 倍以上。可防治蚊子、苍蝇、蟑螂和白粉虱。建议用量：在盘式蚊香中的含量为 0.02%～0.05%。

专利概况

专利名称　Fluorobenzyl cyclopropanecarboxylates，their compositions and use as insecticides.

专利号　EP 60617　专利公开日　1982-09-22

专利申请日　1982-02-09　优先权日　1981-03-18

专利拥有者　ICI PLC（UK）

在其他国家申请的化合物专利：AU 8280529、GB 2097384、JP 57165343 等。

公开的或授权的制剂和制备专利：CN 101099470、JP 3926836、JP 2008031140、JP 2007031401、ZA 2007005500、CN 101176445 等。

在中国申请的与该产品有关的部分专利：

序　号	申　请　号	专　利　名　称
1	201010101837.7	电热蚊香片
2	201010101836.2	电热蚊香片

合成方法

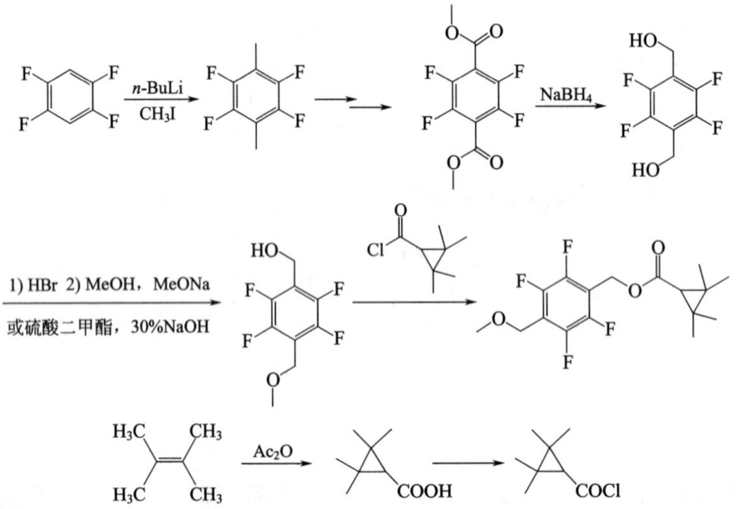

1 新编农药商品手册．北京：化学工业出版社，2006：370.

2 CN 1631868.

3 EP 0054360.

117　四溴菊酯（tralomethrin）

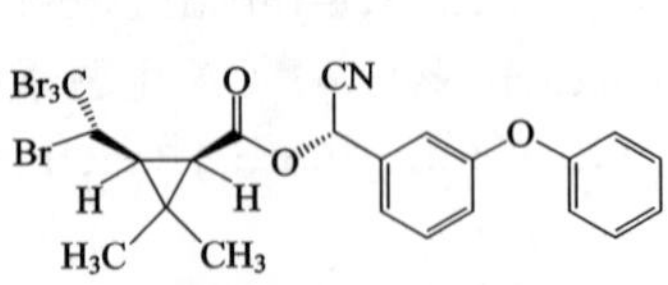

$C_{22}H_{19}Br_4NO_3$，665.0

产品简介

四溴菊酯（试验代号：NU831、RU25474、HAG107，通用名称：tralomethrin，商品名称：Saga、Scout、Tralox）是 Roussel Uclaf 公司（现属拜耳公司）开发的一种拟除虫菊酯类杀虫剂。世界主要生产商：Bayer CropScience、江苏扬农、红太阳。其他商品名称（生产商）如下：Scout-Xtra（Bayer CropScience）、Stryker（Bayer CropScience）、Tracker（Du Pont）、Tralate（Du Pont）。

化学名称　(*S*)-*α*-氰基-3-苯氧苄基 (1*R*,3*S*)-2,2-二甲基-3-[(*RS*)-1,2,2,2-四溴乙基]环丙烷羧酸酯，英文化学名称为 (*S*)-*α*-cyano-3-phenoxybenzyl (1*R*,3*S*)-2,2-dimethyl-3-[(*RS*)-1,2,2,2-tetrabromoethyl]cyclopropanecarboxylate 或 (*S*)-*α*-cyano-3-phenoxybenzyl (1*R*)-*cis*-2,2-dimethyl-3-[(*RS*)-1,2,2,2-tetrabromoethyl]cyclopropanecarboxylate。美国化学文摘系统名称为 (*S*)-cyano-(3-phenoxyphenyl)methyl(1*R*,3*S*)-2,2-dimethyl-3-(1,2,2,2-tetrabromoethyl) cyclopropanecarboxylate，CA 主题索引名称为 cyclopropanecarboxylic acid—，2,2-dimethyl-3-(1,2,2,2-tetrabromoethyl)(*S*)-cyano(3-phenoxyphenyl)methyl ester，(1*R*,3*S*)—。CAS 登录号为 [66841-25-6]。

组成　实验室等级的四溴菊酯有效成分＞93%，为一对活性非对映异构体，比例为60：40。

理化性质　工业品为黄色至米黄色树脂状固体。熔点为 138～148℃，25℃时蒸气压为 4.8×10^{-6}mPa，20℃相对密度为 1.70，K_{ow}lg$P$=4.6 (25℃)。溶解度：水 80μg/L，丙酮、二氯甲烷、甲苯、二甲苯＞1000g/L，二甲基亚砜＞500g/L，乙醇＞180g/L。在 50℃时能稳定存在 6 个月，在酸性介质中能减少水解和差向异构化。

毒性　急性经口 LD_{50} (mg/kg)：大鼠 99～3000，狗＞500。兔急性经皮 LD_{50}＞2000mg/kg，对兔的皮肤刺激适中，眼睛轻微刺激。对豚鼠无致敏作用。大鼠吸入 LC_{50} (4h)＞0.40mg/L。NOEL (2a，mg/kg 饲料)：大鼠 0.75，小鼠 3，狗 1。对大鼠和兔无致诱变性和致畸性。

生态效应　鹌鹑急性经口 LD_{50}＞2510mg/kg。饲喂 LC_{50} [8d，mg/kg (饲料)]：野鸭 7716，鹌鹑 4300。鱼类 LC_{50} (96h，mg/L)：虹鳟鱼 0.0016，大翻车鱼 0.0043。水蚤 LC_{50} (48h) 38mg/L。蜜蜂 LD_{50} (接触) 0.12μg/只。

环境行为　动物/植物：四溴菊酯能够转变为溴氰菊酯，从而进一步降解。土壤/环境：在土壤中极易被吸收 DT_{50}=64～84d，K_d 197～8784，K_{oc}=43796～675667，在各种土壤中十分稳定。

制剂与分析方法　主要剂型有乳油、胶悬剂、可湿性粉剂等。产品可用高效液相色谱分析，残留分析可用气相色谱分析。

作用机理　为拟除虫菊酯类杀虫剂，具有触杀和胃毒作用，性质稳定，持效长，在对个别害虫的毒力活性上，甚至高于溴氰菊酯。

应用

适用作物　大麦、小麦、大豆、咖啡、棉花、果树 (苹果、梨、桃树等)、玉米、油菜、水稻、烟草、蔬菜 (茄子、白菜、黄瓜等)。

防治对象　鞘翅目、同翅目、直翅目及鳞翅目等害虫，如草地夜蛾、棉叶夜蛾、玉米螟、梨豆夜蛾、烟蚜、菜蚜、菜青虫、黄地老虎、温室粉虱、苹果小卷蛾、蚜虫、灰翅夜蛾等。

残留量与安全施药　用量为 7.5～20g/hm^2。如果在危害时期使用，可以保护大多数作物不受半翅目害虫危害。土壤表面喷洒 5～10g/hm^2 可以防治地老虎和切根害虫。本品可有效地防治家庭卫生害虫、仓储害虫以及侵蚀木材害虫。

应用技术　见表 117-1。

在棉花、甜玉米、油料作物和其他作物上使用时，为在数周内将昆虫的虫口密度保持在控制水平以下，需要多次用药，并建议在最初的 1、2 次用药时，采用中到偏高于推荐的剂量。这将使得在植物上持留的药剂，足以防治严重的害虫。当虫害密度已处于控制水平以下时，通常使用低于推荐的剂量，就足以防治轻到中度的害虫。

表 117-1 四溴菊酯应用技术

作 物	害 虫	用量(有效成分)/(g/hm²)
棉花	棉叶夜蛾	5.0～7.5
	草地夜蛾	21.0
	棉铃虫	14.4～17
果树	苹果小卷夜蛾、苹果蚜等	0.75～1.25
	梨木虱、梨潜蛾	0.75～3.25
	桃潜蛾、桃蚜、梨小食心虫等	0.5～2.25
	橘斑花金龟	0.37～0.75
蔬菜	实夜蛾属、灰翅夜蛾属	10.0～14.5
	木薯粉虱	18.0～21.0
	菜蚜虫	17.5～22.5
	温室粉虱	18.75
作物害虫	麦长管蚜、麦云卷蛾	7.0～12.5
	草地夜蛾	10.8
	高粱瘦蝇	6.3～7.2

专利概况

专利名称 Nouveaux esters d'acides cyclopropane, carboxyliques comportant un substituant polyhalogene, procedes de preparation et compositions insecticides les renfermant

专利号 FR 2364884 专利公开日 1978-04-14

专利申请日 1977-07-25 优先权日 1976-09-21

专利拥有者 Roussel Uclaf 公司（现属 Bayer CropScience）

在其他国家申请的化合物专利：AU 7728989、AT 7706772、AU 7728990、BE 858894、BE 858895、BR 7706313、BR 7706314、CA 1140589、CA 1242733、DE 2742546、DK 7704144、DK 7704145、FR 2364884、FR 2398041、FI 7702745、HU 20918、HU 22149、JP 53040743、JP 60011689、JP 53040744、JP 60011404、NO 7703224、NO 148184、NL 7710327、SE 7709800、SE 446527、SE 7709801、SE 441179、SU 858559、US 4179575、US 4257978、ZA 7705669 等。

制备和制剂或剂型专利：AU 9749622、AT 363280、AT 7901472、AT 353248、AT 7706772、AT 350043、AT 7706773、AT 363280、BE 858895、CH 630890、CH 630601、CH 630601、CZ 278747、FI 73966、FI 8400658、FR 2419932、FR 2398041、FR 2364884、HU 9603007、PL 129488、PL 119266、SU 858559、US 4279835、US 4310542、US 4257978、WO 9818329、ZA 9709616、ZA 7705669、AR 64364、AR 64028、AU 2007324936、CA 2670637、CN 101547605、DE 102006056544、EP 2107871、EP 2164323、JP 2009209124、JP 2009155288、JP 2009126805、JP 2010510996、KR 2009097168、MX 2009005522、US 20100048497、WO 2008071714、WO 2008064778 等。

在中国申请的与该产品有关的部分专利见表 117-2

表 117-2 在中国申请的专利

序 号	申 请 号	专 利 名 称
1	00113613.5	用于防治鱼类寄生虫的方法及药物组合物

合成方法

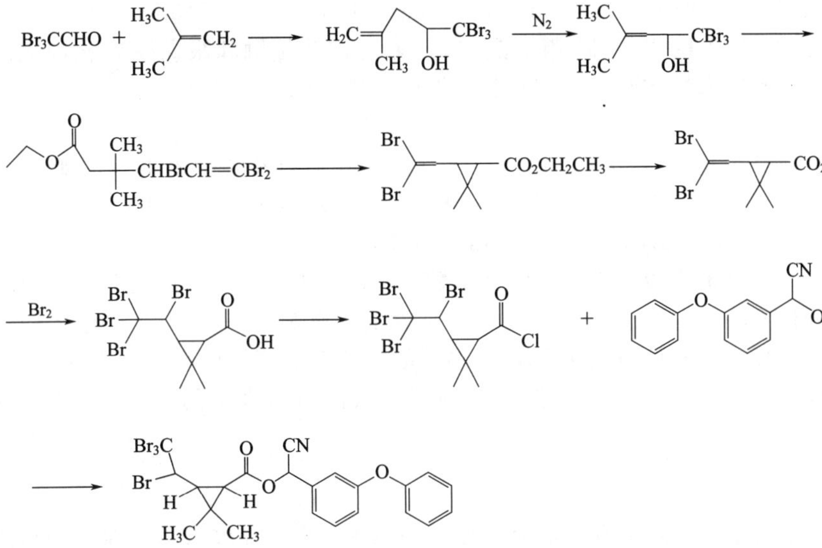

1 The Pesticide Manual. 15 th edition：1142-1143.

2 FR 2364884.

3 农药商品大全，中国商业出版社，1996：194-195.

118 四氟苯菊酯（transfluthrin）

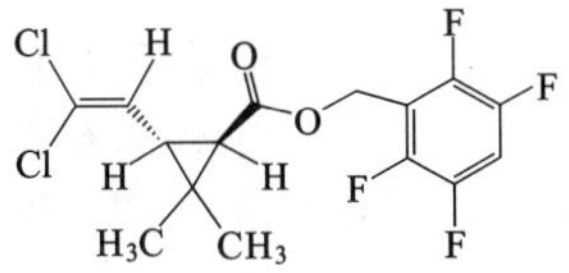

$C_{15}H_{12}Cl_2F_4O$，371.1

产品简介

四氟苯菊酯［试验代号：NAK4455，通用名称：transfluthrin，商品名称：Bayothrin（Bayer CropScience）、Baygon（Johnson）］是拜耳公司开发的拟除虫菊酯类杀虫剂。世界主要生产商：Bayer CropScience、江苏扬农。

化学名称 2,3,5,6-四氟苄基-(1*R*,3*S*)-3-(2,2-二氯乙烯基)-2,2-二甲基环丙烷羧酸酯或（1*R*,3*S*)-3-(2,2-二氯乙烯基)-2,2-二甲基环丙烷羧酸-2,3,5,6-四氟苄酯，2,3,5,6-四氟苄基-(1*R*)-反-3-(2,2-二氯乙烯基)-2,2-二甲基环丙烷羧酸酯或（1*R*)-反-3-(2,2-二氯乙烯基)-2,2-二甲基环丙烷羧酸-2,3,5,6-四氟苄酯。英文化学名称为 2,3,5,6-tetrafluorobenzyl (1*R*, 3*S*)-3-(2, 2-dichlorovinyl)-2, 2-dimethylcyclopropanecarboxylate 或 2, 3, 5, 6-tetrafluorobenzyl（1*R*)-*trans*-3-(2, 2-dichlorovinyl)-2, 2-dimethylcyclopropanecarboxylate。美国化学文摘系统名称为（2,3,5,6-tetrafluorophenyl)methyl（1*R*,3*S*)-3-(2,2-dichloroethenyl)-2, 2-dimethylcyclopropanecarboxylate。CA 主题索引名称为 cyclopropanecarboxylic acid—，3-(2,2-dichloroethenyl)-2,2-dimethyl-cyano（4-fluoro-3-phenoxyphenyl)methyl ester（2,3,5, 6-tetrafluorophenyl)methyl ester，(1*R*,3*S*)—。CAS 登录号为［118712-89-3］。

理化性质 产品为无色晶体，纯品纯度 92%，熔点为 32℃，沸点为 135℃/0.1mbar，蒸气压 4.0×10^{-1} mPa（20℃），$K_{ow}\lg P=5.46$（20℃），Henry 常数：2.60Pa·m^3/mol (calc.)。相对密度为 1.5072（23℃）。溶解度：水 5.7×10^{-5} g/L（20℃），有机溶剂＞200g/L。在 200℃加热 5h 没有分解。比旋光度 $[\alpha]_D^{29}+15.3°$（$c=0.5$，$CHCl_3$）。

毒性　急性经口 LD_{50} (mg/kg)：雄/雌大鼠>5000，雄小鼠 583，雌小鼠 688。雄/雌大鼠急性经皮 LD_{50} (24h)>5000mg/kg。水蚤 LC_{50} (4h)>513mg/m^3 (空气)。NOEL (2a，mg/L)：雄/雌大鼠 20，雄/雌小鼠 100。家兔皮肤接触和眼黏膜试验均无刺激性。亚急性、亚慢性、慢性毒性试验均未测见任何影响。胚胎毒性、致畸性、致突变性和致癌性试验均为阴性。

生态效应　鸟类急性经口 LD_{50} (mg/kg)：鹌鹑和金丝雀>2000，母鸡>5000。鱼类 LC_{50} (96h，μg/L)：圆腹雅罗鱼 1.25，虹鳟鱼 0.7。水蚤 LC_{50} (48h) 0.0017mg/L，对藻类 (*ScenedesmUSsubspicatus*) EC_{50} (96h)>0.1mg/L。

环境行为　四氟苯菊酯能降解成酸和苄醇。在水中 DT_{50}=2d (光照)，8d (黑暗)。

制剂及分析方法　主要剂型有烟剂、微胶囊剂、熏蒸剂等。产品可用带 FID 检测器的 GC 检测，(1S)-反式异构体可用带 FID 检测器的手性毛细管气相色谱法检测。

作用机理　作用于神经末梢的钠离子通道，从而引起害虫的死亡。作用特点为吸入、触杀。

应用

四氟苯菊酯属于广谱杀虫剂，能有效地防治卫生害虫和储藏害虫，对双翅目昆虫如蚊类有快速击倒作用，且对蟑螂、臭虫有很好的残留效果。可用于蚊香、气雾杀虫剂、电热蚊香片等多种制剂中。

专利与登记

专利名称　Cyclopropancarbonsaeureester von halogenierten benzylalkoholen

专利号　DE 2714042　　专利公开日　1978-10-12

优先权日　1977-03-30　　专利拥有者　Bayer CropScience

在其他国家申请的化合物专利：AT 367733、AT 7906672、AT 360801、AT 7709237、AU 517439、AU 7731839、BR 7708541、CA 1129434、CH 630237、DK 156426、DK 156426、DK 7704893、DD 134475、FI 66588、FI 66588、FI 7703866、FR 2379506、FR 2379506、GB 1567820、HU 180202、HU 22702、IL 53653、JP 62021777、JP 53079845、JP 62149606、JP 61218542、NL 7714072、NO 148185、NO 148185、NO 7704214、SE 441264、SE 441264、SE 7714606、US 4183950、US 4275250 等。

制备和混剂专利：BR 2002003445、CN 1631869、CN 1277806、CN 1248583、CN 1406483、CN 1160709、DE 19546920、ES 2204308、ES 2204308、EP 779269、JP 2004059548、JP 4249957、JP 2003073204、JP 2001048707、JP 4441017、JP 09188649、KR 877091、ZA 961051、WO 2010108505、JP 2010193817、WO 2010075965、JP 2010116347、JP 2010168360 等。

在中国申请的与该产品有关的部分专利及登记情况见表 118-1～表 118-3。

表 118-1　在中国申请的专利

序　号	申　请　号	专　利　名　称
1	96197421.4	杀虫活性组合物
2	200610131815.9	防虫剂
3	200310121743.6	一种制备四氟苯菊酯的新工艺
4	200610038168.7	防蛀型毛纺织品柔软剂及其制备方法
5	200610101064.6	2,3,5,6-四氟苯甲醇的制备方法
6	201010101837.7	电热蚊香片
7	201010101836.2	电热蚊香液

表 118-2 拜耳有限责任公司在我国登记情况

商品名	登记证号	含量	剂型
四氟苯菊酯	WP47-97	98.5%	原药

表 118-3 日本阿斯制药株式会社在我国登记情况

商品名	登记证号	含量	登记作物	防治对象
驱蚊片	WP20100096	300mg/片	卫生	蚊
驱蚊片	WP20100085	500mg/片	卫生	蚊

合成方法

以四氯苯二甲腈为起始原料合成产品四氟苯菊酯，路线如下：

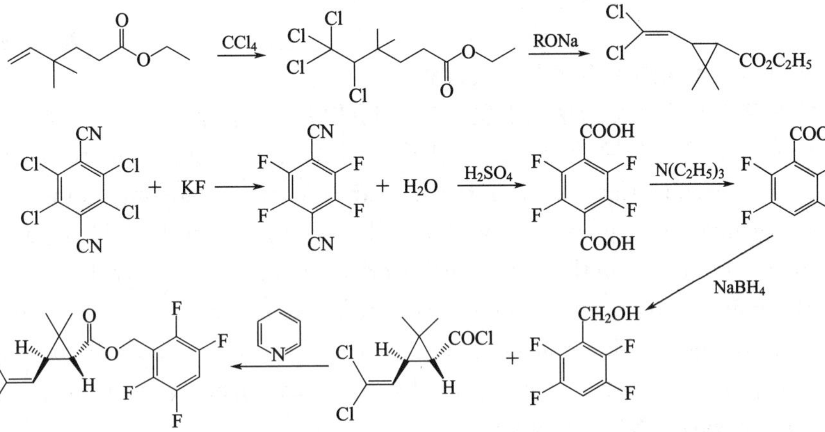

1 The Pesticide Manual. 15 th edition：1143-1144.

2 DE 3705224.

3 农药，2005，44（7）：312-313.

4 中国拟除虫菊酯发展 30 年学术研讨会，2003：105-107.

5 上海预防医学杂志，2000，12（11）：518-519.

6 http：//baike. baidu. com/view/1128637. htm.

氨基甲酸酯类杀虫剂

（1）氨基甲酸酯类杀虫剂（carbamate insecticides）创制经纬

在 1926 年发现毒扁豆生物碱（physostigmine）具有杀虫活性，且作用机理与有机磷相似后，美国联合碳化公司（后为罗纳普朗克，现属拜耳公司）和汽巴嘉基公司（后为诺华，现属先正达公司）就开始以毒扁豆生物碱为先导化合物进行杀虫剂的研究，并发现了甲萘威（carbaryl）、吡唑威（pyrolan）、异索威（isolane）等，后来成为一大类杀虫剂，即氨基甲酸酯类杀虫剂，并有与天然结构相差很大的灭多威（methomyl）、涕灭威（aldicarb）等的开发。

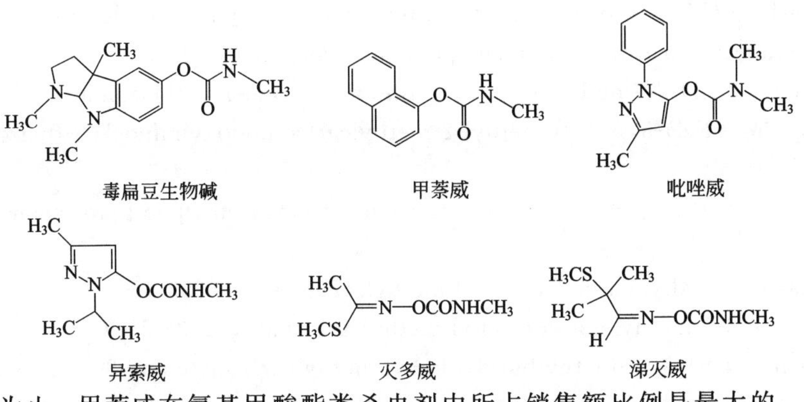

到目前为止，甲萘威在氨基甲酸酯类杀虫剂中所占销售额比例是最大的，其次是灭多

威，涕灭威排第三，FMC公司发现的克百威（carbofuran）排第四，其应用也很广，这是因为它不仅具有杀虫活性，还具有杀螨、杀线虫活性；不仅具有触杀活性，还有内吸活性；但由于高毒，应用受到限制。为了降低它的毒性，已开发了低毒的前体杀虫剂丁硫克百威（carbosulfan）等。尽管如此，涕灭威与克百威等终因高毒，将会从市场上慢慢消失。

值得提及的品种噁虫威（bendiocarb），因低毒，目前在卫生方面得到广泛的应用。目前氨基甲酸酯类杀虫剂研究比较少，但1996年巴斯夫公司报道的有机磷与氨基甲酸酯相结合的化合物磷虫威（phosphcarb），具有很好的生物活性。

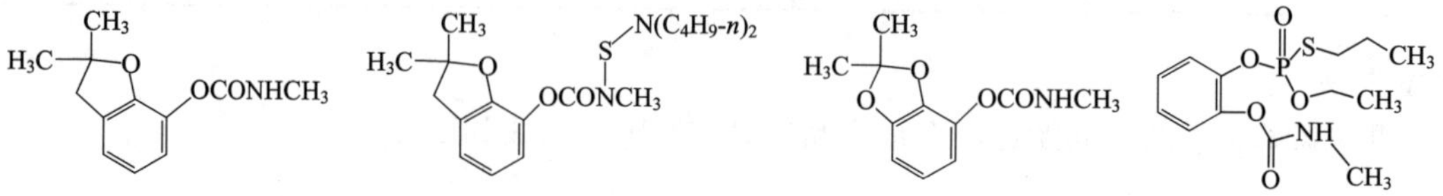

克百威　丁硫克百威　噁虫威　磷虫威(phosphcarb)

（2）氨基甲酸酯类杀虫剂分类与主要品种

已开发的氨基甲酸酯类化合物共四类：苯并呋喃甲氨基甲酸酯、二甲氨基甲酸酯、肟醚氨基甲酸酯及苯基甲基氨基甲酸酯，共有如下50个品种：bendiocarb、carbaryl、benfuracarb、carbofuran、carbosulfan、decarbofuran、furathiocarb、dimetan、dimetilan、hyquincarb、isolan、pirimicarb、pyramat、pyrolan、alanycarb、aldicarb、aldoxycarb、butocarboxim、butoxycarboxim、methomyl、nitrilacarb、oxamyl、tazimcarb、thiocarboxime、thiodicarb、thiofanox、allyxycarb、aminocarb、bufencarb、butacarb、carbanolate、cloethocarb、CPMC、dicresyl、dimethacarb、dioxacarb、EMPC、ethiofencarb、fenethacarb、fenobucarb、isoprocarb、methiocarb、metolcarb、mexacarbate、promacyl、promecarb、propoxur、trimethacarb、XMC、xylylcarb。

此处介绍了部分品种。如下化合物应用范围小或不再作为杀虫剂使用或没有商品化等原因，本书不予介绍，仅列出化学名称及CAS登录号供参考：

Decarbofuran：(*RS*)-2,3-dihydro-2-methylbenzofuran-7-yl methylcarbamate，1563-67-3。

Dimetan：5,5-dimethyl-3-oxocyclohex-1-enyl dimethylcarbamate，122-15-6。

Dimetilan：1-dimethylcarbamoyl-5-methylpyrazol-3-yl dimethylcarbamate，644-64-4。

Hyquincarb：5,6,7,8-tetrahydro-2-methyl-4-quinolyl dimethylcarbamate，56716-21-3。

Isolan：1-*iso*propyl-3-methylpyrazol-5-yl dimethylcarbamate，119-38-0。

Pyramat：6-methyl-2-propylpyrimidin-4-yl dimethylcarbamate，2532-49-2。

Pyrolan：3-methyl-1-phenylpyrazol-5-yl dimethylcarbamate，87-47-8。

Aldoxycarb：(*EZ*)-2-mesyl-2-methylpropionaldehyde *O*-methylcarbamoyloxime，1646-88-4。

Nitrilacarb：(*EZ*)-4,4-dimethyl-5-(methylcarbamoyloxyimino)valeronitrile或（*EZ*)-4,4-dimethyl-5-(methylcarbamoyloxyimino)pentanenitrile，29672-19-3。

Tazimcarb：(*EZ*)-*N*-methyl-1-(3,5,5-trimethyl-4-oxo-1,3-thiazolidin-2-ylideneaminooxy)formamide或（*EZ*)-3,5,5-trimethyl-2-methylcarbamoyloxyimino-1,3-thiazolidin-4-one，40085-57-2。

Thiocarboxime：(*EZ*)-3-[1-(methylcarbamoyloxyimino)ethylthio]propiononitrile，25171-63-5。

Allyxycarb：4-diallylamino-3,5-xylyl methylcarbamate，6392-46-7。

Aminocarb：4-dimethylamino-*m*-tolyl methylcarbamate，2032-59-9。

Bufencarb：(*RS*)-3-(1-methylbutyl)phenyl methylcarbamate and 3-(1-ethylpropyl)phenyl methylcarbamate，8065-36-9。

Butacarb：3,5-di-*tert*-butylphenyl methylcarbamate，2655-19-8。

Carbanolate：6-chloro-3,4-xylyl methylcarbamate，671-04-5。

Cloethocarb：2-[(*RS*)-2-chloro-1-methoxyethoxy]phenyl methylcarbamate，51487-69-5。

CPMC：2-chlorophenyl methylcarbamate，3942-54-9。

Dicresyl：cresyl methylcarbamate，58481-70-2。

Dimethacarb：xylyl methylcarbamate。

Dioxacarb：2-(1,3-dioxolan-2-yl)phenyl methylcarbamate，6988-21-2。

EMPC：4-ethylthiophenyl methylcarbamate，18809-57-9。

Fenethacarb：3,5-diethylphenyl methylcarbamate，30087-47-9

Mexacarbate：4-dimethylamino-3,5-xylyl methylcarbamate，315-18-4

Promacyl：5-methyl-*m*-cumenyl butyryl (methyl) carbamate 或 3-isopropyl-5-methylphenyl butyryl (methyl) carbamate，34264-24-9。

Promecarb：5-methyl-*m*-cumenyl methylcarbamate 或 3-isopropyl-5-methylphenyl methylcarbamate，2631-37-0

119 噁虫威 (bendiocarb)

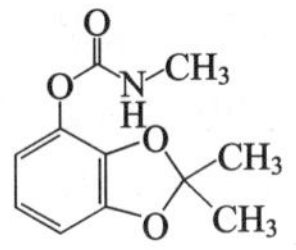

$C_{11}H_{13}NO_4$，223.2

产品简介

噁虫威［试验代号：NC6897 (Fisons)、OMS 1394，通用名称：bendiocarb，商品名称：Ficam、Multamat、Seedox、Turcam，其他名称：bencarbate］由 R. W. Lemon 和 P. J. Brooker 报道，后由 Fisons 开发，并由 Schering Agrochemicals 在作物保护、动物及公共卫生的应用上推广使用，现在由拜耳公司开发和销售。在国内登记的商品名如下：苯恶威、高卫士、快康等。

化学名称　2,2-二甲基-1,3-苯并二氧代-4-基甲基氨基甲酸酯或甲基氨基甲酸-2,2-二甲基-1,3-苯并二氧代-4-基酯。英文化学名称为 2,2-dimethyl-1,3-benzodioxol-4-yl methylcarbamate。美国化学文摘系统名称为 2,2-dimethyl-1,3-benzodioxol-4-yl *N*-methylcarbamate。CA 主题索引名称为 1,3-benzodioxol-4-ol—，2,2-dimethyl-*N*-methylcarbamate。CAS 登录号为［22781-23-3］。

理化性质　纯品外观为无色结晶固体，无味，纯度>99%，熔点 129℃，蒸气压 4.6×10^{-3}Pa (25℃)。相对密度 0.69 (20℃)。$K_{ow}\lg P=1.72$ (pH=6.55)。水中溶解度 0.28g/L (pH=7，20℃)，其他溶剂中溶解度 (g/L，25℃)：二氯甲烷 200～300，氯仿、二氧六环 200，甲醇 75～100，丙酮 150～200，乙酸乙酯 60～75，苯、乙醇 40，邻二甲苯 10，对二甲苯 11.7，正己烷 0.225，煤油<1。稳定性：在碱性介质中快速水解，在中性和酸性介质中水解缓慢。DT_{50}为 2d (25℃，pH=7)，形成 2,2-二甲基-1,3-苯并二氧代-4-酚、甲胺和二氧化碳。对光和热稳定。$pK_a=8.8$。

毒性　急性经口 LD_{50} (mg/kg)：大鼠 25～156，小鼠 28～45，豚鼠 35，兔 35～40。大鼠急性经皮 LD_{50} 566～800mg/kg，对皮肤和眼睛无刺激。大鼠吸入 LC_{50} (4h) 0.55mg/L (空气)。大鼠 90d 和 2a 饲喂试验的无作用剂量为 10mg/kg，在 90d 的试验中，大鼠饲喂 250mg/kg，除了胆碱酯酶不可逆抑制外无致病作用。ADI/RfD (JMPR) 0.004mg/kg

[1984]，(EPA) aRfD 0.00125mg/kg，cRfD 0.00125mg/kg [1999]。

生态效应　鸟类急性经口 LD_{50} (mg/kg)：野鸭 3.1，山齿鹑 19，母鸡 137。鱼 LC_{50} (96h，mg/L)：红鲈鱼 0.86，蓝鳃鱼 1.65，虹鳟鱼 1.55。水蚤 EC_{50} (48h) 0.038mg/L。对蜜蜂有毒。蚯蚓 LC_{50} (14d) 188mg/kg (土壤)。

环境行为　动物：对老鼠和其他动物，能很快通过口腔和吸入方式吸收，但不能通过皮肤吸收。能很快解毒，可以在 24h 内完全以硫酸盐以及主要代谢物 2,2-二甲基-1,3-苯基二氧代-4-酚和葡萄糖苷酸结合物形式排除。土壤/环境：噁虫威在土壤中能迅速降解，主要是通过甲基氨基甲酸和杂环的水解、氧化成极性的残留物以及苯环的矿化，最终产生二氧化碳。噁虫威降解速率由 pH 值决定，在酸性条件下降解缓慢。噁虫威在农田中的 DT_{50} 降解变化范围为 0.5～10d，此外与土壤类型、湿度、温度都有关。在噁虫威吸附/解吸的研究中，它被水解成 2,2-二甲基-1,3-苯二氧代-4-酚。噁虫威和 NC7312 被吸附得很少 (K_{oc} 28～40)。由于噁虫威很容易降解，噁虫威不用除去。

制剂与分析方法　剂型主要有粉剂、颗粒剂、胶悬剂、可湿性粉剂。与碱性物质不稳定。产品可用 HPLC 分析。粮食作物中的残余可用 GC 分析。

作用机理与特点　具有胃毒和触杀作用，具有击倒速度快，持效时间长等特点。

应用

适用作物　蔬菜、瓜类、柑橘、马铃薯、水稻、玉米及高粱等。

防治对象　公共卫生、工业和仓库害虫，例如蚊虫、苍蝇、蟑螂、蚂蚁等。

残留量与安全施药　直接应用无残留，不能用于薄荷科植物。

应用技术　不可与强碱物质混用，使用时现用现配，勿长时间静置或隔夜使用。

使用方法　20%噁虫威可湿性粉剂防治节瓜蓟马，在若虫胜孵期施药，每公顷用商品量 600～1200g (有效成分，120～240g)，加水 1125L 均匀喷雾，可有效地控制蓟马的危害，残效期可达 7～10d。第一次喷药后，间隔 7～14d 再重复喷雾或者在有需要时喷药。

在我国推荐使用情况如下：可通过叶面喷雾控制缨翅目和其他害虫，也可以作为种子处理剂和颗粒剂控制土壤害虫。灭蟑螂：0.125%～0.5%浓度药液喷洒，持效数周，无驱避作用。灭蚊：0.5g/m^2 药液喷洒，对淡色库蚊持效 6 个月。灭蚁：0.25%～0.5%粉剂散布或溶剂喷洒。灭蚤：0.25% 溶剂喷洒。

专利与登记

专利名称　Substituted benzodioxoles

专利号　GB 1220056　　专利公开日　1971-01-20

专利申请日　1967-02-21　　优先权日　1967-02-21

专利拥有者　Fisons Pest Control LTD

在其他国家申请的化合物专利：AR 215000、AT 266277、AU 513641、AU 2422077、BE 853702、BG 35900、BG 61666、CA 1098063、CH 639422、CS 207397、CY 1114、DD 137727、DE 2717040、DK 146514、ES 457932、EP 443733FI57781、FR 2348970、GB 1573955、GR 63128、HK 38481、HU 179041、IE 44822、IL 51854、IT 1106424、JP 1593733、KE 3141、LU 77152、MY 8782、NL 188859、NL 950005、NL 971001、NO 148856、NZ 183847、OA 5638、PL 108004、PT 66445、RO 71785、SE 434277、SE 7703592、SU 716524、US 4310519、US 4429042、YU 100177、ZA 7702345、ZM 3677 等。

制备专利与剂型专利：CN 1176739、CN 101586133、CN 1281900、CN 1294197、CN 101429536、CN 1923840、US 5077398、CN 1069979、RU 2070799、US 5314506、WO 9424862、US 5399717、WO 9856939、WO 9945012、AU 694016、DE 3602276、DE

3624910、DE 19519007、EP 125155、EP 750907、EP 930077、EP 413538、EP 717993、EP 242502、EP 501026、EP 535734、GB 2306886、JP 59199616、JP 60214715、JP 01025706、WO 9202233、WO 9427598、WO 9505812、US 5436355、WO 9625852、WO 9711709、WO 9740692、WO 9746204、WO 9806407、WO 9818463、WO 9823158、WO 9902182、WO 9925188、WO 9927906、ZA 840256 等。

在中国申请的与该产品有关的部分专利及登记情况见表 119-1、表 119-2。

表 119-1　在中国申请的专利

序　号	申　请　号	专　利　名　称
1	200910244334.2	一种灭鼠杀虫熏蒸剂及其应用

表 119-2　拜耳有限责任公司在中国登记情况

登记名	登记证号	含量	剂型	登记作物	防治对象	用药量/(mg/m^2)	施用方法
噁虫威	WP20080089	80%	可湿性粉剂	卫生 卫生 卫生	蝇 蚊 蜚蠊	80～120 80～120 160～300	滞留喷洒 滞留喷洒 滞留喷洒
噁虫威	WP20080088	98%	原药				

合成方法

噁虫威是由焦性没食子酸同 2,2-二甲氧基丙烷反应，再同甲基异氰酸酯，或光气、甲胺反应制成，反应式如下：

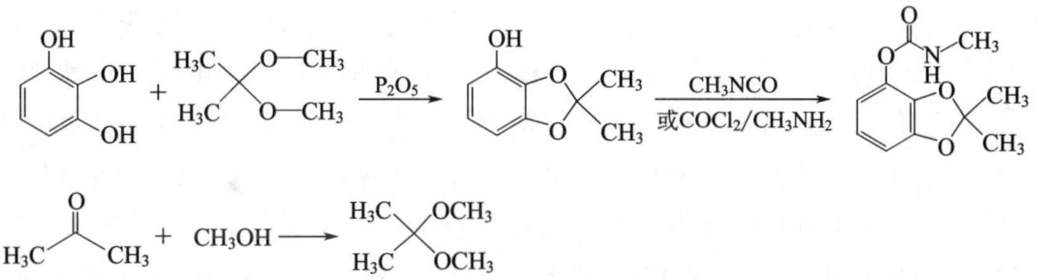

1　GB 1220056.

2　The Pesticide Manual. 15 th edition：79-80.

3　贵州化工，2003，28 (1)：11-13.

4　新编农药手册（续）. 北京：中国农业出版社，1997：27-29.

120　甲萘威（carbaryl）

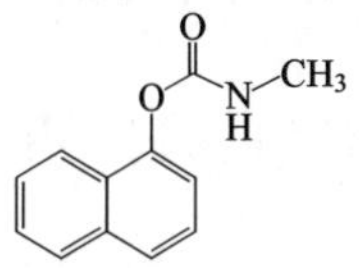

$C_{12}H_{11}NO_2$，201.2

产品简介

甲萘威［试验代号：UC7744（Union Carbide）、OMS 29、OMS 629、ENT 23 969，通用名称：carbaryl，商品名称：Laivin（Lainco）、Parasin-G（Kemio）、Raid（Nagarjuna Agrichem）、Sevin（西维因，Bayer CropScience）、SunSin（Sundat）］由 H. L. Haynes 报道后由 Union Carbide Corp（现属 Bayer CropScience）开发。世界主要生产商：Agrochem、Bayer CropScience、Crystal、Drexel、Jin Hung、Kuo Ching、Sannong、Sundat、海利贵溪化工农药有限公司、湖北沙隆达、湖南海利化工。其他商品名称（生产商）：Agrovin

(AgroSan)、Atoxan (Siapa)、Avin (Zagro)、Boly (Zagro)、Carbamec (PBI/Gordon)、Carflo (Chemia)、Cekubaril (Cequisa)、Devicarb (Devidayal)、Dhanuvin (Dhanuka)、Eco Bait (Peacock)、Efaryl (Efthymiadis)、Hektavin (Hekta351)、Kavin (Krishi Rasayan)、Pilarvin (Pilarquim)、Pomex (Siapa)、Povin (Zagro)、Rebel (Zagro)、Rovin (Zagro)、Sedit (Chimiberg)、Sekib (Agrochem)、Sevitox (Hekta351)、Zacarb (Zagro)。在国内登记的商品名：胺甲萘、加保利、巴利、胺甲苯、胺苯萘等。

化学名称 1-萘基甲基氨基甲酸酯。英文化学名称为 1-naphthyl methylcarbamate。美国化学文摘系统名称为 1-naphthalenyl methylcarbamate 或 1-naphthalenol methylcarbamate。CA 主题索引名称为 1-naphthalenyl methylcarbamate。CAS 登录号为 [63-25-2]。

组成 纯度>99%。

理化性质 本品为无色至浅棕褐色结晶体，熔点 142℃，蒸气压 4.1×10^{-5} Pa (23.5℃)，$K_{ow}\lg P=1.85$，Henry 常数 7.39×10^{-5} $Pa \cdot m^3/mol$，相对密度 1.232 (20℃)。水中溶解度 (20℃) 120mg/L，其他溶剂中溶解度 (g/kg，25℃)：二甲基甲酰胺、二甲基亚砜 400～450，丙酮 200～300，环己酮 200～250，异丙醇 100，二甲苯 100。在中性和弱酸性条件下稳定，碱性介质中分解为 1-萘酚，DT_{50} 12d (pH=7)，3.2h (pH=9)。对光和热稳定。闪点 193℃。

毒性 急性经口 LD_{50} (mg/kg)：雄大鼠 264，雌大鼠 500，兔 710。急性经皮 LD_{50} (mg/kg)：大鼠>4000，兔>2000。对兔眼有轻微的刺激性，对兔皮肤有中等刺激性。大鼠吸入 LC_{50} (4h) >3.28mg/L (空气)。大鼠 NOEL 为 200mg/kg(饲料)(2a)。ADI/RfD (EFSA) 0.0075mg/kg [2006]，(JMPR) 0.008mg/kg [2001]，(EPA) aRfD 0.01mg/kg。

生态效应 鸟类急性经口 LD_{50} (mg/kg)：雏野鸭>2179，雏野鸡>2000，日本鹌鹑 2230，鸽子 1000～3000。鱼毒 LC_{50} (96h，mg/L)：蓝鳃 10，虹鳟 1.3。水蚤 LC_{50} (48h) 0.006mg/L。海藻 EC_{50} (5d) 1.1mg/L。其他水生生物 LC_{50} (mg/L)：糠虾 (96h) 0.0057，牡蛎 LC_{50} (48h) 2.7。对蜜蜂有毒，LD_{50} (接触) 1μg/只，(经口) 0.18μg/只。蚯蚓 LC_{50} (28d) 106～176mg/kg (土壤)。对有益的昆虫有毒。

环境行为 动物：甲萘威在动物器官内不会产生积聚，能够迅速代谢成无毒物质 1-萘酚，该物质能和葡萄糖醛酸结合，随尿液和粪便排出。植物：代谢产物是 4-羟基甲萘威、5-羟基甲萘威和羟甲基甲萘威。土壤/环境：在有氧状态下，1mg/L 甲萘威在沙质土壤中的 DT_{50}是 7～14d，黏土土壤中是 14～28d。

制剂与分析方法 主要剂型有粉剂、颗粒剂、油悬剂、毒饵或饵料、胶悬剂、母药（母粉或母液）、可湿性粉剂等。产品分析用红外光谱法或用 HPLC，残留物用 GC 或 HPLC 测定。

作用机理与特点 为触杀性、胃毒性杀虫剂，有轻微的内吸特征。

应用

适用作物 应用范围极广，应用作物在 120 种作物以上。包括芒果、香蕉、草莓、坚果、葡萄树、橄榄树、黄秋葵、葫芦、花生、大豆、棉花、水稻、烟草、谷类、甜菜、玉米、高粱、苜蓿、马铃薯、观赏植物、树木等。

防治对象 鳞翅目、鞘翅目、跳甲亚科、叶蝉科、革翅目、盲蝽科、大蚊属等。也可防治蚯蚓和动物体外的寄生虫，用作苹果的生长调节剂。

残留量与安全施药 直接使用时无残留，在一定条件下，对某些种类的梨和苹果产生药害。

使用方法

（1）水稻害虫的防治　①防治三化螟　在成虫羽化高峰后3～5d，每亩用25%可湿性粉剂200～300g（有效成分，50～75g），对水40～60kg喷雾1～2次，效果良好。②防治稻叶蝉、稻蓟马、稻飞虱等　用25%可湿性粉剂250倍（有效成分，40～60g/hm^2）喷雾。

（2）旱粮作物害虫的防治　①黏虫　可用25%可湿性粉剂稀释500倍（有效成分，20～30g/hm^2）喷雾。②麦叶蜂　用25%可湿性粉剂稀释200倍（有效成分，50～75g/hm^2）喷雾。③吸浆虫　每亩用5%可湿性粉剂1.5～2.5kg（有效成分，75～125g）喷粉。④玉米螟　用25%可湿性粉500g（有效成分，125g），拌细土7.5～10kg，撒施于玉米喇叭口。每株施毒土1g，或用可湿性粉剂对水稀释200倍灌心叶，每株灌10mL。

（3）甜菜害虫的防治　防治甜菜夜蛾用25%可湿性粉剂稀释400倍（有效浓度625mg/L）喷雾，或每亩用5%粉剂1.5～2.5kg（有效成分，75～125g）喷粉。

（4）棉花害虫的防治　①棉蚜　用25%可湿性粉剂稀释500倍（有效成分，20～30g/hm^2）喷雾，需直接喷洒到虫体上。②棉铃虫、红铃虫　25%可湿性粉剂稀释100～200倍（有效成分，187g/hm^2）喷雾。③棉叶蝉　25%可湿性粉剂稀释200～300倍（有效成分，93.7～62.4g/hm^2）喷雾。

（5）稻蓟马、造桥虫　25%可湿性粉剂稀释400～600倍（有效成分，46.8～31.2g/hm^2）喷雾。

（6）蔬菜害虫的防治　防治菜青虫用25%可湿性粉剂稀释150倍（有效成分，66.7g/hm^2）喷雾。

（7）果树害虫的防治　①刺蛾　25%可湿性粉剂稀释200倍（有效浓度125mg/L）喷雾。②梨小食心虫和桃小食心虫　用25%可湿性粉剂稀释400倍（有效浓度625mg/L）喷雾。③梨蚜、枣尺蠖　可用25%可湿性粉剂稀释400～600倍（有效浓度312～216mg/L）喷雾。④柑橘潜夜蛾　用25%可湿性粉剂稀释800～600倍（有效浓度312～416mg/L）喷雾。⑤枣龟蜡介　用50%可湿性粉剂稀释800～500倍（有效浓度625～1000mg/L）喷雾。

专利概况

专利名称　alpha-Naphthol bicyclic aryl esters of *N*-substituted carbamic acids

专利号　US 2903478　　专利公开日　1959-09-08

专利申请日　1958-08-07　　优先权日　1958-08-07

专利拥有者　Union Carbide Corp

在其他国家申请的化合物专利：AR 215000、AT 266277、AU 513641、AU 2422077、BE 853702、BG 35900、BG 61666、CA 1098063、CH 639422、CS 207397、CY 1114、DD 137727、DE 2717040、DK 146514、ES 457932、EP 443733、FI 57781、FR 2348970、GB 1573955、GR 63128、HK 38481、HU 179041、IE 44822、IL 51854、IT 1106424、JP 1593733、KE 3141、LU 77152、MY 8782、NL 188859、NL 950005、NL 971001、NO 148856、NZ 183847、OA 5638、PL 108004、PT 66445、RO 71785、SE 434277、SE 7703592、SU 716524、US 4310519、US 4429042、YU 100177、ZA 7702345、ZM 3677等。

制备专利与混剂专利，如CN 1176739、CN 101586133、CN 1281900、CN 1294197、CN 101429536、CN 1923840、CN 1069979、RU 2070799、US 5077398、US 5314506、WO 9424862、US 5399717、WO 9856939、WO 9945012、AU 694016、DE 3624910、DE 3602276、DE 19519007、EP 930077、EP 125155、EP 750907、GB 2306886、EP 242502、EP 413538、EP 501026、EP 535734、EP 717993、JP 59199616、JP 60214715、JP 01025706、US 5436355、WO 9625852、WO 9740692、WO 9746204、WO 9806407、WO 9818463、WO 9823158、WO 9711709、WO 9902182、WO 9925188、WO 9927906、WO

9202233、WO 9427598、WO 9505812、ZA 8402565 等。

在中国申请的与该产品有关的部分专利见表 120-1。

表 120-1 在中国申请的专利

序号	申请号	专利名称
1	02146765.X	一种氨基甲酸酯类乳油杀虫剂
2	99114230.6	一种蜗牛、福寿螺、钉螺及蛞蝓的诱杀剂
3	200510041981.5	一种甲萘威残留的酶联免疫吸附分析试剂盒
4	200710000634.7	具有杀虫活性的氨基甲酸酯类化合物簇合分子
5	201110064695.6	一种含烯啶虫胺的杀虫组合物
6	200980140930.4	包含被二甲氧基三嗪基取代的二氟甲磺酰苯胺的除草结合物
7	200520008931.2	一种快速检测甲萘威残留的胶体金试纸
8	03156784.3	分析残留甲萘威的酶联免疫吸附测定试剂盒
9	200810175285.7	一种含吡蚜酮的杀虫组合物
10	200810175288.0	一种含烯啶虫胺的杀虫组合物
11	200810175289.5	一种含噻虫胺的杀虫组合物
12	200810183483.8	甲萘威和甲基对硫磷通用抗体及通用包被抗原的制备
13	200810183484.2	同时分析甲萘威和甲基对硫磷的酶联免疫吸附测定试剂盒
14	200910021176.4	一种含唑蚜威的杀虫组合物
15	200810117185.9	针对小分子甲萘威建立的配对单克隆抗体及其应用
16	201010150298.6	一种含噻虫啉的杀虫组合物
17	201010150354.6	一种含噻虫嗪的杀虫组合物
18	200880118531.3	含有乙虫腈和特定氨基甲酸酯的农药化合物混合物
19	201010148426.3	一种含噻虫胺的杀虫组合物
20	200880113301.8	除草剂结合物
21	201010564339.6	一种含有呋虫胺的增效杀虫组合物
22	201110064721.5	一种含吡蚜酮的杀虫组合物

合成方法

甲萘威可按如下方法合成：

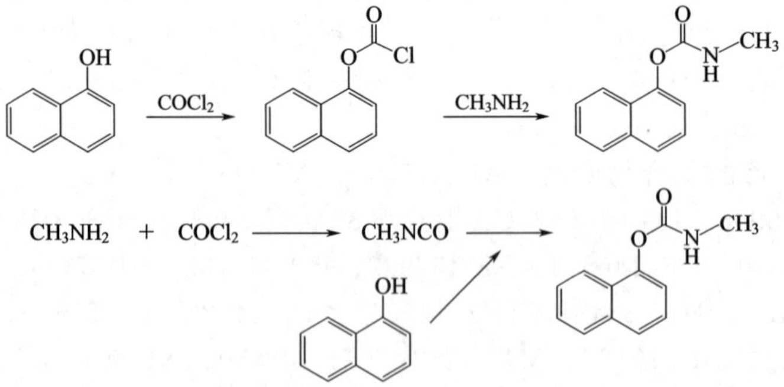

1 US 2903478.

2 The Pesticide Manual. 15 th edition：156-157.

3 新编农药手册．农业出版社，1989：90-93.

121 丙硫克百威（benfuracarb）

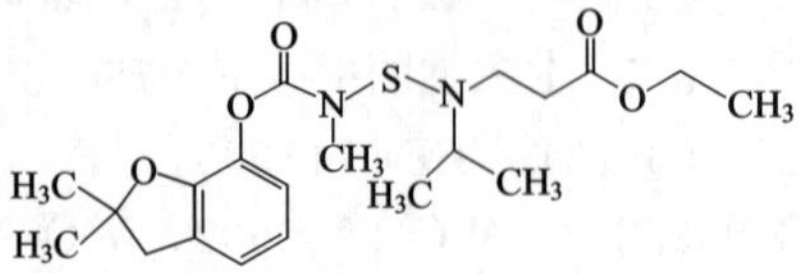

$C_{20}H_{30}N_2O_5S$，410.5

产品简介

丙硫克百威［试验代号：OK-174（Otsuka），通用名称：benfuracarb，商品名称：Furacon（Siapa）、Oncol（Otsuka）、Nakar（Makhteshim-Agan）、Judge（Meiji Seika、Otsuka）、Ondia（Otsuka）、Stead（Otsuka）、V-Get Grand Oncol（Nihon Nohyaku）］由日本大冢株式会社开发的一种杀虫剂。世界主要生产商：Otsuka、浙江禾田化工有限公司。其他商品名称（生产商）：Benfur（Chemia）、Laser（Iharabras）。在国内登记的商品名：丙硫威、呋喃威等。

化学名称　*N*-[2,3-二氢-2,2-二甲基苯并呋喃-7-基氧基羰基（甲基）氨基硫代]-*N*-异丙基-*β*-氨基丙酸乙酯。英文化学名称 ethyl *N*-[2,3-dihydro-2,2-dimethylbenzofuran-7-yloxycarbonyl(methyl)aminothio]-*N*-isopropyl-*β*-alaninate。美国化学文摘系统名称为 2,3-dihydro-2,2-dimethyl-7-benzofuranyl 2-methyl-4-(1-methylethyl)-7-oxo-8-oxa-3-thia-2,4-diazadecanoate（以前曾用的名称 ethyl *N*-[[[[(2,3-dihydro-2,2-dimethyl-7-benzofuranyl)oxy]carbonyl]methylamino]thio]-*N*-(1-methylethyl)-*β*-alaninate）。CA 主题索引名为 *β*-alanine—，*N*-[[[[(2,3-dihydro-2,2-dimethyl-7-benzofuranyl)oxy]carbonyl]methylamino]thio]-*N*-(1-methylethyl)-ethyl ester。CAS 登录号为［82560-54-1］。

理化性质　原药为红褐色黏滞液体，有效成分含量为 94%，沸点>190℃。蒸气压<1×10^{-5}Pa（20℃，气体饱和法）。相对密度 1.1493（20℃）。$K_{ow}\lg P=4.22$（25℃）。Henry 常数<5×10^{-4}Pa·m³/mol（20℃，计算）。水溶解度（pH=7，20℃）8.4mg/L，在苯、二甲苯、乙醇、丙酮、二氯甲烷、正己烷、乙酸乙酯中溶解度>1000g/L（20℃）。在 54℃条件下 30d 分解 0.5%～2.0%，在中性或弱碱性介质中稳定，在酸性或强碱性介质中不稳定。闪点为 154.4℃。

毒性　急性经口 LD_{50}（mg/kg）：雄大鼠 222.6，雌大鼠 205.4，小鼠 175，狗 300。大鼠急性经皮 LD_{50}>2000mg/kg，对皮肤无刺激作用，对兔眼睛有轻微刺激性。大鼠两年饲喂试验无作用剂量 25mg/kg。无诱变性、无致突变、无致畸性和无致癌性。ADI 0.01mg/kg（bw）（2006）。

生态效应　母鸡急性经口 LD_{50} 92mg/kg。鲤鱼 LC_{50}（48h）0.65mg/L。水蚤 EC_{50}（48h）9.9μg/L。蜜蜂 LD_{50}（接触）0.16μg/只。

环境行为　动物：对于老鼠丙硫克百威迅速在体内代谢，七天之内几乎完全随尿和粪便排出。在粪便中的主要代谢产物是克百威、克百威苯酚、3-羟基克百威、3-羟基苯酚和 3-羰基苯酚。尿中的代谢物以 *β*-葡（萄）糖苷酸结合物形式存在。植物：在植物体内，首先是 N—S 键断裂，产生的克百威代谢成 3-羟基克百威。主要的水解产物是克百威苯酚和 3-羟基苯酚、3-羰基苯酚，所有产生这些物质以植物结合体形式存在。土壤/环境：土壤中 DT_{50}是 4～28h。地表以上丙硫克百威分解成克百威，地表以下主要降解为克百威苯酚。

制剂与分析方法　主要剂型有乳油、颗粒剂、胶悬剂、可湿性粉剂。产品分析用 HPLC 或 GC，本品残留物及其代谢物、克百威及其类似物用 GC 测定，土壤中残留物用 HPLC 测定。

作用机理与特点　内吸性和接触性杀虫剂，具有胃毒和触杀作用。

应用

适用作物　水稻、玉米、大豆、马铃薯、甘蔗、棉花、蔬菜、果树等。

防治对象　长角叶甲、跳甲、玉米黑独角仙、苹果蠹蛾、马铃薯甲虫、金针虫、小菜蛾、稻象甲和蚜虫等。

残留量　丙硫克百威5%颗粒剂在水稻中最高残留限量（日本）为0.5mg/kg。

应用技术　喷液量人工每亩20～50L，拖拉机每亩10～13L。施药选早晚气温低、风小时进行，晴天上午9时至下午4时，温度超过28℃，风速超过4m/s，空气相对湿度低于65%应停止施药。

使用方法　主要作土壤处理，玉米用0.5～2.0kg(a.i.)/hm^2，蔬菜用1.0～2.5kg/hm^2，甜菜用0.5～1.0kg/hm^2；也可用作种子处理，每100kg种子用0.4～0.5kg；蔬菜和果树也可进行茎叶喷雾，剂量为0.3～1.0kg/hm^2；育苗箱移植水稻，每箱1.5～4.0g处理。

在我国推荐使用情况如下：

1. 5%丙硫克百威粒剂应用技术

（1）防治水稻害虫　①二化螟　防治二化螟造成枯心及白穗，枯心可在卵孵始盛期至高峰期用药，每亩用5%颗粒剂2kg（有效成分，100g）撒施。②三化螟　防治白穗在孵卵盛期，每亩用5%颗粒剂2kg（有效成分，100g）撒施。③褐飞虱　在水稻孕穗期，3龄若虫盛发期，每亩用5%颗粒剂2kg（有效成分，100g）撒施。

（2）防治棉花害虫　防治棉蚜在棉苗移栽时施于棉株穴内，每亩用5%颗粒剂1.2～2kg（有效成分，60～100g），防治效果在施药后30d达90%，40d为70%左右。或在棉花播种前，种子按常规浸、闷催芽处理，用药量按有效成分计算，每亩有效用量60～90g。施药方法是在播种耧安装一个颗粒剂施药部件，使颗粒剂与棉花种子同步施入土中或穴施点播。治蚜持续药效在30～35d，可达到确保苗安全渡过三叶期的目的。用颗粒剂处理的棉田，棉苗长势好，并且有利于棉田天敌资源的保护利用，且能确保施药人员的安全。

（3）防治甘蔗害虫　在甘蔗苗期防治第一代蔗螟发生初期，每亩用5%丙硫克百威3kg（有效成分，150g），条施于蔗苗基部并薄覆土盖药，对甘蔗蝗虫为害枯心苗防治效果达80%左右，同时对甘蔗苗期黑色蔗龟为害枯心苗亦有兼治效果。

（4）防治玉米害虫　在玉米生长心叶末期和授粉期的玉米螟第二、三代卵孵盛期，每亩用5%颗粒剂2～3kg（有效成分，100～150g），各施药1次。

2. 20%丙硫克百威乳油应用技术

（1）防治苹果害虫　防治蚜虫类（苹果蚜、苹果瘤蚜、黄蚜、绣线菊蚜等）用20%安克力乳油2000～3000倍液（有效浓度66.7～100mg/L）。

（2）防治棉花害虫　防治蚜虫类（棉蚜等）每亩用50～67mL（有效成分，10～13.4g）。

（3）防治烟草害虫　防治蚜虫类（烟草蚜、桃蚜等）每亩用20～30mL（有效成分，4～6g）。

喷液量人工每亩20～50L，拖拉机每亩10～13L。施药选早晚气温低、风小时进行，晴天上午9时至下午4时，温度超过28℃，风速超过4m/s，空气相对湿度低于65%应停止施药。

专利与登记

不存在专利权问题。

目前公开的或授权的相关专利：FR 2489329、AR 215000、AT 266277、AU 513641、AU 2422077、BE 853702、BG 35900、BG 61666、CA 1098063、CH 639422、CS 207397、CY 1114、DD 137727、DE 2717040、DK 146514、ES 457932、EP 443733、FI 57781、FR 2348970、GB 1573955、GR 63128、HK 38481、HU 179041、IE 44822、IL 51854、IT 1106424、JP 1593733、KE 3141、LU 77152、MY 8782、NL 188859、NL 950005、NL 971001、NO 148856、NZ 183847、OA5638、PL 108004、PT 66445、RO 71785、SE

434277、SE 7703592、SU 716524、US 4310519、US 4429042、YU 100177、ZA 7702345、ZM3677、CN 101429536、CN 101586133、CN 1176739、CN 1069979、CN 1281900、CN 1294197、CN 1923840、RU 2070799、US 5077398、US 5314506、US 5399717、WO 9424862、WO 9856939、WO 9945012、AU 694016、DE 3602276、DE 3624910、DE 19519007、EP125155、EP 242502、EP 413538、EP 501026、EP 535734、EP 930077、EP 717993、EP 750907、GB2306886、JP 59199616、JP 60214715、JP 01025706、WO 9202233、WO 9427598、WO 9505812、US5436355、WO 9625852、WO 9711709、WO 9740692、WO 9746204、WO 9806407、WO 9818463、WO 9823158、WO 9902182、WO 9925188、WO 9927906、ZA 8402565 等。

在中国申请的与该产品有关的部分专利及登记情况见表 121-1，表 121-2。

表 121-1　在中国申请的专利

序　号	申　请　号	专　利　名　称
1	200510065500.4	含丙硫克百威的种衣剂
2	200510078417.0	丙硫克百威微乳剂
3	200910069468.5	一种含氯虫苯甲酰胺的杀虫剂组合物及其制备方法和用途
4	200880118531.3	含有乙虫腈和特定氨基甲酸酯的农药化合物混合物
5	201010557294.X	一种新型防治玉米地下害虫和抗苗期冷害的种衣剂

表 121-2　日本大冢药品工业株式会社在中国登记情况

登记名	登记证号	含　量	剂　型
丙硫克百威	PD20098161	94%	原药

合成方法

2,3-二氢-2,2-二甲基苯并呋喃-7-甲基氨基甲酸酯与二氯化硫、*N*-异丙基-*β*-丙氨酸乙酯反应，即制得丙硫克百威。反应式如下：

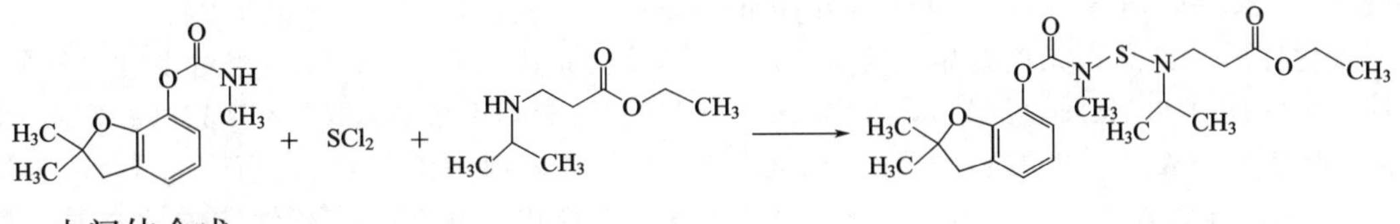

中间体合成：

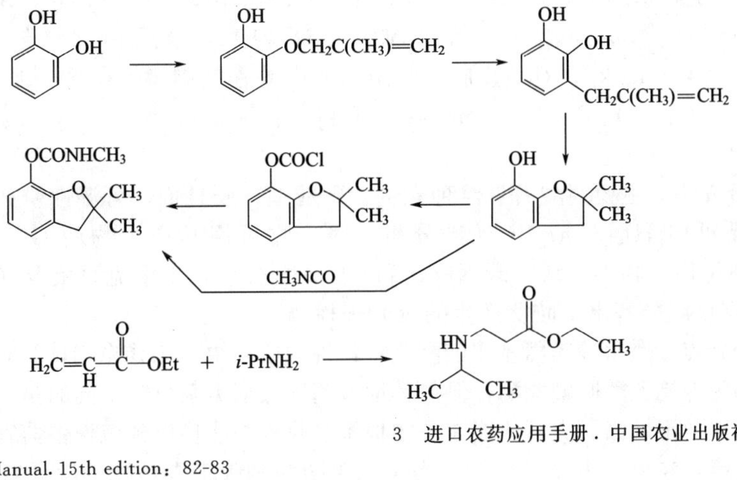

1　FR 2489329
2　The Pesticide Manual. 15th edition：82-83
3　进口农药应用手册．中国农业出版社．2000：8-12

122 克百威（carbofuran）

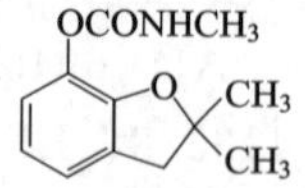

$C_{12}H_{15}NO_3$，221.3

产品简介

克百威［试验代号：FMC10242、BAY70143（Bayer）、D1221，通用名称：carbofuran，商品名称：Furadan（FMC）、Agrofuran（Hubei Sanonda）、Carbodan（Makhteshim-Agan）、Carbosect（Barclay）、Carbosip（Sipcam S. p. A.）、Chinufur（Agro-Chemie）、Diafuran（Arysta lifeScience EAME）、Furacarb（Aimco）、Fury（Nagarjuna Agrichem）、Kunfu（Lainco）、Sunfuran（Sundat）、Terrafuran（Dow AgroSciences）、Vifuran（Vipesco）］是由 FMC 和拜耳公司共同开发的一种杀螨、杀虫、杀线虫剂。世界主要生产商：Agrochem、Bayer CropScience、Dow AgroSciences、FMC、Jin Hung、Kuo Ching、Makhteshim-Agan、Pilarquim、Sinon、Sundat、Taiwan Tainan Giant、湖南海利化工股份有限公司、湖南临湘氨基化学品厂。其他商品名称（生产商）：Curaterr（Bayer CropScience）、Anfuran（Ancom）、Cekufuran（Cequisa）、Furan（Agrochem、United Phosphorus）、Huifuran（Hui Kwang）、Lucarfuran（Lucava）、Pilarfuran（Pilarquim）、Pilfuran（Hekta351）、Rampar（Phyteurop）、Reider（Agricultura Nacional）、Superfuran（Doğal）、Tatafuran（Rallis）、Vapcodan（Vapco）、Victor（Zagro）、Weldan（Zagro）。在国内登记的商品名：呋喃丹、大扶农、咔吧呋喃等。

化学名称　甲基氨基甲酸（2,3-二氢-2,2-二甲基苯并呋喃-7-基)酯。英文化学名称为 2,3-dihydro-2,2-dimethylbenzofuran-7-yl methylcarbamate。美国化学文摘（CA）系统名称为 2,3-dihydro-2,2-dimethyl-7-benzofuranyl *N*-methylcarbamate。CA 主题索引名称为 7-benzofuranol—，2,3-dihydro-2,2-dimethyl-methylcarbamate。CAS登录号为［1563-66-2］。

理化性质　纯品为无色结晶，熔点 153～154℃（原药 150～152℃）。相对密度（20℃）1.18。蒸气压 0.031mPa（20℃），0.072mPa（25℃）。分配系数 $K_{ow}\lg P=1.52$（20℃）。水中溶解度：320mg/L（20℃），351mg/L（25℃）。有机溶剂中溶解度（g/L，20℃）：二氯甲烷＞200，异丙醇 20～50，甲苯 10～20。在碱性介质中不稳定，在酸性、中性介质中稳定，150℃以下稳定，水解 DT_{50}（22℃）≫1a（pH＝4），121d（pH＝7），31h（pH＝9）。

毒性　急性经口 LD_{50}（mg/kg）：雄、雌大鼠 8，狗 15，小鼠 14.4。雄、雌大鼠急性经皮 LD_{50}（24h）＞2000mg/kg，对兔皮肤和眼睛具有中等程度刺激性。雄、雌大鼠吸入 LC_{50}（4h）0.075mg/L（空气）。NOEL［mg/kg（饲料）］：大鼠和小鼠（2a）20，狗（1a）10［0.5mg/(kg·d)］。

制剂与分析方法　主要剂型有悬浮种衣剂、颗粒剂、胶悬剂、可湿性粉剂等。与碱性物质不相溶。产品可用 HPLC 或 IR 光谱分析，残余物可用其衍生物的 GC 分析，或者用 HPLC 分析，亦可用超临界二氧化碳萃取仪和 GC/MS 分析，水中克百威及其 3-OH 代谢物可用 HPLC 和克百威分解出甲胺所产生的荧光来检测。

作用机理与特点　克百威是氨基甲酸酯类广谱性内吸杀虫、杀线虫剂，具有触杀和胃毒作用。其毒理机制为抑制乙酰胆碱酯酶，但与其他氨基甲酸酯类杀虫剂不同的是，它与胆碱酯酶的结合不可逆，因此毒性高。克百威能被植物根系吸收，并能输送到植株各器官，以叶部积累较多，特别是叶缘，在果实中含量较少，当害虫咀嚼和刺吸带毒植物的叶汁或咬食带毒组织时，害虫体内乙酰胆碱酯酶受到抑制，引起害虫神经中毒死亡。在土壤中半衰期为30～60d。稻田水面撒药，残效期较短，施于土壤中残效期较长，在棉花和甘蔗田药效可维持40d左右。

应用

适宜作物　甘蔗、棉花、水稻、大豆、茶树、玉米、马铃薯、香蕉、谷物、咖啡、烟草等。

防治对象　对多种刺吸口器和咀嚼口器害虫有效，如稻螟、稻飞虱、稻蓟马、稻叶蝉、稻瘿蚊、水稻潜叶蝇、水稻象甲、稻蚊、棉蚜、棉蓟马、地老虎、烟草夜蛾、烟蚜、烟草根结线虫、烟草潜叶蛾、蔗螟、金针虫、甘蔗蚜虫、甘蔗蓟马、甘蔗线虫、大豆蚜、大豆根潜蝇、大豆胞囊线虫、花生蚜、斜纹夜蛾、根结线虫、甜菜及油菜等多种作物幼苗期跳甲、象甲、蓟马、蚜虫等、果树桃小食心虫、枣步曲等。

应用技术　在稻田施用克百威，不能与敌稗、灭草灵等除草剂同时混用，施用敌稗应在施用克百威前3～4d进行，或在施用克百威1个月后施用。

使用方法

（1）防治大豆害虫包括大豆胞囊线虫　在播种沟内施药，每亩用3%颗粒剂2.2～4.4kg，施药后覆土。3%克百威颗粒剂在北方可与肥料混合，与大豆种子分箱进行条播，对大豆安全，可有效地防治地老虎、蛴螬、潜根蝇、跳甲等害虫。在大豆胞囊线虫中等以下发生地块用克百威颗粒剂，对第一代胞囊线虫有好的驱避作用，表现出明显的增产效果，但连续使用大豆胞囊线虫数量会明显增加，当胞囊线虫发生达中等以上时，克百威不能再用，最有效的办法是轮作。

（2）防治花生蚜、斜纹夜蛾及根结线虫　在播种期采取带状施药的方法，带宽30～40cm，每亩用3%颗粒剂4～5kg，施药后翻入10～15cm土中。在花生成株期，可侧开沟施药，每10m长沟内施3%颗粒剂33g，然后覆土。

（3）防治棉花棉蚜、棉蓟马、地老虎及线虫等　根据各地区的条件可选用以下方法：①播种沟施药　在棉花播种时，每亩用3%颗粒剂1.5～2.0kg，与种子同步施入播种沟内，使用机动播种机带有定量下药装置施药，则既准确又安全。②根侧追施　一般采用沟施或穴施方法进行追施，沟施每亩用3%颗粒剂2～3kg，距棉株10～15cm沿垄开沟，深度为5～10cm，施药后即覆土。穴施以每穴施3%颗粒剂0.5～1.0g为宜，在追施后如能浇水，效果更好，一般在施药4～5d后才能发挥药效。③种子处理　棉种要先经硫酸或泡沫硫酸脱绒，每千克棉种用35%克百威种子处理剂28mL（有效成分9.8g），加水混合拌种。

（4）防治烟草夜蛾、烟蚜、烟草根结线虫以及烟草潜叶蛾等，并能防治小地老虎、蝼蛄等地下害虫。①苗床期施药。每平方米用3%颗粒剂15～30g，均匀撒施于苗床上面，然后翻入土中8～10cm，移栽烟苗前1周，须再施药1次，施于土面，然后浇水，以便把克百威有效成分淋洗到烟苗根区，可保护烟苗移栽后早期不受虫危害。②本田施药。移栽烟苗时在移栽穴内施3%颗粒剂1～1.5g。

（5）防治甘蔗蔗螟、金针虫、甘蔗蚜虫、甘蔗蓟马及甘蔗线虫等　均可采取土壤施药法，于播种沟内施颗粒剂，每亩用3%颗粒剂2.2～4.4kg，施药后覆土。

（6）防治水稻害虫如稻螟、稻飞虱、稻蓟马、稻叶蝉、稻瘿蚊、水稻潜叶蝇、稻水象甲、稻摇蚊等　可采用以下方法：①根区施药。在播种或插秧前，每亩用3%颗粒剂2.5～3.0kg，残效期可达40～50d。亦可在晚稻秧田播种前施用，对稻瘿蚊防治效果尤佳。②水面施药。每亩用3%颗粒剂1.5～2.0kg，掺细土15～20kg拌匀，均匀撒施水面，保持浅水，同时可兼治蚂蟥。为增加撒布的均匀度，可将上述用药量的克百威颗粒剂与10倍量的半干土混合均匀，配制成毒土，随配随用，均匀撒施于水面。在保水好时，持效期可达30d。③播种沟施药。在陆稻种植区，3%颗粒剂与稻种同步施入播种沟内，每亩用药量为2.0～2.5kg。④旱育秧水稻。在插秧前7～10d向秧田撒施3%颗粒剂，每亩用（秧田）7～10kg，即每平方米秧田撒施3%颗粒剂10～15g，可防治本田发生的水稻潜叶蝇。

（7）防治玉米、甜菜、油菜害虫　用3%颗粒剂，于玉米喇叭口期按照3～4粒/株的剂量逐株滴入玉米叶心（喇叭口），可达到良好的防虫效果。玉米每千克种子用35%克百威种子处理剂28mL（有效成分9.8g），加水30mL混合拌种，可有效地防治地下害虫。

35%克百威种子处理剂用于甜菜、油菜等多种作物拌种，防治幼苗期跳甲、象甲、蓟马、蚜虫等多种害虫。具有黏着力强、展着均匀、不易脱落、成膜性好、干燥快、有光泽、缓释等优点。35%克百威种子处理剂拌甜菜种子每千克种子用23～28mL，加40～50mL水混合均匀后拌种。用水量多少根据甜菜种子表面而定，甜菜种子经过加工表面光滑时少用水，未经加工表面粗糙时多加水，以拌均匀为标准。如兼防甜菜立枯病，可加50%福美双可湿性粉剂8g+70%土菌消可湿性粉剂5g+增产菌浓缩液5mL混合拌种。拌药最好用拌药机，操作员一定要穿戴防护用具。油菜每千克种子用35%克百威种子处理剂23～28mL，加水30～40mL+50%福美双可湿性粉剂8g+70%土菌消可湿性粉剂5g+增产菌浓缩液5mL混合拌种，可做到病虫兼治，培育壮苗。

（8）防治果树桃小食心虫、枣步曲等害虫　于春季越冬幼虫或羽化成虫出土前1周左右，在树下以树干为中心1m半径的区域内按每株果树100～200g的用量，将3%克百威颗粒剂撒在树周土表，然后浅锄覆盖，可有效控制上述害虫的危害。

专利与登记

专利名称　New pesticides

专利号　US 3474170　　专利公开日　1965-07-26

专利申请日　1965-01-12　　优先权日　1964-01-23

专利拥有者　FMC（US）

在其他国家申请的化合物专利：AT 276851、BR 6566371、CS 154559、CH 478525、DK 117775、IL 22718、NL 6500340、SE 346205、SE 300725、US 3474170、US 3474171等。

制备专利、剂型专利：AT 242193、AU 710995、AU 9677051、BR 9611643、BG 64417、CA 2238186、CA 2241103、CN 1117055、CN 1206395、EP 862545、ES 2202488、HR 9600545、HU 220697、HK 1017667、IN 173865、JP 3487863、JP 2000500762、NO 311426、NO 9802234、NZ 323003、PT 862545、PL 185691、US 6277867、TW 382623、ZA 9609733、AU 2008212957、AU 2008209809、AR 65170、AR 65140、BR 2006004545、CA 2675363、CA 2674488、CR 10954、CN 101610677、EP 2117314、EP 2114165、JP 2008222705、JP 2010517975、KR 2009108732、MX 2009007566、MX 2009007206、US 20100004125、US 20100016156、WO 2008095891、WO 2008092819等。

在中国申请的与该产品有关的部分专利及登记情况见表122-1、表122-2。

表122-1　在中国申请的专利

序　号	申　请　号	专　利　名　称
1	01142322.6	一种用于水田作物的生态宁衣囊及其制备方法
2	03116691.1	克百威速测金标免疫试纸条
3	03116692.X	克百威农药的纳米胶体金标记免疫测定方法
4	95112529.X	克百丹颗粒剂
5	98101116.0	含有机氮和有机磷化合物的杀虫剂及其制备方法和用途
6	98114292.3	抗旱型复合种衣剂
7	99117878.5	一种生态宁的制备方法
8	98111497.0	喷雾防治复足类的农药

续表

序　号	申　请　号	专　利　名　称
9	01106944.9	种子防鼠剂
10	02112004.8	适用于克百威残留分析的酶联免疫吸附测定试剂盒
11	02112005.6	适用于克百威残留分析的直接竞争酶联免疫吸附测定试剂盒
12	200410065106.6	固相抗体直接竞争克百威酶联免疫吸附分析技术及其试剂盒
13	200510037898.0	旱育直播多功能包衣剂
14	200510069744.X	残留农药分析方法
15	03141610.1	一种替代呋喃丹(克百威)的高效安全杀虫剂组合物
16	200510010563.X	多功能大麻种衣剂
17	200510043285.8	一种防治棉花苗期病害的复方药剂及应用
18	200610028885.1	重组乙酰胆碱酯酶及其制备方法和用于农药残留检测方法
19	200710000634.7	具有杀虫活性的氨基甲酸酯类化合物簇合分子
20	200610122594.9	一种检测克百威酶联免疫分析方法
21	200610122596.8	一种检测克百威的酶联免疫试剂盒
22	200710014759.5	一种功能型玉米种肥及其制备方法
23	200710147371.2	玉米新型拌种药肥基质及其拌种药肥配方与制备方法
24	200710147372.7	水稻新型拌种药肥基质及其拌种药肥配方与制备方法
25	200810028633.8	一种克百威的酶联免疫检测方法和试剂盒及其制备方法
26	200910186811.4	转基因抗虫棉用抗棉花枯黄萎病、红叶茎枯病及害虫的埋施药肥
27	201010194113.1	一种棉花悬浮种衣剂

表 122-2　美国富美实公司在中国的登记情况

登记名	登记证号	含量	剂型	登记作物	防治对象	用药量	施用方法
克百威	PD11-86	3%	颗粒剂	棉花	蚜虫	675～900g/hm²	条施
				水稻	害虫	900～1350g/hm²	撒施
				甘蔗	害虫	1350～2250g/hm²	沟施
				花生	根结线虫	1800～2250g/hm²	条施、沟施
克百威	PD-78-88	350g/L	悬浮种衣剂	棉花	蚜虫	种子重量的 1%	种子处理
				甜菜	地下害虫	种子重量的 1%	种子处理
				玉米	地下害虫	种子重量的 0.7%～1%	种子处理
克百威	PD234-98	85%	母药				
克百威	PD289-99	95%	原药				

合成方法

可通过如下反应制得产品：

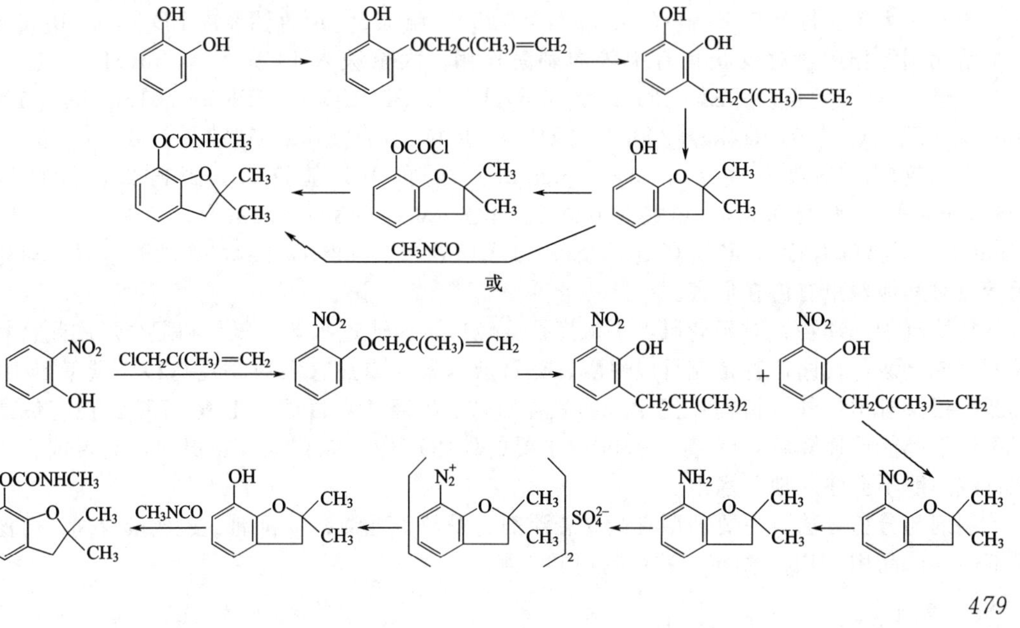

1 The Pesticide Manual. 15 th edition：161-162.
2 US 3474170.
3 US 3474171.
4 DE 1493646.

123 丁硫克百威（carbosulfan）

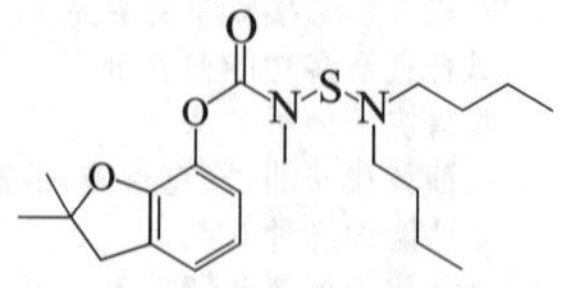

$C_{20}H_{32}N_2O_3S$，380.6

产品简介

丁硫克百威［试验代号：FMC35001，通用名称：carbosulfan，商品名称：Posse（FMC）、Sheriff（FMC）、Spi（FMC）、Aayudh（Coromandel）、Bright（Vapco）、Marshal（FMC，Nufarm SAS）、Sunsulfan（Sundat）］是由富美实公司开发的一种杀虫剂。世界主要生产商：FMCKuo Ching、Sharda、Sundat、湖南海利化工股份有限公司、浙江禾田化工有限公司。其他商品名称（生产商）：Advantage（FMC）、Beam（FMC）、Gazette（FMC）、Agrostar（AgroSan）、Carbagrim（Chemia）、Combicoat（Satec）、Electra（Rallis）、General（Doğal）、Pilarsufan（Pilarquim）。在国内登记的商品名：丁基加保扶、丁呋丹、丁硫克百威、丁硫威、好安威、好年冬、克百丁威等。

化学名称　2,3-二氢-2,2-二甲基苯并呋喃-7-基（二丁基氨基硫）甲基氨基甲酸酯。英文化学名称 2,3-dihydro-2,2-dimethylbenzofuran-7-yl(dibutylaminothio)methylcarbamate。美国化学文摘系统名称为 2,3-dihydro-2,2-dimethyl-7-benzofuranyl *N*-[(dibutylamino) thio]-*N*-methylcarbamate。CA 主题索引名称 carbamic acid—，*N*-[(dibutylamino)thio]-*N*-methyl-2,3-dihydro-2,2-dimethyl-7-benzofuranyl ester。CAS 登录号［55285-14-8］。

理化性质　橙色到亮褐色黏稠液体，减压蒸馏时热分解（65mmHg）。蒸气压 3.58×10^{-5} Pa（25℃）。相对密度 1.054（20℃）。$K_{ow}\lg P=5.4$。Henry 常数 4.66×10^{-3} Pa·m³/mol。水中溶解度 3mg/L（25℃），与多数有机溶剂，如二甲苯、己烷、氯仿、二氯甲烷、甲醇、乙醇、丙酮互溶。在水介质中易水解，在纯水中的 DT_{50} 0.2h（pH=5）、11.4h（pH=7）、173.3h（pH=9）。闪点 40℃（闭式）。

毒性　大鼠急性经口 LD_{50}（mg/kg）：雄 250，雌 185。兔急性经皮 LD_{50}＞2000mg/kg，对眼睛无刺激作用，对皮肤具有中等的刺激作用。大鼠吸入 LC_{50}（1h，mg/L 空气）：雄 1.53，雌 0.61。大鼠 NOEL（2a）为 20mg/kg。ADI/RfD（JMPR）0.01mg/kg［1986，2003］，（EFSA）0.01mg/kg［2006］，（EPA）cRfD 0.01mg/kg［1988］。

生态效应　鸟类急性经口 LD_{50}（mg/kg）：野鸭 10，鹌鹑 82，野鸡 20。鱼的 LC_{50}（96h，mg/L）：蓝鳃 0.015，虹鳟鱼 0.042。水蚤 LC_{50}（48h）1.5μg/L。水藻 EC_{50}（96h）20mg/L。对蜜蜂有毒，LD_{50}（24h，经口）1.046μg/只，（24h，接触）0.28μg/只。对蚯蚓无毒。对其他益虫有潜在危害。

环境行为　动物：对于老鼠，丁硫克百威经口迅速通过水解、氧化和配合形成配合物形式而完成代谢，代谢产物是克百威甲醇、克百威苯酚，或是它们的 3-羟基和 3-羰基衍生物，代谢物很快排出体外。植物：代谢产物是克百威、3-羟基克百威。土壤/环境：在有氧或绝氧条件下都能迅速降解，DT_{50} 3～30d，主要的代谢产物是克百威。在田间，克百威、丁硫克百威一般不会渗入地下水中。

制剂与分析方法　主要剂型有微囊悬浮剂、粉剂、乳油、颗粒剂、超低量液剂、可湿性粉剂等。产品用 HPLC 测定，残留物用 GC 测定。

作用机理与特点　内吸性杀虫剂，具有触杀及胃毒作用。

应用

适用作物　谷物、棉花、甜菜、玉米、咖啡、柑橘、水稻、蔬菜、苹果、梨树。

防治对象　能防治蚜虫、螨、金针虫、甜菜隐食甲、甜菜跳甲、马铃薯甲虫、果树卷叶蛾、苹瘿蚊、苹果蠹蛾、茶微叶蝉、梨小食心虫、介壳虫、潜叶蛾、蓟马、稻瘿蚊及地下害虫等。

应用技术　作土壤处理，可防治地下害虫（倍足亚纲、叩甲科、综合纲）和叶面害虫（蚜科、马铃薯甲虫），作物为柑橘、马铃薯、水稻、甜菜等。剂量：马铃薯 1～3kg/hm^2，甜菜为 0.35～1.0kg/hm^2，水稻为 0.15～0.5kg/hm^2。

20%丁硫克百威乳油在我国使用情况推荐如下。

(1) 防治柑橘锈蜘蛛　在新梢长 1cm 时锈蜘蛛发生初期施药，用 20%丁硫克百威乳油 1500～2000 倍液或每 100L 水加 20%丁硫克百威 50～66.7mL（有效浓度 100～133.4mg/L）喷雾，5d 喷 1 次，连续 2～3 次，对锈蜘蛛防效显著，有效期达 40 d 以上。

(2) 防治柑橘潜叶蛾　于新梢初放期或潜叶蛾卵孵盛期施药，用 20%乳油 1000～1500 倍液或每 100L 水加 20%丁硫克百威 66.7～100mL（有效浓度 133.3～200mg/L）喷雾，在有效防治潜叶蛾的同时，可防治锈蜘蛛、蚜虫及木虱等，从而减少农药的使用次数，本品是其他防治潜叶蛾的药剂如杀灭菊酯、乐果以及杀虫双等的一种很好的替代产品。

(3) 防治橘蚜　在春梢期、柑橘盛花及幼果期，蚜虫均是主要害虫。在蚜虫发生期施药，用 20%乳油 1000～1500 倍液或每 100L 水加 20%丁硫克百威 66.7～100mL（有效浓度 133.3～200mg/L）喷雾，可有效地防除蚜虫，并能压低锈蜘蛛数量。

(4) 防治蔬菜蚜虫、潜叶蝇　每亩用 20%乳油 60～100mL（有效成分，12～20g）加水 30～50L 喷雾，可防治蓟马。每亩用 20%乳油 40～50mL（有效成分 8～10g）加水 30～50L 喷雾，可防治蔬菜潜叶蝇。

(5) 防治苹果黄蚜　用 20%乳油 2500～3500 倍液或每亩用 20%丁硫克百威 28.5～40mL（有效浓度 57～80mg/L）于新梢旺盛生长期可防治苹果黄蚜，20%乳油 1500～2000 倍液或每 100L 水加 20%丁硫克百威 50～66.7mL（有效浓度 100～133mg/L）可防治苹果绵蚜、瘤蚜，并可兼治金纹细蛾。

(6) 防治梨树二叉蚜、黄粉蚜　发生期用 20%乳油 2000～3000 倍液或每 100L 水加 20%丁硫克百威 33～50mL（有效浓度 67～100mg/L）喷雾。

(7) 防治小麦蚜虫　发生期每亩用 20%丁硫克百威乳油 30～50mL（有效成分 6～10g），对水 30～50L 喷雾。

(8) 防治水稻飞虱　发生期每亩用 20%丁硫克百威乳油 150mL（有效成分 30g），对水 30～50L 喷雾。

35%丁硫克百威作为种子处理剂

防治稻蓟马、稻瘿蚊：用常规方法浸种，催芽后用 35%丁硫克百威种子处理剂拌种，用药量为 1kg 干种子用 17～22.8mL（有效成分 6～8g）。若仅防治稻蓟马，用量可降低至 1kg 干种子用 6～11.4mL（有效成分 2.1～4g）。

专利与登记

不存在专利权问题。

目前公开的或授权的相关专利：DE 2433680、AR 215000、AT 266277、AU 513641、AU 2422077、BE 853702、BG 35900、BG 61666、CA 1098063、CH 639422、CS 207397、CY 1114、DD 137727、DE 2717040、DK 146514、ES 457932、EP 443733、FI 57781、FR

2348970、GB 1573955、GR 63128、HK 38481、HU 179041、IE 44822、IL 51854、IT 1106424、JP 1593733、KE 3141、LU 77152、MY 8782、NL 188859、NL 950005、NL 971001、NO 148856、NZ183847、OA 5638、PL 108004、PT 66445、RO 71785、SE 434277、SE 7703592、SU 716524、US 4310519、US 4429042、YU 100177、ZA 7702345、ZM 3677、CN 1176739、CN 101586133、CN 1281900、CN 1294197、CN 101429536、CN 1923840、CN 1069979、RU 2070799、US 5077398、US 5314506、US 5399717、WO 9856939、WO 9424862、WO 9945012、AU 694016、DE 3602276、DE 19519007、DE 3624910、EP 125155、EP 242502、EP 413538、EP 750907、EP 930077、EP 717993、EP 501026、EP 535734、GB 2306886、JP 59199616、JP 60214715、JP 01025706、US 5436355、WO 9625852、WO 9740692、WO9746204、WO 9806407、WO 9818463、WO 9823158、WO 9711709、WO 9902182、WO 9925188、WO 9927906、WO 9202233、WO 9427598、WO 9505812、ZA 8402565 等。

在中国申请的有关专利及登记情况见表 123-1、表 123-2。

表 123-1 在中国申请的专利

序 号	申 请 号	专 利 名 称
1	03122177.7	丁硫克百威水乳剂及其制备方法
2	03122178.5	含有丁硫克百威与吡虫啉的杀虫组合物
3	96109684.5	爱福丁、氨基甲酸酯复配农药
4	00114020.5	一种防治害虫的广谱农药
5	00106059.7	丁硫克百威与哒螨酮复配的农用杀虫、杀螨剂
6	99103377.9	一类含矿物油的植物保护用杀虫剂
7	00112280.0	能有效防治稻瘿蚊的杀虫剂
8	99112279.8	防治柑橘锈壁虱的制剂
9	00107466.0	含丁硫克百威的杀虫剂组合物
10	00102941.X	18%好桉乳油
11	00113443.4	丁硫克百威的提纯方法
12	01120239.4	氟铃脲·丁硫克百威杀虫剂组合物
13	01100510.6	阿维菌素·丁硫克百威杀虫剂组合物
14	200710026121.3	20%丁硫·戊唑醇可湿性粉剂及其生产方法
15	200710114767.7	噻唑硫磷·丁硫克百威杀虫组合物
16	200810030804.0	防治水稻稻水象甲的杀虫组合物及其应用和水乳剂制备方法
17	200410007599.8	一种防治黑穗病的种衣剂
18	200410025503.0	一种丁硫克百威微乳剂
19	200510008766.5	防治线虫和地下害虫的无公害药肥及其生产方法
20	200510032177.0	农药仲丁威、丁硫克百威、甲基嘧啶磷的水乳剂及其制备方法
21	200410102929.1	以丁硫克百威为原料的一组可溶性液剂杀虫剂
22	200510043532.4	含丁硫克百威的系列杀虫微乳剂
23	200610028002.7	甲霜灵丁硫克百威微乳液制备方法
24	200510102208.5	一种控制木本植物害虫的药膏
25	201010003842.4	含有联苯菊酯的杀虫杀螨组合物
26	03141610.1	一种替代呋喃丹(克百威)的高效安全杀虫剂组合物
27	200310100528.8	防治稻瘿蚊的杀虫剂
28	200710026080.8	一种复合型种衣剂及其制备方法
29	200710194573.2	一种杀虫组合物
30	200810121219.1	一种氟虫腈和丁硫克百威复配杀虫剂
31	200910086312.8	一种阿维菌素与丁硫克百威抗烟草线虫病药组合剂
32	201010150155.5	一种含噻虫嗪与丁硫克百威的杀虫组合物
33	200880118531.3	含有乙虫腈和特定氨基甲酸酯的农药化合物混合物
34	201010150701.5	一种含噻虫啉与丁硫克百威的杀虫组合物
35	200910164573.7	一种含丁硫克百威的杀虫组合物及其应用
36	200910201370.0	丁硫克百威和辣椒碱的复合种子处理剂及其制备方法
37	201010148178.2	一种含噻虫胺与丁硫克百威的杀虫组合物
38	200910114438.1	一种用于防治棉蚜的超低容量组合药剂

续表

序号	申请号	专利名称
39	200910114621.1	一种甘蔗杀虫药肥及其生产方法
40	201110001845.9	一种防治花生地下害虫的农药组合物
41	201010585099.8	一种防治玉米螟虫、穗蚜虫害及实现玉米控高的丸剂
42	201110043523.0	一种含丁硫克百威的超低容量液剂

表 123-2 美国富美实（FMC）公司在中国登记情况

登记名	登记证号	含量	剂型	登记作物	防治对象	用药量	施用方法
丁硫克百威	PD194-94	200g/L	乳油	棉花	蚜虫	90～180g/hm^2	喷雾
				苹果树	蚜虫	50～66.67mg/kg	喷雾
				甘蓝	蚜虫	75～150mg/kg	喷雾
				节瓜	蓟马	187.5～375g/hm^2	喷雾
				柑橘树	锈壁虱	100～133.3mg/kg	喷雾
				柑橘树	潜叶蛾	133.3～200mg/kg	喷雾
				柑橘树	蚜虫	133.3～200mg/kg	喷雾
				水稻	褐飞虱	600～750g/hm^2	喷雾
				水稻	三化螟	600～750g/hm^2	喷雾
丁硫克百威	PD20060030	5%	颗粒剂	番茄	根结线虫	3750～5250g/hm^2	沟施
				甘蔗	蔗龟	2250～3750g/hm^2	沟施、撒施
				水稻	稻水象甲	3750～5250g/hm^2	撒施
				黄瓜	根结线虫	3750～5250g/hm^2	沟施
				甘蓝	地下害虫	2250～3750g/hm^2	沟施、撒施
				甘蓝	蚜虫	1500～3000g/hm^2	穴施、沟施
				甘蓝	蔗螟	2250～3000g/hm^2	沟施
丁硫克百威	PD284-99	35%	种子处理干粉剂	水稻	稻蓟马	210～400g/100kg(种子)	拌种
				水稻	稻瘿蚊	600～800g/100kg(种子)	拌种
丁硫克百威	PD342-2000	86%	原药				

合成方法

① 二丁基胺与二氯化硫反应，生成物与 2,3-二氢-2,2-二甲基苯并呋喃-7-甲基氨基甲酸酯反应，即制得丁硫克百威。反应式如下：

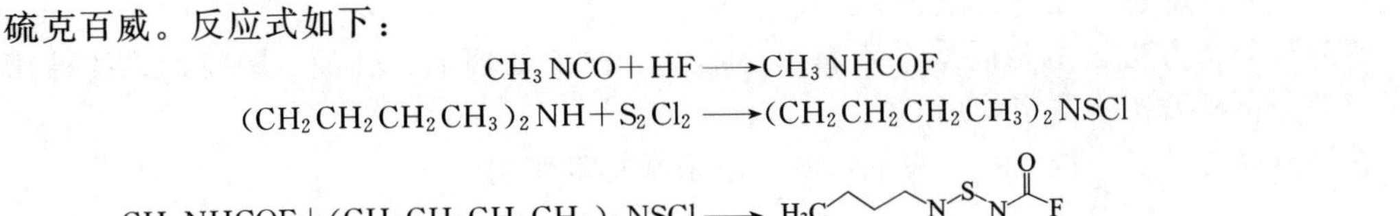

② 甲基异氰酸酯与氟化氢反应，生成甲氨基甲酰氟。二丁胺与二氯化二硫反应，生成物再与甲氨基甲酰氟反应，所得产物与 2,3-二氢-2,2-二甲基-7-羟基苯并呋喃反应，即制得丁硫克百威。反应式如下：

$$CH_3NCO + HF \longrightarrow CH_3NHCOF$$

$$(CH_2CH_2CH_2CH_3)_2NH + S_2Cl_2 \longrightarrow (CH_2CH_2CH_2CH_3)_2NSCl$$

$CH_3NHCOF + (CH_3CH_2CH_2CH_2)_2NSCl \longrightarrow$ 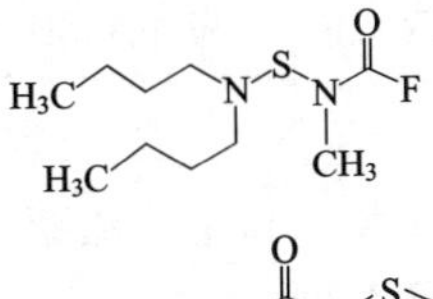

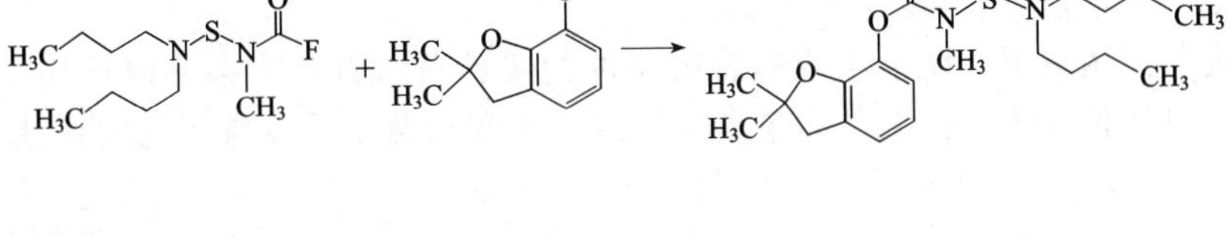

1 The Pesticide Manual. 15 th edition：163-164.
2 DE 2433680.
3 DE 2655212.
4 新编农药手册（续），中国农业出版社，1997：19-22.
5 进口农药应用手册，中国农业出版社，2000：30-34.
6 农药，34 (6)，1995：12-13.

124 呋线威（furathiocarb）

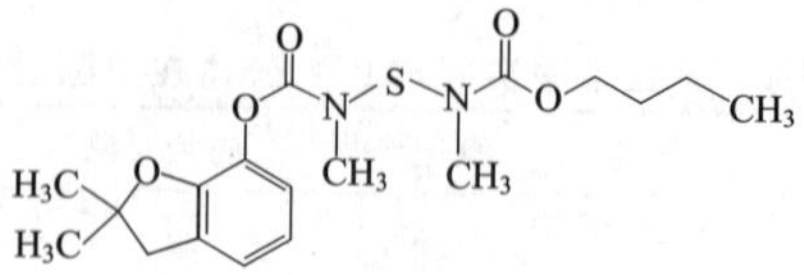

$C_{18}H_{26}N_2O_5S$，382.5

产品简介

呋线威［试验代号 CGA73102（Ciba-Geigy），通用名称：furathiocarb，商品名称：Deltanet］由 Ciba-Geigy AG（现属先正达公司）开发的一种杀虫剂。世界主要生产商：Mitsubishi Chemical 和 Saeryung。其他商品名称（生产商）：Promet（Syngenta）。在国内登记的商品名：保苗。

化学名称 2,3-二氢-2,2-二甲基苯并呋喃-7-基-*N*,*N*′-二甲基-*N*,*N*′-硫代二氨基甲酸丁酯。英文化学名称为 butyl-2,3-dihydro-2,2-dimethylbenzofuran-7-yl-*N*,*N*′-dimethyl-*N*,*N*′-thiodicarbamate。美国化学文摘系统名称为 2,3-dihydro-2,2-dimethyl-7-benzofuranyl 2,4-dimethyl-5-oxo-6-oxa-3-thia-2,4-diazadecanoate。CA 主题索引名为 6-oxa-3-thia-2,4-diazadecanoic acid—，2,4-dimethyl-5-oxo-2,3-dihydro-2,2-dimethyl-7-benzofuranyl ester。CAS 登录号［65907-30-4］。

理化性质 纯品为黄色液体，沸点＞250℃。蒸气压 3.9×10^{-6} Pa（25℃）。相对密度 1.148（20℃）。$K_{ow}\lg P=4.6$（25℃）。Henry 常数 1.36×10^{-4} Pa·m^3/mol。水中溶解度（25℃）11mg/L，易溶解于常见的有机溶剂，例如丙酮、甲醇、异丙醇、正己烷、甲苯等。加热至 400℃稳定，在水中的 DT_{50}（pH＝9）为 4d。

毒性 急性经口 LD_{50}（mg/kg）：大鼠 53，小鼠 327。大鼠急性经皮 LD_{50}＞2000mg/kg。对兔皮肤和眼睛有轻微刺激。大鼠吸入 LC_{50}（4h）为 0.214mg/L（空气）。大鼠NOEL 0.35mg/(kg·d)。ADI/RfD（Belgium）0.0035mg/kg［1999］。

生态效应 野鸭和鹌鹑急性经口 LD_{50}＜25mg/kg。虹鳟、蓝鳃及鲤鱼 LC_{50}（96h）为 0.03～0.12mg/L。水蚤 LC_{50}（48h）1.8μg/L。对蜜蜂有毒。

环境行为 动物：在鼠体内通过快速、完全的水解、氧化和配合作用进行代谢转化。主要通过肾进行排泄。植物：植物体内代谢成克百威和它的羟基以及酮衍生物。土壤/环境：土壤中快速分解成克百威并成为最终代谢产物。在实验室和大田条件下，呋线威不会产生漂移现象。主要的降解产物克百威则会产生漂移。

制剂与分析方法 主要剂型有微囊悬浮剂、干种子处理剂、乳油、颗粒剂、拌种用溶液。产品分析和残留物测定均用 GC。

作用机理与特点 内吸性杀虫剂，具有触杀和胃毒作用。

应用

适用作物 玉米、油菜、高粱、甜菜、向日葵和蔬菜。

防治对象 土壤栖息害虫。

在我国推荐使用情况 防治土壤栖息害虫的内吸性杀虫剂，在播种时施用 0.5～2.0kg(a.i.)/hm^2，可保护玉米、油菜、甜菜和蔬菜的种子和幼苗不受危害，时间可达 42d。种子处理和茎叶喷雾均有效。

专利概况

专利名称　2,3-Dihydro-2,2-dimethyl benzofuran-7-yl derivatives and their use as insecticides

专利号　GB 1583713　　专利公开日　1981-01-28

专利申请日　1978-03-23　　优先权日　1977-03-25

专利拥有者　Ciba-Geigy AG（现属先正达公司）

在其他国家申请的化合物专利：AR 215000、AT 266277、AU 513641、AU 2422077、BE 853702、BG 35900、BG 61666、CA 1098063、CH 639422、CS 207397、CY 1114、DD 137727、DE 2717040、DK 146514、ES 457932、FI 57781、FR 2348970、GB 1573955、GR 63128、HK 38481、HU 179041、IE 44822、IL 51854、IT 1106424、JP 1593733、KE 3141、LU 77152、MY 8782、NL 188859、NL 950005、NL 971001、NO 148856、NZ 183847、OA 5638、PL 108004、PT 66445、RO 71785、SE 434277、SE 7703592、SU 716524、US 4310519、US 4429042、YU 100177、ZA 7702345、ZM 3677、EP 443733 等。

制备专利、制剂或剂型专利：CN 1069979、CN 1176739、CN 101586133、CN 1281900、CN 1294197、CN 101429536、CN 1923840、RU 2070799、US 5077398、US 5314506、US 5399717、WO 9424862、WO 9856939、WO 9945012、AU 694016、DE 3602276、DE 3624910、DE 19519007、EP 750907、EP 242502、EP 930077、EP 413538、EP 125155、EP 717993、EP 501026、EP 535734、GB 2306886、JP 59199616、JP 60214715、JP 01025706、US 5436355、WO 9625852、WO 9711709、WO 9740692、WO 9746204、WO 9202233、WO 9427598、WO 9505812、WO 9806407、WO 9818463、WO 9823158、WO 9902182、WO 9925188、WO 9927906、ZA 8402565 等。

在中国申请的与该产品有关的部分专利见表 124-1。

表 124-1　在中国申请的专利

序　号	申　请　号	专　利　名　称
1	97194175.0	农药组合物
2	99803559.9	农药组合物
3	200710149682.2	农药组合物
4	200880118531.3	含有乙虫腈和特定氨基甲酸酯的农药化合物混合物

合成方法

甲基氨基甲酸正丁酯与二氯化硫反应，生成 $ClSN(CH_3)CO_2C_4H_9$-*n*，然后再与 2,3-二氢-2,2-二甲基-7-苯并呋喃-*N*-甲基氨基甲酸酯反应，即得产品。反应式如下：

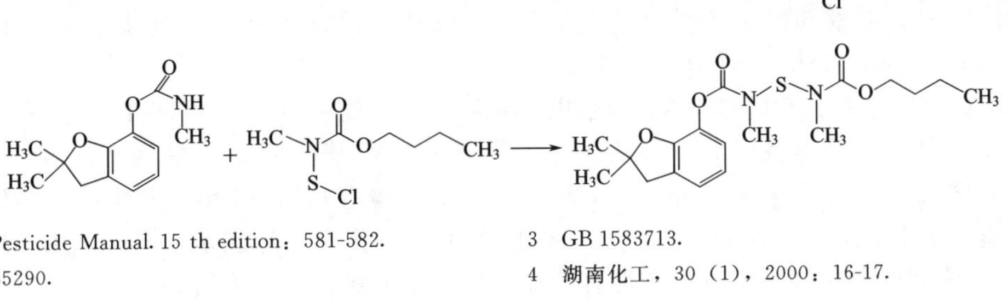

1　The Pesticide Manual. 15 th edition：581-582.

2　EP 865290.

3　GB 1583713.

4　湖南化工，30（1），2000：16-17.

125 抗蚜威（pirimicarb）

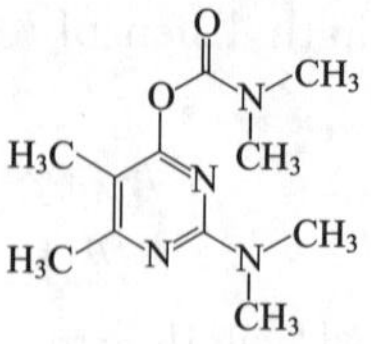

$C_{11}H_{18}N_4O_2$，238.3

产品简介

抗蚜威［试验代号：PP062（ICI），通用名称：pirimicarb，商品名称：Aphox（Syngenta）、Pirimor（Syngenta）］是由 ICI Agrochemicals（现属先正达公司）开发的一种杀虫剂。世界主要生产商：Syngenta、Kajo、大连瑞泽农药股份有限公司、江阴凯江农化有限公司。其他商品名称（生产商）：Abol（Syngenta）、Glenroe（GreenCrop）、Panzher（Doğal）、Phantom（Bayer CropScience）、Piriflor（Azot）、Tomba（Cequisa）。在国内登记的商品名：抗芽威、派烈脉、派嘧威、比加普、灭定威、辟蚜雾。

化学名称　2-二甲氨基-5,6-二甲基嘧啶-4-二甲基氨基甲酸酯。英文化学名称 2-dimethylamino-5,6-dimethylpyrimidin-4-yl dimethylcarbamate。美国化学文摘系统名称 2-(dimethylamino)-5,6-dimethyl-4-pyrimidinyl dimethylcarbamate。CA 主题索引名 carbamic acid，—，2-(dimethylamino)-5,6-dimethyl-4-pyrimidinyl ester。CAS 登录号［23103-98-2］。

组成　工业品纯度 95%。

理化性质　原药为白色无臭结晶体，熔点 91.6℃。蒸气压 4×10^{-4} Pa（20℃）。相对密度 1.18（25℃）/tech.，1.21（25℃）。K_{ow} lg$P$=1.7（未电离的）。Henry 常数（Pa・m^3/mol）：2.9×10^{-5}（pH=5.2），3.3×10^{-5}（pH=7.4）。水中溶解度（20℃，g/L）：3.6（pH=5.2）、3.1（pH=7.4）、3.1（pH=9.3），丙酮、甲醇、二甲苯中溶解度>200g/L（20℃）。在一般的储藏条件下稳定性>2a，pH 4～9（25℃）不发生水解，水溶液对紫外线不稳定，DT_{50}<1d（pH=5、7 或 9），溶液暴露在日光下 DT_{50}<1d（pH=5、7 或 9），pK_a 为 4.44（20℃），弱碱性。

毒性　急性经口 LD_{50}（mg/kg）：雌大鼠 142，小鼠 107，狗 100～200。急性经皮 LD_{50}（mg/kg）：大鼠>2000，兔>500。对兔皮肤无刺激，对兔眼睛有微弱刺激。对豚鼠有中等的皮肤过敏性。雌大鼠吸入 LC_{50}（4h）0.86mg/L。NOEL：狗 3.5mg/(kg・d)，大鼠 75mg/kg（饲料）［3.7～4.7mg/(kg・d)］。无致癌性，对生殖系统无副作用。ADI/RfD（EC）0.035mg/kg［2006］，（JMPR）0.02mg/kg［1982,2004,2006］。

生态效应　鸟类急性经口 LD_{50}（mg/kg）：家禽 25～50，野鸭 28.5，山齿鹑 20.9。鱼毒 LC_{50}（96h，mg/L）：虹鳟鱼 79，蓝鳃鱼 55，黑头呆鱼>100。水蚤 EC_{50}（48h）0.017mg/L。水藻 EC_{50}（96h）140mg/L。其他水生生物 EC_{50}（48h，mg/L）：静水椎实螺 19，对钩虾 48，摇蚊 60。对蜜蜂无毒性，LD_{50}（24h）经口 4μg/只，经皮 53μg/只。蚯蚓 LC_{50}（14d）>60mg/kg。对弹尾目无毒。

环境行为　动物：动物体内主要代谢产物为 2-二甲氨基-5,6-二甲基-4-羟基嘧啶、2-甲氨基-5,6-二甲基-4-羟基嘧啶、2-氨基-5,6-二甲基-4-羟基嘧啶和 2-二甲氨基-6-羟甲基-5-甲基-4-羟基嘧啶。土壤/环境：土壤 DT_{50} 29～143d（实验室）、1～13d（田地），太阳光加速其在土壤和水中的降解。在酸性、中性和碱性的条件下稳定，地表水 DT_{50} 36～55d（实验室），从土壤和叶子中挥发出的物质能有效地被空气中的氧化物质降解。

制剂与分析方法　主要剂型有气雾剂、粉剂、乳油、烟剂、水分散粒剂、可湿性粉剂等。产品分析用GC，残留物用具FID的GC或比色法测定。

作用机理与特点　选择性杀虫剂，具有触杀、胃毒和破坏呼吸系统的作用。植物根部吸收，通过木质部转移。叶子渗透，但不会发生大面积扩散。

应用

适用作物　大豆、小麦、玉米、甜菜、油菜、烟草等多种作物及果树、蔬菜、林业等。

防治对象　蚜虫。

残留量与安全施药　FAO/WHO规定的最高残留限量如下：蔬菜1.0mg/kg，谷类0.05mg/kg，果树0.05～1mg/kg，马铃薯0.05mg/kg，大豆1.0mg/kg，油菜籽0.2mg/kg。收获前停止用药的安全间隔期为7～10d。

应用技术　由于抗蚜威对温度敏感，当20℃以上时有熏蒸作用；15℃以下时，基本上无熏蒸作用，只有触杀作用；15～20℃之间，熏蒸作用随温度上升而增强。因此在低温时，喷雾更要均匀周到，否则影响防治效果。抗蚜威用量少、雾滴直径小，喷药时应选无风、温暖的天气，以提高药效。避免大风天施药，药液飘移或挥发降低药效。人工喷液量每亩30～50L，拖拉机喷液量每亩7～13L，飞机喷液量每亩15～50L。若天气干旱、空气相对湿度低时用高量；土壤水分条件好、空气相对湿度高时用低量。喷雾时空气相对湿度应大于5%、温度低于30℃、风速小于4m/s，空气相对湿度小于65%时应停止作业。

50%抗蚜威可湿性粉剂的使用方法：

① 蔬菜蚜虫的防治　防治白菜、甘蓝、豆类蔬菜上的蚜虫，每亩用50%可湿性粉剂10～18g（有效成分5～9g），对水30～50kg喷雾。

② 烟草蚜虫的防治　防治烟草、麻苗上的蚜虫，每亩用50%可湿性粉剂10～18g（有效成分5～9g），对水30～60kg喷雾。

③ 油料作物上蚜虫的防治　防治油菜、花生、大豆上的蚜虫，每亩用50%可湿性粉剂6～8g（有效成分3～4g），对水30～60kg喷雾。

④ 粮食作物上蚜虫的防治　防治小麦、高粱上的蚜虫，每亩用50%可湿性粉剂6～8g（有效成分3～4g），对水50～100kg喷雾。

在我国推荐使用情况：选择性防治禾谷、果树、观赏植物和蔬菜上的蚜虫，并可有效地防治有机磷产生抗性的桃蚜。本品具有速效性和熏蒸、内吸作用，从根部吸收转移到木质部。

专利与登记

专利名称　Pyrimidine derivatives and compositions containing them

专利号　GB 1181657　　专利公开日　1970-02-18

专利申请日　1966-03-31　　优先权日　1966-03-31

专利拥有者　ICI Agrochemicals

在其他国家申请的化合物专利：AR 215000、AT 266277、AU 513641、AU 2422077、BE 853702、BG 35900、BG 61666、CA 1098063、CH 639422、CS 207397、CY 1114、DD 137727、DE 2717040、DK 146514、ES 457932、EP 443733、FI 57781、FR 2348970、GB 1573955、GR 63128、HK 38481、HU 179041、IE 44822、IL 51854、IT 1106424、JP 1593733、KE 3141、LU 77152、MY 8782、NL 188859、NL 950005、NL 971001、NO 148856、NZ 183847、OA 5638、PL 108004、PT 66445、RO 71785、SE 434277、SE 7703592、SU 716524、US 4310519、US 4429042、YU 100177、ZA 7702345、ZM 3677等。

制备专利、混剂与剂型专利：CN 1176739、CN 101586133、CN 1281900、CN

1294197、CN 101429536、CN 1923840、CN 1069979、RU2070799、US 5077398、US 5399717、US 5314506、WO 9424862、WO 9856939、WO 9945012、AU 694016、DE 3624910、DE 19519007、DE 3602276、EP 242502、EP 750907、EP 413538、EP 930077、EP 501026、EP 717993、EP 535734、EP 125155、GB 2306886、JP 01025706、JP 59199616、JP 60214715、US 5436355、WO 9625852、WO 9711709、WO 9740692、WO 9746204、WO 9806407、WO 9818463、WO 9823158、WO 9902182、WO 9925188、WO 9927906、WO 9202233、WO 9427598、WO 9505812、ZA 8402565 等。

在中国申请的与该产品有关的部分专利及登记情况见表 125-1、表 125-2。

表 125-1　在中国申请的专利

序　号	申 请 号	专 利 名 称
1	94105886.7	一种抗蚜威液剂及其制造方法
2	98111342.7	多·抗·酮可湿性粉剂
3	200710031515.8	玫烟色拟青霉与抗蚜威的复配杀虫剂
4	200810049362.4	兼控苹果绵蚜和黄蚜的啶虫脒·抗蚜威农药组合物
5	200610065692.3	转基因抗虫棉田主要害虫综合防治方法
6	200610028885.1	重组乙酰胆碱酯酶及其制备方法和用于农药残留检测方法
7	200510135395.7	以抗蚜威为原料的一组可溶性液剂杀虫剂
8	02149468.1	抗蚜威微乳剂及其制备方法
9	200910026501.6	抗蚜威与吡蚜酮组合物及其水分散粒剂
10	200880118531.3	含有乙虫腈和特定氨基甲酸酯的农药化合物混合物
11	201010246150.2	抗蚜威分子印迹聚合物的制备方法
12	201010246183.7	利用分子印迹聚合物净化和检测抗蚜威的方法
13	200910066289.6	矮化杀虫玉米丢芯剂

表 125-2　英国先正达有限公司在中国登记情况

登记名	登记证号	含量	剂型	登记作物	防治对象	用药量/(g/hm^2)	施用方法
抗蚜威	PD38-87	50%	可湿性粉剂	甘蓝	蚜虫	75～135	喷雾
				烟草	蚜虫	120～165	喷雾
				大豆	蚜虫	75～120	喷雾
				油菜	蚜虫	90～150	喷雾
				小麦	蚜虫	75～150	喷雾
抗蚜威	PD87-88	50%	水分散粒剂	甘蓝	蚜虫	75～135	喷雾
				烟草	蚜虫	120～165	喷雾
				大豆	蚜虫	75～120	喷雾
				油菜	蚜虫	90～150	喷雾
				小麦	蚜虫	75～150	喷雾

合成方法

由石灰氮制双氰胺，再同二甲胺盐酸盐制 1,1-二甲基胍。将乙酰乙酸乙酯甲基化可得 α-甲基乙酰乙酸乙酯，再按下列反应制备：

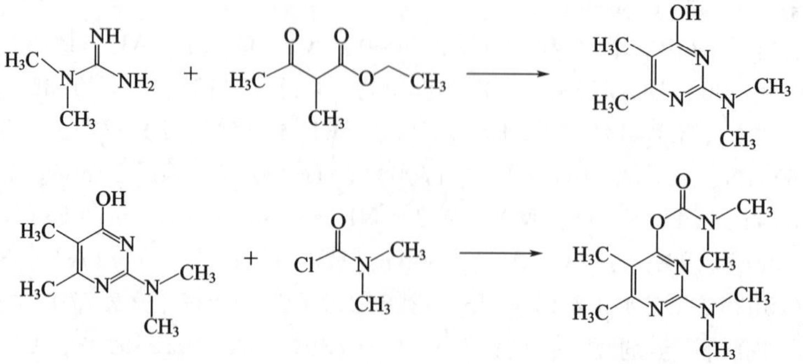

中间体合成

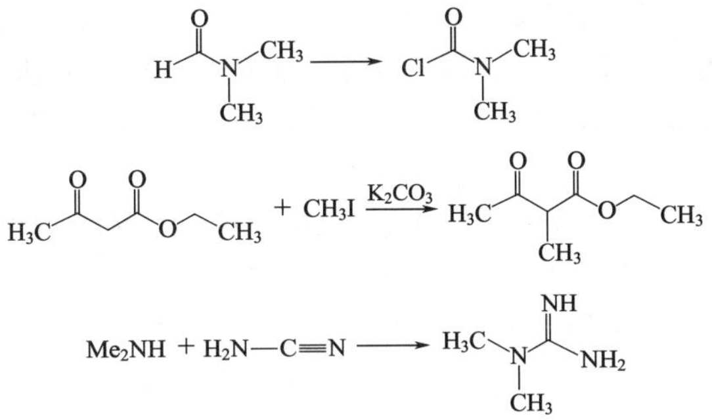

1 The Pesticide Manual. 15 th edition：916-917.

2 GB 81657.

3 进口农药应用手册．中国农业出版社，2000：21-23.

4 新编农药手册．农业出版社，1989：107-109.

126 棉铃威（alanycarb）

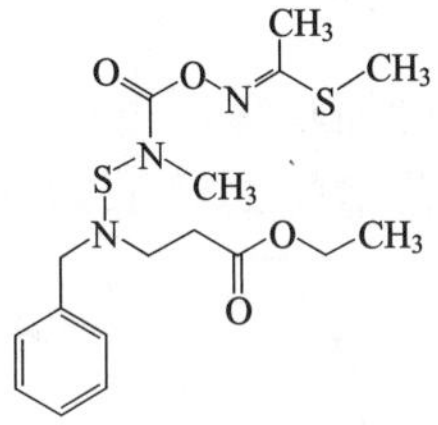

$C_{17}H_{25}N_3O_4S_2$，399.5

产品简介

棉铃威［试验代号：OK-135（Otsuka），通用名称：alanycarb，商品名称：Aphox（Syngenta）、Pirimor（Syngenta）］其杀蚜活性最初由 F. L. C. Baranyovits& R. Ghosh 报道，后由先正达公司引进，在 1970 年商品化。世界主要生产商：Otsuka。其他商品名称（生产商）：Onic（Otsuka）、Rumbline（Otsuka）。在国内登记的商品名：农虫威。

化学名称 (*Z*)-*N*-苄基-*N*-[[甲基(1-甲硫基亚乙基氨基氧代羰基）氨基]硫代]-*β*-丙氨酸乙酯，英文化学名称 ethyl (*Z*)-*N*-benzyl-*N*-[[methyl(1-methylthioethylideneaminooxycarbonyl)amino]thio]-*β*-alaninate。美国化学文摘系统名称为 ethyl(3*Z*)-3,7-dimethyl-6-oxo-9-(phenylmethyl)-5-oxa-2,8-dithia-4,7,9-triazadodec-3-en-12-oate。CA 主题索引为 5-oxa-2,8-dithia-4,7,9-triazadodec-3-en-12-oic acid—，3,7-dimethyl-6-oxo-9-(phenylmethyl)-ethyl ester，(3*Z*)—。CAS 登录号［83130-01-2］。

理化性质 纯品为晶体，熔点 46.6～47.0℃。蒸气压＜4.7×10^{-6}Pa（20℃）。相对密度 1.29（20℃）。$K_{ow}\lg P=3.57\pm0.06$。水中溶解度（20℃）27.7mg/L，甲苯、二氯甲烷、甲醇、丙酮、乙酸乙酯中溶解度均＞95%。100℃以下稳定，54℃时 30d 分解 0.2%～1.0%，中性和弱碱性条件下稳定，酸性和强碱性条件下不稳定，在日光下的玻璃板上的 DT_{50} 为 6h。

毒性 雄大鼠急性经口 LD_{50} 440mg/kg。雄大鼠急性经皮 LD_{50}＞2000mg/kg，对眼睛微弱刺激，对皮肤无刺激性（兔）。大鼠吸入 LC_{50}（4h）＞205mg/m^3（空气）。无致癌、致畸和致突变作用。

生态效应 鸟类 LC_{50}（8d，mg/L）：山齿鹑 3553，野鸭＞5000。鲤鱼 LC_{50}（48h）1.1mg/L。水蚤 EC_{50}（48h）0.05mg/L。蜜蜂 LD_{50} 0.674μg/只。

环境行为 动物：棉铃威在老鼠体内可以直接或通过灭多威快速代谢成灭多威肟，

该物质会继续分解为不稳定的中间体。这些中间体被转化成乙腈和二氧化碳后通过呼吸和随着尿液排出。植物：N—S键断裂产生的灭多威经过中间体灭多威肟进一步代谢成醋酸和乙腈，最终降解为二氧化碳。土壤/环境：土壤中 DT_{50} 1～2d。化学或微生物作用棉铃威快速降解成灭多威，形成的灭多威进一步降解成为灭多威肟，最终分解成二氧化碳。

制剂与分析方法　主要剂型有乳油、可湿性粉剂等。产品分析用HPLC。作物中残留物及其代谢物（灭多威）用具有FPD的GC测定，土壤中残留物用HPLC测定。

作用机理与特点　具有触杀、胃毒作用。

应用

适用作物　蔬菜、葡萄、棉花、烟草、蔓生植物、柑橘。

防治对象　鞘翅目、缨翅目、半翅目和鳞翅目害虫。

使用方法　防治棉铃虫，每亩用40%棉铃威乳油50～100g，对水50～100kg均匀喷雾。防治蔬菜上蚜虫，烟草上的烟青虫，推荐剂量为每亩用40%乳油50～100g，对水50～100kg均匀喷雾。

在我国推荐使用情况如下：可作叶面喷雾、土壤处理和种子处理。对葡萄上的鞘翅目、半翅目、鳞翅目和缨翅目害虫有效。防治蚜虫喷雾300～600g(a. i.)/hm^2，葡萄缀穗蛾喷雾400～800g/hm^2，仁果（蚜虫）和烟草（烟青虫）喷雾300～600g/hm^2，蔬菜土壤处理0.9～9.0kg/hm^2，种子处理为0.4～1.5kg/100kg（种子）。防治棉铃虫、大豆毒蛾、卷叶蛾、小地老虎和甘蓝夜蛾用300～600g/hm^2。

专利概况

专利名称　Carbamate derivative and insecticidal, miticidal or nematocidal compositions containing these derivatives

专利号　BE 892302　　专利公开日期　1982-06-16

专利申请日　1981-11-27　　优先权日　1981-11-27

专利拥有者　日本大冢化学公司

在其他国家申请的化合物专利：AR 215000、AT 266277、AU 513641、AU 2422077、BE 853702、BG 35900、BG 61666、CA 1098063、CH 639422、CS 207397、CY 1114、DD 137727、DE 2717040、DK 146514、ES 457932、EP 443733、FI 57781、FR 2348970、GB 1573955、GR 63128、HK 38481、HU 179041、IE 44822、IL 51854、IT 1106424、JP 1593733、KE 3141、LU 77152、MY 8782、NL 188859、NL 950005、NL 971001、NO 148856、NZ 183847、OA 5638、PL 108004、PT 66445、RO 71785、SE 434277、SE 7703592、SU 716524、US 4310519、US 4429042、YU 100177、ZA 7702345、ZM 3677等。

制备专利、制剂或剂型专利：CN 1176739、CN 101586133、CN 1281900、CN 1294197、CN 101429536、CN 1923840、CN 1069979、RU 2070799、US 5314506、US 5399717、US 5077398、WO 9424862、WO 9856939、WO 9945012、AU 694016、DE 3602276、DE 3624910、DE 19519007、EP 125155、EP 242502、EP 413538、EP 717993、EP 750907、EP 501026、EP 930077、EP 535734、GB 2306886、JP 59199616、JP 60214715、JP 01025706、US 5436355、WO 9625852、WO 9711709、WO 9740692、WO 9746204、WO 9202233、WO 9427598、WO 9505812、WO 9806407、WO 9818463、WO 9823158、WO 9902182、WO 9925188、WO 9927906、ZA 8402565等。

在中国申请的与该产品有关的部分专利见表126-1。

表 126-1　在中国申请的专利

序　号	申　请　号	专　利　名　称
1	99120255.4	农药组合物
2	200880118531.3	含有乙虫腈和特定氨基甲酸酯的农药化合物混合物

合成方法

$CH_3C(SCH_3)=NOC(O)NHCH_3$ 与 $ClSN(CH_2CH_2COOC_2H_5)CH_2C_6H_5$ 及三乙胺在二氯甲烷中反应 2h，即制得棉铃威。反应式如下：

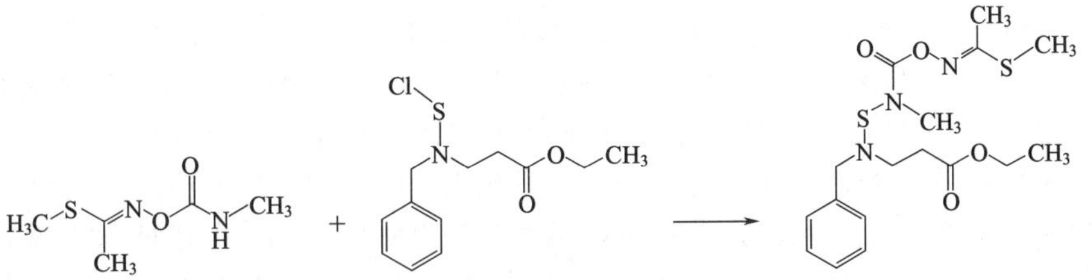

中间体合成

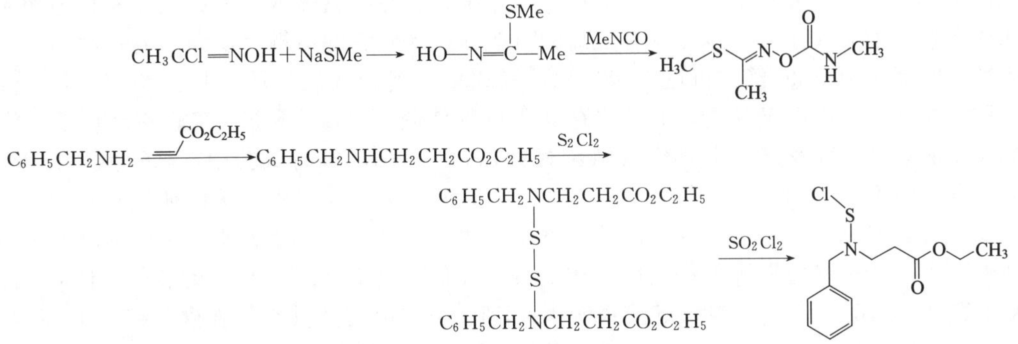

1 The Pesticide Manual. 15 th edition：23-24.

2 GB 2110206 (1983).

3 US 4444768 (1984).

4 JP 8924144.

5 精细化工中间体，36 (2)，2006：36-37.

127　涕灭威 (aldicarb)

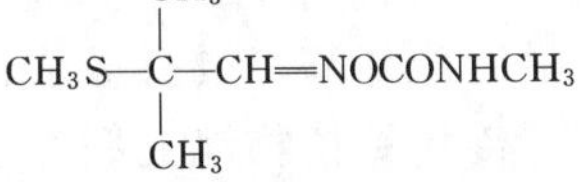

$C_7H_{14}N_2O_2S$，190.3

产品简介

涕灭威［试验代号：UC21149 (Union Carbide)，通用名称：aldicarb，商品名称：Temik (Bayer CropScience)］是由 Union CarbiDE Corp（现属拜耳公司）开发的杀虫、杀螨、杀线虫剂。世界主要生产商：Bayer CropScience。其他商品名称（生产商）：Bolster (Amvac，Bayer CropScience)。在国内登记的商品名：铁灭克 (Temik)、丁醛肪威等。

化学名称　(*EZ*)-2-甲基-2-(甲硫基) 丙醛-*O*-甲基氨基甲酰基肟。英文化学名称为 (*EZ*)-2-methyl-2-(methylthio) propionaldehyde *O*-methylcarbamoyloxime。美国化学文摘 (CA) 系统名称为 2-methyl-2-(methylthio) propanal *O*-[(methylamino) carbonyl] oxime。CA 主题索引名称为 propanal—，2-methyl-2-(methylthio)-*O*-[(methylamino) carbonyl] oxime。CAS 登录号为 [116-06-3]。

理化性质　纯品为无色结晶固体，熔点 98～100℃（原药）。相对密度 (25℃) 1.195。

蒸气压 13mPa（20℃）。水中溶解度（pH＝7，20℃）4.93g/L，易溶于大多数有机溶剂（g/L，25℃）：丙酮 350，二氯甲烷 300，苯 150，二甲苯 50。在中性、酸性和弱碱性介质中稳定，遇强碱分解，100℃以下稳定，遇氧化剂迅速转变为亚砜，而再进一步氧化为砜很慢。

毒性　大鼠急性经口 LD_{50} 0.93mg/kg。雄兔急性经皮 LD_{50} 20mg/kg。大鼠吸入 LD_{50}（4h）0.0039mg/L，NOEL 0.03mg/kg，ADI/RfD（JMPR）0.003mg/kg［1995］，（EPA）cRfD0.001mg/kg［1993］。

生态效应　鸟急性经口 LD_{50}（mg/kg）：野鸭 1.0，山齿鹑 71（8d）。鱼 LC_{50}（96h）：虹鳟鱼＞0.56mg/L，翻车鱼 72μg/L。水蚤 LC_{50}（21h）0.18mg/L，NOAEL 0.03mg/kg。藻类（*Scenedesmus subspicatus*）：E_rC_{50}（96h）1.4mg/L。蜜蜂高毒（有效接触的情况下），LD_{50} 0.285μg/只，但是在使用时由于该化合物做成产品后剂型为粒剂，和土壤混在一起，不会和蜜蜂接触，因此不会对蜜蜂造成伤害。蚯蚓 LC_{50}（14d）16mg/kg（土壤）。

环境行为　动物：在大鼠、狗、牛体内迅速被完全吸收，24h 内超过 80％含量的涕灭威以尿液的形式排出体外，而在 3～4d 内则有超过 96％含量的涕灭威排出体外。在进一步的新陈代谢中，涕灭威被氧化为相应的砜和亚砜。植物：在植物体内，涕灭威被氧化为相应的砜和亚砜，由于亚砜在植物体内具有很高的可溶性，因此它的活性（胆碱酯酶抑制剂）往往要比涕灭威高出 10～20 倍，再进一步代谢，涕灭威最终会变成为肟、腈、酰胺、酸以及醇类物质，而这些物质仅仅以共轭的形式存在于植物体内。土壤/环境：实验室环境下，涕灭威被氧化成亚砜，以及进一步氧化成砜，其 DT_{50} 2～12d，田间试验中，涕灭威以及亚砜、砜类化合物的 DT_{50} 0.5～2 个月，DT_{90} 2.5～4.7 个月。实验室进行吸附研究，涕灭威 K_{oc} 21～68，其亚砜化合物 K_{oc} 13～48，其砜类化合物 K_{oc} 11～32，这表明这三种物质都较难进入到地下水。涕灭威的水解很难发生，因为在 pH 值为 8.5，15℃下，其半衰期仅有 170d。光解 DT_{50}＝4.1d（25℃），在水沉淀系统中，DT_{50}（涕灭威及其砜、亚砜）＝5.5d，其主要途径是氨基甲酸酯基团的丢失，而涕灭威的亚砜和砜化合物则为次要产物（＜3％），并且在水沉淀系统中迅速降解，其 DT_{50} 分别为 5d 和 4d。由于涕灭威蒸气压较低并且迅速被土壤吸收，因此不可能通过空气为介质污染环境。

制剂与分析方法　剂型主要有颗粒剂。产品可用 IR 光谱分析，残留分析：可将涕灭威氧化成相应的涕灭砜威后再用 RPLC 或 GC 检测（具 FPD 检测器）。在饮用水中的残余分析可通过 RPLC 以及荧光分析法测定，亦可通过 HPLC（具 FLD 检测器）测定。

作用机理与特点　抑制昆虫乙酰胆碱酯酶，具有触杀、胃毒和内吸作用。涕灭威施于土壤中，通过作物根部吸收，经木质部传导到植物地上部各组织和器官而起作用。涕灭威进入动物体内，由于其结构上的甲氨基甲酰肟和乙酰胆碱类似，能阻碍胆碱酯酶的反应，因而，涕灭威是一种强烈的胆碱酯酶抑制剂。昆虫或蛾接触了涕灭威后，表现出典型的胆碱酯酶受阻症状，但对线虫的作用机制目前尚不完全清楚。

应用

适宜作物　甜菜、马铃薯、棉花、玉米、花生、甘薯、白薯、观赏植物和林木等。

防治对象　蚜虫、蓟马、叶蝉、蝽象、螨类、粉虱和线虫等。

应用技术　涕灭威属于高毒农药，只限于作物沟施或穴施，在播种时施用或出苗后根侧土中追施。

使用方法　播种沟、带或全面处理（种植前或种植时均可）以及芽后旁施处理。使用剂量为 0.34～11.25kg(a.i.)/hm^2。具体如下：

（1）防治蚜虫、螨类等　①沟施法　在作物移栽或播种前，每亩用 15％涕灭威颗粒剂 300～400g，掺细沙土 5～10kg，拌匀后按垄开沟，将药沙均匀施入沟内，然后播种或移苗、覆土。②穴施法　在作物移栽或播种前，每亩用15%涕灭威颗粒剂250～300g，掺细沙2kg，在作物苗移栽时，先将药沙用勺施入穴中，然后将苗移入，并覆土、浇水。③根侧追施法　在作物生长期间，每亩用15%涕灭威颗粒剂400～800g与细土混匀，撒播在距植株20～40cm周围，用耙将药粒耙入土内，再用水浇灌。

（2）防治花生根结线虫　每亩用15%涕灭威颗粒剂1.1～1.3kg与细土混匀，在花生播种时开沟施用，沟深10～12cm，将药均匀施于沟内，覆薄土后播种，避免种子与药剂直接接触而产生药害。

（3）防治大豆胞囊线虫　每亩用15%涕灭威颗粒剂670～1000g与细土混匀，在大豆播种前开沟施用。如土壤过干，应预先潜水整地后再施药。

（4）防治柑橘根结线虫　将柑橘树冠下表土耙开3～5cm，每亩用15%涕灭威颗粒剂4～6kg与细土混匀后均匀撒施，覆土、浇水。

专利与登记

不存在专利权问题。相关专利情况见表127-1、表127-2。

表127-1　在中国申请的与该产品有关的部分专利

序　号	申　请　号	专　利　名　称
1	95117195.X	广谱高效植物杀虫剂及其制法
2	97121064.0	涕灭威包衣颗粒杀虫剂及其制备方法
3	200610028885.1	重组乙酰胆碱酯酶及其制备方法和用于农药残留检测方法
4	200610081200.X	一株具杀线虫活力的曲霉属真菌及其制备方法和应用
5	200580011967.9	具有杀昆虫性能的活性化合物结合物
6	200710000634.7	具有杀虫活性的氨基甲酸酯类化合物簇合分子
7	200610013124.9	杀虫剂涕灭威的半抗原、抗原和抗体及其制备方法与应用
8	200910015573.0	一种水果、蔬菜中农药多残留快速分析方法
9	200880118531.3	含有乙虫腈和特定氨基甲酸酯的农药化合物混合物

德国拜耳公司在中国登记情况见表127-2。

表127-2　在中国登记情况

登记名	登记证号	含量	剂型	登记作物	防治对象	用药量/(g/hm^2)	施用方法
涕灭威	PD43-87	15%	颗粒剂	棉花	蚜虫	450～900	沟施、穴施
				棉花	红蜘蛛	450～900	沟施、穴施
				花卉	螨蚜	1995～3000	根施
				花卉	蚜虫	1995～3000	根施
				花生	线虫	2250～3000	沟施
				烟草	烟蚜	499.5	穴施

合成方法

可通过如下反应表示的方法制得目的物：

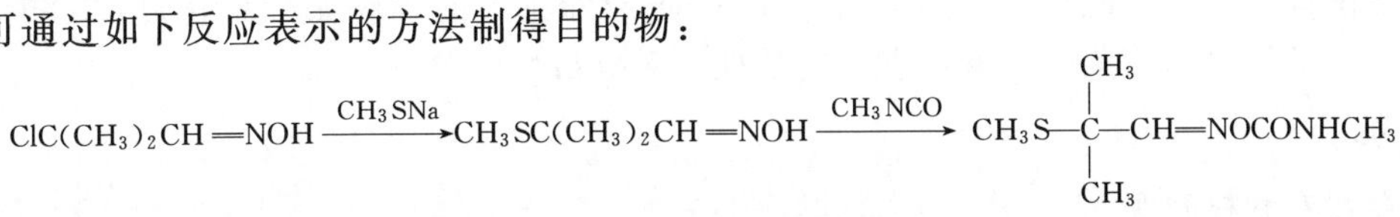

1　The Pesticide Manual. 15 th edition：24-26.　　2　US 3217037.

128　丁酮威（butocarboxim）

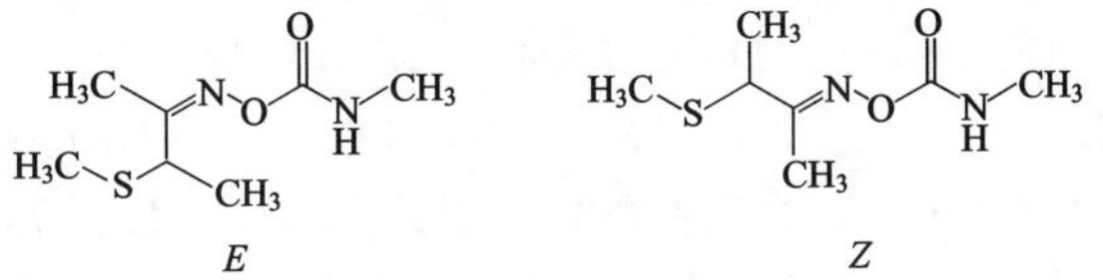

E　　*Z*

$C_7H_{14}N_2O_2S$，190.3

产品简介

丁酮威［试验代号：Co755（Wacker），通用名称：butocarboxim，商品名称：Drawin755］是由Wacher Chemie GmbH开发的一种杀虫剂。世界主要生产商：Wacker。

化学名称 3-(甲硫基)丁酮-*O*-甲基氨基甲酰肟。英文化学名称（*EZ*）-3-(methylthio) butanone *O*-methylcarbamoyloxime。美国化学文摘系统名称为3-(methylthio)-2-butanone *O*-[(methylamino) carbonyl] oxime。CA主题索引名2-butanone—，3-(methylthio)-*O*-[(methylamino)carbonyl]oxime。CA登录号［34681-10-2］。

组成 工业级为液体，储存在二甲苯中，含量为85%，由（*E*）-和（*Z*）-两种异构体组成，比例大约为（85～90）∶(15～10)。

理化性质 淡棕色黏稠性液体，低温下结晶。(*E*)-异构体熔点为37℃，(*Z*)-异构体室温下为油状。异构体混合物的蒸气压为10.6×10^{-3}Pa（20℃）。相对密度1.12（20℃）。$K_{ow}\lg P$=1.1。Henry常数5.76×10^{-5}Pa·m^3/mol。水中溶解度35g/L（20℃）。其他溶剂中溶解度：脂肪烃溶解度较低，11g/L，可与芳烃、酯、酮类混合。日光下在pH=5～7（直到50℃）下稳定，强酸和碱性条件下水解，在光照和氧气存在下稳定，100℃以下热稳定。

毒性 大鼠急性经口LD_{50}153～215mg/kg。兔急性经皮LD_{50}360mg/kg，对眼睛有刺激作用。大鼠吸入LC_{50}（4h）1mg/L（空气）。NOEL大鼠（2a）和狗90d喂养试验无作用剂量均为饲喂100mg/kg。在大鼠2年的饲喂试验中，高剂量［300mg/kg（饲料）］无致癌作用，对生育力、生长速度或死亡率无任何影响。ADI/RfD（JMPR）无ADI［1985］，(BfR) 0.02mg/kg［1990］。Ames试验结果表明无诱变性。

生态效应 野鸭LD_{50} 64mg/kg，日本鹌鹑的LC_{50}（8d）1180mg/kg（饲料）。鱼LC_{50}（24h，mg/L）：虹鳟鱼35，太阳鱼55，虹鳉70。水蚤LC_{50}（24h）=3.2～5.6mg/L。藻类LC_{50} 62.5mg/L。对蜜蜂没有毒性，LD_{50}=1μg/只。

环境行为 动物：经口后代谢成丁酮砜威，该物质及其降解产物随着尿液排出体外。植物：与土壤中的降解情况相同。土壤/环境：在土壤中降解的DT_{50}为1～8d。代谢物的DT_{50}为16～44d。土壤中甲氨部分断开，硫原子被氧化成亚砜和砜基。

制剂与分析方法 主要剂型有气雾剂、乳油、可溶性液剂等。产品分析用红外光谱或高效液相色谱法，丁酮威的残留物、它的亚砜和砜化合物用具有电导池检测器的GC测定。

作用机理与特点 内吸性杀虫剂，具有触杀和胃毒作用。通过叶子和根部吸收。

应用

适用作物 果树、蔬菜、谷物、棉花、烟草和观赏性植物。

防治对象 蚜虫、牧草虫、粉虱、粉蚧以及一些吸啜昆虫等。

在我国推荐使用情况如下：以125kg/hm^{2}防治棉花上的棉粉虱效果优良，50～75g/L对果树、观赏植物和蔬菜上的蚜虫有好的活性，对螨活性中等。

专利概况

不存在专利权问题。

目前公开的或授权的相关专利：AR 215000、AT 266277、AU 513641、AU 2422077、BE 853702、BG 35900、BG 61666、CA 1098063、CH 639422、CS 207397、CY 1114、DD 137727、DE 2717040、DK 146514、ES 457932、EP 443733、FI 57781、FR 2348970、GB 1573955、GR 63128、HK 38481、HU 179041、IE 44822、IL 51854、IT 1106424、JP 1593733、KE 3141、LU 77152、MY 8782、NL 188859、NL 950005、NL 971001、NO 148856、NZ 183847、OA 5638、PL 108004、PT 66445、RO 71785、SE 434277、SE 7703592、SU 716524、US 4310519、US 4429042、YU 100177、ZA 7702345、ZM 3677、

CN 1176739、CN 101586133、CN 1281900、CN 1294197、CN 101429536、CN 1923840、CN 1069979、RU 2070799、US 5077398、US 5314506、US 5399717、WO 9424862、WO 9856939、WO 9945012、AU 694016、DE 3602276、DE 19519007、DE 3624910、EP 125155、EP 413538、EP 930077、EP 501026、EP 535734、EP 717993、EP 242502、EP 750907、GB 2306886、JP59199616、JP 60214715、JP 01025706、US 5436355、WO 9711709、WO 9740692、WO 9746204、WO 9427598、WO 9625852、WO 9505812、WO 9806407、WO 9818463、WO 9823158、WO 9202233、WO 9902182、WO 9925188、WO 9927906、ZA 8402565 等。

在中国申请的与该产品有关的部分专利见表 128-1。

表 128-1 在中国申请的专利

序　号	申 请 号	名　　称
1	200880118531.1	含有乙虫腈和特定氨基甲酸酯的农药化合物混合物

合成方法

可通过如下反应制得产品：

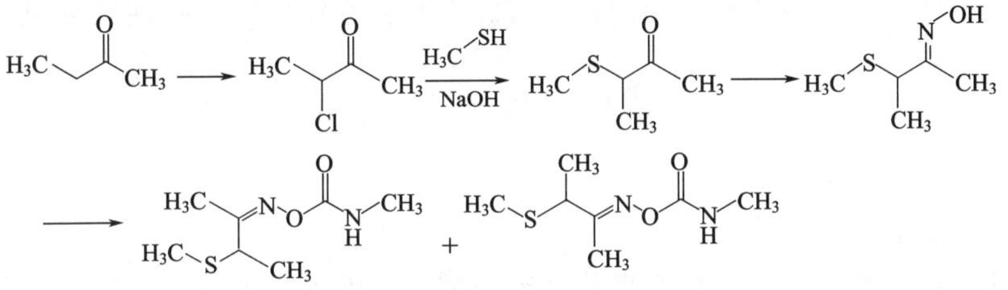

E　　　　*Z*

1 The Pesticide Manual. 15 th edition：143-144.

2 US 3816532.

3 GB 1353202.

4 DE 2036491.

129 丁酮砜威（butoxycarboxim）

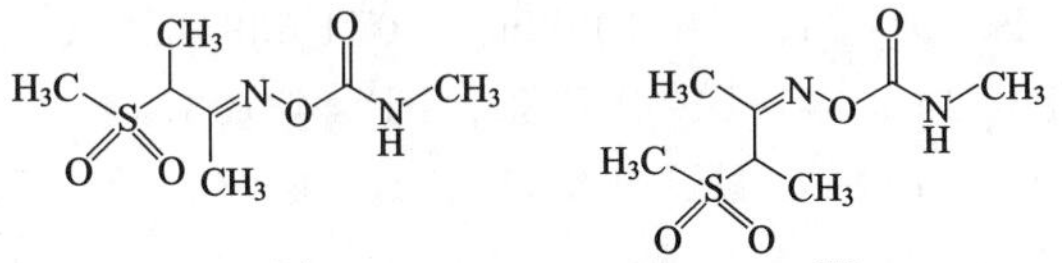

(*E*)-　　　　(*Z*)-

$C_7H_{14}N_2O_4S$，222.3

产品简介

丁酮砜威［试验代号：Co 859（Wacker），通用名称：butoxycarboxim，商品名称：Plant Pin］是 M. Vulic 和 H. Bräunling 报道其活性，由 Wacher Chemie GmbH 开发。世界主要生产商：Wacker。其他商品名称（生产商）：Bellasol（BASF）。

化学名称　3-甲磺酰基丁酮-*O*-甲基氨基甲酰肟。英文化学名称 3-methylsulfonylbutanone *O*-methylcarbamoyloxime。美国化学文摘系统名称为 3-(methylsulfonyl)-2-butanone-*O*-[(methylamino) carbonyl]oxime，CA 主题索引名 2-butanone—，3-(methylsulfonyl)-*O*-[(methylamino)carbonyl]oxime。CA 登录号［34681-23-7］。

理化性质　丁酮砜威含（*E*)-和（*Z*)-异构体（85～90）:（15～10），无色晶体。熔点 85～89℃，纯的（*E*)-异构体 83℃。蒸气压 0.266×10^{-3} Pa（20℃）。相对密度 1.21（20℃）。Henry 常数 2.83×10^{-7} Pa·m^3/mol。水中溶解度 209g/L（20℃），其他溶剂中溶解度（g/

L，20℃)：丙酮 172，四氯化碳 5.3，氯仿 186，环己烷 0.9，庚烷 0.1，异丙醇 101，甲苯 29，易溶于极性有机溶剂，微溶于非极性溶剂。对光稳定，≤100℃热稳定。水溶液水解 DT_{50} 501d（pH=5)、18d（pH=7)、16d（pH=9)。对紫外线稳定。

毒性　急性经口 LD_{50}（mg/kg)：大鼠 458，兔 275。大鼠急性经皮 LD_{50}＞2000mg/kg。NOEL 值（90d)：饲喂大鼠 300mg/kg，而饲喂 1000mg/kg 对红细胞和血浆胆碱酯酶有轻微抑制作用。胶纸板粘着制剂对大鼠的经口 LD_{50}＞5000mg/kg，雌鼠急性经皮 LD_{50} 288mg/kg。丁酮砜威是丁酮威在动植物组织中的代谢产物，因此对后者的毒性试验包括部分丁酮砜威。

生态效应　母鸡急性经口 LD_{50} 367mg/kg。鱼 LC_{50}（96h，mg/L)：鲤鱼 1750，虹鳟鱼 170。水蚤 LC_{50}（96h）500μg/L。对蜜蜂无毒副作用。

环境行为　动物：经口进入动物体内的本品随着尿液以原有状态和代谢物形式排出。组织内无累积。土壤/环境：在土壤中 DT_{50} 为 41～44d（20℃)。丁酮砜威 2d 内从薄板钉扩散到土壤中，3d 出现活性，7～14d 活性达到最大，药效期 4～8 周，直到薄板钉腐蚀。

制剂与分析方法　特等纸板粘着剂，40mm×8mm，含有效成分 50mg。产品分析用红外光谱或高效液相色谱法，残留物以衍生物形式用具 TID 的 GC 分析。

作用机理与特点　胆碱酯酶抑制剂，具有触杀和胃毒作用的内吸性杀虫剂。根部吸收后向顶部迁移。

应用

适用作物　观赏性植物。

防治对象　蚜虫、叶螨等。

在我国推荐使用情况如下：对蚜虫和食植性螨类有内吸杀虫活性。粘着剂附着在生长着观赏植物的土壤中（盆或容器)。施用后 2～5d 见效，持效期 35～42d。

专利概况

不存在专利权问题。

目前公开的或授权的相关专利：AR 215000、AT 266277、AU 513641、AU 2422077、BE 853702、BG 35900、BG 61666、CA 1098063、CH 639422、CS 207397、CY 1114、DD 137727、DE 2717040、DK 146514、ES 457932、EP 443733、FI 57781、FR 2348970、GB 1573955、GR 63128、HK 38481、HU 179041、IE 44822、IL 51854、IT 1106424、JP 1593733、KE 3141、LU 77152、MY 8782、NL 188859、NL 950005、NL 971001、NO 148856、NZ 183847、OA 5638、PL 108004、PT 66445、RO 71785、SE 434277、SE 7703592、SU 716524、US 4310519、US 4429042、YU 100177、ZA 7702345、ZM 3677、CN 1176739、CN 1069979、CN 101586133、CN 1281900、CN 1294197、CN 101429536、CN 1923840、RU 2070799、US 5077398、US 5314506、US 5399717、WO 9424862、WO 9856939、WO 9945012、AU 694016、DE 3624910、DE 3602276、DE 19519007、EP 750907、EP 125155、EP 930077、EP 501026、EP 535734、EP 413538、EP 242502、EP 717993、GB 2306886、JP59199616、JP 60214715、JP 01025706、US 5436355、WO 9625852、WO 9711709、WO 9740692、WO 9746204、WO 9202233、WO 9427598、WO 9505812、WO 9806407、WO 9818463、WO 9823158、WO 9902182、WO 9925188、WO 9927906、ZA 8402565 等。

合成方法

由如下方法合成：

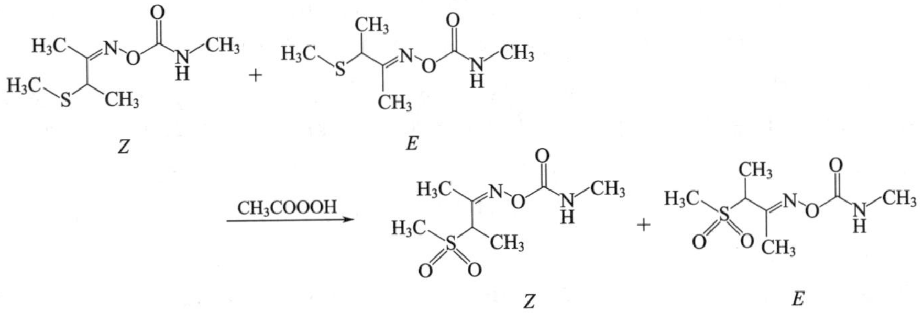

1 The Pesticide Manual. 15 th edition：144-145.
2 US 3816532.
3 GB 2353202.
4 DE 2036493.

130 灭多威（methomyl）

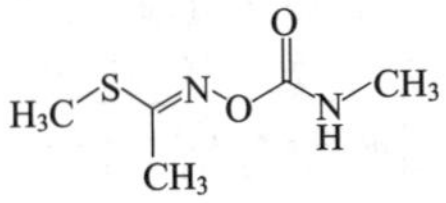

$C_5H_{10}N_2O_2S$，162.2

产品简介

灭多威［试验代号：DPX-X1179（DuPont），通用名称：methomyl，商品名称：Lannate（DuPont）、Agrinate（Vapco）、Astra（Coromandel）、Avance（Cequisa）、Dunet（Dhanuka）、Killon（Sundat）、Kuik（Rotam）、Lann WDK（Trithin）、Matador（Ingeniería Industrial）、Metholate（Mobedco）、Methomex（Makhteshim-Agan，Plaaskem S. A.）、Methosan（Dow AgroSciences）、Moscacid（Zapi）、Nudrin（BASF）、Pilarmate（Pilarquim）、Sathomyl（Hubei Sanonda）、Sutilo（Lainco）、快灵、灭虫快（M. A 农化）、灭多虫、纳乃得（台）、万灵（杜邦）、乙肟威、灭索威］是 G. A. Roodhans & N. B. Joy 报道，由 E. I. du Pont de Nemours & Co. 开发。世界主要生产商：Arysta lifeScience、Bayer CropScience、Crystal、Dongbu Fine、Dow AgroSciences、Hesenta、Kuo Ching、Makhteshim-Agan、Rotam、Saeryung、Sinon、Yancheng limin、湖北沙隆达股份有限公司、沙隆达郑州农药有限公司、山东华阳农药化工集团有限公司、泰达集团、安徽华星化工股份有限公司、浙江华兴化学农药有限公司、浙江菱化实业股份有限公司、海利贵溪化工农药有限公司、青岛瀚生生物科技股份有限公司。其他商品名称（生产商）：Concord（Inquiport）、Dash（Indofil）、Dimethilin（Efthymiadis）、Entomil（Siapa）、FLAB-Fly（Sintagro）、Kipsin（Bayer CropScience）、Luqtomilo（LUQSA）、Mac（Agrimport）、Memilene（Chimiberg）、Methavin（Bayer CropScience）、Methomate（Mobedco）、Methomex（Plaaskem S. A.）、Metofae（Cequisa）、Metomilo（Chemia）、Scorpio（Sulphur Mills）、Supervin（Doğal）、Tomilo（Aragro）、Vamilo（IQV Italia）。

化学名称　*S*-甲基-*N*-(甲基氨基甲酰氧基)硫代乙酰亚胺酸酯。英文化学名称 *S*-methyl *N*-(methylcarbamoyloxy)thioacetimidate。美国化学文摘系统名称为 methyl *N*-[[(methylamino) carbonyl] oxy] ethanimidothioate，CA 主题索引名 ethanimidothioic acid—，*N*-[[(methylamino)carbonyl]oxy]-methyl ester，CAS 登录号［16752-77-5］。

理化性质　本品为（*Z*)-和（*E*)-异构体的混合物（前者占优势），无色结晶，稍带硫黄臭味。熔点 78～79℃。蒸气压 7.2×10^{-4} Pa（25℃）。相对密度 1.2946（25℃）。$K_{ow}\lg P=0.093$。Henry 常数 2.1×10^{-6} Pa·m³/mol。水中溶解度（25℃）57.9g/L，其他溶剂中溶

解度（g/kg，25℃）：丙酮 730，乙醇 420，甲醇 1000，甲苯 30，异丙醇 220。水溶液中 DT_{50} 30d（pH＝9，25℃），140℃下稳定。在日光下暴露 120d 稳定。

毒性　大鼠急性经口 LD_{50}（mg/kg）：雄 34，雌 30。雄兔和雌兔急性经皮 LD_{50}＞2000mg/kg。对兔眼睛有轻微的刺激，对豚鼠皮肤无刺激。对大鼠的吸入毒性 LC_{50}（4h）0.258mg/kg（空气）。NOEL（2a，mg/kg）：大鼠 100，小鼠 50，狗 100。ADI 值（mg/kg）：（JMPR）0.02，（EFSA）0.0025，（EPA）cRfD 0.008。在活体上进行测试没有发现致突变、致癌及影响生殖性。

生态效应　鹌鹑急性经口 LD_{50} 24.2mg/kg，LC_{50}［8d，mg/kg（饲料）］：鹌鹑 5620，绿头鸭 1780。鱼毒 LC_{50}（96h，mg/L）：虹鳟 2.49，蓝鳃 0.63。水蚤 LC_{50}（48h）17μg/L。藻类 EC_{50}（72h）＞100mg/L。对蜜蜂有毒，LD_{50}（经口）0.28μg/只，（接触）0.16μg/只，但是药干后，对蜜蜂无害。蚯蚓 LC_{50}（14d）21mg/kg（土壤）。直接使用时对无节肢动物没有危害。

环境行为　动物：进入动物体内的本品被迅速吸收和转化为羟甲基灭多威、肟、亚砜、亚砜肟，这些不稳定的中间体转化为乙腈和二氧化碳，可以通过呼吸和尿液排出体外。植物：DT_{50}在叶子上是 3～5d，与天然植物组分结合迅速降解为乙腈和二氧化碳。土壤/环境：在土壤中迅速降解，20℃下在湿度为 pF 2～2.5，酸度为 pH＝5.1～7.8 和 1.2～3.6 的土壤中 DT_{50} 4～8d，在地下水中样品 DT_{50}＜0.2d。

制剂与分析方法　Lannate L，可溶性粉剂［900g(a.i.)/kg］；Lannate L，可溶性液剂（220g/L）。产品分析用 HPLC，残留物用具有 FPD 的 GC 或 HPLC 测定。

作用机理与特点　胆碱酯酶抑制剂，具有胃毒和触杀作用的内吸性杀虫剂和杀螨剂。

应用

适用作物　禾谷类作物、柑橘、棉花、大田作物、葡萄、玉米、观赏植物、仁果类、糖甜菜和蔬菜等。

防治对象　跳甲亚科、蚜科、半翅类、双翅目、同翅目、鞘翅目和鳞翅目害虫。

残留量与安全施药　由于灭多威施用后降解快，经 4～5d 测不到残留。

应用技术　灭多威挥发性强，有风天气不要喷药，以免飘移，引起中毒。不要与碱性物质混用。

使用方法　用 90％水溶性粉剂防治蚜虫及鳞翅目害虫的幼虫时，应用浓度可用 3000～4000 倍，即 5g 灭多威剂加水 15kg，若用 20％乳油，浓度为 1000～2000 倍，于害虫为害初期对茎叶喷施，每亩喷施药液量为 50～70kg，每隔 5～7d 喷施一次，根据作物的生长情况，喷施 2～3 次。

在我国推荐使用情况如下：棉花推荐使用剂量 90～120mL/hm^2；蔬菜推荐使用剂量 90～120mL/hm^2；花生、大豆推荐使用剂量 100～300mL/hm^2；甜菜推荐使用剂量 100～300mL/hm^2（均为 20％乳油对水 100～300kg 喷雾）。

专利与登记

专利名称　Substituted *O*-carbamylhydroxamates

专利号　US 3576834　　专利公开日　1971-04-27

专利申请日　1967-08-31　　优先权日　1967-08-31

专利拥有者　Du Pont

在其他国家申请的化合物专利：AR 215000、AT 266277、AU 513641、AU 2422077、BE 853702、BG 35900、BG 61666、CA 1098063、CH 639422、CS 207397、CY 1114、DD 137727、DE 2717040、DK 146514、ES 457932、EP 443733、FI 57781、FR 2348970、GB

1573955、GR 63128、HK 38481、HU 179041、IE 44822、IL 51854、IT 1106424、JP 1593733、KE 3141、LU 77152、MY 8782、NL 188859、NL 950005、NL 971001、NO 148856、NZ 183847、OA 5638、PL 108004、PT 66445、RO 71785、SE 434277、SE 7703592、SU 716524、US 4310519、US 4429042、YU 100177、ZA 7702345、ZM 3677 等。

制备专利、制剂或剂型专利：CN 1176739、CN 1069979、CN 101586133、CN 1281900、CN 1294197、CN 101429536、CN 1923840、RU 2070799、US 5077398、US 5314506、US 5399717、WO 9424862、WO 9856939、WO 9945012、AU 694016、DE 3624910、DE 3602276、DE 19519007、EP 750907、EP 125155、EP 930077、EP 501026、EP 535734、EP 413538、EP 242502、EP 717993、GB 2306886、JP 59199616、JP 60214715、JP 01025706、US 5436355、WO 9625852、WO 9711709、WO 9740692、WO 9746204、WO 9202233、WO 9427598、WO 9505812、WO 9806407、WO 9818463、WO 9823158、WO 9902182、WO 9925188、WO 9927906、ZA 8402565 等。

在中国申请的灭多威相关专利及登记情况见表 130-1、表 130-2。

表 130-1 在中国申请的专利

序 号	申 请 号	专 利 名 称
1	02100023.9	一种杀虫剂组合物
2	95116028.1	一种棉铃安乳油
3	95115690.X	系列杀虫微乳剂组合物
4	96109684.5	爱福丁、氨基甲酸酯复配农药
5	92104343.0	杀虫农药混合液剂灭铃威
6	93110331.2	一种杀虫剂
7	93110535.8	含有溴氰菊酯的混剂
8	93110534.X	用于防治抗性棉铃虫的复配剂
9	93110507.2	用于防治棉铃虫的混剂
10	93118537.8	复配杀虫液剂护棉灵
11	94101264.6	一种三元复配混合杀虫液剂
12	94110551.2	多虫威
13	93115279.8	一种杀虫剂——双灭铃
14	94110550.4	百死特
15	93120572.7	杀虫农药混合液剂
16	93120571.9	杀虫农药混合液剂
17	94119066.8	杀虫农药组合物微乳剂
18	94110652.7	多功能新型农药——药肥素
19	94110721.3	卵虫净
20	96115905.7	一种提高灭多威毒效的农药组合物
21	97105996.9	一种刺吸口器害虫杀虫剂
22	96116127.2	一种高渗透杀虫农药
23	97105133.X	杀虫剂药物组合物及其制备方法
24	98121616.1	有效成分为灭多威和 Bt 的二元复配杀虫剂
25	97105193.3	防治抗性棉铃虫的复合乳剂
26	98114307.5	可用于棉花的含杀虫单的复配杀虫剂
27	98103539.6	高效杀虫复合农药
28	99126377.4	一种灭多威和氯氟氰菊酯二元复配微乳杀虫杀螨剂
29	99103377.9	一类含矿物油的植物保护用杀虫剂
30	99120255.4	农药组合物
31	98111497.0	喷雾防治复足类的农药
32	99113319.6	一种复配杀虫剂
33	01120238.6	灭多威·阿维菌素微乳剂
34	01141888.5	雷公藤非水提取物在农药制备上的用途
35	200710170299.5	一种防治强抗药性桑螟的复配农药
36	94110720.5	杀虫王
37	200410026870.2	防治椰心叶甲的农药主剂及用其制成的制剂和使用方法
38	200510069744.X	残留农药分析方法

续表

序　号	申　请　号	专　利　名　称
39	200510040460.8	一种防治蜗牛蛞蝓等软体动物的农药
40	200510102211.7	防治刺桐姬小蜂的农药主剂及其制成的制剂
41	200710000634.7	具有杀虫活性的氨基甲酸酯类化合物簇合分子
42	201010001583.1	一种含有环虫腈和灭多威的杀虫组合物
43	200810246959.8	一种灭多威残留快速检测 ELISA 试剂盒
44	200810103827.X	一种甲维盐·灭多威微乳剂及其制备方法
45	200910026026.2	防治真菌、细菌的农药和防治蜗牛、蛞蝓的农药
46	200880118531.3	含有乙虫腈和特定氨基甲酸酯的农药化合物混合物
47	200910114527.6	一种用于防治棉花夜蛾科害虫的超低容量组合药剂
48	200910031682.1	一种用于防治强抗药性桑螟的复配农药
49	201030169012.X	包装瓶(高氯·灭多威)
50	201030609521.X	包装袋(吡虫·灭多威)
51	201130005030.9	包装袋(杀单·灭多威)

表 130-2　美国杜邦公司在中国登记情况

登记名	登记证号	含量	剂型	登记作物	防治对象	用药量	施用方法
灭多威	PD133-91	24%	水溶性液剂	茶树	茶小绿叶蝉	342～450g/hm²	喷雾
				烟草	烟蚜	180～270g/hm²	喷雾
				棉花	棉蚜	270～360g/hm²	喷雾
				柑橘树	橘蚜	120～240mg/kg	喷雾
				甘蓝	菜青虫	300～360g/hm²	喷雾
				柑橘树	潜叶蛾	200～300mg/kg	喷雾
				棉花	棉铃虫	270～360g/hm²	喷雾
				烟草	烟青虫	180～270g/hm²	喷雾
				甘蓝	蚜虫	300～360g/hm²	喷雾
灭多威	PD280-99	98%	原药				

合成方法

主要原料是乙醛肟、甲硫醇、甲基异氰酸酯、液氯。其制备过程如下：

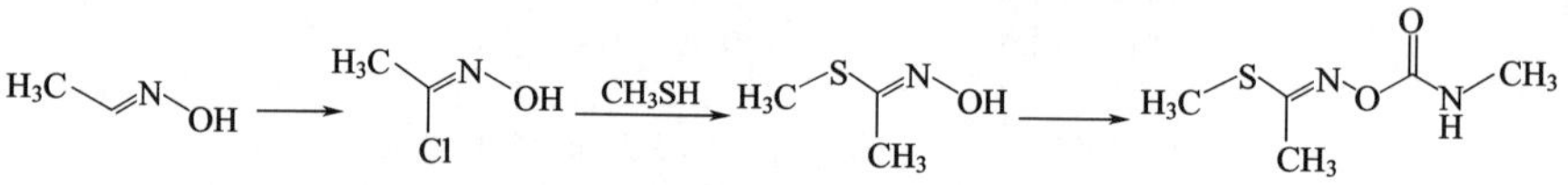

1　The Pesticide Manual. 15 th edition：757-758.　　2　US 3576834.

131　杀线威（oxamyl）

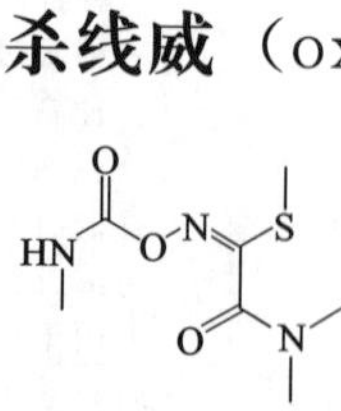

$C_7H_{13}N_3O_3S$，219.3

产品简介

杀线威［试验代号：DPX-D1410，通用名称：oxamyl，商品名称：Vydate（DuPont）、Fertiamyl（Fertiagro）、Oxamate（Mobedco）、Sunxamyl（Sundat）、Vacillate（Baocheng）］是由杜邦公司开发的杀虫、杀螨、杀线虫剂。世界主要生产商：DuPont、CA C、EastSun、Fertiagro、宁波中化化学品有限公司。其他商品名称（生产商）：Vydagro（Agropharm）。

化学名称　*N*,*N*-二甲基-2-甲基氨基甲酰氧基亚氨基-2-(甲硫基)乙酰胺。英文化学名称为 *N*,*N*-dimethyl-2-methylcarbamoyloxyimino-2-(methylthio) acetamide。美国化学文摘

(CA) 系统名称为 methyl 2-(dimethylamino)-*N*-[[(methylamino)carbonyl]oxy]-2-oxoethanimidothioate。CA 主题索引名称为 ethanimidothioic acid—，2-(dimethylamino)-*N*-[[(methylamino)carbonyl]oxy]-2-oxo-methyl ester。CAS 登录号为 [23135-22-0]。

理化性质 纯品为略带硫臭味的无色结晶，熔点 100～102℃，变为双晶型熔点为 108～110℃。相对密度（25℃）0.97。蒸气压 0.051mPa（25℃）。K_{ow} lg$P$＝－0.44（pH＝5）。Henry 常数 3.9×10^{-8}Pa・m^3/mol。水中溶解度 280g/L（25℃），有机溶剂中溶解度（g/kg，25℃）：甲醇 1440，乙醇 330，丙酮 670，甲苯 10。固态和制剂稳定，水溶液分解缓慢。在通风、阳光及在碱性介质和升高温度条件下，可加速其分解速度。土壤中 DT_{50}＞31d（pH＝5）、8d（pH＝7）、3h（pH＝9）。

毒性 急性经口 LD_{50}（mg/kg）：雄大鼠 3.1，雌大鼠 2.5。急性经皮 LD_{50}（mg/kg）：雄兔 5027，雌兔＞2000。对兔皮肤无刺激性，对豚鼠皮肤无致敏性。大鼠吸入 LC_{50}（1h，喷雾粉尘）0.056mg/L（空气）。NOEL 值 [2a，mg/kg（饲料）]：大鼠 50，狗 50。ADI/RfD（JMPR）0.009mg/kg，（EC）0.001mg/kg，（EPA）aRfD 0.001mg/kg。

生态效应 鸟急性经口 LD_{50}（mg/kg）：雄野鸭 3.83，雌野鸭 3.16。LC_{50}（8d，mg/L）：山齿鹑 340，野鸭 766。鱼毒 LC_{50}（96h，mg/L）：虹鳟鱼 4.2，金鱼 27.5，蓝鳃鱼 5.6。水蚤 LC_{50}（48h）0.319mg/L。海藻 EC_{50}（72h，原药）3.3mg/L。对蜜蜂无毒，LD_{50}（经口）0.078～0.11μg/只，（接触）0.27～0.36μg/只。蚯蚓 LC_{50}（14d）112mg/L（土壤）。

环境行为 动物：在大鼠体内，本品水解为肟的代谢物，其中 70％的代谢物以尿液和粪便的形式排除。植物：在植物体内，本品水解为相应的肟类代谢物，接着和葡萄糖结合，最终分解为天然产品。土壤和环境：在土壤中快速降解，DT_{50}约为 7d，在地下水 DT_{50}（实验室研究条件）：20d（厌氧条件），20～400d（需氧条件）。K_{oc} 25。

制剂 单剂有 24％可溶性液剂，10％颗粒剂。

作用机理与特点 通过根部或叶部吸收，在作物叶面喷药可向下疏导至根部，其杀虫作用是抑制昆虫体内的乙酰胆碱酯酶。

应用

适宜作物 马铃薯、柑橘、大豆、蔬菜、花生、烟草、棉花、甜菜、草莓、苹果及观赏植物等。

防治对象 蚜科、叶甲科、叶蝉科、鳞翅目、斑潜蝇属、叶螨科、缨翅目、根疣线虫属等害虫。

使用方法 叶面喷雾，使用剂量为 0.28～1.12kg(a.i.)/hm^2。土壤处理，使用剂量为 3.0～6.0kg(a.i.)/hm^2。

专利概况

专利名称 Pesticidal composition and method containing alkyl 1-carbamoyl-*N*-(substituted carbamoyloxy) thioformimidates

专利号 US 3530220　　专利公开日 1970-09-22

专利申请日 1967-06-19　　优先权日 1967-06-19

专利拥有者 Du Pont

在其他国家申请的化合物专利：AT 188778、BE 716493、CH 520129、CH 521327、CH 521087、CY 615、DE 1768623、DK 123766、ES 354571、FR 1570906、GB 1181023、IE 32105、IL 30090、LU 57659、NL 6808602、NO 123457、SE 338773 等。

合成方法

可通过如下反应表示的方法制得目的物：

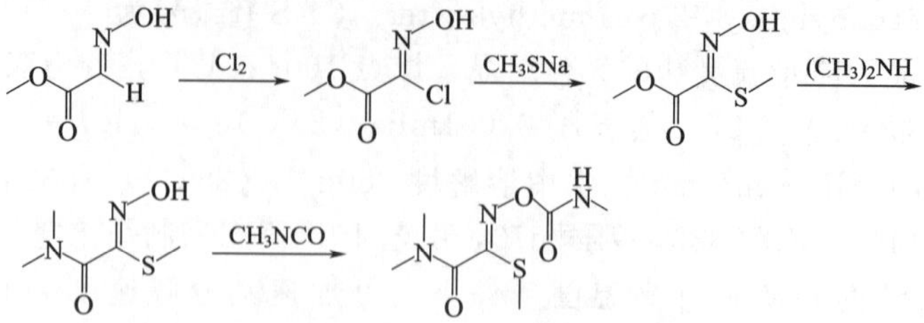

1 The Pesticide Manual. 15 th edition：848-849.
2 US 3530220.
3 US 3658870.

132 硫双威（thiodicarb）

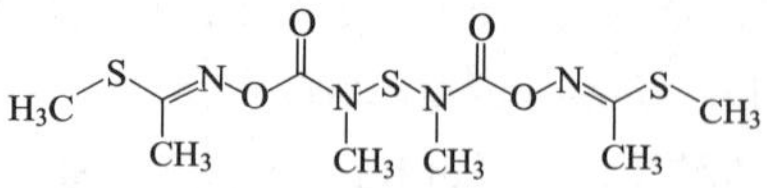

$C_{10}H_{18}N_4O_4S_3$，354.50

产品简介

硫双威［试验代号：CGA 45156（Ciba-Geigy）、UC 80502、UC 51762、RPA 80600 M，通用名称：thiodicarb，商品名称：Larvin（Bayer CropScience）、Skipper（Bayer CropScience，Phyteurop）、Sundicarb（Sundat）、硫敌克、硫双灭多威、双灭多威、灭索双、拉维因］由 Union Carbide（现属 Bayer CropScience）开发。世界主要生产商：Bayer CropScience、Fertiagro、Saeryung、宁波中化化学品有限公司。其他商品名称（生产商）：EXP3（Bayer CropScience）、Fluxol（Phyteurop）、Futur（Bayer CropScience）、Larbate（Bayer CropScience）、Minavin（Phyteurop）、Securex（Bayer CropScience）、Semevin（Bayer CropScience）、Spiro（Rallis）、Toro（Sipcam UK）。

化学名称 （3*EZ*,12*EZ*)-3,7,9,13-四甲基-5,11-二氧杂-2,8,14-三硫代-4,7,9,12-四氮杂十五烷-3,12-二烯-6,10-二酮。英文化学名称（3*EZ*,12*EZ*)-3,7,9,13-tetramethyl-5,11-dioxa-2,8,14-trithia-4,7,9,12-tetraazapentadeca-3,12-diene-6,10-dione。美国化学文摘系统名称为 dimethyl *N*,*N'*-[thiobis[(methylimino)carbonyloxy]]bis（ethanimidothioate）。CA 主题索引名 ethanimidothioic acid—，*N*,*N*-[thiobis [(methylimino)carbonyloxy]]bis-dimethyl ester。CAS 登录号［59669-26-0］。

理化性质 原药含有效成分 94%，外观为无色结晶。熔点 172.6℃。蒸气压 2.7×10^{-6} Pa（25℃）。相对密度 1.47（20℃）。$K_{ow}\lg P=1.62$（25℃）。Henry 常数 4.31×10^{-2} Pa·m³/mol（25℃）。水中溶解度（25℃）22.19μg/L，其他溶剂中溶解度（25℃，g/L）：丙酮中 5.33，甲苯中 0.92，乙醇中 0.97，二氯甲烷中 200～300。在 60℃以下稳定，其水悬液在日光照射下分解，pH=6 稳定，pH=9 迅速水解，pH=3 缓慢水解（DT_{50} 为 9d）。

毒性 急性经口 LD_{50}（mg/kg）：大鼠 66（水中）、120（玉米油中），狗>800，猴子>467。兔急性经皮 LD_{50}>2000mg/kg，对兔的皮肤和眼睛有轻微刺激。大鼠吸入 LC_{50}（4h）0.32mg/L（空气）。大、小鼠（2a）饲喂试验的无作用剂量分别为 3.75mg/(kg·d) 和 5.0mg/(kg·d)。ADI/RfD 值（mg/kg）：（EFSA）0.01，（JMPR）0.03，（EPA）RfD 0.03。

生态效应 日本鹌鹑急性经口 LD_{50} 2023mg/kg。野鸭 LC_{50} 5620mg/kg（饲料）。鱼毒

LC_{50}（96h，mg/L）：蓝鳃鱼 1.4，虹鳟鱼＞3.3。水蚤 LC_{50}（48h）0.027mg/L。若直接喷到蜜蜂上稍有毒性，但喷药残渣干后无危险。

环境行为　动物：在大鼠体内快速降解为灭多威，继而快速转化为灭多威肟、亚砜和砜肟，这些不稳定中间体转化成乙腈和二氧化碳后通过呼吸和随着尿液排出；一小部分乙腈进一步降解为乙酰胺、醋酸和二氧化碳。植物：主要代谢产物为灭多威、乙腈和二氧化碳。土壤/环境：土壤中在有氧和绝氧条件下通过水解和光解形式进行多种降解。主要降解产物为灭多威和灭多威肟。土壤中硫双威 DT_{50} 3～8d（视土壤种类而异）。

制剂与分析方法　Larvin 胶悬剂（250g/L 或 375g/L）、水分散粒剂（800g/kg）、可湿性粉剂（750g/kg）；Nirral 胶悬剂（375g/L）。产品分析用 HPLC，残留物在衍生后或将抽提物用硫酸水解成灭多威后，用 GC 测定。

作用机理与特点　胆碱酯酶抑制剂，主要是胃毒作用，并具有一定的触杀作用。

应用

适用作物　棉花、果树、蔬菜、水稻、玉米、谷物等。

防治对象　棉铃虫、红铃虫、卷叶蛾类、食心虫类、菜青虫、夜盗虫、斜纹夜蛾、甘蓝夜蛾、马铃薯块茎蛾、茶细蛾、茶小卷叶蛾等。

残留量与安全施药　对高粱和棉花的某些品种有轻微药害。

应用技术　为了防止棉铃虫在短时间内对该药剂产生抗药性，应注意避免连续使用该药或与灭多威交替使用。建议每一季棉花上使用最多不超过 3 次。对蚜虫、螨类、蓟马等刺吸式口器害虫作用不显著，如同时防治这类害虫时，可与其他有机磷、菊酯类等农药混用，但要严格掌握不能与碱性物质混合使用。

在棉铃虫产卵比较集中、孵化相对整齐的情况下，在卵孵化盛期施药，以发挥其优秀杀卵活性的特点。每亩每次用 75％硫双威可湿性粉剂 20～30g 或 37.5％硫双威悬浮剂 40～60mL（有效成分 15～22.5g），对水进行常规喷雾，7d 后根据田间残虫情况确定是否进行二次用药。在棉铃虫发生不整齐的情况下，应根据幼虫生口、虫龄调查结果，掌握在防治指标上的低龄幼虫期用药，每亩每次用 75％硫双威可湿性粉剂 30～45g 或 37.5％硫双威悬浮剂 60～90mL（有效成分 22.5～33.8g），对水进行常规喷雾，施药后 5～7d 调查残生量，确定二次用药间隔期。二代棉铃虫发生期间，防治重点是保护生长点，喷雾时应注意喷头罩顶。

使用方法　棉铃虫、棉红铃虫的防治：于卵孵盛期进行防治，每亩用 75％可湿性粉 50～100g，对水 50～100kg 喷雾；二化螟、三化螟的防治：每亩用 75％可湿性粉 100～150g，对水 100～150kg 喷雾。

在我国推荐使用情况如下：0.23～1.0kg/hm^2 剂量能防治棉花、大豆、玉米等作物上的棉铃虫、黏虫、卷叶蛾等，作为种子处理剂，用量 2.5～10g/kg，持效期 7～10d。

专利与登记

专利名称　Symmetrical insecticidal bis-carbamate compounds

专利号　US 4382957　　专利公开日　1983-05-10

专利申请日　1975-12-01　　优先权日　1975-12-01

专利拥有者　Union Carbide Corp

在其他国家申请的化合物专利：AR215000、AT 266277、AU 513641、AU 2422077、BE 853702、BG 35900、BG 61666、CA 1098063、CH 639422、CS 207397、CY 1114、DD 137727、DE 2717040、DK 146514、ES 457932、EP 443733、FI 57781、FR 2348970、GB 1573955、GR 63128、HK 38481、HU 179041、IE 44822、IL 51854、IT 1106424、JP 1593733、KE 3141、LU 77152、MY 8782、NL 188859、NL 950005、NL 971001、NO

148856、NZ183847、OA 5638、PL 108004、PT 66445、RO 71785、SE 434277、SE 7703592、SU 716524、US 4310519、US 4429042、YU 100177、ZA 7702345、ZM 3677 等。

制备专利、制剂或剂型专利：CN 1176739、CN 1069979、CN 101586133、CN 1281900、CN 1294197、CN 101429536、CN 1923840、RU 2070799、US 5077398、US 5314506、US 5399717、WO 9424862、WO 9856939、WO 9945012、AU 694016、DE 3624910、DE 3602276、DE 19519007、EP 750907、EP 125155、EP 930077、EP 501026、EP 535734、EP 413538、EP 242502、EP 717993、GB 2306886、JP 59199616、JP 60214715、JP 01025706、US 5436355、WO 9625852、WO 9711709、WO 9740692、WO 9746204、WO 9202233、WO 9427598、WO 9505812、WO 9806407、WO 9818463、WO 9823158、WO 9902182、WO 9925188、WO 9927906、ZA 8402565 等。

在中国申请的硫双威相关专利及登记情况见表 132-1、表 132-2。

表 132-1　在中国申请的专利

序　　号	申　请　号	专　利　名　称
1	96101727.9	硫双威的纯化方法
2	99112376.X	一种硫双威的生产装置
3	00132824.7	保护植物抵御地老虎和蛴螬
4	200710187646.5	含有醚菊酯的杀虫剂组合物
5	200710019138.6	一种含有氟虫腈的杀虫剂组合物及其应用
6	200810017313.2	一种含有硫双威有效成分的杀虫剂组合物及其应用
7	200480036955.7	协同杀虫混合物
8	200680040855.0	杀线虫的组合物和方法
9	200880118531.3	含有乙虫腈和特定氨基甲酸酯的农药化合物混合物
10	200880023578.1	包含杀虫剂和植物活化剂的农药组合
11	200880101657.X	农药结合物
12	200910224010.2	协同杀虫混合物
13	200910223718.6	协同杀虫混合物
14	201010582265.9	甲氨基阿维菌素苯甲酸盐硫双威杀虫剂

表 132-2　德国拜耳作物科学公司在中国登记情况

登记号	登记证号	含量	剂型	登记作物	防治对象	用药量/(g/hm²)	施用方法
硫双威	PD173-93	75%	可湿性粉剂	棉花	棉铃虫	337.5～506.25	喷雾
硫双威	PD248-98	375g/L	悬浮剂	棉花	棉铃虫	337.5～506.25	喷雾
硫双威	PD231-98	95%	原药				

合成方法

目标物可通过如下三种方法合成，反应式如下：

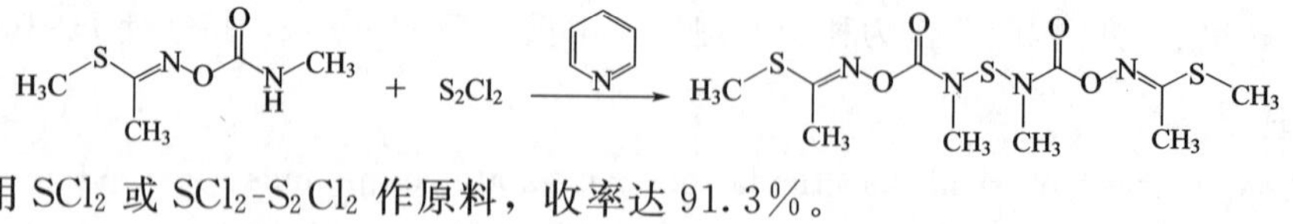

也可用 SCl_2 或 SCl_2-S_2Cl_2 作原料，收率达 91.3%。

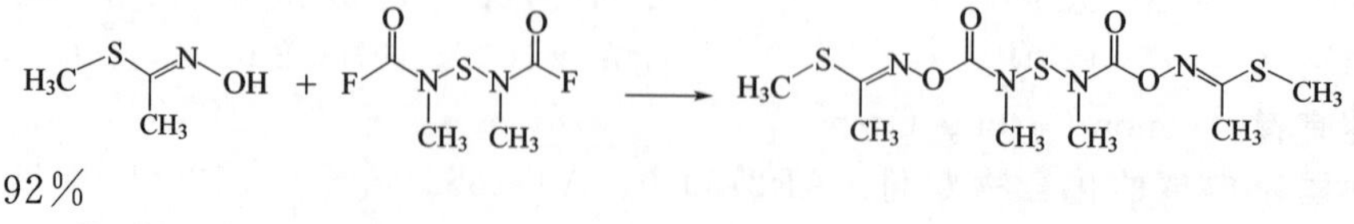

收率 92%

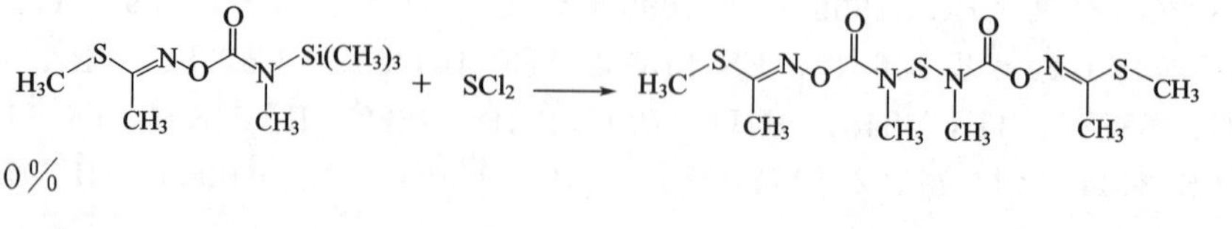

收率 60%

1 The Pesticide Manual. 15 th edition：1124-1125.
2 山西化工，1998：23-25.
3 农药，1998（3）：7-8.
4 进口农药应用手册，中国农业出版社，2000：74-76.
5 US 432516.
6 Proc. Br. Crop Prot. Conf-Pests Dis.，1981，3：687.
7 新编农药手册（续），中国农业出版社，1997：22-24.

133 久效威（thiofanox）

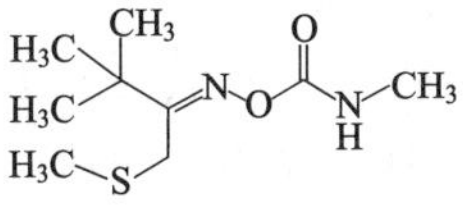

$C_9H_{18}N_2O_2S$，218.3

产品简介

久效威［试验代号：DS 15647，通用名称：thiofanox，商品名称：虫螨肟、Dacamox］是 R. L. Schauer 报道其活性，由 Diamond Shamroch Chemical Co.（现属 Bayer CropScience）开发。世界主要生产商：Bayer CropScience。

化学名称 （*EZ*）-1-（2,2-二甲基-1-甲硫基甲基亚丙基氨基氧）-*N*-甲基甲酰胺。英文化学名称（*EZ*）-3,3-dimethyl-1-methylthiobutanone *O*-methylcarbamoyloxime 或（*EZ*）-1-（2,2-dimethyl-1-methylthiomethylpropylideneaminooxy）-*N*-methylformamide。美国化学文摘系统名称为 3,3-dimethyl-1-(methylthio)-2-butanone *O*-[(methylamino)carbonyl]oxime。CA 主题索引名 2-butanone—，3,3-dimethyl-1-(methylthio)-*O*-[(methylamino)carbonyl]oxime。CAS 登录号［39196-18-4］。

理化性质 本品为无色固体，有刺激味。熔点 56.5～57.5℃。蒸气压 2.26×10^{-2} Pa（25℃）。水中溶解度（22℃）5.2g/L，易溶于氯化物和芳香烃、酮类和非极性溶剂，微溶于脂肪烃。在正常温度下贮藏稳定，在 pH＝5～9（T＜30℃）时适当水解，强酸性和碱性条件下分解。

毒性 大鼠急性经口 LD_{50} 为 8.5mg/kg。兔急性经皮 LD_{50} 为 39mg/kg。大鼠和猎犬 90d 饲喂试验的无作用剂量分别为 1.0mg/(kg·d)、4.0mg/(kg·d)，胆碱酯酶抑制作用临床症状持续 3～4h。大鼠摄食 100mg/kg，对体重增加无影响。

生态效应 鸟类急性经口 LD_{50}（mg/kg）：野鸭 109，鹌鹑 43。鱼毒 LC_{50}（96h，mg/L）：虹鳟鱼 0.13，蓝鳃鱼 0.33。直接应用对蜜蜂无毒。

环境行为 动物：氨基甲酸盐类杀虫剂的代谢情况已有综述文献。植物中的代谢情况与土壤中相同。药物经根部吸收后药效持效期至少为 8 周。土壤/环境：土壤中甲硫基迅速氧化成亚砜和砜基，水溶性的代谢物进一步降解。

制剂与分析方法 Dacamox 颗粒剂［50g(a. i.)/kg、100g(a. i.)/kg 或 150g(a. i.)/kg］；Dacamox ST，种子处理剂（429g/L）。残留物用 GC 测定。

作用机理与特点 胆碱酯酶抑制剂，内吸性杀虫剂和杀螨剂。

应用

适用作物 棉花、马铃薯、花生、油菜、甜菜、水稻、谷类作物、烟草及观赏植物等。

防治对象 多种食叶害虫和螨类。

使用方法 防治豆类叶蝉、蓟马、红蜘蛛等，每亩用 5%颗粒剂 1.4～2.6kg 沟施；防治花生蓟马、马铃薯蚜虫、叶蝉、叶甲，每亩用 5%颗粒剂 1.5～4.0kg 沟施。

在我国推荐使用情况如下：本品为内吸性杀虫和杀螨剂。当用作土壤或种子处理时，能防治食叶和土壤害虫。以 0.4～1.0kg(a. i.)/hm^2 施到甜菜上，可防治甜菜蛾、甜菜隐食甲、甜菜跳甲、桃蚜和甜菜泉蝇；以 1～3kg/hm^2 施用到马铃薯上，可防治蚕豆微叶蝉、茄跳甲属、马铃薯叶甲和长管蚜属。

专利概况

不存在专利权问题。

制备专利、制剂或剂型专利：AR 215000、AT 266277、AU 513641、AU 2422077、BE 853702、BG 35900、BG 61666、CA 1098063、CH 639422、CS 207397、CY 1114、DD 137727、DE 2717040、DK 146514、ES 457932、EP 443733、FI 57781、FR 2348970、GB 1573955、GR 63128、HK 38481、HU 179041、IE 44822、IL 51854、IT 1106424、JP 1593733、KE 3141、LU 77152、MY 8782、NL 188859、NL 950005、NL 971001、NO 148856、NZ 183847、OA 5638、PL 108004、PT 66445、RO 71785、SE 434277、SE 7703592、SU 716524、US 4310519、US 4429042、YU 100177、ZA 7702345、ZM 3677、CN 1176739、CN 1069979、CN 101586133、CN 1281900、CN 1294197、CN 101429536、CN 1923840、RU 2070799、US 5077398、US 5314506、US 5399717、WO 9424862、WO 9856939、WO 9945012、AU 694016、DE 3624910、DE 3602276、DE 19519007、EP 750907、EP 125155、EP 930077、EP 501026、EP 535734、EP 413538、EP 242502、EP 717993、GB 2306886、JP 59199616、JP 60214715、JP 01025706、US 5436355、WO 9625852、WO 9711709、WO 9740692、WO9746204、WO 202233、WO 9427598、WO 9505812、WO 9806407、WO 9818463、WO 9823158、WO 9902182、WO 9925188、WO 9927906、ZA 8402565 等。

在中国申请的久效威相关专利见表 133-1。

表 133-1　在中国申请的专利

序　号	申　请　号	专　利　名　称
1	200880118531.3	含有乙虫腈和特定氨基甲酸酯的农药化合物混合物

合成方法

可按如下方法合成：

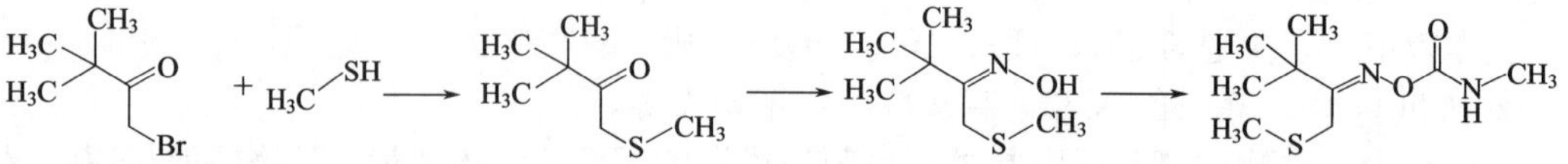

1　The Pesticide Manual. 15 th edition：1126-1125.

2　J. Agric. Food Chem.，25，1977：1376.

3　J. Agric. Food Chem.，23，1975：963.

134　乙硫苯威（ethiofencarb）

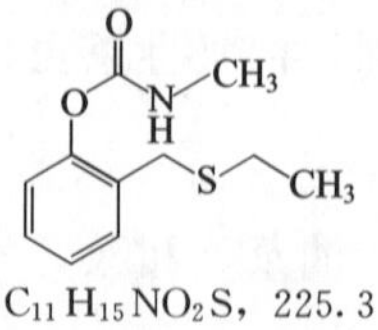

$C_{11}H_{15}NO_2S$，225.3

产品简介

乙硫苯威［试验代号：HOX 1901、BAY 108594（Bayer），通用名称：ethiofencarb，商品名称：Croneton、治蚜威、乙硫甲威、苯虫威、杀虫丹］是 J. Hammann & H. Hoffmann 报道其活性，1974 年由 Bayer AG 开发。世界主要生产商：Bayer CropScience。

化学名称　α-乙硫基邻甲苯基氨基甲酸酯，英文化学名称 α-ethylthio-o-tolyl methylcarbamate。美国化学文摘系统名称为 2-[(ethylthio)methyl]phenyl methylcarbamate。CA 主题索引名 phenol—，2-[(ethylthio)methyl]-methylcarbamate。CAS 登录号 [29973-13-5]。

理化性质　无色结晶固体（工业品为带有类似硫醇气味的黄色油状物）。熔点 33.4℃，蒸馏时分解。蒸气压 4.5×10^{-4} Pa（20℃）、9.4×10^{-4} Pa（25℃）、2.6×10^{-3} Pa（50℃）。相对密度（20℃）1.231。$K_{ow}\lg P=2.04$。水中溶解度（20℃）1.8g/L，其他溶剂中溶解度（g/L，20℃）：二氯甲烷、异丙醇、甲苯>200，正己烷 5～10。中性和酸性介质中稳定，碱性条件下水解。在异丙醇/水（1∶1）体系中，DT_{50}（37～40℃）为 330d（pH=2）、450h（pH=7）、5min（pH=11.4）。水溶液在光照下快速光解。闪点 123℃。

毒性　急性经口 LD_{50}（mg/kg）：大鼠约 200，小鼠约 240，母狗>50。大鼠急性经皮 LD_{50}为>1000mg/kg，对兔皮肤和眼睛无刺激，对豚鼠皮肤无致敏性。大鼠吸入 LC_{50}（4h）>0.2mg/L（空气）（气雾剂）。两年饲喂试验的无作用剂量（mg/kg）：大鼠 330，小鼠 600，狗 1000。ADI/RfD 值（JMPR）0.1mg/kg。

生态效应　急性经口 LD_{50}（mg/kg）：日本鹌鹑为 155，野鸭 140～275。鱼毒 LC_{50}（96h，mg/L）：虹鳟鱼 12.8，金色圆腹雅罗鱼 61.8。水蚤 LC_{50}（48h）0.22mg/L。藻类 E_rC_{50}栅藻 43mg/L。对蜜蜂没有毒性。蚯蚓 LC_{50} 262mg/kg（土壤）。

环境行为　动物：动物体内^{14}C-乙硫苯威被快速排出。主要代谢产物是乙硫苯威亚砜和砜，乙硫苯威苯酚及相应的亚砜和砜。植物：植物体内代谢产物包括乙硫苯威亚砜和砜以及水解产物乙硫苯威苯酚亚砜和砜，这些物质以络合物形式存在。土壤/环境：在土壤中乙硫苯威具有相对较快的迁移速率，但很快被降解为它的亚砜和砜结构以及水解为相应的苯酚乙硫苯威。

制剂与分析方法　Croneton 乳油 [500g(a.i.)/L]、乳剂（水包油 100g/L）；颗粒剂（50mg/kg 和 100mg/kg）。产品分析由紫外检测器的 HPLC 测定，残留物用 GC 测定。

作用机理与特点　胆碱酯酶抑制剂，具有触杀和胃毒作用的内吸性杀虫剂。可被叶片和根部吸收。

应用

适用作物　小麦、果树、蔬菜、甜菜、啤酒花、马铃薯、观赏植物等。

防治对象　各种蚜虫。

应用技术　乙硫苯威最后一次施药距收获期为桃、梅 30d，苹果、梨 21d，大豆、萝卜、白菜 7d，黄瓜、茄子、番茄、辣椒 4d，柑橘 100d。此药有良好的选择性，对一些寄生蜂无影响，对多种作物安全，可以和大多数杀虫剂及杀菌剂混用。

使用方法

(1) 25%乙硫苯威乳油防治小麦蚜虫　在小麦孕穗期，当虫茎率达 30%，百茎虫口在 150 头以上，应立即进行田间喷药。每公顷用商品量 1250～1500mL（有效成分 312.5～375g），对水 750～900L，进行常规喷雾，持效期 5～7d，两次用药间隔期以 10d 为宜。

(2) 25%乙硫苯威乳油防治桃蚜　在桃树发芽后至开花前，蚜虫越冬卵大部分孵化时喷第一次药；落花后，蚜虫迁飞扩散大量繁殖前，喷第二次药；秋季 10 月间，蚜虫迁回果树产卵前再喷一次药。用 25%乙硫苯威乳油 500～1000 倍（有效浓度 250～500mg/kg）喷雾，持效期可维持 5～7d，若连续两次施药，间隔期以 7d 为宜。该药对蚜虫天敌毒性低。

防治马铃薯、烟草、菊花蚜虫，每亩用 10%颗粒剂。66～100kg 行施或沟施进行土壤处理。防治蔬菜蚜虫，每亩用 10%颗粒剂 1.3～2.0kg 沟施或行施。防治萝卜蚜虫，每亩用 2%粉剂 2～2.66kg 喷粉。防治其他各种作物上的蚜虫，用 50%乳油 1000 倍液进行喷雾。

在我国推荐使用情况如下：土壤和叶面施用的内吸性杀虫剂，以约 50g(a.i.)/hm^2 对蚜科特别有效。可在禾谷类作物、棉花、果树、玉米、观赏植物、马铃薯、糖甜菜、烟草和蔬菜上使用。

专利概况

专利名称　Substituted phenylcarbamic acid ester，process for its preparation，and its useas insecticide

专利号　DE 1910588　　专利公开日　1970-09-17

专利申请日　1969-03-01　　优先权日　1969-03-01

专利拥有者　Bayer AG

在其他国家申请的化合物专利：AR 215000、AT 266277、AU 513641、AU 2422077、BE 853702、BG 35900、BG 61666、CA 1098063、CH 639422、CS 207397、CY 1114、DD 137727、DE 2717040、DK 146514、ES 457932、EP 443733、FI 57781、FR 2348970、GB 1573955、GR 63128、HK 38481、HU 179041、IE 44822、IL 51854、IT 1106424、JP 1593733、KE 3141、LU 77152、MY 8782、NL 188859、NL 950005、NL 971001、NO 148856、NZ 183847、OA 5638、PL 108004、PT 66445、RO 71785、SE 434277、SE 7703592、SU 716524、US 4310519、US 4429042、YU 100177、ZA 7702345、ZM 3677 等。

制备专利、制剂或剂型专利：CN 1176739、CN 1069979、CN 101586133、CN 1281900、CN 1294197、CN 101429536、CN 1923840、RU 2070799、US 5077398、US 5314506、US 5399717、WO 9424862、WO 9856939、WO 9945012、AU 694016、DE 3624910、DE 3602276、DE 19519007、EP 750907、EP 125155、EP 930077、EP 501026、EP 535734、EP 413538、EP 242502、EP 717993、GB 2306886、JP 59199616、JP 60214715、JP 01025706、US 5436355、WO 9625852、WO 9711709、WO 9740692、WO 9746204、WO 9202233、WO 9427598、WO 9505812、WO 9806407、WO 9818463、WO 9823158、WO 9902182、WO 9925188、WO 9927906、ZA 8402565 等。

在中国申请的乙硫苯威相关专利见表 134-1。

表 134-1　在中国申请的专利

序　号	申　请　号	专　利　名　称
1	200880118531.3	含有乙虫腈和特定氨基甲酸酯的农药化合物混合物

合成方法

以苯酚为原料，经如下反应即可制得目的物：

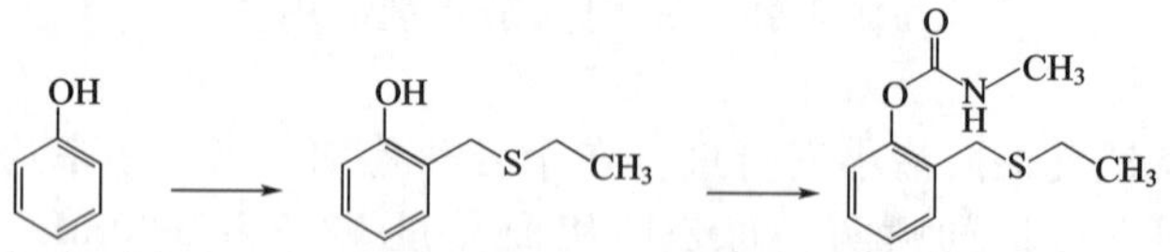

1　The Pesticide Manual. 15 th edition：441-442.

2　DE 1910588.

3　BE 746649.

4　湖北化工，1996（4）：21-22.

5　新编农药手册（续），中国农业出版社，1997：25-26.

135　仲丁威（fenobucarb）

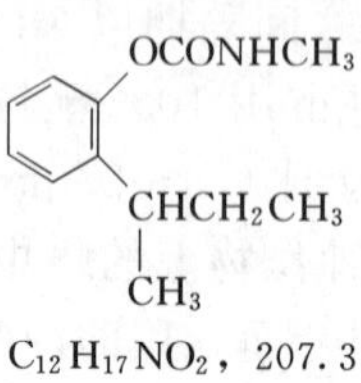

$C_{12}H_{17}NO_2$，207.3

产品简介

仲丁威［试验代号：Bayer 41367c，通用名称：fenobucarb，商品名称：Osbac（住友）、Bassa（组合）、Baycarb（Bayer）、Merlin（Nagarjuna Agrichem）、Sunocarb（Sundat）、Vibasa（Vipesco）、巴沙（三菱）、丁苯威、丁基灭必虱（台）、扑杀威］是 R. L. Metcalf 等人报道其活性，由住友化学公司、组合化学公司、三菱化成工业公司和拜耳公司开发。世界主要生产商：Nihon Nohyaku、Sumitomo Chemical、Dongbu Fine、Kuo Ching、Saeryung、Sinon、Sundat、Taiwan Tainan Giant、沙隆达郑州农药有限公司、湖北沙隆达股份有限公司、海利贵溪化工农药有限公司、湖南海利化工股份有限公司。其他商品名称（生产商）：Baktop（Sumitomo Chemical）、Baycarb（Bayer CropScience）、Bipex（Excel）、Carvil（Planters Products）、Hopkill（Zagro）、Knock（Krishi Rasayan）、Myulsari（Dongbu HiTek）、Nooz（Jubilant Organosys）、Prahar（Coromandel）。

化学名称 （*RS*）-2-仲丁基苯基甲基氨基甲酸酯。英文化学名称（*RS*）-2-*sec*-butylphenyl methyl carbamate。美国化学文摘系统名称为 2-(1-methylpropyl) phenyl *N*-methylcarbamate。CA 主题索引名 phenol—，2-(1-methylpropyl)-methylcarbamate。CAS 登录号［3766-81-2］。

理化性质 纯品为无色固体（工业品为无色到黄褐色液体或固体），熔点 31.4℃（工业品 26.5～31℃），沸点 115～116℃/0.02 mmHg。蒸气压（20℃）为 9.9×10^{-3} Pa。相对密度 1.088（20℃），$K_{ow}\lg P=2.67$（25℃）。Henry 常数 4.9×10^{-3} Pa·m^3/mol。水中溶解度（mg/L）：420（20℃）、610（30℃），其他溶剂中溶解度（20℃，kg/L）：丙酮 930、正己烯 74、甲苯 880、二氯甲烷 890、乙酸乙酯 890。在一般储藏条件下稳定，热稳定＜150℃，碱性条件下水解，DT_{50} 7.8d（pH=9，25℃）。闪点 142℃（密闭体系）。

毒性 急性经口 LD_{50}（mg/kg）：雄大鼠 524，雌大鼠 425，雄小鼠 505，雌小鼠 333。雌、雄大鼠急性经皮 LD_{50}＞2000mg/kg。对兔的眼睛和皮肤有轻微的刺激作用。对豚鼠皮肤无致敏。大鼠吸入 LD_{50}（14d）＞2500mg/m^3（空气）。NOEL 值（2a）：大鼠为每天饲喂 4.1mg/kg（100mg/kg）。毒性等级 WHO(a.i.) Ⅱ；EPA（formulation）Ⅱ。

生态效应 鸟急性经口 LD_{50}（mg/kg）：雄野鸭 226，雌野鸭 491。野鸭 LC_{50}（5d）＞5500mg/kg（饲料），山齿鹑 LC_{50}为 5417mg/kg（饲料）。鲤鱼 LC_{50}（96h）25.4mg/L。水蚤 EC_{50}（48h）0.0103mg/L。羊角月牙藻 E_bC_{50}（72h）28.1mg/L。对中国桑蚕（Bombyx mori）的安全期为 10d。

环境行为 动物：动物体内一个代谢产物是 2-(2-羟基-1-甲基丙基)-苯基-*N*-氨基甲酸甲酯。植物：同动物。土壤/环境：土壤 K_{om} 125（Utsunomia 土壤，5.2% o.m.），661（Niigata 土壤，1.8% o.m.）。在稻田和丘陵地 DT_{50}分别为 6～30d 和 6～14d。

制剂与分析方法 Bassa 乳油［500g(a.i.)/L］、粉剂（20g/kg）、微粒剂（30g/kg）。产品分析用紫外光谱法测定其衍生物或用 HPLC。植物中残留用 LC/MS 检测。

作用机理与特点 非内吸性杀虫剂，具有触杀作用。

应用

适用作物 水稻、茶叶、甘蔗、小麦、葫芦、南瓜、紫茄和辣椒等。

防治对象 叶蝉、蓟马、稻飞虱、蚜虫及象鼻虫等害虫，还可防治棉花上的螟蛉虫和棉蚜虫以及蚊蝇等卫生害虫。

残留量与安全施药 防治棉花上的螟蛉虫和棉蚜虫 0.5～1.0kg/hm^2，防治叶蝉 0.6～1.2kg/hm^2。对温室种植的葫芦，有轻微的药害。

应用技术 不能与碱性农药混用；在稻田施药的前后 10d，避免使用仲丁威，以免发生药害。对温室种植的葫芦，有轻微的药害。

使用方法

（1）稻害虫的防治　①飞虱、稻蓟马、稻叶蝉　每亩用25%乳油100～200mL（有效成分25～50g），对水100kg喷雾。②三化螟、稻纵卷叶螟　于卵孵化高峰初盛期，每亩用25%乳油200～250mL（有效成分50～62.5g），对水100～150kg喷雾。

（2）卫生害虫的防治　防治蚊、蝇及蚊幼虫，用25%乳油加水稀释成1%的溶液，按1～3mL/m^{2}喷洒。

在我国推荐使用情况如下：本品是防治刺吸式害虫的杀虫剂，用于防治水稻[500g(a.i.)/hm^2]、甘蔗、蔬菜和小麦上的二点黑尾叶蝉、稻褐飞虱、螟虫和缨翅目害虫。

专利概况

专利名称　Verfahren zur herstellung von carbaminsaeureestern

专利号　DE 1159929　　专利公开日　1963-12-27

专利申请日　1959-12-01　　优先权日　1959-12-01

专利拥有者　Farbenfabriken Bayer Aktiengesellschaft

公开或授权的相关专利：CN 101243790、CN 101553119、CN 101684459、CN 1117055、CN 1168761、CN 1231823、CN 1231825、CN 1486606、CN 1486607、CN 1759676、CN 1802910、CN 87102215、CN 87104588、HU 40402、IN 173865、IN 179735、JP 08231591、JP 11315004、JP 2006298785、JP 2007254462、JP 2008273992、JP 50040752、JP 53099327、JP56057701、JP 58203901、JP 62029502、JP 62242603、US 3215595、WO 2002049430、WO 2009082939、CN 101019543、CN 101160052、CN 101243790、CN 101347120、CN 101366381、CN 101444211、CN 1149388、CN 1163131、CN 1223794、CN 1283389、CN 1729776、CN 1836513、CN 1929735、JP 09030903、JP 09059112、JP 10025214、JP 10287512、JP 11222406、JP 11322520、JP 2000080005、JP 2003055115、JP 2006131516、JP 2007126440、WO 2000002453、WO 2001022821、WO 2002037964、WO 2006106798、WO 2008064778、WO 2008099820、WO 2008126795等。

在中国申请的相关专利见表135-1。

表135-1　在中国申请的专利

序号	申请号	专利名称
1	91110588.3	仲胺磷乳剂
2	98112471.2	仲丁威脱酯方法
3	98112320.1	吡仲乳油
4	99101493.6	一种复配杀虫剂及其制备方法
5	98108603.9	仲丁威合成新工艺
6	00107464.4	含氨基甲酸酯类农药的杀虫组合物
7	200710187292.4	一种复配农药
8	200810030804.0	防治水稻稻水象甲的杀虫组合物及其应用和水乳剂制备方法
9	03144021.5	预防与治疗非典型肺炎——干扰油
10	200510060438.X	氟虫腈与仲丁威复配农药
11	200510032177.0	农药仲丁威、丁硫克百威、甲基嘧啶磷的水乳剂及其制备方法
12	200510059055.0	含氟虫腈的复配杀虫组合物
13	200710000634.7	具有杀虫活性的氨基甲酸酯类化合物簇合分子
14	200610098337.6	甲氨基阿维菌素苯甲酸盐与仲丁威复配农药
15	03117050.1	印楝在家庭卫生杀虫剂中的增效作用
16	200810212101.X	一种含有烯啶虫胺与仲丁威杀虫剂组合物
17	200910034978.9	一种含吡蚜酮的增效杀虫组合物及其应用
18	201010150298.6	一种含噻虫啉的杀虫组合物
19	201010150354.6	一种含噻虫嗪的杀虫组合物

续表

序　号	申　请　号	专　利　名　称
20	200880118531.3	含有乙虫腈和特定氨基甲酸酯的农药化合物混合物
21	201010104608.0	吡蚜酮与仲丁威复配农药
22	201010104646.6	茚虫威与仲丁威复配农药
23	201010114225.1	含有吡蚜酮和仲丁威的水悬浮剂农药及其制备方法
24	201010125370.X	一种氨基甲酸酯类农药合成中尾气无害化处理方法
25	201010148426.3	一种含噻虫胺的杀虫组合物
26	201010564339.6	一种含有呋虫胺的增效杀虫组合物
27	201010545063.7	一种防止仲丁威分解新方法
28	201110001311.6	多杀菌素与仲丁威的杀虫组合物
29	201110043523.0	一种含丁硫克百威的超低容量液剂
30	201110043521.1	一种含醚菊酯的超低容量液剂

合成方法

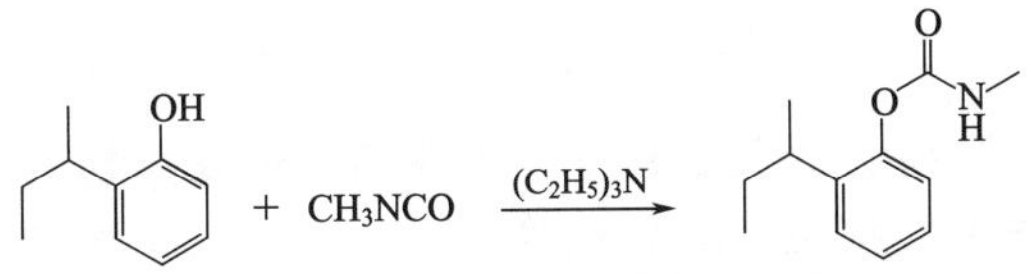

1 The Pesticide Manual. 15 th edition：476-477.

2 DE 1159929.

3 新编农药手册．中国农业出版社，1989：93-95.

4 化工设计通报，1998，24（4）：53-55.

5 精细化工中间体，2001，31（2）：37-38.

136　异丙威（isoprocarb）

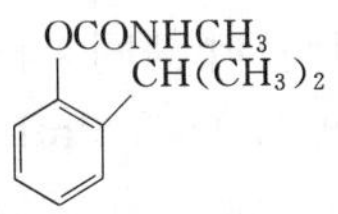

$C_{11}H_{15}NO_2$，193.2

产品简介

异丙威［试验代号：Bayer KHE 0145、BAY 105807，通用名称：isoprocarb，商品名称：Etrofolan（Bayer CropScience）、Mipcin（Nihon Nohyaku）、Isso（湖北沙隆达股份有限公司）、Vimipc（Vipesco）、灭必虱、灭扑散、灭扑威、叶蝉散、异灭威］是由拜耳公司和日本三菱化学株式会社开发。世界主要生产商：Nihon Nohyaku、Dongbu Fine、Kuo Ching、Saeryung、Sinon、Taiwan Tainan Giant、海利贵溪化工农药有限公司、湖北沙隆达股份有限公司、湖南海利化工股份有限公司。其他商品名称（生产商）：Hytox（Planters Products）。

化学名称　邻异丙基苯基甲基氨基甲酸酯或2-异丙基苯基-*N*-甲基氨基甲酸酯，英文化学名称 *o*-cumenyl methylcarbamate 或 2-*iso*propylphenyl methylcarbamate。美国化学文摘系统名称为 2-(1-methylethyl) phenyl *N*-methylcarbamate。CA 主题索引名 phenol—, 2-(1-methylethyl)-methylcarbamate。CAS 登录号［2631-40-5］。

理化性质　本品为无色结晶固体，熔点 92.2℃，沸点 128～129℃/20 mmHg，蒸气压 2.8×10^{-3} Pa（20℃），相对密度 0.62，$K_{ow}\lg P=2.30$（25℃），Henry 常数 2.0×10^{-3} Pa·m³/mol（20℃）。水中溶解度 270mg/L（20℃），其他溶剂中溶解度（g/L，20℃）：正己烷 1.50，甲苯 65，二氯甲烷 400，丙酮 290，甲醇 250，乙酸乙酯 180。在碱性介质中水解。

毒性　急性经口 LD_{50}（mg/kg）：雄大鼠 188，雌大鼠 178，雄小鼠 193，雌小鼠 128。大鼠急性经皮 $LD_{50}>2000$mg/kg。对兔眼睛和皮肤有轻微的刺激作用。对豚鼠皮肤无致敏性。大鼠吸入 LD_{50}（4h）>2090mg/kg（气溶胶）。NOEL 值［2a，mg/(kg·d)］：雄大鼠 0.4，雌大鼠 0.5，雄狗 8.7，雌狗 9.7。毒性等级 WHO(a.i.) Ⅱ；EPA（formulation）Ⅱ。

生态效应　野鸭急性经口 LD_{50} 834mg/kg。鱼 LC_{50}（96h，mg/L）：鲤鱼 22，金色圆腹雅罗鱼 20～40。水蚤 EC_{50}（48h）0.024mg/L。藻类 E_bC_{50}（72h）：月牙藻 21mg/L。对蜜蜂有害。

环境行为　动物：代谢产物是 2-异丙基苯酚和 2-(1-羟基-1-甲基乙基)-苯基-*N*-氨基甲酸甲酯。植物：代谢产物同动物一样。土壤/环境：在稻田中的 DT_{50} 是 3～20d，K_{oc} 21～58。

制剂与分析方法　乳油［200g(a.i.)/L］，可湿性粉剂（500g/kg），热雾剂（150g/L），颗粒剂（50g/kg），2%、4%异丙威粉剂，2%灭扑散粉剂，20%异丙威乳油。产品分析用 HPLC，残留物分析用 GC 测定。

作用机理与特点　具有触杀和胃毒作用的杀虫剂。作用迅速，残留时间适当。

应用

适用作物　水稻、可可树、甜菜、甘蔗、蔬菜和其他农作物。

防治对象　叶蝉、蚜虫、稻飞虱、臭虫等。

残留量与安全施药　防治叶蝉为 900～1200g/hm^2。

使用方法

（1）水稻害虫的防治　防治飞虱、叶蝉，每亩用 2%粉剂 2～2.5kg（有效成分 40～50g），直接喷粉或混细土 15kg，均匀撒施。

（2）甘蔗害虫的防治　防治甘蔗飞虱，每亩用 2%粉剂 2.0～2.5kg（有效成分 40～50g），混细沙土 20kg，撒施于甘蔗心叶及叶鞘间，防治效果良好。

（3）水稻害虫的防治　用 20%乳剂 150～200mL，对水 75～100kg，均匀喷雾。

（4）柑橘害虫的防治　防治柑橘潜叶蛾，用 20%乳油对水 500～800 倍喷雾。

专利概况

不存在专利权问题。

目前公开或授权的异丙威相关专利：CN 101156594、CN 101243790、CN 101253870、CN 101444211、CN 101455202、CN 101480193、CN 101485322、CN 101485328、CN 101547605、CN 101617681、CN 1035936、CN 1052242、CN 1140016、CN 1149386、CN 1239865、CN 1257653、CN 1265269、CN 1283389、CN 1377580、EP 256407、FR 2720230、IN 1995BO00253、JP 02300103、JP 04261108、JP 09059112、JP 2008222705、JP 48011936、JP 63088106、JP 63126806、JP 63170302、JP 63287702、WO 2000002453、WO 2002037964、WO 2006106798、CN 101243790、CN 101502267、CN 101684459、CN 101692810、CN 1168761、CN 1206395、CN 1231823、CN 1486606、CN 1486607、CN 1788569、CN 1802910、DE 4336307、EP 446514、IN 173865、IN 186426、JP 02049701、JP 02233799、JP 08231591、JP 2006298785、JP 62242603、US 20090068242、US 5066819、WO 2002049430 等。

在中国申请的相关专利见表 136-1。

表 136-1　在中国申请的专利

序　号	申 请 号	专 利 名 称
1	01144141.0	含异丙威和阿维菌素的混配型杀虫剂
2	02129317.1	啶虫脒或啶虫脒与异丙威复配新型杀虫烟剂
3	97107909.9	杀虫剂吡虫啉系列组合物

续表

序 号	申 请 号	专 利 名 称
4	99117007.5	36%降黄龙可湿性粉剂
5	00107464.4	含氨基甲酸酯类农药的杀虫组合物
6	99123213.5	一种复合杀虫烟剂
7	200710187292.4	一种复配农药
8	200710019138.6	一种含有氟虫腈的杀虫剂组合物及其应用
9	200710022838.0	吡蚜酮和异丙威混配杀虫剂
10	200810030804.0	防治水稻稻水象甲的杀虫组合物及其应用和水乳剂制备方法
11	200710000634.7	具有杀虫活性的氨基甲酸酯类化合物簇合分子
12	200710019573.9	含氟虫腈和异丙威的杀虫组合物
13	201010003842.4	含有联苯菊酯的杀虫杀螨组合物
14	201010003850.9	含有氰氟虫腙的杀虫组合物
15	201010003843.9	含有氯虫苯甲酰胺的杀虫组合物
16	200310110461.6	高效、低毒复配杀虫剂
17	200710024803.0	吡蚜酮与异丙威杀虫组合物
18	200810211961.1	基于烯啶虫胺的农药组合物
19	200810000307.6	烯啶虫胺组合物杀虫剂
20	200810023071.8	甲氨基阿维菌素苯甲酸盐与异丙威的杀虫组合物
21	200910021176.4	一种含唑蚜威的杀虫组合物
22	200910071622.2	防治稻飞虱的农药
23	200910164500.8	一种含有乙虫腈的杀虫组合物
24	200910205311.0	一种含吡蚜酮的悬浮剂组合物
25	201010150298.6	一种含噻虫啉的杀虫组合物
26	201010150354.6	一种含噻虫嗪的杀虫组合物
27	200880118531.3	含有乙虫腈和特定氨基甲酸酯的农药化合物混合物
28	201010148426.3	一种含噻虫胺的杀虫组合物
29	201010170349.1	包含吡蚜酮的复配杀虫剂
30	201010181551.4	基于烯啶虫胺的农药组合物
31	201010181520.9	基于烯啶虫胺的农药组合物
32	200910212899.2	含烯啶虫胺和异丙威增效杀虫组合物
33	201010564339.6	一种含有呋虫胺的增效杀虫组合物
34	200910209521.7	一种含有丁醚脲的杀虫组合物
35	201110021408.3	含呋虫胺的杀虫复配组合物
36	201110043523.0	一种含丁硫克百威的超低容量液剂
37	201110043521.1	一种含醚菊酯的超低容量液剂

合成方法

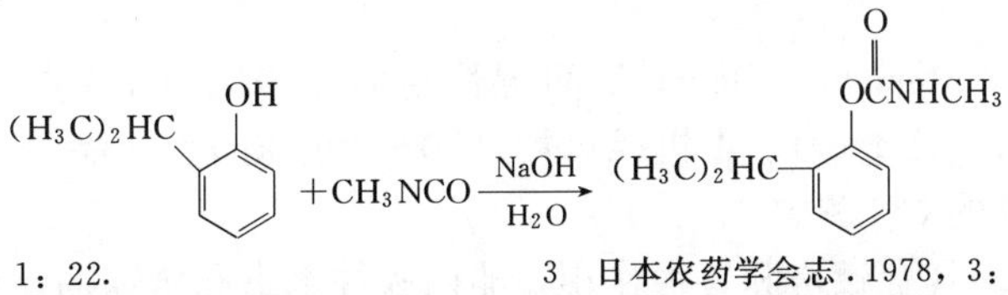

1 Jpn. Pestic. Inf.，1969，1：22.

2 The Pesticide Manual. 15 th edition：670-671.

3 日本农药学会志 . 1978，3：119.

4 新编农药手册 . 中国农业出版社，1989：100-103.

137 甲硫威（methiocarb）

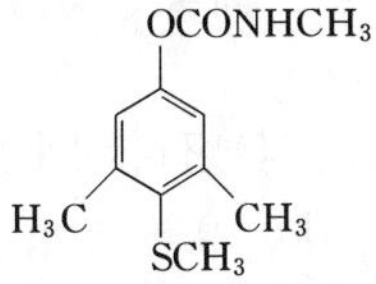

$C_{11}H_{15}NO_2S$，225.3

产品简介

甲硫威［试验代号：Bayer37334、H 321（Bayer），通用名称：methiocarb。商品名称：Draza（Bayer CropScience）、Mesurol（Bayer CropScience，Gowan）、灭赐克（台）、灭虫威、灭旱螺（拜耳）、灭梭威］由 Bayer AG 开发。世界主要生产商：Bayer CropScience、浙江禾田化工有限公司。其他商品名称（生产商）：Decoy Wetex（Bayer CropScience）、Exit（Bayer CropScience）、Huron（Bayer CropScience）、Karan（Bayer CropScience）、Lupus（Bayer CropScience）、Rivet（Bayer CropScience）、Master（Sapec）、Mazda（Barclay）。

化学名称　4-甲硫基-3,5-二甲苯基甲基氨基甲酸酯。英文化学名称 4-methylthio-3,5-xylyl methylcarbamate。美国化学文摘系统名称为 3,5-dimethyl-4-(methylthio)phenyl *N*-methylcarbamate。CA 主题索引名 phenol—，3,5-dimethyl-4-(methylthio)-methylcarbamate。CAS 登录［2032-65-7］。

理化性质　本品为无色结晶，有苯酚气味，熔点 119℃。蒸气压 1.5×10^{-5} Pa（20℃）、3.6×10^{-5} Pa（25℃）。相对密度 1.236（20℃）。$K_{ow}\lg P=3.08$（20℃）。Henry 常数 1.2×10^{-4} Pa·m³/mol（20℃）。水中溶解度（20℃）27mg/L，其他溶剂中溶解度（20℃，g/L）：二氯甲烷＞200，异丙醇 53，甲苯 33，己烷 1.3。在强碱性介质中不稳定，水解 DT_{50}（22℃）＞1a（pH＝4），＜35d（pH＝7），6h（pH＝9）。在环境中通过光照可完全降解，DT_{50}为 6～16d。

毒性　急性经口 LD_{50}（mg/kg）：雄大鼠约 33，雌大鼠约 47，小鼠 52～58，豚鼠 40，狗 25。大鼠急性经皮 LD_{50}＞2000mg/kg，对兔的皮肤和眼睛无刺激。大鼠吸入 LD_{50}（4h）＞0.3mg/L（空气）(气雾剂)，0.5mg/L（粉剂）。NOAEL［2a，mg/kg（饲料）］值：狗 60（1.5mg/kg），大鼠 200，小鼠 67。ADI/RfD（mg/kg）：（EFSA）0.013［2006］，（JMPR）0.02［1998，2005］，（EPA）RfD 0.005［1993］。

生态效应　鸟类急性经口 LD_{50}（mg/kg）：雄野鸭 7.1～9.4，日本鹌鹑 5～10。鸟类对灭虫威有排斥作用。鱼毒 LC_{50}（96h，mg/L）：大翻车鱼 0.754，虹鳟鱼 0.436～4.7，金色圆腹雅罗鱼 3.8。水蚤 LC_{50}（48h）0.019mg/L。淡水藻 E_rC_{50} 1.15mg/L。对蜜蜂无毒。蚯蚓 LC_{50}＞200mg/kg（土壤）。

环境行为　动物：经口后在狗和小鼠体内快速被吸收，然后大部分随着尿液，小部分随着粪便被排出体外。代谢机制包括水解、氧化和羟基化，接着代谢产物以单体和络合物形式排出。在所有器官中活性持续降低。植物：甲硫基被氧化成亚砜和砜，水解成相应的苯硫酚、甲基亚砜苯酚和甲基砜苯酚。土壤/环境：土壤中快速降解，主要的代谢物为甲基亚砜苯酚和甲基砜苯酚。

制剂与分析方法　Mesurol（Bayer），可湿性粉剂［500g(a.i.)/kg 或 750g(a.i.)/kg］、粉剂（20g/kg）；Draza（Bayer），毒饵或饵料（10～40g/kg）。产品分析用 HPLC，残留物的衍生物用配有 ECD 的 GC 测定。

作用机理与特点　具有触杀和胃毒作用，非内吸性杀虫和杀螨剂。可作用于软体害虫的神经系统，进入动物体内后，可抑制胆碱酯酶而杀死害虫。

应用

适用作物 谷类作物、柑橘类的水果、油菜、观赏植物、仁果类水果、马铃薯、核果、糖甜菜和蔬菜。

防治对象 食植性的蜱螨目、鞘翅目、双翅目和半翅目。

应用技术 本品为非内吸性杀螨剂，以 50～100g(a.i.)/hm² 对食植性的蜱螨目、鞘翅目、双翅目和半翅目有防效。它也是一个强的杀软体动物剂，以 200g(a.i.)/hm² 颗粒剂可防治蛞蝓和蜗牛，并且可拌种驱避鸟，以防种子损失。

专利概况

不存在专利权问题。

目前公开的或授权的相关专利：FR 1275658、CH 397322、CH 407644、CH 592362、DE 1148107、NL 279203、CN 101018482、CN 101203135、CN 101541175、CN 101547605、CN 101583277、CN 1104197、CN 1946295、EP 2000029、EP 347227、HU 46506、IN 1995BO00253、JP 09059112、WO 2000002453、WO 2002037964、WO 2007101545、WO 2007112848、WO 2008071714、WO 2009039951、WO 2009146793、CN 101553119、CN 1655815、DE 4336307、GB 1518568、JP 08231591、WO 2010005692 等。

在中国申请的相关专利见表 137-1。

表 137-1 在中国申请的专利

序 号	申 请 号	专 利 名 称
1	200580012916.8	协同杀虫混合物
2	200880118531.3	含有乙虫腈和特定氨基甲酸酯的农药化合物混合物

合成方法

可按如下方法合成：

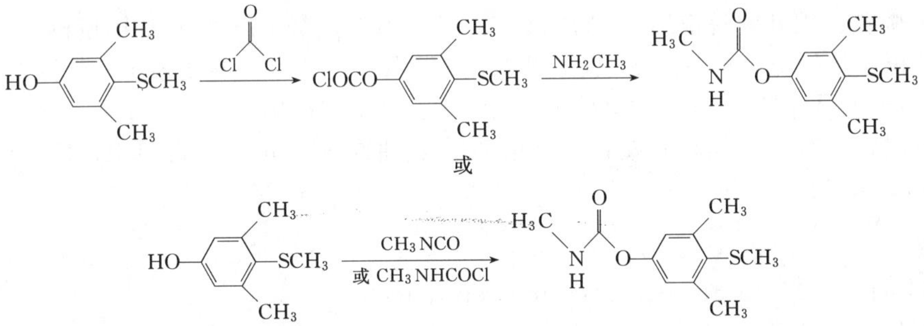

1 The Pesticide Manual. 15 th edition：755-756.
2 FR 1275658.
3 DE 1162352.

138 速灭威(metolcarb)

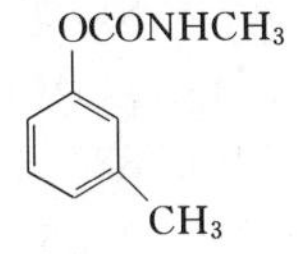

$C_9H_{11}NO_2$,165.2

产品简介

速灭威[试验代号：C-3(日本农药)，通用名称：metolcarb，商品名称：Tsumacide(日本农药)、Metacrate(住友化学公司)、Ofunack M(Mitsui Chemicals)、治灭虱(台)]是由日本农药公司(已不再生产或销售该杀虫剂)和住友化学公司开发的。

化学名称 间甲苯基甲基氨基甲酸酯，英文化学名称 *m*-tolyl methylcarbamate。美国化学文摘系统名称为 3-methylphenyl *N*-methylcarbamate。CA 主题索引名 carbamic acid—，methyl-3-methylphenyl ester。CAS 登录号[1129-41-5]。

理化性质 无色固体，熔点 76～77℃、74～75℃(工业品)，蒸气压 1.45×10^{-3} Pa(20℃)。水中溶解度(30℃)2.6g/L，溶于极性有机溶剂，其他溶剂中溶解度(g/kg)：环己酮 790(30℃)，二甲苯 100(30℃),甲醇 880(室温)。在非极性溶剂中溶解度较小。

毒性　急性经口 LD_{50}(mg/kg):雄大鼠 580,雌大鼠为 498,小鼠 109。大鼠急性经皮 LD_{50}>2000mg/kg。大鼠吸入 LC_{50} 为 0.475mg/L(空气)。

生态效应　对鱼类低毒。

制剂与分析方法　乳油[300g(a.i.)/L]、可湿性粉剂(500g/kg)、粉剂(20g/kg 或 30g/kg)、微粒剂。产品分析用 GC 或 HPLC,残留物用配有 ECD 的 GC 测定其衍生物。

作用机理与特点　对哺乳动物,与其他氨基甲酸酯杀虫剂的作用是相同的,主要是与乙酰胆碱酯酶的反应,酶被抑制后,即出现中毒。

应用

适用作物　水稻、柑橘、洋葱、棉花等。

防治对象　叶蝉、稻飞虱及其他稻米上的刺吸口器害虫及柑橘属果树橘粉蚧、洋葱蓟马、地中海实蝇、红铃虫、棉花蚜虫。

使用方法

① 水稻害虫的防治　在稻飞虱、稻叶蝉若虫盛发期,每亩用 20%乳油 125~250mL(有效成分 25~50g),或 25%可湿性粉剂 125~200g(有效成分 31~62.5g),对水 300~400kg 泼浇,或对水 100~150kg 喷雾,3%粉剂每亩用 2.5~3kg(有效成分 75~90g)直接喷粉。

② 棉花害虫的防治　棉蚜、棉铃虫每亩用 25%可湿性粉剂 200~300 倍液(有效成分 83~125g)喷雾。棉叶蝉每亩用 3%粉剂 2.5~3kg(有效成分 75~90g)直接喷粉。

③ 茶树害虫的防治　在茶蚜虫、茶叶蝉、茶长白介壳虫和鬼甲介壳虫、黑粉虱 1 龄若虫期,使用 25%可湿性粉剂 600~800 倍液(有效成分 42~31g)喷雾。

④ 柑橘害虫的防治 防治柑橘锈壁虱用 20%乳油或 25%可湿性粉剂 400 倍液(有效成分 625~500mg/L)喷雾。

专利概况

专利名称　Mittel zur bekaempfung von raupen

专利号　DE 1205763　　专利公开日　1965-11-25

专利申请日　1963-04-02　　优先权日　1963-04-02

专利拥有者　VEB BERLIN-CHEMIE

目前公开的或授权的混剂专利、合成专利:CN 101156594、CN 101171924、CN 101313674、CN 101422157、CN 101444211、CN 101485328、CN 1163131、CN 1265269、EP 256407、JP 03041005、JP 04112804、JP 04261108、JP 04288004、JP 09059112、JP 48001499、JP 48052941、JP 50040752、JP 51015635、JP 51057831、JP 52094427、JP 58177902、JP 58203901、JP 59216801、JP 63088106、JP 63126806、JP 63185904、JP 63287702、WO 2000002453、WO 2008064778、CN 101015299、CN 101167468、CN 101313674、CN 101578996、CN 101601400、CN 1027537、CN 1147335、CN 1209012、CN 1307802、CN 1307803、CN 1788569、DE 4336307、JP 02233799、JP 08231591、JP 2006298785、JP 50040752、JP 58203901、JP 60009481、JP 62120301、US 4138422 等。

在中国申请的相关专利见表 138-1。

表 138-1　在中国申请的专利

序　号	申　请　号	专　利　名　称
1	88105664.2	烷基酚聚乙氧基氨基甲酸酯类化合物的制备
2	91103474.9	粮仓杀虫消毒用混合烟剂
3	98111497.0	喷雾防治复足类的农药

续表

序　　号	申　请　号	专　利　名　称
4	200710187292.4	一种复配农药
5	200710019138.6	一种含有氟虫腈的杀虫剂组合物及其应用
6	200710195545.2	一种速灭威水分散粒剂及其制备方法
7	200410065318.4	农药速灭威残留量检测方法
8	200310106274.0	速灭威人工抗原合成方法
9	200510040460.8	一种防治蜗牛蛞蝓等软体动物的农药
10	200710000634.7	具有杀虫活性的氨基甲酸酯类化合物簇合分子
11	200810030601.1	一种噻嗪酮・速灭威乳油及其制备方法
12	200810175285.7	一种含吡蚜酮的杀虫组合物
13	200910021176.4	一种含唑蚜威的杀虫组合物
14	200910135716.1	含速灭威和吡蚜酮的农药组合物
15	200910026026.2	防治真菌、细菌的农药和防治蜗牛、蛞蝓的农药
16	200910026700.7	速灭威与吡蚜酮的组合物及其水分散粒剂
17	201010150298.6	一种含噻虫啉的杀虫组合物
18	201010150354.6	一种含噻虫嗪的杀虫组合物
19	200880118531.3	含有乙虫腈和特定氨基甲酸酯的农药化合物混合物
20	200910200243.9	农药组合物
21	200810153838.9	一种抗农药速灭威的特异性抗体
22	201010148426.3	一种含噻虫胺的杀虫组合物
23	201010564339.6	一种含有呋虫胺的增效杀虫组合物
24	201110043523.0	一种含丁硫克百威的超低容量液剂
25	201110064721.5	一种含吡蚜酮的杀虫组合物
26	201110043521.1	一种含醚菊酯的超低容量液剂

合成方法

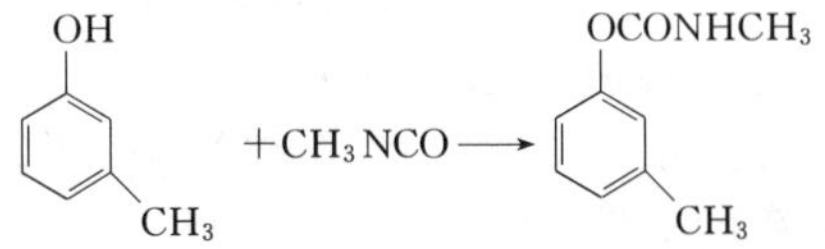

1　The Pesticide Manual. 13 th ed. 2000：671.
2　新编农药手册．中国农业出版社，1989：109-110.

139　残杀威（propoxur）

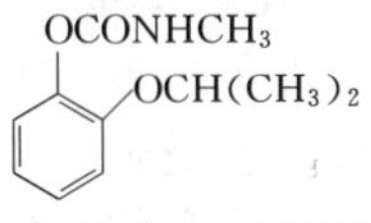

$C_{11}H_{15}NO_3$，209.2

产品简介

残杀威［试验代号：Bayer 39007、BOQ 5812315，通用名称：propoxur，商品名称：Baygon（public health）（Johnson）、Bingo（Mobedco）、Insectape（Hercon）、Kerux（Kemio）、Mitoxur（Dow AgroSciences）、No-Bay（Trithin）、Sunsindo（Sundat）、Vector（Vapco）、安丹（台）、拜高（拜耳）、残虫畏、残杀畏］是由 Bayer AG 开发的氨基甲酸酯类杀虫剂。世界主要生产商：Crystal、Dow AgroSciences、Kuo Ching、Pilarquim、Sharda、Sundat、Taiwan Tainan Giant、湖北沙隆达股份有限公司、湖南海利化工股份有限公司。其他商品名称（生产商）：Blattanex（Bayer Environmental Science）、Larva Lur（Prentiss）、Pilargon（Pilarquim）、Prenbay（Prentiss）、Propoxan（Dow AgroSciences）、Propyon（Makhteshim-Agan）、Prygon（public health）（Chemvet）。

化学名称　2-异丙氧基苯基甲基氨基甲酸酯。英文化学名称 2-*iso*propoxyphenyl methylcarbamate。美国化学文摘系统名称为 2-(1-methylethoxy)phenyl *N*-methylcarbamate。CA

主题索引名 phenol—，2-(1-methylethoxy)-*N*-methylcarbamate。CAS登录号［114-26-1］。

理化性质　本品为无色结晶（工业品为白色至有色膏状晶体），熔点 90℃（晶型Ⅰ），87.5℃（晶型Ⅱ，不稳定）。沸点蒸馏时分解。蒸气压 1.3×10^{-3} Pa（20℃），2.8×10^{-3} Pa（25℃）。相对密度（20℃）1.17。K_{ow} $\lg P=1.56$。Henry 常数 1.5×10^{-4} Pa·m^3/mol（20℃）。水中溶解度（20℃）1.75g/L。溶于大多数有机溶剂，其他溶剂中溶解度（20℃，g/L）：异丙醇＞200，甲苯 94，正己烷 1.3。在水中当 pH＝7 时稳定，强碱性介质中水解，DT_{50}（22℃）1a（pH＝4）、93d（pH＝7）、30h（pH＝9），DT_{50}（20℃）40min（pH＝10）。

毒性　雌大鼠和雄大鼠急性经口 LD_{50} 约为 50mg/kg，大鼠急性经皮 LD_{50}（24h）＞5000mg/kg，对皮肤无刺激，对兔的眼睛轻微刺激。大鼠吸入 LC_{50}（4h）＞0.5mg/L（气雾剂），0.654mg/L（空气）（粉剂）。NOEL［mg/kg（饲料）］：大鼠（2a）200，小鼠 500，狗（12m）200。ADI/RfD（JMPR）0.02mg/kg［1989］；（EPA）cRfD 0.005mg/kg［1997］。

生态效应　鸟饲喂 LD_{50}［5d，mg/kg（饲料）］：山齿鹑 2828，野鸭＞5000。鱼毒 LC_{50}（96h，mg/L）：大翻车鱼 6.2～6.6，虹鳟鱼 3.7～13.6，金色圆腹雅罗鱼 12.4。水蚤 LC_{50}（48h）0.15mg/L。对蜜蜂高毒。

环境行为　动物：在鼠体内主要的代谢产物为 2-羟基-*N*-氨基甲酸甲酯和 2-异丙氧基苯酚，微量的代谢产物包括 5-羟基残杀威和 *N*-羟甲基残杀威。消除速度很快，96％随尿液排出。植物：主要代谢产物为脱甲基残杀威（最大量为 2.7％～3.6％）。土壤/环境：残杀威在土壤中运动速度相对较快，在各种土壤中降解速度很快。

制剂与分析方法　乳油、可湿性粉剂、粉剂、颗粒剂、气雾剂、烟剂、超低量液剂和毒饵或饲料。产品分析用 HPC 或红外光谱法，其残留物用 GC 测定。饮用水中含量的测定：用 RPLC 和荧光分析的方法测定其释放出来的甲胺。

作用机理与特点　非内吸性杀虫剂，具有触杀和胃毒作用。快速击倒，持效期长。在进入动物体内后，能抑制胆碱酯酶的活性。

应用

适用作物 果树、蔬菜、水稻、玉米、大豆、棉花、甜菜、可可等。

防治对象　蟑螂、蚊、蝇、蚁、蚤、虱和臭虫、水稻飞虱、叶蝉等。

使用方法　使用时采用一般防护，避免药液接触皮肤，勿吸入液雾或粉尘。以 1～2g (a.i.)/m^2 剂量，喷 1％悬浮液防治猎蝽，效果显著。使用剂量 2g/m^2 滞留喷洒用于室内灭蚊蝇，其残效期可达 2～4 个月，对蟑螂有优良的击倒力和致死作用，其击倒力明显优于氯菊酯，用 1％乳剂（1～2g/m^2）灭蟑螂，1h 内全部击倒并可持效 2 个月以上。

① 防治水稻叶蝉、稻飞虱、花前后防治是全部防治的关键。用 20％残杀威乳油 300 倍药液（合有效浓度 666mg/kg）喷雾。

② 棉蚜（又名瓜蚜）防治棉蚜的指标为：大面积有蚜株率达到 30％，平均单株蚜数近 10 头，以及卷叶株率不超过 50％，每亩用 20％残杀威乳油 250mL（合 a.i.50g/亩），对水 100kg，喷雾。

③ 棉铃虫（俗称青虫、钻桃虫）在黄河流域棉区，当二、三代棉铃虫发生时，如百株卵量骤然上升 15 粒，或者百株幼虫达到 5 头即开始防治。用药量和使用方法同棉蚜。

专利与登记

该化合物不存在专利权问题。

目前公开的或授权的混剂与制备专利：CH 689326、CN 100558234、CN 101547605、CN 1044071、CN 1078045、CN 1163131、CN 1265269、CN 1283389、CN 1286030、CN

1386419、CN 1795720、CN 1810118、DE 3743266、FR 2720230、IN 1995BO00253、JP 02300103、JP 03209303、JP 04182406、JP 04261108、JP 06329508、JP 09059112、JP 2006213665、JP 2007326851、JP 63088106、JP 63126806、JP 63170302、JP 63287702、KR 2001089952、US 20050147634、US 4919935、WO 2000002453、WO 2002037964、WO 2007112848、JP 60248601、AU 7247648、CN 101494975、CN 1018368、CN 1074802、CN 1117055、CN 1168761、CN 1209012、CN 1256075、CN 1475119、CN 1486606、CN 1486607、CN 87101306、CN 87104588、DE 2318413、DE 4336307、EP 276030、EP 512379、IN 162067、IN 186426、JP 2006298785、WO 2000069261、WO 2003097095、WO 9314222、WO 9411349 等。

在中国申请的相关专利及登记情况见表 139-1、表 139-2。

表 139-1 在中国申请的专利

序 号	申 请 号	专 利 名 称
1	93111233.8	一种复配农药
2	00107464.4	含氨基甲酸酯类农药的杀虫组合物
3	99111626.7	一种长效滞留型卫生杀虫剂
4	200710115032.6	一种快速检测蚊虫抗药性的方法
5	200310106275.5	残杀威人工抗原合成方法
6	200610018371.8	杀虫微乳剂
7	200410103461.8	以残杀威为原料的一组可溶性液剂杀虫剂
8	201010591360.5	一种杀虫剂农药的吸收系数和折射率的无损检测方法
9	02138953.5	一种长效的含天然植物提取剂和菊酯类化合物的杀虫剂及其制备方法
10	02158930.5	测定昆虫对杀虫剂抗性的方法和试剂盒
11	200910029608.6	一种残杀威人工抗原及其合成方法
12	200880118531.3	含有乙虫腈和特定氨基甲酸酯的农药化合物混合物
13	200910219773.8	一种残杀威的合成方法

表 139-2 拜耳公司在中国登记情况（卫生用药）

登记名	登记证号	含量	剂型	防治对象	用药量/(g/m^2)	施用方法
残杀威	WP32-96	200g/L	乳油	蜚蠊（玻璃）	0.25～0.5	滞留喷洒
				蜚蠊（木）	0.5～0.75	
				蜚蠊（水泥）	1～1.5	
				蚊	1～1.5	
				蝇	1～1.5	

合成方法

以邻异丙氧基苯酚为原料与甲基异氰酸酯反应，或先与光气或固体光气反应得到氯甲酸酯，再与甲胺反应即可得到目的物。反应式如下：

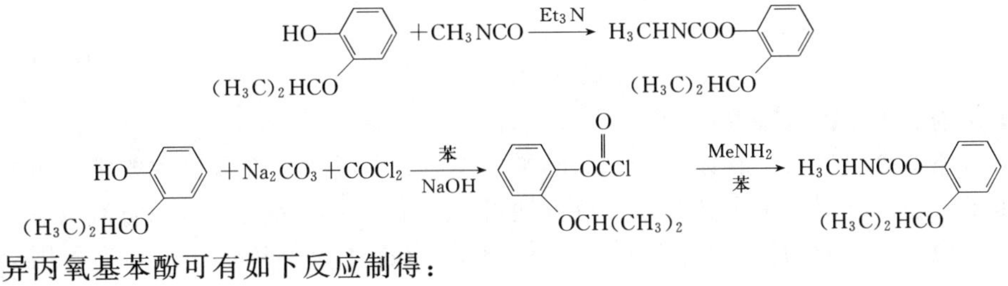

邻异丙氧基苯酚可有如下反应制得：

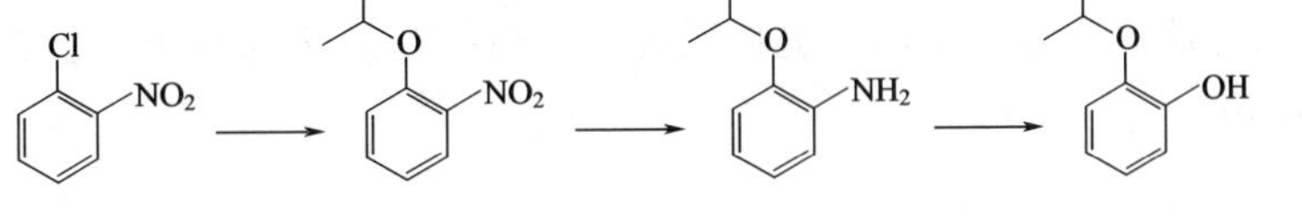

1 The Pesticide Manual. 15 th edition: 956-957.
2 US 3111539.
3 DE 1108202.
4 Anal. Methods Residues Pestic, 1988, 5: 1.
5 http: //www. epa. gov/pesticides/reregistration/REDs/2555red. pdf.

140 混杀威（trimethacarb）

Ⅰ　　　　Ⅱ

$C_{11}H_{15}NO_2$，193.2

产品简介

混杀威［试验代号：UC27 867（Union Carbide）、SD 8530（Shell），通用名称：trimethacarb，商品名称：Landrin（Shell）、Broot（Union Carbide）］最初由壳牌化学有限公司开发，后由 Union Carbide Agrochemicals（现属拜耳公司）开发。

化学名称　反应产物含有 3,4,5-三甲苯基甲基氨基甲酸酯（Ⅰ）和 2,3,5-三甲苯基甲基氨基甲酸酯（Ⅱ），比例在（3.5∶1）～(5.0∶1）之间。英文名称为 3,4,5-trimethylphenyl methylcarbamate（Ⅰ）和 2,3,5-trimethylphenyl methylcarbamate（Ⅱ）。美国化学文摘系统名称为 2,3,5（or 3,4,5)-trimethylphenyl methylcarbamate。CA 主题索引名为 phenol—，2,3,5（or 3,4,5)-trimethyl-methylcarbamate。CAS 登录号［12407-86-2］。混灭威；［2686-99-9］（Ⅰ）；［2655-15-4］（Ⅱ）。

理化性质　浅黄色到褐色结晶固体，熔点 105～114℃，蒸气压 6.8×10^{-3} Pa（25℃），Henry 常数 2.27×10^{-2} Pa·m^3/mol（calc.）。水中溶解度（23℃）＞58mg/kg，不易溶于有机溶剂。强酸性和强碱性条件下分解，对光稳定。

毒性　大鼠急性经口 LD_{50} 130mg/kg。大鼠急性经皮 LD_{50}＞2000mg/kg。大鼠 NOEL (2a) 值 50mg/L（2.5mg/kg）。ADI/RfD（EPA）0.0025mg/kg［1986］。毒性等级 WHO (a. i.)O。

生态效应　对鱼有毒。对蜜蜂有毒（喷雾剂）。

环境行为　动物：氨基甲酸盐类杀虫剂的代谢情况已有综述文献（M. Cool & C. K. Jankowski in *Insedticides*）。植物：植物体中的代谢为 3-位、4-位甲基和 *N*-甲基的水解。所有的代谢物都络合成糖苷。土壤/环境：贫瘠土壤中 DT_{50} 约为 60d。

制剂与分析方法　50％可湿性粉剂、15％颗粒剂。残留物用配有 ECD 的 GC 分析。

作用机理与特点　抑制昆虫体内的胆碱酯酶。具有胃毒作用，也有一定触杀作用。持效期长。

应用

适用作物　玉米。

防治对象　食虫幼虫、软体害虫，如叶蝉、飞虱、蓟马等。在我国主要用于防治地下害虫，对玉米根长角叶甲幼虫十分有效，持效期可达 3 个月。可替代氯制剂防治地下害虫，在土壤中比较稳定，一般用量 0.8～1lb/亩（1lb≈0.45kg，1 亩＝666.7m^2）。亦可用于卫生害虫的防治。

残留量与安全施药　直接应用对植物无害，但对一些谷物的种子有害，其中包括玉米、高粱、小麦和水稻。

使用方法

（1）水稻害虫的防治　①稻叶蝉秧田防治，早稻秧田在害虫迁飞高峰期防治，晚稻秧田在秧苗现青每隔 5～7d 用药一次。每亩用 50％混灭威油 100mL，对水 50～60kg 喷雾；或每亩用 3％混灭威粉剂 1.5～2kg，喷粉。②稻蓟马：一般掌握在若虫盛孵期防治，防治指标为：秧苗四叶期后每百株有虫 200 头以上，或每百株有卵 300～500 粒或叶尖初卷率达 5％～10％。每亩用 50％混灭威油 50～60mL，对水 50～60kg，喷雾；或每亩用 3％混灭威粉剂 1.5～2kg，喷粉。或加放 15kg 过筛细土，拌匀撒施。

（2）棉花害虫的防治　①棉蚜防治苗蚜的指标为：大面积有蚜株率达到 30％，平均单株蚜数近 10 头，以及卷叶株率达到 5％。每亩用 50％混灭威油 38～50mL，对水 37.5～50kg，喷雾；防治伏蚜每亩用 50％混灭威乳油 100mL，对水 100kg，喷雾。②棉铃虫，在黄河流域棉区，当二、三代棉铃虫发生时，如百株卵量骤然上升，超过 15 粒，或者百株幼虫达到 5 头即开始防治。每亩用 50％混灭威油 100～200mL，对水 100kg，喷雾；或每亩用 3％混灭威粉剂 1.5～2kg，喷粉。

（3）甘蔗害虫的防治　防治甘蔗蓟马：每亩用 50％乳油 60mL，对水 60kg 喷雾。

（4）茶树害虫的防治　防治茶长白蚧于第一、二代卵孵化盛期到一、二龄若虫期前，每亩用 50％混灭威油 250～300mL，对水 75～100kg，喷雾。

专利概况

不存在专利权问题。

目前公开或授权的与混杀威相关的专利：BE 633282、CS 113250、DE 2035158、DE 2119518、DE 2131399、DE 2461129、DE 2545389、ES 278216、FR M1891、GB 967620、JP 08231591、JP 08231591、NL 6507824、NL 6811082、US 3130122、US 4138422、US 4138422、US 4182771、US 4511579、US 4511579、DE 2532982、JP 08231591 等。

在中国申请的相关专利见表 140-1。

表 140-1　在中国申请的专利

序　号	申　请　号	专　利　名　称
1	200880118531.3	含有乙虫腈和特定氨基甲酸酯的农药化合物混合物

合成方法

通过如下反应制得目的物：

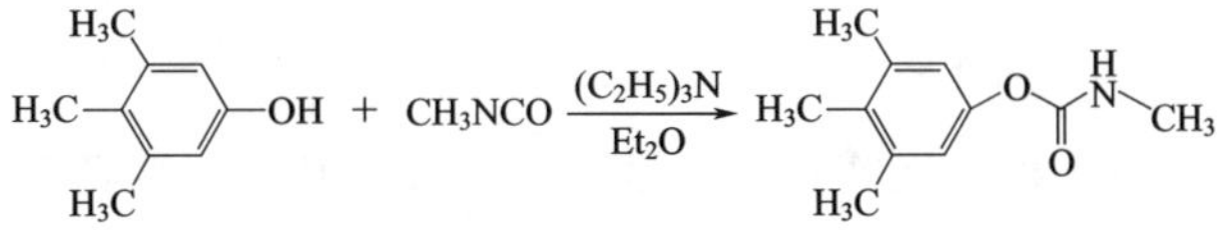

1　BE 633282.
2　US 3130122.
3　The Pesticide Manual. 15 th edition：1180.

141　灭除威（XMC）

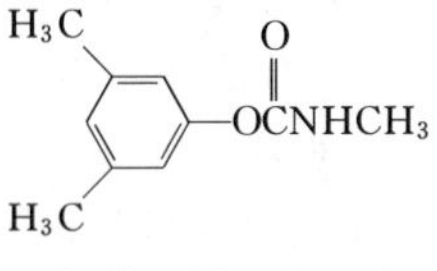

$C_{10}H_{13}NO_2$，179.2

产品简介

灭除威［试验代号：H-69（Hodogaya），通用名称：XMC（JMAF），商品名称：

Macbal (Hodogaya)、二甲威] 是由日本北兴化学工业株式会社和日本保土谷化学工业株式会社开发。

化学名称　3,5-二甲基苯基甲基氨基甲酸酯，英文化学名称 3,5-xylyl methylcarbamate。美国化学文摘系统名称为 3,5-dimethylphenyl *N*-methylcarbamate。CA 主题索引名 phenol—，3,5-dimethyl—methylcarbamate。CAS 登录号 [2655-14-3]。

理化性质　本品为无色晶体，熔点 99℃（工业品），沸点 239.7℃，蒸气压 6.88×10^{-3} Pa（25℃），相对密度 1.16（20℃），$K_{ow}\lg P=2.3$（25℃），Henry 常数 2.33×10^{-3} Pa·m^3/mol（25℃，calc.）。水中溶解度（25℃）0.53g/L，溶于大部分有机溶剂（25℃，g/L）：丙酮和乙醇>100，二甲苯 67，也溶于环己酮和 3,5,5-三甲基环己-2-烯酮。在碱性介质中快速水解，在中性和弱酸性水溶液条件下相对稳定，对光和在<90℃稳定。

毒性　急性经口 LD_{50}（mg/kg）：大鼠 542，兔 445，小鼠 245。对皮肤无刺激（兔）。大鼠吸入 LC_{50} 1.02mg/L。大鼠和小鼠 NOEL（90d）值 230mg/(kg·d)。ADI/RfD 0.0034mg/kg。

生态效应　鸟类急性经口 LD_{50}（14d，mg/kg）：鹌鹑 188，野鸭 1637。鲤鱼 LC_{50}（48h）>40mg/L。蚤类（Daphnia pulex）EC_{50}（3h）0.055mg/L。藻类 EC_{50}（72h）12.3mg/L。蜜蜂 LD_{50}（48h，经口）0.095μg/只，（48h，接触）0.53μg/只。蚯蚓 LD_{50}（14d）45.4mg/kg（土壤）。

环境行为　动物：昆虫体内代谢机制主要是苯环和环甲基取代基的水解。土壤/环境：土壤中水解成 3,5-二甲基苯酚和 *N*-甲基氨基甲酸。

制剂与分析方法　乳油 [200g(a.i.)/L)]、可湿性粉剂（500g/kg）、粉剂（20g/kg）、微粒剂（30g/kg）。产品分析：水解为 3,5-二甲苯酚，用紫外光谱测定。残留分析：水解为 3,5-二甲苯酚，用 GC 测定其衍生物。

作用机理与特点　作用机理和其他氨基甲酸酯杀虫剂类似，主要为触杀作用，具有较快的击倒作用，能抑制动物体内胆碱酯酶。

应用

适用作物　水稻、茶叶。

防治对象　叶蝉、飞虱。

残留量与安全施药　防治水稻叶蝉、稻飞虱及茶树青大叶蝉，用量通常为 600～1200g (a.i.)/hm^2。

使用方法

(1) 水稻害虫　防治水稻黑尾叶蝉、褐稻虱、北背飞虱及灰飞虱等，在若虫高峰期，每公顷使用 2%粉剂 30～45kg 喷粉，或每公顷使用 50%可湿性粉剂 1500～2250g，对水常量针对性喷雾。防治水稻负泥虫，每公顷使用 3%颗粒剂 30～37.5kg。

(2) 茶树害虫　在茶小绿叶蝉低龄若虫期，使用 50%可湿性粉剂 1000 倍液常量喷雾；或每公顷使用 2%粉剂 30～45kg 喷粉。防治茶长白蚧，在若虫孵化盛末期，每公顷使用 50%可湿性粉剂 3750～4500g，对水常量喷雾。

(3) 棉花害虫　防治棉花苗期蚜虫，棉苗 1～3 叶，蚜害指数达 250 时，或棉苗 4～6 叶，蚜害指数达到 350～400 时，每公顷使用 50%可湿性粉剂 600～750g，对水常量喷雾。防治棉花叶蝉，在叶蝉低龄若虫盛期，每公顷使用 50%可湿性粉剂 750～1125g，对水常量喷雾。

专利概况

专利名称　Preparation of nicotinamides as pesticides.

专利号　DE 1188589　专利公开日　1965-03-11

专利申请日　1963-12-14　优先权日　1963-12-14

专利拥有者　Farbwerkehoechst Aktiengesellschaft Vormals Meister Lucius& Bruening

在其他国家申请的化合物专利：AT 255430、AT 255431、AT 257630、AT 257631、CH 451112、CH 451912、CH 451913、CH 451914、DE 1188589、DK 117416、DK 117484、DK 117630、FR 1430934、GB 1089197、NL 6414536 等。

目前公开的或授权的混剂、剂型与制备专利：CN 101444211、CN 101547605、JP 2006213665、WO 2002037964、WO 2000002453、CN 1163131、JP 09059112、JP 05221816、JP 04288004、JP 03220177、JP 03002103、JP 63170302、JP 63185904、JP 58198402、JP 58203901、JP 05221816、JP 58203901、JP 51016501、JP 50004247、JP 49034807、CN 101444211、CN 101547605、CN 1163131、JP 03002103、JP 03220177、JP 04288004、JP 05221816、JP 09059112、JP 2006213665、JP 49034807、JP 50004247、JP 51016501、JP 58198402、JP 58203901、JP 63170302、JP 63185904、WO 2000002453、WO 2002037964 等。

合成方法

通过如下反应即可制得目的物：

(1)

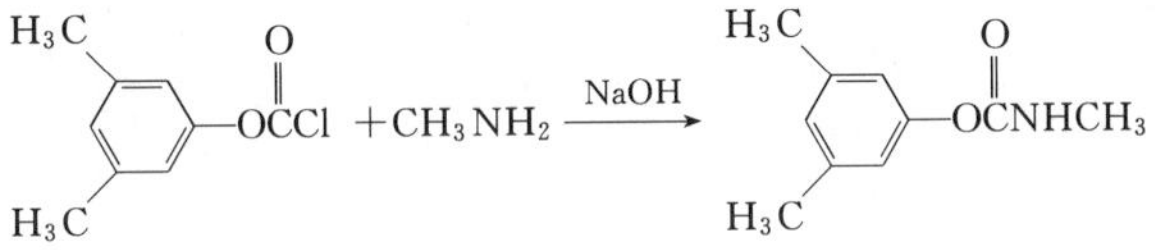

(2)

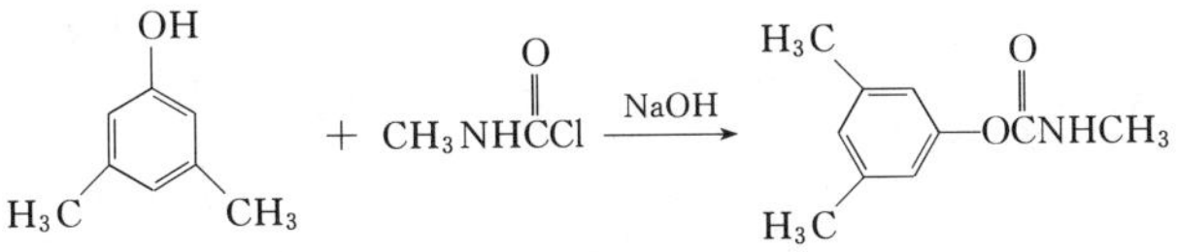

(3)

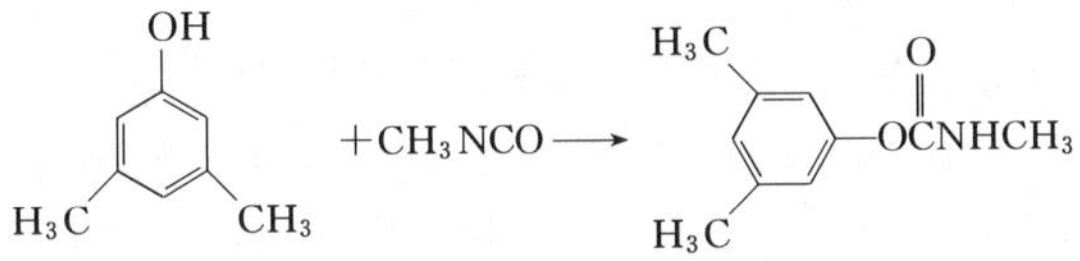

1　JP 6816937.

2　The Pesticide Manual. 15 th edition：1194-1195.

142　灭杀威（xylylcarb）

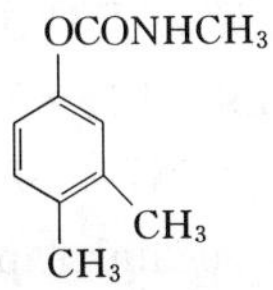

$C_{10}H_{13}NO_2$，179.2

产品简介

灭杀威［试验代号 S-1046、S-21046，通用名称：xylylcarb，商品名称：Meobal］由 R. L. Metcalf 等人最早报道，由住友化学公司开发。世界主要生产商：住友化学公司。

化学名称　3,4-二甲苯基甲基氨基甲酸酯。英文名称 3,4-xylyl methylcarbamate。美国化学文摘系统名称为 3,4-dimethylphenyl *N*-methylcarbamate。CA 主题索引名 phenol—，3,4-dimethyl-methylcarbamate。CAS 登录号［2425-10-7］。

理化性质　本品为无色固体，熔点 79～80℃（工业品为 71.5～76℃），蒸气压（25℃）为 1.21×10^{-1} Pa。水中溶解度（20℃）580mg/L，其他溶剂中溶解度（g/kg）：乙腈中 930，环已酮中 770，二甲苯中 134。在碱性介质中水解。

毒性　大鼠急性经口 LD_{50}（mg/kg）：雄 375，雌 325。大鼠急性经皮 LD_{50} > 1000mg/kg。

生态效应　鲤鱼 LC_{50}（48h）10mg/L。

制剂与分析方法　乳油［300g(a.i.)/L］、可湿性粉剂（500g/kg）、粉剂（20g/kg）、微粒剂（20g/kg）。产品分析用 HPLC 或紫外吸收光谱，残留物通过检测其衍生物用配有电子捕获检测器的 GC 测定。

作用机理与特点　非内吸性杀虫剂，和其他氨基甲酸酯类杀虫剂相同，主要是对动物体内胆碱酯酶的抑制作用。

应用

本品用于防治水稻和茶叶上的叶蝉科、飞虱科和果树上的蚧科，用量约为 40g (a.i.)/hm^2。

专利概况

不存在专利权问题。

合成方法

通过如下反应即可制得目的物：

(1)

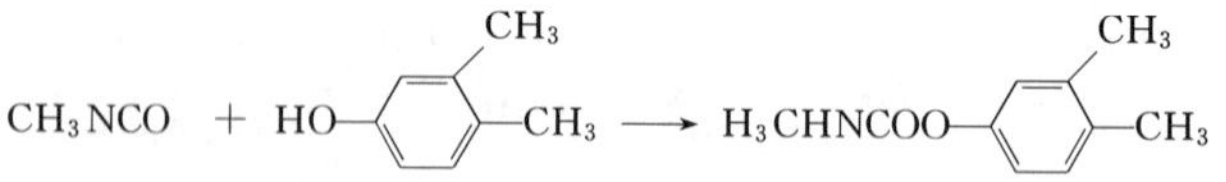

(2)

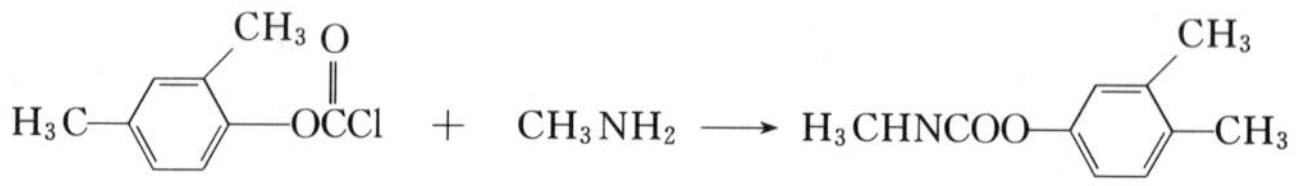

1　The Pesticide Manual. 13 th ed. 2000：1031-1032.

2　日本农药学会志，1981，55：1237.

3　日本农药学会志，1978，3：119.

4　J. Econ. Entomol.，1963，56：862.

二硝基酚类杀虫剂

二硝基酚类杀虫剂（dinitrophenol insecticides）主要有 4 个品种：dinex、dinoprop、dinosam、DNOC。dinex、dinoprop、dinosam 这三个品种由于应用范围小或不再作为杀虫剂使用或没有商品化等原因，本书不予介绍，仅列出化学名称及 CAS 登录号供参考：

Dinex：2-cyclohexyl-4,6-dinitrophenol，131-89-5。

Dinoprop：4,6-dinitro-*o*-cymen-3-ol，7257-41-2。

Dinosam：(*RS*)-2-(1-methylbutyl)-4,6-dinitrophenol，4097-36-3。

143　二硝酚（DNOC）

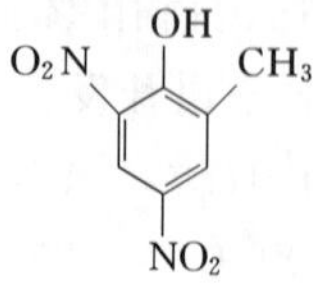

$C_7H_6N_2O_5$，198.1

产品简介

二硝酚（通用名称：DNOC，其他名称：DNC，商品名称：二硝甲酚、4,6-二硝基邻甲酚、4,6-二硝基邻甲苯酚）由 Bayer AG 于 1892 年作为杀虫剂报道，1932 作为除草剂由 G. Truffaut et Cie 公司报道。其他商品名称（生产商）：Hektava351（Hekta351）、铵盐 Abc（Hekta351）、Ibertox（Isagro）、Trifinox（Hekta351）、Trifocide（Cerexagri）。

化学名称　4,6-二硝基邻甲酚，英文名称 4,6-dinitro-*o*-cresol。美国化学文摘系统名称为 2-methyl-4,6-dinitrophenol。CA 主题索引名 phenol—，2-methyl-4,6-dinitro—。CAS 登录号［534-52-1］，［5787-96-2］钾盐；［2312-76-7］钠盐，EC 登录号［208-601-1］，［219-007-7］钠盐；铵盐［2980-64-5］，曾用登录号［11097-14-6］、［37359-29-8］。

理化性质　纯品为黄色结晶（非工业品），干燥时具有爆炸性，工业品纯度 95%～98%，熔点 88.2～89.9℃（工业品，83～85℃），蒸气压（25℃）为 1.6×10^{-2}Pa，相对密度 1.58（20℃），$K_{ow}\lg P=0.08$（pH=7），Henry 常数 2.41×10^{-7} Pa・m^3/mol（calc.）。水中溶解度（20℃）6.94g/L（pH=7）。其他溶剂中溶解度（g/L，20℃）：甲苯 251，甲醇 58.4，己烷 4.03，乙酸乙酯 338，丙酮 514，二氯甲烷 503。其钠盐、钾盐、钙盐和铵盐均易溶于水。在水中，降解很慢，DT_{50}＞1a，光解 DT_{50} 253h（20℃）。在干燥的条件下，其钠盐易爆炸，一般向其成品中加入 10%的水分，以便降低爆炸的风险。pK_a 4.48（20℃）。

毒性　急性经口 LD_{50}（mg/kg）：对大鼠 25～40，小鼠 16～47，猫 50，绵羊 200。急性经皮 LD_{50}（mg/kg）：大鼠 200～600，兔 1000，小鼠 187。对皮肤有刺激，可通过皮肤吸收致命剂量。NOEL 值［6 个月，mg/kg（饲料）］：大鼠和兔＞100，狗 20，大鼠（28d）13。对人具有强的累积毒性，通过不断的吸收产生慢性中毒。

生态效应　鸟类急性经口 LD_{50}（mg/kg）：日本鹌鹑 15.7（14d），鸭 23，鹧鸪 20～25，野鸡 6～85。日本鹌鹑 LC_{50} 为 637mg/kg（饲料）。鱼毒 LC_{50}（mg/L）：鲤鱼 6～13，鲑鱼 0.45，大翻车鱼 0.95。水蚤 LC_{50}（24h）5.7mg/L。水藻 LC_{50}（96h）6mg/L。蜜蜂 LD_{50} 1.79～2.29mg/只。在农田中呈中等到低毒。蚯蚓 LC_{50}（14d）15mg/kg（土壤）。

环境行为　动物：哺乳动物经口，DNOC 在体内代谢，代谢产物是葡萄糖苷酸与 2-甲基-4,6-二氨基苯酚的共轭物。植物：在植物体内硝基基团被还原为氨基基团。土壤/环境：在土壤中，硝基基团被还原为氨基基团。在土壤中 DT_{50} 0.1～12d（20℃），15d（5℃）。在水中 DT_{50} 3～5 周（20℃）。

制剂与分析方法　46% DNOC 乳剂、Supersinox SC、Trifanex（130g DNOC/L）、Trifocide SC（625g DNOC 铵盐/L）、Trifocide 50%乳剂、Veraline 10.0%乳剂。可以游离酸或盐的形式获得（例如铵盐、钾盐或钠盐）多种剂型，例如水溶性浓缩剂（SL）、悬浮浓缩剂（SC）、乳化的（水型或油型）浓缩剂（EC）、糊剂（PA）、可湿性粉剂（WP）或膏剂。这些制剂中有效成分的浓度范围为 130～560g/L。产品可以转化为铵盐通过比色法测定，或用三氯化钛在惰性气氛下进行滴定。残留物可在碱性溶液中比色法测定。

作用机理与特点　具有触杀和胃毒作用的非内吸性杀虫剂和杀螨剂，通过在氧化磷酸化的解偶联导致膜破坏而起作用。

应用

适用作物　果树、玉米、谷物、马铃薯、亚麻、豆类等。

防治对象　蚜虫（包括虫卵）、介壳虫螨类、真菌（如拟茎点霉）、病毒的传媒及其他吸食性害虫、蜱螨类（如葡萄瘿螨 *Colomerus vitis*）以及其他病害。

使用方法　推荐使用的剂量范围为 840～8400g(a.i.)/hm^2，每年一次。在果园和葡萄园中作为越冬喷雾。对马铃薯喷施 DNOC 铵盐可防治可能污染块茎的传染性或病毒性疾病的蔓延。推荐的施药量为 2500～5600g(a. i.)/hm^2，每年两次，作为除草剂，也可作为马铃薯茎秆的干燥剂。

喷洒果树（苹果树、核果类、葡萄）以便防治蚜虫（包括虫卵）、介壳虫、螨类、真菌（如拟茎点霉）、病毒的传媒及其他吸食性害虫、蜱螨类（如葡萄瘿螨）以及其他病害。3.75～6kg/hm^2 在作物苗后茎叶处理，亚麻地苗后处理的用量为 1.5～2kg/hm^2。浓乳剂作马铃薯、大豆等作物收获前的催枯剂。宜可用于荒地上或某些作物休眠期防治某些害虫如蝗虫等，具胃毒和触杀作用。

专利概况

无专利权问题。

目前公开的或授权的相关专利：WO 2008071714、CN 101547605、US 1963471、FR 1109286、US 2680745、FR 895038、US 2395315、US 2289599、US 2369137、US 2385795、US 2422658、GB 593331、CN 1758850、CN 1761395、DE 885546、BE 620431、BE 620373、AU 102628、IN 152674、FR 1109286、EP 54989、BE 641467、DE 2351553、FR 2195398、DE 2206861、US 3335132、CN 101553119、IN 2000MU00862、CN 1655815、CN 1219745、RU 2153169、CN1063441、US 4657893、NL 76834、GB 573241 等。

合成方法

以邻甲基苯酚为原料，经硝化得到：

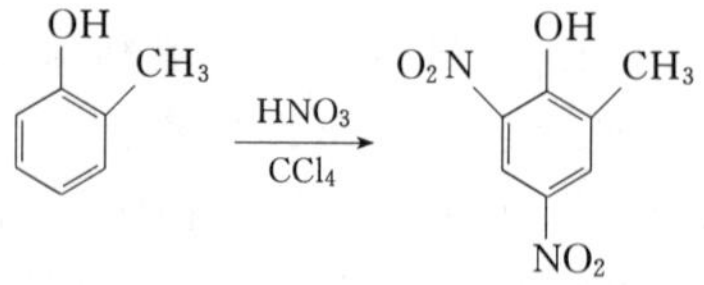

1 The Pesticide Manual. 15 th edition：406-408.
2 GB 3301.
3 GB 425295.
4 安徽化工，2004，4：10-11.

氟化物类杀虫剂

氟化物类虫剂（fluorine insecticides）有 6 个品种：barium hexafluorosilicate、cryolite、flursulamid、sodium fluoride、sodium hexafluorosilicate、sulfluramid。此处仅介绍 cryolite、sulfluramid 两个品种，其他品种由于应用范围小或不再作为杀虫剂使用或没有商品化等原因，本书不予介绍，仅列出化学名称及 CAS 登录号供参考：

barium hexafluorosilicate：barium hexafluorosilicate（2－），17125-80-3。

flursulamid：*N*-butylperfluorooctane-1-sulfonamide。

sodium fluoride：sodium fluoride，7681-49-4。

sodium hexafluorosilicate：disodium hexafluorosilicate（2－），16893-85-9。

144 冰晶石（cryolite）

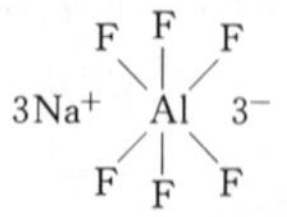

AlF_6Na_3，209.9

产品简介

冰晶石（通用名称：cryolite，商品名称：Kryocide、Prokil，其他名称：sodium fluoaluminate、sodium aluminofluoride、aluminium trisodium hexafluoride、冰晶石，六氟铝酸三钠）。

化学名称 六氟合铝酸三钠，英文化学名称 trisodium hexafluoroaluminate（3－）。美国化学文摘系统名称为 cryolite［$Na_3(AlF_6)$］（矿物）或 trisodium hexafluoroaluminate（化学）。CA 主题索引名 aluminate（3－）—，hexafluoro-trisodium，（*OC*-6-11）-。CAS 登录号［15096-52-3］（矿物），［13775-53-6］（化学品）。

理化性质 本品为白色无味粉末，熔点 1000℃。相对密度 0.890。水中溶解度（20℃）0.25g/L，不溶于有机溶剂。在热碱液中分解。

毒性 大鼠急性经口 LD_{50}＞5000mg/kg。兔急性经皮 LD_{50}＞2000mg/kg，对皮肤无刺激性。大鼠吸入 LC_{50}＞2mg/L。NOEL（mg/L）：大鼠 250（28d）（25mg/kg），大鼠 25（1.3mg/kg）（2a）（EPA RED，1996），狗 3000（1a）。没有生殖影响或是致畸作用。毒性等级 WHO(a.i.) U。

生态效应 鸟类急性经口 LD_{50}（mg/kg）：山齿鹑＞2000，野鸭＞10000mg/kg（8d）。

环境效应 动物：产生自由氟离子。土壤/环境：对土壤不会产生明显漂移，在水中，会随着 pH 值变化产生自由氟离子。

制剂与分析方法 粉剂、可湿性混剂。氟化物含量分析：沉淀出的氯氟化铅沉淀物，用硝酸银溶液滴定氯化物（AOAC 法）。

作用机理与特点 主要作用方式是胃毒。

应用

用于防治蔬菜和水果的鳞翅目和鞘翅目害虫，用量 5～30kg/hm^2。

专利概况

专利名称 Insecticide

专利号 US 2392455　　专利公开日 1946-01-08

专利申请日 1941-06-09　　优先权日 1941-06-09

专利拥有者 Clauder Wickard

目前公开的或授权的混剂与制备专利：CN 101203135、CN 101394740、CN 101553119、DE 102004010716、DE 102004012192、EP 1952690、EP 2000029、EP 2039248、EP 2090170、EP 2127522、WO 2004082382、WO 2005053407、WO 2007009661、WO 2008092759、WO 2008125362、WO 2008152091、WO 2009012909、WO 2009039951、WO 2009047584、WO 2009090181、WO 2009100822、WO 2009123907、WO 2009135613、WO 2009146793、WO 2010025870、CN 101553119、CN 1655815 等。

The Pesticide Manual. 15 th edition：244.

145 氟虫胺（sulfluramid）

$CF_3(CF_2)_7SO_2NHCH_2CH_3$

$C_{10}H_6F_{17}NO_2S$，527.2

产品简介

氟虫胺（试验代号：GX 071，通用名称：sulfluramid，商品名称：Finitron、Fluramim、Mirex-S、Raid-Max）是由 Griffin LLC（现属 Du Pont）研制的杀虫剂。其他商品名称（生产商）：Fluorgard（FMC）、Fluramim（Makhteshim-Agan，Milenia）、Mirex-S（Chemiplant）、Raid-Max（Johnson）。在国内登记的商品名：废蚁蟑。

化学名称 *N*-乙基全氟辛烷-1-磺酰胺，英文化学名称 *N*-ethylperfluoro-octane-1-sulfonamide。美国化学文摘系统名称为 *N*-ethyl-1,1,2,2,3,3,4,4,5,5,6,6,7,7,8,8,8-heptadecafluoro-1-octanesulfonamide。CA 主题索引名 1-octanesulfonamide—，*N*-ethyl-1,1,2,2,3,3,4,4,5,5,6,6,7,7,8,8,8-heptadecafluoro。CAS 登录号 [4151-50-2]。

组成　工业品含量为 98.0%。

理化性质　本品为无色晶体，熔点 96℃（工业品 87～93℃），沸点 196℃，蒸气压（25℃）5.7×10^{-5}Pa，$K_{ow}\lg P>6.8$（未离子化）。不溶于水（25℃），在其他溶剂中溶解度（g/L）：二氯甲烷 18.6，己烷 1.4，甲醇 833。50℃下稳定性＞90d，在密闭罐中，对光稳定＞90d。pK_a 为 9.5，呈极弱酸性。闪点＞93℃。

毒性　大鼠急性经口 LD_{50}＞5000mg/kg，兔急性经皮 LD_{50}＞2000mg/kg，对皮肤有轻微的刺激作用，对眼睛几乎无刺激作用（兔）。大鼠吸入 LC_{50}（4h）＞4.4mg/L。NOEL 值（90d，mg/L）：雄狗 33，雌狗 100，大鼠 10。毒性等级 WHO(a.i.) Ⅲ。

生态效应　山齿鹑急性经口 LD_{50} 45mg/kg。LC_{50} [8d，mg/L（饲料）]：山齿鹑 300，野鸭 165。鱼毒 LC_{50}（96h，mg/L）：黑头呆鱼＞9.9，虹鳟＞7.99。水蚤 LC_{50}（48h）0.39mg/L。

制剂与分析方法　RB、Finitron、毒饵。产品分析用 GC。

作用机理与特点　通过在氧化磷酸化的解偶联导致膜破坏而起作用。

应用

防治对象　蚁科、姬蠊科

应用技术　本品为有机氟杀虫剂，使用 12～20 饵，防治蚂蚁和蜚蠊。

专利概况

不存在专利权问题。

目前公开的或授权的相关专利：CN 100442981、CN 100450354、CN 101116450、CN 101352168、CN 101622994、CN 101626678、CN 101677545、CN 1131668、CN 1292656、CN 1348694、CN 1843117、GB 2457347、JP 2000189031、US 5676960、WO 2004082382、WO 2009039951、WO 2009123907、WO 2009135613、WO 2009146793、WO 2010025870、CN 100450354、CN 101352168、CN 101427693、CN 101433218、CN 101449677、CN 101553119、CN 1137108、CN 1292656、WO 2001027235 等。

在中国申请的相关专利见表 145-1。

表 145-1　在中国申请的专利

序　号	申　请　号	专　利　名　称
1	00119023.7	防白蚁剂
2	200680017765.X	用于控制体外寄生虫的凝胶组合物
3	200680018131.6	用于控制体外寄生虫和体内寄生虫的有用高载量浓缩组合物
4	200680018133.5	用于控制体外寄生虫包含氰氟虫腙的通用高载量浓缩组合物
5	200510121340.0	杀灭红火蚁的饵剂
6	200610043743.2	一种灭蟑螂诱饵
7	200610123410.0	一种德国小蠊毒饵
8	200710026975.1	一种杀灭红火蚁的饵胶剂型及其制备方法
9	02151110.1	一种氟虫胺防治白蚁药及其使用方法
10	200810198399.3	一种红火蚁饵剂及其使用方法
11	200710157724.7	灭杀蚂蚁、蟑螂的组合药剂
12	200710157839.6	一种杀蟑螂药
13	200710157958.1	一种杀蟑螂饵剂
14	200710158093.0	一种快速杀灭蟑螂药
15	200710168628.2	一种防治白蚁白乳胶及其制造方法
16	201010189578.8	土栖白蚁诱杀药及用其诱杀土栖白蚁的方法

合成方法

$$C_8H_{17}SO_2H \xrightarrow[\text{电解}]{HF} C_8F_{17}SO_2F \xrightarrow{C_2H_5NH_2} C_8F_{17}SO_2NHC_2H_5$$

1 The Pesticide Manual. 15 th edition：1059.
2 US 4921696.
3 US 3380943.
4 江苏化工，1997，25：18-19.

有机磷类杀虫剂

已开发的有机磷类杀虫剂（organophosphorus insecticides）主要有磷酸酯、一硫代磷酸酯、二硫代磷酸酯、膦酸酯、磷酰胺和硫代磷酰胺五类，共有 165 个品种：bromfenvinfos、calvinphos、chlorfenvinphos、crotoxyphos、dichlorvos、dicrotophos、dimethylvinphos、fospirate、heptenophos、methocrotophos、mevinphos、monocrotophos、naled、naftalofos、phosphamidon、propaphos、TEPP、tetrachlorvinphos、dioxabenzofos、fosmethilan、phenthoate、acethion、acetophos、amiton、cadusafos、chlorethoxyfos、chlormephos、demephion、demephion-O、demephion-S、demeton、demeton-O、demeton-S、demeton-methyl、demeton-O-methyl、demeton-S-methyl、demeton-S-methylsulphon、disulfoton、ethion、ethoprophos、IPSP、isothioate、malathion、methacrifos、methylacetophos、oxydemeton-methyl、oxydeprofos、oxydisulfoton、phorate、sulfotep、terbufos、thiometon、amidithion、cyanthoate、dimethoate、ethoate-methyl、formothion、mecarbam、omethoate、prothoate、sophamide、vamidothion、chlorphoxim、phoxim、phoxim-methyl、azamethiphos、colophonate、coumaphos、coumithoate、dioxathion、endothion、menazon、morphothion、phosalone、pyraclofos、pyrazothion、pyridaphenthion、quinothion、dithicrofos、thicrofos、azinphos-ethyl、azinphos-methyl、dialifos、phosmet、isoxathion、zolaprofos、chlorprazophos、pyrazophos、chlorpyrifos、chlorpyrifos-methyl、butathiofos、diazinon、etrimfos、lirimfos、pirimioxyphos、pirimiphos-ethyl、pirimiphos-methyl、primidophos、pyrimitate、tebupirimfos、quinalphos、quinalphos-methyl、athidathion、lythidathion、methidathion、prothidathion、isazofos、triazophos、azothoate、bromophos、bromophos-ethyl、carbophenothion、chlorthiophos、cyanophos、cythioate、dicapthon、dichlofenthion、etaphos、famphur、fenchlorphos、fenitrothion、fensulfothion、fenthion、fenthion-ethyl、heterophos、jodfenphos、mesulfenfos、parathion、parathion-methyl、phenkapton、phosnichlor、profenofos、prothiofos、sulprofos、temephos、trichlormetaphos-3、trifenofos、硝虫硫磷（xiaochongliulin）、butonate、trichlorfon、mecarphon、fonofos、trichloronat、cyanofenphos、EPN、leptophos、crufomate、fenamiphos、fosthietan、mephosfolan、phosfolan、phosfolan-methyl、pirimetaphos、acephate、chloramine phosphorus、isocarbophos、isofenphos、isofenphos-methyl、methamidophos、phosglycin、propetamphos、dimefox、mazidox、mipafox、schradan。

此处介绍了部分品种。尽管有的化合物在我国已经淘汰，但在世界上还有销售市场的也做介绍。如下化合物应用范围小或不再作为杀虫剂使用或因毒性太大已被禁用或没有商品化等原因，本书不予介绍，仅列出化学名称及 CAS 登录号供参考：

Bromfenvinfos：(*EZ*)-2-bromo-1-(2,4-dichlorophenyl)vinyl diethyl phosphate，33399-00-7。

Calvinphos：2,2-dichlorovinyl dimethyl phosphate compound with calcium bis（2,2-dichlorovinyl methyl phosphate）（1∶1），6465-92-5。

Crotoxyphos：(*RS*)-1-phenylethyl 3-(dimethoxyphosphinoyloxy)isocrotonate，7700-17-6。

Fospirate：dimethyl 3,5,6-trichloro-2-pyridyl phosphate，5598-52-7。

Methocrotophos：(*E*)-2-(*N*-methoxy-*N*-methylcarbamoyl)-1-methylvinyl dimethyl phosphate

或 3-dimethoxyphosphinoyloxy-*N*-methoxy-*N*-methylisocrotonamide，25601-84-7。

TEPP：tetraethyl pyrophosphate，107-49-3。

Dioxabenzofos：(*RS*)-2-methoxy-4*H*-1，3，2λ^5-benzodioxaphosphinine 2-sulfide 或 (*RS*)-2-methoxy-4*H*-1,3,2λ^5-benzodioxaphosphorine 2-sulfide，3811-49-2。

Fosmethilan：*S*-[*N*-(2-chlorophenyl) butyramidomethyl] *O*, *O*-dimethyl phosphorodithioate 或 2′-chloro-*N*-(dimethoxyphosphinothioylthiomethyl)butyranilide，83733-82-8。

Acetophos：*S*-(ethoxycarbonylmethyl)*O*,*O*-diethyl phosphorothioate 或 ethyl(diethoxyphosphinoylthio)acetate，2425-25-4。

Amiton：*S*-2-diethylaminoethyl *O*,*O*-diethyl phosphorothioate，78-53-5。

Demephion：reaction mixture of *O*,*O*-dimethyl *O*-2-methylthioethyl phosphorothioate and *O*,*O*-dimethyl *S*-2-methylthioethyl phosphorothioate，8065-62-1。

demephion-O：*O*,*O*-dimethyl *O*-2-methylthioethyl phosphorothioate，682-80-4。

demephion-S：*O*,*O*-dimethyl *S*-2-methylthioethyl phosphorothioate，2587-90-8。

Demeton：reaction mixture of *O*,*O*-diethyl *O*-2-ethylthioethyl phosphorothioate and *O*,*O*-diethyl *S*-2-ethylthioethyl phosphorothioate，8065-48-3。

demeton-O：*O*,*O*-diethyl *O*-2-ethylthioethyl phosphorothioate，298-03-3。

demeton-S：*O*,*O*-diethyl *S*-2-ethylthioethyl phosphorothioate，126-75-0。

demeton-methyl：reaction mixture of *O*-2-ethylthioethyl *O*,*O*-dimethyl phosphorothioate and *S*-2-ethylthioethyl *O*,*O*-dimethyl phosphorothioate，8022-00-2。

demeton-O-methyl：*O*-2-ethylthioethyl *O*,*O*-dimethyl phosphorothioate，867-27-6。

demeton-S-methyl：*S*-2-ethylthioethyl *O*,*O*-dimethyl phosphorothioate，919-86-8。

demeton-S-methylsulphon：*S*-2-ethylsulfonylethyl *O*, *O*-dimethyl phosphorothioate，17040-19-6。

IPSP：*S*-ethylsulfinylmethyl *O*,*O*-diisopropyl phosphorodithioate，5827-05-4。

Isothioate：*S*-2-*iso*propylthioethyl *O*,*O*-dimethyl phosphorodithioate，36614-38-7。

Methacrifos：methyl(*E*)-3-(dimethoxyphosphinothioyloxy)-2-methylacrylate 或 (*E*)-*O*-2-methoxycarbonylprop-1-enyl *O*,*O*-dimethyl phosphorothioate，62610-77-9。

Methylacetophos：*S*-(ethoxycarbonylmethyl) *O*, *O*-dimethyl phosphorothioate 或 ethyl (dimethoxyphosphinoylthio)acetate，2088-72-4。

Oxydeprofos：(*RS*)-{*S*-[(1*RS*)-2-(ethylsulfinyl)-1-methylethyl] *O*, *O*-dimethyl phosphorothioate}，2674-91-1。

Oxydisulfoton：*O*,*O*-diethyl *S*-2-ethylsulfinylethyl phosphorodithioate，2497-07-6。

Amidithion：*S*-2-methoxyethylcarbamoylmethyl *O*,*O*-dimethyl phosphorodithioate，919-76-6。

Cyanthoate：*S*-[*N*-(1-cyano-1-methylethyl) carbamoylmethyl] *O*, *O*-diethyl phosphorothioate 或 *N*-(1-cyano-1-methylethyl)-2-(diethoxyphosphinoylthio)acetamide，3734-95-0。

ethoate-methyl：*S*-ethylcarbamoylmethyl *O*, *O*-dimethyl phosphorodithioate 或 2-dimethoxyphosphinothioylthio-*N*-ethylacetamide，116-01-8。

Formothion：*S*-[formyl(methyl)carbamoylmethyl]*O*,*O*-dimethyl phosphorodithioate 或 2-dimethoxyphosphinothioylthio-*N*-formyl-*N*-methylacetamide，2540-82-1。

Prothoate：2-diethoxyphosphinothioylthio-*N*-*iso*propylacetamide 或 *O*, *O*-diethyl *S*-*iso*propylcarbamoylmethyl phosphorodithioate，2275-18-5。

Sophamide：*S*-methoxymethylcarbamoylmethyl *O*,*O*-dimethyl phosphorodithioate 或 2-dimethoxyphosphinothioylthio-*N*-(methoxymethyl)acetamide，37032-15-8。

Chlorphoxim：*O*, *O*-diethyl 2-chloro-α-cyanobenzylideneaminooxyphosphonothioate 或 (*EZ*)-2-(2-chlorophenyl)-2-(diethoxyphosphinothioyloxyimino)acetonitrile，14816-20-7。

Phoxim-methyl：*O*, *O*-dimethyl-α-cyanobenzylideneaminooxyphosphonothioate 或 (*EZ*)-2-(dimethoxyphosphinothioyloxyimino)-2-phenylacetonitrile，14816-16-1。

Azamethiphos：*S*-6-chloro-2,3-dihydro-2-oxo-1,3-oxazolo [4,5-*b*] pyridin-3-ylmethyl *O*,*O*-dimethyl phosphorothioate，35575-96-3。

Colophonate：*S*-5-chloro-1,3-thiazol-2-ylmethyl *O*,*O*-dimethyl phosphorodithioate，50398-69-1。

Coumithoate：*O*,*O*-diethyl *O*-(7,8,9,10-tetrahydro-6-oxo-6*H*-benzo [*c*] chromen-3-yl) phosphorothioate，572-48-5。

Dioxathion：*S*,*S*′-(1,4-dioxane-2,3-diyl)-*O*,*O*,*O*′,*O*′-tetraethyl bis(phosphorodithioate)，78-34-2。

Endothion：*S*-5-methoxy-4-oxo-4*H*-pyran-2-ylmethyl *O*, *O*-dimethyl phosphorothioate 或 2-dimethoxyphosphinoylthiomethyl-5-methoxypyran-4-one，2778-04-3。

Menazon：*S*-4,6-diamino-1,3,5-triazin-2-ylmethyl *O*,*O*-dimethyl phosphorodithioate，78-57-9。

Morphothion：*O*, *O*-dimethyl *S*-morpholinocarbonylmethyl phosphorodithioate，144-41-2。

Pyrazothion：*O*,*O*-diethyl *O*-3-methylpyrazol-5-yl phosphorothioate，108-35-0。

Quinothion：*O*,*O*-diethyl *O*-2-methyl-4-quinolyl phosphorothioate，22439-40-3。

Dithicrofos：*S*-[(*RS*)-6-chloro-3,4-dihydro-2*H*-1-benzothiin-4-yl]-*O*, *O*-diethyl phosphorodithioate，41219-31-2。

Thicrofos：*S*-[(*RS*)-6-chloro-3,4-dihydro-2*H*-1-benzothiin-4-yl]-*O*,*O*-diethyl phosphorothioate，41219-32-3。

Dialifos：*S*-(*RS*)-2-chloro-1-phthalimidoethyl *O*, *O*-diethyl phosphorodithioate 或 *N*-[(*RS*)-2-chloro-1-(diethoxyphosphinothioylthio)ethyl]phthalimide，10311-84-9。

Zolaprofos：(*RS*)-(*O*-ethyl *S*-3-methyl-1,2-oxazol-5-ylmethyl *S*-propyl phosphorodithioate) 或 (*RS*)-(*O*-ethyl *S*-3-methylisoxazol-5-ylmethyl *S*-propyl phosphorodithioate)，63771-69-7。

Chlorprazophos：*O*-(3-chloro-7-methylpyrazolo [1,5-*a*] pyrimidin-2-yl)-*O*, *O*-diethyl phosphorothioate，36145-08-1。

Butathiofos：*O*-2-*tert*-butylpyrimidin-5-yl *O*,*O*-diethyl phosphorothioate，90338-20-8。

Etrimfos：*O*-6-ethoxy-2-ethylpyrimidin-4-yl *O*,*O*-dimethyl phosphorothioate，38260-54-7。

lirimfos：*O*-6-ethoxy-2-*iso*propylpyrimidin-4-yl *O*,*O*-dimethyl phosphorothioate，38260-63-8。

Pirimioxyphos：*O*,*O*-diethyl *O*-2-methoxy-6-methylpyrimidin-4-yl phosphorothioate。

pirimiphos-ethyl：*O*-2-diethylamino-6-methylpyrimidin-4-yl *O*,*O*-diethyl phosphorothioate，23505-41-1。

Primidophos：*O*, *O*-diethyl *O*-2-*N*-ethylacetamido-6-methylpyrimidin-4-yl phosphorothioate*N*-(4-diethoxyphosphinothioyloxy-6-methylpyrimidin-2-yl)-*N*-ethylacetamide，39247-96-6。

Pyrimitate：*O*-2-dimethylamino-6-methylpyrimidin-4-yl *O*,*O*-diethyl phosphorothioate，5221-49-8。

quinalphos-methyl：*O*,*O*-dimethyl *O*-quinoxalin-2-yl phosphorothioate，13593-08-3。

Athidathion：*O*,*O*-diethyl *S*-2,3-dihydro-5-methoxy-2-oxo-1,3,4-thiadiazol-3-ylmethyl phosphorodithioate，19691-80-6。

Lythidathion：*S*-5-ethoxy-2,3-dihydro-2-oxo-1,3,4-thiadiazol-3-ylmethyl *O*,*O*-dimethyl phosphorodithioate3-dimethoxyphosphinothioylthiomethyl-5-ethoxy-1, 3, 4-thiadiazol-2 (3*H*)-one, 2669-32-1。

Prothidathion：*O*,*O*-diethyl *S*-2,3-dihydro-5-*iso*propoxy-2-oxo-1,3,4-thiadiazol-3-ylmethyl phosphorodithioate 或 3-diethoxyphosphinothioylthiomethyl-5-isopropoxy-1,3,4-thiadiazol-2(3*H*)-one，20276-83-9。

Azothoate：*O*-4-[(*EZ*)-(4-chlorophenyl)azo]phenyl *O*,*O*-dimethyl phosphorothioate，5834-96-8。

Bromophos：*O*-4-bromo-2, 5-dichlorophenyl-*O*, *O*-dimethyl phosphorothioate，2104-96-3。

bromophos-ethyl：*O*-4-bromo-2,5-dichlorophenyl-*O*,*O*-diethyl phosphorothioate，4824-78-6。

Carbophenothion：*S*-4-chlorophenylthiomethyl-*O*, *O*-diethyl phosphorodithioate，786-19-6。

Chlorthiophos：a reaction mixture of the three isomers：(i) *O*-2,4-dichlorophenyl-5-methylthiophenyl *O*,*O*-diethyl phosphorothioate， (ii) *O*-2,5-dichlorophenyl-4-methylthiophenyl *O*,*O*-diethyl phosphorothioate(major component)，and (iii)-*O*-4,5-dichlorophenyl-2-methylthiophenyl-*O*,*O*-diethyl phosphorothioate，60238-56-4(mixture)，21923-23-9(major component)。

Cythioate：*O*,*O*-dimethyl-*O*-4-sulfamoylphenyl phosphorothioate，115-93-5。

Dicapthon：*O*-2-chloro-4-nitrophenyl-*O*,*O*-dimethyl phosphorothioate，2463-84-5。

Dichlofenthion：*O*-2,4-dichlorophenyl-*O*,*O*-diethyl phosphorothioate，97-17-6。

Etaphos：(*RS*)-[*O*-2,4-dichlorophenyl-*O*-ethyl *S*-propyl phosphorothioate]，38527-91-2。

Fenchlorphos：*O*,*O*-dimethyl-*O*-2,4,5-trichlorophenyl phosphorothioate，299-84-3。

Fensulfothion：*O*,*O*-diethyl-*O*-4-methylsulfinylphenyl phosphorothioate，115-90-2。

fenthion-ethyl：*O*,*O*-diethyl-*O*-4-methylthio-*m*-tolyl phosphorothioate，1716-09-2。

Heterophos：(*RS*)-(*O*-ethyl-*O*-phenyl *S*-propyl phosphorothioate)，40626-35-5。

Jodfenphos：*O*-2,5-dichloro-4-iodophenyl-*O*,*O*-dimethyl phosphorothioate，18181-70-9。

Mesulfenfos：*O*,*O*-dimethyl-*O*-4-methylsulfinyl-*m*-tolyl phosphorothioate，3761-41-9。

Phenkapton：*S*-2, 5-dichlorophenylthiomethyl-*O*, *O*-diethyl phosphorodithioate，2275-14-1。

Phosnichlor：*O*-4-chloro-3-nitrophenyl-*O*,*O*-dimethyl phosphorothioate，5826-76-6。

trichlormetaphos-3：(*RS*)-(*O*-ethyl-*O*-methyl *O*-2,4,5-trichlorophenyl phosphorothioate)，2633-54-7。

Trifenofos：(*RS*)-(*O*-ethyl-*S*-propyl-*O*-2,4,6-trichlorophenyl phosphorothioate)，38524-82-2。

Butonate：(*RS*)-2,2,2-trichloro-1-(dimethoxyphosphinoyl) ethyl butyrate，126-22-7。

Mecarphon：methyl(*RS*)-{[methoxy(methyl)phosphinothioylthio]acetyl}(methyl)carbamate 或 (*RS*)-[*S*-(*N*-methoxycarbonyl-*N*-methylcarbamoylmethyl)-*O*-methylmethylphosphonodithioate]，29173-31-7。

Fonofos：(*RS*)-(*O*-ethyl *S*-phenyl ethylphosphonodithioate)，944-22-9。

Trichloronat：(*RS*)-(*O*-ethyl *O*-2，4，5-trichlorophenyl ethylphosphonothioate)，327-98-0。

Cyanofenphos：(*RS*)-(*O*-4-cyanophenyl *O*-ethyl phenylphosphonothioate)，13067-93-1。

Leptophos：(*RS*)-(*O*-4-bromo-2，5-dichlorophenyl *O*-methyl phenylphosphonothioate)，21609-90-5。

Crufomate：(*RS*)-(4-*tert*-butyl-2-chlorophenyl methyl methylphosphoramidate)，299-86-5。

Fosthietan：diethyl 1，3-dithietan-2-ylidenephosphoramidate，21548-32-3。

Mephosfolan：diethyl[(2*EZ*，4*RS*)-4-methyl-1，3-dithiolan-2-ylidene] phosphoramidate 或 (2*EZ*，4*RS*)-2-(diethoxyphosphinoylimino)-4-methyl-1，3-dithiolane，950-10-7。

Phosfolan：diethyl 1，3-dithiolan-2-ylidenephosphoramidate 或 2-(diethoxyphosphinoylimino)-1，3-dithiolane，947-02-4。

phosfolan-methyl：dimethyl 1，3-dithiolan-2-ylidenephosphoramidate 或 2-(dimethoxyphosphinoylimino)-1，3-dithiolane，5120-23-0。

Pirimetaphos：(*RS*)-(2-diethylamino-6-methylpyrimidin-4-yl methyl methylphosphoramidate)，31377-69-2。

chloramine phosphorus：(*RS*)-[*O*，*S*-dimethyl (1*RS*)-2，2，2-trichloro-1-hydroxyethylphosphoramidothioate]。

Isocarbophos：(*RS*)-*O*-2-isopropoxycarbonylphenyl *O*-methyl phosphoramidothioate 或 isopropyl (*RS*)-*O*-(methoxyaminothiophosphoryl)salicylate，24353-61-5。

Isofenphos-methyl：(*RS*)-(*O*-2-isopropoxycarbonylphenyl-*O*-methyl isopropylphosphoramidothioate) 或 isopropyl(*RS*)-*O*-[(isopropylamino)methoxyphosphinothioyl]salicylate，99675-03-3。

Phosglycin：2-[(diethoxyphosphinothioyl)(ethyl)amino]-*N*，*N*-dipropylacetamide 或 *O*，*O*-diethyl(dipropylcarbamoylmethyl)(ethyl)phosphoramidothioate，105084-66-0。

Dimefox：tetramethylphosphorodiamidic fluoride 或 bis (dimethylamino) fluorophosphine oxide，115-26-4。

Mazidox：tetramethylphosphorodiamidic azide 或 tetramethylazidophosphonic diamide，7219-78-5。

Mipafox：*N*，*N'*-diisopropylphosphorodiamidic fluoride，371-86-8。

Schradan：octamethylpyrophosphoric tetraamide，152-16-9。

146 毒虫畏（chlorfenvinphos）

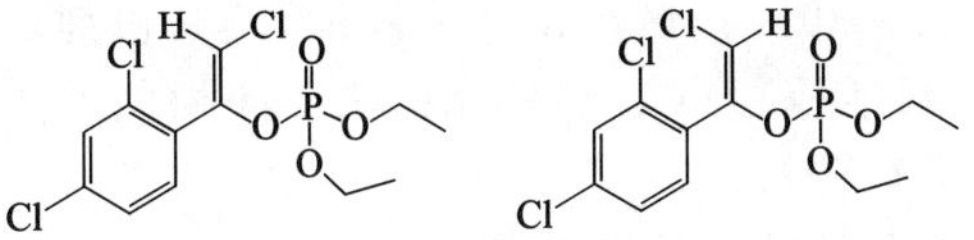

(*Z*)　　(*E*)

$C_{12}H_{14}Cl_3O_4P$，359.6

产品简介

毒虫畏［试验代号：OMS 166、OMS 1328、ENT 24 969、SD 7859 (Shell)、C 8949

(Ciba)、GC 4072（Allied)、CGA 26351（Ciba-Geigy)、AC 58085（Cyanamid)、BAS 188 I（BASF），通用名称：chlorfenvinphos，商品名称：Birlane（crop protection use）（BASF)、Supona（veterinary use）（BASF)、Vinylphate（BASF)、Apachlor（Bayer CropScience)］是由 W. K. Chamberlain 等介绍其杀虫活性，由 Shell International Chemical Company Ltd.（现属 BASF)、Ciba AG（现属 Syngenta）和 Allied Chem 开发的有机磷类杀虫剂。

化学名称 （*ZE*)-2-氯-1-(2,4-二氯苯基）乙烯基二乙基磷酸酯。英文化学名称为（*ZE*)-2-chloro-1-(2,4-dichlorophenyl) vinyl diethyl phosphate。美国化学文摘系统名称为 2-chloro-1-(2,4-dichlorophenyl) ethenyl diethyl phosphate，CA 主题索引名称为 phosphoric acid，esters 2-chloro-1-(2,4-dichlorophenyl)ethenyl diethyl ester。CAS 登录号为［470-90-6］(*Z*)-+(*E*)，曾用［2701-86-2］。［18708-87-7］(*Z*)-；［18708-86-6］(*E*)-。

组成 毒虫畏为顺式和反式几何异构体混合物（工业品 *Z* 和 *E* 体总含量≥90%），*Z*、*E* 体含量比为 8.6∶1。

理化性质 纯品为无色液体（原药为琥珀色液体），熔点－23～－19℃，沸点 167～170℃/0.5mmHg。蒸气压：1mPa（25℃）、0.53mPa（外推至 20℃）。K_{ow} lg$P$＝3.85（*Z* 体）、4.22（*E* 体）。相对密度 1.36（20℃）。水中溶解度 145mg/L（23℃），易溶于大多数有机溶剂，如丙酮、己烷、乙醇、二氯甲烷、煤油、丙二醇、二甲苯。在中性、酸性和弱碱性水溶液中缓慢分解。遇强碱溶液分解更快，DT_{50}（38℃）＞700h（pH＝1.1）、＞400h（pH＝9.1）、1.28h（pH＝13，20℃）。闪点大于 285℃。

毒性 急性经口 LD_{50}（mg/kg）：大鼠 10，小鼠 117～200，兔 300～1000，狗＞12000。急性经皮 LD_{50}（mg/kg）：大鼠 31～108，兔 400～4700。对兔眼睛和皮肤无刺激。大鼠吸入 LC_{50}（4h）约 0.05mg/L。大鼠和狗 NOEL（2a）为 1mg/kg［0.05mg/(kg·d)］。ADI 值 0.0005mg/kg。

生态效应 鸟急性经口 LD_{50}（mg/kg）：雉 107，鸽子 16。鱼 LC_{50}（96h，mg/L）：丑角鱼＜0.32，古比鱼 0.3～1.6，tilapia 0.04。水蚤 EC_{50}（48h）0.3μg/L。海藻 EC_{50}（96h），羊角月牙藻 1.6mg/L。蜜蜂 LD_{50}（24h，μg/只）：0.55（经口），4.1（接触）。蚯蚓 LC_{50}（14d）217mg/kg（土壤）。

环境行为 在动物体内，首先通过酯化代谢为磷酸氢-2-氯-1-(2,4-二氯苯基）乙烯基乙基酯，最后代谢物为 2,4-二氯苯基乙二醇葡萄糖苷酸和 1-(2,4-二氯苯基）乙醇和 *N*-(2,4-二氯苯甲酰基）甘氨酸。本品在植物中的主要代谢产物为 1-(2,4-二氯苯基）乙醇，类似糖缀合物。土壤/环境：在水中缓慢水解，DT_{50} 88d（pH＝9）、270d（pH＝7）((*Z*)-异构体）、71d（pH＝9）、275d（pH＝4）((*E*)-异构体），光照下（*Z*）型转化为（*E*）异构体，DT_{50} 482h；在土壤中迅速分解，有氧条件下显著矿化，转化速率依土壤类型和温度而定，DT_{50} 8d 砂壤土、161d 砂土（20℃）。

制剂与分析方法 24%、30%、44%、48%乳油，5%粉剂，10%颗粒剂，25%可湿性粉剂。产品可用 GC-MSD /HPLC-UV、红外光谱法、液相色谱法进行分析。残留物分析可用气液色谱法、酶抑制法进行分析。

作用机理与特点 胆碱酯酶的直接抑制剂。

应用

适用作物 水稻、小麦、玉米、蔬菜、番茄、苹果、柑橘、甘蔗、棉花、大豆等。

防治对象 二化螟、黑尾叶蝉、飞虱、稻根蛆、种蝇、萝卜蝇、葱蝇、菜青虫、小菜蛾、菜螟、黄条跳甲、二十八星瓢虫、柑橘卷叶虫、红圆蚧、梨圆钝蚧、粉蚧、矢尖蚧、蚜虫、蓟马、茶卷叶蛾、茶绿叶蝉、马铃薯甲虫、地老虎等以及家畜的蜱螨、疥癣虫、蝇、虱、跳蚤、羊蜱蝇等。

使用方法　作为土壤杀虫剂，用于土壤，防治根蝇、根蛆和地老虎，使用剂量为 2～4kg(a.i.)/hm^2。作为茎叶杀虫剂，果树和蔬菜的用药量为 24%乳油 500～1000 倍液；以 200～400g/hm^2 防治马铃薯上的马铃薯甲虫和柑橘上的介壳虫；以 550～2200g/hm^2 防治玉米、水稻和甘蔗上的钻蛀性害虫；以 400～750g/hm^2 防治棉花上的白蝇，但对其寄生虫无效。以 0.3～0.7g/L 可防治牛体外寄生虫，以 0.5g/L 防治羊体外寄生虫。此外，还可用于公共卫生方面，防治蚊幼虫。

注意事项　茶树必须在采茶前 20d 停止施药，对于覆盖栽培的茶树则不能使用。

专利概况

专利名称　Vinyl phosphate insecticides

专利号　US 3003916　　专利公开日　1961-10-10

专利申请日　1958-06-10　　优先权日　1958-06-10

专利拥有者　Allied Chem

在其他国家申请的化合物专利：IT 632083、GB 888648、FR 1267967、DE 1215137、CA 693024、BE 647820、AU 260700 等。

制备专利与混剂专利：CN 101721981、EP 214936、ZA 7700180、DE 2137383、NL 6900950、VS 2956075、VS 3116201、CA 1111760、CH 692595、EA 3033、JP 9136805、NZ337117、US 6514954、US 2003166618、WO 0237964、WO 9740691、WO 9925187、WO 9519440、EP 289909、ZA 8700517 等。

在中国申请的制剂及混剂专利见表 146-1。

表 146-1　在中国申请的专利

序　号	申 请 号	名　称
1	97194175	农药组合物
2	200710149682	农药组合物
3	200880118847.2	杀虫化合物混合物

合成方法

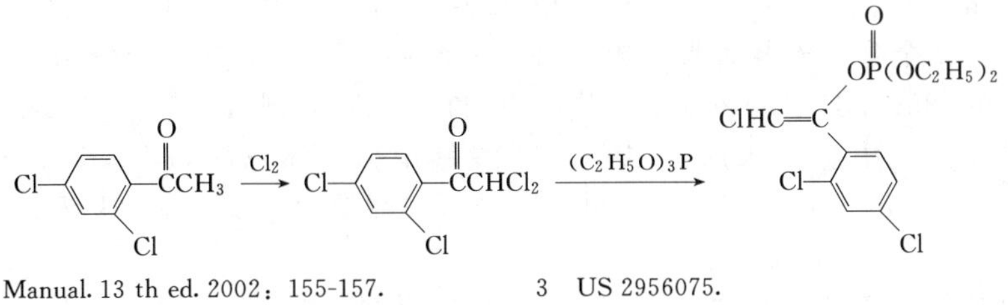

1　The Pesticide Manual. 13 th ed. 2002：155-157.

2　US 3116201.

3　US 2956075.

147　敌敌畏 (dichlorvos)

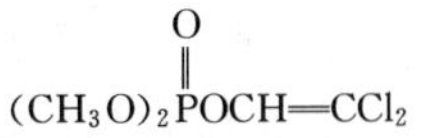

$C_4H_7Cl_2O_4P$，221.0

产品简介

敌敌畏［试验代号：Bayer 19149、C 177 (Ciba)，通用名称：dichlorvos，商品名称：

二氯松、Vapona (agronomic uses only) (BASF)、Charge (Hubei Sanonda)、Dash (Nagarjuna Agrichem)、Denkavepon (Denka)、Dichlorate (Mobedco)、Dix 50 (Kemio)、Dodak (Heranba)、Hilvos (Hindustan)、Mifos (IPESA)、Nuvan (Amvac)、Phosvit (Nippon Soda)、Rupini (Ramcides)、SunVos (Sundat)、Vaportape (Hercon)、Winylofos (Azot)] 是由汽巴-嘉基公司（现属 Syngenta AG)、壳牌化学公司（现属 BASF）和拜耳公司以各自的技术开发生产的杀虫剂。其他商品名称（生产商）：Equigard (BASF)、Nogos (Syngenta)、Agrovos (Chemvet)、Amidos (Aimco)、Amvos liquitech (Amvac)、Cardinal (Soil Chemicals)、Demand (Sulphur Mills)、DE Vap (Vapco)、Devikol (Devidayal)、Didifos (Hekta351)、Didivane (Chimiberg)、Divap (P I Industries，United Phosphorus)、Divipan (Makhteshim-Agan)、Diviphos (Premier. Shukuroglou)、Divos (Plaaskem S. A.)、Domar (Dhanuka)、Doom (United Phosphorus)、Dorvos (Chemia)、Festline (Doğal)、Fume (Krishi Rasayan)、Fuvos (Fugran)、Lava (Sabero)、Lucaphos (Lucava)、No-pest Strip (Amvac)、Nuchlor (BEC)、Swing (Isagro)、Szklarniak (Azot)、VAP-20 (Chem-tech)、Vapon (Prentiss)，混剂（生产商）：Deltagran (+deltamethrin) (ACA)、Detmol du (+chlorpyrifos) (Kemio)、Fuvos Plus (+deltamethrin) (Fugran)、Ketolid (+dimethoate) (Kemio)、Premiphos Quick (+phosphamidon) (Premier. Shukuroglou)。世界主要生产商：ACA、Agro Chemicals India、AgroDragon、Amvac、Bharat、ChemChina Agrochemical、Dacheng、Denka、Devidayal、Gujarat Agrochem、Gujarat Pesticides、Heranba、India Pesticides、IPESA、Lanxi、Lucava、Makhteshim-Agan、Nagarjuna Agrichem、Nippon Soda、Reposo、Sabero、Saeryung、Sharda、Sundat、United Phosphorus、沙隆达郑州农药有限公司、湖北沙隆达股份有限公司、南通江山农药化工股份有限公司、宁波保税区汇力化工有限公司。

化学名称　2,2-二氯乙烯基二甲基磷酸酯，英文化学名称为 2,2-dichlorovinyl dimethyl phosphate。美国化学文摘系统名称为 2,2-dichloroethenyl dimethyl phosphate。CA 主题索引名称为 phosphoric acid，esters，2,2-dichloroethenyl dimethyl ester。CAS 登录号为 [62-73-7]。

理化性质　纯品为无色液体（工业品为芳香气味的无色或琥珀色液体），有挥发性，熔点<−80℃，沸点 234.1℃ (1×10^5Pa)、74℃ (1.3×10^2Pa)，蒸气压 2.1Pa (25℃)。K_{ow} $\lg P=1.9$。Henry 常数 2.58×10^{-2} Pa · m^3/mol。相对密度 (20℃) 1.425。水中溶解度 (25℃) 18g/L。完全溶解于芳香烃、氯代烃、乙醇中，不完全溶解于柴油、煤油、异构烷烃、矿油中。在 185～280℃之间发生吸热反应，在 315℃时剧烈分解，在水和酸性介质中缓慢水解，在碱性介质中急剧水解成二甲基磷酸氢盐和二氯乙醛，DT_{50} 31.9d (pH=4)、2.9d (pH=7)、2.0d (pH=9)。闪点>100℃，172℃（彭斯克-马丁闪点测定仪，1×10^5Pa)。

毒性　大鼠急性经口 LD_{50} 约 50mg/kg，大鼠急性经皮 LD_{50} 224mg/kg。本品对兔眼睛和皮肤轻微刺激。大鼠吸入 LC_{50} (4h) 230mg/m^3，NOEL (2a) 饲喂试验的无作用剂量为 10mg/kg（饲料），LOAEL (1a) 狗 0.1mg/kg。ADI 0.00008mg/kg (2006)，(BfR) 0.001mg/kg，(JMPR) 0.004mg/kg [1993]，(EPA) aRfD 0.008，cRfD 0.0005mg/kg [1993，2006]。

生态效应　山齿鹑急性经口 LD_{50} 24mg/kg，日本鹌鹑亚急性经口 LD_{50} (8d) 300mg/kg。鱼毒 LC_{50} (96h，mg/L)：虹鳟鱼 0.2，圆腹雅罗鱼 0.45 (0.5μg/L EC)。水蚤 LC_{50} (48h) 0.00019mg/L。海藻 EC_{50} (5d) 52.8mg/L。对蜜蜂有毒，LD_{50} 0.29μg/只。蚯蚓 LC_{50} (7d) 15mg/kg（土壤），(14d) 14mg/kg（土壤）。

环境行为　除了泄漏外，对水生和陆地上的生物体不会构成威胁，由于对鸟和蜜蜂剧毒，所以应当谨慎使用。动物：哺乳动物经口给药，在肝脏里通过水解和脱甲基化作用很快降解，半衰期为25min。植物：在植物中很快分解。土壤/环境：在大气中很快分解，在潮湿的环境中可以水解，形成磷酸和CO_2。

制剂与分析方法　主要制剂：Nogos 50 乳油、Nogos 100 乳油、Nuvan 50 乳油、Nuvan 100 乳油、乳油［500g(a. i.)/L 或 1000g(a. i.)/L］、Nuvan 100SC、OL（1000g/L）、AE（4～10g/L）、GR（5g/kg）、Safrotin liquid（5g/kg 敌敌畏＋10g 胺丙威/kg）、AE 油基喷雾剂（敌敌畏＋2,2,2-三氯-1-(3,4-二氯苯基）乙基醋酸酯)。分析方法：①气液色谱法，产品、残留检测和大气样品监测（氢火焰离子化检测器），饮用水检测（氮磷检测器）。②气相色谱法，土壤检测（火焰光度检测器），测定方法来自 Bayer CropScience。③红外光谱法。④碱解法。⑤比色法，敌敌畏与间苯二酚和碳酸钠反应，在 480nm 处进行比色测定。⑥胆碱酯酶抑制法。

作用机理与特点　呼吸系统抑制剂，是具有触杀、胃毒和快速击倒作用的杀虫杀螨剂，抑制昆虫体内乙酸胆碱酯酶，造成神经传导阻断而引起死亡。

应用

适用作物　水果、葡萄、蔬菜、园林植物、茶树、水稻、棉花、蛇麻子等。

防治对象　家庭和公共场所的熏蒸剂，对咀嚼口器和刺吸口器的害虫均有效。

① 防治菜青虫、甘蓝夜蛾、菜叶蜂、菜蚜、菜螟、斜纹夜蛾，用 80%乳油 1500～2000 倍液喷雾；

② 防治二十八星瓢虫、烟青虫、粉虱、棉铃虫、小菜蛾、灯蛾、夜蛾，用 80%乳油 1000 倍液喷雾；

③ 防治红蜘蛛、蚜虫，用 50%乳油 1000～1500 倍液喷雾；

④ 防治小地老虎、黄守瓜、黄条跳虫甲，用 80%乳油 800～1000 倍液喷雾或灌根；

⑤ 防治温室白粉虱，用 80%乳油 1000 倍液喷雾，可防治成虫和若虫，每隔 5～7d 喷药 1 次，连喷 2～3 次，即可控制为害。也可用敌敌畏烟剂熏蒸，方法是：于傍晚收工前将保护地密封熏烟，亩用 22%敌敌畏烟剂 0.5kg。或在花盆内放锯末，洒 80%敌敌畏乳油，放上几个烧红的煤球即可，亩用乳油 0.3～0.4kg；

⑥ 防治豆野螟，于豇豆盛花期（2～3 个花相对集中时），在早晨 8 时前花瓣张开时喷洒 80%敌敌畏乳油 1000 倍液，重点喷洒蕾、花、嫩荚及落地花，连喷 2～3 次。

使用方法　它可用作家庭和公共场所的熏蒸剂，对双翅目害虫和蚊类尤其有效。以 0.5～1g(a. i.)/100m^3 浓度保护储藏产品，以 300～1000g(a. i.)/hm^2 剂量防治刺吸口器和咀嚼口器害虫，以便保护作物。除敏感的菊类植物外，它是没有药害的，也无持效。

① 灭蛆　将原液（50%乳剂）1 份加水 500 份，喷洒粪坑或污水面，每平方米用原液 0.25～0.5mL；

② 灭虱　将上述稀释液喷衣被，闷置 2～3h；

③ 灭蚊蝇　原液 2mL，加水 200mL，泼于地面，关闭窗户 1h，或以布条浸原液挂在室内，每间房屋约用 3～5mL，可保效 3～7d；

④ 灭臭虫　原液 1 份，加水 200 份，用于刷涂缝隙。

专利与登记

现已无专利权问题。

目前公开的或授权的相关专利：CN 1961673、CN 1846501、CN 101647468、CN 101352172、CN 101336638、CN 101218921、IN 1995BO00253、JP 2006131516、

WO2007112848、CN 101575573、CN 1443454、CN 1432282、CN 101695302、CN 87104588、CN 86105777、DE 1251745、FR 2091953 等。

在中国申请的与敌敌畏有关的部分专利见表 147-1。

表 147-1 在中国申请的专利

序号	申请号	专利名称
1	03104630.4	安全型敌敌畏烟剂
2	03109579.8	敌畏·哒螨烟雾剂及其制备方法
3	03124407.6	高效、低毒复配杀虫剂
4	96103448.3	敌敌畏甲氰菊酯农药复配制剂
5	96104849.2	一种防治棉铃虫的农药
6	96106328.9	敌敌畏生产新工艺
7	91105692.0	氯氧敌乳油
8	92108019.0	敌氧菊酯乳油
9	92108202.9	敌氧菊酯乳油
10	92112024.9	敌高磷
11	93104837.0	有机磷复合杀螨杀虫剂(双保 1 号)
12	92104437.2	灭杀灵乳油
13	93102634.2	泽漆皂甙提取、分离及用其配制农业杀虫剂的方法
14	93115583.5	一种植物增皮素
15	94110173.8	鼠虫净热烟雾剂
16	93111063.7	防治保护地蔬菜害虫的熏蚜颗粒剂
17	93111077.7	防治抗性蚜虫的灭虫宁乳油
18	93111638.4	胺虱灵和敌虱灵农药
19	93115780.3	灭蚜灵烟剂的配制方法
20	93120766.5	一种复方农药
21	96109659.4	齐墩螨素—敌敌畏混合杀虫剂
22	96193803.X	用来防治飞行昆虫的杀虫剂浸渍制品
23	95100729.7	一种杀灭棉花害虫的高效农药及复配法
24	97105782.6	一种含吡虫啉杀虫烟剂
25	97194175.0	农药组合物
26	99101419.7	灭虫油
27	99116045.2	低毒、高效蚕茧、丝绸仓库杀虫剂
28	99119624.4	速效蟑螂根除器
29	99115112.7	一种复配式杀虫剂
30	98122084.3	含毒死蜱敌敌畏杀虫乳油
31	01111508.4	无苯敌敌畏乳油及其配制方法
32	200710115032.6	一种快速检测蚊虫抗药性的方法
33	200710115232.1	草腐生食用菌生产用的覆土及其制备方法
34	200710149682.2	农药组合物
35	200810030804.0	防治水稻稻水象甲的杀虫组合物及其应用和水乳剂制备方法
36	200710034479.0	生活垃圾肥化发酵处理液及其配制方法和专用处理容器
37	200410016945.9	杀铃脲复配农药
38	200410013327.9	高效杀虫农药
39	200310110567.6	家用饭菜农药化毒液
40	200510062100.8	一种吡虫啉制成的颗粒剂及其制备方法
41	200410100402.5	一种生产双孢菇的培养基及其应用
42	200510048776.1	用于防治烟草蚜虫的农药混配剂
43	200510050230.X	氟啶脲与丙溴磷或敌敌畏复配农药
44	200610028885.1	重组乙酰胆碱酯酶及其制备方法和用于农药残留检测方法
45	200610153531.X	捕获苍蝇、蚊子、蟑螂、飞蛾系列设备及其制造方法
46	200580012561.2	脂质体中的胆碱酯酶抑制剂及其制备和用途
47	200610124804.8	敌敌畏连续化生产的制备方法
48	200610154687.X	氰虫腈与敌敌畏复配农药
49	200510102209.X	防治杨树天牛的农药主剂及其制成的制剂
50	200610119439.1	一种预防有机磷酸酯类化合物中毒的复方经皮给药制剂
51	200710021411.9	一种用于麦田灰飞虱防治的颗粒剂
52	200710023610.3	氯菊酯敌敌畏复配杀虫剂

续表

序号	申请号	专利名称
53	200710117977.1	农药乳油制剂
54	201110035108.0	一种桑天牛杀灭毒签的制作方法
55	201110035106.1	一种桑天牛毒杀剂
56	201110035111.2	一种桑天牛毒杀剂的制作方法
57	85200106	检测敌敌畏等农药的化学亮光测定仪
58	201030699211.1	瓶子(敌敌畏)
59	02148883.5	对有机磷农药具有广谱降解能力的菌株及其筛选方法
60	03102572.2	防治根结线虫的混合制剂
61	02144686.5	姬松茸生料栽培培养料及制作方法
62	200710130845.2	联苯菊酯敌敌畏复配杀虫剂
63	200810008461.8	捕获害虫的系列设备及其制造方法
64	200810150576.0	一种含噻虫嗪的杀虫剂组合物
65	200710012103.X	一种移动式敌敌畏环流熏蒸机及其熏蒸方法
66	200810151244.4	一种敌敌畏选择性分离功能材料的合成方法
67	200810211962.6	基于噻虫嗪的农药组合物
68	200810211221.8	基于吡蚜酮的农药组合物
69	200710146316.1	一种新型杀蛆块剂
70	200810146220.X	一种含毒死蜱和溴虫腈具有增效作用的杀虫组合物
71	200810107987.1	高产苹果树配养肥的配制方法
72	200810108021.X	一种小麦增产肥的配制方法
73	200810096865.7	一种灵芝配养料的配制方法
74	200810024115.9	一种大棚西瓜增产专用肥的配制方法
75	200810024266.4	一种绿豆增产肥的配制方法
76	200810024280.4	高产梨树配养肥的配制方法
77	200810108029.6	一种西瓜增产专用肥的配制方法
78	200810107879.4	一种大光木耳配养料的配制方法
79	200910020635.7	一种蜡状芽孢杆菌菌株及用它制备的拟除虫菊酯类农药的降解酶及其制备方法
80	200810011713.2	一种以敌敌畏为底物的降解菌株的筛选方法
81	200810022060.8	一种白芷中草药营养肥的配制方法
82	200810022062.7	一种金银花中草药营养肥的配制方法
83	200810022070.1	一种荆芥中草药营养肥的配制方法
84	200810022071.6	一种羌活中草药营养肥的配制方法
85	200810022072.0	一种防风中草药营养肥的配制方法
86	200810129007.8	一种乌药中草药增产肥的配制方法
87	200810022014.8	一种连翘中草药营养肥的配制方法
88	200810022083.9	一种草麻黄中草药营养肥的配制方法
89	200810127219.2	一种鹤草芽中草药增产肥的配制方法
90	200810129092.8	一种肉桂中草药营养肥的配制方法
91	200810129267.5	一种冬凌草中草药营养肥的配制方法
92	200810129513.7	一种赤芍中草药营养肥的配制方法
93	200910161488.5	一种含有虫螨腈的农药组合物
94	200910031446.X	一种大白菜增产肥
95	200910031453.X	一种油菜增产肥
96	200880118847.2	杀虫化合物混合物
97	200910141457.3	一种棉花增产肥
98	200910027612.9	一种竹荪配养料
99	200910145603.X	一种防治西瓜蚜虫的植物药剂
100	200910141165.X	一种玉米增产肥
101	201010230554.2	甘蔗进口种苗检疫方法
102	200910117511.0	敌敌畏和高效氯氟氰菊酯复配乳油制剂
103	200910117512.5	敌敌畏与溴氰菊酯复配乳油制剂
104	200810166665.4	一种红菇配养料的配制方法
105	201010107120.3	一种从敌百虫的生产母液或废水中分离敌敌畏的方法
106	201010133979.1	一种治疗烫烧伤的药物及其制备方法
107	201010181519.6	基于吡蚜酮的农药组合物
108	200910132889.8	一种防治黄瓜蚜虫的植物药剂

续表

序 号	申 请 号	专 利 名 称
109	201010240981.9	基于噻虫嗪的农药组合物
110	200910032447.6	一种防治白菜蚜虫的植物药剂
111	200910032011.7	一种猴头菇配养料
112	200910035230.0	一种含有烯啶虫胺的杀虫组合物
113	201010501795.6	一种改性活性炭及其应用
114	200910170804.5	一种小红豆增产肥
115	201110020603.4	一种复配的杀虫剂组合物
116	200520130052.7	敌敌畏雾化发生器
117	200620130807.8	厨房食品脱毒机
118	200820178256.1	吸捕害虫器
119	201020169410.6	敌敌畏油水分离器
120	201030694529.0	包装箱(敌敌畏)

登记情况　1948 年首次登记。1988 年美国环保署因其致癌、影响肝脏以及抑制胆碱酯酶而发出特殊声明。1995 年建议修改标签而取消某些用途，从而降低风险。

合成方法

(1)

$$(CH_3O)_3P + CCl_3CHO \longrightarrow (CH_3O)_2\overset{O}{\overset{\|}{P}}OCH{=}CCl_2 + CH_3Cl$$

(2)

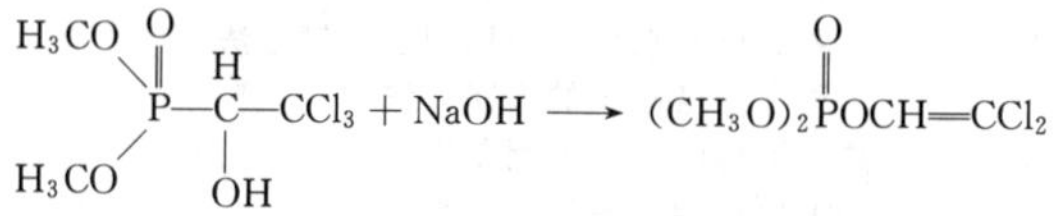

1 The Pesticide Manual. 15 th edition：338-339.

2 GB 775085.

3 US 2956073.

4 http：//pulangke2008. sellgreat. com/product/339346. html.

5 http：//www. epa. gov/pesticides/reregistration/REDs/ddvp _ red. pdf.

148　百治磷（dicrotophos）

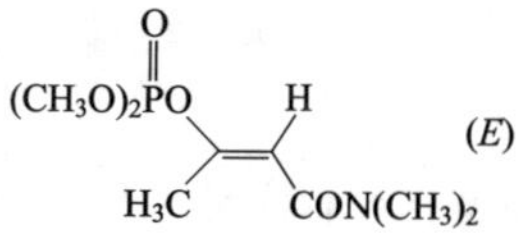

$C_8H_{16}NO_5P$，237.2

产品介绍

百治磷［试验代号：C-709、SD 3562，通用名称：dicrotophos，商品名称：必特灵、双特松、Bidrin（Amvac）、Dicron（Hui Kwang)］先由汽巴公司（现属 Syngenta AG）开发，后由壳牌公司（现属 Du Pont）开发。其他商品名称（生产商）：Dicole（Zagro）、Inject-acide B（Mauget）、Carbicron（Ciba）、Ektafos（Ciba）。世界主要生产商：Amvac、BASF、上海惠光化学有限公司。

化学名称　(*E*)-2-二甲基氨基甲酰-1-甲基乙烯基二甲基磷酸酯。英文化学名称（*E*)-2-dimethylcarbamoyl-1-methylvinyl dimethyl phosphate。美国化学文摘系统名称为（1*E*)-3-(dimethylamino)-1-methyl-3-oxo-1-propenyl dimethyl phosphate。CA 主题索引名 phosphoric acid，esters，(1*E*)-3-(dimethylamino)-1-methyl-3-oxo-1-propenyl dimethyl ester。CAS 登录号［141-66-2］；［18250-63-0］(*Z*)-；［3735-78-2］(*E*)-+(*Z*)-。

理化性质　本品为黄色液体。工业品为琥珀色液体，含量 85%，沸点 400℃（760mmHg）、130℃（0.1mmHg）。蒸气压 9.3×10^{-3} Pa（20℃）。K_{ow} $\lg P=-0.5$（21℃），相对密度（20℃）1.216。与水、丙酮、乙醇、乙腈、氯仿和二甲苯混溶，微溶于

柴油、煤油（<10g/kg）。在酸性和碱性介质中相对稳定，DT_{50}（20℃）88d（pH＝5）、23d（pH＝9），受热分解。

毒性　急性经口 LD_{50}（mg/kg）：大鼠为 17～22，小鼠为 15。大鼠急性经皮 LD_{50} 在 110～180mg/kg 和 148～181mg/kg 之间，兔 224mg/kg，对兔皮肤和眼睛轻微刺激。大鼠吸入 LC_{50}（4h）为 0.09mg/L（空气）。NOEL［2a，mg/kg（饲料）］：大鼠为 1.0［0.05mg/(kg·d)］，狗 1.6［0.04mg/(kg·d)］。大鼠 NOEL 为 2mg/(kg·d)（0.1mg/kg）。ADI/RfD（EPA）aRfD：0.0017；cRfD：0.00007mg/kg［2002］。毒力分级 WHO（a.i.）Ib。

生态效应　鸟类急性经口 LD_{50} 1.2～12.5mg/kg。对母鸡无神经刺激。鱼毒 LC_{50}（24h，mg/L）：食蚊鱼 200，丑角鱼>1000。对蜜蜂有毒，但由于表面残留的快速下降，在应用中出现的影响不大。

环境行为　动物：大鼠和狗经口，几天后在动物体内完全代谢和消除。土壤/环境：二甲氨基团转换为氮-氧化合物，随后转换为醇和醛基，最后甲基化至水解。

制剂与分析方法　Bidrin 可溶性液剂［850～1030g(a.i.)/L］、Carbicron 50 浓水剂（g/L）、Carbicron 100 浓水剂（g/L）、乳油（400g/L 或 500g/L）、Ektafos 500 浓水剂（g/L）、Ektafos 1000 浓水剂（g/L）、可溶性液剂（500g/L 或 1000g/L）、超低量液剂（240～500g/L）、85%、1.03kg/L 水溶性浓剂、24%可湿性粉剂、40%、50%乳剂。产品分析：①红外光谱法；②气相色谱法。残留物分析：(1) 氮磷灵敏检测器的气相色谱法；(2) 净化后①水解和测定二甲胺，②酶抑制法。

作用机理与特点　胆碱酯酶抑制剂，内吸性杀虫、杀螨剂，具有触杀和胃毒作用，持效性中等。

应用

适用作物　用于防治棉花、咖啡、水稻、山核桃、甘蔗、柑橘树、烟草、谷物、马铃薯、棕榈树等。

防治对象　刺吸式、咀嚼式及钻蛀式害虫和螨类，同时也可做为动物的杀外寄生虫药使用。

使用方法　(*E*)-异构体较（*Z*)-异构体活性好，本品为内吸性杀虫剂和杀螨剂，为中等防效。以 300～600g(a.i.)/hm^2 剂量防治刺吸口器害虫是有效的；以 600g(a.i.)/hm^2 剂量防治咖啡果小小蠹螟、螟蛾科和潜叶科害虫有效。除某些种类的果树外，一般无药害。

专利与登记

不存在专利权问题。

目前公开的或授权的相关专利：CN 101547605、DE 102006014489、US 5290770、WO 2002037964、WO 9925188、WO 9925187、WO 2008071714、CN 1655815、DE 4336307 等。

在中国申请的相关专利见表 148-1。

表 148-1　在中国申请的专利

序号	申请号	专利名称
1	97194175.0	农药组合物
2	200710149682.2	农药组合物
3	200880118847.2	杀虫化合物混合物

登记情况　百治磷由美国的壳牌石油公司在 1964 年首次注册，作为触杀性杀虫剂而应

用于棉花和各种作物。1986年10月，壳牌石油公司转让百治磷给杜邦公司，1994年1月，又转让给AMVAC化学公司。

合成方法

由亚磷酸三甲酯与 N,N-二甲基-2-氯乙酰基乙酰胺反应制得。

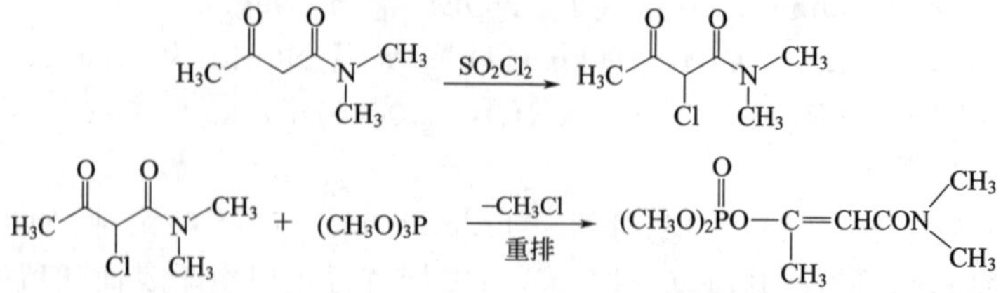

1 The Pesticide Manual. 15 th edition：349-350.
2 GB 829576.
3 BE 552284.
4 US 2956073.
5 US 3111539.
6 DE 1108202.
7 国外农药品种手册．化工部农药信息总站，1996：44-45.
8 http：//www.epa.gov/pesticides/reregistration/REDs/dicrotophos_ired.pdf.

149 甲基毒虫畏（dimethylvinphos）

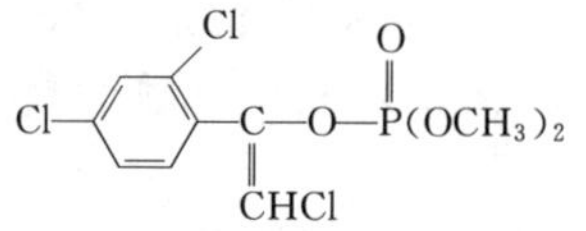

$C_{10}H_{10}Cl_3O_4P$，331.5

产品介绍

甲基毒虫畏（试验代号：SD 8280、SKI-13，通用名称：dimethylvinphos，商品名称：毒虫畏、杀螟畏）由Shell Kagaku KK（现属BASF）开发。其他商品名（生产商）：Rangado（Kyung Nong）。

化学名称 （*Z*)-2-氯-1-(2,4-二氯苯基）乙烯基二甲基磷酸酯。英文化学名称（*Z*)-2-chloro-1-(2,4-dichlorophenyl)vinyl dimethyl phosphate。美国化学文摘系统名称为（1*Z*)-2-chloro-1-(2,4-dichlorophenyl)ethenyl dimethyl phosphate。CA主题索引名 phosphoric acid, esters—，(1*Z*)-2-chloro-1-(2,4-dichlorophenyl)ethenyl dimethyl ester。CAS登录号［2274-67-1］。

理化性质 本品为>95.0%的*Z*-式异构体和<2.0%的*E*-式异构体组成，灰白色的结晶固体，熔点69～70℃。蒸气压 1.3×10^{-3} Pa（25℃）。相对密度（25℃）1.26。K_{ow} lg$P$=3.12（25℃）。水中溶解度（20℃）0.13g/L。其他溶剂中溶解度（20℃，g/L）：二甲苯300～350，丙酮350～400，正己烷450～500。稳定性 DT_{50} 40d（pH=7.0，25℃）。遇光不稳定。

毒性 急性经口 LD_{50}（mg/kg）：大鼠为155～210，小鼠为200～220。大鼠急性经皮 LD_{50} 1360～2300mg/kg，大鼠吸入 LD_{50}（4h，mg/m^3）：雄大鼠为970～1186，雌大鼠>4900。

生态效应 鱼毒 LC_{50}（24h，mg/L）：鲤鱼2.3，水蚤0.002。

制剂与分析方法 2%粉剂、3%粒剂、2%微粒剂、25%乳油、50%可湿性粉剂。产品分析用气相色谱法。

作用机理与特点 胆碱酯酶抑制剂，具有触杀和胃毒作用，持效中等。作为土壤杀虫剂，用于土壤防治根蝇、根蛆和地老虎，还可以防治牛、羊体外寄生虫，以及用于公共卫生方面，防治蚊幼虫。

应用

适用作物　水稻、玉米、甘蔗、蔬菜、柑橘、茶树等。

防治对象　二化螟、黑尾叶蝉、飞虱、稻根蛆、种蝇、萝卜蝇、葱蝇、菜青虫、小菜蛾、菜螟、黄条跳甲、二十八星瓢虫、柑橘卷叶虫、红圆蚧等。

使用方法　粉剂、微粒剂以制剂计为 30～40kg/hm^2。乳油用水稀释 750～1500 倍，可湿性粉剂用水稀释 1500～2000 倍喷施。

专利概况

已无专利权问题。

目前公开的或授权的相关专利：CN 101547605、JP 05112405、JP 63179802、JP 61109703、JP 56075414、PL 181850、WO 2002037964、WO 2000002453、WO 2009131194、CN 101553119、JP 2006298785、CN 1209012、CN 1231823、DE 4336307、JP 63115839 等。

在中国申请的相关专利见表 149-1。

表 149-1　在中国申请的专利

序　号	申请号	名　　称
1	200880118847.2	杀虫化合物混合物

合成方法

(1)　(2)

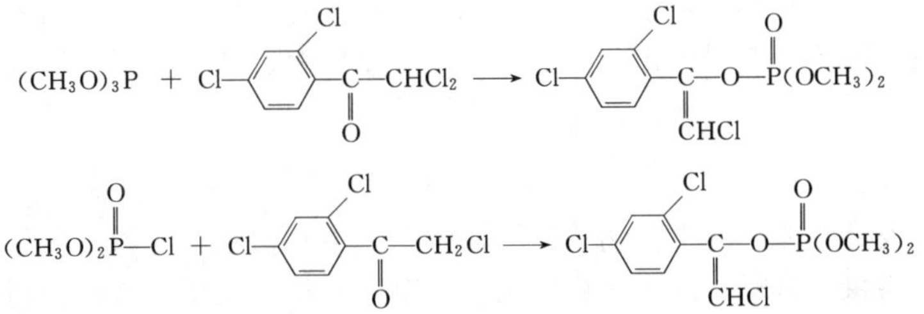

1　The Pesticide Manual. 15 th edition：382.　　2　国外农药品种手册．化工部农药信息总站，1996：35.

150　庚烯磷（heptenophos）

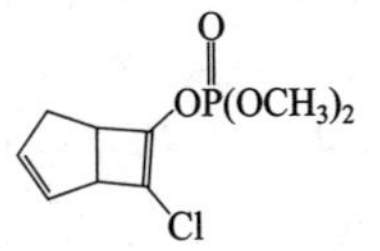

$C_9H_{12}ClO_4P$，250.6

产品简介

庚烯磷（试验代号：Hoe 02982（Hoechst）、AE F002982（AgrEvo），通用名称：heptenophos，商品名称：蚜螨磷、二环庚磷、Ragadan、Hostaquick）是由 Hoechst AG 公司（现属拜耳公司）开发的。其他商品名称（生产商）：Decisquick（Bayer CropScience）。

化学名称　7-氯双环［3.2.0］庚-2,6-二烯-6-基二甲基磷酸酯，英文名称 7-chlorobicyclo［3.2.0］hepta-2,6-dien-6-yl dimethyl phosphate。美国化学文摘系统名称为 7-chlorobicyclo［3.2.0］hepta-2,6-dien-6-yl dimethyl phosphate。CA 主题索引名 phosphoric acid, esters 7-chlorobicyclo［3.2.0］hepta-2,6-dien-6-yl dimethyl ester。CAS 登录号［23560-59-0］。

理化性质　浅褐色液体，工业级纯度≥93%，伴有磷酸酯的味道，沸点 64℃(0.075mmHg)。蒸气压为 6.5×10^{-2} Pa (15℃)，0.17Pa (25℃)。$K_{ow}\lg P=2.32$，Henry 常数 5.73×10^{-5} Pa·m^3/mol (20℃)，2.33×10^{-4} Pa·m^3/mol (25℃)。相对密度 1.28 (20℃)。水中溶解度 (20℃) 2.2g/L。与大多数有机溶剂互溶，如丙酮、甲醇、二甲苯中溶解度>1kg/L (25℃)，正己烷中 0.13kg/L。在酸性和碱性介质中水解。闪点 165℃。

毒性　急性经口 LD_{50} (mg/kg)：大鼠 96～121，狗 500～1000。大鼠急性经皮 LD_{50}> 2000mg/kg。对眼睛有轻微刺激。大鼠吸入 LC_{50} (4h) 0.95mg/L (空气)。NOEL (2a, mg/kg)：狗 12，大鼠 15。ADI 为 0.002mg/kg (1997)。

生态效应　日本鹌鹑急性经口 LD_{50} 17～55mg/kg (饲料)。鱼毒 LC_{50} (96h, mg/L)：鳟鱼 0.056，鲤鱼 24。水蚤 LC_{50} (48h) 2.2μg/L。水藻 EC_{50} (72h) 20mg/L，对蜜蜂有毒。蚯蚓 LC_{50} (14d) 98mg/kg (土壤)。

环境行为　动物：大鼠经口给药，在 6d 时间里新陈代谢的分泌物 90%在尿液中，6%在粪便中。植物：在 4d 时间内应用到莴苣中，新陈代谢过程正好相反，水溶性的本品没有任何中间状态的堆积物。土壤/环境：在土壤中通过生物降解作用迅速水解，DT_{50} 1.4d，DT_{90} 4.6d (取决于温度和土壤类型)，在有氧的实验环境下，DT_{50}<4h，DT_{90} 40h (20℃)。在水相中以沉淀物的方式降解速度很快，DT_{50} 27～77h。

制剂　Hostaquick，乳油 [550g(a.i.)/L] (农作物用)；Ragadan，乳油 (250g/L)、可湿性粉剂 (400g/kg) (兽用)、25%、50%乳油、40%可湿性粉剂。

作用机理与特点　胆碱酯酶抑制剂，内吸兼具胃毒、触杀和呼吸系统抑制作用，能快速穿透植物组织，并能在植物体内快速传导，尤其是向顶传导作用明显。用于防治豆蚜，还用于果树蔬菜蚜虫的防治。其最突出的特点是高效、持效短、残留量低，所以最适用于临近收获期防治害虫。

应用

适用作物　农林牧业、温室作物、果树、蔬菜、观赏植物、谷物。

防治对象　害虫、害螨、线虫、病原菌、杂草及鼠类。主要用来防治刺吸口器害虫的某些双翅目害虫。对猫、狗、羊、猪的体外寄生虫（如虱、蝇、螨和蜱）也有效。

残留与安全性　本品适用于果树和蔬菜蚜虫的防治，可以喷洒方式使用（一般为 5d），并能从植物表面熏蒸扩散。其最突出的特点是适用于临近收获期防治害虫，勿需很长的安全间隔期，喷药后 5d 即可采食。也是猪、狗、牛、羊和兔等体外寄生虫的有效防治剂。该药能在这些动物体内很快排泄而无残留。

使用方法　本品用于防治哺乳类昆虫（尤其是蚜虫）和一些双翅目昆虫，在水果树上本品的适用浓度为 0.05%；防治棉蚜的适用浓度为 0.1%；48mg/L 药液可杀灭豆蚜 98%；园林植物的适用浓度为 0.05%；温室农作物的适用浓度为 0.05%～0.1%；谷类植物的适用剂量为 0.4～0.5L/hm^2。

专利概况

无专利权问题。

目前公开的或授权的相关专利：DE 1643608、GB 1194603、US 3600474、US 3705240、US 3810919、CH 689326、CN 1031240、CN 1078045、CN 101547605、ES 2182693、FR 2720230、GB 2150438、WO 2002037964、WO 2000002453、CN 101553119、CN 1117055、DE 4336307 等。

在中国申请的相关专利见表 150-1。

表 150-1 在中国申请的专利

序号	申请号	名 称
1	200880118847.2	杀虫化合物混合物

合成方法

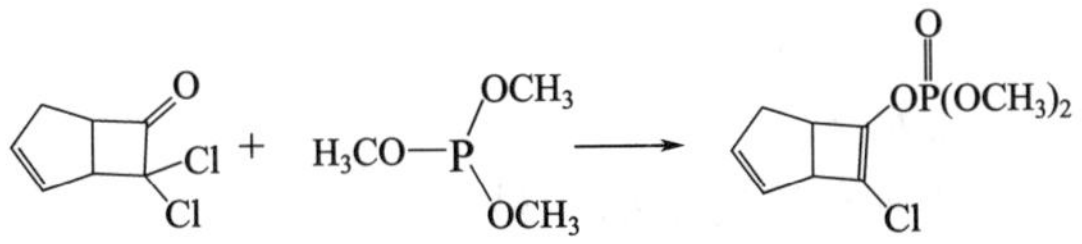

1 The Pesticide Manual. 15 th edition：608-609.

2 S. Sakaue. Nippon Nogei kagaku Kaishi，1981，55：1237.

3 J. Miyamoto. Nihon Noyaku Gakkaishi，1978，3：119.

4 J. Econ. Entomol.，1963，56：862.

5 国外农药品种手册．化工部农药信息总站，1996：403-404.

6 http：//www. chemyq. com/xz/xzl/4824syfuo. htm.

151 速灭磷（mevinphos）

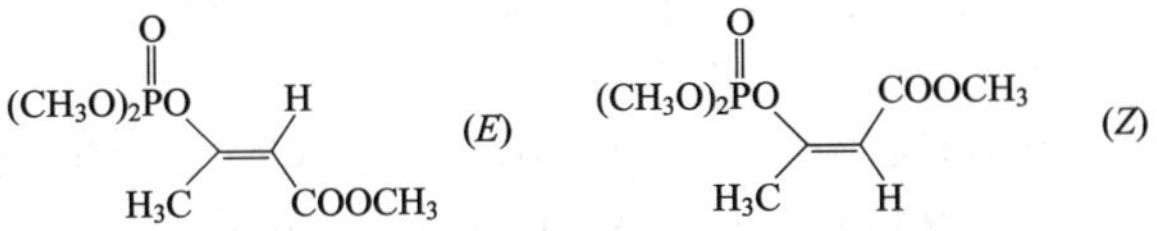

$C_7H_{13}O_6P$，224.1

产品简介

速灭磷［试验代号：OS-2046（Cyanamid），通用名称：mevinphos，商品名称：灭虫螨未磷、磷君、美文松、自克威、免得烂、Phosdrin（Amvac）、Mevindrin］最初由美国壳牌化学公司（现属 BASF）开发，后在 2001 年由 Amvac Chemical 继续开发。其他商品名称（生产商）：Duraphos（Amvac）。世界主要生产商：Amvac、Comlets、Hui Kwang。

化学名称 (*EZ*)-3-(二甲氧基磷酰氧基)-2-丁烯酸甲酯。英文名称 (*EZ*)-2-methoxycarbonyl-1-methylvinyl dimethyl phosphate 或 methyl (*EZ*)-3-(dimethoxy-phosphinoyloxy) but-2-enoate。美国化学文摘系统名称为 methyl 3-[(dimethoxyphosphinyl)oxy]-2-butenoate。CA 主题索引名 2-butenoic acid—，3-[(dimethoxyphosphinyl)oxy]-methyl ester。CAS 登录号［7786-34-7］(*Z*)-+(*E*)-；［26718-65-0］(*E*)-；［338-45-4］(*Z*)-。

理化性质 工业品含>60%（*E*)-型体和大约 20%（*Z*)-型体。纯品无色液体，熔点（*E*）式 21℃，（Z）式 6.9℃。沸点 99～103℃（0.3mmHg）。蒸气压（20℃）为 1.7×10^{-2} Pa。$K_{ow}\lg P=0.127$。相对密度 1.24（20℃），（*E*）式 1.235，（*Z*）式 1.245。几乎能与水和大多数的有机溶剂混溶，如乙醇、酮类、芳香烷烃、氯化烷烃，微溶于脂肪烷烃、石油醚、轻石油和二硫化碳。在室温下稳定，但是在碱性溶液中分解，DT_{50} 120d（pH=6），35d（pH=7），3d（pH=9），1.4h（pH=11）。

毒性 大鼠急性经口 LD_{50}（mg/kg）：大鼠 3～12，小鼠 7～18。急性经皮 LD_{50}（mg/kg）：大鼠 4～90，兔 16～33。对兔眼睛和皮肤有轻微的刺激性。大鼠吸入 LC_{50}（1h）0.125mg/L。NOEL 值（2a，mg/kg）：大鼠 4，狗 5。ADI 为 0.0008mg/kg，（EPA）aRfD 0.001，cRfD 0.00025mg/kg。

生态效应 鸟类急性经口 LD_{50}（mg/kg）：绿头鸭 4.63，鸡 7.52，野鸡 1.37。鱼毒 LC_{50}（48h，mg/L）：虹鳟鱼 0.017，大翻车鱼 0.037。蜜蜂 LD_{50} 0.027μg/只。

环境行为 动物：哺乳动物经口，在 3～4d 的时间内代谢物随尿液和粪便排出。植物：在植物体内迅速降解为毒性较低的磷酸二甲酯和磷酸，其中（*E*)-异构体的转换比（*Z*)-异构体的快。

制剂与分析方法 乳油 [300g(a.i.)/L]、可湿性粉剂（500g/kg）、粉剂（20g/kg）、微粒剂（20g/kg）。产品分析用HPLC和紫外吸收光谱，残留物用配有ECD检测器的GC测定。

作用机理与特点 胆碱酯酶抑制剂，对各类害虫和螨类都具有触杀、胃毒和呼吸系统抑制作用，并具有内吸性，残效期短的特点。

应用

适用作物 水稻、茶叶、水果。

防治对象 叶蝉科、飞虱科和果树上的蚧科。

使用方法 通常用量约为40g(a.i.)/L。防治棉蚜，每亩用40%乳油50～75mL，对水50～100kg喷雾。防治棉铃虫，每亩用40%乳油75～100mL，对水50～100kg喷雾。防治叶螨、菜青虫，用40%乳油2000倍稀释液喷雾。

专利概况

不存在专利权问题。

目前公开的或授权的相关专利：CN 1078045、CN 101547605、DE 102006014489、FR 2720230、IN 1995 BO 00253、JP 2006213665、US 4064237、US 4064237、US 3567800、WO 2002037964、WO 2000002453、WO 2008071714、WO 2007112848、CN 101553119、CN 1802910、CN 1655815、WO 9829424、WO 9314222等。

在中国申请的相关专利见表151-1。

表151-1 在中国申请的专利

序号	申请号	名称
1	95113336.5	乙烯基磷酸酯农药的合成方法
2	200880118847.2	杀虫化合物混合物

合成方法

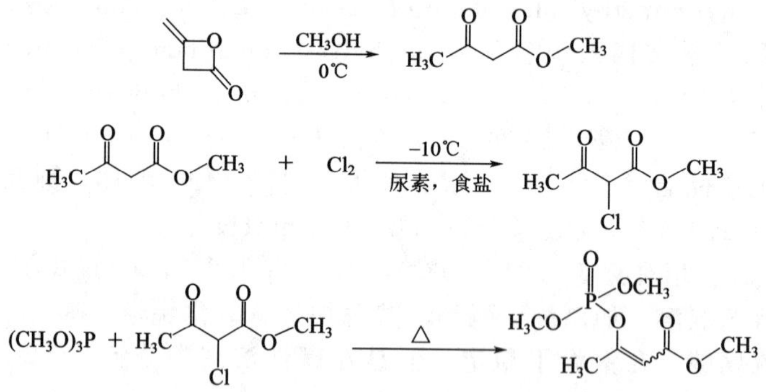

1 The Pesticide Manual. 15 th edition：791-792.
2 US 2685552.
3 Nihon Noyaku Gakkaishi，1978，3：119.
4 J. Econ. Entomol，1963，56：862.
5 Nippon Nogei kagaku Kaishi，1981，55：1237.

152 久效磷（monocrotophos）

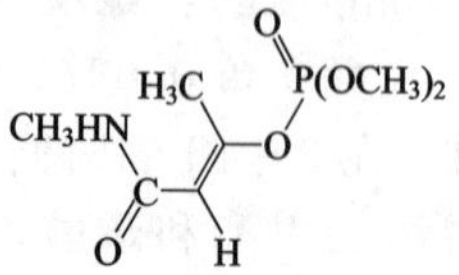

$C_7H_{14}NO_5P$，223.2

产品简介

久效磷［试验代号：C 1414（Ciba）、SD 9129（Shell），通用名称：monocrotophos，商品名称：Agrodrin（Inquiport）、Aimocron（Aimco）、Croton（RPG）、Devimono（Devidayal）、Monitor（Crop Health）、Monocrown（Nagarjuna Agrichem）、Monodhan（Dhanuka）、Monodrin（Hui Kwang）、Monostar（United Phosphorus）、Pilardrin（Pilarquim）、铃杀（印度联合）、纽瓦克（汽巴-嘉基）、亚素灵（台）］是由 Ciba AG 和 Shell Chemical Co.（现 BASF）开发的有机磷类杀虫剂。世界主要生产商：BASF、CAC、Cheminova、Comlets、Crystal、DE-NOCIL、Hindustan、Hui Kwang、India Pesticides、Makhteshim-Agan、Nagarjuna Agrichem、Parry、Q. E. A. C. A. 、Rallis、Sabero、Sharda、Sinon、Sudarshan、Taiwan Tainan Giant、United Phosphorus。其他商品名称（生产商）：Apadrin（Bayer CropScience）、Bullet（Zagro）、Canon（CAS）、Crisodrin（Crystal）、Cropaphos（Papaeconomou）、Crotos（Isagro）、Efacron（Efthymiadis）、Hukron（Hekta351）、Inject（Zagro）、Kadett（P I Industries）、Lucadrin（Lucava）、Megatron（Doğal）、Molphos（Gujarat Pesticides）、Monacron（AgroSan）、Mono（Zagro）、Monocron（BEC）、Monocron（Makhteshim-Agan）、Monoplus（Agro Chemicals India）、Monosul（Sulphur Mills）、Mosum（Sabero）、Parryfos（Coromandel）、Range（Jubilant Organosys）、Rasayanphos（Krishi Rasayan）、R C Pos（Ramcides）、Tata Mono（Rallis）。

化学名称 （*E*)-2-(甲基氨基甲酰基)-1-甲基乙烯基磷酸二甲酯。英文化学名称为 dimethyl (*E*)-1-methyl-2-(methylcarbamoyl) vinyl phosphate 或 3-dimethoxyphosphinoyloxy-*N*-methylisocrotonamide。美国化学文摘系统名称为 dimethyl (1*E*)-1-methyl-3-(methylamino)-3-oxo-1-propenyl phosphate。CA 主题索引名称为 phosphoric acid，esters dimethyl (1*E*)-1-methyl-3-(methylamino)-3-oxo-1-propenyl ester。CAS 登录号为［6923-22-4］。久效磷［6923-22-4］，曾用［919-44-8］；［919-44-8］(*Z*)-异构体，［2157-98-4］(*E*)-+(Z) 混合物。

理化性质 工业级含量≥75%，纯品为无色，吸湿晶体（工业品是深棕色半固态），熔点 54～55℃（工业品 25～35℃）。蒸气压 2.9×10^{-4} Pa（20℃），9.8×10^{-4} Pa（单独研究）。相对密度 1.22（20℃）。K_{ow} $\lg P=-0.22$（calc.）。溶解度（20℃）：水中 100%溶解，甲醇 100%，丙酮 70%，正辛醇 25%，甲苯 6%（20℃时全溶），难溶于煤油和柴油。在大于 38℃时分解，大于 55℃发生热分解反应，20℃水解，DT_{50}（calc.）：96d（pH=5）、66d（pH=7）、17d（pH=9），在短链醇溶剂中不稳定。遇惰性材料分解（进行色谱分析时应注意）。

毒性 大鼠急性经口 LD_{50}（mg/kg）：雄 18，雌 20。急性经皮 LD_{50}（mg/kg）：兔 130～250，雄大鼠 126，雌大鼠 112。本品对兔眼睛和皮肤无刺激。大鼠吸入 LC_{50}（4h）0.08mg/L（空气）。NOEL 值［2a，mg/kg（饲料）］：大鼠 0.5［0.025mg/(kg·d)］，狗 0.5［0.0125mg/(kg·d)］。ADI/RfD 为（JMPR）0.0006mg/kg［1995］。

生态效应 鸟类急性经口 LD_{50}（14d，mg/kg）：野鸭 4.8，雄日本鹌鹑 3.7，雄山齿鹑 0.94，鸡 6.7，雏野鸡 2.8，鹧鸪 6.5，鸽子 2.8，麻雀 1.5。鱼毒 LC_{50}（mg/L）：虹鳟 7（48h），虹鳟 12（24h），大翻车鱼 23。水蚤 LC_{50}（24h）0.24μg/L。其他水生生物 LC_{50}（96h，mg/L）：钩虾鲀 0.3，沼虾 1.9，美洲牡蛎>1。对蜜蜂有较高毒性，LD_{50}（经口）0.028～0.033mg/只，（接触）0.025～0.35mg/只。

环境行为 在植物、动物或土壤中的新陈代谢详见 K. I. Beynon et al.，Residue Rev.，1973，47，55。哺乳动物经口以后，其中 60%～65%会在 24h 内主要以尿液的方式排出体外。在土壤中快速的降解，DT_{50}（lab.）1～5 d。

制剂与分析方法　制剂有40%、50%乳油，20%、40%、50%、60%水剂，5%颗粒剂。产品分析主要有红外光谱法和色谱法。残留物分析主要有如下两种：1. 用带对磷敏感的检测器的气相色谱法；2. 自动化胆碱酯酶法。

作用机理与特点　久效磷是一种高效内吸性有机磷杀虫剂、杀螨剂，具有很强的触杀和胃毒作用。杀虫谱广，速效性好，残留期长，能快速穿透植物组织，对刺吸、咀嚼和蛀食性的多种害虫有效。作用机制为抑制昆虫体内的乙酰胆碱酯酶。久效磷还有一定的杀卵作用。

应用

适用作物　适用于防治棉花、水稻、大豆、森林等。

防治对象　对刺吸式、咀嚼式口器和蛀食性多种作物害虫均有高效。对已产生抗药性的蚜、螨药效尤为突出。可防治棉花上的蚜虫、红蜘蛛、棉铃虫、红铃虫、造桥虫、斜纹夜蛾、棉叶蝉、盲蝽象、小地老虎，水稻的螟虫、纵卷叶螟、稻飞虱、叶蝉、稻蓟马、稻苞虫、稻螟蛉、蚜虫及麦、油菜、玉米、豆类、茄、烟草、果树、森林等作物害虫。

残留量与安全施药　国家或联合国粮农组织（FAO）和世界卫生组织（WHO）对久效磷农药在食品中最高残留限量（MRL）为：糙米中应不大于0.05mg/kg，棉籽油中0.05mg/kg，蛋（去壳）、羊、猪、家禽肉和内脏为0.02mg/kg，奶制品为0.02mg/kg，大豆、土豆、甜菜、萝卜为0.05mg/kg，咖啡豆、棉籽、洋葱、胡萝卜、玉米粒为0.1mg/kg，菜花、柑橘类为0.2mg/kg，苹果、啤酒花、豌豆、蚕豆、洋白菜为1mg/kg。

应用技术　防治螨类和刺吸性害虫的剂量为250～500g/hm^2；防治鳞翅目幼虫的剂量为500～1000g/hm^2，持效期为1～2周。在寒冷地区，久效磷对某些品种的苹果（如金冠Golden Delicious和Ananas Reinete apple)、李子、桃和高粱产生药害。

使用方法

① 棉花害虫的防治　棉铃虫主要防治棉田二、三代幼虫，在卵孵盛期，每亩用40%乳油50～80mL，对水75kg，均匀喷雾。棉蚜每亩用40%乳油25～37.5mL，对水40～60kg，对叶背均匀喷雾，也可用药液涂茎法，即用40%乳油0.5～1kg，对水40kg，用棉球捆在筷子的一端，蘸药液涂在棉苗茎的红绿交界处，药带宽为1～2cm。棉红蜘蛛防治药量及喷雾方法同棉蚜。棉红铃虫防治适用期为各代发蛾及产卵盛期，用药量和使用方法同棉铃虫。

② 水稻害虫的防治　二化螟在蚁螟孵化高峰前后3d施药，每亩用40%乳油50～100mL，对水50～75kg喷雾。三化螟在孵化高峰前1～2d施药，用药量和使用方法同二化螟。稻纵卷叶螟在幼虫1～2龄高峰期，每亩用40%乳油40～60mL，对水60～75kg喷雾，稻飞虱、稻叶蝉在2～3龄若虫盛发期施药。每亩用40%乳油50mL，对水100kg喷雾。稻蓟马在若虫盛孵期防治，每亩用40%乳油30～60mL，对水60～75kg喷雾。

③ 大豆害虫的防治　大豆食心虫在成虫盛发期到幼虫入荚前防治。每亩用40%乳油60～80mL，对水60～80kg，均匀喷雾。豆荚螟在大豆结荚期间成虫盛发期或卵孵化盛期前防治，用药量和使用方法同大豆食心虫。

④ 森林害虫的防治　防治松树介壳虫、松毛虫，春、秋两季用久效磷原液，夏季稀释1～5倍涂松树干或打孔注入，效果良好。

注意事项　①不能与碱性农药混用，食用作物收获前10d停止用药。②此药对高粱易产生药害，使用时要慎重。③本品对蜜蜂有毒，应避免在开花期用药。④施药时应穿戴防护面具，禁止饮食和吸烟。药液溅到皮肤上应立即用清水和肥皂清洗。如误服应引吐，并送医院治疗。解毒剂为阿托品或解磷定，或两种解毒剂合并进行治疗。

专利与登记

不存在专利权问题。

目前公开或授权的相关专利：CN 101039929、CN 101061103、CN 101351456、CN 101553119、CN 1075241、CN 1105006、CN 1108470、CN 1168761、CN 1605588、CN 1699981、CN 1802910、CN 1829707、DE 4336307、GB 1151994、IN 185387、IN 2006 MU 01003、JP 05246810、JP 2006298785、US 20040053786、US 20040063738、US 20040116296、US 20040186141、US 20050238693、US 5366961、US 5962003、WO 2002048115、WO 2002049430、WO 2007089455、WO 2008150393、WO 2009051956、WO 2009099929、WO 2010005692、CN 101223876、CN 101547605、CN 1047014、CN 1052021、CN 1140016、CN 1498077、CN 1921842、DE 3116010、FR 2720230、IN 1995BO00253、IN 2007MU00790、JP 63088106、JP 63088107、PL 104120、US 20100087526、US 5366961、US 5703064、WO 2002037964、WO 2007112848、WO 2008071714、WO 9925187、WO 9925188 等。

在中国申请的含久效磷专利见表 152-1。

表 152-1　在中国申请的专利

序　号	申　请　号	专　利　名　称
1	87102556	久效磷氯化工艺改进及其废水处理
2	88106498.X	久效磷的稳定制剂配方
3	91104647.X	涂抹剂
4	92107293.7	久效磷膏剂制造方法
5	93110331.2	一种杀虫剂
6	93106078.8	一种多功能高效杀虫杀螨剂
7	93119827.5	渗透剂对新啡类、氮杂新啡类及其他活性化合物的增效作用
8	93118352.9	一种新型广谱高效杀虫杀螨剂
9	93114599.6	生化黄腐酸药肥及制取方法
10	97194175.0	农药组合物
11	200710149682.2	农药组合物
12	200310111213.3	氯羟久效磷及其制备和用途
13	200510013498.6	用于检测久效磷的纳米印迹聚合物微球的制备方法
14	200510022549.1	一种久效磷农药残留降解菌及其生产的菌剂
15	200510096207.4	一种大豆酯酶的制备方法
16	85200106	检测敌敌畏等农药的化学亮光测定仪
17	92213646.7	便携式液压蓄能树干定量注射机
18	200810096864.2	一种玉米增产肥的配制方法
19	200880118847.2	杀虫化合物混合物
20	201010288099.1	一种防治林木钻蛀性害虫的毒签制备方法

久效磷于 1964 年，由美国壳牌公司试用，1965 年由该公司和瑞士汽巴公司推广。

在我国登记与推荐使用情况如下：

LS 83072，Nuvacron 40 SCW，久效磷 36.7%水可溶剂，防治棉花害虫每亩用 20～40g (a.i.)，防治水稻害虫每亩用 27～40g(a.i.)。

PD163-92，Nuvacron 40 SCW，久效磷 40%水可溶剂，400g/L (36.7%)，防治棉花棉蚜、红铃虫、红蜘蛛，每亩以 18.35～36.7g(a.i.) 喷雾。

合成方法

经如下反应制得久效磷：

(1) 亚磷酸三甲酯的制备

$$PCl_3 + CH_3OH + NH_2COONH_4 \xrightarrow[-5\sim15℃]{\text{二氯乙烷}} P(OCH_3)_3 + NH_4Cl + CO_2$$

(2) 乙酰基氯代乙酰甲胺的制备

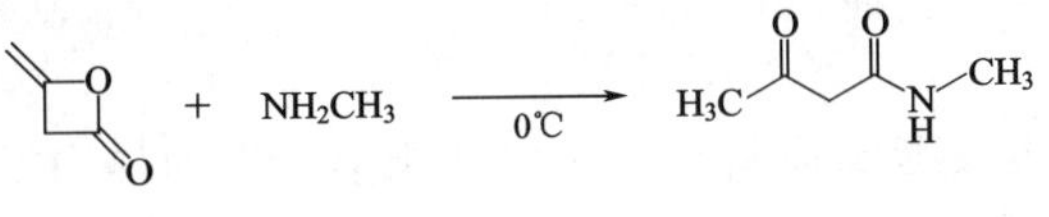

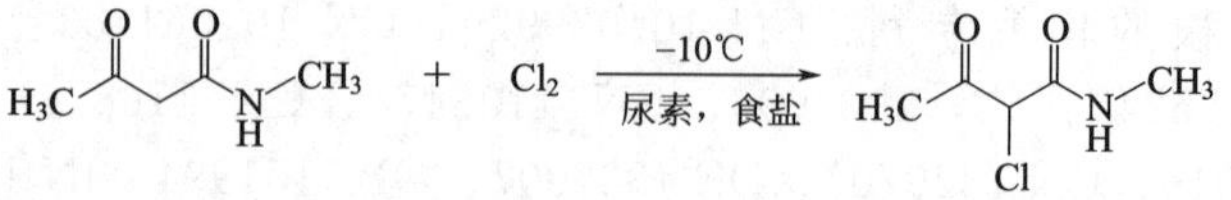

(3) 久效磷的合成

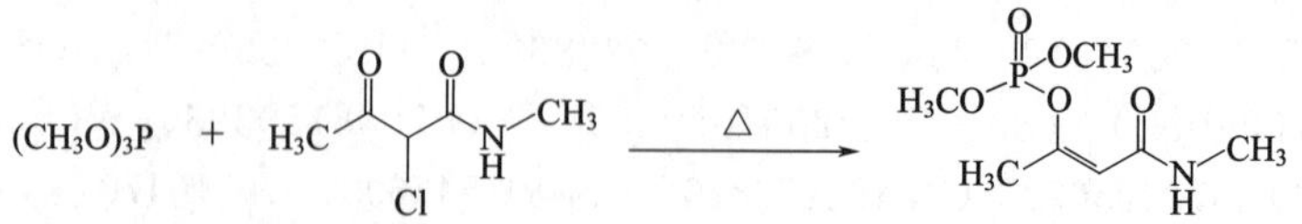

1 The Pesticide Manual. 15 th edition: 797-798.
2 精细化学品大全-农药卷．浙江科学技术出版社，2000：27-30.
3 农药商品大全．中国商业出版社，1996：19-20.
4 国外农药品种手册．化工部农药信息总站，1996：43-44.
5 http://baike.baidu.com/view/143583.htm? fr = ala0_1_1.

153 二溴磷（naled）

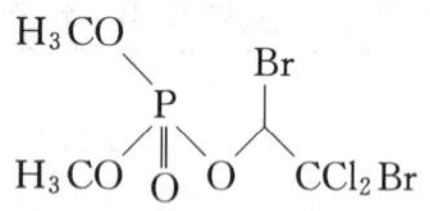

$C_4H_7Br_2Cl_2O_4P$，380.8

产品简介

二溴磷［试验代号：RE-4355（Chevron），通用名称：naled，商品名称：Dibrom（Amvac）、万丰灵］是 Chevron Chemical Company LLC 开发的有机磷类杀虫剂。世界主要生产商：Amvac 和 Lucava。

化学名称 *O*,*O*-二甲基-*O*-(1,2-二溴-2,2-二氯乙基)磷酸酯。英文化学名称为（*RS*）-1,2-dibromo-2,2-dichloroethyl dimethyl phosphate。美国化学文摘系统名称为 1,2-dibromo-2,2-dichloroethyl dimethyl phosphate。CA 主题索引名称为 phosphoric acid，esters 1,2-dibromo-2,2-dichloroethyl dimethyl ester。CAS 登录号为［300-76-5］。

理化性质 纯品为无色液体，带有轻微的辛辣气味，工业级纯度约为 93%。熔点 26～27.5℃。蒸气压 2.66×10^{-1}Pa（20℃）。相对密度 1.96（20℃）。几乎不溶于水，易溶于芳香族或带氯的溶剂，微溶于矿物油或脂肪族溶剂。干燥条件下稳定，但是在水性介质中快速水解（室温条件下，48h 下水解率大于 90%），在酸性或碱性介质中水解速率更快，阳光下降解，在有金属或还原剂存在的条件下，失去溴，生成敌敌畏。

毒性 大鼠急性经口 LD_{50} 430mg/kg。兔急性经皮 LD_{50} 1100mg/kg。本品对兔眼睛有刺激作用，灼伤眼睛。大鼠置于 1.5mg/L（空气）中 6h，无伤害。大鼠 NOEL 值（2a）0.2mg/(kg·d)。毒性级别 WHO(a.i.) Ⅱ。ADI/RfD（mg/kg）：aRfD 0.01，cRfD 0.002［1995，2006］。毒力分级 WHO(a.i.) Ⅱ。

生态效应 野鸭、尖尾榛鸡、黑额黑雁急性经口 LD_{50} 为 27～111mg/kg。金鱼急性经口 LD_{50} 2～4mg/L（24h），施药浓度达 560g/hm^2 时，食蚊鱼不会死亡，蟹急性经口 LD_{50} 0.33mg/L，施药浓度达 560g/hm^2 时，蝌蚪不会死亡。对蜜蜂有毒。

环境行为 在动物中，二溴磷被快速水解为一些代谢物，包括敌敌畏、二氯溴乙醛、二甲基磷酸盐和氨基酸轭合物。在植物中，溴原子经蒸发或是快速水解断裂掉，发生裂解还原反应，形成敌敌畏。

制剂与分析方法 50%乳油、5%颗粒剂、4%粉剂。产品、制剂和残留物可以用气相色谱法进行分析。

作用机理与特点 胆碱酯酶抑制剂，活性可能来自生物体内发生脱溴作用生成的敌敌畏。本品系高效、低毒、低残留新型杀虫、杀螨剂。对昆虫具有触杀、熏蒸和胃毒作用，对家蝇击倒作用强。无内吸性。

应用

防治对象　主要用于防治叶螨、蚜虫、还有一些生长于作物、水果、蔬菜、花卉、甜菜、酒花、棉花、水稻、苜蓿、大豆、烟叶、蘑菇、温室作物或树上的昆虫。还可以施药于动物窝棚或是公共场所，控制苍蝇、蚂蚁、跳蚤、蟑螂、蠹虫等以及一些蚊科。

残留量与安全施药　残效期较短，常温下施药后1～2d就失效。

使用方法　①2400倍液防治家蝇、800倍液防治臭虫。可用50％乳油1000倍液喷洒于物体表面，家蝇、蚊接触后5min即中毒死亡。②防治蚜虫、红蜘蛛、叶跳虫、卷叶虫、蝽象、尺蠖、粮食害虫及菜蚜、菜青虫等，可用50％乳油1000～1500倍喷雾；200倍液防治金龟子、菜青虫、虱、蚤等。③10000倍液防治天牛幼虫（灌洞）及毛织品、地毯的害虫。④二溴磷也有一些熏蒸作用，用于室温和蘑菇房，用量约为32mg/ m^2。⑤二溴磷100mg/kg浓度能100％抑制黄曲霉毒素的产生。

注意事项　①水溶液易分解，要随配随用。②不能与碱性农药混用。③对人皮肤、眼睛等刺激性较强，使用时应注意保护。④本品在豆类、瓜类作物中易引起药害，使用时应慎重，最好改用其他杀虫剂。⑤对蜜蜂毒性强，开花期不宜用药。

专利概况

不存在专利权问题。

目前公开的或授权的相关专利：GB 855157、BE 624256、CN 101171914、CN 101553119、CN 1655815、DE 4336307、JP 2006298785、US 5283180、US 6617301、CN 101547605、DD 259126、DD 262576、DD 295524、JP 08333208、JP 2006213665、US 20050147634、WO 2000002453、WO 2002037964等。

在中国申请的含二溴磷的专利见表153-1。

表153-1　在中国申请的专利

序号	申请号	专利名称
1	200880118847.2	杀虫化合物混合物

合成方法

经如下反应制得二溴磷：

1　The Pesticide Manual. 15 th edition：805-806.

2　国外农药品种手册．化工部农药信息总站，1996：40-41.

3　农药商品大全．中国商业出版社，1996：17-18.

4　http：//baike. baidu. com/view/359814. htm.

154　萘肽磷（naftalofos）

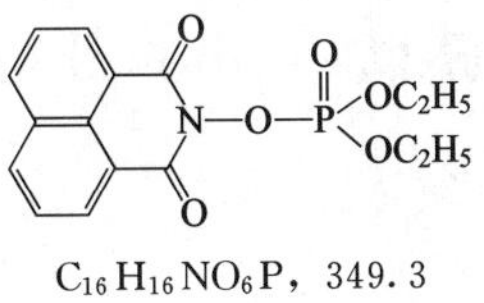

$C_{16}H_{16}NO_6P$，349.3

产品简介

萘肽磷（naftalofos）是有机磷类杀虫剂。

化学名称　萘二甲酰亚氨氧基磷酸二乙酯。英文化学名称为 diethyl naphthalimidooxy-phosphonate。美国化学文摘系统名称为 2-[(diethoxyphosphinyl)oxy]-1*H*-benz [*de*] isoquinoline-1,3 (2*H*)-dione。CA 主题索引名称为 1*H*-benz [*de*] isoquinoline-1,3 (2*H*)-dione—，2-[(diethoxyphosphinyl)oxy]-。CAS 登录号为 [1491-41-4]。

理化性质　白色至类白色结晶，熔点 177～181℃。不溶于水，微溶于乙腈和多数有机溶剂，可溶于二氯甲烷。

毒性　急性经口 LD_{50} (mg/kg)：雄大鼠 75，雌大鼠 70，小鼠 50，鸡 43。大鼠急性经皮 LD_{50} 140mg/kg。

作用机理与特点　内吸性杀虫剂。萘肽磷属中等驱虫谱的有机磷类化合物。

应用

主要对牛、羊皱胃和小肠寄生线虫有效，对大肠寄生虫通常无效。用法与用量：内服牛、羊 50mg/kg，马 35mg/kg。

(1) 羊　萘肽磷 75mg/kg 剂量，对捻转血矛线虫、普通奥斯特线虫、蛇形圆线虫和栉状古伯线虫和第 5 期幼虫特别有效，但对幼龄期虫体几乎无效。特别值得强调的是，对山羊、绵羊的血矛线虫，即使减量至 25mg/kg，驱除率仍达 90%～100%。

(2) 牛　萘肽磷对牛的驱虫谱大致与羊相似，一次灌服 50～70mg/kg，可消除所有血矛线虫，对古柏线虫和蛇形毛圆线虫疗效超过 95%。对艾氏毛圆线虫 (87%) 和奥氏奥斯特线虫 (78%) 驱除效果较差；对辐射食道口线虫效果不定 (22%～100%)。饲喂萘肽磷 10mg/(kg·d)，连用 6d，对血矛线虫和毛首线虫有效，但对古柏线虫，必须增量至 20mg，连用 6d。

(3) 马　35mg/kg 萘肽磷能成功地驱除驹的马副蛔虫，但对其他虫种无效。

注意：①萘肽磷安全范围很窄，牛、羊应用治疗量有时亦出现精神委顿，食欲丧失，流涎等副作用，但动物多能在 2～5d 内自行耐过。遇大剂量出现的严重中毒症状，必须及时应用阿托品和解磷定。②鸡对萘肽磷敏感，两倍治疗量即致死，不用为宜。

专利概况

不存在专利权问题。

申请的相关专利：GB 1116917、GB 1116917、US 3484520、AU 2005101039、CN 1583174、WO 2009047584 等。

合成方法

经如下反应制得萘肽磷：

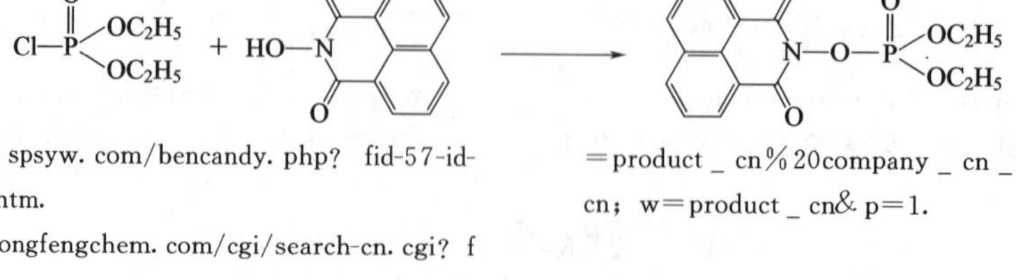

1　http://www.spsyw.com/bencandy.php? fid-57-id-18487-page-1.htm.

2　http://www.tongfengchem.com/cgi/search-cn.cgi? f=product_cn%20company_cn_1_; t=product_cn; w=product_cn& p=1.

155　磷胺 (phosphamidon)

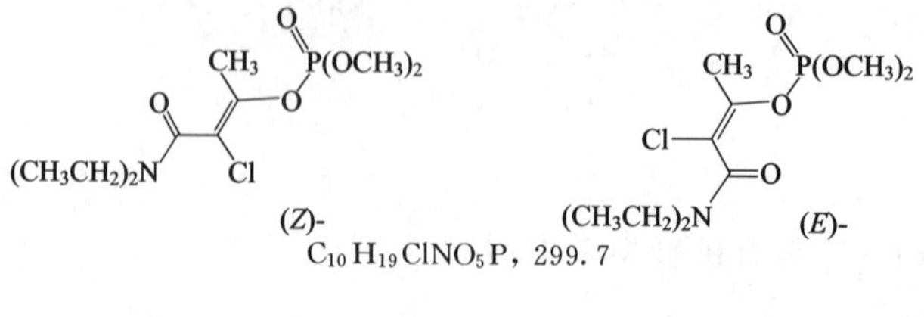

$C_{10}H_{19}ClNO_5P$，299.7

产品简介

磷胺［试验代号：C 570，通用名称：phosphamidon，商品名称：Don（Devidayal）、Kinadon（United Phosphorus）、Mashidon（Crop Health）、Midon（Nagarjuna Agrichem）、Phosron（Hui Kwang）、赐未松（台）、大灭虫、迪莫克］于 1956 年开发的有机磷杀虫剂。世界主要生产商：Aimco、DE-NOCIL、Hui Kwang、Pilarquim、Sharda、Sudarshan、United Phosphorus。其他商品名称（生产商）：Aimphon（Aimco）、Dhanucron（Dhanuka）、Hiton（Biostadt）、Pilarcron（Pilarquim）。

化学名称 (*EZ*)-2-氯-2-二乙基氨基甲酰基-1-甲基乙烯基二甲基磷酸酯。英文化学名称为（*EZ*)-2-chloro-2-diethylcarbamoyl-1-methylvinyl dimethyl phosphate 或（*EZ*)-2-chloro-3-dimethoxyphosphinoyloxy-*N*,*N*-diethylbut-2-enamide。美国化学文摘系统名称为 2-chloro-3-(diethylamino)-1-methyl-3-oxo-1-propenyl dimethyl phosphate。CA 主题索引名称为 phosphoric acid，esters 2-chloro-3-(diethylamino)-1-methyl-3-oxo-1-propenyl dimethyl ester。CAS 登录号为顺式与反式异构体［13171-21-6］，反式［23783-98-4］，顺式［297-99-4］。

理化性质 本品为淡黄色液体，沸点 162℃（1.5mmHg），94℃（0.04mmHg）。蒸气压 2.2×10^{-3}Pa（25℃）。相对密度 1.21（25℃）。K_{ow} lg$P$=0.79。易溶于水、丙酮、二氯甲烷、甲苯以及一些其他常用的有机溶剂（脂肪族烃类除外），例如正己烷 32g/L（25℃）。碱性条件下快速水解。20℃时水解半衰期：60d（pH=5）、54d（pH=7）、12d（pH=9）。

毒性 大鼠急性经口 LD_{50} 17.9～30mg/kg。急性经皮 LD_{50}（mg/kg）：大鼠 374～530，兔 267。对皮肤有轻微的刺激，对兔眼睛有轻微刺激。大鼠吸入 LC_{50}（4h，mg/L）：大鼠 0.18，小鼠 0.033。NOEL 值［2a，mg/(kg·d)］：大鼠 1.25，狗 0.1。ADI/RfD（JMPR）0.0005mg/kg［1986］，（EPA）0.0002mg/kg［1987］。

生态效应 鸟类急性经口 LD_{50}（mg/kg）：日本鹌鹑 3.6～7.5，野鸭 3.8。日本鹌鹑 LC_{50}（8d）90～250mg/L。鱼类 LC_{50}（96h，mg/L）：虹鳟鱼 7.8，黑头呆鱼 100。水蚤 LC_{50}（48h）0.01～0.22mg/L。对蜜蜂和甲壳纲动物有较高毒性。

环境行为 哺乳动物经口后，85%～90%或是全部的剂量会在 24h 内以尿的形式排泄掉。完整的新陈代谢包括酰胺基的氧化脱烷基化作用和磷酯键水解这两个过程。在植物、动物、土壤中都能观察到其新陈代谢与分解。在植物体内，从酰胺基上分离出乙基，与此同时，处于侧链和磷原子间的酯键水解断裂，并且也会发生脱氯作用进一步降解为小碎片。

制剂与分析方法 Dimecron，可溶性液剂（200g/L、500g/L 或 1000g/L）。产品的分析：①磷胺在浓碱中，与碘反应，在 Na_2CO_3 中，只有副产物与碘反应，用差额法计算出活性组分的含量。②在氢氧化钠或哌啶中差示水解后，通过滴定氯离子来分析磷胺产品。③用带内标的气相色谱法进行测定。残留物的分析：具有 FPD 的气相色谱法测定。

作用机理与特点 高效、高毒、广谱、内吸性杀虫剂和杀螨剂，以胃毒为主，也有较强的触杀作用。可经由叶片和根部吸收。

应用

防治对象 可防治多种刺吸口器和咀嚼口器害虫，对棉蚜、棉红蜘蛛等棉花害虫有较高的防治效果，对稻叶蝉、稻飞虱、稻螟虫等有优良的杀伤效果，对甘蔗螟虫、大豆食心虫、梨小食心虫等也有较好的防治效果。

残留量与安全施药 联合国环境规划署（1974）规定保护水生生物淡水中农药的最大允许浓度 0.03μg/L。原粮中最高允许残留量为 0.1mg/kg。

使用方法 如防治棉蚜、红蜘蛛、盲蝽象、棉叶蝉、棉蓟马、造桥虫、卷叶虫、刺蛾等，用 50%水剂 7.5～10.5mL/100m²，对水 7.5～10.5kg；防治棉红铃虫、棉铃虫、玉米螟、金刚钻，在卵孵盛期，用50%水剂10.5～15mL/100m^2，对水10.5～15kg喷雾；防治稻叶蝉、稻飞虱、稻纵卷叶螟、稻苞虫，用50%水剂15～22.5mL/100m^2，对水7.5kg喷雾。磷胺属高毒、强内吸药剂，不能用于蔬菜、烟草、茶叶等作物，对高粱、桃树易发生药害。

专利概况

该产品不存在专利权问题。

目前授权或公开的相关专利：BE 618972、CN 101039929、CN 101061103、CN 101351456、CN 1556806、CN 1655815、CN 1829707、DE 4336307、EP 225854、GB 1151994、IN 2007 MU 01001、US 20100048404、WO 2002032856、WO 2002048115、WO 2002048137、WO 2007089455、WO 2007123855、WO 2008150393、WO 2009051956、WO 2009099929、WO 2010005692、CN 101547605、CN 1125730、DD 295524、FR 2064390、FR 2720230、IN 194211、IN 1995BO00253、US 3777024、WO 2002037964、WO 2007112848、WO 2008071714、WO 9925187、WO 9925188等。

合成方法

经如下反应制得磷胺：

$$PCl_3 + CH_3OH + NH_2COONH_4 \xrightarrow[-5\sim15℃]{\text{二氯乙烷}} P(OCH_3)_3 + NH_4Cl + CO_2$$

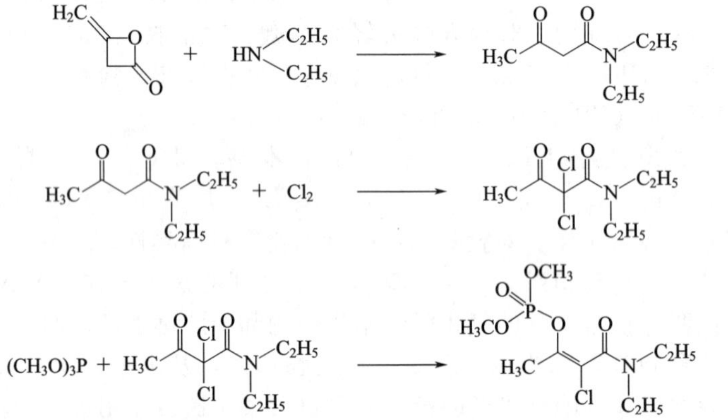

1 The Pesticide Manual. 15 th edition：896-897.

2 精细化学品大全-农药卷．浙江科学技术出版社，2000：38-39.

3 国外农药品种手册．化工部农药信息总站，1996：403-404.

4 http：//baike.baidu.com/view/453386.htm.

156 丙虫磷（propaphos）

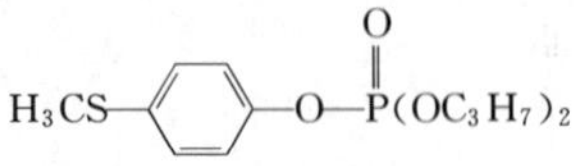

$C_{13}H_{21}O_4PS$，304.3

产品简介

丙虫磷（试验代号：NK-1158，通用名称：propaphos，商品名称：Kayaphos、双丙磷，其他名称：DPMP）是日本化药株式会社开发的有机磷杀虫剂。世界主要生产商：日本化药株式会社（Nippon Kayaku Co.，Ltd）。

化学名称　4-(甲硫基)苯基二丙基磷酸酯。英文化学名称为4-(methylthio)phenyl dipropyl phosphate。美国化学文摘系统名称为4-(methylthio)phenyl dipropyl phosphate。

CA 主题索引名称为 phosphoric acid，esters 4-(methylthio)phenyl dipropyl ester。CAS 登录号为［7292-16-2］。

理化性质 纯品为无色液体，沸点 175～177℃（0.85mmHg）。蒸气压 1.2×10^{-4} Pa（25℃）。相对密度 1.1504（20℃）。$K_{ow}\lg P=3.67$。Henry 常数 2.92×10^{-4} Pa·m^3/mol（calc.）。水中溶解度（25℃）125mg/L。溶解于大多数有机溶剂。在 230℃以下稳定存在，能在中性或是酸性介质中稳定存在，但是在碱性介质中缓慢分解。

毒性 急性经口 LD_{50}（mg/kg）：大鼠 70，小鼠 90，兔 82.5。大鼠急性经皮 LD_{50} 88.5mg/kg。大鼠吸入 LD_{50} 39.2mg/m^3（空气）。大鼠（2a）饲喂试验的无作用剂量为 0.08mg/kg，小鼠 0.05mg/kg。

生态效应 鸟类急性经口 LD_{50}：鸡 2.5～5.0mg/kg。鱼类 LC_{50}（48h）：鲤鱼 4.8mg/L。对蜜蜂和水蚕有毒性。

制剂与分析方法 500g(a.i.)/L 乳油、20g(a.i.)/kg 粉剂、50g(a.i.)/kg 颗粒剂。加工制剂和农药残留可用气相色谱进行分析。

作用机理与特点 内吸性杀虫剂，具有触杀及胃毒作用。

应用

主要用于防治水稻黑尾叶蝉、灰飞虱、二化螟（也可有效地防治对其他有机磷及氨基甲酸酯类杀虫剂有抗性的种系）。使用剂量为 3～5g/水稻育苗盘或 6～8g(a.i.)/100m^2 或 600～800g(a.i.)/hm^2。

专利概况

不存在专利权问题。

目前公开的或授权的相关专利：JP 38008933、JP 482500、JP 462729、CN 101160052、JP 05112405、JP 10120514、JP 11124306、JP 50071839、JP 50135233、JP 51088635、JP 52003828、JP 63170302、WO 2000002453、WO 2002037964、CN 101547605、CN 1125730、DD 295524、FR 2064390、FR 2720230、IN 194211、IN 1995 BO 00253、US 3777024、WO 2002037964、WO 2007112848、WO 2008071714、WO 9925187、WO 9925188 等。

在中国申请的相关专利见表 156-1。

表 156-1 在中国申请的专利

序号	申请号	专利名称
1	200880118847.2	杀虫化合物混合物

合成方法

经如下反应制得丙虫磷：

O,O-二丙基磷酰氯与对甲硫酚在氢氧化钠或碳酸钾存在下缩合而成。

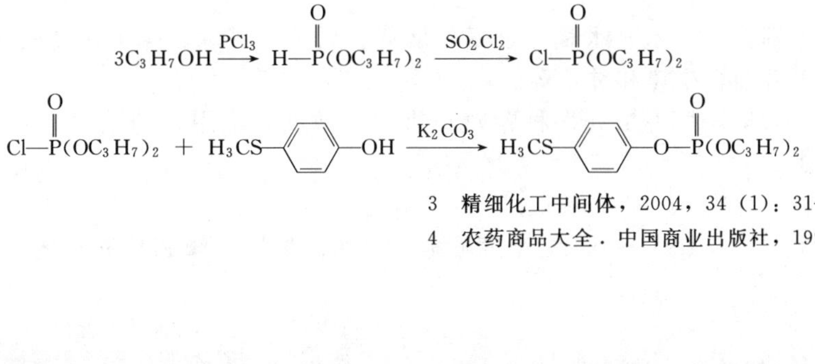

1 JP 482500.

2 JP 462729.

3 精细化工中间体，2004，34 (1)：31-32.

4 农药商品大全．中国商业出版社，1996：109-110.

157 杀虫畏（tetrachlorvinphos）

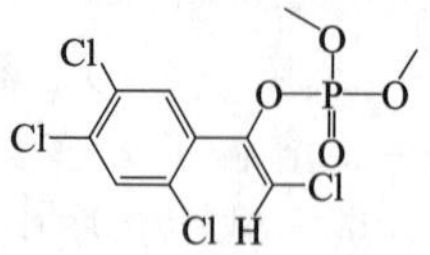

$C_{10}H_9Cl_4O_4P$，366.0

产品简介

杀虫畏［试验代号：SD 8447、OMS 595、ENT 25841，通用名称：tetrachlorvinphos，商品名称：Gardona，其他名称：Rabon（DuPont）、Appex（Shionogi）、Debantic（ISK Biosciences）、Gardcide（Cyanamid）、Rabond（Cyanamid）、甲基杀螟威、杀虫威］是 R. R. Whetsone 报道，由美国 Shell Chemical Co.（现属 BASF 公司）开发的有机磷（organophosphorus）类杀虫剂。主要生产商：杜邦和巴斯夫。

化学名称　(*Z*)-2-氯-1-(2,4,5-三氯苯基）乙烯基磷酸二甲酯。英文化学名称为（*Z*)-2-chloro-1-(2,4,5-trichlorophenyl)vinyl dimethyl phosphate。美国化学文摘系统名称为（1*Z*)-2-chloro-1-(2,4,5-trichlorophenyl)ethenyl dimethyl phosphate。CA 主题索引名称为 phosphoric acid，esters (1*Z*)-2-chloro-1-(2,4,5-trichlorophenyl)ethenyl dimethyl ester。CAS 登录号为［22248-79-9］。

组成　由 *Z*-体组成。

理化性质　无色结晶固体，工业品含量 98%，熔点 94～97℃。蒸气压 5.6×10^{-6} Pa（20℃）。Henry 常数 1.86×10^{-4} Pa・m^3/mol（计算）。溶解度（20℃）：水 11mg/L，丙酮＜200g/kg，氯仿、二氯甲烷 400g/kg，二甲苯＜150g/kg。在＜100℃稳定，缓慢氢解（50℃），DT_{50} 54d（pH＝3）、44d（pH＝7）、80h（pH＝10.5）。

毒性　急性经口 LD_{50}（mg/kg）：大鼠 4000～5000，小鼠 2500～5000。兔急性经皮 LD_{50}＞2500mg/kg。NOEL（2a，mg/kg）值：大鼠 125，狗 200。大鼠以 1000mg/(kg・d)，繁殖研究没有副作用。

生态效应　鸟类急性经口 LD_{50}（mg/kg）：石鸡鹧鸪和绿头鸭＞2000，其他鸟类 1500～2600。鱼 LC_{50}（24h）（不同种类的鱼）：0.3～6.0mg/L。对蜜蜂有毒。

环境行为　进入动物体内的本品，几天后即可降解完全，如在狗和大鼠的尿中，可测到本品的代谢物 2,4,5-三氯苯基乙二醇葡萄苷酸、葡萄苷酸衍生物、2,4,5-三氯苯乙醇酸和 2-氯-1-(2,4,5-三氯苯基）乙烯甲基氢磷酸酯。在动物奶中和身体组织中未发现本品及代谢物。

制剂与分析方法　主要制剂有 10%、20%乳油，50%、70%可湿性粉剂，70%悬浮剂，5%颗粒剂。可用 GC-MSD /HPLC-UV 进行分析。

作用机理与特点　胆碱酯酶的直接抑制剂，系触杀和胃毒作用的杀虫、杀螨剂，击倒速度快，无内吸性。

应用

适用作物　棉花、玉米、水稻、小麦、烟草、豆类、亚麻、蔬菜、高粱、豌豆、南瓜、木槿、泡桐、万寿菊、果树和林木等。

防治对象　对鳞翅目害虫和多种鞘翅目害虫防效高。也用于防治家蝇和外寄生虫及果树、林木类害虫。

使用方法：

果树、林木　用 0.03%～0.1%浓度喷雾，可防治果树上鳞翅目和双翅目害虫，如松毛虫、国槐尺蠖幼虫、芒果横纹尾夜蛾、蚜虫、黄星蝗等。

粮食作物　防治棉花、水稻、玉米、豆类、小麦作物上的鳞翅目害虫，如水稻二化螟、蓟马、棉蚜、棉红蜘蛛、玉米黏虫、玉米螟、小麦黏虫、皮蓟马等。使用剂量：0.75～2.0kg(a.i.)/hm^2。

烟草　防治烟草上的鳞翅目害虫，如烟夜蛾，使用剂量：0.5～1.5kg(a.i.)/hm^2。

蔬菜　防治鳞翅目和鞘翅目害虫，如油菜种蝇，使用剂量：240～960g(a.i.)/hm^2。

专利概况

不存在专利权问题。

目前公开的或授权的相关专利：US 3102842、BE 629717、CH 438829、DE 1252962、DE 2137383、DE 2235005、DE 1903356、DE 2538564、DK 106832、EP 61876、GB 972006、GB 2457347、IN 2004 DE 01985、JP 59141506、JP 2008303157、JP 2007246495、JP 2003083948、JP 49017577、NL 290307、NL 6900950、NL 7506268、OA 2580、PL 181850、US 3102842、US 5595749、US 20090253640、WO 2009064321、WO 2006017263、WO 2005059125、WO 2002017721、CN 101195636、DD 213669、DE 2441022、DE 2245811、DE 2137383、DE 1947350、DE 1944717、EP 120635、HU 5961、JP 57026696、EP 2070418、EP 317433、EP 2127522、EP 2039248、EP 1952690、EP 2000029、EP 2090170、DE 102004010716、FR 2260947、GB 2456752、JP 05112405、JP 05112405、JP 04154707、JP 2004155693、JP 01029442、JP 2003055115、JP 63287705、JP 04112805、JP 2007246496、JP 2006213665、JP 2006131515、JP 63170302、JP 63126810、JP 61109703、JP 58113109、JP 57085306、JP 55043032、JP 2009209124、JP 2009108046、PL 181850、WO 2008092759、WO 2004082382、WO 9935914、WO 9740692、WO 2009123907、WO 2009047584、WO2009039951、WO 2008125410、WO 2008125362、WO 2007082841、WO 2007083411、WO 2007017433、WO 2009090181、WO 2007013150、WO 2008075454、WO 2008031712、WO 2009071218、WO 2009147205、WO 2007122163、WO 2007122264、WO 2009100822、WO 2006128863、WO 2009082939、WO 2006106798、WO 2006106798、WO 2006106811、WO 2009118297 等。

合成方法

中间体 M 的合成方法：方法一是二氯酰氯法，方法二是乙酰氯法。方法一的路线步骤简单且合成收率高（49%）。

经如下反应制得杀虫畏：

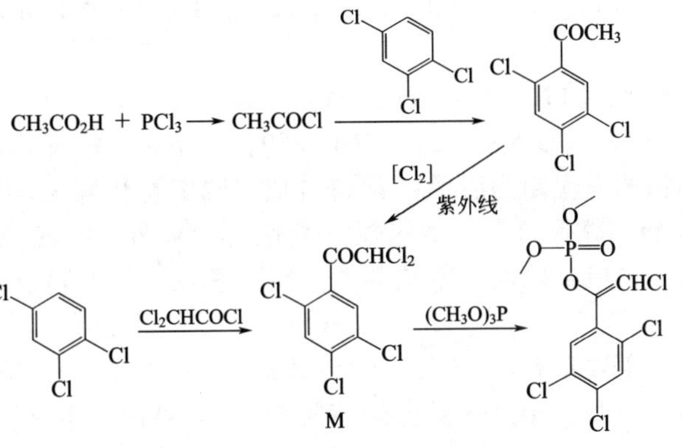

1　The Pesticide Manual，13 th ed，2003：944-945.

2　US 3102842.

3　CN 101195636.

4　JAFC，1966，14：352-356.

5 湖北化工，1996，1：42-43.
6 卫生毒理学杂志，1989，3（4）：196-199.
7 武汉医学院学报，1980，2：7-12.
8 云南化工，1985，1：27-37.

158 稻丰散（phenthoate）

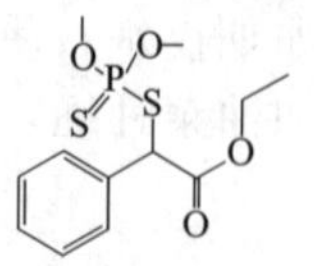

$C_{12}H_{17}O_4PS_2$，320.4

产品简介

稻丰散［试验代号：L561、ENT27386、S-2940、OMS1075，通用名称：phenthoate，商品名称：Cidial（Isagro）、Elsan（Nissan）、Guard（Crop Health）、Vifel（Vipesco）、Kiran（Coromandel）、爱乐散、益尔散，其他商品名称：Dimephenthoate、Tanone（Isagro）、Aimsan（Aimco）、Amaze（Biostadt）、Genocide（Agrochem）］是 Montecatini S. P. A.（现属 Isogro S. p. A.）开发的有机磷类杀虫剂。主要生产商：Agrochem、Bharat Rasayan、Hanwha、Nissan、Sharda、日本日产化学工业株式会社、江苏腾龙生物药业有限公司、陕西上格之路生物科学有限公司、江苏省苏科农化有限责任公司、河南省浚县绿宝农药厂、广东省植保蔬菜专用药剂中试厂、福建省泉州德盛农药有限公司。

化学名称　*S*-*α*-乙氧基羰基苄基-*O*,*O*-二甲基二硫代磷酸酯。英文化学名称为 *S*-*α*-ethoxycarbonylbenzyl *O*,*O*-dimethyl phosphorodithioate or ethyl dimethoxyphosphinothioylthio(phenyl) acetate。美国化学文摘系统名称为 ethyl *α*-[(dimethoxyphosphinothioyl) thio] benzeneacetate。CA 主题索引名称为 benzeneacetic acid—，*α*-[(dimethoxyphosphinothioyl) thio]-ethyl ester。CAS 登录号为［2597-03-7］。

理化性质　白色结晶固体（原药带有芳香、辛辣气味的黄色油状液体），熔点 17～18℃，沸点 186～187℃（5mmHg）。蒸气压 5.3×10^{-3} Pa（40℃）。分配系数 $K_{ow}\lg P=3.69$。相对密度 1.226（20℃）。溶解度：水中 10mg/L（25℃），易溶于甲醇、乙醇、丙酮、苯、二甲苯、二硫化碳、氯仿、二氯乙烷、乙腈、四氢呋喃等有机溶剂，正己烷 116g/L，煤油 340g/L（25℃）。180℃以下稳定，在酸性和中性介质中稳定，在碱性介质中水解。闪点 165～170℃。

毒性　急性经口 LD_{50}（mg/kg）：雄大鼠 270，雌大鼠 249，小鼠 350，狗＞500，豚鼠 377，兔 72。急性经皮 LD_{50}（mg/kg）：大鼠＞5000，雄小鼠 2620。对兔眼睛和皮肤无刺激。大鼠吸入 LC_{50}（4h）3.17mg/L（空气）。NOEL 值 0.29mg/(kg・d)。ADI 值 0.003mg/kg。

生态效应　鸟类急性经口 LD_{50}（mg/kg）：野鸡 218，鹌鹑 300。鱼 TL_m（48h，mg/L）：鲤鱼 2.5，金鱼 2.4，食蚊鱼 0.12，虹鳟 0.69。本品对蜜蜂有毒，LD_{50} 0.306μg/只。

环境行为　在动物体内代谢为脱甲基化磷酸酯、脱甲基化磷酸、脱甲基化过氧化磷酸、*O*,*O*-二甲基二硫代磷酸和硫代磷酸，通过尿和粪便排出体外。在植物中先氧化为硫代磷酸酯，随后氢解为磷酸、二甲基磷酸和甲基磷酸。在土壤表面和土壤中 $DT_{50}\leqslant$ 1d。降解的产物为稻丰散酸。

制剂与分析方法　主要制剂有 50%、60%乳油，5%油剂，40%可湿性粉剂，2%颗粒剂，85%水溶性粉剂，75%、90%超低容量喷雾剂，3%粉剂。本品可用 GC-MSD /HPLC-UV 进行分析。

作用机理与特点　乙酰胆碱酯酶抑制剂。为触杀和胃毒作用的速效广谱二硫代磷酸酯类杀虫杀螨剂，具有杀卵活性。

应用

适用作物　水稻、棉花、果树、蔬菜、茶树、油料、观赏植物、烟草、向日葵等作物。

防治对象　可防治果树、蔬菜、棉花、水稻、油料、茶树、桑树等作物上的多咀嚼式、刺吸式口器等害虫，如飞虱、叶螨、潜叶蝇、蟠象、一些介壳虫、跳甲、二十八星瓢虫、二化螟、三化螟、稻纵卷叶螟、稻飞虱、叶蝉、棉铃虫、大豆食心虫、蚜虫、负泥虫、蝗虫、红蜘蛛、菜青虫。还可防治蚊子成虫、幼虫等卫生害虫。

残留量与安全施药　此药对葡萄、桃、无花果和苹果的某些品种有药害。能使一些红皮品种的苹果果实褪色。茶树在采茶前30d，桑树在采叶前15d内禁用。一般使用量对鱼类与蚧类影响小，但对鲻鱼、鳟鱼影响大。允许残留量：麦、杂谷0.4mg/kg，果实、蔬菜、茶0.1mg/kg，薯、豆类为0.05mg/kg。对作物安全。使用时不可与碱性物质混用。

使用方法　以0.5～1.0kg(a.i.)/hm^2 剂量施用，能保护棉花、水稻、果树、蔬菜及其他作物不受鳞翅目、叶蝉科、蚜类和软甲虫类的危害。

① 水稻害虫的防治　用50%乳油1.5～3L/hm^2，对水900～1125kg喷雾，可防治二化螟、三化螟；或加细土300～375kg拌匀撒施。此法也可用于防治稻飞虱、叶蝉、负泥虫。

② 棉花害虫的防治　用50%乳油2.24～3L/hm^2，对水900～1125kg，常量喷雾，可防治棉铃虫、蚜虫、叶蝉。

③ 蔬菜害虫的防治　用50%乳油1.8～2.25L/hm^2，对水750～900kg，常量喷雾，或加水75～150kg作低容量喷雾，可防治蚜虫、蓟马、菜青虫、小菜蛾、斜纹夜蛾、叶蝉。

④ 果树害虫的防治　用50%乳油1000倍液喷雾，可防治苹果卷叶蛾、介壳虫、食心虫、蚜虫、柑橘矢尖蚧、褐圆蚧、黑刺粉虱、康片蚧、吹棉蚧等。在柑橘初开花期开始，间隔10d再喷一次，可达到理想效果。

专利与登记

不存在专利权问题。

目前公开的或授权的相关专利：FR 1153596、AT 240101、BE 548615、CH 428310、CN 1561735、DK 102835、DE 1166187、EP 0596316、FR 1153596、GB 803441、GB 834814、GB 950341、GB 2113092、LU 34413、NL 208014、NL 269648、NL 95444、SE 303630、US 2947662、GB 1072320、GB 834814、GB 803441、GB 822695、JP 43012348、NL 6514810、BE 631673、CN 101622999、CN 88100847、DE 102006014489、DE 2608358、DE 102006014489、JP 2009209124、JP 2009057320、JP 52120129、JP 51067729、JP 50071835、JP 50053533、JP 49124238、JP 49132240、JP 63185904、JP 63211203、JP 58198402、JP 53026323、JP 2008120785、JP 2006131516、JP 2002212008、JP 11124306、JP 10120514、JP 08092014、JP 05112405、JP 04288004、JP 03220177、JP 02300103、JP 01246202、US 4064237、WO 2002037964、WO 9825461、WO 2008064778 等。

在中国申请的稻丰散的相关专利及登记情况见表158-1、表158-2。

表 158-1　在中国申请的专利

序号	申请号	专利名称
1	91103386.6	有机磷农药水乳剂配方
2	93119827.5	渗透剂对新啡类、氮杂新啡类及其他活性化合物的增效作用
3	200410016947.8	氟虫腈复配农药
4	200910166096.8	一种含有氰氟虫腙的杀虫组合物
5	200910164732.3	稻丰散与吡蚜酮杀虫组合

表 158-2　日本日产化学工业株式会社在中国的登记情况

商品名	登记证号	含量	剂型	登记作物	防治对象	用药量	施用方法
稻丰散	PD34-87	50%	乳油	水稻	害虫	495～990g/hm²	喷雾
				柑橘树	红蜡蚧	333～500mg/kg	喷雾
				柑橘树	木虱	333～500mg/kg	喷雾
				柑橘树	矢尖蚧	333～500mg/kg	喷雾

合成方法

文献报道了稻丰散的多种合成方法，但合成的路线大体相同，只是所用起始原料有所不同。路线（1）是由苄氯经两步反应生成苯乙酸，酯化后再 α-位氯代；路线（2）和路线（3）是苯乙酸在 α-位卤代再酯化反应，路线（4）是苯乙腈先在 α-位卤代，再酯化反应。

（1）

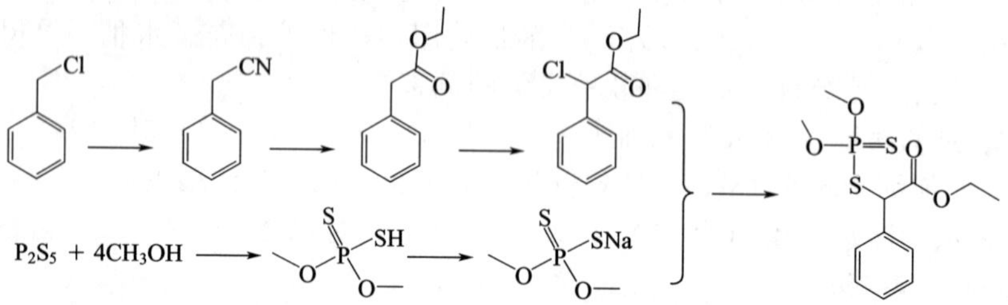

（2）

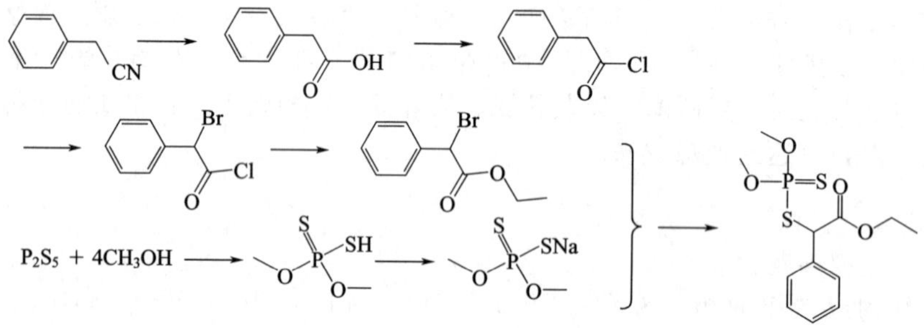

（3）

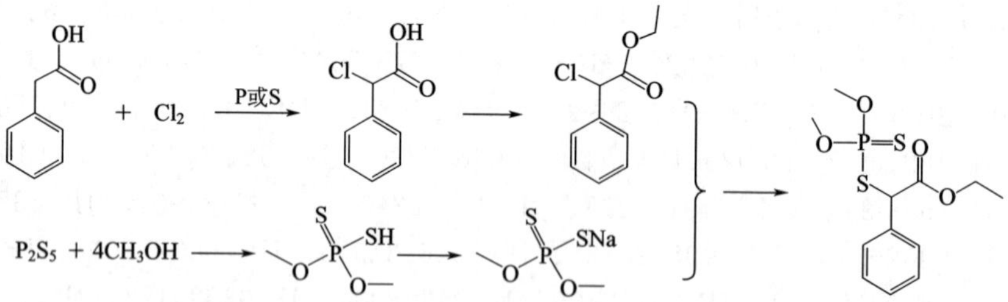

（4）

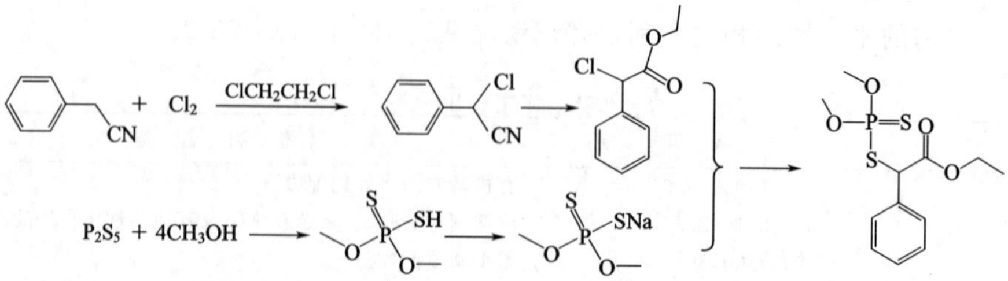

1　The Pesticide Manual. 15 th edition：887-888.

2　GB 834814.

3　US 2947662.

4　Pesticide Biochemistry and Physiology，1976，6（4）：

367-376.
5 化工纵横，2007，21（8）：54-65.
6 农药，1988，27（5）：15-16.
7 农药，2002，41（4）：17-18.
8 农药，2002，41（3）：1-4.
9 现代农药，2002，6：4-8.
10 精细化学品化学，北京：化学工业出版社，2004：112-116.

159 家蝇磷（acethion）

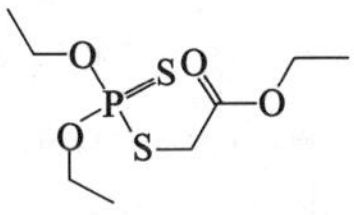

$C_8H_{17}O_4PS_2$，272.3

产品简介

家蝇磷（通用名称：acethion）是法国开发的有机磷类杀虫剂。

化学名称 *O,O*-二乙基-*S*-（乙氧基羰基甲基）二硫代磷酸酯。英文化学名称为 *S*-(ethoxycarbonylmethyl) *O,O*-diethyl phosphorodithioate 或 ethyl（diethoxyphosphinothioylthio）acetate。美国化学文摘系统名称为 ethyl [(diethoxyphosphinothioyl) thio]acetate。CA 主题索引名称为 acetic acid—，[(diethoxyphosphinothioyl) thio]-ethyl ester。CAS 登录号为 [919-54-0]。

理化性质 淡黄色黏稠液体，沸点 92℃（0.01mmHg）。相对密度 1.176。难溶于水，易溶于大多数有机溶剂。

毒性 大鼠急性经口 LD_{50} 1050～1100mg/kg，对温血动物低毒。

作用机理与特点 选择性杀虫剂，对家蝇有良好的作用，杀蝇效果及选择性均比马拉硫磷好。

专利概况

不存在专利权问题。

目前公开的或授权的相关专利：FR 1133785、CN 1389113、Fr 1133785、GB 803441、WO 2005014777、WO 9933340、DE 1124034、DE 1083809、IT 570506、US 4108988、US 3047459、CS 128116、FR 1518486、US 4115558、WO 2009047584、WO 2007009661、WO 2006037634、WO 2006015865 等。

合成方法

经如下反应制得家蝇磷：

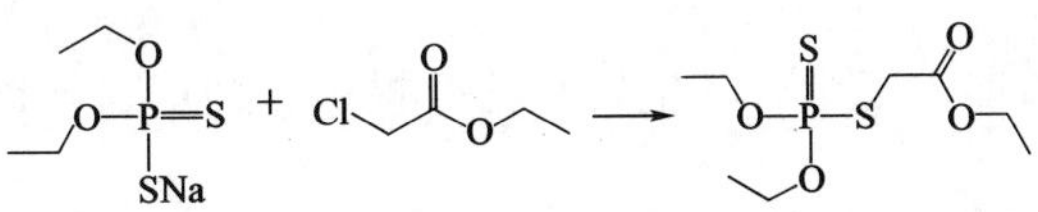

1 FR 1133785.
2 CN 1389113.
3 US 3047459.
4 昆虫学报，(1965)，14（4）：339-346.
5 Zhurnal Obshchei Khimii，1993，63（6）：1254-1258.
6 化学学报，1959，25（6）：402-408.
7 化学学报，1962，28（3）：187-190.
8 云南化工，1985，1：27-37.

160 硫线磷（cadusafos）

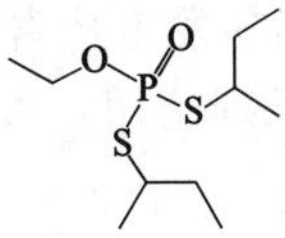

$C_{10}H_{23}O_2PS_2$，270.4

产品简介

硫线磷［试验代号：FMC67825，通用名称：cadusafos，商品名称：Apache、Rugby，其他名称：Ebufos、Taredan、克线丹］是美国 FMC Corp 发现并开发的新型有机磷类杀虫剂。主要生产商：FMC、江苏省富美实植物保护剂有限公司、广东省江门市农得丰有限公司。

化学名称　*S*,*S*-二仲丁基-*O*-乙基二硫代磷酸酯。英文化学名称为 *S*,*S*-di-*sec*-butyl-*O*-ethyl phosphorodithioate。美国化学文摘系统名称为 *O*-ethyl-*S*,*S*-bis(1-methylpropyl) phosphorodithioate。CA 主题索引名称为 phosphorodithioic acid，esters *O*-ethyl *S*,*S*-bis(1-methylpropyl)ester。CAS 登录号为［95465-99-9］。

理化性质　无色至淡黄色液体，沸点 112～114℃（0.8mmHg），蒸气压 0.12Pa（25℃），分配系数 $K_{ow}\lg P=3.9$。相对密度 1.054（20℃）。溶解度：水 248mg/L，与丙酮、乙腈、二氯甲烷、乙酸乙酯、甲苯、甲醇、异丙醇和庚烷互溶。在 50℃以下稳定，在光照条件下，DT_{50}＜115d。闪点 129.4℃。

毒性　急性经口 LD_{50}（mg/kg）：大鼠 37.1，小鼠 71.4。急性经皮 LD_{50}（mg/kg）：雄兔 24.4，雌兔 41.8。对兔眼睛和皮肤无刺激。大鼠吸入 LC_{50}（4h）0.026mg/L（空气）。NOEL［mg/kg（饲料）］：大鼠（2a）1，雄狗（1a）0.001，雌狗（1a）0.005，雄小鼠（2a）0.5，雌小鼠（2a）1。ADI 值 0.0003mg/kg。

生态效应　鸟类急性经口 LD_{50}（mg/kg）：山齿鹑 16，野鸭 230。鱼 LC_{50}（96h，mg/L）：虹鳟鱼 0.13，大翻车鱼 0.17。水蚤 LC_{50}（48h）1.6μg/L。海藻 EC_{50}（96h）5.3mg/L。蚯蚓 LC_{50}（14d）72mg/kg（土壤）。

环境行为　进入在动物体内的本品被迅速吸收、代谢，并通过尿和粪便排出体外。最终代谢产物为磷酸和磺酸。土壤中 DT_{50} 11～15d（不同土壤有差异）。

制剂与分析方法　主要制剂有 3%微胶囊，10%、20%颗粒剂。可用 GC 进行分析。

作用机理与特点　胆碱酯酶的直接抑制剂，能使乙酰胆碱（神经传递物质）发生分解的乙酰胆碱酯酶具有阴离子酯分解部位，在正常情况下，应在神经系统中分解出乙酸和胆碱。而在硫线磷存在下失去分解作用而使未分解的乙酰胆碱大量聚焦在神经胞间的神经键上，使接受过量刺激并引起麻痹和中毒而死亡，即通过抑制乙酰胆碱酯酶的活性而显示杀虫、杀线虫活性。它是一种触杀性杀线虫剂和杀虫剂，无熏蒸作用，具有施用方便、用量少、毒性低等特点。

应用

适用作物　香蕉、咖啡、玉米、花生、甘蔗、柑橘、烟草、马铃薯、大豆、菠萝、葫芦科植物和麻类作物。

防治对象　它既能防除植物寄生性线虫，又能防除多种土壤害虫，具有触杀作用，对根结线虫和穿孔线虫防治效果很高，对孢囊线虫防效较低。可有效地防治根结线虫、穿孔线虫、短体线虫、纽带线虫、螺旋线虫、刺线虫、拟环线虫等，对孢囊线虫效果较差。此外，对鞘翅目的许多昆虫，如金针虫、马铃薯麦蛾也有防治效果。

残留量与安全施药　硫线磷原药对人畜无致癌性，但对人畜高毒，对小麦、大豆、番茄和甜菜有一定的植物毒性。微胶囊化以后对动物的急性经口毒性比原药显著下降。在砂壤土和黏土中半衰期为 40～60d。低温使用容易发生药害。甘蔗、柑橘最大残留量 0.005mg/kg。

应用技术　一般在播种时或作物生长期施用，可采用沟施、穴施或撒施等方法。使用剂量 3～10kg/hm^2。

防治西芹根结线虫病，种植前土壤处理，即植前 10～15d，用 10%硫线磷撒施或沟

（穴）施 30～90kg/hm²，施后淋水，覆土，踏实。

防治香蕉线虫，每丛用 10%颗粒剂 20～30g，施药时先将香蕉丛周围的土壤疏松 3～5cm 深，再将药剂均匀地撒施在离香蕉假茎 30～50cm 以内的土中，然后覆土压实，8 个月后施药一次。

防治烟草线虫，苗床处理：1m² 床上撒施 10%颗粒剂 5～15g，混匀即可，移栽期穴施，移栽时直接施于穴内或圈施于幼苗周围，每株 1～2g。大田施药：种植全田撒施或沟施，使用剂量为 10%颗粒剂 30～60kg/hm²。

防治马铃薯线虫，用 10%颗粒剂 15～22.5kg/hm²，播种时沟施或穴施。为延长对线虫的控制期，可分两次施药，即在种植时施一半药量，培土时再施入另一半药。

防治花生线虫，用 10%颗粒剂 22.5～45kg/hm² 沟施，先施药后播种，随施随种。

防治柑橘、甘蔗、麻类线虫，用 10%颗粒剂 45～60kg/hm²，施药时将树冠下的表土 3～5cm 疏松，均匀地撒施，随即覆土。

防治大豆、玉米线虫，用 10%颗粒剂 15～22.5kg/hm²，播种时沟施或穴施。

防治咖啡线虫，定植时每株施用 5～10g，定植后每株施用 5～15g，4～6 个月施用一次。

防治葡萄线虫，用 10%颗粒剂 45～75kg/hm² 宽带侧施。

专利与登记

不存在专利权问题。

公开的或授权的相关专利：CZ 20010343、DE 4336307、EP 552084、EP 235056、IL 141024、KR 2010027742、RO 91261、US 6440443、EP 235056、RO 91261、DE 19514903、DE 102006033993、DE 102006014489、JP 2007269787、JP 2006131516、WO 2002037964、WO 2000002453、WO 9740692、WO 2010025870、WO 2009022548、WO 2008064778 等。

在中国申请的硫线磷相关专利及登记情况见表 160-1、表 160-2。

表 160-1　在中国申请的专利

序号	申请号	名　称
1	99809176	硫线磷的微囊制剂

表 160-2　美国富美实公司在中国登记情况

登记名称	登记证号	含量	剂型	登记作物	防治对象	用药量/(g/hm²)	施用方法
硫线磷	PD176-93	10%	颗粒剂	柑橘树	根结线虫	6000～12000	沟施或撒施
				甘蔗	二点褐金龟	2000～3000	沟施
				甘蔗	线虫	3000～6000	沟施
硫线磷	PD20083434	92%	原药				
硫线磷	PD335-2000	92%	原药				

合成方法

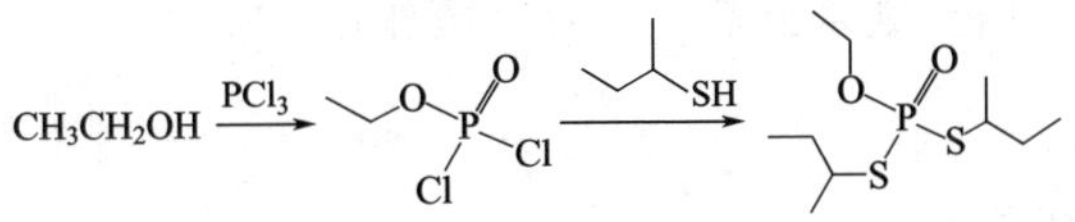

1　The Pesticide Manual. 15 th edition：150-151.

2　CN 1137526A.

3　CN 87100525.

4　US 6440443.

5　EP 235056.

6　植物保护，2009，35 (2)：39-43.

7　国外新农药品种手册．北京：化学工业出版社，1993：149-151.

161 氯氧磷（chlorethoxyfos）

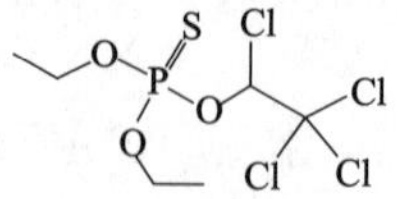

$C_6H_{11}Cl_4O_3PS$，336.0

产品简介

氯氧磷（试验代号：SD 208304、WL 208304、DPX 43898，通用名称：chlorethoxyfos，商品名称：Fortress，其他名称：土虫磷、地虫磷）是 I. A. Watkinson 和 D. W. Sherrod 最初报道其活性，后由美国杜邦公司开发，于1995年在美国登记，并于2000年卖给 Amvac Chemical Corp。主要生产商：Amvac。

化学名称 *O,O*-二乙基-*O*-1,2,2,2-四氯乙基硫代磷酸酯。英文化学名称为（±）*O,O*-diethyl（*RS*）-*O*-(1,2,2,2-tetrachloroethyl)phosphorothioate。美国化学文摘系统名称为 *O,O*-diethyl *O*-(1,2,2,2-tetrachloroethyl)phosphorothioate。CA 主题索引名称为 phosphorothioic acid，esters *O,O*-diethyl *O*-(1,2,2,2-tetrachloroethyl)ester。CAS 登录号为［54593-83-8］。

理化性质 原药含量88%，沸点110～115℃（0.8mmHg）。蒸气压约106mPa（20℃）。分配系数 $K_{ow}\lg P$=4.59（25℃）。Henry 常数 35Pa·m^3/mol。相对密度1.41（20℃）。水中溶解度＜1mg/L［工业品3mg/L（20℃）］，溶于乙腈、氯仿、乙醇、正己烷、二甲苯。室温稳定18个月以上，55℃稳定2周（在含504mg/L Fe_2O_3 的洁净不锈钢贮存）。DT_{50}（25℃）4.3d（pH=5）、59d（pH=7）、72d（pH=9）。闪点＞230℃。

毒性 急性经口 LD_{50}（mg/kg）：雌大鼠1.8，雄大鼠4.8。急性经皮 LD_{50}（mg/kg）：雌兔12.5，雄兔18.5。本品对兔眼中度刺激，但眼睛接触为高毒。对兔、豚鼠皮肤均无刺激。大鼠吸入 LC_{50}（4h）0.58mg/L（8mg/m^3），属于剧毒。NOEL［mg/(kg·d)］：雄小鼠0.18，雌小鼠0.21，雄大鼠0.18，雌大鼠0.25，雄狗0.063，雌狗0.065。无致畸性、致突变性和致癌性。

生态效应 山齿鹑急性经口 LD_{50} 28mg/kg。鱼 LC_{50}（96h，mg/L）：虹鳟鱼0.10，大翻车鱼0.0023，食蚊鱼0.00047。水蚤 LC_{50}（48h）0.00041mg/L。

环境行为 进入动物体内的本品，主要代谢物为二氧化碳和生物合成中间体，如丝氨酸、甘氨酸及甘氨酸聚合物。在植物内降解为三氯乙酸和草酸。残留降解：土壤中 DT_{50}（25℃）（实验室研究）7d，20d；田间土壤中 DT_{50} 2～3d，K_d 33～98。在某种情况下，分解非常迅速，杀虫剂几乎全被分解。从许多田块收集到的应用本品和其他杀虫剂并进行试验的土样，充分证明，本品在各种不同类型的土壤都不存在残留。杀虫剂的移动性：本品的水溶性比其他所有土壤颗粒剂都低，因此，本品在土壤中很少流动，不会污染环境，并可滞留在需要防治害虫的土层。

制剂与分析方法 主要制剂有7.5%～20%颗粒剂。可用GC进行分析。

作用机理与特点 广谱土壤杀虫剂，具有熏蒸作用。

应用

适用作物 玉米、蔬菜。

防治对象 可防治玉米上的所有害虫，对叶甲、叶蛾、叩甲特别有效。在疏苗时，以低剂量施用，能有效防治南瓜十二星叶甲幼虫和小地老虎及金针虫。对蔬菜的各种蝇科有极好的活性。

使用方法　防治叶甲害虫，用颗粒剂 0.56kg/hm^2，沟施或带施。防治小地老虎，用颗粒剂 3.7～4.5kg/hm^2，沟施或带施。

专利概况

不存在专利权问题。

目前公开的或授权的相关专利：US 2873228、DE 4336307、DD 107581、EP 160344、EP 497234、DE 107581、DE 118653、DE 123096、US 5112843、US 5849320、US 200313612、US 2003198695、WO 9200761、WO 9321764、WO 9110362、WO 9740692、WO 0002453、WO 0035277、WO 0128327、WO 0217721、WO 0397095、DD 123096、DD 118653、US 4753931、DE 4336307、US 5112843、WO 2002037964、WO 2000002453、WO 9740692、WO 2008064778 等。

合成方法

经如下反应制得氯氧磷：

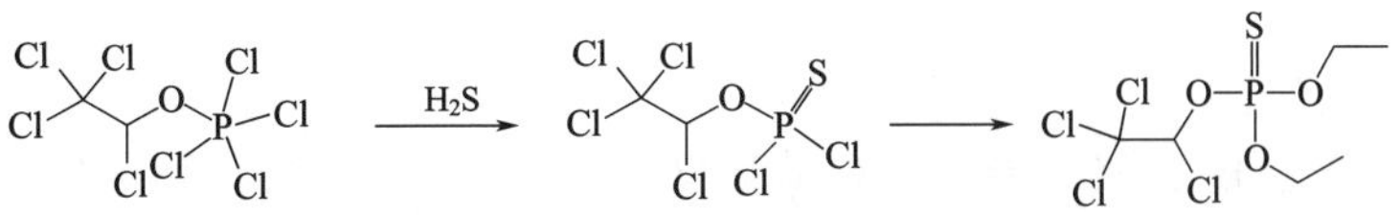

1　The Pesticide Manual. 15 th edition：178-179.

2　EP 160344.

3　Chemical Research in Toxicology，2006，19（2）：209-216.

4　Journal of Economic Entomology，1992，85（6）：2459-2466.

5　British Crop Protection Conference-Pests and Diseases，Proceedings，1986，1：107-113.

6　Journal fuer Praktische Chemie（Leipzig），1977，319（5）：723-726.

162　氯甲硫磷（chlormephos）

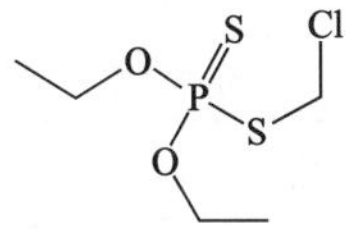

$C_5H_{12}ClO_2PS_2$，234.7

产品简介

氯甲硫磷（试验代号：MC2188，通用名称：chlormephos，商品名称：Dotan）是 F. Colliot 等报道其活性，由 Murphy Chemical Ltd. 和 Rhone-Poulenc Phytosanitaire（后属 Aventis CropScience）共同开发的有机磷类杀虫剂，并于 2000 年卖给 Calliope（现属 Arysta LifeScience Corporation）。主要生产商：Aventis CropScience 和 Arysta LifeScience Corporation。

化学名称　*S*-氯甲基-*O*,*O*-二乙基二硫代磷酸酯。英文化学名称为 *S*-chloromethyl *O*,*O*-diethyl phosphorodithioate。美国化学文摘系统名称为 *S*-(chloromethyl)*O*,*O*-diethyl phosphorodithioate。CA 主题索引名称为 phosphorodithioic acid，esters *S*-(chloromethyl)*O*,*O*-diethyl ester。CAS 登录号为［24934-91-6］。

组成　工业品纯度 90%～93%。

理化性质　无色液体，沸点 81～85℃（0.1 mmHg）。蒸气压 7.6Pa（30℃）。相对密度 1.260（20℃）。水中溶解度 60mg/L（20℃），与大多数有机溶剂互溶。室温条件下，在中性、弱酸性介质中稳定，但在 80℃条件下于稀酸、稀碱中分解。在碱性介质中迅速分解。

毒性　雌大鼠急性经口 LD_{50} 7mg/kg。急性经皮 LD_{50}（mg/kg）：大鼠 27，兔＞1600。大鼠 NOEL（90d）0.39mg/kg（饲料）。

生态效应　鹌鹑急性经口 LD_{50} 260mg/kg。对鱼有毒，小丑鱼 LC_{50} 1.5mg/L。对蜜蜂有毒。

环境行为　经口进入大鼠体内的本品，在24h内代谢完全，通过尿液排出体外，代谢物为二乙基磷酸酯和二乙基硫代磷酸酯。在土壤中，本品转化为乙硫磷。

制剂与分析方法　主要制剂有5%颗粒剂。可用GC进行分析。

作用机理与特点　胆碱酯酶的直接抑制剂。具有触杀兼胃毒作用，无内吸活性。

应用

适用作物　玉米、甘蔗、马铃薯、烟草、甜菜。

防治对象　金针虫、蛴螬及倍足亚纲害虫等。

具体应用　以2～4kg(a.i.)/hm^2 剂量作土壤处理，撒施，能有效地防治金针虫、蛴螬和倍足亚纲害虫。以0.3～0.4kg(a.i.)/hm^2 剂量施药，可防治玉米和甜菜田蛴螬和金针虫。

专利概况

不存在专利权问题。

目前公开的或授权的相关专利：GB 817360、GB 1258922、GB 902795、CH 351953、DE 1015794、DE 1925468、FR 1163684、GB 817360、GB 902795、GB 1258922、NL 96707、NL 220830、US 3925516、DD 91381、DE 2109492、DE 1015794、DE 2415979、US 3755506、US 4000269、US 3896219、BE 872626、EP 2127522、EP 2090170、EP 2070418、WO 2009135613、EP 2039248、WO 2008064778、WO 2002037964、WO 2000002453、WO 2010022251、WO 2009071218、WO 2009146793、WO 2009090181、WO 2010025870 等。

在中国申请的含氯甲硫磷的制剂或剂型专利见表162-1。

表162-1　在中国申请的专利

序号	申请号	专利名称
1	200880118847.2	杀虫化合物混合物

合成方法

经如下反应制得氯甲硫磷：

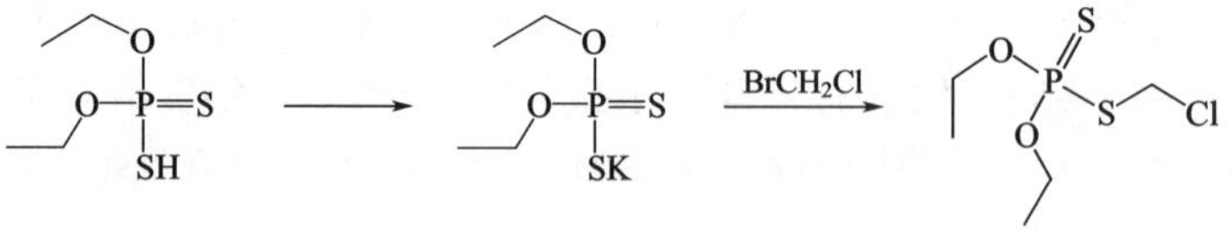

1　The Pesticide Manual. 15 th edition：188-189.

2　GB 1258922.

3　GB 817360.

4　CS 215477.

5　CS 215478.

6　CS 197728.

7　Phosphorus and Sulfur and the Related Elements, 1981，10 (2)：133-137，183-184.

8　Phosphorus and Sulfur and the Related Elements, 1981，11 (3)：323-324.

163　乙拌磷（disulfoton）

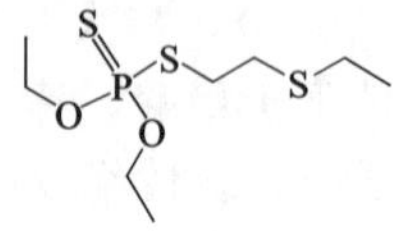

$C_8H_{19}O_2PS_3$，274.4

产品简介

乙拌磷［试验代号：Bayer 19639、S 276、ENT 23347，通用名称：disulfoton，商品名称：Disyston、Di-Syston、Bayfidan Triple（Bayer CropScience）、Baysiston（Bayer CropScience）、Mocap Plus（Bayer CropScience）、Repulse（Bayer CropScience）、Dot-Son（Platte）、Stead（Otsuka），其他名称：Dithiosystox、Dithiodemeton、oxydisulfoton、disulfoton sulfone、Thiodemeton］是由 G. Schrader 报道其活性，由 Bayer 和 Sandoz（后属 Novartis Crop Protection AG）相继开发的有机磷类杀虫剂。主要生产商：拜耳、Fertiagro。

化学名称　*O*,*O*-二乙基-*S*-2-乙硫基乙基二硫代磷酸酯。英文化学名称为 *O*,*O*-diethyl-*S*-2-ethylthioethyl phosphorodithioate。美国化学文摘系统名称为 *O*,*O*-diethyl *S*-[2-(ethylthio)ethyl]phosphorodithioate。CA 主题索引名称为 phosphorodithioic acid，esters *O*,*O*-diethyl-*S*-[2-(ethylthio)ethyl]ester。CAS 登录号为［298-04-4］。

理化性质　无色油状物，带有特殊气味，工业品为淡黄色油状物，熔点<－25℃，沸点 128℃（1mmHg）。蒸气压 7.2mPa（20℃）、13mPa（25℃）、22mPa（30℃）。分配系数 $K_{ow}\lg P=3.95$。Henry 常数 0.24Pa・m^3/mol（计算值）。相对密度 1.144（20℃）。水中溶解度 25mg/L（20℃），与正己烷、二氯甲烷、异丙醇、甲苯互溶。正常贮存稳定，在酸性、中性介质中很稳定，在碱性介质中分解，DT_{50}（22℃）133d（pH＝4）、169d（pH＝7）、131d（pH＝9）。光照 DT_{50} 1～4d。闪点 133℃（工业品）。

毒性　急性经口 LD_{50}（mg/kg）：雄和雌大鼠 2～12，雄和雌小鼠 7.5，雌狗约 5。急性经皮 LD_{50}（mg/kg）：雄大鼠 15.9，雌大鼠 3.6。对兔眼睛和皮肤无刺激。大鼠吸入 LC_{50}（4h，mg/L）：雄大鼠约 0.06，雌大鼠约 0.015（气溶胶）。NOEL［2a，mg/kg（饲料）］：大鼠和狗 1，小鼠 4。ADI 值 0.0003mg/kg。

生态效应　山齿鹑急性经口 LD_{50} 39mg/kg，野鸭 LC_{50}（5d）692mg/kg（饲料），山齿鹑 LC_{50}（5d）544mg/kg（饲料）。鱼 LC_{50}（96h，mg/L）：翻车鱼 0.039，虹鳟 3。水蚤 LC_{50}（48h）0.013～0.064mg/L。

环境行为　在动物、植物和土壤中代谢物为亚砜、砜和硫代磷酸酯的衍生物。经口进入动物体内的本品，吸收快，并通过尿液将代谢物排出体外。

制剂与分析方法　主要制剂有 5%、10%颗粒剂，50%干拌种剂。可用 GC 进行分析。

作用机理与特点　胆碱酯酶的直接抑制剂。具有内吸活性的杀虫、杀螨剂，通过根部吸收，传导到植物各部位，持效期长。

应用

适用作物　马铃薯、蔬菜、玉米、水稻、烟草、果树、高粱、观赏植物、坚果。

防治对象　蚜虫、蓟马、介壳虫、黄蜂等。

使用方法　用 50%干拌种剂 0.5kg，加水 25kg，拌棉种 50kg，堆闷 12h 后播种；或用 50%干拌种剂 0.5kg，加水 75kg，搅匀后放入 45kg 棉种，浸 14h 左右，定时翻动几次，捞出、晾干后播种；或用 5%颗粒剂 30kg/hm^2，在棉苗 2～3 片真叶时开沟施入棉苗旁土中。高剂量使用会伤害种子。

专利概况

不存在专利权问题。

目前公开的或授权的相关专利：DE 917668、CH 692595、DE 917668、DE 947369、DE 1124034、DE 850677、DE 2015348、DE 1290008、EP 0200288、FR 2552975、GB 1228744、GB 922378、US 2759010、US 4822401、WO 9925187、CH 319579、DE 1108234、DE 1116217、DE 1087591、GB 1082001、GB 834262、GB 797307、US 3082240、

US 3041367、US 2759010、DE 1272039、DE 2359226、DE 102006014489、JP 11222406、JP 01128906、JP 63170302、JP 2008222705、JP 63126810、JP 62185004、JP 56161309、JP 50036639、JP 50036638、US 3740419、WO 2008064778、WO 9925188 等。

中国申请的含乙拌磷的相关专利见表 163-1。

表 163-1 在中国申请的专利

序 号	申 请 号	专 利 名 称
1	89100058.5	用有机磷化合物使除草剂克罗马酮应用安全化
2	97194175.0	农药组合物
3	200710149682.2	农药组合物
4	200810041929.3	可检测多种有机磷农药残留的抗体制备方法
5	200880118847.2	杀虫化合物混合物

合成方法

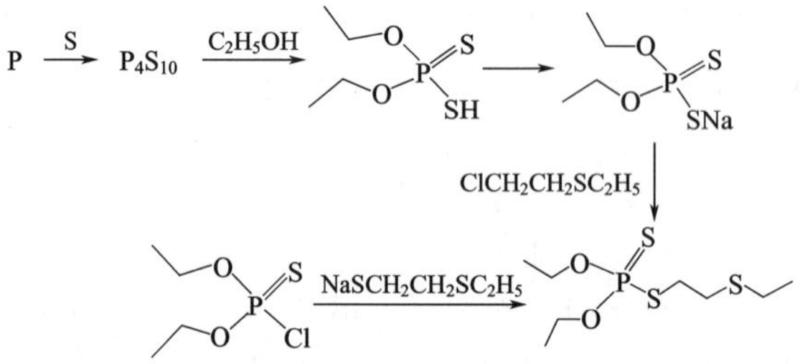

1 The Pesticide Manual. 15 th edition：401-402.
2 CN 86106243A.
3 DE 917668.
4 DE 947369.
5 US 20040176629.
6 新疆农业科学，1964，8：333.
7 云南化工，1985，1：27-37.

164 乙硫磷（ethion）

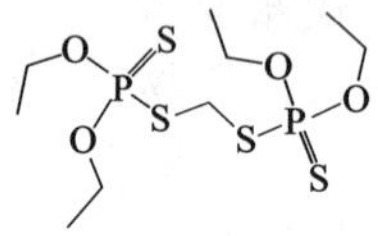

$C_9H_{22}O_4P_2S_4$，384.5

产品简介

乙硫磷［试验代号：FMC 1240、ENT24 105，通用名称：ethion，商品名称：Cekuetion、Cethion、Challange、Deviastra、Dhanumit、Ethanox、MIT505、Rayethion、Rhodocide、Tafethion，其他名称：Tomahawk（Calliope）、Ethion（FMC）、Nialate（FMC）、Ethiol（Bayer CropScience）、Fosmite（P I Industries）、Indothion（Indofil）、Nilmite（Biostadt）、Raythion（Krishi Rasayan）、Rhodiacide（Bayer CropScience）、Rhodocide（Bayer CropScience）、Rukawat（Sabero）、Veer（Coromandel）、Vegfru Fosmite（P I Industries）、Volthion（Ralchem）、Gemini（Coromandel）、Nagata（Rallis）、益赛昂、易赛昂、乙赛昂、蚜螨立死］是美国 FMC 开发的有机磷类杀虫剂。主要生产商：Aimco、Aventis、Cheminova、Krishi Rasayan、Rallis、Shaw Wallace、浙江禾田化工有限公司等。

化学名称 *O*,*O*,*O′*,*O′*-四乙基-*S*,*S′*-亚甲基双（二硫代磷酸酯）。英文化学名称为 *O*,*O*,*O′*,*O′*-tetraethyl-*S*,*S′*-methylene bis（phosphorodithioate）。美国化学文摘系统名称为 *S*,*S′*-methylene bis（*O*,*O*-diethyl phosphorodithioate）。CA 主题索引名称为 phosphorodithioic acid，esters S,S'-methylene O,O,O',O'-tetraethyl ester。CAS 登录号为［563-12-2］。

理化性质　无色至琥珀色液体，熔点－15～－12℃，沸点 164～165℃（0.3mmHg），蒸气压 0.2mPa（25℃），分配系数 $K_{ow}\lg P=4.28$。Henry 常数 3.85×10^{-2} Pa・m^3/mol（计算），相对密度 1.22（工业品 1.215～1.230）（20℃）。水中溶解度 2mg/L（25℃），溶于大多数有机溶剂，如丙酮、甲醇、乙醇、二甲苯、煤油、石油。在酸性、碱性溶液中易分解，DT_{50} 390d（pH＝9），暴露在空气中，被慢慢氧化。闪点 176℃。

毒性　急性经口 LD_{50}（mg/kg）：大鼠 208（纯品）、21（工业品），小鼠和豚鼠 40～45。急性经皮 LD_{50}（mg/kg）：大鼠 915，兔 1084。大鼠吸入 LC_{50}（4h）0.45mg/L（工业品）。NOEL 数值［2a，mg/kg（饲料）］：大鼠 0.2［0.3mg/(kg・d)］，狗 2.5［0.06mg/(kg・d)］。ADI 值 0.002mg/kg。

生态效应　鸟类急性经口 LD_{50}（mg/kg）：鹌鹑 128，鸭＞2000。对鱼有毒，平均致死浓度 0.72mg/L（24h）、0.52mg/L（48h）。水蚤 EC_{50}（48h）0.056μg/L。对蜜蜂有毒。

环境行为　在动物体内代谢途径——先氧化成硫代磷酸酯，随后脱烷基化和氢解。在植物体内由水引起缓慢降解，而不是植物代谢降解。土壤中 DT_{50} 90d。

制剂与分析方法　主要制剂有 480g/L、960g/L 乳油，50％乳油，25％可湿性粉剂，5％、8％、10％颗粒剂，4％粉剂。本可用 GC-MSD/HPLC-UV 进行分析。

作用机理与特点　胆碱酯酶的直接抑制剂，非内吸性的杀虫、杀螨剂，具有触杀作用。可作为有机磷药剂中的轮换药剂。

应用

适用作物　果树、水稻、蔬菜、观赏植物、棉花、玉米、高粱、葫芦、草莓。

防治对象　蚜虫、红蜘蛛、棉蜘蛛、棉蚜、飞虱、叶蝉、黄蜂、蓟马、蝇、蚧类、鳞翅目幼虫、盲蝽象等。对螨卵也有一定的杀伤作用。

残留量与安全施药　为了安全、减少残留，在作物收获前 30～60d 禁止使用本品，联合国粮农组织和世界卫生组织建议乙硫磷人体每日允许摄入量为 5μg/kg，蔬菜中允许残留量为 0.3mg/kg，棉籽油 0.5mg/kg，茶叶 3mg/kg。

具体应用如下：

水稻害虫，用 50％乳油 2000～2500 倍液，于蓟马发生初期喷雾，可有效防治稻飞虱、稻蓟马。残效期 10d 左右，安全间隔期应控制在 1 个月以上。

棉花害虫，用 50％乳油 1500～2000 倍液，于成、若螨发生期或螨卵孵盛期施药，可有效防治棉红蜘蛛、叶蝉、盲蝽象等害虫，残效期 15d 左右；1000～1500 倍液，于苗期蚜虫发生期施药，可有效防治棉蚜，持效期为 15～20d。

果树害虫，用 50％乳油 1000～1500 倍液喷雾，喷至淋洗状态，可防治食叶害虫、叶螨、木虱、柑橘锈壁虱等。

茶树害虫，秋茶结束后，立即喷 50％乳油 1000～1200 倍液，可防治害螨类，如茶跗线螨、茶短须螨。

专利概况

不存在专利权问题。

目前公开的或授权的相关专利：GB 872221、AU 568299B、BE 559258、CN 1093523、CN 1272314、CN 1561737、DE 1297599、FR 1210644、FR 2652716、GB 872221、GB 1002977、GB 1005464、GB 1164321、GB 1170683、GB 1209524、GB 1257059、GB 1267998、GB1317485、GB 1390839、IN 189888、JP 8092014、JP 41006736、JP 2233799、NL 109316、NL 218955、RO 49905、US 2873228、DD 76497、FR 1231107、GB 845647、

GB 825477、JP 42004454、RO 61710、US 3014058、US 2873228、BR 8002786、BR 7708577、BR 2003001860、DE 102006014489、DE 3302398、EP 672348、JP 50071838、JP 2006213665、JP 05112405、US 4064237、US 4064237、WO 2002037964、WO 2000002453、WO 9825461、WO 2008064778、ZA 7703861 等。

在中国申请的含乙硫磷的专利见表 164-1。

表 164-1　在中国申请的专利

序　号	申 请 号	专 利 名 称
1	99106158.6	防治抗性害虫的混合杀虫剂
2	200610112786.1	乙硫磷在烃类蒸汽裂解装置中的应用
3	200410016946.3	一种氟虫腈复配农药
4	200510096207.4	一种大豆酯酶的制备方法
5	200880118847.2	杀虫化合物混合物

合成方法

经如下反应制得乙硫磷：

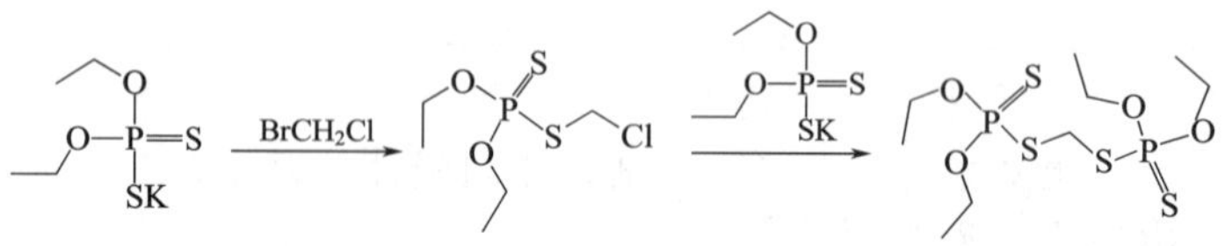

1 The Pesticide Manual. 15 th edition：442-443.
2 GB 872221.
3 US 2873228.
4 Journal of Economic Entomology，1958，51：354-357.
5 Zhurnal Obshchei Khimii，1980，50（9）：1990-1994.
6 山西农业科学，1966.（3）：30-33.

165　灭线磷（ethoprophos）

$$C_2H_5O—\overset{\overset{\large O}{\|}}{P}—(SC_3H_7\text{-}n)_2$$

$C_8H_{19}O_2PS_2$，242.3

产品简介

灭线磷［试验代号：VC9-104，通用名称：ethoprophos，商品名称：Mocap（Bayer CropScience）、Sanimul（Bayer CropScience）、Vimoca（Vipesco），其他名称：Ethop（Chimiberg）、Etoprosip（Sipcam S. p. A.）、Mocagro（Agropharm）、Soccer（Hekta351）、Yishoufeng（Fengshan）、灭克磷、丙线磷、茎线磷、普伏松（台）、益收宝（罗纳-普朗克），混剂：Mocap Plus（＋disulfoton）（Bayer CropScience）］是 S. J. Locascio 报道其活性，由 Mobil Chemical Co. 和 Rhone-Poulenc Agrochimie（现属 Bayer AG）先后开发的有机磷类杀虫剂。主要生产商：Bayer CropScience、DooYang、江苏丰山集团有限公司。

化学名称　*O*-乙基-*S*,*S*-二丙基二硫代磷酸酯。英文化学名称为 *O*-ethyl-*S*,*S*-dipropyl phosphorodithioate。美国化学文摘系统名称为 *O*-ethyl-*S*,*S*-dipropyl phosphorodithioate，CA 主题索引名称为 phosphorodithioic acid，esters，*O*-ethyl-*S*,*S*-dipropyl ester。CAS 登录号为［13194-48-4］。

理化性质　淡黄色液体，沸点 86～91℃（0.2mmHg），蒸气压为 46.5mPa（26℃），$K_{ow}\lg P=3.59$（21℃），相对密度 1.094（20℃）。溶解度（20℃）：水 700mg/L，丙酮、环已烷、乙醇、二甲苯、1,2-二氯乙烷、乙醚、石油醚、乙酸乙酯＞300g/kg。在中性、弱酸性介质中稳定，在碱性介质中分解很快。在 pH＝7 的水中、100℃以下稳定。闪点 140℃（闭口）。

毒性　急性经口 LD_{50}（mg/kg）：大鼠 62。兔急性经皮 LD_{50} 26mg/kg。对兔眼睛和皮肤有刺激。大鼠吸入 LC_{50} 123mg/m^3。90d 大鼠和狗饲喂无作用剂量为 100mg/kg（饲料），仅观察到胆碱酯酶下降，没有其他病理学和组织上的影响。ADI 值：0.0004mg/kg，(EPA) aRfD 0.00025，cRfD 0.0001mg/kg [2001]。

生态效应　急性经口 LD_{50}（mg/kg）：野鸭 61，鸡 5.6。鱼 LC_{50}（96h，mg/L）：虹鳟 13.8，大翻车鱼 2.1，金鱼 13.6。

环境行为　在大鼠体内的主要代谢物是 *O*-乙基-*S*-丙基硫代磷酸，其毒性小于灭线磷本身。本品在植物（如扁豆和玉米）中代谢迅速，代谢物为无毒的甲基丙基硫醚、甲基丙基亚砜及甲基丙基砜。灭线磷无内吸性，它只停留在植物根部，不能传输到植物的地上部分。在含腐殖酸的土壤（pH＝4.5）中的 DT_{50} 约为 87d，在砂土（pH＝7.2～7.3）中为 14～28d。

制剂与分析方法　主要制剂有 5%、10%、10.33%颗粒剂，40%乳油。本品可用气相色谱-热导池检测器进行产品分析，气相色谱-火焰光度检测器进行残留分析，气相色谱-火焰光度检测器进行土壤分析，在饮用水中用气相色谱-氮磷检测器进行分析。

作用机理与特点　胆碱酯酶的直接抑制剂，作用方式为触杀，为无内吸性的杀螨、杀虫剂。在土壤内或水层下可在较长时间内保持药效，不易流失分解，可杀灭线虫，迅速高效、残效期长，是一种优良的土壤杀虫剂。

应用

适用作物　花生、香蕉、大豆、辣椒、胡椒、番茄、甘薯、黄瓜、西瓜、芹菜、韭菜、葱蒜等各种蔬菜、瓜果。

防治对象　水稻稻瘿蚊、花生根结线虫、红薯茎线虫病、蝼蛄、蛴螬、地老虎、金针虫、根蛆（韭蛆、葱蛆、蒜蛆）等各种根结线虫、胞囊线虫以及地下害虫，具有显著的杀灭作用。尤其在防治稻瘿蚊方面有特效。

残留量与安全施药　施入土壤中作物的地上部位不存在农药残留。在蔬菜、果树、茶叶、中草药上不得使用和限制使用。对玉米和饲料的允许残留量为 0.02mg/L，日本对蔬菜中灭线磷农残标准为 0.005mg/L。

应用技术　对大多数作物的使用剂量为 1.6～6.6kg(a.i.)/hm^2。

灌根　在作物生长期，使用 40%乳油对水稀释 1800～2800 倍顺根定向浇灌。

土壤处理　用 20%颗粒剂拌半干细土，均匀搅拌成毒土，作物移栽时沟施或穴施。可防治蔬菜根结线虫，花生根结线虫，水稻稻瘿蚊、二化螟、三化螟。

专利与登记

专利名称　Ethyl propyl phosphorodithioate

专利号　US 3268393　　专利公开日　1966-08-23

专利申请日　1961-10-24　　优先权日　1961-10-24

专利拥有者　Mobil Oil Corp

工艺、混剂及应用专利：CN 1823588 CN1981577、CN 1412192、CN 1238360、CN 1246481、CN 1137526、CN 1044606、CN 87100525、CN 1017432、DE 1238013、KR9504178、EP 235056、GB 1154211、GB 1081270、NL 6609632、FR 1486254、CN 101547605、CN 1942101、CN 1315133、CN 1360829、JP 61126006、JP 2006131516、WO 2005096819、WO 2002037964、WO 2001065940、WO 2000002453 等。

在中国申请的与灭线磷有关的专利见表 165-1。

表 165-1 在中国申请的专利

序号	申请号	专利名称
1	200310111388.4	一种防治稻瘿蚊用的化学杀虫剂
2	200510042479.6	高效灭线磷农药制剂及制备方法
3	200580011967.9	具有杀昆虫性能的活性化合物结合物
4	200610169195.8	高效灭线磷微乳剂及制备方法
5	200910069468.5	一种含氯虫苯甲酰胺的杀虫剂组合物及其制备方法和用途

国内登记情况

法国安万特作物科学公司在我国登记商品灭线磷原药（目前已不再生产销售）；灭线磷用于防治水稻稻瘿蚊；灭线磷 20%颗粒剂防治花生根结线虫；灭线磷 10.33%颗粒剂防治水稻稻瘿蚊、二化螟、三化螟。

合成方法

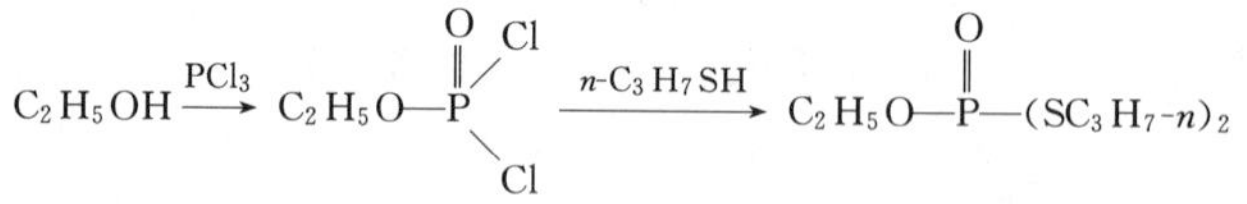

1 The Pesticide Manual. 15 th edition：446-447
2 US 3112244.
3 US 3268393.
4 国外农药品种手册，化工部农药信息站，114.
5 新编农药商品手册．北京：化学工业出版社，2006：113-114.
6 http：//www. lubachem. com/nhtml/40. html.

166 马拉硫磷（malathion）

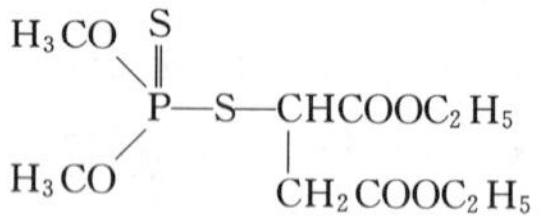

$C_{10}H_{19}O_6PS_2$，330.3

产品简介

马拉硫磷［试验代号：EI 4049（Cyanamid），通用名称：malathion，商品名称：Fyfanon（Cheminova）、evimalt（Devidayal）、Dustrin（Vapco）、Eagle（Mobedco）、Hilmala（Hindustan）、Hilthion（Hindustan）、Kemavert（Kemio）、Malac（Chemia）、Malathane（Agriphar）、Maltox（Aimco）、mLT（Sumitomo Chemical）、Sumady（Sundat）、Ultration（Lainco）、马拉松、防虫磷、粮虫净、粮泰安、马拉赛昂，混剂：Tubo Mata Bicudo（＋grandlure）（Plato）、Tubo Mata Picudo（＋grandlure）（Plato），其他名称：Aquafin（Cheminova）、Malathon（BASF）、Admal（public health）（Chemvet）、Agrothion（Agrochem）、Avepol（veterinary use）（Agricultura Nacional）、Baldo（Siapa）、Batatiãoa（Sapec）、Cekumal（Cequisa）、Coronado（Chimiberg）、Datathion（Plaaskem S. A.）、Dipamal（Papaeconomou）、Fang Chong lin（Ningbo Pesticides）、Hekthion（Hekta351）、Kthion（Krishi Rasayan）、Lucathion（Lucava）、Lupara（Chemiplant）、Luqsathion（LUQSA）、Mail X（Jubilant Organosys）、Maladion（Zagro）、Malafae（Cequisa）、Malafez（Zagro）、Malagrex（Cequisa）、Malamyaing（Zagro）、Malathate（Mobedco）、Malatoil（Siapa）、Malixol（Bayer CropScience）、Malyphos（Phyteurop）、Orel（Doğal）、Radotion（Herbos）、Sulmathion（Sulphur Mills）、Tagimeral（public health）（Chemvet）、Tox Pire Tozu（Hekta351）］是 G. A. Johnson 等报道其活性，由 American Cyanamid Co. 开发的有机磷类杀虫剂。主要生产商：Cheminova、Agro Chemicals India、Agrochem、Bharat、Devidayal、

Ficom、Gujarat Pesticides、Hindustan、Lucava、Sharda、Sinochem Ningbo、Tekchem、江苏好收成韦恩农化股份有限公司、宁波保税区汇力化工有限公司地、宁波农药厂。

化学名称 *S*-1,2-双（乙氧基羰基）乙基-*O*,*O*-二甲基二硫代磷酸酯。英文化学名称为 diethyl (dimethoxyphosphinothioylthio) succinate 或 *S*-1,2-bis(ethoxycarbonyl) ethyl *O*,*O*-dimethyl phosphorodithioate。美国化学文摘系统名称为 diethyl [(dimethoxyphosphinothioyl)thio]butanedioate，CA 主题索引名称为 butanedioic acid—，[(dimethoxyphosphinothioyl)thio]-diethyl ester 。CAS 登录号为［121-75-5］。

组成 原药纯度约为 95%。

理化性质 原药为透明的琥珀色液体，熔点 2.85℃，沸点 156～157℃（0.7mmHg），蒸气压 5.3mPa（30℃），相对密度 1.23（25℃）。$K_{ow}\lg P=2.75$。相对密度 1.23（25℃）。水中溶解度 145mg/L（25℃），与大多数有机溶剂互溶，如醇类、酯类、酮类、醚类、芳香烃类，不溶于石油醚和某些矿物油，在庚烷中的溶解度为 65～93g/L。在中性溶液介质中稳定，在强酸、碱性介质中分解。水解半衰期（25℃）107d（pH＝5）、6d（pH＝7）、0.5d（pH＝9）。闪点 163℃。

毒性 急性经口 LD_{50}（mg/kg）：大鼠 1375～5500，小鼠 775～3320。急性经皮 LD_{50}（24h，mg/kg）：兔 4100～8800，大鼠＞2000。大鼠吸入 LC_{50}（4h）＞5.2mg/L。在大鼠两年试验中，仅在 500mg/L［29mg/(kg·d)］时观察到对血浆和红细胞的胆碱酯酶的抑制作用。ADI/RfD 值（mg/kg）：(EFSA) 0.03［2006］，(JMPR) 0.3［1997，2003］，(EPA) aRfD 0.14，cRfD 0.07［2006］。

生态效应 山齿鹑急性经口 LD_{50} 359mg/kg，山齿鹑饲喂 LC_{50} 3500mg/kg（饲料），红颈野鸡（5d）LC_{50} 4320mg/kg（饲料）。鱼 LC_{50}（96h，μg/L）：大翻车鱼 54，虹鳟鱼 180，三刺鱼 21.7。水蚤 EC_{50}（48h）1.0μg/L。海藻 EC_{50}（72h）13mg/L。对蜜蜂有毒，LD_{50} 0.27μg/只（接触）。蚯蚓 LC_{50} 613mg/kg（土壤）。

环境行为 在环境中，马拉硫磷被迅速降解。本品进入动物体内后，在 24h 内，大部分通过粪便和尿液排出体外。在肝脏微粒体酶作用下，马拉硫磷通过氧化脱硫变为马拉氧磷，马拉硫磷和马拉氧磷被体内的羧酸酯酶水解。在昆虫体内，代谢涉及羧化物和二硫代磷酸酯的水解及氧化为马拉氧磷。进入植物体内以后，通过去酯化变为相应的单羧酸或二羧酸，然后裂解为琥珀酸，并随后纳入植物成分。在正常情况下，在 7d 内，99%被分解，土壤 DT_{50} 约为 1d，主要代谢物为马拉硫磷单羧酸，马拉硫磷二羧酸。

制剂与分析方法 主要制剂有 25%、45%、50%、70%乳油，70%优质马拉硫磷乳油，1.2%、1.8%粉剂。可用 GC 进行分析。

作用机理与特点 本品系高效、低毒、广谱有机磷类杀虫剂。具有触杀和胃毒作用，也有一定的熏蒸和渗透作用，对害虫击倒力强，无内吸作用，残效期短。进入虫体后氧化成马拉氧磷，从而更能发挥毒杀作用，马拉硫磷毒性低，残效期短，但其药效受温度影响较大，高温时效果好。

应用

适用作物 水稻、小麦、棉花、蔬菜、茶树、果树、豆类、农田牧草、林木、烟草、桑树等作物上的害虫。

防治对象 刺吸式和咀嚼式害虫，如飞虱、叶蝉、蓟马、蚜虫、黏虫、盲蝽象、叶跳虫、黄条跳甲、象甲、长白蚧、蝽象、食心虫、造桥虫、蝗虫、菜青虫、豆天蛾、豆芫菁、红蜘蛛、刺蛾、巢蛾、蠹蛾、粉蚧、茶树尺蠖、毛虫、蚧虫、松毛虫、杨毒蛾、尺蠖等，也可用于防治仓库害虫。

残留量与安全施药　对高粱、瓜、豆类和梨、葡萄、樱桃等一些品种易发生药害，应慎用。对人、畜低毒，对作物安全，对鱼类中毒，对天敌和蜜蜂高毒。加拿大害物管理法规局（PMRA）已经决定，在居民区大规模使用有机磷杀虫剂马拉硫磷灭蚊对操作者和旁人不会产生风险，条件是采取一些预防措施。

应用技术　气温低时马拉硫磷杀虫毒力下降，可适当提高施药量或用药浓度。马拉硫磷对多种叶面为害的咀嚼式口器和刺吸式口器害虫有良好效果，可采用乳油对水喷雾或粉剂喷粉，用于防治水稻、棉花、大豆、蔬菜、果树、茶树、桑树、林木等作物上的鳞翅目、鞘翅目幼虫、蚜、螨蚧，以及水稻叶蝉、飞虱、蓟马、果树蝽象、茶黑刺粉虱、油菜叶蜂等。PMRA 已经规定，在居民区只有马拉硫磷的超低量（ULV）剂型可以用于灭蚊。地面施用目前登记的最大用量为 60.8g(a.i.)/hm^2，空中施用必须限制在 260g(a.i.)/hm^2。由于旁人暴露的不可接受水平，不再允许使用非 ULV 剂型和更高的施用量。

具体使用方法如下：

蔬菜害虫的防治，每亩用 45%乳油 85～120mL，对水均匀喷雾，可防治各种蔬菜蚜虫、黄条跳甲、茄子和菜豆红蜘蛛。使用时应注意高浓度时能对某些十字花科蔬菜、豇豆、瓜类蔬菜产生一定的药害。

水稻害虫的防治，用 45%乳油 1000 倍液喷雾，每亩喷液量 75～100kg，防治稻叶蝉、稻飞虱。

麦类、豆类作物害虫的防治，用 45%乳油 1000 倍液喷雾，防治麦类黏虫、蚜虫、麦叶蜂，用 45%乳油 1000 倍液喷雾，每亩喷液量 75～100kg，可防治大豆食心虫、大豆造桥虫、豌豆象、豌豆管蚜、黄条跳甲。

棉花害虫的防治，用 45%乳油 1500 倍液喷雾，可防治棉叶跳虫、盲蝽象。

果树害虫的防治，用 45%乳油 1500 倍液喷雾，可防治果树上各种刺蛾、巢蛾、粉介壳虫、蚜虫、瘤蚜、柑橘蚜、蝽象、叶螨、叶蝉、木虱、刺蛾、卷叶蛾、食心虫、介壳虫、毛虫等害虫。用 50%乳油 1000 倍液喷雾，可防治苹果、梨、桃树上的蚜虫，对叶蝉有特效。防治苹果黄蚜，用 45%马拉硫磷乳油 1200～1800 倍均匀喷雾，上述用量也可防治梨星毛虫等害虫。

茶树害虫的防治，用 45%马拉硫磷乳油 500～800 倍液，可防治茶尺蠖、茶黄象甲、长白蚧、茶圆蚧，同时也可防治黑毒蛾等害虫。

林木害虫的防治，用 25%马拉硫磷油剂 2250～3720mL/hm^2，进行超低容量喷雾或喷烟，可防治尺蠖、松毛虫、毒蛾等害虫。

贮粮害虫，用 1.8%马拉硫磷粉剂按每吨粮食 1000～2000g 粉剂撒施拌粮，可防治仓贮原粮、种子上的玉米象、麦蛾、谷蠹、拟谷盗等害虫。

菇棚害虫，用 50%马拉硫磷 1000～1500 倍液喷雾，可防治蓟马，防效可达 80%～90%。

卫生害虫的防治，用 45%乳油 250 倍液，按 100～200mL/m^2 用药，可防治苍蝇；用 45%乳油 160 倍液按 100～150mL/m^2 用药，可防治臭虫；用 45%乳油 250 倍液按 50mL/m^2 用药可防治蟑螂。

专利与登记

不存在专利权问题。

目前已公开和授权的相关专利：US 2578652、CN 101606530、CN101606529、CN 101385460、CN 101366391、CN 101305713、DE 102006014489、DE 102006014489、CN 1799359、CN 100339005、CN 1430892、CN 1180690、CN 101548612、EP 2090171、CN 101433208、CN 101265137、CN 101171914、CN 1283390、CN 1231124、CN 1154203、CN

1149388、EP 672348、JP 2009209124、JP 2006131516、JP 2003055115、JP 2000355507、JP 08092014、JP 07053315、JP 06227910、WO 2008110984、WO 2008071714、WO 2008071714、WO 2007112848、WO 2002037964、CN 101287374、CN 1644050、CN 1322812、DE 1082895、FR 1541883、GB 794597、JP 35017483、PL 50671、RU 2348585、US 3403201、US 2962521、US 2968667、US 3470272、WO 2009007998、WO 2007005988。

在中国申请的马拉硫磷相关的专利见表 166-1。

表 166-1　在中国申请的专利

序　号	申　请　号	专　利　名　称
1	01128577.X	一种用于防治粮食仓贮害虫的杀虫组合物
2	03102377.0	马拉硫磷阿维菌素农药组合物
3	96109681.0	爱福丁和有机磷复配农药
4	96117024.7	二氯苯醚菊酯-巴沙-马拉硫磷(菊巴马)乳油
5	96103337.1	一种含锌络合物的杀虫复合剂
6	97104182.2	除虫剂组合物
7	89104458.2	溴马乳油
8	90103780.X	氯马乳油
9	91103386.6	有机磷农药水乳剂配方
10	90110277.6	安磷一号(安磷)
11	92104627.8	储粮杀虫剂的制备方法
12	92109340.3	高效氯马乳油
13	92104881.5	防治桃小食心虫农药的制造方法
14	93120755.X	虫害净
15	93111224.9	复配菊酯农药
16	93118352.9	一种新型广谱高效杀虫杀螨剂
17	94110550.4	百死特
18	94110519.9	一种防治棉铃虫的乳油
19	94104187.5	菜虫灵
20	94106345.3	灭扑克乳油(C 型氯马乳油)
21	99102877.5	一种防治苹果桃小食心虫、菜蚜和小菜蛾的微乳农药制造方法
22	99102876.7	一种高效、低毒的菊酯和有机磷二元复配杀虫剂
23	98112422.4	广谱高效低毒杀虫杀螨乳油
24	97117253.6	一种制备农用马甲磷乳油的配方
25	97105965.9	一种氰马乳油
26	98120399.X	谷物保护剂
27	98125467.5	马-噻乳油
28	00110886.7	一种杀螨杀虫农药组合物
29	200410016949.7	一种杀铃脲复配农药
30	200410099173.X	一种复配农药
31	200410042712.6	一种超级工程菌及其表达的解毒酶和其构建方法及应用
32	03112611.1	马·联苯菊酯乳油农药
33	200610049125.9	氟虫腈复配农药
34	200610161312.6	苗木专用肥
35	200810015689.X	一种多功能苗木专用肥及其制备方法
36	200680024802.X	制备药用马拉硫磷的方法
37	200810030599.8	一种马拉硫磷·三唑磷乳油及其制备方法
38	200810157601.8	一种杀死棉铃虫的农药
39	200810155763.8	含噻虫嗪的杀虫组合物
40	200710114511.6	一种防治棉花盲蝽象的复方药剂
41	200910090118.7	含甲氨基阿维菌素苯甲酸盐和马拉硫磷的杀虫剂及其用途
42	200910090119.1	含有氟铃脲和马拉硫磷的杀虫剂及其用途
43	200910161488.5	一种含有虫螨腈的农药组合物
44	200910205314.4	一种增效农药组合物

合成方法

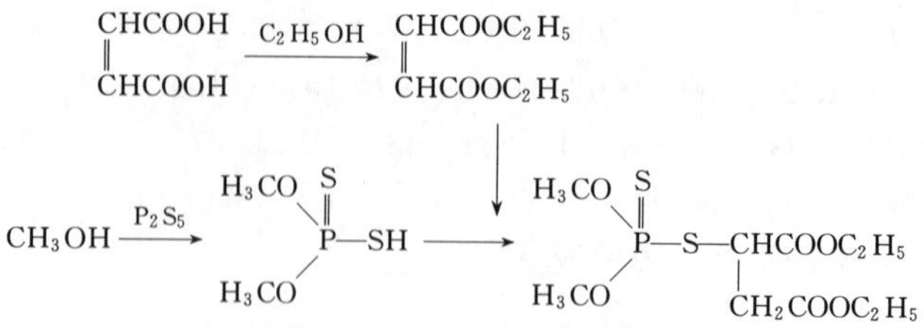

1 The Pesticide Manual. 15th edition：697-698.

2 US 2578652.

3 国外农药品种手册，化工部农药信息站，121-128.

4 新编农药商品手册．北京：化学工业出版社，2006：113-114.

5 化工生产与技术，1997，13（01）：17-19.

167 亚砜磷（oxydemeton-methyl）

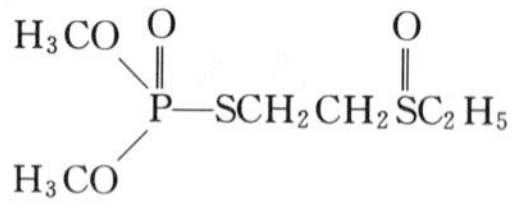

$C_6H_{15}O_4PS_2$，246.3

产品简介

亚砜磷［试验代号：Bayer 21 097、R 2170（Bayer），通用名称：oxydemeton-methyl，商品名称：Aimcosystox（Aimco）、Dhanusystox（Dhanuka）、亚砜磷、亚砜吸磷、甲基一〇五九亚砜、砜吸硫磷、甲基内吸磷亚砜，其他名称：Anthonox（Makhteshim-Agan，United Phosphorus）、Devisystox（Devidayal）、Harpoon（Florida Silvics）、Inject-a-cide（Mauget）、Metasystox（Makhteshim-Agan，United Phosphorus）、MSR（Gowan）］是G. Schrader 报道其活性，由 Bayer AG 开发的有机磷类杀虫剂。

化学名称　*S*-2-乙基亚磺酰基乙基-*O*,*O*-二甲基硫代磷酸酯。英文化学名称为 *S*-2-ethylsulfinylethyl *O*,*O*-dimethyl phosphorothioate。美国化学文摘系统名称为 *S*-［2-(ethylsulfinyl)ethyl］*O*,*O*-dimethyl phosphorothioate。CA 主题索引名称为 phosphorothioic acid，esters *S*-［2-(ethylsulfinyl)ethyl］*O*,*O*-dimethyl ester。CAS 登录号为［301-12-2］。

理化性质　无色液体，熔点＜－20℃，沸点 106℃（1.3Pa）。蒸气压 3.8mPa（20℃）。相对密度 1.289（20℃）。$K_{ow}\lg P=-0.74$（21℃）。Henry 常数＜1×10^{-5}Pa·m³/mol（计算）。与水互溶，溶于大多数有机溶剂，不溶于石油醚。在酸性介质中分解很慢，在碱性介质中水解很快。DT_{50}（22℃）107d（pH＝4）、46d（pH＝7）、2d（pH＝9）。闪点 113℃。

毒性　大鼠急性经口 LD_{50} 约 50mg/kg，大鼠急性经皮 LD_{50} 约 130mg/kg。对兔眼睛和皮肤中度刺激（50％甲基异丁基酮溶液）。雌大鼠吸入 LC_{50}（4h）427mg/m³（50％甲基异丁基酮溶液）。NOEL［2a，mg/kg（饲料）］：大鼠 1，小鼠约 30。狗 1 年饲养无作用剂量 0.25mg/kg。ADI（mg/kg）：ADI/RfD（EFSA）0.0003［2006］，（JMPR）0.0003，（EPA）aRfD 0.008，cRfD 0.00013［2006］。

生态效应　山齿鹑 LD_{50} 34～37mg/kg。野鸭（5d）LC_{50}＞5000mg/kg（饲料），山齿鹑（5d）LC_{50} 434mg/kg（饲料）。鱼 LC_{50}（96h，mg/L）：虹鳟 17，金枪鱼 447.3，大翻车鱼 1.9。水蚤 LC_{50}（48h）0.19mg/L。海藻 ErC_{50} 49mg/L。对蜜蜂有毒。蚯蚓 LC_{50} 115mg/kg（土壤）。

环境行为　在动物体内代谢很快，48h 内几乎 99％通过尿排出体外。在植物内通过氧化和氢解代谢也很快，除了氧化为具有活性的甲基内吸磷外，主要的代谢反应为水解及随后的二聚反应。在土壤中代谢途径为亚砜氧化为砜，以及侧链的氧化和氢解，很快代谢为二甲基磷酸和磷酸。

制剂与分析方法　主要制剂有25%乳油、50%可溶性液剂。产品分析用反相高效液相色谱-紫外检测方法，液相色谱法，薄层色谱法随之氧化为磷酸然后用标准比色法进行测定，或用硫酸钛还原亚砜基团然后进行返滴定。残留分析是将亚砜氧化为砜后用GC/FID进行分析。土壤分析主要利用GC/NPD。

作用机理与特点　胆碱酯酶的直接抑制剂，是一种胃毒、触杀、内吸性杀虫剂，击倒速度快。

应用

适用作物　蔬菜、谷物、果树、观赏植物。

防治对象　蚜虫、叶蜂、刺吸式害虫。

残留量与安全施药　收获前禁用期为21d，最大允许残留量为0.75mg/kg。对某些观赏植物可能会产生药害，尤其是当与其他农药混用时。

使用方法，应用范围类似于甲基内吸磷，亚砜磷是甲基内吸磷的代谢产物，一般使用剂量为0.3～0.8kg/hm^2。

专利与登记

不存在专利权问题。

目前已公开和授权的相关专利：DE 947368、CN 1222213、DE 102006014489、DE 102006014489、WO 2002037964、DE 947368、DE 949229、WO 2008071714、WO 2008071674、WO 2000002453、WO 2002017715。

因有生殖毒性，瑞典于1996年撤销登记。

合成方法

经如下反应制得亚砜磷：

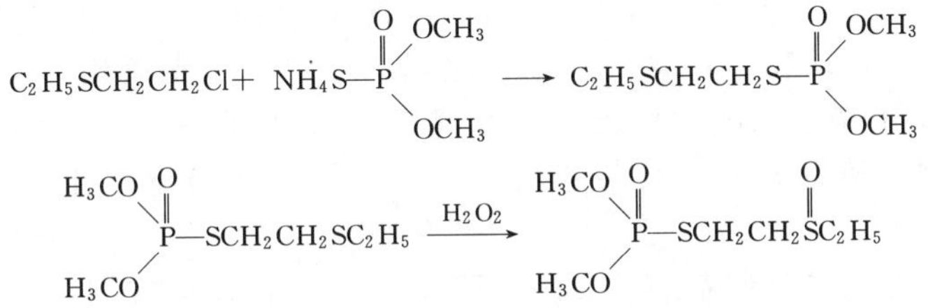

1　The Pesticide Manual. 15 th edition：856-857.

2　DE 947368.

3　US 2791599.

4　农药，2002，3：17-18.

168　甲拌磷（phorate）

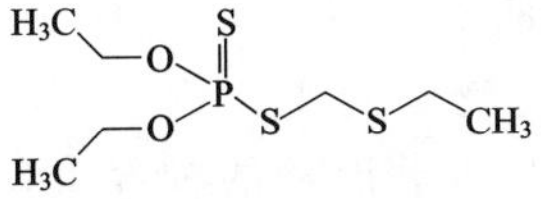

$C_7H_{17}O_2PS_3$，260.4

产品简介

甲拌磷［试验代号：EI 3911、AC 3911，通用名称：phorate，商品名称：Dhan（Dhanuka）、Hermit（Heranba）、Thimet（Amvac，Nufarm Ltd）、Umet（United Phosphorus）、伏螟、福瑞松（台）、赛美特、三九一一、西梅脱，其他名称：Foratox（P I Industries）、Geomet（Amvac）、Granutox（Aimco，Amvac）、Hilhorate（Hindustan）、Kaymet

(Krishi Rasayan)、Molate (Gujarat Pesticides)、Phoramate (BEC)、Qinsha (Fengshan)、Uniphor (Doğal)、Vamphor (Jubilant Organosys)、Vegfru Foratox (P I Industries)、Volphor (Rallis)、Zeemet (United Phosphorus)] 是美国氰胺公司开发，1954 年商品化的有机磷类杀虫剂。主要生产商：Amvac、Gujarat Pesticides、Ralchem、Sharda、United Phosphorus。

化学名称 *O*,*O*-二乙基 *S*-乙硫基甲基二硫代磷酸酯。英文化学名称为 *O*,*O*-diethyl-*S*-ethylthiomethyl phosphorodithioate。美国化学文摘系统名称为 *O*,*O*-diethyl *S*-[(ethylthio) methyl]phosphorodithioate。CA 主题索引名称为 phosphorodithioic acid，esters *O*,*O*-diethyl *S*-[(ethylthio)methyl]ester。CAS 登录号为 [298-02-2]。

组成 原药纯度大于 90%。

理化性质 原药为无色液体，熔点<−15℃，原药沸点 118～120℃ (0.8mmHg)，蒸气压 85mPa (25℃)，$K_{ow}\lg P=3.92$。Henry 常数 5.9×10^{-1} Pa·m^3/mol（计算）。相对密度 1.167（原药，25℃）。水中溶解度 50mg/L (25℃)，易溶于醇类、酮类、酯类、醚类、脂肪烃、芳香烃、卤代烃、二氧六环、菜籽油和其他有机溶剂中。正常贮存 2 年以上不分解，其水溶液遇光分解 (DT_{50} 1.1d)，在 pH＝5～7 稳定性最佳，DT_{50} 3.2d (pH＝7)、3.9d (pH＝9)。闪点>110℃。

毒性 急性经口 LD_{50} (mg/kg)：雄大鼠 3.7，雌大鼠 1.6，小鼠约 6。急性经皮 LD_{50} (mg/kg)：雄大鼠 6.2，雌大鼠 2.5，豚鼠 20～30，雄兔 5.6，雌兔 2.9。根据颗粒剂有效成分的浓度、载体类型、实验方法和动物种类，急性经皮 LD_{50} [mg(a.i.)/kg]：雄大鼠 98～137（颗粒剂），雌大鼠 93～245（颗粒剂）。大鼠吸入 LC_{50} (1h，mg/L)：雄大鼠 0.06，雌大鼠 0.011。狗 NOAEL 0.05mg/kg。ADI/RfD (JMPR) 0.0007mg/kg [2005]；(EPA) aRfD 0.0025，cRfD 0.0005mg/kg [2006]。无致畸、致癌、致突变。

生态效应 急性经口 LD_{50} (mg/kg)：野鸭 0.62，野鸡 7.1。鱼 LC_{50} (96h，mg/L)：虹鳟 0.013，鲇鱼 0.28。对蜜蜂有毒，LD_{50} 10μg/只（接触）。

环境行为 本品在动物、植物内代谢情况基本一致，首先氧化为亚砜、砜和硫代磷酸酯类似物，进而氢解为二硫代磷酸、硫代磷酸。在土壤中，先代谢为亚砜、砜及其硫代磷酸酯类似物，随后氢解，在某些情况下，砜可能不分解。土壤 DT_{50} 约 7～10d。土壤 K_{oc} 543。

制剂与分析方法 主要制剂有 2.5%、5%、10%、15%颗粒剂，20%、25%、60%、75%乳油，30%、50%、60%粉粒剂。用红外光谱进行产品分析，甲拌磷及其氧化物可用 GC 分析，土壤分析 GC/FPD。

作用机理与特点 甲拌磷为高毒、高效、广谱的内吸性杀虫杀螨剂，具有触杀、胃毒、熏蒸作用，能在植物体内传导，对刺吸式口器和咀嚼式口器害虫都有良好防效，残效期长，是一种优良的种子处理剂。其作用机理为：本品进入植物体后，受植物代谢的影响而转化成毒性更大的氧化物（亚砜、砜），昆虫取食后体内神经组织中的乙酰胆碱酯酶的活性受到抑制，从而破坏了正常的神经冲动传导，而导致中毒，直至死亡。本品及其代谢物形成更毒的氧化物，在植物体内能保持较长的时间（1～2 个月，甚至更长）。

应用

适用作物 棉花、甜菜、小麦、高粱、油菜、玉米、十字花科植物和咖啡等。

防治对象 刺吸式害虫、咀嚼式害虫、螨类和某些线虫，如蚜虫、飞虱、蓟马、红蜘蛛、潜叶蝇、拟步行甲、象甲、跳甲、蝼蛄、金针虫等。对鳞翅目幼虫防效较差。

残留量与安全施药　甲拌磷对人畜剧毒，禁止对水喷雾使用。只准许用于棉花、甜菜、小麦、油菜的种子处理。拌种时要做好防护，不准用手直接接触药剂。长期使用甲拌磷，害虫会产生抗药性，要注意与甲基硫环磷、甲基异柳磷等交替使用。不准用于蔬菜、果树、中药材等作物。甲拌磷在植物体内能保持较长时间，要特别注意残留毒性。食品中甲拌磷最大残留限量：谷类＜0.02mg/kg，蔬菜、水果、食用油不得检出。

具体使用方法如下：

小麦　①将60%甲拌磷乳油100mL，加入2～3kg水中稀释后，均匀喷洒在50kg种子表面，反复搅拌均匀后，堆闷4～6h，播种（也可每亩用5%甲拌磷颗粒剂2kg与20～25kg细土混合沟施后播种，或每50kg麦种用30%粉剂1～1.5kg拌种），可防治地下害虫和幼苗期的叶蝉、蚜虫及红蜘蛛。②将60%甲拌磷乳油200～400mL加入2～3kg水中稀释后拌种，可防治麦根蝽象。③每亩用5%颗粒剂1.5～2.5kg与干土15kg混合均匀撒于地面后播种，或冬小麦返青期结合追肥，每亩沟施5%颗粒剂2.5kg，可防治麦地种蝇。④用60%甲拌磷乳油按种子重量的0.3%拌种，可防治小麦粒线虫病。

棉花　①浸种：用60%甲拌磷乳油0.5kg，加水100kg稀释后，在容器内浸泡50kg棉籽12～24h。浸泡期间用长柄工具每隔1～2h翻种一次，浸完后捞起，再堆闷8～12h，等种子有1/3左右开始萌动时，即可播种。②闷种：每50kg棉籽先用温汤浸泡后，用60%甲拌磷乳油0.5kg加水12～25kg的稀释液拌和，再堆闷6～12h，即可播种。③拌种：先将棉籽浸泡、闷种，播前再喷洒少量水将棉籽浸湿，按50kg棉籽用30%粉剂1.5～3.0kg拌匀后，堆闷3～4h，即可播种（若以颗粒剂拌种，每50kg棉籽用5%颗粒剂7.5～12.5kg，方法与30%粉剂相同），可防治棉蚜、红蜘蛛、蝼蛄等害虫，药效期可保持到播种后30～40d。

甜菜　每50kg甜菜种子用60%乳油250～350mL，对水10kg，用喷雾器往种子上喷药液，边喷边翻拌种子，待充分拌匀后，摊开晾干或堆闷数小时后再摊开晾干，然后播种（也可每50kg种子用60%乳油250～350mL，加水50kg的稀释液浸泡，24h后捞出、晾干、播种；或每50kg种子用水7.5～10kg喷拌润湿后，用30%粉剂1.5～2kg进行拌种，堆闷1～2h，摊开晾干后播种），可防治蒙古灰象甲等苗期地下害虫。

玉米　用60%乳油100mL对少量水稀释后拌25kg种子，拌匀后堆闷3～4h即可播种(或每亩用5%甲拌磷颗粒剂200g，掺细砂或土1.5kg)，可防治地下害虫。

油菜　先用少量水将种子闷湿，再用30%粉剂拌种，用量为0.9～1.2kg/hm^2，可使苗期跳甲的危害减退95%以上。

高粱　每公顷用5%颗粒剂5kg，拌于细砂或土15～2kg，每隔垄施药一垄，熏蒸，可防治高粱蚜虫。

韩椒　用甲拌磷或呋喃丹混土或拌毒饵诱杀，可防治韩椒苗期地下害虫如蛴螬、蝼蛄等，防治效果可达100%。

豌豆　每亩用5%颗粒剂2kg沟施后播种，可防治豌豆田地下害虫。

专利与登记

不存在专利权问题。

目前已公开和授权的相关专利：DE 917668、CN 1228256、CN 86100095、DE 102006014489、WO 2008071714、WO 2008064778、WO 2002037964、WO 2000002453、US 3651225、DE 917668、DE 947369、GB 755600、GB 797307、JP 41011859、JP 41011860、JP 42001743、JP 42004455、US 2759010、US 2766289、ZA 6905154等。

在中国申请的与甲拌磷有关的专利见表168-1。

表 168-1 在中国申请的专利

序号	申请号	专利名称
1	96119553.3	30%甲拌磷粉粒剂
2	89100058.5	用有机磷化合物使除草剂克罗马酮应用安全化
3	90108532.4	一种防治农作物地下害虫用的杀虫剂
4	93119827.5	渗透剂对新啡类、氮杂新啡类及其他活性化合物的增效作用
5	94112865.2	多功能小麦拌种剂
6	94112646.3	石膏包衣5%甲拌磷颗粒剂
7	98106559.7	种衣剂系列产品
8	99113263.7	多元素复合药肥
9	200510010563.X	多功能大麻种衣剂
10	200710019406.4	一种树木防虫合剂
11	200710026080.8	一种复合型种衣剂及其制备方法

合成方法

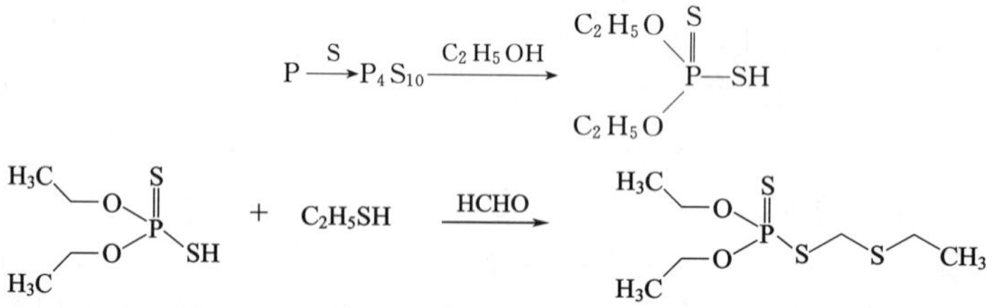

1 The Pesticide Manual. 15 th edition：891-893.
2 US 2586655.
3 DE 917668.
4 国外农药品种手册，化工部农药信息站，126-127.
5 新编农药商品手册．北京：化学工业出版社，2006：118.
6 http：//baike. baidu. com/view/693184. htm.
7 河北化工，1996，04：22-24.
8 http：//baike. baidu. com/view/1277776. htm.

169 治螟磷（sulfotep）

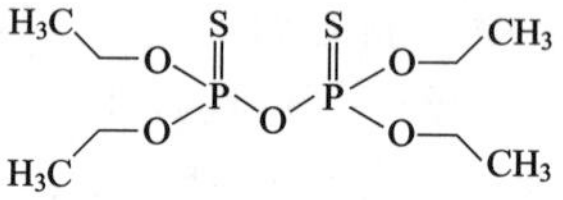

$C_8H_{20}O_5P_2S_2$，322.3

产品简介

治螟磷［试验代号：Bayer E 393、ASP-47，通用名称：sulfotep，商品名称：Bladafum、苏化 203、硫特普、双一六〇五，其他名称：Dithio、Dithione、Thiotepp、Bladafume］是 G. Schrader 和 H. kenthal 报道其活性，德国拜耳公司开发的有机磷类杀虫剂。主要生产商：Bayer。

化学名称 *O*,*O*,*O*′,*O*′-四乙基二硫代焦磷酸酯。英文化学名称为 *O*,*O*,*O*′,*O*′-tetraethyl dithiopyrophosphate。美国化学文摘系统名称为 thiodiphosphoric acid（$[(HO)_2P(S)]_2O$）tetraethyl ester。CA 主题索引名称为 thiodiphosphoric acid（$[(HO)_2P(S)]_2O$）tetraethyl ester。CAS 登录号为［3689-24-5］。

理化性质 淡黄色液体，沸点 136～139℃（2mmHg，1mmHg＝133.322Pa）、92℃（0.1mmHg），蒸气压 14mPa（20℃）。K_{ow} lg$P$＝3.99（20℃）。Henry 常数 0.45Pa·m^3/mol（20℃）。相对密度 1.196（20℃）。水中溶解度 10mg/L，与大多数有机溶剂互溶，不溶于轻石油和石油醚。室温下缓慢分解，DT_{50}（22℃）：10.7d（pH＝4）、8.2d（pH＝7）、9.1d（pH＝9）。闪点 102℃。

毒性　大鼠急性经口 LD_{50} 约 10mg/kg，大鼠急性经皮 LD_{50} 65mg/kg（7d）、262mg/kg（4h）。对兔眼睛和皮肤无刺激。大鼠吸入 LC_{50}（4h）约 0.05mg/L（气溶胶）。NOEL（mg/kg）：大鼠（2a）10，小鼠（2a）50，狗（13w）0.5。ADI/RfD（BfR）0.001mg/kg [1990]；（EPA）0.0005mg/kg [1988]。

生态效应　鱼 LC_{50}（96h，mg/L）：金枪鱼 0.071，虹鳟 0.00361。水蚤 LC_{50}（48h）0.002mg/L。

环境行为　本品在大鼠体内吸收很快，并通过肾脏迅速降解，其主要降解物为二乙基硫代磷酸酯。在植物内主要代谢物为四乙基焦磷酸、二乙基硫代磷酸、二乙基磷酸。K_{oc} 值和淋滤研究表明治螟磷是稳定的，本品在不同的土壤中降解很快，中间体 monothiotep（辛硫磷的杂质）和四乙基焦磷酸存在时间非常短，降解为简单的硫代磷酸酯和磷酸酯。在缓冲溶液中，本品的降解速率与温度和 pH 值有关。在水中的光化学降解不能确定。挥发性小。

制剂与分析方法　主要制剂有烟雾剂、40%乳油。可用 GC-TCD 进行产品分析，用 GC 进行残留分析。

作用机理与特点　胆碱酯酶的直接抑制剂，广谱，具有触杀和传导作用的非内吸性杀虫、杀螨剂。在叶上的持效期短。

应用

适用作物　水稻、棉花、油菜、大豆。

防治对象　水稻稻螟虫、稻叶蝉、稻飞虱、棉红蜘蛛、棉蚜、油菜蚜、豆蚜、茄红蜘蛛、黄条跳甲、象鼻虫、谷子钻心虫、萍螟、介壳虫等。

残留量与安全施药　稻田施药，应在前一天调节水层 3cm 左右，施药后 3～5d 不得放水，严防田水外流。食用作物在收获前 20～30d 禁止用药。对鱼类高毒，养鱼稻田不得施药。食物内最大残留量为 1mg/kg。

具体使用方法如下：

水稻　①用 40%乳油 48.75L/hm^2，拌细土 225～300kg。在田内均匀撒施，可防治螟虫。施药前 1d，应将田内水层调节到 1 寸（1 寸≈3.3cm）左右，堵好水口，防止漏水，施药后 3～5d 不得放水，以保持药效。②在螟虫孵化高峰期施药。每亩用 40%乳油 150g，加水 5kg，于露水干后喷雾，可防治二化螟。喷雾法适用于蚁螟孵化高峰期和秧苗期。

棉花、大豆、油菜　用 2000 倍液喷雾，可有效防治棉蚜、油菜蚜、豆蚜等害虫。

专利与登记

不存在专利权问题。

目前已公开和授权的相关专利：DE 1129156、GB 949846、US 3069453、CN 1220578、EP 1952690、JP 2004155693、JP 2008150302、WO 2008064778、WO 2002037964、WO 2000002453、WO 2006114212、WO 9740692、WO 2004095930、WO 2006114212、DE 1129156、DE 1159934 等。

合成方法

经如下反应制得治螟磷：

$$C_2H_5OH \xrightarrow{POCl_3} (C_2H_5O)_2\overset{\overset{\large O}{\|}}{P}-O-\overset{\overset{\large O}{\|}}{P}(OC_2H_5)_2 \xrightarrow{S} (C_2H_5O)_2\overset{\overset{\large S}{\|}}{P}-O-\overset{\overset{\large S}{\|}}{P}(OC_2H_5)_2$$

1　The Pesticide Manual. 15 th edition：1063-1064.

2　DE 1129156.

3　国外农药品种手册．化工部农药信息站，62-63.

4　新编农药商品手册．北京：化学工业出版社，2006：54.

5　湖南化工，1980，1：23-25.

170　特丁硫磷（terbufos）

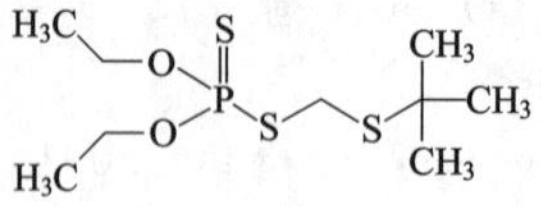

$C_9H_{21}O_2PS_3$，288.4

产品简介

特丁硫磷［试验代号：AC 92 100，通用名称：terbufos，商品名称：Hunter（United Phosphorus）、Pilarfox（Pilarquim）、Sunbufos（Sundat）、Terborox（Rotam）、叔丁硫磷、抗得安、特丁甲拌磷、特丁三九一一、特丁磷，其他名称：Counter（Amvac）、Cyanater（Isagro）、Lucater（Lucava）、Terfos（Efthymiadis）］是 E. B. Fagan 报道其活性，由美国氰胺（现属 BASF）公司开发、1974 年商品化的有机磷类杀虫剂。主要生产商：Amvac、DooYang、Rotam、Sharda、United Phosphorus。

化学名称　*S*-叔丁硫基甲基-*O*,*O*-二乙基二硫代磷酸酯。英文化学名称为 *S*-tert-butylthiomethyl *O*,*O*-diethyl phosphorodithioate。美国化学文摘系统名称为 *S*-[[(1,1-dimethylethyl)thio]methyl]*O*,*O*-diethyl phosphorodithioate。CA 主题索引名称为 phosphorodithioic acid，esters *S*-[[(1,1-dimethylethyl)thio] methyl]*O*,*O*-diethyl ester。CAS 登录号为［13071-79-9］。

组成　原药含量 85%以上。

理化性质　淡黄色液体，具有硫醇气味。熔点－29.2℃。沸点 69℃（0.01mmHg）。蒸气压 34.6mPa（25℃）。K_{ow} lg$P$＝2.77。相对密度 1.11（20℃）。水中溶解度 4.5mg/L（27℃），易溶于丙酮、醇类、卤代烃、芳香烃等大多数有机溶剂，约 300g/L。常温贮存稳定 2 年以上，120℃以上分解，工业品 DT_{50} 2～3d（pH＝4～9）。闪点 88℃。

毒性　急性经口 LD_{50}（mg/kg）：雄大鼠 1.6，雌大鼠 5.4。急性经皮 LD_{50}（mg/kg）：大鼠 9.8，兔 1.0。对眼睛和皮肤有刺激。大鼠吸入 LC_{50}［4h，mg(a.i.)/L］：雄大鼠 0.0061，雌大鼠 0.0012。NOEL（1a，对胆碱酯酶的抑制）：雄大鼠 0.028mg/(kg·d)，雌大鼠 0.036mg/(kg·d)。

生态效应　山齿鹑急性经口 LD_{50} 15mg/kg。进食 LC_{50}［mg/kg（饲料）］：野鸭（8d）185，红颈野鸡 145。鱼类 LC_{50}（96h，mg/L）：虹鳟鱼 0.01，大翻车鱼 0.004。对蜜蜂有毒，LD_{50} 4.1μg/只（接触）。当为颗粒剂时，应限制其暴露。

环境行为　在动物、植物体及土壤中容易生物降解，不积累在食物链和环境中，DT_{50}（土壤）9～27d。

制剂与分析方法　主要制剂有 5%、10%、15%颗粒剂。可用 GC-FID 进行产品分析，用 GC 进行残留或代谢物分析，用 GC-NPD 进行饮用水分析，用 GC-FPD 进行土壤分析。

作用机理与特点　胆碱酯酶的直接抑制剂，本品是一种高效、速效、广谱的杀虫、杀螨剂，具有内吸、胃毒和熏蒸作用。因毒性高，只作土壤处理剂和拌种用。持效期长。

应用

适用作物　玉米、甜菜、甘蓝、棉花、水稻。

防治对象　叶甲幼虫、甜菜根斑蝇、甘蓝根花蝇、葱蝇、金针虫、马陆、么蚰科、红蜘蛛、蚜虫、蓟马、叶蝉、螟虫等。

残留量与安全施药　不适宜在地上部叶面喷雾，不能与皮肤和碱性物质直接接触。在花生作物田施药时，先将药剂施入播种沟内，覆盖少量土后再播入花生种，使药剂与种子隔离，以避免发生药害。安全间隔期：最后一次施药距收获期 3 个月。

使用方法　只作土壤处理剂和拌种用，使用剂量 0.25～2kg/hm²。如防治花生田蛴螬，使用剂量为 5%颗粒剂 1800～2250g/hm²，沟施。

专利概况

不存在专利权问题。

目前已公开和授权的相关专利：JP 41011859、CH 689326、DE 102006014489、DE 102006014489、EP 547546、JP 01238505、IN 1995 BO 00253、WO 2008071714、WO 2008064778、WO 2002037964、WO 2000002453、JP 41011859、JP 41016779、JP 42001743、JP 42004455 等。

合成方法

经如下反应制得特丁硫磷：

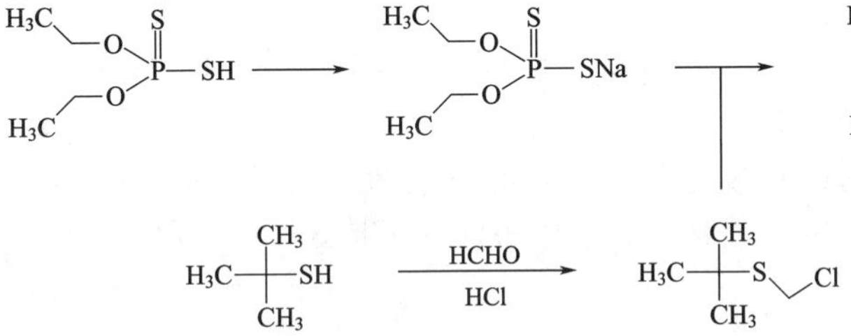

1 The Pesticide Manual. 15 th edition：1190-1191.

2 US 2586655.

3 JP 41011859.

4 国外农药品种手册．化工部农药信息站，119-120.

5 编农药商品手册．北京：化学工业出版社，2006：117.

6 http：//baike.baidu.com/view/1367228.htm? fr=ala0 _ 1.

171　甲基乙拌磷（thiometon）

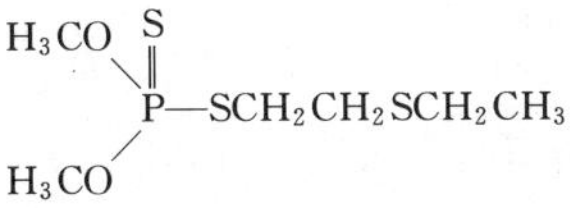

$C_6H_{15}O_2PS_3$，246.3

产品简介

甲基乙拌磷［试验代号：Bayer 23 129、SAN 1831，通用名称：thiometon，混剂：Serk（+endosulfan）（France）（Syngenta）、Tombel（+quinalphos）（Sandoz）、Mavrik B（+tau-fluvalinate）（Makhteshim-Agan）、Mavrik Systo（+tau-fluvalinate）（Makhteshim-Agan）］是 Bayer AG 和 Sandoz AG（现属先正达公司）共同开发的有机磷类杀虫剂。

化学名称　*S*-2-乙硫基乙基-*O*,*O*-二甲基二硫代磷酸酯。英文化学名称为 *S*-2-ethylthioethyl *O*,*O*-dimethyl phosphorodithioate。美国化学文摘系统名称为 *S*-[2-(ethylthio)ethyl]*O*,*O*-dimethyl phosphorodithioate。CA 主题索引名称为 phosphorodithioic acid，esters *S*-[2-(ethylthio)ethyl]*O*,*O*-dimethyl ester。CAS 登录号为［640-15-3］。

理化性质　无色油状液体，具有特殊、含硫的有机磷酸酯气味，沸点 110℃（0.1mmHg）。蒸气压 39.9mPa（20℃）。相对密度 1.209（20℃）。$K_{ow}\lg P=3.15$（平均，20℃），Henry 常数 $2.840\times10^{-2}Pa\cdot m^3/mol$（calc.）。水中溶解度 200mg/L（25℃），易溶于通用的有机溶剂，微溶于石油醚和矿物油。纯品不稳定，在非极性溶剂中非常稳定，在碱性介质中比在酸性介质中更不稳定，DT_{50} 90d（pH=3）、83d（pH=6）、43d（pH=9）（5℃）、25d（pH=3）、27d（pH=6）、17d（pH=9）（25℃），储存寿命大约 2a（25℃）。

毒性　大鼠急性经口 LD_{50}（mg/kg）：雄 73，雌 136。大鼠急性经皮 LD_{50}（mg/kg）：

雄 1429，雌 1997。本品对豚鼠皮肤无刺激。大鼠吸入 LC_{50}（4h）1.93mg/L（空气）。NOEL值[2a，mg/kg（饲料）]：狗 6，大鼠 2.5。ADI/RfD（JMPR）0.003mg/kg [1979]。

生态效应　急性经口 LD_{50}（14d，mg/kg）：雄野鸭 95，雌野鸭 53，雄日本鹌鹑 46，雌日本鹌鹑 60。鱼 LC_{50}（96h，mg/L）：鲤鱼 13.2，虹鳟 8.0（均在静态条件下）。水蚤 LC_{50}（24h）8.2mg/L。绿藻 EC_{50}（96h）12.8mg/L。本品对蜜蜂有毒，LD_{50}（经口）0.56μg/只。蚯蚓 LC_{50}（7d）43.94mg/kg（土壤），（14d）19.92mg/kg（土壤）。

环境行为　本品在大鼠体内几乎全部代谢并通过尿排出体外，代谢历程为将 P═S 键转化为 P═O 键，将硫化物氧化为亚砜和砜，然后水解为二甲基硫代磷酸。在植物中，经过氧化和氢解反应，主要代谢物是甲基乙拌磷的砜和亚砜，而 P═O 键变化很少。在土壤中，甲基乙拌磷代谢为甲基乙拌磷的亚砜和砜，甲基乙拌磷 K_{oc} 579mL/g（低移动性），DT_{50}＜1d，甲基乙拌磷的砜 K_{oc} 52mL/g（流动性很高），DT_{50}＜2d。正常情况下，本品及其代谢物在水中不累积，对地下水无影响。

制剂与分析方法　制剂有 25％、50％乳油，15％超低容量喷雾剂。可用 GC 或用红外光谱进行产品分析。残留分析用 GC。

作用机理与特点　胆碱酯酶的直接抑制剂，具有触杀和胃毒作用的内吸性杀虫、杀螨剂。在使用浓度为 280～420mL/hm^2 剂量下，其内吸活性可持效 2～3 周。

应用

适用作物　观赏植物、草莓、果树、芜菁、蔬菜、橄榄、葡萄、甜菜、烟草、棉花等。

防治对象　刺吸性害虫，主要是蚜类和螨类，如蚜虫、蓟马和红蜘蛛等。

残留量与安全施药　对苹果的最高残留限量 3mg/kg。

使用剂量　250～375g/hm^2。

专利概况

不存在专利权问题。

目前已公开和授权的相关专利：DE 917668、JP 2006213665、JP 2002212008、JP 11124306、JP 10120514、JP 08092014、EP 672348、WO 2008064778、WO 2002037964、WO 9925188、WO 9925187、CH 319579、DE 917668、DE 1087591、DE 1124034、DE 1144265、GB 748299、GB 797307、GB 834262、GB 922378、JP 51070730、US 3041367、US 2759010、US 3082240 等。

合成方法

经如下反应制得：

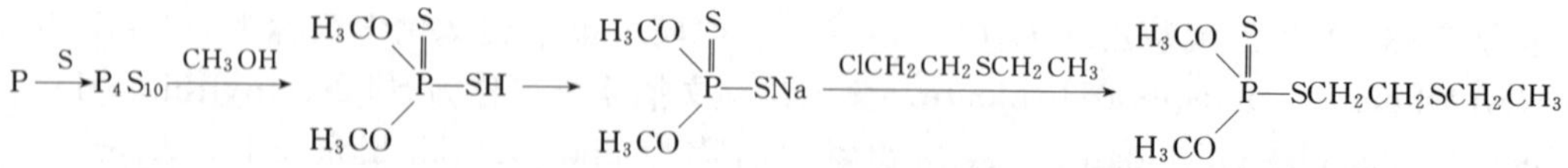

1　The Pesticide Manual. 15 th edition：1127-1128.

2　DE 917668.

3　国外农药品种手册．化工部农药信息站．125.

4　http：//baike.baidu.com/view/1957769.htm? fr=ala0_1.

172　乐果（dimethoate）

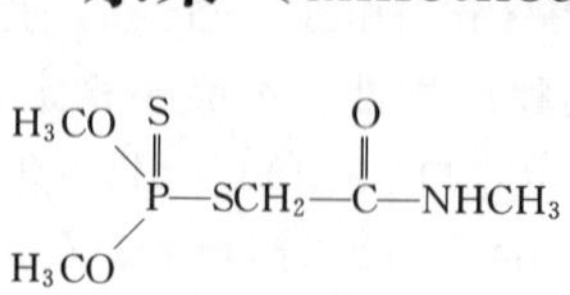

$C_5H_{12}NO_3PS_2$，229.3

产品简介

乐果［试验代号：EI 12 880、L 395、BAS 152J、CME 103，通用名称：dimethoate，商品名称：Bi 58（BASF）、Perfekthion（BASF）、Alkedo（Kemio）、Danadim（Cheminova）、Devigon（Devidayal）、Diadhan（Dhanuka）、Dimethate（Mobedco）、Dimezyl（Agriphar）、Efdacon（Efthymiadis）、Hermootrox（Hermoo）、Killgor（Baocheng）、Laition（Lainco）、Robgor（Ramcides）、Rogor（Agricultura Nacional，Isagro）、Romethoate（Rotam）、Stinger（Sundat）、Tara 909（United Phosphorus）、Teeka（Nagarjuna Agrichem）、Vidithoate（Vipesco）、大灭松，其他名称：Afidox（Lucava）、Agritoato（Nufarm Industria Quimica）、Agrothoate（Agrochem）、Aragol（Sipcam S. p. A.）、Boomer（Pyosa）、Cekutoate（Cequisa）、Chimigor（Chimiberg）、Citan（Sipcam Inagra）、Danadim Progress（Headland）、Diluq（LUQSA）、Dim（Chemia）、Dimate（Winfield Solutions）、Dimethosect（Barclay）、Dimetion（Sapec）、Dimeton（AgroSan）、Dimetox（Aimco）、Dumble（Doğal）、Ekka（Krishi Rasayan）、Fetron（Plaaskem S. A.）、Fezdimet（Zagro）、Fezmet（Zagro）、Fezmet（Zagro）、Forgon（Zagro）、Nugor（United Phosphorus）、Oligor（Papaeconomou）、Pelethon（GreenCrop）、Pilarmax（Pilarquim）、Poligor（Hekta351）、Rogagro（Agropharm）、Rogor L（Chemiplant）、Rothion（Zagro）、Roxion（Stähler）、amet（Zagro）、Techn′oate′（Phyteurop）、Trounce（Zagro）、Zagor（Herbos）、Zhumie（Fengshan）］是 E. I. Hoegberg 和 J. T. Cassaday 报道其活性，由 American Cyanamid Co.、BASF AG、Boehringr Sohn（现属 BASF AG）、Montecatini S. p. A.（现属 Isagro S. p. A.）开发和生产的有机磷类杀虫剂。主要生产商：Agrochem、Cheminova、Drexel、Lucava、Mico、Nortox、Rallis、Sundat、United Phosphorus、安徽省池州新赛德化工有限公司、湖北沙隆达集团公司、湖南海利化工股份有限公司、福建三农集团股份有限公司、郑州沙隆达集团公司、江苏腾龙集团、浙江华兴化学农药有限公司。

化学名称　*O*,*O*-二甲基-*S*-甲基氨基甲酰甲基二硫代磷酸酯。英文化学名称为 *O*,*O*-dimethyl-*S*-methylcarbamoylmethyl phosphorodithioate。美国化学文摘系统名称为 *O*,*O*-dimethyl *S*-[2-(methylamino)-2-oxoethyl]phosphorodithioate，CA 主题索引名称为 phosphorodithioic acid，esters *O*,*O*-dimethyl *S*-[2-(methylamino)-2-oxoethyl] ester。CAS 登录号为[60-51-5]。

组成　原药含量 95%。

理化性质　无色结晶固体（工业品为白色固体球），熔点 49～52℃（纯度为 99.4%），沸点 117℃（0.1mmHg），蒸气压 0.25mPa（25℃）。相对密度 1.31（20℃，纯度 99.1%）。$K_{ow}\lg P$=0.704。Henry 常数 1.42×10^{-6} Pa·m^3/mol。水中溶解度：39.8g/L（pH=7，25℃），易溶于大多数有机溶剂，如醇类、酮类、甲苯、苯、氯仿、二氯甲烷>300g/kg，四氯化碳、饱和烷烃、正辛醇>50g/kg（20℃）。在 pH=2～7 介质中稳定，在碱性介质中分解，DT_{50} 4.4d（pH=9）。光稳定性 DT_{50}>175d（pH=5）。受热分解为 *O*,*S*-二甲基类似物。pK_a 2.0（20℃）。表面张力 69.5mN/m。

毒性　急性经口 LD_{50}（mg/kg）：大鼠 387，小鼠 16，兔 300，豚鼠 350。大鼠急性经皮 LD_{50}>2000mg/kg。本品对兔眼睛和皮肤无刺激。大鼠吸入 LC_{50}（4h）>1.6mg/L（空气）。NOEL 值［mg/(kg·d)］：大鼠（2a）0.23，狗（1a）0.2，人（39d）0.2。ADI/RfD（mg/kg）：（JMPR，PSD）0.002［1996，2001，2003］；（EC）0.001［2007］；（EPA）aRfD 0.013，cRfD 0.0022［2006］。水分散粒剂 6μg/L。

生态效应　急性经口 LD_{50}（mg/kg）：野鸭 42，山齿鹑 10.5，日本鹌鹑 84，雉鸡 14.1。LC_{50}（mg/L）：野鸭 1011，山齿鹑 154，日本鹌鹑 346，雉鸡 396。鱼 LC_{50}（96h，mg/L）：

虹鳟鱼 30.2，大翻车鱼 17.6。水蚤 EC_{50}（48h）2mg/L，海藻 NOEC（24h）1mg/L。羊角月牙藻 E_bC_{50}（72h）90.4mg/L，NOEC（72h）30.5mg/L。本品对蜜蜂有毒，LD_{50}（经口）0.15μg/只，0.2μg/只（接触）。蚯蚓 LC_{50} 31mg/kg（土壤）。对其他有益生物 LR_{50}（g/hm^2）：梨盲走螨（7d）2.24，溢管蚜茧蜂（48h）0.014。

环境行为　本品在土壤、水、植物中的半衰期很短，正常使用，对空气、食物或水污染很小。在潮湿的空气中能很快地发生光化学分解，生成水解和氧化产物。本品在植物内和动物体内代谢机理相同。在植物中，先氧化为 *O,O*-二甲基硫代磷酸酯，氢解为 *O,O*-二甲基二硫代磷酸酯、硫代磷酸酯和磷酸酯。酯基基团脱甲基，甲氨基基团断裂，它在环境中的降解情况同乐果一样快。K_{oc} 16.25～51.88（砂土/砂壤土）。需氧 DT_{50} 2～4.1d。光解 DT_{50} 7～16d（土壤表面）。污染地下水的可能性很小。

制剂与分析方法　主要制剂有 25%、40%、50%乳油，30%可溶性粉剂。可用 GC 或 GC-FID 进行产品分析。

作用机理与特点　胆碱酯酶的直接抑制剂，杀虫谱广，对害虫和螨类有强烈的触杀和一定的胃毒作用，进入虫体内能氧化成毒性更高的氧化乐果，对害虫的毒力随气温升高而增强。持效期一般为 4～5d。

应用

适用作物　观赏作物、谷类、柑橘、咖啡、棉花、林木、果树、葡萄、橄榄树、根甜菜、马铃薯、豆类、茶树、烟草和蔬菜。

防治对象　刺吸式口器、咀嚼式口器害虫及植食性螨类，包括蚜虫、叶螨、蓟马、叶蝉、飞虱、红蜘蛛、叶跳甲、粉虱、林木虱和潜叶蝇、实蝇等双翅目害虫以及水稻螟虫、棉盲蝽象、果树实心虫、介壳虫等。也用于畜舍中苍蝇的防治。

残留量与安全施药　一般使用下对作物安全，但对某些品种的核桃、松树、桃、枣、杏、梅、柑橘、柠檬、啤酒花、番茄、棉花、高粱、菜豆、烟草等作物有药害，对某些品种的苹果和花卉可引起锈斑。蔬菜、果品、茶叶、烟草的收获前禁用期不同，蔬菜为 5～10d，茶叶为 7d，小麦、高粱等粮食作物不少于 10d。本品对畜、禽经口毒性较高，喷过药剂的田边 7～10d 内不可放牧；沾染药剂的种子不可喂饲家禽。乐果在土壤中半衰期只有 2～4d，不宜用作土壤处理。

应用技术　乐果可对农场建筑墙面滞留性喷雾，以防治家蝇，杀虫作用虽相对较慢，持效期可达 8 周。乐果纯品还能用于体表喷雾、肌肉注射或经口，以防治家畜体内外双翅目寄生虫。

使用方法

棉花　①在蚜株率达 30%，单株蚜数平均近 10 头，卷叶率达 5%时，用 40%乳油 750mL/hm^2，或 50%乳油 600mL/hm^2，对水 900kg 喷雾，可防治棉蚜；②在棉田 4～6 真叶时，100 株有虫 15～30 头时，用 40%乳油 750mL/hm^2，或 50%乳油 600mL/hm^2，对水 900kg 喷雾，可防治蓟马；③在 100 株虫数达到 100 头以上，或棉叶尖端开始变黄时，用 40%乳油 750mL/hm^2，或 50%乳油 600mL/hm^2，对水 900kg 喷雾，可防治棉叶蝉。防治蚜虫和红蜘蛛要重点喷洒叶背，使药液接触虫体才有效等。

水稻　每亩用 40%乐果乳油 75mL，或用 50%乳油 50mL，对水 75～100kg 喷雾。可有效防治灰飞虱、白背飞虱、褐飞虱、叶蝉、蓟马等害虫。

蔬菜　用 40%乳油 750mL/hm^2，或 50%乳油 600mL/hm^2，对水 900kg 喷雾，可防治菜蚜、茄子红蜘蛛、葱蓟马、豌豆潜叶蝇等。

烟草　用 40%乳油 900mL/hm^2，或 50%乳油 750mL/hm^2，对水 900kg 喷雾，可防治烟蚜虫、烟蓟马、烟青虫。

果树　①用50%乳油1000～2000倍液喷雾，可防治苹果叶蝉、梨星毛虫、木虱；②用40%乳油800倍液喷雾，可防治柑橘红蜡蚧、柑橘广翅蜡蝉。

茶树　用40%乳油1000～2000倍液喷雾，可防治茶橙瘿螨、茶绿叶蝉。

花卉　①用30%可溶性粉剂1500～3000倍液喷雾，可防治瘿螨、木虱、实蝇、盲蝽；②用40%乳油2000～3000倍液喷雾，可防治介壳虫、刺蛾和蚜虫等。

香蕉　用40%乳油800～1000倍液喷雾，可防治多种蚜虫、卷叶虫、斜纹夜蛾、花蓟马和网蝽等。

专利与登记

不存在专利权问题。

目前已公开和授权的相关专利：GB 791824、CN 101156592、CN 1899044、DE 102006014489、JP 2009209124、JP 08092014、EP 672348、EP 672348、JP 06227910、JP 06227910、JP 05112405、JP 08092014、JP 06227910、JP 06227910、JP 05112405、WO 2008071714、WO 2008064778、WO 2002037964、DE 1076662、DD 21728、DE 1139829、DE 1144265、GB 791824、GB 844402、GB 886319、SU 131759、IT 599091、US 2959608、US 2959608、US 2959610、US 3032579、US 3004055、US 3022215等。

在中国申请的与乐果有关的专利见表172-1。

表172-1　在中国申请的专利

序　号	申请号	专利名称
1	95114241.0	增效毒杀畏
2	88104888.7	稳定化的农药组合物
3	88106043.7	杀介壳虫剂合成工艺
4	89105077.9	一种中性农药助剂的制造工艺
5	89105803.6	多虫净乳剂
6	90110277.6	安磷一号(安磷)
7	93107817.2	病虫毙植物生长调节剂
8	94103833.5	婴乐果
9	93120766.5	一种复方农药
10	95111205.8	复配型农药
11	98110235.2	一种内吸性杀虫剂
12	99114203.9	新颖农药复配制剂
13	99115365.0	高效低毒有机磷复合杀虫剂
14	00120622.2	增效乐果乳油
15	200710135317.6	一种含氟虫腈和乐果复配农药组合物及其制备方法
16	200410013327.9	高效杀虫农药
17	200310110463.5	高效、长效复配杀螨剂
18	200410042570.3	乐果的合成方法
19	200710070221.6	一种防治水稻害虫的杀虫剂组合
20	200910035534.7	含多菌灵、乐果和三唑酮的杀虫杀菌组合物及其制备方法

合成方法

经如下反应制得乐果：

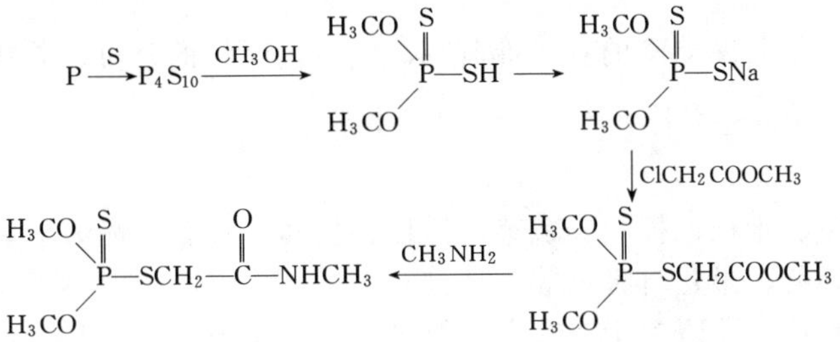

1 The Pesticide Manual. 15 th edition：375-377.
2 US 2494283.
3 国外农药品种手册，化工部农药信息站，139-140.
4 新编农药商品手册．北京：化学工业出版社，2006：104-107.
5 http：//baike. baidu. com/view/148578. htm? fr＝ala0_1_1.
6 http：//www. chinabaike. com/article/316/331/2007/2007022156974. html.

173 灭蚜磷（mecarbam）

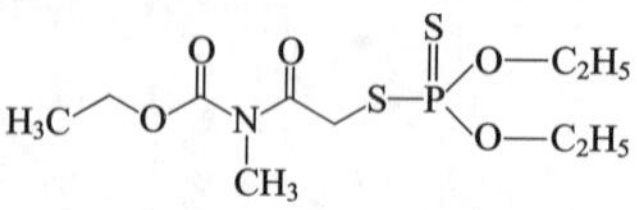

$C_{10}H_{20}NO_5PS_2$，329.4

产品简介

灭蚜磷［试验代号：P 474、MC 474，通用名称：mecarbam，商品名称：Murfotox（Efthymiadis）、灭蚜蜱，其他名称：Murfothrin（＋cypermethrin）（Efthymiadis）、Murfotox Oil（＋petroleum oils）（Efthymiadis）］是 M. Pianka 报道其活性，由 Murphy Chemical Ltd（现属 Dow AgroSciences）开发的有机磷类杀虫剂。

化学名称　*S*-(*N*-乙氧羰基-*N*-甲基氨基甲酰甲基)-*O*,*O*-二乙基二硫代磷酸酯。英文化学名称为 *S*-(*N*-ethoxycarbonyl-*N*-methylcarbamoylmethyl)-*O*,*O*-diethyl phosphorodithioate 或 ethyl（diethoxyphosphinothioylthio）acetyl（methyl）carbamate。美国化学文摘系统名称为 ethyl 6-ethoxy-2-methyl-3-oxo-7-oxa-5-thia-2-aza-6-phosphanonanoate 6-sulfide，CA 主题索引名称为 7-oxa-5-thia-2-aza-6-phosphanonanoic acid—，6-ethoxy-2-methyl-3-oxo-ethyl ester，6-sulfide。CAS 登录号为［2595-54-2］。

组成　工业品纯度≥85％。

理化性质　淡黄色至浅棕色油状物（工业品是浅黄色到棕色油状物）。沸点 144℃（0.02mmHg）。室温条件下蒸气压可以忽略不计，相对密度 1.222（20℃）。水中溶解度＜1g/L（室温），芳烃化合物＜50g/kg（室温），易溶于醇类、酯类、酮类和芳烃、卤代烃溶剂中（室温）。在 pH＝3 以下水解。

毒性　急性经口 LD_{50}（mg/kg）：大鼠 36～53，小鼠 106。大鼠急性经皮 LD_{50}＞1220mg/kg。大鼠吸入毒性 LC_{50}（6h）0.7mg/L（空气）。NOEL：每天以 1.6mg/kg 饲养大鼠 0.5a，无致病影响，但每天以 4.56mg/kg 喂养，其生长速度稍有减慢。ADI（JMPR）值 0.002mg/kg［1986］。

生态效应　对蜜蜂有毒。

环境行为　本品在动物体内的代谢途径为氢解、氧化、羰酰基部分降解，*O*-脱乙基化作用是次要的代谢途径。本品在土壤中仅存 4～6 周。

制剂与分析方法　主要制剂有 400g/L、500g/L、680g/L、900g/L 乳油，25％可湿性粉剂，15g/kg、40g/kg 粉剂，5％石油油剂等。产品可用 GC-FID 进行分析，残留物可用 GC-ECD 进行分析。

作用机理与特点　胆碱酯酶的直接抑制剂。略有内吸性的杀虫、杀螨剂，具有触杀和胃毒作用，持效期长。

应用

适用作物　果树、水稻、棉花、蔬菜、橄榄、柑橘、洋葱和胡萝卜等。

防治对象　蚧蝉科、半翅目害虫等。

残留量与安全施药　欧盟关于茶叶中灭蚜磷最高残留限量为 0.05mg/kg（1999 年）。收获前禁用期为 14d。

使用方法　以 0.6g(a.i.)/100L 剂量可防治蚧和其他半翅目、橄榄蝇和其他果蝇；以 15g(a.i.)/100L 剂量可防治叶蝉科、稻瘿蚊、甘蓝、葱、胡萝卜和芹菜的种蝇幼虫等。

专利概况

不存在专利权问题。

目前已公开和授权的相关专利：FR 1206931、WO 2009064321、WO 2009047584、EP 2070418、EP 2127522、EP 2090170、GB 2457347、JP 2010047479、JP 2010047478、WO 2010025870、WO 2010022251、WO 2009146793、WO 2009138523、WO 2009135613、WO 2009123907、WO 2009100822、WO 2009090181、WO 2009071218、WO 2009039951、WO 2009022548 等。

合成方法

经如下反应制得灭蚜磷：

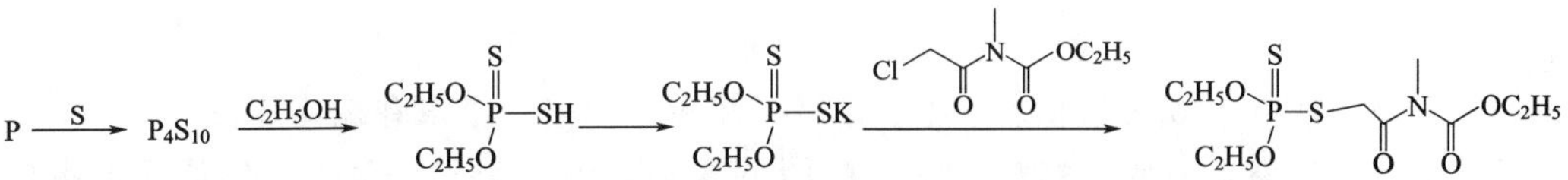

1　The Pesticide Manual. 15 th edition：717-718.　　2　GB 867780.

174　氧乐果（omethoate）

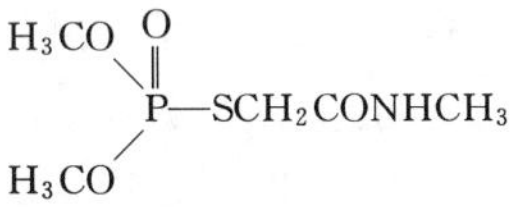

$C_5H_{12}NO_4PS$，213.2

产品简介

氧乐果［试验代号：Bayer 45432、S 6876，通用名称：omethoate，商品名称：Folimat (Arysta lifeScience)、欧灭松（台）、华果、克蚧灵、氧乐果，其他名称：Dimethoxon (BASF)、Le-mat (Arysta lifeScience)、Safast (Hubei Sanonda)］是 R. Santi 和 P. dePietri-Tonelli 报道其活性，由 Bayer AG 开发的有机磷类杀虫剂。世界主要生产商：中国化工农化公司、山东大成农药、杭州庆丰农化有限公司、湖北沙隆达有限公司、郑州沙隆达有限公司。

化学名称　*O*,*O*-二甲基-*S*-甲基氨基甲酰基甲基硫代磷酸酯。英文化学名称为 *O*,*O*-dimethyl-*S*-methylcarbamoylmethyl phosphorothioate 或 2-dimethoxyphosphinoylthio-*N*-methylacetamide。美国化学文摘系统名称为 *O*,*O*-dimethyl-*S*-[2-(methylamino)-2-oxoethyl]phosphorothioate。CA 主题索引名称为 phosphorothioic acid，esters *O*,*O*-dimethyl *S*-[2-(methylamino)-2-oxoethyl]ester。CAS 登录号为［1113-02-6］。

理化性质　无色液体，具有硫醇气味，熔点 −28℃（工业品），沸点约 135℃（分解），闪点 128℃（工业），蒸气压 3.3mPa（20℃），相对密度 1.32（20℃）。分配系数 $K_{ow}\lg P=-0.74$（20℃）。与水、醇类、酮类和烃类互溶，微溶于乙醚，几乎不溶于石油醚。遇碱分解，在酸性介质中分解很慢，DT_{50}（22℃）102d（pH=4）、17d（pH=7）、28h（pH=9）。

毒性　大鼠急性经口 LD_{50} 约 25mg/kg。急性经皮 LD_{50}（24h，mg/kg）：雄大鼠 232，雌大鼠约 145。本品对兔皮肤无刺激性，对兔眼睛有轻微刺激性。大鼠吸入 LC_{50}（4h）约 0.3mg/L（气溶胶）。NOEL 值：大鼠（2a）0.3mg/L，小鼠（2a）10mg/L，狗（1a）

0.025mg/kg。ADI 值（EFSA）0.0003mg/kg［2006］。

生态效应　鸟类急性经口 LD_{50}（mg/kg）：雄日本鹌鹑 79.7，雌日本鹌鹑 83.4。鱼类 LC_{50}（96h，mg/L）：金枪鱼 30，虹鳟鱼 9.1。水蚤 LC_{50}（48h）0.022mg/L。海藻 E_rC_{50} 167.5mg/L。本品对蜜蜂有毒。蚯蚓 LC_{50} 46mg/kg。

环境行为　本品在动物体内不累积，其主要代谢物 *O*-脱甲基氧乐果和 *N*-甲基-2-二硫代甲基乙酰胺通过尿排出。本品在植物内代谢很快，主要是 P—S 键的脱甲基化和氢解，代谢物为 3-羟基-3-［(2-甲基氨基-2-氧代-乙基）硫代］丙酸及其氧化物。本品在土壤中流动很快，但降解也非常快。DT_{50} 仅几天。主要代谢物是二氧化碳。

制剂与分析方法　主要制剂有 10％、40％乳油。产品可用 HPLC/GC-FPD 进行分析，残留物可用 GC-FID 进行分析。

作用机理与特点　胆碱酯酶的直接抑制剂，具有内吸、触杀和一定胃毒作用，具有击倒力快、高效、广谱、杀虫、杀螨等特点。在低温下仍能保持杀虫活性，特别适合于防治越冬的蚜虫、螨类、木虱和蚧类等。

应用

适用作物　棉花、观赏植物、水稻、森林、果树、小麦、烟草和蔬菜等。

防治对象　咬食、刺吸、钻蛀、刺伤产卵危害粮、棉、果树、森林、蔬菜等害虫以及螨、蚧等。对蚜虫、飞虱、叶蝉、介壳虫、鳞翅目幼虫有效，尤其对啤酒花上的害虫、小麦地种蝇特别有效。对乐果和其他有机磷农药产生了抗性的害虫有明显效果。对某些食叶性和钻蛀性害虫亦可防治。

残留量与安全施药　本品为有机磷农药，不可与碱性物质混用。氧乐果对其他作物的药害与乐果相同，使用时务必注意。安全间隔为蔬菜 10d，茶叶 6d，果树 15d。氧乐果的杀虫作用与乐果有很多相似之处，但氧乐果的杀虫力更强：①氧乐果在低温条件下使用的效果比乐果好，适用于防治早期低温时烟草苗床的害虫。②氧乐果对害虫有很强的触杀和内吸作用，对人畜高毒，比乐果高 4～5 倍。使用时要严格操作。在常用浓度下对作物安全。啤酒花、菊科植物、高粱有些品种及烟草、枣树、桃、杏、梅树、橄榄、无花果、柑橘等作物，对稀释倍数在 1500 倍以下的氧乐果乳剂敏感，使用时要先做药害试验，才能确定使用浓度。作物允许残留量为 2mg/L。

使用方法

水稻　用 40％乳油 1500 倍液喷雾，可防治稻叶蝉、稻飞虱、稻纵卷叶螟、稻蓟马等。

棉花　用 40％乳油 1500～2000 倍液喷雾，可防治棉蚜、红蜘蛛、叶蝉、盲蝽象。

果树　用 40％乳油 1500～2000 倍液喷雾，可防治苹果瘤蚜、苹果蚜、苹果叶螨、山楂叶螨等果树害虫，与三氯杀螨醇混用，防治叶螨时效果更好；用 40％乳油 1000～2000 倍液，可防治红蜘蛛；用 40％乳油 1000～1500 倍液，可防治橘蚜；用 40％乳油 1000～1200 倍液喷雾，可防治矢尖蚧、糠片蚧、褐圆蚧。

蔬菜　用 40％乳油 1500～2000 倍液喷雾，可防治菜蚜、红蜘蛛。

烟草　用 40％氧乐果乳油加水 1200～2000 倍喷施，可防治烟蚜、烟草蛀茎蛾、烟蓟马、烟青虫等害虫。

森林　在松树干离地 100cm 处用镰刀刮去粗皮，宽 20cm，随即每株用油刷将 40％乳油 4.7mL 对少量水涂在韧皮部上。也可在松树干离地 100cm 处用木工凿打孔深达木质部，每株注入 40％乳油 2.3mL，可防治松干介壳虫。

专利概况

不存在专利权问题。

目前已公开和授权的相关专利：DE 1251304、JP 2007246495、WO 2009086914、DE 102008029174、EP 2127522、EP 2070418、EP 2000029、EP 1952690、JP 2009209124、JP 2008222705、JP 2008150302、WO 2010025870、WO 2009146793、WO 2009135613、WO 2009123907、WO 2009090181、WO 2009071218、WO 2009039951、WO 2009022548、WO 2008152091、WO 2008125410、WO 2008092759、WO 2008031712、WO 2006114212 等。

在中国申请的与氧乐果有关的专利见表 174-1。

表 174-1 在中国申请的专利

序 号	申 请 号	专 利 名 称
1	95109745.8	一种杀虫剂
2	96105028.4	用于催化氧乐果中间体合成的复合型相转移催化剂及其制备
3	93106078.8	一种多功能高效杀虫杀螨剂
4	94100010.9	一种杀虫、灭菌、助长小麦专用药肥
5	93115780.3	灭蚜灵烟剂的配制方法
6	94113041.X	有机磷类多杀农药
7	94117723.8	氧硫磷酯生产新工艺
8	94117722.X	氧乐果生产新工艺
9	94113039.8	杀虫杀螨农药组合物
10	95117195.X	广谱高效植物杀虫剂及其制法
11	96109887.2	氯乙酸生产新工艺
12	97112261.X	氧乐·敌乳油
13	97113350.6	高效杀虫剂
14	93237989.3	一种胺解反应装置
15	03148317.8	一种氧乐果水剂
16	200810041929.3	可检测多种有机磷农药残留的抗体制备方法

合成方法

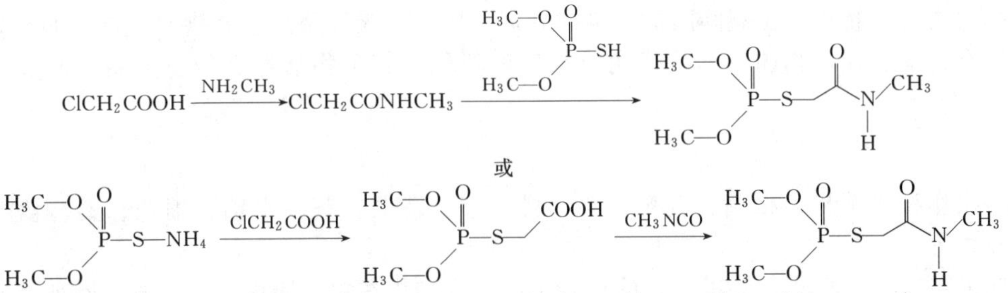

1 The Pesticide Manual. 15 th edition：836-837.

2 DE 1251304.

3 http：//www.chinapesticide.gov.cn/

4 http：//www.sipo.gov.cn/sipo2008/zljs/

175 蚜灭磷（vamidothion）

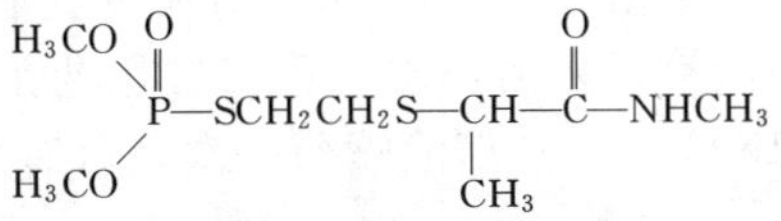

$C_8H_{18}NO_4PS_2$，287.3

产品简介

蚜灭磷［试验代号：10465 RP（Rhône-Poulenc）、NPH 83、ENT 26613，通用名称：vamidothion，商品名称：Kilval（Bayer CropScience），其他名称：Trucidor（Rhône-Poulenc）、Vamidoate（Rhône-Poulenc）、Asystin Z（Kwizda）］是 J. Desmoras 报道其活性，由法国 Rhone-Poulenc Agrochimie（现属拜耳公司）开发的有机磷类杀虫剂。世界主要生产商：Bayer CropScience。

化学名称 *O*,*O*-二甲基-*S*-2-(1-甲基氨基甲酰基乙硫基)乙基硫代磷酸酯。英文化学名称为 *O*,*O*-dimethyl *S*-2-(1-methylcarbamoylethylthio) ethylphosphorothioate 或 2-(2-dimethoxyphosphinoylthioethylthio)-*N*-methylpropionamide。美国化学文摘系统名称为 *O*,*O*-dimethyl *S*-[2-[[1-methyl-2-(methylamino)-2-oxoethyl] thio] ethyl] phosphorothioate。CA 主题索引名称为 phosphorothioic acid, esters *O*,*O*-dimethyl *S*-[2-[[1-methyl-2-(methylamino)-2-oxoethyl]thio]ethyl]ester。CAS 登录号为 [2275-23-2]。

理化性质 无色针状结晶（工业品为白色蜡状固体），熔点约 43℃（工业品 40℃）。蒸气压可忽略不计（20℃）。水中溶解度 4kg/L，苯、甲苯、甲乙酮、乙酸乙酯、乙腈、二氯甲烷、环己酮、氯仿中溶解度约 1kg/L，几乎不溶于环己烷和石油醚。室温下轻微分解，但在有机溶剂（如甲乙酮、环己酮）中稳定，在强酸或碱性介质中分解。

毒性 急性经口 LD_{50}（mg/kg）：雄大鼠 100～105，雌大鼠 64～67，小鼠 34～37。急性经口 LD_{50}（mg/kg）：雄大鼠 160，小鼠 80。急性经皮 LD_{50}（mg/kg）：小鼠 1460，兔 1160。大鼠吸入 LC_{50}（4h）1.73mg/L。以 50mg/kg（饲料）或 100mg/kg（饲料）喂养大鼠 90d，对其生长无影响。ADI（JMPR）值 0.008mg/kg [1988]。

生态效应 山鸡急性经口 LD_{50} 35mg/kg。斑马鱼 LC_{50}（96h）590mg/L。金鱼在 10mg/L 浓度中存活 14d 无影响。水蚤 EC_{50}（48h）0.19mg/L。本品对蜜蜂有毒性。

环境行为 本品在动物体内氧化为砜和亚砜，之后 P—S 键和 S—C 键断裂，生成水溶性代谢物。喷洒在植物上的药液，在数小时内代谢为亚砜，脱甲基化、氢解为磷酸。20d 后，植物上所有的毒性残留均是以亚砜的形式存在。在土壤中 DT_{50} 1.0～1.5d（需氧，22℃）。

制剂与分析方法 主要制剂有 40%乳油，400g/L 溶液。产品可用 HPLC/GC 进行分析，残留物可用 GC 进行分析。

作用机理与特点 胆碱酯酶的直接抑制剂，属于内吸性杀虫、杀螨剂，持效期长，对苹果棉蚜有特效。在植物内，本品代谢成相应的亚砜，其生物活性类似于本品，但其持效期较长。

应用

适用作物 苹果、柑橘、葡萄、栗、桃、李、蔬菜、茶、水稻、棉花、桑、蔷薇、菊花、石竹等。

防治对象 刺吸式口器害虫，蓟马、飞虱、水稻黑蝽象、康氏粉蚧、螨、欧洲红螨、桃蚜、甘蓝蚜、马铃薯蚜、二斑叶螨、苹果绵蚜等。

使用方法 以 0.37～0.5g(a.i.)/L 能防治苹果、梨、桃、李、水稻、棉花等作物上的刺吸式口器害虫。

苹果 第一次防治适期是苹果落花后，用 40%蚜灭磷乳油 1500～2000 倍液喷雾，可有效防治绵蚜，或者采用 5 倍药液涂环防治一次。第二次用药是苹果采收后，10 月下旬或 11 月上旬，用 40%蚜灭磷乳油 1500～2000 倍液喷药一次，可有效地杀灭根绵蚜，能大大减轻来年五六月份间的绵蚜危害。

丹参 40%蚜灭磷 1000～1500 倍液喷雾，可有效防治蚜虫。

专利概况

不存在专利权问题。

目前已公开和授权的相关专利：BE 575106、US 20090253640、WO 2008125362、WO 2007112933、EP 2090170、EP 2070418、EP 2039248、EP 2000029、EP 1952690、JP 2009209124、WO 2010025870、WO 2009146793、WO 2009135613、WO 2009118297、WO

2009100822、WO 2009071218、WO 2009039951、WO 2008152091、WO 2008092759、WO 2008075454、WO2008064778、CN 87101533、CN 1468520、CN 1449664、CN 1263076、CN 1180480、CN 1222303、CN 1202316、CN 1163702、CN 1180066、CN 1165825、CN 1130164、CN 1130981、CN 1128615、CN 1142890、CN 1125044、CN 1122809、CN 1121390、CN 1090969、CN 1099555、CN 1097092、CN 1083309 等。

合成方法

经如下反应制得蚜灭磷：

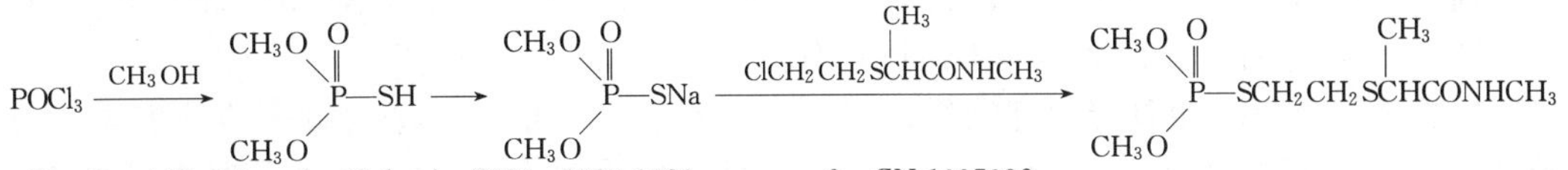

1 The Pesticide Manual，13th ed，2003：1025-1026.　　2 CN 1097092.

176　辛硫磷（phoxim）

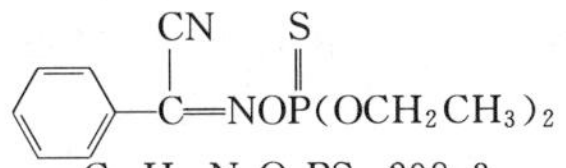

$C_{12}H_{15}N_2O_3PS$，298.3

产品简介

辛硫磷［试验代号：BAY 5621、Bayer 77 488、BAY SRA 7502、OMS 1170。通用名称：phoxim，商品名称：Baythion（Bayer CropScience）、Volaton（Bayer CropScience）、巴赛松（台）、拜辛松（拜耳）、倍腈松、倍氰松、仓虫净、腈肟磷、肟磷、肟硫磷，其他名称：Valexon（Bayer CropScience）、Volathion（Bayer CropScience）、Nongshu（Fengshan）、Kuaishaling（＋fenpropathrin）（Fengshan）、Kuaishaling（＋fenpropathrin）（Fengshan）、Mieling（＋deltamethrin）（Zhong-Xi）、Preling（＋fenvalerate）（Zhong-Xi）、Xingke（＋cypermethrin）（Fengshan）、Yuzhouxing（＋ZXI 8901）（Zhong-Xi）、Valexon（Bayer CropScience）、Volathion（Bayer CropScience）、Mieling（Zhong-Xi）、Pre ling（Zhong-Xi）、Yuzhouxing（Zhong-Xi）］是 A. Wyboy 和 I. Hammann 报道其活性，由 Bayer AG 公司开发的有机磷类杀虫剂。世界主要生产商：大连瑞泽农药股份有限公司、江苏宝灵化工股份有限公司、连云港立本农药化工有限公司、山东华阳农药化工集团有限公司、上海中西药业有限公司。

化学名称　*O*,*O*-二乙基-*α*-氰基苄基亚氨基氧硫代磷酸酯。英文化学名称为 *O*,*O*-diethyl *α*-cyanobenzylideneaminooxyphosphonothioate 或（*EZ*)-2-(diethoxyphosphinothioyloxyimino)-2-phenylacetonitrile。美国化学文摘系统名称 4-ethoxy-7-phenyl-3,5-dioxa-6-aza-4-phosphaoct-6-ene-8-nitrile 4-sulfide。CA 主题索引名称为 3,5-dioxa-6-aza-4-phosphaoct-6-ene-8-nitrile—，4-ethoxy-7-phenyl-4-sulfide。CAS 登录号为［14816-18-3］。

理化性质　纯品为黄色液体（工业品为红棕色油状液体），熔点＜－23℃，蒸馏分解，蒸气压 0.18mPa（20℃），相对密度 1.18（20℃），分配系数 $K_{ow}\lg P$＝4.104（非缓冲水），Henry 常数 1.58×10^{-2} Pa·m^3/mol（计算）。水中溶解度 3.4mg/L，在二甲苯、异丙醇、乙二醇、正辛醇、乙酸乙酯、二甲基亚砜、二氯甲烷、乙腈、丙酮中均大于 250g/L，正庚烷 136g/L。DT_{50}（22℃）：26.7d（pH＝4）、7.2d（pH＝7）、3.1d（pH＝9）。在正常贮存条件下分解缓慢，遇紫外线逐渐分解。

毒性　大鼠急性经口 LD_{50}＞2000mg/kg，大鼠急性经皮 LD_{50}＞5000μL/kg。本品对兔眼睛和皮肤无刺激。大鼠吸入 LC_{50}（4h）＞4.0mg/L（气溶胶）。NOEL 值［mg/kg（饲料）］：大鼠（2a）15，小鼠（2a）1，雄狗（1a）0.3，雌狗（1a）0.1。ADI（JECFA）值

0.004mg/kg [1999]。

生态效应 母鸡急性经口 LD_{50} 40mg/kg。鱼 LC_{50} (96h, mg/L)：虹鳟鱼 0.53，蓝鳃鱼 0.22。水蚤 LC_{50} (48h) 0.00081mg/L (80%预混料)。本品对蜜蜂通过接触和呼吸产生毒性。

环境行为 在动物体内降解很快，几乎 97%的代谢物（在 24h 内产生）通过粪便和尿排出体外，在棉花上，通过光解，其降解物为 *O*,*O*-二乙基-*S*-α-氰基苄基亚氨基硫代磷酸酯和四乙基二磷酸酯。土壤中通过光解和异构化，代谢很快，最后代谢物为四乙基二磷酸酯和二硫代四乙基磷酸酯。

制剂与分析方法 主要制剂有 45%、50%乳油，1.5%、3%、4%、5%颗粒剂。产品可用 HPLC 进行分析，残留物可用 GC 进行分析。

作用机理与特点 胆碱酯酶抑制剂，高效、低毒、低残留、广谱的硫代磷酸酯类杀虫、杀螨剂。当害虫接触药液后，神经系统麻痹中毒停食导致死亡。对害虫具有强烈的触杀和胃毒作用，对卵也有一定的杀伤作用，无内吸作用，击倒力强，药效时间不持久，对鳞翅目幼虫很有效。在田间因对光不稳定，很快分解，残留危险小，但在土壤中较稳定，残效期可达 1 月以上，尤其适用于作土壤处理，杀灭地下部分幼虫。本品对黄条跳甲有特殊药效。

应用

适用作物 小麦、水稻、玉米、棉花、谷物、果树、蔬菜、大豆、茶、桑、烟、林木等。

防治对象 蚜虫、蓟马、叶蝉、根蛆、烟青虫、飞虱、粉虱、介壳虫、叶螨及多种鳞翅目幼虫，对大龄鳞翅目幼虫也有效。对多种地下害虫、贮粮害虫、多种卫生害虫有防效。

残留量与安全施药 本品对高等动物低毒，对鱼有毒，对蜜蜂及害虫天敌赤眼蜂、瓢虫等毒性较强。对蜜蜂有接触、熏蒸毒性，对七星瓢虫的卵、幼虫、成虫均有杀伤作用。本品见光易分解，为避免有效成分在光照下分解，叶面施药应在夜晚或傍晚进行。不能与碱性物质混合使用。该药对一些蔬菜如黄瓜、菜豆、甜菜等敏感，容易产生药害，所以使用时要注意作物安全。高粱对其敏感，不宜喷撒使用。玉米田只能用颗粒剂防治玉米螟，不要喷雾防治蚜虫、黏虫等。安全间隔期为 5d。

使用方法

茎叶喷雾 用 50%乳油 1000～1500 倍液喷雾，可防治小麦蚜虫、麦叶蜂、菜蚜、菜青虫、小菜蛾、棉蚜、棉铃虫、红铃虫、地老虎、蓟马、黏虫、稻苞虫、稻纵卷叶螟、叶蝉、大豆蚜虫、果树上的蚜虫、苹果小卷叶蛾、梨星毛虫、葡萄斑叶蝉、尺蠖、粉虱、烟青虫、松毛虫等。具体用法如：每亩用 50%乳油 40～80mL，对水喷雾，可防治棉田蚜虫；每亩用 40%乳油 75～100mL，加水 45kg 喷雾，或用 40%乳油 1000～1500 倍液喷雾，可防治烟草烟青虫；每亩用 20%乳油 600 倍喷雾，可防治稻苞虫、稻纵卷叶螟、叶蝉、飞虱、稻蓟马、棉铃虫、红铃虫、地老虎、小灰蝉、松毛虫等；用 50%乳油 2000 倍液喷洒，可防治苗木苗圃地下害虫。辛硫磷对烟青虫幼虫的毒力很强，特别对高龄幼虫仍有很高的毒力。用辛硫磷防治时应该注意的是，由于药剂见光分解快而药效期短，对卵的孵化还有刺激作用，所以在各代烟青虫发生盛期单独用辛硫磷防治效果并不好，可采用辛硫磷与其他药剂混用，以延长药效，提高防治效果。

拌种 ①花生 用 50%乳油 500g，加水 3～5kg，拌种 250～500kg，可防治蛴螬；②小麦 用 50%乳油 100～165mL，对水 5～7.5kg，拌麦种 50kg，可防治蛴螬、蝼蛄；③玉米 用50%乳油 100～165mL，对水 3.5～5kg，拌玉米种 50kg，可防治蛴螬、蝼蛄，保苗效果好，可持续 20d 以上；④拌种还用于高粱、谷子及其他作物种子，用于防治地下害虫。

土壤处理　①花生　在花生生长期，用50%乳油1000倍液，每墩灌浇50kg，可防治蛴螬。②水稻　用50%乳油3.75kg/hm²，加适量水化开，拌375～450kg细土施用，可防治稻田蚯蚓。③韭菜　每亩用5%辛硫磷颗粒剂2kg，掺些细土撒于韭菜根附近再覆土，或50%辛硫磷乳油800倍液灌根，或50%辛硫乳油800倍液与Bt乳剂400倍液混合灌根均可，先扒开韭菜附近表土，将喷雾器的喷头去掉旋水片后对准韭根喷浇，随即覆土。如需结合灌溉施药，应适当增加用量，先将药剂稀释成母液后随灌溉水施入田里，可防治根蛆。④蔬菜　每亩50%辛硫磷乳油100mL，对水250kg，于叶菜收获后播种整地前进行土壤淋湿处理，或采用500～600倍液灌根处理，可有效防治黄条跳甲。⑤用50%辛硫磷乳油800～1000倍液灌根，可防治蔗龟等地下害虫。

灌浇和灌心　①用50%乳油1000倍液灌浇，可防治地老虎，15min后即有中毒幼虫爬出地面。②玉米用50%乳油500倍液或2000倍液灌心，可防治玉米螟，或用50%乳油1kg，拌直径2mm左右的炉渣或河砂15kg，配成1.6%毒砂，在玉米心叶末期，按3.75～5kg/hm² 毒砂施入喇叭口中，防治玉米螟效果好。③在花生生长期，用50%乳油1000～1500倍液，每墩灌药液50～100mL或墩旁沟施，可防治蛴螬，防效在90%以上。④用50%乳油2000倍液灌根，可防治茄科（定植缓苗后）、韭菜、葱、蒜等蔬菜田的蛴螬、根蛆等，效果也很好。

防治贮粮害虫　将辛硫磷配成1.25～2.5mg/kg药液均匀拌粮后堆放，可防治米象、拟谷盗等贮粮害虫。用50%乳油2g，加水1kg，配成药液，以超低量电动喷雾，可喷仓30～40cm²，对米象、赤拟谷盗、长角谷盗、谷蠹等害虫均有很好的防效。

防治卫生害虫　用50%乳油500～1000倍液喷洒家畜厩舍，防治卫生害虫效果好，对家畜安全。

专利概况

不存在专利权问题。

目前已公开和授权的相关专利：BE 678139、DE 102007045955、EP 2127522、EP 2090170、EP 2070418、GB 2457347、JP 2008222705、JP 2009108046、JP 2009209124、JP 2010047479、WO 2010025870、WO 2010022251、WO 2010000790、WO 2009147205、WO 2009146793、WO 2009135613、WO 2009100822、WO 2009090181、WO 2009071218、WO 2009047584、WO 2009039951、WO 2009022548等。

在中国申请的与辛硫磷有关的专利见表176-1。

表176-1　在中国申请的专利

序号	申请号	专利名称
1	46599.1	含虫酰肼的杀虫组合物
2	01128577.X	一种用于防治粮食仓贮害虫的杀虫组合物
3	02138268.9	抗菌复合药肥
4	01135198.5	新型杀虫剂
5	02113363.8	一种竹木材防护剂
6	02120931.6	一种高效顺反式氯氰菊酯·辛硫磷可湿性粉剂
7	96104887.5	一种防治高抗药性害虫的农药
8	96109043.X	一种辛硫磷、爱福丁杀虫剂组合物
9	96105385.2	胺辛乳油
10	95112236.3	兽药组合物
11	96115609.0	*E*、*Z*辛硫磷及*Z*体纯品制备
12	96102451.8	一种含金属锌离子的杀虫液剂
13	96104825.5	超威40%甲辛氰乳油
14	96104849.2	一种防治棉铃虫的农药

续表

序　号	申 请 号	专 利 名 称
15	96113131.4	辛酮乳油农药
16	87101394.0	一种农药复配剂型——倍杀净乳油
17	88106579.X	甜菜专用化肥的生产方法
18	90108532.4	一种防治农作物地下害虫用的杀虫剂
19	89106834.1	甲氰菊酯有机磷农药复配制剂
20	89109457.1	一种复合杀虫剂的制备方法
21	92108951.1	杀虫混合液剂
22	92113945.4	辛硫磷的一种生产方法
23	92114668.X	功夫菊酯、辛硫磷混剂
24	93110331.2	一种杀虫剂
25	92108705.5	提高辛硫磷原油含量的方法
26	93115263.1	一种混合杀虫农药——青乐乳油
27	93120755.X	虫害净
28	93118537.8	复配杀虫液剂护棉灵
29	93120345.7	含毒死蜱、甲基对硫磷和辛硫磷的杀虫剂及其制备方法
30	94110551.2	多虫威
31	93115279.8	一种杀虫剂——双灭铃
32	93111224.9	复配菊酯农药
33	93107363.4	防治棉铃虫的三元复合制剂灭铃王
34	93107362.6	杀螨杀虫性三元复合液剂灭螨王
35	94107438.2	一种防腐组合物及其制备方法
36	93120972.2	一种杀虫组合剂
37	94110026.X	甲基对硫磷、辛硫磷与菊酯类组成的杀虫制剂及其应用
38	94105145.5	氟氯硫磷乳油及制造方法
39	94111447.3	辛氰乳油及其制造方法
40	94110519.9	一种防治棉铃虫的乳油
41	94104187.5	菜虫灵
42	94107478.1	辛硫磷引发聚合法生产工艺
43	94110721.3	卵虫净
44	95110468.3	一种含有硫丹的杀虫组合物
45	94119667.4	活力素与广杀灵混用杀虫增效剂
46	95105910.6	盖星王乳油杀虫剂
47	96110769.3	防治棉铃虫复合乳剂棉虫净
48	98110845.8	三唑磷、辛硫磷复配杀虫剂
49	98113986.8	辛(硫磷)-氟(铃脲)乳油杀虫剂
50	97125863.5	多功效农用杀虫剂
51	98106559.7	种衣剂系列产品
52	98111276.5	辛甲氰乳油农药及制备方法
53	98114307.5	可用于棉花的含杀虫单的复配杀虫剂
54	97109170.6	一种棉铃虫病毒复合生物杀虫剂
55	98103539.6	高效杀虫复合农药
56	00114386.7	一种防治甜菜夜蛾的辛倍乳油农药
57	99126078.3	含有锐劲特的杀虫组合物
58	99119082.3	特效小麦吸浆虫杀虫剂
59	99113319.6	一种复配杀虫剂
60	99110074.3	一种含有溴灭菊酯的杀虫杀螨组合物
61	01104053.X	一种辛硫磷可湿性粉剂及其生产方法
62	99122567.8	抗旱保水型拌种壮秧剂
63	99122598.8	蔬菜花卉育苗母剂
64	00136820.6	一种杀白蚁乳油
65	200710026023.X	防治线虫和地下害虫的无公害药肥及其生产工艺
66	200610127951.0	一株高效降解菊酯类及有机磷农药的新菌株及其用途
67	200610127359.0	磁性聚氨酯泡沫塑料固定化细胞降解菊酯农药的方法
68	200610032171.8	一种用于农作物的含氟虫腈杀虫组合物

序号	申请号	专利名称
69	200710187295.8	一种复配农药
70	200710170299.5	一种防治强抗药性桑螟的复配农药
71	200710187293.9	一种复配农药
72	200710203581.9	一种高效低毒的种子处理剂
73	200810049327.2	噻虫嗪·辛硫磷杀虫剂组合物
74	200810030465.6	含有茚虫威的杀虫组合物
75	200410007599.8	一种防治黑穗病的种衣剂
76	200510008766.5	防治线虫和地下害虫的无公害药肥及其生产方法
77	03129618.1	用于油菜种子的种子包衣剂
78	02144907.4	多元素绿色无公害高效有机肥及生产方法
79	03102572.2	防治根结线虫的混合制剂
80	200310106176.7	毒死蜱和辛硫磷复配杀虫颗粒剂
81	03117957.6	辛硫磷颗粒剂及其制备方法
82	200310114696.2	农用植物药效营养肥
83	200410023899.5	辛硫磷、乙酰甲胺磷复合杀虫可湿性粉剂
84	200510017789.2	吡虫啉·辛硫磷杀虫剂组合物
85	200510017880.4	吡虫啉·辛硫磷杀虫剂组合物在作物地下害虫防治中的应用
86	200510096338.2	斑蝥素与有机磷杀虫剂的增效组合物
87	200510022545.3	一种辛硫磷农药残留降解菌及其生产的菌剂
88	200610034963.9	一种植物油基杀虫杀螨剂
89	200610085760.2	一种杀钉螺药物氯硝柳胺复方悬浮剂及其制备方法
90	200610011920.9	小杆线虫在防治蛴螬中的应用
91	200610086208.5	用于防治水稻害虫的复合杀虫剂
92	200610155114.9	用于提高超甜玉米种子抗寒性的种子包衣剂
93	200610070766.2	一种杀虫剂组合物
94	200610098367.7	含有氟虫腈和辛硫磷的杀虫剂
95	200710062973.8	氟虫腈·辛硫磷乳油
96	200710019844.0	氯菊酯辛硫磷复配杀虫剂
97	200710117982.2	含溴虫腈和辛硫磷的农药组合物
98	200710054740.3	噻虫啉和辛硫磷杀虫剂组合物
99	200810049881.0	一种鳞翅目害虫杀虫剂
100	200810030600.7	一种毒死蜱·辛硫磷乳油及其制备方法
101	200810016515.5	一种含有丙溴磷和辛硫磷的杀虫剂的组合物
102	200810030602.6	一种高效氯氟氰菊酯·辛硫磷乳油及其制备方法
103	200710130539.9	一种鱼藤酮、拟除虫菊酯与辛硫磷混配的农药制剂
104	200810041929.3	可检测多种有机磷农药残留的抗体制备方法
105	200810139797.8	一种含氟酰脲和辛硫磷的增效杀虫组合物及其应用
106	200810157601.8	一种杀死棉铃虫的农药
107	200810151773.4	宝莲灯扦插育苗方法
108	200810173443.5	*O*,*O*-甲乙基-*O*-*α*-氰基亚苄氨基氧硫逐磷酸酯及含氟有机磷杀虫剂
109	200810155763.8	含噻虫嗪的杀虫组合物
110	200810175901.9	一种防治抗药性斜纹夜蛾的复配农药
111	200810219999.3	一种绿僵菌素与辛硫磷复配的杀虫主剂及杀虫剂
112	200910036614.4	检测二乙氧基硫代磷酸酯类有机磷农药的酶联免疫试剂盒
113	200910049391.5	一种防治蔬菜地下害虫的方法
114	200810022065.0	一种前胡中草药增产肥的配制方法
115	200810022066.5	一种土木香中草药增产肥的配制方法
116	200810022083.9	一种草麻黄中草药营养肥的配制方法
117	200910166096.8	一种含有氰氟虫腙的杀虫组合物
118	200910149311.3	一种含虱螨脲和辛硫磷的组合物及其应用
119	200910205314.4	一种增效农药组合物
120	200810195667.6	一种氯·辛乳油杀虫剂
121	200910167390.0	一种增效杀虫组合物
122	200910160789.6	一种增效杀虫组合物及其应用
123	200910153498.4	一种降解辛硫磷农药的微生物制剂及其制备方法
124	200910307289.0	一种用于杀灭鱼体外寄生虫的组合物及其制备方法
125	200910117510.6	辛硫磷和高效氯氟氰菊酯复配农药制剂
126	03261499.3	防虫防病补肥的树用药贴

合成方法

经如下反应制得辛硫磷：

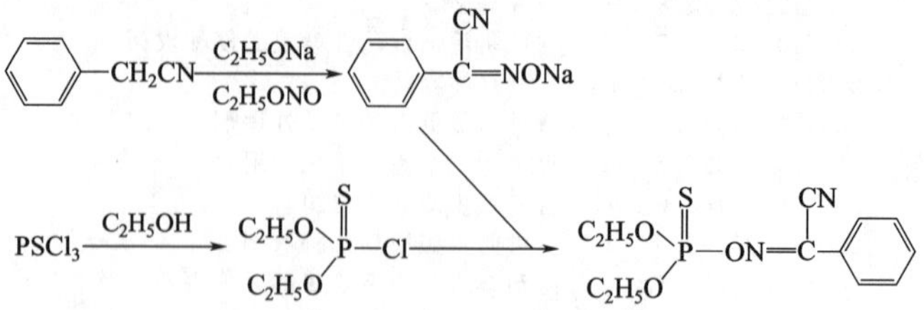

1 The Pesticide Manual. 15 th edition：902-903.

2 CN 1695455.

3 US 4847151.

4 http：//www. chinapesticide. gov. cn/

5 http：//www. sipo. gov. cn/sipo2008/zljs/

177 蝇毒磷（coumaphos）

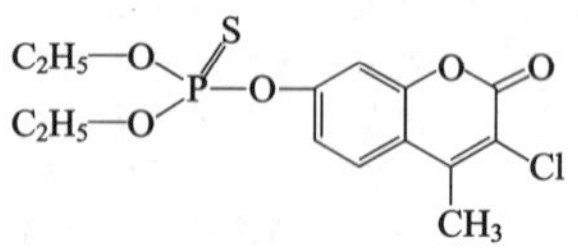

$C_{14}H_{16}ClO_5PS$，362.8

产品简介

蝇毒磷［试验代号：Bayer21/199、OMS 485、ENT 17957，通用名称：coumaphos，商品名称：Asuntol（Bayer CropScience）、Perizin（Bayer CropScience）、蝇毒磷、蝇毒硫磷，其他名称：Check Mite（Bayer CropScience）、Co-Ral（Bayer CropScience）、Asuntol（Bayer Animal Health）、Perizin（Bayer Animal Health）］是 Bayer AG 公司开发的有机磷类杀虫剂。世界主要生产商：Taiwan Tainan Giant、福建三农集团股份有限公司。

化学名称　*O*-3-氯-4-甲基香豆素-7-基-*O*,*O*-二乙基硫代磷酸酯。英文化学名称为 *O*-3-chloro-4-methyl-2-oxo-2*H*-chromen-7-yl-*O*,*O*-diethylphosphorothioate 或 3-chloro-7-diethoxyphosphinothioyloxy-4-methylcoumarin。美国化学文摘系统名称为 *O*-(3-chloro-4-methyl-2-oxo-2*H*-1-benzopyran-7-yl)-*O*,*O*-diethyl phosphorothioate，CA 主题索引名称为 phosphorothioic acid，esters *O*-(3-chloro-4-methyl-2-oxo-2*H*-1-benzopyran-7-yl)-*O*,*O*-diethyl ester。CAS 登录号为［56-72-4］。

理化性质　无色结晶固体，熔点 95℃（工业品 90～92℃），蒸气压 1.3×10^{-5} Pa（20℃），相对密度 1.474（20℃），分配系数 $K_{ow}\lg P=4.13$，Henry 常数 3.14×10^{-3} Pa·m³/mol（计算）。水中溶解度（20℃）1.5mg/L，在有机溶剂中溶解度有限。在水性介质中稳定，在稀碱溶液中，吡喃环被打开，但在酸化时又重新闭环。

毒性　急性经口 LD_{50} 大鼠 16～987mg/kg，取决于所使用的载体（mg/kg）：在花生油中雄大鼠为 41，雌大鼠为 16，在玉米油/丙酮中雌、雄大鼠均为 20，雄小鼠 55，雌小鼠 59，雄豚鼠 160，16＜绵羊＜32，山羊 20。急性经皮 LD_{50}（mg/kg）：雄大鼠 860（在二甲苯中），雄大鼠＞5000（在氯化钠中），雌大鼠 144。大鼠吸入 LC_{50}［1h，mg/m³（空气）］：雄大鼠＞1081，雌大鼠 341。NOEL（mg/kg）：雄狗 0.00253，雌狗 0.00237（2a，致癌性研究）；雄大鼠 0.25，雌大鼠 0.36（2 代，重复给药）；雄大鼠 0.08，雌大鼠 0.07。ADI/RfD 值（EMEA）0.00025mg/kg［1999］，（EPA）aRfD 0.007mg/kg，Perizin 0.035mg/kg。

生态效应　鸟类急性经口 LD_{50}（mg/kg）：山齿鹑 4.3，绿头鸭 29.8。鱼 LC_{50}（96h，μg/L）：蓝鳃鱼 340，斑点叉尾鮰 840。水蚤 LC_{50}（48h）1.0μg/L。

环境行为　土壤表面 DT_{50} 23.8d，K_d 61～298，K_{oc} 5778～21120（4 种类型土）。

制剂与分析方法　主要制剂有 15%乳油，30%可湿性粉剂。可用 GC-MSD/HPLC-UV 进行分析。

作用机理与特点　胆碱酯酶的直接抑制剂，无内吸作用。

应用

防治对象　双翅目害虫，是蜱和疥螨的特效药。

残留量与安全施药　严禁用于蔬菜上防治蝇蛆和种蛆，根据蚕期不同，分批浸蚕，配 1 次药只能浸 20 次，下大雨不能浸蚕。此药易燃，不能近火，不能在阳光下暴晒，贮存温度不能低于 8℃，保持在 15℃以上的环境中为宜。

使用方法

柞蚕饰腹寄蝇的防治，春柞蚕老眠起 4～8d，用 15%乳油 800 倍液浸蚕 10s，然后移进窝蚕场，防治效果可达 90%以上，正常情况下对蚕的毒害在 5%以下。辽宁一些地方的经验，小把浸蚕，选出小蚕，浸老眠 4～8d 的蚕，可防治蚕浸药后中毒。

羊疥癣的防治，在夏季剪毛后 7～15d 或 2～4 周内，用 15%乳油配制成含有效成分 0.05%的药液，水温 10℃以上，pH<8，给羊进行浸浴 1min，需将羊全身浸透，浸后让羊在附近草地上休息，观察是否中毒，可间隔 2～4 周再进行药浴 1 次。药浴后应注意避免与未药浴的羊群混杂和接触，并做好栅圈消毒，以防止再度传染。

专利概况

不存在专利权问题。

目前已公开和授权的相关专利：US 1712351、IT 2007 NA 0005、EP 2000029、EP 2070418、EP 2039248、EP 2127522、EP 2090170、GB 2457347、US 20090253640、WO 2010025870、WO 2009146793、WO 2009135613、WO 2009123907、WO 2009118297、WO 2009100822、WO 2009090181、WO 2009071218、WO 2009047584、WO 2009039951、WO 2009022548、WO 2008152091 等。

在中国申请的与蝇毒磷有关的专利见表 177-1。

表 177-1　在中国申请的专利

序　号	申　请　号	专　利　名　称
1	00808031.3	防治蜂群中寄生虫病的改进方法
2	85109254	合成蝇毒磷的日光氯化技术
3	200410069512.X	杀蜜蜂螨虫的杀虫粉剂及其使用方法
4	02816709.0	含蝇毒磷和二嗪农的长期处理动物用昆虫控制装置
5	200910036614.4	检测二乙氧基硫代磷酸酯类有机磷农药的酶联免疫试剂盒
6	200910010046.0	水相法制备蝇毒磷的方法
7	200880118847.2	杀虫化合物混合物

合成方法

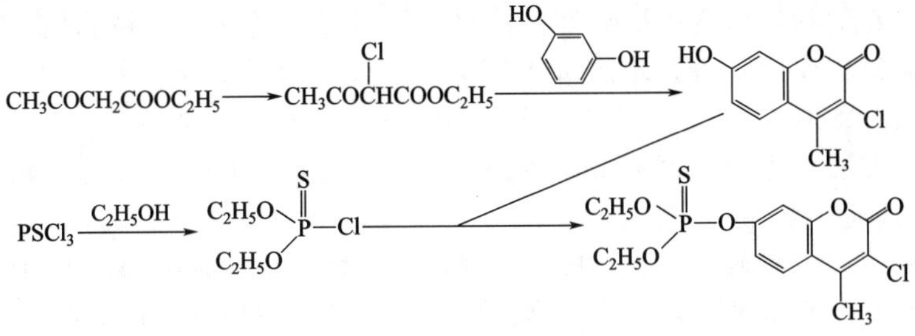

1 The Pesticide Manual. 15 th edition：241-242.
2 US 4788298.
3 http：//www.chinapesticide.gov.cn/
4 http：//www.sipo.gov.cn/sipo2008/zljs/

178 伏杀硫磷（phosalone）

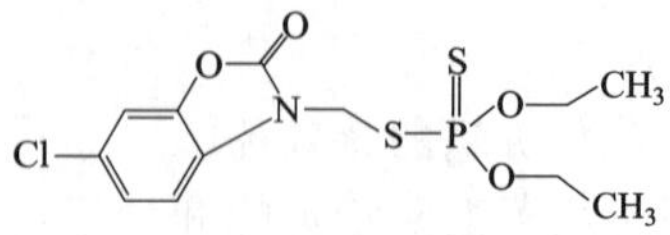

$C_{12}H_{15}ClNO_4PS_2$，367.8

产品简介

伏杀硫磷［试验代号：11974 RP（Rhône-Poulenc）、NPH 1090、ENT 27163，通用名称：phosalone，商品名称：Azofene（Bayer CropScience，Cheminova）、Rubitox（Bayer CropScience，Cheminova）、Thimulone（Bayer CropScience，Cheminova）、Zolone（Bayer CropScience，Cheminova）、Fosatox（Sepran）、伏杀磷、佐罗纳（罗纳-普朗克），其他名称：benzphos］是 J. Desmoras 等报道其活性，由 Rhone-Poulenc Agrochimie（现属 Aventis CropScience）公司开发的有机磷类杀虫剂。世界主要生产商：Cheminova、捷马集团、Kajo。

化学名称 *S*-6-氯-2,3-二氢-2-氧代-1,3-苯并噁唑-3-基甲基-*O*,*O*-二乙基二硫代磷酸酯。英文化学名称为 *S*-6-chloro-2,3-dihydro-2-oxo-1,3-benzoxazol-3-ylmethyl-*O*,*O*-diethyl phosphorodithioate。美国化学文摘系统名称为 *S*-[(6-chloro-2-oxo-3(2*H*)-benzoxazolyl)methyl]-*O*,*O*-diethyl phosphorodithioate。CA 主题索引名称为 phosphorodithioic acid，esters *S*-[(6-chloro-2-oxo-3(2*H*)-benzoxazolyl)methyl]-*O*,*O*-diethyl ester。CAS 登录号为［2310-17-0］。

组成 930g/kg（FAO Spec.），工业品为 940g/kg。

理化性质 无色晶体，带有大蒜味，熔点 46.9℃（99.5%）（工业品 42～48℃），蒸气压 7.77×10^{-3} mPa（20℃，计算），相对密度 1.338（20℃），分配系数 K_{ow} lg$P$=4.01（20℃），Henry 常数 2.04×10^{-3} Pa·m^3/mol（计算）。溶解度：水中 1.4mg/L（20℃），丙酮、乙酸乙酯、二氯甲烷、甲苯、甲醇均>1000g/L（20℃），正己烷 26.3g/L（20℃），正辛醇 266.8g/L（20℃）。在强碱和酸性介质中分解，DT_{50} 9d（pH=9）。

毒性 大鼠急性经口 LD_{50} 120mg/kg，大鼠急性经皮 LD_{50} 1530mg/kg。对豚鼠眼睛和皮肤中等刺激，对其皮肤有过敏现象。大鼠吸入 LC_{50}（4h，mg/L）：雄大鼠 1.4，雌大鼠 0.7。NOEL 值（mg/kg）：大鼠（1a）0.2，狗（1a）0.9。ADI 值（EFSA）0.01mg/kg［2006］，（JMPR）0.02mg/kg［1997，2001］。

生态效应 鸟类急性经口 LD_{50}（mg/kg）：家鸡 503，绿头鸭>2150。饲喂 LC_{50}（8d，mg/L）：山齿鹑 2033（约 233mg/kg），绿头鸭 1659。鱼 LC_{50}（96h，mg/L）：虹鳟鱼 0.63，鲤鱼 2.1。水蚤 EC_{50}（48h）0.74μg/L。近具刺栅藻 E_bC_{50}（72h）1.1mg/L。蜜蜂 LD_{50}：103μg/只（经口），4.4μg/只（接触）。蚯蚓 LC_{50}（14d）22.5mg/kg（土壤）。

环境行为 在动物体内迅速被吸收和代谢，并通过尿排出。在植物内，本品快速氧化、裂解、氢解和脱氯化作用降解。本品可土壤吸附，流动性小，吸附性强并很快降解，DT_{50} 1～5d，K_{oc} 870～2680。

制剂与分析方法 主要制剂有 35%乳油，30%可湿性粉剂，2.5%、4%粉剂。产品和残留物均可用 GC 进行分析。

作用机理和特点 胆碱酯酶的直接抑制剂，触杀性杀虫、杀螨剂，无内吸作用，具有杀虫谱广，速效性好，残留量低，代谢产物仍具杀虫活性。在植物上持效期为 2 周，对叶螨的持效期较短。正常使用下无药害。对作物有渗透作用。

应用

适用作物　果树、棉花、水稻、蔬菜、茶树。

防治对象　蚜虫、叶螨、木虱、叶蝉、蓟马及鳞翅目、鞘翅目害虫等，如卷叶蛾、苹果蝇、梨小食心虫、棉铃虫、油菜花露尾甲和象虫。

残留量与安全施药　由于本品没有内吸性，喷药要均匀周到，对钻蛀性害虫应在幼虫蛀入作物之前施药。不要与碱性农药混用，生长季最多施用两次。安全间隔期为7d。茶叶中伏杀硫磷最大残留限量0.5mg/kg。世界卫生组织及联合国粮农组织规定的最大残留量(mg/kg)：苹果5、梨2、葡萄5、白菜1。美国规定（mg/kg）：苹果味10、梨15、干茶叶8、橘类3、番茄0.1、肉0.25。

使用方法

棉花　①蚜虫　在棉苗卷叶之前，大面积有蚜虫率达到30%，平均单株棉蚜数近20头，用35%乳油1.5～2L/hm^2，对水750～100kg，喷雾。②棉铃虫　在2～3代发生时，卵孵化盛期，用35%乳油3～4L/hm^2，对水1000～1500kg，均匀喷雾。③棉红铃虫 在各代红铃虫的发蛾及产卵盛期，每隔10～15d，用35%乳油3～4L/hm^2，对水1000～1500kg，喷药一次，一般用药3～4次。④棉盲蝽象 在每年6～8月份，棉花嫩尖小叶上出现小黑斑点或幼蕾出现褐色被害状，新被害株率为2%～3%时，用35%乳油3～4L/hm^2，对水1000～1500kg，均匀喷雾，施药重点部位为嫩尖及幼蕾。⑤棉红蜘蛛在6月底以前，害螨扩散初期，用35%乳油3～4L/hm^2，对水1000～1500kg，均匀喷雾。

蔬菜　①菜蚜　根据虫害发生情况，用35%乳油1.5～2L/hm^2，对水900～1200kg，在叶背和叶面均匀喷雾。②菜青虫　在成虫产卵高峰后1周左右，幼虫3龄期，用35%乳油1.5～2L/hm^2，对水900～1200kg，在叶背和叶面均匀喷雾。③小菜蛾　在1～2龄幼虫高峰期，用35%乳油2～3L/hm^2，对水750～1000kg，均匀喷雾。④豆野螟　在豇豆、菜豆开花初盛期，害虫卵孵化盛期，初龄幼虫钻蛀花柱、豆幼荚之前，用35%乳油2～3L/hm^2，对水750～1000kg，均匀喷雾。⑤茄子红蜘蛛　在若螨盛期，用35%乳油2～3L/hm^2，对水750～1000kg，均匀喷雾。

小麦　①黏虫　在2～3龄幼虫盛发期，用35%乳油1.5～2L/hm^2，对水750～1000kg，均匀喷雾。②麦蚜　在小麦孕穗期，当虫茎率达30%，百茎虫口在150头以上时，用35%乳油1.5～2L/hm^2，对水750～1000kg，均匀喷雾。

茶叶　①茶尺蠖、木尺蠖、丽绿刺蛾、茶毛虫　在2～3龄幼虫盛期，用35%乳油1000～1400倍液，均匀喷雾。②小绿叶蝉　在若虫盛发期，用35%乳油800～1000倍液，主要在叶背面均匀喷雾。③茶叶瘿螨、茶橙瘿螨、茶短须螨　在茶叶非采摘期和害螨发生高峰期，用35%乳油700～800倍稀释液均匀喷雾。

果树　①苹果、梨　在初孵幼虫蛀果之前，用35%乳油700～800倍液进行喷雾，可防治卷叶蛾、苹果实蝇、梨小食心虫、蝽象、梨黄木虱、蚜虫和红蜘蛛。②柑橘　在放梢初期，橘树嫩芽长至2～3mm或抽出嫩芽达50%时，用35%乳油1000～1400倍液均匀喷雾，可防治柑橘潜叶蛾。

专利概况

不存在专利权问题。

目前已公开和授权的相关专利：BE 609209、EP 2090170、GB 2457347、JP 2009108046、JP 2009209124、JP 2010047479、JP 2010047478、JP 2010047478、WO 2009147205、WO 2009146793、WO 2009135613、WO 2009123907、WO 2009118297、WO

2009100822、WO 2009099929、WO 2010025870、WO 2010023171、WO 2010005692、WO 2010003923、WO 2010000790 等。

在中国申请的与该产品有关的专利见表 178-1。

表 178-1 在中国申请的专利

序号	申请号	专利名称
1	200510096207.4	一种大豆酯酶的制备方法

合成方法

经如下反应制得伏杀硫磷：

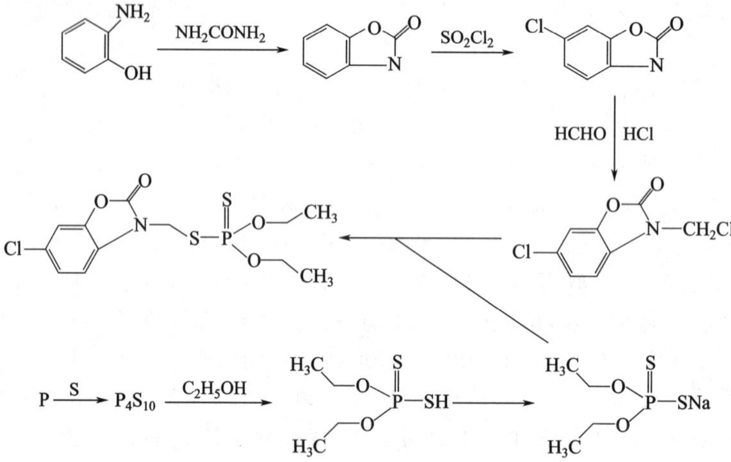

1 The Pesticide Manual. 15 th edition：893-894.

2 US 3922281.

3 http：//www. chinapesticide. gov. cn/

4 http：//www. sipo. gov. cn/sipo2008/zljs/

179 吡唑硫磷（pyraclofos）

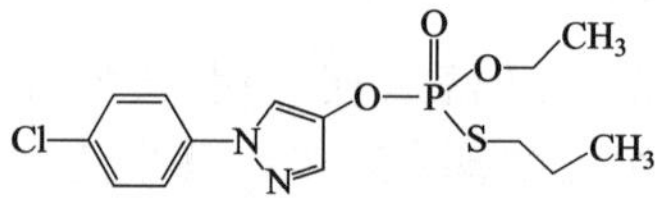

$C_{14}H_{18}ClN_2O_3PS$，360.8

产品简介

吡唑硫磷［试验代号：TIA-230（Takeda）、SC-1069、OMS 3040，通用名称：pyraclofos，商品名称：Boltage（Sumitomo Chemical Takeda）、Voltage（Sumitomo Chemical Takeda），其他名称：Starlex（Sumitomo Chemical Takeda）］是 Y. Kono 等人报道其活性，由日本 Takeda Chemical Industries Ltd（现属住友化学株式会社）开发的有机磷类杀虫剂。世界主要生产商：住友化学株式会社。

化学名称 (*RS*)-[*O*-1-(4-氯苯基)吡唑-4-基]-*O*-乙基-*S*-丙基硫代磷酸酯。英文化学名称为 (*RS*)-[*O*-1-(4-chlorophenyl) pyrazol-4-yl-*O*-ethyl-*S*-propyl phosphorothioate]。美国化学文摘系统名称为（±）-*O*-[1-(4-chlorophenyl)-1*H*-pyrazol-4-yl]-*O*-ethyl-*S*-propyl phosphorothioate。CA 主题索引名称为 phosphorothioic acid，esters *O*-[1-(4-chlorophenyl)-1*H*-pyrazol-4-yl]*O*-ethyl S-propyl ester。CAS 登录号为［77458-01-6］，曾用［89784-60-1］。

理化性质 淡黄色油状物，沸点 164℃（0.01mmHg），蒸气压 1.6×10^{-6} Pa（20℃），相对密度 1.271（28℃），分配系数 $K_{ow}\lg P=3.77$（20℃），Henry 常数 1.75×10^{-5} Pa·

m^3/mol（计算）。水中溶解度（20℃）为 33mg/L，易溶于大多数有机溶剂。稳定性 DT_{50} 29d（25℃，pH＝7）。

毒性　急性经口 LD_{50}（mg/kg）：雄和雌大鼠均为 237，雄小鼠 575，雌小鼠 420。大鼠急性经皮 LD_{50}＞2000mg/kg。本品对兔眼睛和皮肤无刺激，对豚鼠皮肤无过敏现象。大鼠吸入 LC_{50}（mg/L）：雄大鼠 1.69，雌大鼠 1.46。NOEL 值［2a，mg/(kg·d)］：雄大鼠 0.101，雌大鼠 0.120，雄小鼠 1.03，雌小鼠 1.28。对大鼠和小鼠无致癌，对大鼠和兔无致畸。

生态效应　鸟类急性经口 LC_{50}［mg/kg（饲料）］：山齿鹑 164，绿头鸭 384。鱼 LC_{50}（72h，mg/L）：鲤鱼 0.028，日本鳉鱼 1.9。刺裸腹溞 LC_{50}（3h）0.052mg/L。蜜蜂 LD_{50}（接触）0.953μg/只。

环境行为　经口进入动物体内的本品，在 24h 内，90％以上被代谢，并通过尿排出。土壤 DT_{50} 3～38d（不同土壤类型）。

制剂与分析方法　主要制剂有 35％可湿性粉剂，500g/L 乳油，6％颗粒剂。产品和残留物均可用 HPLC 进行分析。

作用机理与特点　胆碱酯酶的直接抑制剂。具有触杀、胃毒及熏蒸作用，几乎没有内吸活性。

应用

适用作物　棉花、蔬菜、果树、观赏植物、大田作物。

防治对象　鳞翅目、鞘翅目、蚜虫、双翅目和蜚蠊等多种害虫，对叶螨科螨、根螨属螨、蜱和线虫也有效。对已产生抗性的甜菜夜蛾、棕黄蓟马、根螨属的螨、家蝇、蚋属的 *sanctipauli* 和微小牛蜱也有效。可有效防治蔬菜上的鳞翅目害虫叶蛾属和棉花的埃及棉叶蛾、棉铃虫、棉斑实蛾、红铃虫、粉虱、蓟马，马铃薯的马铃薯甲虫、块茎蛾，甘薯的甘薯烦叶蛾、麦蛾，茶的茶叶细蛾、黄蓟马等。

残留量与安全施药　本品对果树如苹果、日本梨、桃和柑橘依品种而定，略有轻微药害，本品对蚕有长期毒性，对鱼类影响较强，在桑树、河、湖、海域及养鱼池附近不要使用。防治甜菜的甘蓝叶蛾时，在生育前期（6～7 月）施药，叶可产生轻微药斑。

使用方法　使用剂量 0.25～1.5kg(a.i.)/hm^2。

在采摘前 14d，用 750 倍液施药 2 次，可防治茶树（覆盖栽培除外）茶角纹小卷叶蛾。在收获前 21d，用 1500 倍液施药 2 次，可防治甜菜甘蓝叶蛾。用 1500～2000 倍液均匀喷雾，可防治烟草甘蓝叶蛾。在收获前 7d，用 1000～1500 倍液施药 3 次，可防治甘薯烦叶蛾、甘薯小蛾。在收获前 7d，用 750 倍液施药 3 次，可防治马铃薯块茎蛾。用 1500 倍液均匀喷雾，可防治蚜虫类。

专利概况

不存在专利权问题。

目前已公开和授权的相关专利：EP 2000029、EP 2127522、EP 2070418、EP 2090170、EP 2039248、GB 2457347、JP 2009108046、JP 2010047478、JP 2009209124、JP 2010053129、JP 2010047479、US 20090253640、WO 2009135613、WO 2009123907、WO 2009100822、WO 2009090181、WO 2009071218、WO 2009039951、WO 2009012909、WO 2009007036、WO 2010025870 等。

合成方法

经如下反应制得吡唑硫磷：

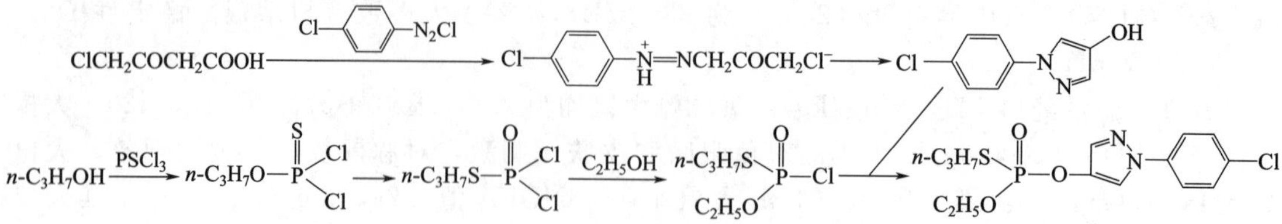

1 The Pesticide Manual. 15 th edition：970. 2 US 2005118280.

180 哒嗪硫磷（pyridaphenthion）

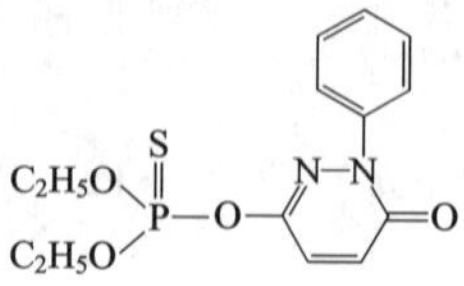

$C_{14}H_{17}N_2O_4PS$，340.3

产品简介

哒嗪硫磷［试验代号：NC-250（Mitsui Chemicals）、CL 12503（Cyanamid），通用名称：pyridaphenthion，商品名称：Ofunack（Mitsui）、Oreste（Sipcam Phyteurop）、除虫净、必芬松、苯哒磷、苯哒嗪硫磷、哒净硫磷、哒净松、杀虫净、打杀磷］是日本 Mitsu Toatsu Chemicals Inc.（now Mitsui Chemicals）公司开发的有机磷类杀虫剂。世界主要生产商：Mitsui Chemicals、安徽省池州新赛德化工有限公司。

化学名称 *O*-(1,6-二氢-6-氧代-1-苯基-3-哒嗪基)-*O*,*O*-二乙基硫代磷酸酯。英文化学名称为 *O*-(1,6-dihydro-6-oxo-1-phenylpyridazin-3-yl)-*O*,*O*-diethyl phosphorothioate。美国化学文摘系统名称为 *O*-(1,6-dihydro-6-oxo-1-phenyl-3-pyridazinyl)-*O*,*O*-diethyl phosphorothioate，CA 主题索引名称为 phosphorothioic acid，esters *O*-(1,6-dihydro-6-oxo-1-phenyl-3-pyridazinyl)*O*,*O*-diethyl ester。CAS 登录号为［119-12-0］。

理化性质 白色固体，熔点 55.7～56.7℃，闪点 180℃，蒸气压 1.47×10^{-6} Pa（20℃），$<6.14\times10^{-2}$ mPa（80℃），相对密度 1.334（20℃），分配系数 $K_{ow}\lg P=3.2$（20℃），Henry 常数 5.00×10^{-6} $Pa\cdot m^3/mol$（计算）。溶解度（20℃）：水 55.2mg/L，环己烷 3.88g/L，甲苯 812g/L，二氯甲烷>1000g/L，丙酮 930g/L，甲醇>1000g/L，乙酸乙酯 785g/L。稳定性可达 150℃。水解 DT_{50}（25℃）72d（pH＝5）、46d（pH＝7）、27d（pH＝9）。降解 DT_{50}（25℃）19d（无菌水）、7d（中性水中）。

毒性 急性经口 LD_{50}（mg/kg）：雄大鼠 769，雌大鼠 850，雄小鼠 459，雌小鼠 555，狗>12000。急性经皮 LD_{50}（mg/kg）：雄大鼠 2300，雌大鼠 2100。本品对兔皮肤与眼睛无刺激，对豚鼠皮肤无过敏现象。大鼠吸入 LC_{50}（4h）>1133.3mg/m^3（空气）。ADI/RfD（FSC）0.00085mg/kg。对大鼠多代进行慢性毒性研究显示不会造成致畸、致突变、致癌性不良影响的变化。

生态效应 日本鹌鹑急性经口 LD_{50} 为 68mg/kg。鲤鱼 TL_m（48h）11mg/L。水蚤 TL_m（3h）0.02mg/L。对蜜蜂高毒。

环境行为 在小鼠和大鼠体内，本品代谢为 *O*-乙基-*O*-(3-氧代-2-苯基-2*H*-哒嗪基-6-)硫代磷酸酯和对应的磷酸酯；在水稻中，本品降解为苯基顺丁烯二酰肼、*O*,*O*-二乙基硫代磷酸和 PMH 苷。土壤 DT_{50} 7～35d，有氧和水生有氧野外条件下。

制剂与分析方法 主要制剂有 20%乳油，2%粉剂。产品和残留物均可用 GC 进行分析。

应用

适用作物 水稻、小麦、棉花、杂粮、油菜、蔬菜、果树、森林等。

防治对象　对多种咀嚼式口器和刺吸式口器害虫，均有较好的防治效果。尤其对稻螟虫、棉花红蜘蛛有卓效。对成螨、若螨、螨卵都有显著抑制作用。

残留量与安全施药　对人、畜毒性低，属低毒杀虫剂。1）不能与碱性农药混用，以免恰好降解失效。2）不能与2,4-滴除草剂同时使用，或两药使用的间隔期不能太短，否则，易发生药害。

使用方法

水稻　①在卵块孵化高峰前1～3d，每亩用20%乳油200～300mL，对水10kg，均匀喷雾，可防治二化螟、三化螟。②每亩用20%乳油200mL，对水100kg，均匀喷雾，可有效防治稻苞虫、稻叶蝉、稻蓟马。③每亩用20%乳油200～250mL，对水75kg喷雾，或混细土1.5～2.5kg撒施，可有效防治稻瘿蚊。

棉花　①用20%乳油稀释1000倍液喷雾，可防治棉花叶螨，不仅能杀死成、若螨，对螨卵也有显著的抑制作用。②用20%乳油500～1000倍均匀喷雾，或每亩用2%粉剂3kg喷粉，可有效防治棉蚜、棉铃虫、红铃虫、造桥虫，效果良好。③用20%乳油1000倍液进行喷雾，可有效防治棉花叶蝉。

果树　用20%哒嗪硫磷乳油800～1000倍液均匀喷雾，可防治枣树蚜虫、桃小食心虫等。

专利概况

不存在专利权问题。

目前已公开和授权的相关专利：US 2759937、EP 1952690、EP 2000029、EP 2070418、EP 2090170、EP 2127522、JP 2010047479、JP 2010047478、WO 2008152091、WO 2008092759、WO 2008075453、WO 2008075454、WO 2008072783、WO 2009146793、WO 2009135613、WO 2009100822、WO 2009090181、WO 2009071218、WO 2009047584、WO 2009039951、WO 2010025870等。

在中国申请的与该产品有关的专利见表180-1。

表180-1　在中国申请的专利

序　号	申　请　号	专　利　名　称
1	02138321.9	一种防治水稻害虫的药剂及其制备方法
2	92110761.7	哒磷酰胺农药的制备方法
3	200610049759.4	氟铃脲与哒嗪硫磷复配农药
4	200510041409.9	氟虫腈与哒嗪硫磷复配农药
5	200510135595.2	哒嗪硫磷·阿维菌素复配剂
6	200810155763.8	含噻虫嗪的杀虫组合物
7	200910032623.6	茚虫威与哒嗪硫磷复配杀虫剂
8	200910166096.8	一种含有氰氟虫腙的杀虫组合物
9	200910205314.4	一种增效农药组合物
10	200910160789.6	一种增效杀虫组合物及其应用

合成方法

经如下反应制得哒嗪硫磷：

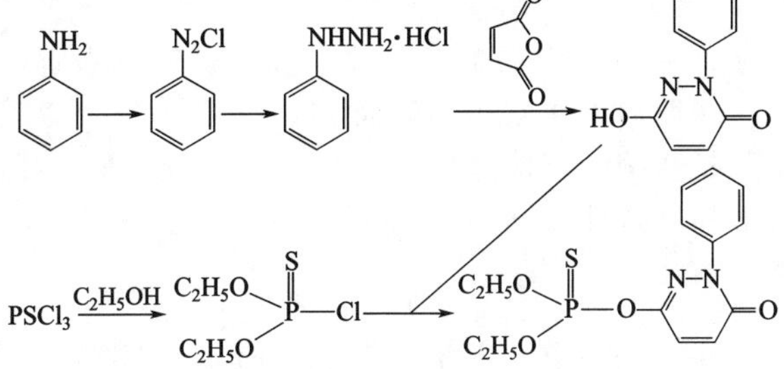

1 The Pesticide Manual. 15 th edition: 742-743.
2 GB 2113092.
3 http://www.chinapesticide.gov.cn/.
4 http://www.sipo.gov.cn/sipo2008/zljs/.

181 益棉磷 (azinphos-ethyl)

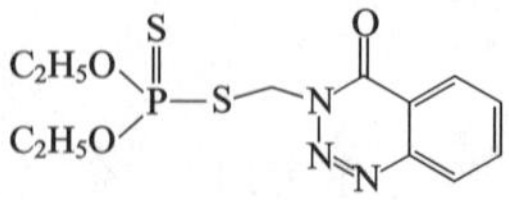

$C_{12}H_{16}N_3O_3PS_2$, 345.4

产品简介

益棉磷［试验代号：Bayer 16 259、R1513、E1513、ENT22 014，通用名称：azinphos-ethyl，商品名称：Benthiona（Bayer CropScience）、Ethyj Guthion（Bayer）、Gusathion A（Bayer)］是 E. E. Lvy 等报道其活性，由 W. Lorenz 发现，Bayer AG 开发的有机磷类杀虫剂。其他商品名称（生产商）：Crysthion（Crystal）、Cotnion-Ethyl（Makhteshim-Agan）、Azinugec E（Sipcam Phyteurop）、乙基谷硫磷、谷硫磷-A、乙基谷赛昂等。主要生产商：Sipcam Phyteurop、Bayer CropScience、Crystal。

化学名称　*S*-3,4-二氢-4-氧代-1,2,3-苯并三嗪-3-基甲基-*O*,*O*-二乙基二硫代磷酸酯。英文化学名称为 *S*-3,4-dihydro-4-oxo-1,2,3-benzotriazin-3-ylmethyl *O*,*O*-diethyl phosphorodithioate。美国化学文摘系统名称为 *O*,*O*-diethyl-*S*-[(4-oxo-1,2,3-benzotriazin-3(4*H*)-yl) methyl]phosphorodithioate。CA 主题索引名称为 phosphorodithioic acid，esters *O*,*O*-diethyl *S*-[(4-oxo-1,2,3-benzotriazin-3(4*H*)-yl)methyl]ester。CAS 登录号为［2642-71-9］。

理化性质　无色针状结晶，熔点 50℃，沸点 147℃（1.3Pa），蒸气压 0.32mPa（20℃），相对密度 1.284（20℃），K_{ow} lg$P$＝3.18，Henry 常数 2.5×10^{-2} Pa · m^3/mol（20℃，计算）。水中溶解度（20℃）4～5mg/L，其他溶剂中溶解度（20℃，g/L）：正己烷 2～5，异丙醇 20～50，二氯甲烷＞1000，甲苯＞1000。在碱性介质中迅速水解，在酸性介质中相对稳定。DT_{50}（22℃）约 3h（pH＝4）、270d（pH＝7）、11d（pH＝9）。

毒性　大鼠急性经口 LD_{50} 约 12mg/kg，大鼠急性经皮 LD_{50}（24h）约 500mg/kg。本品对兔眼睛和皮肤无刺激。大鼠吸入 LC_{50}（4h）约 0.15mg/L。NOEL 值（mg/kg）：大鼠（2a）2，狗（2a）0.1，小鼠 1.4，猴 0.02。大鼠急性经腹腔＞7.5mg/kg。

生态效应　日本鹌鹑急性经口 LD_{50} 12.5～20mg/kg。鱼 LC_{50}（96h，mg/L）：金枪鱼 0.03，虹鳟鱼 0.08。水蚤 LC_{50}（48h）0.0002mg/L。本品对蜜蜂无毒（基于本品应用的方法）。

环境行为　进入动物体内的本品，在 2d 内，90%以上被代谢，并通过尿和粪便排出，主要代谢产物为单去乙基混合物和苯基联重氮亚胺。在植物内，降解物为苯基联重氮亚胺、二甲基苯基联重氮亚胺硫化物和二甲基苯基联重氮亚胺二硫化物。根据 K_{oc} 值和浸出研究，确定本品在土壤中流动性很差，半衰期为几星期。在厌氧和需氧条件下，本品降解物为益棉磷去乙基钝化物、磺基甲基苯基联重氮亚胺、苯基联重氮亚胺甲基醚、甲基硫甲基砜和甲基硫甲基亚砜。

制剂与分析方法　制剂有可湿性粉剂、乳油。益棉磷用碱水解，得到二烷基二硫代磷酸，然后与铜离子络合，萃取后，在 420nm 处测定。

作用机理与特点　胆碱酯酶的直接抑制剂。具有触杀、胃毒作用的非内吸性杀虫、杀螨剂。具有很好的杀卵特效和持效性。

应用

适用作物　果树、蔬菜、马铃薯、玉米、烟草、棉花、咖啡、水稻、观赏植物、甜菜、油菜、麦类等，按说明用药时对作物没有损害，但一些乳剂制品可能会使某些果树枯叶。

防治对象　主要防治咀嚼式和刺吸式虫、螨，用于大田、果园杀虫螨，对抗性螨也有效，对棉红蜘蛛的防效比保棉磷稍高。

使用方法　用于大田、果园等杀虫、杀螨，对抗性螨也有效，对棉红蜘蛛的防效比保棉磷稍高。使用剂量为 500～750g(a. i.)/hm^2。

专利概况

不存在专利权问题。

目前已公开和授权的相关专利：DE 927270、DE 927270、DE 2002892、FR 1528547、US 2758115、US 518979、BE 744356、DE 3116021、DE 3705412、DE 4125117、DE 10104871、WO 2000002453、WO 2009071218、WO 2002045507 等。

合成方法

经如下反应制得益棉磷：

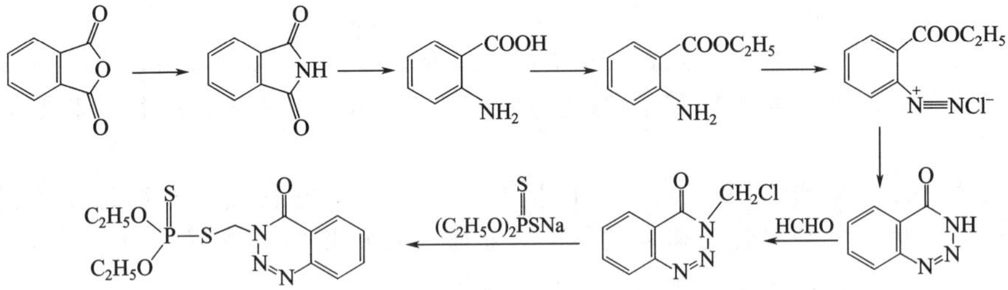

1　The Pesticide Manual. 15 th edition：58-59.

2　US 2003198659.

3　DE 927270.

4　农药商品大全. 北京：中国商业出版社，1996：102.

182　保棉磷（azinphos-methyl）

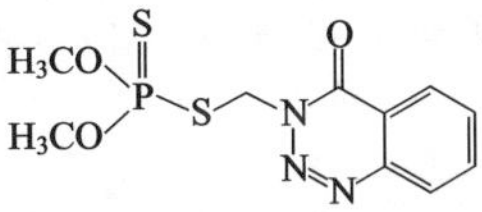

$C_{10}H_{12}N_3O_3PS_2$，317.3

产品简介

保棉磷［试验代号：Bayer 17 147、R 1582、E1582、ENT 23 233、OMS 186，通用名称：azinphos-methyl，商品名称：Cotnion-Methyl（Makhteshim-Agan）、Gusathion M（Bayer CropScience，Makhteshim-Agan）、Guthion（Bayer CropScience，Makhteshim-Agan）］是 E. E. Lvy、W. Lorenz 等报道其活性，Bayer AG 开发的有机磷类杀虫剂，此产品在欧洲的专利 2002 年由 Makhteshim-Agan 公司得到。其他商品名称（生产商）：Aziflo（Chemia）、Azin-PB（Isagro）、Crysthyon（Crystal）、Mezyl（Papaeconomou）、Sniper（UAP）、Supervelax（IQV）、Valefos（Productos OSA）、Acifon（General Quimica）、Azín200（Ingeniería Industrial）、Azinugec（Sipcam Phyteurop）、Romel（IPESA）、谷硫磷、谷赛昂、谷速松等。主要生产商：Bayer、General Quimica、Makhteshim-Agan、Isagro、Chemia、Papaeconomou。

化学名称　*S*-(3,4-二氢-4-氧代-1,2,3-苯并三嗪-3-基甲基-*O*,*O*-二甲基二硫代磷酸酯，英文化学名称为 *S*-3,4-dihydro-4-oxo-1,2,3-benzotriazin-3-ylmethyl-*O*,*O*-dimethyl phosphorodithioate。美国化学文摘系统名称为 *O*,*O*-dimethyl-*S*-[(4-oxo-1,2,3-benzotriazin-3(4*H*)-yl) methyl]phosphorodithioate，CA 主题索引名称为 phosphorodithioic acid，esters *O*,*O*-

dimethyl *S*-[(4-oxo-1,2,3-benzotriazin-3(4*H*)-yl)methyl]ester。CAS登录号为 [86-50-0]。

理化性质　淡黄色结晶固体，熔点73℃，蒸气压 5×10^{-4} mPa（20℃）、1×10^{-3} mPa（25℃），相对密度1.518（21℃），$K_{ow}\lg P=2.96$（OECD 107），Henry常数 5.7×10^{-6} Pa·m^3/mol（计算，20℃）。水中溶解度（20℃）28mg/L，其他溶剂中溶解度（20℃，g/L）：二氯乙烷、丙酮、乙腈、乙酸乙酯、二甲基亚砜>250，正庚烷1.2，二甲苯170。在碱性和酸性介质中很快分解，DT_{50}（22℃）87d（pH=4）、50d（pH=7）、4d（pH=9），在土壤表面和水中光解，200℃以上分解。

毒性　急性经口 LD_{50}（mg/kg）：大鼠约9，雄豚鼠80，小鼠11～20，狗>10。大鼠急性经皮 LD_{50}（24h）150～200mg/kg。本品对兔皮肤无刺激，对眼睛中度刺激。大鼠吸入 LC_{50}（4h）0.15mg/L（气溶胶）。NOEL值 [mg/kg（饲料）]：大鼠和小鼠（2a）5，狗（1a）5。ADI值（mg/kg）：（JMPR）0.03 [2007]，（EC）0.005 [2006]，（EPA）aRfD 0.003，cRfD 0.00149 [2001]。

生态效应　山齿鹑急性经口 LD_{50} 约32mg/kg，日本鹌鹑（5d）LC_{50} 935mg/kg（饲料）。鱼 LC_{50}（96h，mg/L）：虹鳟鱼0.02，金枪鱼0.12。水蚤 LC_{50}（48h）0.0011mg/L，海藻 ErC_{50}（96h）7.15mg/L。本品对蜜蜂有毒。蚯蚓 LC_{50}（14d）59mg/kg（土壤）。保棉磷是高效杀虫剂，因此不能排除对非靶标节肢动物的影响，尤其是这些生物体被直接喷雾时影响更大。

环境行为　进入动物体内的本品，在2d内，90%以上被代谢，并通过尿和粪便排出。主要代谢产物为单去甲基混合物和苯基联重氮亚胺。在植物内，降解物为苯基联重氮亚胺、硫甲基苯基联重氮亚胺硫化物和胱氨甲基苯基联重氮亚胺。本品在土壤中经氧化、脱甲基和氢解过程进行降解，根据 K_{oc} 值和浸出研究，确定本品在土壤中流动性很差，半衰期为数周。

制剂与分析方法　主要制剂有200g/L乳油，20%、25%、40%、50%可湿性粉剂。产品可用LC、RPLC或分光光度法分析，残留物可用GC或分光光度法测定。

作用机理　胆碱酯酶的直接抑制剂，具有触杀和胃毒作用的非内吸性杀虫剂。

应用

适用作物　果树、草莓、蔬菜、马铃薯、玉米、棉花、小麦、观赏植物、豌豆、烟草、水稻、咖啡、甜菜等。

防治对象　鞘翅目、双翅目、同翅亚目、半翅目、鳞翅目和螨类等刺吸口器和咀嚼口器害虫，如棉铃虫、棉蛑象、棉红铃虫、黏虫、棉铃象虫、介壳虫等。用量和敌百虫相当。

安全性　乳油制品可能会使某些果树枯叶。

残留量与安全施药　收获前禁用期为14～21d。最大允许残留量为0.5mg/L。

使用方法

番石榴　用25%可湿性粉剂800倍液，每隔10d施1次，连续2～3次，施药时叶片上、下面均匀喷洒，可防治介壳虫。采收前6d应停止施药。近采收期发生时，为考虑残毒问题，建议改喷40%杀扑磷乳剂8000倍，采收前6d停止用药。

香草　在春梢萌发前，喷石硫合剂1次。春梢后，用20%乳油1000～1500倍液均匀喷雾，可防治红蜘蛛。

专利概况

不存在专利权问题。

目前已公开和授权的相关专利：DE 927270、CH 506246、GB 19660043133、GB 19660927、GB 1203026、NL 6713142、NL 160567、US 2009227459、DE 3525624、EP

2070418、GB 2122493、JP 06183921、JP 63170302、JP 62022706、JP 60208901、JP 60001107、JP 58113109、JP 54076825、JP 50077545、RU 2175838、WO 2009012909、WO 2006106798、WO 2002076213、WO 2001065940、WO 2000051433、WO 9935914 等。

合成方法

经如下反应制得保棉磷：

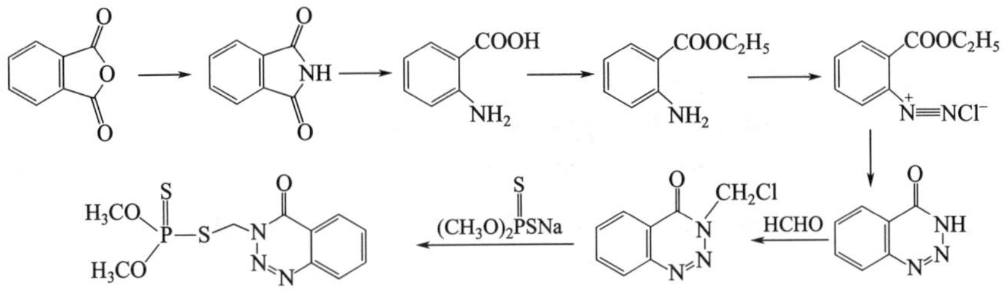

1 The Pesticide Manual. 15 th edition：60-61.
2 US 2003350194.
3 GB 19660043133.

183 亚胺硫磷（phosmet）

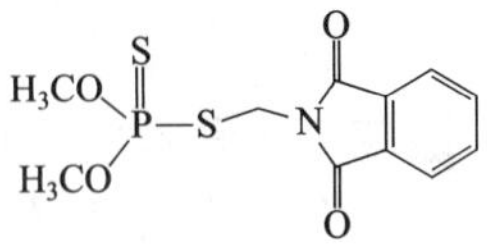

$C_{11}H_{12}NO_4PS_2$，317.3

产品简介

亚胺硫磷［试验代号：R-1504、OMS 232、ENT 25 705，通用名称：phosmet，商品名称：Imidan（Gowan）、Prolate（Gowan）］是 B. A. Butt 和 J. C. Keller 报道其活性，Staffer Chemical Co.（现属先正达公司）开发，现在 Gowan Company 和其他公司销售的有机磷类杀虫剂。其他商品名称（生产商）：Cekumet（Cequisa）、Fosmedan（Papaeconomou）、Fosdan（General Quimica）、Inovitan（Efthymiadis）、亚胺磷、酞胺硫磷、益灭松等。主要生产商：Gowan、General Quimica、Efthymiadis、Cequisa、Papaeconomou、广州农药厂、湖北仙桃农药厂。

化学名称 *O*,*O*-二甲基-*S*-酞酰亚氨基甲基二硫代磷酸酯，英文化学名称为 *O*,*O*-dimethyl *S*-phthalimidomethyl phosphorodithioate 或 *N*-(dimethoxyphosphinothioylthiomethyl) phthalimide。美国化学文摘系统名称为 *S*-[(1,3-dihydro-1,3-dioxo-2*H*-isoindol-2-yl)methyl]-*O*,*O*-dimethyl phosphorodithioate，CA 主题索引名称为 phosphorodithioic acid，esters *S*-[(1,3-dihydro-1,3-dioxo-2*H*-isoindol-2-yl)methyl]-*O*,*O*-dimethyl ester。CAS 登录号为[732-11-6]。

理化性质 工业品纯度为 92%，无色结晶固体（工业品为灰白色或粉色蜡状固体），熔点 72.0～72.7℃（工业品 66～69℃），蒸气压 0.065mPa（25℃），K_{ow}lg*P* 2.95，Henry 常数 8.25×10^{-4} Pa·m^3/mol（计算）。水中溶解度（25℃）25mg/L，其他溶剂中溶解度（25℃，g/L）：丙酮 650，苯 600，甲苯 300，甲基异丁基酮 300，二甲苯 250，甲醇 50，煤油 5。在碱性介质中分解很快，在酸性介质中相对稳定，DT_{50}（20℃）：13d（pH＝4.5）、＜12h（pH＝7）、＜4h（pH＝8.3），100℃以上分解，其水溶液或放置玻璃杯中遇光分解。闪点＞106℃。

毒性 大鼠急性经口 LD_{50}（mg/kg）：雄 113，雌 160。兔急性经皮 LD_{50}＞5000mg/kg。

本品对兔眼睛和皮肤中度刺激，对豚鼠皮肤无刺激。雄大鼠和雌大鼠吸入 LC_{50}（4h）1.6mg/L（70%可湿性粉剂）。NOEL 值（2a）：大鼠和狗均为 40mg/kg（饲料）（2.0mg/kg）。无致癌和致畸作用。ADI 值（mg/kg）：（JMPR）0.01 [1998，2003，2007]，（EC）0.003 [2007]，（EPA）aRfD 0.045，cRfD 0.011 [2006]。

生态效应　山齿鹑（5d）LC_{50} 507mg/kg（饲料），野鸭（5d）LC_{50}＞5000mg/kg（饲料）。鱼 LC_{50}（96h，mg/L）：大翻车鱼 0.07，虹鳟鱼 0.23。水蚤 LC_{50}（48h）8.5μg/L。蜜蜂 LD_{50} 0.001mg/只。

环境行为　在动物体内，代谢为邻氨甲酰苯甲酸、酞酸及其酞酸衍生物，并通过尿排出。在植物中迅速降解为无毒代谢物。在土壤中迅速降解。

制剂与分析方法　主要制剂有 8%可溶性液剂，12.5%、50%、70%可湿性粉剂，5%粉剂，20%、25%、50%乳油等。产品分析方法有碘量法、定氨法和极谱法。可用 GC 分析产品和残留。

作用机理与特点　胆碱酯酶的直接抑制剂。非内吸、触杀性有机磷杀虫、杀螨剂，对植物组织有一定的渗透性，残效期长。

应用

适用作物　水稻、棉花、果树、蔬菜、大豆、柑橘、茶树、马铃薯、观赏植物、玉米等。

防治对象　水稻、棉花、果树、蔬菜等多种作物害虫，如蚜虫、叶蝉、飞虱、粉虱、蓟马、潜蝇、盲蝽象、一些介壳虫、鳞翅目害虫等多种刺吸式口器和咀嚼式口器害虫及叶螨类，对叶螨类的天敌安全。也可用于杀动物外寄生虫药。

残留量与安全施药　茶树收获前禁用期 10d，其他作物 20d。乳油低温贮存时常有结晶析出，施药前可置 40～50℃温水浴中加热溶解，摇匀后使用，一般不影响药效。

使用方法　使用剂量 0.5～1.0kg(a.i.)/hm^2。

水稻　①在水稻穗期，在幼虫 1～2 龄高峰期，用 25%乳油 2L/hm^2，对水 750～1000kg 均匀喷雾，可防治稻纵卷叶螟。②在若虫盛发期，用 25%乳油 2L/hm^2，对水 750～1000kg 均匀喷雾，可防治稻叶蝉、稻飞虱、稻蓟马。

棉花　①用 25%乳油 750mL/hm^2，对水 1000kg 均匀喷雾，可防治棉蚜。②用 25%乳油 1.5～2L/hm^2，对水 1000kg 均匀喷雾，可防治棉铃虫、棉红蜘蛛、红铃虫。

果树　①在果树开花前后，用 25%乳油 1000 倍液，均匀喷雾，可防治苹果叶螨。②在幼虫发生期，用 25%乳油 600 倍液，均匀喷雾，可防治苹果卷叶蛾、天幕毛虫。③在 1 龄若虫期，用 25%乳油 600 倍液，均匀喷雾，可防治柑橘介壳虫。

蔬菜　①用 25%乳油 500mL/hm^2，对水 500～700kg 均匀喷雾，可防治菜蚜。②在幼虫 3 龄期，用 25%乳油 250 倍液浇根，可防治地老虎。

此外，还可用药液喷涂体表，防治羊虱、角蝇、牛皮蝇等家畜寄生虫。

专利概况

不存在专利权问题。

目前已公开和授权的相关专利：US 2767194、DE 930446、ES 531074、US 2767206、US 2767194、US 3830887、CS 253920、CS 266142、JP 42003381、JP 53046964、JP 53046965、BR 7708577、CS 136026、DE 10104871、DE 2738194、DE 102007045955、EP 289909、FR 2077309、GB 2098068、HU 25401、HU 48103、IL 50340、JP 49015776、JP 56071001、JP 58177902、JP 05112405、US 3956486、US 4004001、US 4263287、WO 2006008109、WO 2006017263、WO 2007101545、ZA 6906036、ZA 7705073、ZA 7207292 等。

在中国申请的含亚胺硫磷的相关专利见表183-1。

表183-1 在中国申请的专利

序号	申请号	专利名称
1	200910061524.0	亚胺硫磷与高效氯氰菊酯的杀虫组合物
2	200910061525.5	亚胺硫磷的制备方法

合成方法

通过如下反应即可制得目的物：

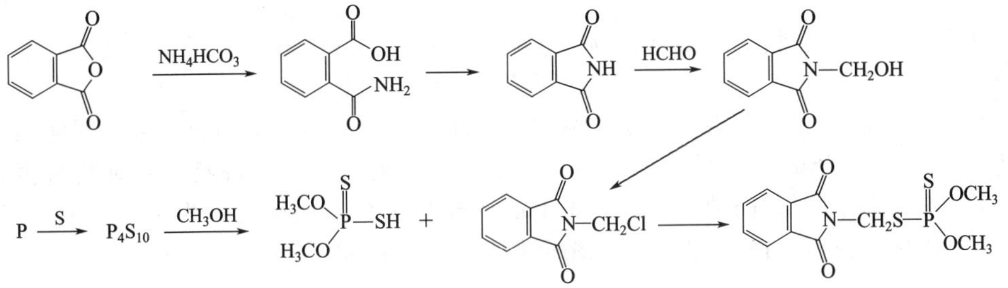

1 The Pesticide Manual. 15 th edition：894-895.

2 US 5134131.

3 US 2767194.

4 精细化工产品手册：农药．北京：化学工业出版社，1998：47-48.

184 恶唑磷（isoxathion）

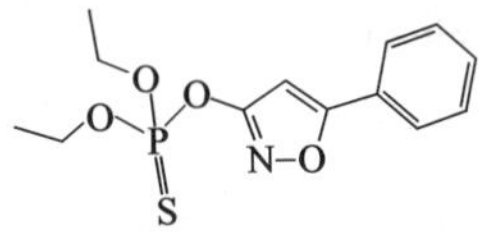

$C_{13}H_{16}NO_4PS$，313.3

产品简介

恶唑磷［试验代号：E-48、SI-6711（Sankyo），通用名称：isoxathion，商品名称：Karphos、异噁唑磷、噁唑磷，其他名称：Karphos（Sankyo Agro）、Nekiriton K（Sankyo Agro）、Sanritto Karufosu Funzai（＋simeconazole）（Sankyo Agro）］是N. Sampei等报道其活性，1972年由日本Sankyo Co. Ltd开发的有机磷类杀虫剂。世界主要生产商：Sankyo Agro。

化学名称 *O*,*O*-二乙基-*O*-5-苯基异噁唑-3-基硫代磷酸酯。英文化学名称为*O*,*O*-diethyl-*O*-5-phenyl-1,2-oxazol-3-yl phosphorothioate。美国化学文摘系统名称为*O*,*O*-diethyl *O*-(5-phenyl-3-isoxazolyl)phosphorothioate。CA主题索引名称为phosphorothioic acid，esters *O*,*O*-diethyl *O*-(5-phenyl-3-isoxazolyl)ester。CAS登录号为［18854-01-8］。

组成 工业品中含量＞93％。

理化性质 淡黄色液体（工业品含量＞93％），具有类似酯的气味，沸点160℃（0.15mmHg）。闪点210℃。蒸气压＜0.133mPa（25℃）。相对密度约1.23。分配系数K_{ow} $\lg P=3.88$（pH＝6.3）。Henry常数＜2.19×10^{-2} Pa·m³/mol（计算）。水中溶解度（25℃）1.9mg/L，易溶于有机溶剂。遇碱分解，在160℃以上分解。

毒性 急性经口LD_{50}（mg/kg）：雄大鼠242，雌大鼠180，雄小鼠112，雌小鼠137。大鼠急性经皮LD_{50}＞2000mg/kg。本品对皮肤无刺激。大鼠吸入LC_{50}（4h，g/m³）：雄大鼠4.2，雌大鼠2.0。NOEL值大鼠（2a）1.2mg/(kg·d)。ADI值0.003mg/kg。无致癌、

致突变、致畸作用。对生殖无不良影响。

生态效应 鸟类 LD_{50}（mg/kg）：鸡（7d）21.6，鸡（50d）19.0。鲤鱼 LC_{50}（48h）1.7mg/L。水蚤 LC_{50}（3h）0.0052mg/L。蜜蜂 LC_{50}（接触）0.082μg/只。

环境行为 土壤 DT_{50} 3～7d。

制剂与分析方法 主要制剂有500g/L乳油，40%可湿性粉剂，2%、3%粉剂，颗粒剂。产品可用GC-FID进行分析，残留物可用GC-FPD进行分析。

作用机理与特点 胆碱酯酶的直接抑制剂。具有触杀和胃毒作用的广谱性杀虫剂。

应用

适用作物 甘蓝、柑橘、观赏植物、水稻、烟草、草皮、林木、果树、蔬菜等。

防治对象 蚜虫、介壳虫、二化螟、稻瘿蚊、稻飞虱等。

使用方法 防治甘蓝、果树、观赏植物上的蚜虫、介壳虫、盾蚧科和绵蚧科害虫，使用剂量为500～1000g/hm^2；防治水稻二化螟、稻飞虱、潜蝇科、叶蝉科、水蝇科害虫，使用剂量为600～900g/hm^2；防治草皮、林木上的鞘翅目害虫，使用剂量为1.2g/hm^2；防治果树、蔬菜上的夜蛾科和粉蝶科害虫，使用剂量为500～1000g/hm^2。

专利概况

不存在专利权问题。

目前已公开和授权的相关专利：FR 1489695、DE 1567137、FR 1489695、JP 43016137、JP 60248694、JP 11140100、US 3759941、EP 60678、EP 672348、FR 2528665、JP 56049308、JP 62022706、JP 63126810、JP 02300103、JP 07304614、JP 06263609、JP 03193706、JP 59053404、JP 53025566等。

合成方法

经如下反应制得恶唑磷：

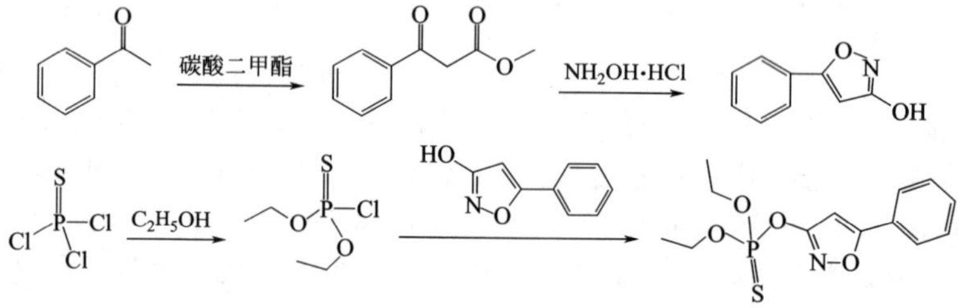

1 The Pesticide Manual. 15 th edition：681-682.

2 DP 0596316.

185 吡菌磷（pyrazophos）

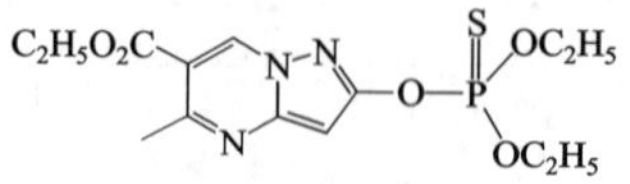

$C_{14}H_{20}N_3O_5PS$，373.4

产品简介

吡菌磷［试验代号：Hoe02873，通用名称：pyrazophos，商品名称：Afugan（Bayer CropScience)］是F. M. Smit报道其活性，由Hoechst AG（现属Bayer CropScience）开发的有机磷类杀虫剂。其他商品名称（生产商）：Curamil（AgrEvo）、Missile（Hoechst）、Siganex（AgrEvo）、吡嘧磷、克菌磷、完菌磷等。

化学名称 2-二乙氧基硫代磷酰氧基-5-甲基吡唑并［1,5-*a*］嘧啶-6-羧酸乙酯或*O*-6-乙氧羰基-5-甲基吡唑并［1,5-*a*］嘧啶-2-基-*O*,*O*-二乙氧基硫代磷酸酯。英文化学名称为 ethyl 2-diethoxyphosphinothioyloxy-5-methylpyrazolo[1,5-*a*] pyrimidine-6-carboxylate 或 *O*,*O*-diethyl *O*-6-ethoxycarbonyl-5-methylpyrazolo[1,5-*a*]pyrimidin-2-yl phosphorothioate。美国化学文摘系统名称为 ethyl 2-[(diethoxyphosphinothioyl)oxy]-5-methyl pyrazolo［1,5-*a*］pyrimidine-6-carboxylate，CA 主题索引名称为 pyrazolo［1，5-*a*］pyrimidine-6-carboxylic acid—，2-[(diethoxyphos phinothioyl)oxy]-5-methyl-ethyl ester。CAS 登录号为［13457-18-6］。

理化性质　工业品纯度为 94%。纯品为无色结晶状固体，熔点 51～52℃，闪点（34±2)℃，沸点 160℃，蒸气压 0.22mPa（50℃）。相对密度 1.348（25℃）。K_{ow} lg$P$＝3.8。Henry 常数 2.578×10^{-4}Pa·m^3/mol（计算）。水中溶解度（25℃）4.2mg/L，易溶于大多数有机溶剂，如二甲苯、苯、四氯化碳、二氯甲烷、三氯乙烯（20℃），在丙酮、甲苯、乙酸乙酯中溶解度＞400g/L（20℃），正己烷 16.6g/L（20℃）。稳定性：在酸碱性介质中易水解，在稀释状态下不稳定。

毒性　大鼠急性经口 LD_{50} 151～778mg/kg（取决于性别和载体），大鼠急性经皮 LD_{50} ＞2000mg/kg，对兔皮肤无刺激作用，对兔眼睛有轻微刺激作用。大鼠吸入 LC_{50}（4h）1220mg/m^3（空气）。大鼠 NOEL 值（2a）5mg/kg（饲料）。以 50mg/kg 的浓度饲喂大鼠所进行的三代实验，没有发现异常。ADI 值（JMPR）0.004mg/kg。

生态效应　鹌鹑急性经口 LD_{50} 118～480mg/kg（工业品）（取决于性别和载体）。饲喂 LC_{50}（14d，mg/kg）：野鸭约 340，山齿鹑约 300。鱼 LC_{50}（96h，mg/L）：鲤鱼 2.8～6.1，虹鳟鱼 0.48～1.14，大翻车鱼 0.28。水蚤 LC_{50}（48h，μg/L）：0.36（软水），0.63（硬水）。NOEL 0.18μg/L（在硬水与软水中均如此）。淡水藻 LC_{50}（72h）65.5mg/L。蜜蜂 LD_{50}（24h，接触）0.25μg/只。蚯蚓 LC_{50}（14d）＞1000mg/kg（土壤）。

环境行为　在大鼠体内被快速的吸收和分解，DT_{50} 为 4～5h。主要代谢物为乙基-2-羟基-5-甲基-6-吡唑［1,5-*a*］嘧啶碳酸盐，部分为硫酸盐螯合物，主要通过尿液排出。小麦叶 DT_{50} 约 19d，随后水解为具有磷酸键、一含 β-葡糖苷的吡唑并吡啶化合物。裂解的磷酸基团、碳酸盐的皂化并且进一步降解为杂环，最后为 CO_2，此过程会使土壤退化。退化比率随着土壤类型和特性不同而变化，但是没有和土壤性质有直接的关联。DT_{50} 10～21d，DT_{90} 111～235d（野外）。能被土壤强烈吸收，K_{oc} 1332～2670（计算）。专题研究和浸出模型表明吡菌磷不会浸出。

制剂与分析方法　30%乳油、30%可湿性粉剂，产品通过 HPLC 或 GC 分析，残留通过 GC 分析。

作用机理　抑制黑色素生物合成。具有治疗和保护作用的内吸性杀菌剂。通过叶、茎吸收并在植物体内传导。

应用

适宜作物与安全性　禾谷类作物，蔬菜如黄瓜、番茄、草莓等，果树如苹果、核桃、葡萄等。推荐量下对作物安全（除了某些葡萄品种外）。

防治对象　主要用于防治谷类、蔬菜、果树等中各种作物的白粉病，并兼治杀蚜、螨、潜叶蝇、线虫的作用。

使用方法　防治苹果、桃子白粉病，用 0.05%含量隔 7d 喷 1 次；防治瓜类白粉病，用 0.03%～0.05%含量，7～10d 喷 1 次；防治小麦、大麦白粉病，在发病初期，用 30%乳油 15～20mL/100 m^2 对水喷雾；防治黄椰菜、包心菜白粉病，每百平方米用 30%乳油 4～10mL。

专利情况

不存在专利权问题。

目前已公开和授权的相关专利：DE 1545790、BE 676802、CH 487934、DK 123474、GB 1145306、IL 25184、NL 6602131、SE 325034、US 3632757、US 3496178、DE1642262、DE 1642260、DE 3223825、DE 3441674、DE 4446349、DE 3624910、EP 68296、EP 638238、EP 922386、FR 2415960、RD232028、US 3961052 等。

合成方法

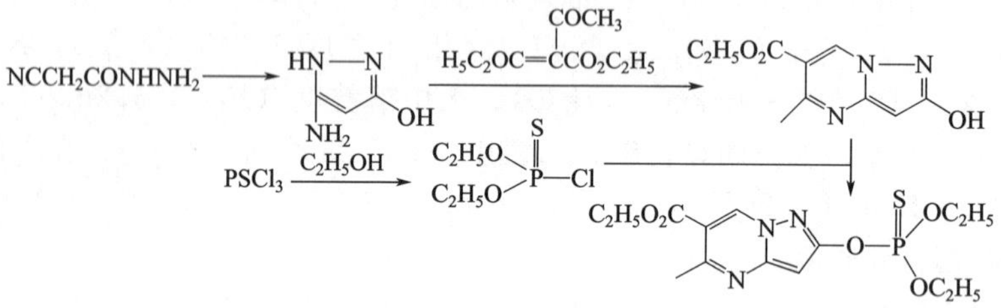

1 The Pesticide Manual. 15 th edition：976-977.

2 GB 1145306.

3 精细化工产品手册—农药．北京：化学工业出版社．1998：262.

186 毒死蜱（chlorpyrifos）

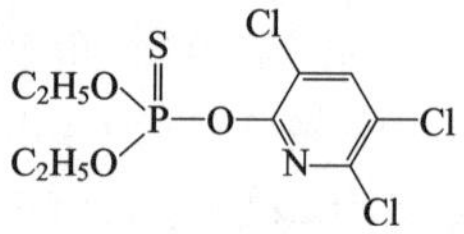

$C_9H_{11}Cl_3NO_3PS$，350.6

产品简介

毒死蜱［试验代号：Dowco179、OMS971、ENT27311，通用名称：chlorpyrifos，商品名称：Dursban（Dow AgroSciences）、Lorsban（Dow AgroSciences）、Equity（Dow AgroSciences）、Empire（Dow AgroSciences）、Lock-On（Dow AgroSciences）、Warhawk（Dow AgroSciences）、Yuma（Dow AgroSciences）］是 E. E. Kenga 等人报道其活性，1965 年由 Dow Chemical Co.（现属 Dow AgroSciences）商品化的有机磷类杀虫剂。其他商品名称（生产商）：Agroban（Chemvet）、Ballad（Headland）、Blaze（Indofil）、Cannon（Nagarjuna Agrichem）、Chlorguard（Gharda）、Fantom（PI Industries）、Kloroban（BEC）、Kribon（Krishi Rasayan）、Krishan（Krishi Rasayan）、Maraud（Scotts UK）、Megaban（Doğal）、Navigator（Gharda）、Nongsili（Sanonda）、Nufos（Cheminova）、Pestban（Agrochem）、Pilot（Gharda）、Piridane（Diachem）、Pirifos（IQV，Sundat）、Pontoon（GreenCrop）、Pyrinox（Crystal）、Regatta（Gharda）、Robust（Sabero）、Shooter（Chemiplant）、Silrifos（Isagro）、SuSCon（Fargro）、Termicide（Vapco）、Trishul（Coromandel）、乐斯本、杀死虫、蓝珠、氯蜱硫磷、氯吡硫磷、白蚁清、泰乐凯等。主要生产商：Amico、Agriphar、Cheminova、Crystal、DE-NOCIL、Dow AgroScience、EXCEL、lUXEMBOURG、Makhteshim-Agan、Mitsu、Rallis、Sinon、Tagros、Tantech、浙江仙居农药厂、湖北沙隆达股份有限公司、江苏苏州化工集团公司。

化学名称　*O*,*O*-二乙基-*O*-(3,5,6-三氯-2-吡啶基)硫代磷酸酯。英文化学名称为 *O*,*O*-diethyl *O*-3,5,6-trichloro-2-pyridyl phosphorothioate。美国化学文摘系统名称为 *O*,*O*-diethyl *O*-(3,5,6-trichloro-2-pyridinyl)phosphorothioate。CA 主题索引名称为 phosphorothioic acid, esters *O*,*O*-diethyl *O*-(3,5,6-trichloro-2-pyridinyl)ester。CAS 登录号为［2921-88-2］。

理化性质　工业品纯度≥97%，无色结晶固体，具有轻微硫醇气味，熔点 42～43.5℃，蒸气压 2.7mPa（25℃），相对密度 1.44（20℃），K_{ow} lg*P* 4.7，Henry 常数 6.76×10^{-1} Pa·m^3/mol（计算）。水中溶解度（25℃）约 1.4mg/L，其他溶剂中溶解度（25℃，g/kg）：苯 7900，丙酮 6500，氯仿 6300，二硫化碳 5900，乙醚 5100，二甲苯 5000，异辛醇 790，甲醇 450。其水解速率与 pH 值有关，在铜和其他金属存在时生成螯合物，DT_{50} 1.5d（水，pH=8，25℃）至 100d（磷酸盐缓冲溶液，pH=7，15℃）。

毒性　急性经口 LD_{50}（mg/kg）：大鼠 135～163，豚鼠 504，兔 1000～2000。急性经皮 LD_{50}（mg/kg）：兔>5000，大鼠>2000（工业品）。对兔皮肤、眼睛有较轻刺激。对豚鼠皮肤无刺激。大鼠吸入 LC_{50}（4～6h）>0.2mg/L（14μg/L）。NOEL 值［mg/(kg·d)］：大鼠（2a）1，小鼠（1.5a）0.7，狗（2a）1。ADI 值（JMPR）0.01mg/kg。无致畸作用，无遗传毒性。

生态效应　鸟急性经口 LD_{50}（mg/kg）：野鸭 490，麻雀 122，鸡 32～102。喂饲 LC_{50}（8d，mg/L）：野鸭 180，山齿鹑 423。鱼 LC_{50}（96h，mg/L）：大翻车鱼 0.002～0.010，虹鳟鱼 0.007～0.051，斜齿鳊 0.25，黑头呆鱼 0.12～0.54。水蚤 LC_{50}（48h）1.7μg/L。羊角月牙藻>0.4mg/L。巨指长臂虾 LC_{50} 0.05μg/L。蜜蜂经口 LD_{50} 360mg/只，接触 70μg/只。蚯蚓 LC_{50}（14d）210mg/kg（土壤）。其他有益的昆虫：对步行虫科和隐翅虫科有害，对拟步行虫科约 60μg/kg，对弹尾目虫有毒害。

环境行为　经口进入大鼠、狗和其他动物体内的本品迅速代谢，并通过尿排出，其主要代谢物为 3,5,6-三氯吡啶-2-醇。本品在植物中不传导，根部不吸收，残余物被植物组织代谢为 3,5,6-三氯吡啶-2-醇，随后螯合、吸收。本品在土壤中的代谢速度适中：实验室 DT_{50} 10～120d（25℃），田间 DT_{50} 33～56d，土壤表面 7～15d，首先降解为 3,5,6-三氯吡啶-2-醇，然后再降解为有机氯化物和二氧化碳。K_{oc} 1250～12600。毒死蜱在水体中降解较慢，半衰期为 25.6d；土壤具有较强的吸附毒死蜱农药的能力；该农药在土壤中的消解也较慢。毒死蜱浓度不同，对土壤过氧化氢酶活性影响也不同，浓度越高，影响越强烈。在毒死蜱浓度为 10μg/g、40μg/g、80μg/g 时，其影响过程为先抑制-再激活-最后恢复稳定，在试验初期低浓度表现激活作用，高浓度表现抑制，且浓度越高，抑制越强。随着时间的推移，各浓度均表现出激活作用，且最大激活作用随毒死蜱浓度的增加而增加。毒死蜱的水解产物对供试土壤过氧化氢酶活性的影响均大于毒死蜱原药，而光解产物对土壤过氧化氢酶活性的影响小于毒死蜱原药。随着光照时间的延长，毒死蜱光解产物对土壤过氧化氢酶活性的影响减弱，即对供试土壤生态环境影响减弱。

制剂与分析方法　主要制剂有 25%可湿性粉剂，240g/L、407g/L、480g/L 乳油，5%、7.5%、10%、14%颗粒剂，240g/L 超低容量喷雾剂。可用 GC-FID/GC-FTD 进行分析。

作用机理　胆碱酯酶的直接抑制剂。具有触杀、胃毒和熏蒸作用的非内吸性、广谱杀虫剂。在叶片上残留期短，在土壤中残留期长。

应用

适用作物　水稻、玉米、棉花、小麦、蔬菜、大豆、果树、茶树、甘蔗、烟草、观赏植物、向日葵等。

防治对象　茶尺蠖、茶短须螨、茶毛虫、小绿叶蝉、茶橙瘿螨、棉蚜、棉红蜘蛛、稻飞虱、稻叶蝉、稻纵卷叶螟、菜蚜、菜青虫、豆野螟、大豆食心虫、柑橘潜叶蛾、黏虫、介壳虫、蚊、蝇、小麦黏虫以及牛、羊体外寄生虫和地下害虫。

残留量与安全施药　为保护蜜蜂，应避开作物开花期使用，不能与碱性农药混用；在推荐量下对大多植物没有药害（对猩猩木、杜鹃花、山茶花、玫瑰可能有害）。作物收获前禁止使用毒死蜱的安全间隔期为：棉花 21d，水稻 7d，小麦 10d，甘蔗 7d，啤酒花 21d，大豆 14d，花生 21d，玉米 10d，叶菜类 7d。最高残留限量：棉籽 0.05mg/kg，甘蓝 1mg/kg。在叶菜上最高用药量每次 $1L/hm^2$。

使用方法

果树　①柑橘潜叶蛾：在放梢初期、卵孵盛期，用 40.7%乳油 1000～2000 倍液喷雾。②红蜘蛛：在若虫盛发期，用 40.7%乳油 1000～2000 倍液喷雾。③桃小食心虫：在卵果率 0.5%，初龄虫蛀果之前，用 40.7%乳油 200～400 倍液喷雾。④山楂红蜘蛛、苹果红蜘蛛：在苹果开花前后，幼若螨盛发期，用 40.7%乳油 200～400 倍液喷雾。

蔬菜　①菜青虫：在 3 龄幼虫盛期，用 40.7%乳油 $1.2～1.8L/hm^2$，对水喷雾。②小菜蛾：在 2～3 龄幼虫盛期，用 40.7%乳油 $1.5～2L/hm^2$，对水喷雾。③豆野螟：在缸豆、豆荚开花始盛期、卵孵盛期，初龄幼虫蛀入花柱、幼荚之前，用 40.7%乳油 $1.5～2L/hm^2$，喷雾，间隔 7～10d 再喷雾 1 次，全期共喷 3 次，能较好控制豆荚被害。④根蛆：用 40.7%乳油 $2～3L/hm^2$，对水 200 kg，浇灌蔬菜根部。

棉花　①棉蚜：一般用 40.7%毒死蜱乳油 $75.0mL/hm^2$，对水 600kg，均匀喷雾。②棉叶螨：在成螨期，用 40.7%毒死蜱乳油 $1～1.5L/hm^2$，对水均匀喷雾，效果良好。在棉叶螨为害较重的棉田，施药两次基本上能控制为害。③棉铃虫、红铃虫：在低龄幼虫期，用 40.7%毒死蜱乳油 $1.5～2.5L/hm^2$，对水 600kg，均匀喷雾。

水稻　①稻纵卷叶螟、稻蓟马、稻瘿蚊：在稻纵卷叶螟初龄幼虫盛发期，稻蓟马、稻瘿蚊在发生盛期，用 40.7%乳油 $1～1.5L/hm^2$，对水均匀喷雾。②稻飞虱、稻叶蝉：在若虫盛发期，用 40.7%乳油 $1.2～1.8L/hm^2$，对水均匀喷雾。

大豆　在卵孵盛期和斜纹叶蛾在 2～3 龄幼虫盛期，用 40.7%乳油 $1.5～2L/hm^2$，对水均匀喷雾，可防治大豆食心虫。

小麦　①黏虫：用 40.7%毒死蜱乳油 $600mL/hm^2$，对水 600～750kg，均匀喷雾。②麦蚜：在 2～3 龄幼虫期，用 40.7%毒死蜱乳油 $0.75～1L/hm^2$，对水 600～750kg，均匀喷雾。

茶树　①茶尺蠖、茶细蛾、茶毛虫、丽绿刺蛾：在 2～3 龄幼虫期，用有效浓度 300～400mg/L 喷雾。②茶叶瘿螨、茶橙瘿螨、茶短须螨：在幼若螨盛发期、扩散为害之前，用有效浓度 400～500mg/L 喷雾。

甘蔗　①在 2～3 月份有翅成虫迁飞前，或 6～7 月份蚜虫大量扩散时，用 40.7%乳油 $300mL/hm^2$，对水均匀喷雾，可有效防治甘蔗绵蚜。②在甘蔗下种时，用 14%颗粒剂 $10～20kg/hm^2$，均匀撒在蔗苗上，然后覆土，或蔗龟成虫出土为害盛期，降颗粒剂撒施于蔗苗基部，覆盖土或淋上泥浆，可有效防治蔗龟。

玉米　用 40.7%乳油 $200mL/hm^2$，喷雾或毒土施用，可防治玉米螟。

卫生害虫　①用有效浓度 100～200mg/L 喷雾，可防治蚊成虫。②用有效浓度 15～20mg/L 喷雾，可防治孑孓。③用有效浓度 200mg/L 喷雾，可防治蟑螂。④用有效浓度 400mg/L 喷雾，可防治跳蚤。⑤用有效浓度 100～200mg/L 涂抹或洗刷，可防治家畜体表的微小牛蜱、蚤等。

花生　在金龟甲卵孵盛期（花生开花期），用 14%颗粒剂 22.5kg 撒放于花生株基部，周围覆薄土，可减少花生虫害果及降低地下蛴螬虫口基数，且有较高的增产效果。

白蚁　毒死蜱 40%，溶剂和表面活性剂 60%。可用于建筑物及周围土壤、电缆、土坝等白蚁防治。

专利与登记

不存在专利权问题。

目前已公开和授权的相关专利：US 3244586、CH 462811、DE 1445659、GB 975046、LU 44756、NL 292088、NL 125457、EP 341585、GB 2090139、IN 183339、IN 183081、IL 62545、NL 7509202、JP 63139169、JP 47016469、US 3907815、US 3917621、US 3972887、US 4016225、BR 8006235、DE 2934978、ES 2102965、EP 27013、EP 26650、EP 27011、EP 27327、EP 28073、EP 65851、EP 140548、EP 289909、EP 368576、FR 2171941、FR 2260947、GB 2139893、GB 2122493、GB 2146607、IN 182398、JP 54028824、JP 54076825、JP 60001107、JP 61022003、JP 62029502、JP 62195313、JP 01022806、US 4213975、US 4223026、US 5472955、US 5869074、WO 9533380、WO 9740692、WO 2000002453、WO 9523506、WO 9622159、ZA 9007717 等。

在中国申请的与该产品有关的部分专利及登记情况见表 186-1、表 186-2。

表 186-1 在中国申请的专利

序号	申 请 号	专 利 名 称
1	02123814.6	毒死蜱・灭蝇胺杀虫组合物
2	02100330.0	含毒死蜱和阿维菌素的混配型杀虫剂
3	01141421.9	以毒死蜱为主剂的防治甘蔗螟虫的复配杀虫剂
4	93120345.7	含毒死蜱、甲基对硫磷和辛硫磷的杀虫剂及其制备方法
5	93106413.9	功夫菊酯、毒死蜱混剂
6	97125802.3	高效氯氰菊酯、毒死蜱混剂
7	98111820.8	毒死蜱与菊酯成分复配的杀虫农药
8	98122084.3	含毒死蜱敌敌畏杀虫乳油
9	98122085.1	含毒死蜱硫丹杀虫乳油
10	01100511.4	阿维菌素・毒死蜱杀虫剂组合物
11	01100515.7	吡虫啉・毒死蜱杀虫剂组合物
12	00110820.4	一种含毒死蜱的农药混剂
13	00128287.5	毒死蜱、三唑磷复配杀虫剂
14	03156875.0	含有毒死蜱的粉体种衣剂
15	200310122665.1	毒死蜱-杀虫双水乳剂及其制备方法
16	02152342.8	毒死蜱・甲氨基阿维菌素微乳剂
17	200310106176.7	毒死蜱和辛硫磷复配杀虫颗粒剂
18	200310109094.8	一种含毒死蜱的农药混剂
19	200510052300.5	毒死蜱、丙溴膦混剂
20	200510041428.1	含反式氯氰菊酯和毒死蜱的增效杀虫组合物
21	200510041448.9	一种含虱螨脲和毒死蜱的增效杀虫组合物及其应用
22	200610104806.0	含有毒死蜱的杀虫剂组合物
23	200710067552.4	氟虫腈与毒死蜱复配农药
24	200710030376.7	含闹羊花素Ⅲ和毒死蜱的杀虫组合物
25	200810015944.0	毒死蜱・啶虫脒杀虫组合物
26	200810015946.X	毒死蜱・乙酰甲胺磷杀虫组合物
27	200710014347.1	一种氟虫腈、毒死蜱及其生产方法
28	200810008747.6	氟虫腈与甲基毒死蜱、氯甲胺磷复配杀虫组合物
29	200810030600.7	一种毒死蜱・辛硫磷乳油及其制备方法
30	200810063122.X	一种毒死蜱和吡蚜酮复配微胶囊悬浮剂及其制备方法
31	200810030605.X	一种毒死蜱・甲氨基阿维菌素苯甲酸盐乳油及其制备方法
32	200810132581.9	含有丁醚脲和毒死蜱的杀虫、杀螨剂的组合物
33	200810146220.X	一种含毒死蜱和溴虫腈具有增效作用的杀虫组合物
34	200710047658.8	毒死蜱・吡虫啉悬乳剂及其制备方法
35	200810182154.1	苦参碱毒死蜱水剂
36	200810220001.1	一种绿僵菌素与毒死蜱复配的杀虫主剂及杀虫剂
37	200810249605.9	一种含毒死蜱的农药悬浮剂及其制备方法
38	200810244496.1	20%甲维・毒死蜱可湿性粉剂
39	200810139798.2	一种含氟酰脲和毒死蜱的增效杀虫剂组合物及其应用

续表

序号	申 请 号	专 利 名 称
40	200910095703.6	伊维菌素与毒死蜱复配农药
41	200910020861.5	一种含唑蚜威和毒死蜱的杀虫组合物
42	200910098823.1	含阿维菌素和毒死蜱的复配杀虫水乳剂及其制备方法
43	200810025195.X	一种组合式氟虫腈、毒死蜱杀虫剂
44	200910100303.X	一种氰氟虫腙和毒死蜱复配杀虫剂
45	200810038678.3	一种毒死蜱·噻虫啉悬乳剂及其制备方法
46	200910181784.1	含有氟硅菊酯和毒死蜱的复合杀虫剂
47	03114925.1	毒死蜱水乳剂及其制备方法
48	03109574.7	毒死蜱烟雾剂及其制备方法
49	01142170.3	毒死蜱微乳剂
50	03147312.1	一种含有毒死蜱的颗粒剂及其制备方法
51	200510131187.X	毒死蜱微胶囊水悬浮剂
52	200510123710.4	毒死蜱微乳剂
53	200710047657.3	毒死蜱水乳剂及其制备方法
54	200710135406.0	高含量毒死蜱微胶囊悬浮剂及生产方法
55	200910111966.1	含土荆芥精油的毒死蜱微乳剂及其配制方法
56	200910113928.X	阿维菌素与毒死蜱二元组合物静电油剂及其制备方法
57	03115270.8	毒死蜱的生产方法
58	200610044199.3	在水介质中合成毒死蜱的方法

表 186-2 美国陶氏益农公司在中国登记情况

登记名称	登记证号	含量	剂型	登记作物	防治对象	用药量	施用方法
氯氰·毒死蜱	PD20050158	毒死蜱 200g/L、氯氰菊酯 20g/L	乳油	菜豆	豆荚螟	313.5～470.25g/hm^2	喷雾
				果菜类蔬菜	美洲斑潜蝇	313.5～470.25g/hm^2	喷雾
				甘蓝	菜青虫	247.5～495.8g/hm^2	喷雾
				柑橘树	潜叶蛾	366.7～550mg/kg	喷雾
				苹果树	桃小食心虫	275～366.7mg/kg	喷雾
				荔枝树	蒂蛀虫	261.3～522.5mg/kg	喷雾
				龙眼树	蒂蛀虫	261.3～522.5mg/kg	喷雾
				棉花	棉铃虫	550～825g/hm^2	喷雾
多素·毒死蜱	PD20070195	毒死蜱 500g/L、多杀菌素 25g/L	乳油	棉花	棉铃虫	472.5～630g/hm^2	喷雾
				十字花科蔬菜	甜菜夜蛾	472.5～787.5g/hm^2	喷雾
毒死蜱	PD20100417	毒死蜱 15%	颗粒剂	十字花科蔬菜	黄条跳甲	2250～3375g/hm^2	拌毒土撒施
				花生	地下害虫	2250～3375g/hm^2	撒施

合成方法

经如下反应制得毒死蜱：

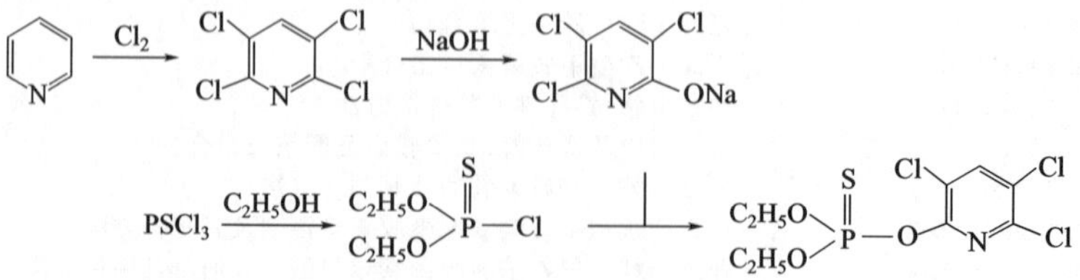

三氯吡啶酚的合成有以下几种方法。

① 吡啶法：

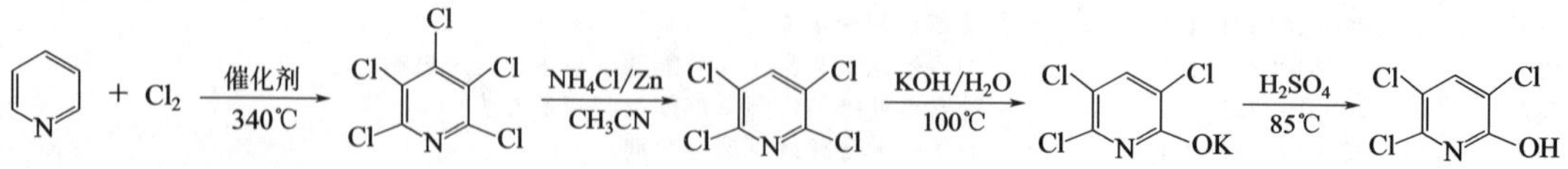

② 丙烯酰氯法：

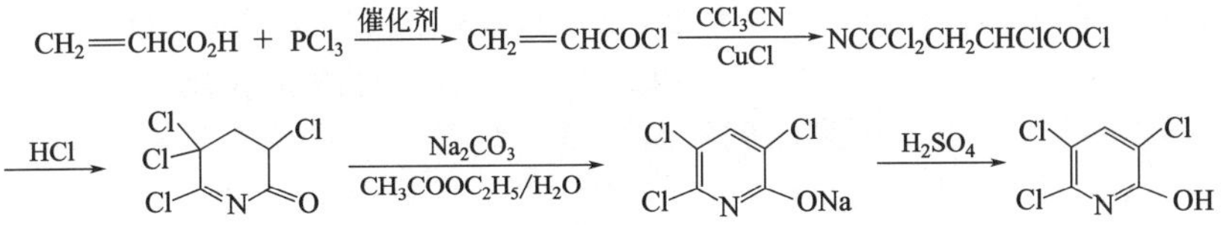

③ 三氯乙酸苯酯法：

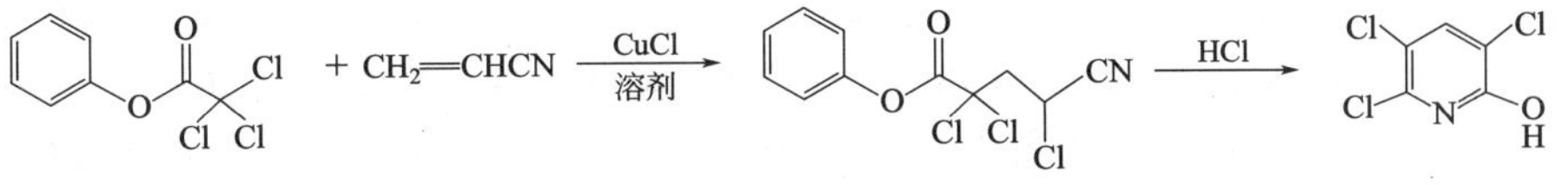

④ 三氯乙酰氯法：

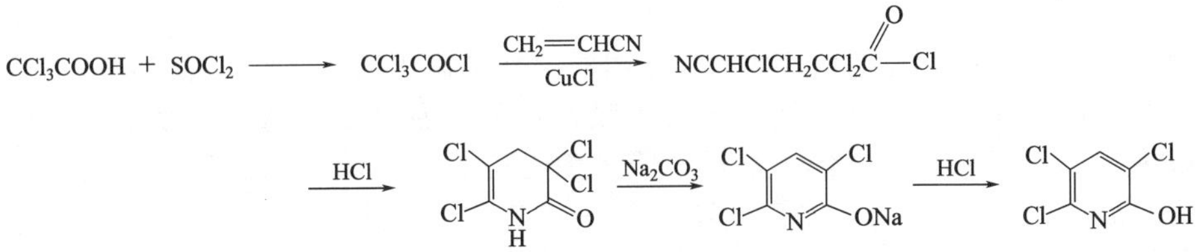

1 The Pesticide Manual. 15 th edition：203-205.

2 US 3244586.

3 精细化工产品手册：农药．北京：化学工业出版社. 1998. 31-33.

4 土壤与环境，2009，9（1）：73-74.

5 农业环境保护，2002，21（6）：553-555.

187 甲基毒死蜱（chlorpyrifos-methyl）

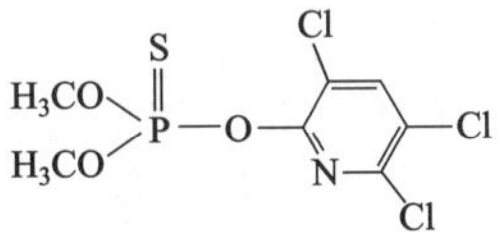

$C_7H_7Cl_3NO_3PS$，322.5

产品简介

甲基毒死蜱［试验代号：Dowco214、OMS1155、ENT27520，通用名称：chlorpyrifos-methyl，商品名称：Reldan（Dow AgroSciences）］是 R. H. Rigterink 和 E. E. Kenaga 报道其活性，由 Dow Chemical Co.（现属 Dow AgroSciences）开发的有机磷类杀虫剂。其他商品名称（生产商）：Nuvagrain（Ciba）、Smite（AgrEvo EH）、Decisprime（deltamethrin）（Bayer CropScience）、Storcide（cyfluthrin）（Gustafson）、Storcide Ⅱ（deltamethrin）（Gustafson）、Pyriban M（Aimco）、甲基氯蜱硫磷、氯吡磷等。主要生产商：Aimco、Dow AgroSciences、Bharat Rasayan、Sharda、江苏苏州化工农药集团公司、四川化工研究设计院、浙江新安化工集团股份有限公司。

化学名称　*O*,*O*-二甲基-*O*-3,5,6-三氯-2-吡啶基硫代磷酸酯。英文化学名称为 *O*,*O*-dimethyl *O*-3,5,6-trichloro-2-pyridyl phosphorothioate。美国化学文摘系统名称为 *O*,*O*-dimethyl *O*-(3,5,6-trichloro-2-pyridinyl) phosphorothioate。CA 主题索引名称为 phosphorothioic acid，esters *O*,*O*-dimethyl *O*-(3,5,6-trichloro-2-pyridinyl) ester。CAS 登录号为［5598-13-0］。

理化性质　纯品含量为 97%，白色结晶固体，具有轻微硫醇气味，熔点 45.5～46.5℃。蒸气压 3mPa（25℃）。相对密度 1.64（23℃）。$K_{ow}\lg P$ 4.24。Henry 常数 3.72×10^{-1} Pa·m^3/mol（计算）。水中溶解度（20℃）2.6mg/L，其他溶剂中溶解度（20℃，g/kg）：丙酮 >400，甲醇 190，正己烷 120。水解的 DT_{50} 27d（pH=4）、21d（pH=7）、13d（pH=9）。水溶液光解 DT_{50} 1.8d（6 月份）、3.8d（12 月份）。闪点 182℃。

毒性　急性经口 LD_{50}（mg/kg）：大鼠＞3000，小鼠 1100～2250，豚鼠 2250，兔 2000。急性经皮 LD_{50}（mg/kg）：大鼠＞3700，兔＞2000。本品对眼睛和皮肤无刺激。大鼠吸入 LC_{50}（4h）＞0.67mg/L。根据血浆胆碱酯酶含量，对狗和大鼠两年饲喂试验的无作用剂量为 0.1mg/(kg·d)。ADI 值（mg/kg）：(JMPR) 0.01 [2001，1992]，(EC) 0.01 [2005]，(EPA) aRfD 0.01，cRfD 0.001 [2001]。

生态效应　鸟急性经口 LD_{50}（mg/kg）：野鸭＞1590，山齿鹑 923。野鸭饲养 LC_{50}（8d）2500～5000mg/kg。鱼 LC_{50}（96h，mg/L）：大翻车鱼 0.88，虹鳟鱼 0.41。水蚤 LC_{50}（24h）0.016～0.025mg/L。羊角月芽藻 EC_{50}（72h）0.57mg/L，小龙虾 LC_{50}（36h）0.004mg/L。本品对蜜蜂毒性很大，LD_{50} 0.38μg/只（接触）。蚯蚓 LC_{50}（15d）182mg/kg（土壤）。

环境行为　经口进入大鼠和其他动物体内的本品迅速代谢，并通过尿排出，其主要代谢物为 3,5,6-三氯吡啶-2-醇。在植物中没有内吸性，不会通过土壤从根部吸收。土壤中经微生物降解为 3,5,6-三氯吡啶-2-醇，然后再降解为有机氯化物和二氧化碳。依据不同的土壤和微生物的活性，其 DT_{50} 1.5～33d，DT_{90} 14～47d。土壤的类型不同，其 K_d 3.5～407mL/g。K_{oc}值比较固定，1190～8100mL/g。

制剂与分析

作用机理　胆碱酯酶的直接抑制剂。具有触杀、胃毒和熏蒸作用的非内吸性、广谱杀虫、杀螨剂。

应用

适用作物　果树、观赏植物、蔬菜、马铃薯、茶、水稻、棉花、葡萄、草莓等。

防治对象　蚊、蝇，作物害虫，工业和公共卫生上使用可以防治蚊子和蠕虫，也可以用来防治疟疾等疾病。

残留量与安全施药　储存谷物用量为 6～10mL/t，叶面施药为 250～1000g/hm^2。

使用方法

用 5～15mg/L 剂量处理仓库储粮，能有效控制米象、玉米象、咖啡豆象、拟谷盗、锯谷盗、长解扁谷盗、土耳其扁谷盗、麦蛾、印度谷蛾等 10 多种常见害虫。但鉴于甲基毒死蜱对谷蠹效果不佳，因此，对易发生谷蠹的场合还应加入诸如菊酯类等对谷蠹有效的药剂用混用的办法，来增加防治效果。

施药量为 1000kg 稻谷喷 1000mL（有效浓度 10～20mg/kg）的药物（或撒 1kg 拌药的砻糠）。采用边倒粮食边喷（撒）药的方法。对谷蠹和螨类、书虱的防治效果不理想。

专利与登记

不存在专利权问题。

目前已公开和授权的相关专利：US 3244586、CH 462811、DE 1445659、GB 975046、LU 44756、NL 292088、NL 125457、US 2009227459、DE 3525624、EP 2070418、GB 2122493、JP 63170302、JP 62022706、JP 60208901、JP 60001107、JP 58113109、JP 54076825、JP 50077545、JP 06183921、RU 2175838、WO 2009012909、WO 2006106798、WO 2002076213、WO 2001065940、WO 2000051433、WO 9935914 等。

在中国申请的与该产品有关的部分专利见表 187-1、表 187-2。

表 187-1　在中国申请的专利

序号	申 请 号	专 利 名 称
1	200810008747.6	氟虫腈与甲基毒死蜱、氯甲胺磷复配杀虫组合物

表 187-2 美国陶氏益农公司在中国登记情况

登记名称	登记证号	含量	剂型	登记作物	防治对象	用药量/(g/hm²)	施用方法
甲基毒死蜱	PD20070291	400g/L	乳油	棉花 甘蓝	棉铃虫 菜青虫	600～1050 360～480	喷雾 喷雾
甲基毒死蜱	PD20070290	96%	原药				

合成方法

合成方法同“毒死蜱”。

1 The Pesticide Manual. 15 th edition：205-206.
2 US 3244586.
3 CN 1293897.
4 精细化工产品手册：农药．北京：化学工业出版社．1998：33-34.
5 郑州工程学院学报，2000，21（4）：82-84.

188 二嗪磷（diazinon）

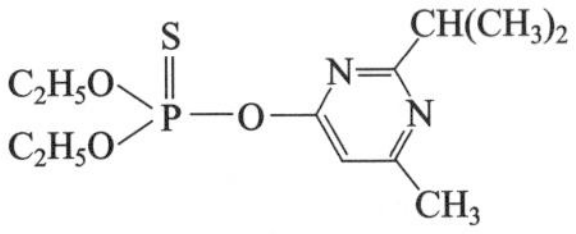

$C_{12}H_{21}N_2O_3PS$，304.3

产品简介

二嗪磷［试验代号：G 24 480、OMS 469、ENT 19 507，通用名称：diazinon，商品名称：Basudin（Syngenta）、Neocidol（Syngenta）、Nucidol（veterinary use）（Syngenta）］是R. Gasser 报道其活性，由 J. R. Geigy S. A.（现属 Syngenta AG）开发的有机磷类杀虫剂。其他商品名称（生产商）：Agrozon（Chemvet）、D-264（Drexel）、Dart（Doğal）、Diasol（Makhteshim-Agan）、Geofos D（Siapa）、Granudin（Agricultura Nacional）、Kayazinon（Nippon Kayaku）、Metazon（Agrochem）、Vetazon（veterinary use）（Chemvet）、Cekuzinon（Cequisa）、Dianon（NipponKayaku）、Dianozyl（Agriphar）、Diazol（AgroSan，Makhteshim-Agan）、Efdiazon（Efthymiadis）、Knox-out（Cerexagri）、二嗪农、地亚农、大亚仙农、大利松等。主要生产商：Syngenta、Sundat、Heben、Agrochem、浙江永农化工有限公司、江苏镇江农药厂、山东临沂农药厂、山东农药研究所。

化学名称　*O*,*O*-二乙基-*O*-2-异丙基-6-甲基嘧啶-4-基硫代磷酸酯。英文化学名称为*O*,*O*-diethyl *O*-2-isopropyl-6-methylpyrimidin-4-yl phosphorothioate。美国化学文摘系统名称为 *O*,*O*-diethyl *O*-[6-methyl-2-(1-methylethyl)-4-pyrimidinyl] phosphorothioate。CA 主题索引名称为 phosphorothioic acid，esters *O*,*O*-diethyl *O*-[6-methyl-2-(1-methylethyl)-4-pyrimidinyl] ester。CAS 登录号为［333-41-5］。

理化性质　工业品纯度≥95%，无色液体（工业品为黄色液体），沸点 83～84℃（0.0002mmHg）、125℃（1mmHg）。蒸气压 1.2mPa（25℃）。相对密度 1.11（20℃）。K_{ow} lg*P* 3.30。Henry 常数 $6.09\times10^{-2}Pa\cdot m^3/mol$（计算）。水中溶解度（20℃）60mg/L，与常用有机溶剂如酯类、醇类、苯、甲苯、正己烷、环己烷、二氯甲烷、丙酮、石油醚互溶。100℃以上易被氧化，在中性介质中稳定，在碱性介质中缓慢分解，在酸性介质中分解较快，DT_{50}（20℃）：11.77h（pH＝3.1）、185d（pH＝7.4）、6.0d（pH＝10.4）。120℃以上分解，pK_a2.6，闪点≥62℃。

毒性　急性经口 LD_{50}（mg/kg）：大鼠 1250，小鼠 80～135，豚鼠 250～355。急性经皮 LD_{50}（mg/kg）：大鼠＞2150，兔 540～650。本品对兔无刺激。大鼠吸入 LC_{50}（4h）＞

2330mg/m^3。NOEL值［mg/(kg·d)]：大鼠（2a）0.06，狗（1a）0.015。ADI/RfD (mg/kg)：（EFSA）0.0002［2006］，（JMPR）0.005［2006］，（EPA）aRfD 0.0025，cRfD 0.0002［2002］.。

生态效应　鸟急性经口LD_{50}（mg/kg)：野鸭2.7，雏鸡4.3。鱼LC_{50}（96h，mg/L)：大翻车鱼16，虹鳟鱼2.6～3.2，鲤鱼7.6～23.4。水蚤LC_{50}（48h）0.96μg/L。水藻LC_{50} >1mg/L。本品对蜜蜂高毒。对蚯蚓轻微毒。

环境行为　在动物体内的主要代谢物为二乙基硫代磷酸酯和二乙基磷酸酯。经C^{14}标记研究本品在植物中被很快吸收、传导，代谢过程为氢解、羟基嘧啶降解为二氧化碳。本品在土壤中降解过程为：磷酸酯氧化、氢解。DT_{50}约11～21d（实验室），土壤对本品吸附力很强，因此流动性很差，K_{om} 332mg/g（om）。

制剂与分析方法　主要制剂有50%、60%乳油，2%、5%、10%颗粒剂。产品用GC/FID分析，残留物用GC/TID或FPD或MCD分析，饮用水用GC/NPD（AOAC）分析。

作用机理　胆碱酯酶的直接抑制剂。具有触杀、胃毒和熏蒸作用的非内吸性杀虫、杀螨剂。

应用

适用作物　水稻、果树、香蕉、甜菜、葡萄园、甘蔗、玉米、烟草、马铃薯、咖啡、茶、棉花、园艺作物等。

防治对象　主要用于防治刺吸式和咀嚼式昆虫和螨类。

残留量与安全施药　本品不可与碱性农药和敌稗混合使用，在施用敌稗前后两周内不能使用本品，本品不能用铜、铜合金罐、塑料瓶盛装，贮存时应放置在阴凉干燥处。最高残留限量为0.75mg/L，收获前安全间隔期为10d。

使用方法

水稻　①三化螟：在卵孵盛期，白穗在5%～10%破口露穗期，用50%乳油750～1125mL/hm^2，对水750～1125kg均匀喷雾。②二化螟：大发生年份，蚁螟孵化高峰前3d，用50%乳油750～1125mL/hm^2，对水750～1125kg均匀喷雾，7～10d后再用药一次。③稻瘿蚊：在成虫高峰期至幼虫盛孵高峰期，用50%乳油750～1500mL/hm^2，对水750～1050kg均匀喷雾。④稻飞虱、稻叶蝉、稻秆蝇：在害虫发生期，用50%乳油50～100mL/hm^2，对水50～75kg均匀喷雾。

棉花　①棉蚜：在蚜株率达到30%，平均单株蚜数近10头，以及卷叶株率5%时，用50%乳油600～900mL/hm^2，对水600～900kg均匀喷雾。②棉红蜘蛛：在6月底前害虫发生期，用50%乳油900～1200mL/hm^2，对水750kg均匀喷雾。

蔬菜　①菜青虫：在产卵高峰后1周，幼虫处于2～3龄期，用50%乳油750mL/hm^2，对水600～750kg均匀喷雾。②菜蚜：在蚜虫发生期，用50%乳油750mL/hm^2，对水600～750kg均匀喷雾。③圆葱潜叶蝇、豆类种蝇：用50%乳油750～1500mL/hm^2，对水750～1500kg均匀喷雾。

玉米、高粱　用50%乳油7.5L/hm^2，加水375kg，拌种4500kg，拌匀闷种7h后播种，可防治华北蝼蛄、华北大黑金龟子。

糯玉米　10%二嗪磷颗粒剂对小地老虎的最佳用量为400～500 g/667 m^2，药后7d的防效达到89%左右，21d时防效达到100%，具有较好的速效性和持效性。

小麦　用50%乳油7.5L/hm^2，加水375kg，拌种3750kg，待种子把药液吸收，稍晾干后即可播种，可防治华北蝼蛄、华北大黑金龟子。

花生　用2%颗粒剂18.75kg/hm^2，穴施，可防治蛴螬。

此外还可用于防治温室蝇类，兽医用来防治蝇类和蜱类。

专利概况

不存在专利权问题。

目前已公开和授权的相关专利：BE 510817、AU 159879、CA 529113、CH 297307、CY 149、DE 910652、FR 1063067、GB 713278、IT 489937、LU 31414、NL 86689、SE 150523、US 2754244、US 2754243、ZA 15258、DE 4005191、DE 2907773、GB 2011415、RD310114、US 3107245、US 3107246、US 3329678、US 4898942、AU 648836、CA 962945、DE 1911489、DE 3309459、DE 3439347、EP 53101、EP 131762、EP 289909、FR 92041、FR 2602120、GB 914879、GB 2150438、GB 2126898、GB 2135886、IL 27427、JP 50071839、JP 62138406、JP 63185904、JP 61022003、JP 61033230、JP 52151728、JP 56075414、JP 50062878、JP 52048180、JP 58072501、JP 58113103、JP 58210004、JP 01022806、JP 06092809、NL 6405015、RD276099、US 2771390、US 2925419、US 2960431、US 2960432、US 3499079、ZA 8402567 等。

在中国申请的相关专利见表 188-1。

表 188-1　在中国申请的专利

序号	申 请 号	专 利 名 称
1	98110573.4	一种含二嗪磷农药组合物
2	200510094690.2	二嗪磷杀虫剂
3	200810101940.4	一种含二嗪磷的水乳剂

合成方法

经如下反应制得二嗪磷：

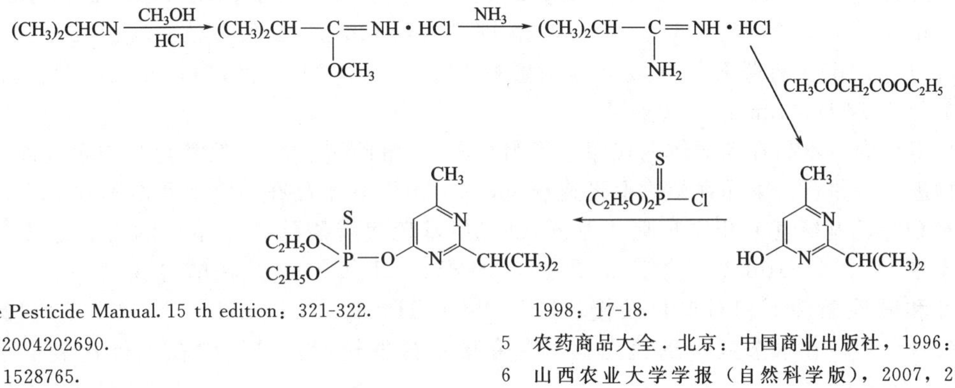

1 The Pesticide Manual. 15 th edition：321-322.
2 US 2004202690.
3 CN 1528765.
4 精细化工产品手册：农药．北京：化学工业出版社，1998：17-18.
5 农药商品大全．北京：中国商业出版社，1996：30.
6 山西农业大学学报（自然科学版），2007，27（4）：429-430.

189　甲基嘧啶磷（pirimiphos-methyl）

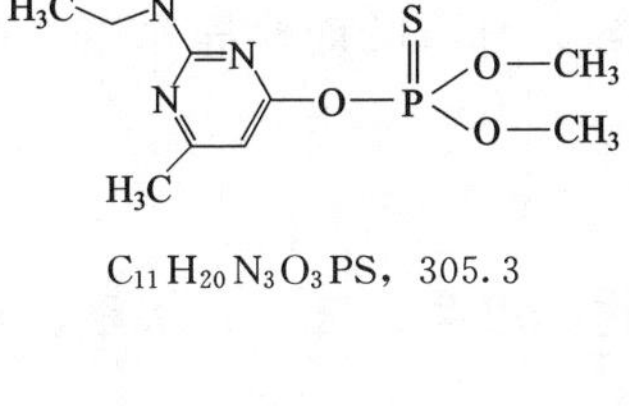

$C_{11}H_{20}N_3O_3PS$，305.3

产品简介

甲基嘧啶磷［试验代号：PP511、OMS1424，通用名称：pirimiphos-methyl，商品名

称：Actellic（Syngenta）、Silo-San（Syngenta）、Stomophos（Syngenta）] 是 ICI Plant Protection Division（现属 Syngenta AG）开发的有机磷类杀虫剂。其他商品名称（生产商）：Giustiziere（Solplant）、Sybol 2（Miracle）Actell（Trithin）、SunMiphos（Sundat）、安得利、保安定、亚特松、甲基虫螨磷、虫螨磷、安定磷等。主要生产商：Syngenta、Sundat、浙江永农化工有限公司、湖南海利化工股份有限公司等。

化学名称　*O,O*-二甲基-*O*-(2-二乙氨基-6-甲基嘧啶-4-基）硫代磷酸酯。英文化学名称为 *O*-2-diethylamino-6-methylpyrimidin-4-yl -*O,O*-dimethyl phosphorothioate。美国化学文摘系统名称为 *O*-[2-(diethylamino)-6-methyl-4-pyrimidinyl]-*O,O*-dimethyl phosphorothioate。CA 主题索引名称为 phosphorothioic acid，esters *O*-[2-(diethylamino)-6-methyl-4-pyrimidinyl] *O,O*-dimethyl ester。CAS 登录号为 [29232-93-7]。

理化性质　工业品含量为 88%，稻草色液体，熔点 15～18℃（工业品）。在蒸馏时分解。蒸气压 2mPa（20℃）、6.9mPa（30℃）、22mPa（40℃）。相对密度 1.17（20℃）、1.157（30℃）。K_{ow} lg$P$=4.2（20℃）。Henry 常数 6×10^{-2} Pa・m^3/mol（计算）。水中溶解度（20℃，mg/L）：11（pH=5），10（pH=7），9.7（pH=9），与大多数有机溶剂如醇类、酮类、卤代烃互溶。在强酸和碱性中分解，DT_{50} 2～117d（pH=4～9，在 pH=7 时最稳定）。其水溶液遇光 DT_{50}< 1h，pK_a 4.30，闪点>46℃。

毒性　急性经口 LD_{50}（mg/kg）：大鼠 1414，小鼠 1180。大鼠急性经皮 LD_{50}> 2000mg/kg。本品对兔眼睛和皮肤有轻微刺激，对豚鼠皮肤中度刺激。大鼠吸入 LC_{50}（4h）>5.04mg/L（重量测定）。NOEL [2a，mg/(kg・d)]：大鼠 0.4，狗 0.5。无致畸性，在脂肪组织中不累积。ADI/RfD（mg/kg）：（JMPR）0.03 [1992，2006]，（EFSA）0.004 [2005]，（EPA）aRfD 0.015，cRfD 0.0002 [2006]。

生态效应　鸟急性经口 LD_{50}（mg/kg）：山齿鹑 40，日本鹌鹑 140，野鸭 1695。鱼 LC_{50}（mg/L）：虹鳟鱼 0.64（96h），镜鲤 1.4（48h）。水蚤 EC_{50} 0.21μg/L（48h）、0.08μg/L（21d）。海藻 EC_{50} 1.0mg/L。蜜蜂 LD_{50} 0.22μg/只（经口），0.12μg/只（接触）。蚯蚓 LC_{50}（14d）419mg/kg（土壤）。

环境行为　本品在动物体内代谢过程为：P—O 键断裂、*N*-脱烷基化和与嘧啶离去基团代谢物进一步螯合。本品在植物上迅速蒸发，2～3d 后，本品在植物上残留不到 10%，包括降解物 *O*-2-乙基氨基-6-甲基嘧啶-4-基-*O,O*-二甲基硫代磷酸酯。在储存的谷物中 DT_{50}>2 月。土壤 DT_{50} 4～10d（实验室），K_{oc} 950～8500mL/g（oc）。在酸性条件下迅速退化，在中性和碱性条件下相对退化较慢，DT_{50} 2d（pH=4），7d（pH=5），117d（pH=7），75d（pH=9）。在水溶液中迅速光解。在介质中挥发较慢，空气中在光催化氧化下迅速分解。

制剂与分析方法　主要制剂有 2% 粉剂，8%、25%、50% 乳油，500g/L 超低容量液剂，200g/L 微胶囊剂。可用 GC-FID/GC-FPD 进行分析。

作用机理　甲基嘧啶磷是一种对储粮害虫、害螨毒力较大的有机磷杀虫剂，作用机理是胆碱酯酶抑制剂，具有触杀和熏蒸作用的广谱性杀虫、杀螨剂，作用迅速，渗透力强，用量低，持效期长；也能浸入叶片组织，具有叶面输导作用。对防治甲虫和蛾类有较好的效果，尤其是对防治储粮害螨药效较高。

应用

适用作物　蔬菜、观赏植物、甜菜、玉米、水稻、马铃薯、黄瓜、高粱、橄榄、果树等。

防治对象　谷象、米象、玉米象、锯谷盗、锈赤扁谷盗、谷蠹、赤拟谷盗、银谷盗、甲虫、象鼻虫、蛾类和螨类等，也可用于家庭及公共卫生害虫。

残留量与安全施药　为了安全，除使用砻糠载体外，直接喷雾施药后，应间隔一安全期后，才能加工供应，一般剂量在 10mg/kg 以下者，间隔 3 个月，15mg/kg 间隔 6 个月，20mg/kg 间隔 8 个月后方能加工供应。谷物中允许残留量为 10mg/kg。

使用方法　施药方法主要有机械喷雾法、砻糠载体法、超低容量喷雾法、粉剂拌粮法。

作为粮食保护剂，施药剂量为 5～10mg/kg，农户储粮应用，剂量可增加 50%。按每平方米有效成分 250～500mg 的药量处理麻袋，6 个月内可使袋中粮食不受锯谷盗、赤拟谷盗、米谷蠹、粉斑螟和麦蛾的侵害，若以浸渍法处理麻袋，则有效期更长。以喷雾法处理的聚乙烯粮袋和建筑物都有良好的防治效果。用本品处理种子，即使用药量高达 300mg/kg，对稻谷、小麦、玉米、高粱的发芽率无影响。澳大利亚曾以硅藻土作为载体，按 6～7mg/kg 的药量处理小麦，可有效地防治米象和玉米象 9 个月，以其乳油和粉剂处理粮食后，降解速度无明显差别。

专利与登记

不存在专利权问题。

目前已公开和授权的相关专利：CS 209030、CS 205961、CS 264735、CS 258649、DE 2757769、EP 2070418、FR 2297571、JP 60208901、JP 62273904、RD181059、US 7192905、WO 2006128863、ZA 7901632 等。

在中国申请的与该产品有关的部分专利见表 189-1、表 189-2。

表 189-1　在中国申请的专利

序号	申请号	专利名称
1	200510032177.0	农药仲丁威、丁硫克百威、甲基嘧啶磷的水乳剂及其制备方法
2	200910043946.5	高纯、无臭甲基嘧啶磷的制备方法

表 189-2　英国先正达公司在中国登记情况

登记名称	登记证号	含量	剂型	登记作物	防治对象	用药量	施用方法
甲基嘧啶磷	PD85-88	甲基嘧啶磷 500g/L	乳油	小麦原粮	玉米象	5～10mg/kg	喷雾
				稻谷原粮	玉米象	5～10mg/kg	喷雾
甲基嘧啶磷	WP85-88	甲基嘧啶磷 500g/L	原药	卫生	蝇	$2g/m^2$	滞留喷雾
				卫生	蚊	1)$2g/m^2$(室内)；2)$300g/hm^2$(室外)	1)滞留喷雾；2)超低量喷雾

合成方法

经如下反应制得甲基嘧啶磷：

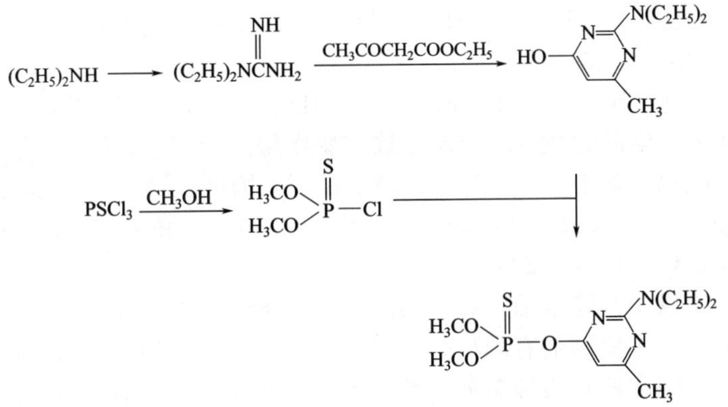

或

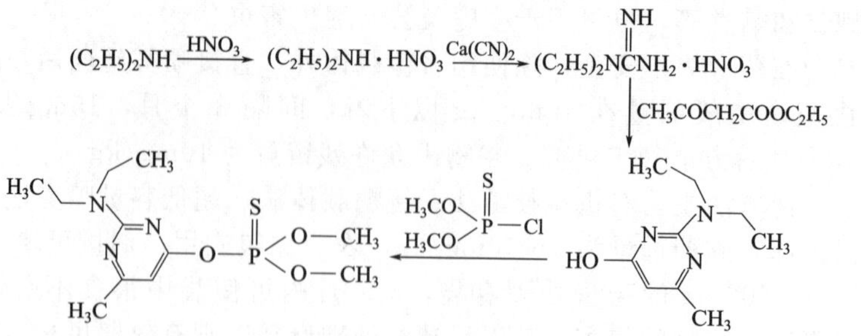

1 The Pesticide Manual. 15 th edition: 917-919.
2 GB 1019227.
3 GB 1204552.
4 农药商品大全. 北京：中国商业出版社，1996：77.
5 湖北化工，1998 增刊：103-104.

190 丁基嘧啶磷（tebupirimfos）

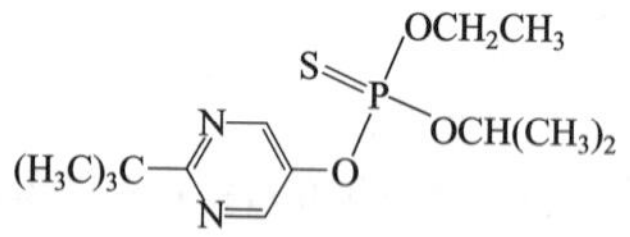

$C_{13}H_{23}N_2O_3PS$，318.4

产品简介

丁基嘧啶磷［试验代号：BAYMAT7484，通用名称：tebupirimfos，商品名称：Aztec (cyfluthrin)(Amvac，Bayer CropScience)］是 J. Hartwig 等人报道其活性，1995 年由 Bayer Crop 公司开发的有机磷类杀虫剂。其他商品名称：Defcon（cyfluthrin）(Helena)、HM-0446（cyfluthrin）(Helena)、丁嘧硫磷等。世界主要生产商：Bayer、Amvac、Makhteshim-Agan。

化学名称　(*RS*)-[*O*-(2-叔丁基嘧啶-5-基)-*O*-乙基-*O*-异丙基硫代磷酸酯]。英文化学名称为（*RS*)-[*O*-(2-*tert*-butylpyrimidin-5-yl)-*O*-ethyl-*O*-*iso*propyl phosphorothioate]。美国化学文摘系统名称为 *O*-[2-(1，1-dimethylethyl)-5-pyrimidinyl]-*O*-ethyl-*O*-(1-methylethyl) phosphorothioate。CA 主题索引名称为 phosphorothioic acid，esters-*O*-[2-(1,1-dimethylethyl)-5-pyrimidinyl]-*O*-ethyl *O*-(1-methylethyl)ester。CAS 登录号为［96182-53-5］。

理化性质　无色至琥珀色液体，沸点 135℃（1.5 mmHg)、152℃（760mmHg)。蒸气压 5mPa（20℃)。Henry 常数 3×10^{-1} Pa·m³/mol（计算)。水中溶解度（20℃，pH＝7）5.5mg/L。溶于大多数有机溶剂，如醇类、酮类、甲苯。在碱性条件下分解。

毒性　急性经口 LD_{50}（mg/kg)：雄大鼠 2.9～3.6，雌大鼠 1.3～1.8，雄小鼠 14.0，雌小鼠 9.3。大鼠急性经皮 LD_{50}（mg/kg)：雄 31.0，雌 9.4。大鼠吸入 LC_{50}［4h，mg/m³（气溶胶)］：雄约 82，雌 36。NOEL 值［2a，mg/kg（饲料)］：大鼠 0.3，小鼠 0.3，狗 0.7。NOAEL（1a）狗 0.02mg/kg。ADI/RfD（EPA）aRfD 0.002mg/kg，cRfD 0.0002mg/kg[2006]。本品无致癌、致畸、致突变作用。

生态效应　山齿鹑急性经口 LD_{50} 20.3mg/kg。饲喂 LC_{50}（mg/kg)：山齿鹑（5d）191，野鸭 577。鱼 LC_{50}（96h，mg/kg)：虹鳟鱼 2250，金枪鱼 2550。水蚤 LC_{50}（96h）0.078μg/L。海藻 E_rC_{50}（96h，23℃）1.8mg/L。

环境行为　在土壤中是稳定的，农场实验表明丁基嘧啶磷在深层土壤中并不富集。

制剂与分析方法　主要制剂有颗粒剂。可用 GC-MSD/HPLC-UV 进行分析。

作用机理　胆碱酯酶的直接抑制剂。具有触杀、胃毒作用及很好残留活性的杀虫剂。持效期长。

应用

适用作物　玉米。

防治对象　鞘翅目和双翅目害虫，特别是地下害虫如叶甲属中所有害虫、地老虎、切根虫等。

使用方法　对于玉米根虫，用量为 1.25～1.5g/100m^2，对于铁线虫，用量为 1.5～5.0g/100m^2，对于双翅目蛆虫，用量为 1.0～2.0g/100m^2，玉米地中，常与氯氟氰菊酯类混合使用。

专利概况

专利名称　Pyrimidylphosphoric-acid derivatives and their use as pesticides.

专利号　DE 3317824　　专利公开日　1984-11-22

专利申请日　1983-05-17　　专利拥有者　Bayer A. -G.

在其他国家申请的化合物专利：如 BR 8402324、CA 1227206、DK 241084、EP 0128350、HU 34039、HU 196604、IL 71823、JP 9212481、US 4666894、ZA 8403681 等。

制备专利与混剂专利：DE 3524055、DE 3538912、CA 2118460、DE 19840583、EP 2070418、JP 2007246496、WO 2008064778、WO 2009071218 等。

合成方法

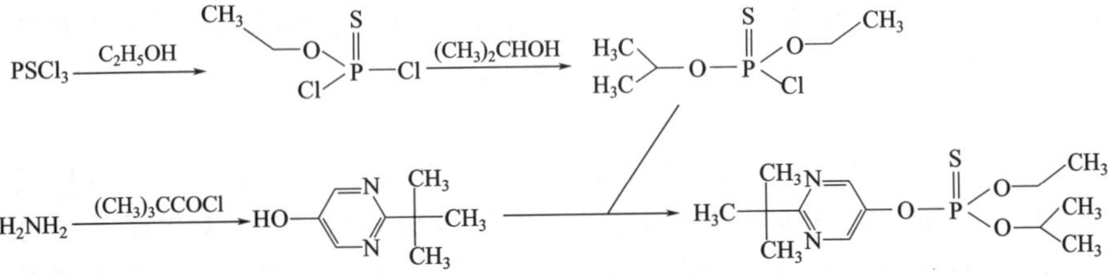

1 The Pesticide Manual. 15 th edition：1077-1078.

2 The Proceedings of the BCPC-Pests& diseases，1992：135.

3 US 189166.

4 农药大典．北京：中国三峡出版社，2006：111.

191　喹硫磷（quinalphos）

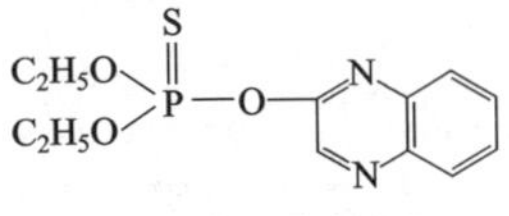

$C_{12}H_{15}N_2O_3PS$，298.3

产品简介

喹硫磷［试验代号：Bay 77049、SAN 6538、SAN 6626、ENT 27394，通用名称：quinalphos，商品名称：Bayrusil（Bayer CropScience）］是 K. J. Schmidt 和 L. hammann 报道其活性，由 Bayer AG 和 Sandoz AG（现属先正达公司）开发的有机磷类杀虫剂。其他商品名称（生产商）：anulux（Dhanuka）、Hilquin（Hindustan）、Hubelux（Sanonda）、Quinaal（Ramcides）、Quinatox（Aimco）、Smash（RPG）、Starlux（SWAL）、Quick（cypermethrin）(Nagarjuna Agrichem)、Ekalux（United Phosphorus）、Crab（Doğal）、Ekaquin（BEC）、Flash（Indofil）、Krush（Biostadt）、Quinalon（Papaeconomou）、Shakthi（Coromandel）、Unifos（Tecomag）、Prachand（cypermethrin）(Coromandel)、Chintop（beta-cypermethrin）(Agro-Chemie)、喹噁磷、喹噁硫磷、克铃死、爱卡士。主要生产商：Aimco、Bayer CorpScience、Sanonda、Cequisa、浙江嘉兴农药厂、四川达县农药厂、江苏吴县农药厂等。

化学名称 *O*,*O*-二乙基-*O*-(2-喹喔啉基）硫代磷酸酯。英文化学名称为 *O*,*O*-diethyl-*O*-quinoxalin-2-yl phosphorothioate。美国化学文摘系统名称为 *O*,*O*-diethyl-*O*-2-quinoxalinyl phosphorothioate。CA 主题索引名称为 phosphorothioic acid，esters *O*,*O*-diethyl *O*-2-quinoxalinyl ester。CAS 登录号为［13593-03-8］。

理化性质 无色结晶固体，熔点 31～32℃，沸点 142℃（0.0003mmHg）（分解），蒸气压 0.346mPa（20℃）。相对密度 1.235（20℃），K_{ow} lg*P* 4.44（23℃，10～100mg/L 水平）。水中溶解度 17.8mg/L（22～23℃），其他溶剂中溶解度：正己烷 250g/L（23℃），易溶于甲苯、二甲苯、乙醚、乙酸乙酯、丙酮、乙腈、甲醇、乙醇，微溶于石油醚（23℃）。纯品在室温条件下稳定 14d，液体原药在正常贮存条件下分解，必须放在含有稳定剂、且适宜的非极性有机溶剂中。制剂是稳定的（在 25℃以下，货架寿命平均为 2a）。易水解，DT_{50}（25℃，17mg/L 和 2.5mg/L）：23d（pH＝3）、39d（pH＝6）、26d（pH＝9）。

毒性 雄大鼠急性经口 LD_{50} 71mg/kg，雄大鼠急性经皮 LD_{50} 1750mg/kg，本品对兔眼睛和皮肤无刺激。大鼠吸入 LC_{50}（4h）0.45mg/L（空气）。大鼠 NOEL（2a）3mg/kg（饲料）（基于胆碱酯酶的抑制剂）。对大鼠和兔无致畸作用，无致突变作用。在大鼠、小鼠和狗体内具有胆碱酯酶抑制剂的作用。

生态效应 鸟急性经口 LD_{50}（14d，mg/kg)：日本鹌鹑 4.3，野鸭 37。饲养 LC_{50}（8d，mg/kg)：野鸭 220，鹌鹑 66。鱼 LC_{50}（96h，mg/L)：鲤鱼 3.63，虹鳟鱼 0.005。水蚤 LC_{50}（48h）0.66μg/L。对蜜蜂高毒，蜜蜂 LD_{50} 0.07μg/只（经口），0.17μg/只（接触）。蚯蚓 LC_{50}［mg/kg（土壤)］：188（7d），118.4（14d）。

环境行为 经口进入大鼠体内的本品，被迅速吸收，代谢为 2-羟基喹喔啉（包括纯品和螯合物），并在很短的时间内排出，其中尿（约 87％），胆汁（约 13％）。植物中，在 14d 内，1/3 被叶面吸收，进入植物内，同时 2/3 被蒸发掉。主要代谢物为 2-羟基喹喔啉（包括纯品和螯合物）。土壤中：在有氧条件下迅速分解，DT_{50} 21d（o. m. 2.6％，pH＝6.8，18～22℃）。氢解产物为 2-羟基喹喔啉，其在土壤中不富集，进一步降解为极性代谢物和二氧化碳。Freundlich K 25～320mg/kg（o. m. 1.1％～35.5％）。

制剂与分析方法 主要制剂有 20％、48％乳油，25％可湿性粉剂，30％超低容量液剂，5％颗粒剂，1.5％粉剂。可用 GC-UV 进行分析。

作用机理 胆碱酯酶的直接抑制剂。具有触杀、胃毒作用，无内吸和熏蒸作用，在植物上有良好的渗透性，杀虫谱广，有一定的杀卵作用，在植物上降解速度快，残效期短。

应用

适用作物 水稻、柑橘、烟草、蔬菜、茶树、棉花、白菜、花生、豌豆、咖啡、观赏植物等。

防治对象 二化螟、三化螟、稻苞虫、稻纵卷叶螟、稻叶蝉、稻飞虱、柑橘蚜、柑橘介壳虫、柑橘潜叶蛾、菜青虫、斜纹叶蛾、烟青虫、棉铃虫、小绿叶蝉、茶尺蠖、棉蚜、棉蓟马等。

残留量与安全施药 允许最大残留量 2mg/kg，在收获前 14d 停止用药。

使用方法 使用剂量：250～500g(a. i.)/hm^2（乳油），0.75～1.0kg(a. i.)/hm^2（颗粒剂）。

水稻 ①稻纵卷叶螟：在卵盛孵期至幼龄期（低龄期），用 25％乳油 2.25～3L/hm^2，对水 750～900kg，均匀喷雾。②二化螟：在螟卵孵化初盛期，用 25％乳油 1.5～2L/hm^2，对水 1125kg，均匀喷雾；825～1125g/hm^2 拌细土 300～600kg，均匀撒施。③三化螟：防治枯心苗掌握在卵孵化高峰前1～2d施药，防治白穗在水稻破口露穗时用药，防治指标在5%～10%破口露穗。用25%乳油1.65L/hm²，对水1125kg，进行喷雾，三化螟卵块达450～750块/hm²为防治对象田。④稻瘿蚊：中晚稻秧田在成虫盛发期内，播种后6～8d，用25%乳油2.25～3L/hm²，对水600～1350kg，均匀喷雾，间隔7～9d再施药一次，或用5%颗粒剂22.5kg/hm²进行撒施，施药时，田中要有水层，若种田无水，则要加大水量2～3倍喷雾。⑤稻飞虱、稻叶蝉：在若虫盛发高峰期及短翅成虫出现初期，用25%乳油1.5～2.1L/hm²，对水1050kg，均匀喷雾，或用5%颗粒剂15～22.5kg/hm²进行均匀撒施。⑥黏虫：在低龄幼虫期，用25%乳油1.8L/hm²，对水750kg，均匀喷雾。⑦稻蓟马：在秧苗4叶期后每百株有虫200头以上，或叶尖初卷率达5%～10%，本田分蘖期每百株有虫300头以上或叶尖的初卷率达10%左右，用25%乳油1.5～2L/hm²，对水1125kg，均匀喷雾；825～1125g/hm²拌细土300～600kg均匀撒施。

柑橘　①柑橘潜叶蛾：在成虫盛发期放梢后3～7d，新叶被害率约10%时，用25%乳油600～700倍液，加杀虫单结晶或巴丹原粉2000～2500倍液，或加25%杀虫双水剂700倍液，均匀喷雾，间隔5～7d再施药一次。②橘蚜：在新梢有蚜株率达20%时，用25%乳油500～750倍液，均匀喷雾，重点喷施有蚜植株。③介壳虫：在若、幼蚧盛发期，用25%乳油500～750倍液，加0.5%～1%机油乳剂或茶麸柴油乳膏喷雾。

烟草　在幼虫低龄期，用25%乳油2.1～2.55L/hm²，对水900～1125kg，均匀喷雾，可防治烟青虫；对发生在烟草上的其他各种害虫，斜纹叶蛾等鳞翅目幼虫，均可用25%乳油2.1～2.55L/hm²，对水900～1125kg，均匀喷雾，进行防治。

棉花　①棉蚜：在大面积平均有蚜株率达到30%，平均单株蚜数10头，或蚜害卷叶株率达到5%时，用25%乳油750～900mL/hm²，对水750kg，均匀喷雾。②棉蓟马：在棉苗4～6片真叶时，百株有虫15～30头时，用25%乳油1～1.5L/hm²，对水900kg，均匀喷雾。③棉铃虫：当百株卵量骤然上升，达到15～20粒以上，或百株有幼虫5～10头时，用25%乳油2～2.5L/hm²，对水1125kg，均匀喷雾。

茶树　①小绿叶蝉：在若虫盛发期，用25%乳油700～1000倍液，或用25%乳油2.25～3L/hm²，对水900～1125kg，均匀喷雾。②茶尺蠖：在幼虫低龄期，用25%乳油700～1000倍液，或用25%乳油2.25～3L/hm²，对水900～1125kg，均匀喷雾。③长白蚧、红蜡蚧：在卵孵化盛末期，用25%乳油700～1000倍液，或用25%乳油2.25～3L/hm²，对水900～1125kg，均匀喷雾。

蔬菜　在幼虫低龄期，用25%乳油900～1200mL/hm²，对水750～900kg，均匀喷雾可防治菜青虫、斜纹叶蛾。

专利概况

不存在专利权问题。

目前已公开和授权的相关专利：DE 1545817、AT 257657、BE 681443、CA 939350、CH 462174、CY 462、DK 114871、GB 1081249、MY 9769、NL 6607054、US 3763160、DE 2411764、JP 58174395、JP 03153694、JP 03153695、NL 6607054、NL 6611511等。

在中国申请的含喹硫磷的相关专利见表191-1。

表191-1　在中国申请的专利

序号	申　请　号	专　利　名　称
1	200710199069.1	一种氟虫腈和喹硫磷的复配农药
2	200710179847.0	一种喹硫磷和氟铃脲的复配农药
3	200710192239.3	虫酰肼-喹硫磷复配农药

合成方法

经如下反应制得喹硫磷：

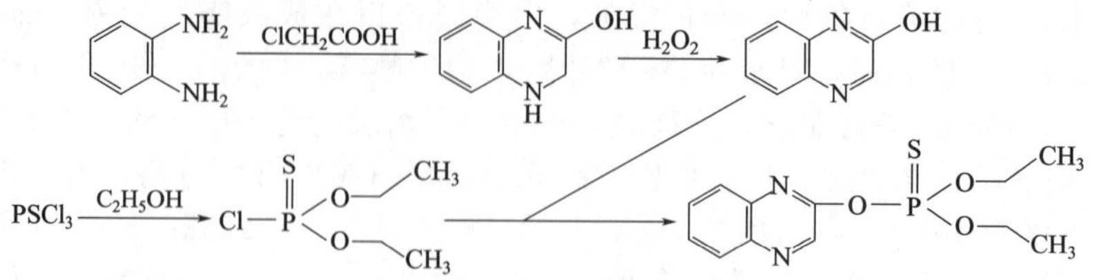

1 The Pesticide Manual. 15 th edition：1003-1004.

2 US 2003166618.

3 精细化工产品手册：农药．北京：化学工业出版社，1998：13-15.

192 杀扑磷（methidathion）

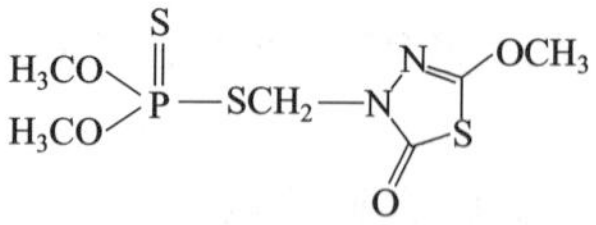

$C_6H_{11}N_2O_4PS_3$，302.3

产品简介

杀扑磷［试验代号：GS13005、OMS844、ENT27193，通用名称：methidathion，商品名称：Ultracide（Syngenta）、Sunmeda（Sundat）、Supracide（Gowan，Syngenta）、Supradate（Mobedco）、Suprathion（Makhteshim-Agan）、Suspect（Baocheng）、Ultracidin（Vapco）、速扑杀、甲噻硫磷、灭达松、速蚧克］是 H. Grob 等人报道其活性，由 J. R. Geigy S. A.（现属 Syngenta AG）开发的有机磷类杀虫剂。主要生产商：Syngenta、Fertiagro、Makhteshim-Agan、Sharda、Sundat、青岛瀚生生物科技股份有限公司、浙江世佳科技有限公司、泰达集团、浙江永农生物科学有限公司。其他商品名称（生产商）：Oleo Supracide（Syngenta）、Oleo Ultracide（Syngenta）、Ultracid（Syngenta）、Advathion（Chemvet）、Agrocid（Agropharm）、Concorde（Doğal）、Datimethion（Chimiberg）、Mediatex（Aragro）、Siacide（Siapa）。

化学名称 *S*-2,3-二氢-5-甲氧基-2-氧代-1,3,4-噻二唑-3-基甲基-*O*,*O*-二甲基二硫代磷酸酯。英文化学名称为 *S*-2,3-dihydro-5-methoxy-2-oxo-1,3,4-thiadiazol-3-ylmethyl-*O*,*O*-dimethyl phosphorodithioate 或 3-dimethoxy phosphinothioylthiomethyl-5-methoxy-1,3,4-thiadiazol-2（3*H*)-one。美国化学文摘系统名称为 *S*-[(5-methoxy-2-oxo-1,3,4-thiadiazol-3（2*H*)-yl)methyl] *O*,*O*-dimethyl phosphorodithioate。CA 主题索引名称为 phosphorodithioic acid, esters *S*-[(5-methoxy-2-oxo-1,3,4-thiadiazol-3（2*H*)-yl)methyl] *O*,*O*-dimethyl ester。CAS 登录号为［950-37-8］。

理化性质 无色结晶固体，熔点 39～40℃，沸点 99.9℃（1.3Pa）。蒸气压 2.5×10^{-4} Pa（20℃）。相对密度 1.51（20℃）。K_{ow} $\lg P=2.2$（OECD 107）。Henry 常数 3.3×10^{-4} Pa·m³/mol（计算）。水中溶解度（25℃）200mg/L，其他溶剂中的溶解度（20℃，g/L）：乙醇 150，丙酮 670，甲苯 720，正己烷 11，正辛醇 14。本品在碱性和强酸性介质中迅速分解，DT_{50}（25℃）30min（pH=13）。在中性和弱酸性介质中相对比较稳定。

毒性 急性经口 LD_{50}（mg/kg）：大鼠 25～54，小鼠 25～70，兔 63～80，豚鼠 25。急性经皮 LD_{50}（mg/kg）：兔 200，大鼠 297～1663。本品对兔眼睛和皮肤无刺激，对豚鼠皮肤无刺激。大鼠吸入 LC_{50}（4h）140mg/m³（空气）。在两年饲喂试验中，大鼠 NOEL 值为 4mg/kg（饲料）［0.2mg/(kg·d)］，狗 NOEL 值为 0.25mg/(kg·d)。ADI/RfD（mg/kg）：

(JMPR) 值 0.001，(EPA) aRfD 0.002，cRfD 0.0015。

生态效应　野鸭急性经口 LD_{50} 23.6～28mg/kg，山齿鹑 LC_{50}（8d）224mg/L。鱼 LC_{50}（96h，mg/L）：虹鳟鱼 0.01，蓝鳃鱼 0.002。水蚤 EC_{50}（48h）7.2μg/L。海藻 EC_{50}（72h）22mg/L。蜜蜂 LD_{50}：190mg/只（经口），150mg/只（触杀）。对蜜蜂轻微毒性。蚯蚓 LC_{50}（14d）5.6mg/kg（土壤）。短期内对大多数有益节肢动物有害。对来自于无污染环境的有益生物有一定的残留影响。

环境行为　本品在哺乳动物体内被迅速代谢和排出体外。在植物中，其代谢途径为：酯键分解、杂环断裂，最后氧化为二氧化碳。本品及其代谢物在土壤中流动性慢，在土壤和水中，经过化学、光照和生物过程迅速降解。DT_{50} 3～18d（实验室和田间）。

制剂与分析方法　主要制剂有 20%、40%乳油，20%、40%可湿性粉剂，25%超低容量液剂。可用 GC-MSD/HPLC-UV 进行分析。

作用机理与特点　胆碱酯酶抑制剂，具有触杀、胃毒作用的非内吸性杀虫、杀螨剂。可通过叶子渗透防治卷叶虫。药效发挥较慢，不易挥发，在植物上持效期为 14d，随后代谢为可迅速水解的硫代磷酸酯。

应用

适用作物　果树、棉花、甜菜、向日葵、核桃、玉米、蔬菜、马铃薯、油菜、烟草等。

防治对象　能有效地防治咀嚼式和刺吸性口器害虫，还有蜘蛛螨虫，尤其是对介壳虫具有特效。

残留量与安全施药　不可与碱性农药混用，对核果类应避免在花后期施用，在果园中喷药浓度不可过高，否则会引起褐色叶斑。

使用方法

柑橘　①柑橘矢尖蚧、糠片蚧、蜡蚧的雌蚧：用 40%乳油 800～1000 倍液喷雾，间隔 20d 再喷药一次，对若蚧用 1000～3000 倍液喷雾即可。②柑橘褐圆蚧：根据褐圆蚧在 4～5 月份为害叶片枝条和 6～7 月份若虫和成虫兼上果为害的特点，在 5 月中旬和 7 月中旬用 40%乳油 1500 倍液各喷药一次，防治效果可达 85%～96%。③柑橘粉蚧：在若虫期，用 40%乳油 1000～2000 倍液喷雾。④柑橘红蜡蚧：在红蜡卵孵化盛期和孵化末期，用有效浓度 400～600mg/kg 各喷药一次，可达到理想防治效果，即喷药后 20d 防效仍达 100%，30d 后亦可达 98.5%。使用本品在花前施药，对越冬昆虫和刚孵化的幼虫及即将孵化的卵都有效，一般喷药一次即可。

棉花　①棉蚜、棉叶蝉、棉盲蝽：用 40%乳油 450～900mL/hm^2 对水喷雾。②棉铃虫、红铃虫：用 40%乳油 1.5～3L/hm^2，对水喷雾。

专利与登记

不存在专利权问题。

目前已公开和授权的相关专利：BE 623246、AT 247665、CH 392521、CH 395637、CY 394、DE 1278172、DE 1807567、DK 117870、ES 531229、FR 1335755、GB 1008451、MY 11467、NL 123144、NL 283980、OA 294、US 3230230、US 3240668、ZA 6704012、DE 4336307、EP 1416796、GB 2011417、GB 2011417、IL 71961、WO 2003015518、AU 9530780、BR 2002006926、CN 101653145、CN 101406187、EP 772395、EP 2070418、EP 1367900、EP 1967068、JP 11505466、JP 2006213665、WO 2002062144、WO 9603041 等。

已在美国、澳大利亚、中国等多国作为“降低风险产品”（reduced-risk product）登记注册。

合成方法

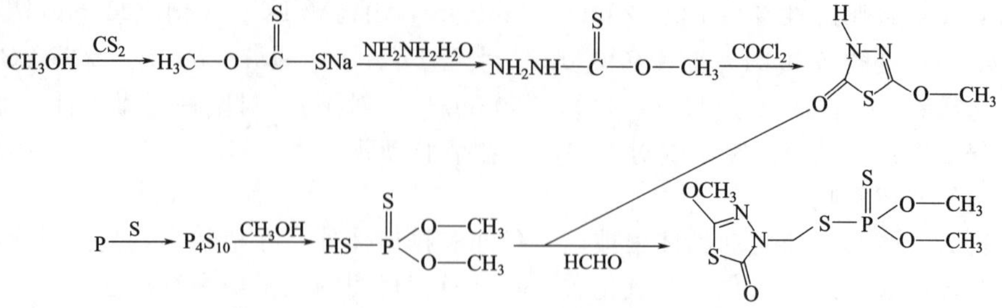

1 The Pesticide Manual. 15 th edition：754-755.

2 US 2003166618.

3 农药大典．中国三峡出版社，2006：100-101.

4 国外农药品种手册．化工部农药信息总站，1996：157-158.

193 氯唑磷（isazofos）

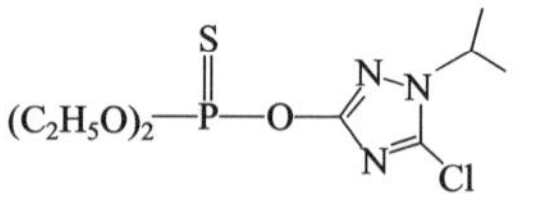

$C_9H_{17}ClN_3O_3PS$，313.7

产品简介

氯唑磷（试验代号：CGA12223，通用名称：isazofos，商品名称：Miral、Brace、Triumph、Victor，其他名称：米乐尔、异唑磷、异丙三唑硫磷）是由Ciba-Geigy AG（现属先正达公司）开发的有机磷类杀虫剂、杀线虫剂。

化学名称 *O*-5-氯-1-异丙基-1*H*-1,2,4-三唑-3-基-*O*,*O*-二乙基硫代磷酸酯。英文化学名称为*O*-5-chloro-1-*iso*propyl-1*H*-1,2,4-triazol-3-yl-*O*,*O*-diethyl phosphorothioate。美国化学文摘（CA）系统名称为*O*-[5-chloro-1-(1-methylethyl)-1*H*-1,2,4-triazol-3-yl]-*O*,*O*-diethyl phosphorothioate。CA主题索引名称为phosphorothioic acid，esters *O*-[5-chloro-1-(1-methylethyl)-1*H*-1,2,4-triazol-3-yl]-*O*,*O*-diethyl ester。CAS登录号为[42509-80-8]。

理化性质 本品为黄色液体，熔点120℃（36Pa），相对密度（20℃）1.23，蒸气压7.45mPa（20℃），K_{ow} lg$P$＝2.99，Henry常数1.39×10^{-2} Pa·m^3/mol。水中溶解度168mg/L（20℃），与有机溶剂，如苯、氯仿、己烷和甲醇等互溶。在中性和弱酸性介质中稳定，在碱性介质中不稳定。水解DT_{50}（20℃）：85d（pH＝5）、48d（pH＝7）、19d（pH＝9）。200℃以下稳定。

毒性 大鼠急性经口LD_{50} 40～60mg/kg（原药）。急性经皮LD_{50}（mg/kg）：雄大鼠＞3100，雌大鼠118。对兔皮肤有中等刺激性，对兔眼睛有轻微刺激作用。大鼠吸入LC_{50}（4h）0.24mg/L（空气）。90d饲喂试验的无作用剂量[mg/kg（饲料）]：大鼠2[0.2mg/(kg·d)]，狗2[0.05mg/(kg·d)]。

生态效应 鸟急性经口LD_{50}（mg/kg）：野鸭61，山齿鹑11.1。鱼毒LC_{50}（96h，mg/L）：虹鳟鱼0.008，鲤鱼0.22，蓝鳃鱼0.01。水蚤LC_{50}为0.0014（48h）。对鸟、蚯蚓和蜜蜂无毒。ADI值（EPA）0.00002mg/kg（bw）[1989]。

环境行为 在动物，植物体内可通过尿液迅速排出体外，在土壤中DT_{50} 10d。

制剂 2%、3%、5%、10%颗粒剂，50%微囊悬浮剂，50%乳油。

作用机理与特点 抑制乙酰胆碱酯酶的活性，主要干扰线虫神经系统的协调作用而死亡。具有内吸、触杀和胃毒作用。

应用

适宜作物 水稻、甘蔗、柑橘、凤梨、蔬菜、烟草、豆类、香蕉、花生、玉米、牧草、观赏植物等。

防治对象 用于防治根结、胞囊、穿孔、半穿刺、茎、纽带、螺旋、刺、盘旋、针、长针、毛刺、矮化、肾形、剑、轮等线虫。此外，也可防治稻螟、稻飞虱、稻瘿蚊、稻蓟马、蔗螟、蔗龟、金针虫、玉米螟、瑞典麦秆蝇、胡萝卜茎蝇、地老虎、切叶蚁等害虫。

使用方法 可作叶面喷洒，也可作土壤处理或种子处理，用来防治茎叶害虫及根部线虫。使用剂量为 0.5～2kg(a.i.)/hm^2。具体如下：

（1）防治甘蔗害虫 用 3%颗粒剂 60～90kg/hm^2，在种植时沟施。

（2）防治香蕉线虫 用3%颗粒剂 67.5～90kg/hm^2，在香蕉根部表土周围撒施，施药后混土。

（3）防治水稻螟虫 在螟虫盛孵期，或卵孵高峰到低龄若虫期，用 3%颗粒剂 15～18kg/hm^2，直接撒施。

（4）防治花生、胡萝卜线虫 用 3%颗粒剂 67.5～97.6kg/hm^2，在种植时沟施。

专利与登记

专利名称 Triazolyl-organophosphorus derivatives and their use in pest control

专利号 GB 1419431 专利公开日 1975-12-24

专利申请日 1972-12-08 优先权日 1971-12-10

专利拥有者 Ciba Geigy AG

在其他国家申请的化合物专利：AU 4915072、AU 476097、AT 314905、AR 196219、BG20541、BE 792452、CY 889、CY 888、CS 168017、DE 2260015、DD 104178、ES 409488、EG 10849、GB 1419132、HU 166079、HK 12377、IT 9831184、IL 40877、JP 48062945、KE2696、KE2695、MY 16177、MY 15977、NL 164563、NL 7216727、OA 4229、PH 10061、SU 610471、TR 17233、US 3867396、YU304272、ZA 7208703。

合成和剂型等专利：CN 101463086、DE 4336307、US 5310721、US 5310721、WO 2010055939、WO 2008071674、CN 101350096、EP 214936、EP 551796、GB 2267086、CN 101796949、CN 101743989、WO 2002087334、EP 302824、EP 2127522、EP 2090170、GB 2457347、JP 2010047479、US 20100144888、WO 2010108616、WO 2010094728、WO 2010060982、WO2010025870、WO 2009146793、WO 2009071218。

在中国申请的与该产品有关的部分专利及登记情况见表 193-1、表 193-2。

表 193-1 在中国申请的专利

序号	申请号	专利名称
1	97194175.0	农药组合物
2	200710149682.2	农药组合物
3	200610049967.4	杀虫组合物
4	200610049967.4	防治棉花病虫害埋施型药肥及其生产方法
5	200610049967.4	检测二乙氧基硫代磷酸酯类有机磷农药酶联免疫试剂盒
6	200610049967.4	一种检测烟草中有机磷农药残留量的方法

表 193-2 瑞士先正达作物保护有限公司在中国的登记情况

登记名称	登记证号	含量	剂型	登记作物	防治对象	用药量/(g/hm^2)	施用方法
氯唑磷	PD206-95	3%	颗粒剂	甘蔗	蔗螟	2250～2700	沟施
				甘蔗	蔗龟	2250～2700	沟施
				水稻	飞虱	450	撒毒土
				水稻	稻瘿蚊	450	撒毒土
				水稻	三化螟	450	撒毒土

合成方法

可通过如下反应制得目的物：

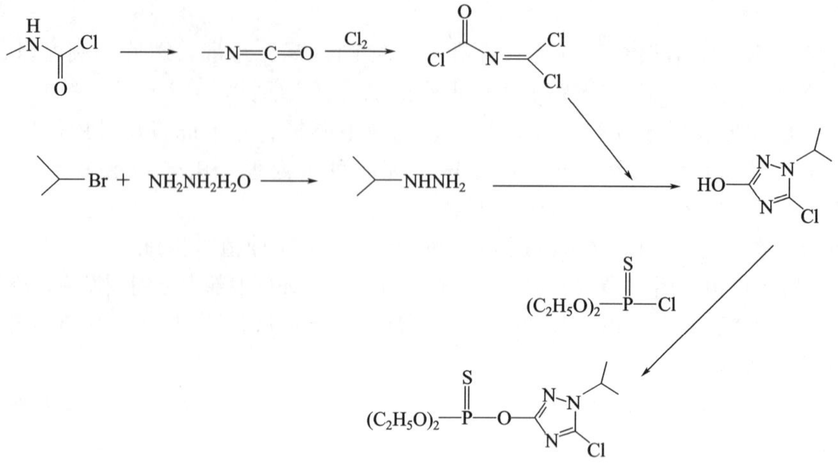

1　The Pesticide Manual，12th ed. 2000：1003　　　　2　GB 1419431.

194　三唑磷（triazophos）

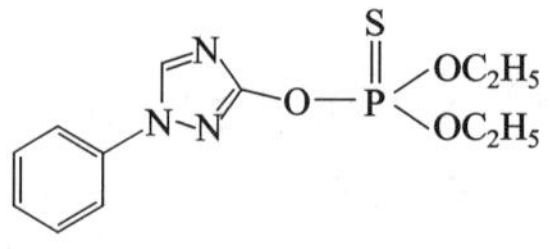

$C_{12}H_{16}N_3O_3PS$，313.3

产品简介

三唑磷［试验代号：Hoe 002960、AE F002960，通用名称：triazophos，商品名称：Hostathion（Bayer CropScience）、Current（Devidayal）、March（Crop Health）、Rider（Heranba）、Triumph（Nagarjuna Agrichem）、Try（Hubei Sanonda）、特力克、三唑硫磷］是 M. Vulic 等人报道其活性，由 Hoechst AG（现属 Bayer CropScience）开发，并于 1973 年商品化的有机磷类杀虫剂。主要生产商：Bayer CropScience、Meghmani、Sharda、Sudarshan、安徽华星化工股份有限公司、安徽省池州新赛德化工有限公司、江苏丰山集团有限公司、湖北沙隆达股份有限公司、江苏宝灵化工股份有限公司、江苏长青农化股份有限公司、江苏好收成韦恩农化股份有限公司、浙江兰溪巨化氟化学有限公司、连云港立本农药化工有限公司、福建三农集团股份有限公司、沙隆达郑州农药有限公司、浙江东风化工有限公司、浙江新农化工股份有限公司、浙江永农生物科学有限公司。其他商品名称（生产商）：Dachongling（Fengshan）、Fulstop（Biostadt）、Ghatak（Dhanuka）、Hilazophos（Hindustan）、Jane（Krishi Rasayan）、Josh（United Phosphorus）、Kranti（Coromandel）、Tarzan（Krishi Rasayan）、Trail（Jubilant Organosys）、Triaceo（Sulphur Mills）、Triazofil（Indofil）、Trihero（Sabero）、Tritox（Rallis）、Trizocel（Excel）、Trizor（Ramcides）。

化学名称　*O*,*O*-二乙基-*O*-1-苯基-1*H*-1,2,4-三唑-3-基硫代磷酸酯。英文化学名称为 *O*,*O*-diethyl *O*-1-phenyl-1*H*-1,2,4-triazol-3-yl phosphorothioate。美国化学文摘系统名称为 *O*,*O*-diethyl *O*-(1-phenyl-1*H*-1,2,4-triazol-3-yl) phosphorothioate。CA 主题索引名称为 phosphorothioic acid，esters *O*,*O*-diethyl *O*-(1-phenyl-1*H*-1,2,4-triazol-3-yl) ester。CAS 登录号为［24017-47-8］。

理化性质　淡黄色至深棕色液体，有典型的磷酸酯气味。熔点 0～5℃，沸点 140℃（分解)，蒸气压 0.39mPa（30℃）、13mPa（55℃），相对密度 1.24（20℃），K_{ow} lg$P$＝3.34。水中溶解度（pH＝7，20℃）39mg/L，丙酮、二氯甲烷、甲醇、异丙醇、乙酸乙酯和聚乙烯醇中溶解度（20℃）均＞500g/L，正己烷溶解度（20℃）11.1g/L。对光稳定，在酸性和碱性介质中水解，140℃以上分解。

毒性　急性经口 LD_{50}［mg/(kg・d)］：大鼠 57～59，狗 320～500。大鼠急性经皮 LD_{50} ＞2000mg/kg。本品对兔眼睛和皮肤无刺激。大鼠吸入 LC_{50}（4h）0.531mg/L（空气）。两年饲喂试验表明，大鼠的无作用剂量为 1mg/kg（饲料），狗的无作用剂量为 0.3mg/kg（饲料），但对胆碱酯酶有抑制作用。ADI/RfD（JMPR）值 0.001mg/kg。

生态效应　北美鹑急性经口 LD_{50} 8.3mg/kg，LC_{50}（8d）152mg/kg（饲料）。鲤鱼 LC_{50}（96h）5.5mg/L。水蚤 EC_{50}（48h）0.003mg/L。海藻 LC_{50}（96h）1.43mg/L。本品对蜜蜂有毒，急性经口 LD_{50} 0.055μg/只。蚯蚓 LC_{50}（14d）187mg/kg（土壤）。

环境行为　进入动物体内的本品 75%～94%主要通过尿排出，代谢物 DT_{50}＜1d；在棉花中，本品的降解物为 1-苯基-3-羟基-1,2,4-三唑。土壤中：DT_{50}（需氧）6～12d，DT_{90} 39～114d；DT_{50}（实验室）7～46d，DT_{90} 109～181d。水中：迅速降解，DT_{50}（在水中降解)＜3d，(在水中沉淀物中降解)＜11d，DT_{90}（生态系统降解)＜47d。

制剂与分析方法　主要制剂有 40%乳油，2%、5%颗粒剂。可用 GC-MSD/HPLC-UV 进行分析。

作用机理与特点　胆碱酯酶抑制剂，广谱、高效，具有触杀和胃毒作用的非内吸性杀虫、杀螨剂。并可渗透到植物组织内，持效期长。

应用

适用作物　水稻、棉花、大豆、橄榄、油棕榈树、蔬菜、观赏植物、果树、油菜、玉米、豌豆、咖啡、草莓等。

防治对象　鳞翅目和夜蛾科害虫，螟虫、棉铃虫、红蜘蛛、蚜虫、菜青虫等。尤其对植物线虫和松毛虫的作用更为显著。

使用方法

防治谷类作物上的蚜虫，使用剂量为 320～600g(a.i.)/hm^2。

防治果实上的蚜虫，使用剂量为 75～125g(a.i.)/hm^2。

水稻　用 40%乳油 1.5L/hm^2，对水 100kg 喷雾水稻，可防治二化螟、三化螟、蓟马，药效可持续 7d 以上。

棉花　用 40%乳油配重的有效浓度 0.1%的药液喷雾，可防治棉蚜、棉铃虫、棉红蜘蛛、红铃虫。

蔬菜　用 5%颗粒剂 100kg/hm^2，可防治金针虫；用 5%颗粒剂 0.6g/植株，可防治双翅目幼虫。

果树　用有效浓度 25g(a.i.)/hm^2 喷雾，可防治果树上的蚜虫。

谷类作物，用 40%乳油 320～600g(a.i.)/hm^2，可防治谷类作物上的蚜类。

在种植前，用 40%乳油 1～2kg(a.i.)/hm^2 混入土壤中，可防治地老虎和其他夜蛾。

专利概况

不存在专利权问题。

目前已公开和授权的相关专利：DE 1299924、DE 1670876、FR 1567668、GB 1189931、US 3686200、ZA 6803471、CN 1680407、CN 100354284、AU 8061880、AU 535948、CN 101632384、CN 101632384、CN 101258848、CN 101213976、CN 101185442、CN 101002569、CN 1961674、CN 1943358、CN 100396184、CN 1911039、CN 100360034、CN 1644051、CN

1322813、CN 1593147、CN 1440654、CN 1309907、CN 1199548、CN 1149387、DE 102005055190、DE 2934978、DE 2801787、EP 26829、JP 56034607、JP 54101429、US 4353897 等。

在中国申请的含三唑磷的专利见表 194-1。

表 194-1 在中国申请的专利

序号	专利号	专利名称
1	03112746.0	三唑磷·阿维菌素微乳剂及其配制方法
2	96109153.3	一种三唑磷、爱福丁杀虫剂组合物
3	96109683.7	三唑磷、氰戊菊酯复配杀虫剂
4	98110845.8	三唑磷、辛硫磷复配杀虫剂
5	99114921.1	三唑磷复配农药
6	97123262.8	20%吡虫啉、三唑磷复合杀虫剂乳油
7	01137648.1	三唑磷乳剂及其制备方法
8	00128287.5	毒死蜱、三唑磷复配杀虫剂
9	200610145761.1	含氟虫腈和三唑磷的复配杀虫水乳剂及其制备方法
10	200310103235.5	含三唑磷和锐劲特复配杀虫微乳剂及其制备方法
11	200510112606.5	一种含有杀虫单和三唑磷的水乳剂
12	200510041436.6	一种含氟虫脲和三唑磷的增效杀虫组合物
13	200810030599.8	一种马拉硫磷·三唑磷乳油及其制备方法
14	200910023351.3	一种含有联苯菊酯和三唑磷的杀虫组合物

合成方法

经如下反应制得三唑磷：

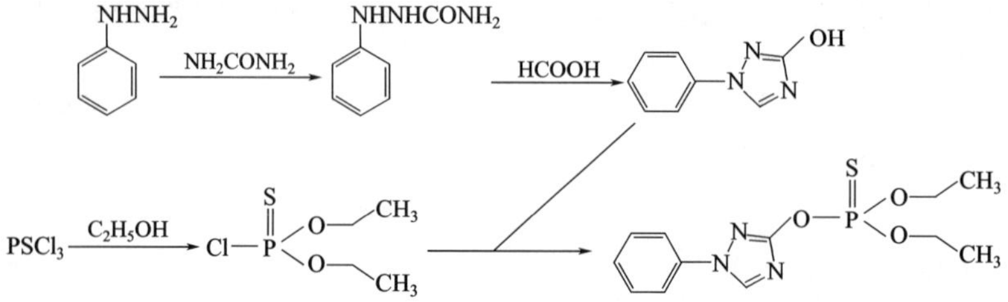

1 The Pesticide Manual. 15 th edition：1153-1154.
2 CN 1659965.
3 US 5139785.
4 农药大典．中国三峡出版社，2006：68-69.
5 农药．2001，40（2）：14.

195 杀螟腈（cyanophos）

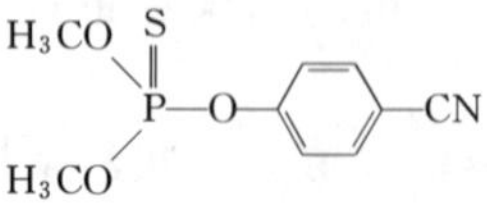

$C_9H_{10}NO_3PS$，243.2

产品简介

杀螟腈［试验代号：S-4084、OMS 226、OMS 869，通用名称：cyanophos，商品名称：Cyanox（Sumitomo）］是 Y. Nishizawa 报道其活性，由 Sumitomo Chemical Co.，Ltd 开发的有机磷类杀虫剂。主要生产商：Sumitomo Chemical、Fertiagro。

化学名称　*O*-(4-氰基苯基)-*O*,*O*-二甲基硫代磷酸酯。英文化学名称为 *O*-4-cyanophenyl-*O*,*O*-dimethyl phosphorothioate 或 4-(dimethoxyphosphinothioyloxy)benzonitrile。美国化学文摘系统名称为 *O*-(4-cyanophenyl)*O*,*O*-dimethyl phosphorothioate。CA 主题索引名称

为 phosphorothioic acid，esters O-(4-cyanophenyl) O，O-dimethyl ester。CAS 登录号为[2636-26-2]。

理化性质　黄色至略带红色液体，沸点 119～120℃（分解）。蒸气压 3.63mPa（20℃）。相对密度 1.255～1.265（25℃）。K_{ow} lg$P$=2.65（室温）。水中溶解度（30℃）46mg/L。其他溶剂中溶解度（20℃）：甲醇、丙酮、氯仿均大于 50%。闪点 104℃。

毒性　大鼠急性经口 LD_{50}（mg/kg）：雄 710，雌 730。大鼠急性经皮 LD_{50}>2000mg/kg。大鼠吸入 LC_{50}（4h）>1500mg/m^3。

生态效应　鲤鱼 LC_{50}（96h）8.2mg/L。水蚤 EC_{50}（48h）97μg/L。海藻 EC_{50}（72h）4.8mg/L。本品对蜜蜂有毒。

制剂与分析方法　主要制剂有 5%、50%乳油，40%可湿性粉剂，30%超低容量液剂，3%粉剂，1%液剂。可用 GC-MSD/HPLC-UV 进行分析。

作用机理与特点　胆碱酯酶抑制剂，具有触杀、胃毒和内吸作用的杀虫剂，杀虫速度快，残效期长。

应用

适用作物　水稻、蔬菜、茶、大豆、棉花、玉米、甜菜等。

防治对象　稻纵卷叶螟、稻叶蝉、稻飞虱、蓟马、稻苞虫、黏虫、蚜虫、菜青虫、蝗虫、黄条跳甲、茶尺蠖、黑刺粉虱及红蜘蛛等。

残留量与安全施药　对瓜类易产生药害，不宜使用。

使用方法

水稻　在虫卵盛孵期，用 50%乳油 1.5～2kg/hm^2，加水 750～1000kg 喷雾，可防治二化螟、三化螟、稻纵卷叶螟、稻苞虫、蓟马、叶蝉等害虫。或用 2%粉剂 10～15kg 配成毒土撒施，可很好防治稻苞虫、稻螟、稻叶蝉、稻蓟马等，或用 2%粉剂 30kg/hm^2 拌匀撒施，对防治稻纵卷叶螟的 4 龄幼虫效果很好。

蔬菜　用 50%乳油 1.5～2kg/hm^2，加水 750～1000kg 喷雾，可防治蔬菜蚜虫、菜青虫、黏虫、黄条跳甲、红蜘蛛等害虫。

茶树　用 50%乳油 800～1200 倍液喷雾，可防治小绿叶蝉、茶尺蠖、黑刺粉虱等害虫。

森林　用 50%乳油 500 倍液，灌注虫孔（每孔灌注 3～10mL），可防治木蠹蛾。

大豆、棉花、玉米　用 2%粉剂 30～40kg/hm^2 喷粉，可防治大豆食心虫、棉铃虫和玉米螟等。

甜菜　用 50%乳油 800～1000 倍液，喷施 750～1000kg/hm^2 液，可防治甜菜叶蛾。

此外，也可用来防治蟑螂、苍蝇、蚊子等卫生害虫。

专利概况

不存在专利权问题。

目前已公开和授权的相关专利：US 3150040、AT 244684、BE 602007、CH 405816、DE 1207398、DE 2162344、ES 269135、FR 2120811、GB 945014、IL 38160、IT 945417、JP 405852、JP 415199、JP 57024357、NL 123938、NL 267465、US 3792132、US 3150040、JP 2004168722、JP 4085199、JP 37018184、AU 2002346140、BR 2002000125、CN 101099485、CN 101099485、FR 2819683、JP 2006131516、JP 003026521、JP 2002212008、US 20020137630、US 6521567、US 2002014045、WO 2002037964、WO 2003007718 等。

在中国申请的含杀螟腈的专利见表 195-1。

表 195-1 在中国申请的专利

序号	专利号	专利名称
1	200710070220.1	氟虫腈与杀螟腈的杀虫组合物

合成方法

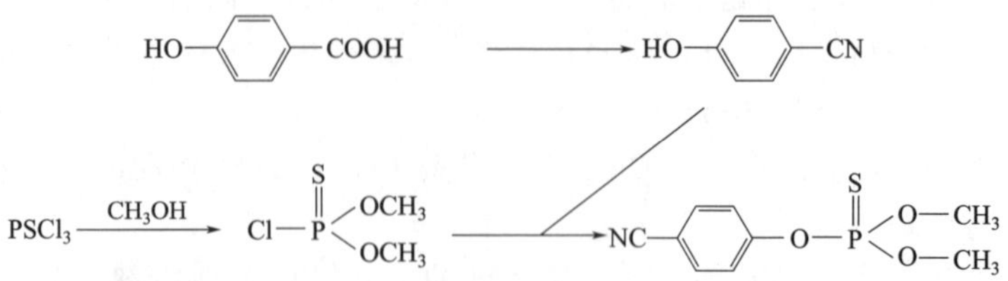

1 The Pesticide Manual. 15 th edition：250-251.
2 US 3150040.
3 国外农药品种手册．化工部农药信息总站，1996：77-78.
4 农药商品大全．北京：中国商业出版社，1996：71.
5 农药大典．中国三峡出版社，2006：65-66.

196 伐灭磷（famphur）

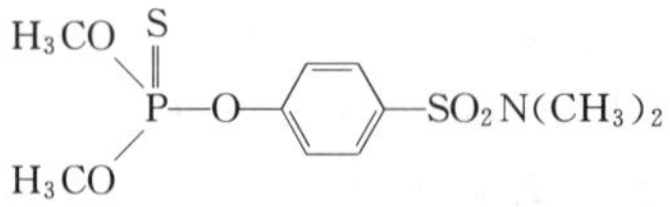

$C_{10}H_{16}NO_5PS_2$，325.3

产品简介

伐灭磷（试验代号：CL 38023、AC 38023、OMS 584，通用名称：famphur，商品名称：氨磺磷、伐灭硫磷）是美国 American Cyanamid Co.（现属 BASF SE）开发的有机磷类杀虫剂。主要生产商：BASF。其他商品名称（生产商）：Bo-Ana（Schering-Plough）、Warbex（Schering-Plough）。

化学名称 *O*-{4-[(二甲基氨基）磺酰基] 苯基}-*O*,*O*-二甲基硫代磷酸酯。英文化学名称为 *O*-4-dimethylsulfamoylphenyl *O*,*O*-dimethyl phosphorothioate 或 4-dimethoxyphosphinothioyloxy-*N*,*N*-dimethylbenzenesulfonamide。美国化学文摘系统名称为 *O*-[4-[(dimethylamino)sulfonyl]phenyl]-*O*,*O*-dimethyl phosphorothioate。CA 主题索引名称为 phosphorothioic acid，esters *O*-[4-[(dimethylamino)sulfonyl]phenyl]-*O*,*O*-dimethyl ester。CAS 登录号为 [52-85-7]。

理化性质 无色结晶粉末，熔点 52.5～53.5℃。溶解度：45%异丙醇水溶液 23g/kg（20℃），二甲苯 300g/kg（5℃），溶于丙酮、四氯化碳、氯仿、环己酮、二氯甲烷、甲苯，难溶于水和脂肪烃化合物。室温条件下贮存稳定 19 个月以上。

毒性 急性经口 LD_{50}（mg/kg）：雄大鼠 35，雌大鼠 62，雄小鼠 27。兔急性经皮 LD_{50} 2730mg/kg。制剂（家畜泼浇剂）对兔眼睛和皮肤有刺激性。大鼠暴露在 24mg/L（空气）的环境中 7.5h，无死亡现象。大鼠 NOEL（90d）1mg/L（0.05mg/kg）。ADI/RfD 值 0.0005mg/kg。

生态效应 鸡急性经口 LD_{50} 30mg/kg。

制剂与分析方法 主要制剂有 143g(a.i.)/L 泼浇剂，20%可湿性粉剂。可用 GC-MS/HPLC-UV 进行分析。

作用机理与特点 胆碱酯酶的直接抑制剂，具有内吸性。

应用

适用作物 蔬菜。

防治对象　主要用于防治牲畜害虫，如肉蝇；蔬菜害虫，如螨类；减少虱的侵染。

专利概况

不存在专利权问题。

目前已公开和授权的相关专利：US 3005004、BE 614023、DE 1171906、ES 258494、FR 1578701、FR 1323570、GB 917948、US 3179560、US 3005004、DE 1171906、FR 1323570、GB 917948、KR 009098796、MX 2009006153、NL 6803939、US 3005004、US 3526681、AU 2007324936、CA 2670637、CN 101547605、DE 102006056544、EP 2107871、US 20100048497、WO 2008064778、ZA 7703861 等。

合成方法

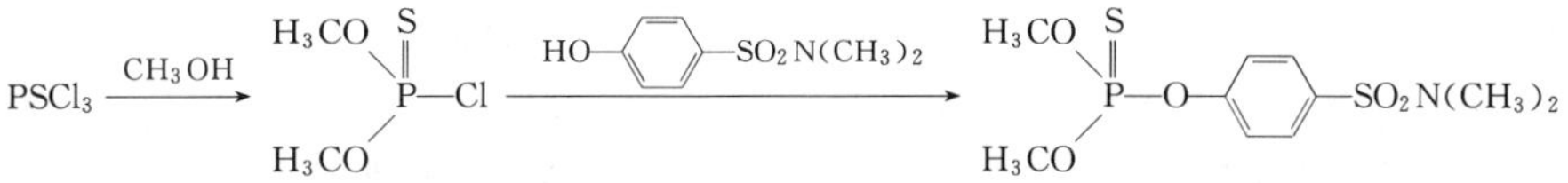

1 The Pesticide Manual. 15 th edition：459-460.

2 US 4272398.

3 国外农药品种手册．化工部农药信息总站，1996：78-79.

4 农药大典．北京：中国三峡出版社，2006：66-67.

197　杀螟硫磷（fenitrothion）

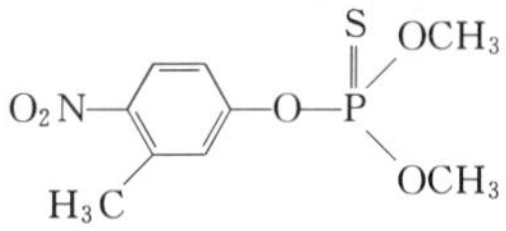

$C_9H_{12}NO_5PS$，277.2

产品简介

杀螟硫磷［试验代号：OMS 43、OMS 223、ENT 25 715、Bayer 41831、S-5660、S-1102A、AC 47 300，通用名称：fenitrothion，商品名称（生产商）：Folithion（Bayer CropScience）、Sumithion（Sumitomo Chemical）、Cekutrotion（Cequisa）、Fenhex（Lainco）、Fenicaps（Chemia）、Fentroth（Mobedco）、Rocstar（Rocca）、Shamel（public health）（Vapco）、Sunifen（Sundat）、Visumit（Vipesco）、杀虫松、杀螟松、速灭虫、速灭松、灭蟑百特、苏米硫磷、福利松、住硫磷、灭蛀磷、诺毕速灭松、扑灭松］是 Y. Nishizawa 等人报道其活性，由 Sumitomo Chemical Co.，Ltd 开发，随后由 Bayer AG 和 Amreican Cyanamid Co. 相继投产的有机磷类杀虫剂。主要生产商：Sumitomo Chemical、Agrochem、Sundat、宁波保税区汇力化工有限公司、宁波农药厂、宁波中化化学品有限公司。其他商品名称（生产商）：Accothion（BASF）、Agrofen（IQV）、Chemition（Chemia）、Chemvo（public health）（Chemvet）、Cyfen（BASF）、Demise（Sorex）、Fenagro（Agropharm）、Fenion（Sipcam Inagra）、Fenithion（Agrochem）、entron（Efthymiadis）、Lution（LUQSA）、Nition（Hekta351）、Owadofos（Azot）、ilarthion（Pilarquim）、Rotiofen（Siapa）、Senthion（Vapco）、Sha Chong Shong（Ningbo Pesticides）、Sumiagrex（Cequisa）、Sumifog（Iharabras）、Sumigran（Iharabras）。

化学名称　*O*,*O*-二甲基-*O*-4-硝基间甲苯基硫代磷酸酯。英文化学名称为 *O*,*O*-dimethyl *O*-4-nitro-*m*-tolyl phosphorothioate。美国化学文摘系统名称为 *O*,*O*-dimethyl-*O*-(3-methyl-4-nitrophenyl) phosphorothioate。CA 主题索引名称为 phosphorothioic acid，esters *O*,*O*-dimethyl *O*-(3-methyl-4-nitrophenyl)ester。CAS 登录号为［122-14-5］。

理化性质　黄棕色液体，熔点 0.3℃，沸点 140～145℃（0.1mmHg）（分解），蒸气压

18mPa（20℃），相对密度 1.328（25℃），K_{ow} lg$P$=3.43（20℃）。溶解度：水中（30℃）14mg/L，正己烷 24g/L（20℃），异丙醇 138g/L（20℃），易溶于醇类、酯类、酮类、芳香烃类、氯化烃类有机溶剂。正常贮存稳定，DT_{50}（22℃）：108.8d（pH=4）、84.3d（pH=7）、75d（pH=9）。闪点 157℃。

毒性　大鼠急性经口 LD_{50}（mg/kg）：雄 1700，雌 1720。大鼠急性经皮 LD_{50}（mg/kg）：雄 810，雌 840。本品对兔眼睛和皮肤无刺激。大鼠吸入 LC_{50}（4h）＞2210mg/m^3（气溶胶）。NOEL 值［mg/kg（饲料）］：大鼠和小鼠（2a）10，狗（1a）50。ADI/RfD 值（mg/kg）：（JMPR）0.006，（EFSA）0.005，（EPA）aRfD 0.13，cRfD 0.0013。无"三致"。

生态效应　急性经口 LD_{50}（mg/kg）：鹌鹑 23.6，野鸭 1190。LC_{50}（mg/L）：鲤鱼（48h）4.1，蓝鳃鱼（96h）2.5，虹鳟鱼（96h）1.3。水蚤 EC_{50}（48h）0.0086mg/L。海藻 EC_{50}（96h）1.3mg/L。对蜜蜂有毒。对非靶标节肢动物具有高毒。

环境行为　动物：进入大鼠、兔和小鼠体内的本品，3d 后，90%通过尿和粪便排出，其主要代谢物为杀螟硫磷过氧化物和 3-甲基-4-硝基苯酚。喷在植物上的本品，在 2 周内，70%～85%被代谢，DT_{50} 4d，主要代谢物为 3-甲基-4-硝基苯酚、二甲基硫代磷酸和硫代磷酸。土壤：DT_{50} 12～28d（土壤表面），DT_{50} 4～20d（土壤下面），本品主要代谢物为：3-甲基-4-硝基苯酚和二氧化碳（土壤表面）、杀螟硫磷氨基化物（土壤下面）。

制剂与分析方法　主要制剂有 50%、65%乳油，40%可湿性粉剂，2%、3%、5%粉剂，1.25kg/L 超低容量液剂。可用 GC-MSD/HPLC-UV 进行分析。

作用机理与特点　胆碱酯酶抑制剂，具有触杀、胃毒作用的非内吸性杀虫剂，杀虫谱广，亦有一定渗透作用。

应用

适用作物　大麦、玉米、水稻、蔬菜、茶树、旱粮、果树、棉花、甜菜、观赏植物等。

防治对象　玉米象、赤拟谷盗、锯谷盗、长解谷盗、锈赤扁谷盗、稻螟虫、稻飞虱、稻叶蝉、棉蚜、棉造桥虫、菜蚜、卷叶虫、大豆食心虫、茶小绿叶蝉、苹果叶蛾、桃小食心虫、柑橘潜叶蛾和介壳虫类，以及家庭卫生害虫和 WHO 所列的有害昆虫等。

残留量与安全施药　原南斯拉夫规定本品在烟草上的允许残留量为 0.5mg/kg，联合国规定本品在其他作物如苹果、莴苣等上的允许残留量为 0.5mg/kg。原南斯拉夫规定本品在烟草上的安全间隔期为 15d。本品对十字花科蔬菜和高粱作物较敏感，不宜使用。不能与碱性农药混用。

使用方法

果树　①苹果叶蛾、梨星毛虫：在幼虫发生期，用 50%乳油 1000 倍液喷雾。②桃小食心虫：在幼虫始蛀期，用 50%乳油 1000～1500 倍液喷雾。③介壳虫类：在若虫期，用 50%乳油 800～1000 倍液喷雾。④柑橘潜叶蛾：用 50%乳油 2000～3000 倍液喷雾。

棉花　①棉蚜、棉造桥虫、金刚钻：用 50%乳油 0.75～1L/hm^2，对水 750～1000kg 喷雾。②棉铃虫：于卵孵盛期，用 50%乳油 0.75～1.5L/hm^2，对水 750～900kg 喷雾。

茶树　茶小绿叶蝉生态茶结束后，若虫高峰期前，兔甲介在蚧虫卵盛孵末期，用 50%乳油 0.75～1L/hm^2，对水 1000～1500kg 喷雾。

水稻　稻螟虫、稻飞虱、稻叶蝉：用 50%乳油 0.75～1L/hm^2，对水 750～1000kg 喷雾。

油料作物　大豆食心虫：在成虫盛发期到幼虫入荚前，用 50%乳油 0.9L/hm^2，对水 750～900kg 喷雾。

蔬菜　菜蚜、卷叶虫：在虫发生期，用 50%乳油 0.75～1L/hm^2，对水 750～900kg

喷雾。

旱粮作物　甘薯小象甲虫：在成虫发生期，用 50%乳油 1～1.5L/hm^2，对水 750～900kg 喷雾。

专利与登记

不存在专利权问题。

目前已公开和授权的相关专利：BE 594669、CH 395635、DE 1166790、DE 1208115、GB 919874、GB 934721、JP 37015147、NL 105160、NL 255522、US 135780、US 3091565、CS 252895、CS 245183、CS 239420、CS 239419、CS 123782、HU 706、JP 62277346、JP 07108886、SU 198330、AU 7945772、AU 530148、CA 1125654、CN 101180968、CN 1276972、CN 1276971、CN 1207245、CN 1034845、ES 2164518、GB 2029226、JP 55031055、JP 2007045792、JP 2000355507、JP 11217309、JP 61115007、RO 115586、WO 2000053017、ZA 7901632 等。

在中国申请的杀螟硫磷的相关专利及登记情况见表 197-1、表 197-2。

表 197-1　在中国申请的专利

序号	申请号	专利名称
1	200710179772.6	一种甲氨基阿维菌素苯甲酸盐和杀螟硫磷的复配农药
2	92107292.9	杀螟硫磷微胶囊制剂制造方法

表 197-2　日本住友化学株式会社在中国登记情况

登记名称	登记证号	含量	剂型	登记作物	防治对象	用药量/(g/hm^2)	施用方法
杀螟硫磷	PD254-98	93%	原药				
杀螟硫磷	PD62-88	50%	乳油	水稻	稻纵卷叶螟	365～750	喷雾
				水稻	三化螟	365～750	喷雾

合成方法

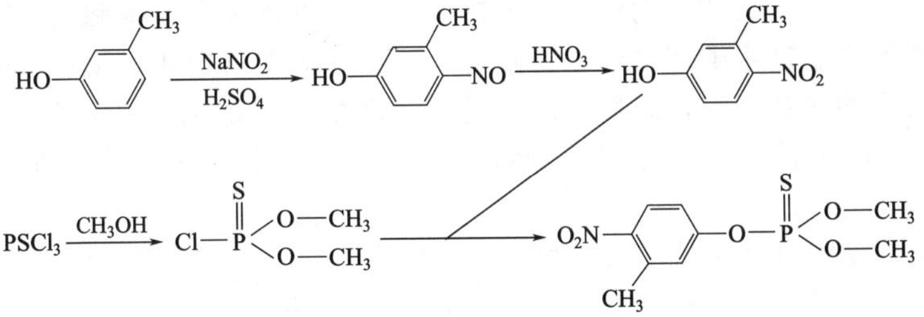

1　The Pesticide Manual. 15 th edition：475-476.

2　US 6133049.

3　CN 1677108.

4　国外农药品种手册．化工部农药信息总站，1996：68-69.

198　倍硫磷（fenthion）

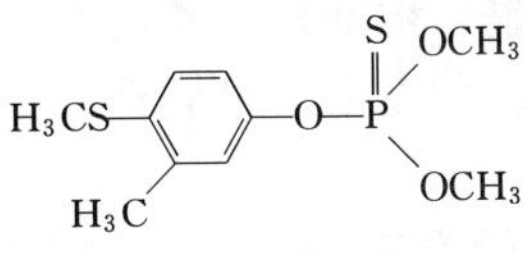

$C_{10}H_{15}O_3PS_2$，278.3

产品简介

倍硫磷［试验代号：Bayer 29493、S 1752、E 1752、OMS2、ENT 25540，通用名称：

fenthion，商品名称：Lebaycid、Baycid、Pilartex、Baytex、Dragon、Grab、Prestij、百治屠、倍太克斯、芬杀松、拜太斯、番硫磷］是由 G. Schrader 报道，由 Bayer AG 开发的新型有机磷类杀虫剂。

化学名称　*O*,*O*-二甲基-*O*-4-甲硫基间甲苯基硫代磷酸酯。英文化学名称为 *O*,*O*-dimethyl *O*-4-methylthio-*m*-tolyl phosphorothioate。美国化学文摘系统名称为 *O*,*O*-dimethyl *O*-[3-methyl-4-(methylthio)phenyl] phosphorothioate。CA 主题索引名称为 phosphorothioic acid，esters *O*,*O*-dimethyl *O*-[3-methyl-4-(methylthio)phenyl] ester。CAS 登录号为［55-38-9］。

理化性质　无色油状液体（工业品为棕色油状液体，具有硫醇气味），低至－80℃仍不凝固，沸点 90℃（1Pa）、117℃（10Pa）、284℃。蒸气压 7.4×10^{-4}Pa（20℃）、1.4×10^{-3}Pa（25℃）。相对密度 1.25（20℃）。K_{ow} $\lg P=4.84$。Henry 常数 5×10^{-2} Pa·m^3/mol（20℃）。水中溶解度（20℃）4.2mg/L；其他溶剂中溶解度（20℃，g/L）：二氯甲烷、甲苯、异丙醇均大于 250，正己烷 100。稳定性：对光稳定，210℃以下稳定，在酸性条件下稳定，在碱性条件下比较稳定，DT_{50}（22℃）：223d（pH＝4）、200d（pH＝7）、151d（pH＝9）。闪点 170℃（原药）。

毒性　雄和雌大鼠急性经口 LD_{50} 约 250mg/kg。大鼠急性经皮 LD_{50}（24h）：雄 586mg/kg，雌 800mg/kg，本品对兔眼睛和皮肤无刺激。雄和雌大鼠吸入 LC_{50}（4h）约 0.5mg/L（空气）(气溶胶)。NOEL 值：大鼠(2a)＜5mg/kg（饲料），小鼠（2a）0.1mg/kg（饲料），狗（1a）2mg/kg（饲料）。ADI/RfD 值：（JMPR）0.007mg/kg（bw），（EPA）aRfD 0.0007，cRfD 0.00007mg/kg（bw）。

生态效应　山齿鹑急性经口 LD_{50} 7.2mg/kg，山齿鹑 LC_{50}（5d）60mg/kg，野鸭 LC_{50}（5d）1259mg/kg。鱼类 LC_{50}（96h）：蓝鳃鱼 1.7mg/L，金枪鱼 2.7mg/L，虹鳟鱼 0.83mg/L。水蚤 EC_{50}（48h）0.0057mg/L。海藻 E_rC_{50} 1.79mg/L。蜜蜂 LC_{50} 0.16μg/只（触杀）。蚯蚓 LC_{50} 375mg/kg（土壤）。

环境行为　经口进入动物体内的本品，主要代谢物为倍硫磷亚砜和倍硫磷砜，并通过尿液排出，这些代谢物通过水解作用进一步降解，形成相应的酚类化合物；本品在植物体内降解为具有杀虫活性的砜和亚砜，之后经水解进一步降解为砜的磷酸盐；存在土壤中的本品：K_{oc} 1500。在需氧的条件下，本品迅速降解，形成砜和亚砜的代谢物，进一步降解为酚衍生物。

制剂与分析方法　主要产品或制剂有 50％乳油，2％、3％粉剂，25％、40％、50％可湿性粉剂，2％、5％颗粒剂。可用 GC-MSD/HPLC-UV 进行分析。

作用机理与特点　胆碱酯酶抑制剂，具有触杀、胃毒和熏蒸作用的广谱、速效杀虫剂。渗透性强，水解稳定，低挥发性，持效期长，有一定的内吸作用。

应用

适用作物　水稻、大豆、果树、蔬菜、棉花、烟草、甜菜、观赏植物等。

防治对象　水稻二化螟、三化螟、稻叶蝉、稻苞虫、稻纵卷叶螟、棉红铃虫、棉铃虫、棉蚜、菜青虫、菜蚜、果树食心虫、介壳虫、柑橘锈壁虱、网蝽象、茶毒蛾、茶小绿叶蝉、大豆食心虫及卫生害虫等。

残留量与安全施药　不能与碱性农药混用，果树收获前 14d，蔬菜收获前 10d 禁止使用。由于本品对蜜蜂毒性大，作物开花期间不宜使用。本品对十字花科蔬菜的幼苗、梨树、樱桃易引起药害，使用时特别注意。

使用方法　用 50％乳油 1000～1500 倍液喷雾，可有效防治水稻螟虫、叶蝉、飞虱、潜叶蝇、大豆食心虫、大豆蚜虫、菜青虫、棉蚜、棉红蜘蛛、禾谷类作物黏虫、果树蚜虫、卷叶虫等；用50%乳油1000倍液喷雾，可防治小麦吸浆虫、稻摇蚊、二十八星瓢虫、梨实蝇、红蜡蚧、吸绵蚧等；用50%乳油1000～1500倍液喷雾，可防治桃小食心虫、棉蚜、叶跳虫、茶叶蝉、棉红蜘蛛、棉造桥虫、蟓象、菜蚜、负泥虫、豆天蛾、豆盾蝽象、康氏粉蚧、甜菜潜叶蝇等；用2%粉剂30～40kg/hm^2，可防治大豆食心虫等，具有良好效果。此外，本品用于防治卫生害虫和牲畜寄生虫有优良的效果，如能有效地防治牛蝇幼虫。

专利概况

化合物专利DE1116656（1961-11-09）已过专利期，不存在专利权问题。

在其他国家申请的化合物专利　BE 579006、BE 617000、GB 938850、GB 907475、SE 305437、SU 105444、SU 114748、US 3089807、US 3089807等。

制备专利、混剂及其应用专利　CA 1018163、DE 1116656、GB 907475、GB 920757、JP 9015130、JP 62181201、JP 07020841、JP 63225302、SU 131156、CN 1323524、CN 1196241、EP 2070418、JP 05310517、JP 2908936、JP 53062830、JP 59008243、RU 2111664、WO 2009071218等。

合成方法

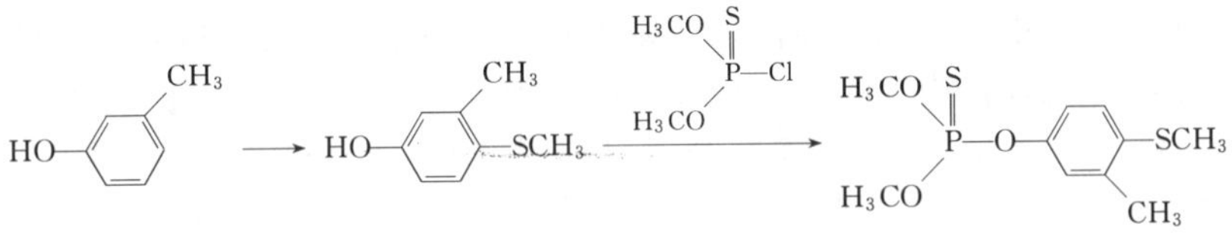

1 The Pesticide Manual. 15th ed.：489-490.

2 US 5462938.

3 新编农药手册．中国农业出版社，1989：73-75.

4 农药大典．中国三峡出版社，2006：60-61.

199　对硫磷（parathion）

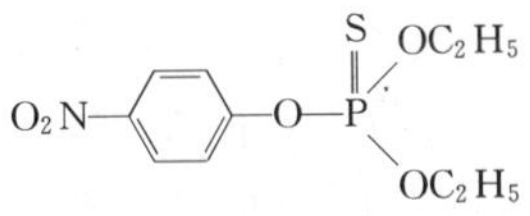

$C_{10}H_{14}NO_5PS$，291.3

产品简介

对硫磷［试验代号：ACC 3422、BAY 9491、E-605、OMS 19、ENT 15108，通用名称：parathion，商品名称：ChimacPar H（Agriphar）、一六〇五、乙基一六〇五］是G. Schrader发现，American Cyanamid Co.（现属BASF SE）、ICI Plant Protection Ltd（现属先正达公司）、Monsanto Chemical Co. 和Bayer AG相继开发的有机磷类杀虫剂。

化学名称　*O*,*O*-二乙基-*O*-4-硝基苯基硫代磷酸酯。英文化学名称为*O*,*O*-diethyl-*O*-4-nitrophenyl phosphorothioate。美国化学文摘系统名称为*O*,*O*-diethyl-*O*-(4-nitrophenyl) phosphorothioate。CA主题索引名称为phosphorothioic acid，esters *O*,*O*-diethyl *O*-(4-nitrophenyl)ester。CAS登录号为［56-38-2］。

理化性质　淡黄色液体，具有酚气味，熔点6.1℃，沸点150℃/80Pa。蒸气压8.9×10^{-4}Pa（20℃）。相对密度1.2694。K_{ow} lg$P$=3.83。Henry常数0.0302Pa·m^3/mol。水中溶解度（20℃）11mg/L；其他溶剂中溶解度（20℃，g/L）：与大多数有机溶剂互溶，二氯甲烷>200，异丙醇、甲苯、正己烷50～100。稳定性：在酸性介质中分解很慢（pH=1～6），在碱性介质中分解很快；DT_{50}（22℃）：272d（pH=4）、260d（pH=7）、130d（pH=

9)。加热高于130℃，异构化成 *O*,*S*-二乙基类似物。闪点174℃（原药）。

毒性　急性经口 LD_{50}（mg/kg）：大鼠约2，小鼠约12，豚鼠约10。大鼠急性经皮 LD_{50}：雄71mg/kg，雌76mg/kg，本品对兔眼睛和皮肤无刺激，对豚鼠皮肤无刺激。雄和雌大鼠吸入 LC_{50}（4h）0.03mg/L（气溶胶）。NOEL值：大鼠（2a）2mg/kg（饲料），小鼠（18月）<60mg/kg（饲料）；狗NOEL（12月）0.01mg/(kg·d)。ADI/RfD值：（EC-CO）0.0006mg/kg；（JMPR）0.004mg/kg；（EPA）aRfD 0.0003，cRfD 0.00003mg/kg。

生态效应　鱼类 LC_{50}（96h）：金枪鱼0.58mg/L，虹鳟鱼1.5mg/L。水蚤 LC_{50}（48h）0.0025mg/L。海藻 E_rC_{50} 0.5mg/L。本品对蜜蜂有毒。蚯蚓 LC_{50} 267mg/kg（土壤）。

环境行为　经口进入大鼠体内的本品，其主要代谢物为4-硝基苯酚和砜，并通过尿液排出；在植物中的主要代谢物为砜、二乙基磷酸酯、4-硝基苯酚和光解代谢物 *S*-乙基对硫磷转位体和 *S*-苯基对硫磷转位体。本品在土壤中流动性较慢，在微生物存在下，本品很快降解为二氧化碳（实验室和田间），中间体为砜、氨基化物和4-硝基苯酚。

制剂与分析方法　主要产品或制剂有20%、50%乳油，25%微胶囊剂。可用GC-MSD/HPLC-UV进行分析。

作用机理与特点　胆碱酯酶抑制剂，具有触杀、胃毒和一定熏蒸作用的广谱性杀虫、杀螨剂。无内吸性，但有强烈的渗透性。施于叶表面的药剂可渗入叶内杀死在叶背吸食的蚜、螨及叶蝉。施于稻田水中的药剂，能渗入叶鞘内及心叶中杀死已侵入叶鞘和心叶的1龄螟虫幼虫。本品在植物体表及体内，由于阳光和酶的作用分解较快，残效期一般为4～5d。本品进入昆虫体内后，在多功能氧化酶的作用下，先氧化成毒力比对硫磷更大的对氧磷（E600），然后与胆碱酯酶结合，破坏神经系统的传导作用，而使昆虫死亡。

应用

适用作物　水稻、棉花、小麦、玉米、观赏作物等。

防治对象　水稻二化螟、三化螟、稻纵卷叶螟、稻飞虱、稻叶蝉、棉蚜、棉叶蝉、盲蝽象、蓟马、玉米螟、桃小食心虫及地下害虫等。

残留量与安全施药　本品对多种植物不易产生药害，但对瓜、番茄较敏感，对苹果、桃、小麦的某些品种在高浓度下易发生药害。施用前应做药害试验，收获期不能使用。蔬菜、果树、茶叶、中草药禁用。食用作物在采收前30d禁止使用。

使用方法　通常推荐的使用剂量为15～25g(a.i.)/hm^2。

水稻　①二化螟、三化螟、大螟：在卵孵化盛期到高峰期，用50%乳油1500～3000倍液喷雾，或用50%乳油1～1.5L/hm^2，对水7.5～10 t泼浇，泼浇时要求田间有浅水，以上午9时前有露水时为好；②稻纵卷叶螟：在幼虫工龄盛期，用50%乳油0.75～1L/hm^2，对水喷雾或泼浇；③稻飞虱、稻叶蝉：在若虫期，用50%乳油1～1.5L/hm^2，对水喷雾或泼浇；④稻象甲：用50%乳油1.5L/hm^2，对水喷雾。

棉花　①棉蚜、棉叶蝉、盲蝽象、蓟马：用50%乳油0.75L/hm^2，对水750～1200kg喷雾；②棉铃虫、棉红铃虫、金刚钻、棉红蜘蛛：用50%乳油0.75L/hm^2，对水1000～1500kg喷雾。

桃小食心虫，在越冬幼虫出土初盛期树盘内地面，用25%微胶囊剂7.5kg/hm^2，对水配成200～300倍液喷雾，或制成毒土撒施，杀灭出土幼虫和蛹，间隔15d再施药一次，效果较好。

玉米螟，在玉米叶期，用50%乳油500mL，兑适量水，拌炉渣颗粒5kg，撒施于心叶内，或在穗期撒于“三腋一顶”，心叶期每株撒颗粒剂1.5～2g。

地下害虫，用50%乳油500mL，对水40kg，拌小麦种子500kg，或对水20kg，拌玉米种子 250kg。

专利概况

化合物专利 DE814152 已过专利期，不存在专利权问题。

在其他国家申请的化合物专利：CH 273002、GB 668536、GB 670030、GB 666616、GB 684839、JP 29005085、US 2657229、US 2663721、US 2692891、US 2471464、US 2571656、US 2575225 等。

制备专利 DE 1002900、DE 1002900、DE 1199049、IT 567207、US 3275534 等。

混剂及其应用专利 BE 613244、DE 1166790、GB 934721、GB 914879、SU 26880、US 3212967、US 3408442、US 3091565、US 2605279、US 3639593 等。

在中国申请的含对硫磷的专利见表 199-1。

表 199-1 在中国申请的专利

序号	申请号	专利名称
1	94100285.3	溴丙磷-甲基对硫磷乳剂
2	93120345.7	含毒死蜱、甲基对硫磷和辛硫磷的杀虫剂及其制备方法
3	94110026.X	甲基对硫磷、辛硫磷与菊酯类组成的杀虫制剂及其应用
4	200810183483.8	甲萘威和甲基对硫磷通用抗体及通用包被抗原的制备
5	200810183481.9	毒死蜱和甲基对硫磷通用抗体及通用包被抗原的制备

合成方法

经如下反应制得对硫磷：

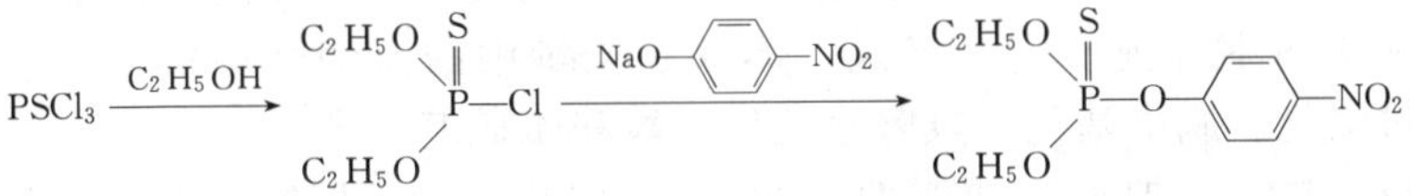

1 The Pesticide Manual. 15th ed.: 864-865.

2 CN 1431501.

3 农药大典. 北京：中国三峡出版社，2006：58-60.

4 农药商品大全. 北京：中国商业出版社，1996：64-65.

200 甲基对硫磷（parathion-methyl）

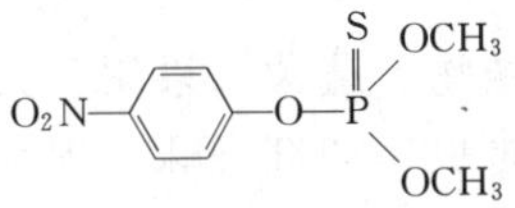

$C_8H_{10}NO_5PS$，263.2

产品简介

甲基对硫磷［试验代号：E-120、BAY 11405（Bayer）、OMS 213、ENT 17292，通用名称：parathion-methyl，商品名称：Bratión 720（Ingeniería Industrial）、Devithion（Devidayal）、Faast（Nagarjuna Agrichem）、Parashoot（Cheminova）、Paratox（Aimco）、Penncap-M（United Phosphorus Inc）、Sweeper（Hubei Sanonda）、Thionyl（Agriphar）、甲基 1605］是 G. Schrader 报道，由 Bayer AG 开发的有机磷类杀虫剂。其他商品名称（生产商）：Cekumethion（Cequisa）、Dhanudol（Dhanuka）、Dhanumar（Dhanuka）、Dipathio（Papaeconomou）、Fitoklor（Agricultura Nacional）、Foley（Agricultura Nacional）、Folidust（Agro Chemicals India）、Folimol（Gujarat Pesticides）、Folisuper（Nufarm Industria Quimica）、Fosforin M（Hekta351）、Megaton M（Doğal）、Morfos Methyl（Efthymiadis）、R Methyl（Ramcides）、Sabidust（Sabero）。

化学名称 *O*,*O*-二甲基-*O*-4-硝基苯基硫代磷酸酯。英文化学名称为 *O*,*O*-dimethyl-*O*-4-

nitrophenyl phosphorothioate。美国化学文摘系统名称为 O,O-dimethyl-O-(4-nitrophenyl) phosphorothioate。CA 主题索引名称为 phosphorothioic acid，esters O,O-dimethyl O-(4-nitrophenyl) ester。CAS 登录号为［298-00-0］。

理化性质　无色、无味结晶固体（原药为暗褐色液体），熔点 35～36℃（原药约 29℃），沸点 154℃/136Pa。蒸气压 2.0×10^{-4} Pa（20℃）、4.1×10^{-4} Pa（25℃）。相对密度 1.358（原药 1.20～1.22）(20℃)。K_{ow} $\lg P=3.0$。Henry 常数 8.57×10^{-3} Pa・m^3/mol。水中溶解度（20℃）55mg/L；其他溶剂中溶解度（20℃，g/L）：易溶于大多数有机溶剂，如二氯甲烷、甲苯＞200，正己烷 10～20，不溶于石油醚和某些矿物油。稳定性：在酸性和碱性介质中分解；DT_{50}（25℃）：68d（pH＝5）、40d（pH＝7）、33d（pH＝9）。加热分解成 O,S-二甲基类似物。在水中光降解。闪点＞150℃（原药）。

毒性　急性经口 LD_{50}：大鼠约 3mg/kg，雄小鼠约 30mg/kg，雄和雌兔 19mg/kg。雄和雌大鼠急性经皮 LD_{50}（24h）约 45mg/kg。本品对兔眼睛和皮肤无刺激，对豚鼠皮肤无刺激。大鼠吸入 LC_{50}（4h）约 0.17mg/L（空气）（气溶胶）。NOEL 值：大鼠（2a）2mg/kg，小鼠（2a）1mg/kg，狗（12 月）0.3mg/(kg・d)。ADI/RfD 值：（JMPR）0.003mg/kg；（EPA）aRfD 0.0011，cRfD 0.0002mg/kg。

生态效应　野鸭 LC_{50}（5d）1044mg/kg。鱼类 LC_{50}（96h）：金枪鱼 6.9mg/L，虹鳟鱼 2.7mg/L。水蚤 LC_{50}（48h）0.0073mg/L。海藻 E_rC_{50} 3mg/L。本品对蜜蜂有毒。蚯蚓 LC_{50} 40mg/kg（土壤）。

环境行为　经口进入动物体内的本品，在 24h 内通过尿几乎全部排出体外，在人体内的主要代谢物为 4-硝基苯酚和二甲基磷酸酯。在植物中的代谢物主要是 4-硝基苯酚、4-硝基苯基吡喃葡萄糖和 P-S-脱甲基甲基对硫磷。本品在土壤中的流动性中等，在微生物存在下，很快降解，经过氧化、脱甲基化、氢解为硫代磷酸和 4-硝基苯酚。

制剂与分析方法　主要产品或制剂有 20%、40%、50%乳油，2%、2.5%粉剂。可用 GC-MSD/HPLC-UV 进行分析。

作用机理与特点　胆碱酯酶抑制剂，具有触杀、胃毒和熏蒸作用的广谱、非内吸性杀虫、杀螨剂。

应用

适用作物　棉花、水稻、观赏植物、蔬菜、果树、大田作物等。

防治对象　咀嚼和刺吸式口器害虫，如红蜘蛛、棉铃虫、蚜虫、蓟马、盲蝽、叶蝉、飞虱、三化螟等，作用范围与对硫磷类似，但对温血动物毒性比较低，无药害。

残留量与安全施药　最大允许残留量（mg/kg)：蔬菜 1，瓜果 0.2，棉籽 0.05。

使用方法

(1) 水稻　①螟虫：用 50%乳油 1.5～1.8L/hm^2，对水 6000～7000kg 泼浇，可防治螟虫枯心苗和白穗、萍螟、萍灰螟等害虫；②象甲、大螟：用 50%乳油 1000 倍液喷雾；也可用 2.5%粉剂 7.5～15kg/hm^2 喷粉，防治水稻害虫。

(2) 棉花　①棉红蜘蛛、棉铃虫、红铃虫：用 50%乳油 1500～2500 倍液（每亩有效成分 15～25g）喷雾；②棉蚜、棉蓟马、棉盲蝽象：用 50%乳油 1500～2500 倍液（每亩有效成分 15～25g）喷雾。

专利概况

化合物专利 DE814142 已过专利期，不存在专利权问题。

在其他国家申请的化合物专利：BE 487705、BE 487706、DE 818641、DE 810503、DE 1098278、DE 1092912、GB 644616、GB 670030、NL 65075、NL 65076、SU 126880、US

2954318 等。

制备专利　CN 85100241、CN 101617699 等。

混剂及其应用专利　CN 1398793、CN 1245637、CN 1091896、CN 1043118、CN 1090709、CN 1044429 等。

在中国申请的含甲基对硫磷的专利见表 200-1。

表 200-1　在中国申请的专利

序号	申　请　号	专　利　名　称
1	94100285.3	溴丙磷-甲基对硫磷乳剂
2	93120345.7	含毒死蜱、甲基对硫磷和辛硫磷的杀虫剂及其制备方法
3	94110026.X	甲基对硫磷、辛硫磷与菊酯类组成的杀虫制剂及其应用

合成方法

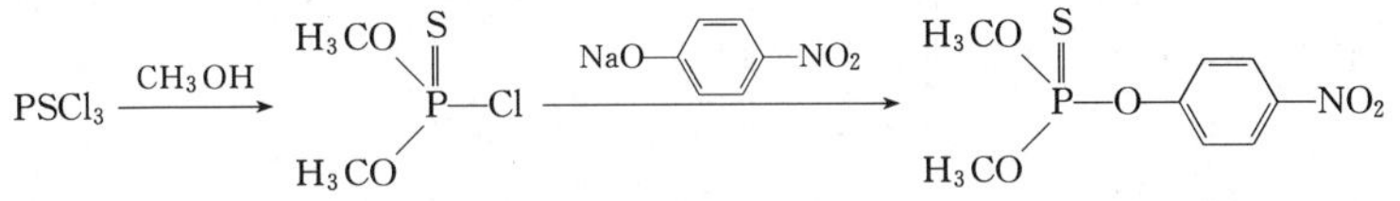

1　The Pesticide Manual. 15th ed.：865-867.

2　Angew. Chem. Monograph 52（2nd Ed），1952.

3　农药大典．中国三峡出版社，2006：1108-1109.

4　新编农药手册．中国农业出版社，1989：36-37.

201　丙溴磷（profenofos）

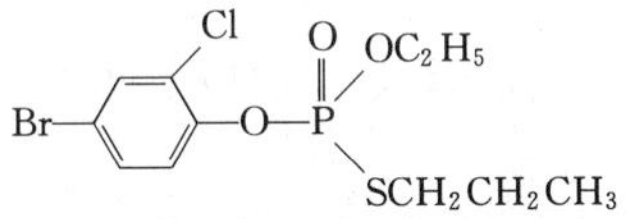

$C_{11}H_{15}BrClO_3PS$，373.6

产品简介

丙溴磷［试验代号：CGA 15324、OMS 2004，通用名称：profenofos，商品名称：Curacron（Syngenta）、Selecron（Syngenta）、Ajanta（Coromandel）、Mardo（Crop Health）、Profex（Nagarjuna Agrichem）、Progress（Heranba）、Soldier（Devidayal）、多虫清、多虫磷、莱乐康、布飞松］是由 F. Buholzer 报道其活性，由 Ciba-Geigy AG（现属 Syngenta AG）开发的有机磷类杀虫剂。其他商品名称（生产商）：Benofos（Zagro）、Calfos（Arysta lifeScience EAME）、Carina（P I Industries）、Celcron（Excel）、Elak（Zagro）、Hilfos（Hindustan）、Karan（Sabero）、Ovicure（Jubilant Organosys）、Prabal（Rallis）、Prahar（Biostadt）、Profex super（Nagarjuna Agrichem）、Profos（Sulphur Mills）、Ribacron（Ramcides）、Seliton（Agrochem）、Teliton（Agrochem）、Twister（Zagro）。

化学名称　*O*-4-溴-2-氯苯基-*O*-乙基-*S*-丙基硫代磷酸酯。英文化学名称为 *O*-4-bromo-2-chlorophenyl *O*-ethyl-*S*-propyl phosphorothioate。美国化学文摘系统名称为 *O*-(4-bromo-2-chlorophenyl)*O*-ethyl-*S*-propyl phosphorothioate。CA 主题索引名称为 phosphorothioic acid，esters *O*-(4-bromo-2-chlorophenyl)*O*-ethyl S-propyl ester。CAS 登录号为［41198-08-7］。

理化性质　淡黄色液体，具有大蒜气味，沸点 100℃/1.80Pa。蒸气压 1.24×10^{-4} Pa（25℃）(OECD 104)。相对密度 1.455（20℃）(OECD 109)。$K_{ow}\lg P=4.44$（OECD 107）。Henry 常数 1.65×10^{-3} Pa·m³/mol（计算）。水中溶解度（25℃）28mg/L；易溶于大多数有机溶剂。稳定性：在中性、弱酸性介质中稳定，在碱性条件下分解，DT_{50}（计算，20℃）：93d（pH=5）、14.6d（pH=7）、5.7h（pH=9）。pK_a 值在 0.6～12 之间无离解常数。闪点 124℃（EEC A9）。

毒性　急性经口 LD_{50}：大鼠 358mg/kg，兔 700mg/kg；急性经皮 LD_{50}：大鼠约 3300mg/kg，兔 472mg/kg。本品对兔眼睛和皮肤无刺激。大鼠吸入 LC_{50}（4h）约 3mg/L（空气）。NOEL 值：狗（6 月）0.005mg/kg；大鼠（2a）0.3mg/kg（饲料），小鼠 1.0mg/kg。ADI/RfD 值：（JMPR）0.03mg/kg；（BfR）0.005mg/kg；（EPA）aRfD 0.005，cRfD 0.00005mg/kg。

生态效应　鸟类 LC_{50}（8d）：山齿鹑 70～200mg/kg，日本鹌鹑＞1000mg/kg，野鸭 150～612mg/L。鱼类 LC_{50}（96h）：大翻车鱼 0.3mg/L，鲫鱼 0.09mg/L，虹鳟鱼 0.08mg/L。水蚤 EC_{50}（48h）1.06μg/L。海藻 EC_{50}（72h）1.16mg/L。本品对蜜蜂有剧毒。蜜蜂 LD_{50}（48h）0.102μg/只（触杀）。软壳蟹 LC_{50} 33μg/L。蚯蚓 LC_{50}（14d）372mg/kg（土壤）。

环境行为　经口进入大鼠体内的本品能快速地以 ^{14}C-丙溴磷的形式排出，主要的代谢途径是脱烷基化作用和水解作用，然后结合。在棉花、甘蓝、莴苣中，本品被快速吸收和代谢。土壤中的半衰期（实验室和田间）约 1 周。

制剂与分析方法　主要产品或制剂有 400g/L、500g/L、720g/L 乳油，20％增效乳油，250g/L 超低容量喷雾剂，3％、5％颗粒剂。可用 GC-MSD/HPLC-UV 进行分析。

作用机理与特点　胆碱酯酶抑制剂。具有触杀和胃毒作用的广谱、非内吸性杀虫和杀螨剂，具有速效性，在植物叶上有较好的渗透性，同时具有杀卵性能。

应用

适用作物　棉花、玉米、甜菜、大豆、土豆、烟草、水稻、蔬菜、小麦等。

防治对象　刺吸式和咀嚼式害虫和螨类，棉蚜、红蜘蛛、棉铃虫、稻飞虱、稻纵卷叶螟、稻蓟马和麦蚜等。

残留量与安全施药　为了安全、减少残留，在棉花上的安全间隔期为 5～12d，本品在果园不宜使用，该药对苜蓿和高粱有药害。

使用方法　使用剂量：刺吸式害虫和螨类为 250～500g(a.i.)/hm^2，咀嚼式害虫为 400～1200g(a.i.)/hm^2。

（1）水稻　①稻飞虱：在水稻分蘖末期或圆秆期，若平均每丛稻（指每公顷有稻丛 60 万）有虫 1 头以上，用 50％乳油 1125～1500mL/hm^2，对水 1125kg 喷雾；②稻纵卷叶螟：在幼虫 1～2 龄高峰期，用 50％乳油 1125mL/hm^2，对水 1500kg 喷雾，一般年份用药一次，大发生年份用药 1～2 次，并适当提早第一次施药时间；③稻蓟马：在若虫卵孵盛期，用 50％乳油 750mL/hm^2，对水 1125kg 喷雾。

（2）棉花　①棉蚜：防治苗蚜用 50％乳油 300～450mL/hm^2，对水 750～1125kg 叶背喷雾；防治伏蚜每次用 50％乳油 750～900mL/hm^2，对水 1500kg，叶背均匀喷雾；②棉红蜘蛛：在棉花苗期，根据红蜘蛛发生情况，用 50％乳油 600～900mL/hm^2，对水 1125kg 均匀喷雾；③棉铃虫（俗称青虫、钻桃虫）：在黄河流域棉区，2～3 代棉铃虫发生时，如百株卵量骤然上升，超过 15 粒，或百株幼虫达到 5 头时，用 50％乳油 2L/hm^2，对水 1500kg 喷雾。

（3）小麦　在麦田齐苗后，有蚜株率 5％，百株蚜量 10 头左右，冬季返青拔节前，有蚜株率 20％，百株蚜量 5 头以上，每次用 50％乳油 375～560mL/hm^2，对水 75kg 喷雾。

（4）园艺作物　用 40％乳油 750～1500mL/hm^2，对水 1000 倍喷雾，可防治小菜蛾及菜青虫；40％乳油 1000 倍，对水喷雾，可防治苹果绣线菊蚜。

专利与登记

化合物专利 BE789937（1973-04-11）已过专利期，不存在专利权问题。

在其他国家申请的化合物专利　AR 195503、BG 19089、CA 1051915、CH 692595、CH 693621、CN 1268295、CY 887、DD 101541、DE 2249462、DE 3784520D、EA 2032、EP 0369612、EP 0765120、EP 0369614、EP 0369613、ES 407515、FR 2156230、GB 2162749、GB 1417116、HK 6277、IL 40476、IT 986856、JP 48044434、JP 7304614、KE2694、MY 16077、NL 7212564、NL 161157、NZ 514000、OA 4201、SU 673138、TW 387791B、US 2003166618、US 2003153591、US 6514954、US 4374833、US 6486157、WO 0237964、WO 9963829、WO 9925188、WO 9925187、WO 9740691 等。

混剂及其应用专利　CN 101099483、CN 101099482、CN 1969628、CN 1943356、CN 1846501、CN 1830257、CN 1813538、CN 1762217、CN 1268295、CN 1090709、CN101796949、CN 101755832、CN 101755830、CN 101690494、CN 101669472、CN 101669517、CN 101669509、CN 101669510、CN 101653145、CN 101622999、CN 101601406、CN 101584341、CN 101584342、CN 101574088、CN 101536697、CN 101406187、CN 101385461、CN 101385462、CN 101317573、CN 101305711、CN 101305727、CN 101248785、CN 101243798、CN 101243790、CN 101185440、CN 101138341、DE 3309459、EP 2070418、FR 2488783、GB 2162749、JP 57139007、US 4374833、US 20100226950、WO 2009071218、WO 2010060982、WO 2010060982、WO 2010101821、WO 2010095151、WO 2010094728、WO 2002076213、WO 9935910 等。

在中国申请的含丙溴磷的专利及登记情况见表 201-1，表 201-2。

表 201-1　在中国申请的专利

序号	申请号	专利名称
1	94108485. X	有机磷杀虫剂丙溴磷的合成方法
2	99113583. 0	丙溴磷与高效氯氰菊酯的复配制剂
3	200610126839. 5	一种含有苯丁锡和丙溴磷的复配型杀虫杀螨组合物
4	200710300242. 2	含有炔螨特和丙溴磷的具有协同增效作用的杀螨剂
5	200810030595. X	一种丙溴磷·氟啶脲乳油及其制备方法
6	200510038422. 9	杀螟丹＋丙溴磷组合微乳剂制备方法
7	200510050230. X	氟啶脲与丙溴磷或敌敌畏复配农药
8	200610147124. 8	含有丙溴磷和高效氯氟氰菊酯的杀虫组合物
9	200510122601. 0	含有丙溴磷和氟啶脲的杀虫剂
10	200610088233. 7	含丙溴磷、定虫隆的杀虫组合物
11	200610088234. 1	含丙溴磷、氟虫腈的杀虫组合物
12	200810030597. 9	一种阿维菌素·丙溴磷乳油及其制备方法
13	200810123159. 7	一种含有阿维菌素和丙溴磷的高效杀虫剂组合物
14	200810016515. 5	一种含有丙溴磷和辛硫磷的杀虫剂的组合物
15	200710131964. X	氟铃脲与丙溴磷杀虫组合物
16	200910016496. 0	一种含有丙溴磷和氟铃脲的杀虫剂组合物
17	200910026502. 0	丙溴磷与吡蚜酮组合物及其水分散粒剂

表 201-2　先正达（苏州）作物保护有限公司在中国登记情况

登记名称	登记证号	含量	剂型	登记作物	防治对象	用药量/(g/hm^2)	施用方法
氯氰·丙溴磷	LS20080933	丙溴磷 400g/L 氯氰菊酯 40g/L	乳油	棉花	棉铃虫	561～660	喷雾
				棉花	蚜虫	297～396	喷雾
丙溴磷	LS20070176	500g/L	乳油	棉花	棉铃虫	750～900	喷雾
				水稻	稻纵卷叶螟	750～900	喷雾

合成方法

经如下反应制得丙溴磷：

路线一

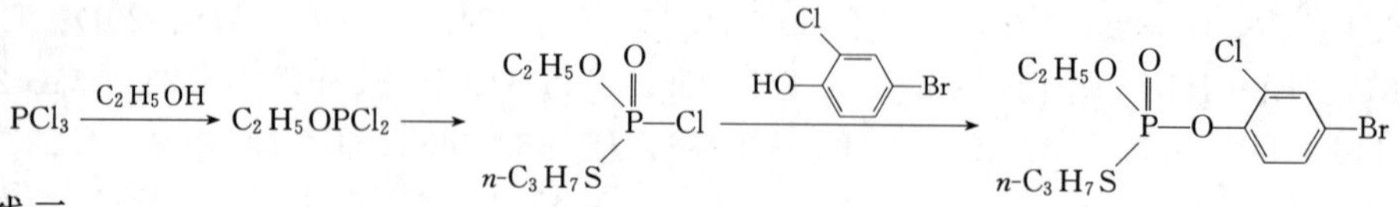

路线二

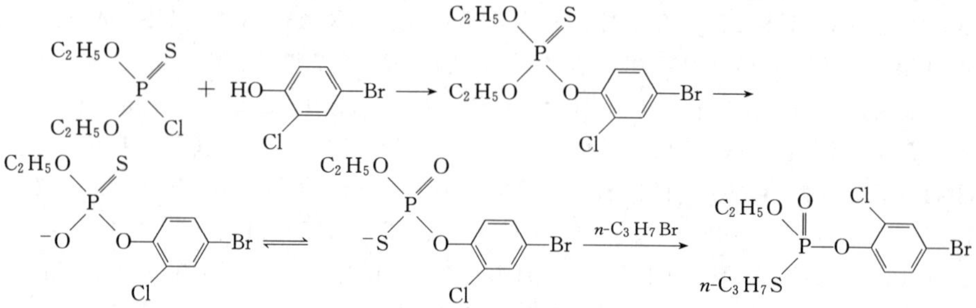

1 The Pesticide Manual. 15th ed.：932-933.
2 Proc. Br. Insectic. Fungic. Conf.，8th，1975，2，659.
3 US 2003166618.
4 农药大典．北京：中国三峡出版社，2006：28-29.
5 化工设计通讯．1999，25（2）：39
6 新编农药手册．中国农业出版社，1989：117-118.
7 农药商品大全．北京：中国商业出版社，1996：33-34.

202 丙硫磷（prothiofos）

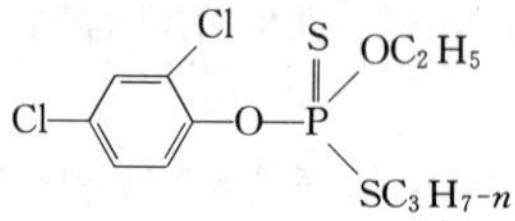

$C_{11}H_{15}Cl_2O_2PS_2$，345.2

产品简介

丙硫磷［试验代号：NTN 8629、OMS 2006，通用名称：prothiofos，商品名称：Tokuthion（Arysta lifeScience）］是 A. Kudamatsu 报道其活性，由日本 Nihon Tokushu Noyaku Seizo K. K.（现属 Nihon Bayer Agrochem K. K.）和 Bayer AG 开发的有机磷类杀虫剂。主要生产商：Bayer CropScience。其他商品名称（生产商）：Bideron（Arysta lifeScience）、Toyodan（Arysta lifeScience）。

化学名称 *O*-(2,4-二氯苯基)-*O*-乙基-*S*-丙基二硫代磷酸酯。英文化学名称为 *O*-2,4-dichlorophenyl *O*-ethyl-*S*-propyl phosphorodithioate。美国化学文摘系统名称为 *O*-(2,4-dichlorophenyl)-*O*-ethyl-*S*-propyl phosphorodithioate。CA 主题索引名称为 phosphorothioic acid，esters *O*-(2,4-dichlorophenyl)-*O*-ethyl-*S*-propyl ester。CAS 登录号为［34643-46-4］。

理化性质 无色液体，有微弱的、特殊的气味。沸点 125～128℃/13Pa。蒸气压 3.0×10^{-4}Pa（20℃）、6.0×10^{-4}Pa（25℃）。相对密度 1.31（20℃）。K_{ow} lg$P$＝5.67（20℃）。Henry 常数 1.48Pa·m^3/mol（20℃，计算）。水中溶解度（20℃）0.07mg/L；其他溶剂中溶解度（20℃，g/L）：二氯甲烷、异丙醇、甲苯＞200。稳定性：缓冲溶液 DT_{50}（22℃）：120d（pH＝4）、280d（pH＝7）、12d（pH＝9）。光降解 DT_{50}：13h。闪点＞110℃。

毒性 急性经口 LD_{50}：雄大鼠 1569mg/kg，雌大鼠 1390mg/kg，小鼠约 2200mg/kg。大鼠急性经皮 LD_{50}（24h）＞5000mg/kg。本品对兔眼睛和皮肤无刺激。大鼠吸入 LC_{50}（4h）＞2.7mg/L（空气）（气溶胶）。NOEL 值（2a）：大鼠 5mg/kg，小鼠 1mg/kg，狗 0.4mg/kg。ADI/RfD 值：0.0001mg/kg。

生态效应 日本鹌鹑急性经口 LD_{50} 100～200mg/kg。鱼类 LC_{50}（96h）：金枪鱼 4～

8mg/L，虹鳟鱼0.5～1.0mg/L（500g/L EC）。水蚤 LC_{50}（48h）0.014mg/L。海藻 E_rC_{50} 2.3mg/L。本品在推荐剂量下使用对蜜蜂无害。

环境行为　进入大鼠体内的本品，迅速被吸收，在72h内，98%被代谢，代谢途径为：氧化、水解为2,4-二氯苯酚，本品及砜中丙基基团断裂，形成2,4-二氯苯基乙基氢硫代磷酸酯和2,4-二氯苯基乙基氢磷酸酯。植物中，氢解为2,4-二氯苯酚，进一步聚合，形成砜，同时丙基基团断裂。土壤对本品吸附力很强，在田间 DT_{50} 1～2月。在土壤中，脱氯形成4-氯丙硫磷，氧化为砜，氢解为2,4-二氯苯酚，最后降解为二氧化碳。

制剂与分析方法　主要产品或制剂有50%乳油，32%、40%可湿性粉剂，2%粉剂，3%微粒剂。可用GC-MSD/HPLC-UV进行分析。

作用机理与特点　胆碱酯酶抑制剂。具有触杀和胃毒作用的广谱、非内吸性杀虫剂。

应用

适用作物　蔬菜、水果、甘蔗、茶树、烟草、观赏植物、甘蓝、柑橘、烟草、菊花、樱花、草坪、玉米、甜菜、茶等。

防治对象　对鳞翅目幼虫高效，尤其对氨基甲酸酯和其他有机磷杀虫剂产生交互抗性的蚜类、蓟马、粉蚧、卷叶虫类和蠕虫类有良好效果，对多抗性品系的家蝇有较好的杀灭活性，如菜青虫、小菜蛾、甘蓝叶蛾、黑点银纹叶蛾、蚜虫、卷叶蛾、粉蚧、斜纹叶蛾、烟青虫和美国白蛾等害虫。对鞘翅目害虫有效，对叶蝉科、盲蝽科和瓢虫科害虫弱效，对地下害虫的幼虫期有明显的活性，可用于防治金针虫、地老虎和白蚁。

残留量与安全施药　为了安全、减少残留，甘蓝安全间隔期为21d，柑橘安全间隔期为45d。

使用方法　蔬菜田推荐剂量为50～75g(a.i.)/hm^2。乳油通常1000倍液喷雾。

专利概况

专利名称　Insecticidal *O*-ethyl S-propyl aryl phosporothioates

专利号　DE 2111414　　专利公开日　1971-09-30

专利申请日　1970-03-13　　优先权日　1970-03-13

专利拥有者　Bayer AG

在其他国家申请的化合物专利　AT 304934、BE 764116、CA 922728、CH 517782、CS 167917、ES 389200、FR 2081936、GB 1295418、HU 162202、IL 36221、JP 49024656、NL 7103349、NL 169881、PL 76334、RO 60626、SU 365891、TR 16921、US 3825636、US 3898334、US 3947529、US 4013793、ZA 7101085等。

制备专利　DE 4336307等。

混剂及其应用专利　AU 2007324936、CA 2670637、CN 101547605、DE 102006014489、DE 102006056544、EP 2107871、JP 2009209124、JP 2006131516、KR 2009097168、US 20100048497、WO 2007112848、WO 2008064778等。

合成方法

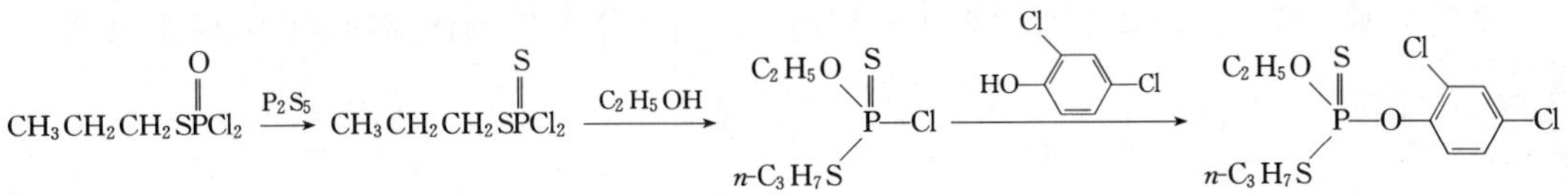

1 The Pesticide Manual. 15th ed.：967-968.

2 Jpn. Pestic. Inf.，1976，26：14.

3 US 2003198695.

4 农药大典．中国三峡出版社，2006：88.

5 农药商品大全．北京：中国商业出版社，1996：92.

203 硫丙磷（sulprofos）

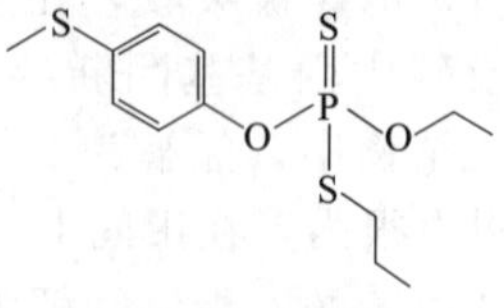

$C_{12}H_{19}O_2PS_3$，322.4

产品简介

硫丙磷（试验代号：NTN9306、BAY123234，通用名称：sulprofos，商品名称：Bolstar、Helothio，其他名称：甲丙硫磷、保达、虫螨消、棉铃磷）是 G. Zoebelein 报道，由 Bayer AG. 开发的有机磷类杀虫剂。主要生产公司及产品：Bolstar（Bayer CropScience）、Helothion（Bayer）。

化学名称　*O*-乙基-*O*-4-(甲硫基) 苯基-*S*-丙基二硫代磷酸酯。英文化学名称为 *O*-ethyl-*O*-4-(methylthio)phenyl-*S*-propyl phosphorodithioate。美国化学文摘系统名称为 *O*-ethyl *O*-[4-(methylthio) phenyl]-*S*-propyl phosphorodithioate。CA 主题索引名称为 phosphorodithioic acid，esters　*O*-ethyl *O*-[4-(methylthio) phenyl] *S*-propyl ester。CAS 登录号为 [35400-43-2]。

理化性质　无色油状物（原药黏稠液体），具硫醇气味，熔点 －15℃（原药），沸点 125℃/1Pa。蒸气压 8.4×10^{-4} Pa（20℃）、1.6×10^{-4} Pa（25℃）。相对密度 1.20（20℃）。分配系数 K_{ow} lg$P$=5.48。Henry 常数：8.74×10^{-2} Pa·m^3/mol（20℃，计算）。水中溶解度（20℃）0.31mg/L；其他溶剂中溶解度（20℃，g/L）：异丙醇 400～600，二氯甲烷、正己烷、甲苯＞1200。稳定性：缓冲溶液 DT_{50}（22℃）：26d（pH=4）、151d（pH=7）、51d（pH=9）。本品在水中及土壤表面遇光分解，在日光下，2d 以内分解 50%。闪点 64℃。

毒性　急性经口 LD_{50}：雄大鼠 304mg/kg，雌大鼠 176mg/kg，雄和雌小鼠约 1700mg/kg。大鼠急性经皮 LD_{50}：雄 5491mg/kg，雌 1064mg/kg。本品对兔皮肤无刺激，对眼睛中度刺激，对豚鼠皮肤无刺激。雄和雌大鼠吸入 LC_{50}（4h）＞4130μg/L。NOEL 值（2a）：大鼠 6mg/kg，小鼠 2.5mg/kg，狗 10mg/kg。ADI 值：0.003mg/kg。

生态效应　山齿鹑急性经口 LD_{50} 47mg/kg。山齿鹑 LC_{50}（5d）99mg/kg。鱼类 LC_{50}（96h）：大翻车鱼 11～14mg/L，虹鳟鱼 23～38mg/L。水蚤 LC_{50}（48h）0.83～1μg/L。海藻 E_rC_{50} 64mg/L。

环境行为　经口进入大鼠体外的本品，在 24h 内，约 92%被排出体外，其主要代谢物为：氧化物、酚、砜和亚砜；植物中的代谢物主要为砜和亚砜。氧化物和酚只是少数。土壤对本品吸附性很强，不同类型的土壤，其半衰期为几天到几周，主要降解物为砜和亚砜。

制剂与分析方法　主要剂型：乳油、超低容量液剂。主要产品或制剂有 50%、720g(a.i.)/L 乳油，720g(a.i.)/L 超低容量液剂。可用 GC-MSD/HPLC-UV 进行分析。

作用机理与特点　胆碱酯酶的直接抑制剂。具有触杀和胃毒作用的非内吸性杀虫剂，杀虫谱广。

应用

适用作物　棉花、大豆、烟草、蔬菜、番茄、玉米等。

防治对象　鳞翅目、缨翅目、双翅目、棉铃虫等多种害虫。推荐用量 7.5～10.5g(a.i.)/100m^2。

专利概况

专利名称　Insecticidal *O*-ethyl *S*-propyl aryl phosphorothioates.

专利号　NL 6508899　　专利公开日　1966-01-11

专利申请日　1965-07-09　　优先权日　1964-07-10

专利拥有者　Bayer AG

制备专利　DE 2111414、US 3898334、US 3825636、JP 49125343、JP 51020506 等。

制剂或剂型专利　DE 2655033、US 4053595、FR 2334297、RD 170004、US 4104376、EP 13582、JP 55160707、DE 2926702、EP 21390、DE 2928465、EP 13582、JP 2002212008 等。

合成方法

方法一：

中间体对甲硫基苯酚的制备：

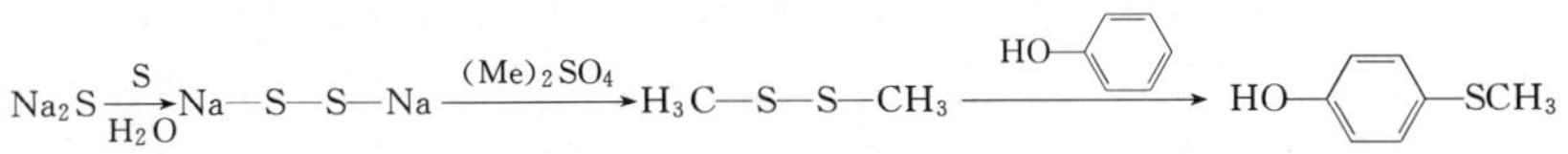

硫丙磷的制备：

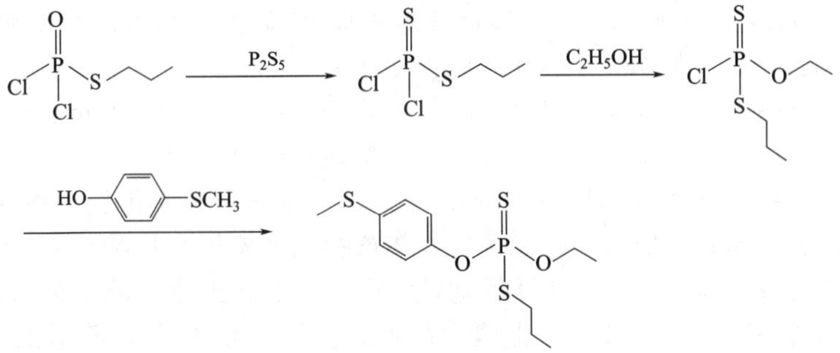

方法二：

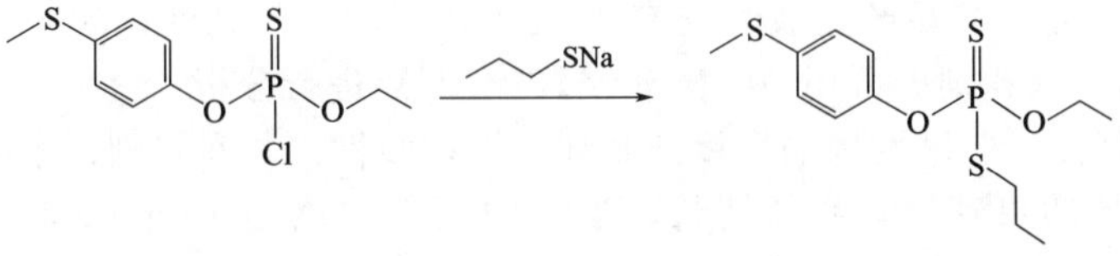

方法三：

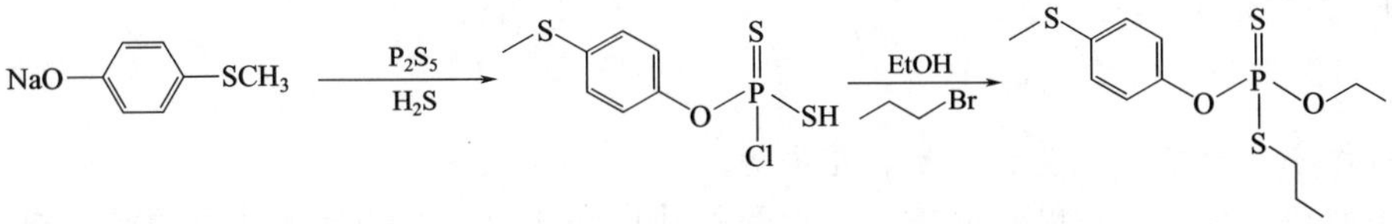

1　US 2003198695.

2　http://www.chemicalbook.com/Chemical Product Property_CN_CB5129467.htm.

204　双硫磷（temephos）

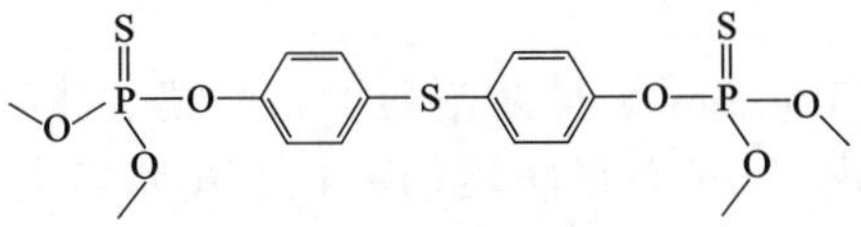

$C_{16}H_{20}O_6P_2S_3$，466.5

产品简介

双硫磷［试验代号：AC52160、OMS786、ENT27165，通用名称：temephos，商品名称：Abate、Sunmephos、Temeguard、Temetox、TIOK、硫甲双磷、替美福司、硫双苯硫磷］是American Cyanamid Co.（现属BASF）开发的有机磷类杀虫剂。

化学名称 *O*,*O*,*O*′,*O*′,-四甲基-*O*,*O*′-硫代双对苯亚基二硫代磷酸酯。英文化学名称为*O*,*O*,*O*′,*O*′-tetramethyl-*O*,*O*′-thiodi-*p*-phenylene bis(phosphorothioate)，*O*,*O*,*O*′,*O*′-tetramethyl *O*,*O*′-thiodi-*p*-phenylene diphosphorothioate。美国化学文摘系统名称为*O*,*O*′-(thiodi-4,1-phenylene)bis(*O*,*O*-dimethyl phosphorothioate)。CA主题索引名称为phosphorothioic acid，esters *O*,*O*′-(thiodi-4,1-phenylene) *O*,*O*,*O*′,*O*′-tetramethyl ester。CAS登录号为［3383-96-8］。

组成 原药纯品含量大于90％。

理化性质 无色结晶固体（原药棕色黏稠液体），熔点30.0～30.5℃。沸点120～125℃。蒸气压8×10^{-4} Pa（25℃）。相对密度1.32（原药）。K_{ow} lg*P* 4.91。水中溶解度（25℃）0.03mg/L；溶于常用的有机溶剂，如乙醚、芳香烃和卤代烃化合物，正己烷9.6g/L。稳定性：在强酸和碱性条件下分解，在pH＝5～7稳定，49℃以上分解。

毒性 大鼠急性经口LD_{50}：雄4204mg/kg，雌＞10000mg/kg。急性经皮LD_{50}（24h）：兔2181mg/kg，大鼠＞4000mg/kg。本品对兔眼睛和皮肤无刺激。大鼠吸入LC_{50}（4h）4.79mg/L。大鼠NOEL值（2a）300mg/kg。

生态效应 野鸭LC_{50}（5d）1200mg/kg，野鸡LC_{50}（5d）170mg/kg。虹鳟鱼LC_{50}（96h）9.6mg/L，LC_{50}（24h）31.8mg/L。直接接触对蜜蜂高毒，LD_{50} 1.55μg/只（接触）。

环境行为 本品在温血动物体内的降解很少，大部分未经变化从动物的尿和粪便中排出。尿中另一部分代谢物为硫酸酯的配合物。在植物上可氧化为亚砜，只有少量降解为砜和一正磷酸盐及二正磷酸盐，再进一步降解就较缓慢。本品在土壤中的半衰期为12d，它和亚砜的混合物在土壤中半衰期＜30d。土壤吸附系数：肥沃沙地73，砂壤土130，粉砂壤土244，肥土541。

制剂与分析方法 主要产品或制剂有10％、20％、50％乳油，50％可湿性粉剂，1％、2％、5％颗粒剂，2％粉剂。可用GC-MSD/HPLC-UV进行分析。

作用机理与特点 胆碱酯酶的直接抑制剂，无内吸性。具有强烈的触杀作用，它的最大特点是杀蚊和蚊蚋幼虫特效，残效期长。当水中药液浓度为1mg/kg时，37d后，仍能在12h后100％杀死蚊幼虫。具有高度选择性，适于杀灭水塘、下水道、污水沟中的蚊蚋幼虫。稳定性好，残效期长。

应用

适宜作物 水稻、棉花、玉米、花生等。

防治对象 蚊虫、黑蚋、库蠓、摇蚊等的幼虫和成虫。对防治人体上的虱，狗、猫身上的跳蚤亦有效。还能防治水稻、棉花、玉米、花生等作物上的多种害虫，如黏虫、棉铃虫、稻纵卷叶螟、卷叶蛾、地老虎、小造桥虫和蓟马等。

残留量与安全施药 ①本品对鸟类和虾有毒，养殖这类生物地区禁用；②本品对蜜蜂有毒，果树开花期禁用。

使用方法

用2％颗粒剂3.75～7.5kg/hm²，可防治死水、浅湖、林区、池塘中的蚊类；含有机物多的水中，用2％颗粒剂15kg/hm²，可防治沼泽地、湖水区有机物较多的水源中或潮湿地上的蚊类。用5％颗粒剂7.5kg/hm²，可防治污染严重的水源中的蚊类。防治地老虎，柑橘上的蓟马和牧草上的盲蝽属害虫，每亩用5%颗粒剂1～1.5kg。用50%乳油45～75g/hm²，对水喷洒，可防治孑孓，但对有机磷抗性强的地区，应用高剂量，必要时重复喷洒。60%乳剂，将乳剂稀释为0.2%浓度喷洒用。或按二百万分之一加入水中，1h后幼虫可全部死亡。遇强碱（如石灰等）易分解失效。

此外，用50% 1000倍液喷雾，还可防治黏虫、棉铃虫、卷叶虫、稻纵卷叶螟、小地老虎、小造桥虫等害虫，效果良好。

专利与登记

专利名称　Werkwijze ter bereiding van een insekticidepreparaat

专利号　BE 648531　　专利公开日　1964-11-30

专利申请日　1964-5-28　　优先权日　1963-06-12

专利拥有者　BASF

制备专利　CN 1718581、BE 648531、US 3317636、GB 1039238、WO 9719040、FR 2270793、US 3390209、US 3459856 等。

制剂或剂型专利　EP 922386、FR 2793112、GB 1533149、JP 2188503、IN 175749、IN 167769、US 3317636、US 5698210、US 20030198659、WO 2000002453、WO 9740692、FR 1497297、DE 2458464、US 3968207、BE 832841、CN 1513962 等。

在中国申请的与该产品有关的部分专利见表204-1。

表204-1　在中国申请的专利

序号	申请号	专利名称
1	200510012568.6	一种双硫磷的制备方法

双硫磷90%原药已在我国获得登记，登记证号为WP20080053，登记厂家为巴斯夫欧洲公司。双硫磷1%颗粒剂在我国获得登记，登记证号为WP20080054，干净水0.5～1g制剂/hm²，中度污染水1～2g制剂/hm²，高度污染水2～5g制剂/hm²，投入水中防治孑孓，登记厂家为巴斯夫欧洲公司。

合成方法

经如下反应制得双硫磷：

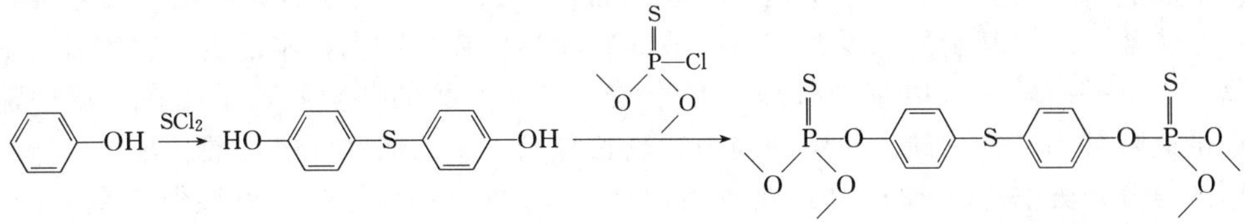

1　The Pesticide Manual. 15th ed.：1086-1087.

2　US 3317636.

3　农药商品大全，北京：中国商业出版社，1996：28.

205　敌百虫（trichlorfon）

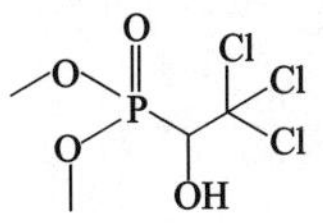

$C_4H_8Cl_3O_4P$，257.4

产品简介

敌百虫［试验代号：Bayer15922、BayerL13/59、OMS800、ENT19763，通用名称：

trichlorfon，商品名称：Dipterex（United Phosphorus）、Saprofon（Hubei Sanonda）、Susperex（Baocheng）、毒霸、三氯松［台］，其他名称：Cekufon（Cequisa）、Danex（Makhteshim-Agan）、Dipagrex（Cequisa）、Diplox（Dongbu HiTek）、Dipsol（LUQSA）、Lepidex（Nufarm Ltd）、Neguvon（for cattle)(Bayer Animal Health）、Neguvon（Bayer Animal Health）、Triclorzufre（＋sulfur)(Cequisa）、metrifonate］是 G. Unterstenhofer 报道其活性，首先由 W. Lorenz 制备，由 Bayer AG 开发的有机磷类杀虫剂。

化学名称　*O*,*O*-二甲基-(2,2,2-三氯-1-羟基乙基）磷酸酯。英文化学名称为 *O*,*O*-dimethyl2,2,2-trichloro-1-hydroxyethylphosphonate。美国化学文摘系统名称为 dimethyl(2,2,2-trichloro-1-hydroxyethyl)phosphonate。CA 主题索引名称为 phosphonic acid—，(2,2,2-trichloro-1-hydroxyethyl)-dimethyl ester。CAS 登录号为［52-68-6］。

组成　敌百虫为外消旋体，(1*R*)-和（1*S*)-对映异构体比例为 1∶1。

理化性质　无色晶体，具有较淡的特殊气味。熔程 78.5～84℃。沸点 100℃（13.33 kPa），蒸气压 2.1×10^{-4} Pa（20℃）、5.0×10^{-4} Pa（25℃）。相对密度 1.73（20℃）。分配系数 K_{ow} $\lg P=0.43$（20℃）。Henry 常数 4.4×10^{-7} Pa·m^3/mol（20℃）。水中溶解度（20℃）120g/L；其他溶剂中溶解度（g/L）：易溶于常用有机溶剂（脂肪烃和石油醚除外），如正己烷 0.1～1，二氯甲烷、异丙醇＞200，甲苯 20～50。稳定性：易发生水解和脱氯化氢反应，在加热、pH＞6 时分解迅速，遇碱很快转化为敌敌畏，DT_{50}（22℃）：510d（pH＝4）、46h（pH＝7）、＜30min（pH＝9）。光解缓慢。

毒性　雄和雌大鼠急性经口 LD_{50} 约 250mg/kg；雄和雌大鼠急性经皮 LD_{50}（24h）＞5000mg/kg。本品对兔眼睛和皮肤无刺激。雄和雌大鼠吸入 LC_{50}（4h）＞2.3mg/L（气溶胶）。NOEL 值：猴子 0.2mg/kg，大鼠（2a）100mg/kg，小鼠（2a）300mg/kg，狗（4a）50mg/kg。ADI 值：(EFSA）0.045mg/kg，(JECFA）0.002mg/kg，(JMPR）0.01mg/kg，(EPA）aRfD 0.1mg/kg，cRfD 0.002mg/kg。

生态效应　鱼类 LC_{50}（96h）：虹鳟鱼 0.7mg/L，金色圆腹雅罗鱼 0.52mg/L。水蚤 LC_{50}（48h）0.00096mg/L。海藻如近具刺栅藻 E_rC_{50}＞10mg/L。本品对蜜蜂和其他益虫低毒。

环境行为　本品对鱼类和鸟类中毒，对水栖节肢动物中到高毒，因而不适用于水域喷雾施药。本品进入动物体内后，被迅速吸收和代谢，并在 6h 之内通过尿排出，其主要代谢物为二甲基磷酸、一甲基磷酸以及其二氯乙酸的共轭物；在植物内，本品被迅速氢解，其主要代谢物为二甲基磷酸、一甲基磷酸和二氯乙酸、二氯乙醇的共轭物；本品在土壤中流动很快，但迅速降解为二氧化碳。其中间物为二氯乙醇、二氯乙酸和三氯乙酸。K_{oc} 20(±10)。

制剂与分析方法　主要产品或制剂有 25%、50%、80%、95%可湿性粉剂，250g/L、500g/L、750g/L 超低容量液剂，50%、80%、95%可溶粉剂，2.5%、40%粉剂，3%、4.5%、5%颗粒剂，20%、30%、50%、60%乳油；25%油剂。产品可用极谱或用通过水解得到的氯离子滴定进行分析，残留物可用 GC 进行分析，土壤中可用 GC/NPD 进行分析。

作用机理与特点　胆碱酯酶的直接抑制剂。高效、低毒、低残留、广谱性杀虫剂，以胃毒为主，兼有触杀作用，也有渗透活性。但无内吸传导作用。在有机体内转变为敌敌畏而发挥药效，但不稳定，很快失效。

应用

适用作物　水稻、棉花、旱粮作物、蔬菜、果树、茶树、烟草、森林等。

防治对象　双翅目、鳞翅目、鞘翅目、膜翅目、半翅目害虫，如黏虫、水稻螟虫、稻飞虱、稻苞虫、棉红铃虫、象鼻虫、叶蝉、金刚钻、玉米螟虫、蔬菜菜青虫、菜螟、斜纹叶蛾等，以及卫生害虫如苍蝇、蟑螂、跳蚤、臭虫、蠹虫、蚂蚁和家畜体外寄生虫。也可制成毒饵，诱杀农场和马、牛厩内的厩蝇和家蝇。

残留量与安全施药　①为了安全，一般使用浓度 0.1%左右对作物无药害。玉米、苹果（曙光、元帅在早期）对本品较敏感，施药时应注意。高粱、豆类特别敏感，容易产生药害，不宜使用。烟草在收获前 10d，水稻、蔬菜在收获前 7d，停止使用。②忌用量过大。敌百虫用量过大，会造成中毒。无论是内服给药还是外用涂擦，一定要注意掌握好剂量。局部涂擦时，最好不要超过体表面积的 1/3，以防引起中毒。③忌与碱性药物配伍，敌百虫与碱性药物接触后，会变成敌敌畏，从而大大增加其毒性。④忌用于禽类，慎用于牛羊，禽类对敌百虫非常敏感，极易造成中毒，不适宜应用。牛对敌百虫亦较敏感，目前国内应用较少。山羊和细毛羊对敌百虫稍敏感，在应用时要控制好用量，防止中毒的发生。

使用方法

水稻，用 80%可溶性粉剂 2250～3000g/hm^2，对水 1000～1500kg 喷雾，可防治二化螟、稻叶蝉、稻铁甲虫、稻苞虫、稻纵卷叶螟、稻叶蝉和稻蓟马等害虫。

旱粮，①小麦黏虫：用 80%可溶性粉剂 2250g/hm^2，对水 250～1000kg 喷雾，或 5%粉剂 1.8kg/hm^2 喷粉；②大豆造桥虫、草地螟：用 80%可湿性粉剂 2250g/hm^2，对水 750～1500kg 喷雾；③甜菜象甲：用 80%可湿性粉剂 2250g/hm^2，对水 750～1500kg 喷雾。

棉花，用 80%可溶性粉剂 2250～4500g/hm^2，对水 1000kg 喷雾，可防治棉铃虫、棉金刚钻和棉叶蝉。

蔬菜，用 80%可溶性粉剂 1200～1500g/hm^2，对水 750kg 喷雾，可防治菜粉蝶、小菜蛾、甘蓝叶蛾。

茶叶，用 80%可溶性粉剂 1000 倍液均匀喷雾，可防治茶毛虫（茶黄毒蛾、茶斑毒蛾、油茶毒蛾）、茶尺蠖。

果树，①荔枝蝽象：于 3 月下旬至 5 月下旬，成虫交尾产卵前和若虫盛发期，用 90%结晶 800～1000 倍液地面均匀各喷雾一次；②荔枝蛀虫：于荔枝收获前约 25d 和 15d，用敌百虫有效浓度 1600mg/L 加 25%杀虫双 500 倍液，均匀喷雾，若用飞机喷雾，则用敌百虫可溶性粉剂加杀虫双水剂 600～900mL/hm^2 喷雾。

林业，用 25%乳剂 2250～3000g/hm^2，用超低容量喷雾器喷雾，可防治松毛虫。

地下害虫，用 750～1500g(a.i.)/hm^2，先以少量水将敌百虫溶解，然后与 60～75kg 炒香的棉仁饼或菜籽饼搅匀，亦可与切碎鲜草 300～450kg 拌匀成毒饵，在傍晚撒施于作物根部土表诱杀害虫。

家畜及卫生害虫，用 80%可溶性粉剂 400 倍液洗刷，可防治马、牛、羊体皮寄生虫，如牛虱、羊虱、猪虱、牛瘤蝇蛆等；用 80%可溶性粉剂 1：100 制成毒饵，可诱杀马、牛厩内的厩蝇和家蝇。

专利与登记

专利名称　β,β,β-Trichloro-α-hydroxyethylphosphonic dimethyl ester and insecticidal composition thereof

专利号　US 2701225　　专利公开日　1955-02-01

专利申请日　1953-09-15　　优先权日　1952-09-20

专利拥有者　Bayer AG

制备专利　DD 40097、DE 1037454、DE 1067813、HU 16875、JP 35007847、JP 38015613、JP 39015118、US 2701225、CA 2000373、CS 121948、CS 132876、GB 903339、HU 1476、RU 2015986、RU 2134965、RO 77317、US 2899456、SU 180595 等。

制剂或剂型专利 CA 1098038、DE 1180897、FR 2805972、GB 884168、GB 1072201、JP 2004154096、JP 09295910、JP 63277601、JP 63077804、JP 62212311、JP 35018199、NZ 525112、RU 2257209、RU 2232506、US 3067096、US 3801710、US 4016265、US 4409211 等；

在中国申请的混剂专利见表 205-1。

表 205-1 在中国申请的专利

序号	申请号	专利名称
1	02146599.1	含虫酰肼的杀虫组合物
2	02138351.0	一种农作物杀虫剂
3	02138679.X	敌百虫原药造粒制片工艺
4	02138322.7	防治水稻害虫的农药及其制备方法
5	02138268.9	抗菌复合药肥
6	96101690.6	一种杀死苍蝇的药剂
7	96106328.9	敌敌畏生产新工艺
8	88100184.8	杀虫、植物生长调节剂的生产方法
9	89105077.9	一种中性农药助剂的制造工艺
10	89109424.5	快速、高效灭蚊剂
11	91106659.4	空仓杀虫烟剂
12	90105577.8	敌菊杀虫烟剂
13	91103474.9	粮仓杀虫消毒用混合烟剂
14	93104837.0	有机磷复合杀螨杀虫剂(双保 1 号)
15	93119102.5	杀虫促长剂——双效棉虫净及生产工艺
16	93120339.2	高效速治特效灵鱼药
17	94112629.3	净螨粉
18	97112261.X	氧乐·敌乳油
19	98101095.4	一种复配剂型植物杀虫农药——广定威乳油
20	98101116.0	含有机氮和有机磷化合物的杀虫剂及其制备方法和用途
21	98115769.6	氟铃脲复配农药
22	98115768.8	氟虫腈复配农药
23	99116045.2	低毒、高效蚕茧、丝绸仓库杀虫剂
24	00112280.0	能有效防治稻瘿蚊的杀虫剂
25	99115418.5	一种用于防治水稻螟虫的复方杀虫制剂
26	00132460.8	一种治疗牛皮癣的药物组合物及其制备方法
27	00112181.2	氟腈·敌乳油及其生产工艺
28	00129532.2	一种杀虫剂组合物
29	01106944.9	种子防鼠剂
30	200710156170.9	防治水稻二化螟的复合杀虫剂
31	200710169081.8	精制敌百虫生产工艺的废水回收方法
32	200810030804.0	防治水稻稻水象甲的杀虫组合物及其应用和水乳剂制备方法
33	89221474.0	快速、高效灭蚊香烟
34	92233684.9	敌百虫或三氯乙醛脱醇蒸馏生产防污染装置
35	200410013327.9	高效杀虫农药
36	03135368.1	农用杀虫乳剂
37	200310106087.2	一类含抑太保的复合杀虫剂
38	200310114504.8	诱杀性专灭苍蝇药
39	200610010605.4	一种防治烟草病害和虫害的农药复配剂
40	200410061101.6	一种治疗皮肤病的药液
41	200510048776.1	用于防治烟草蚜虫的农药混配剂
42	200510015042.3	环保灭蟑螂片(剂)
43	200610096277.4	宠物除虫项圈材料及用该材料制作除虫项圈的方法
44	200610096729.9	一类防治水稻害虫的复合杀虫剂

序号	申请号	专利名称
45	200610123621.4	一种防治椰心叶甲的药物组合物及其使用方法
46	200510102209.X	防治杨树天牛的农药主剂及其制成的制剂
47	200610022628.7	竹虱简易灭除法
48	200510111972.9	轮虫培养中杀灭桡足类的方法
49	200610020239.0	农用杀虫乳剂
50	200610134334.3	灭苍蝇卵的药液
51	200610040951.7	含敌百虫、氟虫腈的杀虫组合物
52	200710054159.1	敌百虫啶虫脒乳油复配农药
53	200610044792.8	一种春季鱼塘的消毒方法
54	200910094375.8	一种白及种苗扩繁方法
55	200810022365.9	一种植物药剂防治桃树蚜虫的配制方法
56	200810022371.4	一种植物药剂防治黄瓜蚜虫的配制方法
57	200810128201.4	一种植物药剂防治玉米蚜虫的配制方法
58	200810127954.3	一种植物药剂防治甜瓜蚜虫的配制方法
59	200810137818.2	一种植物药剂防治白菜蚜虫的配制方法
60	200810137868.0	一种植物药剂防治苹果蚜虫的配制方法
61	200810022938.8	一种植物药剂防治棉叶跳虫的配制方法
62	200810130456.4	一种植物药剂防治葡萄蚜虫的配制方法
63	200810137811.0	一种植物药剂防治蔬菜造桥虫的配制方法
64	200810130403.2	一种植物药剂防治西瓜蚜虫的配制方法
65	200810142903.8	一种植物药剂防治蔬菜青虫的配制方法
66	200910272716.6	一种果实蝇性引诱缓释剂的制备方法
67	200910163258.2	敌百虫和毒死蜱的复配颗粒或微粒剂及其制作方法
68	200910163259.7	敌百虫和辛硫磷的复配颗粒或微粒剂及其制作方法
69	201010300223.1	一种苹果树疏果期的药剂疏果方法
70	201010118363.7	用于防治缘果柄、树干类害虫的药膏
71	201010107120.3	一种从敌百虫的生产母液或废水中分离敌敌畏的方法
72	201010108641.0	一种用于防治斑潜蝇的农药和方法
73	200880114965.6	驱虫用组合物
74	03261499.3	防虫防病补肥的树用药贴

敌百虫已在巴西等国注册登记。

敌百虫是我国入市较早的万吨级杀虫剂常用品种。在国内已登记 138 次。

敌百虫 30%乳油，登记号 LS20061627，登记作物为荔枝，375～600mg/kg 喷雾防治蝽象，登记厂家为山东祥隆化工有限公司。

敌百虫 80%可溶粉剂，登记号 PD20083994，登记作物为十字花科蔬菜，1050～1200g/hm^2 喷雾防治斜纹夜蛾，登记厂家为山东曹达化工有限公司。

敌百虫 1.5%、克百威 1.5%颗粒剂，登记号 PD20085274，登记作物分别为棉花和水稻，1125～1350g/hm^2 沟施或穴施防治棉花上蚜虫，1350～1800g/hm^2 撒施防治水稻上的二化螟、三化螟，登记厂家为湖北沙隆达（荆州）农药化工有限公司。

丙溴磷 12%、敌百虫 36%乳油，登记号为 PD20090188，登记作物为棉花、水稻，360～720g/hm^2 喷雾防治棉铃虫，576～720g/hm^2 喷雾防治二化螟，登记厂家为江苏宝灵化工股份有限公司。

敌百虫 3%、毒死蜱 1.5%颗粒剂，登记号为 LS20090526，登记作物为花生，1687.5～2362.5g/hm^2 拌毒土撒施防治蛴螬，登记厂家为浙江新安化工集团股份有限公司。

合成方法

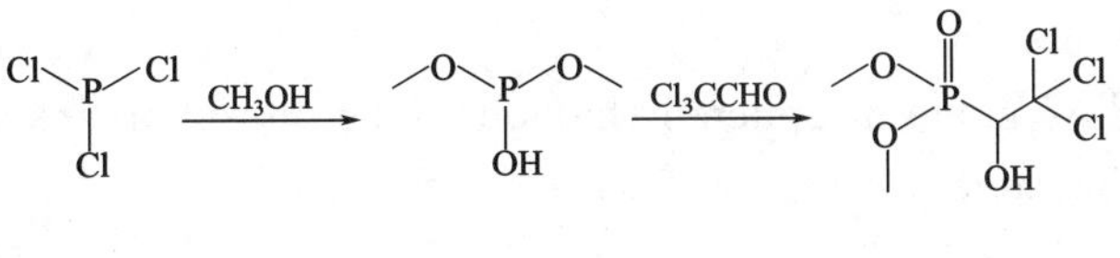

1 The Pesticide Manual. 15th ed.: 1159-1160.
2 农药商品大全，北京：中国商业出版社，1996：88.
3 US 2701225.

206 苯硫膦（EPN）

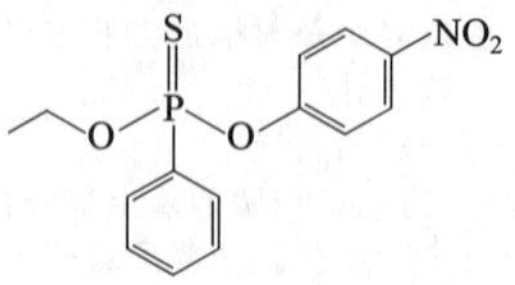

$C_{14}H_{14}NO_4PS$，323.3

产品简介

苯硫膦［试验代号：OMS219、ENT17298，通用名称：EPN，商品名称：EPN］是 Du Pont Co 和 Nissan Chemical Industries，Ltd 开发的有机磷类杀虫剂。

化学名称　*O*-乙基-*O*-(4-硝基苯基）苯基硫代磷酸酯。英文化学名称为 *O*-ethyl-*O*-4-nitrophenyl phenylphosphonothioate。美国化学文摘系统名称为 *O*-ethyl-*O*-(4-nitrophenyl) phenylphosphonothioate。CA 主题索引名称为 phosphonothioic acid—，phenyl- *O*-ethyl *O*-(4-nitrophenyl) ester。CAS 登录号为［2104-64-5］。

理化性质　黄色结晶固体（原药为琥珀色液体），熔点 34.5℃，沸点 215℃（5mmHg）。蒸气压 $<4.1\times10^{-5}$ Pa（23℃）。相对密度 1.270（20℃）。K_{ow} $\lg P>5.02$。水中溶解度（24℃）0.92mg/L，溶于大多数有机溶剂，如苯、甲苯、二甲苯、丙酮、异丙醇、甲醇。稳定性：在中性、酸性介质中稳定，遇碱分解释放出对硝基苯酚。DT_{50}：70d（pH=4）、22d（pH=7）、3.5d（碱）。在封管中受热转化为-*S*-乙基异构体。

毒性　急性经口 LD_{50}：雄大鼠 36mg/kg，雌大鼠 24mg/kg，雄小鼠 94.8mg/kg，雌小鼠 59.4mg/kg。大鼠急性经皮 LD_{50}：雄 2850mg/kg，雌 538mg/kg。大鼠 NOEL 值（104 周）：0.73mg/(kg·d)。对母鸡有慢性神经毒性。

生态效应　急性经口 LD_{50}：野鸡>165mg/kg、山齿鹑 220mg/kg。鱼类 LC_{50}（48h）：鲤鱼 0.20mg/L、大翻车鱼 0.37mg/L，虹鳟鱼 0.21mg/L。水蚤 LC_{50}（3h）0.0071mg/L。

环境行为　本品在温血动物体内通过脱硫、脱去对硝基酚、硝基还原为氨基等方式降解，在植物中的主要代谢物为乙基苯基磷酸，在水稻田中 $DT_{50}<15$d。

制剂与分析方法　主要剂型有粉剂、乳油。主要产品有 450g/L、480g/L 乳油，4%颗粒剂。可用 GC-MSD/HPLC-UV 进行分析。

作用机理与特点　胆碱酯酶的直接抑制剂，具有触杀和胃毒作用的非内吸性杀虫、杀螨剂。

应用

适用作物　棉花、水稻、蔬菜、水果。

防治对象　对鳞翅目幼虫有广谱杀虫活性，尤其对棉花作物上的棉铃虫、棉红铃虫，水稻上的二化螟，蔬菜和果树上的其他食叶幼虫有活性。

残留量与安全施药　除某些品系的苹果之外，对作物无药害。收获前禁用期为 21d。在棉籽上最大允许残留量为 0.5mg/L，在梨、柑橘、番茄上最大残留量为 3mg/L。

使用方法　使用剂量为 0.5～1.0kg(a.i.)/hm^2。

专利概况

专利名称　Alkyl mono-nirophenyl thionobenzene-phosphonates and insecticidal composition containing the same

专利号　US 2503390　　专利公开日　1950-04-11

专利申请日　1948-07-01　　优先权日　1948-07-01

专利拥有者　Du Pont

制备专利　DE 1111629、JP 62081395 等。

制剂或剂型专利　JP 53075334、US 3414652、JP 02235801、JP63175072、JP 53107422、ZA 6707672、GB 1168932、US 3414652、ZA 6707672、JP 36000449、FR 1586823、JP 51095135 等。

合成方法

经如下反应制得苯硫膦：

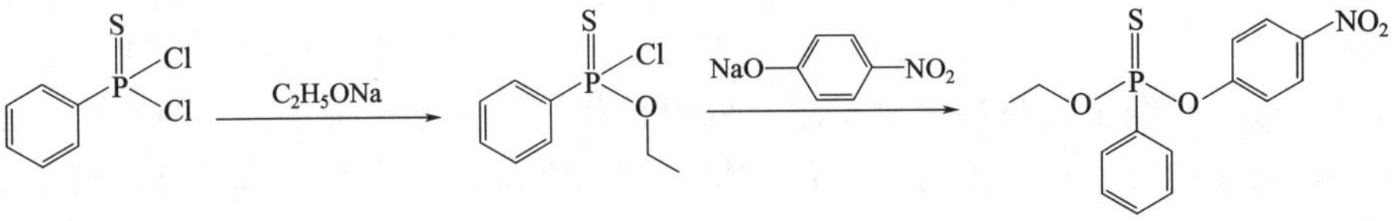

1　The Pesticide Manual. 15th ed.：428-429.

2　US 2503390.

3　国外农药品种手册．北京：化工部农药信息总站，1996：100.

207　苯线磷（fenamiphos）

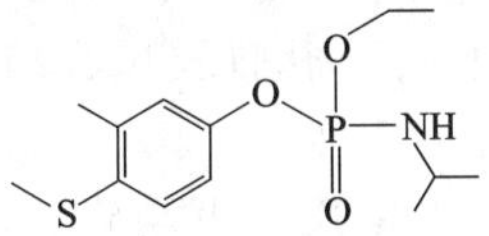

$C_{13}H_{22}NO_3PS$，303.4

产品简介

苯线磷（试验代号：BAY68138、SRA3886，通用名称：fenamiphos，商品名称：Nemacur，其他名称：力满库、克线磷、苯胺磷、线威磷）是拜耳公司开发的有机磷类杀虫剂。

化学名称　3-甲基-4-(甲硫基) 苯基异丙基磷酰胺乙酯。英文化学名称为 ethyl-4-methylthio-*m*-tolyl isopropylphosphoramidate。美国化学文摘系统名称为 ethyl 3-methyl-4-(methylthio)phenyl(1-methylethyl) phosphoramidate。CA 主题索引名称为 phosphoramidic acid—，(1-methylethyl)-ethyl 3-methyl-4-(methylthio) phenyl ester。CAS 登录号为[22224-92-6]。

理化性质　无色结晶固体（原药棕褐色蜡状固体），熔点 49.2℃（原药 46℃）。蒸气压 1.2×10^{-4} Pa（20℃）、4.8×10^{-3} Pa（50℃）。相对密度 1.191（23℃）。K_{ow} $\lg P=3.30$（20℃）。Henry 常数 9.1×10^{-5} Pa·m³/mol（20℃）。水中溶解度（20℃）0.4g/L；其他溶剂中溶解度（20℃，g/L）：二氯甲烷、异丙醇、甲苯>200，正己烷 10～20。稳定性：水解 DT_{50}（22℃）：1a（pH=4）、8a（pH=7）、3a（pH=9）。闪点 200℃。

毒性　急性经口 LD_{50}：雄和雌大鼠约 6mg/kg，小鼠、狗和猫约 10mg/kg。大鼠急性经皮 LD_{50} 约 80mg/kg。本品对兔眼睛和皮肤有轻微刺激。大鼠吸入 LC_{50}（4h）约 0.12mg/L（气溶胶）。大鼠（2a）NOEL 值 0.56mg/(kg·d)。ADI 值：0.0008mg/kg。

生态效应　急性经口 LD_{50}：山齿鹑 0.7～1.6mg/kg，野鸭 0.9～1.2mg/kg。饲喂 LC_{50}（5d）野鸭 316mg/kg，山齿鹑 LC_{50} 38mg/kg。鱼类 LC_{50}（96h）：大翻车鱼 0.0096mg/L、虹鳟鱼 0.0721mg/L。水蚤 LC_{50}（48h）0.0019mg/L。海藻 E_rC_{50} 11mg/L。蚯蚓 LC_{50} 795mg/kg（土壤）[400g/L（乳油）]。对鱼类毒性中等。按推荐剂量使用，对蜜蜂和蚕无

害，对鸟类有毒，对家禽剧毒。

环境行为　本品经口进入动物体内后，迅速代谢，氧化为砜和亚砜，继而水解、共轭，同时有部分脱烷基化，代谢物通过尿排出；在植物中，本品通过硫基氧化和水解方式降解，主要代谢物为砜和亚砜；对土壤中的微生物无影响，在水中易降解，在土壤表面可降解，在土壤中持效期约 4 个月。本品在土壤中流动慢，半衰期（需氧型和厌氧型土壤）为几周，其主要代谢物为砜、亚砜和酚化合物。

制剂与分析方法　主要剂型有微胶囊剂、乳油、乳剂（水包油）、颗粒剂。主要产品有10％、20％颗粒剂。可用 GC-MSD/HPLC-UV 进行分析。

作用机理与特点　胆碱酯酶的直接抑制剂，是一种具有触杀和胃毒作用的高效、内吸性杀虫剂，残效期长，药剂从根部吸收进入植物体内，经茎秆和叶片向顶部输导，在植物体内可以上下传导，同时药剂也能很好地分布于土壤中，由于药剂水溶性好，借助雨水或灌溉水进入作物的根层，对线虫的防治提供了双重的保护作用。对于土壤中的体外寄生线虫苯线磷的药效比亚砜代谢物更有效和更持久，代谢物砜的药性最差。而对于植物体内寄生虫砜比亚砜的效果要好。

应用

适用作物　香蕉、菠萝、柑橘、仁果、核果、葡萄、麻、棉花、咖啡、可可、黄秋葵、花生、大豆、葫芦、番茄、马铃薯、蔬菜、甜菜、观赏植物、烟草、草皮等。

防治对象　外寄生虫、体内寄生虫、根瘤线虫、结节线虫和自由线虫，以及蚜虫、蓟马、粉虱、盲蝽、红蜘蛛等刺吸式口器害虫。

使用方法　可在播种或作物生长期使用，可沟施、穴施或撒施，也可把药液直接施入灌溉水中。土壤施药对作物无药害。

防治花生、棉花、烟草、麻、蔬菜等作物线虫，用 10％颗粒剂 30～60kg/hm^2，均匀地撒施后，耕翻入土，然后播种，也可在作物根侧开沟，将药施入沟内后覆土，或待花生等作物幼苗出土后，直接施于株行间。

防治柑橘、葡萄、香蕉、可可、咖啡等多年生果树线虫，用 10％颗粒剂 45～75kg/hm^2，进行沟施。

防治大豆根线虫、根结线虫，用 10％颗粒剂 1～4kg/hm^2 进行条施或用 10％颗粒剂 4～6kg/hm^2 撒施。

防治马铃薯金线虫、根结线虫、自由习居线虫，用 10％颗粒剂 7.5kg/hm^2 撒施。

专利与登记

专利名称　Pest control agents

专利号　US 2978479　　专利公开日　1961-04-04

专利申请日　1959-05-04　　优先权日　1958-03-08

专利拥有者　Bayer AG

制备专利　US 2978479、DE 3323182 等。

制剂或剂型专利　JP 61212506、JP 62029506、EP 214427、JP 02124802、EP 564945、DE 19840582 等。

苯线磷原药已在我国获得登记，登记号为 LS 20061499、LS 20072097、LS 20083144，对应的登记厂家为浙江禾本农药化学有限公司、山东省青岛瀚生生物科技股份有限公司、江苏云帆化工有限公司。

苯线磷已经在欧盟进行了重新登记。

合成方法

经如下反应制得苯线磷：

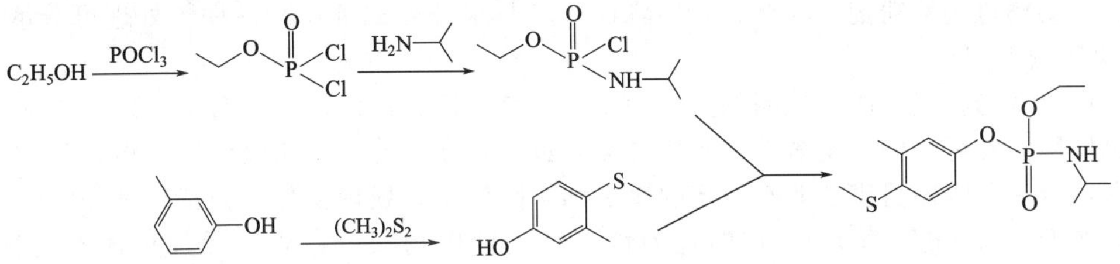

1 The Pesticide Manual. 15th ed.：463-464.

2 http：//www.chemgogo.com/info/casproduct/174205 _ 0.html.

3 US 2978479.

4 华南农业大学学报，2010，3：36-39.

5 食品研究与开发，2007，6.139-140.

208　乙酰甲胺磷（acephate）

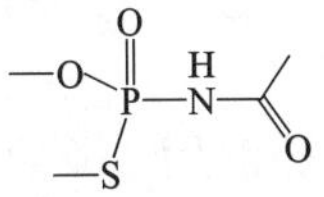

$C_4H_{10}NO_3PS$，183.2

产品简介

乙酰甲胺磷［试验代号：Ortho 12420、ENT 27822，通用名称：acephate，商品名称：Orthene、Ortran、Acevol、Aimthene、Asataf、Cekucefate、Hilphate、Insectin、Lancer、Pace、Racet、Rival、Rythane、Saphate、Starthene、Torpedo、Acevol、Amcothene、Generate、Matrix、Missile、Pace、Tiffat、Viaphate、Koranda，其他名称高灭磷］是 J. M. Grayson 介绍其杀虫活性，P. S. Magee 总结此类化合物构效关系，由 Chevron Chemical Co. 开发的有机磷类杀虫剂。

化学名称　*O*，*S*-二甲基乙酰基硫代磷酰胺酯。英文化学名称为 *O*，*S*-dimethyl acetylphosphoramidothioate。美国化学文摘系统名称为 *N*-[methoxy(methylthio)phosphinoyl]acetamide。CA 主题索引名称为 phosphoramidothioic acid—，acetyl-*O*，*S*-dimethyl ester。CAS 登录号为［30560-19-1］。

组成　原药纯品含量大于 97%。

理化性质　无色结晶（原药：无色固体），熔点 88～90℃（原药 82～89℃）。蒸气压 2.26×10^{-4} Pa（24℃）。相对密度 1.35。K_{ow} lg$P$＝－0.89。水中溶解度（20℃）790g/L；其他溶剂中溶解度（20℃，g/L）：丙酮 151、乙醇＞100、乙酸乙酯 35、甲苯 16、正己烷 0.1。稳定性：氢解 DT_{50} 50d（pH＝5～7，21℃），光解 DT_{50} 55h（λ＝253.7nm）。

毒性　大鼠急性经口 LD_{50}：雄 1447mg/kg，雌 1030mg/kg。兔急性经皮 LD_{50}＞10000mg/kg。本品对兔皮肤有轻微刺激，对豚鼠皮肤无刺激。大鼠吸入 LC_{50}（4h）＞15mg/L（空气）。NOEL 值（2a）：大鼠 0.25mg/(kg·d)，狗 0.75mg/(kg·d)。ADI 值：0.01mg/kg。国外毒性分类：WHO-Ⅲ。

生态效应　急性经口 LD_{50}：野鸭 350mg/kg、鸡 852mg/kg。鱼类 LC_{50}（96h）：大翻车鱼 2050mg/L、虹鳟鱼＞1000mg/L、斑点叉尾鮰 2230mg/L、大口黑鲈 1725mg/L，食蚊鱼 750mg/L。水蚤 EC_{50}（48h）67.2mg/L，NOEC 值 43mg/L。蜜蜂 LD_{50} 1.2μg/只（接触）。蚯蚓 LC_{50}（14d）22974mg/kg（土壤），NOEC 值 10000mg/kg。

环境行为　本品在动物和植物体内代谢为甲胺磷，在植物体中持效期为 10～15d。在土壤中易生物降解，其主要代谢物为甲胺磷，DT_{50} 2d（需氧）～7d（厌氧）。其水溶液 DT_{50}

6.6d（厌氧代谢）。

制剂与分析方法　主要产品或制剂有 25%、50%、75%可溶性粉剂，2.5g/L、10g/L 气雾剂，25%可湿性粉剂，30%、40%乳油，97%水分散粒剂，70%种子处理可分散粉剂。可用 GC 进行分析。

作用机理与特点　胆碱酯酶的直接抑制剂。具广谱、低毒、持效期长，具有内吸、触杀和胃毒作用，并可杀卵，是缓效性有机磷类杀虫剂，在施药后，初效作用缓慢，2～3d 后效果显著，对一些鳞翅目害虫兼有一定的熏蒸和杀卵作用。残留活性长，持效期 10～21d。使用浓度在 50～100g(a.i.)/100L 的范围内，对多种作物安全，对红元帅可能有轻微叶片烧伤。

应用

适用作物　柑橘、葡萄、橄榄、棉花、大豆、坚果、甜菜、芹菜、豌豆、马铃薯、水稻、烟草等果树、观赏植物、林业和其他作物。

防治对象　蚜虫、蓟马、锯蝇、潜叶虫、叶蝉科、鳞翅目幼虫等多种咀嚼式、刺吸式口器害虫和害螨。

残留量与安全施药　不能与碱性农药混用，不宜在桑、茶树上使用，在蔬菜上使用的安全期至少 7d。在蔬菜、柑橘上最大允许残留量为 5mg/kg。

使用方法

棉花，①棉蚜、红蜘蛛：用 40%乳油 1.5L/hm^2，对水 800～1000kg 均匀喷雾，施药后 2～3d 防效上升很慢，施药 5d 后，防效可达到 90%以上，有效控制期为 7～10d；②棉小象甲、棉盲蝽象：在两虫发生危害初期，用 40%乳油 0.75～1.5L/hm^2，对水 800～1000kg 均匀喷雾；③棉铃虫：在 2～3 代卵孵盛期，用 40%乳油 3～4L/hm^2，对水 1000～1500kg 均匀喷雾，有效控制期为 7d 左右。但对棉红铃虫防效较差，不宜使用。

水稻，①二化螟：在卵孵高峰期，用 40%乳油 2.5～3L/hm^2，加常量水均匀喷雾，有效控制期为 5d 左右；②三化螟引起的白穗：在水稻破口到齐穗期，用 40%乳油 2.5～3L/hm^2，对水均匀喷雾，防效可达 95%左右，在螟害严重的情况下，可将螟害率控制在 0.3%以下。但在螟虫发生期长，水稻抽穗又不整齐的情况下，5d 后再喷一次药。由于本品对三化螟无触杀毒力，而且药效期较短，因而对三化螟引起的枯心防效较差，一般不宜使用；③稻纵卷叶螟：在水稻分蘖期，2～3 龄幼虫蔸虫量 45～50 头，叶被害率 7%～9%，孕穗抽穗期，2～3 龄幼虫蔸虫量 25～35 头，叶被害率 3%～5%时，用 40%乳油 2～3L/hm^2，对水 900～1000kg 均匀喷雾；④稻飞虱：在水稻孕穗抽穗期，2～3 龄若虫高峰期，百蔸虫量 1300 头；乳熟期，2～3 龄若虫高峰期，百蔸虫量 2100 头时，用 30%乳油 1.5～2L/hm^2，对水 900～1000kg 均匀喷雾；对稻叶蝉、稻蓟马等也有良好的兼治效果。

蔬菜，小菜蛾、菜青虫、斜纹夜蛾及烟青虫等鳞翅目害虫：在 2～3 龄期，用 40%乳油 1.5～2L/hm^2，对水 600～750kg 均匀喷雾，药效期 5d 左右，而且对敌百虫等产生抗性的小菜蛾、菜青虫也有良好的效果，并兼治各种蔬菜上的蚜虫及螨类。

果树，①桃小食心虫、梨小食心虫及桃蛀螟等蛀果害虫：在成虫产卵高峰期，卵果率达 0.5%～1%时，用 40%乳油 400～600 倍液均匀喷雾，有效控制期为 5～7d；②苹果小卷叶蛾、苹果黄蚜、苹果瘤蚜及红蜘蛛：用 40%乳油 400～600 倍液均匀喷雾；③柑橘介壳虫：在 1 龄若虫期，用 40%乳油 400～600 倍液均匀喷雾。

花卉，①蚜虫、红蜘蛛、避债蛾、刺蛾：用 40%乳油 400 倍液常量喷雾；②介壳虫：在 1 龄若虫期，用 40%乳油 450～600 倍液均匀喷雾。

防治玉米、小麦黏虫：在 3 龄幼虫期，用 40%乳油 1.5～2L/hm^2，对水 800～1000kg

喷雾，并对蚜虫、麦叶蜂等有兼治作用。

防治烟草烟青虫，在3龄幼虫期，用30%乳油1.5～3L/hm^2，对水750～1500kg喷雾。

注意事项 ①本产品在蔬菜的安全间隔期为7d，秋、冬季节为9d，每季最多使用2次；水稻、棉花、果树、柑橘、烟草、玉米和小麦的安全间隔期为14d，每季最多使用1次。②使用时均匀喷雾表面，以利提高药效。③处理本品时要穿戴好劳防用品，喷雾时应在上风，戴好口罩，勿吸入雾滴。用药后要用肥皂和清水冲洗干净。④本品不宜在桑、茶树上使用。⑤本品不可与碱性药剂混用，以免分解失效。⑥本品易燃，严禁火种。在运输和贮存过程中注意防火，远离火源。

专利与登记

专利名称 Insecticidal *N*-acylphosphoramidothioates

专利号 DE 2014027　　专利公开日 1970-12-03

专利申请日 1970-03-24　　优先权日 1969-03-25

专利拥有者 Chevron Research Co.

制备专利 CN 101255174、CN 1362019、IN 173949、US 5973180、IN 189754、EP 984017、JP 10007691等。

制剂或剂型专利 JP 50004247、CA 2537369、FR 2805972、JP 2000119113、JP 10114609、JP 10072305、IN 186579、NZ 517610、US 6682751、WO 2005039288、JP 50004247、JP 50069238、JP 50070526、JP 50071838、JP 50071838、JP 50071834、JP 50071836、JP 50099863、JP 50100242、JP 50100241、JP 51088639、JP 56161309等。

在中国申请的与该产品有关的部分专利见表208-1、表208-2。

表208-1 在中国申请的混剂专利

序号	申请号	专利名称
1	01135198.5	新型杀虫剂
2	03124407.6	高效、低毒复配杀虫剂
3	96116652.5	杀虫膏
4	95110942.1	用于防治小菜蛾的混剂
5	94119540.6	乙酰甲胺磷的稳定方法及含有稳定化乙酰甲胺磷的干性农药制剂
6	95118004.5	甲林膏剂杀虫剂
7	98101612.X	一种高效杀虫杀螨剂
8	98112317.1	螨蚧克乳油
9	98110575.0	一种含乙酰甲胺磷农药组合物
10	98106559.7	种衣剂系列产品
11	98114292.3	抗旱型复合种衣剂
12	00113287.3	三唑·乙酰乳油
13	99115424.X	从乙酰甲胺磷原油中提取高纯度乙酰甲胺磷原粉的方法(1)
14	99115425.8	从乙酰甲胺磷原油中提取高纯度乙酰甲胺磷原粉的方法(2)
15	02113935.0	乙酰甲胺磷可溶粉的制备方法
16	02113934.2	高纯度乙酰甲胺磷原粉的制备方法(1)
17	02113936.9	高纯度乙酰甲胺磷原粉的制备方法(2)
18	200410014176.9	拟除虫菊酯类水稻螟虫灭杀用混配杀虫剂
19	03132280.8	灭蟑饵剂
20	200410023899.5	辛硫磷、乙酰甲胺磷复合杀虫可湿性粉剂
21	200510096338.2	斑蝥素与有机磷杀虫剂的增效组合物
22	200310106087.2	一类含抑太保的复合杀虫剂
23	200510041430.9	一种含反式氯氰菊酯和乙酰甲胺磷的增效杀虫组合物
24	200510121340.0	杀灭红火蚁的饵剂
25	200610096729.9	一类防治水稻害虫的复合杀虫剂
26	200610123410.0	一种德国小蠊毒饵
27	200510102209.X	防治杨树天牛的农药主剂及其制成的制剂

续表

序号	申　请　号	专　利　名　称
28	200710063387.5	柴油·乙酰甲胺磷乳油
29	200810015946.X	毒死蜱·乙酰甲胺磷杀虫组合物
30	200810236763.0	一种稳定的乙酰甲胺磷可溶性粒剂及其制备方法
31	200910031087.8	含有烯啶虫胺和乙酰甲胺磷的杀虫组合物
32	200910136089.3	含氰氟虫腙和乙酰甲胺磷的农药组合物
33	200910065601.X	氯氟氰菊酯和乙酰甲胺磷的复配农药
34	200910205314.4	一种增效农药组合物

表 208-2　在中国申请的制备专利

序号	申　请　号	专　利　名　称
1	200510106242.X	高含量甲胺磷和高含量乙酰甲胺磷的制备
2	200710015991.0	一种制备乙酰甲胺磷的新方法
3	200710116350.4	乙酰甲胺磷合成新工艺
4	200710015417.5	由乙烯酮制备乙酰甲胺磷的方法
5	200710168120.2	*O*,*S*-二甲基硫代磷酰氯及其制备和用途
6	200810134497.0	乙酰甲胺磷无水法制备工艺

国外已有27个国家登记注册。

多种剂型已在我国获得登记，如：

毒死蜱14%、乙酰甲胺磷21%乳油，登记号为LS 20070625，登记作物为十字花科蔬菜，315～420g/hm^2喷雾防治菜青虫，登记厂家为上海艾科思生物药业有限公司。

乙酰甲胺磷97%水分散粒剂，登记号为LS 20071614F090136，登记作物为棉花，727.5～873g/hm^2喷雾防治棉铃虫，登记厂家为允发化工（上海）有限公司。

乙酰甲胺磷97%水分散粒剂，登记号为LS 20071614F090053，登记作物为棉花，727.5～873g/hm^2喷雾防治棉铃虫，登记厂家为山东省绿士农药有限公司。

乙酰甲胺磷90%可溶粉剂登记号为PD 20097676，登记厂家为浙江泰达作物科技有限公司。

乙酰甲胺磷97%原药登记号为PD 20098270，登记厂家为南通维立科化工有限公司。

合成方法

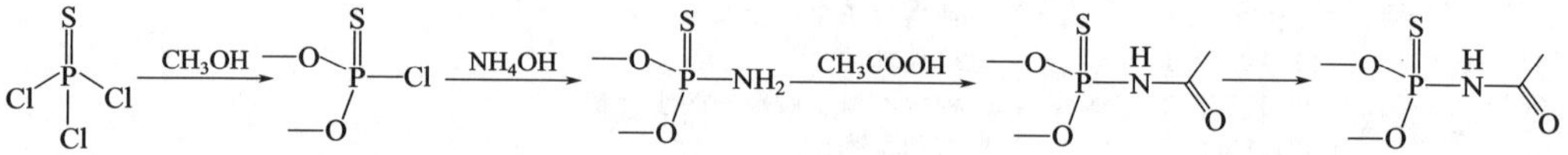

1　The Pesticide Manual. 15th ed.：6-7.

2　US 2005143351.

3　农药商品大全，北京：中国商业出版社，1996：108.

209　异柳磷（isofenphos）

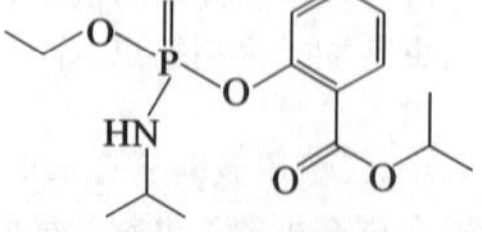

$C_{15}H_{24}NO_4PS$，345.4

产品简介

异柳磷［试验代号：BAY SRA12869、BAY92114，通用名称：isofenphos，商品名称：Oftanol、Amaze、Pryfon、丙胺磷、丰稻松、水杨胺磷、亚芬松（台）、乙基异柳磷、乙基异柳磷胺、异丙胺磷、地虫畏］是B. Homeyer报道，由Bayer AG开发的有机磷类杀虫剂。

化学名称　*O*-乙基-*O*-2-异丙氧基羰基苯基-*N*-异丙基硫代磷酰胺。英文化学名称为(*RS*)-*O*-ethyl *O*-2-*iso*propoxycarbonylphenyl *N*-isopropylphosphoramidothioate，*iso*propyl (*RS*)-*O*-[ethoxy-*N*-*iso*propylamino(thiophosphoryl)]salicylate。美国化学文摘系统名称为 1-methylethyl 2-[[ethoxy [(1-methylethyl)amino]phosphinothioyl]oxy]benzoate。CA 主题索引名称为 benzoic acid—，2-[[ethoxy [(1-methylethyl)amino]phosphinothioyl]oxy]-1-methylethyl ester。CAS 登录号 [25311-71-1]。

理化性质　无色油状液体（原药具有特征气味），蒸气压 2.2×10^{-4}Pa（20℃）、4.4×10^{-4}Pa（25℃）。相对密度 1.313（20℃）。K_{ow} lg$P$=4.04（21℃）。Henry 常数 4.2×10^{-3} Pa·m^3/mol（20℃）。水中溶解度（20℃）18mg/L；其他溶剂中溶解度（g/L）：异丙醇、正己烷、二氯甲烷、甲苯＞200。水溶液稳定性 DT_{50}（22℃）：2.8a（pH＝4）、＞1a（pH=7）、＞1a（pH=9）。本品在实验室中土壤表面光解速率很快，在自然光下，光解速率相对较慢。闪点＞115℃。

毒性　急性经口 LD_{50}：雄和雌大鼠约 20mg/kg，小鼠约 125mg/kg。雄和雌大鼠急性经皮 LD_{50} 约 70mg/kg。本品对兔眼睛和皮肤轻微刺激。大鼠吸入 LC_{50}（4h）：雄约 0.5mg/L（气溶胶），雌约 0.3mg/L（气溶胶）。NOEL 值（2a）：大鼠 1mg/kg（饲料），狗 2mg/kg（饲料），小鼠 1mg/kg（饲料）。ADI 值：0.001mg/kg。

生态效应　急性经口 LD_{50}：山齿鹑 8.7mg/kg，野鸭 32～36mg/kg。野鸭 LC_{50}（5d）4908mg/kg，山齿鹑 LC_{50}（5d）145mg/kg。鱼类 LC_{50}（96h）：金枪鱼 6.49mg/L，蓝鳃鱼 2.2mg/L，虹鳟鱼 3.3mg/L（500g/L EC）。水蚤 LC_{50}（48h）0.0039～0.0073mg/L。海藻 E_rC_{50} 6.8mg/L。本品对蜜蜂无害。蚯蚓 LC_{50} 404mg/kg（土壤）。

环境行为　通过对大鼠体内和肝脏微神经元系统的新陈代谢研究表明，本品在动物体内代谢很快，24h 内，约 95%通过粪便和尿排出。本品在植物中代谢物主要为水杨酸。本品在土壤中流动性不快，在不同的土壤中降解缓慢。

制剂与分析方法　主要产品或制剂有 50%乳油，40%可湿性粉剂，20%拌种剂，5%颗粒剂。可用 GC 进行分析。

作用机理与特点　胆碱酯酶的直接抑制剂，具有触杀和胃毒作用的内吸、传导性杀虫剂，在一定程度上可以经根部向植物体内输导。

应用

适用作物　玉米、蔬菜、油菜、花生、香蕉、甜菜、柑橘等。

防治对象　地下害虫，如蝼蛄、蛴螬、地老虎、金针虫、根蛆等；残效期较长，可达 3～16 周，以及水稻害虫，如螟虫、稻飞虱、稻叶蝉和线虫等。

使用方法　以有效成分计，5kg/hm^2 剂量撒施能有效防治土栖害虫；50～100g/100L 浓度能有效防治食叶害虫。

防治地下害虫，每亩用 5%颗粒剂 5～7kg 撒施，或 2～3kg 沟施或穴施。用 0.05%拌花生种子或麦种防地下害虫，保苗率达 85%～98%。

防治水稻害虫，每亩用 5%颗粒剂 1.33～2kg 防治，或者用乳油配成的有效浓度为 0.05%的药水喷雾防治。

专利概况

专利名称	Amidothionophosphoric acid phenyl esters		
专利号	ZA 6807378	专利公开日	1969-04-23
专利申请日	1968-11-29	优先权日	1967-11-30
专利拥有者	Bayer AG		

在其他国家申请的化合物专利　ZA 6807378、DE 1930216、FR 1600932、EP 286963、DE 1668047、DE 1930216、FR 1600932 等。

制备专利　WO 2003055895 等。

制剂或剂型专利　DE 2926702、DE 2928465、JP 61015638、JP 61212505、JP 61275342、DE 10104871、JP 61212505、US 6454876、WO 2002045507、DE 10104871、US 20050118280、JP 61015638 等。

合成方法

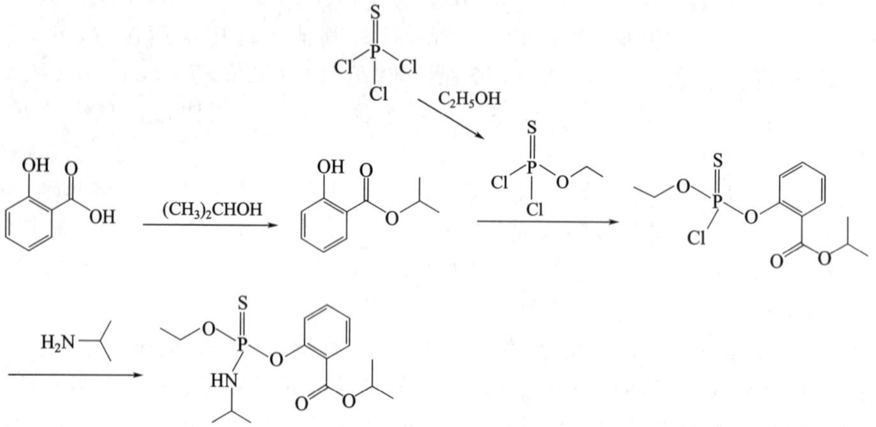

1　The Pesticide Manual. 15th ed.：670.

2　DE 1668047.

3　农药商品大全，北京：中国商业出版社，1996：80.

210　甲胺磷（methamidophos）

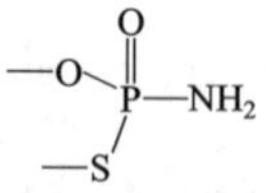

$C_2H_8NO_2PS$，141.1

产品简介

甲胺磷［试验代号：Ortho 9006（Chevron）、Bayer 71628、SRA 5172（Bayer）、ENT 27396，通用名称：methamidophos，商品名称：Nitofol（Bayer CropScience）、Tamaron（Bayer CropScience）、Giant（Hubei Sanonda）、Matón（Ingeniería Industrial）、Monitor（Arysta lifeScience N. America，Bayer CropScience）、MTD-600（Westrade）、Patrole（Reposo）、Pilaron（Pilarquim）、Rometa（Rotam）、Sniper（Plaaskem S. A.，Sundat、达马松［台］、多灭磷、克螨隆、托马隆、灭虫螨胺磷、亚西发甲，其他名称：Afitox T（Siapa）、Agromon（AgroSan）、Bullet（CAS）、Cekumidofos（Cequisa）、Citrimet（Plaaskem S. A.）、Crysmaron（Crystal）、Erkuron（Hekta351）、Hamidop（Arysta lifeScience S. America）、Marathon（Efal）、Metaron（Hui Kwang）、Metasint（Westrade）、Metasip（Sipcam Agro）、Methaphos（Efthymiadis）、Sherman（Chemiplant）、Stron（Nufarm Industria Quimica）、Supermaron（Doğal）、Ninja（＋cypermethrin）(Reposo)、多灭灵、多灭磷、杀螨隆、克螨隆］是 I. Hammann 报道，由 Chevron Chemical Co. 和 Bayer AG 开发的有机磷类杀虫剂。世界主要生产商：Arysta lifeScience、Bayer CropScience、ACA、Crystal、Hangzhou Qingfeng、Hebei Veyong、Hubei Sanonda、Hui Kwang、Lanfeng、Lanxi、Ningbo Pesticides、Pilarquim、Reposo、Saeryung、Sanonda Zhengzhou、Shandong Huayang、Sinon、Sundat、Taiwan Tainan Giant、Tekchem、Westrade、Zhejiang linghua。

化学名称　*O*,*S*-二甲基氨基硫代磷酸酯。英文化学名称为 *O*,*S*-dimethyl phosphoramidothioate。美国化学文摘系统名称为 *O*,*S*-dimethyl phosphoramidothioate。CA 主题索引名称 phosphoramidothioic acid *O*,*S*-dimethyl ester。CAS 登录号为 [10265-92-6]。

理化性质　无色晶体，具有硫醇气味，熔点 45℃。沸点>160℃，高温分解。闪点约 42℃。蒸气压 2.3×10^{-3} Pa（20℃）、4.7×10^{-3} Pa（25℃）。相对密度 1.27（20℃）。分配系数 K_{ow} $\lg P=-0.8$（20℃）。Henry 常数<1.6×10^{-6} Pa·m³/mol（20℃）。水中溶解度（20℃）>200g/L；其他溶剂中溶解度（20℃，g/L）：正己烷 0.1～1、异丙醇>200、二氯甲烷>200、甲苯 2～5。稳定性：正常条件下贮存稳定，其水溶液受热在沸腾前即分解，在 pH3～8 下稳定，遇酸或碱分解，水溶液稳定性 DT_{50}（22℃）：1.8a（pH=4）、110h（pH=7）、72h（pH=9）。光降解速率很慢。该物质属第四类 B 级有机剧毒品。

毒性　大鼠急性经口 LD_{50}：雄 15.6mg/kg，雌 13.0mg/kg。兔急性经皮 LD_{50}：雄 122mg/kg，雌 69mg/kg。本品对兔皮肤无刺激，对眼睛有轻微刺激，对豚鼠皮肤无刺激。雄和雌大鼠吸入 LC_{50}（4h）213mg/m³。NOEL 值：狗（1a）0.06mg/(kg·d)，大鼠（2a）0.1mg/(kg·d)，小鼠（2a）0.7～0.8mg/(kg·d)。ADI 值：（JMPR）0.004mg/kg，（EC）0.001mg/kg，（EPA）aRfD 0.003，cRfD 0.0003mg/kg。

生态效应　鸟类：山齿鹑急性经口 LD_{50} 10mg/kg。饲喂 LC_{50}（5d）：山齿鹑 42mg/L，日本鹌鹑 92mg/L，野鸭 1302mg/L。鱼类 LC_{50}（96h，静态）：大翻车鱼 34mg/L，虹鳟鱼 25mg/L，红鲈 5.6mg/L。水蚤 EC_{50}（48h）0.27mg/L。海藻 E_rC_{50}（96h，静态）>178mg/L。对蜜蜂有毒。蚯蚓 LC_{50}（14d）：44mg/kg（土壤）。

环境行为　在大鼠和牛、马等动物体内，本品被迅速吸收并均匀分布于所有器官和组织，超过一半以上的甲胺磷被迅速代谢，通过尿和呼吸排出，留在动物体内的甲胺磷通过形成微弱的碳键，转化为内源性化合物，随着这些化合物的自然转变而代谢。在大鼠体内主要通过脱氨基和脱甲基代谢。对植物根部施药后，本品被迅速吸收，并随着蒸腾作用的流动转移到叶片。植物叶片施药后，吸收也很快，但几乎不能转移到其他部位。本品在土壤中降解很快 DT_{50}：田间<2d，水 5～27d（pH=7），光解可导致进一步的降解，在空气中迅速降解，光解 DT_{50} 0.578d。

制剂与分析方法　主要产品或制剂有 50%乳油，2%粉剂，3%颗粒剂。产品可用 RPLC 进行分析，残留物可用 GC-FID 检测。

作用机理与特点　胆碱酯酶的直接抑制剂，具有触杀和胃毒作用的内吸、传导性杀虫剂，具有一定的熏蒸作用，对螨类还有杀卵作用，杀虫范围广，持效期长，对蚜、螨可持效 10d 左右，对飞虱、叶蝉约 15d，对鳞翅目幼虫胃毒作用小于敌百虫，而对蝼蛄、蛴螬等地下害虫防效优于对硫磷。

应用

适用作物　水稻、棉花、大豆、观赏植物、玉米、高粱、小麦、烟草、马铃薯、果树等。

防治对象　能有效防治刺吸口器害虫和咀嚼式口器害虫，如蚜虫、红蜘蛛、粉虱、飞虱、斜纹夜蛾等。对钻蛀性害虫及蝼蛄、蛴螬等地下害虫及对有机磷产生抗性的害虫都有良好的防治效果。

残留量与安全施药　①本品是高毒农药，不能用于蔬菜、烟草、茶叶及中草药材上。使用中应严格执行农药安全使用所规定的安全间隔期及高毒农药安全操作规程。②高温季节不宜采用低容量或超低容量喷雾，以免中毒。③不能与碱性药剂混用；拌种时，对某些高粱品种的种子发芽率略有影响，使用时应先试验。本品在菜花、芹菜、番茄上最大允许残留量为2mg/kg，在黄瓜、洋白菜、茄子上为1mg/kg，牛羊肉中为0.01mg/kg。

使用方法　使用剂量：0.3～1.2kg(a.i.)/hm²。

水稻，①防治二化螟、三化螟的枯心：在卵孵高峰前1～2d，防治白穗掌握在5%～10%破口露穗时，用50%乳油1.5～2L/hm²，对水喷雾；②防治稻纵卷叶螟：重点在水稻穗期，于幼虫1～2龄高峰期，用50%乳油1～1.5L/hm²，对水喷雾，一般年份用药一次，大发生年份用药1～2次，并适当提早第一次施药时间；③防治稻飞虱、稻叶蝉：在2～3龄若虫期，用50%乳油1.5～2L/hm²，对水喷雾或泼浇。由于本品对褐稻虱的天敌蜘蛛等杀伤作用较大，连续施药后易导致褐稻虱的再猖獗，因此，应尽量与氨基甲酸酯类农药交替使用；④防治稻蓟马：在卵孵高峰到叶片出现初卷时，用50%乳油0.75～1L/hm²，对水常量喷雾，药效期为7～10d。

棉花，①防治棉蚜、红蜘蛛、蓟马、盲蝽象、叶蝉等：用50%乳油2000倍液或0.75～1L/hm²，对水常量喷雾；②防治棉铃虫、棉红铃虫、斜纹夜蛾等：于卵孵盛期，用50%乳油1～1.5L/hm²，对水喷雾。

大豆，防治大豆蚜虫、红蜘蛛、造桥虫、尺蠖、蓟马、豆天蛾、多种叶蛾等：用50%乳油1000～1500倍液或1～1.5L/hm²对水喷雾。

地下害虫，①蝼蛄、蛴螬等：用50%乳油75～100mL，加水5kg，拌玉米、高粱、小麦等种子50kg，堆闷1h，吸干药液后播种；②防治蟋蟀：用50%乳油450～750mL，麦麸40kg拌毒饵，或用药1.5～2L/hm²与细土600kg拌成毒土撒施。

其他害虫，①防治观赏植物上的红蜘蛛、蚜虫、介壳虫、蓟马、卷叶蛾、粉虱等：用50%乳油800～1000倍液喷雾；②防治玉米螟：用3%颗粒剂15～22.5kg/hm²撒于玉米心叶；③防治麻类作物苗期蚜虫：用3%颗粒剂45～60kg/hm²拌细土750kg，撒于播种沟并覆土；④防治桃小食心虫的越冬幼虫或脱果幼虫，用3%颗粒剂150kg/hm²撒施地面。

专利概况

专利名称　Preparation of amidothiolophosphoric acid esters

专利号　NL 6508556　　专利公开日　1966-01-03

专利申请日　1965-07-02　　优先权日　1964-07-02

专利拥有者　Bayer CropScience

在其他国家申请的化合物专利　BE 666143、DE 1210835、DE 2552945、DE 2116690、DE 2118469、DE 2135349、DE 2260576、DE 2211338、DE 2246890、FR 2001829、GB 1230951、NL 6508556、NL 6602588、NL 6602589、US 3639547、US 3810959、US 391784等。

制备专利　DD 161051、DE 3228868、EP 65236等。

制剂或剂型专利　DD 209098、DD 161048、DD 161047、DD 219097、DE 3119965、EP 15749、NZ 517610、US 5922698、US 5798346、WO 2000002453、WO 9963829等。

在中国申请的与该产品有关的部分专利见表210-1。

表210-1　在中国申请的专利

序号	申请号	专利名称
1	01135198.5	新型杀虫剂
2	03114895.6	适用于甲胺磷残留分析的酶联免疫吸附测定试剂盒
3	03124407.6	高效、低毒复配杀虫剂
4	96106757.8	复合有机磷杀虫剂(卵虫绝)及其制法
5	96106317.3	一种农药残留降解菌剂及其生产方法
6	95115762.0	棉铃安

续表

序号	申　请　号	专　利　名　称
7	96116652.5	杀虫膏
8	96104825.5	超威40%甲辛氰乳油
9	97104182.2	除虫剂组合物
10	87102238	甲胺磷乳膏
11	88105814.9	叶胺磷乳剂
12	91101697.X	甲胺磷的合成方法
13	91105251.8	甲硫基离子选择性电极
14	91110588.3	仲胺磷乳剂
15	91108740.0	甲胺磷合成新工艺
16	91111004.6	鱼胺菊酯乳油
17	93111273.7	杀虫王
18	93111638.4	胺虱灵和敌虱灵农药
19	94105888.3	一种广谱性复配杀虫剂及其生产方法
20	94111988.2	3%双甲杀虫颗粒剂
21	95110942.1	用于防治小菜蛾的混剂
22	94110720.5	杀虫王
23	95118004.5	甲林膏剂杀虫剂
24	95119503.4	中药杀虫防病微肥组合物及其制备方法
25	96118464.7	提高甲胺磷转位收率和甲胺磷原油稳定性的方法
26	96116127.2	一种高渗透杀虫农药
27	98101612.X	一种高效杀虫杀螨剂
28	97112828.6	*O*,*S*-二甲基(2,2,2-三氯-1-羟基-乙基)硫代磷酰胺
29	98110231.X	一种杀虫剂组合物
30	98112317.1	螨蚧克乳油
31	98106559.7	种衣剂系列产品
32	98115769.6	氟铃脲复配农药
33	98115768.8	氟虫腈复配农药
34	97105194.1	麦田用杀虫、杀菌复合乳油
35	97117253.6	一种制备农用马甲磷乳油的配方
36	98112075.X	水溶液农药
37	99115623.4	增加甲胺磷原油稳定性的方法
38	98114292.3	抗旱型复合种衣剂
39	99118287.1	三氯乙酰氯光氧化合成新工艺
40	01114706.7	甲胺磷人工抗原制备方法
41	01104868.9	一种取代甲胺磷高效杀虫剂组合物
42	00131528.5	甲胺磷低毒化衍生物及其在杀虫剂中的应用
43	200710036144.2	高纯度*O*,*S*-二甲基硫代磷酰胺的制备提纯方法
44	200410014176.9	拟除虫菊酯类水稻螟虫灭杀用混配杀虫剂
45	200410037973.9	枣树甲口保护剂
46	200410013327.9	高效杀虫农药
47	200310110567.6	家用饭菜农药化毒液
48	03132280.8	灭蟑饵剂
49	02150172.6	一种除虫剂
50	02148427.9	硫代磷酰胺类杀虫剂的衍生物
51	200310106087.2	一类含抑太保的复合杀虫剂
52	02115933.5	有机磷酰胺盐酸盐
53	200510074524.6	产碱杆菌及其在降解甲胺磷中的应用
54	200410018566.3	一种生物除虫液
55	200410071778.8	高含量甲胺磷的制备方法
56	200410041782.X	瓜、豆类蔬菜上美洲斑潜蝇的防治方法
57	200510096338.2	斑蝥素与有机磷杀虫剂的增效组合物
58	200510126412.0	一种甲胺磷半抗原、人工抗原及其制备方法
59	200510121340.0	杀灭红火蚁的饵剂
60	200510042012.1	一种降低苹果汁中甲胺磷含量的方法
61	200510101907.8	一种检测甲胺磷农药残留的免疫胶体金试剂及其制备方法
62	200510059055.0	含氟虫腈的复配杀虫组合物

续表

序号	申 请 号	专 利 名 称
63	200510044468.1	一种降低甲胺磷含量的果汁的加工方法
64	200610096728.4	一种防治稻飞虱和稻纵卷叶螟的复合杀虫剂
65	200510106242.X	高含量甲胺磷和高含量乙酰甲胺磷的制备
66	200610096729.9	一类防治水稻害虫的复合杀虫剂
67	200610123410.0	一种德国小蠊毒饵
68	200510096207.4	一种大豆酯酶的制备方法
69	200510102209.X	防治杨树天牛的农药主剂及其制成的制剂
70	200510102208.5	一种控制木本植物害虫的药膏
71	200610172198.7	一种抗旱耐盐碱多功能棉花种衣剂
72	200710066620.5	一种诱杀蟑螂的药剂及其制备方法
73	200810008747.6	氟虫腈与甲基毒死蜱、氯甲胺磷复配杀虫组合物
74	200810196198.X	含有氟硅菊酯的复合杀虫剂
75	200810156901.4	防治稻纵卷叶螟的水乳剂
76	200710168120.2	*O*,*S*-二甲基硫代磷酰氯及其制备和用途
77	200710158094.5	一种杀蟑螂胶饵
78	200910094059.0	一种环境友好型生物农药及其制备方法
79	200810183491.2	多种有机磷通用抗体及通用包被抗原的制备
80	200810096864.2	一种玉米增产肥的配制方法
81	200810096893.9	一种高粱增产肥的配制方法
82	200910062723.3	一种用于甲胺磷原油萃取的混合萃取剂
83	200910020635.7	一种蜡状芽孢杆菌菌株及用它制备的拟除虫菊酯类农药的降解酶及其制备方法
84	200910034132.5	含有吡蚜酮的杀虫组合物
85	200910205314.4	一种增效农药组合物
86	200910160789.6	一种增效杀虫组合物及其应用
87	201010100987.6	含有醚菊酯和吡蚜酮的复合杀虫剂
88	200810158598.1	一种植物保护膜
89	200810158679.1	一种菜青虫杀毒液
90	200810159756.5	一种西瓜虫杀虫剂
91	200910096898.6	一种硫代磷酰胺类农药及制备方法
92	200520142626.2	快速检测甲胺磷、倍硫磷、草甘磷残留的胶体金试纸
93	200620130807.8	厨房食品脱毒机

合成方法

通过如下反应制得目的物：

（1）直接异构法

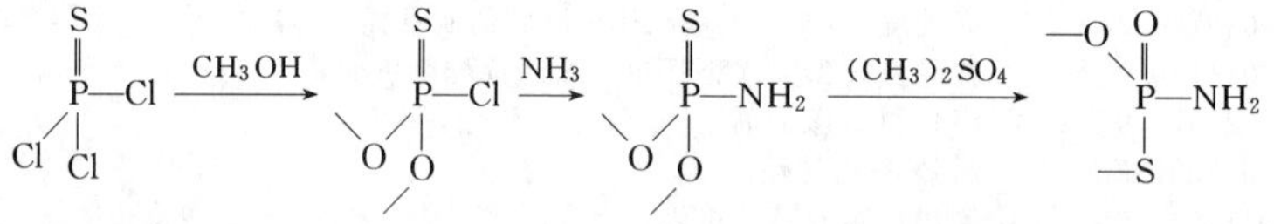

（2）水解异构法

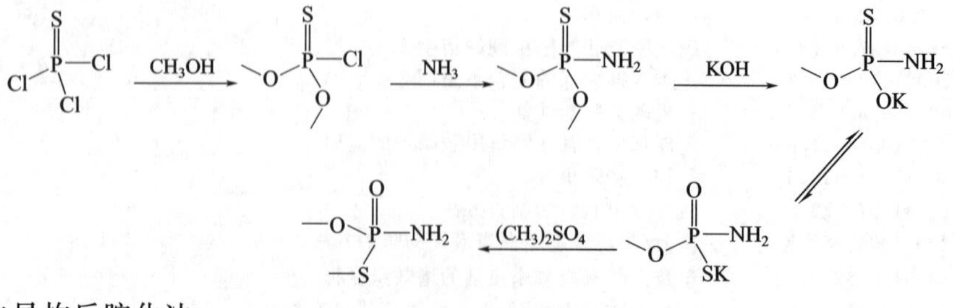

（3）先异构后胺化法

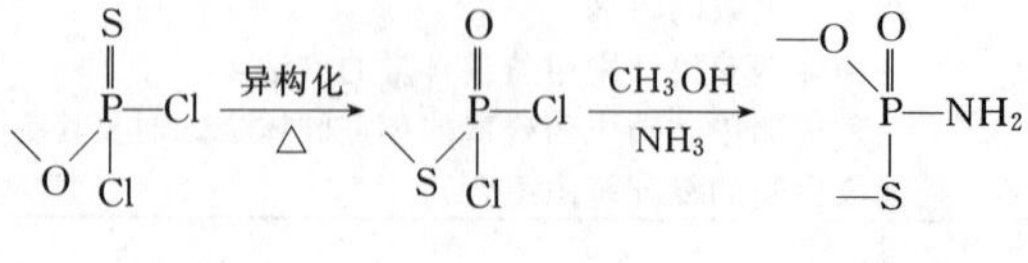

1 The Pesticide Manual. 15th ed.: 752-753.
2 US 3309266.
3 农药商品大全，北京：中国商业出版社，1996：106-107.

211 胺丙畏（propetamphos）

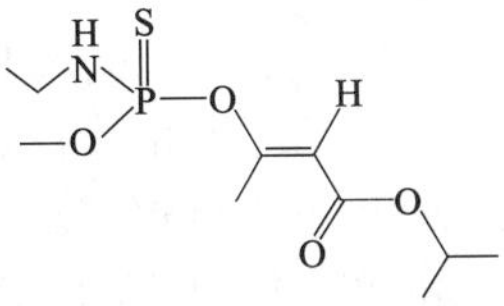

$C_{10}H_{20}NO_4PS$，281.3

产品简介

胺丙畏（试验代号：SAN521391、OMS1502，通用名称：propetamphos，商品名称：Safrotin、烯虫磷、巴胺磷、赛福丁）是 J. P. Leber 报道，由 Sandoz AG（现为先正达）开发的有机磷类杀虫剂。主要生产商及商品名：Novartis、Safrotin（Nippon Kayaku）、Blotic（Nippon Kayaku）、eNKamphos（Nippon Kayaku）、Seraphos（Nippon Kayaku）。

化学名称 (*E*)-*O*-2-异丙氧羰基-1-甲基乙烯基-*O*-甲基-*N*-乙基硫代磷酰胺。英文化学名称为（*E*）-*O*-2-*iso*propoxycarbonyl-1-methylvinyl-*O*-methyl ethylphosphoramidothioate。美国化学文摘系统名称为 1-methylethyl（*E*）-3-[[(ethylamino) methoxyphosphinothioyl]oxy]-2-butenoate。CA 主题索引名称为 2-butenoic acid—，3-[[(ethylamino) methoxyphosphinothioyl]oxy]-1-methylethyl ester，(2*E*)-。CAS 登录号为［31218-83-4］。

理化性质 淡黄色油状液体（原药），沸点 87～89℃（0.005mmHg）。蒸气压 1.9mPa（20℃）。相对密度 1.1294（20℃）。K_{ow} lg$P$=3.82。水中溶解度（24℃）110mg/L，与丙酮、乙醇、甲醇、正己烷、乙醚、二甲基亚砜、氯仿和二甲苯互溶。在正常贮存条件下稳定 2 年以上（20℃），其水溶液（5mg/L）光照 70h 不分解。水解 DT_{50}（25℃）：11d（pH=3）、1y（pH=6）、41d（pH=9）。pK_a 13.67（23℃）。

毒性 大鼠急性经口 LD_{50}：雄 119mg/kg，雌 59.5mg/kg。大鼠急性经皮 LD_{50}：雄 2825mg/kg，雌>2260mg/kg。大鼠吸入 LC_{50}（4h）：雄>1.5mg/L（空气），雌 0.69mg/L（空气）。大鼠 NOEL 值（2a）6mg/kg（饲料）。ADI/RfD（EPA）aRfD 0.0005，cRfD 0.0005mg/kg [2006]。

生态效应 野鸭急性经口 LD_{50} 197mg/kg。鱼 LC_{50}（96h）：鲤鱼 7.0mg/L，虹鳟鱼 4.6mg/L。水蚤 LC_{50}（48h）14.5μg/L。绿藻 LC_{50}（96h）2.9mg/L。

环境行为 胺丙畏在大鼠体内完全代谢并迅速通过尿和呼吸排出。通过磷酸酯和羧酸酯键的水解，继而共轭、氧化，胺丙畏最终转化为无毒的 CO_2。土壤室内残效期为 2～3 个月。

制剂与分析方法 主要剂型有微囊悬浮剂、粉剂、乳油、水乳剂、LA、可湿性粉剂。主要产品或制剂有 20%、40%、50%乳油，1%、2%粉剂。可用 GC（带有 FID）进行分析。

作用机理与特点 胆碱酯酶的直接抑制剂，具有触杀和胃毒作用的杀虫剂，还有使雄蜱不育的作用。具有长残留活性。

应用

防治对象 蟑螂、苍蝇、跳蚤、蚂蚁、蚊子等家庭、家畜害虫、公共卫生害虫，也能防治虱蜱等家畜体外寄生螨虫类，还可以用于防治棉花蚜虫等。

使用方法 防治棉花苗蚜、伏蚜：用 40%乳油 1000 倍液喷雾。对动物进行药浴或喷淋均可。

专利概况

专利名称　Werkwijze voor het bereiden van een insecticide，acaricideof nematocide-verbinding en preparaat

专利号　DE 2035103　　专利公开日　1971-01-28

专利申请日　1970-01-21　　优先权日　1969-07-18

专利拥有者　SANDOZ AG，BASEL（SCHWEIZ）

在其他国家申请的化合物专利　DE 2739310、US 3758645 等。

制剂或剂型专利　AU 596847B、CA 2004635、CN 87104255、EP 253762、GB 2135886、GB 2176109、HU 51868、IN 167197、JP 01157907、US 4795640、WO 8909543、US 4999346、WO 9925188、WO 9925187、WO 9925187 等。

合成方法

有两条路线，经如下反应制得胺丙畏：

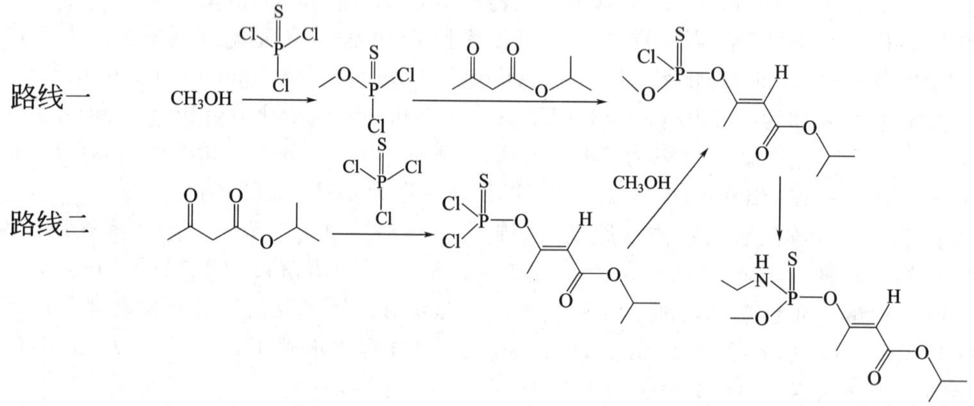

1 The Pesticide Manual. 15th ed.：950-951.

2 US 4999346.

3 农药商品大全，北京：中国商业出版社，1996：93-94.

4 辽宁畜牧兽医，1994，3，20-21.

5 中国兽医科技．1994，3，34-35.

212　硝虫硫磷（xiao chong liu lin）

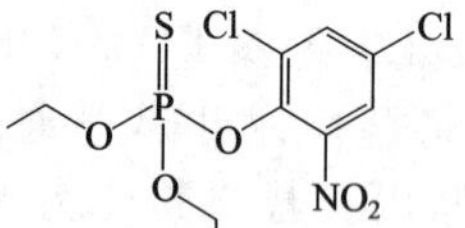

$C_{10}H_{12}Cl_2NO_5PS$，360.2

产品简介

硝虫硫磷（试验代号 89-1）是由四川省化学工业研究设计院研制的防治柑橘介壳虫的高效、低残留的有机磷杀虫剂，杀虫谱广，残留低。已于 1998 年获得国家专利授权，2002 年获得临时登记。主要生产商：四川华英化工有限责任公司、四川利丰化工有限责任公司。

化学名称　*O*,*O*-二乙基-*O*-(2,4-二氯-6-硝基苯基）硫代磷酸酯。英文化学名称为 *O*-2,4-dichloro-6-nitrophenyl-*O*,*O*-diethyl phosphorothioate。CAS 登录号为［171605-91-7］。

理化性质　纯品为无色晶体，熔点 31℃，原药为棕色油状液体，相对密度 1.4377，几乎不溶于水，在水中溶解度（24℃）60mg/kg，易溶于有机溶剂，如醇、酮、芳烃、卤代烷烃、乙酸乙酯及乙醚等溶剂。

毒性　原药大鼠急性经口 LD_{50} 212mg/kg。无致突变、致癌、致畸作用。对鱼中等毒性，对鸟、蜂、蚕安全。

作用机理与特点　触杀、胃毒和强渗透杀虫作用。

应用

适用作物　用于小麦、棉花、茶叶、柑橘、蔬菜、水稻等农作物。

防治对象　主要是用于防治柑橘介壳虫，尤其对防治柑橘矢尖蚧有特效，防效高达90%以上，速效性好，持效期长达20多天。还可防治柑橘矢尖蚧、红蜘蛛、水稻蓟马、飞虱、蔬菜烟青虫等10多种茶叶、柑橘、蔬菜、水稻等农作物的害虫。对作物安全。

使用方法　30%硝虫硫磷乳油在每年的4～7月柑橘矢尖蚧幼虫发生期，用30%硝虫硫磷乳油稀释750～1000倍液喷雾，间隔15d左右再施药1次，即可取得良好的防治效果。除碱性农药外，硝虫硫磷乳油可与其他多种农药混合使用。硝虫硫磷乳油虽属中毒农药品种，但在柑橘采收前20d应停止用药。

药效试验　硝虫硫磷对柑橘矢尖蚧的药效试验在四川、湖北、广西三个地方进行，现将防治试验结果见表212-1～表212-3。

（1）四川

试验单位：四川省药检所

试验药剂：30% 89-1乳油（四川省化学工业研究设计院）

对照药剂：40%速扑杀乳油（江苏诺华农化，市售）

表212-1　30%89-1乳油防治柑橘矢尖蚧试验结果

处理	药前活虫	药后3d防效/%	药后7d防效/%	药后14d防效/%	药后21d防效/%	药后28d防效/%
30% 89-1 750倍	279	83.26Aa	78.03	80.18Aa	82.29	87.67Aa
30% 89-1 1000倍	151	68.57abA	65.06	65.59bcA	68.34	78.25abA
40%速扑杀1000倍	214	66.03Ba	78.97	78.87abA	79.79	87.39Aa
清水对照(虫)	371	365	361	365	346	315

初步评价：30%硝虫硫磷乳油在幼蚧发生期施药对柑橘矢尖蚧有较好的防治效果，其防效与药剂浓度呈正相关，速效性好，持效期3周以上，与对照药剂40%速扑杀1000倍液防效相当，且较40%速扑杀速效性好，对作物安全。

（2）湖北

试验单位：湖北省十堰市植保站

试验药剂：30% 89-1乳油（四川省化学工业研究设计院）

对照药剂：40%速扑杀乳油（瑞士产），40%氧乐果乳油（沙隆达产），机油乳油（宜昌产）

表212-2　30%89-1防治柑橘矢尖蚧试验结果

处理	89-1 800倍	89-1 1000倍	速扑杀1200倍	氧乐果800倍	机油乳油120倍	清水对照
死亡率/%	98.1	93.5	98.4	68.9	80.3	4.7

初步评价：防治柑橘矢尖蚧幼蚧时，30%硝虫硫磷乳油800倍效果与速扑杀1200倍相当，且该药剂的效果显著高于常规治蚧药剂氧乐果和机油乳剂。

（3）广西

试验单位：广西柑橘研究所

试验药剂：30%89-1乳油（四川省化学工业研究设计院）

对照药剂：40%氧乐果乳油（重庆农药厂产）

表 212-3　30% 89-1 乳油防治柑橘矢尖蚧田间药效试验结果　地点：桂林

处理	有效成分用量/(g/hm²)	4次平均虫减退率	防效
30% 89-1 600倍	1237.5	94.2	93.24Aa
30% 89-1 800倍	928.1	90.1	88.1Bb
30% 89-1 1000倍	742.5	84.0	81.3Cc
40%氧乐果 600倍	1237.5	85.8	88.4Cc
对照		14.4	

初步评价：30%硝虫硫磷600倍和800倍与40%氧乐果600倍浓度的防治效果差异均达极显著水平。

专利与登记

专利名称　*O*,*O*-二烷基-*O*-(2,4-二氯-6-硝基苯基）硫代磷酸酯化合物的合成及其制法和用途

申请号　93100324.5　　专利公开日　1994-7-20

专利申请日　1993-1-12　　公开号　CN 1089612

专利拥有者　四川省化学工业研究设计院

在中国申请的硝虫硫磷专利及登记情况见表212-4、表212-5。

表 212-4　在中国申请的专利

序号	申请号	专利名称
1	200510021730.0	硝虫硫磷复配杀虫杀螨剂
2	200610126094.2	硝虫硫磷/哒嗪酮类杀螨剂复配杀虫杀螨剂
3	200610151902.0	硝虫硫磷/除虫菊酯复配杀虫杀螨剂
4	200610125855.2	硝虫硫磷/阿维菌素复配杀虫杀螨剂

表 212-5　四川省化学工业研究设计院登记情况

登记名称	登记证号	含量	剂型	登记作物	防治对象	用药量	施用方法
硝虫·哒螨灵	LS20083031	硝虫硫磷27%、哒螨灵3%	乳油	柑橘	红蜘蛛	300～375g/hm²	喷雾
硝虫硫磷	LS20083131	20%	水乳剂	柑橘	介壳虫	266.7～400mg/kg	喷雾
硝虫硫磷	PD20080772	30%	乳油	柑橘	矢尖蚧	375～500mg/kg	喷雾
硝虫硫磷	PD20080777	90%	原药				

合成方法

经如下反应制得硝虫硫磷：

采用酰化催化剂，以氢氧化钠作缚酸剂，将乙基氯化物与2,4-二氯-6-硝基酚在甲苯溶液中进行缩合反应，生成硝虫硫磷，该工艺路线在1000L反应中进行投料生产，合成收率为95%～98%，产品纯度达90%以上。

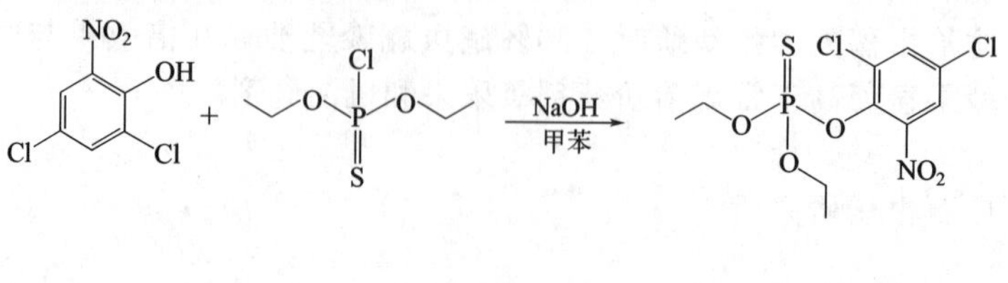

1 CN 93100324.

2 第一届农药交流会论文集.82-83.

3 现代农药，2002，18（1）：14-15.

有机氯杀虫剂

已开发的有机氯类杀虫剂（organochlorine insecticides）共有28个品种：bromo-DDT、camphechlor、DDT、pp′-DDT、ethyl-DDD、HCH、gamma-HCH、lindane、methoxychlor、pentachlorophenol、TDE、aldrin、bromocyclen、chlorbicyclen、chlordane、chlordecone、dieldrin、dilor、endosulfan、alpha-endosulfan、endrin、HEOD、heptachlor、HHDN、isobenzan、isodrin、kelevan、mirex。

此处仅介绍了lindane和endosulfan，gamma-HCH后面有介绍。如下化合物应用范围小或不再作为杀虫剂使用或因毒性太大已被禁用或没有商品化等原因，本书不予介绍，仅列出化学名称及CAS登录号供参考：

bromo-DDT：2,2-bis(4-bromophenyl)-1,1,1-trichloroethane，2990-17-2。

Camphechlor：reaction mixture of chlorinated camphenes containing 67%～69% chlorine，8001-35-2。

DDT：1,1,1-trichloro-2,2-bis(4-chlorophenyl)ethane，50-29-3。

pp′-DDT：1,1,1-trichloro-2,2-bis(4-chlorophenyl)ethane，50-29-3。

ethyl-DDD：1,1-dichloro-2,2-bis(4-ethylphenyl)ethane，72-56-0。

HCH：1,2,3,4,5,6-hexachlorocyclohexane，608-73-1。

Methoxychlor：1,1,1-trichloro-2,2-bis(4-methoxyphenyl)ethane，72-43-5。

Pentachlorophenol：pentachlorophenol，87-86-5。

TDE：1,1-dichloro-2,2-bis(4-chlorophenyl)ethane，72-54-8。

Aldrin：(1*R*,4*S*,4a*S*,5*S*,8*R*,8a*R*)-1,2,3,4,10,10-hexachloro-1,4,4a,5,8,8a-hexahydro-1,4：5,8-dimethanonaphthalene，309-00-2。

Bromocyclen：5-bromomethyl-1,2,3,4,7,7-hexachlorobicyclo[2.2.1]hept-2-ene，1715-40-8。

Chlorbicyclen：1,2,3,4,7,7-hexachloro-5,6-bis(chloromethyl)-8,9,10-trinorborn-2-ene，2550-75-6。

Chlordane：1,2,4,5,6,7,8,8-octachloro-2,3,3a,4,7,7a-hexahydro-4,7-methanoindene，57-74-9。

Chlordecone：perchloropentacyclo[5.3.0.$0^{2,6}$.$0^{3,9}$.$0^{4,8}$]decan-5-one，143-50-0。

Dieldrin：(1*R*,4*S*,4a*S*,5*R*,6*R*,7*S*,8*S*,8a*R*)-1,2,3,4,10,10-hexachloro-1,4,4a,5,6,7,8,8a-octahydro-6,7-epoxy-1,4：5,8-dimethanonaphthalene或1,2,3,4,10,10-hexachloro-6,7-epoxy-1,4,4a,5,6,7,8,8a-octahydro-endo-1,4-*exo*-5,8-dimethanonaphthalene，60-57-1。

Dilor：2,4,5,6,7,8,8-heptachloro-2,3,3a,4,7,7a-hexahydro-4,7-methanoindene，14168-01-5。

alpha-endosulfan：an equimolar mixture of 2 asymmetric, twisted-chair conformers of (5a*R*,6*S*,9*R*,9a*S*)-6,7,8,9,10,10-hexachloro-1,5,5a,6,9,9a-hexahydro-6,9-methano-2,4,3-benzodioxathiepine 3-oxide，959-98-8。

endrin：(1*R*,4*S*,4a*S*,5*S*,6*S*,7*R*,8*R*,8a*R*)-1,2,3,4,10,10-hexachloro-1,4,4a,5,6,7,8,8a-octahydro-6,7-epoxy-1,4：5,8-dimethanonaphthalene或1,2,3,4,10,10-hexachloro-6,7-epoxy-1,4,4a,5,6,7,8,8a-octahydro-*exo*-1,4-*exo*-5,8-dimethanonaphthalene，72-20-8。

HEOD：(1*R*,4*S*,4a*S*,5*R*,6*R*,7*S*,8*S*,8a*R*)-1,2,3,4,10,10-hexachloro-1,4,4a,5,6,7,8,8a-octahydro-6,7-epoxy-1,4：5,8-dimethanonaphthalene或1,2,3,4,10,10-hexachloro-6,

7-epoxy-1,4,4a,5,6,7,8,8a-octahydro-endo-1,4-*exo*-5,8-dimethanonaphthalene，60-57-1。

Heptachlor：1,4,5,6,7,8,8-heptachloro-3a,4,7,7a-tetrahydro-4,7-methanoindene，76-44-8。

HHDN：(1*R*,4*S*,4a*S*,5*S*,8*R*,8a*R*)-1,2,3,4,10,10-hexachloro-1,4,4a,5,8,8a-hexahydro-1,4:5,8-dimethanonaphthalene，309-00-2。

Isobenzan：1,3,4,5,6,7,8,8-octachloro-1,3,3a,4,7,7a-hexahydro-4,7-methanoisobenzofuran，297-78-9。

Isodrin：(1*R*,4*S*,5*R*,8*S*)-1,2,3,4,10,10-hexachloro-1,4,4a,5,8,8a-hexahydro-1,4:5,8-dimethanonaphthalene，465-73-6。

Kelevan：ethyl 5-(1,2,3,4,6,7,8,9,10,10-decachloro-5-hydroxypentacyclo[5.3.0.$0^{2,6}$.$0^{3,9}$.$0^{4,8}$]dec-5-yl)-4-oxovalerate，4234-79-1。

mirex：dodecachloropentacyclo[5.3.0.$0^{2,6}$.$0^{3,9}$.$0^{4,8}$]decane 或 perchloropentacyclo[5.3.0.$0^{2,6}$.$0^{3,9}$.$0^{4,8}$]decane，2385-85-5。

213 硫丹 (endosulfan)

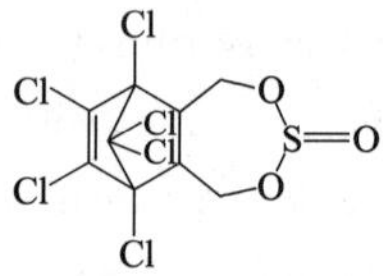

$C_9H_6Cl_6O_3S$，406.9

产品简介

硫丹［试验代号：Hoe 02671 (Hoechst)、FMC 5462，通用名称：endosulfan，商品名称：Malix (Bayer CropScience)、Phaser (Bayer CropScience)、Thiodan (Bayer CropScience)］由 W. Finkenbrink 报道，在美国由 Hoechst AG（现属 Bayer CropScience）和 FMC Corp 开发的有机氯类杀螨剂。主要生产商：Aako、Anpon、Bharat、Coromandel、Drexel、Excel、Gujarat Pesticides、Hindustan、Lucava、Makhteshim-Agan、Milenia、Nortox、Sharda、江苏快达农化有限公司。

化学名称　(1,4,5,6,7,7-六氯-8,9,10-三降冰片-5-烯-2,3-亚基双亚甲基)亚硫酸酯；6,7,8,9,10,10-六氯-1,5,5a,6,9,9a-六氢-6,9-亚甲基-2,4,3-苯并二氧硫庚-3-氧化物。英文化学名称为 (1,4,5,6,7,7-hexachloro-8,9,10-trinorborn-5-en-2,3-ylenebismethylene) sulfite，6,7,8,9,10,10-exachloro-1,5,5a,6,9,9a-hexahydro-6,9-methano-2,4,3-benzodioxathiepine-3-oxide。美国化学文摘系统名称为 6,7,8,9,10,10-hexachloro-1,5,5a,6,9,9a-hexahydro-6,9-methano-2,4,3-benzodioxathiepine-3-oxide。CA 主题索引名称为 6,9-methano-2,4,3-benzodioxathiepin— 6,7,8,9,10,10-hexachloro-1,5,5a,6,9,9a-hexahydro—，3-oxide。CAS 登录号为［115-29-7］硫丹；［959-98-8］α-硫丹，［33213-65-9］β-硫丹。

组成　endosulfan 是两种立体异构体的混合物：α-endosulfan，endosulfan (Ⅰ)，立体化学 3α,5aβ,6α,9α,9aβ-，含量 64%～67%；β-endosulfan，endosulfan (Ⅱ)，立体化学 3α,5aα,6β,9β,9aα，含量 9%～32%。

理化性质　无色晶体，原药颜色为奶油色到棕色，多数为米色。原药熔点≥80℃，α-硫丹 109.2℃，β-硫丹 213.3℃。α-异构体与 β-异构体的比例为 2：1 时，蒸气压为 0.83mPa (20℃)。K_{ow} lg*P* α-硫丹＝4.74，β-硫丹＝4.79（两者 pH 值均为 5）。Henry 系数 α-硫丹 1.48，β-硫丹 0.07（均为 $Pa \cdot m^3/mol$，22℃，计算）。相对密度：原药 1.8 (20℃)。原药

水中溶解度（22℃）：α-硫丹为 0.32mg/L，β-硫丹为 0.33mg/L；其他溶剂中溶解度（20℃）：二氯甲烷、乙酸乙酯、甲苯中均为 200mg/L，乙醇中约为 65mg/L，己烷中约为 24mg/L。稳定性：对日光稳定，在酸和碱的水溶液中缓慢水解为二醇和二氧化硫。

毒性　大鼠急性经口 LD_{50}：70mg/kg（水相悬浮剂），110mg/kg（原药油剂），76mg/kg（原药 α-异构体），240mg/kg（β-异构体）；狗急性经口 LD_{50} 为 77mg/kg（原药）。急性经皮 LD_{50}（油剂）：兔 359mg/kg，雄大鼠＞4000mg/kg，雌大鼠 500mg/kg。大鼠吸入 LC_{50}（4h）：雄大鼠为 0.0345mg/L，雌大鼠为 0.0126mg/L。NOEL 值：大鼠（2a）0.6mg/(kg·d)，狗（1a）0.57mg/(kg·d)。ADI（JMPR）0.006mg/kg，（EPA）aRfD 0.015，cRfD 0.006mg/kg。

生态效应　鸟类急性经口 LD_{50}：野鸭为 205～245mg/kg，环颈雉为 620～1000mg/kg。金色圆腹雅鱼 LC_{50}（96h）0.002mg/L。对野生生物无害。水蚤 LC_{50}（48h）75～750μg/L。绿藻 EC_{50}（72h）＞0.56mg/L。在田间施用时，剂量为 1.6L/hm^2（560g 硫丹/hm^2），对蜜蜂无害。蚯蚓 NOEC 0.1mg/kg（土壤）。

环境行为　动物：主要的排泄路径是粪便，大多数的放射性物质在最初的 48h 内被排泄出，排泄出的量取决于剂量水平、剂量和异构体数，具有物种特异性迹象。残留的硫丹在肾脏中富集而非在脂肪中。肾脏排泄发生在 DT_{50} 7d，长期喂饲后没有迹象表明在肾脏富集。硫丹在哺乳动物器官中迅速代谢成低毒代谢物和极性结合物。毒理学角度调查发现动物中也有植物代谢物（主要是硫丹硫酸盐）。50％的残留物在 3～7d 内消失（取决于作物种类）。土壤中硫丹（α-和β-）降解的 DT_{50} 30～70d。发现的主要代谢物是硫丹硫酸盐，硫丹硫酸盐降解得更慢，因此，田间所有硫丹（α-和β-硫丹以及硫丹硫酸盐）最重要代谢物的 DT_{50} 是5～8 月。不会被浸出，K_{oc} 3000～20000，K_d＜3％。

制剂与分析方法　EC［161g(a.i.)/L，357g(a.i.)/L 和 480g(a.i.)/L］，WP（164g/kg，329g/kg，470g/kg），DP（30～47g/kg），GR（10g/kg，30g/kg，40g/kg 或 50g/kg），UL（242g/L，497g/L 或 604g/L），CS。产品分析用红外光谱法，残留物用具 MCD 的 GC 测定。饮用水中的硫丹异构体通过带有 ECD 的 GC 分析。

作用机理与特点　GABA 受体氯通道复合物的拮抗剂。具触杀、胃毒和熏蒸多种作用的非系统性杀虫剂。

应用

适用作物　柑橘、苹果、梨树及其他果树；藤（0.1％～0.2％）、橄榄、蔬菜含土豆（0.1％～0.2％）、观赏植物、葫芦、棉花（1.5～2.5L/hm^2）、茶树（1.0～2.0L/hm^2）、咖啡（1.5～2.0L/hm^2）、水稻（1.5～2.0L/hm^2）、谷物（1.0～2.0L/hm^2）、玉米和高粱（1.5～2.5L/hm^2）、油菜作物（1.0～2.0L/hm^2）、榛子和甘蔗（1.5～2.5L/hm^2）、番茄（0.8～1.5L/hm^2）、紫花苜蓿、蘑菇、森林、温室作物。

防治对象　可控制吸吮、咀嚼和钻孔的害虫以及许多作物上的螨虫。棉蚜、食心虫、瘤蚜、潜叶蛾、梨木虱、介壳虫、梨二叉蚜、毛虫、蟮象、蚜虫、尺蠖、卷叶蛾、叶蝉、毒蛾、天牛、瘿蚊、多种螨类、茶尺蠖、茶细蛾、小绿叶蝉、蓟马、茶蚜、棉铃虫、斜纹夜蛾、造桥虫、菜青虫、小菜蛾、菜蚜、甘蓝夜蛾、瓢虫。还控制舌蝇。

本品为非内吸性的触杀和胃毒杀虫剂，可有效地防治禾谷类作物、咖啡树、棉花、果树、油菜籽、马铃薯、茶树、蔬菜和许多其他作物上的大多数害虫和某些螨类。该两种立体异构体对家蝇的 LD_{50} 类似。

残留量与安全施药　喷药时避免吸入口鼻和接触皮肤，施药后用肥皂清洗并漱口；不能与强酸强碱农药混用；对鱼高毒，药液避免流入鱼塘、河流，谨慎清洗喷雾器和处理废弃物；食用作物、饲料作物收获前3周停止用药；存于阴凉干燥，避免儿童接触，避免与食物、种子、饲料混放。

使用方法　梨树，1500～2500倍液均匀喷雾；其他果树，1500～2500倍液均匀喷雾；茶树，45～130mL对水喷雾；棉花，60～130mL对水喷雾；蔬菜，30mL均匀喷雾。

专利与登记

专利名称　Unsaturated polycyclic sulphites and a process for their manufacture

专利号　DE 1015797　　专利公开日　1957-09-19

专利申请日　1954-06-18　　优先权日　1954-06-18

专利拥有者　Hoechst AG

制备专利　GB 909587、US 2799685、US 2983732、US 2799685等。

制剂或剂型专利　AU 7724366、AU 7476766、BE 824003、BE 854298、BR 7410885、CA 1080617、CH 608688、CS 191334、DD 130091、DE 2221794、DE 2364892、DE2420235、DE 2619834、DK 7701373、FR 1593031、FR 2255851、FR 2109020、FR 2166328、FR 2350055、GB 1383462、GB 1470870、GB 1557446、IL 27427、IL 51973、JP 51023564、JP 49041533、JP 58017725、JP 50095426、NL 7416784、NL 7416783、NL 7416784、NL 7702234、JP 55049044、JP 52134021、US 4103007、SU 648041、SU 577939、US 30740、US 3671632、US 3952102、ZA 7408210等。

在中国申请的与该产品有关的部分专利及登记情况见表213-1～表213-3。

表213-1　在中国申请的专利

序列号	申请号	专利名称
1	95116028.1	一种棉铃安乳油
2	95115762.0	棉铃安
3	93110534.X	用于防治抗性棉铃虫的复配剂
4	93114464.7	防治害虫和螨类的增效药剂
5	93119827.5	渗透剂对新啡类、氮杂新啡类及其他活性化合物的增效作用
6	95190366.7	硫丹水相悬浮浓缩物
7	95110468.3	一种含有硫丹的杀虫组合物
8	97199647.4	硫丹微胶囊分散体
9	97180017.0	杀虫杀螨组合物
10	98115881.1	顺氰硫丹乳油
11	98117052.8	一种防治抗性螨和抗性棉铃虫的杀虫杀螨剂农药
12	98122085.1	含毒死蜱硫丹杀虫乳油
13	01819183.5	改进的硫丹制剂及其使用方法
14	200510008704.4	有机氯农药硫丹人工抗原和抗体及其制备方法与应用
15	200520142625.8	快速检测硫丹、DDT残留的胶体金试纸

表213-2　德国拜耳作物科学公司在中国登记情况

登记名称	登记证号	含量	剂型	登记作物	防治对象	用药量/(g/hm²)	施用方法
硫丹	PD223-97	350g/L	乳油	烟草	烟青虫	350～525	喷雾
				烟草	烟芽	350～525	喷雾
				棉花	棉铃虫	525～870	喷雾

表213-3　拜耳作物科学（中国）有限公司在中国登记情况

登记名称	登记证号	含量	剂型	登记作物	防治对象	用药量/(g/hm²)	施用方法
硫丹	PD20093072	350g/L	乳油	烟草	烟青虫	367.5～525	喷雾
				烟草	蚜虫	367.5～525	喷雾
				棉花	棉铃虫	682.5～892.5	喷雾

合成方法

通过如下反应制得目的物：

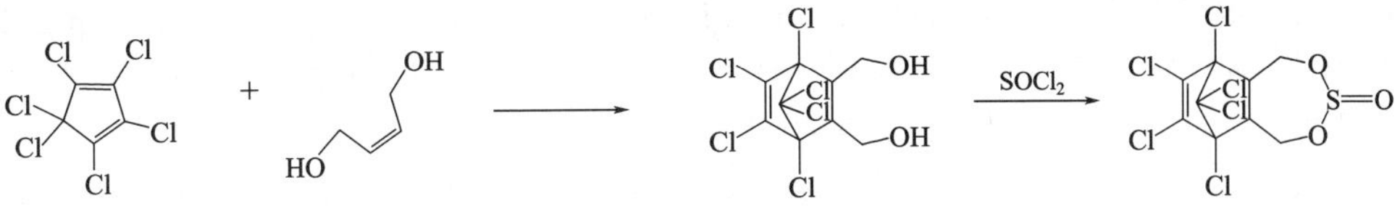

1 The Pesticide Manual. 15th ed.：423-424.

2 DE 1015797.

3 US 2799685.

4 GB 810602.

5 World Rev. Pest Control，1963，2（4）：29.

6 Residue Rev.，1968，22：1.

7 国外农药品种手册新版合订本．北京：化工部农药信息总站，1996：28.

8 河北化工，2009，32（12）：37-39.

9 茶叶，2006，32（1）：36-37.

214 林丹（lindane）

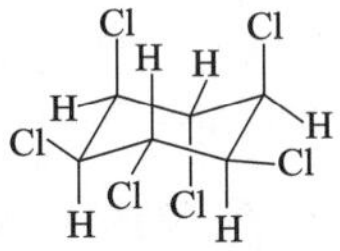

$C_6H_6Cl_6$，290.8

产品简介

林丹［通用名称：lindane，商品名称：Devilin（Devidayal）；其他名称：混合异构体为BHC、HCH、benzene hexachloride、HK hTsH、hexachloran、hexaklor，丙体异构体：gamma-HCH、gamma-BHC、gamma benzene hexachloride、gamma-HKhTsH、高丙体六六六、灵丹；其他商品名称：Devigamma（Devidayal）、Dipalind（Papaeconomou）、Gammaphele（Bayer CropScience）、ICA（Bayer CropScience）、lindacol（BASF）、lindamul（Bayer CropScience）、lindarflo（Bayer CropScience）、lintox（Aimco）］由 A. Dupire 和 M. Racourt 于1942年，R. E. Slade 于1945年分别报道了林丹的杀虫活性，其杀虫活性主要是由于 gamma-HCH 的存在，捷利康（现属 Syngenta AG）将 gamma-HCH 商品化。世界主要生产商：Agro Chemicals India、India Pesticides、Inquinosa、Sharda。

化学名称 1α,2α,3β,4α,5α,6β-六氯环己烷。英文化学名称为 1α,2α,3β,4α,5α,6β-hexachlorocyclohexane；美国化学文摘系统名称为（1α,2α,3β,4α,5α,6β)-1,2,3,4,5,6-hexachlorocyclohexane。CAS登录号为［58-89-9］gamma-HCH。

组成 含≥99%丙体异构体的 HCH。HCH 由苯在紫外线下氯化反应制成，没有确切的物理性质。通过 HCH 选择结晶离析出 Gamma-HCH，也即林丹。

理化性质 无色晶体，熔点112.86℃，蒸气压4.4mPa（24℃），K_{ow} lg$P$=3.5。Henry 常数 0.15Pa·m³/mol（计算值）。相对密度 1.88（20℃）。水中溶解度（pH=5，25℃）8.52mg/L。其他溶剂中溶解度（g/L，20℃）：丙酮>200、甲醇29～40、二甲苯>250、乙酸乙酯<200、正己烷10～14。稳定性：180℃以下对光、空气和酸极其稳定，遇碱脱氯化氢。

毒性 急性经口 LD_{50} 值随着试验条件，尤其是载体的改变而改变，大鼠为88～270mg/kg，小鼠为59～246mg/kg。动物幼崽尤其敏感。大鼠急性经皮 LD_{50} 900～1000mg/kg。对兔皮肤和眼有刺激。大鼠吸入 LC_{50}（4h）为1.56mg/L（气溶胶）。NOEL（2a）：大鼠为25mg/kg，狗为50mg/kg。ADI/RFD（JMPR）为0.005mg/kg（林丹）。（EPA）aRfD 0.06，cRfD 0.0047mg/kg。饮用水指导值为2mg/L。

生态效应　山齿鹑急性经口 LD_{50} 为 120～130mg/kg，山齿鹑饲喂 LC_{50} 919mg/kg，野鸭饲喂 LC_{50} 为 695mg/kg。鱼类 LC_{50}（96h）：虹鳟鱼 0.022～0.028mg/L，大翻车鱼 0.05～0.063mg/L。水蚤 LC_{50}（48h）1.6～2.6mg/L（静态）。海藻 EC_{50}（120h）0.78mg/L。蜜蜂 LD_{50} 0.011μg/只（经口）；0.23μg/只（接触）。蚯蚓 LC_{50} 68mg/kg（土壤）。

环境行为　哺乳动物：林丹经大鼠经口后，迅速被运送到不同的器官和组织，其中主要被输送到脂肪组织，但是要在代谢成极性代谢物和高水溶性的共轭体后才可以迅速排出。林丹首先被转变成低氯化物、不饱和代谢物，如五氯环己烯（PCCH），然后是作为最终极性代谢物的氯代酚类；以葡萄糖醛酸、谷胱甘肽和硫酸衍生物的形式被排出体外。在器官和组织中的半衰期为 2～4d。在昆虫体内，也会形成 PCCH。植物：经根吸收后，会产生氯代酚类。

制剂与分析方法　主要剂型有粉剂、乳油、烟剂、颗粒剂、胶悬剂、超低量液剂、可湿性粉剂等。产品分析用分配色谱法和测定熔点法；GC（FID），红外光谱法，或者游离氯离子电位滴定法。混合异构体中的 Gamma-或 alpha-HCH 用 GC（FID）。检测水解的氯。残留分析用 GC、TLC 或纸色谱分析法。饮用水中 HCH 异构体用 GC（ECD）检测。

作用机理与特点　丙体六六六是六六六原粉中具有杀虫活性最强的异构体，一般在六六六原粉中含丙体 12%～14%，经过分离提纯制成高丙体，含丙体 99%，称为林丹。林丹属于有机氯杀虫剂，杀虫谱广，具有胃毒触杀及微弱的熏蒸活性，是胆碱酯酶抑制剂，作用于神经膜上，使昆虫动作失调、痉挛、麻痹至死亡。对昆虫呼吸酶亦有一定作用。

应用

防治作物及场所　作物和土壤等。

防治对象　控制多种植食性和土壤害虫、公共卫生害虫和动物体外寄生虫。广泛用于农作物（控制的害虫包括：蚜虫，鞘翅目、象甲科、倍足纲、双翅目、鳞翅目、综合纲和缨翅目幼虫）、仓库储存的产品和储藏室、公共卫生方面的应用（控制蟑螂、蚊、蝇和蚤）以及种子处理（通常和杀菌剂混用）。按照要求使用无药害，但是当叶部用药时对瓜类和绣球花有药害。

残留量与安全施药　本品遇碱易分解，不得与碱性农药混用。对鱼类毒性较大，不得用于防治水生作物害虫。对瓜类、马铃薯等作物易产生药害，严禁使用。有的人对此药特别敏感，不宜参加喷药、配药等工作，保存时避免与食物接触。中毒症状：急性中毒嘴部麻木，感到刺痛、厌食、流涎、恶心、呕吐、腹泻、中枢神经兴奋引起肌肉震颤。慢性中毒，表现食欲不振、呕吐、恶心、头痛、全身不适，有时出现局部刺激症状，如眼膜发炎流泪、皮肤发炎、发生皮疹等。

使用方法　林丹（Gamma-HCH）对很多害虫有强的胃毒作用、高的触杀毒性和一些熏蒸活性，对广范围的土壤栖身和食植性昆虫，包括危害公共卫生的害虫、其他的害虫和一些动物寄生虫等有效。可以叶面喷雾、土壤施用和种子处理，通常与杀菌剂混用。防治小麦吸浆虫有特效，具有防效高、兼治对象多、持效期长、成本低等优点。每亩用 6%林丹 1kg 土壤处理或 75g 喷雾处理最为经济有效。

专利概况

专利名称　Benzene hexachloride.

专利号　GB 504569　　专利公开日　1939-04-26

专利申请日　1937-10-26　　专利拥有者　Imperial Chemical Industries Ltd.

目前公开的或授权的与林丹有关的部分专利　BE 469299、BE 470621、BE 471772、BE 471941、DE 678427、GB 447058、GB 504569、GB 585784、GB 605693、GB 607326、GB

573693、US 2502258 等。

制剂或剂型专利　CS 121826、DE 973588、PL 50247、SU 130501、SU 159816、US 2218148、US 2423291、US 2567034、US 2904597、CH 255297、CH 253872、GB586450、US 2499396、US 2554274、US 2761805、US 2532349 等。

在中国申请的与该产品有关的部分专利见表 214。

表 214　在中国申请的专利

序列号	申请号	专利名称
1	92112200.4	林丹高浓度悬浮制剂的制备方法
2	93117343.4	从混合三氯苯中分离提纯 1,2,4-三氯苯的方法
3	94100980.7	利用林丹农药副产油状物的方法
4	94106841.2	生产精制 1,2,4-三氯苯的新工艺
5	98101095.4	一种复配剂型植物杀虫农药——广定威乳油
6	98113529.3	灭蚊管及其制备方法
7	201010130739.6	一种六六六降解菌及其在降解六六六中的应用

合成方法

林丹由六六六原粉经选择结晶而制得。

1 The Pesticide Manual. 15th ed.：606-608.
2 Chem. Ind.（London），1945，134.
3 CIPAC Handbook，1970，1，71.
4 化工部农药信息总站．国外农药品种手册新版合订本. 1996：12-14.
5 新编农药手册．北京：农业出版社出版，1990：4.
6 农药商品大全．北京：中国商业出版社，1996：1-2.
7 农药大典，中国三峡出版社，2006：1095-1096.

其他杀虫剂

主要有以下 15 个品种：coppernaphthenate、EXD、fenazaflor、fenoxacrim、hydramethylnon、isoprothiolane、jiahuangchongzong、malonoben、metaflumizone、nifluridide、plifenate、pyridaben、pyrifluquinazon、triarathene、triazamate。

此处介绍了部分品种。如下化合物应用范围小或不再作为杀虫剂使用或没有商品化等原因，本书不予介绍，仅列出化学名称及 CAS 登录号供参考：

Coppernaphthenate：coppernaphthenate，1338-02-9。

EXD：*O*,*O*-diethyldithiobis(thioformate)，502-55-6。

Fenazaflor：phenyl 5,6-dichloro-2-trifluoromethylbenzimidazole-1-carboxylate，14255-88-0。

Fenoxacrim：3′,4′-dichloro-1,2,3,4-tetrahydro-6-hydroxy-1,3-dimethyl-2,4-dioxopyrimidine-5-carboxanilide，65400-98-8

甲磺虫腙（Jiahuangchongzong）：*α*-[(*EZ*)-*sec*-butylidenehydrazono]-*α*-(4-chlorophenyl)-*p*-tolylmethanesulfonate。

Malonoben：2-(3,5-di-*tert*-butyl-4-hydroxybenzylidene) malononitrile，10537-47-0

Nifluridide：6′-amino-*α*,*α*,*α*,2,2,3,3-heptafluoro-5′-nitropropion-*m*-toluidide，61444-62-0

Plifenate：(1*RS*)-2,2,2-trichloro-1-(3,4-dichlorophenyl)ethylacetate，21757-82-4。

Triarathene：5-(4-chlorophenyl)-2,3-diphenylthiophene，65691-00-1。

（1）哒螨灵的创制经纬

日产科研人员在研究与氟草敏（norflurazon）具有相似作用机制的化合物 **1** 的过程中，发现化合物 **2** 对二斑叶螨具有一定的杀灭活性。于是，有关科研人员合成了一系列具有通式 **3** 结构的化合物，并对化学结构与杀螨活性之间的关系进行了研究。发现具有通式 **3** 结构且同时满足以下条件的化合物具有较强的杀螨活性：（1）哒嗪酮环 2 位上的 R

必须是叔丁基；(2) 4 位上的 Y 建议选择氯或者甲基；(3) Z 优选硫原子，其次是氧原子；(4) 建议 R^2 是氢，苄基位置 R^1 是氢或者甲基，X 为苯环 4-位取代且具有较强的疏水性的基团。综合考虑构效、残留及各种安全性因素，最终选择 pyridaben 作为最合适的化合物进行开发。

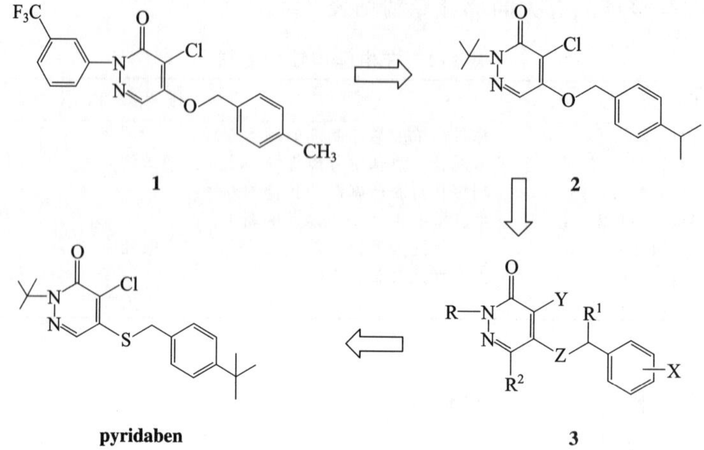

(2) 氰氟虫腙的创制经纬

以苯甲酰脲类杀虫剂为先导化合物，经结构改造，然后再经优化研究，最终得到目的物。

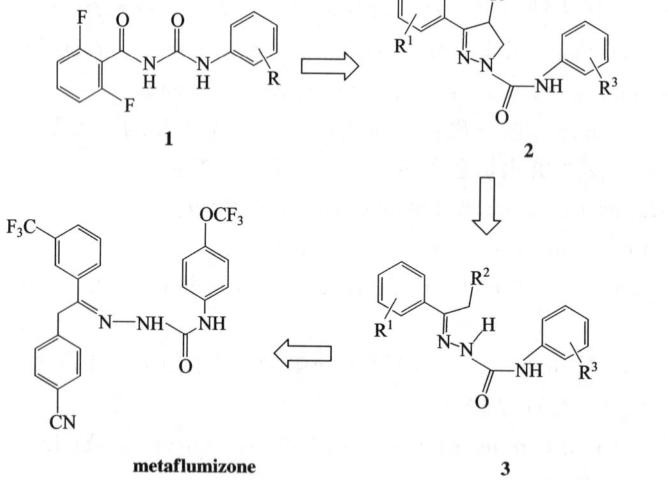

主要品种

215 氟蚁腙 (hydramethylnon)

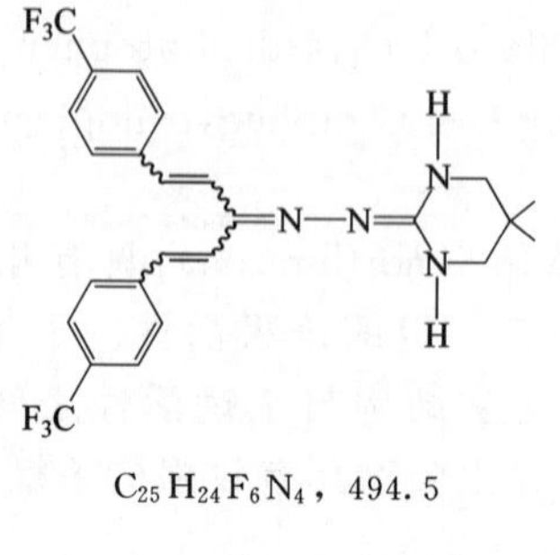

$C_{25}H_{24}F_6N_4$，494.5

产品简介

氟蚁腙［试验代号：AC 217300、CL 217300（both Cyanamid），通用名称：hydramethylnon，商品名称：Amdro PRO（火蚁）(BASF)、Siege Gel（蟑螂）(BASF)、Subterfuge（白蚁）(BASF)］是由氰胺公司（现属 BASF SE）推广的杀虫剂。其他商品名称：Siege PRO（火蚁）(BASF)、Maxforce（防治蚂蚁和蟑螂的各种产品）(Bayer Environmental Science，Johnson)。主要生产商：BASF。

化学名称　5,5-二甲基全氢亚嘧啶-2-酮-4-三氟甲基-α-(4-三氟甲基苯乙烯基）亚肉桂基腙。英文名称为 5,5-dimethylperhydropyrimidin-2-one-4-trifluoromethyl-α-(4-trifluoromethylstyryl) cinnamylidenehydrazone。美国化学文摘系统名称为 tetrahydro-5,5-dimethyl-2(1*H*)-pyrimidinone［3-［4-(trifluoromethyl) phenyl］-1-［2-［4-(trifluoromethyl) phenyl］ethenyl］-2-propenylidene］hydrazone。CA 主题索引名称为 2（1*H*)-pyrimidinone—，tetrahydro-5,5-dimethyl-［3-［4-(trifluoromethyl) phenyl］-1-［2-［4-(trifluoromethyl) phenyl］ethenyl］-2-propenylidene］hydrazone。CAS 登录号为［67485-29-4］。

组成　原药含量 95%。

理化性质　黄色至棕褐色晶体。熔点 189～191℃，蒸气压＜0.0027mPa（25℃），也有报道＜0.0008mPa（45℃），K_{ow} lg$P$＝2.31，Henry 常数 7.81×10^{-1} Pa·m^3/mol（25℃，计算），相对密度 0.299（25℃），水中溶解度（25℃）0.005～0.007mg/L；其他溶剂中溶解度（g/L，20℃）：丙酮 360、乙醇 72、1,2-二氯乙烷 170、甲醇 230、异丙醇 12、二甲苯 94、氯苯 390。稳定性：原药在原装未开封容器中，25℃稳定 24 个月以上，37℃ 12 个月，45℃ 3 个月。见光分解（DT_{50} 1h)。水悬浮液 DT_{50}（25℃）24～33d（pH＝4.9)，10～11d（pH＝7.03)，11～12d（pH＝8.87)。

毒性　急性经口 LD_{50}：雄大鼠 1131mg/kg，雌大鼠 1300mg/kg。兔急性经皮 LD_{50}＞5000mg/kg。对兔或豚鼠皮肤没有刺激，对兔眼睛有刺激，对豚鼠无皮肤致敏性。大鼠吸入 LC_{50}（4h)＞5mg/L（空气）（气溶胶或粉尘）。NOEL 值：大鼠（28d）75mg/kg（饲料），大鼠（90d）50mg/kg（饲料），大鼠（2a）50mg/kg（饲料），小鼠（18 月）25mg/kg（饲料），小猎犬（90d）3.0mg/(kg·d)，小猎犬（6 月）3.0mg/(kg·d)。对大鼠和兔无致畸、无诱变性。

生态效应　急性经口 LD_{50}：野鸭＞2510mg/kg，山齿鹑 1828mg/kg。因该化合物在水中溶解度低，且见光快速分解，所以在正常的野外条件下对鱼无毒。鱼类 LC_{50}（96h)：大翻车鱼 1.70mg/L，虹鳟鱼 0.16mg/L，斑点叉尾鮰 0.10mg/L，鲤鱼（24h，48h 以及 72h）分别为 0.67mg/L，0.39mg/L 和 0.34mg/L。水蚤 LC_{50}（48h）1.14mg/L，由于水中溶解度低，在田间条件下没有危害。粉尘在 0.03mg/只时对蜜蜂无毒。

环境行为　动物：大鼠经口后迅速排泄到尿和粪便中，在山羊［0.2mg/kg（饲料），8d］乳汁中没有检测到任何残留物。奶牛（0.05mg/kg 持续 21d）乳汁中无残留。植物：使用 4 个月后杂草中的残余＜0.01mg/L。对种植萝卜、大麦和法国豆的土壤施药，3 个月后发现残留很少。土壤：见光迅速分解（DT_{50}＜1h)，砂质土壤中 DT_{50} 7d，混合到砂质土壤中 DT_{50} 28d。饵剂在日光下迅速分解。低生物富集作用。

制剂与分析方法　糊剂（PA)，饵剂（RB)。通过 GC 分析。

作用机理与特点　胃毒作用非系统性杀虫剂。线粒体复合物Ⅲ的电子转移抑制剂（耦合位点Ⅱ)，抑制细胞呼吸。也就是有效抑制蟑螂体内的代谢系统，抑制线粒体内 ADP 转换成 ATP 的电子交换过程，从而使能量无法转换，造成心跳变慢，呼吸系统衰弱，耗氧量减小，因为细胞得不到足够的能量，最终因弛缓性麻痹而死亡。

应用

适用作物　主要用于牧场、草地、草坪和非作物区。选择性地用于控制农业蚁和家蚁（尤其弓背蚁属、虹臭蚁属、小家蚁属、火蚁属、农蚁属以及黑褐大头蚁），中华拟歪尾蠊（尤其蠊属、小蠊属、大蠊属以及夏柏拉蟑螂属），木白蚁科（尤其楹白蚁属）和鼻白蚁科（尤其散白蚁属、乳白蚁属以及异白蚁属）的诱饵。由于作用缓慢，可以被工蚁带到巢里杀死蚁后，使用浓度 $16g/hm^2$。

防治对象　火蚁，蜚蠊。

使用方法　饵剂用量为 $1.12 \sim 1.68kg/hm^2$。

专利与登记

该化合物专利早已过期，不存在专利权问题。

制备专利　AU 528550、AU 7948407、BR 7904960、CA 1098905、CA 1102800、EP 8854、FR 2402410、FR 2422646、GB 1591121、GB 1591122、IL 57655、IN 149726、JP 62056866、JP 55031084、JP 62016921、US 4152436、US 4087525、ZA 7903078、AU 524933、AU 7943563、BR 7900995、CA 1095043、DE 2908651、FR 2419287、JP 02009868、JP 54125686、US 4213988、US 4163102、US 4521629、ZA 7900181 等。

混剂专利　AT 47954、AT 84939、AT 369951、AT 8100900、AU 586877、AU 8661041、AU 608597、AU 8815143、BR 8101205、BR 8801972、BR 8603811、CA 1261252、CA 1171087、CA 1329116、CS 259890、DD 248726、DE 3106426、DE 3627195、EP 212226、EP 289756、EP 202435、FR 2476985、GB 2070430、JP 63060001、JP 56135406、US 4812309、JP 2571770、JP 62039501、US 4657912、JP 05083521、JP 61251602、US 4990514、ZA 8802954、ZA 8101335、ZA 8407773、ZA 8407774、ZA 8606024 等。

在中国申请的与该产品有关的部分专利及登记情况表 215-1、表 215-2。

表 215-1　在中国申请的专利

序列号	申请号	专利名称
1	200510102210.2	杀灭红火蚁的杀虫药主剂及其制成的饵剂

表 215-2　巴斯夫欧洲公司在中国登记情况

登记名称	登记证号	含量	剂型	登记作物	防治对象	用药量	施用方法
氟蚁腙	WP20060001		原药				

合成方法

4-三氟甲基甲苯侧链溴化后，得到一溴代和二溴代混合物，然后与六亚甲基四胺反应，得到 4-三氟甲基苯甲醛，再与丙酮缩合，缩合产物与氢化嘧啶基肼类化合物反应，即制得氟蚁腙。反应式如下：

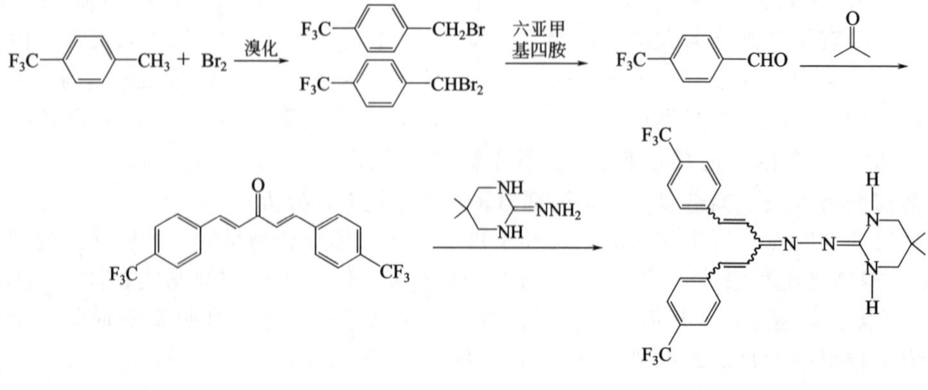

1 农药商品大全．北京：中国商业出版社，1996：348.
2 The Pesticide Manual. 15th ed.：621-622.
3 云南民族大学学报（自然科学版），2009，18（4）：322.
4 农药，2009，48（6）：391-393.
5 US 4163102.

216 稻瘟灵（isoprothiolane）

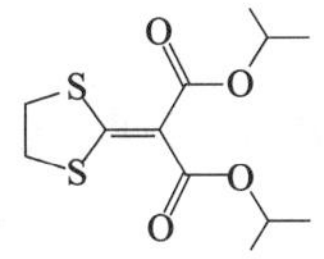

$C_{12}H_{18}O_4S_2$，290.4

产品简介

稻瘟灵［试验代号：SS11946、NNF-109（both Nihon Nohyaku），通用名称：isoprothiolane，商品名称：Fuji-one（Nihon Nohyaku）］是日本农药公司开发的二硫类杀菌剂。其他商品名称：Fuchiwang（Dongbu HiTek）、Rhyzo（Atul）、Vifusi（Vipesco）。在国内登记的商品名：稻瘟灵。主要生产商：Nihon Nohyaku、Dongbu Fine、Saeryung、浙江菱化实业股份有限公司。

化学名称　1,3-二硫戊环-2-亚基丙二酸二异丙酯。英文化学名称为 di*iso*propyl 1,3-dithiolan-2-ylidenemalonate。美国化学文摘系统名称为 bis(1-methylethyl)-1,3-dithiolan-2-ylidenepropanedioate。CA 主题索引名称为 propanedioic acid—，1,3-dithiolan-2-ylidene-bis(1-methylethyl)ester。CAS 登录号［50512-35-1］。

理化性质　原药含量 96%。纯品为无色、无臭晶体（原药为略带刺激性气味的黄色固体）。熔点 54.6～55.2℃（原药 50～51℃），沸点 175～177℃（0.4kPa）。蒸气压 4.93×10^{-1}mPa（25℃）。$K_{ow}\lg P=2.8$（40℃）。Henry 常数 2.95×10^{-3}Pa·m³/mol（计算值）。相对密度 1.252（20℃）。水中溶解度（20℃）48.5mg/L；其他溶剂中溶解度（g/L，25℃）：甲醇 1512、乙醇 761、丙酮 4061、氯仿 4126、苯 2765、正己烷 10、乙腈 3932。稳定性：对酸和碱（pH＝5～9）、光和热稳定。

毒性　急性经口 LD_{50}（mg/kg）：雄大鼠 1190，雌大鼠 1340，雄小鼠 1350，雌小鼠 1340。大鼠急性经皮 LD_{50}＞102500mg/kg。对兔眼睛有轻微刺激，对兔皮肤没有刺激。大鼠吸入 LC_{50}（4h）＞2.77mg/L。NOEL 值［2a，mg/(kg·d)］：雄大鼠 10.9，雌大鼠 12.6，ADI/RfD（FSC）0.1mg/kg。其他 Ames 试验无致突变作用。对大鼠繁殖和致畸性研究无影响。

生态效应　急性经口 LD_{50}：雄日本鹌鹑 4710mg/kg，雌日本鹌鹑 4180mg/kg。鱼类 LC_{50}：虹鳟鱼 6.8（48h）mg/L，鲤鱼 11.4（96h）mg/L。水蚤 EC_{50}（48h）19.0mg/L，藻类 E_bC_{50}（72h）4.58mg/L。蜜蜂 LD_{50}（48h）＞100μg/只（经口以及点滴）。蚯蚓 LC_{50}（14d）440mg/kg（土壤）。

环境行为　稻田土壤有氧 DT_{50} 326d，有氧情况下 DT_{50} 82d。

制剂与分析方法　主要剂型有粉剂、乳油、可湿性粉剂、无漂移粉剂、颗粒剂［120g(a.i.)/kg］。产品用带 FID 的 GC 分析；残留用带 ECD 的 GC 分析。

作用机理与特点　通过抑制纤维素酶的形成，而阻止菌丝的进一步生长。禾本科作物通过根和叶吸收，向上、下传导，具有保护和治疗作用。

应用

适用作物　水稻、梨果、核果以及葡萄。

防治对象　除了可以防治水稻叶蝉外，还可以防治水稻稻瘟病、水稻叶瘟病、水稻穗瘟病。本品为内吸性杀菌剂。以 32～48kg/hm^2 可有效防治稻瘟病。

使用方法　叶面喷雾 400～600g/hm^2，水田撒施 3.0～6.0g/苗圃箱，浸泡处理 3.6～6.0kg/hm^2，土壤吸收 360～600g/树，可防治水稻稻瘟病菌、水稻小球菌核病、雪腐镰刀菌以及稻飞虱。防治梨果、核果和葡萄的白纹羽菌。

防治稻瘟病和水稻叶蝉　茎叶处理使用剂量通常为 400～600g(a.i.)/hm^2，水田撒施 3.6～6kg(a.i.)/hm^2。

防治水稻叶瘟病　在叶瘟发病前或发病初期，用 40%可湿性粉剂 998～1500g/hm^2，对水 1050kg，均匀喷雾。

防治水稻穗瘟病　用 40%可湿性粉剂 998～1500g/hm^2，对水 1050kg，均匀喷雾，在抽穗期和齐穗期各喷药 1 次。

稻瘟灵对苗稻瘟、叶稻瘟和穗颈稻瘟等水稻生育期各个阶段发生的稻瘟病均能够防治。稻谷发芽后 3～5d 即可喷药。防治叶瘟病，于发病前 7～10d 或病斑始见期，每亩用 40%乳剂 75～100mL，对水 75kg 喷雾 1 次。防治稻穗茎瘟，可于出穗前期和齐穗期施药，每亩每次用 40%乳剂 100mL，对水 100kg 喷雾。该药还能兼治小粒菌核病，且对稻飞虱的初孵若虫也有一定的控制作用。同时，还能与杀螟松、二嗪农等杀虫剂及稻丰散等杀菌剂混用，但不宜与碱性农药混用。对鱼的毒性中等（施药后 3d，稻田水不宜放入鱼池内）。在稻桑混栽区，被污染的桑叶对家蚕没有影响。对于施药田周围的果树、蔬菜等亦无药害。

专利与登记

专利名称　Olan-2-ylidenemalonates

专利号　DE 2316921　　专利公开日　1973-10-25

专利申请日　1973-04-04　　优先权日　1972-04-04

专利拥有者　Nihon Nohyaku Co. Ltd.

在其他国家申请的化合物专利　CH 585509、CH 581649、DE 2316921、FR 2213285、FR 2179097、GB 1425533、GB 1425532、JP 51017536、JP 48099110、NL 159383、NL 7304673、US 3876663、US 3761596、US 3856814 等。

制备专利　JP 48033749、JP 50015771、JP 49013174、JP 50015799、JP 49026281、JP 50100062、JP 50039666 等。

制剂或剂型专利　JP 51009804、JP 49030529、JP 53036014、JP51067729、JP 59028528、JP 52102424、JP 53044629、JP 57004603、JP 54035218、JP 60050161、JP 53148534、JP 62028121、JP 55053204、JP 60021565、JP 55085505、JP 58023845、JP 55160709、JP 54028821、JP 56003323、JP 56166102、JP 62041561、JP 57042606、JP 61048801、JP57154109、JP 61024362、JP 57209204 等。

在中国申请的与该产品有关的部分专利及登记情况见表 216-1、表 216-2。

表 216-1　在中国申请的专利

序列号	申请号	专利名称
1	00112198.7	一种稻瘟灵农药制剂
2	200710195255.8	一种稻瘟灵水分散粒剂及其制备方法
3	200510018042.9	农林作物杀菌剂
4	200510080277.0	杀菌组合物
5	200510094392.3	一种含醚菌酯和稻瘟灵的杀菌组合物及其应用
6	200510094388.7	一种含嘧菌酯和稻瘟灵的杀菌组合物及其应用
7	200580010641.4	三元杀真菌混合物
8	200610151121.1	一种农林作物(豆科植物除外)杀菌剂
9	200710072377.8	含有春雷霉素和稻瘟灵成分的杀菌组合物

序号	申请号	专利名称
10	200810162863.3	一种植物杀菌组合物及其应用
11	200910058899.1	杀菌类农药组合物
12	200780038338.4	具有降低的植物毒性的除草组合物
13	200910164860.8	杀菌复配剂

表 216-2　日本农药株式会社在中国登记情况

登记名称	登记证号	含量	剂型	登记作物	防治对象	用药量/(g/hm^2)	施用方法
稻瘟灵	PD15-86	40%	乳油	水稻	稻瘟病	399～600	喷雾
稻瘟灵	PD19-86	40%	可湿性粉剂	水稻	稻瘟病	399～600	喷雾
稻瘟灵	PD307-99	95%	原药	水稻	稻瘟病	399～600	喷雾

合成方法

丙二酸二异丙酯在含氢氧化钠的四氢呋喃中与二硫化碳反应，生成黄色胶体，再与二溴乙烷在室温下反应 2h，然后回流 2h，制得稻瘟灵。反应式如下：

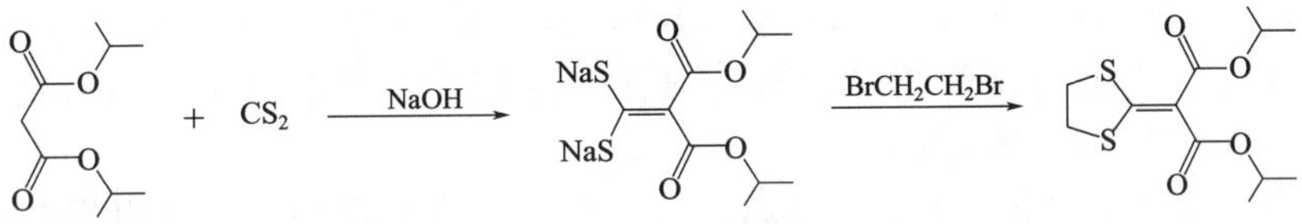

1　The Pesticide Manual. 15th ed.：673-675.

2　Proc. Insectic. Fungic. Conf.，1975：715.

3　F. Hattori，M. Kanauchi. Anal. Method Pestic. Plant Growth Regul.，1978，10，229.

4　国外农药品种手册新版合订本．北京：化工部农药信息总站，1996：652.

5　世界农药大全．杀菌剂卷．北京：化学工业出版社，2005：294.

6　农家参谋，1995，(3)：7.

7　北方水稻，2008，138 (5)：74-75.

217　哒螨灵（pyridaben）

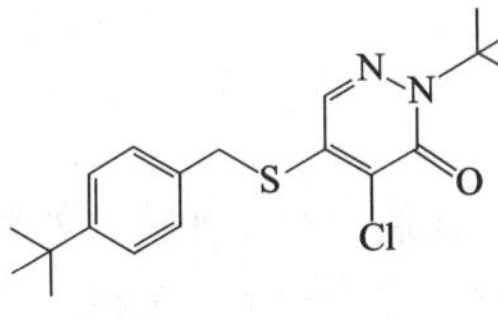

$C_{19}H_{25}ClN_2OS$，364.9

产品简介

哒螨灵［试验代号：NC-129、NCI-129（both Nissan）、BAS-300I（BASF），通用名称：pyridaben，商品名称：Sanmite（Nissan）、Agrimit（Sundat）、Dinomite（Vapco）、Pyromite（Mobedco）、Tarantula（Baocheng）］由 K. Hirata 等报道，日本日产化学工业株式会社开发的哒嗪酮类杀虫、杀螨剂。其他商品名称：Nexter（Gowan，Nissan）、Pilarmite（Pilarquim）、Podio（Afrasa）、Poseidon（Nissan，Philagro）、Pyramite（BASF，Nissan）、Samite、（Hubei Sanonda）。主要生产商：Nissan、Bailing、湖北沙隆达股份有限公司、江苏扬农化工股份有限公司、江苏蓝丰生物化工股份有限公司、浙江巨化股份有限公司兰溪农药厂、连云港立本农药化工有限公司、红太阳集团、沙隆达郑州农药有限公司、浙江新安化工集团股份有限公司、盐城利民农化有限公司。

化学名称　2-叔丁基-5-(4-叔丁基苄硫基)-4-氯哒嗪-3（2*H*)-酮。英文化学名称为 2-tert-butyl-5-(4-tert-butylbenzylthio)-4-chloropyridazin-3（2*H*)-one。美国化学文摘系统名称为 4-chloro-2-(1，1-dimethylethyl)-5-[[[4-(1，1-dimethylethyl) phenyl] methyl] thio]-3

(2*H*)-pyridazinone。CA 主题索引名称为 3(2*H*)-pyridazinone—，4-chloro-2-(1,1-dimethylethyl)-5-[[[4-(1,1-dimethylethyl)phenyl]methyl]thio]。CAS 登录号为［96489-71-3］。

理化性质　本品为无色晶体。熔点 111～112℃，蒸气压＜0.01mPa（25℃），K_{ow} lg$P$＝6.37（23℃±1℃，蒸馏水），Henry 常数＜3×10^{-1} Pa·m^3/mol（计算值），相对密度（20℃）1.2。水中溶解度（24℃）0.012mg/L；其他溶剂中溶解度（g/L，20℃）：丙酮 460、苯 110、环己烷 320、乙醇 57、正辛醇 63、己烷 10、二甲苯 390。稳定性：在 50℃稳定 90d；对光不稳定。在 pH＝5、7 和 9，25℃时，暗处 30d 不水解。

毒性　急性经口 LD_{50}：雄大鼠 1350mg/kg，雌大鼠 820mg/kg，雄小鼠 424mg/kg，雌小鼠 383mg/kg。大鼠和兔急性经皮 LD_{50}＞2000mg/kg，对兔皮肤和眼睛无刺激作用，对豚鼠皮肤无过敏性。大鼠吸入 LC_{50}：雄大鼠 0.66mg/L（空气），雌大鼠 0.62mg/L（空气）。NOEL 值：小鼠（78 周）0.81mg/(kg·d)，大鼠（104 周）1.1mg/(kg·d)。ADI/RfD（BfR）0.008mg/kg，（EPA）0.05mg/kg。其他在染色体畸变试验（中国仓鼠）和微核试验（小鼠）中无诱变性。在 Ames 或 DNA 修复试验中无诱变性。

生态效应　急性经口 LD_{50}：山齿鹑＞2250mg/kg，野鸭＞2500mg/kg。鱼类 LC_{50}（96h）：虹鳟鱼 1.1～3.1μg/L，大翻车鱼 1.8～3.3μg/L，鲤鱼（48h）8.3μg/L。水蚤 EC_{50}（48h）0.59μg/L。不会明显影响羊角月芽藻生长速度。蜜蜂经口 LD_{50} 0.55μg/只。蚯蚓 LC_{50}（14d）38mg/kg（土壤）。

环境行为　动物：大鼠、山羊、母鸡经口主要代谢到粪便中。代谢很复杂，至少有 30 种降解物。植物：柑橘和苹果使用后哒螨灵逐渐光解，不会转移到果肉中。土壤/环境：在有氧土壤中易被微生物降解。DT_{50}＜21d；进一步降解成极性产物（含土壤结合态残留物）和 CO_2。天然水体 DT_{50} 10d（25℃，避光）。光解水 DT_{50} 30min（pH＝7）。

制剂与分析方法　乳油（150g/L 或 200g/L，Sanmite），可湿性粉剂（200g/kg），20%可湿性粉剂和 15%乳油。用气相色谱法分析。

作用机理与特点　非系统性杀虫杀螨剂。作用迅速且残留活性长。对各阶段害虫都有活性，尤其适用于幼虫和蛹时期。

应用

适用作物　柑橘、茶叶、棉花、蔬菜、梨、山楂及观赏植物。

防治对象　本品属哒嗪酮类杀虫、杀螨剂，无内吸性，以 5～20g/hL 或 100～300kg/hm^2 防治果树、蔬菜、茶树、烟草及观赏植物上的粉螨、粉虱、蚜虫、叶蝉科和缨翅目害虫有极佳的防治效果。对全爪螨、叶螨、小爪螨、始叶螨、跗线螨和瘿螨等一系列螨类均有效，而且对螨从卵、幼螨、若螨到成螨的不同生育期均有效，持效期 30～60d，与苯丁锡、噻螨酮等常用杀螨剂无交互抗性。

残留量与安全施药　对人畜有毒，不可吞食、吸入或渗入皮肤，不可入眼或污染衣物等。施药时应做好防护，施药后要用肥皂和清水彻底清洗手、脸等。如有误食应用净水彻底清洗口部或灌水两杯后用手指伸向喉部诱发呕吐。药剂应贮存在阴凉、干燥和通风处，不与食物混放。不可污染水井、池塘和水源。刚施药区禁止人、畜进入。花期使用对蜜蜂有不良影响。可与大多数杀虫、杀菌剂混用，但不能与石硫合剂和波尔多液等强碱性药剂混用。一年最多使用 2 次，安全间隔期为收获前 3d。

使用方法　使用剂量为 5～20g/hL 或 100～300kg/hm^2时可控制大田作物、果树、观赏植物、蔬菜上的螨、粉虱、蚜虫、叶蝉和缨翅目害虫。柑橘红蜘蛛和四斑黄蜘蛛的防治：开花前每叶有螨 2 头、开花后和秋季每叶有螨 6 头时，用 20%可湿性粉剂 2000～4000 倍液或 15%乳油 2000～3000 倍液喷雾，防治效果很好，药效可维持 30～40d 以上，但虫口密度高或气温高时，其持效期要短些。柑橘锈壁虱：5～9 月每视野有螨 2 头以上或果园内有极个别黑（受害）果出现时，用上述防治柑橘红蜘蛛的浓度喷雾，有很好防治效果，持效期可达 30d 以上。苹果红蜘蛛、山楂红蜘蛛：在越冬卵孵化盛期或若螨始盛发期用 20%可湿性粉剂 2000～4000 倍液或 15%乳油 2000～3000 倍液喷雾，防治效果很好，持效期可达 30d 以上。苹果、梨、黄瓜和茄子上的棉红蜘蛛：用 20%可湿性粉剂 1500～2000 倍液喷雾，防治效果良好。侧多食跗线螨：用 20%可湿性粉剂 2000～3000 倍液喷雾（尤其是喷叶背面），防治效果较好，持效期较长。葡萄上的鹅平枥始叶螨：用 20%可湿性粉剂 1500～2000 倍液喷雾，防治效果较好，持效期可达 30d 左右。茶橙瘿螨和神泽叶螨：用 20%可湿性粉剂 1500～2000 倍液喷雾，防治效果较好。茶绿叶蝉和茶黄蓟马：用 20%可湿性粉剂 1000～1500 倍液喷雾，防治效果很好。矢光蚧和黑刺粉虱两者的 1～2 龄若虫：用 20%可湿性粉剂 1000～2000 倍液喷雾，防治效果较好。棉蚜：用 20%可湿性粉剂 2000～2500 倍液喷雾，防治效果较好。葡萄叶蝉：用 20%可湿性粉剂 1000～1500 倍液喷雾，防治效果较好，持效期可达 15d 以上。番茄上的温室粉虱：用 15%乳油 1000 倍液喷雾，防治效果较好，持效期可达 20d 左右。玫瑰上的叶螨和跗线螨：用 15%乳油 1000～1500 倍液喷雾，防治效果较好。在春季或秋季害螨发生高峰前使用，浓度以 4000 倍液为宜。

专利概况

专利名称　Pyridazinone derivative，its preparation and insecticidal，miticidal and fungicidal agent

专利号　JP 60004173　　专利公开日　1985-01-10

专利申请日　1983-06-23　　优先权日　1983-06-23

专利拥有者　Nissan Chemical Ind Ltd

在其他国家申请的化合物专利　AT 36708、AU 572159、AU 8429852、BR 8403090、CA 1270830、CA 1255676、CS 249139、DD 225039、EP 239728、EP 134439、HU194484、HU 34667、IL 72204、JP 04072830、JP 60004173、JP 61260018、PL 148603、SU 1817682、RO 92793、RU 2054422、RO 88951、US 5026850、US 4877787、ZA 8404762 等。

制备专利　CA 1270830、CA 1255676、JP 62067076、JP 06000761、JP 60032774、JP 04072830、JP 60004173 等。

制剂或剂型专利　JP 61229802、JP 04073401、JP 61148106、JP2569698、JP 01224304、JP 3804072、JP 05043401、JP 3628027、JP 05043402、JP 08092014 等。

在中国申请的与该产品有关的部分专利见表 217-1。

表 217-1　在中国申请的专利

序列号	申请号	专利名称
1	02123813.8	含阿维菌素的杀虫杀螨组合物
2	03109579.8	敌畏·哒螨烟雾剂及其制备方法
3	96119552.5	蛾螨灵
4	93107362.6	杀螨杀虫性三元复合液剂灭螨王
5	96115959.6	一种高渗杀螨净乳油
6	98113474.2	复合杀虫杀螨剂
7	98110230.1	一种杀虫杀螨剂
8	99126361.8	一种柴油和哒螨灵二元复配杀螨乳油
9	00107466.0	含丁硫克百威的杀虫剂组合物
10	200710019134.8	哒螨灵悬浮剂
11	200710300236.7	含有哒螨灵和啶虫脒的具有杀虫增效作用的组合物
12	200710300253.0	含有哒螨灵和有机磷杀虫剂混配具有增效作用的组合物
13	200810100945.5	一种苯丁锡·哒螨灵乳油的制备方法

序号	申请号	专利名称
14	200410018400.1	灭螨害虫杀虫剂
15	200410002173.3	用于防治小菜蛾的具有杀卵作用的化合物
16	200510007623.2	一种含单甲脒盐酸盐可溶性粉剂的杀虫、杀螨剂
17	200510063412.0	一种含有甲氨基阿维菌素的杀虫、杀螨组合物
18	02128384.2	一种杀虫、杀螨农药
19	200310110463.5	高效、长效复配杀螨剂
20	200410002175.2	一种具有协同增效作用的杀虫杀螨的组合物
21	200510041444.0	一种含哒螨灵和嘧螨酯的增效杀虫组合物及其应用
22	200510041438.5	一种含哒螨灵和氟螨脲的增效杀虫组合物及其应用
23	200610147119.7	含有吡螨胺和哒螨灵的具有协同增效作用的杀螨剂
24	200610147121.4	含有哒螨灵和虫螨腈的具有协同增效作用的杀虫杀螨剂
25	200610126094.2	硝虫硫磷/哒嗪酮类杀螨剂复配杀虫杀螨剂
26	200710034255.X	一种含有二甲基二硫醚的农用杀螨杀虫组合物
27	200810066634.1	哒螨灵·四螨嗪水分散粒剂及其制备方法
28	200810056849.5	一种稳定的唑螨酯原药制备方法
29	200810132624.3	一种含有螺螨酯的复配农药组合物
30	200810172593.4	含有螺螨酯的复配具有协同增效作用的杀虫、杀螨剂
31	200910105406.5	一种杀虫农药组合物及其应用
32	200910105527.X	一种农药组合物及其应用
33	200910128824.6	含有噻虫嗪和哒螨灵的农药组合物及其应用
34	200810101134.7	一种有效成分为哒螨灵的水乳剂及其制备方法
35	200810084468.8	一种杀虫、杀螨剂组合物
36	200910039341.9	防治鱼寄生甲壳动物病的药物及其制备方法与应用
37	200810101922.6	一种哒螨灵微乳剂的制备方法
38	200910165901.5	一种具有增效作用的农药组合物
39	200910018516.8	一种含哒螨灵和吡蚜酮的农药组合物

合成方法

① 叔丁基肼与黏氯酸在35～40℃反应4h生成2-叔丁基-4,5-二氯-3-(2*H*)-哒嗪酮，收率80%，然后与4-叔丁基苄硫醇在碳酸氢钠存在下反应，即得哒嗪酮。反应式如下：

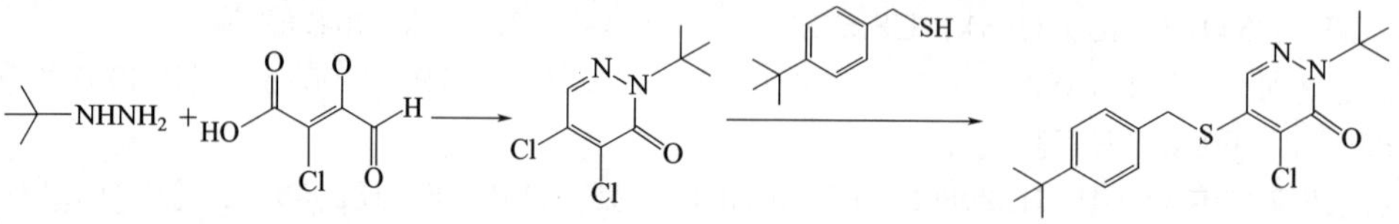

② 硫酸肼与黏氯酸反应，生成物用叔丁基卤化物进行烷基化，最后用硫氢化钠水解，生成2-叔丁基-4-氯-5-巯基-3（2*H*)-哒嗪酮，然后与4-叔丁基苄基氯反应，即制得哒嗪酮。反应式如下：

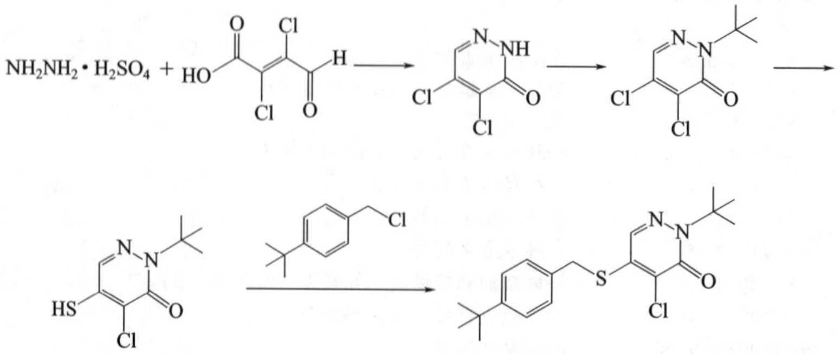

1 The Pesticide Manual. 15th ed.：986-987.
2 The Proceeding of the BCPC Conference—Pests&Disease, 1988：41-48.
4 化工部农药信息总站，国外农药品种手册新版合订本. 1996：395.
5 农药商品大全. 北京：中国商业出版社，1996：276.

6 农药译丛，1991，13（5）：60-61.
7 中国柑橘，1993，22（1）：37.
8 湖南化工，1998，28（3）：20-23.

218 唑蚜威（triazamate）

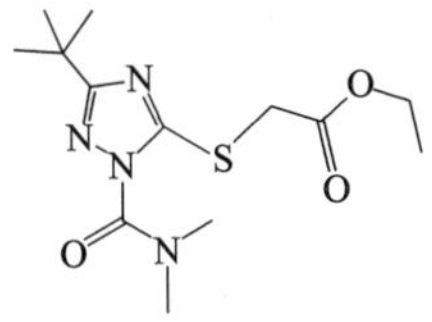

$C_{13}H_{22}N_4O_3S$，314.4

产品简介

唑蚜威［试验代号：RH-7988、RH-5798、WL145158、CL900050、AC900050（all Cyanamid）、BAS 323I（BASF），通用名称：triazamate，商品名称：Aztec（BASF），其他商品名称：Doctus（Phyteurop）］由 Dow AgroSciences 推广的三唑类杀虫剂。

化学名称　（3-叔丁基-1-二甲基氨基甲酰-1*H*-1，2，4-三唑-5-基硫代）乙酸乙酯。英文化学名称为 ethyl（3-tert-butyl-1-dimethylcarbamoyl-1*H*-1，2，4-triazol-5-ylthio）acetate。美国化学文摘系统名称为 ethyl ［［1-［（dimethylamino）carbonyl］-3-（1，1-dimethylethyl）-1*H*-1，2，4-triazol-5-yl］thio］acetate。CA 主题索引名称为 acetic acid—，［［1-［（dimethylamino）carbonyl］-3-（1，1-dimethylethyl）-1*H*-1，2，4-triazol-5-yl］thio］-，ethyl ester。CAS 登录号为［112143-82-5］。

理化性质　本品为白色到浅棕色固体。熔点 52.1～53.3℃，蒸气压 0.13mPa（25℃）。分配系数 K_{ow} lg$P$＝2.15（pH＝7，25℃）。Henry 常数：1.26×10^{-4} Pa·m^3/mol（25℃，计算）。相对密度：1.222（20.5℃）。水中溶解度（pH＝7，25℃）399mg/L；其他溶剂中溶解度：可溶于二氯甲烷和乙酸乙酯。稳定性：在 pH＝7 及正常储存条件下能稳定存在，DT_{50} 220d（pH＝5），49h（pH＝7），1h（pH＝9）。pK_a：pH＝2.7～10.2 不电离。闪点 189℃。表面张力（90％含水饱和度）46.5mN/m（20℃）。

毒性　急性经口 LD_{50}：雄大鼠 100～200mg/kg，雌大鼠 50～100mg/kg。大鼠急性经皮 LD_{50}＞5000mg/kg。对兔皮肤没有刺激，对兔眼睛有中等强度的刺激。对豚鼠（最大化测试）皮肤有致敏性。大鼠吸入 LC_{50} 0.47mg/L（空气）。NOEL 值：狗（雄）(1a) 0.023mg/(kg·d)，狗（雌）0.025mg/(kg·d)；雄大鼠（2a）0.45mg/(kg·d)，雌大鼠 0.58mg/(kg·d)；雄小鼠（18 月）0.13mg/(kg·d)，雌小鼠 0.17mg/(kg·d)。ADI 值：0.0015mg/kg。无突变、无遗传毒性、无致畸和无癌变。

生态效应　山齿鹑急性经口 LD_{50} 8mg/kg。绿头鸭 LC_{50}（8d）292，鹌鹑 LC_{50}（8d）411mg/L。鱼类 LC_{50}（96h）：大翻车鱼 0.74mg/L，虹鳟鱼 0.53mg/L，羊头鱼 5.9mg/L。水蚤 LC_{50}（48h）0.014mg/L。藻类 EC_{50}（72h）240mg/L，NOEC（72h）38mg/L。糠虾 LC_{50}（120h）190μg/L。对蜜蜂无毒，LD_{50}（96h）41μg/只（经口），27μg/只（接触）。蚯蚓 LC_{50}（14d）350mg/kg（土壤）。

环境行为　在所有研究的生物系统中唑蚜威在酶催化水解和氧化下迅速被代谢。代谢物要么被进一步降解（土壤和植物），要么被排泄掉（脊椎动物）。在动物体内水解，随后进行去氨甲酰化作用；在植物体内水解，随后进行去氨甲酰化作用。土壤/环境：DT_{50} 2～6h。K_{oc} 140～360（25℃±1℃）。光解：水 DT_{50} 150 d（pH＝4）。渗滤液中发现的代谢产物对大型蚤无毒。唑蚜威和其含二甲氨基甲酰基的代谢物在环境中无潜在的生物累积和持续性。短的有氧半衰期以及适当的土壤吸收使得唑蚜威不会浸出。

制剂与分析方法　主要剂型有可湿性粉剂［250g(a.i.)/kg］，乳油（240g/L、480g/L）。可用液相色谱法分析。

作用机理与特点　高选择性内吸杀蚜剂，胆碱酯酶抑制剂。通过蚜虫内脏壁的吸附作用和接触作用，对多种作物种群上的各种蚜虫均有效。用常规防治蚜虫的剂量对双翅目和鳞翅目害虫无效，对有益昆虫和蜜蜂安全。持效期可达 5～10d。在推荐剂量下未见药害，对天敌较安全。

应用

防治对象　本品属唑类高选择性内吸杀蚜虫剂，其对胆碱酯酶有快速抑制作用。使用剂量为 35～280g/hm^2 时，对多种作物上的各种蚜虫（含对氨基甲酸酯和有机磷类杀虫剂有抗性的蚜虫）均有效。室内和田间试验表明，可防治抗性品系的桃蚜。土壤用药可防治食叶性蚜虫，叶面施药可防治食根性蚜虫。由于在作物脉管中能形成向上、向下的迁移，因此能保护整个植物。

残留量与安全施药　不能与碱性物质混合使用；使用时注意安全，若发生中毒，从速就医。

使用方法　防治棉蚜、麦蚜可用 2000～3000 倍液作茎叶喷雾处理。15%唑蚜威乳油，在大豆田间使用过程中未发现药害现象，杀蚜谱广，有较强的内吸和双向传导作用，有较长的药效持效期，以每亩用药量 4～6g 为宜；对烟草安全，田间使用中未发现药害，在防治烟草蚜虫时，建议使用 6g/亩为宜。

专利概况

专利名称　1-Dimethylcarbamoyl-3-substituted-5-substituted-1*H*-1,2,4-triazoles.

专利号　EP 0213718　　专利公开日　1987-03-11

专利申请日　1986-07-24　　优先权日　1985-07-25

专利拥有者　Rohm & Haas

在其他国家申请的化合物专利　AT 64389、AU 592101、AU 8660236、BR 8603446、CA 1293505、CN 1031239、CN 86105384、DK 165979、DK 8603347、EP 213718、ES 2000933、HU 44416、HU 199246、IL 79414、JP 2525731、JP 2525730、JP 62070365、JP 07267807、US 5470984、US 5319092、US 4742072、ZA 8605446 等。

制剂或剂型专利　AT 178187、AT 177903、AU 682711、AU 9474319、BR 9403172、BR 9404009、CA 2133705、CN 1109707、CN 1276969、CN 1088975、CZ286353、ES 2132285、ES 2129591、EP 893058、EP 638235、EP 647401、HU 219198、HU 69024、IL 110536、IL 111118、JP 3556280、JP 07145002、JP 3559869、JP 07206613、NO 306094、NO 9403766、SK 281372、RU 2125798、TW 453853、US 5709871、US 5491160、US 5837651、ZA 9407671 等。

在中国申请的与该产品有关的部分专利见表 218-1。

表 218-1　在中国申请的专利

序列号	申请号	专利名称
1	200810232467.3	一种含唑蚜威的杀虫剂及其应用
2	200810175288.0	一种含烯啶虫胺的杀虫组合物
3	200910021173.0	一种含唑蚜威和噻嗪酮的杀虫组合物
4	200910021176.4	一种含唑蚜威的杀虫组合物
5	200910020860.0	一种含唑蚜威的复配杀虫组合物
6	200910020861.5	一种含唑蚜威和毒死蜱的杀虫组合物

合成方法

叔丁基酰氯与氨基硫脲及氢氧化钠反应，生成酰化氨基硫脲，然后用氢氧化钠水溶液处理，生成3-叔丁基-5-巯基-1,2,4-三唑。用氯代乙酸乙酯与该巯基三唑反应，生成烷基化产物，然后与二甲基氨基甲酰氯反应，或者先与光气反应，再与二甲胺反应，均可制得产品。反应式如下：

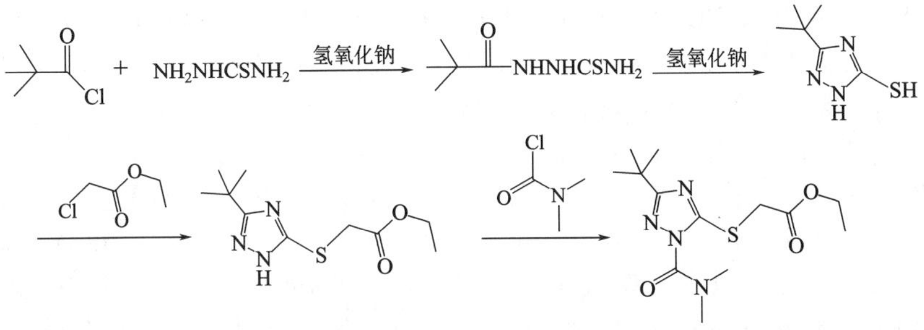

1 The Pesticide Manual. 15th ed.：1151-1152.

2 EP 338685.

3 国外农药品种手册新版合订本．北京：化工部农药信息总站，1996：327.

4 农药商品大全．北京：中国商业出版社，1996：262.

5 大豆通报，2001，(2)：10.

6 植物保护，1997，23 (4)：41.

219 氰氟虫腙（metaflumizone）

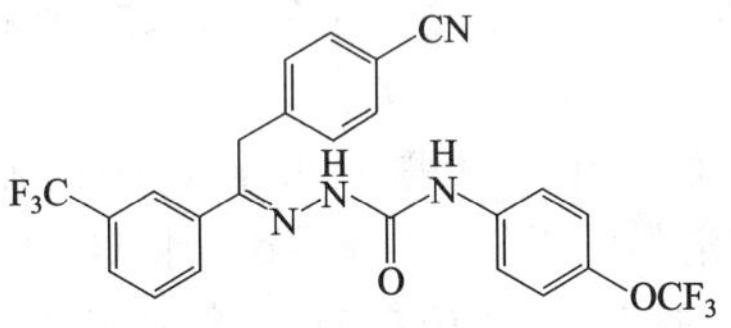

$C_{24}H_{16}F_6N_4O_2$，506.4

产品简介

氰氟虫腙［试验代号：BAS 3201 (BASF)、R-28153、NNI-0250（二者均为 Nihon Nohyaku)，通用名称：metaflumizone，商品名称：Accel (Japan)(Nihon Nohyaku)、Alverde (BASF)、Siesta (BASF)、Verismo (BASF)］是德国巴斯夫公司和日本农药公司联合开发的一种全新的化合物，属于缩氨基脲类杀虫剂。主要生产商：BASF、Nihon Nohyaku。

化学名称 (*E*+*Z*)-2-[2-(4-氰基苯)-1-(3-三氟甲基苯) 亚乙基]-*N*-(4-三氟甲氧基苯) 联氨羰草酰胺。英文化学名称为 (*E*)-2′-[2-(4-cyanophenyl)-1-(α,α,α-trifluoro-*m*-tolyl)ethylidene]-4-(trifluoromethoxy)carbanilohydrazide 和 10%～0(*Z*)-2′-[2-(4-cyanophenyl)-1-(α,α,α-trifluoro-*m*-tolyl)ethylidene]-4-(trifluoromethoxy)carbanilohydrazide。美国化学文摘系统名称为 2-[2-(4-cyanophenyl)-1-[3-(trifluoromethyl)phenyl]ethylidene]-*N*-[4-(trifluoromethoxy)phenyl]hydrazinecarboxamide；CA 主题索引名称：hydrazinecarboxamide—,2-[2-(4-cyanophenyl)-1-[3-(trifluoromethyl)phenyl]ethylidene]-*N*-[4-(trifluoromethoxy)phenyl]-。CAS 登录号为［139968-49-3］。

理化性质 组成原药含量≥94.5%（*E*-型异构体≥90%，*Z*-型异构体≤10%）。纯品为白色晶体粉末状。熔点：*E*-型异构体 197℃，*Z*-型异构体 154℃，*E*-型、*Z*-型异构体的混合物熔程介于 133～188℃之间。蒸气压 (mPa，20℃)：(*EZ*)-异构体 1.24×10^{-5}，(*E*)-异构体 7.94×10^{-7}，(*Z*)-异构体 2.42×10^{-4}，(*EZ*)-异构体 3.41×10^{-5}。分配系数 K_{ow} $\lg P=5.1$（*E*-型异构体），4.4（*Z*-型异构体）。Henry 常数：(*EZ*)-异构体 3.5×10^{-3} Pa·m^3/mol（计算）。相对密度 (20℃)：(*EZ*)-异构体 1.433，(*E*)-异构体 1.446，(*Z*)-型异构

体1.461。水中溶解度（mg/L，20℃）：（EZ）-异构体1.79×10^{-3}、（E）-异构体1.07×10^{-3}、（Z）-型异构体1.87×10^{-3}；其他溶剂中溶解度（g/L，20℃）：正己烷0.085、甲苯4.0、二氯甲烷98.8、丙酮153.3、甲醇14.1、乙酸乙酯179.8、乙腈63.0。稳定性：水解DT_{50}（25℃）为6.1d（pH=4）、29.3d（pH=5）、稳定（pH=7～9）。水中光解DT_{50}（蒸馏水25℃）3.7～7.1d。

毒性　大鼠急性经口$LD_{50}>5000mg/kg$。急性经皮$LD_{50}>5000mg/kg$。对兔眼睛、皮肤无刺激性，对豚鼠皮肤无致敏性。大鼠吸入$LC_{50}>5.2mg/L$。大鼠NOEL值（2a）30mg/kg（bw）。无致突变、无致畸、无致癌性。

生态效应　山齿鹑和野鸭急性经口$LD_{50}>2025mg/kg$，山齿鹑LC_{50}（5d）997mg/L，野鸭LC_{50}1281mg/L。鱼类（LC_{50}，96h）：虹鳟鱼>343μg/L，大翻车鱼>349μg/L。水蚤EC_{50}（48h）>331μg/L。藻类E_bC_{50}（72h）>0.313mg/L。糠虾EC_{50}（96h）>289μg/L。蜜蜂LD_{50}（96h）>2.43μg/只（经口）；LD_{50}（48h）>106μg/只（局部施药）；LD_{50}（96h）>1.65μg/只（局部施药）。蚯蚓LC_{50}（14d）>1000mg/kg（土壤）。对小花蝽、草蛉、赤眼蜂、姬猎蝽、长蝽以及捕植螨等这类重要的有益昆虫影响很小。

环境行为　动物：在大鼠、哺乳期的山羊和蛋鸡中显示出低的内吸性生物利用度。经口后总吸收剂量小于服用剂量的10%。主要的排出途径分别是粪便>90%，胆汁<5%，尿液<0.5%。氰氟虫腙在体内分散得相对较快并且被广泛代谢。器官、脂肪或者肝脏中含有最高浓度的残留物，其次是肾脏和血液/血浆/肌肉。脂肪中排出的$t_{1/2}$为1～2周。植物：在棉花、番茄以及卷心菜的代谢研究中，母体化合物被认为是最重要的残留物。主要的降解产物通过水解断裂形成。土壤/环境：在大多数情况下，氰氟虫腙在环境中降解得相当迅速。在水中和地面降解的主要途径是光解。土壤吸收强，因而不易流动。有氧土壤代谢DT_{50} 35.6～198d（平均78d），陆地消散DT_{50} 4.3～27d，水DT_{50}<1d，沉淀物DT_{50}>378d。

制剂与分析方法　240g/L胶悬剂、颗粒剂。产品通过HPLC-UV分析。在植物、动物、土壤、水和空气中的残留通过HPLC-MS/MS分析。

作用机理与特点　氰氟虫腙是一种全新作用机制的杀虫剂，通过附着在钠离子通道的受体上，阻碍钠离子通行，与菊酯类或其他种类的化合物无交互抗性。该药主要是通过害虫取食进入其体内，发生胃毒杀死害虫，触杀作用较小，无内吸作用。该药对于各龄期的靶标害虫、幼虫都有较好的防治效果，昆虫取食后该药进入虫体，通过独特的作用机制阻断害虫神经元轴突膜上的钠离子通道，使钠离子不能通过轴突膜，进而抑制神经冲动，使虫体过度地放松、麻痹，取决于害虫的种类，15min～12h后，害虫开始瘫痪，即停止取食，1～72h内死亡。从表现症状到死亡的时间取决于害虫的种类。

氰氟虫腙虽然是一种摄食活性的杀虫剂，但是与所有的对照药剂相比，仍具有较好的初始活性（击倒作用）。温度对氰氟虫腙的活性没有直接的影响，但是有间接的影响，主要由于幼虫在温暖的条件下进食会更活跃，更多的活性成分会进入到害虫体内，因而氰氟虫腙杀虫的速度会快一些。该药具有良好的耐雨水冲刷性。药效试验表明，氰氟虫腙240SC剂型在防治马铃薯叶甲时，施药后1h就具有明显的耐雨水冲刷的效果。低蒸气压使得其在田间熏蒸作用效果很低。

田间试验表明，该药具有很好的持效性，持效期为7～10d。在一般的侵害情况下，氰氟虫腙1次施药就能较好地控制田间已有的害虫种群，在严重及持续的害虫侵害压力下，在第一次施药7～10d后，需要进行第二次施药以保证对害虫的彻底防治。

氰氟虫腙能够以中等的速度穿入双子叶植物的角质层和薄片组织，大约有一半滞留在上表皮或表皮的蜡质层（角质）中，这表明该药剂没有表现出明显越层运动。试验分析表明氰氟虫腙不会从处理过的叶片传导到植物的其他部分，也没有在叶片的沉降点处表现出明显地向周边辐射扩散运动。因此氰氟虫腙在叶片表面只有中等的渗透活性，在植物的绿色组织及根部无内吸传导性。

对有益生物的选择性　在综合防治上，有益生物作为多种害虫的天敌发挥着重要的作用。评价杀虫剂好坏除看其对靶标害虫的效果外，对有益生物是否低毒也是一个重要的指标。氰氟虫腙在 110～196g(a.i.)/hm^2 剂量范围内，对多种天敌非常安全，在推荐剂量[240g(a.i.)/hm^2] 下，对天敌也表现出毒性低、较安全的特点。氰氟虫腙对有益生物影响很小，低毒，对环境友好。

应用

氰氟虫腙对咀嚼和咬食的昆虫种类鳞翅目和鞘翅目具有明显的防治效果，如常见的种类有稻纵卷叶螟、甜菜夜蛾、棉铃虫、棉红铃虫、菜粉蝶、甘蓝夜蛾、小菜蛾、菜心野螟、小地老虎、水稻二化螟等，对卷叶蛾类的防效为中等；氰氟虫腙对鞘翅目害虫叶甲类如马铃薯叶甲防治效果较好，对跳甲类及种子象的防效为中等；氰氟虫腙对缨尾目、螨类及线虫无任何活性。该药用于防治蚂蚁、白蚁、红火蚁、蝇及蟑螂等非作物害虫方面很有潜力。

氰氟虫腙可以广泛地防治鳞翅目和鞘翅目幼虫的所有生长阶段，而与使用剂量多少无明显的关系。大量的田间试验证实该药对鳞翅目和鞘翅目幼虫的所有生长阶段（也包括鞘翅目的成虫）都有很好的防治效果。因此氰氟虫腙可以被灵活地应用于害虫发生的所有时期。但对鳞翅目和鞘翅目的卵及鳞翅目的成虫无效。

氰氟虫腙应用剂量为 240mg/L。每个生长季节最多使用两次，安全间隔期为 7d，在辣椒、莴苣、白菜、花椰菜、黄瓜、番茄、菜豆等蔬菜上的安全间隔期为 0～3d；在西瓜、朝鲜蓟上的安全间隔期为 3～7d；在甜玉米上的安全间隔期为 7d；在马铃薯、玉米、向日葵、甜菜上的安全间隔期为 14d；在棉花上的安全间隔期为 21d。

抗性　氰氟虫腙和现有的杀虫剂无交互抗性，与 IRAC 分类列表中的所有其他类别化合物均不同。茚虫威也是一种钠离子通道阻碍剂，这两种化合物在 IRAC 分类列表中同属 22 组。这两种化合物尽管作用机制相似但又不完全一样。氰氟虫腙和茚虫威分别属于不同的化合物类型，前者属于缩氨基脲类化合物，后者属于含杂环的羧酸酯类化合物。茚虫威是一种活性前体化合物，必须经过昆虫的代谢才能转化成为有活性的化合物；而氰氟虫腙本身具有杀虫活性，不需要昆虫代谢激活，在高抗害虫种群（包括对有机磷类、氨基甲酸酯类、菊酯类、吡唑类、苯甲酰脲类、吡咯类及茚虫威等有抗性的种群）进行试验表明，没有发现交叉抗性现象。氰氟虫腙在钠离子通道上的具体附着位点正在进一步地试验研究中。

初步的试验表明，氰氟虫腙防治对菊酯类产生抗性的害虫种类比另外一种钠离子通道阻碍剂茚虫威更有效（见表 219-1），这表明尽管两种化合物都是钠离子通道阻碍剂，但氰氟虫腙和茚虫威的作用机制还是有差别的。

表 219-1　氰氟虫腙和茚虫威对菊酯类产生抗性的虫害 LC_{50}/(mg/L)

害虫	药剂	菊酯类敏感品系(*S*)	菊酯类抗性品系(*R*)	药剂增加倍数(*R*/*S*)倍
烟芽夜蛾(3 龄虫，棉花浸叶法)	氰氟虫腙	0.23	0.29	不明显
	茚虫威	0.18	1.97	11
小菜蛾(3 龄虫，甘蓝浸叶法)	氰氟虫腙	3.2	5.2	不明显
	茚虫威	3.7	25.2	7
斜纹夜蛾(3 龄虫，甘蓝浸叶法)	氰氟虫腙	3.4	8.8	2
	茚虫威	0.7	41.5	60

生物活性

氰氟虫腙对咀嚼和咬食的昆虫种类鳞翅目和鞘翅目具有明显的防治效果（见表 219-2），

如常见的种类有稻纵卷叶螟、甜菜夜蛾、棉铃虫、棉红铃虫、菜粉蝶、甘蓝夜蛾、小菜蛾、菜心野螟、小地老虎、水稻二化螟等，对卷叶蛾类的防效为中等；氰氟虫腙对鞘翅目害虫叶甲类如马铃薯叶甲防治效果较好，对跳甲类及种子象的防效为中等；氰氟虫腙对缨尾目、螨类及线虫无任何活性。该药用于防治蚂蚁、白蚁、红火蚁、蝇及蟑螂等非作物害虫方面很有潜力。

表 219-2 氰氟虫腙对部分害虫的生物活性谱

作物	防治对象	用药量/(mg/L)	防治效果
马铃薯	马铃薯叶甲	60	+++
辣椒/番茄	棉铃虫	220～240	+++
	甜菜夜蛾	240	+++
	弧翅夜蛾	240	+++
瓜类	甜菜夜蛾	240	++(+)
	棉铃虫	240	+++
	甘蓝夜蛾	240	+++
	菜心野螟	240	+++
莴笋	小地老虎	220～260	+++
	弧翅夜蛾	240	+++
	甜菜夜蛾	240	+++
	棉铃虫	220～240	+++
韭菜/豆类	弧翅夜蛾	220～240	+++
草莓	粗草莓根耳象	224	+++
棉花	棉铃虫	220～240	+++
	棉红铃虫	240	+++
甜菜	甘蓝夜蛾	220～240	+++
玉米	野螟	240	+++
烟草	毛跳甲	200	++(+)

注：+++防效好，++（+）防效中等到好。

专利与登记

专利名称　Preparation of phenylhydrazinecarboxamidederivatives as insecticides.

专利号　EP 462456　　专利公开日　1991-12-27

专利申请日　1991-06-06　　优先权日　1990-06-16

专利拥有者　Nihon Nohyaku Co.，Ltd

在其他国家申请的化合物专利　AU 9178332、AU 631995、CN 1057646、CN 1028524、CN 1103065、CN 1051300、ES 2089056、JP 05004958、JP 05017428、US 5543573、ZA 9104232。

制备专利　AR 47122、AT 409689、AU 2004289444、BR 2004016484、CA 2545011、CN 1878752、CN 100417642、EP 1687263、ES 2311880、HK 1099276、IN 236819、JP 2007511483、JP 4362517、KR 2006134930、MX 2006005193、US 20070135520、US 7371885、WO 2005047235、WO 2010000634、ZA 2006004804 等。

制剂或剂型专利　AR 65199、AR 71670、AR 71349、AU 2008306247、AU 2008212936、CA 2675361、CN 101731253、CN 101658180、CN 101622999、CN 101808522、CN 101610678、CN 101564038、DE 102007045922、EP 2090170、EP 2127522、EP 2205081、EP 2109365、IN 2009KN02625、IN 2010DN01551、JP 2008222709、JP 2010517973、KR 2009108733、KR 2010072276、MX 2009007568、MX 2010002454、US 20100197737、US 20100093532、WO 2008095870、WO 2008099820、WO 2008092851、WO 2010092014、WO 2009146793、WO 2009100822、WO 2009043442、WO 2009135613、WO 2010060817、WO 2010043639、WO

2010043553、WO 2010043552、WO 2010096623 等。

在中国申请的与该产品有关的部分专利及登记情况见表 219-3、表 219-4。

表 219-3 在中国申请的专利

序列号	申 请 号	专 利 名 称
1	200910136089.3	含氰氟虫腙和乙酰甲胺磷的农药组合物
2	200910038951.7	含有氰氟虫腙的杀虫组合物
3	200910100303.X	一种氰氟虫腙和毒死蜱复配杀虫剂
4	200910166098.7	一种农药组合物
5	200910164805.9	一种增效农药组合物
6	200910165902.X	一种杀虫组合物
7	200910166096.8	一种含有氰氟虫腙的杀虫组合物
8	200910163770.7	一种含烯啶虫胺的杀虫组合物
9	200910023007.4	一种氰氟虫腙水分散粒剂
10	200910266525.9	农药组合物
11	201010019333.0	一种含茚虫威和氰氟虫腙的杀虫组合物及其应用
12	201010126618.4	一种含氰氟虫腙的杀虫剂组合物
13	201010102605.3	一种氰氟虫腙合成方法
14	201010118205.1	蔬菜害虫杀虫剂

表 219-4 巴斯夫欧洲公司在中国的登记情况

登记名称	登记证号	含量	剂型	登记作物	防治对象	用药量/(g/hm²)	施用方法
氰氟虫腙	PD20101191	22%	悬浮剂	甘蓝	甜菜夜蛾	216～288	喷雾
				甘蓝	小菜蛾	252～288	喷雾
氰氟虫腙	PD20101190	96%	原药				

合成方法

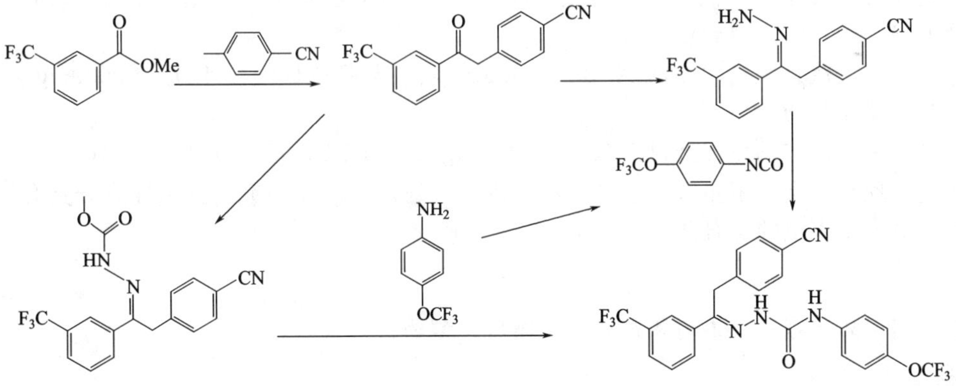

或

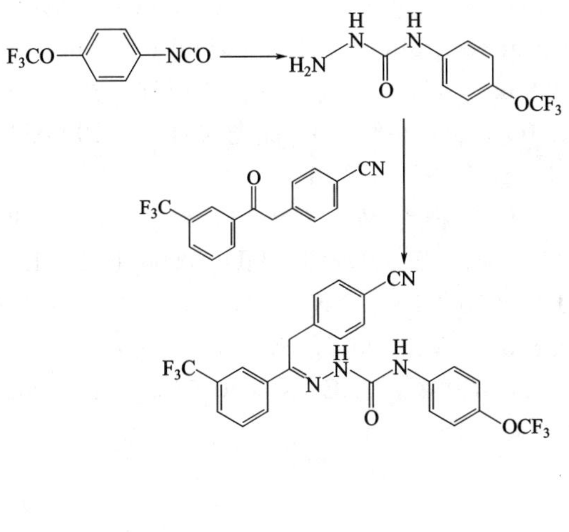

1 农药 . 2007, 46 (11): 774-776.
2 The Pesticide Manual. 15th ed. : 736-737.
3 EP 462456.
4 安徽农业科学 . 2009, 37 (18): 8572-8573.

220 pyrifluquinazon

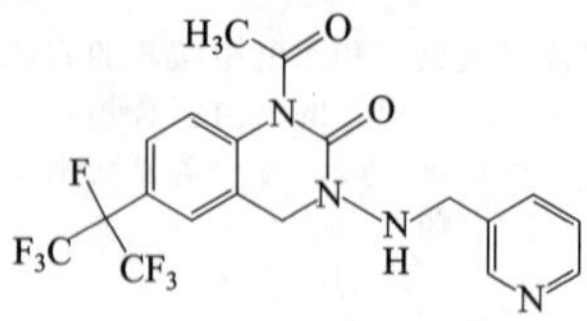

$C_{19}H_{15}F_7N_4O_2$, 464.3

产品简介

pyrifluquinazon（试验代号：NNI-0101、R-40598，通用名称：pyrifluquinazon，商品名称：Colt）是日本农药公司开发的新喹唑啉类杀虫剂。世界主要生产商：Nihon Nohyaku。

化学名称 1-乙酰基-1,2,3,4-四氢-3-[(3-吡啶甲基)氨基]-6-[1,2,2,2-四氟-1-(三氟甲基)乙基]-喹唑啉-2-酮。英文化学名称为 1-acetyl-1,2,3,4-tetrahydro-3-[(3-pyridylmethyl)amino]-6-[1,2,2,2-tetrafluoro-1-(trifluoromethyl)ethyl]quinazolin-2-one。美国化学文摘系统名称为 1-acetyl-3,4-dihydro-3-[(3-pyridinylmethyl)amino]-6-[1,2,2,2-tetrafluoro-1-(trifluoromethyl)ethyl]-2(1*H*)-quinazolinone。CA 主题索引名称为 2(1*H*)-quinazolinone—，1-acetyl-3,4-dihydro-3-[(3-pyridinylmethyl)amino]-6-[1,2,2,2-tetrafluoro-1-(trifluoromethyl)ethyl]-。CAS 登录号为［337458-27-2］。

理化性质 纯品为白色粉末。熔点 138～139℃。分配系数 $K_{ow}\lg P=3.12$（25℃）。水中溶解度（20℃）0.0121g/L。

毒性 雌大鼠急性经口 LD_{50} 300～2000mg/kg。大鼠急性经皮 LD_{50} >2000mg/kg。对兔皮肤和眼睛无刺激性。

环境行为 山齿鹑急性经口 LD_{50} 1360mg/kg，鲤鱼 LC_{50}（96h）4.4mg/L。

作用机理与特点 阻止害虫进食，但作用方式还需进一步研究。此活性成分具有较高的选择性，适合于害虫的综合防治。

应用

主要用于防治蔬菜、果树和茶叶上半翅目、缨翅目害虫。

专利概况

专利名称 Substituted aminoquinazolinone (thione) derivatives or salts thereof, intermediates thereof, and pest controllers and a method for using the same

专利号 EP 1097932　　专利公开日 2001-05-09

专利申请日 2000-11-02　　优先权日 1999-11-02

专利拥有者 Nihon Nohyaku Co., Ltd.

目前公开的或授权的化合物专利 CN 1302801、CN 1666983、CN 101239973、CZ 301575、EG 22880、EP 1097932、ES 2338629、HU 2000004212、IL 139199、JP 4099622、JP 2001342186、KR 767229、KR 2007089108、TW 252850、US 6455535、ZA 2000006125 等。

制备专利 JP 2006036758、WO 2005123695 等。

制剂或剂型专利 AU 2008306247、DE 102007045922、JP 2008222709、WO 2006106798、WO 2008099820、WO 2009043442 等。

合成方法

通过如下反应制得目的物：

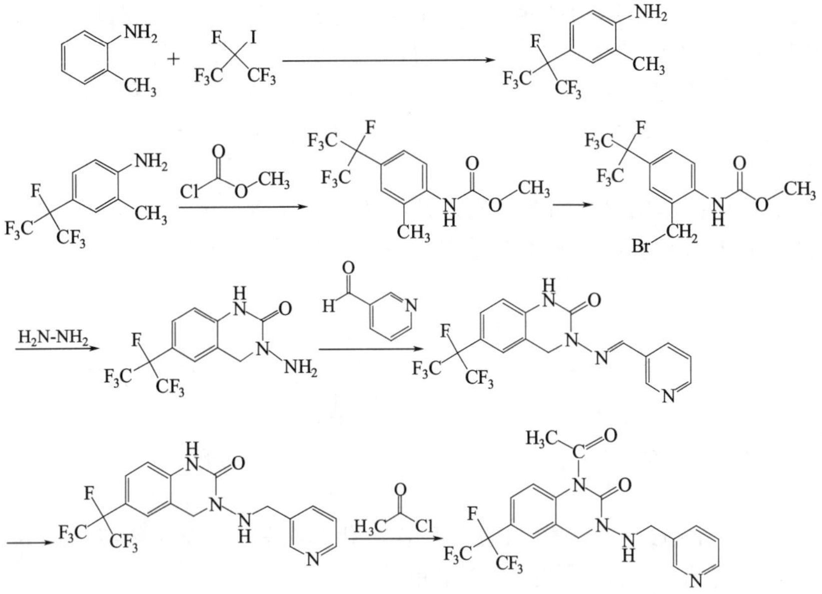

1 The Pesticide Manual. 15th ed.：992.

2 农药，2007，46（12）：829.

3 EP 1097932.

（二）杀螨剂主要类型与品种

近几年世界各大农药公司开发的和正在开发中的新化学杀螨剂主要有甲氧基丙烯酸酯类、季酮酸类、丙烯腈类、氰基羧酸酯类等。

（1）甲氧基丙烯酸酯类

甲氧基丙烯酸酯类杀菌剂是大家比较熟悉的，由于其作用机理是线粒体呼吸抑制剂，因此理应发现具有杀虫杀螨活性的化合物。

嘧螨酯（fluacrypyrim，商品名称：Titaron）是由BASF研制、日本曹达公司开发的第一个甲氧基丙烯酸酯类杀螨剂，已于2001年底在日本上市。它是在甲氧基丙烯酸酯类杀菌剂的基础上，随机合成，并经优化发现的。主要用于防治果树如苹果、柑橘、梨等中的多种螨类如苹果红蜘蛛、柑橘红蜘蛛等。使用剂量为10～200g(a.i.)/hm^2。嘧螨酯除对螨类有效外，在250mg/L的剂量下对部分病害也有较好的活性。

嘧螨胺（试验代号：SYP-11277）是由沈阳化工研究院有限公司在嘧螨酯基础上，按照中间体衍生化方法研制开发的第二个甲氧基丙烯酸酯类杀螨剂，比嘧螨酯具有更优的杀螨活性。

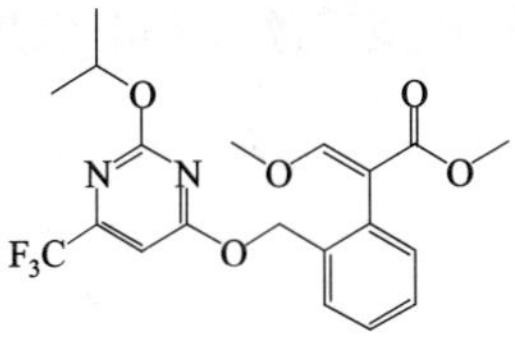

嘧螨酯

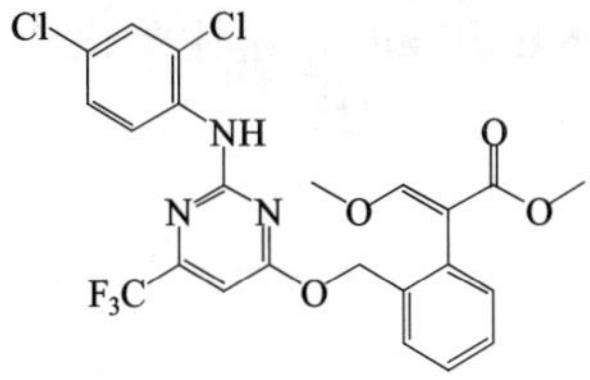

嘧螨胺

（2）季酮酸类（tetronic acid）

季酮酸类（tetronic acid）杀虫杀螨剂是拜耳公司在筛选除草剂的基础上发现的，主要有三个品种，其中两个品种具有杀虫活性的同时，具有很好的杀螨活性：螺螨酯（spirodiclofen）、螺虫酯（spiromesifen）。

螺螨酯是拜耳公司开发成功的第1个酮-烯醇类杀虫杀螨剂，该药已于2003年分别以Daniemon和Envidor商品名称在日本和荷兰获得批准。螺虫酯是拜耳公司继报道螺螨酯后开发的又一个季酮酸酯类杀虫杀螨剂，从2003年开始，已在多个国家登记注册，2006年在巴西、墨西哥登记用于防治蔬菜、棉花、果树的害虫和害螨。

（3）吡唑类

吡唑类杀螨剂如商品化的吡螨胺。最近开发的唑虫酰胺（tolfenpyrad）是三菱化学在吡螨胺基础上开发的杀虫杀螨剂，使用剂量为75～200g(a. i.)/hm^2。

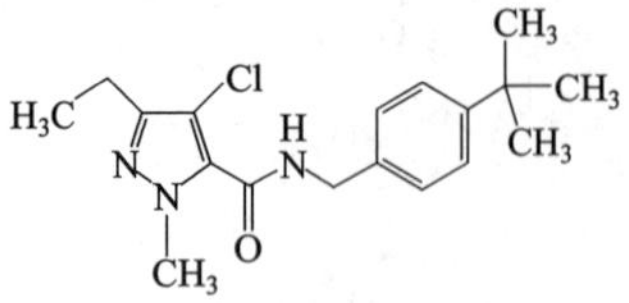

吡螨胺

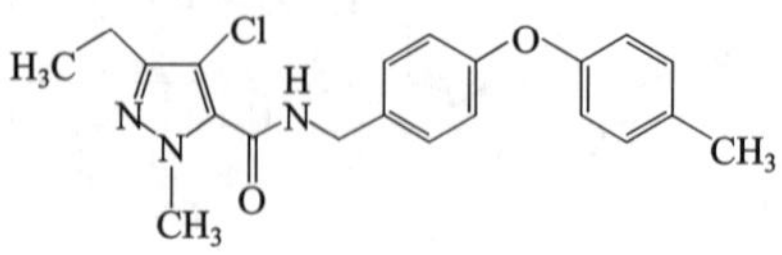

唑虫酰胺

（4）丙烯腈类

Cyenopyrafen（试验代号：OK-5101）是日产化学公司于2005年报道的新型高活性杀螨剂，与现有杀虫剂无交互抗性，2010年上市。

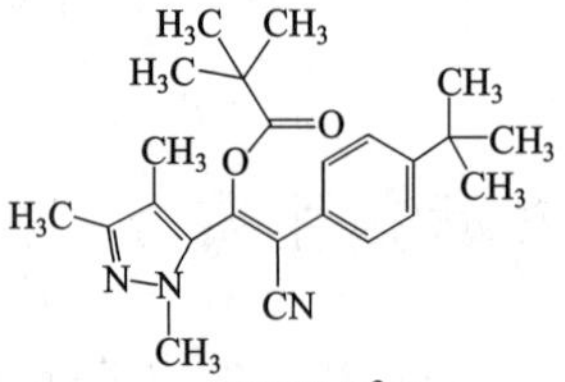

cyenopyrafen

（5）氰基羧酸酯类

Cyflumetofen由大冢化学公司于2004年报道的新型杀螨和杀线虫剂，与现有杀虫剂无交互抗性，对棉红蜘蛛和瘤皮红蜘蛛有效。主要用于果树、蔬菜和茶树。2010年上市。

SYP-10898是由沈阳化工研究院有限公司在cyflumetofen基础上，按照中间体衍生化方法研制开发的杀螨剂，性能与cyflumetofen一致。

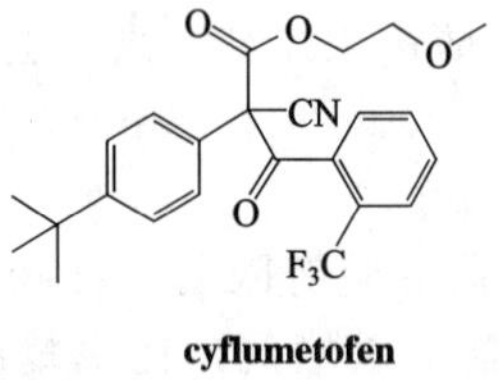

cyflumetofen

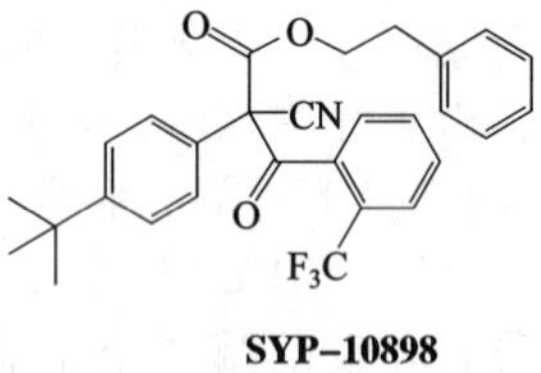

SYP-10898

（6）其他类型的杀螨剂

磺胺螨酯（amidoflumet）是住友化学公司研制的新型磺酰胺类非农用杀螨剂，主要用于工业或公共卫生中防除害螨。

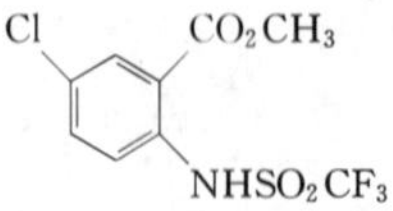

磺胺螨酯

抗生素类杀螨剂

抗生素类杀螨剂是一类利用微生物代谢产物来防治害虫的生物制剂。其具有特异性强，防治效果好，对人畜安全，不破坏生态平衡，害虫不易产生抗药性等优点。从20世纪50年代初人们就开始了对抗生素类杀虫剂的研究，1950年Kido等发现抗霉素A（Antimycin A）具有杀虫、杀螨作用。60年代后，人们开始有目的地筛选以杀虫为目的的新的抗生素，报道的品种有卟啉霉素（porfiromycin）、密旋霉素（pactamycin）和稀蔬霉素（sparosomycin）等。70年代，日本筛选出杀螨素（tetranactin，又名四抗霉素），以及密灭汀（milbemectin）。到20世纪80年代初，阿维菌素（avermectin）的发现和开发成功被认为是抗生素在农业生产中应用的第3个里程碑，是农业生产中最有潜力的抗生素。我国抗生素类杀虫剂的研究起步较晚，20世纪80年代，浙江农科院最早报道杀蚜素、上海农药所的浏阳霉素、上海农科院植保所的韶关霉素、江西农业大学的南昌霉素和梅岭霉素等相继问世。目前为止，共开发报道了11个杀螨剂品种：carvacrol、sanguinarine、tetranactin、abamectin、doramectin、eprinomectin、ivermectin、selamectin、milbemectin、milbemycinoxime、moxidectin。

此处仅介绍了tetranactin。abamectin、doramectin、eprinomectin、ivermectin、selamectin、milbemectin、milbemycinoxime、moxidectin在前面已经介绍过。如下化合物应用范围小或不再作为杀螨剂使用或没有商品化等原因，本书不予介绍，仅列出化学名称及CAS登录号供参考。

Carvacrol：5-*iso*propyl-2-methylphenol，499-75-2。

Sanguinarine：13-methyl[1,3]benzodioxolo[5,6-*c*]-1,3-dioxolo[4,5-*i*]phenanthridin-13-ium，2447-54-3。

221 杀螨素（tetranactin）

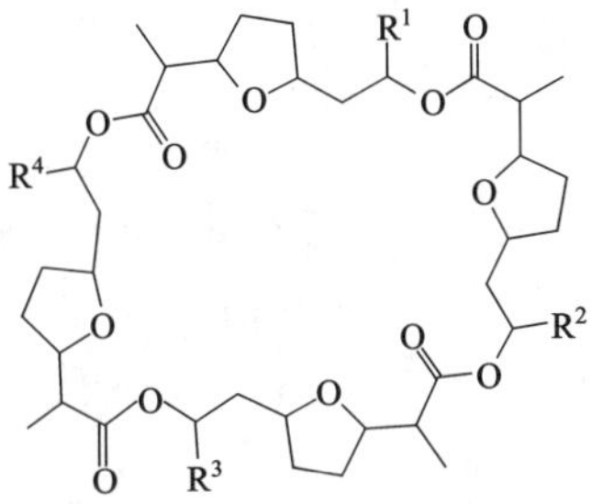

dinactin: R^1, R^3=CH_3; R^2, R^4=C_2H_5, $C_{42}H_{68}O_{12}$, 765.0
trinactin: R^1=CH_3; R^2, R^3, R^4=C_2H_5, $C_{43}H_{70}O_{12}$, 779.0
tetranactin: R^1, R^2, R^3, R^4=C_2H_5, $C_{44}H_{72}O_{12}$, 793.1

产品简介

杀螨素（通用名称：tetranactin，其他名称：四抗菌素、杀螨抗生素）是一种抗生素类的杀螨剂。

化学名称　[1*R*(1*R**,2*R**,5*R**,7*R**,10*S**,11*S**,14*S**,16*S**,19*R**,20*R**,23*R**,25*R**,28*S**,29*S**,32*S**,34*S**)]-5 14,23,32-tetraethyl-2,11,20,29-tetramethyl-4,13,22,31,37,38,39,40-octaoxapentacyclo[32.2.1.1^{7,10}.1^{16,19}.1^{25,28}]tetracontane-3,12,21,30-tetrone。美国化学文摘系统名称为[1*R*(1*R**,2*R**,5*R**,7*R**,10*S**,11*S**,14*S**,16*S**,19*R**,20*R**,23*R**,25*R**,28*S**,29*S**,32*S**,34*S**)]-5,14,23,32-tetraethyl-2,11,20,29-tetramethyl-4,13,22,31,37,38,39,40-octaoxapentacyclo[32.2.1.1^{7,10}.1^{16,19}.1^{25,28}]tetracontane-3,12,21,30-tetrone。CA主题索引名称为4,13,22,31,37,38,39,40-octaoxapentacyclo[32.2.1.1^{7,10}.1^{16,19}.1^{25,28}]tetracontane-3,12,21,30-tetrone—,5,14,23,32-tetraethyl-

2,11,20,29-tetramethyl-(1*R*,2*R*,5*R*,7*R*,10*S*,11*S*,14*S*,16*S*,19*R*,20*R*,23*R*,25*R*,28*S*,29*S*,32*S*,34*S*)-或 nonactin—,5,14,23,32-tetrademethyl-5,14,23,32-tetraethyl-。CAS 登录号为［33956-61-5］（tetranactin），［7561-71-9］（trinactin），［20261-85-2］（dinactin），［39285-04-6］polynactin，以前曾用［56485-45-1］和［56573-63-8］。

理化性质　熔点 111～112℃。水中溶解度（25℃）0.02g/L；其他溶剂中溶解度（g/L，25℃）：丙酮 56、甲醇 17、苯 387、二甲苯 243、己烷 8。稳定性：在 pH＝2～13 范围内，室温下稳定，对紫外线不稳定。

毒性　小鼠急性经口 LD_{50}＞15000mg/kg。小鼠急性经皮 LD_{50}＞10000mg/kg。对兔皮肤和眼睛具有轻微刺激。

作用机理与特点　通过穿透线粒体膜脂肪层的阳离子的渗透起作用，具触杀作用。

应用

可控制果树上的蜘蛛幼虫。适用于苹果、柑橘和梨、棉花、茶、蔬菜、花卉等防治多种螨类。对捕食螨和其他益虫无影响。与巴沙和有机磷混用，能提高杀螨素的杀螨效力，而且改进其残留杀卵的效果。

专利概况

专利名称　Tetranactin

专利号　EP 192060　　专利公开日　1975-10-27

专利申请日　1974-04-22　　优先权日　1974-04-22

专利拥有者　Kanegafuchi Chemical Industry Co.，Ltd.

在其他国家申请的化合物专利　AU 5286686、AT 67493、AU 584388、BR 8600428、CS 255867、CA 1276018、DK 104292、DK 172809、DK 51986、DK 172805、EP 0192060、GR 860308、HK 34294、HU 202365、HU 200651、IL 77750、KR 930006348、NZ 215008、NL971014、PL 149199、US 4742060、US 4845106 等。

制剂或剂型专利　DE 2044023、JP 48022617、JP 48025488、JP49006656、JP 58046009、JP 58046006 等。

合成方法

通过如下反应制得目的物：

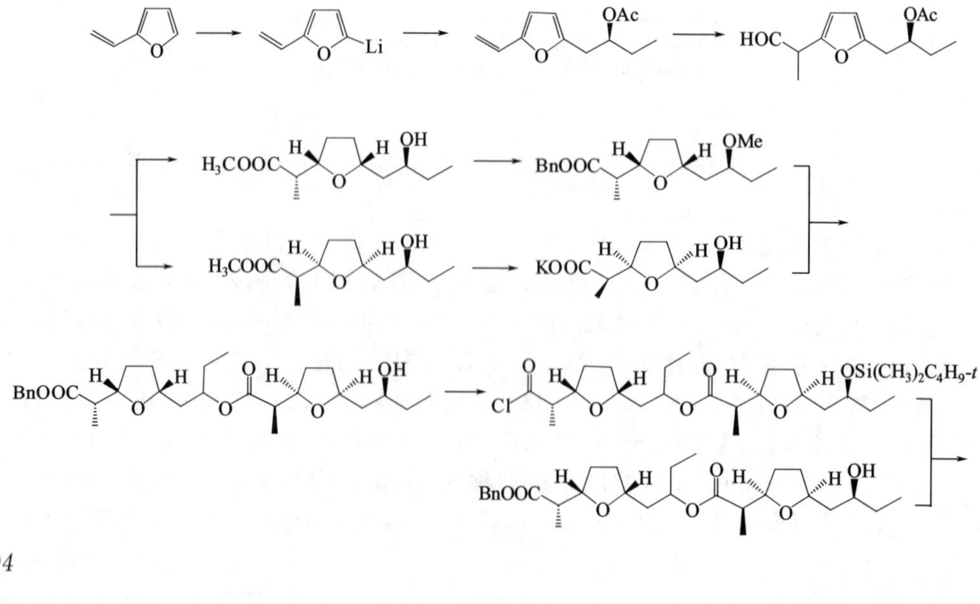

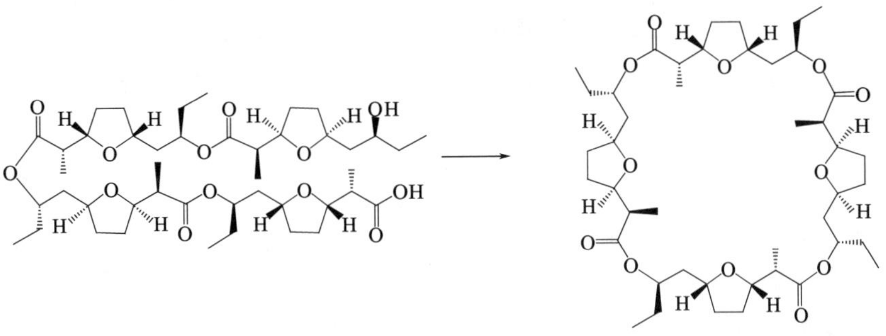

1 The Pesticide Manual, 13th ed., 2003: 794-795.

2 Synthesis, (12), 1986: 986-992.

3 http: //www.chemyq.com/xz/xz6/52258yxhye.htm.

桥键相连的二苯基杀螨剂

桥键相连的二苯基杀螨剂（bridged diphenyl acaricides）共有 23 个品种：azobenzene、benzoximate、benzylbenzoate、bromopropylate、chlorbenside、chlorfenethol、chlorfenson、chlorfensulphide、chlorobenzilate、chloropropylate、DDT（前面介绍）、dicofol、diphenylsulfone、dofenapyn、fenson、fentrifanil、fluorbenside、genit、hexachlorophene、phenproxide、proclonol、tetradifon、tetrasul。其中 DDT 前面已经列出，其他化合物因应用范围小或不再作为杀虫剂使用或因毒性太大已被禁用或没有商品化等原因，本书不予介绍，仅列出化学名称及 CAS 登录号供参考：

azobenzene：azobenzene，[103-33-3]。

benzylbenzoate：benzylbenzoate，[120-51-4]。

chlorbenside：4-chlorobenzyl 4-chlorophenyl sulfide，[103-17-3]。

chlorfenethol：1,1-bis (4-chlorophenyl) ethanol 或 4,4′-dichloro-α-methylbenzhydrylalcohol，[80-06-8]。

chlorfenson：4-chlorophenyl 4-chlorobenzenesulfonate，[80-33-1]。

chlorfensulphide：4-chlorophenyl-2,4,5-trichlorobenzenediazosulfide，[2274-74-0]。

chlorobenzilate：ethyl4,4′-dichlorobenzilate，[510-15-6]。

chloropropylate：*iso*propyl 4,4′-dichlorobenzilate，[5836-10-2]。

diphenylsulfone：diphenylsulfone，[127-63-9]。

dofenapyn：4-(pent-4-ynyloxy)phenyl phenyl ether，[42873-80-3]。

fenson：4-chlorophenyl benzenesulfonate，[80-38-6]。

fentrifanil：*N*-(6-chloro-α，α，α-trifluoro-*m*-tolyl)-α，α，α-trifluoro-4，6-dinitro-*o*-toluidine 或 2′-chloro-2,4-dinitro-5′,6-bis (trifluoromethyl) diphenylamine，[62441-54-7]。

fluorbenside：4-chlorobenzyl 4-fluorophenyl sulfide，[405-30-1]。

genit：2,4-dichlorophenyl benzenesulfonate，[97-16-5]。

hexachlorophene：2,2′-methylenebis (3,4,6-trichlorophenol)，[70-30-04]。

phenproxide：2-chloro-5-(4-nitrophenoxy) phenylpropylsulfoxide，[49828-75-3]。

proclonol：4,4′-dichloro-α-cyclopropylbenzhydrol，[14088-71-2]。

tetrasul：4-chlorophenyl 2,4,5-trichlorophenyl sulfide，[2227-13-6]。

222 苯螨特（benzoximate）

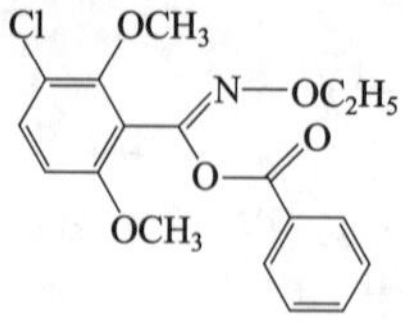

$C_{18}H_{18}ClNO_5$，363.8

产品简介

苯螨特［试验代号：NA-53M，通用名称：benzoximate，商品名称：西斗星，其他名称：Mitrazon（+cyhexatin）(Stähler)］是日本曹达公司1972年推广的杀螨剂。主要生产商：Nippon Soda。

化学名称 3-氯-α-(*EZ*)-乙氧亚氨基-2,6-二甲氧基苄基苯甲酸酯。英文化学名称为3-chloro-α-(*EZ*)-ethoxyimino-2,6-dimethoxybenzyl benzoate 或 ethyl *O*-benzoyl-3-chloro-2,6-dimethoxybenzohydroximate。美国化学文摘系统名称为 benzoic acid anhydride with 3-chloro-*N*-ethoxy-2,6-dimethoxybenzenecarboximidic acid。CA 主题索引名为 benzoic acid, anhydrides anhydride with 3-chloro-*N*-ethoxy-2,6-dimethoxybenzenecarboximidic acid。CAS 登录号为［29104-30-1］。

理化性质 纯品为无色结晶固体。熔点73℃。蒸气压为0.45mPa（25℃）。分配系数 K_{ow} $\lg P=2.4$。相对密度1.30（20℃）。Henry常数 5.46×10^{-3} Pa·m³/mol（计算）。水中溶解度（25℃）30mg/L；其他溶剂中溶解度（g/L，20℃）：苯650、二甲基甲酰胺1460、己烷80、二甲苯710。稳定性：对水和光比较稳定；在酸性介质中稳定；在强碱性介质中分解。

毒性 急性经口 LD_{50}：大鼠＞15000mg/kg、大白鼠＞5000mg/kg，雄小鼠12000mg/kg、雌小鼠14500mg/kg。大鼠和小鼠急性经皮 LD_{50}＞15000mg/kg。在试验剂量内对动物无致突变、致畸和致癌作用。三代繁殖试验未见异常。90d亚慢性毒性无作用剂量150mg/(kg·d)。NOEL值：400mg/kg（饲料）饲喂大鼠两年无危害。苯螨特为低毒杀螨剂。

生态效应 鲤鱼 LC_{50}（48h）1.75mg/L。对鸟类毒性低，日本鹌鹑急性经口 LD_{50}＞15000mg/kg。在正常条件下，对蜜蜂无毒害作用。对天敌安全。

制剂与分析方法 主要剂型有乳油。Acarmate（Sipcam）、Artaban（Procida）、Citrazon（Nippon Soda）、乳油［200g(a.i.)/L］、5%苯螨特乳油、10%苯螨特乳油。产品分析用紫外光谱法，残留物用衍生物比色法分析。

作用机理与特点 苯螨特是一种新型杀螨剂，具有触杀和胃毒作用，无内吸和渗透传导作用。能用于防治各个发育阶段的螨，对卵和成螨都有作用。该药具有较强的速效性和较长的残效性，药后5～30d内能及时有效地控制虫口增长；同时该药能防治对其他杀螨剂产生抗药性的螨，对天敌和作物安全。

应用

适用作物 仁果类作物、核果类作物、葡萄和观赏植物、苹果、柑橘。

防治对象 各个阶段的螨，特别是全爪螨、叶螨。

残留量与安全用药 每人每日允许摄入量（ADI）为0.067mg/(kg·d)。作物中最高残留限量为5mg/kg。最多使用一次。当使用浓度为200g(a.i.)/hm² 时，安全间隔期21d，作物中残留量＜0.01mg/kg；当使用浓度为133g(a.i.)/hm² 时，安全间隔期16d，作物中的残留量<0.01mg/kg。不要让喷出的农药飞散或流入河川、湖泊、养鱼塘内。使用后剩下的药液、洗涤液不要倒进水里，应妥善处理。装此农药的容器应焚烧或掩埋，勿用作装其他东西。勿与其他药剂混用。喷药后，将脸、手和暴露的皮肤洗净。万一误饮，应喝大量的水并催吐，保持安静，就医诊治。

应用技术　本品为非内吸性杀螨剂，目前主要用于防治柑橘红蜘蛛和桑树红蜘蛛，也能防治对其他杀螨剂产生抗性的红蜘蛛，但对锈螨无效。一般用 50～66.7mg/L 浓度药液，即 10%乳油 1500～2000 倍液。在春季螨害始盛期，平均每叶有螨 2～3 头时，进行喷雾防治。红蜘蛛类繁殖迅速，喷药要均匀。红蜘蛛易产生抗药性，本剂应一年只喷 1 次，并与其他杀螨剂轮换使用。

使用方法　防治苹果树上的全爪螨和叶螨剂量为 400～600g(a. i.)/hm^2，用于柑橘和葡萄上的剂量为 300～400g/hm^2。不能与苯硫磷和波尔多液混用；喷药要均匀；此外，由于红蜘蛛易产生抗性，因此一年只应喷洒 1 次，并注意与其他杀螨剂轮换使用。防治柑橘红蜘蛛用 5%乳油或 10%乳油 1000～2000 倍液（有效成分 50～66.7mg/kg）。

专利与登记

专利名称　Benzohydroxamates and processes for their preparation

专利号　GB 1247817　　专利公开日　1971-09-29

专利申请日　1970-02-27　　优先权日　1970-02-27

专利拥有者　Nippon Soda Co.，Ltd

在其他国家申请的化合物专利　DE 2012973、ES 377631、FR 2035023、IL 33968、NL 7003866 等。

制备专利、制剂或剂型专利　US 3821402、WO 2008075453、WO 2008125362、WO 2009118297、JP 2010047479、WO 2010055909 等。

在中国登记作物、登记号　5%西斗星乳油和 10%乳油已在我国柑橘作物上获得登记，用于防治柑橘红蜘蛛，登记号为 PD191-94（10%乳油）和 PD192-94（5%乳油）。登记厂家为日本曹达株式会社。

合成方法

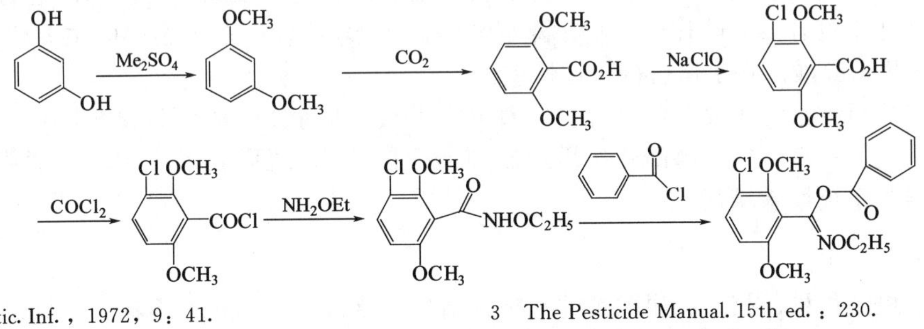

1　Jpn. Pestic. Inf.，1972，9：41.

2　GB 1247817.

3　The Pesticide Manual. 15th ed.：230.

4　http：//www. chinapesticide. gov. cn.

223　溴螨酯（bromopropylate）

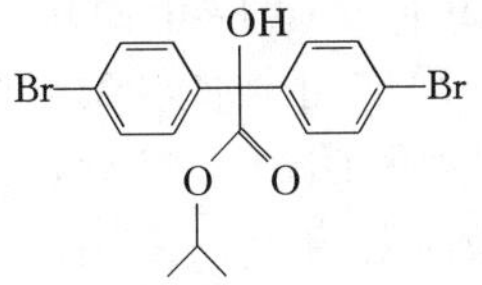

$C_{17}H_{16}Br_2O_3$，428.1

产品简介

溴螨酯［试验代号：GS 19851，通用名称：bromopropylate。商品名称：Bromolate（Mobedco）、SunPropylate（Sundat）、螨代治，其他名称：Acarol（Novartis A H）、Folbex VA（Novartis A H）、Mitene（Chimiberg）］是1967年H. Grob等报道了其杀螨活性，J. R. Geigy S. A.（现属 Syngenta AG）将其商品化。世界主要生产商：浙江禾本农药化学有限公司、中化宁波。

化学名称　4,4′-二溴二苯乙醇酸异丙酯。英文化学名称为 *iso*propyl 4,4′-dibromobenzilate。美国化学文摘系统名称为 1-methylethyl 4-bromo-α-(4-bromophenyl)-hydroxybenzeneacetate。CA 主题索引名称为 benzeneacetic acid—，4-bromo-α-(4-bromophenyl)-α-hydroxy-1-methylethyl ester。CAS 登录号为［18181-80-1］。

理化性质　纯品为白色晶体。熔点77℃。蒸气压 6.8×10^{-3} mPa（20℃）。分配系数 K_{ow} $\lg P=5.4$，Henry 常数 $<5.82\times10^{-3}$ Pa・m³/mol（计算）。相对密度为1.59（20℃）。水中溶解度（20℃）<0.5mg/L；其他溶剂中溶解度（g/kg）：丙酮850、二氯甲烷970、二噁烷870、苯750、甲醇280、二甲苯530、异丙醇90。稳定性：在中性或弱酸性介质中稳定。DT_{50} 为34d（pH=9）。

毒性　大鼠急性经口 $LD_{50}>5000$mg/kg。大鼠急性经皮 $LD_{50}>4000$mg/kg，对兔皮肤有轻微刺激但对兔眼睛无刺激。大鼠吸入 $LC_{50}>4000$mg/kg。NOEL 值：大鼠（2a）为500mg/kg［约25mg/(kg・d)］，小鼠（1a）为1000mg/kg［约143mg/(kg・d)］。ADI 值：0.03mg/kg。

生态效应　日本鹌鹑急性经口 $LD_{50}>2000$mg/kg。饲喂 LC_{50}（8d）：北京鸭为600mg/kg，日本鹌鹑为1000mg/kg。鱼类 LC_{50}（96h）：虹鳟鱼为0.35mg/L，大翻车鱼0.5mg/L，鲤鱼为2.4mg/L。水蚤 LC_{50}（48h）0.17mg/L。海藻 EC_{50}（72h）>52mg/L。对蜜蜂无毒，LC_{50}（24h）为183μg/只。蚯蚓 LC_{50}（14d）>1000mg/kg（土壤）。对落叶果树、柑橘属果树和酒花上的花蝽、盲蝽、瓢虫、草蛉、褐蛉、隐翅虫、步甲、食蚜蝇和长足虻的成虫和若虫安全。对肉食性螨的潜在危害可通过避免早季喷药来降到最低。

环境行为　动物：溴螨酯在动物体内被迅速有效地排泄。通过异丙基酯裂解和氧化成小分子进行代谢。氧化形成的代谢物为3-羟基齐酸盐和结合物。植物：对溴螨酯进行的 ^{14}C-标记研究表明几乎没有渗入叶片或果实。降解缓慢。土壤/环境：在土壤中的主要代谢产物是4,4-二溴二苯乙醇酸。在土壤中的传导性差。

制剂与分析方法　主要剂型有乳油。残留物用GC进行分析（ECD检测器）。

作用机理与特点　氧化磷酸化作用抑制剂，干扰ATP的形成（ATP合成抑制剂）。触杀、长效的非系统性杀螨剂。

应用

可用于控制仁果、核果、柑橘类的水果、葡萄、草莓、啤酒花、棉花、大豆、瓜类、蔬菜和花卉上的各个时期的叶螨、瘿螨；在25～50g/hm² 下，应用于柑橘、仁果、核果、葡萄、茶、蔬菜和花卉上；而在500～750g/hm² 下，应用于棉花。也可以用来控制蜂箱中的寄生螨。药害：对一些苹果、李子和观赏植物有轻微药害。

残留量与安全施药：①果树收获前21d停止使用。②在蔬菜和茶叶采摘期禁止用药。③因该药无内吸作用，使用时药液必须均匀全面覆盖植株。④害螨对该药和三氯杀螨醇有交互抗性，使用时要注意。⑤要贮于通风阴凉干燥处，温度不超过35℃，贮藏期可达3a。⑥使用时应注意操作安全，避免药液溅到身上，使用后用清水清洗全身。如药液溅到眼里，应用大量的清水反复冲洗。⑦本品无专用解毒剂，应对症治疗。

应用技术　本品为触杀剂。触杀性较强，无内吸作用。杀螨谱广，持效期长，对成、若螨和卵均有较好的触杀作用。

使用方法　①果树害螨的防治：柑橘红蜘蛛，在春梢大量抽发期，第一个螨高峰前，平均每叶螨数 3 头左右时，用 50%乳油 1500～2500 倍液喷雾。柑橘锈壁虱，当有虫叶片达到 20%或每叶平均有虫 2～3 头时开始防治，20～30d 后螨密度有所回升时，再防治 1 次。用 50%乳油 2000 倍液喷雾，重点防治中心虫株。苹果红蜘蛛、山楂红蜘蛛，在苹果开花前后，成若螨盛发期，平均每叶螨数 4 头以下，用 50%乳油 1000～1300 倍液，均匀喷雾。②棉花害螨的防治：在 6 月底以前，害螨扩散初期，每亩用 50%乳油 25～40mL，对水 50～75kg，均匀喷雾。③蔬菜害螨的防治：防治为害各类蔬菜的叶螨，可在成、若螨盛发期平均每叶螨数 3 头左右，每亩用 50%乳油 20～30mL，对水 50～75kg，均匀喷雾。④茶叶害螨的防治：在害螨发生期用 50%乳油 2000～4000 倍液，均匀喷雾。⑤花卉害螨的防治：防治菊花二叶螨，于始盛发期用 50%乳油 1000～1500 倍液，均匀喷雾。

专利与登记

专利名称　Isopropyl 4,4′-dibromobenzilate pesticide

专利号　FR 1504969　　专利公开日　1967-12-08

专利申请日　1966-12-12　　优先权日　1965-12-13

专利拥有者　Agripat S. A.

在其他国家申请的化合物专利　BE 691105、CY 685、CH 471065、DK 109973、DE 1568060、ES 334441、ES 334440、GB 1178850、IL 27041、MY 31573、NL 6617438、NL 130171、SE 338770 等。

目前公开的或授权的与溴螨酯有关的部分专利　DE 1952375、WO 9719040、CA 2238186、CN 1206395、EP 862545、JP 3487863、WO 2002049430、CA 2379570、EP 1215962、DE 3248033、JP 2001097802、JP 2007246496、WO 2001022814、WO 2003061383、JP 2010155807、JP 50140634、JP 51088632、JP 54113432、JP 56029508、JP 56029509、JP 57128607、JP 57139006、JP 63130507、JP 07179308、RO 63434、ZA 8402567、WO 9533380（AU 9526166、BR 9502710、CN 1150381、EP 765120、JP 10502055）、WO 9740691、WO 2002037963、WO 2006008109 等。

在中国申请的与该产品有关的部分专利及登记情况见表 223-1、表 223-2。

表 223-1　在中国申请的专利

序列号	申请号	专利名称
1	97180018.9	杀虫杀螨组合物
2	97194175.0	农药组合物
3	200710070384.4	一种溴螨酯的合成方法
4	200710149682.2	农药组合物
5	200810132984.3	一种含溴螨酯与丁醚脲的杀螨组合物
6	200810132577.2	含吡螨胺的杀螨组合物
7	200810146218.2	一种含有氟螨脲有效成分的杀螨剂组合物
8	200810132578.7	一种含有甲氰菊酯和溴螨酯的具有增效作用的杀螨组合物
9	200810132580.4	一种含有溴螨酯和阿维菌素的具有协同增效作用的杀螨剂组合物
10	200810110972.0	一种含炔螨特与溴螨酯的杀螨组合物
11	200810172674.4	含有炔螨特和溴螨酯的具有增效作用的杀螨组合物

表 223-2　瑞士先正达作物保护有限公司在中国登记情况

登记名称	登记证号	含量	剂型	登记作物	防治对象	用药量/(mg/kg)	施用方法
溴螨酯	PD53-87	500g/L	乳油	柑橘树	螨	330～500	喷雾
				苹果树	螨	250～500	喷雾

合成方法

经如下反应制得目的物：

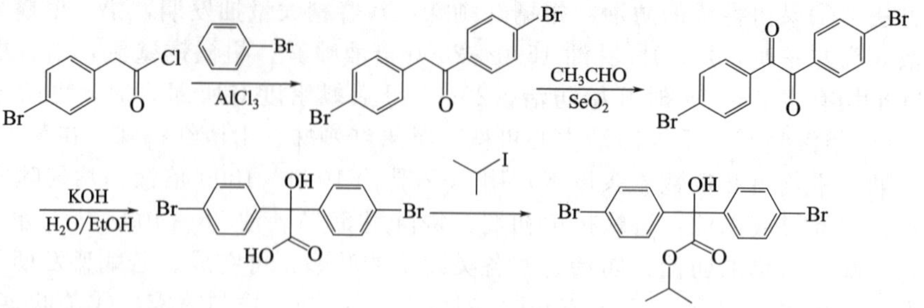

1 The Pesticide Manual. 15th ed. : 129-130.

2 Abstr. Int. Congr. Plant Prot. , 6th，1967：198.

3 GB 1178850.

4 DE 691105.

5 农药商品大全．中国商业出版社：294-295.

224 三氯杀螨醇（dicofol）

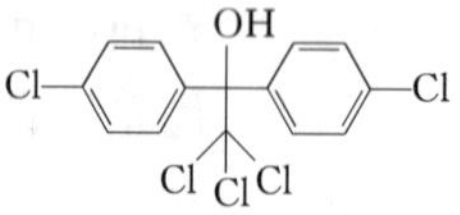

$C_{14}H_9Cl_5O$，370.5

产品简介

三氯杀螨醇［试验代号：FW-293（罗门·哈斯），通用名称：dicofol，商品名称：Kelthane (Dow AgroSciences)、开乐散，其他名称：Acarin（Makhteshim-Agan）、AK 20（Ingeniería Industrial）、Cekudifol（Cequisa）、Dimite（Nagarjuna Agrichem）、Hilfol（Hindustan）、Lairaña（Lainco）、Might（Devidayal）、Mitigan（Makhteshim-Agan）、Acarfen（Sipcam Inagra）、Agrothane（AgroSan）、Aracnol D（Chimiberg）、Callifol（Arysta lifeScience EAME）、Colonel-S（Indofil）、Dicocid（Chemia）、Dicophyt（Phyteurop）、Difol（Sulphur Mills）、Ditranil（Papaeconomou）、Festan（Doğal）、Hekthane（Hekta351）、Kelteran（Aragro）、Klin（Krishi Rasayan）、Spyder（Chemia）、Tiktok（United Phosphorus)］由 J. S. Barker & F. B. Maugham 于 1956 年报道的杀螨剂，罗门·哈斯（现为 Dow AgroSciences）将其商品化，1957 年首先在美国上市。世界主要生产商：Dow AgroSciences、Dacheng、Hindustan、Jiangsu Yangnong、Makhteshim-Agan。

化学名称 2,2,2-三氯-1,1-双（4-氯苯基）乙醇；英文化学名称为 2,2,2-trichloro-1,1-di(4-chlorophenyl) ethanol。美国化学文摘系统名称为 4-chloro-(4-chlorophenyl)-(trichloromethyl)benzene methanol。CA 主题索引名称为 benzenemethanol—，4-chloro-α-(4-chlorophenyl)-α-(trichloromethyl)—。CAS 登录号为［115-32-2］。

组成 工业品纯度为 95%，由 80%的三氯杀螨醇和 20%的 1-(2-氯苯基)-1-(4-氯苯基)-异构体组成。

理化性质 纯品为无色固体（工业品为棕色黏稠油状物），熔点 78.5～79.5℃，沸点 193℃（360 mmHg），（工业品），蒸气压 0.053mPa（25℃，工业品），分配系数 K_{ow} $\lg P$=4.30，Henry 常数 2.45×10^{-2} Pa·m^3/mol，相对密度：1.45（25℃，工业品）。水中溶解度（25℃）0.8mg/L，其他溶剂中溶解度（g/L，25℃）：丙酮、乙酸乙酯、甲苯 400，甲醇 36，己烷、异丙醇中 30。稳定性：对酸稳定，但在碱性介质中不稳定，水解为 4,4′-二氯二苯酮和氯仿。DT_{50}（pH=5）为 85d，64～99h（pH=7），26min（pH=9）。其 2,4′-异构

体水解得更快。光照下降解为4,4′-二氯二苯酮。在温度为80℃时稳定。可湿性粉剂对溶剂和表面活性剂敏感，这些也许会影响其杀螨活性及产生药害。闪点193℃（敞口杯）。

毒性　急性经 LD_{50}：雄大鼠为595mg/kg，雌大鼠为578mg/kg，兔为1810mg/kg。急性经皮 LD_{50} 大鼠＞5000mg/kg，兔＞2500mg/kg。大鼠吸入 LC_{50}（4h）＞5mg/L（空气）。大鼠NOEL为5mg/kg diet［雄0.22mg/(kg·d)，雌0.27mg/(kg·d)；两代繁殖研究表明，对大鼠的NOEL为5mg/kg［0.5mg/(kg·d)］。狗一年饲喂试验的NOEL为30mg/kg（饲料）［0.82mg/（kg·d)］；小鼠13周试用的NOEL为10mg/L（2.1mg/kg·d）。ADI值：0.002mg/kg。

生态效应　鸟类 LC_{50}（5d）：山齿鹑为3010mg/L，日本鹌鹑为1418mg/L，环颈雉为2126mg/L，野鸭为1651mg/L。蛋壳质量和繁殖研究表明，美国茶隼的无作用剂量为2mg/kg diet，野鸭为2.5mg/kg diet，山齿鹑为110mg/kg diet。鱼 LC_{50}（96h）：斑点叉尾鮰为0.30mg/L，大翻车鱼0.51mg/L，黑头呆鱼0.183mg/L，红鲈0.37mg/L；虹鳟鱼 LC_{50}（24h）0.12mg/L。NOEL值：黑头呆鱼0.0045mg/L，虹鳟鱼0.0044mg/L。水蚤 LC_{50}（48h）0.14mg/L。栅藻 EC_{50}（96h）0.075mg/L。其他水生生物：糠虾 LC_{50}（96h）0.06mg/L，牡蛎 EC_{50} 0.15mg/L，招潮蟹 EC_{50} 64mg/L，无脊椎动物 EC_{50} 0.19mg/L。对蜜蜂无毒，LD_{50}（接触）＞50μg/只，LD_{50}（经口）＞10μg/只。蚯蚓 LC_{50}：43.1mg/L（7d），24.6mg/L（14d）。

环境行为　动物：大鼠经口，4,4′-二氯二苯酮和2,2′-二氯-1,1′-二（氯苯基）乙醇是主要代谢物。在产卵鸡和乳用羊体内发现了相同的代谢物。植物：在植物体内的主要代谢物是4,4′-二氯二苯酮。土壤/环境：土壤光降解 DT_{50}（粉砂壤土）30d。水中光降解 DT_{50}（pH＝5，敏感条件）1～4d，（不敏感条件）15～93d。在粉砂壤土中新陈代谢（需氧）要61d（2,4′-异构体7d），（厌氧）16d。土壤吸附 K_{oc} 8383（砂土），8073（砂壤土），5868（粉砂壤土），5917（黏壤土）。田间降解 DT_{50} 60～100d。未发现母体或代谢物的迁移。在所有过程中，二氯二苯酮都是主要降解产物。

制剂与分析方法　主要剂型有粉剂、乳油、胶悬剂、可湿性粉剂。20％三氯杀螨醇乳油。产品分析用HPLC（UV检测器），可水解的氯化物用电位滴定法或GC，残留物用GC测定，在土壤中用GC/ECD。

作用机理与特点　三氯杀螨醇是一种杀螨谱广、杀虫活性较高，对天敌和作物表现安全的有机氯杀螨剂。该药为神经毒剂，对害螨具有较强的触杀作用，无内吸性，对成、若螨和卵均有效，是我国目前常用的杀螨剂品种。该药分解较慢，作物重施药一年后仍有少量残留。可用于棉花、果树、花卉等作物防治多种害螨。由于多年使用，在一些地区害螨对其已产生不同程度的抗药性，在这些地区要活当提高使用浓度。

应用

非内吸性杀螨剂，几乎无杀虫活性。可控制许多农作物（包括水果、葡萄、花卉、蔬菜和大田作物）的多种植食性螨（包括柑橘全爪螨、锈螨、叶螨和伪叶螨），建议用量为0.50～2.0kg/hm^2。按说明使用时无药害，但用于茄子和梨可能使其受到损害。

使用方法　棉花红蜘蛛：6月底以前，在害螨扩散初期或成、若螨盛发期，每亩20％乳油37.5～75mL（有效成分7.5～15g），对水75kg喷雾。对已产生抗性的红蜘蛛，每亩用20％乳油75～100mL（有效成分15～20g），对水75kg喷雾。

苹果红蜘蛛、山楂红蜘蛛：在苹果开花前后，幼、若螨盛发期，平均每叶有螨3～4头，7月份以后平均每叶有螨6～7头时防治，用20％乳油600～1000倍液（有效浓度200～333mg/L）喷雾。

柑橘红蜘蛛：在春梢大量抽发期及幼、若螨盛发期施药，用20%乳油800～1000倍液（有效浓度200～250mg/L）喷雾。

柑橘锈壁虱：于始盛发期，害螨尚未转移为害果实前，用20%乳油1000～1500倍液（有效浓度133～200mg/L）均匀喷雾。

花卉红蜘蛛：可根据害螨发生情况进行防治，用20%乳油1000～3000倍液（有效浓度67～200mg/L）喷雾。

注意事项 ①本品不能与碱性药物混用。②不宜用于茶树、食用菌、蔬菜、瓜类、草莓等作物。③在柑橘、苹果等采收前45d，应停止用药。④苹果的红玉等品种对该药容易产生药害，使用时要注意安全。

专利与登记

专利名称 1,1-Bis(chlorophenyl)-2,2,2-trichloroethanols

专利号 US 2812362 专利公开日 1957-11-5

专利申请 1955-10-12 专利拥有者 罗门·哈斯

在其他国家申请的化合物专利 GB 843603等。

目前公开的或授权的与三氯杀螨醇有关的部分专利 GB 831421、JP 50107128等。

制备专利 US 4042498等。

制剂或剂型专利 DE 1120336、US 3194730、BE 617531、DE 2115673、DE 3125448、EP 91616、FR 1497297、FR 2161915、US 3287213、DE 2531426、JP 54113432、JP 56029508、JP 56029509、JP 57007404、JP 57139002、GB 2119251等。

在中国申请的与该产品有关的部分专利及登记情况见表224-1、表224-2。

表224-1 在中国申请的专利

序列号	申请号	专利名称
1	96118640.2	水杉小爪螨的防治方法
2	90105225.6	杀螨胶乳剂
3	91108446.0	山梨酸反应活性中间体的生产工艺
4	94105748.8	一种高效、低毒、安全植物性杀螨剂
5	96115959.6	一种高渗杀螨净乳油
6	98122185.8	三氯杀螨醇乳油及其配制方法
7	99116278.1	*O,O*-二烃基二硫代磷酸三环已基锡酯化合物的制备
8	98117052.8	一种防治抗性螨和抗性棉铃虫的杀虫杀螨剂农药
9	01108446.4	一种农药残留降解菌剂及其生产方法
10	200710035775.2	含有苯丁锡的杀螨组合物
11	200810100945.5	一种苯丁锡·哒螨灵乳油的制备方法
12	200510063412.0	一种含有甲氨基阿维菌素的杀虫杀螨组合物
13	200710034255.X	一种含有二甲基二硫醚的农用杀螨杀虫组合物
14	200810056849.5	一种稳定的唑螨酯原药制备方法
15	200910114441.3	一种含杀螨剂类超低容量组合药剂
16	200910114439.6	一种含有生物源类超低容量组合药剂
17	200420150558.X	三氯杀螨醇残留快速检测装置
18	200820102861.0	茶叶安全快速检测仪

表224-2 在中国登记情况

公司	登记名称	含量	剂型	登记作物	防治对象	用药量	施用方法
湖北三好农业科技有限公司	PD85126-13	20%	乳油	苹果树	红蜘蛛	800～1000倍液	喷雾
				苹果树	锈蜘蛛	800～1000倍液	喷雾
河南省开封克灵丰药业有限公司	PD85126-14	20%	乳油	苹果树	红蜘蛛	800～1000倍液	喷雾
				苹果树	锈蜘蛛	800～1000倍液	喷雾
				棉花	红蜘蛛	240～300g/hm^2	喷雾

续表

公司	登记名称	含量	剂型	登记作物	防治对象	用药量	施用方法
江苏扬农化工集团有限公司	PD85126-4	20%	乳油	苹果树	红蜘蛛	800～1000 倍液	喷雾
				苹果树	锈蜘蛛	800～1000 倍液	喷雾
				棉花	红蜘蛛	225～300g/hm²	喷雾

合成方法

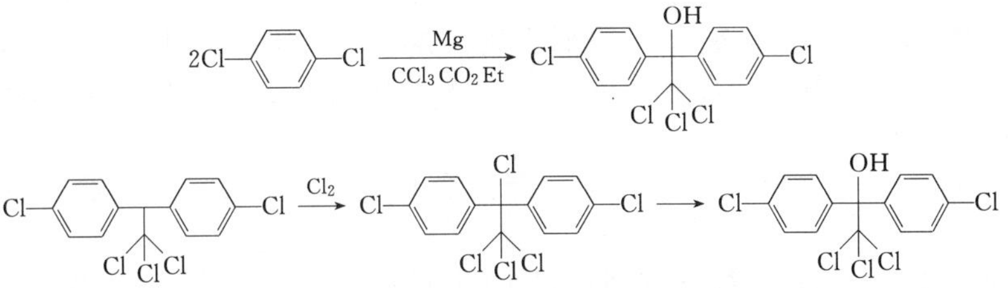

1 The Pesticide Manual. 15th ed. : 347-348.
2 US 2812362.
3 US 3102070.
4 US 3194730.
5 GB 831421
6 国外农药品种手册，新版合订本，化工部农药信息总站：357-359.
7 农药商品大全．中国商业出版社：268-269.

225 三氯杀螨砜（tetradifon）

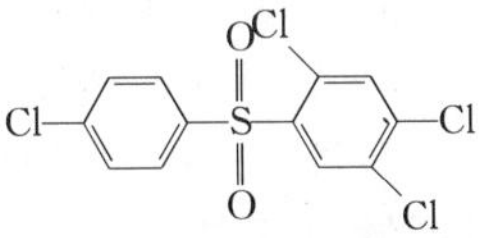

$C_{12}H_6Cl_4O_2S$，356.0

产品简介

三氯杀螨砜［试验代号：V-18（Duphar）、ENT 23 737，通用名称：tetradifon，商品名称：Suntradifon（Sundat）、涕滴恩、天地红、太地安、退得完，其他名称：Tedone（Isagro）、Tetrasit（AgroSan）、Tetrafon（Hekta351）］由 H. O. Huisman 于 1955 年报道的杀螨剂，后被 N. V. Philips-Roxane（现为 Chemtura Corp.）开发。世界主要生产商：Crompton Corporation。

化学名称 4-氯苯基-2,4,5-三氯苯砜。英文化学名称为 4-chlorophenyl 2,4,5-trichlorophenyl sulfone，2,4,4′,5-tetrachlorodiphenyl sulfone。美国化学文摘系统名称为 1,2,4-trichloro-5-[(4-chlorophenyl) sulfonyl] benzene。CA 主题索引名称为 benzene—，1,2,4-trichloro-5-[(4-chlorophenyl) sulfonyl]-。CAS 登录号为［116-29-0］。

组成 工业级三氯杀螨砜的纯度 95%。

理化性质 无色晶体（工业品为接近白色的粉末，有弱芳香气味）。熔点 146℃（纯品，tech. ≥144℃）。蒸气压 9.4×10^{-7} mPa（25℃）。分配系数 K_{ow} $\lg P=4.61$。Henry 常数 1.46×10^{-4} Pa·m³/mol。相对密度 1.68（20℃）。水中溶解度（20℃）0.078mg/L；其他溶剂中溶解度（g/L）：丙酮 67.3、甲醇 3.46、乙酸乙酯 67.3、己烷 1.52、二氯甲烷 297、二甲苯 105。稳定性：非常稳定，即使在强酸、强碱中，对光和热也稳定，耐强氧化剂。

毒性 雄大鼠急性经口 LD_{50} 为>14700mg/kg。兔急性经皮 LD_{50} 为>10000mg/kg。对皮肤无刺激，对眼睛有轻微刺激（兔）。大鼠吸入 LC_{50}（4h）>3mg/L（空气）。NOEL 值：2 年饲喂研究表明，大鼠的 NOAEL 为 300mg/kg。两代研究表明，大鼠繁殖 NOEL 为

200mg/kg。对大鼠和兔无致畸作用。不会诱导有机体突变。ADI 值：0.015mg/kg [2002] 急性腹腔注射 LD_{50} 大鼠>2500mg/kg，小鼠>500mg/kg。

生态效应 鸟类山齿鹑、日本鹌鹑、野鸭饲喂 LC_{50} (8d)>5000mg/kg。鱼 LC_{50} (96h)：大翻车鱼 880μg/L，河鲶 2100μg/L，虹鳟鱼 1200μg/L。水蚤 LC_{50} (48h)>2mg/L。羊角月牙藻 EC_{50} (96h)>100mg/L。按说明使用对蜜蜂不会有危险；蜜蜂 LD_{50} (接触)>1250μg/只。蚯蚓 LD_{50}>5000mg/kg。其他有益物种：正常含量下对红蜘蛛的天敌无害。

环境行为 环境卫生标准（EHC）报告称在建议剂量下使用对环境没有危险。动物：大鼠单一剂量经口后，在 48h 内 70% 经胆随粪便排出。植物：无内吸性；三氯杀螨砜在植物体内不能代谢。土壤/环境：能和土壤/胡敏酸复合物形成强烈的不可逆转的键合作用；在土壤中几乎不能传导。

制剂与分析方法 主要剂型：乳油。产品分析用 GC（FID 检测器），残留物用 GC 测定。

作用机理与特点 氧化磷酸化抑制剂，ATP 形成的干扰物。非内吸性杀螨剂。通过植物组织渗入，持效期长。对卵和各阶段的非成螨均有触杀活性，也能通过使雌螨不育或导致卵不孵化而间接地发挥作用。

应用

对大量植食性螨类的幼虫和卵都有活性。可用于许多水果作物，包括柑橘、蔬菜、棉花、啤酒花、茶叶及花卉。对大多数农作物，推荐剂量为 0.0125%～0.015%活性成分；在棉花上的使用剂量为 150～300g/hm^2。除了对一些观赏植物如大丽花、榕树、西瑟斯、报春花、长寿和一些玫瑰品种有药害外，在推荐剂量下使用无药害。

注意事项 ①不能用三氯杀螨砜杀冬卵。②当红蜘蛛为害重，成螨数量多时，必须与其他药剂混用，效果才好。③该药对柑橘锈螨无效。

专利与登记

该化合物不存在专利权问题。

目前公开的或授权的与三氯杀螨砜有关的部分专利 FR 2443203、FR 2427051、GB 1382506、JP 2010155807、JP 02167206、NL 6701139、PL 166478、RD258012、WO 2009135613、ZA 6905517 等。

在中国申请的与该产品有关的部分专利及登记情况见表 225-1、表 225-2。

表 225-1 在中国申请的专利

序列号	申请号	专利名称
1	200710035775.2	含有苯丁锡的杀螨组合物
2	200510063412.0	一种含有甲氨基阿维菌素的杀虫杀螨组合物

表 225-2 山东省高密市绿洲化工有限公司登记情况①

登记作物名称	防治对象名称	用药量	施用方法
苹果树	红蜘蛛	125～200mg/kg	喷雾

① 登记证号为 PD20095215，三氯杀螨砜 10%乳油

合成方法

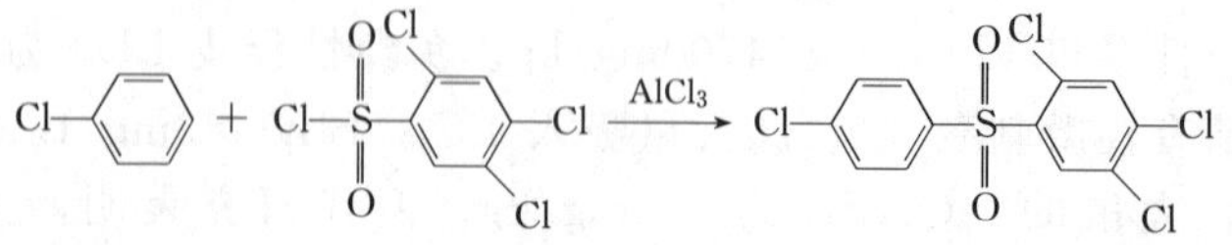

1 The Pesticide Manual. 15th ed.: 1104-1105.
2 NL 81359.
3 US 2812281.
4 http://www.chinapesticide.gov.cn/service/aspx/CPMX.ASPX? ID=PD20095215.

氨基甲酸酯类杀螨剂

氨基甲酸酯类杀螨剂（carbamate acaricides）主要有如下13个品种：benomyl、carbanolate、carbaryl、methiocarb、metolcarb、promacyl、propoxur、aldicarb、butocarboxim、oxamyl、thiocarboxime、thiofanox、fenothiocarb。其中 carbanolate、carbaryl、methiocarb、metolcarb、promacyl、propoxur、aldicarb、butocarboxim、oxamyl、thiocarboxime、thiofanox 在前面已有介绍，此处仅介绍 benomyl、fenothiocarb。

226 苯菌灵（benomyl）

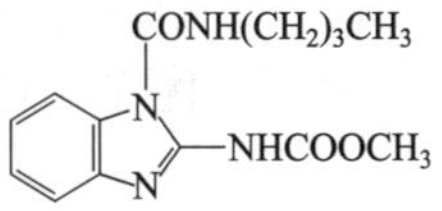

$C_{14}H_{18}N_4O_3$，290.3

产品简介

苯菌灵［试验代号：T1991，通用名称：benomyl，商品名称：Benlate、Benor、Fundozol、Gilomyl、Pilarben、Romyl、Benofit、Fundazol、Iperlate、Pilarben、Sunomyl、Viben］是杜邦公司开发的杀螨、杀线虫剂。苯菌灵目前尽管已在美国等停止销售，但仍在多个国家使用。主要生产商：Agro-Chemie、Anpon、Aragro、Dongbu Fine、Gilmore、IPESA、Jiangsu Eternal、Kajo、Lanfeng、Saeryung、Sharda、Sinon、Sundat。

化学名称 1-(丁氨基甲酰基）苯并咪唑-2-基氨基甲酸甲酯。英文化学名称为 methyl 1-(butylcarbamoyl)benzimidazol-2-ylcarbamate。美国化学文摘（CA）系统名称为 methyl *N*-[1-[(butylamino) carbonyl]-1*H*-benzimidazol-2-yl]carbamate。CA 主题索引名称为 carbamic acid—，[1-[(butylamino)carbonyl]-1*H*-benzimidazol-2-yl]-methyl ester。CAS 登录号为[17804-35-2]。

理化性质 纯品为无色结晶，熔点140℃（分解）。蒸气压$<5.0\times10^{-3}$mPa（25℃）。分配系数 K_{ow} $\lg P=1.37$。Henry 常数［Pa·m^3/mol（计算）］：$<4.0\times10^{-4}$（pH=5），$<5.0\times10^{-4}$（pH=7），$<7.7\times10^{-4}$（pH=9）。相对密度0.38。水中溶解度（μg/L，室温）：3.6（pH=5），2.9（pH=7），1.9（pH=9）；有机溶剂中溶解度（g/kg，25℃）：氯仿94，二甲基甲酰胺53，丙酮18，二甲苯10，乙醇4，庚烷0.4。稳定性：水解 DT_{50} 3.5h（pH=5），1.5h（pH=7），<1h（pH=9）。在某些溶剂中离解形成多菌灵和异氰酸酯。在水中溶解，并在各种pH值下稳定，对光稳定，遇水及在潮湿土壤中分解。

毒性 大鼠急性经口 $LD_{50}>5000$mg(a.i.)/kg。兔急性经皮 $LD_{50}>5000$mg/kg，对兔皮肤轻微刺激，对兔眼睛暂时刺激。大鼠吸入 LC_{50}（4h）>2mg/L。NOEL值（2a）：大鼠>2500mg/kg（饲料，最大试验剂量），狗500mg/kg。ADI值0.1mg/kg。野鸭和山齿鹑饲喂 LC_{50}（8d）>10000mg/kg（饲料，50%制剂）。鱼 LC_{50}（96h）：虹鳟鱼0.27mg/L，金鱼4.2mg/L。水蚤 LC_{50}（48h）640μg/L。海藻 LC_{50}（mg/L）：2.0（72h），3.1（120h）。对蜜蜂无毒，LD_{50}（接触）>50μg/只。蚯蚓 LC_{50}（14d）10.5mg/kg（土壤）。

制剂及分析方法 主要剂型有可湿性粉剂。单剂如50%可湿性粉剂、50%干油悬剂等。混剂如本品+福美双等。分析通过IR光谱或者通过RPLC。残留通过离子交换HPLC确定。土壤中通过HPLC和UV或者通过毛细管电泳分析仪和UV来检测。

作用机理与特点 高效、广谱，具有保护、治疗和铲除等作用。

应用

适宜作物　柑橘、苹果、梨、葡萄、大豆、花生、瓜类、茄子、番茄、葱类、芹菜、小麦、水稻等。

防治对象　对各种子囊菌、真菌和担子菌有效，也用于杀螨、杀线虫，主要以杀卵为主。还可以用于蔬菜、水果贮藏防止腐烂。

使用方法　可用于喷洒、拌种和土壤处理。防治大田作物和蔬菜病害时，使用剂量为140～150g(a. i.)/hm^2；防治果树病害时，使用剂量为550～1100g(a. i.)/hm^2；防治收获后作物病害时，使用剂量为25～200g(a. i.)/hm^2。

专利概况

专利名称　Fungicidal methyl 1-(butylcarbamoyl)-2-benzimidazolecarbamate

专利号　DE 1956157　　专利公开日　1970-06-04

专利申请日　1969-11-07　　优先权日　1968-11-08

专利拥有者　杜邦公司

制备专利　DE 2154020、WO 2009055514、WO 2008135413、EP 1925339、ES 54923、JP 59204101、JP 59170002、FR 2497199、DE 2618853 等。

制剂或剂型专利　WO 2009130910、US 2008234158、WO 2005070206、JP 59078110 等。

合成方法

具体合成方法如下：

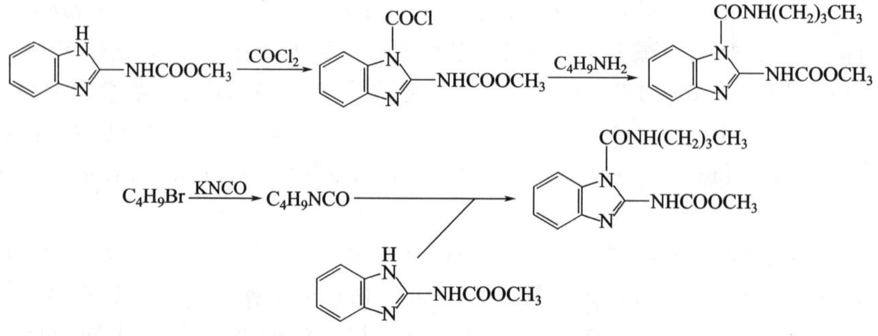

1　The Pesticide Manual. 15th ed.：85-86.

2　NL 6706331.

3　US 3631176.

227　苯硫威（fenothiocarb）

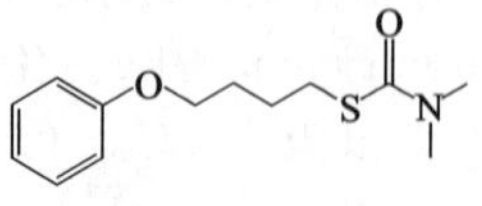

$C_{13}H_{19}NO_2S$，253. 4

产品简介

苯硫威［试验代号：KCO-3001、B1-5452，通用名称：fenothiocarb，商品名称：Panocon (Kumiai)］是由日本组合化学工业株式会社开发的氨基甲酸酯类杀螨剂。主要生产商：Kumiai。

化学名称　*S*-4-(苯氧基丁基)-*N*,*N*-二甲基硫代氨基甲酸酯。英文化学名称为 *S*-4-phenoxybutyl dimethylthiocarbamate。美国化学文摘系统名称为 *S*-(4-phenoxybutyl)-*N*,*N*-dimethylcarbamothioate。CA 主题索引名称 carbamothioic acid—，*N*，*N*-dimethyl-*S*-(4-phenoxybutyl)ester。CAS 登录号为［62850-32-2］。

理化性质　原药含量大于 96%。纯品为无色晶体。熔点 39.5℃。沸点 155℃（0.02mmHg），248.4℃（3990Pa）。蒸气压 2.68×10^{-1} mPa（25℃）。分配系数 K_{ow} lg$P$=3.51（pH=7.1，20℃）。相对密度 1.227（20℃）。水中溶解度（20℃）0.0338mg/L；其他溶剂中溶解度（mg/L，20℃）：环己酮 3800、乙腈 3120、丙酮 2530、二甲苯 2464、甲醇 1426、煤油 80、正己烷 47.1、甲苯、二氯甲烷、乙酸乙酯>500。稳定性：150℃时对热稳定，水解 DT_{50}>1a（pH=4，7 和 9，25℃）。天然水中光解 DT_{50} 6.3d、蒸馏水 6.8d（25℃，50 W/m²，300～400 nm）。

毒性　急性经口 LD_{50}：大鼠（雄）1150mg/kg，大鼠（雌）1200mg/kg，小鼠（雄）7000mg/kg，小鼠（雌）4875mg/kg。急性经皮 LD_{50}：大鼠（雄）2425mg/kg，大鼠（雌）2075mg/kg，小鼠>8000mg/kg。大鼠吸入 LD_{50}（4h）：大鼠>1.79mg/L。NOEL 值（2a）：大鼠（雄）1.86，大鼠（雌）1.94mg/(kg·d)；狗（雄）1.5mg/(kg·d)，狗（雌）3.0mg/(kg·d)。ADI 值：0.0075mg/kg。

生态效应　鸟类：急性经口 LD_{50}：野鸭>2000mg/kg，鹌鹑（雌）878mg/kg，鹌鹑（雄）1013mg/kg。鱼 LC_{50}（96h）：鲤鱼 0.0903mg/L。水蚤 LC_{50}（48h）2.4mg/L。藻类：羊角月芽藻 E_bC_{50}（72h）0.197mg/L。蜜蜂（接触）LD_{50} 0.2～0.4mg/只。其他有益物种 NOEL 值：家蚕（7d）1μg/幼虫，七星瓢虫（48h）10μg/幼虫。对智利小植绥螨有毒，LC_{50}<30g/1000 m²，绿草蛉成虫 LC_{50}<10g/1000m²。

环境行为　动物：大鼠用放射性同位素示踪发现，48h 内尿和粪便中排出来的药物大于 90%，发现了六种代谢产物。作物：施用苯硫威后叶面肥迅速从柑橘的叶和果实中消失，发现了九种代谢产物。大田土壤和环境：沙壤土 DT_{50} 8d，砂土 15d。K_{oc} 740～1495。

制剂与分析方法　主要剂型有乳油，其中乳油含 35%（质量分数）的有效成分和 66%（质量分数）的溶剂、乳化剂和其他成分。可用气相色谱对产品和残留物进行分析。

作用机理与特点　触杀、有强的杀卵活性，对雌成螨活性不高，但在低浓度时能明显降低雌螨的繁殖能力，并进一步降低卵的孵化。

应用

适用作物　施用于柑橘，大剂量施用时对某些苹果品种、棉花、桃子、瓜类、豆类、芸薹属等作物有药害。对柑橘、梨、茶树、番茄、青椒、黄瓜、甘蓝、大豆、菜豆可能略有轻微的药害。

防治对象　对螨的各生长期有效，亦能杀卵。可防治全爪螨、柑橘红蜘蛛、苹果全爪螨和其他柑橘属的卵和幼虫。

残留量与安全施药　每季作物最多使用 2 次，最后一次施药距收获的天数（安全间隔期）为 7d，最高残留限量（MRL）参考值：橘肉 0.5mg/kg。苯硫威有优异的残留杀卵和杀成虫的活性，温室盆栽试验，对橘全爪螨的残留时间为 7d 左右。

虽然已证明苯硫威对哺乳动物毒性低，但仍必须注意下列安全防护措施：①打开容器及制剂称重或混合时必须戴手套。②穿戴附有橡皮手套的防护衣、护目镜和防毒面罩。③避免暴露于喷洒的雾滴之中。④操作完毕用肥皂与水彻底清洗。

使用方法

① 柑橘全爪螨　35%乳油对水喷雾，用于防治柑橘全爪螨，每亩每次制剂稀释倍数（有效成分浓度）为 800～1000 倍液（350～438mg/L）；日本官方试验的结果表明，在秋季

将喷雾量为5000L/hm^2 的苯硫威稀溶液（加水稀释1000倍，有效成分1.8～1.2kg/hm^2）施用于果树上防治柑橘全爪螨能收到预期的良好效果，且没有药害。在夏季，其防治效果不及秋季。

② 苹果全爪螨　采用上述防治柑橘全爪螨的同样剂量的苯硫威来防治苹果全爪螨亦能收到极好的效果，但是在某些品种苹果树的叶片上出现了药害，因而必须在苹果园里进行细致的药害试验。为了避免药害问题，建议将苯硫威与其他杀螨剂混用，从而使苯硫威保持较低浓度。

③ 红叶螨　苯硫威对红叶螨属显示了很大的杀卵活性（见表227-1），然而其杀成螨活性很小，所以，将苯硫威与其他杀成螨杀螨剂混用预期可以满意地防治红叶螨。再则，苯硫威在某些蔬菜、豆类等作物上出现了药害，因而必须进行药害试验。

表227-1　苯硫威对红叶螨的生物活性

药剂	实验室圆叶片法测得 LC_{50}值/(mg/L)							
	柑橘全爪螨		普通红叶螨		*T. kanzawai*		朱砂红螨	
	卵	成螨	卵	成螨	卵	成螨	卵	成螨
苯硫威	5	81	32	418	45	458	61	910
三氯杀螨醇	38	19	45	59	51	31	—	—
三环锡	12	23	>1000	23	>500	21	—	—
溴螨酯	141	22	—	—	—		65	17

注：施药48h后观察。

④ 瘿螨科　苯硫威对柑橘锈壁虱显示了活性，但是尚未得到足够的数据。

⑤ 其他　使用剂量为1.2～1.8kg/hm^2，施用于柑橘果实上，可防治全爪螨的卵和幼螨。以乳油对水喷雾，目前主要用于防治柑橘全爪螨，对抗乐果、三氯杀螨醇和苯螨特的品系也很有效，持效期7d左右。对所有发育阶段的螨都有效，特别是对卵更有效。对雌螨活性不高，但在低浓度下有明显降低雌螨繁殖、降低卵孵化的功能，以230～500mg/L浓度施于柑橘果实上，可防治全爪螨的卵和幼虫。

注意事项：本品宜与其他杀螨剂轮换使用。不宜与石硫合剂混用，混用可能会导致药害；也不能与其他强碱药剂混配。

专利概况

专利名称　Tickcide and fungicide

专利号　JP 52131537　　专利公开日　1977-11-04

专利申请日　1976-04-27　　优先权日　1976-04-27

专利拥有者　Kumiai Chemical Industry Co.

制备专利　CH 616312、DE 2636620、FR 2320942、JP 52025024、JP 58011842、JP 53111022、JP 52131537、JP 58022033、SU 656509、JP 57002264、JP 57002265 等。

制剂或剂型专利　CN 1386419、JP 62012704、JP 57139007、JP 61002643、JP 08333208、WO 9740692、JP 10287512、WO 2003026415、WO 2006037633、WO 2006037634、WO 2006037632、WO 2006106811 等。

合成方法

23g 36% $(CH_3)_2NC(O)SNa$ 与 13g $Br(CH_2)_4OC_6H_5$ 在二甲基甲酰胺中，室温下搅拌反应2h，即得产品，收率70%。反应式如下：

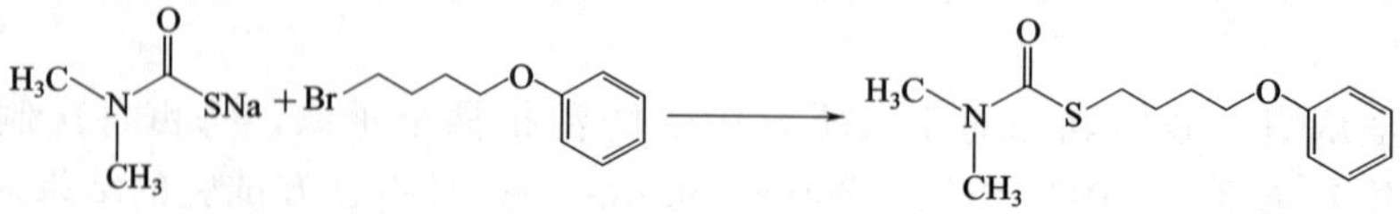

若 35% $(CH_3)_2NC(O)SNa$ 与 $Cl(CH_2)_4OC_6H_5$ 和 Bu_4NCl 在 60℃反应，则产品收率可达 98.7%。反应式如下：

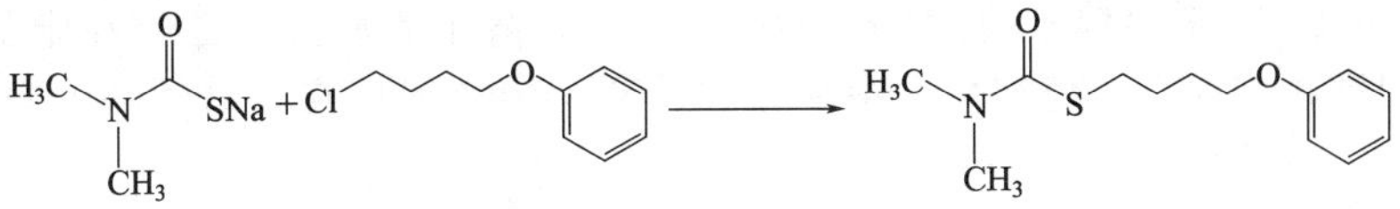

1.02mol/L 34% $(CH_3)_2NC(O)SNa$ 水溶液被加至含有 1.0mol/L $Cl(CH_2)_4OC_6H_5$ 和 0.01mol/L Bu_4NBr 的混合物中，该混合物在 60℃加热 4h，制得产品，收率 95.0%。催化剂回收和循环使用。本品或者按下述方法制得。反应式如下：

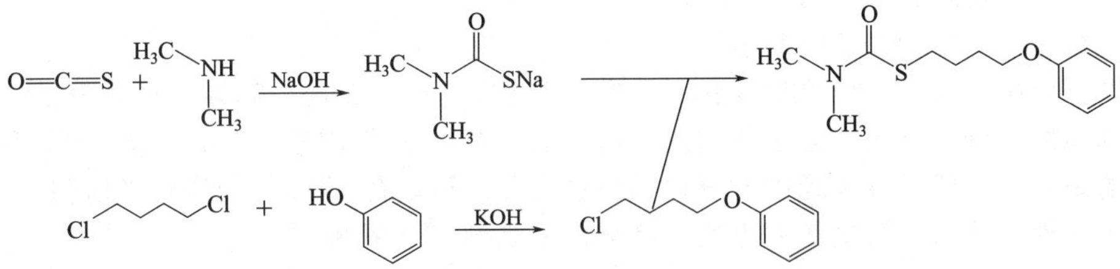

1 US 4101670.
2 JP 1192876.
3 The Pesticide Manual. 15th ed.：478-479.
4 http：//www.11896110.cn/download/yzzz/biaozhun/GB8321.5-1987.pdf.
5 农药译丛，1986，8（1）：59-60.

二硝基苯酚类杀螨剂

二硝基苯酚类杀螨剂（dinitrophenol acaricides）共有 11 个：binapacryl、dinex、dinobuton、dinocap、dinocap-4、dinocap-6、dinocton、dinopenton、dinosulfon、dinoterbon 及 DNOC。其中 dinex 及 DNOC 在前面已有介绍，如下化合物应用范围小或不再作为杀虫剂使用或没有商品化等原因，本书不予介绍，仅列出化学名称及 CAS 登录号供参考：

binapacryl：(*RS*)-2-*sec*-butyl-4,6-dinitrophenyl 3-methylcrotonate，485-31-4。

dinocton：2（*or*4）-*iso*octyl-4,6(*or*2,6)-dinitrophenyl methyl carbonate，104078-12-8。

dinopenton：*iso*propyl(*RS*)-2-(1-methylbutyl)-4,6-dinitrophenyl carbonate，5386-57-2。

dinosulfon：*S*-methyl *O*-(*RS*)-2-(1-methylheptyl)-4,6-dinitrophenyl thiocarbonate，5386-77-6。

dinoterbon：2-*tert*-butyl-4,6-dinitrophenyl ethyl carbonate，6073-72-9。

228 消螨通（dinobuton）

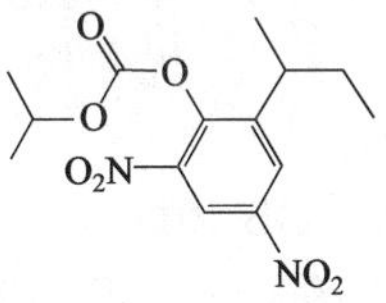

$C_{14}H_{18}N_2O_7$，326.3

产品简介

消螨通［试验代号：MC 1053（Murphy），通用名称：dinobuton，商品名称：Acarelte（Probelte）］由 Murphy Chemical Ltd 推广，随后由 KenoGard AB（现为 Bayer CropScience）生产，是二硝基苯酚类杀螨剂。主要生产商：Bayer CropScience。

化学名称　2-仲丁基-4,6-二硝基苯基异丙基碳酸酯。英文化学名称为 2-*sec*-butyl-4,6-dinitrophenyl isopropyl carbonate。美国化学文摘系统名称为 1-methylethyl 2-(1-methylpropyl)-4,6-dinitrophenyl carbonate。CA 主题索引名称为 carbamothioic acid—，1-methylethyl 2-(1-methylpropyl)-4,6-dinitrophenyl ester。CAS 登录号为［973-21-7］。

理化性质　原药含量97%。本品为淡黄色结晶，熔点为61～62℃（原药58～60℃），蒸气压<1mPa（20℃）。K_{ow} lg$P$=3.038。Henry系数<3Pa·m³/mol（20℃，calc.）。相对密度0.9（20℃）。水中溶解度（20℃）0.1mg/L，溶于脂肪烃、乙醇和脂肪油，极易溶于低碳脂肪酮类和芳香烃。稳定性：中性和酸性环境中稳定存在，碱性环境中水解。600℃以下稳定存在，不易燃。

毒性　急性经口LD_{50}：小鼠2540mg/kg，大鼠140mg/kg。大鼠急性经皮LD_{50}>5000mg/kg，兔急性经皮LD_{50}>3200mg/kg。NOEL值：狗4.5mg/(kg·d)，大鼠3～6mg/(kg·d)。作为代谢刺激剂而起作用，高剂量能引起体重的减轻。

生态效应　母鸡急性经口LD_{50} 150mg/kg。

环境行为　土壤中残留时间短。

制剂与分析方法　50%可湿性粉剂（质量分数），30%乳剂：50%（体积分数）的水悬液；浓气雾剂。分析方法，通过测熔点和遇碱变成黄色来鉴定它。产品分析：测定用硫酸亚钛还原的硝基量。残留分析经中性氧化铝柱色谱分离后，在378nm处进行光谱测定。

作用机理与特点　对螨作用迅速，接触性杀螨剂、杀菌剂。

应用

适用作物　苹果、梨、核果、葡萄、棉花、蔬菜（温室和外地的使用）。观赏植物、草莓等作物。

防治对象　消螨通为非内吸性杀螨剂，也是防治白粉病的杀真菌剂。推荐用于温室和大田，防治红蜘蛛和白粉病（0.5%有效成分），但在此浓度，对温室的番茄、某些品种的蔷薇和菊花有药害。可防治柑橘、落叶果树、棉花、胡瓜、蔬菜等植食性螨类；还可防治棉花、苹果和蔬菜的白粉病。

使用方法　用药量为0.05%（有效成分）。防治柑橘红蜘蛛和锈壁虱，使用50%可湿性粉剂1500～2000倍液喷雾，使用50%水悬浮剂1000～1500倍液喷雾；防治落叶果树、棉花、胡瓜的红蜘蛛，使用50%粉剂1000～1500倍液喷雾；棉花、苹果和蔬菜的白粉病，使用50%粉剂或水剂1500～2000倍液喷雾。

专利概况

专利名称　Novel compounds having herbicidal and fungicidal properties and herbicidal and fungicidal compositions containing the said compounds

专利号　GB 941709　　专利公开日　1963-11-13

专利申请日　1960-05-30　　优先权日　1960-05-30

专利拥有者　Vondelingen Plaat Bv

制备专利　DE 1204457、GB 941709、GB 1019451、US 3234082、ZA 8705150、BR 6237336、CS 134244、CS 134243、CS 143722、DE 1793643、DE 1793720、NL 7117684、SU 443023等。

制剂或剂型专利　BE 776943、CH 542576、CS 129114、CS 130413、CS 135056、DE 1792281、FR 2015636、FR 2118162、GB 1365704、GB 1267253、HU 48104、HU 201230、IL 38395、NL 7117410、US 3646212、ZA 6905517等。

合成方法

通过如下反应制得目的物：

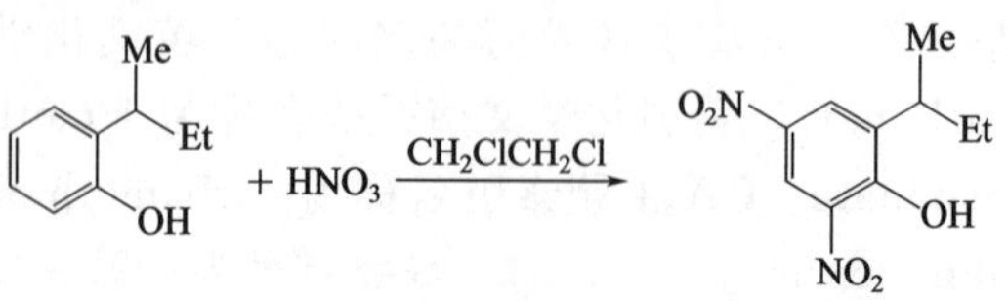

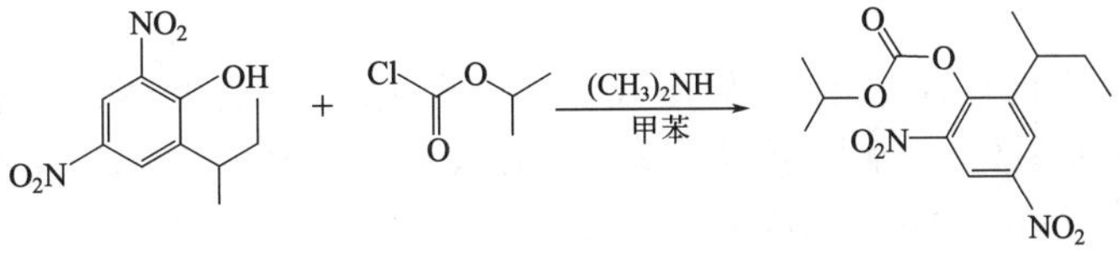

1 GB 941709.

2 GB 1019451.

3 The Pesticide Manual. 15th ed.：387.

4 化工部农药信息总站．国外农药品种手册新版合订本．1996：372.

5 农药商品大全．北京：中国商业出版社，1996：288.

229 二硝巴豆酚酯（dinocap）

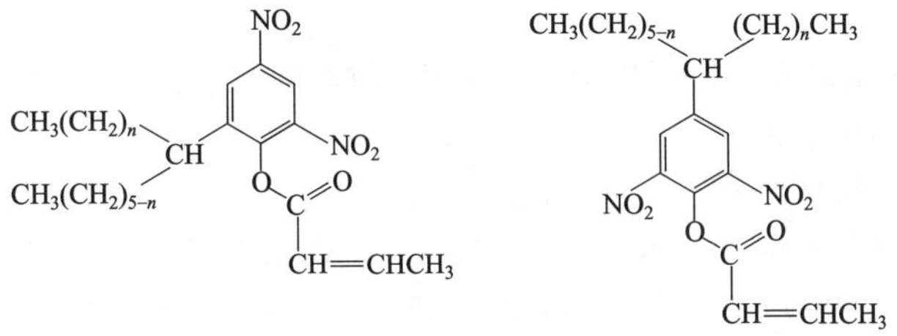

(i) dinocap, n=0, 1, 2 (ii)

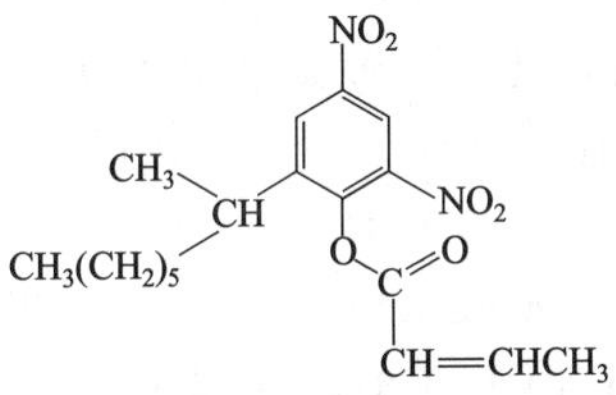

meptyldinocap

$C_{18}H_{24}N_2O_6$，364.4

产品简介

二硝巴豆酚酯［试验代号：CR-1693，通用名称：dinocap，商品名称：Karathane (Dow AgroSciences)、Arcotan（Kwizda）、Sialite（Siapa）］由 Rohm & Haas Co.（现属 Dow AgroSciences）推广，是二硝基苯酚类杀螨剂。主要生产商：Dow AgroSciences。

甲基二硝巴豆酚酯［试验代号：RH-23、163、DE-126，通用名称：meptyldinocap，商品名称：Karathane Star（Dow AgroSciences），其他名称：dinocap Ⅱ］由 Dow AgroSciences 于 2007 年推广的二硝基苯酚类杀螨剂。

二硝巴豆酚酯　化学名称　2,6-二硝基-4-辛基苯基巴豆酸酯和 2,4-二硝基-6-辛基苯基巴豆酸酯，其中辛基是 1-甲基庚基、1-乙基己基和 1-丙基戊基的混合物。英文化学名称为 2,6-dinitro-4-octylphenyl crotonates 和 2,4-dinitro-6-octylphenyl crotonates。美国化学文摘系统名称为（*E*)-2-(1-methylheptyl)-4,6-dinitrophenyl 2-butenoate。CA 主题索引名称为 2-butenoic acid—，2（or 4)-*iso*octyl-4,6(or 2,6)-dinitrophenyl ester。CAS 登录号为没有说明立体化学的混合异构体的情况下［39300-45-3］。

甲基二硝巴豆酚酯　化学名称　2-(1-甲基庚基)-4,6-二硝基苯基巴豆酸酯。英文化学名称为 2-(1-methylheptyl)-4,6-dinitrophenyl crotonate。美国化学文摘系统名称为 2-(1-methylheptyl)-4,6-dinitrophenyl(2*E*)-2-butenoate。CA 主题索引名称为 2-butenoic acid-，2-isooctyl-4,6-dinitrophenyl ester。CAS 登录号为［131-72-6］。

二硝巴豆酚酯组成　最初认为二硝巴豆酚酯结构 2-(1-甲基庚基)-4,6-二硝基苯基巴豆酸酯（ⅰ，n=0），现在确定商品化产品是 6-辛基异构体与 4-辛基异构体的比例为（2～

2.5)：1。

二硝巴豆酚酯理化性质　有刺激性气味的暗红色的黏稠液体，熔点－22.5℃，沸点138～140℃（0.05mmHg），常压下超过200℃时会分解。蒸气压3.33×10^{-3}mPa（25℃），K_{ow} $\lg P=4.54$（20℃）。Henry常数1.36×10^{-3} Pa·m^3/mol（计算）。相对密度1.10（20℃）。水中溶解度0.151mg/L；其他溶剂中溶解度：2,4-异构体：在丙酮、1,2-二氯乙烷、乙酸乙酯、正庚烷、甲醇和二甲苯中＞250g/L。2,6-异构体：在丙酮、1,2-二氯乙烷、乙酸乙酯和二甲苯中＞250g/L、正庚烷8.5～10.2g/L、甲醇20.4～25.3g/L。稳定性：见光迅速分解，32℃以上就分解，对酸稳定，在碱性环境中酯基水解。闪点67℃。

经研究证明，式（ⅰ）所代表的异构体杀螨活性较强，式（ⅱ）所代表的异构体杀菌活性较强。

甲基二硝巴豆酚酯组成　根据巴豆酸原料中异构体比例得出甲基二硝巴豆酚酯中反式异构体与顺式异构体的比例为（22：1)～(25：1)。

甲基二硝巴豆酚酯理化性质　黄色至棕色液体，熔点－22.5℃，蒸气压7.92×10^{-3} mPa（25℃），K_{ow} $\lg P=6.55$（pH＝7，20℃），相对密度1.11（20℃），水中溶解度（pH＝7，20℃）0.248mg/L。甲醇水溶液中稳定性：DT_{50}（25℃）229d（pH＝5），56h（pH＝7），17h（pH＝9）；水中稳定性：稳定（pH＝4），DT_{50} 31d（pH＝7），9d（pH＝9），暗处DT_{50} 4～7d（平均6d）。

二硝巴豆酚酯毒性　急性经口LD_{50}：雄大鼠990mg/kg，雌大鼠1212mg/kg。兔急性经皮LD_{50}≥2000mg/kg，对兔皮肤有刺激性，对豚鼠皮肤致敏。大鼠吸入LC_{50}（4h）≥3mg/L（空气）。NOEL值：雌小鼠2.7mg/(kg·d)（18月），雄小鼠14.6mg/(kg·d)（18月）；大鼠6～8mg/(kg·d)（2a）。狗0.4mg/(kg·d)。在啮齿类动物中无致癌作用。小鼠第三代出现致畸作用，相应的NOAEL值为0.4mg/(kg·d)。

甲基二硝巴豆酚酯毒性　小鼠急性经口LD_{50}＞2000mg/kg，兔急性经皮LD_{50}＞2000mg/kg。对兔皮肤和眼睛有轻微的刺激，对豚鼠皮肤致敏。无潜在的致癌、致畸、致突变作用。

二硝巴豆酚酯生态效应　山齿鹑急性经口LD_{50}＞2150mg/kg，饲喂LC_{50}（8d）：野鸭2204mg/L，山齿鹑2298mg/L。对鱼有毒LC_{50}（μg/L）：虹鳟鱼13，大翻车鱼5.3，鲤鱼14，黑头呆鱼20。水蚤LC_{50}（48h）4.2μg/L。藻类EC_{50}（72h）＞105mg/L。对摇蚊属昆虫LC_{50} 390μg/L。对蜜蜂低毒，LC_{50} 29μg/只（接触）；6.5μg/只（经口）。蚯蚓LC_{50}（14d）120mg/kg（土壤）。在实验室条件下二硝巴豆酚酯对蚜茧蜂和梨盲走螨有害，然而，在大田中由于快速分解而使得影响减小。二硝巴豆酚酯对捕食螨没有不利影响。

甲基二硝巴豆酚酯生态效应　实验室研究发现对鱼和无脊椎动物高毒，对藻类毒性中等。然而，甲基二硝巴豆酚酯与土壤结合很紧密，任何进入水生系统的物质会因微生物代谢、光降解和吸附泥沙而迅速消散。鱼类LC_{50}（96h）：虹鳟鱼0.071mg/L、大翻车鱼0.062mg/L。水蚤EC_{50}（48h）0.0041mg/L，月牙藻E_bC_{50}（72h）4.6mg/L。蜜蜂：LD_{50}（72h）90.0μg/只（经口）；84.8μg/只（接触）。蚯蚓LC_{50}（14d）302mg/kg（土壤）。实验室中梨盲走螨LD_{50} 40.7g/hm^2，使用剂量为840g/hm^2时对溢管蚜茧蜂的致死率为16.7%（对寄生溢管蚜茧蜂致死率28.8%），在田间条件下对一些有益螨无害或者危害很小。

二硝巴豆酚酯环境行为　二硝巴豆酚酯在作物、动物和环境中容易分解成2,4-二硝基苯酚和2,6-二硝基苯酚（DNOP）。二硝巴豆酚酯和其残留物没有明显的浸出潜力并且对地下水没有危害。动物：大鼠经口后几乎完全排泄到尿和粪便中。奶牛经口后二硝巴豆酚酯和其代谢物几乎完全排泄到粪便中，尿液中量很少。硝基经酶催化还原成氨基，还发生了酯水解生成DNOP。植物：与动物代谢路径相同。土壤/环境：土壤DT_{50}（实验室，厌氧，

20℃）4～24d；DT_{90} 13.5～113d。DT_{50}（实验室，厌氧，20℃）8d。主要的代谢产物是DNOP，由酯水解形成，随后被微生物降解成 CO_2。K_{oc} 2889～310200，依据土壤的类型不同而不同。二硝巴豆酚酯和其残留物没有浸出潜力。水：DT_{50}（无菌，暗处，20℃）>1a（pH=4），16～30d（pH=7），3.6～9d（pH=9）。水中光解更迅速：DT_{50}<1d（25℃，pH=4）。在黑水/沉积物体系中，迅速从水消散到沉积物中。DT_{50}（实验室）<7d，容易分解。在水生系统中，主要代谢产物是DNOP。空气：使用中没有明显的挥发损失，出现在空气中的少量样品是按空气中 DT_{50} 1.9h 来降解的。

甲基二硝巴豆酚酯环境行为　在土壤中通过水解和微生物降解，甲基二硝巴豆酚酯很容易降解。有氧 DT_{50} 4～24d（平均 12d，20℃），厌氧 DT_{50} 8d，在田间土壤对其吸收强 DT_{50} 15d，K_{oc} 2889～310220（平均 58245）。空气中 DT_{50}（计算）1.9h。

制剂与分析方法　可湿性粉剂［250g(a.i.)/kg、500g(a.i.)/kg 或 800g(a.i.)/kg］。与林丹及其他杀菌剂混配用于种子处理。与多种其他杀菌剂，特别是内吸性杀菌剂混配以扩大杀菌谱，拓宽活性范围。工业品采用气相色谱法分析，残留量采用己烷抽提后比色测定。

作用机理与特点　非内吸性杀螨剂，具有一定的杀菌作用。

应用

适用作物　苹果、柑橘、梨、葡萄、黄瓜、甜瓜、西瓜、南瓜、草莓、蔷薇和观赏植物等作物。

防治对象　红蜘蛛和白粉病；对桑树白粉病和茄子红蜘蛛都有良好的防治效果。还有杀螨卵的作用，还可用作种子处理剂。

使用方法　用药量为 70～1120g(a.i.)/hm^2。防治柑橘红蜘蛛，使用 19.5%可湿性粉剂 1000 倍液喷雾。防治葡萄、黄瓜、甜瓜、西瓜、南瓜、草莓等作物的白粉病或红蜘蛛，使用 19.5%可湿性粉剂 2000 倍液喷雾。防治苹果、梨的红蜘蛛，使用 37%乳油 1500～2000 倍液喷雾。防治花卉和桑树的白粉病或红蜘蛛，使用 37%乳油 3000～4000 倍液喷雾。

专利概况

专利名称　Capryldintrophenyl crotonate

专利号　US 2526660　　专利公开日　1950-10-24

专利申请日　1946-07-06　　优先权日　1946-07-06

专利拥有者　Rohm & Haas

制备专利　US 2526660、US 2810767 等。

制剂或剂型专利　AR 69096、AR 51217、AU 2005295774、AU 2008325844、BR 2005016510、CA 2583646、CN 101060780、CR11408、EP 1830641、EP 2205096、IN 2007DN02977、JP 2008516960、JP 2010138159、JP 2009132681、KR 2007085312、KR 2010087706、MX 2007004362、MX 2010005025、US 20080255233、WO 2006044460、WO 2009055514、WO 2010002026、WO 2009060734 等。

在中国申请的与该产品有关的部分专利见表 229-1。

表 229-1　在中国申请的专利

序列号	申请号	专利名称
1	200480036896.3	杀真菌混合物

合成方法

通过如下反应制得目的物：

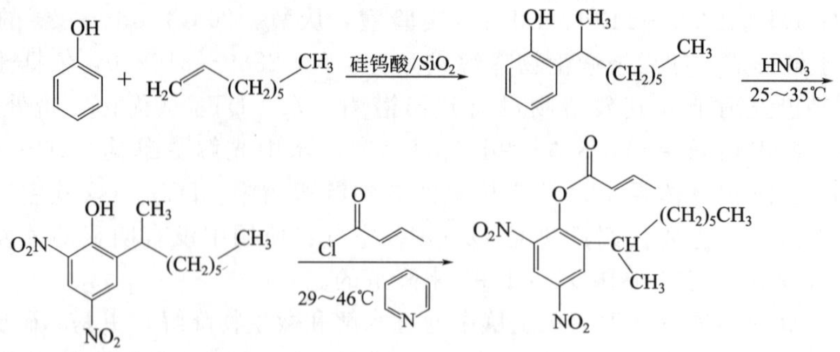

在硅钨酸和二氧化硅的催化下，苯酚和1-辛烯反应生成2-(1-甲基庚基）苯酚，然后再进行硝化，最后和巴豆酰氯反应得到甲基二硝巴豆酚酯。

1 US 2810767.

2 US 2526660.

3 US 2526660.

4 Pestic. Sci.，1975，6，97.

5 国外农药品种手册新版合订本．北京：化工部农药信息总站，1996：542.

6 农药商品大全．北京：中国商业出版社，1996：288.

7 The Pesticide Manual. 15th ed.：388-391.

螨类生长调节剂

螨类生长调节剂（mite growth regulators）共有9个：clofentezine、cyromazine、diflovidazin、dofenapyn、fluazuron、flubenzimine、flucycloxuron、flufenoxuron和hexythiazox，其中cyromazine、dofenapyn、flucycloxuron和flufenoxuron在前面已有介绍。flubenzimine由于未商品化，故在此不详细介绍，仅列出英文名称和CAS。

flubenzimine：(2*Z*,4*E*,5*Z*)-N^2，N^3-diphenyl-N^4，N^5-bis（trifluoromethyl)-1,3-thiazolidine-2,4,5-triimine，37893-02-0。

230 四螨嗪（clofentezine）

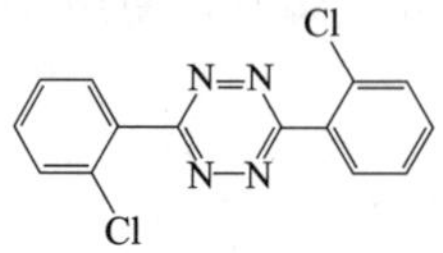

$C_{14}H_8Cl_2N_4$，303.1

产品简介

四螨嗪［试验代号：NC-21314，通用名称：clofentezine，商品名称：Apollo（Bayer-Crop Science)(Makhteshim-Agan)、Niagara（Rocca)、Acaristop（Makhteshim-Agan)、Apollo Plus（with oil)(Makhteshim-Agan)、Cara（Makhteshim-Agan)、Saran（Makhteshim-Agan)、Agristop（Agrimport)、Antarctic（Doğal)、Apor（Chemia)、阿波罗［艾格福］，克芬螨［台］，螨死净，克落芬］最初由K. M. G. Bryan等人报道其杀螨活性，P. J. Brooker等人报道其构效关系，由FBC公司（现为Bayer CropScience公司）引进，之后在2001年转让给Makhteshim-Agan Industries。世界主要生产商：Makhteshim-Agan、杭州庆丰农化有限公司、江苏宝灵化工股份有限公司、山东华阳农药化工集团有限公司。

化学名称　3,6-双(2-氯苯基)-1,2,4,5-四嗪。英文化学名称为3,6-bis(2-chlorophenyl)-1,2,4,5-tetrazine。美国化学文摘系统名称为3,6-bis(2-chlorophenyl)-1,2,4,5-tetrazine。CA主题索引名称为1,2,4,5-tetrazine—,3,6-bis(2-chlorophenyl)-。CAS登录号为［74115-24-5］。

理化性质　洋红色晶体，熔点183.0℃。蒸气压1.4×10^{-4}mPa（25℃）。$K_{ow}\lg P=4.1$（25℃）。相对密度1.52（20℃）。水中溶解度（pH＝5，22℃）2.5μg/L；其他溶剂中溶解

度（g/L，25℃）：二氯甲烷 37、丙酮 9.3、二甲苯 5、乙醇 0.5、乙酸乙酯 5.7。稳定性：水解（22℃）。水溶液 DT_{50} 为 248h（pH=5）、34h（pH=7）、4h（pH=9）。水溶液暴露在自然光下一周内即可完全光解。不易燃。

毒性　大鼠急性经口 LD_{50}＞5200mg/kg。大鼠急性经皮 LD_{50}＞2100mg/kg。对皮肤及眼无刺激。大鼠吸入 LC_{50}（4h）＞9mg/L。NOEL 值：大鼠（2a）40mg/kg［2mg/kg］；狗（1a）50mg/kg［1.25mg/kg］。ADI/RfD（JMPR）0.02mg/kg；（EC）0.02mg/kg；（EPA）cRfD 0.013mg/kg。

生态效应　野鸭急性经口 LD_{50}＞3000mg/kg，山齿鹑 LD_{50}＞7500mg/kg。野鸭和山齿鹑大鼠吸入 LC_{50}（8d）＞4000mg/kg。鱼类 LC_{50}（96h）：虹鳟鱼＞0.015mg/L，大翻车鱼＞0.25mg/L。水蚤 LC_{50}（48h）＞1.45μg/L。藻类：在溶解度范围内对毯毛栅藻及其他水生生物无毒。蜜蜂 LD_{50}＞252.6μg(a.i.)/只（经口），LC_{50}＞84.5μg(a.i.)/只（接触）。对蚯蚓无毒，LC_{50}＞439mg(a.i.)/kg（土壤）。

环境行为　通过羟基化过程代谢，并以甲硫基取代环上的氯原子。口服后，于 24～48h 后经尿液或粪便排出。植物：代谢研究发现，萃取液中的主要成分为未代谢的四螨嗪，少量（4%）的 2-氯苄腈，是四螨嗪光解的主要产物。土壤/环境：在土壤中四螨嗪的主要降解产物为 2-氯苯甲酸，最终降解为二氧化碳；根据土壤的不同，四螨嗪在土壤中的 DT_{50} 16.8～132d（15～25℃）。然而，在实验室中未发生浸出现象。在水中，四螨嗪的水解及光解产物为 2-氯苄腈及少量其他化合物。由于四螨嗪在水中的溶解度很低，很难测定其土壤吸收量。

制剂与分析方法　剂型主要有 SC。制剂主要有 10%阿维·四螨嗪悬浮剂、10%四螨·哒螨灵悬浮剂、20.8%阿维·四螨嗪悬浮剂、12%四螨·哒螨灵可湿性粉剂、10%四螨嗪可湿性粉剂、20%四螨嗪悬浮剂、5.1%阿维·四螨嗪可湿性粉剂、20%四螨·三唑锡悬浮剂、80%四螨嗪水分散粒剂、25%四螨·三唑锡可湿性粉剂、45%四螨·苯丁锡悬浮剂、75%四螨嗪水分散粒剂等。产品可用反相高效液相色谱法或可见光谱法分析检测。在植物和土壤中的残留可用 HPLC 检测。

作用机理与特点　本品为触杀型有机氮杂环类杀螨剂，对人、畜低毒，对鸟类、鱼虾、蜜蜂及捕食性天敌较为安全。对螨卵有较好的防效，对幼螨也有一定活性，对成螨效果差，持效期长，一般可达 50～60d，但该药作用较慢，一般用药 2 周后才能达到最高杀螨活性，因此使用该药时应做好螨害的预测预报。

应用

适用作物　果树、瓜类、棉花、茶树等作物。

防治对象　害螨。

残留量与安全施药　对天敌安全；对肉食性螨虫及有益昆虫无药效；会对温室玫瑰花有轻微损伤；会在白色或浅色花朵的花瓣上留下粉红色的印迹。

应用技术　防治苹果叶螨应掌握在苹果开花前，越冬卵初孵期施药。防治山楂红蜘蛛，应在苹果落花后，越冬待成螨产卵高峰期施药。防治橘全爪螨，在早春柑橘发芽后，春梢长至 2～3cm，越冬卵孵化初期施药。防治锈壁虱应在发生初期施药。施药剂量上限为 0.3kg/hm^2，施药量取决于当地实际的储水量。

使用方法　防治苹果害螨，用 20%悬浮剂 2000～2500 倍液，或 10%可湿性粉剂1000～1500 倍液［80～100mg(a.i.)/kg］，一般施一次药即可控制螨害。防治柑橘害螨，用 10%悬浮剂 1600～2000 倍液，或 10%可湿性粉剂 800～1000 倍液［100～125mg(a.i.)/kg］，持效期一般可达 30d。

10%可湿性粉剂和 25%悬浮剂防治柑橘红蜘蛛的使用浓度为 100～125mg/L。防治苹果树叶螨、红蜘蛛的使用浓度为85～100mg/L。

另外，在西班牙、以色列、智利和新西兰用于防治苹果和其他果树树冠上的螨类。在果园或葡萄园用0.04%的50%乳油在冬卵孵化前喷药，能防治整个季节的食植性叶螨。在4a大田试验中，按500g/L、400g/L剂量施2次，可防治苹果和桃树的榆全爪螨。总之，该药对榆全爪螨（苹果红蜘蛛）有特效，持效期长，主要用作杀卵剂，对幼龄期有一定的防效，对捕食性螨和益虫无影响，用于苹果、观赏植物和豌豆、柑橘、棉花，在开花期前、后各施一次。

专利概况

专利名称　Acaricidal, larvicidal and ovicidal tetrazine derivatives and compositions, processes for their preparation and methods of using them

专利号　EP 5912　　专利公开日　1979-12-12

专利申请日　1979-05-03　　优先权日　1978-05-25

专利拥有者　Fisons Ltd.

目前公开或授权的专利　AU 7947406、AU 527130、BR 7903187、CA 1102327、IL 57345、JP 54154770、JP 01027068、RO 78490、US 4237127、ZA 7902477等。

制备专利　CS 269604、HU 68547、HU 212613、US 5587370、US 5455237等。

制剂或剂型专利　CN 101530109、CN 101455202、CN 1391810、CN 1283390、JP 2006213664、JP 2006131516、WO 2008071714、WO 2008064778、WO 2002037964等。

在中国申请的与该产品有关的部分专利见表230-1。

表 230-1　在中国申请的专利

序列号	申请号	专利名称
1	02123813.8	含阿维菌素的杀虫杀螨组合物
2	96101100.9	哒螨酮和四螨嗪复合农药的悬浮剂
3	95109265.0	高效杀螨杀虫油悬浮混剂
4	00107466.0	含丁硫克百威的杀虫剂组合物
5	200710195547.1	一种四螨嗪水分散粒剂及其制备方法
6	200510063412.0	一种含有甲氨基阿维菌素的杀虫杀螨组合物
7	200810066634.1	哒螨灵·四螨嗪水分散粒剂及其制备方法
8	200810132624.3	一种含有螺螨酯的复配农药组合物
9	200810132487.3	一种含有唑螨酯的具有增效作用的杀螨剂组合物
10	200710135407.5	高含量四螨嗪悬浮剂及制备方法
11	200910021277.1	一种含吡螨胺的杀螨组合物
12	200810101955.0	一种唑螨酯和四螨嗪复合农药的悬浮剂
13	200910022213.3	一种含联苯肼酯的杀虫组合物
14	200810097972.1	一种杀虫、杀螨剂组合物
15	200910165909.1	一种含有喹螨醚的杀螨组合物
16	200910205340.7	一种含联苯肼酯的杀虫组合物

合成方法

经如下反应制得四螨嗪。

方法一：邻氯苯甲酰氯法

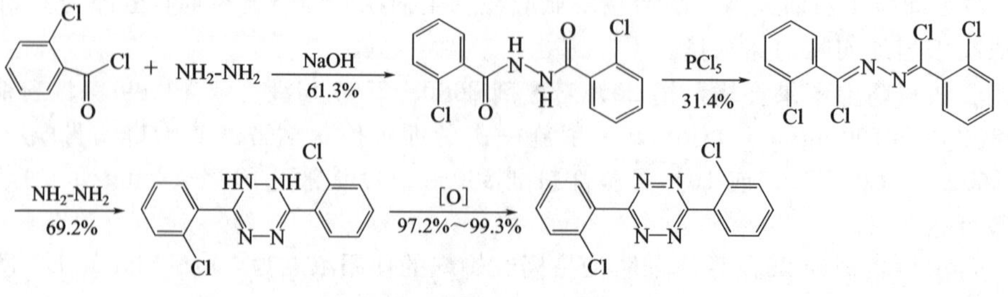

方法二：邻氯苯甲醛法

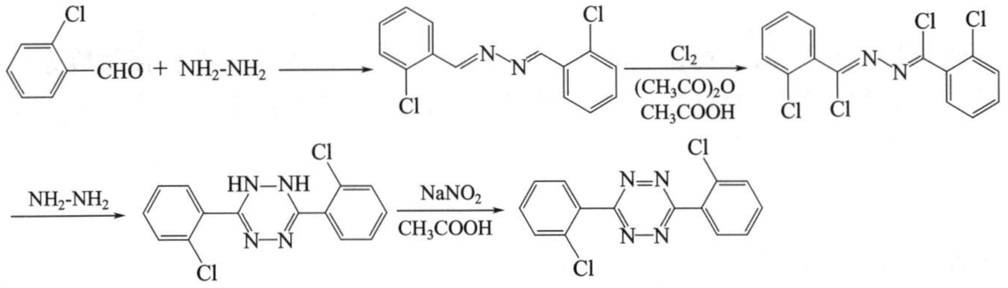

1 The Pesticide Manual. 15th ed.：219-220.

2 新编农药手册（续）. 中国农业出版社，1998：72-74.

3 http：//baike. baidu. com/view/542079. htm? fr=ala0 _ 1.

4 农药，2003，42（2），13-14.

231 氟螨嗪（diflovidazin）

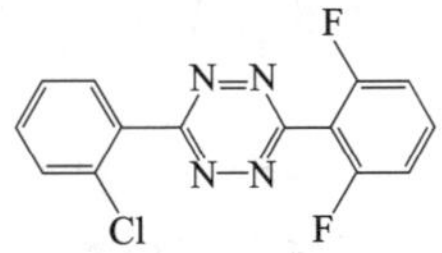

$C_{14}H_7ClF_2N_4$，304.7

产品简介

氟螨嗪［试验代号：SZI-121（Chinoin），通用名称：diflovidazin。商品名称：Flumite（Agro-Chemie）］是由匈牙利的 Chinion 公司于 20 世纪 90 年代初开发出来的四嗪类杀螨剂。世界主要生产商：Agro-Chemie。

化学名称 3-(2-氯苯基)-6-(2,6-二氟苯基)-1,2,4,5-四嗪英。英文化学名称为 3-(2-chlorophenyl)-6-(2,6-difluorophenyl)-1,2,4,5-tetrazine。美国化学文摘系统名称为 3-(2-chlorophenyl)-6-(2,6-difluorophenyl)-1,2,4,5-tetrazine。CA 主题索引名称为 1,2,4,5-tetrazine—，3-(2-chlorophenyl)-6-(2,6-difluorophenyl)-。CAS 登录号为［162320-67-4］。

组成 含量≥97.5%。

理化性质 纯品为洋红色结晶，熔点 185.4℃±0.1℃。沸点 211.2℃±0.05℃。蒸气压小于 1×10^{-2}mPa（25℃）。K_{ow} lg$P$=3.7±0.07（20℃）。相对密度 1.574±0.010。水中溶解度 0.2mg/L±0.03mg/L，其他溶剂中溶解度（g/L，20℃）丙酮 24、甲醇 1.3、正己烷 168。稳定性：在光或空气中稳定，高于熔点时会分解。在酸性条件下稳定，但是 pH>7 时会水解。DT_{50} 60h（pH=9，25℃，40%乙腈）。在甲醇、丙酮、正己烷中稳定。闪点为 425℃（封闭）。

毒性 大鼠急性经口 LD_{50}：雄鼠为 979mg/kg，雌鼠为 594mg/kg。雌、雄大鼠急性经皮 LD_{50}>2000mg/kg。大鼠吸入 LC_{50}>5000mg/L。对兔皮肤无刺激，对兔眼睛轻微刺激。NOAEL：大鼠 9.18mg/(kg·d)（2a，致癌性，喂食），狗 10mg/(kg·d)（3 月，致癌性，喂食），狗 500mg/(kg·d)（28d 皮肤注射）。ADI/RfD 0.098mg/kg。在 Ames、CHO 以及微核实验中无突变。

生态效应 鹌鹑急性经口 LD_{50}>2000mg/kg，鹌鹑饲喂毒性 LC_{50}（8d）>5118mg/L，野鸭饲喂毒性 LC_{50}>5093mg/kg。虹鳟鱼 LC_{50}（96h）>400mg/L。大型蚤 LC_{50}（48h）=0.14mg/L，对海藻无毒性。蚯蚓 LC_{50}>1000mg/kg（土壤）。蜜蜂 LD_{50}>25g/只（经口或接触）。对丽蚜小蜂和捕食性螨虫无伤害。

环境行为 土壤/环境：DT_{50} 44d（酸性沙质土壤）、30d（棕褐色森林土壤）、38d（表层为黑色石灰土）。

制剂与分析方法　主要剂型为胶悬剂。不能与碱性农药复配。主要用高效液相色谱和紫外光谱来分析。

作用机理与特点　该化合物作用机理独特，是一种具有转移活性的接触性杀卵剂，不仅对卵及成螨有优异的活性，而且使害螨在蛹期不能正常发育。使雌螨产生不健全的卵，导致螨的灭迹，对其天敌及环境安全。

应用

适用作物　果树、蔬菜。

防治对象　柑橘全爪螨、锈壁虱、茶黄螨、朱砂叶螨和二斑叶螨等害螨。

残留量与安全施药　低毒、低残留、安全性好。欧盟是农药控制最严格的区域，但是目前欧盟使用量最大的杀螨剂就是氟螨嗪。氟螨嗪在不同气温条件下对作物非常安全，对人畜及作物安全、低毒。适合于无公害生产。从有关生测试验中所做的破坏性试验中得出，稀释150倍（100mL一喷雾器）不会对花和幼果造成任何伤害。正常防治各类害螨的稀释倍数在6000倍以上。

应用技术　虽然氟螨嗪具有很好的触杀性，但是内吸性比较弱，只有中度的内吸性，所以喷雾要均匀，不能与碱性药剂混用。可与大部分农药（强碱性农药与铜制剂除外）现混现用。与现有杀螨剂混用，既可提高氟螨嗪的速效性，又有利于螨害的抗性治理。

使用方法　使用剂量为60～100g(a. i.)/hm^2。

专利概况

专利名称　Preparation of acaricidal tetrazines.

专利号　EP 635499　　专利公开日　1995-01-25

专利申请日　1994-07-20　　优先权日　1993-07-21

专利拥有者　Chinoingyogyszer Esvegyeszet（HU）

目前公开或授权的专利　AU 9467578、AU 682366、AT 177087、BR 9402868、CZ286600、CN 1105025、CN 1066722、ES 2130312、HU 68547、HU 212613、JP 07309848、JP 3662952、LV10950、MX 9405572、PL 178152、RO 113988、RU 2142949、SK 281778、ZA 9405345 等。

制备专利　CA 2128378、HU 68547、HU 212613、US 5587370、US 5455237 等。

制剂或剂型专利　AU 2007324936、CA 2670637、CN 101547605、DE 102006056544、EP 2107871、JP 2006213664、KR 2009097168、MX 2009005522、US 20100048497、WO 2008064778 等。

合成方法

方法一：邻氯苯甲醛路线　以邻氯苯甲醛和2,6-二氟苯甲醛为起始原料，邻氯苯甲醛首先与水合肼反应，再与2,6-二氟苯甲醛缩合，然后氯化、闭环、氧化脱氢即得目的物，总收率可达74%。反应式如下：

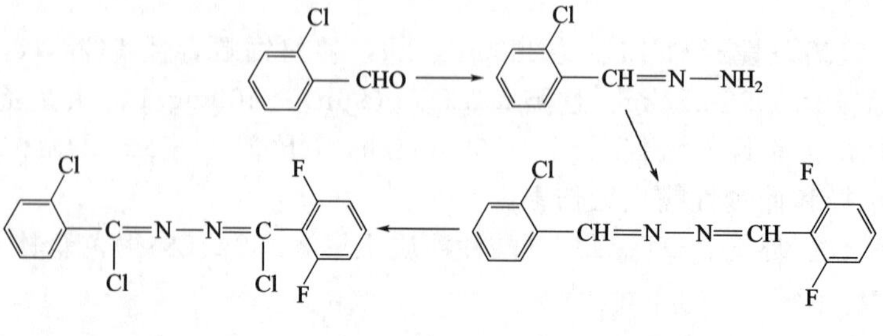

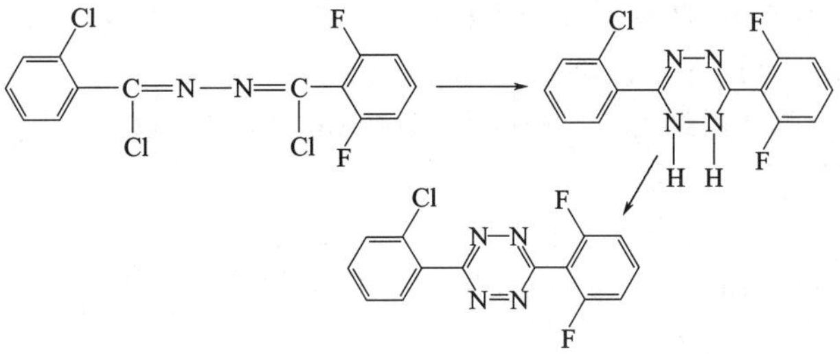

方法二：邻氯苯甲酸路线　以邻氯苯甲酸和2,6-二氟苯甲酸为起始原料制得*N*-2-氯苯甲酰基-*N*′-2,6-二氟苯甲酰基肼，再经氯化、环合、脱氢后制得氟螨嗪。

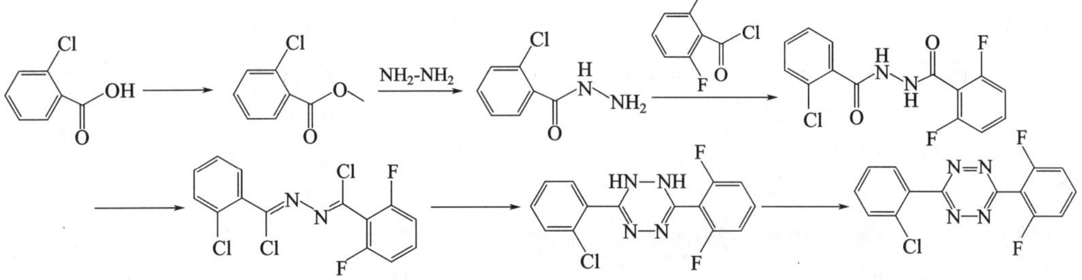

1　现代农药，2005，4（1），10-11.

2　EP 635499.

3　The Pesticide Manual. 15th ed.：358-359.

4　浙江化工，2010，41（5），4-5.

5　现代农药，2005，4（1），10-11.

232　啶蜱脲（fluazuron）

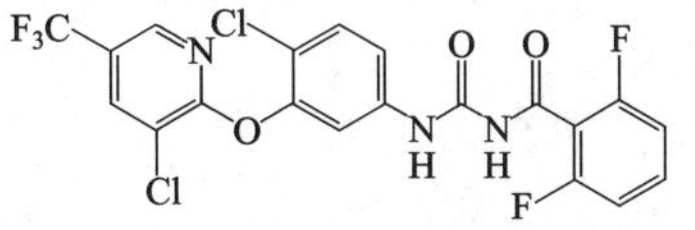

$C_{20}H_{10}Cl_2F_5N_3O_3$，506.2

产品简介

啶蜱脲（通用名称：fluazuron，其他名称：吡虫隆）是先正达公司开发的一种苯甲酰脲类杀虫杀螨剂。

化学名称　1-[4-氯-3-(3-氯-5-三氟甲基-2-吡啶氧基）苯基]-3-(2,6-二氟苯甲酰）脲。英文化学名称为 1-[4-chloro-3-(3-chloro-5-trifluoromethyl-2-pyridyloxy) phenyl]-3-(2,6-difluorobenzoyl) urea。美国化学文摘系统名称为 *N*-[[[4-chloro-3-[[3-chloro-5-(trifluoromethyl)-2-pyridinyl]oxy]phenyl]amino]carbonyl]-2,6-difluorobenzamide。CA 主题索引名称为 benzamide—，*N*-[[[4-chloro-3-[[3-chloro-5-(trifluoromethyl)-2-pyridinyl]oxy]phenyl]amino]carbonyl]-2,6-difluoro。CAS 登录号为［86811-58-7］。

理化性质　本品为灰白色至白色无味，良好的晶型粉末。熔点为219℃，沸点为 1.2×10^{-7}mPa（20℃），水中溶解度（20℃）<0.02mg/L；其他溶剂中溶解度（20℃）：甲醇2.4g/L，异丙醇0.9g/L。稳定性：219℃以下稳定。DT_{50}（25℃）：14d（pH=3），7d（pH=5），20h（pH=7），0.5h（pH=9）。

毒性　急性经口 LD_{50}：大鼠>5000mg/kg，大鼠急性经皮 LD_{50}>2000mg/kg，大鼠吸入 LC_{50}（4h）>5994mg/L。在试验剂量内无致畸、致突变、致癌作用。NOEL（1a）值：狗7.5mg/(kg・d)，雌雄小鼠4.5mg/(kg・d)。在大鼠的二代繁殖试验中 NOEL 100mg/L。无致癌、致畸、致突变作用。

生态效应　山齿鹑和野鸭急性经口 LD_{50}>2000mg/kg，LC_{50}（8d）>5200mg/L。鱼类 LC_{50}（96h）：虹鳟鱼>15mg/L，鲤鱼>9.1mg/L。水蚤 LC_{50} 0.0006mg/L。藻类 NOEC 27.9mg/L。对蜜蜂无毒。蚯蚓 LC_{50}（14d）>1000mg/kg（土壤）。

分析方法　高效液相色谱法。

作用机理与特点　主要是胃毒及触杀作用，抑制昆虫几丁质的合成，使幼虫蜕皮时不能形成新表皮，虫体成畸形而死亡。具有高效、低毒及广谱的特点。

应用

适用作物　玉米、棉花、水果和大豆等。

防治对象　鞘翅目、双翅目、鳞翅目害虫。

专利概况

专利名称	*N*-(pyridyloxyphenyl)urea derivatives as insecticides		
专利号	JP 58072566	专利公开日	1983-04-30
专利申请日	1981-10-28	优先权日	1981-10-28
专利拥有者	Nissan Chemical		
专利名称	Phenylbenzoylureas as pesticides		
专利号	EP 79311	专利公开日	1983-05-18
专利申请日	1982-11-04	优先权日	1981-11-10
专利拥有者	Ciba-Geigy		

从上面专利可以看出，该化合物首先由日本日产化学株式会社发现，但仅在日本申请专利；而 Ciba-Geigy 同时间申请了专利，并在全世界范围内很多国家申请了专利。由于 Ciba-Geigy 在申请时，日产化学的专利并没有公开，且日产没有在更多国家申请专利，因此 Ciba-Geigy 在美国、英国等多国获得专利授权。

制备专利　WO 2008071674、JP 2006298785 等。

制剂或剂型专利　US 201044888、WO 2010060982、WO 2010025870、JP 2010047479、WO 2009146793、WO 2008075453、EP 2127522、WO 2009100822 等。

合成方法

通过如下反应制得目的物：

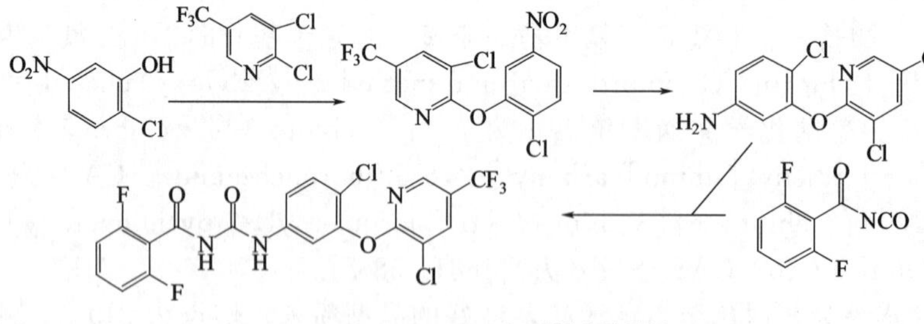

1　JP 58072566.　　2　US 5416102.

233　噻螨酮（hexythiazox）

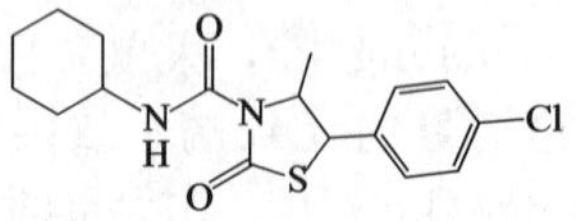

$C_{17}H_{21}ClN_2O_2S$，352.9

产品简介

噻螨酮［试验代号：NA-73（Nippon Soda），通用名称：hexythiazox，商品名称：Nissorun（Nippon Soda）、Savey（Nippon Soda）、César（Bayer CropScience）、Ferthiazox（Fertiagro）、Hexygon（Gowan）、Matacar（Sipcam）、Ordoval（BASF）、Vittoria（Rocca）、Zeldox（Syngenta Spai）、Acarflor（Sipcam），Acorit（Kwizda）、Buster（Chemia）、Calibre（BASF）、Diablo（Afrasa）、Onager（Gowan）、Picker（Chimiberg）、Speedy（Cequisa）、Stopper（Bayer CropScience）、塞螨酮，除螨威，合赛多（台），己噻唑，尼索朗（曹达）］最初由 T. Yamada 报道其杀螨活性，后由日本曹达公司引进，1985 年在日本获得注册。

化学名称 (4*RS*,5*RS*)-5-(4-氯苯基)-*N*-环己基-4-甲基-2-氧代-1,3-噻唑烷-3-羧酰胺。英文化学名称为(4*RS*,5*RS*)-5-(4-chlorophenyl)-*N*-cyclohexyl-4-methyl-2-oxo-1,3-thiazolidine-3-carboxamide。美国化学文摘系统名称为 *trans*-5-(4-chlorophenyl)-*N*-cyclohexyl-4-methyl-2-oxo-3-thiazolidinecarboxamide。CA 主题索引名称为 3-thiazolidinecarboxamide—,5-(4-chlorophenyl)-*N*-cyclohexyl-4-methyl-2-oxo-(4*R*,5*R*)-rel-。CAS 登录号为［78587-05-0］。

理化性质 无色晶体，熔点 108.0～108.5℃。蒸气压 0.0034mPa（20℃）。K_{ow} lg$P$＝2.53。Henry 常数 2.40×10^{-3} Pa·m^3/mol（计算）。水中溶解度（20℃）0.5mg/L；其他溶剂中溶解度（g/L，20℃）：氯仿 1379、二甲苯 362、甲醇 206、丙酮 160、乙腈 28.6、己烷 4。稳定性：对光、热、空气、酸碱稳定。温度低于 300℃时稳定。光照其水溶液 DT_{50}＝16.7d。水溶液在 pH＝5，7，9 时稳定。

毒性 大鼠急性经口 LD_{50}＞5000mg/kg。大鼠急性经皮 LD_{50}＞5000mg/kg。对兔眼睛有轻微刺激，对兔皮肤无刺激，对豚鼠皮肤无刺激。大鼠吸入 LC_{50}（4h）＞2mg/L（空气）。NOEL 值：大鼠（2a）23.1mg/kg（bw），狗（1a）2.87mg/kg（bw），大鼠（90d）70mg/kg。ADI/RfD（JMPR）0.03mg/kg（bw）。无致畸，无突变。

生态效应 鸟类急性经口 LD_{50}：野鸭＞2510mg/kg，日本鹌鹑＞5000mg/kg。野鸭和山齿鹑 LC_{50}（8d）＞5620mg/kg。鱼类 LC_{50}（96h）：虹鳟鱼＞300mg/L，大翻车鱼 11.6mg/L，鲤鱼 LC_{50}（48h）3.7mg/L。水蚤 LC_{50}（48h）1.2mg/L。藻类 E_rC_{50}（72h）＞72mg/L。对蜜蜂无毒，LD_{50}＞200μg/只。

环境行为 动物：在尿液及粪便中的主要代谢物为 5-(4-氯苯基)-*N*-(顺-4-羟基环己基)-4-甲基-反-2-氧代噻唑烷-3-羧酰胺。植物：在植物体上残留的主要成分仍是噻螨酮，还有少部分水解产物。土壤/环境：在黏壤土中 DT_{50} 为 8d（15℃）。在土壤中，经过氧化变为对应的含有羟基和羰基的化合物。K_{oc}＝6200。

制剂与分析方法 剂型有乳油、烟剂、可湿性粉剂。制剂有 3%阿维·噻螨酮微乳剂，5%噻螨酮乳油，12.5%噻螨·哒螨灵乳油，7.5%甲氰·噻螨酮乳油，5%噻螨酮可湿性粉剂，22.5%螨醇·噻螨酮乳油，22%噻酮·炔螨特乳油等。产品及其残留可用 HPLC 进行检测。

作用机理与特点 本品是一种噻唑烷酮类新型的具有触杀和胃毒功能的非系统性杀螨剂。对植物表皮层具有较好的穿透性，但无内吸传导作用。对多种植物害螨具有强烈的杀卵、杀幼螨的特性，对成螨无效，但对接触到药液的雌成虫所产的卵具有抑制孵化的作用。本品属于非感温型杀螨剂，在高温或低温时使用的效果无显著差异，持效期长，药效可保持 50d 左右。由于没有杀成螨活性，故药效发挥较迟缓。该药对叶螨防效好，对锈螨、瘿螨防效较差。

应用

适用作物 柑橘、苹果、棉花和山楂等。

防治对象　红蜘蛛。

应用技术　施药应选早晚气温低、风小时进行，晴天上午 9 时至下午 4 时应停止施药。气温超过 28℃、风速超过 4 m/s、空气相对湿度低于 65%应停止施药。

使用方法

(1) 防治柑橘红蜘蛛　在春季螨害始盛发期，平均每叶有螨 2～3 头时，用 5%乳油或 5%可湿性粉剂 1500～2500 倍液，相当于 20～33mg(a.i.)/L，均匀喷雾。

(2) 防治苹果红蜘蛛　在苹果开花前后，平均每叶有螨 3～4 头时，用 5%乳油或 5%可湿性粉剂 1500～2000 倍液 [25～33mg(a.i.)/L]，均匀喷雾。

(3) 防治山楂红蜘蛛　在越冬成虫出蛰后或害螨发生初期防治，用药量及使用方法同防治苹果红蜘蛛。

(4) 防治棉花红蜘蛛　6 月底以前，在叶螨点片发生及扩散初期用药，每亩用 5%乳油 60～100mL 或 5%可湿性粉剂 60～100g，相当于 3～5g 有效成分，对水 75～100L，在发生中心防治或全面均匀喷雾。

有关混剂的应用　①防治柑橘红蜘蛛：5%噻螨酮乳油 25～33.3mg/kg，5%噻螨酮可湿性粉剂 20～33.3mg/kg，7.5%甲氰·噻螨酮乳油 75～100mg/kg，22.5%螨醇·噻螨酮乳油 150～225mg/kg，12.5%甲氰·噻螨酮乳油 50～62.5mg/kg，6.8%阿维·噻螨酮乳油 22.67～34mg/kg，10%阿维·噻螨酮乳油 20～33.3mg/kg，36%噻酮·炔螨特乳油 180～240mg/kg。②防治苹果树上红蜘蛛：22.5%螨醇·噻螨酮乳油 150～225mg/kg，3%噻螨酮水乳剂苹果树 20～30mg/kg。③防治苹果树上二斑叶螨：22%噻酮·炔螨特乳油 137.5～275mg/kg，以上施药方式均为喷雾。

专利与登记

专利名称　Oxazolidone and thiazolidone derivatives

专利号　DE 3037105　　专利公开日　1981-04-09

专利申请日　1980-10-01　　优先权日　1979-10-03

专利拥有者　Nippon Soda Co.

目前公开或授权的专利　AU 8062561、AU 518432、BR 8006295、BE 885486、CA 1152078、CA 1183536、CS 216542、CH 645886、FR 2466463、GB 2059961、HU 26611、HU 187312、IL 61016、JP 56051463、JP 63020230、JP 56156270、JP 02015545、NL 8005354、NL 188576、PL 125287、RO 80247、RO 84096、RO 84095、RO 85287、SU 1391489、SU 999970、SU1075974、US 4431814、US 4442116、ZA 8005732 等。

制备专利　JP 58110577、JP 57050982、JP 62054425、JP 62270569、JP 03024472 等。

制剂或剂型专利　CN 101530075、CN 101536657、CN 101380003、CN 101213968、CN 1403000、CN 101228873、JP 2008115156、JP 2006213664、JP 2006131516、JP 11124306、WO 2008071714、WO 2008064778、WO 2002037964、WO 2000002453 等。

在中国申请的与该产品有关的部分专利及登记情况见表 233-1、表 233-2。

表 233-1　在中国申请的专利

序列号	申请号	专利名称
1	200710019133.3	一种含有丁醚脲有效成分的杀螨剂组合物及其应用
2	200710002605.4	一种含有噻螨酮的复配型杀螨组合物
3	200310122825.2	防尘螨黏胶长丝纤维
4	200510044541.5	一种防螨抗菌纤维素纤维
5	200410035754.7	一种杀螨组合物
6	200710098005.2	一种复配杀螨组合物

续表

序号	申请号	专利名称
7	200810127042.6	一种含噻螨酮与丁醚脲的杀螨组合物
8	200810132583.8	一种噻螨酮悬浮剂及其制备方法
9	200810132589.5	含有吡螨胺的杀螨组合物
10	200810132488.8	一种具有增效作用的杀螨剂组合物
11	200810101923.0	一种阿维菌素噻螨酮微乳剂及其制备方法
12	200910164578.X	一种噻螨酮杀螨剂组合物及其应用

表 233-2　日本曹达公司在中国登记情况

登记名称	登记证号	含量	剂型	登记作物	防治对象	用药量	施用方法
噻螨酮	PD122-90	5%	乳油	苹果树	苹果红蜘蛛	25～30mg/kg	喷雾
				苹果树	山楂红蜘蛛	25～30mg/kg	喷雾
				柑橘树	红蜘蛛	25mg/kg	喷雾
				棉花	红蜘蛛	37.5～49.5g/hm^2	喷雾
噻螨酮	PD123-90	5%	可湿性粉剂	柑橘树	红蜘蛛	25～30mg/kg	喷雾
噻螨酮	PD311-99	97%	原药				

合成方法

方法一：对氯苯甲醛路线　以对氯苯甲醛为起始合成原料，先制得赤式-1-对氯苯基-2-氨基丙醇，再与氯磺酸反应制得赤式-1-对氯苯基-2-氨基丙基硫酸酯，然后赤式-1-对氯苯基-2-氨基丙基硫酸酯与二硫化碳环合，所得产物经双氧水氧化制得反式-5-(4-氯苯基)-4-甲基噻唑烷酮，最后噻唑烷酮与环己基异氰酸酯缩合得到目标产物噻螨酮。

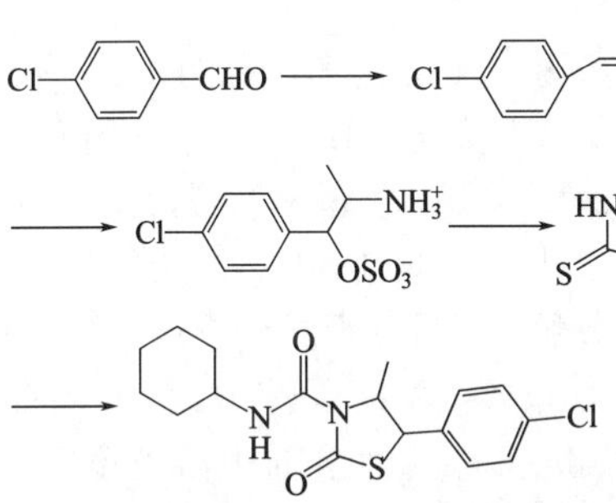

方法二：对氯苯丙酮路线　以对氯苯丙酮为起始原料，先进行酮肟化反应生成肟化物，然后经催化氢化还原为醇胺物，再同二硫化碳、苄基氯经缩合和重排反应生成缩合物，再经环合反应而生成反式噻唑烷酮，后者再同异氰酸环己酯进行加成而得到最终产物噻螨酮。该合成工艺的总收率以对氯苯丙酮起算达 71%，所得原药含量达 98%以上。

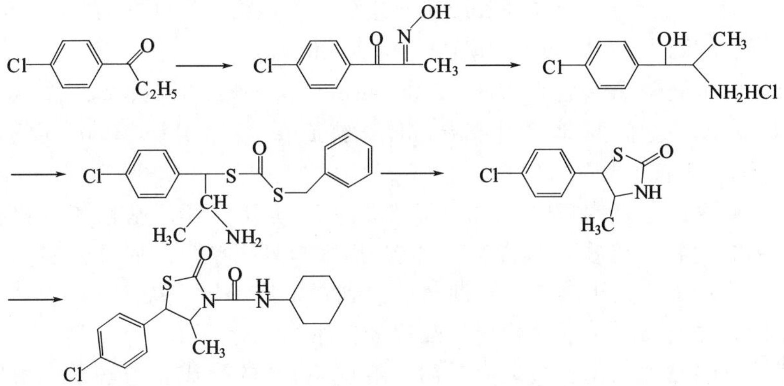

1　The Pesticide Manual. 15th ed.: 619-620.　　2　进口农药应用手册. 中国农业出版社，2000：167.

3 化工部农药信息总站．国外农药品种手册（新版合订本）. 1996：390-391.
4 Tetrahedron：Asymmetry，2006，17（3）：372-376.
5 农药，2008，47（5）：328-329.

有机锡类杀螨剂

有机锡类杀螨剂（organotin acaricides）共有 4 个：azocyclotin、cyhexatin、fenbutatin oxide 及 phostin。其中 phostin 由于没有商品化，仅列出英文名及 CAS 号：

phostin：tricyclohexyl（diethoxyphosphinothioylthio）stannane 或 *O*,*O*-diethyl-*S*-tricyclohexylstannylphosphorodithiate。

234 三唑锡（azocyclotin）

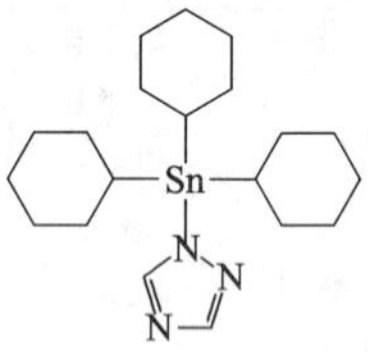

$C_{20}H_{35}N_3Sn$，436.2

产品简介

三唑锡［试验代号：BAY BUE 1452，通用名称：azocyclotin，商品名称：Clermait、倍乐霸，其他名称：Clairmait（Bayer CropScience）、Caligur（Arysta lifeScience S. America）、Mulino（Doğal）、Peropal（Arysta lifeScience）］是由 W. Kolbe 报道，Bayer AG 公司开发的杀螨剂。

化学名称　三（环己基)-1*H*-1,2,4-三唑-1-基锡，英文化学名称为 tri（cyclohexyl)-1*H*-1,2,4-triazol-1-yltin，1-tricyclohexylstannanyl-1*H*-[1,2,4] triazole。美国化学文摘（CA）名称为 1-(tricyclohexylstannyl)-1*H*-1,2,4-triazole。CA 主题索引名称为 1*H*-1,2,4-triazole—，1-(tricyclohexylstannyl)-。CAS 登录号为［41083-11-8］。

理化性质　纯品为无色晶体。熔点 210℃（分解）。相对密度 1.335（21℃）。蒸气压 2×10^{-8} mPa（20℃），6.0×10^{-8} mPa（25℃）。K_{ow} lg$P$=5.3（20℃）。Henry 常数 3×10^{-7} Pa·m^3/mol（20℃）。水中溶解度（20℃）0.12mg/L；其他溶剂中溶解度（g/L）：二氯甲烷 20～50、异丙醇 10～50、正己烷 0.1～1、甲苯 2～5。稳定性：DT_{90}（20℃）<10 min（pH=4，7，9）。pK_a 5.36，弱碱性。

毒性　急性经口 LD_{50}：雄大鼠 209mg/kg，雌大鼠 363mg/kg，豚鼠 261mg/kg，小鼠 870～980mg/kg。大鼠急性经皮 LD_{50}>5000mg/kg。对兔皮肤强刺激，兔眼睛腐蚀性刺激。大鼠（雄、雌）吸入 LC_{50}（4h）0.02mg/L（空气）。NOEL 值（2a）：大鼠 5mg/kg、小鼠 15mg/kg、狗 10mg/kg。ADI/RfD（JMPR）0.003mg/kg。

生态效应　日本鹌鹑急性经口 LD_{50}：雄 144mg/kg，雌 195mg/kg。鱼类 LC_{50}（96h）：虹鳟鱼 0.004mg/L，金雅罗鱼 0.0093mg/L。水蚤 LC_{50}（48h）0.04mg/L。海藻 EC_{50}（96h）0.16mg/L。对蜜蜂无毒，LD_{50}>100μg/只。蚯蚓 LC_{50}（28h）806mg/kg。

环境行为　动物：通过水解代谢，形成 1,2,4-三唑和三环己基锡氢氧化物，可进一步氧化为二环己锡氧化物。植物：其代谢产物包括 1,2,4-三唑、三环己基锡氢氧化物、二环己锡氧化物。土壤环境：在土壤中半衰期从几天到很多周不等，决定于土壤类型。

制剂与分析方法　25％可湿性粉剂。残留分析用 GC。

作用机理　三唑锡为氧化磷酰化抑制剂；阻止 ATP 的形成。为触杀作用较强的广谱性杀螨剂，可杀灭若螨、成螨和夏卵，对冬卵无效。

应用

适用作物　苹果、柑橘、葡萄、蔬菜、棉花、蛇麻。

防治对象　苹果全爪螨、山楂红蜘蛛、柑橘全爪螨、柑橘锈壁虱、二点叶螨、棉花红蜘蛛。

残留量与安全用药　对光和雨水有较好的稳定性，持效期较长。在常用浓度下对作物安全。每季作物最多使用次数：苹果为 3 次，柑橘为 2 次。安全间隔期：苹果为 14d，柑橘为 30d。最高残留限量（MRL 值）均为 2mg/kg。该药剂不可与碱性药剂如波尔多液或石硫合剂等混用。亦不宜与百树菊酯混用。

药剂应贮藏在干燥、通风和儿童接触不到的地方。一般情况下，该药对使用者不会造成严重伤害。所以，只要按照安全操作规定用药，不会出现严重中毒现象。若不慎中毒，其症状为头痛、头晕、四肢麻木等。出现中毒时，应立即离开施药现场，脱去被污染的衣服，用清水和肥皂洗净皮肤，误服者应催吐、洗胃。

应用技术　防治苹果红蜘蛛，该害螨危害新红星、富士、国光等苹果品种，在 7 月中旬以前，平均每叶有 4～5 头活动螨；或 7 月中旬以后，平均每叶有 7～8 头活动螨时即应防治。

防治山楂红蜘蛛　防治重点时期是越冬雌成螨上芽危害和在树冠内膛集中的时期。防治指标为平均每叶有 4～5 头活动螨。

防治柑橘全爪螨　当气温在 20℃时，平均每叶有螨 5～7 头时即应防治，喷雾处理。

防治柑橘锈壁虱　在春末夏初害螨尚未转移危害果实前。

防治葡萄叶螨　在叶螨始盛发期喷雾。

防治茄子红蜘蛛　根据害螨发生情况而定。

使用方法　防治苹果红蜘蛛，用 25%三唑锡可湿性粉剂 1000～1330 倍液或每 100L 水加 25%三唑锡 7～100g（有效浓度 188～250mg/L）喷雾。防治山楂红蜘蛛，用 25%三唑锡可湿性粉剂 1000～1330 倍液或每 100L 水加三唑锡 75～100g（有效浓度 188～250mg/L）喷雾。防治柑橘全爪螨，用 25%三唑锡可湿性粉剂 1500～2000 倍液或每 100L 水加 25%三唑锡 50～66.7g（有效浓度 125～167mg/L）。防治柑橘锈壁虱，用 25%三唑锡可湿性粉剂 1000～2000 倍液或每 100L 水加 25%三唑锡 50～100g（有效浓度 125～250mg/L）喷雾。防治葡萄叶螨，用 25%三唑锡可湿性粉剂 1000～1500 倍液或 100L 水加 25%三唑锡 66.7～100g（有效浓度 166.7～250mg/L）喷雾。防治茄子红蜘蛛，每亩用 25%三唑锡可湿性粉剂 40～80g（有效成分 10～20g）。

专利与登记

专利名称　Insektizideund akarizide mittel

专利号　DE 2143252　　专利公开日　1973-03-01

专利申请日　1971-08-28　　优先权日　1971-08-28

专利拥有者　Bayer AG

在其他国家申请的化合物专利　AU 7245974、AT 322280、AT 323198、BE 788015、CA 1000610、CH 547312、CH 548154、DD 102276、DK 129756、DK 131941、FR 2150907、GB 1369147、GB 1369148、HU 165295、IL 40201、IT 964306、JP 49116067、JP 57020959、JP 48033030、JP 51042171、PL 89024、RO 61161、NL 7211640、NL 175695、US 3907818、US 3988449、ZA 7205862、ZA 7305461 等。

制备专利　DE 2261455、GB 1319889 等。

剂型及其应用专利　CN 101491256、CN 101167475、CN 101015299、WO 2009118297、

WO 2008125362、CN 1283388、DE 2424891 等。

三唑锡在中国申请的与该产品有关的部分专利及登记情况见表 234-1、表 234-2。

表 234-1　在中国申请的专利

序号	申请号	专利名称
1	02123813.8	含阿维菌素的杀虫杀螨组合物
2	99103377.9	一类含矿物油的植物保护用杀虫剂
3	00110825.5	一种广谱型复合杀虫、杀螨农药混剂
4	200710199595.8	杀虫、杀螨剂组合物
5	200810017314.7	含有唑螨酯有效成分的杀螨剂组合物及其应用
6	200810017311.3	含有联苯菊酯有效成分的杀螨虫剂组合物及其应用
7	200710050614.0	杀螨组合物
8	200710195546.7	一种三唑锡水分散粒剂及其制备方法
9	200510097757.8	一种高含量三唑锡乳油及其制备方法
10	200510047097.2	一种杀虫、杀螨剂组合物
11	200810056849.5	一种稳定的唑螨酯原药制备方法
12	200810132624.3	一种含有螺螨酯的复配农药组合物
13	200810132587.6	一种吡螨胺与三唑锡具有增效作用的杀螨剂组合物
14	200810146213.X	一种含有氟螨脲和三唑锡的杀螨剂组合物
15	200810056558.6	一种三唑锡悬浮剂的制备方法
16	200810103826.5	一种含阿维菌素和三唑锡复配悬浮剂及其制备方法
17	200910069468.5	一种含氯虫苯甲酰胺的杀虫剂组合物及其制备方法和用途

表 234-2　三唑锡在中国登记情况

生产厂家	登记证号	品种名称	含量	剂型
安徽美科达农化有限公司	LS20070093	吡虫·三唑锡	20%	可湿性粉剂
河北胜源化工有限公司	LS20070162	三唑锡	25%	可湿性粉剂
陕西汤普森生物科技有限公司	LS20070337	哒螨·三唑锡	16%	可湿性粉剂
山东省德州天邦农化有限公司	LS20070451	三唑锡	25%	可湿性粉剂
福建新农大正生物工程有限公司	LS20070873	阿维·三唑锡	11%	悬浮剂
上海艾科思生物药业有限公司	LS20071513	阿维·三唑锡	5.5%	乳油
湖北太极生化有限公司	LS20071844	三唑锡	25%	可湿性粉剂
陕西省蒲城美尔果农化有限责任公司	LS20071992	阿维·三唑锡	12.15%	可湿性粉剂
山东省青岛凯源祥化工有限公司	LS20072125	阿维·三唑锡	20%	悬浮剂
山西省农科院棉花所三联农化实验厂	LS20072459	三唑锡	25%	可湿性粉剂

合成方法

通过如下反应即可制得目的物：

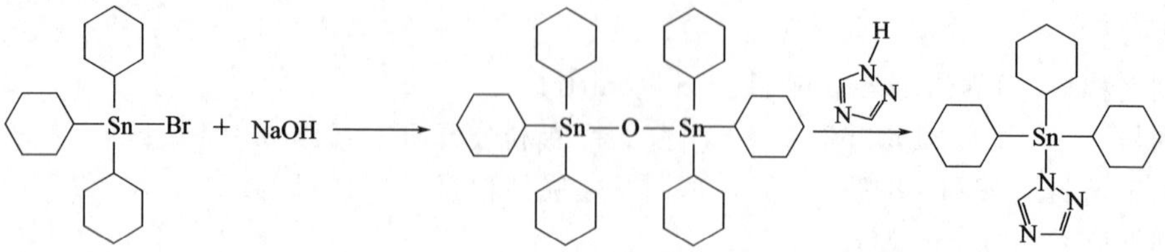

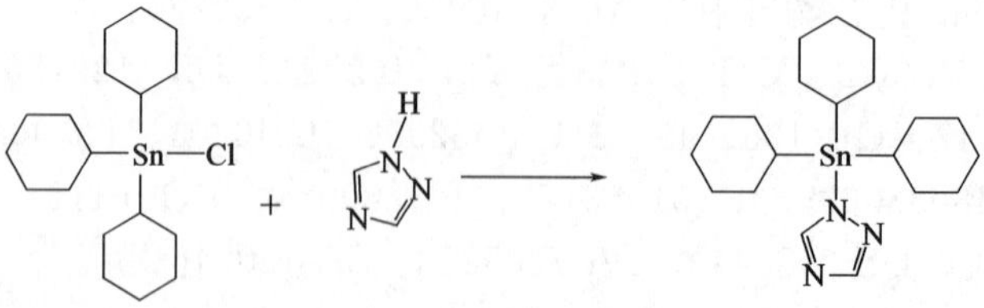

1　Pflanzenschutz-Nachr.（Engl. Ed.），1977，30，325.

2　DE 2143252.

3　The Pesticide Manual. 15th ed.：61-62.

4　黑龙江大学自然科学学报，1997，02：90-91.

235 三环锡（cyhexatin）

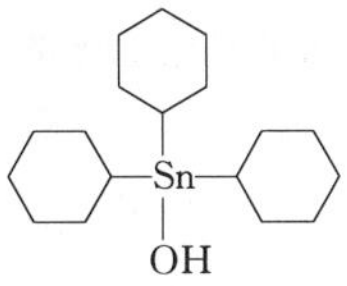

$C_{18}H_{34}OSn$，385.2

产品简介

三环锡［试验代号：Dowco 213，通用名称：cyhexatin，商品名称：杀螨锡、普特丹、Acarstin（Sipcam S. p. A.）、Guaraní（Rocca）、Mitacid（Sipcam S. p. A.）、Oxotin（Oxon）、Sipcatin（Sipcam S. p. A.）、Sunxatin（Sundat）、Triran Fa（Chemia）。其他名称：Acaritel（Efal）、Acarpec（Sapec）、Agritin（LUQSA）、Citran（Chemia）、Mitemaster（Hekta351）、Nospider（Hekta351）、Pennstyl（Cequisa，Cerexagri）、Phantome（Doğal）、Techn'acid（Phyteurop）］最早由 W. E. Allison 等于 1968 年报道其具杀螨活性，随后由 Dow Chemical Co. 和 M&T Chemicals Inc. 联合开发，由 Dow Chemical Co. 推广。

化学名称　三环己基锡氢氧化物。英文化学名称为 tricyclohexyltin hydroxide。美国化学文摘系统名称为：tricyclohexylhydroxystannane。CA 主题索引名称为 stannane—，tricyclohexylhydroxy-。CAS 登录号为［13121-70-5］。

理化性质　纯品为无色晶体。蒸气压可忽略（25℃）。水中溶解度（25℃）＜1mg/L；其他溶剂中溶解度（g/kg，25℃）：氯仿 216、甲醇 37、二氯甲烷 34、四氯化碳 28、苯 1、甲苯 10、二甲苯 3.6、丙酮 1.3。稳定性：水溶液在 100℃内的弱酸性（pH＝6）至碱性条件下稳定；在紫外线作用下分解。

毒性　急性经口 LD_{50}：大鼠 540mg/kg，兔 500～1000mg/kg，豚鼠 780mg/kg。兔急性经皮 LD_{50}＞2000mg/kg。本品对兔眼睛有刺激性。NOEL 值（2a）：狗 0.75mg/(kg·d)，小鼠 3mg/(kg·d)，大鼠 1mg/(kg·d)。ADI/RfD（JMPR）0.003mg/kg；（EPA）aRfD 0.005，cRfD 0.0025mg/kg。

生态效应　小鸡急性经口 LD_{50} 650mg/kg。野鸭饲喂 LC_{50}（8d）3189mg/kg，山齿鹑饲喂 LC_{50}（8d）520mg/kg。鱼类 LC_{50}（24h）：大口鲈鱼 0.06mg/kg，金鱼 0.55mg/L。在推荐剂量下对蜜蜂无毒（经皮 LD_{50} 0.032mg/只）。在推荐剂量下对大部分捕食性螨和天敌昆虫以及蜜蜂无害。

环境行为　在土壤中代谢生成二环己基锡氢氧化物、环己基氢氧化锡和无机锡化合物。紫外线能促进其分解。

制剂与分析方法　主要剂型有 25.5%可湿性粉剂、60%悬浮液、15%三环锡＋5%三氯杀螨砜悬浮混剂。产品分析用 GC。残留分析用 GC 或原子吸收光谱。

作用机理与特点　氧化磷酸化抑制剂，通过干扰 ATP 的形成而起作用。无内吸性的触杀性杀螨剂。

应用

适用作物　用于防治仁果、核果、葡萄、坚果、草莓、蔬菜、番茄、葫芦及观赏植物等作物上的叶螨。

防治对象　对大多植食性螨类的不同阶段（成、幼螨）均有优异的防效。

残留量与安全施药　对落叶果树、藤类、蔬菜及户外观赏植物无药害；对柑橘类（不成熟的果实和嫩叶）、温室观赏植物和蔬菜有轻微要害（通常形成局部斑点）。

使用方法　一般使用剂量为20～30g(a.i.)/100L，对有机磷抗性螨有效。

专利概况

专利名称　Methods for the control of arachnids

专利号　US 3264177　　专利公开日　1966-08-02

专利申请日　1964-02-17　　优先权日　1964-02-17

专利拥有者　Dow Chemical Co.

在其他国家申请的化合物专利　US 3264177。

制备专利　AT 379814、BE 883956、DE 3546313、DE 3435717、DE 2332206、EP 346506、JP 62039592、US 3402189等。

制剂或剂型专利　EP 922386、EP 57035、CN 101755783、CN 1403000、CN 1176586、JP 2004155693等。

1992年因对兔致畸列入PIC名单，Dow公司生产的三环锡曾在我国获得登记，因其对实验动物有致畸作用而撤销登记。国内（1987年）三环锡亦不予登记、生产。

合成方法

环己基氯与四氯化锡和金属钠反应得三环己基锡氯化物，再与碱反应即生成三环锡。

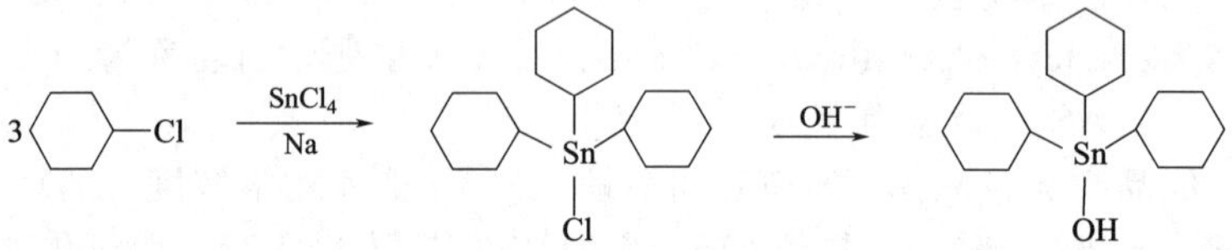

1 Proceedings of the Brighton Crop Protection Conference-Pests and diseases. 1996，307，449.

2 The Pesticide Manual. 15th ed.：274-275.

3 WO 9211249.

4 US 3264177.

5 US 3389048.

6 J. Econ. Entomol.，1968，61，1254.

7 农药商品大全．北京：中国商业出版社．1996，297-298.

8 化工部农药信息总站．国外农药品种手册．1996，401-402.

9 新农业，1987，06：28-29.

236　苯丁锡（fenbutatinoxide）

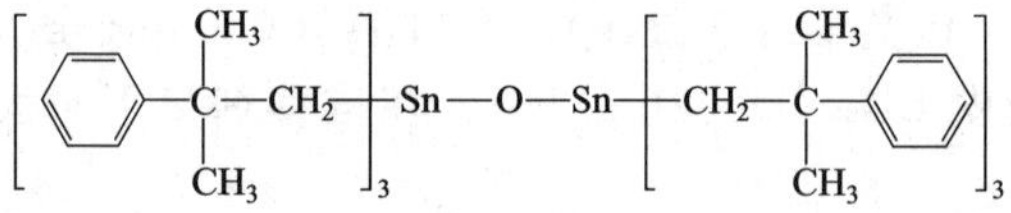

$C_{60}H_{78}OSn_2$，1052.7

产品简介

苯丁锡［试验代号：SD 14 114（Shell），通用名称：fenbutatin oxide，商品名称：TNorvan（BASF）、Osadan（仅日本）(BASF）、Torque（BASF）、Acanor（Afrasa）、Pro-Mite（SePRO）、Stucas（Rocca）、Vendex（DuPont，United Phosphorus Inc）、螨完锡、克螨锡，其他名称：Azom（Chemia）、Benamon（Agrimport）、Eagle（Hekta351）、Faestan（Cequisa）、Leopar（Doğal）、Mitrus（Cequisa）、Partner（Sipcam Inagra）、Random（Chimiberg）、Tite（Zagro）、Vefetin（Efthymiadis）］在美国由Shell Chemical Co.（现为DuPont Agricultural Products），在其他国家由Shell International Chemical Company Ltd（现为BASF SE）开发。主要生产商：BASF、Heben、Zhejiang Huaxing。

化学名称　双［三（2-甲基-2-苯基丙基）锡］氧化物。英文化学名称为bis[tris(2-methyl-2-phenylpropyl)tin]oxide。美国化学文摘系统名称为hexakis(2-methyl-2-phenylpropyl)distannoxane。CA 主题索引名称为 distannoxane—，hexakis(2-methyl-2-phenylpropyl)-。CAS登录号为［13356-08-6］。

理化性质　原药为无色晶体，有效成分含量为97%。熔点140～145℃。沸点230～310℃。蒸气压3.9×10^{-8}mPa（20℃）。K_{ow} lg$P$=5.2。相对密度1.290～1.330（20℃）。Henry常数3.23×10^{-3}Pa·m^3/mol。水中溶解度（pH=4.7～5.0，20℃）0.0152mg/L；其他溶剂中溶解度（g/L，20℃）：己烷3.49、甲苯70.1、二氯甲烷310、甲醇182、异丙醇2。稳定性：对光、热、氧气都很稳定。光稳定性DT_{50} 55d（pH 7，25℃）。水可使苯丁锡转化为三（2-甲基-2-苯基丙基）锡氢氧化物，该产物在室温下慢慢地、在98℃迅速地再转化为母体化合物。不能自燃，但在尘雾中点燃可爆炸。

毒性　据中国农药毒性分级标准，苯丁锡属低毒性杀螨剂。急性经口LD_{50}：大鼠3000～4400mg/kg，小鼠1450mg/kg，狗>1500mg/kg。兔急性经皮LD_{50}>1000mg/kg。对兔皮肤有刺激作用，对兔眼睛有严重刺激作用。大鼠吸入LC_{50} 0.46～0.072mg/kg。在试验剂量范围内对动物未见蓄积毒性及致畸、致突变、致癌作用。在三代繁殖试验和神经试验中未见异常。ADI（JMPR）0.03mg/kg。制剂大鼠急性经口LD_{50}为2000mg/kg，经皮LD_{50}>2000mg/kg，大鼠吸入LC_{50}为0.3mg/L。

生态效应　苯丁锡对鱼类高毒，大多数鱼类LC_{50}为0.002～0.540mg/L，虹鳟鱼LC_{50}（48h）0.27mg(a.i.)/L（可湿性粉剂）。对蜜蜂和鸟低毒，蜜蜂急性毒性LD_{50}>200mg/只（接触或经口）。LC_{50}（8d）：野鸭>2000mg/kg。山齿鹑5065mg/kg。水蚤LC_{50}（24h）0.05～0.08mg/L。藻类LC_{50}（72h）>0.005mg/L。对食肉和寄生的节肢动物无副作用。

环境行为　在土壤中苯丁锡代谢为二羟基-双（2-甲基-2-苯丙基）锡烷和2-甲基-2-苯丙基锡酸，最终形成锡氧化物和锡酸。在土层测试中，苯丁锡氧化物有微小的移动，或其代谢物最深能达到30cm深的土壤中。

制剂与分析方法　Norvan，Torque，Vendex，可湿性粉剂［500g(a.i.)/kg］；Norvan，Osadan，Torque，Vendex，胶悬剂（550g/L）。产品分析用电位非水滴定分析法，残留物用具ECD或适当的衍生物的EPD检测器的GC测定。

作用机理与特点　氧化磷酰化抑制剂，阻止ATP的形成。对害螨以触杀和胃杀为主，非内吸性。苯丁锡是一种长效专性杀螨剂，对有机磷和有机氯有抗性的害螨不产生交互抗性。喷药后起始毒力缓慢，3d以后活性开始增强，到14d达到高峰。该药持效期是杀螨剂中较长的一种，可达2～5个月。对幼螨和成、若螨的杀伤力比较强，但对卵的杀伤力不大。在作物各生长期使用都很安全，使用超过有效杀螨浓度1倍，均未见有药害发生，对害螨天敌如捕食螨、瓢虫和草蛉等影响甚小。苯丁锡为感温型杀螨剂，当气温在22℃以上时药效提高，22℃以下活性降低，低于15℃药效较差，在冬季不宜使用。

应用

适用作物　柑橘、苹果、梨、梅、李、桃、蔬菜、葡萄、茶、观赏植物等。

防治对象　螨类、锈壁虱。

残留量与安全施药　苯丁锡人体每日允许摄入量（ADI）为0.03mg/kg。作物中最高残留限量（国际标准）：柑橘中5mg/kg，番茄中1mg/kg，最多使用次数为6次，最高用药浓度为1000mg/L。最后一次施药距收获时间：柑橘14d以上，番茄10d。

应用技术　防治苹果叶螨（包括山楂红蜘蛛和苹果红蜘蛛），在夏季害螨盛发期防治效果理想。防治柑橘锈螨，在柑橘上果期和果实上虫口增长期喷雾，可收到很好的防治效果。防治茶树害螨，防治茶橙、茶短须螨，在茶叶非采摘期，于发生中心进行点片防治；发生高峰期全面防治。防治花卉害螨，防治菊花叶螨、玫瑰叶螨，在发生期防治。

使用方法　在世界范围内，苯丁锡以20～50g(a.i.)/hm^2喷雾，可有效和持效地防治游动期的植食性螨类，主要是柑橘、葡萄、观赏植物、梨果、核果上的瘿螨科和叶螨科等。

防治柑橘红蜘蛛，在4月下旬到5月份，用50%可湿性粉剂2000倍液（有效浓度250mg/L），均匀喷雾，夏秋季节降雨少，可用2500倍液（有效浓度200mg/L）喷雾，持效期一般在2个月左右。防治柑橘锈螨，在柑橘上果期和果实上虫口增长期，用50%可湿性粉剂2000倍液（有效浓度250mg/L）喷雾，可收到很好的防治效果。防治苹果叶螨（包括山楂红蜘蛛和苹果红蜘蛛），用50%可湿性粉剂1000～1500倍液（有效浓度333～500mg/L）喷雾。防治茶橙、茶短须螨，用50%可湿性粉剂1500倍液（有效浓度333mg/L）喷雾，茶叶螨类大多集中在叶背和茶丛中下部为害，喷雾一定要均匀周到。防治菊花叶螨、玫瑰叶螨，用50%可湿性粉剂1000倍液（有效浓度500mg/L），在叶面叶背均匀喷雾。防治蔬菜（辣椒、茄子、黄瓜、豆类）叶螨，用50%可湿性粉剂1000～1500倍液（有效浓度333～500mg/L）喷雾。

专利与登记

专利名称　Organo tinmiticides and method of using the same

专利号　DE 2115666　　专利公开日　1971-10-21

专利申请日　1971-03-31　　优先权日　1970-04-02

专利拥有者　Shell Oil Co.

在其他国家申请的化合物专利　BE 765058、CA 949450、CH 552335、FR 2085794、GB 1327336、JP 54006609、NL 7104274、NL 174798、US 3657451等。

制剂或剂型专利　CN 1154060、CN 1154060、CN 1154060、CN 101167474、CN 101647465、JP 2004155693、WO 2008104503、WO 2010003923、CN 101167474、EP 57035、EP 177785、JP 02167207、NL 7506268等。

在中国申请的与该产品有关的部分专利及登记情况见表236-1、表236-2。

表236-1　在中国申请的专利

序号	申请号	专利名称
1	200610126840.8	一种含有苯丁锡的复配型杀螨组合物
2	200610126839.5	一种含有苯丁锡和丙溴磷的复配型杀虫杀螨组合物
3	200710035775.2	含有苯丁锡的杀螨组合物
4	200810017310.9	一种含有丁醚脲有效成分的杀虫、杀螨剂组合物及其应用
5	200810017314.7	含有唑螨酯有效成分的杀螨剂组合物及其应用
6	200810100945.5	一种苯丁锡·哒螨灵乳油的制备方法
7	200710195266.6	一种含甲氰菊酯的复配杀螨剂
8	200710195296.7	苯丁锡水分散粒剂及其制备方法
9	200710195546.7	一种三唑锡水分散粒剂及其制备方法
10	200610103605.9	一种复配型杀螨组合物
11	200610104804.1	阿维菌素和苯丁锡杀虫剂组合物
12	200810056849.5	一种稳定的唑螨酯原药制备方法
13	200810181977.2	一种含季酮酸和苯丁锡的杀螨组合物及其应用
14	200910022213.3	一种含联苯肼酯的杀虫组合物
15	200910173592.6	一种含有吡螨胺和苯丁锡的杀螨组合物
16	200910205340.7	一种含联苯肼酯的杀虫组合物

表236-2　巴斯夫欧洲公司在中国登记情况

登记名称	登记证号	有效成分含量	剂型	登记作物	防治对象	用药量	施用方法
苯丁锡	PD79-88	50%	可湿性粉剂	柑橘树	红蜘蛛	150～250mg/kg	喷雾
苯丁锡	PD20098308	98%	原药				

合成方法

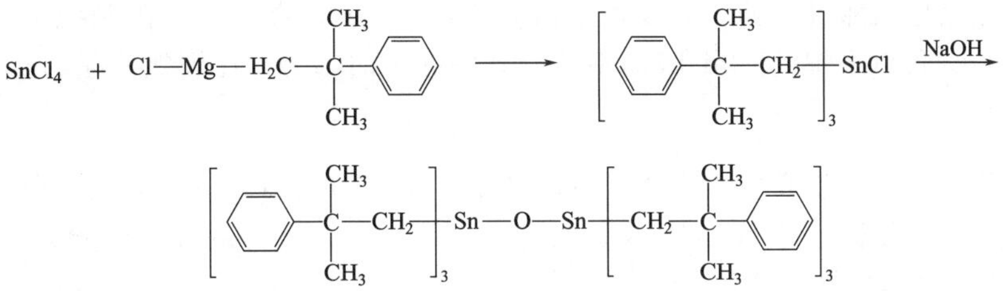

1 The Pesticide Manual. 15th ed. : 470-471.　　　2 US 3657451.

拟虫菊类杀螨剂（pyrethroid acaricides）

可用作杀螨剂的拟虫菊类品种共有 14 个：acrinathrin、bifenthrin、brofluthrinate、cyhalothrin、cypermethrin、alpha-cypermethrin、fenpropathrin、fenvalerate、flucythrinate、flumethrin、fluvalinate、tau-fluvalinate、permethrin、halfenprox。其他品种前面均已介绍过了，故此处仅介绍 flumethrin。

237 氟氯苯菊酯（flumethrin）

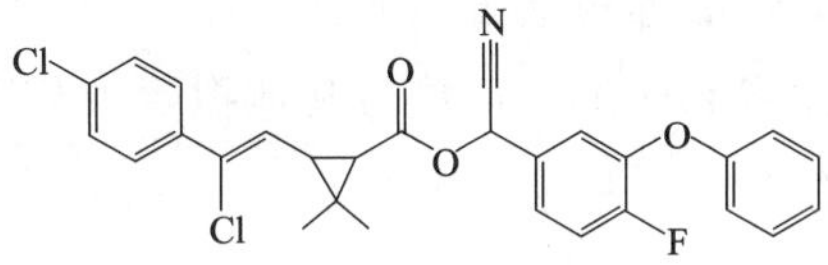

$C_{28}H_{22}Cl_2FNO_3$，510.4

产品简介

氟氯苯菊酯［试验代号：BAY V1 6045、BAY Vq1950，通用名称：metaldehyde，商品名称：Bayticol、氟氯苯氰菊酯、氯苯百治菊酯，其他名称：Bay-Ci-6054、Bayticol（Bayer Animal Health）、Bayvarol（Bayer Animal Health）］是由德国 Bayer AG 开发的杀虫杀螨剂。

化学名称 (*RS*)-*α*-氰基-(4-氟-3-苯氧基苯基)-3-［2-氯-2-(4-氯苯基) 乙烯基］-2,2-二甲基环丙烷羧酸酯。英文化学名称：(*RS*)-*α*-cyano-4-fluoro-3-phenoxybenzyl(1*RS*,3*RS*;1*RS*,3*SR*)-(*EZ*)-3-(*β*,4-dichlorostyryl)-2,2-dimethylcyclopropanecarboxylate 或(*RS*)-*α*-cyano-4-fluoro-3-phenoxybenzyl(1*RS*)-*cis-trans*-(*EZ*)-3-(*β*,4-dichlorostyryl)-2,2-dimethylcyclopropanecarboxylate。美国化学文摘系统名称为 cyano(4-fluoro-3-phenoxyphenyl)methyl 3-[2-chloro-2-(4-chlorophenyl)ethenyl]-2,2-dimethylcyclopropanecarboxylate。CA 主题索引名称为 cyclopropane carboxylic acid—，3-[2-chloro-2-(4-chlorophenyl)ethenyl]-2,2-dimethylcyano(4-fluoro-3-phenoxyphenyl)methyl ester。CAS 登录号为［69770-45-2］。

理化性质 原药外观为淡黄色黏稠液体，沸点＞250℃。在水中及其他含羟基溶剂中的溶解度很小，能溶于甲苯、丙酮、环已烷等大多数有机溶剂。对光、热稳定，在中性及微酸性介质中稳定，碱性条件下易分解。工业品为澄清的棕色液体，有轻微的特殊气味。相对密度 1.013，蒸气压 1.33×10^{-8}Pa（20℃）。不溶于水，可溶于甲醇、丙酮、二甲苯等有机溶剂。常温贮存 2a 无变化。

毒性 雌大鼠急性经口 LD_{50} 584mg/kg，雌大鼠急性经皮 LD_{50} 2000mg/kg。中等毒。ADI 数值（JMPR）0.004mg/kg。对动物皮肤和黏膜无刺激作用。

制剂与分析方法 外寄生动物喷雾剂（5%）、乳剂（7.5%）、气雾剂（0.0167%）。高效液相色谱法。

作用机理与特点　作用于害虫的神经系统，通过钠离子通道的作用扰乱神经系统的功能。本品属拟除虫菊酯类农药。主要用于禽畜体外寄生虫的防治，并抑制成虫产卵和抑制卵孵化的活性。对微小牛蜱的 Malchi 品系具有异乎寻常的毒力，比溴氰菊酯的毒力高 50 倍。

应用

防治对象　适用于牲畜体外寄生动物的防治。用于防治扁虱、刺吸式虱子、痒螨病、皮螨病、治理疥虫，如微小牛蜱、具环方头蜱、卡延花蜱、扇头蜱属、玻眼蜱属的防治，用 30mg/L 浓度对微小牛蜱的防效达 100%。

作用方式　本品高效安全，适用于禽畜体外寄生虫的防治，并有抑制成虫产卵和抑制卵孵化的活性，但无击倒作用。曾发现本品的一个异构体（反式-*Z*Ⅱ）对微小牛蜱的 Malchi 品系具有异乎寻常的毒力，比顺式的氯氰菊酯和溴氰菊酯的毒力高 50 倍，这可能是本品能用泼浇法成功防治蜱类的一个原因。

使用方法　以本品 30mg/L 药液喷射或泼浇，即能 100%防治单寄生的微小牛蜱、具环牛蜱和褪色牛蜱；在＜10mg/L 能抑制其产卵。用 40mg/L 亦能有效地防治多寄主的希伯来花蜱、彩斑花蜱、附肢扇头蜱和无顶玻眼蜱等，施药后的保护期均在 7d 以上。剂量高过建议量的 30～50 倍，对动物无害。当喷药浓度≤200mg/L 时，牛乳中未检测出药剂的残留量。本品还能用于防治羊虱、猪虱和鸡羽螨。

注意事项　采用一般的注意和防护，可参考其他拟除虫菊酯。

专利概况

该化合物专利 DE 2730515 早已到期，不存在专利权问题。

在其他国家申请的化合物专利　AU 3778778、AU 520095、AT 361251、AR 227617、BR 7804334、CS 199214、DE 2730515、DK 160300、DD 139991、DD 146286、EP0011695、ES 479021、ES 471461、EP 0000345、EG 13788、GR 71682、HU 176473、IL 55061、IT 1097465、IL 55061、JP 62048646、JP 54014946、PT 68252、PH 16779、TR 20790、US 4276306、US 4611009、ZA 7803869 等。

制备专利　CN 1693378、EP 48370、WO 9818329 等。

剂型及应用专利　NZ 527793、US 2004077602、WO 2007009661、WO 2006000335、WO 2004098290、WO 2004032629、WO 2002030202、WO 2009039951、WO 2008080542、WO 2008064778、WO 2002030201 等。

合成方法

(1) 关键中间体 M 的制备

方法一：经取代环己烯氧化开环、保护醛基、氧化酮成酸、酯化、脱保护，再与取代苯的格代试剂反应、氧化、氯化、水解得到相应的菊酸中间体 M。

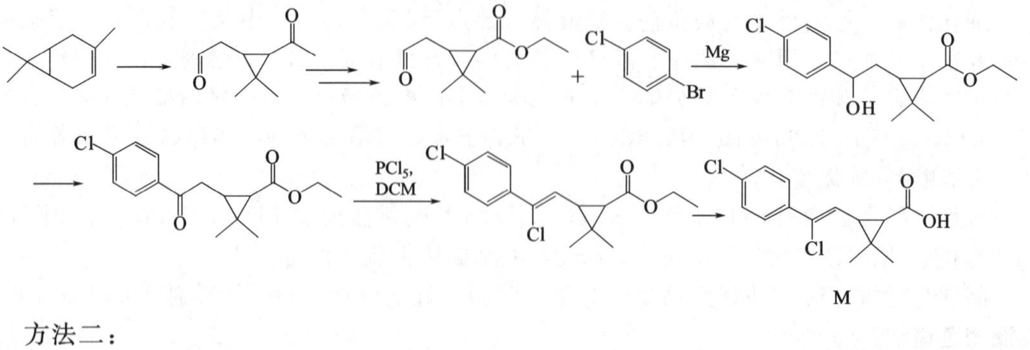

方法二：

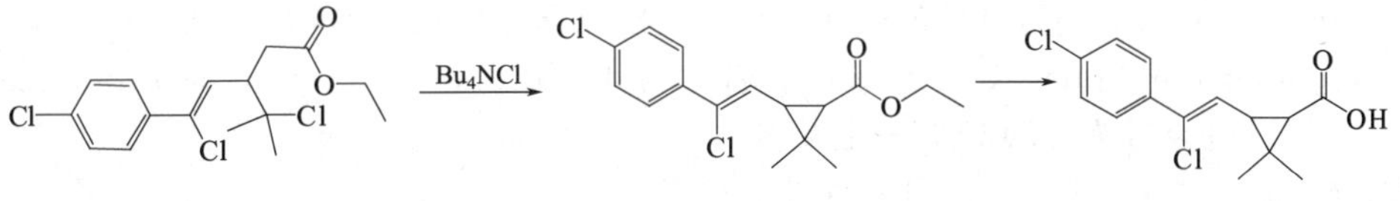

M

（2）氟氯苯菊酯的合成方法

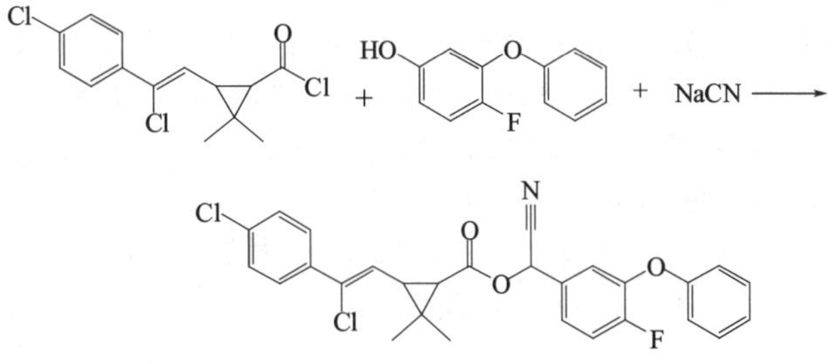

或

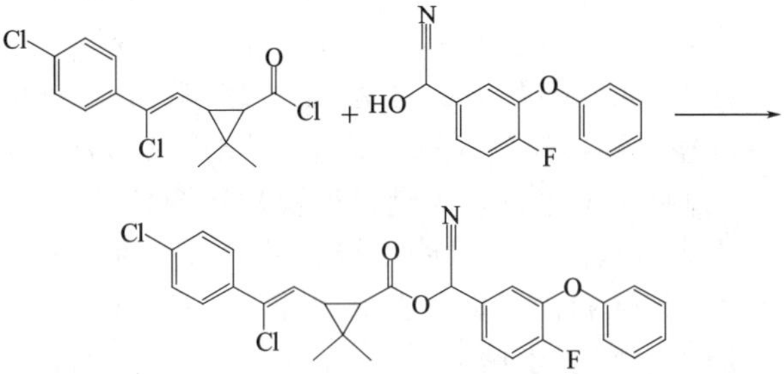

1 The Pesticide Manual. 15th ed.：525-526.
2 农药商品大全．中国商业出版社，1996：195-196.
3 Indian Journal of Chemistry，Section B：1985，24B (5)：543-546.
4 Journal of the American Chemical Society，1988，110 (10)：298-300.
5 中国兽药杂志，2010，44 (4)：31-33.
6 中国蜂业，2009，12，33-34.
7 DE 2932920.
8 DE 2802962.
9 DE 3629387.
10 WO 9818329.
11 US 4350640.

喹喔啉类杀螨剂

喹喔啉类杀螨剂（quinoxaline acaricides）共有 2 个：chinomethionat 和 thioquinox，此处仅介绍了 chinomethionat，对 thioquinox 仅列出了英文名和 CAS 号：

thioquinox：1,3-dithiolo[4,5-*b*]quinoxaline-2-thione，93-75-4。

238　灭螨猛（chinomethionat）

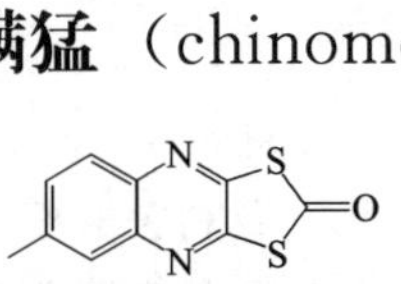

$C_{10}H_6N_2OS_2$，234.3

产品简介

灭螨猛［试验代号：ENT25606、Bayer 36205、Bayer SAS2074，通用名称：chinomethionat，商品名称：Morestan、菌螨啉、螨离丹、甲基克杀螨，其他名称：oxythioquinox、quinomethionate］是由拜耳公司开发的杀菌杀螨剂。

化学名称　6-甲基-1,3-二硫戊环并[4,5-*b*]喹喔啉-2-酮或 *S*,*S*-(6-甲基喹喔啉-2,3-二基)二硫代碳酸酯。英文化学名称 6-methyl-1,3-dithiolo[4,5-*b*]quinoxalin-2-one 或 *S*,*S*-(6-

methylquinoxaline-2,3-diyl) dithiocarbonate。美国化学文摘系统名称为 6-methyl-1,3-dithiolo[4,5-*b*]quinoxalin-2-one。CA 主题索引名称为 1,3-dithiolo[4,5-*b*]quinoxalin-2-one—,6-methyl-。CAS 登录号为［2439-01-2］。

理化性质 纯品为淡黄色结晶状固体，熔点 170℃。蒸气压 0.026mPa（20℃）。分配系数 K_{ow} lg$P$=3.78（20℃），Henry 常数 6.09×10^{-3} Pa·m^3/mol。相对密度 1.556。水中溶解度（25℃）1mg/L；其他溶剂中溶解度（g/L，20℃）：甲苯 25、二氯甲烷 40、己烷 1.8、异丙醇 0.9、环己酮 18、DMF 10、石油醚 4。稳定性：在常温下相对稳定，在碱性介质中分解，DT_{50}（22℃）10d（pH=4），80h（pH=7），225min（pH=9）。

毒性 急性经口 LD_{50}：雄大鼠 2541mg/kg，雌大鼠 1095mg/kg。大鼠急性经皮 LD_{50}>5000mg/kg。对兔皮肤有轻度刺激，对眼睛有强烈刺激。大鼠吸入 LC_{50}（4h）：雄大鼠>4.7mg/L（空气），雌大鼠>2.2mg/L。NOEL 值：大鼠（2a）40mg/(kg·d)，雄小鼠（2a）270mg/(kg·d)，雌小鼠（2a）<90mg/(kg·d)，狗（1a）25mg/(kg·d)。ADI 值 0.006mg/kg（bw）。

生态效应 山齿鹑急性经口 LD_{50} 196mg/kg。饲喂 LC_{50}（5d）：山齿鹑 2409mg/kg（饲料），野鸭>5000mg/kg（饲料）。鱼类 LC_{50}（96h，mg/L）：金色圆腹雅罗鱼 0.24，虹鳟鱼 0.131，大翻车鱼 0.0334。LC_{50}（48h）0.12mg/L。藻类 E_rC_{50}（96h）0.14mg/L。蜜蜂 LD_{50}（48h）>100μg/只（经口和接触）。蚯蚓 LC_{50}（14d）>1000mg/kg（土壤）。

环境行为 动物：经口处理的老鼠，灭螨猛很快被代谢掉，经粪便和尿液 3d 后代谢掉了 90%。主要代谢物是灭螨猛羧酸，也可能以聚合的形式存在。植物：应用于蔬菜后，在蔬菜的果肉内，没有观察到渗透和代谢物。土壤和环境：K_{oc} 45～90（3 种类型的土壤，从沙质土壤到含高有机物质的土壤）。土壤 DT_{50} 1～3d。

主要剂型与分析方法 主要剂型有：粉剂、烟剂、悬浮剂、可湿性粉剂等。可通过 HPLC 或者紫外光谱分析产品。代谢物通过 GC 确定或者转化为衍生物，通过色谱法确定。

作用特点 具有非内吸性活性的保护性杀菌剂。选择性非内吸性杀螨剂，对白粉病也有效。

应用

防治对象 本品主要用于防治苹果、柑橘的螨类（对成螨和卵均有效）及仁果、核果、草莓、瓜类等的霜霉病、白粉病。

灭螨猛是一种选择性杀螨剂，兼有杀菌活性。主要用于防治果树、蔬菜、观赏植物、棉花、咖啡、茶、烟草等白粉病和螨类。但对某些苹果、玫瑰等的品种有药害。使用剂量为 7.5～12.5g(a.i.)/100L。

专利概况

专利名称 Control of mildew

专利号 DE 1100372 专利公开日 1961-2-23

专利申请日 1958-9-16 专利拥有者 Farbenfabriken Bayer Akt.-Ges.

目前公开的或授权的专利 BE 585312、BE 580478、DE 1100372、DE 1088965、JP 51035431、US 3510486 等。

制备专利 CN 1473468、DE 1088965、JP 11080133、JP 10316682、US 3510486、WO 2007104726 等。

制剂或剂型专利 DE 4139637、DE 4437048、EP 466612、EP 337103、JP 2010111583、JP 2010053129、JP 51035431、KR 2009117639、JP 2007112760、JP 2006131516、JP 2001064107、JP 09295910、JP 04235104、JP 51035431、WO 2001084931、

WO 2009055514、WO 2008064778、WO 2009147205 等。

合成方法

以对甲苯胺为原料，经硝化反应，由2-硝基-4-甲基苯胺在50℃与二氯化锡、盐酸还原反应，生成2-氨基-4-甲基苯胺，然后与乙二酸二乙酯关环、三氯氧磷氯化、硫氢化钠巯基化合成了灭螨猛中间体2,3-巯基-6-甲基喹喔啉，再经过三光气的作用合成了灭螨猛。

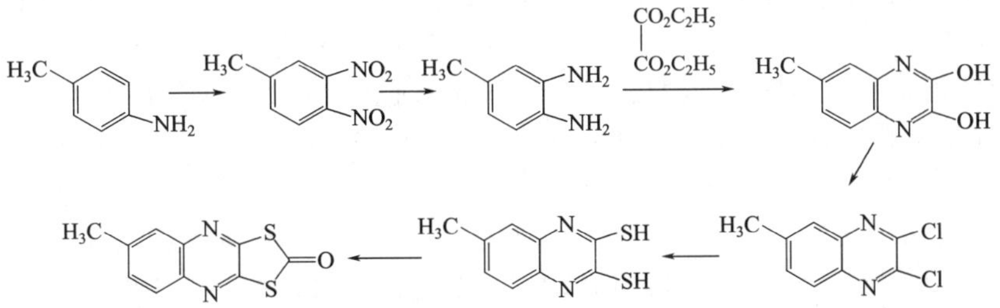

1 The Pesticide Manual. 15th ed.：173-174.

2 BE 580478.

3 世界农药大全-杀菌剂卷．北京：化学工业出版社，2006：247-248.

4 化工中间体，2008，8，16-18.

磺酸酯杀螨剂

磺酸酯杀螨剂（sulfite ester acaricide）共有两个：aramite 和 propargite。此处仅介绍了 propargite，aramite 仅列出了英文名称和 CAS 号。

aramite：(*RS*)-2-(4-*tert*-butylphenoxy)-1-methylethyl 2-chloroethyl sulfite，140-57-8。

239 炔螨特（propargite）

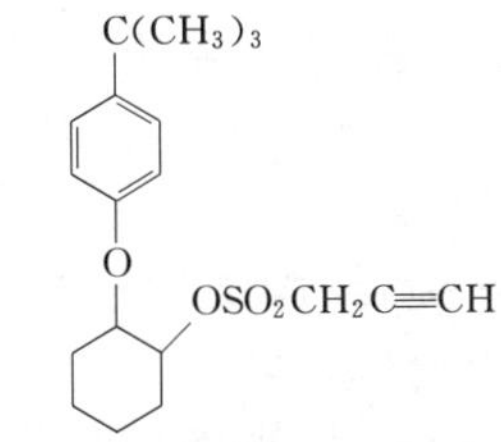

$C_{19}H_{26}O_4S$，350.5

产品简介

炔螨特［试验代号：DO 14（Uniroyal)），通用名称：propargite，商品名称：Comite（克螨特）、Omite（奥美特）、螨除净］是 Uniroyal Inc 公司（现属 Crompton Corp.）在1969年开发的有机硫杀螨剂。

化学名称 2-(4-叔丁基苯氧基)环己丙基-2-炔基亚硫酸酯。英文化学名称为 2-(4-*tert*-butylphenoxy) cyclohexyl prop-2-ynyl sulfite。美国化学文摘系统名称为 2-[[4-(1,1-dimethylethyl) phenoxy] hexy] 2-propynyl sulfite。CA 主题索引名称为 sulfurous acid—，2-[4-(1,1-dimethylethyl) phenoxy] cyclohexyl 2-propynyl ester。CAS 登录号为［2312-35-8］。

理化性质 纯度>87%，为深琥珀色油状黏性液体。常压下210℃分解。蒸气压0.04mPa（25℃）。相对密度1.12（20℃）。K_{ow} lg$P$=5.70。Henry 常数 6.4×10^{-2} Pa·m^3/mol（计算）。水中溶解度（25℃）0.215mg/L，易溶于甲苯、己烷、二氯甲烷、甲醇、丙酮等有机溶剂，不能与强酸、强碱相混。稳定性：水解 DT_{50}：66.30d（25℃，pH=7），9.0d（40℃，pH=7），1.10d（25℃，pH=9），0.2d（40℃，pH=9）；在 pH=4 时稳定；光解 DT_{50} 6d（pH=5）；在空气中 DT_{50} 2.155h。pK_a>12。闪点71.4℃。

制剂 由有效成分克螨特、乳化剂和低脂肪醇组成。外观为浅至黑棕色黏性液体，相对密度 1.080，沸点 99℃，闪点 28℃，20℃时蒸气压为 2666Pa。易燃，乳化性良好，不宜与强酸、强碱类物质混合，通常条件下贮存 2 年不变质。

毒性　大鼠急性经口 LD_{50} 2843mg/kg。兔急性经皮 LD_{50} >4000mg/kg。大鼠吸入 LC_{50} (4h) 为 0.05mg/L。本品对兔眼睛和皮肤有严重刺激性。对豚鼠无皮肤致敏。大鼠亚急性经口无作用剂量为 40mg/kg，大鼠慢性经口无作用剂量为 300mg/kg，狗慢性吸入无作用剂量为 900mg/kg。无诱变性和致癌作用。NOEL (1a) 狗 4mg/(kg・d)；LOAEL (2a) 基于空肠肿瘤发生率，大鼠 3mg/(kg・d)，大、小鼠未见肿瘤发生。NOAEL (28d) SD 大鼠 2mg/kg，表明细胞增殖是致癌的原因，而且有极限剂量。ADI (JMPR) 0.01mg/kg。

生态效应　野鸭急性经口 LD_{50} >4640mg/kg。野鸭饲喂 LC_{50} (5d) >4640mg/kg，山齿鹑 3401mg/kg。鱼类 LC_{50} (96h)：虹鳟鱼 0.043mg/L、大翻车鱼 0.081mg/L。水蚤 LC_{50} (48h) 0.014mg/L。藻类 LC_{50} (96h) >1.08mg/L（在测试最高浓度下没有影响）。草虾 LC_{50} (96h) 0.101mg/L。蜜蜂 LD_{50} (48h) 47.92μg/只（接触），>100μg/只（经口）。蚯蚓 LC_{50} (14d) 378mg/kg。和田间几年的残留物接触一周或者一天的情况下，对安德森氏钝绥螨、小花蝽、赤眼蜂无副作用（因此对于人类无长期影响）；与叶子上的新的残留物接触，对普通草蛉无副作用。

环境行为　动物：在哺乳动物中，炔螨特在亚硫酸酯连接点水解为 1-[4-(1,1-二甲乙基）苯氧]-2-环己醇，然后其叔丁基侧链再进行水解。其代谢物也有叔丁基团的氧化物或硫酸盐，以及环己基团氧化物。植物：虽然炔螨特无内吸和渗透传导作用，但也有一小部分剂量能渗入植物的外层，进行和动物体内相同的代谢过程。在大部分水果中，炔螨特主要停留在植物表面，随着叶子剥落，其含量降低。在果肉中只发现痕量的残留。土壤：DT_{50} 40～67d，lg K_{oc} 3.6～3.9，在累积研究和田间分散研究中未发现过滤物。水-沉积物研究 DT_{50} 1.7～2.5d（水相），18.3～22.5d（整个系统）。空气 DT_{50} 2.155h。

制剂与分析方法　Omite，乳油（570g/L、720g/L 或 790g/L），可湿性粉剂（300g/L）。产品分析用红外光谱法，残留物用 GC 测定。

作用机理与特点　线粒体 ATPase 抑制剂，通过破坏正常的新陈代谢和修复，从而达到杀螨目的。炔螨特是一种低毒广谱性有机硫杀螨剂，具有触杀和胃毒作用，无内吸和渗透传导作用。对成螨、若螨有效，杀卵效果差。炔螨特在世界各地已经使用了 30 多年，至今没有发现抗药性，这是由于螨类对炔螨特的抗性为隐性多基因遗传，故很难表现。炔螨特在任何温度下都是有效的，而且在炎热的天气下效果更为显著，因为气温高于 27℃时，炔螨特有触杀和熏蒸双重作用。炔螨特还具有良好的选择性，对蜜蜂和天敌安全，而且药效持久，毒性很低，是综合防治的首选良药。炔螨特无组织渗透作用，对作物生长安全。

应用

适用作物　苜蓿、棉花、薄荷、马铃薯、苹果、黄瓜、柑橘、杏、茄、园艺作物、大豆、无花果、桃、高粱、樱桃、花生、辣椒、葡萄、梨、草莓、茶、梅、番茄、柠檬、胡桃、谷物、瓜类、蔬菜等。

防治对象　各种螨类，对其他杀螨剂较难防治的二斑叶螨（苹果白蜘蛛）、棉花红蜘蛛、山楂叶螨等有特效，可控制 30 多种害螨。

残留量与安全施药　炔螨特除不能与波尔多液及强碱性药剂混用外，可与一般的其他农药混合使用。收获前 21d（棉）、30d（柑橘）停止用药。在炎热潮湿的天气下，幼嫩作物喷洒高浓度的克螨特后可能会有轻微的药害，使叶片皱曲或起斑点，但这对作物的生长没有影响。炔螨特对皮肤有轻微刺激，无人体中毒报道。施药时要戴面罩及手套，以免接触大量药剂。当药物溅到皮肤或衣物上时，要用肥皂和清水冲洗，并换衣物。当溅到眼中时，应立即用大量清水冲洗。如误服，请饮大量牛奶、清水，并携本产品标签就医。本品无特殊解毒剂，可对症治疗。室内存放避免高温曝晒。

应用技术　防治棉花害虫红蜘蛛，6月底以前，在害螨扩散初期施药。防治果树害虫柑橘红蜘蛛，于春季始盛发期施药，平均每叶有螨2～4头时施药，可重点挑治或全面防治。防治柑橘锈壁虱，当有虫叶片达20%或每叶平均有虫2～3头时开始防治，隔20～30d再防治1次。炔螨特对柑橙新梢嫩幼果有药害，尤其对甜橙类较重，其次是柑类，对橘类较安全。因此，应避免在新梢期用药。在高温下用药对果实也容易产生日灼病，还会影响脐部附近褪绿。所以，用药要注意，不得随意提高浓度。防治苹果红蜘蛛、山楂红蜘蛛在苹果开花前后、幼若螨盛发期，平均每叶螨数3～4头，7月份以后平均每叶螨数6～7头时施药。防治茶树害虫茶树瘿螨、茶橙瘿螨，在茶叶非采摘期施药，点片发生中心防治，发生高峰期全面防治。防治蔬菜害虫，如茄、豇豆红蜘蛛，在害螨盛发期施药。

使用方法　在世界范围内炔螨特在行间作物上推荐使用剂量为0.75～1.8kg/hm^2，在多年生果树和坚果作物上叶面喷雾剂量为5.5kg/hm^2。炔螨特是触杀性农药，无组织渗透作用，故需彻底喷洒作物叶片两面及整个果实表面。

防治棉花害虫红蜘蛛，每亩用73%炔螨特乳油40～80mL（有效成分29～58g），对水30～50L均匀喷雾。防治果树害虫柑橘红蜘蛛用73%乳油2000～3000倍液或每100L水加73%炔螨特33～50mL（有效浓度243～365mg/L）喷雾。防治柑橘锈壁虱用药量及使用方法同柑橘红蜘蛛。防治苹果红蜘蛛、山楂红蜘蛛用73%炔螨特乳油2000～3000倍液或每100L水加73%炔螨特33～50mL（有效浓度243～365mg/L），均匀喷雾，药后7～10d的防效在90%左右。防治茶树害虫茶树瘿螨、茶橙瘿螨，用73%炔螨特乳油1500～2000倍液或每100L水加73%炔螨特50～67mL（有效浓度365～487mg/L）喷雾，药效15d左右。防治蔬菜害虫，如茄、豇豆红蜘蛛每亩用73%炔螨特乳油30～50mL（有效成分22～37g），对水75～100L，均匀喷雾。喷液量一般苹果树每亩250～300L，柑橘树200～250L。

专利与登记

专利名称　Cycloaliphatic sulfite esters

专利号　NL 6406854　　专利公开日　1965-01-19

专利申请日　1964-06-17　　优先权日　1963-07-18

专利拥有者　US Rubber Co.

在其他国家申请的化合物专利　GB 1012496、US 3272854、BE 648821、FR 1404674等。

制备专利　CN 1190532、CN 1196352、CN 1830253等。

制剂或剂型专利　CN 101518240、CN 101530078、EP 131762、JP2009057320、CN 101406182、WO 2009118297等。

在中国申请的与该产品有关的部分专利及登记情况见表239-1、表239-2。

表239-1　在中国申请的专利

序号	申请号	专利名称
1	03117258.X	复配型杀虫杀螨农药
2	03111547.0	杀螨农药组合物
3	200610126840.8	一种含有苯丁锡的复配型杀螨组合物
4	200710199596.2	一种杀虫、杀螨剂组合物
5	200710300242.2	含有炔螨特和丙溴磷的具有协同增效作用的杀螨剂
6	200710002605.4	一种含有噻螨酮的复配型杀螨组合物
7	200810100945.5	一种苯丁锡·哒螨灵乳油的制备方法
8	200810030596.4	一种阿维菌素·炔螨特乳油及其制备方法
9	200410025502.6	一种炔螨特可湿性粉剂

续表

序号	申请号	专利名称
10	200510063412.0	一种含有甲氨基阿维菌素的杀虫杀螨组合物
11	200610012554.9	高含量炔螨特原药的制法
12	200510047097.2	一种杀虫、杀螨剂组合物
13	200710034255.X	一种含有二甲基二硫醚的农用杀螨杀虫组合物
14	200710098005.2	一种复配杀螨组合物
15	200810056849.5	一种稳定的唑螨酯原药制备方法
16	200810150064.4	一种含吡螨胺的杀虫组合物及其应用
17	200810150204.8	一种含螺螨酯的杀螨剂组合物
18	200810150201.4	一种含虫螨腈的杀螨剂组合物
19	200810132624.3	一种含有螺螨酯的复配农药组合物
20	200810132584.2	一种氟虫脲与炔螨特具有增效作用的杀螨剂组合物
21	200810110972.0	一种含炔螨特与溴螨酯的杀螨组合物
22	200810172593.4	含有螺螨酯的复配具有协同增效作用的杀虫、杀螨剂
23	200810172674.4	含有炔螨特和溴螨酯的具有增效作用的杀螨组合物
24	200810101133.2	一种含炔螨特水乳剂及其制备方法
25	200810101926.4	一种炔螨特微乳剂的制备方法
26	200810101942.3	一种含有唑螨酯和炔螨特的杀螨剂混合物
27	200810097972.1	一种杀虫、杀螨剂组合物
28	200910069468.5	一种含氯虫苯甲酰胺的杀虫剂组合物及其制备方法和用途
29	200910165908.7	一种含有喹螨醚的杀螨组合物
30	200910218611.2	一种含联苯肼酯的杀螨组合物
31	200910114441.3	一种含杀螨剂类超低容量组合药剂
32	200910114439.6	一种含有生物源类超低容量组合药剂
33	200910114440.9	一种用于防治棉花红蜘蛛的超低容量组合药剂

表 239-2 美国科聚亚公司在中国登记情况

登记名称	登记证号	含量	剂型	登记作物	防治对象	用药量	施用方法
炔螨特	PD102-89	57%	乳油	柑橘树	螨	243～365mg/kg	喷雾
				棉花	螨	273.75～383.25g/hm^2	喷雾
				苹果树	叶螨	243～365mg/kg	喷雾
炔螨特	PD29-87	73%	乳油	柑橘树	螨	243～365mg/kg	喷雾
				棉花	螨	273.75～383.25g/hm^2	喷雾
				苹果树	叶螨	243～365mg/kg	喷雾
炔螨特	PD261-98	90.6%	原药				

合成方法

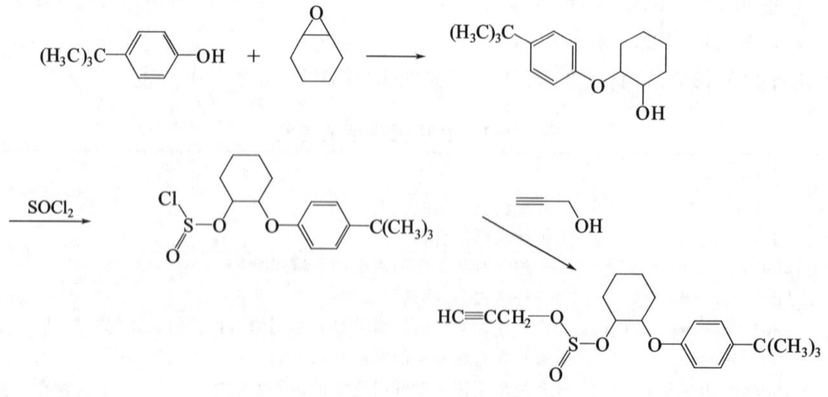

1 The Pesticide Manual. 15th ed.：946-948.

2 US 3272854.

3 US 3463859.

4 山东教育学院学报，2009，05：77-79.

其他类的杀螨剂

其他类的杀螨剂（unclassified acaricides）共有 21 个：acequinocyl、amidoflumet、arsenousoxide、bifenazate、cycloprate、cyenopyrafen、cyflumetofen、cymiazole、disulfiram、dichlofluanid、etoxazole、fenazaquin、fenpyroximate、fluacrypyrim、fluenetil、mesulfen、MNAF、sulfiram、sulfur、SYP-10898、SYP-11277。此处仅介绍大部分。如下化合物应用范围小或不再作为杀虫剂使用或没有商品化等原因，本书不予介绍，仅列出化学名称及CAS登录号供参考。

rsenousoxide：arsenic（Ⅲ）oxide 或 arsenic（3＋）oxide 或 diarsenictrioxide，1327-53-3。

cycloprate：hexadecyl cyclopropanecarboxylate，54460-46-7。

cymiazole：*N*-[(2*EZ*)-3-methyl-1,3-thiazol-2(3*H*)-ylidene]-2,4-xylidine,61676-87-7。

disulfiram：tetraethylthiuramdisulfide，97-77-8。

fluenetil：2-fluoroethylbiphenyl-4-ylacetate，4301-50-2。

mesulfen：2,7-dimethylthianthrene，135-58-0。

MNAF：2-fluoro-*N*-methyl-*N*-1-naphthylacetamide，5903-13-9。

sulfiram：tetraethylthiurammonosulfide，95-05-6。

乙螨唑的创制经纬

Yashima 公司的科研人员，在研究通式 **1** 的化合物中，发现化合物 **1** 具有除草和杀虫活性，在进一步优化中，设计了化合物 **2**，并经进一步优化发现化合物 **3** 具有杀卵活性；然后对该化合物进行优化研究，最终发现杀螨剂乙螨唑。

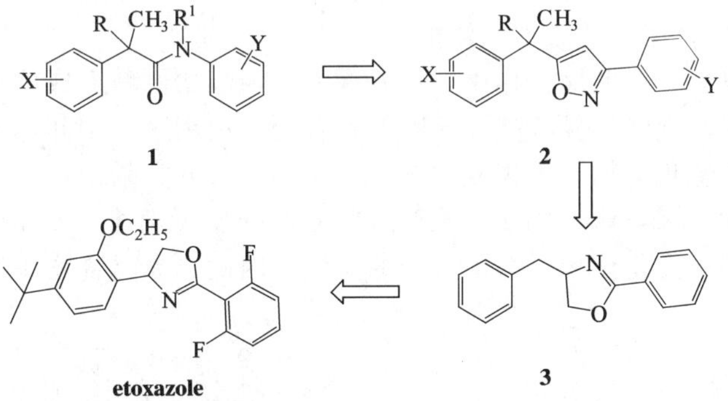

1　**2**　**3**　**etoxazole**

联苯肼酯（bifenazate）**的创制经纬**

1990 年，Crompton 的科研人员在对具有杀菌活性的苯肼类化合物进行筛选时，发现该类化合物同时具有一定的杀螨活性，于是就开始了具有杀螨活性的肼基甲酸酯类化合物的研究。邻位联苯基取代肼化合物 **1**，具有微弱的杀螨活性（500μg/g，防效 90%）。该化合物的活性引起了研究人员的兴趣，因为之前的几个苯肼类化合物并未表现出杀螨活性，因此推测，导致该类化合物表现出杀螨活性的原因是由于邻位联苯基的存在。加之，该公司早期筛选 oxadiazinone 类化合物的经验，在氮原子上引入邻联苯基取代基有助于提高化合物的活性。因此，促使研究人员合成了几个具有代表性的邻联苯基取代的苯肼类似物并进行了生物活性评价。

邻联苯肼酯类似物　邻联苯肼酯类化合物 **2**，与先导化合物 **1** 邻联苯肼相比较，表现出更加显著的杀螨活性（100μg/g，防效 96%）。据报道，苯基肼酯类化合物具有杀菌活性，但是该专利中并没有描述联苯肼酯类化合物。邻联苯肼酯类似物 **2** 所表现的杀螨活性取决于联苯基药效团的存在。因此，合成了一系列烷基邻联苯肼酯类化合物 **3**，生测结果表明，当烷基为 C_3 或者 C_4 的直链或支链烷基时，活性最优（100μg/g，防效在 80%～100%）。

间联苯肼酯类似物　合成了一系列烷基间联苯肼酯类化合物 **4**，发现，间联苯肼酯类化

合物 **4** 与相应的邻联苯肼酯类似物活性相当，当烷基为 C_3 或者 C_4 的烷基时，也表现出优秀的杀螨活性（100μg/g，防效在 80%～100%）。

进而以市售的中间体 4-溴-3-硝基联苯和 3-硝基联苯-4-酚为原料，经过烷氧基化或者烷基化反应，再将硝基转化为肼基，从而得到了间联苯肼酯类化合物 **5**，经过生物活性测定，从而发现了联苯肼酯（25μg/g，100%），活性是商品化品种克螨特的 5 倍。

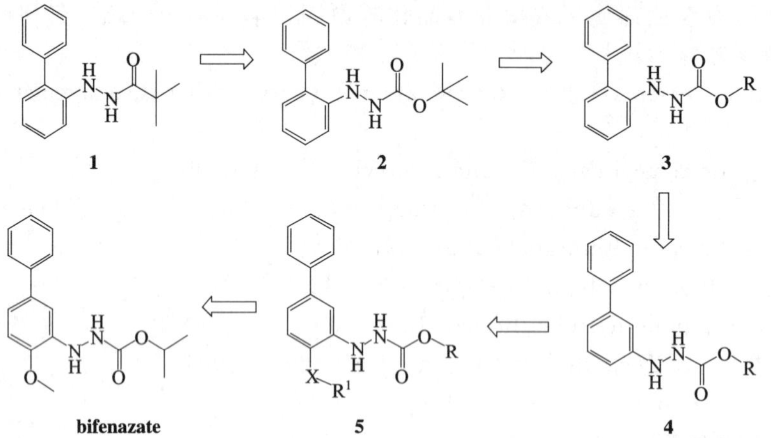

杀螨剂嘧螨胺（SYP-11277）的创制经纬

沈阳化工研究院利用中间体衍生化方法成功开发了高效杀菌剂丁香菌酯（coumoxystrobin）和唑菌酯（pyraoxystrobin），这两个品种都是以 β-酮酸酯为起始原料，与酚、肼合成香豆素环、吡唑环，进而与 strobilurin 中间体氯苄缩合得到。杀螨剂嘧螨胺（SYP-11277）也是采用中间体衍生化方法研制的。

先导化合物的发现 在前期工作中，以 β-酮酸酯为起始原料合成了很多含羟基的五元或六元杂环，如香豆素、吡唑、异噁唑、嘧啶等化合物。利用这些中间体，通过中间体衍生化方法制得多种类型的新化合物，不仅成功开发了 strobilurin 类杀菌剂丁香菌酯和唑菌酯，还发现了具有杀螨活性的该类化合物 **1**。由于前期已经开发了两个 strobilurin 类杀菌剂品种，对于具有杀螨活性的该类化合物引起了人们的关注，因此选择化合物 **1** 作为杀螨先导化合物进行结构优化。

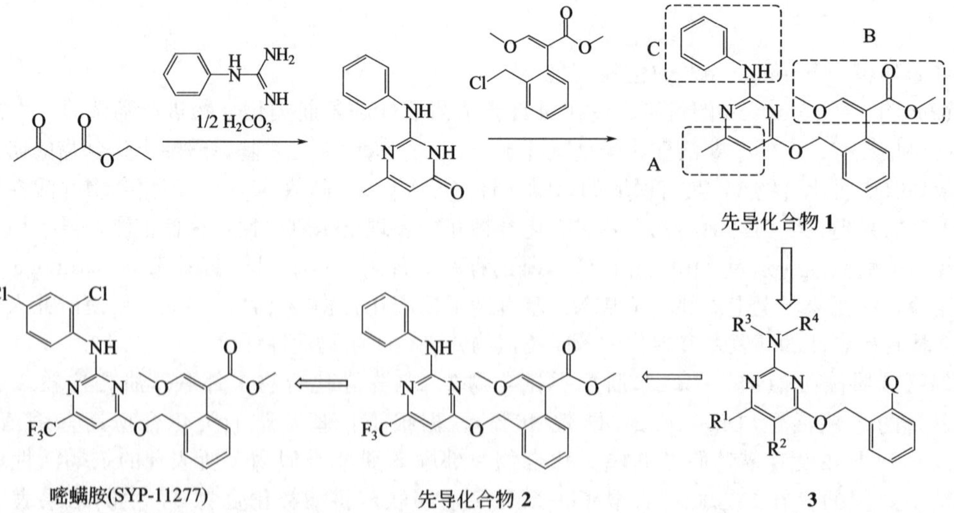

为了发现具有高杀螨活性化合物，并根据先导化合物 **1** 的结构特点，选择对母体结构的 A、B、C 三部分进行结构修饰。

先导化合物 1 的结构优化　对先导化合物 1 的优化分 A、B、C 三部分进行：

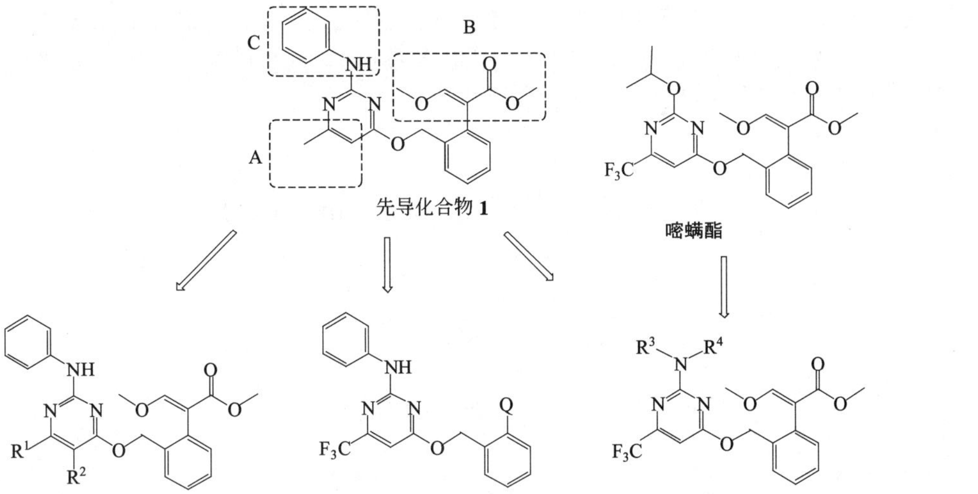

4　　**5**　　**6**

首先对嘧啶环上 R^1、R^2（**A** 部分）展开优化，合成了一系列结构如通式 **4** 所示的化合物，发现当保持 R^1 为 CH_3，将 R^2 位置的 H 替换为 CH_3、正丁基时，活性消失；当 R^1 位置的 CH_3 替换为 CF_3，或 R^1、R^2 形成五元、六元环时，杀螨活性有明显提高。对活性好的化合物进行活性、成本等方面的比较，最终选定 R^1 为 CF_3，R^2 为 H。

然后对 **B** 部分 Q 进行了结构修饰，引入一系列 strobilurin 亚结构替换 Q，合成了如通式 **5** 所示的化合物。其活性趋势为：

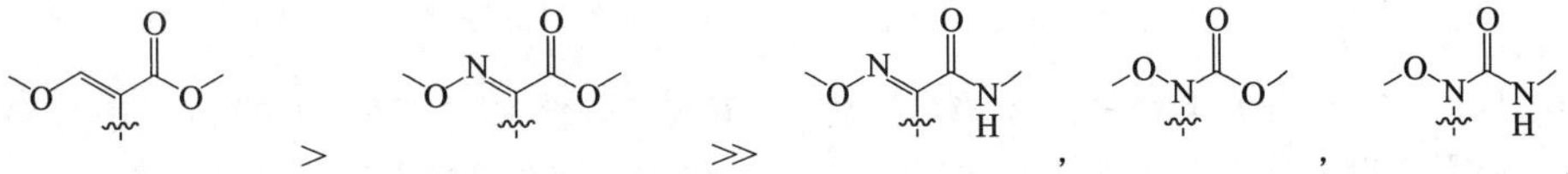

根据其结构活性关系，确定甲氧基丙烯酸甲酯结构为最优。

最后对 C 部分进行结构优化，参照嘧螨酯的结构特点，并根据生物等排原理，将一系列烷基胺引入替换苯胺，合成了一系列如通式 **6** 所示的化合物，尽管当 NR^3R^4 为环己胺时，其杀螨活性较好（10mg/L 浓度，防效达 70%），但仍低于苯胺结构。因此，初步推测当 NR^3R^4 为芳香胺时，对提高杀螨活性有效，所以选定化合物 **2** 为新的先导化合物进行结构优化。

先导化合物 2 的结构优化　根据前面得到的构效关系，主要开展对苯环结构进行修饰，不仅引入各种（吸、供电子）单取代基团，还合成了一些二取代、三取代基团化合物。生测结果表明：单取代基团化合物，在 10mg/L 剂量下表现了较差的杀螨活性，而部分二取代化合物在 10mg/L 剂量下的杀螨活性为 100%，其中化合物 SYP-11277 在 1.25mg/L 剂量下杀螨活性仍达 90%以上，而且表现了很好的杀卵活性。

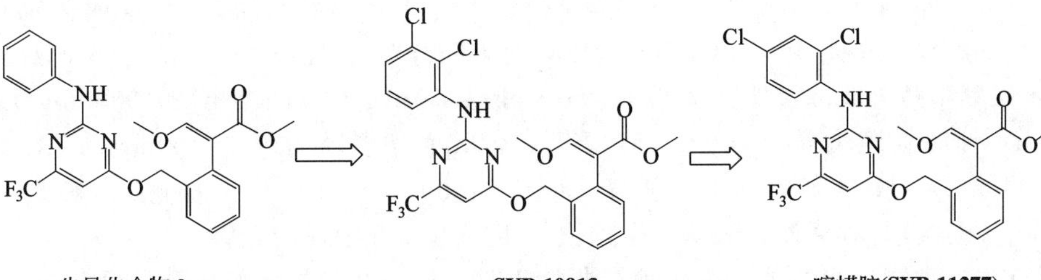

先导化合物 **2**　　**SYP-10913**　　嘧螨胺(**SYP-11277**)

虽然已发现了具有良好活性的化合物 SYP-11277，但是为了进一步寻找最优结构，仍然进行了后续优化工作。

寻找最优结构的深入优化　由于氟原子特有的理化性质，在农药、医药领域发挥了巨大的作用，往往由于氟原子的引入可以大大提高生物活性。鉴于此，引入氟原子替换苯环上的氯，发现 SYP-11992、SYP-11993 均具有优异的杀螨活性，在 0.625mg/L 剂量下杀螨活性达到 90%以上，明显优于 SYP-11277。但综合考虑活性和成本等因素，最终确定嘧螨胺（SYP-11277）为最优化合物进行产业化开发。

主要品种

240 灭螨醌（acequinocyl）

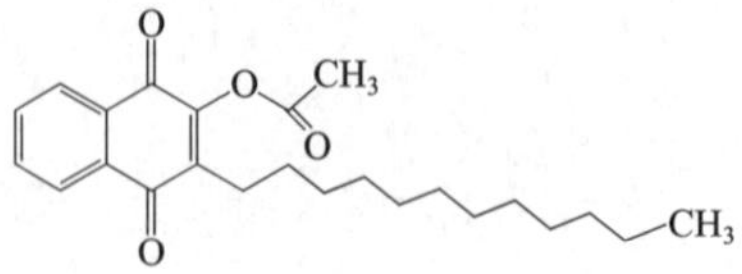

$C_{24}H_{32}O_4$，384.5

产品简介

灭螨醌［试验代号 AKD-2023（Agro-Kanesho）、DPX-3792（Du Pont）、DPX-T3792（Du Pont）、AC-145（Cyanamid），通用名称：acequinocyl，商品名称：Kanemite、Piton、Shuttle、灭螨醌、亚醌螨］最早由 E. I. du Pont de Nemours 与 Agro-Kanesho Co. Ltd. 于 1999 年在日本和韩国登记。主要生产商：Agro-Kanesho。

化学名称　3-十二烷基-1,4-二氢-1,4-二氧-2-乙酸萘酯。英文名称为 3-dodecyl-1,4-dihydro-1,4-dioxo-2-naphthyl acetate。美国化学文摘系统名称为 2-(acetyloxy)-3-dodecyl-1,4-naphthalenedione。CA 主题索引名称为 1,4-naphthalenedione—，2-(acetyloxy)-3-dodecyl-。CAS 登录号为［57960-19-7］。

理化性质　纯品为黄色粉末，熔点 59.6℃。蒸气压 5.1×10^{-2} Pa（40℃）。相对密度 1.15（25℃）。分配系数 K_{ow} $\lg P>6.2$（25℃）。Henry 常数 9.7×10^{-2} Pa·m^3/mol。水中溶解度（20℃）6.69μg/L；其他溶剂中溶解度（g/L，20℃）：正己烷 44、甲苯 450、二氯甲烷 620、丙酮 220、甲醇 7.8、DMF190、乙酸乙酯 290、异丙醇 29、乙腈 28、DMSO 25、辛醇 31、乙醇 23、二甲苯 730。稳定性：在 200℃时分解。水解 DT_{50}（暗处）74d（pH＝4，25℃），53h（pH＝7，25℃），76min（pH＝9，25℃）。水中光解 DT_{50} 14min（pH＝5，25℃）。

毒性　急性经口 LD_{50}：大鼠＞5000mg/kg，小鼠＞5000mg/kg。大鼠急性经皮 LD_{50}＞2000mg/kg。大鼠吸入 LC_{50}＞0.84mg/L。对兔眼睛和皮肤有轻微刺激性。对豚鼠无皮肤致敏。NOEL 值：大鼠 9.0mg/(kg·d)，小鼠 2.7mg/(kg·d)，狗 5mg/(kg·d)。无生殖毒性（大鼠），无发育影响（大鼠，兔），无致癌（大鼠，小鼠），无致突变性（Ames 试验，DNA 修复与染色体实验）。

生态效应　野鸭和日本鹌鹑急性经口 LD_{50}≥2000mg/kg。野鸭和日本鹌鹑饲喂 LD_{50}（5d）＞5000mg/L。鱼类 LC_{50}（96h）：鲤鱼＞100mg/L，虹鳟鱼＞33mg/L，红鲈鱼＞10mg/L，大翻车鱼＞3.3mg/L，斑马鱼＞6.3mg/L。水蚤 LC_{50}（48h）0.0039mg/L。藻类 EC_{50}（72h）抑制细胞增长＞100mg/L，EC_{50}（72h）增长率减慢＞100mg/L。糠虾 LC_{50}（96h）0.93μg/L，蚊＞100mg/L。蜜蜂 LD_{50}（48h）＞100μg/只（接触）。蚯蚓 LC_{50}＞1000mg/kg（土壤）。对草蛉、蜘蛛、隐翅虫、甲壳虫、寄生蜂均无害。

环境行为　动物：灭螨醌能很快地被胆汁吸收，但很快地被水解为葡萄糖共轭苷酸，随粪便排出，灭螨醌和其代谢产物在老鼠的任何组织或器官没有积累。植物：不向植物的组织内渗透，大部分残留在水果的表面或者皮上，主要残留物是母体化合物。土壤：能在土壤中迅速地通过脱去乙酰基进行代谢，最后氧化为 CO_2。DT_{50}（有氧）(pH＝5.9～8.1，20℃)

1.7～3.8d，DT_{90} 5.8～14.4d，K_{oc}（4 土壤类型）33900～123000。DT_{50} 在水中（pH＝7.4，20℃）0.7d；DT_{90} 2.4d。研究表明，灭螨醌在土壤中的转移性能较差，不易渗透到地下水，从而污染水体。

制剂　胶悬剂，不能与碱性产品同时使用。

作用机理与特点　本品为萘醌衍生物，主要为触杀型杀螨剂，兼具摄食毒性。在螨体内水解成 2-十二烷基-3-羟基-1,4-萘醌，并与线粒体中的电子转移通道上的 Qo 位点相结合，从而抑制电子传递。

应用

适用作物　用于柑橘、苹果、梨、桃、樱桃、甜瓜、黄瓜、茶、观赏性植物、蔬菜。

防治对象　柑橘全爪螨、叶螨、瘿螨。

应用技术　该杀螨剂无内吸性，对多种螨的卵、幼虫、若虫有卓效。

使用方法　对玫瑰和凤仙花属植物可用 15.8％的悬浮剂稀释至 27.2g(a.i.)/378L，对水进行喷洒，喷洒应全面覆盖，且直到有“水滴”形成。或用 27.2～56.7g(a.i.) 对水 378L，对其他果树进行施药。对玫瑰和凤仙花属一个生长周期内的最大用量是 136g(a.i.)/hm^2；对其他果树的最大用量为 272g(a.i.)/hm^2。为避免抗性的产生，不推荐连续用药。

注意事项　不能通过灌溉法施药；储存或弃置时谨防误食或污染食物和水体；洗涤施药器具时避免污染水体。

专利概况

专利名称　Alkoxycarbonyl naphthoquinone pesticide.

专利号　DE 2520739　　专利公开日　1975-11-20

专利申请日　1975-05-09　　优先权日　1974-05-10

专利拥有者　Du Pont

在其他国家申请的化合物专利　AU 501452、AU 7580935、BR 7502659、CH 609533、CA 1070321、DE 2520739、FR 2345919、JP 50155620、JP 58026722、NL 7505470、PL 94768、US 4053634、US 4115584、US 4143157、US 4148918、ZA 7502180 等。

制备专利　DE 2641343、US 962009、US 4049705 等。

制剂或剂型专利　JP 2010047479、JP 2009108046、JP 2009057320、JP 2004155693、WO 2010000790 等。

合成方法

灭螨醌可由如下反应制备：利用 4-取代的苯基乙酰乙酸乙酯在酸性条件下关环得到萘环，氧化得醌，进一步与乙酰氯反应得到目标产物。

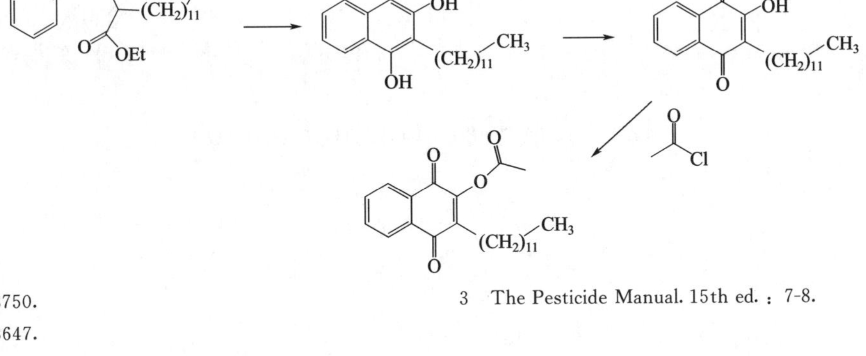

1　GB 1518750.

2　US 2553647.

3　The Pesticide Manual. 15th ed.：7-8.

241 磺胺螨酯（amidoflumet）

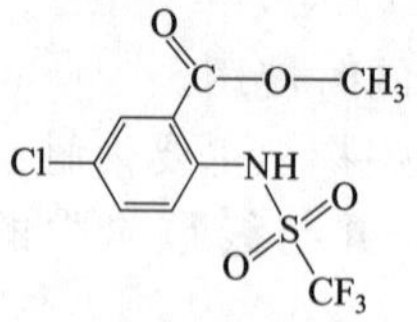

$C_9H_7ClF_3NO_4S$，317.67

产品简介

磺胺螨酯（试验代号：S 1955，通用名称：amidoflumet）是住友化学公司开发的新型苯甲酸酯类杀螨、灭鼠剂。

化学名称　5-氯-2-{[(三氟甲基)磺酰]氨基}苯甲酸甲酯。英文化学名称为 methyl 5-chloro-2-{[(trifluoromethyl)sulfonyl]amino}benzoate。美国化学文摘系统名称为 methyl 5-chloro-2-[[(trifluoromethyl)sulfonyl]amino]benzoate。CA 主题索引名称为 benzoic acid—，5-chloro-2-[[(trifluoomethyl)sulfonyl]amino]-methyl ester。CAS 登录号为［84466-05-7］。

应用

适用　主要用于工业或公共卫生中防除害螨。

防治对象　肉食螨和普通灰色家鼠，可用于防治毛毯、床垫、沙发、床单、壁橱等场所的南爪螨。

专利概况

专利名称　Insecticide and acaricide containing trifluoromethanesulfon anilidederivative as an active ingredient

专利号　EP 778268　　专利公开日　1997-06-11

专利申请日　1996-12-05　　优先权日　1995-12-07

专利拥有者　Sumitomo Chemical Co.

目前公开或授权的专利　JP 09216865、JP 10218857、US 5698591 等。

制备专利　WO 2000026161 等。

制剂或剂型专利　JP 2006123961、WO 2006055922、WO 2007104720、WO 2008031712、WO 2008104503、WO 2008125362、WO 2008125410、WO 2010000790、WO 2010023171 等。

合成方法

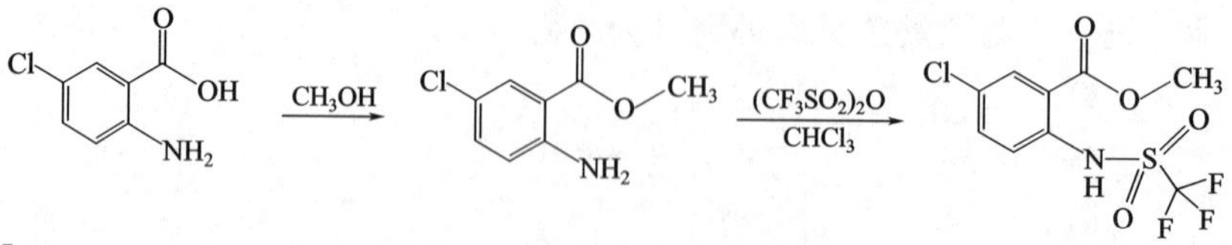

1　JP 57156407.

242 苯氟磺胺（dichlofluanid）

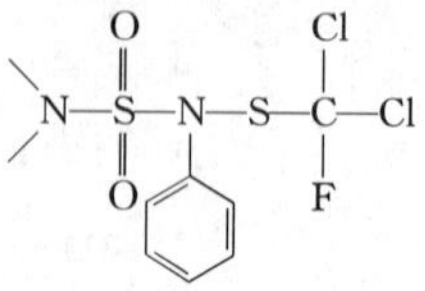

$C_9H_{11}Cl_2FN_2O_2S_2$，333.2

产品简介

苯氟磺胺［试验代号：Bayer47531、KUE13032C，通用名称：dichlofluanid，商品名称：Elvaron（Bayer CropScience）、uparen（Bayer CropScience），其他名称：抑菌灵，Euparen Ramato（＋copper oxychloride）(Italy)（Bayer CropScience）、olicur Combi（＋tebuconazole）(spray，Spain)（Bayer CropScience）、olicurE（＋tebuconazole）(spray，E. Europe)（Bayer CropScience）、Silvacur（＋tebuconazole）(spray，Israel)（Bayer CropScience）］是 Bayer AG 开发的取代苯类杀菌剂。世界主要生产商：Bayer CropScience。

化学名称　(*N*-氟二氯甲硫基)-*N*′,*N*′-二甲基-*N*-苯基磺酰胺。英文化学名称为 *N*-dichlorofluoromethylthio-*N*′,*N*′-dimethyl-*N*-phenylsulfamide。美国化学文摘系统名称为 1,1-dichloro-*N*-[(dimethylamino) sulfonyl]-1-fluoro-*N*-phenylmethanesulfenamide。CA 主题索引名称为 methanesulfenamide—，1,1-dichloro-*N*-[(dimethylamino) sulfonyl]-1-fluoro-*N*-phenyl-。CAS 登录号为［1085-98-9］。

理化性质　无色无味晶体粉末，熔点 106℃。蒸气压为 0.014mPa（20℃）。分配系数 $K_{ow}\lg P=3.7$（21℃）。Henry 常数 3.6×10^{-3} Pa·m³/mol（计算）。水中溶解度（20℃）1.3mg/L；其他溶剂中溶解度（g/L）：二氯甲烷＞200、甲苯 145、二甲苯 70、甲醇 15、异丙醇 10.8、己烷 2.6。稳定性：本品对光敏感，但遇光变色后不影响其生物活性。遇强碱分解，也可被多硫化物分解。水解（22℃）DT_{50}＞15d（pH＝4），＞18h（pH＝7），＜10min（pH＝9）。

毒性　大鼠急性经口 LD_{50}＞5000mg/kg；大鼠急性经皮 LD_{50}＞5000mg/kg。对兔皮肤有轻微刺激，对其眼睛有中等刺激，对皮肤过敏。大鼠吸入 LC_{50}（4h）：约 1.2mg/L（空气）（粉剂），＞0.3mg/L（气溶胶）。NOEL 值：大鼠（2a）＜180mg/kg（饲料），小鼠（2a）＜200mg/L（饲料），狗（1a）1.25mg/kg。ADI 值：（Bayer）0.0125mg/kg，（JMPR）0.3mg/kg。

生态效应　日本鹌鹑急性经口 LD_{50}＞5000mg/kg。鱼类 LC_{50}（96h）：蓝鳃鱼为 0.03mg/L，金色圆腹雅罗鱼为 0.12mg/L，虹鳟鱼 0.01mg/L。水蚤 LC_{50}（48h）＞1.8mg/L（90％预混料）。藻类 E_rC_{50} 16mL/L。对蜜蜂无毒。蚯蚓 LC_{50}＞890mg/kg（土壤）。

环境行为　苯氟磺胺进入大鼠体内后被迅速吸收，并主要通过尿液的形式排泄，且在器官和组织内无积累，以羟基化或去甲基化的形式进一步代谢，转化为二甲苯磺胺。在植物中，苯氟磺胺被代谢（通过去甲基化或羟基化）为二甲苯磺胺。苯氟磺胺在土壤中不稳定，但不会浸入更深的土层之中。根据土壤母质和浸出研究发现，苯氟磺胺的主要代谢物为二甲苯磺胺，其进一步被分解且不会浸入更深的土层。

制剂与分析方法　50％可湿性粉剂，7.5％粉剂。产品可用 HPLC-UV 进行分析，残留物可用 GC 进行分析。

作用机理与特点　非特异性硫醇反应物，抑制呼吸，是一种具有广谱性的保护性杀菌剂。

应用

适用作物　水果、柑橘、葡萄、蔬菜、草莓、白菜、黄瓜、莴苣、葡萄、啤酒花和蔬菜等。

防治对象　防治水果、柑橘、葡萄、蔬菜、草莓等真菌性病害。防治多种蔬菜作物灰霉病、白粉病。对白菜、黄瓜、莴苣、葡萄和啤酒花霜霉病有特效。用作喷雾时有杀灭红蜘蛛的作用。

残留量与安全施药　①该药剂有一定的毒性，在收获前 7～14 d 应停止使用该药。②不要与石硫合剂、波尔多液等碱性农药混合使用。刚用过碱性农药的植物上也不宜使用苯氟磺胺。③使用浓度过高对核果类果树有药害，使用时请注意。

使用方法　用作常规喷雾，也可涂抹水果防治杂菌侵入。在高容量使用时，有效成分含量为 0.075%～0.2%。

专利概况

制备专利　RO 65410 等。

制剂或剂型专利　DE 10310906、DE 10021412、DE 4104023、EP680695、FR 2713890、JP 2010126456、JP 11322514、JP 1322514、JP 11302107、JP 09143011、JP 09087110、JP 08198720、JP 2009263287、KR 2009117639、WO 2010060948、WO 2010043553、WO 2010021121、WO 2009055514、WO 2008092580、WO 2008071714、WO 2007128743、WO 2006080890、WO 2006069715、WO 2005044010、WO 9931981、WO 9847370、WO 9847367、WO 9825465 US5677345 等。

在中国申请的与该产品有关的专利见表 242-1。

表 242-1　在中国申请的专利

序号	申　请　号	专　利　名　称
1	98812303.7	基于酰胺化合物和吡啶衍生物的杀真菌混合物
2	200680033187.9	杀菌混合物的固体制剂

合成方法

由磺酰氯依次与二甲胺和苯胺反应，生成二甲基苯基磺酰胺，再与氟二氯甲基硫氯化物反应制得。

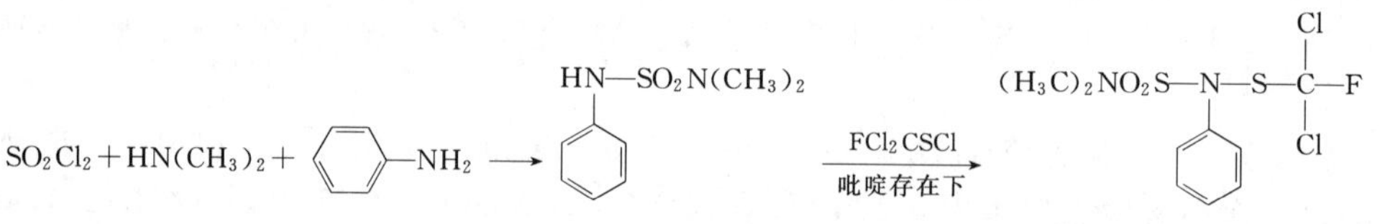

1　The Pesticide Manual, 13th ed., 2003: 282-283.

2　DE 1193498.

3　农药商品大全．北京：中国商业出版社，1996：485.

243　喹螨醚（fenazaquin）

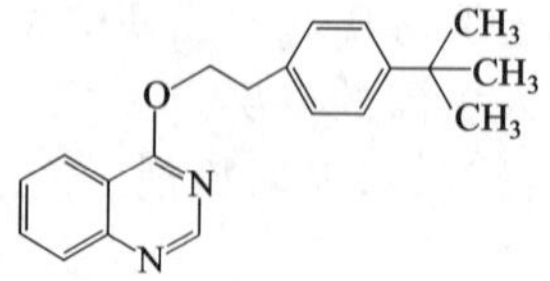

$C_{20}H_{22}N_2O$，306.4

产品简介

喹螨醚［试验代号：EL-436、lilly 193136、XDE436、DE436（Dow），通用名称：fenazaquin，商品名称：螨即死，其他名称：Totem（Gowan），Boramae、Demitan、、Magus、Matador、Pride、Turkoise（Gowan Intl），混剂：Fenergy（＋hexythiazox）(Sipcam S. p. A.)］是由 C. Longhurst 等报道，由 DowElanco（现属 Dow AgroSciences）开发的喹唑啉类杀螨剂。

化学名称　4-叔丁基苯乙基喹唑啉-4-基醚。英文名称为 4-*tert*-butylphenethyl quinazolin-4-yl ether。美国化学文摘系统名称为 4-[4-(1, 1-dimethylethyl) phenyl] ethoxyquinazoline。CA 主题索引名称为 quinazoline—，4-[[4-(1,1-dimethylethyl)phenyl]ethoxy]-。CAS 登录号为［120928-09-8］。

理化性质　纯品为无色晶体，熔点 77.5～80℃，蒸气压 3.4×10^{-6} Pa（25℃）。相对密度 1.16。K_{ow} lg$P$=5.51（20℃）。Henry 常数 4.74×10^{-3} Pa・m^3/mol（计算）。水中溶解度（mg/L，20℃）0.102（pH＝5，7），0.135（pH＝9）；其他溶剂中溶解度（g/L，20℃）：三氯甲烷＞500、甲苯 500、丙酮 400、甲醇 50、异丙醇 50、乙腈 33、正己烷 33。稳定性：水溶液中（pH＝7，25℃）DT_{50} 为 15d。制剂外观为透明琥珀色液体，闪点 69℃，相对密度 0.99～1.01。有芳香烃气味，在酸性条件下不稳定。

毒性　急性经口 LD_{50}（mg/kg）：雄大鼠 134，雌大鼠 138，雄小鼠 2449，雌小鼠 1480。兔急性经皮 LD_{50}＞5000mg/kg。对兔眼睛轻度刺激，对皮肤无刺激、致敏。大鼠吸入 LC_{50}（4h）1.9mg/L（空气）。NOEL 值：0.5mg/kg。ADI/RfD（BfR）0.005mg/kg；（EPA）aRfD 0.1，cRfD 0.05mg/kg。无明显致突变、致畸、致癌性。

生态效应　鸟、禽急性经口 LD_{50}（mg/kg）：山齿鹑 1747，野鸭＞2000。山齿鹑、野鸭 LC_{50}＞5000mg/L。鱼类 LC_{50}（96h）：鳟鱼 3.8μg/L，大翻车鱼 34.1μg/L。水蚤 LC_{50}（48h）4.1μg/L。蜜蜂 LD_{50} 8.18 μg/只（接触）。蚯蚓 LC_{50}（14d）1.93mg/kg（土壤）。

环境行为　动物：经口后经过 168h 大部分以粪便的形式排出体外，约 0.5%～1.6%留在动物尸体内，代谢涉及醚键的消除，形成 4-羟基喹啉及羧酸衍生物。其他在生物体内的转变包括烷基侧链上的甲基氧化为醇，随后通过羟基化代谢为烷基醚或羧酸，然后进一步通过喹啉环的 2-位进行羟基化。土壤环境：在土壤中 DT_{50} 约 45d。K_{oc}（标化分配系数）：沙质肥土 15800，黏质肥土 42100。K_d（土壤吸收系数）：沙土 54，黏质肥土 487。

制剂　10%喹螨醚乳油［100g(a.i.)/L］。

作用机理与特点　喹螨醚是近年推出的新型专用杀螨剂。喹螨醚具有触杀及胃毒作用，可作为电子传递体取代线粒体中呼吸链的复合体Ⅰ，从而占据其与辅酶 Q 的结合位点，导致害螨中毒。对成虫具有很好的活性，也具有杀卵活性，阻止若虫的羽化。在中国试验证明，喹螨醚对苹果害螨、柑橘红蜘蛛等害螨的各种螨态如夏卵、幼若螨和成螨都有很高的活性。药效发挥迅速，控制期长。

应用

适用作物　扁桃（杏仁）、苹果、柑橘、棉花、葡萄和观赏植物以及蔬菜等。

防治对象　喹螨醚有效地防治真叶螨、全爪螨和红叶螨，以及紫红短须螨。还可防治近年为害上升的苹果二斑叶螨（白蜘蛛），尤其对卵效果更好。目前已知可用来防治苹果红蜘蛛、山楂叶螨、柑橘红蜘蛛、枥始叶螨和加瘿叶螨等，在台湾等地喹螨醚主要用来防治二斑叶螨等。

残留量与安全用药　在土壤中 DT_{50} 为 45d。喹螨醚对蜜蜂和水生生物低毒，但最好避免在植物花期和蜜蜂活动场所施药。

若误入眼睛，应立即用清水连续冲洗 15min，咨询医务人员；若误服应立即就医，是否需要引吐，由医生根据病情决定；若粘在皮肤上，应立即用肥皂和清水冲洗 15min，如仍有刺激感，立即就医。

应用技术　施药应选早晚气温较低、风小时进行，要喷洒均匀。在干旱条件下适当提高喷液量，有利于药效发挥。晴天上午 8 时至下午 5 时、空气相对湿度低于 65%、气温高于 28℃时应停止施药。使用剂量为 10～25g/hl。

使用方法　在 10～25g/hm^2 剂量下可有效地防治扁桃（杏仁）、苹果、柑橘、棉花、葡萄和观赏植物上的真叶螨、全爪螨和红叶螨，以及紫红短须螨等。

在我国使用情况　防治苹果红蜘蛛，在若螨开始发生时，用10％喹螨醚4000倍液或每100L水加10％喹螨醚25mL（有效浓度25mg/L）喷雾，有效期40d。防治柑橘红蜘蛛，在若螨开始发生时，用10％喹螨醚2000～3000倍液或每100L水加10％喹螨醚33～50mL（有效浓度33～50mg/L）喷雾。有效期30d左右。

专利与登记

专利名称　Preparation and testing of quinazoline derivatives and agrochemical fungicides

专利号　EP 326329　　专利公开日　1989-08-02

专利申请日　1988-01-25　　优先权日　1988-01-29

专利拥有者　Eli Lilly Co.

目前公开或授权的专利　AU 8928747、BR 8900365、CN 1035825、ES 2121737、HU 52471、JP 01226877、US 5411963等。

制备专利　EP 380264、WO 2002048115等。

制剂或剂型专利　CN 101755769、JP 2004155693、JP 2009057320、JP 2010047479、JP 2010047478、WO 2010000790、WO 2009118297、WO 2010055909 WO 2006055922、WO 2008125362等。

在中国登记作物：苹果、柑橘，登记号LS98072，喹螨醚在中国按最低含量登记为95％乳油。在其他国家登记作物：苹果、梨、桃、柑橘、葡萄、西瓜、黄瓜、番茄、辣椒、草莓等。

合成方法

喹螨醚以邻氨基苯甲酸为原料，与甲酰胺回流制得4-羟基喹唑啉，氯化得到含4-氯喹唑啉盐酸盐的混合物，然后与4-叔丁基苯乙醇回流反应，得到4-[2-(4-叔丁基苯基)乙氧基]喹唑啉盐酸盐，中和后即得本品。反应式如下：

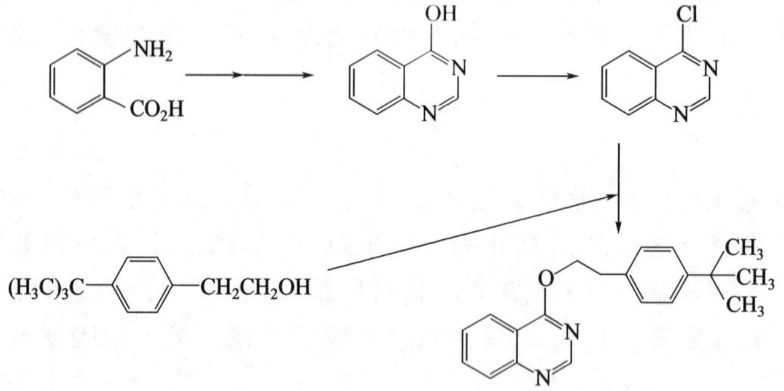

1　EP 0326329.

2　The Pesticide Manual. 15th ed.：467-468.

3　农药科学与管理，2005，(06)：33-34.

244　唑螨酯（fenpyroximate）

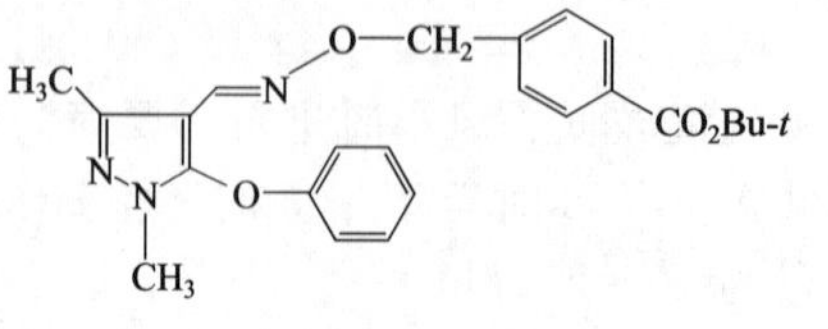

$C_{24}H_{27}N_3O_4$，421.5

产品简介

唑螨酯［试验代号：NNI-850，通用名称：fenpyroximate，商品名称：Kiron（Nihon Nohyaku）、Ortus（Nihon Nohyaku）、霸螨灵、杀螨王，其他名称：Danitoron（Japan）（Nihon Nohyaku）、Danitron（Nihon Nohyaku）、Manhao（Taiwan）（Nihon Nohyaku）、Meteor（Nihon Nohyaku）、Acaban（Chile）（Syngenta）、Akari（SePRO）、Flash（Sipcam Inagra）、FujiMite（Nichino America）、Hivastan（Wellmark）、Kendo（Bayer CropScience）、Miro（Bayer CropScience）、Naja（Belgium）（Syngenta）、Sequel（Certis UK）］是由 T. Konno 等于 1990 年报道，由日本农药株式会社开发的吡唑类杀螨剂。

化学名称 （*E*）-*α*-（1,3-二甲基-5-苯氧基吡唑-4-基亚甲基氨基氧）对甲苯甲酸叔丁酯。英文化学名称 *tert*-butyl （*E*）-*α*-（1，3-dimethyl-5-phenoxy-pyrazol-4-ylmethyleneaminoxy）-*p*-toluate。美国化学文摘系统名称为 1,1-dimethylethyl （*E*）-4-[[[[（1,3-dimethyl-5-phenoxy-1*H*-pyrazol-4-yl）methylene] amino] oxy] methyl] benzoate。CA 主题索引名称为 Benzoic acid—，4-[[[[（1,3-dimethyl-5-phenoxy-1*H*-pyrazol-4-yl）methylene]amino]oxy]methyl]-1,1-dimethylethyl ester（*E*）。CAS 登录号为［134098-61-6］。

理化性质 工业纯度为 97.0%，原药为白色晶体粉末。相对密度 1.25（20℃）。熔点 101.1～102.4℃。蒸气压 7.4×10^{-3} mPa（25℃）。K_{ow} lg$P$＝5.01（20℃），Henry 常数 1.35×10^{-1} Pa·m^3/mol（计算）。水中溶解度（pH＝7，25℃）2.31×10^{-2} mg/L；其他溶剂中溶解度（g/L，25℃）：正己烷 3.5、二氯甲烷 1307、三氯甲烷 1197、四氢呋喃 737、甲苯 268、丙酮 150、甲醇 15.3、乙酸乙酯 201、乙醇 16.5。稳定性：耐酸碱。

毒性 据 WHO 分级标准，唑螨酯属Ⅱ级；据中国农药毒性分级标准，唑螨酯属中等毒杀螨剂。原药大鼠急性经口 LD_{50}：雄 480mg/kg，雌 245mg/kg。大鼠急性经皮 LD_{50}＞2000mg/kg。大鼠吸入 LC_{50}（4h）：雄 0.33mg/L，雌 0.36mg/L。大鼠 NOEL：雄 0.97mg/kg，雌 1.21mg/kg。ADI/RfD（JMPR）0.01mg/kg（bw）；（EC）0.01mg/kg；（EPA）0.01mg/kg。对兔皮肤无刺激性，兔眼睛有轻微刺激性。在试验剂量内，对试验动物无致突变、致畸和致癌作用。90d 饲喂试验：对大鼠的经口无作用剂量为 20mg/kg，对狗的无作用剂量为 2mg/kg。2a 慢性毒性饲喂试验：大鼠急性经口无作用剂量为 25mg/kg。制剂雄大鼠急性经口 LD_{50} 9000mg/kg，经皮＞2000mg/kg，大鼠吸入 LC_{50} 4.8mg/L。对兔眼睛和皮肤有轻微的刺激性。

生态效应 山齿鹑、野鸭 LD_{50}＞2000mg/kg，山齿鹑、野鸭 LD_{50}（8d）＞5000mg/L。鲤鱼 LC_{50}（96h）0.0055mg/L。水蚤 EC_{50}（48h）0.00328mg/L。海藻 EC_{50}（72h）9.98mg/L。蜜蜂 LD_{50}（72h）＞118.5μg/只（经口）；＞15.8μg/只（接触）。在 50mg/L 浓度下，对家蚕的致死率为零。母鸡 LD_{50}＞5000mg/kg。对食肉蜘蛛无毒。在 25～50mg/L 剂量下对普通草蛉、异色瓢虫、茧蜂、三突花蛛、拟环纹狼蛛、小花蝽、蓟马等有轻度负影响。

环境行为 在土壤中 DT_{50} 为 26.3～49.7d。光解半衰期 2.8～3.1h。在水中半衰期 65.7d（25℃）。

制剂与分析方法 5%唑螨酯悬浮剂［50g(a. i.)/L］。产品分析使用 HPLC。残留分析：在土壤中使用 GC 分析；水中使用 HPLC 分析；植物中使用 GC/HPLC 分析。

作用机理与特点 线粒体膜电子转移抑制剂，为触杀、胃毒作用较强的广谱性杀螨剂。该药对多种害螨有强烈的触杀作用，速效性好，持效期较长，对害螨的各个生育期均有良好的防治效果，而且对蛹蜕皮有抑制作用。但与其他药剂无交互抗性。该药能与波尔多液等多种农药混用，但不能与石硫合剂等强碱性农药混用。

应用

适用作物 苹果、柑橘、梨、桃、葡萄等。使用剂量为25～75g/hm^2。

防治对象 红蜘蛛、锈壁虱、毛竹叶螨、附线螨、细须螨、斯氏尖叶瘿螨。

残留量与安全用药 在土壤中半衰期42d。光解半衰期2.8～3.1h。在水中半衰期65.7d (25℃)。唑螨酯每人每日允许摄入量（ADI）为0.01mg/(kg·d)。作物中（柑橘和苹果）最高残留限量为1μg/mL。全年最多使用次数1次，最低稀释倍数为1000倍。安全间隔期为14d。用接触本剂药液的桑叶喂蚕，蚕虽然不会死亡，但会产生拒食现象。在桑园附近施药时，应注意勿使药液飘移污染桑树（安全间隔期25d）。对鱼有毒，施药时避免药液飘移或者流入河川、湖泊、鱼池内。施药后，药械清洗废水或剩余药液不要倒入沟渠、鱼塘内。

施药时应戴口罩、手套，穿长裤、长袖工作服，注意避免吸入药雾、溅入眼睛和沾染皮肤。应防止误饮水剂。在使用过程中，如有药剂溅到皮肤上，应立即用肥皂清洗。如药液溅入眼中，应立即用大量清水冲洗。如误服中毒，应立即饮1～2杯清水，并用手指压迫舌头后部催吐，然后送医院治疗。

应用技术 防治苹果叶螨、苹果红蜘蛛，在苹果开花前后，越冬卵孵化高峰期施药。防治苹果红蜘蛛，于苹果开花初期，越冬成虫出蛰始盛期施药。也可在螨的各个发生期，当发生量达到一定防治指标时施药。防治柑橘害螨、柑橘全爪螨、锈壁虱，于卵孵盛期或幼若螨发生期，当螨的数量达到当地防治指标时施药。可以和波尔多液以及主要的杀虫剂、杀菌剂混用。与石硫合剂混用会发生沉淀。与其他农药混合使用应先进行药效试验。

使用方法 防治苹果、柑橘、梨、桃、葡萄等上的毛竹叶螨、附线螨、细须螨、斯氏尖叶瘿螨等用量为25～75g/hm^2。

防治苹果叶螨、苹果红蜘蛛用5%唑螨酯悬浮剂2000～3000倍液或每100L水加5%唑螨酯33～50mL（有效浓度17～25mg/L），持效期一般可达30d以上。防治柑橘害螨等用5%唑螨酯悬浮剂1000～2000倍液或每100L水加5%唑螨酯50～100mL（有效浓度25～50mg/L），可有效控制螨的为害。

专利概况

专利名称 A pyrazole oxime derivative and its production and use

专利号 EP 0234045（A2） 专利公开日期 1987-09-02

专利申请日 1986-12-23 优先权日 1985-12-27

专利拥有者 日本石原产业公司

在其他国家申请的化合物专利 AR 245934、AU 568995、AU 6692186、BR 8606430、CA 1300137、CN 1061321、CN 1023287、CN 86108691、CN 1022919、EP 234045、ES 2046169、HU 43933、HU 201223、IL 81099、JP 63183564、JP 05043700、US 4843068等。

制备专利 DE 4336307、KR 2004045982等。

制剂或剂型专利 CN 101642114、CN 101642128、CN 101755752、DE 102007018452、JP 2004155693、JP 2009057320、JP 2009108046、WO 2008071674、WO 2008075454、WO 2008075453、WO 2008099820、WO 2008108491、WO 2009118297、CN 101167456、CN 101273720、CN 101491248等。

在中国申请的与该产品有关的部分专利及登记情况见表244-1、表244-2。

表 244-1 在中国申请的专利

序号	申 请 号	专 利 名 称
1	200710300238.6	含有唑螨酯和阿维菌素的具有协同增效作用的杀螨剂
2	200810017310.9	一种含有丁醚脲有效成分的杀虫、杀螨剂组合物及其应用
3	200810017314.7	含有唑螨酯有效成分的杀螨剂组合物及其应用
4	200710195257.7	一种唑螨酯水分散粒剂及其制备方法
5	200810056849.5	一种稳定的唑螨酯原药制备方法
6	200710307617.8	杀螨的活性成分组合
7	200810132589.5	含有吡螨胺的杀螨组合物
8	200810146218.2	一种含有氟螨脲的有效成分的杀螨剂组合物
9	200810132487.3	一种含有唑螨酯的具有增效作用的杀螨剂组合物
10	200810132573.4	一种含有甲氰菊酯和唑螨酯的具有增效作用的杀螨组合物
11	200810181976.8	一种复配杀螨剂及其应用
12	200810056560.3	一种唑螨酯悬浮剂的制备方法
13	200810101942.3	一种含有唑螨酯和炔螨特的杀螨剂混合物
14	200810101955.0	一种唑螨酯和四螨嗪复合农药的悬浮剂
15	200810097972.1	一种杀虫、杀螨剂组合物
16	200910164801.0	一种农药组合物
17	200910152315.7	一种农药组合物
18	200910164802.5	含有唑螨酯的农药组合物

表 244-2 日本株式会社在中国登记情况

登记名称	登记证号	含量	剂型	登记作物	防治对象	用药量	施用方法
唑螨酯	PD193-94	5%	悬浮剂	柑橘树	锈壁虱	25～50mg/kg	喷雾
				柑橘树	红蜘蛛	25～50mg/kg	喷雾
				苹果树	红蜘蛛	16～25mg/kg	喷雾
				啤酒花	叶螨	15～30g/hm^2	喷雾
				棉花	叶螨	15～30g/hm^2	喷雾
唑螨酯	PD306-99	96%	原药				

合成方法

以乙酰乙酸乙酯、甲基肼为原料，经如下反应制得1,3-二甲基-5-苯氧基吡唑-4-甲醛肟，再与4-溴甲基苯甲酸叔丁酯和碳酸钾在丙酮中回流8h，即制得本品。反应式如下：

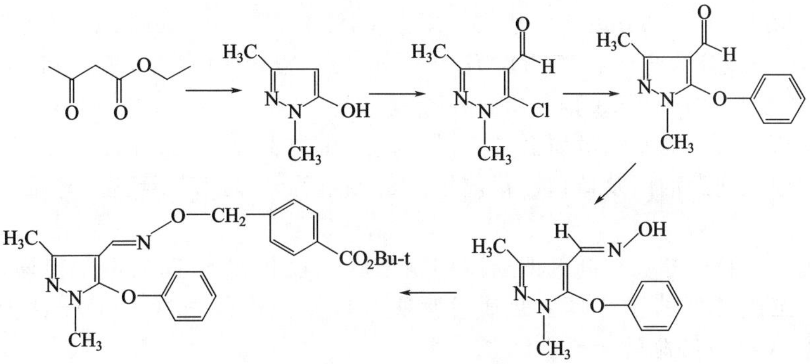

1 Proc. Brighton Crop Prot. Conf. Pests Dis.，vol. 1，71-78，1990.

2 The Pesticide Manual. 15th ed.：488-489.

3 ZA 09667.

4 EP 234045.

5 农药研究与应用，2008，(06)：16-19.

6 精细化工中间体，2007，(04)：22-24.

245 嘧螨酯（fluacrypyrim）

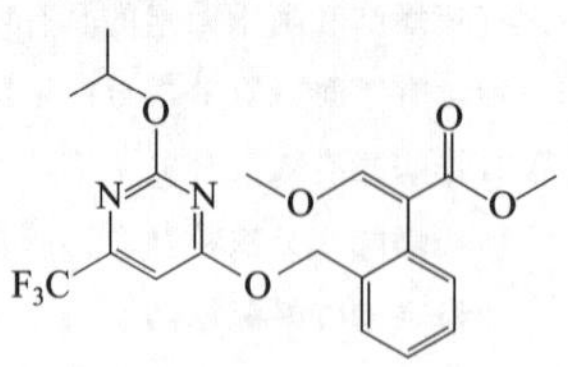

$C_{20}H_{21}F_3N_2O_5$，426.4

产品简介

嘧螨酯［试验代号：NA-83，通用名称：fluacrypyrim，商品名称：Titaron（天达农）、Oonata（Nippon Soda）］是由巴斯夫公司研制、日本曹达公司开发的第一个甲氧基丙烯酸酯类杀螨剂。世界主要生产商：日本曹达司。

化学名称　(*E*)-2-α-［2-异丙氧基-6-(三氟甲基)嘧啶-4-基氧基］邻甲苯基}-3-甲氧基丙烯酸甲酯。英文化学名称为 methyl(*E*)-2-{α-[2-isopropoxy-6-(trifluoromethyl) pyrimidin-4-yloxy]-o-tolyl}-3-methoxyacrylate。美国化学文摘系统名称为 methyl (α*E*)-α-(methoxymethylene)-2-[[[2-(1-methylethoxy)-6-(trifluoromethyl)-4-pyrimidinyl]oxy]methyl]benzeneacetate，CA 主题索引名称为 benzeneacetic acid—，α-(methoxymethylene)-2-[[[2-(1-methylethoxy)-6-trifluoromethyl)-4-pyrimidinyl]oxy]methyl]-methyl ester,(α*E*)-。CAS 登录号为［229977-93-9］。

理化性质　原药为白色无味固体。熔点 107.2～108.6℃。蒸气压 2.69×10^{-3} mPa（20℃）。K_{ow} lg$P$＝4.51（pH＝6.8，25℃）。Henry 常数 3.33×10^{-3} Pa·m^3/mol（20℃，计算）。相对密度 1.276。水中溶解度（pH＝6.8，20℃）3.44×10^{-4}g/L；其他溶剂中溶解度（g/L，20℃）：二氯甲烷 579、丙酮 278、二甲苯 119、乙腈 287、甲醇 27.1、乙醇 15.1、乙酸乙酯 232、正己烷 1.84、正庚烷 1.60。稳定性：在 pH＝4 和 pH＝7 稳定，DT_{50} 574d（pH＝9）。水溶液光解 DT_{50} 26d。

毒性　原药雌、雄大鼠急性经口 LD_{50}＞5000mg/kg。雌、雄大鼠急性经皮 LD_{50}＞2000mg/kg。对兔皮肤无刺激作用，对兔眼睛有轻微刺激作用。雌、雄大鼠吸入 LC_{50}（4h）＞5.09mg/L。NOEL 值：雄大鼠（24 月）为 5.9mg/kg，雌大鼠（24 月）为 61.7mg/kg；雄小鼠（18 月）为 20mg/kg，雌小鼠（18 月）为 30mg/kg；雌、雄狗（12 月）为 10mg/kg。每日允许摄入量（日本）为 0.059mg/kg。

生态效应　对鸟类低毒，山齿鹑急性经口 LD_{50}＞2250mg/kg，山齿鹑 LC_{50}＞5620mg/L。鲤鱼 LC_{50}（96h）为 0.195mg/L。水蚤 LC_{50}（48h）为 0.094mg/L。羊角月牙藻 E_bC_{50}（72h）为 0.0173mg/L，E_rC_{50}（72h）为 0.14mg/L。蜜蜂 LC_{50}＞300mg/L（经口），LD_{50}＞10μg/只（接触）。对蚯蚓 LC_{50} 为 23mg/kg（土壤）。

制剂与分析方法　嘧螨酯虽属低毒产品，但对鱼类毒性较大，因此应用时要特别注意，勿将药液扩散至江河湖泊以及鱼塘。目前推广的制剂为 30％水悬浮剂。产品可用 HPLC 进行分析。

作用机理　线粒体呼吸抑制剂即通过抑制细胞色素 b 和 c1 间的电子传递，从而抑制线粒体的呼吸。细胞核外的线粒体主要通过呼吸为细胞提供能量（ATP），若线粒体呼吸受阻，不能产生 ATP，细胞就会死亡。

应用

主要用于防治果树，如苹果、柑橘、梨等中的多种螨类，如苹果红蜘蛛、柑橘红蜘蛛等。在柑橘中应用的浓度为 30％水悬浮剂稀释 3000 倍，在苹果和其他果树如，梨中应用的浓度为30%水悬浮剂稀释2000倍，喷液量根据果树的不同、防治螨类的不同差异较大，使用剂量为10～200g(a. i.)/hm^2。在柑橘和苹果收获前7d禁止使用，在梨收获前3d禁止使用。嘧螨酯除对螨类有效外，在250mg/L的剂量下对部分病害也有较好的活性。

专利概况

专利名称　Preparation of methyl 2-[[(2-alkoxy-6-trifluoromethylpyrimidin-4-yl)oxymethylene]phenyl]methoxyacrylate pesticides

专利号　DE 4440930　　专利公开日　1996-05-23

专利申请日　1994-11-17　　优先权日　1994-11-17

专利拥有者　BASF AG.

在其他国家申请的化合物专利　AT 172196、AU 9538714、AU 698417、BG 63499、BR 9509786、CA 2204039、CN 1164228、CN 1100764、CZ288259、EP 792267、ES2124597、HU 77094、HU 215791、IL 115899、IN 1995MA01449、JP 10508860、JP 3973230、PL 183426、RU 2166500、SK 281783、US 5935965、WO 9616047等。

制备专利　JP 2001220382、WO 2000040537、US 20040152894等。

制剂或剂型专利　CN 1911013、CN 1911018、CN 1911026、CN 1911032、CN 1911033、JP 2002003310、JP 2004067574、JP 2004155693等。

合成方法

通过如下反应制得目的物：

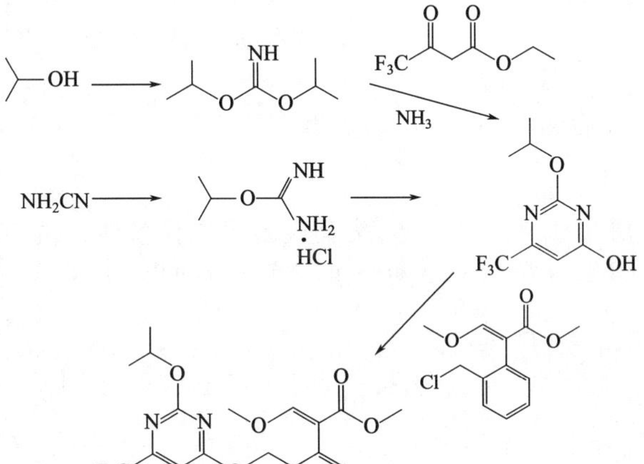

1 The Pesticide Manual. 15th ed. 2003：442.
2 US 5935965.
3 世界农药，2002，24 (4)：44-45.
4 农药，2005，44 (2)：81-83.
5 农药，2009，48 (3)：169-171.
6 化工中间体，2010，(3)：47-51.

246　嘧螨胺（pyriminostrobin）

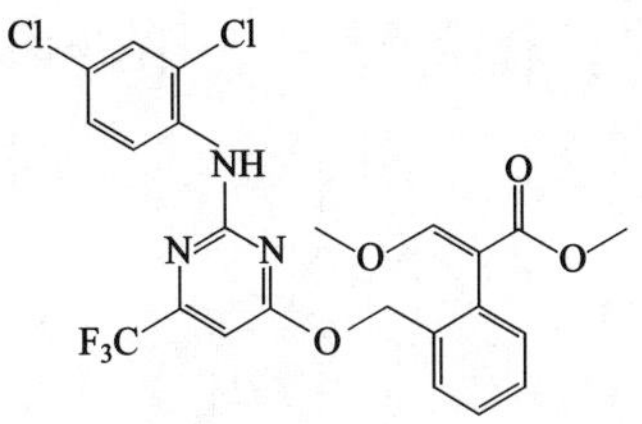

$C_{23}H_{18}Cl_2F_3N_3O_4$，528.3

产品简介

嘧螨胺（试验代号：SYP-11277，通用名称：pyriminostrobin）是由沈阳化工研究院研制的甲氧基丙烯酸酯类杀螨剂。

化学名称　(*E*)-2-[2-[[2-(2,4-二氯苯氨基)-6-(三氟甲基)嘧啶-4-基氧基]甲基]苯基]-3-甲氧基丙烯酸甲酯。英文化学名称为(*E*)-methyl 2-[2-[[2-(2,4-dichlorophenylamino)-6-(trifluoromethyl)pyrimidin-4-yloxy]methyl]phenyl]-3-methoxyacrylate。CA 主题索引名称为 benzeneacetic acid—，2-[[[2-[(2,4-dichlorophenyl)amino]-6-(trifluoromethyl)-4-pyrimidinyl]oxy]methyl]-*α*-(methoxymethylene)-，methyl ester,(*αE*)-。CAS 登录号为 [1257598-43-8]。

理化性质　原药为白色固体。熔点 120～121℃。

毒性　原药雌、雄大鼠急性经口 LD_{50} ＞5000mg/kg。雌、雄大鼠急性经皮 LD_{50} ＞2000mg/kg。对兔皮肤、眼睛无刺激作用。Ames 试验为阴性。

制剂与分析方法　目前试验剂型为 5%可湿性液剂。产品可用 HPLC 进行分析。

应用

主要用于防治果树，如苹果、柑橘等中的多种螨类如苹果红蜘蛛、柑橘红蜘蛛等。使用剂量为 10～100g(a. i.)/hm^2。

专利概况

专利名称　*E*-type phenyl acrylic ester compounds containing substituted anilino pyrimidinegroup and uses thereof

专利号　CN 101906075　　专利公开日　2010-12-08

专利申请日　2009-06-05　　优先权日　2009-06-05

专利拥有者　沈阳化工研究院

在其他国家申请的化合物专利 WO 2010139271。

合成方法

以 2,4-二氯苯胺为起始原料，与单氰胺反应制得取代苯胍，再与三氟乙酰乙酸乙酯合环得到嘧啶醇，然后与甲氧基丙烯酸甲酯的氯苄缩合得到嘧螨胺：

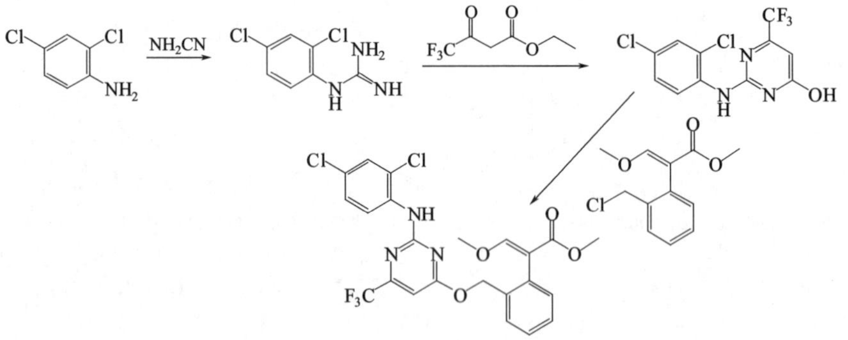

1　CN 101906075.　　2　农药，2011，5，325-326.

247　丁氟螨酯（cyflumetofen）

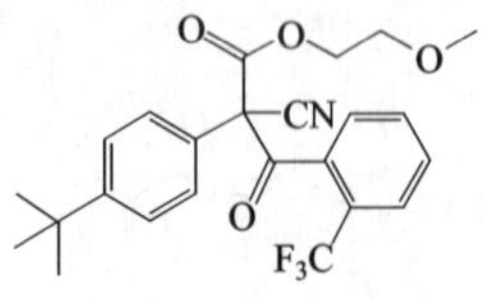

$C_{24}H_{24}F_3NO_4$，447.4

产品简介

丁氟螨酯［试验代号：OK-5101，通用名称：cyflumetofen，商品名称：Danisaraba (Otsuka)、赛芬螨］是由 N. Takahashi 等于 2006 年报道，由日本大冢化学公司开发的新型酰基乙腈类杀螨剂。世界主要生产商：Otsuka。

化学名称　2-甲氧乙基(*R*,*S*)-2-(4-叔丁基苯基)-2-氰基-3-氧代-3-(α,α,α-三氟邻甲苯基)丙酸酯。英文化学名称为 2-methoxyethyl(*RS*)-2-(4-*tert*-butylphenyl)-2-cyano-3-oxo-3-(α,α,α-trifluoro-*o*-tolyl)propionate。美国化学文摘系统名称为 2-methoxyethyl α-cyano-α-[4-(1,1-dimethylethyl) phenyl]-β-oxo-2-(trifluoromethyl) benzenepropanoate，CA 主题索引名称为 benzenepropanoic acid—，α-cyano-α-[4-(1,1-dimethylethyl) phenyl]-β-oxo-2-(trifluoromethyl)-2-methoxyethyl ester。CAS 登录号为［400882-07-7］。

理化性质　纯品为白色固体。熔点 77.9～81.7℃，沸点 269.2℃（2.2kPa），蒸气压＜5.9×10^{-3} mPa（25℃）。分配系数 K_{ow} $\lg P=4.3$。相对密度 1.229（20℃）。体积密度 1.21g/mL。Henry 常数 3.86×10^{-5} Pa・m^3/mol。水中溶解度（pH=7，20℃）0.0281mg/L；其他溶剂中溶解度（g/L，20℃）：正己烷 5.23、甲醇 99.9、丙酮＞500、二氯甲烷＞500、乙酸乙酯＞500、甲苯＞500。稳定性：在弱酸性介质中稳定，但在碱性介质中不稳定，水中 DT_{50}（25℃）9d（pH=4），5h（pH=7），12min（pH=9）。

毒性　雌大鼠急性经口 LD_{50}＞2000mg/kg，大鼠急性经皮 LD_{50}＞5000mg/kg，对兔眼睛和皮肤无刺激，对豚鼠皮肤致敏。大鼠吸入 LC_{50}＞2.65mg/L。NOEL 值：大鼠 500mg/kg（饲料），狗 30mg/(kg・d)。ADI/RfD 0.092mg/kg。无致畸（大鼠和兔），无致癌（大鼠），无生殖毒性（大鼠和小鼠），无致突变（Ames 试验，染色体畸变，微核试验）。

生态效应　鹌鹑急性经口 LD_{50}＞2000mg/kg，鹌鹑 LC_{50}（5d）＞5000mg/kg。鱼类 LC_{50}（96h）：鲤鱼＞0.54mg/L，虹鳟鱼＞0.63mg//L。水蚤 EC_{50}（48h）＞0.063mg/L，海藻 E_bC_{50}（72h）＞0.037mg/L。蜜蜂 LD_{50}＞591μg 制剂/只（经口），＞102μg/只蜂（接触）。蚯蚓 LC_{50}（14d）＞1020mg/kg（土壤）。在 5mg/50g 食物对蚕没有影响，对蜱螨目、鞘翅目、膜翅目类的一些昆虫在 200mg/L 剂量时没有观察到影响。

环境行为　由于丁氟螨酯在土壤和水中降解而后代谢速度非常快，所以对环境（包括水和土壤）影响非常小。在土壤中 DT_{50} 为 0.8～1.4d。

制剂　20%悬浮剂。

作用机理与特点　非内吸性杀螨剂，主要作用方式为触杀。成螨在 24h 内被完全麻痹，同时具有部分杀卵作用，刚孵化的若螨能被全部杀死。

应用

主要用于防治果树、蔬菜、茶、观赏植物的害螨，如棉红蜘蛛、神泽叶螨等叶螨属，柑橘叶螨、苹果叶螨等全爪螨属等，使用剂量为 0.15～0.8kg/hm^2。对叶螨类的捕食天敌植绥螨类则无影响。

防治对象　丁氟螨酯（20%SC）对各种植物寄生叶螨及其他各种害虫的防治谱。由表 247-1、表 247-2。可见，其对叶螨属（*Tetranychus*）和全爪螨属（*Panonychus*）具有很高的活性，但对鳞翅目害虫、同翅目害虫和缨翅目害虫无活性。

表 247-1　丁氟螨酯（20%SC）的杀虫杀螨谱

种　类	供试害虫	发育阶段	LC_{50}/(mg/L)
蜱螨目	二点叶螨	成螨	4.8
	神泽叶螨	成螨	1.1
	柑橘全爪螨	成螨	0.8
	苹果全爪螨	成螨	1.4

续表

种　类	供试害虫	发育阶段	LC_{50}/(mg/L)
鳞翅目	斜纹夜蛾	2龄幼虫	＞200
	菜蛾	2龄幼虫	＞200
同翅目	桃蚜	1龄幼虫	＞200
	黑尾叶蝉	2龄幼虫	＞200
缨翅目	苜蓿花蓟马	2龄幼虫	＞200

对叶螨各生长阶段的效果　丁氟螨酯（20%SC）对棉红蜘蛛各生长阶段的防效很好。丁氟螨酯对各发育阶段的螨均有活性，但对幼螨的防效远高于成螨。如对二点叶螨成螨和幼螨的LC_{50}分别为4.8mg/L和0.9mg/L。对神泽叶螨和柑橘全爪螨各发育阶段的LC_{50}均小于5mg/L。

表247-2　丁氟螨酯（20%SC）**对各发育阶段螨的防效**

发育阶段	LC_{50}/(mg/L)		
	二点叶螨	神泽叶螨	柑橘全爪螨
卵	2.5	3.8	2.5
幼螨	0.9	1.7	0.8
若蛹	0.8	1.4	1.0
第一若螨	1.0	2.1	0.9
第二蛹	2.0	2.4	1.4
第二若螨	1.9	2.8	2.4
隐停滞第三若螨	2.4	3.3	1.5
成螨	4.8	2.4	2.3

与其他杀螨剂的交互抗性　没有发现丁氟螨酯与其他杀螨剂之间有交互抗性见表247-3。丁氟螨酯对一些野生二点叶螨品系具有很好的防效，然而这些野生品系却对已存在的杀螨剂表现出抗性。

表247-3　丁氟螨酯分别对敏感和抗性二点叶螨品系的活性

品系	已产生抗性的杀螨剂	LC_{50}/(mg/L)
敏感		4.8
Yamagata A	嘧螨酯	2.2
Yamagata B	弥拜菌素	2.4
Nara A	溴虫腈	5.9

田间试验　已对20%丁氟螨酯（SC）在果树、蔬菜、茶和观赏作物上进行了田间试验。结果如表247-4～表247-9所示。结果表明丁氟螨酯在100～800g(a.i.)/hm^2剂量范围内对叶螨有效。按照常规使用剂量施用至少两次时未发现药害。

表247-4　防治苹果上的二点叶螨（长野，日本，2004）

供试药剂	剂量/[g(a.i.)/hm^2]	施药后每10片叶上的卵和成螨数量					
		0(d)	4(d)	7(d)	14(d)	21(d)	31(d)
丁氟螨酯20%胶悬剂	800	7.0	2.5	0.5	4.5	8.5	11.5
灭螨醌15%胶悬剂	600	5.0	0.0	3.0	2.0	21.0	78.5
联苯肼酯20%胶悬剂	800	11.7	1.0	2.5	1.0	7.5	26.0
嘧螨酯30%胶悬剂	600	3.5	0.5	2.0	4.5	43.0	32.5
空白		3.5	13.0	19.0	69.0	272.5	170.5

表 247-5　防治苹果上的苹果全爪螨（长野，日本，2004）

供试药剂	剂量 /[g(a.i.)/hm²]	施药后每 10 片叶上的卵和成螨数量					
		0(d)	4(d)	7(d)	14(d)	21(d)	28(d)
丁氟螨酯 20%胶悬剂	800	2.3	0.0	0.3	0.3	0.0	0.8
灭螨醌 15%胶悬剂	600	6.8	0.3	2.0	7.8	20.8	9.0
联苯肼酯 20%胶悬剂	800	1.0	1.0	3.5	11.0	26.5	16.5
空白		2.0	7.0	20.0	29.0	150.0	25.0

表 247-6　防治柑橘上的柑橘全爪螨（静冈，日本，2004）

供试药剂	剂量 /[g(a.i.)/hm²]	施药后每 10 片叶上的成螨数量					
		0(d)	4(d)	7(d)	14(d)	21(d)	28(d)
丁氟螨酯 20%胶悬剂	800	2.8	0.0	0.0	0.1	1.0	0.7
	400	3.1	0.0	0.0	0.2	1.3	0.9
联苯肼酯 20%胶悬剂	800	3.2	0.0	0.0	0.4	3.3	10.0
空白		6.0	1.5	6.6	105.8	228.3	18.4

表 247-7　防治柑橘上的紫红短须螨（圣菲老索州，巴西，2002）

供试药剂	剂量 /[g(a.i.)/hm²]	防效(%)					
		6(d)	14(d)	45(d)	75(d)	105(d)	135(d)
丁氟螨酯 20%胶悬剂	100	83	95	100	100	85	82
	200	81	93	100	100	94	90
三环锡 50%胶悬剂	250	70	83	99	98	83	80
噻螨酮	30	60	89	86	85	82	77

表 247-8　防治梨上的神泽叶螨（鸣门，日本，2003）

供试药剂	剂量 /[g(a.i.)/hm²]	施药后每 10 片叶上的成螨数量				
		0(d)	5(d)	10(d)	20(d)	30(d)
丁氟螨酯 20%胶悬剂	800	3.0	0.0	0.0	0.1	0.8
联苯肼酯 20%SC	800	2.8	0.0	0.0	0.8	3.8
空白		2.4	7.8	10.6	17.1	45.6

表 247-9　防治茶上的神泽叶螨（鹿儿岛，日本，2002）

供试药剂	剂量 /[g(a.i.)/hm²]	施药后每 10 片叶上的成螨数量			
		0(d)	8(d)	14(d)	21(d)
丁氟螨酯 20%胶悬剂	800	13.3	0.0	0.2	0.7
联苯肼酯 20%胶悬剂	800	25.5	8.9	15.4	7.4
弥拜菌素 1%乳油	40	14.6	12.4	14.3	21.1
空白		11.8	26.0	51.8	39.3

专利概况

专利名称　Acylacetonitrile compound, method for producing the same and acaricide containing the same compound

专利号　JP 2002121181　　**专利公开日**　2002-04-23

专利申请日　2000-08-11　　**优先权日**　2000-08-11

专利拥有者　Otsuka Chemical Co. Ltd.

在其他国家申请的化合物专利　AU 2001277730、BR 200113180、CN 1446196、CA 2418770、CA 2418770、CN 1193983、EP 1308437、ES 2296776、HK 1059254、JP 2002121181、JP 3572483、TW 591008、US 20030208086、US 6899886、WO 200214263 等。

制备专利 WO 2004007433 等。

制剂或剂型专利 JP 2009057320、WO 2007085565、WO 2008031712、WO 2008104503、WO 2008108491、WO 2008125410、WO 2009118297、WO 2010023171、WO 2010055909 等。

合成方法

方法一：

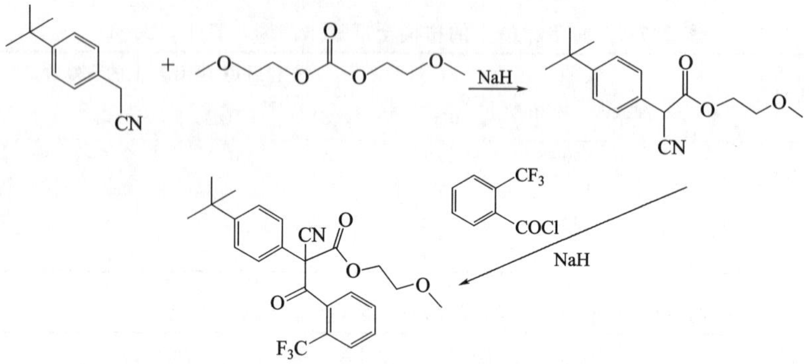

方法二：以对叔丁基苯乙腈为原料，经与碳酸二甲酯/甲醇钠反应，制取 2-(4-叔丁基苯基）氰乙酸酯。随后，进行酯交换反应制得 2-(4-叔丁基苯基）氰基乙酸-2-甲氧基乙基酯。最后，与 2-三氟甲基苯甲酰氯反应，可高收率地制得高纯度的丁氟螨酯。

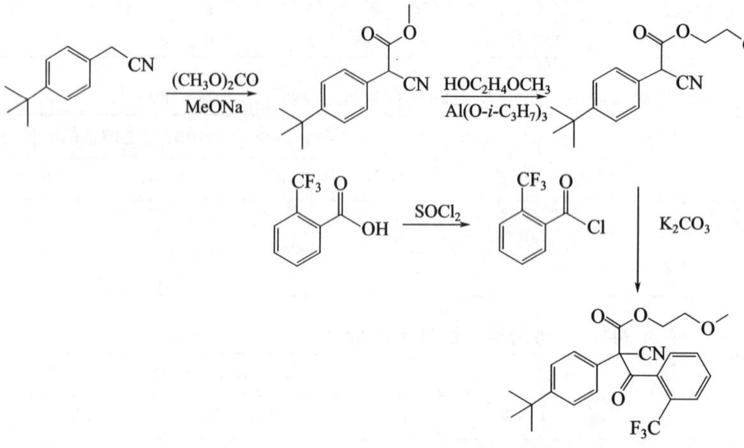

1 The Pesticide Manual. 15th ed.：262-263.

2 CN 1446196.

3 张一宾．新颖杀螨剂 cyflumetofen 的开发沿革．世界农药，2007，29（2）：1-4.

248 SYP-10898

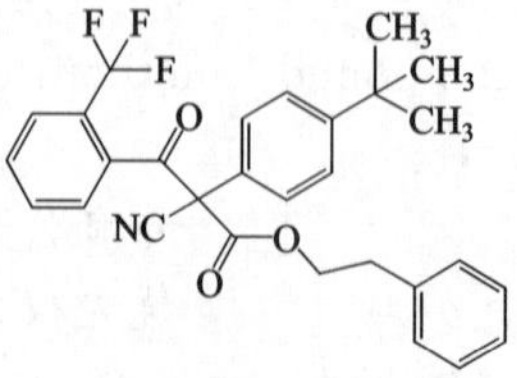

$C_{29}H_{26}F_3NO_3$，493.5

产品简介

SYP-10898 是由沈阳化工研究院有限公司研制的新型 2-酰基氰基乙酸酯类杀螨剂。

化学名称　苯乙基-2-[4-(叔丁基)苯基]-2-氰基-3-氧代-3-[2-(三氟甲基)苯基]丙酸酯。英文化学名称为 phenethyl 2-(4-(tert-butyl)phenyl)-2-cyano-3-oxo-3-(2-(trifluoromethyl)phenyl)propanoate。CA 主题索引名称为 Benzenepropanoic acid—，α-cyano-α-[4-(1,1-dimethylethyl)phenyl]-β-oxo-2-(trifluoromethyl)-，2-phenylethyl ester。CAS 登录号为［1207722-48-2］。

理化性质　原药为白色固体。熔点 84～86℃。

制剂与分析方法　目前试验剂型为 5%可湿性液剂。产品可用 HPLC 进行分析。

应用

主要用于防治果树，如苹果、柑橘等中的多种螨类如苹果红蜘蛛、柑橘红蜘蛛等。使用剂量为 50～200g(a. i.)/hm^2。

专利概况

专利名称　Substituted cyanoacetate-like compounds as acaricides and their preparation，acaricidal compositions and use in the control of acarids and their eggs

专利号　CN 101628881　　专利公开日　2010-01-20

专利申请日　2008-07-17　　优先权日　2008-07-17

专利拥有者　中国中化集团公司；沈阳化工研究院

合成方法

以对叔丁基氯化苄为起始原料，与氰化钠反应制得对叔丁基苯乙腈，与碳酸二乙酯反应制得取代氰基乙酸乙酯，再与苯乙醇进行酯交换反应，产物与邻三氟甲基苯甲酰氯反应得到 SYP-10898。

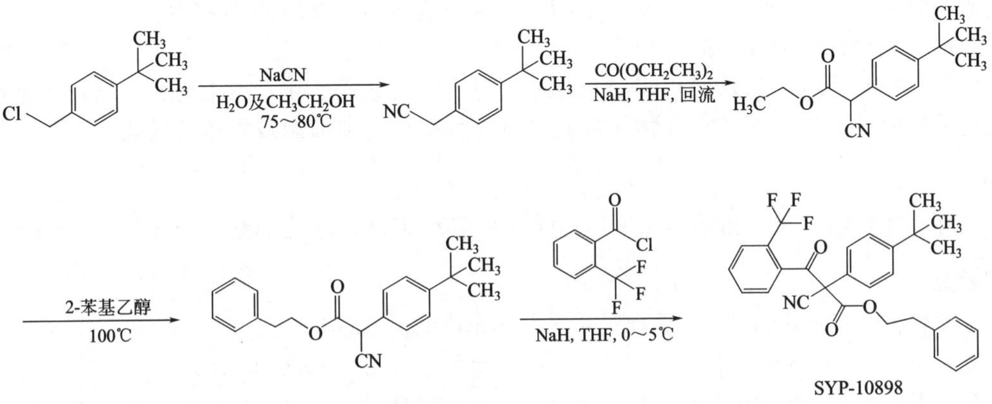

1　CN 101628881.

2　新型 2-酰基氰基乙酸类衍生物 SYP-10898 的研究，农药学学报，2010，12 (4)，423-428.

249　腈吡螨酯（cyenopyrafen）

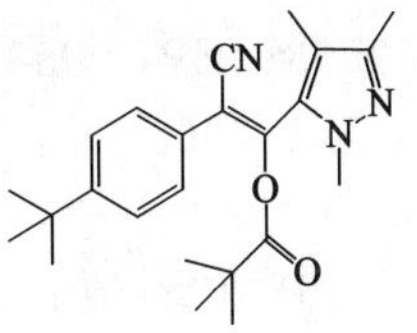

$C_{24}H_{31}N_3O_2$，393.5

产品简介

腈吡螨酯［试验代号：NC-512，通用名称：Cyenopyrafen，商品名称：Starmite（Nissan)] 是由日产化学公司研制的新型吡唑类杀螨剂，与现有杀虫剂无交互抗性，正在登记中。世界主要生产商：Nissan。

化学名称 (*E*)-2-(4-叔丁基苯基)-2-氰基-1-(1,3,4-三甲基吡唑-5-基)烯基-2,2-二甲基丙酸酯；英文化学名称为(*E*)-2-(4-*tert*-butylphenyl)-2-cyano-1-(1,3,4-trimethylpyrazol-5-yl) vinyl-2,2-dimethylpropionate。美国化学文摘系统名称为(1*E*)-2-cyano-2-[4-(1,1-dimethylethyl)phenyl]-1-(1,3,4-trimethyl-1*H*-pyrazol-5-yl)ethenyl-2,2-dimethylpropanoate。CA 主题索引名称为 propanoic acid—，dimethyl-(1*E*)-2-cyano-2-[4-(1,1-dimethylethyl)phenyl]-1-(1,3,4-trimethyl-1*H*-pyrazol-5-yl)ethenylester。CAS 登录号为 [560121-52-0]。

组成 纯度>96%。

理化性质 白色固体，熔点 106.7～108.2℃。蒸气压 5.2×10^{-4} mPa (25℃)。K_{ow} $\lg P=5.6$。Henry 常数 3.8×10^{-5} Pa·m^3/mol (计算)。相对密度 1.11 (20℃)。水中溶解度 (20℃) 0.30mg/L。稳定性：54℃下 14d 内稳定。水溶液 DT_{50} 0.9d (pH=9，25℃)。

毒性 大鼠急性经口 LD_{50}>5000mg/kg。大鼠急性经皮 LD_{50}>5000mg/kg。大鼠吸入 LC_{50} (4h)>5.01mg/L。大鼠 NOEL 5.1mg/(kg·d)。大鼠 ADI/RfD 0.05mg/kg。

生态效应 山齿鹑急性经口 LD_{50}>2000mg/kg。虹鳟鱼 LC_{50} (96h) 18.3μg/L。水蚤 LC_{50} (48h) 2.94μg/L (极限溶解度)。绿藻 E_bC_{50} (72h)>0.03mg/L。蜜蜂 LD_{50} (48h)>100μg(a.i.)/只 (经口和接触)。蚯蚓 LD_{50} (14d)>1000mg/kg (土壤)。在 15g/hL 下对捕食螨、绿色草蜻蛉、花臭虫、蜜蜂以及大黄蜂无活性。

环境行为 动物：在动物体内主要通过粪便迅速降解 (大约 120h 内降解 95%～99%)，没有生物富集作用。植物：在植物体内缓慢降解。土壤/环境：在土壤和水中迅速降解，田地土壤中的 DT_{50} 2～5d，DT_{90} 5～15d。K_{oc}较高，在 4730～16900 范围内。

制剂 主要剂型为胶悬剂。

作用机理与特点 触杀型杀螨剂。通过代谢成羟基形式活化，产生药性。这种羟基形式在吸电子传递链上通过扰乱复合物Ⅱ (琥珀酸脱氢酶) 达到抑制线粒体的效能。

应用

可有效地控制水果、柑橘、茶叶、蔬菜上的各种害螨，施药剂量为 15g/hL，叶面喷施。

专利概况

专利名称 Preparation of ethylene derivatives pesticides

专利号 US 6063734 专利公开日 2000-05-16

专利申请日 1998-10-23 优先权日 1996-04-25

专利拥有者 Nissan Chemical Industries

目前公开或授权的专利 CN 1763003、EP 1360901、JP 2003342262、JP 4054992、JP 2008001715、US 6462049、US 38188、US 20030216394、US 7037880、US 20070049495、US 7566683、WO 9740009、ZA 9703563 等。

制备专利 CN 1768042、CN 1763003、EP 1983830、JP 2009524620、JP 2003201280、US 20090221423、US 20060178523、US 6063734、WO 2007085565、WO 2004087674、WO 9740009 等。

制剂或剂型专利 JP 2009209124、JP 2008150302、JP 2004155693、JP 2003201280、WO 2009146793、WO 2009135613、WO 2009118297、WO 2009043442、WO 2008009379 等。

合成方法

4-叔丁基苯乙腈和 1,3,4-三甲基吡唑-5-甲酸酯在醇钠的作用下发生缩合反应，然后在三乙胺的作用下再与新戊酰氯反应生成产品。

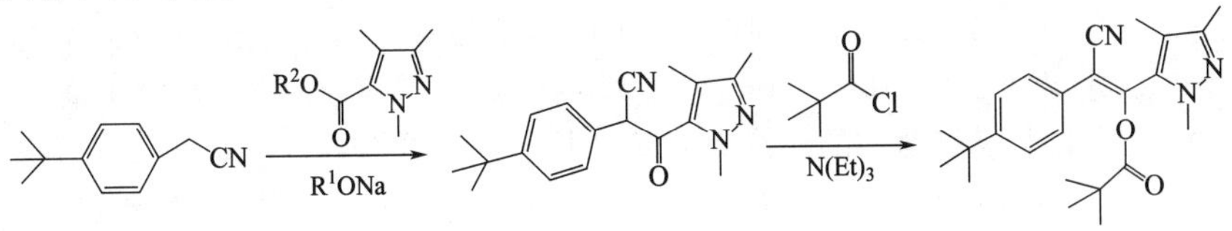

中间体的制备方法如下：

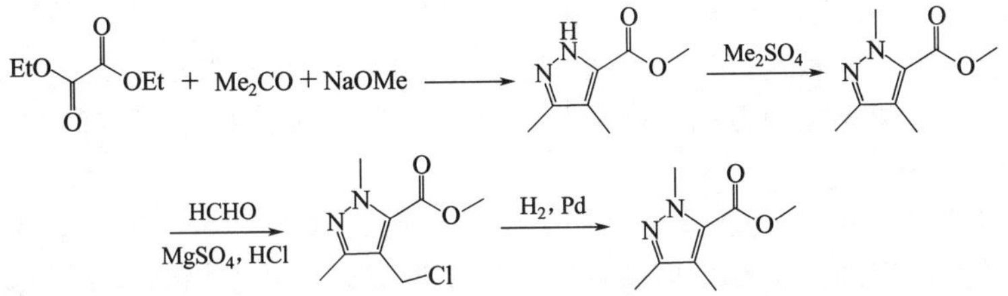

1 The Pesticide Manual. 15th ed.：260.
2 CN 1768042.
3 JP 2008007503.
4 WO 2006048761.
5 Aus J Chem，1979，32（10），2203-2213.

250 乙螨唑（etoxazole）

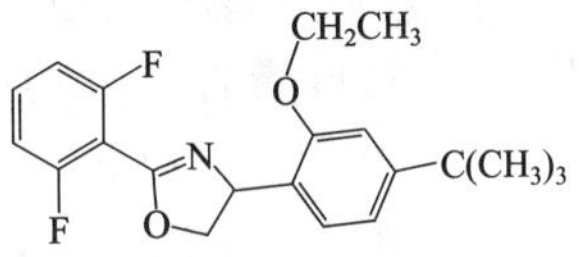

$C_{21}H_{23}F_2NO_2$，359.4

产品简介

乙螨唑［试验代号：YI 5301（Yashima）、S-1283（Sumitomo），通用名称：etoxazole，商品名称：Baroque（Kyoyu）、来福禄，其他名称：依杀螨，Bornéo（Philagro）、Paramite（Sumitomo Chemical）、Secure（Valent BioSciences）、Swing（Siapa）、Tetrasan（Kyoyu，Valent）、Zeal（Valent）、Zoom（Valent）］是由日本 Yashima Chemical 公司于 1994 发现，由 T. Ishida 报道，并由 Yashima 和 Sumitomo 联合开发的杀螨剂。世界主要生产商：住友化学公司。

化学名称　(*RS*)-5-叔丁基-2-［2-(2,6-二氟苯基)-4,5-二氢-1,3-噁唑-4-基］苯乙醚。英文化学名称为(*RS*)-5-*tert*-butyl-2-［2-(2,6-difluorophenyl)-4,5-dihydro-1,3-oxazol-4-yl］phenetole。美国化学文摘系统名称为 2-(2,6-difluorophenyl)-4-［4-(1,1-dimethylethyl)2-ethoxyphenyl］-4,5-dihydrooxazole。CA 主题索引名称为 oxazole—，2-(2,6-difluorophenyl)-4-［4-(1,1-dimethylethyl)-2-ethoxyphenyl］-4,5-dihydro-。CAS 登录号为［153233-91-1］。

理化性质　工业纯为 93%～98%。纯品为白色晶体粉末，熔点 101～102℃。蒸气压 7.0×10^{-3} mPa（25℃）。相对密度 1.24（20℃）。K_{ow} lg$P$＝5.59（25℃），Henry 常数 3.6×10^{-2} Pa·m^3/mol（计算）。水中溶解度（20℃）75.4μg/L；其他溶剂中溶解度（g/L，20℃）：甲醇 90、乙醇 90、丙酮 300、环已酮 500、乙酸乙酯 250、二甲苯 250、正已烷、正庚烷 13、乙腈 80、四氢呋喃 750。稳定性：DT_{50}（20℃）9.6d（pH＝4），约 150d（pH＝7），约 190d（pH＝9）。在 50℃下贮存 30d 不分解。闪点 457℃。

毒性　大鼠急性经口 LD_{50}＞5000mg/kg，小鼠急性经口 LD_{50}＞5000mg/kg。大鼠急性经皮 LD_{50}＞2000mg/kg。本品对兔眼睛和皮肤无刺激。对豚鼠无皮肤致敏。大鼠吸入 LC_{50}＞1.09mg/L。NOEL 值：大鼠（2a）4.01mg/(kg·d)。ADI/RfD（EC）0.04mg/kg(bw)；（EPA）cRfD 0.046mg/kg。无致突变性。

生态效应　野鸭急性经口 LD_{50} ＞2000mg/kg。山齿鹑亚急性经口 LD_{50}（5d）＞5200mg/L。鱼类 LC_{50}：大翻车鱼 1.4g/L，日本鲤鱼（96h）＞0.89g/L，日本鲤鱼（48h）＞20mg/L，虹鳟鱼＞40mg/L。水蚤 LC_{50}（3h）＞40mg/L。海藻 EC_{50} ＞1.0mg/L。蜜蜂 LD_{50} ＞200μg/只（经口和接触）。对水生节肢动物的蜕皮有破坏作用。蚯蚓 NOEL（14d）＞1000mg/L。

环境行为　动物：施药后，60％被吸收，在 7d 内，通过粪便几乎完全被排除。在日本的冲积土壤中，DT_{50} 19d，DT_{90} 90d。K_{oc} ＞5000。K_f 66～131，对四种土壤（0.6％～2.4％，pH＝4.3～7.4）K_{foc} 4910～11000（平均 6650）。

制剂与分析方法　胶悬剂，10％悬乳剂。产品与残留用 HPLC 分析。原药用蒽的甲醇溶液作内标，采用带荧光检测器的高效液相色谱仪测定。制剂采用乙腈稀释，用带紫外检测器的反相液相色谱分析。

作用机理与特点　触杀型杀螨剂。几丁质抑制剂。属于 2,4-二苯基噁唑衍生物类化合物，是一种选择性杀螨剂。主要是抑制螨卵的胚胎形成以及从幼螨到成螨的蜕皮过程，从而对螨从卵、幼虫到蛹不同阶段都有优异的触杀性。但对成虫的防治效果不是很好。实验证明，乙螨唑乳油稀释 2500 倍后对卵的孵化和一龄若虫的蜕皮都有抑制作用。孵化出的幼虫也在 1～2d 内死亡。实验结果表明，乙螨唑乳油对皮刺螨的药效长达 50d 以上。

应用

乙螨唑对柑橘、棉花、苹果、花卉、蔬菜等作物的叶螨、始叶螨、全爪螨、二斑叶螨、朱砂叶螨等螨类有卓越防效。具有内吸性，对多种叶螨的卵、幼虫、若虫有卓效，对成螨无效。但能阻止成螨产卵。最佳的防治时间是害螨危害初期。本药剂耐雨性强，持效期长达 50d。对环境安全，对有益昆虫及益螨无危害或危害极小。由于在碱性条件下易分解，不能和波尔多液混用。

使用方法　防治柑橘、仁果、蔬菜和草莓上食草类螨虫，使用剂量为 $50g/hm^2$。在茶叶上的使用剂量为 $100g/hm^2$。建议在螨数量较少时期用药。在作物周期内或六个月内，最多施药两次。每次可用 10～20g 有效成分，用 380L 水稀释后全面喷药。严禁采用灌溉或化学灌溉法施药。该药应与其他类的杀螨剂轮换使用来防治害虫。用药后 12h 内，应禁止人员进入用药区。此外，乙螨唑对蚕毒性较高，在喷洒时应尽量防止飞散附着于桑树或相关场所。

11％乙螨唑（SC）登记使用剂量 5000～7500 倍液。

专利与登记

专利名称　2-(2,6-Difluorophenyl)-4-(2-ethoxy-4-teri-butylphenyl)-2-oxazoline

专利号　EP 0639572　　专利公开日　1995-02-22

专利申请日　1992-04-28　　优先权日　1992-04-28

专利拥有者　Yashima Chemical Industry Co. Ltd.

在其他国家申请的化合物专利　BR 9207123、JP 3189011、US 5478855、WO 9322297、ES 2118816 等。

制剂或剂型专利　JP 2004155693、JP 2009057320、WO 2009118297、WO 2010000790、WO 2010003923、WO 2006055922、WO 2008031712、WO 2008071674、WO 2008075454、WO 2008075453、WO 2008108491、WO 2008125362、WO 2008125410、WO 2008154528 等。

乙螨唑在国内申请的专利及登记情况见表 250-1、表 250-2。

表 250-1　在中国申请的专利

序号	申请号	专利名称
1	200810183487.6	一种嘧螨醚与乙螨唑杀螨剂组合物

续表

序号	申 请 号	专 利 名 称
2	200910228032.6	一种含乙螨唑的高效低毒绿色杀虫杀螨剂
3	200910228031.1	一种含乙螨唑·甲维盐复合物的高效低毒绿色杀虫杀螨剂

表 250-2 日本住友化学株式会社在中国登记情况

登记名称	登记证号	含量	剂型	登记作物	防治对象	F 用药量	施用方法
乙螨唑	LS20090169	110g/L	悬浮剂	柑橘树	红蜘蛛	14.7～22mg/kg	喷雾
乙螨唑	LS20090160	93%	原药				

合成方法

乙螨唑可由如下反应制备：

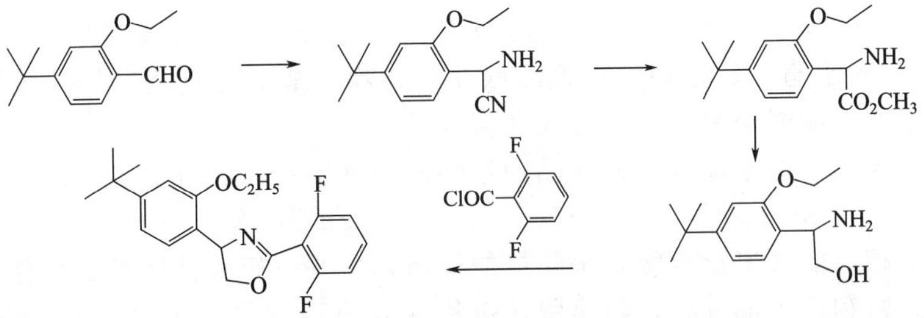

1 EP 0639572.

2 US 5478855.

3 JP 3189011.

4 The Pesticide Manual. 15th ed.：455-456.

5 浙江化工，2009，(07)：7-9.

251 联苯肼酯（bifenazate）

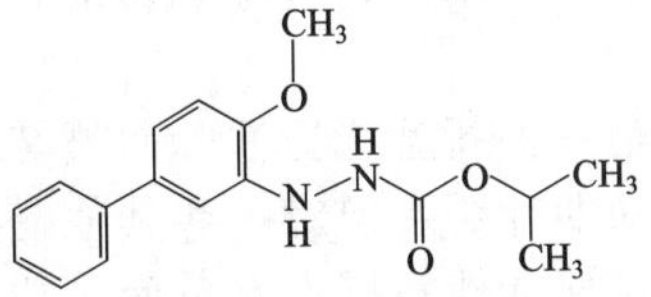

$C_{17}H_{20}N_2O_3$，300.4

产品简介

联苯肼酯［试验代号：D2341、NC-1111（Nissan），通用名称：bifenazate，商品名称：Acramite（Chemtura）、Enviromite（Chemtura）、Floramite（Chemtura），其他名称：Mito-kohne（Nissan）］是由 M. A. Dekeyser 等于 1996 年报道，由 Uniroyal 公司发现并由 Uniroyal 公司和 Nissan 公司联合开发，于 2000 年上市的联苯肼类杀螨剂。世界主要生产商：Chemtura。

化学名称　异丙基-3-(4-甲氧基联苯基-3-基) 肼基甲酸酯。英文化学名称为 *iso*-propyl 3-(4-methoxybiphenyl-3-yl)carbazate，美国化学文摘系统命名称为 1-methylethyl 2-(4-methoxy[1,1′-biphenyl]-3-yl) hydrazinecarboxylate。CA 主题索引名称为 hydrazinecarboxylic acid—，2-(4-methoxy[1,1′-biphenyl]-3-yl)-1-methylethyl ester。CAS 登录号为［149877-41-8］。

理化性质　工业纯＞95%（质量分数）。纯品为白色、无味晶体。熔点 123～125℃。蒸气压：3.8×10^{-4}mPa（25℃）。相对密度 1.31。K_{ow} lg$P$＝3.4（25℃，pH＝7）。Henry 常数 1×10^{-3}Pa·m³/mol。水中溶解度（20℃，pH 值不确定）：2.06mg/L；其他溶剂中溶解度（g/L，25℃）：甲醇 44.7、乙腈 95.6、乙酸乙酯 102、甲苯 24.7、正己烷 0.232。稳定性：在 20℃下稳定（贮存期大于一年）；水溶液中 DT_{50}（25℃）：9.10d（pH＝4）；5.40d（pH＝5）；0.80d（pH＝7）；0.08d（pH＝9）；光照 DT_{50} 17h（25℃，pH＝5）。pK_a 12.94（23℃）。闪点≥110℃。表面张力（22℃）64.9mN/m。

毒性　大鼠急性经口 LD_{50} ＞5000mg/kg。大鼠急性经皮 LD_{50}（24h）＞5000mg/kg；大鼠吸入 LC_{50}（4h）＞4.4mg/L。本品对兔眼睛和皮肤轻微刺激。NOEL[90d，mg/(kg·d)]：雄大鼠 2.7，雌大鼠 3.2，雄狗 0.9，雌狗 1.3；NOEL[1a，mg/(kg·d)]：雄狗：1.014，雌狗 1.051；NOEL[2a，mg/(kg·d)]：雄大鼠 1.0，雌大鼠 1.2；NOEL[78 周，mg/(kg·d)]：雄小鼠 1.5，雌小鼠 1.9。ADI/RfD（JMPR）0.01mg/kg；（EC）0.01mg/kg（bw）；（FSC）0.01mg/kg。Ames 阴性，对大鼠、兔无致突变、致畸，对大鼠、小鼠无致癌性。

生态效应　山齿鹑急性经口 LD_{50} 1142mg/kg；饲喂 LC_{50}（5d）：山齿鹑 2298mg/kg，野鸭 726mg/kg。鱼类 LC_{50}（96h）：虹鳟鱼 0.76mg/L，大翻车鱼 0.58mg/L。水蚤 EC_{50}（48h）0.50mg/L，海藻 E_bC_{50}（96h）0.90mg/L。东方牡蛎 EC_{50}（96h）0.42mg/L。蜜蜂 LD_{50}（48h）：＞100μg/只（经口），8.5μg/只（接触）。蚯蚓 LC_{50}（14d）＞1250mg/kg（土壤）。联苯肼酯对淡水鱼和软体动物高急性毒性。联苯肼酯对捕食螨，如钝绥螨属、静走螨属无药害。对草蛉、丽蚜小蜂和步行虫无药害。

环境行为　动物：对于动物，该产品的生物药效率很低，大部分随粪便排泄掉。吸收量由使用剂量决定（10mg/kg 为 80%～85%，1000mg/kg 为 22%～29%），吸收的剂量发生氧化作用转化为相应的含氮化合物，水解掉的代谢物主要以硫酸盐或葡萄糖苷酸络合物的形式随尿液排掉。植物：大部分残留物停留在植物的表面和皮层，在这里大部分不会被代谢，有痕量的残留物能穿透皮层而被代谢，这类似于动物。土壤环境：在需氧性土壤中 DT_{50} 为 7h；在厌氧性土壤中 DT_{50} ＜1d。在各种类型的土壤介质中既没有联苯肼酯，也没有其降解产物滤到，K_{oc} 1778。在天然水中 DT_{50} 为 45min；在土壤中的扩散 DT_{50} ≤5d。由于联苯肼酯被认为在水中和土壤中不会转移或长期停留，所以对地下水和地表水的水体污染率极低。

制剂与分析方法　胶悬剂、水分散粒剂、可湿性粉剂。分析使用具有 OCECD 的高效液相色谱法。

作用机理与特点　联苯肼酯是一种新型选择性叶面喷雾用杀螨剂。非内吸性杀螨剂。它是一个专用杀螨剂，主要防治活动期叶螨，但对一些其他螨类，尤其对二斑叶螨具有杀卵作用。实验室研究表明，联苯肼酯对捕食性益螨没有负面影响。其作用机理为对螨类的中枢神经传导系统的一种 γ-氨基丁酸（GABA）受体的独特作用。对螨的各个发育阶段有效，具有杀卵活性和对成螨的击倒活性（48～72h）。对捕食性螨影响极小，非常适合于害虫的综合治理。对植物没有毒，效力持久。

应用

适宜作物　柑橘、葡萄、果树、蔬菜、棉花、玉米和观赏植物等。

防治对象　食叶类螨虫，如全爪螨、二点叶螨的各个阶段。

残留量与安全用药　在需氧性土壤中 DT_{50} 为 7h；在厌氧性土壤中 DT_{50} ＜1d；在天然水中 DT_{50} 为 45min。

应用技术　本品为优良的杀螨剂，与其他杀虫剂无交互抗性。

使用方法　在世界范围内联苯肼酯推荐使用剂量为 0.15～0.75kg/hm²。用药后 3d 内对于靶标害螨有击倒效用，并能持续 30d。本品不宜连续使用，建议与其他类型药剂轮换使用。

专利与登记

专利名称　Insecticidal phenylhydrazine derivatives

专利号　WO 9310083　　专利公开日　1993-05-272

专利申请日　1992-11-17　　优先权日　1991-11-22

专利拥有者　Uniroyal Chem Co. Inc.

在其他国家申请的化合物专利　AU 670927、AU 9331374、AT 148104、BR 9206803、CA 2123885、CN 1075952、CN 1033699、EP 641316、ES 2097372、FI 942355、FI 9402355、FI 120340、HU 219189、HU 68639、IL 103828、JP 07502267、JP 2552811、NO 9401876、PL 171968B、RO 112860、RU 2109730、SK 282306、ZA 9208915、WO 9310083 等。

制备专利　WO 9817637、US 6093843、WO 2001032599、US 6706895 等。

制剂或剂型专利　CN 101708005、CN 101755783、JP 2009057320、JP 2010047478、WO 2008031712、WO 2008071674、WO 2008075454、WO 2008075453、WO 2008104503、WO 2008108491、WO 2008125410、WO 2008154528、WO 2009118297、WO 2010000790 等。

在中国申请的与该产品有关的部分专利及登记情况见表 251-1、表 251-2。

表 251-1　在中国申请的专利

序号	申请号	专利名称
1	200710307617.8	杀螨的活性成分组合
2	200910022213.3	一种含联苯肼酯的杀虫组合物
3	200910206543.8	联苯肼酯和弥拜菌素杀螨组合物及其应用
4	200910206544.2	一种杀螨组合物
5	200910205340.7	一种含联苯肼酯的杀虫组合物
6	200910164574.1	一种杀螨组合物及其应用
7	200910218611.2	一种含联苯肼酯的杀螨组合物
8	200910209525.5	一种含有联苯肼酯的杀螨组合物及其应用
9	200910208451.3	联苯肼酯和有机锡类杀螨剂组合物及其应用

表 251-2　美国科聚亚公司在中国登记情况

登记名称	登记证号	含量	剂型	登记作物	防治对象	用药量	施用方法
联苯肼酯	PD20096837	43%	悬浮剂	苹果树	红蜘蛛	160～240mg/kg	喷雾
联苯肼酯	PD20096836	97%	原药				

合成方法

联苯肼酯的合成可以联苯酚为原料，经硝化、甲基化、还原得到联苯胺，再经重氮化，还原得到联苯肼，最后与氯甲酸异丙酯反应即得产品。

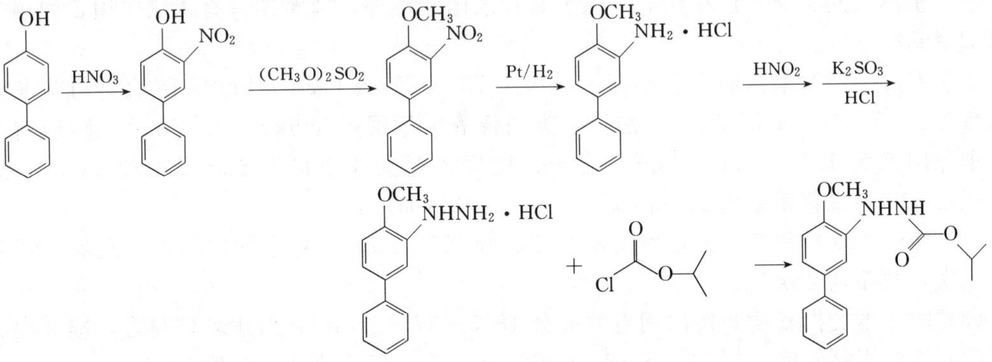

1　US 5367093.

2　US 5438123.

3　CN 107595.

4　WO 0132599.

5　The Pesticide Manual. 15th ed. 101-102.

252　硫黄（sulfur）

S

S_x，32.1

产品简介

硫黄（试验代号：BAS17501F、SAN7116，通用名称：sulfur，商品名称：Cosan、Golclair、KumulUSDF、Lucaflow、Microthiol Special、Rasulf、Sulfex、Sulphotox、That、Thiovit）是由巴斯夫和先正达公司开发的杀菌、杀螨剂。现有多家生产。

化学名称　硫。英文化学名称、美国化学文摘（CA）系统名称、CA 主题索引名称均为 sulfur。CAS 登录号为［7704-34-9］。

理化性质　纯品为黄色粉末，有几种同素异形体。熔点 114℃（斜方晶体 112.8℃，单斜晶体 119℃）。沸点 444.6℃。蒸气压 0.527mPa（30.4℃）（斜方晶体），8.6mPa（59.4℃）。相对密度 2.07（斜方晶体）。水中溶解度（pH＝7，20℃）0.063mg/L。结晶状物溶于二硫化碳中，无定形物则不溶于二硫化碳中，不溶于乙醚和石油醚中，溶于热苯和丙酮中。稳定性：斜方晶体在常温下稳定，但是在 94～119℃时会形成其他的同素异形体。DT_{50}（3.21h，25℃，太阳光）80000。

毒性　大鼠急性经口 LD_{50}＞5000mg/kg。大鼠急性经皮 LD_{50}＞2000mg/kg，对兔皮肤和眼睛有刺激性。大鼠急性经口 LD_{50}（4h）＞5430mg/m^3。

生态效应　美洲鹑急性经口 LC_{50}（8d）＞5000mg/L。对鱼、蜜蜂及其他水生生物没有毒性。藻类 EC_{50}（72h）＞232mg/L。蚯蚓 LC_{50}（14d）＞1600mg/L。

环境行为　在植物体内或者体外被微生物降解。土壤：不溶于水，因此不会进入地下水。当硫被氧化为硫酸时，其给出的硫酸根的杀虫效果与环境中的硫酸盐相比微不足道。

制剂　单剂如 45％、50％悬浮剂。

作用机理与特点　呼吸抑制剂，作用于病菌氧化还原体系细胞色素 b 和 c 之间电子传递过程，夺取电子，干扰正常“氧化还原”。具有保护和治疗作用。

应用

适宜作物　小麦、甜菜、蔬菜如黄瓜、茄子等，果树如苹果、李、桃、葡萄、柑橘、枸杞等。

防治对象　用于防治小麦白粉病、锈病、黑穗病、赤霉病、瓜类白粉病、柑橘锈病、苹果、李、桃黑星病、葡萄白粉病等，除了具有杀菌活性外，硫黄还具有杀螨作用，如用于防治柑橘锈螨等。

使用方法　防治果树病害等推荐用量为 1.75～6.25kg(a.i.)/hm^2，防治葡萄病害等推荐用量为 1.75～4kg(a.i.)/hm^2，防治麦类病害等推荐用量为 6kg(a.i.)/hm^2，防治甜菜病害等推荐用量为 1.5kg(a.i.)/hm^2，防治柑橘病害等推荐用量为 6kg(a.i.)/hm^2，防治果树、蔬菜等病害推荐用量为 1.2kg(a.i.)/hm^2，具体如下：

（1）防治小麦白粉病　每亩每次用有效成分 125～250g，对水均匀喷雾，间隔 10d 左右喷药 1 次，共喷药 2 次。

（2）防治瓜类白粉病　每次用有效成分 1875～3750g/hm^2，对水均匀喷雾，喷 3 次。

（3）防治柑橘锈病　用 1667～3333mg/L 有效浓度药液喷雾，共喷 2～3 次。

（4）防治枸杞锈螨　每次用 1500mg/L 浓度药液喷药，喷 4～6 次。

1　The Pesticide Manual，13th ed. 2003. 916

（三）昆虫驱避剂

昆虫驱避剂（Insect Repellents）主要有 20 个：butopyronoxyl、camphor、d-camphor、 carboxide、dibutylphthalate、diethyltoluamide、dimethylcarbate、dimethylphthalate、dibutylsuccinate、ethohexadiol、hexamide、icaridin、methoquin-butyl、methylneodecanamide、2-(octylthio) ethanol、oxamate、quwenzhi、quyingding、rebemide 和 zengxiaoan。此处仅介绍 diethyltoluamide、dimethylcarbate 及 methylneodecanamide 三个品种。其他品种因应用范围小或不再作为驱避剂或没有商品化等原因，本书不予介绍，仅列出化学名称及 CAS 登录号供参考：

butopyronoxyl：butyl3,4-dihydro-2,2-dimethyl-4-oxo-2*H*-pyran-6-carboxylate，532-34-3。

camphor：(1*RS*,4*RS*)-1,7,7-trimethylbicyclo [2.2.1] heptan-2-one 或 (±)-bornan-2-one，76-22-2。

d-camphor：(1*R*,4*R*)-1,7,7-trimethylbicyclo [2.2.1] heptan-2-one 或 (+)-bornan-2-one，464-49-3。

carboxide：bis(perhydroazepin-1-yl)ketone 或 bis(azepan-1-yl)ketone，25991-86-0。

dibutylphthalate：dibutylphthalate，84-74-2。

dimethylphthalate：dimethylphthalate，131-11-3。

dibutylsuccinate：dibutylsuccinate，141-03-7。

ethohexadiol：(2*RS*,3*RS*;2*RS*,3*SR*)-2-ethylhexane-1,3-diol，94-96-2。

hexamide：perhydroazepin-1-ylphenylketone 或 azepan-1-ylphenylketone，3653-39-2。

icaridin：(*RS*)-*sec*-butyl(*RS*)-2-(2-hydroxyethyl)piperidine-1-carboxylate，119515-38-7。

methoquin-butyl：butyl3-methylquinoline-4-carboxylate，19764-43-3。

2-(octylthio) ethanol：2-(octylthio)ethanol，3547-33-9。

oxamate：hexyl*N*,*N*-diethyloxamate，60254-65-1

驱蚊酯 (quwenzhi)：ethyl*N*-acetyl-*N*-butyl-*β*-alaninate 或 ethyl3-[acetyl(butyl)amino]propanoate，52304-36-6。

驱蝇啶 (quyingding)：dipropylpyridine-2,5-dicarboxylate 或 di-*n*-propylisocinchomeronate，136-45-8

rebemide：*N*,*N*-diethylbenzamide，1696-17-9。

增效胺 (zengxiaoan)：*N*-(2-ethylhexyl)-8,9,10-trinorborn-5-ene-2,3-dicarboximide 或 *N*-(2-ethylhexyl)bicyclo [2.2.1] hept-5-ene-2,3-dicarboximide，113-48-4。

主要品种

253 避蚊胺 (diethyltoluamide)

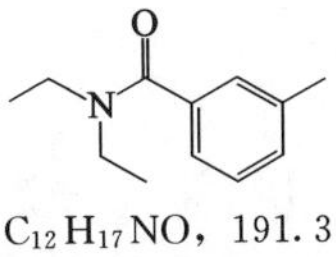

$C_{12}H_{17}NO$，191.3

产品简介

避蚊胺（通用名称：diethyltoluamide，商品名称：Metadelphene，简称 DEET）。主要生产商：南京仁信化工有限公司、江苏磐希化工有限公司、沭阳县华泰化工厂、江苏省丹阳市华盛化工有限公司、南京斯拜科生化实业有限公司、青岛三力本诺化学工业有限公司、淮安市列邦康泰化工有限公司、江苏洁利三三有限责任公司。

化学名称 *N*,*N*-二乙基间甲苯甲酰胺。英文化学名称为 *N*,*N*-diethyl-*m*-toluamide。美国化学文摘系统名称为 *N*,*N*-diethyl-3-methylbenzamide。CA 主题索引名称为 benzamide—，

N,*N*-diethyl-3-methyl。CAS 登录号为［134-62-3］。

理化性质　无色至琥珀色液体。熔点－45℃，沸点 160℃（19mmHg），111℃（1mmHg）。相对密度 0.996；折射率 1.5206（25℃）。不溶于水，可与乙醇、异丙醇、苯、棉籽油等有机溶剂混溶。

毒性　大鼠急性经口 LD_{50} 约为 2000mg/kg。大鼠 200d 饲喂试验的无作用剂量为 10000mg/kg。未稀释的化合物能刺激黏膜，但每天使用驱避浓度的避蚊胺涂在脸和手臂上，只能引起轻微的刺激。

环境行为　避蚊胺是一种非烈性化学杀虫药，其可能不适合在水源地以及周围使用。虽然避蚊胺不是人们所认为的生物蓄积物，但是它被发现对冷水鱼有轻微的毒性，如虹鳟鱼、罗非鱼，此外，实验表明它对一些淡水浮游物种也有毒性。由于避蚊胺产品的生产、使用，在一些水体中也能检测到高浓度的避蚊胺。

制剂　5%，7%，15%液剂；95%溶液（指间位异构体含量）；8%雪梨驱蚊油；35%蚊怕水醇溶液；99%原药。

作用机理　雌蚊子需要吸食血液来产卵、育卵，而人类呼吸系统工作的时候所产生的二氧化碳以及乳酸等人体表面挥发物可以帮助蚊子找到我们，蚊虫对人体表面的挥发物是如此敏感，使它可以从 30 米以外的地方直接冲向吸血对象。将含避蚊胺的驱避剂涂抹在皮肤上，避蚊胺通过挥发在皮肤周围形成气状屏障，这个屏障干扰了蚊虫触角的化学感应器对人体表面挥发物的感应。从而使人避开蚊虫的叮咬。

应用

避蚊胺是一种广谱昆虫驱避剂有效成分，将其喷洒在皮肤或衣服上，对各种环境下的多种叮人昆虫都有驱避作用。避蚊胺可驱赶刺蝇、蠓、黑蝇、恙螨、鹿蝇、跳蚤、蚋、马蝇、蚊子、沙蝇、小飞虫、厩蝇和扁虱。可用于制备驱蚊花露水、驱蚊香水、驱蚊香皂、气雾型膏霜类驱蚊产品，驱蚊效果好，用途相当广泛。

专利概况

专利名称　Diethylbenzamideas an insect repellent

专利号　US 2408389　　专利公开日　1946-10-01

专利申请日　1944-09-04　　优先权日　1944-09-04

专利拥有者　Samuel I. Gertler Secretary of Agriculture，USA

合成方法

通过如下反应制得目的物：

方法一

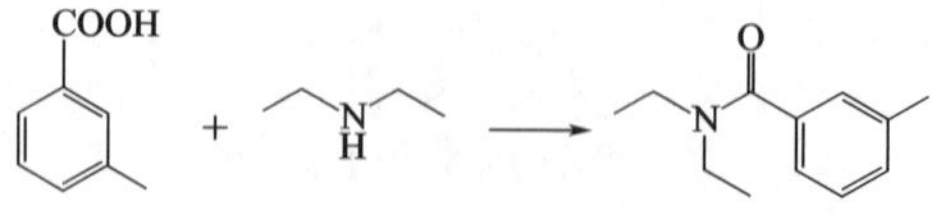

方法二

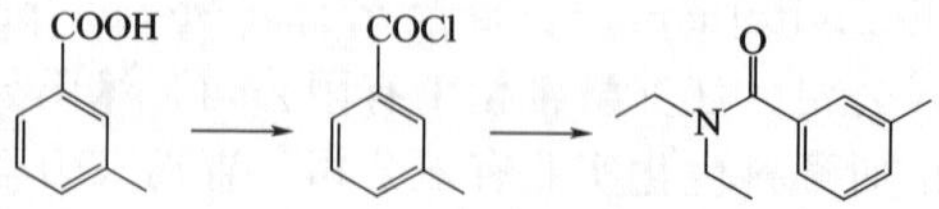

1　http：//www.msdbiz.com/travpro/product _ 004.htm.

2　US 2932665.

3　US 2408389.

4　国外农药品种手册，化工部农药信息站，291-292.

5　新编农药手册，农业部农药检定所主编，中国农业出版社，210-212.

6 http://china.chemnet.com/product/search.cgi.
7 http://www.chinapesticide.gov.cn/service/aspx/B3.aspx.
8 新编农药商品手册，张敏恒主编，化学工业出版社，373-375.

254 驱蚊灵（dimethyl carbate）

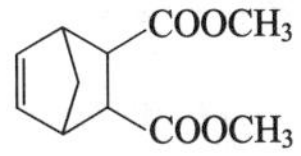

$C_{11}H_{14}O_4$，210.2

产品简介

化学名称　顺-双环［2.2.1］庚烯（5）-2,3-二甲酸二甲酯。英文化学名称为 *cis*-bicyclo［2.2.1］heptene(5)-2,3-dimethyldicarboxylate。美国化学文摘系统名称为 dimethyl bicyclo［2.2.1］hept-5-ene-2,3-dicarboxylate，CA 主题索引名称为 dimethylcarbate bicyclo［2.2.1］hept-5-ene-2,3-dicarboxylic acid dimethyl ester，(1*R*,2*S*,3*R*,4*S*)。CAS 登录号为［5826-73-3］。

理化性质　纯品为无色结晶或无色油状液体，熔点 38℃。工业品熔点为 32℃，沸点 110℃（15mmHg），129～130℃（9mmHg）；相对密度 1.1642（25℃），1.1637（35℃）；折射率 n_{25}^{D} 1.4829，n_{20}^{D} 1.4852。水中溶解度（35℃）1.32g/100mL，可溶于甲醇、乙醇、苯、二甲苯等有机溶剂，溶于酯类。

毒性　大鼠急性经口 LD_{50} 1000mg/kg，大鼠急性经皮 LD_{50}（90d）＞4.0mg/kg。对黏膜只有轻微的刺激性。

制剂　30%溶液，50%乳剂

应用

驱避蚊类，特别是伊蚊。驱蚊效率较高，30%溶液驱蚊有效时间在南方为 6h（东北约为 2.5h），50%乳剂的有效时间在东北地区为 3h。

专利概况

专利名称　1,4-Endoalkylene-5-cyclohexene-2,3-trans-dicarboxylic acid esters

专利号　AT 224101　　专利公开日　1962-11-12

专利申请日　1961-05-02　　优先权日　1961-05-02

专利拥有者　Koch，Heinrich

制剂或剂型专利　AU 2005291423、BR 2005016575、BR 200516575、CA 2580245、CN 10103543、CN 101611711、CN 10159781、CN 101611712、CN 1015978、CN 101611713、CN 10159783、CN 101611714、CN 10159784、CN 101611715、CN 101622993、CN 101622994、CN 100539843、DE 10200402156、EP 1802198、EP 798443、JP 2008515834、JP 2007535083、IN 2007DN02069、KR 2007102478、NO 2007001611、MX 2007003636、US 20070244121、US 20070265267、US 20030198659、WO 03015518、WO 2005085234、WO 2006037632、WO 2006037632、WO 200510755、ZA 2007002278、AU 781703、EP 1154755、JP 2002535268、IL 144561、MX 2001007486、WO 2000042990 等。

合成方法

通过如下反应制得目的物：

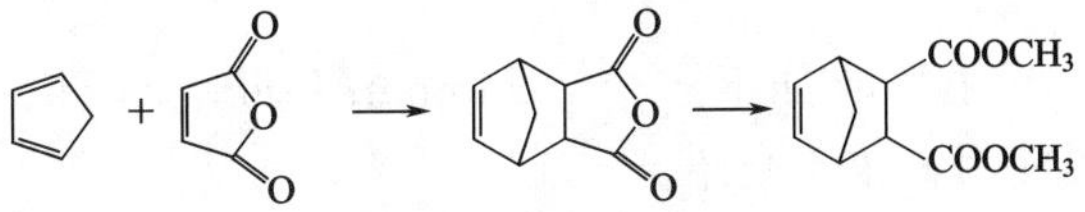

1 http://www.51qe.cn/pic/10/11/33/17/007.htm.
2 AT 224101.

255　N-methylneodecanamide

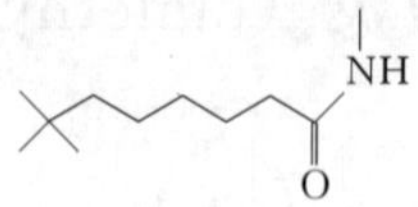

$C_{11}H_{23}NO$，185.3

产品简介

N-Methylneodecanamide（通用名称：MNDA，商品名称：M-9011）

化学名称　2,2-二甲基-*N*-甲基-辛酰胺。英文化学名称为 *N*,7,7-trimethyloctanamide。美国化学文摘系统名称为 *N*-methylneodecanamide。CA 主题索引名称为 neodecanamide—，*N*-methyl。CAS 登录号为［105726-67-8］。

理化性质　有果味浅灰色液体，pH 值 7.8，相对密度：0.76，蒸气压（30℃）1.2×10^{-3}Pa。

毒性　大鼠急性经口 450mg/kg＜LD_{50}＜1800mg/kg，大鼠急性经皮 LD_{50}＞1800mg/kg，大鼠吸入 LC_{50}＞2.4mg/L。对兔眼睛无刺激，无急性神经毒性。大鼠亚慢性毒性，90d 经口：30mg/(kg·d)，狗 4.5mg/(kg·d)；90d 经皮 1000mg/(kg·d)。

环境行为　在 pH 值为 5、7、9 的水中能稳定存在 3d（25℃）。

专利概况

专利名称　*N*-Alkyl neoalkanamideinsect repellents

专利号　EP 0367257　　专利公开日　1990-05-09

专利申请日　1989-11-02　　优先权日　1988-11-04

专利拥有者　Colgate Palmolive Co.［US］

在其他国家申请的化合物专利　AU 4437789、BR 8905642、CA 2002150、MX 9300216。

制备专利　DE 3609425、EP 367257、US 5391578 等。

制剂或剂型专利　EP 2198708、EP 677579、GB 2457347、GB 2354771、US 20070196412、US 20050132500、US 20030198659、US 6303555、WO 2007009661、WO 2006037632、WO 2006037633、WO 2006037634、WO 2006015865、WO 2005079577、WO 2001037662 等。

合成方法

通过如下反应制得目的物：

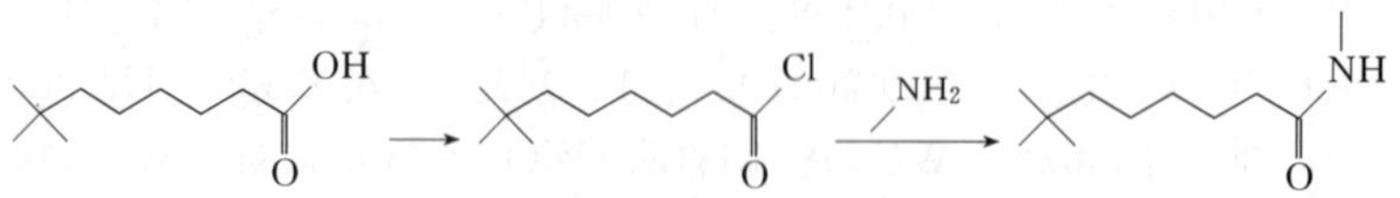

1　http：//www.alanwood.net/pesticides/methylneodecanamide.html.

2　EP 0367257.

（四）拒食剂

拒食剂（antifeedants）主要有如下 4 个：chlordimeform、fentin、guazatine、pymetrozine；chlordimeform 由于不再使用，故不介绍。

chlordimeform：(*EZ*)-N^2-(4-chloro-*o*-tolyl)-N^1,N^1-dimethylformamidine，6164-98-3。

256 三苯锡（fentin）

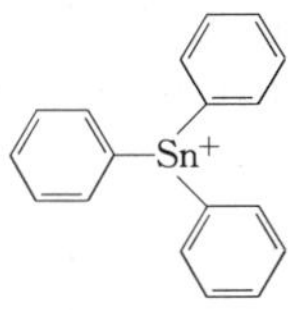

$C_{18}H_{15}Sn$，350.0

产品简介

三苯锡（试验代号：VP 1940、Hoe 02824，通用名称：fentin，商品名称：Brestan）化学名称为三苯基锡。英文化学名称为 triphenyltin。美国化学文摘系统名称为 triphenylstannylium，CA 主题索引名称为 stannylium-triphenyl。CAS 登录号为［668-34-8］。

另外三苯基锡还形成盐，结构如下所示：

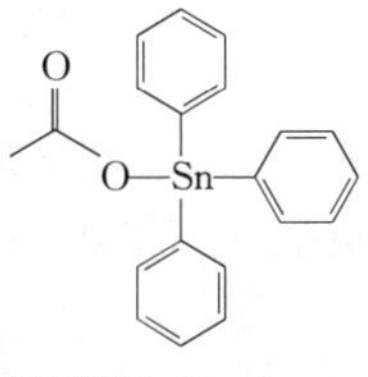

三苯基乙酸锡（fentin acetate），
$C_{20}H_{18}O_2Sn$，409.0

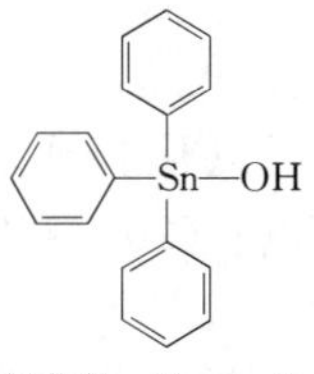

三苯基氢氧化锡（fentin hydroxide），
$C_{18}H_{16}OSn$，367.0

三苯基乙酸锡［试验代号：HOE 002782、AE F002782；通用名称：fentin acetate，商品名称：Suzu、Brestan（与代森锰的混剂）］。化学名称为三苯基锡乙酸盐。英文化学名称为 triphenyltin(Ⅵ)acetate。美国化学文摘系统名称为（acetyloxy）triphenylstannane，CA 主题索引名称为 stannane(acetyloxy)triphenyl。CAS 登录号为［900-95-8］。

三苯基氢氧化锡［试验代号：AE F029664、HOE 029664；通用名称：fentin hydroxide，商品名称：Brestan、Super-Tin、Suzu-H］。化学名称为羟基三苯锡。英文化学名称为 triphenyltin（Ⅵ）hydroxide。美国化学文摘系统名称为 hydroxytriphenylstannane，CA 主题索引名称为 stannane hydroxytriphenyl。CAS 登录号为［76-87-9］。

理化性质 三苯基乙酸锡：工业品含量不低于 94%。无色结晶体，熔点 121～123℃（工业品为 118～125℃），蒸气压 1.9mPa（50℃）。K_{ow} lg$P$=3.54。Henry 常数 2.96×10^{-4} Pa·m³/mol（20℃）。相对密度 1.5（20℃）。水中溶解度（pH=5，20℃）9mg/L；其他溶剂中溶解度（g/L，20℃）：乙醇 22、乙酸乙酯 82、己烷 5、二氯甲烷 460、甲苯 89。稳定性：干燥时稳定。有水时转化为羟基三苯锡。对酸碱不稳定（22℃），DT_{50} < 3h（pH=5，7 或 9）。在日光或氧气作用下分解。闪点 185℃±5℃（敞口杯）。三苯基氢氧化锡：工业品含量不低于 95%。无色结晶体，熔点 123℃，蒸气压 3.8×10^{-6} mPa（20℃）。K_{ow} lg$P$=3.54。Henry 常数 6.28×10^{-7} Pa·m³/mol（20℃）。相对密度 1.54（20℃）。水中溶解度（pH=7，20℃）1mg/L，随 pH 值减小而溶解度增大；其他溶剂中溶解度（g/L，20℃）：乙醇 32、异丙醇 48、丙酮 46、聚乙烯乙二醇 41。稳定性：室温下黑暗处稳定。超过 45℃开始分子间脱水，生成二三苯锡基醚，二三苯锡基醚在低于 250℃时稳定。在光照条件下缓慢分解为无机锡及一或二苯基锡的化合物，在紫外线照射下分解速度加快。闪点 174℃（敞口杯）。

毒性 三苯锡：每日允许摄入量（JMPR）0.0005mg/kg。三苯基乙酸锡：大鼠急性经口 LD_{50} 140～298mg/kg。兔急性经皮 LD_{50} 127mg/kg；对皮肤及黏膜有刺激。大鼠吸入

LC_{50}（4h）：雄 0.044mg/L（空气）；雌 0.069mg/L。NOEL（2a）：狗 4mg/kg。每日允许摄入量（JMPR）0.0004mg/kg。鹌鹑 LD_{50} 77.4mg/kg。呆鲦鱼（黑头呆鱼）LC_{50}（48h）0.071mg/L。水蚤 LC_{50}（48h）10μg/L。水藻 LC_{50}（72h）32μg/L。制剂对蜜蜂无毒。蚯蚓 LD_{50}（14d）128mg/kg。三苯基氢氧化锡：大鼠急性经口 LD_{50} 150～165mg/kg。兔急性经皮 LD_{50} 127mg/kg；对皮肤及黏膜有刺激。大鼠吸入 LC_{50}（4h）0.06mg/L。大鼠 NOEL（2a）4mg/kg。每日允许摄入量（JMPR）0.0004mg/kg。山齿鹑 LC_{50}（8d）38.5mg/kg。呆鲦鱼（黑头呆鱼）LC_{50}（48h）0.071mg/L。水蚤 LC_{50}（48h）10μg/L。水藻 LC_{50}（72h）32μg/L。对蜜蜂无毒。蚯蚓 LD_{50}（14d）128mg/kg。

环境行为　土壤/环境：在土壤中三苯基乙酸锡和三苯基氢氧化锡分解为无机锡及一或二苯基锡的化合物。DT_{50} 20d（实验室）。

制剂　三苯基乙酸锡：可湿性粉剂；三苯基氢氧化锡：悬浮剂、可湿性粉剂。

作用机理　三苯基乙酸锡：多靶点抑制剂，能够阻止孢子成长，抑制真菌的代谢。三苯基氢氧化锡：非内吸性具有保护治疗作用的杀菌剂。

应用

使用方法　本品可以作拒食剂，也可用作杀菌剂。防治马铃薯早、晚疫病（200～300g/hm^2），甜菜叶斑病（200～300g/hm^2）以及大豆炭疽病（200g/hm^2）。

专利概况

专利名称　Agents and processes for combating fungi, yeasts, bacteria, protozoa and like micro-organisms

专利号　DE 950970　　专利公开日　1956-10-18

专利申请日　1952-06-01　　优先权日　1951-06-09

专利拥有者　Cyril James Faulkner

在其他国家申请的化合物专利　GB 734119、NL 161846、NL 74766、US 3499086 等。

制剂或剂型专利　WO 2010003877、KR 2009117639、GB 2457347、GB 2456752、WO 2009082939、WO 2009063075、WO 2009063074、WO 2009063076、WO 2009062905、JP 2009108046、WO 2009047584、WO 2009040397、WO 2009037242、WO 2009007233、WO 2008148859、WO 2008075453、WO 2008075454、WO 2008062823、WO 2008046856、WO 2008034787、KR 789726、WO 2007122264、WO 2007110801、JP 2007246496、JP 2007246495、WO 2007083394 等。

合成方法

通过如下反应制得目的物：

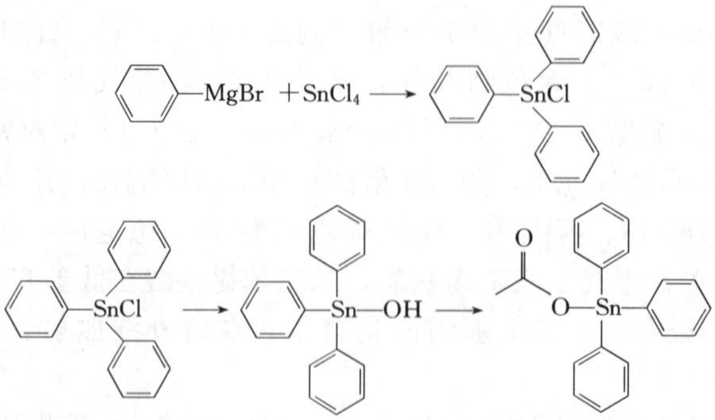

1　The Pesticide Manual. 15th ed.：491-493.

2　DE 950970.

3　国外农药品种手册，化工部农药信息站 . 479-481

257 双胍辛盐（guazatine）

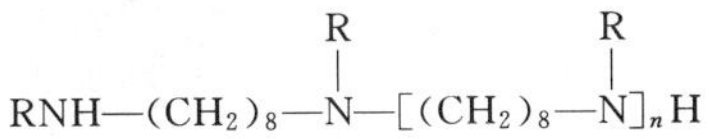

n可以是0，1，2等。R取代基可以是—H（17%～23%或 $-\overset{NH_2}{\overset{|}{C}}{=}NH$(77%～83%)

产品简介

双胍辛盐［通用名称：guazatine，guazatine acetate，商品名称：Panoctine（Makhteshim-Agan，Nufarm Ltd）、派克定、培福朗、谷种定醋酸盐、Citropel（Citrosol）、Kenopel（Makhteshim-Agan）、Ravine（Makhteshim-Agan），其他名称：Ravine（Makhteshim-Agan）］，双胍辛乙酸盐［试验代号：EM 379、MC 25］是由W. S. Catling等人报道，安万特公司（现属拜耳公司）开发的拒食剂或杀菌剂。主要生产商：Makhteshim-Agan。

组成　双胍辛盐来自于聚合胺反应的混合物，主要由octamethylenediamine和iminodi(octamethylene)diamine、octamethylenebis(iminooctamethylene)diamine以及carbamonitrile反应制得的化合物，没有固定的组成，但均有活性。实际应用的是双胍辛乙酸盐。

化学名称　为混合物，没有固定的名称。英文化学名称为A mixture of the reaction products from polyamines，comprising mainly octamethylenediamine，iminodi(octamethylene)diamine and octamethylenebis(imino-octamethylene)diamine，and carbamonitrile。美国化学文摘系统名称为guazatine。CA主题索引名称为guazatine。CAS登录号：其中双胍辛盐为［108173-90-6］，双胍辛乙酸盐为［115044-19-4］。

双胍辛乙酸盐理化性质　黄褐色液体（原药）。蒸气压$<1\times10^{-5}$mPa（50℃）。K_{ow} lg$P$=−1.2（pH=3），−0.9（pH=10）。相对密度1.09（20℃）。水中溶解度（室温）>3μg/L；其他溶剂中溶解度（g/L，20℃）：甲醇510、N-甲基吡咯烷酮1000、二甲亚砜、N,N-二甲基甲酰胺500、乙醇约200、二氯甲烷和正己烷0.1，在二甲苯和其他的烃类溶剂中溶解度很小。稳定性：25℃时，pH=5,7和9的条件下1个月后无明显的水解现象发生。pK_a为碱性。在中性和酸性介质中稳定，在强碱中极易分解。本品对光亦稳定。

毒性　双胍辛盐：大鼠急性经口LD_{50} 300mg/kg。大鼠NOEL（2a）2.8mg/(kg·d)。ADI/RfD值：（BfR）0.008mg/kg。双胍辛乙酸盐：大鼠急性经口LD_{50} 360mg/kg。大鼠急性经皮LD_{50}>1000mg/kg，兔急性经皮LD_{50} 1176mg/kg。对兔眼睛有刺激作用。大鼠吸入LC_{50} 225mg/L。大鼠2a饲喂试验无作用剂量为17.5mg/(kg·d)。狗1a饲喂试验无作用剂量为0.9mg/(kg·d)。对大鼠无致畸和致癌作用。

生态效应　双胍辛盐：野鸡LD_{50} 308mg/kg。双胍辛乙酸盐：鸽子LD_{50} 82mg/kg且有催吐效应。虹鳟鱼LC_{50}（96h）1.41mg/L。水蚤LC_{50}（48h）0.15mg/L。推荐剂量下对蜜蜂无毒，LD_{50}>200μg/只（接触）。蚯蚓LC_{50}（14d）>1000mg/kg（土壤）。

环境行为　动物：经口进入大鼠体内的本品，被快速和完全降解，在2～3d内以尿和粪便的形式排出体外。土壤和环境：本品直接施用于土壤时，双胍辛盐只是暂时被强烈束缚，然后辛链分解，经矿化作用形成二氧化碳。在土壤中稳定，因此地下水中本品的含量不会超过0.1μg/L。

制剂与分析方法　主要剂型有干种子处理剂、拌种用溶液、可溶性液剂如25%液剂，3%涂抹剂等。

应用

本品可用作拒食剂。也可以做杀菌剂使用，具体参看世界农药大全杀菌剂卷。

专利概况

专利名称　Mixtures having antimicrobial or pesticidal effect

专利号　US 4092432　　专利公开日　1978-05-30

专利申请日　19761022　　专利拥有者　KemaNord AB

在其他国家申请的化合物专利　AR 216638、AU 1855076、AU 505423、BR 7606992、CA 1072008、CH 625208、DD 128387、DE 2647915、DK 152081、DK 473376、FR 2328399、GB 1570517、HU 176545、IL 50649、IN 143379、IT 1121707、JP 1119495、JP 52051021、JP 57007605、MX 4511、NL 175816、NL 175816、NL 7611508、PL 106751、SE 417569、SE 7511852、SU 852169、ZA 7606127 等。

制备专利　SU 852169 等。

制剂或剂型专利　AU 1855076、IT 1121707、JP 52051021、CH 625208、WO 9927790、DE 4437048 等。

合成方法

以 1,8-辛二胺和 1,8-二溴辛烷为原料，经如下反应制得目的物：

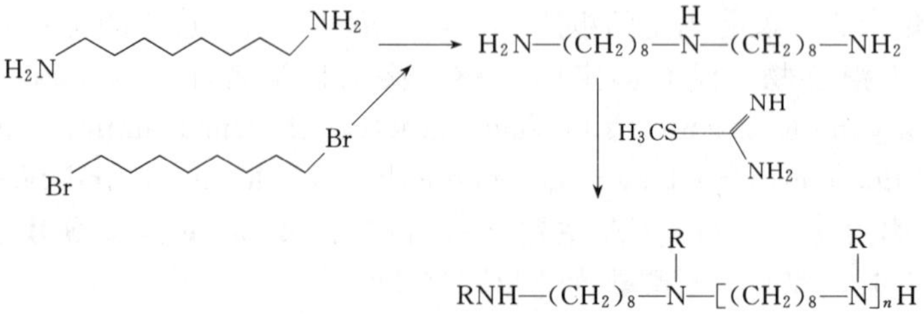

1　The Pesticide Manual. 15th ed.：597.

2　农药译丛，1984，6：53.

3　US 4092432.

258　吡蚜酮（pymetrozine）

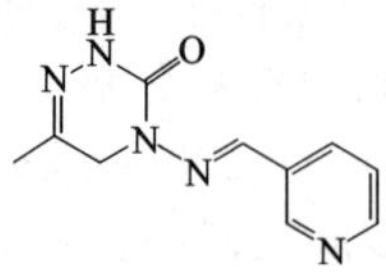

$C_{10}H_{11}N_5O$，217.2

产品简介

吡蚜酮［试验代号：CGA215944，通用名称：pymetrozine，商品名称：Chess（Syngenta）、Plenum（Syngenta）、Endeavor（Syngenta）、Fulfill（Syngenta），其他名称：吡嗪酮］是 1988 年由瑞士诺华公司（现属先正达公司）开发，1993 年由 Ciba-Geigy（现属先正达）公司生产的三嗪酮类杂环新型高效杀虫剂。

化学名称　(*E*)-4,5-二氢-6-甲基-4-(3-吡啶亚甲基胺)-1,2,4-三嗪-3(2*H*)-酮。英文化学名称为（*E*)-4,5-dihydro-6-methyl-4-(3-pyridylmethyleneamino)-1,2,4-triazin-3(2*H*)-one。美国化学文摘系统名称为（*E*)-4,5-dihydro-6-methyl-4-[(3-pyridylmethylene)amino]-1,2,4-triazin-3(2*H*)-one。CA 主题索引名称为 1,2,4-triazin-3(2*H*)-one—,4,5-dihydro-6-methyl-4-[(*E*)-(3-pyridinylmethylene)amino]-。CAS 登录号为［123312-89-0］。

理化性质　工业品纯度≥95%，纯品为无色结晶体，熔点 217℃，相对密度 1.36（20℃）。蒸气压$<4\times10^{-6}$ Pa（25℃），分配系数 K_{ow} lg$P=-0.18$（25℃）。水中溶解度（20℃，pH=6）0.29g/L；其他溶剂中溶解度（g/L，20℃）：乙醇 2.25、己烷<0.001、甲

苯 0.034、二氯甲烷 1.2、正辛醇 0.45、丙酮 0.94、乙酸乙酯 0.26。稳定性：在空气中稳定。在 25℃水解 DT_{50} 为 5～12d（pH=5），616～800d（pH=7），510～1212d（pH=9）。

毒性　原药大鼠急性经口 LD_{50} 5820mg/kg。大鼠急性经皮 LD_{50} ＞2000mg/kg。对兔皮肤和兔眼睛无刺激作用，对豚鼠无眼睛致敏性。大鼠吸入 LC_{50}（4h）＞1800mg/m^3（空气）。大鼠 NOEL（2a）3.7mg/(kg·d)，ADI：0.03mg/kg（bw），致畸变性（Ames 试验、哺乳动物细胞）：阴性。

生态效应　鹌鹑、麻鸭急性经口 LD_{50} ＞2000mg/kg，鹌鹑 LC_{50}（8d）＞5200mg/L。虹鳟鱼、鲤鱼 LC_{50}（96h）＞100mg/L。水蚤 EC_{50}（48h）87mg/L。海藻 LC_{50}（72h）47.1mg/L；羊角月芽藻 LC_{50}（5d）21.7mg/L。蜜蜂 LD_{50}（48h）＞117μg/只（经口），蜜蜂 LD_{50}（48h）＞200μg/只（接触）。蚯蚓 LC_{50}（14d）1098mg/kg（土壤）。

环境行为　动物：迅速被吸收，24h 内可吸收 90%，高效迅速降解，能够迅速通过排泄物排出，在所有被试动物种类（鼠类及农田动物）体内均能代谢，在主要的动物食品中不累积。而且代谢过程相似。植物：不同被试植物种类基本代谢的过程相似。吡蚜酮是唯一确定的残留物。土壤/环境：在土壤中能够被快速而且强烈地吸收，无流动性，无过滤性。土壤中 DT_{50} 2～69d（田间，7 种土壤，中值 14d），DT_{90} 55～288d（田间，7 种土壤，中值 185d）。在弱酸性或光照的水中能快速降解，在水面 DT_{50}（标准值）7d。轻微易挥发。能被直接光解和光化学氧化。

制剂与分析方法　可湿性粉剂、乳剂、悬浮剂、水分散粒剂。高效液相色谱及紫外光谱检测。

作用机理与特点　属于吡啶类或三嗪酮类杀虫剂，是全新的非杀生性杀虫剂，最早由瑞士汽巴·嘉基公司于 1988 年开发，该产品对多种作物的刺吸式口器害虫表现出优异的防治效果。利用电穿透图（EPG）技术进行研究表明，无论是点滴、饲喂或注射试验，只要蚜虫或飞虱一接触到吡蚜酮几乎立即产生口针阻塞效应，立刻停止取食，并最终饥饿致死，而且此过程是不可逆转的。因此，吡蚜酮具有优异的阻断昆虫传毒功能。尽管目前对吡蚜酮所引起的口针阻塞机制尚不清楚，但已有的研究表明这种不可逆的“停食”不是由于“拒食作用”所引起。经吡蚜酮处理后的昆虫最初死亡率是很低的，昆虫“饥饿”致死前仍可存活数日，且死亡率高低与气候条件有关。试验表明，药剂处理 3h 内，蚜虫的取食活动降低 90% 左右，处理后 48h，死亡率可接近 100%。

应用

吡蚜酮对害虫具有触杀作用，同时还有内吸活性。在植物体内既能在木质部输导，也能在韧皮部输导；因此既可用作叶面喷雾，也可用于土壤处理。由于其良好的输导特性，在茎叶喷雾后新长出的枝叶也可以得到有效保护。

防治对象　本品可用于防治大部分同翅目害虫，尤其是蚜虫科、粉虱科、叶蝉科及飞虱科害虫，适用于蔬菜、水稻、棉花、果树及多种大田作物。

适宜作物及对作物的安全性　蔬菜、园艺作物、棉花、大田作物、落叶果树和柑橘等；推荐剂量下对作物、环境安全、无药害；是害虫综合治理体系中理想的药剂。对已使用的杀虫剂敏感或产生抗性的蚜虫、粉虱和叶蝉等有特效。害虫在死亡之前，即停止进食。

使用方法　使用剂量：马铃薯 150g(a.i.)/hm^2，观赏植物、烟草、棉花 200～300g(a.i.)/hm^2，用于蔬菜、水果等使用剂量为 10～30g(a.i.)/hm^2。

吡蚜酮可以用在蔬菜田和观赏植物上防治各种蚜虫和白粉虱，防治蚜虫的推荐剂量为 10g(a.i.)/hm^2，防治白粉虱的推荐剂量为 20g(a.i.)/hm^2。

在烟草、棉花、马铃薯作物上可以用来防治棉蚜和桃蚜，推荐剂量为 100～200g

(a.i.)/hm^2。

在水稻上，茎叶处理剂量为100～150g(a.i.)/hm^2，种子包衣1.5g(a.i.)/hm^2可以防治黑尾叶蝉。

在柑橘和落叶果树上，使用剂量为5～20g(a.i.)/hm^2，可用于防治蚜虫。

专利与登记

专利名称　Preparation and testing of pyridylmethylaminotriazinones as insecticides, acaricides, and ectoparasiticides

专利号　EP 314625　　专利公开日　1989-05-03

专利申请日　1988-10-07　　优先权日　1987-10-16

专利拥有者　Ciba-Geigy AG., Switz. (Syngenta)

在其他国家申请的化合物专利　AT 121742、AU 8823789、AU 612415、AU 9173697、AU 621257、BR 8805315、CA 1325211、DK 8805733、DK 171936、ES 2070861、HU 49605、HU 200336、IL 102577、JP 01132580、JP 06062610、KR 128481、US 4931439、US 4996325、ZA 8807676等。

制备专利　WO 2007123855、CN 1124736A、JP 6316575、US 5324842、US 4952701等。

制剂或剂型专利　CH 689326、CN 1402998、CN 101779647、CN 101669466、CN 101069506、CN 101669494、CN 101653133、CN 101642096、CN 101367791、CN 101361488、FR 2720230、JP 2006232775、JP 2006131529、JP 2010163401、JP 2010155807、WO 2010071218、WO 2010069763、WO 2010060982、WO 2008077924、WO 2008006515、WO 2006007595、WO 2005053405、WO 2005009131、WO 9742815、WO 9740691等。

在中国申请的与该产品有关的部分专利及登记情况见表258-1、表258-2。

表258-1　在中国申请的专利

序号	申请号	专利名称
1	02134917.7	印楝素与吡蚜酮混配农药制剂
2	99803257.3	杀虫剂在转基因植物上的应用
3	200710135173.4	噻嗪酮和吡蚜酮复配杀虫剂及其防治害虫的方法
4	200710032678.8	鱼藤酮与吡蚜酮混配农药制剂
5	200710022838.0	吡蚜酮和异丙威混配杀虫剂
6	200810032224.5	粮食和蔬菜中吡蚜酮残留量的检测方法
7	200510115346.7	啶虫脒与吡蚜酮杀虫组合物
8	200710020941.1	吡蚜酮复配活性杀虫剂
9	200710024513.6	吡蚜酮悬浮剂及其制备方法
10	200710024601.6	一种防治稻飞虱的杀虫组合物
11	200810150124.2	一种含吡蚜酮的杀虫剂组合物
12	200810063122.X	一种毒死蜱和吡蚜酮复配微胶囊悬浮剂及其制备方法
13	200810116937.X	一种杀虫活性化合物
14	200710024803.0	吡蚜酮与异丙威杀虫组合物
15	200810211963.0	基于伊维菌素的农药组合物
16	200810151082.4	含有吡蚜酮和吡虫啉具有增效杀虫作用的组合物
17	200810196199.4	含有吡蚜酮和吡虫啉的杀虫剂
18	200810196198.X	含有氟硅菊酯的复合杀虫剂
19	200810106890.9	一种防治同翅目害虫的杀虫复配剂
20	200810211221.8	基于吡蚜酮的农药组合物
21	200810116936.5	杀虫活性化合物
22	200810172667.4	一种含吡蚜酮的杀虫微乳剂
23	200810172663.6	一种含吡蚜酮的杀虫组合物
24	200810175287.6	一种含吡蚜酮的杀虫组合物
25	200810232296.4	一种含吡蚜酮和噻嗪酮的杀虫组合物
26	200810175285.7	一种含吡蚜酮的杀虫组合物
27	200810096611.5	烯啶虫胺组合物环境友好新剂型
28	200910071622.2	防治稻飞虱的农药

续表

序号	申请号	专利名称
29	200910135716.1	含速灭威和吡蚜酮的农药组合物
30	200910136056.9	含有甲胺基阿维菌素苯甲酸盐的组合物
31	200910031120.7	茚虫威与吡蚜酮杀虫组合物
32	200910020860.0	一种含唑蚜威的复配杀虫组合物
33	200910102604.6	一种含吡蚜酮与噻虫嗪的农药复配物及其制备方法和用途
34	200910026699.8	烯啶虫胺与吡蚜酮的组合物及其水分散粒剂
35	200910026501.6	抗蚜威与吡蚜酮组合物及其水分散粒剂
36	200910026700.7	速灭威与吡蚜酮的组合物及其水分散粒剂
37	200910026502.0	丙溴磷与吡蚜酮组合物及其水分散粒剂
38	200910164807.8	一种农药组合物
39	200910034132.5	含有吡蚜酮的杀虫组合物
40	200910018516.8	一种含哒螨灵和吡蚜酮的农药组合物
41	200910150372.1	一种吡蚜酮悬浮制剂及其制备方法
42	200910023353.2	一种含有吡蚜酮和醚菊酯的杀虫组合物
43	200910173096.0	一种具有增效作用的杀虫组合物
44	200910164811.4	一种含有吡蚜酮的复配农药组合物
45	200910034978.9	一种含吡蚜酮的增效杀虫组合物及其应用
46	200910205311.0	一种含吡蚜酮的悬浮剂组合物
47	200910024279.6	一种含有吡蚜酮和乙虫腈的杀虫组合物
48	200910171308.1	一种含有吡蚜酮的农药组合物
49	201010207807.4	含有吡蚜酮和复硝酚钠的复合杀虫剂及其制备方法
50	201010227839.0	一种含噻虫啉与吡蚜酮的杀虫组合物
51	201010244301.0	吡蚜酮水分散粒剂及其制备方法
52	201010244291.0	吡蚜酮油悬浮剂及其制备方法
53	201010247076.6	一种含有烯啶虫胺与吡蚜酮的杀虫组合物
54	200910164732.3	稻丰散与吡蚜酮杀虫组合
55	200910185946.9	一种吡蚜酮和氯噻啉的混合杀虫剂
56	201010000431.X	一种含吡蚜酮与氯虫苯甲酰胺的杀虫组合物
57	201010100987.6	含有醚菊酯和吡蚜酮的复合杀虫剂
58	201010100857.2	一种含有哌虫啶和吡蚜酮的杀虫组合物
59	200910200243.9	农药组合物
60	200910185986.3	一种防治水稻条纹叶枯病的方法
61	200810240120.3	一种具有杀虫活性的包合物
62	201010000430.5	一种含吡蚜酮与烯啶虫胺的杀虫组合物
63	200910219015.6	一种含吡蚜酮与氟虫双酰胺的杀虫组合物
64	201010103346.6	吡蚜酮与伊维菌素复配农药
65	201010104608.0	吡蚜酮与仲丁威复配农药
66	201010104604.2	吡蚜酮与毒死蜱复配农药
67	201010114225.1	含有吡蚜酮和仲丁威的水悬浮剂农药及其制备方法
68	201010138148.3	一种含噻虫嗪和吡蚜酮的农药组合物
69	201010170349.1	包含吡蚜酮的复配杀虫剂
70	201010181519.6	基于吡蚜酮的农药组合物
71	201010212919.9	一种含有哌虫啶的农药组合物
72	201010278359.7	含吡蚜酮的杀虫悬浮剂
73	201010523602.7	含有吡蚜酮与氟硅菊酯的复配杀虫剂及其应用
74	200910261165.3	一种含多杀霉素的杀虫组合物及其应用
75	201010592522.7	一种含醚菊酯组合物的可乳化粒剂及制备方法
76	201010526628.7	吡蚜酮水分散粒剂
77	201010583967.9	一种含吡蚜酮与虫螨腈的杀虫组合物
78	201010585233.4	一种含吡蚜酮的杀虫组合物
79	201010608441.1	一种含吡蚜酮复配组合物
80	201010552408.1	一种含吡蚜酮的杀虫组合物
81	201010537099.0	吡丙醚和吡蚜酮组合物及其应用
82	200910035020.1	一种含吡蚜酮和醚菊酯的增效杀虫组合物及其用途
83	200910183492.1	一种含吡蚜酮和藻酸丙二醇酯的复合杀虫组合物及其用途
84	201010589650.6	虫螨腈与吡蚜酮的组合物及其制剂
85	200910183489.X	一种含吡蚜酮和联苯菊酯的增效杀虫组合物及其应用
86	200910183483.2	一种含吡蚜酮和顺式氯氰菊酯的增效杀虫组合物及其应用
87	200910183487.0	一种含吡蚜酮和溴氰菊酯的增效杀虫组合物及其应用
88	200910183490.2	一种含吡蚜酮和甲基毒死蜱的增效杀虫组合物及其应用
89	201110064721.5	一种含吡蚜酮的杀虫组合物
90	201110057397.4	一种含有氟啶虫胺腈的杀虫组合物
91	201110051834.1	一种杀虫剂

1997 年起，该药先后在土耳其、德国、巴拿马、马来西亚、中国台湾、日本、美国和南欧等国家和地区登记并陆续上市。现已在日本、美国、德国等国家和地区广泛使用。2001 年在欧盟农药登记条件附件 1 的 7 个新品种中，吡蚜酮榜上有名。

表 258-2　瑞士先正达作物保护有限公司在中国登记情况

登记名	登记证号	含量	剂型	登记作物	防治对象	用药量/g/hm^2	施用方法
吡蚜酮	PD20094118	50%	水分散粒剂	观赏菊花 水稻	蚜虫 稻飞虱	150～225 90～150	喷雾 喷雾
吡蚜酮	PD20081388	95%		水稻、观赏菊花			

合成方法

经如下反应制得吡蚜酮：

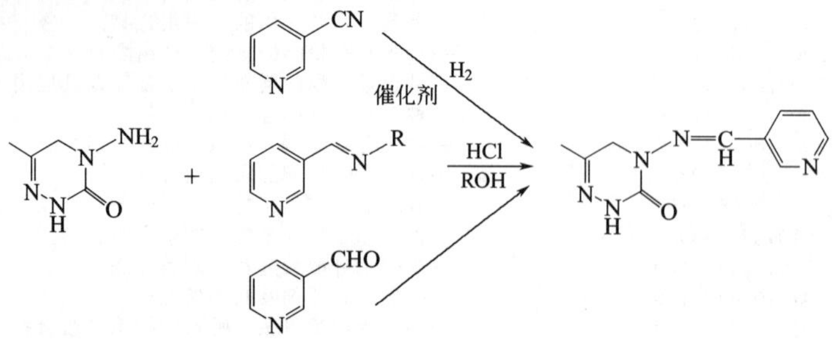

中间体氨基三嗪酮的制备方法如下：

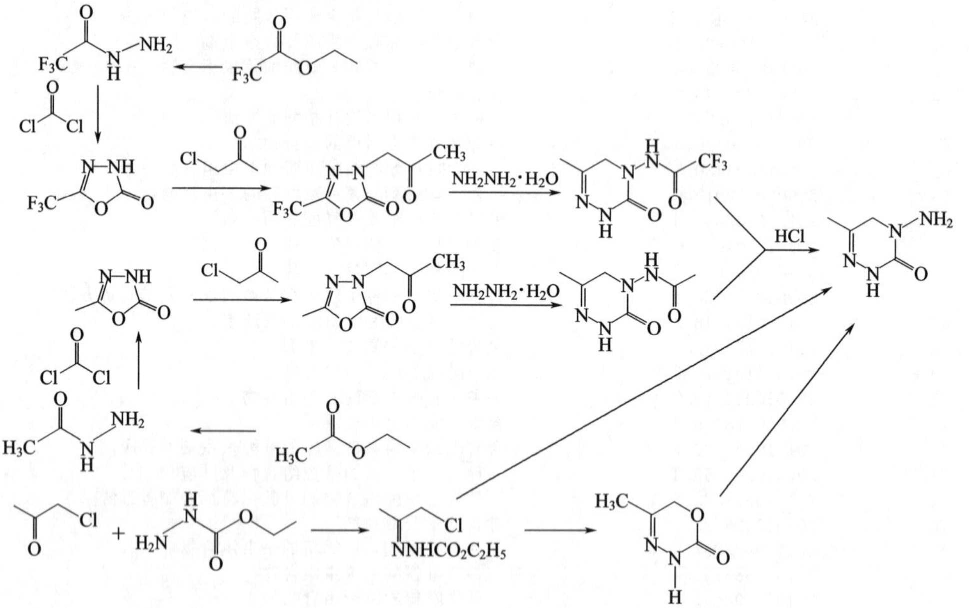

1　The Pesticide Manual. 15th ed. : 968-969.

2　Proc. Br. Crop Prot. Conf. —Pests Dis. , 1994, 1, 43.

3　农药研究与应用，2007 (12)：23-24.

4　世界农药，2002，2：46～47.

（五）鸟类驱避剂

鸟类驱避剂 (Bird Repellents) 主要有 9 个品种：anthraquinone、chloralose、copper-oxychloride、diazinon、guazatine、methiocarb、thiram、trimethacarb、ziram。其中 diazinon、guazatine、methiocarb、trimethacarb 在前面已有介绍。其他品种大多在下面介绍，

thiram 由于应用少，仅介绍其英文名称和 CAS 号。

thiram：tetramethylthiuramdisulfide 或 bis(dimethylthiocarbamoyl)disulfide，137-26-8。

259　蒽醌（anthraquinone）

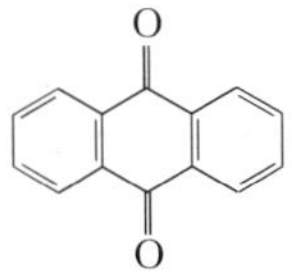

$C_{14}H_8O_2$，208.2

产品简介

蒽醌（通用名称：anthraquinone，商品名称：Corbit、Morkit、Gaucho Blé、Sibutol A）是一种鸟类驱避剂。

化学名称　蒽醌。英文化学名称为 anthraquinone。美国化学文摘系统名称为 9,10-anthracendione，CA 主题索引名称为 9,10-anthracenedione。CAS 登录号为［84-65-1］。

理化性质　工业品为具有芳香气味的黄绿色晶体，熔点 286℃，升华。沸点 377～381℃（760mmHg）（升华为黄色针状晶体）。蒸气压 5×10^{-3} mPa（20℃）；1×10^{-2} mPa（25℃，OECD104）。K_{ow} $\lg P=3.52$（22℃）。Henry 常数 1.24×10^{-2} Pa·m^3/mol（20℃，计算）。相对密度 1.44（20℃）。水中溶解度（20℃）0.084mg/L；其他溶剂中溶解度（g/kg）：氯仿 6.1，苯 2.6（20℃），乙醇 4.4，甲苯 3.0，乙醚 1.1（25℃）。稳定性：在酸性或碱性条件下稳定。

毒性　大鼠急性经口 $LD_{50}>5000$mg/kg。大鼠急性经皮 $LD_{50}>5000$mg/kg。对兔眼睛及皮肤无刺激性。大鼠吸入 LC_{50}（4h）>1.3mg/L（空气）。大鼠 NOEL（90d）15mg/kg。无致畸，无致突变性。

生态效应　日本鹌鹑 $LD_{50}>2000$mg/kg。鱼类 LC_{50}（96h）：虹鳟鱼 72mg/L，金鱼 44mg/L。水蚤 LC_{50}（48h）>10mg/L。水藻 $E_rC_{50}>10$mg/L。蚯蚓 $LC_{50}>1000$mg/kg（土壤）。

环境行为　动物：96%的蒽醌能够在 48h 内经过尿液及粪便排出。植物：植物对蒽醌摄入很少，因为蒽醌只用于种子处理。土壤/环境：在不同种土壤中能很快降解。在微生物的作用下，降解过程是很明显的。在水中蒽醌稳定而不水解；但是对光极为敏感，光照下蒽醌水溶液的 DT_{50} 为 9min。在固体表面上（硅胶），有 80%的蒽醌在 1d 内消失。因此，蒽醌的光解作用能够使其在环境中不残留。蒽醌的蒸气压较低，不能蒸发到大气中。

制剂　干拌种剂、悬浮种衣剂、种子处理液剂、可湿性粉剂、湿拌种剂。

应用

用于谷类种子处理，驱避鸟类的攻击。经常同杀菌剂、杀虫剂混用。

专利概况

该化合物不存在专利权问题。

制剂或剂型专利　EP 2198708、GB 2457347、US 20070196412、WO 2007009661、WO 2006037632、WO 2006037633、WO 2006037634、WO 2006015865、WO 2005079577、US 20050132500、US 20030198659、GB 2354771、US 6303555、WO 2001037662、EP 677579 等。

合成方法

通过如下多种方法制备。

方法1　蒽气相催化氧化法是以精蒽为原料，以空气作氧化剂，五氧化二钒为催化剂，进行气相催化氧化，反应器有固定床和流化床两种类型。我国蒽醌生产厂大多采用固定床反应器，用含量大于90%的精蒽，熔化后用300℃左右的热空气以1560m^3/h的流速带出气化的精蒽，在热风管道中混合后通过固定床催化氧化的列管反应器，总收率达80%～85%。

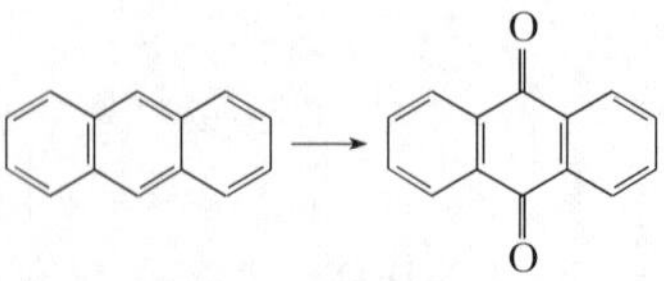

方法2　以苯酐、苯为原料，以氯化铝为催化剂，进行傅-克（Friedel-Crafts）反应，然后用浓硫酸脱水生成蒽醌。

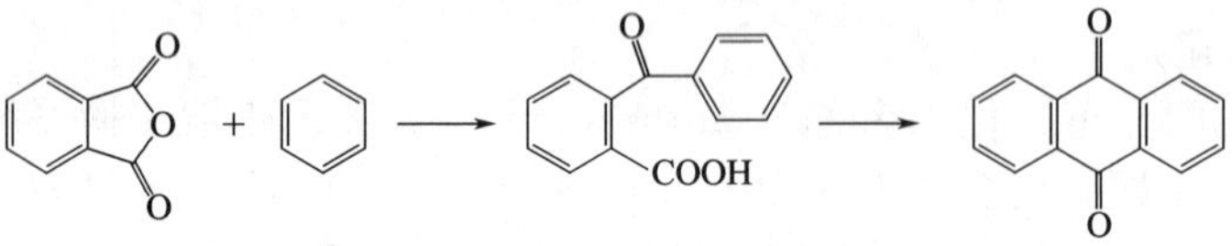

方法3　以萘醌和丁二烯为原料，以氯化亚铜为催化剂，进行缩合反应、脱氢后得蒽醌。由于石油化工的飞速发展，提供了此法所用的大量原料丁二烯和萘醌。该法具有消耗低、“三废”少等优点，在日本和美国萘醌法已达到相当规模，有发展前途。

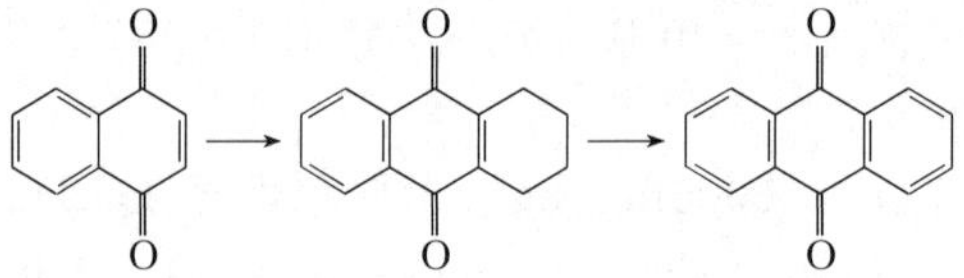

方法4　以苯为原料，经如下反应得到：

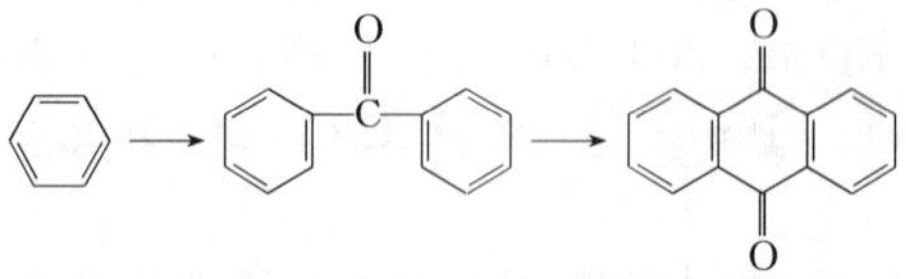

方法5　由苯乙烯先进行二聚反应，然后氧化成邻苯酰基苯甲酸，再环合成蒽醌。该方法的优点是原料易得，没有苯酐法的铝盐废水引起的公害问题，产品成本较低。但反应条件较苛刻，技术复杂，设备要求高，是德国BASF研究的新成果，但目前还未放大到工业生产规模。

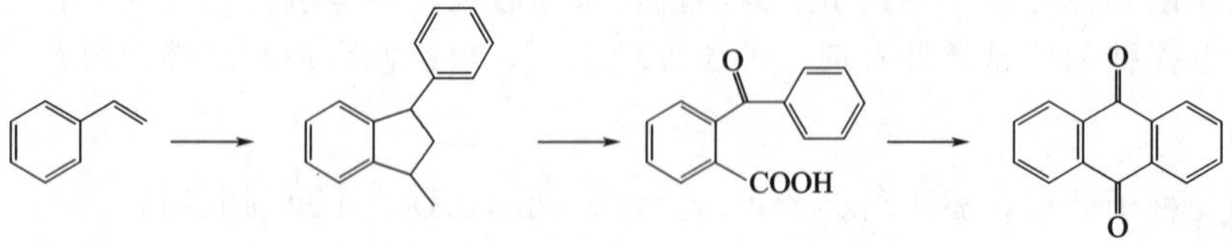

1　The Pesticide Manual. 15th ed.：45-46.

2　http：//baike. baidu. com/view/40650. htm？fr=ala0 _ 1.

3　http：//china. toocle. com/product/category-196114-1. html.

260　氯醛糖（chloralose）

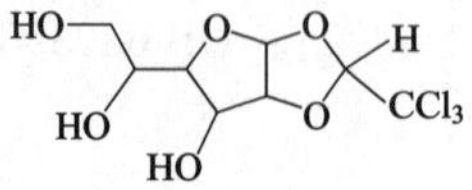

$C_8H_{11}Cl_3O_5$，309.5

产品简介

氯醛糖（通用名称：chloralose，商品名称：Alphabied，其他名称：glucochloralose、杀鼠糖、灭雀灵、三氯乙醛化葡萄糖）为鸟类驱避剂和杀鼠剂。世界主要生产商：Rimi Chemicals Co. Ltd.。

化学名称　(*R*)-1,2-*O*-(2,2,2-三氯亚乙基)-α,D-呋喃（型）葡萄糖。英文化学名称为(*R*)-1,2-*O*-(2,2,2-trichloroethylidene)-α-D-glucofuranose。美国化学文摘系统名称为1,2-*O*-[(1*R*)-2,2,2-trichloroethylidene]-α-D-glucofuranose。CA主题索引名称为α-D-glucofuranose-，1,2-*O*-[(1*R*)-2,2,2-trichloroethylidene]。CAS登录号为［15879-93-3］α-chloralose，［39598-39-5］或［14798-36-8］，β-异构体［16376-36-6］。

组成　以β-异构体形式存在。

理化性质　纯品为结晶粉末，熔点187℃（β-异构体227～230℃）。蒸气压在室温下可忽略。水中溶解度（15℃）4.4g/L；可溶于醇类、乙醚和冰醋酸，微溶于氯仿，不溶于石油醚，β-异构体在水、乙醇和乙醚中溶解度小于α-异构体。稳定性：在酸或碱性条件下转化为葡萄糖和三氯乙醛。旋光度 $[\alpha]_D^{22}=+19°$。

毒性　大鼠急性经口 LD_{50} 400mg/kg；小鼠急性经口 LD_{50} 32mg/kg。

生态效应　鸟类急性经口 LD_{50} 32～178mg/kg。

环境行为　动物：氯醛糖在动物体内代谢为三氯乙醛；三氯乙醛经氧化为三氯乙酸，经还原为三氯乙醇；三氯乙醛的氧化或还原反应使得氯醛糖具有催眠的作用。毒饵使用浓度为4%～8%。对人、畜没有危险。

制剂与分析方法　浓饵剂（CB），毒饵（RB）。产品分析通过水解及对生成的三氯乙醛的计算来进行分析，也有报道用薄层色谱法和化学高碘酸法。

作用机理与特点　麻醉剂，使鸟类易于被其他方法杀死。灭鼠剂，通过延迟新陈代谢和将体温降低到致死限而发挥作用。能够被快速代谢，因而不会累积。

应用

用作灭鼠剂（尤其是小鼠），毒饵中有效成分含量为4%。本品对体型较大的鼠类效果差，故不推荐应用于杀灭大鼠。也用作鸟类的驱避剂和麻醉剂。

专利概况

专利名称　Microbial encapsulation

专利号　EP 242135　　专利公开日　1987-10-18

专利申请日　1987-04-10　　优先权日　1986-04-12

专利拥有者　AD2 Limited

在其他国家申请的化合物专利　EP 0242135（A3）、EP 0242135（B1）、CA 1301682等。

制备专利　US 20090226378、WO 2007112933、EP 992277等。

制剂或剂型专利　US 20090297617、GB 2457347、WO 2009047175、WO 2007009661、PL 191186、WO 2006037632、WO 2006037633、WO 2006015865、FR 2873538、US 20060014697、US 20050281748、FR 2858921、WO 2004004693、US 20030198659、EP 1273301、WO 2000002447、WO 9931978、US 5288632等。

合成方法

在酸催化下浓缩葡萄糖和三氯乙醛得到。

1 The Pesticide Manual. 15th ed.：174-175.
2 EP 242135.
3 http：//www.chemyq.com/chemyq/.
4 CS 85596.
5 CS 245845.
6 天津化工，1987，02：56-57.

261 王铜（copper oxychloride）

$3Cu(OH)_2 \cdot CuCl_2$

$Cl_2Cu_4H_6O_6$，427.1

产品简介

王铜［通用名称：copper oxychloride，商品名称：Beni Dou（Marubeni）、Blitox（Rallis）、Cobox（Spiess-Urania）、Cobre Lainco（Lainco）、Copper Force（Crop Health）、Coprantol（Syngenta）、Coptox（Aimco）、Cupravit（Bayer CropScience）、Cuprex（Hermoo）、Cuprocaffaro（Isagro，Phyteurop）、Cuprokylt（Unicrop）、Cuprozin（Spiess-Urania）、Curenox（IQV）、Deutsh Bordeaux A（Hokko）、Devicopper（Devidayal）、Dhanucop（Dhanuka）、Flowbrix（Montanwerke）、Hilcopper（Hindustan）、Miedzian（Azot）、Nucop（Agri-Estrella）、Ossiclor（Manica）、Recop（Syngenta）、Sulcox（Sulcosa）、Sun-Co（Sundat）、氧氯化铜］是一种鸟类驱避剂，同时具有很好的杀菌活性。主要生产商：Agria、Agri-Estrella、Atar do Brasil、Erachem Comilog、Hindustan、Hokko、Ingeniería Industrial、IQV、Isagro、Manica、Montanwerke、Rallis、Sharda、Spiess-Urania、Sulcosa、Tagros。其他商品名称（生产商）：Afrocobre（Afrasa）、Agrinose（Nufarm Industria Quimica）、Agro-Bakir（AgroSan）、Blue Diamond（Sulphur Mills）、Borzol Combi（Siapa）、Cekucobre（Cequisa）、Champ（Hekta351）、Cobreluq（LUQSA）、COC（Albaugh）、COPAC（IQV）、Copperag（Agropharm）、Coppertol（Zagro）、Copter（United Phosphorus）、Coupradin（Papaeconomou）、Cubre Corte（Bayer CropScience）、Cupagrex（Cequisa）、Cuprenox（Chimiberg）、Cuprital（Sapec）、Cuproflow（Chemiplant，Isagro，Phyteurop）、Cuprosan（Bayer CropScience）、Cuprossina（Isagro）、Cuprox（Zagro）、Cuprox-Blue（Zagro）、Cuproxina（Chemiplant）、Dong oxyclorua（Vipesco）、Drycop（Sipcam Inagra）、Faecu（Cequisa）、Festline Bakir（Doğal）、Funguran（Spiess-Urania）、Gypso（Arysta lifeScience EAME）、Iperion（Sapec，Siapa）、Kopernico（Hekta351）、KOPOXY（Drexel）、Neoram（Isagro）、Ossirame（Sipcam S. p. A.）、Oxicob（Ingeniería Industrial）、Oxycure（Phyteurop）、Oxydul（Nufarm Ltd）、Pasta Caffaro（Isagro，Phyteurop）、Ramin（Chemia）、Top Gun（Sulphur Mills）、Trucop（Indofil）、Trust（Krishi Rasayan）、Ugecupric（Phyteurop）、Viricuivre（Philagro）、Yucca（Phyteurop）、Zetaram 20（Sipcam S. p. A.）。

化学名称　氧氯化铜。英文化学名称为 dicopper chloride trihydroxide；copper oxychloride。美国化学文摘系统名称为 copper chloride oxide hydrate，copper chloride hydroxide。CA 主题索引名称为 copper chloride oxide hydrate。CAS 登录号为［1332-40-7］。

理化性质　蓝绿色粉末，含 Cu^{2+} 57%。熔点 240℃（分解）。蒸气压（20℃）忽略不计。相对密度（20℃）3.64。水中溶解度（pH=6.6）1.19×10^{-3}g/L；其他溶剂中溶解度（g/L）：甲苯<11，二氯甲烷<10，正己烷<9.8，乙酸乙酯<11，甲醇<8.2，丙酮<8.4。不溶于有机溶剂，溶于稀酸，形成 Cu^{2+} 盐，溶于氨水，形成络合离子。稳定性：在中性介质中稳定，在碱性介质中受热分解形成氧化铜，放出氯化氢。

毒性　大鼠急性经口 LD_{50} 950～1862mg/kg。大鼠急性经皮 LD_{50} >2000mg/kg。大鼠吸入 LC_{50}（4h）>2.83mg/L（空气）。NOEL 值：16～17mg Cu/(kg · d)。ADI/RfD 值：(JECFA 评估) 0.5mg/kg；(WHO) 0.5mg/kg；(EC) 0.15mg Cu/kg (bw)。

生态效应　山齿鹑 LC_{50}（8d）167.3mg/(kg · d)。虹鳟鱼 LC_{50}（96h）0.217mg/L。水

蚤 LC_{50}（48h）0.29mg/L。藻类 E_bC_{50} 56.3mg/L，E_rC_{50}＞187.5mg/L。蜜蜂 18.1μg/只（胃毒）；109.9μg/只（触杀）。蚯蚓 LC_{50}（14d）＞489.6mg/kg（土壤）。

环境行为　动物：铜是动物体内必需的元素，在哺乳动物体内处于稳态调控。土壤/环境：铜是一种化学元素，不能降解或者转移到相应的代谢产物中。在土壤中，铜元素主要被大范围的土壤物质所束缚，因此在土壤溶液中游离的铜离子数量有限，生物利用度低。游离的铜离子的数量主要受 pH 值和溶解在土壤中有机物的含量决定。在酸性土壤中的铜离子比在中性和碱性环境下高度集中，铜不能渗透到饱和层。在水中，水解和光解作用对铜无影响。它迅速被吸附于矿物颗粒上，形成不溶的无机盐或者吸附于有机物。在空气中，铜不会存在，因为在与环境相关的温度下，铜不会挥发。

制剂与分析方法　30%悬浮剂，10%、25%粉剂，50%可湿性粉剂。可用 GC-MSD/HPLC-UV 进行分析。

应用

本品可用作鸟类驱避剂。更多的用作杀菌剂，具体参看世界农药大全杀菌剂卷。

专利概况

在中国申请的含王铜的专利见表 261-1。

表 261-1　在中国申请的专利

序号	申请号	专利名称
1	200710187649.9	王铜水分散粒剂及其制备方法

1　The Pesticide Manual. 15th ed.：236～237.

262　福美锌（ziram）

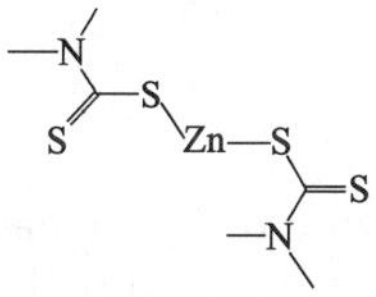

$C_6H_{12}N_2S_4Zn$，305.8

产品简介

福美锌的通用名称：ziram，商品名称：AAvolex（Stöhler）、Cekuziram（Cequisa）、Crittam（Siapa），Cuman（Syngenta）、Mezene（Isagro）、Miram（Crop Health）、Triscabol（Cerexagri）、Ziram Granuflo（UCB）。主要生产商：Cerexagri、FMC、India Pesticides、Sharda、UCB、山东青岛第二农药厂、天津市农药研究所、河北冠龙农化有限公司、河南夏邑县华泰化工有限公司、天津汉邦植物保护剂有限责任公司、山西科力农业新技术发展有限公司、陕西农大德力邦科技股份有限公司等。

化学名称　双（二甲基硫代氨基甲酸）锌。英文化学名称为 zinc bis(dimethyldithiocarbamate)。美国化学文摘系统名称为（*T*-4)-bis(dimethylcarbamodithioato-*S*,*S*′)zinc。CA 主题索引名称为 zinc—，bis(dimethylcarbamodithioato-κ*S*,κ*S*′)-。CAS 登录号为［137-30-4］。

理化性质　纯品为无色粉末，熔点 246℃（工业品为 240～244℃）。蒸气压 1.8×10^{-2} mPa（99%，25℃）。K_{ow} lg$P$=1.65（20℃）。相对密度 1.66（25℃）。水中溶解度（20℃）0.97～18.3mg/L；其他溶剂中溶解度（g/L，20℃）：丙酮 2.3、甲醇 0.11、甲苯 2.33、正己烷 0.77。稳定性：在酸性介质中很快降解，水解 DT_{50} 18h（pH=7）。

毒性　大鼠急性经口 LD_{50} 2068mg/kg；天竺鼠急性经口 LD_{50} 100～150mg/kg。兔急性经口 LD_{50} 100～300mg/kg。兔急性经皮 LD_{50}＞2000mg/kg。对黏膜有刺激，对眼睛有强烈刺激，对皮肤无刺激。大鼠吸入 LC_{50}（4h）0.07mg/L（空气）。大鼠 NOEL 值：5mg/kg（1a）；100mg/kg（30d）。小猎犬饲喂（13 周）100mg/L。每日允许摄入量（JMPR）0.003mg/kg。

生态效应　山齿鹑急性经口 LD_{50} 97mg/kg。虹鳟鱼 LC_{50}（96h）＞1.9mg/L。水蚤 EC_{50}（48h）0.048mg/L。对蜜蜂无毒，LD_{50}＞100μg/只。蚯蚓 LC_{50}（7d）190mg/kg（土壤）。福美锌对不同鸟类的毒性为无毒至中等毒性。对欧洲八哥及红翼山鸟的 LD_{50} 为 100mg/kg。2a 的研究表明福美锌对鹌鹑的饮食 LC_{50} 为 3346mg/L。对于雏鸡，有毒剂量为 56mg/kg。福美锌能够使母鸡不能产蛋。在非特定条件下，福美锌能够给雏鸡的体重以及睾丸的发育带来负面影响。对唯一的被试物种——金鱼的研究表明，福美锌对鱼类为中等毒性。其对金鱼的 LC_{50}（5h）为 5～10mg/L。由于福美锌在水中的溶解度低，所以它具有较低的生物浓缩能力。

环境行为　动物：大鼠经口福美锌后 1～2d 内几乎全部降解，7d 后有 1%～2%的福美锌残留在大鼠的尸体内。植物：在植物体内代谢的主要产物为二甲基氨基二硫代羧酸的二甲胺盐；此外还有四甲基硫脲、二硫化碳和硫。二甲基氨基二硫代羧酸能够以其酸的形式存在，以及代谢产物二甲基氨基二硫代羧-*β*-配糖体、二甲基氨基二硫代羧-*α*-氨基丁酸和二甲基氨基二硫代羧-*α*-丙氨酸。土壤/环境：在土壤中 DT_{50}（有氧）42h。

制剂与分析方法 20%福美锌可湿性粉剂，50%福美锌可湿性粉剂，65%福美锌可湿性粉剂，72%福美锌可湿性粉剂，76%福美锌可湿性粉剂，7%福美锌粉剂，10%福美锌粉剂，15%福美锌粉剂。产品用酸水解，释放出来的二硫化碳转化成 *O*-甲基二硫代碳酸钾，再用碱滴定。残留分析用酸水解，释放出来的二硫化碳用比色法测定。

作用机理与特点　主要为接触活性，具有保护作用的杀菌剂。能够驱除鸟类及啮齿目动物。

应用

作为野生动物驱避剂。更多地用于防治水果及蔬菜等作物的斑点病、桃缩叶病、叶片穿孔病、锈病、黑腐病和炭疽病。

专利概况

专利名称　Process for preparing zinc dithiocarbamates

专利号　US 2229562　　专利公开日　1941-01-21

专利申请日　1939-02-15　　优先权日　1939-02-15

专利拥有者　Wingfoot Corp.

制备专利　CN 1935788、RU 2215743、SU 1493639、IN 153029、IN 149456 等。

制剂或剂型专利　WO 2010078269、US 20100168230、WO 2009055514、WO 2008135413、EP 1901311、CN 1850628、CN 1429880、JP 2003246704、JP 09234800、JP 08333685、JP 06200189、JP 05023698、US 5108620、US 4655935、US 4110240、JP 53032123、DE 2555730、FR 2138444、JP 48025042 等。

在中国申请的与该产品有关的部分专利见表 262-1。

表 262-1　在中国申请的专利

序号	申请号	专利名称
1	92109222.9	一种多用途复合杀菌剂
2	94101782.6	新型植物杀菌剂恶苗敌
3	94119518.X	防腐抑菌涂料
4	99100316.0	含有 *N*-丙酮基苯甲酰胺的杀真菌组合物
5	00111059.4	杀菌剂组合物
6	99112277.1	防治柑橘溃疡病的可湿性粉剂

续表

序号	申请号	专利名称
7	03133420.2	烯肟菌酯与硫代氨基甲酸盐的杀菌组合物
8	03133719.8	一种杀菌组合物及其应用
9	200510048136.0	代森福美锌的制备方法
10	200610048400.5	一种福美锌的制备方法
11	94248281.6	育苗纸
12	200710072307.2	侵染性立枯病复配杀菌剂及其制备方法
13	200910161263.X	一种含有氰霜唑的复配杀菌组合物
14	201010157457.5	福美锌可湿性粉剂及其制备方法
15	200910259560.8	含有醚菌酯的杀菌组合物
16	200910259848.5	含有氟环唑的杀菌组合物
17	201010192781.0	一种树干病害治疗剂
18	200910261166.8	杀菌组合物
19	201030567220.5	包装袋(福美锌)
20	201130005070.3	包装袋(福美锌 2)

合成方法

通过如下反应制得目的物：

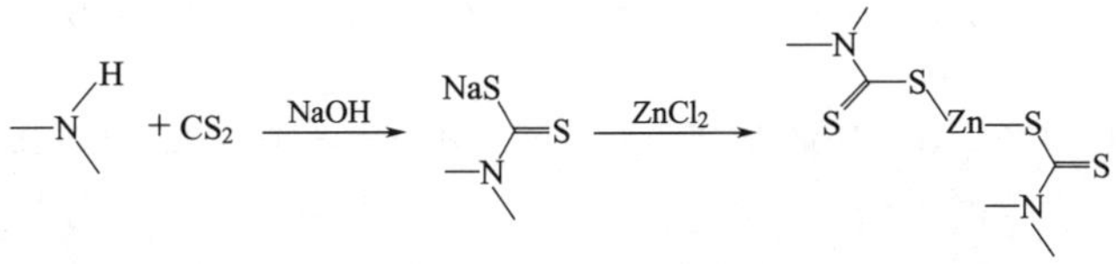

1 The Pesticide Manual. 15th ed.：1197-1198.

2 US 2861091.

3 国外农药品种手册．化工部农药信息站．529-530.

4 US 2492314.

5 张敏恒主编．新编农药商品手册．化学工业出版社，575.

6 精细化学品大全，303-304.

7 US 2229562.

（六）交配干扰剂

交配干扰剂（mating disrupters）主要有如下 3 个品种：disparlure、gossyplure、grandlure。

263 Disparlure

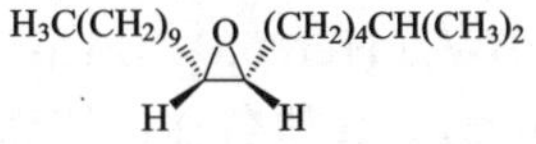

$C_{19}H_{38}O$，282.5

产品简介

Disparlure（商品名称：Disrupt II GM）为螟蛉蛾的交配信息素。(＋)-异构体是舞毒蛾的天然信息素，用于预测预报及捕杀成虫。

化学名称 (*Z*)-7,8-环氧-2-甲基十八烷。英文化学名称为 (*Z*)-7,8-epoxy-2-methyl-octadecane。美国化学文摘系统名称为 *rel*-(2*R*,3*S*)-2-decyl-3-(5-methylhexyl)oxirane，*cis*-2-methyl-7,8-epoxyoctadecane，(2*S*，3*R*)-2-decyl-3-(5-methylhexyl)oxirane (＋)-异构体。CA 主题索引名称为 Oxirane—，2-decyl-3-(5-methylhexyl)-(2*R*，3*S*)-*rel*。CAS 登录号为［29804-22-6］(外消旋体)；［54910-51-9］(＋)-异构体；［54910-52-0］(－)-异构体。

理化性质 无色黏稠状液体，沸点 146～148℃ (0.25mmHg)；旋光度 $[\alpha]_D^{23}$ +0.8° (氯仿)。

毒性 大鼠急性经口 LD_{50}＞34600mg/kg。兔急性经皮 LD_{50}＞2025mg/kg。对兔皮肤有刺激，对眼有少许刺激。大鼠吸入 LC_{50} (1h)＞5.0mg/L (空气)。

生态效应 野鸭及鹌鹑急性经口 LC_{50} (8d)＞5000mg/kg。虹鳟鱼及大翻车鱼 LC_{50}

(96h)＞100mg/L。

制剂　可塑薄片，可塑压片。

作用机理与特点　吸引害虫，干扰其正常的交配。

应用

防治森林中的舞毒蛾（*Gypsy moth*）。用量为 37.5g/hm^2 和 15g/hm^2 外消旋体。

专利概况

专利名称	Preparation of *cis*-7,8-epoxy-2-methyloctadecane		
专利号	US 3975409	专利公开日	1976-08-17
专利申请日	1974-02-26	优先权日	1974-02-26
专利拥有者	Bayer AG		

合成方法

通过如下反应制得目的物：

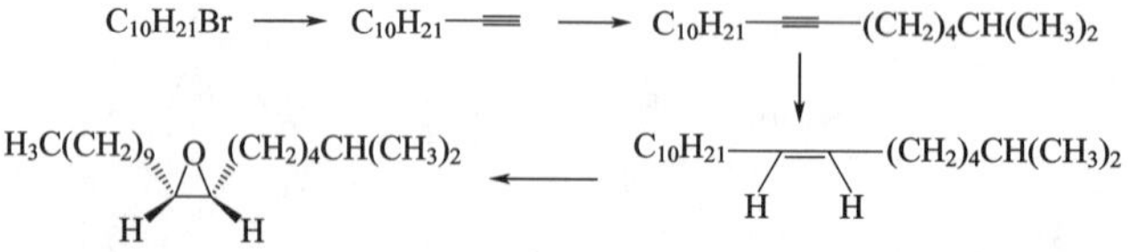

1　The Pesticide Manual. 15th ed.：400.　　2　US 3975409.

264　红铃虫性诱素（gossyplure）

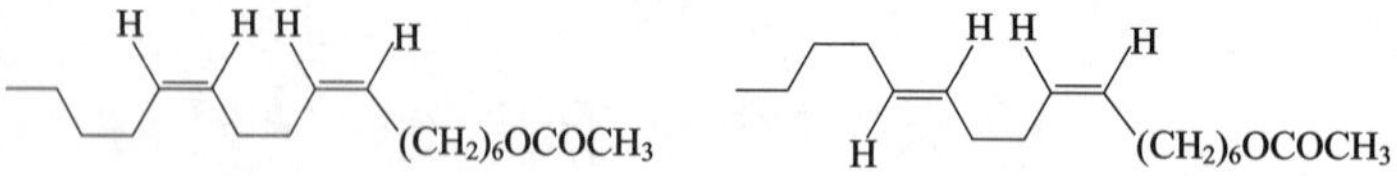

(*Z*, *Z*)-　　(*Z*, *E*)-

$C_{18}H_{32}O_2$，280.5

产品简介

红铃虫性诱素［试验代号：PP761（ICI），通用名称：gossyplure，商品名称：Checkmate PBW-F（Suterra）、Disrupt PBW（Hercon）、Frustrate PBW（Certis）、NoMate PBW（Scentry）、PB Rope-L（USA，Israel），其他名称：信优灵（PB-Rope）］。红铃虫性诱素是棉铃虫蛾（*Bollworm moth*）的交配信息素。

化学名称　（顺，顺）和（顺，反）-7,11-十六碳二烯基乙酸酯 1∶1 混合物。英文化学名称为 1∶1 mixture of(*Z*,*Z*)-and(*Z*,*E*)-hexadeca-7,11-dien-1-yl acetate。美国化学文摘系统名称为 1∶1 mixture of(*Z*,*Z*)-and(*Z*,*E*)-7,11-hexadecadien-1-ol acetate。CAS 登录号为［50933-33-0］；［53042-79-8］（7*Z*,11*E*)-异构体；［52207-99-5］（*Z*,*Z*)-异构体。

理化性质　温和而且具有甜味的无色或淡黄色液体，沸点 170～175℃（3mmHg）；191～195℃（4.5mmHg）；146℃（133Pa）。蒸气压 11mPa。K_{ow} lg$P$＞4。相对密度 0.885（20℃）。水中溶解度（25℃）0.2mg/L，能溶于常见有机溶剂。稳定性：在 pH 值为 5～7 范围内稳定。闪点 167℃，＞200℃。

毒性　大鼠急性经口 LD_{50}＞5mg/kg。大鼠急性经皮 LD_{50}＞2g/kg，有轻微红斑。大鼠吸入 LC_{50}（4h）＞2.5mg/L（空气）。

生态效应　山齿鹑急性经口 LD_{50}＞2000mg/kg，LC_{50}（8d）＞5620mg/L。虹鳟 LC_{50}（96h）＞120mg/L。水蚤 LC_{50}（48h）0.70mg/L。对蜜蜂无毒。

环境行为　土壤/环境：在土壤中 DT_{50} 1d，水中 DT_{50} 7d。

制剂　3mg/20cm、36mg/10cm 药棒，多层缓释剂、胶帽型缓释剂；细粒、玻璃粉、薄片、中控纤维；94%红铃虫性诱素缓释管剂。

作用机理与特点　红铃虫性诱素是一种外激素类杀虫剂，用于棉田防治棉红铃虫。它是通过对棉红铃虫成虫的交配活动进行干扰迷向，使其不能交配，从而控制害虫数量的增长，达到防治的目的。但在棉红铃虫密度大的情况下，由于自然交配机会增多，该药的干扰效果即防治效果尚不理想，因此该药宜作为防治棉红铃虫的辅助药剂使用。

应用

用于防治棉花上棉红铃虫。既可单独使用，也可与杀虫剂混合使用。在棉红铃虫第一、二代始见期，用 10cm 长的药棒按每亩 60～139 支（有效成分 2.16～5g）悬挂于棉株上部，当药棒中的药液挥发后长度减至 3cm 以下时，可根据害虫密度适当增挂新的药棒。这样可整季控制棉红铃虫，一般持效期可达三个月。

专利概况

专利名称　Synthesis of the pink bollworm sex pheromone

专利号　US 3919329　　专利公开日　1975-11-11

专利申请日　1974-04-25　　优先权日　1974-04-25

专利拥有者　Zoecon Corporation

合成方法

通过如下反应制得目的物：

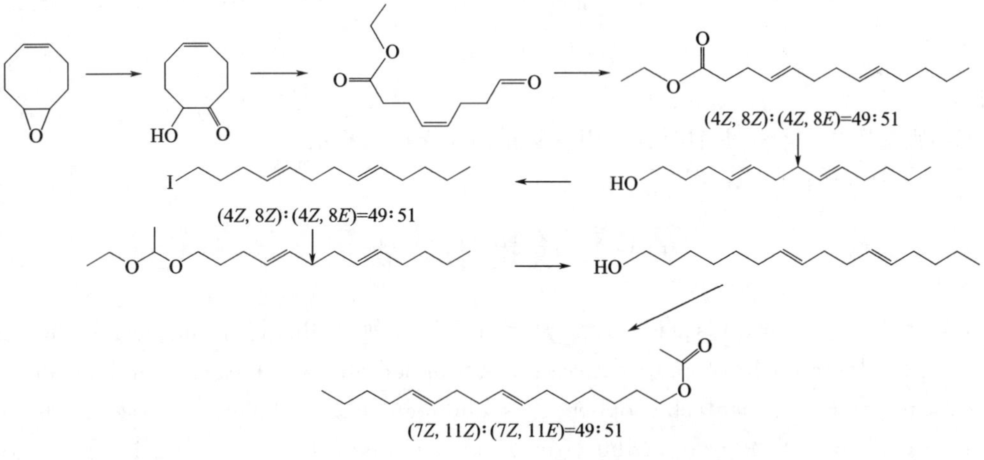

1　http：//www.yd120.net/material/submaterial.asp?RecID=LY000454.

2　US 3919329.

3　The Pesticide Manual. 15th ed.：593-594.

4　农业部农药检定所主编．新编农药手册．180-181.

5　张敏恒．新编农药商品手册．北京：化学工业出版社，2006：35.

6　J. A. C. S. 1975，97（15）：4237.

265　Grandlure

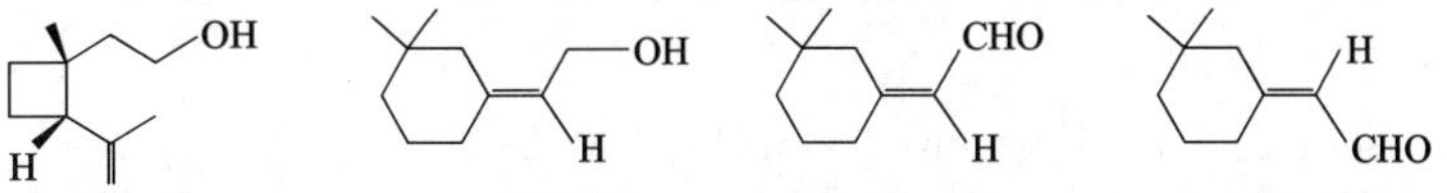

grandlure Ⅰ $C_{10}H_{18}O$ 154.25　grandlure Ⅱ $C_{10}H_{18}O$ 154.25　grandlure Ⅲ $C_{10}H_{16}O$ 152.23　grandlure Ⅳ $C_{10}H_{16}O$ 152.23

产品简介

Grandlure Ⅰ～Ⅳ是棉籽象鼻虫（*Boll weevil*）性信息素的成分。其中 Grandlure Ⅰ是主要的成分。grandlure [通用名称：grandlure，商品名称：Tubo Mata Bicudo、Tubo Mata Picudo]。

英文化学名称为 2-[(1*R*,2*S*)-1-methyl-2-(1-methylvinyl)cyclobutyl]ethanol(grandlure Ⅰ)；2-[(*Z*)-3,3-dimethylcyclohexylidene]ethanol(grandlure Ⅱ)；2-[(*Z*)-3,3-dimethylcyclohexylidene]acetaldehyde(grandlure Ⅲ)；2-[(*E*)-3,3-dimethylcyclohexylidene]acetaldehyde(grandlure Ⅳ)。美国化学文摘系统名称为 (1*R*,2*S*)-1-methyl-2-(1-methylethenyl)-cyclobutaneethanol(grandlure Ⅰ)；(*Z*)-2-(3,3-dimethylcyclohexylidene)ethanol(grandlure Ⅱ)；(*Z*)-(3,3-dimethylcyclohexylidene)acetaldehyde(grandlure Ⅲ)；(*E*)-(3,3-dimethylcyclohexylidene)acetaldehyde(grandlure Ⅳ)。CA 主题索引名称为 acetaldehyde—，(3,3-dimethylcyclohexylidene)-mixture with(2*Z*)-2-(3,3-dimethylcyclohexylidene)ethanol and(1*R*,2*S*)-1-methyl-2-(1-methylethenyl)cyclobutaneethanol；cyclobutaneethanol—，1-methyl-2-(1-methylethenyl)-(1*R*,2*S*)-,mixture with(3,3-dimethylcyclohexylidene)acetaldehyde and (2*Z*)-2-(3,3-dimethylcyclohexylidene)ethanol；ethanol—,2-(3,3-dimethylcyclohexylidene)-(2*Z*)-，mixture with(3,3-dimethylcyclohexylidene)acetaldehyde and(1*R*,2*S*)-1-methyl-2-1-methylethenyl)cyclobutaneethanol。CAS 登录号为［11104-05-5］(grandlure Ⅰ、Ⅱ和Ⅳ的混合物)；［26532-22-9］(grandlure Ⅰ)；［30820-22-5］(外消旋的 grandlure Ⅰ)；［26532-23-0］(grandlure Ⅱ)；［26532-24-1］(grandlure Ⅲ)；［26532-22-2］(grandlure Ⅳ)。

理化性质 相对密度 0.930 (25℃，grandlure Ⅰ)；0.910～0.930 (25℃，grandlure Ⅱ)；0.920～0.940(25℃，grandlure Ⅲ和 grandlure Ⅳ)。闪点：90℃ (封口杯，grandlure Ⅰ～Ⅳ)。

应用

能够吸引害虫。与杀虫剂混合使用，防止棉花棉籽象鼻虫。

1 The Pesticide Manual. 15th ed. : 594-595.

（七）杀软体动物剂

杀软体动物剂 (Molluscicides) 主要有 19 个品种：allicin、bromoacetamide、calciumarsenate、cloethocarb、copperacetoarsenite、coppersulfate、fentin、metaldehyde、methiocarb、niclosamide、pentachlorophenol、sodiumpentachlorophenoxide、tazimcarb、thiacloprid、thiodicarb、tralopyril、tributyltinoxide、trifenmorph、trimethacarb；其中 cloethocarb、fentin、methiocarb、tazimcarb、thiacloprid、thiodicarb、tralopyril 和 trimethacarb 在前面已有介绍，其他大部分均在此处介绍，如下化合物应用范围小或不再作为杀软体动物剂使用或没有商品化等原因，本书不予介绍，仅列出化学名称及 CAS 登录号供参考：

allicin：*S*-allylprop-2-ene-1-sulfinothioate，539-86-6。

bromoacetamide：*N*-bromoacetamide，79-15-2。

calciumarsenate：calciumarsenate 或 calciumorthoarsenate 或 tricalciumarsenate 或 tricalciumorthoarsenate，7778-44-1。

copperacetoarsenite：C. I. PigmentGreen21，12002-03-8。

coppersulfate：copper (Ⅱ) tetraoxosulfate 或 copper (2+) tetraoxosulfate 或 cupricsulfate，7758-98-7。

tributyltinoxide：bis(tributyltin)oxide，［818-08-6］或［56-35-9］。

trifenmorph：4-tritylmorpholine 或 4-(triphenylmethyl)morpholine，1420-06-0。

266 四聚乙醛（metaldehyde）

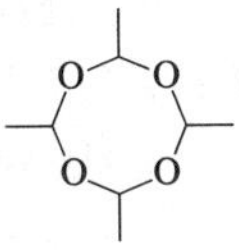

$C_8H_{16}O_4$，176.2

产品简介

四聚乙醛［通用名称：metaldehyde，商品名称：Cekumeta（Cequisa）、Deadline（Amvac）、Hardy（Chiltern）、Metason（Rimi）］可杀死蛞蝓等软体动物等，最初由 G. W. Thomas 报道。世界主要生产商：Fertiagro、Jie、Laboratorios Agrochem、Lonza、上海生农生化制品有限公司、浙江华兴化学农药有限公司、浙江菱化实业股份有限公司。其他商品名称（生产商）：Arionex（Protex）、Cargoluq（Luqsa）、Deadline Bullets（Valent）、Dixie（GreenCrop）、Escar-Go（Chiltern）、Extralugec（Phyteurop）、Gastrotox（Sipcam S. p. A.）、limagram（Sipcam Inagra）limatex（Sapec）、Lumacid（Siapa）、Lumakorn（Gobbi）、Meta（Lonza）、Metadex（Hekta351）、Metaprem（Premier. Shukuroglou）、Metarex（de Sangosse，liphaTech Inc.，Protex）、Metarol（Vapco）、Molotov（Chiltern）、Pathfinder Excel（Barclay）、Polymet（Unicrop）、Regel（de Sangosse UK）、Snailkil（P I Industries）、Tracker（Barclay）、Trails End（Amvac）。在国内登记的商品名称：多聚乙醛、密达［龙沙］、蜗牛敌、蜗牛散、甲环氧醛、灭蜗灵。

化学名称　2,4,6,8-四甲基-1,3,5,7-四氧基环辛烷（四聚乙醛）。英文化学名称为 *r*-2,*c*-4,*c*-6,*c*-8-tetramethyl-1,3,5,7-tetroxocane 或 2,4,6,8-tetramethyl-1,3,5,7-tetraoxacyclooctane。美国化学文摘系统名称为 2,4,6,8-tetramethyl-1,3,5,7-tetraoxacyclooctane。CA 主题索引名称为 1,3,5,7-tetraoxacyclooctane—,2,4,6,8-tetramethyl-。CAS 登录号为［108-62-3］四聚体，［37273-91-9］四聚乙醛，［9002-91-9］均聚物。

组成　其为乙醛的四聚体，有时也会含有乙醛的均聚体。

理化性质　纯品为结晶粉末。熔点 246℃。沸点 112～115℃（升华，部分解聚）。蒸气压 6.6×10^3mPa（25℃）。K_{ow} lg$P$=0.12。Henry 常数 3.5Pa・m^3/mol^{-1}（计算）。相对密度 1.27（20℃）。水中溶解度（20℃）为 222mg/L；其他溶剂中溶解度（mg/L，20℃）：甲苯为 530、甲醇为 1730。稳定性：高于 112℃升华，部分解聚。闪点 50～55℃（封口杯）。

毒性　大鼠急性经口 LD_{50}为 283mg/kg；小鼠急性经口 LD_{50}为 425mg/kg。大鼠急性经皮 LD_{50}>5000mg/kg。对兔眼无刺激。对豚鼠的皮肤也无刺激。大鼠吸入 LC_{50}（4h）>15mg/L（空气）。NOEL 值：NOAEL 狗：10mg/kg（EPA RED）。ADI/RfD（EPA）aRfD 0.75，cRfD 0.1mg/kg。

生态效应　鹌鹑急性经口 LD_{50}为 170mg/kg，LC_{50}（8d）为 3460mg/L。虹鳟 LC_{50}（96h）>75mg/L。水蚤 EC_{50}（48h）>90mg/L。水藻 EC_{50}（96h）为 73.5mg/L。蜜蜂 LD_{50}>87μg(a. i.)/只（经口），LD_{50}>113μg(a. i.)/只（接触）。蚯蚓 LC_{50}>1000mg/L。

对鸟类的影响：曾报道在使用四聚乙醛的区域，有鸟类死亡的现象。接触四聚乙醛的家禽有刺激性兴奋、发抖、肌肉痉挛、腹泻、呼吸急促等症状。对水中有机体的影响：对水中有机体无影响。对其他有机体的影响：含 4%四聚乙醛小药丸诱饵对野生动物有毒害作用。在按照说明使用时，含 6%四聚乙醛小药丸诱饵对蜜蜂无毒害作用。含四聚乙醛小药丸诱饵对狗有吸引作用，并可使狗死亡。宠物等需控制远离施药及储存区域。

环境行为　土壤/环境：在微生物作用下分解为水和二氧化碳。

制剂与分析方法　主要剂型有颗粒饵剂、毒饵或饵剂、颗粒等。制剂有30%聚醛·甲萘威粉剂、6%四聚乙醛颗粒剂、6%聚醛·甲萘威颗粒剂、80%四聚乙醛可湿性粉剂、26%四聚·杀螺胺悬浮剂、10%四聚乙醛颗粒剂、5%四聚乙醛颗粒剂、6%聚醛·甲萘威毒饵、40%四聚乙醛悬浮剂等。产品可用GC/MS分析（内标物为间二甲苯）。在土壤中的残留可用GC/NPD分析。

作用机理与特点　具有触杀和胃毒活性的杀软体动物剂。四聚乙醛能够使目标害虫分泌大量的黏液，不可逆转地破坏它们的黏液细胞，进而因脱水而死亡。

应用

适用作物　水稻、蔬菜、烟草、棉花、花卉等。

防治对象　福寿螺、蜗牛、蛞蝓等软体动物。

残留量与安全施药　对鱼等水生生物较安全，也不被植物体吸收，不会在植物体内积累，但仍应避免过量使用污染水源，造成水生动物中毒。

应用技术　水稻田在插秧后1d撒施，7d内保水2～5cm，每季最多施3次即可。

种苗地，应在种子刚发芽时即撒施。移栽地，在移栽后即施药。在气温25℃左右时施药防效好。低温（15℃以下）或高温（35℃以上），影响螺、蜗牛等取食与活动，防效不佳。

使用方法　主要用于水稻田防治福寿螺和用于蔬菜、烟草、棉花、花卉等旱地作物田防治蛞蝓。一般每亩用量为24～33g有效成分，相当于5%颗粒剂480～666g或6%颗粒剂400～550g，约合50～70颗粒/m^3。

防治蜗牛：在旱地30%聚醛·甲萘威粉剂，施药量1125～2250g/hm^2，毒饵撒施；6%聚醛·甲萘威毒饵，施药量585～630g/hm^2，撒施；十字花科蔬菜6%四聚乙醛颗粒剂，施药量360～620g/hm^2，撒施；80%四聚乙醛可湿性粉剂，施药量300～480g/hm^2，喷雾；玉米田：防治蜗牛：6%聚醛·甲萘威颗粒剂，施药量540～675g/hm^2，撒施，玉米田：6%聚醛·甲萘威颗粒剂，施药量540～675g/hm^2，撒施，甘蓝：施药量600～750g/hm^2，撒施；小白菜：5%四聚乙醛颗粒剂，施药量360～495g/hm^2，撒施。

防治钉螺：在沟渠，26%四聚·杀螺胺悬浮剂，施药量0.52～1.04g/m^3，浸杀；在滩涂，26%四聚·杀螺胺悬浮剂，施药量0.52～1.04g/m^3，喷洒；40%四聚乙醛悬浮剂，施药量1～2g/m^3，喷洒。

专利与登记

不存在专利权问题。

在中国申请的与该产品有关的部分专利及登记情况见表266-1、表266-2。

表266-1　在中国申请的专利

序号	申请号	专利名称
1	96117046.8	四聚乙醛生产工艺
2	96117090.5	醛威除蜗粒剂
3	99114230.6	一种蜗牛、福寿螺、钉螺及蛞蝓的诱杀剂
4	200610155470.0	一种植物性杀螺剂及其制备方法
5	200710019447.3	杀钉螺药物氯硝柳胺乙醇胺盐复配悬浮剂及其制备方法

表 266-2　瑞士龙沙有限公司在中国登记情况

登记名称	登记证号	含量	剂型	登记作物	防治对象	用药量/(g/hm²)	施用方法
6%四聚乙醛颗粒剂	PD20070191	6%	颗粒剂	棉花	蜗牛	360～490	撒施
				棉花	蛞蝓	360～490	撒施
				烟草	蜗牛	360～490	撒施
				烟草	蛞蝓	360～490	撒施
四聚乙醛	PD393-2003	98%	原药				
四聚乙醛	PD394-2003	6%	颗粒剂	棉花	蛞蝓	360～490	撒施
				棉花	蜗牛	360～490	撒施
				蔬菜	蛞蝓	360～490	撒施
				蔬菜	蜗牛	360～490	撒施
				水稻	福寿螺	360～490	撒施
				烟草	蛞蝓	360～490	撒施
				烟草	蜗牛	360～490	撒施
四聚乙醛	WL20080333	40%	悬浮剂	滩涂	钉螺	1～2g/m³	喷洒

其中在 2003 年，瑞士龙沙有限公司在中国首先获得四聚乙醛原药登记。

合成方法

乙醛自身缩合就得到四聚乙醛，同时放出大量的热。反应式如下：

主反应：

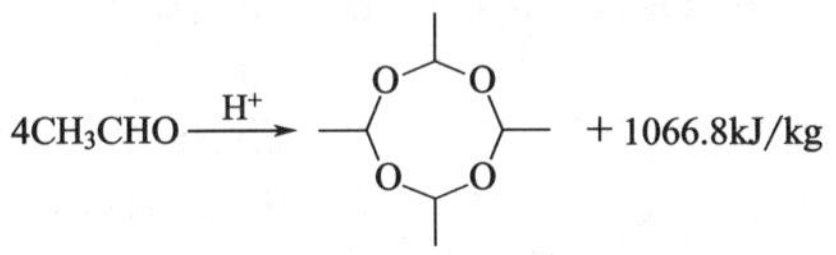

副反应：

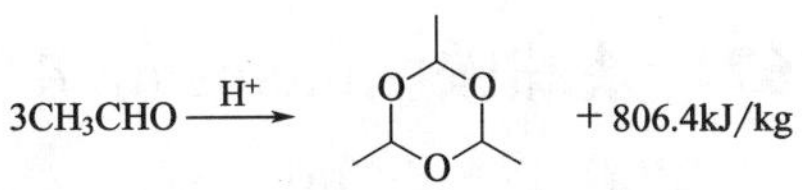

乙醛聚合是属于阳离子型聚合反应。常用质子酸或路易士酸催化。在不同催化剂和不同反应条件下，乙醛的聚合产物是不同的。不但生成三聚乙醛和四聚乙醛，还生成线性高聚物。为抑制线性高聚物的生成，主要是控制乙醛缩聚时的链增长反应。当反应进行到聚合物链长为 3～4 个乙醛时，必须使闭环生成六元环和八元环的环化速率大于链增长的速率。一旦链增长到由 5 个乙醛组成时，反应就大大有利于线性高聚物的生成。因此，选择合适的催化剂、溶剂和反应条件，以利于环状低聚乙醛产物的生成是至关重要的。

在聚合反应过程中，大部分乙醛生成了液体的三聚乙醛。因此，必须使三聚乙醛解聚，重新释放出乙醛，在反应体系中循环使用。解聚通常在酸催化下进行。常用的酸催化剂是硫酸、对甲苯磺酸等。

文献报道且收率较高、易于操作，主要有以下几种方法。

(1) 乙醛在酸存在下蒸馏进行聚合。将乙醛冷却后投入至聚合反应釜中，同时再投入乙醚，并不断搅拌、冷却，向聚合釜中加酸性催化剂，酸性催化剂加入完毕后不断搅拌约 3h，然后过滤，对固体物水洗、干燥，即可得白色晶状四聚乙醛，滤液送至蒸馏釜中加热，加入硫酸作催化剂，将乙醛及乙醚蒸馏分离出来，下次投料使用。反应温度在－15～－5℃，易于控制，反应平稳，且四聚乙醛收率可达 6%～10%，收率较高。

(2) 由盐酸、盐酸羟胺、溴化钠、吡啶制得盐酸复合催化剂，使用盐酸复合催化剂合成四聚乙醛，替代了使用单一盐酸催化剂的传统合成方法。利用该催化剂在温度－15～－10℃下，反应 8h，由乙醛合成四聚乙醛的收率为 14.81%，含量为 98.7%。母液经浓硫酸作用，在温度 45～65℃下，解聚副产物三聚乙醛，从而回收乙醛。

(3) 用 H_2SO_4-DMSO 做复合催化剂，乙醚作溶剂，并且用干冰做制冷剂，反应在－48～－16℃下反应 6h 后，收率可达 13.7%。表明 DMSO 能有效地控制聚合反应的放热速率。DMSO 分子中的 O 含有两对孤对电子，当与 H^+ 混合时，能接受部分 H^+，致使反应体系中 [H^+] 降低。由 H^+ 催化的聚合反应速率减慢，导致单位时间内的放热量减少。而随着反应的进行，H^+ 不断被释放出来继续催化聚合反应，又能使反应逐步进行，从而达到控制聚合反应放热的速率，使反应较长时间在 0℃以下进行，产率得到较大幅度的提高。

(4) 将 2.4kg 溴化钠和盐酸羟胺等催化剂组分溶于 12kg 浓盐酸中，搅拌冷却，控制温度 5～15℃，滴加 3kg 吡啶，加乙醚 3kg，搅拌保温 2～3h，制成盐酸复合催化剂后备用。在 3000L 带夹套、冷却盘管反应釜中加入 1680kg 乙醛、120kg 乙醚、84kg 三聚乙醛，搅拌冷却至－15℃，开始滴加前述催化剂，控制催化剂加入速度，保证聚合反应的混合液温度不超过 0℃，反应时间为 3～4h，加入催化剂后在－5～5℃下不断搅拌约 3h。将聚合反应混合物离心过滤，对固体物料水洗、稳定处理、干燥得白色晶状四聚乙醛约 230kg，滤液中含三聚乙醛 85%、乙醛 10%、催化剂等，滤液送解聚釜加热，加入浓硫酸作催化剂，三聚乙醛解聚成乙醛。乙醛质量分数大于 99%。蒸出的乙醛及乙醚不需分离，作下次投料使用。收率可达 8%～15%。

1 国外农药品种手册（新版合订本）. 北京：化工部农药信息总站，1996：407.
2 农业部农药检定所主编 . 新编农药手册（续）. 中国农业出版社，1998：109-111.
3 The Pesticide Manual. 15th ed. ：741-742.
4 CN 1150590.
5 http：//www. cnpnc. com/News _ Show. asp? id＝2950.
6 化工科技，2001，9（3），5-8.
7 http：//baike. baidu. com/view/1978574. htm? fr＝ala0 _ 1.
8 农化新世纪，2008，4：42.
9 浙江工业大学学报，2005，24（12）：1419-1425.
10 精细化工，1991，8（3）：26-27.
11 化工进展，2005，24（12）：1419-1421.

267 杀螺胺（niclosamide）

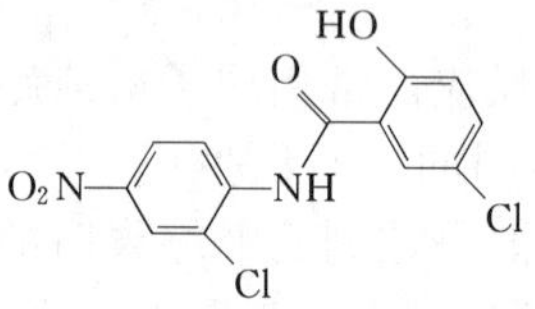

$C_{13}H_8Cl_2N_2O_4$，327.1

产品简介

杀螺胺［试验代号：Bayer 25648、Bayer 73、SR 73（Bayer），通用名称：niclosamide，商品名称：Bayluscide（EC250）（Bayer CropScience）］由 R. Gönnert & E. Schraufstätter 于 1958 年在第 6 届国际热带医学和疟疾大会上首先报告了该化合物并申请了专利，并通过试验验证该品种可防治钉螺。另外，Bayer AG 公司报道其铵盐也具有防治钉螺的性质。在国内登记的商品名：百螺杀［拜耳］、氯螺消、贝螺杀、氯硝柳胺。

化学名称 2′,5-二氯-4′-硝基水杨酰苯胺。英文化学名称为 2′,5-dichloro-4′-nitrosalicylanilide。美国化学文摘系统名称为 5-chloro-*N*-(2-chloro-4-nitrophenyl)-2-hydroxybenzamide。CA 主题索引名称 benzamide—，5-chloro-*N*-(2-chloro-4-nitrophenyl)-2-hydroxy-。CAS 登录号为［1420-04-8］。

组成 工业品纯度≥96%（FAO specification）。

理化性质 纯品为无色晶体，工业品为淡黄色或绿色粉末。熔点 230℃。蒸气压 8×10^{-8}mPa（20℃），K_{ow} lg$P$＝5.95（pH≤4.0），5.86（pH＝5.0），5.63（pH＝5.7），

5.45（pH=6.0），4.48（pH=7.0），3.30（pH=8.0），2.48（pH=9.3）。Henry 常数（Pa·m^3/mol，20℃，计算）：5.2×10^{-6}（pH=4），1.3×10^{-7}（pH=7），6.5×10^{-10}（pH=9）。水中溶解度（mg/L，20℃）为 0.005（pH=4），0.2（pH=7），40（pH=9）；能溶于常见有机溶剂，如乙醇和乙醚。稳定性：在 pH=5～8.7、pK_a 5.6 下稳定。

毒性　大鼠急性经口 $LD_{50}\geqslant$5000mg/kg。大鼠急性经皮 $LD_{50}>$1000mg/kg（EC250）。对兔眼有强烈刺激，兔皮肤长期接触有反应。大鼠吸入 LC_{50}（1h）为 20mg/L（空气）。NOEL：雄大鼠 2000mg/kg（2a），雌大鼠 8000mg/kg（2a），小鼠 200mg/kg（2a），狗 100mg/kg（1a）。ADI/RfD 3mg/kg。

生态效应　野鸭 $LD_{50}\geqslant$500mg/kg。圆腹雅罗鱼 LC_{50}（96h）为 0.1mg/L。水蚤 LC_{50}（48h）为 0.2mg/L。水藻 EC_{50}为 5mg/L。对蜜蜂无显著致死效应。

环境行为　经口，^{14}C-杀螺胺在大鼠体内进行代谢，其尿液中的主要代谢产物为 2′,5-二氯-4′-氨基水杨酰苯胺（[10558-45-9]）及一些互变异构体。其粪便中虽然含有大量的 2′,5-二氯-4′-氨基水杨酰苯胺，但其主要成分为未转化的杀螺胺。杀螺胺的存在不仅仅是因为其没有被吸收，还因为在肠道内微生物的 *β*-葡糖苷酸酶的作用下，将胆汁中的杀螺胺的共振异构体转化为杀螺胺。也有研究表明杀螺胺在皮肤试验时吸收非常少，^{14}C-杀螺胺在对猪和大鼠皮肤试验后，在它们的尿液和粪便中通过放射线分别检测到含量<2%以及 10%的^{14}C-杀螺胺。另外，在受药区域又检测到已恢复的、含量 20%的杀螺胺。杀螺胺及其 2-氨基乙醇盐对鱼的试验表明，杀螺胺迅速地以葡糖苷酸共振异构体的形式排泄，生物放大效应并不明显。土壤/环境：在稻田的水中，杀螺胺能够快速地按照一级动力学降解，其 DT_{50}为 0.3d。收获时，杀螺胺在叶子、茎和谷粒上的残留均低于 0.03mg/kg 的检出限，这表明在作物上使用杀螺胺作为杀软体动物剂不会产生持久残留，不会破坏稻田的生态系统。^{14}C-杀螺胺的水溶液在长波紫外线的照射下，14d 后即有 95%的杀螺胺降解。但在缓冲溶液（pH 值为 5.0，6.9，8.7）中，56d 后并未发现其降解；在池塘水中（pH 值为 7.8）也未发现其降解。

制剂与分析方法　剂型有乳油，产品有 Bayluscide（EC250）、70%杀螺胺可湿性粉剂、25%杀螺胺悬浮剂等。可用反相高效液相色谱法（紫外检测器）检测，在水中残留可用比色法或滴定法测量。

作用机理及特点　具有内吸和胃毒活性的杀软体动物剂。

应用

本品是一种强的杀软体动物剂。对螺类的杀虫效果很大，约高于五氯酚钠 5～8 倍，且对人畜等哺乳动物的毒性很小。用于水处理，在田间浓度下对植物无毒，并可在 0.25～1.5kg/hm^2 的剂量下有效防治稻谷上的福寿螺（*Pomacea canaliculata*）；并可通过杀死淡水中相关宿主，从而有效防治人类的血吸虫病和片吸虫病。此外，还可防治绦虫病（兽药用）。

使用方法　水稻田防治福寿螺，施药量 315～420g/hm^2，喷雾处理。在沟渠防治钉螺，施药量 1～2g/m^3，浸杀处理。

专利概况

专利名称　Alkanolamine salts of salicyl anilides and process for their production

专利号　DE 1126374　　专利公开日　1962-03-29

专利申请日　1959-08-27　　优先权日　1959-08-27

专利拥有者　Bayer AG（DE）

在其他国家申请的化合物专利　DE 1126374、GB 892263、US 3113067 等。

制备专利　BE 625710、CN 1651403、CN 1313438、CN 1626506、CN 1658854、CN

1658872、CN 1658850、CN 100379410、CN 101103977、CN 1658849、DE 1126374、FRM 2628、HU 156582、HU 151691、NL 6607810、NL 6614273、RO 57915、RO 56964、SU 1422598、SU 1680182、US 20090239919、US 20060019958、US 20060111409、US 20060122243、US 20060100257、US 3382145、US 3079297、WO 2003103665、WO 2003103658、WO 2003103648、WO 2003103647 等。

制剂或剂型专利　AU 2009200178、CS 203786、CN 1958565、CN 100556890、CN 1626506、DE 1126374、GB 2213722、RU 2280445、US 3988351、WO 2008133884、WO 9856390、WO 2004006906、WO 9856390 等。

在中国申请的与该产品有关的部分专利见表 267-1。

表 267-1　在中国申请的专利

序号	申请号	专利名称
1	200810029281.8	用于杀灭水稻有害软体动物的药肥颗粒剂及其制造方法

合成方法

可经以下两条途径合成杀螺胺。

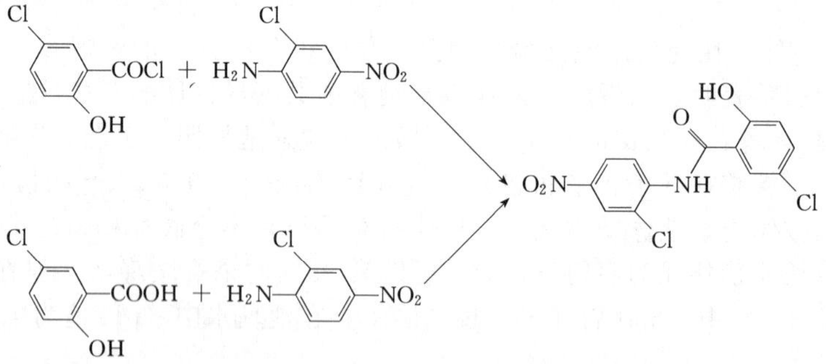

在装有冷凝管和温度计的 250mL 三口烧瓶中，加入 125mL 二甲苯、8.6g 5-氯水杨酸和 9.6g 邻氯对硝基苯胺，打开冷凝水，缓慢滴加用二甲苯溶解的 10.6g 五氯化磷。滴加完毕后升温至 110℃，保温反应直至冷凝管口湿润的 pH 试纸不变色时停止反应。将所得的混合溶液冷却结晶，过滤得黄色固体，用 70%丙酮水溶液洗涤滤饼 3 次，将未反应的原料和酸性杂质洗净，最后得淡黄色固体。干燥后得到杀螺胺，收率 64.2%。

1　The Pesticide Manual. 15th ed.：812-814.
2　国外农药品种手册（新版合订本）. 北京：化工部农药信息总站，1996：407-408.
3　DE 1126374.
4　US 3079297.
5　US 3113067.
6　精细石油化工进展，2005，7：47-48.

268　五氯酚（pentachlorophenol）

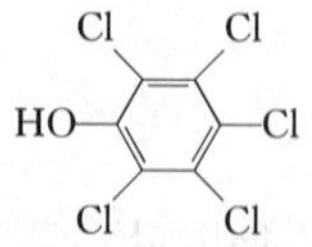

C_6HCl_5O，266.3

产品简介

五氯酚［通用名称：pentachlorophenol，商品名称：Biocel Sg 85］。在国内登记的商品名：五氯酚。五氯酚钠［通用名称：sodium pentachlorophenoxide，商品名称：Santophen 20（Monsanto）］其在 1936 年被报道可作木材防腐剂，之后又发现其具有消毒剂的功能。

五氯苯酚化学名称　五氯苯酚。英文化学名称为 pentachlorophenol。美国化学文摘系统名称为 pentachlorophenol。CA 主题索引名称为 phenol-，pentachloro-。CAS 登录号为 [87-86-5]。

五氯酚钠化学名称　五氯酚钠。英文化学名称为 sodium pentachlorophenoxide，sodium pentachlorophenate。美国化学文摘系统名称为 sodium pentachlorophenoxide。CA 主题索引名称为 phenol—，pentachloro-sodium salt。CAS 登录号为 [131-52-2]。

理化性质　五氯酚：具有酚味的无色晶体（工业品为黑灰色），熔点 191℃（工业品为 187～189℃），沸点 309～310℃（分解）。蒸气压 16Pa（100℃）。K_{ow} lg$P$=5.1（25℃，未电离）。相对密度 1.98（22℃）。水中溶解度（30℃）80mg/L，能溶于大多数有机溶剂，如在丙酮中的溶解度为 215g/L（20℃），微溶于四氯化碳和石蜡。其钠盐、钙盐和镁盐均溶于水。相对稳定，不吸潮。pK_a 为 4.71。不可燃。五氯酚钠：从水中结晶出来（带一分子结晶水）。水中溶解度（25℃）为 330g/L。不溶于石油醚。

毒性　五氯酚：大鼠急性经口 LD_{50} 210mg/kg。对兔皮肤（固体和水溶液＞10g/L）、眼睛及黏膜有刺激。NOEL 值：狗及大鼠 3.9～10mg/d，70～190d 后无死亡。ADI/RfD（EPA）cRfD 0.03mg/kg。五氯酚钠：大鼠急性经口 LD_{50} 140～280mg/kg。

生态效应　五氯酚：鱼类急性 LC_{50}＜1mg/L；五氯酚钠：虹鳟及褐鳟 LC_{50}（48h）0.17mg/L。

制剂与分析方法　主要剂型有颗粒剂、油剂、可湿性粉剂等。制剂有 65％五氯酚钠可溶性粉剂。产品可用碱滴定法鉴定及测量。残留可将其转变成衍生物再用比色法或 GC 测量。

应用

防治钉螺，用 65％五氯酚钠可溶粉剂，在滩涂，施药量 15～20g/m^2，喷洒；在沟渠，施药量 5～8g/m^3，浸杀；另外，由于五氯酚对人畜、水生生物高毒。动物试验发现对生殖、肝和肾有影响，并且也含有高毒致癌物质二噁英，因此，1995 年 3 月被确定列入 PIC 名单，8 个国家已禁用，2 个严格限用，而我国从 1982 年起将五氯酚规定仅为防腐用。

其他用途　①五氯酚：主要用于防治白蚁，防止木材腐烂；做除草剂使用时，一般用 80％五氯酚原粉 200～300 倍液，加 3～5 波美度石硫合剂于果树冬剪清园后，对树体表面和树干周围喷布，能有效地杀灭越冬病菌，减少次年病害被侵染的菌源。②五氯酚钠：非选择性接触型除草剂、收获前的脱叶剂、木材防腐剂，还可用于杀灭血吸虫的中间宿主钉螺，防治血吸虫病；亦可用作消毒剂。农田灭螺除草、鱼塘清塘灭菌之首选 65％五氯酚钠。

水稻田：五氯酚钠对福寿螺有触杀作用。在插秧（抛秧）前 2～3d，每亩使用 65％五氯酚钠 250～400g，对水 10 倍或溶解后拌土，均匀喷撒田面。水深 3～4cm 为宜，保持 3～7d 不排水。可杀灭表层及稀泥深层的福寿螺，同时杀灭泥中的病原体，以及蚂蟥等泥土中的害虫，并兼除杂草作用。用此药同时达到几个效果，这是五氯酚钠的优点。

清鱼塘：五氯酚钠是一种高效、多功能清塘剂，其作用比石灰作清塘药的功效高 10 倍以上。可清除池塘中的杂鱼、杂草和软体动物，而且能杀灭池水及淤泥中的病原体（包括细菌、真菌、寄生虫等）一切敌害生物，防治鱼、虾、蟹病的发生和流行。清塘时每亩水深 1m 的水面用 65％五氯酚钠 3kg（冬季），加水搅拌溶解均匀泼在塘底即可。

专利概况

不存在专利权问题。

在中国申请的与五氯酚有关的部分专利见表 268-1。

表 268-1　在中国申请的专利

序号	申请号	专 利 名 称
1	03111219.6	一种林木保护剂
2	90105406.2	一种防治杨树蛀干害虫用药剂
3	92106290.7	五氯酚杀菌烟剂
4	91108038.4	多效除虫防蛀气雾剂
5	03114740.2	一种纳米杀菌型涂料
6	200410013758.5	旱地栽培剂
7	200510037901.9	高效、安全灭血螺新药剂
8	200410066612.7	一种用于长期遗体防腐的组合物及制备方法和应用
9	200610051884.9	一种竹木质材料防腐防霉剂
10	200610052154.0	一种竹木质材料阻燃防腐防霉剂
11	200610032271.0	一种生产五氯酚钠的方法
12	200510138220.1	一种竹藤制品防霉防蛀剂

合成方法

五氯酚的制备可通过如下两种方法。

（1）六氯苯水解制得五氯酚，反应式如下：

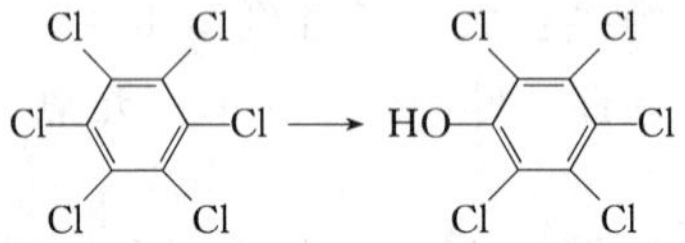

（2）以苯酚为原料经氯化得到五氯酚。将苯酚加入氯化反应釜内，在铝催化剂存在下，通入氯气进行氯化反应，即得五氯酚。

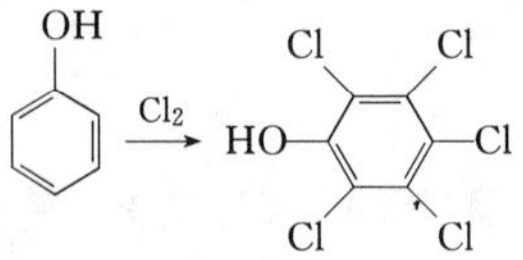

五氯酚钠的制备：五氯酚与氢氧化钠反应即可得到五氯酚钠，反应式如下：

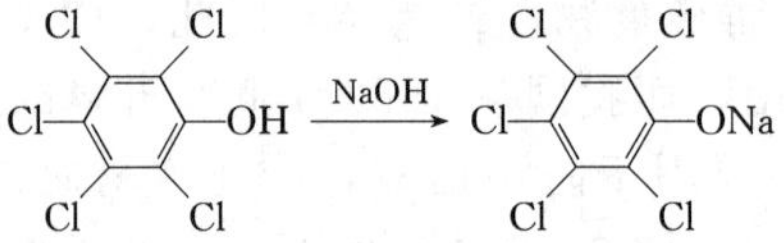

1 The Pesticide Manual. 15th ed.：875-877.

2 国外农药品种手册（新版合订本）. 北京：化工部农药信息总站，1996：1020-1021.

3 CN 200610032271.

4 CN 1923779.

5 http：//www. cart. net. cn/GuoYuanNongYaoOne. asp? id=27.

6 http：//baike. baidu. com/view/488845. htm? fr=ala0 _ 1.

7 http：//b2b. oilboss. cn/user/xiangxi. asp? userid=98&id=1171.

（八）熏蒸剂和杀线虫剂

主要类型与品种

熏蒸杀虫剂（fumigant insecticides）共有 21 个：acrylonitrile、carbondisulfide、carbontetrachloride、chloroform、chloropicrin、para-dichlorobenzene、1,2- dichloropropane、dithioether、ethylformate、ethylenedibromide、ethylenedichloride、ethyleneoxide、hydrogencyanide、methylbromide、methyliodide、methylchloroform、methylenechloride、naphthalene、phosphine、sulfurylfluoride、tetrachloroethane，其中 1,2- dichloropropane、dithioether、methylbromide 和 methyliodide 也可作为杀线虫剂使用。

杀线虫剂（nematicides）主要包括生物源杀线虫剂、熏蒸杀线虫剂、氨基甲酸酯杀线虫剂、有机磷杀线虫剂等类，共有 44 个产品（不含 1,2-dichloropropane、dithioether、methylbromide 和 methyliodide）：abamectin、carvacrol、benomyl、carbofuran、carbosulfan、cloethocarb、alanycarb、aldicarb、aldoxycarb、oxamyl、tirpate、diamidafos、fenamiphos、fosthietan、phosphamidon、cadusafos、chlorpyrifos、dichlofenthion、dimethoate、ethoprophos、fensulfothion、fosthiazate、heterophos、isamidofos、isazofos、phorate、phosphocarb、terbufos、thionazin、triazophos、imicyafos、mecarphon、acetoprole、benclothiaz、chloropicrin、dazomet、DBCP、DCIP、1,3-dichloropropene、fluensulfone、furfural、metam、methylisothiocyanate、xylenols。其中 Abamectin、carvacrol、benomyl、carbofuran、carbosulfan、cloethocarb、alanycarb、aldicarb、aldoxycarb、oxamyl、fenamiphos、phosphamidon、cadusafos、chlorpyrifos、dimethoate、ethoprophos、heterophos、isazofos、phorate、terbufos、triazophos、mecarphon、acetoprole 均在前面已有介绍。其他大部分在此均有介绍，如下化合物应用范围小或不再作为杀线虫剂使用或没有商品化等原因，本书不予介绍，仅列出化学名称及 CAS 登录号供参考。

acrylonitrile：2-propenenitrile，107-13-1。

carbontetrachloride：carbontetrachloride 或 tetrachloromethane，56-23-5。

chloroform：trichloromethane，67-66-3。

chloropicrin：trichloronitromethane，76-06-2。

para-dichlorobenzene：1,4-dichlorobenzene，106-46-7。

1,2-dichloropropane：(2*RS*)-1,2-dichloropropane，78-87-5。

ethylformate：ethylformate，109-94-4。

ethylenedibromide：ethylenedibromide 或 1,2-dibromoethane，106-93-4。

ethylenedichloride：ethylenedichloride 或 1,2-dichloroethane，107-06-2。

ethyleneoxide：oxirane，75-21-8。

hydrogencyanide：hydrogencyanide，74-90-8。

methylchloroform：1,1,1-trichloroethane，71-55-6。

methylenechloride：dichloromethane，75-09-2。

naphthalene：naphthalene，91-20-3。

phosphine：phosphine，7803-51-2。

tetrachloroethane：1,1,2,2-tetrachloroethane，79-34-5。

tirpate：(2*RS*,4*RS*;2*RS*,4*SR*)-2,4-dimethyl-1,3-dithiolane-2-carboxaldehyde-*O*-methylcarbamoyloxime，26419-73-8。

diamidafos：phenyl*N*,*N*′-dimethylphosphorodiamidate，1754-58-1。

isamidofos：(*RS*)-[*O*-ethyl-*S*-(*N*-methylcarbaniloylmethyl)*N*-isopropylphosphoramidothioate]，66602-87-7。

DBCP：(*RS*)-1,2-dibromo-3-chloropropane，96-12-8。

furfural：2-furaldehyde 或 furfural，98-01-1。

269 fluensulfone

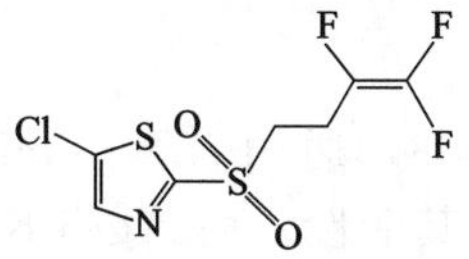

$C_7H_5ClF_3NO_2S_2$，291.7

产品简介

fluensulfone是Makhteshim Chemical Works公司开发的杀线虫剂。

化学名称　5-氯-1,3-噻唑-2-基-3,4,4-三氟-3-丁烯-1-基砜。英文化学名称为5-chloro-1,3-thiazol-2-yl 3,4,4-trifluorobut-3-en-1-yl sulfone或5-chloro-2-(3,4,4-trifluorobut-3-en-1-ylsulfonyl)-1,3-thiazole。美国化学文摘系统名称为5-chloro-2-[(3,4,4-trifluoro-3-buten-1-yl)sulfonyl]thiazole。CA主题索引名称为thiazole—，5-chloro-2-[(3,4,4-trifluoro-3-buten-1-yl)sulfonyl]-。CAS登录号为［318290-98-1］。

应用

杀线虫剂。

专利概况

专利名称　Nematocidal trifluorobutene

专利号　JP 2001019685　　专利公开日　2001-01-23

专利申请日　1999-07-06　　优先权日　1999-07-06

专利拥有者　Nippon Bayer Agrochem Co. Ltd.

目前公开的或授权的专利　AT 263157、BR 2000012243、CA 2378148、CA 2378148、CN 1159304、EP 1200418、EP 1200418、ES 2215671、HK 1046403、JP 2001019685、JP 2003503485、TR 2002000068、US 6734198、WO 2001002378、ZA 2001009995等。

制备及制剂或剂型专利　CN 101500414、CN 101720782、CN 1812715、CN 1665795A等。

合成方法

经如下反应制得fluensulfone：

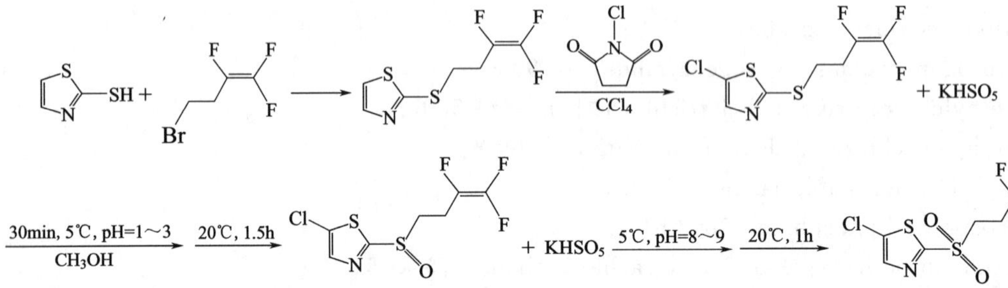

1　http://www.agronet.com.cn/News/Detail_549142_0.aspx.

2　http://www.alanwood.net/pesticides/fluensulfone.html.

3　CN 1665795A.

4　US 6734198.

270　imicyafos

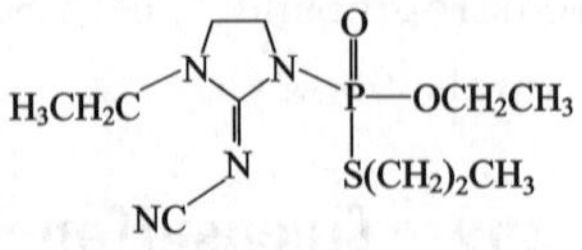

$C_{11}H_{21}N_4O_2PS$，304.4

产品简介

Imicyafos［试验代号：AKD-3088，通用名称：imicyafos，商品名称：Nemakick（Agro-Kanesho）］是由N. Osaki等报道其活性，由Agro-Kanesho Co. Ltd开发的硫代磷酸酯类杀线虫剂。

化学名称　O-乙基-S-丙基-(2E)-[2-(氰基亚氨基)-3-乙基-1-咪唑烷基] 硫代磷酸酯。英文化学名称为 O-ethyl-S-propyl (E)-[2-(cyanoimino)-3-ethylimidazolidin-1-yl] phosphonothioate。美国化学文摘系统名称为 [2-(cyanoimino)-3-ethyl-1-imidazolidinyl]O-ethyl-S-propyl phosphonothioate。CA 主题索引名称为 phosphonothioic acid—，[(2E)-2-(cyanoimino)-3-ethyl-1-imidazolidinyl]-O-ethyl-S-propyl ester。CAS 登录号为 [140163-89-9]。

理化性质　纯品为澄清液体，熔点 −53.3～−50.5℃。蒸气压 1.9×10^{-4}mPa (25℃)。相对密度 1.198 (20℃)。水中溶解度 (pH=4.5，20℃) 77.63g/L；其他溶剂中溶解度 (20℃)：正己烷 77.63g/L，1,2-二氯乙烷、甲醇、丙酮、间二甲苯、乙酸乙酯中>1000g/L。稳定性：水溶液光解 DT_{50} (25℃) 179d (pH=4)，178d (pH=7)，8.0d (pH=9)。

毒性　急性经口 LD_{50}：雄、雌大鼠 81.3mg/kg，雄、雌小鼠 92.3mg/kg。雄、雌大鼠急性经皮 LD_{50}>2000mg/kg。大鼠吸入 LC_{50}：雄 1.83mg/L，雌 2.16mg/L。

环境行为　动物：本品进入大鼠体内被迅速吸收，并主要通过尿液排出 (代谢 DT_{50}<7h)。大多代谢主要通过 N-脱烷基作用、磷酸酯的脱去、羟基化作用和环的裂解。土壤：DT_{50} 18～36d (有氧)，38～48d (无氧)，K_{oc} 14～188。田地降解 DT_{50} 3～6d。

制剂　主要制剂是颗粒剂。

作用机理与特点　Imicyafos 由不对称有机磷与烟碱类杀虫剂的氰基亚咪唑烷组合而成，具有高触杀活性和土壤中快速扩散作用。

应用

主要用于蔬菜和马铃薯防治根结线虫、根腐线虫和包囊线虫。

专利与登记

专利名称　Organophosphorus conpounds, method for preparing same and insecticides, acaricides and nematocides containing same

专利号　EP 464830　　　专利公开日　1992-01-08

专利申请日　1991-07-04　　　优先权日　1991-07-04

专利拥有者　Agrokanesho Co. Ltd. [JP]

目前公开的或授权的专利　CN 101209052、CN 1058407、CN 1027670、EP 464830、JP 04217991、JP 2005041790、JP 2008179626、US 5280123、US 5405961 等。

制剂或剂型专利　JP 2003081987、JP 2007269787 等。

日本 Agro-Kanesho 农药公司已于 2010 年在日本登记其杀线虫剂 imicyafos，用于萝卜、胡萝卜、草莓、茄子、番茄、黄瓜、甜瓜、西瓜、甘薯、马铃薯的应用的申请。

合成方法

通过如下反应制得目的物：

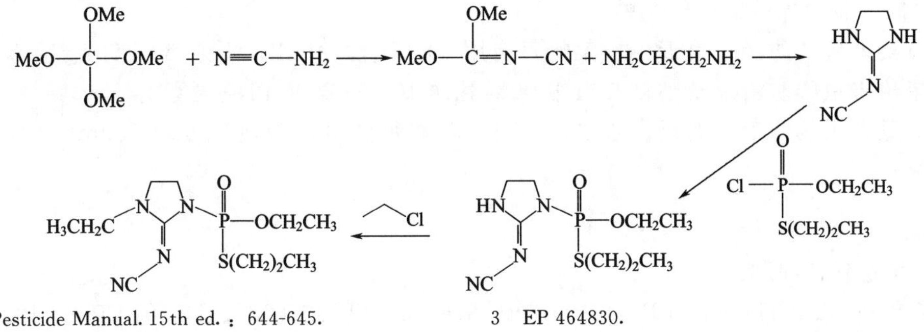

1　The Pesticide Manual. 15th ed.: 644-645.

2　CN 1058407.

3　EP 464830.

271 二甲基二硫醚（dithioether）

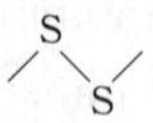

$C_2H_6S_2$，94.2

产品简介

二甲基二硫醚［通用名称：dithioether，商品名称：Paladin（Arkema，United Phosphorus)］。在国内登记的商品名：螨速克。世界主要生产商：Arkema。

化学名称　二甲基二硫醚。英文化学名称为 dimethyl disulfide。美国化学文摘系统名称为 dimethyl disulfide。CA 主题索引名称为 disulfide，dimethyl。CAS 登录号为［624-92-0］。

理化性质　工业品纯度≥99%，易燃黄色液体，具有硫黄气味，熔点－84.7℃，沸点109.6℃。蒸气压 3.0×10^6mPa（20℃）。K_{ow} $\lg P=1.91$。Henry 常数 105Pa·m^3/mol（计算)。相对密度 1.062（20℃）。水中溶解度（20℃）2.7g/L，与大多有机溶剂互溶（15～25℃）。稳定性：加热至 300℃仍然稳定，在氧化剂下，加热时不稳定。冰点 16℃。

毒性　大鼠急性经口 LD_{50} 190mg/kg。兔急性经皮 LD_{50}＞2000mg/kg。对兔眼睛和皮肤轻度刺激。大鼠吸入 LC_{50}（4h）805mg/L。

生态效应　山齿鹑急性经口 LD_{50} 342mg/kg。鱼类 LC_{50}（120h）：鲑鱼 1.75mg/L，古比鱼 50mg/L。水蚤 LC_{50}（48h）4mg/L。海藻 EC_{50}（72h）11～35mg/L。

环境行为　不容易被生物分解（28d 后＜10%）。土壤吸附和沉积率低，$\lg K_{oc}$ 2.34。

作用机理与特点　线粒体功能异常和 K^+-ATP 通道活化，阻碍细胞色素氧化酶 K^+-ATP 通道超极化。对害虫具有触杀和胃毒作用，对作物具有一定渗透性，但无内吸传导作用，杀虫谱广，作用迅速，在植物体内氧化成亚砜和砜，杀虫活性提高。作为土壤熏蒸剂使用。

应用

适用作物　水稻、棉花、果树、蔬菜、大豆等。

防治对象　二化螟、三化螟、稻草飞虱、稻叶蝉、棉铃虫、红铃虫、菜青虫、菜蚜、桃小食心虫、大豆食心虫、大豆卷叶螟等。

二甲基二硫醚在法国和意大利试验表明：用 600～800kg/hm^2 采用注射或滴灌的方法，防治根结线虫和土壤病原菌的效果与溴甲烷相当。

使用方法

① 水稻害虫的防治　二化螟、三化螟每亩用 50%乳油 75～150mL，加细土 75～150kg 制成毒土撒施或对水 50～100kg 喷雾。稻叶蝉、稻草飞虱可用相同剂量喷雾进行防治。

② 棉花害虫的防治　棉铃虫、红铃虫每亩用 50%乳油 50～100mL，对水 75～100kg 喷雾。此剂量可兼治棉蚜、棉红蜘蛛。

③ 蔬菜害虫的防治　菜青虫、菜蚜每亩用 50%乳油 50mL，对水 30～50kg 喷雾。

④ 果树害虫的防治　桃小食心虫用 50%乳油 1000～2000 倍液喷雾。

⑤ 大豆害虫的防治　大豆食心虫、大豆卷叶螟每亩用 50%乳油 50～150mL，对水 30～50kg 喷雾。

专利概况

不存在专利权问题。

制备专利　EP 171092、EP 446109、EP 976726、FR 1336087、NL 6502992、PL 56199、SU 255263、US 3586723、US 3134798 等。

目前公开的或授权的与二甲基二硫醚有关的部分专利 JP2005015684、WO 2004077949 等。在中国申请的与二甲基二硫醚有关的部分专利见表 271-1。

表 271-1 在中国申请的专利

序号	申请号	专 利 名 称
1	200710034255. X	一种含有二甲基二硫醚的农用杀螨杀虫组合物

合成方法

经典合成二硫化物的方法有四种：①硫醇氧化；②硫代硫酸单酯单钠盐分解；③二硫化钠烃基化；④磺酰卤还原。而合成二甲基二硫醚的方法有：硫酸二甲酯法、卤代烃法、甲硫醇法等。

（1）硫酸二甲酯法

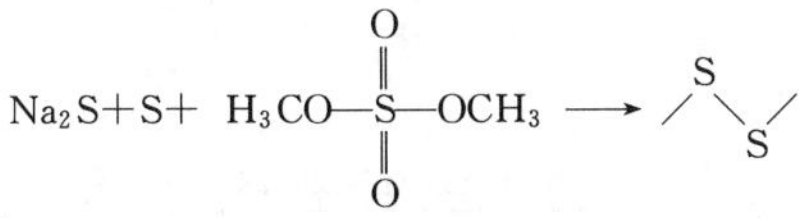

（2）甲硫醇与氧气反应连续生产二甲基二硫醚

$$4CH_3SH + O_2 \longrightarrow 2CH_3SSCH_3 + 2H_2O$$

（3）甲硫醇与硫反应

$$2CH_3SH + S \longrightarrow CH_3SSCH_3 + H_2S$$

（4）甲醇、硫化氢与硫反应合成二甲基二硫醚

① 一步法

$$2CH_3OH + S + H_2S \longrightarrow CH_3SSCH_3 + 2H_2O$$

② 两步法

$$CH_3OH + H_2S \longrightarrow CH_3SH + H_2O$$
$$2CH_3SH + S \longrightarrow CH_3SSCH_3 + H_2S$$

1 The Pesticide Manual. 15th ed. : 380.
2 新编农药商品手册 . 北京：化学工业出版社 . 2006. 438.
3 化学工程师，2003，95（2）：52-53.
4 农药，2008，47（6）：454-457.

272 Benclothiaz

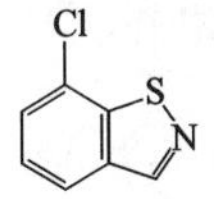

C_7H_4ClNS，169. 6

产品简介

Benclothiaz（通用名称：benclothiaz；试验代号：CGA 235 860）是由先正达公司研制的杀线虫剂。

化学名称 7-氯-1，2-苯并异噻唑。英文化学名称为 7-chloro-1，2-benzisothiazole。美国化学文摘系统名称为 7-chloro-1，2-benzisothiazole。CA 主题索引名称为 1，2-benzisothiazole—，7-chloro-。CAS 登录号为［89583-90-4］。

应用

杀线虫剂。

专利概况

专利名称 Preparation of benzoisothiazoles as nematocides

专利号　EP 454621　　　　专利公开日　1991-10-30

专利申请日　1991-04-16　　　　优先权日　1990-04-23

专利拥有者　Ciba-Geigy AG.

在其他国家申请的专利　AT 194604、AU 9175245A1、AU 636738B2、BR 9101605、CA 2040889、ES 2148146、GR 3033987、IL 97910、JP 04225967A2、JP 3008035B2、JP 09188668A2、JP 09194454A2、US 5169951、US 5447945、ZA 9102977 等。

合成方法

以 2,3-二氯苯甲醛为原料，按如下反应表示的两种方法即可制得目的物：

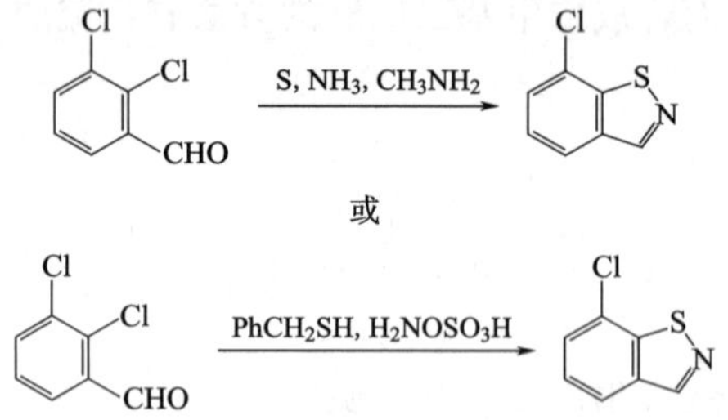

1　EP 454621.　　　　2　JP 2002053563.

273　二硫化碳（carbon disulfide）

CS_2

CS_2，76.1

产品简介

二硫化碳［通用名称：carbon disulfide，其他名称：carbon bisulphide，商品名称：Weevil Tox（Stauffer）］是 1854 年 Garreau 报道的杀虫剂。

化学名称　二硫化碳。英文化学名称为 carbon disulfide。美国化学文摘系统名称为 carbon disulfide。CA 主题索引名称为 carbon disulfide。CAS 登录号［75-15-0］。

理化性质　本品为无色流性液体，其杂质有刺激性气味，熔点 −108.6℃，沸点 46.3℃。蒸气压 4.7×10^7 mPa（25℃）。K_{ow} $\lg P$＝1.84。相对密度：1.2628（20℃），2.63（气体），1（空气）。水中溶解度（32℃）2.2g/L；溶于氯仿、乙醇、乙醚等多数有机溶剂。闪点 20℃。自燃＞100℃。

毒性　二硫化碳蒸气具有高毒性，在 6.8mg/L（空气）浓度下，30min 内，会产生眼花和呕吐。日常处在浓度为 0.227mg/L（空气）的环境里，引起身体疾病。大鼠 NOEL 20mg/L(11mg/kg)(EPA 跟踪)。ADI；(EPA) RfD 0.1mg/kg。

分析方法　产品通过 GC 分析。

作用机理与特点　熏蒸杀虫剂和杀线虫剂。

应用

防治对象　用于苗木的熏蒸、土壤处理杀虫或杀线虫，也用于与 CCl_4（减少着火风险）混合防治粮仓害虫。防治粮仓害虫，用量 120～200g/m^3。防治土壤熏蒸杀线虫和地下害虫幼虫（如马铃薯甲虫、日本丽金龟），用量 25～50mL/m^3。

使用方法　二硫化碳可采用不同容积的金属桶或金属缸贮存，使用时分装到较小的容器中。二硫化碳的沸点远超过常温，空间熏蒸时，为尽快达到所需浓度，必须采取快速蒸发法。小规模的熏蒸可将液体倒在像麻袋片之类的吸附物质上，然后将其悬挂于空间。也可以用喷雾装置使液体成细雾状从仓外喷向仓内。常温熏蒸也可采用蛇形管加热的办法，但蛇形管中水温不能超过 84℃。由于二硫化碳具有燃烧和爆炸的特性，现代熏蒸越来越少地使用该药剂。如果必须使用，则需要与不燃成分制成混合剂使用，如四氯化碳。

专利概况

不存在专利权问题。

在其他国家申请的化合物专利　AT 132489、AU 657056、AU 9342106、BR 9302960、CA 2100011、CN 1044233、CN 1081670、CZ 286147、ES 2085118、HU 214279、HU 68334、IL 106340、JP 2994182、JP 06321903、PL 173611、RU 2083562、SK 281481、US 5360806、ZA 9305042 等。

合成方法

$$(1)\ CH_4 + 2S \xrightarrow{\text{电炉}} CS_2$$

$$(2)\ CH_4 + 2S \longrightarrow CS_2$$

1　The Pesticide Manual. 15th ed.：1059.

274　噻唑膦（fosthiazate）

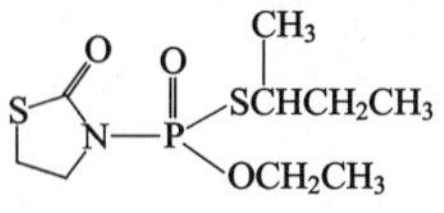

$C_9H_{18}NO_3PS_2$，283.3

产品简介

噻唑膦［试验代号：IKI 1145、TO 1145，通用名称：fosthiazate，其他名称：线螨磷，商品名称：Cierto（Ishihara Sangyo）、Nemathorin（Ishihara Sangyo）］是由日本石原产业公司研制，现由日本石原和先正达公司共同开发的硫代磷酸酯类杀虫、杀线虫剂。世界主要生产商：日本石原产业公司等。其他商品名称（生产商）：Eclahra（Ishihara Sangyo）、Eclesis（Ishihara Sangyo）、Shinnema（Ishihara Sangyo）。

化学名称　(*RS*)-*S*-仲丁基-*O*-乙基-2-氧代-1,3-噻唑啉-3-基硫代磷酸酯或（*RS*）-3-［仲丁硫基(乙氧基)硫代磷酰基］-1,3-噻唑啉-2-酮。英文化学名称为（*RS*）-*S*-*sec*-butyl-*O*-ethyl 2-oxo-1,3-thiazolidin-3-ylphosphonothioate 或（*RS*）-3-［*sec*-butylthio(ethoxy)phosphinoyl］-1,3-thiazolidin-2-one。美国化学文摘系统名称为 *O*-ethyl-*S*-(1-methylpropyl)(2-oxo-3-thiazolidinyl)phosphonothioate。CA 主题索引名称为 phosphonothioic acid—，(2-oxo-3-thiazolidinyl)-*O*-ethyl *S*-(1-methylpropyl)ester。CAS 登录号为［98886-44-3］。

理化性质　纯品为澄清无色液体（工业上为浅金色液体），沸点 198℃（0.5mmHg）。蒸气压 5.6×10^{-1}mPa（25℃）。分配系数 K_{ow} $\lg P=1.68$。Henry 常数 1.76×10^{-5}Pa·m^3/mol。相对密度（20℃）1.234。水中溶解度（20℃）9.85g/L；其他溶剂中溶解度：正己烷 15.14g/L（20℃），与二甲苯、*N*-甲基吡咯烷酮和异丙醇互溶。稳定性：水中 DT_{50} 3d（pH=9，25℃）。闪点 127.0℃

毒性　急性经口 LD_{50}（mg/kg）：雄大鼠 73，雌大鼠 57。急性经皮 LD_{50}（mg/kg）：雄大鼠 2372，雌大鼠 853。对兔眼睛和皮肤无刺激性，对豚鼠皮肤有致敏性。大鼠吸入 LC_{50}（4h，mg/L）：雄大鼠 0.832，雌大鼠 0.558。NOEL 值：狗（90d 和 1a）0.5mg/(kg·d)，大鼠（2a）0.42mg/(kg·d)，大鼠（2a）0.05mg/(kg·d)。ADI/RfD（EC）0.004mg/kg，(EPA) aRfD 0.0004，cRfD 0.00017mg/kg。

生态效应　急性经口 LD_{50}：野鸭 20mg/kg，鹌鹑 10mg/kg，鹌鹑饲喂 LC_{50} 139mg/L。

鱼类 LC_{50}（96h）：虹鳟鱼 114mg/L，蓝鳃鱼 171mg/L。水蚤 EC_{50}（48h）0.282mg/L。藻类 NOEC（5d）＞4.51mg/L。东方牡蛎 EC_{50} 14.1mg/L，糠虾 0.429mg/L。蜜蜂 LD_{50}（48h）0.61μg/只（经口），0.256μg/只（接触）。蚯蚓 LC_{50}（14d）209mg/kg（土壤）。

环境行为　动物：迅速并大部分被吸收，90%以上被排泄，48h 内主要通过尿液和空气排泄。大部分通过噻唑啉酮开环、水解及氧化过程等代谢。土壤/环境：陆地田间逸散 DT_{50} 10～17d。有氧土壤中 DT_{50} 45d，厌氧降解水-沉积物 DT_{50} 37d，平均值 K_{foc} 59。

制剂　乳油，细粒剂等。

作用机理与特点　胆碱酯酶抑制剂，具有优异的杀线虫活性和显著的内吸杀虫活性，对传统的杀虫剂具有抗药性的各种害虫，也具有强的杀灭能力。

应用

适宜作物　蔬菜、马铃薯、番茄、香蕉和棉花等。

防治对象　用于防治各种线虫、蚜虫、螨、牧草虫等，对家蝇也具有活性。

使用方法　通过土壤浸润处理。使用剂量为 2.0～5.0kg(a.i.)/hm^2。

专利概况

专利名称　Organophosphorus compound and insecticidal, miticidal or nematicidal composition containing it

专利号　US 4590182　　专利公开日　1986-05-20

专利申请日　1984-11-07　　优先权日　1983-11-11

专利拥有者　Ishihara Mining & Chemical Co（JP）

在其他国家申请的化合物专利　AU 3519384、AU 568887、BR 8405754、CA 1231101、DE 3470884D、EP 0146748、KR 9001289、NZ 210046、PH 21668 等。

合成方法

可通过如下反应制得目的物：

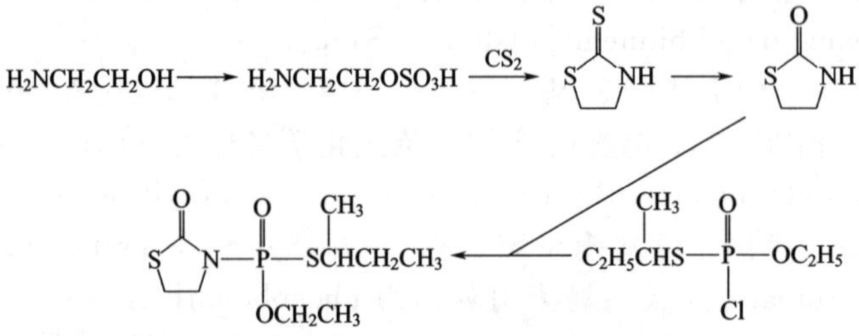

1　The Pesticide Manual. 15th ed.：576-577.

2　Agrochemicals Japan, 1994, 65: 13.

3　US 4590182.

275　氯化苦（chloropicrin）

$CCl_3\text{-}NO_2$

CCl_3NO_2，164.4

产品简介

氯化苦［通用名称：chloropicrin，商品名称：Chlopic80（Nankai）、Chlor-O-Pic（Chemtura）、Dojoupicrin（Nippon Kayaku）、Dorochlor（Mitsui Chemicals）］自 1908 年以来，该品种一直被当作杀虫剂使用。在国内登记的其他名称：氯苦，三氯硝基甲烷，氯化苦味酸，硝基氯仿。

化学名称　三氯硝基甲烷。英文化学名称为 trichloronitromethane。美国化学文摘系统名称为 trichloronitromethane。CA 主题索引名称为 methane—，trichloronitro。CAS 登录号为［76-06-2］。

理化性质　纯品为具有催泪性无色液体，熔点－64℃，沸点 112.4℃（757mmHg）。蒸气压 3.2kPa（25℃）。Henry 常数 $3.25\times10^2 Pa\cdot m^3/mol$（25℃，计算）。相对密度 1.6558（20℃）。水中溶解度 2.27g/L（0℃），1.62g/L（25℃），能与大多数有机溶剂混溶，如丙酮、苯、乙醇、甲醇、二硫化碳、乙醚、四氯化碳等。在酸性介质中稳定，在碱性介质中不稳定。不可燃。

毒性　大鼠急性经口 LD_{50} 250mg/kg。对兔皮肤有强烈刺激性。空气中浓度为 0.008mg/L 时可以明显觉察，空气中浓度为 0.016mg/L 时可以产生咳嗽及流泪，而当浓度为 0.12mg/L 时，暴露 30～60min 可以致命。将猫、豚鼠和兔暴露于含氯化苦 0.8mg/L（空气）中，20min 即致死。

生态效应　鲤鱼 TL_m（48h）0.168mg/L。水蚤 LC_{50}（3h）0.91mg/L。在 100mg/L 浓度下，测试期中未发现对被试鸡雏产生负面影响。对鱼类有毒害。对哺乳动物及无脊椎动物等非靶标生物有毒害。在按照说明使用的情况下，其他有机体不易接触氯化苦。

环境行为　土壤/环境：氯化苦在大气中光解，大部分降解为 CO_2，在日光照射下 DT_{50}＝4d（计算）。

制剂与分析方法　剂型有油剂、片剂、原药等，制剂有 99.5％氯化苦液剂。产品可用 GC 分析检测。如检测空气中是否含有氯化苦，可收集于异丙醇中并转化成可用比色法测定的衍生物而进行测定。

作用机理与特点　非特异性、多位点抑制剂、熏蒸剂。氯化苦易挥发，扩散性强，挥发度随温度上升而增大。它所产生的氯化苦气体比空气重五倍。其蒸气经昆虫气门进入虫体，水解成强酸性物质，引起细胞肿胀和腐烂，并可使细胞脱水和蛋白质沉淀，造成生理机能破坏而死。

用氯化苦灭鼠，是因其气体比空气重，而能沉入洞道下部杀灭害鼠。氯化苦气体在鼠洞中一般能保持数小时，随后被土壤吸收而失效。杀鼠的毒理作用机制主要是刺激呼吸道黏膜。它的蒸气被肺脏吸收，损伤毛细血管和上皮细胞，使毛细血管渗透性增加、血浆渗出，形成肺水肿。最终由于肺脏换气不良，造成缺氧，心脏负担加重，而死于呼吸衰竭。

氯化苦对皮肤及黏膜的刺激性很强，易诱致流泪、流鼻涕，故人畜中毒先兆易被察觉，因此使用此药比较安全。氯化苦在光的作用下可发生化学变化，毒性随之降低，在水中能迅速水解为强酸物质，对金属和动植物细胞均有腐蚀作用。

应用

氯化苦对常见的储粮害虫，如米象、米蛾、拟谷盗以及豆象等都有良好的杀伤力，但对螨卵和休眠期的螨效果较差。对储粮微生物也有一定的抑制作用。

氯化苦除不可熏蒸成品粮、花生仁、芝麻、棉籽、种子粮（安全水分标准以内的豆类除外），其他粮食均可使用，但地下粮仓不宜采用。

使用纯度　98％的氯化苦，处理空间用量为 20～30g/m^3，处理粮堆用量为 35～70g/m^3，处理器材用量为 20～30g/m^3。施药后密闭时间至少 3h，一般应达 5d。其气体极易被储粮强烈吸附，而且不消散，熏蒸后的散气时间一般应掌握在 5～7d，最少 3d。具有通风设备的仓库，应当充分利用。熏蒸时最低平均气温应在 15℃以上。

氯化苦可与二氧化碳混合熏蒸。用药量为氯化苦 15～20g/m^3，二氧化碳 20～40g/m^3。投药时可先按上述方法施氯化苦，然后在仓外施入二氧化碳。密闭时间不得少于 72h。

氯化苦熏蒸灭鼠时，按鼠洞的复杂程度及土质的情况，每洞使用5～10g，特殊的鼠洞使用剂量可至50g以上。在消灭黄鼠时，每洞5～8g，黄毛鼠每洞4～5g，沙土鼠每洞5g，旱獭则需50～60g。

氯化苦药液可以直接注入鼠洞内使用，也可以将其倒在干畜粪上、草团上、烂棉团上投入鼠洞内。投毒者应站在旁风位置，以防吸入毒气。药剂投入鼠洞后应立即堵洞，先用草团、石块等物塞住洞口，然后用细土封严实。

仓库、船舶的熏蒸灭鼠，一般用量为10～30g/m³。将门窗、气孔全部密封，将氯化苦喷洒在地面上，或者喷洒在麻袋、纸板等物体上，然后悬挂在仓库上层，氯化苦蒸气自上而下，分布更为均匀，密封时间一般为48～72h，启封后通风排毒，并收集鼠尸。

在中国申请的与该产品有关的部分专利见表275-1，99.5%氯化苦液剂登记情况见表275-2。

专利概况

不存在专利权问题。

表275-1 在中国申请的专利

序号	申请号	专利名称
1	02131752.6	氯化苦的固体剂型及其制法
2	200410020417.0	人参、西洋参在参后地及平地栽培方法
3	200810135879.5	土壤消毒防治重茬病肥料
4	200910119860.6	二硫化碳熏蒸杀虫杀菌杀植物线虫复配剂
5	200910162749.5	氯化苦与1,3-二氯丙烯的固体混合剂型及其制造技术

表275-2 99.5%氯化苦液剂登记情况

登记作物名称	防治对象名称	用药量	施用方法
棉花	枯萎病	125mL/m³	土壤消毒
棉花	黄萎病	125mL/m³	土壤消毒
花生	根瘤线虫	500kg/hm²	开沟施药
农田	田鼠	5～10g/鼠穴	细沙与药混合投入
非成品粮	病菌	1)35～70g/m³ 2)20～30g/m³	1)粮堆用药 2)空间体积用药
茄子	黄萎病	292.5～447.75kg/hm²	注射法土壤熏蒸，施药后覆土盖地膜
甜瓜	黄萎病	275～382.5kg/hm²	土壤熏蒸
草莓	黄枯萎病	240～360kg/hm²	土壤熏蒸
姜	姜瘟病	37.5～52.5mL/m³	土壤消毒
东方百合	根腐病	375～525kg/hm²	土壤消毒
烟草	黑胫病	373.125～522.375kg/hm²	土壤熏蒸
非成品粮	多种害虫	1)35～70kg/m³ 2)20～30kg/m³	1)粮堆用药 2)空间体积用药

合成方法

综合国内外文献报道，合成农药氯化苦主要有以下几种方法：

(1) 苦味酸法（三硝基酚）

$$2C_6H_2(NO_2)_3OH + Ca(OH)_2 \longrightarrow [C_6H_2(NO_2)_3O]_2Ca + 2H_2O$$

$$[C_6H_2(NO_2)_3O]_2Ca + 22Cl_2 + 18Ca(OH)_2 \longrightarrow 6CCl_3NO_2 + 13CaCl_2 + 6CaCO_3 + 20H_2O$$

将苦味酸加入白灰乳浊液中，使之形成黄色透明的苦味酸钙盐溶液，再在白灰浆中通入氯气或加入漂白粉溶液氯化，生成氯化苦，再用水蒸气直接蒸馏法蒸出。苦味酸法生产氯化苦，根据上述反应方程式，苦味酸中碳元素的利用率只有50%，而氯元素的利用率仅40%，再加上苦味酸生产过程中，产生大量的废酸及污水，难以治理，我国和日本一直用此法生产，现该法正逐渐被其他工艺所取代。

（2）三氯乙烯法

用沸点为86～90℃的三氯乙烯，经硝化，再用次氯酸钙和白灰氯化，制得氯化苦。由于其副产多，收率为60%，氯化苦含量仅70%～80%，生产时间不长就停止。

（3）三氯苯法

三氯苯经硝化、水解，再和次氯酸盐氯化蒸馏得氯化苦。经与苦味酸法比较，存在产品质量较差，成本高，“三废”无法处理而被弃用。

（4）三氯甲烷法

$$CHCl_3 + HNO_3 \longrightarrow CCl_3NO_2 + H_2O$$

从化学反应角度看，只要上去一个硝基就生成氯化苦是一条最理想的方法。从反应产物看，除氯化苦外就是水，无污染物产生。原料甲烷从天然气中分离出来，三氯甲烷得到也较容易，关键的是三氯甲烷的硝化必须在高温和压力下进行，如工业化工艺能打通，是一条极为理想的路线。

（5）硝基甲烷法

$$CH_3NO_2 + 3NaClO \longrightarrow CCl_3NO_2 + 3NaOH$$

硝基甲烷在氢氧化钠存在下，通入氯气，生成氯化苦、氯化钠和水，工艺简单，产品质量纯度高，无污染物产生。

1 新编农药手册．农业部农药检定所主编，中国农业出版社，1989：170-173.
2 The Pesticide Manual. 15th ed.：196-197.
3 农药，42（5），2003：16-18.

276 棉隆（dazomet）

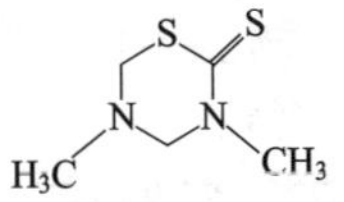

$C_5H_{10}N_2S_2$，162.3

产品简介

棉隆［试验代号：N-521、BAS00201N、Crag Fungicide 974，通用名称：dazomet，商品名称：Basamid（Advan、Agro-Kanesho、Certis），其他名称：必速灭］是由Union Carbide公司开发的杀菌、杀虫、杀线虫和除草剂。世界主要生产商：Kanesho Soil（toll manufacture by BASF）、Zhejiang Hisun等。其他商品名称（生产商）：Dacorn（Vapco）、Dazom（Chemia）、Fongosan（Kwizda）、Dacron（Vapco）、Dazoberg（Chimiberg）、Mylone（Union Carbide）、Salvo（Stauffer）等。

化学名称　3,5-二甲基-1,3,5-噻二唑烷-2-硫酮或四氢-3,5-二甲基-1,3,5-噻二唑-2-硫酮。英文化学名称为3,5-dimethyl-1,3,5-thiadiazinane-2-thione或tetrahydro-3,5-dimethyl-1,3,5-thiadiazine-2-thione。美国化学文摘系统名称为tetrahydro-3,5-dimethyl-2*H*-1,3,5-thiadiazine-2-thione。CA主题索引名称为2*H*-1,3,5-thiadiazine-2-thione—,tetrahydro-3,5-dimethyl-。CAS登录号为［533-74-4］。

理化性质　纯品为无色结晶（工业品为接近白色到黄色的固体，带有硫黄的臭味），原药纯度≥94%，熔点104～105℃（分解，工业品）。蒸气压0.58mPa（20℃）；1.3mPa（25℃）。分配系数K_{ow} lg$P$=0.63（pH=7），Henry常数2.69×10^{-5} Pa·m³/mol。相对密度1.36。水中溶解度（20℃）3.5g/L；其他溶剂中溶解度（g/kg，20℃）：环己烷400、氯仿391、丙酮173、苯51、乙醇15、乙醚6。稳定性：35℃以下稳定，50℃以上稳定性与温度和湿度有关。水解作用（25℃）DT_{50} 6～10h（pH=5），2～3.9h（pH=7），0.8～1h

(pH=9)

毒性　大鼠急性经口 LD_{50} 519mg/kg。大鼠急性经皮 LD_{50} >2000mg/kg，粉剂制剂对兔皮肤和眼睛有刺激性。对豚鼠无致敏性。大鼠吸入 LC_{50} (4h) 8.4mg/L（空气）。NOEL值：大鼠（90d）1.5mg/(kg·d)，狗（1a）1mg/(kg·d)，大鼠（2a）0.9mg/(kg·d)。ADI/RfD（BfR）0.015mg/kg（bw），（EPA）0.0035mg/kg（bw）。无致畸、致癌、致突变性。

生态效应　山齿鹑急性经口 LD_{50} 415mg/kg（bw），LC_{50} 1850mg/kg（bw），野鸭 LC_{50} >5000mg/kg（饲料）。虹鳟 LC_{50}（96h）0.16mg/L。水蚤 EC_{50}（48h）0.3mg/L。海藻 EC_{50}（96h）1.0mg/L。恶臭假单胞菌 EC_{10}（17h）1.8mg/L。直接接触对蜜蜂无毒，LD_{50} >10μg/只（经口），>50μg/只（接触）。对寄生虫有毒（用作土壤杀菌剂）。

环境行为　植物：随着在草莓上的使用，没有残留，>0.01mg/L 的棉隆或其降解物异氰酸甲酯、二甲基或单甲基硫脲。土壤/环境：土壤中 DT_{50} <1d，水中 DT_{50} <10h（pH>5）。在土壤潮湿的条件下，降解为异氰酸甲酯、甲醛、硫化氢和甲胺。

制剂与分析方法　主要产品或制剂有微粒剂、98%颗粒剂。可用 HPLC 进行分析。

作用机理与特点　利用降解产品来非选择性地抑制酶，分解成异氰酸甲酯而起作用，作为播前土壤熏蒸剂使用。广谱熏蒸性杀线虫剂，兼治土壤真菌、地下害虫及杂草。易于在土壤及基质中扩散，不会在植物体内残留，杀线虫作用全面而持久。

应用

适宜作物　花生、蔬菜、草莓、烟草、茶、果树、林木等。

防治对象　用于温室、苗床、育种室、混合肥料、盆栽植物基质及大田等土壤处理，能有效地防治作物的短体、纽带、肾形、矮化、针、剑、垫刃、根结、胞囊、茎等属的线虫。此外对土壤昆虫、真菌和杂草亦有防治效果。

应用技术　棉隆可用于温室、苗床、育种室、混合肥料、盆栽植物基质及大田等土壤处理。施药前先将土壤翻松。花生、蔬菜、草莓、烟草等用98%～100%棉隆药量视泥土深度而定，如混土 20 cm 深，所需药量一般每亩 7000～10000g（10.5～15g/m²）。花卉每平方米需 30～40g。棉隆施后必须充分与土壤混拌，大面积可沟施，施后覆土或撒施，用耕耘机混土使药入土 15～20 cm，间隔 4～5d 用耕耘机充分翻动土壤，松土通气，1～2d 后播种。苗床、温室先将土壤翻松，每平方米加 3L 水使药剂稀释喷洒，然后翻搅土壤 7～10cm，使药剂与土壤充分混合，以洒水封闭或覆盖塑料薄膜，过一段时间松土通气，然后播种。棉隆施入土壤后，受湿度、温度及土壤结构影响甚大，为了保证获得良好的药效和避免产生药害，土壤温度应保持在6℃以上，以 12～18℃最适宜，土壤含水量保持在40%以上。

使用方法　①花生、蔬菜田：使用剂量：砂质土 73.5～88.2kg(a.i.)/hm²，黏质土 88.2～103.2kg(a.i.)/hm²。撒施或沟施，深度20cm，施药后立即覆土，过一段时间后松土通气，然后播种，可有效地防治金针虫和其他土壤害虫，并抑制许多种杂草生长。②花卉：每平方米用98%颗粒剂 30～40g 进行土壤处理，将药剂混入 20cm 深的土壤中，施药后立即覆土，可防治花卉线虫。

专利与登记

该产品专利早已过期。

在中国登记情况：登记作物花卉，登记号 LS 91011。

在其他国家登记情况：登记作物花生、观赏植物、烟草、蔬菜。

合成方法

可通过如下反应制得目的物：

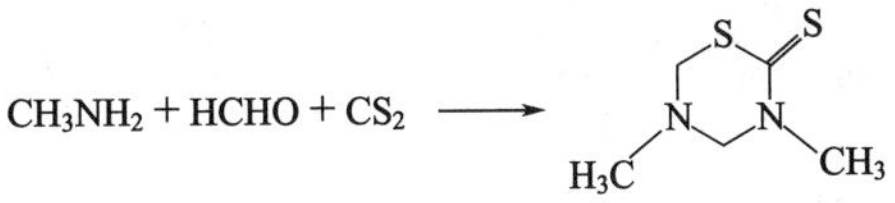

1 The Pesticide Manual. 15th ed.：305-306.

277 二氯异丙醚（DCIP）

$[ClCH_2CH(CH_3)]_2O$

$C_6H_{12}Cl_2O$，171.1

产品简介

二氯异丙醚（试验代号：IK-141，通用名称：DCIP，商品名称：Nemamort，其他名称：dichloro diisopropyl ether）是由 SDS Biotech 开发的杀线虫剂。

化学名称　双(2-氯-1-甲基乙基)醚。英文化学名称为 bis(2-chloro-1-methylethyl)ether。美国化学文摘（CA）系统名称为 2,2′-oxybis[1-chloropropane]。CA 主题索引名称为 propane—，2,2′-oxybis[1-chloro-。CAS 登录号为［108-60-1］。

理化性质　本品为浅棕色液体，沸点 181.6～187.7℃（760mmHg），相对密度 1.109（24℃），蒸气压 3.28×10^5mPa（25℃），分配系数 K_{ow} lg$P$=2.14（pH=6.8，20℃）。水中溶解度（pH=4.43，22℃）2.07g/L。稳定性：对光、热、水稳定，闪点 87℃。

毒性　急性经口 LD_{50}（mg/kg）：雄大鼠 503，雄小鼠 599，雌小鼠 536。大鼠急性经皮 LD_{50}＞2000mg/kg。大鼠和小鼠吸入 LC_{50}（4h）12.8mg/L。雄大鼠 NOEL（2a）值 13.4mg/kg（饲料）。ADI 值 0.13mg/kg。

生态效应　鲤鱼 LC_{50}（96h）＞65.1mg/L，大翻车鱼 EC_{50}（48h）31.9mg/L，藻类 E_bC_{50}（72h）72.6mg/L。

制剂与分析方法　80%、85%乳油，95%油剂。产品和残留采用 GC 分析。

作用机理与特点　具有熏蒸作用的杀线虫剂。由于其蒸气压低，气体在土壤中挥发缓慢，因此对作物安全。

应用

适宜作物　白菜、烟草、桑、茶、棉花、芹菜、黄瓜、菠菜、胡萝卜、甘薯、茄、番茄等。

防治对象　对根结、短体、半穿刺、胞囊、剑和毛刺等线虫均有良好的防效。

使用方法　在播种前 7～20d 进行处理土壤，也可以在播种后或植物生长期使用。使用剂量：40～240kg/hm^2。

专利与登记

该产品专利早已过期。

国内登记情况：Nemamort 80EC 曾在我国柑橘上进行田间药效试验。

国外登记情况：该产品已在日本的大白菜、番茄、茄子、黄瓜、柑橘等作物上获得登记，登记厂家为瑞士山德士公司（现属先正达公司）。

合成方法

可通过如下反应制得目的物：

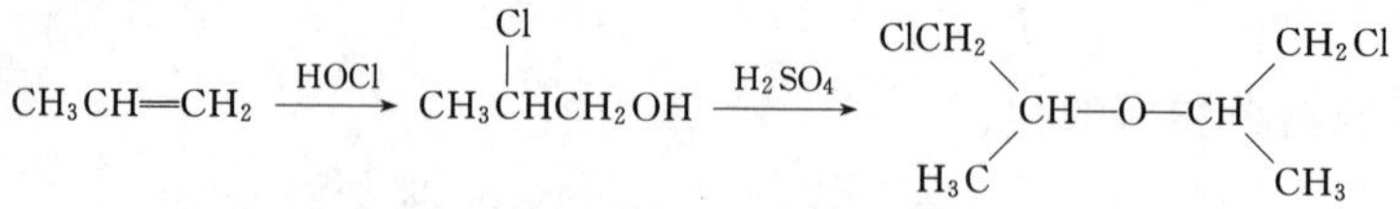

1 The Pesticide Manual. 15th ed. : 308-309.

278 除线磷 (dichlofenthion)

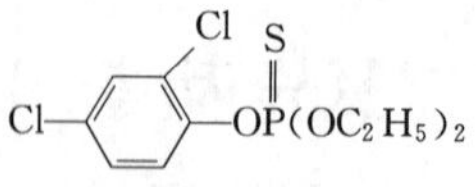

$C_{10}H_{13}Cl_2O_3PS$, 315.2

产品简介

除线磷 [试验代号：VC-13、ENT17470，通用名称：dichlofenthion，商品名称：VC (Hokko)、Pair-kasumin (Hokko)、Mobilawn；其他名称：酚线磷、氯线磷] 是 M. A. Manzelli 报道，后被 Virginia-Carolina Chemical Corp. 开发的杀地下害虫剂和杀线虫剂，现仅由 Hokko Chemical Industry Co.，Ltd 在日本销售。

化学名称 *O*,*O*-二乙基-*O*-(2,4-二氯苯基) 硫代磷酸酯。英文化学名称为 *O*-2,4-dichlorophenyl *O*,*O*-diethyl phosphorothioate。美国化学文摘系统名称为 *O*-(2,4-dichlorophenyl) *O*,*O*-diethyl phosphorothioate。CA 主题索引名称为 phosphorothioic acid, esters *O*-(2,4-dichlorophenyl) *O*,*O*-diethyl ester。CAS 登录号为 [97-17-6]。

理化性质 本品为无色液体，沸点 120～123℃ (0.2mmHg)，蒸气压 12.7mPa (25℃)，分配系数 K_{ow} $\lg P=5.27$ (23℃)，相对密度 1.321 (20℃)。水中溶解度 (20℃) 0.085mg/100mL，易溶于煤油和大多数有机溶剂中。稳定性：对热稳定，在 175℃加热 7h 后，有 42%转化为 *S*-乙基异构体，除强碱外，化学性质稳定。

毒性 急性经口 LD_{50} (mg/kg)：雄鼠 247，雌鼠 136，雄小鼠 272，雌小鼠 259。急性经皮 LD_{50} (mg/kg)：雄鼠 259，雌鼠 333。对兔眼睛和皮肤轻微刺激；对豚鼠皮肤有轻微过敏；大鼠吸入 LD_{50} (mg/L)：雄鼠 3.36，雌鼠 1.75。NOEL 值：以每天 0.75mg/kg (饲料) 饲喂狗 90d，对乙酰胆碱酯酶的活性不受影响，也不产生其他病变或烦躁。

生态效应 急性经口 LD_{50} (mg/kg)：雄日本鹌鹑 4060，雌日本鹌鹑>5000。鱼类：鲤鱼 LC_{50} (96h) > 25mg/L，大翻车鱼 EC_{50} (48h) 0.00012mg/L。藻类 E_bC_{50} (72h) 0.42mg/L。

制剂 25%、50%、75%乳油，10%颗粒剂。

作用机理与特点 是一种作用于神经系统的神经毒剂，抑制乙酰胆碱酯酶的活性。无内吸性，具有触杀作用。

应用

适宜作物 黄瓜、葱、洋葱、柑橘、豌豆、大豆、小豆、芸豆、萝卜等。

防治对象 用于防治大豆、芸豆、豌豆、小豆、黄瓜的瓜种蝇，萝卜的黄条跳甲，葱、圆葱的洋葱蝇，柑橘线虫等。

使用方法 土壤处理，用 50%乳油 240～255kg/hm^2，对水 750kg，均匀喷洒在土壤上。

专利概况

该产品专利早已过期。

合成方法

可通过如下反应制得目的物：

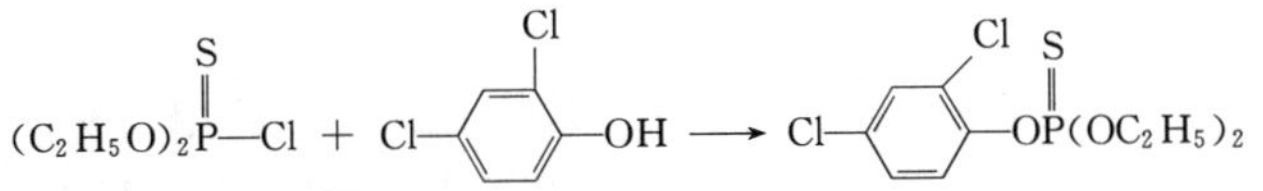

1 The Pesticide Manual. 15th ed.: 327～328.

279 丁环硫磷 (fosthietan)

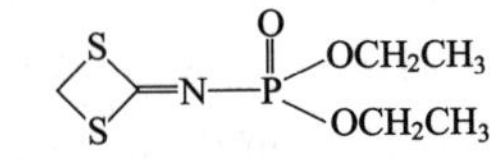

$C_6H_{12}NO_3PS_2$，241.3

产品简介

丁环硫磷（试验代号：AC64475，CL64475，ENT27873，通用名称：fosthietan，商品名称：Nematak，Acconem，Geofos，其他名称：代线丹）是由美国氰胺公司开发的杀虫、杀线虫剂。

化学名称　2-(二乙氧基膦基亚氨基)-1,3-二噻丁烷。英文化学名称为 diethyl 1,3-dithietan-2-ylidenephosphoramidate。美国化学文摘系统名称为 diethyl 1,3-dithietan-2-ylidenephosphoramidate。CA 主题索引名称为 phosphoramidic acid—，1,3-dithietan-2-ylidene-diethyl ester。CAS 登录号为［21548-32-3］。

理化性质　纯品为黄色液体（原药具有硫醇味）。蒸气压 0.867mPa（25℃）。水中溶解度（50℃）50g/L，溶于丙酮、氯仿、甲醇和甲苯中。稳定性：土壤中 DT_{50} 10～20d。

毒性　大鼠急性经口 LD_{50} 5.7mg/kg（原药）。兔急性经皮 LD_{50}（24h）：54mg/kg（原药），3124mg/kg（5%颗粒剂）。对细菌无诱变活性。

制剂　3%～15%颗粒剂，25%可溶性液剂。

作用机理与特点　广谱、内吸、触杀性杀虫、杀线虫剂，为抗杀土壤线虫的有效杀虫剂，尤其应用于杀根结线虫，其效果尤为重要。

应用

适宜作物　花生、甜瓜、草莓、马铃薯、大豆、玉米、烟草、甜菜和浆果等。

防治对象　根结线虫、土壤害虫等。

使用方法　使用剂量 1～5kg(a.i.)/hm^2。

专利概况

该产品专利早已过期。

合成方法

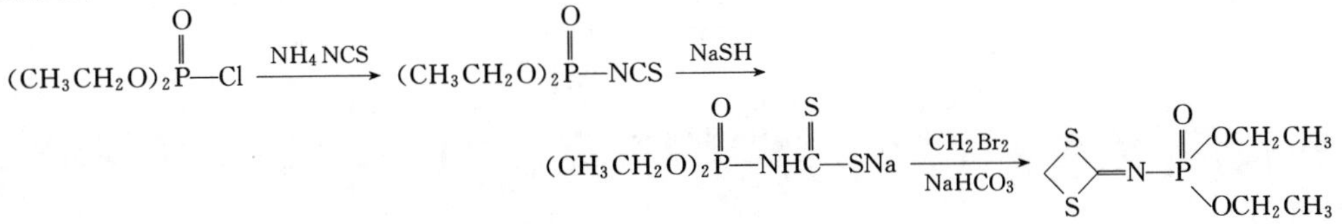

1 US 3476837.

280 线虫磷 (fensulfothion)

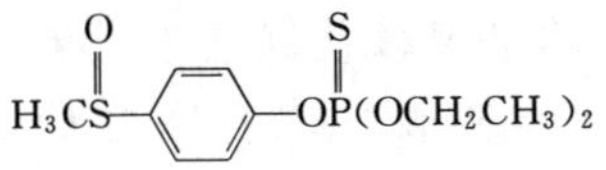

$C_{11}H_{17}O_4PS_2$，279.3

产品简介

线虫磷（试验代号：BAY-25141、ENT-24945、S-767，通用名称：fensulfothion，商品名称：Dasanit、Terracur P、Terracur，其他名称：DMSP，丰索磷）是由 Bayer AG 开发的杀线虫剂。

化学名称　*O*,*O*-二乙基-*O*-4-甲基亚硫酰基苯基硫代磷酸酯。英文化学名称为 *O*,*O*-diethyl *O*-4-methylsulfinylphenyl phosphorothioate。美国化学文摘系统名称为 *O*,*O*-diethyl *O*-[4-(methylsulfinyl) phenyl] phosphorothioate。CA 主题索引名称为 phosphorothioic acid, esters *O*,*O*-diethyl *O*-[4-(methylsulfinyl) phenyl] ester。CAS 登录号为［115-90-2］。

理化性质　纯品为黄色油状液体，沸点 138～141℃（0.01mmHg）。相对密度 1.202。水中溶解度 1.54g/L，与二氯甲烷、2-丙醇和大多数有机溶剂互溶。稳定性：易被氧化成砜并迅速转化成 *O*,*S*-二乙基异构体。

毒性　雄大鼠急性经口 LD_{50} 4.7～10.5mg/kg。急性经皮 LD_{50}（二甲苯）：雄大鼠 30mg/kg，雌大鼠 3.5mg/kg。大鼠 NOEL（16 个月）1mg/kg（饲料）。鱼类 LC_{50}（96h）：虹鳟鱼 8.8mg/L，金色圆腹雅罗鱼 6.8mg/L。ADI 值 0.0003mg/kg。

制剂　60%液剂，25%可湿性粉剂，2.5%、5%、10%水分散粒剂等。

应用

主要用于香蕉、可可、禾谷类、咖啡、棉花、柑橘、马铃薯、草莓、烟草、番茄和草皮等防治游离线虫、孢囊线虫和根瘤线虫等。通常为土壤处理。

专利概况

该产品专利早已过期。

合成方法

可通过如下反应制得目的物：

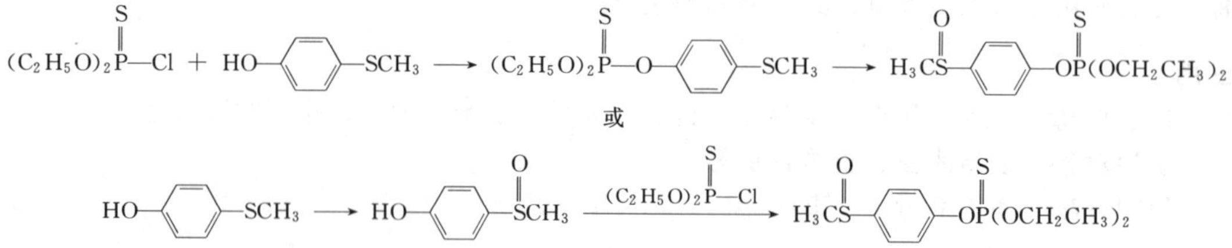

1　The Pesticide Manual, 12th ed. 2000. 996

281　治线磷（thionazin）

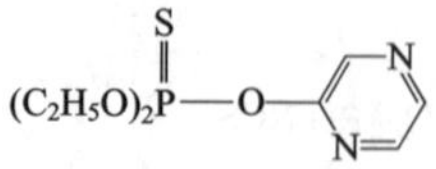

$C_8H_{13}N_2O_3PS$, 248.2

产品简介

治线磷（试验代号：ACC18133、EN18133，通用名称：thionazin，商品名称：Nemafos、Zinophos、Cynem，其他名称：硫磷嗪）是由 American Cyanamid Co.（现属巴斯夫公司）开发的土壤杀虫、杀线虫剂。

化学名称　*O*,*O*-二乙基-*O*-吡嗪-2-基硫代磷酸酯。英文化学名称为 *O*,*O*-diethyl-*O*-pyrazin-2-yl phosphorothioate。美国化学文摘系统名称为 *O*,*O*-diethyl-*O*-pyrazinyl phosphorothioate。CA 主题索引名称为 phosphorothioic acid, esters *O*,*O*-diethyl-*O*-pyrazinyl ester。

CAS登录号为［297-97-2］。

理化性质　纯品为清澈至浅黄色液体（原药为暗棕色液体，含量为90%左右），熔点－16.7℃（原药），沸点80℃。相对密度1.207。蒸气压3×10^{-3}mPa（30℃）。水中溶解度（27℃）1.140mg/L，与大多数有机溶剂互溶。稳定性：遇碱迅速分解。

毒性　大鼠急性经口LD_{50} 12mg/kg。大鼠急性经皮LD_{50} 11mg/kg。大鼠NOEL（90d）25～50mg/L（饲料），对大鼠生长稍有抑制，无其他异常反应。

制剂　46%乳剂，5%、10%颗粒剂。

应用

适宜作物　蔬菜、果树等。

防治对象　可有效防治植物寄生性和非寄生性线虫，如根病线虫、炼根线虫、异皮线虫、花生线虫、柑橘线虫及土壤线虫等。

使用方法　以0.8～1.6kg/1000m^{2}施药，可全面防治线虫，垅施时用量减半。

专利概况

该产品专利早已过期。

合成方法

可通过如下反应制得目的物：

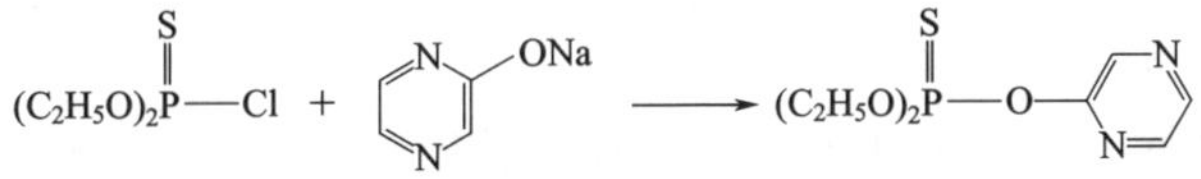

1　The Pesticide Manual，12th ed. 2000. 1022

282　威百亩（metam）

CH_3NHCS_2H

$C_2H_5NS_2$，107.2

产品简介

威百亩（试验代号：N-869，通用名称：metam，商品名称：Busan，其他名称：SMDC）是由Stauffer Chemical Co.（现属先正达公司）和杜邦公司开发的杀线虫、杀真菌和除草剂。

化学名称　甲基二硫代氨基甲酸。英文化学名称为methyldithiocarbamic acid。美国化学文摘（CA）系统名称为methyldithiocarbamic acid。CA主题索引名称为carbamodithioic acid—，methyl-。CAS登录号为［144-54-7］。

理化性质　本品的二水合物为白色结晶，熔点以下就分解。无蒸气压。分配系数K_{ow} lg$P$<1（25℃）。水中溶解度722g/L（20℃）；有机溶剂中溶解度：丙酮、乙醇、石油醚、二甲苯<5g/L，难溶于大多数有机溶剂。稳定性：浓溶液稳定，稀释后不稳定，遇酸和重金属分解，其溶液暴露于光线下DT_{50} 1.6h（pH=7，25℃）。水解DT_{50}（25℃）：23.8h（pH=5），180h（pH=7），45.6h（pH=9）。

毒性（钠盐）　急性经口LD_{50}（mg/kg）：雄大鼠1800，雌大鼠1700，小鼠285，在土壤中形成的异硫氰酸甲酯对大鼠急性经口LD_{50} 97mg/kg。兔急性经皮LD_{50} 1300mg/kg，对兔眼睛中等刺激性，对兔皮肤有损伤，皮肤或器官与其接触应按烧伤处理。大鼠吸入LC_{50}（4h）>4.7mg/L（空气）。山齿鹑急性经口LD_{50} 500mg/kg。野鸭和日本鹌鹑饲喂LC_{50}（5d）>5000mg/kg（饲料）。鱼类LC_{50}（96h）：大翻车鱼0.39mg/L，虹鳟鱼35.2mg/L。

水蚤 EC_{50}（48h）2.3mg/L。直接作用对蜜蜂无毒。

制剂　38.2%可溶性液剂，32.7%、48%水溶液。

作用机理与特点　其活性是由于本品分解成异硫氰酸甲酯而产生，具有熏蒸作用。

应用

主要用于蔬菜田防治土壤病害、土壤线虫、杂草。

专利概况

该产品专利早已过期。

合成方法

可通过如下反应制得目的物：

$$CH_3NH_2 + CS_2 \xrightarrow{NaOH} CH_3NHCS_2H$$

1　The Pesticide Manual. 15th ed.：742-743.
2　US 2766554.
3　US 2791605.
4　GB 789690.

283　溴甲烷（methyl bromide）

CH_3Br

CH_3Br，94.9

产品简介

溴甲烷（通用名称：methyl bromide，商品名称：Brom-O-Gas、Haltox、Meth-O-Gas 100，其他名称：溴灭泰）是由 Dow Chemical Co. 开发的具有熏蒸作用的杀虫、杀线虫剂。也具有杀菌、除草和杀鼠作用。

化学名称　溴甲烷。英文化学名称为 bromomethane。美国化学文摘系统名称为 bromomethane。CA 主题索引名称为 methane—，bromo-。CAS 登录号为［74-83-9］。

理化性质　室温下，纯品为无色、无味气体，在高浓度下具有氯仿气味。熔点－93℃，沸点 3.6℃。蒸气压 190kPa（20℃）。与冰水形成水合物，可溶于低级醇、醚、酯、酮、芳香族烃类化合物、卤代烷、二硫化碳等大多数有机溶剂。稳定性：在水中水解很慢，在碱性介质中则水解很快。

毒性　液体能烧伤眼睛和皮肤。大鼠吸入 LC_{50}（4h）3.03mg/L（空气）。对人类高毒，临界值为 0.019mg/L（空气）。ADI 值 1.0mg/kg（bw）。在许多国家都要求接受过培训的人员方可使用。山齿鹑急性经口 LD_{50} 73mg/kg。鱼 LC_{50}（96h）3.9mg/L。水蚤 EC_{50}（48h）2.6mg/L。对蜜蜂无伤害。

制剂　单剂如压缩气体制剂；混剂如（本品＋氯化苦）压缩气体制剂。

作用机理与特点　溴甲烷进入生物体后，一部分由呼吸排出，一部分在体内积累引起中毒，直接作用于中枢神经系统和肺、肾、肝及心血管系统引起中毒。具有强烈的熏蒸作用，能杀死各种害虫的卵、幼虫、蛹和成虫。沸点低，气化快，在冬季低温条件下也能熏蒸，渗透力很强。

应用

适宜作物与安全性　水稻、麦类、豆类、蘑菇等。重要用途还有防治仓储、温室害物。若喷在作物上，则有药害。

防治对象　土壤熏蒸可防治青枯病、立枯病、白绢病等以及杀灭丝核菌属、根瘤菌属、疫霉属、核盘菌属、小核菌属、蜜环菌属、棘壳孢属、青霉属、逆茎点霉属、轮枝孢属、镰刀菌属、木霉属、长喙壳属、壳球孢属等真菌。除了杀菌活性外，还具有杀虫、杀线虫、除草、杀鼠作用。

使用方法 1. 仓库熏蒸 使用剂量 40～80g/L，密闭时间 48～72h。2. 土壤熏蒸 使用剂量 100～150g/L，密闭时间 72h。

专利与登记

该产品专利早已过期。

溴甲烷 98%压缩气体已在我国黄瓜、番茄上获得临时登记，登记号为 LS 92025，用于防治土壤线虫，75～100g(a. i.)/L（土壤）热处理，登记厂家为以色列溴化学有限公司。

合成方法

具体合成方法如下：

$$CH_3OH + NaBr \xrightarrow{H_2SO_4} CH_3Br \quad 或 \quad CH_3OH + Br_2 \longrightarrow CH_3Br$$

1 The Pesticide Manual. 15th ed.：768-769.　　2 农药科学与管理，2001，5：16-18.

284 碘甲烷（methyl iodide）

CH_3I

CH_3I，141.9

产品简介

碘甲烷（通用名称：methyl iodide，其他名称：iodomethane）是溴甲烷最佳替代品。具有熏蒸作用的杀虫剂、杀线虫剂。

化学名称 碘甲烷。英文化学名称为 methyl iodide 或 iodomethane。美国化学文摘系统名称为 iodomethane。CA 主题索引名称为 methane—，iodo-。CAS 登录号为［74-88-4］。

理化性质 无色透明液体、刺激性的味道或甜的醚味。熔点－66.5℃，沸点 42.5℃。蒸气压 400mmHg（25℃）。水中溶解度 14g/L（25℃）。

毒性 有毒。

应用

主要用作熏蒸剂。通过大量试验证明，用量在 112～168kg/hm^2 下，对众多的土传病害、线虫的活性等于或优于溴甲烷。由于对臭氧影响小，是溴甲烷的理想替代品。

专利概况

该产品不存在专利权问题，但有应用专利和制剂或剂型专利。

1 Pestic. Sci. 1998，52：58.

285 敌线酯（methyl isothiocyanate）

CH_3NCS

C_2H_3NS，73.1

产品简介

敌线酯（通用名称：methyl isothiocyanate，商品名称：Trapex，其他名称：MIT，MITC）是由 Schering AG（现属拜耳公司）开发的杀菌、杀虫、除草剂。

化学名称 硫代异氰酸甲酯。英文化学名称为 methyl isothiocyanate。美国化学文摘系统名称为 isothiocyanatomethane。CA 主题索引名称为 methane—，isothiocyanato-。CAS 登录号为［556-61-6］。

理化性质　本品为具有类似辣根刺激性气味的无色固体，熔点 35～36℃（原药 25.3～27.6℃），沸点 118～119℃。相对密度（37℃）1.069［原药 1.0537（40℃）］。蒸气压 2.13mPa（25℃）。分配系数 K_{ow} lg$P$=1.37（计算）。水中溶解度（20℃）8.2g/L；其他溶剂中溶解度：易溶于大多数有机溶剂，如乙醇、甲醇、丙酮、二甲苯、石油醚和矿物油。稳定性：可被碱迅速水解，而在酸、中性溶液中水解很慢。DT_{50}（25℃）：85h（pH=5），490h（pH=7），110h（pH=9）。对光、热敏感。200℃以下稳定。

毒性　急性经口 LD_{50}（mg/kg）：大鼠 72～220，小鼠 90～104。急性经皮 LD_{50}（mg/kg）：大鼠 2780，雄小鼠 1870，兔 263。对兔皮肤和眼睛刺激严重。大鼠吸入 LC_{50}（1h）1.9mg/L（空气）。NOEL 值：大鼠（2a）10mg/L。野鸭急性经口 LD_{50} 136mg/kg，野鸭饲养 LC_{50}（5d）10936mg/kg（饲料）。鱼类 LC_{50}（96h，mg/L）：虹鳟鱼 0.09，小鲤鱼 0.37～0.57，蓝鳃鱼 0.14。水蚤 LC_{50}（48h）0.055mg/L。海藻 EC_{50}（96h）0.248mg/L。直接接触对蜜蜂无伤害。

制剂　单剂如 17.5%乳油。混剂如本品+(*EZ*)-1,3-二氯丙烯，本品+氯化苦+(*EZ*)-1,3-二氯丙烯等。

作用机理与特点　对土壤真菌、昆虫和线虫有防效，也可作抑制杂草种子的土壤熏蒸剂。

应用

适宜作物　甜菜、甘蔗、马铃薯等。

防治对象　对甜菜茎线虫、甘蔗异皮线虫和马铃薯线虫都很有效，也可防治菌腐病和马铃薯丝核菌病，并能除滨藜、鹤金梅、狗舌草、冰草和稷等，也可杀土壤中鳞翅目幼虫、叩头虫和金龟子幼虫等。

使用方法　以 5mg/L 有效浓度施药，可 100%杀土壤枯叶线虫；以 30mg/L 有效浓度施药，可杀土壤中根瘤线虫。

专利概况

该产品专利早已过期。

合成方法

由 *N*-甲基二硫代氨基甲酸钠与氯甲酸乙酯反应制得。反应式如下：

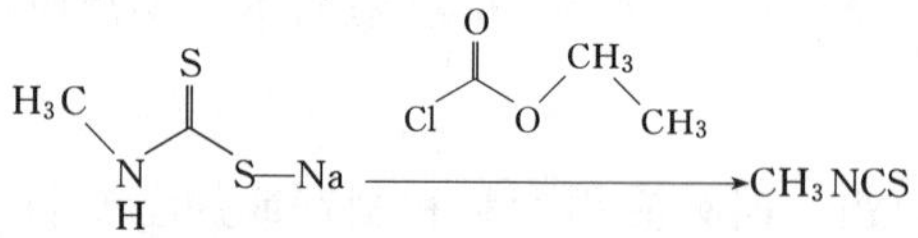

1　The Pesticide Manual. 15th ed.：773-774.　　2　US 3113908.

286　硫酰氟（sulfuryl fluoride）

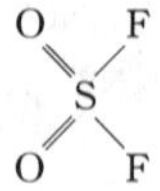

F_2O_2S，102.1

产品简介

硫酰氟（通用名称：sulfuryl fluoride，商品名称：Vikane）是由陶氏益农公司开发的熏蒸剂和杀线虫剂。

化学名称　硫酰氟，英文化学名称、美国化学文摘系统名称、CA 主题索引名称均为

sulfuryl fluoride。CAS登录号为［2699-79-8］。

理化性质　纯品为无色无味气体，熔点－136.7℃，沸点－55.2℃（1atm，1atm＝101325Pa）。相对密度（20℃）1.36。蒸气压 1.7×10^3kPa（21.1℃）。水中溶解度750mg/kg（25℃，1atm）；有机溶剂中溶解度（体积分数，25℃）：乙醇0.24%～0.27%，甲苯2.0%～2.2%，四氯化碳1.36%～1.38%。

毒性　大鼠急性经口 LD_{50} 100mg/kg。对兔皮肤和眼睛无刺激性。雄、雌大鼠吸入 LC_{50}（4h）4.1mg/L（空气）。

应用

主要用作木材、建筑物、运载工具和木制品的熏蒸。可防治众多种类的害虫。

专利概况

该产品专利早已过期。

1 The Pesticide Manual. 15th ed. 1066～1067.

287　二氯丙烯（1,3-dicholorpropene）

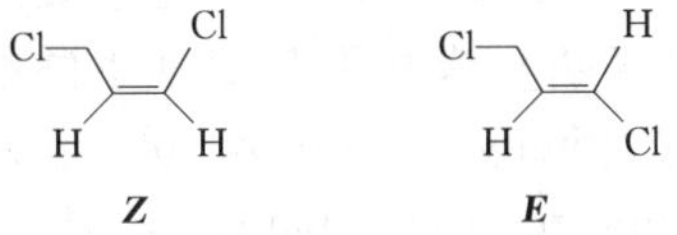

$C_3H_4Cl_2$，111.0

产品简介

二氯丙烯（通用名称：1,3-dicholorpropene，商品名称：D-D、Nematox、Nematrap、Telone）是由陶氏益农公司开发的杀线虫剂。现由陶氏益农和巴斯夫等公司生产销售。二氯丙烯是目前世界上使用量最大的杀线虫剂之一。

化学名称　(*EZ*)-1,3-二氯丙烯。英文化学名称为（*EZ*)-1,3-dichloropropene。美国化学文摘系统名称为1,3-dichloro-1-propene。CA主题索引名称为1-propene—，1,3-dichloro-。CAS登录号为［542-75-6］。

理化性质　纯品为无色至琥珀色、具渗透力强的有甜味的气体。熔点＜－50℃，沸点108℃。相对密度1.214（20℃）。蒸气压3.7kPa（20℃）。水中溶解度（20℃）2g/L，同其他有机溶剂，如氯代烃、酯类、酮类互溶。

毒性　大鼠急性经口 LD_{50} 150mg/kg。大鼠急性经皮 LD_{50} 1200mg/kg。对兔皮肤和眼睛有严重伤害。长时间接触导致灼伤。大鼠吸入 LC_{50}（4h）2.70～3.07mg/L（空气）。NOEL值（2a）：大鼠0.099mg/(L·d)，小鼠0.025mg/(L·d)。山齿鹑急性经口 LD_{50} 152mg/kg。山齿醇和野鸭饲喂 LC_{50}（5d）＞10000mg/kg（饲料）。鱼类 LC_{50}（96h）：虹鳟鱼3.9mg/L，大翻车鱼7.1mg/L。蜜蜂 LD_{50}（90h）6.6μg/只（经口和接触）。从事或摄入1,3-二氯丙烯喷雾造成接触的人群会遭受胸闷、咳嗽、呼吸困难和皮疹。眼睛刺激，气管，肝脏和肾脏损伤以及心律不齐等症状也是由于接触1,3-二氯丙烯所致。

作用机理与特点　1,3-二氯丙烯分子同酶系统在含有硫氢根离子、氨根离子或氢氧根离子的位点相互作用，在酶表面发生取代反应，即1,3-二氯丙烯分子失去一个氯原子，取而代之氢原子。结果酶终止其正常功能，随后激活杀线虫活性，接着线虫麻痹，最后死亡。

应用

作物种植前土壤处理，可杀死众多的害虫包括线虫及某些病原菌（包括病毒）。

专利概况

该产品专利早已过期。

1 The Pesticide Manual, 12th ed. 2000. 857

288 磷虫威（phosphocarb）

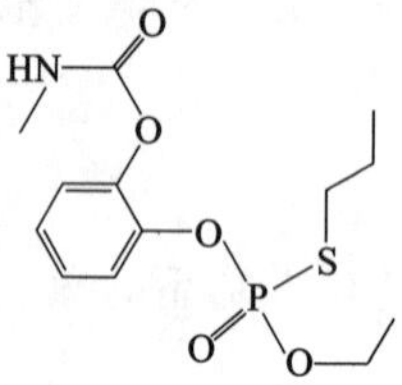

$C_{13}H_{20}NO_5PS$，333.3

产品简介

磷虫威（试验代号：BAS-301，通用名称：phosphocarb）是由 BASF 公司开发的一种有机磷类杀虫剂。

化学名称　(*RS*)-{*O*-乙基-*O*-[2-(甲基氨基甲酰基氧)苯基]-*S*-丙基硫代磷酸酯} 或 (*RS*)-2-[乙氧基（丙硫基）磷酸氧基] 苯基甲基氨基甲酸酯。英文化学名称为 (*RS*)-{*O*-ethyl-*O*-[2-(methylcarbamoyloxy)phenyl]-*S*-propyl phosphorothioate} 或 (*RS*)-2-[ethoxy(propylthio)phosphinoyloxy]phenyl methylcarbamate。美国化学文摘系统名称为 *O*-ethyl-*O*-[2-[[(methylamino)carbonyl]oxy]phenyl]*S*-propyl phosphorothioate。CA 主题索引名称为 phosphorothioic acid, esters *O*-ethyl-*O*-[2-[[(methylamino)carbonyl]oxy]phenyl]*S*-propyl ester。CAS 登录号为 [126069-54-3]。

理化性质　洋红色晶体，熔点 182.3℃。蒸气压 1.3×10^{-4} mPa（25℃）。K_{ow} $\lg P=4.1$（25℃）。Henrry 常数 1.97×10^{-4} $Pa\cdot m^3/mol$（计算）。相对密度 1.51（20℃）。水中溶解度（pH=5，22℃）2.5μg/L；其他溶剂中溶解度（g/L，25℃）：二氯甲烷 37、丙酮 9.3、己烷 1、乙醇 0.5。稳定性：对光、热、空气、酸碱稳定。水溶液 DT_{50} 为 248h（pH=5）、34h（pH=7）、4h（pH=9）。不易燃。

应用

广谱、内吸性杀虫剂。主要用于水稻、蔬菜、果树及其他作物，防治半翅目、鞘翅目、双翅目和某些鳞翅目害虫。

专利概况

专利名称　*O*-(*O*-ethyl-*S*-alkylphosphoryl)-*O*-(carbamoyl)-pyrocatechol derivatives

专利号　DE 3732527　　专利公开日　1989-04-06

专利申请日　1987-09-26　　优先权日　1987-09-26

专利拥有者　BASF AG (DE)

目前已公开或授权的专利　AT 72246、BR 8804930、CA 1310656、EP 309843、ES 2038262、HU 49467、HU 206026、IL 87760、JP 01102087、JP 2515381、US 4855140、ZA 8807128 等。

制备专利　AT 72246、BR 8804930、CA 1310656、EP 309843、ES 2038262、HU 49467、HU 206026、IL 87760、JP 01102087、JP 2515381、US 4855140、ZA 8807128 等。

制剂或剂型专利　AT 221312、AU 2007324936、AU 9656458、AU 698390、BR 9608004、CA 2670637、CA 2216585、CN 101547605、DE 102006056544、DE 19514903、EP 2107871、EP

822745、ES2180764、HU 9802211、HU 226237、IL 117843、JP 11504021、JP 3810086、KR 2009097168、MX 2009005522、PT 822745、TW 442259、US 20100048497、US 5972915、WO 2008064778、WO 9633613、ZA 9603122 等。

合成方法

可经如下反应制得磷虫威。

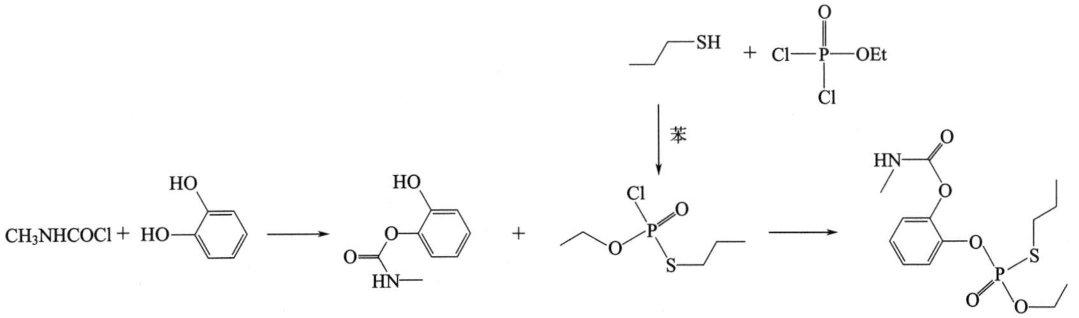

1 http：//www. alanwood. net/pesticides/phosphocarb. html.　　2 DE 3732527.

289　二甲酚（xylenols）

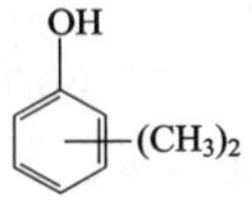

$C_8H_{10}O$，122.1

产品简介

化学名称　二甲酚。英文化学名称为 xylenol。美国化学文摘系统名称为 dimethylphenol。CA 主题索引名称为 phenol—，dimethyl-。CAS 登录号为 2,3-二甲酚 [526-75-0]，2,4-二甲酚 [5-67-9]，2,5-二甲酚 [95-87-4]，2,6-二甲酚 [576-26-1]。

理化性质　2,4-二甲酚：白色针状结晶，熔点 27～28℃，沸点 210℃，相对密度 0.965，折射率 1.542，能与醇、醚混溶，微溶于水。2,5-二甲酚：近白色至米红色粒状或片状固体。易溶于醚、醇。能升华，能与水蒸气一同挥发。沸点 210℃。熔点 75℃。

合成方法

3,5-二甲酚是灭除威的主要原料，也是杀虫剂兹克威的原料。并且可以做成杀菌剂、黏合剂和特殊合成树脂。其制备过程可归结如下。

（1）煤焦油洗油馏分分离法　3,5-二甲基苯酚在焦化厂生产的混合二甲基苯酚中含量约为 10%，采用混合二甲基苯酚精馏及重结晶工艺分离提纯后获得产品。其精馏过程采用常压，切取 219～223℃的馏分，经过冷却、结晶、真空过滤等过程后可以得到粗产品。再将粗产品进行重结晶，最后得到产品 3,5-二甲基苯酚。由于 3,5-二甲基苯酚的收率太低，并且纯度不高，所以目前很少有人采用该方法来制备 3,5-二甲基苯酚。

（2）苯酚烷基化法　传统生产 3,5-二甲基苯酚的方法为苯酚烷基化法，就是将苯酚与甲醇直接反应，生成 3,5-二甲基苯酚。

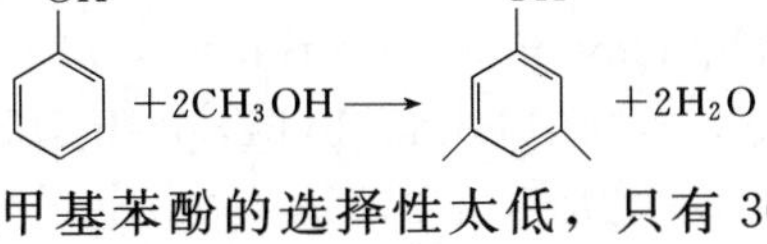

该方法主要缺点是 3,5-二甲基苯酚的选择性太低，只有 30%，并且会生成多种二甲基

苯酚，例如2,6-二甲基苯酚、3,4-二甲基苯酚等。由于几种同分异构体的性质非常相近，从二甲基苯酚混合物中分离出纯度比较高的3,5-二甲基苯酚是十分困难的。因此，这种方法很难满足大规模生产。

(3) 间二甲苯磺化碱熔法 目前，国内3,5-二甲基苯酚合成方法主要采用间二甲苯磺化碱熔法，其反应过程如下。

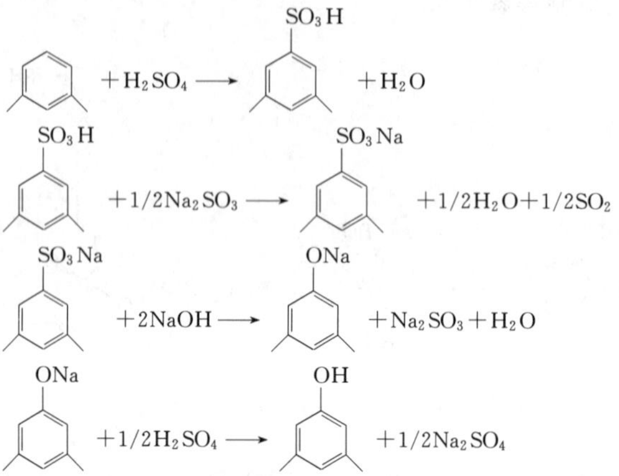

工艺过程是将石油间二甲苯（富集间二甲苯或混合二甲苯）用浓硫酸在185℃进行磺化，并保温5～7h异构化，随即加水分解，以提高3,5-二甲基苯磺酸的含量。制得的3,5-二甲基苯磺酸，经脱出游离酸后，于60～70℃下加入氢氧化钠或亚硫酸钠中和至pH＝9～10时，经浓缩干燥，得灰黑色3,5-二甲基苯磺酸钠，再将3,5-二甲基苯磺酸钠投入熔融状的氢氧化钠中，当反应温度达到350℃左右时，保温40～50min，将物料加水溶解，搅拌下加入硫酸酸化，再经分离、减压蒸馏，即得成品。

(4) 天津大学张宪等人利用异佛尔酮芳构化法制备3,5-二甲基苯酚，收率以及原子利用率较高，且选择性好。

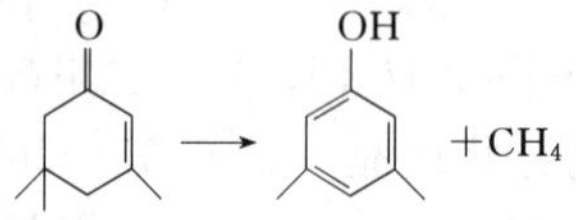

1 http://www.alanwood.net/pesticides/xylenols.html.
2 http://baike.baidu.com/view/1264003.htm? fr=ala0_1.
3 http://www.cnfinechem.net/cpk/viewcpk.php? id=436990.
4 张宪，天津大学博士生论文，2005.

（九）杀虫剂增效剂

杀虫剂增效剂（pesticide synergists）主要有13个品种：bucarpolate、dietholate、jiajizengxiaolin、octachlorodipropylether、piperonylbutoxide、piperonylcyclonene、piprotal、propylisome、sesamex、sesamolin、sulfoxide、tribufos、zengxiaoan，其中增效胺（zengxiaoan）在前面已有介绍，此处仅介绍piperonylbutoxide、piprotal、propylisome、sesamex，其他化合物应用范围小或不再作为杀虫剂使用或没有商品化等原因，本书不予介绍，仅列出化学名称及CAS登录号供参考：

bucarpolate：2-(2-butoxyethoxy)ethyl1,3-benzodioxole-5-carboxylate 或 2-(2-butoxyethoxy)ethylpiperonylate，136-63-0。

dietholate：*O*,*O*-diethyl-*O*-phenylphosphorothioate，32345-29-2。

甲基增效磷（jiajizengxiaolin）：*O*,*O*-dimethyl-*O*-phenylphosphorothioate，33576-92-0。

octachlorodipropylether：bis[(2*RS*)-2,3,3,3-tetrachloropropyl]ether，127-90-2。

piperonylcyclonene：(5*RS*)-5-(1,3-benzodioxol-5-yl)-3-hexylcyclohex-2-en-1-one，119-89-1。

sesamolin：1,3-benzodioxol-5-yl(1*R*,3a*R*,4*S*,6a*R*)-4-(1,3-benzodioxol-5-yl)perhydrofuro[3,4-*c*]furan-1-ylether，526-07-8。

sulfoxide：(1*RS*)-2-(1,3-benzodioxol-5-yl)-1-methylethyloctylsulfoxide 或 (1*RS*)-1-methyl-2-(3,4-methylenedioxyphenyl)ethyloctylsulfoxide，120-62-7。

tribufos：*S*,*S*,*S*-tributylphosphorotrithioate，78-48-8。

290　增效醚（piperonylbutoxide）

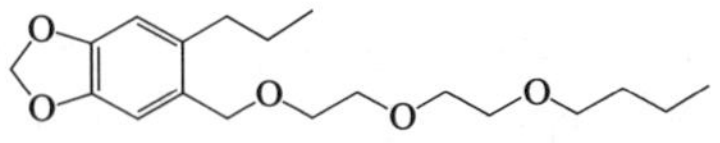

$C_{19}H_{30}O_5$，338.4

产品简介

增效醚［试验代号：ENT 14 250，通用名称：piperonyl butoxide。商品名称：Butacide（Valent BioSciences），其他名称：Enervate（Nufarm Ltd）、Exponent（MGK）］由 H. Wachs 提出作为除虫菊素的增效剂。

化学名称　5-[2-(2-丁氧乙氧基）乙氧甲基]-6-丙基-1,3-苯并二噁茂。英文化学名称为 5-[2-(2-butoxyethoxy)ethoxymethyl]-6-propyl-1,3-benzodioxole。美国化学文摘系统名称为 5-[[2-(2-butoxyethoxy)ethoxy]methyl]-6-propyl-1,3-benzodioxole。CA 主题索引名称为1,3-benzodioxole—，5-[[2-(2-butoxyethoxy)ethoxy]methyl]-6-propyl-。CAS 登录号为［51-03-6］。

组成　含量 90%。

理化性质　无色油状物，相对密度 1.060（20℃），沸点 180℃（133Pa），闪点 140℃，蒸气压 2.0×10^{-2}mPa（60℃），K_{ow} lg$P$=4.75，Henry 常数<2.3×10^{-6}Pa · m^3/mol。水中溶解度（25℃）14.3mg/L，溶于有机溶剂，包括矿物油和氟代脂肪烃化合物。稳定性：在无光照条件下，pH=5、7、9 时稳定。pH=7 的水溶液在阳光下迅速降解（DT_{50} 8.4h）。

毒性　大鼠和兔急性经口 LD_{50} 约为 7500mg/kg。大鼠急性经皮 LD_{50}>7950mg/kg，兔急性经皮 1880mg/kg。对兔眼睛和皮肤无刺激。以 100mg/kg（饲料）饲喂大鼠两年，无致癌性。NOEL 值：小鼠和大鼠（2a）30mg/(kg · d)；狗（1a）16mg/(kg · d)。ADI/RfD（JMPR）0.2mg/kg（bw），（EPA）aRfD 6.3，cRfD 0.16mg/kg（bw）。

生态效应　山齿鹑急性经口 LD_{50}>2250mg/kg。鲤鱼 LC_{50}（24h）5.3mg/L，水蚤 LC_{50}（24h）2.95mg/L。藻类 EC_{50}（细胞体积）44μmol/L。蜜蜂 LD_{50}>25μg/只。

环境行为　动物：哺乳动物（以及昆虫），氧化攻击亚甲基碳原子形成二羟基苯基化合物。侧链发生氧化降解，消除产物为葡萄糖或氨基酸衍生物。土壤：对旱地做 DT_{50} 有氧土壤代谢约 14d。K_{oc} 399～830。虽在沙土中移动速度较快，但其在户外并不会快速降解。在土壤或水中降解，主要通过支链丁基的氧化形成亚甲基二氧丙苯基醇，随后形成相应的醛，最终矿化形成二氧化碳，没有积累代谢产物。

制剂与分析方法　Chinethrin、Duracide、Hash、Multi-Fog DTP、Pycon、Pyronyl、Synpren fish。用 GC-FID 进行产品分析，残留物用衍生物比色法测定。

作用机理与特点　抑制混合功能氧化酶，阻止解毒系统酶活性的正常发挥，以提高杀虫剂的活性。本品能提高除虫菊素和多种拟除虫菊酯、鱼藤酮和氨基甲酸酯类杀虫剂的杀虫活性，亦对杀螟硫磷、敌敌畏、氯丹、三氯杀虫酯、阿特拉津等有增效作用，并能改善除虫菊浸膏的稳定性。在以家蝇为防治对象时，本品对胺菊酯的增效作用比八氯二丙醚高。但对家蝇的击倒，不能使氯氰菊酯增效。在蚊香中使用对丙烯菊酯没有增效作用，甚至药效减低。

应用

药效和用途　用作杀虫增效剂，用于杀死米、麦、豆类等谷物在贮藏期间产生的虫，如谷象虫。常与杀虫剂除虫菊素合用，形成络合物以起增效作用。

残留量与安全施药　在通风良好的地点操作，不需要采用特殊的防护措施。产品益储于密闭的容器中，放置在低温干燥场所。无专用解毒药，如发生误服，可按出现症状治疗。

应用技术　在100mL精制煤油中单含除虫菊素0.025g时，家蝇死亡率仅19%，含0.050g时死亡率为32%，0.100g时死亡率为50%，在100mL煤油中含除虫菊素0.025g+0.25g本品时，家蝇的死亡率可高达85%。在灭虱试验中，当制剂中含除虫菊素0.005%和本品0.05%时，体虱死亡率为78%；如含除虫菊素0.025%和本品0.125%时，体虱死亡率可达100%，但在单含除虫菊素的处理中，体虱死亡率均为0。用本品作为防治卫生昆虫、仓库害虫、园艺害虫杀虫剂的高效剂，一般它的使用量为除虫菊素的5～10倍，可使药效提高3倍，效果显著。例如在贮粮中，使用在氰戊菊酯中加有本品（1∶10）的混合粉剂防治多种仓库害虫，1次施药，可保护贮粮免受虫害长达1年左右。对农业害虫如棉红铃虫，以本品分别与氯氰菊酯、氟氯氰菊酯、溴氰菊酯和氰戊菊酯复配使用，增效指数达230、167、80、65.7，亦很显著。

专利概况

专利名称　Methylenedioxyphenyl derivatives and method for the production thereof

专利号　US 2485681　　专利公开日　1949-10-25

专利申请日　1947-02-20　　优先权日　1947-02-20

专利拥有者　Herman Wachs

制备专利　CN 1381181、CN 1364415、EP 730830、IN 188745、IN187117、IN 180993、IT 1299067、WO 9822416、CN 1354981、CN 1305710、CN 1078598、EP 281098、HU 22948、IN 188746、JP 2005060292等。

制剂或剂型专利　CN 101558767、CN 101664042、CN 101347120、CN 101044860、CN 101317572、CN 101019542、CN 101204155、DE 2647165、DE 2104852、GB 2440664、IN 2000MU00571、KR 2009002202、US 2009068242、US 2009029863、US 2007207222、US 2004047889、US 2002183333、US 2002091146、US 2002009476、US 2585356、US 2550737、WO 2010023171、WO 2010015257、WO 2010003923、WO 2009060165、WO 2009045702、WO 2008152091、WO 2008071714、WO 2003092378等。

在中国申请的与增效醚有关的专利见表290-1。

表290-1　在中国申请的专利

序号	申请号	专利名称
1	02135197.X	阿维菌素杀虫剂
2	02113260.7	除虫菊干花粉剂及可湿性粉剂
3	92115145.4	储粮杀虫用的溴氰菊酯与杀螟松混配药剂
4	00119054.7	以压缩气体作为抛射剂的方法及其产品
5	200810018918.3	具有杀虫功效的内墙涂料
6	200510039014.5	内燃式电热驱虫片
7	200610035170.9	一种蓖麻碱杀虫剂
8	200610047796.1	一种长效杀虫剂
9	200610100338.X	含γ-氯氟氰菊酯的杀虫混合物γ
10	200910000868.0	一种杀虫组合物
11	200910055297.0	一种杀虫气雾剂

合成方法

可通过如下反应制得目的物：

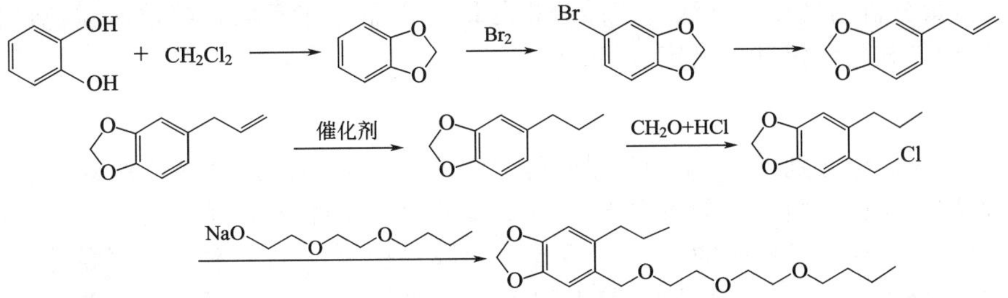

1 The Pesticide Manual. 15th ed. : 913-914.

2 国外农药品种手册，新版合订本：335.

3 农药商品大全，中国商业出版社：203.

4 农药，1990，(01)：41-42.

291 增效醛（piprotal）

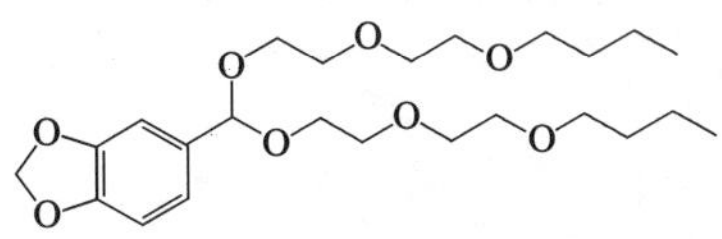

$C_{24}H_{40}O_8$，456.6

产品简介

增效醛［试验代号：OMS 1161，通用名称：piprotal（ESA），商品名称：Tropital］本品作为高效拟除虫菊酯的增效剂由 L. O. Hopkins 和 D. R. Maciver 报道，由 McLaughlin Gormley King Co. 开发。

化学名称　5-{双［2-(2-丁氧乙氧基）乙氧基］甲基}-1,3-苯并二噁茂。英文化学名称为 5-[bis[2-(2-butoxyethoxy)ethoxy]methyl]-1,3-benzodioxole(Ⅰ)，1-bis[2-(2-butoxyethoxy)ethoxy]methyl-3,4-methylenedioxybenzene。美国化学文摘系统名称为 5-[bis[2-(2-butoxyethoxy)ethoxy]methyl]-1,3-benzodioxole。CA 主题索引名称为 1,3-benzodioxole—，5-[bis [2-(2-butoxyethoxy)ethoxy]methyl]-。CAS 登录号为［5281-13-0］。

理化性质　黄色油状液体，沸点 190～200℃（0.27Pa），200～230℃（5.33Pa）。折射率 n_D^{18} 1.4838；n_D^{28} 1.447。不溶于水，稍溶于乙二醇，可与一般有机溶剂如，醇类、二氯甲烷、石蜡族和芳族石油馏分，氯代烷类及其他溶剂混溶。本品对日光敏感，能在无机酸和有机酸存在下分解。本品无腐蚀性。

毒性　大鼠急性经口 LD_{50} 4400mg/kg。兔急性经皮 LD_{50} ＞10000mg/kg。对兔皮肤和黏膜没有刺激性。大鼠 90d 饲喂无作用剂量为 300mg/(kg·d)；但在药量高达 600mg/(kg·d) 时，对肝、肾脏、膀胱和胸腺稍有影响。本品单用对蜜蜂无害。

环境行为　当小鼠经口增效醚、黄樟素、二氢黄樟素、肉豆蔻醚等后，代谢途径主要为亚甲基二氧基苯（MDP）分子的断裂和将亚甲基的碳转变为 CO_2 呼出。与此相反，本品以及胡椒醛或胡椒基酸的代谢，则是在它们的侧链上发生氧化或络合，如在经口增效醛后，小鼠尿中含有多种没有 MDP 分子的化合物和少量单独的 6-丙基胡椒酸以及它的甘氨酸络合物。而吞服本品后的小鼠尿中，则几乎全部为胡椒酸与甘氨酸或葡萄糖醛酸的络合物。有一些 MDP 化合物可被肝微粒体的多功能氧化酶脱去亚甲基，生成甲酸盐及相应的邻苯二酚。还有多数 MDP 化合物因为在其他功能团上发生附加的氧化作用，亦可能生成其他产物。亚甲基二氧基苯基类增效剂或其有关类似化合物对杀虫剂所以产生增效作用，可能是 MDP 的一个活性部位与多功能氧化酶的结合，使得昆虫的正常解毒机制受到抑制。

剂型与分析方法　增效醛极易溶于精制矿油中，不需要加助溶剂，故适用于加工各种喷射剂和高浓度气雾剂。产品以气相色谱法测定，柱温174℃，采用电子捕获检测器（MGK公司）。残留量分析用气相色谱法与产品分析相同。样品先作萃取，萃取液在色谱柱中吸附净化，然后用气相色谱仪进行测定（MGK公司）。

应用

将本品和增效醚分别以8∶1的计量与除虫菊素和丙烯菊酯对淡色库蚊幼虫在击倒和杀死作用上作增效对比试验，结果本品与除虫菊素和丙烯菊酯在击倒上的增效程度则分别为2.20和1.4；前者仅及增效醚的70%，后者约为增效醚的50%。本品与丙烯菊酯在杀死上的增效程度则分别为1.27和1.15；前者约为增效醚的50%，后者亦约为增效醚的67%。又将本品与增效醚分别加入除虫菊素，对杂拟谷盗和烟草甲成虫以及大毛皮囊幼虫以点滴法作增效对比试验，增效醚的增效活性仍高于本品。一般而言，对昆虫用作直接接触毒杀时，增效醚的增效活性大于本品。本品作为增效剂，其制剂可用于防治家庭、贮粮等室内害虫。可以和大多数杀虫剂及其他增效剂进行复配，但不能和有机磷（马拉硫磷除外）及乳化剂混用。

专利概况

专利名称　Insecticidal compositions

专利号　NL 6507365　　专利公开日　1965-12-10

专利申请日　1965-06-09　　优先权日　1964-06-09

专利拥有者　Hopkins Leslieowen；Maciver Donald Roderick

制备专利　US 2009029863 等。

制剂或剂型专利　EP 91756，WO 2009060165 等。

合成方法

通过如下反应制得目的物：

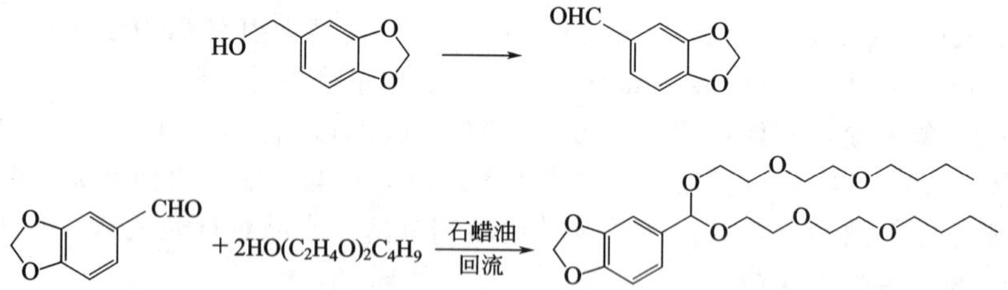

1　农药商品大全，中国商业出版社：205～206.

292　增效酯（propyl isome）

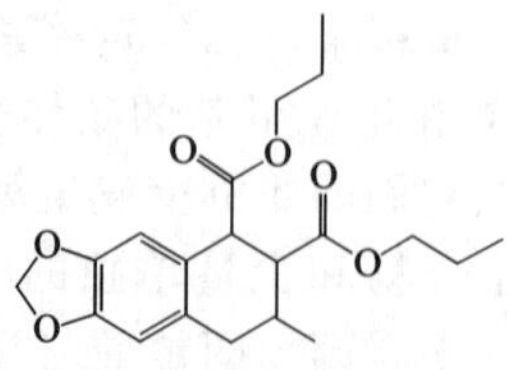

$C_{20}H_{26}O_6$，362.4

产品简介

增效酯（通用名称：propyl isome，其他名称：dipropyl maleate isosafrole condensate）作为高效拟除虫菊酯的增效剂，由M. E. Synerholm & A. Hartzell报道，由S. B. Penick &

Co. 开发。

化学名称　5,6,7,8-四氢-7-甲基萘并［2,3-*d*］-1,3-二噁茂-5,6-二羧酸二丙酯或 1,2,3,4-四氢-3-甲基-6,7-亚甲基二氧萘-1,2-二羧酸二丙酯。英文化学名称为 dipropyl-5,6,7,8-tetrahydro-7-methylnaphtho[2,3-*d*]-1,3-dioxole-5,6-dicarboxylate; dipropyl 1,2,3,4-tetrahydro-3-methyl-6,7-methylenedioxynaphthalene-1,2-dicarboxylate。美国化学文摘系统名称为：dipropyl-5,6,7,8-tetrahydro-7-methylnaphtho[2,3-*d*]-1,3-dioxole-5,6-dicarboxylate。CA 主题索引名称为 naphtho[2,3-*d*]-1,3-dioxole-5,6-dicarboxylic acid—, 5,6,7,8-tetrahydro-7-methyl-dipropyl ester。CAS 登录号为［83-59-0］。

理化性质　本品为橙色黏稠液，沸点 170～275℃（133Pa），相对密度 1.14，折射率 n_D^{20} 1.51～1.52，不溶于水，微溶于链烷烃溶剂，易溶于醇、醚、芳烃和甘油酯类。对热稳定，在强碱中水解。

毒性　大鼠急性经口 LD_{50} 为 1500mg/kg，大鼠急性经皮 LD_{50} ＞375mg/kg，以含 5000mg/L 的饲料饲喂大鼠 17 周，没有发现组织损伤。

环境行为　本品和增效醚、增效砜等均能受小鼠肝微粒体制剂（在体外）的作用，在联苯上同时产生刺激邻位的羟基化和抑制对位的羟基化。

制剂与分析方法　与拟除虫菊酯一起配成油剂、气雾剂、乳油、粉剂等，亦可与鱼藤酮和鱼尼丁一起使用。在硫酸中与没食子酸反应产生蓝色，在 660nm 处测定。

应用

残留量与安全施药　在通风良好的地点操作，不需要采用特殊的防护措施。产品益储于密闭的容器中，放置在低温干燥场所。无专用解毒药，如发生误服，可按出现症状治疗。

应用技术　已有试验测出在 100mL 精制煤油中单含除虫菊素 0.025g 时，家蝇死亡率仅 19%；0.05g 时死亡率为 32%；0.100g 时死亡率为 50%。如在 100mL 煤油中除含除虫菊素 0.025g 外，并加有 0.25g 增效酯时，则家蝇死亡率可达 76%。本品既对拟除虫菊酯（包括除虫菊素）有增效活性，亦可作为鱼藤酮、鱼尼丁等的增效剂使用。制剂可用于家庭和肉类食品包装车间防治害虫。

使用方法　本品对除虫菊素、丙烯菊酯等可配成用煤油和用乙二醇丁基醚作为助溶剂的油喷射剂，其他制剂尚有气雾剂、粉剂和乳油等。

专利概况

专利名称　Pyrethrin synergist

专利号　US 2431845　　专利公开日　1947-12-02

专利申请日　1944-08-03　　优先权日　1944-08-03

专利拥有者　Synerholm Martine

目前公开的或授权的制备、制剂或剂型专利　US 2009029863，WO 9107380、CN 101683071、WO 2009060165 等。

合成方法

通过如下反应制得目的物：

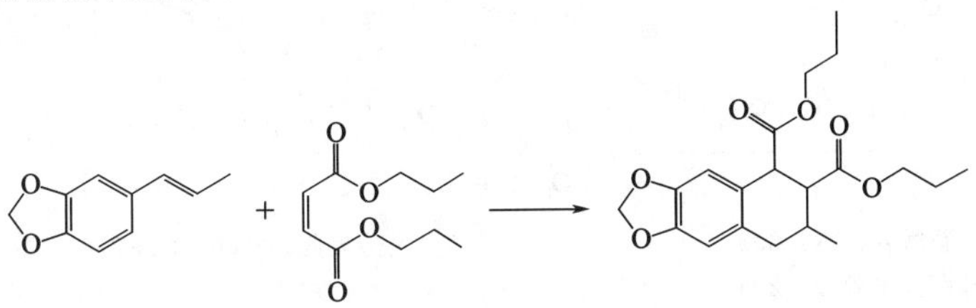

1 The Pesticide Manual. 13th ed.. 2000：3-4.
2 国外农药品种手册，新版合订本：336.
3 农药商品大全，中国商业出版社：202.
4 农药大典，2006：212.

293 增效散（sesamex）

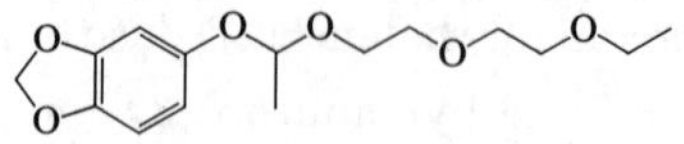

$C_{15}H_{22}O_6$，298.3

产品简介

增效散（试验代号：ENT 20 871，通用名称：sesamex，商品名称：Sesoxane）本品作为高效拟除虫菊酯的增效剂由 M. Beroza 报道，由 Shulton Inc. 开发。

化学名称 2-(3,4-亚甲基二氧苯氧基)-3,6,9-三氧十一碳烷。英文化学名称为 5-[1-[2-(2-ethoxyethoxy)ethoxy]ethoxy]-1,3-benzodioxole；2-(1,3-benzodioxol-5-yloxy)-3,6,9-trioxaundecane。美国化学文摘系统名称为 5-[1-[2-(2-ethoxyethoxy)ethoxy]ethoxy]-1,3-benzodioxole。CA 主题索引名称为 1,3-benzodioxole—，5-[1-[2-(2-ethoxyethoxy)ethoxy]ethoxy]-。CAS 登录号为 [51-14-9]。

理化性质 本品为黄色液体，稍有气味，沸点 137～141℃（1.07Pa），折射率 n_D^{20} 1.491～1.493，易溶于灯油和氟里昂。

毒性 大鼠急性经口 LD_{50} 为 2000～2270mg/kg。兔急性经皮 LD_{50}＞9000mg/kg。

制剂与分析方法 含有亚甲基二氧基苯基的增效剂，多有强烈的荧光和磷光现象，所以分析本品在喷射剂中的含量和在贮粮，如大米、面粉、玉米等中的残留量，均可采用荧光或磷光分光光度计测定，灵敏度较比色法高。

应用

可以增效除虫菊酯、丙烯除虫菊酯、环除虫菊酯和甲氧基滴滴涕，并具有一些杀虫活性。

专利概况

专利名称 Process for the preparation of 4-chloro-2-methylphenoxybutyric acid and derivatives there of

专利号 GB 793513　　专利公开日 1958-04-16

专利申请日 1954-09-09　　优先权日 1954-09-09

专利拥有者 Heywood Basiljason May & Baker Ltd.

目前公开的或授权的制备、制剂或剂型专利 US 2009029863，WO 9107380、WO 2009060165 等。

合成方法

通过如下反应制得目的物：

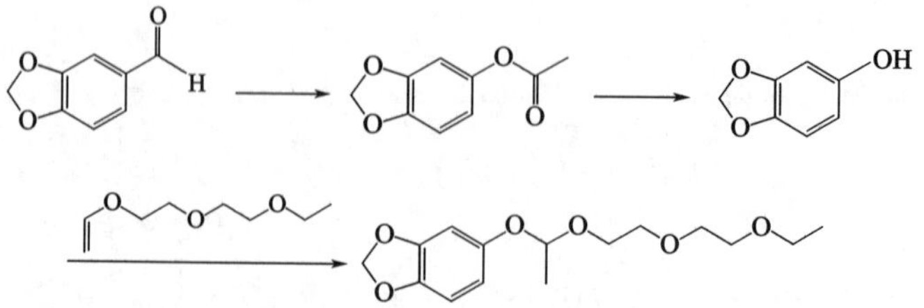

1 国外农药品种手册，新版合订本：333.
2 农药商品大全，中国商业出版社：205.
3 农药大典，2006：215-216.

（十）杀鼠剂

杀鼠剂（rodenticides）主要分植物源类、苯基氨基甲酸酯类、香豆素类、茚满二酮类、有机氯类、有机氟类、有机磷类、嘧啶胺类、硫脲类、脲类、无机类及其他共 12 类 44 个品种：scilliroside、strychnine、mieshuan、brodifacoum、bromadiolone、coumachlor、coumafuryl、coumatetralyl、dicoumarol、difenacoum、difethialone、flocoumafen、warfarin、chlorophacinone、diphacinone、pindone、valone、gamma-HCH、lindane、fluoroacetamide、gliftor、sodiumfluoroacetate、phosacetim、crimidine、antu、promurit、thiosemicarbazide、pyrinuron、arsenousoxide、phosphorus、potassiumarsenite、sodiumarsenite、thalliumsulfate、zincphosphide、bromethalin、chloralose、α-chlorohydrin、curcumenol、ergocalciferol、flupropadine、hydrogencyanide、norbormide、silatrane、tetramine。其中 arsenousoxide、chloralose、hydrogencyanide、lindane. 在前面已经介绍，此处对部分化合物做了介绍，如下化合物应用范围小或不再作为杀鼠剂使用或因毒性太大已被禁用或没有商品化等原因，本书不予介绍，仅列出化学名称及 CAS 登录号供参考。

scilliroside：3*β*-(*β*-D-glucopyranosyloxy)-17*β*-(2-oxo-2*H*-pyran-5-yl)-14*β*-androst-4-ene-6*β*,8,14-triol 6-acetate，507-60-8。

灭鼠安（mieshuan）：3-pyridylmethyl 4-nitrocarbanilate，51594-83-3。

coumachlor：3-[(1*RS*)-1-(4-chlorophenyl)-3-oxobutyl]-4-hydroxycoumarin，81-82-3。

coumafuryl：3-[(1*RS*)-1-(2-furyl)-3-oxobutyl]-4-hydroxycoumarin，117-52-2。

dicoumarol：3，3′-methylenebis(4-hydroxy-2*H*-chromen-2-one) 或 3，3′-methylenebis(4-hydroxycoumarin)，66-76-2。

valone：2-isovaleryl-1，3-indandione 或 2-(3-methylbutanoyl)-1*H*-indene-1，3(2*H*)-dione，83-28-3。

fluoroacetamide：2-fluoroacetamide，640-19-7。

gliftor：mixtureof (2*RS*)-1-chloro-3-fluoropropan-2-oland1，3-difluoropropan-2-ol，8065-71-2 (453-11-2 mixture with 453-13-4)。

phosacetim：(*EZ*)-*N*-[bis(4-chlorophenoxy)phosphinothioyl]acetimidamide 或 *O*,*O*-bis(4-chlorophenyl)(*EZ*)-*N*-acetimidoylphosphoramidothioate，4104-14-7。

crimidine：2-chloro-*N*,*N*,6-trimethylpyrimidin-4-amine，535-89-7。

antu：1-(1-naphthyl) thiourea，86-88-4。

promurit：(1*EZ*)-3-(3，4-dichlorophenyl)triaz-1-ene-1-carbothioamide 或 (*EZ*)-(3，4-dichlorophenyldiazo)thiourea，5836-73-7。

thiosemicarbazide：hydrazinecarbothioamide 或 *N*-aminothiourea，79-19-6。

pyrinuron：1-(4-nitrophenyl)-3-(3-pyridylmethyl)urea，53558-25-1。

phosphorus：phosphorus，7723-14-0。

potassiumarsenite：potassiumarsenite 或 potassiummetaarsenite，10124-50-2。

sodiumarsenite：sodiumarsenite 或 sodiummetaarsenite，7784-46-5。

thalliumsulfate：thallium (Ⅰ) tetraoxosulfate 或 thallium (1＋) tetraoxosulfate 或 thalloussulfate，7446-18-6。

α-chlorohydrin：(*RS*)-3-chloropropyleneglycol，96-24-2。

curcumenol：(1*S*，2*S*，5*S*，8*R*)-9-isopropylidene-2，6-dimethyl-11-oxatricyclo [6.2.1.$0^{1,5}$] undec-6-en-8-ol，19431-84-6。

flupropadine：4-*tert*-butyl-1-[3-(α,α,α,α′,α′,α′-hexafluoro-3,5-xylyl)prop-2-ynyl] piperidine，81613-59-4。

norbormide：5-(α-hydroxy-α-2-pyridylbenzyl)-7-(α-2-pyridylbenzylidene)-8,9,10-trinorborn-5-ene-2,3-dicarboximide 或 5-(α-hydroxy-α-2-pyridylbenzyl)-7-(α-2-pyridylbenzylidene) bicyclo [2.2.1] hept-5-ene-2,3-dicarboximide，991-42-4。

silatrane：1-(4-chlorophenyl)-2,8,9-trioxa-5-aza-1-silabicyclo [3.3.3] undecane，29025-67-0。

tetramine：2,6-dithia-1,3,5,7-tetraazatricyclo [3.3.1.$1^{3,7}$] decane2,2,6,6-tetraoxide，80-12-6。

植物源杀鼠剂（botanical rodenticides）

294　毒鼠碱（strychnine）

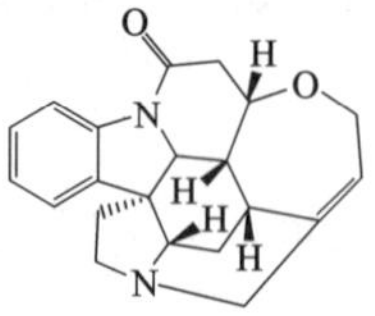

$C_{21}H_{22}N_2O_2$，334.4

产品简介

毒鼠碱（通用名称：strychnine，商品名称：certox、Kwik-Kill、Mole Death、Mouse-Nots、Mouse-Rid、Mouse-Tox、Phoenix、Ro-Dex、Sanaseed、Strychnos，其他名称：metformin、二甲双胍、双甲胍、马钱子碱、士得宁、番木鳖碱）为马钱子属或马钱子科的种子提取物。马钱子的种子在17世纪末在德国用作毒鼠剂。1818年首次从苦果中分离提纯。

化学名称　番木鳖碱。英文化学名称为strychnidin-10-one。美国化学文摘系统名称为strychnidin-10-one。CA主题索引名称为strychnidin-10-one。CAS登录号为[57-24-9]。

理化性质　从马钱子属或马钱科的种子提取的本品为无色结晶粉末，熔点270～280℃（分解），K_{ow} lg$P$=4.0（pH=7）。水中溶解度143mg/L；其他溶剂中溶解度：苯5.6g/L、氯仿200g/L、乙醇6.7g/L，微溶丁醚、石油精馏物中。毒鼠碱盐酸盐是无色的棱柱，含有1.5～2mol的结晶水，此结晶水在110℃以上消失，其盐酸盐是水溶性的。稳定性：毒鼠碱硫酸盐为无色结晶（五水合物），光稳定，pH=5～9范围内稳定。在100℃以上结晶水消失，熔点>199℃，15℃水中的溶解度为30g/L，溶于乙醇。比旋光度 $[\alpha]_D^{18}-139°$（氯仿），pK_a 8.26。

毒性　对哺乳动物有剧毒，大鼠为1～30mg/kg。大鼠急性经口为16mg/kg。兔急性经皮 LD_{50}>2000mg/kg。ADI/RfD（EPA）cRfD 0.0003mg/kg。

生态效应　椋鸟急性经口 LD_{50}<5.0mg（硫酸盐）/kg。饮食 LC_{50}：山齿鹑4000mg/L，野鸭200mg/L。

环境行为　动物：通过胃肠道快速吸收而不是通过皮肤。迅速地经分布、代谢、排泄为无毒物。只有5%～20%不变的生物碱存在于尿液中，主要代谢物为21,22-环氧化物和马钱子氮氧化物。土壤：在土壤中不移动；可生物降解。

制剂与分析方法　制成含毒鼠碱硫酸盐5～10g/kg的饵剂。产品分析用酸碱滴定法或分光光度法。

作用机理与特点　对中枢神经系统产生作用。由于可逆的拮抗性，甘氨酸受到干扰，致使脊髓索和脊髓突触受到抑制，使神经失去控制。它的临床中毒症状和多数药物中毒类似，使神经失去控制，作用很快，约 1～2h 即出现恐怖、神经过敏、紧张和呆板；到了这个时候，中毒的动物将有一种受外界触摸、声音或特发亮光刺激的超敏性，终致缺氧症的发作而死亡。

应用

适用作物　对哺乳动物有剧毒，常用于防治鼷鼠。

防治对象　对鼷鼠有极好的效果，配成饲料还可杀鸟雀、田鼠。我国过去曾小范围用于防治野鼠和害鸟。

专利概况

专利名称　Process of extracting or recovering alkaloids

专利号　US 1548566　　专利公开日　1925-08-04

专利申请日　1921-10-22　　优先权日　1921-10-22

专利拥有者　Volck William H

制备专利　CN 1692931、CN 1328848、JP 62298582、JP 06065133、WO 2009018386、WO 2008052088、WO 8905301、CN 101293890、CN 1094295、CN 1879850、CN 1872165、US 2006058532、WO 2008092939 等。

制剂或剂型专利　CN 1935192、CN 1806820、CN 101011513、DE 4120296、FR 2515044、GB 1026823、GB 893484、US 2007207222、US 2007184514、US 2007161543、WO 2006074114、WO 2010015029、WO 2006037632、WO 2006037633 等。

合成方法

在氢氧化钙存在下，用苯萃取马钱子，萃取液酸化、碱处理，分出粗制植物碱，以乙醇重结晶。

1　The Pesticide Manual. 15th ed.：1055-1056.　　2　农药商品大全．中国商业出版社：386.

香豆素类杀鼠剂（coumarin rodenticides）

295　溴鼠灵（brodifacoum）

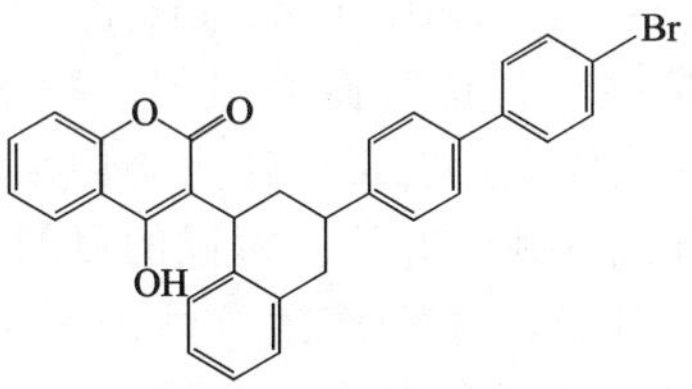

$C_{31}H_{23}BrO_3$，523.4

产品简介

溴鼠灵［试验代号：WBA 8119、PP581，通用名称：brodifacoum，商品名称：Brodifacoum Rat&Mouse Bait（Sorex）、Brobait（Mobedco）、Brodi-F（Trithin）、Broditop（Zapi）、Klerat（Sorex，Stöhler，Syngenta）、Nofar（Vapco）、Talon（Sorex，Syngenta）、大隆，其他名称：Erasor（Sorex）、Sorexa Checkatube（Sorex）、Final（Bell）、Frunax R＋M（Frunol）、Havoc（HACCO）、aguar（Bell，Motomco）、Premacum（Premier. Shukuroglou）、Rabito（Sapec）、Ratkill（Hekta351）、Ratopec（Sapec）、Ratron BCM（Frunol）、Ratron Compact B（Frunol）、Ratron Granulat（Frunol）、Solo（Bell）、omcat（USA）（Bell）、Tornado（Ancom）］由 R. Redfern 等报道该杀鼠剂，由 Sorex（London）Ltd 和 ICI Agrochemica1S 开发和发展，1978 年商品化。

化学名称 3-[3-(4′-溴联苯-4-基)-1,2,3,4-四氢-1-萘基]-4-羟基香豆素。英文化学名称为 3-[3-(4′-bromobiphenyl-4-yl)-1,2,3,4-tetrahydro-l-naphthyl]-4-hydroxycoumarin。美国化学文摘系统名称为 3-[3-(4′-bromo-[1,1′-biphenyl]-4-yl)-1,2,3,4-tetrahydro-1-naphthalenyl]-4-hydroxy-2*H*-1-benzopyran-2-one。CA 主题索引名称为 2*H*-1-benzopyran-2-one—,3-[3-(4′-bromo[1,1′-biphenyl]-4-yl)-1,2,3,4-tetrahydro-1-naphthalenyl]-4-hydroxy-。CAS 登录号:[56073-10-0] 曾用 [66052-95-7]。

组成 纯度>95%。正反异构体比例范围 (50∶50)~(80∶20)。

理化性质 纯品为白色粉末,工业品为白色至浅黄褐色粉末,熔点 228~232℃,蒸气压≪0.001mPa (20℃)。K_{ow} lg$P$=8.5。Henry 常数 (Pa·m³/mol)<1×10⁻¹ (pH=5.2);<1×10⁻³ (pH=7.4);<1×10⁻⁵ (pH=9.3)。相对密度 1.42 (25℃)。水中溶解度 (20℃):3.8×10⁻³mg/L (pH=5.2),0.24mg/L (pH=7.4),10mg/L (pH=9.3);其他溶剂中溶解度 (g/L):丙酮 23、二氯甲烷 50、甲苯 7.2。本品为弱酸性不易形成水溶性盐类。稳定性:TC 在 50℃下稳定,在直接日光下 30d 无损耗,溶液在紫外线照射下可降解。

毒性 急性经口 LD_{50}:雄大鼠为 0.4mg/kg,雄兔 0.2mg/kg,雄小鼠为 0.4mg/kg,雌豚鼠为 2.8mg/kg,猫为 25mg/kg,狗为 0.25~3.6mg/kg。急性经皮 LD_{50}:雌大鼠 3.16mg/kg,雄大鼠 5.21mg/kg。对兔皮肤和眼睛有轻微刺激。大鼠吸入 LC_{50} (4h):雄大鼠 4.86μg/L,雌大鼠 3.05μg/L。

生态效应 鸟类急性经口 LD_{50}:日本鹌鹑 11.6mg/kg,鸡 4.5mg/kg,野鸭 0.31mg/kg。大鼠吸入 LC_{50} (40d):野鸭 2.7mg/L,山齿鹑 0.8mg/L。鱼类 LC_{50} (96h):蓝鳃鱼 0.165mg/L,虹鳟鱼 0.04mg/L。水蚤 LC_{50} (48h)>0.04mg(a.i.)/L。藻类 EC_{50} (72h)>0.04mg/L。蚯蚓 LC_{50} (14d)>99mg/kg (土壤)。

环境行为 动物:在哺乳动物中形成羟基香豆素。土壤:(pH=5.5~8) 有氧,浸没条件 K_{oc} (平均) 50000,范围 14000~106000;K_d (平均) 1040,范围 625~1320。DT_{50}>12 周。泄漏的可能性很小<2%。

制剂与分析方法 Finale,Folgorat,Matikus,Mouser,Talon,Volid (RB);Folgrat,WKlerat (全部为 ICI Agro-chemicals),(BB)。产品分析用 HPLC-UV,残留物用 HPLC 测定。

作用机理与特点 溴鼠隆是第二代抗凝血杀鼠剂,靶谱广、毒力强大,居抗凝血剂之首。具有急性和慢性杀鼠剂的双重优点,既可以作为急性杀鼠剂,单剂量使用防治鼠害;又可以采用小剂量、多次投饵的方式达到较好消灭害鼠的目的。溴鼠隆适口性好,不会产生拒食作用,可以有效地杀死对第一代抗凝血剂产生抗性的鼠类。毒理作用类似于其他抗凝血剂,主要是阻碍凝血酶原的合成,损害微血管,导致大出血而死。中毒潜伏期一般为 3~5d。猪狗鸟类对溴鼠隆较敏感,对其他动物则比较安全。

应用

防治对象 本品为间接抗凝血性杀鼠剂,与许多其他抗凝血性杀鼠剂相比(如灭鼠灵和鼠完),本品在较低剂量即可杀灭褐家鼠、黑家鼠、台湾鼷鼠、明达那玄鼠及啮齿类,如用其他抗凝血剂难杀灭的仓鼠。本品药效极强,鼠一次摄食本品 50mg/kg (饵料) 的一部分,即能致死。

应用技术 1. 在鼠没有发生抗药性的情况下,应当首先选用杀鼠灵和敌鼠钠第一代抗凝血剂。鼠类一旦发生抗药性后再使用溴鼠灵较为恰当。2. 溴鼠灵为高毒杀鼠剂,应小心使用,勿在可能污染食物和饲料的地方使用。有二次中毒现象,所有死鼠应烧掉或深埋,勿使其他动物取食死鼠。3. 原罐贮存、紧密封盖,放于远离儿童、家畜、家禽处,避免阳光直射及冰冻。4. 如果误服溴鼠灵毒饵（几小时内），可用干净的手指插入喉咙引吐，并立即送往医院。应按下述用量服维生素 K_1：成人每日 40mg，分次服用；儿童每日 20mg，分次服用。但要注意应在医生指导下服用解毒药，经口，肌肉注射或者缓慢静脉注射均可。最好检测前凝血酵素倍数和血红素含量。病人应留院接受医生观察，直至前凝血酵素倍数恢复正常，或直至不再流血为止。

使用方法　采用黏附法，0.1%溴鼠灵粉剂以 1∶19 配制毒饵。饵料可视鼠种、环境的不同合理选用。颗粒状毒饵适合室内及北方干燥地区使用，蜡块毒饵则更适合南方多雨、潮湿的环境，在稻田、下水道、低洼潮湿的农田使用，具有不怕霉变不影响鼠类取食的特点。防治家栖鼠种可采用 1 次性或者间隔式投饵法。1 次性投饵法可视鼠密度高低，每间房布1～3 个饵点，每个饵点 2～5g 毒饵量。间隔式投饵是在 1 次性投饵的基础上，一周后予以补充投饵，以保证所有个体都能吃到毒饵，取得较好的杀灭效果。防治野栖鼠种 1 次性投饵就可奏效。饵点可沿田埂、地垅设置，每 5m 布一个，也可以按（5×10）m^2 设一个饵点。每个饵点投 5g 毒饵，采用这两种投饵方法防治毛鼠、黑线姬鼠、大仓鼠等野栖鼠种效果很好。防治达乌尔黄鼠每洞投 7～10g 毒饵，灭洞率 90%以上。云南、四川等地使用大隆蜡块毒饵，沿田埂每 5m 投放 2g，间隔一周后重复投放 1 次，防治褐家鼠、黄胸鼠、黑线姬鼠、高山姬鼠等农田害鼠效果亦佳。经各地区试验表明，大隆除能有效地杀灭有抗性的屋顶鼠和小家鼠外，还能杀灭其他多种鼠类。关于二次毒性问题，已有试验表明，当家畜取食中毒的死鼠后，很少有二次毒性出现，此结论亦已为大量田间试验所证实。

专利与登记

专利名称　Anti coagulant 3-tetrahydronaphthyl-4-hydroxy-coumarinderi vatives

专利号　GB 1458670　　专利公开日　1976-12-15

专利申请日　1974-05-22　　优先权日　1973-05-23

专利拥有者　Ward Blenkinsop & Co. Ltd.

制备专利　WO 9515322、IT 20080430、RU 2266645、WO 9627598 、ZA 9501848 等。

制剂或剂型专利　BR 8704465、EP 225795、EP 147052、EP 317260、GB 2457347、GB 2081583、GB 2410436、KR 2003085151、US 2003198659、US 2006057178、WO 2006037632、WO 2006037633、WO 2006037634、WO 2006015865、WO 2005014777 等。

溴鼠灵 0.005%饵剂和 0.005 蜡块已在我国获得登记，登记号为 PD16-86，PD18-86，登记厂家为英国捷利康（现属先正达）公司。

合成方法

通过如下反应制得目的物：

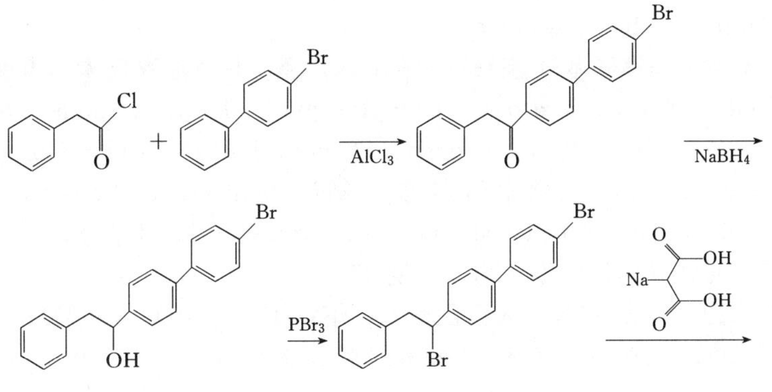

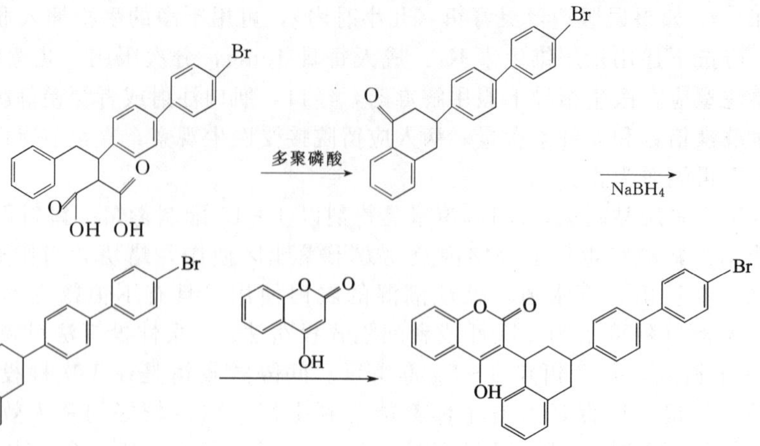

1 The Pesticide Manual. 15th ed.: 123-124.
2 国外农药品种手册，新版合订本：430.
3 农药商品大全，中国商业出版社：363.

296 溴敌隆（bromadiolone）

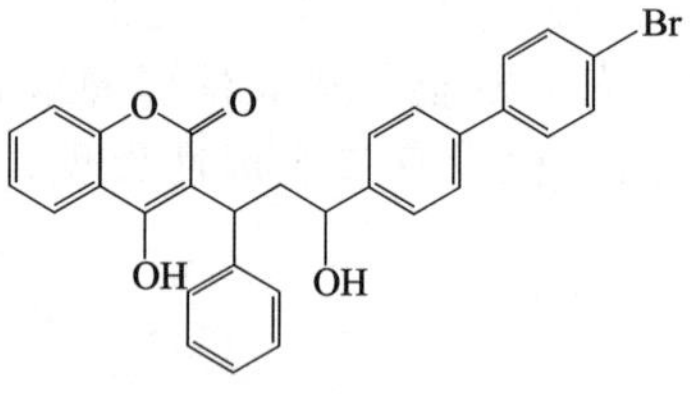

$C_{30}H_{23}BrO_4$，527.4

产品简介

溴敌隆［试验代号：LM 637，通用名称：bromadiolone（BSI，E-ISO，（f）F-ISO）、broprodifacoum（Republic of South Africa），商品名称：Maki（liphaTech Inc.）、Aldiol（Kemio）、Broma-D（Trithin）、Lafar（Vapco）、Sakarat Bromabait（Killgerm）、Super Caïd（liphaTech S. A. S.）、乐万通，其他名称：BootHill（liphaTech Inc.）、Super Asecho（liphaTech Inc.）、Amporex（Premier. Shukuroglou）、Bromacal（Arysta lifeScience EAME）、Bromorat（Zell Chemie）、Contrac（Bell）、Deadline（Killgerm）、Endorats Premium（Irish Drugs）、Gardentop（Herbos，Zapi）、Hawk（Bell，Motomco）、Lanirat（Novartis Animal Health）、Mor-Rat（Sapec）、Neobrom（Sorex）、Ratimon（Tapazol）、Ratimor（Killgerm）、Ratrim（Bell）、Ratron B（Frunol）、Slaymor（Novartis A H）、Spyant（Vectem）、Tomcat（Bell）、Tomcat2（Antec，Bell）］由 M. Grand 报道该杀鼠剂，liphaS. A. 开发。主要生产商：Agreen、Bábolna Bio、Bell、Dr Tezza、Laboratorios Agrochem、Merck Santé、Rallis、Tecomag。

化学名称　3-［3-（4′-溴联苯-4-基）-3-羟基-1-苯丙基］-4-羟基香豆素。英文化学名称为 3-［3-（4′-bromobiphenyl-4-yl）-3-hydroxy-1-phenylpropyl］-4-hydroxylcoum-arin。美国化学文摘系统名称为 3-［3-（4′-bromo［1，1′-biphenyl］-4-yl）-3-hydroxy-l-phenylpropyl］-4-hydroxy-2*H*-1-benzopyran-2-one。CA 主题索引名称为 2*H*-1-benzopyran-2-one—，3-［3-（4′-bromo［1，1′-biphenyl］-4-yl）-3-hydroxy-1-phenylpropyl］-4-hydroxy-。CAS 登录号为［28772-56-7］。

组成　两种非对映异构体的混合物。纯度 97%。

理化性质　原药（纯度 97%）为黄色粉末，熔点 196～210℃（96%）；（172～203）℃±0.5℃（98.8%，DSC）（两种非对映异构体的混合物）。蒸气压（20℃）0.002mPa。K_{ow}

lg$P$>5.00（pH＝5），3.80（pH＝7），2.47（pH＝9）（均 25.0℃±1.0℃）。相对密度 1.45（20.5℃±0.5℃）。水中溶解度（g/L，20℃±0.5℃）：>1.14×10^{-4}（pH＝5），2.48×10^{-3}（pH＝7），0.180（pH＝9）；其他溶剂中溶解度：DMF 730g/L，乙酸乙酯 25g/L，乙醇 8.2g/L，易溶于丙酮，微溶于氯仿，几乎不能溶于乙醚和环己烷。稳定性：在 150℃以下稳定。闪点 218℃。

毒性　急性经口 LD_{50}：大鼠 1.31mg/kg，小鼠 1.75mg/kg，兔 1.00mg/kg，狗>10.0mg/kg，猫>25.0mg/kg。急性经皮 LD_{50}：兔 1.71mg/kg，大鼠 23.31mg/kg。大鼠吸入 LC_{50}<0.02mg/L。NOEL 值：0.5μg/(kg·d)。NOAEL（生殖与发育毒性，2a）大鼠 5μg/(kg·d)。其他：非致突变，非致染色体断裂，没发现致畸。

生态效应　日本鹌鹑急性经口 LD_{50} 134mg/kg（bw）。虹鳟鱼 LC_{50}（96h）2.89mg/L。NOEC（96h）1.78mg/L。蚤类 EC_{50}（48h）5.79mg/L；NOEC（48h）1.25mg/L。藻类 E_rC_{50}（72h）1.14mg/L；E_yC_{50}（72h）0.66mg/L。在指导剂量下对蜜蜂无毒。蚯蚓 LC_{50}>1054mg/kg（土壤）。

环境行为　动物：主要通过胆汁排出。土壤/环境：浸润作用与黏土和有机物含量的土壤呈负相关关系。在以陈置壤砂土作为模拟土柱和土层的研究表明，溴敌隆残留在上层土壤的比例为 97%，滤出液含 0.1%。

制剂与分析方法　毒饵或饵剂（50mg/kg）由饵料［0.25g(ai)/L］或干粉制备，Maki（liphaTech Inc.）、Super Caid（LiphaTech S. A.）、Aldiol（Kemio）、Broma-D′（Trithin）、Lafar（Vapco）、Ratoban（Rallis）。产品分析和残留分析均用 HPLC。

作用机理与特点　第二代慢性杀鼠剂，阻止凝血素的形成。作用于肝脏，对抗维生素 K_1，降低血液凝固能力，阻碍凝血酶原的产生，破坏正常的血凝功能，损害毛细血管，使管壁渗透性增强。中毒鼠死于大出血。

应用

防治对象　防除家栖鼠、野栖鼠及其他鼠类。

应用技术　(1) 溴敌隆灭鼠效果很好，是国家推广使用的产品，但在害鼠对第一代抗凝血性杀鼠剂未产生抗性之前，不宜大面积推广。一旦发生抗性，使用该药会更好地发挥其特点。(2) 避免药剂接触眼睛、鼻、口或皮肤，投放毒饵时不可饮食或抽烟。施药完毕后，施药者应彻底清洗。溴敌隆轻微中毒症状为眼或鼻分泌物带血，皮下出血或大小便带血、严重中毒症状包括多处出血、腹背剧痛和神智昏迷等。如发生误服中毒，不要给中毒者服用任何东西，不要使中毒者呕吐，应立即求医治疗。对溴敌隆有效的解毒药是维生素 K_1，具体用法为：①静脉注射 5mg/kg 维生素 K_1，于需要时重复 2～3 次，每次间隔 8～12h。②经口 5mg/kg 维生素 K_1，共 10～15d。③输 200mL 的柠檬酸酸化血液。

使用方法　溴敌隆液剂可直接使用，液剂按需要配成不同浓度的毒饵，现配现用，配制方法如下：0.25%溴敌隆液剂常规使用，每千克液剂可配制 50kg 毒饵。取 1kg 液剂对水 5kg，配制成溴敌隆稀释液，将小麦、大米、玉米碎粒等谷物 50kg，直接倒入溴敌隆稀释液中，待谷物将药水吸收后摊开稍加晾晒即可。如果选用萝卜、马铃薯块配制毒饵，可将饵料先晾晒至发蔫，然后按比例加入 0.25%溴敌隆液剂，充分搅拌均匀。实践证明，毒饵保持一定的水分对提高鼠类取食率是十分有利的，现场配制的毒饵一般比工厂化生产的毒饵适口性好的原因就在于此。防治家栖鼠种，可采用 1 次投饵或间隔式投饵。每间房 5～15g 毒饵。如果家栖鼠种以小家鼠为主，布放毒饵的堆数应适当多一些，每堆 2g 左右即可，间隔式投饵需要进行两次投饵，可在第 1 次投饵后约 7～10d，检查毒饵取食情况予以补充。在院落中投放毒饵宜在傍晚进行，可沿院墙四周，每 5m 投放一堆，每堆 3～5g，次日清晨注意回收毒饵，以免家畜、家禽误食。防治野栖鼠毒饵有效成分用量可适当提高，一般采取1次性投放的方式。对高原鼢鼠，毒饵有效成分含量可提高至0.02%。长爪沙鼠可使用0.01%的毒饵，每洞1g，也可以使用常规的0.005%毒饵，每洞2g。达乌尔黄鼠使用0.005%毒饵，每洞20g，也可采用0.0075%毒饵，每洞15g。此外，还可以沿田埂、池边、地堰投毒饵，每5m投一堆，每堆5g，或者每（5×10）m^2投一堆，每堆5g。

专利与登记

专利名称　A rodenticidal compositions containing 4-hydroxy coumarins

专利号　US 3764693　　专利公开日　1973-10-09

专利申请日　1971-03-10　　优先权日　1971-03-10

制备专利专利　IN 181367、CN 1258447、EP 248929、RU 2266645、WO 2005044221等。

制剂或剂型专利　CA 1079630、CN 101473820、DE 00277、DE 2633834、GB 2457347、GB 2410436、KR 2003085151、US 2006057178、US 2003198659、US 4310536、WO 2006037633、WO 2006037634、WO 2006015865、WO 2005014777等。

溴敌隆0.005%毒饵已在我国获得登记，防治家鼠和田鼠，登记号为PD101-89。该产品还在美国、丹麦、法国获得登记，登记厂家为法国罗素-优克福公司（Roussel-Uclaf Group）。

在中国申请的含溴敌隆的专利见表296-1。

表296-1　在中国申请的专利

序号	申请号	专利名称
1	96118727.1	杀鼠药
2	98112818.1	无公害抗凝血性灭鼠剂
3	98121737.0	复方灭鼠剂
4	200410061140.6	苦味剂毒饵鼠药
5	200510136810.0	双氯敌鼠及铵盐或钠盐的制备和应用
6	200810070040.8	灭鼩鼱和鼠毒饵及制作方法
7	200810220097.1	一种灭鼠药
8	200810166902.7	灭鼠剂
9	201010129940.2	一种踏触式抗凝血粉剂灭鼠药的生产及使用
10	201010591374.7	一种抗凝血鼠药大隆分子印迹聚合物及其作为固相萃取剂的应用

合成方法

通过如下反应制得目的物：

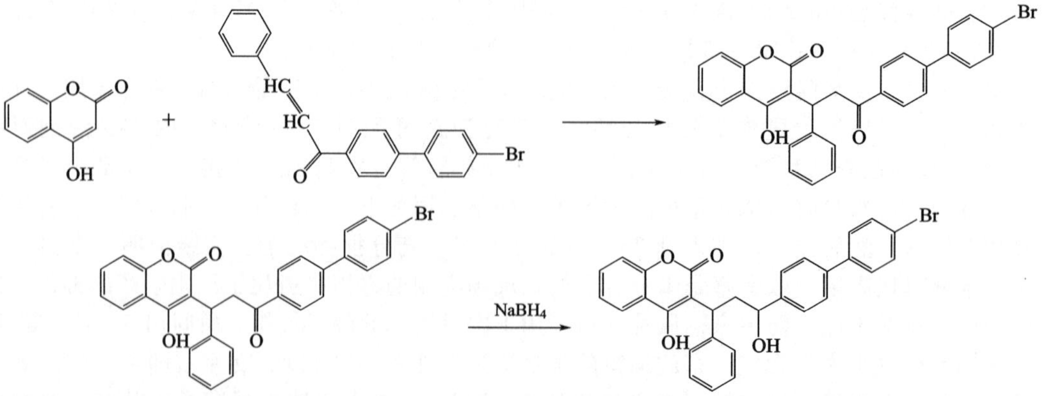

1　The Pesticide Manual. 15th ed.: 126-127.
2　国外农药品种手册，新版合订本：429.
3　农药商品大全，中国商业出版社：368.

297 杀鼠醚（coumatetralyl）

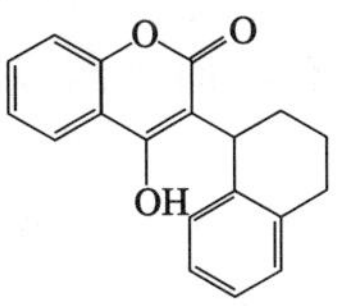

$C_{19}H_{16}O_3$，292.3

产品简介

杀鼠醚（通用名称：coumatetralyl，商品名称：Racumin、立克命、毒鼠萘、追踪粉、杀鼠萘、克鼠立、鼠毒死，其他名称：Coumarins）由 G. Hermann 和 S. Hombrecher 报道、Bayer 开发的杀鼠剂。

化学名称　4-羟基-3-(1,2,3,4-四氢-1-萘基）香豆素。英文化学名称为 4-hydroxy-3-(1,2,3,4-tetrahydro-1-naphthyl) coumarin。美国化学文摘系统名称为 4-hydroxy-3-(1,2,3,4-tetrahydro-1-naphthalenyl)-2*H*-1-benzopyran-2-one。CA 主题索引名称为 2*H*-1-benzopyran-2-one—，4-hydroxy-3-(1,2,3,4-tetrahydro-1-naphthalenyl)-。CAS 登录号为［5836-29-3］。

理化性质　纯品为无色或淡黄色晶体，熔点 172～176℃（原药 166～172℃），蒸气压 8.5×10^{-6} mPa（20℃）。K_{ow} $\lg P=3.46$，Henry 常数 1×10^{-7} Pa・m^3/mol（pH＝5，20℃）。水中溶解度（20℃）：4mg/L（pH＝4.2）；20mg/L（pH＝5）；425mg/L（pH＝7）；100～200g/L（pH＝9），可溶于 DMF，易溶于乙醇、丙酮、微溶于苯、甲苯、乙醚、氯仿中为 50～100g/L，异丙醇中为 20～50g/L。碱性条件下形成盐。稳定性：在≤150℃下稳定，在水中 5d 不水解（25℃）DT_{50}＞1a（pH＝4～9），水溶液暴露在日光或紫外光下迅速分解，DT_{50}为 1h。pK_a 4.5～5.0。

毒性　大鼠急性经口 LD_{50} 16.5mg/kg，小鼠＞1000mg/kg，兔＞500mg/kg。对大鼠的亚慢性经口 LD_{50}（5d）为 0.3mg/(kg・d)。大鼠急性经皮 LD_{50} 100～500mg/kg。大鼠吸入 LC_{50}（4h）：大鼠 39mg/m^3，小鼠 54mg/m^3。在指导剂量下使用对人畜危险轻微，但对幼猪敏感。

生态效应　日本鹌鹑急性经口 LC_{50}＞2000mg/kg；母鸡大鼠吸入 LC_{50}（8d）＞50mg/(kg・d)。鱼类 LC_{50}（96h）：孔雀鱼约 1000mg/L，虹鳟鱼 48mg/L，圆腹雅罗鱼 67mg/L。水蚤 LC_{50}（48h）＞14mg/L。水藻 E_rC_{50}＞18mg/L，E_bC_{50}（72h）15.2mg/L。

环境行为　土壤/环境：BBA-标准土壤 2.2（有氧条件）；在 90d 内有 51％的矿化。

制剂与分析方法　Racumin 57［7.5g(a.i.)/kg］，追踪粉剂或饵料（5 个 Racumin 57＋95 个饵料），毒饵或饵剂（375mg/kg）。产品分析用 RPLC，在土壤和水中的残留物用 HPLC 测定。

作用机理与特点　杀鼠醚的有效成分能破坏凝血机能，损害微血管引起内出血。鼠类服药后出现皮下、内脏出血、毛疏松、肌色苍白、动作迟钝、衰弱无力等症，3～6d 后衰竭而死，中毒症状与其他抗凝血药剂相似。据报道，杀鼠醚可以有效地杀灭对杀鼠灵产生抗性的鼠。这一点又不同于同类杀鼠剂而类似于第二代抗凝血性杀鼠剂，如大隆、溴敌隆等。需要多次喂食来达到致死作用。

应用

防治对象　广谱杀鼠剂，对家栖鼠类和野栖鼠类都具有很好的防效。

使用方法　杀鼠醚 0.75％追踪粉，以用于配制毒饵为主，亦可直接撒在鼠洞、鼠道、铺成均匀厚度的毒粉，使鼠经过时黏上药粉。当鼠用舌头清除身上黏附的药粉时引起中毒。

毒饵一般采用黏附法或者混合法配制。①黏附法配制毒饵：可取颗粒状饵料 19 份，拌入食用油 0.5 份，使颗粒饵料被一层油膜，最后加入 1 份 0.75%杀鼠醚搅拌均匀。也可以将小麦、玉米碎粒、大米等饵料浸湿后倒入药剂拌匀。②混合法配制毒饵：可取面粉 19 份、0.75%杀鼠醚 1 份，二者拌匀后用温水和成面团制成颗粒或块状，晾干即可。上述毒饵中有效成分含量为 0.0375%，与市售毒饵一致。自配毒饵时亦可加入蔗糖、鱼骨粉食用油等引诱物质，还可以用曙红、红墨水等染色，以示与食物的不同，避免人畜及鸟类误食。防治家栖鼠类，可采用 1 次性投饵，沿地埂、水渠、田间小路等距投饵，每隔 5m 投一堆，每堆 5～10g 毒饵。对黑线姬鼠、褐家鼠、黄毛鼠的杀灭效果良好。防治达乌尔黄鼠，可按洞投饵，每个洞口旁投 15～20g。对于长爪沙鼠每个洞口处投放 5～10g 毒饵即可。1 次性投饵难以得到最理想的防效，如果在第 1 次投饵后的 15d 左右补充投饵 1 次，防治效果可达 100%，此即间隔式投饵方法。第二次投饵无须普遍投放，只须在鼠迹明显的洞旁、地角或第 1 次投饵时取食率高的饵点处投放，以免造成浪费。

专利概况

专利名称　Coumarin derivatives and their production

专利号　US 2952689　　专利公开日　1960-09-13

专利申请日　1957-04-17　　优先权日　1956-08-31

专利拥有者　Edgarenders；Adam Muller Bayer AG

在其他国家申请的化合物专利　BE 556754、DE 1014551、DE 1005527、DE 1079382、CH 360401 等。

制备专利　CN 101704921、EP 2189462、JP 2010126481、JP 2010120867、JP 2010111624、WO 2010060904、WO 2010060955、WO 2010062065、WO 2010062038、WO 2010059658、WO 2010059602、WO 2010058858、WO 2010058946、WO 2010057076、WO 2010056767、WO 2010056633、WO 2010056631、WO 2010055254、WO 2010055004、WO 2010055005、WO 2010056549、CN 101704778、CN 101705066、US 2010132552、WO 2010056960、WO 2010057220 等。

制剂或剂型专利　US 2010048077、WO 2010038692、WO 2010035886 等。

合成方法

由 4-羟基香豆素与 α-萘满醇缩合制得。

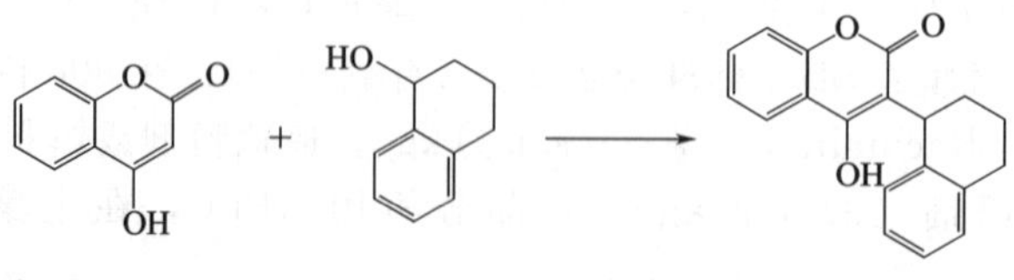

1　The Pesticide Manual. 15th ed.：242-243.

2　国外农药品种手册，新版合订本：427.

3　农药商品大全，中国商业出版社：389.

4　新编农药商品手册，化学工业出版社：469.

298　鼠得克（difenacoum）

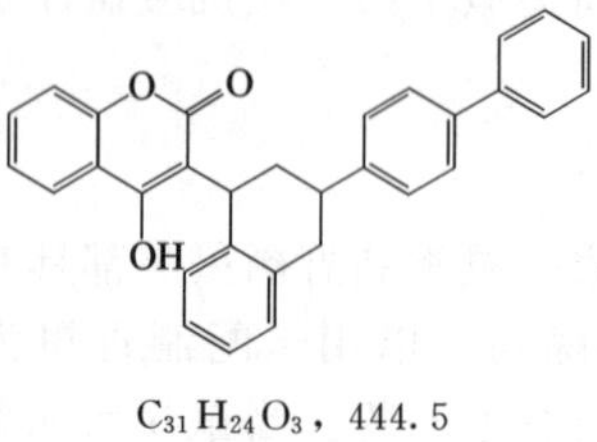

$C_{31}H_{24}O_3$，444.5

产品简介

鼠得克［试验代号：PP 580、WBA 8107，通用名称：difenacoum，商品名称：Neosorexa (Sorex)、Ratak (Sorex)、Bonirat (Zapi)、Kemifen (Kemio)、Ratzenmice Baits、(Trithin)、Sakarat D (Killgerm)。其他名称：联苯杀鼠萘、敌拿鼠、Ratak、Sorexa D (Sorex)、Sorexa Gel (Sorex)、Frunax Mäuseköder (Frunol)、Neokil (Killgerm，Sorex)、Ratak (Killgerm)、Ratron DCM (Frunol)、Ratron Mäuseköder (Frunol)、Sorkil (Protex)］由 M. Hadler (J. Hyg，1975，74，441) 报道，由 Sorex (London) Ltd 开发之后由 ICI Agrochemicals（现属先正达公司）开发，于 1976 年商品化。

化学名称　3-(3-联苯-4-基-1,2,3,4-四氢-1-萘基)-4-羟基香豆素。英文化学名称为 3-(3-biphenyl-4-yl-1,2,3,4-tetrahydro-l-naphthyl)-4-hydroxycoumarin。美国化学文摘系统名称为 3-[3-(1,1′-biphenyl)-4-yl-1,2,3,4-tetrahydro-1-naphthalenyl]-4-hydroxy-2*H*-1-benzopyran-2-one。CA 主题索引名称为 2*H*-1-benzopyran-2-one—，3-[3-(1,1′-biphenyl)-4-yl-1,2,3,4-tetrahydro-1-naphthalenyl]-4-hydroxy-。CAS 登录号为［56073-07-5］。

组成　纯度>90%。

理化性质　纯品为无色无味晶体，熔点 215～217℃，蒸气压 0.16mPa (45℃)。K_{ow} lg$P$>7。相对密度 1.27 (21.5℃)。水中溶解度 (20℃) 31×10^{-3} mg/L (pH=5.2)，2.5mg/L (pH=7.3)，84mg/L (pH=9.3)；其他溶剂中溶解度 (g/L，25℃)：微溶于乙醇，丙酮、氯仿>50，乙酸乙酯 2，苯 0.6。水溶液稳定性：DT_{50}稳定，1000d (pH=7)，80d (pH=9)。水溶液见光分解 DT_{50} 0.14 (pH=5)，0.34 (pH=7)，0.30 (pH=9)。pK_a 4.5。

毒性　急性经口 LD_{50}：雄大鼠 1.8mg/kg，雌大鼠 2.45mg/kg，雄小鼠 0.8mg/kg，兔 2.0mg/kg，雌豚鼠 50mg/kg，猪>50mg/kg，猫>100mg/kg，狗>50mg/kg。对雄大鼠的亚急性经口 LD_{50} (5d) 为 0.16mg/kg。急性经皮 LD_{50}：雄大鼠 27.4mg/kg，雌大鼠 17.2mg/kg，兔 1000mg/kg。对兔的眼睛、皮肤无刺激性，对豚鼠皮肤无刺激性。吸入 LC_{50} 雌雄大鼠≥0.0036mg/L。NOAEL 值：兔 0.005mg/kg。

生态效应　鸡急性经口 LD_{50}>50mg/kg，虹鳟鱼 LC_{50} (96h) 0.10mg/L，水蚤 LC_{50} (48h) 0.52mg/L。

环境行为　动物：鼠得克主要通过胃肠道、皮肤及呼吸系统吸收。经口给药后，主要的消除路线是通过粪便排出。在肝脏中发现鼠得克及母体化合物和代谢产物。反式异构体的代谢与消除比顺式异构体快。土壤：DT_{50}（平均）290d (146～439d)。

制剂与分析方法　Sorexa CD3 Concentrate (+vitamin D_3) (Sorex)；Sorexa CD Concentrate (+ergocalciferol) (Sorex)。产品分析用 HPLC 或红外光谱法，残留物用 HPLC 测定。

作用机理与特点　第二代慢性杀鼠剂，抑制抗凝血因子 II、VII、IX 和 X 合成中依赖维生素 K 的反应步骤。与其他抗凝血剂相同。

应用

防治对象和使用方法　鼠得克和溴鼠灵类似，除能杀灭抗性的屋顶鼠和小家鼠外，还能杀灭其他多种鼠类。鼠得克杀鼠效果见表 298-1。

表 298-1　鼠得克杀鼠效果

种类	浓度/(mg/kg)	杀灭效果/%
屋顶鼠	250	95①
小家鼠②	50	90①
褐家鼠②	50	93①
大林姬鼠	—	有效

① 现场试验。

② 抗性鼠。

鼠得克对第1代抗凝血性杀鼠剂产生抗性的鼠有显著的杀灭效果。此外，由于它的急性毒力高，往往只须使用含0.005%有效成分的毒饵，投药一次即可奏效。试验中未出现二次毒性问题。表298-2列出本品和其他几种杀鼠剂对不同动物达到 LD_{50} 所需的毒饵量，以作比较。

表298-2　杀鼠剂对不同动物的 LD_{50}

种类	各种杀鼠剂毒饵量/g						
	体重/kg	磷化锌(2.5%)	氟乙酸钠(0.25%)	灭鼠优(2.0%)	灭鼠灵(0.025)	鼠得克(0.005%)	大隆(0.005%)
大鼠	0.25	0.45	0.25	0.06	58	9	1.4
小鼠	0.025	—	0.17	0.12	37	0.4	0.2～0.43
兔	1.0	—	—	>15	3200	40	5.8
猪	50	40～80	60～80	1250	200～1000	40000	500～2000
狗	5	4～8	0.12～0.4	>125	400～5000	5000	25～100
猫	2	1.6～3.2	0.24～0.4	6.2	48～320	4000	1000
小鸡	1	0.8～1.2	4～1.2	35.5	4000	1000	200～2000
羊	25	—	—	—	—	750000	—

注：括号内的数字为毒饵中含各该杀鼠剂的有效成分。

专利概况

专利名称　Anti coagulant 3-tetrahydronaphthyl-4-hydroxy-coumarin deri vatives

专利号　GB 1458670　　专利公开日　1976-12-15

专利申请日　1974-03-01　　优先权日　1974-03-01

专利拥有者　Ward Blenkinsop & Co. Ltd.

同族专利　FR 2230633、US 3957824、SE 410602、PH 10769、NL 7406982等。

目前公开的或授权的制备、制剂或剂型专利　EP 248929、ZA 9501848、WO 9515322、DE 2633834、GB 2457347、US 2006057178、WO 2005014777等。

合成方法

通过如下反应制得目的物：

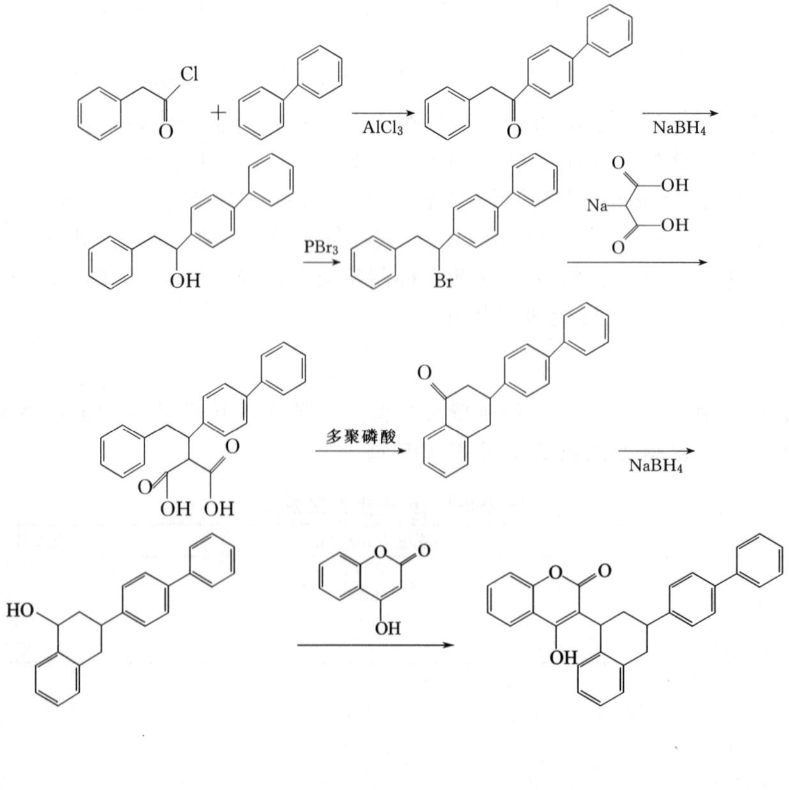

1 The Pesticide Manual. 15th ed.：352-353.
2 国外农药品种手册，新版合订本：428.
3 农药商品大全，中国商业出版社：367.
4 农药大典，2006：392.

299 噻鼠灵（difethialone）

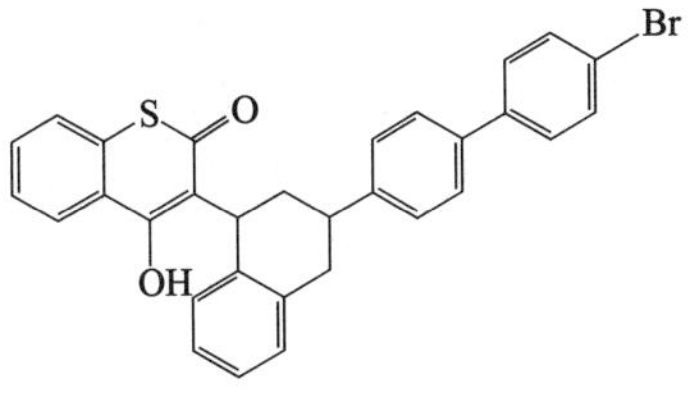

$C_{31}H_{23}BrO_2S$，539.5

产品简介

噻鼠灵［试验代号：LM 2219（lipha）、OMS 3053，通用名称：difethialone，商品名称：Frap，其他名称：Generation、Hombre、Baraki、Rodilon］由 J. C. Lechevin 报道，1989 年法国由 lipha 引进。世界主要生产商：Merck Santé。

化学名称　3-［(1*RS*,3*RS*;1*RS*,3*SR*)-3-(4′-溴联苯-4-基)-1,2,3,4-四氢-1-萘基］-4-羟基-1-苯并硫杂环己烯-2-酮，其外消旋物（1*RS*,3*RS*）对（1*RS*,3*SR*）的比例为 0～15 至 85～100。英文化学名称为 3-［(1*RS*,3*RS*;1*RS*,3*SR*)-3-(4′-bromobiphenyl-4-yl)-1,2,3,4-tetrahydro-1-naphthalenyl］-4-hydroxy-1-benzothi-in-2-one。美国化学文摘系统名称为 3-［3-(4′-bromo［1,1′-biphenyl］-4-yl)-1,2,3,4-tetrahydro-1-naphthalenyl］-4-hydroxy-2*H*-1-benzothiopyran-2-one。CA 主题索引名称为 2*H*-1-benzothiopyran-2-one—，3-［3-(4′-bromo［1,1′-biphenyl］-4-yl)-1,2,3,4-tetrahydro-1-naphthalenyl］-4-hydroxy-。CAS 登录号为［104653-34-1］。

组成　外消旋率（1*RS*,3*RS*）至（1*RS*,3*SR*）范围 0～15 至 85～100。

理化性质　白色，略带浅黄色粉末。熔点 233～236℃，25℃时的蒸气压为 0.074mPa，K_{ow} lg$P$=5.17，Henry 常数 1.02×10^{-1}Pa·m³/mol，相对密度为 1.3614（25℃）。水中溶解度（25℃）0.39mg/L；其他溶剂中溶解度（g/L）：乙醇 0.7、甲醇 0.47、环己烷 0.2、氯仿 40.8、DMF332.7、丙酮 4.3。

毒性　急性经口 LD_{50}：大鼠 0.56mg/kg，小鼠 1.29mg/kg，狗 4mg/kg，猪 2～3mg/kg。急性经皮 LD_{50}：雄大鼠 7.9mg/kg，雌大鼠 5.3mg/kg。对兔皮肤无刺激，对兔眼睛中等刺激。大鼠吸入 LC_{50}（4h）5～19.3μg/L。90d 饲喂试验发现除了抑制维生素 K 活性之外没有其他毒性。无致突变，无致畸作用。ADI/RfD 0.1mg/kg。

生态效应　山齿鹑急性经口 LD_{50} 0.264mg/kg。山齿鹑急性经皮 LC_{50}（5d）为 0.56mg/kg，野鸭急性经皮 LC_{50}（30d）为 1.94mg/kg。鱼类 LC_{50}（96h）：虹鳟 51μg/L，大翻车鱼 75μg/L。水蚤 EC_{50}（48h）为 4.4μg/L。

环境行为　动物：大鼠取食噻鼠酮后在血液中的半衰期较短，肝脏中的半衰期较长。在粪便中难以见到代谢产物。土壤/环境：强吸附于土壤中并将吸附数据分为四种类型：K_d（吸附）2.3×10^5～2.4×10^7；K_{oc} 1.0×10^8～5.3×10^9；K_d（解吸）1.6×10^5～1.8×10^6；K_{oc} 5.4×10^7～3.9×10^8。

分析方法　用 HPLC 或分光光度法进行产品分析。

应用

本品属抗凝血杀鼠剂，对灭鼠灵抗性或敏感鼠类有杀灭活性，限于专业人员使用。

专利概况

专利名称　Rodenticidal 4-hydroxy-2*H*-1-benzothiopyran-2-one derivatives, compositions, and method of use therefor

专利号　US 4585786　　专利公开日　1986-04-29

专利申请日　1985-03-27　　优先权日　1984-04-12

专利拥有者　Berthelon Jean-jacqueslipha［FR］

同族专利　EP 0161163、EP 0161163、ZA 8502459、YU 55685、TR 22145 等。

目前公开的或授权的制备专利　FR 2562893 等。

合成方法

4-羟基-2*H*-1-苯并噻喃-2-酮与 3-(4′-溴-4-联苯基)-1,2,3,4-四氢-1-萘醇，在含有硫酸的醋酸中，于 110℃反应 3h，缩合后即制得本产品。反应式如下：

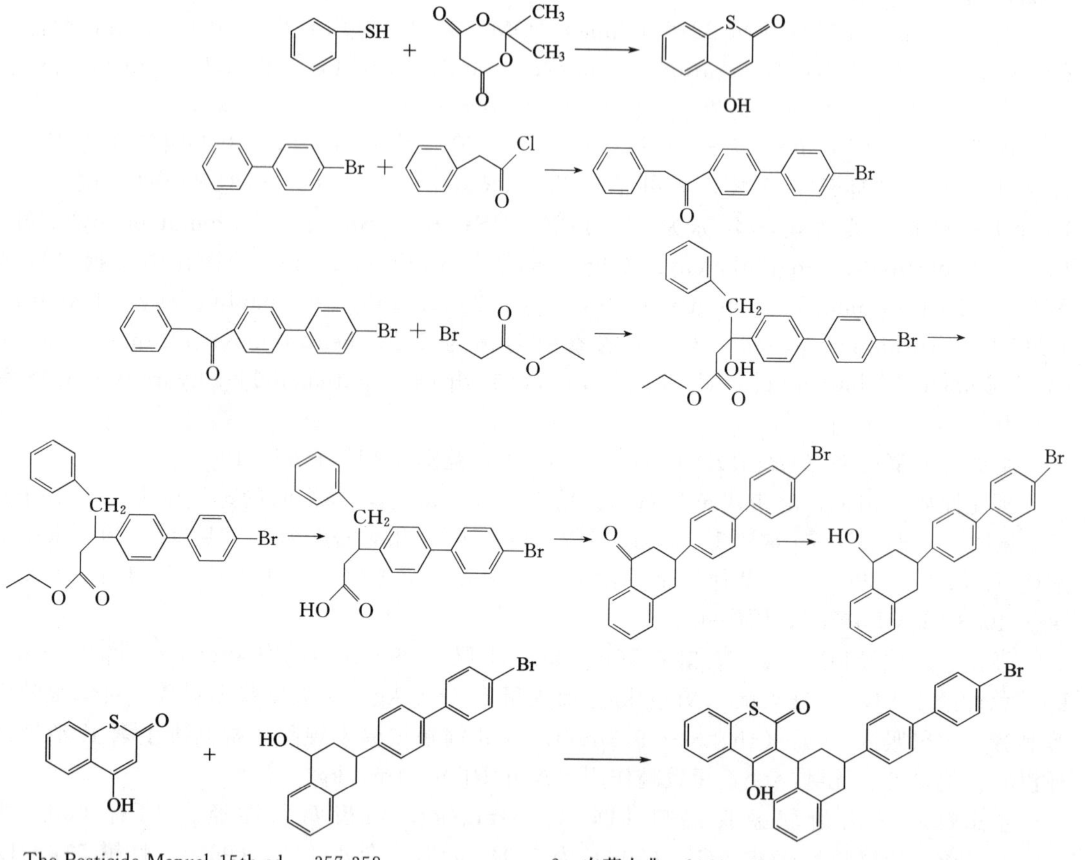

1　The Pesticide Manual. 15th ed.：357-358.　　2　农药大典，2006：385.

300　氟鼠灵（flocoumafen）

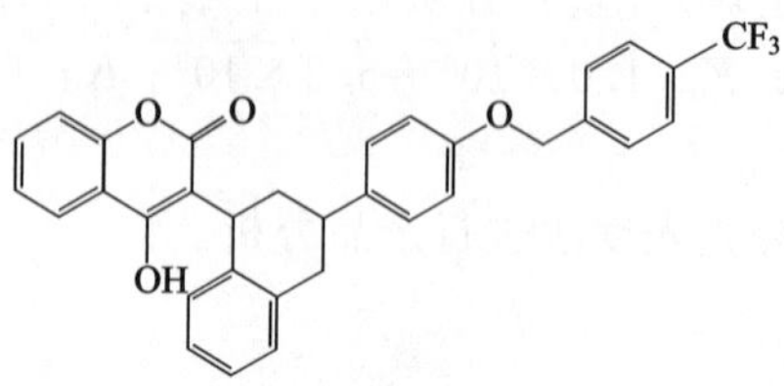

$C_{33}H_{25}F_3O_4$，542.6

产品简介

氟鼠灵［试验代号：WL 108 366、CL 183540、BAS 322I，通用名称：flocoumafen，商品名称：Storm（BASF）、杀它仗［氰胺］、氟羟香豆素、伏灭鼠［台］、氟鼠酮，其他名称：Stratagem（BASF）］1984年由D. J. Bowler等报道了本品的杀鼠性质，由Shell International Chemical Co. Ltd开发。世界主要生产商：美国富道动物保健有限公司、巴斯夫欧洲公司、英国壳牌化学有限公司。

化学名称　3-[3-(4′-三氟甲基苄基氧代苯-4-基)-1,2,3,4-四氢-1-萘基]-4-羟基香豆素。英文化学名称为4-hydroxy-3-[1,2,3,4-tetrahydro-3-[4[(4-trifluoromethylbenzyloxy)phenyl]-1-naphthyl] coumarin。美国化学文摘系统名称为4-hydroxy-3-[1,2,3,4-tetrahydro-3-[4-[[4-(trifluoromethyl)phenyl]methoxy]phenyl]-1-naphthalenyl]-2*H*-1-benzopyran-2-one。CA主题索引名称为2*H*-1-benzopyran-2-one—，4-hydroxy-3-[1,2,3,4-tetrahydro-3-[4-[[4-(trifluoromethyl)phenyl]methoxy]phenyl]-1-naphthalenyl]-。CAS登录号为［90035-08-8］。

组成　纯度≥955g/kg；顺式异构体占50%～80%。

理化性质　本品为白色固体，熔点166.1～168.3℃，蒸气压<<1mPa（20℃，25℃，50℃）（OECD 104，蒸气压平衡法）。分配系数K_{ow} lg$P$=6.12。Henry常数<3.8Pa·m^3/mol（计算）。相对密度1.40。水中溶解度（pH=7，20℃）0.114mg/L；其他溶剂中溶解度（g/L）：正庚烷0.3、乙腈13.7、甲醇14.1、正辛醇17.4、甲苯31.3、乙酸乙酯59.8、二氯甲烷146、丙酮350。稳定性：不易水解，在50℃于pH=7～9贮存4周未检测到降解；250℃以下对热稳定。pK_a 4.5。

毒性　急性经口LD_{50}：大鼠0.25mg/kg，狗0.075～0.25mg/kg。兔急性经皮LD_{50}为0.87mg/kg。大鼠吸入LC_{50}（4h）为0.0008～0.007mg/L。

生态效应　鸟类急性经口LD_{50}：鸡>100mg/kg，日本鹌鹑>300mg/kg，野鸭286mg/kg。饲喂LC_{50}（5d）：山齿鹑62mg/L，野鸭12mg/L。鱼类LC_{50}（96h）：虹鳟鱼0.067mg/L，大翻车鱼0.112mg/L。在50mg/kg下对水生生物无毒。水蚤EC_{50}（48h）0.170mg/L。藻类E_rC_{50}（72h）>18.2mg/L。其他水生菌E_rC_{50}（72h）>18.2mg/L。

环境行为　动物：在大鼠体内主要以异构体形式残留。土壤：不易被降解，K_{oc}>50000，因此可以忽略淋湿潜力。

制剂与分析方法　主要剂型有0.005%饵料、0.1%粉剂和蜡块。产品分析可用HPLC进行分析。

作用机理与特点　本品是第二代抗凝血剂，具有适口性好、毒性强、使用安全、灭鼠效果好的特点。其作用机理与其他抗凝血性杀鼠剂类似，抑制维生素K_1的合成。除非吞食了过量毒饵，一般看不出有中毒症状；出血的症状可能要在几天后才发作。较轻的症状为尿中带血、鼻出血或眼分泌物带血、皮下出血、大便带血；如多处出血，则将有生命危险。严重的中毒症状为眼部和背部疼痛、神志昏迷、脑出血，最后由于内出血造成死亡。

应用

防治场所　家栖地、田埂、地角、坟丘等。

防治对象　可用于防治家栖鼠和野栖鼠，主要为褐家鼠、小家鼠、黄毛鼠及长爪沙鼠等。

残留量与安全分析　①在使用时避免药剂接触皮肤、眼睛、鼻子和嘴。工作结束后和饭前要洗净手脸和裸露的皮肤。②谨防儿童、家畜及鸟类接近毒饵。不要将药剂贮放在靠近食物和饲料的地方。③该药为一种抗凝血剂，其作用方式是抑制维生素K的合成，一般没有中毒症状，除非吞食大量的毒饵。出血的症状可能要推迟几天才能发作。较轻症状为尿中带血、鼻出血或眼分泌物带血、皮下出血、大便出血。如出现多处出血。则有生命危险。严重的中毒症状为腹部和背部疼痛、神志昏迷、脑出血，最后由于内出血造成死亡。如药剂接触皮肤或眼睛，应立即使用清水彻底清洗干净。如是误服中毒，不要引吐，应立即将病人送医院抢救。④用药后不仅要清理所有装毒饵的包装物，并将其掩埋或烧毁。将死鼠掩埋或烧掉。

使用方法　氟鼠灵的商品为0.1%粉剂及0.005%饵剂两种。0.1%粉剂主要以黏附法配制毒饵使用，配制比例为1∶19。饲料可根据各地情况选用适口性好的谷物，用水浸泡至发胀后捞出，稍晾后以19份饵料中，使每粒谷物外包一层油膜，然后加入1份0.12%氟鼠灵粉剂搅拌均匀即可使用。所配得毒饵的含量为0.005%。①防治家栖鼠类：每间房设13个饵点，每个饵点放置3～5g毒饵，隔3～6d后对各饵点毒饵被取食情况进行检查，并予以补充毒饵。②防治野栖鼠类：可按（5×10)m^2等距离投饵，每个饵点投放5～10g毒饵，在田埂、地角、坟丘等处可适当多放些毒饵。防治长爪沙鼠，可按洞投饵，每洞1g毒饵即可。另外也可采用（5×20)m^2等距投饵，当密度为每公顷有鼠洞1500～2000时，用毒饵1kg。内蒙古的试验表明：等距投饵效率高、成本低，且灭鼠效果优于按洞投饵。

专利与登记

专利名称　Anti-coagulants of the 4-hydroxycoumarin type, the preparation thereof, and rodenticidal compositions (baits) comprising such anti-coagulants

专利号　EP 0098629　　专利公开日　1984-01-18

专利申请日　1983-06-06　　优先权日　1982-06-14

专利拥有者　Shell Int Research

制备专利　WO 9515322、EP 175466等。

制剂或剂型专利　WO 2009047175、WO 2007009661等。

在中国申请的专利及登记情况见表300-1、表300-2。

表300-1　在中国申请的专利

序号	申请号	专利名称
1	201010129940.2	一种踏触式抗凝血粉剂灭鼠药的生产及使用

表300-2　巴斯夫欧洲公司在中国登记情况

商品名	登记证号	含量	剂型	登记作物	防治对象	用药量	施用方法
氟鼠灵	PD185-94	0.005%	毒饵	农田 室内	田鼠 家鼠	1～1.5kg/hm^2 50g制剂/hm^2	堆施 堆施

合成方法

3-[4-(4-三氟甲基苄氧基)苯基]-1,2,3,4-四氢-1-萘酚与4-羟基香豆素和4-甲基苯磺酸缩合，即得产品。3-[4-(4-三氟甲基苄氧基)苯基]-1,2,3,4-四氢-1-萘酚由萘满酮与4-三氟甲基苄基溴在二甲基甲酰胺中于室温下反应，反应产物用硼氢化钠还原制得。反应式如下：

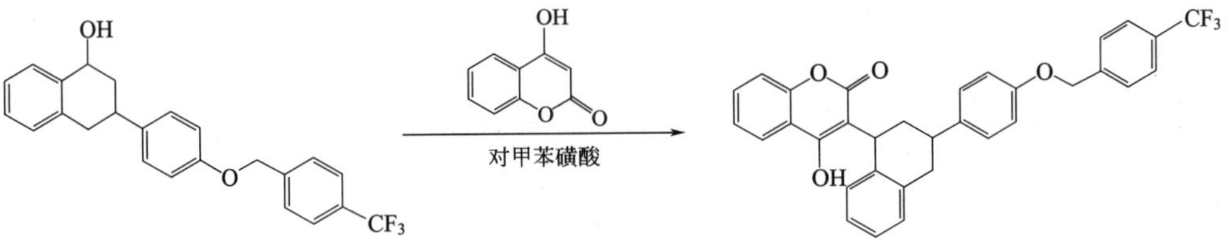

4-羟基香豆素可由水杨酸甲酯与醋酐反立，然后在碱性条件下环合得到。反应式如下：

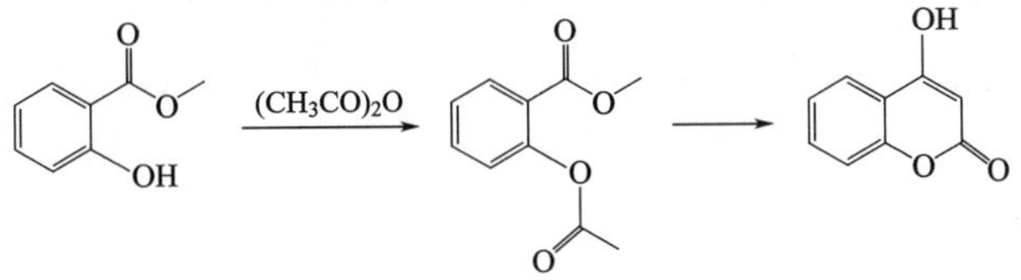

1 The Pesticide Manual. 15th ed. : 506-507.

2 国外农药品种手册新版合订本. 北京：化工部农药信息总站，1996：435.

3 农药商品大全，中国商业出版社，1996：366-367.

4 农药大典，中国三峡出版社，2006：390-392.

301 杀鼠灵（warfarin）

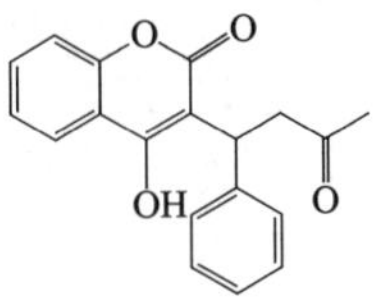

$C_{19}H_{16}O_4$，308.3

产品简介

杀鼠灵［通用名称：warfarin，商品名称：Grey Squirrel Bait（Killgerm）、Cumix（+sulfaquinoxaline）(Kemio)、灭鼠灵、华法令，其他名称：Contrax Cuma（Kemio）、Musal（Kemio）、Ratron Compact（Frunol）、Ratron Fertigköder（Frunol）、Ratron Streumittel（Frunol）、Rodex（HACCO）、Sewarin（Killgerm）、Musal stick（+ sulfaquinoxaline）(Kemio)］由 K. P. link 等报道了本品抗凝剂的性质。世界主要生产商：Dr Tezza、laboratorios Agrochem。

化学名称　4-羟基-3-(3-氧代-1-苯基丁基)-2*H*-1-苯并吡喃-2-酮。英文化学名称为 (*RS*)-4-hydroxy-3-(3-oxo-1-phenylbutyl) coumarin；3-(α-acetonylbenzyl)-4-hydroxycoumarin。美国化学文摘系统名称为 4-hydroxy-3-(3-oxo-1-phenylbutyl)-2*H*-1-benzopyran-2-one。CA 主题索引名称为 2*H*-1-benzopyran-2-one—，4-hydroxy-3-(3-oxo-1-phenylbutyl)-。CAS 登录号为［81-81-2］未标明立体化学，［5543-58-8］(*R*)-(+)-异构体；［5543-57-7］(S)-(−)-异构体。

理化性质　外消旋体为无色晶体。熔点 161～162℃，蒸气压为 1.5×10^{-3}mPa。水中溶解度（20℃）17mg/L；其他溶剂中溶解度：极微溶于苯、乙醚、环己烷，中等溶于甲醇、乙醇、异丙醇，丙酮中 65g/L，氯仿 56g/L，二氧六环 100mg/L。在碱性液中形成水溶性的钠盐；25℃时溶解度为 400g/L，不溶于有机溶剂。本品有一个不对称的碳原子，形成 2 个异构体，即 *S*-异构体和 *R*-异构体，工业品为异构体的混合物。稳定性很高，在强酸中稳定。pK_a 值是酸性的。

毒性　属高毒杀鼠剂。急性经口 LD_{50}：大鼠为 186mg/kg，小鼠 374mg/kg；饲喂经口 LD_{50}（5d）：大鼠为 1mg/(kg・d)，猪为 1mg/(kg・d)，猫为 3mg/(kg・d)，狗为 3mg/(kg・d)，牛 200mg/(kg・d)。(EPA) cRfD 0.0003mg/kg。能抑制血液凝固造成器官损

伤，在指导剂量下使用对人畜有轻微危害，使用时要小心谨慎，对幼猪敏感。

生态效应　对鸟类、家禽毒性相对较低。

环境行为　在哺乳动物中存在4,6,7-羟基香豆素和8-羟基香豆素。

制剂与分析方法　TP［10g(a.i.)/kg］用于洞穴和通道，CB（1g/kg和5g/kg）与适宜的蛋白质丰富的引饵混合。产品可用紫外光谱进行分析；残留物可用HPLC进行分析。

作用机理与特点　杀鼠灵属于4-羰基香豆素类的抗凝血灭鼠剂，是第一个用于灭鼠的慢性药物。作用与抗凝血药剂的机理基本相同，主要包括两方面：一是破坏正常的凝血功能，降低血液的凝固能力。药剂进入机体后首先作用于肝脏，对抗维生素K_1，阻碍凝血酶原的生成。二是损害毛细血管，使血管变脆，渗透性增强。所以鼠服药后体虚弱、怕冷、行动缓慢，鼻、爪、肛门、阴道出血，并有内出血发生，最后由于慢性出血不止而死亡。

应用

防治对象　褐家鼠、小家鼠、黄胸鼠、大仓鼠、黑线仓鼠、黑线姬鼠等。

残留量与安全施药　①使用杀鼠灵毒饵应注意充分发挥其慢性毒力强的特点，必须多次投饵，使鼠每天都能吃到毒饵，间隔时间最多不要超过48h，以免产生耐药性。②杀鼠灵对禽类比较安全，适宜在养禽场和动物园防治褐家鼠。③本品应贮存在阴凉、干燥的场所，注意防潮。④配制毒饵时应加入容易辨认的染料，即警戒色，以防人、畜误食中毒，一般选用红色或蓝色的食品色素。⑤收集的鼠尸应予以深埋，防止污染。⑥中毒症状：腹痛、背痛、恶心、呕吐、鼻衄、齿龈出血、皮下出血、关节周围出血，尿血、便血等全身广泛性出血，持续出血可引起贫血，导致休克。在急救过程中要注意保持病人安静，用抗生素预防合并感染，且需对症治疗。维生素K_1，是有效的解毒剂。

使用方法　杀鼠灵的急性毒力低于慢性毒力，多次服药后毒力增强。所以灭鼠时常用低浓度毒饵连续多次投饵的方法。饱和投饵法适合于防治家栖鼠。杀鼠灵适口性很好，一般不产生拒食，中毒鼠虽已出血，行动艰难，但仍会取食毒饵，所以只要放好诱饵，保证足够的投饵量，就能达到满意的效果。

（1）毒饵配制　市场上出售的多是含量2.5%的母粉，常用的毒饵浓度为0.005%～0.025%消灭家鼠，0.05%消灭野鼠。用1份2.5%的杀鼠灵母粉加99份饵料（先将饵料3%的植物油混合），伴匀，即配成0.025%的毒饵。如果2.5%的母粉1次配成0.025%的毒饵不易拌匀，可以先配成65%的母粉，即1份2.5%的母粉加4份稀释剂，然后再用1份0.5%的母粉加上19份饵料（先与3%的植物油混合），即配成0.025%的毒饵。用1份2.5%的杀鼠母粉，加入499份饵料（先与3%植物油混合），充分拌匀即成0.005%的毒饵。最好使用逐步稀释的方法配制，以便均匀。

（2）毒饵的投放　杀鼠灵毒饵适于使用饱和投饵法灭家栖鼠，即把毒饵放在鼠经常活动的地方，一般$15m^2$的房间内沿墙根放3～4堆，每堆10～15g。第一天投饵，第二天检查鼠取毒饵情况，毒饵全被消耗的，则投饵量需加倍，部分被消耗的补充至原投饵量。这样连续投放直至不再被鼠取食为止（一般5～7d，有的可达10～15d），说明投饵量达到了饱和。防治褐家鼠宜用0.005%～0.025%浓度，防治黄胸鼠和小家鼠宜用0.025%～0.05%浓度。在以小家鼠为主的场所，根据小家鼠活动范围较小而且少量多次取食的特点，应适当增加投饵点，减少每个投饵点投饵量，每堆5～10g为宜。杀鼠灵也可用0.5%～1%的毒粉作为舔剂灭鼠。

专利概况

专利名称　3-Substituted 4-hydroxycoumarin and process of making it

专利号　US 2427578　　专利公开日　1947-09-16

专利申请日　1945-04-02　　　　　　　　　优先权日　　1945-04-02

专利拥有者　Wisconsin Alumni Res Found

制备专利　US 2008069814、US 2009022706、WO 2010030983、WO 2010014814、WO 2009080226、WO 2009080227、WO 2009015028、WO 2008137809、WO 2008036843、WO 2008005560、CN 101219224、IN 2007MU00052、IN 2007DE00043、US 2010119582、US 2009162407、WO 2010013035、WO 2008044246 等。

制剂或剂型专利　US 2010129357、US 2008254036、WO 2009133128、WO 2009076664、WO 2008137787、WO 2008123266、WO 2008082542、WO 2007112288 等。

合成方法

通过如下反应制得目的物：

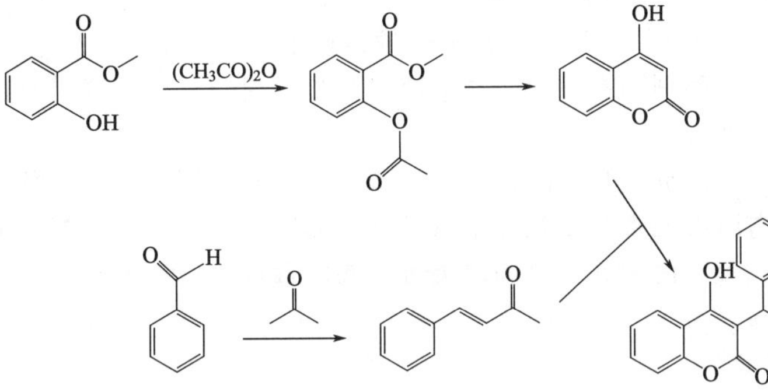

1　The Pesticide Manual. 15th ed.：1193-1194.

2　国外农药品种手册新版合订本．北京：化工部农药信息总站，1996：417.

3　农药大典，中国三峡出版社，2006：402-403.

4　农药商品大全，中国商业出版社，1996：377-378.

无机杀鼠剂（inorganic rodenticides）

302　磷化锌（zinc phosphide）

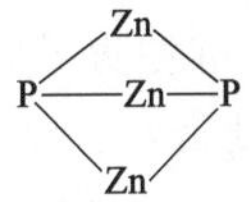

Zn_3P_2，258.1

产品简介

磷化锌［通用名称：Zinc phosphide，商品名称：Agzinphos（Ag Pesticides）、Commando（Excel）、Fokeba（Vipesco）、Ratol（United Phosphorus）、耗鼠尽，其他名称：Arrex（BASF）、Eraze（Motomco）、Prozap Mole and Gopher（HACCO）、Ratil（Sandhya）、Ratron Nufarm（GmbH）、Ratron Giftweizen（Frunol）、Rattekal plus（Frunol）、Rattle（Devidayal）、Rodenticide AG（Motomco）、Stutox（Istrochem）、Zinc-Tox（Aimco）］于 1740 年由 Marggral 合成，1911～1912 年意大利首次用于防治野鼠，1930 年用于防治家栖鼠类。世界主要生产商：Ag Pesticides、Aimco、Bell、Excel、liphaTech Inc.、Sandhya、Sharda、United Phosphorus。

化学名称　磷化锌。英文化学名称为 zinc phosphide。美国化学文摘系统名称为 zinc phosphide。CA 主题索引名称为 zinc phosphide（Zn_3P_2）。CAS 登录号为［1314-84-7］。

理化性质　无定形灰黑色粉末，有大蒜味，纯品中含磷 24%，含锌 76%，工业品纯度为 80%～95%。相对密度 4.65。熔点 740℃。蒸气压在干燥状态下可以忽略不计。不溶于乙醇和水，可溶于碱、苯的二硫化碳等有机溶剂中。干燥条件下稳定，潮湿空气中慢慢分解出不愉快的气味。遇水分解，但作用很缓慢。遇酸分解，放出剧毒的磷化氢气体。浓硝酸能将磷化锌氧化，并发生大爆炸。

毒性　急性经口 LD_{50}：大鼠 45.7mg/kg，羊 60～70mg/kg；兔急性经皮 LD_{50} 2000～5000mg/kg。本品对兔眼睛和皮肤无刺激。NOEL 值：大鼠 2.0mg/kg，大鼠经口 NOAEL（90d）0.1mg/kg。ADI/RfD（EPA）aRfD 0.02，cRfD0.0001mg/kg。

生态效应　鸟类急性经口 LD_{50}：野鸭为 37.5mg/kg，山齿鹑为 13.5mg/kg，雉鸡为 9mg/kg。对于家禽致死剂量 7～17mg/kg。鱼类 LC_{50}：大翻车鱼 0.8mg/L，鳟鱼 LC_{50} 为 0.5mg/L。

环境行为　通过肺进入动物体内并广泛分布，以次磷酸盐亚磷酸盐通过尿排出动物体外，或以未变化的磷化氢通过肺排出动物体外。在植物体内磷化氢经过氧化变为磷酸。土壤：在空气中经过氧化反应 DT_{50} 为 5h，在无光的条件下，约为 28h。在土壤中迅速降解。

制剂与分析方法　主要剂型有谷饵。与酸反应产生的磷化氢气体通过滴定或者氧化成磷酸，然后通过标准方法来测定。

作用机理与特点　杀鼠剂，与胃酸作用产生磷化氢，磷化氢进入血液危害鼠的肝、肾和心脏。中毒动物 24h 内即可死亡，是急性杀鼠品种。初次使用适口性较好，中毒未死个体再遇此药时则明显拒食。对其他哺乳动物和禽类有较高的毒性，中毒鼠尸体内残留的磷化氢可引起食肉动物二次中毒。

应用

防治对象　主要用于防治野鼠等。

使用方法

（1）灭鼠　常规使用配制毒饵为主。防治家栖鼠种，宜选用 1%～2% 有效成分含量；防治野栖鼠种。毒饵中的有效成分含量可提高至 2%～3%。在配制毒饵时选择鼠类喜食的饵料，以提高磷化锌毒饵的适口性。应注意避免在一年内重复使用，做到遇其他杀鼠剂合理交替。交替时间应在 1a 以上。例如在大面积扑灭鼠患时，可采用磷化锌毒饵普遍投饵。发挥其灭鼠速度快、成本低的优点。接着进行扫灭残鼠，可选用抗凝血杀鼠剂，发挥慢性杀鼠剂易于全歼害鼠的特点。从而最终达到投资小，见效快、灭鼠效果好的目的。在防治家鼠时，可以使用前饵技术，即先投放无毒饵，待鼠自由取食 2～3d 后，改换成磷化锌毒饵，这样可以消除鼠类的戒备心理，大幅度提高毒饵取食率。与不投前饵相比，取食率提高两倍，灭鼠效果提高 20%以上。磷化锌不溶于水，溶于油类，配制毒饵时常使用约 3%的植物油作为黏着剂（油也有诱鼠作用)。①磷化锌小麦毒饵：将小麦（或大米等）49 份用水泡膨胀，稍晾干后泡拌适量的花生油，加入磷化锌 1 份，充分搅拌均匀，即为 2%的磷化锌小麦诱饵。防治家鼠，每个房间投 2～3 堆，每堆 3～5g。注意毒饵应放在鼠类活动频繁而家畜不常去的地方。防治野栖鼠类，可按洞投放毒饵，每个洞旁投 5g，亦可采用 $(3\times3)m^2$ 投一堆，每堆 5g 的等距离投放方式。②磷化锌红薯毒饵：将红薯（或胡萝卜、苹果等）去皮，切成 1g 左右的小块，按饵料质量的 1%～3%加入磷化锌，搅拌均匀即可使用。在食源丰富、水源缺乏的场合，此种毒饵效果较好，投饵方法同上。③磷化锌毒糊：磷化锌 5～10 份、白面 10 份、水 80 份，食用油、葱花、盐少许。油热后倒入葱花、盐爆炒至发香，倒入水、面，边烧边搅成浆糊，稍凉后加药物拌匀即成 5%～10%磷化锌毒糊。用玉米穗轴（或草团、纸团等）一端蘸毒糊，塞入鼠洞内，鼠出洞时被迫啃食毒糊中毒而死。防治家鼠、野鼠效果都很好，而且鼠大部分死于洞内，不易引起中毒事故。

（2）灭虫　磷化锌不仅可以灭鼠，还可在仓库中作为熏蒸剂使用，防治米象、谷蠹、麦蛾、拟谷盗及棉红铃虫等多种仓库害虫。使用原理为用磷化锌与硫酸或盐酸反应产生的磷化氢气体来杀死害虫。配制方法：把 10 份水装入容器中，慢慢加入 1.2 份浓硫酸，边加边搅拌，充分散热，待酸溶液冷却后，再将纸袋包好的 1 份磷化氢投入，即可产生毒气（切记不可先放浓硫酸后加水）。在粮仓中每立方米容积用 5～7g 磷化锌，施药时要根据仓库大小设施药点，密闭熏蒸 5～6d，然后打开窗门通风散气。

残留量与安全施药 ①配制毒饵要在室外顺风操作，防止吸入药物粉尘及逸散的磷化氢气体。工作时要戴口罩和手套，要用木棒搅拌，不可用手，以免中毒。工作后要立即用肥皂洗手洗脸。②磷化锌及配制好的毒饵遇湿会不断放出有毒的磷化锌气体，必须密封装好。毒饵尽量投放到隐蔽的地方。既可使鼠取食时有较强的安全感，又可避免家畜、家禽误食。残留毒饵要及时回收，鼠尸集中深埋处理。③配制毒饵时应在容器下面垫上一层纸，配完后将纸烧掉。毒饵容器要专用。为防止猫、狗等中毒，可在毒饵中掺入吐酒石，其配方为：磷化锌 40g、吐酒石 7g、食物 1000g 混合均匀即可。猫狗等吃了此种毒饵会引起呕吐，免被毒死。但老鼠吃后仍可中毒死亡。④收集死鼠时，应备专用铁桶或袋子（里面最好放点石灰），将收集的死鼠烧掉或者深埋。磷化锌应贮存于干燥的地方，避免高温或与酸类物质接触。⑤人体中毒后会有头疼、恶心、腹泻、咽干、低热、气短、四肢无力、全身麻木症状，严重者抽搐、休克。常伴有严重的心、肝、肾损害，病人多死于肝、肾功能衰竭或脑水肿。人畜误食磷化锌，应立即服用催吐药剂、洗胃。可服用 0.1% 硫酸铜溶液，每隔 5～10min 一汤匙，直至引起呕吐为止，呕吐后再服轻泻盐（内服硫酸钠 25g）。禁忌服用蛋白水、牛奶、脂肪和油类物质。要采用对症治疗，注意保护肝、心、肾。

专利概况

专利如 SU 114842（1958 年）不存在专利权问题。

制备专利 CA 782524、GB 1155262、GB 1175511、IN 77685、JP 37010753 等。

制剂或剂型专利 AT 383009、DE 3337666、DE 1642233、PL 110431、US 4490352、US 4376112 等。

在中国申请的含磷化锌的专利见表 302-1。

表 302-1 在中国申请的专利

序号	申请号	专利名称
1	01128577.X	一种用于防治粮食仓贮害虫的杀虫组合物
2	88108563.4	固体羧酸水溶液加磷化锌杀虫
3	200710135335.4	填充型灭鼠剂配方

合成方法

经如下反应制得磷化锌：

$$2P+3Zn\xrightarrow{\text{燃烧}}Zn_3P_2$$

1 农药商品大全，中国商业出版社，1996：371-372.

2 SU 114842.

3 农药大典，中国三峡出版社，2006：396-398.

其他类杀鼠剂

303 溴鼠胺（bromethalin）

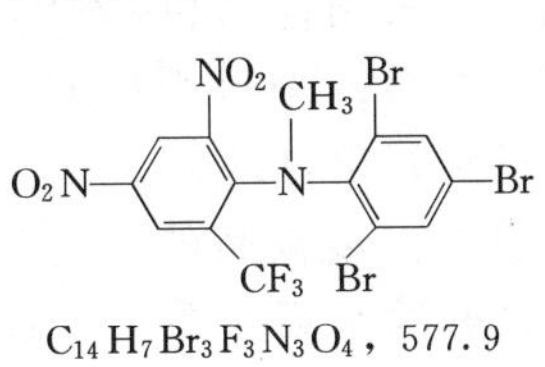

$C_{14}H_7Br_3F_3N_3O_4$，577.9

产品简介

溴鼠胺［试验代号：EL-614（lilly）、OMS 3020，通用名称：bromethalin，商品名称：Vengeance、EL-614、溴甲灵，其他名称：Assault（PM Resources）、Cy-Kill（HACCO）、Fastrac（Bell）、Gunslinger（liphaTech Inc.）、Rampage（Motomco）、Ratximus（Agricultura Nacional）、Talpirid（Bell）、Trounce（PM Resources）、鼠灭杀灵］在 1979 年由 B. A. Dreikorn 等报道，先是 Eli lilly & Co.（现属 Dow AgroSciences），后来又由其他公司将其商品化的灭鼠剂。世界主要生产商：Bell Laboratories Inc.。

化学名称　*N*-甲基-*N*-(2,4,6-三溴苯基)-2,4-二硝基-6-(三氟甲基）苯胺。英文化学名称为 α,α,α-trifluoro-*N*-methyl-4,6-dinitro-*N*-(2,4,6-tribromophenyl)-*o*-toluidine。美国化学文摘系统名称为 *N*-methyl-2,4-dinitro-*N*-(2,4,6-tribromophenyl)-6-(trifluoromethyl) benzenamine。CA 主题索引名称为 benzenamine—，*N*-methyl-2,4-dinitro-*N*-(2,4,6-tribromophenyl)-6-(trifluoromethyl)-。CAS 登录号为［63333-35-7］。

理化性质　本品为淡黄色晶体，熔点为 150～151℃。蒸气压为 0.013mPa（25℃）。水中溶解度＜0.01mg/L；其他溶剂中溶解度（g/L）：二氯甲烷 300～400、氯仿 200～300、甲醇 2.3～3.4、重芳烃石脑油 1.2～1.3。稳定性：正常条件下具有良好的储存稳定性；在紫外线下分解。

毒性　急性经口 LD_{50}：鼠和猫为 2mg /kg（工业品，1,2-丙二醇中），小鼠和狗为 5mg/kg。雄兔急性经皮 LD_{50} 1000mg/kg。大鼠吸入 LC_{50}(1h) 0.024mg/L（空气）。NOEL 值（90d）：狗和大鼠 0.025mg/(kg·d)。

环境行为　动物：在大鼠体内的主要代谢途径是 *N*-去甲基化。

制剂与分析方法　主要剂型有 0.1%可溶性制剂，0.005%毒饵或饵剂。产品可用 GC 进行分析。

作用机理与特点　溴鼠胺中毒可分为急性和慢性两类。急性中毒一般在 18h 内出现，主要为震颤，1～2 次阵发性痉挛的症状，然后出现衰竭而死亡。这些症状出现于用工业溴鼠胺的可溶性制剂喂食，其剂量为 LD_{50} 值的 2 倍或 2 倍以上的量，或取食了大量的毒饵。慢性中毒表现属嗜睡、后腿乏力、肌肉麻痹失去弹性，症状常发生于 1 次摄入 LD_{50} 的量或多次摄入较小剂量以及喂食致死剂量的毒饵。亚致死剂量喂饲试验表明，一旦停止摄食，受试动物即可恢复正常。溴鼠胺的作用机制是阻碍中枢神经系统线粒体上的氧化磷酸化作用，减少 ATP 的形成及导致 Na^+-K^+ ATP 酶的活性下降。液体积聚可由髓鞘之间液流充盈的液泡证实。空泡的形成则导致脑压和神经轴突压的增加，引起神经冲动传导的阻滞，最后麻痹死亡。当鼠类在停止摄入溴鼠胺后 7d，脑压即恢复正常；若使用肾上腺素，则脑压可迅速下降。

应用

防治对象　室内和室外的大鼠、小鼠、褐家鼠等。

残留量与安全施药　①溴鼠胺中毒，尚无特效解毒剂。②在配制毒饵投放毒饵时，要注意安全操作，并防止人畜误食中毒。③误食中毒应立即送医院催吐，洗胃。由溴鼠胺中毒引起的脑水肿，可用利尿剂和肾上腺素进行缓解，重症可静脉滴注高渗利尿药使脑压下降。

使用方法　用于控制室内和室外的大鼠和小鼠，对耐抗血凝杀鼠剂的啮齿类有效。不会引起怯饵。溴鼠胺是一种对共栖鼠类可 1 次剂量使用的高效杀鼠剂。鼠类在取食了致死剂量以后，即拒绝摄食，常在 2～3d 死亡。采用含 0.005%的毒饵（美国常以 65%玉米粉、25%燕麦片、5%糖和 5%玉米油调制），以有效地灭杀栖息在各种不同环境中的褐家鼠和小家鼠。这种毒饵对鼠的适口性好，未见到有拒食现象。在动物食料丰富、鼠类容易取得食物的地方，溴鼠胺毒饵同样能被良好地接受。溴鼠胺的投毒期，通常在 7～30d（其中褐家鼠平均为 14d，小鼠为 16d），均已获得良好的杀灭效果。当鼠摄食了致死剂量的溴鼠胺后，不会对其他食肉动物引起二次中毒的危险。毒饵投放的场所和时机是有效灭鼠的关键。毒饵投放量大约只需抗凝灭鼠剂毒饵的 1/3，不需要连续投放。一般每周投药 1 次，直到无鼠取食为止。因为溴鼠胺不同于抗凝血灭鼠剂，中毒的鼠不会再摄食毒饵。

专利概况

专利名称　*N*-Alkyldiphenylamines

专利号　DE 2642148　　　　专利公开日　1977-04-07

专利申请日　1976-09-20　　　　优先权日　1975-09-26

专利拥有者　Eli Lilly and Company（USA）

在其他国家申请的化合物专利　AU 1814076、AU 508202、AT 345266、AT 361245、AR 225588、BR 7606370、BG 28701、BG 27538、BE 846419、CH 626322、CA 1090822、DK 154069、DD 134431、ES 451857、FR 2325635、FI 62527、GB 1560709、GR 61721、IT 1078789、IL 50258、IE 43715、JP 52042834、MX 4391、NO 143025、NL 7610602、NL 185442、RO 75110、SE 8006682、SE 436392、SE 435055、YU 214376 等。

制剂或剂型专利　EP 88051、AT 23418、GB 2115698、CA 1184486、AU 8311843、JP 58157701、DK 8300916、US 20050276834 等。

目前公开的或授权的与溴鼠胺有关的部分专利　US 4187318、ZA 7604843、IN 145073、CA 1090822、GB 1560709、DK 7604310、CH 626323、ZA 7604843、BE 846418、US 4316988 等。

合成方法

通过如下反应制得目的物：

方法 1

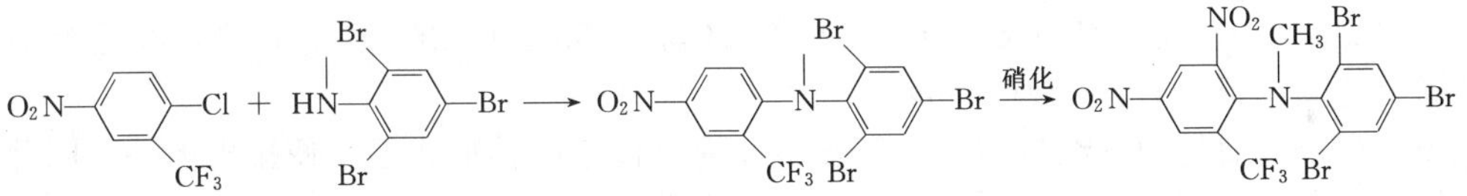

方法 2

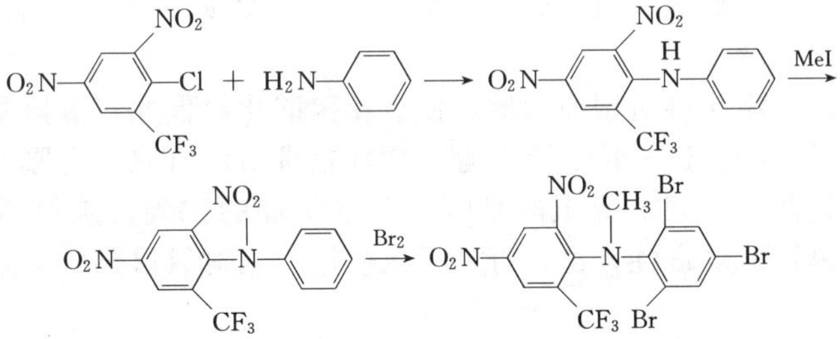

1　The Pesticide Manual. 15th ed.：127-128.

2　Proc. Brighton Crop Protection Conference，1979，2：491.

3　化工部农药信息总站．国外农药品种手册新版合订本．1996：431-432.

4　农药商品大全．北京：中国商业出版社，1996：365-366.

5　农药大典．中国三峡出版社，2006：388～390.

304　氯鼠酮（chlorophacinone）

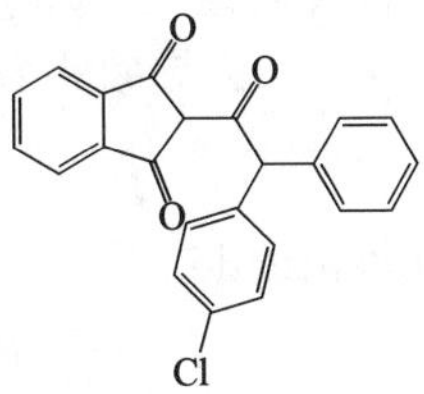

$C_{23}H_{15}ClO_3$，374.8

产品简介

氯鼠酮［试验代号：LM 91（lipha），通用名称：chlorophacinone，商品名称：Caid（liphaTech S. A. S.）、Mufac（Kemio）、Redentin（Reanal）、可伐鼠、氯敌鼠［Chemol］、鼠顿停［Chemol］，其他名称：Ground Force（Canada）（liphaTech Inc.）、Rozol（liphaTech Inc.）、Chlorocal（Arysta lifeScience EAME）、Drat（Bayer Animal Health）、Endorats（Irish Drugs）、Frunax C（Frunol）、Muloxyl（liphaTech S. A. S.）、Ratox（Herbos）、Ratron C（Frunol）、Ratron Feldmausköder（Frunol）、Raviac（Neudorff）、Spyant（some formulations contain bromadiolone instead）（Vectem）、Trokat（Papaeconomou），由 lipha S. A. 开发的灭鼠剂。世界主要生产商：Dr Tezza、Laboratorios Agrochem、Merck Santé、Reanal。

化学名称　2-[2-(4-氯苯基)-2-苯基乙酰基]茚满-1,3-二酮。英文化学名称为 2-[2-(4-chlorophenyl)-2-phenylacetyl]indan-1,3-dione。美国化学文摘系统名称为 2-[(4-chlorophenyl)phenylacetyl]-1*H*-indene-1,3(2*H*)-dione。CA 主题索引名称为 1*H*-indene-1,3(2*H*)-dione—，2-[(4-chlorophenyl)phenylacetyl]-。CAS 登录号为［3691-35-8］。

理化性质　本品为淡黄色晶体，熔点为 140℃，蒸气压 1×10^{-4} mPa（25℃）。体积密度 0.38g/cm^3（20℃）。水中溶解度（20℃）100mg/L；易溶于甲醇、乙醇、丙酮、乙酸、乙酸乙酯、苯和油；微溶于己烷和乙醚；其盐溶于碱溶液。稳定性：很稳定且抗风化。pK_a 为 3.40（25℃）。

毒性　急性经口 LD_{50}：大鼠 6.26mg/kg。对兔皮肤和眼睛无刺激。大鼠吸入 LC_{50}（4h）：大鼠 9.3μg/L。

生态效应　鸟类 LC_{50}（30d）：山齿鹑 95mg/L，野鸭 204mg/L。鱼类 LC_{50}（96h）：虹鳟鱼 0.35mg/L，大翻车鱼 0.62mg/L。水蚤 LC_{50}（48h）0.42mg/L。蜜蜂：在推荐剂量下对蜜蜂无危险。蚯蚓 LC_{50}>1000mg/L。

环境行为　哺乳动物经口后，90%在 48h 内以代谢产物形式经粪便排出体外。四种类型土壤的参数变化范围：K_d（吸附）80～1000，K_d（解吸）57～579，K_{oc} 15556～135976。

制剂与分析方法　主要剂型有谷饵、盘状毒饵、毒饵或饵料。产品可用 HPLC 进行分析，残留物可用 HPLC 测定。

作用机理与特点　阻止凝血酶原形成，使氧化磷酸化解偶联。氯鼠酮以其毒性毒力强大的特点而不同于同类品种。这一特点更适宜一次性投毒防治害鼠，克服了多次投饵费工、用饵量大、灭鼠成本较高的不足。氯鼠酮是唯一易溶于油的抗凝血杀鼠剂，因此易浸入饵料中，所以不会因雨淋而减弱毒性，适合野外灭鼠使用。狗对氯鼠酮较敏感，但对人、畜、家禽均较安全。

应用

防治对象　褐家鼠等。

残留量与安全施药　①应将药剂放于阴凉、干燥处，远离食品，不让儿童接触。空包装不得再作它用。②应收集死鼠并深埋。③中毒者应经口维生素 K_1 或作静脉注射 10～20mg。

使用方法　抗凝血性的杀鼠剂。单次剂量为 50mg/kg 毒饵时从第五天开始杀褐家鼠。通常使用剂量为 50～250mg/kg（毒饵）。不会导致拒食。

专利概况

专利名称	Indane-1,3-dione rodenticide		
专利号	US 3153612	专利公开日	1964-10-20
专利申请日	1961-05-19	优先权日	1960-05-24

专利拥有者　Lyonnaise Industrielle Pharmaceutique

在其他国家申请的化合物专利　BE 603824、CH 400113、DK 104544、DE 1214928、ES 267527、FR 1269638、GB 929253、NL 264960 等。

制备专利　GB 1549506、RU 2218322、RU 2224739、RU 2315745 等。

制剂或剂型专利　DE 2345726、DE 2753183、FR 2160745、BR 7606427、EP 97093、DE 3641195、BE 838318、FR 92052、DE 2341853、DE 2633834、DE 2753183、US 4156714、US 4310536 等。

目前公开的或授权的与氯鼠酮有关的部分专利　DE 2227843、DE 2345726、SU 180178、SU 180177、US 3818100 等。

在中国申请的与该产品有关的部分专利见表 304-1。

表 304-1　在中国申请的专利

序号	申请号	专利名称
1	200510136810.0	双氯敌鼠及铵盐或钠盐的制备和应用
2	201010129940.2	一种踏触式抗凝血粉剂灭鼠药的生产及使用

合成方法

通过如下反应制得目的物：

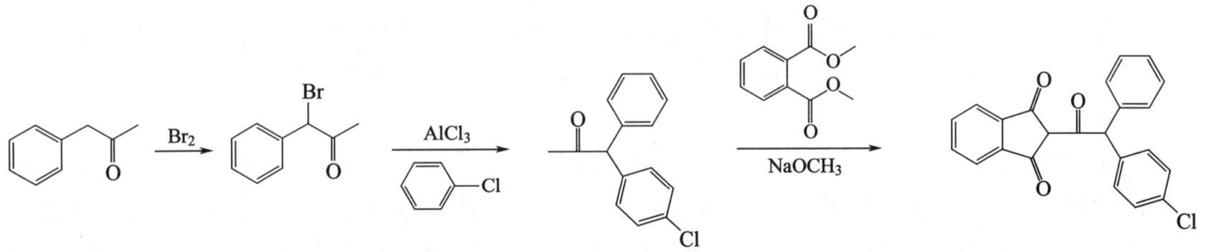

1　The Pesticide Manual. 15th ed. ：195-196.

2　US 315361.

3　FR 1269638.

4　K. Hunter，Anal. Methods Pestic. Plant Growth Regul.，1988，16：119.

5　国外农药品种手册新版合订本．化工部农药信息总站，1996：427.

6　农药商品大全，中国商业出版社，1996：388-389.

7　农药大典，中国三峡出版社，2006：403-414.

305　敌鼠（diphacinone）

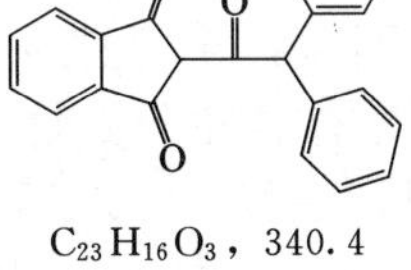

$C_{23}H_{16}O_3$，340.4

产品简介

敌鼠［通用名称：diphacinone，商品名称：Ditrac（Bell）、Ramik（HACO，Kemio）、得伐鼠［台］、敌鼠钠盐、野鼠净［大冢］，其他名称：Diphacin（HACCO）、liqua-Tox（钠盐）（Bell）、P. C. Q.（Bell）、Promar（HACCO）、Prozap Mouse Maze（HACCO）、Tomcat（Motomco）］，1952 年 J. T. Correllet 等首先报道其为杀鼠剂，Velsicol Chemical Corp.（现属 Novartis Crop Protection AG）和 Upjohn Co. 将其商品化。世界主要生产商：Bell Laboratories Inc.、HACCO Inc、日本大冢药品工业株式会社。

化学名称　2-(2,2-二苯基乙酰基)-1,3-茚满二酮。英文化学名称为 2-(Diphenylacetyl)-

1*H*-indene-1,3(2*H*)-dione。美国化学文摘系统名称为 2-(diphenylacetyl)-1*H*-indene-1,3(2*H*)-dione。CA 主题索引名称为 1*H*-indene-1,3(2*H*)-dione—，2-(diphenylacetyl)-。CAS 登录号为 [82-66-6]。

组成　工业品纯度为 95%。

理化性质　黄色晶体（工业品为黄色粉末）。熔点 145～147℃。蒸气压 1.37×10^{-5} mPa（25℃，工业品）。分配系数 K_{ow} $\lg P=4.27$。Henry 常数 1.55×10^{-5} Pa·m³/moL（计算）。相对密度为 1.281。水中溶解度约 0.3mg/kg；其他溶剂中溶解度（g/kg）：氯仿 204、甲苯 73、二甲苯 50、丙酮 29、乙醇 2.1、庚烷 1.8，其盐可溶于碱溶液。稳定性：pH=6～9 时可稳定存在 14d，水解<24h（pH=4）。光照下在水中迅速分解。338℃时分解（不沸腾）。pK_a 酸性，能形成水溶性碱金属盐。

毒性　急性经口 LD_{50}：大鼠为 2.3mg/kg，小鼠为 50～300mg/kg，家兔为 35mg/kg，猫为 14.7mg/kg，狗为 3～7.5mg/kg，猪为 150mg/kg。急性经皮 LD_{50}：大鼠<200mg/kg。对兔皮肤和眼睛无刺激。对豚鼠皮肤无过敏现象。大鼠吸入 LC_{50}（4h）：大鼠<2mg/L（空气）（粉末）。NOEL 值：大鼠慢性 LD_{50} 0.1mg/(kg·d)。Ames 实验表明无诱导突变。

生态效应　野鸭急性经口 LD_{50} 3158mg/kg。用诱饵 [50mg(a.i.)/kg] 进行 56d 的二次中毒试验表明，在可能出现的自然条件下，对雀鹰无危险。鱼类 LC_{50}（96h）：虹鳟鱼 2.6mg/L，大翻车鱼 7.5mg/L，河鲶 2.1mg/L。水蚤 LC_{50}（48h）1.8mg/L。

环境行为　动物：在大鼠中代谢比较狭隘；任何代谢主要涉及羟化代谢和共轭作用。

制剂与分析方法　主要剂型有饵料、毒饵或饵剂。产品分析用 HPLC，残留物用 HPLC 或 GC 测定。

作用机理与特点　主要是破坏血液中的凝血酶原，使之失去活性，同时使微血管变脆、抗张能力减退、血液渗透性增强。敌鼠是目前应用最广泛的第一代抗凝血杀鼠剂品种之一，具有靶谱广、适口性好、作用缓慢、效果好的特点。作为第一代抗凝血杀鼠剂，敌鼠同样具有急和慢性毒力差别显著的特点。其急性毒力远小于慢性毒力，所以更适合于少量、多次投毒饵的方式来防治害鼠。

应用

防治对象　我国的主要鼠种，如褐家鼠、小家鼠、黄毛鼠、黄胸鼠、板齿鼠、沙土鼠、黄鼠、布氏田鼠、黑线姬鼠、林姬鼠等。

残留量与安全施药　1）敌鼠钠盐为抗凝血杀鼠剂，误食该剂后临床表现因人而异，可分为两类：一类为急性型，当误食较小剂量（如 10～60mg）时，立即感到不适，心慌、头昏、恶心、低烧（38℃以下），食欲不振，全身皮疹，几天后不治自愈。重者（如误食 0.8g）则头昏、腹痛、不省人事，口鼻有血性分泌物、血尿、全身暗红色丘疹等现象。另一类为亚急性型，误食量在 1g 以上时，一般 3～4d 后才发病，表现为各脏器及皮下广泛出血。头昏、面色苍白、腹痛、唇紫白、呕血、咯血、皮下大面积出血以及休克等症状，误食药量与发病轻重成正比。若出血发生于中枢神经系统、心包、心肌或咽喉等处均可危及生命。急救措施：急性患者误食较大剂量时，应立即洗胃，加强排泄，一般可用抗过敏药物，重者可用皮质素经口或静脉注射，必要时输血。亚急性患者出血严重时应绝对卧床休息。治疗：急性或慢性失血过多者，应立即输血，并每日静脉滴注维生素 K_1、维生素 C 与氢化可地松。一般少量出血者，可肌注维生素 K_1，经口维生素 C 与肾上腺皮质素。若误食野鼠净粒剂可喝 1～2 杯水，并引起呕吐，可用干净手指触咽喉使其呕吐，然后送医院治疗。若凝血时间超过正常人的两倍时（15s）需经口维生素 K_1。2）该药对人、畜虽比某些杀鼠剂安全，但仍会发生误食中毒，应加强保管，不要与粮食、种子、饲料等放在一起，应远离儿童。3）本剂对鸡、猪、牛、羊较安全，而对猫、狗、兔较敏感，会发生二次中毒。因此，应将死鼠深埋处理。允许残留量 杀鼠剂不接触农作物和食物，因此不制定人体每日允许摄入量（ADI）及在农产品中农药残留合理使用准则。

使用方法 敌鼠钠盐原粉一般以配制毒饵防治害鼠为主。毒饵中有效成分含量为0.025%～0.1%。浓度低，适口性好，反之则变差。使用中一般采用低浓度、高饵量的饱和投饵，或者低浓度、小饵量、多次投的方式。近几年来，国内使用1次足量的投饵方式，亦取得较好的效果。利用敌鼠钠盐溶于酒精、微溶于热水的特点，可以方便地配制毒饵。按需用毒饵质量的0.025%～0.1%称取药物，将其溶于适量的酒精或热水中，然后视饵料吸水程度不同兑入适量的水，配制成敌鼠钠盐母液。将小麦、大米等谷物，或者切成块状的瓜果、蔬菜类浸泡在药液中，待药液全部被吸收后，摊开稍加晾晒即可。如果以黏附法配制毒饵宜将敌鼠钠盐原粉与面粉以1∶99混合，配制成1%的母粉，然后按常规配制方法进行防治家栖鼠类：宜选用含药量0.025%～0.05%的毒饵，每间房设1～3个饵点，每个饵点放5～10g毒饵，连续3～5d检查毒饵被取食情况，并予以补充。亦可采用1次饱和投饵法，每个饵点毒饵量增至20～50g毒饵。如采用毒饵盒长期放置毒饵，每半月至两个月检查1次并予以补充，可以长期控制鼠的危害。除使用毒饵外，还可以配制有效成分为0.05%～0.1%的毒水，以及1%的毒粉来防治家栖鼠类。防治野栖鼠种：毒饵中有效成分含量可适当提高，但不宜超过0.1%，以免影响适口性能，投饵方式宜选用1次性投放。对黄鼠每个洞旁投放20g毒饵。对长爪沙鼠每个洞口处投5～10g毒饵。鼠洞不明显或者地形复杂而鼠洞不易查找的地方，可沿地塄、地堰每5～10m投放一堆，每堆20g。

专利概况

专利名称 2-Diphenylacetyl-1,3-indandione and salts thereof

专利号 US 2672483　　专利公开日 1954-03-16

专利申请日 1951-07-16　　优先权日 1951-07-16

专利拥有者 Upjohn Co.

混剂专利 CA 1079630、DE 2218893、DE 2633834、DE 2753183、GB 1335015、GB 2114443、RU 2276494、US 4310536等。

已公开或授权的与敌鼠有关的部分专利 FR 1269638、US 2827489、US 2900302、US 2883423等。

在中国申请的与该产品有关的部分专利及登记情况见表305-1、表305-2。

表305-1 在中国申请的专利

序号	申请号	专利名称
1	02133045.X	果冻毒饵鼠药
2	91110774.6	复方灭鼠剂配制方法
3	95109082.8	一种灭鼠诱饵及其制备方法
4	99112832.X	粗品敌鼠钠盐的提纯方法
5	98121737.0	复方灭鼠剂
6	99112831.1	精品敌鼠钠盐的合成方法
7	99111728.X	用提纯的偏二苯基丙酮制备敌鼠钠盐
8	01141377.8	高纯度敌鼠的制备方法
9	200510031980.2	一种新型高效灭鼠药及其制备方法
10	200510136810.0	双氯敌鼠及铵盐或钠盐的制备和应用
11	200610014188.0	敌鼠检测试纸及其制备方法
12	200710150974.8	冻状毒饵鼠药
13	201010129940.2	一种踏触式抗凝血粉剂灭鼠药的生产及使用
14	201010200858.4	一种简便的敌鼠和氯敌鼠测定的荧光分析方法

表 305-2　辽宁省大连实验化工有限公司登记情况

登记作物名称	防治对象名称	用药量	施用方法
农田	田鼠	10～20g 毒饵/堆	饱和投饵

登记证号为 PD 20101540，敌鼠钠盐 0.05%饵剂。

合成方法

通过如下反应制得目的物：

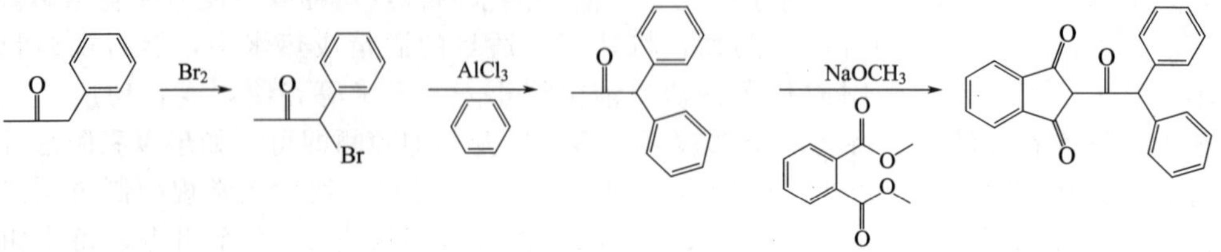

1　The Pesticide Manual. 15th ed.：395-396.

2　Proc. Soc. Exp. Biol. Med.，1952，80：139.

3　US 2672483.

4　国外农药品种手册新版合订本．北京：化工部农药信息总站，1996：416-417.

5　农药商品大全，中国商业出版社，1996：376-377.

6　农药大典，中国三峡出版社，2006：399-401.

306　维生素 D_2（ergocalciferol）

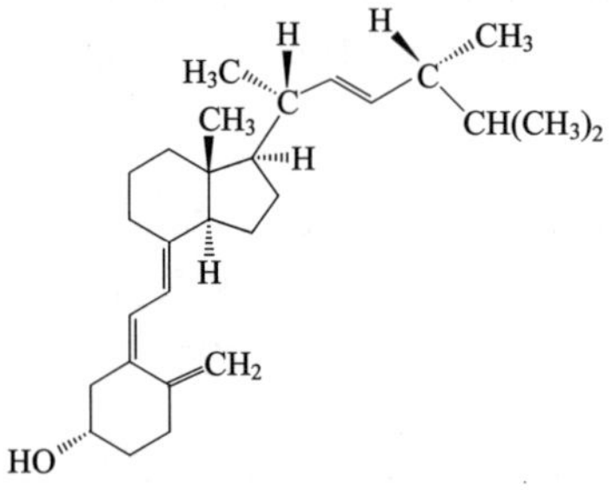

$C_{28}H_{44}O$，396.7

产品简介

维生素 D_2［通用名称：ergocalciferol，商品名称：Sorexa CD（Sorex），其他名称：vitamin D_2］在 1960 年由 H. H. Inhoffen 报道了其特性，由 M. Hadler 报道其杀鼠活性，1978 Sorex ltd.（现属 Sorex International）将其商品化。世界主要生产商：Sorex International。

化学名称　(3*β*,5*Z*,7*E*,22*E*)-9,10-闭联麦角甾-5,7,10(19),22-四烯-3-醇。英文化学名称为 (5*Z*,7*E*,22*E*)-(3*S*)-9,10-secoergosta-5,7,10(19),22-tetraen-3-ol。美国化学文摘系统名称为 (3*β*,5*Z*,7*E*,22*E*)-9,10-secoergosta-5,7,10(19),22-tetraen-3-ol。CA 主题索引名称为 9,10-secoergosta-5,7,10(19),22-tetraen-3-ol(3*β*,5*Z*,7*E*,22*E*)-。CAS 登录号为［50-14-6］。

理化性质　无色晶体，熔点为 115～118℃。水中溶解度（室温）为 50mg/L；其他溶剂中溶解度（g/L）：丙酮 69.5、苯 10、已烷 1。稳定性：在碱性介质中稳定；对光、空气和酸不稳定；超过 120℃将发生不可逆转的反应，生成维生素原的 10*α*-和 9*β*-异构体。比旋光度：$[\alpha]_D$ 为＋103°～107°。

毒性　急性经口 LD_{50}：大鼠 56mg/kg，小鼠 23.7mg/kg。亚慢性经口 LD_{50}（5d）：大鼠 7mg/(kg·d)。对家畜相对安全。

环境行为　维生素 D 的活性归因于代谢转化产物，在哺乳类动物钙磷代谢过程中扮演着主要角色，同时也受肽类激素降血钙素和甲状旁腺激素的影响。它们提高肠对钙的吸收，参与钙和磷在肠中的运输以及动员骨钙。钙化醇首先在肝脏中被羟基化成 25-衍生物，然后在肾脏中进一步被羟基化成1,25-二羟基衍生物和24(*R*),25-二羟基衍生物。

制剂与分析方法　主要剂型有谷饵、饵料、毒饵或饵剂。可与其他灭鼠剂混用。产品可用比色法和紫外光谱法进行分析。

作用机理与特点　必需的天然维生素，高剂量可导致维生素过多症，主要症状为血钙过多和血清胆固醇增加。作用迅速，鼠类在服毒2d后即出现食欲不振、腹泻、口渴等中毒症状，至7d后死亡，而一般抗凝血类杀鼠剂使鼠服毒后至死亡，往往需要1～2周时间。

应用

防治场所　食品仓库、禽舍等室内。

防治对象　小家鼠、褐家鼠、黑家鼠等。

残留量与安全施药　1）骨化醇在有水的情况下不稳定，因此不能用湿润的饵料配制毒饵。2）由于作用快，使鼠进食至死剂量所需要的时间减少，因此在首次投放毒饵时必须过量。3）如果用骨化醇毒饵杀灭大鼠，建议先释放前饵（除了不含骨化醇外，其他组分须与毒饵完全相同的饵料）。

使用方法　本品原为预防或治疗佝偻病的维生素，20世纪70年代发现以0.1%骨化醇与0.05%灭鼠灵合用，能有效地杀灭对抗凝血剂有抗性的小家鼠、褐家鼠和黑家鼠，故以本品作为抗凝血剂的增效剂。随后又发现用骨化醇单独配制的毒饵，鼠易接受，灭鼠效果和与抗凝血剂合用者相同。单用骨化醇在毒饵中的最低适用浓度为0.1%。本品对小家鼠的杀灭效果极好，对褐家鼠效果差。试验表明，它对黑家鼠亦能有效杀灭。

专利概况

专利名称　Rodenticidal compositions

专利号　DE 2310636　　专利公开日　1973-9-20

专利申请日　1973-03-02　　优先权日　1972-03-03

专利拥有者　Ward Blenkinsop & Co. Ltd.

在其他国家申请的化合物专利　BE 796208、CA 999235、CH 577786、DK 136881、FR 2174878、GB 1371135、IT 983472、NL 7303068、NL 175021、NO 137135、SE 398812、ZA 7301165。

制剂或剂型专利　CN 101632679、KR 818175、RU 2344615、US 20080234380、WO 2010043322、WO 2009047175等。

制备专利　CN 101530094、CN 1765883、CS 250414、CS 271877、FR 999987、FR 999988、FR 1327114、SU 1562849、US 5030772、US 2265320、WO 9112240、WO 2008128783等。

目前公开的或授权的与维生素 D_2 有关的部分专利　JP 05339230、US 7211172、US 4588716、WO 2008034908等。

在中国申请的与该产品有关的部分专利见表306-1。

表306-1　在中国申请的专利

序号	申请号	专利名称
1	00121446.2	防治过敏性支气管哮喘症的药物及制备方法
2	02100470.6	用于孕产妇的复合维生素和微量元素营养剂
3	200410066118.0	一种微分光化反应器及应用
4	200510029352.0	一种复方维生素冻干粉针剂及其制备方法
5	200510113460.6	维生素D衍生物的制备方法
6	200710120305.6	复合脂溶性维生素类的药物组合物及其制备方法
7	200910130919.1	一种注射用复方维生素及其制备方法
8	201010005235.1	红脉穗螟幼虫人工饲料
9	201010103621.4	一种测定维 D_2 果糖酸钙注射液中维生素 D_2 含量的方法
10	200910097889.9	一种维生素 D_2 衍生物的制备方法

合成方法

通过如下反应制得目的物：

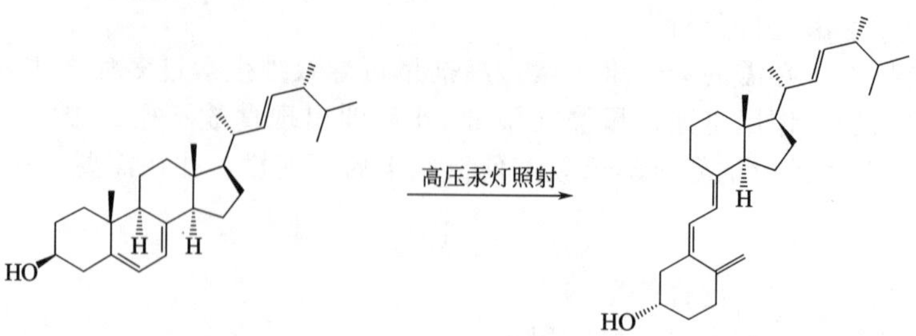

1 The Pesticide Manual. 15th ed.：432-433.

2 GB 1371135.

3 CN 1733930.

4 http：//211.157.104.87：8080/sipo/zljs/hyjs-jieguo.jsp.

5 农药大典，中国三峡出版社，2006：403-404.

307 鼠完（pindone）

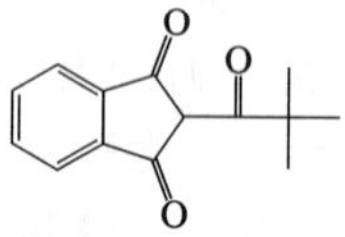

$C_{14}H_{14}O_3$，230.3

产品简介

鼠完［通用名称：pindone，商品名称：Pival（Marman，Motomco）、Pivalyn（sodium salt）（Motomco）、鼠完］其杀虫活性是由 L. B. Kilgore 等在 1942 年报道的，后被 Kilgore Chemical Co. 开发的茚满二酮类杀鼠剂。

化学名称 2-(2,2-二甲基-1-氧代丙基)-1*H*-茚-1,3(2*H*)-二酮或 2-异戊酰-1,3-茚满二酮。英文化学名称为 2-(2,2-dimethyl-1-oxopropyl)-1*H*-indene-1,3(2*H*)-dione。美国化学文摘系统名称为 2-(2,2-dimethyl-1-oxopropyl)-1*H*-indene-1,3(2*H*)-dione。CA 主题索引名称为 1*H*-indene-1,3(2*H*)-dione—,2-(2,2-dimethyl-1-Oxopropyl)-。CAS登录号为［83-26-1］。

理化性质 黄色晶体，熔点为 108.5～110.5℃，蒸气压很低，水中溶解度（25℃）18mg/L，可溶于大多数有机溶剂，溶解在碱液或氨中得到亮黄色盐。稳定性：很稳定。

毒性 急性经口 LD_{50}：大鼠为 280mg/kg，家兔为 150～170mg/kg，狗为 75～100mg/kg。慢性经口 LD_{50}：家兔为 0.52mg/(kg·d)，狗为 2.5mg/(kg·d)，绵羊＞12mg/(kg·d)。大鼠的急性注射 LD_{50} 约为 50mg/kg，但在较小剂量 15～35mg/(kg·d) 下给药，毒性更大。日剂量为 2.5mg/kg 时会使狗致死。

生态效应 鸟类饲喂 LC_{50}（8d）：野鸭为 250mg/kg，山齿鹑为 1560mg/kg。鱼类 LC_{50}（96h）：大翻车鱼为 1.6mg/L，虹鳟鱼为 0.21mg/L。

制剂与分析方法 主要剂型有谷饵、饵料、毒饵或饵剂。用比色法进行分析。

作用机理与特点 抗凝血剂，通过阻止凝血素的形成来抑制血液凝结。

应用

防治对象 挪威大鼠、屋顶鼠、小家鼠、欧洲野兔等。

使用方法 用于控制大鼠和小鼠，在饵料中的含量为 250mg/kg。饲喂后无怯饵现象。能够使作为诱饵的谷物免受害虫的侵袭和细菌的侵染。可与其他杀鼠剂混用。

本品最初报道有杀虫防霉性质，其后发现它具有抗凝血作用，即作为杀鼠剂开发，以 0.025%有效成分毒饵防治挪威大鼠、屋顶鼠和小家鼠，据说其药效优于灭鼠，在澳大利亚则被用于防治欧洲野兔。

专利概况

专利名称　Rodenticidal compositions.

专利号　US 2880132　　专利公开日　1959-03-31

专利申请日　1953-02-11　　专利拥有者　Morton Chemical Co.

制剂或剂型专利　BR 7606427、IT 2008MI0238、IT 2008MI0142、WO 9301712、WO 2005044221、WO 2005058034、BE 660094、BR 8704465、DE 2506769、US 4021568、JP 2001288013、WO 2009047175 等。

目前公开的或授权的与鼠完有关的部分专利　CN 1101031、EP 862860 等。

在中国申请的与该产品有关的部分专利见表 307-1。

表 307-1　在中国申请的专利

序号	申请号	专利名称
1	94104203.0	鼠完碱金属盐的制备方法
2	201010105564.3	一种无特定病原体级东方田鼠的培育方法

合成方法

在苯中，用钠作缩合剂，由邻苯二甲酸酯与特异酮缩合制得。

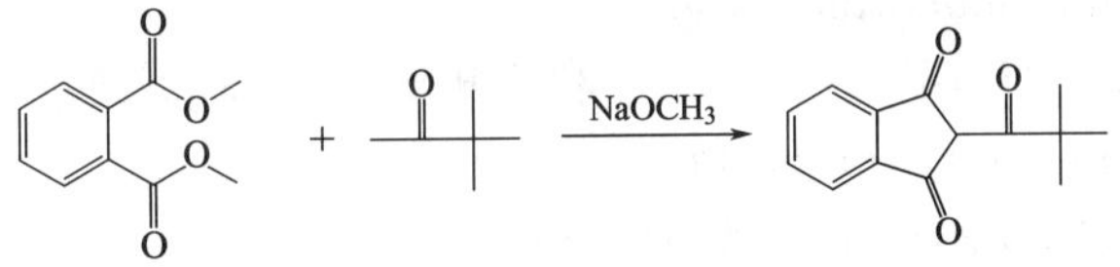

1　The Pesticide Manual，13thed.，2003：150-151.

2　Ind. Eng. Chem.，1942，34：494.

3　US 2310949.

4　国外农药品种手册新版合订本．北京：化工部农药信息总站，1996：416.

5　农药商品大全，中国商业出版社，1996：374-375.

6　农药大典，中国三峡出版社，2006：398-399.

308　氟乙酸钠（sodium fluoroacetate）

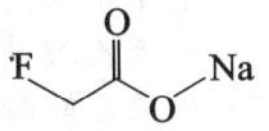

$C_2H_2FNaO_2$，100.0

产品简介

氟乙酸钠［通用名称：sodium fluoroacetate，商品名称：Yasoknock、Fratol、Ten Eighty、一氟乙酸钠，其他名称 Compound 1080］最早由 E. R. Kalmbeck 报道其杀鼠活性。

化学名称　氟乙酸钠。英文化学名称为 sodium fluoroacetate。美国化学文摘系统名称为 sodium fluoroacetate。CAS 登录号为［62-74-8］。

理化性质　氟乙酸钠为白色不挥发的粉末，具有吸湿性，易溶于水，微溶于乙醇、丙酮和石油醚。本品在 200℃时分解。

毒性　氟乙酸钠有剧毒，对大多数哺乳动物和鸟类的致死剂量通常都在 10mg/kg 以下，急性经口 LD_{50}：大鼠 0.22mg/kg，小鼠 8.0mg/kg，小鸡约 5mg/kg，蜘蛛猿 15mg/kg。本品无特殊气味，毒性大，作用快，在农村使用时要对使用人员进行培训。

制剂　产品分析是通过转变为主要的氯氟化物。常见剂型为加苯胺作警戒色的 0.5%水溶液。

作用机理　由动物体内的酶作用，氟乙酸钠被代谢为高毒的氟代柠檬酸盐，此过程曾被称为“致死合成（Lethal synthesis）”。氟代柠檬酸盐在三羧酸循环（TCA）中使代谢中断，而这是产生能量的主要途径。氟代柠檬酸盐有两种作用机制：首先是使担任柠檬酸盐代谢的乌头酸酶受到抑制，其次是使柠檬酸盐在线粒体壁中的传动机制失活。中毒症状可以延缓到几小时后出现。这将视不同种类的动物而异，受到主要影响的器官是心脏和中枢神经系统。在食草类动物中心脏是主要的；而在食肉类动物中，主要出现的是中枢神经受到抑制和抽搐；在杂食类动物中，心脏和中枢神经系统的症状均有表现。造成动物死亡的原因可能是呼吸和心脏方面的故障。氟乙酸钠还存在二次毒性的问题。

应用

防治对象　用于防治啮齿类动物，在澳大利亚也用于防治野猪、野狗、野兔。

使用方法　用水溶液配制成毒饵（每 25～50kg 中加液剂 30mL），防治大鼠、鼷鼠及野生啮齿类动物。本品亦可用作内吸性杀虫剂。1945 年起，美国曾大量使用本品防治鼠类和土狼，但因高毒，故禁止一般人员销售和使用，以防发生意外事故。

注意事项：目前还缺少有效的解毒药。通常可先使呕吐，然后给服乙二醇一醋酸酯，亦可用乙醇（50%乙醇 8mL/kg）和 5%醋酸以代替乙二醇一醋酸酯使用。尽早使用其他酒精脱氢酶抑制剂，如吡唑或四甲基吡唑，亦将是有用的。

专利概况

专利名称　Sodium monofluoroacetate

专利号　JP 27003874　　专利公开日　1952-09-26

专利拥有者　Osaka New Agricultural Chemical Co.

在其他国家申请的化合物专利　JP 27003874。

制剂或剂型专利　EP 109697、WO 2000002447、GB 2457347、WO 2009047175、WO 2007009661、WO 2006037632、US 3080226、EP 1279334 等。

在中国申请的专利见表 308-1。

表 308-1　在中国申请的专利

序号	申请号	专利名称
1	200810011727.4	三氟甲基取代的苝双二亚胺及其制备方法
2	200810195512.2	一种氟乙酸钠毒物人工抗原的合成方法
3	200810195528.3	一种氟乙酰胺类毒药的免疫层析检测试纸条及其制备方法
4	200910092043.6	一种产 L-苹果酸的基因工程菌及其构建方法和应用

合成方法

通过如下反应制得目的物：

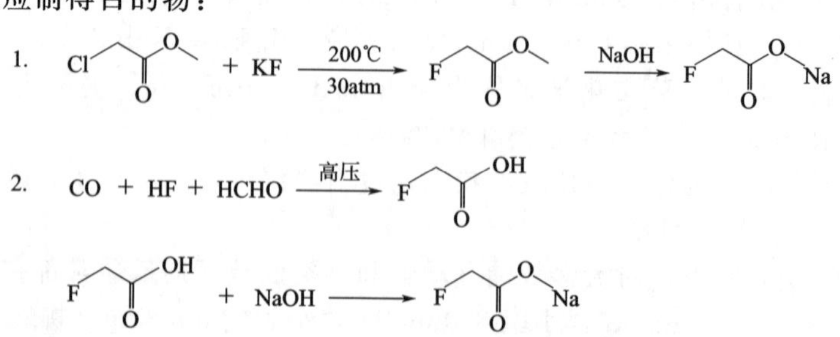

1　The Pesticide Manual. 15th ed.：1037.

2　农药商品大全，中国商业出版社，1996：391-392.

3　JP 27003874.

4　农药大典，中国三峡出版社，2006：1131-1132.

四、常用混剂

1　阿维·哒螨灵

中文通用名称　阿维·哒螨灵

英文通用名称　abamectin+pyridaben

商品名称　阿维·哒螨灵

主要活性组分　阿维菌素、哒螨灵

剂型　3.2%、5%、6%、6.5%、8%、10%、10.5%乳油，5.6%、6%、10%、10.5%微乳剂，10%水分散粒剂，10.5%水乳剂，10.5%、15%、19.8%、20%、22%可湿性粉剂

作用方式　具有触杀和胃毒作用。

作用机理　兼具阿维菌素，哒螨灵特性。

防治对象与使用方法

为触杀和胃毒融为一体的广谱杀螨剂，药效高，杀灭性强，对叶螨、全爪螨、小爪螨、始叶螨、瘿螨和附线螨均有很好的防效，对幼螨、若螨、成螨和卵的各个发育阶段均有效，特别是对红蜘蛛防治显著。

(1) 柑橘树　红蜘蛛，使用剂量：70～105mg/kg，喷雾。

(2) 苹果树　红蜘蛛，使用剂量：35～42mg/kg，喷雾。

注意事项　(1) 不能与碱性物质混用。(2) 安全间隔期 14d，每季作物最多使用 1 次。(3) 本品对鱼类等水生动物、蜜蜂、家蚕有毒。

2　阿维·哒嗪

中文通用名称　阿维·哒嗪

英文通用名称　abamectin+pyridaphenthion

商品名称　阿维·哒嗪

主要活性成分　哒嗪硫磷，阿维菌素

剂型　16%乳油

作用方式　具有触杀和胃毒作用。

作用机理　兼具哒嗪硫磷和阿维菌素的特性。

防治对象与使用方法

二化螟　使用剂量：180～216g/hm^2，对水喷雾。

注意事项　(1) 不能与碱性农药混用。(2) 不能与 2,4-滴除草剂同时使用，或两药使用的间隔期不能太短。

3　阿维·毒死蜱

中文通用名称　阿维·毒死蜱

英文通用名称　abamectin+chlorpyrifos

商品名称　阿维·毒死蜱

主要活性组分　阿维菌素，毒死蜱

剂型　5.5%、10%、15%、18%、25%、38%、42%乳油，10%、20%、21%、30.2%微乳剂，15%、20%、35%水乳剂，5.2%颗粒剂

作用方式　具有触杀、胃毒和熏蒸作用。

作用机理　兼具阿维菌素和毒死蜱的特性。

防治对象与使用方法

(1) 水稻　二化螟，使用剂量：135～180g/hm^2，喷雾。

(2) 十字花科蔬菜　小菜蛾，使用剂量：67.5～112.5g/hm^2，喷雾。

(3) 菜豆　斑潜蝇，使用剂量：57.75～82.5g/hm^2，喷雾。

(4) 柑橘树　红蜘蛛，使用剂量：27.5～55mg/kg，喷雾。

(5) 黄瓜　斑潜蝇，使用剂量：57.75～82.5g/hm^2，喷雾。

注意事项　(1) 不能与碱性物质混用。(2) 安全间隔期为14d，每季作物最多使用2次。(3) 本品对鱼、蜜蜂、家蚕有毒，蜂源作物花期、水塘或沟渠、家蚕和桑园附近禁用。

4　阿维·高氯

中文通用名称　阿维·高氯

英文通用名称　abamectin+*beta*-cypermethrin

商品名称　阿维·高氯

主要活性组分　阿维菌素，高效氯氰菊酯

剂型　1.5%、1.8%、2%、2.4%、2.8%、3%、3.3%、6%乳油，1.8%、3%、4.2%、4.8%、5%、7%微乳剂，2%、3%、5%、6.3%可湿性粉剂，3%水分散粒剂，5%泡腾片剂

作用方式　具有触杀和胃毒作用。

作用机理　兼具阿维菌素和高效氯氰菊酯的特性。

防治对象与使用方法

(1) 十字花科蔬菜　菜青虫、小菜蛾，使用剂量：13.5～27g/hm^2，喷雾。

(2) 黄瓜　美洲斑潜蝇，使用剂量：15～30g/hm^2，喷雾。

注意事项　(1) 本品在黄瓜上使用的安全间隔期为3d，每季最多使用为2次。(2) 本品不能与碱性物质混用。(3) 建议与其他作用机制不同的杀虫剂轮换使用。(4) 本品对水生动物、蜜蜂、家蚕有毒，蜂源作物花期、家蚕和桑园附近禁用。

5　阿维·灭幼脲

中文通用名称　阿维·灭幼脲

英文通用名称　abamectin+chlorbenzuron

商品名称　阿维·灭幼脲

主要活性组分　阿维菌素，灭幼脲

剂型　18%乳油，20%可湿性粉剂，10%、18%、20.5%、26%、30%悬浮剂

作用方式　具有触杀、胃毒和微弱的熏蒸作用。

作用机理　兼具阿维菌素和灭幼脲的特性。

防治对象与使用方法

(1) 十字花科蔬菜　小菜蛾，使用剂量：108～135g/hm^2，喷雾。

(2) 苹果树　金纹细蛾，使用剂量：104～130mg/kg，喷雾。

(3) 甘蓝　小菜蛾，使用剂量：90～180g/hm^2，喷雾。

(4) 柑橘树　潜叶蛾，使用剂量：51.25～102.5mg/kg，喷雾。

(5) 十字花科蔬菜　甜菜夜蛾，使用剂量：240～360g/hm^2，喷雾。

(6) 松树　松毛虫，使用剂量：100～125mg/kg，喷雾。

(7) 十字花科蔬菜　菜青虫，使用剂量：45～75g/hm^2，喷雾。

注意事项　(1) 本品在甘蓝上使用的安全间隔期为7d，每季最多使用2次。(2) 本品不能与呈碱性和酸性的农药混合使用。(3) 本品对水生生物、鱼类、蜜蜂、家蚕有毒，施药期间应避免对周围蜂群的影响，蜂源作物花期、家蚕和桑园附近禁用。(4) 建议与其他作用机制不同的杀虫剂轮换使用，以延缓抗性产生。

6　阿维菌素·杀虫单

中文通用名称　阿维·杀单

英文通用名称　abamectin＋monosultap

商品名称　绿得福，百可敌，能斩，菜虫毙

主要活性组分　阿维菌素，杀虫单

剂型　20%、30%、40%、50%可溶性粉剂，20%、30%微乳剂

作用方式　本品对昆虫和螨类具有触杀和胃毒作用并有微弱的熏蒸作用，无内吸作用。但它对叶片有很强的渗透作用，可杀死表皮下的害虫，且残效期长，但它不杀卵。

作用机理　其作用机制与一般杀虫剂不同的是它干扰神经生理活动，刺激释放γ-氨基丁酸，而γ-氨基丁酸对节肢动物的神经传导有抑制作用，螨类成虫、昆虫、幼虫与药剂接触后即出现麻痹症状，不活动，不能取食，2～4d死亡。因不引起昆虫迅速脱水，所以它的致死作用较慢。但对捕食性和寄生性天敌虽有直接杀伤作用，但因植物表面残留少，因此对益虫的损伤小。

防治对象与使用方法

(1) 蔬菜菜青虫　每公顷用20%可溶性粉剂1200～1500g，对水600～900L，均匀喷雾。

(2) 蔬菜小菜蛾　每公顷用50%可溶性粉剂900～1200g，对水600～900L，均匀喷雾。

(3) 菜豆的美洲斑潜蝇　每公顷用30%微乳剂600～900mL，对水600～900kg，均匀喷雾。

(4) 水稻二化螟　每公顷用50%可溶性粉剂900～1200g，对水750～1050L，均匀喷雾。

注意事项　(1) 本制剂对鱼、蜜蜂、家蚕高毒。(2) 安全间隔期为20d。

7　阿维·印楝素

中文通用名称　阿维·印楝素

英文通用名称　abamectin＋azadirachtin

商品名称　阿维·印楝素

主要活性成分　阿维菌素，印楝素

剂型　0.9%乳油

作用方式　蜕皮和神经活动抑制剂，具有触杀和胃毒作用。

作用机理　兼具阿维菌素、印楝素的特性。

防治对象与使用方法

美洲斑潜蝇　使用剂量：6.75～9.45g/hm^2，对水喷雾。

注意事项　原药高毒，制剂低毒。

8　甲维·虫酰肼

中文通用名称　甲维·虫酰肼

英文通用名称　emamectin benzoate＋tebufenozide

商品名称　甲维·虫酰肼

主要活性组分　虫酰肼，甲氨基阿维菌素苯甲酸盐

剂型　5.1％、8.2％、10.5％乳油，5.1％可湿性粉剂，21％、25％悬浮剂

作用方式　具有渗透、胃毒和触杀作用，持效期长。

作用机理　兼具虫酰肼、甲氨基阿维菌素苯甲酸盐的特性。

防治对象与使用方法

(1) 甘蓝　小菜蛾，使用剂量：45.9～53.55g/hm^2，喷雾。

(2) 番茄　甜菜夜蛾，使用剂量：38.25～53.55g/hm^2，喷雾。

(3) 十字花科蔬菜　小菜蛾，使用剂量：38.25～53.55g/hm^2，喷雾。

(4) 甘蓝　甜菜夜蛾，使用剂量：47.25～78.75g/hm^2，喷雾。

(5) 十字花科蔬菜　斜纹夜蛾，使用剂量：150～225g/hm^2，喷雾。

(6) 十字花科蔬菜　甜菜夜蛾，使用剂量：150～225g/hm^2，喷雾。

注意事项　(1) 本品安全间隔期为7d，每季最多使用2次。(2) 本品不能与碱性物质混合使用。(3) 本品在强光下分解，最好选在傍晚使用。(4) 本品对水生生物、虾、蜜蜂、家蚕有毒，施药期间应避免对周围蜂群的影响，蜂源作物花期、家蚕和桑园附近禁用。(5) 建议与其他作用机制不同的杀虫剂轮换使用，以延缓抗性产生。

9　甲维·毒死蜱

中文通用名称　甲维·毒死蜱

英文通用名称　emamectin benzoate＋chlorpyrifos

商品名称　甲维·毒死蜱

主要活性组分　毒死蜱，甲氨基阿维菌素苯甲酸盐

剂型　5％、15％、15.5％、20％、30％、40％乳油，15％、15.5％、20.5％微乳剂，20％可湿性粉剂，40％水乳剂

作用方式　具有胃毒、熏蒸和触杀作用。

作用机理　阻碍害虫运动神经信息传递而使其麻痹死亡。

防治对象与使用方法

(1) 甘蓝　小菜蛾，使用剂量：112.5～157.5g/hm^2，喷雾。

(2) 甘蓝　甜菜夜蛾，使用剂量：112.5～150g/hm^2，喷雾。

(3) 甘蓝　斜纹夜蛾，使用剂量：90～112.5g/hm^2，喷雾。

(4) 水稻　稻纵卷叶螟，使用剂量：192～288g/hm^2，喷雾。

(5) 水稻　二化螟，使用剂量：226.5～317.1g/hm^2，喷雾。

注意事项　(1) 本品在叶类上使用的安全间隔期为7d，每季作物最多使用2次。(2) 建议与其他作用机制不同的杀虫剂轮换使用，以延缓抗性产生。(3) 本品对水生动物、蜜蜂、家蚕有毒，蜂源作物花期、家蚕和桑园附近禁用。

10　甲维·氟铃脲

中文通用名称　甲维·氟铃脲

英文通用名称　emamectin benzoate＋hexaflumulron

商品名称　甲维·氟铃脲

主要活性组分　甲氨基阿维菌素苯甲酸盐，氟铃脲

剂型　4％微乳剂，1.8％、2.2％、3％、4％乳油，10.5％水分散粒剂

作用方式　触杀和胃毒作用。

作用机理　兼具甲氨基阿维菌素、氟铃脲的特性。

防治对象与使用方法

（1）十字花科蔬菜　甜菜夜蛾，使用剂量：8.4～10.8g/hm^2，喷雾。

（2）甘蓝　甜菜夜蛾，使用剂量：15～21g/hm^2，喷雾。

注意事项　（1）在甘蓝上使用的安全间隔期为7d，每季作物最多使用2次。（2）本品对蜜蜂、家蚕有毒，施药期间应避免对周围蜂群的影响，蜂源作物花期、家蚕和桑园附近禁用。

11　甲维·印楝素

中文通用名称　甲维·印楝素

英文通用名称　emamectin benzoate＋azadirachtin

商品名称　甲维·印楝素

主要活性成分　甲氨基阿维菌素，印楝素

剂型　2％乳油

作用方式　蜕皮激素抑制剂，兼具触杀和胃毒作用。

作用机理　兼具甲氨基阿维菌素、印楝素的特性。

防治对象与使用方法

小菜蛾　使用剂量：4.8～6g/hm^2，对水喷雾。

注意事项　本品低毒。

12　苏云·虫酰肼

中文通用名称　苏云·虫酰肼

英文通用名称　tebufenozide＋bacillus thuringiensis

商品名称　苏云·虫酰肼

主要活性组分　虫酰肼、苏云金杆菌

剂型　3.6％可湿性粉剂

作用方式　具有胃毒和促进害虫蜕皮双重功效，害虫取食后，导致肠穿孔、畸形蜕皮、脱水、饥饿而死亡。

作用机理　兼具虫酰肼，苏云金杆菌的特性。

防治对象与使用方法

（1）甘蓝　甜菜夜蛾，使用剂量：43.2～54g/hm^2，喷雾。

（2）十字花科蔬菜　甜菜夜蛾，使用剂量：43.2～54g/hm^2，喷雾。

注意事项　（1）本品在甘蓝上使用的安全间隔期为7d，每季最多使用2次。（2）本品对水生生物、鱼类、蜜蜂、家蚕有毒，施药期间应避免对周围蜂群的影响，蜂源作物花期、

家蚕和桑园附近禁用。

13　虫菊·苦参碱

中文通用名称　虫菊·苦参碱

英文通用名称　pyrethrins+matrine

商品名称　虫菊·苦参碱

主要活性成分　除虫菊素，苦参碱

剂型　1%微囊悬浮剂

作用方式　触杀作用。

作用机理　兼具除虫菊素和苦参碱的特性。

防治对象与使用方法

蚜虫　使用剂量：7.5～9g/hm^2，对水喷雾。

注意事项　本品低毒。

14　吡虫啉·毒死蜱

中文通用名称　吡·毒

英文通用名称　imidacloprid+chlorpyrifos

商品名称　拂光，千祥，四打，比本胜，酷戈，切虫

主要活性组分　吡虫啉，毒死蜱

作用方式　具有触杀、胃毒和良好的内吸作用。

作用机理　胆碱酯酶抑制剂。

防治对象和方法

(1) 水稻稻飞虱、稻纵卷叶螟　每公顷用12%乳油1500～2250mL，对水900～1200L，均匀喷雾。

(2) 蔬菜菜青虫和蚜虫　每公顷用12%乳油1500～2250mL，对水600～900L，均匀喷雾。

注意事项　(1) 为保护蜜蜂，应避开作物开花期使用。(2) 不能与碱性农药混用。(3) 每公顷每次最多使用剂量：1875mL (棉花)，75mL (叶菜)。(3) 本品对烟草敏感。

15　吡虫啉·马拉硫磷

中文通用名称　吡·马

英文通用名称　imidacloprid+malathion

商品名称　比克

主要活性组分　吡虫啉，马拉硫磷

剂型　6%可湿性粉剂

作用方式　具有胃毒、触杀和较好的内吸作用。

作用机理　是烟酸乙酰胆碱酯酶受体的作用体，干扰害虫运动神经系统使化学信号传递失灵，无交互抗性问题。

防治对象与使用方法

十字花科蔬菜　蚜虫，每公顷用6%可湿性粉剂750～1050g，对水600～750L，均匀喷雾。

注意事项　(1) 该药对天敌毒性低。(2) 在推荐剂量下使用安全，能和多数农药或肥料

混用。(3) 不能用于防治线虫和螨。

16 吡虫·噻嗪酮

中文通用名称 吡虫·噻嗪酮

英文通用名称 imidacloprid+buprofezin

商品名称 吡虫·噻嗪酮

主要活性组分 吡虫啉，噻嗪酮

剂型 10%、10.5%、18%、20%、22%可湿性粉剂，18%微乳剂，10%、11.5%、16.5%、18%乳油，300g/L悬浮剂。

作用方式 具有胃毒、触杀和内吸多种方式协同作用。

作用机理 抑制昆虫几丁质合成和干扰新陈代谢，致使昆虫蜕皮畸形或翅畸形而缓慢死亡。

防治对象与使用方法

水稻 稻飞虱，使用剂量：45～75g/hm^2，喷雾。

注意事项 (1) 本品在水稻上使用的安全间隔期为14d。(2) 不能与碱性物质混用。(3) 本品对蜜蜂、家蚕有毒，施药期间应避免对周围蜂群的影响，蜂源作物花期、家蚕和桑园附近禁用。

17 吡虫啉·三唑磷

中文通用名称 吡·唑磷

英文通用名称 imidacloprid+triazophos

商品名称 锐虫除，刀猛，剑福，螟虱克净，螟蜓净，瑞宁，绿先锋，稻逸劲

主要活性组分 吡虫啉，三唑磷

剂型 20%、21%、25%、30%乳油。

作用方式 具有强烈的触杀和胃毒作用，杀虫效果好，杀卵作用明显，渗透性强，无内吸作用。

防治对象与使用方法

(1) 水稻二化螟、三化螟、稻飞虱 每公顷用20%乳油1500～2250mL或25%乳油1500～1800mL，对水900～1125L，均匀喷雾。单用三唑磷易刺激稻飞虱产卵。使用本混剂可减轻这种副作用。

(2) 棉花苗期蚜虫 每公顷用20%乳油225～300mL，对水375～450L，均匀喷雾。

注意事项 本品高毒。

18 吡虫啉·杀虫单

中文通用名称 吡·单

英文通用名称 imidacloprid+monosultap

商品名称 比单灵，老刀

主要活性组分 吡虫啉，杀虫单

剂型 30%、33%、35%、38%、40%、42%、44%、45%、46%、46.5%、50%、52%、58%、60%、62%、66.2%、70%、72%、74%、75%、80%可湿性粉剂，25%微乳剂

作用方式 具有内吸、触杀、胃毒和一定的熏蒸作用。

作用机理　硝基亚甲基类内吸杀虫剂，是烟酸乙酰胆碱酯酶受体的作用体，干扰害虫运动神经系统，从而导致化学信号传递失灵，无交互抗性问题。

防治对象与使用方法

对水稻二化螟、三化螟、稻纵卷叶螟、稻飞虱等高效，使用剂量：375～750g/hm^2，对水喷雾。

注意事项　(1) 本制剂不能用于防治线虫和螨。(2) 施药后，田间应保持水层 5～7d。(3) 本品对蚕有毒杀作用，应避免污染桑叶及蚕。(4) 本品严禁在茄科、锦葵科、菊科等蔬菜（如茄子、番茄、辣椒、向日葵、云豆、四季豆、蚕豆等）和梨树、桃树、烟蜜红苹果树、棉花上使用。(5) 作物收获前 14d 停止用药。

19　吡虫啉·杀虫双

中文通用名称　吡·杀双

英文通用名称　imidacloprid＋bisultap

商品名称　蓟虱灵

主要活性组分　吡虫啉，杀虫双

剂型　14.5％乳油

作用机理　硝基亚甲基类内吸杀虫剂，是烟酸乙酰胆碱酯酶受体的作用体，干扰害虫的神经系统，从而导致其化学信号传递失灵，无交互抗性问题。主要用于防治刺吸式口器害虫及其抗性品系。

防治对象与使用方法

防治水稻稻飞虱、稻纵卷叶螟　每公顷用 14.5％乳油 150～200mL，对水 900～1125L，均匀喷雾。

注意事项　(1) 不能用于防治线虫和螨。(2) 在推荐剂量下使用安全，能和多数农药和肥料混用。

20　吡虫啉·辛硫磷

中文通用名称　吡·辛

英文通用名称　imidacloprid＋phoxim

商品名称　绿透，满屯，蚜可栿，摧蚜，金迪乐，虫无踪 1 号，蚜丁零，豪击

主要活性组分　吡虫啉，辛硫磷

剂型　20％、25％、30％乳油

作用方式和机理　亚硝基类内吸杀虫剂，是烟酸乙酰胆碱酯酶受体的作用体，干扰害虫运动神经系统，使信号传递失灵，无交互抗性问题。用于防治刺吸式口器害虫及其抗性品系。

防治对象和方法

(1) 蔬菜害虫　防治韭蛆，每公顷用 20％乳油 500～750mL，对水 220～300L，灌根；防治菜蚜，每公顷用 25％乳油 375～750mL，对水 600～750L，均匀喷雾。

(2) 茶小绿叶蝉　在若虫发生高峰前期，用 25％乳油 800～1000 倍液，对茶树冠面快速喷雾。

(3) 稻飞虱　在 2～3 龄若虫盛发期，每公顷用 25％乳油 1200～1500mL，对水 1125～1500L，均匀喷雾。

(4) 棉花蚜虫　每公顷用 30％乳油 150～200mL，对水 450～750L，均匀喷雾。

注意事项　不能用于防治线虫和螨。

21　吡虫啉·乙酰甲胺磷

中文通用名称　吡·乙酰胺

英文通用名称　imidacloprid＋acephate

商品名称　佳灵，育和，比看，麦它，禾蝉

主要活性组分　吡虫啉，乙酰甲胺磷

剂型　24%、25%、45%、50%可湿性粉剂，37%乳油

作用方式　内吸杀虫剂，具有胃毒和触杀作用。

作用机理　抑制昆虫的乙酰胆碱酯酶。

防治对象与使用方法

(1) 水稻二化螟、三化螟、稻纵卷叶螟　每公顷用24%可湿性粉剂1200～1500g，对水900～1125L，均匀喷雾。

(2) 稻飞虱　每公顷用24%可湿性粉剂600～750g，对水1125～1500L，喷稻基部。

注意事项　(1) 不能与碱性农药混用。(2) 不宜在桑、茶树上使用。

22　灭脲·吡虫啉

中文通用名称　灭脲·吡虫啉

英文通用名称　imidacloprid＋chlorbenzuron

商品名称　灭脲·吡虫啉

主要活性组分　吡虫啉，灭幼脲

剂型　5%悬浮剂，25%可湿性粉剂

作用机理　兼具吡虫啉，灭幼脲的特性。

防治对象与使用方法

(1) 苹果树　金纹细蛾，使用剂量：100～167mg/kg，喷雾。

(2) 苹果树　黄蚜，使用剂量：100～167mg/kg，喷雾。

(3) 十字花科蔬菜　蚜虫，使用剂量：45～67.5g/hm^2，喷雾。

(4) 十字花科蔬菜　菜青虫，使用剂量：45～67.5g/hm^2，喷雾。

注意事项　(1) 使用本品的安全间隔期为21d，每季最多使用2次。(2) 本品不能与碱性物质混合使用。(3) 本品对水生生物、鱼类、蜜蜂、家蚕有毒，施药期间应避免对周围蜂群的影响，蜂源作物花期、家蚕和桑园附近禁用。

23　茚威·吡虫啉

中文通用名称　茚威·吡虫啉

英文通用名称　indoxacarb＋indoxacarb

商品名称　茚威·吡虫啉

主要活性成分　茚虫威，吡虫啉

剂型　11%可湿性粉剂

作用方式　触杀和胃毒作用，混剂可延缓抗性的产生。

作用机理　药剂通过接触和取食进入昆虫体内，0～4h内昆虫停止取食，随即被麻痹，昆虫的协调能力会下降（可导致幼虫从作物上落下），一般在药后24～60h内死亡。

防治对象与使用方法

甜菜夜蛾，蚜虫　使用剂量：49.5～66g/hm^2，均匀喷雾。

24　吡蚜·毒死蜱

中文通用名称　吡蚜·毒死蜱

英文通用名称　pymetrozine＋chlorpyrifos

商品名称　吡蚜·毒死蜱

主要活性组分　吡蚜酮，毒死蜱

剂型　25％可湿性粉剂

作用方式　具有胃毒、触杀和熏蒸作用。

作用机理　兼具吡蚜酮、毒死蜱的特性。

防治对象与使用方法

水稻　稻飞虱，使用剂量：112.5～187.5g/hm^2，喷雾。

注意事项　(1) 本品在水稻作物上使用的安全间隔期为14d，每季最多使用1次。(2) 本品对鱼类、蜜蜂、家蚕、鸟类有毒，施药期间应避免对周围蜂群的影响，蜂源作物花期、家蚕和桑园附近禁用。(3) 建议与其他作用机制不同的杀虫剂轮换使用，以延缓抗性产生。

25　吡蚜·噻嗪酮

中文通用名称　吡蚜·噻嗪酮

英文通用名称　pymetrozine＋buprofezin

商品名称　吡蚜·噻嗪酮

主要活性组分　吡蚜酮，噻嗪酮

剂型　25％悬浮剂，50％水分散粒剂

作用方式和作用机理　兼具吡蚜酮、噻嗪酮的特性。

防治对象与使用方法

水稻　稻飞虱，使用剂量：112.5～150g/hm^2，喷雾。

注意事项　(1) 本品在水稻作物上使用的安全间隔期为14d，每季最多使用3次。(2) 在规定剂量内使用，本品对鱼类、蜜蜂、鸟、家蚕等有益生物影响为低风险，禁止在河塘等水域内清洗施药器具。(3) 本品不宜与碱性物质混用。(4) 建议与其他作用机制不同的杀虫剂轮换使用，以延缓抗性产生。

26　氯虫·噻虫嗪

中文通用名称　氯虫·噻虫嗪

英文通用名称　thiamethoxam＋chlorantraniliprole

商品名称　氯虫·噻虫嗪

主要活性组分　氯虫酰胺，噻虫嗪

剂型　40％水分散粒剂，300g/L悬浮剂

作用方式　具有触杀和胃毒作用。

作用机理　兼具氯虫酰胺、噻虫嗪的特性。

防治对象与使用方法

主要用于防治水稻鳞翅目和同翅目害虫。

(1) 水稻　褐飞虱，使用剂量：36～48g/hm^2，喷雾。

(2) 水稻　稻纵卷叶螟，使用剂量：36～48g/hm^2，喷雾。

(3) 小青菜苗床　小菜蛾，使用剂量：125～150g/hm^2，喷淋或灌根。

(4) 小青菜苗床　黄条跳甲，使用剂量：125～150g/hm^2，喷淋或灌根。

注意事项　本品对蜜蜂、家蚕、鸟类有毒，施药期间应避免对周围蜂群的影响，蜂源作物花期、家蚕和桑园附近禁用。

27　噻虫·高氯氟

中文通用名称　噻虫·高氯氟

英文通用名称　lambda-cyhalothrin＋thiamethoxam

商品名称　噻虫·高氯氟

主要活性组分　高效氯氟氰菊酯，噻虫嗪

剂型　22％微囊悬浮剂

作用方式　具有触杀和胃毒作用，二者混用可防治刺吸式和咀嚼式口器害虫，且利于延缓抗性发展。

作用机理　兼具噻虫嗪、高效氯氟氰菊酯的特性。

防治对象与使用方法

(1) 茶树　茶小绿叶蝉，使用剂量：14.82～22.23g/hm^2，喷雾。

(2) 茶树　茶尺蠖，使用剂量：14.82～22.23g/hm^2，喷雾。

(3) 甘蓝　蚜虫，使用剂量：18.53～37.05g/hm^2，喷雾。

(4) 甘蓝　菜青虫，使用剂量：18.53～37.05g/hm^2，喷雾。

(5) 辣椒　白粉虱，使用剂量：18.53～37.05g/hm^2，喷雾。

(6) 棉花　棉铃虫，使用剂量：18.53～37.05g/hm^2，喷雾。

(7) 棉花　棉蚜，使用剂量：18.53～37.05g/hm^2，喷雾。

(8) 苹果　蚜虫，使用剂量：24.7～49.4mg/kg，喷雾。

(9) 小麦　蚜虫，使用剂量：14.82～22.23g/hm^2，喷雾。

(10) 烟草　蚜虫，使用剂量：18.53～37.05g/hm^2，喷雾。

(11) 烟草　烟青虫，使用剂量：18.53～37.05g/hm^2，喷雾。

注意事项　(1) 本品对家蚕剧毒，对鱼类、水生生物、蜜蜂高毒，施药期间应避免对周围蜂群的影响，蜂源作物花期、家蚕和桑园附近禁用。(2) 建议与其他作用机制不同的杀虫剂轮换使用，以延缓抗性产生。

28　毒死蜱·高效氯氰菊酯

中文通用名称　毒·高氯

英文通用名称　chorpyrifos＋beta-cypermethrin

商品名称　斑潜清，诺收虫，施杀，施闲，博打，巨毙，野田信利，路迢迢，内外治，神农乐

主要活性组分　毒死蜱，高效氯氰菊酯

剂型　10％、12％、15％、20％、21％、22.5％、30％、40％、52.5％乳油，10％、15％、44.5％微乳剂

作用方式　具有胃毒、触杀和一定的趋避作用，对害虫害螨的幼虫、若虫、成虫和卵的整个生长期均有特效，适应性广、残留量低、击倒力强、作用速度快、药效好，在叶片上的残留期不长，但在土壤中的残留期则较长，对地下害虫的防效好。

作用机理　胆碱酯酶抑制剂。

防治对象与使用方法

对果树、蔬菜、棉花、水稻、玉米、大豆等作物上产生的抗性菜青虫、蚜虫、卷叶蛾、小菜蛾、叶蝉、玉米螟、二化螟、三化螟、稻飞虱、棉铃虫、夜蛾等害虫有明显的防治效果。

(1) 蔬菜害虫　防治菜青虫，在幼虫低龄期，每公顷用10%乳油750～825mL或30%乳油375～562.5mL，对水600～750L喷雾。

(2) 黄瓜、番茄的美洲斑潜蝇　用15%乳油600～900mL或22.5%乳油600～900mL，对水600～900L，均匀喷雾。

注意事项　(1) 本品与波尔多液等碱性农药混用，需现用现配。(2) 施药应选择晴天上午或傍晚进行，喷药务必均匀周到，使药液均匀分布于叶片两面和果实表面。(3) 本剂对蜜蜂、家蚕、鱼类高毒。

29　毒死蜱·氯氰菊酯

中文通用名称　毒·氯

英文通用名称　chlorpyrifos+cypermethrin

商品名称　虫除净，铃泯

主要活性组分　毒死蜱，氯氰菊酯

剂型　15%、20%、22%、24%、25%、44%、50%、52.25%、55%乳油

作用方式　具有触杀、胃毒和熏蒸作用，对高龄棉铃虫有良好的防效。

防治对象与使用方法

(1) 蔬菜害虫　防治小菜蛾，每公顷用50%乳油300～450mL，对水600～750L，喷雾；防治菜青虫，每公顷用52.25%乳油450～750mL，对水600～750L，喷雾；防治斜纹夜蛾和甘蓝夜蛾，每公顷用52.25%乳油25～35mL，对水600～750L，喷雾；防治果菜及瓜类的美洲斑潜蝇，每公顷用15%乳油450～750mL，对水600～750L，喷雾；防治菜豆的豆荚螟，每公顷用52.25%乳油600～900mL，对水600～750L，喷雾；防治韭菜根蛆，每公顷用25%乳油350～500mL，对水2000～3000L，灌根。

(2) 果树害虫　防治苹果树的桃小食心虫，在成虫产卵盛期幼虫蛀果前、卵果率0.5%～1.5%时，用52.25%乳油1000～1500倍液喷雾；防治梨木虱，用52.25%乳油1000～1500倍液喷雾；防治苹果黄蚜，用52.25%乳油1500～2000倍液喷雾；防治柑橘潜叶蛾，用22%乳油400～600倍液喷雾；防治荔枝、龙眼蒂蛀虫，用22%乳油600～800倍液喷雾；防治荔枝瘿螨、蟑象、介壳虫和龙眼木虱，用52.25%乳油1000～1500倍液喷雾。

(3) 棉铃虫　每公顷用25%乳油900～1050mL，对水900～1125L，喷雾；防治棉蟑象，每公顷用52.25%乳油50mL，对水50L，均匀喷雾。

(4) 大豆蚜虫　每公顷用52.25%乳油225～375mL，对水600～900L，均匀喷雾。

30　毒死蜱·三唑磷

中文通用名称　毒·唑磷

英文通用名称　chlorpyrifos+triazphos

商品名称　护地净，锐影，联攻，利克灵

主要活性组分　毒死蜱，三唑磷

剂型　3%颗粒剂，25%、30%、32%、40%乳油

作用方式　具有强烈的触杀和胃毒作用，杀虫效果好，杀卵效果明显，渗透性强，无内吸作用。

防治对象与使用方法

(1) 二化螟和三化螟　在卵孵盛期至高峰期，每公顷用25%乳油900～1200mL，或30%乳油600～900mL或32%乳油600～900mL或40%乳油525～750mL，对水750～1050L，均匀喷雾。

(2) 稻纵卷叶螟　在2龄幼虫高峰期，每公顷用25%乳油750～1050mL，对水750～1050L，均匀喷雾。

(3) 稻飞虱　每公顷用30%乳油150～180mL，对水750～1050L，对水稻基部喷雾。

(4) 稻瘿蚊　每公顷用30%乳油200～250mL，对水750～1050L，均匀喷雾。

(5) 棉铃虫　每公顷用25%乳油1500～2100mL，对水900～1125L，均匀喷雾。

(6) 韭菜韭蛆　每公顷用3%颗粒剂3～4kg，拌细土撒施。

(7) 菜青虫、小菜蛾　在幼虫低龄期，每公顷用30%乳油600～750mL，对水600～750L，均匀喷雾。

注意事项　(1) 本品不能与碱性物质混用。(2) 安全间隔期30d，每季最多使用2次。(3) 本品对蜜蜂、鱼类等水生生物、家蚕高毒。

31　毒死蜱·杀虫单

中文通用名称　毒·杀单

英文通用名称　chlorpyrifos+monosultap

商品名称　卡扎杀

剂型　2%粉剂，25%、50%可湿性粉剂

作用方式　具有触杀、胃毒和很好的内吸作用。

作用机理　胆碱酯酶抑制剂，在叶片上的持效期短，但在土壤中的残留期则较长，对地下害虫的防效较好。

防治对象与使用方法

(1) 二化螟　每公顷用50%可湿性粉剂900～1500g，对水750～900L，均匀喷雾。

(2) 三化螟　每公顷用2%粉剂1.5～2kg，施撒。

(3) 稻纵卷叶螟　每公顷用50%可湿性粉剂750～900g，对水750～900L，均匀喷雾。

注意事项　(1) 为保护蜜蜂，应避开作物开花期使用。(2) 不能与碱性农药混用。(3) 每公顷每次最多使用制剂量：125mL（棉花），75mL（叶菜）。(4) 本制剂对家蚕有毒。

32　毒死蜱·辛硫磷

中文通用名称　毒·辛

英文通用名称　chlorpyrifos+phoxim

商品名称　地尔，地铲

主要活性组分　毒死蜱，辛硫磷

剂型　20%、25%、30%、40%、48%乳油

作用方式　具有触杀、胃毒和熏蒸作用。

防治对象与使用方法

（1）韭蛆　每公顷用40%乳油300～400mL，对水2000～3000L灌根，持效期可达2～3个月。

（2）棉铃虫　每公顷用40%乳油900～1125mL，对水900～1125L，均匀喷雾。

（3）稻纵卷叶螟　在2龄幼虫高峰期，每公顷用25%乳油1800～2250mL，对水750～1050L，均匀喷雾。

注意事项　（1）为保护蜜蜂，应避开作物开花期使用。（2）不能与碱性农药混用。（3）每公顷每次最多用药量：125mL（棉花）；75mL（叶菜）。（4）本制剂对烟草敏感。

33　毒死蜱·溴氰菊酯

中文通用名称　毒·溴

英文通用名称　chlorpyrifos+decamethrin

商品名称　杀死快，杀虫死

主要活性组分　毒死蜱，溴氰菊酯

剂型　10%乳油

作用方式　具有触杀和胃毒作用。

作用机理　胆碱酯酶抑制剂。

防治对象与使用方法

（1）菜青虫　每公顷用10%乳油450～750mL，对水600～750L，喷雾。

（2）棉铃虫　每公顷用10%乳油330～495mL，对水750～900L，喷雾。

注意事项　（1）不能与碱性农药混用。（2）本品对蜜蜂有毒，应避开作物开花期使用。（3）每公顷每次最高用药量：1875mL（棉花），每公顷每次1125mL（叶菜）。

34　虫酰·毒死蜱

中文通用名称　虫酰·毒死蜱

英文通用名称　tebufenozide+chlorpyrifos

商品名称　虫酰·毒死蜱

主要活性组分　虫酰肼，毒死蜱

剂型　20%乳油，28%悬浮剂

作用方式　具有触杀、胃毒、熏蒸和渗透作用。

作用机理　兼具虫酰肼，毒死蜱的特性。

防治对象与使用方法

对成虫、幼虫和卵均有较好的杀灭作用。

（1）十字花科蔬菜　斜纹夜蛾，使用剂量：300～360g/hm^2，喷雾。

（2）甘蓝　斜纹夜蛾，使用剂量：300～360g/hm^2，喷雾。

（3）苹果树　卷叶蛾，使用剂量：1700～2400倍液，喷雾。

注意事项　（1）在甘蓝作物上使用的安全间隔期为14d，每季作物周期最多使用2次。（2）本品不能与碱性物质混合使用。（3）建议与其他作用机制不同的杀虫剂轮换使用，以延缓抗性产生。（4）本品对水生动物、蜜蜂、家蚕有毒，在蜂源作物花期、家蚕和桑园附近禁用。

35　辛硫·三唑磷

中文通用名称　辛硫·三唑磷

英文通用名称　phoxim+triazophos

商品名称　辛硫·三唑磷

主要活性成分　三唑磷、辛硫磷

剂型　27%乳油

作用方式　触杀和胃毒作用。

作用机理　兼具三唑磷和辛硫磷的特性。

防治对象与使用方法

二化螟　使用剂量：243～405g/hm^2，对水喷雾。

注意事项　(1) 本品不能与碱性物质混用，以免降低药效。(2) 本品对光不稳定，要注意保存，同时注意施药时的条件，应在早晨或傍晚施药。

36　辛硫磷·溴氰菊酯

中文通用名称　辛·溴氰

英文通用名称　phoxim+brofluthrinate

主要活性组分　辛硫磷，溴氰菊酯

剂型　25%、48%乳油

作用方式　以触杀和胃毒为主，无内吸作用，杀虫谱广，击倒力强，对鳞翅目类幼虫有特效。

防治对象与使用方法

在田间施药，因本制剂对光不稳定，很快分解失效，所以残效期很短，残留危险性极小，叶面喷雾一般残效期2～3d；但该药施入土中，其残留期很长，可达1～2个月。适合于防治地下害虫，特别是防治花生、大豆、小麦的蛴螬、蝼蛄有良好的效果。对为害花生、大豆、小麦、水稻、棉花、玉米、果树、蔬菜、桑、茶等作物的多种鳞翅目害虫的幼虫有良好防治效果，对虫卵有一定的杀伤作用。防治棉铃虫，每公顷用48%乳油750～1050mL，对水900～1125L，均匀喷雾。也适于防治仓库和卫生害虫。

注意事项　(1) 本制剂对高粱、黄瓜、菜豆和甜菜敏感，不慎使用会引起药害，应按登记作物规定的使用剂量施用。(2) 该药在光照条件下易分解，所以田间喷雾最好在傍晚或夜间施用。(3) 药液要随配随用，不能与碱性药剂混用，作物收获前5d禁用。(4) 该药在应用的浓度范围内，对蚜虫的天敌七星瓢虫的卵、幼虫和成虫均具有强烈的杀伤作用，用药时应注意。

37　辛硫磷·溴灭菊酯

中文通用名称　辛·溴灭

英文通用名称　phoxim+brofenvalerate

商品名称　铃蛾虫清

主要活性组分　辛硫磷，溴灭菊酯

剂型　26%乳油

作用方式　具有触杀和胃毒作用。

作用机理　同氰戊菊酯。

防治对象与使用方法

可防治棉蚜、红铃虫、棉铃虫、苹果树蚜虫、红蜘蛛、柑橘潜叶蛾以及蔬菜蚜虫、菜青虫等害虫。防治棉铃虫，每公顷用26%乳油750～900mL，对水900～1125L，均匀喷雾。

注意事项　不宜在蚕区使用，喷雾前要摇匀。

38　氯氟氰菊酯·马拉硫磷

中文通用名称　氯氟氰·马

英文通用名称　cyhalothrin＋malathion

商品名称　农惠

主要活性组分　氯氟氰菊酯，马拉硫磷

剂型　20％乳油

作用方式　具有触杀和胃毒作用。

防治对象与使用方法

防治棉花棉红铃虫和螨，每公顷用20％乳油675～900mL，对水900～1125L，均匀喷雾。

注意事项　(1) 注意喷洒时期　本剂具有速效、高效的杀虫作用，故在卷叶蛾或蛀果蛾、潜叶蛾侵入果实或蚕食叶子前喷药最为适宜。(2) 均匀喷洒　本剂无内吸传导和气化作用，而是通过接触和摄食而发挥作用，故将药液均匀喷于叶面。(3) 本剂对鱼、蚕毒性大，故不能在蚕桑地区和水源处使用。

39　氯氰·辛硫磷

中文通用名称　氯氰·辛硫磷

英文通用名称　phoxim＋cypermethrin

商品名称　氯氰·辛硫磷

主要活性成分　氯氰菊酯、辛硫磷

剂型　20％乳油

作用方式　触杀和胃毒作用。

作用机理　兼具氯氰菊酯和辛硫磷的特性。

防治对象与使用方法

棉铃虫　使用剂量：210～300g/hm^2，对水喷雾。

注意事项　本品见光易分解，不能与碱性物质混合使用。

40　二嗪·辛硫磷

中文通用名称　二嗪·辛硫磷

英文通用名称　diazinon＋phoxim

商品名称　二嗪·辛硫磷

主要活性成分　二嗪磷，辛硫磷

剂型　16％乳油

作用方式　具有触杀、胃毒、熏蒸作用。速度快，可广泛用于水稻害虫，触杀速效性好。

作用机理　胆碱酯酶抑制剂。

防治对象与使用方法

三化螟　使用剂量：540～600g/hm^2，喷雾。

41　氰戊·辛硫磷

中文通用名称　氰戊·辛硫磷

英文通用名称　phoxim＋fenvalerate

商品名称　氰戊·辛硫磷

主要活性成分　氰戊菊酯、辛硫磷

剂型　25％乳油

作用方式　具有触杀和胃毒作用。

作用机理　兼具氰戊菊酯和辛硫磷的特性。

防治对象与使用方法

棉铃虫，蚜虫，菜青虫，玉米螟　使用剂量：150～875g/hm^2（小麦蚜虫），150～225g/hm^2（甘蓝菜青虫），125～250g/hm^2（苹果树蚜虫），281.25～337.5g/hm^2（棉花棉铃虫），300～375g/hm^2（玉米螟），均对水喷雾。

注意事项　本品见光易分解，不能与碱性物质混合使用。

42　丙溴·辛硫磷

中文通用名称　丙溴·辛硫磷

英文通用名称　phoxim＋profenofos

商品名称　丙溴·辛硫磷

主要活性成分　丙溴磷、辛硫磷

剂型　25％乳油

作用方式　触杀和胃毒作用。

作用机理　兼具丙溴磷和辛硫磷的特性。

防治对象与使用方法

稻纵卷叶螟　使用剂量：262.5～375g/hm^2，对水喷雾。

注意事项　(1) 本品见光易分解，傍晚施药效果较佳。(2) 本品对蜜蜂、鱼类等水生生物、家蚕有毒，施药期间应避免对周围蜂群的影响，在蜜源作物花期、蚕室和桑园附近禁用。(3) 本品对瓜类、高粱、菜豆、苜蓿、甜菜敏感，不慎使用会引起药害。(4) 本品在茶叶上禁用。(5) 本品不能与碱性农药等物质和含铜、汞制剂混用及先后紧接使用。(6) 本品在棉花上的安全间隔期 7d，每季最多使用次数为 3 次。

43　除脲·辛硫磷

中文通用名称　除脲·辛硫磷

英文通用名称　diflubenzuron＋phoxim

商品名称　除脲·辛硫磷

主要活性组分　除虫脲，辛硫磷

剂型　20％乳油

作用方式　具有胃毒和触杀作用。

作用机理　兼具除虫脲和辛硫磷的特性。

防治对象与使用方法

十字花科蔬菜　菜青虫，使用剂量：90～120g/hm^2，喷雾。

注意事项　(1) 本品在十字花科蔬菜类上使用的安全间隔期为 7d，每季最多使用 2 次。(2) 本品不能与碱性物质混合使用。(3) 本品对高粱、黄瓜、菜豆和甜菜等敏感，不慎使用会引起药害。(4) 本品对鱼类、蜜蜂、家蚕、鸟类有毒，施药期间应避免对周围蜂群的影响，在蜂源作物花期、家蚕和桑园附近禁用。(5) 建议与其他作用机制不同的杀虫剂轮换使用，以延缓抗性产生。

44 虫酰·辛硫磷

中文通用名称 虫酰·辛硫磷

英文通用名称 tebufenozide+phoxim

商品名称 虫酰·辛硫磷

主要活性组分 虫酰肼，辛硫磷

剂型 20%、28%、40%乳油

作用方式 具有触杀和胃毒作用。

作用机理 兼具虫酰肼和辛硫磷的特性。

防治对象与使用方法

(1) 十字花科蔬菜 甜菜夜蛾，使用剂量：270～300g/hm^2，喷雾。

(2) 棉花 棉铃虫，使用剂量：240～300g/hm^2，喷雾。

(3) 水稻 稻纵卷叶螟，使用剂量：240～300g/hm^2，喷雾。

(4) 甘蓝 甜菜夜蛾，使用剂量：270～300g/hm^2，喷雾。

注意事项 (1) 本品在十字花科蔬菜类甘蓝上使用的安全间隔期为7d，每季最多使用2次。(2) 本品不能与碱性物质混合使用。(3) 本品对鱼类、蜜蜂、家蚕、鸟类有毒，施药期间应避免对周围蜂群的影响，蜂源作物花期、家蚕和桑园附近禁用。(4) 建议与其他作用机制不同的杀虫剂轮换使用，以延缓抗性产生。

45 哒嗪·辛硫磷

中文通用名称 哒嗪·辛硫磷

英文通用名称 pyridaphenthione+phoxim

商品名称 哒嗪·辛硫磷

主要活性组分 哒嗪硫磷，辛硫磷

剂型 30%乳油

作用方式 具有较强的触杀和胃毒作用。

作用机理 兼具哒嗪硫磷和辛硫磷的特性。

防治对象与使用方法

水稻 二化螟，使用剂量：450～675g/hm^2，喷雾。

注意事项 (1) 本品不能与碱性物质混用。(2) 建议与其他作用机制不同的杀虫剂轮换使用。(3) 本品对鸟、蜜蜂、家蚕高毒，鸟类保护区禁用，蜂源作物花期、家蚕和桑园附近禁用。

46 氟氯氰菊酯·辛硫磷

中文通用名称 氟氯氰·辛

英文通用名称 cyfluthrin+phoxim

商品名称 名百兴，新百兴，涤浊清

主要活性组分 氟氯氰菊酯，辛硫磷

剂型 25%、30%、43%乳油

防治对象与使用方法

(1) 蔬菜害虫 防治美洲斑潜蝇，每公顷用30%乳油525～750mL，对水600～900L，均匀喷雾；防治菜青虫，每公顷用25%乳油375～525mL，对水600～750L，均匀喷雾。

（2）油料作物害虫　防治大豆甜菜夜蛾，每公顷用30%乳油450～750mL，对水600～900L，均匀喷雾；防治油菜菜青虫和蚜虫，用30%乳油2000～3000倍液，每公顷喷药液450～750kg；防治花生棉铃虫，用30%乳油1000～2000倍液，每公顷喷药液600～900kg。

（3）棉花害虫　防治棉铃虫，每公顷用30%乳油525～750mL或43%乳油375～750mL，对水900～1125L，均匀喷雾；防治棉蚜，每公顷用43%乳油300～600mL，对水450～750L，均匀喷雾；防治棉红蜘蛛，每公顷用43%乳油375～750mL，对水750～900L，均匀喷雾。

注意事项　（1）不能与碱性物质混用，以免分解失效。（2）不能在桑园、鱼塘及河流，养蜂场所使用，避免污染发生中毒。（3）安全间隔期为21d。

47　氟铃·辛硫磷

中文通用名称　氟铃·辛硫磷

英文通用名称　phoxim+hexaflumulron

商品名称　氟铃·辛硫磷

主要活性成分　氟铃脲、辛硫磷

剂型　20%乳油

作用方式　具有触杀和胃毒作用。

作用机理　兼具氟铃脲和辛硫磷的特性。

防治对象与使用方法

棉铃虫　使用剂量：225～300g/hm^2，对水喷雾。

注意事项　本品见光易分解，不能与碱性物质混合使用。

48　高氯·辛硫磷

中文通用名称　高氯·辛硫磷

英文通用名称　phoxim+*bete*-cypermethrin

商品名称　高氯·辛硫磷

主要活性成分　高效氯氰菊酯、辛硫磷

剂型　20%乳油

作用方式　触杀和胃毒作用。

作用机理　兼具高效氯氰菊酯和辛硫磷的特性。

防治对象与使用方法

棉铃虫　使用剂量：240～300g/hm^2，对水喷雾。

注意事项　本品见光易分解，不能与碱性物质混合使用。

49　马拉·辛硫磷

中文通用名称　马拉·辛硫磷

英文通用名称　phoxim+malathion

商品名称　马拉·辛硫磷

主要活性成分　马拉硫磷、辛硫磷

剂型　20%乳油

作用方式　触杀和胃毒作用。

作用机理　兼具马拉硫磷和辛硫磷的特性。

防治对象与使用方法

棉铃虫 使用剂量：225～300g/hm^2，对水喷雾。

注意事项 本品见光易分解，不能与碱性物质混合使用。

50 丙溴·敌百虫

中文通用名称 丙溴·敌百虫

英文通用名称 profenofos+trichlorphon

商品名称 丙溴·敌百虫

主要活性成分 丙溴磷，敌百虫

剂型 48%乳油

作用方式 内吸、触杀和胃毒作用。

作用机理 兼具丙溴磷和敌百虫的特性。

防治对象与使用方法

棉铃虫 使用剂量：360～720g/hm^2，对水喷雾。

注意事项 (1) 在棉花上安全间隔期不少于21d，每季作物最多使用3次。(2) 本品不能与碱性物质波尔多液、石硫合剂、石灰水等或其他碱性农药混用，以免降低药效。(3) 与其他作用机制不同的杀虫剂轮换使用，以延缓抗性产生。(4) 本品对蜜蜂、鱼类等水生生物、家蚕有毒，施药期间应避免对周围蜂群的影响、蜜源作物花期、蚕室和桑园附近禁用。

51 丙溴磷·高效氯氰菊酯

中文通用名称 丙·高氯

英文通用名称 profenofos+*beta*-cypermethrin

商品名称 虫恐

主要活性组分 丙溴磷，高效氯氰菊酯

剂型 40%、44%乳油

作用机理 抑制昆虫体内胆碱酯酶。

防治对象与使用方法

丙溴磷是防治棉铃虫的高效有机磷杀虫剂，与高效氯氰菊酯混用，防治效果好，一般每公顷使用剂量600～900mL，对水60～75L，喷雾。

注意事项 (1) 在棉花上的安全间隔期为5～12d。(2) 本制剂不宜在果园中使用。(3) 本制剂对苜蓿和高粱有药害。

52 丁硫克百威·马拉硫磷

中文通用名称 丁硫·马

英文通用名称 carbosulfan+malathion

商品名称 果园施，蛾锈清

主要活性组分 丁硫克百威，马拉硫磷

剂型 20%，25%乳油

作用方式 具内吸性，对昆虫具有触杀及胃毒作用。

作用机理 在昆虫体内代谢为有毒的呋喃丹起杀虫作用，其杀虫机理是干扰昆虫神经系统，抑制胆碱酯酶，使昆虫肌肉及肢体持续兴奋，而导致昆虫死亡。

防治对象与使用方法

可用于防治柑橘、水稻、蔬菜上的多种害虫，持效期长，杀虫谱广。

(1) 果树害虫　对桃小食心虫，用20%乳油1000～1500倍液或25%乳油1000～2000倍液喷雾；苹果黄蚜，用25%乳油1000～3000倍液喷雾。

(2) 菜青虫　每公顷用20%乳油900～1500mL，对水600～750L，均匀喷雾。

(3) 水稻三化螟　每公顷用20%乳油1500～2100mL，对水750～1050L，均匀喷雾。

注意事项　(1) 在稻田使用时，避免同时使用敌稗和灭草灵，以防产生药害。(2) 本混剂对鱼类高毒，使用时须注意。(3) 在蔬菜收获期前25d，严禁使用。

53　哒嗪·丁硫

中文通用名称　哒嗪·丁硫

英文通用名称　pyridaphenthion＋carbosulfan

商品名称　哒嗪·丁硫

主要活性成分　哒嗪硫磷、丁硫克百威

剂型　30%乳油

作用方式　触杀和胃毒作用。

作用机理　兼具哒嗪硫磷和丁硫克百威的特性。

防治对象与使用方法

二化螟　使用剂量：675～900g/hm^2，对水喷雾。

注意事项　(1) 不能与碱性农药混用。(2) 不能与2,4-滴除草剂同时使用，或两药使用的间隔期不能太短。

54　氟腈·三唑磷

中文通用名称　氟腈·三唑磷

英文通用名称　fipronil＋triazophos

商品名称　氟腈·三唑磷

主要活性成分　氟虫腈，三唑磷

剂型　210g/L乳油

作用方式　胃毒、触杀和内吸作用。

作用机理　兼具氟虫腈和三唑磷的特性。

防治对象与使用方法

稻纵卷叶螟　使用剂量：157.5～220.5g/hm^2，对水喷雾。

注意事项　本品高毒，使用和储存时应注意安全防护。

55　高效氯氰菊酯·三唑磷

中文通用名称　高氯·唑磷

英文通用名称　*beta*-cypermethrin＋triazophos

商品名称　诺奇、射中、打蛀、果虫灭、京卫鸟、钻杆吃叶死

主要活性组分　高效氯氰菊酯，三唑磷

剂型　12%、13%、15%乳油

作用方式　具有触杀、胃毒作用。

防治对象与使用方法

可防治水稻、棉花、柑橘、蔬菜、茶叶、花卉上的害虫。

(1) 菜青虫　每公顷用15%乳油600～900mL，对水600～750L，喷雾。

(2) 荔枝蒂蛀虫　用13%乳油1000～1500倍液喷雾。

(3) 棉铃虫　每公顷用12%乳油900～1200mL，对水900～1125L，喷雾。

56　马拉硫磷·三唑磷

中文通用名称　马·唑磷

英文通用名称　malathion+triazophos

商品名称　杀螟晶

主要活性组分　马拉硫磷，三唑磷

剂型　20%、25%、40%乳油

作用方式　具有强烈的触杀和胃毒作用，杀虫效果好，杀卵效果明显，渗透性强，无内吸作用。

防治对象与使用方法

(1) 二化螟　每公顷用25%乳油1125～1500mL，对水750～1050L，均匀喷雾。

(2) 三化螟　每公顷用40%乳油1125～1500mL，对水750～1050L，均匀喷雾。

注意事项　本品为高毒农药。

57　四溴菊酯·三唑磷

中文通用名称　四溴·唑磷

英文通用名称　tralomethrin+triazophohs

商品名称　稼得乐

主要活性组分　四溴菊酯，三唑磷

剂型　15%乳油

作用方式　具有强烈的触杀和胃毒作用，杀虫效果好，杀卵效果明显，渗透性强，无内吸作用。

防治对象与使用方法

(1) 棉铃虫　每公顷用15%乳油900～1500mL，对水900～1125L，均匀喷雾。

(2) 小麦蚜虫　每公顷用15%乳油450～750mL，对水900～1050L，均匀喷雾。

注意事项　本品为高毒农药。

58　乙酰甲胺磷·三唑磷

中文通用名称　乙酰甲·三唑磷

英文通用名称　acephate+triazophos

商品名称　螟虫必克

主要活性组分　乙酰甲胺磷，三唑磷

剂型　20%、30%乳油

作用方式　具有强烈的触杀和胃毒作用，杀虫效果好，杀卵效果明显，渗透性强，无内吸作用。

防治对象与使用方法

水稻二化螟、三化螟和稻纵卷叶螟　一般每公顷用20%乳油1125～1500mL，对水750～1050L，均匀喷雾。

59 唑磷·高氯氟

中文通用名称　唑磷·高氯氟

英文通用名称　riazophos＋*lambda*-cyhalothrin

商品名称　唑磷·高氯氟

主要活性成分　高效氯氟氰菊酯，三唑磷

剂型　10％乳油

作用方式　具有触杀和胃毒作用。

作用机理　兼具高效氯氟氰菊酯和三唑磷的特性。

防治对象与使用方法

小菜蛾　使用剂量：120～135g/hm^2，对水喷雾。

注意事项　（1）在作物收获前40d禁止施药，每季最多使用3次。（2）不能与碱性物质混用，以免分解失效。（3）本品对鱼、蚕、蜜蜂高毒。

60 敌畏·氧乐果

中文通用名称　敌畏·氧乐果

英文通用名称　omethoate＋dichlorvos

商品名称　敌畏·氧乐果

主要活性成分　敌敌畏，氧乐果

剂型　40％乳油

作用方式　内吸，触杀和胃毒作用。

作用机理　兼具敌敌畏和氧乐果的特性。

防治对象与使用方法

蚜虫　使用剂量：240～360g/hm^2，对水喷雾。

注意事项　本品中等毒。

61 高氯·氧乐果

中文通用名称　高氯·氧乐果

英文通用名称　omethoate＋*beta*-cypermethrin

商品名称　高氯·氧乐果

主要活性成分　高效氯氰菊酯，氧乐果

剂型　10％乳油

作用方式　内吸，触杀和胃毒作用。

作用机理　兼具高效氯氰菊酯和氧乐果的特性。

防治对象与使用方法

蚜虫　使用剂量：45～75g/hm^2，对水喷雾。

注意事项　本品中等毒。

62 唑酮·氧乐果

中文通用名称　唑酮·氧乐果

英文通用名称　omethoate＋triadimefon

商品名称　唑酮·氧乐果
主要活性成分　三唑酮，氧乐果
剂型　23%乳油
作用方式　内吸，触杀和胃毒作用。
作用机理　兼具三唑酮和氧乐果的特性。
防治对象与使用方法
蚜虫，白粉病　使用剂量：310.5～414g/hm²，对水均匀喷雾。
注意事项　本品高毒。

63　噻嗪·杀扑磷

中文通用名称　噻嗪·杀扑磷
英文通用名称　buprofezin＋methidathion
商品名称　噻嗪·杀扑磷
主要活性组分　噻嗪酮，杀扑磷
剂型　20%、25%、28%、31%乳油，20%可湿性粉剂
作用方式　具有触杀、胃毒和渗透作用。
作用机理　兼具噻嗪酮和杀扑磷的特性。
防治对象与使用方法
柑橘树　介壳虫，使用剂量：310～387.5mg/kg，喷雾。
注意事项　(1) 本品在柑橘树上使用的安全间隔期为35d，每季最多使用1次。(2) 本品不能与碱性物质混合使用。(3) 本品对水生动物、蜜蜂、家蚕有毒，蜂源作物花期、家蚕和桑园附近禁用。

64　氯氰菊酯·杀虫双

中文通用名称　氯·杀虫
英文通用名称　crpermethrin＋bisultap
商品名称　甲虫净
主要活性组分　氯氰菊酯，杀虫双
剂型　12%乳油
作用方式　具触杀、胃毒和较好的内吸作用，对某些害虫的卵有杀伤作用。
防治对象与使用方法
防治蔬菜菜青虫，每公顷用12%乳油1200～1500mL，对水600～700L，均匀喷雾。
注意事项　(1) 用药量及施药次数不要随意增加，注意与非菊酯类农药交替使用。(2) 不要与碱性物质如波尔多液等混用。(3) 对水生动物、蜜蜂、蚕有毒，因而在使用中必须注意不可污染水域及饲养蜂蚕场地。

65　氯氰菊酯·三唑磷

中文通用名称　氯·三唑磷
英文通用名称　cypermethrin＋triazophs
商品名称　氯氰菊酯，三唑磷
剂型　11%、15%、16%、20%、21%乳油
作用方式　具有触杀、胃毒的作用。

防治对象与使用方法

(1) 棉花害虫　防治棉铃虫，每公顷用11%乳油1500～3000mL，对水750～900L，喷雾；防治棉红铃虫，每公顷用20%乳油900～1500mL，对水750～900L，喷雾；防治棉蚜，每公顷用20%乳油900～1200mL，对水600～900L，均匀喷雾。

(2) 果树害虫　防治柑橘潜叶蛾，用16%乳油1000～2000倍液喷雾；防治荔枝蒂蛀虫，用15%乳油1000～1250倍液喷雾。

66　高氯·虫酰肼

中文通用名称　高氯·虫酰肼

英文通用名称　tebufenozide+*beta*-cypermethrin

商品名称　高氯·虫酰肼

主要活性组分　虫酰肼，高效氯氰菊酯

剂型　18%乳油

作用方式　具有触杀和胃毒作用。本品兼具速效性和持效性，喷药后2～3h内害虫停止取食并产生蜕皮反应，2d内脱水、饥饿死亡。

作用机理　兼具虫酰肼和高效氯氰菊酯的特性。

防治对象与使用方法

(1) 甘蓝　甜菜夜蛾，使用剂量：202.5～270g/hm^2，喷雾。

(2) 十字花科蔬菜　甜菜夜蛾，使用剂量：202.5～270g/hm^2，喷雾。

注意事项　(1) 在甘蓝上使用的安全间隔期为21d，每季最多使用2次；在萝卜上使用的安全间隔期为14d，每季最多使用2次。(2) 本品不能与碱性物质混合使用。(3) 使用本品时，切不可加大用量和增加使用次数。(4) 本品对鱼类、蜜蜂、家蚕有毒，施药期间应避免对周围蜂群的影响，蜂源作物花期、家蚕和桑园附近禁用。(5) 建议与其他作用机制不同的杀虫剂轮换使用，以延缓抗性产生。

67　高氯·氟铃脲

中文通用名称　高氯·氟铃脲

英文通用名称　hexaflumuron+*beta*-cypermethrin

商品名称　高氯·氟铃脲

主要活性组分　氟铃脲，高效氯氰菊酯

剂型　5%、5.7%乳油，5%悬浮剂，6%微乳剂

作用方式　具有触杀和胃毒作用。

作用机理　兼具高效氯氰菊酯和氟铃脲的特性。

防治对象与使用方法

(1) 十字花科蔬菜　甜菜夜蛾，使用剂量：22.5～45g/hm^2，喷雾。

(2) 甘蓝　小菜蛾，使用剂量：51.3～68.4g/hm^2，喷雾。

注意事项　(1) 本品在十字花科蔬菜上使用的安全间隔期为7d，每季最多使用2次。(2) 本品不能与碱性物质混用。(3) 建议与其他作用机制不同的杀虫剂轮换使用，以延缓抗性产生。(4) 本品对蜜蜂、家蚕有毒，蜂源作物花期、家蚕和桑园附近禁用。

68　高氯·灭多威

中文通用名称　高氯·灭多威

英文通用名称 *beta*-cypermethrin＋methomyl

商品名称 高氯·灭多威

主要活性组分 高效氯氰菊酯，灭多威

剂型 5%、10%、12%、15%、16%乳油，10%、15%、24%微乳剂

作用方式 具有触杀和胃毒作用。

作用机理 兼具灭多威和高效氯氰菊酯的特性。

防治对象与使用方法

(1) 棉花 棉铃虫，使用剂量：60～75g/hm^2，喷雾。

(2) 甘蓝 菜青虫，使用剂量：37.5～75g/hm^2，喷雾。

注意事项 (1) 在甘蓝上使用的安全间隔期为7d，每季作物最多使用2次。(2) 本品不能与碱性物质混合使用。(3) 不能与波尔多液、石硫合剂及含铁、锡的农药混用。(4) 建议与其他作用机制不同的杀虫剂轮换使用，以延缓抗性产生。(5) 本品对水生动物、蜜蜂、家蚕有毒，蜂源作物花期、家蚕和桑园附近禁用。

69 高氯·灭幼脲

中文通用名称 高氯·灭幼脲

英文通用名称 *beta*-cypermethrin＋chlorbenzuron

商品名称 高氯·灭幼脲

主要活性组分 高效氯氰菊酯，灭幼脲

剂型 7.5%、15%悬浮剂

作用方式 具有胃毒和触杀作用。

作用机理 兼具高效氯氰菊酯和灭幼脲的特性。

防治对象与使用方法

(1) 十字花科蔬菜 菜青虫，使用剂量：112.5～157.5g/hm^2，喷雾。

(2) 甘蓝 菜青虫，使用剂量：112.5～157.5g/hm^2，喷雾。

(3) 十字花科蔬菜 甜菜夜蛾，使用剂量：112.5～157.5g/hm^2，喷雾。

注意事项 (1) 本品在甘蓝上使用的安全间隔期为7d，每季最多使用2次。(2) 本品不能与碱性物质混合使用。(3) 本品对水生生物、鱼类、蜜蜂、家蚕有毒，施药期间应避免对周围蜂群的影响，蜂源作物花期、家蚕和桑园附近禁用。

70 高效氯氰菊酯·杀虫单

中文通用名称 高氯·杀单

英文通用名称 *β*-crpermethrin＋monosultap

商品名称 杀虫一把刀

主要活性组分 高效氯氰菊酯，杀虫单

剂型 78%可湿性粉剂，16%、25%水乳剂，16%、20%微乳剂

作用方式 具有触杀和胃毒作用，有较好的内吸性，对鳞翅目幼虫和蚜虫高效。

防治对象与使用方法

(1) 蔬菜小菜蛾 每公顷用78%可湿性溶剂300～600g，对水600～750L，均匀喷雾。

(2) 十字花科蔬菜甜菜夜蛾 每公顷用20%微乳剂4750～9000mL，对水600～750L，均匀喷雾。

(3) 黄瓜、番茄美洲斑潜蝇 每公顷用16%水剂或16%微乳剂1125～2250mL，对水

600～750L，均匀喷雾。

(4) 菜蛾　每公顷用25％水剂750～1200mL，对水600～750L，均匀喷雾。

(5) 柑橘蚜虫　用25％水剂500～1000倍液喷雾。

注意事项　(1) 不要与碱性物质混用。(2) 本制剂对水生动物、蜜蜂、蚕有毒，使用时注意不可污染水域及饲养蜂蚕场地。

71　高效氯氰菊酯·乙酰甲胺磷

中文通用名称　高氯·乙酰

英文通用名称　*beta*-cypermethrin＋acephate

商品名称　农保

主要活性组分　高效氯氰菊酯，乙酰甲胺磷

剂型　22％乳油

作用方式　具有触杀和胃毒作用，杀虫谱广，但目前仅登记用于防治蔬菜害虫。

防治对象与使用方法

(1) 菜青虫　每公顷用22％乳油450～750mL，对水600～750L，均匀喷雾。

(2) 小菜蛾　每公顷用22％乳油750～900mL，对水600～750L，均匀喷雾。

72　甲氰菊酯·三唑磷

中文通用名称　甲氰·唑磷

英文通用名称　fenpropathrin＋triazophos

商品名称　螨力克

主要活性组分　甲氰菊酯，三唑磷

剂型　10％、15％、20％、22％乳油

作用方式　具有强烈的触杀和胃毒作用，杀虫效果好，杀卵效果明显，渗透性强，无内吸作用。

防治对象与使用方法

(1) 果树红蜘蛛　对柑橘红蜘蛛，用20％乳油1000～2000倍液喷雾；对苹果树红蜘蛛，用10％乳油1000～2000倍液喷雾。

(2) 菜青虫　每公顷用15％乳油450～750mL，对水600～750L，均匀喷雾。

注意事项　本品为高毒农药。

73　甲氰·氧乐果

中文通用名称　甲氰·氧乐果

英文通用名称　fenpropathrin＋omethoate

商品名称　甲氰·氧乐果

主要活性成分　甲氰菊酯，氧乐果

剂型　20％乳油

作用方式　具有内吸、触杀和胃毒作用。

作用机理　兼具甲氰菊酯和氧乐果的特性。

防治对象与使用方法

蚜虫，食心虫　使用剂量：120～150g/hm^2（小麦蚜虫）、120～180g/hm^2（大豆蚜虫，食心虫），对水喷雾。

注意事项　本品高毒。

74　甲氰菊酯·乙酰甲胺磷

中文通用名称　甲氰·乙酰

英文通用名称　fenpropathrin+acephate

商品名称　菜蛾净

主要活性组分　甲氰菊酯，乙酰甲胺磷

剂型　30%乳油

作用方式　具有触杀和胃毒作用。

防治对象与使用方法

防治蔬菜小菜蛾　每公顷用30%乳油1125～1350mL，对水600～900L，均匀喷雾。

注意事项　(1) 在作物生长季节内施药次数不要超过两次，或与有机磷等其他农药轮换使用或混用。(2) 本制剂对鱼、蚕、蜂高毒，施药时避免在桑园、养蜂区施药或药液流入河塘。(3) 在低温条件下药效更好、持效期更长，提倡早春和秋冬施药。(4) 除碱性物质外，可与各种药剂混用。(5) 安全间隔期：棉花为21d，苹果为14d。

75　甲氰菊酯·乙酰甲胺磷

中文通用名称　甲氰·乙酰

英文通用名称　fenpropathrin+acephate

商品名称　菜蛾净

主要活性组分　甲氰菊酯，乙酰甲胺磷

剂型　30%乳油

作用方式　具有触杀和胃毒作用。

防治对象与使用方法

防治蔬菜小菜蛾　每公顷用30%乳油1125～1350mL，对水600～900L，均匀喷雾。

注意事项　(1) 在作物生长季节内施药次数不要超过两次，或与有机磷等其他农药轮换使用或混用。(2) 本制剂对鱼、蚕、蜂高毒，施药时避免在桑园、养蜂区施药或药液流入河塘。(3) 在低温条件下药效更好、持效期更长，提倡早春和秋冬施药。(4) 除碱性物质外，可与各种药剂混用。(5) 安全间隔期：棉花为21d，苹果为14d。

76　氰戊·灭多威

中文通用名称　氰戊·灭多威

英文通用名称　methomyl+fenvalerate

商品名称　氰戊·灭多威

主要活性组分　氰戊菊酯，灭多威

剂型　9%、12%、18%、20%乳油

作用方式　具有触杀和胃毒作用。

作用机理　兼具氰戊菊酯和灭多威的特性。

防治对象与使用方法

(1) 棉花　棉铃虫，使用剂量：506～1012g/hm^2，喷雾。

(2) 棉花　棉蚜，使用剂量：180～240g/hm^2，喷雾。

注意事项　(1) 在棉花作物上使用的安全间隔期为14d，每季作物周期最多使用3次。(2) 建议与其他作用机制不同的杀虫剂轮换使用，以延缓抗性产生。(3) 本品对水生动物、蜜蜂、家蚕有毒，蜂源作物花期、家蚕和桑园附近禁用。

77　氰戊·氧乐果

中文通用名称　氰戊·氧乐果

英文通用名称　omethoate+fenvalerate

商品名称　氰戊·氧乐果

主要活性成分　氰戊菊酯，氧乐果

剂型　20%乳油

作用方式　具有内吸、触杀和胃毒作用。

作用机理　兼具氰戊菊酯和氧乐果的特性。

防治对象与使用方法

棉蚜　使用剂量：112.5～150g/hm^2，对水喷雾。

注意事项　本品中等毒，使用和储存时应注意安全防护。

78　氟氯氰菊酯·乙酰甲胺磷

中文通用名称　氟氯清·乙酰甲

英文通用名称　cyfluthrin+acephate

商品名称　园敌虫

主要活性组分　氟氯氰菊酯，乙酰甲胺磷

剂型　25%乳油

作用方式　为内吸杀虫剂，具有胃毒和触杀作用，并可杀卵，有一定的熏蒸作用，是缓效型杀虫剂。

作用机理　抑制昆虫乙酰胆碱酯酶。

防治对象与使用方法

用于防治蔬菜、茶树、烟草、果树、棉花、水稻、小麦、油菜等作物的多种咀嚼式、刺吸式口器害虫和害螨。防治菜青虫，每公顷使用25%乳油35～60mL，对水600～750L，均匀喷雾。

注意事项　(1) 不能与碱性农药混用。(2) 不宜在桑、茶树上使用。

79　氟腈·高氯氟

中文通用名称　氟腈·高氯氟

英文通用名称　fipronil+*lambda*-cyhalothrin

商品名称　氟腈·高氯氟

主要活性成分　氟虫腈，高效氯氟氰菊酯

剂型　10%乳油

作用方式　具有触杀、胃毒和驱避的作用。

作用机理　兼具氟虫腈和高效氯氟氰菊酯的特性。

防治对象与使用方法

蔬菜小菜蛾　300～450g/hm^2，喷雾。

注意事项　本品中等毒，使用和储存时应注意安全防护。

80 哒螨·灭幼脲

中文通用名称　哒螨·灭幼脲

英文通用名称　pyridaben+chlorbenzuron

商品名称　哒螨·灭幼脲

主要活性组分　哒螨灵，灭幼脲

剂型　30%可湿性粉剂

作用机理　兼具哒螨灵和灭幼脲的特性。

防治对象与使用方法

(1) 苹果树　金纹细蛾，使用剂量：150～200mg/kg，喷雾。

(2) 苹果树　山楂红蜘蛛，使用剂量：150～200mg/kg，喷雾。

(3) 柑橘树　红蜘蛛，使用剂量：300～325mg/kg，喷雾。

(4) 柑橘树　潜叶蛾，使用剂量：300～325mg/kg，喷雾。

注意事项　(1) 本品在苹果树上使用的安全间隔期为21d，每季最多使用2次。(2) 本品不能与碱性物质混合使用。(3) 本品对水生生物、虾、蜜蜂、家蚕有毒，施药期间应避免对周围蜂群的影响，蜂源作物花期、家蚕和桑园附近禁用。(4) 建议与其他作用机制不同的杀虫剂轮换使用，以延缓抗性产生。

81 哒灵·炔螨特

中文通用名称　哒灵·炔螨特

英文通用名称　pyridaben+propargite

商品名称　哒灵·炔螨特

主要活性成分　哒螨灵，炔螨特

剂型　30%乳油，40%水乳剂

作用方式　具有触杀作用。

作用机理　兼具哒螨灵和炔螨特的特性。

防治对象与使用方法

红蜘蛛　使用剂量：200～300mg/kg，喷雾。

注意事项　(1) 本产品的持效期随着单位面积使用剂量的增加而延长。(2) 本产品除不能与波尔多液及强碱农药混合使用外，可与一般农药混用。(3) 花期使用对蜜蜂有不良影响。

82 哒螨·三唑锡

中文通用名称　哒螨·三唑锡

英文通用名称　pyridaben+azocyclotin

商品名称　哒螨·三唑锡

主要活性成分　哒螨灵，三唑锡

剂型　16%可湿性粉剂

作用方式　触杀作用，持效期长。

作用机理　兼具哒螨灵和三唑锡的特性。

防治对象与使用方法

红蜘蛛　使用剂量：16.7～160mg/kg，喷雾。

注意事项 （1）花期使用对蜜蜂有不良影响。（2）可与大多数杀虫、杀菌剂混用，但不能与石硫合剂和波尔多液等强碱性药剂混用。

83 哒螨灵·氧乐果

中文通用名称 哒螨灵·氧乐果
英文通用名称 omethoate＋pyridaben
商品名称 哒螨灵·氧乐果
主要活性成分 哒螨灵，氧乐果
剂型 30％乳油
作用方式 具有内吸、触杀和胃毒作用。
作用机理 兼具哒螨灵和氧乐果的特性。
防治对象与使用方法
红蜘蛛 150～200g/hm^2，对水喷雾。
注意事项 本品中等毒。

84 丁醚·哒螨灵

中文通用名称 丁醚·哒螨灵
英文通用名称 diafenthiuron＋pyridaben
商品名称 丁醚·哒螨灵
主要活性成分 丁醚脲，哒螨灵
剂型 40％、50％悬浮剂
作用方式 具有触杀、胃毒、内吸和熏蒸作用。
作用机理 兼具丁醚脲和哒螨灵的特性。
防治对象与使用方法
红蜘蛛 200～266.7mg/kg，喷雾。
注意事项 本品对蜜蜂、鱼高毒，使用时应注意。

85 噻螨·哒螨灵

中文通用名称 噻螨·哒螨灵
英文通用名称 hexythiazox＋pyridaben
商品名称 噻螨·哒螨灵
主要活性成分 噻螨酮、哒螨灵
剂型 12.5％乳油
作用方式 具有触杀和胃毒功能。螨、卵双杀，全程杀螨、触杀性好，渗透力强。
防治对象与使用方法
红蜘蛛 62.5～125mg/kg，喷雾处理。
注意事项 不推荐在枣树上使用。

86 四螨·哒螨灵

中文通用名称 四螨·哒螨灵
英文通用名称 clofentezine＋pyridaben

商品名称　四螨·哒螨灵、克胜螨清

主要活性成分　四螨嗪、哒螨灵

剂型　10%悬浮剂、12%可湿性粉剂、5%可湿性粉剂、16%可湿性粉剂

作用方式　对螨的不同虫态（卵、幼螨、若螨、成螨）均有杀伤（触杀）作用。

作用机理　兼具四螨嗪和哒螨灵特性，无交互抗性。

防治对象与使用方法

红蜘蛛　10%悬浮剂：1000～1500倍液；12%可湿性粉剂：60～120mg/kg；5%可湿性粉剂：83.3～100mg/kg；16%可湿性粉剂：80～100mg/kg，均匀喷雾。

注意事项　（1）安全间隔期：苹果30d，作物每季最多施药2次。（2）本品对鱼、蜜蜂、家蚕有毒，使用时避开水源和蜜蜂采花期。

87　丁醚·虫螨腈

中文通用名称　丁醚·虫螨腈

英文通用名称　diafenthiuron+chlorfenapyr

商品名称　丁醚·虫螨腈

主要活性成分　丁醚脲，虫螨腈

剂型　20%悬浮剂

作用方式　具有触杀、胃毒、内吸和熏蒸作用。

作用机理　兼具丁醚脲和虫螨腈的特性。

防治对象与使用方法

小菜蛾　150～180g/hm^2，对水喷雾。

注意事项　（1）每季作物使用该药不超过2次，不要与其他杀虫剂混用。（2）在作物收获前14d禁用。（3）本品对蜜蜂、鱼高毒，使用时应注意。

88　抗蚜威·乙酰甲胺磷

中文通用名称　抗·乙酰甲胺磷

英文通用名称　pirimicarb+acephate

商品名称　蚜克灵

主要活性组分　抗蚜威，乙酰甲胺磷

剂型　30%乳油

作用方式　具有胃毒和触杀作用，并可杀卵，有一定的熏蒸作用，是缓释型杀虫剂。

作用机理　抑制昆虫乙酰胆碱酯酶。

防治对象与使用方法

（1）蔬菜蚜　每公顷用30%乳油4750～9000mL，对水750～900L，均匀喷雾。

（2）小麦蚜虫　每公顷用30%乳油300～450mL，对水750～900L，均匀喷雾。

注意事项　（1）不能与碱性农药混用。（2）不宜在桑、茶树、菜豆上使用。

89　聚醛·甲萘威

中文通用名称　聚醛·甲萘威

英文通用名称　metaldehyde+carbaryl

商品名称　聚醛·甲萘威

主要活性成分　甲萘威、四聚乙醛

剂型　30%粉剂、6%颗粒剂、6%可湿性粉剂、6%毒饵

作用方式　具有胃毒和触杀作用。

作用机理　集杀虫、杀软体动物于一体，药效迅速，能快速抑制螺体内的胆碱酯酶的活性，麻痹其神经，从而迅速杀死害虫，对蜗牛、蛞蝓等软体动物有特效。

防治对象与使用方法

蜗牛　30%粉剂：1125～2250g/hm^2，撒施；6%颗粒剂：540～675g/hm^2，撒施。6%可湿性粉剂：600～660g/hm^2，喷雾。6%毒饵：585～630g/hm^2，撒施。

注意事项　(1) 瓜类对本品敏感，不可使用。(2) 本品对蜜蜂、鱼类等水生生物、家蚕有毒，远离水产养殖区施药，禁止在河塘等水体中清洗施药器具。(3) 建议与其他作用机制不同的杀虫剂轮换使用，以延缓抗性产生。(4) 中等毒性（30%粉剂）、低毒（6%颗粒剂、6%可湿性粉剂、6%毒饵）。

90　灭多威·杀虫单

中文通用名称　灭·杀单

英文通用名称　methomyl＋monosultap

商品名称　杀螟特，凯灵

主要活性组分　灭多威，杀虫单

剂型　75%、80%可溶性粉剂，60%可湿性粉剂

作用方式　是一种内吸性杀虫剂，可以有效地杀死多种害虫的卵、幼虫和成虫。具有触杀和胃毒双重作用。

作用机理　进入虫体后，抑制乙酰胆碱酯酶，造成昆虫神经传导中起重要作用的乙酰胆碱酯酶无法分解，造成神经冲动无法控制传递，致使昆虫出现惊厥、过度兴奋、麻痹与震颤，而无法在作物上取食，最终导致死亡。

防治对象与使用方法

防治水稻二化螟、三化螟和稻纵卷叶螟，每公顷用75%可湿性粉剂1050～1200g，对水750～900L，均匀喷雾。

注意事项　不能与波尔多液、石硫合剂及含铁、锡的农药混用。

91　灭多威·杀虫双

中文通用名称　灭·杀虫双

英文通用名称　methomyl＋bisulfap

商品名称　蛀安，威敌，赣杀

主要活性组分　灭多威，杀虫双

剂型　23%可溶液剂，20%乳油，16%、20%、23%、24%水剂

作用方式　是一种内吸性杀虫剂，可以有效地杀死多种害虫的卵、幼虫和成虫。具有触杀和胃毒作用。

作用机理　进入虫体后，抑制乙酰胆碱酯酶，致使昆虫神经冲动无法传导，使昆虫出现惊厥、过度兴奋、麻痹与震颤而无法在作物上取食，导致最终死亡。昆虫的卵与药剂接触后通常不能活过黑头阶段，即使有孵化，也很快死亡。

防治对象与使用方法

(1) 水稻害虫　防治二化螟，每公顷用20%乳油或20%水剂1200～1500mL，对水750～900L，均匀喷雾；防治稻纵卷叶螟，每公顷用16%水剂1800～2250mL，对水750～

900L，均匀喷雾。

（2）甘蓝菜青虫　每公顷用23%可溶液剂750～900mL，对水600～750L，均匀喷雾。

（3）大豆美洲斑潜蝇　每公顷用23%可溶液剂500～750mL，对水750～900L，均匀喷雾。

注意事项　本品不能与波尔多液、石硫合剂及含铁、锡的农药混用。

92　灭威·毒死蜱

中文通用名称　灭威·毒死蜱

英文通用名称　chlorpyrifos+methomyl

商品名称　灭威·毒死蜱

主要活性组分　毒死蜱，灭多威

剂型　30%乳油

作用方式　具有触杀、胃毒、熏蒸和内吸及杀卵作用。

作用机理　兼具毒死蜱和灭多威的特性。

防治对象与使用方法

（1）甘蓝　斜纹夜蛾，270～450g/hm^2，喷雾。

（2）棉花　甜菜夜蛾，315～405g/hm^2，喷雾。

注意事项　（1）在甘蓝作物上使用的安全间隔期为14d，每季作物最多使用2次。（2）本品不能与碱性物质混合使用。（3）建议与其他作用机制不同的杀虫剂轮换使用，以延缓抗性产生。（4）本品对水生动物、蜜蜂、家蚕有毒，蜂源作物花期、家蚕和桑园附近禁用。

93　噻嗪酮·异丙威

中文通用名称　嗪酮·异丙威

英文通用名称　buprofezin+isoprocarb

商品名称　嗪酮·异丙威

主要活性组分　噻嗪酮，异丙威

剂型　25%可湿性粉剂，10%、20%、25%、30%乳油，25%悬浮剂

作用方式　具有触杀和胃毒作用。

作用机理　主要是抑制昆虫乙酰胆碱酯酶，致使昆虫麻痹致死亡和抑制几丁质合成，干扰新陈代谢，致使若虫蜕皮畸形或翅畸形而缓慢死亡。对成虫没有直接杀伤力，但可缩短其寿命，减少产卵量，并且产出的多是不育卵，幼虫及时孵化也很快死亡。

防治对象与使用方法

水稻　稻飞虱，450～562.5g/hm^2，喷雾。

注意事项　（1）安全间隔期为21d，每季水稻最多使用2次。（2）本品对鱼类等水生动物、蜜蜂、家蚕有毒，施药期间应避免对周围蜂群的影响，蜂源作物花期、家蚕和桑园附近禁用。（3）本品不能与碱性物质混用。（4）建议与其他作用机制不同的杀虫剂轮换使用，以延缓抗性产生。

94　杀虫单·乙酰甲胺磷

中文通用名称　杀单·乙酰甲

英文通用名称　monosultap+acephate

商品名称　易杀螟，庄硕

主要活性组分　杀虫单，乙酰甲胺磷

剂型　90%可湿性粉剂

作用方式　为内吸杀虫剂，具有胃毒和触杀作用，并可杀卵，有一定的熏蒸作用，是缓效型杀虫剂。可用于防治蔬菜、茶树、烟草、果树、棉花、水稻、小麦、油菜等作物上的多种咀嚼式、刺吸式口器害虫和害蛾，在施药后初期效果作用缓慢，2～3d效果显著，后期作用强。如果与西维因、乐果等农药混用，有增效作用并可延长持效期。

作用机理　抑制昆虫乙酰胆碱酯酶。

防治对象和方法

(1) 稻纵卷叶螟　每公顷用制剂900～1050g，对水750～900L，均匀喷雾。

(2) 二化螟　每公顷用制剂1050～1200g，对水750～900L，均匀喷雾。

注意事项　(1) 不能与碱性农药混用。(2) 不宜在桑、茶树上使用。

附　录

1　农药剂型中英文名称一览表

代　号	英　文　名　称	中　文　名　称
AB	grain bait	谷粒毒饵
AE	aerosol dispenser	气雾剂
AL	other liquids to be applied nudiluted	直接施用的其他制剂
AS	aqueous solution	水剂
AP	any other powder	粉剂
BB	block bait	块状毒饵
BF	block formulation	块剂
BR	controlled releaser	缓释剂
CB	bait concentrate	毒饵母粉或母液
CE	concentrated emulsion	浓乳剂
CF	capsule suspension for seed treatment	种子处理胶囊悬着剂
CG	encapsulated granule	微囊粒剂
CL	contact liquid or gel	触杀液剂
CP	contact powder	触杀粉剂
CS	capsule suspension	微囊悬浮剂
DC	dispersible concentrate	可分散液剂
DF	dry flowable	干悬浮剂
DL	drife-less dustable powder	漂移粉剂(粗粉剂)
DP	dustable powder	粉剂
DS	powder for dry seed treatment	干拌种剂
DT	tablet for direct application	片剂(直接使用)
EC	emulsifiable concentrate	乳油
ED	electrodischargable liquid	静电喷雾剂
EG	emulsifiable granule	可乳化粒剂
EL	liquid vaporiser	电热灭蚊液
EM	electric mats	电热灭蚊片
EO	emulsifiable, water in oil	油基乳剂(油包水)
EP	emulsifiable powder	可乳化粉剂
ES	emulsion for seed treatment	种子处理用乳剂
ET	master	电热灭蚊浆
EW	emulsion, oil in water	水乳剂
FD	smoke tin	发烟罐

续表

代号	英文名称	中文名称
FK	smoke candle	烟烛
FG	fine granule	细粒剂
FP	smoke cartridge	烟弹
FR	smoke rodlet	发烟棒
FS	flowable concentrate for seed treatment	悬浮种衣剂
FT	smoke tablet	发烟片
FU	smoke generator	烟剂
FW	smoke tablet	发烟丸
GA	gas	压缩气体制剂
GB	granular bait	粒状毒饵
GC	macrogranule	大粒剂
GE	gas generating product	气体发生剂或熏蒸性制剂
GF	gel for seed treatment	种子处理胶剂
GG	macrogranule	大粒剂
GL	emulsifiable gel	可乳化的胶体
GP	flo-dust	超微粉剂/漂浮粉剂
GR	granule	颗粒剂
GS	greas	乳膏
GW	water soluble gel	水溶性胶体(溶胶剂)
HEC	high concentration EC	高浓度乳油
HN	hot fogging concentrate	热雾剂
KK	combi-pack solid/liquid	桶混剂(液/固)
KL	combi-pack liquid/liquid	桶混剂(液/液)
KN	cold fogging concentrate	冷雾剂
KP	combi-pack solid/solid	桶混剂(固/固)
L	liquid	液剂
LA	Lacquer	药漆
LF	liquid fumigant	液体熏蒸剂
LI	liquid	液剂
LP	liquid paste	流动膏剂
LS	solution for seed treatment	拌种用溶液或种衣处理用溶液
LS	liquid seed treatment microcapsule	拌种用微胶囊剂
MC	mosquito coils	蚊香
ME	microemulsion	微乳剂
MG	microgranule	微粒剂
MGF	micro-granule, MG, Fine Granule, FG	微粒剂 F
MP	mothproofer	防蛀剂
MS	mist spray	弥雾剂(弥雾喷洒液)

续表

代 号	英 文 名 称	中 文 名 称
NB	fogging concentrate	浓雾剂
OD	oil dispersion	水分散性油悬剂
OF	oil miscible flowable concentrate(oil miscible suspension)	油可混悬浮剂(油悬剂)
OI	oil	油剂
OL	oil miscible liquid	油剂
OP	oil dispersible powder	油可分散性粉剂(干油悬剂)
OT	ointment	油膏
P/PS	pellet	丸剂
PA	paste	糊剂
PB	plate bait	片状毒饵
PC	gel orpaste concentrate	凝胶剂或膏剂
PF	point formulation	涂抹剂
PO	pour-on	家畜拨浇剂
PR	plant rodlet	棒(管)剂
PS	seed coated with a pesticide	农药包衣的种子
PT	pellet	丸剂或丸剂
PW	powder	粉剂
RB	bait(ready for use)	毒饵或饵剂
RS	ready to use suspension	悬浮液(直接使用)
S	solution	液剂
S	smoking chemicals	烟剂
SA	spot-on	畜体涂抹剂
SB	scrap bait(granular bait)	碎屑毒饵(粒状毒饵)
SC	solution concentrates	浓溶液
SC	suspension concentrate(flowable concentrate)	悬浮剂
SCW	soluble concentrate water	浓水剂
SD	seed dressing	种衣剂
SE	suspo-emulsion	悬乳剂
SF	spray fluid	喷射剂
SG	watersoluble granules/soluble granules	可溶性粒剂
SK	sprinkling liquid	喷淋液剂
SL	soluble concentrate	可溶性液剂
SM	solid material	固体原药
SN	solution	溶液
SO	spreading oil	展膜油剂
SO	solution	溶液
SP	water soluble powder	可溶性粉剂
SS	water soluble powder for seed treatment	拌种处理用水溶性粉剂

续表

代号	英文名称	中文名称
ST	seed treatment	种子处理剂
SU	ultra-low volume(ULV) suspension	超低量悬浮剂
TB	tablet	片剂
TC	technical material	原药(原粉或原油)
TK	technical concentrate	母药(母液或母粉)
TP	tracking powder	追踪粉剂
TW	twin pack	罐装
UL	ultra-low volume(ULV) liquid	超低容量液剂
ULV	ULV low volume concentrate	超低容量剂
VP	vapor releasing product	熏蒸剂
WDG	water dispersible granules/dry flowable	水分散粒剂
WDP	water dispersible powder	水分散粉剂
WG	water dispersible granules	水分散粒剂
WP	wettable powder	可湿性粉剂
WS	water dispersible powder for slurry treatment	湿拌种剂
WSC	water soluble concentrate	浓水剂
WT	water soluble tablet	可溶性片剂
XX	others	其他(未命名)剂型
ZC	a mixed formulation of CS and SC	胶囊水悬混剂
ZE	a mixed formulation of CS and SE	胶囊悬乳混剂
ZW	a mixed formulation of CS and EW	胶囊水乳混剂

2 重要虫害相关名称对照表

(1) 昆虫 (insects)

拉丁名	英文通用名	中文通用名
Acrobasis nuxuorella	pecan nut casebearer	山核桃果蜂斑螟
Acyrthosiphon pisum	pea aphid	豌豆蚜
Adoryphorus couloni	red-headed cockchafer	红头金龟子
Adoxophyes orana	Summer fruit tortrix moth	棉褐带卷蛾
Adoxophyes spp	smaller tea tortrix moths, smaller tea tortrixs	褐带卷蛾属
Agriotes spp	wireworms, click beetles, skipjacks,	叩甲科(金针虫科)
Agrotis ipsilon	dark sword-grass cutworm, black cutworm	小地老虎
Agrotis spp	cutworms	地老虎
Alabama argillacea	cotton leaf caterpillar cotton looper cotton semi-looper	小造桥夜蛾

拉 丁 名	英文通用名	中文通用名
Aleurocanthus spiniferus	spiny blackfly	茶园黑刺粉虱
Aleurothrixus floccosus	whiteflies	丝绒粉虱
Anagrapha falcifera(=*Syngrapha falcifera*)	celery looper	芹菜夜蛾
Anthonomus grandis	boll weevil	棉籽象鼻虫
Anthonomus spp	weevils,snout beetles	象虫科
Anticarsia gemmatalis	soybean looper	大豆夜蛾,大豆尺蠖,黎豆夜蛾
Aonidiella aurantii	citrus red scale	红肾圆盾蚧
	California red scalered scale	
	red orange scale	
	orange scale	
Aphis fabae	black bean aphid,bean aphid	豆卫矛蚜
Aphis gossypii	cotton aphid	棉蚜,瓜蚜
	melon aphid	
Aphis nasturtii	buckthorn aphid	鼠李马铃薯蚜
Aphis spp	aphids,plant lice	蚜科
Aphis spiraecola	apple aphid	苹果蚜
Aphodius spp	aphodius beetle	蜉金龟
Archips argyrospila	fruit tree leaf roller	果树黄卷蛾
Archips spp	bell moths,tortrix moths	卷蛾科
Argyrotaenia pulchellana	peach tortrix moth	西宁卷蛾
Ataenius spretulus	black turfgrass ataenius	黑绒金龟
Aulacorthum solani	potato or glasshouse aphid,glasshouse aphid	土豆沟无网蚜
	foxglove aphid	
	glasshouse-potato ahid	
Bemisia argentifolii	silverleaf whitefly	银叶粉虱
Bemisia spp	whiteflies	粉虱
Bemisia tabaci	sweet potato whitefly	甘薯粉虱
	tobacco whitefly	烟粉虱
Blatella germanica	German cockroach	德国蟑螂,德国姬蠊
Blatta orientalis	Oriental or common cockroach	东方蟑螂,东方蜚蠊
Blissus leucopterus	Cinch bug	麦长蝽
Brachycaudus helichrysi	leaf-curling plum aphid	光管舌尾蚜
Brevicoryne brassicae	cabbage aphid	甘蓝蚜
Bucculatrix thurberiella	cotton leaf perforator	棉潜叶蛾
Cacopsylla pyricola (= *Psylla pyricola*)	pear sucker	梨黄木虱
Caloptilia theivora	tea leaf miner	茶细蛾
	tea leaf roller	

续表

拉　丁　名	英文通用名	中文通用名
Carpocapsa molesta(=*Cydia molesta*=*Laspeyresia molesta*)	Oriental fruit moth	果树小卷蛾,梨小食心虫
Carpocapsa pomonella (= *Cydia pomonella*=*Laspeyresia pomonella*)	codling moth	苹果皮小卷蛾,苹果蠹蛾
Carposina niponensis	peach fruit moth	桃柱果蛾,桃小食心虫
	fruit pod borer	
Ceroplastes floridensis	fig wax scale	龟蜡蚧
Chaetocnema pulicaria	Corn flea beetle	玉米跳甲
Chilo spp	stem borers	螟虫
Chilo suppressalis	striped rice stem borer	二化螟
	rice stalk borer	
	asiatic rice borer	
	rice stem borer	
	striped rice borer	
Choristoneura rosaceana	oblique banded leafroller	蔷薇斜条卷叶蛾
Choristoneura fumiferana	spruce budworm	云杉色卷蛾
Clysia ambiguella	grape berry moth	葡萄螟蛾
	grape cochylid	
Cnaphalocrocis medinalis	rice leaf roller	稻纵卷夜蛾
	rice leaffolder	
Colaspis brunea	Grape colaspis	葡萄肖叶甲
Cotinus nitida	green June beetle	六月美洲花金龟
Cyclocephala borealis	Northern masked chafer	北方圆头犀金龟(圆头独角仙)
Cyclocephala immaculata	Southern masked chafer	圆头犀金龟
Cyclocephala lurida	Southern masked chafer	圆头犀金龟
Cydia caryana	hickory shuckworm	胡桃皮小卷蛾
Cydia molesta(=*Carpocapsa molesta*,=*Laspeyresia molesta*)	Oriental fruit moth	梨小食心虫
Cydia pomonella,(= *Carpocapsa pomenella*,=*Laspeyresia pomonella*)	codling moth	苹果皮小卷蛾,苹果蠹蛾
Cydia spp	fruit moths	水果、豆类鳞翅目
Daktulosphaira vitifoliae	phylloxera	葡萄根瘤蚜
Delia coarctata	wheat bulb fly	麦地种蝇
Dermolepida albohirtum	Greyback canegrub	白毛革鳞鳃金龟
Diabrotica longicornis barberi	Northern root cornworm	长角叶甲
Diabrotica spp	corn rootworms	玉米根虫
Diabrotica speciosa	potato root worm	南美叶甲
Diabrotica virgifera virgifera	Western corn rootworm	南部玉米根虫

拉　丁　名	英文通用名	中文通用名
Diatraea grandiosella	Southwestern corn borer	西南玉米螟
Dysaphis plantaginea	rosy apple aphid	车前西圆尾蚜
Earias insulana	cotton spotted bollworm Egyptian bollworm	棉铃夜蛾
Earias vitella	spiny bollworm,cotton rough bollworm	鼎点金刚钻
Empoasca fabae	bean leafhopper	马铃薯小绿叶蝉
Empoasca onukii	tea green leafhopper	茶绿叶蝉
Empoasca spp	leafhoppers	小绿叶蝉
Empoasca vitis	vine leafhopper	假眼小绿叶蝉
Epilachna varivestis	Mexican bean beetle	墨西哥瓢虫
Eriophyes spp	gall mites leaf blister mites	瘿螨科
Estigmene acrea	saltmarsh caterpillar	细斑灯蛾
Eupoecilia ambiguella	European grape berry moth	环针单纹卷蛾,女贞细卷蛾
Exomala orientalis	Oriental beetle	东方异丽金龟
Frankliniella fusca	tobacco thrips	烟草蓟马
Frankliniella occidentalis	Western flower thrips	西花蓟马
Frankliniella spp	thrips	缨翅目(泡脚目)
Grapholita lobarzewskii	smaller fruit tortrix moth	小卷蛾
Grapholita molesta	Oriental fruit moth	梨小食心虫
Helicoverpa armigera (=*Heliothis armigera*)	bollworm	螟蛉
Helicoverpa spp(=*Heliothis* spp)	noctuid caterpillars	实夜蛾,棉铃虫
Helicoverpa virescens (=*Heliothis virescens*)	tobacco budworm	烟芽夜蛾
Helicoverpa zea (=*Heliothis zea*)	corn earworm cotton bollworm tomato fruitworm	谷实夜蛾
Heliothis armigera (=*Helicoverpa armigera*)	bollworm	螟蛉
Heliothis spp(=*Helicoverpa* spp)	noctuid caterpillars	实夜蛾,棉铃虫
Heliothis virescens (=*Helicoverpa virescans*)	tobacco budworm	烟芽夜蛾
Heliothis zea (=*Helicoverpa zea*)	corn earworm cotton bollworm tomato fruitworm	谷实夜蛾
Hellula rogatalis	cabbage webworm	菜螟
Hemiptera archaeorrhyncha	navel orange worm	脐橙蠕虫
Hylemyia platura	bean seed fly, seed corn maggot	种蝇

拉　丁　名	英文通用名	中文通用名
Hyperodes spp	annual bluegrass weevil	鞘翅目象甲科
Hyphantria cunea	fall webworm	美国白蛾
Icerya purchasi	cottony cushion scale, fluted scale	吹绵蚧，同翅目
Lachnosterna implicita (=*Phyllophaga implicita*)	White grub	蛴螬
Laodelphax striatella	brown planthopper	灰飞虱
Laspeyresia molesta (=*Carpocapsa molesta*, =*Cydia molesta*)	Oriental fruit moth	果树小卷蛾，梨小食心虫
Laspeyresia pomonella, (=*Carpocapsa pomonella*=*Cydia pomonella*)	codling moth	苹果皮小卷蛾，苹果蠹蛾
Lepidosaphes beckii	citrus mussel scale	紫牡蛎蚧，长牡蛎蚧
Lepidosaphes ulmi	mussel or oystershell scale	榆枥盾蚧
Leptinotarsa decemlineata	Colorado potato beetle	蔬菜花斑虫
Leptocorisia acuta	rica bug	大稻缘蝽
Leptocorisia chinensis	rice bug	中稻缘蝽
Leucoptera scitella	pear leaf blister moth	旋纹潜蛾
Limonius spp	potato wireworms	金针虫
Lissorhopturus oryzaephilus	rice water weevil	稻水象甲(稻根象)
Lithocolletis blancardella (=*Phyllonorycter blancardella*)	apple leaf miner moth	金纹细蛾(苹果细蛾)，斑幕潜叶蛾
Lithocolletis ringoneela (=*Phyllonorycter ringoneela*)	apple leaf miner moth	金纹小前细蛾，桃潜蛾，金纹细蛾
Lithocolletis spp(=*Phyllonorycter* spp)	leaf blotch miner moths	忍冬细蛾，柳细蛾，杨细蛾，柳细蛾
Lobesia botrana	grapevine moth	鲜食葡萄小卷蛾
Lygus lineolaris	tarnished plant bug	美国牧草盲蝽
Lygus spp	plant bugs	盲蝽科
Lymantria dispar	gypsy moth	舞毒蛾日本亚种
Lymantria spp	tussock moths	毒蛾科
Lyriomyza oryzaephilus	rice water weevil	水稻水象鼻虫
Lyriomyza spp	leaf miners	潜叶蛾
Macrosiphum euphorbiae	potato aphid, tomato aphid	马铃薯长管蚜
Macrosiphum rosae	rose aphid	蔷薇长管蚜
Maladera castanea	Asiatic garden beetle	粟马绒金龟
Mamestra brassicae	cabbage armyworm	甘蓝夜蛾
	cabbage moth	
Manduca sexta	Carolina sphinx moth	烟草天蛾
	tobacco hawkmoth	
	tobacco hornworm	

拉丁名	英文通用名	中文通用名
Melanoplus spp	grasshoppers	蝗虫
Melanotus spp	Wireworm	狄体叩甲
Melolontha melolontha	white grub common European cockchafer	大栗鳃角金龟,蛴螬,欧洲金龟子
Myzus persicae	peach potato aphid green peach potato potato aphid spinach aphid	桃蚜
Neoleucinodes elegantalis	small tomato borer	番茄果实食心虫
Nephotettix cincticeps	green rice leafhopper	二点黑尾叶蝉
Nephotettix nigropictus	green rice leafhopper	二条黑尾叶蝉
Nephotettix spp	green leafhoppers	黑尾叶蝉
Nephotettix virescens	green rice leafhopper	二点黑尾叶蝉
Nezara viridula	Southern green stink bug	稻绿蝽
Nilaparvata lugens	brown planthopper	褐飞虱
Oscinella frit	frit fly	瑞典麦秆蝇
Ostrinia furnacalis	Asian corn borer oriental borer	亚洲玉米螟
Ostrinia nubilalis	European corn borer	欧洲玉米螟
Oulema oryza	rice leaf beetle	水稻负泥虫
Pandemis cerasana	common current tortrix	疆褐卷蛾,葡萄褐卷蛾
Pandemis spp	pear tortrix moths	褐卷蛾属
Parlatoria pergendei	chaff scale Pergand's scale	糠片盾蚧
Pectinophora gossypiella (=*Platyedra gossypiella*)	pink bollworm	红铃麦蛾(棉红铃虫)
Pegomya hyoscamni	mangold fly	甜菜叶潜蝇
Periplaneta americana	American cockroach	美洲大蠊
Phorodon humuli	damson hop aphid	忽布疣蚜
Phthorimaea operculella	potato tuber moth tobacco splitworm	马铃薯麦蛾(马铃薯块茎蛾)
Phyllocnistis citrella	citrus leaf miner	柑橘夜潜蛾(柑橘潜夜蛾)
Phyllonorycter blancardella (=*Lithocolletis blancardella*)	spotted tentiform leaf miner	斑幕潜叶峨,金纹细峨
Phyllonorycter ringoneela (=*Lithocolletis ringoneela*)	apple leaf miner	金纹小前细蛾,桃潜蛾,金纹细蛾
Phyllonorycter spp (=*Lithocolletis* spp)	leaf blotch miner moths	忍冬细蛾,柳细蛾,杨细蛾,柳细蛾

续表

拉 丁 名	英文通用名	中文通用名
Phyllophaga implicita (= *Lachnosterna implicita*)	white grub	蛴螬
Phyllophaga polyphylla	white grub	蛴螬
Phyllophaga spp	May/June beetles white grubs	金龟子,五月金龟甲
Pieris napi (= *Pieris napus*)	mustard white butterfly	暗脉菜粉蝶
	green veined butterfly	暗脉粉蝶
Pieris rapae	garden white cabbage butterfly imported cabbage worm small white cabbage butterfly	菜粉蝶,菜青虫,白粉蝶
Planococcus citri	citrus mealybug citriculus mealybug	橘小粉蚧
Planococcus lilacinus	mealy bug	紫粉蚧
Planococcus spp	scales/mealybugs	粉蚧科
Platyedra gossypiella (= *Pectinophora gossypiella*)	pink bollworm	红铃麦蛾(棉红铃虫)
Plutella spp	diamondback moths	小菜蛾
Plutella xylostella	diamondback moth cabbage moth	小菜蛾
Popillia japonica	Japanese beetle	日本弧丽金龟(日本金龟子)
Pseudaletia unipuncta	armyworm oriebtal armyworm rice armyworm rice ear-cutting caterpillar	黏虫
Pseudatomoscelis seriatus	cotton flea hopper	棉盲蝽
Pseudaulacaspis pentagona	white peach scale white mulberry scale papaya scale	桑白盾蚧
Pseudococcus comstocki	comstock mealybug	康氏粉蚧
Pseudoplusia includens	soybean looper	紫蚕豆尺蛾
Psylla pyri	pear psylla	梨木虱
Psylla pyricola (= *Cacopsylla pyricola*)	pear psylla pear sucker	梨黄木虱
Psylla spp	psyllids jumping plantlice suckers	木虱科
Pyralis farinalis	meal moth	紫斑谷螟
Quadraspidotus ostreaeformis	oystershell or European fruit scale pear-tree oyster scale yellow plum scale	桦笠圆盾蚧

续表

拉丁名	英文通用名	中文通用名
Quadraspidotus perniciosus	San José scale	梨笠圆盾蚧
	Chinese scal	
	Pernicious	
	California scale	
Quadraspidotus pyri	oystershell or European fruit scale	桦笠圆盾蚧
	pear-tree oyster scale	
	yellow plum scale	
Rhizotrogus majalis	European chafer	欧洲双绺鳃金龟
Rhopalosiphum maidis	corn aphid	玉米缢管蚜
	cereal leaf aphid	
	maize aphid	
	corn leaf aphid	
Rhopalosiphum padi	bird-cherry aphid	禾谷缢管蚜
	bird-cherry-oat aphid	
	oat bird-cherry-aphid	
	oat aphid	
Rhopobota naevana	blackheaded fireworm	苹黑痣小卷蛾
Saissetia oleae	black or olive scale	橄榄片盾蚧
Saissetia spp	scales	盔阶属
Scirtothrips dorsalis	yellow tea thrips	小黄蓟马,茶黄硬蓟马(脊丝蓟马)
	chilli thrips	
	assam thrips	
Schizura concinna	redhumped caterpillar	红山背舟蛾
Sogatella furcifera	white-backed planthopper	白背飞虱
Sphenophorus spp	billbugs	长喙象属
Spodoptera eridania	Southern armyworm	南部灰翅夜蛾
Spodoptera exempta	African or common armyworm	莎草黏虫,非洲黏虫
Spodoptera exigua	beet or lesser armyworm	贪夜蛾
	small mottled willow moth	黑缘白裙夜蛾
Spodoptera frugiperda	fall armyworm	草地贪夜蛾
Spodoptera littoralis	Mediterranean brocade moth	棉贪夜蛾
	Egytian cotton leafworm	
	Mediterranean climbing cutworm	
Spodoptera ornithogalli	yellow-striped armyworm	黄带黏虫,黄色条纹夜蛾
Spodoptera spp	noctuid moths	夜蛾类
Syngrapha falcifera(=*Anagrapha falcifera*)	celery looper	芹菜夜蛾
Thaumetopoea pityocampa	pine processionary moth	松异舟蛾

拉丁名	英文通用名	中文通用名
Thrips palmi	cotton thrips melon thrips	印度巢蓟马
Thrips spp	thrips	缨翅目(泡脚目)
Thrips tabaci	tobacco thrips onion thrips	葱蓟马,烟草蓟马
Toxoptera aurantii	black citrus or black orange aphid brown citrus aphid tropical citrus aphid	橘二叉蚜,茶蚜,橘声蚜
Trialeuroides vaporariorum	greenhouse whitefly	温室白粉虱,温室烟粉虱
Trichoplusia ni	soybean looper cabbage looper	粉纹夜蛾,圆白菜尺蠖
Typhlocyba pomaria	apple leaf hopper	苹斑叶蝉

(2) 螨类和蜱类 (mites and ticks)

拉丁名	通用名	中文名称
Aculops pelekassi	pink citrus rust mite	橘刺皮瘿螨
Aculus schlechtendali	apple leaf and bud mite	斯氏针刺瘿螨
Aculus spp	rust mites	叶刺瘿螨属
Brevipalpus phoenicis	red crevice mite	紫红短须螨
Calepitrimerus vitus	grape rust mite	葡萄上三脊瘿螨
Eotetranychus banksii	Texas citrus mite	斑氏真叶螨
Eotetranychus carpini	yellow spider mite	鹅耳枥始叶螨
Eotetranychus spp	tetranychid mites	叶螨科
Epitimerus pyri	pear and grape rust mite	梨叶锈瘿螨
Epitimerus spp	rust mites	小叶刺瘿螨属
Oligonychus pratensis	Banks grass mite timothy mite	草地小爪螨
Oligonychus unungius	spruce spider mite	针叶小爪螨
Panonychus citri	citrus red spider mite	柑橘全爪螨
Panonychus spp	red spider mites	全爪螨属
Panonychus ulmi	fruit tree red spider mite	苹果叶螨,榆全爪螨
Phyllocoptruta oleivora	citrus rust mite	橘叶刺瘿螨
Polyphagotarsonemus latus	broad mite,rubber lesaf mite yellow tea mite	侧多食跗线螨
Tetranychus cinnabarinus	tropical red spider mite carmine spider mite red cotton mite	朱砂叶螨
Tetranychus pacificus	Pacific spider mite	太平洋叶螨
Tetranychus spp	red spider mites	叶螨,叶螨属
Tetranychus telarius	two-spotted spider mite	椴两点叶螨
Tetranychus urticae	two-spotted spider mite	二斑叶螨

(3) 线虫 (nematodes)

拉丁名	通用名	中文名称
Belonolaimus spp	sting nematodes	刺线虫属
Criconemella spp	ring nematodes spine nematodes	环线虫属
Criconemoides spp	ring nematodes	轮线虫属(拟环线虫属)
Ditylenchus dipsaci	stem and bulb nematode stem eelworm	茎线虫
Globodera rostochiensis	golden cyst nematode	马铃薯金线虫
Globodera spp	potato cyst nematodes	球形胞囊线虫
Helicotylenchus spp	spiral nematodes	螺旋线虫属
Heterodera glycines	soybean cyst nematode	大豆异皮线虫(大豆胞囊线虫)
Heterodera rostochiensis	golden or potato cyst nematode	马铃薯胞囊线虫
Heterodera schachtii	beet cyst nematode	甜菜胞囊线虫
Heterodera spp	cyst nematodes	胞囊线虫属
Hoplolaimus spp	lance nematodes	纽带线虫属
Longidorus spp	needle nematodes	长针线虫属
Meloidogyne arenaria	ground nut root rot nematode	花生根结线虫
Meloidogyne incognita	root knot nematode	根结线虫,南方根结线虫
Meloidogyne spp	root knot nematode or eelworm	根结线虫属
Paratylenchus spp	pin nematodes	针线虫属
Pratylenchus spp	root lesion nematodes	短体线虫属
Radopholus similis	banana burrowing nematode	香蕉穿孔线虫
Radopholus spp	burrowing nematodes	穿孔线虫属
Rotylenchus reniformis	reniform nematode	肾形小盘旋线虫
Scutellonema bradys	yam nematode	缓慢盾线虫
Trichodorus spp	stubby-root nematodes	毛刺线虫属
Tylenchorhynchus spp	stunt nematodes stylet nematodes	矮化线虫属
Tylenchulus semipenetrans	citrus root nematode citrus root nematode	半穿刺线虫
Xiphinema diversicaudatum	dagger nematode	剑线虫,裂尾剑线虫

3 作用机理分类一览表

作用机理	化合物类别	具体品种[①]
乙酰胆碱酯酶(AChE)抑制剂	氨基甲酸酯	alanycarb, aldicarb, bendiocarb, benfuracarb, butocarboxim, butoxycarboxim, carbaryl, carbofuran, carbosulfan, ethiofencarb, fenobucarb, formetanate, furathiocarb, Isoprocarb, methiocarb, Methomyl, Metolcarb, oxamyl, pirimicarb, propoxur, thiodicarb, thiofanox, triazamate, trimethacarb, XMC, xylylcarb

续表

作用机理	化合物类别	具体品种[①]
乙酰胆碱酯酶(AChE)抑制剂	有机磷酸酯	acephate, azamethiphos, azinphos-ethyl, azinphos-methyl, cadusafos, chlorethoxyfos, chlorfenvinphos, chlormephos, chlorpyrifos, chlorpyrifos-methyl, coumaphos, cyanophos, demeton-S-methyl, diazinon, dichlorvos/DDVP, dicrotophos, dimethoate, dimethylvinphos, disulfoton, EPN, ethion, ethoprophos, famphur, fenamiphos, fenitrothion, fenthion, fosthiazate, heptenophos, imicyafos, isofenphos, isopropyl *O*-(methoxyaminothiophosphoryl) salicylate, isoxathion, malathion, mecarbam, methamidophos, methidathion, mevinphos, monocrotophos, naled, omethoate, oxydemeton-methyl, parathion, parathion-methyl, phenthoate, phorate, phosalone, phosmet, phosphamidon, phoxim, pirimiphos-methyl, profenofos, propetamphos, prothiofos, pyraclofos, pyridaphenthion, quinalphos, sulfotep, tebupirimfos, temephos, terbufos, tetrachlorvinphos, thiometon, triazophos, trichlorfon, vamidothion
γ-氨基丁酸受体氯离子通道拮抗剂	环戊二烯类杀虫剂	chlordane, endosulfan
	有机氯杀虫剂	ethiprole, fipronil
离子通道调节剂	拟除虫菊酯	acrinathrin, allethrin, d-*cis-trans* allethrin, d-*trans* allethrin, bifenthrin, bioallethrin, bioallethrin S-cyclopentenyl isomer, bioresmethrin, cycloprothrin, cyfluthrin, *beta*-cyfluthrin, cyhalothrin, *lambda*-cyhalothrin, *gamma*-cyhalothrin, cypermethrin, *alpha*-cypermethrin, *beta*-cypermethrin, *theta*-cypermethrin, *zeta*-cypermethrin, cyphenothrin, (1*R*)-*trans*-isomers deltamethrin, empenthrin[(*EZ*)-(1*R*)-isomers], esfenvalerate, etofenprox, fenpropathrin, fenvalerate, flucythrinate, flumethrin, *tau*-fluvalinate, halfenprox, imiprothrin, kadethrin, permethrin, phenothrin[(1*R*)-*trans*-isomer], prallethrin, pyrethrins (pyrethrum), resmethrin, silafluofen, tefluthrin, tetramethrin, tetramethrin[(1*R*)-isomers], tralomethrin, transfluthrin
	甲氧滴滴涕	DDT, methoxychlor
乙酰胆碱(nAChR)受体激动剂	烟碱类杀虫剂	acetamiprid, clothianidin, dinotefuran, imidacloprid, nitenpyram, thiacloprid, thiamethoxam,
	尼古丁	nicotine
乙酰胆碱(nAChR)受体变构活化剂	多杀霉素	spinetoram, spinosad
氯通道活化剂	阿凡曼菌素,米尔贝霉素	abamectin, emamectin benzoate, lepimectin, milbemectin
保幼激素模拟剂	保幼激素类似物	hydroprene, kinoprene, methoprene
	苯氧威	fenoxycarb
	吡丙醚	pyriproxyfen

续表

作用机理	化合物类别	具体品种[①]
其他非特异性(多位点)抑制剂	烷基卤化物	methyl bromide and other alkyl halides
	氯化苦	chloropicrin
	硫氟	sulfuryl fluoride
	硼砂	borax
	吐酒石	tartar emetic
选择性同翅目昆虫进食阻滞剂	吡蚜酮	pymetrozine
	氟啶虫酰胺	flonicamid
螨类生长抑制剂	四螨嗪,噻螨酮,氟螨嗪	clofentezine,hexythiazox,diflovidazin
	乙螨唑	etoxazole
昆虫肠道黏膜微生物干扰剂(包括转基因农作物)	苏云金杆菌或球形芽孢杆菌及其产生的具有杀虫活性的蛋白	*Bacillus thuringiensis* subsp. *israelensis* *Bacillus sphaericus* *Bacillus thuringiensis* subsp. *aizawai* *Bacillus thuringiensis* subsp. *kurstaki* *Bacillus thuringiensis* subsp. *tenebrionis* B. t crop proteins: Cry1Ab, Cry1Ac, Cry1Fa, Cry2Ab, mCry3A, Cry3Ab, Cry3Bb,Cry34/35Ab1
线粒体 ATP 合成酶抑制剂	杀螨隆	diafenthiuron
	有机锡杀螨剂	azocyclotin,cyhexatin,fenbutatin oxide
	克螨特	propargite
	四氯杀螨砜	tetradifon
通过干扰质子梯度的氧化磷酸化解偶联剂	溴虫腈 二硝酚 氟虫胺	chlorfenapyr DNOC sulfluramid
乙酰胆碱受体(nAChR)通道阻滞剂	沙蚕毒素类似物	bensultap, cartap hydrochloride, thiocyclam, thiosultap-sodium
几丁质生物合成抑制剂(0)	双苯氟脲	bistrifluron,chlorfluazuron,diflubenzuron,flucycloxuron, flufenoxuron, hexaflumuron, lufenuron, novaluron,noviflumuron,teflubenzuron,triflumuron
几丁质生物合成抑制剂(1)	噻嗪酮	buprofezin
双翅目昆虫蜕皮干扰剂	灭蝇胺	cyromazine
蜕皮素受体激动剂	双酰肼	chromafenozide, halofenozide, methoxyfenozide, tebufenozide
章鱼胺受体激动剂	双甲脒	amitraz
线粒体复合物Ⅲ电子传递的抑制剂	氟蚁腙	hydramethylnon
	灭螨醌	acequinocyl
	嘧螨酯	fluacrypyrim
线粒体复合物Ⅰ电子传递的抑制剂	METI 杀螨剂和杀虫剂	fenazaquin, fenpyroximate, pyrimidifen, pyridaben, tebufenpyrad,tolfenpyrad
	鱼藤酮	rotenone(Derris)

续表

作用机理	化合物类别	具体品种[①]
电压依赖性钠通道阻滞剂	茚虫威	indoxacarb
	氰氟虫腙	metaflumizone
乙酰羧化酶抑制剂	季酮酸和季酮酸衍生物	spirodiclofen, spiromesifen, spirotetramat
线粒体复合物Ⅳ电子传递的抑制剂	磷化氢	aluminium phosphide, calcium phosphide, phosphine, zinc phosphide
	氰化物	cyanide
线粒体复合物Ⅱ电子传递的抑制剂	丙烯腈类衍生物	cyenopyrafen
鱼尼丁受体调节剂	双酰胺类	chlorantraniliprole, flubendiamide
机理未知或不确定的	印楝素	azadirachtin
	苯螨特	benzoximate
	联苯肼酯	bifenazate
	溴螨酯	bromopropylate
	灭螨猛	chinomethionat
	氟铝酸钠	cryolite
	丁氟螨酯	cyflumetofen
	三氯杀螨醇	dicofol
	三氟甲吡醚(啶虫丙醚)	pyridalyl

① 具体品种均为英文通用名称。

4 世界农药市场相关情况

表 1 1960～2010 年世界杀虫剂市场概况

年份	销售额/亿美元(所占比例)	年份	销售额/亿美元(所占比例)
1960	3.10(36%)	2004	76.90(25.03%)
1970	10.20(37%)	2005	77.98(77.98%)
1980	40.25(35%)	2006	73.79(24.1%)
1990	26.55(29%)	2007	80.14(24%)
2000	75.59(27.9%)	2008	96.72(24.9%)
2001	74.96(29.1%)	2009	94.11(24.8%)
2002	74.33(74.33%)	2010	99.85(26.1%)
2003	66.50(24.9%)		

注：数据截止 2010 年，不包括非作物保护市场及农业生物技术。

表 2 2010 年世界销售额前十五位农药公司情况

公司	2009 年销售额/亿美元	2010 年销售额/亿美元	增长率/%	排名
Syngenta	84.91	88.78	+4.6	1
Bayer	83.43	81.36	−2.5	2
BASF	50.64	53.42	+5.5	3
Dow AgroSciences	39.07	40.89	+4.7	4
Monsanto	35.43	28.92	−18.4	5

续表

公司	2009 年销售额/亿美元	2010 年销售额/亿美元	增长率/%	排名
DuPont	23.85	24.86	+4.2	6
MAI	20.42	21.80	+6.8	7
Nufarm	18.21	20.03	+10.0	8
Sumitomo Chemical	14.02	15.99	+14.1	9
FMC	10.52	12.42	+18.1	10
Arysta	10.87	11.70	+7.6	11
UPL	10.00	10.78	+7.8	12
Cheminova	9.33	9.34	+0.1	13
ISK	4.53	4.41	−2.6	14
Nihon Nohyaku	3.73	4.16	+11.5	15

注：包括生物技术。

表 3　世界最重要的 16 个杀虫剂品种

排名	中文通用名	英文通用名称	销售额/亿美元	类别	上市时间	开发公司
1	吡虫啉	imidacloprid	9.50	新烟碱类	1991	Bayer
2	噻虫嗪	thiamethoxam	7.45	新烟碱类	1999	Syngenta
3	毒死蜱	chlorpyrifos	4.95	有机磷类	1965	Dow
4	氟虫腈	fipronil	4.55	其他	1993	BASF
5	噻虫胺	clothianidin	3.25	新烟碱类	2002	Bayer
6	高效氯氟氰菊酯	lambda-cyhalothrin	3.20	拟除虫菊酯类	1984	Syngenta
7	溴氰菊酯	deltamethrin	2.85	拟除虫菊酯类	1977	Bayer
8	乙酰甲胺磷	acephate	2.60	有机磷类	1971	Arysta，Sumitomo
9	阿维菌素	abamectin	2.55	植物源类	1985	Syngenta
10	氯氰菊酯	cypermethrin	2.45	拟除虫菊酯类	1978	FMC，Sumitomo
11	克百威	carbofuran	2.20	氨基甲酸酯类	1967	FMC
11	氯虫苯甲酰胺	chlorantraniliprole	2.20	其他	2008	DuPont
13	多杀霉素	spinosad	2.15	植物源类	1995	Dow
14	啶虫脒	acetamiprid	1.85	新烟碱类	1996	Nippon Soda
14	联苯菊酯	bifenthrin	1.85	拟除虫菊酯类	1986	FMC

注：销售额为 2009 年数据。

表 4　各类杀虫剂市场情况及预测

类别	2004～2009 年增长率/%	2009 年销售额/亿美元	2014 年销售额/亿美元	2009～2014 年增长率/%
有机磷杀虫剂	−2.8	23.39	24.25	0.7
除虫菊酯类杀虫剂	2.6	20.78	21.85	1.0
氨基甲酸酯类杀虫剂	0.3	11.41	6.20	−11.5
新烟碱类杀虫剂	7.6	24.08	25.90	1.5
杀螨剂	0.7	5.79	5.85	0.2
植物源杀虫剂	4.3	8.30	11.00	5.8
苯甲酰脲类杀虫剂	7.5	4.00	4.10	0.5
昆虫生长调节剂	4.5	2.69	2.80	0.8
有机氯杀虫剂	−3.7	2.06	0.62	−21.3
其他类别杀虫剂	9.0	12.21	24.50	14.9

主要参考文献

1 Clive Tomlin. The Pesticide Manual 15th ed. UK：BCPC，2009.

2 刘长令编．世界农药信息手册．北京：化学工业出版社，2000.

3 刘长令编．国外农药品种手册（增补本）. 辽宁：全国农药工业信息站，2000.

4 刘长令编著．农药研究开发文集．北京：化学工业出版社，2001.

5 农业部农药检定所主编．新编农药手册．北京：农业出版社，1996.

6 农业部农药检定所主编．新编农药手册（续）. 北京：农业出版社，1998.

7 化工部农药信息总站主编．国外农药品种手册．辽宁：农药信息总站，1996.

8 王险峰主编．进口农药应用手册．北京：农业出版社，2000

9 刑岩、孟繁东主编．最新进口农药实用技术．辽宁：辽宁科学技术出版社，2001.

10 王振荣、李布青主编．农药商品大全．北京：中国商业出版社，1996.

11 周继汤编，新编农药使用手册．哈尔滨：黑龙江科学技术出版社，1999.

12 张敏恒主编．农药商品手册．沈阳：沈阳出版社，1999.

13 Phillips Mcdougall. 市场报告，2010，2011.

索　引

1　CAS 登录号索引

2 分子式索引

3 试验代号索引

A

B

试验代号	其他名称

菊酯，其他商品名称：Renounce、Bayofly、Solfac、Tempo 355

BAY NTN33893 通用名称：imidacloprid，中文通用名称：吡虫啉，商品名称：Admire、Confidor、Gaucho、Confidate、Couraze、Mantra、Midas、Mogambo、Parrymida、Picador、Suncloprid、Tiddo、Warrant、Akteur、Amigo、Bilogic、Conidor、Escocet、Evidence、Genesis、Lizetan、Merit、Monceren GT、Premise、Provado、Trimax、Winner、Advantage、Advise、Agrofidor、Agromida、Alias、Atom、Attendant、Colt、Commando、Confidagro、Corsário、Dharbhaar、Dispel、Elektra、Enforce、Fantasia、Funda、Garant、Ghoulish、Hachikusan、Hilmida、Hotshot、Imadate、IMD75、Imicide、Imidacel、Imida Gold、Imidastar、ImidiPro、Imidor、Imigo、Impulse、Josh、Jumbo、Kohinor、Lichongjing、Macho、Mafidor、Mallet、Marathon、Matrero、Mattador、Maxforce、Nuprid、Pasada、Picus、Pilarking、Plural、Prey、Pritt、Quick Bayt、Rapid、Ribo、Seedoprid、Senator、Solar、suSCon Maxi、suSCon Mini red、Tatamida、Torrent、Ultimo、Vaplex、Veteran、Widow、Winder、Zhuang' ai、Premier、大功臣、高巧、康多福、咪蚜胺、灭虫精、扑虱蚜、蚜虱净、一遍净、益达胺、盖达落立 244

BAY SRA 12869 通用名称：isofenphos，中文通用名称：异柳磷，商品名称：Oftanol、Amaze、Pryfon、丙胺磷、丰稻松、水杨胺磷、亚芬松、乙基异柳磷、乙基异柳磷胺、异丙胺磷、地虫畏 666

BAY SRA 7502 通用名称：phoxim，中文通用名称：辛硫磷，商品名称：Baythion、Volaton、巴赛松、拜辛松、倍腈松、倍氰松、仓虫净、腈肟磷、肟磷、肟硫磷，其他名称：Valexon、Volathion、Nongshu、Kuaishaling、Kuaishaling、Mieling、Preling、Xingke、Yuzhouxing、Valexon、Volathion、Mieling、Pre ling、Yuzhouxing 593

BAY V1 6045 通用名称：flumethrin，中文通用名称：氟氯苯菊酯，商品名称：Bayticol、氟氯苯氰菊酯、氯苯百治菊酯，其他名称：Bay-Ci-6054、Bayticol、Bayvarol 741

BAY Vq1950 通用名称：flumethrin，中文通用名称：氟氯苯菊酯，商品名称：Bayticol、氟氯苯氰菊酯、氯苯百治菊酯，其他名称：Bay-Ci-6054、Bayticol、Bayvarol 741

BAY123234 通用名称：sulprofos，中文通用名称：硫丙磷，商品名称：Bolstar、Helothio、甲丙硫磷、保达、虫螨消、棉铃磷 652

BAY-25141 通用名称：fensulfothion，中文通用名称：线虫磷，商品名称：Dasanit、Terracur P、Terracur，其他名称：DMSP、丰索磷 821

BAY68138 通用名称：fenamiphos，中文通用名称：苯线磷，商品名称：Nemacur，其他名称：力满库、克线磷、苯胺磷、线威磷 661

BAY70143 通用名称：carbofuran，中文通用名称：克百威，商品名称：Furadan、Agrofuran、Carbodan、Carbosect、Carbosip、Chinufur、Diafuran、Furacarb、Fury、Kunfu、Sunfuran、Terrafuran、Vifuran、Curaterr、Anfuran、Cekufuran、Furan、Huifuran、Lucarfuran、Pilarfuran、Pilfuran、Rampar、Reider、Superfuran、Tatafuran、Vapcodan、Victor、Weldan，国内登记的商品名：呋喃丹、大扶农、咔吧呋喃 476

BAY92114 通用名称：isofenphos，中文通用名称：异柳磷，商品名称：Oftanol、Amaze、Pryfon、丙胺磷、丰稻松、水杨胺磷、亚芬松、乙基异柳磷、乙基异柳磷胺、异丙胺磷、地虫畏 666

Bayer 16259 通用名称：azinphos-ethyl，中文通用名称：益棉磷，商品名称：Benthiona、Ethyj Guthion、Gusathion A、Crysthion、Cotnion-Ethyl、Azinugec E、乙基谷硫磷、谷硫磷-A、乙基谷赛昂 606

Bayer 17147 通用名称：azinphos-methyl，中文通用名称：保棉磷，商品名称：Cotnion-Methyl、Gusathion M、Guthion、Aziflo、Azin-PB、Crysthyon、Mezyl、Sniper、Supervelax、Valefos、Acifon、Azín200、Azinugec、Romel、谷硫磷、谷赛昂、谷速松 607

Bayer 19149 通用名称：dichlorvos，中文通用名称：敌敌畏，商品名称：二氯松、Vapona、Charge、Dash、Denkavepon、Dichlorate、Dix 50、Dodak、Hilvos、Mifos、Nuvan、Phosvit、Rupini、SunVos、Vaportape、Winylofos、Equigard、Nogos、Agrovos、Amidos、Amvos liquitech、Cardinal、Demand、DEVap、Devikol、Didifos、Didivane、

Divap、Divipan、Diviphos、Divos、Domar、Doom、Dorvos、Festline、Fume、Fuvos、Lava、Lucaphos、No-pest Strip、Nuchlor、Swing、Szklarniak、VAP-20、Vapon，混剂（生产商）：Deltagran、Detmol du、Fuvos Plus、Ketolid、Premiphos Quick 535

Bayer 19639　通用名称：disulfoton，中文通用名称：乙拌磷，商品名称：Disyston、Di-Syston、Bayfidan Triple、Baysiston、Mocap Plus、Repulse、Dot-Son、Stead，其他名称：Dithiosystox、Dithiodemeton、oxydisulfoton、disulfoton sulfone、Thiodemeton 566

Bayer 21097　通用名称：oxydemeton-methyl，中文通用名称：亚砜磷，商品名称：Aimcosystox、Dhanusystox、亚砜磷、亚砜吸磷、甲基一0五九亚砜、砜吸硫磷、甲基内吸磷亚砜，其他名称：Anthonox、Devisystox、Harpoon、Inject-a-cide、Metasystox、MSR 576

Bayer 23129　通用名称：thiometon，中文通用名称：甲基乙拌磷，混剂：Serk、Tombel、Mavrik B、Mavrik Systo 583

Bayer 25648　通用名称：niclosamide，中文通用名称：杀螺胺，商品名称：Bayluscide、百螺杀、氯螺消、贝螺杀、氯硝柳胺 802

Bayer 29493　通用名称：fenthion，中文通用名称：除线磷，商品名称：Lebaycid、Baycid、Pilartex、Baytex、Dragon、Grab、Prestij、百治屠、倍太克斯、芬杀松、拜太斯、番硫磷 641

Bayer 36205　通用名称：chinomethionat，中文通用名称：灭螨猛，商品名称：Morestan、菌螨啉、螨离丹、甲基克杀螨，其他名称：oxythioquinox、quinomethionate 743

Bayer 39 007　通用名称：propoxur，中文通用名称：残杀威，商品名称：Baygon、Bingo、Insectape、Kerux、Mitoxur、No-Bay、Sunsindo、Vector、Blattanex、Larva Lur、Pilargon、Prenbay、Propoxan、Propyon、Prygon、安丹、拜高、残虫畏、残杀畏 517

Bayer 41367c　通用名称：fenobucarb，中文通用名称：仲丁威，商品名称：Osbac、Bassa、Baycarb、Merlin、Sunocarb、Vibasa、Baktop、Baycarb、Bipex、Carvil、Hopkill、Knock、Myulsari、Nooz、Prahar、巴沙、丁苯威、丁基灭必虱、扑杀威 508

Bayer 41831　通用名称：fenitrothion，中文通用名称：杀螟硫磷，商品名称：Folithion、Sumithion、Cekutrotion、Fenhex、Fenicaps、Fentroth、Rocstar、Shamel、Sunifen、Visumit、Accothion、Agrofen、Chemition、Chemvo、Cyfen、Demise、Fenagro、Fenion、Fenithion、entron、Lution、Nition、Owadofos、ilarthion、Rotiofen、Senthion、Sha Chong Shong、Sumiagrex、Sumifog、Sumigran、杀虫松、杀螟松、速灭虫、速灭松、灭蟑百特、苏米硫磷、福利松、住硫磷、灭蛀磷、诺毕速灭松、扑灭松 639

Bayer 45432　通用名称：omethoate，中文通用名称：氧乐果，商品名称：Folimat、欧灭松、华果、克蚧灵，其他名称：Dimethoxon、Le-mat、Safast 589

Bayer 71628　通用名称：methamidophos，中文通用名称：甲胺磷，商品名称：Nitofol、Tamaron、Giant、Matón、Monitor、MTD-600、Patrole、Pilaron、Rometa、Sniper、Sundat、Afitox T、Agromon、Bullet、Cekumidofos、Citrimet、Crysmaron、Erkuron、Hamidop、Marathon、Metaron、Metasint、Metasip、Methaphos、Sherman、Stron、Supermaron、Ninja、多灭灵、多灭磷、杀螨隆、克螨隆、达马松、多灭磷、克螨隆、托马隆、灭虫螨胺磷、亚西发甲 668

Bayer 73　通用名称：niclosamide，中文通用名称：杀螺胺，商品名称：Bayluscide、百螺杀、氯螺消、贝螺杀、氯硝柳胺 802

Bayer 77488　通用名称：phoxim，中文通用名称：辛硫磷，商品名称：Baythion、Volaton、巴赛松、拜辛松、倍腈松、倍氰松、仓虫净、腈肟磷、肟磷、肟硫磷，其他名称：Valexon、Volathion、Nongshu、Kuaishaling、Kuaishaling、Mieling、Preling、Xingke、Yuzhouxing、Valexon、Volathion、Mieling、Pre ling、Yuzhouxing 593

Bayer E 393　通用名称：sulfotep，中文通用名称：治螟磷，商品名称：Bladafum、苏化 203、硫特普、双一六0五，其他名称：Dithio、Dithione、Thiotepp、Bladafume 580

Bayer KHE 0145　通用名称：isoprocarb，中文通用名称：异丙威，商品名称：Etrofolan、Mipcin、Isso、Vimipc、Hytox、灭必虱、灭扑散、灭扑威、叶蝉散、异灭威 511

Bayer SAS2074　通用名称：chinomethionat，中文通用名称：灭螨猛，商品名称：Morestan、菌螨啉、

螨离丹、甲基克杀螨，其他名称：oxythioquinox、quinomethionate 743

Bayer15922　通用名称：trichlorfon，中文通用名称：敌百虫，商品名称：Dipterex、Saprofon、Susperex、Cekufon、Danex、Dipagrex、Diplox、Dipsol、Lepidex、Neguvon、Neguvon、Triclorzufre、metrifonate、毒霸、三氯松 655

Bayer21/199　通用名称：coumaphos，商品名称：Asuntol、Perizin、蝇毒磷、蝇毒硫磷，其他名称：Check Mite、Co-Ral 598

Bayer37334　通用名称：methiocarb，中文通用名称：甲硫威，商品名称：Draza、Mesurol、Decoy Wetex、Exit、Huron、Karan、Lupus、Rivet、Master、Mazda、灭赐克、灭虫威、灭旱螺、灭梭威 513

Bayer47531　通用名称：dichlofluanid，中文通用名称：苯氟磺胺，商品名称：Elvaron、uparen，其他名称：抑菌灵、Euparen Ramato、olicur Combi、olicurE、Silvacu 754

BayerL13/59　通用名称：trichlorfon，中文通用名称：敌百虫，商品名称：Dipterex、Saprofon、Susperex、Cekufon、Danex、Dipagrex、Diplox、Dipsol、Lepidex、Neguvon、Neguvon、Triclorzufre、metrifonate、毒霸、三氯松 655

BAYMAT7484　通用名称：tebupirimfos，中文通用名称：丁基嘧啶磷，商品名称：Aztec、Defcon、HM-0446、丁嘧硫磷 626

BOQ 5812315　通用名称：propoxur，中文通用名称：残杀威，商品名称：Baygon、Bingo、Insectape、Kerux、Mitoxur、No-Bay、Sunsindo、Vector、Blattanex、Larva Lur、Pilargon、Prenbay、Propoxan、Propyon、Prygon、安丹、拜高、残虫畏、残杀畏 517

BSN2060　通用名称：spiromesifen，中文通用名称：螺虫酯，商品名：Oberon、Forbid、Danigetter、Judo 318

BTS 27 419　通用名称：amitraz，中文通用名称：双甲脒，商品名称：Akaroff、Byebye、Mitac、Parsec、Rotraz、Sender、Sunmitraz、Taktic、Vapcozin、Bemisit、Dani-cut、Manfen、Mit、Mitisan、Opal、Tac Plus、Teomin、Tudy、Wrest、阿米拉兹、三亚螨、双虫脒、双二甲咪、果螨杀、杀伐螨 331

BYI 08330　通用名称：spirotetramat，中文通用名称：螺虫乙酯，商品名称：Movento、Ultor、BYI 8330 OD、亩旺特 321

C

试验代号	其他名称
C 1414	通用名称：monocrotophos，中文通用名称：久效磷，商品名称：Agrodrin、Aimocron、Croton、Devimono、Monitor、Monocrown、Monodhan、Monodrin、Monostar、Pilardrin、Apadrin、Bullet、Canon、Crisodrin、Cropaphos、Crotos、Efacron、Hukron、Inject、Kadett、Lucadrin、Megatron、Molphos、Monacron、Mono、Monocron、Monoplus、Monosul、Mosum、Parryfos、Range、Rasayanphos、R C Pos、Tata Mono、铃杀、纽瓦克、亚素灵 546
C 177	通用名称：dichlorvos，中文通用名称：敌敌畏，商品名称：二氯松、Vapona、Charge、Dash、Denkavepon、Dichlorate、Dix 50、Dodak、Hilvos、Mifos、Nuvan、Phosvit、Rupini、SunVos、Vaportape、Winylofos、Equigard、Nogos、Agrovos、Amidos、Amvos liquitech、Cardinal、Demand、DEVap、Devikol、Didifos、Didivane、Divap、Divipan、Diviphos、Divos、Domar、Doom、Dorvos、Festline、Fume、Fuvos、Lava、Lucaphos、No-pest Strip、Nuchlor、Swing、Szklarniak、VAP-20、Vapon 535
C 570	通用名称：phosphamidon，中文通用名称：磷胺，商品名称：Don、Kinadon、Mashidon、Midon、Phosron、Aimphon、Dhanucron、Hiton、Pilarcron、赐未松、大灭虫、迪莫克 552
C 8949	通用名称：chlorfenvinphos，中文通用名称：毒虫畏，商品名称：Birlane、Supona、Vinylphate、Apachlor 533
C-076	通用名称：abamectin，中文通用名称：阿维菌素，商品名称：Agrimec、Dynamec、

CL 183540	通用名称：flocoumafen，中文通用名称：氟鼠灵，商品名称：Storm、杀它仗、氟羟香豆素、伏灭鼠、氟鼠酮，其他名称：Stratagem 850
CL 217300	通用名称：hydramethylnon，中文通用名称：氟蚁腙，商品名称：Amdro PRO、Siege Gel、Subterfuge、Siege PRO、Maxforce 684
CL 290816	通用名称：halofenozide，中文通用名称：氯虫酰肼，商品名称：MACH2、Grub Stop、Raster 213
CL 303630	通用名称：chlorfenapyr，中文通用名称：溴虫腈，商品名称：Phantom、Pylon、A-lert、Chu-Jin、Grizli、Mythic、Pirate、Rampage、Secure、Stalker、Bombora、Intrepid、Kotetsu、Lepido、除尽、虫螨腈、咯虫尽、溴虫清、氟唑虫清 306
CL 38023	通用名称：famphur，中文通用名称：伐灭磷，商品名称：Bo-Ana、Warbex、氨磺磷、伐灭硫磷 638
CL222705	通用名称：flucythrinate，中文通用名称：氟氰戊菊酯，商品名称：Cybolt、Cythrin、Colorado、Pay-Off、保好鸿、氟氰菊酯、中西氟氰菊酯、氟氰戊菊酯、护赛宁、甲氟菊酯 422
CL64475	通用名称：fosthietan，中文通用名称：丁环硫磷，商品名称：Nematak，Acconem，Geofos，其他名称：代线丹 821
CL900050	通用名称：triazamate，中文通用名称：唑蚜威，商品名称：Aztec、Doctus 693
CM-001	通用名称：chromafenozide，中文通用名称：环虫酰肼，商品名称：Matric、Kanpai、Killat、Phares、Virtu、Acro 210
CME 103	通用名称：dimethoate，中文通用名称：乐果，商品名称：Bi 58、Perfekthion、Alkedo、Danadim、Devigon、Diadhan、Dimethate、Dimezyl、Efdacon、Hermootrox、Killgor、Laition、Robgor、Rogor、Romethoate、Stinger、Tara 909、Teeka、Vidithoate、大灭松 584
CME-134	通用名称：teflubenzuron，中文通用名称：氟苯脲，商品名称：Dart、Nemolt、Nomolt、Nobelroc、Teflurate、农梦特，其他名称：Calicide、Diaract、Gospel、Mago、Imunit、伏虫隆、特氟脲、四氟脲 183
CME-13406	通用名称：teflubenzuron，中文通用名称：氟苯脲，商品名称：Dart、Nemolt、Nomolt、Nobelroc、Teflurate、农梦特，其他名称：Calicide、Diaract、Gospel、Mago、Imunit、伏虫隆、特氟脲、四氟脲 183
Co 859	通用名称：butoxycarboxim，中文通用名称：丁酮砜威，商品名称：Plant Pin、Bellasol 495
Co755	通用名称：butocarboxim，中文通用名称：丁酮砜威，商品名称：Drawin755 493
CR-1693	通用名称：dinocap，中文通用名称：二硝巴豆酚酯，商品名称：Karathane、Arcotan、Sialite 721
Crag Fungicide 974	通用名称：dazomet，中文通用名称：棉隆，商品名称：Basamid、Dacorn、Dazom、Fongosan、Dacron、Dazoberg、Mylone、Salvo，其他名称：必速灭 817

D

试验代号	其他名称
D1221	通用名称：carbofuran，中文通用名称：克百威，商品名称：Furadan、Agrofuran、Carbodan、Carbosect、Carbosip、Chinufur、Diafuran、Furacarb、Fury、Kunfu、Sunfuran、Terrafuran、Vifuran、Curaterr、Anfuran、Cekufuran、Furan、Huifuran、Lucarfuran、Pilarfuran、Pilfuran、Rampar、Reider、Superfuran、Tatafuran、Vapcodan、Victor、Weldan，国内登记的商品名：呋喃丹、大扶农、咔吧呋喃 476
D2341	通用名称：bifenazate，中文通用名称：联苯肼酯，商品名称：Acramite、Enviromite、Floramite，其他名称：Mito-kohne 773
DBI-3204	通用名称：bistrifluron，商品名称：Hanaro 148
DE-105	通用名称：spinosad，中文通用名称：多杀菌素，商品名称：Conserve、SpinTor、Success、Tracer、Entrust、GF-120、Justice、Laser、Naturalyte、Spinoace、菜喜、

DPX-X1179	通用名称：methomyl，中文通用名称：灭多威，商品名称：Lannate、Agrinate、Astra、Avance、Dunet、Killon、Kuik、Lann WDK、Matador、Metholate、Methomex、Methosan、Moscacid、Nudrin、Pilarmate、Sathomyl、Sutilo、Concord、Dash、Dimethilin、Entomil、FLAB-Fly、Kipsin、Luqtomilo、Mac、Memilene、Methavin、Methomate、Methomex、Metofae、Metomilo、Scorpio、Supervin、Tomilo、Vamilo、快灵、灭虫快、灭多虫、纳乃得、万灵、乙肟威、灭索威 497
DPX-YB656	通用名称：esfenvalerate，中文通用名称：高氰戊菊酯，商品名称：Asana、Sumi-alfa、Sumi-alpha、Fast、Vifen alpha，白蚁灵、高效氰戊菊酯、来福灵、霹杀高、强福灵、强力农、双爱士、顺式氰戊，其他名称：Hakusap、Adjourn，Evercide 2668、Halmark、Mandarin、Stella、Broxer、Kabuto、Pirephos 419
DS 15647	通用名称：thiofanox，中文通用名称：久效威，商品名称：虫螨肟、Dacamox 505
DU 112307	通用名称：diflubenzuron，中文通用名称：除虫脲，商品名称：Dimilin、敌灭灵 163
DU-319722	通用名称：flucycloxuron，中文通用名称：氟螨脲，商品名称：Andalin 166

E

试验代号	其他名称
E 1752	通用名称：fenthion，中文通用名称：除线磷，商品名称：Lebaycid、Baycid、Pilartex、Baytex、Dragon、Grab、Prestij、百治屠、倍太克斯、芬杀松、拜太斯、番硫磷 641
E-120	通用名称：parathion-methyl，中文通用名称：甲基对硫磷，商品名称：Bratión 720、Devithion、Faast、Parashoot、Paratox、Penncap-M、Sweeper、Thionyl、Cekumethion、Dhanudol、Dhanumar、Dipathio、Fitoklor、Foley、Folidust、Folimol、Folisuper、Fosforin M、Megaton M、Morfos Methyl、R Methyl、Sabidust、甲基 1605 645
E1513	通用名称：azinphos-ethyl，中文通用名称：益棉磷，商品名称：Benthiona、Ethyj Guthion、Gusathion A、Crysthion、Cotnion-Ethyl、Azinugec E、乙基谷硫磷、谷硫磷-A、乙基谷赛昂 606
E1582	通用名称：azinphos-methyl，中文通用名称：保棉磷，商品名称：Cotnion-Methyl、Gusathion M、Guthion、Aziflo、Azin-PB、Crysthyon、Mezyl、Sniper、Supervelax、Valefos、Acifon、Azín200、Azinugec、Romel、谷硫磷、谷赛昂、谷速松 607
E-187	通用名称：milbemectin，中文通用名称：弥拜菌素，商品名称：Milbeknock、Ultiflora、Koromite、Matsuguard、Mesa、密灭汀 76
E-48	通用名称：isoxathion，中文通用名称：噁唑磷，商品名称：Karphos、异噁唑磷，其他名称：Karphos、Nekiriton K、Sanritto Karufosu Funzai 611
E-605	通用名称：parathion，中文通用名称：对硫磷，商品名称：Chimac Par H、一六O五、乙基一六O 643
E-787	通用名称：pyrimidifen，中文通用名称：嘧螨醚，商品名称：Miteclean 304
EA 3054	通用名称：bioallethrin，中文通用名称：生物丙烯菊酯，商品名称：D-Trans、Bioallethrine 347
EI 12880	通用名称：dimethoate，中文通用名称：乐果，商品名称：Bi 58、Perfekthion、Alkedo、Danadim、Devigon、Diadhan、Dimethate、Dimezyl、Efdacon、Hermootrox、Killgor、Laition、Robgor、Rogor、Romethoate、Stinger、Tara 909、Teeka、Vidithoate、大灭松，其他名称：Afidox、Agritoato、Agrothoate、Aragol、Boomer、Cekutoate、Chimigor、Citan、Danadim Progress、Diluq、Dim、Dimate、Dimethosect、Dimetion、Dimeton、Dimetox、Dumble、Ekka、Fetron、Fezdimet、Fezmet、Forgon、Nugor、Oligor、Pelethon、Pilarmax、Poligor、Rogagro、Rogor L、Rothion、Roxion、amet、Techn′oate′、Trounce、Zagor、Zhumie 584
EI 3911	通用名称：phorate，中文通用名称：甲拌磷，商品名称：Dhan、Hermit、Thimet、

Sevin、SunSin、Agrovin、Atoxan、Avin、Boly、Carbamec、Carflo、Cekubaril、Devicarb、Dhanuvin、Eco Bait、Efaryl、Hektavin、Kavin、Pilarvin、Pomex、Povin、Rebel、Rovin、Sedit、Sekib、Sevitox、Zacarb、西维因，国内登记的商品名：胺甲萘、加保利、巴利、胺甲苯、胺苯萘 469

ENT 24969 通用名称：chlorfenvinphos，中文通用名称：毒虫畏，商品名称：Birlane、Supona、Vinylphate、Apachlor 533

ENT 25540 通用名称：fenthion，商品名称：Lebaycid、Baycid、Pilartex、Baytex、Dragon、Grab、Prestij、百治屠、倍太克斯、芬杀松、拜太斯、番硫磷 641

ENT 25705 通用名称：phosmet，中文通用名称：亚胺硫磷，商品名称：Imidan、Prolate、Cekumet、Fosmedan、Fosdan、Inovitan、亚胺磷、酞胺硫磷、益灭松等 609

ENT 25715 通用名称：fenitrothion，中文通用名称：杀螟硫磷，商品名称：Folithion、Sumithion、Cekutrotion、Fenhex、Fenicaps、Fentroth、Rocstar、Shamel、Sunifen、Visumit、Accothion、Agrofen、Chemition、Chemvo、Cyfen、Demise、Fenagro、Fenion、Fenithion、entron、Lution、Nition、Owadofos、ilarthion、Rotiofen、Senthion、Sha Chong Shong、Sumiagrex、Sumifog、Sumigran、杀虫松、杀螟松、速灭虫、速灭松、灭蟑百特、苏米硫磷、福利松、住硫磷、灭蛀磷、诺毕速灭松、扑灭松 639

ENT 25841 通用名称：tetrachlorvinphos，中文通用名称：杀虫畏，商品名称：Gardona，其他名称：Rabon、Appex、Debantic、Gardcide、Rabond、甲基杀螟威、杀虫威 556

ENT 26613 通用名称：vamidothion，中文通用名称：蚜灭磷，商品名称：Kilval，其他名称：Trucidor、Vamidoate、Asystin Z 591

ENT 27163 通用名称：phosalone，中文通用名称：伏杀硫磷，商品名称：Azofene、Rubitox、Thimulone、Zolone、Fosatox、伏杀磷、佐罗纳，其他名称：benzphos 600

7ENT 27394 通用名称：quinalphos，中文通用名称：喹硫磷，商品名称：Bayrusil、anulux、Hilquin、Hubelux、Quinaal、Quinatox、Smash、Starlux、Quick、Ekalux、Crab、Ekaquin、Flash、Krush、Quinalon、Shakthi、Unifos、Prachand、Chintop、喹噁磷、喹噁硫磷、克铃死、爱卡士 627

ENT 27396 通用名称：methamidophos，中文通用名称：甲胺磷，商品名称：Nitofol、Tamaron、Giant、Matón、Monitor、MTD-600、Patrole、Pilaron、Rometa、Sniper、Sundat、Afitox T、Agromon、Bullet、Cekumidofos、Citrimet、Crysmaron、Erkuron、Hamidop、Marathon、Metaron、Metasint、Metasip、Methaphos、Sherman、Stron、Supermaron、Ninja、多灭灵、多灭磷、杀螨隆、克螨隆、达马松、多灭磷、克螨隆、托马隆、灭虫螨胺磷、亚西发甲 668

ENT 27622 通用名称：bioresmethrin，中文通用名称：生物苄呋菊酯，商品名称：Isathrine、右旋反式灭菊酯、右旋反式苄呋菊酯、右旋反灭虫菊酯 450

ENT 27822 通用名称：acephate，中文通用名称：乙酰甲胺磷，商品名称：Orthene、Ortran、Acevol、Aimthene、Asataf、Cekucefate、Hilphate、Insectin、Lancer、Pace、Racet、Rival、Rythane、Saphate、Starthene、Torpedo、Acevol、Amcothene、Generate、Matrix、Missile、Pace、Tiffat、Viaphate、Koranda、高灭磷 663

ENT 70531 通用名称：kinoprene，中文通用名称：烯虫炔酯，商品名称：Altodel、Enstar、抑虫灵 197

ENT17298 通用名称：EPN，中文通用名称：苯硫磷，商品名称：EPN 660

ENT17470 通用名称：dichlofenthion，中文通用名称：除线磷，商品名称：VC、Pair-kasumin、Mobilawn，其他名称：酚线磷、氯线磷 820

ENT19763 通用名称：trichlorfon，中文通用名称：敌百虫，商品名称：Dipterex、Saprofon、Susperex、Cekufon、Danex、Dipagrex、Diplox、Dipsol、Lepidex、Neguvon、Neguvon、Triclorzufre、metrifonate、毒霸、三氯松 655

ENT22014 通用名称：azinphos-ethyl，中文通用名称：益棉磷，商品名称：Benthiona、Ethyj Guthion、Gusathion A、Crysthion、Cotnion-Ethyl、Azinugec E、乙基谷硫磷、谷硫磷-A、乙基谷赛昂 606

ENT24 105 通用名称：ethion，中文通用名称：乙硫磷，商品名称：Cekuetion、Cethion、Chal-

F

试验代号	其他名称

G

试验代号	其他名称
G 24480	通用名称：diazinon，中文通用名称：二嗪磷，商品名称：Basudin、Neocidol、Nucidol、Agrozon、D-264、Dart、Diasol、Geofos D、Granudin、Kayazinon、Metazon、Vetazon、Cekuzinon、Dianon、Dianozyl、Diazol、Efdiazon、Knox-out、二嗪农、地亚农、大亚仙农、大利松　621
GC 4072	通用名称：chlorfenvinphos，中文通用名称：毒虫畏，商品名称：Birlane、Supona、Vinylphate、Apachlor　533
GCH	通用名称：*gamma*-cyhalothrin，中文通用名称：精高效氯氟氰菊酯，商品名称：Fentrol、Nexide、Proaxis、Prolex、Vantex、普乐斯，其他名称：Declare、Archer Plus、Fighter Plus、Rapid、Stallion、Trojan、Cobalt　370
GF-2372	通用名称：sulfoxaflo，中文通用名称：砜虫啶，商品名称：Closer 或 Transform 268
GH-414	通用名称：cycloprothrin，中文通用名称：乙氰菊酯，商品名称：Cyclosal、乙氰菊酯、赛乐收、杀螟菊酯、稻虫菊酯　353
GR572	通用名称：novaluron，中文通用名称：氟酰脲，商品名称：Rimon、Diamond、Galaxy、Oskar、Pedestal　178
GS13005	通用名称：methidathion，中文通用名称：杀扑磷，商品名称：Ultracide、Sunmeda、Supracide、Supradate、Suprathion、Suspect、Ultracidin、Oleo Supracide、Oleo Ultracide、Ultracid、Advathion、Agrocid、Concorde、Datimethion、Mediatex、Siacide、速扑杀、甲噻硫磷、灭达松、速蚧克　630
GS19851	通用名称：bromopropylate，中文通用名横：溴螨酯，商品名称：Bromolate、Sun-Propylate、Acarol、Folbex VA、Mitene、螨代治　707
GX 071	通用名称：sulfluramid，中文通用名称：氟虫胺，商品名称：Finitron、Fluramim、Mirex-S、Raid-Max、Fluorgard、Fluramim、Mirex-S、Raid-Max、废蚁蟑　527

H

试验代号	其他名称
H 321	通用名称：methiocarb，中文通用名称：甲硫威，商品名称：Draza、Mesurol、Decoy Wetex、Exit、Huron、Karan、Lupus、Rivet、Master、Mazda、灭赐克、灭虫威、灭旱螺、灭梭威　513
H-69	通用名称：XMC，中文通用名称：灭除威，商品名称：Macbal、二甲威　521
HAG107	通用名称：tralomethrin，中文通用名称：四溴菊酯，商品名称：Saga、Scout、Tralox　460
HOE 002782	通用名称：fentin acetate，中文通用名称：三苯基乙酸锡，商品名称：Suzu、Brestan 781
HOE 002960	通用名称：triazophos，中文通用名称：三唑磷，商品名称：Hostathion、Current、March、Rider、Triumph、Try、Dachongling、Fulstop、Ghatak、Hilazophos、Jane、Josh、Kranti、Tarzan、Trail、Triaceo、Triazofil、Trihero、Tritox、Trizocel、Trizor、特力克、三唑硫磷　634
HOE 02671	通用名称：endosulfan，中文通用名称：硫丹，商品名称：Malix、Phaser、Thiodan 678
HOE 02824	通用名称：fentin，中文通用名称：三苯锡，商品名称：Brestan　781
HOE 029664	通用名称：fentin hydroxide，中文通用名称：三苯基氢氧化锡，商品名称：Brestan、Super-Tin、Suzu-H　781
HOE 02982	通用名称：heptenophos，中文通用名称：庚烯磷，商品名称：Decisquick、Ragadan、Hostaquick、蚜螨磷、二环庚磷　543

HOE 07600	通用名称：acrinathrin，中文通用名称：氟丙菊酯，商品名称：Orytis、Rufast、氟酯菊酯、罗速、罗速发、杀螨菊酯，其他名称 Ardent 342
HOE 132807	通用名称：formetanate hydrochloride，中文通用名称：伐虫脒盐酸盐，商品名称：Carzol、Dicarzol、杀螨脒 334
HOE 02873	通用名称：pyrazophos，中文通用名称：恶唑磷，商品名称：Afugan、Curamil、Missile、Siganex、吡嘧磷、克菌磷、完菌磷 612
HOX 1901	通用名称：ethiofencarb，中文通用名称：乙硫苯威，商品名称：Croneton、治蚜威、乙硫甲威、苯虫威、杀虫丹 506

I、J、K

试验代号	其他名称
ICI 146814	通用名称：cyhalothrin，中文通用名称：精高效氯氟氰菊酯，商品名称：Cyhalon、Grenade、功夫、三氟氯氰菊酯、功夫菊酯、空手道、氯氟氰菊酯 366
ICIA0321	通用名称：*lambda*-cyhalothrin，中文通用名称：高效氯氟氰菊酯，商品名称：功夫、γ-三氟氯氰菊酯、Icon、Karate、Warrior、Cyhalosun、Phoenix、SFK、Demand、Hallmark、Impasse、Kung Fu、Matador、Scimitar、Aakash、Katron、Pyrister、Tornado 372
ICIA0993	通用名称：tefluthrin，中文通用名称：七氟菊酯，商品名称：Force、Fireban，其它商品名称：Forca、Forza、Evict、Force ST 453
IK-141	通用名称：DCIP，中文通用名称：二氯异丙醚，商品名称：Nemamort，其他名称：dichloro diisopropyl ether 819
IKI 1145	通用名称：fosthiazate，中文通用名称：噻唑磷，商品名称：Cierto、Nemathorin、Eclahra、Eclesis、Shinnema，其他名称：线螨磷 813
IKI-220	通用名称：flonicamid，中文通用名称：氟啶虫酰胺，商品名称：Teppeki、Ulala、Carbine，其他商品名称：Setis、Aria、Beleaf、Turbine 229
IKI-7899	通用名称：chlorfluazuron，中文通用名称：氟啶脲，商品名称：Atabron、Jupiter、抑太保，其他名称：啶虫隆、克福隆、控幼脲、啶虫脲 154
IPP-4	通用名称：paichongding，中文通用名称：哌虫啶 263
JS118	通用名称：fufenozide，中文通用名称：呋喃虫酰肼，商品名称：福先 223
JS-125	通用名称：imidaclothiz，中文通用名称：氯噻啉 264
KCO-3001	通用名称：dinobuton，中文通用名称：消螨通，商品名称：Acarelte 716
KUE13032C	通用名称：dichlofluanid，中文通用名称：苯氟磺胺，商品名称：Elvaron、uparen，其他名称：抑菌灵、Euparen Ramato、olicur Combi、olicurE、Silvacu 754

L

试验代号	其他名称
L 395	通用名称：dimethoate，中文通用名称：乐果，商品名称：Bi 58、Perfekthion、Alkedo、Danadim、Devigon、Diadhan、Dimethate、Dimezyl、Efdacon、Hermootrox、Killgor、Laition、Robgor、Rogor、Romethoate、Stinger、Tara 909、Teeka、Vidithoate、大灭松，其他名称：Afidox、Agritoato、Agrothoate、Aragol、Boomer、Cekutoate、Chimigor、Citan、Danadim Progress、Diluq、Dim、Dimate、Dimethosect、Dimetion、Dimeton、Dimetox、Dumble、Ekka、Fetron、Fezdimet、Fezmet、Forgon、Nugor、Oligor、Pelethon、Pilarmax、Poligor、Rogagro、Rogor L、Rothion、Roxion、amet、Techn′oate′、Trounce、Zagor、Zhumie 584
L561	通用名称：phenthoate，中文通用名称：稻丰散，商品名称：Cidial、Elsan、Guard、Vifel、Kiran、爱乐散、益尔散，其它商品名称：Dimephenthoate、Tanone、Aimsan、Amaze、Genocide 558
L-676863	通用名称：abamectin，中文通用名称：阿维菌素，商品名称：Agrimec、Dynamec、

M

N

试验代号　其他名称

	bush、Ambush C Imperator、Kafil Super、CCN52、Ammo、Flectron、Folcord、Ripcord、Stokcde、Cyperkill、Afrothrin、灭百可、兴棉宝、安绿宝、赛波凯、保尔青、轰敌、多虫清、百家安、Z-氯氰菊酯、zeta-氯氰菊酯等，其他名称：Basathrin、Cymbush、Cymperator、Ripcord、Agrotrina、Alfa、Arrivo、Cekumetrin、Ciper QL、Cynoff、Cyperguard、Cyperil、Cypersan、Cyproid、Cyrux、Cythrine、Devicyper、rago、Durin、Grand、Hilcyperin、Kecip、Kruel、Lacer、Mortal、Ralothrin、Ranjer、Rasayanrin、Rocyper、Starcyp、Sunmerin、Suraksha、Termicidin、Visher、Volcyper　377
NRK121	通用名称：fenoxycarb，中文通用名称：苯氧威，商品名称：Insegar、Logic、Torus、Pictyl，其他名称：双氧威，苯醚威　193
NTN 8629	通用名称：prothiofos，中文通用名称：丙硫磷，商品名称：Tokuthion、Bideron、Toyodan　650
NTN9306	通用名称：sulprofos，中文通用名称：硫丙磷，商品名称：Bolstar、Helothio、甲丙硫磷、保达、虫螨消、棉铃磷　652
NU 702	通用名称：acrinathrin，中文通用名称：氟丙菊酯，商品名称：Orytis、Rufast、氟酯菊酯、罗速、罗速发、杀螨菊酯，其他名称 Ardent　342
NU831	通用名称：tralomethrin，中文通用名称：四溴菊酯，商品名称：Saga、Scout、Tralox　460

O

试验代号	其他名称
OK-135	通用名称：alanycarb，中文通用名称：棉铃威，商品名称：Aphox、Pirimor、Onic、Rumbline、农虫威　489
OK-174	通用名称：benfuracarb，中文通用名称：丙硫克百威，商品名称：Furacon、Oncol、Nakar、Judge、Ondia、Stead、V-Get Grand Oncol、Benfur、Laser、国内登记的商品名：丙硫威、呋喃威　472
OK-5101	通用名称：cyflumetofen，中文通用名称：丁氟螨酯，商品名称：Danisaraba、赛芬螨　764
OMI-88	通用名称：tolfenpyrad，中文通用名称：唑虫酰胺，商品名称：Hachi-hachi　300
OMS 1161	通用名称：piprotal，中文通用名称：增效醛，商品名称：Tropital　833
OMS 1170	通用名称：phoxim，中文通用名称：辛硫磷，商品名称：Baythion、Volaton、巴赛松、拜辛松、倍腈松、倍氰松、仓虫净、腈肟磷、肟磷、肟硫磷，其他名称：Valexon、Volathion、Nongshu、Kuaishaling、Kuaishaling、Mieling、Preling、Xingke、Yuzhouxing、Valexon、Volathion、Mieling、Pre ling、Yuzhouxing　593
OMS 1206	通用名称：resmethrin，中文通用名称：苄呋菊酯，商品名称：Benzofurolin、Chrysron、Derringer、Forsyn、灭虫菊　448
OMS 1328	通用名称：chlorfenvinphos，中文通用名称：毒虫畏，商品名称：Birlane、Supona、Vinylphate、Apachlor　533
OMS 1394	通用名称：bendiocarb，中文通用名称：噁虫威，商品名称：Ficam、Multamat、Seedox、Turcam，其他名称：bencarbate，国内登记的商品名：苯恶威、高卫士、快康 467
OMS 166	通用名称：chlorfenvinphos，中文通用名称：毒虫畏，商品名称：Birlane、Supona、Vinylphate、Apachlor　533
OMS 1697	通用名称：methoprene，中文通用名称：烯虫酯，商品名称：Altosid，Pharoid　199
OMS 1800	通用名称：cismethrin，中文通用名称：顺式苄呋菊酯　452
OMS 186	通用名称：azinphos-methyl，中文通用名称：保棉磷，商品名称：Cotnion-Methyl、Gusathion M、Guthion、Aziflo、Azin-PB、Crysthyon、Mezyl、Sniper、Supervelax、Valefos、Acifon、Azín200、Azinugec、Romel、谷硫磷、谷赛昂、谷速松　607
OMS 19	通用名称：parathion，中文通用名称：对硫磷，商品名称：Chimac Par H、一六 O

五、乙基一六O五 643

OMS 1999 通用名称：fenpropathrin，中文通用名称：甲氰菊酯，商品名称：Herald、Meothrin、Danitol、Fenprodate、Rody、Vapcotol、Vimite、Biruku、灭扫利、芬普宁、灭虫螨、灭扫利、农螨丹、杀螨菊酯，其他名称：Danagro、Danimen、Fenithrin、Tame、Kuaishaling 409

OMS 2004 通用名称：profenofos，中文通用名称：丙溴磷，商品名称：Curacron、Selecron、Ajanta、Mardo、Profex、Progress、Soldier、Benofos、Calfos、Carina、Celcron、Elak、Hilfos、Karan、Ovicure、Prabal、Prahar、Profex super、Profos、Ribacron、Seliton、Teliton、Twister、多虫清、多虫磷、菜乐康、布飞松 647

OMS 2006 通用名称：prothiofos，中文通用名称：丙硫磷，商品名称：Tokuthion、Bideron、Toyodan 650

OMS 2011 通用名称：cyhalothrin，中文通用名称：三氟氯氰菊酯，商品名称：Cyhalon、Grenade、功夫、三氟氯氰菊酯、功夫菊酯、空手道、氯氟氰菊酯 366

OMS 2012 通用名称：cyfluthrin，中文通用名称：氟氯氰菊酯，商品名称：Baygon aerosol、Baythroid、Luthrate、Suncyflu、百树德、百树菊酯、氟氯氰醚菊酯、赛扶宁、百治菊酯，其他商品名称：Renounce、Bayofly、Solfac、Tempo 355

OMS 213 通用名称：parathion-methyl，中文通用名称：甲基对硫磷，商品名称：Bratión 720、Devithion、Faast、Parashoot、Paratox、Penncap-M、Sweeper、Thionyl、Cekumethion、Dhanudol、Dhanumar、Dipathio、Fitoklor、Foley、Folidust、Folimol、Folisuper、Fosforin M、Megaton M、Morfos Methyl、R Methyl、Sabidust、甲基 1605 645

OMS 223 通用名称：fenitrothion，中文通用名称：杀螟硫磷，商品名称：Folithion、Sumithion、Cekutrotion、Fenhex、Fenicaps、Fentroth、Rocstar、Shamel、Sunifen、Visumit、Accothion、Agrofen、Chemition、Chemvo、Cyfen、Demise、Fenagro、Fenion、Fenithion、entron、Lution、Nition、Owadofos、ilarthion、Rotiofen、Senthion、Sha Chong Shong、Sumiagrex、Sumifog、Sumigran、杀虫松、杀螟松、速灭虫、速灭松、灭蟑百特、苏米硫磷、福利松、住硫磷、灭蛀磷、诺毕速灭松、扑灭松 639

OMS 226 通用名称：cyanophos，中文通用名称：杀螟腈，商品名称：Cyanox 636

OMS 232 通用名称：phosmet，中文通用名称：亚胺硫磷，商品名称：Imidan、Prolate、Cekumet、Fosmedan、Fosdan、Inovitan、亚胺磷、酞胺硫磷、益灭松等 609

OMS 29 通用名称：carbaryl，中文通用名称：甲萘威，商品名称：Laivin、Parasin-G、Raid、Sevin、SunSin、Agrovin、Atoxan、Avin、Boly、Carbamec、Carflo、Cekubaril、Devicarb、Dhanuvin、Eco Bait)、Efaryl、Hektavin、Kavin、Pilarvin、Pomex、Povin、Rebel、Rovin、Sedit、Sekib、Sevitox、Zacarb、西维因，国内登记的商品名：胺甲萘、加保利、巴利、胺甲苯、胺苯萘 469

OMS 3020 通用名称：bromethalin，中文通用名称：溴鼠胺，商品名称：Vengeance、EL-614、溴甲灵，其他名称：Assault、Cy-Kill、Fastrac、Gunslinger、Rampage、Ratximus、Talpirid、Trounce、鼠灭杀灵 857

OMS 3023 通用名称：esfenvalerate，中文通用名称：高氰戊菊酯，商品名称：Asana、Sumi-alfa、Sumi-alpha、Fast、Vifen alpha，白蚁灵、高氰戊菊酯、高效氰戊菊酯、来福灵、霹杀高、强福灵、强力农、双爱士、顺式氰戊，其他名称：Hakusap、Adjourn，Evercide 2668、Halmark、Mandarin、Stella、Broxer、Kabuto、Pirephos 419

OMS 3024 通用名称：bifenthrin，中文通用名称：联苯菊酯，商品名称：Talstar、Milord、Sunbif、Wudang、氟氯菊酯、天王星、虫螨灵、毕芬宁，其他商品名称：Biflex、Brigade、Capture、Onyx、Semafor、Starion、Annex、Aripyreth 349

OMS 3032 通用名称：cyphenothrin，中文通用名称：苯醚氰菊酯，商品名称：Gokilaht、右旋苯氰菊酯、赛灭灵，其他名称：Red-Earth-G-8-F、苯氰菊酯、右旋苯醚氰菊酯 398

OMS 3034 通用名称：bioallethrin，中文通用名称：生物丙烯菊酯，商品名称：D-Trans、Bioallethrine 347

OMS 3040 通用名称：pyraclofos，中文通用名称：吡唑硫磷，商品名称：Boltage、Voltage，其

他名称：Starlex 602

OMS 3043 通用名称：bioresmethrin，中文通用名称：生物苄呋菊酯，商品名称：Isathrine、右旋反式灭菊酯、右旋反式苄呋菊酯、右旋反灭虫菊酯 450

OMS 3044 通用名称：bioallethrin，中文通用名称：生物丙烯菊酯，商品名称：D-Trans、Bioallethrine 347

OMS 3049 通用名称：cycloprothrin，中文通用名称：乙氰菊酯，商品名称：Cyclosal、赛乐收、杀螟菊酯、稻虫菊酯 353

OMS 3051 通用名称：beta-cyfluthrin，中文通用名称：高效氟氯氰菊酯，商品名称：Bulldock、Responsar，其他商品名称：Baythroid XL、Beta-Baythroid、Cajun、Ducat、Full 362

OMS 3053 通用名称：difethialone，中文通用名称：噻鼠灵，商品名称：Frap，其他名称：Generation、Hombre、Baraki、Rodilon 849

OMS 43 通用名称：fenitrothion，中文通用名称：杀螟硫磷，商品名称：Folithion、Sumithion、Cekutrotion、Fenhex、Fenicaps、Fentroth、Rocstar、Shamel、Sunifen、Visumit、Accothion、Agrofen、Chemition、Chemvo、Cyfen、Demise、Fenagro、Fenion、Fenithion、entron、Lution、Nition、Owadofos、ilarthion、Rotiofen、Senthion、Sha Chong Shong、Sumiagrex、Sumifog、Sumigran、杀虫松、杀螟松、速灭虫、速灭松、灭蟑百特、苏米硫磷、福利松、住硫磷、灭蛀磷、诺毕速灭松、扑灭松 639

OMS 468 通用名称：allethrin，中文通用名称：烯丙菊酯，商品名称：Pynamin Forte、毕那命、丙烯除虫菊、亚烈宁、右旋反式烯丙菊酯，其他名称：Pynamin 345

OMS 469 通用名称：diazinon，中文通用名称：二嗪磷，商品名称：Basudin、Neocidol、Nucidol、Agrozon、D-264、Dart、Diasol、Geofos D、Granudin、Kayazinon、Metazon、Vetazon、Cekuzinon、Dianon、Dianozyl、Diazol、Efdiazon、Knox-out、二嗪农、地亚农、大亚仙农、大利松 621

OMS 485 通用名称：coumaphos，中文通用名称：蝇毒磷，商品名称：Asuntol、Perizin、蝇毒磷、蝇毒硫磷，其他名称：Check Mite、Co-Ral 598

OMS 584 通用名称：famphur，中文通用名称：伐灭磷，商品名称：Bo-Ana、Warbex、氨磺磷、伐灭硫磷 638

OMS 595 通用名称：tetrachlorvinphos，中文通用名称：杀虫畏，商品名称：Gardona，其他名称：Rabon、Appex、Debantic、Gardcide、Rabond、甲基杀螟威、杀虫威 556

OMS 629 通用名称：carbaryl，中文通用名称：甲萘威，商品名称：Laivin、Parasin-G、Raid、Sevin、SunSin、Agrovin、Atoxan、Avin、Boly、Carbamec、Carflo、Cekubaril、Devicarb、Dhanuvin、Eco Bait)、Efaryl、Hektavin、Kavin、Pilarvin、Pomex、Povin、Rebel、Rovin、Sedit、Sekib、Sevitox、Zacarb、西维因，国内登记的商品名：胺甲萘、加保利、巴利、胺甲苯、胺苯萘 469

OMS 869 通用名称：cyanophos，中文通用名称：杀螟腈，商品名称：Cyanox 636

OMS1011 通用名称：tetramethrin，中文通用名称：胺菊酯，商品名称：Neo-Pynamin，在国内登记的商品名：拟虫菊、诺毕那命、四甲菊酯、似菊酯、酞菊酯、酞胺菊酯 456

OMS1075 通用名称：phenthoate，中文通用名称：稻丰散，商品名称：Cidial、Elsan、Guard、Vifel、Kiran、爱乐散、益尔散，其它商品名称：Dimephenthoate、Tanone、Aimsan、Amaze、Genocide 558

OMS1155 通用名称：chlorpyrifos-methyl，中文通用名称：甲基毒死蜱，商品名称：Reldan、Nuvagrain、Smite、Decisprime、Storcide、Storcide II、Pyriban M、甲基氯蜱硫磷、氯吡磷 619

OMS1424 通用名称：pirimiphos-methyl，中文通用名称：甲基嘧啶磷，商品名称：Actellic、Silo-San、Stomophos、Giustiziere、Sybol 2、SunMiphos、安得利、保安定、亚特松、甲基虫螨磷、虫螨磷、安定磷 623

OMS1502 通用名称：propetamphos，中文通用名称：胺丙畏，商品名称：Safrotin、Novartis、Safrotin、Blotic、eNKamphos、Seraphos、烯虫磷、巴胺磷、赛福丁 673

OMS1696 通用名称：hydroprene，中文通用名称：烯虫乙酯，商品名称：Altozar、Gencor、增

	Nongsili、Nufos、Pestban、Pilot、Piridane、Pirifos、Pontoon、Pyrinox、Regatta、Robust、Shooter、Silrifos、SuSCon、Termicide、Trishul、乐斯本、杀死虫、蓝珠、氯蜱硫磷、氯吡硫磷、白蚁清、泰乐凯 614
Ortho 12420	通用名称：acephate，中文通用名称：乙酰甲胺磷，商品名称：Orthene、Ortran、Acevol、Aimthene、Asataf、Cekucefate、Hilphate、Insectin、Lancer、Pace、Racet、Rival、Rythane、Saphate、Starthene、Torpedo、Acevol、Amcothene、Generate、Matrix、Missile、Pace、Tiffat、Viaphate、Koranda、高灭磷 663
Ortho 9006	通用名称：methamidophos，中文通用名称：甲胺磷，商品名称：Nitofol、Tamaron、Giant、Matón、Monitor、MTD-600、Patrole、Pilaron、Rometa、Sniper、Sundat、Afitox T、Agromon、Bullet、Cekumidofos、Citrimet、Crysmaron、Erkuron、Hamidop、Marathon、Metaron、Metasint、Metasip、Methaphos、Sherman、Stron、Supermaron、Ninja、多灭灵、多灭磷、杀螨隆、克螨隆、达马松、多灭磷、克螨隆、托马隆、灭虫螨胺磷、亚西发甲 668
OS-2046	通用名称：mevinphos，中文通用名称：速灭磷，商品名称：Phosdrin、Mevindrin、Duraphos、灭虫螨未磷、磷君、美文松、自克威、免得烂 545

P

试验代号	其他名称
P 474	通用名称：mecarbam，中文通用名称：灭蚜磷，商品名称：Murfotox、灭蚜蜱，其他名称：Murfothrin、Murfotox Oil 588
PDD60-40-I	通用名称：diflubenzuron，中文通用名称：除虫脲，商品名称：Dimilin、敌灭灵 163
PH 60-40	通用名称：diflubenzuron，中文通用名称：除虫脲，商品名称：Dimilin、敌灭灵 163
PH6044	通用名称：penfluron，中文通用名称：氟幼脲 182
PH-7023	通用名称：flucycloxuron，中文通用名称：氟螨脲，商品名称：Andalin 166
PP 580	通用名称：difenacoum，中文通用名称：鼠得克，商品名称：Neosorexa、Ratak、Bonirat、Kemifen、Ratzenmice Baits、Sakarat D、Ratak、Sorexa D、Sorexa Gel、Frunax Mäuseköder、Neokil、Ratak、Ratron DCM、Ratron Mäuseköder、Sorkil，其他名称：联苯杀鼠萘、敌拿鼠、鼠得克 846
PP062	通用名称：pirimicarb，中文通用名称：抗蚜威，商品名称：Aphox、Pirimor、Abol、Glenroe、Panzher、Phantom、Piriflor、Tomba、抗芽威、派烈脉、派嘧威、比加普、灭定威、辟蚜雾 486
PP145	通用名称：chlorfluazuron，中文通用名称：氟啶脲，商品名称：Atabron、Jupiter、抑太保，其他名称：啶虫隆、克福隆、控幼脲、啶虫脲 154
PP321	通用名称：lambda-cyhalothrin，中文通用名称：高效氯氟氰菊酯，商品名称：功夫、γ-三氟氯氰菊酯、Icon、Karate、Warrior、Cyhalosun、Phoenix、SFK、Demand、Hallmark、Impasse、Kung Fu、Matador、Scimitar、Aakash、Katron、Pyrister、Tornado 372
PP383	通用名称：cypermethrin，中文通用名称：氯氰菊酯，商品名称：Barricard、cymbush、Ambush C Imperator、Kafil Super、CCN52、Ammo、Flectron、Folcord、Ripcord、Stokcde、Cyperkill、Afrothrin、灭百可、兴棉宝、安绿宝、赛波凯、保尔青、轰敌、多虫清、百家安、Z-氯氰菊酯、*zeta*-氯氰菊酯等，其他名称：Basathrin、Cymbush、Cymperator、Ripcord、Agrotrina、Alfa、Arrivo、Cekumetrin、Ciper QL、Cynoff、Cyperguard、Cyperil、Cypersan、Cyproid、Cyrux、Cythrine、Devicyper、rago、Durin、Grand、Hilcyperin、Kecip、Kruel、Lacer、Mortal、Ralothrin、Ranjer、Rasayanrin、Rocyper、Starcyp、Sunmerin、Suraksha、Termicidin、Visher、Volcyper 377
PP511	通用名称：pirimiphos-methyl，中文通用名称：甲基嘧啶磷，商品名称：Actellic、

R

S

试验代号 其他名称

T、U

试验代号 其他名称

V、W

试验代号 其他名称

VC9-104　通用名称：ethoprophos，中文通用名称：灭线磷，商品名称：Mocap、Sanimul、Vimoca，其他名称：Ethop、Etoprosip、Mocagro、Soccer、Yishoufeng、灭克磷、丙线磷、茎线磷、普伏松、益收宝，混剂：Mocap Plus　570

VP 1940　通用名称：fentin，中文通用名称：三苯锡，商品名称：Brestan　781

WBA 8107　通用名称：difenacoum，中文通用名称：鼠得克，商品名称：Neosorexa、Ratak、Bonirat、Kemifen、Ratzenmice Baits、Sakarat D、Ratak、Sorexa D、Sorexa Gel、Frunax Mäuseköder、Neokil、Ratak、Ratron DCM、Ratron Mäuseköder、Sorkil，其他名称：联苯杀鼠萘、敌拿鼠、鼠得克　846

WBA 8119　通用名称：brodifacoum，中文通用名称：溴鼠灵，商品名称：Brodifacoum Rat&Mouse Bait、Brobait、Brodi-F、Broditop、Klerat、Nofar、Talon、Erasor、Sorexa Checkatube、Final、Frunax R＋M、Havoc、aguar、Premacum、Rabito、Ratkill、Ratopec、Ratron BCM、Ratron Compact B、Ratron Granulat、Solo、omcat、Tornado、大隆　839

WL 108 366　通用名称：flocoumafen，中文通用名称：氟鼠灵，商品名称：Storm、杀它仗、氟羟香豆素、伏灭鼠、氟鼠酮，其他名称：Stratagem　850

WL 115110　通用名称：flufenoxuron，商品名称：Cascade、卡死克　168

WL 43775　通用名称：fenvalerate，中文通用名称：高氰戊菊酯，商品名称：Sumicidin、Devifen、Fenkill、Fenny、Fenrate、Fenval、Newfen、Sanvalerate、Sumitox、Valour、Vapcocidin、Vifenva、速灭菊酯、杀灭菊酯、杀灭速丁、中西杀灭菊酯、敌虫菊酯、异戊氰菊酯、戊酸氰醚酯、百虫灵、速灭菊酯、速灭杀得、丰收苯、虫畏灵、分杀、芬化利、军星 10 号、杀灭虫净　413

WL145158　通用名称：triazamate，中文通用名称：唑蚜威，商品名称：Aztec、Doctus　693

WL208304　通用名称：chlorethoxyfos，中文通用名称：氯氧磷，商品名称：Fortress，其他名称：土虫磷、地虫磷　564

WL43467　通用名称：cypermethrin，中文通用名称：氯氰菊酯，商品名称：Barricard、cymbush、Ambush C Imperator、Kafil Super、CCN52、Ammo、Flectron、Folcord、Ripcord、Stokcde、Cyperkill、Afrothrin、灭百可、兴棉宝、安绿宝、赛波凯、保尔青、轰敌、多虫清、百家安等，其他名称：Basathrin、Cymbush、Cymperator、Ripcord、Agrotrina、Alfa、Arrivo、Cekumetrin、Ciper QL、Cynoff、Cyperguard、Cyperil、Cypersan、Cyproid、Cyrux、Cythrine、Devicyper、rago、Durin、Grand、Hilcyperin、Kecip、Kruel、Lacer、Mortal、Ralothrin、Ranjer、Rasayanrin、Rocyper、Starcyp、Sunmerin、Suraksha、Termicidin、Visher、Volcyper　377

WL43479　通用名称：permethrin，中文通用名称：氯氰菊酯，商品名称：Ambush、Dragnet、Dragon、Eksmin、Outflank、Pounce、Talcord、Agniban、Aimthrin、Assithrin、Cliper、Mikrem、Onesol、Perkill、Permetiol、Permit、Permost、Persect、Sanathrin、Sunper、克死诺、百灭灵、神杀、毕诺杀、闯入者　438

WL85871　通用名称：alpha-cypermethrin，中文通用名称：顺式氯氰菊酯，商品名称：Fastac、Fendona、Renegade、Concord、Bestox、快杀敌、高效安绿宝、奋斗呐、高效灭百可、虫毙王、奥灵、高效氯氰菊酯、百事达，其他名称：alfoxylate、alphamethrin、alfamethrin　384

X、Y、Z

试验代号	其他名称
X-550007	通用名称：noviflumuron，中文通用名称：多氟脲，商品名称：Recruit III、Recruit III AG　180
XDE-007	通用名称：noviflumuron，中文通用名称：多氟脲，商品名称：Recruit III、Recruit III AG　180
XDE-105	通用名称：spinosad，中文通用名称：多杀菌素，商品名称：Conserve、SpinTor、Success、Tracer、Entrust、GF-120、Justice、Laser、Naturalyte、Spinoace、菜喜、

4 中文名称索引

A

安丹	试验代号：Bayer 39 007、BOQ 5812315，通用名称：propoxur，中文通用名称：残杀威　517
安得利、安定磷	试验代号：PP511、OMS1424，通用名称：pirimiphos-methyl，中文通用名称：甲基嘧啶磷　623
安绿宝	试验代号：NRDC149、PP383、WL43467、LE79-600、FMC30980、OMS2002，通用名称：cypermethrin，中文通用名称：氯氰菊酯　377
氨磺磷	试验代号：CL 38023、AC 38023、OMS 584，通用名称：famphur，中文通用名称：伐灭磷，商品名称：Bo-Ana、Warbex、伐灭硫磷　638
胺苯萘	试验代号：UC7744、OMS 29、OMS 629、ENT 23 969，通用名称：carbaryl，中文通用名称：甲萘威　469
胺丙畏	试验代号：SAN521391、OMS1502，通用名称：propetamphos　673
胺甲苯	试验代号：UC7744、OMS 29、OMS 629、ENT 23 969，通用名称：carbaryl，中文通用名称：甲萘威　469
胺甲萘	试验代号：UC7744、OMS 29、OMS 629、ENT 23 969，通用名称：carbaryl，中文通用名称：甲萘威　469
胺菊酯	试验代号：FMC9260、SP1103、OMS1011，通用名称：tetramethrin　456
奥德腾	试验代号：DPX-E2Y45，通用名称：chlorantraniliprole，中文通用名称：氯虫酰胺，　124
奥灵	试验代号：WL85871、FMC63318、FMC39391、BAS 310I、OMS3004，通用名称：alpha-cypermethrin，中文通用名称：顺式氯氰菊酯　384
奥美特	试验代号：DO 14，通用名称：propargite，中文通用名称：炔螨特　745

B

中文名称	其他名称
巴胺磷	试验代号：SAN521391、OMS1502，通用名称：propetamphos，中文通用名称：胺丙畏　673
巴丹	试验代号：T1258、TL1258、TI-K258，通用名称：cartap，中文通用名：杀螟丹　110
巴利	试验代号：UC7744、OMS 29、OMS 629、ENT 23 969，通用名称：carbaryl，中文通用名称：甲萘威　469
巴赛松	试验代号：BAY 5621、Bayer 77 488、BAY SRA 7502、OMS 1170，通用名称：phoxim，中文通用名称：辛硫磷　593
巴沙	试验代号：Bayer 41367c，通用名称：fenobucarb，中文通用名称：仲丁威　508
霸螨灵	试验代号：NNI-850，通用名称：fenpyroximate，中文通用名称：唑螨酯　758
白蚁灵	试验代号：S-1844、S-5602A、DPX-YB656、OMS 3023，通用名称：esfenvalerate，中文通用名称：高氰戊菊酯　419
白蚁清	试验代号：Dowco179、OMS971、ENT27311，通用名称：chlorpyrifos，中文通用名称：毒死蜱　614
百虫灵	试验代号：S-5602、WL 43775、OMS2000，通用名称：fenvalerate，中文通用名称：氰戊菊酯　413
百家安	试验代号：FMC 56701、F56701、F701，通用名称：*zeta*-cypermethrin，中文通用名称：*zeta*-氯氰菊酯　396
百家安	试验代号：NRDC149、PP383、WL43467、LE79-600、FMC30980、OMS2002，通用名称：cypermethrin，中文通用名称：氯氰菊酯　377
百利普芬	试验代号：S-9318、S-31183、V-71639，通用名称：pyriproxyfen，中文通用名称：吡丙醚　201
百螺杀	试验代号：Bayer 25648、Bayer 73、SR 73，通用名称：niclosamide，中文通用名称：杀螺胺　802

C

D

E

F

G

L

M

N

O、P

Q、R

S

	磷 580
水杨胺磷	试验代号：BAY SRA 12869、BAY92114，通用名称：isofenphos，中文通用名称：异柳磷 666
顺式苄呋菊酯	试验代号：NRDC 119、OMS 1800，通用名称：cismethrin 452
顺式氯氰菊酯	试验代号：WL85871、FMC63318、FMC39391、BAS 310I、OMS3004，通用名称：alpha-cypermethrin 384
顺式氰戊	试验代号：S-1844、S-5602A、DPX-YB656、OMS 3023，通用名称：esfenvalerate，中文通用名称：高氰戊菊酯 419
四氟苯菊酯	试验代号：NAK4455，通用名称：transfluthrin 463
四氟甲醚菊酯	通用名称：dimefluthrin 435
四氟醚菊酯	通用名称：tetramethylfluthrin 459
四氟脲	试验代号：CME-134、MK-139、CME-13406，通用名称：teflubenzuron，中文通用名称：氟苯脲 183
四甲菊酯	试验代号：FMC9260、SP1103、OMS1011，通用名称：tetramethrin，中文通用名称：胺菊酯 456
四聚乙醛	通用名称：metaldehyde 799
四螨嗪	试验代号：NC-21314，通用名称：clofentezine 724
四溴菊酯	试验代号：NU831、RU25474、HAG107，通用名称：tralomethrin 460
似菊酯	试验代号：FMC9260、SP1103、OMS1011，通用名称：tetramethrin，中文通用名称：胺菊酯 456
苏化 203	试验代号：Bayer E 393、ASP-47，通用名称：sulfotep，中文通用名称：治螟磷 580
苏米硫磷	试验代号：OMS 43、OMS 223、ENT 25 715、Bayer 41831、S-5660、S-1102A、AC 47 300，通用名称：fenitrothion，中文通用名称：杀螟硫磷 639
苏脲一号	通用名称：chlorbenzuron，中文通用名称：灭幼脲，其他名称：灭幼脲 3 号、一氯苯隆 190
苏云金素	通用名称：thuringiensin、β-外毒素 87
速蚧克	试验代号：GS13005、OMS844、ENT27193，通用名称：methidathion，中文通用名称：杀扑磷 630
速美效	试验代号：S-1812，通用名称：pyridalyl，中文通用名称：啶虫丙醚 206
速灭虫	试验代号：OMS 43、OMS 223、ENT 25 715、Bayer 41831、S-5660、S-1102A、AC 47 300，通用名称：fenitrothion，中文通用名称：杀螟硫磷 639
速灭菊酯	试验代号：S-5602、WL 43775、OMS2000，通用名称：fenvalerate，中文通用名称：氰戊菊酯 413
速灭磷	试验代号：OS-2046，通用名称：mevinphos 545
速灭灵	试验代号：S-2539、S-8100、OMS1809、OMS1810、ENT27972，通用名称：phenothrin，中文通用名称：苯醚菊酯 442
速灭杀得	试验代号：S-5602、WL 43775、OMS2000，通用名称：fenvalerate，中文通用名称：氰戊菊酯 413
速灭松	试验代号：OMS 43、OMS 223、ENT 25 715、Bayer 41831、S-5660、S-1102A、AC 47 300，通用名称：fenitrothion，中文通用名称：杀螟硫磷 639
速灭威	试验代号：C-3，通用名称：metolcarb 515
速扑杀	试验代号：GS13005、OMS844、ENT27193，通用名称：methidathion，中文通用名称：杀扑磷 630

T

中文名称	其他名称
太地安	试验代号：V-18、ENT 23 737，通用名称：tetradifon，中文通用名称：三氯杀螨砜 713

W、X

中文名称　其他名称

Y、Z

5 英文通用名称索引

A

B

C

英文通用名称	其他名称
cadusafos	试验代号：FMC67825，中文通用名称：硫线磷，商品名称：Apache、Rugby、Ebufos、Taredan、克线丹 561
carbaryl	试验代号：UC7744、OMS 29、OMS 629、ENT 23 969，中文通用名称：甲萘威，商品名称：Laivin、Parasin-G、Raid、Sevin、SunSin、Agrovin、Atoxan、Avin、Boly、Carbamec、Carflo、Cekubaril、Devicarb、Dhanuvin、Eco Bait、Efaryl、Hektavin、Kavin、Pilarvin、Pomex、Povin、Rebel、Rovin、Sedit、Sekib、Sevitox、Zacarb、胺甲萘、加保利、巴利、胺甲苯、胺苯萘 469
carbofuran	试验代号：FMC10242、BAY70143、D1221，中文通用名称：克百威，商品名称：Furadan、Agrofuran、Carbodan、Carbosect、Carbosip、Chinufur、Diafuran、Furacarb、Fury、Kunfu、Sunfuran、Terrafuran、Vifuran、Curaterr、Anfuran、Cekufuran、Furan、Huifuran、Lucarfuran、Pilarfuran、Pilfuran、Rampar、Reider、Superfuran、Tatafuran、Vapcodan、Victor、Weldan、呋喃丹、大扶农、咔吧呋喃 476
carbon disulfide	中文通用名称：二硫化碳，商品名称：carbon bisulphide、Weevil Tox 812
carbosulfan	试验代号：FMC35001，中文通用名称：丁硫克百威，商品名称：Posse、Sheriff、Spi、Aayudh、Bright、Marshal、Sunsulfan、Advantage、Beam、Gazette、Agrostar、Carbagrim、Combicoat、Electra、General、Pilarsufan、丁基加保扶、丁呋丹、丁硫威、好安威、好年冬、克百丁威 480
cartap	试验代号：T1258、TL1258、TI-K258，中文通用名称：杀螟丹，商品名称：Padan、Sanvex、Thiobel、Vegetox、Caldan、Sunta、巴丹、杀螟单 110
chinomethionat	试验代号：ENT25606、Bayer 36205、Bayer SAS2074，中文通用名称：灭螨猛，商品名称：Morestan、oxythioquinox、quinomethionate、菌螨啉、螨离丹、甲基克杀螨 743
chloralose	中文通用名称：氯醛糖，商品名称：Alphabied、glucochloralose、杀鼠糖、灭雀灵、三氯乙醛化葡萄糖 790
chlorantraniliprole	试验代号：DPX-E2Y45，中文通用名称：氯虫酰胺，商品名称：Rynaxypyr、Coragen、Altacor、Prevathon、Acelepryn、Ferterra、Prevathon、康宽、普尊、奥德腾，混剂：Durivo，其他名称：氯虫苯甲酰胺 124
chlorbenzuron	中文通用名称：灭幼脲，其他名称：灭幼脲 3 号、苏脲一号、一氯苯隆 190
chlorethoxyfos	试验代号：SD208304、WL208304、DPX43898，中文通用名称：氯氧磷，商品名称：Fortress，其他名称：土虫磷、地虫磷 564
chlorfenapyr	试验代号：AC 303630、CL 303630、MK-242，中文通用名称：溴虫腈，商品名称：Phantom、PylonAlert、Chu-Jin、Grizli、Mythic、Pirate、Rampage、Secure、Stalker、Bombora、Intrepid、Kotetsu、Lepido、除尽、虫螨腈、咯虫尽，其他名称：溴虫清、氟唑虫清 306
chlorfenvinphos	试验代号：OMS 166、OMS 1328、ENT 24 969、SD 7859、C 8949、GC 4072、CGA 26351、AC 58085、BAS 188 I，中文通用名称：毒虫畏，商品名称：Birlane、Supona、Vinylphate、Apachlor 533
chlorfluazuron	试验代号：IKI-7899、CGA112913、PP145、UC64644，中文通用名称：氟啶脲，商品名称：Atabron、Jupiter、抑太保、啶虫隆、克福隆、控幼脲、啶虫脲 154
chlormephos	试验代号：MC2188，中文通用名称：氯甲硫磷，商品名称：Dotan 565
chloromethiuron	试验代号：CGA13 444，中文通用名称：灭虫隆，商品名称：Dipofene、螟蛉畏，其他名称：灭虫脲 329
chlorophacinone	试验代号：LM 91，中文通用名称：氯鼠酮，商品名称：Caid、Mufac、Redentin、Ground Force、Rozol、Chlorocal、Drat、Endorats、Frunax C、Muloxyl、Ratox、Ratron C、Ratron Feldmausköder、Raviac、Spyant、Trokat、可伐鼠、氯

	品名称：Cyhalon、Grenade、功夫、功夫菊酯、空手道，其他名称：氯氟氰菊酯 366
cyhexatin	试验代号：Dowco 213，中文通用名称：三环锡，商品名称：Acarstin、Guaraní、Mitacid、Oxotin、Sipcatin、Sunxatin、Triran Fa、Acaritel、Acarpec、Agritin、Citran、Mitemaster、Nospider、Pennstyl、Phantome、Techn′acid、杀螨锡、普特丹 737
alpha-cypermethrin	试验代号：WL85871、FMC63318、FMC39391、BAS 310 I、OMS3004，中文通用名称：顺式氯氰菊酯，商品名称：Fastac、Fendona、Renegade、Concord、Bestox、alfoxylate、alphamethrin、alfamethrin、快杀敌、高效安绿宝、奋斗呐、高效灭百可、虫毙王、奥灵、百事达 384
beta-cypermethrin	试验代号：CHINOIN0619200、AT0IABO3、OMS3068，中文通用名称：高效氯氰菊酯，商品名称：Chinmix、Betamethrate、高灭灵、三敌粉、无敌粉、卫害净、乙体氯氰菊酯 389
theta-cypermethrin	试验代号：SK80，中文通用名称：高效反式氯氰菊酯，商品名称：Neostomosan，其他名称：sigma-cypermethrin、tau-cypermethrin 394
zeta-cypermethrin	试验代号：FMC 56701、F56701、F701，中文通用名称：zeta-氯氰菊酯，商品名称：Furia、Furie、Minuet、Mustang、Mustang Max、Fury、百家安，其他名称：六氯氰菊酯、Z-氯氰菊酯 396
cypermethrin	试验代号：NRDC149、PP383、WL43467、LE79-600、FMC30980、OMS2002，中文通用名称：氯氰菊酯，商品名称：Barricard、cymbush、Ambush C Imperator、Kafil Super、CCN52、Ammo、Flectron、Folcord、Ripcord、Stokcde、Cyperkill、Afrothrin、Basathrin、Cymbush、Cymperator、Ripcord、Agrotrina、Alfa、Arrivo、Cekumetrin、Ciper QL、Cynoff、Cyperguard、Cyperil、Cypersan、Cyproid、Cyrux、Cythrine、Devicyper、rago、Durin、Grand、Hilcyperin、Kecip、Kruel、Lacer、Mortal、Ralothrin、Ranjer、Rasayanrin、Rocyper、Starcyp、Sunmerin、Suraksha、Termicidin、Visher、Volcyper、灭百可、兴棉宝、安绿宝、赛波凯、保尔青、轰敌、多虫清、百家安 377
cyphenothrin	试验代号：S-2703 Forte、OMS 3032，中文通用名称：苯醚氰菊酯，商品名称：Gokilaht、Red-Earth-G-8-F、赛灭灵，其他名称：右旋苯氰菊酯、苯氰菊酯、右旋苯醚氰菊酯 398
cyromazine	试验代号：CGA 72662，中文通用名称：灭蝇胺，商品名称：Armor、Betrazin、Larvadex、Neporex、Trigard、Vetraxine 158

D

英文通用名称	其他名称
dazomet	试验代号：N-521、BAS00201N、Crag Fungicide 974，中文通用名称：棉隆，商品名称：Basamid、Dacorn、Dazom、Fongosan、Dacron、Dazoberg、Mylone、Salvo、必速灭 817
DCIP	试验代号：IK-141，中文通用名称：二氯异丙醚，商品名称：Nemamort、dichloro diisopropyl ether 819
deltamethrin	试验代号：NRDC 161、RU22 974、AE F032640，中文通用名称：溴氰菊酯，商品名称：Decis、Butox、Decasyn、Delta、Deltajet、Deltamix、Deltarin、Keshet、Kordon、K-Othrine、Rocket、Shastra、Sundel、Thrust、Videci、凯素灵 401
diafenthiuron	试验代号：CGA 106 630、CG-167，中文通用名称：丁醚脲，商品名称：Pegasus、Polo 325
diazinon	试验代号：G 24 480、OMS 469、ENT 19 507，中文通用名称：二嗪磷，商品名称：Basudin、Neocidol、Nucidol、Agrozon、D-264、Dart、Diasol、Geofos D、Granudin、Kayazinon、Metazon、Vetazon、Cekuzinon、Dianon、Dianozyl、Diazol、Efdiazon、Knox-out、二嗪农、地亚农、大亚仙农、大利松 621

dichlofenthion 试验代号：VC-13、ENT17470，中文通用名称：除线磷，商品名称：VC、Pairkasumin、Mobilawn、酚线磷、氯线磷 820

dichlofluanid 试验代号：Bayer47531、KUE13032C，中文通用名称：苯氟磺胺，商品名称：Elvaron、uparen、Euparen Ramato、olicur Combi、olicurE、Silvacu、抑菌灵 754

dichlorvos 试验代号：Bayer 19149、C 177，中文通用名称：敌敌畏，商品名称：Vapona、Charge、Dash、Denkavepon、Dichlorate、Dix 50、Dodak、Hilvos、Mifos、Nuvan、Phosvit、Rupini、SunVos、Vaportape、Winylofos、Equigard、Nogos、Agrovos、Amidos、Amvos liquitech、Cardinal、Demand、DEVap、Devikol、Didifos、Didivane、Divap、Divipan、Diviphos、Divos、Domar、Doom、Dorvos、Festline、Fume、Fuvos、Lava、Lucaphos、No-pest Strip、Nuchlor、Swing、Szklarniak、VAP-20、Vapon、二氯松 535

1,3-dicholorpropene 中文通用名称：二氯丙烯，商品名称：D-D、Nematox、Nematrap、Telone 827

dicofol 试验代号：FW-293，中文通用名称：三氯杀螨醇，商品名称：Kelthane、Acarin、AK 20、Cekudifol、Dimite、Hilfol、Lairaña、Might、Mitigan、Acarfen、Agrothane、Aracnol D、Callifol、Colonel-S、Dicocid、Dicophyt、Difol、Ditranil、Festan、Hekthane、Kelteran、Klin、Spyder、Tiktok、开乐散 710

dicrotophos 试验代号：C-709、SD 3562，中文通用名称：百治磷，商品名称：Bidrin、Dicron、Dicole、Inject-a-cide B、Carbicron、Ektafos、必特灵、双特松 540

dicyclanil 试验代号：CGA 183893，中文通用名称：环虫腈，商品名称：Clik 161

diethyltoluamide 中文通用名称：避蚊胺，商品名称：Metadelphene，简称 DEET 777

difenacoum 试验代号：PP 580、WBA 8107，中文通用名称：鼠得克，商品名称：Neosorexa、Ratak、Bonirat、Kemifen、Ratzenmice Baits、Sakarat D、Ratak、Sorexa D、Sorexa Gel、Frunax Mäuseköder、Neokil、Ratak、Ratron DCM、Ratron Mäuseköder、Sorkil、联苯杀鼠萘、敌拿鼠、鼠得克 846

difethialone 试验代号：LM 2219、OMS 3053，中文通用名称：噻鼠灵，商品名称：Frap、Generation、Hombre、Baraki、Rodilon 849

diflovidazin 试验代号：SZI-121，中文通用名称：氟螨嗪，商品名称：Flumite 727

diflubenzuron 试验代号：DU 112307、PH 60-40、PDD60-40-I、TH 6040，中文通用名称：除虫脲，商品名称：敌灭灵、Dimilin 163

dimefluthrin 中文通用名称：四氟甲醚菊酯 435

dimethoate 试验代号：EI 12 880、L 395、BAS 152J、CME 103，中文通用名称：乐果，商品名称：Bi 58、Perfekthion、Alkedo、Danadim、Devigon、Diadhan、Dimethate、Dimezyl、Efdacon、Hermootrox、Killgor、Laition、Robgor、Rogor、Romethoate、Stinger、Tara 909、Teeka、Vidithoate、大灭松 584

dimethylvinphos 试验代号：SD 8280、SKI-13，中文通用名称：甲基毒虫畏，商品名称：Rangado、毒虫畏、杀螟畏 542

dinobuton 试验代号：MC 1053，中文通用名称：消螨通，商品名称：Acarelte 719

dinocap 试验代号：CR-1693，中文通用名称：二硝巴豆酚酯，商品名称：Karathane、Arcotan、Sialite 721

dinotefuran 试验代号：MTI-446，中文通用名称：呋虫胺，商品名称：Albarin、Oshin、Starkle、Daepo、Shuriken Cockroach、Safari、Veno 259

diphacinone 中文通用名称：敌鼠，商品名称：Ditrac、Ramik、Diphacin、liqua-Tox、P. C. Q.、Promar、Prozap Mouse Maze、Tomcat、得伐鼠、敌鼠钠盐、野鼠净 861

disparlure 商品名称：Disrupt II GM 795

disulfoton 试验代号：Bayer 19639、S 276、ENT 23347，中文通用名称：乙拌磷，商品名称：Disyston、Di-Syston、Bayfidan Triple、Baysiston、Mocap Plus、Repulse、Dot-Son、Stead、Dithiosystox、Dithiodemeton、oxydisulfoton、disulfoton sulfone、Thiodemeton 566

E

F

G、H

I、K、L

M

meperfluthrin 中文通用名称：氯氟醚菊酯 431

metaflumizone 试验代号：BAS 3201、R-28153、NNI-0250，中文通用名称：氰氟虫腙，商品名称：Accel、Alverde、Siesta、Verismo 695

flumethrin 试验代号：BAY V1 6045、BAY Vq1950，中文通用名称：氟氯苯菊酯，商品名称：Bayticol、Bay-Ci-6054、Bayticol、Bayvarol，其他名称：氟氯苯氰菊酯、氯苯百治菊酯 741

metaldehyde 中文通用名称：四聚乙醛，商品名称：Cekumeta、Deadline、Hardy、Metason、Arionex、Cargoluq、Deadline Bullets、Dixie、Escar-Go、Extralugec、Gastrotox、limagram、limatex、Lumacid、Lumakorn、Meta、Metadex、Metaprem、Metarex、Metarol、Molotov、Pathfinder Excel、Polymet、Regel、Snailkil、Tracker、Trails End、多聚乙醛、密达、蜗牛敌、蜗牛散、甲环氧醛、灭蜗灵 799

metam 试验代号：N-869，中文通用名称：威百亩，商品名称：Busan、SMDC 823

methamidophos 试验代号：Ortho 9006、Bayer 71628、SRA 5172、ENT 27396，中文通用名称：甲胺磷，商品名称：Nitofol、Tamaron、Giant、Matón、Monitor、MTD-600、Patrole、Pilaron、Rometa、Sniper、Afitox T、Agromon、Bullet、Cekumidofos、Citrimet、Crysmaron、Erkuron、Hamidop、Marathon、Metaron、Metasint、Metasip、Methaphos、Sherman、Stron、Supermaron、Ninja、多灭灵、多灭磷、杀螨隆、克螨隆、达马松、多灭磷、克螨隆、托马隆、灭虫螨胺磷、亚西发甲 668

methidathion 试验代号：GS13005、OMS844、ENT27193，中文通用名称：杀扑磷，商品名称：Ultracide、Sunmeda、Supracide、Supradate、Suprathion、Suspect、Ultracidin、Oleo Supracide、Oleo Ultracide、Ultracid、Advathion、Agrocid、Concorde、Datimethion、Mediatex、Siacide、速扑杀、甲噻硫磷、灭达松、速蚧克 630

methiocarb 试验代号：Bayer37334、H 321，中文通用名称：甲硫威，商品名称：Draza、Mesurol、Decoy Wetex、Exit、Huron、Karan、Lupus、Rivet、Master、Mazda、灭赐克、灭虫威、灭旱螺、灭梭威 513

methomyl 试验代号：DPX-X1179，中文通用名称：灭多威，商品名称：Lannate、Agrinate、Astra、Avance、Dunet、Killon、Kuik、Lann WDK、Matador、Metholate、Methomex、Methosan、Moscacid、Nudrin、Pilarmate、Sathomyl、Sutilo、快灵、灭虫快、灭多虫、纳乃得、万灵、乙肟威、灭索威 497

(S) -methoprene 试验代号：SAN 810，中文通用名称：(S)-烯虫酯，商品名称：Biopren-BM，Biosid 199

methoprene 试验代号：ZR 515、SAN 800、OMS 1697，中文通用名称：烯虫酯，商品名称：Altosid，Pharoid 199

methoxyfenozide 试验代号：RH-2485、RH-112485，中文通用名称：甲氧虫酰肼，商品名称：Runner、Intrepid、Prodigy、Faclon、Moncerenrunner、雷通 216

methyl bromide 中文通用名称：溴甲烷，商品名称：Brom-O-Gas、Haltox、Meth-O-Gas 100、溴灭泰 824

methyl iodide 中文通用名称：碘甲烷，其他名称：iodomethane 825

methyl isothiocyanate 中文通用名称：敌线酯，商品名称：Trapex、MIT、MITC 825

N-Methylneodecanamide 通用名称：MNDA，商品名称：M-9011 780

metofluthrin 试验代号：S-1264，中文通用名称：甲氧苄氟菊酯，商品名称：SumiOne、Eminence、Deckmate 433

metolcarb 试验代号：C-3，中文通用名称：速灭威，商品名称：Tsumacide、Metacrate、Ofunack M、治灭虱 515

mevinphos 试验代号：OS-2046，中文通用名称：速灭磷，商品名称：Phosdrin、Mevindrin、Duraphos、灭虫螨未磷、磷君、美文松、自克威、免得烂 545

milbemectin 试验代号：B-41、E-187、SI-8601，中文通用名称：弥拜菌素，商品名称：Milbe-

	knock、Ultiflora、Koromite、Matsuguard、Mesa、密灭汀 76
monocrotophos	试验代号：C 1414、SD 9129，中文通用名称：久效磷，商品名称：Agrodrin、Aimocron、Croton、Devimono、Monitor、Monocrown、Monodhan、Monodrin、Monostar、Pilardrin、Apadrin、Bullet、Canon、Crisodrin、Cropaphos、Crotos、Efacron、Hukron、Injec、Kadett、Lucadrin、Megatron、Molphos、Monacron、Mono、Monocron、Monoplus、Monosul、Mosum、Parryfos、Range、Rasayanphos、R C Pos、Tata Mono、铃杀、纽瓦克、亚素灵 546
monosultap	中文通用名称：杀虫单 116

N、O

英文通用名称	其他名称
naftalofos	中文通用名称：萘肽磷 551
naled	试验代号：RE-4355，中文通用名称：二溴磷，商品名称：Dibrom、万丰灵 550
niclosamide	试验代号：Bayer 25648、Bayer 73、SR 73，中文通用名称：杀螺胺，商品名称：Bayluscide、百螺杀、氯螺消、贝螺杀、氯硝柳胺 802
nicotine	中文通用名称：烟碱，商品名称：No-Fid、Stalwart、XL-All Insecticide 94
nitenpyram	试验代号：TI-304、CGA 246916，中文通用名称：烯啶虫胺，商品名称：Bestguard、Capstar、Programa、Takestar 256
novaluron	试验代号：GR572、MCW-275、SB-7242，中文通用名称：氟酰脲，商品名称：Rimon、Diamond、Galaxy、Oskar、Pedestal 178
noviflumuron	试验代号：XDE-007、XR-007、X-550007，中文通用名称：多氟脲，商品名称：Recruit III、Recruit III AG 180
omethoate	试验代号：Bayer 45432、S 6876，中文通用名称：氧乐果，商品名称：Folimat、Dimethoxon、Le-mat、Safast、欧灭松、华果、克蚧灵 589
oxamyl	试验代号：DPX-D1410，中文通用名称：杀线威，商品名称：Vydate、Fertiamyl、Oxamate、Sunxamyl、Vacillate、Vydagro 500
oxydemeton-methyl	试验代号：Bayer 21 097、R 2170，中文通用名称：亚砜磷，商品名称：Aimcosystox、Dhanusystox、Anthonox、Devisystox、Harpoon、Inject-a-cide、Metasystox、MSR、亚砜吸磷、甲基一 0 五九亚砜、砜吸硫磷、甲基内吸磷亚砜 576

P

英文通用名称	其他名称
paichongding	试验代号：IPP-4，中文通用名称：哌虫啶 263
parathion	试验代号：ACC 3422、BAY 9491、E-605、OMS 19、ENT 15108，中文通用名称：对硫磷，商品名称：Chimac Par H、一六 O 五、乙基一六 O 五 643
parathion-methyl	试验代号：E-120、BAY 11405、OMS 213、ENT 17292，中文通用名称：甲基对硫磷，商品名称：Bratión 720、Devithion、Faast、Parashoot、Paratox、Penncap-M、Sweeper、Thionyl、Cekumethion、Dhanudol、Dhanumar、Dipathio、Fitoklor、Foley、Folidust、Folimol、Folisuper、Fosforin M、Megaton M、Morfos Methyl、R Methyl、Sabidust、甲基 1605 645
penfluron	试验代号：PH6044、TH6044，中文通用名称：氟幼脲 182
pentachlorophenol	中文通用名称：五氯酚，商品名称：Biocel Sg 85 804
permethrin	试验代号：FMC33297、PP557、WL43479、LE79-519，中文通用名称：氯菊酯，商品名称：Ambush、Dragnet、Dragon、Eksmin、Outflank、Pounce、Talcord、Agniban、Aimthrin、Assithrin、Cliper、Mikrem、Onesol、Perkill、Permetiol、Permit、Permost、Persect、Sanathrin、Sunper、克死诺、百灭灵、神杀、毕诺杀、闯入者 438
phenothrin	试验代号：S-2539、S-8100、OMS1809、OMS1810、ENT27972，中文通用名称：

苯醚菊酯，商品名称：Wellcide、Neopitroid、ULV500、速灭灵、d-phenothrin 442

phenthoate 试验代号：L561、ENT27386、S-2940、OMS1075，中文通用名称：稻丰散，商品名称：Cidial、Elsan、Guard、Vifel、Kiran、爱乐散、益尔散、Dimephenthoate、Tanone、Aimsan、Amaze、Genocide 558

phorate 试验代号：EI 3911、AC 3911，中文通用名称：甲拌磷，商品名称：Dhan、Hermit、Thimet、Umet、Foratox、Geomet、Granutox、Hilhorate、Kaymet、Molate、Phoramate、Qinsha、Uniphor、Vamphor、Vegfru Foratox、Volphor、Zeemet、伏螟、福瑞松、赛美特、三九一一、西梅脱 577

phosalone 试验代号：11974 RP、NPH 1090、ENT 27163，中文通用名称：伏杀硫磷，商品名称：Azofene、Rubitox、Thimulone、Zolone、Fosatox、benzphos、伏杀磷、佐罗纳 600

phosmet 试验代号：R-1504、OMS 232、ENT 25 705，中文通用名称：亚胺硫磷，商品名称：Imidan、Prolate、Cekumet、Fosmedan、Fosdan、Inovitan、亚胺磷、酞胺硫磷、益灭松 609

phosphamidon 试验代号：C 570，中文通用名称：磷胺，商品名称：Don、Kinadon、Mashidon、Midon、Phosron、Aimphon、Dhanucron、Hiton、Pilarcron、赐未松、大灭虫、迪莫克 552

phosphocarb 试验代号：BAS-301，中文通用名称：磷虫威 828

phoxim 试验代号：BAY 5621、Bayer 77 488、BAY SRA 7502、OMS 1170，中文通用名称：辛硫磷，商品名称：Baythion、Volaton、Valexon、Volathion、Nongshu、Kuaishaling、Kuaishaling、Mieling、Preling、Xingke、Yuzhouxing、Valexon、Volathion、Mieling、Pre ling、Yuzhouxing、巴赛松、拜辛松、倍腈松、倍氰松、仓虫净、腈肟磷、肟磷、肟硫磷 593

pindone 中文通用名称：鼠完，商品名称：Pival、Pivalyn 866

piperonyl butoxide 试验代号：ENT 14 250，中文通用名称：增效醚，商品名称：Butacide、Enervate、Exponent） 831

piprotal 试验代号：OMS 1161，中文通用名称：增效醛，商品名称：Tropital 833

pirimicarb 试验代号：PP062，中文通用名称：抗蚜威，商品名称：Aphox、Pirimor、Abol、Glenroe、Panzher、Phantom、Piriflor、Tomba、抗芽威、派烈脉、派嘧威、比加普、灭定威、辟蚜雾 486

pirimiphos-methyl 试验代号：PP511、OMS1424，中文通用名称：甲基嘧啶磷，商品名称：Actellic、Silo-San、Stomophos、Giustiziere、Sybol 2、Actell、SunMiphos、安得利、保安定、亚特松、甲基虫螨磷、虫螨磷、安定磷 623

prallethrin 试验代号：S-4068SF、OMS3033，中文通用名称：右旋炔丙菊酯，商品名称：益多克 446

profenofos 试验代号：CGA 15324、OMS 2004，中文通用名称：丙溴磷，商品名称：Curacron、Selecron、Ajanta、Mardo、Profex、Progress、Soldier、Benofos、Calfos、Carina、Celcron、Elak、Hilfos、Karan、Ovicure、Prabal、Prahar、Profex super、Profos、Ribacron、Seliton、Teliton、Twister、多虫清、多虫磷、莱乐康、布飞松 647

propaphos 试验代号：NK-1158，中文通用名称：丙虫磷，商品名称：Kayaphos、双丙磷，其他名称：DPMP 554

propargite 试验代号：DO 14，中文通用名称：炔螨特，商品名称：Comite、Omite、螨除 745

propetamphos 试验代号：SAN521391、OMS1502，中文通用名称：胺丙畏，商品名称：Safrotin、Novartis、、Blotic、eNKamphos、Seraphos、烯虫磷、巴胺磷、赛福丁 673

propoxur 试验代号：Bayer 39 007、BOQ 5812315，中文通用名称：残杀威，商品名称：Baygon、Bingo、Insectape、Kerux、Mitoxur、No-Bay、Sunsindo、Vector、Blattanex、Larva Lur、Pilargon、Prenbay、Propoxan、Propyon、Prygon、安丹、拜

	高、残虫畏、残杀畏 517
propyl isome	中文通用名称：增效酯，其他名称：dipropyl maleate isosafrole condensate 834
prothiofos	试验代号：NTN 8629、OMS 2006，中文通用名称：丙硫磷，商品名称：Tokuthion、Bideron、Toyodan 650
pymetrozine	试验代号：CGA215944，中文通用名称：吡蚜酮，商品名称：Chess、Plenum、Endeavor、Fulfill、吡嗪酮 784
pyraclofos	试验代号：TIA-230、SC-1069、OMS 3040，中文通用名称：吡唑硫磷，商品名称：Boltage、Voltage、Starlex 602
pyrafluprole	试验代号 V 3039 289
pyrazophos	试验代号：Hoe02873，中文通用名称：恶唑磷，商品名称：Afugan，其他名称：Curamil、Missile、Siganex、吡嘧磷、克菌磷、完菌磷 612
pyrethrins	中文通用名称：除虫菊素，商品名称：pyrethres、Prestrin、Pynerzone、Pyrenone、Pyrentox、Pyresita、Pyrethrum、Pyrocide、Pyronyl、Pytox、Dalmatian Insect Powder、Persian Insect Powder、Insect Powder、Pyrethrum Powder、Pyrethrum Insecticide、Buhach、Pyrethrum Extract、Oleoresin of Pyrethrum、Dusturan、Urania Normal、Evergreen、Pultex、Filt、Insect Killer、Pyrethro 97
pyridaben	试验代号：NC-129、NCI-129、BAS-300I，中文通用名称：哒螨灵，商品名称：Sanmite、Agrimit、Dinomite、Pyromite、Tarantula、Nexter、Pilarmite、Podio、Poseidon、Pyramite、Samite 689
pyridalyl	试验代号：S-1812，中文通用名称：啶虫丙醚，商品名称：Plea、Pleo、速美效、宽帮 1 号，其他名称：三氟甲吡醚 206
pyridaphenthion	试验代号：NC-250、CL 12503，中文通用名称：哒嗪硫磷，商品名称：Ofunack、Oreste、除虫净、必芬松、苯哒磷、苯哒嗪硫磷、哒净硫磷、哒净松、杀虫净、打杀磷 604
pyrifluquinazon	试验代号：NNI-0101、R-40598，商品名称：colt 701
pyrimidifen	试验代号：E-787、SU-8801、SU-9118，中文通用名称：嘧螨醚，商品名称：Miteclean 304
pyriminostrobin	试验代号 SYP-11277，通用名称：嘧螨胺 763
pyriprole	试验代号 V 3086 290
pyriproxyfen	试验代号：S-9318、S-31183、V-71639，中文通用名称：吡丙醚，商品名称：Sumilarv、Admiral、Epingle、Lano、Nemesis、Distance、Esteem、Juvinal、Knack、Nylar、Proximo、Proxy、Seize、Tiger、Cimetrol、Atominal、蚊蝇醚、灭幼宝、亚砜磷、百利普芬、比普噻吩 201

Q、R、S

英文通用名称	其他名称
quinalphos	试验代号：Bay 77049、SAN 6538、SAN 6626、ENT 27394，中文通用名称：喹硫磷，商品名称：Bayrusil、anulux、Hilquin、Hubelux、Quinaal、Quinatox、Smash、Starlux、Quick、Ekalux、Crab、Ekaquin、Flash、Krush、Quinalon、Shakthi、Unifos、Prachand、Chintop、喹噁磷、喹噁硫磷、克铃死、爱卡士 627
resmethrin	试验代号：NRDC 104、FMC 17 370、SBP 1382、OMS 1206，中文通用名称：苄呋菊酯，商品名称：Benzofurolin、Chrysron、Derringer、Forsyn、灭虫菊 448
rotenone	中文通用名称：鱼藤酮，商品名称：Chem Sect、Cube root、Prenfish、Vironone、Synpren fish、Chem-Fish、Noxfish，混剂：Nusyn-Noxfish、PB-Nox、Pyrellin 102
sabadilla	中文通用名称：藜芦碱，商品名称：veratrine、cevadine 105
sesamex	试验代号：ENT 20 871，中文通用名称：增效散，商品名称：Sesoxane 836
sodium fluoroacetate	中文通用名称：氟乙酸钠，商品名称：Yasoknock、Fratol、Ten Eighty、Com-

	pound 1080，其他名称：一氟乙酸钠 867
sodium pentachlorophenoxide	中文通用名称：五氯酚钠，商品名称：Santophen 20 804
spinetoram	试验代号：XR-175、XDE-175，中文通用名称：乙基多杀菌素，商品名称：Delegate、Radiant 83
spinosad	试验代号：DE-105、GF-120、XDE-105，中文通用名称：多杀菌素，商品名称：Conserve、SpinTor、Success、Tracer、Entrust、Justice、Laser、Naturalyte、Spinoace 79
spirodiclofen	试验代号：BAJ2740，中文通用名称：螺螨酯，商品名称：Envidor、Daniemon、Ecomite、螨危、螨威多 314
spiromesifen	试验代号：BSN2060，中文通用名称：螺虫酯，商品名称：Oberon、Forbid、Danigetter、Judo 318
spirotetramat	试验代号：BYI 08330，中文通用名称：螺虫乙酯，商品名称：Movento、Ultor、BYI 8330 OD、亩旺特 321
strychnine	中文通用名称：毒鼠碱，商品名称：certox、Kwik-Kill、Mole Death、Mouse-Nots、Mouse-Rid、Mouse-Tox、Phoenix、Ro-Dex、Sanaseed、Strychnos、metformin、二甲双胍、双甲胍、马钱子碱、士得宁、番木鳖碱 838
sulcofuron-sodium	商品名称：Mitin 328
sulfluramid	试验代号：GX 071，中文通用名称：氟虫胺，商品名称：Finitron、Fluramim、Mirex-S、Raid-Max、Fluorgard、Fluramim、Mirex-S、Raid-Max、废蚁蟑 527
sulfotep	试验代号：Bayer E 393、ASP-47，中文通用名称：治螟磷，商品名称：Bladafum、苏化 203、硫特普、双一六 0 五，其他名称：Dithio、Dithione、Thiotepp、Bladafume 580
sulfoxaflo	中文通用名称：砜虫啶 268
sulfur	试验代号：BAS17501F、SAN7116，中文通用名称：硫黄，商品名称：Cosan、Golclair、KumulUSDF、Lucaflow、Microthiol Special、Rasulf、Sulfex、Sulphotox、That、Thiovit 775
sulfuryl fluoride	中文通用名称：硫酰氟，商品名称：Vikane 826
sulprofos	试验代号：NTN9306、BAY123234，中文通用名称：硫丙磷，商品名称：Bolstar、Helothio、Bolstar、Helothion、甲丙硫磷、保达、虫螨消、棉铃磷 652

T

英文通用名称	其他名称
tebufenozide	试验代号：RH-5992、RH-75922，中文通用名称：虫酰肼，商品名称：Confirm、Mimic、Fimic、米满，其他名称：Conidan、Romdan、Terfeno、Applaud Romdan Moncut 220
tebufenpyrad	试验代号：AC 801757、MK-239、SAN 831A、BAS 318 I，中文通用名称：吡螨胺，商品名称：Comanché、Masaï、Oscar、Pyranica、Acarifas、Simar、心螨立克 296
tebupirimfos	试验代号：BAYMAT7484，中文通用名称：丁基嘧啶磷，商品名称：Aztec、Defcon、HM-0446、丁嘧硫磷 626
teflubenzuron	试验代号：CME-134、MK-139、CME-13406，中文通用名称：氟苯脲，商品名称：Dart、Nemolt、Nomolt、Nobelroc、Teflurate、农梦特，其他名称：Calicide、Diaract、Gospel、Mago、Imunit、伏虫隆、特氟脲、四氟脲 183
tefluthrin	试验代号：PP993、ICIA0993，中文通用名称：七氟菊酯，商品名称：Force、Fireban、Forca、Forza、Evict、Force ST 453
temephos	试验代号：AC52160、OMS786、ENT27165，中文通用名称：双硫磷，商品名称：Abate、Sunmephos、Temeguard、Temetox、TIOK、硫甲双磷、替美福司、硫双苯硫磷 653
terbufos	试验代号：AC 92 100，中文通用名称：特丁硫磷，商品名称：Hunter、Pilarfox、

V、W、X、Z

6 英文商品名称索引

A

B

C

英文商品名称　　通用名称

D

英文商品名称	通用名称

E

F

G

H

I、J

英文商品名称 通用名称

K

英文商品名称 通用名称

L

英文商品名称 通用名称

M

P

英文商品名称 通用名称

Q、R

英文商品名称 通用名称

S

英文商品名称 通用名称

T

英文商品名称	通用名称

U、V

英文商品名称	通用名称

W、X、Y、Z

英文商品名称 通用名称

7 公司名称索引

Agro-Chemie 公司

Agro-Kanesho Co. Ltd 公司

巴斯夫公司（BASF）

东部韩农化学株式会社
(Dongbu Hannong Chemical Co., Ltd.)

美国陶氏益农公司
(Dow AgroSciences LLC)

杜邦公司（DuPont）

美国富美实公司（FMC）

贵州化工研究院

华东理工大学

日本石原产业株式会社
(Ishihara Sangyo Kaisha)

益农有限公司（Isogro s. p. A.）

日本保土谷化学工业株式会社
(Hodogaya Chemical Co., Ltd)

日本北兴化学工业株式会社
(Hokko Chemical Industry Co., Ltd)

江苏省南通江山农药化工股份有限公司

江苏省农药研究所股份有限公司

江苏扬农股份有限公司

日本组合化学株式会社
(Kumiai Chemical Industry Co., Ltd)

Lipha S. A. 公司

马克西姆-阿甘公司（Makhteshim-Agan）

McLaughlin Gormley King Co.

英国葛氏化学公司（Mitchell Cotts Chemicals Ltd.）

日本三井化学株式会社（Mitsui Chemicals）

日本农药株式会社（Nihon Nohyaku Co.，Ltd）

日本化药株式会社（Nippon Kayaku Co.，Ltd）

日本曹达公司（Nippon Soda Co.，Ltd）

日本日产化学工业株式会社（Nissan Chemical）

日本大冢化学工业株式会社（Otsuka Chemical Industrial Co.，Ltd）

日本三共株式会社（Sankyo Co.，Ltd）

SDS Biotech

沈阳化工研究院有限公司

四川省化学工业研究设计院

Sorex Ltd

住友化学株式会社（Sumitomo Chemical）

化工版农药、植保类科技图书

●专业书目

书　号	书　名	定价/元
122-11319	世界农药大全——植物生长调节剂卷	80.0
122-11206	现代农药合成技术	268.0
122-10705	农药残留分析原理与方法	88.0
122-11678	农药施用技术指南(二版)	75.0
122-10771	专利农药新品种手册	98.0
122-10423	植物生长调节剂在果树上的应用(二版)	29.0
122-09034	常用植物生长调节剂应用指南(二版)	24.0
122-08873	植物生长调节剂在农作物上的应用(二版)	29.0
122-08589	植物生长调节剂在蔬菜上的应用(二版)	26.0
122-08496	植物生长调节剂在观赏植物上的应用(二版)	29.0
122-08280	植物生长调节剂在植物组织培养中的应用(二版)	29.0
122-09867	植物杀虫剂苦皮藤素研究与应用	80.0
122-09825	农药质量与残留实用检测技术	48.0
122-09521	螨类控制剂	68.0
122-10127	麻田杂草识别与防除技术	22.0
122-09494	农药出口登记实用指南	80.0
122-10134	农药问答(第五版)	68.0
122-10467	新杂环农药——除草剂	99.0
122-03824	新杂环农药——杀菌剂	88.0
122-06802	新杂环农药——杀虫剂	98.0
122-09568	生物农药及其使用技术	29.0
122-09348	除草剂使用技术	32.0
122-08195	世界农药新进展(二)	68.0
122-08497	热带果树常见病虫害防治	24.0
122-10636	南方水稻黑条矮缩病防控技术	60.0
122-07898	无公害果园农药使用指南	19.0
122-07615	卫生害虫防治技术	28.0
122-07217	农民安全科学使用农药必读(二版)	14.5
122-09671	堤坝白蚁防治技术	28.0
122-06695	农药活性天然产物及其分离技术	49.0
122-02470	简明农药使用手册	38.0
122-05945	无公害农药使用问答	29.0
122-05658	杂草化学防除实用技术	29.0
122-05509	农药学实验技术与指导	39.0

续表

书　　号	书　　名	定价/元
122-05506	农药施用技术问答	19.0
122-05000	中国农药出口分析与对策	48.0
122-04825	农药水分散粒剂	38.0
122-04812	生物农药问答	28.0
122-04796	农药生产节能减排技术	42.0
122-04785	农药残留检测与质量控制手册	60.0
122-04413	农药专业英语	32.0
122-04279	英汉农药名称对照手册(三版)	50.0
122-03737	农药制剂加工实验	28.0
122-03635	农药使用技术与残留危害风险评估	58.0
122-03474	城乡白蚁防治实用技术	42.0
122-03200	无公害农药手册	32.0
122-02585	常见作物病虫害防治	29.0
122-02416	农药化学合成基础	49.0
122-02178	农药毒理学	88.0
122-06690	无公害蔬菜科学使用农药问答	26.0
122-01987	新编植物医生手册	128.0
122-02286	现代农资经营丛书——农药销售技巧与实战	32.0
122-00818	中国农药大辞典	198.0
122-01360	城市绿化害虫防治	36.0
5025-9756	农药问答精编	30.0
122-00989	腐殖酸应用丛书——腐殖酸类绿色环保农药	32.0
122-00034	新农药的研发——方法·进展	60.0
122-09719	新编常用农药安全使用指南	38.0
122-08406	茶园科学用药 100 问	15.0
122-07465	果园科学用药 360 问	25.0
122-07414	菜园科学用药 300 问	19.0
122-02135	农药残留快速检测技术	65.0
122-07487	农药残留分析与环境毒理	28.0
122-12698	生物农药手册	60.0